1 Molekularer Aufbau des pflanzlichen Organismus

2 Zellstruktur

3 Zellspezialisierungen

4 Organisationsformen der Pflanzen

5 Kormus

6 Bioenergetik: thermodynamische Grundlagen der Lebensprozesse

7 Mineralstoff- und Wasserhaushalt

8 Autotrophie: Photosynthese und Chemosynthese

9 Haushalt von Stickstoff, Schwefel und Phosphor

10 Transport und Verwertung der Assimilate

11 Dissimilation

12 Sekundärstoffwechsel

13 Genetik und Vererbung

14 Fortpflanzung und Vermehrung bei Niederen und Höheren Pflanzen

15 Genexpression und ihre Kontrolle

16 Phytohormone und Signalstoffe

17 Licht und Schwerkraft

18 Pflanzliche Entwicklung

19 Pflanzen und Streß

20 Biotische Stressoren – Wechselwirkung von Pflanzen mit anderen Organismen

Herrn Wilhelm Nultsch gewidmet

Allgemeine und molekulare Botanik

Elmar W. Weiler
Lutz Nover

Begründet von
Wilhelm Nultsch

900 farbige Abbildungen und Formelschemata
30 Tabellen

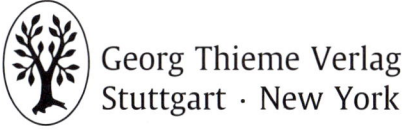

Georg Thieme Verlag
Stuttgart · New York

Prof. Dr. Elmar W. Weiler
Fakultät für Biologie
Lehrstuhl für Pflanzenphysiologie
Ruhr-Universität Bochum
Universitätsstraße 150
44801 Bochum

Prof. em. Dr. Lutz Nover
ehem.: Goethe-Universität Frankfurt
Biozentrum Niederursel
Molekulare Zellbiologie N200
Max-von-Laue-Straße 9
60438 Frankfurt

Begründet von
Prof. em. Dr. Wilhelm Nultsch
Rellingen

Bibliografische Information der Deutschen Nationalbibliothek

Die Deutsche Nationalbibliothek verzeichnet diese Publikation in der Deutschen Nationalbibliografie; detaillierte bibliografische Daten sind im Internet über http://dnb.d-nb.de abrufbar.

Geschützte Warennamen (Warenzeichen) werden **nicht** besonders kenntlich gemacht. Aus dem Fehlen eines solchen Hinweises kann also nicht geschlossen werden, dass es sich um einen freien Warennamen handele.

Das Werk, einschließlich aller seiner Teile, ist urheberrechtlich geschützt. Jede Verwertung außerhalb der engen Grenzen des Urheberrechtsgesetzes ist ohne Zustimmung des Verlages unzulässig und strafbar. Das gilt insbesondere für Vervielfältigungen, Übersetzungen, Mikroverfilmungen und die Einspeicherung und Verarbeitung in elektronischen Systemen.

© 1964, 2008 Georg Thieme Verlag
Rüdigerstraße 14
D-70469 Stuttgart
Homepage: www.thieme.de

Printed in Germany

Titelbild: G. Wanner, München
Umschlaggestaltung: Thieme Verlagsgruppe
Zeichnungen: Klaus Hagemann, Bochum; BITmap GmbH, Mannheim
Satz: Hagedorn Kommunikation, Viernheim
Druck: Firmengruppe APPL, aprinta druck, D-86650 Wemding

ISBN 978-3-13-147661-6   1 2 3 4 5 6

Vorwort

Als im Jahr 2001 der Nultsch als Lehrbuch-Institution für Studierende der Biologie in seiner 11. und bisher letzten Auflage erschien, konnte man auf eine beachtliche Erfolgsgeschichte von mehr als 35 Jahren zurückblicken. Das Buch erfreute sich mit seiner kompakten Vermittlung von Basiswissen, insbesondere für Studierende im Grundstudium, einer großen Beliebtheit. Der enorme und fast täglich spürbare Zuwachs an Wissen sowie die stark veränderten und gewachsenen Anforderungen an ein zeitgemäßes Biologiestudium machten jedoch eine grundlegende Erneuerung dieses Klassikers notwendig.

Im Frühjahr 2004 wurde daher zusammen mit Wilhelm Nultsch und dem Georg Thieme Verlag die Erarbeitung einer erweiterten Neufassung des Buches beschlossen. Der Inhalt sollte auch weiterhin die Botanik im gewohnten Sinn mit ihren morphologischen, strukturellen und molekularen Grundlagen umfassen. Allerdings verlangten vor allem die immensen neuen Erkenntnisse über die molekularen Grundlagen der Lebensprozesse im Bereich der Botanik verstärkte Berücksichtigung. Die Realisierung dieses Nachfolgewerkes stellte daher eine echte Herausforderung für die beiden Autoren dar und brauchte – wie bei Lehrbuchprojekten dieses Kalibers vermutlich üblich – viel mehr Zeit als ursprünglich geplant.

Während der gesamten Entstehungsphase dieses Buches haben wir nie unser Ziel aus den Augen verloren, ein Buch für Studierende und im besten Fall auch für Hochschullehrer zu schaffen, das für viele Jahre wertvoller und anregender Begleiter sein kann. Wir hoffen, dass uns dies gelungen ist und das Buch sich angesichts der neuen Anforderungen an angehende Biowissenschaftler bewähren wird.

Die mittlerweile für Lehrbücher im Thieme Verlag etablierte Struktur mit durchgehend farbiger Gestaltung der etwa 900 Abbildungen und mit der Gliederung des Textes in Boxen und Plus-Boxen zur Hervorhebung bzw. Abgrenzung spezieller Sachverhalte wurde übernommen. Das Schlagwortverzeichnis verweist mit farbigen Markierungen auf inhaltliche Erläuterungen zu den Begriffen und dient damit zugleich als Glossar. Die Literatur am Schluß des Buches, nach Kapiteln geordnet, ermöglicht den Einstieg in experimentelle und konzeptionelle Details zu einzelnen Fragestellungen.

Moderne Wissenschaft und Ausbildung sind ohne Nutzung des Internets undenkbar geworden. Immer mehr Zeitschriftenartikel sind erfreulicherweise frei und online im Internet verfügbar. Darüber hinaus haben wir Adressen nützlicher Internetseiten an den geeigneten Stellen im Text eingefügt, obwohl im Gegensatz zur Literatur in Zeitschriften und Büchern die Daten im Internet nur aus den persönlichen Quellen einzelner Wissenschaftler stammen und eine externe Qualitätskontrolle kaum stattfindet.

Ohne die Beratung, Hilfe, Überlassung von Daten und Abbildungen durch eine beachtliche Zahl von Kollegen wäre dieses Buch nicht zustande gekommen. Diese sind an entsprechender Stelle im Text bzw. in der diesem Vorwort nachgestellten Liste erwähnt. Für ihre Beiträge bedanken wir uns an dieser Stelle sehr herzlich. Darüber hinaus hat die beharrliche und hoch qualifizierte Betreuung durch die Mitarbeiter des Georg Thieme Verlags den Fortgang der Arbeiten wesentlich erleichtert. Das Projekt angeregt und in Gang gebracht hat Margit Hauff-Tischendorf. Ihre Nachfolgerin Marianne Mauch hat mit großem Engagement und viel Geduld die Realisierung im Verlag betreut. Sie wurde dabei fachredaktionell von Dr. Willi Kuhn (Tübingen) unterstützt, dem sich Lutz Nover zu besonderem

Dank verpflichtet fühlt. Für die professionelle Anfertigung der Zeichnungen und die geduldigen Korrekturen danken wir Klaus Hagemann, Bochum, und Thomas Heinemann (Bitmap GmbH, Mannheim). Elmar Weiler bedankt sich in ganz besonderer Weise bei Inga Eicken, Stuttgart, für die hervorragende Mitarbeit.

Auf längere Sicht kann ein solches Buch nur so gut werden, wie seine wohlwollenden und kritischen Leser es werden lassen. Wir freuen uns über Kommentare und jede Form von Anmerkungen zu Fehlern, Unzulänglichkeiten und wünschenswerten Verbesserungen, die ggf. in einer Folgeauflage berücksichtigt werden können. Sie erreichen uns über kundenservice@thieme.de oder über den Feedback-Link bei der Detailseite zu dem Buch auf www.thieme.de, aber auch per Post an die Verlagsanschrift.

Bochum/Frankfurt, im Februar 2008

Elmar Weiler
Lutz Nover

Danksagung

Für zahlreiche wissenschaftliche Auskünfte, Abbildungen und kritische Ratschläge bei der Abfassung von Teilen des Buches sind wir folgenden Kollegen und Fotografen zu großem Dank verpflichtet:

R. Aloni, Tel Aviv
H. Bäumlein, Gatersleben
D. Bartels, Bonn
J. Braam, Houston
M. Braun, Bonn
J. Bright, Bristle
C. Büchel, Frankfurt
T. Börner, Berlin
B. Bukau, Heildelberg
H. Daims, Wien
G. Farr, New Haven
M. Fauth, Frankfurt
J. Feierabend, Frankfurt
J. Fromm, München
D. Görlich, Göttingen
D. Grierson, Loughborough
H. Grubmüller, Göttingen
W. Gruissem, Zürich
R. Hagemann, Halle
F. U. Hartl, Martinsried
K. Harter, Tübingen
K. Hauser, Stuttgart
T. Heinemann, Mannheim
H. Hirt, Wien/Paris
A. Horwich, New Haven
P. Huijser, Köln
M. Hülskamp, Berlin
S. Jentsch, Martinsried
H. Jeske, Stuttgart
G. Jürgens, Tübingen/Wien
J. Kadereit, Mainz
D. Kahn, Lyon
B. Kastner, Göttingen
C. Kistner, Bonn
S. Kotak, Frankfurt
T. Kretsch, Freiburg
U. Kück, Bochum
T. Laux, Freiburg
H. Lehmann, Hannover
E. Lifschitz, Haifa
R. Lieberei, Hamburg
W. Löffelhardt, Wien
R. Lührmann, Göttingen
W. Martin, Düsseldorf
K. Mayer, München
A. E. Melchinger, Stuttgart-Hohenheim

A. J. Michael, Norwich
G. Michaud, Bochum
K. Müntz, Gatersleben
D. Neumann, Halle
P. Nick, Karlsruhe
T. Nürnberger, Tübingen
H. Osiewacz, Frankfurt
H. Paulsen, Mainz
L. Peichl, Frankfurt
M. Piepenbring, Frankfurt
N. Pütz, Vechta
C. Reisdorff, Hamburg
W. Roos, Halle
K. D. Scharf, Frankfurt
D. Scheel, Halle
B. Scheres, Wageningen, NL
K.-H. Schleifer, München
E. Schleiff, Frankfurt
T. Schmülling, Berlin
A. Schnittger, Köln
R. Schönwitz, Bonn
I. Schubert, Gatersleben
C. Schwechheimer, Tübingen
S. R. Singh, Frederick
Staatliches Museum für Naturkunde, Stuttgart
D. Staiger, Bielefeld
K. Stöcker, Wien
T. Stützel, Bochum
R. Tenhaken, Salzburg
S. Ufermann, Stuttgart
P. v. Koskull-Döring, Frankfurt
R. Wacker, Guntersleben
M. Wagner, Wien
G. Wanner, München
C. Wasternack, Halle
C. Weber, Frankfurt
D. Weigel, Tübingen
M. Weil, Frankfurt
B. Weisshaar, Bielefeld
P. Westhoff, Düsseldorf
T. Winckler, Jena
U. Wobus, Gatersleben
D. Wolff, Stuttgart
M.H. Zenk, St. Louis
R. Zepf, Leonberg
M. Zeschnigk, Essen

Inhalt

1 Molekularer Aufbau des pflanzlichen Organismus — 1
Elmar W. Weiler

1.1	Elementare Zusammensetzung des Pflanzenkörpers	3
1.2	Kohlenstoff: Grundelement organischer Verbindungen	6
1.3	Die wichtigsten organischen Verbindungen	12
	1.3.1 Monomere Verbindungen	14
	1.3.2 Polymere Verbindungen	26
1.4	Wasser	42

2 Zellstruktur — 45
Elmar W. Weiler

2.1	Übersicht über die Zellbestandteile	47
2.2	Struktur des Cytoplasmas	48
2.3	Cytoplasmatische Einschlüsse	51
	2.3.1 Cytoskelett	51
	2.3.2 Ribosomen	57
2.4	Biomembranen	59
	2.4.1 Chemische Zusammensetzung	59
	2.4.2 Membranmodelle	61
	2.4.3 Funktionen von Biomembranen	65
2.5	Das System der Grundmembranen	66
	2.5.1 Endoplasmatisches Reticulum	67
	2.5.2 Golgi-Apparat	68
	2.5.3 Plasmalemma und Tonoplast	69
	2.5.4 Zellkern	70
	2.5.5 Microbodies	73
	2.5.6 Vesikelfluß im System der Grundmembranen	74
	2.5.7 Plasmodesmen	77
2.6	Semiautonome Zellorganellen	79
	2.6.1 Mitochondrien	79
	2.6.2 Plastiden	81
2.7	Zellwand	88
	2.7.1 Chemie der Zellwand	88
	2.7.2 Aufbau der Zellwand	94

3 Zellspezialisierungen — 99
Elmar W. Weiler

3.1	Gewebetypen	101
3.2	Wachstum und Differenzierung der Zelle	102
	3.2.1 Die Zellsaftvakuole	103
	3.2.2 Zellwandwachstum	106
	3.2.3 Zellfusionen	113
3.3	Sekundäre Veränderungen der Zellwand	116
	3.3.1 Verholzung	117
	3.3.2 Mineralstoffeinlagerung	118
	3.3.3 Cutinisierung und Ablagerung von Wachsen	118
3.4	Drüsenzellen	123

4 Organisationsformen der Pflanzen — 125
Elmar W. Weiler

- 4.1 **Stammbaum der Pflanzen** ... 127
- 4.2 **Prokaryoten** ... 134
  - 4.2.1 Bakterien ... 135
  - 4.2.2 Archaea ... 145
  - 4.2.3 Vielzellige Prokaryoten ... 146
- 4.3 **Einzellige Eukaryoten** ... 149
- 4.4 **Organisationsformen der Thallophyten** ... 154
  - 4.4.1 Zellkolonie ... 154
  - 4.4.2 Coenoblast ... 155
  - 4.4.3 Fadenthallus ... 156
  - 4.4.4 Flechtthallus ... 157
  - 4.4.5 Gewebethallus ... 158
- 4.5 **Organisationsformen der Bryophyten** ... 160
- 4.6 **Organisationsform der Kormophyten** ... 162

5 Kormus — 165
Elmar W. Weiler

- 5.1 **Sproßachse** ... 167
  - 5.1.1 Sproßscheitel ... 167
  - 5.1.2 Bau des Leitsystems ... 168
  - 5.1.3 Primärer Bau der Sproßachse ... 170
  - 5.1.4 Sekundäres Dickenwachstum der Sproßachse ... 171
  - 5.1.5 Morphologie der Sproßachse ... 179
- 5.2 **Blatt** ... 182
  - 5.2.1 Entwicklung des Blattes ... 183
  - 5.2.2 Anordnung der Blätter an der Sproßachse ... 184
  - 5.2.3 Anatomie des Laubblattes ... 188
  - 5.2.4 Metamorphosen des Blattes ... 193
- 5.3 **Wurzel** ... 194
  - 5.3.1 Wurzelscheitel ... 195
  - 5.3.2 Primärer Bau der Wurzel ... 196
  - 5.3.3 Seitenwurzeln ... 199
  - 5.3.4 Sekundäres Dickenwachstum der Wurzel ... 202
  - 5.3.5 Metamorphosen der Wurzel ... 203

6 Bioenergetik: thermodynamische Grundlagen der Lebensprozesse — 205
Elmar W. Weiler

- 6.1 **Energie, Arbeit, Leistung** ... 207
  - 6.1.1 Hauptsätze der Thermodynamik ... 208
  - 6.1.2 Chemisches Potential ... 210
  - 6.1.3 Wasserpotential ... 211
  - 6.1.4 Energiewandlung und energetische Kopplung ... 216
- 6.2 **Transport durch Biomembranen** ... 218
  - 6.2.1 Permeabilität von Biomembranen ... 218
  - 6.2.2 Transportproteine in Biomembranen ... 219
- 6.3 **Enzymatische Katalyse** ... 225

7 Mineralstoff- und Wasserhaushalt — 231
Elmar W. Weiler

7.1	Aufnahme und Verteilung der Mineralsalze	233
7.2	Wasseraufnahme	237
7.3	Wasserabgabe	240
	7.3.1 Cuticuläre Transpiration	241
	7.3.2 Stomatäre Transpiration	242
	7.3.3 Molekularer Mechanismus der Spaltöffnungsbewegung	243
	7.3.4 Guttation	246
7.4	Leitung des Wassers	246
7.5	Wasserbilanz	249

8 Autotrophie: Photosynthese und Chemosynthese — 251
Elmar W. Weiler

8.1	Photosynthese der Pflanzen	253
	8.1.1 Die Lichtreaktionen	255
	8.1.2 Assimilation des Kohlenstoffs: Calvin-Zyklus	277
	8.1.3 Photorespiration	282
	8.1.4 Zusatzmechanismen der CO_2-Fixierung in C_4- und CAM-Pflanzen	283
	8.1.5 Photosynthese am natürlichen Standort	288
8.2	Bakterienphotosynthese	290
8.3	Chemosynthese	293
8.4	Evolution der Photosynthese	294

9 Haushalt von Stickstoff, Schwefel und Phosphor — 297
Elmar W. Weiler

9.1	Der Stickstoffhaushalt	299
	9.1.1 Globaler Kreislauf des Stickstoffs	299
	9.1.2 Biologische Fixierung des Luftstickstoffs	301
	9.1.3 Stickstoffhaushalt der Pflanzen	303
9.2	Haushalt des Schwefels	307
	9.2.1 Globaler Kreislauf des Schwefels	308
	9.2.2 Assimilation des Schwefels	308
	9.2.3 Einbau des reduzierten Schwefels in organische Verbindungen	311
	9.2.4 Synthese weiterer Schwefelverbindungen	311
9.3	Haushalt des Phosphors	313

10 Transport und Verwertung der Assimilate — 315
Elmar W. Weiler

10.1	Assimilattransport	317
10.2	Bildung und Abbau von Speicherstoffen	321
	10.2.1 Speicherpolysaccharide	321
	10.2.2 Speicherlipide	323
	10.2.3 Speicherproteine	329

11 Dissimilation — 331
Elmar W. Weiler

11.1	Übersicht	333
11.2	Glykolyse	334
11.3	Gärungen	335
11.4	Zellatmung	336
11.5	Kreislauf des Kohlenstoffs	342

12 Sekundärstoffwechsel — 343
Elmar W. Weiler

12.1	Ökochemische Funktionen pflanzlicher Sekundärstoffe	345
12.2	Phenole	349
12.2.1	Der Shikimat-Weg	350
12.2.2	Der Polyketid-Weg	354
12.2.3	Mischaromaten	354
12.3	Terpenoide	357
12.4	Alkaloide	366

13 Genetik und Vererbung — 373
Lutz Nover

13.1	DNA als Träger genetischer Informationen	375
13.2	Der genetische Code	376
13.3	Verpackung von DNA in Chromatin und Chromosomen	378
13.3.1	Histone als Verpackungsmaterial	379
13.3.2	Histon-Modifikationen	381
13.4	Die drei Genome der Pflanzenzellen	381
13.5	DNA-Replikation	388
13.6	Klassische Genetik	390
13.6.1	Grundbegriffe der klassischen Genetik	390
13.6.2	Drei Grundregeln der Vererbung	391
13.7	Zellzyklus	395
13.7.1	Chromosomentheorie der Vererbung	395
13.7.2	Der Zellzyklus	396
13.7.3	Mitose	397
13.7.4	Rolle der Cytoskelett-Systeme	399
13.7.5	Zellteilung (Cytokinese)	400
13.7.6	Meiose	402
13.8	Mutationen und DNA-Reparatur	406
13.8.1	Genommutationen	406
13.8.2	Chromosomenmutationen	409
13.8.3	Genmutationen	409
13.8.4	Mutagene Agenzien	411
13.8.5	DNA-Reparatur	413
13.9	Vererbungsvorgänge außerhalb der Mendel-Regeln	415
13.9.1	Extrachromosomale Vererbung	415
13.9.2	Transposons und Insertionsmutagene	417
13.10	Genetische Grundlagen der Evolution	420
13.10.1	Grundlagen der Evolution	421
13.10.2	Faktoren zur Beschleunigung der Evolution	422
13.10.3	Natürliche Auslese	424

13.11	Gentechnik und DNA-Sequenzierung	425
	13.11.1 DNA-Klonierung	425
	13.11.2 Die Polymerasekettenreaktion (PCR)	427
	13.11.3 Kopplung von reverser Transkription mit PCR (RT-PCR)	428
	13.11.4 DNA-Sequenzierung	429
13.12	Pflanzentransformation und transgene Pflanzen	430
	13.12.1 Transiente Transformation und Reporterassays	431
	13.12.2 Herstellung transgener Pflanzen	432
	13.12.3 Anbau transgener Pflanzen	434

14 Fortpflanzung und Vermehrung bei Niederen und Höheren Pflanzen — 437
Lutz Nover

14.1	Definitionen und Grundbegriffe	439
	14.1.1 Sexualität – Bildung von Gameten und Befruchtung	439
	14.1.2 Generationswechsel	441
	14.1.3 Vegetative Vermehrung	443
14.2	Drei Formen von Entwicklungszyklen bei Grünalgen	445
14.3	Drei Formen von Generationswechsel bei Braunalgen	450
14.4	Generationswechsel bei Rotalgen	454
14.5	Zelluläre Schleimpilze	458
14.6	Fortpflanzung und Vermehrung der echten Pilze	462
	14.6.1 Ascomyceten (Schlauchpilze)	462
	14.6.2 Basidiomyceten (Ständerpilze)	470
14.7	Generationswechsel der Archegoniaten	474
	14.7.1 Moose	474
	14.7.2 Farne	476
14.8	Generationswechsel der Samenpflanzen	479

15 Genexpression und ihre Kontrolle — 485
Lutz Nover

15.1	Informationsverarbeitung	487
	15.1.1 Genexpression und Informationsamplifikation	487
	15.1.2 Genstruktur und Grundprozesse der Genexpression	488
15.2	Transkription bei *E. coli*	494
	15.2.1 Biochemie der Transkription	495
	15.2.2 RNA-Polymerase von *E. coli*	496
	15.2.3 Drei Phasen der Transkription	496
15.3	Regulation der Transkription bei *E. coli*	498
	15.3.1 Das *Lac*-Operon	498
	15.3.2 Promotorstärke und alternative Sigmafaktoren	503
15.4	Transkription und RNA-Verarbeitung in Pflanzenzellen	505
	15.4.1 Sechs RNA-Polymerasen in Pflanzenzellen	505
	15.4.2 RNA-Verarbeitung: Kappenbildung und Spleißen	506
	15.4.3 Alternatives Spleißen	511
	15.4.4 RNAP II als biologische Maschine	513
	15.4.5 Organisation der Transkription am Chromatin	519
15.5	Transkriptionskontrolle bei Eukaryoten	520
	15.5.1 Klassifizierung von Transkriptionsfaktoren	521
	15.5.2 Funktionelle Anatomie von Transkriptionsfaktoren	524
	15.5.3 Kernimport und -export	525
	15.5.4 Das Galactose-Regulon in Bäckerhefe	527
	15.5.5 Transkriptionskontrolle bei der Hitzestreßantwort	529

15.6		Ribosomensynthese	530
15.7		Proteinbiosynthese	535
	15.7.1	Aminosäureaktivierung	535
	15.7.2	Der Translationszyklus an Ribosomen	537
	15.7.3	Eukaryotische mRNP-Komplexe	540
	15.7.4	Postsynthetische Modifikation von Proteinen	541
15.8		Kontrolle der Translation	546
15.9		Proteinfaltung und die Rolle molekularer Chaperone	548
	15.9.1	Entstehung der Raumstruktur von Proteinen	548
	15.9.2	Hitzestreßproteine als molekulare Chaperone	550
	15.9.3	Zwei biologische Nanomaschinen	552
	15.9.4	Faltung von Proteinen in einem Netzwerk von Chaperonen	554
15.10		Proteintopogenese	556
	15.10.1	Zwei Klassen von Proteinen werden bei der Translation getrennt	557
	15.10.2	Proteinimport in Plastiden	559
	15.10.3	Vesikeltransport von Proteinen	562
	15.10.4	Entstehung und Reifung von Glykoproteinen	566
15.11		Proteinabbau und seine Kontrolle	570
	15.11.1	Das Ubiquitin-Proteasom-System	570
	15.11.2	E3-Ubiquitin-Ligase-Komplexe	571
	15.11.3	Pflanzliche Proteasen	574
15.12		Genexpression in Plastiden	574
	15.12.1	Plastidengenom und Transkription	575
	15.12.2	Prozessierung polycistronischer mRNAs	577
	15.12.3	RNA-Editing	579
	15.12.4	Translation und Proteinfaltung	580
	15.12.5	Lichtkontrollierte Translation am Beispiel des D1-Proteins	581
	15.12.6	Abstimmung der Genexpressionsprozesse zwischen Kern und Plastiden	583
15.13		Mikrobielle Sekundärmetabolite als Antibiotika und Biopharmaka	585

16 Phytohormone und Signalstoffe — 589

Lutz Nover

16.1		Begriffe und Analysen	591
16.2		Phytohormone – auf einen Blick	593
16.3		Cytokinine	594
	16.3.1	Struktur, Biosynthese, Abbau	595
	16.3.2	Biologische Wirkungen der Cytokinine	597
	16.3.3	Molekularer Wirkungsmechanismus	598
16.4		Auxine	600
	16.4.1	Struktur, Biosynthese und Abbau der Auxine	601
	16.4.2	Auxintransport	605
	16.4.3	Wirkung von Auxinen	606
	16.4.4	Auxinrezeptoren und Signaltransduktion	609
16.5		Gibberelline	612
	16.5.1	Struktur, Biosynthese und Abbau von Gibberellinen	612
	16.5.2	Biologische Wirkung	615
	16.5.3	Signaltransduktion	618
16.6		Brassinosteroide	620
	16.6.1	Biosynthese und Inaktivierung der Brassinosteroide	621
	16.6.2	Biologische Wirkungen der Brassinosteroide	624
	16.6.3	Molekularer Wirkungsmechanismus	624

16.7		**Ethylen**	627
	16.7.1	Biosynthese von Ethylen	627
	16.7.2	Biologische Wirkungen	628
	16.7.3	Ethylen und Fruchttechnologie	630
	16.7.4	Ethylenrezeption und Signaltransduktion	633
16.8		**Abscisinsäure**	635
	16.8.1	ABA-Biosynthese und -Abbau	636
	16.8.2	Biologische Wirkungen	638
	16.8.3	ABA-Rezeption und Signaltransduktion	640
16.9		**Jasmonsäure**	641
	16.9.1	JA-Biosynthese und Metabolisierung	642
	16.9.2	Wirkungen der Jasmonsäure	644
	16.9.3	Wirkungsmechanismus	647
16.10		**Weitere pflanzliche Signalstoffe**	648
	16.10.1	Peptidsignale	648
	16.10.2	Stickstoffmonoxid (NO)	650
	16.10.3	Ca^{2+} und Signaltransduktionsketten	655
	16.10.4	Salicylsäure	657
16.11		**Hormonnetzwerke**	659
	16.11.1	Zellzykluskontrolle durch Hormone	660
	16.11.2	Apikaldominanz	662
	16.11.3	Pflanzenregeneration	665

17 Licht und Schwerkraft — 669

Lutz Nover

17.1		**Pflanzen und Licht**	671
	17.1.1	Lichtrezeptoren	673
	17.1.2	Phytochrome	674
	17.1.3	Cryptochrome	678
	17.1.4	Phototropine	679
17.2		**Lichtgesteuerte Wachstumsprozesse**	680
	17.2.1	Etiolierung und Deetiolierung von Keimpflanzen	681
	17.2.2	Schattenvermeidungssyndrom	685
	17.2.3	Circadiane Rhythmen	688
	17.2.4	Photoperiodismus	693
	17.2.5	Kontrolle der Nitrat-Reductase	699
17.3		**Gravitropismus**	701
	17.3.1	Begriffe und Definitionen	701
	17.3.2	Wahrnehmung und Verarbeitung von Schwerkraftreizen	703

18 Pflanzliche Entwicklung — 709

Lutz Nover

18.1		**Grundlagen pflanzlicher Entwicklung**	711
18.2		**Meristeme**	713
	18.2.1	Vegetative Meristeme in Pflanzen	713
	18.2.2	Das Sproßapikalmeristem (SAM)	714
	18.2.3	SAM als morphogenetisches Feld für die Entstehung von Blattanlagen	716
	18.2.4	Entwicklung von Blättern und Leitbündeln	720
	18.2.5	Das Apikalmeristem der Wurzel (RAM)	724
18.3		**Muster der Zellspezialisierungen in der Epidermis**	727
	18.3.1	Entwicklung von Trichomen bei *Arabidopsis*	728
	18.3.2	Bildung von Wurzelhaaren	729

18.4	**Blütenentwicklung**		731
	18.4.1	Blühinduktion	731
	18.4.2	Kontrolle der Blütenorganidentität	733
	18.4.3	Realisierung der Blütenmorphologie	737
18.5	**Bestäubung und Befruchtung**		742
	18.5.1	Pollenentwicklung auf der Narbe	742
	18.5.2	Blütenbiologie und Bestäubungsbiologie	747
	18.5.3	Molekulare Mechanismen der Selbstinkompatibilität	750
18.6	**Embryonal- und Fruchtentwicklung**		753
	18.6.1	Embryogenese	754
	18.6.2	Samen- und Fruchtentwicklung	758
	18.6.3	Samen und Früchte als Verbreitungseinheiten	764
	18.6.4	Samenruhe und Samenkeimung	766

19 Pflanzen und Streß — 771

Lutz Nover

19.1	**Das Streßsyndrom im Alltag der Pflanzen**		773
19.2	**Hitzestreßantwort**		776
19.3	**Kälte-, Salz- und Wassermangelstreß**		778
	19.3.1	Molekulare Mechanismen	780
	19.3.2	Kältestreß	782
	19.3.3	Salzstreß	783
19.4	**Oxidativer Streß**		783
19.5	**Hypoxie durch Überflutung**		786
19.6	**Wirkung chemischer Stressoren**		788
	19.6.1	Schwermetallstreß	789
	19.6.2	Chemischer Streß durch Herbizide	791
19.7	**Mechanischer Streß und Verwundung**		796

20 Biotische Stressoren – Wechselwirkung von Pflanzen mit anderen Organismen — 803

Lutz Nover

20.1	**Direkte und indirekte Wechselwirkung zwischen Organismen**		805
20.2	**Pflanzenparasiten**		809
20.3	**Flechten**		811
20.4	**Mykorrhiza**		813
20.5	**Symbiotische Stickstoff-Fixierung**		816
20.6	**Pflanzenpathogene Mikroorganismen**		822
	20.6.1	Erkennung von Pflanzen und Mikroorganismen	822
	20.6.2	Entstehung von Pflanzentumoren nach Infektion mit *Agrobacterium tumefaciens*	828
20.7	**Viren und Viroide**		833
	20.7.1	Symptome von Viruserkrankungen	834
	20.7.2	Virusgenome: Replikation und Expression	835
	20.7.3	Wege der Infektion und Verbreitung	841
	20.7.4	Pflanzliche Abwehr gegen Viruserkrankungen	843

21 Anhang — 845

Weiterführende Literatur	847
Sachverzeichnis	858

1 Molekularer Aufbau des pflanzlichen Organismus

Alle Lebewesen sind aus Molekülen aufgebaut, und alle Lebensvorgänge beruhen auf Umwandlungen von – oder Vorgängen an – Molekülen. Um die Lebensäußerungen eines Organismus umfassend zu verstehen, müssen sie bis in die molekulare oder gar atomare Dimension aufgeklärt werden. Die stoffliche Zusammensetzung der Lebewesen ist durch zwei Grundprinzipien gekennzeichnet:

- Wasser (H_2O) ist das Lösungsmittel für fast alle Stoffwechselreaktionen und der Masse nach Hauptbestandteil der meisten Gewebe.
- Die Biomoleküle basieren auf der Chemie des Elements Kohlenstoff (Elementsymbol C) und enthalten stets auch Wasserstoff (H) sowie meist Sauerstoff (O) und oft Stickstoff (N), Schwefel (S) oder Phosphor (P). Seltener kommen auch andere Elemente, z. B. Chlor (Cl), in Biomolekülen vor.

Die wichtigsten Bausteine der Organismen sind Zucker, Aminosäuren, Nucleotide und Lipide. Diese kommen entweder als Einzelmoleküle (Monomere) vor oder sie bilden Oligomere bzw. Polymere. Wichtige Biopolymere sind Polysaccharide, Proteine, Nucleinsäuren und Lignin. Lignin ist spezifisch für die Höheren Pflanzen und fehlt den Niederen Pflanzen, Pilzen, Tieren und den Prokaryoten. Weitere pflanzentypische Biopolymere sind Cutin, Suberin und Polyterpene.

Ihren unterschiedlichen Eigenschaften entsprechend, erfüllen Biopolymere in der Zelle ganz verschiedene Aufgaben: Sie stellen Gerüst- oder Speichersubstanzen dar, üben Schutzfunktionen aus, wirken als Biokatalysatoren, bewirken Energieumwandlungen oder dienen der Speicherung und Weitergabe von Informationen.

Molekularer Aufbau des pflanzlichen Organismus

1.1 **Elementare Zusammensetzung des Pflanzenkörpers ... 3**

1.2 **Kohlenstoff: Grundelement organischer Verbindungen ... 6**

1.3 **Die wichtigsten organischen Verbindungen ... 12**

1.3.1 Monomere Verbindungen ... 14

Verbindungen mit Hydroxylgruppen: Alkohole ... 14

Verbindungen mit Oxogruppen: Carbonylverbindungen ... 16

Verbindungen mit Oxohydroxygruppen: Carbonsäuren ... 22

Aminogruppen tragende Verbindungen ... 23

1.3.2 Polymere Verbindungen ... 26

Nucleinsäuren ... 27

Proteine ... 32

Polysaccharide ... 37

Lignin ... 41

1.4 **Wasser ... 42**

1.1 Elementare Zusammensetzung des Pflanzenkörpers

Wie bei allen Organismen, so macht auch bei Pflanzen Wasser (H_2O) den größten Gewichtsanteil (bis über 90 %) aus. Die nach Entfernen des Wassers zurückbleibende Trockensubstanz besteht zum größten Teil aus den Nichtmetallen Kohlenstoff (C), Sauerstoff (O), Wasserstoff (H), Stickstoff (N), Schwefel (S) und Phosphor (P), also den Elementen, aus denen die organischen Verbindungen überwiegend aufgebaut sind. Zum geringen Teil liegen diese Elemente im Organismus auch als Ionen vor. Daneben finden sich zahlreiche weitere Elemente, die in ionischer Form auftreten. Als kovalente Bindungspartner in organischen Verbindungen kommen diese dagegen entweder gar nicht vor, z. B. Magnesium (Mg), Calcium (Ca) und andere Metalle, oder selten, z. B. Chlor (Cl). Dem pflanzlichen Bedarf entsprechend werden Makroelemente und Mikroelemente unterschieden.

Das Vorkommen eines Elements (Box **1.1**) in einer Pflanze ist natürlich noch kein Beweis dafür, daß es für diese wirklich lebensnotwendig ist. Aufschluß hierüber gaben erst Anzuchtversuche unter streng kontrollierten Bedingungen in Klimakammern mit einer definierten Atmosphäre und unter Verwendung von Nährlösungen genau bekannter Zusammensetzung (Plus **1.1**). Dabei hat sich gezeigt, daß einige Elemente, die daher **Makroelemente** genannt werden, in weit größeren Mengen benötigt werden als andere, die Spuren- oder **Mikroelemente**. Zu den Makroelementen gehören Kohlenstoff (C), Sauerstoff (O) und Wasserstoff (H), die in Form von Kohlendioxid (CO_2) über den Sproß, Wasser (H_2O) über die Wurzeln bzw. molekularem Sauerstoff (O_2) über die gesamte Oberfläche in die Pflanze gelangen, sowie die folgenden, die in ionischer Form über die Wurzeln aufgenommen werden und in Konzentrationen von über 20 mg l^{-1} in Nährlösungen vorhanden sein müssen: Stickstoff (N), Schwefel (S), Phosphor (P), Kalium (K), Calcium (Ca) und Magnesium (Mg). Ebenfalls als Ionen über die Wurzeln werden alle Mikroelemente aufgenommen. Sie müssen in Nährlösungen in nur geringen Konzentrationen vorliegen (wenige mg l^{-1} bis µg l^{-1}): Chlor (Cl), Bor (B), Mangan (Mn), Zink (Zn), Kupfer (Cu) und Molybdän (Mo). Eisen (Fe) wird manchmal zu den Makro- und manchmal zu den Mikroelementen gerechnet. Tab. **1.1** gibt eine Übersicht über die für alle Pflanzen essentiellen Elemente, die Form, in der sie aufgenommen werden, ihren relativen Bedarf sowie über wichtige Funktionen in der Pflanze, auf die in späteren Kapiteln näher eingegangen wird. Das Fehlen auch nur eines einzigen essentiellen Elements ruft schwerwiegende Schäden hervor (Plus **1.1**).

Neben diesen für alle Pflanzen essentiellen Elementen besitzen andere nur für bestimmte Pflanzengruppen Bedeutung, so Silicium (Si) für Schachtelhalme und Süßgräser. Einige Pflanzen benötigen Nickel (Ni), manche Halophyten (Salzpflanzen) gedeihen kaum in Abwesenheit von Natrium (Na).

Die Ansprüche der Niederen Pflanzen weichen von denen der Höheren in manchen Fällen stark ab. So ist Calcium für viele Algen eher ein Mikro- als ein Makroelement, und für manche Pilze scheint es sogar ganz entbehrlich zu sein. Diatomeen (Kieselalgen) brauchen Silicium nicht nur für den Aufbau ihres Kieselpanzers, sondern auch für das Funktionieren ihres Stoffwechsels. Die Grünalge *Chlamydomonas* benötigt als einzige bisher bekannte Pflanze Selen (Se). Braunalgen (Tange) können große Mengen Jod (J) speichern, dessen Funktion in der Pflanze jedoch nicht bekannt ist.

Box 1.1 Elemente

Atome sind aus Protonen, Neutronen und Elektronen aufgebaut. Protonen sind elektrisch positiv, Elektronen negativ und Neutronen nicht geladen. Protonen und Neutronen bilden den Atomkern, die Elektronen umgeben den Atomkern in diskreten Bezirken („Elektronenschalen") und bilden um ihn die Elektronenhülle. Als **Element** bezeichnet man einen Stoff, dessen Atome die gleiche Kernladung – also die gleiche Protonenzahl – besitzen. Im nichtionisierten Zustand besitzt ein Atom ebensoviele Elektronen wie Protonen, ist also elektrisch insgesamt neutral.

Die Elektronenhülle bestimmt das chemische Verhalten. Daher ist jedes Element durch charakteristische chemische Eigenschaften ausgezeichnet. Die Anzahl der Protonen – also die **Kernladungszahl** – entspricht der **Ordnungszahl** des Elements. Das Auffüllen der Elektronenschalen mit steigender Ordnungszahl folgt einem periodisch sich wiederholenden Muster; ist eine Schale gefüllt, wird die nächsthöhere besetzt usw. Elemente mit gleicher Elektronenzahl in der jeweils äußersten Schale weisen ähnliche chemische Eigenschaften auf und werden im **Periodensystem** der Elemente als Gruppe aufgeführt.

Die Summe der Anzahl der Protonen und Neutronen im Atomkern wird **Massenzahl** genannt (da Elektronen nahezu masselos sind, wird die Atommasse durch die Masse der Protonen plus der Neutronen bestimmt). Ordnungs- und Massenzahl eines Elements werden zur einfachen Charakterisierung dem Elementsymbol beigegeben, die Massenzahl oben links, die Ordnungszahl unten links, z. B. $^{1}_{1}H$, $^{12}_{6}C$. Die Differenz zwischen Massen- und Ordnungszahl ergibt die Anzahl der Neutronen im Atomkern.

Plus 1.1 Hydroponik und Nährstoffmangel

Julius Sachs war der Erste, der versuchte, durch **Hydroponik**, d. h. durch Anzucht von Pflanzen in Nährlösungen, deren mineralische Nährstoffbedürfnisse zu ermitteln. Damals, 1887, waren jedoch hochreine anorganische Salze noch nicht verfügbar. Deshalb gelang es Sachs nicht, sämtliche essentiellen Spurenelemente aufzufinden, denn diese waren in den verwendeten Salzen der Makroelemente als Verunreinigungen enthalten.

Auf Sachs' Experimenten aufbauend wurden später optimal auf die Bedürfnisse von Pflanzen zugeschnittene Nährlösungen entwickelt, von denen die Hoaglandsche Nährlösung eine der meistverwendeten ist.

Zusammensetzung der Hoaglandschen Nährlösung. Die fertige Lösung besitzt einen pH-Wert von 5,8. Sie kann im Verhältnis 1:2 bis 1:4 mit Wasser verdünnt verwendet werden.

Bestandteil	Konzentration g l^{-1}	Bestandteil	Konzentration mg l^{-1}
KNO_3	1,02	H_3BO_3	2,86
$Ca(NO_3)_2$	0,49	$MnCl_2 \cdot 4H_2O$	1,81
$MgSO_4 \cdot 7H_2O$	0,49	Fe^{3+}**	1,00
$NH_4H_2PO_4$	0,23	$ZnSO_4 \cdot 7H_2O$	0,22
		$H_2MoO_4 \cdot H_2O$	0,09
		$CuSO_4 \cdot 5H_2O$	0,08

* als Na,Fe-Ethylendiamino-di(o-hydroxyphenylacetat)-Chelatkomplex (Sequestren)

Bereits das Fehlen oder der Mangel eines einzigen Elements bewirkt schwerwiegende **Mangelsymptome**, wie bei den in der Abbildung gezeigten 12 Wochen alten Tabakpflanzen, die entweder in vollständiger Nährlösung (linke Pflanze) oder unter Fehlen des jeweils angegebenen Elements herangezogen wurden. Eisenmangel wie auch Mangel an Magnesium z. B. ruft Chlorosen (Störungen der Chlorophyllbildung) hervor. Magnesium wird als Zentralatom des Chlorophylls benötigt, Eisen zur Biosynthese des Chlorophyll-Ringsystems. Da Stickstoff in jeder Aminosäure und somit jedem Protein, aber auch in allen Purin- und Pyrimidinbasen und damit allen Nucleinsäuren enthalten ist, führt auch Stickstoffmangel zu sehr schwerer Schädigung der Pflanze.

Kaliummangel ruft die sog. „Starrtracht" hervor, die Pflanzen bleiben kleinwüchsig und versteifen. Die besonders gravierenden Calcium-Mangelsymptome erklären sich aus dem Calciumbedürfnis der Meristeme, aus der Beteiligung des Calciums am Aufbau der pflanzlichen Mittellamellen und der primären Zellwände und schließlich aus seiner Funktion als Regulator zahlreicher Zellfunktionen.

An natürlichen Standorten herrschen hinsichtlich der **Mineralstoffversorgung** nur selten optimale Bedingungen. Mangel an Mikroelementen ist jedoch wegen des geringen pflanzlichen Bedarfs kaum anzutreffen. Auch Phosphormangel ist eher selten, besonders häufig dagegen Stickstoffmangel. Im Gegensatz zum Phosphor, der ständig als Phosphat infolge der Gesteinsverwitterung freigesetzt wird, gibt es keine mineralischen Stickstoffvorkommen. Der gesamte Stickstoff der Biosphäre stammt aus der Tätigkeit Luftstickstoff fixierender Prokaryoten. Durch die Tätigkeit denitrifizierender Mikroorganismen geht allerdings etwa gleichviel Stickstoff in Form gasförmiger Stickoxide an die Atmosphäre verloren, sodaß sich ein delikater Stickstoffkreislauf ergibt (Kap. 9.1.1). In diesen Kreislauf sind die Pflanzen als Konkurrenten eingefügt. Um ein optimales Wachstum von Kulturpflanzen zu erreichen, muß der Mensch durch Stickstoffdüngung einen Beitrag leisten.

Auch Eisenmangel ist verbreitet, trotz hohen Eisenvorkommens in den meisten Böden. Er beruht auf der schlechten Verfügbarkeit des Eisens im Boden. Bodenlebende Mikroorganismen und Pflanzenwurzeln scheiden organische Verbindungen, die **Siderophore**, in den Boden aus, die Eisen-Ionen komplexieren und so daran hindern, sich als unlösliche Oxide niederzuschlagen (S. 236). Bekannt ist der Eisen-EDTA-Komplex, der in käuflichen Mineraldünger-Lösungen verwendet wird.

Originalaufnahme M. H. Zenk, mit freundlicher Genehmigung.

1.1 Elementare Zusammensetzung des Pflanzenkörpers

Tab. 1.1 Allgemeine Makronährelemente (blau) und Mikronährelemente (rot) der Pflanzen. Eisen (grün) wird manchmal auch als Makronährelement bezeichnet, obwohl es mengenmäßig zu den Mikronährelementen zu rechnen ist.

Element	relativer Bedarf (Anzahl der Atome im Verhältnis zu Molybdän)	von der Pflanze aufgenommen als	wichtige Funktionen bzw. Vorkommen in der Pflanze
Wasserstoff (H)	60 000 000	H_2O	Wasser („biologisches" Lösungsmittel), alle organischen Verbindungen
Kohlenstoff (C)	35 000 000	CO_2	alle organischen Verbindungen
Sauerstoff (O)	30 000 000	H_2O, CO_2, O_2	sehr viele organische Verbindungen, erhöht deren Polarität; z. B. Zucker, organische Säuren, Aminosäuren und davon abgeleitete Substanzen wie z. B. Polysaccharide, Proteine, Nucleinsäuren
Stickstoff (N)	1 000 000	NO_3^- (NH_4^+)*	Aminosäuren, Purin- und Pyrimidinbasen sowie davon abgeleitete Verbindungen (Proteine, Nucleinsäuren, viele Coenzyme), Alkaloide
Kalium (K)	250 000	K^+	Hauptosmotikum, Gegen-Ionen insbesondere Cl^-, organische Säuren
Calcium (Ca)	125 000	Ca^{2+}	Vernetzung der Pectinsäuren der Zellwände und Mittellamellen, Regulator vieler Zellprozesse
Magnesium (Mg)	80 000	Mg^{2+}	Zentralatom im Chlorophyll, reguliert die Aktivität vieler Enzyme (z. B. RubisCO), Cofaktor ATP-umsetzender Enzyme (z. B. Kinasen)
Phosphor (P)	60 000	$H_2PO_4^-$ (HPO_4^{2-})**	Bestandteil von Nucleotiden und davon abgeleiteten Verbindungen wie z. B. Nucleinsäuren, NAD(P); Phosphorsäureanhydride dienen der Aktivierung von Carboxylgruppen und der Energiespeicherung (insbesondere ATP, GTP)
Schwefel (S)	30 000	SO_4^{2-}	Aminosäuren und Protein, Eisen-Schwefel-Zentren von Redoxproteinen, einige Coenzyme (Liponsäure, Coenzym A, Thiaminpyrophosphat), Glutathion
Eisen (Fe)	2 000	Fe^{2+} (Fe^{3+})***	Eisen-Schwefel-Zentren von Redoxproteinen, Zentralatom im Häm, Cofaktor der Chlorophyllbiosynthese
Chlor (Cl)	3 000	Cl^-	Regulator der Photosynthese, benötigt für die Schließzellenfunktion
Bor (B)	2 000	BO_3^{3-}	essentiell für Meristemfunktionen
Mangan (Mn)	1 000	Mn^{2+}	Katalysator der Wasserspaltung und Elektronenspeicher im Photosystem II
Zink (Zn)	300	Zn^{2+}	Cofaktor von Metalloenzymen (z. B. Alkoholdehydrogenase)
Kupfer (Cu)	100	Cu^+, Cu^{2+}	Cofaktor von Metalloenzymen, Elektronenüberträger der Photosynthese (Plastocyanin) und der Atmungskette (Endoxidase)
Molybdän (Mo)	1	MoO_4^{2-}	Bestandteil von Molybdopterin, dem Cofaktor einiger Metalloenzyme (Aldehydoxidasen, Nitrat-Reductase), Cofaktor der Nitrogenase

* NH_4^+ wird nur aufgenommen, wenn kein Nitrat verfügbar ist
** das in stark sauren Böden vorliegende HPO_4^{2-} kann ebenfalls aufgenommen werden
*** Fe^{3+} nur bei Poaceen (Süßgräsern), S. 237

1.2 Kohlenstoff: Grundelement organischer Verbindungen

Die Sonderstellung des Kohlenstoffs als Grundelement organischer Verbindungen hat ihre Ursache vor allem in der Eigenschaft der Kohlenstoffatome, Ketten oder Ringe zu bilden, eine Eigenschaft, die keines der anderen bekannten Elemente in diesem Maße besitzt. Sie gibt die Möglichkeit zur Bildung großer Moleküle. Kohlenstoffatome gehen zudem verhältnismäßig leicht kovalente Bindungen mit Atomen weiterer Elemente ein, insbesondere mit Wasserstoff-, Sauerstoff-, Stickstoff- und Schwefelatomen. Diese beiden Eigenschaften des Kohlenstoffs waren eine unerläßliche Voraussetzung für die Entstehung einer nahezu unbegrenzten Zahl verschiedener Stoffe während der Evolution, und sie sind die Grundlage für die funktionelle Spezifität der die Organismen aufbauenden Substanzen.

Bindungsverhalten des Kohlenstoffs: Das Element Kohlenstoff ist in allen seinen Verbindungen vierbindig, es nutzt vier seiner insgesamt sechs Elektronen zur Ausbildung kovalenter Bindungen mit anderen Atomen. Neben Sigma-(σ-)Bindungen kommen Pi-(π-)Bindungen vor. Jede kovalente Bindung – in den Strukturformeln durch einen Strich zwischen den verbundenen Atomen dargestellt – entsteht durch Wechselwirkung zweier Elektronen, je eines von jedem Bindungspartner bereitgestellt, die ein gemeinsames Molekülorbital ausbilden. Ein Bindungsstrich in einer Formel entspricht daher einem gemeinsamen Elektronenpaar der Bindungspartner eines Moleküls (Box **1.2** und Box **1.3**).

Box 1.2 Atomorbitale

Im einfachsten Fall kann man sich ein Elektron als punktförmige negative Ladung vorstellen, die in einem bestimmten Bereich um den Atomkern auftreten kann. Würde man diesem Modell zufolge den Aufenthaltsort des Elektrons in einer Reihe sehr schnell aufeinanderfolgender Photographien sichtbar machen und viele solcher Bilder übereinanderlegen, so käme man zu einem Bild wie dem in Box **1.3** gezeigten. Jeder rote Punkt wäre der Aufenthaltsort des Elektrons in einem bestimmten Moment. Der Raum um den Atomkern, in dem sich das betrachtete Elektron aufhalten kann, wird dessen **Atomorbital** genannt. Jedes Atomorbital kann maximal mit zwei Elektronen antiparallelen Spins besetzt sein, die einen definierten Energiezustand besitzen. Den Spin kann man sich in diesem Punktladungsmodell des Elektrons als dessen Drehmoment vorstellen. Ein **s-Orbital** besitzt Kugelgestalt, jedes der drei **p-Orbitale** ist hantelförmig, bei Elementen höherer Perioden (z. B. Phosphor und Schwefel) können noch **d-Orbitale** auftreten. Durch Kombination (Hybridisierung) solcher Orbitale können **Hybrid-Atomorbitale** gebildet werden, z. B. vier sp³-Hybridorbitale aus der Kombination von einem s- und drei p-Orbitalen. Solche Hybridisierungen treten aber erst während der Ausbildung kovalenter Bindungen auf. Orbitale sind keine realen Gebilde, sondern der mathematische Ausdruck für die Aufenthaltswahrscheinlichkeit eines Elektrons in einem Atom oder Molekül.

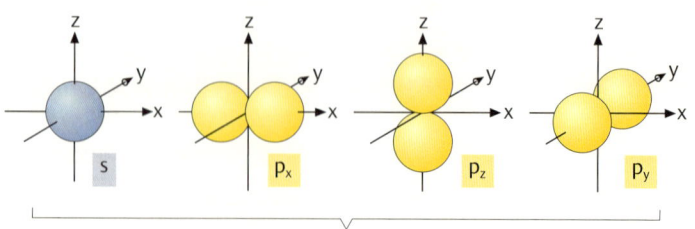

Kombination eines s- und dreier p-Atomorbitale ergibt vier sp³-Atomorbitale.

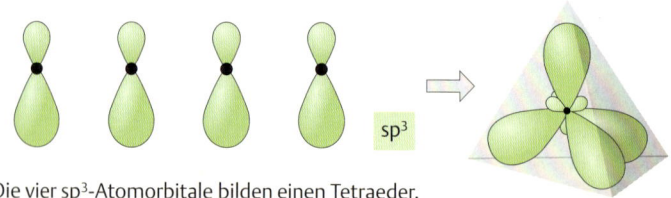

Die vier sp³-Atomorbitale bilden einen Tetraeder.

Box 1.3 Kovalente Bindung und Ionenbindung

Kovalente Bindungen kommen dadurch zustande, daß zwei mit jeweils nur einem Elektron besetzte Atomorbitale (s-, p-, d-Orbitale oder Hybridorbitale) sich gegenseitig zu einem gemeinsamen Molekülorbital durchdringen, dessen beide Elektronen antiparallelen Spin besitzen. Im Bereich zwischen den beiden Atomkernen weist die Elektronenwolke ihre höchste Dichte auf (d. h. die Aufenthaltswahrscheinlichkeit der beiden Elektronen ist am größten). Die „Bindung" ist demnach das Resultat der elektrostatischen Anziehung der beiden positiv geladenen Atomkerne und der negativen Ladung zwischen ihnen (Abb. **a**).

Das an der kovalenten Bindung beteiligte Elektronenpaar wird in der üblichen Formelschreibweise durch einen Bindungsstrich symbolisiert. Die Bindungselektronen werden auch als **Valenzelektronen** bezeichnet.

Sigma-Bindungen (σ-**Bindungen**) kommen zustande, wenn sich zwei s-Orbitale (Abb. **b**), ein s- und ein p-Orbital (Abb. **c**) oder zwei Hybridorbitale (Abb. **d**) überlappen. Das sich bildende σ-Molekülorbital ist axialsymmetrisch um die gedachte Verbindungsachse beider Atomkerne angeordnet, die σ-Bindung erlaubt eine freie Drehung der Atome um diese Achse.

Pi-Bindungen (π-**Bindungen**) entstehen, wenn zwei p-Orbitale (oder ein p- und ein d-Orbital, oder zwei d-Orbitale) sich überlappen. Die Knotenebene des sich bildenden π-Molekülorbitals liegt auf der gedachten Bindungsachse zwischen beiden Atomkernen. Die π-Bindung erlaubt daher keine freie Drehung der Atome um die Bindungsachse (Abb. **e**).

Doppelbindungen oder **Dreifachbindungen** entstehen, wenn neben einer σ-Bindung noch eine oder zwei π-Bindungen zwischen den miteinander reagierenden Atomen ausgebildet werden (Abb. **1.1**).

Damit es zur Reaktion von Atomen zu Molekülen kommen kann, muß in der Regel zunächst Energie, z. B. Wärme, Strahlung oder auch Energie in Form elektrischer Entladungen zugeführt werden. Thermisch angeregte Atome besitzen eine höhere kinetische Energie und kommen sich beim Zusammenstoß u. U. nahe genug, um eine Wechselwirkung der Elektronenwolken zu ermöglichen. Die Absorption von Strahlungsenergie überführt einzelne Elektronen eines Atoms in energiereichere und damit reaktivere Zustände, die die Ausbildung chemischer Bindungen begünstigen.

Unter Umständen ist die absorbierte Strahlungsenergie sogar ausreichend, um ein oder mehrere Elektronen ganz aus einem Atom oder einem Molekül auszustoßen. Entsteht dabei ein stabiles **Kation** (positiv geladenes Ion), kann dieses mit einem **Anion** (negativ geladenes Ion) unter Ausbildung einer elektrostatischen **Ionenbindung** reagieren, z. B. das Natrium-Ion mit dem Chlorid-Ion unter Bildung von Natriumchlorid (Kochsalz): $Na^+ + Cl^- \rightarrow NaCl$.

Häufiger entstehen durch den Verlust einzelner Elektronen jedoch instabile Atome oder Moleküle mit einzelnen ungepaarten Elektronen; solche Atome oder Moleküle nennt man **Radikale**. Sie reagieren mit anderen Molekülen, wobei es zum Zerfall des Moleküls in Bruchstücke kommen kann. Häufig reagieren sie auch in Form einer Kettenreaktion, bei der sich kovalent verbundene Polymere bilden können.

Das „Grundelement" organischer Verbindungen, der Kohlenstoff, geht kovalente Bindungen außer mit sich selbst mit Wasserstoff (H), Sauerstoff (O), Stickstoff (N), Schwefel (S) und Phosphor (P) sowie mit den Halogenen Fluor (F), Chlor (Cl), Brom (Br) und Jod (J) ein.

Aufgrund ihrer Stärke werden kovalente Bindungen und Ionenbindungen oft auch als **Hauptvalenzen** den schwächeren **Nebenvalenzen** (Wasserstoffbrückenbindungen, Van-der-Waals-Kräfte, hydrophobe Wechselwirkungen) gegenübergestellt.

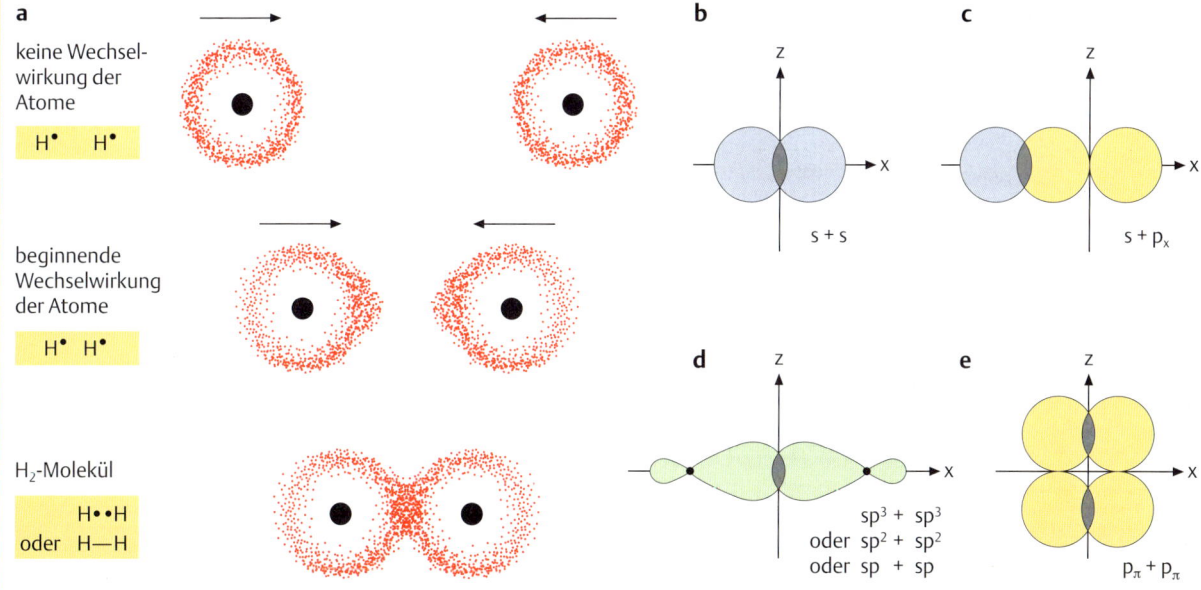

Kohlenstoff bildet entweder vier σ-Bindungen, drei σ-Bindungen und eine π-Bindung oder zwei σ-Bindungen und zwei π-Bindungen aus, je nachdem, ob seine vier für Bindungen verfügbaren Elektronen vier sp^3-Hybridorbitale, drei sp^2- (und ein nicht hybridisiertes p-Orbital) oder zwei sp-Hybridorbitale (und zwei nicht hybridisierte p-Orbitale) zur Verfügung stellen (Box 1.3). Solche hybriden Atomorbitale bilden sich, wenn zum einen das Kohlenstoffatom durch Aufnahme von Energie (z. B. in Form von elektromagnetischer Strahlung) in einen angeregten Zustand überführt wird und zum anderen sich zugleich ein geeigneter Reaktionspartner in genügend kleinem Abstand vom angeregten Kohlenstoffatom befindet, sodaß die beiden Elektronenhüllen miteinander in Wechselwirkung treten können. Atomorbitale und Molekülorbitale sind allerdings keine realen Gebilde, sondern mathematische Beschreibungen der Aufenthaltswahrscheinlichkeit der Elektronen um den Atomkern bzw. die Atomkerne eines Moleküls.

Die vier σ-Bindungen des sp^3-hybridisierten Kohlenstoffatoms zeigen in die Ecken eines Tetraeders, wohingegen die drei σ-Bindungen des sp^2-hybridisierten Kohlenstoffs trigonal-planar und die beiden des sp-hybridisierten Kohlenstoffs linear angeordnet sind (Abb. 1.1 und Box 1.4). Die zusätzliche(n) π-Bindung(en) bilden sich über jeweils einer der σ-Bindungen aus, sodaß Doppel- bzw. Dreifachbindungen entstehen. Diese weisen gegenüber einer einfachen σ-Bindung jeweils entsprechend

> **Box 1.4   Tetraedrische Moleküle**
>
> Neben Kohlenstoff treten in biochemischen Zusammenhängen weitere Atome mit sp^3-Hybridorbitalen auf, deren Bindungen in die Ecken eines Tetraeders (Abb. **a**, **b**) weisen: Stickstoff (N) im Ammoniak (NH_3), im Ammonium-Ion (NH_4^+) oder in der NH_2-Gruppe (Abb. **c**), Sauerstoff (O) im Wasser (H_2O), im Hydronium-Ion (H_3O^+) oder in der OH-Gruppe (Abb. **d**) und Phosphor (P) in der Phosphorsäure (H_3PO_4) bzw. in den Phosphaten $H_2PO_4^-$, HPO_4^{2-} und PO_4^{3-} (Abb. **e**). Diese Moleküle bzw. funktionellen Gruppen sind tetraedrisch aufgebaut (Abb. **1.1**).
>
> Es gibt eine allgemeine Konvention zur Darstellung von Substituenten an sp^3-hybridisierten Atomen: Ausgefüllte Keile zeigen nach vorn aus der Papierebene heraus, schraffierte Keile zeigen hinter die Papierebene, einfache Striche liegen in der Papierebene.
>
> **a** Tetraeder   **b** Methan
>
> **c** Ammoniak   Ammonium-Ion
>
> **d** Wasser   Hydronium-Ion
>
> **e** Phosphorsäure   Phosphat-Ion
>
> In der Abbildung bedeuten: ·· freie Elektronenpaare mit annähernder Darstellung der Form des sp^3-Hybridorbitals (grün).

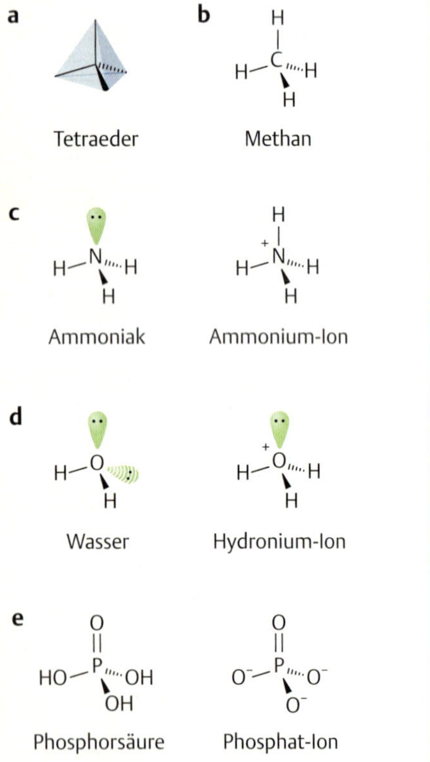

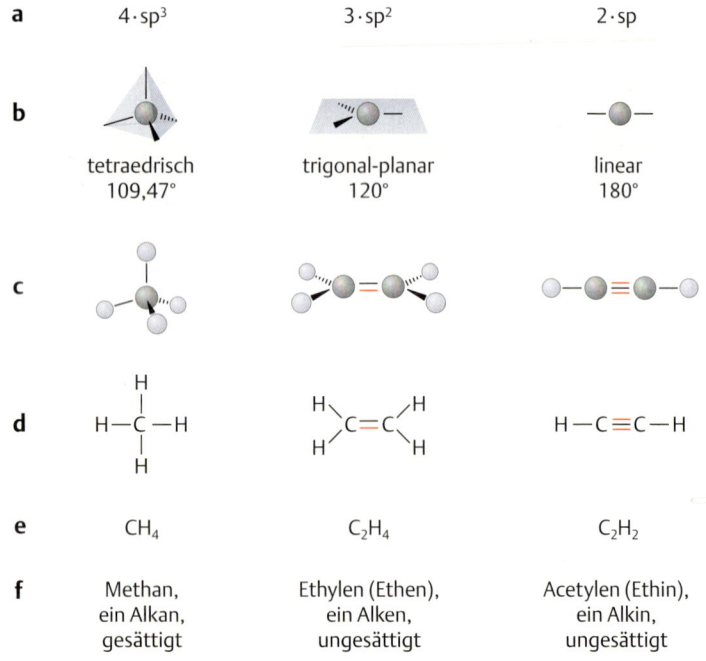

Abb. 1.1 Bindungsverhalten von Kohlenstoff. a Anzahl und Typ der möglichen Hybridorbitale. **b** Raummodelle und Bindungswinkel der σ-Bindungen. **c–e** Beispiele für einfache Kohlenwasserstoffverbindungen des sp^3-, sp^2- bzw. sp-hybridisierten Kohlenstoffatoms in verschiedenen Darstellungen. **c** Raummodelle und **d** Strukturformeln der Moleküle. Kohlenstoff grau, Wasserstoff blau, σ-Bindungen schwarz, π-Bindungen rot. Jeder Strich entspricht einem Paar Bindungselektronen (Valenzelektronen). **e** Summenformeln der in c, d gezeigten Moleküle. **f** Bezeichnungen der dargestellten Verbindungen und Zuordnung zur Kohlenwasserstoffklasse.

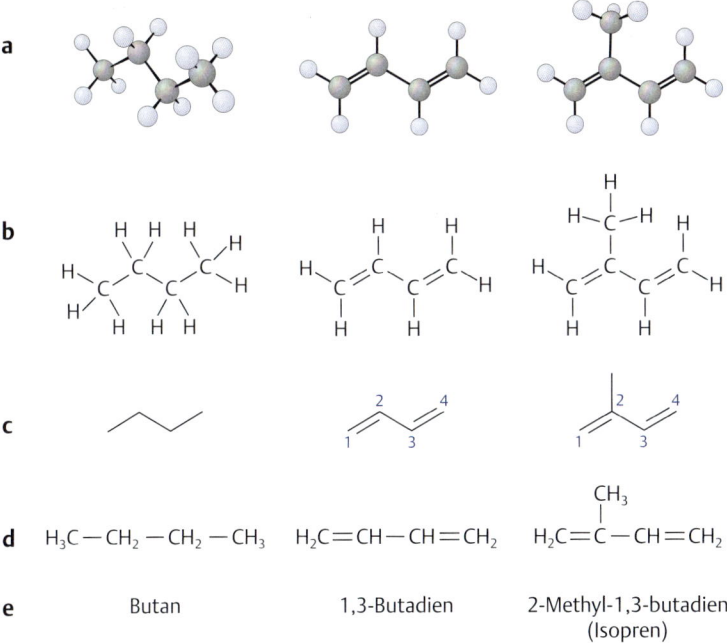

Abb. 1.2 Beispiele für lineare und verzweigte Kohlenwasserstoffe. a Kugel-Stab-Modelle der Moleküle. Kohlenstoffatome grau, Wasserstoffatome blau. **b** Zweidimensionale Darstellung derselben Moleküle unter Verwendung der Elementsymbole. **c** Vereinfachte Darstellung der Kohlenstoffgerüste dieser Moleküle. In den vereinfachten Formeln werden die Elementsymbole der Kohlenstoff- und Wasserstoffatome nicht geschrieben, C—H-Bindungsstriche werden weggelassen. Diese übersichtliche Darstellungsart wird gerne für komplizierte Molekülformeln verwendet. **d** Gebräuchliche vereinfachte Repräsentation der Strukturformeln unter Verwendung sämtlicher Elementsymbole. **e** Namen der Verbindungen.

höhere Bindungsenergien auf, sind allerdings auch reaktionsfähiger und neigen zu Additions- und Polymerisationsreaktionen.

Kohlenstoffatome können untereinander sowohl im sp^3- als auch im sp^2- oder sp-Zustand reagieren, also Einfach-, Doppel- und Dreifachbindungen eingehen und dabei lineare oder verzweigte Ketten oder einzelne bzw. miteinander verknüpfte Ringsysteme ausbilden (Abb. **1.2** – Abb. **1.4**). Ringe ausschließlich aus Kohlenstoffatomen bezeichnet man als **Isocyclen**, Ringe, die auch andere als Kohlenstoffatome enthalten, als **Heterocyclen** und deren Nichtkohlenstoffatome als Heteroatome (Abb. **1.3c**, **e** und Abb. **1.4g**). Aus Gründen der Valenzwinkel bilden sich besonders leicht fünf- und sechsgliedrige, aber auch die in Organismen selteneren siebengliedrigen Kohlenstoffringe aus, während kleinere Ringe stark abweichende Bindungswinkel aufweisen und wegen dieser Verspannung instabiler sind (siehe aber Abb. **16.26** S. 628).

Es ist unerläßlich, die Bindungswinkel (Valenzwinkel) zu beachten, um ein korrektes Bild von der Raumstruktur der Moleküle zu erhalten. Ebenso dürfen die mit einem Kohlenstoffatom verbundenen Liganden (= andere Atome oder Molekülteile) nicht in beliebiger Anordnung gezeichnet werden. Dies ist insbesondere wichtig für zweidimensionale Repräsentationen von Molekülen, wie sie zur Vereinfachung von Strukturformeln in der Regel im Druck verwendet werden (Box **1.8** S. 14).

Gesättigte und ungesättigte Kohlenwasserstoffe: Als **gesättigt** bezeichnet man Kohlenstoff-Wasserstoff-Verbindungen (Kohlenwasserstoffe), die nur Kohlenstoff-Kohlenstoff-Einfachbindungen enthalten (**Alkane**), **ungesättigt** sind solche, die eine oder mehrere Doppelbindungen (**Alkene**, Box **1.5**) oder Dreifachbindungen (**Alkine**) zwischen Kohlenstoffatomen aufweisen (und somit weiteren molekularen Wasserstoff bis zur Sättigung aufnehmen können).

Durch besondere chemische Eigenschaften zeichnen sich Kohlenstoffverbindungen aus, die man als **Aromaten** den **Aliphaten** (Nichtaromaten)

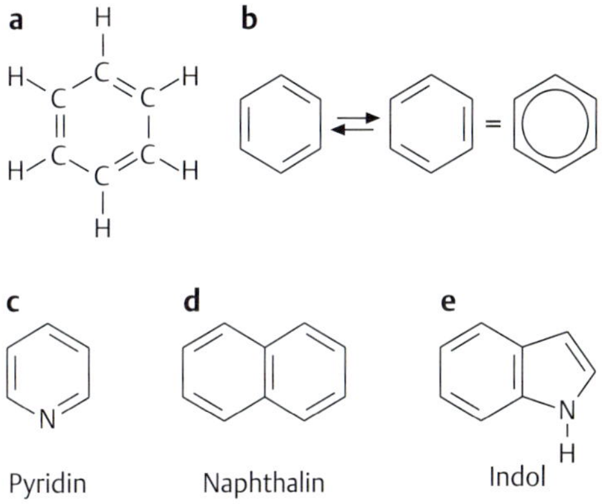

Abb. 1.3 Aromaten. Benzol in ausführlicher (**a**) und vereinfachter (**b**) Schreibweise. **b** Grenzstrukturen des π-Elektronensystems des Benzols. In der Realität handelt es sich jedoch um ein einziges π-Elektronensystem, in dem die 6 π-Elektronen über den gesamten Kohlenstoffring verteilt (delokalisiert) sind, was in der chemischen Literatur oft durch einen in das Kohlenstoffgerüst hineingeschriebenen Kreis veranschaulicht wird. Allerdings ist diese Schreibweise bei mehrkernigen Aromaten nicht eindeutig, weshalb sie in diesem Buch nicht verwendet wird. **c–e** Beispiele für weitere Aromaten.

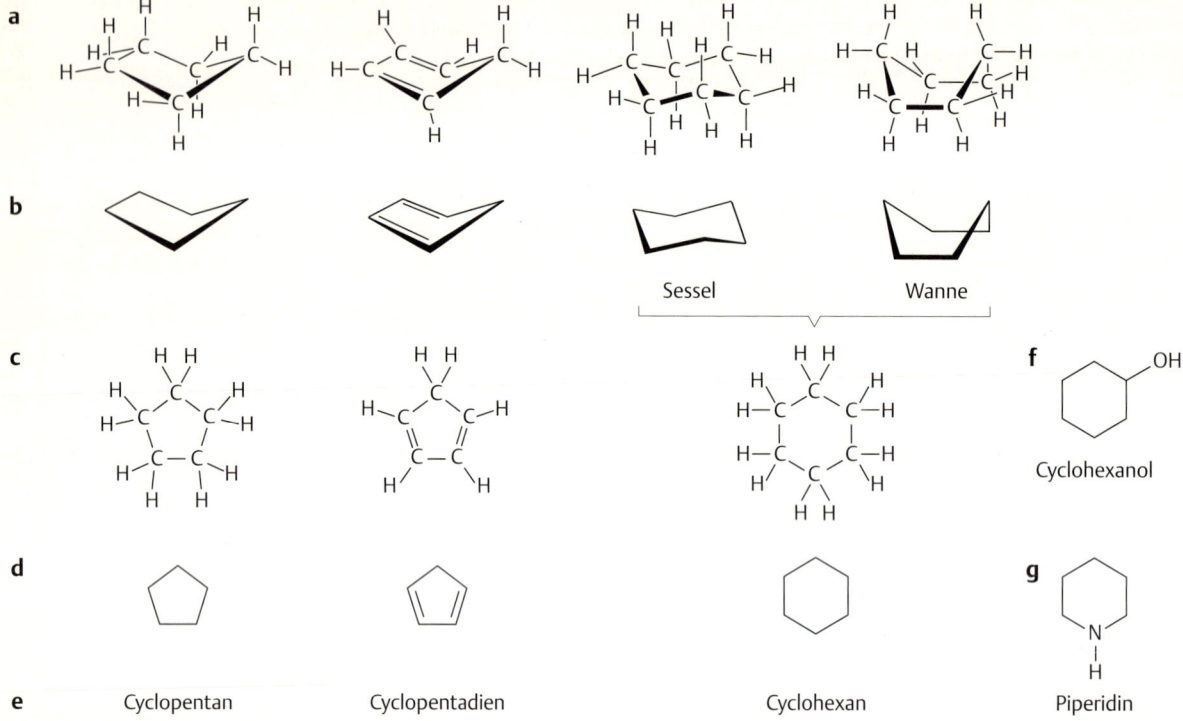

Abb. 1.4 Beispiele für cyclische Kohlenstoffverbindungen. **a** Dreidimensionale Strukturformeln, **b** vereinfacht. **c** Repräsentation der Moleküle in zweidimensionaler Schreibweise, **d** vereinfacht. **e** Chemische Bezeichnungen oder Trivialnamen der dargestellten Moleküle. Aus Gründen der Übersichtlichkeit verwendet man in der Regel entweder die Notierung **b** oder **d**. Gesondert dargestellt werden auch in der vereinfachten Schreibweise auf alle Fälle funktionelle Gruppen (**f**) oder Heteroatome und an sie gebundene Wasserstoffatome (**g**). Cyclohexanmoleküle liegen in zwei Konformationen vor, der Sesselkonformation und der Wannenkonformation. Wegen der geringeren sterischen Behinderung der Atome überwiegt die energieärmere Sesselkonformation (Abb. **1.12** S. 19).

gegenübergestellt. Es handelt sich bei Aromaten um ungesättigte cyclische Kohlenwasserstoffe mit 4 n + 2 (n = 1,2,3,...) π-Elektronen im ein- oder auch mehrkernigen Ringsystem (Hückel-Regel) (Abb. **1.3**). Alle π-Elektronen bilden ein gemeinsames Molekülorbital, das sich über das gesamte Ringsystem erstreckt. Aromaten zeichnen sich durch besondere Stabilität aus und absorbieren ultraviolettes Licht sehr stark. In Pflanzen üben Aromaten daher häufig Funktionen als Schutzstoffe, z. B. vor UV-Strahlung, oder als toxische, antimikrobiell wirksame Stoffe aus (Kap. 12).

Polarität von Kohlenstoff-Verbindungen: Die Struktur eines Moleküls bestimmt seine Eigenschaften. Ausschließlich aus Kohlenstoff- und Wasserstoffatomen aufgebaute Verbindungen sind unpolar, sie lösen sich schlecht oder gar nicht im polaren Lösungsmittel Wasser und werden daher als **hydrophob** („wasserfliehend") bezeichnet. Der Grund ihrer Hydrophobizität liegt darin, daß die Bindungselektronen zwischen den Kohlenstoff- und den Wasserstoffatomen nahezu „gleich verteilt" vorliegen, die Bindung also nicht polarisiert ist und auch keine freien (nicht an den Bindungen beteiligten) Elektronenpaare in Hybridorbitalen vorkommen.

Durch Reaktion von Kohlenstoffatomen mit Atomen anderer Elemente, insbesondere des Stickstoffs und des Sauerstoffs, entstehen hingegen polarisierte Bindungen, und auch die Bindung zwischen Stickstoff- bzw. Sauerstoffatomen und Wasserstoffatomen ist deutlich polarisiert. Der Grund für die Polarität dieser Bindungen liegt in der im Vergleich zum Kohlenstoff bzw. Wasserstoff stärkeren Anziehung der Bindungselektronen durch die Atomkerne des Sauerstoffs bzw. Stickstoffs (diese Elemente besitzen eine höhere **Elektronegativität** als Kohlenstoff und Wasserstoff, Box **1.6**). Zudem besitzt sowohl der gebundene Stickstoff als auch der gebundene Sauerstoff freie Elektronen – Stickstoff ein Paar, Sauerstoff deren zwei –, die mit Atomen in anderen Molekülen wechselwirken können. Wichtig im biologischen Zusammenhang ist insbesondere die Ausbildung von **Wasserstoffbrückenbindungen**, z. B. mit Wassermolekülen, aber auch vielen anderen Molekülen (S. 43). Auf der Bildung von Wasserstoffbrücken beruht die Basenpaarung der DNA-Einzelstrangmoleküle zum Doppelstrang (S. 28).

Besonders polar sind Moleküle, die Gruppen tragen, welche in wäßriger Lösung unter Abgabe von Wasserstoff-Ionen dissoziieren oder Wasserstoff-Ionen binden. Solche Moleküle liegen gelöst demnach als Ionen vor. Hierzu zählt in organischen Verbindungen insbesondere die Carboxylgruppe, die in wäßriger Lösung unter Abgabe eines Wasserstoff-Ions (H^+-Ion, Proton) ein einfach negativ geladenes Carboxylat-Ion bildet, also eine Säure darstellt. Allerdings kommen freie Protonen nicht vor, das dissoziierte H^+-Teilchen liegt, an ein Wassermolekül gebunden, als Hydronium-Ion (H_3O^+) vor, wie in Abb. **1.17a** (S. 22) dargestellt. Auch die Aminogruppe ist sehr polar. Sie bildet in Wasser unter Addition eines Wasserstoff-Ions ein einfach geladenes Ammonium-Kation und ist demnach eine Base (Abb. **1.20** S. 24). Kationen und Anionen bilden als Feststoffe Ionenpaare („Salze"), die sich in der Regel jedoch in Wasser leicht auflösen, wie auch allgemein polare Substanzen gut in dem polaren Lösungsmittel Wasser löslich sind (Abb. **1.36** S. 42). Solche Verbindungen werden daher **hydrophil** („wassermögend") genannt. Moleküle, die sowohl hydrophobe als auch hydrophile Bereiche aufweisen, nennt man **amphiphil** (oder amphipolar). In diese Gruppe gehören die am Aufbau biologischer Membranen entscheidend beteiligten Phospho- und Glykolipide (Abb. **1.18** S. 23).

Über die **Evolution organischer Moleküle** während der präbiotischen Phase der Erde gibt es einige plausible und zum Teil durch experimentelle Befunde gestützte Hypothesen, naturgemäß aber keine letzte Gewißheit (Plus **1.2**).

Box 1.5 cis/trans-Isomerie

Steht an einer C=C-Doppelbindung (Abb.) neben anderen Resten an jedem C-Atom ein Wasserstoffatom, so sind zwei Anordnungen denkbar: Die Wasserstoffatome stehen auf einer Seite der Doppelbindung (cis) oder auf unterschiedlichen Seiten der Doppelbindung (trans). Entsprechend kann man cis- und trans-isomere Verbindungen unterscheiden. Stehen jedoch vier unterschiedliche Liganden an einer Doppelbindung, ist das cis/trans-System zur Benennung nicht brauchbar. Daher wurde ein allgemein anwendbares Nomenklatursystem für Doppelbindungen entwickelt. Man betrachtet an jedem C-Atom der Doppelbindung den Liganden mit der höchsten Prioritätsstufe (diese wird nach den auch für die Festlegung der R/S-Nomenklatur gültigen Regeln ermittelt, Box **1.9** S. 15). Stehen die beiden „höchstwertigen" Liganden auf einer Seite der Doppelbindung, also **z**usammen, dann herrscht Z-Isomerie, stehen sie auf **e**ntgegengesetzten Seiten der Doppelbindung, liegt E-Isomerie vor. Bei den in Abb. **1.34** (S. 40) dargestellten Zimtalkoholen handelt es sich demnach um die trans- bzw. E-Isomere.

cis/trans-Nomenklatur:

cis-Isomer   trans-Isomer

E/Z-Nomenklatur:

Z-Isomer   E-Isomer

in Kurzschreibweise:

Plus 1.2 Entstehung der Moleküle

Unser Kosmos entstand vor 13,7 ± 0,1 Milliarden Jahren (1 Milliarde = 10^9). Im frühesten Weltall existierte vermutlich zunächst ein heißes Plasma aus isolierten Elementarteilchen, aus denen sich beim Abkühlen – ca. 380 000 Jahre nach der Entstehung des Kosmos – die ersten Wasserstoffatome bildeten. Etwa 200 Millionen Jahre später begann durch Kernfusionsreaktionen in den ersten Sterngenerationen die Bildung von Heliumatomen ($^4_2$He) aus Wasserstoffatomen – ein Prozeß, der auch in unserer Sonne abläuft, die mit einem Alter von 4,7 Milliarden Jahren ein spät entstandener, ein junger Stern ist. Elemente mit Ordnungszahlen über 2 entstanden und entstehen bis heute vor allem bei Supernova-Explosionen. So verdanken wir die Materie unseres Planeten, für den man ein Alter von ca. 4,6 Milliarden Jahren ermittelt hat, dem Tod früherer Sterngenerationen.

Schon bald nach dem Abkühlen der Erdoberfläche vor etwa 4,3–4,4 Milliarden Jahren begann die chemische Evolution. Durch Reaktionen zwischen den Atomen der vorhandenen Elemente entstanden zunächst kleinere Moleküle wie Ammoniak (NH_3), Methan (CH_4), Schwefelwasserstoff (H_2S), Cyanwasserstoff (HCN) sowie Spuren von Kohlendioxid (CO_2) bzw. Kohlenmonoxid (CO). Da elementarer Sauerstoff fehlte, herrschte also eine reduzierende Uratmosphäre. Andere Elemente lösten sich als Kationen bzw. Anionen im Urmeer.

Unter diesen Bedingungen entstanden größere organische Moleküle. Die hierzu nötige Anregungsenergie mag zunächst thermischer Natur gewesen sein, doch haben sicherlich auch die Strahlungsenergie der Sonne, vor allem das ultraviolette Licht (UV) sowie gewitterartige elektrische Entladungen dazu beigetragen. Zahlreiche Experimente, in denen unter Einfluß ultravioletter, ionisierender oder radioaktiver Strahlung sowie elektrischer Entladungen oder starker Hitze aus Gemischen von H_2O, NH_3, H_2 und CH_4 Carbonsäuren, Aminosäuren, Zucker, Nucleotidbasen u. a. hergestellt wurden, haben die Entstehung organischer Substanzen unter den Bedingungen der Urerde gezeigt.

Moleküle, unter ihnen auch organische Verbindungen wie z. B. Formaldehyd und selbst Aminosäuren, wurden sogar in interstellaren Wolken entdeckt. Sie entstehen dort aus Atomen, die durch die energiereiche kosmische Strahlung in angeregte Zustände überführt werden. Für einen Beitrag zur chemischen Evolution auf der Erde – wie gelegentlich vorgeschlagen – sind solche Moleküle vermutlich aber belanglos gewesen.

Auch für die Bildung von Oligomeren und Polymeren aus einfachen Monomeren unter den auf der Erde während der präbiotischen Phase herrschenden Bedingungen gibt es experimentelle Hinweise. So reagieren Aminosäuren in heißem Wasser bei Anwesenheit von Eisen-Nickel-Sulfiden und Kohlenmonoxid (CO) zu Peptiden, aber unter gleichen Bedingungen bilden sich auch Harnstoffderivate und purinähnliche Derivate dieser Aminosäuren, die ihrerseits die Spaltung von Peptiden herbeiführen. Solche oder ähnliche Reaktionen bildeten wohl die Grundelemente eines primordialen chemoautotrophen Stoffwechsels (Kap. 8.4 und Plus **4.1** S. 130).

Aus den geschilderten Experimenten läßt sich folgern, daß auf der präbiotischen Erde Proteine und Nucleinsäuren womöglich in miteinander verknüpften Reaktionsfolgen gleichzeitig entstanden sind, und daß die ersten organokatalytischen Reaktionen von Metallopeptid-Komplexen durchgeführt wurden, Vorstufen der in allen Organismen auch heute noch in großer Vielfalt anzutreffenden Metalloenzyme.

1.3 Die wichtigsten organischen Verbindungen

Organische Verbindungen lassen sich anhand von Atomgruppen, die den Molekülen besondere chemische Eigenschaften verleihen und deshalb als **funktionelle Gruppen** bezeichnet werden, übersichtlich einteilen.

Die wichtigsten funktionellen Gruppen (Abb. **1.5**) und die durch sie charakterisierten Verbindungsklassen sowie einige ihrer charakteristischen Reaktionen werden nachstehend kurz besprochen. Im Anschluß an die monomeren Verbindungen und ihre Reaktionen werden einige Hauptgruppen von Biopolymeren, die aus diesen Monomeren aufgebaut sind, behandelt. Unabhängig davon, ob es sich um Monomere handelt oder um aus gleichen oder verschiedenen Monomeren zusammengesetzte Moleküle, nennt man Substanzen mit Molekülmassen bis zu 1 000–1 500 Da oft niedermolekulare Verbindungen und spricht ab etwa 4 000 Da von Makromolekülen. Diese Einteilung ist zwar gebräuchlich aber ungenau, sie wird deshalb im Folgenden nicht zur Klassifikation verwendet (Box **1.7**).

Box 1.6 Oxidationsstufe

Die **Oxidationsstufe** oder **Oxidationszahl** eines Atoms in einer Verbindung ist die fiktive Ladung, die dem Atom verbleibt, wenn man die Valenzelektronen des betrachteten Atoms und seiner Bindungspartner dem jeweils elektronegativeren Atom zuschlägt (rote Strichelung). Valenzelektronen zwischen zwei gleichen Atomen, also z. B. die einer C–C-Bindung, werden symmetrisch auf beide Atome aufgeteilt. Die Oxidationszahl eines ungeladenen Atoms in einer Elementarsubstanz (z. B. Kohlenstoff im Diamant) ist gleich Null. Demnach gibt die Oxidationszahl an, um wieviele Elektronen ärmer oder reicher bezogen auf den Elementarzustand das betrachtete Atom in seiner Verbindung ist. Die Oxidationszahl eines einatomigen Ions ist folglich gleich seiner Ladung. Die Ermittlung der Oxidationsstufe ist nützlich, um Reduktions- bzw. Oxidationsprozesse an einem Atom zu erkennen. Darüber hinaus benötigt man ihre Kenntnis zur korrekten Anordnung von Molekülstrukturen in der Fischer-Projektion (Box **1.8**).

Bei einer **Reduktion** nimmt das Atom Elektronen auf, seine Oxidationszahl erniedrigt sich. Bei einer **Oxidation** gibt das Atom Elektronen ab, seine Oxidationszahl erhöht sich. Die Summe aller Oxidationszahlen der Atome eines Moleküls ist gleich dessen Ladung.

Unter **Elektronegativität** versteht man ein Maß für die Kraft, mit der ein Atom die Valenzelektronen einer kovalenten Bindung an sich zieht. Kovalente Bindungen zwischen Atomen stark unterschiedlicher Elektronegativität sind daher elektrische Dipole, da die Aufenthaltswahrscheinlichkeit der Bindungselektronen am elektronegativeren Bindungspartner größer ist (man sagt, die Bindung sei „polarisiert"). Die Elektronegativität der Atome biologisch wichtiger Elemente nimmt in folgender Reihenfolge zu: H = P < C = S < N < Cl < O < F. Fluor ist das elektronegativste bekannte Element.

Für häufige Atomgruppen organischer Verbindungen sind die Oxidationszahlen und ihre Ermittlung in der Abbildung mit rot gestrichelten Linien dargestellt; man schreibt sie als römische Zahl mit entsprechendem Vorzeichen an das Elementsymbol (S. 338).

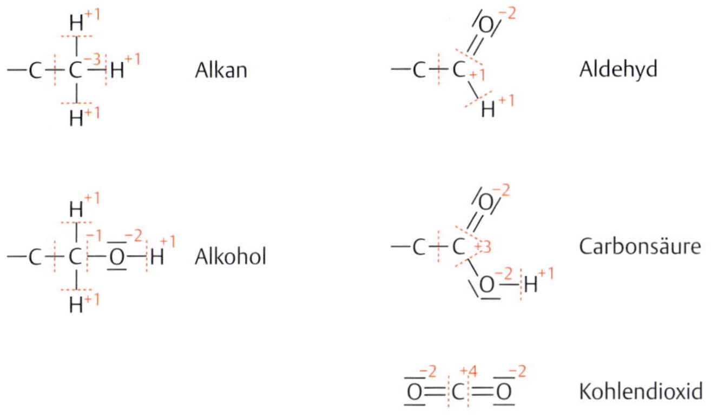

Box 1.7 Kenndaten von Molekülen

Die Einheit der **Atommasse** ist das Dalton, 1 Da = $1{,}66 \cdot 10^{-24}$ g entsprechend der Masse von 1/12 des Isotops Kohlenstoff-12. Die **Molekülmasse** (ebenfalls in Dalton) erhält man aus der Summenformel des Moleküls durch Addieren aller Atommassen. Beispiel: Ethanol, Summenformel C_2H_6O, Molekülmasse = 2 · Atommasse Kohlenstoff + 6 · Atommasse Wasserstoff + 1 · Atommasse Sauerstoff.

Die relative Atom- bzw. Molekülmasse darf man nicht mit der **molaren Masse** eines Atoms oder eines Moleküls verwechseln. Letztere wird in Gramm pro Mol (Einheit: g mol^{-1}) angegeben. Ein **Mol** ist definiert als die Anzahl der in 12 g Kohlenstoff-12 vorhandenen Atome, $6{,}022 \cdot 10^{23}$. Diese Zahl wird auch **Avogadro-Zahl** (N_A) genannt. Atom- bzw. Molekülmasse und molare Masse entsprechen sich daher zahlenmäßig. Beispiel: Wasser (H_2O) besitzt eine Molekülmasse von 18 Da und eine molare Masse von 18 g mol^{-1}. In der Biochemie werden Stoffumsätze in der Regel auf der Basis der Einheit mol betrachtet.

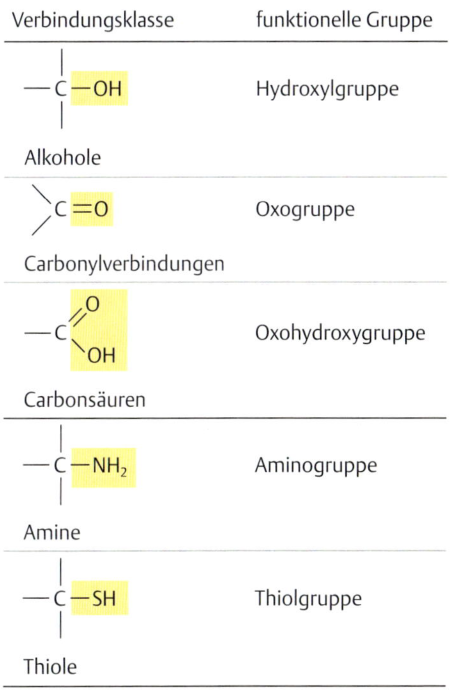

Verbindungsklasse	funktionelle Gruppe
—C—OH Alkohole	Hydroxylgruppe
>C=O Carbonylverbindungen	Oxogruppe
—C(=O)OH Carbonsäuren	Oxohydroxygruppe
—C—NH$_2$ Amine	Aminogruppe
—C—SH Thiole	Thiolgruppe

Abb. 1.5 Wichtige funktionelle Gruppen organischer Verbindungen.

1.3.1 Monomere Verbindungen

Nicht selten sind Biomonomere durch das Vorhandensein von sp³-hybridisierten Kohlenstoffatomen gekennzeichnet, die vier unterschiedliche Atome oder Atomgruppen (allgemein spricht man von Substituenten) tragen. Je nach Anordnung der Substituenten erhält man spiegelbildliche Moleküle. Da in aller Regel nur eines der spiegelbildlichen Isomere (**Enantiomere**) natürlich vorkommt, benötigt man zur eindeutigen Kennzeichnung eines solchen Moleküls Übereinkünfte sowohl für die Darstellung im Formelbild als auch für die Nomenklatur (Box **1.8** und Box **1.9**).

Verbindungen mit Hydroxylgruppen: Alkohole

Die **Hydroxylgruppe** —OH ist die funktionelle Gruppe der **Alkohole**. Tritt sie in Einzahl im Molekül auf, spricht man von einwertigen Alkoholen, sind mehrere vorhanden, von mehrwertigen Alkoholen. Bei einer primären alkoholischen Funktion steht die Hydroxylgruppe an einem Kohlenstoffatom, das maximal einen weiteren organischen Rest trägt, bei sekundären Alkoholen sind es zwei und bei tertiären Alkoholen drei entweder gleiche oder verschiedene organische Reste.

Einwertige Alkohole sind z. B. Methanol und Ethanol, mehrwertige Glycerin, Ribit, Mannit und die cyclische Verbindung myo-Inosit (Abb. **1.6**). Die Polyalkohole mit fünf Hydroxylgruppen werden als Pentite, die mit sechs als Hexite bezeichnet. Ein Hauptcharakteristikum der Hydroxylgruppe ist die Fähigkeit, mit organischen Säuren unter Wasserabspaltung **Ester** zu bilden. Wie Isotopenversuche gezeigt haben, stammt der Sauerstoff des

---

Box 1.8 Fischer-Projektion

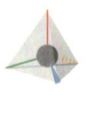

Zur Darstellung linear gebauter organischer Moleküle werden häufig, so auch in diesem Buch, **Fischer-Projektionsformeln** verwendet, die eine ebene Repräsentation auch der tetraedrischen Liganden an sp³-hybridisierten Kohlenstoffatomen ermöglichen. Dazu schreibt man die Kohlenstoffkette senkrecht (bei verzweigten Molekülen die längste Kette) und dasjenige C-Atom mit der höchsten Oxidationsstufe (Box **1.6**) „nach oben". Die C-Atome werden sodann „von oben nach unten", mit eins beginnend, numeriert (Beispiel: Abb. **1.9** S. 17).
Für die Anordnung der Substituenten an einem sp³-hybridisierten Kohlenstoffatom gilt die in der Abbildung gezeigte Konvention: In der Fischer-Projektion horizontal geschriebene Substituenten zeigen aus der Papierebene heraus, senkrecht angeordnete Substituenten liegen hinter der Papierebene. Dies wird in der Abbildung stufenweise, ausgehend vom Tetraedermodell, abgeleitet.
Eine L-Form liegt vor, wenn die betrachtete funktionelle Gruppe in einer Fischer-Projektionsformel links von der senkrecht angeordneten Kohlenstoffkette steht (lat. laevis, links), eine D-Form, wenn sie rechts steht (lat. dexter, rechts). Beispiele finden sich in Abb. **1.9** (S. 17) und Abb. **1.21** (S. 25).
Fischer-Projektionsformeln darf man zwar in der Papierebene drehen, es darf jedoch keine Operation ausgeführt werden, bei der die Formel aus der Zeichenebene herausbewegt wird. Die Moleküle in der unteren Zeile Mitte und links sind identisch (das links stehende wurde durch Drehung um 90° erhalten), das unten rechts abgebildete wurde durch Klappung des mittleren an der Längsachse gewonnen. Es stellt daher das Spiegelbild des in der Mitte stehenden Moleküls dar.

1.3 Die wichtigsten organischen Verbindungen

Box 1.9 R/S-Nomenklatur

Das D/L-System hat nichts mit dem R/S-System zur Bezeichnung der **Konfiguration** an einem asymmetrisch substituierten, sp³-hybridisierten Kohlenstoffatom zu tun. Asymmetrisch substituiert bedeutet, daß vier verschiedene Liganden an dieses C-Atom gebunden sind. Die Konfiguration an diesem C-Atom läßt sich bei Beachtung der Konventionen zur Schreibweise von Fischer-Projektionsformeln (Box **1.8**) unter Anwendung einfacher Regeln leicht ermitteln, wie es nachfolgend Schritt für Schritt am Beispiel des D-Glycerinaldehyds erläutert wird.

Man wandelt für das zu betrachtende asymmetrisch substituierte C-Atom die Fischer-Projektionsformel in das Tetraedermodell um (Abb. **a → b → c**). Folgende Kriterien werden zur Festlegung der Rangfolge der Substituenten herangezogen, wobei im ersten Schritt die unmittelbar an das asymmetrisch substituierte Kohlenstoffatom gebundenen Atome betrachtet werden:
1. deren Ordnungszahl und, falls dies nicht zur Reihung reicht,
2. deren Massenzahl (z. B. ^{2}H > ^{1}H, ^{13}C > ^{12}C usw.).

Falls damit die vier Atome nicht gereiht werden können, betrachtet man für die Atome gleicher Ordnungs- und Massenzahl jeweils die an diese gebundenen nächsten Atome und zwar wiederum in dieser Reihenfolge:
1. deren Ordnungszahl und
2. deren Massenzahl sowie zusätzlich auch
3. die Anzahl der beteiligten Bindungen (Dreifach- > Doppel- > Einfachbindungen).

Gegebenenfalls wird diese Vorgehensweise mit den „übernächsten" Atomen usw. solange wiederholt, bis die Rangfolge feststeht. Nun betrachtet man das Molekül von demjenigen Kohlenstoffatom aus, dessen absolute Konfiguration ermittelt werden soll, in Richtung des Substituenten mit der niedrigsten Priorität (falls ein Wasserstoffatom an das Kohlenstoffatom gebunden ist, besitzt dieses stets die niedrigste Wertigkeit). Ggf. muß das Tetraedermodell dazu gedreht werden (Abb. **c → d**). Bilden die drei übrigen – einem entgegenschauenden – Substituenten, nach absteigender Priorität gezählt, einen Rechtskreis, so liegt R-Konfiguration vor (lat. rectus, rechts), bilden sie einen Linkskreis, so liegt S-Konfiguration vor (lat. sinister, links). Im gezeigten Beispiel ist ein Wasserstoffatom der Substituent mit der niedrigsten Wertigkeit. Die drei anderen Substituenten reihen sich wie folgt:

Priorität 1 Sauerstoff (Ordnungszahl Sauerstoff 8, Kohlenstoff 6),
Priorität 2 Aldehydgruppe (Sauerstoff in der Aldehydgruppe doppelt gebunden, in der CH₂OH-Gruppe nur einfach gebunden); folglich
Priorität 3 die alkoholische Gruppe; Wasserstoff (Ordnungszahl 1) hat die niedrigste Priorität.

Für die absolute Konfiguration am C²-Atom des D-Glycerinaldehyds ergibt sich demnach R (Abb. **d**).

a D-Glycerinaldehyd

b

c

d R-Konfiguration

Fischer-Projektion

Tetraeder-Raummodell

---

bei der Veresterung abgespaltenen Wassers nicht aus der Hydroxylgruppe des Alkohols, sondern aus der Carboxylgruppe der Säure (Box **8.1** S. 257 und Abb. **1.6b**). Den rückläufigen Vorgang, d. h. die Spaltung eines Esters in seine Komponenten unter Wasseraufnahme, bezeichnet man als Verseifung. Allgemein wird die Spaltung einer kovalenten Bindung unter Wasseraufnahme als **Hydrolyse** bezeichnet, die Bildung einer kovalenten Bindung unter Wasseraustritt als **Kondensation**.

Hydroxylgruppen finden sich oft auch an aromatischen Ringen. Nach der einfachsten derartigen Verbindung, dem Phenol, werden solche Verbindungen **Phenole** genannt und von den – aliphatischen – Alkoholen un-

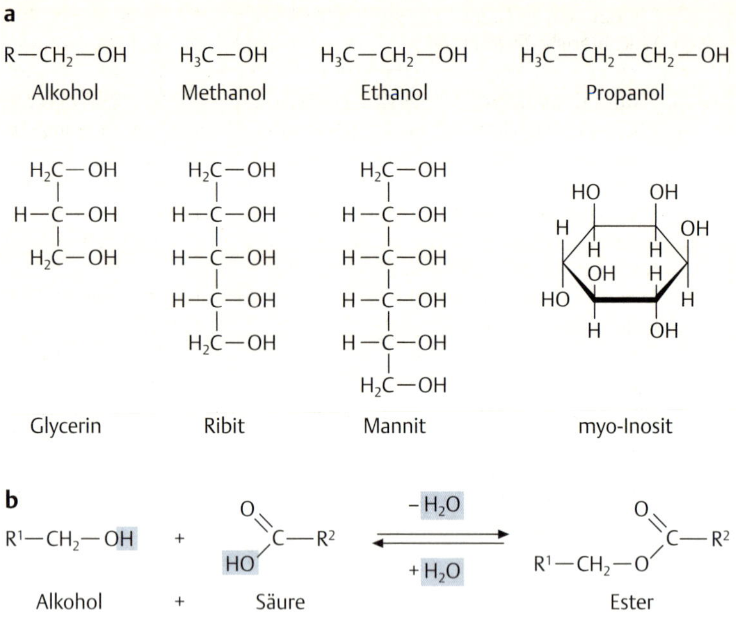

Abb. 1.6 Alkohole. a Beispiele für ein- und mehrwertige Alkohole. **b** Esterbildung und -spaltung.

a

R—CH$_2$—OH H$_3$C—OH H$_3$C—CH$_2$—OH H$_3$C—CH$_2$—CH$_2$—OH
Alkohol Methanol Ethanol Propanol

Glycerin Ribit Mannit myo-Inosit

b

R^1—CH$_2$—OH + HO—C(=O)—R^2 ⇌ (−H$_2$O / +H$_2$O) R^1—CH$_2$—O—C(=O)—R^2

Alkohol + Säure Ester

a Phenol, Catechol

b Phenol + H$_2$O ⇌ Phenolat-Anion + H$_3$O$^+$

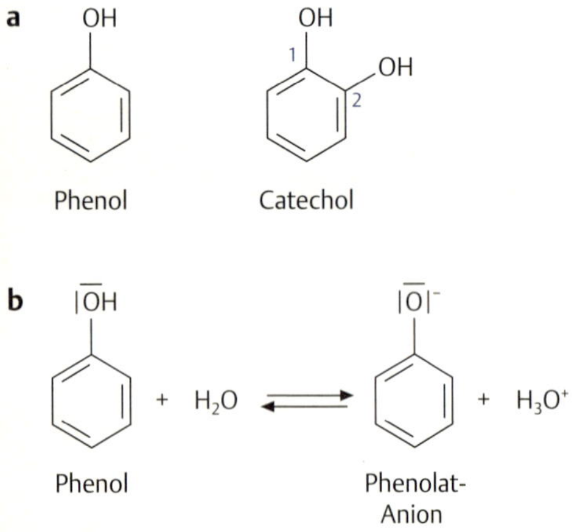

Abb. 1.7 Phenole. a Beispiele für Phenole. **b** Dissoziation aromatischer Hydroxylgruppen. Am Sauerstoff der Hydroxylgruppe sind die freien Elektronenpaare zusätzlich eingezeichnet.

terschieden (Abb. **1.7** und Kap. 12.2). Diese Einteilung ist auch durch die unterschiedlichen Eigenschaften aromatischer und aliphatischer Hydroxylgruppen gerechtfertigt. Im Gegensatz zu diesen liegen aromatische Hydroxylgruppen in wäßriger Lösung schwach dissoziiert vor, sie sind also schwache Säuren. Phenole lösen sich daher besonders gut im Alkalischen, weniger gut bis schlecht im Neutralen oder Sauren, da sie im alkalischen Milieu überwiegend oder ganz in Form der polaren Phenolat-Ionen vorliegen (die Hydroxyl-Ionen OH$^−$ fangen die H$^+$-Ionen der dissoziierenden Hydroxylgruppen solange unter Bildung von Wasser ab, bis ein Reaktionsgleichgewicht erreicht ist). Eine wichtige Gruppe pflanzlicher Phenole bilden die Zimtalkohole, die sowohl eine aromatische als auch eine aliphatische Hydroxylgruppe tragen (Abb. **1.34a** S. 40). Sie sind die Vorstufen, aus denen Lignin gebildet wird (Kap. 3.3.1).

Verbindungen mit Oxogruppen: Carbonylverbindungen

Die **Oxogruppe =O** ist für **Carbonylverbindungen** charakteristisch. Zu diesen gehören zwei Verbindungsklassen: die Aldehyde (z. B. Glycerinaldehyd) und die Ketone (z. B. Dihydroxyaceton). Im Stoffwechsel entstehen die **Aldehyde**, die meist durch die Endsilbe -al gekennzeichnet werden, durch Abspaltung von Wasserstoff (Dehydrierung) aus primären Alkoholen, z. B. Acetaldehyd (Ethanal) aus Ethanol. Entsprechend entstehen die **Ketone**, die an der Endsilbe -on zu erkennen sind, durch Dehydrierung sekundärer Alkohole. Die Ketone lassen sich von den Aldehyden formal dadurch herleiten, daß man ein Wasserstoffatom an der Carbonylgruppe durch einen weiteren organischen Rest ersetzt.

Monosaccharide: Zu den Carbonylverbindungen (Abb. **1.8**) zählen auch die Monosaccharide („einfache Zucker") und alle aus ihnen aufgebauten Moleküle, die man zusammenfassend als **Kohlenhydrate** bezeichnet, weil die Summenformel vieler typischer Monosaccharide (CH$_2$O)$_n$ beträgt.

1.3 Die wichtigsten organischen Verbindungen

Man hat – daher der Name – diese Verbindungen ursprünglich als Hydrate des Kohlenstoffs aufgefaßt. Monosaccharide kann man formal aus den entsprechenden Polyalkoholen dadurch ableiten, daß man diese an einem C-Atom dehydriert, und zwar meist am C^1- oder C^2-Atom. Es handelt sich bei Kohlenhydraten also um Polyhydroxycarbonylverbindungen. Monosaccharide enthalten stets ein oder mehrere asymmetrisch substituierte Kohlenstoffatome. Nach der Stellung der Hydroxylgruppe an dem asymmetrisch substituierten Kohlenstoff mit der höchsten Nummer des in Fischer-Projektion dargestellten Moleküls unterscheidet man Zucker der D- und der L-Reihe (rote Markierung in Abb. 1.9 und Box 1.8).

Je nachdem, ob die Zuckermoleküle aus 3, 4, 5, 6 usw. Kohlenstoffatomen bestehen, werden sie als Triosen, Tetrosen, Pentosen, Hexosen usw. bezeichnet (Abb. 1.9). Bei den **Aldosen** steht die Oxogruppe am C^1-Atom des Zuckers (es liegt also eine Aldehydfunktion vor), wie bei der D-Glucose, D-Galactose, D-Mannose, L-Rhamnose. Bei den **Ketosen** steht die Oxogruppe dagegen am C^2-Atom, wie bei der D-Fructose (es liegt eine Ketofunktion vor). Die soeben genannten Monosaccharide gehören zu den Hexosen. Auch bei den Pentosen gibt es Aldosen (z. B. D-Ribose) und Ketosen (z. B. D-Ribulose). Die D-Desoxyribose unterscheidet sich von der D-Ribose dadurch, daß sie am C^2-Atom keinen Sauerstoff trägt. Andere biologisch wichtige Pentosen sind die Aldose D-Xylose, ihre Ketoform, die D-Xylulose sowie L-Arabinose, eine Aldose.

Carbonylverbindungen bilden in schwach saurer Lösung in Gegenwart von Alkoholen **Halbacetale** bzw. **Halbketale** (Abb. 1.10). Bei Pentosen und Hexosen erfolgt diese Reaktion intramolekular. Es bilden sich Moleküle mit fünf- oder sechsgliedrigen, sauerstoffhaltigen Ringen, die **Furanoseformen** bzw. **Pyranoseformen** der Monosaccharide (Abb. 1.11 und Abb. 1.12). Ihre Namen sind vom Pyran bzw. Furan abgeleitet. Die intramolekulare Halbacetal- bzw. Halbketalbildung führt jeweils zu zwei isomeren Pyranose- bzw. Furanoseformen, die man **Anomere** nennt und als α-Anomer bzw. β-Anomer unterscheidet. Die Benennung D-Glucose

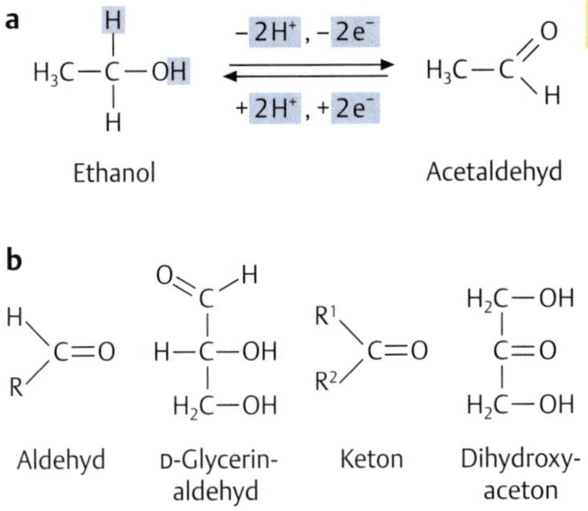

Abb. 1.8 Carbonylverbindungen. a Bildung von Acetaldehyd (Ethanal) durch Dehydrierung von Ethanol sowie Rückreaktion. **b** Aldehyde und Ketone.

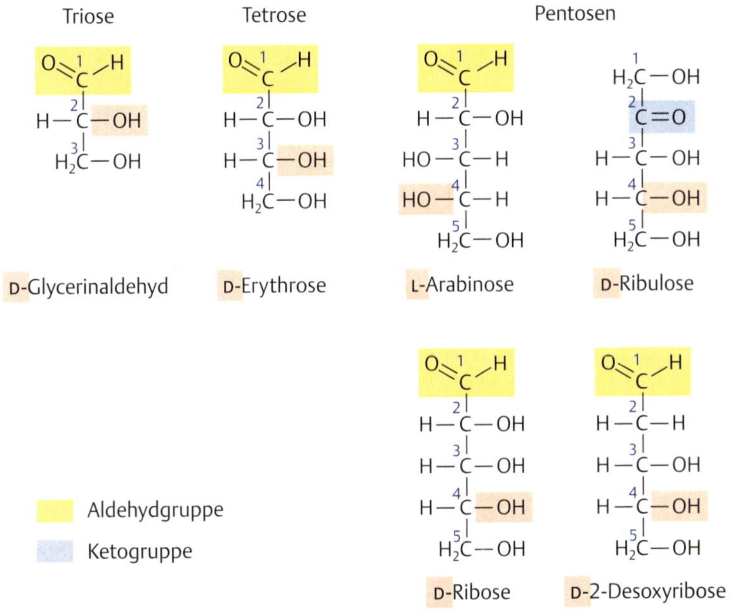

Abb. 1.9 Triosen, Tetrosen und Pentosen.

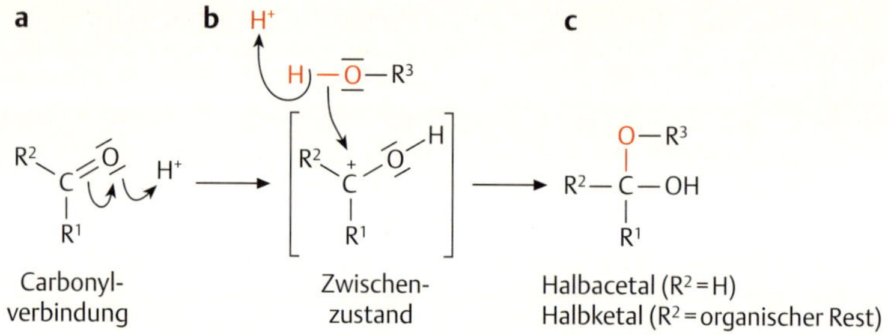

Abb. 1.10 Bildung von Halbacetalen und Halbketalen aus Carbonylverbindungen. a Addition eines H⁺-Ions an den Carbonylsauerstoff eines Aldehyds oder Ketons. **b** Abgabe eines H⁺-Ions aus der Hydroxylgruppe des Reaktionspartners bei dessen nucleophilem Angriff auf das positiv geladene Kohlenstoffatom der protonierten Carbonylverbindung (diese ist in eckige Klammern gesetzt, da es sich um eine in dieser Form nicht faßbare Zwischenstufe – ein Reaktionsintermediat – handelt). **c** Halbacetal bzw. Halbketal.

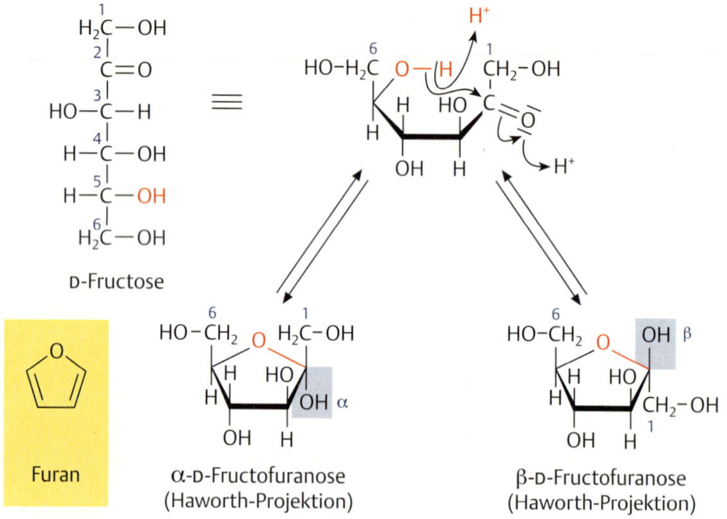

Abb. 1.11 Hexosen: D-Fructose. Intramolekulare Halbketalbildung.

beispielsweise bezeichnet lediglich die offenkettige Verbindung. Die anomeren Halbacetalformen der D-Glucose werden α-D-Glucopyranose bzw. β-D-Glucopyranose genannt. In wäßriger Lösung liegen überwiegend die Halbacetal- bzw. Halbketalformen der Monosaccharide vor, allerdings stehen sie mit den offenkettigen Verbindungen im Gleichgewicht. Daher wandeln sich in Lösung die beiden Anomere eines Monosaccharids ineinander um. Zur Darstellung der Ringstrukturen der Zucker verwendet man entweder die Konformationsschreibweise oder die zwar übersichtliche, aber die tatsächlichen Bindungswinkel nicht widerspiegelnde Schreibweise nach Haworth. Vielmehr liegen die Zucker meist in der energetisch günstigeren und deshalb bevorzugten Sesselform vor. In der Regel wird eine vereinfachte Schreibweise benutzt, bei der auf die Wiedergabe der Wasserstoffsubstituenten verzichtet wird (Abb. **1.12**).

Auf der milden Reduktionswirkung freier Carbonylgruppen, Halbacetale und Halbketale beruht der Nachweis vieler Zucker, der sogenannten **reduzierenden Zucker**, mit der Fehlingschen Probe (Box **1.10**).

Glykoside: Die Halbacetal- bzw. Halbketalformen der Monosaccharide können mit bestimmten funktionellen Gruppen (z. B. aliphatischen oder aromatischen Hydroxylgruppen, sekundären Aminen, Carboxylgruppen, aber auch Phosphorsäure bzw. Phosphatgruppen) unter Wasseraustritt zu **Acetalen** bzw. **Ketalen** weiterreagieren (Abb. **1.13**). Die ausgebildete Bindung wird auch als glykosidische Bindung bezeichnet, das entstehende

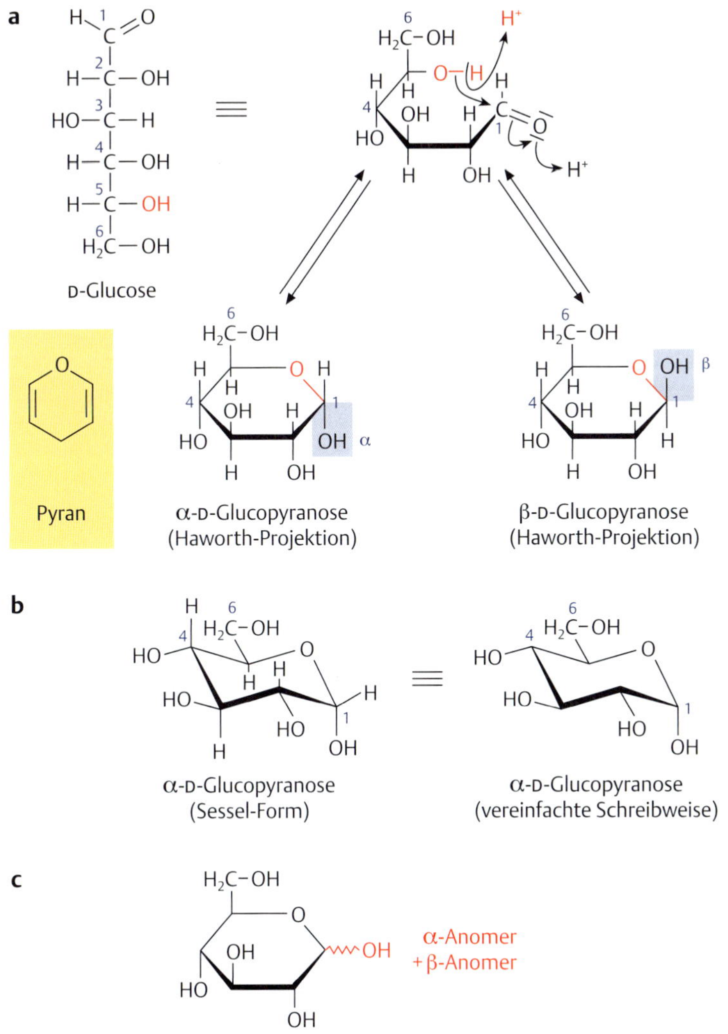

Abb. 1.12 Hexosen: D-Glucose.
a Intramolekulare Halbacetalbildung. **b** Sesselkonformation der α-D-Glucopyranose und vereinfachte Schreibweise des Moleküls. **c** Schreibweise für das reduzierende Ende (rot) eines Zuckers, an dem sich in wäßriger Lösung ein Anomerengleichgewicht ausbildet, am Beispiel der D-Glucopyranose.

Molekül als **Glykosid**, der Nichtzuckeranteil einer solchen Verbindung als **Aglykon**.

Zucker können auch miteinander Acetale bzw. Ketale bilden. Reagieren zwei Monosaccharide miteinander, entsteht ein Disaccharid, welches weiter zum Trisaccharid reagieren kann usw. bis zur Bildung von Oligo- und Polysacchariden.

Dabei können zwei Fälle unterschieden werden. Im ersten Fall reagieren die Halbacetal- bzw. Halbketalgruppen der beteiligten Partner miteinander (Abb. **1.14**). Das gebildete Disaccharid besitzt keine freie Halbacetal-/Halbketalfunktion mehr, verhält sich daher nichtreduzierend und läßt sich mit der Fehlingschen Probe somit nicht nachweisen. In diese Gruppe von **nichtreduzierenden Zuckern** gehören die Saccharose und die sich von Saccharose ableitenden Kohlenhydrate wie z. B. die Raffinose und andere Zucker der Raffinosefamilie, bei denen es sich um Saccharosegalactoside handelt. Weiterhin gehören in diese Gruppe die Saccharosefructoside, die, wie Inulin, als polymere Speicherkohlenhydrate in vielen Pflanzen anzutreffen sind (S. 40). Nichtreduzierende Kohlenhydrate zei-

1 Molekularer Aufbau des pflanzlichen Organismus

Box 1.10 Nachweis reduzierender Zucker

Lösliche Kohlenhydrate mit einer freien Carbonyl-, Halbacetal- oder Halbketalgruppe reduzieren Cu^{2+}-Ionen in alkalischer Lösung zu Cu^+-Ionen und werden deshalb auch als „reduzierende Zucker" bezeichnet. Die Cu^+-Ionen fallen im Alkalischen als Kupfer(I)-Oxid (Cu_2O) aus (Fehlingsche Probe). Aldosen werden bei dieser Reaktion zu den entsprechenden Carbonsäuren bzw. deren intramolekularen Estern, also Lactonen, oxidiert, z. B. wird Glucopyranose in das Gluconolacton überführt (Abb. **a**), welches seinerseits mit Gluconsäure (Abb. **b**) im Gleichgewicht steht. Ketosen werden unter Freisetzung von Glykolaldehyd (HOC–CH_2OH) gespalten. Ursprünglich beruhte die quantitative Bestimmung reduzierender Zucker auf der Gravimetrie des ausgefallenen Kupfer(I)-Oxids. Heute verwendet man eine Modifikation der **Fehlingschen Probe**, bei der Cu^+-Ionen in Gegenwart von Arsenat- und Molybdat-Ionen lösliche, intensiv grünblau gefärbte Arsenomolybdat-Komplexe bilden, deren Konzentration photometrisch sehr genau und mit hoher Empfindlichkeit ermittelt werden kann.

Abb. 1.13 Bildung von Glykosiden. **a** Allgemeines Schema. **b** O- und N-Glykoside. **c, d** Beispiele für Glykoside; glykosidische Bindungen rot.

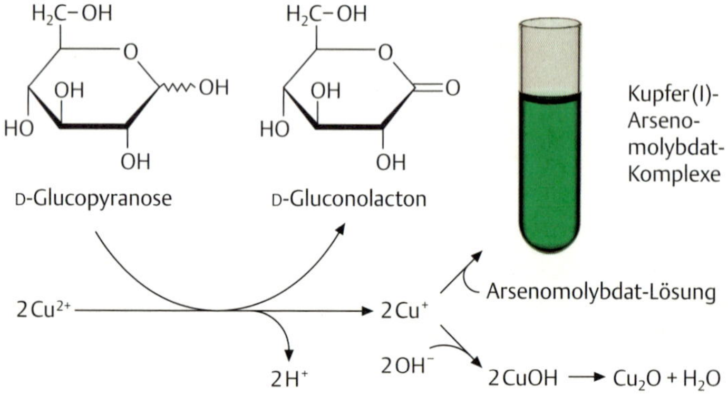

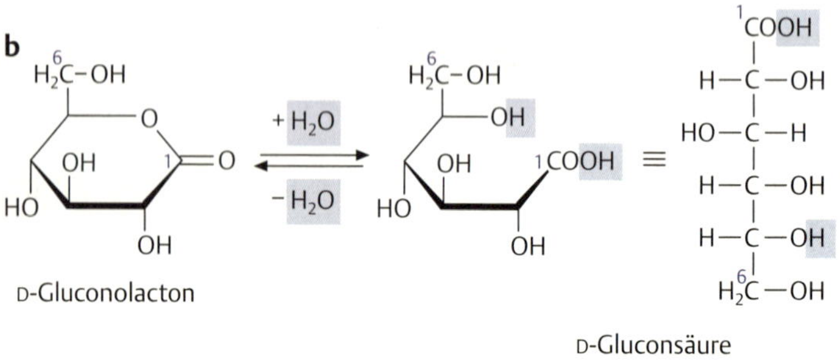

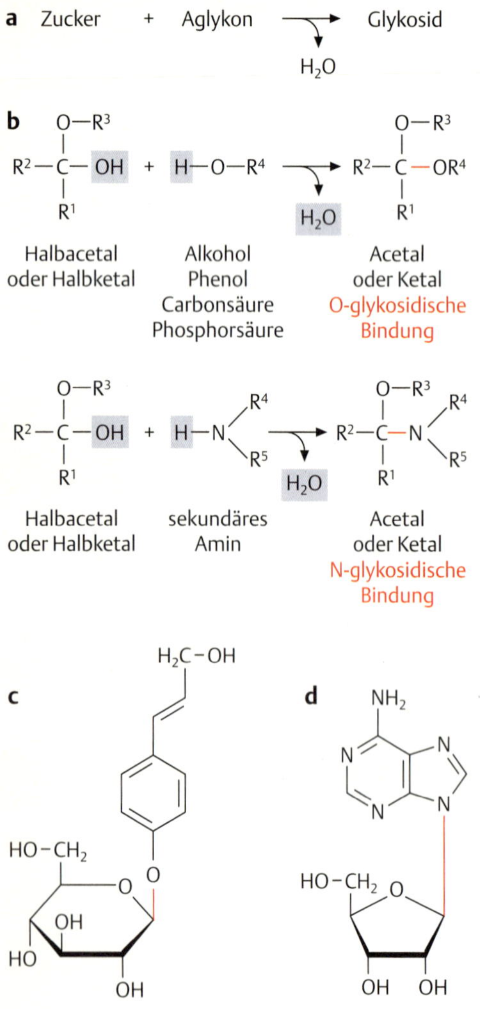

gen natürlich auch keine Umwandlung der Anomere ineinander, und sie sind chemisch nicht mehr sonderlich reaktiv. Es verwundert daher nicht, daß gerade Zucker dieses Typs in der Pflanze als Transportmetabolite Verwendung finden.

Im zweiten Fall reagiert die Halbacetal- oder Halbketalgruppe des einen Reaktionspartners mit einer alkoholischen Hydroxylgruppe des anderen. Das gebildete Disaccharid weist demnach noch die freie Halbacetal- oder Halbketalgruppe desjenigen Reaktionspartners auf, der die OH-

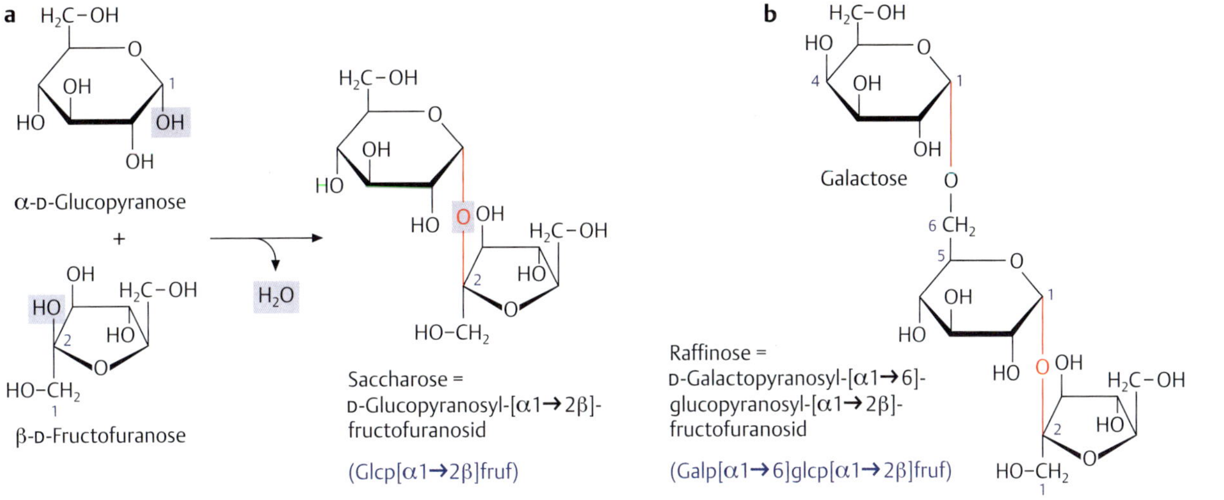

Abb. 1.14 Nichtreduzierende Zucker. a Bildung der Saccharose (formal!). Da ein Halbacetal und ein Halbketal miteinander reagieren, besitzt das gebildete Disaccharid zwei glykosidische Bindungen, der glykosidische Sauerstoff (rot) kann entweder aus dem Halbacetal oder dem Halbketal stammen. **b** Raffinose, ein Saccharosegalactosid. Glykosidische Bindungen rot, Kurzschreibweise zur exakten Bezeichnung von Zuckern und ihren glykosidischen Bindungen blau; falls die – weit verbreiteten – D-Zucker beteiligt sind, läßt man zur Vereinfachung das D in der Kurzbezeichnung weg.

Gruppe zur Verfügung gestellt hat („**reduzierendes Ende**") und ergibt somit eine positive Fehling-Probe. In Lösung bildet sich am reduzierenden Ende mit der Zeit ein Gleichgewicht aus α- und β-anomerer Form aus. Zucker dieses Typs entstehen aus dem hydrolytischen Abbau von Polysacchariden, wie z. B. das Disaccharid Maltose aus dem Abbau der Stärke (Abb. **1.16**). Die Strukturformeln komplexer Kohlenhydrate lassen sich in einer eindeutigen Kurzschreibweise angeben, die das Zeichnen der oft komplizierten Formeln unnötig macht (Abb. **1.14** und Abb. **1.16**).

In der Natur kommen häufig Zuckerderivate (Abb. **1.15**) vor, die weitere funktionelle Gruppen tragen. So besitzen z. B. die **Zuckersäuren** eine Carboxylgruppe. Einige Zuckersäuren spielen im Stoffwechsel der Pflanze eine wichtige Rolle, z. B. die Gluconsäure (Box **1.10**), die in der C^1-Position anstelle der Aldehydgruppe eine Carboxylgruppe trägt, sowie die Glucuronsäure und die Galacturonsäure (S. 89), bei denen die Carboxylgruppe die C^6-Position einnimmt. Die **Aminozucker** tragen eine Aminogruppe, die ihrerseits mit weiteren Gruppen verknüpft sein kann, z. B. mit dem Acetylrest im Falle des N-Acetylglucosamins.

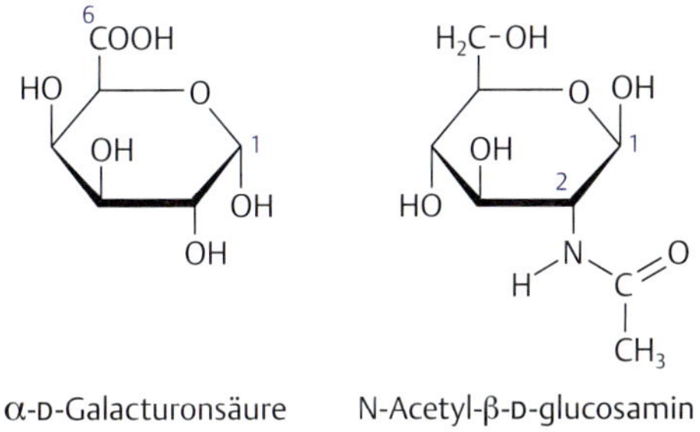

Abb. 1.15 Derivate von Monosacchariden.

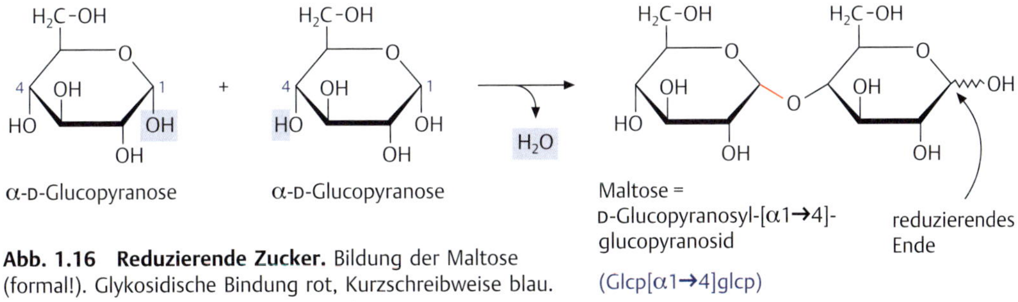

Abb. 1.16 Reduzierende Zucker. Bildung der Maltose (formal!). Glykosidische Bindung rot, Kurzschreibweise blau.

Verbindungen mit Oxohydroxygruppen: Carbonsäuren

Die **Carboxylgruppe** —**COOH** der organischen Säuren (Carbonsäuren) trägt als funktionelle Gruppen – formal! – je eine Oxo- und eine Hydroxygruppe. In wäßriger Lösung liegen Carboxylgruppen weitgehend dissoziiert als Carboxylat-Anionen vor (Abb. **1.17a, b**).

Monocarbonsäuren, wie die Ameisen-, Essig- und Buttersäure, tragen eine, Dicarbonsäuren (z. B. Bernsteinsäure) zwei und Tricarbonsäuren (z. B. Citronensäure) drei Carboxylgruppen. Häufig tritt die Carboxylgruppe am gleichen Molekül neben anderen funktionellen Gruppen auf, z. B. zusammen mit der Hydroxylgruppe bei den Hydroxysäuren (z. B. Milchsäure, Äpfelsäure), mit der Oxogruppe bei den Oxosäuren (z. B. Brenztraubensäure, 2-Oxoglutarsäure) oder mit der Aminogruppe bei den Aminosäuren (Abb. **1.21**).

Langkettige Carbonsäuren, wie z. B. die Palmitinsäure mit 16, die Stearinsäure mit 18 und die eine Doppelbindung tragende, also ungesättigte Ölsäure mit ebenfalls 18 C-Atomen, sind Bestandteile der Fette und werden deshalb auch als **Fettsäuren** bezeichnet (Abb. **1.18a**). Fette sind **Triglyceride**, d. h. sie bestehen aus dem dreiwertigen Alkohol Glycerin, dessen drei Hydroxylgruppen mit – in der Regel verschiedenen – Fettsäuren verestert sind (Abb. **1.18b**). Als Ester lassen sich die Fette durch Verseifung wieder in Glycerin und Fettsäuren zerlegen. Triglyceride, die bei Raumtemperatur flüssig sind, bezeichnet man als Öle. Je höher der Anteil an ungesättigten Fettsäuren in einem Triglycerid ist, desto niedriger ist seine Schmelztemperatur.

Ebenfalls zu den **Glycerolipiden** zählen die Phospho- und Glykolipide (Abb. **1.18c**), die als Bausteine der Biomembranen (Kap. 2.4.1) eine wichtige Rolle spielen. Darüber hinaus finden sich Fettsäuren als Bestandteile der Wachse, des Cutins und des Suberins (Kap. 3.3.3) und in den im Aufbau den Glycerolipiden verwandten Sphingolipiden, die ebenfalls in Biomembranen vorkommen. Unter der Sammelbezeichnung **Lipide** werden verschiedene Gruppen von niedermolekularen hydrophoben Verbindungen zusammengefaßt, an deren Aufbau Fettsäuren beteiligt sind. Allerdings werden oft auch andere fettlösliche (lipophile) Verbindungen hierzu gezählt, wie einige Steroide (Abb. 12.19 S. 363), als deren wichtigste Vertreter in Pflanzen Stigmasterin und Sitosterin genannt seien, die als Komponenten von pflanzlichen Biomembranen bedeutsam sind. Das in tierischen Membranen reichlich vorkommende Steroid Cholesterin findet sich bei Pflanzen nur in geringen Mengen.

Phospholipide unterscheiden sich von den Triglyceriden dadurch, daß lediglich zwei der drei Hydroxylgruppen des Glycerins mit Fettsäuren verestert sind. Die dritte Hydroxylgruppe ist mit Phosphorsäure verestert. Die Phosphorsäure trägt – ebenfalls in Esterbindung – einen weiteren polaren Rest, der von Fall zu Fall verschieden sein kann. Im Phosphatidylcholin (Lecithin) handelt es sich um den Aminoalkohol Cholin (Abb. **1.18d**). Phospholipide sind demnach amphipolar, sie bestehen aus einem unpolaren (hydrophoben) Teil, der durch die veresterten Fettsäurereste gebildet wird, und einer polaren (hydrophilen) Kopfgruppe. Phospholipide bilden spontan auf einer Wasseroberfläche Filme aus, in denen die Kopfgruppen in die wäßrige Phase und die Fettsäurereste in den Luftraum stehen. Von zwei Seiten wäßrig begrenzt, bilden sich Lipiddoppelschichten aus (Kap. 2.4.2).

Im Unterschied zu den Phospholipiden fehlt den **Glykolipiden** die Phosphatgruppe. Bei ihnen bilden Zucker die polare Kopfgruppe, welche glyko-

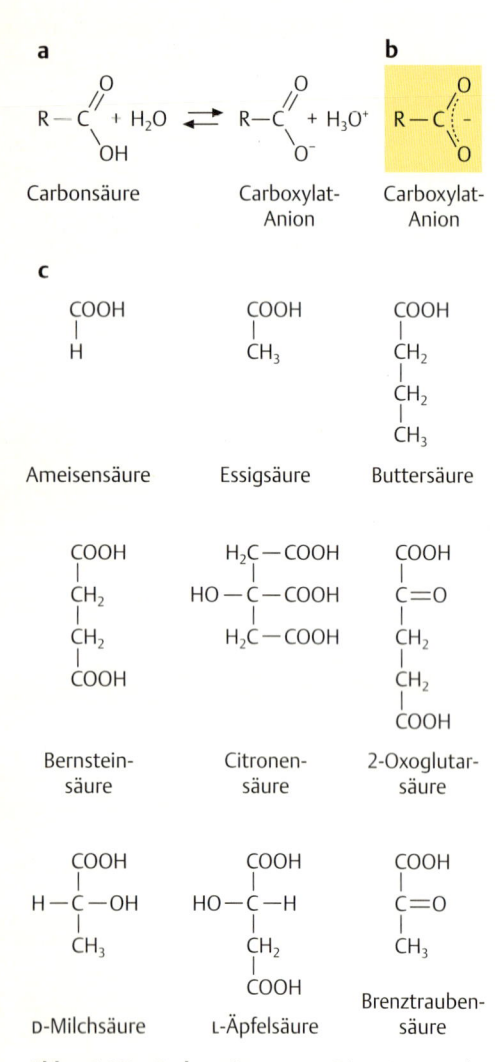

Abb. 1.17 Carbonsäuren. a Dissoziation der Carboxylgruppe in wäßriger Lösung. **b** Symmetrischer Bau des Carboxylat-Anions: Das Elektronenpaar der O=C-Doppelbindung und die negative Ladung sind zwischen beiden Sauerstoffatomen „verteilt". **c** Ein- und mehrwertige Carbonsäuren, z. T. mit weiteren funktionellen Gruppen.

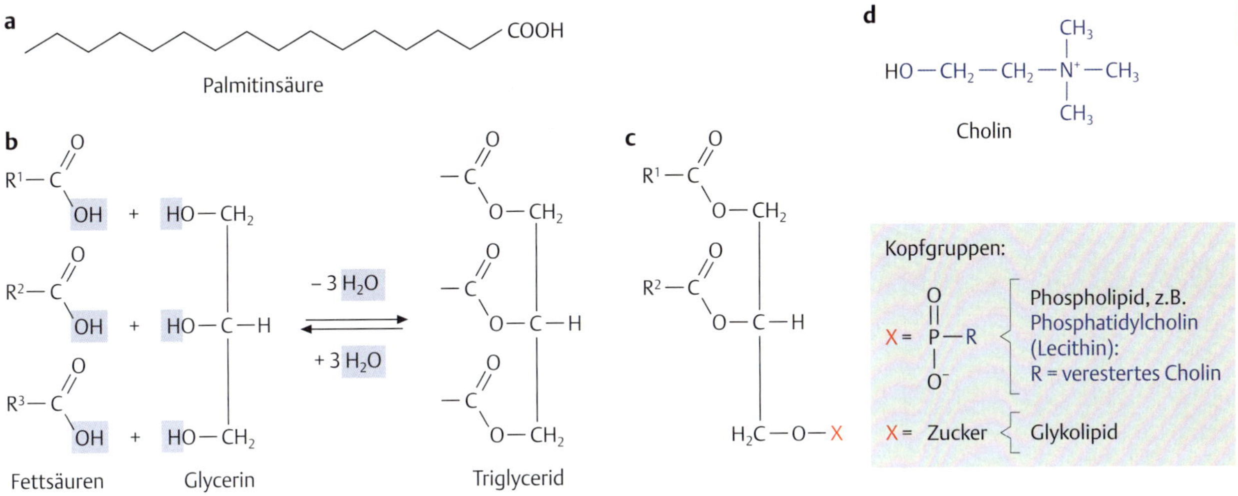

Abb. 1.18 Fettsäuren und Glycerolipide. a Palmitinsäure, eine gesättigte Fettsäure. **b** Bildung eines Triglycerids (formal!) durch Veresterung der drei Hydroxylgruppen von Glycerin mit Fettsäuren. **c** Aufbauschema von Phospho- und Glykolipiden. **d** Cholin.

sidisch an die dritte Hydroxylgruppe des Glycerins gebunden sind. Beim Monogalactosyldiglycerid handelt es sich um ein Galactosemolekül, beim Digalactosyldiglycerid um ein Disaccharid aus zwei Galactosemolekülen. Glykolipide sind besonders reich an mehrfach ungesättigten Fettsäuren, wie z. B. Linolsäure (18 Kohlenstoffatome, zwei Doppelbindungen) und Linolensäure (18 Kohlenstoffatome, drei Doppelbindungen). Galactolipide kommen ganz überwiegend in Plastiden vor. Im Gegensatz zu Phospholipiden bilden Glykolipide spontan keine Lipiddoppelschichten aus, sie tun dies nur in Gegenwart geeigneter Membranproteine.

Aminogruppen tragende Verbindungen

Die **Aminogruppe** $-NH_2$ hat basischen Charakter, da sie unter Aufnahme eines Protons (H^+) die Protonenkonzentration des Wassers herabsetzt, wodurch sich die Konzentration an Hydroxyl-Ionen erhöht. Die protonierte Aminogruppe trägt eine positive Ladung und ist daher ein sehr polarer Substituent, der – wie die negativ geladene dissoziierte Carboxylgruppe – die Wasserlöslichkeit einer organischen Verbindung deutlich erhöht. Die Aminogruppe ist die charakteristische Gruppe der Amine, doch bleibt der basische Charakter auch erhalten, wenn das Stickstoffatom in einem heterocyclischen Ring steht, wie in dem Pyrimidin- oder dem Purinring.

Heterocyclische Ringsysteme (Abb. **1.19**) liegen einer Reihe wichtiger Naturstoffe zugrunde, und zwar das **Pyrimidin**ringsystem dem Thymin (T), Cytosin (C) und Uracil (U), das **Purin**ringsystem dem Adenin (A) und Guanin (G). In den Nucleinsäuren, vor allem in der Transfer-RNA (S. 30), kommen daneben verschiedene Derivate der oben genannten Basen vor. Sie werden irreführend als „seltene" Basen bezeichnet. Tatsächlich sind sie jedoch nicht selten, sondern kommen zwar in geringer Menge, aber mit großer Regelmäßigkeit vor. So ist z. B. das 5-Methylcytosin in der Zellkern-DNA der Höheren Pflanzen enthalten. Es macht hier etwa 5–7 % der gesamten Cytosinmenge aus (Plus **18.12** S. 756).

Aminosäuren sind eine weitere wichtige durch den Besitz einer Aminogruppe ausgezeichnete Stoffklasse. Da sie zugleich auch die Carboxylgruppe tragen, haben sie sowohl basischen als auch sauren Charakter,

Abb. 1.19 Purin- und Pyrimidinbasen.

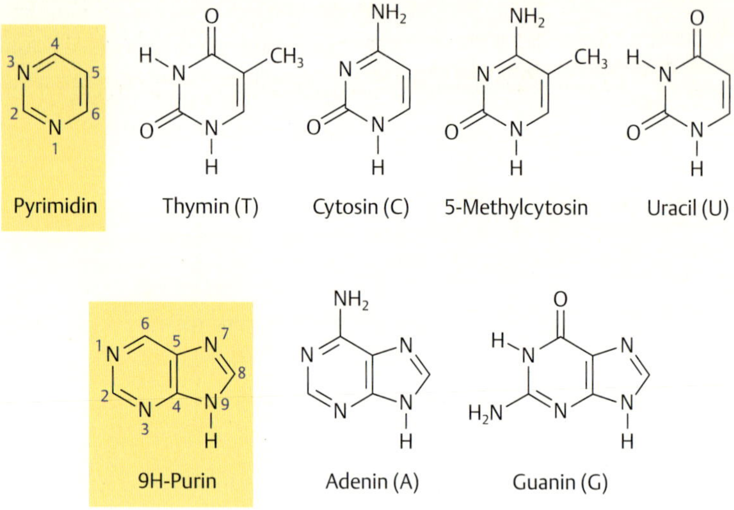

können also, je nach pH-Wert (Box **1.16** S. 44), als Kation oder Anion vorliegen (Abb. **1.20**). Sind bei einem bestimmten pH-Wert keine Überschußladungen vorhanden, so liegen die Moleküle als **Zwitterionen** vor. Diesen pH-Wert bezeichnet man als den **isoelektrischen Punkt** der Aminosäure; entsprechendes gilt für die aus Aminosäuren aufgebauten Proteine (S. 32). Die undissoziierte Form der Aminosäuren tritt in Lösung nicht auf. Wie auch bei organischen Säuren werden in diesem Buch allerdings, der Übersichtlichkeit halber, in den Strukturformeln die funktionellen Gruppen in der undissoziierten Form angegeben.

Bei den in Proteinen vorkommenden (**proteinogenen**) **Aminosäuren** befindet sich die Aminogruppe an dem der Carboxylgruppe benachbarten C-Atom (α-Stellung). Den dritten Substituenten des C_α-Atoms bildet ein Wasserstoffatom und der vierte Substituent ist bei den verschiedenen Aminosäuren jeweils unterschiedlich. Mit Ausnahme des Glycins handelt es sich bei diesem Substituenten nicht um Wasserstoff. Daher ist bei diesen Aminosäuren das C_α-Atom asymmetrisch substituiert und man kann zwei spiegelbildliche Formen unterscheiden. Konventionsgemäß steht bei den L-Aminosäuren die Aminogruppe in der Fischer-Projektionsformel links, bei den D-Formen rechts (Box **1.8** S. 14). Da im Glycin am C_α-Atom zwei Wasserstoffatome als Substituenten stehen, erübrigt sich eine Unterscheidung in D- und L-Form, beide sind identisch. Dennoch schreibt man üblicherweise die Anordnung der Substituenten am C_α-Atom des Glycins wie bei den anderen proteinogenen Aminosäuren auch. In den Proteinen kommen neben Glycin nur L-Aminosäuren vor. Deren Konfiguration (Box **1.9** S. 15) am C_α-Atom ist S (Ausnahme: Cystein R). Die proteinogenen Aminosäuren sind in Abb. **1.21** wiedergegeben. Unter den Formeln sind die Namen sowie deren Drei- und Ein-Buchstaben-Code angegeben.

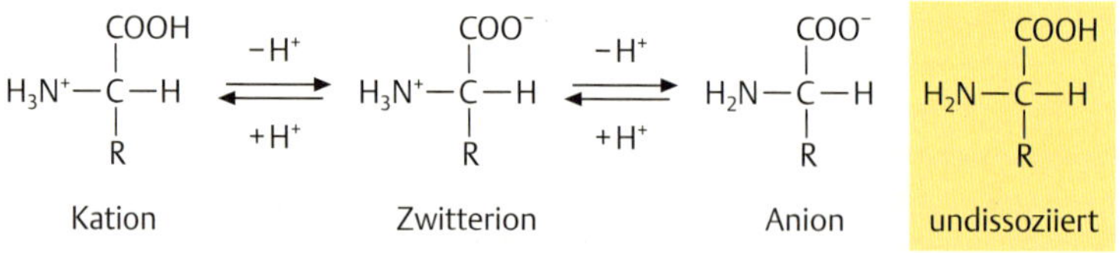

Abb. 1.20 Dissoziationsgleichgewichte der Aminosäuren. Aus Gründen der Übersichtlichkeit wird in Formelschemata meist die undissoziierte Form, die aber in Lösung nie vorliegt, geschrieben.

1.3 Die wichtigsten organischen Verbindungen

Abb. 1.21 Die proteinogenen Aminosäuren. Farbiger Drei- bzw. Ein-Buchstaben-Code Tab. 13.1 S. 378.

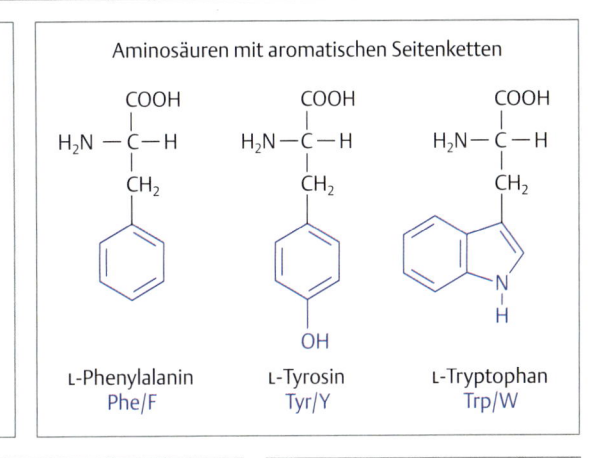

Letzterer wurde notwendig, um Sequenzen von vielen hundert Aminosäuren einigermaßen übersichtlich darstellen zu können.

Einige der Aminosäuren tragen zusätzliche geladene Gruppen: die sauren Aminosäuren Asparaginsäure und Glutaminsäure eine weitere Carboxylgruppe, die basischen Aminosäuren Lysin, Arginin und Histidin eine zusätzliche basische Funktion. Reine Kohlenwasserstoffseitenketten haben Alanin, Valin, Leucin, Isoleucin, Prolin und Phenylalanin. Sie können daher hydrophobe Wechselwirkungen untereinander eingehen. Die übrigen, nichtgenannten Aminosäuren besitzen nichtionisierte, polare Gruppen, die an der Ausbildung von Wasserstoffbrückenbindungen beteiligt

Abb. 1.22 Disulfidbildung.
a Allgemeines Schema.
b Bildung von Cystin aus Cystein.

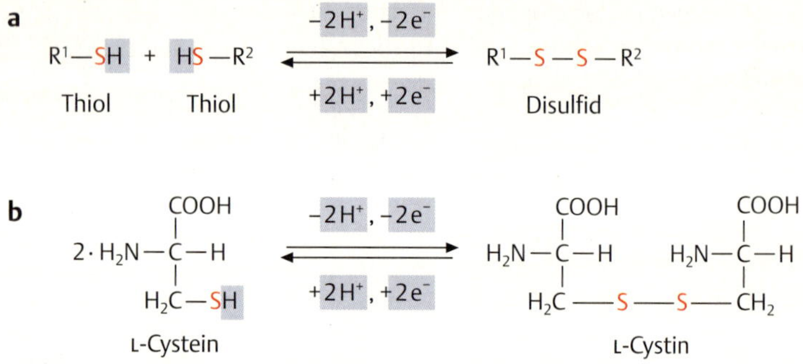

a
$$R^1\text{—SH} + \text{HS—}R^2 \underset{+2H^+, +2e^-}{\overset{-2H^+, -2e^-}{\rightleftarrows}} R^1\text{—S—S—}R^2$$
Thiol   Thiol   Disulfid

b
L-Cystein $\rightleftarrows$ L-Cystin

sein können. Besondere Erwähnung verdienen noch die schwefelhaltigen Aminosäuren Methionin und Cystein, von denen die letztgenannte als funktionelle Gruppe einen Thiolrest —SH trägt. Zwei Thiolgruppen können unter Dehydrierung eine Disulfidbindung ausbilden (Abb. **1.22**). Disulfidbrücken finden sich als strukturstabilisierendes Element in zahlreichen Proteinen.

Außer diesen 20 allgemein verbreiteten Aminosäuren gibt es einige weitere, die aus selteneren, meist sehr spezialisierten Proteinen isoliert wurden, z. B. das Hydroxyprolin aus einigen Strukturproteinen pflanzlicher Zellwände (S. 93) und Selenomethionin aus einigen bakteriellen Proteinen und einer Peroxidase von *Chlamydomonas reinhardtii*. In diesen Organismen ist Selenocystein als 21. proteinogene Aminosäure aufzufassen, denn ihr Vorkommen wird in der Basensequenz der entsprechenden Gene durch ein eigenes Triplett codiert (Plus **15.11** S. 544). Hydroxyprolin hingegen entsteht durch nachträgliche Oxidation von Prolin am fertigen Protein. In manchen Naturstoffen, z. B. den Peptidoglykanen (Abb. **4.2** S. 137), kommen auch D-Aminosäuren vor.

1.3.2 Polymere Verbindungen

Die Anzahl der in den etwa 500 000 Pflanzenarten vorkommenden niedermolekularen Verbindungen ist unvorstellbar hoch. Allein weit über 200 000 sekundäre Pflanzeninhaltsstoffe sind bekannt (Kap. 12), hinzu kommt eine Vielzahl von für den Grundstoffwechsel erforderlichen Metaboliten. Doch diese Vielfalt wird noch bei weitem übertroffen durch die ungeheure Zahl an verschiedenen Makromolekülen, die durch Polymerisation von monomeren Bausteinen entstehen. Sie bilden die Voraussetzung für die Komplexität und Spezifität der Lebensprozesse sowie für die Formenvielfalt der Organismen.

> **Plus 1.3 Oligo- und Polymere**
>
> Unabhängig davon, ob es sich um eine oder mehrere Sorten miteinander verknüpfter Monomere handelt, spricht man bei Vorliegen von bis zu 30 verknüpften Monomeren von oligomeren, darüber von polymeren Verbindungen. Homooligomere (-polymere) bestehen aus nur einer Sorte, Heterooligomere (-polymere) aus zwei oder mehr verschiedenen Sorten monomerer Bausteine. Stärke und Cellulose sind Homopolymere, DNA und Proteine sind Heteropolymere.

Polymere Verbindungen (Plus **1.3**) entstehen durch Verknüpfung einer oder mehrerer bis zu vieler verschiedener Sorten von Monomeren. Polymere unterscheiden sich in der Art der monomeren Bausteine, in ihrer Anzahl und oft auch in ihrer Abfolge (Sequenz). Dadurch ist eine prinzipiell nahezu unbegrenzte Zahl verschiedener Makromoleküle möglich, die, gleichsam im Baukastenprinzip, vom Syntheseapparat der Zellen mit relativ geringem Aufwand an Energie und Material hergestellt werden können. Die Biopolymerbildung erfolgt meist durch Polykondensation, d. h. durch Zusammenlagerung der Monomere unter Abspaltung von Wasser.

Makromoleküle üben Funktionen als Informationsträger bzw. -überträger, Energiewandler oder Biokatalysatoren aus, andere sind Strukturelemente, wieder andere dienen als Speicherstoffe. Entsprechend groß ist die Formenvielfalt der Biopolymere. Sie reicht von annähernd globulären Strukturen, wie sie zahlreiche Enzyme aufweisen, bis zu langgestreckten, fadenförmigen Molekülen, die bei den Strukturpolysacchariden, den Strukturproteinen und bei den millimeterlangen, die genetische Information enthaltenden Desoxyribonucleinsäuremolekülen der Chromosomen vorliegen. Amorph strukturiert ist das Lignin, das extrazellulär durch eine radikalische Kettenreaktion gebildet wird.

Die Speicherung monomerer Bausteine in Form unlöslicher Makromoleküle (z. B. Glucose als Stärke, Aminosäuren als Speicherproteine) bringt osmotische Vorteile. Da das osmotische Potential (Kap. 6.1.3) von der Konzentration gelöster Teilchen abhängt, bietet die Bildung unlöslicher Polymere die Möglichkeit, größere Substanzmengen in osmotisch inaktiver Form zu speichern.

Schon bald nach der Entstehung der ersten kleinen organischen Moleküle auf der Erde dürfte es auch zur Evolution der Makromoleküle gekommen sein (Plus **1.2** S. 12).

Nucleinsäuren

> Nucleinsäuren sind **Polynucleotide**. Sie sind aus Basen (Purinen und Pyrimidinen), Zuckern (Pentosen) und Phosphat aufgebaut. Grundsätzlich sind zwei Typen von Nucleinsäuren zu unterscheiden, die sowohl hinsichtlich ihrer Zuckerkomponente als auch in der Basenzusammensetzung voneinander abweichen: Die **Desoxyribonucleinsäure** enthält als Zucker die D-Desoxyribose (genauer: D-Desoxyribofuranose) sowie als Basen Thymin, Cytosin, Adenin und Guanin (Abb. **1.19**), die **Ribonucleinsäure** als Zucker die D-Ribose (genauer: D-Ribofuranose) und als Basen Uracil, Cytosin, Guanin und Adenin. Bei der Ribonucleinsäure ist also Thymin durch Uracil ersetzt. Anstelle der deutschen Abkürzungen DNS und RNS werden heute, in Anlehnung an das Angloamerikanische, allgemein die Abkürzungen DNA (**d**esoxyribo**n**ucleic **a**cid) und RNA (**r**ibo**n**ucleic **a**cid) benutzt.

Eine N-glykosidisch mit einem Zucker verknüpfte Base wird als **Nucleosid** bezeichnet. Man benennt Nucleoside, den Basen Adenin, Cytosin, Guanin und Uracil entsprechend, als Adenosin, Cytidin, Guanosin und Uridin, wenn als Zucker die Ribose vorliegt. Handelt es sich dagegen um die Nucleoside der Desoxyribose, so ist die Silbe „Desoxy" voranzusetzen, d. h. Desoxyadenosin usw.; Thymidin bezeichnet stets das Desoxyribosid. Liegen die Nucleoside in Verbindung mit ein, zwei oder drei Phosphatresten vor, so spricht man von **Nucleotiden**. Im Falle des Adenins können Adenosinmono-, -di- und -triphosphat unterschieden werden (Abb. **1.23**), die als AMP, ADP und ATP abgekürzt werden. Entsprechendes gilt für die anderen Nucleotide, also für die Guanosinphosphate GMP, GDP, GTP, für die Cytidinphosphate CMP, CDP, CTP usw. Die Desoxyribose enthaltenden Nucleotide werden durch Vorsetzen des Buchstabens d kenntlich gemacht, also z. B. dAMP, dGMP und dCMP.

Nucleinsäuren besitzen ein Rückgrat aus alternierend vorkommenden Pentosen und Phosphatgruppen. Die Phosphatgruppen dienen als Brücke zwischen jeweils zwei Zuckermolekülen und sind mit der 3'-OH-Gruppe der einen und mit der 5'-OH-Gruppe der anderen Pentose verestert (Abb. **1.24**). An jeden Zuckerbaustein ist N-glykosidisch eine Base gebunden. Die apostrophierten Zahlen 1', 2' usw. verwendet man zur Bezeichnung der Kohlenstoffatome der Zuckerkomponente von Glykosiden, die Atome des Aglykons erhalten Nummern ohne Apostroph (Abb. **1.23**).

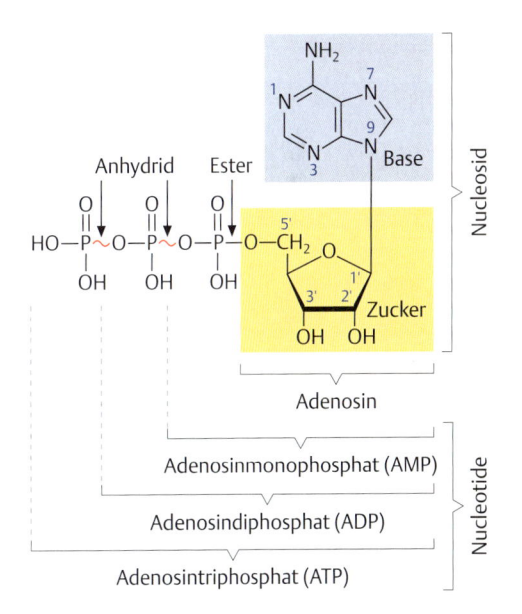

Abb. 1.23 Nucleotide des Adenosins. Energiereiche Bindungen – wie die beiden Anhydridbindungen zwischen den Phosphorsäureresten (rot) – werden in der Biochemie durch geschwungene Bindungsstriche gekennzeichnet.

Abb. 1.24 Watson-Crick-Modell der DNA.
a Aufbau des Doppelstrangs. **b** Kalottenmodell, Phosphoratome lila, Sauerstoffatome rot, Wasserstoffatome blau, Kohlenstoffatome der Desoxyribose grau, Kohlenstoff- und Stickstoffatome der Basen grün. **c** Spezifische Basenpaarung.

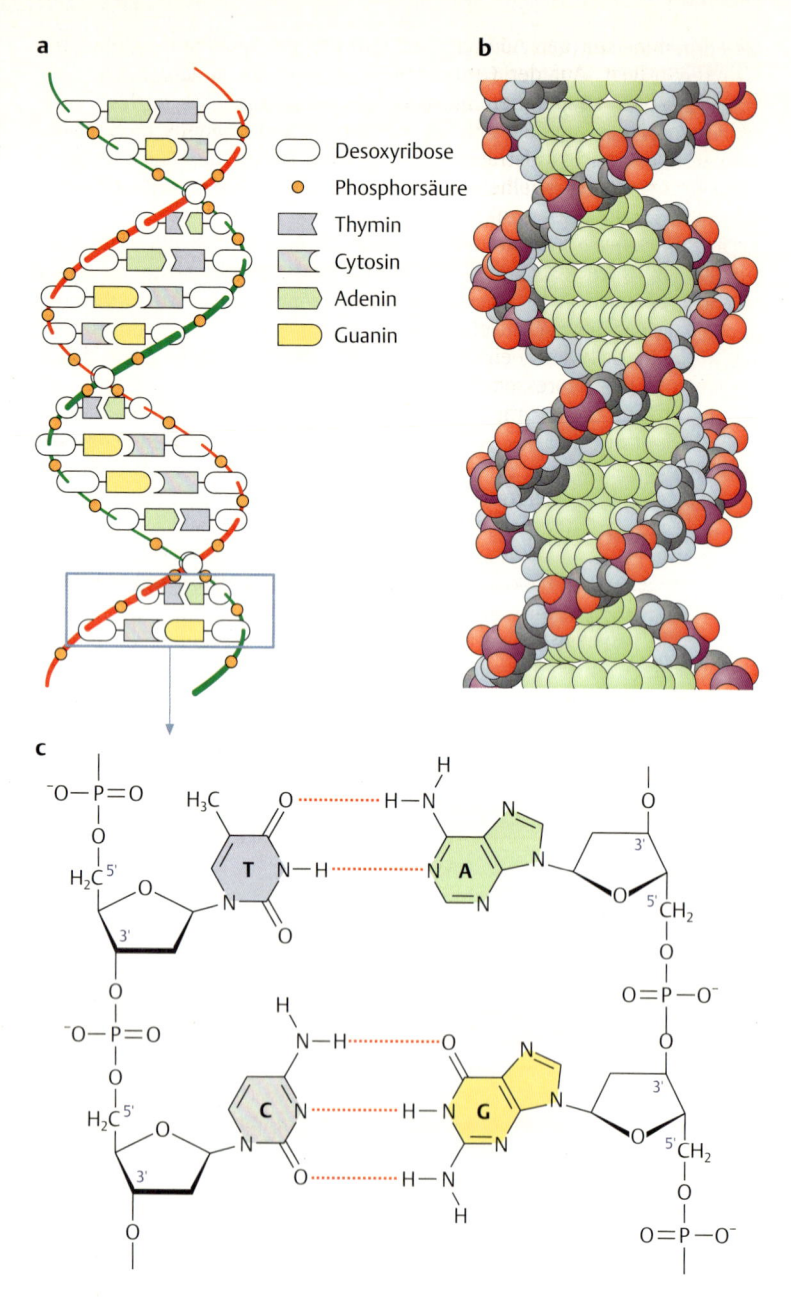

Nucleinsäuren weisen an einem Ende eine freie 3'-OH-Gruppe und am anderen Ende eine freie 5'-OH-Gruppe auf, sind also polar gebaut.

Desoxyribonucleinsäure (DNA): Bei der quantitativen Analyse der DNA verschiedener Organismen hat sich gezeigt, daß die Anzahl der Pyrimidinbasen stets gleich jener der Purinbasen ist. Sowohl das molare Verhältnis von Thymin zu Adenin als auch das von Cytosin zu Guanin beträgt 1. Dagegen ist das Verhältnis von Thymin zu Cytosin oder, was auf dasselbe hinausläuft, von Adenin zu Guanin starken Schwankungen unterworfen. Hieraus wurde gefolgert, daß in der DNA eine spezifische Basenpaarung aller Thymine mit den Adeninbasen und entsprechend des Cytosins mit Guanin vorliegt. Auf der Grundlage dieser Befunde entwarfen Watson und Crick das nach ihnen benannte Strukturmodell der DNA, das in Abb. **1.24** wiedergegeben ist. Danach besteht die DNA aus zwei unverzweigten Polynucleotidsträngen, die in Form einer rechtsgewundenen Doppelschraube (**Doppelhelix**) um eine gemeinsame Achse laufen, während die Basen etwa senkrecht zur Längsachse der Helix angeordnet sind. Außer dieser sogenannten B-Konformation ist die Ausbildung anderer DNA-Konformationen möglich. Neben Wasserstoffbrückenbindungen bewirken auch die hydrophoben Wechselwirkungen der flach übereinandergestapelten ungesättigten Ringsysteme der Basen im Inneren der Doppelhelix („Stapelkräfte") eine Stabilisierung der Struktur. Auf der Wechselwirkung von Fluoreszenzfarbstoffen mit den übereinandergestapelten Basen beruht ein sehr empfindlicher Nachweis der DNA (Box **1.11**).

Bei dem einen Strang des DNA-Moleküls zeigt das 5'-Ende nach oben, bei dem anderen nach unten (Abb. **1.24c**). Die beiden Stränge weisen also eine entgegengesetzte Polarität auf, sie sind antiparallel. Eine Schraubenwindung umfaßt etwa 10 Nucleotidbausteine je Strang. Die Phosphatgruppen liegen nach außen und sind für Kationen leicht zugänglich. Die Basen stehen rechtwinklig zur Achse nach innen, wobei das Thymin stets dem Adenin, das Cytosin dem Guanin gegenübersteht. Wie aus Abb. **1.24c** ersichtlich, bestehen zwischen den benachbarten Amino- und Oxogruppen der entsprechenden Basen Wasserstoffbrückenbindungen; aus räumlichen Gründen ist eine andere Basenpaarung unmöglich. Die beiden Stränge sind also nicht miteinander identisch, sondern komplementär. Sie können linear vorliegen oder in sich geschlossen, also zirkulär sein. Letzteres ist z. B. für die DNA aus Bakterien, Plastiden und Mitochondrien nachgewiesen worden.

Trotz der geringen Zahl von nur vier verschiedenen Nucleotidbausteinen besitzen die DNA-Moleküle eine große Spezifität. Sie ist in der Abfolge (Sequenz) der Nucleotide begründet, deren hohe Zahl im Molekül eine nahezu unbegrenzte Anzahl von Kombinationen erlaubt. Mit Hilfe der DNA-Sequenzierungstechnik (Abb. **13.29** S. 429) ist es gelungen, die **Nucleotidsequenz**, d. h. die Primärstruktur vieler DNA-Moleküle und zahlreicher kompletter Genome zu ermitteln.

So beträgt, um ein Beispiel zu nennen, die Zahl der Basenpaare (bp) bei der DNA von *Escherichia coli* etwa 4,6 Millionen (Box **13.3** S. 385). Für Höhere Organismen wurden erheblich größere Werte gefunden, z. B. für die Acker-Schmalwand, *Arabidopsis thaliana*, die erste Pflanze, deren Genom komplett sequenziert werden konnte, 125 Millionen Basenpaare (125 Mbp), verteilt auf lediglich 5 Chromosomen (Plus **13.2** S. 383 und Abb. **13.4** S. 384). Der Wert bezieht sich auf den einfachen (haploiden) Chromosomensatz (Kap. 13.6.1). Die in der Basensequenz der riesigen Moleküle speicherbare Information und zudem die Fähigkeit zur Autoreplikation (Kap **13.1**) prädestinieren DNA geradezu als genetische Substanz.

Ribonucleinsäure (RNA): Die Ribonucleinsäure tritt überwiegend in Gestalt einfacher Nucleotidketten auf, doch kommen auch Doppelstränge vor. Die Einzelstrangmoleküle bilden meist durch intramolekulare Basenpaarungen spezifische Strukturen aus. Einige RNA-Moleküle weisen eine katalytische Aktivität auf und werden dann als **Ribozyme** bezeichnet (Plus **1.4**). **Viroide** sind zirkulär geschlossene, infektiöse RNA-Moleküle (Plus **1.5** und Kap. 20.7).

Die meisten Zellen enthalten zwei- bis achtmal soviel RNA wie DNA. Funktionell lassen sich vier RNA-Fraktionen unterscheiden:

Box 1.11 Nachweis von Nucleinsäuren

Ein sehr empfindlicher und weit verbreiteter Nachweis von DNA beruht auf der nichtkovalenten Bindung des Fluoreszenzfarbstoffs **Ethidiumbromid** (Abb.) an die Doppelhelix. Die scheibenförmigen Moleküle des Farbstoffs schieben sich dabei zwischen die übereinandergestapelten Basen (man nennt dies interkalieren). In die DNA interkalierte Farbstoffmoleküle fluoreszieren bei Anregung mit ultraviolettem Licht viel stärker als frei in Lösung befindliche. Die orangerote Fluoreszenz des Ethidiumbromid-DNA-Komplexes (Emissionsmaximum 590 nm) läßt sich zur Lokalisierung von DNA auf Elektrophoresegelen oder in Zentrifugenröhrchen nutzen. Auch RNA läßt sich nachweisen, jedoch mit geringerer Empfindlichkeit, da RNA-Moleküle nur zum Teil doppelsträngige Bereiche aufweisen.

Plus 1.4 Ribozyme

Ribozyme sind RNA-Moleküle mit katalytischer Aktivität, sie katalysieren Umsetzungen an anderen RNA-Molekülen oder sind autokatalytisch – innerhalb des eigenen Moleküls – tätig. Letzteres ist der Fall beim Selbstspleißen von RNA-Molekülen zur Entfernung von Intronen. Die Bildung von tRNA-Molekülen geht von einem zunächst erzeugten Primärtranskript, der prä-tRNA, aus. Durch vielfältige Veränderungen wird aus der prä-tRNA schließlich die „reife" tRNA. Unter anderem wird das „reife" 5'-Ende durch Abspalten eines Teils der prä-tRNA durch das Enzym RNase P gebildet. Bei RNase P handelt es sich um einen Komplex aus einem Protein und einer RNA, die als Ribozym die hydrolytische Spaltungsreaktion ausführt.

Einer Hypothese zufolge ist die katalytische Aktivität bestimmter RNA-Moleküle als Rest einer präbiotischen oder doch frühen Stufe eines auf der RNA basierenden Stoffwechsels zu sehen („RNA-Welt"). Andere Forscher gehen heute davon aus, daß in der präbiotischen Phase der Evolution Proteine und Nucleinsäuren und deren katalytische Funktionalität gleichzeitig entstanden sind (Plus 4.1 S. 130).

Plus 1.5 Viroide

Viroide sind infektiöse, ringförmig kovalent geschlossene, einzelsträngige RNA-Moleküle aus etwa 250–400 Nucleotiden mit einem hohen Anteil an intramolekularen Basenpaarungen. Die RNA liegt „nackt", also nicht mit Proteinen assoziiert, vor. Man kennt etwa 30 Arten von Viroiden, alle rufen – z. T. wirtschaftlich bedeutsame – Pflanzenkrankheiten hervor, wie z. B. das Spindelknollenviroid der Kartoffel (PSTV, potato spindle tuber viroid). Viroide breiten sich nach einer Infektion vom Infektionsort langsam in der gesamten Pflanze aus. Eine Behandlung befallener Pflanzen ist nicht möglich. Übertragen werden Viroide meist durch Blattläuse. Die Vermehrung geschieht durch Replikation der Viroid-RNA durch RNA-Polymerasen der Wirtszelle und erfolgt, je nach Viroidgruppe, im Zellkern (Pospinviroidae) oder in den Chloroplasten (Avsunviroidae, Details siehe Plus 20.11 S. 837).

Box 1.12 Svedberg-Einheit

Viele Moleküle und Zellpartikel lassen sich anhand ihres Sedimentationsverhaltens charakterisieren und durch Zentrifugation von anderen Zellbestandteilen abtrennen. Die Sedimentationsgeschwindigkeit wird dabei in der Regel nicht in absoluten Einheiten (m s^{-1}), sondern in relativen Einheiten bezogen auf die Zentrifugalbeschleunigung – als **Sedimentationskoeffizient** (in Sekunden, s) – angegeben. Für biologisch relevante Moleküle und Partikel liegen die Sedimentationskoeffizienten in der Größenordnung von 10^{-13} s. Aus praktischen Gründen wurde daher zur Angabe von Sedimentationskoeffizienten die Einheit Svedberg definiert, 1 S = 10^{-13} s. Der S-Wert wird oft in die Benennung eines Zellbestandteils integriert, um diesen von anderen, ähnlichen unterscheiden zu können, z. B. 70S- und 80S-Ribosomen.

■ **Transfer-RNA (tRNA):** Die Aufgabe der tRNA besteht in der Übertragung (Transfer) von Aminosäuren bei der Proteinbiosynthese. Daher gibt es für jede der 20 proteinogenen Aminosäuren mindestens eine, meist sogar mehrere verschiedene tRNA-Molekülarten. Bei *Escherichia coli* sind etwa 60 tRNA-Molekülsorten nachgewiesen. Von den für die gleiche Aminosäure spezifischen tRNA-Molekülen kommen offenbar in den Mitochondrien und in den Plastiden andere Formen vor als im Cytoplasma. Alle tragen jedoch am 5'-terminalen Ende das Guanosin und am 3'-terminalen Ende die Nucleotidsequenz Cytidin-Cytidin-Adenosin. Auf eine freie Hydroxylgruppe dieses Adenosins wird enzymatisch eine Aminosäure übertragen, wodurch die beladene Form der tRNA, die **Aminoacyl-tRNA**, entsteht (Abb. 15.24 S. 536). Bei bestimmten tRNA-Molekülen wird die Aminosäure an die 2'-, bei anderen an die 3'-Position der Ribose des Akzeptoradenosins gebunden. Die so aktivierte Aminosäure wird auf die in Synthese befindliche Polypeptidkette am Ribosom übertragen. tRNA besitzt Molekülmassen zwischen 23 000 und 28 000 Da, was 73–93 Nucleotidbausteinen und einem Sedimentationskoeffizienten von etwa 4S (Box 1.12) entspricht. Ihr Anteil an der Gesamt-RNA einer Zelle beträgt bei *Escherichia coli* etwa 16%.

Die Struktur der tRNA-Moleküle ist aufgeklärt. Sie kommt durch intramolekulare Basenpaarungen zustande – an denen 60–70% der Basen beteiligt sind – was eine Schleifenbildung und eine spezifische dreidimensionale Konformation zur Folge hat. Bei der Projektion in eine Ebene ergibt sich die charakteristische „Kleeblattstruktur" (Abb. 1.25a). Das entsprechende Raumdiagramm zeigt Abb. 1.25b. Das **Anticodon** (Abb. 15.25 S. 538) und das 3'-Ende ragen aus dem Molekül heraus. tRNA-Moleküle können bis zu 10% der auf S. 23 erwähnten „seltenen" Basen enthalten. Deren Aufgabe besteht u. a. darin, in bestimmten Bereichen des tRNA-Moleküls eine Basenpaarung zu verhindern. Die seltenen Basen sind somit für die Schleifenbildung und damit für die charakteristische dreidimensionale Struktur der tRNA mitverantwortlich.

■ **Messenger-RNA (mRNA):** Die mRNA überträgt die genetische Information von der DNA, wo sie in einem als Transkription (Kap. 15.2) bezeichneten Prozeß gebildet wird, zur Proteinbiosynthese an die Ribosomen. Es handelt sich um eine höhermolekulare Form mit Molekülmassen zwischen 25 000 und 1 Million Da, was etwa 75–3 000 Nucleotidbausteinen entspricht. Die Sedimentationskoeffizienten liegen zwi-

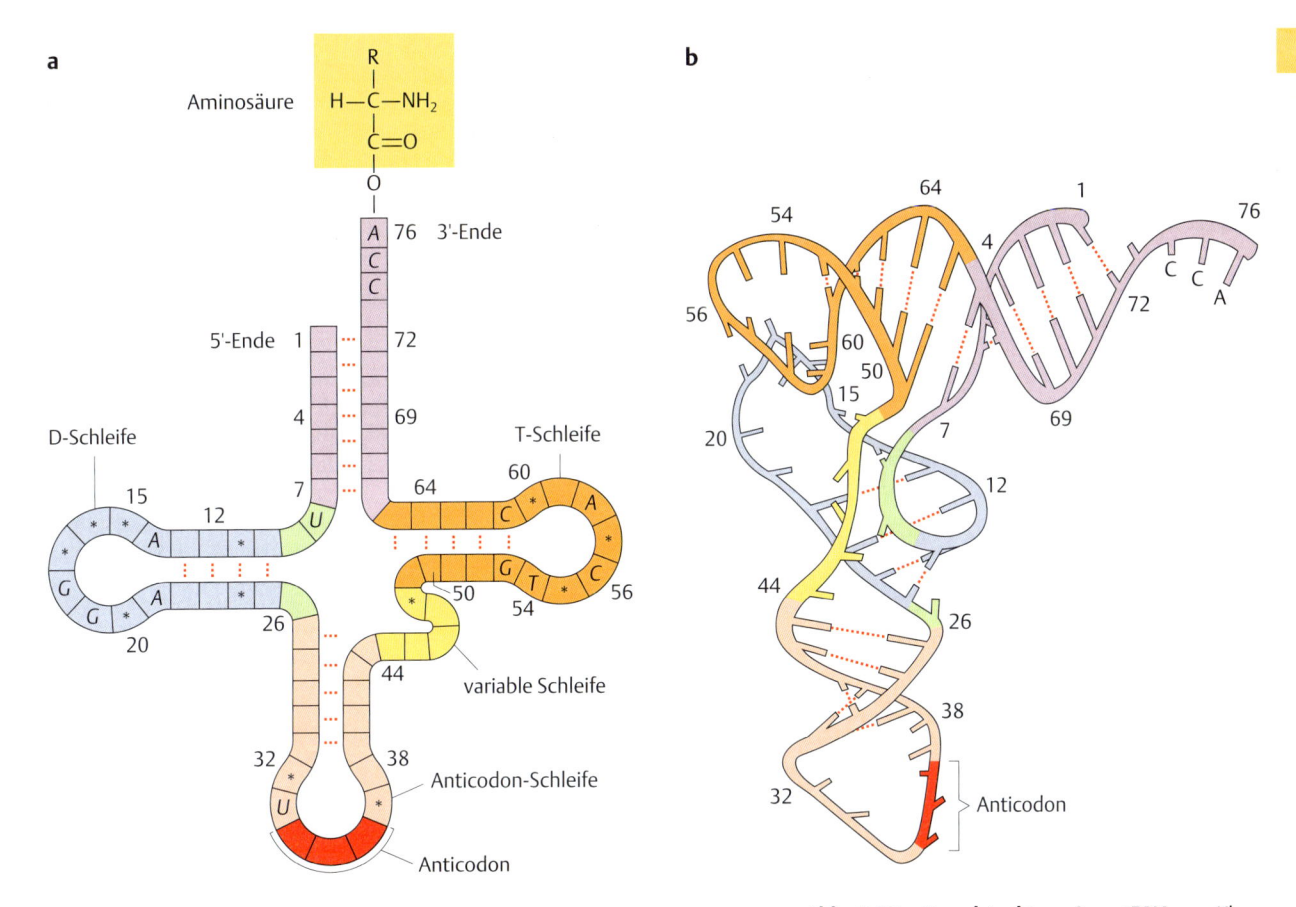

Abb. 1.25 Grundstruktur einer tRNA. a „Kleeblattmodell" des in die Ebene projizierten Moleküls mit in Esterbindung vorliegendem Aminoacyl-Rest. In allen tRNAs konservierte Nucleotide sind angegeben, Positionen, an denen stets „seltene" Basen auftreten, sind durch Sterne gekennzeichnet. **b** Raumdiagramm der tRNA. In **a** und **b** sind gleiche Teile des Moleküls in gleicher Farbe dargestellt, Wasserstoffbrückenbindungen rot gepunktet. Zum besseren Vergleich mit dem „Kleeblattmodell" sind die Nummern einiger Nucleotide angegeben (verändert nach Rich und Kim 1987).

schen 6S und 25S. Ihr Anteil an der gesamten RNA einer Zelle beträgt bei *Escherichia coli* etwa 2 %, bei Höheren Organismen bis zu maximal 10 %.

- **Ribosomale RNA (rRNA):** Die rRNA ist entscheidend am Aufbau der Ribosomen beteiligt (Kap. 15.6). Die Polynucleotidstränge der rRNA-Moleküle liegen zu 60–70 % intramolekular basengepaart vor. Bei Prokaryoten wurden drei, im Cytoplasma der Eukaryoten vier rRNA-Typen gefunden, deren Molekülmassen zwischen 35 000 und über 2 Millionen Da liegen, was Sedimentationskoeffizienten zwischen 5S und 28S entspricht. Die rRNA macht bei *Escherichia coli* etwa 82 % der Gesamt-RNA der Zelle und etwa 65 % des Gesamtgewichts der Ribosomen aus.
- **Mikro-RNA (miRNA):** Erst kürzlich wurden in Pflanzen Mikro-RNA-Moleküle entdeckt. Sie sind aus lediglich 21 oder 22 Nucleotiden aufgebaut und induzieren durch Bindung an exakt basenkomplementäre Bereiche von bestimmten mRNAs deren Spaltung durch doppelstrangspezifische RNA-abbauende Enzyme (dsRNasen). Die miRNAs ihrerseits werden durch Spaltung aus miRNA-Vorstufen erzeugt, die einerseits die miRNA-Sequenz und andererseits zur miRNA-Sequenz komplementäre Basenabfolgen enthalten. Dadurch kommt es bei diesen RNAs intramolekular zur Bildung von Doppelstrangbereichen, die von dsRNasen erkannt und aus der RNA-Vorstufe abgespalten werden (Plus **18.3** S. 722).

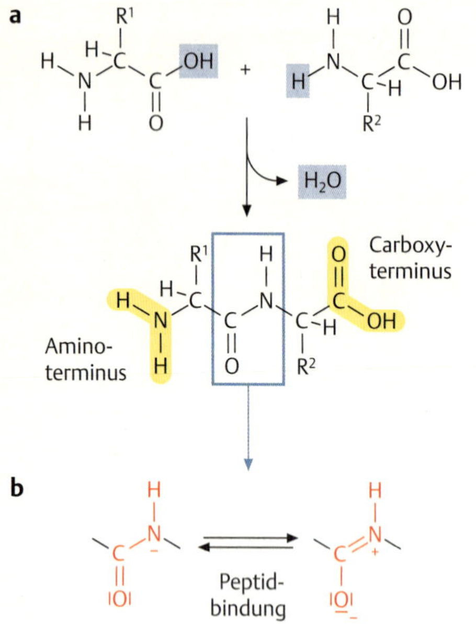

Proteine

Proteine (Eiweiße) sind aus Aminosäuremolekülen aufgebaute Makromoleküle. Die Aminosäuren sind durch Peptidbindungen miteinander verknüpft. Diese kann man sich durch Reaktion der Aminogruppe eines Aminosäuremoleküls mit der Carboxylgruppe eines anderen unter Wasserabspaltung entstanden denken. Das Reaktionsprodukt weist wiederum ein Aminoende mit einer NH_2-Gruppe und ein Carboxylende mit einer freien COOH-Gruppe auf, hat also die gleiche Polarität wie die einzelnen Aminosäuren (Abb. **1.26**).

Das Gleichgewicht dieser Reaktion liegt auf der Seite der Aminosäuren. Deshalb ist die Verknüpfung der Aminosäuren zu Peptiden und Proteinen nur unter Energieaufwand und Mitwirkung von Enzymen möglich (Kap. 15.7). Über **Peptidbindungen** sind die Aminosäuren zu Ketten verbunden, an denen, wie der Ausschnitt aus einem Polypeptidmolekül zeigt (Abb. **1.27**), als Seitenketten die Reste R der Aminosäuren stehen. Entsprechend der Zahl der Aminosäureglieder spricht man von Dipeptiden (2), Tripeptiden (3) usw., von Oligopeptiden (bis zu etwa 30) und darüber hinaus von Polypeptiden (Proteinen), doch ist die Grenze nicht scharf zu ziehen. Die Molekülmassen der Proteine liegen zwischen 10 000 und einigen Millionen Da.

Die meisten Proteine sind aus den 20 proteinogenen Aminosäuren aufgebaut, in wenigen Organismen tritt als 21. Aminosäure Selenocystein hinzu (Plus **15.11** S. 544). Manche Aminosäuren werden nach der Bildung der Polypeptidkette eines Proteins noch sekundär chemisch modifiziert (Tab. **15.6** S. 543). Aber auch ohne diese zusätzlichen Modifikationen ist die mögliche Anzahl an Proteinen unvorstellbar groß. Das läßt sich einfach berechnen: An jeder Position einer Aminosäurekette kann theoretisch jede der 20 proteinogenen Aminosäuren auftreten. Es gibt also $20 \cdot 20 = 400$ mögliche verschiedene Dipeptide, $20 \cdot 20 \cdot 20 = 8000$ verschiedene Tripeptide usw.; allgemein ergeben sich also für eine Aminosäurekette mit n Monomeren 20^n Varianten. Für ein kleines, aus 100 Aminosäuren bestehendes Protein könnte man also 20^{100} ($= 1,26 \cdot 10^{130}$) Sequenzen aufschreiben. Zum Vergleich: In den Weltmeeren kommen insgesamt nur etwa 10^{46} Wassermoleküle vor! Da aber Eiweißmoleküle aus mehreren hundert oder gar tausend Aminosäuremolekülen bestehen können, ergibt sich eine praktisch unbegrenzte Anzahl von Kombinationsmöglichkeiten und damit Spezifitäten aus lediglich 20 Bausteinen. Im Hinblick darauf ist es nicht überraschend, daß jede Tier- und Pflanzenart ihre spezifischen

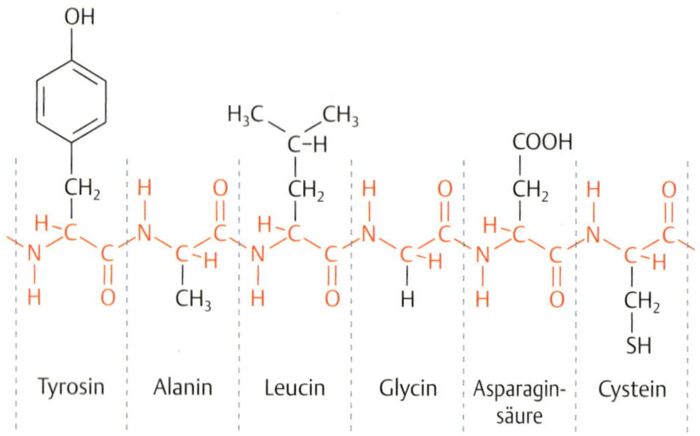

Abb. 1.26 Peptidbindung. a Bildung eines Dipeptids (formal!). **b** Konformationen der Peptidbindung. Da die C—N-Bindung partiell den Charakter einer Doppelbindung aufweist, sind das C- und das N-Atom nicht frei um die C—N-Achse drehbar. Die Peptidbindung ist daher planar gebaut und starr.

Abb. 1.27 Ausschnitt aus einem Proteinmolekül. Die Abfolge der Aminosäuren (Aminosäuresequenz) wird Primärstruktur des Proteins genannt.

Proteine besitzt. In einer Pflanze kommen etwa 25 000–75 000 verschiedene Proteine vor, in der gesamten Natur aber wohl nicht mehr als 10^{20}. Es ist nur ein Bruchteil der möglichen Sequenzen realisiert, d. h. nur ein Bruchteil hat sich im Verlaufe der Evolution als biologisch zweckmäßig erwiesen.

Primärstruktur: Die Sequenz der Aminosäuren im Proteinmolekül bezeichnet man als dessen Primärstruktur (Abb. **1.27**). Aminosäuresequenzen lassen sich unter Anwendung komplizierter massenspektrometrischer Verfahren experimentell ermitteln. Allerdings lassen sich aus bekannten Gensequenzen die Aminosäuresequenzen der von ihnen codierten Proteine auch theoretisch ableiten. Infolgedessen ist die Primärstruktur einer großen Anzahl von Proteinen bereits bekannt. Sie wird in aller Regel im Ein-Buchstaben-Code der Aminosäuren notiert (Abb. **1.21** S. 25), wobei man mit der Aminosäure beginnt, die eine freie NH_2-Gruppe trägt (**N-Terminus** des Proteins). Die letzte Aminosäure einer Sequenz besitzt demnach eine freie Carboxylgruppe, stellt also den **C-Terminus** des Proteins dar.

Sekundärstruktur: Im natürlichen Zustand liegen die Proteine allerdings weder als gestreckte noch als regellos angeordnete Moleküle vor. In bestimmten Bereichen nehmen Proteinmoleküle unter Ausbildung von Wasserstoffbrückenbindungen zwischen C=O- und NH-Gruppen der Peptidbindungen die Gestalt einer Schraube (**α-Helix**) oder die eines **β-Faltblattes** an. Man bezeichnet dies als die Sekundärstruktur der Proteine (Abb. **1.28**). Ob und welche Sekundärstruktur in einem bestimmten Molekülabschnitt ausgebildet wird, hängt von der Aminosäuresequenz ab. Somit ist also durch die Primärstruktur auch die Sekundärstruktur bereits

Abb. 1.28 Häufige Sekundärstrukturen von Proteinen. Schwarze Punkte $C_α$-Atome, Wasserstoffbrückenbindungen rot gestrichelt. Pfeile deuten vom N- zum C-Terminus.

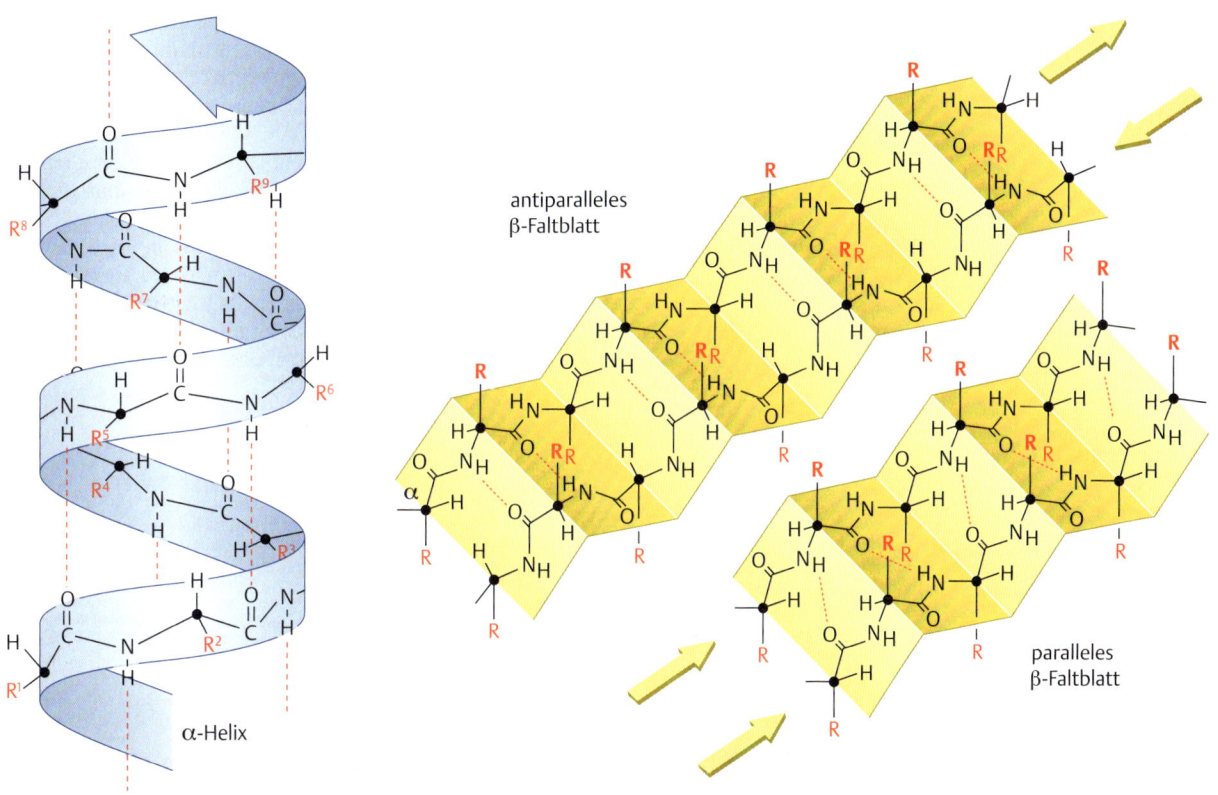

festgelegt. Neben Abschnitten mit Sekundärstrukturen weisen Proteine allerdings meist auch weniger geordnete Bereiche auf, deren Flexibilität es erlaubt, die Sekundärstrukturen in die richtige räumliche Anordnung zueinander zu bringen (Abb. **1.30**).

Bei einer α-Helix bilden sich zwischen der C=O-Gruppe einer jeden Aminosäure und der benachbarten NH-Gruppe der jeweils viertnächsten Aminosäure Wasserstoffbrückenbindungen aus, die das Molekül stabilisieren. Die Aminosäurereste weisen nach außen. Die Gesamthöhe einer Windung beträgt 0,54 nm. Auf eine Windung der α-Helix entfallen 3,6 Aminosäuren, wobei jeder folgende Aminosäurerest gegenüber dem vorhergehenden um einen Winkel von 100° und in Richtung der Längsachse der Schraube um 0,15 nm verschoben ist. Die β-Faltblattstruktur entsteht durch Ausbildung von Wasserstoffbrückenbindungen zwischen C=O- und NH-Gruppen verschiedener Abschnitte der Polypeptidkette, die man als β-Stränge bezeichnet. Die Stränge eines β-Faltblatts können parallel oder antiparallel verlaufen.

Tertiärstruktur: Die asymmetrische dreidimensionale Anordnung der Peptidketten im Proteinmolekül, die Tertiärstruktur, wird durch Bindungen zwischen den Aminosäureseitenketten bestimmt. Daran können sowohl Haupt- als auch Nebenvalenzen beteiligt sein (Abb. **1.29** und Box **1.3** S. 7). Je nachdem, ob es sich um polare, hydrophile (Carboxyl-, Hydroxyl-, Oxo-, Aminogruppe) oder um apolare, hydrophobe Gruppen (Methyl-, Ethyl-, Isopropyl-, Phenylrest) handelt, können folgende Bindungstypen an der Ausbildung der Tertiärstruktur beteiligt sein:

- **Kovalente Bindungen:** Die für die Tertiärstruktur vieler Proteine wichtigste, jedoch nicht in allen Proteinen gefundene Hauptvalenz ist die Disulfidbrücke —S—S—, die durch Dehydrierung, d. h. Abspaltung von Wasserstoff zwischen den SH-Gruppen zweier – räumlich, aber nicht unbedingt in der Sequenz! – benachbarter Cysteinreste zustandekommt. Als kovalente Bindung ist sie sehr fest und kann unter physiologischen Bedingungen nur unter Mitwirkung von Enzymen gebildet oder gelöst werden.

- **Ionische Bindungen:** Eine typische Ionenbindung ist die Brückenbindung zwischen zwei negativ geladenen Carboxylgruppen durch zweiwertige Kationen, etwa Calcium- oder Magnesium-Ionen. Obwohl derartige Bindungen relativ fest sind, können sie wegen ihrer pH-Abhängigkeit unter physiologischen Bedingungen leicht gelöst werden. Eine weitere, für die Proteinstruktur bedeutsame Bindung ist die zwischen der NH_3^+- und der COO^--Gruppe. Obwohl sie ebenfalls ionischen Cha-

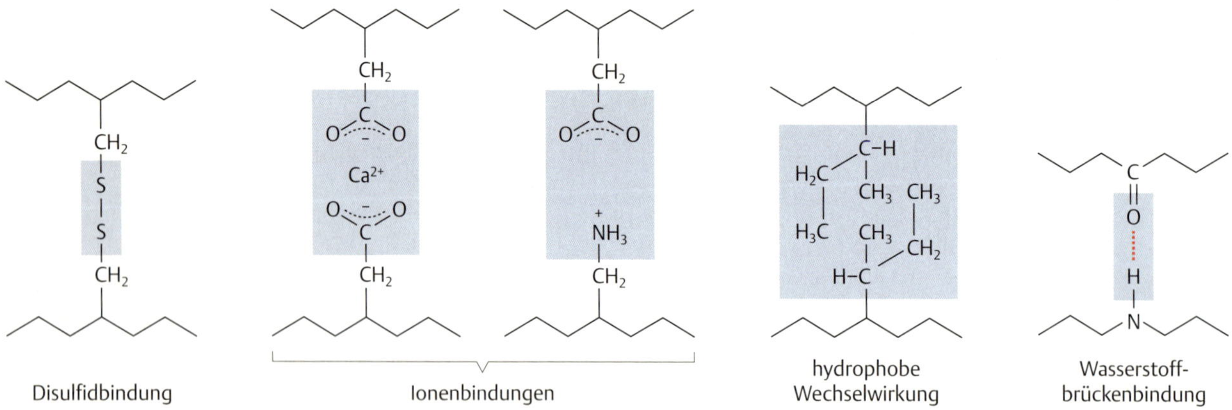

Abb. 1.29 In Polypeptiden vorkommende Bindungstypen. Die Abstände der Polypeptidketten geben grob die „Reichweite" der Bindungen an: Elektrostatische Bindungskräfte wirken über längere Distanzen als die übrigen Bindungen.

Disulfidbindung | Ionenbindungen | hydrophobe Wechselwirkung | Wasserstoffbrückenbindung

rakter hat, ist sie doch schwächer und entspricht eher einer Nebenvalenz.

- **Wasserstoffbrückenbindungen und Dipole:** Als Wasserstoffbrückenbindung bezeichnet man die elektrostatische Wechselwirkung zwischen einem Wasserstoffatom einerseits und einem freien Elektronenpaar eines O- oder N-Atoms, wenn sich die Gruppen bis auf eine Entfernung von 0,28 nm (1 nm = 10^{-9} m) nähern. Dabei pendelt gewissermaßen die kovalente Bindung eines H-Atoms zwischen zwei elektronegativen Atomen, im vorliegenden Falle O und N. Die Wasserstoffbrückenbindungen zählen zu den Nebenvalenzen. Ihre Stärke beträgt nur etwa $1/10$ der einer Hauptvalenz, in gewissen Fällen sogar noch weniger. Da Wasserstoffbrücken jedoch in Proteinmolekülen gehäuft auftreten, leisten sie einen erheblichen Beitrag zur Aufrechterhaltung der Molekülstruktur. Auch durch Wechselwirkungen von Dipolen mit Dipolen, induzierten Dipolen sowie ionischen Ladungen entstehen Bindungskräfte. So können z. B. auch Hydrathüllen, die sich in den elektrischen Feldern geladener Gruppen ausbilden, zu einer Bindung beitragen.
- **Hydrophobe Bindungen:** Sie entstehen, wenn apolare Aminosäureseitenketten miteinander in Kontakt treten und sich auf diese Weise der wäßrigen Phase gewissermaßen entziehen. Sie haben ihre Ursache in **Van-der-Waals-Kräften** zwischen den apolaren Gruppen und werden stark durch das umgebende Medium beeinflußt. Da es sich nicht um Bindungen im eigentlichen Sinne handelt, spricht man heute meist von hydrophoben Wechselwirkungen. Sie sind bedeutsam zur Stabilisierung der Strukturen im Inneren globulärer Proteine, in Bereichen also, die sich durch Wasserarmut oder -freiheit auszeichnen, während die polaren Aminosäurereste bevorzugt an der Proteinoberfläche liegen und hydratisiert sind, was die gute Wasserlöslichkeit dieser Proteinklasse bedingt.

Da die Möglichkeit zur Bildung derartiger Bindungen bzw. Wechselwirkungen von der Lage der beteiligten Aminosäuren zueinander abhängt, ist auch die Tertiärstruktur bis zu einem gewissen Grade bereits durch die Aminosäuresequenz determiniert. Dennoch erfolgt die Ausbildung der Tertiärstruktur eines Proteins (man spricht etwas salopp von „Faltung" des Proteins) und somit die Ausbildung der räumlichen Gestalt bei den meisten Proteinen spontan sehr langsam. Daher wird sie unter Mitwirkung von „Helferproteinen", den **Chaperonen** und **Chaperoninen** (Kap. 15.9), katalytisch beschleunigt, um Mißgeschicke (Fehlfaltung, Abbau) zu verhindern.

Quartärstruktur: Die räumliche Anordnung mehrerer Peptidketten zueinander bezeichnet man als Quartärstruktur. Sie ist homogen, wenn die einzelnen Peptidketten, die Monomeren, gleichartig, bzw. heterogen, wenn sie verschieden sind. Auch am Zustandekommen der Quartärstruktur sind oft Helferproteine beteiligt. Ein Beispiel für eine Quartärstruktur stellt die Ribulose-1,5-bisphosphat-Carboxylase/Oxygenase (RubisCO, Abb. **8.26** S. 280 und Abb. **15.44** S. 580) dar.

Nach Ausbildung der Tertiär- und ggf. Quartärstruktur kommt jedem Protein somit eine charakteristische Gestalt zu, die als **Konformation** bezeichnet wird. Grob kann man **fibrilläre** und **globuläre Proteine** unterscheiden. Fibrilläre Proteine sind unlöslich, von langgestreckter Gestalt und finden meist als Gerüstsubstanzen Verwendung, weshalb sie auch den Namen **Skleroproteine** führen. Die globulären **Sphäroproteine** sind aufgeknäult und haben eine mehr oder weniger kugelige Gestalt (Abb. **1.30**). Sie sind in Wasser oder Salzlösungen löslich. In ihrem Inne-

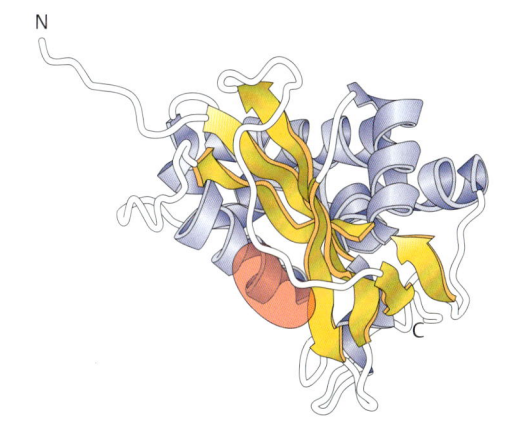

Abb. 1.30 Tertiärstruktur der Ribonuclease NW aus *Nicotiana glutinosa*. Dargestellt ist lediglich die Konformation der —NH—C_αH—CO-Kette des Proteins, Seitenketten der Aminosäuren sind weggelassen. α-helikale Bereiche blau, β-Stränge gelb. Die β-Stränge verlaufen antiparallel, Pfeilspitzen zeigen in C-terminale Richtung. Weniger geordnete Bereiche des Polypeptids weiß, Lage des katalytischen Zentrums rot, N Aminoterminus, C Carboxyterminus (verändert nach Kawanoi et al. 2002).

ren bildet sich ein hydrophober, wenig hydratisierter Bereich aus, die geladenen Gruppen finden sich meist an der Oberfläche. Sphäroproteine umgeben sich in wäßriger Lösung mit einer erheblichen Hydrathülle, sodaß sie experimentell – z. B. bei Anwendung von Gelsiebverfahren – etwas größer erscheinen.

Viele Proteine, besonders – aber nicht nur – solche mit katalytischen Funktionen, tragen nichtpeptidische Gruppen, die sog. **prosthetischen Gruppen** (griech. prosthetos, hinzugefügt). So liegen z. B. viele pflanzliche Pigmente als Chromoproteine vor, d. h. die den Farbstoffcharakter bedingende Gruppe, der Chromophor, ist als prosthetische Gruppe an ein Protein gebunden. Entsprechendes gilt für die Verbindungen von Proteinen mit Lipiden (Lipoproteine), Zuckern (Glykoproteine), Flavinresten (Flavoproteine) u. a. Generell wird in solchen Fällen das mit der prosthetischen Gruppe versehene Protein als **Holoprotein**, sein Proteinanteil ohne prosthetische Gruppe als **Apoprotein** bezeichnet.

Box 1.13 Nachweis von Proteinen

Aus der großen Zahl von Nachweismethoden für Proteine sei ein sehr empfindliches und gebräuchliches Verfahren erwähnt, welches sich sowohl zum qualitativen Nachweis von Proteinen, z. B. elektrophoretisch aufgetrennter Proteine in den Trenngelen, als auch zur quantitativen Analyse löslicher Proteine eignet. Das Verfahren beruht auf der Adsorption des in Lösung negativ geladenen aromatischen Farbstoffs **Coomassie-Brilliantblau** (s. Formel) an positiv geladene und unpolare (lipophile) Bereiche eines Proteins. In wäßriger Lösung dissoziiert die Natriumsulfonatgruppe, sodaß der Farbstoff netto eine negative Ladung trägt. Coomassie-Brilliantblau bindet hauptsächlich an Arginin- und Lysinreste, daneben an die aromatischen Aminosäuren. Elektrophoresegele werden in Farbstofflösung getränkt und der nicht gebundene Farbstoff anschließend im Sauren mit Alkoholen ausgewaschen. Es erscheinen gut sichtbare, blau angefärbte Proteinbanden im Gel (Abb.). Auf der Verschiebung des Absorptionsmaximums des proteingebundenen Farbstoffs gegenüber dem gelösten Farbstoff im Sauren (von 465 nm zu 595 nm) beruht die quantitative – photometrische – Variante dieses Proteinnachweises (Methode nach Bradford). Nachteil der Adsorptionsmethode ist die von Protein zu Protein stark unterschiedliche Menge adsorbierten Farbstoffs. Manche Proteine binden Coomassie-Brilliantblau fast gar nicht, beispielsweise die Proteine D1 und D2 des Photosystems II. Das Verfahren ist also ein lediglich relatives, und man muß sich bei der quantitativen Proteinbestimmung stets auf ein Standardprotein beziehen, in der Regel Rinderserumalbumin.

Da die Proteine aus Aminosäuren aufgebaut sind, haben sie manche Eigenschaften mit diesen gemeinsam. So gibt es auch für die Proteine einen **isoelektrischen Punkt**, einen bestimmten pH-Wert, an dem sie die gleiche Anzahl positiver und negativer Ladungen tragen. An diesem Punkt sind Proteine verhältnismäßig instabil, gering hydratisiert und daher schwer löslich, und sie neigen dazu, aus der Lösung auszuflocken. In ihrer normalen zellulären Umgebung finden die Proteine jedoch in der Regel pH-Werte vor (Plus **1.7** S. 44), die von ihren jeweiligen isoelektrischen Punkten verschieden sind. Die Proteine tragen also positive oder negative Nettoladungen und besitzen demzufolge starke Hydrathüllen und eine gute Wasserlöslichkeit. Beispiel: Bei einem typischen cytoplasmatischen pH-Wert in der Nähe des Neutralpunktes (pH 7) sind Proteine mit isoelektrischen Punkten unter 7 netto negativ, solche mit isoelektrischen Punkten oberhalb von 7 netto positiv geladen. Aufrund ihrer unterschiedlichen Nettoladungen bei vorgegebenem pH (durch eine Puffersubstanz) kann man Proteingemische in einem elektrischen Feld voneinander trennen (Elektrophorese). Auf der Bindung von Adsorptionsfarbstoffen an geladene Gruppen beruhen sehr empfindliche Nachweisverfahren für Proteine (Box **1.13**).

In stark saurer Lösung werden beim Erhitzen Peptide und Proteine unter Aufnahme ebensovieler Wassermoleküle, wie bei der Peptidbildung frei wurden, gespalten (**Hydrolyse**). Das macht man sich bei der Ermittlung der Aminosäurezusammensetzung von Proteinen zunutze. Der enzymatische Proteinabbau erfolgt durch hydrolytische Enzyme, **Proteasen** und **Peptidasen**, von denen jeder Organismus viele verschiedene besitzt (Plus **1.6**). Es versteht sich, daß Kontrollmechanismen dafür sorgen müssen, daß Proteine nur zum geeigneten Zeitpunkt hydrolytisch gespalten werden. So sorgen bestimmte Proteasen für den raschen Abbau falsch gefalteter Proteine am Ort ihrer Bildung. Korrekt gefaltete Proteine werden erst wenn erforderlich in einem komplizierten Prozeß hydrolysiert. Dazu werden die zum Abbau durch das **26S-Proteasom** bestimmten Proteine unter Beteiligung regulatorischer Proteine mit einer Oligo-Ubiquitin-Sequenz versehen (Abb. **15.40** S. 571).

> **Plus 1.6   Inteine**
>
> Eine überraschende Eigenschaft einiger weniger Proteine kennt man erst seit kurzem: Das „reife" Protein wird durch enzymatische Entfernung eines **int**ernen Prot**ein**abschnitts (**Intein**), gefolgt von erneuter Zusammenfügung der nach Entfernung des Inteins verbleibenden **ext**ernen Prot**ein**abschnitte (**Exteine**), gebildet. Das Intein kann seinerseits eine enzymatische Aktivität aufweisen. So wird z. B. die 69-kDa-Untereinheit der vakuolären H^+-ATPase der Bäckerhefe (*Saccharomyces cerevisiae*) durch Herauspleißen eines 50-kDa-Inteins aus einer 119-kDa-Vorstufe gebildet. Das Intein besitzt enzymatische Aktivität als sequenzspezifische DNA-Endonuclease, ist also in der Lage, im Inneren von DNA-Molekülen an ganz bestimmten DNA-Sequenzen den DNA-Doppelstrang hydrolytisch zu spalten.

Polysaccharide

> Polysaccharide sind aus Monosaccharidbausteinen aufgebaut, die glykosidisch miteinander verbunden sind. Ihre Bezeichnungen werden mit der Endung „-an" gebildet. Glucane sind demnach aus Glucose aufgebaut, Galactane aus Galactose; allgemein spricht man auch von Glykanen. **Homoglykane** bestehen nur aus einer, **Heteroglykane** aus mehreren Sorten von Monosacchariden. Ein Galactomannan z. B. ist ein Heteroglykan, welches aus Galactose und Mannose aufgebaut ist.

Häufig liegen [1→4]-glykosidische Bindungen vor, doch sind andere Bindungstypen, wie etwa die [1→3]-Bindungen, keinesfalls selten. In beiden Fällen zeigen die Polysaccharidmoleküle die bereits erwähnte Polarität zwischen einem reduzierenden und einem nichtreduzierenden Ende. Auch Verzweigungen, meist vom [1→6]-Typus, kommen vor. Möglichkeiten einer Variabilität liegen somit in der Verwendung verschiedener Zuckermoleküle als Bausteine, in der Art der Verknüpfung der Glieder und in der Kettenlänge. Die potentielle Vielfalt der Polysaccharide ist also ebenfalls groß. Allerdings bestehen die Moleküle der Heteroglykane aus verhältnismäßig kleinen, sich periodisch wiederholenden Einheiten, und von den theoretisch möglichen Bindungstypen kommt nur eine begrenzte Anzahl tatsächlich vor. Ihre Vielfalt ist also, gemessen an jener der Proteine und Nucleinsäuren, ungleich geringer. Die Polysaccharide werden von den Pflanzen überwiegend als Gerüst- und Speichersubstanzen benutzt.

Strukturpolysaccharide: Die **Cellulose** ist ein [β1→4]-Glucan, d. h. ihre Makromoleküle sind aus β-D-Glucopyranosemolekülen aufgebaut, die in [β1→4]-glykosidischer Bindung verknüpft sind (Abb. **1.31**). Formal betrachtet ist der Grundbaustein das Disaccharid Cellobiose. Da in der [β1→4]-glykosidischen Bindung benachbarte Monomere jeweils um 180° um die Längsachse gedreht vorliegen, entstehen langgestreckte, unverzweigte Fadenmoleküle. Diese können mehrere tausend Glucosemoleküle umfassen. Die höchsten bisher gefundenen Werte liegen bei 15 000, was einer Molekülmasse von etwa 2,5 Millionen Da entspricht. Da ein Glucosemolekül in der Kette einen Raum von etwa 0,5 nm beansprucht, ergibt dies eine Moleküllänge von etwa 7,5 μm.

Cellulose kommt in Zellwänden vor und ist das mengenmäßig bedeutsamste pflanzliche Strukturpolysaccharid. Auch einige Pilze, z. B. die Oomyceten, besitzen cellulosehaltige Zellwände, ansonsten bilden Pilze als charakteristisches Strukturpolysaccharid der Zellwände **Chitin**, welches aus [β1→4]-glykosidisch verbundenen N-Acetylglucosamin-Monomeren besteht, also einen formal der Cellulose verwandten Aufbau besitzt (Abb. **1.32**). Bei einigen Pilzen findet sich [β1→3]-Glucan als Wandsubstanz. Bei Algen wurden als Strukturpolysaccharide u. a. [β1→4]-Mannane und [β1→3]-Xylane mit Mannose bzw. Xylose als Baustein gefunden. Wegen der fädigen Gestalt ihrer Moleküle sind alle diese Polysaccharide als Gerüstsubstanz hervorragend geeignet. Näheres zum Aufbau pflanzlicher Zellwände findet sich in Kap. 2.7.2.

In der **Kallose** liegen β-D-Glucosemoleküle in [β1→3]-Bindungen vor. Die offenbar unregelmäßige Konformation der Glucosekette hat zur Folge, daß die Kallose keine kristalline Struktur zeigt und amorph erscheint (Abb. **2.23** S. 78). Kalloseablagerungen dienen dem schnellen Verschluß von Poren, z. B. von Plasmodesmen nach mechanischen Verletzungen oder von Siebporen im Phloem (Abb. **3.15** S. 114). Bei der Resistenz von Pflanzen gegen pathogene Pilze spielen Kalloseablagerungen an der Infektionsstelle ebenfalls eine wichtige Rolle.

Auch saure Polysaccharide, deren Monosaccharidbausteine die **Uronsäuren** (S. 21) sind, kommen im Pflanzenreich häufig vor. Die Galacturonsäure ist der Hauptbestandteil der in Mittellamellen und primären Zell-

Abb. 1.31   Ausschnitt aus dem Cellulosemolekül.

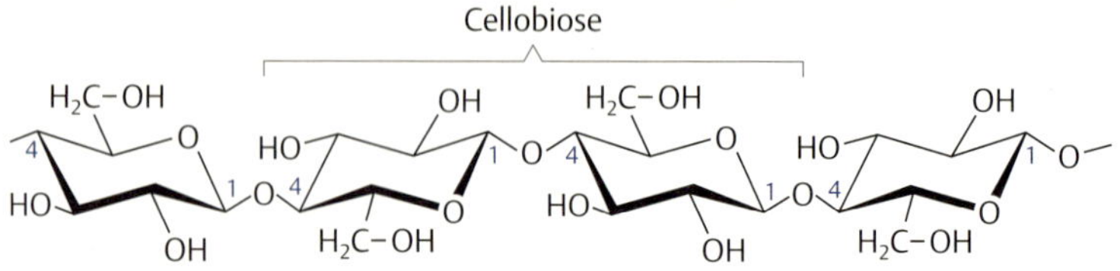

Abb. 1.32   Ausschnitt aus dem Chitinmolekül.
Die Unterschiede zur Cellulose sind blau markiert.

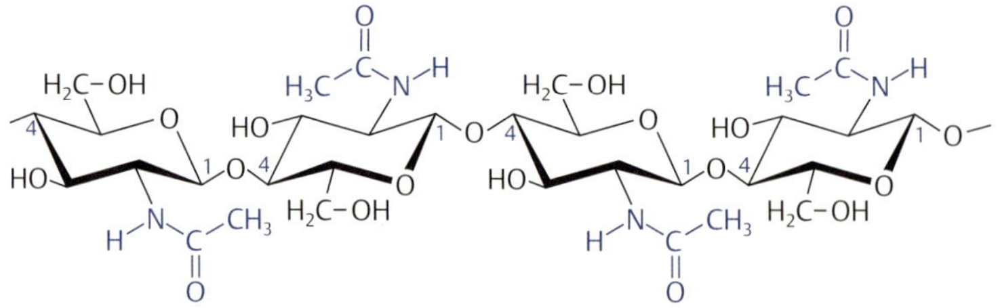

wänden (S. 89) zu findenden Pektine, während die Alginsäure der Braunalgen, die bis zu 40 % der Trockensubstanz von deren Zellwänden ausmachen kann, aus Mannuronsäure und Guluronsäure besteht. Einige Zellwandpolysaccharide der Algen tragen auch Sulfatgruppen, z. B. Agar, ein aus Agarose und Agaropektin bestehendes Heteropolysaccharid in der Zellwand von Rotalgen, welches zudem Zucker der L-Reihe, z. B. L-Galactose, enthält. Letztere trägt auch die Sulfatgruppen.

Speicherpolysaccharide: Das wichtigste Speicherpolysaccharid der Pflanzen – die **Stärke** – ist ebenfalls aus D-Glucopyranose aufgebaut, jedoch findet sich hier das α-Anomer (Abb. **1.33**). Stärke besteht aus den zwei Komponenten Amylose und Amylopektin, die in wechselnden Anteilen vorliegen können. **Amylose** ist linear gebaut, alle Monomere liegen in [α1→4]-glykosidischer Bindung vor, etwa 200–1 000 pro Molekül. Die sterischen Verhältnisse an der glykosidischen Bindung bewirken, daß Amylosemoleküle nicht langgestreckt sind wie die Cellulosemoleküle, sondern gleichmäßig schraubig gewunden, wobei jede Windung etwa sechs Glucosemoleküle umfaßt. Amylase ist in heißem Wasser löslich (Wäschestärke!) und ist die Komponente, auf die der Jod-Stärketest anspricht (Box **1.14**).

Die zweite Komponente der Stärke ist das verzweigt gebaute **Amylopektin**, in dem die D-Glucose-Monomere sowohl [α1→4]- als auch [α1→6]-glykosidisch verknüpft sind. Die [α1→6]-glykosidischen Bindungen sind die Verzweigungsstellen des Moleküls, auf etwa 25 [α1→4]-

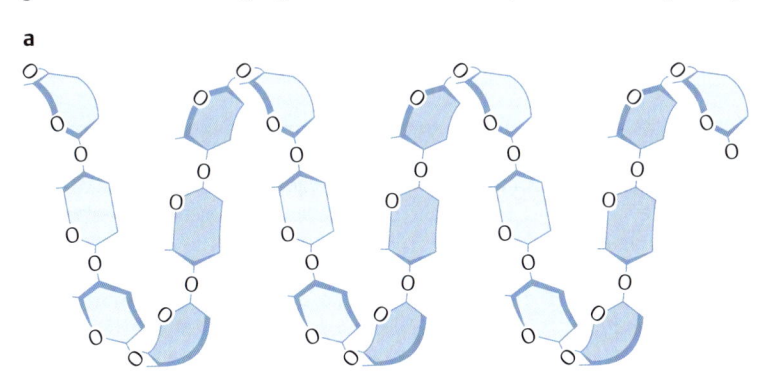

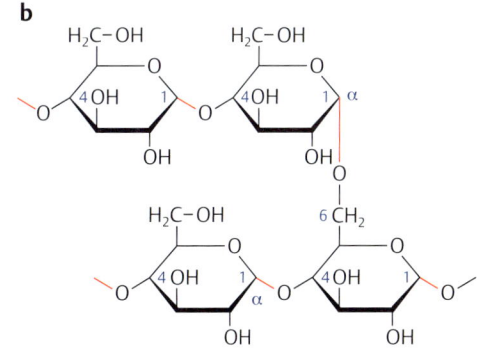

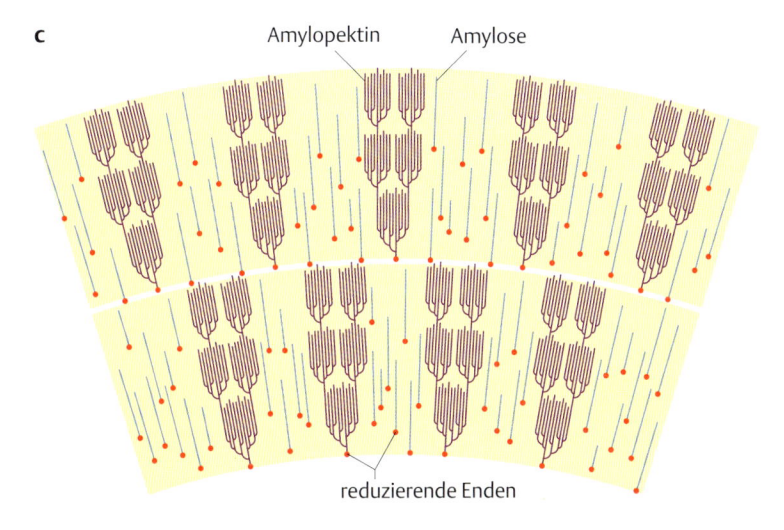

Abb. 1.33 Stärke. a Anordnung der Glucosemoleküle in der Amylose, schematisch. **b** Struktur der [α1→6]-Verzweigung im Amylopektin (Molekülausschnitt). **c** Aufbauprinzip des Amylopektins und Schichtung von Amylopektinmolekülen (dunkelrot) in Stärkekörnern. Die viel kleineren Amylosemoleküle (blau) sind in den Stärkekörnern zwischen die Amylopektinmoleküle eingelagert. Reduzierende Enden hellrot (verändert nach Nakamura 2002).

1 Molekularer Aufbau des pflanzlichen Organismus

Box 1.14 Stärkenachweis

Stärke läßt sich sehr spezifisch mit Jod-Kaliumjodid-Lösung (Lugolsche Lösung) nachweisen. Man spricht auch vom **Jod-Stärketest**. Der Test weist Amylose nach und beruht auf der Lichtabsorption der Jod-Amylose-Komplexe, die sich durch Einlagerung von Ketten von Jodatomen in die helikal gebauten Amylosemoleküle ergeben (Abb.). Stärke färbt sich dadurch tiefblau. Der Test ist besonders zum Nachweis der Stärke in Geweben geeignet. Da die Jod-Kaliumjodid-Lösung schlecht durch Membranen dringt, ist es zweckmäßig, Gewebeanschitte kurzzeitig in heißes Wasser zu tauchen oder sie kurz mit heißem Alkohol zu übergießen, bevor die Lugolsche Lösung aufgeträufelt wird. Intakte Blätter kocht man in siedendem Alkohol, bis sie chlorophyllfrei sind, und taucht sie dann in die Jod-Kaliumjodid-Lösung ein (Abb. **8.23** S. 277).

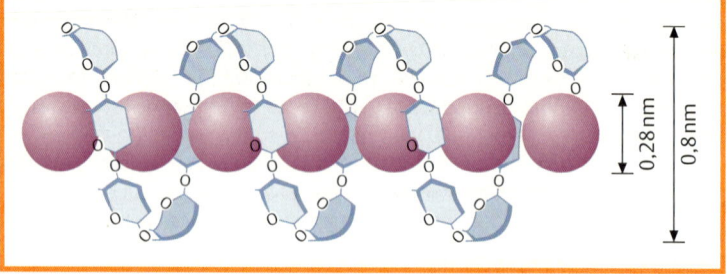

R^1	R^2	Verbindung
H	H	p-Cumarylalkohol
OCH$_3$	H	Coniferylalkohol
OCH$_3$	OCH$_3$	Sinapylalkohol

Abb. 1.34 Lignin. a Zimtalkohol-Bausteine des Lignins. **b** Konstitutionsschema des Lignins in ebener Projektion. Die einzelnen Zimtalkohol-Monomere sind abwechselnd gelb und blau dargestellt; nur ein Teil möglicher Bindungstypen ist eingezeichnet. Phloroglucin (Box **1.15**) reagiert mit Carbonylgruppen (rot) des Lignins.

kommt eine [α1→6]-Bindung. Amylopektinmoleküle sind aus 2 000–10 000 Monomeren aufgebaut und besitzen eine baumförmige Struktur. Ausgeprägte helikale Bereiche sind nicht vorhanden, weshalb der Jod-Stärketest negativ ausfällt. Amylopektin ist unlöslich in heißem Wasser und verkleistert in der Hitze, eine beim Backen erwünschte Eigenschaft. Die Verzweigungsstruktur des Amylopektins wird im Verlaufe der Biosynthese schichtweise aufgebaut, daher die Schichtung der Stärkekörner (Abb. **2.32** S. 88). Die Bildung der Stärke erfolgt in den Chloroplasten bei intensiver Photosynthese (S. 83) und in Leukoplasten von Speichergeweben. Stärkebildende Leukoplasten werden auch als Amyloplasten bezeichnet (S. 87).

Die Stärke ist als Gerüstsubstanz ungeeignet, da sich ihre Moleküle, im Unterschied zur Cellulose, nicht untereinander durch Wasserstoffbrücken stabilisieren (Abb. **2.39f** S. 95). Sie gibt jedoch der Pflanze die Möglichkeit, die als Energievorrat wertvolle Glucose ohne größere Veränderungen am Molekül in eine unlösliche und damit osmotisch unwirksame Form zu überführen, aus der sie sich jederzeit wieder mobilisieren läßt (Kap. 8.1.2).

Neben der Stärke finden im Pflanzenreich noch weitere Polysaccharide als Reservestoffe Verwendung. Das **Glykogen**, das bei Bakterien, Cyanobakterien und Pilzen vorkommt, ist ebenfalls ein [α1→4, α1→6]-Glucan, doch sind seine Moleküle noch stärker verzweigt als die des Amylopektins, sie besitzen eine stark hydratisierte, globuläre Gestalt. Glykogen ist daher wasserlöslich. Bei den in Algen vorkommenden Kohlenhydraten Laminarin, Leukosen (= Chrysolaminarin) und Paramylon sind die Glucosemoleküle durch [β1→3]-Bindungen verknüpft. Zusätzlich kommen bei den beiden erstgenannten vereinzelt auch [1→6]-Bindungen vor. Sie sind also schwach verzweigt. Die Moleküle des für einige Höhere Pflanzen charakteristischen **Inulins** entstehen aus Saccharose durch Anfügen von ca. 30–40 weiteren Fructoseeinheiten.

Lignin

Cellulose und Lignin bilden zusammen das **Holz**. Lignineinlagerung in pflanzliche Zellwände findet sich außer im Holz jedoch auch in anderen Geweben, die der Festigung dienen (Kap. 3.3.1).

Im Unterschied zu allen anderen bisher besprochenen Polymeren, die einen sehr regelmäßigen Aufbau aufweisen, besitzt Lignin keine definierte Struktur, es läßt sich bestenfalls ein Konstitutionsschema angeben (Abb. **1.34**). Der Grund ist darin zu sehen, daß die monomeren Bausteine, die **Zimtalkohole**, bei der Bildung des Lignins enzymatisch in Radikale überführt werden (Abb. **1.35**), die dann untereinander, aber auch mit den übrigen Zellwandkomponenten, unter Ausbildung kovalenter Bindungen verschiedenster Typen reagieren. So entsteht ein amorphes Polymer von riesigen Ausmaßen, welches seinerseits mit den Makromolekülen in seiner Umgebung verbunden ist. Jedes Ligninmolekül ist einmalig auf der Welt. Es wächst u. U. (z. B. bei den Mammutbäumen) über Hunderte von Jahren. Ligninmoleküle sind die größten Moleküle der Erde. Holz hat man sich wie Stahlbeton vorzustellen: Die Cellulosestränge sind in eine Matrix aus Lignin eingebettet. Holz ist daher sowohl sehr druckstabil (bedingt durch das Lignin) als auch biege- und zugstabil (bedingt durch die Cellulosestränge) und somit elastisch verformbar. Die gewaltigen Dimensionen einiger Pflanzen, man denke an die über hundert Meter hohen Mammutbäume Kaliforniens, sind ohne diese Eigenschaften des Holzes undenkbar. Lignifizierte (verholzte) Zellwände lassen sich mit Phloroglucin-HCl nachweisen (Box **1.15**).

Neben dem p-Cumarylalkohol dienen zwei mit diesem verwandte Zimtalkohole zum Ligninaufbau: Coniferylalkohol und Sinapylalkohol (Abb. **1.34**). Ersterer besitzt eine, letzterer zwei Methoxygruppen (CH_3O-) in Nachbarstellung zu der aromatischen OH-Gruppe. Alle Zimtalkohole leiten sich vom Phenylalanin ab (Kap. 12.2.1). Sie liegen im Lignin verschiedener Pflanzengruppen in unterschiedlichen Mengenverhältnissen vor. So kommt im Lignin von Gymnospermen Coniferylalkohol, von dikotylen Angiospermen Sinapylalkohol und im Lignin der Poaceen p-Cumarylalkohol in besonders hohen Anteilen vor.

Die radikalischen Ligninvorstufen sind chemisch sehr aggressiv, das sich bildende Polymer ist wasserunlöslich. Deshalb wird Lignin in situ, d. h. am Ort seiner Verwendung, aufgebaut, also extrazellulär in den zu verholzenden Zellwänden. Die Zimtalkoholvorstufen werden dazu als wasserlösliche Glykoside aus den Zellen in den Zellwandbereich abgegeben (Abb. **1.13c** S. 20). Lignin ist enzymatisch nur schwer abbaubar und dient somit nicht nur der Festigung, sondern ist zudem ein idealer Schutzstoff beispielsweise gegen eindringende Mikroorganismen.

Abb. 1.35 Bildung der Zimtalkohol-Radikale. Die Radikalbildung wird durch zellwandgebundene Peroxidasen katalysiert. Für die Darstellung wurde als Beispiel der Coniferylalkohol gewählt. Ein ungepaartes Elektron (roter Punkt) kann an verschiedenen Stellen des Moleküls auftreten, was die Vielfalt der im Lignin anzutreffenden Bindungstypen erklärt.

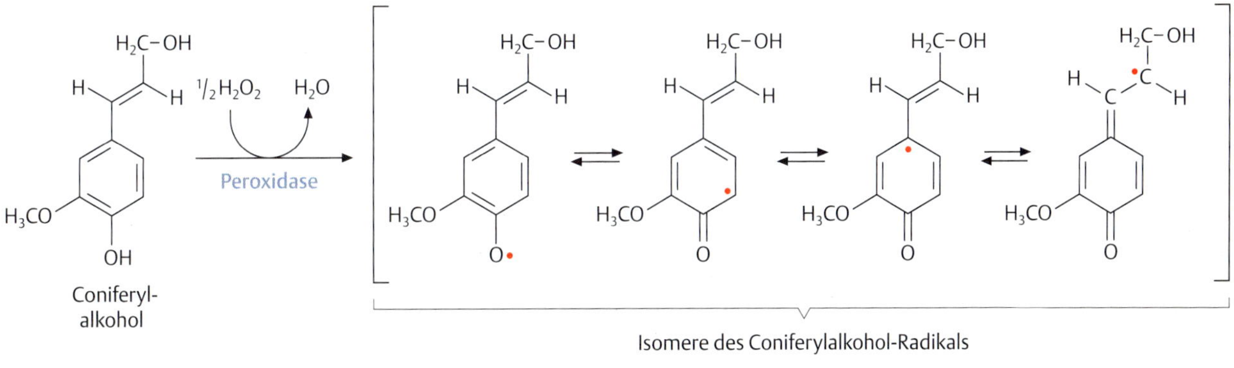

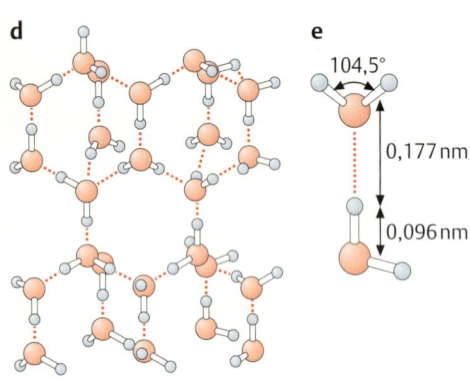

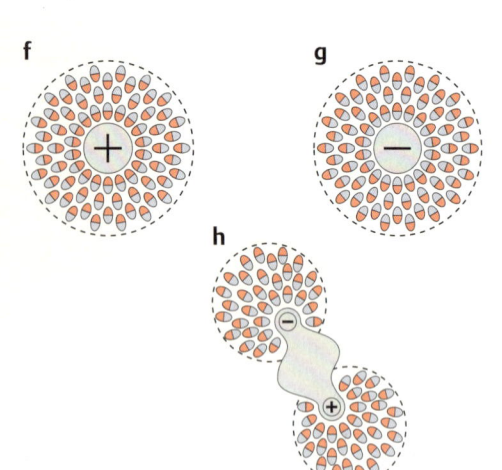

> **Box 1.15 Ligninnachweis**
>
> Lignifizierte Zellwände färben sich in stark saurer Lösung in Gegenwart von Phloroglucin (Abb. **a**) rot, gezeigt am Beispiel des Holzes von *Pinus silvestris* nach Behandlung mit Phloroglucin-HCl (Abb. **b**). Man beachte die nicht verholzten Wände der Markstrahlzellen mit Fenstertüpfeln (Pfeil). Die Reaktion beruht auf der Bildung von Acetalen bzw. Ketalen der Carbonylgruppen des Lignins (Abb. **1.34b**) mit den phenolischen OH-Gruppen des Phloroglucins.

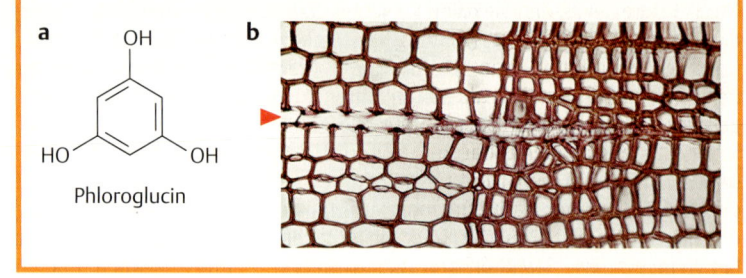

1.4 Wasser

Wasser (H_2O) mit seinen besonderen Eigenschaften ermöglicht erst die den Lebensprozessen zugrundeliegenden chemischen Reaktionen. Aufgrund seines hohen Dipolmomentes ist das Wassermolekül ausgesprochen polar. Wassermoleküle ordnen sich daher um Ionen und polare Gruppen und bilden so Hydrathüllen um diese aus, wodurch Ionen und polare Moleküle in Lösung gehalten werden. Weiterhin bilden Wassermoleküle untereinander und zu anderen polaren Gruppen Wasserstoffbrückenbindungen aus. Die dadurch bedingten hohen Kohäsions- und Adhäsionskräfte der Wassermoleküle sind entscheidend für den Wassertransport in der Pflanze.

In den meisten Geweben ist Wasser die dominierende Substanz. Sein Anteil an der Masse kann über 90 % betragen und ist nur in sehr stark austrocknenden Strukturen deutlich niedriger, in reifen Samen z. B. vielfach unter 10 %.

Wasser, das Dihydrid des Sauerstoffs (Abb. **1.36**), weist eine Reihe von besonderen Eigenschaften auf, die es als Medium der Evolution des Lebens und als universelles Lösungsmittel der Organismen besonders geeignet machen. Wegen der starken Elektronegativität des Sauerstoffs im Vergleich zum Wasserstoff ist die Sauerstoff-Wasserstoffbindung stark polarisiert, die Bindungselektronen halten sich bevorzugt näher beim Atomkern des Sauerstoffs als bei dem des Wasserstoffs auf. Im Wassermolekül trägt daher der Sauerstoff eine negative Partialladung, die beiden Wasser-

Abb. 1.36 Wasserstruktur und Hydratation. a Kugel-Stab-Modell und **b** Kalottenmodell des Wassermoleküls (δ^+-/δ^--Partialladungen). **c** Darstellung des Wassermoleküls als elektrischer Dipol. **d** Anordnung von Wassermolekülen im kristallinen Eis. **e** Bindungslängen der kovalenten O–H-Bindung und der Wasserstoffbrückenbindung (rot gepunktet) zwischen Wassermolekülen. **f** Kation mit Hydrathülle. **g** Anion mit Hydrathülle. **h** Hydratisiertes, elektroneutrales Teilchen mit Dipolcharakter.

stoffatome je eine positive Partialladung. Das Wassermolekül ist demnach ein starker Dipol. Die Dipole des Wassers ordnen sich um positive oder negative Ionen unter Ausbildung von **Hydrathüllen** an. Dadurch schirmen sie die Ladungen der Ionen ab, sodaß diese untereinander keine Ionenbindungen eingehen, also in Lösung bleiben. Der Vorgang heißt **Hydratation**. Hydrathüllen, allerdings schwächere, bilden sich auch um andere Moleküldipole, also um polare funktionelle Gruppen, z. B. Hydroxylgruppen.

Das Sauerstoffatom im Wassermolekül besitzt zwei freie Elektronenpaare. Diese können mit den partiell positiv geladenen Wasserstoffatomen anderer Wassermoleküle in Wechselwirkung treten, es bilden sich **Wasserstoffbrücken** aus (Abb. **1.36d, e**). Im festen Zustand (Eis) ist jedes Sauerstoffatom von 4 Wasserstoffatomen umgeben, Eis besitzt eine geordnete Kristallstruktur (Abb. **1.36d**). Beim Schmelzen wird nur ein geringer Teil der Wasserstoffbrücken gelöst: Im flüssigen Wasser ist im Mittel jedes Sauerstoffatom immer noch von 3,4 Wasserstoffatomen umgeben. Dies ist der Grund für die starke Kohäsion der Wassermoleküle untereinander und, dadurch bedingt, die sehr hohe molare Verdampfungsenthalpie (Kap. 6.1.3), aber auch die hohe Oberflächenspannung des Wassers. Eis bildet sich bei 0 °C und besitzt eine geringere Dichte als Wasser bei +4 °C, der Temperatur, bei der Wasser sein Dichtemaximum aufweist. Daher frieren Gewässer von oben, und nicht vom Grunde her zu, eine wesentliche Lebensbedingung. Auch die hohe Verdampfungstemperatur des Wassers hat ihren Grund in der Adhäsion der Wassermoleküle untereinander.

Die Eigenschaft des Wassers, viele ionische und polare Substanzen lösen zu können, also gleichzeitig ein breites Spektrum verschiedenster Moleküle gelöst zu enthalten und bei recht hohen Temperaturen noch flüssig zu sein, hat sicher erheblich zur Entstehung organischer Verbindungen in den heißen Urmeeren beigetragen. Zum Vergleich: Hätte die Erde einen Urozean aus dem Dihydrid des dem Sauerstoff ähnlichsten Elements Schwefel, also einen Schwefelwasserstoffozean (H_2S) ausgebildet, so wäre dieser nur bei einer Temperatur unterhalb des Siedepunkts von etwa −85 °C flüssig geblieben, einer Temperatur, die kaum genug Anregungsenergie für chemische Prozesse geliefert hätte und bei der Leben, wie wir es auf der Erde kennen, nicht stattfinden könnte. Derart tiefe Temperaturen wurden in der Erdgeschichte vermutlich auch nie erreicht.

Da trotz der starken Wechselwirkungen der Wassermoleküle untereinander die Viskosität des Wassers gering ist, muß man annehmen, daß die Wasserstoffbrücken sehr rasch immer wieder gelöst und neu gebildet werden.

Wassermoleküle bilden Wasserstoffbrücken allerdings auch mit funktionellen Gruppen nucleophilen Charakters anderer Moleküle aus, insbesondere mit Stickstoff- und Sauerstoffatomen (Abb. **1.37**). Darauf beruht die starke Adhäsion der Wassermoleküle an polare Strukturen z. B. von Zellwänden (wichtig u. a. für den Wassertransport in Xylemgefäßen, Kap. 7.4).

Wasser ist schwach dissoziiert (Box **1.16** und Plus **1.7**). Da „nackte" Protonen ein sehr großes elektrisches Feld haben und in wäßrigen Systemen mit einem Molekül H_2O zu H_3O^+ (Hydronium-Ion) reagieren, dissoziiert das Wasser nicht nach der Gleichung $H_2O \rightarrow H^+ + OH^-$, sondern nach der Gleichung $2\ H_2O \rightarrow H_3O^+ + OH^-$, also in Hydronium- und Hydroxyl-Ionen. Allerdings spricht man oft vereinfachend von Wasserstoff-Ionen. Die Hydroxyl-Ionen liegen ebenfalls in hydratisierter Form vor. Tatsächlich existiert ein einzelnes H_3O^+-Ion in wäßriger Lösung nur sehr kurze Zeit (etwa 2,2 ps, 1 ps = 10^{-12} s), da das Proton sehr leicht von einem

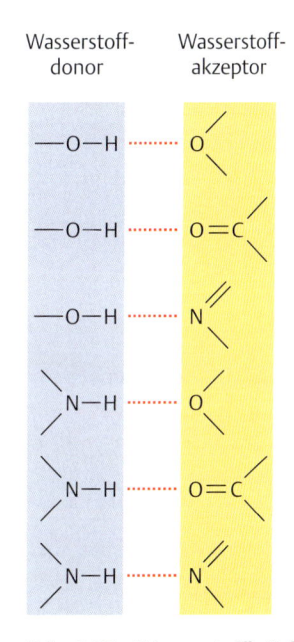

Abb. 1.37 Wasserstoffbrückenbindungen. Dargestellt sind in organischen Verbindungen häufig anzutreffende Strukturelemente und die H-Brücken, die sich bei genügend kleinem Abstand der Gruppen zwischen ihnen ausbilden (vgl. auch Abb. **1.24c** S. 28).

Plus 1.7 pH-Werte in Zellen

Verschiedene Zellkompartimente weisen jeweils charakteristische pH-Werte und somit unterschiedliche Wasserstoff-Ionenkonzentrationen auf.

Kompartiment	typischer pH-Bereich
Cytoplasma	7,0–7,5
Vakuoleninhalt	2,5–5,0
Zellwandbereich	4,5–6,0
Chloroplasten, belichtet	
Stroma	8,0–9,0
Thylakoidmembran	4,0–5,0

Box 1.16 pH-Wert

Wasser dissoziiert nach der Gleichung $2\,H_2O \rightarrow H_3O^+ + OH^-$. Im Gleichgewicht dieser Reaktion gilt das Massenwirkungsgesetz:

$$K_1 = \frac{[H_3O^+] \cdot [OH^-]}{[H_2O] \cdot [H_2O]} \qquad \text{(Gl. 1)}$$

Nun kann man in Gl. 1 formal durch $[H_2O]$ dividieren und erhält so die einfachste Form des Ausdrucks (Gl. 2):

$$K_2 = \frac{[H^+] \cdot [OH^-]}{[H_2O]} \, mol\, l^{-1} \qquad \text{(Gl. 2)}$$

In Worten: Das Produkt der Konzentrationen der Wasserstoff-Ionen $[H^+]$ und der Hydroxyl-Ionen $[OH^-]$, dividiert durch die Wasserkonzentration $[H_2O]$, ist konstant. Allerdings liegt nur ein sehr kleiner Teil der Wassermoleküle dissoziiert vor, d.h. die Konzentration des Wassers (55,5 mol l^{-1} bei 20 °C) bleibt bei der Dissoziation praktisch unverändert, man kann sie daher in die Konstante aus Gl. 2 einrechnen und erhält so das **Ionenprodukt des Wassers**:

$$K_3 = [H^+] \cdot [OH^-] = 10^{-14} \, (mol\, l^{-1})^2 \qquad \text{(Gl. 3)}$$

In reinem Wasser ist also die Konzentration an Wasserstoff-Ionen (eigentlich Hydronium-Ionen, s.o.) gleich der Konzentration an Hydroxyl-Ionen, beide Konzentrationen betragen 10^{-7} mol l^{-1}.

Man definiert nun den **pH-Wert** als den negativen dekadischen Logarithmus der Wasserstoff-Ionenkonzentration (pH = pondus Hydrogenii), den **pOH-Wert** entsprechend als den negativen dekadischen Logarithmus der Hydroxyl-Ionenkonzentration. Für reines Wasser gilt also:

pH = pOH = 7 und entsprechend pH + pOH = 14.

Durch Zugabe von Säuren oder Basen verändert sich der pH-Wert. Im Alkalischen steigt der pH-Wert über den Wert 7, im Sauren fällt er unter den Wert 7. Immer gilt jedoch pH + pOH = 14.

Beispiel: Durch Zugabe von Essigsäure sinke der pH-Wert einer wäßrigen Lösung auf den Wert 3 ab. Damit nimmt pOH den Wert 11 an. Das bedeutet, die Konzentration der Wasserstoff-Ionen in der verdünnten Essigsäurelösung beträgt bei pH 3: 10^{-3} mol l^{-1} = 1 mmol l^{-1}, die der Hydroxyl-Ionen beträgt bei pOH 11: 10^{-11} mol l^{-1} = 10 pmol l^{-1}.

auf ein anderes H_2O-Molekül übertragen wird. Hierbei wird jedoch nicht eigentlich ein Proton bewegt, sondern es springt lediglich die Bindung um. Wiederholt sich dieser Vorgang über eine Kette von Wassermolekülen, so resultiert ein scheinbarer Protonentransport der jedoch in Wirklichkeit nur eine Verschiebung von Ladungen ist. Dies erklärt die hohe Geschwindigkeit, mit der Protonen „transportiert" werden können, was für die Lebensvorgänge von großer Bedeutung ist.

2 Zellstruktur

Die kleinste selbständig lebensfähige morphologische Einheit ist der Protoplast, d. h. der mit einer selektiv permeablen Zellmembran versehene und durch sie gegen die Umgebung abgegrenzte und mit ihr im stofflichen Austausch stehende plasmatische Inhalt einer Zelle. Zwar können bestimmte Zellkomponenten auch außerhalb des Organismus noch gewisse biochemische Leistungen vollbringen, doch ist die Fähigkeit zur Steuerung und Koordinierung dieser Vorgänge an die Organisation der Zelle gebunden. Wird sie zerstört oder werden Grundorganellen aus ihr entfernt, verliert sie die Fähigkeit zu leben.

Über die Evolution der ersten zellulär organisierten Lebewesen (Eobionten, Protobionten) gibt es nur Hypothesen. Sie fand in einem Zeitraum von nahezu 500 Millionen Jahren – vom Auftreten erster Makromoleküle vor etwa 4 Milliarden Jahren bis zu den ersten fossil nachweisbaren Zellen vor ca. 3,5 Milliarden Jahren – statt. Diese ersten fossil nachweisbaren Zellen besaßen allerdings noch keine Zellkerne (Prokaryoten). Einzellige Organismen mit Zellkernen (einzellige Eukaryoten) sind erst vor etwa 1,5 Milliarden Jahren entstanden, eukaryotische Vielzeller vor etwa 1 Milliarde Jahren. Die Eucyte ist im Gegensatz zu der intern wenig gegliederten Procyte durch viele spezialisierte Organellen in unterschiedliche Reaktionsräume (Kompartimente) mit jeweils charakteristischen Aufgaben unterteilt.

In diesem und dem folgenden Kapitel steht zunächst die pflanzliche Eucyte im Mittelpunkt: in diesem Kapitel ihre Grundstruktur, in Kapitel 3 ihre mannigfaltigen Spezialisierungen. Die Darstellung der Organisationsformen der Pflanzen in Kapitel 4 wird dann Gelegenheit geben, einen Blick auf die Evolution der Zelle (und damit des Lebens) und die Entstehung hochentwickelter prokaryotischer und eukaryotischer Zellen zu werfen.

Zellstruktur

2.1 **Übersicht über die Zellbestandteile ... 47**

2.2 **Struktur des Cytoplasmas ... 48**

2.3 **Cytoplasmatische Einschlüsse ... 51**
2.3.1 Cytoskelett ... 51
Mikrotubuli ... 53
Mikrofilamente ... 55
2.3.2 Ribosomen ... 57

2.4 **Biomembranen ... 59**
2.4.1 Chemische Zusammensetzung ... 59
2.4.2 Membranmodelle ... 61
2.4.3 Funktionen von Biomembranen ... 65

2.5 **Das System der Grundmembranen ... 66**
2.5.1 Endoplasmatisches Reticulum ... 67
2.5.2 Golgi-Apparat ... 68
2.5.3 Plasmalemma und Tonoplast ... 69
2.5.4 Zellkern ... 70
2.5.5 Microbodies ... 73
2.5.6 Vesikelfluß im System der Grundmembranen ... 74
2.5.7 Plasmodesmen ... 77

2.6 **Semiautonome Zellorganellen ... 79**
2.6.1 Mitochondrien ... 79
2.6.2 Plastiden ... 81
Chloroplasten ... 83
Chromoplasten ... 86
Leukoplasten ... 87

2.7 **Zellwand ... 88**
2.7.1 Chemie der Zellwand ... 88
2.7.2 Aufbau der Zellwand ... 94

2.1 Übersicht über die Zellbestandteile

In diesem Kapitel wird als Grundtypus einer Pflanzenzelle die **meristematische Zelle** (Abb. 2.1) mit ihren Organellen behandelt, den Zellspezialisierungen ist Kapitel 3 gewidmet. Die Pflanzenzelle ist von einer **Zellwand** umgeben, die bei allen Höheren Pflanzen Cellulose enthält. Bei Niederen Pflanzen kommen bisweilen cellulosefreie Zellwände vor, bei den Prokaryoten ist dies stets der Fall, bei den Pilzen meist, aber daneben finden sich auch Pilzgruppen mit cellulosehaltigen Zellwänden, z. B. die Oomyceten (Plus **20.8** S. 827).

An die Zellwand grenzt die Zellmembran, das **Plasmalemma**. Die Hauptmasse des Protoplasten macht das Grundplasma (Protoplasma, **Cytoplasma**) aus, das zahlreiche Einschlüsse verschiedener Natur und eine Vielzahl von Zellorganellen enthält, die in zwei Gruppen eingeteilt werden können:

Organellen mit einfacher Biomembran: das endoplasmatische Reticulum und sämtliche davon abgeleitete Organellen, nämlich Vakuole, Dictyosomen, die Kernhülle mit dem von ihr umschlossenen Bezirk, beide zusammen als Zellkern bezeichnet, Peroxisomen und Glyoxysomen sowie verschiedene Populationen kleiner Membranvesikel. Auch das Plasmalemma stammt vom endoplasmatischen Reticulum ab und ist somit diesem System von Grundmembranen zuzuordnen, ebenso wie die Oleo-

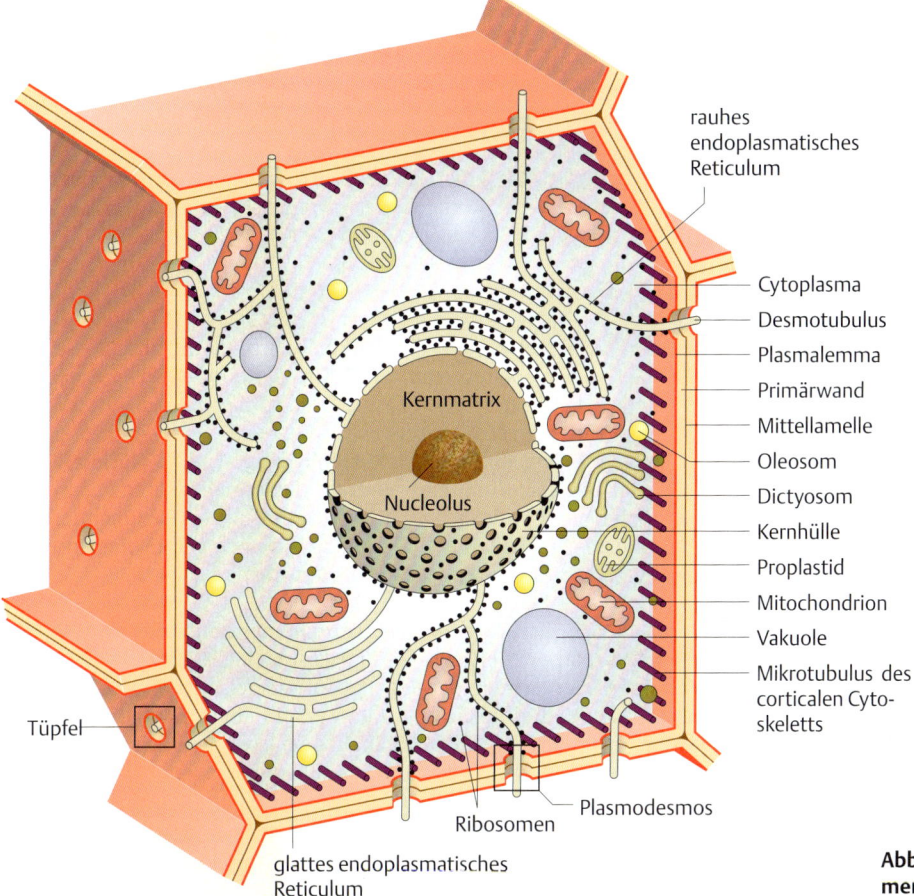

Abb. 2.1 Raumdiagramm einer meristematischen Pflanzenzelle.

somen, die als Ausnahme nicht von einer aus einer Lipiddoppelschicht aufgebauten Biomembran, sondern lediglich von einer einfachen Lipidschicht umgeben sind.

Organellen mit doppelter Biomembran: die Plastiden und die Mitochondrien. Sie enthalten sowohl DNA als auch RNA und einen Proteinsyntheseapparat und vermehren sich durch Teilung. Man bezeichnet sie daher auch als semiautonome Zellorganellen. Plastiden und Mitochondrien sind in der Evolution der eukaryotischen Zelle (Eucyte) aus prokaryotischen Endosymbionten hervorgegangen (Endosymbiontentheorie; Plus **4.1** S. 130).

Die Mitochondrien erzeugen als „Kraftwerke" der Zelle aus dem Abbau organischer Substanz Energie in Form von ATP.

Die Plastiden üben besonders vielfältige Funktionen aus:
- Chloroplasten synthetisieren aus Kohlendioxid (CO_2) mit der Energie des Sonnenlichts Kohlenhydrate und führen neben dieser Photosynthese zahlreiche weitere essentielle Stoffwechselreaktionen aus (z. B. Biosynthese der meisten Aminosäuren),
- Leukoplasten besitzen Speicherfunktion und
- Chromoplasten tragen zur Färbung von Pflanzenteilen, z. B. Blüten und Früchten, bei.

Proplastiden stellen die Vorläufer dieser Plastidenformen dar. Sie finden sich besonders in meristematischen Zellen, Wurzeln und embryonalen Geweben.

Einschlüsse des Cytoplasmas: Die wichtigsten Einschlüsse, also nicht von einer Biomembran umgrenzte Strukturen, des Cytoplasmas sind die Ribosomen und die Elemente des Cytoskeletts. An den Ribosomen läuft die cytoplasmatische Proteinsynthese ab, zu den Elementen des Cytoskeletts zählen vor allem die aus Tubulin aufgebauten Mikrotubuli und die aus G-Actin aufgebauten Mikrofilamente.

Mit geeigneten Methoden können Zellorganellen, nach schonendem Aufschluß des Gewebes, voneinander getrennt werden (Box **2.1**).

2.2 Struktur des Cytoplasmas

Die Grundsubstanz der Zelle, in die partikuläre Einschlüsse und Organellen eingebettet sind, wird Grundplasma (syn. Cytoplasma, Protoplasma) genannt. Cytoplasma besteht aus bis zu 70 % Wasser. Die nach Entfernen des Wassers zurückbleibende Masse enthält zu 50 % Protein, der Rest entfällt auf Kohlenhydrate, Lipide, Nucleinsäuren, anorganische Salze und eine Vielzahl niedermolekularer organischer Verbindungen. Den löslichen, nach Abzentrifugieren sedimentierbarer Einschlüsse, Organellen und Membranfraktionen verbleibenden Anteil des Cytoplasmas bezeichnet man als Cytosol.

Vereinfacht handelt es sich bei der Grundkomponente des Cytoplasmas um eine konzentrierte, etwa 10–30 %ige Lösung meist globulärer Proteine. Die an ihrer Oberfläche in der Regel elektrisch geladenen Proteine bilden umfangreiche Hydrathüllen aus. Gleiches gilt für die im Grundplasma gelösten Ionen und polaren Verbindungen. Ein erheblicher Anteil der Wassermoleküle ist demnach in Hydrathüllen gebunden. Wäßrige Lösungen globulärer Proteine weisen dennoch eine geringe Viskosität auf, wie sie auch für den Sol-Zustand des Grundplasmas charakteristisch ist, der bei intensiver Plasmaströmung vorliegt. Innerhalb kurzer Zeit kann jedoch das Grundplasma vom Sol- in den gallertartigen Gel-Zustand übergehen.

Box 2.1 Zellfraktionierung

Jedes Zellorganell besitzt eine charakteristische Dichte (Masse·Volumen^{-1}). Daher lassen sich Organellen anhand ihrer Dichte voneinander trennen. Dies geschieht häufig durch Gleichgewichtszentrifugation in einem Saccharose-Dichtegradienten. Nach möglichst schonendem Gewebeaufschluß werden in einem ersten Schritt aus dem Zellhomogenat grobe Zelltrümmer abzentrifugiert. In ein weiteres Zentrifugationsgefäß wird eine Saccharoselösung derart eingebracht, daß ihre Konzentration (und damit ihre Dichte) vom Boden bis zur Oberfläche kontinuierlich abnimmt. Darüber wird vorsichtig der Zellaufschluß geschichtet (Abb.).

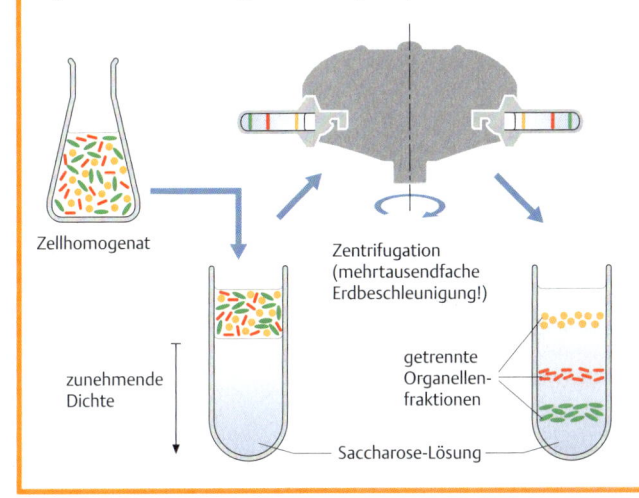

Typische Dichten einiger Zellorganellen.

Organell	Dichte (g cm^{-3})*
Kernhülle	1,30–1,32
Chloroplasten	1,25
Mitochondrien	1,25
Microbodies	1,21–1,25
Golgi-Vesikel	1,12–1,15
rauhes ER	1,13–1,18
glattes ER	1,08–1,12
Plasmalemma	1,13–1,18

* Daten nach Robinson und Hinz 2001.

Während der nachfolgenden Zentrifugation wandern die Organellen in Richtung des Gefäßbodens, bis sie in der Dichtezone ankommen, die ihrer eigenen Dichte entspricht. Am Ende des Prozesses erkennt man verschiedene Zonen („Banden"), die gemäß ihrer Dichte getrennten Organellen entsprechen. Um die Zusammensetzung bzw. Reinheit der erhaltenen Fraktionen zu beurteilen, sind neben der Dichte (Tab.) weitere Informationen erforderlich. Wichtig für die Zuordnung der verschiedenen Fraktionen ist die Ermittlung von Leitenzymaktivitäten (Box **2.3** S. 73) oder das Vorkommen charakteristischer Verbindungen, z. B. der Chlorophylle in den Chloroplasten.

Der Sol-Gel-Übergang wird durch Proteine des Cytoskeletts bewirkt, deren globuläre Monomere (z. B. Tubulin, G-Actin) unter geeigneten Bedingungen zu Proteinfilamenten aggregieren. Fibrilläre Proteine bilden hochviskose Lösungen aus ineinander verschlungenen Makromolekülen und bei genügend hoher Konzentration Gele. Da dieser Aggregationsprozeß umkehrbar (reversibel) ist, kann in einer Zelle die Viskosität des Cytoplasmas und damit die Cytoplasmaströmung raschen Veränderungen unterliegen.

Im Cytoplasma ist ein äußerer, plasmalemmanaher Bereich, das **Ektoplasma**, von dem inneren Bereich, dem **Endoplasma**, zu unterscheiden. Letzteres liegt in der Regel im Sol-Zustand vor und zeigt Plasmaströmung, während das Ektoplasma – bedingt durch die dort vorkommenden Filamente des corticalen Cytoskeletts – ein Gel bildet.

Nimmt man die in das Grundplasma eingelagerten Einschlüsse hinzu, insbesondere die in hoher Zahl vorkommenden Ribosomen (Kap. 2.3.2), so ergibt sich das in Abb. **2.2** für eine prokaryotische Zelle am Beispiel des Bakteriums *Escherichia coli* gezeigte Bild. In der eukaryotischen Zelle kommt frei im Cytoplasma liegende DNA allerdings nicht vor. Keineswegs darf man sich also das Cytoplasma als eine verdünnte Lösung vorstellen, in der alle Komponenten mehr oder weniger unabhängig voneinander in einem „Ozean" aus Wasser schwimmen. Vielmehr handelt es sich um ein System recht dicht gepackter – aber keineswegs unbeweglicher – Makromoleküle mit darin eingelagerten Organellen und Einschlüssen mit

Abb. 2.2 Ausschnitt aus dem Cytoplasma von *Escherichia coli*. Der gezeigte Ausschnitt umfaßt einen Bezirk von 100·100 nm. Im Abschnitt links unten sind zusätzlich zu den Makromolekülen auch die niedermolekularen Verbindungen gezeigt. Lediglich die Wassermoleküle wurden weggelassen (verändert nach Goodsell 1993).

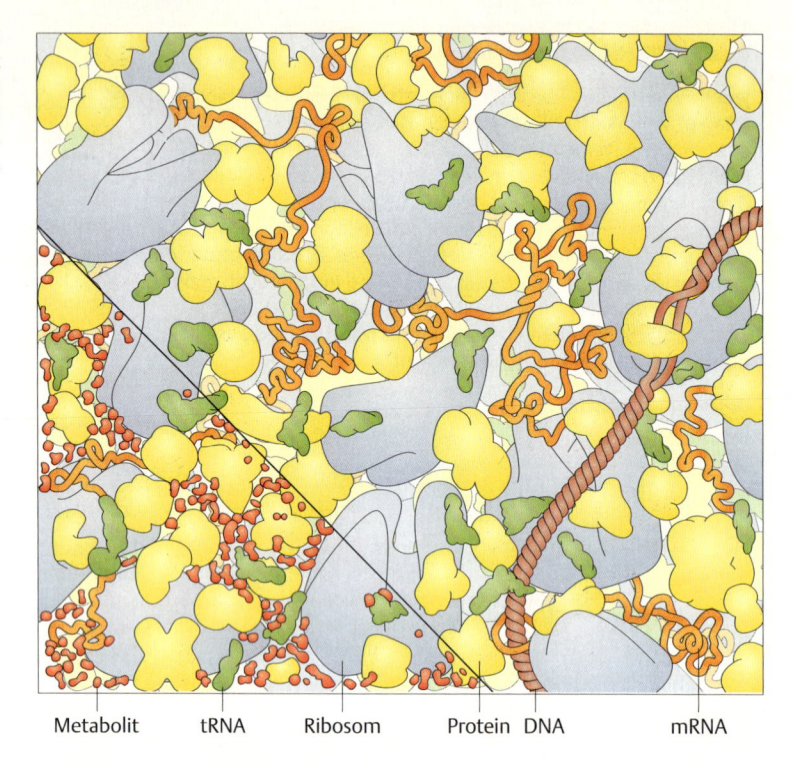

Metabolit   tRNA   Ribosom   Protein DNA   mRNA

ihren jeweiligen Hydrathüllen. In dem dazwischenliegenden Raum können Wassermoleküle und im Wasser gelöste Ionen und niedermolekulare Verbindungen diffundieren. Durch die Cytoplasmaströmung wird eine ständige Durchmischung aller Komponenten sichergestellt. Dennoch muß man von einer Feinstruktur des Cytoplasmas ausgehen, die beispielsweise eine räumlich benachbarte Anordnung von Enzymen eines gemeinsamen Stoffwechselwegs, von Komponenten eines Signalwegs oder von miteinander kooperierenden Organellen ermöglicht. Solche Strukturierungsaufgaben erfüllen einerseits die Komponenten des Cytoskeletts, daneben aber auch Ankerproteine, die andere Proteine, z. B. Proteinkinasen eines bestimmten Signalwegs und zugleich deren Proteinsubstrate binden, die Reaktionspartner demnach in räumlicher Nachbarschaft halten und auf diese Weise ihre Wechselwirkung erleichtern (Plus **16.8** S. 634). Über Feinstrukturen des Cytoplasmas ist allerdings noch sehr wenig bekannt.

Im Grundplasma dürften sämtliche Ionen, die in die Pflanze aufgenommen werden, vorkommen, allerdings in deutlich unterschiedlichen Konzentrationen (Kap. 1.1). Besonders hoch ist die Konzentration an Kalium-Ionen, sie liegt oberhalb von 0,1 mol l^{-1}. Sehr gering dagegen ist mit 10^{-7} mol l^{-1} die cytoplasmatische Calcium-Ionenkonzentration. Ca^{2+} ist ein wichtiger Regulator des Zellstoffwechsels, die Konzentration dieses Ions wird daher sehr genau reguliert. Ein selbst kurzzeitiger Anstieg der Ca^{2+}-Konzentration im Cytoplasma (auf etwa 10^{-6} mol l^{-1}) bewirkt bereits eine Vielzahl von Veränderungen im Zellgeschehen.

In meristematischen Zellen füllt das Cytoplasma mit seinen Einschlüssen und Organellen die Zelle ganz aus (Abb. **2.1**).

2.3 Cytoplasmatische Einschlüsse

> In das Grundplasma sind neben den membranumschlossenen Organellen partikuläre Einschlüsse eingebettet. Dazu zählen die in großer Zahl vorliegenden Ribosomen – die Orte der cytoplasmatischen Proteinsynthese – sowie die Komponenten des Cytoskeletts. Ribosomen kommen daneben auch in den semiautonomen Zellorganellen, den Mitochondrien und den Plastiden, vor.

Ribosomen sind aus rRNA und Proteinen bestehende, etwa 20 nm große Partikel, an denen die Proteinsynthese erfolgt. Die ribosomalen Proteine nehmen nur Strukturfunktionen wahr, das katalytische Zentrum des Ribosoms besteht aus rRNA. Das Ribosom ist also ein Ribozym (Kap. 15.7.2). Ihren Sedimentationskoeffizienten entsprechend unterscheidet man zwei Größenklassen: die 80S- und die 70S-Ribosomen. 80S-Ribosomen finden sich nur im Cytoplasma der Eukaryoten (Cytoribosomen), während 70S-Ribosomen sowohl in den Mitochondrien (Mitoribosomen) und in den Plastiden der Eukaryoten (Plastoribosomen) als auch bei den Prokaryoten (Archaeen und Bakterien) vorkommen.

Alle eukaryotischen Zellen besitzen ein als **Cytoskelett** bezeichnetes System von röhrenförmigen bzw. fibrillären Proteinkomplexen, die aus globulären Monomeren aufgebaut werden, wieder in diese zerfallen können und intrazelluläre Bewegungs- und Transportvorgänge ermöglichen. In Pflanzenzellen handelt es sich um die aus α- und β-Tubulin bestehenden, röhrenförmigen **Mikrotubuli** und um die aus G-Actin aufgebauten **Mikrofilamente** (F-Actin). Die den tierischen Zellen eigenen intermediären Filamente (wegen ihrer zwischen der von Mikrofilamenten und Mikrotubuli liegenden Dicke so genannt) kommen in Pflanzen nicht vor.

2.3.1 Cytoskelett

Der Ausdruck Cytoskelett suggeriert, daß es sich dabei um ein mehr oder weniger statisches Stützgerüst der Zellen handelt, welches ihnen Festigkeit verleiht. Dies ist jedoch meist nicht der Fall. Die Festigkeit pflanzlicher Zellen bzw. Gewebe resultiert zum einen aus dem – osmotisch verursachten – Binnendruck des Protoplasten (Turgor), der die umgebende Zellwand elastisch spannt. Geht der Turgor verloren, z. B. infolge starken Wasserverlustes der Zellen, so kommt es zum Erschlaffen solcher Gewebe (Welke!). Zum anderen bilden alle Pflanzen zusätzliche Festigungselemente, die, wie die Holzkörper der Bäume, erhebliche Ausmaße annehmen können (Kap. 3.3.1 und Kap. 5.1.4). Beim Cytoskelett handelt es sich also nicht um eine Stützstruktur, sondern um ein das Cytoplasma durchziehendes, in ständigem Auf-, Ab- und Umbau begriffenes System fibrillärer bzw. tubulärer Proteinkomplexe, die intrazelluläre Bewegungen bzw. Transportvorgänge bewerkstelligen (Tab. **2.1**).

> Cytoskelette sind typisch für alle Zellen, sie existieren nicht nur in den Zellen der Eukaryoten, sondern kommen auch bei Prokaryoten vor. Bei Pflanzenzellen handelt es sich um zwei hinsichtlich Aufbau und Funktion unterschiedliche Komponenten: um die **Mikrotubuli** und um die **Mikrofilamente**.

Tab. 2.1 Die wichtigsten Eigenschaften der beiden Komponenten des pflanzlichen Cytoskeletts.

Eigenschaft	Mikrotubuli	Mikrofilamente
Durchmesser (nm)	27	7–9
Länge	variabel	variabel
Polarität	ja: (+)- und (−)-Ende	ja: (+)- und (−)-Ende
Struktur	Röhre aus meist 13 Protofilamenten	Filament aus zwei umeinander gewundenen Ketten von Monomeren
Bausteine	α-/β-Tubulin	G-Actin
am Auf-/Abbau beteiligtes Nucleotid	GTP/GDP	ATP/ADP
Verlängerung bzw. Verkürzung	am (+)-Ende	am (+)-Ende
Hemmstoffe	■ Colchicin (bewirkt Destabilisierung) ■ Taxol (verhindert Abbau bzw. Verkürzung)	■ Cytochalasin B (bewirkt Abbau) ■ Phalloidin (bewirkt vollständige Aggregation des G-Actins zu Filamenten)
assoziierte Motorproteine	Dynein, Kinesin	Myosin
Transportgeschwindigkeit (Größenordnung)	0,1–0,2 µm s^{-1}	5–10 µm s^{-1}
wichtigste Aufgaben	■ Aufbau der Zellteilungsspindel, Chromosomenbewegung während Mitose und Meiose ■ Gewährleistung der Geißelbewegung und -struktur ■ Organellen- und Membranvesikeltransport ■ Orientierung der Cellulose-Ablagerung in der Zellwand (corticale Mikrotubuli)	■ Aufrechterhaltung der Cytoplasmaströmung ■ Beteiligung an der Errichtung der Zellpolarität (z. B. beim Spitzenwachstum) ■ Organellen- und Membranvesikeltransport ■ Regulation der Durchlässigkeit von Plasmodesmata

Direkt unterhalb der äußeren Zellmembran (Plasmalemma) – im Ektoplasma – liegt bei den meisten Zelltypen das im wesentlichen aus Mikrotubuli bestehende corticale Cytoskelett. Im Endoplasma sowie an der Grenze zwischen Ekto- und Endoplasma dominiert das System der Mikrofilamente, wenngleich auch hier Mikrotubuli vorkommen. Aus Mikrotubuli besteht die während der Zellteilung errichtete Teilungsspindel (Abb. **13.14** S. 401).

Bei zellwandlosen Organismen ist das Cytoskelett allerdings auch zur Aufrechterhaltung der Zellform und für bestimmte Arten lokomotorischer Bewegungen verantwortlich (z. B. Actinfilamente für die amöboide Bewegung). Manche einzelligen Eukaryoten, Zellkolonien sowie Zellstadien vielzelliger Eukaryoten (z. B. Gameten) bewegen sich mit Geißeln fort. Struktur und Bewegungsvermögen der Eukaryotengeißeln hängen von Cytoskelettkomponenten ab. Im Falle der Geißel ist dies der Axonemkomplex, an dessen Aufbau und Funktion Mikrotubuli entscheidend beteiligt sind (Abb. **4.13** S. 150).

Mikrotubuli und Mikrofilamente sind lediglich die Strukturkomponenten des pflanzlichen Cytoskeletts. Zur Gewährleistung ihrer jeweils spezifischen Aufgaben treten sie in Wechselwirkung mit einer großen Zahl weiterer Proteine bzw. Proteinkomplexe, von denen hier nur die wichtigsten behandelt werden sollen.

Mikrotubuli

Mikrotubuli sind, wie der Name erkennen läßt, röhrenförmige Strukturen mit einem äußeren Durchmesser von etwa 27 nm. Die Vermessung von Querschnitten (Abb. **2.3a**) hat ergeben, daß der helle Innenraum einen Durchmesser von etwa 19 nm hat und von einer ringförmigen, etwa 4 nm breiten, dunklen Wand umgeben ist. Folglich erscheint im Längsschnitt (Abb. **2.3b**) der helle Innenraum von zwei dunklen Linien begrenzt. Bei Pflanzenzellen wurden Mikrotubulus-Längen zwischen 2,5 und 30 µm gemessen.

> Die Wand der Mikrotubuli besteht aus Untereinheiten von 100 kDa Molekülmasse, die Heterodimere aus zwei einander ähnlichen globulären Proteinen von je etwa 50 kDa Molekülmasse darstellen. Sie werden als **α-** und **β-Tubulin** bezeichnet.

Die Aminosäuresequenzen der Tubuline sind bei allen daraufhin untersuchten Klassen von eukaryotischen Organismen ähnlich. Dies läßt darauf schließen, daß diese Proteine schon zu einem sehr frühen Zeitpunkt der Evolution der Eucyte entstanden und seither weitgehend unverändert erhalten geblieben sind. Allerdings gibt es sowohl vom α- als auch vom β-Tubulin mehrere Isotypen, die sich in der Primärstruktur des carboxyterminalen Endes unterscheiden. Verschiedene Isotypen finden sich nicht nur bei verschiedenen Organismen, sondern auch in verschiedenen Geweben derselben Pflanze. Möglicherweise unterscheiden sich manche Isotypen auch funktionell.

Die Tubulindimere sind in meist 13 parallel zur Längsachse verlaufenden Reihen (Protofilamenten) angeordnet und so gegeneinander verschoben, daß eine flache Schraube mit einer Steigung von etwa 10 Grad entsteht (Abb. **2.4**). Infolge ihrer Röhrenform sind die Mikrotubuli verhältnismäßig starre Gebilde. Sie sind polar gebaut, jeder Mikrotubulus besitzt ein Plus(+)- und ein Minus(–)-Ende. Am (+)-Ende liegen die β-Tubulin- und am (–)-Ende die α-Tubulin-Untereinheiten der Heterodimere frei.

Die Mikrotubuli sind – in der Regel mit ihren (–)-Enden – in besonderen Strukturen, den **Mikrotubulus organisierenden Zentren** (MTOCs, engl.: microtubule organizing centers), verankert (Abb. **2.5**). Diese sind auch die Bildungsstellen neuer Mikrotubuli. Sie bestehen aus einigen spezifischen Proteinen, von denen eines ein weiterer Tubulin-Typ, das **γ-Tubulin** ist. Dies ist wahrscheinlich die Verankerungsstelle der Mikrotubuli. MTOCs sind z. B. die Centrosomen und die Basalkörper der Geißeln. Es gibt aber auch weniger deutlich strukturierte MTOCs, wie das Beispiel der Polkappen (Abb. **13.14** S. 401) zeigt. Daneben existieren in den Zellen Höherer Pflanzen diffuse MTOCs, insbesondere in dem an die Kernhülle grenzenden Cytoplasma sowie in den corticalen Bereichen des Cytoplasmas, also am Plasmalemma.

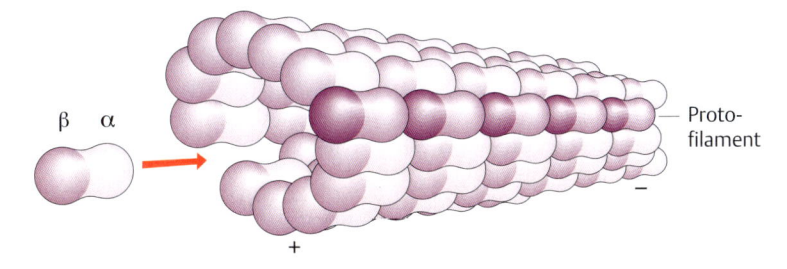

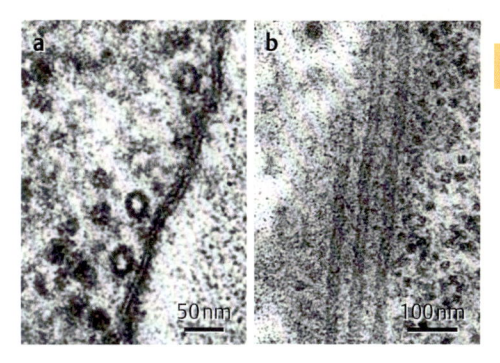

Abb. 2.3 Mikrotubuli. Mikrotubuli aus einer Blattparenchymzelle von *Beta vulgaris* (Rübe), in der Nähe des Plasmalemmas verlaufend, in **a** quer getroffen, in **b** längs geschnitten. Die Mikrotubuli treten bei diesem Objekt meist in Gruppen auf und sind parallel zur Zellwand orientiert. Im Cytoplasma zahlreiche Ribosomen. Fixierung: Glutaraldehyd/OsO$_4$ (Originalaufnahmen K. Kowallik).

Abb. 2.4 Rekonstruktionszeichnung eines Mikrotubulus. Die Tubulindimere sind in 13 Protofilamenten angeordnet, die parallel zur Längsachse des Mikrotubulus laufen. Am (+)-Ende werden Tubulin-Dimere angelagert.

Abb. 2.5 Mikrotubuli. Orientierung von Mikrotubuli um ein diffuses Mikrotubulus organisierendes Zentrum (MTOC) und Transportprozesse an Mikrotubuli.

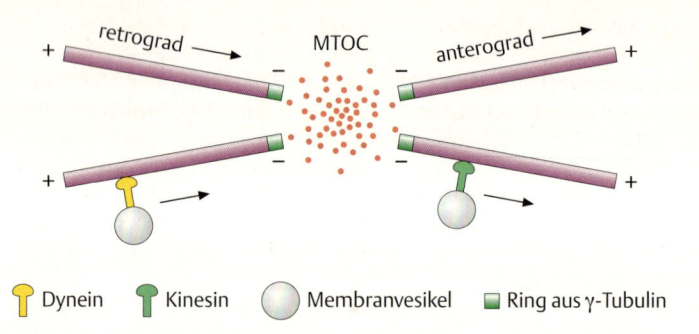

> Die Mikrotubuli zeigen eine **dynamische Instabilität**, d. h. sie können durch Assoziation von Tubulin-Heterodimeren an das (+)-Ende wachsen oder sich durch Dissoziation an diesem Ende verkürzen. Bei der Steuerung dieser Prozesse spielt **GTP** eine entscheidende Rolle.

Jedes Tubulin-Heterodimer bindet zwei Moleküle GTP, je eines pro Monomer, das beim α-Tubulin nicht austauschbar ist, wohl aber beim β-Tubulin. GTP an der β-Tubulin-Untereinheit des Heterodimers ist für die Assoziation der Dimere und somit für das Wachstum der Mikrotubuli erforderlich und wird nach der Addition des Dimers an das (+)-Ende eines Mikrotubulus langsam zu GDP hydrolysiert. Erfolgt die Addition neuer Heterodimere rascher als die Hydrolyse des endständigen GTP zu GDP, so bildet sich eine Kappe aus GTP-Heterodimeren, was zur Stabilisierung des Mikrotubulus beiträgt. Erfolgt hingegen die GTP-Hydrolyse rascher als die Bindung neuer Heterodimere, so wird das (+)-Ende instabil und die GDP-Heterodimere werden rasch unter Verkürzung des Mikrotubulus freigesetzt. Zahlreiche weitere Proteine wirken regulierend auf diesen Prozeß ein, sodaß Wachstum bzw. Verkürzung der Mikrotubuli nicht allein von der Verfügbarkeit überschüssiger GTP-Heterodimere abhängen. Calcium-Ionen in Konzentrationen $> 10^{-7}$ mol l^{-1} fördern die Depolymerisation von Mikrotubuli, wobei offenbar **Calmodulin**, ein Ca^{2+}-bindendes Protein, eine Kontrollfunktion ausübt (Abb. **16.48** S. 656).

Colchicin (S. 407), das Hauptalkaloid von *Colchicum autumnale* (Herbstzeitlose), bindet an β-Tubulin, wodurch die Aggregation von Dimeren und damit die Bildung der Mikrotubuli verhindert wird, während **Taxol**, ein tetracyclisches Diterpen aus *Taxus brevifolia* (Westpazifische Eibe), bereits bestehende Mikrotubuli stabilisiert, sodaß sie nicht mehr abgebaut werden können. Darüberhinaus bewirkt Taxol die Anlagerung weiterer Dimere an bestehende Mikrotubuli. Da es während einer Zellteilung zu einem dynamischen Umbau des Mikrotubulisystems der Zelle kommt, sind Colchicin und Taxol starke Zellteilungsgifte. Taxol und Taxolderivate werden als Cytostatika in der Therapie bestimmter Krebsarten eingesetzt (Plus **12.3** S. 361).

Die Verkürzung oder Verlängerung der Mikrotubuli vermag wohl keine Bewegungen oder Gestaltveränderungen zu verursachen, da sie keine Kraftübertragung mit sich bringt. Im typischen Fall kommen mikrotubuliabhängige Bewegungen durch Aneinandervorbeigleiten von Mikrotubuli zustande. Dabei hat ein Teil der Mikrotubuli die Funktion eines Widerlagers, an dem **Motorproteine,** die an gegenüberliegenden Mikrotubuli gebunden sind, unter ATP-Hydrolyse und dadurch hervorgerufene Veränderung der Proteinkonformation der Motorproteine die Kraftübertragung vornehmen. Dies ist beim Auseinandergleiten der Spindelpole während der Anaphase der Zellteilung (Abb. **13.14** S. 401) nachgewiesen. Auch die schlagenden Bewegungen der Eukaryotengeißeln werden dadurch hervorgerufen, daß die Mikrotubuliduplets des Axonems sich ATP-abhängig gegeneinander verschieben (S. 150). Ähnliche energieabhängige Gleitmechanismen dienen auch zum Transport von Membranvesikeln und selbst großer Organellen, wie der Plastiden, entlang von Mikrotubuli. Auf diese Weise werden mit Zellwandbausteinen beladene Golgi-Vesikel innerhalb der Zelle zu Orten intensiver Wandsynthese verfrachtet, etwa beim Spitzenwachstum oder im Anschluß an die Kernteilung bei der Ausbildung der Zellplatte und der Zellwand zwischen den Tochterzellen (S. 96).

> Man unterscheidet zwei Familien mikrotubuliassoziierter Motorproteine, die **Kinesine** und die **Dyneine**, die als ATPasen wirksam sind und die bei der ATP-Hydrolyse verfügbar werdende chemische Energie unter Konformationsänderung in kinetische Energie, d. h. Bewegungen entlang der Mikrotubuli, umsetzen.

Die Mitglieder der **Kinesin**-Familie weisen erhebliche Unterschiede in ihrer Molekülgröße auf (ca. 700–1 700 Aminosäuren). Dementsprechend ist auch die Gestalt der Moleküle recht verschieden. Meist bestehen sie aus zwei leichten und zwei schweren Ketten mit 2 oder 4 globulären Köpfen. Allen Kinesinen gemeinsam ist das Vorhandensein eines Motordomäne genannten Proteinteils, in dem sich die ATP bindenden und die Mikrotubuli bindenden Bereiche befinden. In der genauen Lage dieser Bindungsstellen unterscheiden sich verschiedene Gruppen von Kinesinen untereinander. Die Kinesin-Moleküle der meisten Gruppen bewegen sich zum (+)-Ende der Mikrotubuli, also anterograd. Auch die Geschwindigkeit der Bewegungen variiert von Fall zu Fall. Es wurden im typischen Fall 0,1–0,2 µm s^{-1} gemessen. Kinesine bewegen vor allem Membranvesikel in anterograder Richtung entlang von Mikrotubuli (Abb. **2.5**).

Die **Dyneine** sind ebenfalls mechanochemische Proteine mit ATPase-Aktivität. Sie sind durchweg Minus-Motoren, bewegen sich also retrograd, zum (–)-Ende der Mikrotubuli. Dyneine liegen in hochmolekularen Komplexen Mikrotubuli bindender Proteine vor. Am längsten bekannt ist das Dynein der Eukaryotengeißeln. Es bildet die „inneren" und „äußeren" Arme an den Mikrotubuliduplets der Axoneme (S. 150). Es gibt jedoch auch cytoplasmatische Dyneine, die nicht so komplex sind. Sie erfüllen offenbar eine ganze Reihe zellulärer Transportfunktionen, so bei der Bildung des Spindelapparates und bei der Chromosomentrennung, bei der Verlagerung des Zellkerns innerhalb der Zelle, bei der Positionierung der Dictyosomen und beim retrograden Vesikeltransport.

Mikrofilamente

> Die Mikrofilamente bestehen aus aggregierten **G-Actin**-Monomeren und werden daher auch oft als **F-Actin** (filamentöses Actin) bezeichnet.

F-Actin besteht aus einem schraubig umeinander gewundenen Doppelstrang von G-Actin-Molekülen, der daher im Elektronenmikroskop alternierend dünnere (7 nm Durchmesser) und dickere (9 nm Durchmesser) Abschnitte zeigt (Abb. **2.6**). G-Actin ist aus 376 Aminosäuren aufgebaut und besitzt eine Molekülmasse von 42 kDa. G-Actin-Moleküle erscheinen im Elektronenmikroskop globulär, die Ermittlung der exakten Struktur mittels Röntgendiffraktometrie von Actinkristallen zeigte jedoch, daß das Protein die Gestalt einer Platte von 5,5·5,5·3,5 nm besitzt, die durch eine tiefe Einkerbung in zwei Lappen geteilt wird (Abb. **2.7**). In

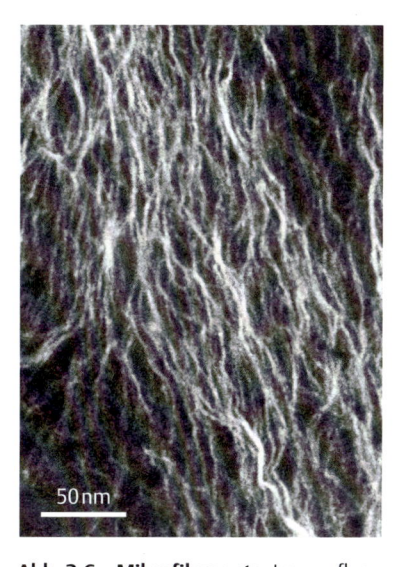

Abb. 2.6 Mikrofilamente. Immunfluoreszenzdarstellung von Actinfilamentbündeln im Cytoplasma der Grünalge *Acetabularia cliftoni* (Originalaufnahme D. Menzel).

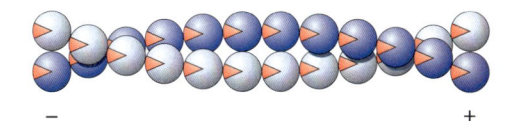

Abb. 2.7 F-Actin. Modell eines aus G-Actin-Monomeren bestehenden, schraubig gewundenen F-Actin-Doppelstranges. Die Nucleotidbindungsstellen sind als rote Dreiecke und die beiden Einzelstränge zur besseren Orientierung in unterschiedlichen Blautönen dargestellt.

der Einkerbung liegt eine Bindungsstelle für ein ATP-Molekül und für ein Mg^{2+}-Ion. Unter Spaltung von ATP polymerisieren die Monomere zu fibrillärem F-Actin, wobei das ADP an die Monomere gebunden bleibt.

> Ähnlich den Mikrotubuli weisen die **Actinfilamente** eine **strukturelle und funktionelle Polarität** auf. Am (−)-Ende zeigt die ATP-Bindestelle zum Medium, das entgegengesetzte Ende wird als (+)-Ende bezeichnet. Die Verlängerung durch Anhängen weiterer Monomere erfolgt überwiegend am (+)-Ende.

Mit diesem (+)-Ende sind die Mikrofilamente an ihre Bildungszentren an den Zellmembranen gebunden. Im Gegensatz zu den Mikrotubuli erfolgt das Wachstum also nicht durch Addition der Monomere an das freie, sondern an das fixierte Ende. Das Actin macht 5–10 % der Proteine einer Pflanzenzelle aus. In den Zellen der Eukaryoten sind zahlreiche **actinassoziierte Proteine** nachgewiesen worden, die verschiedene Funktionen haben. Hierzu zählen die Regulation der Verlängerung der Actinfibrillen unter Hydrolyse von ATP, die Begrenzung der Filamente in ihrer Länge, ihre Stabilisierung, ihre Bündelung und ihre Verbindung zu einem dreidimensionalen Netz, was zu einer Viskositätserhöhung des Cytoplasmas führt, sowie schließlich ihre Destabilisierung, die zum Abbau der Actinfilamente führt.

Das Antibiotikum **Cytochalasin B** bewirkt spezifisch einen Zerfall der Mikrofilamente, während **Phalloidin**, das Gift des Grünen Knollenblätterpilzes (*Amanita phalloides*), eine Polymerisation des gesamten G-Actins der Zelle zu starren F-Actin-Molekülen bewirkt, die nicht mehr abgebaut werden können. Mit einem Fluoreszenzfarbstoff (in der Regel Rhodamin) markiertes Phalloidin eignet sich zur mikroskopischen Darstellung der Mikrofilamente. Durch die Verwendung dieser Zellgifte lassen sich actinabhängige intrazelluläre Transportvorgänge identifizieren. So hemmt Cytochalasin B die Cytoplasmaströmung und den Transport von Membranvesikeln. F-Actin erscheint in Zellen mit starkem Spitzenwachstum, z. B. Pollenschläuchen und Wurzelhaaren, in der Wachstumszone stark angereichert (Plus **18.9** S. 745). Mikrofilamente sollen auch an der Regulation der Durchlässigkeit von Plasmodesmen (S. 78) beteiligt sein.

> Die Mikrofilamente sind ebenso wie die Mikrotubuli die Transportbahnen und Widerlager für krafterzeugende Motorproteine, und erst das Zusammenspiel beider Komponenten erzeugt die Bewegung. Das wichtigste actinassoziierte Motorprotein ist das **Myosin**, eine durch Actin aktivierte ATPase, die mit diesem zusammen das Actomyosin-System bildet, mit dem sich Transportgeschwindigkeiten von mehreren μm s^{-1} realisieren lassen.

Das Actomyosin-System spielt eine wichtige Rolle bei den Kontraktionszyklen der quergestreiften Muskulatur. Lange Zeit war das Vorkommen von Myosin in Pflanzen zweifelhaft. Inzwischen wurde Myosin jedoch auch in Pflanzenzellen eindeutig nachgewiesen. Es ist erwiesen, daß die durch Mikrofilamente verursachten Gestaltveränderungen sowie die lokomotorischen und intrazellulären Bewegungen auf einem ähnlichen Mechanismus beruhen wie bei den Muskelzellen: Myosinmoleküle – die z. B. an die Oberfläche von Membranvesikeln oder Organellen gebunden sind – gleiten unter ATP-Verbrauch und dadurch bewirkte Konformationsänderung an Actinfilamenten in Richtung (+)-Ende entlang (Abb. **2.8**). Bei jeder Hydrolyse eines ATP-Moleküls rückt das Myosin auf dem Actinfila-

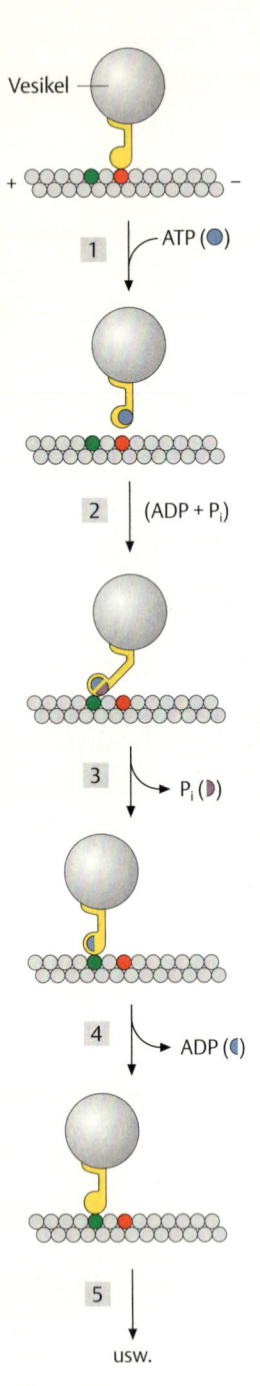

Abb. 2.8 Der Actomyosin-Schrittmotor. Myosin gelb, zwei G-Actin-Monomere des F-Actins rot und grün hervorgehoben. Ein Reaktionszyklus des Myosinmoleküls (1→2→3→4 usw.) transportiert die Ladung (im Beispiel ein Vesikel) 35 nm in Richtung des (+)-Endes des Actinfilaments.

ment etwa 35 nm voran. Die Bewegung ist also nur makroskopisch ein Gleiten, tatsächlich ist der Actomyosin-Komplex – wie auch Kinesin bzw. Dynein in Verbindung mit den Mikrotubuli – ein Schrittmotor.

In den Riesenzellen der Armleuchteralge (*Chara*) zeigt das Endoplasma im Gegensatz zum gelartigen Ektoplasma eine intensive Cytoplasmaströmung, die dadurch in Gang gehalten wird, daß die im Endoplasma lokalisierten Organellen mit den auf ihrer Membranoberfläche gebundenen Myosinmolekülen an Mikrofilamenten entlanggleiten, die sich in großer Zahl an der Grenze zwischen Ekto- und Endoplasma befinden. Dabei wird das Grundplasma von den sich aktiv bewegenden Organellen „mitgerissen". Bei *Chara* erreicht die Cytoplasmaströmung Werte von 100 µm s^{-1}, bei Höheren Pflanzen etwa ein Zehntel dieses Werts.

In ihrer chemischen Zusammensetzung gleichen sich Actin und Myosin aus Muskelzellen und anderen Zellen weitgehend. Offenbar sind diese beiden Proteine, gleich dem Tubulin der Mikrotubuli, phylogenetisch sehr alte Moleküle, was darauf schließen läßt, daß sich die Muskelbewegungen aus primitiven Formen der Zellbewegung entwickelt haben. Die Untersuchung der Nucleotid- bzw. Aminosäuresequenzen hat ergeben, daß eine größere Anzahl verschiedener Actinmoleküle in einer Pflanze existiert, als ursprünglich angenommen wurde. So finden sich bei *Arabidopsis thaliana* mindestens zehn Actingene im Genom, deren Expression eine entsprechende Anzahl von – in ihrer Aminosäuresequenz geringfügig unterschiedlichen – Isotypen ergibt. Bei der Sojabohne enthalten die Grundorgane Sproßachse, Blatt und Wurzel verschiedene Isotypen des Actins.

2.3.2 Ribosomen

Die Anzahl der Ribosomen pro Zelle ist, je nach Art, außerordentlich verschieden. Sie wird bei *Escherichia coli* auf 20 000–30 000 geschätzt, was bei einer wachsenden Zelle etwa 40 % der gesamten Trockenmasse entspricht. Bei den am höchsten entwickelten Eukaryoten kann ihre Anzahl mehrere Millionen pro Zelle betragen (Box **15.9** S. 531). Ribosomen finden sich aber nicht nur im Cytoplasma (Cytoribosomen), sondern auch in den semiautonomen Zellorganellen: den Plastiden (Plastoribosomen) und den Mitochondrien (Mitoribosomen).

Alle Ribosomen bestehen aus zwei morphologisch und funktionell verschiedenen Untereinheiten: die **70S-Ribosomen** (Molekülmasse $2{,}4 \cdot 10^6$ Da) aus einer 50S- und einer 30S-, die **80S-Ribosomen** (Molekülmasse $4 \cdot 10^6$ Da) aus einer 60S- und einer 40S-Untereinheit (Tab. **2.2**). Am besten untersucht sind die 70S-Ribosomen der Prokaryoten (Abb. **2.9**). Ihre 50S-Untereinheit besteht aus über 30 Proteinmolekülen (sog. L-Proteinen, von engl.: large = groß) sowie zwei RNA-Molekülen, der 23S-RNA und der 5S-RNA. Die kleinere Untereinheit enthält eine 16S-RNA und 21 verschiedene Proteine (S-Proteine, von engl.: small = klein). Ribosomale Proteine besitzen globuläre Gestalt und kommen nur einmal pro Ribosom vor mit Ausnahme eines Proteins der großen Untereinheit, das in vierfacher Kopie vorliegt. Es ist gelungen, die 70S-Ribosomen nach Dissoziation in ihre Komponenten unter bestimmten Bedingungen in vitro völlig zu rekonstituieren. Offenbar enthalten die Komponenten selbst die für ihre Faltung und den Aufbau des Ribosoms notwendige Information.

Das katalytische Zentrum des Ribosoms führt die Übertragung der in Synthese befindlichen Polypeptidkette auf den Aminosäurerest einer an das Ribosom gebundenen Aminoacyl-tRNA unter Knüpfung einer Peptidbindung durch (Kap. 15.7). Diese Peptidyltransferase-Aktivität ist in der

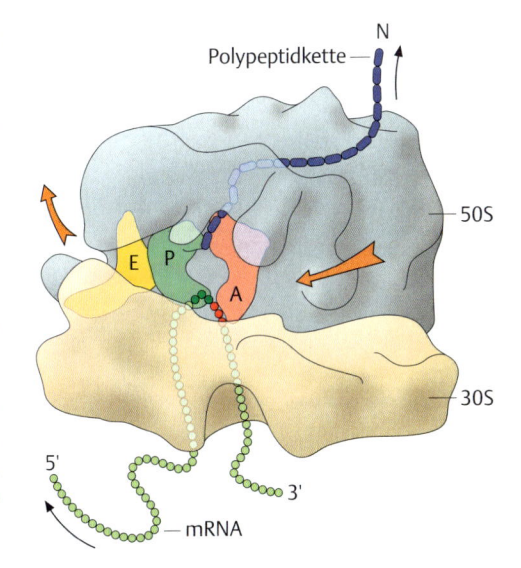

Abb. 2.9 Struktur- und Funktionsmodell des 70S-Ribosoms von *Escherichia coli*. Die 30S-Untereinheit fädelt die mRNA mit dem 5'-Ende voran ein, die 50S-Untereinheit bindet die tRNAs und fädelt die gebildete Proteinkette, mit dem Aminoterminus (N) voran, aus. Gezeigt sind drei tRNAs (rot, grün, gelb), von denen die Aminoacyl-tRNA (rot) gerade an ihr Codon (dunkelrot) gebunden hat und die nächste Aminosäure für die Verlängerung der Polypeptidkette heranbringt, während die zweite (grün) die entstehende Polypeptidkette (blau) trägt und die dritte (gelb) im Begriff steht, das Ribosom zu verlassen. A, P, E Akzeptor-, Peptidyl- und Exit-Stellen am Ribosom. Jede tRNA bindet nacheinander an die A-, P-, und E-Stelle, wobei eine neue Peptidbindung geknüpft und die mRNA um ein Basentriplett weitertransportiert wird (Abb. **15.26** S. 539) (verändert nach Lodish et al. 1999, Frank et al. 1995, Gabashvili et al. 2000).

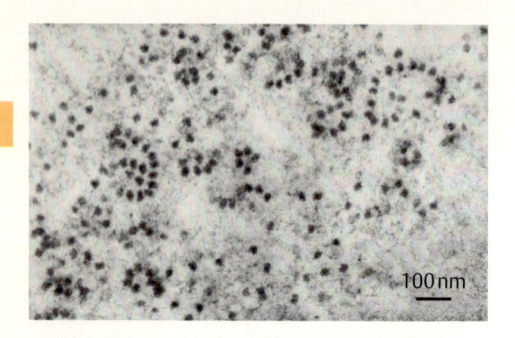

Abb. 2.10 Ribosomen aus einer Zelle des Vegetationskegels der Sonnenblume *(Helianthus annuus)* (transmissionselektronenmikroskopische Originalaufnahme G. Wanner).

großen Untereinheit des Ribosoms lokalisiert und wird von der 23S-rRNA ausgeführt, die demnach ein **Ribozym** (Plus 1.4 S. 30 und Kap. 15.7.2) darstellt.

Ribosomen im Funktionszustand sind mit mRNA-Molekülen, jeweils wechselnden tRNA-Molekülen und der in Synthese befindlichen Polypeptidkette assoziiert. Die mit der Übersetzung des Nucleinsäure-Triplettcodes der mRNA in eine colineare Aminosäuresequenz verbundene ribosomale Proteinsynthese (Kap. 15.7) wird auch als **Translation** bezeichnet.

Während der laufenden Proteinsynthese können die translationsaktiven Komplexe mit Zellmembranen assoziiert vorliegen. Dies ist dann zu beobachten, wenn bereits während der Proteinsynthese – cotranslational – das gebildete Protein in eine Membran integriert oder über eine Membran transportiert werden muß, wie es bei zahlreichen Proteinen des endoplasmatischen Reticulums und der von ihm abgeleiteten Organellen, darunter auch allen sekretierten Proteinen, der Fall ist. Cytoribosomen binden dazu an Bereiche des endoplasmatischen Reticulums (ER), das wegen des Ribosomenbesatzes im Elektronenmikroskop „rauh" erscheint und daher als rauhes ER (rER) bezeichnet wird (S. 67). Membranassoziierte Proteinsynthese kommt aber auch bei Plastiden und Mitochondrien sowie bei den Prokaryoten vor. Die einzelnen Ribosomen sitzen mit ihrer größeren Untereinheit der Oberfläche der Membran auf und binden dort an spezifische Proteinkomplexe, die auch den Proteintransport über die jeweilige Membran bewerkstelligen (Translocons, Abb. 15.35 S. 557).

Im anderen Fall finden sich mehrere (in der Regel 4–6) Ribosomen perlschnurartig auf mRNA-Molekülen zu Polyribosomen oder **Polysomen** aufgereiht im Cytoplasma liegend. Die Polysomen zeigen im Elektronenmikroskop eine spiralige oder schraubige Anordnung (Abb. 2.10). An solchen freien Polysomen werden die cytoplasmatischen Proteine synthetisiert, weiterhin solche, die erst nach abgeschlossener Bildung der Polypeptidkette – posttranslational – in andere Zellkompartimente verfrachtet werden. In prokaryotischen Zellen beginnt in der Regel die Translation bereits während der laufenden Synthese der mRNA (**Transkription**). Man findet daher zahlreiche perlschnurartig aufgereihte Ribosomen an der Grenze zwischen Nucleoidbereich und Cytoplasma (Abb. 4.2 S. 137 und Abb. 15.3 S. 494). Ähnliche Verhältnisse finden sich auch in Plastiden und Mitochondrien.

Nach Beendigung der Synthesetätigkeit dissoziieren die Ribosomen in ihre Untereinheiten, worauf sie erneut assemblieren können, sofern mRNA-Moleküle vorhanden sind.

Tab. 2.2 Größe, Aufbau und Zusammensetzung der Ribosomen.

Organismus/ Organell	Ribosom insgesamt	Untereinheiten	rRNAs	Proteine
Prokaryoten	70S	50S	23S, 5S	> 30
Pflanzen		30S	16S	21
Mitoribosomen	70S	50S	26S, 5S	> 30
		30S	18S	> 25
Plastoribosomen	70S	50S	23S, 5S, 4,5S	> 30
		30S	16S	> 20
Cytoribosomen	80S	60S	28S, 5,8S, 5S	ca. 50
		40S	18S	ca. 35

2.4 Biomembranen

Ein entscheidender Schritt der Entstehung des Lebens war die Evolution biologischer Membranen. Diese aus Lipiddoppelschichten aufgebauten Strukturen grenzen im einfachsten Fall das Cytoplasma gegen seine Umgebung ab. Zellmembran und Cytoplasma bilden den Protoplasten, die Grundstruktur der lebenden Zelle.

Lipiddoppelschichten sind durchlässig (permeabel) für Wassermoleküle und in Wasser gelöste kleine und unpolare, nicht geladene Moleküle, wie z. B. Sauerstoff O_2 oder Kohlendioxid CO_2. Sie sind impermeabel für elektrisch geladene Atome oder Moleküle (Ionen) und für größere polare organische Verbindungen (wie z. B. Zucker) sowie für alle Makromoleküle. Dadurch können im Zellinneren hohe Konzentrationen solcher Substanzen aufrechterhalten werden, eine entscheidende Bedingung für einen intensiven Stoffwechsel. Selektiver Stoffaustausch mit der Umgebung erfolgt über Transportproteine, die die Membran durchspannen. Andere Membranproteine, die Rezeptoren, nehmen physikalische oder chemische Signale aus der Umgebung auf und setzen Reaktionsketten in Gang, die zur Anpassung des Zellverhaltens an wechselnde Umgebungsbedingungen führen.

Im Laufe der Zellevolution ist ein komplexes System intrazellulärer Membranen mit vielfältiger Spezialisierung entstanden. Dieser Prozeß setzt bereits bei den Prokaryoten ein, bei denen Einstülpungen der Zellmembran besondere Funktionen ausüben können (S. 139). Allerdings finden sich erst bei den Eukaryoten viele unterschiedliche membranumschlossene Organellen, die die Zelle in verschiedene Reaktionsräume (**Kompartimente**) mit jeweils speziellen Aufgaben unterteilen.

2.4.1 Chemische Zusammensetzung

Von seltenen Ausnahmen abgesehen (Plus 2.1) bestehen Biomembranen aus **Lipiden** und **Proteinen**. In einigen Fällen treten Kohlenhydrate als Bestandteile von Glykolipiden und Glykoproteinen hinzu.

Den zahlreichen unterschiedlichen Aufgaben entsprechend, können die Mengenverhältnisse der einzelnen Komponenten außerordentlich unterschiedlich sein. Bei vielen Membrantypen liegt der Lipidanteil bei etwa 40 % und der Proteinanteil bei etwa 60 % (bezogen auf die Massen), doch sind auch Membranen mit wesentlich geringeren (25 %) oder deutlich höheren (80 %) Anteilen an Protein isoliert worden. Hinsichtlich der Zusammensetzung der einzelnen Fraktionen bestehen ebenfalls erhebliche Unterschiede. So ist die Proteinzusammensetzung einer Membran abhängig vom Membrantyp und seinen Funktionen, aber sie kann auch je nach dem Differenzierungszustand der Zelle, dem Alter des Gewebes und der physiologischen Situation bei ein und demselben Membrantyp variieren. Ähnliches gilt für die Lipidzusammensetzung. In den meisten Membranen finden sich als Hauptkomponenten verschiedene Arten von Glycerolipiden, und zwar Phospholipide und Glykolipide, daneben in geringen Mengen Steroide. Das in tierischen Membranen reichlich vorhandene Steroid Cholesterin kommt bei Pflanzen nur in Spuren vor. Die wichtigsten pflanzlichen Membransteroide sind Sitosterin und Stigmasterin, in Pilzmembranen tritt vornehmlich Ergosterin auf. Steroide liegen in pflanzlichen Membranen als Glykoside vor, der Zuckeranteil fungiert als polare

---

Plus 2.1   Gasvesikel

Membranen gänzlich anderer Struktur finden sich bei einigen süßwasserlebenden Cyanobakterien (z. B. Arten von *Anabaena* und *Microcystis*), aber auch bei vielen anderen Bakterien und manchen Archaeen. Diese Organismen können mittels gasgefüllter Vesikel (bis zu 5000 pro Zelle) ihren Auftrieb verändern, um so bei Bedarf in sauerstoff- und nährstoffreiche Wasserschichten zu gelangen. Cyanobakterien steigen zur Gewährleistung einer optimalen Photosynthese in ausreichend belichtete Wasserschichten, wo es zu einer massenhaften Vermehrung („Algenblüte") kommen kann.

Gasvesikel sind prismatische, zylinderförmige Gebilde von etwa 70 nm Durchmesser und variabler Länge bis zum über Zehnfachen des Durchmessers. Sie liegen in der Zelle meist in dichten Stapeln vor, die Licht stark brechen und daher im Lichtmikroskop sichtbar sind. Sie wurden deshalb ursprünglich „Gasvakuolen" genannt, unterscheiden sich jedoch von typischen (globulären) Vakuolen deutlich (Abb.). Die etwa 3 nm dicke Wand der Gasvesikel enthält keinerlei Lipide und wird von einer einzigen Sorte eines hydrophoben Proteins gebildet, dessen Monomere dicht gepackt vorliegen.

Die Befüllung mit Gas erfolgt während der Bildung des Gasvesikels durch Diffusion, die Vesikel sind also nicht „aufgepumpt". Vermutlich enthalten sie verschiedene Gase, die Vesikelwand ist etwa gleich permeabel für O_2, CO, CO_2, N_2 und sogar Methan (CH_4). Wassermoleküle können aufgrund der hohen Oberflächenspannung des Wassers nicht zwischen den hydrophoben Proteinmolekülen hindurch in die Gasvesikel diffundieren.

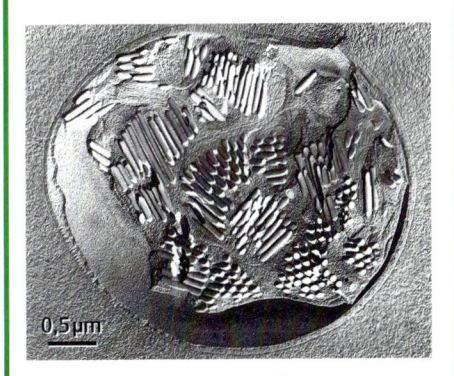

Gefrierätzpräparat einer Zelle von *Microcystis aeruginosa* (Originalaufnahme H. Lehmann, mit freundlicher Genehmigung).

Tab. 2.3 Prozentanteile verschiedener Glycerolipidklassen am Aufbau pflanzlicher Membranen.

Lipidklasse	Kopf-gruppe	Plasma-lemma	Peroxisomen-membran	Mitochondrion innere Membran	Chloroplast Hüll-membran	Chloroplast Thylakoid-membran
Phospholipide						
Phosphatidylcholin	1	32	52	27	20	3
Phosphatidylethanolamin	2	46	48	29	1	0
Phosphatidylserin	3	0	0	25	0	0
Glykolipide						
Monogalactosyldiglycerid	4	0	0	0	35	51
Digalactosyldiglycerid	5	0	0	0	30	26
Sulfochinovosyldiglycerid	6	0	0	0	6	7
Andere		22	0	19	8	13

Kopfgruppen Phospholipide (R in Abb. **1.18**)   Kopfgruppen Glykolipide (X in Abb. **1.18**)

Allgemeine Glycerolipidstruktur, Abb. **1.18** S. 23

Kopfgruppe. Steroide fehlen den Chloroplasten- und wahrscheinlich generell den Plastidenmembranen.

Je nach Membrantyp weist auch die Glycerolipidfraktion erhebliche Unterschiede in ihrer Zusammensetzung auf (Tab. **2.3** und Abb. **1.18c** S. 23). Ausschließlich Phospholipide enthält z. B. die Membran der Peroxisomen, hauptsächlich Glykolipide enthalten die Chloroplastenmembranen. In der Plasmamembran von *Escherichia coli* findet man als einziges Glycerolipid Phosphatidylcholin.

Die am Aufbau der Membranglycerolipide beteiligten Fettsäuren besitzen ganz überwiegend entweder 16 oder 18 Kohlenstoffatome. Neben den gesättigten Fettsäuren kommen einfach, zweifach und dreifach ungesättigte vor. Auch die Fettsäurezusammensetzung kann an wechselnde Erfordernisse angepaßt werden. Beispielsweise steigt mit fallender Temperatur der Anteil an mehrfach ungesättigten Fettsäuren in der Membranlipidfraktion an, wohl, um eine ausreichend große Membranfluidität zu gewährleisten und so ein „Erstarren" der Membranen bei tiefen Temperaturen zu verhindern (Abb. **19.8** S. 782).

Abweichend von den Biomembranen der Bakterien und der Eukaryoten, deren Glycerolipide als lipophile Reste zwei veresterte Fettsäuren tragen, besitzen die Glycerolipide der Archaeenmembranen zwei langkettige Isoprenoidreste (20 oder 40 Kohlenstoffatome) in Etherbindung (Abb. **4.6** S. 146).

2.4.2 Membranmodelle

Biomembranen treten bei Betrachtung von üblich präparierten Ultradünnschnitten durch Zellen (Glutaraldehyd/OsO$_4$-fixiertes Gewebe, Schnitte mit Uranylacetat/Bleicitrat kontrastiert) im Transmissionselektronenmikroskop als dunkle Doppellinien hervor, die einen hellen Zwischenraum einschließen. Ihre Dicke schwankt, je nach Objekt, Membrantyp und Darstellungsverfahren, zwischen 6 und 11 nm (Abb. **2.11**). Mitochondrien und Plastiden, also die semiautonomen Organellen, sind von zwei Biomembranen umgeben, die übrigen Zellorganellen – die sich alle letztlich vom endoplasmatischen Reticulum ableiten lassen – jeweils von einer einzigen (Ausnahme: Oleosomen, Box **2.4** S. 77). Biomembranen haben grundsätzlich keine Ränder, sie sind stets in sich geschlossen, umschließen und begrenzen also ein bestimmtes Volumenelement der Zelle (**Kompartiment**).

Löst man Phospholipide in Anwesenheit von Detergentien (Box **2.2**) in Wasser und entfernt dann langsam das Detergens (z. B. durch Dialyse), so bilden sich in der Lösung spontan stabile Membranvesikel (**Liposomen**) aus, die aus einer doppelten Phospholipidschicht bestehen, deren Fettsäurereste im Inneren der Membran einander zugekehrt angeordnet sind und deren hydratisierte Kopfgruppen zur wäßrigen Phase im Inneren des Liposoms bzw. zum Außenmedium orientiert sind (Abb. **2.12a**). Dieses Konstruktionsprinzip der **Glycerolipid-Doppelschicht** liegt auch den Biomembranen zugrunde (Abb. **2.12b**).

> In die Lipiddoppelschicht der Biomembranen sind Proteine eingelagert, die entweder die gesamte Membran durchspannen (**integrale Membranproteine**), in die Membran oberflächlich eintauchen oder ihr aufgelagert sind (**periphere Membranproteine**) (Abb. **2.13**).

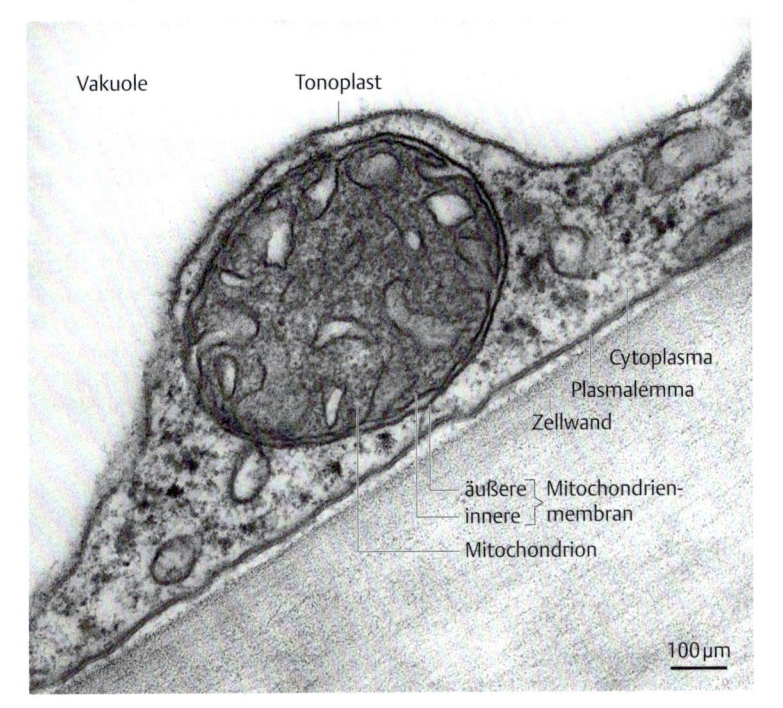

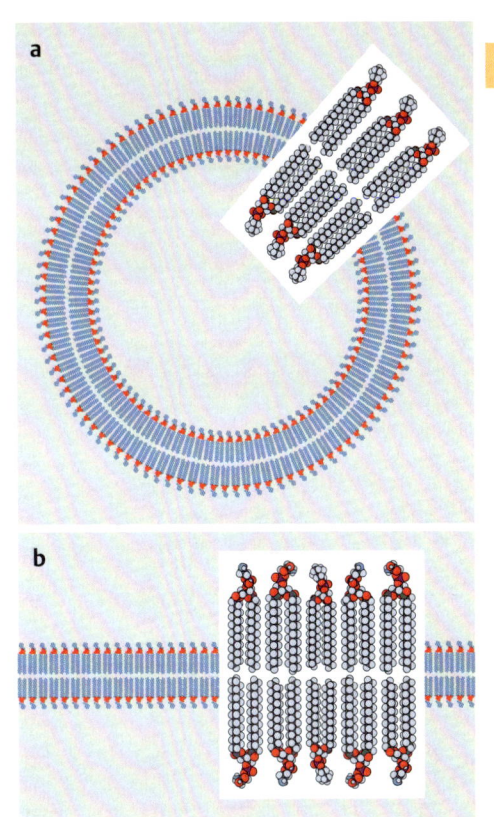

Abb. 2.12 Phospholipid-Doppelschichten. a Vesikel (Liposom) aus Phosphatidylcholinmolekülen, **b** Ausschnitt aus einem bimolekularen Lipidfilm aus Phosphatidylcholin. Ausschnitte der Membranen sind jeweils vergrößert dargestellt.

Abb. 2.11 Zellmembranen. Schnitt durch eine Epidermiszelle der Beerenfrucht von *Culcasia liberica* (Araceae). Die Lipiddoppelschichten des Plasmalemmas und des Tonoplasten sind als doppelte schwarze Linien erkennbar. Gut zu erkennen sind auch die äußere und (eingefaltete) innere Mitochondrienhüllmembran (Kap. 2.6.1), beides ebenfalls Lipiddoppelschichten, die in dem Präparat aber nicht aufgelöst erscheinen (transmissionselektronenmikroskopische Originalaufnahme G. Wanner).

Box 2.2 Detergentien

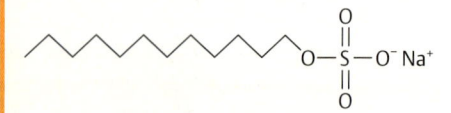

Natriumdodecylsulfat (SDS)

Dodecylsulfat-Anion

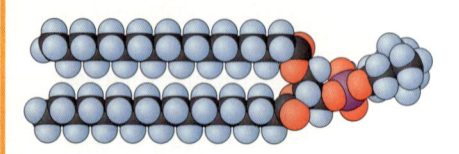

Phosphatidylcholin

Die Oberflächenspannung des Wassers herabsetzende, amphipolare Verbindungen werden Detergentien genannt (lat. detergere, reinigen). Man unterscheidet elektrisch nicht geladene, zwitterionische und elektrisch geladene Detergentien. Bestimmte Detergentien werden in der biochemischen und zellbiologischen Forschung insbesondere dazu verwendet, unter Auflösung der Lipiddoppelschichten integrale Membranproteine aus Biomembranen herauszulösen. Die Detergensmoleküle dringen mit ihren langen hydrophoben Resten ins Innere der Lipiddoppelschichten ein und stören einerseits den Zusammenhalt der Glycerolipidmoleküle untereinander, andererseits aber auch deren Wechselwirkung mit den Membranproteinen, ohne die Proteinstruktur selbst zu schädigen. Es bilden sich wasserlösliche Micellen aus Detergensmolekülen und darin eingebetteten, meist noch funktionsfähigen Membranproteinen. Unter geeigneten Bedingungen sind diese Micellen klein genug, um einzelne Membranproteine oder Proteinkomplexe zu enthalten, die sich somit von anderen trennen lassen.

Ein starkes Detergens ist Natriumdodecylsulfat (engl.: **S**odium **d**odecyl**s**ulphate, daher die gebräuchliche Abkürzung SDS, Abb., zum Größenvergleich ist Phosphatidylcholin maßstäblich dargestellt), welches in Lösung negativ geladen vorliegt. SDS bindet sehr fest an praktisch alle Proteine (etwa 1,4 g pro Gramm Protein) und denaturiert sie (= zerstört ihre Tertiärstruktur). Zudem zerstört SDS die Wechselwirkungen von Proteinen untereinander, sodaß Proteinkomplexe zerfallen. Diese Eigenschaften macht man sich zur gelelektrophoretischen Auftrennung von Proteinen zunutze: Die Protein-SDS-Micellen sind wegen der vielen gebundenen SDS-Moleküle sämtlich negativ geladen, sie wandern in einem elektrischen Feld zum Pluspol (Anode), und ihre Wanderungsgeschwindigkeit hängt im wesentlichen nur noch von der Größe der Micellen (näherungsweise der Größe der Proteine) ab.

Daher unterscheiden sich die Membranproteine in ihrem Extraktionsverhalten. Während die peripheren Proteine relativ leicht abgelöst werden können, z. B. durch Erhöhung der Ionenkonzentration, ist die Isolierung integraler Proteine nur durch die Denaturierung der Membranen, etwa durch Detergentien, möglich. Integrale Proteine machen bis zu 70 % der gesamten Membranproteine aus. Ihre die Lipiddoppelschicht durchmessenden Abschnitte weisen meist α-helikale Sekundärstruktur auf und bestehen aus 20–22 Aminosäuren mit einem hohen Anteil an unpolaren Aminosäureresten, wie z. B. Valin, Alanin, Leucin, Isoleucin und Phenylalanin. Viele integrale Proteine besitzen mehrere solcher Transmembransegmente, bis zu 24 bei bestimmten Ionenkanälen (Abb. **6.7** S. 219). Aber auch β-Faltblätter können gelegentlich eine Membran durchspannen. So weisen die Porine in der bakteriellen Zellmembran (Abb. **4.2** S. 137) als Transmembransegmente ausschließlich β-Faltblätter auf, die eine faßartige Struktur mit einer inneren, die Membran ganz durchquerenden Pore bilden, deren hydrophobe Aminosäurereste nach außen, zur Membran, weisen, während hydrophile Reste die Pore innen auskleiden.

Betrachtet man eine Biomembran unter dem Elektronenmikroskop von der Fläche her, so sind bei sehr starker Vergrößerung die globulären Proteine deutlich zu erkennen. An manchen Stellen erscheint ihre Anordnung regellos, während sie in anderen Bereichen ein bestimmtes Muster aufweisen können (Abb. **2.35** S. 91).

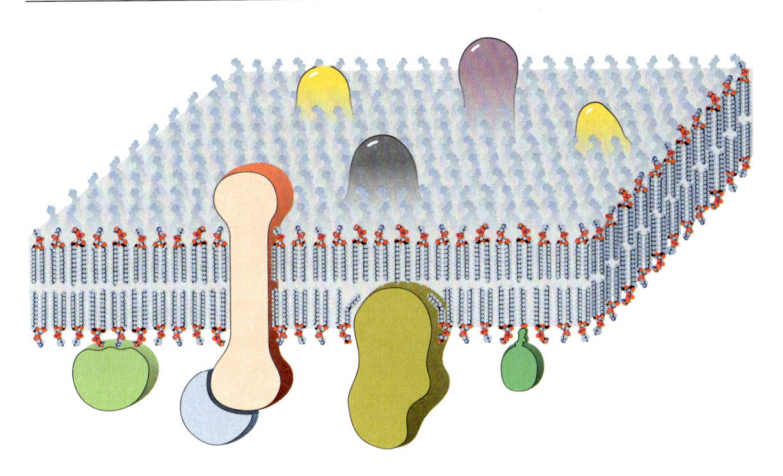

Abb. 2.13 Fluid-mosaic-Modell der Biomembran. In die Lipiddoppelschicht sind sowohl integrale als auch periphere Membranproteine integriert, andere periphere Proteine sind an die Membran angelagert, wieder andere, wie das unten rechts gezeigte Protein, mit „Lipidankern" in der Membran befestigt. Die gezeigte Membran ist aus unterschiedlichen Phospholipiden, die gesättigte und ungesättigte Fettsäuren tragen, aufgebaut.

Biomembranen sind in der Regel asymmetrisch gebaut, d. h. die dem Cytoplasma zugewandte Seite unterscheidet sich von der extracytoplasmatischen, dem Cytoplasma abgewandten Seite. Dies gilt nicht nur für den Besatz mit Proteinen, sondern auch für die Lipidzusammensetzung der beiden Halbmembranen. So dominiert in der cytoplasmatischen Hälfte der Zellmembran das elektrisch negativ geladene Phosphatidylserin, während die netto elektrisch nicht geladenen Lipide Phosphatidylcholin und Phosphatidylethanolamin bevorzugt in der extracytoplasmatischen Hälfte vorkommen. Die cytoplasmatische Seite des Plasmalemmas ist also gegenüber der extracytoplasmatischen Seite negativ geladen.

Die Lipidmoleküle weisen in der halbflüssigen Lipidschicht eine hohe laterale Beweglichkeit auf und können auch um ihre Längsachse rotieren (daher die englische Bezeichnung **„fluid mosaic"** für dieses Membranmodell). Jedoch können sie nur sehr schwer auf die gegenüberliegende Membranseite wechseln („flip-flop"). Dies ist der Grund dafür, daß ein asymmetrischer Bau der Biomembranen aufrechterhalten werden kann.

Der spezifische Austausch von Lipidmolekülen zwischen den beiden Halbmembranen wird durch eine Gruppe von Enzymen, die Flippasen, katalysiert. Auch die Membranproteine diffundieren in der Lipidschicht lateral, sofern sie nicht am corticalen Cytoskelett verankert sind. Eine Biomembran ist also eine hochdynamische Struktur. Allerdings kommt es trotz der hohen lateralen Beweglichkeit der Membranlipide und -proteine wohl nicht zu einer regellosen Durchmischung aller Komponenten. Vielmehr sollen sich in einer Membran Domänen mit einer charakteristischen Lipid- und Proteinzusammensetzung bilden, die wie Flöße in der flüssigen Lipidschicht treiben (engl.: „lipid rafts"). Ursprünglich in tierischen Zellen entdeckt, gibt es inzwischen auch für Pflanzenmembranen Hinweise auf ihre Existenz. Es wird angenommen, daß diese Strukturen Ausdruck eines besonders engen Zusammenwirkens bestimmter Membranproteine sind, die auf einem „Floß" in optimaler Zusammensetzung funktional gekoppelt sind.

Die halbflüssige Konsistenz der Biomembranen ist auch für den „Membranfluß" im System der Grundmembranen bedeutsam. Unter Membranfluß versteht man die Abschnürung von Membranvesikeln von der Membran eines Ursprungskompartiments und die anschließende Verschmelzung dieser Vesikel mit der Membran des Zielkompartiments (Kap. 2.5.6).

Der Membranfluß gewährleistet auch das Flächenwachstum von Membranen durch die Einlagerung bzw. eine Flächenreduktion durch die Entnahme von Lipidmolekülen. An diesen Prozessen, wie auch am Transport einzelner Membranbausteine vom Ort ihrer Synthese (meist das glatte endoplasmatische Reticulum) zum Verwendungsort sind **Lipid-Transferproteine** beteiligt, die den spezifischen Lipidaustausch zwischen Membranen unterschiedlicher Kompartimente katalysieren.

> Für den Zusammenhalt der Membranen sind neben elektrostatischen vor allen Dingen hydrophobe und Dipol-Wechselwirkungen verantwortlich, die einerseits zwischen den hydrophoben Bereichen der Lipidmoleküle wirksam sind, andererseits zwischen diesen und den hydrophoben Gruppen der integralen Proteine. Die Lipide der Chloroplastenmembranen (vorwiegend Glykolipide) bilden spontan überhaupt keine Doppelschichten aus, sondern tun dies erst in Anwesenheit ihrer spezifischen Membranproteine.

Bricht man tiefgefrorene Zellen durch Eintreiben eines spitzen Keils rasch auf, lösen sich an der Bruchfläche nicht selten die beiden Schichten einer Lipiddoppelschicht voneinander, sodaß im Rasterelektronenmikroskop plastische Aufsichten auf Membranen und Membraninnenräume, die sie durchsetzenden Proteine und Membranspezialisierungen wie z. B. die Kernporen erhalten werden (Gefrierbruchtechnik, Abb. **2.14**).

Abb. 2.14 Organellen der Eucyte. Ausschnitt aus einem Gefrierbruchpräparat einer Zelle der einzelligen Grünalge *Oocystis solitaria* (Chlorococcales). d Dictyosom, k Zellkern mit Poren und Porenapparaten, l Lipidtröpfchen, m_1 Microbody, m_2 Abdruck eines herausgebrochenen Microbodies (rasterelektronenmikroskopische Originalaufnahme D. G. Robinson).

2.4.3 Funktionen von Biomembranen

Die Lipiddoppelschichten der Biomembranen sind zunächst **Barrieren** (Abb. **2.15**), die elektrisch geladene Teilchen, polare organische Moleküle und Makromoleküle nicht passieren lassen und lediglich für sehr kleine, ungeladene Moleküle wie Wasser (H_2O), Sauerstoff (O_2), Kohlendioxid (CO_2) oder Stickstoff (N_2) permeabel sind, aber auch von kleinen unpolaren organischen Molekülen (z. B. Ethylen, Ethanol) überwunden werden können. Bereits Glycerin diffundiert etwa tausendmal langsamer durch eine Lipiddoppelschicht wie durch eine gleichdicke Wasserschicht (Kap. 6.2.1).

Die Barrierefunktion von Lipiddoppelschichten in Verbindung mit der Geschlossenheit von Biomembranen erlaubt es, **Reaktionsräume** (Kompartimente) mit gegenüber der Umgebung der Zelle sehr viel höheren Konzentrationen vieler verschiedener Molekülarten – und dadurch einen intensiven Stoffwechsel – aufrechtzuerhalten und unerwünschte, z. B. toxische, Moleküle aus der Zelle fernzuhalten. Allerdings ist die stoffliche Zusammensetzung im Zellinneren auch qualitativ anders als die der Umgebung und auch in den verschiedenen Kompartimenten wiederum unterschiedlich. Es muß also in den Biomembranen spezifische Aufnahme- und Austauschmechanismen für eine Vielzahl von Molekülarten geben. Diese selektiven **Transport**eigenschaften werden von einer großen Zahl verschiedener und meist hochselektiver integraler Transportproteine sichergestellt, von denen vier Typen unterschieden werden können: porenbildende Proteine, Kanalproteine, Translokatoren (Carrier) und

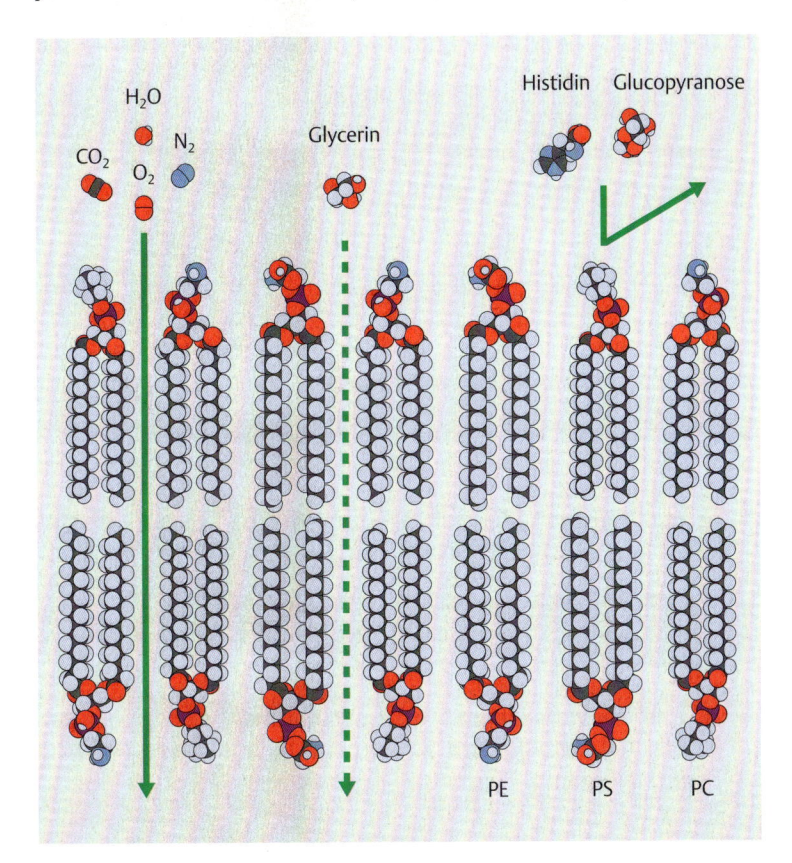

Abb. 2.15 Permeabilität von Lipiddoppelschichten. Alle Moleküle sind zueinander maßstäblich gezeichnet. Die Membran enthält die drei wichtigsten Phospholipide: Phosphatidylcholin PC, Phosphatidylserin PS und Phosphatidylethanolamin PE.

Pumpen. Da zum Verständnis ihrer Wirkweisen nicht allein die jeweilige Struktur, sondern vor allem die Betrachtung der Bioenergetik erforderlich ist, werden sie erst im Abschnitt Stoffwechsel näher besprochen (Kap. 6.2.2).

Intrazellulärer Materialtransport verläuft in der Regel in vesikulärer Verpackung, z.B. wird Material für den Zellwandbau über Golgi-Vesikel, die mit dem Plasmalemma verschmelzen, aus der Zelle ausgeschleust. Der Vesikeltransport verläuft gerichtet entlang von Cytoskelettelementen und wird über ATP-abhängige Motorproteine angetrieben (Kap. 2.3.1).

Schließlich stellt die Zellmembran ein empfindliches **Signalaufnahme**system dar. Dazu finden sich in sie eingebettet in großer Vielfalt Sensorproteine. Bei ihnen handelt es sich um integrale Proteine, von denen die meisten hochspezifisch bestimmte chemische Signale aus der Zellumgebung aufnehmen und nach Bindung des jeweiligen Signalstoffs eine zelluläre Antwort auslösen. Hierzu zählen die Rezeptoren für bestimmte Phytohormone (Kap. 16) oder für mikrobielle Elicitoren (Plus **20.6** S. 824).

2.5 Das System der Grundmembranen

Eingebettet in das Cytoplasma finden sich in Eucyten, so auch den Pflanzenzellen, zahlreiche Organellen, die von einfachen Biomembranen gegen das Cytoplasma abgegrenzt sind und im Innern eine charakteristische und vom Cytoplasma völlig abweichende stoffliche Zusammensetzung und jeweils spezifische biochemische Funktionen aufweisen. Auch morphologisch lassen sich diese Organellen – bei Betrachtung mit einem Elektronenmikroskop – voneinander unterscheiden. Ihre Membranen stehen jedoch entweder direkt oder über Vesikeltransport mit dem endoplasmatischen Reticulum (ER) bzw. untereinander in Verbindung, und ihre Proteinausstattung wird ganz überwiegend am rauhen ER (rER) synthetisiert, die Membranlipide am glatten, also nicht mit Ribosomen besetzten Teil des ER (gER). Dieses reich gegliederte, die verschiedensten Organellen bildende Membransystem wird auch als **System der Grundmembranen** bezeichnet.

Zum System der Grundmembranen gehören die folgenden Membranen bzw. Organellen:
- Das endoplasmatische Reticulum, das man als Bildungsorganell für die folgenden Membranen anzusehen hat,
- die Dictyosomen, die zusammen den Golgi-Apparat bilden,
- die den Protoplasten der Zelle nach außen abschließende Zellmembran, das Plasmalemma,
- die verschiedenen Formen von Vakuolen mit ihrer äußeren, den Vakuoleninhalt gegen das Cytoplasma abgrenzenden Membran, dem Tonoplasten,
- der Zellkern mit der Kernhülle,
- Peroxisomen und Glyoxysomen (zusammen Microbodies, Mikrokörper genannt),
- die Pflanzenzellen untereinander verbindenden Plasmodesmen,
- verschiedene Populationen von Membranvesikeln, die sich aus einem der genannten Organellen bilden bzw. mit einem von ihnen verschmelzen können.

2.5.1 Endoplasmatisches Reticulum

Als endoplasmatisches Reticulum (ER) bezeichnet man ein das Cytoplasma durchziehendes, von 5–6 nm dicken Biomembranen begrenztes, unregelmäßiges, vielfach kommunizierendes System von flachen Hohlräumen und Kanälen, die sich zu Zisternen erweitern können (Abb. **2.1** S. 47 und Abb. **2.16**). Es ist ständig in lebhafter Bewegung und Veränderung begriffen. Seine Ausdehnung hängt vom physiologischen Zustand der Zelle ab. Der von der Membran umschlossene Innenraum erscheint hell und ist von einer Flüssigkeit erfüllt, die sich in ihrer Zusammensetzung sehr wesentlich vom Cytosol unterscheidet.

Ist die Außenseite des ER von Ribosomen bedeckt, spricht man von einem **rauhen ER** (rER) und unterscheidet es von dem ribosomenfreien **glatten ER**-Typ (gER). Beide Typen können gleichzeitig in einer Zelle vorkommen. Die membrangebundenen Ribosomen sind Orte der Proteinsynthese. Neben den integralen Membranproteinen für das Grundmembransystem und den meisten Proteinen, die sich im Inneren der diesem Membransystem zuzurechnenden Organellen befinden, werden am rER die sekretorischen Polypeptide synthetisiert. Im Gegensatz zu den an den freien Polysomen gebildeten cytoplasmatischen Proteinen gelangen diese in den Innenraum des ER. Von dort werden sie, in kleine Vesikel verpackt, zu anderen Kompartimenten transportiert, z. B. den Dictyosomen, wo sie, ihrer Funktion entsprechend, modifiziert werden. Charakteristisch für die Proteinsynthese am rER ist der bereits während der laufenden Synthese stattfindende Eintritt oder Übertritt der Polypeptidkette in bzw. über die Membran. Man spricht von cotranslationalem Proteintransport (Kap. 15.10.1).

Das glatte ER ist zu zahlreichen chemischen Umsetzungen befähigt, z. B. zur Synthese der Membranlipide und anderer Substanzen. In großer Zahl finden sich in den Membranen des gER Enzyme aus der Gruppe der Cytochrom-P450-abhängigen Monooxygenasen (Plus **16.1** S. 596). Diese Enzyme führen die verschiedensten Oxidationsreaktionen im Zellstoffwechsel durch, sie sind weiterhin für die Unschädlichmachung sog. Xenobiotika, also von außen in die Zelle eindringender lipophiler organischer Schadstoffe, wichtig.

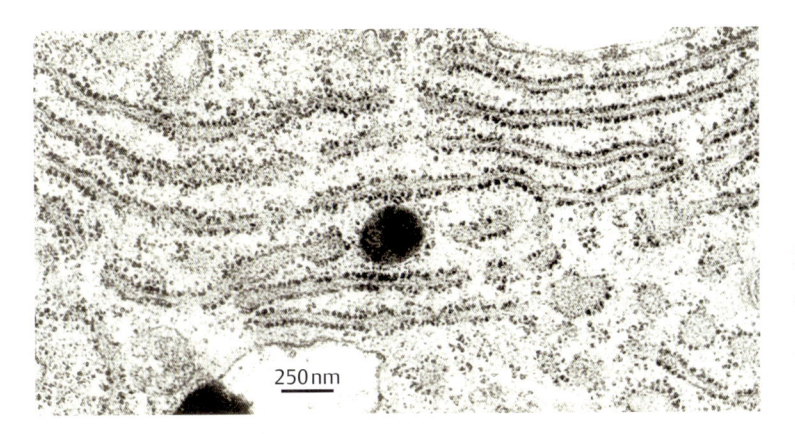

Abb. 2.16 Endoplasmatisches Reticulum (ER). Transmissionselektronenmikroskopische Aufnahme des rauhen ER einer Haarzelle von *Beta vulgaris*. Rechts unten sind mehrere tubuläre Ausläufer des ER quer getroffen. Sie sind an ihrem Ribosomenbesatz deutlich zu erkennen (Originalaufnahme K. Kowallik).

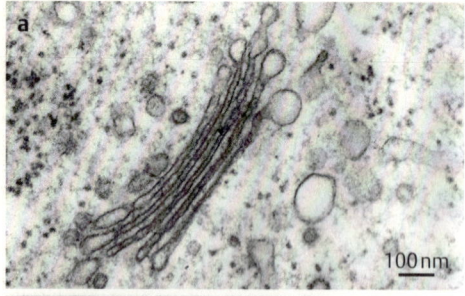

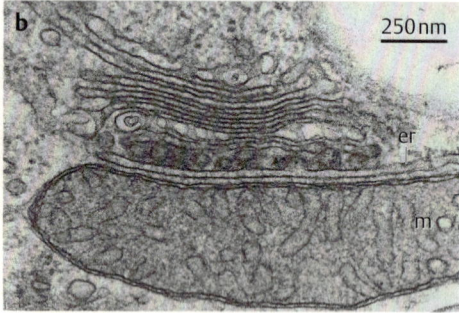

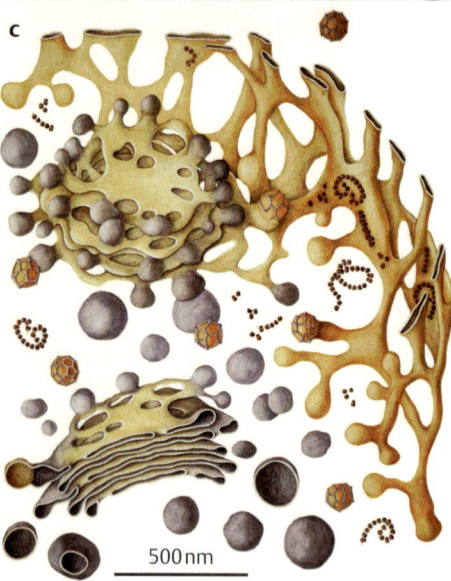

2.5.2 Golgi-Apparat

Abweichend von den von Golgi (1898) erstmals beschriebenen netzartigen Strukturen tierischer Nervenzellen verwendet man diesen Ausdruck heute für die Gesamtheit der **Dictyosomen,** das sind Stapel abgeflachter, durch Membranen begrenzter Hohlräume, die als Zisternen bezeichnet werden (Abb. **2.17**, Abb. **2.1** S. 47 und Abb. **2.14**). Ihre Anzahl pro Dictyosom kann stark variieren, von 5–7 in Zellen der Wurzelhaube bis zu 30 bei der einzelligen Alge *Euglena*. Die Durchmesser der Dictyosomen betragen 1–3 µm, die Abstände zwischen den Zisternen 20–30 nm. In manchen Fällen beobachtet man zwischen den Zisternen Golgi-Filamente unbekannter Natur. Auch die Anzahl der Dictyosomen pro Zelle unterliegt starken Schwankungen, von einem Dictyosom in der einzelligen Grünalge *Chlamydomonas* (Abb. **4.12b** S. 149) zu einigen hundert in den Wurzelhaubenzellen vom Mais bis zu einigen tausend in wachsenden Baumwollhaaren. Im übrigen kann sich ihre Anzahl während der Entwicklung sowie in Abhängigkeit von der physiologischen Aktivität ändern. Während sich bei Säugetierzellen die Golgi-Apparate in der Nähe des Zellkerns befinden, sind sie bei Pflanzenzellen über das ganze Cytoplasma verteilt. Ihre räumliche Anordnung wird hier offenbar durch Actinfilamente und actinbindende Proteine koordiniert. Eine Verlagerung von Dictyosomen kann auch durch die Cytoplasmaströmung (S. 49) erfolgen.

Der Golgi-Apparat ist Syntheseort von Oligo- und Polysacchariden für den Bau von Mittellamellen und Zellwänden, mit Ausnahme der Cellulose. Er führt darüberhinaus bestimmte Reaktionen der Modifikation von Proteinen mit Zuckern aus, ist also an der Bildung von Glykoproteinen beteiligt. Die Zuckerbausteine werden in den Dictyosomen in Protopektin- und andere Glykan-Vorstufen umgewandelt und in den abgeschnürten, von einer Membran umgebenen Golgi-Vesikeln durch das Cytoplasma zur Peripherie transportiert, wo die Membranen der Vesikel mit dem Plasmalemma fusionieren, der Inhalt der Vesikel nach außen abgegeben (**Exocytose**) und in die Zellwand inkorporiert wird. Dies trifft auch für die Zellwandproteine zu, die am ER synthetisiert und in den sog. Primärvesikeln zu den Dictyosomen transportiert werden. An der Regenerationsseite fusionieren die Primärvesikel zu einer Zisterne. Hier erfolgt der Umbau zu Glykoproteinen durch Anhängen von Zuckern bzw. Modifikation von bereits im ER angehängten Zuckerketten (Kap. 15.10.4).

Bei den schleimproduzierenden Drüsenzellen erfolgt im Golgi-Apparat die Bildung und Sekretion des aus sauren Polysacchariden bestehenden Schleimes.

Abb. 2.17 Dictyosomen. a Transmissionselektronenmikroskopische Aufnahme eines Dictyosoms von *Helleborus niger* im Querschnitt, umgeben von Golgi-Vesikeln, die an den Rändern abgeschnürt werden (Originalaufnahme G. Wanner). **b** Transmissionselektronenmikroskopische Aufnahme eines Querschnittes durch ein Dictyosom von *Vaucheria sessilis,* das sich in enger Nachbarschaft zu einer ER-Zisterne (er) und einem Mitochondrion (m) befindet. Die Abgliederung von Primärvesikeln der ER-Zisterne, die zur Bildung der Zisternen des Dictyosoms auf der Regenerationsseite (cis-Seite) beitragen, ist deutlich zu erkennen. Auf der gegenüberliegenden Sekretionsseite (trans-Seite) sieht man den Zerfall einer Zisterne in Golgi-Vesikel (Originalaufnahmen K. Kowallik). **c** Räumliche Rekonstruktionszeichnung nach transmissionselektronenmikroskopischen Serienschichtaufnahmen durch eine Zelle der Kresse. Dictyosomen gelb, Golgi-Vesikel blau-violett, ER gelb-braun, Polysomen rotbraun, ferner zu sehen sind clathrinbedeckte Vesikel mit charakteristischen Oberflächenstrukturen (Originalaufnahme I. Bohm und G. Wanner).

Bei den Algen und bei tierischen Zellen findet man die Dictyosomen häufig in unmittelbarer Nachbarschaft von ER-Zisternen. Sie lassen dann meist eine deutliche Polarität zwischen der dem ER benachbarten cis- und der gegenüberliegenden trans-Seite erkennen. Wie Abb. **2.17b** und Abb. **2.18** zeigen, werden vom ER sog. Primärvesikel abgeschnürt, die zur cis-Seite wandern und hier mit einer Zisterne fusionieren. Die cis-Seite wird deshalb auch als Bildungsseite bezeichnet. Auf der trans-Seite kann man dagegen einen Zerfall der Dictyosomenzisternen in Golgi-Vesikel bzw. die Abschnürung von Vesikeln von einer Zisterne beobachten (Sekretionsseite). Man nimmt an, daß sich die aufeinanderfolgenden Zisternen eines Dictyosoms in ihren biochemischen Leistungen unterscheiden, und zwar so, daß die jeweils zur trans-Seite hin anschließenden ein oder zwei Zisternen die zum nächsten Reaktionsschritt erforderliche Enzymausstattung enthalten. Nach dieser Vorstellung, für die viele experimentelle Befunde sprechen, werden die Zisternen als stationäre, in ihren biochemischen Leistungen spezialisierte Kompartimente angesehen, weshalb der Transport der jeweiligen Reaktionsprodukte von einem Zisternentyp zum nächsten durch Vesikel erfolgen müßte, wie in Abb. **2.18** dargestellt (**Vesikeltransport-Modell**). Hierfür spricht auch die Beobachtung, daß an den Rändern der Dictyosomen meist eine größere Anzahl von Vesikeln zu beobachten ist und die Zisternenstapel eines Dictyosoms auch nach dessen Isolierung aus dem Cytoplasma erhalten bleiben, also offensichtlich untereinander verbunden sind. Möglicherweise spielen dabei die oben erwähnten Golgi-Filamente eine Rolle.

Bei Höheren Pflanzen lassen Dictyosomen zwar ebenfalls Polaritätsmerkmale erkennen, z.B. Unterschiede in der Zisternenbreite, weisen aber häufig keine eindeutige Lagebeziehung zum ER auf (Abb. **2.17a**). Auch eine Anhäufung vom ER abgeschnürter Vesikel ist nur selten zu beobachten. Statt dessen sind die Ränder meist fensterartig durchbrochen. Sie laufen in Tubuli aus, die unter Ausbildung von Anastomosen die Dictyosomen mit einem Netzwerk umgeben, und stehen mit Vesikeln verschiedener Größe und Gestalt in Verbindung (Abb. **2.17c**).

Hinsichtlich der Entstehung und Vermehrung der Dictyosomen gehen die Ansichten noch auseinander. In elektronenmikroskopischen Aufnahmen erkennt man bisweilen eine Querteilung mittels einfacher Durchschnürung der Zisternen.

2.5.3 Plasmalemma und Tonoplast

Auch die äußere Zellmembran, das Plasmalemma, und die Vakuolenmembran, der Tonoplast, sind Abkömmlinge des endoplasmatischen Reticulums (Abb. **2.11** S. 61). Lipidmaterial und Membranproteine für beide Membranen werden in Vesikelform über den Golgi-Apparat angeliefert. Die korrekte Verteilung der Proteine wird dadurch sichergestellt, daß für den Tonoplasten bzw. die Vakuole bestimmte Proteine eine Signatur tragen – ein spezifisches Sekundärstrukturelement – das von Sortierungssystemen im ER bzw. im Golgi-Apparat erkannt wird, während die für das Plasmalemma bestimmten Proteine keine besondere Signalstruktur besitzen. Am Ende dieses Sortierungsprozesses werden für den Tonoplasten bzw. die Vakuole einerseits und für das Plasmalemma bzw. zur Exocytose andererseits bestimmte Proteine in unterschiedliche Transportvesikel verpackt und zu ihrem jeweiligen Zielort gebracht (Kap. 15.10.3).

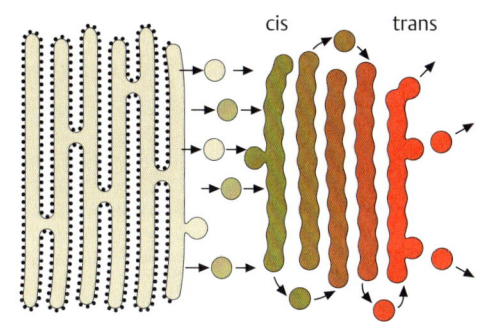

Abb. 2.18 Transport durch den Zisternenstapel eines Dictyosoms. Die vom ER gebildeten Primärvesikel fusionieren mit der dem ER zugewandten Zisterne. Nachdem die in die Zisterne inkorporierten Substanzen eine erste Umwandlung erfahren haben, werden sie durch Vesikel in die nächste Zisternengruppe transportiert (Pfeile) und schließlich in die übernächste. Die verschiedene biochemische Ausstattung der Zisternen ist durch verschiedene Farbtöne angedeutet (siehe auch Abb. **15.37** S. 564).

In meristematischen Zellen (Abb. **2.1** S. 47) finden sich stets mehrere kleine Vakuolen, aber keine Zentralvakuole. Diese entsteht erst im Verlaufe der Differenzierung. In ausdifferenzierten Parenchymzellen kann das Volumen der Zentralvakuole über 90 % des Volumens des gesamten Protoplasten ausmachen. Vakuolen dienen der Speicherung verschiedenster Substanzen. Gespeichert werden z. B. Ionen, organische Säuren, Zucker, Abwehrstoffe, die z. B. bei Verletzung freigesetzt werden, wasserlösliche Farbstoffe, die Lockfunktionen besitzen – z. B. in den Kronblättern von Blüten, in Früchten –, Giftstoffe, die aus dem Cytoplasma entfernt werden müssen, Stoffwechselschlacken (Exkrete), die keiner weiteren Verwendung im Stoffwechselgeschehen mehr zugeführt werden können. Der hohe Turgordruck pflanzlicher Zellen geht auf die in den Vakuolen gespeicherten löslichen und daher osmotisch aktiven Teilchen zurück. Hauptosmotikum der Pflanzenzelle ist das Kalium-Ion (Kap. 7.3.3 und S. 105). In Speichergeweben der Samen kommen Proteinspeichervakuolen vor, die kompakte, meist globuläre Gebilde sind und hochkonzentrierte, unlösliche Aggregate spezieller Speicherproteine enthalten, aber im reifen Samen nur noch wenig Wasser.

2.5.4 Zellkern

Der Zellkern (**Nucleus**) ist das genetische Steuerzentrum der Zelle (Abb. **2.19**). Er enthält die Chromosomen, auf denen die weitaus überwiegende Anzahl der Gene (Erbanlagen) lokalisiert ist. Deren Gesamtheit wird als Genom bzw. als Kerngenom (Nucleom) bezeichnet, um es von dem Plastidengenom (Plastom) und dem Mitochondriengenom (Chondriom) abzugrenzen (Kap. 13.4). Der Zellkern hat häufig die Form einer Kugel, erscheint bisweilen aber auch linsenförmig, ellipsoid, gelappt oder anders gestaltet. Seine Größe steht in einer gewissen, wenn auch nicht strengen Beziehung zu der Menge des ihn umgebenden Cytoplasmas (**Kern-Plasma-Relation**). Häufig liegen die Durchmesser pflanzlicher Zellkerne in der Größenordnung von 5–25 µm, doch kommen auch Durchmesser von einigen hundert µm vor. Gegen das Cytoplasma ist der Zellkern durch die von Kernporen durchsetzte **Kernhülle** abgegrenzt. Diese ist als eine spezialisierte, in sich geschlossene, das Karyoplasma umgebende Zisterne des endoplasmatischen Reticulums aufzufassen und steht mit ihm in direkter Verbindung (Abb. **2.1** S. 47)

Im Lichtmikroskop erscheint der Zellkern homogen und stärker lichtbrechend als das Cytoplasma. Im Phasenkontrast und nach Anfärbung mit basischen Farbstoffen hebt sich jedoch das **Chromatin** (Kap. 13.3) deutlich vom **Karyoplasma** ab, das den übrigen Kernraum ausfüllt. Das Karyoplasma enthält zahlreiche Enzyme, Struktur- und Transportproteine. Außerdem besitzt jeder Zellkern mindestens einen **Nucleolus**, häufig indes mehrere Nucleoli (Kernkörperchen), die sich mit basischen Farbstoffen ebenfalls intensiv anfärben.

Kernhülle: Die Membran der Kernhülle ist etwa 7,5 nm dick, sie umschließt den perinucleären Raum von 10–15 nm Breite (Perinuclearzisterne), sodaß sie im Schnittpräparat wie eine Doppelmembran erscheint. Da der perinucleäre Raum mit dem Innenraum des endoplasmatischen Reticulums in Verbindung steht und die cytoplasmatische Seite der Kernmembran Polysomen tragen kann, ist die Kernhülle als Teil des ER anzusehen. In Aufsicht zeigt sie, und das unterscheidet sie vom ER, zahlreiche **Kernporen** von runder bis oktogonaler Gestalt (Abb. **2.19b**, **c** und Abb. **2.14** S. 64). Wie in Abb. **2.20** dargestellt, ist ein Kernporenkomplex aus mehreren miteinander verbundenen „Proteinringen" zusammengesetzt,

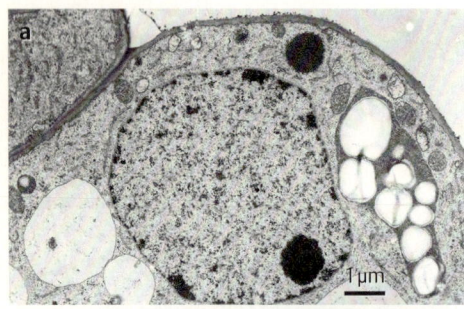

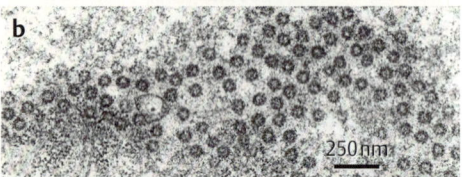

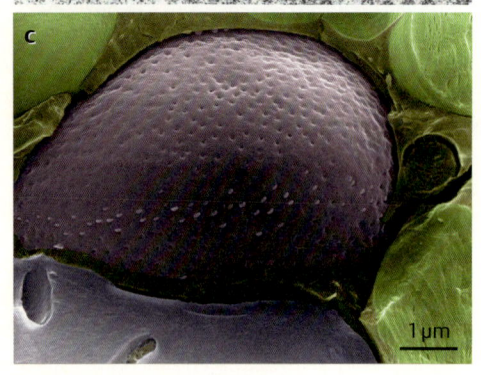

Abb. 2.19 Zellkern. a Transmissionselektronenmikroskopische Aufnahme einer nichtinfizierten Zelle eines Wurzelknöllchens von *Glycine max* (Sojabohne, Abb. **20.10b** S. 821). In der Mitte der große Zellkern mit doppelt konturierter Kernhülle und einem fast schwarz erscheinenden Nucleolus. Rechts neben dem Zellkern ein Amyloplast mit Stärkeeinschlüssen, weiterhin zu sehen sind Mitochondrien, Microbodies, Vakuolen und ER (Originalaufnahme E. Mörschel). **b** Transmissionselektronenmikroskopische Aufnahme eines Flächenschnitts durch die Kernhülle der Kieselalge *Stephanopyxis palmeriana* mit Kernporenkomplexen in Aufsicht (Originalaufnahme K. Kowallik). **c** Aufsicht auf einen Zellkern aus dem Rindenparenchym von *Tilia platyphyllos* (Linde). Kolorierte rasterelektronenmikroskopische Aufnahme eines Gefrierbruchpräparats (Originalaufnahme G. Wanner).

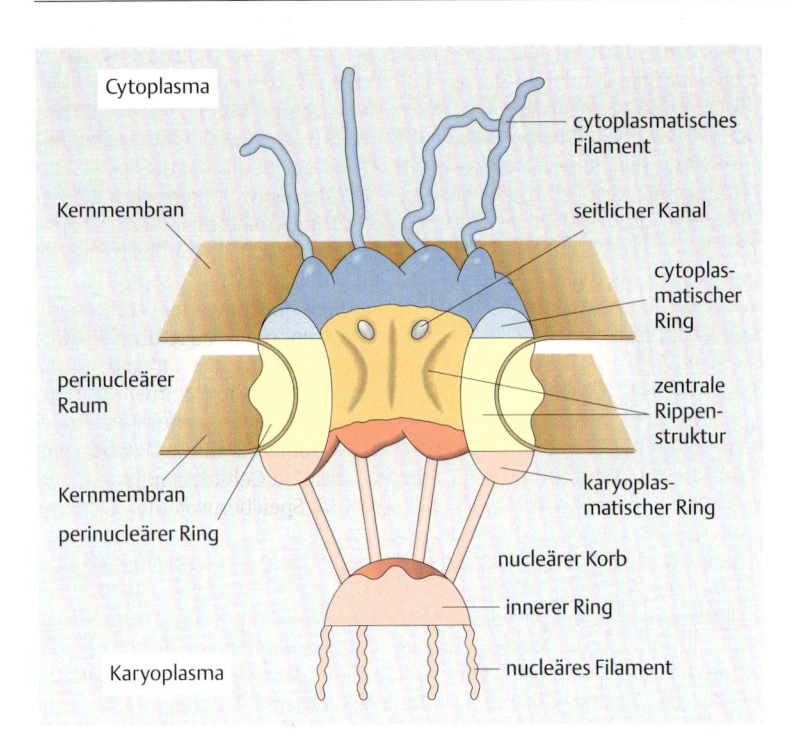

Abb. 2.20 Modell des Kernporenkomplexes. Das Modell wurde durch rechnerische Mittelung einer großen Anzahl von hochaufgelösten elektronenmikroskopischen Bildern verschiedener Ansichten des Kernporenkomplexes gewonnen (verändert nach Beck et al. 2004; Fahrenkrog et al. 2004).

die aus etwa 30 verschiedenen Proteinen, den **Nucleoporinen**, gebildet werden und eine 8fach rotationssymmetrische Struktur bilden: Der cytoplasmatische Ring trägt 8 Proteinfilamente, die in das Cytoplasma ragen. Darunter liegt ein Ring im perinucleären Raum, und ein weiterer im Karyoplasma. Von diesen Ringen ausgehend führen „Rippen" (auch Speichen genannt) in das Innere der Kernpore, die sich dadurch von etwa 70 nm Durchmesser an den Eintrittsöffnungen bis auf etwa 45 nm verengt. Dies ist auch annähernd die maximale Größe von Partikeln (40 nm), die noch durch die Kernporen transportiert werden können. Zwischen den Rippen führen seitliche Kanäle aus der Kernpore in das Cytoplasma. Ihre Bedeutung ist noch unklar. Vom karyoplasmatischen Ring erstreckt sich ein „Korb" von Proteinfilamenten zu einem inneren „Ring", der jedoch eher die Form eines Pfropfens hat und von dem seinerseits Filamente in das Karyoplasma ragen. Bei der in älteren Rekonstruktionszeichnungen in der Kernpore dargestellten (und in hochauflösenden elektronenmikroskopischen Bildern zu sehenden) Struktur eines „Zentralpfropfens" handelt es sich um Proteinkomplexe, die gerade durch die Kernpore transportiert werden, also nicht um eine Strukturkomponente der Pore selbst (Kap. 15.5.3).

Importiert werden alle im Cytoplasma synthetisierten Proteine, die über mindestens eine Kernlokalisationssequenz verfügen. Dabei handelt es sich um einen Aminosäureabschnitt, dessen Struktur von Kernimportrezeptoren im Cytoplasma erkannt und gebunden wird, wonach der gebildete Komplex durch eine Kernpore in das Karyoplasma verfrachtet wird (Abb. **15.18** S. 527). Aus dem Zellkern exportiert werden die mRNAs und tRNAs, meist als Komplexe mit spezifischen Proteinen, und die Ribosomen-Vorstufen. Der Transport über Kernporen ist außerordentlich effektiv. Eine einzelne Kernpore bewerkstelligt etwa 1 000 Transportvorgänge pro Sekunde, was einem Massenfluß von bis zu 80 Millionen Da pro Sekunde entspricht.

Karyoplasma: Bei elektronenmikroskopischer Betrachtung erscheint das Karyoplasma feingranulär. Entfernt man bei isolierten Zellkernen die Kernhülle, so bleibt nach Extraktion der löslichen Nucleoproteine ein Körper etwa gleicher Größe und Gestalt zurück, die **Nuclearmatrix** (**Kernskelett**). Sie besteht im wesentlichen aus einem Gerüst feiner Proteinfibrillen, den sog. Nucleonemen, die Träger der Komponenten des Replikations- und Transkriptionsapparates sind. Die chromosomale DNA ist in Schleifen oder Domänen angeordnet, deren Enden sowohl während der Replikation als auch während der Transkription fest an das Kernskelett gebunden bleiben. Eine solche Anordnung garantiert einen korrekten Ablauf dieser Prozesse. Außerdem spielt das Kernskelett bei der RNA-Prozessierung (Kap. 15.4) sowie beim gerichteten intranucleären Transport eine Rolle. Das die Chromosomen aufbauende Chromatin erscheint im Vergleich zum Karyoplasma elektronenoptisch dichter. Nicht selten findet man schraubig gewundene Fibrillen von etwa 10 und 30 nm Durchmesser (Abb. **13.3** S. 380). Unmittelbar innen an die Kernhülle grenzt eine Faserschicht, die **Nuclearlamina**, die aus spezifischen Proteinen, den Laminen, besteht. Sie hat Skelettfunktion und bestimmt die Form des Zellkerns. Allerdings ist sie bei pflanzlichen Zellkernen nicht so ausgeprägt wie bei tierischen.

Nucleolus: Die in Ein- oder Mehrzahl vorhandenen Nucleoli erscheinen im Lichtmikroskop scharf konturiert, sind jedoch von keiner besonderen Hülle umgeben. Man unterscheidet die meist periphere „pars granulosa", die aus 15–20 nm messenden Granula besteht, und die überwiegend zentrale „pars fibrosa", die aus dichtgepackten, 5–8 nm dicken fibrillären Elementen zusammengesetzt ist. Die Nucleoli entstehen an den **Nucleolus organisierenden Regionen** (NOR) der Chromosomen (Abb. **13.4** S. 384), deren Chromatin sie durchzieht. Diese DNA enthält repetitive Gene, welche die ribosomale RNA codieren (Abb. **15.22** S. 532), mit Ausnahme der 5S-RNA, deren Gene auf anderen Chromosomen liegen. In den Nucleoli wird die 45S-Vorstufe der ribosomalen RNA synthetisiert und mit den ribosomalen Proteinen verbunden, die an den Polyribosomen des Cytoplasmas synthetisiert und in den Zellkern importiert werden. Nach Hinzufügen der 5S-RNA liegen die fertigen, auch als **Präribosomen** bezeichneten Vorstufen der cytoplasmatischen Ribosomen vor. Diese werden in einem als Prozessierung bezeichneten Vorgang zu den Vorstufen der kleinen und großen Ribosomenuntereinheiten weiterverarbeitet und diese schließlich durch die Porenkomplexe in das Cytoplasma transportiert. Der Nucleolus ist also Synthese- und Reifungsort der Ribosomen-Vorstufen (Abb. **15.23** S. 533).

> Ein Zellkern mit den oben beschriebenen Merkmalen findet sich in den Zellen aller Organisationsstufen mit Ausnahme der Bakterien und Archaeen. Diese besitzen zwar DNA-haltige, kernäquivalente Bereiche (Nucleoide), doch fehlen diesen die typischen Organisationsmerkmale eines Zellkerns (Tab. **4.1** S. 129). Man grenzt Bakterien und Archaeen daher als **Prokaryoten** von den **Eukaryoten**, die einen Zellkern besitzen, ab.

Nicht selten finden sich im Pflanzenreich vielkernige Zellen. Es konnte jedoch nachgewiesen werden, daß auch in diesen jeder Kern eine plasmatische Wirkungssphäre besitzt, die man zusammen mit dem Kern als Energide bezeichnet. Da eine polyenergide Plasmamasse, auch wenn sie von einer gemeinsamen Zellwand umgeben ist, nicht einer einzelnen Zelle äquivalent ist, bezeichnet man sie als **Coenoblast** (Coenocyte). Morphologisch und größenordnungsmäßig kann ein Coenoblast allerdings durchaus einer normalen Pflanzenzelle entsprechen, wie bei der Grünalge *Cladophora* (S. 157). Die Coenoblasten können aber auch schlauchartig auswachsen und erhebliche Dimensionen erreichen, wie im Falle der Niederen Pilze und Schlauchalgen (Siphonales, S. 155).

2.5.5 Microbodies

Unter dieser Bezeichnung faßt man runde bis ovale Organellen von 0,3–1,5 µm Durchmesser zusammen (Abb. **2.14** S. 64 und Abb. **2.21**), die im Elektronenmikroskop eine amorphe Grundstruktur zeigen, die dunkler erscheint als Cytoplasma. In diese amorphe Matrix finden sich oft kristalline Einschlüsse eingebettet, die im wesentlichen aus dem Enzym Katalase bestehen. Die Microbodies zeigen im Elektronenmikroskop keine charakteristischen morphologischen Unterschiede. Allerdings ist ihre Klassifizierung anhand biochemischer Kriterien möglich. So stellt die Katalase das **Leitenzym** (Box **2.3**) der Microbodies dar. Eine genauere biochemische Analyse läßt zwei Arten von Microbodies unterscheiden, die Peroxisomen und die Glyoxysomen.

Die **Peroxisomen** (Abb. **2.21a**) sind durch den Besitz von Oxidasen charakterisiert, die Wasserstoff von ihrem jeweils spezifischen Substrat abspalten und auf elementaren Sauerstoff übertragen. Das hierdurch entstehende Wasserstoffperoxid (H_2O_2) wird durch das Enzym Katalase in O_2 und H_2O zerlegt ($2 H_2O_2 \rightarrow 2 H_2O + O_2$). Die Art der Oxidasen ist je nach Zelltyp und Funktion verschieden. Die Peroxisomen der grünen Pflanzen (Blatt-Peroxisomen) sind die Organellen der Photorespiration (Kap. 8.1.3). Im Verlauf dieses Prozesses wird durch das Enzym Glykolat-Oxidase Glykolsäure oxidiert, wobei zwei Elektronen und zwei H^+-Ionen auf Sauerstoff übertragen werden, sodaß H_2O_2 entsteht. Glykolat-Oxidase ist das Leitenzym der Blatt-Peroxisomen. Weiterhin läuft in den Peroxisomen die β-Oxidation der Fettsäuren ab.

Die **Glyoxysomen** (Abb. **2.21b**) finden sich in den Speichergeweben fettreicher Samen und sind dort an der Umwandlung von Speicherlipiden in Kohlenhydrate während der Samenkeimung beteiligt. Glyoxysomen enthalten außer den Enzymen zur β-Oxidation der Fettsäuren auch den enzymatischen Apparat des Glyoxylsäure-Zyklus (Kap. 10.2.2). Ein Enzym dieses Zyklus, die Isocitrat-Lyase, ist das Leitenzym der Glyoxysomen.

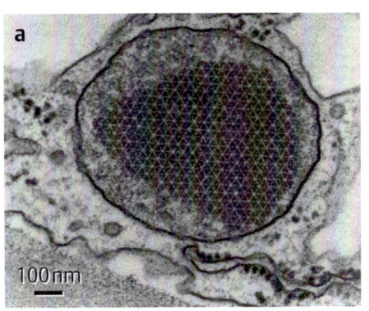

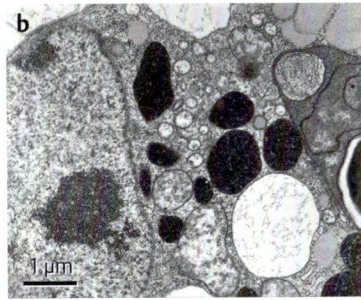

Abb. 2.21 Microbodies. a Peroxisom mit Proteinkristalloid aus dem Blütenblatt des Löwenzahns *(Taraxacum officinale)*. **b** Glyoxysomen aus 4 Tage verdunkelten Kotyledonen des Raps *(Brassica napus)*, dunkel gefärbt durch histochemischen Nachweis auf Katalase. (In Gegenwart von Katalase und H_2O_2 wird das Substrat Diaminobenzidin zu einem braunen Farbstoff oxidiert, der sich niederschlägt und nach der OsO_4-Kontrastierung des elektronenmikroskopischen Präparats schwarz erscheint; transmissionselektronenmikroskopische Originalaufnahmen G. Wanner.)

Box 2.3 Leitenzyme

Leitenzyme/diagnostische Merkmale einiger Zellorganellen.

Organelltyp	Leitenzym/Merkmal
Chloroplasten	Chlorophyll
Mitochondrien	Cytochrom-c-Oxidase
Microbodies	Katalase
Glyoxysomen	Isocitrat-Lyase
Peroxisomen	Glykolat-Oxidase
intakte Vakuolen	saure Phosphatase
Golgi-Vesikel	Glucan-Synthase I
Membranen des ER + Kernhülle	Cytochrom-c-Reductase

Leitenzyme sind Enzyme, die ausschließlich in einem bestimmten Organell oder in einer bestimmten Gruppe von Organellen vorkommen (Tab.). Die Ermittlung der Aktivitäten von Leitenzymen ermöglicht es, das Vorkommen eines Organells in einer zu charakterisierenden Fraktion nachzuweisen sowie Verunreinigungen durch andere Organellen in dieser Fraktion abzuschätzen. Wie die Dichtetabelle (Box **2.1** S. 49) zeigt, gibt es Überschneidungen der Dichten verschiedener Organellen. Manche Organellen können daher in einem einzigen Schritt nicht vollständig voneinander getrennt werden.

Die Entstehung der Microbodies (Box **10.3** S. 329) ist zwar noch nicht in allen Details bekannt, doch konnten in den letzten Jahren die wesentlichen Prozesse an Hefeperoxisomen aufgeklärt werden. Diese entstehen als Präperoxisomen durch Abschnürung vom ER. Die präperoxisomalen Vesikel sind so klein, daß sie bislang nicht direkt im Elektronenmikroskop beobachtet werden konnten. Durch Lipid-Transferproteine werden den Präperoxisomen weitere Lipidbausteine zugeführt. Zugleich werden die Proteine der Peroxisomenmatrix aus dem Cytoplasma, wo sie an Polysomen entstehen, über einen Porenmechanismus in die Organellen importiert. Die für die Peroxisomen bestimmten Proteine tragen charakteristische Signalpeptide, die vom Importapparat der Peroxisomenmembran erkannt werden. Das Präperoxisom nimmt so an Größe zu, und das „reife" Peroxisom teilt sich schließlich durch einfache Abschnürung, wobei die Tochterperoxisomen weitere Proteine aufnehmen, bis sie sich wiederum teilen. Auf diese Weise nimmt die Zahl der Peroxisomen in der Zelle zu.

Nach neueren Befunden wandeln sich die Glyoxysomen in den Keimblättern mancher Samen mit Einsetzen der Ergrünung in Peroxisomen um.

2.5.6 Vesikelfluß im System der Grundmembranen

Das ER, die vom ER abgeschnürten Vesikel, die Kernhülle, die Dictyosomen und die Golgi-Vesikel sind Teile eines komplexen cytoplasmatischen Endomembransystems, in dem ein ständiger Membranfluß zwischen dem ER, den Dictyosomen und dem Plasmalemma bzw. Tonoplasten stattfindet (Abb. **2.22**). Auch die Membran der Microbodies (Peroxisomen und Glyoxysomen) leitet sich vom ER ab.

Membranen müssen jeweils an Ort und Stelle, ihren Aufgaben entsprechend, modifiziert werden. Der in wachsenden Zellen wegen des hohen Bedarfs an Zellwandbausteinen über Golgi-Vesikel erfolgende Membranzufluß zum Plasmalemma ist zwei- bis dreimal so groß wie der durch die Flächenvergrößerung der wachsenden Zelle bedingte Bedarf an Membranbausteinen. Daher muß ein ständiger Rückfluß von Membranmaterial in das Zellinnere erfolgen. Berechnungen haben ergeben, daß der auf diese Weise erfolgende komplette Austausch der Membranbausteine, je nach Zelltyp, innerhalb einiger Minuten bis einiger Stunden stattfindet. Bei tierischen Zellen erfolgt diese Rückführung durch Endocytose unter gleichzeitiger Aufnahme von festem oder gelöstem Material in die Zelle durch Umhüllung mit Membranmaterial. Daß ein solcher Weg bei Pflanzenzellen grundsätzlich auch möglich ist, zeigen Versuche mit Protoplasten. Da jedoch die pflanzliche Zellwand für größere Moleküle oder gar Partikel undurchlässig ist, dürften endocytotische Vesikel eher der Rückführung des Plasmamembranmaterials in das Zellinnere dienen als dem Transport aufgenommener Stoffe. Derartige Vesikel wurden bisher allerdings relativ selten beobachtet. Es ist daher anzunehmen, daß das Membranmaterial großteils enzymatisch abgebaut und somit auf mikroskopisch nicht verfolgbarem Weg zurückgeführt wird. Zielorte dieses Rücktransportes könnten das ER und die Dictyosomen, aber auch die Vakuolen sein (Abb. **15.37** S. 564).

Wachsende Pflanzenzellen sekretieren auf exocytotischem Weg ständig Zellwandbausteine und Enzyme, die zur Zellwandsynthese benötigt werden. Ein auf die Proteinsekretion spezialisiertes Gewebe ist die Aleuronschicht der Graskaryopsen (Plus **2.2**).

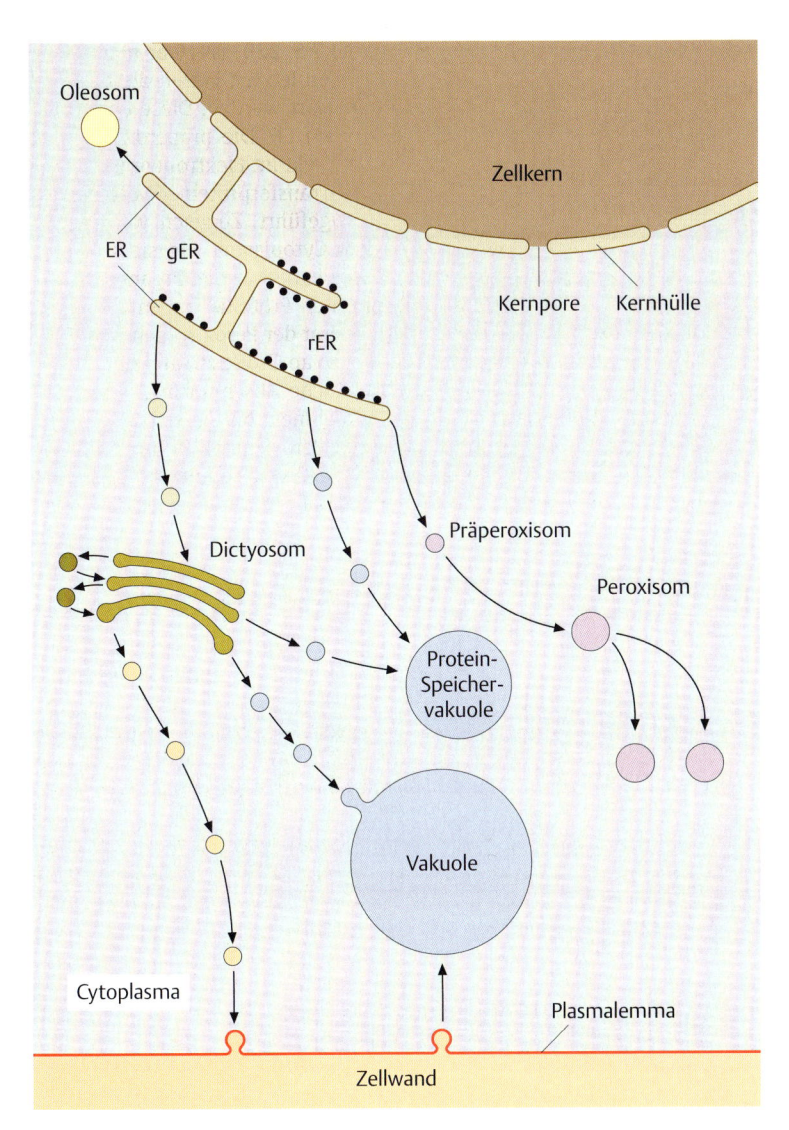

Abb. 2.22 Vesikulärer Membranfluß im System der Grundmembranen.

Eine Besonderheit hinsichtlich ihres Membranaufbaus stellen die am glatten endoplasmatischen Reticulum gebildeten **Oleosomen**, Triglyceride speichernde Organellen, dar, die in geringer Zahl in fast allen Zellen, in Geweben lipidspeichernder Samen jedoch in großer Zahl und in enger räumlicher Nähe zu Glyoxysomen auftreten (Box **2.4**).

Als beschichtete Vesikel (engl.: **coated vesicles**, CV) bezeichnet man sehr kleine Vesikel (Durchmesser ca. 0,1 µm), deren Membran außen von einer zusätzlichen Proteinhülle umgeben ist (Abb. **2.17c** S. 68). Man unterscheidet zwei Arten von CV:

- Die **Clathrin-Vesikel** (engl.: **c**lathrin-**c**oated **v**esicles, CCV), deren Hüllen aus dem Protein Clathrin bestehen. Dieses besitzt eine gitterartige Struktur, sodaß seine Moleküle gewissermaßen einen Käfig bilden. Die Bindung des Clathrins auf der Membranoberfläche bewirkt wahrscheinlich die Vesikelabschnürung von der Ursprungsmembran. Die CCV sind an dem Vesikeltransport von den Dictyosomen zu anderen Kompartimenten beteiligt.

Plus 2.2 Die Aleuronschicht: ein sekretorisches Gewebe

Die Frucht der Süßgräser (Karyopse) speichert große Mengen an Stärke in den im reifen Zustand abgestorbenen Zellen des Stärkeendosperms (**a** Querschnitt durch ein Weizenkorn). Die dieses Stärkeendosperm (Mehlkörper) umgebende ein- bis dreilagige, proteinreiche Aleuronschicht besteht aus lebenden Zellen, die bei der Keimung erhebliche Mengen des Enzyms α-Amylase (S. 322) produzieren und in das Stärkeendosperm sekretieren, um den hydrolytischen Stärkeabbau einzuleiten (**b**). Die Bildung der α-Amylase beginnt mit der Aktivierung der Amylase-Gene durch das vom Embryo bei der Keimung ausgeschiedene Phytohormon Gibberellinsäure (Kap. 16.5). Die Translation der α-Amylase-mRNA erfolgt am rauhen endoplasmatischen Reticulum (rER), welches das Cytoplasma gibberellinaktivierter Aleuronzellen nach einiger Zeit dicht erfüllt.

Vom rER gelangt die neu gebildete α-Amylase über Golgi-Vesikel zur Plasmamembran. Allerdings kann das Enzym wegen seiner Größe die Zellwand der Aleuronzellen nicht passieren (Kap. 2.7.2). Diese muß zunächst verdaut werden. Zu diesem Zweck sekretieren Aleuronzellen zusätzlich zur Amylase zellwandabbauende Enzyme (Glucanasen), die zunächst „Löcher" in die Zellwand fressen, durch welche dann die α-Amylase in das Stärkeendosperm diffundieren kann. Dort baut sie, zusammen mit der konstitutiv vorhandenen β-Amylase, die Stärke hydrolytisch ab (Kap. 10.2.1), indem, von außen beginnend, regelrechte Kanäle und Krater in die Stärkekörner getrieben werden (**c**), um diese dann von innen heraus zunehmend stärker zu zersetzen (**d** besonders gut ist hier die Schichtung des Stärkekorns zu erkennen). Die Mobilisierung der Stärkereserven der Karyopse ist demzufolge ein langsamer Vorgang, der sich während der Keimung über 7–14 Tage hinzieht (Details des Genexpressionsprogramms siehe Abb. **16.19** S. 617).

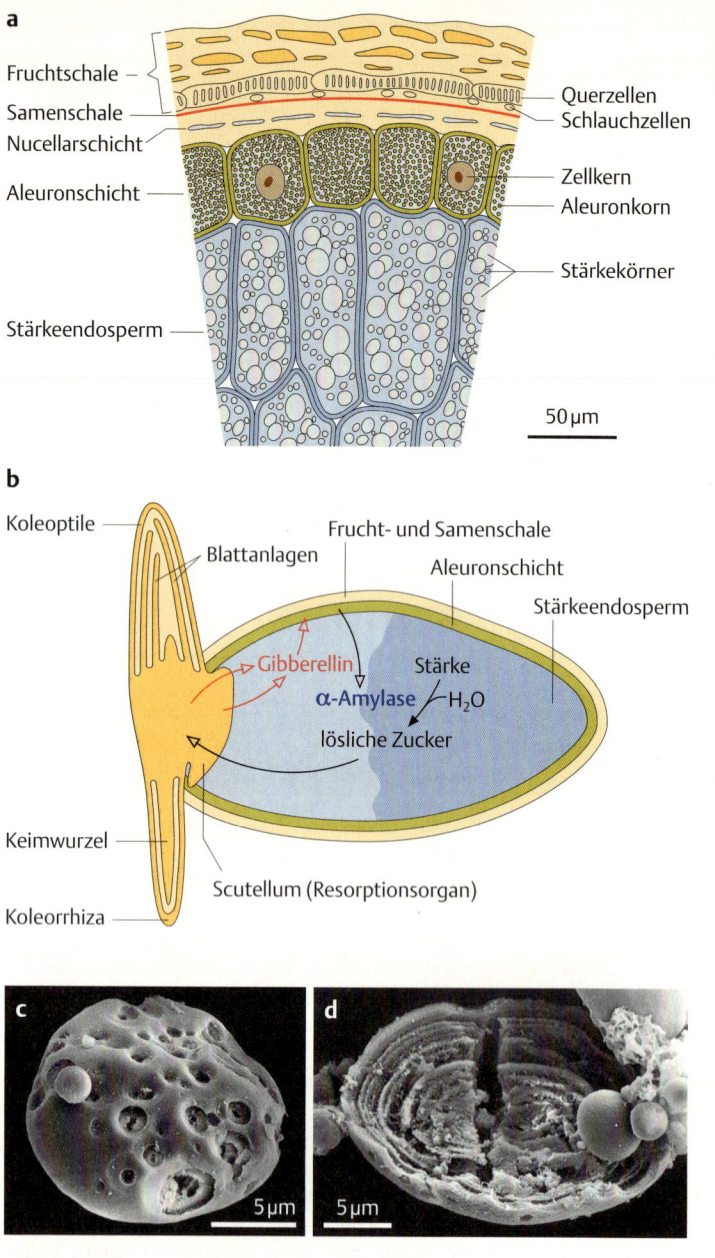

a Nach Strasburger und Kny, **c, d** rasterelektronenmikroskopische Originalaufnahmen von Weizenstärke G. Wanner.

- Die **Coatprotein-Vesikel** (COP) besitzen eine Hülle, die aus mehreren verschiedenen Proteinen besteht. Sie spielen sowohl bei der Exocytose als auch bei der Intracytose, d. h. dem intrazellulären Stofftransport, eine Rolle (Plus**15.16** S. 565).

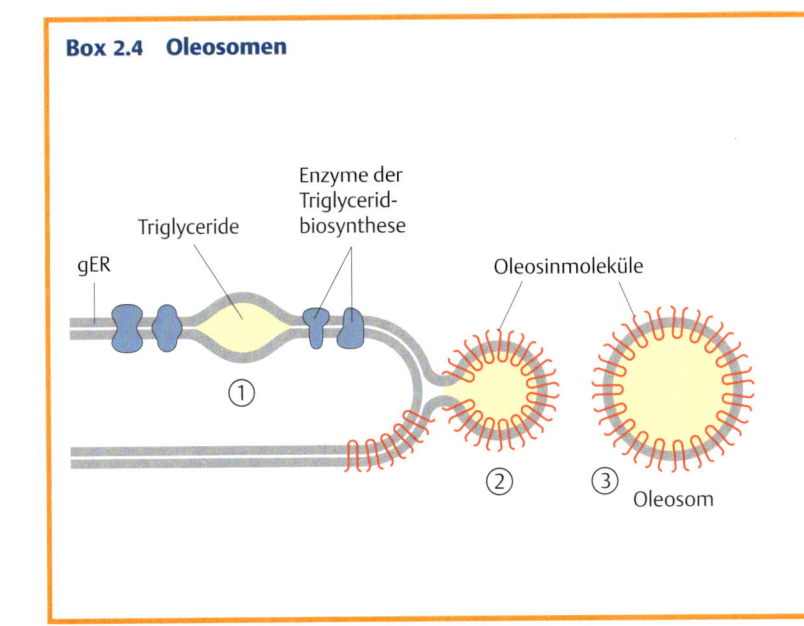

> **Box 2.4 Oleosomen**
>
> Die Triglyceride werden am glatten endoplasmatischen Reticulum gebildet. Triglyceride sind wasserunlöslich. Sie sammeln sich daher im Innern der Lipiddoppelschicht der ER-Membran an und treiben dadurch die beiden Halbmembranen immer weiter auseinander (Abb., Stufe ①). Schließlich schnürt sich ein von der cytoplasmatischen Halbmembran des endoplasmatischen Reticulums umgebenes Oleosom ab (② → ③). Dieser Prozeß wird durch die Einlagerung spezieller Proteine, der **Oleosine**, von denen mehrere Isoformen existieren, erleichtert. Der zentrale, hydrophobe Teil der Oleosinmoleküle ragt durch die Halbmembran bis in die Triglyceridschicht, ihre N- und C-terminalen Abschnitte sind zum Cytoplasma gekehrt. Die Oleosine erleichtern vermutlich die Anlagerung von Lipasen – triglyceridabbauenden Enzymen –, wenn die Speicherlipide dem Abbau zugeführt werden sollen.

2.5.7 Plasmodesmen

> Bei den Höheren Pflanzen sind die Protoplasten benachbarter Zellen durch Plasmodesmen verbunden, das sind von einer Plasmamembran umgebene Cytoplasmastränge, die die Primärwände bzw. die Schließhäute der Tüpfel in den Sekundärwänden durchsetzen.

Die **primären Plasmodesmen** werden bereits während der Zellteilung in der Zellplatte angelegt und sind unverzweigt (Abb. **2.1** S. 47 und Abb. **2.23**). Primäre Plasmodesmen verbinden also Zellen, die durch Teilung auseinander hervorgegangen sind. Mit zunehmendem Flächenwachstum der Zellwände werden unter Auflösung der Wandsubstanz benachbarter Zellen die meist verzweigten **sekundären Plasmodesmen** ausgebildet. Die Durchtrittsstellen der Plasmodesmen sind mit Kallose ausgekleidet. Die Durchmesser der Plasmodesmen liegen zwischen 30 und 60 nm. Ihre Anzahl ist, je nach Zelltyp, verschieden. Sie kann bei manchen Zelltypen mehrere hundert pro μm^2 betragen, in anderen Fällen liegt sie deutlich unter hundert.

> Infolge der Verbindung durch Plasmodesmen stellen die Zellen eines vielzelligen pflanzlichen Organismus eine physiologische Einheit dar, die man als **Symplast** bezeichnet und vom **Apoplasten** abgrenzt, wozu die Zellwand und Ausscheidungen des Protoplasten zählen.

Nur wenige Zellen sind nicht Bestandteil des Symplasten, also nicht durch Plasmodesmen mit den benachbarten Zellen verbunden. Hierzu zählen die Schließzellen, deren Turgorregulation bei Vorhandensein von Plasmodesmen nicht funktionieren könnte (Kap. 7.3.3).
 Jeder Plasmodesmos wird von einem sog. **Desmotubulus** durchzogen, der an ER-Zisternen benachbarter Zellen grenzt. Tatsächlich sind die Desmotubuli jedoch keine Röhren, wie der Name vermuten ließe, also keine

Abb. 2.23 Plasmodesmen. a Transmissionselektronenmikroskopische Aufnahme eines Längsschnittes durch einen Plasmodesmos aus dem Haustorium von *Cuscuta odorata* (Teufelszwirn); **b** wie **a**, schematisch. Die ER-Zisternen der benachbarten Zellen sind durch den sog. Desmotubulus verbunden. Der zentrale „Desmotubulus"-Strang aus ER-Membran und Cytoskelettelementen (braun) ist über Proteinbrücken (blau) mit dem Plasmalemma (rot) verbunden. **c** Plasmodesmen aus dem primären Tüpfelfeld des Phloemparenchyms von *Metasequoia glyptostroboides* (Urweltmammutbaum) im Querschnitt. Jeder Plasmodesmos ist von einem hell erscheinenden Ring aus Kallose umgeben. **d** Einzelner Plasmodesmos, schematisch, Farbgebung wie **b** (Originalaufnahmen R. Kollmann und Ch. Glockmann).

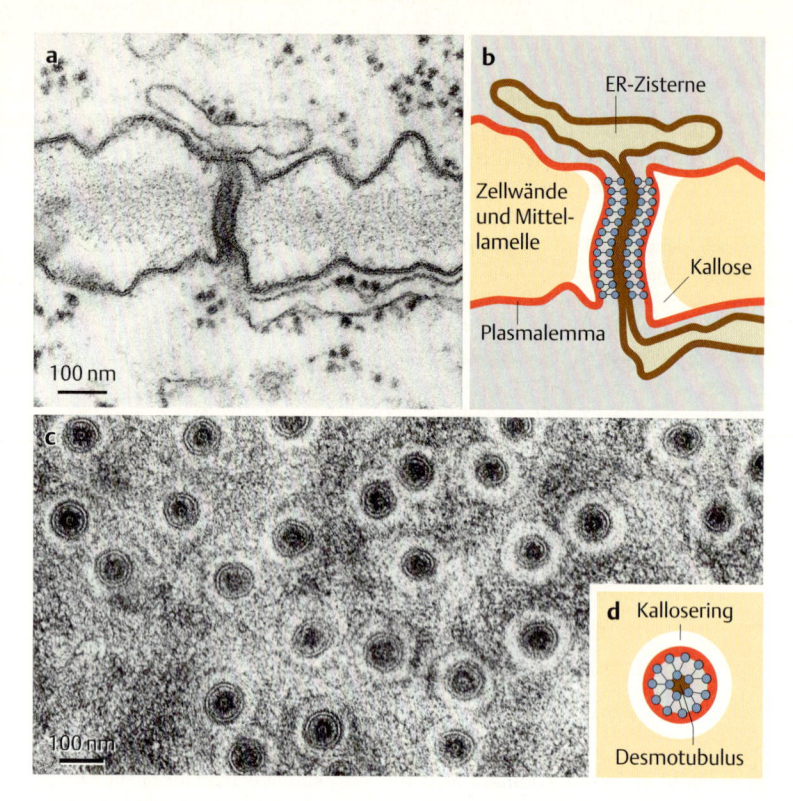

Hohlstrukturen, sondern sie bestehen aus der aneinandergepreßten Membran einer ER-Zisterne und verschiedenen Cytoskelettelementen. Diese sind mit den Proteinen der die Plasmodesmen auskleidenden Plasmamembran räumlich vernetzt. Dadurch wird offenbar der Plasmodesmenkanal stabilisiert, zugleich aber die Größe der Moleküle, die durch diesen Kanal diffundieren können, begrenzt. Infolgedessen können passiv nur Moleküle einer Molekülmasse < 800 Da durch den Raum zwischen Desmotubulus und Plasmamembran diffundieren. Plasmodesmen sind jedoch regulierbare Poren, die sowohl große Proteine als auch Nucleoproteinkomplexe transportieren können. Beispielsweise breiten sich viele Viren von Zelle zu Zelle dadurch aus, daß ihre Nucleinsäure (DNA oder RNA) im Komplex mit einem vom Genom des Virus codierten Bewegungsprotein durch die Plasmodesmen in benachbarte Zellen einwandert, in denen sich das Virus dann weiter vermehrt (Plus **20.12** S. 842). Die viralen Bewegungsproteine binden an Rezeptoren an der Eintrittspforte von Plasmodesmen und aktivieren einen im Detail noch unverstandenen Transportmechanismus. Aber auch bestimmte pflanzliche Proteine und mRNA-Proteinkomplexe können offensichtlich auf diese Weise vom Ort ihrer Bildung in benachbarte Zellen einwandern. Gezeigt wurde dies im Sproßmeristem für verschiedene Transkriptionsfaktoren und deren mRNAs. Der Transport von informationstragenden Nucleinsäuren und die Genaktivität regulierenden Proteinen könnte ein für die Steuerung der pflanzlichen Entwicklung bedeutsamer Prozeß sein (Plus **18.4** S. 726).

2.6 Semiautonome Zellorganellen

Die Organellenausstattung der Pflanzenzelle wird vervollständigt durch die Mitochondrien und die Plastiden. Diese Organellen sind vom Cytoplasma durch zwei – in ihrer Zusammensetzung und Funktion unterschiedliche – Biomembranen abgegrenzt. Das Vorhandensein von DNA, eines Replikations- und Transkriptionsapparats, von Ribosomen und tRNAs und die Fähigkeit zur Teilung unterscheidet diese Organellen von allen übrigen der Zelle. Andererseits enthält die DNA der Plastiden und Mitochondrien nur sehr wenige Gene, und die weitaus meisten der zur Organellenausstattung gehörenden ca. 2000–2500 Proteine müssen aus dem Cytoplasma importiert werden. Daher sind diese Organellen semiautonom. Sie gehen auf prokaryotische Endosymbionten zurück, die im Verlauf der Evolution der Eucyte durch Phagocytose in eine Vorläuferzelle aufgenommen wurden, Plastiden auf einen Vorläufer der heutigen Cyanobakterien, Mitochondrien auf einen Vorläufer der heutigen Eubakterien. Das Vorkommen von Plastiden ist typisch für Pflanzen. Sie fehlen den Pilzen und den Tieren, deren Zellen als einzige semiautonome Organellen Mitochondrien besitzen (Abb. **4.1** S. 128).

2.6.1 Mitochondrien

Größe und Gestalt: Mitochondrien sind meist von langgestreckter, fädiger Gestalt, können jedoch auch sehr kurz und fast kugelig sein. Entsprechend schwankt ihre Länge zwischen einem bis mehreren µm, während ihr Durchmesser mit 0,5–1,5 µm angegeben wird. Das Vorkommen der Mitochondrien ist auf die Eukaryoten beschränkt. Ihre Zahl liegt zwischen mehreren hundert und einigen tausend pro Zelle, doch gibt es z.B. unter den Flagellaten Arten, deren Zellen nur ein Mitochondrion enthalten. Mitochondrien können aus Promitochondrien entstehen oder durch Querteilung aus differenzierten Mitochondrien. Bei der Zellteilung werden sie offenbar passiv auf die beiden Tochterzellen verteilt. Andererseits kann es bei der Zygotenbildung auch zu einer Verschmelzung der Mitochondrien beider Gameten kommen.

Submikroskopischer Bau: Im elektronenmikroskopischen Bild (Abb. **2.24a**) erkennt man die **doppelte Hüllmembran** eines Mitochondrions. Trotz ihres gleichartigen Aussehens unterscheiden sich die beiden Hüllmembranen voneinander sowohl strukturell als auch funktionell sehr stark. Die äußere Membran ist reich an Phospholipiden und enthält Cholesterin, sie ähnelt in ihrer Lipidzusammensetzung den Membranen des glatten ER. Dagegen ist der Phospholipid- und v.a. der Cholesteringehalt der inneren Membran geringer. Diese zeichnet sich durch das Vorhandensein von Cardiolipin aus, einem Bisphosphatidylglycerin, das sonst nur bei Bakterien vorkommt und in der äußeren Membran ganz fehlt. Auch in ihrer Permeabilität unterscheiden sich die beiden Membranen beträchtlich. Während die äußere Membran infolge ihres Gehaltes an Porinen für die meisten Stoffwechselprodukte und Ionen bis zu einer Molekülmasse von etwa 5000 Da eine hohe Durchlässigkeit zeigt, ist die innere Membran weitgehend impermeabel und durch den Besitz zahlreicher spezifischer Transportsysteme charakterisiert, die den selektiven Eintritt bzw. Austritt von Molekülen und Ionen kontrollieren. In diesem Zusammenhang sei erwähnt, daß die Mitochondrien auch Ionen, insbesondere Calcium, akkumulieren und so an der Regulation des cytoplasmatischen Calciumspiegels beteiligt sind.

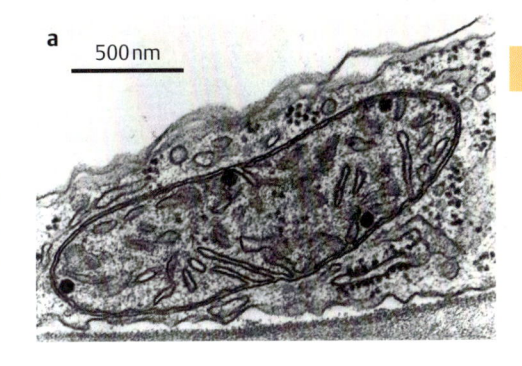

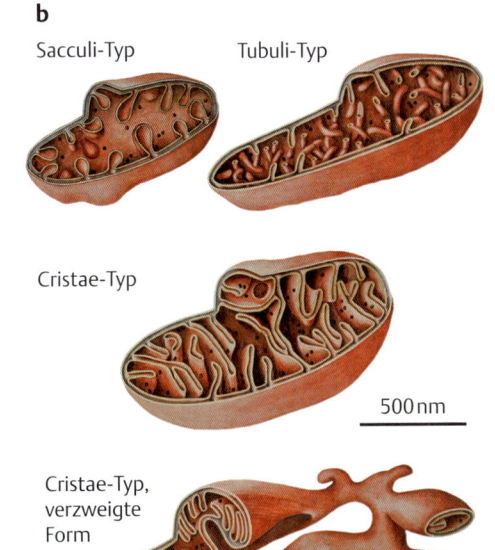

Abb. 2.24 Mitochondrien. a Mitochondrion aus einer Zelle eines Blütenblattes des Löwenzahns (*Taraxacum officinale*), transmissionselektronenmikroskopisches Bild. **b** Raumdiagramme verschiedener Mitochondrien-Typen. Der verzweigte Typus kommt häufig bei Pilzen vor, z.B. bei *Neurospora crassa* (**a** Originalaufnahme G. Wanner, **b** Originalzeichnungen I. Bohm und G. Wanner).

> Funktionell sind die Mitochondrien vor allem die Zentren der Zellatmung und Energieumwandlung.

Die Komponenten der Atmungskette und der oxidativen Phosphorylierung (ATP-Synthase) sind integrale bzw. periphere Proteine der inneren Mitochondrienmembran, während die Enzyme und Redoxsysteme des Citratzyklus – mit Ausnahme der peripher membrangebundenen Succinat-Dehydrogenase – in der Matrix (s. u.) gelöst vorliegen. Der Fettsäureabbau, der bei den tierischen Zellen ausschließlich eine Funktion der Mitochondrien ist, erfolgt bei den Pflanzenzellen nur in den Glyoxysomen und in den Peroxisomen.

Dieser Vielfalt der Funktionen und der dazugehörigen Enzyme entsprechend ist die Fläche der inneren Membran durch Einfaltung (Invagination) stark vergrößert, was zur Ausbildung von Falten (Cristae), Röhren (Tubuli) oder Säckchen (Sacculi) führt (Abb. **2.24b**). Auch verzweigte Mitochondrien kommen vor. Zwischen der inneren und der äußeren Membran liegt der etwa 8,5 nm breite perimitochondriale Raum.

Die Grundsubstanz (Matrix) der Mitochondrien besteht hauptsächlich aus Proteinen und Lipiden. Sie enthält zahlreiche granuläre Einschlüsse, u. a. die Mitoribosomen.

Genetisches Material: Im Transmissionselektronenmikroskop erscheinen hellere und nicht granuläre Bereiche, die, ähnlich den Kernäquivalenten der Bakterien, von feinen DNA-Strängen, der **Mitochondrien-DNA** (mtDNA), durchzogen sind.

Die mtDNA ist nicht mit Histonen assoziiert und bildet daher keine Nucleosomenstrukturen aus. Allerdings treten auch mit der mtDNA zahlreiche Proteine in Wechselwirkung, u. a., um die großen DNA-Moleküle zu stabilisieren und deren Transkription sowie Replikation zu gewährleisten. Bei Höheren Pflanzen besteht das Mitochondriengenom (**Chondriom**), je nach Art, aus 200 000 Basenpaaren (z. B. *Oenothera*, *Brassica*) bis zu 2,5 Millionen Basenpaaren (z. B. *Cucumis melo*), es ist damit ungleich größer als das tierischer Zellen. Die mtDNA liegt meist in Form getrennter ringförmiger Doppelstränge verschiedener Größe vor, die miteinander in Verbindung treten können und deshalb in wechselnder Anzahl auftreten. Es wurde jedoch auch das Vorkommen linearer Moleküle nachgewiesen. Jedes Mitochondrion enthält eine größere Anzahl von Genomen, hat also eine polyploide Konstitution. Insgesamt gesehen ist der DNA-Gehalt des Mitochondriengenoms jedoch erheblich geringer als der des Kerngenoms (Kap. 13.4).

Der Besitz von DNA und 70S-Ribosomen befähigt die Mitochondrien zu einer eigenständigen RNA- und Proteinsynthese. Die DNA enthält jedoch nur relativ wenige Gene, nämlich für die mitochondrialen rRNAs, für einige der tRNAs sowie für wenige der mitochondrialen Proteine, während alle anderen Proteine unter der Regie der Zellkern-DNA an den freien 80S-Polyribosomen des Cytoplasmas synthetisiert werden. Sie müssen also von außen nach innen durch die Mitochondrienmembran hindurchtransportiert werden, wofür verschiedene Mechanismen bekannt sind. Meist geschieht der Import mit Hilfe besonderer Proteinkomplexe (Translocons), die die äußere und die innere Hüllmembran durchspannen. Für den Import in die Mitochondrien bestimmte Proteine besitzen an ihrem N-Terminus Signalpeptide, sog. Präsequenzen, die meist 15–35 Aminosäuren umfassen und an Rezeptorproteine der Translocons binden, worauf der Importmechanismus aktiviert wird. In der Regel werden die Präsequenzen nach erfolgtem Durchtritt durch die Hüllmembranen durch eine an der Matrixseite der inneren Hüllmembran gebundene Signalpeptidase abgespalten.

Evolution: Der prokaryotische Ursprung der Mitochondrien (**Endosymbiontentheorie**, S. 128 und Plus **4.1** S. 130) und die Ableitung dieser Organellen von Vorläufern der heutigen Eubakterien wird durch zahlreiche Befunde erhärtet, von denen die wichtigsten hier genannt seien (Tab. **4.1** S. 129):

- Die Fähigkeit zur Vermehrung durch Teilung und die darauf beruhende Kontinuität der Mitochondrien, d. h. die Weitervererbung von Zelle zu Zelle.
- Der Besitz von DNA sowie eines Systems zur Replikation der mtDNA.
- Die meist ringförmige Struktur der mtDNA, die für Prokaryoten charakteristisch ist.
- Der Befund, daß die mtDNA nicht mit typischen Histonen, sondern mit Proteinen assoziiert ist, wie sie bei Bakterien vorkommen.
- Der Besitz eines (allerdings im Zellkern codierten) Transkriptionssystems und die damit verbundene Fähigkeit, die genetische Information der mtDNA in RNA umzusetzen.
- Das Fehlen der für die cytoplasmatische mRNA charakteristischen „capping"-Strukturen (Abb. **15.10** S. 507) am 5'-Ende der mitochondrialen mRNA.
- Der Besitz von 70S-Ribosomen und die darauf basierende Fähigkeit zu einer eigenständigen Proteinsynthese.
- Die große Ähnlichkeit der Basensequenzen der mitochondrialen rRNA mit der rRNA der Eubakterien.
- Der Gehalt an Cardiolipin, das sonst nur bei Prokaryoten vorkommt, in der inneren Mitochondrienmembran.

2.6.2 Plastiden

Plastiden sind Zellorganellen, die für alle photoautotrophen Eukaryoten charakteristisch sind und in zahlreichen Differenzierungszuständen mit jeweils spezifischen Aufgaben vorkommen.

Nach ihrer Färbung unterscheidet man die grünen Chloroplasten, die die Chlorophylle a und b enthalten, die durch Carotinoide gelb bis orange gefärbten Chromoplasten und die farblosen Leukoplasten. Die beiden ersteren faßt man auch unter dem Namen Chromatophoren zusammen. Der Terminus Chloroplasten wird häufig auch für die Chromatophoren der Braunalgen und Rotalgen benutzt, obwohl diese durch Carotinoide braun (Phaeoplasten) bzw. durch Phycobiliproteine rot (Rhodoplasten) gefärbt sind. Als Gerontoplasten bezeichnet man degenerierte Chloroplasten, die nach Abbau des Chlorophylls gelb bis rot gefärbt sind (Herbstlaub) (Tab. **2.4**).

Im elektronenmikroskopischen Bild erscheinen alle Plastiden von einer **Plastidenhülle** umgeben, die aus **zwei Biomembranen** besteht (Abb. **2.25** und Abb. **2.28a**). Wie bei den Mitochondrien unterscheiden sich die beiden Membranen voneinander sowohl strukturell als auch in ihren biochemischen Leistungen deutlich. Während die innere Membran die Transportsysteme für den Stoffaustausch mit der umgebenden Phase enthält, ist die äußere Membran – bedingt durch das Vorkommen von Porinen – für viele Substanzen permeabel.

Trotz der erheblichen strukturellen und funktionellen Unterschiede handelt es sich bei den Plastiden nur um einen Typus von Organellen, denn mit Ausnahme der Gerontoplasten können sie sich ineinander umwandeln und gehen aus gemeinsamen Vorstufen, den Proplastiden hervor (Abb. **2.25**).

Abb. 2.25 Plastidentypen und ihre Umwandlungen. Die Größe der halbschematisch gezeichneten Plastidentypen ist jeweils maßstäblich. Häufig beobachtete Umwandlungen durch dicke, seltene durch dünne Pfeile angedeutet (aus Wanner 2004, mit freundlicher Genehmigung).

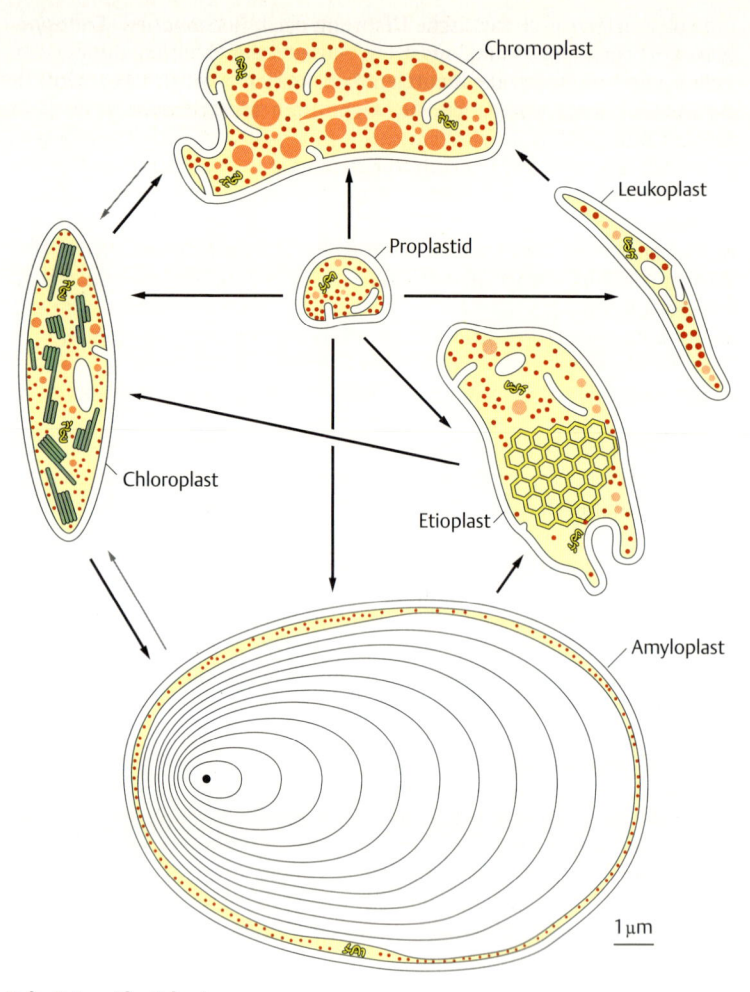

Tab. 2.4 Plastidentypen.

Typ	Pigmente	Funktion	Vorkommen
Proplastiden	farblos	Ausgangsform	Meristeme, Wurzeln
Chloroplasten	Chlorophylle a, b, Carotinoide	Photosynthese	alle grünen Eukaryoten
Phaeoplasten	Chlorophylle a, c Carotinoide (Fucoxanthin)	Photosynthese	Braunalgen Diatomeen
Rhodoplasten	Chlorophylle a, d, Carotinoide, Phycobiliproteine	Photosynthese	Rotalgen
Chromoplasten	Carotinoide	z. B. Tieranlockung	Blüten u. a. Pflanzenteile
Gerontoplasten (degenerierte Chloroplasten)	Carotinoide	keine bekannte	Herbstlaub
Leukoplasten	farblos	Speicherformen	Speicherorgane

Die **Proplastiden** sind ebenfalls bereits von einer doppelten Hüllmembran umgeben, im übrigen aber noch weitgehend undifferenziert. Während ihrer Differenzierung zu Chloroplasten faltet sich die innere Membran ein (Abb. 2.26) und bildet die charakteristischen Thylakoide. Im Gegensatz zu den Cristae der Mitochondrien bleiben die Thylakoide jedoch nicht ständig mit der inneren Membran in Verbindung, sondern schnüren sich ab. Der von ihnen umgebene Innenraum ist also als ein extraplastidäres Kompartiment anzusehen. Bei der Zellteilung werden die Plastiden bzw. Proplastiden offenbar passiv auf die Tochterzellen verteilt. Die Plastiden können sich, gleich den Mitochondrien, durch Teilung in Form einer einfachen Durchschnürung vermehren, die Ähnlichkeiten zur prokaryotischen Zellteilung aufweist.

Chloroplasten

Die Chloroplasten sind die Organellen der Photosynthese und enthalten die Komponenten des Photosyntheseapparates. Darüber hinaus sind sie zu zahlreichen weiteren Syntheseleistungen befähigt.

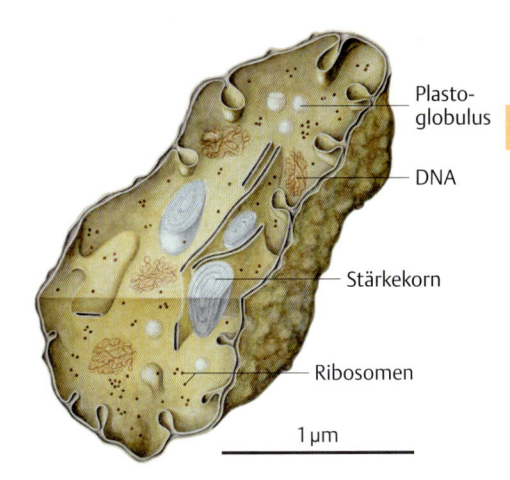

Abb. 2.26 Proplastide mit Stärkeeinschlüssen. Die innere Hüllmembran weist an einigen Stellen Invaginationen (Einstülpungen) auf, und die Thylakoidbildung hat bereits begonnen (räumliche Rekonstruktionszeichnung I. Bohm und G. Wanner).

Größe und Gestalt: Während die Chloroplasten der Höheren Pflanzen meist linsenförmig gestaltet sind und einen Durchmesser von 4–8 µm bei einer Dicke von 2–3 µm haben (Abb. 2.27a), herrscht bei den Chromatophoren der Algen eine große Formenvielfalt (Abb. 2.28). Sie können plattenförmig (**a**), bandförmig-schraubig (**b**) oder mäanderartig (**c**) gewunden, netzartig durchbrochen (**d**), morgensternförmig (**e**) oder noch anders gestaltet sein. Von den großen Chromatophoren enthält jede Algenzelle meist nur ein oder zwei, von kleineren entsprechend mehr. Für die Höheren Pflanzen lassen sich nur Größenordnungen angeben. So enthält eine Mesophyllzelle im Durchschnitt etwa 50 bis maximal 200 Chloroplasten, während deren Anzahl in den Schließzellen der Spaltöffnungen meist unter 10 liegt.

Nach längerer Belichtung enthalten die Chloroplasten der Höheren Pflanzen Körnchen von **Assimilationsstärke** (Abb. 2.27a), die bei anschließender Verdunkelung wieder verschwinden, da die Stärke abgebaut wird und die Zuckerbausteine aus den Chloroplasten abtransportiert werden (S. 277). Die Chloroplasten mancher Pflanzen können Stärke aber auch längere Zeit speichern, Beispiele dafür sind einige Coniferen und die Urticacee *Elatostema repens*. Die meisten Pflanzen speichern solche „langlebige" Reservestärke jedoch in den Amyloplasten, einer Form der Leukoplasten (S. 87).

Die Chromatophoren vieler Algen besitzen sog. **Pyrenoide** (Abb. 2.28, Abb. 4.12 S. 149), an deren Grenze häufig Stärke bzw. bei *Euglena* das stärkeähnliche Paramylon abgelagert wird. Bei der Grünalge *Chlamydomonas* sowie bei einer Reihe von Lebermoosen und Hornmoosen (*Anthoceros* und verwandten Gattungen) bestehen die Pyrenoide fast ausschließlich aus dem Enzym RubisCO (Abb. 8.25 S. 279), ähneln in dieser Hinsicht also den Carboxysomen der Bakterien und Cyanobakterien. Da vergleichbare Mengen der übrigen Enzyme des Calvin-Zyklus in den Pyrenoiden nicht nachgewiesen werden konnten, sind diese sicherlich nicht, wie zeitweilig angenommen, Orte der CO_2-Fixierung und der Stärkesynthese. Bei *Chlamydomonas* sind etwa 30–40 % der RubisCO im Stroma lokalisiert. Diese Fraktion repräsentiert wahrscheinlich die aktive Form dieses Enzyms. Ob jedoch die RubisCO in den Pyrenoiden ausschließlich als inaktive Speicherform vorliegt oder aber auch in Form aktiver Moleküle, konnte bisher nicht entschieden werden.

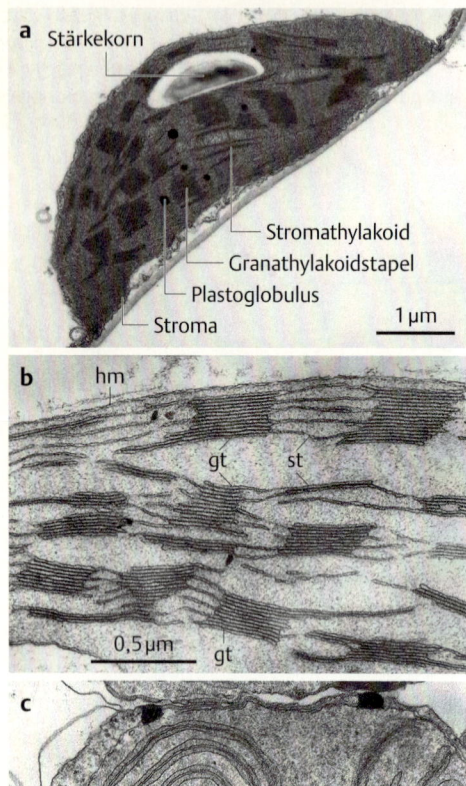

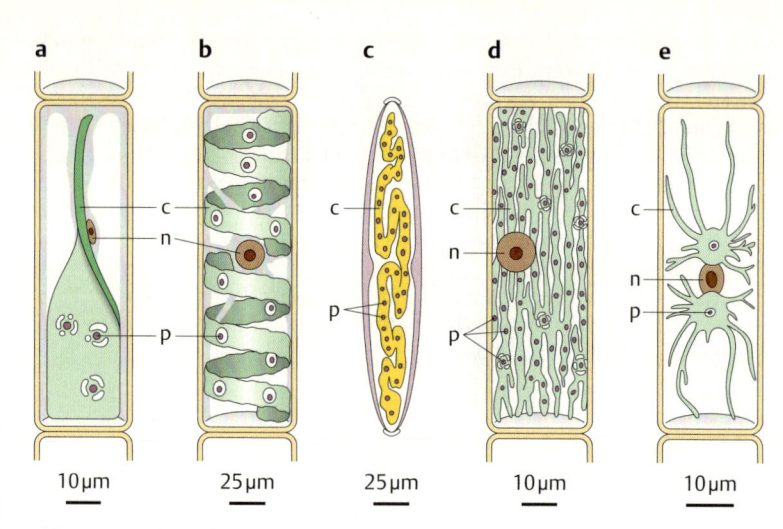

Abb. 2.28 Algenchromatophoren. a *Mougeotia* spec., plattenförmiger Chromatophor, im oberen Teil um 90° aus der Flächen- in die Kantenstellung gedreht, **b** *Spirogyra* spec., **c** *Pleurosigma angulatum*, Gürtelbandansicht, **d** *Oedogonium* spec., **e** *Zygnema* spec., c Chromatophor (grün bzw. gelbbraun), n Zellkern mit Nucleolus (braun), p Pyrenoid (violett), zum Teil von Stärkekörnern umgeben. Cytoplasma in **a** und **b** lediglich angedeutet, in **c–e** weggelassen.

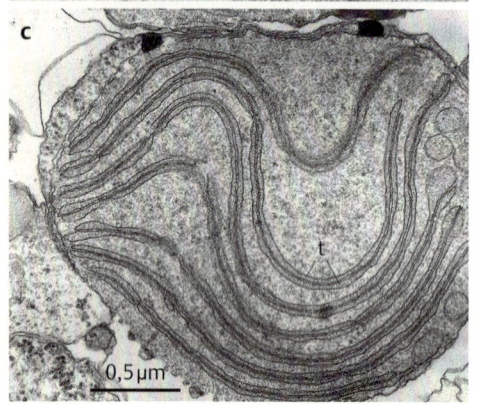

Abb. 2.27 Chromatophoren. a Transmissionselektronenmikroskopisches Bild eines Dünnschnitts durch einen Chloroplasten der Tomate (*Lycopersicon esculentum*) mit Stärkekorn, Glutaraldehyd-OsO$_4$-fixiert. Plastoglobuli schwarz; **b** desgleichen durch einen Spinatchloroplasten (*Spinacia oleracea*). Aufgrund der Kaliumpermanganat-Fixierung erscheint hier das Stroma heller und die Thylakoide sind besser erkennbar. st Stromathylakoide, gt Granathylakoide, hm doppelte Hüllmembran. **c** Chromatophor der Alge *Ceratium horridum* vom durchgehend lamellierten Typ, transmissionselektronenmikroskopisches Bild eines Glutaraldehyd-OsO$_4$-fixierten Dünnschnitts, t Thylakoid (Originalaufnahmen **a** G. Wanner, **b** W. Wehrmeier, **c** K. Kowallik).

Submikroskopischer Bau: Im stärker vergrößerten elektronenmikroskopischen Bild (Abb. **2.27b**) ist die Chloroplastenhülle deutlich zu erkennen. Sie besteht aus zwei Membranen von je 5 nm Dicke, die durch einen Zwischenraum von 2–3 nm Breite voneinander getrennt sind. Die äußere Membran enthält Porine, die für Moleküle bis zu einer Molekülmasse von 10 000 Da durchlässig sind. Dagegen ist die innere Membran, wie bei den Mitochondrien, weitgehend impermeabel, aber mit zahlreichen Translokatoren ausgestattet.

Die Chloroplastenhülle umschließt die Grundsubstanz, das **Stroma**, das ein reich ausgeprägtes Membransystem enthält, die **Thylakoide**, welche Träger der Photosynthesepigmente sind.

Die **Thylakoide** durchziehen bei dem durchgehend lamellierten Typ, der für die meisten Algen charakteristisch ist, die Chloroplasten in ihrer ganzen Länge (Abb. **2.27c**). Die Chloroplasten vom Grana-Typ, die für die Höheren Pflanzen typisch sind, enthalten neben den ausgedehnten, den Chloroplasten bisweilen in seiner ganzen Länge durchziehenden Stromathylakoiden relativ kurze Granathylakoide, die jeweils zu 10–100 geldrollenartig übereinandergestapelt sind (Abb. **2.27b** und Abb. **8.2** S. 256). Diese Bereiche entsprechen den lichtmikroskopisch in den Chloroplasten erkennbaren **Grana** (lat. granum, Korn). Die Stromathylakoide entspringen aus den Granathylakoiden und durchziehen den Intergranabereich des Stromas. Der sich bei Betrachtung von Schnittpräparaten durch Chloroplasten leicht einstellende Eindruck, daß die Thylakoide jeweils getrennte, membranumschlossene Subkompartimente innerhalb des Chloroplasten darstellen, täuscht: Die Grana- und Stromathylakoide bilden einen zusammenhängenden Membrankörper, in dem die Granathylakoide durch schmalere oder breitere Stege mit den Stromathylakoiden und über

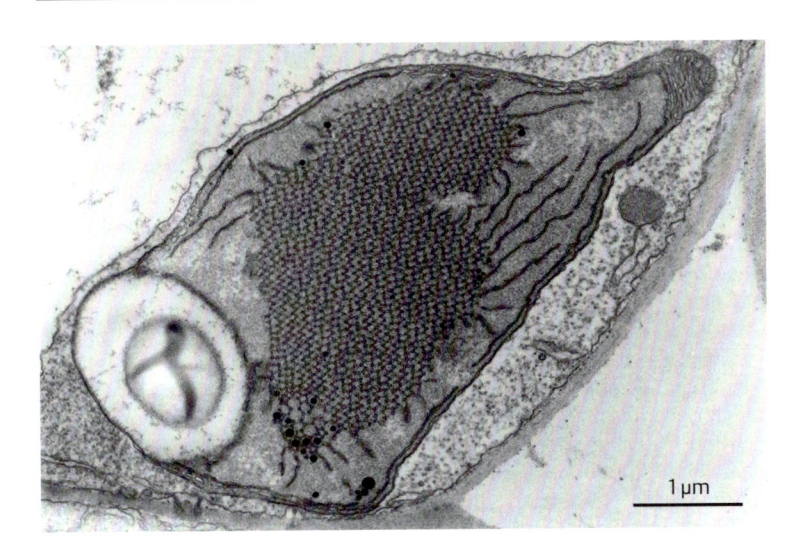

Abb. 2.29 Etioplast. Transmissionselektronenmikroskopisches Bild eines Dünnschnittes durch den Etioplasten der Mohrenhirse (*Sorghum bicolor*) mit großem Prolamellarkörper, vereinzelten Thylakoidresten und Stärkekorn (Originalaufnahme G. Wanner).

diese untereinander in Verbindung stehen (Abb. **8.2** S. 256). Vom molekularen Aufbau der Thylakoidmembranen gibt es heute gut begründete Vorstellungen. Diese werden in Kap. 8.1.1 dargestellt.

Die Plastiden etiolierter, d. h. unter Lichtabschluß angezogener Pflanzen (Kap. 17.2.1) werden als **Etioplasten** bezeichnet. In ihnen entwickeln sich anstatt der normalen Thylakoidmembranen sog. Prolamellarkörper tubulärer Kristallgitterstruktur (Abb. **2.29**). Auch durch zeitweilige Verdunkelung bereits ergrünter Pflanzen kann es zu einer sekundären Prolamellarkörperbildung kommen.

Das **Stroma** enthält zahlreiche granuläre Einschlüsse, insbesondere die zum 70S-Typ gehörenden Plastoribosomen sowie osmiophile, d. h. Osmiumtetroxid bindende Lipidglobuli, die als Plastoglobuli bezeichnet werden und in ihrer Struktur den Oleosomen (Box **2.4** S. 77) vergleichbar sind. Sie erscheinen in mit OsO_4 behandelten Schnittpräparaten aufgrund des Osmiumgehalts im Transmissionselektronenmikroskop als schwarze Globuli (Abb. **2.27a**). Außerdem finden sich im Stroma, seinen verschiedenen physiologischen Leistungen entsprechend, zahlreiche Enzyme, insbesondere die des Calvin-Zyklus. Der Hauptbestandteil der Stromaproteine ist die **Ribulose-1,5-bisphosphat-Carboxylase/Oxygenase** (**RubisCO**, S. 279). Der Anteil dieses Enzyms an den löslichen Proteinen des Blattes kann bis zu 50 % betragen.

Genetisches Material: Wie im Falle der Mitochondrienmatrix finden sich auch im Stroma der Chloroplasten im Transmissionselektronenmikroskop relativ kontrastarm erscheinende Bereiche, die von feinen Strängen durchzogen erscheinen. Bei dem fibrillären Material handelt es sich um die **Plastiden-DNA** (**ptDNA**), die eine den Nucleoiden (Kernäquivalenten) der Bakterien (S. 136 und Abb. **15.3** S. 494) ähnliche Anordnung aufweist.

Im Gegensatz zur Zellkern-DNA enthält die ptDNA kein 5-Methylcytosin und ist, gleich der mtDNA, nicht mit den für die Chromosomen des Zellkerns typischen Histonen assoziiert. Die ptDNA ist doppelsträngig und zirkulär (Abb. **2.30**). Die Molekülmassen der ptDNA sind bei den einzelnen Pflanzengruppen etwas verschieden. Bei der Alge *Derbesia marina* beträgt die Molekülmasse $65 \cdot 10^6$ Da und ist damit um etwa kleiner als die der meisten Höheren Pflanzen, bei denen sie in der Größenordnung

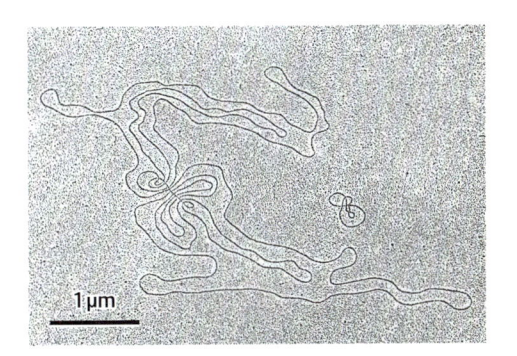

Abb. 2.30 Zirkuläre Chloroplasten-DNA. Isoliertes Molekül aus einem Chloroplasten der Grünalge *Derbesia marina* mit einer Molekülmasse von $65 \cdot 10^6$ Da. Bei dem rechts davon liegenden kleinen Zirkel handelt es sich um die einsträngige, zirkuläre DNA des Phagen ΦX 174 (Tab. **20.1** S. 835), die als Marker-DNA für die Bestimmung der Molekülmasse dient. Die ΦX-DNA enthält 5 386 Nucleotide mit einer Molekülmasse von $3,5 \cdot 10^6$ Da (Originalaufnahme K. Kowallik und M. Schmidt).

Plus 2.3 Cyanellen

Die Vertreter der nur wenige Arten umfassenden Glaucophyta, einer Klasse ursprünglicher, einzelliger Algen, besitzen besondere Chloroplasten, die Cyanellen genannt werden, da sie zunächst für endosymbiotische Cyanobakterien gehalten wurden. Cyanellen ähneln jedoch eher Chloroplasten im DNA-Gehalt und Genbestand, die beide sehr viel geringer sind als in Cyanobakterien. Im Unterschied zu allen übrigen Chloroplasten besitzen Cyanellen jedoch zwischen innerer und äußerer Hüllmembran einen zwei- bis dreischichtigen Peptidoglykan-Sacculus wie freilebende Cyanobakterien, deren Sacculus allerdings fünf- bis siebenschichtig ist. Isolierte Cyanellen sind daher zwar stabil, aber dennoch nicht selbständig lebensfähig; sie sind eindeutig als Organellen aufzufassen. An Cyanobakterien erinnert auch eine auffällige Struktur in den Cyanellen, die als Carboxysom (S. 143) aufgefaßt wird. Ferner führen Cyanellen Chlorophyll a und als akzessorisches Photosynthesepigment Phycocyanin in Phycobilisomen, die den Thylakoidmembranen aufgelagert sind: ein weiteres Charakteristikum, das sie mit Cyanobakterien teilen. Cyanellen sind somit „lebende Fossilien", sie ähneln einem frühen Stadium der Chloroplastenevolution.

Der bestuntersuchte Glaucophyt ist *Cyanophora paradoxa*, ein begeißelter Einzeller (Abb., mit in Teilung befindlicher Cyanelle). Umfangreiche Vergleiche von DNA-Sequenzen aus Cyanellen und allen anderen Chloroplasten (von den Algen – einschließlich derer mit komplexen Plastiden – bis zu den Höheren Pflanzen) haben belegt, daß sämtliche heute vorkommenden Chloroplasten von einem gemeinsamen Vorläufer („Protoplastid") abstammen, also letztlich auf ein singuläres Endosymbiose-Ereignis zurückgehen und somit monophyletischen Ursprungs sind.

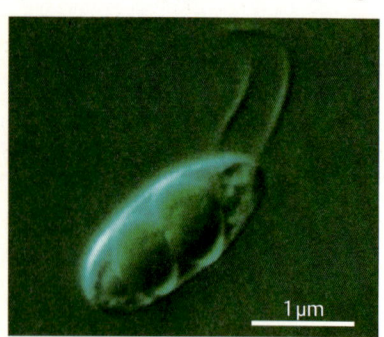

Originalaufnahme W. Löffelhardt, mit freundlicher Genehmigung.

von $85–100 \cdot 10^6$ Da liegt, was etwa 150 000 Basenpaaren und einer Konturlänge von ca. 50 µm entspricht.

Die Chloroplasten enthalten, je nach Größe und Alter, zwischen 10 und 200 identische ptDNA-Stränge, von denen jedes Nucleoid 2–5 enthält, haben also eine polyploide Konstitution. Jeder Strang trägt eine komplette Kopie der im Chloroplasten lokalisierten genetischen Information (**Plastom**, Abb. 13.5 S. 387). Diese umfaßt die Gene für die plastidären rRNAs (23S, 16S, 5S und 4,5S), die meist in zwei Kopien vorliegen, die Gene für die tRNAs sowie die Gene für einen kleinen Teil der Proteine des Photosyntheseapparates. Die weitaus meisten der etwa 2 000–2 500 Chloroplastenproteine werden unter der Regie der Zellkern-DNA an den freien 80S-Polyribosomen im Cytoplasma synthetisiert. Von hier müssen sie durch die Chloroplastenhülle und gegebenenfalls durch die Thylakoidmembran transportiert und in diese eingebaut werden, was, ähnlich wie bei den Mitochondrien, mit Hilfe von Signalpeptiden geschieht, die bei den Chloroplastenproteinen Transitpeptide genannt werden. Diese sind in der Regel größer als die Präsequenzen mitochondrialer Proteine (30–100 Aminosäuren) und anders aufgebaut (Abb. 15.36 S. 560). Der Proteinimport in die Chloroplasten verläuft ähnlich wie der in die Mitochondrien. Allerdings sind die mitochondrialen und die chloroplastidären Proteinimportkomplexe (Translocons) einander nicht homolog.

Evolution: Der prokaryotische Ursprung der Chloroplasten – wie aller Plastiden – ist erwiesen (**Endosymbiontentheorie**, Plus 4.1 S. 130) und die Ableitung dieser Organellen von Vorläufern der heutigen Cyanobakterien (Plus 2.3) wird durch zahlreiche Befunde erhärtet:

- die Fähigkeit zur Vermehrung durch Teilung und die darauf beruhende Kontinuität der Chloroplasten, d. h. die Weitervererbung von Zelle zu Zelle,
- der Besitz von DNA sowie eines Systems zur Replikation der ptDNA,
- die ringförmige Struktur der ptDNA, die für Prokaryoten charakteristisch ist,
- die ptDNA ist nicht mit typischen Histonen, sondern mit Proteinen assoziiert, wie sie bei Bakterien vorkommen,
- der Besitz eines Transkriptionssystems und die damit verbundene Fähigkeit, die genetische Information der ptDNA in RNA umzusetzen,
- das Fehlen der für die cytoplasmatische mRNA charakteristischen „capping"-Strukturen (Abb. 15.10 S. 507) am 5'-Ende der plastidären mRNA,
- der Besitz von 70S-Ribosomen und die darauf basierende Fähigkeit zu einer eigenständigen Proteinsynthese,
- die große Ähnlichkeit der Basensequenzen der plastidären rRNAs mit den rRNAs der heutigen Cyanobakterien,
- der Besitz von Chlorophyll a.

Chromoplasten

Die durch Carotinoide gelb, orange oder rötlich gefärbten Chromoplasten finden sich in entsprechend gefärbten Blüten u. a. Pflanzenteilen, z. B. in den Wurzeln von *Daucus carota,* der Karotte. Ihre Gestalt ist mannigfaltig. Sie können rund, oval, spindelig, fädig oder unregelmäßig-amöboid gestaltet sein. Im Lichtmikroskop erscheinen die Carotinoide entweder im Stroma verteilt, in tröpfchenförmigen Globuli angereichert oder auskristallisiert. Elektronenmikroskopische Untersuchungen haben gezeigt, daß die Pigmente an bestimmte Trägerstrukturen gebunden sind.

Folgende Typen wurden gefunden (Abb. **2.31**):
- Globulärer Typ: Er enthält Lipidglobuli mit einem Durchmesser zwischen 0,2 und 1 µm, in denen die Pigmente angereichert sind. Sie entsprechen den Plastoglobuli.
- Tubulärer Typ: Die Tubuli von etwa 20 nm Durchmesser sind keine Röhren im eigentlichen Sinne, sondern fadenförmige Flüssigkeitskristalle, die von einer Hülle aus Lipiden und dem Protein Fibrillin umgeben sind.
- Membranöser Typ: Hier fungieren als Träger der Pigmente Membranen, die bisweilen in Gestalt zahlreicher konzentrischer Hohlkugeln ineinandergeschachtelt sind.
- Kristalloider Typ: Diese sind rechteckig oder rhombisch, bestehen jedoch nur zu 20–56 % aus β-Carotin. Der restliche pigmentfreie Anteil setzt sich aus Lipiden und Proteinen zusammen, die die Kristalle membranartig umgeben. Nicht selten haben sie die Gestalt großflächiger Häute oder breiter Bänder, die zu Schrauben aufgewunden sein können.

> Die Chromoplasten der Blütenblätter und Früchte können aus Leukoplasten oder jungen Chloroplasten entstehen. Sie enthalten, wie alle Plastiden, zirkuläre DNA von etwa 45 µm Konturlänge in mehreren Kopien und damit das komplette Plastom, und sie führen **spezielle Syntheseleistungen** aus (z. B. Pigmentsynthese), besitzen aber kein Chlorophyll mehr und sind daher **photosynthetisch inaktiv**.

Tatsächlich wurde in einzelnen Fällen eine Rückdifferenzierung von Chromoplasten in Chloroplasten beobachtet. Hierin unterscheiden sie sich von den **Gerontoplasten**, das sind Plastiden ähnlicher Pigmentausstattung, die unter Abbau der Chlorophylle bei der Alterung (Seneszenz) ehemals funktionstüchtiger Chloroplasten entstehen (herbstliche Laubfärbung) sowie bei der Reifung von Früchten. In ihnen liegen die Carotinoide ausschließlich in Form von Globuli vor. Plastoribosomen und ptDNA sind in den Gerontoplasten nicht mehr nachweisbar.

Leukoplasten

Unter diesem Begriff werden Plastiden ganz verschiedener Funktionen zusammengefaßt, denen nur das Fehlen von Pigmenten gemeinsam ist. So zählt man zu ihnen die farblosen Plastiden in weißen Blütenblättern sowie die Plastiden, die Reservestoffe speichern:
- die **Amyloplasten** Reservestärke in Form von Stärkekörnern, die je nach Art unterschiedliche Formen aufweisen (Abb. **2.32**),
- die **Proteinoplasten** Proteine, meist in Form von Kristalloiden, und
- die **Elaioplasten** Lipide in Form von Plastoglobuli.

Bisweilen werden die in den Amyloplasten gebildeten Stärkekörner so groß, daß sie nur noch von einer sehr dünnen, mikroskopisch nicht mehr nachweisbaren Plastidenhülle umgeben sind, sofern sie nicht völlig nackt im Cytoplasma liegen.

Von den Speicherplastiden unterscheiden sich die Leukoplasten der Zellen, die etherische Öle oder Harze produzieren, stets durch das Fehlen von Stromathylakoiden und typischen Plastoribosomen sowie durch die Unfähigkeit, bei Belichtung zu ergrünen und sich zu normalen Chloroplasten zu entwickeln. Die Unterschiede werden bereits im Stadium der Proplastiden deutlich.

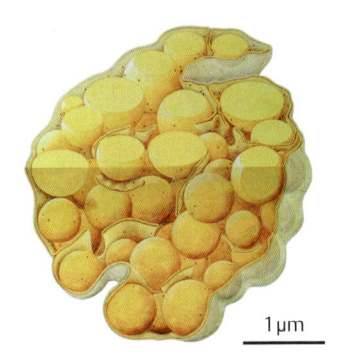

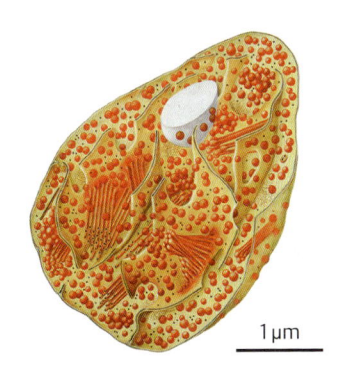

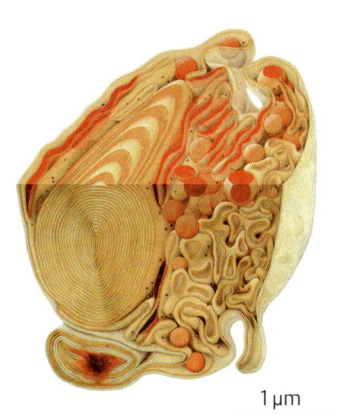

Abb. 2.31 Chromoplasten. a Chromoplast vom globulären Typ aus einem gelben Blütenblatt des Stiefmütterchens (*Viola tricolor*). **b** Chromoplast vom tubulären Typ aus einem Blütenblatt der Kapuzinerkresse (*Tropaeolum majus*), mit Stärkekorn. **c** Chromoplast vom membranösen Typ (Mischtyp) aus einem Blütenblatt der Schalennarzisse (*Narcissus* spec.) (räumliche Rekonstruktionszeichnungen **a**, **c** J. Seifert und G. Wanner, **b** I. Bohm und G. Wanner).

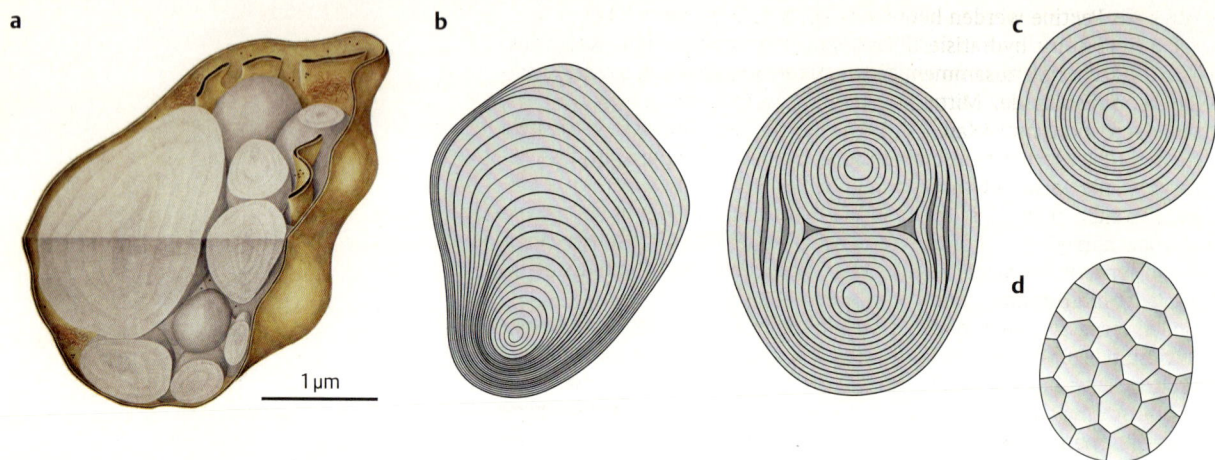

Abb. 2.32 Amyloplast und Stärkekörner.
a Amyloplast von *Commelina communis* mit zahlreichen Stärkekörnern. **b** Kartoffelstärke, **c** Weizenstärke, **d** Haferstärke (**a** räumliche Rekonstruktionszeichnung I. Bohm und G. Wanner, **b–d** nach Kny, Gassner).

2.7 Zellwand

Die pflanzlichen Zellen sind im typischen Falle von einer festen Zellwand, dem Sakkoderm, umgeben. Ausnahmen sind die nackten Plasmodien der Schleimpilze (Myxomyceten), die Gameten und Zoosporen einiger Flagellaten und Niederer Pilze sowie amöboide Stadien derselben Gruppen.

Der Besitz einer Zellwand ist für die Pflanzenzelle eine unerläßliche Bedingung, weil Pflanzenzellen im ausgewachsenen Zustand eine Zellsaftvakuole besitzen, die nur noch von einem dünnen Plasmaschlauch umgeben ist. Da die Osmolarität des Zellsaftes um mehr als eine Zehnerpotenz höher liegt als die des die Zelle umgebenden Mediums, würde die Zelle fortgesetzt Wasser aufnehmen und schließlich platzen, wenn der damit verbundenen Ausdehnung nicht der Druck der Zellwand entgegenwirken würde. Nackte Protoplasten pflanzlicher Zellen, die man durch enzymatischen Abbau der Zellwände erhalten kann, sind daher nur stabil, wenn Außenlösung und Zellsaft isotonisch sind. Wegen Fehlens der formbestimmenden Zellwand nehmen sie Kugelgestalt an.

Alle Zellwände einer Pflanze mit Ausnahme der die Eizelle umgebenden Haut sind während der Schlußphase der Zellteilung als Querwände eingezogen worden. Die Zellwand ist also ein Produkt der Syntheseleistungen des Protoplasten. Aufgrund der Besonderheiten ihres Aufbaus und ihrer Zusammensetzung ist sie jedoch in der Lage, ihre mechanischen Funktionen auch nach Absterben des Protoplasten auszuüben und damit zur Festigkeit pflanzlicher Organe beizutragen.

2.7.1 Chemie der Zellwand

Im wesentlichen sind es drei Gruppen von Kohlenhydraten, die im typischen Falle als Bausteine pflanzlicher Zellwände dienen: die Pektine, die Hemicellulosen und die Cellulose. Außerdem enthalten die Zellwände Proteine, deren Anteil bei Dikotylen in der Größenordnung von 1–15 % liegt. Je nach Differenzierungszustand der Zellwand (Primär-, Sekundär-, Tertiärwand) liegen die genannten Komponenten in sehr unterschiedlichen Mengenverhältnissen vor bzw. treten weitere Komponenten hinzu (z. B. Lignin, Suberin).

Pektine: Als Pektine werden heute verschiedene hochpolare, dadurch hydrophile und stark hydratisierte und somit verhältnismäßig wasserlösliche Polysaccharide zusammengefaßt. Das **Protopektin**, das den Hauptanteil der Substanz der Mittellamellen ausmacht, aber auch in den Primärwänden vorkommt (Kap. 2.7.2), ist ein Gemisch aus sauren, negativ geladenen Polysacchariden, insbesondere Galacturonanen und Rhamnogalacturonanen, also Polysacchariden, die entweder nur aus Galacturonsäure bestehen oder aber Mischpolymerisate aus Galacturonsäure und Rhamnose darstellen (Abb. 2.33). An diese Polysaccharide sind kürzere Seitenketten aus D-Galactose, L-Arabinose und anderen Zuckern gebunden. Die Galacturonan- und Rhamnogalacturonan-Ketten sind untereinander vernetzt, indem die Carboxylgruppen benachbarter Galacturonsäuren durch zweiwertige Ionen, Ca^{2+} oder Mg^{2+}, miteinander über Salzbrücken verbunden sind. Einige der Carboxylgruppen liegen als Ester mit Methylalkohol vor und sind daher nicht in der Lage, mit Ca^{2+}- oder Mg^{2+}-Ionen zu reagieren. Hochmethyliertes Galacturonan wird als **Pektin** bezeichnet, es kommt in den Zellwänden vieler Früchte in größeren Mengen vor. Die Salzbrücken können sich relativ leicht lösen und an anderen Stellen neu bilden, sodaß Protopektin ein sowohl elastisches

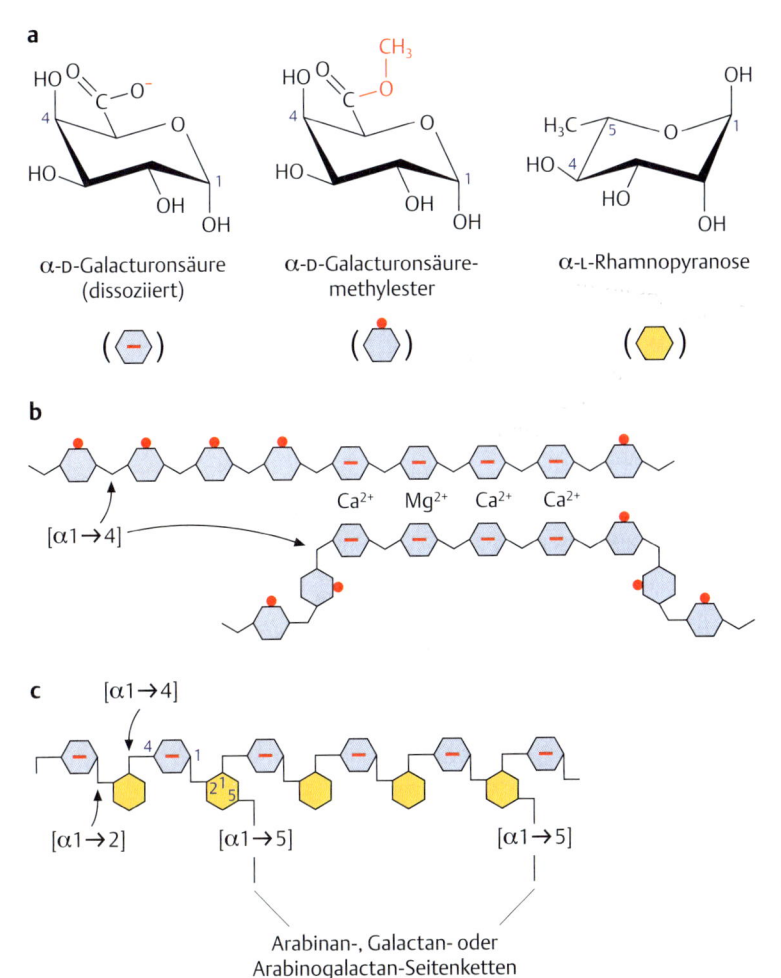

Abb. 2.33 Pektine. a Monomere Bausteine von Polygalacturonsäuren. **b** Ausschnitte von Homogalacturonanmolekülen, schematisch, durch Ca^{2+}- und Mg^{2+}-Ionen vernetzt. **c** Ausschnitt aus einem Rhamnogalacturonanmolekül.

als auch leicht veränderliches und damit plastisches Gerüstwerk gelartigen Charakters darstellt. Im elektronenmikroskopischen Bild erscheint es amorph.

Durch ein Gemisch von Kaliumchlorat und Salpetersäure (Schulzesches Gemisch) wird das Protopektin aufgelöst. Da die cellulosehaltigen Wände der Behandlung widerstehen, kann man auf diese Weise die Zellen eines Gewebes voneinander trennen (Mazeration). Auch durch das Enzym Pektinase kann die Pektinfraktion aufgelöst werden.

Hemicellulosen: Hierbei handelt es sich um eine Gruppe von Polysacchariden, die sich durch Alkalibehandlung aus den Zellwänden extrahieren lassen und die ursprünglich (daher der Name) als Zwischenprodukte der Cellulosebiosynthese angesehen wurden, was aber nicht zutrifft. Hemicellulosen machen die Hauptmasse der im elektronenmikroskopischen Bild strukturlos erscheinenden Grundsubstanz (Matrix) der primären Zellwand aus. Man findet als Bausteine der Hemicellulosen Pentosen, z. B. D-Xylose und L-Arabinose, und Hexosen, z. B. D-Glucose, D-Mannose und D-Galactose. Hemicellulosen sind meist Heteroglykane, oft dominieren Xyloglucane (Abb. **2.34**), daneben kommen Arabinogalactane und Glucomannane vor, deren Moleküle aus kleineren, sich periodisch wiederholenden Einheiten bestehen und unter Umständen auch verzweigt sein können.

Hemicellulosen sind auch Bestandteile der pflanzlichen Schleime. Hier haben sie die Funktion von – extrazellulär abgelagerten – Reservestoffen, wie die bei einigen Monokotylen vorkommenden Glucomannane und die Galactomannane in den Samen der Fabaceen.

Cellulose: Cellulose ist ein lineares [β1→4]-Glucan (Abb. **1.31** S. 38). Der Anteil an Cellulose in Primärwänden liegt bei etwa 10% der Masse der Zellwandsubstanz, in Sekundärwänden kann er über 90% betragen. In den Zellwänden liegen die Cellulosemoleküle in parallelen, parakristallinen Bündeln, den sogenannten Micellarsträngen (= Elementarfibrillen) vor, von denen mehrere wiederum zu Mikrofibrillen zusammentreten, die entweder einzeln oder wiederum zu Makrofibrillen gebündelt in den Zellwänden vorliegen (Abb. **2.39** S. 95).

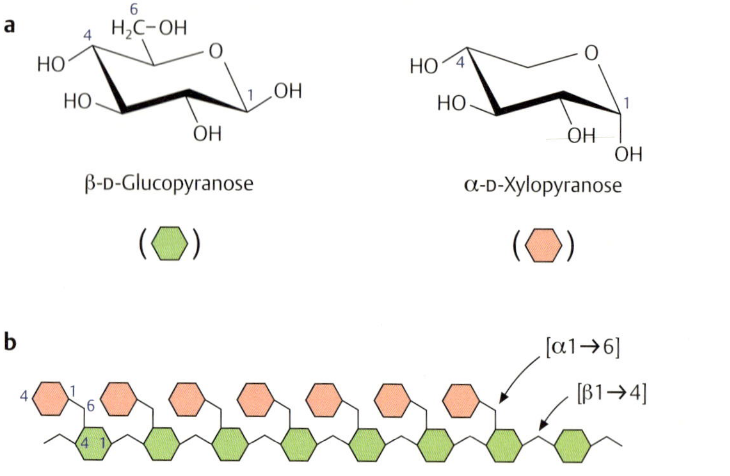

Abb. 2.34 Hemicellulosen.
a Monomere Bausteine eines Xyloglucans.
b Ausschnitt aus einem Xyloglucanmolekül.

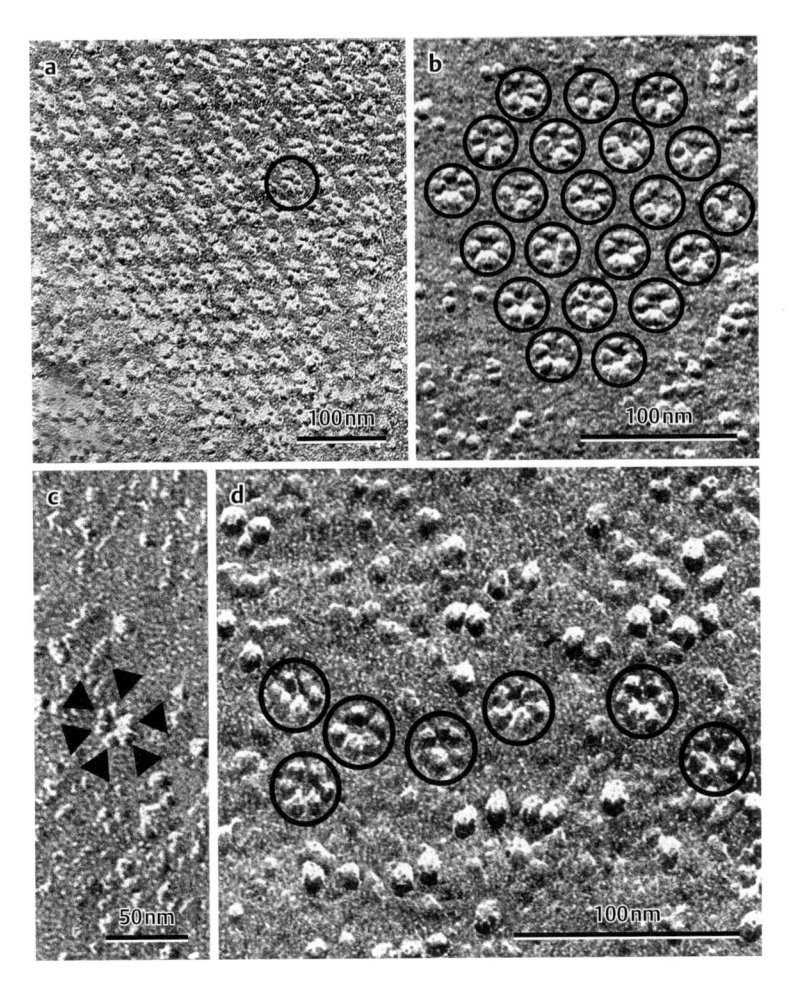

Abb. 2.35 Rosettenförmige Cellulose-Synthase-Komplexe im Plasmalemma, dargestellt mittels Gefrierbruchtechnik. Die Rosetten sind stets in der plasmatischen Bruchfläche zu finden. **a** Hexagonale Rosettenanordnung bei *Micrasterias*. **b** Kleineres, hexagonal gepacktes Rosettenfeld bei *Spirogyra*. **c** Einzelrosette einer Suspensionskultur-Zelle der Sojabohne (*Glycine max*) mit deutlich erkennbaren sechs Untereinheiten (Pfeilköpfe). **d** Reihung von Rosetten bei der Sekundärwandbildung im Hypokotyl der Mungbohne (*Vigna radiata*) (Originalaufnahmen **a** I. Haußer, **b–d** W. Herth).

Im Unterschied zu den Pektinen, Hemicellulosen und Zellwandproteinen, deren Synthese weitgehend im Golgi-Apparat erfolgt und deren Moleküle über Vesikeltransport zur Plasmamembran und Ausschüttung in den Extrazellularraum in die Zellwände gelangen (Abb. 2.22 S. 75), wird die völlig wasserunlösliche Cellulose von dem Enzymkomplex **Cellulose-Synthase** durch vektorielle Synthese am Ort des Bedarfs polymerisiert und sogleich in Micellarsträngen abgelagert. Cellulose-Synthase ist ein Transmembranprotein im Plasmalemma und liegt in allen Höheren Pflanzen, aber auch vielen Niederen Pflanzen in hexameren Rosettenkomplexen vor. Zahlreiche Rosettenkomplexe können zu meist regelmäßig und dicht gepackten Rosettenfeldern zusammentreten (Abb. 2.35). Jedes Cellulose-Synthase-Monomer synthetisiert ein Cellulosemolekül. Glucosedonor ist Uridindiphosphoglucose (UDPG, Abb. 2.36), welches von der cytoplasmatischen Seite an das Enzym herangeführt wird. Die Cellulose verläßt auf der extracytoplasmatischen Seite die Synthase, wobei sich die Cellulosemoleküle eines Rosettenkomplexes oder Rosettenfeldes wohl unmittelbar zu Elementarfibrillen zusammenlagern. Die Richtung, in der die entstehende Cellulosefibrille abgelagert wird, bestimmen die Mikrotubuli des corticalen Cytoskeletts, denn die Rosettenkomplexe sind mit diesen Mikrotubuli assoziiert, laufen wie auf Schienen an ihnen entlang, wobei

Abb. 2.36 Uridindiphosphoglucose (UDPG).

der Vorschub wohl passiv durch den Schub der sich verlängernden Cellulosefibrille erfolgt (Abb. **2.37**). Durch die „Führung" der Rosettenkomplexe entlang von Mikrotubuli kann die Zelle die Ausrichtung der Cellulosefibrillen in der Zellwand steuern, eine wichtige Voraussetzung für Zellwachstum und Zelldifferenzierung.

Pflanzen können Cellulose selbst nicht abbauen. Allerdings enthalten die Darmsekrete mancher Pflanzenfresser (z. B. *Helix pomatia*, Weinbergschnecke) das Enzym **Cellulase**, das die β-glykosidischen Bindungen löst und die Cellulosemoleküle zu Cellobiose abbaut, die ihrerseits durch Cellobiase in Glucose überführt wird. Auch manche von pflanzlicher Substanz lebende Pilze bilden und sekretieren Cellulase, die biotechnologisch in großer Menge aus Pilzkulturen (z. B. *Trichoderma viride*) gewonnen wird. In den meisten der bekannten Lösungsmittel ist Cellulose unlöslich, doch löst sie sich unter Erhaltung der Fadenmoleküle in Schweizers Reagens (Kupferoxidammoniak). Durch konzentrierte Schwefelsäure werden die Cellulosemoleküle bis zur Glucose aufgespalten (Holzverzuckerung). Im Gegensatz zur Stärke reagiert Cellulose mit Jod nur in Gegenwart gewisser quellend wirkender Chemikalien, z. B. Zinkchlorid. Unverholzte Cellulose färbt sich mit Chlorzinkjod blau bis dunkelviolett, verholzte dagegen gelb.

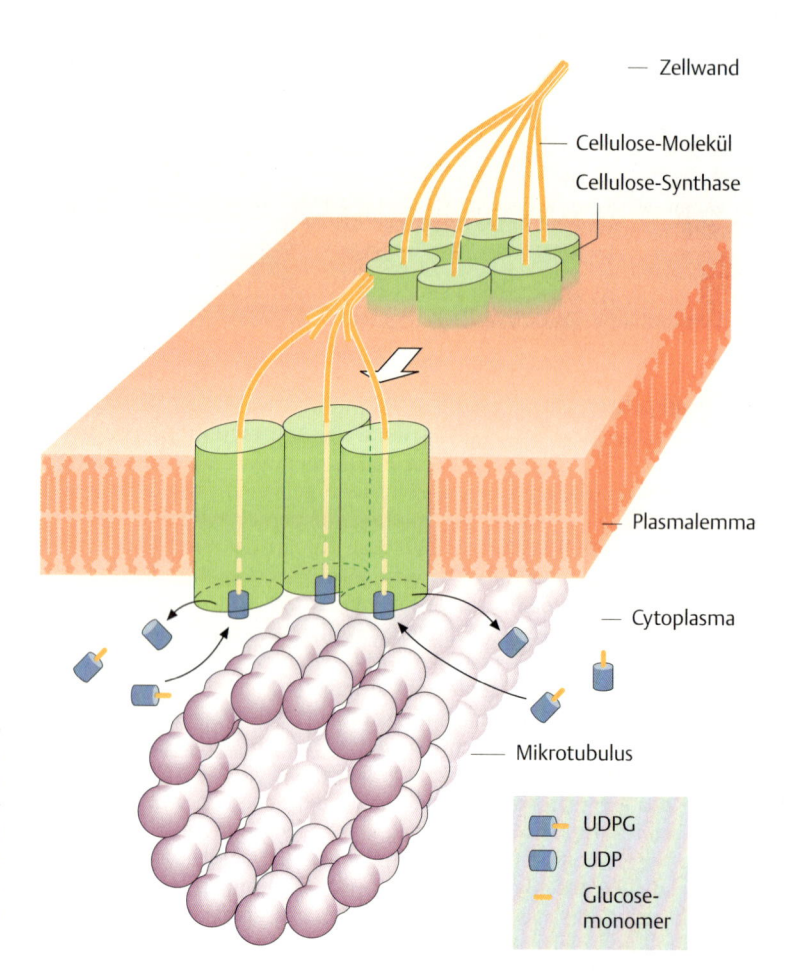

Abb. 2.37 Modell der vektoriellen Cellulosesynthese. Cellulose-Synthase-Komplexe (grün) werden entlang von im corticalen Cytoplasma lokalisierten Mikrotubuli im Plasmalemma geführt und lagern dabei Cellulosefibrillen in der Zellwand ab, die parallel zu den Mikrotubuli angeordnet sind. Elementar- und Mikrofibrillen werden wahrscheinlich von Rosettenkomplexfeldern, wie den in Abb. **2.35** gezeigten, erzeugt.

Zellwandproteine: Neben zahlreichen Enzymen, die besonders in Primärwänden vorkommen und meist am Auf- und Umbau dieser Zellwände beteiligt sind, kommen auch Strukturproteine vor. Diese stellen den Hauptteil des Zellwandproteins. Drei Klassen von Zellwandstrukturproteinen werden unterschieden: die glycinreichen Proteine (GRP), die prolinreichen Proteine (PRP) und die hydroxyprolinreichen Glykoproteine (HRGP). Letztere sind wohl am weitesten verbreitet und am besten untersucht, insbesondere die **Extensine** (Abb. 2.38). Sie bestehen der Masse nach zu etwa einem Drittel aus Polypeptidketten und zu zwei Dritteln aus Kohlenhydratseitenketten. Die Polypeptidkomponente des Extensins enthält neben Hydroxyprolin auch die Aminosäuren Serin, Lysin, Tyrosin, Histidin und Valin. Dabei treten häufig sich wiederholende kurze Peptidsequenzen auf, insbesondere ein Pentapeptid, das aus einem Serin und vier Hydroxyprolinmolekülen besteht. Meist sind die Extensine auch reich an Lysin, wodurch sie einen basischen Charakter erhalten. Die Polypeptidketten können untereinander durch Etherbrücken zwischen zwei Tyrosinmolekülen (Isodityrosin-Brücken) vernetzt sein. Die meisten Hydroxyprolinmoleküle tragen drei oder vier Arabinosemoleküle umfassende Seitenketten. Neben Arabinose kommt noch Galactose vor, die an Serinreste gebunden ist.

Die Synthese der Polypeptidkette des Extensins erfolgt an den Ribosomen des ER. Zunächst wird Prolin eingebaut. Vom ER wird die gebildete Polypeptidkette in Primärvesikeln zu den Dictyosomen transportiert, wo die Anheftung der Zuckermoleküle Arabinose und Galactose durch Glykosyltransferasen erfolgt. Die Hydroxylierung des Prolins erfolgt entweder bereits im ER oder – wahrscheinlicher – erst im Golgi-Apparat. Die glykosylierten Moleküle werden in Golgi-Vesikeln zum Plasmalemma transportiert, wo sie nach außen entleert und durch Isodityrosin-Bindungen in das vorhandene Extensin-Netzwerk eingebaut werden (Kap. 15.10.3).

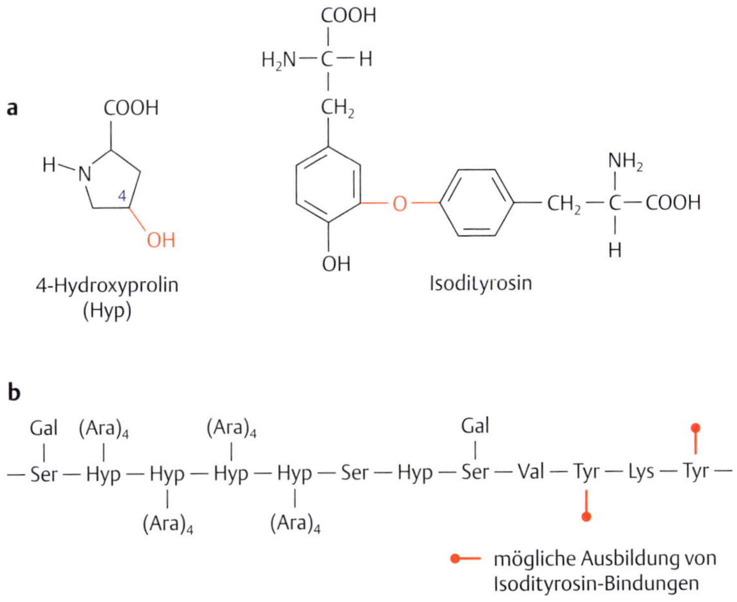

Abb. 2.38 Zellwandprotein. a Strukturen von 4-Hydroxyprolin und Isodityrosin. **b** Ausschnitt aus einem Extensinmolekül. Hyp 4-Hydroxyprolin, Ara Arabinose, Gal Galactose sowie Dreibuchstabencode der Aminosäuren.

2.7.2 Aufbau der Zellwand

Meristematische und wachsende Zellen sind durch den Besitz einer Zellwand im primären Zustand (**Primärwand**) gekennzeichnet. Die Primärwände benachbarter Zellen sind durch eine Mittellamelle miteinander verbunden, die ohne feste Grenze beidseits in die Primärwände übergeht. Die Primärwand enthält, bezogen auf die Masse der organischen Substanz, nur geringe Anteile an Cellulose, sie besteht überwiegend aus Hemicellulosen, Pektinen und Zellwandproteinen, die eine netzartig miteinander verflochtene Matrix bilden, in die die Cellulosefibrillen eingelagert sind.

Ausgewachsene Zellen lagern der Primärwand schichtweise eine **Sekundärwand** auf, die im wesentlichen (bis zu über 90%) aus Cellulosefibrillen besteht. Die innerste Schicht der Sekundärwand wird auch oft als **Tertiärwand** bezeichnet. Durch Cutinisierung bzw. Einlagerung von Lignin können Zellwände zusätzlich modifiziert werden, dabei stirbt der Protoplast in der Regel ab.

In den pflanzlichen Zellwänden liegt die Cellulose in Form von Fibrillen verschiedener Größenklassen vor, die als Makro-, Mikro- und Elementarfibrillen bezeichnet werden. Bisweilen lassen die Zellwände schon im Lichtmikroskop bei stärkerer Auflösung fibrilläre Elemente, die Makrofibrillen, erkennen, die einen Durchmesser von etwa 0,5 µm haben. Bei elektronenmikroskopischer Betrachtung erscheinen sie aus feineren Fibrillen von 10–30 nm Durchmesser zusammengesetzt, die als Mikrofibrillen bezeichnet werden. Bei höherer Auflösung erscheinen diese aus bis zu 20 noch feineren Elementen aufgebaut, die einen Durchmesser von 3,5–5 nm haben und Elementarfibrillen (Micellarstränge) genannt werden. Diese bestehen aus je 50–100 Cellulosemolekülen. Der geschichtete Bau einer pflanzlichen Zellwand im sekundären bzw. tertiären Zustand ist in Abb. **2.39** gezeigt.

In den Micellarsträngen sind alle β-Glucanketten parallel angeordnet, und zwar so, daß sich ihre reduzierenden Enden alle am gleichen Ende der Fibrille befinden. Benachbarte Ketten sind jeweils um die Länge eines halben Glucoseringes gegeneinander verschoben, sodaß sich zwischen dem Ringsauerstoff des einen und einer Hydroxylgruppe des benachbarten Glucosemoleküls Wasserstoffbrückenbindungen ausbilden können. Folglich ist jedes Glucosemolekül eines jeden Stranges durch je zwei Wasserstoffbrückenbindungen mit zwei Glucosemolekülen benachbarter Celluloseketten verbunden. Auf diese Weise entstehen kristallgitterähnliche Micellarbereiche, in denen die Glucanketten parallel zueinander und in regelmäßigen Abständen voneinander angeordnet sind.

Mittellamelle: Die aus Protopektin bestehende Mittellamelle verbindet als strukturlos erscheinende Kitt- oder Interzellularsubstanz die Wände benachbarter Zellen fest miteinander. Sie wird bei der Zellteilung in der Zellplatte angelegt (Abb. **13.14** S. 401). Später weichen die sich abrundenden Zellen unter Auflösung der Interzellularsubstanz an den Ecken und Kanten auseinander und bilden luftgefüllte Hohlräume, die **Interzellularen** (Abb. **2.39a** und Abb. **3.4** S. 107). Eine solche Entstehungsweise der Interzellularen bezeichnet man als **schizogen**. Ihrer Ausdehnung nach ist die Mittellamelle unscheinbar. Meist läßt sie sich nur unter Anwendung besonderer mikroskopischer Methoden nachweisen.

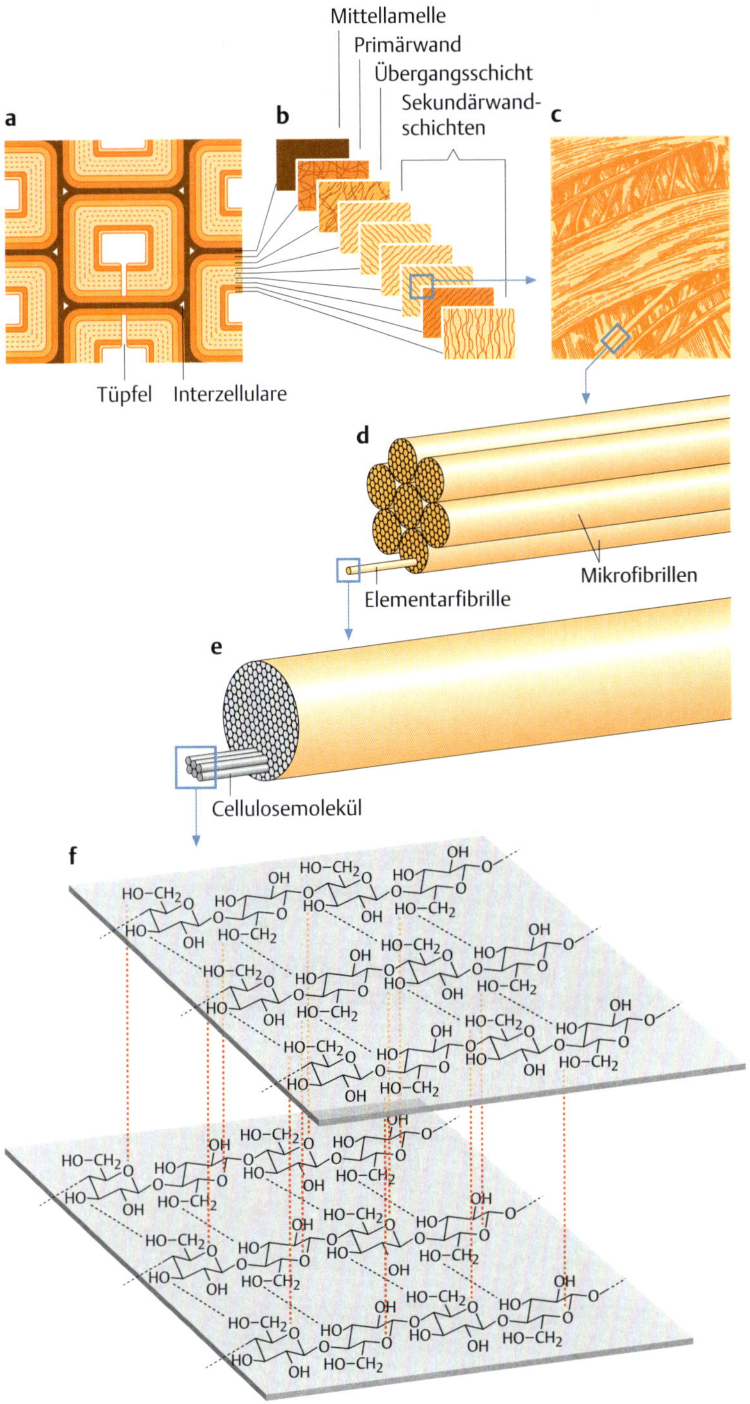
a
b
c
Mittellamelle
Primärwand
Übergangsschicht
Sekundärwand-
schichten
Tüpfel
Interzellulare
d
Mikrofibrillen
Elementarfibrille
e
Cellulosemolekül
f

Abb. 2.39 Zellwandaufbau. a Zellwandschichtung im Querschnitt, schematisch. **b** Textur der einzelnen Schichten, von der Fläche her gesehen, schematisch. **c** Sekundärwandschichtung bei der Grünalge *Valonia* (Zeichnung nach einer elektronenmikroskopischen Aufnahme). **d** Bündel aus mehreren Mikrofibrillen, die im Anschnitt den Aufbau aus Elementarfibrillen erkennen lassen (schematisch). **e** Aufbau einer Elementarfibrille (Micellarstrang), in der die Cellulosemoleküle parallel angeordnet sind. Sechs Celluloseketten sind im Anschnitt herausgezogen. **f** Kristalline Anordnung von sechs Celluloseketten in der Elementarfibrille. Kovalente Bindungen durchgezogen, Wasserstoffbrückenbindungen in der Ebene gestrichelt, senkrecht zur Ebene rot punktiert.

Bildung der Primärwand: Die Golgi-Vesikel, die bei der Zellteilung das Material für die Bildung der Zellplatte zum Zelläquator transportieren, enthalten neben Protopektin auch bereits Komponenten der Primärwand (Abb. **2.40a**). Durch Fusion der Vesikel entsteht dann die Zellplatte, wobei aus dem Membranmaterial der Golgi-Vesikel auf beiden Seiten der Zellplatte ein Plasmalemma entsteht (Abb. **2.40b**). Wenn die Zellplatte mit der Mutterzellwand fusioniert, bildet sich an dieser eine rundherumlaufende Leiste aus (Abb. **2.40c**). In dieser schreitet, von der Mittellamelle der Mutterzellwand ausgehend, die Bildung der Mittellamelle unter Hinzufügen weiterer Polysaccharide, die durch Golgi-Vesikel angeliefert werden, innerhalb der Zellplatte von der Peripherie zum Zentrum hin fort (Abb. **2.40d**). Schließlich ist die gesamte Zellplatte dreischichtig. Die innerste Schicht (blau dargestellt) enthält überwiegend Protopektine, die beiden äußeren Schichten (grün dargestellt) sind in ihrer Zusammensetzung der Matrix der Primärwände bereits ähnlich. Anschließend werden die Primärwände durch Anlagerung weiterer Schichten von Primärwandmaterial verstärkt (Abb. **2.40e**).

Struktur der Primärwand: Die Primärwände enthalten mit 8–14 % nur einen geringen Anteil an Cellulose. Die Mikrofibrillen liegen wirr durcheinander, eine Anordnung, die man als **Streuungstextur** bezeichnet (Abb. **2.39b**). Sie sind in die Grundsubstanz (Matrix) eingelagert (Abb. **2.41**). Diese geht ohne scharfe Grenze in die Mittellamelle über.

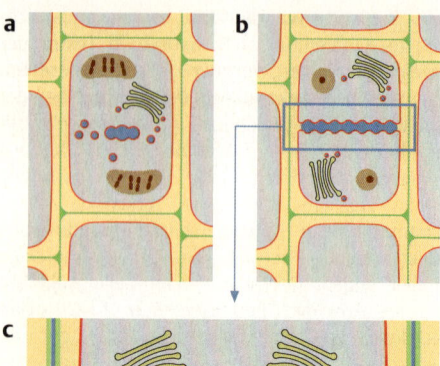

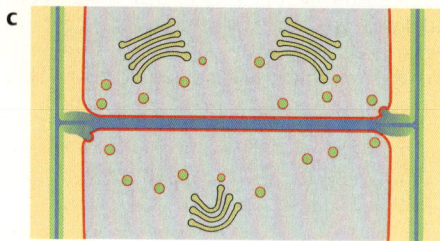

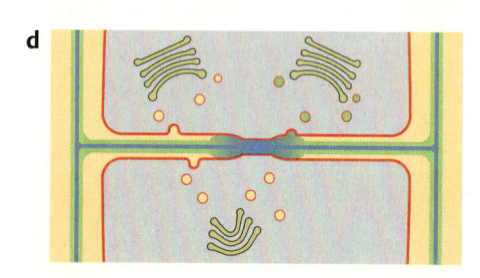

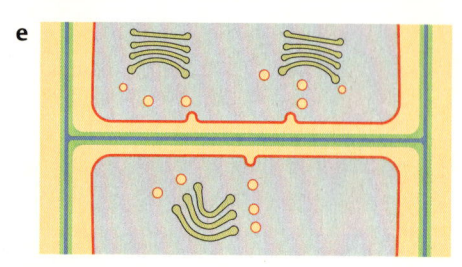

Abb. 2.40 Bildung der Mittellamelle und der Primärwand. a Bildung der Zellplatte. **b–c** Fusion der Zellplatte mit der Mutterzellwand. **d** Bildung der Mittellamelle und Beginn der Primärwandbildung zwischen den Tochterzellen. **e** Fertig ausgebildete Mittellamelle, Fortsetzung der Primärwandbildung zwischen den Tochterzellen.

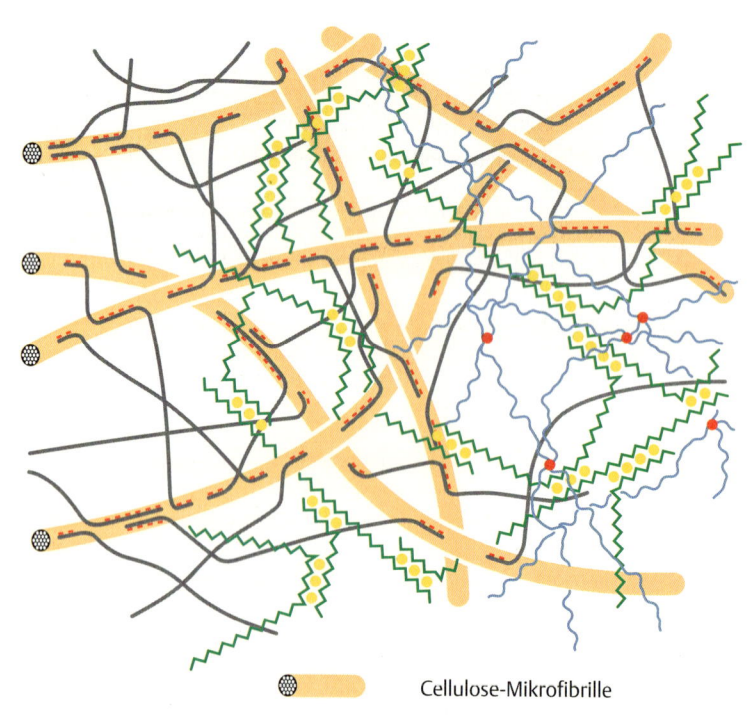

Abb. 2.41 Struktur der Primärwand. Die einzelnen Komponenten sind zur Erhöhung der Übersichtlichkeit in dem schematischen Bild nicht maßstäblich gezeichnet (z. B. Cellulose-Mikrofibrillen vergleichsweise zu klein) und nur die wichtigsten Komponenten sind gezeigt. Von links nach rechts stufenweiser Aufbau: zunächst nur Cellulose plus Xyloglucan, dann zusätzlich Protopektin, schließlich zusätzlich Extensin (verändert nach Carpita und Gibeaut 1993).

- Cellulose-Mikrofibrille
- Xyloglucan mit Wasserstoffbrücken
- Protopektin mit gebundenem Ca^{2+} oder Mg^{2+}
- Extensin mit Isodityrosin-Bindungen

Zur besseren Übersicht wird im folgenden lediglich die Anordnung der Hauptkomponenten der Matrix und deren Wechselwirkung mit den Cellulosefibrillen angegeben. Die Xyloglucanmoleküle der Hemicellulosefraktion sind nach heutigen Modellvorstellungen mit den an der Oberfläche der Fibrillen liegenden Cellulosemolekülen streckenweise durch Wasserstoffbrückenbindungen vernetzt, und zwar in der gleichen Art wie die Glucanketten der Cellulosefibrillen untereinander. Dabei kann ein Xyloglucanmolekül zu benachbarten Fibrillen Kontakt besitzen. Da gleichzeitig an jeder Cellulosefibrille viele Xyloglucanmoleküle ansetzen, ergibt sich ein miteinander verschlungenes Xyloglucan-Netz, welches die eingebetteten Cellulosefibrillen über Wasserstoffbrücken „hält". Wegen der reversiblen Natur der Wasserstoffbrücken ist jedoch ein leichter Umbau dieser Xyloglucan-Cellulose-Grundstruktur möglich. In die Maschen des Xyloglucan-Netzes sind nun die weiteren Matrixkomponenten – als Netze im Netz – eingebettet: einerseits die über Ca^{2+}- und Mg^{2+}-Ionen vernetzten Pektine, andererseits das über Isodityrosin-Brücken vernetzte Extensin. Diese Matrixbestandteile binden nicht an die Cellulosefibrillen.

Die hier geschilderte Struktur der Primärwand ist für die Dikotyledonen und die meisten Monokotyledonen charakteristisch. Einige Monokotyledonen (z. B. die Poaceae) besitzen Primärwände von abweichender Matrixstruktur. Die Primärwand ist sehr elastisch, läßt sich aber auch plastisch dehnen und verformen und kann somit der Größenzunahme der Zelle beim Wachstum folgen.

Sekundärwand: Die Sekundärwand enthält wesentlich mehr Cellulose als die Primärwand, im Extremfall bis zu 94 %. Ihre Matrix besteht aus Hemicellulosen und Strukturproteinen. Die Sekundärwand zeigt einen Aufbau aus mehreren bis zu vielen einzelnen Schichten (Abb. 2.39).

Mit der Primärwand ist die Sekundärwand durch eine Übergangslamelle verbunden, die zwar anfänglich (außen) noch eine Streuungstextur der Fibrillen besitzt, aber auf ihrer später angelegten (inneren) Seite zur parallelen Anordnung der Fibrillen in den folgenden Schichten überleitet (Abb. 2.39b). Diese **Paralleltextur** der Fibrillen, die über weite Strecken miteinander verbändert sein können (Abb. 2.39c), ist ein charakteristisches Merkmal vieler Sekundärwände. In aufeinanderfolgenden Schichten pflegt sich die Streichrichtung der Fibrillen zu überkreuzen (Abb. 2.42). Die innerste, auch als **Tertiärwand** bezeichnete Schicht unterscheidet sich von der Sekundärwand sowohl in der Zusammensetzung als auch in der Textur. Sie kann von einer warzig skulpturierten Abschlußlamelle bedeckt sein.

Tüpfel: Trotz Ausbildung der Sekundärwand bleibt die Verbindung benachbarter Zellen durch Plasmodesmen erhalten. Beim Dickenwachstum der Zellwand werden bestimmte Bereiche offengehalten (Abb. 2.43). Dies geschieht vermutlich dadurch, daß die corticalen Mikrotubuli in Bereichen von Tüpfelanlagen nicht oder weniger zahlreich vorkommen, wodurch die Ablagerung von Cellulosefibrillen in der darüberliegenden Zellwand ganz oder großteils unterbleibt. Derartige unverdickte Bereiche der Zellwand bezeichnet man als Tüpfel. Bei starker Verdickung der Zellwände entstehen auf diese Weise regelrechte Tüpfelkanäle. Die Schließhäute der Tüpfel, die aus der Mittellamelle und den beiden Primärwänden der benachbarten Zellen bestehen, sind von zahlreichen Plasmodesmen durchsetzt.

Ein besonderer Typus, der **Hoftüpfel**, ist für die Wasserleitungsbahnen charakteristisch (Abb. 2.44). Die verhältnismäßig große Schließhaut dieser Tüpfel wird beidseitig, bei an lebende Zellen grenzenden Tüpfeln allerdings nur einseitig von der Zellwand überwallt, sodaß nur ein verhältnis-

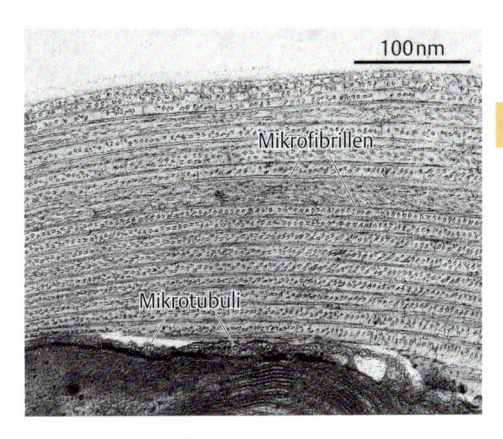

Abb. 2.42 Paralleltextur. Transmissionselektronenmikroskopische Aufnahme eines Schnittes durch die Zellwand der einzelligen Grünalge *Oocystis solitaria* mit angrenzendem Cytoplasma. Die Zellwand besteht aus zahlreichen Schichten sich überkreuzender, sehr dicker Mikrofibrillen, die entsprechend abwechselnd quer oder längs getroffen sind. Innerhalb einer Schicht verlaufen alle Fibrillen nahezu parallel. Mikrotubuli unterhalb des Plasmalemmas kontrollieren die Ablagerung der Mikrofibrillen (Originalaufnahme H. Quader).

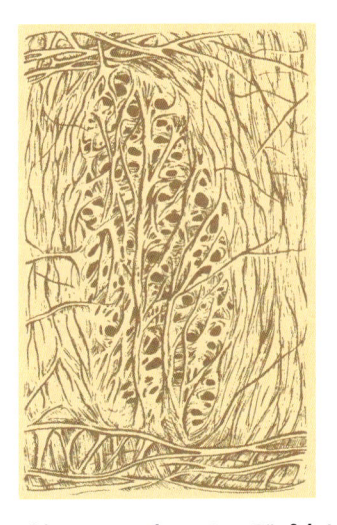

Abb. 2.43 Anlage eines Tüpfels in der Zellwand der *Avena*-Koleoptile. Übergang von der Streuungstextur der Primärwand zur Paralleltextur der Sekundärwand. Die Schließhaut wird von zahlreichen Plasmodesmen durchsetzt (Zeichnung nach einer transmissionselektronenmikroskopischen Aufnahme von Böhmer).

Plus 2.4 Fühltüpfel

Eine Besonderheit in den Epidermiszellen der sehr berührungsempfindlichen Ranken einiger Cucurbitaceen sind die Fühltüpfel, die man hinsichtlich ihrer Bildung mit den zwei Zellen verbindenden Tüpfeln durchaus vergleichen kann: In der Außenwand der Epidermiszellen unterbleibt an einer lokal scharf umrissenen Stelle die Sekundärwandbildung weitgehend (Abb. **a**, *Bryonia dioica*, Epidermiszelle im Bereich des Fühltüpfels, schematischer Querschnitt, von den cytoplasmatischen Organellen nur Zellkern gezeigt). Der Zellturgor drückt die dünne Fühltüpfelwand nach außen, sodaß sie als kuppelförmige Erhebung im Rasterelektronenmikroskop sichtbar wird (Abb. **b**, *Bryonia dioica*). Die Fühltüpfel verstärken den Berührungsreiz, wenn eine Ranke an einer rauhen Oberfläche entlanggleitet.

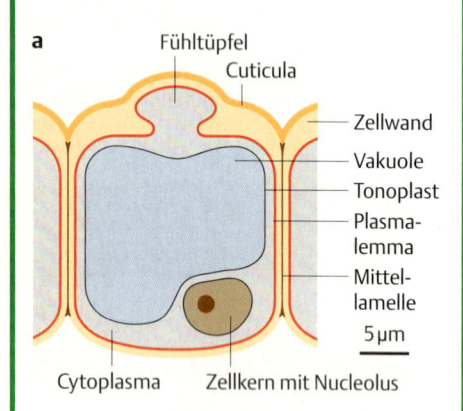

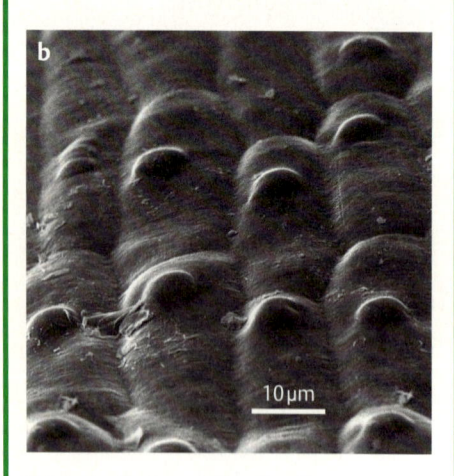

Originalaufnahme J. Engelberth.

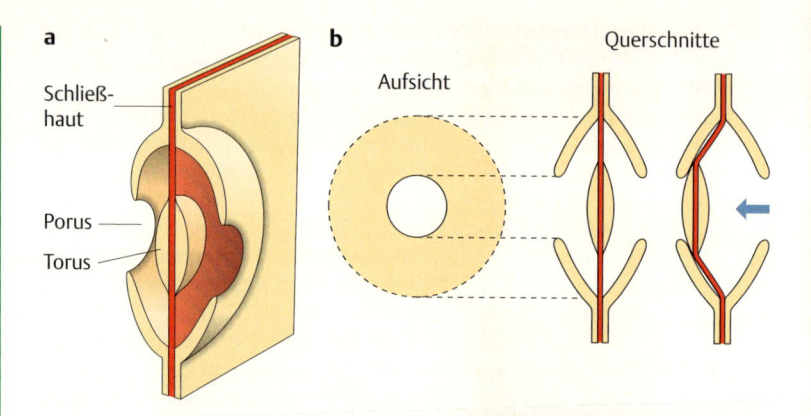

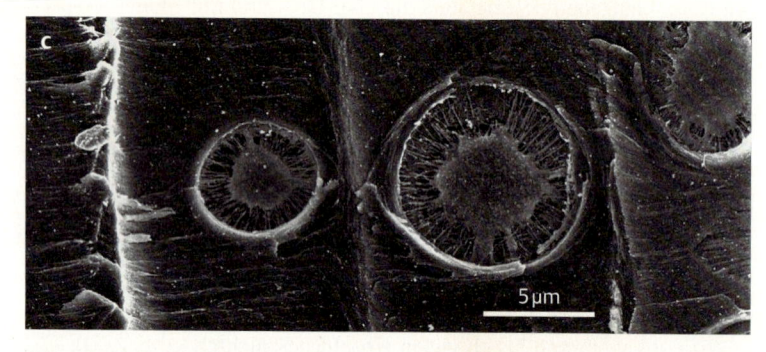

Abb. 2.44 Hoftüpfel. a Beidseitig behöfter Tüpfel, aufgeschnitten, schematisch. **b** Klappenventilfunktion der Hoftüpfel. Primärwände und Mittellamelle rot, Sekundärwände ocker. **c** Hoftüpfel in den Tracheiden von *Pinus* spec., Gefrierbruchpräparat. Die Schließhaut besteht hier nur noch aus Cellulosefibrillen unterschiedlicher Dicke, die z.T. radial zum Rand verlaufen (Originalaufnahme G. Wanner).

mäßig kleiner zentraler Porus offen bleibt (Abb. **2.44a**). Hierdurch entsteht in Aufsicht das Bild eines „Hofes". Bei den meisten Gymnospermen ist die Schließhaut in der Mitte zum Torus verdickt, während der Rand (Margo) unverdickt bleibt. Bei den Nadelhölzern besteht die Schließhaut in diesem Bereich sogar nur noch aus Bündeln cellulosischer Mikrofibrillen, die zum Rand hin überwiegend radial orientiert sind (Abb. **2.44c**). Das gesamte nicht cellulosische Wandmaterial der Mittellamelle und der beiden Primärwände wurde hier aufgelöst. Hierdurch wird der Wasserdurchtritt stark erleichtert. Infolge dieser elastischen Aufhängung wird der Torus beim Auftreten einseitigen Druckes gegen den Porus gepreßt und verschließt diesen, wodurch der Eintritt von Luft verhindert wird und damit Luftembolien, z.B. bei Gewebeverletzung, lokal begrenzt bleiben (Abb. **2.44b** und S. 248).

3 Zellspezialisierungen

Die Evolution der hochentwickelten vielzelligen Organismen hat ihren Ausgang von der Eucyte und nicht von der Procyte genommen. Dies ist zweifellos auf die Unterteilung der Eucyte in zahlreiche Reaktionsräume zurückzuführen, die eine ungleich bessere Regulation und Koordinierung gleichzeitig ablaufender physiologischer Vorgänge ermöglicht, aber auch Anpassungen des Stoffwechselgeschehens erleichtert. Insbesondere darin ist ein Grund für die Entwicklung vielzelliger Eukaryoten mit arbeitsteiliger Spezialisierung bestimmter Zellen auf besondere Funktionen zu sehen, eine Eigenschaft, die bei Prokaryoten nur rudimentär ausgeprägt ist, wie später dargelegt wird (Kap. 4.2.3).

Diese Arbeitsteilung bringt für den vielzelligen Organismus eine ganze Reihe von Evolutionsvorteilen:

- Die Übernahme bestimmter physiologischer Leistungen durch spezialisierte Zellen stellt eine Weiterführung des Kompartimentierungsprinzips dar, indem eben nicht mehr nur bestimmte Kompartimente einer Zelle, sondern bestimmte Zellen und Gewebe eine Funktion überwiegend oder ausschließlich übernehmen. Dadurch konnten sich neuartige Funktionen entwickeln, die in einer einzigen unspezialisierten Zelle miteinander unvereinbar gewesen wären.
- Die Ausbildung leistungsfähiger reproduktiver Gewebe ermöglicht die Produktion einer größeren Anzahl von Fortpflanzungszellen pro Individuum.
- Die für die Höhere Pflanze so charakteristische Fähigkeit, ständig neue Zellen zu bilden und ältere zu ersetzen, ist die Voraussetzung für eine hohe Lebensdauer.
- Schließlich erleichtert die Ausbildung spezialisierter Zellen die Anpassung an extreme Standorte.

Ein erster Schritt in Richtung Arbeitsteilung war die Ausbildung reproduktiver Zellen und Gewebe, die die Funktion der Zellteilung und Fortpflanzung übernahmen, während die übrigen Zellen als Grund- und Arbeitsgewebe dienten. Anpassungen an bestimmte Lebensräume, insbesondere aber das Vordringen in den Luftraum, machten weitere Spezialisierungen notwendig. Das Ergebnis dieser Entwicklung ist die Höhere Pflanze, deren Vegetationskörper aus einer Vielzahl verschiedener Zellen besteht.

Zellspezialisierungen

3.1 Gewebetypen...101

3.2 Wachstum und Differenzierung der Zelle...102
3.2.1 Die Zellsaftvakuole...103
3.2.2 Zellwandwachstum...106
 Isodiametrische Zelle...107
 Prosenchymatische Zelle...109
3.2.3 Zellfusionen...113

3.3 Sekundäre Veränderungen der Zellwand...116
3.3.1 Verholzung...117
3.3.2 Mineralstoffeinlagerung...118
3.3.3 Cutinisierung und Ablagerung von Wachsen...118

3.4 Drüsenzellen...123

3.1 Gewebetypen

> Die Bildung von Zellen verschiedener Struktur und Funktion aus ursprünglich gleichartigen meristematischen Zellen bezeichnet man als **Differenzierung**. In den meisten Fällen vergrößert sich die Zelle dabei. Jede irreversible Volumenzunahme wird als **Wachstum** bezeichnet, Wachstum durch Zellvergrößerung als Zellwachstum. Gewebe und Organe nehmen aber auch durch Vermehrung der Anzahl der Zellen an Größe zu. Dieser Prozeß wird Teilungswachstum genannt. Wachstum und Differenzierung sind die beiden Teilprozesse der **Entwicklung**.

In jeder Zelle, die in den Entwicklungsprozeß eintritt, wird nur der Teil der genetischen Information realisiert, der die künftige Funktion betrifft. Es ist selbstverständlich, daß diese **differentielle Genexpression** nach einem bestimmten Plan, also koordiniert, geschehen muß. Den Grundlagen der Entwicklungsbiologie sind die Kap. 15–18 dieses Buches gewidmet. An dieser Stelle wird zunächst ein Überblick über die verschiedenen Spezialisierungen der Zellen und Gewebe Höherer Pflanzen gegeben.

Differenzierungsvorgänge äußern sich sowohl in der Ausbildung bestimmter morphologischer als auch besonderer chemischer Merkmale und damit physiologischer Eigenschaften. Alle diese Veränderungen sind Leistungen des Protoplasten, dessen Organellen und Strukturen im Differenzierungsprozeß ebenfalls gewisse Veränderungen erfahren können, wie etwa die Entwicklung der Chloroplasten aus den Proplastiden.

In der Regel sind in der Pflanze Zellen gleicher Gestalt und Funktion zu Komplexen zusammengefaßt, die als Gewebe bezeichnet werden: Man unterscheidet **Bildungsgewebe** (**Meristeme**), deren Zellen teilungsfähig und noch nicht funktionell differenziert sind, und **Dauergewebe**, die im Laufe des Differenzierungsprozesses eine bestimmte Gestalt und Funktion erhalten haben und deren Zellen ihre Zellteilungsaktivität einstellen, sie sekundär aber wieder erlangen können (s. u.).

Homogene Gewebe bestehen aus nur einer Art von Zellen, heterogene Gewebe aus verschiedenen Zelltypen. Letztere bezeichnet man auch als **Gewebesysteme**. Sind in ein homogenes Gewebe einzelne Zellen abweichenden morphologischen und physiologischen Charakters eingestreut, bezeichnet man diese als **Idioblasten**.

Meristeme: Die **Apikalmeristeme**, die die Spitzen der Wurzeln und Sproßachsen einnehmen, gliedern auf der proximalen Seite Zellen ab, die dann in den Differenzierungsprozeß eintreten (primäres Wachstum, Kap. 18.2). Diese Meristeme behalten ihren meristematischen Charakter von Beginn der Embryonalentwicklung an bei. Abkömmlinge der Apikalmeristeme, sofern sie in einer Umgebung, die bereits in Dauergewebe differenziert ist, ihre Teilungstätigkeit beibehalten oder wieder aufnehmen, werden **Restmeristeme** genannt (z.B. in Wurzeln das Perikambium und im Sproß die faszikulären Kambien der Leitbündel). Das sekundäre Wachstum, das zu einer Umfangserweiterung des primär gebildeten Pflanzenkörpers führt, erfolgt mit Hilfe **lateraler Meristeme**, zu denen das Kambium und das Phellogen zählen. Laterale Meristeme entstehen ganz oder teilweise aus Dauergeweben, deren bereits differenzierte Zellen unter Rückdifferenzierung ihre Teilungsfähigkeit wiedererlangen, also meristematisch werden. Sind nur einzelne Zellen zu Teilungen befähigt, nennt man sie **Meristemoide**.

Nach einer anderen Terminologie unterscheidet man primäre und sekundäre Meristeme. Erstere behalten ihre Teilungsfähigkeit vom Embryonalzustand an bei, während letztere durch Rückdifferenzierung von Dauerzellen (s. o.) wieder teilungsfähig werden.

Dauergewebe: Anhand ihrer Funktion lassen sich unterscheiden:

Grundgewebe (**Parenchyme**) bestehen meist aus etwa isodiametrischen Zellen und werden, je nach vorherrschender Funktion, weiter in Speicher-, Photosynthese-, Durchlüftungs-, Mark- u. a. Gewebe untergliedert.

Abschluß- oder **Hautgewebe** schützen als äußere Häute oberirdische Organe vor mechanischen Beschädigungen und vermindern Transpirationsverluste. Als innere Häute grenzen sie bestimmte Gewebe voneinander ab. Zu den Abschlußgeweben zählen die Epidermis mit ihren Anhangsgebilden, die Cutisgewebe, die Endodermis und die Korkgewebe.

Absorptionsgewebe dienen der Aufnahme von Wasser und darin gelösten Stoffen, Beispiele sind die Rhizodermis und die Absorptionshaare.

Leitungsgewebe transportieren Wasser und darin gelöste anorganische und organische Stoffe über größere Entfernungen. Zu ihnen zählen die Tracheiden, die Gefäße sowie Siebzellen und Siebröhren.

Festigungsgewebe verleihen den pflanzlichen Organen die erforderliche mechanische Festigkeit, dabei werden Kollenchyme und Sklerenchyme unterschieden.

Sekretionsgewebe besorgen die Ausscheidung bzw. Absonderung von Stoffen. Zu ihnen zählen die ungegliederten und die gegliederten Milchröhren, Harzkanäle, Ölbehälter und Drüsenzellen.

Reproduktive Gewebe dienen der Fortpflanzung.

Ein Beispiel für **Gewebesysteme** sind die Leitbündel, in denen Gefäße, Tracheiden, Siebröhren, Geleitzellen sowie parenchymatische und sklerenchymatische Elemente zu einem komplexen Leitungssystem zusammengefaßt sein können.

3.2 Wachstum und Differenzierung der Zelle

Vergleicht man den Bau einer meristematischen Pflanzenzelle mit dem einer tierischen Zelle, so fällt, wenn man von der zunächst noch dünnen Primärwand und den Plastiden absieht, eine gewisse Übereinstimmung auf. Mit Einsetzen des Längenwachstums und der Differenzierungsvorgänge ändert sich jedoch der Charakter der Pflanzenzelle sehr wesentlich. Dies hat seinen Grund einerseits in der Ausbildung der zentralen Zellsaftvakuole, andererseits in der besonderen Ausgestaltung der Zellwand, deren mechanische Qualitäten für viele Funktionen von ausschlaggebender Bedeutung sind. Vakuolenbildung und Zellwandwachstum sind zwei eng miteinander verbundene, sich gegenseitig bedingende Prozesse, die an den Differenzierungsvorgängen maßgeblich beteiligt sind. Schließlich können die Eigenschaften der Zellwände noch durch sekundäre An- oder Einlagerungen verändert werden, Zellen können unter Auflösung von Zellwänden miteinander fusionieren und auch Zellkontakte können im Differenzierungsprozeß Veränderungen unterworfen werden (z. B. Tüpfel). Aber auch die Synthese von Inhaltsstoffen (sekundäre Pflanzenstoffe, Kap. 12), zu der häufig nur ganz bestimmte Zellen befähigt sind, ist ein Differenzierungsprozeß.

3.2.1 Die Zellsaftvakuole

Das Wachstum pflanzlicher Zellen erfolgt unter Wasseraufnahme. Das erste Symptom, das den Beginn der Zellvergrößerung und somit das Ende der meristematischen Phase anzeigt, ist daher die Bildung des Vakuoms, wie man die Gesamtheit der Vakuolen einer Pflanzenzelle nennt.

Bildung und Struktur: War bisher nahezu die ganze Zelle vom Plasma erfüllt (Abb. **2.1** S. 47), so bilden sich jetzt infolge eines ständigen Membranflusses aus dem ER über den Golgi-Apparat zahlreiche kleine Vakuolen, die durch eine Biomembran vom Cytoplasma abgegrenzt sind (Abb. **3.1**). Unter fortgesetzter Wasseraufnahme vergrößern sie sich und fusionieren mit anderen Vakuolen. Schließlich kommt es zur Bildung einer zentralen Zellsaftvakuole, die fast den gesamten Raum der Zelle einnimmt und den Protoplasten auf einen dünnen Wandbelag zurückdrängt. Ist der Zellkern in einer Plasmatasche im Vakuolenraum aufgehängt, so ist dieser von einem feinen Netz plasmatischer Fäden durchzogen. Sowohl die Gestalt des Netzes als auch die Lage der Plasmatasche ändern sich im lebenden Zustand ständig. Hieran haben die **Plasmaströmungen**, die sich anhand mitgeschleppter Zelleinschlüsse mikroskopisch verfolgen lassen, wesentlichen Anteil.

Der Protoplast wird von der Vakuole durch eine Biomembran, den Tonoplasten, abgegrenzt. Bei elektronenmikroskopischer Betrachtung bietet der **Tonoplast** das gleiche Bild wie das Plasmalemma (Abb. **2.11** S. 61). Dennoch unterscheidet er sich von diesem in zahlreichen Eigenschaften, insbesondere in seiner Ausstattung mit Transportproteinen, und infolgedessen in seiner selektiven Permeabilität (Box **19.7** S. 790). So weist z. B. die Tonoplasten-ATPase im Aufbau Ähnlichkeit zu den ATP-Synthasen der Mitochondrien und Chloroplasten auf und ist völlig anderen Typs als das Enzym des Plasmalemmas (S. 219).

Funktionen: Das Vakuom, bzw. im ausgewachsenen Zustand die zentrale Zellsaftvakuole, dient der **Speicherung** anorganischer und organischer Substanzen und dem Aufbau des Turgordrucks.

Bei den **anorganischen Substanzen** handelt es sich um die verschiedensten Ionen, die entweder zeitweise oder dauerhaft gespeichert werden. Zeitweise können z. B. Nitrat-Ionen (NO_3^-) und Sulfat-Ionen (SO_4^{2-}) gespeichert werden, wenn deren Aufnahme durch die Wurzeln den aktuellen Bedarf an Stickstoff- und Schwefelverbindungen übersteigt. Dauer-

Abb. 3.1 Vakuolenbildung. a Zelle zu Beginn des Streckungswachstums mit zahlreichen kleinen Vakuolen. **b** In Streckung begriffene Zelle mit mehreren größeren Vakuolen. **c** Zelle nach Abschluß des Streckungswachstums. Die zentrale Zellsaftvakuole hat das Cytoplasma auf einen schmalen Wandbelag zurückgedrängt. **d** wie **c**, doch ist hier der Zellkern im Innern der Vakuole in einer Plasmatasche an Plasmafäden aufgehängt.

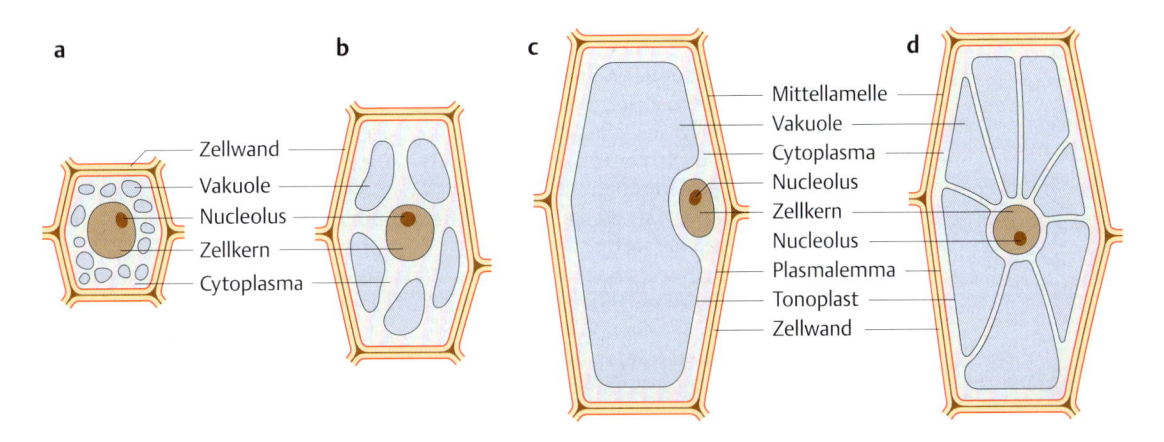

Abb. 3.2 Calciumoxalat-Kristalle, rasterelektronenmikroskopische Aufnahmen. **a** Kristallsand (*Atropa belladonna*, Tollkirsche). **b** Kristalldruse (*Hedera helix*, Efeu). **c** Angebrochene Raphidenzelle, **d** angebrochene Raphide, die eine geschichtete Innenstruktur erkennen läßt. **c** und **d** *Haworthia leightonii* (Originalaufnahmen G. Wanner).

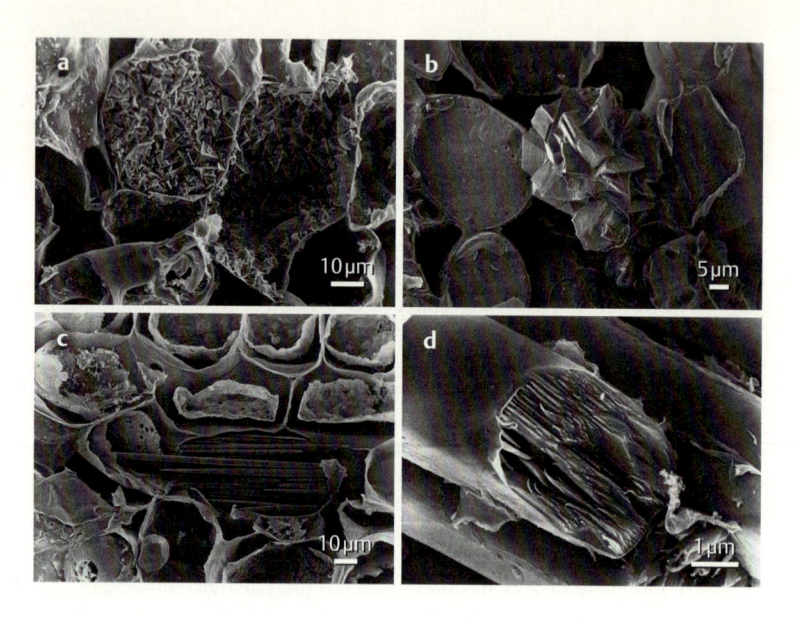

haft lagern viele Zellen insbesondere überschüssige Calcium-Ionen (Ca^{2+}) in der Vakuole ab und leisten so einen Beitrag zur Aufrechterhaltung der sehr kritischen, niedrigen Calcium-Ionenkonzentration des Cytoplasmas (S. 50 und Kap. 16.10.3). Die Ablagerung erfolgt in Form schwerlöslicher Salze, die in Kristallform im Zellsaft ausfallen. Dabei handelt es sich meist um Calciumoxalat-Monohydrat ($Ca(COO)_2 \cdot H_2O$) oder -Dihydrat ($Ca(COO)_2 \cdot 2H_2O$), wodurch zusätzlich die im Stoffwechsel anfallende Oxalsäure, die ein starkes Zellgift darstellt, in unlöslicher Form gebunden und damit entgiftet wird. Ausgefallenes Calciumoxalat liegt als feiner Kristallsand, in Form von Solitärkristallen, Drusen und Raphiden verschiedenster Gestalt vor (Abb. **3.2**). Seltener findet sich Calciumcarbonat, das meist in feinkristallinem Zustand auftritt. Auch Silicium kann bei einigen Pflanzen in Form von Kristallen abgelagert werden, meist als SiO_2 oder als Ca-Silikat, und zwar sowohl in der Vakuole als auch in Interzellularräumen oder zwischen Zellwand und Plasmalemma. Ständig enthalten praktisch alle Vakuolen große Mengen an anorganischen Ionen für die Gewährleistung des Turgordrucks (insbesondere K^+-Ionen, s. u.).

Die Syntheseleistungen der pflanzlichen Zellen übersteigen die der tierischen beträchtlich. Dies gilt sowohl in quantitativer als auch in qualitativer Hinsicht. In Vakuolen ist daher eine große Vielfalt **organischer Verbindungen** unterschiedlichster Funktionen anzutreffen:

- **Stoffwechselzwischenprodukte** (**Metabolite**), die bei auftretendem Überschuß – meist nur kurzzeitig – gespeichert werden, um bei Bedarf sogleich verfügbar zu sein, z. B. verschiedene organische Säuren wie Äpfelsäure und Citronensäure, die überwiegend dissoziiert als Anionen (Malat, Citrat) vorliegen, sowie Aminosäuren;
- **Speicherstoffe**, insbesondere Zucker in Form von Mono-, Di- und Oligosacchariden, die bis zur Wiederverwendung abgelagert werden;
- **sekundäre Pflanzenstoffe**, die zur **Erfüllung ökochemischer Funktionen** in hohen Konzentrationen und dauerhaft in der Zelle vorrätig gehalten werden müssen. Hierzu zählen z. B. wasserlösliche Farbstoffe mit Attraktionsfunktion (Blüten- und Fruchtfarbstoffe) sowie Schutzstoffe der verschiedensten Gruppen (Kap. 12);

- **Stoffwechselendprodukte,** die nicht mehr verwendbare Stoffwechselschlacken darstellen oder für den Protoplasten toxisch sind, wie die bereits erwähnte Oxalsäure, bei denen es sich demnach um **Exkrete** handelt.

Die Konzentration der gelösten Stoffe kann beträchtliche Werte erreichen, in manchen Fällen mehrere hundert mmol l^{-1}. So beträgt z. B. die vakuoläre Konzentration der K$^+$-Ionen in Schließzellen von *Vicia faba* bei geöffneten Stomata über 600 mmol l^{-1}, bei geschlossenen Stomata noch immer über 300 mmol l^{-1}. Die Gesamtkonzentration aller osmotisch aktiven Verbindungen im Zellsaft liegt zwischen 200 und 400 mmol l^{-1}. Somit ist das osmotische Potential meist erheblich höher als das des Mediums, das die Zelle umgibt und selbst höher als das des Cytoplasmas. Infolgedessen nimmt die Vakuole – und damit die Zelle – Wasser auf. Hierdurch entsteht ein Innendruck, der **Turgor,** der den Protoplasmaschlauch gegen die Zellwand preßt und diese dabei dehnt. Die Wasseraufnahme hält solange an, bis der mit zunehmender elastischer Spannung der Zellwand größer werdende Wanddruck, der dem Turgor entgegenwirkt, einem weiteren Wassereinstrom Einhalt gebietet. Der Turgor trägt erheblich zur **Festigkeit des Pflanzenkörpers** bei, insbesondere bei krautigen Pflanzen, die verhältnismäßig arm an Festigungselementen sind. Darüber hinaus bewirkt der Turgor bei noch wachstumsfähigen Zellen eine plastische Dehnung der primären Zellwand, die einen Wassereinstrom und damit eine Volumenvergrößerung der Zelle zur Folge hat. Der Turgor ermöglicht damit erst das **Zellwachstum** (die Zusammenhänge sind unter energetischen Gesichtspunkten genauer in Kap. 6.1.3 erläutert).

Spezialisierungen der Vakuole: In gewissem Maße passen alle Zellen ihren Turgor über die Konzentrationen osmotisch aktiver Teilchen, insbesondere durch Veränderung der Ionenkonzentration im Zellsaft, den jeweiligen Erfordernissen an. Schließzellen und spezialisierte Zellen in sog. Motorgeweben von Blattgelenken (S. 191 und Box **5.3** S. 191) tun dies jedoch innerhalb von Minuten oder sogar Sekunden, (z. B. Klappfallenblätter der Insektivoren (Plus **19.6** S. 798), Fiederblätter der Mimose (Abb. **19.17** S. 797). Ihre Tonoplasten müssen also – auf bestimmte Reize hin – in kürzester Zeit große Mengen an Ionen und Wassermolekülen passieren lassen. Besonders gut wurden die zugrundeliegenden molekularen Vorgänge an Schließzellen untersucht (Kap. 7.3.3).

Alle Vakuolen enthalten neben niedermolekularen Substanzen auch Makromoleküle, z. B. zahlreiche Enzyme, die Reaktionen im Zellsaft katalysieren oder aber als „Verteidigungssysteme" für den Fall einer Verletzung der Zelle bevorratet werden, beispielsweise Chitinasen, um pathogene Pilze zu schädigen. In Speichergeweben von Samen finden sich, meist in großer Zahl, sog. Proteinvakuolen, die hochmolekulare und unlösliche Aggregate verschiedener Speicherproteine akkumulieren und deren Inhalt im reifen Samen fast ausschließlich aus Protein und kaum noch Wasser besteht (Plus **18.14** S. 763).

Während der Differenzierung der Siebelemente (Kap. 3.2.3) werden die Tonoplastenmembranen in den Siebzellen bzw. Siebröhren aufgelöst. Das Plasmalemma umschließt dann eine dünnflüssige Lösung von Proteinen und zu transportierenden Assimilaten.

3.2.2 Zellwandwachstum

Die durch die Vakuolenbildung bedingte Zellvergrößerung ist mit einem Wachstum der Zellwand verbunden. Grundsätzlich ist dabei Flächen- und Dickenwachstum zu unterscheiden, von denen das erstere dem zweiten in der Regel vorangeht. Das Flächen- oder Dehnungswachstum der Zellwand führt entweder zu einer allgemeinen Erweiterung des Zellumfangs (Weitenwachstum) oder, wenn eine bestimmte Wachstumsrichtung bevorzugt ist, zur Längsstreckung der Zelle. Auch das Dickenwachstum kann entweder alle Zellwände erfassen oder aber auf einzelne Zellwände bzw. sogar Teile derselben beschränkt bleiben. Ein engbegrenzt lokales Dickenwachstum kann zur Ausbildung skulpturierter Zellwände führen.

Bei meristematischen Zellen ist das **Flächenwachstum** der Zellwand in der Regel gering. Erst mit Einsetzen der Vakuolenbildung und der damit verbundenen raschen Volumenzunahme kommt es zu einer starken plastischen Dehnung der Primärwand. Da ständig neue Mikrofibrillen auf die bereits vorhandenen Schichten aufgelagert werden (Apposition), bleibt die Wanddicke während des Flächenwachstums unverändert (Abb. **3.3a–c**). Zwangsläufig wird jedoch mit zunehmender Dehnung die Maschenweite der fibrillären Netze der Primärwand immer größer, so daß diese schließlich aus zahlreichen übereinanderliegenden Netzen von Fibrillen besteht, deren Maschenweite von innen nach außen zunimmt. Man bezeichnet diesen Wachstumstypus deshalb auch als Multinetzwachstum. Bei starker Längsstreckung der Zellen erfahren die Fibrillen in den äußeren Schichten eine passive Umorientierung in Längsrichtung. Werden nach Beenden der Zellvergrößerung weitere Schichten aufgelagert, setzt das Dickenwachstum der Zellwand ein (Abb. **3.3d, e**). Infolge der hierdurch bedingten Zunahme des Wanddurchmessers büßt die Zellwand dann sehr bald ihre plastische Dehnbarkeit ein, gewinnt dafür aber an Festigkeit.

Infolge verschieden starken Flächenwachstums der Zellwand zeigen die pflanzlichen Zellen sowohl in der Größe als auch in der Gestalt eine große Mannigfaltigkeit. Die Größe kann zwischen einem bis wenigen µm (Einzeller) und ½ m (Faserzellen von *Boehmeria nivea*, S. 112) schwanken. Die Durchmesser nicht faserförmiger Zellen liegen meist in der Größenordnung von 20–200 µm.

> Bezüglich der Gestalt lassen sich **isodiametrische** und **prosenchymatische** Zellen unterscheiden. Isodiametrische Zellen, wie sie insbesondere in Parenchymen vorkommen, weisen in alle Richtungen des Raumes annähernd den gleichen Durchmesser auf. Prosenchymatische Zellen sind infolge der Bevorzugung einer Wachstumsrichtung – oft extrem – langgestreckt.

Da für die künftige Funktion einer Zelle sowohl ihre Größe als auch ihre Gestalt von ausschlaggebender Bedeutung sein kann, ist somit durch das verschieden starke Flächenwachstum der Zellen auch der erste Schritt zu ihrer Differenzierung getan.

Ein besonders starkes Dickenwachstum der Zellwand findet sich bei den Festigungsgeweben. Bei den **Sklerenchymen** bestehen die Wandverdickungen aus Sekundärwandmaterial, wobei die Verdickung alle Wände etwa gleichmäßig erfaßt. Meist stirbt das Cytoplasma sklerenchymatischer Zellen nach ihrer Fertigstellung ab, doch gibt es auch Fälle, in denen sie am Leben bleiben. Häufig werden die Wände durch nachträgliche Ligninlagerungen sehr hart. Manche Sklerenchymfasern bleiben

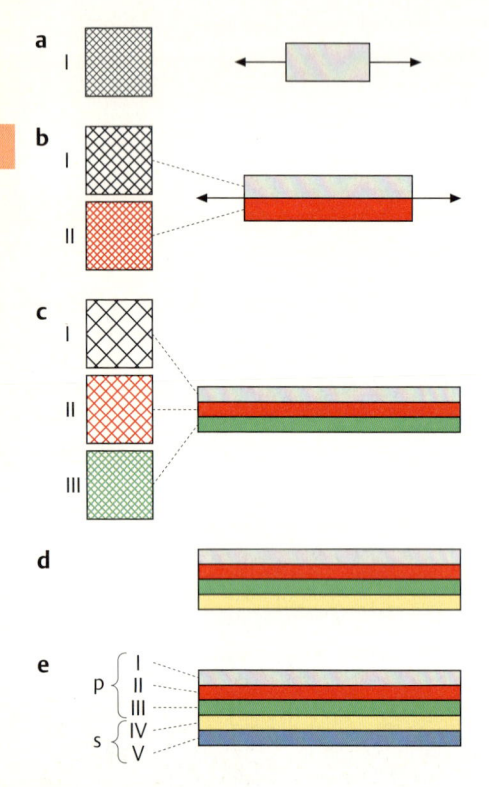

Abb. 3.3 Zellwandwachstum durch Apposition. a–c Flächenwachstum. Links sind die einzelnen Schichten in Aufsicht mit eingezeichneter Maschenweite wiedergegeben. **d, e** Dickenwachstum. Die von außen nach innen aufeinanderfolgenden Zellwandschichten sind mit I–V bezeichnet, p Primärwandschichten, s Sekundärwandschichten.

fast oder ganz unverholzt und behalten ihre Elastizität bei. Bei den Zellen der **Kollenchyme** erfahren bereits die Primärwände eine Verdickung, die allerdings auf einzelne Zellwände oder Zellwandbereiche beschränkt bleibt. Dem Primärwandcharakter entsprechend bestehen die Verdickungen aus abwechselnden Schichten von Cellulose oder pektinartigen Stoffen, die nicht verholzen. Die Zahl der Schichten ist in verdickten und unverdickten Wandbereichen gleich, die Schichten sind nur verschieden stark.

Lokal begrenztes Dickenwachstum kann auch zur Ausbildung von Leisten, Netzen, Stacheln u. a. Skulpturen führen, und zwar sowohl auf der Innen- als auch auf der Außenseite der Zellwand. Auch das Flächenwachstum kann auf bestimmte Bereiche beschränkt bleiben, was zur Bildung von Auswüchsen und unregelmäßigen Zellformen führt. Das Ergebnis dieses Zusammenspiels von Flächen- und Dickenwachstum kann also von Fall zu Fall sehr verschieden sein, sodaß es nicht verwundert, wieviele verschiedene Gestalten die Pflanzenzelle annehmen kann.

Isodiametrische Zelle

Das Ergebnis eines etwa gleichmäßigen Flächen-(Weiten-)wachstums ist die isodiametrische Zelle, die im Idealfall eine annähernd kugelförmige Gestalt annimmt.

Die Ursache für diese Zellform ist der in alle Raumrichtungen gleich starke Turgordruck des Protoplasten, der die dünnen, elastischen Primärwände der zunächst kubischen oder quaderförmigen Zellen – nach Auflösung der Mittellamelle an den Kanten – bei der Interzellularenbildung abrundet. Allerdings sind die so entstehenden Zellen nicht ideale Kugeln, sondern sie haben wegen der zahlreichen Berührungsflächen mit den Nachbarzellen eine polyedrische Gestalt (Abb. **3.4**).

Parenchymzellen: Sie kommen dem Ideal der isodiametrischen Zelle am nächsten, obwohl auch bei ihnen die eine oder andere Richtung des Raumes etwas bevorzugt sein kann, wie etwa im Falle des Palisadenparenchyms der Laubblätter. Mit ihren nur schwach verdickten und in der Regel unverholzten Wänden bilden sie u. a. das **Grundgewebe** des pflanzlichen Vegetationskörpers, das dank seiner turgeszenten Spannung auch zu dessen Festigkeit beiträgt. Die Parenchyme sind meist reich an **Interzellularen**, die ein zusammenhängendes Durchlüftungssystem bilden. Wie bereits erwähnt (S. 94), entstehen sie meist schizogen (Abb. **3.4**). Allerdings können Hohlräume auch durch Auflösung ganzer Zellen (lysigen) oder durch Zerreißen von unter Spannung stehenden Gewebebereichen (rhexigen) zustande kommen. In einzelnen Fällen, z. B. bei Wasserpflanzen, können die Interzellularen so groß werden, daß ein regelrechtes **Durchlüftungsgewebe** (Aerenchym) entsteht (Box **19.6** 787). Meist sind die Grundgewebe funktionell spezialisiert. So sind **Photosynthesegewebe** (Chlorenchyme) reich an Chloroplasten. Bei an trockene Standorte angepaßten Pflanzen finden sich **Wasserspeichergewebe** (Hydrenchyme) mit großen Vakuolen, während **Speichergewebe** der Speicherung von Reservestoffen dienen, die häufig fast die ganze Zelle ausfüllen. Eine wichtige Funktion erfüllen die **Transferzellen**, die sich bevorzugt an den Übergangsstellen vom Grund- zum Leitgewebe befinden. Ungeachtet einer großen Formenmannigfaltigkeit zeichnen sie sich durch den Besitz fingerförmiger, oft verzweigter und gekrümmter zentripetaler Wandverdickungen aus (Abb. **3.5**), die durch lokales Dickenwachstum der Zellwand entstanden sind. Hierdurch vergrößert sich die Innenfläche der Zellwand und, da sie vom Plasmalemma bedeckt ist, auch dessen Ausdehnung auf das 10- bis 20fache. Die Transferzellen haben meist große Zellkerne, sind reich an

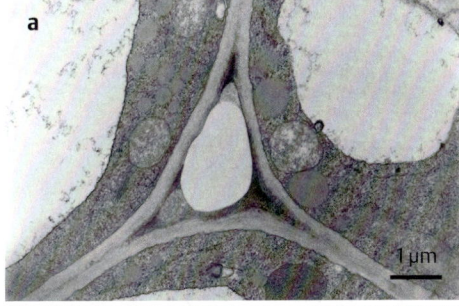

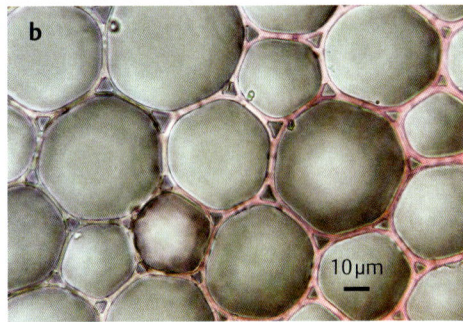

Abb. 3.4 **Abrundung der Zellform bei Bildung schizogener Interzellularen. a** Transmissionselektronenmikroskopische Aufnahme einer Interzellularen aus einem Kotyledo vom Raps (*Brassica napus*). **b** Lichtmikroskopische Aufnahme eines Sproßquerschnittes aus dem Markparenchym von *Clematis vitalba* mit annähernd kugelförmigen Parenchymzellen, verholzte Zellwände rot (Färbung Astralblau/Safranin) (**a, b** Originalaufnahmen G. Wanner, **b** mit freundlicher Genehmigung aus Wanner 2004).

Abb. 3.5 Transferzelle. Wandlabyrinth einer Transferzelle aus einem Wurzelknöllchen von *Pisum sativum*, m Mitochondrien, f fingerförmige Zellwandfortsätze (Originalaufnahme H.-G. Heumann aus Jurzitza 1987).

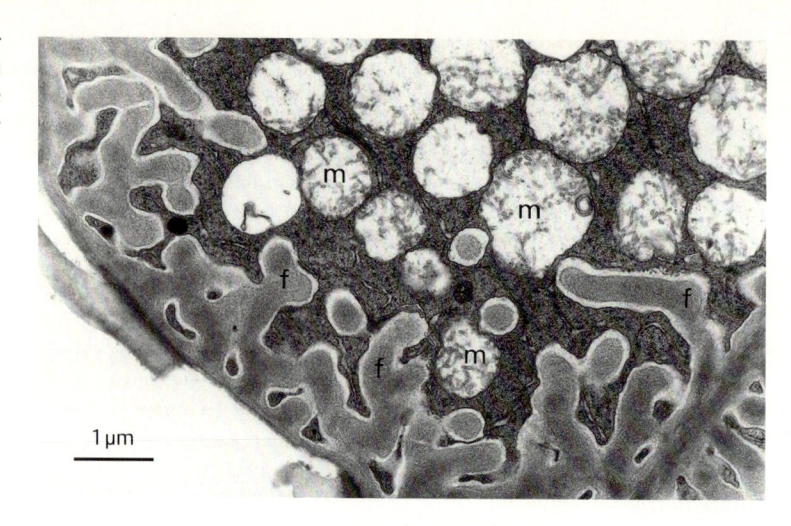

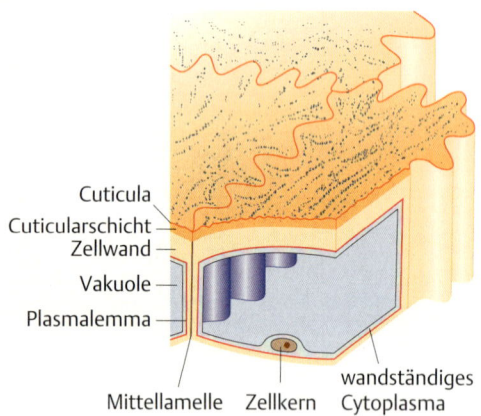

Abb. 3.6 Epidermiszellen. Blattepidermiszellen, schematisiert, die vorderen Zellen aufgeschnitten.

Abb. 3.7 Cuticula und Cuticularschicht. Epidermis von *Clivia miniata*. Lichtmikroskopische Aufnahme nach Behandlung mit Chlorzinkjod. Cuticula (oben) gelb, Celluloseschichten violett, dazwischen Cuticularschichten mit rot-braunen Farbübergängen (Originalaufnahme G. Wanner).

Mitochondrien und weisen eine hohe ATPase-Aktivität aus. All diese Eigenschaften lassen darauf schließen, daß sie vor allem Transportfunktionen ausüben (Kap. 18.6.2).

Durch äußere Einflüsse, z. B. Verletzung, können Parenchymzellen des Grundgewebes durch Rückdifferenzierung wieder meristematisch werden und als Kallus Wunden verschließen.

Epidermiszellen: Die oberirdischen Organe der Höheren Pflanzen sind von einem meist einschichtigen **Abschlußgewebe**, der Epidermis, überzogen. Epidermiszellen schließen lückenlos, also ohne Interzellularen, aneinander. Ihren beiden Hauptfunktionen – mechanischer Schutz der Oberfläche und Kontrolle von Gasaustausch und Wasserdampfabgabe – entsprechend haben die Epidermiszellen eine charakteristische Gestalt (Abb. **3.6**). Sie sind meist flächig ausgedehnt, also keineswegs streng isodiametrisch, und ihre Seitenwände zeigen nicht selten einen welligen Verlauf. Das hat eine enge Verzahnung benachbarter Zellen und somit eine erhöhte mechanische Beanspruchbarkeit zur Folge. Die Epidermiszellen der Monokotyledonen sind in Längsrichtung gestreckt (Abb. **5.24a** S. 189). Bei der Gerste können sie eine Länge von bis zu 5 mm erreichen. Bei einigen Pflanzenarten werden die Epidermen durch perikline Teilungen mehrschichtig (2–16 Zellschichten). Sie dienen dann meist als Wasserspeichergewebe.

Die Außenwände der Epidermiszellen sind im typischen Falle, d. h. mit Ausnahme der an feuchte Standorte angepaßten Pflanzen, durch mehrere bis zahlreiche Sekundärwandschichten verdickt (Abb. **3.6**), während alle übrigen Wände nur eine relativ schwache Verdickung erfahren. An der Außenfläche ist die Epidermis von einer lückenlosen Cuticula überzogen. Auch die darunterliegenden Zellwandschichten können neben Cellulose Cutin enthalten. Sie werden dann als Cuticularschichten bezeichnet. Sie treten besonders deutlich hervor, wenn man stark verdickte Zellwände, z. B. von *Clivia miniata*, mit Chlorzinkjod behandelt. Wie Abb. **3.7** zeigt, färbt sich die Cuticula gelb, während die Zellwand einen violetten Farbton annimmt. Die dazwischenliegenden Cuticularschichten zeigen ihrem Cutingehalt entsprechend Farbübergänge bräunlicher Tönung. Zwischen den Cuticularschichten und der Cellulosewand befindet sich eine dünne Schicht aus Protopektin, die sich mikroskopisch allerdings meist nicht ohne weiteres nachweisen läßt.

Der Plasmaschlauch umschließt eine große Vakuole, die etwa 90 %, in Extremfällen sogar 99 % des Zellinnenraums einnimmt, so daß Cytoplasma und Zellkern nur 1–10 % des Zellvolumens ausmachen. Der Zellsaft enthält nicht selten Flavonoide (u. a. Anthocyane bei den „blutfarbigen" Blättern, Box 12.3 S. 356), deren Fähigkeit, ultraviolettes Licht zu absorbieren, eine Schutzfunktion, insbesondere gegen UV-B- und UV-C-Strahlung (280–320 nm, 250–280 nm Wellenlänge) darstellt. In der Regel enthalten die Epidermiszellen Leukoplasten, seltener auch Chloroplasten, z. B. bei einigen Schatten- und Wasserpflanzen. Das Muster der Epidermiszellen ist, je nach Pflanzenart und Organ, von Spaltöffnungen (S. 189), Idioblasten, Haaren (s. u.) und anderen Anhangsgebilden durchbrochen.

Steinzellen: Steinzellen sind isodiametrische Sklerenchymzellen. Die alle Wände erfassenden sekundären Wandverdickungen können so stark sein, daß nur noch ein kleines Lumen übrigbleibt (Abb. 3.8). Meist lassen die Sekundärwände schon im Lichtmikroskop eine deutliche Schichtung erkennen. Da die Tüpfel bei der Verdickung ausgespart bleiben, entstehen regelrechte Tüpfelkanäle. Fusionieren zwei Tüpfelkanäle bei zunehmendem Dickenwachstum miteinander, spricht man von verzweigten Tüpfeln. Durch Ligninanlagerungen (S. 41) wird die Festigkeit der Wände noch erhöht. Stark verholzte Steinzellen, deren plasmatischer Inhalt abgestorben ist, finden als Festigungselemente bei Gewölbekonstruktionen (z. B. Nußschale) Verwendung. Nicht selten sind sie jedoch auch in parenchymatische Gewebe, z. B. Fruchtfleisch, eingestreut, ohne daß man ihnen hier eine besondere Funktion zuschreiben könnte.

Abb. 3.8 Steinzelle. Schematisches Raumbild, vorne aufgeschnitten.

Prosenchymatische Zelle

Die langgestreckte, faserförmige Prosenchymzelle ist das Ergebnis eines eindimensionalen Zellstreckungswachstums. Dieses kann entweder die Längswände der Zelle insgesamt erfassen oder es beschränkt sich auf die Spitzen der Zellen. Im letzteren Falle spricht man von Spitzenwachstum, das uni- oder bipolar erfolgen kann. Unipolares Spitzenwachstum ist z. B. für Wurzelhaare, Trichome, Pollenschläuche und Pilzhyphen charakteristisch.

Haare: Pflanzliche Haare, auch **Trichome** genannt, entstehen durch lokales Auswachsen einzelner Epidermiszellen (Kap. 18.3.1). Sie sind mit ihrem unteren Teil in der Epidermis verankert, während sich der Schaft

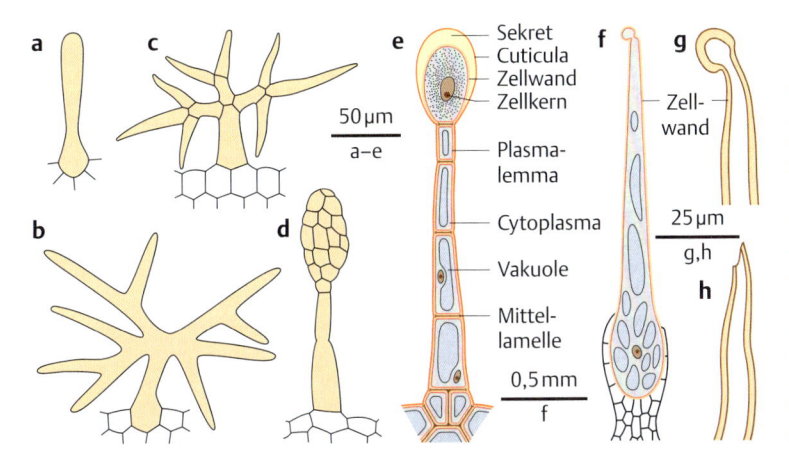

Abb. 3.9 Haartypen. a Einzellig, unverzweigt (*Fuchsia*), **b** einzellig, verzweigt (*Matthiola incana*), **c** mehrzellig, verzweigt (*Lavandula officinalis*), **d** Köpfchenhaar (*Hyoscyamus niger*), **e** Drüsenhaar des Salbeis (*Salvia pratensis*), **f–h** Brennhaar der Brennessel (*Urtica dioica*), **f** Haar auf Sockel im optischen Schnitt. Der Zellkern befindet sich in einer Plasmatasche, die an Plasmasträngen aufgehängt ist, in der Mitte der Vakuole. Die äußere Zellschicht des Sockels ist die Epidermis, die drei inneren sind aus subepidermalen Schichten hervorgegangen. Köpfchen in **g** vergrößert, in **h** abgebrochen (nach Troll, Hummel und Staesche, Kny, Kienitz-Gerloff).

Abb. 3.10 Haare. a Blattunterseite von *Virola surinamensis* (Lauraceae). Die etwa halbkugeligen Epidermiszellen zeigen einen dichten Wachsbelag und sternförmige Trichome, die jedoch keinen Wachsbelag tragen. **b** Drüsenhaare des Blattstiels von *Pelargonium zonale* (rasterelektronenmikroskopische Originalaufnahmen **a** W. Barthlott, **b** G. Wanner).

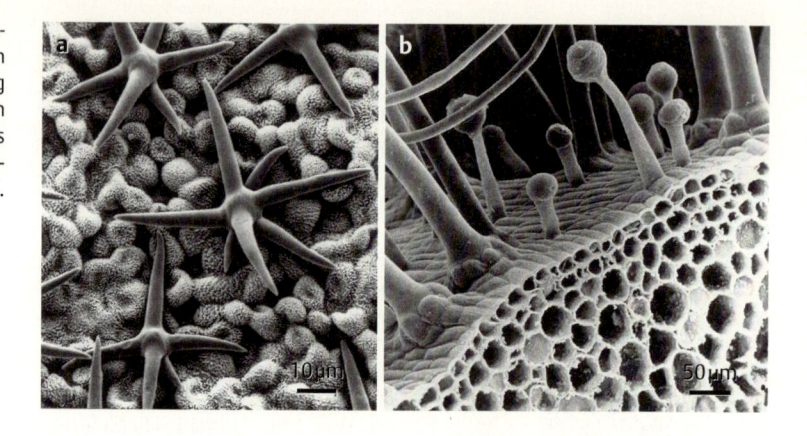

über diese erhebt. In ihrer Ausgestaltung und Funktion herrscht eine große Mannigfaltigkeit (Abb. **3.9** und Abb. **3.10**). Sie können ein- oder mehrzellig, verzweigt oder unverzweigt, lebend oder abgestorben, papillös oder köpfchenförmig gestaltet sein. Die Wände mancher Haare werden durch Sekundärwandauflagerungen vielschichtig, wie das Baumwollhaar, erhalten Zellwandeinlagerungen, wodurch ihre mechanischen Eigenschaften verändert werden, oder erfahren eine ihrer Funktion entsprechende, bisweilen recht komplizierte Ausbildung, wie im Falle der bereits besprochenen Drüsenhaare (Abb. **3.9e** und Abb. **3.10b**), der schuppenförmigen Absorptionshaare oder der Brennhaare (Abb. **3.9f–h**). Bei den **Brennhaaren** ist der untere, balgförmige Teil in einen sockelartigen Auswuchs epidermalen und subepidermalen Gewebes eingesenkt, während der obere Teil spitz ausläuft und mit einer kleinen Kuppe endet. Die Zellwand ist im oberen Teil des Haares verkieselt. Die Verkieselung wird zur Basis hin schwächer, während gleichzeitig die Calciumcarbonat-Inkrustierung zunimmt. Das Köpfchen bricht bei Berührung an einer präformierten, infolge der Kieselsäureeinlagerungen spröden Stelle schräg ab (Abb. **3.9g, h**), sodaß gewissermaßen eine Injektionskanüle entsteht, die in die Haut eindringt. Durch den hierbei auf den Unterteil ausgeübten Druck wird der Zellsaft, der Natriumformiat, Acetylcholin und Histamin enthält, in die Wunde eingespritzt. Von den Trichomen zu unterscheiden sind die **Emergenzen**, das sind Anhangsgebilde, an deren Bildung sowohl die Epidermis als auch darunterliegende Gewebeschichten beteiligt sind. Beispiele hierfür sind der Sockel des Brennhaares der Brennessel (Abb. **3.9f**) sowie die Stacheln (S. 181) z. B. der Rose.

Kollenchymzellen: Kollenchymzellen entstehen durch lokale Verdickungen der Primärwände (Abb. **3.11**). Beschränken sich diese auf die Kanten der Zellen, spricht man von **Kantenkollenchym** (**Eckenkollenchym**), sind ganze Wände verdickt, während andere unverdickt bleiben, von **Plattenkollenchym**. In der Regel sind die Kollenchymzellen prosenchymatisch und an den Enden zugespitzt, doch können bisweilen auch isodiametrische Zellen kollenchymatisch verdickt sein. Da größere Wandbereiche von der Verdickung ausgenommen sind, werden die Kollenchymzellen in ihrem Stoffaustausch kaum behindert. Sie behalten deshalb ihren plasmatischen Inhalt und führen, wenn sie an der Peripherie von Organen liegen, häufig sogar Chloroplasten. Da sie bis zu einem gewissen Grad dehnungs- und wachstumsfähig sind, finden sie sich vor allem als Stützgewebe in jüngeren, noch im Wachstum begriffenen Pflanzenteilen. Interzellularen sind in Kollenchymgeweben häufig klein oder fehlen ganz.

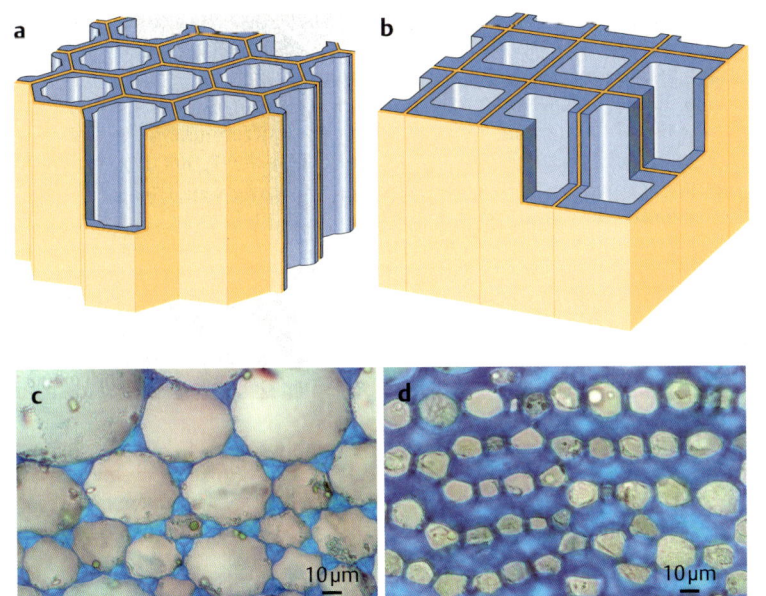

Abb. 3.11 Kollenchymzellen. a Kantenkollenchym und **b** Plattenkollenchym, schematische Raumdiagramme. Lokale Verdickungen der Zellwände blau. **c** Kantenkollenchym aus dem Blattstiel von *Begonia rex*. **d** Plattenkollenchym aus einem Zweig von *Sambucus nigra* (Holunder) (Färbung Astralblau, Originalaufnahmen E. Facher und G. Wanner).

Sklerenchymfasern: Die Wände dieser prosenchymatischen Sklerenchymzellen sind etwa gleichmäßig verdickt und regelmäßig geschichtet (Abb. 3.12). Fasern mit unverholzten Wänden, wie z. B. die Leinfaser (Flachs, *Linum usitatissimum*), zeichnen sich durch eine hohe Elastizität aus (Plus 3.1). Durch Lignineinlagerungen (S. 117) werden sie mehr oder weniger starr, wie das Beispiel der Holzfasern zeigt.

Plus 3.1   Pflanzenfasern

Die Nutzung pflanzlicher Fasern zur Herstellung von Geweben zur Bekleidung, aber auch für technische Zwecke (Seile, Teppiche, Matten, Körbe usw.) ist schon sehr früh in der Menschheitsgeschichte nachweisbar.

Pflanzen„fasern" werden entweder aus Haaren, also Epidermisbildungen, wie im Falle der Baumwolle und des Kapoks, gewonnen oder es handelt sich um echte Fasern im botanischen Sinn, nämlich um Sklerenchymfaserbündel aus Sproßachsen, Blättern oder bisweilen sogar Früchten. Ein Beispiel für Fruchtfasern stellt die für Seile, Matten und Teppiche verwendete Coir-Faser dar, die aus dem Mesokarp unreifer Cocosfrüchte (*Cocos nucifera*) gewonnen wird. Die wichtigsten vom Menschen genutzten Faserpflanzen sind in der Tabelle zusammengestellt.

Pflanze	Familie	verwendeter Teil	Faser
Gossypium hirsutum	Malvaceae	epidermale Haare der Samenschale	Baumwolle
Ceiba pentandra	Bombacaceae	Haare der inneren Epidermis der Fruchtwand	Kapok
Linum usitatissimum	Linaceae	Sproßachse, Sklerenchym der Leitbündel	Flachs
Cannabis sativa	Moraceae	Sproßachse, Sklerenchym der Leitbündel	Hanf
Urtica dioica	Urticaceae	Sklerenchymbündel der Sproßkanten	Nessel
Boehmeria nivea	Urticaceae	Sklerenchymbündel der Sproßkanten	Ramie
Corchorus-Arten	Tiliaceae	Sproßachse, Sklerenchym der Leitbündel	Jute
Musa textilis	Musaceae	Unterblatt, Sklerenchym der Leitbündel	Manilahanf
Agave sisalana	Agavaceae	Blatt, Sklerenchym der Leitbündel	Sisalhanf

Abb. 3.12 Sklerenchymfasern. Ausschnitt aus einem Faserbündel, schematisches Raumdiagramm. Die Wände sind gleichmäßig verdickt.

In den Wänden faserförmiger Zellen (Abb. 3.13) ist die Streichrichtung der parallel gelagerten Cellulosefibrillen von ausschlaggebender Bedeutung für die mechanischen Eigenschaften. Liegen sie etwa parallel zur Längsachse der Zellen, spricht man von einer Fasertextur. Solche Fasern, wie z. B. die Ramiefaser (*Boehmeria nivea*), besitzen eine hohe Zugfestigkeit, sind aber nur wenig dehnbar. Häufiger ist der Typus der Schraubentextur, der bei Lein-, Hanf- und Holzfasern sowie den Tracheiden (s. u.) vorkommt. Hier laufen die Fibrillen in einem mehr oder weniger steilen Winkel schraubig um die Längsachse der Zellen. Manche dieser Fasern, z. B. die Palmfasern von *Cocos*, zeichnen sich durch eine starke Dehnbarkeit aus. Seltener ist der Typus der Ringtextur, bei dem die Fibrillen etwa senkrecht zur Längsachse der Zelle verlaufen. Möglicherweise handelt es sich aber auch hier um sehr flache Schrauben. Ringtextur findet sich bei Milchröhren, die keiner Zugbeanspruchung unterliegen, wohl aber unter einem Innendruck stehen.

Die Sklerenchymfasern sind an den Enden zugespitzt und erreichen eine beträchtliche Länge, die zwischen einigen mm und 55 cm (Ramiefasern) liegen kann. Die schräg aufsteigenden, spaltförmigen Tüpfel, die sich z. B. bei *Saccharum officinarum* (Zuckerrohr) finden, lassen auf eine Schraubentextur, die parallel zur Längsachse ausgerichteten spaltförmigen Tüpfel von *Chlorophytum comosum* (Liliengrün) auf eine Fasertextur schließen. Bei krautigen Stengeln, die biegungsfest sein müssen, sind die Sklerenchymfasern meist peripher angeordnet, und zwar entweder in Form einzelner Stränge oder als geschlossene Zylinder. Häufig begleiten sie als Leitbündelscheiden die Leitelemente. Bei Baumstämmen, die eine der Baumkronengröße entsprechende Säulenfestigkeit aufweisen müssen, sind sie über den Stammquerschnitt verteilt (Holz- und Bastfasern). Dagegen sind sie bei den Wurzeln, die vor allem einer Zugbeanspruchung ausgesetzt sind, entweder zentral angeordnet oder in Form einzelner Stränge über den Wurzelquerschnitt verteilt. Grundsätzlich können die Sklerenchymfasern ihre Funktion auch im abgestorbenen Zustand erfüllen, doch behalten z. B. die Holzfasern oft lange Zeit ihren lebenden Inhalt und übernehmen Speicherfunktionen.

Tracheiden: Sie sind langgestreckte, an den Enden zugespitzte Zellen des Xylems, die in erster Linie der Wasserleitung dienen, bei stärkerer Verdickung ihrer Wände aber auch als Festigungselemente fungieren (Abb. 3.13). Die Zellwände sind, der Leitungsfunktion entsprechend, stark getüpfelt – und zwar vor allem an den schräggestellten Endwän-

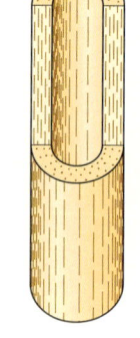

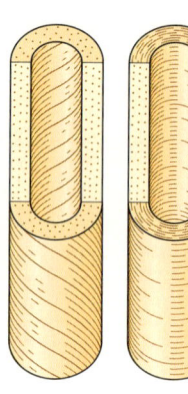

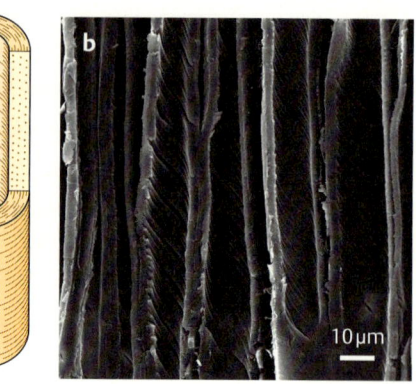

Abb. 3.13 Texturen von Pflanzenfasern und Tracheiden. a Raumdiagramme. **b** Schraubentextur der Tracheiden aus dem Spätholz von *Pinus* spec. (rasterelektronenmikroskopische Originalaufnahme G. Wanner).

Fasertextur   Schraubentextur   Ringtextur

den –, um die Wegsamkeit in der Längsrichtung zu erhöhen. Die Schließhäute der Tüpfel (s. u.) sind nicht oder nur teilweise aufgelöst. Der plasmatische Inhalt der Tracheiden ist im funktionsfähigen Zustand abgestorben.

Ungegliederte Milchröhren: Nicht wenige Pflanzen enthalten Milchröhren. Milchröhren können entweder gegliedert (s. u.) oder ungegliedert sein. Ungegliederte Milchröhren sind mehrkernige Zellen, also Coenoblasten, die z. B. bei *Euphorbia*-Arten (Wolfsmilch), beim Gummibaum (*Ficus elastica*) oder beim Oleander (*Nerium oleander*) vorkommen. Sie durchziehen als langgestreckte und weitverzweigte Schläuche den Pflanzenkörper, indem sie vom Keimlingsstadium an der Größenzunahme der Pflanze folgen. Ihre Wände bestehen aus Schichten sich schräg kreuzender Fibrillen mit Paralleltextur. Sowohl gegliederte als auch ungegliederte Milchröhren sind von einem charakteristischen Sekret, dem Milchsaft, erfüllt. Die Milchsäfte enthalten zahlreiche, von Art zu Art ganz verschiedene Verbindungen, z. B. Zucker, Stärke, Eiweiß, Öle, Kautschuk u. a. Diese liegen entweder gelöst oder aber in Form von Tröpfchen oder festen Partikeln emulgiert bzw. suspendiert vor, worauf die milchige Beschaffenheit zurückzuführen ist.

3.2.3 Zellfusionen

Wie das Beispiel der Tracheiden lehrt, sind langgestreckte Zellen nicht nur als Festigungselemente, sondern auch für die Leitung von Wasser und darin gelösten Stoffen geeignet. Ungleich leistungsfähiger sind jedoch Leitungssysteme, deren Zellen unter teilweiser oder völliger Auflösung der Querwände in offene Verbindung miteinander treten, was man als Zellfusion bezeichnet. In der Regel geht der Zellfusion noch ein Weitenwachstum der einzelnen Glieder voraus, wodurch die Transportleistung erheblich vergrößert wird.

Siebröhren und Siebzellen: Dem Ferntransport organischer Stoffe dienen die Siebelemente des Phloems, die in ihren oftmals auch schrägstehenden Querwänden von Siebporen durchbrochen sind. Die für die Pteridophyten (Farnpflanzen) und Gymnospermen (Nacktsamer) charakteristischen Siebzellen weisen in ihren zugespitzten, an das Ende einer benachbarten Zelle grenzenden Endwänden mehrere Siebporen umfassende Siebfelder auf. Hier sind die Siebporen beiderseits von Anhäufungen glatten endoplasmatischen Reticulums bedeckt, dessen Ausläufer – eingebettet in Cytoplasmastränge – die Siebporen durchziehen. Im Vergleich hierzu sind bei den Angiospermen die Poren in den Querwänden der Siebröhren erheblich größer und in der Regel nicht von tubulären Ausläufern des ER, wohl aber von Cytoplasmasträngen durchzogen. Auch finden sich zu beiden Seiten der Poren keine ER-Anhäufungen. Ihre Transportleistung wird hierdurch erheblich erhöht, d. h. sie sind noch besser für den Ferntransport geeignet. Die Siebporen sind mit Kallose ausgekleidet. Bei den Siebröhren stellt entweder die gesamte Querwand eine einzige Siebplatte dar (Abb. 3.14 und Abb. 3.15) oder es entstehen mehrere Siebfelder, was häufig bei schräggestellten Wänden der Fall ist. Außerdem kommen auch in den seitlichen Wänden Siebplatten vor.

Die Protoplasten der Siebzellen und Siebröhren besitzen ein Plasmalemma, im ausdifferenzierten Zustand aber keinen Tonoplasten mehr, d. h. die ganze Zelle ist mit einem dünnflüssigen, proteinhaltigen Zellsaft ausgefüllt, in dem die Assimilate gelöst sind und der die Zelle z. T. mit erheblicher Geschwindigkeit durchströmt (Kap. 10.1). Neben einigen Mitochondrien, Plastiden bzw. Proplastiden enthalten sie vor allem flache Zisternen des glatten ER. Die Siebröhren sind kernlos. Bei den Dikotyledo-

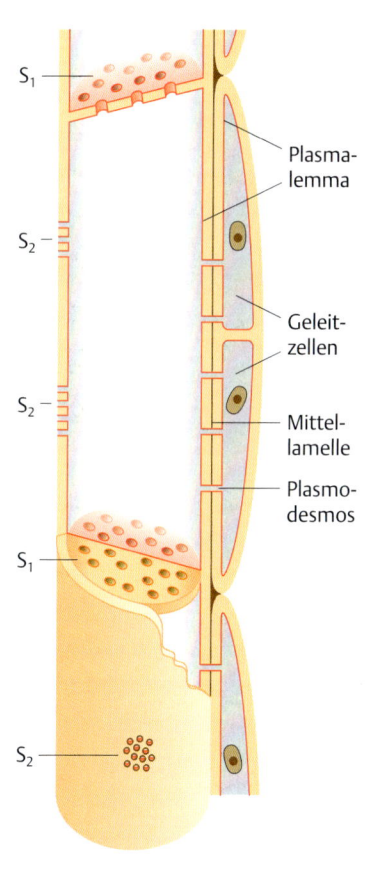

Abb. 3.14 Phloemelemente. Siebröhre mit Geleitzellen (schematisch), im oberen Teil der Länge nach aufgeschnitten, S = Siebplatten, S_1 in den Querwänden, S_2 in den Längswänden.

Abb. 3.15 Siebröhren und Geleitzellen.
a Längsschnitt durch Siebröhren mit Siebplatte und beiderseits Geleitzellen aus der Sproßachse von *Ranunculus repens*. **b** Querschnitt durch Siebröhren und Geleitzelle aus der Sproßachse von *Nicotiana tabacum*, **c** gleiches Objekt, Siebröhre mit angeschnittener Siebplatte in Aufsicht. g Geleitzelle, ka Kallose, pp Phloemparenchym, pr Siebpore, sp Siebplatte, sr Siebröhre (Originalaufnahmen G. Wanner).

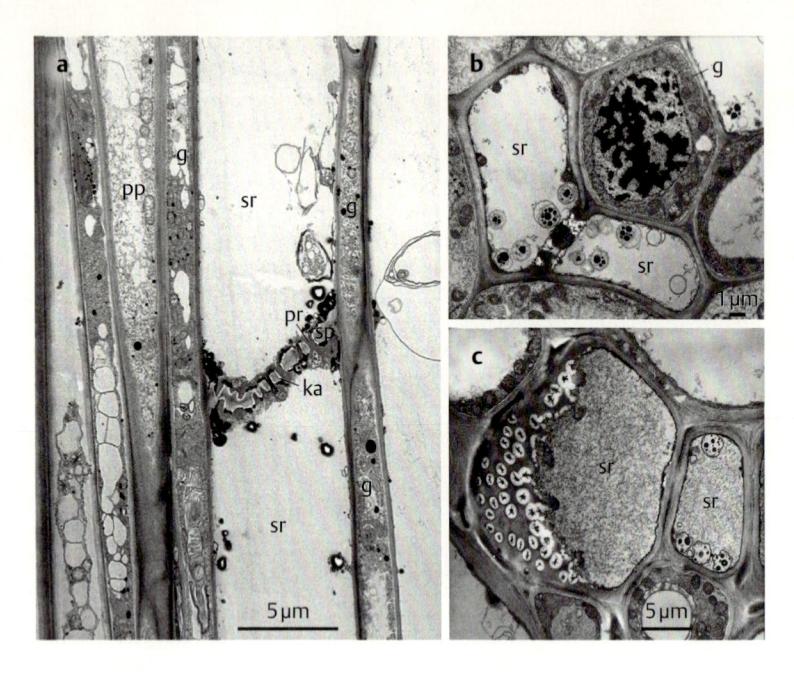

nen sind sie meist nur eine Vegetationsperiode über tätig und werden gegen Ende der Vegetationsperiode durch Beläge aus Kallose verschlossen. Bei anderen Pflanzen, z. B. den baumförmigen Monokotyledonen, können die Siebröhren hingegen ihre Funktion viele Jahre ausüben.

Wegen ihres hohen Gehaltes an löslichen Assimilaten stehen die Siebröhrenprotoplasten unter Druck. Siebröhren würden somit schon bei geringfügigen mechanischen Beschädigungen über weite Strecken funktionsuntüchtig. In der Umgebung einer Beschädigung werden jedoch die die Siebplatten durchziehenden Plasmastränge durch koagulierendes Protein rasch verstopft, so daß kein Siebröhrensaft austreten kann. Wahrscheinlich wird der Assimilattransport in der Umgebung einer solchen Störstelle durch Querverbindungen zwischen den Siebröhren (Anastomosen) umgeleitet.

Bei den Angiospermen gehen die Siebröhren durch inäquale Teilung aus den Siebröhrenmutterzellen hervor. Aus der größeren Zelle entsteht das Siebröhrenglied, aus der kleineren, die sich noch mehrfach quer teilen kann, die **Geleitzellen** (Abb. 3.14 und Abb. 3.15). Diese für die Angiospermen charakteristischen plasmareichen Zellen sind durch zahlreiche Plasmodesmen mit den Siebröhrengliedern verbunden und bilden mit diesen eine physiologische Einheit. Über die Geleitzellen erfolgt die Beladung der Siebröhren mit zu transportierenden Substanzen, aber auch mit den benötigten Proteinen, da Siebröhrenglieder keine Ribosomen besitzen und folglich selbst keine Proteinsynthese betreiben können. Die hohe Stoffwechselaktivität erklärt den Reichtum an Mitochondrien und ER in den Geleitzellen.

Bei den Siebzellen wird die Beladungsaufgabe offensichtlich von Zellen des Phloemparenchyms übernommen, die eng mit den Siebzellen über Plasmodesmen verbunden sind und **Strasburger-Zellen** genannt werden. Im Gegensatz zu den Geleitzellen entstehen sie jedoch nicht durch inäquale Teilungen aus den Mutterzellen der Siebelemente, sondern aus anderen Kambiumzellen.

3.2 Wachstum und Differenzierung der Zelle **115**

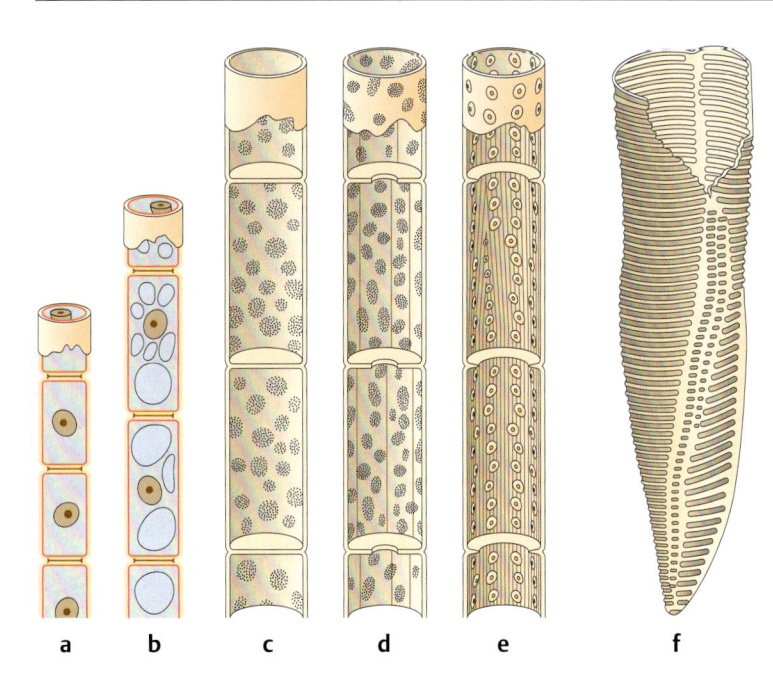

Abb. 3.16 Gefäße. a–c Gefäßentstehung durch Zellstreckung und Weitenwachstum. Anlage der Tüpfelfelder. **d** Beginn der Sekundärwandbildung und der Auflösung der Querwände. **e** Fertiges Gefäß mit Ringwülsten an den Nahtstellen, Hoftüpfel fertig ausgebildet. **f** Endabschnitt eines Leitergefäßes.

Gefäße: Die im Xylem der Angiospermen zu findenden Gefäße sind die effektivsten Bahnen für den Wasserferntransport, da sie weitlumiger sind als Tracheiden und damit dem strömenden Wasser weniger Leitungswiderstand entgegensetzen. Bei der Bildung der Gefäße erfahren die in Längsreihen angeordneten künftigen Gefäßglieder zunächst eine Zellstreckung, die mit einem Weitenwachstum verbunden ist (Abb. **3.16a–c**). Sie werden dabei endopolyploid. Haben sie ihre endgültige Größe erreicht, beginnt die Bildung der Sekundärwand, die jedoch auf die Längswände beschränkt bleibt. Nun werden die Querwände entweder ganz aufgelöst (Abb. **3.16d**, **e**) oder es bleiben noch einzelne Stege stehen, so daß leiterartige Durchbrechungen entstehen (Abb. **3.16f**). Dieser Fall leitet zu den bereits besprochenen Tracheiden über. Grundsätzlich werden nur die Interzellularsubstanz und die Matrix der Primärwand aufgelöst, da Pflanzen das Enzym Cellulase fehlt (S. 92). Die zunächst als feines Netzwerk erhaltenen Cellulosefibrillen werden später mechanisch, wahrscheinlich durch den Transpirationsstrom, entfernt. Die ehemaligen Zellgrenzen sind durch Ringwülste aus Sekundärwandmaterial, das an den Nahtstellen der einzelnen Gefäßglieder abgelagert wurde, zu erkennen (Abb. **3.16e**). Auf diese Weise entstehen weitlumige, relativ lange Zellschläuche, die eine Länge von einigen Zentimetern, in Extremfällen (Lianen) sogar von einigen Metern erreichen können. Nach Fertigstellung der Gefäße sterben die Protoplasten der einzelnen Glieder ab.

Die Aufgabe der Gefäße besteht in der Leitung des Wassers und der darin gelösten Ionen. Um das Zusammenpressen der Wände durch die Zugspannung der in den Gefäßen aufsteigenden Wassersäule zu verhindern, sind sie durch Sekundärwandauflagerungen versteift (S. 97). Da jedoch die Möglichkeit zum Wasser- und Stoffaustausch mit der Umgebung erhalten bleiben muß, kann die Verdickung nur lokal erfolgen. Dabei bestehen im Verhältnis von verdickter zu unverdickter Wandfläche starke Unterschiede (Abb. **3.17**). Die **Ringgefäße** sind nur durch einige ringförmige Verdickungsleisten ausgesteift. Ähnlich sind die **Schraubengefäße** gebaut, nur laufen die Verdickungsleisten hier schraubig um die

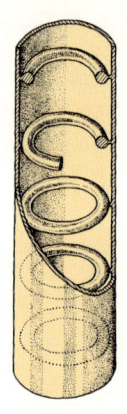

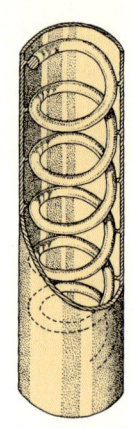

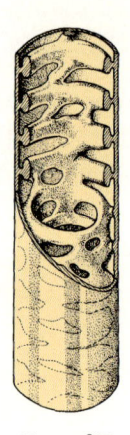

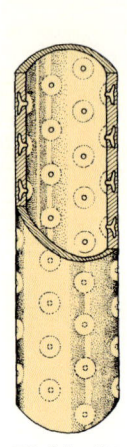

Abb. 3.17 Gefäßtypen. Alle Gefäße sind im oberen Teil der Länge nach aufgeschnitten.

Ringgefäß Schraubengefäß Netzgefäß Tüpfelgefäß

Längsachse. Bei den **Netzgefäßen** wird bereits ein größerer Teil der Gefäßwand von den netzartig verbundenen Verdickungsleisten bedeckt, während bei den **Tüpfelgefäßen** praktisch die ganze Wand verdickt ist und nur die Tüpfel ausgespart bleiben. Häufig handelt es sich dabei um Hoftüpfel. Ring- und Schraubengefäße finden sich überwiegend in jungen Pflanzenteilen, wo sie durch das weitere Streckungswachstum zerrissen werden. Ihre Funktion wird in den älteren Pflanzenteilen von den Netz- und Tüpfelgefäßen übernommen, zusammen mit den bereits besprochenen Tracheiden, bei denen hinsichtlich der Wandverdickungen die gleichen Typen unterschieden werden können.

Gegliederte Milchröhren: Auch die gegliederten Milchröhren entstehen durch Zellfusion. Bei den Milchröhrengliedern handelt es sich um **Syncytien**, also um aus der Verschmelzung mehrerer einkerniger Zellen entstandene mehrkernige Gebilde. Sie treten in Querrichtung unter Ausbildung von Anastomosen miteinander in Verbindung, sodaß sie, einem Netzwerk gleich, den gesamten Pflanzenkörper durchziehen. Gegliederte Milchröhren kommen z. B. beim Kautschukbaum (*Hevea brasiliensis*), beim Schlafmohn (*Papaver somniferum*) und beim Löwenzahn (*Taraxacum officinale*) vor. Hinsichtlich ihrer Funktion und ihrer Inhaltsstoffe gleichen sie den ungegliederten Milchröhren.

3.3 Sekundäre Veränderungen der Zellwand

Nachträgliche Veränderungen der Zellwand führen nicht so sehr zu Veränderungen der Zellgestalt als vielmehr zu einer Änderung der chemischen und physikalischen Eigenschaften ihrer Wände. Dies trifft vor allem für die Verholzung zu, bei der bereits vorhandene und verdickte Zellwände durch Einlagerungen verfestigt werden. Durch Ein- und Auflagerungen kann sich der ursprüngliche Charakter der Zellen erheblich verändern, sodaß, zumindest in funktioneller Hinsicht, ein ganz neuer Zelltyp entsteht, wie etwa im Falle des Korkgewebes. Werden die bereits fertig ausgebildeten Zellwände lediglich mit diesen Zusatzstoffen durchtränkt, spricht man von Inkrustierung, werden sie den Zellwänden als zusätzliche Schichten aufgelagert, von Akkrustierung (Abb. **3.18**).

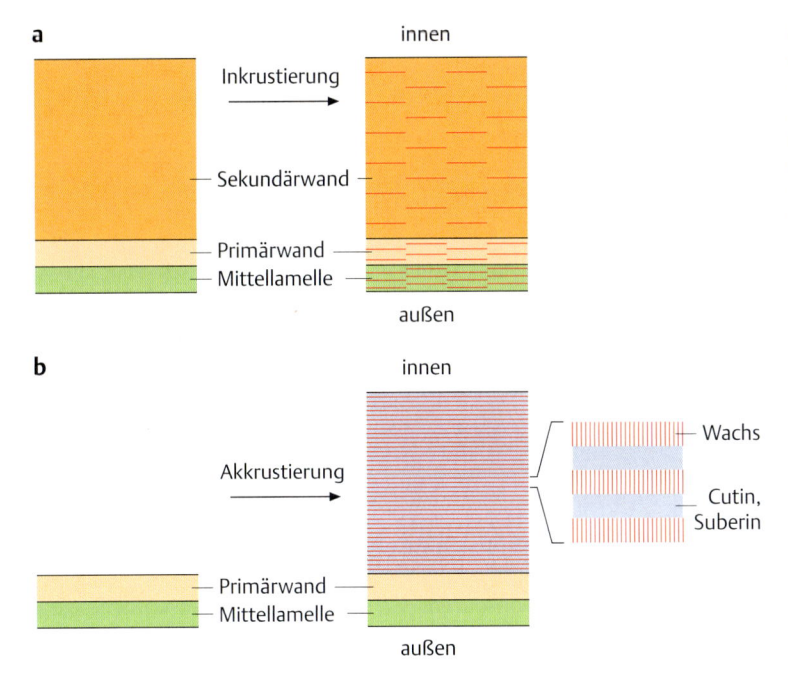

Abb. 3.18 Sekundäre Veränderungen der Zellwand (Aufbauschema). a Inkrustierung. **b** Akkrustierung. Die dem Protoplasten zugewandte Seite ist mit „innen", die abgewandte Seite mit „außen" bezeichnet. Die Akkrustierung erfolgt im gezeigten Beispiel auf der Innenseite der Zellwand (s. a. Abb. **3.24** S. 122). Akkrustierung ist auch auf der Außenseite möglich, z. B. bei Epidermiszellen.

3.3.1 Verholzung

Verholzung kommt durch Inkrustierung der interfibrillären Räume der Zellwand mit **Lignin** (Holzstoff) zustande. Dabei verbindet sich das polymerisierende Lignin kovalent auch mit allen übrigen Zellwandbausteinen zu einem Makromolekül von riesigen Ausmaßen.

Die Verholzung kann verschiedene Zelltypen erfassen. Sie führt zu einer erhöhten mechanischen Festigkeit der Zellwand, insbesondere gegen Druckbelastung, was jedoch gleichzeitig mit einem gewissen Verlust an Elastizität verbunden ist. Die erhöhte Druckfestigkeit kommt durch die amorphe dreidimensionale Struktur des Lignins und die starke kovalente Vernetzung dieses Polymers zustande (S. 41). Zugleich bewahren verholzte Gewebe – bedingt durch die Cellulosefibrillen – ihre Zugfestigkeit und damit ihre Biegsamkeit. Erst diese Kombination von Zug- und Druckfestigkeit des Holzes ermöglichte den Landpflanzen die Ausbildung sehr großer und dauerhafter Strukturen (man denke an die „Mammutbäume"). Die Wasserwegsamkeit der Zellwände wird durch die Inkrustierung mit Lignin stark herabgesetzt, bedingt durch den hydrophoben Charakter dieses aromatischen Polymers. Da aromatische Ringsysteme (Abb. **1.3** S. 9) sehr energiearm und damit stabil sind, ist Lignin sehr schwer abbaubar. Verholzung von Zellwänden stellt daher auch einen wirksamen Schutz gegenüber mikrobieller Zersetzung dar. Dieser Schutz wird durch die Einlagerung weiterer aromatischer Verbindungen in die Zellwände noch verstärkt, die aufgrund ihrer proteindenaturierenden Eigenschaften zu den Gerbstoffen zu zählen sind. Die Zellwände werden durch diese Substanzen dunkel gefärbt (Verkernung).

Lignin läßt sich im technischen Maßstab durch Kochen mit Calciumbisulfit herauslösen (**Sulfitablauge**), wobei nur das Cellulosegerüst zurückbleibt. Dieses Verfahren wird zur Herstellung von Zellstoff und holzfreiem Papier angewandt. Zum mikrochemischen Nachweis der Lignine bedient man sich eines Gemisches aus Phloroglucin und Salzsäure, das eine kirschrote Färbung ergibt (Box **1.15** S. 42).

3.3.2 Mineralstoffeinlagerung

Neben organischen Stoffen sind bei manchen Pflanzen auch Substanzen mineralischer Natur in den Zellwänden zu finden. So wird z. B. in die basalen Zellwandbereiche der Brennhaare Calciumcarbonat eingelagert (S. 110). Bei der Schirmalge *Acetabularia* kommt Calciumcarbonat zusammen mit Calciumoxalat vor. Einlagerungen aus Kieselsäure sind charakteristisch für die Schalen der Kieselalgen (Diatomeen), finden sich aber auch bei Gräsern, Riedgräsern, Schachtelhalmen und in den Spitzen der Brennhaare. In jedem Falle führt die Mineraleinlagerung zu einer Härtung der Zellwände, die dadurch aber ihre Elastizität einbüßen und spröde und brüchig werden.

3.3.3 Cutinisierung und Ablagerung von Wachsen

> **Cutin** und **Suberin** sind amorphe Polyester aus langkettigen (C_{20}–C_{30}) Hydroxy-, Epoxy- und Oxosäuren mit gesättigten und ungesättigten Mono- und Dicarbonsäuren. Cutin besteht im wesentlichen aus aliphatischen Komponenten, während Suberin zusätzlich Phenole, also Aromate, enthält. **Wachse** sind Monoester langkettiger aliphatischer Fettsäuren mit ebenfalls langkettigen aliphatischen und cyclischen Alkoholen.

In pflanzlichen Wachsen kommen in wechselnden Anteilen auch deren unveresterte Komponenten sowie zahlreiche verschiedene offenkettige und cyclische Alkane, Alkene (z. B. Terpene, Kap. 12.3) sowie flavonoide Verbindungen (Kap. 12.2.3) vor. Insgesamt sind also die „Pflanzenwachse" nicht im engen Sinne der chemischen Definition (s. o.) aufzufassen, es handelt sich vielmehr um komplizierte Stoffgemische, deren Zusammensetzung von Art zu Art und offenbar auch in verschiedenen Stadien der Entwicklung unterschiedlich sein kann.

Cutin und Suberin dienen als Matrix für die Wachse. Da alle diese Substanzen stark hydrophob sind, werden die Zellwände durch Inkrustierung bzw. Akkrustierung mit diesen Stoffen wasser- und im Falle einer starken Suberinisierung (s. u.: Kork) auch gasundurchlässig (Sektkorken!). Derart ausgerüstete Zellen finden daher häufig als innere und äußere Häute Verwendung, wo sie die Funktion haben, den Wasserdurchtritt zu kontrollieren bzw. zu verhindern.

Cuticula: Die Cuticula besteht aus Cutin, in das Wachse eingebettet sind. Infolgedessen hat sie hydrophobe Eigenschaften und setzt die Wasserwegsamkeit der pflanzlichen Oberflächen herab (Transpirationsschutz!). Die Bestandteile des Cutins werden als Vorstufen in den Epidermiszellen synthetisiert, an der Oberfläche bzw. innerhalb der Cuticula deponiert und miteinander vernetzt. Die Wachseinlagerung und die epicuticulare Wachsauflagerung erfolgen entweder durch Diffusion der Monomere durch die Cuticula oder durch kleine Poren. Die Wachskomponenten werden vermutlich in flüchtigen kurzkettigen Alkanen und Alkenen gelöst abgesondert und diffundieren in dieser Lösung an die Oberfläche, wo sie unter Verdunstung des Lösungsmittels ausfallen. An der Cuticulabildung sind aber auch sogenannte Lipid-Transferproteine beteiligt.

Die Cuticula überzieht die Epidermisaußenwände als lückenloser Film unterschiedlicher Dicke (Abb. **3.6** und Abb. **3.7** S. 108). Da die Vernetzun-

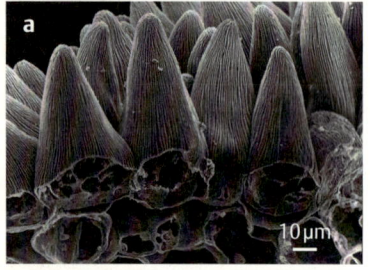

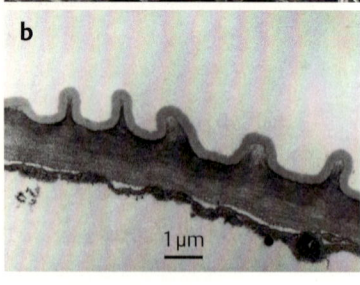

Abb. 3.19 Cuticularleisten. a Papillen auf der Oberfläche des Blütenblattes von *Viola × wittrockiana* (Stiefmütterchen) mit zahlreichen Cuticularleisten, rasterelektronenmikroskopische Aufnahme. **b** Cuticularleisten von *Viola × wittrockiana* im Querschnitt, transmissionselektronenmikroskopische Aufnahme (Originalaufnahmen G. Wanner).

gen der Cutinmatrix durch extrazelluläre Cutinasen wieder gelöst werden können, ist ein ständiger Einbau weiterer Monomere möglich, d. h. die Cuticula folgt dem Flächenwachstum der Zellwand. Bisweilen übertrifft sie dieses sogar. In diesem Falle kommt es zur Ausbildung von Cuticularleisten. Die Cuticula erscheint dann im Querschnitt gefältelt (Abb. **3.19b**), wobei die Cuticularleisten in der Aufsicht eine bestimmte, wohl durch die Hauptstreckungsrichtung der Zellen bedingte Ausrichtung zeigen (Abb. **3.19a**). An kontrastierten Dünnschnitten durch die Cuticula erkennt man, daß sie aus zahlreichen Lamellen aufgebaut ist (Abb. **3.20**). Wie diese regelmäßige Lamellierung zustande kommt, ist unbekannt. Abschließend sei bemerkt, daß auch die interzellulären Crifl und Spalträume von submikroskopisch feinen Cutinfilmen ausgekleidet sein können.

Bei nicht wenigen Pflanzenarten, besonders bei den an trockene Standorte angepaßten Xerophyten, ist der Transpirationsschutz noch durch unterhalb der Cuticula liegende **Cuticularschichten** verstärkt (Abb. **3.7** S. 108). Diese entstehen durch Inkrustierung der äußeren Zellwandschichten mit Cutin.

Epicuticulare Wachse: Bei zahlreichen Pflanzen wird der Transpirationsschutz noch durch die Auflagerung epicuticularer Wachse verstärkt. Überwiegend kommen die Wachse in Form mikroskopischer Kristalloide vor, die eine große Formenmannigfaltigkeit aufweisen (Abb. **3.21**), z. B. mächtige Kristalloidpakete, die senkrecht zur Oberfläche angeordnet sind, Nadeln, Plättchen, die scheinbar wirr durcheinander liegen oder aber eine bestimmte Anordnung aufweisen. Des weiteren finden sich Filamente, Bänder und dendritische (baumförmige) Strukturen. Liegen starke Wachsausscheidungen vor, so sehen die Oberflächen der betreffenden

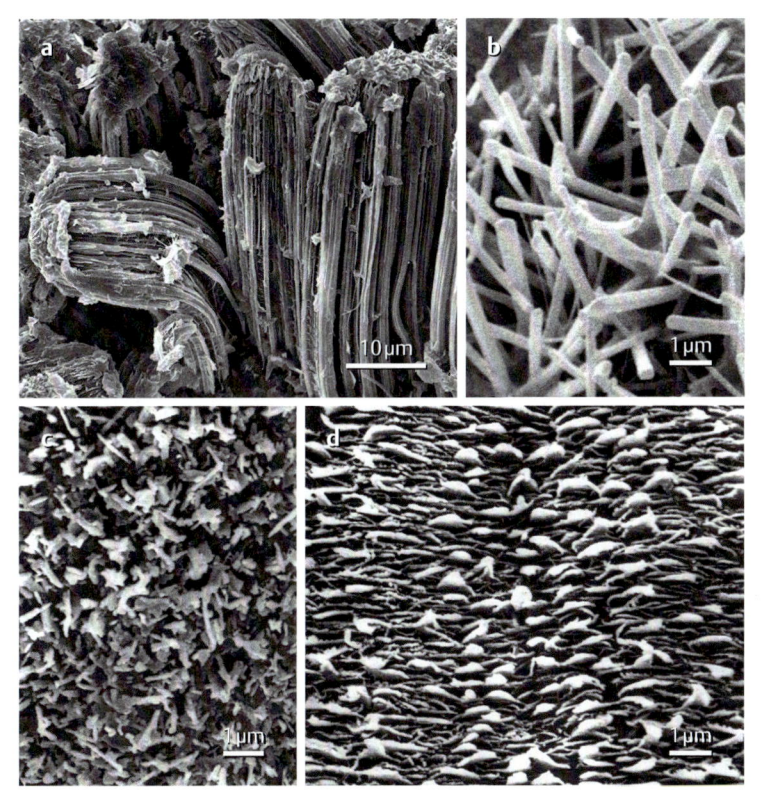

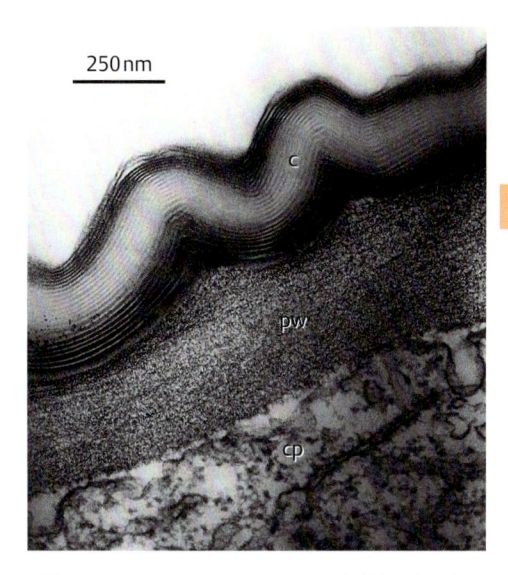

Abb. 3.20 Cuticula. Junge Cuticula (c) nahe dem Sproßscheitel von *Agave americana*. Die Schichtung ist deutlich zu erkennen. Da das Kontrastierungsmittel zwar von beiden Seiten eingedrungen ist, die Cuticula aber noch nicht völlig durchdrungen hat, ist in der Mitte eine helle, weniger kontrastierte Zone entstanden. Eine Cuticularschicht wurde noch nicht ausgebildet, weshalb die Cuticula der Primärwand (pw) unmittelbar aufliegt (cp Cytoplasma) (Originalaufnahme J. Wattendorff).

Abb. 3.21 Epicuticulare Wachse. a Extrem starke Wachssekretion auf der Frucht des Wachskürbis *Benincasa hispida* (Cucurbitaceae). Die Kristalloide sind senkrecht zur Oberfläche orientiert. **b** Kristallnadeln eines terpenoiden Sekretes des Farnes *Campyloneuron* spec. (Polypodiaceae). **c** Unorientierte Wachskristalloide der Narzisse (*Narcissus* spec., Amaryllidaceae). **d** Orientierte plättchenförmige Wachskristalloide des Maiglöckchens (*Convallaria majalis*, Liliaceae) (Originalaufnahmen W. Barthlott).

Pflanzenteile reifartig überzogen aus, wie z. B. manche Früchte (Weinbeere, Pflaume u. a.) und Blätter (z. B. Kohl). Die Orientierung und die Ultrastruktur der Kristalloide erlauben eine Charakterisierung und Eingrenzung verschiedener Taxa (Abb. **3.21**) auf der Stufe der Familien bzw. Unterklassen und stellen somit ein Kriterium für die systematische Einordnung der Angiospermen dar.

Über den Transpirationsschutz hinausgehend bieten die Wachsbeläge auch einen Schutz gegen einfallende Strahlung, da sie deren Reflexion und Streuung erhöhen. Außerdem verursachen die stark skulpturierten Oberflächen Turbulenzen der darüberliegenden Luftschichten, die den Wärmeaustausch des Blattes mit der Umgebung erhöhen. Schließlich setzen die Mikrostrukturen die Benetzbarkeit der betreffenden Pflanzenteile herab, sodaß die Wassertropfen abperlen und dabei sowohl Staub als auch Mikroorganismen und Pilzsporen mitnehmen. Da dieser Effekt bei der Lotusblume (*Nelumbo nucifera*) besonders stark ausgeprägt ist, wird er als Lotus-Effekt bezeichnet (Plus **3.2**).

Dicke Wachsschichten können Fraßschäden durch Insekten reduzieren, da die Mandibeln und die Tarsen der Tiere durch das Wachs verklebt werden. Kannenblätter insektivorer Pflanzen (Plus **19.6** S. 798) besitzen auf der Oberfläche lose aufliegende Wachsschuppen, die an den Tarsen haften und die Tiere haltlos in die Kanne hinabgleiten lassen.

Sporoderm: Pollenkörner und Sporen besitzen in der Regel über der aus Cellulose bestehenden Innenschicht (Intine) einen äußeren Überzug (Außenschicht, Exine). Die Exine besitzt meist ein charakteristisches Oberflächenprofil aus Warzen, Stacheln, Zahnleisten usw. (Abb. **3.22**).

Plus 3.2   Der Lotus-Effekt

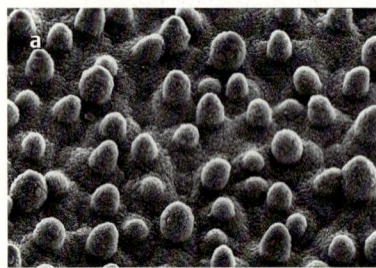

Originalaufnahmen W. Barthlott

Mikroskulpturierungen sind ein wesentliches Merkmal der Grenzfläche zwischen Pflanze und Umwelt. An Blättern sind sie vor allem unter dem Aspekt einer Reduktion der Benetzbarkeit und dadurch auch der Kontamination der Oberflächen zu verstehen. Ein Beispiel sind die Blätter der Lotusblume (Abb. **a**, papillöse Epidermis eines Blatts von *Nelumbo nucifera*), von deren Oberfläche Wassertropfen wie von einer heißen Herdplatte rückstandsfrei abperlen. Dies beruht darauf, daß zwischen den Wachskristallen und dem Wasser Luft eingeschlossen bleibt, die eine Spreitung des Tropfens verhindert. Er behält dadurch seine Kugelform und rollt ab.

Unabhängig von ihrer chemischen Natur bleiben kontaminierende Partikel infolge der minimierten Kontaktfläche mit dem mikrostrukturierten Blatt immer am Wassertropfen haften, der somit eine gereinigte Laufspur hinterläßt (Abb. **b**, mit Lehmstaub kontaminiertes Lotus-Blatt). Selbst hartnäckiger Ruß wird vom Regen von einem Lotus-Blatt abgewaschen („Lotus-Effekt", W. Barthlott). Biologisch wichtig ist, daß auf diese Weise auch die Sporen pathogener Pilze entfernt werden. Andererseits gibt es phytopathogene Pilze, deren auskeimende Hyphen von der mikroskulpturierten Cuticula erst zum Wachstum angeregt werden (Coevolution!).

Als physikalisches Prinzip ist der Lotus-Effekt nicht an lebende Systeme gebunden. Vielmehr läßt er sich auch technisch umsetzen, was in einigen Fällen bereits geschehen ist, z. B. bei der Beschichtung von Fassaden („selbstreinigende Lacke"). Letztlich sollte er bei allen Oberflächen, die ständig der Witterung ausgesetzt sind, anwendbar sein: ein weites Feld, das sich hier der Forschung eröffnet und ein Beispiel dafür, daß erst die Grundlagenforschung die Basis für angewandte Forschung ergibt und damit neue technische Möglichkeiten eröffnet. Grundlagenforschung ist eben kein Luxus.

Chemisch besteht sie aus **Sporopolleninen,** das sind hochpolymere, hydrophobe Terpene (S. 357). Pollenkörner sind daher nur schwer benetzbar. Sporopollenine sind schwer und nur auf oxidativem Wege abzubauen. Infolgedessen bleiben die Sporoderme unter anaeroben Bedingungen über lange Zeiträume hin unverändert erhalten, eine Eigenschaft, die die Identifizierung fossiler Pollenkörner ermöglicht (Pollenanalyse).

Cutiszellen: Sie sind von einer dünnen, der Zellwand innen – zum Protoplasten hin – aufgelagerten Suberinschicht ausgekleidet, ähnlich wie dies in Abb. **3.23b** für die sekundären Endodermiszellen dargestellt ist. Die Cutinisierung kann die Epidermiszellen oder die subepidermalen Zellen erfassen, die dann eine ein- oder mehrschichtige Hypodermis bilden. Auch die Exodermis (S. 198) zählt zu den Cutisgeweben. In der Regel behalten die Cutiszellen ihren lebenden Inhalt.

Endodermis: Ein den Cutiszellen entsprechender Zelltypus findet sich in Gestalt der Endodermen (Abb. **3.23**) im Innern pflanzlicher Organe. Sie fungieren als physiologische Scheiden, indem sie den Wasser- und Stofftransport kontrollieren. Ihre Zellen haben eine prismatische Gestalt. Im primären Zustand sind sie allerdings noch nicht von einer Cutismembran ausgekleidet, sondern es sind nur bestimmte Bereiche der Primärwand inkrustiert. Die Inkrustierung beschränkt sich auf einen schmalen Streifen von wenigen μm Breite, den **Casparyschen Streifen,** der als zusammenhängendes Band die radialen Wände der Zellen umläuft (Abb. **5.34b, c** S. 197), während die übrigen Teile der Zellwand zunächst unverändert bleiben (Abb. **3.23a**). Bei der inkrustierten Substanz handelt es sich überwiegend um Lignin neben etwas Cutin. Sie verstopft die kapillaren Räume der Zellwand, wodurch der apoplasmatische Transport von Ionen und Wassermolekülen, aber auch der Gasdurchtritt, unterbunden werden. Damit sind verschiedene Funktionen verbunden, auf die später näher eingegangen wird (Kap. 7.2).

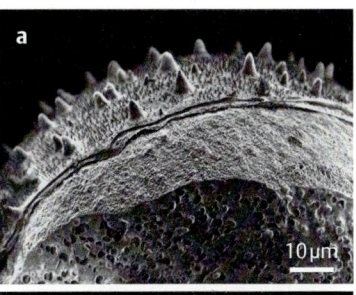

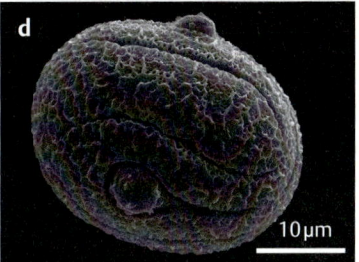

Abb. 3.22 Pollenkörner. Rasterelektronenmikroskopische Aufnahmen der Pollen von **a** *Cucurbita pepo* (Kürbis); an der Bruchstelle sind die warzig skulpturierten Exine und die faserig erscheinenden Intine deutlich zu unterscheiden, **b** *Viburnum lantana* (Schneeball), **c** *Polygala myrtifolia* (Kreuzblume), **d** *Pachystachys lutea* (Dichtähre) (Originalaufnahmen G. Wanner).

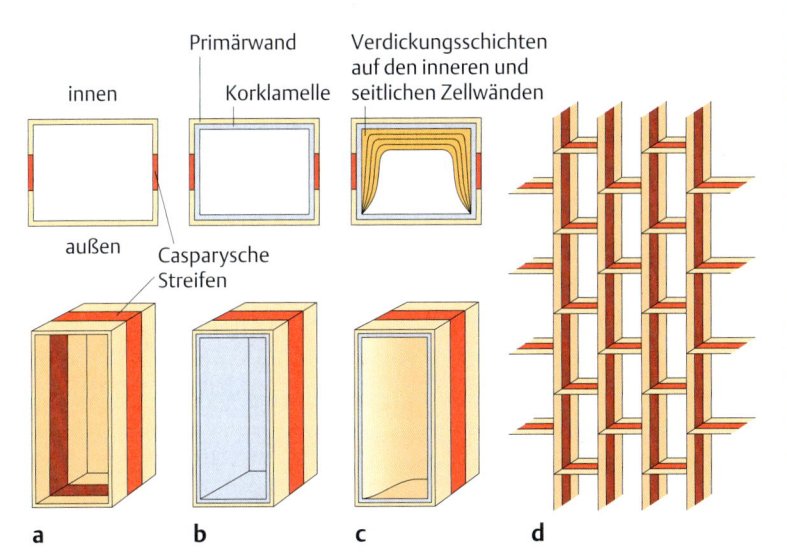

Abb. 3.23 Endodermiszellen. Schematische Darstellung **a** des primären, **b** des sekundären, **c** des tertiären Zustands, oben im Querschnitt, unten in räumlicher Darstellung, vordere Wand der Zellen entfernt. **d** Primäre Endodermiszellen im Gewebeverband.

Im sekundären Zustand, wenn die gesamte Zelle innen mit einer Suberinlamelle ausgekleidet ist (Abb. **3.23b**), bleibt diese Kontrollfunktion auf einzelne **Durchlaßzellen** beschränkt, die keine Suberinlamelle besitzen. In einigen Fällen, vor allem bei den Monokotylen, erhalten die radialen Wände sowie die innen liegenden, in selteneren Fällen auch noch die außen liegenden tangentialen Wände Auflagerungen verholzter Celluloseschichten (Abb. **3.23c**), wodurch sie zu einer mechanischen Scheide werden (tertiäre Endodermis) (Abb. **5.35** S. 198). Dabei handelt es sich um ein mit Inkrustierung verbundenes Dickenwachstum der Zellwand.

Kork: Im Falle der auch als **Phellem** bezeichneten Korkzellen kann die Akkrustierung erhebliche Ausmaße erreichen, indem der Zellwand in der bereits beschriebenen Weise in regelmäßigem Wechsel Wachs- und Suberinschichten innen aufgelagert werden (Abb. **3.24** und Kap. 5.1.4). Beim sogenannten Steinkork können diesen noch verholzte Celluloseschichten folgen. Die damit einhergehende Verminderung des Wasser- und Stoffaustausches führt schließlich zum Absterben des plasmatischen Inhalts. Die zunächst noch offen gehaltenen Tüpfel werden dann verstopft. Auf diese Weise entstehen weitgehend wasserundurchlässige Zellschichten, die dem nachträglichen Abschluß der Oberfläche des Pflanzenkörpers, etwa nach Verletzung oder nach Zugrundegehen der Epidermis, dienen.

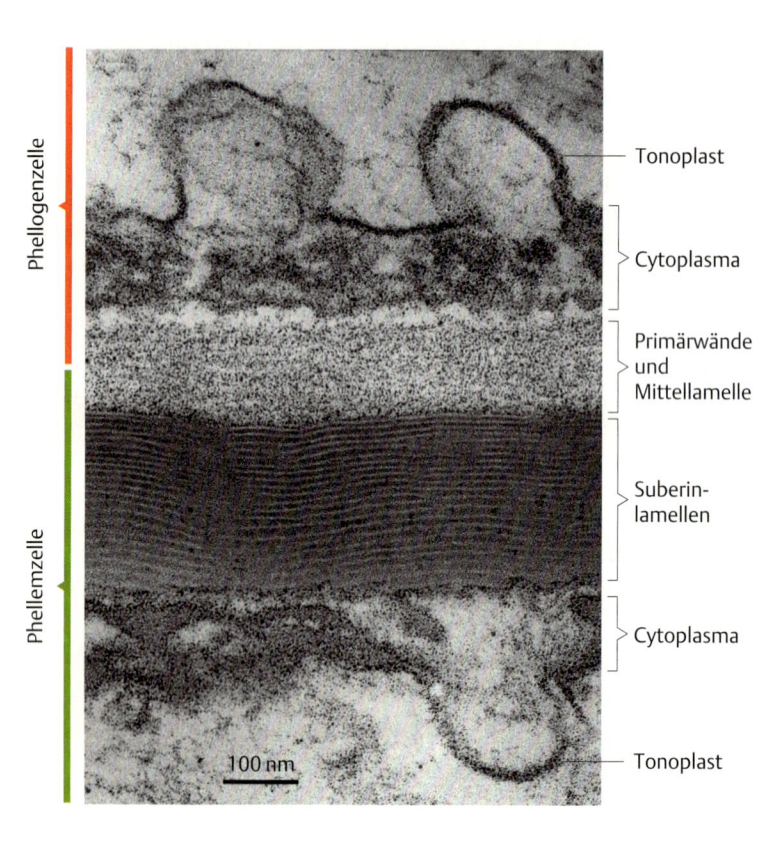

Abb. 3.24 Suberinlamellen von *Acacia senegal*. Zellwand einer an eine Phellogenzelle grenzenden Phellemzelle. Die stufenweise Ablagerung der Suberinlamellen ist deutlich zu erkennen. Die Polysaccharide der aneinandergrenzenden Primärwände der benachbarten Zellen (die sie trennende Mittellamelle ist nicht erkennbar) und die das wandständige Cytoplasma begrenzenden Tonoplasten erscheinen granulär kontrastiert. Fixierung: Glutaraldehyd-Osmium; Kontrastierung: Perjodsäure-Thiosemicarbazid-Silberproteinat (Originalaufnahme J. Wattendorff).

3.4 Drüsenzellen

Während der ständige Austausch gasförmiger Stoffe bei Tier und Pflanze gleichermaßen eine Rolle spielt, hat die Ausscheidung von Stoffwechselprodukten in fester, flüssiger oder gelöster Form, die für den tierischen Organismus so wesentlich ist, für die Pflanzen eine ungleich geringere Bedeutung. Bei den Ausscheidungsprodukten handelt es sich entweder um nicht mehr benötigte bzw. nicht mehr verwertbare Stoffwechselprodukte oder aber um Substanzen, die nur noch außerhalb der Zelle bzw. des Organismus eine Funktion zu erfüllen haben. Sie werden entweder in den Vakuolen bestimmter Zellen oder in besonderen Hohlräumen deponiert (Kap. 3.2.1) oder durch Drüsenzellen (s.u.) nach außen abgeschieden.

> Nicht mehr verwendbare Stoffwechselschlacken, die zwangsläufig im Stoffwechsel anfallen, nennt man **Exkrete**. Dagegen bezeichnet man als **Sekrete** solche Ausscheidungsprodukte, die für den Organismus im Zusammenleben mit seiner Umwelt noch eine Bedeutung haben (ökochemische Funktionen, Kap. 12.1). Allerdings fällt eine Entscheidung oft sehr schwer, da die Bedeutung des ausgeschiedenen Stoffes für die Pflanze keineswegs in allen Fällen bekannt ist.

Die von den fetten Ölen wohl zu unterscheidenden etherischen Öle stellen, ebenso wie die Balsame und Harze, Gemische sekundärer Pflanzenstoffe dar, deren Hauptbestandteile die Terpene sind.

Etherische Öle liegen meist in Form kleiner, stark lichtbrechender Tröpfchen vor (Abb. **3.25**). Unter Auflösung der Zellwände und der Protoplasten können aber auch die Öltropfen benachbarter Zellen zusammenfließen und größere Ölbehälter bilden. Man bezeichnet eine solche Entstehungsweise als lysigen. Schizogene Ölbehälter entstehen, gleich den Interzellularen, durch Auseinanderweichen von Zellen. Sie sind, wie z.B. auch die Harzkanäle, von einer Zellschicht ausgekleidet, die die Öle resp. das Harz in den Hohlraum abscheidet. Diese Zellen haben also Drüsenfunktion, was zu den Drüsenzellen überleitet, die an der Oberfläche des Pflanzenkörpers liegen und ihr Sekret nach außen absondern. Dies ist z.B. bei den Drüsenhaaren der Fall, bei denen die auf einem oft mehrzelligen Stiel stehende köpfchenförmige Drüsenzelle das Sekret in den subcuticularen Raum abscheidet, das ist ein Spaltraum, der durch Abheben der Cuticula und der Cuticularschichten von der Cellulosewand bzw. der darüberliegenden Pektinschicht entsteht (Abb. **3.9e** S. 109). Schließlich können etherische Öle auch in die Zellsaftvakuole abgegeben werden. Aufgrund ihrer Flüchtigkeit entweichen etherische Öle, vor allem bei höheren Temperaturen, leicht in die Luft. Arthropoden meiden

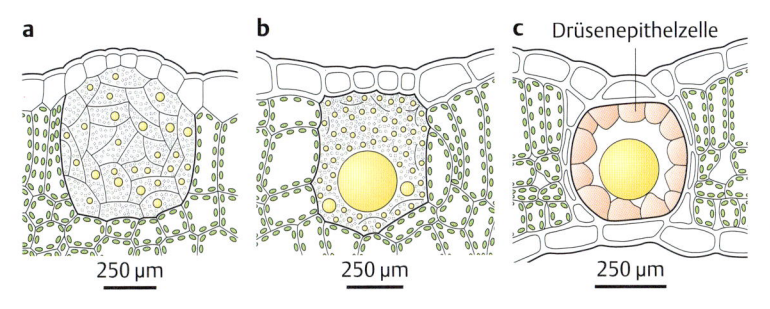

Abb. 3.25 Ölbehälter. Lysigene Entstehung der Ölbehälter im Blatt des Diptams (*Dictamnus albus*), **a** vor, **b** nach Auflösung der Zellwände. **c** Schizogener Ölbehälter im Blattquerschnitt vom Johanniskraut (*Hypericum perforatum*). Drüsenepithel rot, Öltropfen gelb, Chloroplasten grün (verändert nach Rothert, Haberlandt).

etherische Öle. Diese stellen für die produzierende Pflanze daher wirksame Schreckstoffe zur Abwehr pflanzenschädigender Arthropoden dar.

Harze kommen überwiegend bei Coniferen vor. Sie sammeln sich in von Drüsenepithel ausgekleideten Harzgängen (Harzkanälen), die schizogen entstandene Interzellularräume darstellen und innerhalb des Sprosses ein weitverzweigtes Röhrensystem bilden können (S. 173). Harze enthalten neben geringen Anteilen an flüchtigen Terpenen überwiegend nichtflüchtige Komponenten, sie erstarren an der Luft sehr bald zu einer hochviskösen Masse, die sich zunehmend verfestigt. Bei Verletzung laufen die Harzgänge aus, das erstarrende Harz bildet einen mikrobiziden Wundverschluß. Fossile Baumharze nennt man Bernstein (Plus **3.3**).

Häufig liegen die Drüsenzellen in Gruppen, wie bei den Drüsenschuppen, bei den Fangleim absondernden Drüsen der Carnivoren oder den Nektarien, die einen zuckerhaltigen, der Anlockung von Insekten dienenden Saft absondern. Schließlich sind in diesem Zusammenhang auch die aktiven **Hydathoden** (Trichomhydathoden) zu nennen, die anorganische Ionen oder wasserlösliche organische Substanzen ausscheiden, denen osmotisch Wasser nachfolgt. Diese Drüsen scheiden also eine verdünnte wäßrige Lösung aus. Sie sind von den passiven Hydathoden (Wasserspalten, Kap. 7.3.4) zu unterscheiden, aus denen infolge eines Wurzeldrucks Wasser ausgepreßt wird.

Plus 3.3 Bernstein

Bernstein ist die Sammelbezeichnung für fossile Baumharze, die auf allen Kontinenten mit Ausnahme Afrikas und der Antarktis gefunden werden. Rezente und weniger als 1 Million Jahre alte, verfestigte Harze werden **Kopal** genannt.

Die bekanntesten Bernsteinvorkommen finden sich auf Samland (Baltischer Bernstein), auf Haiti (Dominikanischer Bernstein) und im Libanon (Libanesischer Bernstein). Mit einem Alter von ca. 135–140 Millionen Jahren ist der libanesische der älteste bekannte Bernstein. Er ist zu Beginn der Kreidezeit entstanden, als die Gymnospermen die Floren beherrschten und die Evolution der Angiospermen gerade erst begonnen hatte. Als Harzproduzenten dieses Bernsteins werden insbesondere *Araucaria*-Arten angesehen. Der Baltische Bernstein dürfte ebenfalls auf die Harzproduktion ausgedehnter Gymnospermenwälder – insbesondere von Kiefern (Pinaceae) und Zypressen (Cupressaceae, Taxodiaceae) – zurückzuführen sein, die vor etwa 40 Millionen Jahren, also im frühen Tertiär, vermutlich auf dem Gebiet des heutigen Südskandinaviens existierten. Eiszeitliche Gletscher haben den Bernstein von dort in die Ostsee und an die Küsten des Baltikums verfrachtet, wo er heute im industriellen Maßstab durch Ausbaggern des Meeresbodens gewonnen wird. Wegen seiner leichten Verarbeitbarkeit und seiner klaren gelben Farbe geschätzt, erfreute sich Baltischer Bernstein bereits in der Steinzeit und bis auf den heutigen Tag großer Beliebtheit zur Anfertigung von Schmuckstücken. Ein ähnliches Alter wie der Baltische besitzt der Dominikanische Bernstein. Er geht vermutlich auf harzproduzierende Angiospermen, insbesondere auf baumförmige *Hymenaea*-Arten zurück, die der rezenten *Hymenaea courbaril* (Fabaceae) ähnlich sahen. Die Abbildung zeigt ein in Bernstein eingeschlossenes Laubblatt des „Bernsteinbaumes" *Hymenaea*. Dominikanischer Bernstein findet sich in beträchtlicher Größe, manche Stücke wiegen mehrere Kilogramm. Er ist wegen seiner Brüchigkeit weniger für die Schmuckindustrie, dafür aber durch seinen Reichtum an eingeschlossenen Tieren und Pflanzenteilen für Paläontologen besonders interessant.

Die griechische Mythologie erblickte in den tropfenförmigen, goldgelbglänzenden Bernsteinklumpen die Tränen der Heliaden, der Schwestern des Phaeton, den sie beweinten, nachdem er mit dem Sonnenwagen durch Unachtsamkeit (überhöhte Geschwindigkeit!) verunglückt war. Zeus erzürnte über diese Trauer sehr und verwandelte die Schwestern in Bäume. Doch auch als Bäume weinten sie weiter, ihre Tränen erstarrten zu Bernstein.

Originalaufnahme Staatliches Museum für Naturkunde Stuttgart, mit freundlicher Genehmigung.

4 Organisationsformen der Pflanzen

In den seit der Entstehung des Lebens vergangenen etwa 4 Milliarden Jahren hat sich eine überwältigende Vielfalt an Organismen entwickelt, die – vom Einzeller bis zum hochdifferenzierten Vielzeller – die Lebensräume unseres Planeten besiedeln. Im Bemühen, diese Vielfalt zu überblicken, hat der Mensch zunächst Ordnungssysteme geschaffen, die sich nach bloßen Ähnlichkeiten äußerer Merkmale richteten, aber die Verwandtschaftsbeziehungen der Organismen nicht oder nur unzulänglich widerspiegelten. Mittlerweile ist die Systematik (Taxonomie) hingegen bestrebt, ein System der Organismen aufzustellen, das die Stammesgeschichte (Phylogenie) und damit die Verwandtschaftsverhältnisse möglichst getreu nachzeichnet. Abstammungsgemeinschaften werden zu taxonomischen Einheiten (Taxa, sing. Taxon) zusammengefaßt.

Die stammesgeschichtliche Entwicklung der Organismen – der Pflanzen wie der Tiere – läßt sich durch den Vergleich von Merkmalen heute lebender (rezenter) Vertreter und das Studium von Fossilien nur annähernd rekonstruieren. Als besonders leistungsfähiges Instrument zur Aufdeckung von Verwandtschaftsbeziehungen erweist sich zunehmend der Vergleich von Nucleinsäuresequenzen einzelner Gene, von Gengruppen oder von ganzen Genomen. Die seit etwa anderthalb Jahrzehnten sich stürmisch entwickelnde Molekulare Systematik hat eine z. T. tiefgreifende Revision „klassischer" Stammbäume, die auf morphologisch-anatomischen, cytologischen und chemischen Merkmalen beruhen, erforderlich gemacht. Insbesondere auf molekulare Merkmale gründet sich die heutige Großgliederung der Organismen in drei Domänen (Reiche). Die Domäne Bacteria und die Domäne Archaea werden als Prokaryoten den Organismen mit Zellkern, den Eukaryoten, gegenübergestellt, die zusammen die dritte Domäne Eucarya bilden. Das Ziel, ein phylogenetisches System der Organismen aufzustellen, das auf Verwandtschaft basiert und die Stammesgeschichte widerspiegelt, ist zwar noch nicht abschließend erreicht; dennoch sind deren Hauptlinien nachvollziehbar geworden. Kap. 14 behandelt die Entwicklungszyklen ausgewählter Niederer Pflanzen.

Organisationsformen der Pflanzen

4.1　Stammbaum der Pflanzen...127

4.2　Prokaryoten...134

4.2.1　Bakterien...135

　　　　Eubakterien...136

　　　　Cyanobakterien...143

　　　　Prochlorobakterien...145

4.2.2　Archaea...145

4.2.3　Vielzellige Prokaryoten...146

4.3　Einzellige Eukaryoten...149

4.4　Organisationsformen der Thallophyten...154

4.4.1　Zellkolonie...154

4.4.2　Coenoblast...155

4.4.3　Fadenthallus...156

4.4.4　Flechtthallus...157

4.4.5　Gewebethallus...158

4.5　Organisationsformen der Bryophyten...160

4.6　Organisationsform der Kormophyten...162

4.1 Stammbaum der Pflanzen

Die Darstellung sowohl der Prokaryoten und der Pilze als auch der Pflanzen im Rahmen der Botanik ist aus vielen Gründen zweckmäßig:
- In diesen Gruppen finden sich sämtliche photoautotrophen Organismen, die so im Kontext der Photosynthese vergleichend dargestellt werden können.
- Zwischen diesen Gruppen bestehen evolutionäre Beziehungen (z. B. sind die Mitochondrien und Plastiden prokaryotischen Ursprungs).
- Mitglieder dieser Gruppen treten miteinander vielfach in symbiotische Beziehungen (z. B. Flechten: Pilze mit Grünalgen und/oder Cyanobakterien, Mykorrhiza: Pflanzen mit Pilzen, Wurzelknöllchen: Pflanzen mit stickstoffixierenden Bakterien, Kap. 20.3–20.5).
- Zahlreiche Pilze und Bakterien lösen Pflanzenkrankheiten aus (Kap. 20.6).
- Es bestehen Gemeinsamkeiten in der Lebensweise und Organisation (im typischen Fall sessile Organismen mit polysaccharidhaltigen Zellwänden, die vielzelligen Formen bilden in der Regel große äußere Oberflächen aus).
- Diese Gruppen verfügen über bestimmte Stoffwechselwege, die den Tieren fehlen (z. B. Shikimisäureweg zur Biosynthese der aromatischen Aminosäuren).

Da die heutigen Lebensbedingungen der Archaea denen ähneln, die vermutlich z. Zt. der Entstehung des Lebens auf der Erde geherrscht haben, und da fossile Formen der Cyanobakterien eine weitgehende Ähnlichkeit mit den heute lebenden Arten aufweisen, ist davon auszugehen, daß sich die rezenten Prokaryoten wohl nicht sehr wesentlich von ihren Vorfahren unterscheiden. Dagegen haben die Eukaryoten, von denen es auch heute noch zahlreiche einzellige Formen gibt, eine stürmische Entwicklung erfahren. Diese hat, vor allem nach vollzogenem Übergang vom Einzeller zum Vielzeller und dann insbesondere nach dem Übergang vom Leben im Wasser zum Landleben zu einer ungeheuren Formenvielfalt geführt. Mehreren 10 000 Arten von Prokaryoten stehen mehrere Millionen Eukaryotenarten gegenüber, von denen etwa 500 000 dem Pflanzenreich zuzurechnen sind. Hiervon sind etwa 250 000 Höhere Pflanzen, die von allen Pflanzen den höchsten Grad der arbeitsteiligen Differenzierung aufweisen. Diese Zahlen sind natürlich nur als Größenordnungen anzusehen, da immer neue, bisher unbekannte Pro- und Eukaryoten entdeckt und beschrieben werden.

> Da man annehmen muß, daß Moleküle wie die DNA und so komplexe Prozesse wie DNA-Replikation, Transkription und Translation, die Art der Codierung von Aminosäuresequenzinformation in Basentripletts der DNA oder aber Strukturen wie das Ribosom, die in allen Vertretern der drei Domänen Bacteria, Archaea und Eucarya vorkommen, nicht unabhängig voneinander in diesen Abstammungslinien entstanden (also **polyphyletisch**en Ursprungs) sind, sondern nur einmal (**monophyletisch**en Ursprungs), leiten sich wohl alle heutigen Organismen von einem gemeinsamen hypothetischen Vorfahren ab, der **Protobiont** genannt wird (Abb. **4.1**). Die Evolution dieses Vorläufers aus abiotischen Vorstufen und aus ihm der Procyte und der Eucyte sind Gegenstand intensiver wissenschaftlicher Hypothesenbildung (Plus **4.1**).

Innerhalb der Prokaryoten stehen die Archaea den Eucarya näher als die Bacteria (Tab. **4.1**). Bereits frühzeitig in der Evolution entstand in der Entwicklungslinie der Bacteria die anoxygene und daraus vor etwa 2,4 Milliarden Jahren die oxygene Photosynthese (Kap. 8). Aus der photosynthetischen Elektronentransportkette (S. 266) ging die Atmungskette hervor (S. 339). Die Fähigkeit zur Photoautotrophie scheint sekundär in zahlreichen Entwicklungslinien der Bakterien wieder verlorengegangen zu sein; in allen Vertretern der Cyanobakterien und der Prochlorobakterien blieb sie erhalten. Die Eucyte mit der für die Eukaryoten typischen Zellorganisation ist vermutlich aus der **Endosymbiose** eines Vorläufers der heutigen

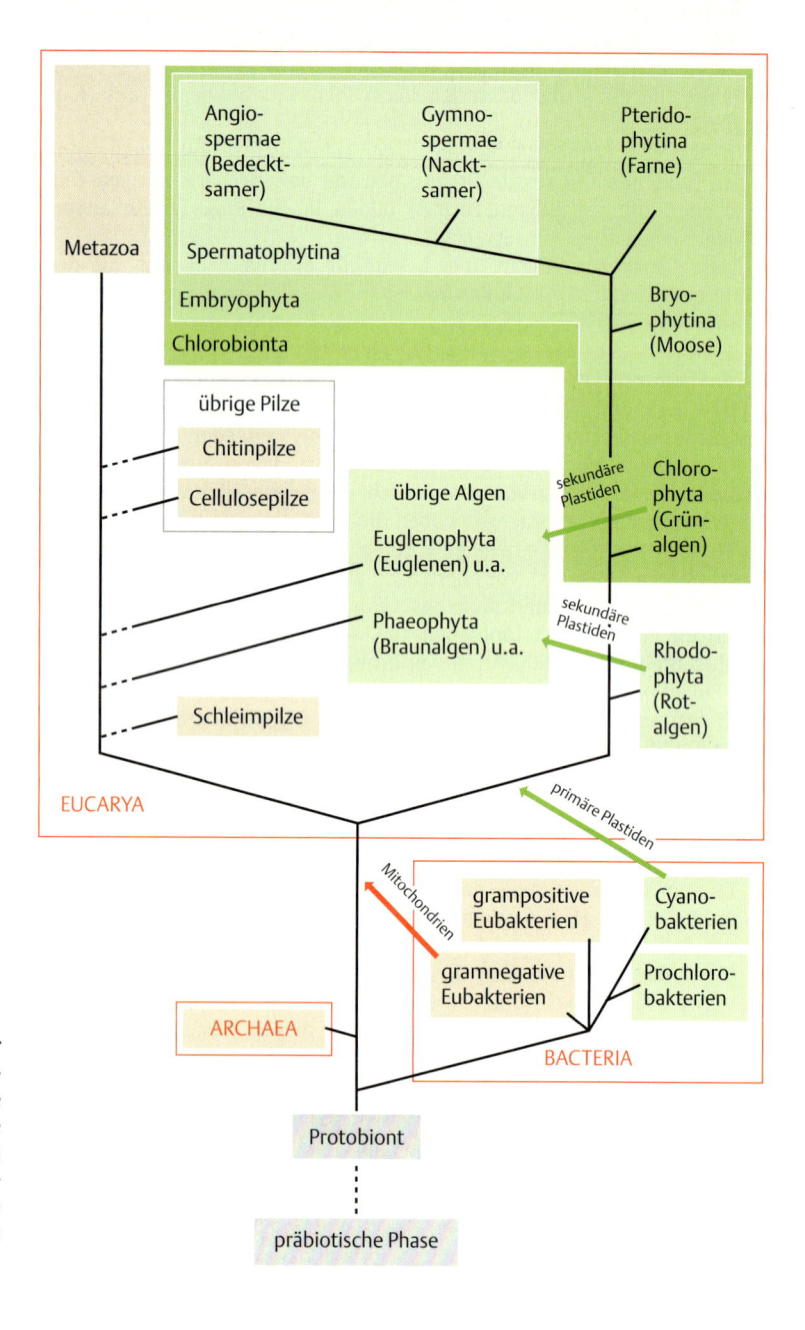

Abb. 4.1 Phylogenetischer Stammbaum der wichtigsten Organismengruppen der drei Domänen Archaea, Bacteria und Eucarya. Oxygene Photosynthese treibende Gruppen grün, übrige braun unterlegt, Pfeile zeigen die Abstammung der Mitochondrien sowie der primären und sekundären Plastiden an, unterbrochene Linien bedeuten noch ungeklärte Abstammungsverhältnisse (nach Sitte et al. 2002).

Archaeen und eines Bakteriums, aus welchem sich die Mitochondrien entwickelt haben, hervorgegangen (Plus **4.1**). In einem zweiten fundamentalen Endosymbioseschritt kam es in einem Entwicklungsast der ursprünglichen Eucarya zur Aufnahme eines oxygene Photosynthese treibenden Cyanobakterien-Vorläufers, aus dem sich die Plastiden entwickelten. Diese Entwicklungslinie führte zum Vorläufer der Rotalgen und der grünen Pflanzen i. e. S., der andere Ast zu den Tieren.

Die polyphyletische Gruppe der Pilze läßt sich in mindestens drei unabhängige Entwicklungslinien aufspalten, die zu den Schleimpilzen (mit nur in bestimmten Entwicklungsstadien ausgebildeten Zellwänden aus Cellulose und Galactosamin, Kap. 14.5) und den übrigen Pilzen (mit Zellwänden in allen Entwicklungsstadien) geführt haben. Zu letzteren gehören die Cellulosepilze (Oomyceten, Plus **20.8** S. 827) und die Chitinpilze

Tab. 4.1 Merkmale der drei Domänen des Organismenreichs.

Merkmal	Domäne				
	Bacteria	Archaea	Eucarya		
			Tiere	Pilze	Pflanzen
Zellkern	–[1]	–[1]	+	+	+
Chromosomen	–	–	+	+	+
Zellwand als Regelfall	+	+	–	+	+
Mitochondrien[2]	–	–	+	+	+
Plastiden[2]	–	–	–	–	+
Ribosomen	70S	70S	80S	80S	80S
rRNA	16S, 23S, 5S	16S, 23S, 5S	18S, 28S, 5,8S, 5S		
DNA-abhängige RNA-Polymerasen	1	1	3[3]		
Initiator-tRNA	meist fMet[4]	Methionin	Methionin		
DNA-Moleküle	1 bis mehrere, linear oder zirkulär	1, zirkulär	mehrere, linear		
Histone	–	+	+		
Nucleosomen	–	+	+		
Operons	+	+	–		
Introns	sehr selten	gelegentlich	häufig		
Zellmembranen aus Lipiddoppelschichten	+	+	+		
Membranlipide	Glycerolipide mit 2 veresterten Fettsäuren und einer polaren Kopfgruppe	Glycerolipide mit 2 veretherten Isoprenoidresten und einer polaren Kopfgruppe	Glycerolipide mit 2 veresterten Fettsäuren und einer polaren Kopfgruppe		
Fähigkeit zur N_2-Fixierung	verbreitet	–	–		

[1] Nucleoid
[2] Mitochondrien und Plastiden besitzen viele prokaryotische Charakteristika: DNA liegt in Nucleoiden vor, 70S-Ribosomen, plastidäre Gene teils in Operons organisiert, RNA-Polymerasen ähnlich denen in Bakterien aufgebaut
[3] Die DNA-abhängige RNA-Polymerase II weist Ähnlichkeit im Aufbau zur RNA-Polymerase der Archaeen auf
[4] N-Formylmethionin

Plus 4.1 Evolution der Zelle

Eine „Ursuppe" aus verschiedenen anorganischen und organischen Molekülen war sicher nicht der Ausgangspunkt der Entstehung des Lebens, da in einem homogenen Stoffgemisch thermodynamisches Gleichgewicht herrscht (Kap. 6.1). Vielmehr sind alle Lebensprozesse durch hochgeordnete Zustände gekennzeichnet, die sich weitab vom Gleichgewichtszustand befinden. Daher muß jede lebende Zelle durch eine selektiv permeable Membran von ihrer Umgebung abgegrenzt sein. Der Entstehung von Biomembranen kommt daher für die Lebensentstehung eine zentrale Bedeutung zu. Nach der bislang überzeugendsten, auf Arbeiten von Kandler, de Duve, Wächtershäuser, Woese u. v. a. basierenden Hypothese von Martin und Russell waren die wahrscheinlichsten Orte der Lebensentstehung Austrittsstellen von heißem, eisen- und nickelsulfidhaltigem Wasser am Boden des Urozeans, wie sie heute noch von Archaeen besiedelt sind. Ausfallendes Eisensulfid FeS (vermischt mit Nickelsulfid und anderen Metallsulfiden) bildet an diesen Stellen – noch heute – Kamine mit mikroskopisch kleinen Kammern. Deren katalytisch wirksame Oberflächen könnten den in Kap. 1 (Plus **1.2** S. 12) beschriebenen „Urstoffwechsel" beschleunigt haben, der von einfachen Verbindungen wie Kohlenmonoxid (CO), Ammoniak (NH_3), Wasserstoff (H_2), Schwefelwasserstoff (H_2S) und Cyanwasserstoff (HCN) ausging. Zugleich bildeten die Kammern eine quasi-zelluläre Umgebung, in denen sich die entstehenden komplizierteren organischen Moleküle anreichern konnten (in der Abb.: Δc). Die Triebkraft für diesen primordialen Stoffwechsel stellten vermutlich verschiedenste Energie- und Konzentrationsgradienten bereit, z. B. Temperaturgradienten (ΔT), Wasserstoff-Ionengradienten (ΔpH) und Redoxpotential-Gradienten (ΔE), die sich an den unterschiedlichen Grenzflächen ausbildeten bzw. durch die Umgebung gegeben waren. Mit der Zeit entstanden Makromoleküle und ein immer differenzierterer Stoffwechsel.

Nach dieser Vorstellung wäre der letzte gemeinsame Vorfahre aller heutigen Lebewesen, der **Protobiont** (**a** in der Abb.) ein noch an die geochemische Kaminstruktur des FeS gebundener, nicht membranumschlossener Urorganismus, der sich mit dem langsamen Aufwachsen der Kamine vermehrt haben könnte. Er muß jedenfalls bereits die allen heutigen Zellen gemeinsamen Komponenten (Proteine, RNA, DNA, Ribosomen) sowie Systeme zur Replikation der DNA, zur Transkription und zur Translation und einen chemoautotrophen Stoffwechsel besessen, d. h. sowohl seinen Materie- als auch seinen Energiebedarf aus seiner anorganischen Umgebung gedeckt haben. Aus dem Protobionten könnten sich die freilebenden Prokaryoten nach der Erfindung von Zellwandbausteinen und der Evolution der Glycerolipide entwickelt haben (**b**), und zwar einerseits das Ur-Archaeon mit Terpenether-Membranlipiden und andererseits das Ur-Bakterium mit Fettsäureester-Membranlipiden (Strukturen Abb. **1.18** S. 23). Der freilebende Zustand war vermutlich jedoch erst nach der Evolution geschlossener Biomembranen und einer sie umhüllenden, mehr oder weniger stabilen Zellwand möglich.

Zur Protoeucyte (**e**) soll nach heutiger Vorstellung die Symbiose einer Archaeon-Wirtszelle mit einem Bakterien-Endosymbionten (**c**) und der nachfolgende Ersatz (**d**) der Terpenether-Zellmembranen der Wirtszelle durch die Glycerolipidmembranen des Endosymbionten geführt haben. Dabei entstanden auch die Endomembransysteme wie endoplasmatisches Reticulum und die Kernhülle. Weitere Evolutionsschritte führten zu Veränderungen im Aufbau der Zellwände. Eine spätere zweite Endosymbiose, die durch die Phagocytose eines Cyanobakteriums durch eine bereits mitochondrienhaltige Ureucyte (**f**) eingeleitet wurde, soll den Vorläufer der Pflanzenzelle geliefert haben. Beide Endosymbioseereignisse, das zeigen u. a. Vergleiche der rRNA-Sequenzen heutiger Eukaryoten, haben jeweils nur einmal während der Evolution stattgefunden. Alle heutigen Mitochondrien und alle heutigen Plastiden gehen also auf jeweils einen einzigen gemeinsamen Vorläufer zurück, sie sind monophyletischen Ursprungs.

Die weitaus meisten Gene aus dem Genom des ersten Endosymbionten – des Vorläufers der Mitochondrien – wurden mit der Zeit in das Genom des Archaeons verlagert (schwarzer Pfeil in **d**), nur wenige Gene blieben im Mitochondriengenom erhalten. Dieser Gentransfer hat zur Entstehung der Chromosomen geführt, die schließlich durch eine Glycerolipidmembran vom Cytoplasma abgegrenzt wurden. Auf diese Weise entstand der Zellkern, das charakteristische Organell aller Eucyten. Auch die Mehrzahl aller Gene des cyanobakteriellen Vorläufers der Chloroplasten, aus dem später alle Plastidentypen hervorgingen, wurden mit der Zeit in den Zellkern verlagert und gingen dem Endosymbionten verloren (grüner Pfeil in der Vorläufer-Pflanzenzelle **g**). Verloren gingen im Verlaufe der Evolution auch die Zellwände der Endosymbionten. Wie Übergangsstadien ausgesehen haben könnten, läßt sich an den Cyanellen der rezenten Art *Cyanophora paradoxa* veranschaulichen (Plus **2.3** S. 86).

———— Membranen aus Terpenether-Lipiden
———— Membranen aus Fettsäureester-Lipiden
———— Photosynthetische Membranen
———— Zellwände prokaryotischer Zellen
———— Zellwände eukaryotischer Zellen

Abbildung verändert nach Martin et al. 2003 und Timmis et al. 2004.

— Fortsetzung —

4.1 Stammbaum der Pflanzen

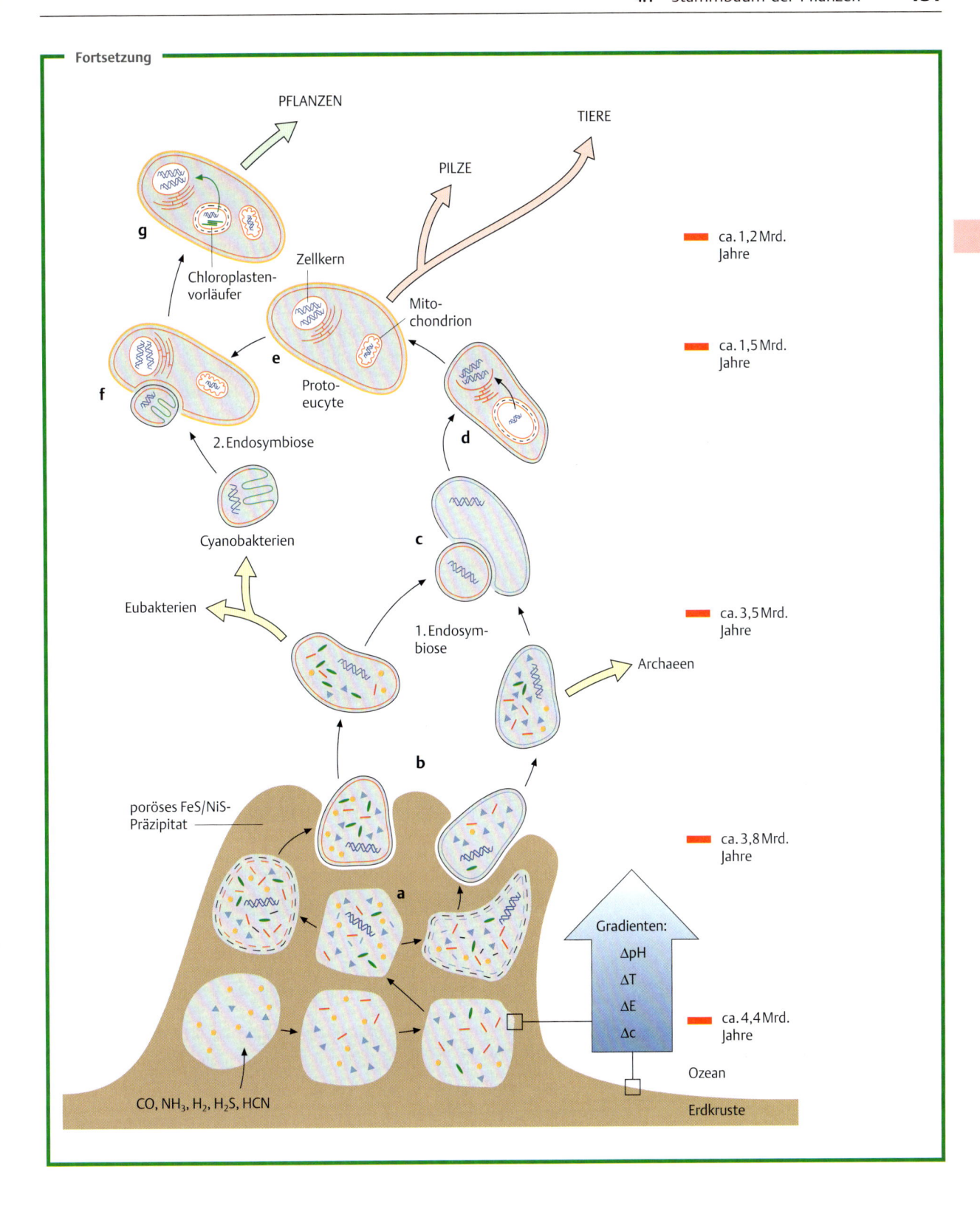

PFLANZEN   TIERE
         PILZE

g Zellkern
Chloroplasten-
vorläufer   Mito-
                   chondrion
        e
f   d
       Proto-
       eucyte

2. Endosymbiose

Cyanobakterien   c

Eubakterien   1. Endosym-
                    biose   Archaeen

                b

poröses FeS/NiS-
Präzipitat
                a
                                    Gradienten:
                                    ΔpH
                                    ΔT
                                    ΔE
                                    Δc

                                    Ozean
CO, NH$_3$, H$_2$, H$_2$S, HCN   Erdkruste

ca. 1,2 Mrd. Jahre

ca. 1,5 Mrd. Jahre

ca. 3,5 Mrd. Jahre

ca. 3,8 Mrd. Jahre

ca. 4,4 Mrd. Jahre

(Asco- und Basidiomyceten, Kap. 14.6). Eine Ableitung der Pilze von der zu den heutigen Tieren führenden Entwicklungslinie ist wahrscheinlich.

Einige Algengruppen sind durch **sekundäre Endosymbiosen** entstanden: Zwei eukaryotische Zellen, vermutlich je eine aus der Abstammungslinie der Tiere und eine aus der der Pflanzen, gingen dabei eine Symbiose ein. Die Euglenen werden auf eine Symbiose eines eukaryotischen Vorläufers der Entwicklungslinie der Tiere und einer Grünalge, die Braunalgen und Cryptomonaden mit einem Vorfahren der heutigen Rotalgen angesehen. *Euglena* als Beispiel ist sehr instruktiv: Dieser Einzeller ist auch ohne Chloroplast noch lebensfähig (Box **4.1**). Der sekundäre Charakter der Plastiden ist bei diesen Algengruppen noch anhand einer drei- oder sogar vierfachen Plastidenhülle (**komplexe Plastiden**) nachweisbar. Die komplexen Plastiden der Cryptomonaden z. B. besitzen vier Plastidenhüllen. Die beiden inneren Hüllen sind den beiden Hüllmembranen der primären Plastiden (S. 81) homolog, die dritte Membran leitet sich von der Zellmembran der aufgenommenen symbiotischen Rotalge ab und die vierte, äußere Membran stammt von der Wirtszelle. Zwischen den beiden inneren und der dritten Membran lassen sich noch Reste des Cytoplasmas des Symbionten mit 80S-Ribosomen und ein rudimentärer Zellkern, das sog.

Box 4.1 Tier oder Pflanze?

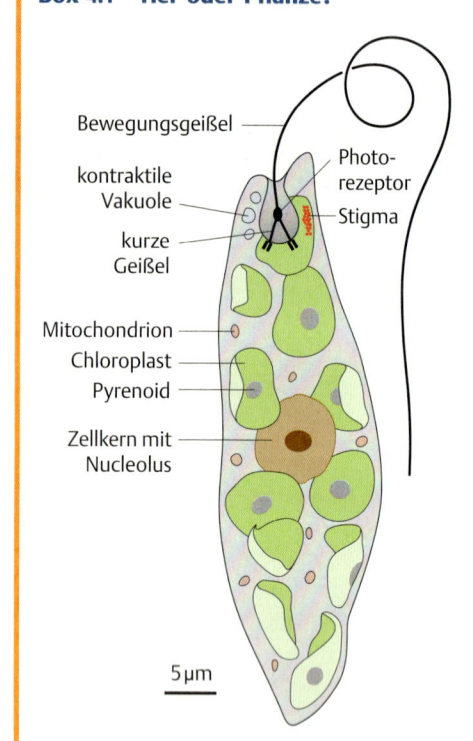

Betrachtet man lediglich einzelne oder wenige Merkmale, ergeben sich nahezu stets Abgrenzungsprobleme. So ist eine einfache Abgrenzung selbst zwischen Pflanze und Tier nicht möglich. Zwar gibt es einige Organisationsmerkmale, die als charakteristisch für den pflanzlichen Organismus angesehen werden. In der Dimension der Zelle sind dies das Vorhandensein einer Zellwand, der Besitz von Plastiden und die Bildung einer Vakuole, in der molekularen Dimension die Verwendung von Cellulose als Wandsubstanz, der Besitz von Chlorophyll und die Verwendung des Polysaccharids Stärke als Reservestoff. Keines dieser Kriterien hat jedoch absolute Gültigkeit, da manche Pflanzen keine oder nichtcellulosische Zellwände haben, keine Plastiden bzw. kein Chlorophyll besitzen, keine Zellsaftvakuolen haben oder einen anderen Reservestoff als Stärke verwenden.

Auch bei Betrachtung des ganzen Organismus gibt es kein einzelnes allgemeingültiges Unterscheidungsmerkmal zwischen Tier und Pflanze. So ist die Fähigkeit zur Ortsveränderung und die Ausbildung großer innerer Oberflächen zwar für viele, aber doch keineswegs für alle Tiere charakteristisch, wie andererseits die Standortgebundenheit und die Entwicklung großer äußerer Oberflächen nicht alle Pflanzen auszeichnet. Auch das auf das Jugendstadium begrenzte Wachstum der Tiere und das sich über die gesamte Lebensdauer erstreckende, potentiell unbegrenzte Wachstum der Pflanzen sind keine generell zutreffenden Kriterien. In gewissen Fällen – etwa bei den begeißelten Eukaryoten (Flagellaten), von denen sowohl grüne als auch farblose Formen bekannt sind – ist eine klare Entscheidung überhaupt nicht möglich, da sie mit gleichem Recht sowohl als Tiere als auch als Pflanzen angesehen werden können. Sehr instruktiv ist das Beispiel von *Euglena gracilis* (Abb.). Zieht man grüne, Chloroplasten enthaltende Euglenen in organischem Medium bei relativ hohen Temperaturen an, so teilen sich die Zellen schneller als die Chloroplasten und man erhält vollständig lebensfähige farblose, chloroplastenfreie Individuen, die nicht wieder ergrünen können und als Tiere zu bezeichnen sind.

Ebenso wie die Einordnung eines Organismus in das Tier- oder Pflanzenreich kann auch die systematische Zuordnung eines jeden Organismus zu einem Taxon nur unter **Berücksichtigung aller verfügbaren Merkmale** erfolgen.

Nucleomorph, nachweisen. Dieses Nucleomorph besitzt drei kleine Chromosomen mit je nach Art 350 bis über 500 Genen. Es ist demnach klar, daß es sich bei komplexen Plastiden mit drei bzw. vier Hüllmembranen um Reste einer eukaryotischen Zelle handelt, die bereits über primäre Plastiden verfügte.

Die nachfolgende Behandlung der pflanzlichen Organisationsformen folgt nicht so sehr strengen systematischen Kriterien (Box **4.2**), als vielmehr dem **Ordnungsprinzip der Entwicklungsstufen**. Althergebrachte Begriffe wie Pflanze, Pilz, Tier, Alge, Prokaryot bezeichnen keine Abstammungsgemeinschaften, sondern lediglich **Organisationstypen** oder **Entwicklungsstufen**. Zu einer ersten übersichtlichen Gruppierung der Formenvielfalt sind diese Begriffe jedoch gut geeignet (Kap. 14).

Auf der niedrigsten Entwicklungsstufe hat die Einzelzelle den Wert eines ganzen Organismus. Einzellige Organismen finden sich sowohl bei den Prokaryoten als auch bei den Eukaryoten. Häufig bleiben allerdings die durch Teilung auseinander hervorgehenden Zellen miteinander verbunden, so daß fadenförmige Zellverbände entstehen oder lockere Aggregate, die durch Schleimkapseln oder Scheiden zusammengehalten werden.

Box 4.2 Taxa und ihre Benennung

Obwohl die phylogenetische Systematik bestrebt ist, die Organismen letztlich anhand ihrer natürlichen Verwandtschaft zu ordnen, sind Taxa zunächst einmal lediglich formale und insofern abstrakte Kategorien eines hierarchischen Nomenklatursystems. Die Zuordnung zu einem Taxon erfolgt nach Ähnlichkeiten von Merkmalskomplexen. Nomenklaturregeln sorgen für eine international einheitliche Handhabung. Weil Merkmalsbewertungen stets subjektiv sind, weil immer wieder neue Merkmale – wie zuletzt DNA-Sequenzen – erschlossen werden und weil es immer noch offene Fragen zur Stammesgeschichte der Organismen gibt, existiert noch kein allgemein akzeptiertes natürliches System der Pflanzen wie der Tiere, sondern es bestehen mehrere konkurrierende, allerdings heute im wesentlichen übereinstimmende Systeme. Die taxonomische Grundeinheit ist die **Art** (**Species**), die nach einer plausiblen, jedoch keineswegs allgemein anwendbaren, Vorstellung als die Gesamtheit aller Populationen von miteinander kreuzenden Individuen angesehen wird, die von anderen Gruppen von Populationen durch Kreuzungsbarrieren getrennt sind (**biologischer Artbegriff** von E. Mayr).

Einander ähnliche Arten werden zu Gattungen, einander ähnliche Gattungen zu Familien, diese wiederum zu Ordnungen zusammengefaßt usw. Zur weiteren Untergliederung kann ein Taxon nochmals unterteilt werden (Unterreich, Unterabteilung, ..., Unterart). Den Rang eines Taxons kann man in vielen Fällen an seiner Endung ablesen (Tab.).

Für die Bezeichnung von Arten wird seit Carl von Linné (Systema Naturae, 1753) ein binäres System verwendet. Beispiel für einen Artnamen:

Hordeum vulgare L.

Gattungsbezeichnung   Artzusatz   Namenskürzel des Erstbeschreibers (L. = Linné)

In der botanischen Literatur wird der lateinische Artname *kursiv* geschrieben.

Einige Taxa und deren Namensbildung.

Taxon	gebräuchliche Endung(en)	Beispiel
Domäne (Reich)		Eucarya
Unterreich	-bionta	Chlorobionta
Abteilung (Stamm)	-phyta	Embryophyta
Unterabteilung	-phytina	Spermatophytina
Klasse	-phyceae, -opsida, -atae	Magnoliopsida
Ordnung	-ales	Poales
Familie	-aceae	Poaceae
Unterfamilie	-oideae	Pooideae
Gattung (Genus)		*Hordeum* (Gerste)
Art (Species)		*Hordeum vulgare* (Mehrzeilige Gerste)
Unterart (Subspecies, ssp.)		*Hordeum vulgare vulgare* (Vierzeilige Gerste)
		Hordeum vulgare hexastichon (Sechszeilige Gerste)

Diese Organisationsformen werden **Coenobien** genannt. Daß es sich dennoch um Einzeller handelt, geht aus der Tatsache hervor, daß die einzelnen Zellen auch allein lebensfähig sind, wenn sie aus dem Verband herausgelöst werden. Allerdings wird bereits auf der prokaryotischen Entwicklungsstufe durch Zelldifferenzierung in Zellverbänden (z. B. Heterocysten bei den Cyanobakterien) der Weg zum echten, arbeitsteiligen Mehrzeller beschritten. Es wird heute angenommen, daß die Vielzelligkeit bei den Pflanzen auf Eigenschaften (und damit Gene) zurückzuführen ist, die mit dem cyanobakteriellen Endosymbionten in die Entwicklungslinie der Pflanzen eingebracht wurden.

4.2 Prokaryoten

Als Prokaryoten werden alle Organismen ohne von einer Membran gegen das Cytoplasma abgegrenzten Zellkern bezeichnet. Es handelt sich um einzellige oder Zellverbände bildende Mikroorganismen. Die Prokaryoten umfassen die beiden Domänen Archaea und Bacteria, die Domäne Bacteria wird in die Eubakterien, die Cyanobakterien und die Prochlorobakterien unterteilt. Prokaryoten besiedeln unterschiedlichste – oft extreme – Lebensräume. Einige Archaeen wachsen z. B. bei Temperaturen oberhalb von 100 °C und einige Cyanobakterien sind an sehr trockene Standorte angepaßt. Sehr häufig bilden verschiedene Prokaryoten in natürlicher Umgebung komplexe Lebensgemeinschaften („Biofilme", Plus **4.2**).

Allen Prokaryoten fehlt ein Zellkern mit den für Zellkerne typischen Organisationsmerkmalen. Dennoch ist auch bei Prokaryoten DNA Träger der genetischen Information. Die DNA ist in fibrillärer Form in bestimmten Bereichen der Zelle nachweisbar (Abb. **4.4** S. 144). Diese DNA-führenden Regionen werden als **Nucleoide** (oder Kernäquivalente) bezeichnet. Sie sind nicht durch Membranen gegen das Cytoplasma abgegrenzt. Im Elektronenmikroskop erscheinen Nucleoide heller als das stärker elektronenstreuende und damit dunklere Cytoplasma; sie führen keine Ribosomen. Die DNA der Bakterien hat im typischen Fall (aber nicht bei allen Vertretern) eine ringförmige Struktur und ist nicht mit Histonen – jedoch mit histonähnlichen Proteinen, die allerdings keine Nucleosomen bilden – assoziiert (Abb. **15.3** S. 494). Der Ausdruck „Bakterienchromosom" sollte daher vermieden werden. Allerdings zeigen die histonähnlichen Proteine der Archaea Verwandtschaft zu den Histonen der Eucarya und werden daher Archaeahistone genannt. Sie bilden mit DNA Nucleosomenstrukturen aus.

Weitere allgemeine Charakteristika der Prokaryoten (Tab. **4.1**) sind der Besitz von 70S-Ribosomen sowie das Fehlen der für eukaryotische Zellen charakteristischen Membranstrukturen wie ER, Dictyosomen, Microbodies, Mitochondrien und Chloroplasten. Zwar kommen sowohl bei den photosynthesetreibenden Eubakterien als auch bei den Cyanobakterien intracytoplasmatische Membranen vor, die etwa den Thylakoiden entsprechen, doch sind diese nicht von einer Plastidenhülle umgeben, sondern liegen frei im Cytoplasma. Sie entstehen als Einstülpungen aus der Cytoplasmamembran und bleiben oft mit dieser verbunden.

Plus 4.2 Biofilme

Mikroorganismen heften sich leicht an Oberflächen. Daher sind in der Natur in aller Regel Oberflächen von dünnen Bakterienfilmen überzogen, die Biofilme genannt werden. Typisch für solche Biofilme ist ihre Zusammensetzung aus mehreren Bakterienarten. Diese ergänzen sich meist in ihren Nährstoffbedürfnissen und bilden Nahrungsketten, stellen also eigenständige und oft komplexe Miniaturökosysteme dar. Man findet Biofilme nicht nur auf biologischen Grenzflächen, wie z. B. Blattoberflächen oder abgestorbenem organischen Material, sondern auch in Trinkwasserleitungen, Abwasserkanälen und selbst in Industrieanlagen, deren Funktionszustand sie u. U. beeinträchtigen können.

Die Abbildung zeigt ammoniak- und nitritoxidierende Bakterien in einem nitrifizierenden Biofilm (Nitrifikation S. 301). Der Nachweis erfolgte direkt in einem mikroskopischen Präparat durch **F**luoreszenz-**i**n-**s**itu-**H**ybridisierung (FISH) unter Verwendung von gegen die 16S-RNA der beteiligten Bakterien gerichteten fluoreszenzmarkierten Gensonden. Das FISH-Verfahren ist außerordentlich leistungsfähig zur Bestimmung von Prokaryoten anhand von DNA-Merkmalen. Eine Falschfarbendarstellung des Fluoreszenzbildes wurde dem lichtmikroskopischen Bild überlagert. Ammoniak (NH_3) zu Nitrit (NO_2^-) oxidierende Bakterien der Gattung *Nitrosomonas* erscheinen rot, Nitrit (NO_2^-) zu Nitrat (NO_3^-) oxidierende Bakterien der Gattung *Nitrospira* erscheinen blau.

Einen einfachen Biofilm stellt z. B. eine auf einer Agaroberfläche wachsende Bakterienkolonie dar. Im Inneren der Kolonie herrschen deutlich andere physiologische Verhältnisse als an der Oberfläche oder an der Kontaktfläche zum Agar. Aus einem komplex zusammengesetzten bakteriellen Biofilm besteht der Zahnbelag (*Streptococcus oralis*, *Actinomyces naeslundii* u. v. a); man hat in der Mundhöhle des Menschen etwa 300 verschiedene Bakterienarten nachgewiesen!

Biofilme können eine zerstörerische Wirkung entfalten (Karies!). Sie sind oft an der Korrosion von Bauwerken und Metallteilen beteiligt. So oxidieren auf Sandstein oder Beton lebende Mikroorganismen Schwefelwasserstoff (H_2S) und Stickoxide (NO_x) aus der Luft zu Schwefelsäure (H_2SO_4) und Salpetersäure (HNO_3). Diese Säuren lösen die Carbonatanteile des Sandsteins bzw. Zements auf ($CaCO_3 + H_2SO_4 \rightarrow CaSO_4 + H_2O + CO_2$). Selbst Eisen und Stahl können, besonders unter anoxischen Bedingungen, mikrobiell zersetzt werden.

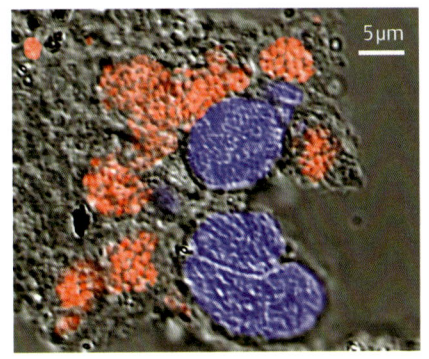

Originalaufnahme K. Stoecker, H. Daims und M. Wagner, mit freundlicher Genehmigung.

4.2.1 Bakterien

> Die Domäne Bacteria umfaßt die Eubakterien, die Cyanobakterien und die Prochlorobakterien. Ihnen gemeinsam – und das charakteristische Merkmal dieser Domäne – ist eine mehrschichtige Zellwand, deren Stützstruktur durch einen Peptidoglykan-Sacculus, das Murein, gebildet wird, das ein einziges kovalent vernetztes Makromolekül darstellt, welches die gesamte Zelle umgibt.

Wohl sekundär ist einer Gruppe von Bakterien, den Mykoplasmen, die Zellwand wieder verlorengegangen. Auch Myxobakterien bilden zellwandlose Stadien aus.

Alle Cyanobakterien und Prochlorobakterien betreiben Photosynthese unter Spaltung von Wasser und Freisetzung von molekularem Sauerstoff (**oxygene Photosynthese**, Kap. 8.1). Alle übrigen Bakterien werden zu den Eubakterien vereinigt und umfassen Vertreter, die entweder keine Photosynthese betreiben können oder dies ohne Freisetzung von Sauerstoff tun (**anoxygene Photosynthese**, Kap. 8.2).

Die Hauptmenge der Gene ist bei den Bakterien auf einem in Ein- oder Mehrzahl in der Zelle vorliegenden, meist ringförmig geschlossenen (seltener dagegen linearen) DNA-Doppelstrangmolekül versammelt, das im folgenden als DNA-Hauptstrang bezeichnet wird. Daneben können kleinere, zirkuläre DNA-Doppelstrangmoleküle, die Plasmide, vorkommen, die Spezialfunktionen wie z. B. Antibiotika-Resistenzen codieren (Kap. 15.13).

Eubakterien

> Anhand einer charakteristischen Färbereaktion (Gram-Färbung) lassen sich grampositive und gramnegative Eubakterien unterscheiden. Grampositive Eubakterien besitzen einen mehrschichtigen Peptidoglykan-Sacculus, sie binden den Gram-Farbstoff dadurch sehr fest. Gramnegative Eubakterien besitzen einen nur einschichtigen Peptidoglykan-Sacculus, aus dem sich der Gram-Farbstoff leicht entfernen läßt.

Bei der **Gram-Färbung** werden die Bakterien mit bestimmten Anilinfarbstoffen (Karbolgentianaviolett, Kristallviolett o. a.) angefärbt und anschließend mit Jod-Jodkaliumlösung behandelt. Hierdurch entstehen Farblacke, die bei den gramnegativen Formen durch eine anschließende Alkoholbehandlung ausgewaschen werden, bei den grampositiven hingegen nicht. Das Gram-Verhalten ist, von einigen gramlabilen Formen abgesehen, artspezifisch und hat in der Bakteriologie diagnostischen Wert.

Als Prototyp der Eubakterien und Vertreter der gramnegativen Bakterien sei das Darmbakterium *Escherichia coli* (Abb. **4.2**) gewählt, der Standardorganismus jahrzehntelanger biochemischer, physiologischer und genetischer Forschung, wohl der am detailliertesten untersuchte Organismus überhaupt.

Genetische Information: Die Gesamtheit der DNA-Information (**Genom**) von *Escherichia coli* ist – wie das vieler anderer Bakterien – hinsichtlich ihrer Basenabfolge vollständig bekannt. Der DNA-Hauptstrang besteht aus einem etwa 4,6 Millionen Basenpaare enthaltenden geschlossenen, zirkulären DNA-Molekül, welches einen Umfang von etwa 1,5 mm und einen Durchmesser von knapp 0,5 mm aufweist und auf dem 4397 Gene lokalisiert wurden. Die mit histonähnlichen Proteinen bedeckte DNA bildet einen 40-nm-Faden, der wiederum zu einer 80-nm-Struktur aufgewunden ist – ähnlich wie das Kabel an einem Telefonhörer. Durch Wechselwirkung mit Verankerungsproteinen bildet der 80-nm-Faden etwa 50 Schleifen (nur 7 sind in Abb. **4.2e** gezeigt). In diesen Schleifen kann die DNA-Protein-Fibrille noch weiter (superhelical) aufgewunden sein. Dieser kondensierte Zustand des **Nucleoids** dominiert während der stationären Kulturphase, in der die Bakterien nicht mehr wachsen, sich nicht teilen und offenbar eine nur geringe Transkriptionsaktivität zeigen. Während der Wachstumsphase, besonders in der Phase intensiven logarithmischen Wachstums (in dieser Phase verdoppelt sich die Zellzahl jeweils in einem bestimmten Zeitintervall), werden die superhelicalen Bereiche der DNA zunehmend entwunden. Transkribierte Gene liegen in entwundenen Schleifen der DNA im peripheren Nucleoplasma. Da bei Bakterien die **Transkription** von Genen und die **Translation** der sich noch in der Synthesephase befindlichen mRNA gekoppelt ablaufen (Abb. **15.3** S. 494), finden sich an der Grenze zwischen Nucleoplasma und Cytoplasma (mit der im Elektronenmikroskop nicht sichtbaren mRNA assoziierte) Ribosomen (Abb. **4.2a**). Kompliziert wird die Situation dadurch, daß gleichzeitig auch die DNA-Replikation abläuft. Das Nucleoid muß man sich demnach als eine hochdynamische, in ständigem Wandel befindliche Struktur vorstellen. Die superhelicale Verdrillung und die Entspannung der DNA werden durch Enzyme aus der Klasse der **Topoisomerasen** bewirkt. Das die superhelicale Verdrillung bewirkende Enzym wird auch **Gyrase** genannt. Gyrase-Hemmstoffe sind hochwirksame Antibiotika (Tab. **15.10** S. 585). Nach den Ergebnissen von Untersuchungen an anderen Gattungen und Arten darf man davon ausgehen, daß die DNA bei allen Prokaryoten eine ähnliche Überstruktur aufweist.

4.2 Prokaryoten   **137**

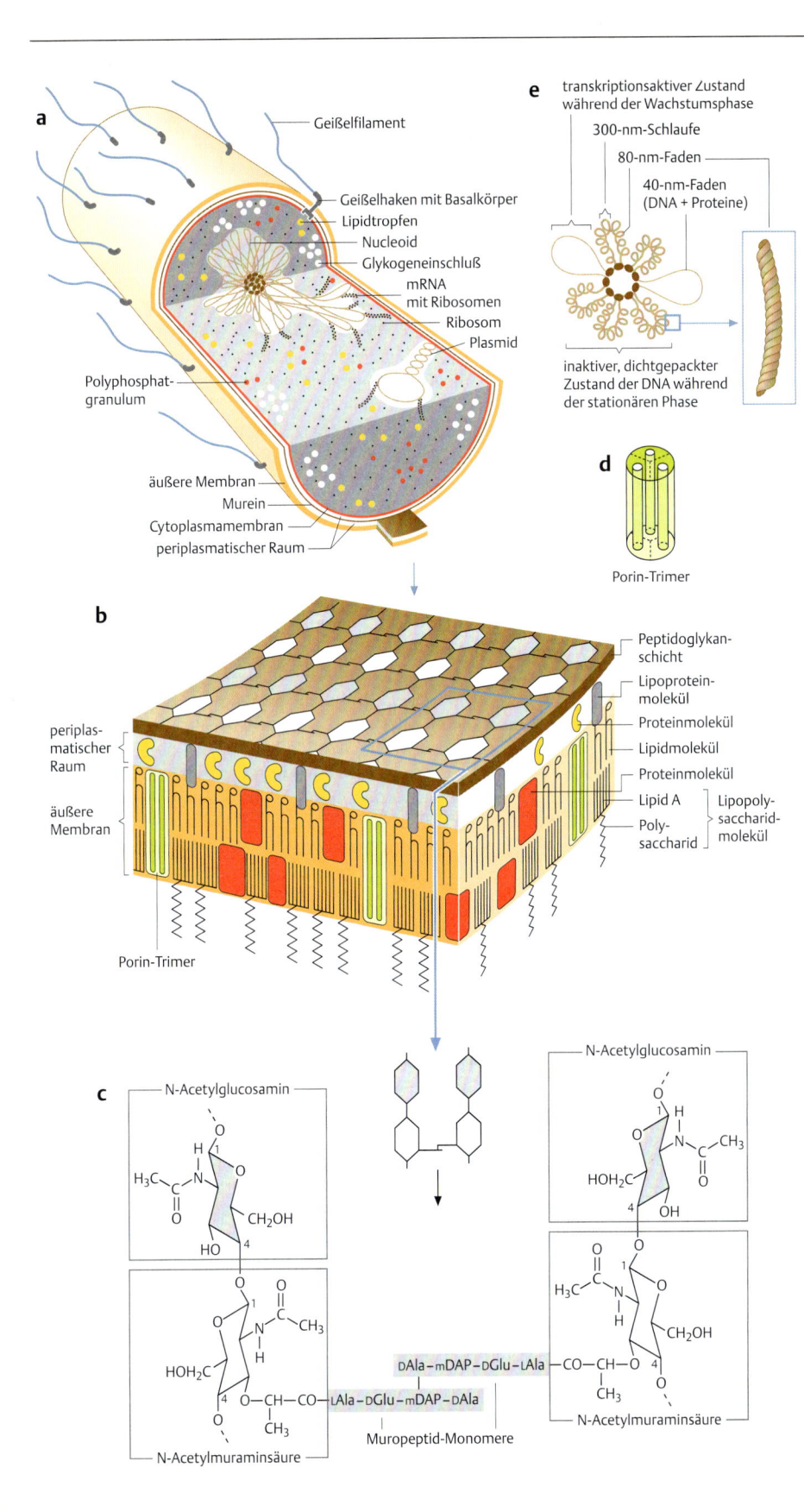

Abb. 4.2
Gramnegative Eubakterien.
a Raumdiagramm einer Zelle von *Escherichia coli*, schematisch rekonstruiert nach elektronenmikroskopischen Aufnahmen. **b** Strukturmodell der Zellwand. **c** Ausschnitt aus dem Peptidoglykanmolekül. **d** Porin-Trimer. **e** Aufbau der DNA im Nucleoid (**e** nach Lengeler et al. 1999 und Kim et al. 2004).

Die Anzahl der DNA-Hauptstränge pro Bakterienzelle hängt von ihrem Alter und ihrem physiologischen Zustand ab. In ruhenden Zellen der stationären Phase enthält jede Zelle im typischen Falle nur einen Hauptstrang. Schnell wachsende Zellen, die sich in der logarithmischen Phase befinden, enthalten zwei, drei oder sogar vier Hauptstränge, von denen sich jeder bereits wieder in **Replikation** befinden kann. Das frühzeitige Einsetzen einer weiteren Replikationsrunde ist notwendig, wenn sich Bakterienzellen schneller teilen als der Replikationszyklus abläuft. So teilen sich *Escherichia-coli*-Zellen unter günstigen Bedingungen alle 20 Minuten, während eine Replikationsrunde 40 Minuten in Anspruch nimmt.

Während der Replikation ist das zirkuläre DNA-Molekül an einer Stelle an die Cytoplasmamembran angeheftet. Hier beginnt die Replikation. Daher befinden sich die beiden neugebildeten Doppelstränge zunächst noch nebeneinander. Ihre Verteilung auf die beiden Tochterzellen kommt dadurch zustande, daß zwischen die beiden Anheftungsstellen, synchron mit der Zellwandsynthese, neues Membranmaterial eingebaut wird, wodurch die Anheftungsstellen immer weiter auseinanderrücken. Erfolgt schließlich die Teilung, so erhält jede Tochterzelle mindestens einen Doppelstrang. Hierdurch wird – ohne daß ein Spindelapparat ausgebildet wird – die vollständige Weitergabe der genetischen Information an die Tochterzellen gewährleistet.

Bei zahlreichen Arten finden sich, zusätzlich zum DNA-Hauptstrang, noch kleinere ringförmige DNA-Elemente, die **Plasmide**, deren Größe je nach Typ zwischen einigen Tausend und 0,5 Millionen Nucleotidpaaren liegen kann. Sie besitzen einen eigenen Startpunkt für ihre Replikation. Ein Plasmid kann daher in der Zelle seine Autonomie als unabhängiges Replikon behalten. Es kann aber auch in den DNA-Hauptstrang der Zelle integriert werden. In diesem Falle wird es als **Episom** bezeichnet. Konjugative Plasmide können von einer Zelle, dem Spender, auf eine andere, den Empfänger, übertragen werden. Hierzu gehören die F-Plasmide (Fertilitätsfaktoren) und die R-Plasmide (Resistenzfaktoren), die die Resistenz der Bakterienzelle gegen bestimmte Antibiotika (z. B. Sulfonamide) bedingen. Konjugative Plasmide sind durch das Vorhandensein einer für den Plasmidtransfer unabdingbaren Transfer-Region (*tra*-Region) gekennzeichnet. Diese fehlt den nichtkonjugativen Plasmiden. Meist liegen die Plasmide in mehreren Kopien in der Zelle vor, deren Anzahl pro DNA-Hauptstrang für das jeweilige Plasmid charakteristisch zu sein scheint. Ein bedeutsames Plasmid ist das **t**um**or**induzierende Ti-Plasmid von *Agrobacterium tumefaciens* (Abb. **20.14** S. 829), welches zahlreiche Gene enthält, die für den Transfer eines Teils des Plasmids (der T-DNA) in das Kerngenom von Wirtspflanzen verantwortlich sind. Als Ergebnis des T-DNA-Transfers und der Integration der T-DNA in das Kerngenom der Wirtspflanze bilden sich Wurzelhalstumoren (Abb. **20.13** S. 829). Gentechnisch modifizierte Ti-Plasmide dienen heute als häufigste „Genfähren" zum Einschleusen von Fremdgenen in Höhere Pflanzen. Für den Botaniker interessant sind weiterhin die Sym-Plasmide der Rhizobien (Box **20.4** S. 819), auf denen u. a. die für die Fixierung des Luftstickstoffs erforderlichen *nif*-Gene (**ni**trogen **f**ixation) und die zur Auslösung der Knöllchenbildung (**Nod**ulation) erforderlichen *nod*-Gene codiert sind. Der Besitz von Plasmiden verschafft den betreffenden Bakterien zwar bestimmte Selektionsvorteile, ist aber keine unerläßliche Voraussetzung für ihre Lebensfähigkeit.

Protoplast: Das **Cytoplasma** wird durch die **Cytoplasmamembran** begrenzt, die im elektronenmikroskopischen Bild den typischen Aufbau einer Biomembran zeigt und aus einer Phospholipid-Doppelschicht mit darin eingelagerten Proteinen besteht. Gleich dem Plasmalemma der Pflanzenzelle hat sie die Funktion einer den Stoffaustausch kontrollierenden physiologischen Barriere. Darüber hinaus ist sie Trägerin der Atmungsenzyme, die bei der Eukaryotenzelle in den Mitochondrien lokalisiert sind, sowie des enzymatischen Apparates der Zellwandsynthese. Weiterhin kommen auch in Bakterienzellen **intracytoplasmatische Membranen** vor, die durch Invagination (Einstülpung) der Cytoplasmamembran entstehen und mit dieser vorübergehend oder dauernd in Verbindung bleiben. Hier sind vor allem die den Thylakoiden der Chloroplasten vergleichbaren Membranen der Photosynthese betreibenden Bakterien zu nennen, auf denen die Photosynthesepigmente – Bakteriochlorophylle, Carotinoide – lokalisiert sind. Je nach Art können sie als Vesikel, Tubuli oder Membranstapel ausgebildet sein.

An **granulären Einschlüssen** enthält das Cytoplasma neben den Ribosomen, die dem 70S-Typus angehören, vor allem Reservestoffe. Die früher als Volutinkörner bezeichneten Granula bestehen im wesentlichen aus Polyphosphaten, das sind kettenförmige kondensierte Phosphate, die als Phosphatreserve und, wenn auch wohl nur in geringem Umfang, als Energiespeicher dienen. Andere Granula bestehen aus glykogenähnlichen Polysacchariden, Poly-β-hydroxybuttersäure, Lipiden und, bei Schwefelbakterien, aus Polysulfiden. Bei einigen autotrophen Formen sind Carboxysomen gefunden worden, die eine polyedrische Gestalt haben und überwiegend aus dem Enzym Ribulose-1,5-bisphosphat-Carboxylase (Abb. **8.26** S. 280) bestehen.

Eubakterien besitzen nach neuen Befunden, wie wohl alle Prokaryoten, ein **Cytoskelett**. Dieses ist also nicht, wie früher angenommen, eine charakteristische Eigenschaft der Eucyte. Sowohl mit dem Actin (S. 55) als auch mit dem Tubulin (S. 53) verwandte Komponenten wurden gefunden, letztere spielen eine Rolle bei der bakteriellen Zellteilung, actinähnliche Proteine sind am Zustandekommen der Zellform als Stützstrukturen beteiligt.

Zellwand: Die formbeständige, aber elastische und stets mehrschichtige Zellwand der Bakterien, deren Dicke 10–40 nm beträgt, unterscheidet sich in ihrer chemischen Zusammensetzung und folglich auch in ihrer Feinstruktur grundsätzlich von der typischen Pflanzenzellwand. Die formgebende Komponente ist der bei den grampositiven Eubakterien mehrlagige, bei den gramnegativen Eubakterien einlagige **Peptidoglykan-Sacculus**, das **Murein**. Bei den gramnegativen Eubakterien durchzieht der Peptidoglykan-Sacculus den **periplasmatischen Raum** (= Raum zwischen innerer und äußerer Zellmembran) und steht mit der **äußeren Membran** – die sich im Aufbau von der inneren Cytoplasmamembran sehr unterscheidet – in Kontakt (Abb. **4.2a, b**).

Murein besteht aus linear verknüpften Aminozuckern, die über kurze Peptidbrücken verbunden sind (Abb. **4.2c**). Bei den Aminozuckern handelt es sich um N-Acetylglucosamin und N-Acetylmuraminsäuren (ein N-Acetylglucosamin, an welches zusätzlich ein Milchsäurerest gebunden ist), die alternierend in Ketten angeordnet und [β1→4]-glykosidisch miteinander verbunden sind. Die N-Acetylmuraminsäuremoleküle tragen an den Milchsäureresten kurze Peptid-Seitenketten, die charakteristische, in Proteinen nicht vorkommende Aminosäuren enthalten, bei *Escherichia coli* z. B. Diaminopimelinsäure, D-Glutaminsäure und D-Alanin. Die benachbarten, parallel angeordneten Peptidoglykanmoleküle sind über die Diaminopimelinsäure der einen und das D-Alanin der anderen Seitenkette quer vernetzt. Auf diese Weise entsteht das Murein, ein beutelförmiges Riesenmolekül (Sacculus), das den Protoplasten der Zelle einschließt. Murein macht bei den grampositiven Bakterien 30–70 % und bei den gramnegativen etwa 10 % der Zellwandsubstanz aus.

An das Murein sind langgestreckte Lipoproteinmoleküle kovalent gebunden, die auswärts gerichtet und mit ihren Lipidanteilen in der **äußeren Membran** verankert sind, wodurch diese in einem bestimmten Abstand vom Murein-Sacculus gehalten wird. Die äußere Membran der gramnegativen Bakterien besteht aus einer Lipiddoppelschicht mit stark unterschiedlicher Zusammensetzung der beiden Schichten und von der Cytoplasmamembran abweichender Zusammensetzung. Ihre innere Hälfte besteht überwiegend aus Phospholipiden, die äußere hingegen aus der Lipid-A-Komponente der Lipopolysaccharide. Lipid A enthält sechs Fettsäureketten, die im Lipidbereich der Biomembran verankert sind. Die Fettsäuren sind mit einem aus zwei Glucosaminen bestehenden Disaccharid verbunden. Dieses trägt außerdem eine lange Polysaccharidkette, die weit über die Zelloberfläche hinausragt und bei *Escherichia coli* aus Mannoseresten besteht, bei anderen gramnegativen Bakterien aber unterschiedliche Zusammensetzung aufweisen kann. Die Polysaccharidschicht ist sehr wasserhaltig, weshalb die Oberfläche der Bakterienkolonien glatt und glänzend erscheint. Diese Bakterien werden daher auch als S-(smooth-)Formen bezeichnet. Die Polysaccharidschicht schützt die Bakterien bis zu einem gewissen Grad vor der Reaktion mit Antikörpern und vor Phagocytose durch Leukocyten. Die S-Formen sind sehr viel widerstandsfähiger als die durch eine rauhe Oberfläche der Kolonien ausgezeichneten R-(rough-)Formen, denen die Polysaccharidketten an den Lipid-A-Molekülen fehlen.

Die äußere Membran enthält **Porine**, die transmembrane, wassergefüllte Kanäle bilden und in der Membran als Trimere vorliegen (Abb. **4.2d**). Sie gestatten hydrophilen Molekülen einer Molekülmasse ≤ 600 Da den Durchtritt, so daß die äußere Membran etwa um den Faktor 10 durchlässiger ist als die Cytoplasmamembran. Bei einigen Bakterien sind sogar noch höhere Werte gefunden worden. Die Selektivität der Porine ist gering. Meist unterscheiden sie sich nur hinsichtlich ihrer Selektivität für Kationen oder Anionen, je nach Ladung der Aminosäuren, die den Kanal bilden.

In dem zwischen der äußeren Membran und der Cytoplasmamembran liegenden **periplasmatischen Raum** befinden sich lösliche Proteine, die zum Teil Bindungsproteine für Metabolite wie Zucker und Aminosäuren sind und deren Aufnahme in die Zelle fördern. Es kommen aber auch Chemorezeptoren vor, die der Zelle Informationen über die Zusammensetzung der Umgebung vermitteln. Daneben finden sich Enzyme, die z. T. bereits Nährstoffe so weit abbauen, daß sie durch die Cytoplasmamembran transportiert werden können. Auch toxische Verbindungen können abgebaut und auf diese Weise unschädlich gemacht werden. Der Besitz einer solchen Zone kontrollierter physikalischer und chemischer Bedingungen erklärt den breiten Milieubereich, in dem die gramnegativen Bakterien zu wachsen vermögen.

Grampositive Bakterien besitzen keine äußere Membran und keinen periplasmatischen Raum. Bei ihnen ist die dicke Peptidoglykanschicht direkt auf die Cytoplasmamembran aufgelagert. Außen ist der Sacculus von einer Deckschicht belegt, die variabel zusammengesetzt sein kann und in der Regel neben Polysacchariden die für die grampositiven Bakterien charakteristischen Teichonsäuren – das sind wasserlösliche Heteropolymere aus Zuckern, D-Alanin und Glycerinphosphat oder Ribitphosphat – enthält.

4.2 Prokaryoten

Viele Eubakterien scheiden mehr oder weniger stark quellendes Wandmaterial ab, das meist aus sauren Heteropolysacchariden besteht. Dies führt entweder zur Bildung unscharf begrenzter, schleimiger Höfe oder scharf umschriebener Kapseln bzw. Scheiden höherer Viskosität um die Zellen. Diese Schleimhüllen bieten einen gewissen Schutz und erhöhen damit die Resistenz, z. B. gegen Antikörper und Leukocyten. Bei einigen Eubakterien enthält die Kapselsubstanz Cellulose, z. B. bei *Acetobacter xylinum*.

Fortbewegung: Manche Eubakterien tragen zur Fortbewegung eine oder mehrere **Geißeln**, die völlig anders aufgebaut sind als die Geißeln der Eukaryoten (Abb. **4.13** S. 150) und nach einem anderen Prinzip funktionieren. Monotrich begeißelte Bakterien tragen eine, polytriche zahlreiche Geißeln. Geißeln polytricher Bakterien können in Form von Schöpfen angeordnet sein, entweder monopolar (lophotrich) oder bipolar (amphitrich) oder sie sind über die Oberfläche etwa gleichmäßig verteilt (peritrich, Abb. **4.2a**). Bei einigen polar begeißelten gramnegativen Bakterien sind die Geißeln ganz oder teilweise von einer Geißelscheide eingehüllt, deren chemische Natur noch unklar ist.

Die Geißel ist mit einem Basalkörper in äußerer Membran, Peptidoglykanschicht und Cytoplasmamembran verankert. Der Basalkörper stellt einen wasserstoffionengetriebenen **Rotationsmotor** („Flagellarmotor", Abb. **4.3**) dar. Er besteht aus einem Stator (S-Ring) und dem in ihm rotierenden Motor (M-Ring), die beide in der Cytoplasmamembran liegen. Das relativ starre Geißelfilament endet in einem gebogenen, aber elastischen Geißelhaken, der mit einer dünnen Welle im M-Ring verankert ist. Die Welle wird durch eine Proteinhülse (L-Ring und P-Ring), die zugleich während der Rotation als Lager dient, über die Peptidoglykanschicht und äußere Membran geführt. Die Rotorscheibe ist umgeben von einem Kranz von Mot-Proteinen, von denen MotA den Protonenkanal bildet und MotB mit einem Ende kovalent am Murein verankert und mit dem anderen Ende (nichtkovalent) an den Stator in der Cytoplasmamembran

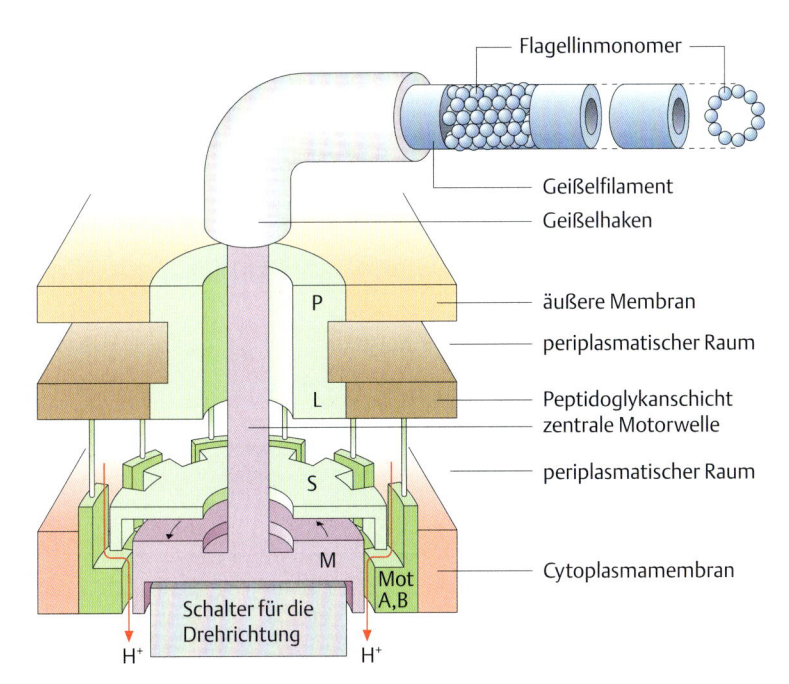

> **Box 4.3 Lokomotion und Taxis – Definitionen**
>
> Jede aktiv erfolgende freie Ortsbewegung eines Lebewesens wird als **Lokomotion** bezeichnet. Ist eine Lokomotion erkennbar von einem Außenfaktor (Reiz) abhängig, so spricht man von einer **Taxis** (oder Taxie, Plural Taxien). Ein **Reiz** ist jeder chemische oder physikalische Faktor, der im Organismus oder bestimmten seiner Zellen eine charakteristische Reaktion auslöst, deren Energiebedarf vom Organismus selbst gedeckt wird. Reize sind demnach Auslöser.
> Erfolgt eine Taxis zur Reizquelle hin, spricht man von positiver Taxis, erfolgt sie von der Reizquelle weg, von negativer Taxis. Üblich ist auch die Angabe der Reizqualität. So wird eine Phototaxis von Licht, eine Chemotaxis von bestimmten chemischen Verbindungen ausgelöst. Ein Spezialfall der Chemotaxis ist die Aerotaxis (Sauerstoff als Chemotaktikum). Ferner sind Gravitaxis (Reiz: Massenbeschleunigung) und Magnetotaxis (Reiz: elektromagnetisches Feld) bekannt, beide sind selten.
> Eine gerichtete Bewegung zur Reizquelle hin nennt man Topotaxis, eine durch Reizeinwirkung ausgelöste „Schreckreaktion" Phobotaxis. Beispiel für die Nomenklatur: Eine positive Phototopotaxis ist das gerichtete Sichbewegen auf eine Lichtquelle zu. Begeißelte Bakterien zeigen phobotaktische Reaktionen (Box **4.4**), begeißelte Algen sowohl Topotaxis als auch Phobotaxis, je nach Reizart und -intensität (Box **4.5** S. 151).

Abb. 4.3 Konstruktionsschema des bakteriellen Flagellarmotors. Rotor violett, Stator grün (nach Lengeler et al. 1999).

gebunden ist, der durch diese Bindung in fixer Position gehalten wird. Ein Protonenfluß durch die MotA-Protonenkanäle setzt die bewegliche M-Scheibe relativ zum Stator in Rotation. Diese Rotation wird über die Welle auf den Geißelhaken und von dort auf das Geißelfilament übertragen, das in schraubige Drehbewegungen versetzt wird und so eine Schubkraft erzeugt. Die Drehfrequenz des Flagellarmotors beträgt einige Hundert Hertz (1 Hz = 1 s^{-1}, Motoren der Formel-I-Rennwagen erreichen Spitzendrehzahlen von 300 Hz). *Escherichia coli* erreicht damit Geschwindigkeiten von etwa 20 µm s^{-1} (die Größe der lebenden Zelle beträgt 1,1–1,5 · 2–6 µm). Das Geißelfilament ist ein aus Flagellinmonomeren aufgebauter Hohlzylinder. Man kann es sich aus meist 11 leicht schraubig umeinander gewundenen Flagellin-Subfibrillen aufgebaut denken. Hinsichtlich der Größe und Zusammensetzung der Flagellinmoleküle gibt es bei den verschiedenen Bakteriengruppen Unterschiede. Bei *Escherichia coli* besteht das Flagellin aus einer Peptidkette mit einer Molekülmasse von 54 000 Da. Der Durchmesser der Geißeln liegt zwischen 10 und 20 nm, ihre Länge zwischen 5 und 25 µm. Die Drehrichtung der Geißel kehrt sich während eines Bewegungsvorgangs periodisch um. Dies bewirkt einen besonderen Bewegungsmodus (Box **4.3** und Box **4.4**). Für die Umkehr der Bewegungsrichtung verantwortliche Schalterproteine binden direkt an den Flagellarmotor. Sie werden unter anderem durch Umweltsignale gesteuert. Von einem molekularen Verständnis des Flagellarmotors und seiner Steuerung ist man allerdings noch weit entfernt.

Box 4.4 Fortbewegung durch Bakteriengeißeln

Die flagellengetriebene Lokomotion (Definition Box **4.3**) der Bakterien besteht aus alternierenden Lauf- und Taumelphasen. Während einer Laufphase rotiert das Flagellum mit konstantem Drehsinn (bzw. rotieren bei Vorhandensein mehrerer Flagellen alle gleichsinnig), sodaß die Zelle in eine Richtung geschoben wird. Nach kurzer Zeit (etwa 1 s) stoppt der Flagellarmotor und der Drehsinn wird für einen Moment umgekehrt (etwa 0,1 s). Bei Vorhandensein mehrerer Geißeln geschieht dies unkoordiniert, so daß das Geißelbündel sich verwirrt. Da die Zelle wegen ihrer geringen Masse und angesichts der hohen Viskosität des wäßrigen Mediums bei Aussetzen der Rotation der Geißel(n) sogleich zum Stillstand kommt und die kurzzeitige Umkehr des Drehsinns der Geißel(n) die Zelle in eine beliebige andere Richtung ausrichtet (Taumeln), schlägt die Zelle bei Wiedereinsetzen der monotonen (und bei mehreren Geißeln synchronisierten) Geißelrotation diese andere Richtung für die nächste Laufphase ein. Diese Abfolge von Lauf- und Taumelphasen führt zu einer ungerichteten Lokomotion des Bakteriums im Medium. In der Regel wird jedoch die Lauf-/Taumelfrequenz durch äußere Reize moduliert: Aus der Lokomotion wird dann eine positive oder negative Phobotaxis. Neben Lichtreizen (bei begeißelten phototrophen Bakterien) sind insbesondere chemische Reize (Sauerstoff, Zucker, bestimmte stickstoffhaltige Verbindungen, Phosphat und andere Mineralien) wirksam. Nimmt die Taumelfrequenz ab, wenn sich die Zelle in Richtung steigender Reizintensität bewegt, dauern die Laufphasen in Reizrichtung also länger, so bewegt sich die Zelle insgesamt auf die Reizquelle zu (positive Phobotaxis), nimmt die Taumelfrequenz hingegen mit zunehmender Reizintensität zu, werden also die Laufstrecken in Reizrichtung kürzer und gegen die Reizrichtung länger, dann bewegt sich die Zelle zunehmend aus dem Reizfeld heraus (negative Phobotaxis). In der Abbildung wird eine positive Chemophobotaxis mit einer positiven Chemotopotaxis verglichen, also gerichtetem Schwimmen in Richtung ansteigender Konzentration eines Chemotaktikums, wie es begeißelte Eukaryoten zeigen.

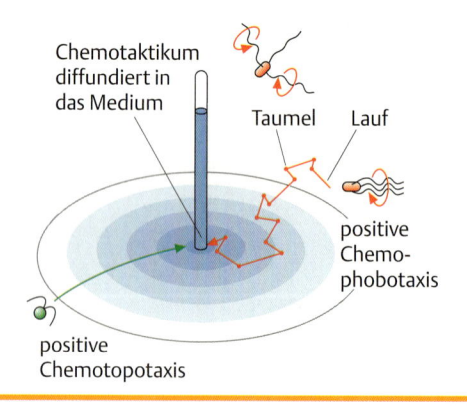

Cyanobakterien

> Cyanobakterien bilden eine phylogenetisch vergleichsweise homogene Bakteriengruppe. Alle Vertreter sind zur oxygenen Photosynthese befähigt und besitzen Chlorophyll a und Phycobiline, aber kein Chlorophyll b. Sie kommen in Form von Einzelzellen (Abb. **4.4**), lockeren Zellaggregaten oder fadenförmigen Zellverbänden vor, z. T. mit morphologischer und funktioneller Differenzierung einzelner Zelltypen (Abb. **4.10** und Abb. **4.11** S. 148). Die einzelne Zelle ist etwa zehnmal so groß wie eine Eubakterienzelle.

Die DNA dürfte ähnlich organisiert sein wie bei den Eubakterien. Man nennt die im Vergleich zu den Eubakterien im Elektronenmikroskop etwas anders erscheinenden Nucleoide auch den **Chromatinapparat** und die im Lichtmikroskop farblos erscheinende Region des Cytoplasmas, in der der Chromatinapparat vorliegt, das **Centroplasma**. Es grenzt sich unscharf von dem die Thylakoide enthaltenden und dadurch im Lichtmikroskop gefärbt erscheinenden **Chromatoplasma** ab. Über die Replikation der DNA und ihre Verteilung auf die Tochterzellen ist wenig bekannt, vermutlich erfolgt sie in ähnlicher Weise wie bei den Eubakterien.

Träger der Photosynthesepigmente sind **Thylakoide**, die, wie bei den photosynthetischen Bakterien, durch Invagination der Cytoplasmamembran entstehen. Der Photosyntheseapparat der Cyanobakterien unterscheidet sich jedoch grundsätzlich von dem der anderen Bakterien (Tab. **4.2**): Gleich den grünen Pflanzen besitzen sie Chlorophyll a sowie zwei in Reihe geschaltete Photosysteme (S. 291) und verwenden Wasser als Wasserstoff- bzw. Elektronendonor, weshalb die Photosynthese oxygen – d. h. mit Sauerstoffentwicklung verbunden – ist. Während Chlorophyll a und die Carotinoide – an Proteine gebunden – in die Thylakoidmembranen integriert sind, liegen die Phycobiliproteine Phycocyanin und Phycoerythrin in Gestalt von **Phycobilisomen** auf den Thylakoiden. Die Phycobilisomen stellen sehr effektive Lichtsammelantennen dar (S. 291).

Bei den Cyanobakterien ist eine, verglichen mit den Eubakterien, ungleich größere Anzahl von Zelleinschlüssen nachgewiesen worden, von denen einige allerdings nur auf bestimmte Gattungen oder gar Arten beschränkt zu sein scheinen. Manche von ihnen sind Speicherstoffe, wie die aus Poly-β-hydroxybuttersäure oder aus glykogenähnlichen Polysacchariden bestehenden Granula. Allgemein verbreitet sind die aus Polyphosphaten aufgebauten Volutingranula, die polyedrischen, das CO_2-Fixierungsenzym Ribulose-1,5-bisphosphat-Carboxylase (S. 279) enthaltenden Carboxysomen (Abb. **4.4b** und Abb. **4.5**), Lipidtropfen sowie die sogenannten Cyanophycinkörnchen, die wahrscheinlich der Speicherung von Stickstoff dienen. **Cyanophycin** ist ein Polypeptid, dessen Synthese nicht an Ribosomen erfolgt. Es besteht aus nur zwei Aminosäuren, nämlich L-Arginin und L-Asparaginsäure im Verhältnis 1:1 (Abb. **4.5c**). Manche Cyanobakterien enthalten **Gasvakuolen**, die aus mehreren, von Proteinmembranen umgebenen Vesikeln bestehen und den Zellen das Schweben im Wasser ermöglichen (Plus **2.1** S. 59).

Die Zellwände der Cyanobakterien (Abb. **4.4c**) sind ähnlich gebaut wie die der gramnegativen Bakterien. Allerdings ist die Peptidoglykanschicht wesentlich dicker, weshalb die Gram-Färbung positiv ausfällt. Auch die Lipopolysaccharide der äußeren Membran unterscheiden sich von denen der gramnegativen Bakterien. Schleimscheiden und Kapseln kommen häufig vor. Insbesondere Zellfäden bildende Cyanobakterien führen häufig eine gleitende Kriechbewegung auf dem Untergrund durch, über deren

4 Organisationsformen der Pflanzen

Tab. 4.2 Merkmale der Bakteriengruppen.

Merkmal	Eubakterien		Cyano-bakterien	Prochloro-bakterien
	grampositive	gramnegative		
oxygene Photosynthese	−	−	+	+
anoxygene Photosynthese	−	+[1]	+[2]	−
Phycobiline	−	−	+	−
Chlorophyll a	−	−	+	+
Chlorophyll b	−	−	−	+
Bakteriochlorophylle	−	+[1]	−	−
Geißeln	+	+	−	−
Stickstoff-Fixierung	+	+	+	?
Teichonsäuren in Zellwand	+	−	−	−
Cyanophycin-Reservestoff	−	−	+	−

[1] nur einige gramnegative Bakterien betreiben Photosynthese, diese Arten besitzen Bakteriochlorophylle zur Lichtabsorption
[2] in seltenen Ausnahmefällen

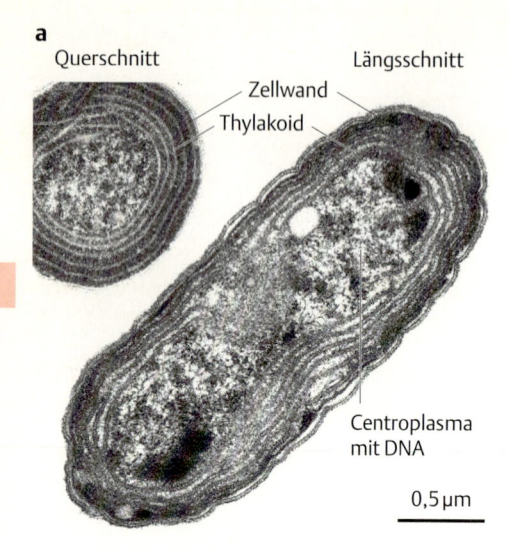

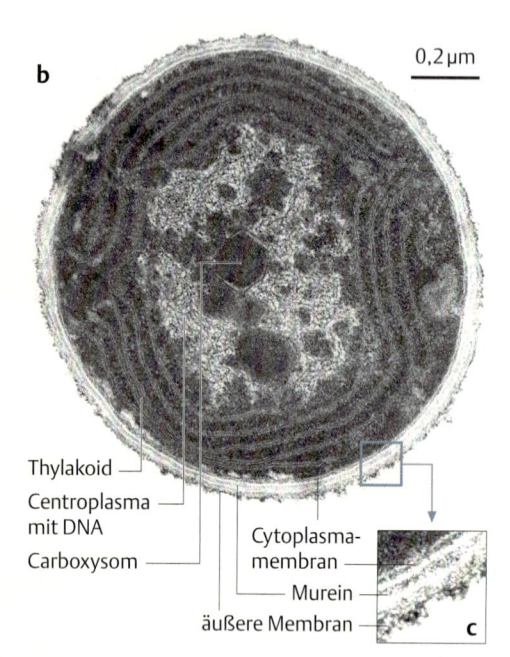

Abb. 4.4 Cyanobakterien. Elektronenmikroskopische Aufnahmen von Ultradünnschnitten. **a** *Synechococcus lividus*, ein stäbchenförmiges Cyanobakterium, im Längs- und Querschnitt mit konzentrisch angeordneten Thylakoiden. **b** *Synechocystis* spec., ein coccales Cyanobakterium. **c** Typischer Aufbau einer cyanobakteriellen Zellwand am Beispiel von *Synechocystis* spec. (**a–c** Originalaufnahmen J. R. Golecki, mit freundlicher Genehmigung).

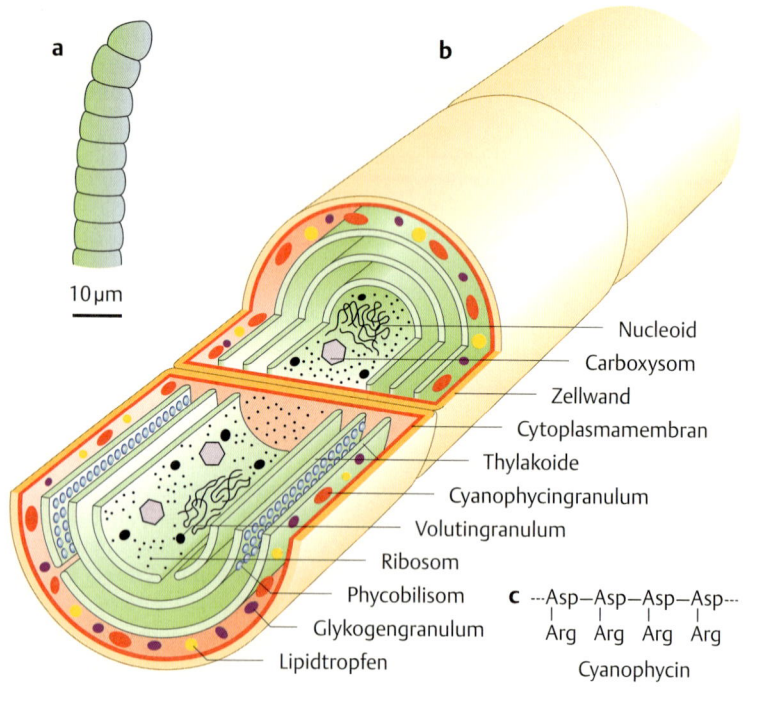

Abb. 4.5 Cyanobakterien. *Oscillatoria chalybea*. **a** Zeichnung nach lichtmikroskopischer Aufnahme. **b** Raumdiagramm der Zelle, schematisch rekonstruiert nach elektronenmikroskopischen Aufnahmen. Die Phycobilisomen sitzen dicht an dicht auf beiden Seiten der Thylakoide (aus Gründen der Übersichtlichkeit lediglich teilweise gezeigt). **c** Ausschnitt aus einem Cyanophycin-Molekül.

Zustandekommen wenig bekannt ist. Bewegung mit Hilfe von Geißeln kommt bei Cyanobakterien nicht vor. Viele Cyanobakterien (z. B. die Gattungen *Nostoc* und *Anabaena*) sind zur Bindung von Luftstickstoff befähigt, eine Eigenschaft, die sie mit zahlreichen Eubakterien teilen.

Prochlorobakterien

Die Vertreter dieser Gruppe sind systematisch wie phylogenetisch schwer einzuordnen. Sie sind Prokaryoten, die zur oxygenen Photosynthese befähigt sind und neben Chlorophyll a auch Chlorophyll b, aber keine Phycobiline besitzen (Tab. **4.2**).

Es wurden drei Formen isoliert: *Prochloron didemni*, ein Ektosymbiont der Seescheide *Didemnum*, der allein schwer kultivierbar ist, die Süßwasserform *Prochlorothrix hollandica*, deren Trichome aus mindestens fünf bis zu einhundert Zellen oder mehr bestehen, und der zum Kleinstplankton (Picoplankton) gehörende *Prochlorococcus marinus*, dessen Durchmesser von 1 µm in der Größenordnung der kleinsten Eubakterien liegt. Der prokaryotische Charakter der Prochlorobakterien wird belegt durch die Größe des Genoms, die zwischen 3,5 und $4 \cdot 10^9$ Basenpaaren liegt, das Fehlen einer Kernhülle, durch den Peptidoglykan-Gehalt der Zellwand, die im Aufbau und in ihrer chemischen Zusammensetzung der Zellwand der Cyanobakterien ähnelt, sowie durch das Fehlen der für die Eukaryoten charakteristischen Zellorganellen. Die Thylakoide liegen in Stapeln und sind nicht von einer Chloroplastenhülle umgeben.

Prochlorobakterien kommen aufgrund ihrer DNA-Sequenzmerkmale nicht als Vorläufer der Chloroplasten infrage, obwohl ihre Ausstattung mit Photosynthesepigmenten (Fehlen von Phycobilinen und Vorhandensein von Chlorophyll b) dies nahelegen könnte. Vielmehr sind alle Plastiden und Chromatophoren monophyletischen Ursprungs und gehen auf einen cyanobakteriellen Vorläufer zurück. Das Chlorophyll b der Chloroplasten der Chlorobionta ist wohl unabhängig von dem der Prochlorobakterien entstanden, eine Annahme, die auch deshalb plausibel ist, weil Chlorophyll b aus Chlorophyll a durch einen einzigen Oxidationsschritt gebildet wird.

4.2.2 Archaea

Der Name dieser erst in neuerer Zeit genauer untersuchten Prokaryoten wurde gewählt, weil viele von ihnen an Bedingungen angepaßt sind, die wahrscheinlich während der Frühgeschichte des Lebens auf der Erde vorherrschten, wie z. B. hohe Temperaturen, hohe Acidität des Milieus, hoher Schwefelgehalt. In ihrer äußeren Gestalt sind die Archaeen den Eubakterien ähnlich, in physiologischer und biochemischer Hinsicht bestehen jedoch grundlegende Unterschiede.

Als Beispiel sei *Pyrodictium occultum* gewählt, dessen Wachstumsoptimum bei einer Temperatur von 100 °C und dessen Temperaturmaximum bei 110 °C liegt. Es gehört zur Gruppe der thermo-acidophilen (wärme- und säureliebenden) Archaeen, der Arten angehören, deren Wachstumsoptimum bei pH-Werten von 1–2 liegt. Weitere Gruppen sind die methanogenen (methanbildenden) Archaeen und die halophilen, an hohe Salzgehalte angepaßten Halobakterien. Die Bezeichnung dieser Gruppe, wie auch die Gattungsnamen vieler Archaeen, die auf *-bacterium* enden, deuten an, daß die Archaeen ursprünglich als eine Gruppe innerhalb der Bakterien aufgefaßt wurden. Die Analyse der DNA-Sequenzen zeigte allerdings, daß Archaeen eine eigene dritte Domäne der Lebewesen bilden und in manchen Eigenschaften sogar den Eucarya näherstehen als den Bakterien (Abb. **4.1** S. 128 und Tab. **4.1** S. 129). Erwähnt wurden bereits die Archaeahistone und das Vorkommen von Nucleosomen. Ferner ist die DNA-abhängige RNA-Polymerase der Archaea viel komplexer aufgebaut als das bakterielle Enzym und ähnelt der DNA-abhängigen RNA-Polymerase II der Eucarya. Schließlich sind die Bindestellen der RNA-Polymerase der Archaea und der RNA-Polymerase II der Eucarya an den Promotoren der von ihnen transkribierten Gene durch ähnliche DNA-Sequenzen charakterisiert (TATA-Boxen, Box **15.1** S. 491). Zudem liegen die TATA-Boxen in ähnlichem Abstand von 20–30 Nucleotiden vom Transkriptionsstartpunkt entfernt.

Obwohl die Archaea in ihrer äußeren Gestalt den Eubakterien ähnlich sind (Stäbchen, Kokken, Spirillen, fädige Formen u. a.), bestehen in physiologischer und biochemischer Hinsicht grundlegende Unterschiede, von denen hier nur einige genannt werden können. So zeigt die Nucleotidsequenz ihrer 16S-RNA nur entfernte Verwandtschaft zu den Eubakterien. Die Zellwände der Archaeen enthalten in keinem Falle Peptidoglykane, sondern sind von Gattung zu Gattung verschieden zusammengesetzt. Bei einigen Gruppen überwiegen Glykoproteine, bei anderen finden sich verschiedene Heteropolysaccharide und auch Pseudomurein, das als Baustein nicht Muraminsäure, sondern L-Talosaminuronsäure enthält und in dem D-Aminosäuren fehlen. Die Cytoplasmamembranen sind zwar wie bei den Bakterien (und den Eukaryoten) als Lipiddoppelschichten ausgebildet, die Membranlipide der Archaeen enthalten jedoch keine Fettsäureglycerinester, sondern Ether des Glycerins mit langkettigen (C_{20}- oder C_{40}-)Isoprenoidkohlenwasserstoffen (Abb. **4.6**). Sofern Geißeln vorhanden sind, wie bei *Halobacterium*, besteht das Flagellin aus sulfatierten Glykoproteinen. Schließlich kommen bei den Archaeen Stoffwechselwege vor, die bei Eubakterien ungewöhnlich sind. Allerdings gibt es, wie bei den Eubakterien, aerobe und anaerobe organotrophe, lithoautotrophe und phototrophe Formen (Kap. 8.2 und Kap. 8.3). Viele Ähnlichkeiten der Morphologie wie auch der physiologischen Leistungen in Anpassung an die Umweltbedingungen sind in der stammesgeschichtlichen Entwicklung offenbar unabhängig voneinander entstanden, wenngleich, wie bereits erwähnt (S. 127), sich alle drei Domänen des Lebendigen mit großer Wahrscheinlichkeit letztlich auf einen gemeinsamen Vorfahren, den Protobionten zurückführen lassen.

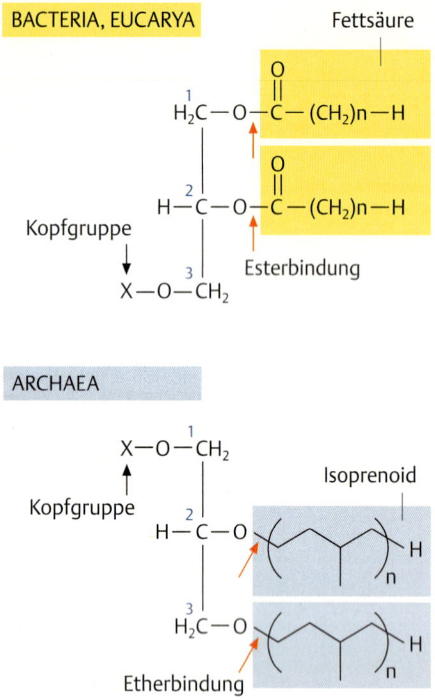

Abb. 4.6 Aufbau der Glycerolipide in Zellmembranen.

4.2.3 Vielzellige Prokaryoten

Die Bildung von mehr- bis vielzelligen Zellverbänden mit morphologischer und z. T. bereits arbeitsteiliger Differenzierung in verschiedene Zelltypen ist nicht erst auf der eukaryotischen, sondern bereits auf der prokaryotischen Organisationsstufe entstanden und findet sich sowohl bei den grampositiven und gramnegativen Eubakterien als auch bei den Cyanobakterien.

So bilden die in Böden sehr häufigen grampositiven Eubakterien der Gattung *Streptomyces* aus der Gruppe der **Actinomyceten** verzweigte, meist einzellige Mycelien von bis zu mehreren Zentimetern Durchmesser, an denen sich bei Nährstoffmangel Luftmycelien entwickeln. Das Luftmycel gliedert durch Zellwände getrennte Segmente ab, die jeweils ein komplettes Genom enthalten. Diese differenzieren zu Sporen, die frei werden,

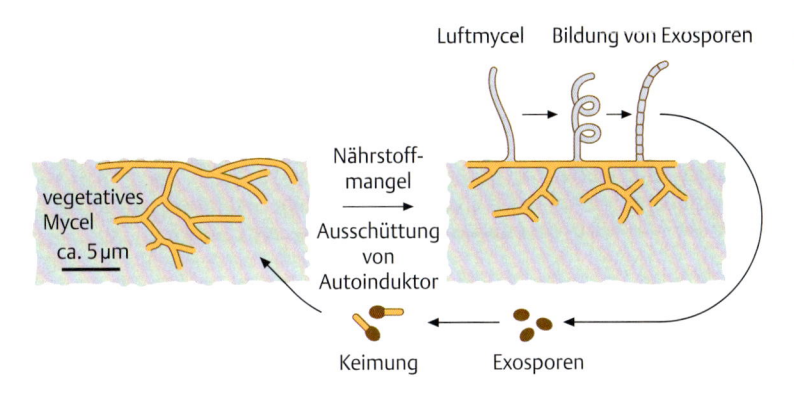

Abb. 4.7 Lebenszyklus von *Streptomyces coelicolor* (vereinfacht nach Lengeler et al. 1999).

unter günstigen Bedingungen auskeimen und erneut vegetative Mycelien bilden. Die Abfolge von vegetativem und reproduktivem Wachstum zeigt bereits Merkmale eines Generationszyklus (Abb. **4.7**).

Die gramnegativen **Myxobakterien** bilden bei ausreichender Nährstoffversorgung Schwärme zellwandloser, auf dem Substrat kriechender einzelner Zellen. Bei Nahrungsmangel aggregieren oft über 10^9 Zellen und bilden einen Fruchtkörper, in dem es zur Differenzierung in Stiel und Kopf kommt. Der Stiel besteht aus abgesondertem Schleim. Die Myxobakterien sammeln sich im Kopf und differenzieren zu Myxosporen, aus denen unter geeigneten Bedingungen wieder kriechende, vegetative Zellen hervorgehen, die sich durch Teilung vermehren (Abb. **4.8**).

In beiden Fällen wird das Differenzierungsgeschehen durch Substanzen induziert, die bei Nahrungsmangel von den hungernden Zellen gebildet und ins Medium abgegeben werden. Solche zwischen Individuen einer Art wirksamen Signalstoffe bezeichnet man als **Autoinduktoren**. Ihre chemische Natur ist von Art zu Art verschieden (Abb. **4.9**).

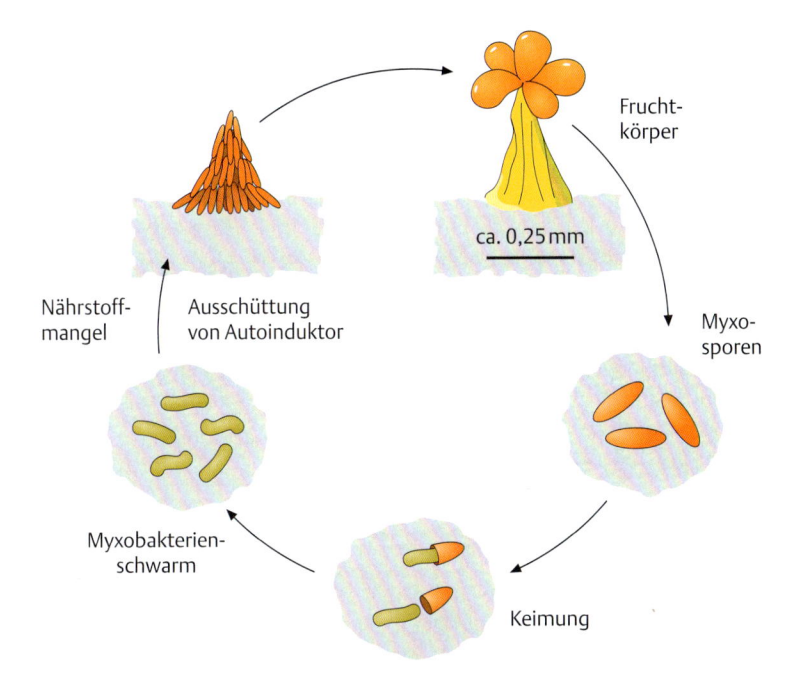

Abb. 4.8 Lebenszyklus von *Myxococcus xanthus* (vereinfacht nach Lengeler et al. 1999).

Abb. 4.9 Struktur eines Autoinduktors.
A-Faktor von *Streptomyces griseus* (nach Lengeler et al. 1999).

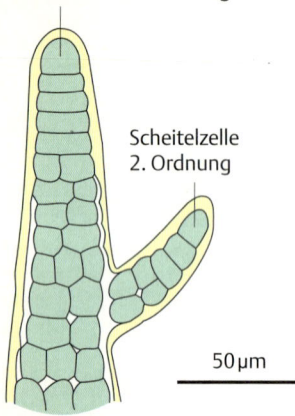

Abb. 4.10 Ausschnitt aus dem Coenobium von *Stigonema*. Der mehrreihige Zellfaden zeigt von Scheitelzellen ausgehendes Spitzenwachstum und echte Verzweigungen (verändert nach Esser 2000).

Ähnliche Autoinduktoren, z. B. N-Acylhomoserinlactone, werden auch von vielen anderen Bakterien zur interzellulären Kommunikation verwendet, beispielsweise zur Ermittlung der Zelldichte (engl.: quorum sensing). Jede Zelle scheidet Autoinduktormoleküle aus, die sich mit steigender Zelldichte in der Umgebung der Zellen anreichern. Wird eine bestimmte Schwellenkonzentration an Autoinduktor überschritten, so ändern die Bakterien ihr Verhalten. Einige phytopathogene Bakterien, wie *Erwinia carotovora*, werden beispielsweise erst bei hohen Zelldichten ($> 10^6$ Zellen ml^{-1}) virulent und beginnen dann, Enzyme auszuscheiden (z. B. Cellulasen, Polygalacturonasen, Proteasen), die pflanzliche Zellwände angreifen.

Die mehr- und vielzelligen **Cyanobakterien** bilden meist **Coenobien**, das sind lockere, von einer gemeinsamen Gallerthülle zusammengehaltene Zellverbände. Allerdings kommen bei den höchstdifferenzierten Formen bereits Scheitelzellen vor, deren Tochterzellen sowohl Quer- als auch Längsteilungen durchführen und so vielzellige, einschichtige, einem Thallus (Kap. 4.4) ähnliche Zellverbände bilden, die Polarität erkennen lassen (Scheitelzellen nur an der Spitze der Zellfäden). Manche der durch Längsteilung gebildeten Tochterzellen differenzieren ihrerseits zu Scheitelzellen, wodurch echte Verzweigungen entstehen (Abb. **4.10**). Darüberhinaus stehen bei einigen vielzelligen Cyanobakterien die einzelnen Zellen über plasmodesmata- oder tüpfelähnliche Strukturen in ihren Zellwänden miteinander in Verbindung, so die Heterocysten mit den benachbarten Zellen in den fadenförmigen Coenobien von *Nostoc* und *Anabaena* (Abb. **4.11**). Dies dient dem Stoffaustausch zwischen den Photosynthese treibenden Zellen und den Luftstickstoff fixierenden, aber photosynthetisch nicht aktiven Heterocysten (S. 302).

Scheitelzellwachstum, Verzweigung und Plasmodesmata kommen auch bei Pflanzen vor. Es wird heute sogar angenommen, daß die Vielzelligkeit der Pflanzen auf Eigenschaften (und damit Gene) zurückzuführen ist, die mit dem cyanobakterienähnlichen Endosymbionten in die pflanzliche Eucyte gelangt sind, aus dem die Plastiden hervorgegangen sind. Vielzelligkeit ist bei Pflanzen und Tieren unabhängig voneinander entstanden und weist viele Unterschiede auf. Pflanzen werden wegen ihrer ausgedehnten, über Plasmodesmata miteinander in Verbindung stehenden symplastischen Zellverbände, die Tieren völlig fehlen, bisweilen auch als suprazellulär organisiert bezeichnet, im Gegensatz dazu die Tiere als multizellulär. Durch Plasmodesmata tauschen Pflanzenzellen Makromoleküle wie z. B. mRNAs und Transkriptionsfaktoren aus (Plus **18.4** S. 726). Auch Pflanzenviren können sich über Plasmodesmata von Zelle zu Zelle ausbreiten (Abb. **20.19** S. 836). Tierische Zell-Zell-Kontakte (sog. „gap junctions") erlauben lediglich kleinen organischen Verbindungen und Ionen den Übertritt von Zelle zu Zelle durch die sogenannten Connexinkanäle. Eine cytoplasmatische Verbindung oder gar eine Kontinuität des endoplasmatischen Reticulums wie bei Pflanzenzellen ist über die „gap junctions" nicht gegeben.

Abb. 4.11 Fadenförmiges Coenobium mit Heterocyste von *Anabaena variabilis*. In den Heterocysten findet die Fixierung von Luftstickstoff statt, in den übrigen Zellen die Photosynthese.

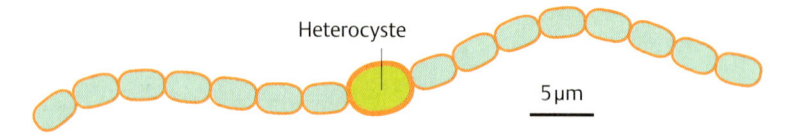

4.3 Einzellige Eukaryoten

> Als Eukaryoten werden alle Organismen mit einem gegen das Cytoplasma durch eine Kernmembran abgegrenzten Zellkern bezeichnet. Eukaryoten weichen auch in anderen Merkmalen von den Prokaryoten ab (Tab. **4.1** S. 129). Im einfachsten Fall handelt es sich um Einzeller, die als Entwicklungsursprung der eukaryotischen Vielzeller angesehen werden. Photoautotrophe eukaryotische Einzeller werden auch als Protophyten bezeichnet.

Einzellige Eukaryoten kommen innerhalb der in diesem Buch betrachteten Organismengruppen außer bei Niederen Pilzen – die im folgenden nicht weiter abgehandelt werden – bei vielen Algengruppen vor (Abb. **4.12**). Sie zeigen die für Eukaryoten typischen Organisationsmerkmale (Kap. 2). Ihre Zellwände bestehen häufig nicht aus Cellulose, sondern aus anderen Polysacchariden (S. 38) bzw., wie im Falle von *Chlamydomonas*, aus Glykoproteinen (S. 68). Die meisten Vertreter sind photoautotroph, sie enthalten Chloroplasten, die durchweg Granathylakoidstapel aufweisen, und werden als **Protophyten** bezeichnet. Es gibt jedoch auch Übergänge zu farblosen, heterotrophen Formen, wie dies in Box **4.1** S. 132 für *Euglena* beschrieben ist. Algenchloroplasten, auch die vielzelliger Algen, sind durch **Pyrenoide** gekennzeichnet. Pyrenoide sind kompakt erscheinende, klar umrissene Stromabereiche, die eine besonders hohe Konzentration des für die CO_2-Fixierung verantwortlichen Enzyms Ribulose-1,5-bisphosphat-Carboxylase (S. 83 und Abb. **8.26** S. 280) aufweisen und oft von einer Stärkescheide umgeben sind.

Bei vielen Süßwasserformen finden sich **kontraktile Vakuolen** (Abb. **4.12a**). Diese Organellen dienen der Osmoregulation, indem sie in regelmäßigem Rhythmus Wasser aus dem Cytoplasma ansaugen und es durch einen sich kurzfristig öffnenden Kanal, der sich zwischen der Vakuolen- und der Cytoplasmamembran bildet, wieder nach außen abscheiden.

Abb. 4.12 Einzellige Eukaryoten. a *Chlorococcum echinozygotum*, **b** *Chlamydomonas reinhardtii* (**a** nach van den Hoek et al. 1993).

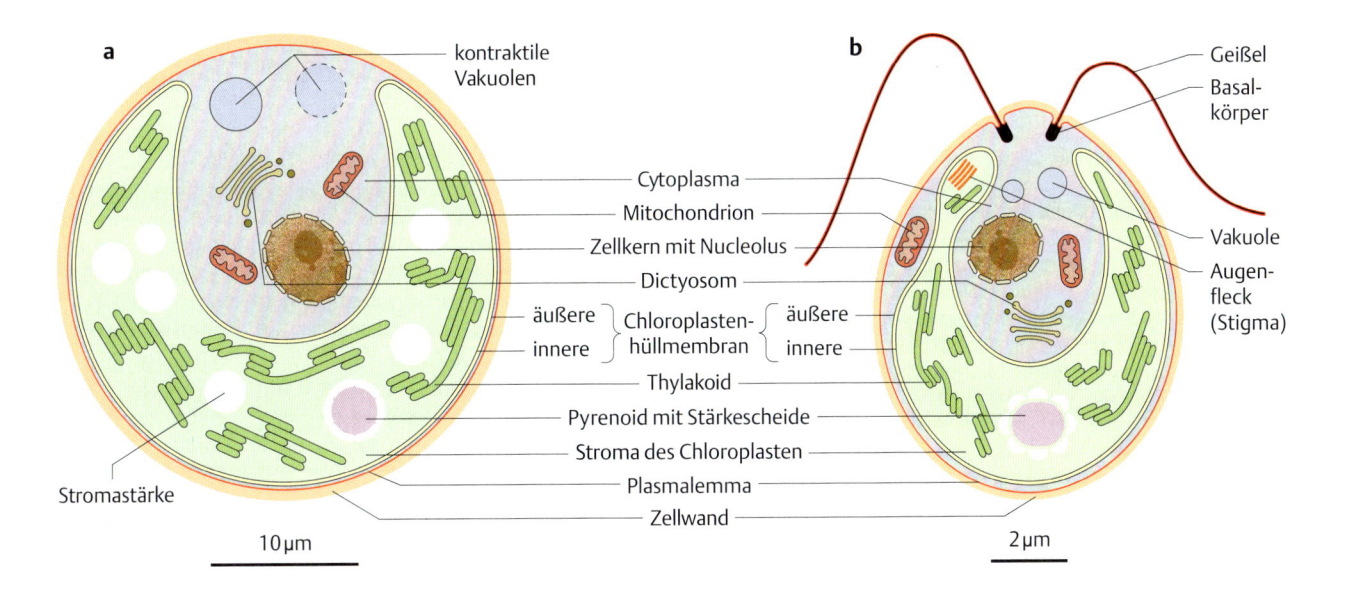

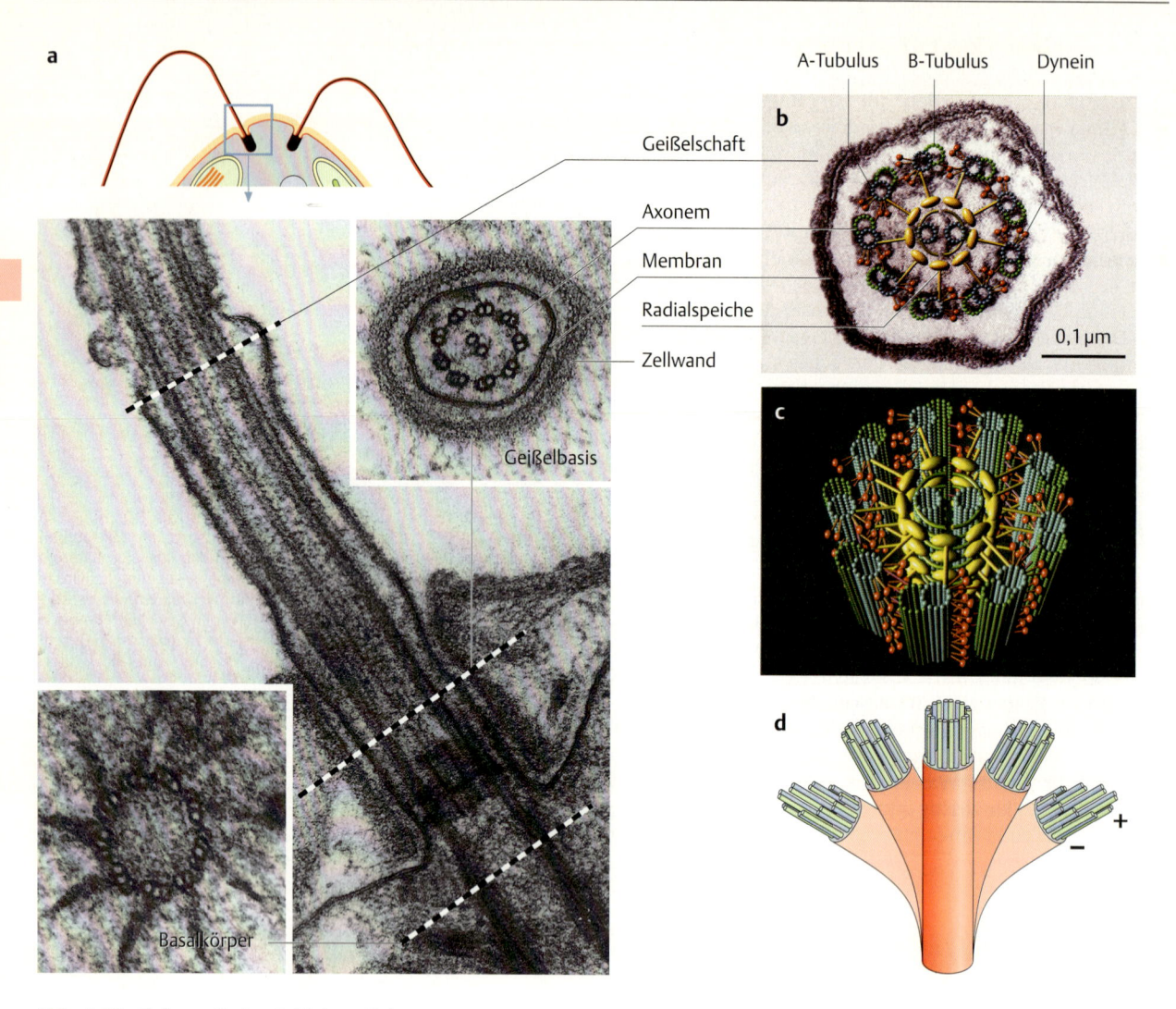

Abb. 4.13 Eukaryotische Geißel. a Elektronenmikroskopisches Bild der Geißel von *Chlamydomonas reinhardtii* im Längsschnitt sowie Querschnitte durch den Basalkörper und die Geißelbasis. **b** Querschnitt durch den Geißelschaft, elektronenmikroskopisches Bild überlagert von einer Schemazeichnung des Axonems. **c** Dreidimensionale Rekonstruktion eines Axonems. **d** Bewegungsmodus der Geißel. +, – Polarität der Mikrotubuli (**a** Originalaufnahmen D. G. Robinson, mit freundlicher Genehmigung, **b**, **c** aus dem Film C 1842 „Motilität – Cilien- und Flagellenbewegung", K. Hausmann, H. Machemer und Institut für den wissenschaftlichen Film, Göttingen 1993).

Fortbewegungsapparat: Bei eukaryotischen Einzellern, die zu freien Ortsbewegungen befähigt sind, finden sich als Bewegungsorganellen **Geißeln** (Abb. **4.12b**). Sie können in Ein- oder Mehrzahl vorhanden sein und weisen einen recht einheitlichen, aber von den Bakteriengeißeln völlig abweichenden Bau und ein anderes Funktionsprinzip auf (Abb. **4.13**). Eukaryotengeißeln enthalten 11 fibrilläre Längselemente, von denen 2 axial, die übrigen 9 peripher angeordnet sind. Die letzteren entsprechen Mikrotubuliduplets, von denen der A-Tubulus aus 13, der B-Tubulus aus 10 Protofilamenten gebildet wird, wobei letzterer 3 mit dem A-Tubulus gemeinsam hat. Die Dupletts sind untereinander durch Nexine verbunden, die von den A-Tubuli ausgehen, ebenso wie die radial verlaufenden Speichen, die bis zu den Zentraltubuli reichen. An den A-Tubuli inserieren paarweise Dynein-Arme, die zu den benachbarten B-Tubuli hin gerichtet sind. Die Dynein-Arme besitzen ATPase-Aktivität. Diese als **Axonema** bezeichnete Skelettstruktur ist im Cytoplasma durch einen Basalkörper verankert. An dem Basalkörper enden die Zentraltubuli, während zu den peripheren Duplets je ein C-Tubulus hinzutritt, der wiederum 3 Proto-

Box 4.5 Phototaxis begeißelter Algen

Begeißelte Algen können günstige Lichtbedingungen aktiv aufsuchen. Sie zeigen in der Regel bei stark ansteigender und sehr hoher Lichtintensität negative und bei geringerer und stark abfallender Lichtintensität positive Phototaxis (Definition: Box **4.3** S. 141). Die Zellen sind also in der Lage, Helligkeitsschwankungen in ihrer Umgebung zu registrieren, um Bereiche optimaler Lichtintensität im Wasser zu finden. Dies sei am Beispiel von *Chlamydomonas reinhardtii* (Abb. **4.14**) veranschaulicht.

Schwimmt die Alge nicht in einem Lichtgradienten, so schlagen die beiden Zuggeißeln synchron wie Ruder und ziehen so die Zelle bei jedem Schlag ein Stück durch das Medium (Abb. **a**). Während des Schwimmens dreht sich die Zelle um ihre Längsachse. Gerät *Chlamydomonas* jedoch in einen Lichtgradienten hinein und wird seitlich von Licht höherer Intensität getroffen, so kommt es wegen der Drehung der Zelle um ihre Längsachse periodisch zu einer stärkeren Belichtung des Stigmas, und in der Folge zu Aktivierungen der Chlamyopsinmoleküle in der Photorezeptormembran (Abb. **b**). Der Reflektor ist so konstruiert, daß er einfallendes Licht phasenverstärkt (die einlaufende und die reflektierte Welle überlagern sich), wenn das Licht den Augenfleck genau von der Seite trifft. Der Abstand zwischen den Reflektorsystemen des Stigmas untereinander und zur Photorezeptormembran ist gerade so groß, daß für blaugrünes Licht – also für die im Wasser vorherrschende und vom Chlamyopsin besonders stark absorbierte Lichtqualität – ein Intensitätsmaximum der überlagerten Wellen genau in der Photorezeptormembran, also am Ort der Photorezeptoren liegt (Abb. **4.14b**). Der Verstärkungseffekt nimmt mit zunehmendem Winkel zwischen einlaufender und reflektierter Welle natürlich sehr rasch ab. Der „Augenapparat" von *Chlamydomonas* ist demnach ein Interferometer mit ausgeprägter Wellenlängen- und Richtungsempfindlichkeit; an die im Wasser vorherrschenden Lichtqualitäten ist er optimal angepaßt.

Die Aktivierung des Chlamyopsins hat einen lokalen Einstrom von Ca^{2+}-Ionen über die Photorezeptormembran in die Zelle zur Folge (Abb. **b**). Es spricht manches dafür, daß der Ionenkanal, durch den die Ca^{2+}-Ionen einströmen, Teil des Chlamyopsins selbst ist. Hohe intrazelluläre Konzentrationen an Ca^{2+}-Ionen hemmen den Geißelschlag. Da aber die Konzentration der Calcium-Ionen in der Zelle nur in der Umgebung der Photorezeptormembran ansteigt, wird nur die dem Augenfleck benachbarte Geißel – kurzzeitig – gehemmt: Sie setzt einen Ruderschlag aus, während die gegenüberliegende Geißel normal schlägt. Als Ergebnis „kippt" die Drehachse der Zelle ein Stück in Richtung der Lichtquelle.

Diese Ereignisse wiederholen sich bei jeder Umdrehung der Zelle um ihre Längsachse solange, bis keine periodischen Intensitätsschwankungen durch die Photorezeptoren mehr registriert werden, bis also die Zelle in Richtung der Lichtquelle schwimmt. Die in die Zelle eingeströmten Ca^{2+}-Ionen werden schließlich wieder aus dem Cytoplasma entfernt, vermutlich durch aktiven Transport über die Zellmembran.

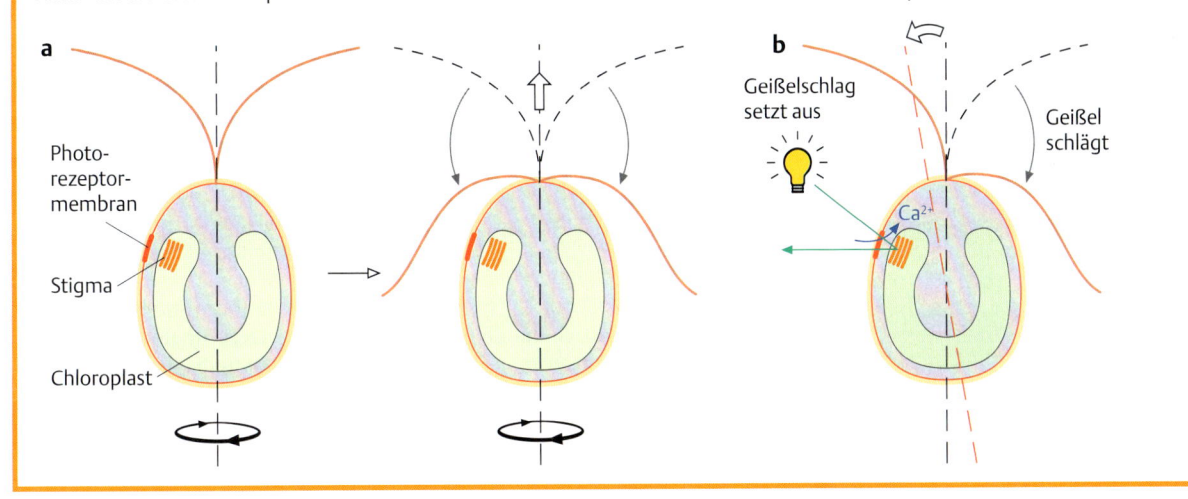

filamente mit dem B-Tubulus teilt. Hierdurch entstehen 9 Mikrotubulitripletts. Gleich den Centrosomen fungiert der Basalkörper als MTOC (S. 53). Die Mikrotubuli sind meist mit ihrem Minus-Ende am Basalkörper inseriert, so daß das Wachstum der Geißeln am distalen Plus-Ende erfolgt. Eine Geißel wächst also an der Spitze, und das Tubulin muß nach seiner Synthese zum distalen Ende der wachsenden Geißel transportiert werden. Vom Basalkörper laufen Mikrotubulibündel, die sogenannten Geißelwurzeln, in die peripheren Bereiche der Zelle, wo sie offenbar Verankerungsfunktionen ausüben. An den Spitzen der Geißeln sind die B-Tubuli kürzer als die A-Tubuli, so daß hier die beiden Zentraltubuli von 9 einfachen Tubuli umgeben sind. Außen ist die Geißel von einer Membran überzogen, die eine Ausstülpung des Plasmalemmas darstellt, sich aber in ihrer Zusammensetzung von diesem unterscheidet. Eukaryotengeißeln sind demnach Spezialisierungen des Cytoplasmas, die aus der Zelle herausragen.

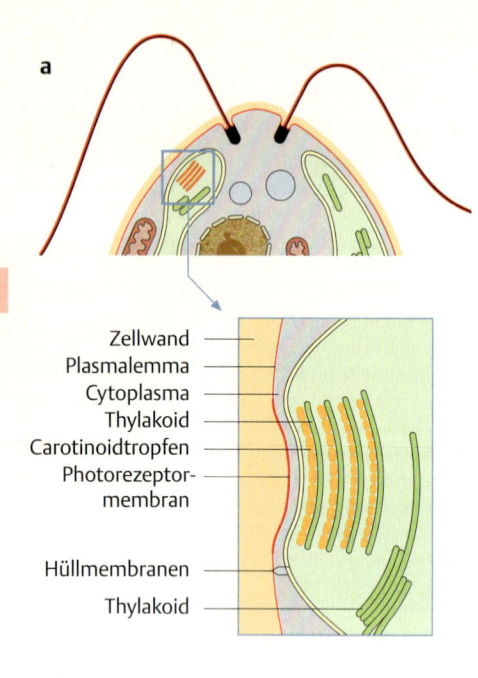

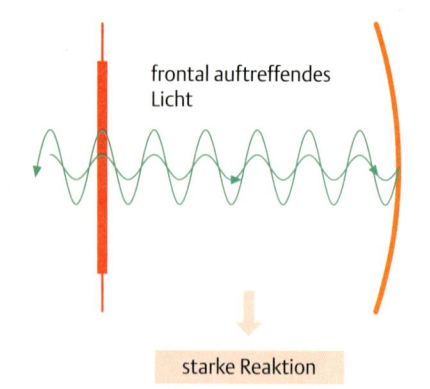

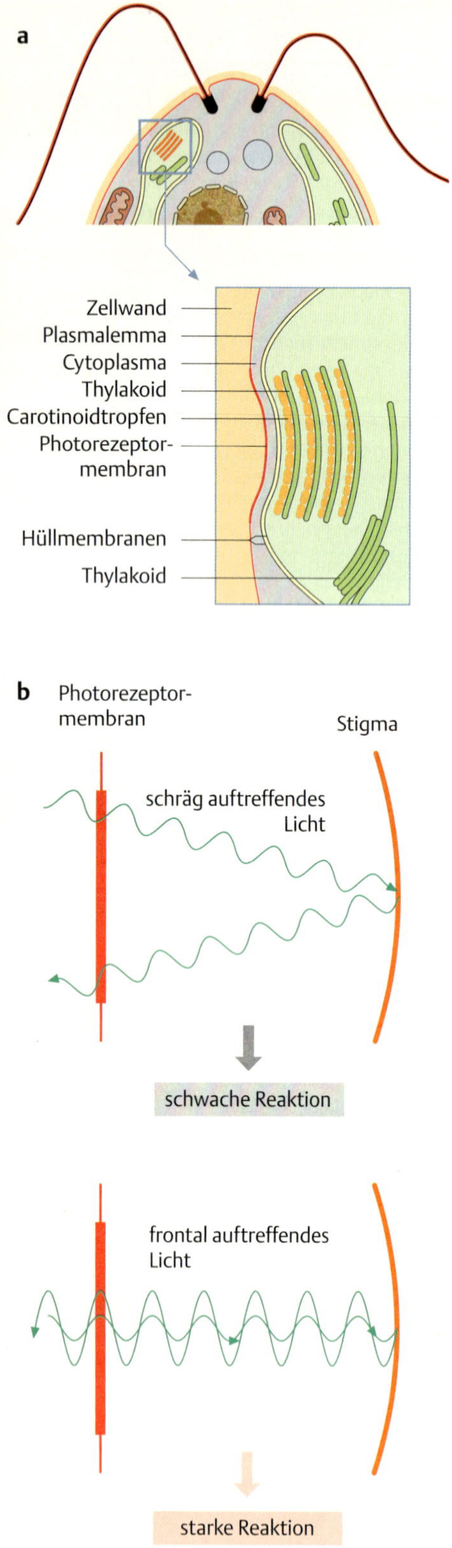

Eukaryotengeißeln sind fest in der Zelle verankert, rotieren also nicht wie Bakteriengeißeln, sondern schlagen wie Ruder (Box **4.5**). Diese Ruderbewegung wird durch einen Filamentgleitmechanismus hervorgerufen (Abb. **4.13d**), der durch Verschiebung der Mikrotubulidupletts relativ zueinander zustande kommt. Dieses aneinander Entlanggleiten der Mikrotubulidupletts wird durch die Dyneinärmchen (in Abb. **4.13b** und **c** rot dargestellt) bewirkt, die in Abwesenheit von ATP fest an die gegenüberliegenden B-Tubuli binden. In der Geißel ist aber ATP vorhanden. ATP bindet an das Dynein und wird dort zu ADP und anorganischem Phosphat hydrolysiert, wobei die Dyneinarme sich bewegen und den B-Tubulus relativ zum A-Tubulus etwas verschieben. Danach verlieren die Dyneinarme kurzzeitig den Kontakt zum B-Tubulus, schnellen aber sofort in ihre Ausgangskonformation zurück, wobei sie wieder fest an den – verschobenen – B-Tubulus binden. Diese Bindung verhindert, daß der B-Tubulus in seine Ausgangsstellung zurückgleiten kann. Im nächsten ATP-getriebenen Dynein-Zyklus wiederholt sich der gesamte Vorgang: Die Verschiebung des B-Tubulus gegenüber dem A-Tubulus setzt sich fort. Weitere Einzelheiten zur Funktion der Geißeln siehe Plus **14.1** S. 447.

Phototaxis: Die Zellen der meisten begeißelten Formen sind in der Lage, Helligkeitsschwankungen in ihrer Umgebung zu registrieren, um Bereiche optimaler Lichtintensität im Wasser zu finden. Sie vollbringen diese Leistung mithilfe komplexer sensorischer Apparate („Augenapparate").

Besonders gut untersucht ist die positive Phototaxis (Box **4.5**) der einzelligen Grünalge *Chlamydomonas reinhardtii*. Ihr „Augenapparat" besteht aus dem „Augenfleck" (Stigma) und einer unmittelbar über dem Stigma liegenden Spezialisierung der Cytoplasmamembran, der Photorezeptormembran (Abb. **4.14**).

Das **Stigma** ist eine Spezialisierung des Chloroplasten der Zelle. Es besteht aus – bei *Chlamydomonas* vier – Thylakoiden, deren Abstand voneinander sehr genau justiert ist. Auf diese Thylakoide sind, nach außen zeigend, in regelmäßiger Anordnung Carotinoidtröpfchen aufgelagert. Das Stigma reflektiert von außen einfallendes Licht auf die Photorezeptormembran. Von „hinten" (durch den Zellkörper) auf das Stigma auftreffendes Licht ist durch die Chlorophyllabsorption einerseits und andererseits durch Streuung an den Zellorganellen und am Stigma selbst viel lichtschwächer als das von außen auf das Stigma treffende Licht und spielt für die Phototaxis der Zelle keine Rolle.

Abb. 4.14 „Augenapparat" von *Chlamydomonas reinhardtii*. **a** Aufbau, **b** Funktionsprinzip. Das Stigma reflektiert von außen einfallendes Licht auf die Photorezeptormembran (oben). Dadurch wird die Absorptionswahrscheinlichkeit – und somit die Empfindlichkeit der Vorrichtung – erhöht. Exakt seitlich einfallendes blaugrünes Licht bewirkt durch Interferenzverstärkung maximale Aktivierung der Photorezeptoren (unteres Diagramm).

In die **Photorezeptormembran** von *Chlamydomonas* ist als Photorezeptor das **Chlamyopsin**, ein Vertreter der Familie der Sensorrhodopsine, eingelagert. Sensorrhodopsine finden sich innerhalb der Pflanzen ausschließlich bei den begeißelten Algen, alle übrigen Pflanzengruppen besitzen gänzlich andere Photorezeptoren (Kap. 17.1.1). Interessanterweise kommen Rhodopsine aber bei den Archaeen (Bacteriorhodopsin von *Halobacterium halobium*) und bei Tieren vor (z. B. auch im menschlichen Auge). Die lichtabsorbierende Gruppe (= der Chromophor) der Rhodopsine ist **Retinal** (Vitamin A), ein Abbauprodukt des β-Carotins (Provitamin A). Retinal liegt in allen Rhodopsinen kovalent gebunden an die Aminogruppe eines Lysinrests des Apoproteins vor. Die Apoproteine aller Rhodopsine sind verwandt und gehen wohl auf einen gemeinsamen Vorläufer zurück, der bereits früh während der Evolution entstanden sein muß. Bei den Algen und den Archaeen liegt das gebundene Retinal im Dunkeln in der all-trans-Form vor und isomerisiert bei Absorption eines Photons in die 13-cis-Form, bei den Tieren liegt im Dunkeln das 11-cis-Isomer vor, welches bei Belichtung in die all-trans-Form übergeht (Abb. **4.15**). Das Absorptionsmaximum des Chlamyopsins liegt im blaugrünen Spektralbereich, mithin im Bereich des Intensitätsmaximums des Lichts im Wasser (Farbe des Wassers!).

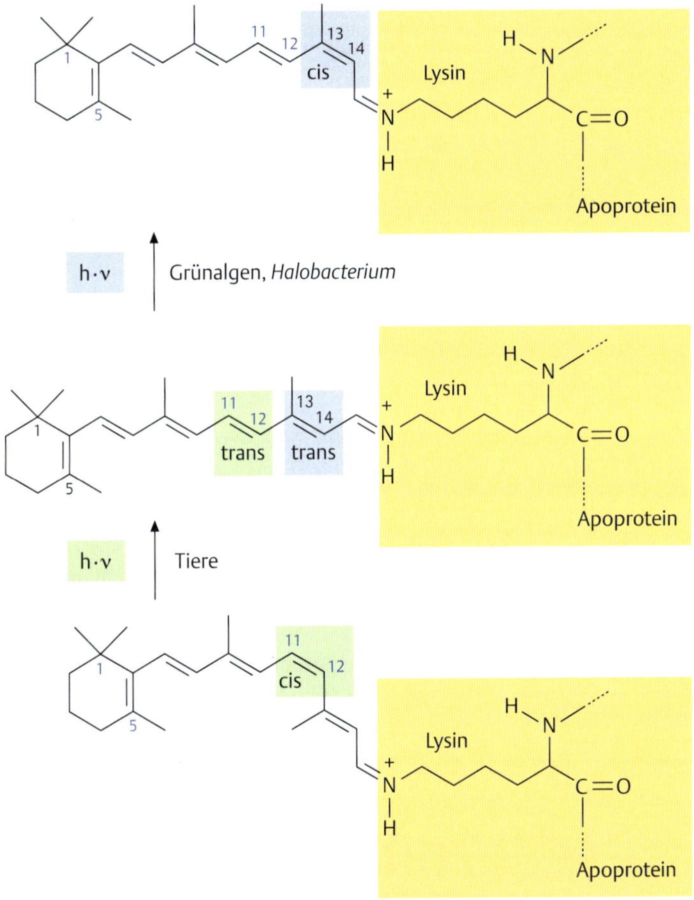

Abb. 4.15 Retinal. Photoisomerisierung des Retinal-Chromophors der Rhodopsine verschiedener Gruppen von Organismen (Ausschnitt aus dem Apoprotein gelb).

4.4 Organisationsformen der Thallophyten

Mit dem Sammelbegriff **Thallus** wird jeder mehr- oder vielzellige, in einzelnen Fällen auch polyenergide Vegetationskörper bezeichnet, der nicht wie ein Kormus gegliedert ist. Thallophyten sind im typischen Falle an das Leben im Wasser angepaßt, die Thalli der höher entwickelten Formen zeigen bereits eine arbeitsteilige Differenzierung. Allerdings werden keine Festigungsgewebe gebildet, weshalb der Thallus außerhalb des wäßrigen Milieus meist zusammenfällt und ein Lager bildet, z. B. Meeresalgen bei Ebbe. Entwicklungsgeschichtlich läßt sich der Thallus von den eukaryotischen Einzellern ableiten, mit denen er durch Übergangsformen wie Zellkolonien und Coenoblasten (vielkernigen Riesenzellen) verbunden ist. Thalli sind in der Evolution der Pflanzen allerdings mehrfach unabhängig entstanden.

4.4.1 Zellkolonie

Die typische Zellkolonie besteht aus einer größeren Anzahl nicht differenzierter, einander also noch gleichwertiger Zellen, die durch Teilung, also congenital entstanden sind. Es gibt aber auch hochentwickelte Formen, die bereits als echte Vielzeller angesprochen werden müssen.

Bei *Pandorina* sind 16 zweigeißelige, *Chlamydomonas*-ähnliche Zellen zu einer Kolonie vereinigt, die von einer Gallerthülle umgeben ist. Die Totipotenz dieser Zellen geht daraus hervor, daß jede Zelle nach Verlassen des Verbandes auch selbständig weiterzuleben vermag und unter geeigneten Bedingungen wieder zu einer Kolonie heranwachsen kann. Bei manchen Arten sind die Zellen durch Plasmodesmen verbunden und hierdurch in die Lage versetzt, als physiologische Einheit zu reagieren, was sie über die einfachen Zellverbände erhebt. Die Zellen der **Aggregatverbände**, z. B. die zweigeißeligen Zoosporen von *Pediastrum*, verschmelzen unter Verlust der Geißeln erst nachträglich, also postgenital, miteinander zu einem Tochterverband, der schließlich auf die ursprüngliche Größe heranwächst (Abb. **4.16**).

Ein Vertreter der hochentwickelten Formen, der bereits Merkmale echter Vielzeller besitzt, ist *Volvox* (Abb. **4.17**). Die Zellen, deren Anzahl bei manchen Arten bis zu 10 000 je Organismus betragen kann, sind in eine gallertige Masse eingebettet, die eine mit Schleim ausgefüllte Hohlkugel bildet. Sie tragen nach außen gerichtete Geißeln. Untereinander stehen die Zellen durch Plasmafortsätze in Verbindung. Die Kugel zeigt bereits einen polaren Bau, da die Zellen des bei der Bewegung vorangehenden vegetativen Pols ein größeres Stigma besitzen als die des gegenüberliegenden generativen Pols. An diesem erfolgt die Bildung der Fortpflanzungszellen (Oocyten und Spermatozoide), die wesentlich größer sind als die der Ernährung und Bewegung dienenden vegetativen Zellen. Nach der Befruchtung gehen die vegetativen Zellen zugrunde. Dabei werden auch die zwischenzeitlich vegetativ gebildeten und ins Innere der Mutterkugel gelangten Tochterkugeln frei. Es kommt hier also, im Gegensatz zur potentiellen Unsterblichkeit der Einzeller, zur regelmäßigen Bildung einer Leiche: neben der arbeitsteiligen Differenzierung in vegetative und generative Zellen und der Ausbildung der Polarität ein weiteres Kriterium eines echten Vielzellers.

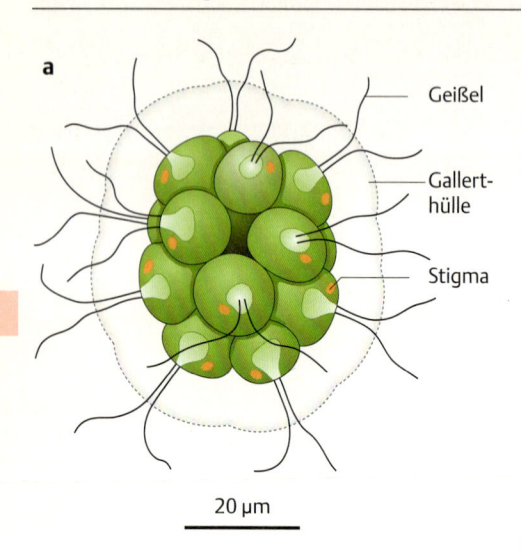

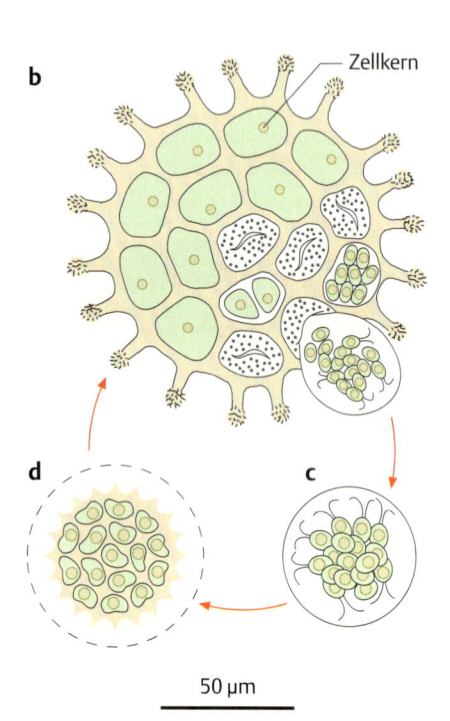

Abb. 4.16 Zellkolonie und Aggregatverband. a 16zellige Kolonie von *Pandorina morum*, Erscheinungsbild im Lichtmikroskop. **b** Scheibenförmiger Aggregatverband von *Pediastrum granulatum*, schematisch nach lichtmikroskopischen Aufnahmen. In der unteren Hälfte sind zwei Zellen in Aufteilung begriffen, eine davon entläßt eine Blase mit 16 Schwarmzellen. **c** Zoosporen nach dem Austritt. **d** Nach Auflösung der Blase bildet sich ein neuer Aggregatverband heran.

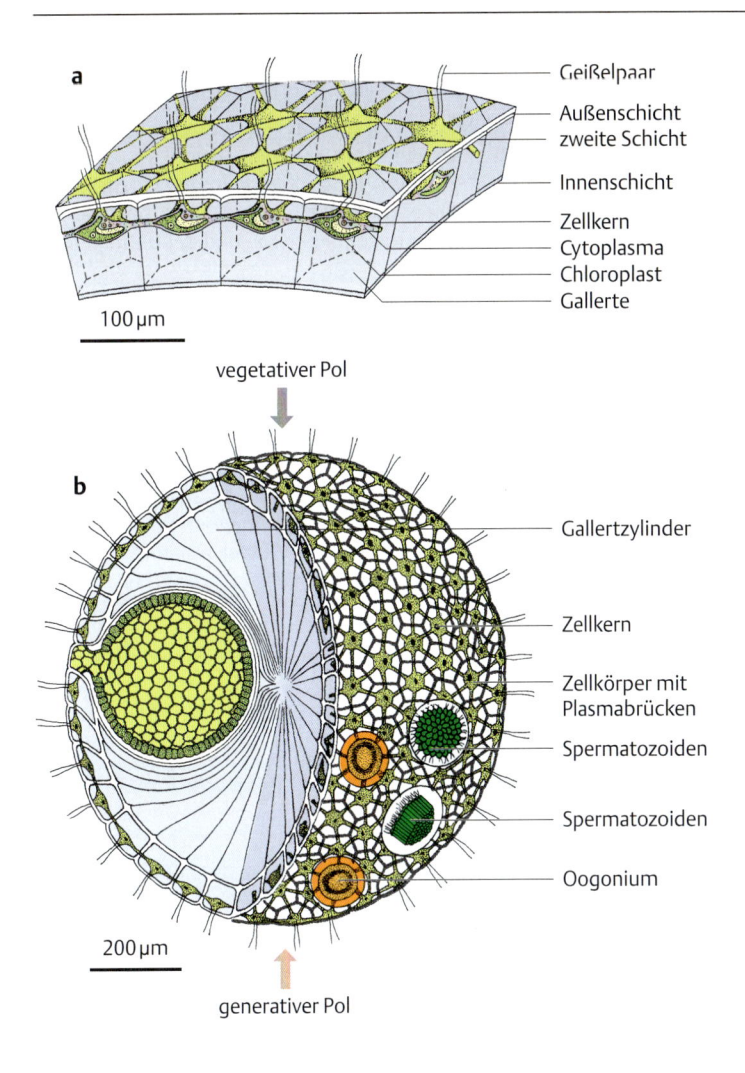

Abb. 4.17 Zellkolonie: *Volvox globator*. a Ausschnitt aus der kugeligen Zellkolonie, schematisch. **b** Kugelige Zellkolonie, rechts in räumlicher Darstellung, links im Schnitt mit eingestülpter Tochterkugel. Zeichnungen nach lichtmikroskopischen Aufnahmen.

4.4.2 Coenoblast

> Coenoblasten sind mehr- bis vielkernige, nicht durch Zellwände gegliederte Thalli, die infolge fehlender Synchronisation von Zell- und Kernteilungen entstehen.

Schon bei den Protophyten gibt es Vertreter, die während der Hauptphase ihrer Entwicklung mehrkernig sind, also nicht mehr der strengen Definition der Zelle entsprechen. Bei einigen Organismen, z. B. zahlreichen Schlauchalgen (Siphonales) und Algenpilzen (Phycomyceten), führt diese Entwicklungstendenz zur Ausbildung querwandloser, weit über die durchschnittliche Dimension einer Zelle hinausgehender, meist schlauchförmig gestalteter Gebilde, die eine große Zahl von Zellkernen enthalten, also polyenergid sind.

4.4.3 Fadenthallus

Während der fadenförmige Coenoblast durch eindimensionales Auswachsen einer Keimzelle entsteht, das zwar mit zahlreichen Kernteilungen, nicht aber mit Zellteilungen verbunden ist, ist der Fadenthallus, der im einfachsten Falle aus einer Reihe einkerniger Zellen besteht, das Ergebnis regelmäßig aufeinanderfolgender Kern- und Zellteilungen.

Dies zeigt Abb. **4.18a–c** am Beispiel der Grünalge *Ulothrix zonata*. Ihre mit einer Rhizoidzelle festgewachsenen Fäden sind unverzweigt. Die Zellen enthalten nur einen gürtelförmigen, wandständigen Chloroplasten. Der Faden wächst durch quer zur Längsachse verlaufende mitotische Teilungen. Der Chloroplast der Rhizoidzelle geht zugrunde, und sie verliert auch ihre Teilungsfähigkeit. Alle übrigen Zellen des Fadens bleiben teilungsfähig, d. h. das Wachstum erfolgt intercalar. Die Zellen sind also untereinander gleichwertig. Das geht auch daraus hervor, daß jede Fadenzelle zur Bildung von Zoosporen bzw. Gameten befähigt ist. Die Zoosporen sind viergeißelig. Sie setzen sich mit ihrem Geißelpol fest und wachsen durch Querteilungen zu neuen Fäden aus.

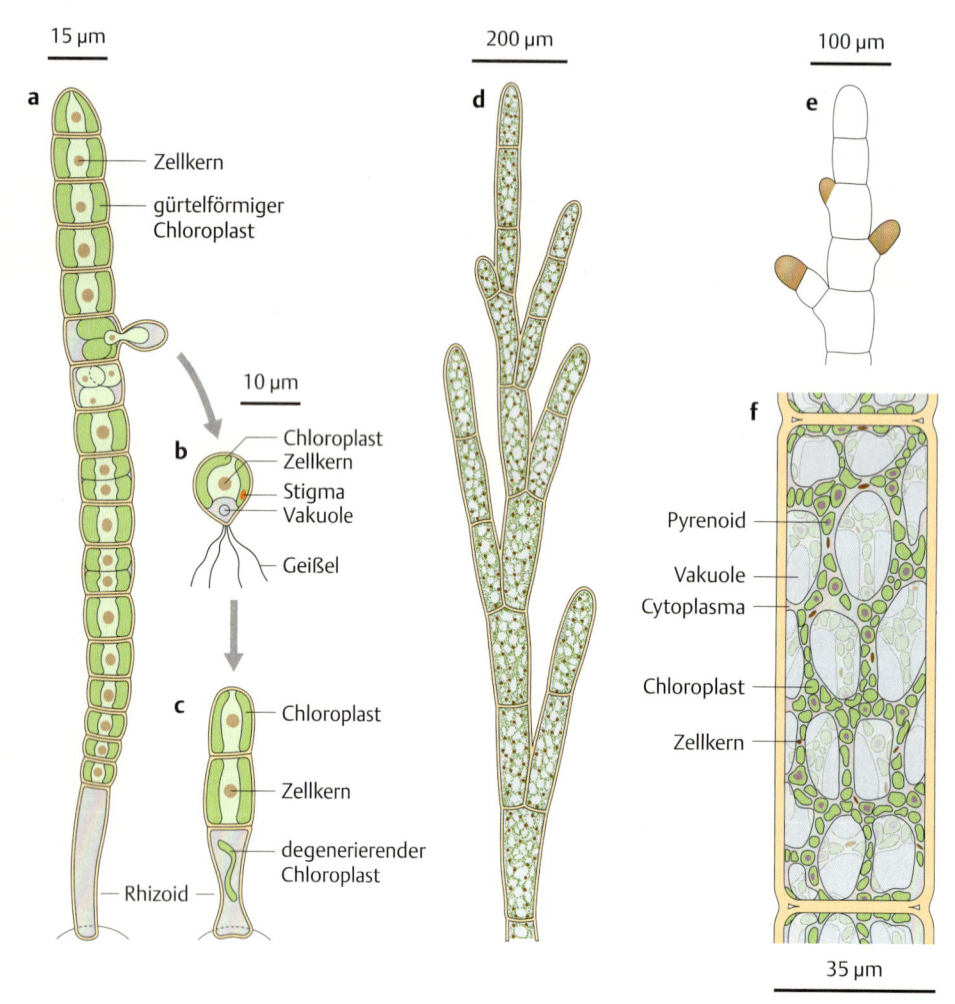

Abb. 4.18 Fadenthalli. a–c *Ulothrix zonata* (Chlorophyceae). **a** Aus einer Zellreihe bestehender Fadenthallus, mit Rhizoidzelle festsitzend. Zwei Zellen haben sich in Zoosporangien umgewandelt, von denen das eine gerade Zoosporen entläßt. **b** Viergeißelige Zoospore. **c** Junger, auswachsender Faden, dessen untere Zelle sich in eine Rhizoidzelle umwandelt. **d–f** *Cladophora* spec. (Chlorophyceae). **d** Verzweigter Fadenthallus. **e** Scheitelzellenwachstum und Verzweigung, schematisch. **f** Mehrkerniges Glied eines Fadens (Coenoblast). Alle Zeichnungen nach lichtmikroskopischen Aufnahmen (**a–d, f** nach Esser 2000 und van den Hoek et al. 1993).

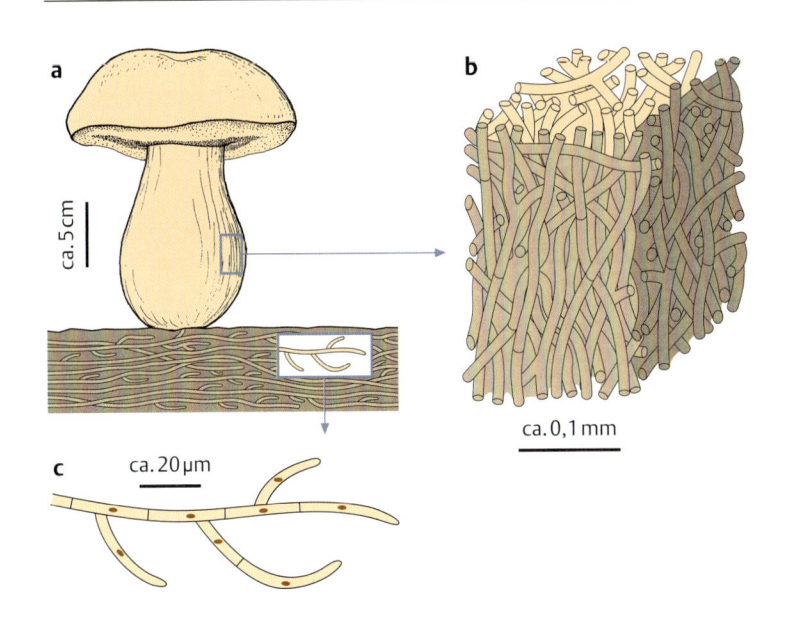

Abb. 4.19 Fadenthallus der Basidiomyceten. **a** Steinpilz (*Boletus edulis*, Basidiomycetes), Mycel mit Fruchtkörper (relativ zueinander nicht maßstäblich). **b** Räumliche Darstellung des Plektenchyms aus dem Stiel des Fruchtkörpers. Der besseren Übersichtlichkeit wegen wurden die Schnallen des dikaryotischen Mycels (vgl. Abb. **14.13** S. 471) nicht gezeichnet. **c** Hyphen eines haploiden Mycels.

Die überwiegend sessile (festsitzende) Lebensweise der fadenförmigen Algen bringt es mit sich, daß schon sehr bald in der stammesgeschichtlichen Entwicklung eine ausgesprochene Polarität entsteht. Diese kommt z. B. in der Bildung von **Scheitelzellen** zum Ausdruck, die allein zu Zellteilungen befähigt sind. Sie sind im einfachsten Falle einschneidig, d. h. sie teilen sich quer zur Längsachse des Fadens und gliedern ständig basalwärts Segmente ab. Bei der ebenfalls zu den Grünalgen zählenden *Cladophora* sind allerdings sowohl die Scheitel„zellen" als auch die von ihnen abgegliederten Segmente mehrkernig und entsprechen somit Coenoblasten. Die seitliche Verzweigung kommt dadurch zustande, daß durch seitliche Auswölbungen älterer Zellen des Fadens neue Scheitelzellen entstehen (Abb. **4.18d–f**). In anderen Fällen geht sie von der Scheitelzelle selbst aus, die sich schräg teilt.

Auch die Hyphen der Schlauchpilze (Ascomycetes) und Ständerpilze (Basidiomycetes) sind einreihige, seitlich verzweigte Fadenthalli, deren Zellen ein- bzw. zweikernig sind (Abb. **4.19** und Kap. 14.6).

4.4.4 Flechtthallus

Durch enge Verflechtung bzw. durch Verkleben von Zellfäden entstehen gewebeähnliche Gebilde, die **Plektenchyme**, wie sie für Flechtthalli charakteristisch sind. Im Querschnitt ähneln sie z. T. Parenchymen, weshalb man in diesen Fällen auch von Pseudoparenchymen spricht.

Flechtthalli kommen bei zahlreichen höher entwickelten Algen, vor allem bei den Rotalgen (Rhodophyta) vor, aber auch in Gestalt der Pilzfruchtkörper. Bei der Rotalge *Furcellaria fastigiata*, deren über 10 cm lange, runde und sich knorpelig anfühlende Thalli sich mit klauenartigen Rhizoiden auf Steinen festsetzen, besteht der Zentralkörper aus parallel laufenden Zellfäden, die sich springbrunnenartig verzweigen (Springbrunnentypus, Abb. **4.20**). Die äußeren Zellen dieser Verzweigungen schließen sich zu einer festen Rindenschicht zusammen. Bei anderen Arten können

Abb. 4.20 Flechtthallus vom Springbrunnentyp. a Habitusbild von *Furcellaria fastigiata* (Rhodophyceae). **b** Schemazeichnung eines Thallusstücks.

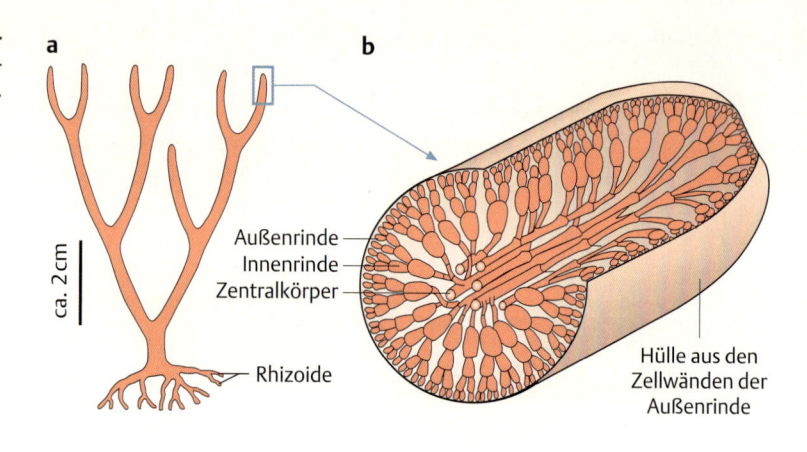

Abb. 4.21 Flechtthallus vom Zentralfadentyp. a Habitusbild von *Caloglossa leprieurii* (Rhodophyceae). **b** Anordnung der Zellfäden in einem Thallusstück, durch zweifarbige Unterlegung hervorgehoben.

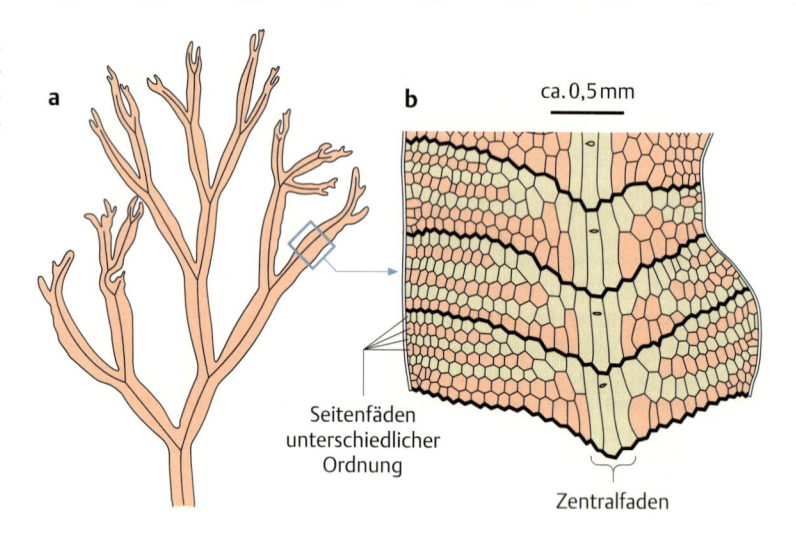

die Verzweigungen von einem einzigen zentralen Faden ausgehen (Zentralfadentypus). Auch die blattartig ausgebildeten Thalli mancher Rotalgen, z. B. *Caloglossa leprieurii*, lassen sich bei genauer Analyse auf einen verzweigten Faden zurückführen, dessen Äste in einer Ebene verwachsen sind (Abb. **4.21**).

Die Fruchtkörper der Höheren Pilze bestehen aus einem unregelmäßigen Geflecht vielfach verzweigter und zum Teil miteinander verwachsener Hyphen (Abb. **4.19a, b**). Die Verwachsung kann bei manchen Arten so weit gehen, daß Schnitte durch die Fruchtkörper Schnittbildern durch parenchymatische Gewebe täuschend ähnlich sehen (Pseudoparenchyme).

4.4.5 Gewebethallus

Im Unterschied zu den Plektenchymen der Flechtthalli sind Gewebethalli durch echte Mehrschichtigkeit und funktionelle Differenzierung in verschiedene Zelltypen gekennzeichnet. In den meisten Fällen geht ihre Bildung von Scheitelzellen aus.

Gewebethalli sind für viele Braunalgen (Phaeophyta) charakteristisch. Von den Flechtthalli unterscheiden sie sich vor allem dadurch, daß die von der Scheitelzelle basalwärts abgegliederten Segmente durch Längsteilungen und meist auch weitere Querteilungen aufgegliedert werden. Auf diese Weise entstehen mehrschichtige Thalli, die rund, bandförmig abgeflacht oder anders gestaltet sein können. Meist geht die Bildung des Thallus von einer Scheitelzelle aus, die bei den einfacheren Formen einschneidig ist, bei den höher entwickelten jedoch auch mehrschneidig sein kann. Bei einigen Arten sind sogar ganze Gruppen von Initialzellen vorhanden, ähnlich den Scheitelmeristemen Höherer Pflanzen.

Die Verzweigung erfolgt entweder seitlich oder dichotom. Die Dichotomie, die bei *Dictyota dichotoma* die Regel ist, kommt dadurch zustande, daß sich die Scheitelzelle, die normalerweise uhrglasförmige Segmente abgliedert, in der Längsrichtung des Thallus teilt, worauf beide Tochterzellen als gesonderte Äste weiterwachsen (Abb. **4.22**).

Funktionell lassen die Zellen der Gewebethalli bereits eine Differenzierung erkennen. Neben den Fortpflanzungszellen können bei den größeren Formen stets ein zentrales Mark- und ein peripheres Rindengewebe unterschieden werden. Bei *Dictyota* enthalten lediglich die Zellen des letzteren die photosynthetisch aktiven Plastiden (Phaeoplasten), fungieren also als Photosynthese- und Abschlußgewebe, während die farblosen Markzellen als Grund- und Speichergewebe dienen. Bei den stattlichen Tangen, deren Thalli mehrere Meter messen können (bei der amerikanischen *Macrocystis pyrifera* über 50 m), findet sich außerdem ein zentrales Stranggewebe, dessen Elemente den Siebröhren der Höheren Pflanzen funktionell ähnlich sind.

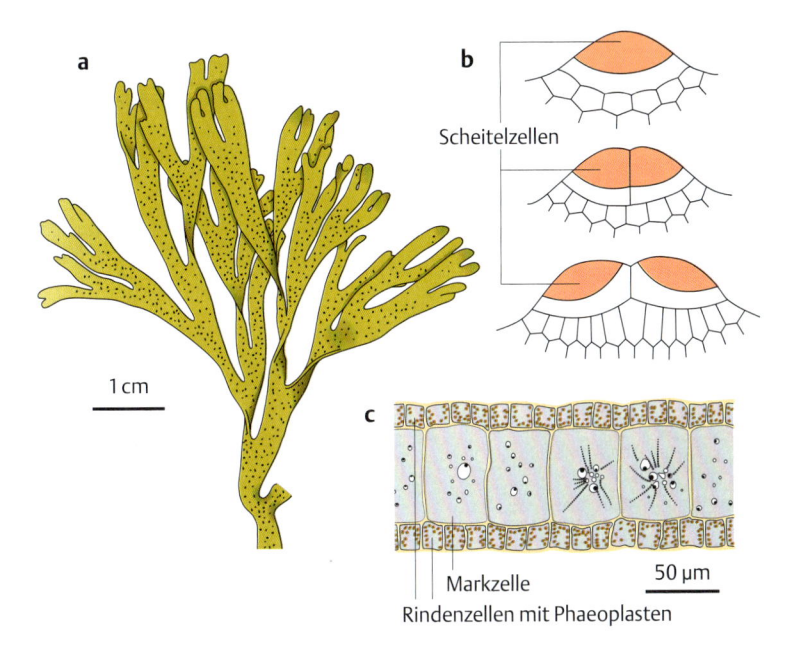

Abb. 4.22 Dichotom verzweigter Gewebethallus. a Habitusbild von *Dictyota dichotoma* (Phaeophyceae, siehe auch Abb. **14.8b** S. 452). **b** Scheitelzelle in dichotomer Teilung, schematisch. **c** Thallusquerschnitt, Zeichnung nach lichtmikroskopischen Aufnahmen.

4.5 Organisationsformen der Bryophyten

Die Moose (Bryophyta) nehmen hinsichtlich ihrer Organisationsform eine vermittelnde Stellung zwischen den Thallophyten und den noch zu besprechenden Kormophyten ein, sind aber keine evolutionären Bindeglieder zwischen diesen beiden Gruppen. Zum Teil haben Moose noch eine ausgesprochen thallöse Organisation, wie zahlreiche Lebermoose (Hepaticae) und alle Vorkeime (Protonemen). Einige der höher entwickelten Lebermoose und vor allem die Laubmoose (Musci) gehen jedoch schon erheblich über die thallöse Organisation hinaus. Der Verankerung im Boden und zum Teil auch der Wasser- und Ionenaufnahme dienen die Rhizoide, die einzellig sind oder einreihige Zellfäden darstellen. Trotz ähnlicher Funktion haben sie mit einer Wurzel jedoch nichts gemein.

Als Repräsentant der thallösen Organisationsform kann das Lebermoos *Marchantia polymorpha* dienen, das einen mehrschichtigen, bandförmig abgeflachten Thallus besitzt (Abb. **4.23**). Er besteht aus verschieden differenzierten Zellen: Als Photosynthesegewebe führen sie zahlreiche Chloroplasten, chloroplastenarme Zellen auf der Thallusunterseite dienen der Stoffspeicherung (z. T. sind Ölkörper zu finden), Zellen mit Zellwandverdickungen haben Festigungsfunktion. Die Epidermis der Thallusoberseite ist von einer wasserundurchlässigen Cuticula überzogen. Erstmals findet sich auch ein besonderes Durchlüftungssystem in Gestalt von Luftkammern, die durch schornsteinähnliche Luftspalten – deren Wand aus vier Ringen zu je vier Zellen gebildet wird – mit der Außenluft in Verbindung stehen. Im Boden sind die Thalli durch einzellige Rhizoide befestigt. Bei *Marchantia* kommen neben glatten, vorwiegend der Befestigung des Thallus im Boden dienenden, auch Zäpfchenrhizoide vor, deren zäpfchenartige Wandverdickungen durch lokales Dickenwachstum eng umgrenzter Bereiche der Zellwand entstehen.

Das Wachstum eines solchen flachen Thallus erfolgt mittels einer zweischneidigen Scheitelzelle. Sie gliedert in regelmäßiger Folge wechselseitig Zellen ab, die sich noch weiter teilen und so den mehrschichtigen Thallus

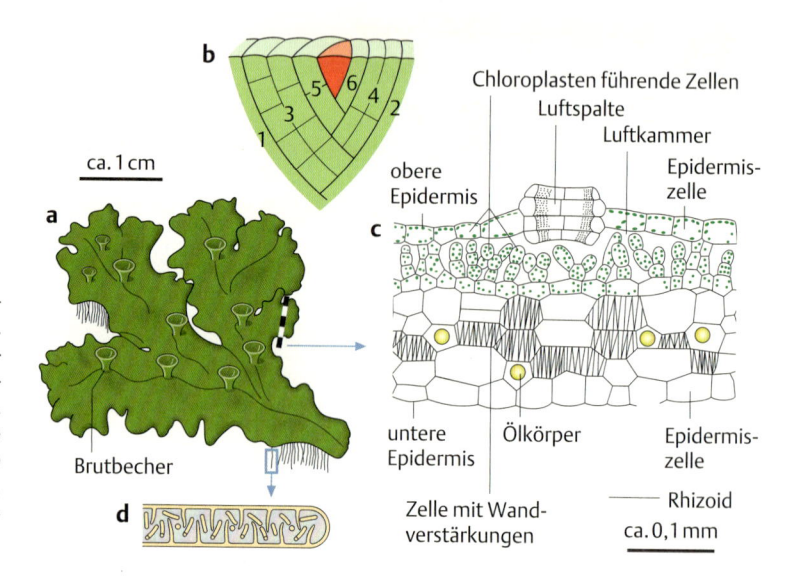

Abb. 4.23 Organisation der Lebermoose. a Habitusbild von *Marchantia polymorpha* (Hepaticae). **b** Schematisches Raumdiagramm einer zweischneidigen Scheitelzelle (rot) und der von ihr abgeschnürten Segmente, parallel zur Fläche halbiert. Die Segmente, die inzwischen zum Teil weitere Teilungen erfahren haben, sind in der Reihenfolge ihrer Entstehung numeriert. **c** Thallusquerschnitt. **d** Zäpfchenrhizoid. **c, d** Zeichnungen nach lichtmikroskopischen Aufnahmen.

bilden. Die Verzweigung erfolgt seitlich durch Anlage neuer Scheitelzellen, ist also nur scheinbar dichotom.

Die foliosen Lebermoose und die Laubmoose zeigen Organisationsmerkmale, die – formal – zu den Kormophyten überleiten, wie etwa die Gliederung in Stämmchen und Blättchen, die allerdings noch viel einfacher gebaut sind als Sproßachsen und Blätter der Kormophyten (Abb. **4.24**). Sie wachsen mit einer dreischneidigen Scheitelzelle, die in regelmäßigem, schraubigem Umlauf Zellen in basaler Richtung erzeugt. Da aus jeder dieser Zellen unter weiterer Teilung neben dem Grund- und Rindengewebe des Stämmchens auch ein Blatt hervorgeht, kommt eine schraubige Blattstellung zustande, in der die Blättchen in drei Reihen (Orthostichen) übereinander stehen. Allerdings ist diese Anordnung nicht in allen Fällen streng eingehalten, so daß gewisse Abweichungen von diesem Grundtypus vorkommen. Die Blättchen sind meist einschichtig und besitzen eine mehrschichtige Mittelrippe. Bei einigen wenigen Arten sind die Blättchen mehrschichtig. Sie zeigen jedoch auch in diesem Falle nicht den typischen Aufbau des Laubblattes einer Höheren Pflanze. Die Laubmoose sind mit einreihig-mehrzelligen Rhizoiden, die in der Regel schrägstehende Querwände haben, im Boden verankert.

Obwohl die Wasseraufnahme durch die gesamte Oberfläche erfolgen und der Wasseraufstieg in dichten Moospolstern kapillar vor sich gehen kann, sind doch sowohl in den Stämmchen als auch in den Mittelrippen der Blättchen leitende Elemente ausgebildet. So finden sich z. B. bei *Funaria hygrometrica* langgestreckte, an den Enden schrägzulaufende Zellen, deren plasmatischer Inhalt abgestorben ist. In ihnen erfolgt offenbar die

Abb. 4.24 Organisation der Laubmoose.
a Habitusbild von *Fontinalis antipyretica* (Musci). Das Stämmchen, normalerweise im Wasser flutend, ist hier aufrecht gezeichnet. **b** Teil eines Stämmchens mit dreizeiliger Beblätterung. **c** Rhizoid mit schrägstehenden Querwänden. **d**, **e** Dreischneidige Scheitelzelle (rot) in Aufsicht und im Längsschnitt. **f** Querschnitt durch die Mittelrippe von *Funaria hygrometrica* (Musci), Zeichnung nach elektronenmikroskopischen Aufnahmen (**f** nach Wiencke und Schulz 1983).

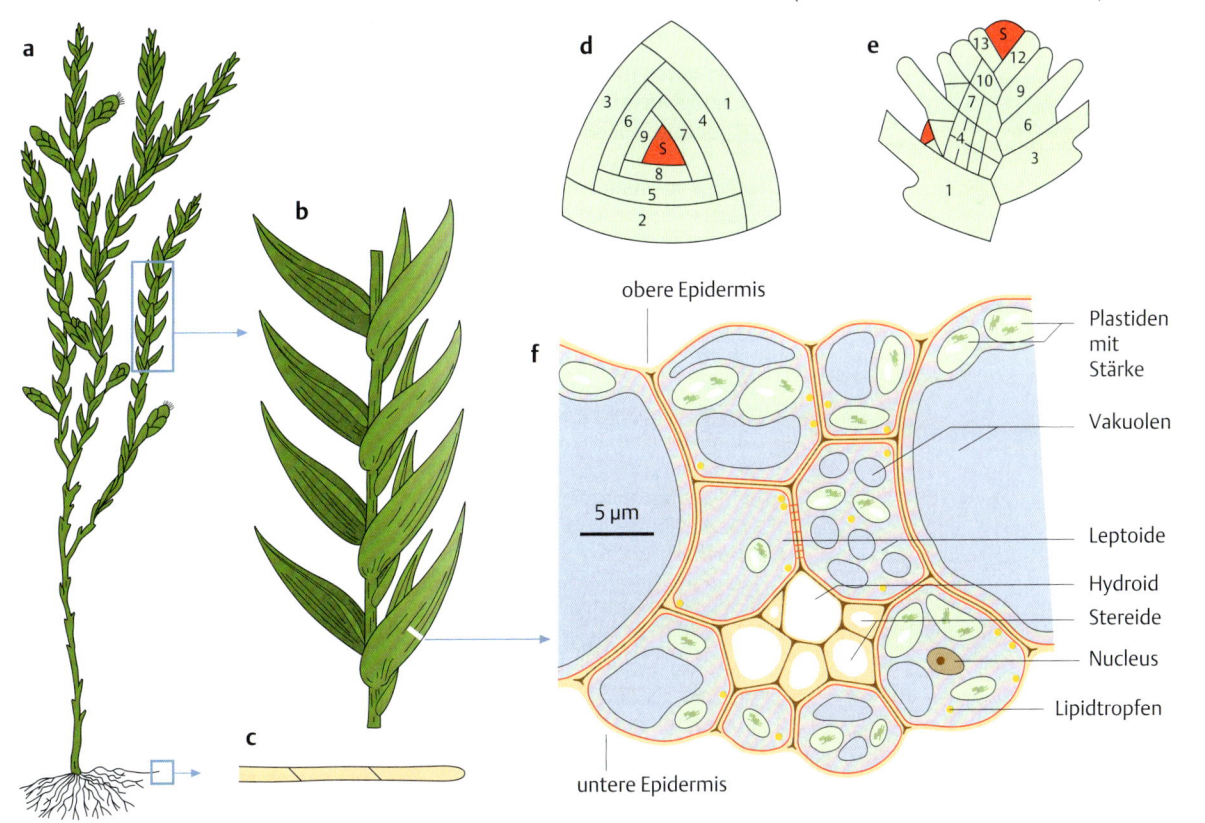

Wasserleitung, weshalb sie als **Hydroide** bezeichnet werden. Schmalere Zellen mit stark verdickten Wänden dienen der Festigung und werden **Stereide** genannt. Der Stofftransport scheint in den **Leptoiden** zu erfolgen, das sind langgestreckte Zellen mit plasmatischem Inhalt, in deren Querwänden sich zahlreiche Plasmodesmen befinden, die die einzelnen Leptoide miteinander verbinden. In Längsrichtung zeigen die Leptoide eine signifikante Polarität zwischen einem stark kondensierten Cytoplasma im basalen Bereich und vakuolisiertem, die üblichen Zellorganellen enthaltenden Plasma im Spitzenbereich der Zelle. Die zentrale Zellsaftvakuole fehlt. Trotz ihrer äußeren Gliederung in Stämmchen und Blättchen und des Vorhandenseins leitender Elemente weichen jedoch die Laubmoose in ihrer Organisation noch erheblich von dem reichgegliederten und funktionell stark differenzierten Kormus ab.

4.6 Organisationsform der Kormophyten

Der Kormus, die Organisationsform der Höheren Pflanzen (Kormophyten), zu denen die Farnpflanzen (Pteridophyta) und die Samenpflanzen (Spermatophytina), also die Gymnospermen und die Angiospermen, zählen, ist in seiner typischen Gestalt an das Landleben angepaßt. Der in der Regel oberirdische Sproß ist mit einer Wurzel im Boden verankert. Er ist in Sproßachse und Blätter gegliedert. Somit besteht der Kormus aus drei Grundorganen: Sproßachse, Blatt und Wurzel (Abb. **4.25**).

Die Blätter sind im typischen Falle Photosyntheseorgane, deren flächige Ausgestaltung eine optimale Lichtabsorption ermöglicht. Die Sproßachse sorgt durch ihren meist aufrechten Wuchs und eine entsprechende Blattstellung für eine günstige Anordnung der Blätter zum Strahlungseinfall bei geringstmöglicher gegenseitiger Beschattung. Außerdem übernimmt sie den Transport von Wasser und Nährsalzen von den auch als Haftorgane dienenden Wurzeln, in denen die Aufnahme erfolgt, zu den Blättern sowie in ihren Siebröhren den Transport der Assimilate zu den Orten des Verbrauchs bzw. der Speicherung. Diese Aufgabenverteilung findet nicht nur in der äußeren Gestaltung des Kormus ihren Ausdruck, sondern auch in einer funktionsgerechten Anordnung der Gewebe und Gewebesysteme, deren Elemente bereits dargestellt wurden (Kap. 3.1).

Charakteristisch für die Mehrzahl der Kormophyten ist die Ausbildung besonderer **Scheitelmeristeme** (**Apikalmeristeme**). Bei vielen Farnpflanzen (Pteridophyta) kommen noch Scheitelzellen vor, die in der Regel dreischneidig sind. Bei allen anderen Kormophyten liegen jedoch ganze Gruppen teilungsfähiger **Initialzellen** vor. Sie teilen sich bei den Pteridophyten und Gymnospermen (Nacktsamigen) sowohl antiklin, d. h. senkrecht zur Oberfläche, als auch periklin, d. h. parallel zur Oberfläche des Vegetationsscheitels (Box **5.1** S. 172). Bei den Angiospermen (Bedecktsamigen) sind sie in mehreren Schichten übereinander angeordnet. Die Zellen der äußeren Schichten teilen sich nur antiklin und bilden eine aus einer oder mehreren Zellschichten bestehende periphere **Tunica** (in Abb. **4.25b** zweischichtig), während sich die Zellen der inneren Initialschichten sowohl periklin als auch antiklin teilen und den zentralen Gewebekomplex, das **Corpus**, bilden (Abb. **18.2** S. 714). Die Blattanlagen entstehen als seitliche Auswüchse aus den äußeren Zellschichten, also exogen. Der Sproßachse im Wachstum vorauseilend, umgeben die jungen Blätter den Sproßscheitel als schützende Knospe (Abb. **4.25a** und Abb. **5.1** S. 168).

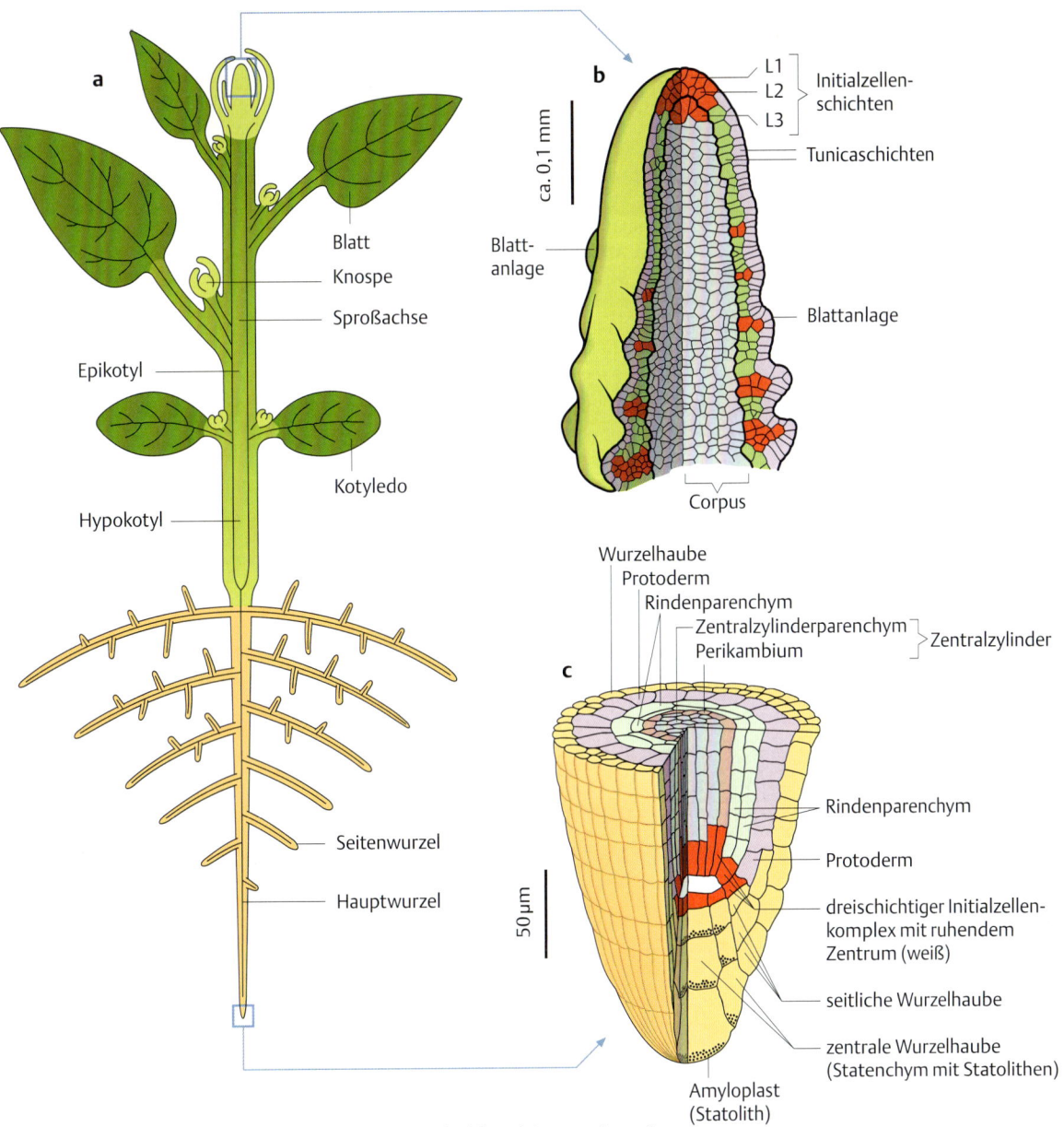

Der Scheitel der Wurzel (Abb. **4.25c**) unterscheidet sich von dem der Sproßachse durch das Fehlen von Blattanlagen und durch den Besitz einer Wurzelhaube (Kalyptra). Bei den meisten Pteridophyten wird der Wurzelscheitel von einer tetraedrischen, vierschneidigen Scheitelzelle eingenommen. Aus den drei proximal abgegliederten Zellen entsteht der Wurzelkörper, aus der vierten, distal abgegliederten, die Wurzelhaube. Bei allen anderen Höheren Pflanzen finden sich Gruppen von Initialzellen, die meist stockwerkartig übereinander angeordnet sind. Bei den Gymnospermen wird die nicht deutlich abgesetzte Wurzelhaube von der äußeren Initialschicht, aus der auch das Rindengewebe hervorgeht, durch perikline Teilungen gebildet, während die innere Schicht durch perikline und antikline Teilungen (Box **5.1** S. 172) den Wurzelkörper erzeugt.

Abb. 4.25 Organisation der Kormophyten. **a** Schema einer dikotylen Pflanze. **b** Scheitelmeristem einer Sproßachse (*Elodea canadensis*, Wasserpest). **c** Scheitelmeristem einer Wurzel (*Arabidopsis thaliana*, Acker-Schmalwand). **b**, **c** dreidimensionale Rekonstruktionen nach lichtmikroskopischen Aufnahmen, **c** nach einer Vorlage von B. Scheres, mit freundlicher Genehmigung.

Auch bei den Angiospermen, vor allem bei den Dikotyledonen, finden sich meist mehrere Etagen von Initialzellen, von denen die äußere durch antikline Teilungen die künftige Rhizodermis und durch perikline Teilungen die Wurzelhaube bildet, während aus den – meist zwei – innenliegenden Initialzellschichten Rinde und Zentralzylinder entstehen. In anderen Fällen, u. a. bei den Monokotyledonen, findet sich keine so deutliche Schichtung der Initialzellen. Hier teilen sich die in der Spitzenregion oberhalb der Wurzelhaube befindlichen Zellen gar nicht oder doch nur selten, weshalb man von einem **ruhenden Zentrum** spricht (Abb. **5.33** S. 195 und Abb. **18.7** S. 725).

5 Kormus

Farn- und Samenpflanzen werden als Kormophyten bezeichnet. Ihre Sporophyten sind in Blatt, Sproßachse und Wurzel, die drei Grundorgane des Kormus, gegliedert. Die Blätter bilden mit der Sproßachse den Sproß.

Die Wurzel dient der festen Verankerung der Pflanze im Boden, der Wasser- und Mineralstoffaufnahme sowie der Stoffspeicherung. Die Blätter sind die Hauptorte des Gaswechsels (Aufnahme von Kohlendioxid, Verdunstung von Wasser) und der Photosynthese. Die Sproßachse verbindet Blätter und Wurzeln. Sie dient der Festigung, der Stoffleitung und hat darüber hinaus Speicherfunktion.

Im Unterschied zur typischerweise „zweidimensionalen" Organisation Niederer Pflanzen erschließen sich die Kormophyten den Lebensraum in allen drei Dimensionen gleich gut und erreichen z. T. gewaltige Ausmaße. Die durch die Blätter bedingte Oberflächenvergrößerung bringt zwar mitunter problematisch hohe Wasserverluste durch Transpiration mit sich, erlaubt aber auch die wirksame Aufnahme des in der Atmosphäre nur in Spuren vorkommenden Kohlendioxids und eine effektive Absorption des Sonnenlichts, der Energiequelle für die Photosyntese. Mit der Oberflächenvergrößerung des Sprosses mußte in der Evolution eine entsprechende Oberflächenvergrößerung des Wurzelsystems einhergehen, um einerseits eine stabile Verankerung der Pflanze und andererseits eine ausreichende Wasser- und Mineralienversorgung zu gewährleisten. Die Entwicklung der Samenpflanzen wird in Kap. 18 behandelt.

Kormus

5.1 Sproßachse ... 167
5.1.1 Sproßscheitel ... 167
5.1.2 Bau des Leitsystems ... 168
5.1.3 Primärer Bau der Sproßachse ... 170
5.1.4 Sekundäres Dickenwachstum der Sproßachse ... 171
Holz ... 173
Bast ... 176
Periderm ... 177
Dickenwachstum der Monokotylen ... 178
5.1.5 Morphologie der Sproßachse ... 179
Verzweigung ... 179
Metamorphosen der Sproßachse ... 180

5.2 Blatt ... 182
5.2.1 Entwicklung des Blattes ... 183
5.2.2 Anordnung der Blätter an der Sproßachse ... 184
Blattstellung ... 184
Blattfolge ... 186
5.2.3 Anatomie des Laubblattes ... 188
Bau und Funktion von Spaltöffnungen ... 189
Leitbündelanordnung ... 191
Bau des Nadelblattes ... 192
5.2.4 Metamorphosen des Blattes ... 193

5.3 Wurzel ... 194
5.3.1 Wurzelscheitel ... 195
5.3.2 Primärer Bau der Wurzel ... 196
5.3.3 Seitenwurzeln ... 199
5.3.4 Sekundäres Dickenwachstum der Wurzel ... 202
5.3.5 Metamorphosen der Wurzel ... 203

5.1 Sproßachse

Die Sproßachse ist eines der drei Grundorgane des Kormus. Sproßachsen können als krautige Stengel, als mehr oder weniger verdickte und dann meist auch verholzte Stämme oder als Seitenzweige ausgebildet sein. Sie sind durch den Besitz von Blättern charakterisiert, bei denen es sich jedoch keineswegs immer um voll ausgebildete Laubblätter handeln muß. Werden Blätter abgeworfen, so bleiben Blattnarben zurück, die allerdings bei alten Stämmen von Holzgewächsen nicht mehr zu erkennen sind.

Bei der Mehrzahl der Arten wachsen die Sproßachsen aufrecht (orthotrop) und zeigen radiärsymmetrische Beblätterung. Lediglich bei sogenannten bodenbedeckenden Pflanzen wachsen sie mehr oder weniger horizontal (plagiotrop) und zeigen dann bezüglich ihrer Beblätterung eine dorsiventrale Symmetrie. Nach Gestalt und Bau der Sproßachsen sowie Lebensdauer sind Kräuter, Stauden, Bäume und Sträucher zu unterscheiden:

- **Kräuter** sind ein- oder zweijährig und in der Regel nicht verholzt.
- **Stauden** sind mehrjährig, ihre oberirdischen Teile sind nicht verholzt und sterben gegen Ende der Vegetationsperiode ab. Geophyten überwintern mit Hilfe unterirdischer Organe, Hemikryptophyten mit der Erdoberfläche anliegenden, im Winter von Schnee bedeckten Sprossen mit oberirdischen Erneuerungsknospen.
- **Bäume** sind vieljährige Holzgewächse, bei denen die Spitze – zumindest in der Jugend – gefördert ist, während die ersten Seitenzweige bald absterben, sofern Verzweigung in den ersten Jahren nicht überhaupt unterbleibt. Hierdurch entsteht ein Stamm, der später durch reiche Verzweigung der bleibenden Seitenäste eine Krone erhält.
- **Sträucher** sind ebenfalls vieljährige Holzgewächse, doch sind bei ihnen die basalen Knospen gefördert. Diese treiben bald aus und übergipfeln die ursprüngliche Hauptachse.

Da die Meristeme der mehrjährigen Höheren Pflanzen – von Ruheperioden abgesehen – ihre Teilungsfähigkeit über lange Zeit beibehalten können, ist das Wachstum dieser Pflanzen potentiell unbegrenzt. Folglich werden die Vegetationskörper durch fortgesetztes Längen- und Dickenwachstum ständig größer und verändern ihre Gestalt. Auch die Verschiedenartigkeit der Verzweigung trägt zur äußeren Vielgestaltigkeit der Pflanzen bei. Schließlich kann das Grundorgan Sproßachse in Anpassung an Umweltbedingungen solch umfassende morphologische Änderungen – Metamorphosen – erfahren, daß sein ursprünglicher Charakter nicht mehr ohne weiteres zu erkennen ist.

5.1.1 Sproßscheitel

Die vom Scheitelmeristem der Sproßachse proximal abgegliederten Zellen teilen sich entweder noch eine Zeitlang weiter und wachsen isodiametrisch zu parenchymatischen Zellen – etwa des Grund- oder Abschlußgewebes – heran, oder sie erfahren eine Zellstreckung entlang einer Vorzugsachse (prosenchymatische Zellen) und werden zu Leitungs- und Festigungselementen. Die Differenzierung erfolgt nach einem vom genetischen Programm der Zelle festgelegten Plan, sie wird aber auch stark von der zellulären Umgebung beeinflußt. Nach Abschluß des Differenzierungsprozesses liegt die Sproßachse in ihrem primären Bau vor.

Das Scheitelmeristem der Sproßachse behält vom embryonalen Zustand der Pflanze an seine Teilungsfähigkeit bei. Seine Ausdehnung in Richtung der Längsachse beträgt nur Bruchteile eines Millimeters, es geht ohne deutliche Grenze in die **Determinationszone** über. In der Determinationszone erfolgt, entsprechend der Zugehörigkeit der Zellen zu Tunica oder Corpus (Abb. **4.25b** S. 163), die Gliederung in einen peripheren Mantel aus künftigem Abschluß- und Rindengewebe (**Urrinde**) und einen zentralen Strang künftigen Markgewebes (**Urmark**). Zwischen Urrinde und Urmark bleibt bei den Dikotylen ein schmaler Zylinder von Zellen erhalten, die ihre Teilungsfähigkeit bewahren und somit ein Restmeristem darstellen. Aus ihnen geht später unter Umständen das Kambium hervor. Da dieser **Meristemzylinder** im Querschnitt ringförmig erscheint, wird er auch als Meristemring bezeichnet.

An die ebenfalls sehr kurze, etwa 0,02–0,08 mm lange Determinationszone schließt sich die **Differenzierungszone** an. In dieser differenzieren die Zellen des Marks und eines Teiles der Rinde zu parenchymatischen Dauerzellen, aus der äußersten Tunicaschicht entsteht das Abschlußgewebe, die Epidermis (Abb. **5.1**). Mit der Entwicklung der Blätter aus den seitlichen Blattanlagen geht die Ausbildung von Leitungselementen im Meristemzylinder einher, dessen Zellen sich in Längsrichtung strecken, also prosenchymatisch werden. Auf diese Weise entstehen die in Längsrichtung der Sproßachse verlaufenden Prokambiumstränge, von denen Abzweigungen in die Blattanlagen eintreten. Die Prokambiumstränge differenzieren zu Leitbündeln, indem auf der Innenseite wasserleitende Elemente, das Protoxylem, und auf der Außenseite Siebröhren und Geleitzellen, das Protophloem, gebildet werden. Die wasserleitenden Elemente des Protoxylems (Xylemprimanen) sind Ring- oder Schraubengefäße, die nur kurze Zeit in Funktion sind und im Verlaufe des weiteren Wachstums zusammengedrückt bzw. zerrissen werden. Letzteres gilt auch für die Phloemprimanen. Ihre Funktionen werden dann von den Elementen des Metaxylems bzw. Metaphloems übernommen. Proto- und Metaxylem werden auch als primäres Xylem, Proto- und Metaphloem als primäres Phloem bezeichnet.

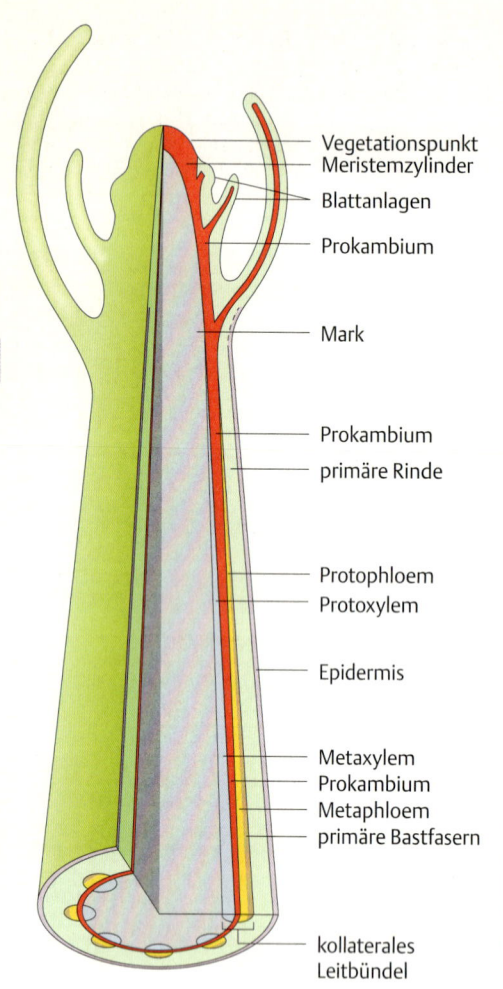

Abb. 5.1 Schematische Darstellung eines dikotylen Sproßscheitels. Links in Aufsicht, rechts im Längsschnitt. Das angeschnittene Leitbündel ist etwas vergrößert.

5.1.2 Bau des Leitsystems

Der Wasser- und Stofftransport über längere Strecken erfolgt bei den Kormophyten in besonderen Leitungsbahnen, deren Gesamtheit man als Leitsystem bezeichnet.

Im Gegensatz zur Wurzel, die ein komplexes, im Zentralzylinder lokalisiertes radiales Leitsystem besitzt (Abb. **5.2f** und Abb. **5.33** S. 195), ist das Leitsystem der Sproßachse in einzelne Stränge, die **Leitbündel**, aufgelöst. Diese bestehen mit Ausnahme der sogenannten „unvollständigen Leitbündel" stets aus zwei funktionell verschiedenen Komplexen, dem Xylem und dem Phloem, sind also heterogene Gewebe (= Gewebesysteme). Im **Xylem** sind die Elemente der Wasserleitung – Gefäße (Tracheen) und Tracheiden – zusammengefaßt, zum **Phloem** gehören die Siebröhren, in denen der Nährstofftransport stattfindet, und, bei den Angiospermen, die Geleitzellen (Abb. **5.3**). Im Xylem wie im Phloem begleiten parenchymatische Zellen, die man entsprechend als Xylem- und Phloemparenchym bezeichnet, die Transportelemente. Im Metaxylem findet man häufig auch Sklerenchymfasern, was im Metaphloem nur selten der Fall ist. Je nach Anordnung der Elemente lassen sich mehrere Typen von Leitsystemen unterscheiden (Abb. **5.2**).

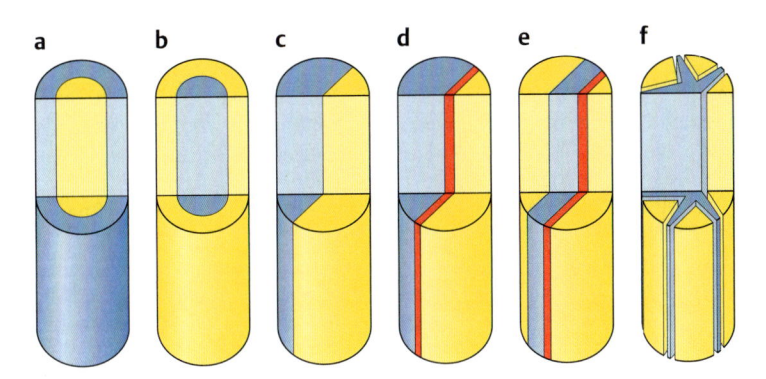

Abb. 5.2 Leitbündeltypen. Schematische Darstellung, **a** konzentrisch mit Außenxylem, **b** konzentrisch mit Innenxylem, **c** kollateral geschlossen, **d** kollateral offen, **e** bikollateral, **f** fünfstrahliges, radiales Leitsystem der Wurzel. Alle Bündel im oberen Abschnitt längs halbiert, Xylem blau, Phloem gelb, Kambium rot.

Bei den konzentrischen Leitbündeln mit Außenxylem, die für die Sprosse und Erdsprosse einiger Monokotylen charakteristisch sind, umgibt das Xylem ringförmig einen Phloemkern. Bei den konzentrischen Leitbündeln mit Innenxylem, die bei der Mehrzahl der Farne vorkommen, ist die Anordnung genau umgekehrt. In den kollateralen Leitbündeln, die sowohl bei den Gymnospermen als auch bei den Angiospermen weit verbreitet sind, liegen Xylem und Phloem einander gegenüber, und zwar das Xylem innen, das Phloem außen. In den geschlossenen kollateralen Leitbündeln, wie sie bei vielen Monokotylen zu finden sind, grenzen Xylem und Phloem unmittelbar aneinander. In den offenen kollateralen Bündeln der Gymnospermen und Angiospermen sind sie dagegen durch einen meristematischen Gewebestreifen, das faszikuläre Kambium, getrennt. Als Sonderfall der kollateralen Bündel sind die bikollateralen Leitbündel aufzufassen, bei denen das Xylem auch auf der Innenseite von einem Phloemstrang begleitet wird. Sie sind für einige Familien der Dikotylen (z. B. Solanaceae, Cucurbitaceae) typisch.

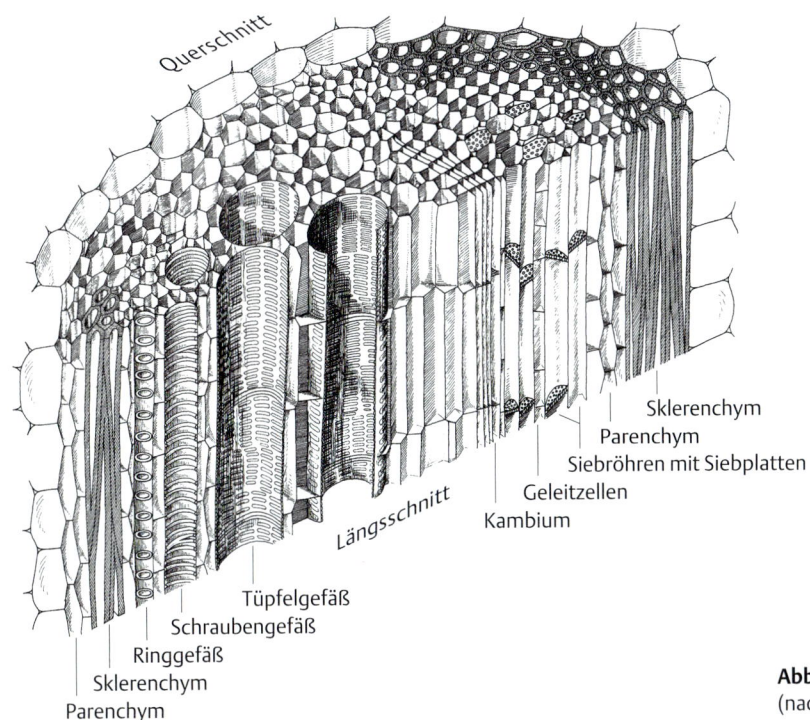

Abb. 5.3 Bau eines kollateralen Leitbündels (nach Mägdefrau).

Die Wurzeln besitzen ein radiales Leitsystem, das nicht in einzelne Bündel aufgelöst ist. Das Xylem ist hier in Leisten angeordnet, die strahlig vom Zentrum zur Peripherie verlaufen. Die Phloemanteile liegen, durch schmale Parenchymstreifen vom Xylem getrennt, in entsprechender Anzahl zwischen den Xylemstrahlen. Die Anzahl dieser Strahlen ist von Art zu Art verschieden.

Die Leitbündel können von einer Scheide umgeben sein, die aus parenchymatischen Zellen, aus Festigungselementen (Abb. **5.3**) oder aus einer Endodermis besteht. Bei kollateralen Bündeln finden sich an den Stellen, wo Xylem und Phloem zusammenstoßen, Durchlaßstreifen aus unverdickten Zellen, die einen Stoffaustausch mit dem umliegenden Gewebe ermöglichen.

5.1.3 Primärer Bau der Sproßachse

Nach Abschluß des Hauptstreckungswachstums sowie des primären Dickenwachstums (Erstarkungswachstum), das mit der Fertigstellung der Leitbündel sowie der sonstigen Gewebe verbunden ist, liegt die Sproßachse im primären Differenzierungszustand vor.

Die Leitbündel verlaufen grundsätzlich in Längsrichtung der Achse, sind aber z.B. bei dem als Eustele bezeichneten Bündelrohr der krautigen Dikotylen netzartig untereinander verbunden (Abb. **5.4a**). An den Ansatzstellen der Blätter biegen von den sproßeigenen Bündeln die Blattspurstränge, deren Gesamtheit man als **Blattspur** bezeichnet, in die Blätter ein. Bei den Gymnospermen und den dikotylen Angiospermen liegen die im typischen Falle offenen kollateralen Bündel auf einem Zylindermantel und erscheinen deshalb auf dem Querschnitt ringförmig angeordnet. Sie sind durch Streifen parenchymatischen Gewebes, die **Parenchymstrahlen**, voneinander getrennt, die das Mark mit der Rinde verbinden und deshalb auch als Markstrahlen bezeichnet werden. Allerdings werden auch später noch Strahlen angelegt, die zum Mark keine Verbindung mehr besitzen. Bei vielen krautigen Pflanzen und manchen Lianen sind diese Strahlen verhältnismäßig breit (Abb. **5.5a**). Bei den meisten Holzgewächsen

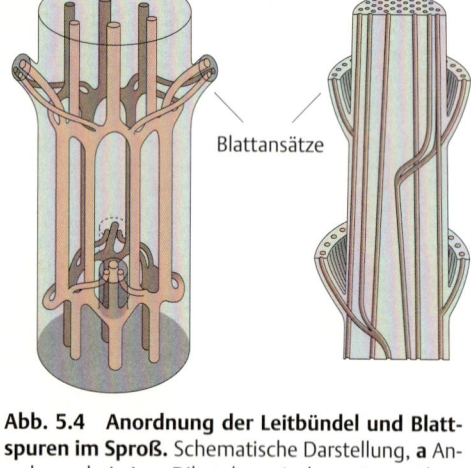

Abb. 5.4 Anordnung der Leitbündel und Blattspuren im Sproß. Schematische Darstellung, **a** Anordnung bei einer Dikotylen mit decussierter Blattstellung (*Clematis vitalba*), **b** bei einer Monokotylen (*Rhapis excelsa*).

Abb. 5.5 Primärer Bau der Sproßachse. Schematische Darstellung. Epidermis, Rinde, Mark, Parenchymstrahlen und z.T. Phloem im oberen Bereich der Diagramme entfernt. **a** Zylinder aus fünf offenen, kollateralen Bündeln, die durch breite Parenchymstrahlen getrennt sind. **b** wie **a**, aber Kambiumring durch die Anlage eines interfaszikulären Kambiums geschlossen. **c** Geschlossener Leitbündelzylinder, bei dem der Kambiummantel direkt aus dem Prokambiumzylinder hervorgegangen ist. Die Parenchymstrahlen sind hier nur schmal. Gleiche Gewebe sind jeweils in gleicher Farbe dargestellt und stellvertretend am Querschnitt (**a** unten) beschriftet.

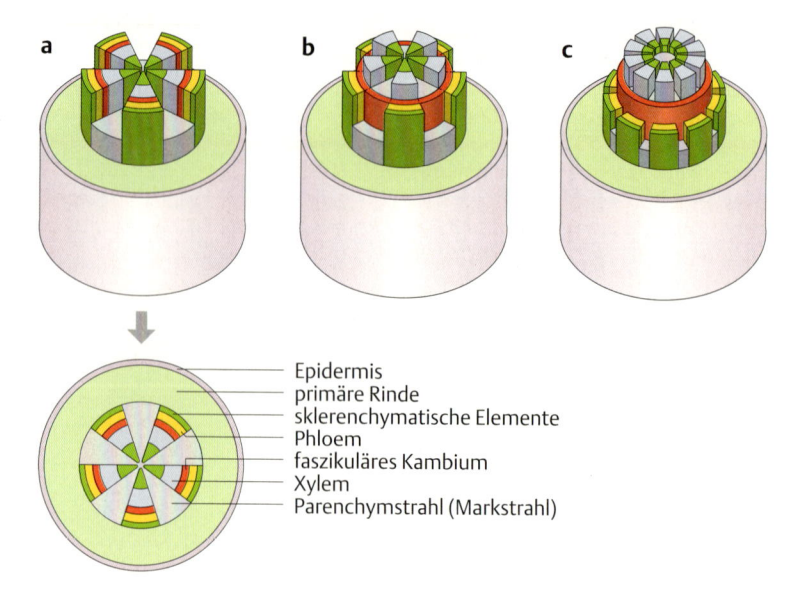

Epidermis
primäre Rinde
sklerenchymatische Elemente
Phloem
faszikuläres Kambium
Xylem
Parenchymstrahl (Markstrahl)

grenzen jedoch die Prokambiumstränge aneinander, so daß von Anfang an ein geschlossener Leitbündelzylinder mit nur sehr schmalen Parenchymstrahlen vorliegt (Abb. **5.5c**). Der Leitbündelzylinder umschließt das **Mark**, dessen Zellen in der Regel farblos sind und hauptsächlich der Stoffspeicherung dienen. Nicht selten werden sie später zerrissen und weichen auseinander, so daß rhexigen oder schizogen eine Markhöhle entsteht.

Außerhalb des Leitbündelzylinders liegt die Rinde, deren Zellen meist Chloroplasten enthalten. Mit Ausnahme der sie durchbrechenden Blattspurstränge ist die Rinde frei von leitenden Elementen. Ihre innerste Schicht ist häufig als **Stärkescheide**, selten als Endodermis ausgebildet. Die Zellen der Stärkescheide enthalten große Amyloplasten, die wahrscheinlich auch der Graviperzeption dienen. Außen ist das Rindengewebe von der Epidermis bedeckt, die Spaltöffnungen besitzt.

Gleichzeitig mit den Leitbündeln werden die primären Festigungselemente fertiggestellt. Die Leitbündel können von sklerenchymatischen Scheiden umgeben sein (Abb. **5.3** und Abb. **5.5**) oder der Leitbündelzylinder von einem geschlossenen Hohlzylinder aus Sklerenchymfasern. Zusätzlich können weitere Festigungselemente kollenchymatischer oder sklerenchymatischer Natur gebildet werden, die entweder ebenfalls in Gestalt eines Hohlzylinders oder in Form von längsverlaufenden Strängen oder Leisten im peripheren Bereich des Rindengewebes angeordnet sind.

5.1.4 Sekundäres Dickenwachstum der Sproßachse

Die im Verlauf des Differenzierungs-, Reifungs- und Erstarkungswachstums fertiggestellten primären Gewebe sind häufig so bemessen, daß sie zur Versorgung der sich in einer Vegetationsperiode entwickelnden beblätterten Sproßachse mit Wasser und Mineralsalzen ausreichen und ihr auch genügend Festigkeit verleihen. Nehmen die Pflanzen jedoch durch weiteres Wachstum an Größe zu, müssen bereits im ersten Jahr zusätzliche Leitungs- und Festigungselemente gebildet werden. Dies trifft auch für manche Kräuter zu, vor allem aber für Bäume und Sträucher, bei denen sich dieser als sekundäres Dickenwachstum bezeichnete Prozeß jedes Jahr wiederholt.

Eine Ausnahme hiervon machen Baumfarne, Cycadeen und gewisse baumartige Monokotyledonen. Bei ihnen erfährt die Sproßachse durch die Ausbildung eines an das Apikalmeristem anschließenden Primärverdickungsmeristems zwischen Rinde und Leitzylinder eine starke Verbreiterung, wodurch in vielen Fällen, insbesondere bei Palmen, schließlich eine kraterförmige Mulde entsteht, an deren tiefster Stelle die Spitze des kegelförmigen Apikalmeristems liegt (Abb. **5.6**). Hierdurch erhält die Sproßachse von vornherein etwa ihre endgültige Stärke, so daß sie bei dem sich anschließenden Streckungswachstum in Gestalt einer Säule von etwa gleichmäßiger Dicke emporsteigt und die Blattrosette als Schopf hochhebt. Hier sind also von Anfang an genügend Leitungs- und Festigungselemente vorhanden, so daß sich ein sekundäres Dickenwachstum erübrigt.

> Das sekundäre Dickenwachstum der Gymnospermen und der dikotylen Angiospermen erfolgt vermittels eines meristematischen Gewebes, das als **Kambium** bezeichnet wird.

Geht das Kambium direkt aus dem Meristemzylinder des Sproßscheitels (Abb. **5.1**) als geschlossener Zylinder hervor (Abb. **5.5c**), so ist es ein Rest-

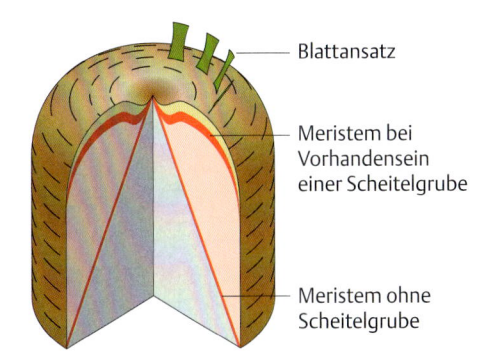

Abb. 5.6 Scheitelgrube einer Monokotylen mit kegelförmigem Apikalmeristem. Schematische Darstellung, in der Mitte aufgeschnitten. Die Ansatzstellen der Blätter (grün) sind nur angedeutet. Der hellgraue Kegel im Schnittbild gibt zum Vergleich die Verhältnisse bei Pflanzen ohne Scheitelgruben an, der hellrot dargestellte Bereich die bei Pflanzen mit Ausbildung einer Scheitelgrube, die insbesondere bei zahlreichen Palmen vorkommt.

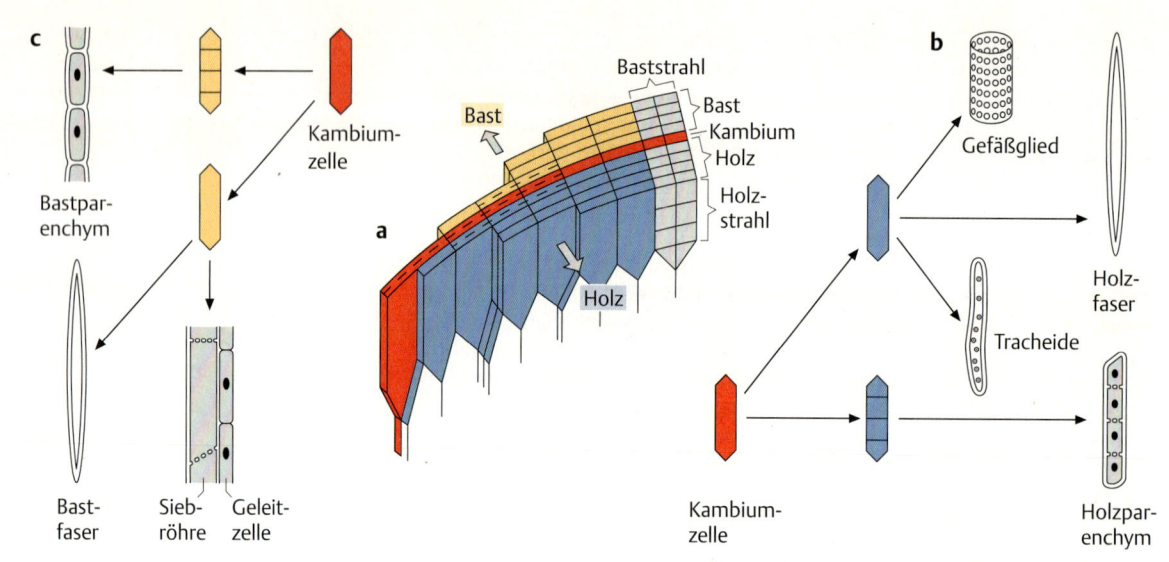

Abb. 5.7 Teilungstätigkeit eines Kambiums. Schematische Darstellung, **a** Raumdiagramm. Die prismatischen, an den Enden zugespitzten Zellen sind im oberen Teil quergeschnitten. Die Teilungsebene der Kambiumzellen ist durch eine gestrichelte Linie angedeutet. Am rechten Rand ein Parenchymstrahl. **b** Entwicklung einer Kambiumzelle zu den verschiedenen Holzelementen. **c** Entwicklung einer Kambiumzelle zu den verschiedenen Bastelementen.

Box 5.1 Zellteilungsebenen

Die Teilungsebene einer Zelle in einem dreidimensionalen Organ, z. B. einer Sproßachse oder Wurzel, kann radial (**a**), parallel zur Organoberfläche (**b**, periklin) oder senkrecht zur Oberfläche und parallel zum Querschnitt (**c**, antiklin) verlaufen.
Durch radiale Zellteilungen vergrößert sich der Umfang des Organs, durch perikline sein Durchmesser und durch antikline Teilungen seine Länge. Koordiniertes Organwachstum setzt geordnete Abfolgen von Zellteilungen in allen drei Ebenen voraus.

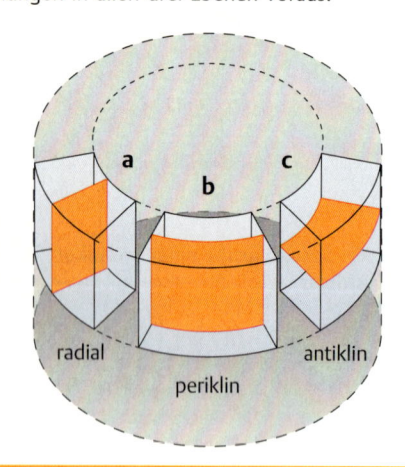

meristem. In anderen Fällen ist nur der in den offenen kollateralen Leitbündeln liegende Anteil, das faszikuläre Kambium, ein Restmeristem. Der zwischen den Leitbündeln liegende – interfaszikuläre – Anteil wird von den Zellen des Parenchymstrahlgewebes gebildet, die ihre Teilungsfähigkeit wiedererlangen (Abb. **5.5b**), ist also ein sekundäres Meristem.

Ungeachtet der Entstehungsweise liegt schließlich ein geschlossener Zylinder von Kambiumzellen vor, die sich allerdings von den typischen meristematischen Zellen (Abb. **2.1** S. 47) u. a. durch den Besitz einer großen Zellsaftvakuole unterscheiden. Im Regelfall laufen Kambiumzellen an den Enden spitz aus, haben also eine langgestreckte, prismatische Gestalt (Abb. **5.7a**). Sie werden auch als fusiforme Zellen bezeichnet. Dieses Muster ist im Bereich der Parenchymstrahlen unterbrochen, wo durch Querteilung der fusiformen Zellen etwa isodiametrische Strahleninitialen entstehen. Die Zellen des Kambiums teilen sich durch tangential eingezogene Wände, wobei die neugebildeten Zellen nach innen oder nach außen abgeschoben werden. Diese können sich ebenfalls noch ein oder mehrere Male teilen und differenzieren schließlich zu Elementen des sekundären Xylems bzw. Phloems. Eine zusammenhängende Schicht von Initialzellen bleibt dabei stets erhalten. Bei den höher entwickelten Angiospermen sind die Kambien meist etagiert, d. h. die langgestreckten, fusiformen Initialen stehen in horizontalen Reihen, während die Kambien der Gymnospermen und der ursprünglicheren Angiospermen keine klare Etagierung erkennen lassen. Die fortgesetzte Erzeugung neuer Zellen nach innen hat eine ständige Umfangserweiterung der Sproßachse zur Folge, der das Kambium durch **Dilatation**, d. h. durch tangentiales Wachstum, folgen muß. Von Zeit zu Zeit werden also auch radiale Wände in die Kambiumzellen eingezogen (Box **5.1**).

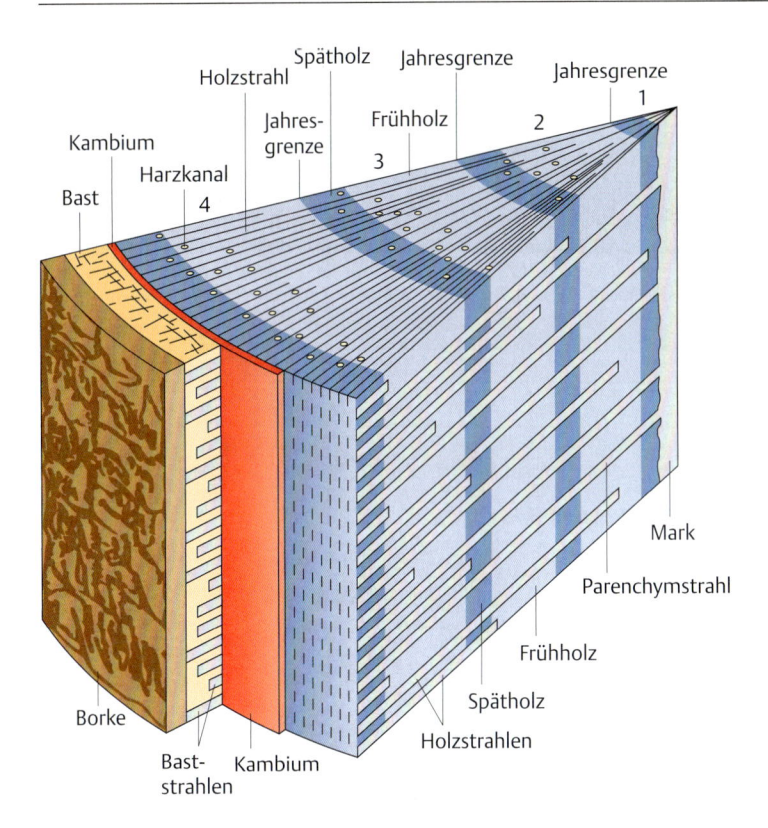

Abb. 5.8 Segment des Stammes einer vierjährigen Waldkiefer (*Pinus silvestris*), im Winter geschnitten. Bast und Borke wurden etwa zur Hälfte entfernt, zu einem Viertel auch das Kambium. 1, 2, 3, 4 = die aufeinanderfolgenden Jahresringe.

> Alles vom Kambium nach innen erzeugte Gewebe bezeichnet man, unabhängig vom Grade der Verholzung, als **Holz**, alles nach außen abgeschiedene als **Bast**.

Im Bereich der Leitbündel entsteht sekundäres Xylem bzw. sekundäres Phloem. Die Parenchymstrahlen werden durch die von den Strahleninitialen (Abb. **5.7a**) gebildeten Parenchymzellen verlängert, sodaß sie vom Mark bis zur Rinde reichen. Mit zunehmender Umfangserweiterung des Stammes werden zusätzliche radial verlaufende Strahlen eingezogen, die im Holz bzw. Bast blind enden und als Holz- bzw. Baststrahlen bezeichnet werden (Abb. **5.8**). Wie oben erwähnt, stehen sie überhaupt nicht mehr mit dem Mark in Verbindung, weshalb die früher benutzte Bezeichnung „sekundäre Markstrahlen" keinen Sinn gibt.

Holz

> Zu den Elementen des Holzes zählen die Gefäße (Tracheen), Tracheiden, Holzfasern, Holzparenchym und Holzstrahlparenchym.

Je nachdem, welches Element sie bildet, muß die vom Kambium erzeugte Zelle eine weitgehende Umgestaltung erfahren (Abb. **5.7**). Teilungswachstum führt zur Bildung parenchymatischer Elemente, Streckungs- bzw. Spitzenwachstum zur Ausbildung von Tracheiden bzw. Holzfasern und Weitenwachstum, verbunden mit einer Auflösung der Querwände, zur Bildung von Gefäßen.

Die Gefäße sind in der überwiegenden Mehrzahl Tüpfel-, seltener Netzgefäße. Verbinden die Tüpfel zwei Gefäße miteinander, so sind sie zwei-

Abb. 5.9 Holz der Waldkiefer (*Pinus silvestris*) (nach Mägdefrau).

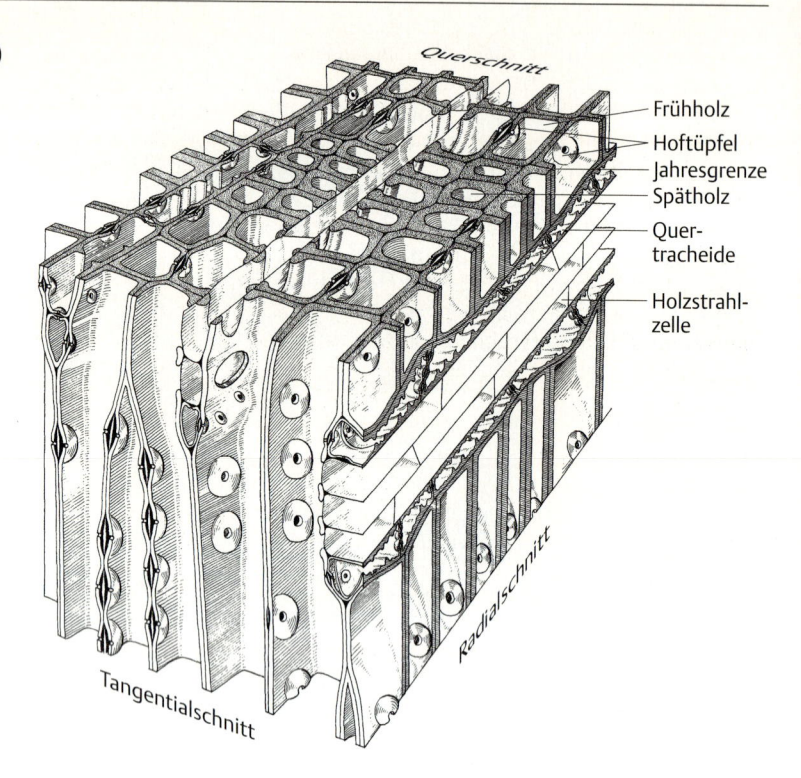

Querschnitt — Frühholz, Hoftüpfel, Jahresgrenze, Spätholz, Quertracheide, Holzstrahlzelle

Tangentialschnitt, *Radialschnitt*

seitig behöft (z. B. bei der Kiefer, *Pinus*, Abb. **5.9**), verbinden sie hingegen Gefäße mit Parenchymzellen, sind sie nur einseitig behöft. Während die weitlumigen Gefäße ausschließlich der Wasserleitung dienen, können die Tracheiden sowohl Leitungs- als auch Festigungsfunktion haben. Im letzten Falle haben sie stark verdickte Wände und enge Lumina. Die Holzfasern haben gleichmäßig verdickte Wände mit schrägstehenden Tüpfeln und zugespitzten Enden, sind also typische Sklerenchymfasern. Die Holz- und Holzstrahlparenchymzellen schließlich sind plasmareich und mehr oder weniger isodiametrisch. Sie dienen teils der Speicherung von Reservestoffen, teils der Querleitung. Ihre Wände sind im allgemeinen nur schwach verdickt.

Sowohl hinsichtlich der Beteiligung der beschriebenen Grundelemente am Aufbau des Holzes als auch in bezug auf ihre Anordnung im Holzkörper bestehen zwischen den einzelnen Pflanzenarten erhebliche Unterschiede. Diese sind besonders auffällig zwischen Gymnospermen und Angiospermen, weshalb von jeder der beiden Gruppen ein Vertreter besprochen werden soll.

Das **Holz der Gymnospermen** ist einfacher gebaut als das der Laubhölzer. Bei ihm werden Festigungs- und Leitungsfunktion von denselben Elementen, den Tracheiden, übernommen. Es fehlen also sowohl Holzfasern als auch Gefäße. Auch das Holzparenchym ist in der Regel reduziert. Im Falle der Kiefer (*Pinus*) ist es auf die Umgebung der Harzkanäle beschränkt. Diese durchziehen als verzweigtes Netzwerk den ganzen Stamm. Bei der Eibe (*Taxus*) fehlt das Holzparenchym sogar ganz. Die Zellen des Holzstrahlparenchyms sind, dem Verlauf der Holzstrahlen entsprechend, in radialer Richtung gestreckt (Abb. **5.9**, Radialschnitt) und so übereinander angeordnet, daß der Holzstrahl nur die Breite einer Zelle hat (Abb. **5.9**, Tangentialschnitt). Bei *Pinus* sind die Zellen der oberen und unteren Reihen meist tracheidal ausgestaltet (Quertracheiden). Dies erleichtert den Wassertransport in radialer Richtung. Im Gegensatz zu den fensterartigen Tüpfeln der übrigen Holzstrahlzellen sind ihre Tüpfel, dem tracheidalen Charakter entsprechend, zweiseitig behöft. Während sich zwischen den Tracheiden keine Interzellularen befinden, sind die Holzstrahlen von einem Interzellularensystem durchzogen, das mit dem von Bast und Rinde in Verbindung steht.

Im Querschnitt vieler Hölzer erkennt man schon mit bloßem Auge eine ringartige Zonierung, die Jahresringe (Abb. **5.8**). Sie sind der Ausdruck einer jahresrhythmischen Tätigkeit des Kambiums, das im Frühjahr seine Tätigkeit mit der Bildung weitlumiger Tracheiden mit überwiegender Leitungsfunktion (Frühholz) beginnt, während die mit fortschreitender Vegetationsperiode gebildeten Tracheiden immer engerlumiger werden (Spätholz). Schließlich stellt das Kambium seine Tätigkeit ganz ein, um im Frühjahr wieder mit der Erzeugung weitlumiger Tracheiden zu beginnen. Auf diese Weise kommt eine scharfe Jahresgrenze zustande (Abb. **5.9**). Das zwischen zwei Jahresgrenzen liegende Gewebe entspricht also einem Jahreszuwachs, so daß sich aus der Anzahl der Jahresringe mit einiger Genauigkeit das Alter eines Baumes bestimmen läßt. Bei den tropischen Hölzern, deren Wachstum keinen jahresperiodischen Schwankungen unterliegt, ist die Ringbildung nur schwach ausgeprägt oder fehlt ganz. Eine rhythmische Holzbildung kann allerdings auch durch andere Faktoren, z. B. Regenzeiten, verursacht werden. Auch die **Laubhölzer** unserer Breiten zeigen eine jahresperiodische Anordnung der Gewebe (Abb. **5.10**). Allerdings wird hier die regelmäßige Anordnung der einzelnen Elemente durch die sehr weitlumigen Gefäße gestört. Es handelt sich um Tüpfelgefäße, die schrägstehende, leiterartig durchbrochene Endwände aufweisen.

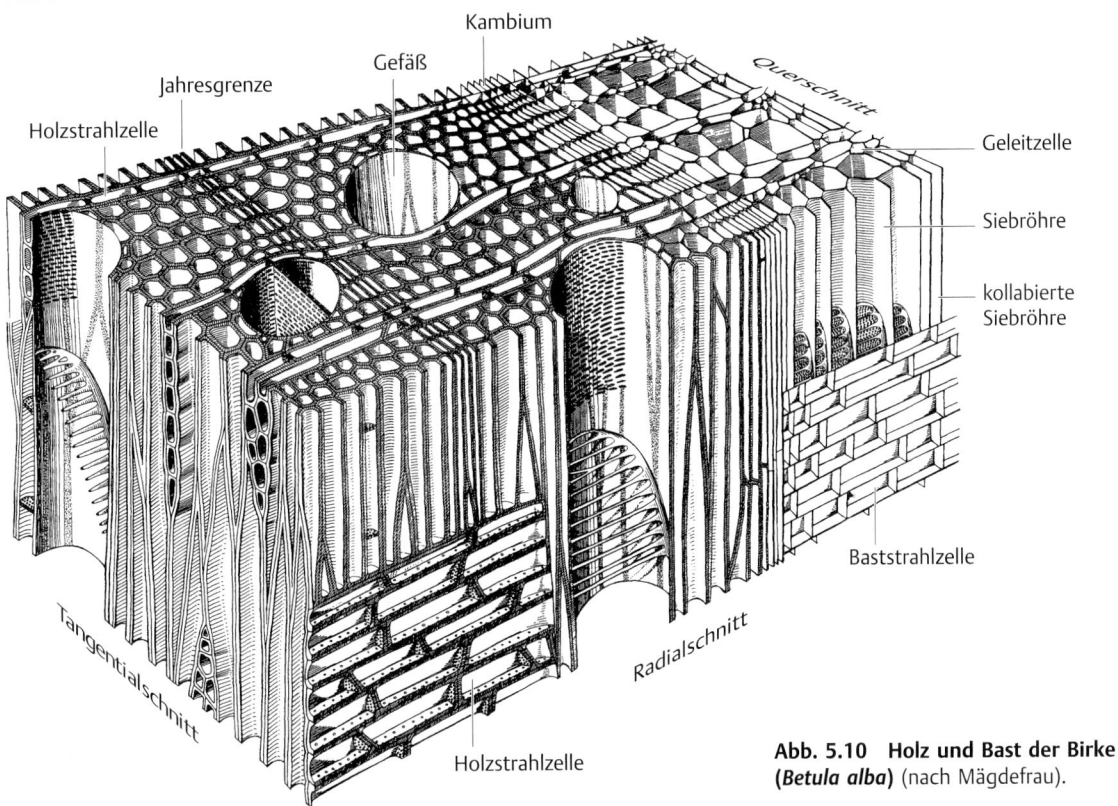

Abb. 5.10 Holz und Bast der Birke (*Betula alba*) (nach Mägdefrau).

Werden weitlumige Gefäße bevorzugt im Frühjahr gebildet, sind sie auf dem Querschnitt ringförmig angeordnet. In diesem Falle spricht man von ringporigen Hölzern, z. B. Eiche (*Quercus*), Esche (*Fraxinus*), Ulme (*Ulmus*). Werden sie dagegen die ganze Vegetationsperiode über erzeugt, so sind sie mehr oder weniger gleichmäßig über den ganzen Querschnitt verteilt, man spricht von zerstreutporigen Hölzern, z. B. Birke (*Betula*), Buche (*Fagus*), Pappel (*Populus*), Linde (*Tilia*). Die Gefäße der ringporigen Hölzer haben im allgemeinen einen größeren Durchmesser (mehr als 100 µm) und eine größere Länge (bis zu 10 m) als die der zerstreutporigen (kleiner als 10 µm und maximal 1–2 m lang), weshalb das Wasser in ihnen erheblich schneller geleitet wird als in den letzteren.

Neben den Gefäßen sind bei den Laubhölzern alle oben genannten Holzelemente zu finden, also Holzfasern, Holz- und Holzstrahlparenchym sowie meist auch Tracheiden. Die Holzparenchymstränge sind entweder vertikal oder tangential ausgerichtet. Im letzteren Falle verbinden sie die Holzstrahlen miteinander.

Häufig, z. B. bei den ringporigen Hölzern, sind die großporigen Gefäße des Frühholzes nur eine Vegetationsperiode über tätig. An der Wasserleitung ist also jeweils nur der äußerste Jahresring beteiligt, so daß das Kambium im Frühjahr das gesamte Wasserleitungssystem neu bilden muß. Bei den zerstreutporigen Hölzern bleibt das Xylem hingegen mehrere Jahre funktionsfähig, so daß der wasserleitende Querschnitt größer ist als bei einem gleichstarken ringporigen Stamm. Hierdurch wird die langsamere Wasserleitung bei den zerstreutporigen Hölzern wieder ausgeglichen.

Die nicht mehr an der Wasserleitung beteiligten Jahresringe dienen nur noch der Festigung bzw. Speicherung (Holz- und Holzstrahlparenchym). Die Lumina der Gefäße werden in manchen Fällen durch **Thyllen**, das sind durch die Tüpfel unter blasenartiger Auftreibung der Schließhäute in die Gefäße einwachsende Holzparenchymzellen, oder durch Einlagerung von Gerbstoffen und anderen Substanzen verstopft. Solche Substanzen werden meist auch in den Zellwänden abgelagert und schützen diese gegen mikrobielle Zersetzung. Damit geht häufig eine dunkle Verfärbung einher, an der man das **Kernholz** gut von dem helleren **Splintholz** unterscheiden kann. Durch derartige Einlagerungen werden sowohl die mechanischen Eigenschaften des Holzes als auch seine Dauerhaftigkeit verbessert, wodurch es technisch wertvoller wird (Teak, Ebenholz). Bei manchen Bäumen, z. B. Linde (*Tilia*), Pappel (*Populus*) und Weide (*Salix*), unterbleibt die Verkernung. Sie werden deshalb häufig durch Fäulnis hohl.

Bast

Seiner Funktion, der Stoffleitung, entsprechend enthält der Bast vor allem die Siebzellen bzw. Siebröhren, die bei den Dikotyledonen von den Geleitzellen begleitet werden. Hinzu kommen Bastparenchym und Baststrahlparenchym sowie als sklerenchymatische Elemente die Bastfasern (Abb. **5.7c** und Abb. **5.10**).

In seltenen Fällen, z. B. bei der Lärche (*Larix*), können infolge der jahresperiodischen Tätigkeit des Kambiums auch im Bast Jahresringe gebildet werden, bei den meisten Pflanzen sind die Bastfasern jedoch einzeln und verstreut in das Bastgewebe eingebettet oder fehlen ganz. Das Kambium mancher Bäume, z. B. der Linde (*Tilia*), bildet allerdings im mehrfachen Wechsel **Hartbast** (Bastfasern) und **Weichbast** (Siebröhren, Geleitzellen, Parenchym).

Die Siebelemente sind im typischen Falle nur eine, in seltenen Fällen einige wenige Vegetationsperioden tätig. Die Baststrahlen bilden die Fortsetzung der Holzstrahlen. Ihre Zellen dienen, gleich denen des Bastparenchyms, überwiegend der Speicherung. Schließlich können im Bast auch Harzkanäle (z. B. bei Coniferen) oder andere Sekretbehälter vorkommen.

Die anfangs noch regelmäßige Anordnung der Bastelemente erfährt sehr bald eine Störung, da durch die zunehmende Umfangserweiterung der Sproßachse infolge des sekundären Dickenwachstums das Rindengewebe in tangentialer Richtung gedehnt und schließlich zerrissen wird, sofern Rinde und Bast der Umfangserweiterung nicht durch Dilatationswachstum zu folgen vermögen. In manchen Fällen, z. B. bei der Linde, ist das Dilatationswachstum besonders in den Baststrahlen sehr stark, so daß diese sich nach außen hin keilartig erweitern.

Periderm

Die Epidermis der Sproßachse ist bei manchen Pflanzen, z. B. bei Rose (*Rosa*), Ahorn (*Acer*) und vor allem bei vielen Stammsukkulenten, zu einem Dilatationswachstum befähigt. In vielen Fällen vermag sie jedoch der Umfangserweiterung der Sproßachse nicht zu folgen und wird zerrissen. Sie muß dann durch ein sekundäres Abschlußgewebe ersetzt werden. Dieses wird durch das **Korkkambium** (**Phellogen**) erzeugt, das bisweilen aus der Epidermis selbst, meist aber aus der darunterliegenden oder aber einer noch tieferen Rindenschicht hervorgeht. Es ist also ein sekundäres bzw. laterales Meristem.

Die Bildung des Phellogens erfolgt mit Einsetzen des sekundären Dickenwachstums, bisweilen aber auch schon vorher. Seine Zellen teilen sich durch tangentiale Wände. Die nach außen abgegliederten Zellen, die interzellularenfrei aneinanderschließen, werden als **Kork** (**Phellem**) bezeichnet, und zwar unabhängig davon, ob sie tatsächlich verkorkt sind oder nicht. Bei vielen, aber keineswegs bei allen Pflanzen werden in geringem Umfang auch nach innen Zellen abgegliedert, die stets unverkorkt sind. Sie werden als **Phelloderm** bezeichnet. Phellem, Phellogen und Phelloderm zusammen bilden das Periderm.

Da die Verkorkung eine Unterbrechung der Wasser- und Nährstoffzufuhr zur Folge hat, sterben nicht nur die Korkzellen selbst, sondern auch alle außerhalb des Periderms liegenden Gewebe ab. Um den Gasaustausch der Sproßachse mit der Umgebung aufrechtzuerhalten, werden bereits mit Beginn der Peridermbildung **Lenticellen** (Korkwarzen) gebildet. Sie entstehen unter ehemaligen Spaltöffnungen, indem das Phellogen durch erhöhte Teilungsaktivität zahlreiche locker liegende Füllzellen erzeugt, die das darüberliegende Gewebe emporheben und schließlich durchbrechen (Abb. **5.11**). Ihre weiten Interzellularen, die in diesem Be-

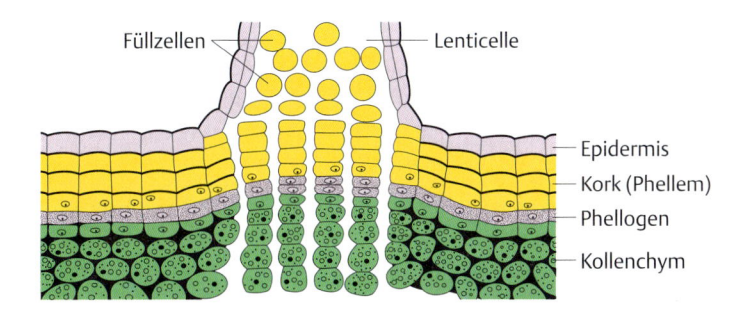

Abb. 5.11 Periderm mit Lenticelle des Apfelbaumes (*Malus*). Schematische Schnittzeichnung.

Abb. 5.12 Borkentypen. Schematische Darstellung, **a** Ringborke, **b** Streifenborke, **c** Schuppenborke.

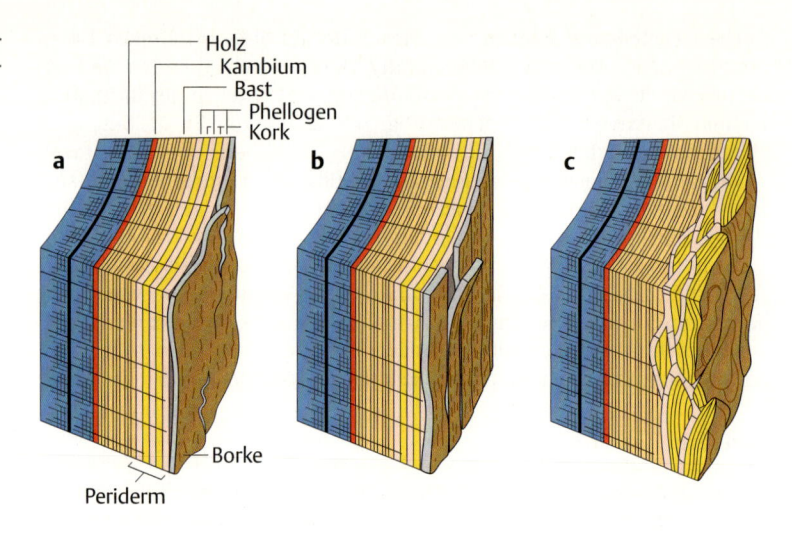

reich auch das Phellogen durchsetzen, ermöglichen einen ungehinderten Gasaustausch.

Abgesehen von den seltenen Fällen, in denen das erste Korkkambium dauerhaft tätig bleibt, z. B. bei der Buche (*Fagus*) und der Korkeiche (*Quercus suber*), stellt es seine Teilungen meist schon recht bald ein. Seine Funktion wird von einem zweiten Korkkambium übernommen, das in einer tieferen Rindenschicht entsteht. Auch dieses ist nur eine begrenzte Zeit tätig und wird durch ein drittes, noch tiefer liegendes abgelöst usw. Die Korkkambien werden also nach einiger Zeit nicht mehr in der primären Rinde, sondern im Bast angelegt. Auf diese Weise werden durch die Peridermschichten die äußeren Bereiche der Rinde und des Bastes abgetrennt, deren Gesamtheit als **Borke** bezeichnet wird. Bei der **Ringborke** (auch Ringelborke, Abb. **5.12a**) verlaufen die einzelnen Korkkambien etwa parallel zum Sproßumfang, indem sie in sich geschlossene Zylinder bilden; Beispiele sind Wein (*Vitis*), Geißblatt (*Lonicera*) und Zypressen, z. B. Wacholder (*Juniperus*). Allerdings werden die äußeren Borkeschichten durch den tangentialen Zug infolge der Umfangserweiterung meist zerrissen und fallen als Längsstreifen ab. So sind z. B. beim Wein die ringförmigen Korklagen durch parenchymatische Längsstreifen unterbrochen, wodurch die Streifenbildung präformiert ist. Es ist daher korrekter, in diesem Falle von **Streifenborke** zu sprechen (Abb. **5.12b**). Bei der **Schuppenborke** werden aufeinanderfolgende Korkkambien so angelegt, daß sie auf ältere Peridermschichten stoßen und einzelne Sektoren herausschneiden (Abb. **5.12c**), die später als Schuppen abfallen. Dies ist bei der Mehrzahl der Bäume der Fall, z. B. bei der Kiefer (*Pinus*) und der Eiche (*Quercus*). Die äußeren, also ältesten Teile der Borke werden schließlich rissig und blättern meist von selbst ab. Bei manchen Bäumen, wie der Platane (*Platanus*) und der Kiefer (*Pinus*), bilden sich regelrechte Trennungsschichten aus, wodurch die Borke abgesprengt wird.

Dickenwachstum der Monokotylen

Bei einigen stammbildenden Monokotyledonen, z. B. beim Drachenbaum (*Dracaena*), findet sich ein völlig anderer Typ sekundären Dickenwachstums. Hier liegt zwar, wie beim Kambium, ebenfalls ein geschlossener Zylinder aus meristematischen Zellen vor, doch entsteht dieser aus dem primären Verdickungsmeristem. Er erzeugt nach innen verholzendes Parenchym, in dem sich sekundäre Leitbündel differenzieren. Nach außen wird nur parenchymatisches Rindengewebe gebildet. Der Meristemzylinder unterscheidet sich somit grundsätzlich von einem Kambium.

5.1.5 Morphologie der Sproßachse

> Im einfachsten Falle ist der Sproß eine blättertragende aufrechte Achse mit terminalem Scheitelmeristem. Die Ansatzstellen der Blätter sind die **Nodi** (Sing. Nodus, Knoten), die dazwischen liegenden Sproßabschnitte die **Internodien**. Der zwischen Wurzelhals und den später meist zugrundegehenden Keimblättern liegende Abschnitt heißt **Hypokotyl**, der zwischen den Kotyledonen und dem Ansatz des ersten Primärblattes liegende **Epikotyl** (Abb. **4.25a** S. 163).

Die Internodien entstehen durch **interkalares Wachstum**, können aber auch nach Ausbildung der Blätter eine weitere Streckung erfahren, die mit einer Zellvermehrung verbunden sein kann. Allerdings ist die Dauer des interkalaren Wachstums meist begrenzt. Sehr ausgeprägt ist interkalares Wachstum bei den Gräsern, z. B. den Getreidearten, bei denen sich die Wachstumszonen an den unteren Enden der Internodien befinden (Abb. **5.13**). Infolgedessen können sich die Sproßachsen der Gräser aus horizontaler Lage durch einseitiges Flankenwachstum in den Knoten wieder aufrichten. Da die Zellen der Sproßachse dünnwandig sind, wird der Stengel im unteren Internodienabschnitt durch eine röhrenförmige Scheide gestützt, die aus dem Unterblatt des entsprechenden Laubblattes gebildet wird. Außerdem ist die Basis des Unterblattes und der entsprechende Sproßachsenabschnitt zu einem festen Knoten verdickt.

Bleibt die Internodienstreckung aus, so kommt es – wie im Falle des Wegerichs (*Plantago*, Abb. **5.19c** S. 185) – zur Bildung einer Blattrosette.

Ein einachsiger Aufbau trifft für eine Reihe von Pflanzenarten zu. Bei der Mehrzahl der Arten ist der Aufbau der Sproßachsen jedoch ungleich komplizierter.

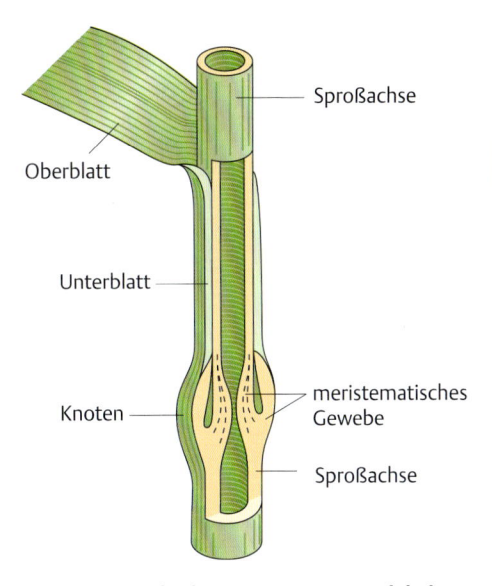

Abb. 5.13 Abschnitt eines Getreidehalmes. Teils in Aufsicht, teils im Längsschnitt dargestellt.

Verzweigung

Wie bei den Niederen Pflanzen, so kann auch bei den Kormophyten die Verzweigung sowohl dichotom als auch seitlich erfolgen. Die Dichotomie findet sich hier vor allem bei den Niederen Gefäßpflanzen, z. B. dem Bärlapp (*Lycopodium*) und dem Moosfarn (*Selaginella*), kommt vereinzelt aber auch bei Angiospermen vor, z. B. bei manchen Kakteen. Im allgemeinen verzweigen sich die Sproßachsen der Kormophyten seitlich. Im typischen Falle gehen die Seitensprosse aus Achselknospen hervor, die von den äußeren Gewebepartien der Sproßachse, also exogen, in den Achseln der Blätter (Abb. **4.25a** S. 163) gebildet werden. Sie werden deshalb als Achselsprosse, die dazugehörigen Blätter als Deck- oder Tragblätter bezeichnet.

Die Knospen sind von Blattanlagen umhüllte Sproßscheitel, die entweder bald austreiben oder aber lange Zeit im Zustand der Ruhe verharren („schlafen"). Im Gegensatz zu den Angiospermen, bei denen jedes Laubblatt eine Achselknospe trägt, sind bei den Gymnospermen nur einzelne Blattachseln zur Bildung von Achselsprossen befähigt. Außer diesen „normalen" Seitensprossen kommen auch Adventivsprosse vor, die an Sprossen, Blättern und Wurzeln dadurch entstehen, daß bereits ausdifferenzierte Gewebepartien ihre Teilungsfähigkeit wiedererlangen und neue

Abb. 5.14 Verzweigungstypen der Sproßachse.
a Monopodium, **b** und **c** Sympodien. **b** Monochasium, **c** Dichasium. Die Zahlen und Farben geben die Ordnung der Achsen an.

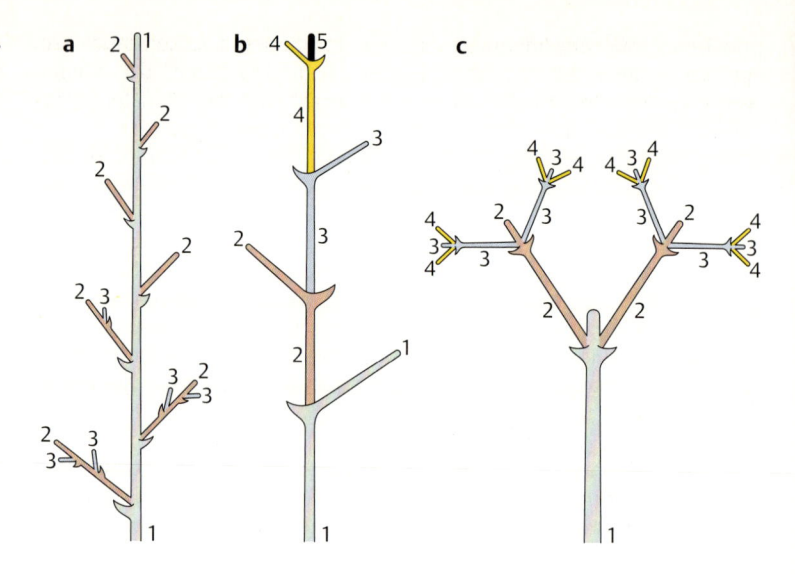

Sproßscheitel anlegen, wie dies von Stecklingen bekannt ist. In manchen Fällen kommen neben den Hauptachselknospen auch noch Beiknospen vor, die entweder übereinander (serial) oder nebeneinander (kollateral) stehen.

Bleiben die Seitenzweige in ihrem Wachstum der Hauptachse untergeordnet, so spricht man von einem **Monopodium** (Abb. **5.14a**). Typische Beispiele sind die Fichte (*Picea*) und die Tanne (*Abies*). Auch die Esche (*Fraxinus*) und die Eiche (*Quercus*) verzweigen sich monopodial, doch stellt hier die Hauptachse später ihr Wachstum ein. Verzweigen sich die Seitensprosse weiter, werden sie als Seitensprosse 1., 2., 3. usw. Ordnung bezeichnet. Stets ist aber auch hier der Seitensproß höherer Ordnung schwächer entwickelt als der, dessen Achselsproß er darstellt. Sehr häufig bleibt jedoch die Hauptachse nach Anlage der Seitentriebe in der Entwicklung zurück oder stellt sogar ihr Wachstum ganz ein. In diesem Falle liegt ein **Sympodium** vor. Setzt nur jeweils ein Seitentrieb die Entwicklung fort, so entsteht ein **Monochasium** (Abb. **5.14b**), das nicht selten eine scheinbar monopodiale Achse bildet. Setzen zwei Seitentriebe die Entwicklung fort, entsteht ein **Dichasium** (Abb. **5.14c**), sind es mehrere, ein **Pleiochasium**. Charakteristische Beispiele für Monochasien sind die Sproßachsen der Weinrebe (*Vitis vinifera*) und die Erdsprosse vom Salomonssiegel (*Polygonatum multiflorum*, Abb. **5.17a**), Beispiele für Dichasien die Sproßachsen des Flieders (*Syringa vulgaris*) und der Mistel (*Viscum album*, Abb. **20.2** S. 809).

Allerdings sind nicht alle Seitensprosse gleichermaßen am Aufbau der Zweigkrone beteiligt. Nur ein Teil von ihnen wächst zu Langtrieben aus, die Mehrzahl bleibt als Kurztrieb gestaucht und verzweigt sich nicht weiter. Meist dienen Kurztriebe lediglich als Träger der Blätter, wie das Beispiel der Kiefer (Abb. **5.15**) zeigt.

Metamorphosen der Sproßachse

Abgesehen von der Variabilität im äußeren Erscheinungsbild, die durch die verschiedenen Verzweigungs- und Symmetrieverhältnisse bedingt ist, wird die Vielfalt der Gestalt der Sproßachsen noch durch morphologische Umwandlungen erhöht, die Anpassungen an bestimmte Lebenswei-

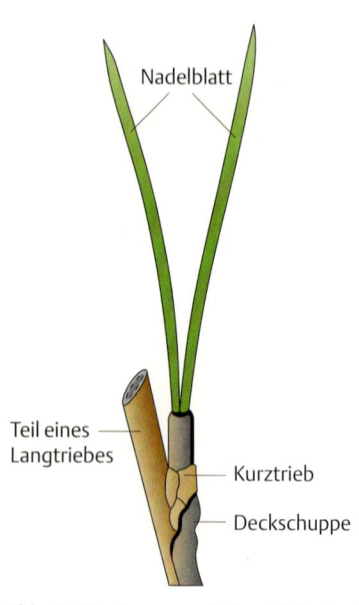

Abb. 5.15 Lang- und Kurztrieb der Waldkiefer (*Pinus silvestris*).

sen bzw. Umweltbedingungen darstellen. So zeigen z. B. Xerophyten Anpassungen an extrem trockene Klimate, Hygrophyten an feuchte Standorte, Hydrophyten an das Leben im Wasser, Tropophyten an wechselfeuchte Standorte und Halophyten an salzhaltige Böden. Solche Abwandlungen werden als **Metamorphosen** bezeichnet. Sie können so tiefgreifend sein, daß der morphologische Charakter des betreffenden Organs erst durch eine genaue morphologische und anatomische Untersuchung ermittelt werden kann. Ein Grundorgan, z. B. die Sproßachse, kann dabei die Gestalt eines anderen Grundorganes, etwa eines Blattes, annehmen, wie es bei den Phyllokladien der Fall ist. Trotz der äußeren Ähnlichkeit sind Phyllokladien und Blätter einander nur **analog**, und trotz der äußeren Verschiedenheit sind Sproßachse und Phyllokladien einander **homolog**, d. h. sie lassen sich auf das gleiche Grundorgan, eben die Sproßachse, zurückführen.

Einige der wichtigsten Metamorphosen der Sproßachsen sind in Abb. **5.16** und Abb. **5.17** zusammengestellt. Zu charakteristischen, sogenannten xeromorphen Umwandlungen der Grundorgane führt die Anpassung an extrem trockene Standorte, wie sie in Wüsten- und Steppengebieten gefunden werden. An erster Stelle ist hier die **Sukkulenz** zu nennen, worunter man die Ausbildung fleischig-saftiger Wasserspeichergewebe versteht. Bei Stammsukkulenten werden diese von der Sproßachse, z. B. der primären Rinde, gebildet. Ein Vergleich der beiden Hälften von Abb. **5.16a** zeigt, wie sich die stark sukkulente Form von der normalen Sproßachse ableiten läßt. Die Tragblätter und Seitensprosse sind hier nur schwach entwickelt und die Blätter der Seitensprosse zu Dornen umgebildet. Die Photosynthese wird von der Sproßachse übernommen. Stammsukkulente Formen finden sich vor allem bei den Kakteen (Cactaceae), aber auch bei den Wolfsmilchgewächsen (Euphorbiaceae), Korbblütlern (Asteraceae) und einigen anderen Familien.

Eine auf die Anpassung an gleichartige Umweltbedingungen zurückzuführende Übereinstimmung in der äußeren Gestalt bei Vertretern systematisch verschiedener Gruppen wird als **Konvergenz** bezeichnet.

Eine blattartige Verbreiterung der Kurztriebe (**Phyllokladien**) oder gar der Langtriebe (**Platykladien**) geht ebenfalls mit einer Reduktion der Blätter einher. Da Phyllokladien in den Achseln von Tragblättern stehen und selbst kleine schuppenförmige Blättchen tragen, in deren Achseln Blüten entspringen (Mäusedorn *Ruscus*, Abb. **5.16b**), können sie nicht Blätter, sondern müssen Seitensprosse sein.

Ein weiteres Beispiel xeromorpher Umgestaltung ist die verstärkte Ausbildung sklerenchymatischer Gewebe, die dem Vegetationskörper auch bei erhöhtem Wasserverlust trotz abnehmender Turgeszenz die nötige Festigkeit verleihen. Hierher gehört die Umwandlung von Achselsprossen zu **Sproßdornen**, die allerdings auch bei nicht ausgesprochen xeromorphen Pflanzen zu finden sind (Abb. **5.16c**). Sie lassen sich durch ihre Stellung in den Achseln von Tragblättern eindeutig mit Achselsprossen homologisieren. Dornen sind von **Stacheln** zu unterscheiden: Stacheln, z. B. der Rose, sind **Emergenzen** (S. 110).

Einige Kletterpflanzen besitzen **Sproßranken**. Bei der Weinrebe (*Vitis vinifera*) sind die sympodial aufgebauten Hauptsprosse, bei der Passionsblume (*Passiflora*) die unverzweigten Seitensprosse (Abb. **5.16d**) zu Ranken umgewandelt.

Auch die Anpassung an den jahreszeitlichen Klimawechsel kann Sproßmetamorphosen zur Folge haben. Die Pflanzen werden hierdurch in die Lage versetzt, Jahreszeiten mit ungünstigen Vegetationsbedingungen zu überdauern. Hier sind z. B. die **Rhizome** (Erdsprosse) zu nennen, das

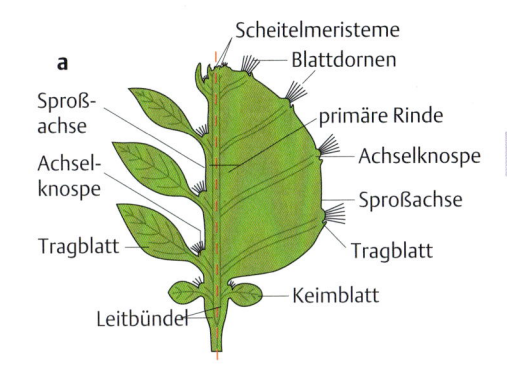

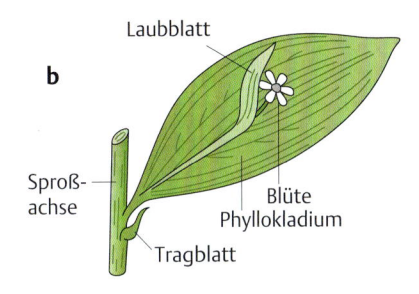

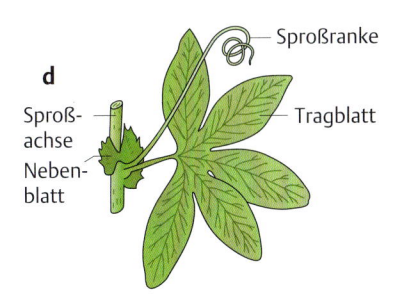

Abb. 5.16 Sproßmetamorphosen. a Ableitung einer sukkulenten (rechte Hälfte) aus einer beblätterten (linke Hälfte) Kakteenform, schematisch. **b** Phyllokladium von *Ruscus hypoglossum* (Mäusedorn). **c** Sproßdorn von *Prunus spinosa* (Schlehe). **d** Sproßranke von *Passiflora* (Passionsblume).

sind unterirdische, meist horizontal wachsende, verdickte Sproßachsen, die sproßbürtige Wurzeln tragen. In jeder Vegetationsperiode bilden sie einen Luftsproß, der die Erdoberfläche durchbricht und später abstirbt, während ein unterirdisches Scheitelmeristem das Wachstum in horizontaler Richtung fortsetzt. Beim Salomonssiegel (*Polygonatum multiflorum*) durchbricht stets der jeweilige Hauptsproß die Oberfläche, während der Achselsproß unter der Erde weiterwächst, so daß ein sympodialer Aufbau des Rhizoms resultiert (Abb. **5.17a**). Es gibt jedoch auch monopodial verzweigte Erdsprosse. Der Sproßcharakter der Rhizome läßt sich anhand morphologischer und anatomischer Merkmale eindeutig sicherstellen (Fehlen einer Wurzelhaube, Ausbildung von Knospen, Besitz von Niederblättern, keine radialen Leitsysteme).

Ein weiteres Beispiel sind die **Sproßknollen**, die entweder aus dem Hypokotyl (Radieschen, Rote Rübe, Abb. **5.41c** S. 204), aus oberirdischen (Kohlrabi) oder aus unterirdischen (Kartoffel, Abb. **5.17b**) Sproßabschnitten gebildet werden. Sie können sich über mehrere Internodien erstrecken. Unterirdische Sproßknollen, wie die Kartoffel, unterscheiden sich von den Rhizomen durch ihr begrenztes Wachstum sowie durch das Fehlen sproßbürtiger Wurzeln. Sie entstehen als lokale, in der Regel endständige (terminale) Anschwellungen der etwa horizontal verlaufenden **Ausläufer** (**Stolonen**). Die sogenannten „Augen" sind Achselsprosse, die in den Achseln schuppenartiger Tragblätter stehen und in der nächsten Vegetationsperiode zu Luftsprossen austreiben. Da von einer Pflanze stets mehrere Knollen gebildet werden, ist in diesem Falle die Knollenbildung mit einer Vermehrung verbunden.

Oberirdische Ausläufer kommen z. B. bei der Erdbeere (*Fragaria vesca*) vor. Sie wachsen plagiogravitrop über den Boden hin (Abb. **5.17c**). Schließlich richten sie sich an den Enden auf, bilden eine orthogravitrope Sproßachse und bewurzeln sich. Da sich die Bildung von Ausläufern ständig wiederholt und die alten Ausläufer nach der Bewurzelung der Tochterpflanzen meist absterben, ist damit ebenfalls eine Vermehrung verbunden.

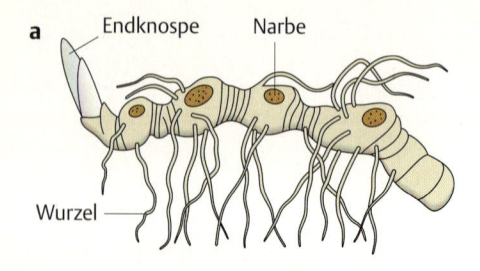

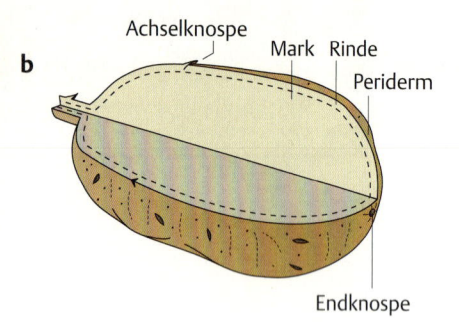

Abb. 5.17 Sproßmetamorphosen. a Rhizom von *Polygonatum multiflorum* (Salomonssiegel). **b** Sproßknolle von *Solanum tuberosum* (Kartoffel), zu einem Viertel aufgeschnitten. **c** Ausläuferbildung bei *Fragaria* (Erdbeere).

5.2 Blatt

Das Blatt ist eines der drei Grundorgane des Kormus. Blätter sind in ihrem Aufbau und ihrem äußeren Erscheinungsbild äußerst vielgestaltig und auch hinsichtlich ihrer Stellung an der Sproßachse gibt es zwischen den einzelnen Pflanzenarten erhebliche Unterschiede, die zur Vielfalt der äußeren Erscheinungsformen beitragen. In der Regel sind Blätter die Photosyntheseorgane einer Pflanze, sie nehmen aber auch andere Funktionen wahr. All diese Eigenschaften sind genetisch determiniert und somit artspezifisch, sie können aber in Anpassung an bestimmte Umweltbedingungen modifiziert werden. Blattränder können z. B. glatt, gesägt oder lappig eingebuchtet, die Blattfläche fingerartig aufgeteilt, einfach oder mehrfach gefiedert oder geschlitzt sein. Meist sind die beiden Blatthälften symmetrisch, bei manchen Arten aber auch asymmetrisch.

In ihrer Funktion als Photosyntheseorgane sind Blätter zweckmäßigerweise flächig verbreitet, um die Absorption möglichst vieler Lichtquanten zu ermöglichen. Da jedoch jede Flächenvergrößerung zwangsläufig eine erhöhte Wasserdampfabgabe zur Folge hat, ist die Blattoberfläche bei an trockene Standorte angepaßten Pflanzen häufig reduziert. Die Blätter können dann z. B. nadelartig ausgestaltet, mit besonderen, die Wasserabgabe hemmenden Schutzvorrichtungen versehen oder aber gänzlich reduziert sein; die Photosynthesefunktion kann dann vom Blattstiel oder gar von der Sproßachse übernommen werden.

Nicht selten sind Blätter, vor allem im basalen Sproßbereich oder an Erdsprossen, nur schuppenförmig ausgebildet und im letzteren Falle sogar chlorophyllfrei. Wie im Falle der Sproßachse sind auch manche Blattorgane im Laufe der stammesgeschichtlichen Entwicklung metamorphotisch so stark verändert worden, daß ihr Blattcharakter nicht mehr ohne weiteres erkennbar ist. So sind z. B. Blattdornen und Blätter homologe Organe, während Blattdornen und Sproßdornen einander analog sind. Auch die Blütenorgane sind Blättern homolog. Die Kronblätter der Blüten sind häufig leuchtend bunt gefärbt, um bestäubende Insekten anzulocken, eine Funktion, die auch von gefärbten Hochblättern übernommen werden kann. Schließlich sind auch die im Dienste der Fortpflanzung stehenden Staub- und Fruchtblätter den normalen Laubblättern homolog, also typische Blattorgane.

5.2.1 Entwicklung des Blattes

Die Blattanlagen entstehen exogen als wulstförmige Auswüchse der äußeren Schichten des Sproßscheitels (Abb. **5.18a**). Im Gegensatz zur Sproßachse wachsen die Blattanlagen in der Regel nur kurze Zeit in der Spitzenregion (akroplastes Wachstum). Diese stellt sehr bald ihre Tätigkeit ein, und das Wachstum wird von basalen bzw. interkalaren Meristemen übernommen (basiplastes Wachstum).

Eine Ausnahme machen hier u. a. die Blätter mancher Farne, die ständig mit einer Scheitelzelle bzw., wenn mehrere Initialen vorliegen, mit einer Scheitelkante akroplast wachsen. Die zarten, empfindlichen Spitzen

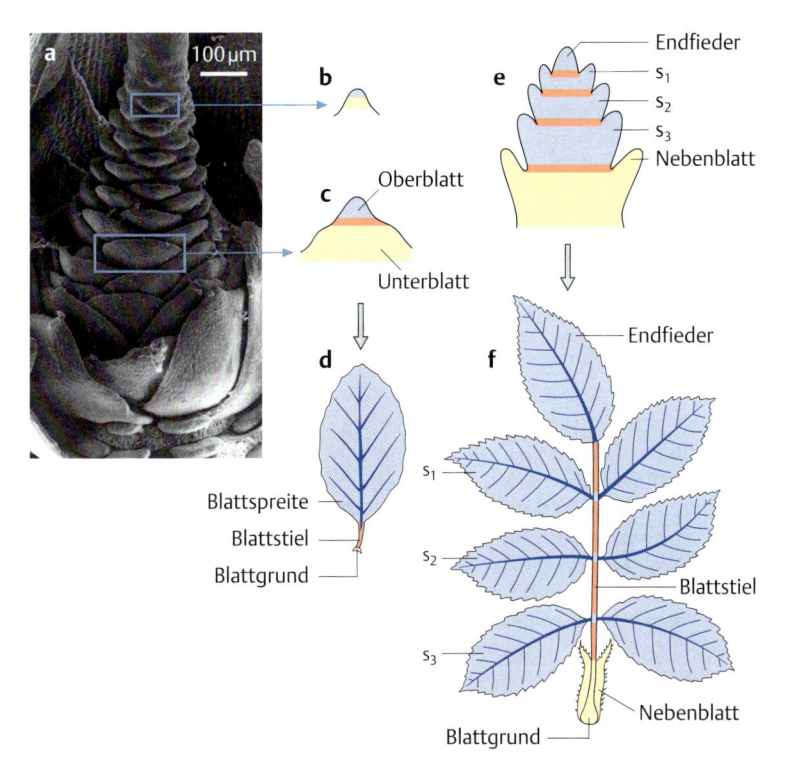

Abb. 5.18 Blattentwicklung. a Sproßscheitel mit Blattanlagen. **b** Blatthöcker am Sproßscheitel. **c** Gliederung in Unter- und Oberblatt. **d** Entwickeltes Blatt. **e–f** Entwicklung des Fiederblattes der Rose, **e** Anlage der Fiederblätter, **f** fertig ausgebildetes Blatt. Auseinander hervorgehende Abschnitte gleich gefärbt (**a** *Egeria densa* (Wasserpest), Originalaufnahme G. Wanner. Nur **b**, **c**, **e** maßstäblich zueinander gezeichnet).

ihrer Blätter sind eingerollt und so durch das ältere Blattgewebe geschützt. Auch das Breitenwachstum der Blätter erfolgt hier durch Scheitelkanten, während sonst subepidermale Zellen das Breitenwachstum übernehmen. Die Teilungstätigkeit dieser Randmeristeme geht mit Zellteilungen in der Blattfläche einher.

Die erste äußerlich erkennbare Differenzierung der Blatthöcker besteht in einer Einschnürung, die die Blattanlage in einen breiteren proximalen, d. h. dem Sproß zugekehrten Abschnitt, das **Unterblatt**, und in einen schmaleren distalen, vom Sproß abgewandten Abschnitt, das **Oberblatt**, gliedert (Abb. **5.18b**, **c**, siehe auch Kap. 18.2.4). Im Verlauf der weiteren Entwicklung zu einem typischen Laubblatt entstehen aus dem Unterblatt der meist etwas verbreiterte Blattgrund und gegebenenfalls die Nebenblätter (Stipulae). Bei den Monokotyledonen geht aus dem Unterblatt die röhrenförmige, stengelumfassende Blattscheide hervor (Abb. **5.13**). Aus dem Oberblatt entwickelt sich durch Flächen-, Breiten- und mäßiges Dickenwachstum die Blattspreite (Lamina) und, sofern es sich nicht um ungestielte, sogenannte sitzende Blätter handelt, der **Blattstiel** (Petiolus). Dieser wird durch interkalares Wachstum zwischen Blattgrund und Blattspreite eingeschoben (Abb. **5.18d**). Ist die Blattspreite aufgegliedert, so werden die Fiedern bereits mit Beginn der Spreitenentwicklung angelegt, indem die Randmeristeme in den einzelnen Abschnitten eine verschieden starke Aktivität entwickeln (Abb. **5.18e**, **f**). Entsprechendes gilt natürlich für mehrfach gefiederte, gefingerte und alle anderen Blattformen, die nicht glattrandig sind.

5.2.2 Anordnung der Blätter an der Sproßachse

Unterschiede in der Ausgestaltung der Blätter bestehen nicht nur zwischen verschiedenen Arten. Größe und Gestalt der Blätter können sich im Verlauf der Entwicklung auch an ein und derselben Sproßachse ändern; dies wird als **Blattfolge** bezeichnet.

Selbst innerhalb eines Bereichs der Sproßachse, also etwa im Bereich der Laubblätter, können bisweilen Unterschiede in Größe und Gestalt der Blätter auftreten, z. B. in Anpassung an die Schwerkraft (Dorsiventralität) oder an das Leben sowohl im Wasser als auch an der Luft bei sogenannten amphibischen Pflanzen. Die Anordnung der Blätter entlang der Sproßachse, die **Blattstellung**, ist ein artspezifisches Charakteristikum, sie kann allerdings im Verlauf der Entwicklung sich entlang der Sproßachse ändern, folgt aber stets gewissen Regeln (Abb. **18.4** S. 717).

Blattstellung

Die Stellung der Blätter an der Sproßachse läßt sich auf einige Grundtypen zurückführen. Werden an einem Knoten mehrere Blätter angelegt, so entstehen mehrzählige Wirtel. Für aufrecht wachsende, radiär gebaute Achsen gelten die **Äquidistanz-** und die **Alternanzregel**: Der Winkel, den die Blätter eines Wirtels miteinander bilden, ist stets gleich, und bei aufeinanderfolgenden Blattwirteln stehen die Blätter stets über den Blattlücken des vorhergehenden Wirtels. Es stehen also die Blätter jedes zweiten Wirtels übereinander, so daß in der Längsrichtung der Achse **Orthostichen** (Geradzeilen) entstehen.

An einem Sproß, der an jedem Knoten zwei Blätter trägt, stehen diese demnach, den Blattstellungsregeln entsprechend, gekreuzt gegenständig (decussiert), wodurch insgesamt vier Orthostichen entstehen (Abb.

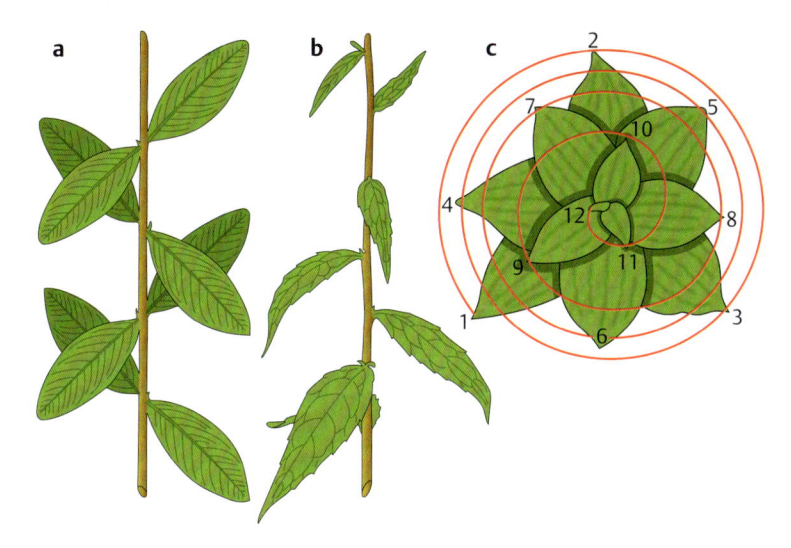

Abb. 5.19 Blattstellung. a Gekreuzt gegenständig (= decussiert), *Hypericum calycinum* (Johanniskraut). **b** Wechselständig (*Campanula rapunculoides*, Glockenblume). **c** Rosettensproß von *Plantago media* (Wegerich) in Aufsicht. Die rote Linie, die von Blatt 1 an die Blattspitzen miteinander verbindet, stellt die Grundspirale dar. Die Blätter sind in der Folge ihrer Entstehung beziffert.

5.19a). Trägt jeder Wirtel nur ein Blatt, so spricht man von wechselständiger oder zerstreuter Blattstellung. Hier hängt die Zahl der Orthostichen von dem Winkel ab, den zwei aufeinanderfolgende Blätter miteinander bilden (Divergenzwinkel). Beträgt er 180°, so stehen sich – wie bei vielen Monokotyledonen – je zwei aufeinanderfolgende Blätter genau gegenüber. Eine solche Blattstellung nennt man distich. Ist der Winkel kleiner als 180°, so resultieren andere Blattstellungstypen (Abb. **5.19b**). Allerdings ist auch bei diesen die Anordnung der Blätter keineswegs regellos, denn die Blätter stehen auf einer den Sproß umlaufenden Schraube. Verbindet man die Spitzen der aufeinanderfolgenden Blätter durch eine Linie und projiziert diese in eine Ebene, so erhält man die sogenannte Grundspirale, die links- oder rechtsläufig sein kann. Sehr anschaulich zeigt dies der Rosettensproß des Wegerichs (*Plantago media*, Abb. **5.19c**). **Blattrosetten** bilden sich, wenn das interkalare Wachstum der Internodien unterbleibt und auch die Nodien stark gestaucht bleiben (Kap. 5.1.5). Die Sproßachse erhält so die Gestalt einer flachen Scheibe, an der in dichter Abfolge die Blätter stehen.

Um den Divergenzwinkel einer wechselständigen Blattstellung zu berechnen, bestimmt man die Anzahl der Umläufe, die durchlaufen werden müssen, um wieder zu einem genau über dem Ausgangsblatt stehenden Blatt, das also derselben Orthostiche angehört, zu gelangen, im vorliegenden Falle also drei. Diese Zahl wird mit 360° multipliziert und durch die Anzahl der Blätter geteilt, die während der Umläufe berührt werden, im Beispiel sind das acht. Hieraus ergibt sich ein Divergenzwinkel von 135° und eine Blattstellung von 3/8. Andere Blattstellungstypen sind z. B. 1/3 und 2/5. Allerdings werden Blattstellungen nicht immer streng eingehalten. Es kommt sogar häufig vor, daß sich die Blattstellung entlang derselben Sproßachse im Verlauf der ontogenetischen Entwicklung ändert. Bei horizontal wachsenden Sprossen wird die Blattstellung durch die Schwerkraft beeinflußt; meist sind die Blätter seitlich angeordnet. Bisweilen kommt es zur Ausbildung von **Anisophyllie** (Abb. **5.20b**).

Blattfolge

Die ersten Blätter einer Pflanze sind stets die Keimblätter, die Kotyledonen. Die Monokotyledonen, oft auch Monokotyle genannt, haben nur eines, die Dikotyledonen (Dikotylen) zwei, die Gymnospermen häufig mehrere. Letztere sind also oft polykotyl.

Die **Keimblätter** (Abb. **4.25a** S. 163) sind bereits am Embryo angelegt. Je nachdem, ob sie mit dem jungen Keimling die Bodenoberfläche durchbrechen oder unter der Erde im Samen bleiben, wird zwischen **epigäischer** und **hypogäischer Keimung** unterschieden (Abb. **5.21**). Die Keimblätter sind meist einfacher gebaut als die Laubblätter und werden normalerweise bald abgeworfen oder gehen zugrunde.

Den Keimblättern folgen die **Laubblätter**, die häufig alle gleich aussehen. Es gibt jedoch nicht wenige Fälle, in denen die ersten Laubblätter, die Primärblätter, anders, und zwar meist einfacher, gestaltet sind als die Folgeblätter (Abb. **5.21a**). Unterscheiden sich auch die Folgeblätter voneinander, so spricht man – wenn sie verschieden gestaltet sind – von **Heterophyllie**; wenn sie im gleichen Sproßabschnitt, unter Umständen sogar am gleichen Knoten, verschiedene Größe haben, spricht man von **Anisophyllie** (Abb. **5.20**). Die Anisophyllie ist meist eine Folge der Dorsiventralität.

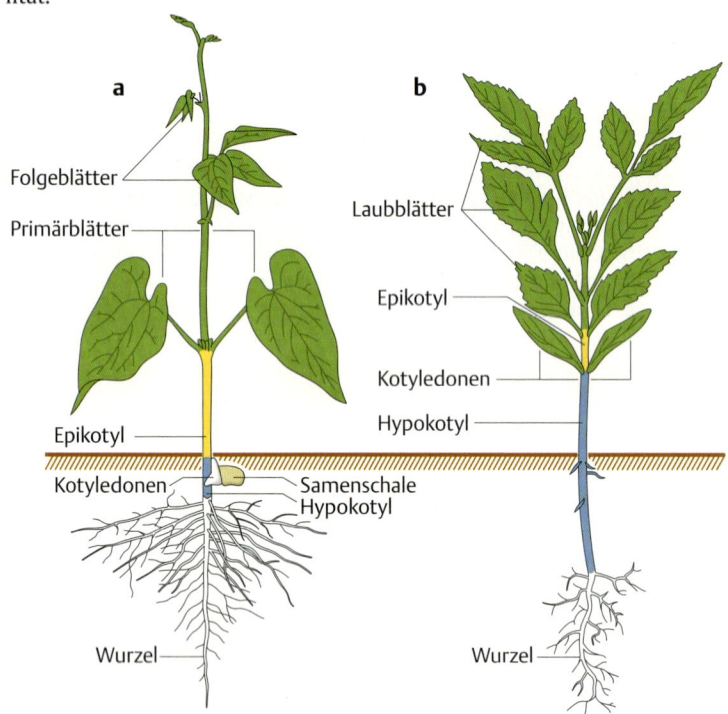

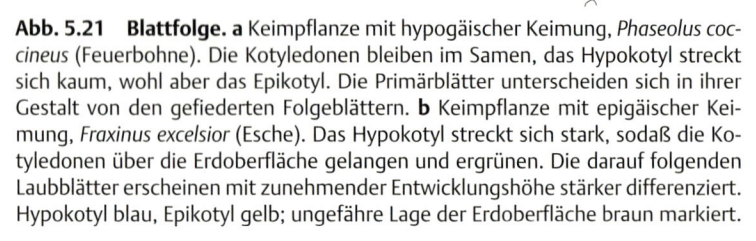

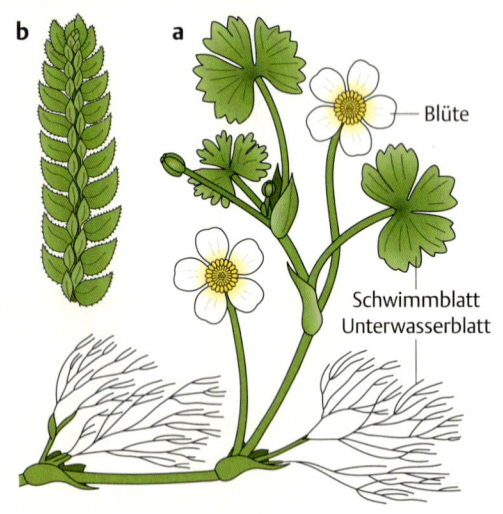

Abb. 5.20 Morphologisch unterschiedliche Folgeblätter. **a** Heterophyllie bei *Ranunculus aquatilis* (Wasserhahnenfuß). Die Schwimmblätter flotieren auf der Wasseroberfläche oder ragen in den Luftraum. **b** Anisophyllie bei *Selaginella douglasii* (nach Troll 1937).

Abb. 5.21 Blattfolge. **a** Keimpflanze mit hypogäischer Keimung, *Phaseolus coccineus* (Feuerbohne). Die Kotyledonen bleiben im Samen, das Hypokotyl streckt sich kaum, wohl aber das Epikotyl. Die Primärblätter unterscheiden sich in ihrer Gestalt von den gefiederten Folgeblättern. **b** Keimpflanze mit epigäischer Keimung, *Fraxinus excelsior* (Esche). Das Hypokotyl streckt sich stark, sodaß die Kotyledonen über die Erdoberfläche gelangen und ergrünen. Die darauf folgenden Laubblätter erscheinen mit zunehmender Entwicklungshöhe stärker differenziert. Hypokotyl blau, Epikotyl gelb; ungefähre Lage der Erdoberfläche braun markiert.

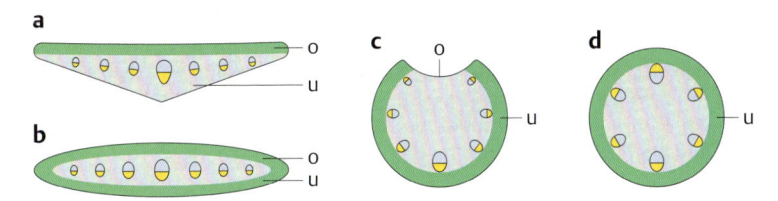

Abb. 5.22 Blatt-Typen. Querschnitte, schematisch dargestellt. **a** Dorsiventrales Blatt. **b** Äquifaziales Blatt. **c** Übergangsform zum unifazialen Blatt unter Reduktion der Oberseite. **d** Unifaziales Blatt. Photosyntheseparenchym grün, Phloem gelb, Xylem blau, o Oberseite, u Unterseite.

Die meisten Arten haben bifaziale Laubblätter. Diese weisen eine – adaxiale – Oberseite und eine – abaxiale – Unterseite auf, die aus den entsprechenden Seiten der Blattanlagen hervorgegangen sind (Box 5.2). Bei den unifazialen Blättern, die bei manchen Monokotylen vorkommen, sind die Oberseiten reduziert, und die ganze Blattoberfläche wird von der morphologischen Unterseite gebildet (Abb. 5.22). Sind Ober- und Unterseite eines bifazialen Blattes verschieden gestaltet, nennt man das Blatt dorsiventral, sind sie gleich gestaltet, äquifazial.

Außer den eigentlichen Laubblättern finden sich an den Sproßachsen fast regelmäßig auch einfacher gestaltete, oft nur schuppenförmig ausgebildete und nicht selten farblos-häutige Blätter. Sie werden als **Niederblätter** bezeichnet, wenn sie der Laubblattbildung vorangehen, als **Hochblätter**, wenn sie oberhalb der Laubblattregion auftreten. Niederblätter finden sich auch an Erdsprossen, Hochblätter vor allem in der Blütenregion, als Übergang von den Laub- zu den Blütenblättern.

Lediglich 2 Laubblätter bildet *Welwitschia mirabilis*, die ein Alter von über 2000 Jahren erreichen kann (Plus 5.1).

Box 5.2 Resupination

Die morphologische Ober- bzw. Unterseite bifazialer Blätter wird durch ihre ursprüngliche Lage zur Sproßachse während der Blattentwicklung definiert (Abb. **a**). Als morphologische Oberseite wird die adaxiale (lat. ad, zu), die ursprünglich der Sproßachse zugekehrte Fläche und als Unterseite die abaxiale (lat. ab, weg), die ursprünglich der Sproßachse abgewandte Seite bezeichnet. In den meisten Fällen bleibt diese Anordnung auch später erhalten (Abb. **b**). Bei manchen Arten geht sie jedoch durch Torsion des Petiolus (z. B. Inka-Lilie, *Alstroemeria*) oder anderer basaler Blattregionen während der Entwicklung verloren, d. h. die morphologische Oberseite weist nach unten, die Unterseite ist nach oben zur Sproßachse gekehrt. Dieser Prozeß wird **Resupination** genannt. Er ist auch im Blütenbereich bekannt. Die adaxiale Fläche von Blütenorganen ist die ursprünglich nach innen gerichtete, sie kann aber bei resupinaten Blüten im Endzustand der Entwicklung nach außen gekehrt sein.

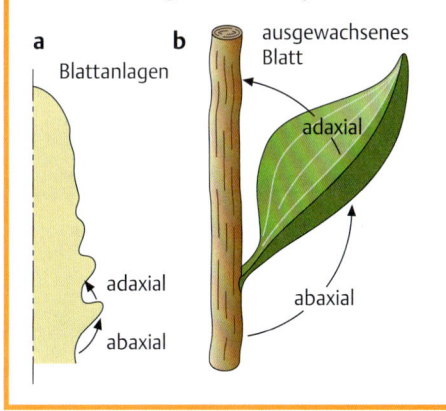

Plus 5.1 Die Welwitschie (*Welwitschia mirabilis*)

Diese der altertümlichen, mit den Coniferen verwandten Klasse der Gnetopsida zugehörige, diözische Art bewohnt heiße Trockengebiete Südwest-Afrikas. Der bis zu 1 m Durchmesser mächtige, unverzweigte Stamm ist fast ganz in den Erdboden eingesenkt und bildet im Anschluß an die beiden schon bald nach der Keimung absterbenden Kotyledonen nur ein Paar bandförmige, parallelnervige Laubblätter, die sehr langsam an der Blattbasis weiterwachsen und an der Spitze absterben. Die Abbildung zeigt eine männliche Jungpflanze mit Sporangienständen („Blütenständen"), die nach neuesten Untersuchungen den Zapfen der Coniferen gleichzustellen sind. Bei älteren Pflanzen liegen die beiden Laubblätter dem Erdboden auf. Sie reißen infolge der Umfangserweiterung des Stammes in Längsrichtung, so daß sich der Eindruck eines vielblättrigen Organismus einstellt (siehe auch Box 18.2 S. 720).

Originalaufnahme Th. Stützel, mit freundlicher Genehmigung.

5.2.3 Anatomie des Laubblattes

Am Aufbau eines Laubblattes sind – unabhängig vom Blatt-Typ – immer folgende Gewebe beteiligt: die Epidermis mit den Spaltöffnungen, das meist in Palisaden- und Schwammparenchym differenzierte Mesophyll sowie die Gewebe der Leitbündel.

Der anatomische Aufbau eines dorsiventralen Laubblattes ist am Beispiel von *Helleborus niger* in Form eines Blockdiagramms dargestellt (Abb. **5.23**). Ober- und Unterseite des Blattes sind von einer einschichtigen **Epidermis** bedeckt, deren Zellen keine Chloroplasten enthalten. Sie schließen das Zwischenblattgewebe, das **Mesophyll**, ein. Dieses setzt sich bei den dorsiventralen Blättern aus dem oben liegenden Palisadenparenchym und dem darunter liegenden Schwammparenchym zusammen. Bei äquifazialen Blättern ist auch auf der Unterseite ein Palisadenparenchym entwickelt (Abb. **5.22**).

Das Palisadenparenchym kann ein- oder mehrschichtig sein. Mehrschichtig ist das Palisadenparenchym z. B. bei **Sonnenblättern**, die auf der Südseite der Laubkrone meist relativ starker Strahlung ausgesetzt sind. Ihre Palisadenzellen sind höher und enthalten zahlreiche Chloroplasten, wohingegen das Palisadenparenchym der **Schattenblätter**, die sich auf der Nordseite bzw. in der Mitte der Laubkrone unter relativ geringem Lichtgenuß entwickeln, einschichtig ist und aus ungleich niedrigeren Zellen mit geringerer Chloroplastenzahl besteht (Abb. **17.13** S. 685). Das Palisadenparenchym ist von Interzellularen durchzogen, die jedoch enger sind als im Schwammparenchym. Die Palisadenzellen sind etwas

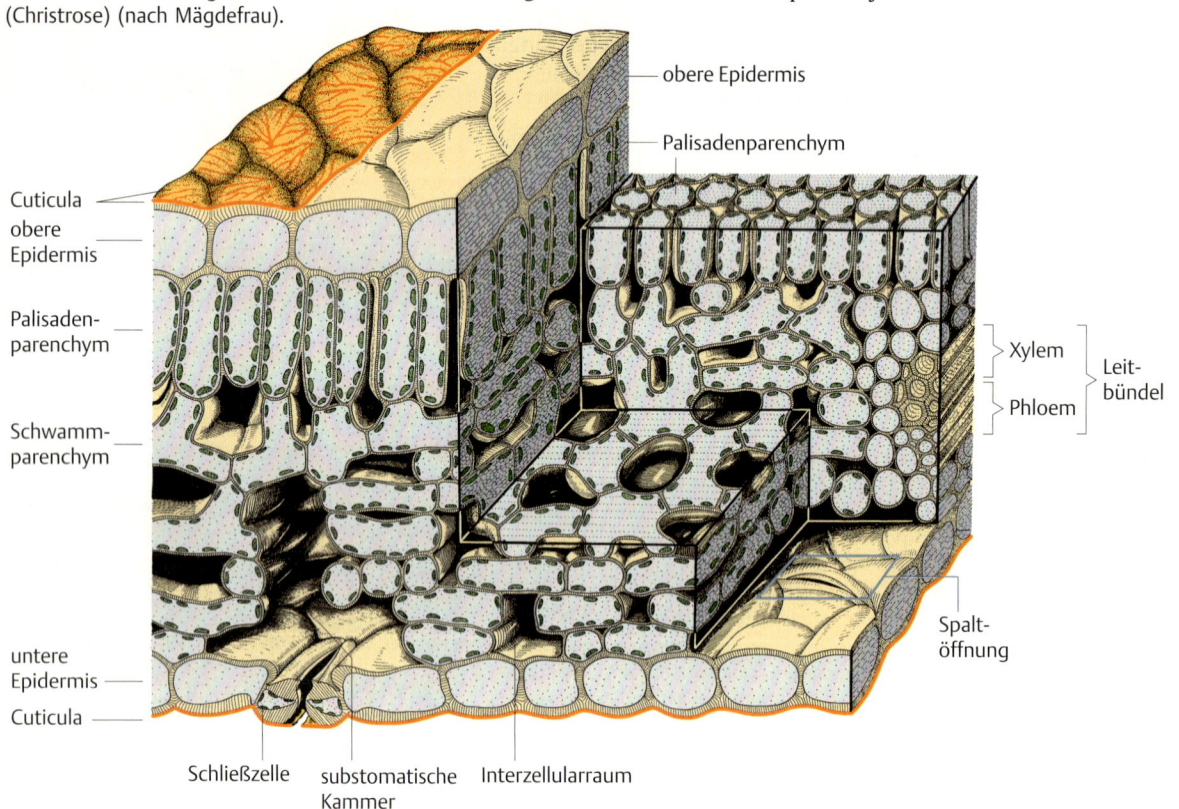

Abb. 5.23 Bau des Laubblattes. Blatt von *Helleborus niger* (Christrose) (nach Mägdefrau).

in die Länge gestreckt und senkrecht zur Blattoberfläche angeordnet. Die Zellen des Schwammparenchyms sind unregelmäßig gestaltet und durch große Interzellularräume voneinander getrennt. Das Interzellularensystem steht durch die Spaltöffnungen mit der Außenluft in Verbindung und vermittelt den Gasaustausch zwischen der Umgebungsluft und dem Blattinneren.

Hypostomatisch werden Blätter genannt, wenn die Spaltöffnungen auf die Unterseite beschränkt sind, bei **amphistomatischen** Blättern finden sie sich auf beiden Seiten. Einen Sonderfall bilden die **epistomatischen** Schwimmblätter, z. B. der Seerose (*Nymphaea*), die mit der Unterseite dem Wasser aufliegen und deshalb die Spaltöffnungen auf der Oberseite tragen.

Bau und Funktion von Spaltöffnungen

> Die Spaltöffnungen entstehen durch Teilung aus Epidermiszellen, die ihre Teilungsfähigkeit wiedererlangt haben, also **Meristemoide** darstellen.

Die Entwicklung der Spaltöffnungen verläuft je nach Typus verschieden. Bei zahlreichen Pflanzen, z. B. *Iris* (Abb. **5.24**), entsteht die Schließzellenmutterzelle (= Spaltöffnungsinitiale) durch inäquale Teilung einer Epidermiszelle. Die Schließzellenmutterzelle teilt sich nochmals der Länge nach. Die beiden Tochterzellen differenzieren zu den beiden Schließzellen, indem sie sich etwas abrunden und in der Mitte ihrer gemeinsamen Zellwand auf schizogenem Wege einen Spalt bilden. Schließzellen enthalten im Gegensatz zu Epidermis- bzw. Nebenzellen meist wenige Chloroplasten (Abb. **5.25**). Diesen fehlen Granathylakoide, doch sind sie zur Bildung von Stärke befähigt (S. 83).

In manchen Fällen, so z. B. bei *Commelina communis* (Abb. **5.25**), sind die Schließzellen noch von **Nebenzellen** umgeben. Von Nebenzellen spricht man, wenn es sich um äußerlich und funktionell von den übrigen Epidermiszellen unterscheidbare Zellen handelt. Die Nebenzellen bilden mit den Schließzellen den **Spaltöffnungsapparat**.

Als Beispiel für eine Spaltöffnung sei der *Helleborus*-Typus gewählt (Abb. **5.23** und Abb. **5.26**). Die beiden bohnenförmigen **Schließzellen** berühren sich nur an den Enden, sodaß in der Mitte der Spalt ausgespart bleibt. Dessen engste Stelle, der Zentralspalt, erweitert sich nach außen zum Vor- und nach innen zum Hinterhof. Letzterer führt in einen relativ großen Interzellularraum, der als substomatische Kammer bezeichnet

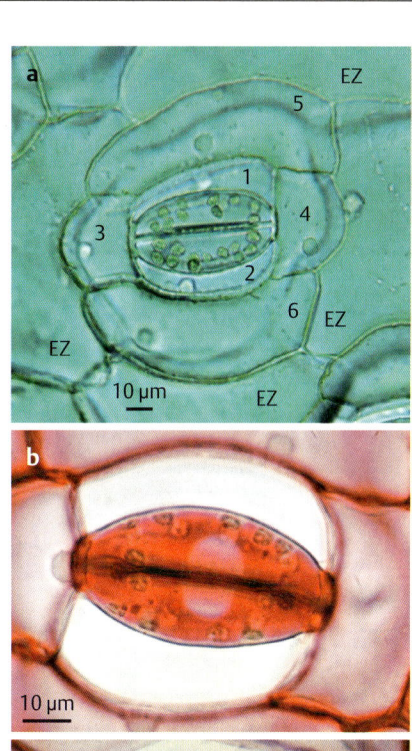

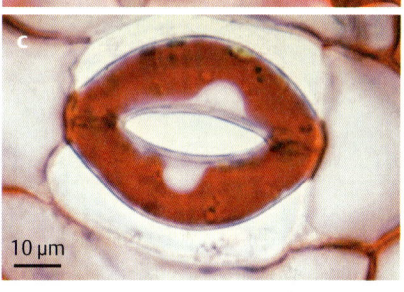

Abb. 5.25 Spaltöffnungsapparat von *Commelina communis*. Der Spaltöffnungsapparat besteht aus zwei bohnenförmigen Schließzellen und sechs Nebenzellen; lichtmikroskopische Bilder in Aufsicht von der Blattunterseite betrachtet. **a** Ungefärbtes Präparat, Spalt geschlossen. Gut zu erkennen sind in den Schließzellen die Chloroplasten und in den Nebenzellen die Zellkerne. 1, 2 longitudinal gelegene Nebenzellen 1. Ordnung, 3, 4 transversal gelegene Nebenzellen, 5, 6 longitudinal gelegene Nebenzellen 2. Ordnung. Der Spaltöffnungsapparat von *Commelina communis* besteht also aus insgesamt 8 Zellen. EZ Epidermiszellen. **b, c** Mit dem Vakuolenfarbstoff Neutralrot gefärbte Präparate, **b** mit geschlossenem, **c** mit geöffnetem Spalt. Die rot gefärbten Vakuolen nehmen den größten Teil des Zellvolumens ein. Die hellen Bereiche sind die Zellkerne (**a** Originalaufnahme M. Feyerabend, **b, c** Originalaufnahmen G. Wanner).

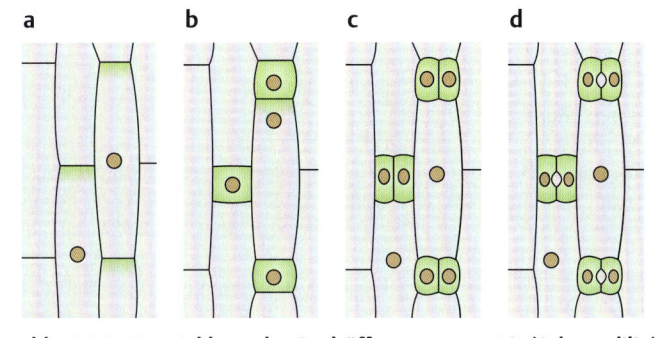

Abb. 5.24 Entwicklung der Spaltöffnungen von *Iris* (Schwertlilie). **a, b** Inäquale Teilung der Epidermiszellen. **c** Teilung der Spaltöffnungsinitialen. **d** Fertig ausgebildete Spaltöffnung (verändert nach Eschrich 1995).

Abb. 5.26 Spaltöffnung von *Helleborus niger*. **a** Blockdiagramm einer Spaltöffnung, von der Blattunterseite betrachtet, Schließzellen quer angeschnitten. **b** Querschnitt, schematisch. Schwarz/weiß: turgeszent gespannt und geöffnet, hellbraun: entspannt und geschlossen (nach von Denffer).

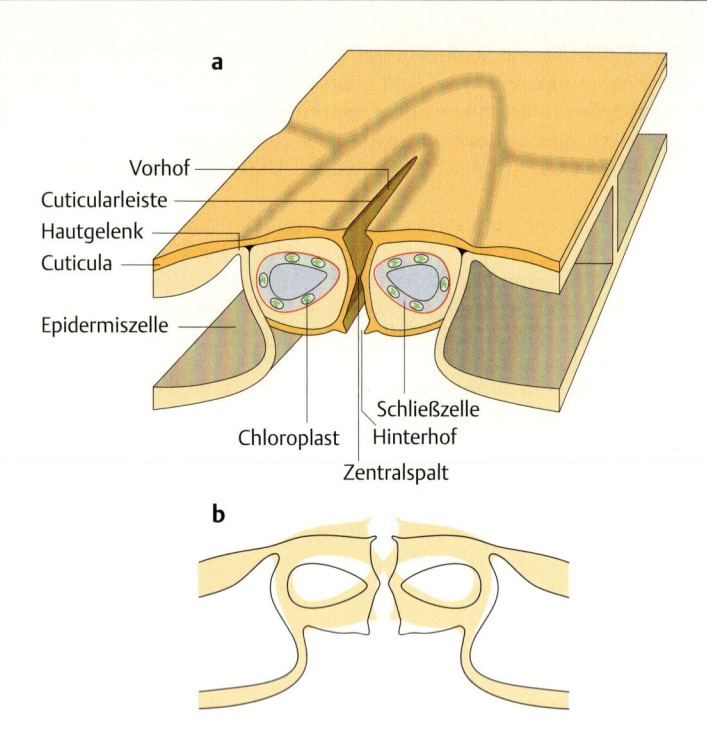

Vorhof
Cuticularleiste
Hautgelenk
Cuticula
Epidermiszelle
Schließzelle
Chloroplast Hinterhof
Zentralspalt

wird. Er steht mit dem Interzellularensystem des Blattes in Verbindung. Die Wände der Schließzellen sind unterschiedlich stark verdickt. Im Falle des *Helleborus*-Typs sind die Außen- und die Innenwand zur Bauchwand hin (= nach dem Spalt hin) in zunehmendem Maße verdickt, während die an die Epidermiszelle grenzende Rückenwand sowie die mittlere Partie der Bauchwand unverdickt bleiben. Auf diese Weise entstehen innen und außen Verdickungsleisten, die an den Übergangsstellen zur Rückenwand an regelrechten Hautgelenken aufgehängt sein können. Die Cuticula ragt in Form sogenannter „Cuticularhörnchen", die Querschnitte der rund um den Vorhof herumlaufenden Cuticularleisten darstellen, über den Vorhof hinaus.

Spaltöffnungen sind turgorgesteuerte Ventile. Der Bau der Schließzellen steht mit der Funktion der Spaltöffnungen in engem Zusammenhang. Sie sind z. B. mit den sie umgebenden Epidermis- bzw. Nebenzellen nicht durch Plasmodesmen verbunden. Der Protoplast einer Schließzelle ist also von einem geschlossenen Plasmalemma umgeben. Dies ist Voraussetzung dafür, daß überhaupt gegenüber den umliegenden Zellen stark abweichende Turgordrücke in den Schließzellen erzeugt und aufrechterhalten werden können (Kap. 7.3.3).

Eine Zunahme des osmotischen Potentials in den Schließzellen führt zu einem Anstieg des Zellvolumens durch Wasseraufnahme aus der Umgebung und somit des Turgordrucks der Zellen. Mit steigendem Turgor werden die Rückenwände der beiden Schließzellen einer Spaltöffnung gedehnt (Box **5.3**). Da die dem Spalt zugekehrten Wände wegen der Verdickungsleisten der Dehnung nicht folgen können, krümmen sich die Schließzellen nach ihrer Rückenseite. Hinzu kommt, daß die beiden quer zur Längsachse der Schließzellen liegenden Nebenzellen eine bloße Längsstreckung der anschwellenden Schließzellen verhindern, sodaß sich diese unter Öffnung des Spaltes in Richtung der parallelen Nebenzellen krümmen (Abb. **5.25**). Eine Abnahme des Turgors in diesen Nebenzellen erleichtert den Vorgang. Umgekehrt führt eine Turgorabnahme der Schließzellen zu einer Entspannung der Rückenwände und somit zur Entkrümmung der Schließzellen, was den Spaltenschluß zur Folge hat. Diese Turgorabnahme ist die Folge einer Herabsetzung des osmotischen Potentials der Schließzellen und einer dadurch bedingten Schrumpfung des Zellvolumens durch Wasserabgabe an die Umgebung.

Schließzellen ohne Nebenzellen mit Blattgelenken (*Helleborus*-Typ) arbeiten eher wie Tore. Die Verformung der Rückenwand bei Turgorzunahme führt zu einem Einknicken der Schließzellen am Scharnier der Hautgelenke in Richtung des Blattinneren, wodurch sich der Spalt öffnet (Abb. **5.26b**).

Über den Spaltöffnungsmechanismus wird der Gasaustausch der Blätter – also insbesondere die CO_2-Aufnahme und die Wasserdampfabgabe – reguliert (Kap. 7.3.3).

Leitbündelanordnung

Die Leitbündel treten als Blattspur durch den Blattstiel in das Blatt ein (Abb. **5.4** S. 170). Betrachtet man Querschnitte von Blattstielen, so sind die Leitbündel häufig in Gestalt eines nach oben offenen Halbkreises angeordnet. In der Blattspreite verzweigen sie sich in verschiedener Weise. Bei den meisten Dikotyledonen bilden die Leitbündel, die man unzutreffend auch als Blattnerven oder Adern bezeichnet, ein reichverzweigtes Netz, dessen Verästelungen von einem relativ starken, median liegenden Hauptstrang ausgehen (Abb. **5.27**). Sie werden immer feiner und enden schließlich blind im Mesophyll. Diese Anordnung gewährleistet eine rasche Verteilung des Wassers sowie der darin gelösten Stoffe über die ganze Blattfläche.

Bei streifiger Anordnung, die für die Monokotyledonen charakteristisch ist, durchzieht eine größere Anzahl etwa gleichstarker und nahezu parallel laufender Leitbündel die Blätter in Längsrichtung. Allerdings sind auch hier feine Querverbindungen vorhanden. Phylogenetisch sehr alt ist die dichotome Gabelnervatur, die keine Mittelrippe aufweist. Sie findet sich nur noch bei wenigen rezenten Formen, z. B. *Ginkgo biloba*. In der Regel sind die Leitbündel kollateral gebaut und im Blatt so angeordnet, daß das Xylem oben und das Phloem unten liegt (Abb. **5.22a**, **b**).

> **Box 5.3 Nastische Bewegung**
>
> Durch Reize ausgelöste Bewegungen einzelner Zellen oder ganzer Organe (z. B. Blätter) einer festgewachsenen, also nicht zur Lokomotion befähigten, Pflanze werden **Nastien** (sing. die Nastie) genannt, wenn der Bewegungsablauf durch den Bauplan der Zelle oder des Organs bestimmt wird. Die Spaltöffnungsbewegung ist eine solche, lediglich von zwei Zellen, den Schließzellen, ausgeführte Nastie. Oft, wie im Falle der Spaltöffnungen, kommen nastische Bewegungen durch reversible Turgoränderungen in sogenannten Motorzellen oder Motorgeweben zustande, denen Veränderungen im osmotischen Potential vorausgehen. Nastische Bewegungen von Blättern (z. B. Tag- und Nachtstellungen der Fiederblätter der Mimose, *Mimosa*) werden durch Blattgelenke (Pulvini, sing. der Pulvinus) ausgeführt (Abb. **19.17** S. 797). Nastien können durch Lichtreize (Photonastien, *Mimosa*), chemische Reize (Chemonastien), durch Temperatureinflüsse (Thermonastien), durch Berührung (Thigmonastien, *Mimosa*), ja sogar durch Erschütterungen (Seismonastie, *Mimosa*) ausgelöst werden. Das Öffnen und Schließen der Tulpenblüte beispielsweise ist eine Thermonastie, das der Blütenstände des Löwenzahns eine Photonastie. Zum Mechanismus und zur Regulation der Spaltöffnungsbewegung: Kap. 7.3.3.

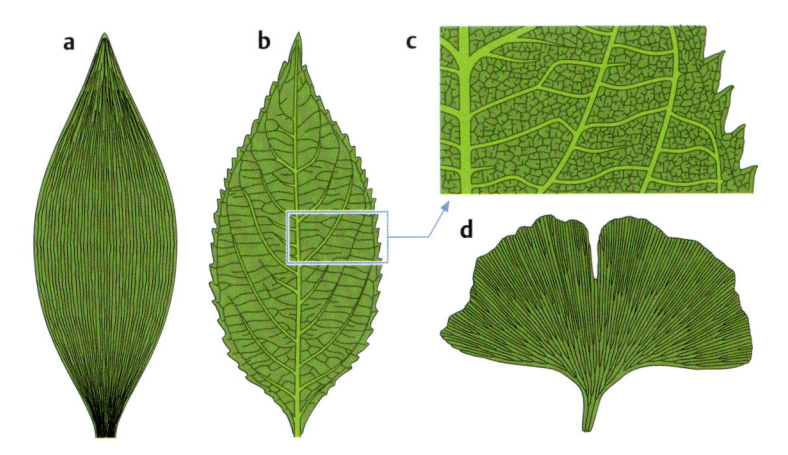

Abb. 5.27 Leitbündelverlauf im Blatt. a Streifiger Verlauf bei *Convallaria majalis* (Maiglöckchen, Monokotyle). **b** Netzartiger Verlauf bei *Impatiens parviflora* (Rühr-mich-nicht-an, Dikotyle). **c** Ausschnitt aus **b**, die blind endenden Verästelungen der Leitbündel zeigend. **d** Dichotom-gabelförmiger Verlauf bei *Ginkgo biloba* (Gymnosperme).

Bau des Nadelblattes

Die **Nadelblätter** der Coniferen zeigen einen charakteristischen, von dem des normalen Laubblattes stark abweichenden, xeromorphen (= an Trockenheit angepaßten) Bau.

Als Beispiel sei das äquifaziale Nadelblatt der Kiefer gewählt (Abb. **5.28**). Die Epidermis und das darunterliegende hypodermale Sklerenchymgewebe verleihen der Nadel ihre Festigkeit. Die Spaltöffnungen sind in das Blatt eingesenkt, die Wände der Epidermiszellen sind so stark verdickt, daß nur noch ein kleines Lumen übrigbleibt.

Das Nadelinnere ist von Photosyntheseparenchym erfüllt, dessen Zellen in das Zellinnere vorspringende Wände besitzen (Armpalisaden). Das Photosyntheseparenchym wird in Längsrichtung von Harzkanälen durchzogen, die, abweichend von denen der Sproßachse (Abb. **5.8** S. 173), von einer sklerenchymatischen Scheide umgeben sind. Die beiden kollateralen Leitbündel liegen als Doppelstrang in der Längsachse der Nadel. Sie sind von einem Transfusionsgewebe umgeben, das teils aus tracheidalen, teils aus plasmareichen Zellen besteht und den Wasser- bzw. Stoffaustausch mit dem Blattgewebe vermittelt. Das Transfusionsgewebe wird durch eine Endodermis, deren Zellen die charakteristischen Casparyschen Streifen (S. 121) aufweisen, gegen das Armpalisadenparenchym abgegrenzt.

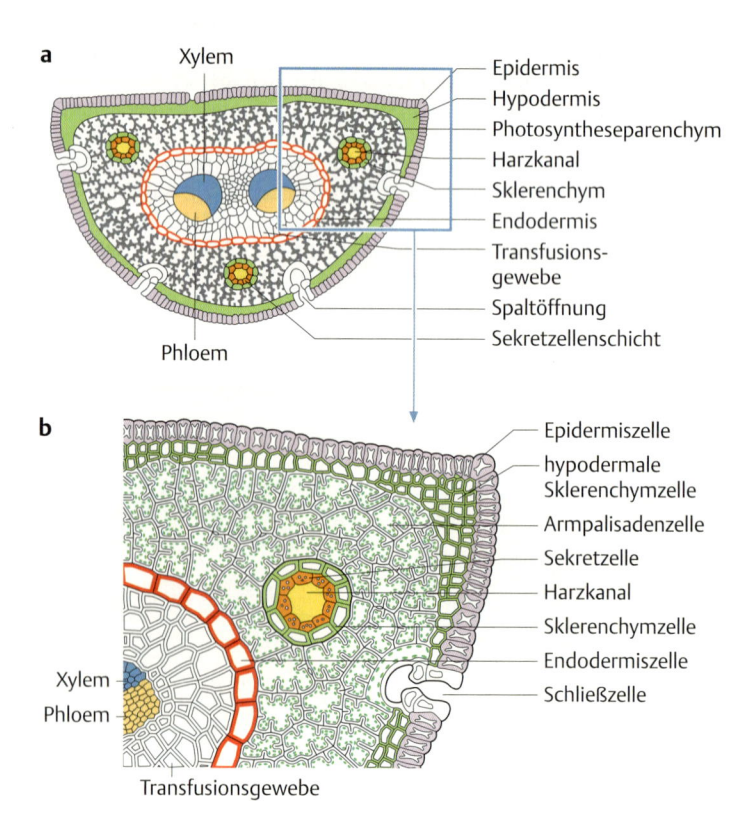

Abb. 5.28 Bau des Nadelblattes der Waldkiefer (*Pinus silvestris*). **a** Übersichtsbild des Querschnittes, schematisch. **b** Ausschnitt aus **a**, stärker vergrößert.

5.2.4 Metamorphosen des Blattes

Im typischen Falle ist das Blatt das Photosyntheseorgan. Infolgedessen sind seine Zellen reich an Chloroplasten und zeigen einen für die optimale Strahlungsabsorption geeigneten anatomischen Aufbau. Bei den Nadelblättern ist zwar die Oberfläche zwecks Verminderung der Transpiration reduziert, doch ist auch bei ihnen der Blattcharakter unverkennbar. Aber auch beim Blatt gibt es – wie beim Sproß – zahlreiche Fälle, in denen sowohl die äußere Gestalt als auch der anatomische Aufbau eine so durchgreifende Umwandlung erfahren haben, daß es nicht mehr ohne weiteres als Blatt zu erkennen ist. In solchen Fällen handelt es sich um Blattmetamorphosen.

Der extremste Fall einer Blattmetamorphose, nämlich die völlige Reduktion der Blattspreiten und die Übernahme ihrer Funktion durch die Sproßachse, wurde bereits im vorigen Kapitel behandelt (Abb. **5.16** S. 181). Nicht ganz so weit geht die Reduktion bei den **Phyllodien** (Abb. **5.29**). Wie die Übergangsformen bei *Acacia heterophylla* zeigen, ist bei Phyllodien nur die Blattspreite reduziert, während die Stiele blattartig verbreitert sind und die Funktion der Spreite übernehmen. Bei der Kannenpflanze (*Nepenthes*) ist der Blattgrund als Photosyntheseorgan entwickelt.

Nicht selten sind Blätter in **Blattdornen** umgewandelt, wie bei den bereits besprochenen Kakteen (Abb. **5.16** S. 181) oder bei der Berberitze (*Berberis vulgaris*), wo anstelle der Tragblätter ein- bis mehrstrahlige Dornen zu finden sind. In den Achseln der Blattdornen stehen hier normal beblätterte Kurztriebe. Wie das Beispiel der Robinie (*Robinia pseudo-acacia*) zeigt, können auch die Nebenblätter in Dornen umgewandelt sein (Abb. **5.30**). Bei den Kletterpflanzen schließlich sind die Blätter häufig ganz oder teilweise zu **Blattranken** umgebildet. Letzteres ist z.B. bei der Erbse (*Pisum sativum*) der Fall (Abb. **5.31**). Hier ist der untere Teil des Fiederblattes normal ausgebildet, während der obere Teil in Blattfiederranken umgewandelt ist.

Eine Anpassung an die geophytische Lebensweise stellen die **Zwiebeln** dar (Abb. **5.32**). Geophyten sind mehrjährige Pflanzen, die ausschließlich mit unterirdischen Organen überwintern, während alle oberirdischen Teile absterben (S. 167). Bei der Küchenzwiebel (*Allium cepa*) gehen die fleischigen, übereinandergreifenden Zwiebelschalen aus dem Blattgrund abgestorbener Laubblätter hervor. Die Sproßachse ist zu einem fast scheibenförmigen Gebilde verkürzt, dem die Blätter aufsitzen. In den Achseln der Zwiebelschalen liegen Achselknospen, die zu Beginn der neuen Vegetationsperiode austreiben, wobei die in ihnen gespeicherten Reservestoffe aufgebraucht werden. In anderen Fällen werden die Zwiebeln von Niederblättern gebildet. Beim Knoblauch umschließen mehrere derbe Zwiebel-

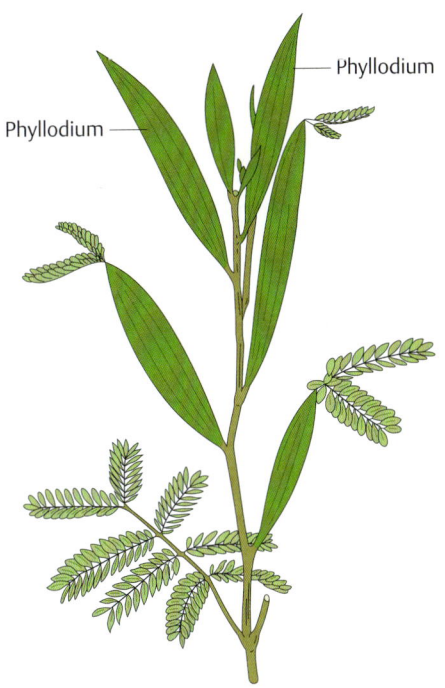

Abb. 5.29 Blattmetamorphosen. Phyllodien von *Acacia heterophylla*. Übergänge von den fiederteiligen Laubblättern (unten) zu den Phyllodien (oben) (nach Reinke).

Abb. 5.31 Blattmetamorphosen. Blattfiederranken von *Pisum sativum* (Erbse) (nach Troll 1937).

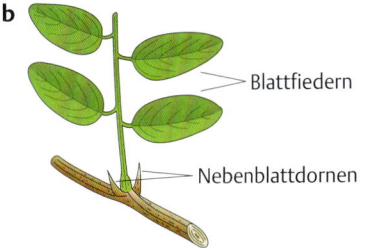

Abb. 5.30 Blattmetamorphosen. a Blattdornen von *Berberis vulgaris* (Berberitze). **b** Nebenblattdornen von *Robinia pseudo-acacia* (Robinie).

Abb. 5.32 Zwiebeln. a Küchenzwiebel (*Allium cepa*), links im Längsschnitt, die Zwiebelschalen zeigend, rechts in Aufsicht. **b** Türkenbundlilie (*Lilium martagon*), aus schuppenförmigen Niederblättern bestehend. **c** Knoblauch (*Allium sativum*), Zwiebel mit Brutzwiebeln im Herbst. **d** Querschnitt durch **c** (nach Rauh, Irmisch).

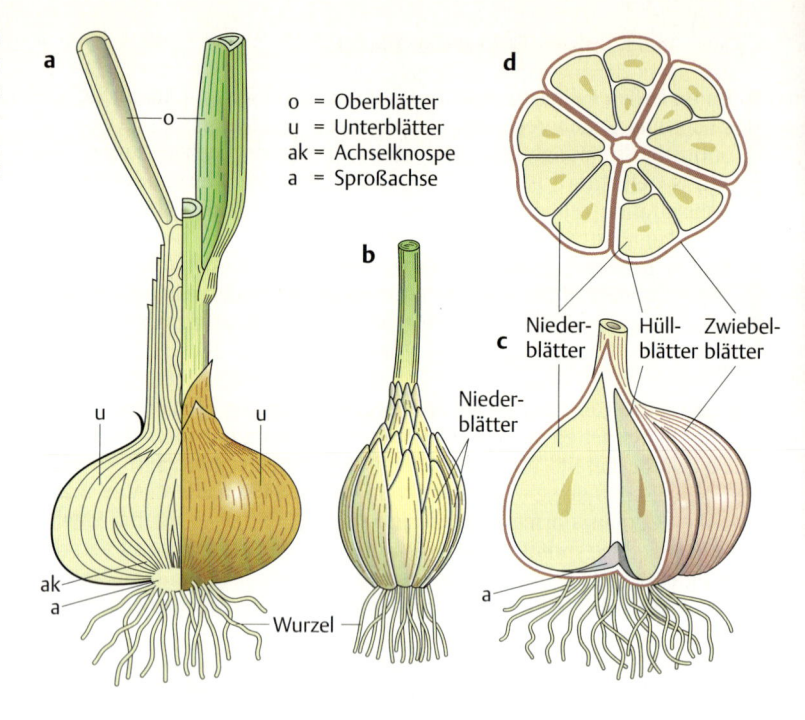

o = Oberblätter
u = Unterblätter
ak = Achselknospe
a = Sproßachse

blätter, die an der stark gestauchten Sproßachse stehen, an ihrem Grunde jeweils eine Gruppe von 3–5 kleinen Zwiebeln (auch als Zehen oder Klauen bezeichnet). Jede der Zwiebeln besteht aus einem fleischig verdickten Niederblatt, welches von einem farblosen, häutigen Hüllblatt umgeben ist. Die Zwiebeln entstehen demnach als kollaterale Beiknospen in der Achsel des Zwiebelblattes, von denen jede zu einer neuen Pflanze heranwachsen kann.

Verwiesen sei hier noch auf Blattsukkulente, bei denen das Wasserspeichergewebe in den Blättern liegt, und auf Blattmetamorphosen der Carnivoren (Plus **19.6** S. 798).

5.3 Wurzel

Wurzeln dienen der Verankerung der Pflanze im Boden und der Aufnahme von Wasser und der darin gelösten Ionen. Zur Erleichterung der Wasser- und Ionenaufnahme ist die Oberfläche der Wurzeln nahe der Wurzelspitze in der Regel durch zahlreiche Wurzelhaare erheblich vergrößert. Wurzeln sind überwiegend einer Zugbelastung ausgesetzt, deshalb sind die Festigungselemente im primären Zustand nicht peripher, wie bei der Sproßachse, sondern zentral angeordnet. Auch die Leitungsbahnen verlaufen zentral, in Form eines radialen Leitsystems. Dieser sogenannte Zentralzylinder ist von einem Mantel aus parenchymatischen Zellen, dem Rindengewebe, umgeben und von diesem durch eine Endodermis abgegrenzt.

Beim Übergang von der Wurzel in die Sproßachse muß eine Umordnung der leitenden Elemente erfolgen, da die Leitbündel in der Sproßachse in der Regel kollateral gebaut und in einem peripher liegenden Ring angeordnet sind.

Bei mehrjährigen Pflanzen werden die Wurzeln durch sekundäres Dickenwachstum verstärkt, das gleichzeitig mit dem der Sproßachse einsetzt. Häufig werden in den Wurzeln Reservestoffe gespeichert. Schließlich sind die Wurzeln auch Syntheseorte wichtiger Pflanzenstoffe, z. B. von Hormonen (u. a. Cytokinine) und allelopathischen Substanzen.

Je nach Art und Standort sind Wurzelsysteme unterschiedlich entwickelt. Man unterscheidet Flachwurzler und Tiefwurzler. Flachwurzler besiedeln Böden, deren obere Schichten genügend Wasser enthalten, Tiefwurzler sind meist an trockenen Standorten zu finden, wo sie mit ihren Wurzeln bis zum Grundwasser vorstoßen.

5.3.1 Wurzelscheitel

Die Embryonen der Höheren Pflanzen, mit Ausnahme der Pteridophyten, besitzen zwei Scheitelmeristeme und sind daher bipolar: Der Wurzelpol – und damit das Wurzelmeristem – wird dem Sproßpol – und damit dem Sproßmeristem – gegenüber angelegt. Der Keimling der Pteridophyten ist unipolar gebaut und besitzt lediglich einen Sproßpol mit einer meist dreischneidigen Scheitelzelle. Die erste Wurzel entsteht als sproßbürtiges Gebilde seitlich an der Sproßachse.

Das Wurzelmeristem besteht aus einem inneren – meist dreischichtigen – Komplex von Initialzellen, der von einer mehr oder weniger ausgedehnten Zone sich teilender, von den Initialzellen abstammender Tochterzellen umgeben ist (Abb. **4.25c** S. 163 und Abb. **5.33b**). Der Initialzellenkomplex umgibt ein ruhendes Zentrum, dessen Zellen sich nicht oder nur sehr selten teilen. Der Umfang des ruhenden Zentrums ist von Art zu Art verschieden. Vor allem bei Monokotylen sind solche ruhenden Zentren sehr

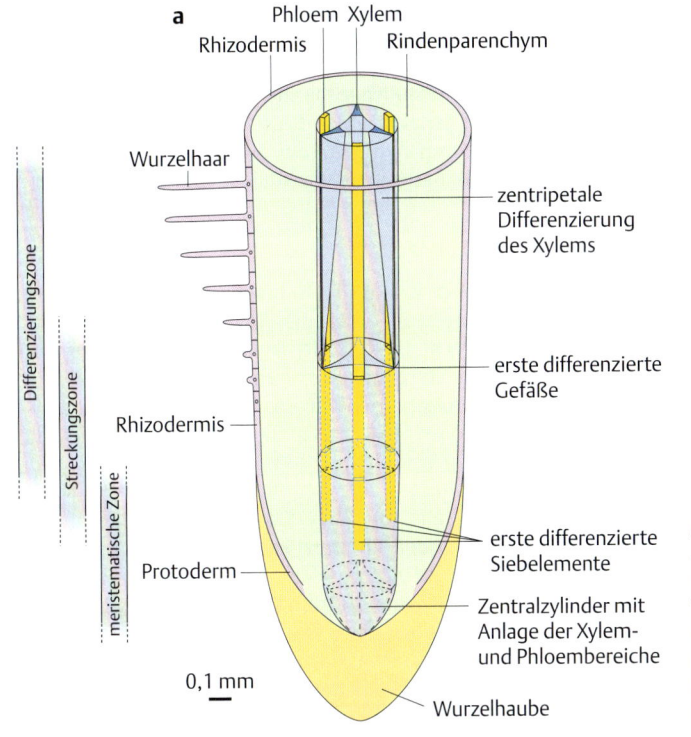

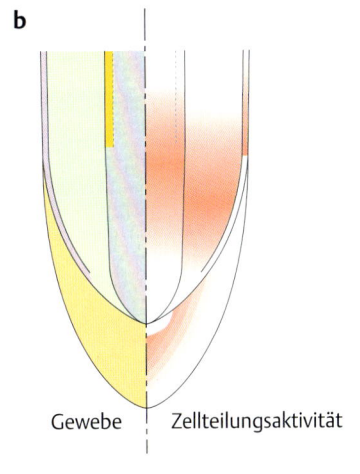

Abb. 5.33 Bau der Wurzelspitze. a Raumdiagramm einer Wurzelspitze der Erbse (*Pisum sativum*) mit triarchem (dreistrahligem) Leitbündel. **b** Mitosehäufigkeit in der Wurzelspitze von *Allium cepa* (Zwiebel, Monokotyle). Linke Hälfte: Gewebe, schematisch, rechte Hälfte: Mitosehäufigkeit. Die durch die Intensität der Rotfärbung angedeutete Mitosehäufigkeit ist im ausgedehnten ruhenden Zentrum dieser Art äußerst gering (**a** verändert nach Torrey 1953).

ausgeprägt. Bei *Allium sativum* (Knoblauch) besteht es aus etwa 30–50, bei *Arabidopsis thaliana* (Acker-Schmalwand) lediglich aus 4 Zellen. Der Zeitraum zwischen zwei Teilungen beträgt bei Zellen des ruhenden Zentrums mehrere Tage, während sich die meristematischen Zellen mehrfach pro Tag teilen, bei *Allium sativum* durchschnittlich alle 4 Stunden im Gegensatz zu 140 Stunden bei den Zellen des ruhenden Zentrums. Das ruhende Zentrum spielt eine Rolle bei der Regulation des Wurzelwachstums und ist für die Organisation des umgebenden Meristems wichtig.

Die meristematische Zone grenzt unmittelbar an das ruhende Zentrum. Besonders einfach und daher übersichtlich gebaut ist das Meristem von *Arabidopsis*, welches aus den in drei Schichten übereinander angeordneten Initialzellen besteht, die das ruhende Zentrum direkt umgeben (Abb. **4.25c** S. 163, Abb. **18.7** S. 725). Diese Zellen bilden Tochterzellen, aus denen sich, u. U. nach nochmaliger Teilung, alle Wurzelgewebe einschließlich der Wurzelhaube differenzieren. In den Wurzeln vieler Arten sind die Meristeme jedoch komplexer aufgebaut und bestehen aus zahlreichen Zellen. Die Bereiche stärkster Zellteilungsaktivität finden sich in diesen Fällen nicht in unmittelbarer Umgebung des ruhenden Zentrums oder auch nur in allen Gewebebezirken (Zentralzylinder, Rinde, Rhizodermis) auf gleicher Höhe, sondern in verschiedener Entfernung von der Wurzelspitze (Abb. **5.33b**).

Der Wurzelscheitel ist von der Wurzelhaube, der **Kalyptra**, umhüllt. Ihre äußeren Zellen verschleimen und schützen so die zarten meristematischen Zellen vor mechanischer Beschädigung, wenn die Wurzelspitze beim Wachstum zwischen den Bodenpartikeln hindurchgetrieben wird. Die Wurzelhaube bedarf der ständigen Erneuerung und wird von innen heraus, durch die unterste Initialzellschicht, ergänzt. Bei manchen Pflanzen, z. B. den Gräsern, hat die innerste, an die Initialzellen angrenzende Schicht der Kalyptra geradezu den Charakter eines Meristems. Sie wird dann als **Kalyptrogen** bezeichnet. Im Innern der Wurzelhaube befindet sich das **Statenchym**, ein Gewebe, dessen amyloplastenreiche Zellen der Graviperzeption dienen, also als **Statocyten** fungieren (Abb. **4.25c**). Allgemein werden an der Graviperzeption beteiligte, in den Statocyten sedimentierende Partikel als **Statolithen** bezeichnet (Abb. **17.25** S. 706). Bei den Kormophyten üben Amyloplasten diese Funktion aus, bei Algen können auch andere Strukturen beteiligt sein, in den Rhizoidzellen der Armleuchteralge (*Chara*) z. B. Bariumsulfatkristalle (Plus **17.9** S. 704).

5.3.2 Primärer Bau der Wurzel

Die meristematische Zone des Wurzelscheitels geht ohne scharfe Grenze in die Zellstreckungszone über, die einige Millimeter lang ist. Im Gegensatz zur Sproßachse ist die Zellstreckung bei der Wurzel auf diese Zone beschränkt. Die Streckungszone geht, ebenfalls ohne scharfe Grenze, in die Differenzierungszone über. Die Differenzierungszone ist äußerlich am Besitz von Wurzelhaaren zu erkennen und wird deshalb auch als Wurzelhaarzone bezeichnet.

Im primären Differenzierungszustand (Abb. **5.34**) ist die Wurzel in den u. a. die Leitelemente enthaltenden Zentralzylinder und die Wurzelrinde gegliedert. Die Wurzelrinde wird nach außen zunächst durch die Rhizodermis, später durch eine Exodermis begrenzt. Die innerste Schicht der Rinde ist als Endodermis ausgebildet. Die äußere, meristematisch bleibende, Schicht des Zentralzylinders ist das Perizykel (Perikambium). Es ist – außer bei den Pteridophyten – das Bildungsgewebe für die Seitenwurzeln. Bei den Pteridophyten entstehen diese aus der Endodermis.

5.3 Wurzel 197

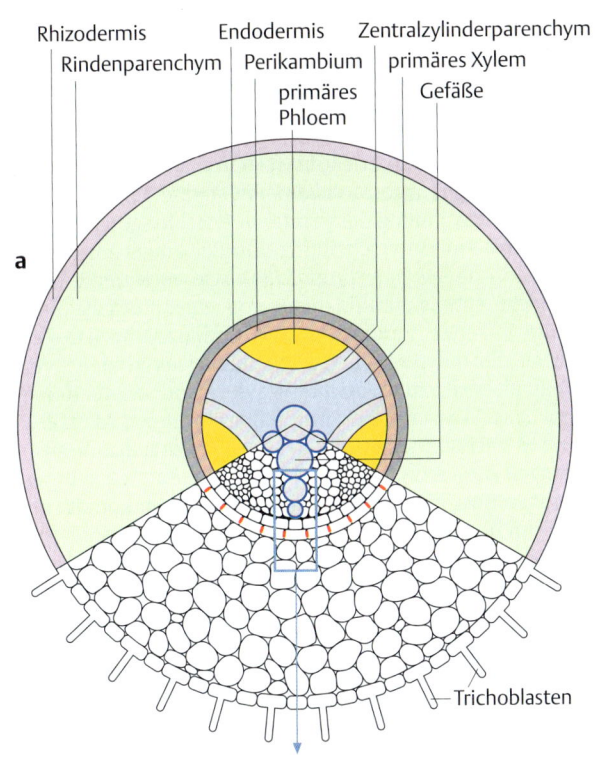

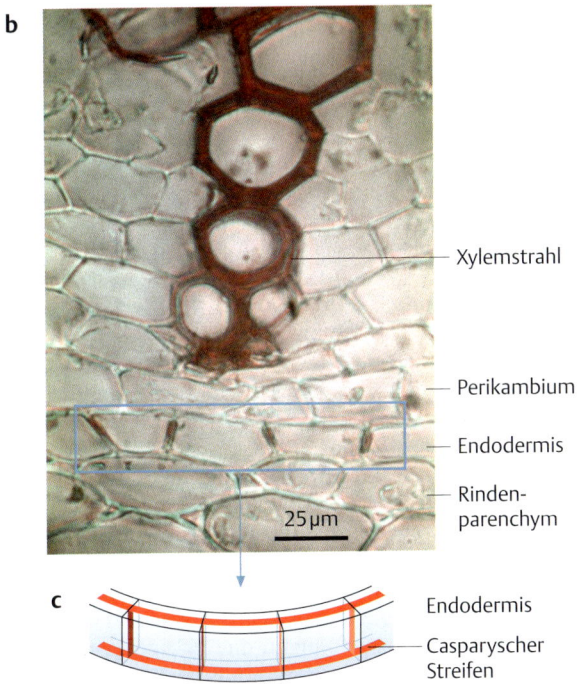

Abb. 5.34 Primärer Bau einer Wurzel.
a Querschnitt durch eine Wurzel mit triarchem (dreistrahligem) Leitbündel, schematisch, unterer Sektor zellulär ausgeführt. **b** Querschnitt durch den Zentralzylinder der Wurzel von *Limonium* mit umgebendem Rindengewebe, im primären Zustand, mit Phloroglucin-Salzsäure zum Ligninnachweis gefärbt. Die Endodermis ist an den Casparyschen Streifen deutlich zu erkennen, ebenso der Xylemstrahl (beide Strukturen wegen ihres Ligningehalts rot gefärbt). **c** Schematisches Raumdiagramm eines Endodermisausschnitts mit Lage der Casparyschen Streifen (rot).

Rhizodermis: Zellen dieser äußeren Schicht bilden durch unipolares Spitzenwachstum die Wurzelhaare, die bis zu 10 mm lang werden können. Die Rhizodermiszelle mit Wurzelhaar bleibt trotz dieser Abmessungen ein einzelliges Gebilde. Entweder sind alle Rhizodermiszellen zur Bildung von Wurzelhaaren befähigt oder es entstehen durch inäquale Teilungen der Rhizodermiszellen **Trichoblasten**, die allein zu Wurzelhaaren auszuwachsen vermögen, also Meristemoide sind (Abb. **5.34a** und Abb. **18.10** S. 730). Die Bezeichnung des primären Abschlußgewebes der Wurzel als Rhizodermis, zur Unterscheidung von der Epidermis, ist insofern berechtigt, als die Außenwände ihrer Zellen wie auch der Wurzelhaare in der Regel nicht cutinisiert und nicht von einer Cuticula überzogen sind. Durch die fehlende Verdickung und Cutinisierung der Zellwand, aber auch durch die mit der Wurzelhaarbildung verbundene Vervielfachung der Wurzeloberfläche, wird die Wasser- und Ionenaufnahme erleichtert (Kap. 7.1). Wasser- und Sumpfpflanzen, deren Wurzeln genügend Wasser zur Verfügung steht, bilden keine Wurzelhaare aus. Einige Schwimmpflanzen besitzen überhaupt keine Wurzeln. Sie nehmen Wasser und Mineralien über die gesamte mit dem Wasser in Kontakt stehende Oberfläche auf. Im übrigen unterscheiden sich Rhizo- und Epidermis auch hinsichtlich ihrer Herkunft. Während die Epidermis exogen, d. h. aus der äußersten Tunicaschicht entsteht (Abb. **4.25b** S. 163), geht die Rhizodermis aus dem Protoderm hervor, wird also endogen, zwischen Kalyptra und Wurzelkörper, angelegt (Abb. **5.33**).

Die Lebensdauer der Wurzelhaare ist meist auf einige Tage beschränkt. In dieser Zeit wachsen sie einige Millimeter lang aus und schieben sich mit ihrer etwas verschleimenden Zellwand zwischen den Bodenpartikeln hindurch. Nach einigen Tagen sterben sie vom proximalen Ende der Wurzel her ab. Da mit ihnen auch die Rhizodermiszellen selbst zugrunde gehen, kommt es zur Ausbildung eines neuen Abschlußgewebes, der Exodermis.

Exodermis: Die Exodermis ist ein Cutisgewebe. Cutisgewebe sind Abschlußgewebe mit – meist schwach – suberinisierten, lebenden Zellen. Die Exodermis geht aus der subrhizodermalen Schicht, bisweilen auch aus mehreren, hervor. In den Wänden der Exodermen einiger Pflanzen wurden Casparysche Streifen (zur Funktion: S. 121) nachgewiesen. Die den Zellwänden der Exodermiszellen innen aufgelagerte Suberinlamelle ist meist noch durch Sekundärwandschichten, die verholzt sein können, mehr oder weniger verdickt. Infolge der nur schwachen Verkorkung behalten Exodermiszellen meist ihren lebenden Inhalt. Einzelne bleiben als sogenannte Durchlaßzellen unverkorkt, sodaß die Aufnahme von Wasser und Ionen in gewissem Umfang auch oberhalb der Wurzelhaarzone noch möglich ist.

Rinde: Etwa gleichzeitig mit der Wurzelhaarbildung erfolgt die Differenzierung der übrigen Wurzelgewebe, die meist deutlich in Rinde und Zentralzylinder geschieden sind. Die Rindenzellen sind parenchymatisch, normalerweise chlorophyllfrei (nur bei den Luftwurzeln können sie Chloroplasten enthalten) und dienen, vor allem in den älteren Teilen der Wurzel, als Speichergewebe. Die innerste Rindenschicht, die **Endodermis**, umgibt mantelartig (Abb. **5.34**) den Zentralzylinder. Ihre Zellen besitzen Casparysche Streifen (S. 121), durch die ein apoplasmatischer Wasserdurchtritt verhindert wird. Infolgedessen kann die Endodermis als physiologische Scheide fungieren und den unkontrollierten Durchtritt des Wassers sowie der darin gelösten Salze aus der Rinde in den Zentralzylinder verhindern. Weitere wichtige Funktionen der Endodermis für den Wasserhaushalt werden in Kap. 7.1 behandelt. Da im sekundären bzw. tertiären

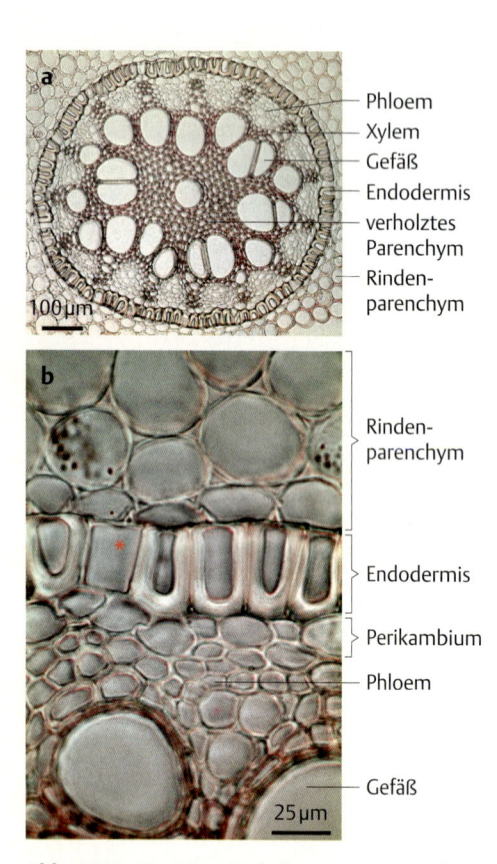

Abb. 5.35 Tertiäre Endodermis. a Querschnitt durch den Zentralzylinder der Wurzel von *Iris* mit 15-strahligem radialen Leitsystem. Die tertiäre Endodermis ist an ihren U-förmig verdickten Wänden deutlich zu erkennen. Durchlaßzellen liegen über den Xylemstrahlen. Im Zentrum parenchymatisches Gewebe, dessen Wände verdickt und verholzt sind. **b** Ausschnitt aus **a**. Durchlaßzelle über einem Xylemstrahl (Stern).

Zustand die Zellwände der meisten Endodermiszellen infolge von Suberineinlagerungen bzw. mehrerer Schichten von Wandverdickungen weitgehend undurchlässig werden, übernehmen die Durchlaßzellen, deren Zellwände unverdickt bleiben, die Funktion des Stoffaustausches zwischen Rinde und Zentralzylinder (Abb. **5.35**).

Zentralzylinder: Im Zentralzylinder sind Xylem und Phloem in Gestalt eines radialen Leitsystems angeordnet. Im Längsschnitt läßt sich die Differenzierung der Gefäße verfolgen (Abb. **5.33**). Die Xylemstrahlen stoßen im Zentrum entweder unmittelbar zusammen (Abb. **5.34**) oder sie treffen hier auf einen Strang aus sklerenchymatischen oder parenchymatischen Zellen (Abb. **5.35**), sodaß das Xylem auf die Radien beschränkt bleibt. Die unmittelbar an die Gefäße grenzenden Xylemparenchymzellen zeigen an ihrer dem Gefäß zugekehrten Wand lokale Wandverdickungen, wie sie für die Transferzellen (Abb. **3.5** S. 108) charakteristisch sind. Zwischen den Xylemradien liegen die Phloemstränge, die durch Streifen parenchymatischen Gewebes vom Xylem getrennt sind. Die Differenzierung des Phloems erfolgt früher als die des Xylems, sodaß funktionsfähige Phloemstränge organisches Material bis in die Zone der Zellstreckung heranführen können, was sowohl für die Zellteilungen als auch für die Zellstreckung eine unerläßliche Voraussetzung ist (Abb. **5.33a**). An der Peripherie des Zentralzylinders, unmittelbar an die Endodermis grenzend, liegt das auch als **Perizykel** bezeichnete **Perikambium**, das ein- oder mehrschichtig sein kann (Abb. **5.34**).

Wurzelhals: Die Übergangsstelle von der Wurzel in die Sproßachse wird Wurzelhals genannt. Hier muß eine Umordnung der leitenden Elemente erfolgen, da die Leitbündel in der Sproßachse in der Regel kollateral gebaut und in einem peripher liegenden Ring angeordnet sind. Im typischen Falle erscheinen die Xylemstränge des radialen Leitsystems etwa 180° um ihre Längsachse gedreht, indem sie sich in der Mitte aufspalten und jeder Halbstrang sich innen vor den ihm benachbarten Phloemstrang legt, wo er sich mit dem Halbstrang des anderen dem Phloemstrang benachbarten Xylemstranges vereint. Lagen also im radialen Leitsystem der Wurzel die Xylem- und Phloemstränge nebeneinander, so liegen sie jetzt einander gegenüber (Abb. **5.36**).

5.3.3 Seitenwurzeln

Während die Primärwurzel des Keimlings zunächst noch unverzweigt ist, kommt es mit zunehmender Ausbreitung der oberirdischen Teile der Pflanze auch zu einer Verzweigung der Wurzel. Von den sich dichotom verzweigenden Wurzeln der Bärlappgewächse (Lycopodiopsida) abgesehen, erfolgt sie ausschließlich seitlich. Im Gegensatz zu den Achselsprossen entstehen die Seitenwurzeln endogen, und zwar bei den Gymnospermen und Angiospermen aus dem Perikambium, bei den Pteridophyten aus der innersten Rindenschicht.

Seitenwurzeln werden je nach Art entweder vor den radialen Xylemstreifen oder vor den Parenchymplatten, die Xylem und Phloem voneinander trennen, angelegt, bei den Monokotyledonen jedoch häufig vor den Phloemsträngen. Infolgedessen stehen die Seitenwurzeln übereinander in Reihen (Rhizostichen), deren Anzahl entweder ebenso groß oder – wenn die Seitenwurzeln vor den Parenchymplatten angelegt werden – doppelt so groß ist wie die der Xylemstrahlen. Da die Seitenwurzeln endogen entstehen, müssen sie die Rinde durchbrechen, indem sie deren Zellen mechanisch beiseiteschieben (Abb. **5.37**).

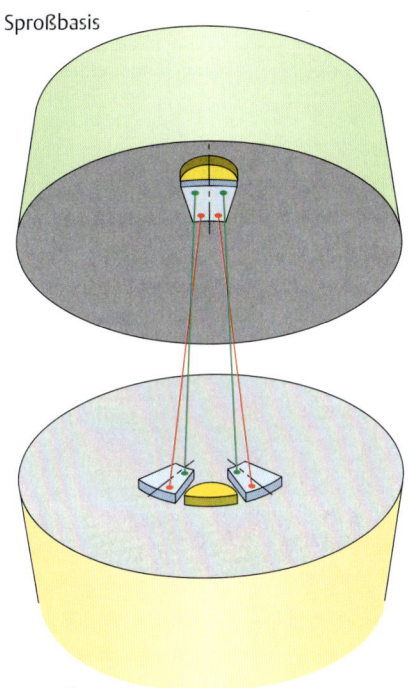

Sproßbasis

Wurzelbasis

Abb. 5.36 Wurzelhals. Schematische Darstellung des Übergangs vom zentralen Leitsystem der Wurzel zum peripheren Leitsystem des Sprosses.

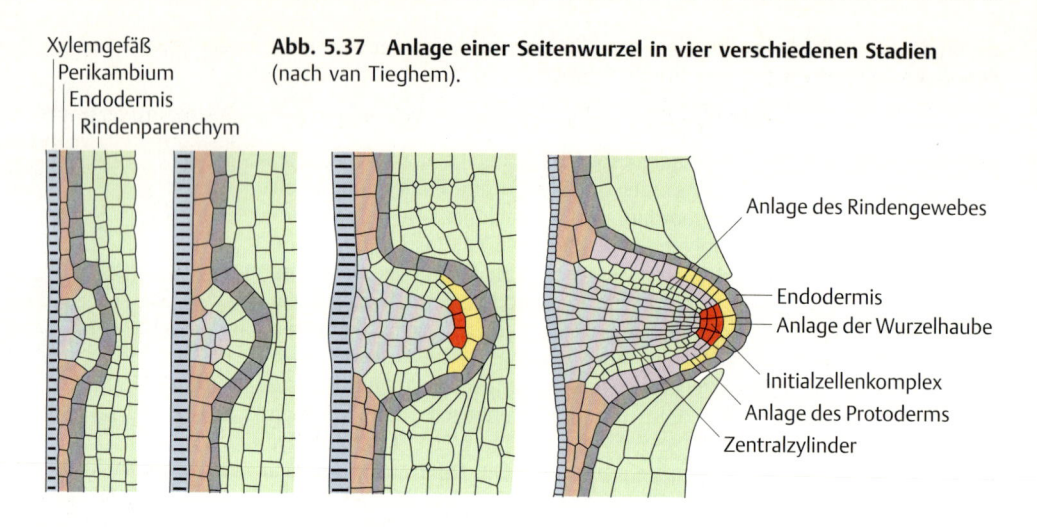

Abb. 5.37 Anlage einer Seitenwurzel in vier verschiedenen Stadien (nach van Tieghem).

Labels: Xylemgefäß, Perikambium, Endodermis, Rindenparenchym, Anlage des Rindengewebes, Endodermis, Anlage der Wurzelhaube, Initialzellenkomplex, Anlage des Protoderms, Zentralzylinder

Allorhizie liegt vor, wenn der Wurzelpol zu einer Hauptwurzel auswächst, die sich stärker entwickelt als die Seitenwurzeln (Abb. **5.38a**). Die Hauptwurzel wächst normalerweise senkrecht in den Boden hinein, sie reagiert positiv orthogravitrop, die Seitenwurzeln erster Ordnung wachsen positiv plagiogravitrop (Box **5.4**). Geht die Verzweigung noch weiter, so zeigen die Seitenwurzeln höherer Ordnung im allgemeinen keine bestimmte Ausrichtung mehr. Im Gegensatz zur Allorhizie steht die **Homorhizie** der Pteridophyten und Monokotyledonen. Bei den Monokotyledonen stellt der Wurzelpol seine Tätigkeit verhältnismäßig bald ein, die Primärwurzel stirbt ab und wird durch zahlreiche sproßbürtige Wurzeln ersetzt. Monokotyledonen sind somit sekundär homorhiz (Abb. **5.38b**). Pteridophyten sind primär homorhiz, bei ihnen wird bereits die Primärwurzel seitlich angelegt und von vornherein durch sproßbürtige Wurzeln ergänzt.

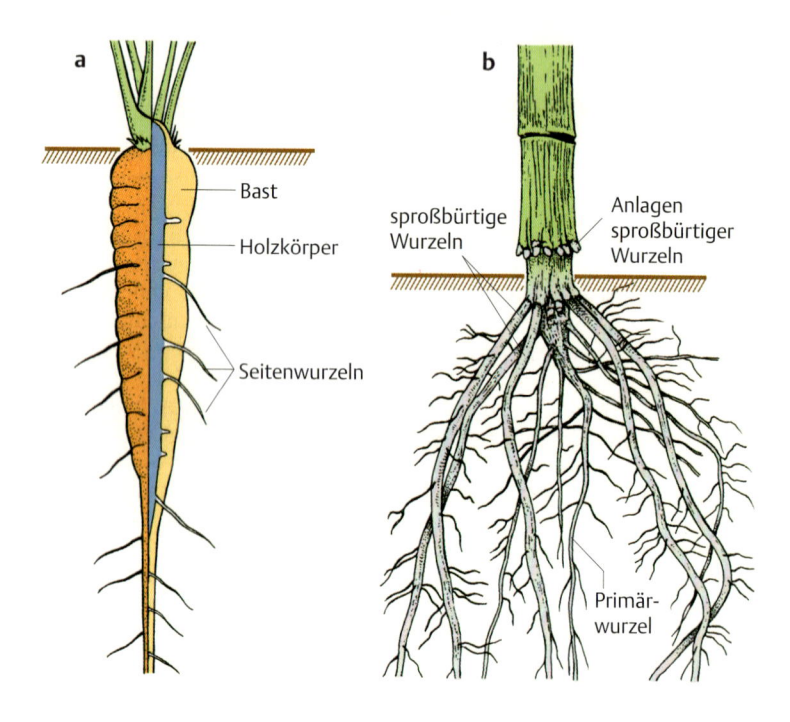

Abb. 5.38 Allorhizie und Homorhizie. a Allorhize Bewurzelung am Beispiel der Möhre (*Daucus carota*), links in Aufsicht, rechts im Längsschnitt. **b** Homorhize Bewurzelung am Beispiel Mais (*Zea mays*) (nach Rauh).

Box 5.4 Tropismus

Im Unterschied zu Nastien (Box **5.3** S. 191), bei denen es sich um reizausgelöste Bewegungen von Teilen festgewachsener Organismen handelt, deren Ablauf durch den Bau der sich bewegenden Struktur vorgegeben ist, besitzen die Tropismen einen Bezug zur Reizrichtung. Während Nastien meist durch – reversible – Turgorveränderungen zustande kommen, handelt es sich bei den Tropismen um – irreversible – Wachstumsreaktionen, die auf ein unterschiedlich intensives Streckungswachstum der beiden Flanken des reagierenden Organs zurückzuführen sind. Als Ursache der unterschiedlichen Wachstumsgeschwindigkeit wird eine durch den jeweiligen Reiz verursachte Ungleichverteilung des Wachstumshormons Auxin (Abb. **17.26** S. 707) angesehen.

Je nach Reiz unterscheidet man Phototropismen (Lichtreiz), Chemotropismen (anorganische oder organische Verbindungen), Gravitropismen (Massenbeschleunigung) und Thigmotropismen (Berührungsreiz). Bei einem positiven Tropismus erfolgt die Wachstumsbewegung zur Reizquelle hin, beim negativen Tropismus von ihr weg. Wird ein Winkel zur Reizquelle eingenommen, spricht man von Plagiotropismus, von Transversal- oder Diatropismus, wenn der Winkel 90° beträgt, von Orthotropismus, wenn das Wachstum direkt auf die Reizquelle hin oder direkt von ihr weg erfolgt (Winkel 0°).

Positiv orthophototrop reagieren viele Sproßachsen (z. B. Sonnenblume, *Helianthus annuus*). Besonders gut untersucht ist der positive Phototropismus der Graskoleoptile (Abb. **a**, unter Ausschluß von Licht angezogener Keimling des Hafers, *Avena sativa*, im Alter von 3 Tagen; die Koleoptilspitze wurde entfernt, um die nach Anzucht im Dunkeln chlorophyllfreien Laubblätter besser sichtbar zu machen). An Koleoptilen hat erstmals Charles Darwin 1880 das Bewegungsvermögen von Pflanzen wissenschaftlich untersucht. Bei der Koleoptile handelt es sich um eine Keimscheide, die bei den Poaceen auftritt und den Sproß beim Durchwachsen der Erdschichten während der Keimung schützt. Sie ist der Blattscheide des einzigen Keimblatts der Poaceen, des Scutellums, homolog, welches während der Keimung als Resorptionsorgan dient (Plus **2.2** S. 76 und Abb. **b**). Im Dunkeln können Koleoptilen eine Länge von mehreren cm erreichen; dieses Längenwachstum kommt ausschließlich durch Zellstreckung zustande. Sie zeigen selbst bei sehr geringen Unterschieden der Lichtintensität eine positiv phototrope Reaktion zur stärkeren Lichtquelle hin (Abb. **b**, im Zeitverlauf über etwa 3 Stunden dargestellt). Durch die Belichtung wird eine Verlagerung des Wachstumshormons Indol-3-essigsäure (blaue Punkte in der Abbildung) von der belichteten auf die beschattete Organflanke induziert. Dadurch wird das Streckungswachstum der belichteten Koleoptilflanke reduziert, das der beschatteten Flanke gefördert.

Positiv orthogravitrop reagieren in der Regel Primärwurzeln, negativ orthogravitrop reagieren Sproßachsen, positiv plagiogravitrop Seitenwurzeln und negativ plagiogravitrop Seitenzweige, auch die Blattstiele vieler Arten (Abb. **4.25a** S. 163 und Tab. **17.4** S. 702). Bereits eine Auslenkung von wenigen Winkelgrad aus der Normallage ruft in Primärwurzeln und Sproßachsen eine kompensatorische Wachstumsreaktion hervor. Bei niedergedrückten Halmen der Gräser erfolgt die negativ gravitrope Reaktion an den Knoten.

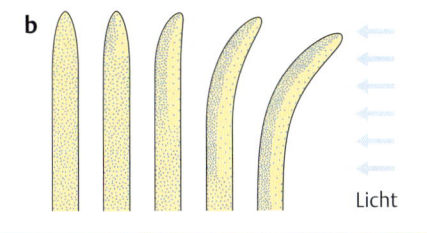

Grundsätzlich können auch an Sproßachsen und Blättern Wurzeln entstehen, die entsprechend als **sproß-** bzw. **blattbürtige Wurzeln** bezeichnet werden (Plus **5.2**, Abb. **16.55** S. 667). Beispiele hierfür sind die Ausläufer und Stecklinge.

Wurzeln, die zu ungewöhnlicher Zeit an ungewöhnlichen Orten, etwa infolge von Verletzung oder Wuchsstoffbehandlung (S. 666), gebildet werden, nennt man **Adventivwurzeln**.

Plus 5.2 Zugwurzeln

Außer ihren Funktionen als Organe der Verankerung im Boden, der Wasser- und Nährstoffaufnahme sowie der Stoffspeicherung dienen die Wurzeln vieler monokotyler und dikotyler Arten als Zugwurzeln. In einigen Fällen besteht **Heterorhizie**, d. h. es werden neben den Nährwurzeln gesonderte und morphologisch unterscheidbare Zugwurzeln ausgebildet, so z. B. beim Krokus (*Crocus*, Iridaceae). Bereits die Primärwurzeln können Zugwurzelfunktion besitzen.

Zugwurzeln sind kontraktil, was äußerlich an der starken Querringelung der sproßnahen (proximalen) Wurzelabschnitte erkennbar ist. Sie dienen:

- der Sämlingspositionierung im Boden (z. B. bei allen bislang untersuchten Apiaceen wie Petersilie, Kümmel, Fenchel),
- der Positionierung der unterirdischen Organe von Geophyten zur Gewährleistung einer optimalen Überdauerung (Erneuerungsknospen, Rüben, Rhizome, Zwiebeln, Knollen),
- in einigen Fällen – durch schrägen Zug – auch der lateralen Bewegung, z. B. von Tochterzwiebeln, im Boden und stehen so im Dienste der vegetativen Verbreitung.

Das Rhizom des Spargels (*Asparagus officinalis*) wird z. B. in ca. 3–4 Jahren durch Zugwurzeln in die optimale Bodentiefe von 20–40 cm bewegt. Narzissenzwiebeln werden in 6 Monaten um etwa 4 cm abwärts bewegt. Die Abbildung zeigt die Bewegung des Sämlings von *Arnica angustifolia* (Asteraceae) durch kontraktile, sproßbürtige Wurzeln (nicht kontraktile Primärwurzel: pw). Die kontraktilen Wurzeln entstehen sukzessive an der Basis des kurzen, vertikal wachsenden Rhizoms. Die gelbe Linie markiert die Ausgangsposition zu Beginn des Experiments.

Die Zugaktivität kontraktiler Wurzeln wird durch äußere Faktoren reguliert. Unter anderem induzieren starke Temperaturschwankungen im Boden die Bildung von Zugwurzeln. Die Temperaturamplitude – und damit die Bildung neuer Zugwurzeln – nimmt jedoch mit zunehmender Bodentiefe ab. Bei Arten mit permanentem Wurzelzug (z. B. Tag-Lilie, *Hemerocallis fulva*) wird durch entsprechende Sproßverlängerung gegengesteuert.

Der Kontraktionsmechanismus ist nicht abschließend geklärt. Wahrscheinlich wird in den Zellen der Wachstums- und Differenzierungszonen der Zugwurzeln zunächst ein sehr hoher Turgordruck aufgebaut, der die Zellwände der langgestreckten Zellen elastisch stark dehnt. In den älteren Abschnitten der Wurzel geht dann der Turgor zurück, was zur Kontraktion dieser Gewebe in Längsrichtung, verbunden mit einer Zunahme des Wurzeldurchmessers, führt. Da aber die Wurzelspitze mit ihren Wurzelhaaren fest im Boden verankert ist, wirkt die Zugkraft bevorzugt in Richtung Wurzelbasis. Die Kontraktionsleistung (Arbeit pro Zeit) einer Zugwurzel kann knapp 10^{-8} Watt (10^{-11} PS) betragen.

Originalaufnahmen N. Pütz, mit freundlicher Genehmigung.

5.3.4 Sekundäres Dickenwachstum der Wurzel

Etwa gleichzeitig mit dem sekundären Dickenwachstum der Sproßachse setzt auch das Dickenwachstum der Wurzel ein. Das Kambium entsteht in den parenchymatischen Gewebestreifen, die Xylem und Phloem voneinander trennen. Über den Xylemstrahlen stößt es auf das Perikambium, dessen Zellen sich ebenfalls zu teilen beginnen. Auf diese Weise entsteht ein geschlossener Kambiumzylinder, der, dem Bau des radialen Leitsystems entsprechend, im Querschnitt eine etwa sternförmige Gestalt hat (Abb. **5.39a**).

Wie bei der Sproßachse erzeugt auch das Wurzelkambium nach innen Holz, nach außen Bast. Durch eine verstärkte Tätigkeit in den zwischen den Xylemradien liegenden Bereichen werden die Lücken mit Holzelementen aufgefüllt, sodaß schließlich ein zentraler säulenförmiger Holzteil entsteht, der von einem im Querschnitt ringförmigen Kambiummantel umgeben ist (Abb. **5.39b**). Der Holzkörper sieht dann dem der Sproß-

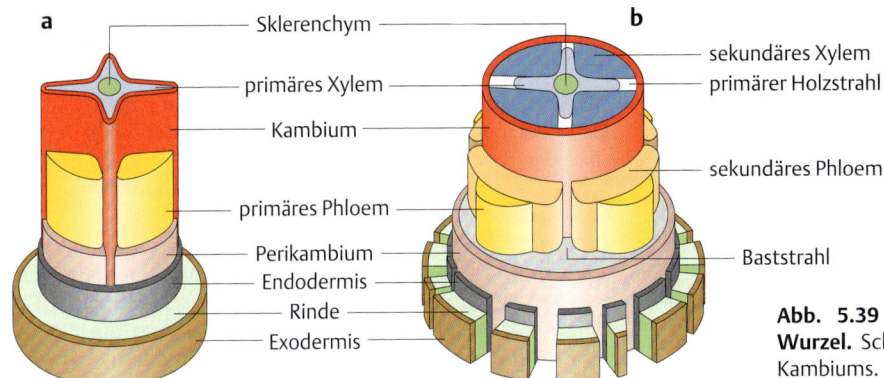

Abb. 5.39 Sekundäres Dickenwachstum der Wurzel. Schematische Darstellung. **a** Bildung des Kambiums. **b** Zustand einige Zeit nach Einsetzen des sekundären Dickenwachstums.

achse sehr ähnlich, unterscheidet sich von diesem jedoch dadurch, daß er im Zentrum ein primäres Leitsystem besitzt, wo sich beim Stamm ein parenchymatisches Markgewebe befindet. Während die primären Holzstrahlen den Xylemstrahlen des radialen Leitsystems vorgelagert angelegt werden, entstehen im Verlaufe des Dickenwachstums weitere (sekundäre) Holzstrahlen, die blind im Holz enden.

Die vom Kambium gebildeten Bastelemente schieben das primäre Phloem nach außen. Hierdurch entstehen breite Baststreifen, zwischen denen die Baststrahlen liegen, die die Holzstrahlen fortsetzen. Zusätzlich werden sekundäre Baststrahlen angelegt. Hinsichtlich der Holz- und Bastelemente besteht also kein grundsätzlicher Unterschied zur Sproßachse. Infolgedessen sind Querschnitte durch ältere Wurzeln kaum von denen durch ältere Stämme zu unterscheiden. Lediglich im Zentrum bleibt die von der Sproßachse abweichende Primärstruktur der Wurzel erkennbar. Rindengewebe und Endodermis können der Umfangserweiterung meist noch eine Zeitlang durch Dilatationswachstum folgen, werden aber schließlich zerrissen (Abb. **5.39b**). Als Abschlußgewebe wird vom Perikambium ein mehrschichtiges Periderm gebildet, dessen Zellen verkorken (S. 122) und das somit dem Periderm der Sproßachse (S. 177) entspricht. Das Perikambium wird also zu einem Phellogen. Dieses bildet ständig neue Zellen, da die äußeren Zellen durch die allmähliche Umfangserweiterung abgesprengt werden und auch einem mechanischen Verschleiß unterliegen.

5.3.5 Metamorphosen der Wurzel

Wie von Sproß und Blatt sind auch von der Wurzel zahlreiche Metamorphosen bekannt, die erhebliche Änderungen im inneren und äußeren Aufbau dieses Grundorgans zur Folge haben. So gibt es z. B. Wurzelsukkulenten, bei denen das Wasserspeichergewebe in die Wurzel verlagert ist, Wurzelknollen, Wurzeldornen, Wurzelranken und Haftwurzeln, Stelz- und Atemwurzeln, grüne Assimilations- und Luftwurzeln.

Wurzelknollen stellen Anpassungen an die geophytische Lebensweise dar. Sie kommen z. B. bei der Dahlie (*Dahlia variabilis*) vor (Abb. **5.40**). Von den äußerlich ähnlichen Sproßknollen lassen sie sich leicht durch den Besitz von Wurzelhauben, durch das Fehlen von Niederblättern sowie im anatomischen Bau unterscheiden. Sie sind Speicherorgane und dienen, gleich den Rüben, der Überwinterung.

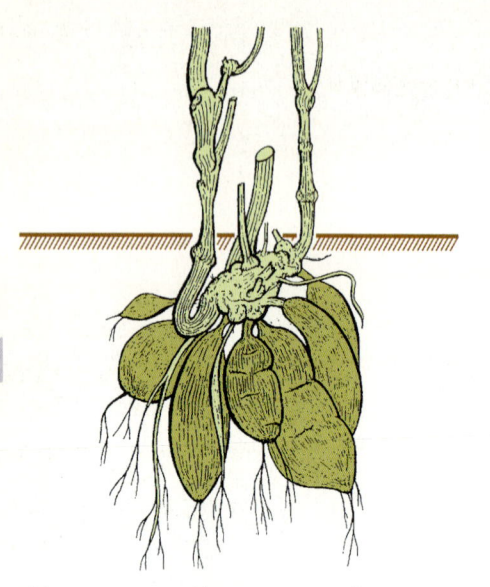

Abb. 5.40 Sproßbürtige Wurzelknollen der Dahlie (*Dahlia variabilis*). Erdoberfläche braun markiert.

Als **Rüben** bezeichnet man die durch sekundäres Dickenwachstum stark verdickte, fleischige Hauptwurzel allorhizer Pflanzen. Bei der Möhre, die hier als Beispiel gewählt sei (Abb. **5.38a**), läßt sich sowohl auf Längs- als auch auf Querschnitten der innenliegende, in der Regel heller gefärbte Holzkörper, das „Herz", von dem umgebenden Bastmantel leicht unterscheiden. Die primäre Rinde ist im Verlauf des sekundären Dickenwachstums verlorengegangen. Die durch den Bastmantel hindurchtretenden Xylemstränge der Seitenwurzeln lassen sich leicht verfolgen. Zwischen dem zentralen Holzkörper und dem Bastmantel befindet sich das Kambium.

Das enorme Dickenwachstum der Zucker-, Futter- und Roten Rübe erfolgt mit Hilfe mehrerer Kambien, ist also anomal. Es wird durch die Tätigkeit des primären Kambiums, das wie üblich angelegt wird, eingeleitet. Dieses teilt sich jedoch nur eine begrenzte Zeit und wird durch ein zweites Kambium abgelöst, das aus dem Perikambium hervorgeht. Durch dessen Tätigkeit wird die primäre Rinde nach anfänglicher Dehnung (Dilatation) schließlich abgesprengt. Aber auch dieses Kambium stellt schließlich seine Tätigkeit ein, und an der äußeren Grenze der von ihm erzeugten sekundären Rinde entsteht ein dritter Kambiumring. Dieser Prozeß wiederholt sich mehrfach, sodaß konzentrisch angeordnete Zuwachszonen entstehen, von denen jede einen Holz- und einen Bastring umfaßt. Allerdings behalten auch die Holzringe ihre fleischige Konsistenz, da sie vorwiegend aus parenchymatischen Zellen bestehen und nur wenige verholzte Elemente enthalten.

In der Regel ist am Aufbau der Rüben auch das Hypokotyl beteiligt, das unter Umständen sogar allein die „Rübe" bilden kann. Abb. **5.41** zeigt dies an einigen Beispielen. Die Zuckerrübe wird fast ausschließlich von der Wurzel gebildet, an der Futterrübe hat das Hypokotyl bereits starken Anteil, während die „Rote Rübe", ungeachtet ihres Namens, gar keine Rübe mehr ist, sondern eine reine Hypokotylknolle darstellt.

Als weitere Wurzelmetamorphosen sind Wurzeldornen (z. B. bei *Dioscorea spinosa* an Luftwurzeln und bei einigen Palmen), Wurzelranken (z. B. bei der Vanille, *Vanilla planifolia*) oder Haftwurzeln (z. B. beim Efeu, *Hedera helix*) bei Wurzelkletterern, Stelz- und Atemwurzeln bei Sumpfpflanzen (Mangrove), grüne Assimilations- und Luftwurzeln bei Epiphyten und Kletterpflanzen zu nennen.

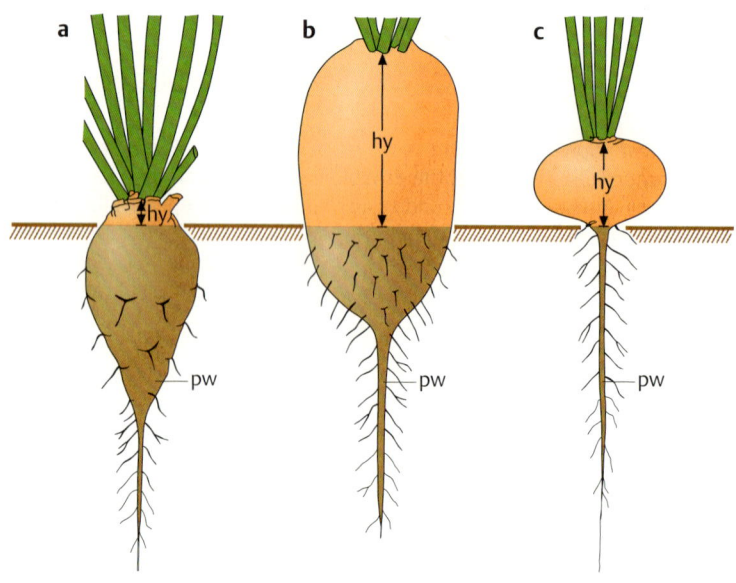

Abb. 5.41 Rüben. a Zucker-, **b** Futter-, **c** Rote Rübe. Erdoberfläche braun markiert, hy Hypokotyl, pw Primärwurzel.

6 Bioenergetik: thermodynamische Grundlagen der Lebensprozesse

In den vorangegangenen Kapiteln wurde der pflanzliche Organismus aus dem Blickwinkel seiner Struktur betrachtet: von der molekularen Zusammensetzung bis zur Zellstruktur und von dieser bis zur Vielzelligkeit der Höheren Pflanze, gleichsam als wären diese Strukturen statisch. Dies ist jedoch keineswegs der Fall. Vielmehr durchläuft jeder Organismus, selbst der einfachste Prokaryot, eine Individualentwicklung (Ontogenese), die mit dem ständigen Aufbau, Umbau und auch Abbau von Strukturen einhergeht. Darüber hinaus besitzen alle Organismen die Fähigkeit, Signale (Reize) aus der Umgebung aufzunehmen und auf diese in zweckmäßiger Weise zu reagieren (Irritabilität).

Leben ist also ein Prozeß, und alle folgenden Kapitel behandeln pflanzliche Lebensprozesse: die Physiologie des Stoff- und Energiewechsels, die Physiologie der Entwicklung, die Sensorik und die Allelophysiologie sowie die als Grundlage der Physiologie unerläßliche Pflanzengenetik.

Alle Lebensprozesse lassen sich auf chemische und/oder physikalische Vorgänge zurückführen. Diese wiederum gehorchen den Gesetzmäßigkeiten der Thermodynamik, der Lehre von den Energieänderungen im Verlauf von chemischen und physikalischen Prozessen. Bevor nun im weiteren Verlauf dieses Buches pflanzliche Lebensvorgänge behandelt werden, ist es zweckmäßig, einen Blick auf das Gebiet der Bioenergetik zu werfen. Unter Bioenergetik versteht man jedoch keineswegs speziell für Lebewesen geltende thermodynamische Prinzipien. Solche gibt es nicht. Vielmehr ist damit die Zustandsbeschreibung von Organismen unter Anwendung der allgemeinen Prinzipien der Thermodynamik gemeint. Eine zentrale Rolle spielen dabei die Begriffe Energie, Arbeit und Leistung.

Bioenergetik: thermodynamische Grundlagen der Lebensprozesse

6.1 Energie, Arbeit, Leistung ... 207
6.1.1 Hauptsätze der Thermodynamik ... 208
6.1.2 Chemisches Potential ... 210
6.1.3 Wasserpotential ... 211
6.1.4 Energiewandlung und energetische Kopplung ... 216

6.2 Transport durch Biomembranen ... 218
6.2.1 Permeabilität von Biomembranen ... 218
6.2.2 Transportproteine in Biomembranen ... 219

6.3 Enzymatische Katalyse ... 225

6.1 Energie, Arbeit, Leistung

Die Lebensprozesse sind im physikalischen Sinn Leistungen. Unter Leistung versteht man die pro Zeiteinheit verrichtete Arbeit (Leistung = Arbeit pro Zeiteinheit). Jedes System, gleich ob unbelebt – wie ein Motor – oder ein lebender Organismus, kann nur dann Arbeit verrichten, wenn ihm Energie zugeführt wird.

> **Energie** läßt sich also im allgemeinsten Sinn definieren als die Triebkraft, Arbeit zu verrichten. Daher werden Arbeit und Energie auch in derselben Einheit (Joule, J) ausgedrückt (Box 6.1).

Ein Motor, dem der Brennstoff – und damit die zu seinem Betrieb notwendige Wärmeenergie – ausgeht, bleibt stehen und nimmt schon bald die Temperatur seiner Umgebung an. In diesem Zustand herrscht, wie man sagt, thermodynamisches Gleichgewicht zwischen dem Motor (= System) und seiner Umgebung, und es kann keine Arbeit verrichtet werden. Ein Organismus, dem keine Energie und keine Nährstoffe mehr zugeführt werden, erreicht ebenfalls in kurzer Zeit den Gleichgewichtszustand: Die Lebensprozesse hören auf. In der Biologie ist dieser thermodynamische Gleichgewichtszustand gleichzusetzen mit dem Tod.

Der Systemzustand Leben ist demnach ein Nichtgleichgewichtszustand, der nur durch die ständige Zufuhr von Energie und Nährstoffen aufrechterhalten werden kann, wie sich überhaupt jedes System, solange es Arbeit verrichtet, von seinem thermodynamischen Gleichgewichtszustand entfernt befindet.

In einem Verbrennungsmotor ist die Verrichtung von Arbeit an die Verbrennung des Brennstoffs gekoppelt. Die in den chemischen Bindungen des Brennstoffs (z. B. Benzin) gespeicherte Energie wird durch dessen Verbrennung in Wärmeenergie (thermische Energie) überführt und diese wiederum in mechanische Energie (kinetische Energie): Durch die Hitzeentwicklung des gezündeten Brennstoff-Luftgemisches expandieren die gebildeten Verbrennungsgase explosionsartig. Dadurch wird der Zylinderkolben im Zylinder beschleunigt und seine lineare Bewegung wird in die Drehung einer Welle umgesetzt. Im Automotor dient diese Drehbewegung letztlich der Drehung der Achse und damit der Räder, wodurch sich wiederum ein linearer Vortrieb des Fahrzeugs auf seiner Unterlage erreichen läßt. Im Verbrennungsmotor wird also chemische Energie in Wärmeenergie und diese wiederum in kinetische Energie umgewandelt, allerdings nur teilweise. Ein erheblicher Teil der erzeugten Wärmeenergie geht an die Umgebung verloren.

> Die Verrichtung einer **Arbeit** bzw. einer **Leistung** ist also letztlich nichts anderes als die Umwandlung einer Energieform in eine andere. Dabei geht stets ein Teil der Energie in Form von Wärmeenergie an die Umgebung verloren, meist sogar der größere Anteil. Das Verhältnis der in Arbeit umgesetzten zur insgesamt verbrauchten Energie wird Wirkungsgrad genannt.

Die Umwandlung verschiedener Energieformen ineinander ist auch für alle Lebensprozesse von grundlegender Bedeutung. Einige Beispiele sollen dies verdeutlichen: In der Photosynthese wird Lichtenergie in ein elektrochemisches Potential und dieses wiederum in chemische Energie überführt, wobei aus energiearmen anorganischen Vorstufen organische Verbindungen (z. B. Zucker) gebildet werden (Wirkungsgrad bis zu 35 %). In

---

Box 6.1 Energie und Arbeit

Die Einheit der Energie wie der Arbeit ist das Joule: $1\,J = 1\,kg\,m^2\,s^{-2}$, also die Einheit der Kraft (Newton, $1\,N = 1\,kg\,m\,s^{-2}$) multipliziert mit der Einheit des Wegs (Meter, $1\,m$). Das menschliche Herz leistet mit jedem Schlag etwa $1\,J$ Arbeit.

Ein älteres Maß der Energie bzw. der Arbeit ist die Kalorie ($1\,cal = 4{,}184\,J$), definiert als diejenige Energiemenge, die bei Normaldruck zur Steigerung der Temperatur von $1\,g$ reinem Wasser von 14,5 auf 15,5 °C benötigt wird. In der Ernährungsphysiologie sind Angaben in Kalorien noch verbreitet.

Abb. 6.1 Energiewandlung in den fundamentalen Stoffwechselprozessen der Photosynthese und der Zellatmung.

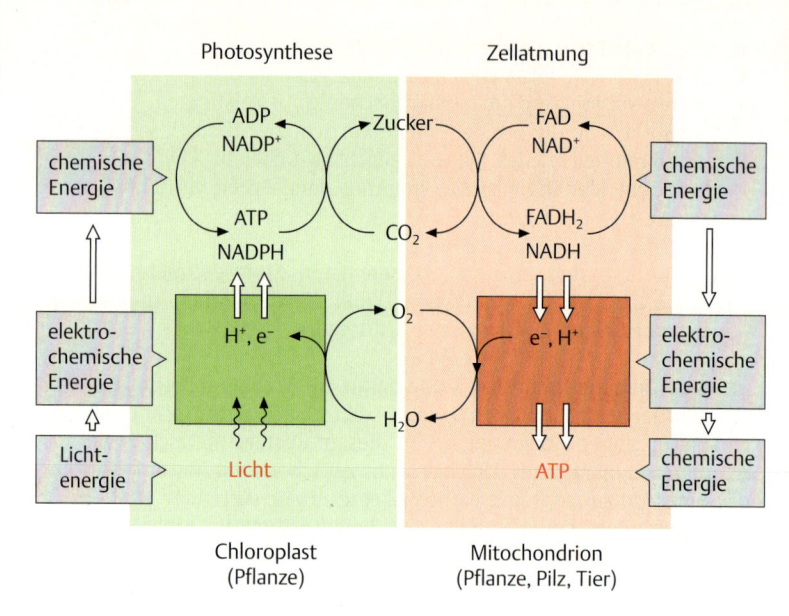

der Zellatmung wird die in organischen Verbindungen gespeicherte chemische Energie – durch Abbau dieser Verbindungen, vor allem von Zuckern – zunächst wieder in elektrochemische Energie und diese erneut in chemische Energie in Form von ATP überführt (Abb. **6.1**). ATP ist die Energiequelle für zahlreiche Umwandlungen von chemischen Verbindungen ineinander, also für den Stoffwechsel. Aus chemischer Energie – meist ATP – kann die Pflanze aber auch wieder elektrochemische Energie – in Form von Ionengradienten – erzeugen, die ihrerseits für zahlreiche Transportvorgänge über Biomembranen und damit für den Materieaustausch der Zelle mit ihrer Umgebung benötigt wird (Kap. 6.2.2). Schließlich kann eine Zelle chemische oder elektrochemische Energie in kinetische Energie überführen und diese z. B. zur Fortbewegung (S. 141 und S. 150) oder für intrazelluläre Transportvorgänge (Kap. 2.3.1) nutzen. Die molekulare Basis für diese (elektro)chemisch-mechanische Kopplung sind Konformationsveränderungen in Proteinen (S. 53 und S. 55).

Unter den genannten Energiearten ist die chemische Energie die bei weitem „langlebigste". Organismen speichern daher Energie in Form metastabiler organischer Verbindungen, Pflanzen insbesondere in Form von Kohlenhydraten und Lipiden (S. 39, S. 22 und Kap. 10.2).

6.1.1 Hauptsätze der Thermodynamik

Systeme, die – wie Organismen – Materie und Energie mit ihrer Umgebung austauschen, werden in der Thermodynamik **offene Systeme** genannt (Box **6.2**).

Drei Eigenschaften sind für Organismen – im Unterschied zu unbelebten offenen Systemen – charakteristisch:
- Organismen befinden sich meist sehr weit vom thermodynamischen Gleichgewichtszustand entfernt;
- Organismen besitzen einen sehr hohen Ordnungsgrad (Struktur!);
- Organismen sind die komplexesten Systeme, die auf der Erde vorkommen. Sie sind selbstorganisierend, entwickeln und replizieren sich, und von mindestens einer Species ist bekannt, daß ihre Individuen zu den-

ken und über die Bedingungen ihrer eigenen Existenz zu reflektieren vermögen.

Der durch den ständigen Durchsatz von Energie und Nährstoffen aufrechterhaltene, hochgeordnete Nichtgleichgewichtszustand „Leben" ist ein geregelter und sehr stabiler Zustand, man spricht daher auch von einem **Fließgleichgewicht**.

Es verwundert nicht, daß eine vollständige thermodynamische Beschreibung selbst der einfachsten Zelle eine heute noch – wegen der Komplexität, nicht prinzipiell! – ungelöste Aufgabe ist. Allerdings ist eine vollständige Beschreibung für die meisten Fragestellungen auch nicht erforderlich. Vielmehr ist oft lediglich von Belang, für einen bestimmten Zellprozeß oder für eine einzelne Reaktion Aussagen darüber zu treffen, ob der betrachtete Vorgang überhaupt ablaufen kann und in welcher Richtung er freiwillig verläuft (in der Gegenrichtung wird er, wenn überhaupt, dann nur unter Energiezufuhr ablaufen). Aussagen hierüber erlaubt die Thermodynamik von Gleichgewichtszuständen in **geschlossenen Systemen** unter Standardbedingungen. Geschlossen nennt man Systeme, die zwar Energie, nicht aber Materie mit ihrer Umgebung austauschen. Die beiden ersten Hauptsätze der Thermodynamik liefern dazu das prinzipielle Verständnis.

> Der **erste Hauptsatz** besagt, daß die innere Energie (U) eines völlig abgeschlossenen Systems, das also weder Energie noch Materie mit der Umgebung austauscht, immer konstant bleibt.

Führt man nun einem System eine bestimmte Menge an Energie, z.B. Wärmeenergie (ΔQ) zu (definitionsgemäß nennt man es dann nicht mehr abgeschlossenes, sondern geschlossenes System), so erhöht dies entweder die innere Energie des Systems (ΔU) oder führt zur Verrichtung einer Arbeit im System (ΔW). Die Zustandsänderung des Systems läßt sich daher in folgender Gleichung darstellen:

$\Delta Q = \Delta U + \Delta W$, was gleichbedeutend ist mit (Gl. 6.1)
$\Delta U = \Delta Q - \Delta W$ (Gl. 6.2)

Falls im Verlauf des Prozesses der Druck konstant bleibt ($\Delta p = 0$), wie es bei Organismen in der Regel der Fall ist, wird die Wärmeänderung (ΔQ) **Enthalpieänderung (ΔH)** genannt.

Nimmt ein System, wie im gewählten Beispiel, bei konstantem Druck Wärmeenergie auf ($\Delta H > 0$), spricht man von einem **endothermen** Prozeß. **Exotherm** ist ein Vorgang, bei dem das System Wärme abgibt ($\Delta H < 0$).

Wenn sämtliche dem System zugeführte Energie zur Verrichtung von Arbeit herangezogen werden könnte, also ΔQ gleich ΔW wäre ($\Delta Q = \Delta W$), würde sich die innere Energie des Systems nicht ändern ($\Delta U = 0$). Demnach ist auch ΔH ein Maß – nämlich bei konstantem Druck – für die maximal zur Arbeitsleistung eines Systems verfügbare Energiemenge!

Die Erfahrung zeigt, daß spontan, also freiwillig ablaufende Prozesse eine Richtung haben: Ein Apfel fällt vom Baum auf die Erde, nicht umgekehrt; ein warmer Körper kühlt ab, wenn die Wärmezufuhr aufhört, er wird sich nicht spontan erwärmen; die Farbstoffmoleküle eines Tropfens Tinte, den man in ein Gefäß mit Wasser gibt, verteilen sich mit der Zeit im gesamten Flüssigkeitsvolumen und werden sich nicht mehr zu dem ursprünglichen Tropfen Tinte versammeln usw. Gemeinsam ist allen spontanen Prozessen, daß sie unter Zunahme der Unordnung im System und/oder seiner Umge-

---

Box 6.2 Das Universum der Thermodynamik

In der Thermodynamik wird jeder betrachtete Raum (z.B. die Brennkammer eines Motorzylinders oder aber auch ein einzelnes Proteinmolekül) als **System** bezeichnet und das umgebende Kompartiment (also z.B. der die Brennkammer umgebende Zylinder oder die wäßrige Lösung, in der sich das Protein befindet) als dessen **Umgebung**. System plus Umgebung werden **Universum** genannt, unabhängig von den tatsächlichen Ausmaßen. Entscheidend ist, daß im betrachteten Universum das thermodynamische Verhalten von System und Umgebung komplett – oder doch genügend genau – ermittelt werden kann.

Es gibt drei Arten von Systemen: abgeschlossene Systeme, die weder Energie noch Materie mit ihrer Umgebung austauschen (Abb. **a**), geschlossene Systeme, die nur Energie, aber keine Materie austauschen (Abb. **b**) und offene Systeme, die mit ihrer Umgebung sowohl Energie als auch Materie austauschen (Abb. **c**). Alle Organismen sind offene Systeme.

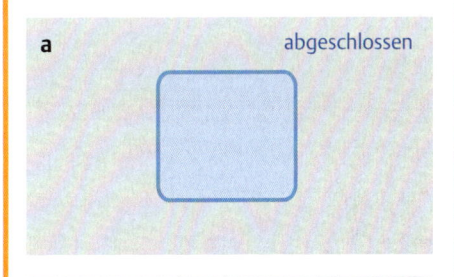

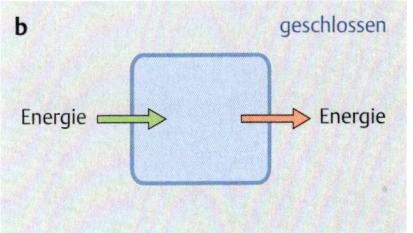

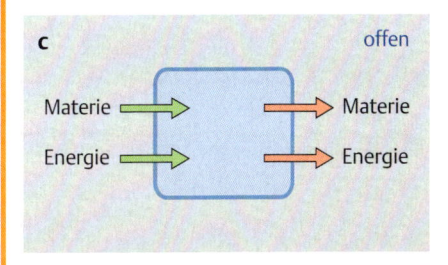

a abgeschlossen

b geschlossen
Energie → → Energie

c offen
Materie → → Materie
Energie → → Energie

bung ablaufen, d.h. sie streben einem Zustand möglichst gleichmäßiger Verteilung der Energie zu (Energiedissipation). In der Thermodynamik wird als Maß der Energiedissipation die **Entropie (S)** verwendet.

> Die Entropie nimmt bei spontan ablaufenden Prozessen stets zu ($\Delta S > 0$). Diese Aussage bezeichnet man als den **zweiten Hauptsatz** der Thermodynamik.

Bei jedem real ablaufenden Prozeß geht also immer ein Teil der insgesamt zur Verrichtung von Arbeit verfügbaren Energie durch die unvermeidliche Zunahme der Unordnung im System und/oder seiner Umgebung – als Wärme – verloren.

Viele biologische Prozesse verlaufen nicht nur bei konstantem Druck (isobar), sondern zudem bei konstanter Temperatur, also isotherm, Bedingungen, die zumindest näherungsweise als gegeben angenommen werden können. Für zugleich isobare und isotherme Prozesse wird der Anteil der Energie, der zur Arbeitsleistung verfügbar ist, ΔG genannt. Er ist gegeben durch:

$$\Delta G = \Delta H - T\Delta S \qquad (Gl.\ 6.3)$$

Der Buchstabe G ist nach dem Entdecker dieser Beziehung, Josiah Willard Gibbs, gewählt. G wird im Englischen Gibbs' free energy und im Deutschen **freie Enthalpie** genannt, T ist die Temperatur in Kelvin (0 °C = 273,16 K).

> Am Vorzeichen von ΔG eines Prozesses kann man erkennen, ob dieser freiwillig ($\Delta G < 0$, **exergonische Reaktion**) oder nicht ($\Delta G > 0$, **endergonische Reaktion**) abläuft.

Eine endergonische Reaktion kann durch Kopplung an eine exergonische Reaktion dennoch ablaufen, wenn ΔG des gekoppelten Prozesses insgesamt < 0 ist (energetische Kopplung, ein für sehr viele biologische Vorgänge wichtiges Prinzip, Kap. 6.1.4).

Um aber die freie Enthalpie bzw. ihre Änderung für eine Reaktion berechnen zu können, müssen u.a. die Konzentrationen der Reaktionspartner exakt bekannt sein. Für Reaktionen in der lebenden Zelle ist es jedoch in der Regel nicht möglich, die Konzentrationen der Reaktionspartner genau zu ermitteln. Daher muß man sich meist mit Standardwerten behelfen. Die auf den Umsatz von 1 Mol Reaktionspartnern bei der Referenztemperatur von 25 °C (298,16 K) und Normaldruck (1 bar = 0,1 MPa) bezogene freie Enthalpie wird **molare freie Standardenthalpie** genannt ($G°$, Einheit: $J\ mol^{-1}$). Änderungen der molaren freien Standardenthalpie ($\Delta G°$) sind zum Verständnis des Stoffwechsels besonders wichtig. Dies bedeutet aber, daß für alle Reaktionen, an denen Wasserstoff-Ionen beteiligt sind, $\Delta G°$ für eine Wasserstoff-Ionenkonzentration von $1\ mol\ l^{-1}$, also für pH 1, gilt, eine völlig unphysiologische Reaktionsbedingung (Plus **1.7** S. 44). Daher verwendet man in der Biochemie meist Standardwerte, die für pH 7 – also den Neutralpunkt, die Wasserstoff-Ionenkonzentration reinen Wassers, $10^{-7}\ mol\ l^{-1}$ – gelten ($\Delta G°'$).

6.1.2 Chemisches Potential

Zusätzlich kompliziert werden die Verhältnisse in der lebenden Zelle dadurch, daß ja nicht nur eine einzige Stoffwechselreaktion stattfindet, sondern daß zahllose Reaktionen gleichzeitig und nebeneinander ablaufen, die sich oft dazu noch gegenseitig beeinflussen. Glücklicherweise besagt die Thermodynamik, daß sich die freien Enthalpien aller Teilprozesse zur Gesamtenthalpie des Systems addieren und sich auch die Enthalpieänderungen additiv verhalten. Da nun meist die Betrachtung eines definierten Teilprozesses zum prinzipiellen Verständnis einer bestimmten Fragestellung schon ausreicht, kann man für diesen Teilprozeß auch thermodynamische Aussagen gewinnen, z. B. darüber, ob und in welcher Richtung er freiwillig abläuft. Hier hilft das **chemische Potential** weiter.

> Das **chemische Potential** (μ_i) stellt die molare freie Enthalpie einer Komponente i in einer Mischung mehrerer Komponenten dar.

Aus der allgemeinen Definitionsgleichung des chemischen Potentials (Gl. 1 in Plus **6.**1) läßt sich u. a. die Energie ableiten, die in Konzentrationsgradienten steckt, und so beispielsweise die Triebkraft für die Bewegung von Wassermolekülen in Zellen und Geweben, ja selbst zwischen der Pflanze und ihrer Umgebung ermitteln (Kap. 6.1.3). Auch die Energie elektrochemischer Gradienten und damit die Triebkraft von Ionengradienten geht aus der Gleichung des chemischen Potentials hervor. Sehr wichtig ist für alle Pflanzen die sog. protonmotorische Kraft, die elektrochemische Energie von Wasserstoff-Ionengradienten, die die Triebkraft für zahlreiche daran gekoppelte Transportprozesse über Biomembranen und zur ATP-Synthese liefert (Kap. 6.2.2).

6.1.3 Wasserpotential

Zum Verständnis des gesamten pflanzlichen Wasserhaushalts (Kap. 7) ist das Wasserpotential von großer Bedeutung.

> Als **Wasserpotential** Ψ_{H_2O} einer Lösung bezeichnet man die Abweichung des chemischen Potentials des Wassers von seinem Standardzustand ($\mu_{H_2O} - \mu°_{H_2O}$), bezogen auf das partielle Molvolumen des Wassers ($\overline{V}_{H_2O}$), die Volumenänderung des Systems bei Zufügen von 1 Mol H_2O.

Als Formel ausgedrückt, lautet diese Definition:

$$\Psi_{H_2O} \equiv \frac{\mu_{H_2O} - \mu°_{H_2O}}{\overline{V}} \quad \text{(Gl. 6.4)}$$

Ψ_{H_2O} hat die Dimension Energie pro Volumen, also Kraft pro Fläche (= Druck) und wird in der Druckeinheit bar oder Pa (Pascal, 1 bar = 0,1 MPa) angegeben.

Die Herleitung aus dem chemischen Potential des Wassers (Plus **6.**2) ergibt die folgende Beziehung:

$$\Psi_{H_2O} = p - \Pi + g \cdot h \cdot \rho_{H_2O} \quad \text{(Gl. 6.5)}$$

Π ist der osmotische Wert der Lösung (–Π wird auch als osmotisches Potential bezeichnet), und p ist der hydrostatische Druck, unter dem die Lösung steht (z. B. der Turgordruck, der sich im Inneren einer Zelle aufbaut). Hebt man eine Wassersäule im Schwerefeld der Erde an, so muß noch das durch den Hub erzeugte Druckpotential, gegeben durch $g \cdot h \cdot \rho_{H_2O}$, berücksichtigt werden. Es ist für den oft über große Distanzen (Höhe der Bäume!) erforderlichen Wasserferntransport von Bedeutung. In zellulären Dimensionen spielt dieses Teilpotential aber keine Rolle (h ≈ 0); daher vereinfacht sich für diese Fälle die Wasserpotentialgleichung weiter zu:

$$\Psi_{H_2O} = p - \Pi \quad \text{(Gl. 6.6)}$$

Plus 6.1 Chemisches Potential

Die Gleichung für das chemische Potential einer Substanz i (μ_i) stellt eine Summe von Teilpotentialen dar, die die Abweichungen vom Standardzustand ($\mu_i°$) beschreiben:

$$\mu_i = \mu_i° + R \cdot T \cdot \ln x_i + p \cdot \overline{V}_i + g \cdot h \cdot M_i + F \cdot E \cdot z_i$$
(Gl. 1)

$\mu_i°$: Standardpotential der reinen Substanz i bei 25 °C und Normaldruck (0,1 MPa);

$R \cdot T \cdot \ln x_i$: Konzentrationsterm (R = allgemeine Gaskonstante 8,314 J mol^{-1} K^{-1}; T = Temperatur in K; x_i = Stoffmengenanteil von Komponente i. Der Stoffmengenanteil von i ist das Verhältnis der Stoffmenge von i in Mol zur gesamten Stoffmenge aller Komponenten einschließlich Lösungsmittel);

$p \cdot \overline{V}_i$: Druckterm (p = Druck; $\overline{V}_i$ = partielles Molvolumen der Komponente i; dies entspricht der Volumenänderung im System bei Hinzufügen von 1 Mol der Substanz i. Näherungsweise kann man oft, z. B. bei Flüssigkeiten wie Wasser, das Molvolumen (V_{H_2O}) einsetzen, für Wasser also $\overline{V}_{H_2O} \approx V_{H_2O}$ = 18 ml mol^{-1});

$g \cdot h \cdot M_i$: Gravitationsterm (g = Gravitationskonstante 9,806 m s^{-2}; h = Hubhöhe; M_i = molare Masse von i);

$F \cdot E \cdot z_i$: elektrischer Term (F = Faraday-Konstante 96 490 J V^{-1} mol^{-1}; E = elektrische Spannung in Volt, V; z_i = Ladungszahl von i).

Die Dimension des chemischen Potentials ist Energie pro Mol (Einheit: J mol^{-1}).

In aller Regel interessiert jedoch, wie im Falle der freien Enthalpie, nicht der absolute Wert, sondern lediglich die Differenz des chemischen Potentials ($\Delta \mu_i$) zwischen zwei Zuständen oder Orten, z. B. zu beiden Seiten einer Biomembran. Bei der Differenzbildung fällt der Standardterm ($\mu_i°$) heraus, und es bleiben nur Konstanten bzw. experimentell zugängliche Parameter (Δx_i, Δp, Δh, ΔE) in der Gleichung stehen.

Plus 6.2 Herleitung des Wasserpotentials

Allgemein (Plus **6.1**) läßt sich das chemische Potential des Wassers schreiben als:

$\mu_{H_2O} = \mu°_{H_2O} + R \cdot T \cdot \ln x_{H_2O} + p \cdot \overline{V}_{H_2O} + g \cdot h \cdot M_{H_2O}$ (Gl. 1)

Da Wassermoleküle elektrisch nicht geladen sind ($z_{H_2O} = 0$), tritt kein elektrischer Term in dieser Gleichung auf (vgl. Plus **6.1**, Gl. 1).
Nun kann man ersetzen:
1. den Stoffmengenanteil des Wassers durch den Stoffmengenanteil aller im Wasser gelösten Teilchen ($x_{H_2O} = 1 - \Sigma x_i$, da per definitionem gilt $x_{H_2O} + \Sigma x_i = 1$);
2. die molare Masse des Wassers (M_{H_2O}) durch die Beziehung $\rho_{H_2O} \cdot V_{H_2O}$ (Dichte des Wassers mal Molvolumen des Wassers, $V_{H_2O} = 18$ ml mol^{-1}, ergibt die molare Masse des Wassers);
3. V_{H_2O} durch $\overline{V}_{H_2O}$, denn V_{H_2O} ist annähernd gleich $\overline{V}_{H_2O}$, dem partiellen Molvolumen des Wassers, also der Volumenänderung des Systems durch Zufügen von 1 Mol Wasser.

Ferner gilt:
1. $\ln(1-x) \approx -x$ und
2. $\Sigma x_i = V_{H_2O} \cdot \Sigma c_i$ (c = molare Konzentration).

Mit diesen Beziehungen läßt sich Gl. 1 näherungsweise umformen zu:

$\mu_{H_2O} = \mu°_{H_2O} - R \cdot T \cdot \overline{V}_{H_2O} \cdot \Sigma c_i + p \cdot \overline{V}_{H_2O} + g \cdot h \cdot \rho_{H_2O} \cdot \overline{V}_{H_2O}$ (Gl. 2)

Nun ist aber $R \cdot T \cdot \Sigma c_i \approx \Pi$ (Π = osmotischer Druck, Van't-Hoff-Beziehung), also kann man schreiben:

$\mu_{H_2O} = \mu°_{H_2O} - \Pi \cdot \overline{V}_{H_2O} + p \cdot \overline{V}_{H_2O} + g \cdot h \cdot \rho_{H_2O} \cdot \overline{V}_{H_2O}$ (Gl. 3)

Dies ist dasselbe wie:

$$\frac{\mu_{H_2O} - \mu°_{H_2O}}{\overline{V}_{H_2O}} = p - \Pi + g \cdot h \cdot \rho_{H_2O} \qquad \text{(Gl. 4)}$$

Vor dem Gleichheitszeichen steht nun die Definition des Wasserpotentials Ψ_{H_2O} (Kap. 6.1.3).
$\mu°_{H_2O}$ ist das chemische Potential reinen Wassers im Standardzustand (Normaldruck 0,1 MPa, 25 °C). Demnach ist auch das Wasserpotential reinen Wassers unter Standardbedingungen $\Psi_{H_2O} = 0$ MPa.

In welchen Grenzen kann das Wasserpotential einer Zelle schwanken (Abb. **6.2**)? Durch osmotische Wasseraufnahme in die Zelle wird der hydrostatische Druck, bedingt durch die elastische Wandspannung der sich ausdehnenden Zelle, maximal solange zunehmen, bis er den Wert des osmotischen Drucks erreicht ($p = \Pi$). Dann ist $\Psi_{H_2O} = 0$ MPa, und es steht keinerlei treibende Kraft für eine weitere Wasseraufnahme mehr zur Verfügung, physiologisch gesprochen herrscht völlige **Turgeszenz**. Dieser Grenzwert kann aber nur erreicht werden, wenn die Zelle von reinem Wasser umgeben ist, dessen Wasserpotential definitionsgemäß den Wert Null besitzt ($\Psi_{H_2O} = 0$ MPa, Gl. 6.4).

Allgemein gilt, daß eine Zelle nur solange Wasser aus der Umgebung aufnehmen kann, bis ihr Wasserpotential den Wert des Wasserpotentials der Umgebungslösung angenommen hat und somit keine weitere Triebkraft mehr zur Verfügung steht ($\Delta\Psi_{H_2O} = 0$).

Andererseits kann die Triebkraft zur Wasseraufnahme maximal den Wert $\Psi_{H_2O} = -\Pi$ annehmen, und zwar wenn p gleich 0 wird ($p = 0$). Es herrscht dann keinerlei Turgordruck in der Zelle mehr, physiologisch ist dies der Zustand der **Welke**.

Durch Veränderung der Konzentration an osmotisch aktiven Teilchen in der Zelle wird also die maximal verfügbare Triebkraft zur Wasseraufnahme herauf- oder herabgesetzt. Dies kann aber auch durch eine Veränderung des Wertes von p geschehen, ein Prozeß, der für die Regulation des Zellwachstums von Bedeutung ist: Eine Erhöhung der plastischen Verformbarkeit der Zellwand beschleunigt das Zellwachstum, denn der letztlich durch die Zellwanddehnung erzeugte Turgordruck nimmt ab, wenn die Wand nachgibt, das Wasserpotential wird dadurch negativer, und die Zelle expandiert unter verstärkter Wasseraufnahme rascher.

Pflanzen – wie alle Organismen – können Wassermoleküle nicht aktiv transportieren; in molekularen Dimensionen bewegen sich Wassermoleküle daher ausschließlich passiv durch Diffusion bzw. Osmose (Box **6.3**)

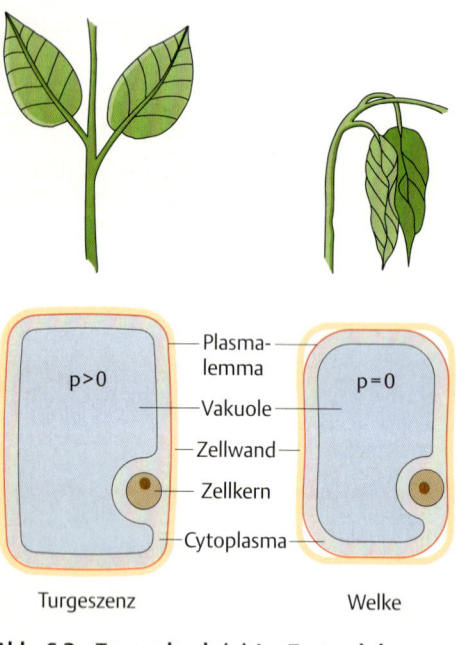

Abb. 6.2 Turgordruck (p) im Zustand der Turgeszenz und der Welke.

Box 6.3 Diffusion und Osmose

Unter **Diffusion** versteht man das Bestreben eines gasförmigen oder gelösten Stoffes, sich in dem zur Verfügung stehenden Raum bzw. Lösungsmittel gleichmäßig zu verteilen, da die gleichmäßige Verteilung bzw. Durchmischung den Zustand geringster Ordnung (also höchster Entropie) darstellt und dann keine Differenzen im chemischen Potential an verschiedenen Orten des Systems mehr auftreten (Abb. **a**). Diffusion hat ihre molekulare Ursache in der thermischen Bewegungsenergie der Moleküle (**Brownsche Molekularbewegung**).

Der Substanzfluß (J), d. h. die pro Flächen- (ΔF) und Zeiteinheit (Δt) diffundierende Stoffmenge (Δm), ist proportional zum Konzentrationsgradienten der diffundierenden Substanz ($\Delta c/\Delta x$), der Proportionalitätsfaktor wird Diffusionskoeffizient D genannt (**1. Ficksches Diffusionsgesetz**):

$$J \equiv \frac{\Delta m}{\Delta t \cdot \Delta F} = -D \cdot \frac{\Delta c}{\Delta x} \quad \text{(Gl. 1)}$$

Das Minuszeichen in der Gleichung bedeutet, daß ein positiver Substanzfluß in Richtung des fallenden Konzentrationsgradienten (vom Ort positiveren zum Ort negativeren chemischen Potentials der diffundierenden Substanz) stattfindet. Diffusion durch eine selektiv permeable Membran, die zwar das Lösungsmittel, nicht aber den gelösten Stoff hindurchdiffundieren läßt, wird **Osmose** genannt. Diese Situation ist für Biomembranen gegeben, die Wasser, nicht aber die meisten der im Wasser gelösten Stoffe (z. B. Zucker) permeieren lassen. Der Botaniker Wilhelm Pfeffer hat diesen Prozeß erstmals exakt untersucht.

Osmose läßt sich am besten anhand einer Pfefferschen Zelle (Abb. **b**) verstehen. Das durch eine selektiv permeable Membran gegen die Außenlösung abgeteilte, mit einem Steigrohr versehene Gefäß enthält eine wäßrige Lösung einer impermeablen Substanz (z. B. Saccharose, Rohrzucker). Wird diese Pfeffersche Zelle in ein Gefäß mit einer verdünnteren Lösung dieser Substanz – oder in reines Wasser – getaucht, so besteht eine Wasserpotentialdifferenz zwischen beiden Kompartimenten: Das Wasserpotential der höher konzentrierten Lösung ist negativer als das der niedriger konzentrierten Lösung, und im Falle reinen Wassers hat es definitionsgemäß den Wert $\Psi_{H_2O} = 0$ MPa (Kap. 6.1.3 Gl. 6.4). Wasser strömt also in die Pfeffersche Zelle ein. Der Einstrom von Wasser hat eine Volumenvergrößerung und dadurch bedingt den Aufbau eines zunehmenden hydrostatischen Druckes p in der Zelle zur Folge. Dadurch nimmt das Wasserpotential im Inneren der Zelle ab ($\Psi_{H_2O} = p - \Pi$), und zwar solange, bis der Wert des Wasserpotentials der Außenlösung erreicht ist und damit zwischen beiden Kompartimenten keine Wasserpotentialdifferenz – und damit keine Triebkraft – mehr besteht. Verwendet man reines Wasser als Außenlösung, kommt der osmotische Wassereinstrom dann zum Erliegen, wenn $\Psi_{H_2O} = 0$ MPa (das Wasserpotential reinen Wassers) erreicht ist; es ist dann $p = \Pi$, d. h. es läßt sich aus dem hydrostatischen Druck p der osmotische Wert Π der in der Zelle befindlichen Lösung errechnen, die Pfeffersche Zelle arbeitet als **Osmometer**.

Die lebende Zelle kann direkt mit einer Pfefferschen Zelle verglichen werden (Abb. **c**). Der osmotische Einstrom von Wasser über die Zellmembran führt zu einer elastischen Spannung der Zellwand, die einen Druck auf den Protoplasten ausübt, der **Turgordruck** genannt wird. Wasser strömt nur solange in die Zelle ein, bis ihr Wasserpotential das des umgebenden Apoplasten erreicht hat, der meist eine wäßrige Lösung sehr geringen osmotischen Werts enthält.

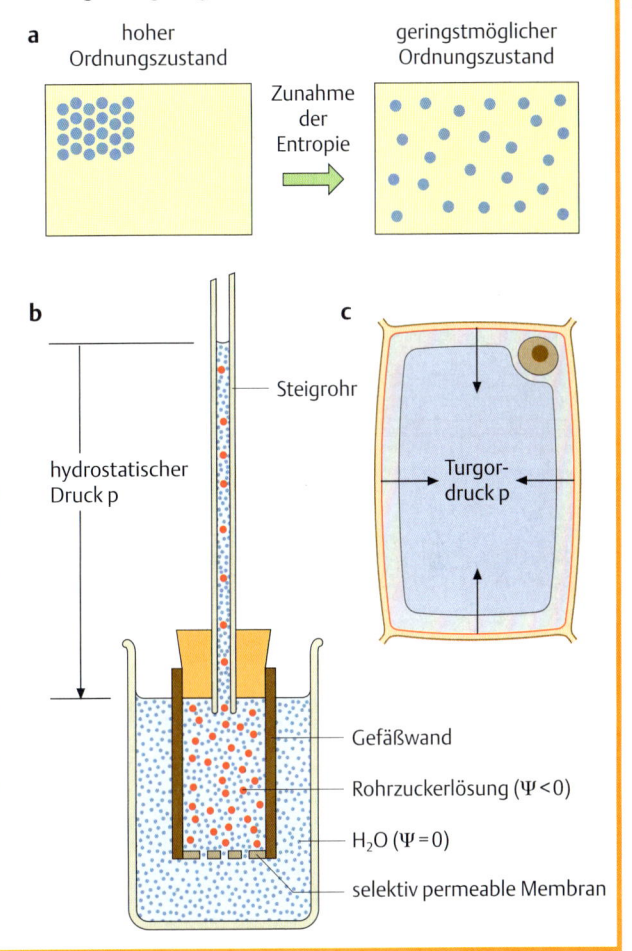

a hoher Ordnungszustand — geringstmöglicher Ordnungszustand

Zunahme der Entropie

b hydrostatischer Druck p

Steigrohr

c Turgordruck p

Gefäßwand
Rohrzuckerlösung ($\Psi < 0$)
H_2O ($\Psi = 0$)
selektiv permeable Membran

vom Ort höherer zum Ort geringerer Wasserkonzentration. Die treibende Kraft ist dabei der Wasserpotentialunterschied bzw. der Wasserpotentialgradient:

> Wassermoleküle diffundieren stets vom Ort positiveren zum Ort negativeren Wasserpotentials, denn in dieser Richtung ist der Prozeß exergonisch und verläuft daher spontan.

Bringt man eine turgeszente Zelle in eine hypertonische Lösung, also in eine Lösung, deren osmotisches Potential negativer (deren osmotischer Wert höher) als das des Zellsaftes ist, so verliert die Zelle binnen Sekunden Wasser an die Umgebungslösung, und zwar so lange, bis das osmotische Potential des Zellsaftes gleich dem der Umgebungslösung ist (Plus **6.3**). Dabei schrumpft der Protoplast infolge des Wasserverlustes und löst sich schließlich von der Zellwand ab (**Plasmolyse**, Abb. **6.3**). Je nach der Wandhaftung und Konsistenz des Cytoplasmas erfolgt die Ablösung entweder glatt und unter baldiger Abrundung des Plasmaschlauches (Konvexplasmolyse) oder es entstehen bei starker Wandhaftung recht bizarre Formen, die je nach dem Grade der Verzerrung als Konkav- oder Krampfplasmolyse bezeichnet werden. Häufig wird das Cytoplasma dabei zu dünnen Fäden ausgezogen, die noch mit den Plasmodesmen in Verbindung stehen (Hechtsche Fäden). Den Zustand, in dem der Protoplast gerade beginnt, sich von der Zellwand abzulösen, bezeichnet man als **Grenzplasmolyse**.

Überführt man die plasmolysierte Zelle in eine hypotonische Lösung, also in eine Lösung, deren osmotisches Potential positiver (deren osmotischer Wert geringer) ist als das der Zelle, so kommt es ebenso rasch wieder zur **Deplasmolyse** infolge osmotischen Wassereinstroms in die Zelle, bis schließlich die Turgeszenz wiederhergestellt ist. Die Zelle bleibt also auch im plasmolysierten Zustand lebensfähig, und die Barrierefunktion des Plasmalemmas und des Tonoplasten bleibt erhalten (S. 103).

Durch Verwendung einer Umgebungslösung, bei der sich gerade Grenzplasmolyse einstellt (isotonische Lösung), läßt sich das osmotische Potential von Zellen auf einfache Weise annähernd bestimmen, denn es ist hier gleich dem – bekannten – osmotischen Potential der Lösung.

Matrikales Wasserpotential (Matrixpotential): Das der bisherigen Definition des Wasserpotentials zugrunde liegende chemische Potential

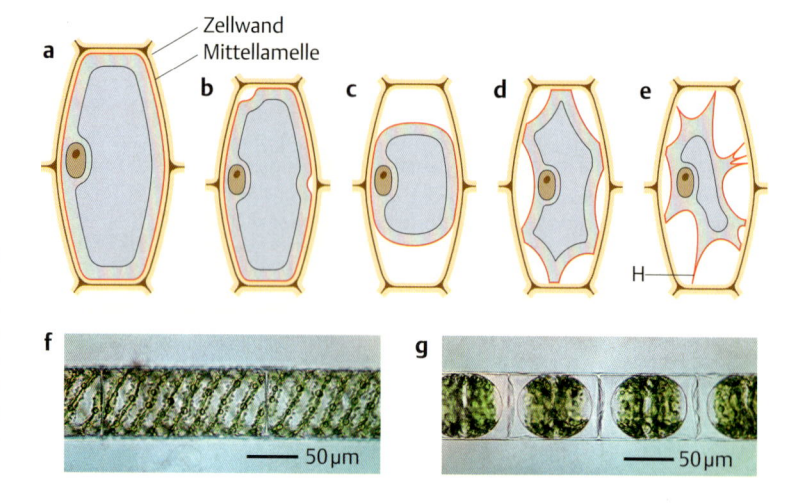

Abb. 6.3 Plasmolyseformen, schematisch.
a Vollturgeszente Zelle. **b** Entspannte Zelle im Zustand der Grenzplasmolyse. **c** Konvexplasmolyse. **d** Konkavplasmolyse. **e** Krampfplasmolyse. Plasmalemma rot, Tonoplast schwarz, Vakuoleninhalt blau, Zellkern mit Nucleolus braun, Cytoplasma grau. H Hechtscher Faden. **f** und **g** Fadenthalli (Ausschnitte) von *Spirogyra*, **f** turgeszent in hypotonischer Lösung, **g** plasmolysiert in hypertonischer Lösung.

> **Plus 6.3 Ermittlung des osmotischen Potentials und des Wasserpotentials**
>
> Eine Lösung L in einem zur Atmosphäre offenen Gefäß hat ein Wasserpotential, das gleich seinem osmotischen Potential ist, da sich – im Unterschied zur Pfefferschen Zelle oder einer lebenden Zelle – kein hydrostatischer Binnendruck aufbaut, wenn es zu Volumenveränderungen kommt:
>
> $\Psi^L_{H_2O} = -\Pi^L$ (Gl. 1)
>
> Bringt man eine turgeszente Zelle Z in eine isotonische Lösung, deren osmotisches Potential $-\Pi^Z$ genau gleich dem osmotischen Potential der Lösung $-\Pi^L$ ist, so wird das Wasserpotential der Zelle positiver sein als das der Lösung ($\Psi^Z_{H_2O} > \Psi^L_{H_2O}$), denn es herrscht in ihr ja ein Turgordruck und es gilt:
>
> $\Psi^Z_{H_2O} = p - \Pi^Z$ (Gl. 2)
>
> Demzufolge strömt solange Wasser aus der Zelle in die Umgebungslösung, bis der Zellturgor (p) den Wert 0 MPa angenommen hat und also gilt:
>
> $\Psi^Z_{H_2O} = \Psi^L_{H_2O}$ bzw. $-\Pi^Z = -\Pi^L$ (Gl. 3)
>
> In dem Zustand der **Grenzplasmolyse** (p = 0 MPa) kann also aus dem bekannten osmotischen Potential der Umgebungslösung das osmotische Potential des Zellsaftes näherungsweise ermittelt werden.
> Ist das osmotische Potential der Umgebungslösung negativer als das der Zelle, so wird in einer solchen hypertonischen Lösung die Zelle zunächst Wasser bis zum Turgorverlust und danach – unter zunehmender Konzentrierung des Zellsaftes – weiter Wasser an die Umgebung verlieren, bis die osmotischen Potentiale von Zellsaft und Umgebungslösung gleich sind. Wegen der mit dem Wasserverlust verbundenen Schrumpfung des Protoplasten tritt – je nach Ausmaß der Volumenabnahme – mehr oder weniger starke Plasmolyse ein (Abb. **6.3**).
> Auch Wasserpotentiale von Zellen und – technisch einfacher – von Geweben lassen sich auf vergleichbarem Wege näherungsweise ermitteln. Dazu werden aus einem Gewebe entnommene Segmente in Lösungen unterschiedlichen osmotischen Potentials gelegt und die nach einigen Minuten eingetretene Gewichtszunahme bzw. -abnahme wird, z. B. mit einer Waage, ermittelt. Diejenige Lösung, bei der das Präparat keine Gewichtsveränderung aufweist (also weder Wasser abgegeben noch aufgenommen hat) besitzt ein Wasserpotential (Gl. 1), das dem Wasserpotential des untersuchten Gewebes entspricht.
> Sowohl bei Plasmolyseversuchen als auch bei der geschilderten Methode zur Ermittlung des Wasserpotentials muß darauf geachtet werden, daß das in den Umgebungslösungen verwendete Osmotikum nicht in die Zellen eindringt und somit deren osmotisches Potential verändert. Für Pflanzenzellen verwendet man beispielsweise Sorbit oder Mannit und auf alle Fälle möglichst kurze Inkubationszeiten von wenigen Minuten. Die nach Stunden in hypertonischer Lösung wieder verschwindende Plasmolyse zeigt, daß es mit der Zeit zu einem osmotischen Ausgleich kommt.

ist nur auf Stoffgemische (z. B. Gasgemische, Lösungen) anwendbar. Oft treten jedoch Wassermoleküle in sehr dünnen, nur wenige Moleküllagen dicken Schichten auf, die zudem sehr stark gekrümmt sind. Beispiele sind die Hydrathüllen um Makromoleküle in ausgetrockneten Zellwänden oder die Hydrathüllen der Bodenkolloide in trockenen Böden. Ein stark gekrümmter dünner Flüssigkeitsfilm entwickelt einen lokalen, stark negativen hydrostatischen Druck (Sog). Dieses Druckpotential kommt durch die – beim Wasser sehr hohe – Oberflächenspannung (γ) zustande und berechnet sich nach:

$p = -2 \cdot \gamma \cdot r^{-1}$ (r Radius) (Gl. 6.7)

Ist r groß, ist dieses Druckpotential vernachlässigbar. Wird aber r sehr klein, wie es bei mikroskopischen Strukturen, Kolloiden und Molekülen der Fall ist, erreicht p sehr stark negative Werte (Abb. **6.4**) und wird zur dominierenden Komponente des gesamten Wasserpotentials. Da in diesen dünnen Wasserfilmen auch keine Konzentrationen für gelöste Substanzen mehr ermittelt werden können, gibt man in solchen Fällen das Wasserpotential insgesamt als **Matrixpotential** (genauer matrikales Wasserpotential) τ an:

$\Psi_{H_2O} = \tau \approx -2 \cdot \gamma \cdot r^{-1}$ (Gl. 6.8)

Matrixpotentiale bestimmen den Prozeß der **Quellung** – also die Wasseraufnahme sehr stark ausgetrockneter Pflanzenteile, z. B. von trockenen

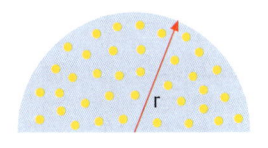

r groß, schwach negativer hydrostatischer Druck

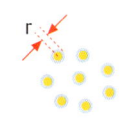

r klein, stark negativer hydrostatischer Druck

Abb. 6.4 Druckpotential dünner, stark gekrümmter Wasserfilme.

Samen (die oft einen Restwassergehalt von nur 5% haben), Flechtenthalli, ausgetrockneten Zellwänden – und die Rückhaltung von Quellungswasser an Bodenkolloiden (Kap. 7.2). Matrixpotentiale werden aber auch als **Kapillarkräfte** wirksam und sind damit neben der Ausbildung von Hydrathüllen z. B. für die Wasseraufnahme in die fibrillären Zwischenräume der Zellwände und die Innenräume abgestorbener Zellen bedeutsam (S. 238). Manche austrocknungsresistente Algen und Flechten entwickeln so stark negative Matrixpotentiale, daß sie bei hinreichend hoher Luftfeuchtigkeit ihren Wasserbedarf durch Adsorption von Wasserdampf decken. In trockenen Flechtenthalli wurden Werte negativer als –100 MPa ermittelt!

6.1.4 Energiewandlung und energetische Kopplung

Viele Prozesse und chemische Reaktionen verlaufen in der Zelle scheinbar unter Zunahme der freien Enthalpie ($\Delta G > 0$), also endergonisch. Beispielsweise nehmen Zellen viele Ionen gegen ein Konzentrationsgefälle auf. Besonders deutlich ist dies im Falle von Kalium-Ionen, deren intrazelluläre Konzentration mitunter tausendfach über der im Apoplasten liegt. Auch die Bildung von Zuckern aus H_2O und CO_2 ist stark endergonisch. Spontan laufen aber nur exergonische Prozesse ($\Delta G < 0$) ab (Kap. 6.1.1). Der Trick, wie endergonische Prozesse stattfinden können, ist, daß sie an exergonische gekoppelt werden, sodaß der Gesamtprozeß bzw. die Gesamtreaktion netto exergonisch verläuft, wie am Beispiel der Bildung von Glucose-6-phosphat in Abb. **6.5** gezeigt ist. Als exergonische Teilreaktion dient häufig die Spaltung einer energiereichen Bindung.

> Unter **energiereichen Bindungen** versteht man in der Biochemie chemische Bindungen, deren Spaltung durch Wasser (Hydrolyse) stark exergonisch, mit einer molaren freien Standardenthalpie $\Delta G°' < -25$ kJ mol^{-1}, verläuft.

Chemisch handelt es sich bei solchen energiereichen Bindungen zumeist um Phosphoanhydridbindungen, wie sie z. B. in Carbonsäurephosphaten und Anhydriden zweier Phosphorsäuremoleküle vorliegen. Letztere kommen z. B. im Adenosintriphosphat (ATP) vor, der wichtigsten „energierei-

Abb. 6.5 Energetische Kopplung. Durch direkte chemische Kopplung einer endergonischen Reaktion (1) an eine exergonische Reaktion (2) wird auch die – spontan alleine nicht ablaufende – endergonische Teilreaktion ermöglicht, sofern die gekoppelte Reaktion (3) netto exergonisch ist. Reaktion (3) wird durch das Enzym Hexokinase katalysiert. $\Delta G°'$ = molare freie Standardenthalpie bei pH 7.

(1) D-Glucose + Phosphat —endergonisch→ D-Glucose-6-phosphat
$\Delta G°' = +13{,}8$ kJ mol^{-1}

(2) ATP + H_2O —exergonisch→ ADP + Phosphat
$\Delta G°' = -30{,}5$ kJ mol^{-1}

gekoppelte Reaktion (1) + (2):

(3) D-Glucose + ATP —exergonisch→ D-Glucose-6-phosphat + ADP
$\Delta G°' = (-30{,}5 + 13{,}8)$ kJ mol^{-1} = $-16{,}7$ kJ mol^{-1}

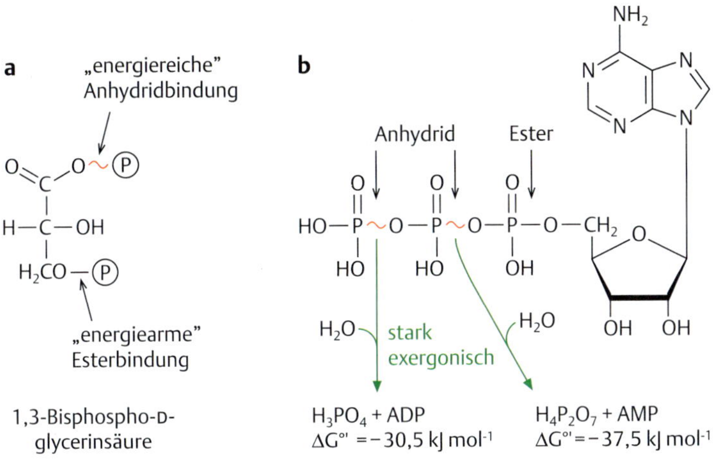

Abb. 6.6 Energiereiche Bindungen. a Anhydrid aus Phosphorsäure und Carbonsäure am Beispiel von 1,3-Bisphosphoglycerinsäure und Formalismus zur Vereinfachung der Strukturformeln phosphorylierter Verbindungen. **b** Hydrolyse der energiereichen Anhydridbindungen von ATP. H_3PO_4 Phosphorsäure; $H_4P_2O_7$ Pyrophosphorsäure. Ebenso wie die organisch gebundene Phosphorsäure liegen auch die freien Phosphorsäuren bei physiologischen pH-Werten dissoziiert, als Phosphat bzw. Pyrophosphat, vor.

Zur Vereinfachung von Strukturformeln wird in der biochemischen Literatur mit Ⓟ ein gebundener Phosphorsäurerest bezeichnet.

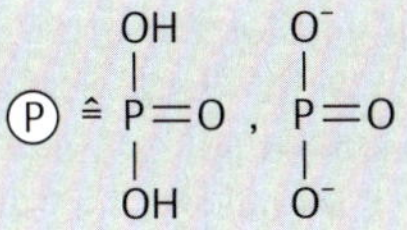

chen" Verbindung des Stoffwechsels (Abb. **6.6**). Die Spaltung einer der beiden Phosphoanhydridbindungen treibt zahlreiche endergonische Stoffwechselreaktionen an.

Die Knüpfung der Anhydridbindungen bei der Bildung von ATP ist demnach ein stark endergonischer Prozeß. Sie wird auf zweierlei Weise bewerkstelligt: einerseits von ATP-Synthasen, die von der elektrochemischen Energie eines Wasserstoff-Ionengradienten angetrieben werden (S. 267), andererseits durch chemische Kopplung an eine sehr stark exergonische Reaktion (Substratkettenphosphorylierung, S. 335 und S. 338).

Neben der direkten chemischen Kopplung exergonischer und endergonischer Reaktionen ist auch eine elektrochemische Kopplung verbreitet. Intermediär treten dabei Ionengradienten, vor allem Wasserstoff-Ionengradienten, auf, deren Energie nachgeschaltete Reaktionen (z. B. Transportprozesse oder ATP-Synthese) antreibt. So wird die Aufnahme von Kalium-Ionen gegen das Konzentrationsgefälle durch die elektrische Komponente der protonmotorischen Kraft an der Zellmembran getrieben. Diese Kraft wird durch Protonenpumpen erzeugt, die ihrerseits Energie aus der Hydrolyse der energiereichen Verbindung ATP beziehen (Kap. 6.2.2). Die sehr stark endergonische Bildung von Zuckern in der Photosynthese wird durch die von den Chlorophyllen absorbierte Lichtenergie angetrieben (Abb. **6.1** und Kap. 8.1).

In Organismen sind energetische Kopplungen verschiedenster Art realisiert, viele sind mit Energiewandlungen, also der Nutzung einer bestimmten Energiequelle (z. B. Lichtenergie) und ihrer Umwandlung in eine andere Energieform (z. B. elektrochemische Energie), verbunden.

6.2 Transport durch Biomembranen

Biomembranen grenzen nicht nur den lebenden Protoplasten gegen seine unbelebte Umgebung ab, sie gliedern auch – in geringerem Maße bei den Prokaryoten, in starkem Maße bei allen Eucyten – das Zellinnere in Reaktionsräume (Kompartimente) mit jeweils charakteristischen Aufgaben und dienen so der arbeitsteiligen Spezialisierung der Zelle (Kap. 2 und Kap. 3).

Biomembranen sind daher zunächst Barrieren, allerdings keine absoluten: Durch alle Biomembranen hindurch findet ein reger und selektiver Stoffaustausch statt, der von Transportproteinen katalysiert wird. Ohne ein Zutun von Proteinen, also durch reine Diffusion (Box **6.3** S. 213), können dagegen nur sehr wenige Moleküle Lipiddoppelschichten von Biomembranen durchqueren.

6.2.1 Permeabilität von Biomembranen

Zu beiden Seiten einer Biomembran bestehen hinsichtlich der vorkommenden Molekülsorten und/oder ihrer jeweiligen Konzentrationen – oft sehr große – Unterschiede. Es existiert somit für praktisch alle gelösten Substanzen ein Unterschied in ihrem chemischen Potential zwischen zwei Kompartimenten und daher eine Triebkraft, die zur Diffusion vom Ort der höheren zum Ort der niedrigeren Konzentration der jeweiligen Substanz und somit zum raschen Konzentrationsausgleich führen würde, wenn die Kompartimente nicht durch eine Biomembran getrennt wären.

Die Lipiddoppelschichten der Biomembranen sind nur für sehr kleine, ungeladene Moleküle (z. B. O_2, N_2, H_2O, CO_2) und für sehr kleine organische Moleküle (z. B. Ethylen, Ethanol, in sehr viel geringerem Maße bereits Glycerin) schwach permeabel. Hydratisierte Ionen (z. B. anorganische Anionen und Kationen, organische Säuren), polare Moleküle (z. B. Zucker, Aminosäuren) und generell Moleküle mit einer Molekülmasse oberhalb von 75–100 Da überwinden Lipiddoppelschichten gar nicht (Abb. **2.15** S. 65). Solche Moleküle werden daher vom Plasmalemma wirksam in der Zelle zurückgehalten. Dies ermöglicht den Aufbau stark negativer osmotischer Potentiale in Pflanzenzellen (in anderen Worten: eines stark negativen intrazellulären Wasserpotentials, Werte Kap. 7.3), was zu einem osmotischen Wassereinstrom in die Zelle und zum Aufbau des Zellturgors führt (Box **6.3**, Kap. 6.1.3 und Kap. 6.2.2).

> Die Lipiddoppelschicht wirkt also aufgrund ihrer Struktur wie ein Molekularsieb, das nur Teilchen mit einem sehr kleinen Durchmesser – im Bereich weniger Å – langsam passieren läßt (1 Å = 10^{-10} m).

Neben der Aufgabe, für den Zellstoffwechsel benötigte Moleküle in der Zelle zurückzuhalten, haben Biomembranen eine weitere wesentliche Funktion zu erfüllen: Sie gewährleisten einen geregelten Stoffaustausch zwischen Zelle und extrazellulärem Raum sowie zwischen den verschiedenen Zellkompartimenten. Dies geschieht mithilfe spezifischer Transportproteine, die in großer Vielfalt in Biomembranen vorkommen und von denen jede Biomembran eine charakteristische und von anderen Membransorten abweichende Ausstattung besitzt.

6.2.2 Transportproteine in Biomembranen

In Biomembranen vorkommende Transportproteine lassen sich anhand ihrer Transportmechanismen in Poren, Kanäle, Translokatoren (= Carrier) und Pumpen einteilen sowie nach energetischen Gesichtspunkten in passive Transporter, die eine erleichterte Diffusion bis zum Konzentrationsausgleich ermöglichen, und aktive Transporter, die ein Teilchen gegen seinen Konzentrationsgradienten transportieren und dazu Energie benötigen (Abb. 6.7). Primär aktive Transporter (Pumpen) hydrolysieren, gekoppelt an den Transportvorgang, eine energiereiche Verbindung, meist ATP. Sekundär aktive Transporter nutzen von Pumpen erzeugte elektrochemische Gradienten – bei Pflanzen Wasserstoff-Ionengradienten – als Triebkraft für den Transport.

Weitere Charakteristika des proteinvermittelten Transports sind seine meist hohe **Spezifität** für das zu transportierende Teilchen und – im Gegensatz zur Diffusion – die **Saturierbarkeit**, also die Sättigung des Transportvorgangs dann, wenn alle Transporter mit maximaler Transportrate arbeiten. Die Aktivität vieler Transporter in der Zelle ist zudem **regulierbar**, und auch die Anzahl der Transportermoleküle in der Membran kann je nach physiologischen Erfordernissen variiert werden.

Pumpen: Die primär aktiven Transporter werden Pumpen genannt, da sie Teilchen gegen deren chemisches Potentialgefälle – vom Ort niedrigerer zum Ort höherer Teilchenkonzentration – transportieren, sie energetisch betrachtet also „bergauf pumpen" können. Netto ist der Transportvorgang dennoch exergonisch, da er unter Hydrolyse einer energiereichen Verbindung – meist ATP, in wenigen Fällen auch von Pyrophosphat – verläuft. Die Pumpen sind also ATPasen oder Pyrophosphatasen.

Die wichtigsten pflanzlichen Transport-ATPasen transportieren Wasserstoff-Ionen aus dem Cytoplasma in einen extracytoplasmatischen

Abb. 6.7 Klassen und charakteristische Eigenschaften von Transportproteinen in Biomembranen. In Reaktionsgleichungen und Formelbildern wird zur Vereinfachung ein freier oder freigesetzter Phosphatrest mit P_i abgekürzt (i von engl.: inorganic, anorganisch). Offene Pfeilspitzen Transportprozesse, geschlossene Pfeilspitzen chemische Umwandlungen.

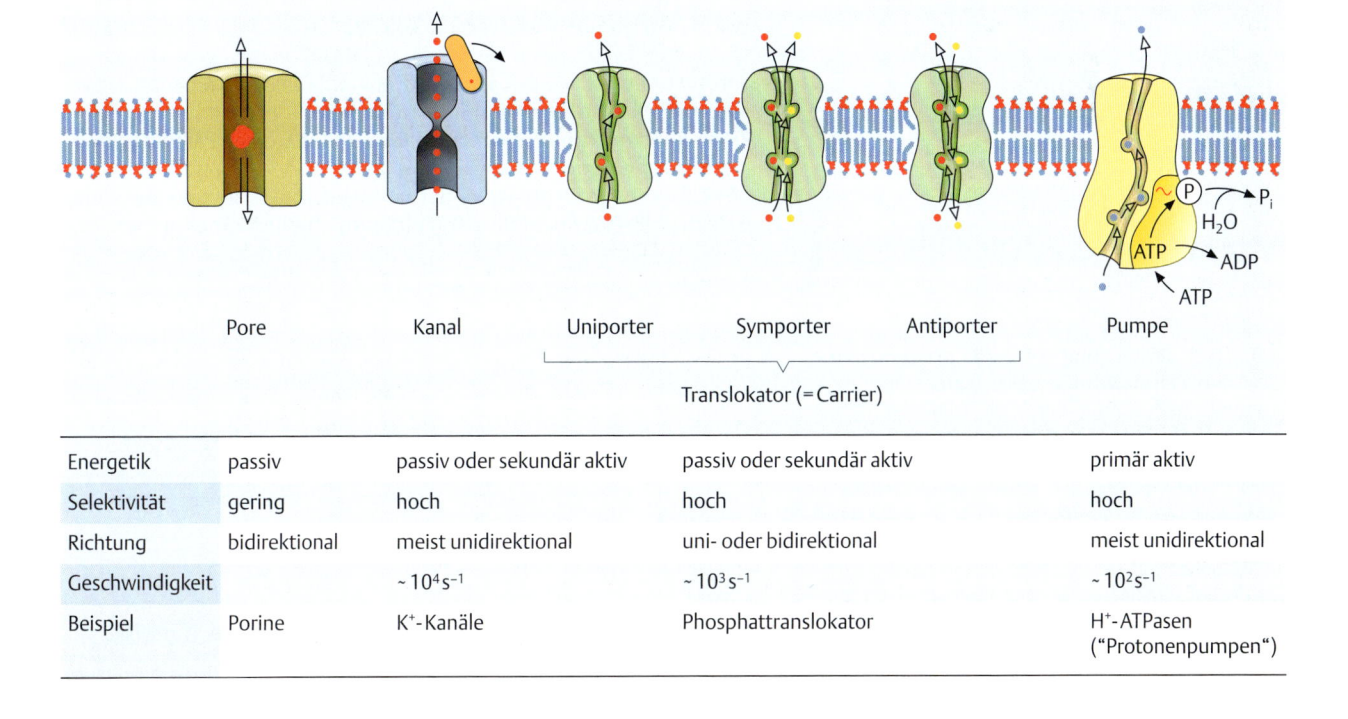

	Pore	Kanal	Uniporter	Symporter	Antiporter	Pumpe
Energetik	passiv	passiv oder sekundär aktiv	passiv oder sekundär aktiv			primär aktiv
Selektivität	gering	hoch	hoch			hoch
Richtung	bidirektional	meist unidirektional	uni- oder bidirektional			meist unidirektional
Geschwindigkeit		$\sim 10^4\,s^{-1}$	$\sim 10^3\,s^{-1}$			$\sim 10^2\,s^{-1}$
Beispiel	Porine	K^+-Kanäle	Phosphattranslokator			H^+-ATPasen ("Protonenpumpen")

Translokator (= Carrier): Uniporter, Symporter, Antiporter

Abb. 6.8 H⁺-ATPasen und durch die protonmotorische Kraft angetriebene ATP-Synthasen der Pflanzenzellen. Grüne Pfeile exergonische Reaktionen, rote Pfeile endergonische Reaktionen. Offene Pfeilspitzen Transportprozesse, geschlossene Pfeilspitzen chemische Umwandlungen.

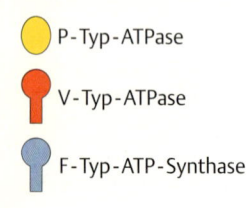

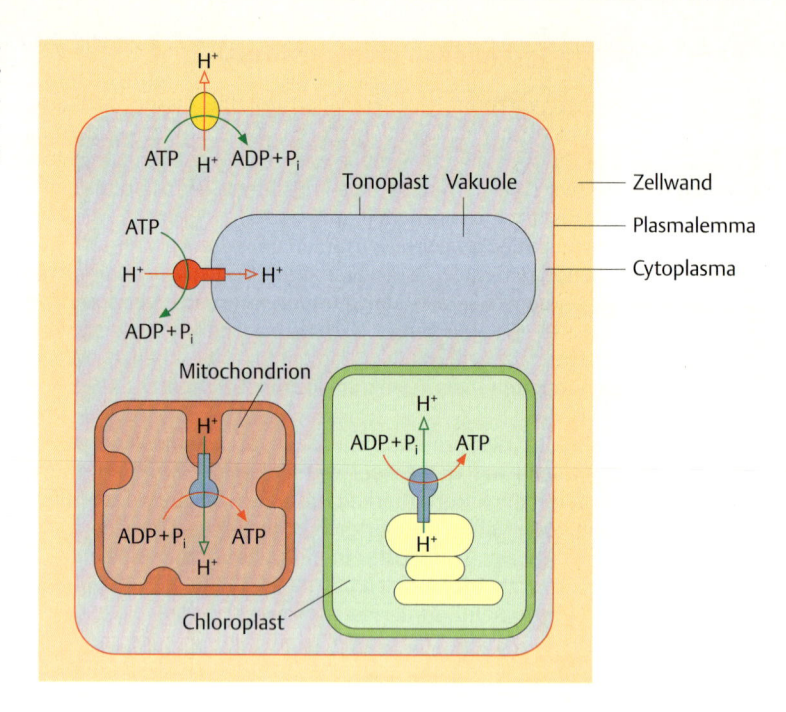

● P-Typ-ATPase

● V-Typ-ATPase

● F-Typ-ATP-Synthase

Raum, z. B. in die Vakuole oder in den Apoplasten (Abb. **6.8**). Dieser Prozeß ist elektrogen, da mit dem Teilchen auch seine elektrische Ladung über die Membran bewegt wird (Abb. **6.9**): Es baut sich daher sowohl ein Konzentrationsunterschied (ΔpH) als auch eine elektrische Potentialdifferenz (ΔE) an der Membran auf, mithin eine elektrochemische Energie, die **protonmotorische Kraft** PMK (Plus **6.4**):

$$\text{PMK} = -0{,}059\, \Delta\text{pH} + \Delta E \quad (\text{Einheit Volt, V}). \tag{Gl. 6.9}$$

Die protonmotorische Kraft ist die Triebkraft für den sekundär aktiven Transport über Pflanzenmembranen (Abb. **6.9**).

So kann der pH-Unterschied am Plasmalemma einer Parenchymzelle, z. B. der Wurzelrinde, zwischen Apoplast (pH 4,5–6) und Cytoplasma (pH 7–7,5) bis zu 3 pH-Einheiten betragen (ΔpH = 3), und man mißt eine elektrische Potentialdifferenz (cytoplasmatische Membranseite nega-

Abb. 6.9 Primär und sekundär aktiver Transport am Plasmalemma. Links: Aufbau einer protonmotorischen Kraft durch elektrogenen Transport von H⁺-Ionen. Es bildet sich sowohl ein pH-Gradient als auch eine elektrische Potentialdifferenz an der Membran aus. Rechts: sekundär aktiver Transport eines Substrates durch einen Protonen-Substrat-Symporter, der die protonmotorische Kraft nutzt, um das Substrat gegen dessen Konzentrationsgradienten zu transportieren. Exergonische Teilreaktionen grüne Pfeile, endergonische Teilreaktionen rote Pfeile.

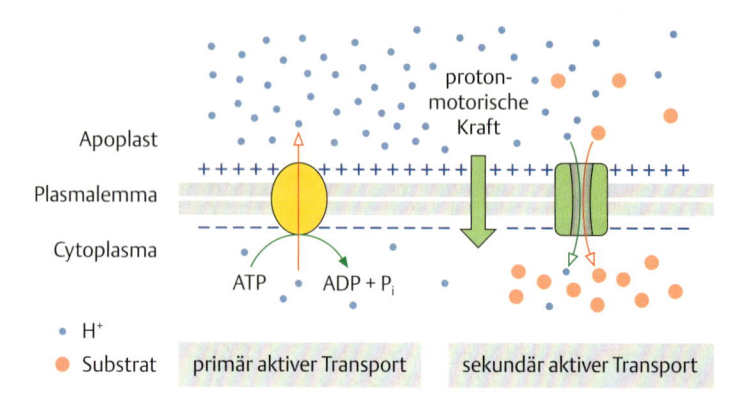

Plus 6.4 Elektrochemisches Potential und protonmotorische Kraft

Verschiebt man über eine trennende Membran elektrisch geladene Teilchen von einem Kompartiment (I) in ein anderes (II), so entsteht eine Differenz im chemischen Potential dieses Teilchens zu beiden Seiten der Membran, die sich aus dem Konzentrations- und dem Ladungsunterschied ergibt (Abb.).

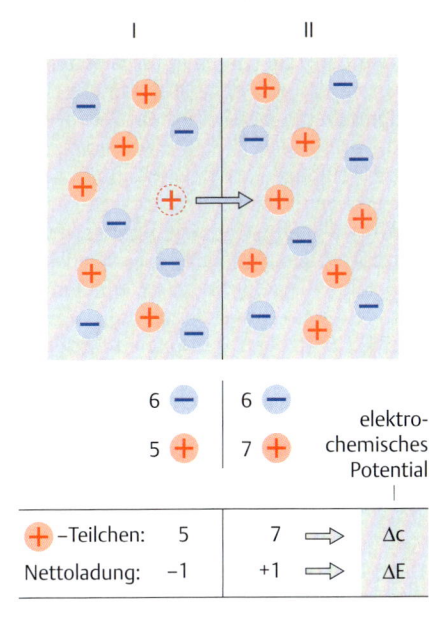

Alle übrigen Terme der Gleichung für das chemische Potential (Plus **6.1**) sind nicht von Belang. Man spricht daher von einem elektrochemischen Potential:

$$\Delta\mu_i = R \cdot T \cdot \ln \frac{c_i^{II}}{c_i^I} + F \cdot z_i \cdot (E_i^{II} - E_i^I) \quad \text{(Gl. 1)}$$

Das elektrochemische Potential eines Wasserstoff-Ionengradienten (H^+: z = 1) läßt sich demnach schreiben:

$$\Delta\mu_{H^+} = R \cdot T \cdot \ln \frac{c_{H^+}^{II}}{c_{H^+}^I} + F \cdot (E_{H^+}^{II} - E_{H^+}^I) \quad \text{(Gl. 2)}$$

$E_{H^+}^{II} - E_{H^+}^I$ ist die durch den H^+-Ionentransport entstandene elektrische Potentialdifferenz an der Membran (kurz: das Membranpotential), ΔE.

Weiterhin kann man umformen:

$$\ln \frac{c_{H^+}^{II}}{c_{H^+}^I} = -\ln \frac{c_{H^+}^I}{c_{H^+}^{II}} = -2{,}3 \cdot \log \frac{c_{H^+}^I}{c_{H^+}^{II}} = -2{,}3 \cdot \Delta pH$$

Somit läßt sich Gl. 2 umformen in:

$$\Delta\mu_{H^+} = -2{,}3 \cdot R \cdot T \cdot \Delta pH + F \cdot \Delta E \text{ bzw.} \quad \text{(Gl. 3)}$$

$$\Delta\mu_{H^+}/F = -\frac{2{,}3 \cdot R \cdot T}{F} \cdot \Delta pH + \Delta E \quad \text{(Gl. 4)}$$

Durch Ausrechnen der Konstanten ergibt sich für die Standardtemperatur 25 °C (298,16 K):

$$\Delta\mu_{H^+}/F = -0{,}059 \cdot \Delta pH + \Delta E \text{ (Einheit: Volt, V)} \quad \text{(Gl. 5)}$$

Der Ausdruck $\Delta\mu_{H^+}/F$ wird **protonmotorische Kraft** PMK (engl.: proton motive force, pmf) genannt. Die protonmotorische Kraft ist ein Maß für die Energie eines Wasserstoff-Ionengradienten.

tiv) von –0,12 bis –0,18 V. Die protonmotorische Kraft kann also Werte bis zu –0,36 V erreichen.

Neben Protonenpumpen kommen in Pflanzenzellen weitere Transport-ATPasen vor, z. B. Ca^{2+}-Pumpen, die zur Aufrechterhaltung einer niedrigen Ca^{2+}-Konzentration von 10^{-7} mol l^{-1} (Kap. 16.10.3) Ca^{2+}-Ionen aus dem Cytoplasma in andere Kompartimente (z. B. das ER-Lumen, die Vakuole, den Apoplasten) transportieren. Viele organische Substanzen, z. B. Schadstoffe, die in die Zelle eingedrungen sind (Xenobiotika), werden – meist nach Überführung in wasserlösliche Zuckerkonjugate – von Transport-ATPasen des Tonoplasten in die Vakuole eingelagert (Box **19.7** S. 790).

Auch die umgekehrte Reaktion – die Ausnutzung der Energie eines Protonengradienten zur Synthese von ATP (Abb. **6.8**) – ist von immenser Bedeutung, denn dies ist der Mechanismus der ATP-Synthese in der photosynthetischen Lichtreaktion (S. 267) und in der Zellatmung (Kap. 11.4). Die ATP-Synthasen der Chloroplasten und der Mitochondrien sind untereinander und mit den ATP-Synthasen in Zellmembranen der Bakterien verwandt (F-Typ-ATPasen). Ihnen gemeinsam ist ein komplexer Aufbau aus mehreren Proteinuntereinheiten, die einen transmembranen F_0-Teil, der ein protonengetriebener Rotationsmotor ist, und einen an den Rotorteil angekoppelten statischen Kopf (F_1-Teil) bilden, der drei katalytische Zentren zur ATP-Synthese trägt (Wirkweise und Modell S. 275). Diesem F_0/F_1-Typus gehört auch die H^+-ATPase des Tonoplasten (V-Typ-ATPase,

V für **v**akuolär) an. Die für den Stoffaustausch zwischen Cytoplasma und extrazellulärem Raum wichtige H$^+$-ATPase des Plasmalemmas ist dagegen ganz anders aufgebaut. Sie besteht aus einem einzigen Polypeptid mit Verwandtschaft zu den Ca^{2+}-ATPasen: Beide gehören zu den P-Typ-ATPasen, da in ihrem Katalysezyklus ein charakteristisches Phosphointermediat auftritt.

Translokatoren: Bei Translokatoren (Carriern) bewirkt die Bindung eines oder mehrerer Teilchen eine Konformationsänderung des Transportproteins, durch die sich dem/den Teilchen eine Austrittsstelle auf der der Bindungsstelle entgegengesetzten Seite der Membran öffnet (Abb. **6.7**).

Man unterscheidet **Uniporter**, die jeweils nur ein Teilchen transportieren, von **Symportern** und **Antiportern**, die zwei Arten von Teilchen entweder in dieselbe oder in entgegengesetzte Richtung bewegen. Dies kann passiv – d. h. bis zum Konzentrationsausgleich – geschehen. Die treibende Kraft ist die Differenz im chemischen Potential der transportierten Teilchen, also deren Konzentrationsgradient(en); es handelt sich mithin um eine erleichterte Diffusion. Beispiele für passiv arbeitende Antiporter sind der Triosephosphat-Phosphat-Translokator der inneren Chloroplastenhüllmembran (S. 281) und der Dicarboxylat-Carrier der inneren Hüllmembran von Mitochondrien, der Malat und 2-Oxoglutarat zwischen Mitochondrienmatrix und Cytoplasma austauscht.

Zahlreiche Symporter und Antiporter transportieren neben einem anorganischen oder organischen Substrat obligatorisch auch H$^+$-Ionen (Abb. **6.9**). Diese Transporter arbeiten sekundär aktiv, denn sie nutzen die protonmotorische Kraft, um das eigentliche Transportsubstrat gegen seinen Konzentrationsgradienten über die Membran zu bringen, um dieses also in seinem Zielkompartiment anzureichern. Beispiele für sekundär aktive Translokatoren sind die Zuckertransporter (z. B. der Saccharose-Translokator), die Aminosäuretransporter sowie viele Transporter für anorganische Anionen. Sowohl Symporter als auch Antiporter kommen vor, je nach Zielkompartiment für das Transportsubstrat, denn die Triebkraft des elektrochemischen Protonenpotentials ist ja stets vom extracytoplasmatischen Kompartiment in das Cytoplasma gerichtet (Abb. **6.10**).

Kanäle: Während Pumpen etwa 10^2 Teilchen pro Sekunde transportieren und die Transportrate von Translokatoren in der Größenordnung von 10^3 s^{-1} liegt, erreichen Kanäle, insbesondere Ionenkanäle, Transportraten von mehr als 10^4 s^{-1}. Kanalproteine bilden, meist als Komplexe mehrerer monomerer Untereinheiten, selektive Poren, welche die gesamte Membran durchspannen, jedoch meist nur unter bestimmten Bedingungen geöffnet werden. Sie lassen in der Regel nur eine Teilchensorte oder wenige, einander ähnliche Teilchen (z. B. zweiwertige Kationen) durch, die in rascher Folge den geöffneten Kanal passieren, wie Perlen auf einer Schnur aufgereiht. Für Pflanzenzellen besonders bedeutsam sind Kalium-, Calcium- und Chlorid-Kanäle, deren Funktion, Zusammenwirken und Regulation am gut untersuchten Beispiel der Schließzellen deutlich wird (Abb. **7.12** und **7.13** S. 245).

Die Kanalöffnung bewirkende Faktoren sind meist entweder das elektrische Membranpotential (spannungsabhängige Kanäle) oder chemische Regulatoren (ligandengesteuerte Kanäle). Kanäle, die nur in eine Richtung leiten können, nennt man gleichrichtende Kanäle. Der Transport durch einen Kanal geschieht entweder passiv entlang des Konzentrationsgradienten des transportierten Teilchens oder sekundär aktiv, wenn er gegen ein Konzentrationsgefälle erfolgt, wie im Fall der zellulären Akkumulation von K$^+$-Ionen, die gegenüber der Außenlösung bis zu 1000fach angereichert werden können. Die treibende Kraft ist in diesen Fällen die

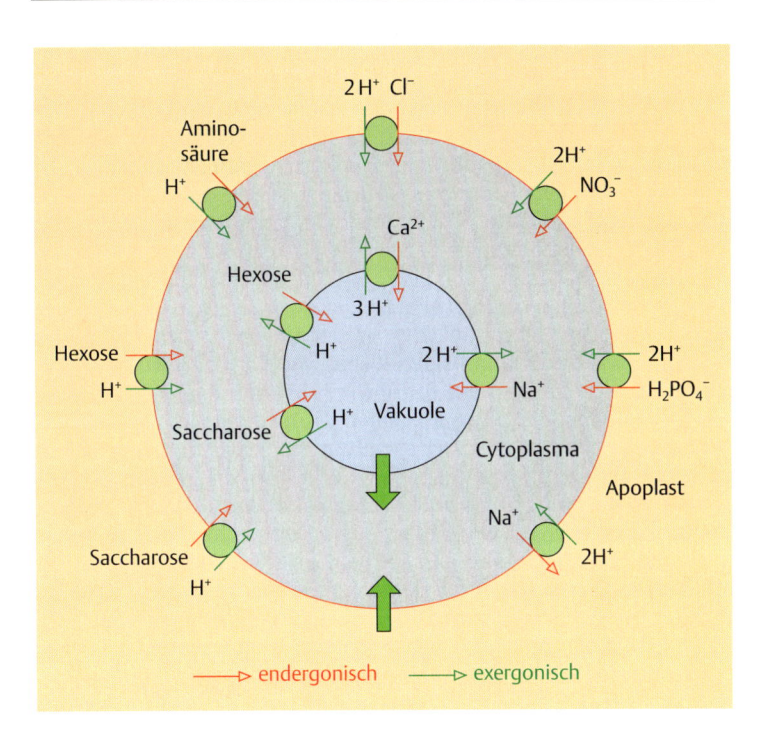

Abb. 6.10 Sekundär aktive Translokatoren am Plasmalemma und Tonoplasten der Pflanzenzelle. Aus der Vielzahl der bekannten Translokatoren sind jeweils nur wenige wichtige Beispiele aufgeführt, und zwar Symporter und Antiporter. Große Pfeile: Richtung der protonmotorischen Triebkraft. Exergonische Teilreaktionen grün, endergonische Teilreaktionen rot.

elektrische Komponente der protonmotorischen Kraft oder, allgemein, ein elektrisches Membranpotential (Abb. **6.11**).

Poren: Die zuerst in Zellmembranen von Bakterien entdeckten **Porine** bilden durch faßdaubenartig im Kreis aufgestellte β-Faltblätter in der Membran weite und ständig geöffnete, meist relativ wenig spezifische Poren (S. 140). Man kennt Anionen leitende und Kationen leitende Porine, weiterhin Porine, die organische Verbindungen und selbst kleine Proteine bis zu etwa 10 kDa Molekülmasse, meist in beide Richtungen, passieren lassen. Porine finden sich in den äußeren Hüllmembranen von Chloroplasten und Mitochondrien und sie sollen auch in den Membranen von Microbodies vorkommen. Diese Membranen lassen daher Ionen und organische Verbindungen unselektiv passieren und stellen keine Permeabilitätsbarrieren dar.

Obwohl Wassermoleküle Lipiddoppelschichten durch Diffusion überqueren können, tun sie dies doch nur langsam, und in vielen physiologi-

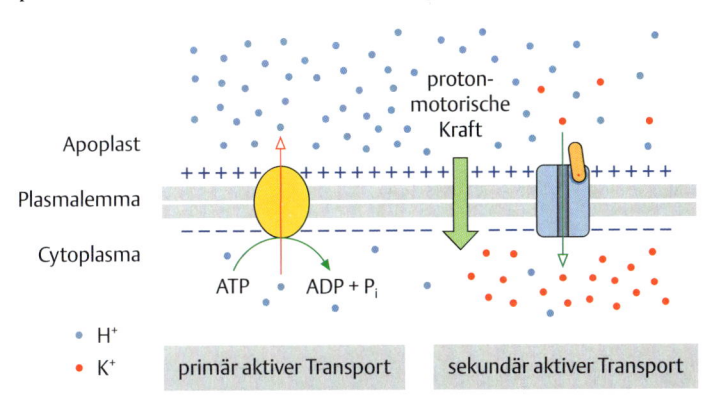

Abb. 6.11 Primär und sekundär aktiver Transport am Plasmalemma. Links: Aufbau einer protonmotorischen Kraft durch elektrogenen Transport von H^+-Ionen. Rechts: sekundär aktive Aufnahme von Kalium-Ionen durch einen spannungsabhängigen Kaliumkanal. Die Öffnung des Kanals wird durch einen Sensor für die elektrische Membranpotentialdifferenz (orange) bewirkt, die positiv geladenen Kalium-Ionen strömen in Richtung des negativen Pols des elektrischen Feldes durch den Kanal ins Zellinnere.

schen Situationen – z. B. bei der Wasseraufnahme in Wurzelzellen – ist dieser Prozeß zu ineffektiv. Sowohl Pro- als auch Eukaryoten besitzen in ihren Membranen Wassertransportproteine, die als **Aquaporine** bezeichnet werden. Sie sind in diesen Abschnitt lediglich ihres Namens wegen eingeordnet, besitzen aber zu den eigentlichen Porinen keinerlei Verwandtschaft. Vielmehr handelt es sich um hochselektive Wassertransporter. Sie liegen in den Membranen als tetramere Komplexe aus 28kDa-Untereinheiten vor, von denen jede im Zentrum einen wasserleitenden Kanal enthält, durch den bis zu $3 \cdot 10^9$(!) Wassermoleküle pro Sekunde geleitet werden können (Abb. **6.12**). Der passive Wasserkanal leitet in beide Richtungen gleich effektiv. Weder H^+-Ionen noch H_3O^+-Ionen können ihn passieren, da in beiden Richtungen vor der jeweils engsten Stelle im Kanal – der hier nur 0,3 nm breit ist und damit gerade groß genug für ein H_2O-Molekül – durch einen positiv geladenen Aminosäurerest (Arginin) eine Potentialsperre eingebaut ist, die positiv geladene Teilchen wegen der elektrischen Abstoßung nicht überwinden können.

Eine aquaporinhaltige Membran kann pro 100 cm^2 Fläche in wenigen Sekunden bis zu einem Liter Wasser leiten. Diese hohe Wasserleitfähigkeit von Biomembranen wird z. B. aus dem sich in Sekunden vollziehenden Prozeß der Plasmolyse bzw. Deplasmolyse ersichtlich (S. 214).

Durch Erhöhung oder Erniedrigung der Anzahl der Aquaporinmoleküle in einer Membran kann die Zelle deren Wasserleitfähigkeit in weiten Grenzen verändern. Eine hohe Wasserleitfähigkeit ist z. B. erforderlich:

- in Transferzellen, die den Wassertransport vom Grund- in das Leitgewebe und umgekehrt bewerkstelligen,
- in Zellen, die starkes Weiten- und Längenwachstum oder Spitzenwachstum zeigen,
- in stark osmoregulierenden Zellen wie Schließzellen,
- in rasch wachsenden jungen Keimlingen, in denen durch Spaltung polymerer Reservestoffe ein hohes osmotisches Potential (ein stark negatives Wasserpotential) entsteht,
- in Wurzelzellen zur Erhöhung der Wasserleitfähigkeit – und damit Erleichterung der Wasseraufnahme – bei starker Transpiration im Sproßbereich.

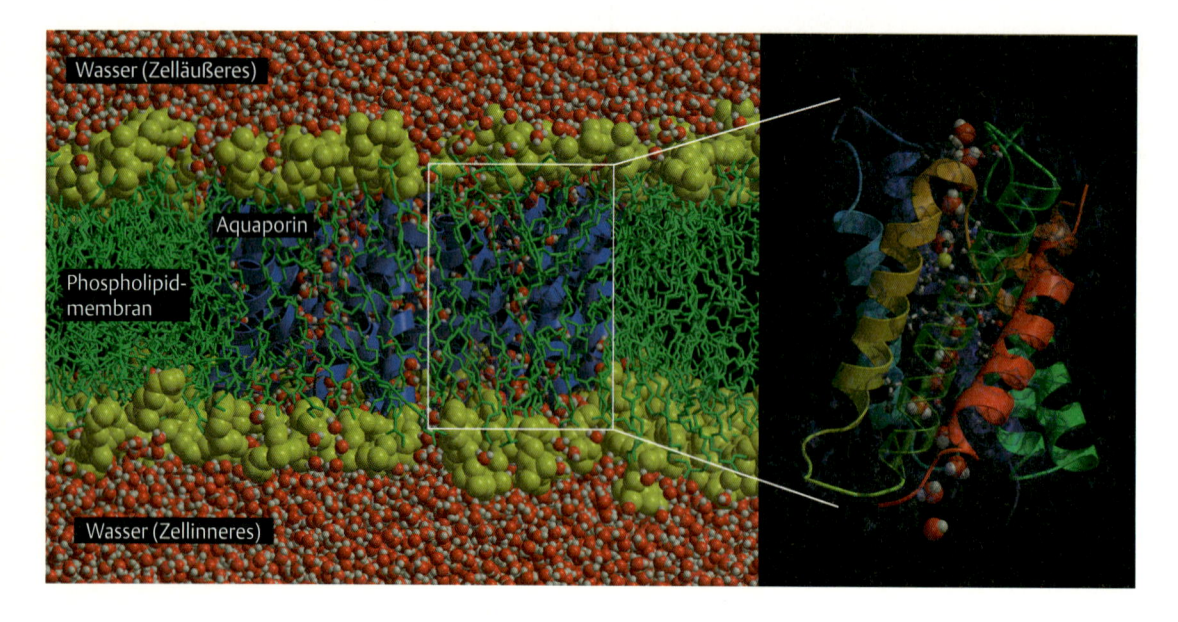

Abb. 6.12 Aquaporine. Links: maßstäbliche, realistische Simulation einer an Wasser grenzenden Biomembran mit eingelagerten Aquaporinmolekülen (blau). Fettsäuren der Membranlipide grün, Kopfgruppen der Membranlipide gelb, Wassermoleküle rot und grau. Rechts: einzelnes Aquaporinmolekül mit verschiedenfarbig gezeichneten α-Helices. Gezeigt ist in zahlreichen überlagerten „Momentaufnahmen" der Weg eines Wassermoleküls durch den Wasserkanal des Aquaporins. Die Aquaporinmoleküle in beiden Teilabbildungen sind als „Bandmodelle" dargestellt, d.h. es ist lediglich die Konformation der Polypeptidkette (Sekundärstruktur S. 33) dargestellt. Die membrandurchspannenden Segmente der Polypeptidkette sind α-Helices (aus DeGroot und Grubmüller 2004, mit freundlicher Genehmigung).

6.3 Enzymatische Katalyse

Katalysatoren beschleunigen chemische Reaktionen durch Absenken von deren Aktivierungsenergie, ohne selbst im Prozeß der Katalyse chemisch verändert zu werden. Abgesehen von wenigen katalytisch aktiven Ribonucleinsäuren, den Ribozymen (Plus **1.4** S. 30), sind die Biokatalysatoren Proteine. Katalytisch aktive Proteine werden Enzyme genannt. Die Enzymaktivität wird in Katal (1 kat = 1 mol s^{-1}) angegeben (Box **6.4**).

Die **Evolution von Enzymen** muß bereits in der präbiotischen Phase der Entstehung des Lebens begonnen haben. Man nimmt heute an, daß damals poröse Eisensulfide – als anorganische Katalysatoren – einen primordialen Peptid- und Nucleinsäurestoffwechsel ermöglichten (Plus **1.2** S. 12 und Plus **4.1** S. 130). Eisen-Schwefel-Peptide könnten daher schon früh als Katalysatoren aufgetreten sein. Auffallend ist, daß heute noch Eisen-Schwefel-Proteine in pro- und eukaryotischen Zellen in fundamentalen Stoffwechselwegen eine zentrale Stellung einnehmen, so z.B. in der Lichtreaktion der Photosynthese (S. 272) und in der Atmungskette (S. 339). Einige dieser Eisen-Schwefel-Proteine, so die Ferredoxine und Thioredoxine, sind in allen Organismen sehr ähnlich und mit Molekülmassen um 12 kDa bezeichnenderweise sehr klein, also einfach gebaut (S. 296).

Allgemein läßt sich eine chemische Reaktion formulieren als:

$$A + B \rightarrow C + D$$

Die Edukte A und B reagieren zu den Produkten C und D. Obwohl die Reaktion in der bezeichneten Richtung offenbar freiwillig abläuft (in dieser Richtung exergonisch ist), heißt das nicht unbedingt, daß sie auch schnell abläuft. Vielmehr ist dies oft gerade nicht der Fall. Exergonisch ist beispielsweise die folgende Reaktion:

$$N_2 + 3\, H_2 \rightarrow 2\, NH_3$$

sie verläuft dennoch unmeßbar langsam. Auch die Oxidation eines Zuckermoleküls (Reaktion mit Sauerstoff O_2 zu Kohlendioxid CO_2) ist exergonisch. Dennoch ist Zucker praktisch unbegrenzt stabil, denn eine chemische Reaktion benötigt stets eine bestimmte – und manchmal sehr große – **Aktivierungsenergie** (**freie Enthalpie der Aktivierung, ΔG^***), die zugeführt werden muß, um die Reaktionspartner in einen reaktionsfähigen Übergangszustand (auch angeregter Zustand genannt) zu überführen, aus dem heraus dann die Umsetzung zu den Produkten erfolgt:

$$A + B \rightarrow A^*B^* \rightarrow C + D$$

Die erste Teilreaktion ist endergonisch, die zweite exergonisch, ΔG der Gesamtreaktion < 0, sodaß sie nach Erreichen des Zustands A^*B^* spontan abläuft (Abb. **6.13**). Verbindungen, deren Umsetzung in Produkte in exergonischer Reaktion, also spontan, verläuft, die bei den herrschenden Bedingungen – wegen der hohen Aktivierungsenergie der Reaktion – dennoch unmeßbar langsam reagieren, werden auch **metastabil** genannt. Praktisch alle organischen Verbindungen sind metastabil. Sie eignen sich daher zur Speicherung von chemischer Energie.

Box 6.4 Enzymaktivität

Im einfachsten Fall kann eine enzymatische Umsetzung so formuliert werden:

$$E + S \rightleftharpoons ES^* \rightarrow E + P$$

In Worten: Das Enzym reagiert in einer reversiblen – endergonischen – Teilreaktion mit einem Substrat zum aktivierten Enzym-Substrat-Komplex (ES*), der in einer zweiten – exergonischen – Teilreaktion unter Freisetzung des Enzyms und des Reaktionsprodukts (P) weiterreagiert.

Die Geschwindigkeit einer enzymatischen Reaktion („Enzymaktivität") läßt sich als Substratverbrauch pro Zeiteinheit ($-\Delta S/\Delta t$) oder als Produktbildung pro Zeiteinheit ($\Delta P/\Delta t$) ermitteln. Sie wird in Katal (Einheit: kat, 1 kat = 1 mol s^{-1}) angegeben. Als **spezifische Enzymaktivität** wird die Enzymaktivität pro Milligramm Enzymprotein bezeichnet (kat mg^{-1}). Ermittelt wird die Enzymaktivität stets unter optimalen Bedingungen: Substratsättigung, ggf. Cosubstratsättigung, optimale Reaktionstemperatur, optimaler pH-Wert usw.

Diejenige Substratkonzentration, bei der ein Enzym gerade seine halbmaximale Reaktionsgeschwindigkeit erreicht, wird Michaelis-Menten-Konstante (K_M) genannt (Einheit: mol l^{-1}), zu Ehren von Maud Menten und Leonor Michaelis, die in der ersten Hälfte des vorigen Jahrhunderts wegweisende Arbeiten zur Reaktionskinetik von Enzymen durchgeführt haben.

Abb. 6.13 Aktivierungsenergie. Die meisten exergonischen Reaktionen laufen zwar spontan, aber doch äußerst langsam ab, weil eine z. T. erhebliche Aktivierungsenergie (freie Enthalpie der Aktivierung) aufgebracht werden muß, um die Edukte (A + B) in den aktivierten Zustand (A*B*) zu überführen, von dem aus die exergonische Reaktion zu den Produkten (C + D) stattfinden kann.

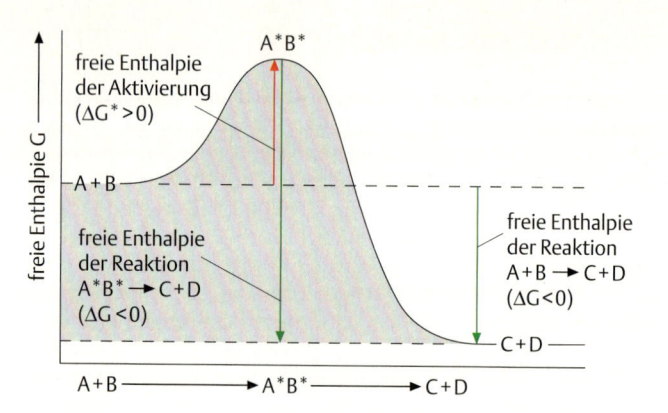

Dem Chemiker hilft oft eine Erhöhung der Temperatur, um die Aktivierungsenergie einer Reaktion aufzubringen. Zellen arbeiten jedoch nahezu isotherm, Temperaturerhöhungen würden rasch zu irreversiblen Schäden führen. Auch in der Chemie werden zur Gewährleistung handhabbarer Reaktionsbedingungen wo immer möglich Katalysatoren eingesetzt, die durch vorübergehende Bindung der Edukte eine molekulare Konfiguration schaffen, die mit einer geringeren Aktivierungsenergie in den reaktionsfähigen Übergangszustand gebracht werden kann.

Enzyme sind besonders wirksame Katalysatoren. Beispielsweise beträgt die molare Aktivierungsenergie der Reaktion $H_2O_2 \rightarrow \frac{1}{2} O_2 + H_2O$ unter Standardbedingungen $\Delta G^{\circ *} = 75$ kJ mol^{-1}. Unter Verwendung eines Platinkatalysators läßt sie sich senken auf $\Delta G^{\circ *} = 49$ kJ mol^{-1}, das Enzym Katalase führt die Reaktion jedoch mit einer Aktivierungsenergie von $\Delta G^{\circ *} = 23$ kJ mol^{-1} durch, sie läuft in Anwesenheit des Enzyms bereits bei Raumtemperatur sehr rasch ab. In jedem Fall beträgt jedoch die molare Standardenthalpie dieser exergonischen Reaktion $\Delta G^{\circ} = -97$ kJ mol^{-1}. Kennzeichen enzymatischer Katalyse sind:

- Eine hohe **Substratspezifität**: Das **katalytische Zentrum** des Enzyms bindet nur ganz bestimmte Substratmoleküle, oftmals nur eine einzige von vielen in der Zelle vorkommenden strukturähnlichen Molekülsorten. Von **Cosubstrat** spricht man, wenn neben dem Hauptsubstrat in stöchiometrischen Mengen ein weiteres Molekül umgesetzt wird (z. B. ATP in Phosphorylierungsreaktionen, NADPH oder FMNH$_2$ in vielen Redoxreaktionen, Abb. **6.14**). Viele Enzyme tragen **prosthetische Gruppen**, die für die Katalyse bedeutsam sind. Prosthetische Gruppen sind kovalent gebundene organische Moleküle, die zur Aminosäurekette des Proteins hinzutreten (gr. prosthetos, hinzugefügt), z. B. FAD in der Succinat-Dehydrogenase (Abb. **6.15**). Im Fall des Vorliegens einer prosthetischen Gruppe unterscheidet man das Enzym ohne diese Gruppe (**Apoenzym**) vom **Holoenzym**, das die prosthetische Gruppe trägt.
- Cosubstrate und prosthetische Gruppen werden zusammen – allerdings systematisch nicht korrekt – als **Coenzyme** bezeichnet. Während dies für die prosthetischen Gruppen akzeptabel erscheint – denn sie werden am Enzymprotein selbst durch eine der katalytischen unmittelbar nachgeschalteten regenerativen Reaktion wieder in den Ausgangszustand überführt – gehen Cosubstrate in stöchiometrischen Mengen in die Reaktion ein, sie werden dabei selbst chemisch verändert und verlassen nach der Reaktion, wie die Reaktionsprodukte auch, das katalytische Zentrum. Erst in einer unabhängigen zweiten Reaktion an einem anderen Enzym werden sie wieder regeneriert.

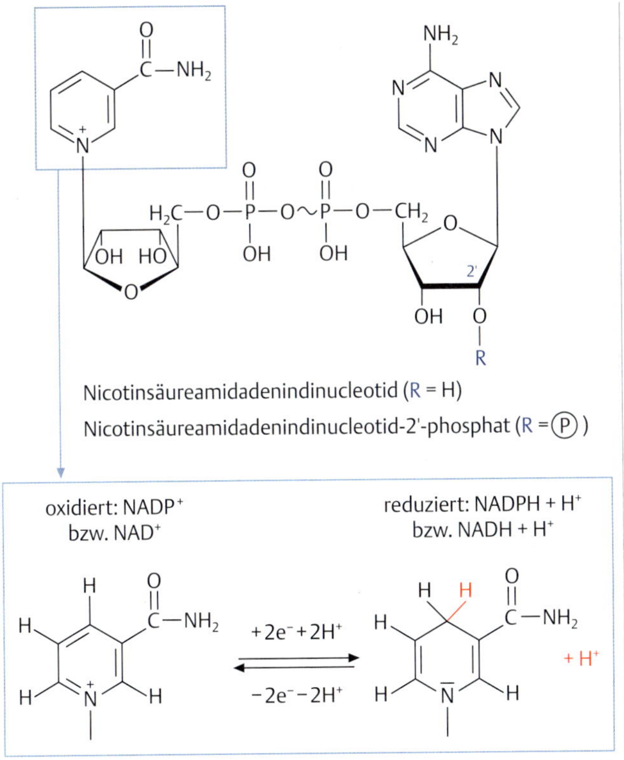

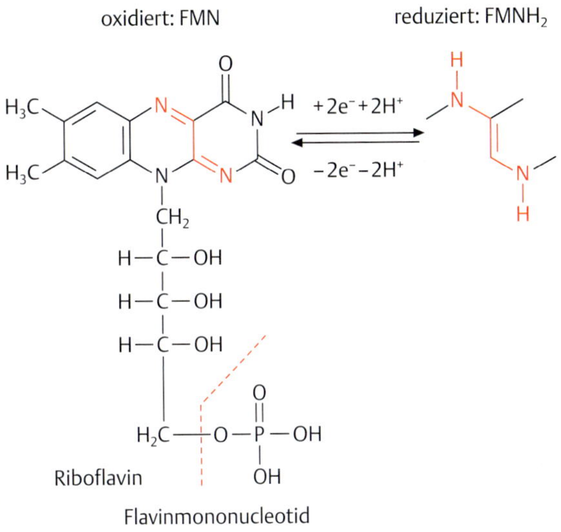

Abb. 6.14 Cosubstrate. Als Beispiele gezeigt sind die wichtigsten Wasserstoff übertragenden Cosubstrate, die bei zahlreichen Oxidoreductasen an der Reduktion bzw. Oxidation der Substrate beteiligt sind.

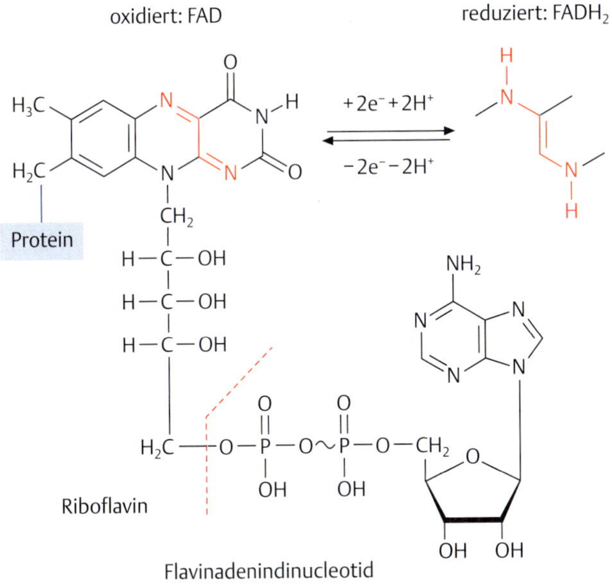

Abb. 6.15 Prosthetische Gruppen. Als Beispiel ist die prosthetische Gruppe der Succinat-Dehydrogenase der mitochondrialen Atmungskette (S. 338), Flavinadenindinucleotid, und dessen kovalente Bindung (blau) zum Apoprotein gezeigt. Flavinadenindinucleotid überträgt, ebenso wie die in Abb. 6.14 gezeigten Cosubstrate, Wasserstoff, genauer 2 H$^+$-Ionen und 2 Elektronen (e$^-$).

- Eine hohe **Wirkungsspezifität**: Das Enzym katalysiert nur eine von mehreren chemisch möglichen Reaktionen des Substrats. Anhand der katalysierten Reaktion teilt man Enzyme in Klassen ein und hat zur Bezeichnung einen international standardisierten Code (E.C.-Nummer) eingeführt (Box **6.5**).
- Die **Stereoselektivität**: Von zwei spiegelbildlichen Formen asymmetrisch substituierter Substratmoleküle wird in aller Regel nur eine Form an das – ebenfalls asymmetrische – aktive Zentrum gebunden und umgesetzt. Oder ein nicht asymmetrisches Substrat wird durch die enzymkatalysierte Reaktion in ein asymmetrisches Produkt umgewandelt.
- Die **Regulierbarkeit**: Die katalytische Aktivität der meisten Enzyme wird durch die Umgebungsbedingungen beeinflußt und so den jeweiligen Erfordernissen des Stoffwechsels rasch angepaßt. Auf die zahllosen Regulierungsmöglichkeiten kann hier nicht eingegangen werden. Erwähnt sei nur, daß Regulation der Enzymaktivität einerseits durch **kovalente Modifikation** des Enzymproteins – z. B. durch eine Phosphorylierung (Übertragung einer Phosphatgruppe) oder durch die Knüpfung bzw. Auflösung von Disulfidbindungen – und andererseits durch **nichtkovalente Mechanismen** erfolgen kann. Zu letzteren zählt die **Produkthemmung**: Wenn das Reaktionsprodukt eines Enzyms sich in der Zelle anhäuft (weil es z. B. momentan nicht weiterverwendet werden kann), so bindet es an das katalytische Zentrum und verhindert eine weitere Substratanlagerung (**kompetitive Hemmung**). Wichtig ist auch die **allosterische Regulation**. Bei allosterischen Enzymen bewirkt die Bindung eines Regulatormoleküls eine Konformationsänderung des aktiven Zentrums, dessen Aktivität sich dadurch verändert (erhöht oder erniedrigt).

Katalytische Zentren sind keineswegs einfach nur starre Oberflächen oder Reaktionstaschen, sondern vielmehr dynamische Bereiche eines Enzyms, die durch die Substratbindung in ihrer Struktur beeinflußt werden. In manchen Fällen bildet sich das katalytische Zentrum überhaupt erst durch Konformationsänderungen im Gefolge der Substratanlagerung (Plus **6.5**).

Box 6.5 Enzymnomenklatur

Anhand der katalysierten Reaktion werden Enzyme in Klassen eingeteilt. Verantwortlich für die Einteilung ist die Nomenklaturkommission der IUBMB (International Union of Biochemistry and Molecular Biology). Jedes Enzym erhält eine mehrstellige Enzym-Codenummer (E.C.-Nummer), die eine eindeutige Zuordnung erlaubt. Die erste Ziffer des E.C.-Codes gibt die Hauptgruppe an, zu der das Enzym zählt, die folgenden Ziffern kategorisieren zunehmend genauer die katalysierte Reaktion.

Die sechs **Hauptgruppen** der Enzyme sind:
1. Oxidoreductasen: Sie führen Redoxreaktionen aus.
2. Transferasen: Sie übertragen Gruppen auf Substrate.
3. Hydrolasen: Sie spalten Bindungen unter Wassereinlagerung.
4. Lyasen: Sie spalten Bindungen ohne Wassereinlagerung.
5. Isomerasen: Sie verlagern Reste innerhalb eines Moleküls.
6. Ligasen: Sie verbinden zwei Moleküle unter Spaltung von ATP oder einer anderen energiereichen Verbindung.

Beispiel Hexokinase (E.C. 2.7.1.1), das Enzym katalysiert folgende Reaktion:

Glucose + ATP →(Hexokinase)→ Glucose-6-phosphat + ADP

E.C. 2	Transferasen
E.C. 2.7	übertragen Phosphatgruppen
E.C. 2.7.1	auf alkoholische Gruppen
E.C. 2.7.1.1	auf D-Glucose in 6-Stellung

Die gesamte aktuelle Enzymnomenklatur kann im Internet unter der Adresse http://www.chem.qmul.ac.uk/iubmb/enzyme/ eingesehen werden.

Plus 6.5 Ein Enzym bei der Arbeit

In der Milliarden Jahre dauernden Evolution haben auch die Biokatalysatoren eine außerordentliche Perfektion erreicht. Als Beispiel sei die Phosphoglycerat-Kinase, ein Enzym der Glykolyse (Abb. **11.2** S. 334), beschrieben. Es überträgt den Phosphatrest aus der energiereichen Anhydridbindung von 1,3-Bisphospho-D-glycerinsäure (BPG) auf ADP unter Bildung von ATP (Abb. **a**). Würde diese Reaktion im wäßrigen Milieu ablaufen, so gäbe es eine Konkurrenz zwischen dem ADP und den in enormem Überschuß vorliegenden Wassermolekülen, die Spaltung der Anhydridbindung würde als Hydrolyse verlaufen und das Enzym würde, ohne ATP zu bilden, alle BPG-Moleküle in der Zelle hydrolysieren. ATP-Synthese wie in Abb. **a** gezeigt kann also nur in Abwesenheit von Wasser stattfinden. Dem trägt der Katalysemechanismus der Phosphoglycerat-Kinase Rechnung (Abb. **b**): Das Enzym besteht aus zwei wie an einem Scharnier klappbaren Hälften (Domänen). In freier Form sind die Hälften geöffnet und es ist gar kein katalytisches Zentrum vorhanden. Lagert sich nun an die eine Domäne ein BPG-Molekül und an die andere Domäne ein Molekül ADP an, so führen diese Bindungsereignisse zu einer Konformationsänderung des gesamten Enzymproteins: Beide Hälften klappen unter Wasseraustritt zusammen, und erst dadurch bildet sich ein aktives katalytisches Zentrum, welches nun den Phosphattransfer auf ADP in Abwesenheit von Wasser konkurrenzlos durchführen kann. Nach der Reaktion klappen die Domänen wieder auseinander und entlassen die Reaktionsprodukte ATP und 3-Phospho-D-glycerinsäure.

Eine sich durch die Substratbindung verändernde Struktur des Enzyms oder seines aktiven Zentrums findet sich bei zahlreichen, vielleicht sogar bei allen Enzymen; man spricht von induzierter Paßform (engl. induced fit). Dieses dynamische **Induced-fit-Modell** von E. Koshland Jr. ist eine Weiterentwicklung der älteren, statischen Vorstellung von E. Fischer, nach der Substrat und Enzym wie Schlüssel und Schloß zueinander passen.

7 Mineralstoff- und Wasserhaushalt

Pflanzen nehmen sämtliche für den Stoffwechsel benötigten Elemente in anorganischer Form auf. Submerse Wasserpflanzen benutzen dazu ihre gesamte Oberfläche. Bei den Landpflanzen wird Kohlendioxid (CO_2) über den Sproß, insbesondere durch die Spaltöffnungen der Blätter, Wasser (H_2O) und Mineralien werden über die Wurzeln aufgenommen. Sauerstoff (O_2) gelangt über die gesamte Oberfläche in die Pflanze, sofern er nicht in den Photosyntheseorganen selbst gebildet wird. Die Aufnahme von Wasser, CO_2 und O_2 geschieht durch Diffusion. Mineralien werden in Form von Anionen und Kationen aus der Bodenlösung angereichert, gelangen also auf aktivem Wege – durch selektive Transportproteine – in die Wurzel. Die Energie für die aktive Ionenaufnahme liefert die protonmotorische Kraft.

Die Verteilung der aufgenommenen Nährstoffe erfolgt in zellulären Dimensionen – also über sehr kurze Distanzen innerhalb der Gewebe – durch Diffusion. Über längere Strecken werden Wasser und darin gelöst die Mineralien durch Massenströmung in den Leitbahnen des Xylems in der Pflanze verteilt. Ein Teil des aufgenommenen Wassers verbleibt als Wachstumswasser in den Geweben der Pflanze, ein weiterer Teil dient der Wasserversorgung der Leitbahnen des Phloems (Assimilattransport) und ein Teil, meist der größte Teil, des aufgenommenen Wassers geht durch Transpiration wieder verloren. Bei fehlender Transpiration (z. B. bei wasserdampfgesättigter Umgebungsluft) baut sich ein Wurzeldruck auf, der die Massenströmung des Wassers in den Leitbahnen des Xylems aufrechterhält. Überschüssiges, also nicht für das Wachstum oder für den Assimilattransport benötigtes Wasser wird in flüssiger Form an Wasserspalten (Hydathoden) ausgeschieden. Dieser Prozeß wird Guttation genannt.

Spezialisten unter den Landpflanzen, z. B. Epiphyten, haben Zusatzmechanismen zur Mineralien- und Wasseraufnahme entwickelt.

Mineralstoff- und Wasserhaushalt

7.1 Aufnahme und Verteilung der Mineralsalze ... 233

7.2 Wasseraufnahme ... 237

7.3 Wasserabgabe ... 240
7.3.1 Cuticuläre Transpiration ... 241
7.3.2 Stomatäre Transpiration ... 242
7.3.3 Molekularer Mechanismus der Spaltöffnungsbewegung ... 243
7.3.4 Guttation ... 246

7.4 Leitung des Wassers ... 246

7.5 Wasserbilanz ... 249

7.1 Aufnahme und Verteilung der Mineralsalze

Die Nährstoffbedürfnisse der Pflanzen wurden bereits in Kap. 1.1 behandelt. Während Kohlenstoff (C) in Form von CO_2 über die Stomata aufgenommen wird, diffundiert Sauerstoff (O) als O_2-Molekül über die gesamte Oberfläche in die Pflanze. Alle übrigen Makro- und Mikronährelemente werden von den Wurzeln in mineralischer Form, als Anionen oder Kationen, aufgenommen. Bei submersen Wasserpflanzen geschieht die Aufnahme der Mineralien und von Wasser, aber auch von CO_2 und O_2, über die gesamte Oberfläche, die nicht oder nur gering cutinisiert ist, und die in der gärtnerischen Praxis verbreitete Blattdüngung zeigt, daß auch bei Landpflanzen grundsätzlich die gesamte Blattoberfläche zur Mineralsalzaufnahme befähigt ist. Allerdings kommt normalerweise nur das Wurzelsystem ständig mit den Mineralsalzen des Bodens in Berührung. Das eigentliche Organ der Mineralstoffaufnahme ist daher bei den Landpflanzen die Wurzel.

> Pflanzliche Wurzelsysteme sind nach dem Prinzip der Oberflächenvergrößerung angelegt. Der größte Teil der Wurzeloberfläche wird dabei durch die Wurzelhaare gestellt (S. 198). Die Mineralstoff- und die Wasseraufnahme erfolgen ganz überwiegend in der Wurzelhaarzone.

Die Leistungsfähigkeit eines Wurzelsystems mögen folgende Zahlen verdeutlichen: Man hat errechnet, daß eine ausgewachsene Roggenpflanze (*Secale cereale*) mehr als zehn Milliarden Wurzelhaare besitzt. Addiert man deren Oberflächen, so kommt man auf einen Wert von 400 m^2 – das ist mehr als das Achtzigfache der Oberfläche der Sproßachse und der Blätter –, addiert man deren Längen, so ergibt sich eine Gesamtlänge von weit über 1000 km.

Die Wurzelhaare treten in intensiven Kontakt mit dem Boden (Abb. 7.1). Böden sind komplex zusammengesetzte Mehrphasensysteme, sie bestehen aus der festen Bodenphase, der Bodenlösung und der Bodenluft. Die feste Bodenphase enthält Partikel unterschiedlichster Größe. Für die Stoffaufnahme besonders bedeutsam sind die feinsten Partikel, die Bodenkolloide, die den Großteil der Oberfläche der festen Bodenphase stellen und überwiegend von Tonmineralien und Humussubstanzen gebildet werden. Deren positiv oder negativ geladene Oberflächen binden die Hauptmenge der im Boden für die Wurzeln verfügbaren Ionen, die ihrerseits nur etwa 2 % der insgesamt im Boden vorkommenden Ionen ausmachen; nur 10 % der verfügbaren Ionen liegen gelöst in der Bodenlösung vor, 90 % sind an die Bodenkolloide gebunden. Die Bodenlösung ist eine sehr verdünnte (< 0,01 %) wäßrige Lösung dieser Mineralstoffe. Die Adsorption des Großteils der Ionen an die Bodenkolloide verhindert deren Auswaschung, z. B. durch Niederschläge, zudem wirken die Bodenkolloide wie ein Puffersystem, durch welches das Auftreten von hohen und dadurch u. U. für die Pflanzenwurzeln toxischen Ionenkonzentrationen in der Bodenlösung vermieden wird.

Die Aufnahme der Ionen in die Wurzel ist ein dreistufiger Prozeß (Abb. 7.2):
Stufe 1: Überführen von gebundenen Ionen in die Bodenlösung durch Austauschdesorption,
Stufe 2: Diffusion der Ionen aus der Bodenlösung in den Apoplasten der Wurzel und
Stufe 3: Aufnahme der Ionen in den Symplasten der Wurzelzellen.

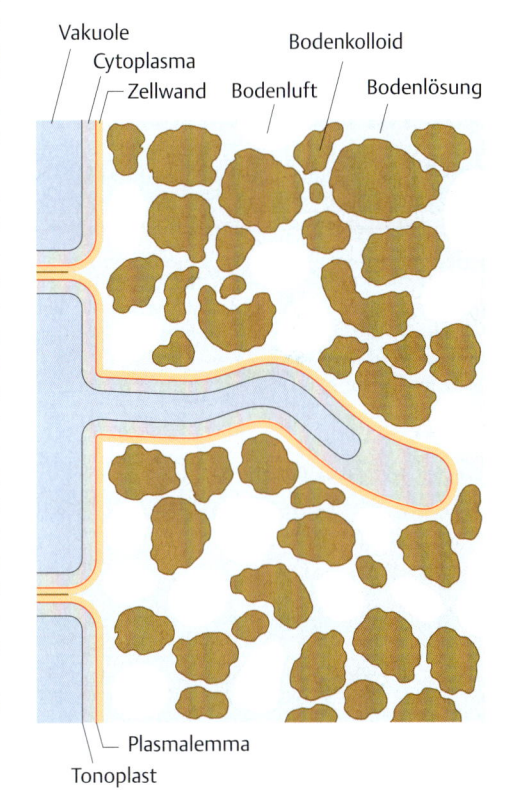

Abb. 7.1 Ausschnitt aus der Rhizosphäre. Schematisch dargestellt ist der intensive Kontakt eines Wurzelhaars mit dem Boden.

Abb. 7.2 Mobilisierung und Aufnahme der Ionen durch die Wurzel. Phasen der Ionenaufnahme (grüne Zahlen): ① Ionenaustauschdesorption von den Bodenkolloiden, ② Diffusion in den Apoplasten, ③ Aufnahme in den Symplasten.

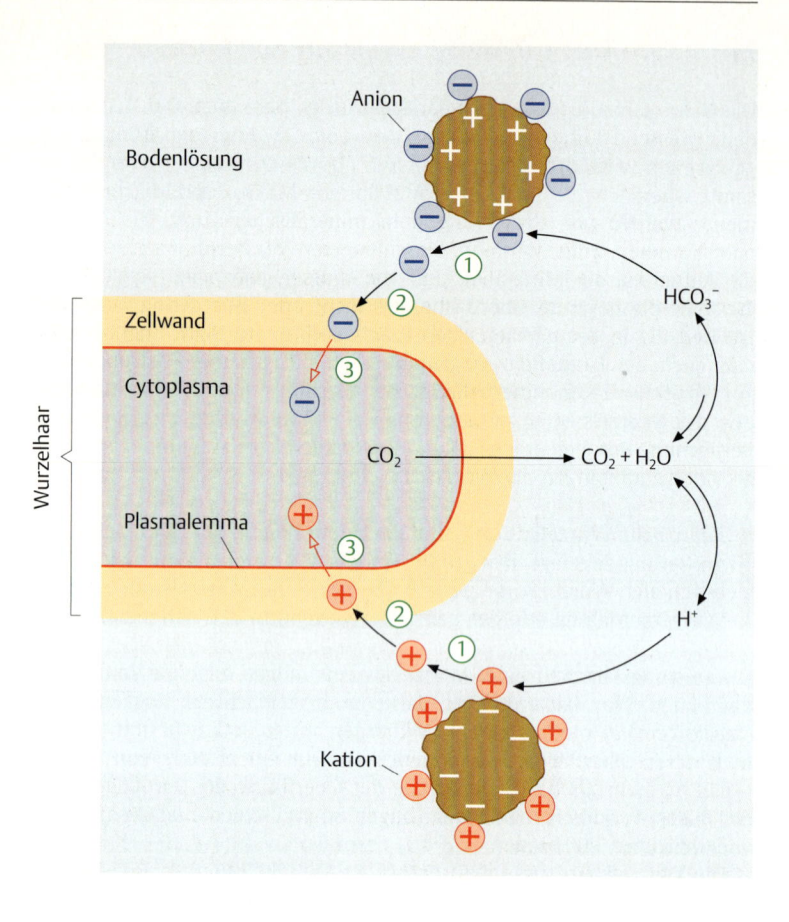

Abb. 7.3 Wasseraufnahme durch die Wurzel. **a** Übersicht, **b** Ausschnitt, jeweils schematisch. Die Zwischenräume zwischen Wurzelhaaren, Bodenpartikeln (braun) und Bodenluft (weiß) sind von Wasser (hellblau) erfüllt. Die durchgezogene grüne Linie zeigt die Richtung des symplasmatischen Wassertransportes durch die Zellen, die gestrichelte grüne Linie den apoplasmatischen Wassertransport durch die kapillaren Räume der Zellwände, der durch die Casparyschen Streifen (rot) gestoppt wird.

Diese Vorgänge laufen überwiegend im Wurzelhaarbereich, die Teilprozesse 2 und 3 daneben auch im gesamten Bereich der Wurzelrinde ab (Abb. **7.3**).

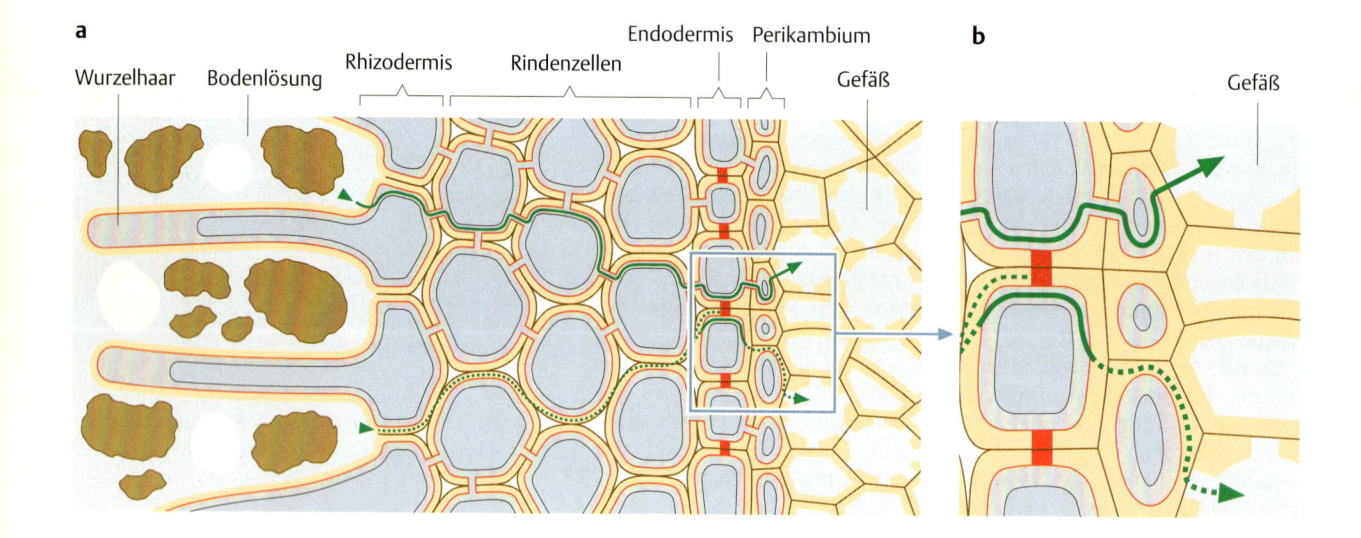

Austauschdesorption (Stufe 1): An die Bodenkolloide gebundene (adsorbierte) Kationen und Anionen werden durch Ionen abgelöst (desorbiert), die von der Wurzel in den umgebenden Boden (die Rhizosphäre) abgegeben bzw. infolge der pflanzlichen Stoffwechseltätigkeit dort gebildet werden. Den Ionenaustausch bewirken überwiegend H^+-Ionen und Hydrogencarbonat-Ionen (HCO_3^-). Sie entstehen in der Bodenlösung aus von den Wurzeln abgegebenem CO_2 der Zellatmung ($CO_2 + H_2O \rightleftharpoons H^+ + HCO_3^-$). Zusätzlich sezernieren Wurzeln verschiedene organische Säuren, deren Dissoziation (R-COOH $\rightleftharpoons$ R-COO$^-$ + H^+) ebenfalls Gegen-Ionen für die Austauschdesorption liefert, und schließlich treten H^+-Ionen hinzu, die von H^+-ATPasen in großen Mengen zur Erzeugung protonmotorischer Kraft für die Ionenaufnahme (Stufe 3) aus der Zelle transportiert werden. Hinsichtlich des optimalen Säuregrades zeigen die einzelnen Pflanzenarten erhebliche Unterschiede. So gedeiht Hafer (*Avena sativa*) am besten bei einem Boden-Säuregrad von pH 5, ist also acidophil, während der optimale pH-Wert der basophilen Gerste (*Hordeum vulgare*) bei etwa 8 liegt. Die Kartoffel (*Solanum tuberosum*) wiederum ist innerhalb gewisser Grenzen pH-indifferent und gedeiht im gesamten Bereich von pH 5–8 gut.

Diffusion in den Apoplasten (Stufe 2): Da den Wurzelzellen eine Cuticula fehlt, besteht ein Diffusionskontinuum zwischen der wäßrigen Lösung im Apoplasten der Wurzelparenchymzellen, der Rhizodermiszellen und der Bodenlösung. Die in der Bodenlösung befindlichen Ionen diffundieren also ungehindert in diesen frei zugänglichen Raum ein, der etwa 10–25 % des Wurzelrindenvolumens ausmacht. Dieser Diffusionsprozeß ist passiv und unselektiv, und neben den benötigten Nährstoffen gelangen so z. B. auch toxische Schwermetall-Ionen in den Apoplasten. Hinsichtlich der stofflichen Zusammensetzung ähnelt die apoplasmatische Lösung also der Bodenlösung. Ungehinderte Diffusion kann nur bis zur Endodermis stattfinden, da die Casparyschen Streifen der Endodermiszellen wasser- und ionenundurchlässig sind. So wird ein unkontrolliertes Eintreten von Stoffen aus der Bodenlösung in den Zentralzylinder der Wurzel verhindert.

Aufnahme in den Symplasten (Stufe 3): Nur ein Teil der aus der Bodenlösung in den Apoplasten eindiffundierten Ionen verbleibt in Lösung, zum Teil adsorbieren die Ionen an elektrisch geladene Gruppen der Zellwandpolymere (z. B. der Pectinsäuren) oder der Oberfläche des Plasmalemmas (z. B. an Phospholipide, Membranproteine). Durch diese – ebenfalls unselektive – Adsorption wird ein die Aufnahme in die Zelle begünstigendes Ionendepot in unmittelbarer Nähe zu den Aufnahmesystemen im Plasmalemma gebildet.

Die eigentliche – selektive und aktive – Ionenaufnahme, d. h. der Übertritt der Ionen aus dem Apoplasten in den Symplasten, beginnt mit der Bindung der Ionen an die Bindungsstellen ihrer jeweiligen Transportproteine (Ionenkanäle bzw. Translokatoren), die, angetrieben von der protonmotorischen Kraft, eine Aufnahme des jeweiligen Ions gegen den Konzentrationsgradienten und damit seine Anreicherung in der Zelle bewirken (Kap. 6.2.2). Allerdings ist die Spezifität der Ionenkanäle und der Translokatoren keine absolute (Kaliumkanäle transportieren beispielsweise auch Rubidium-Ionen, Rb^+), so daß unter Umständen auch andere und sogar toxische Ionen (u. a. Schwermetall-, z. B. Cadmium-Ionen, Cd^{2+}) in die Zelle gelangen können. Die Schwermetallentgiftung wird im Cytoplasma durch Bindung an die SH-Gruppen von Phytochelatinen, das sind aus Glutathion gebildete, schwermetallbindende Peptide (Abb. **7.4**), eingeleitet. Die Schwermetall-Phytochelatin-Komplexe werden sodann in die Vakuole eingelagert (Plus **7.1** und Box **19.7** S. 790).

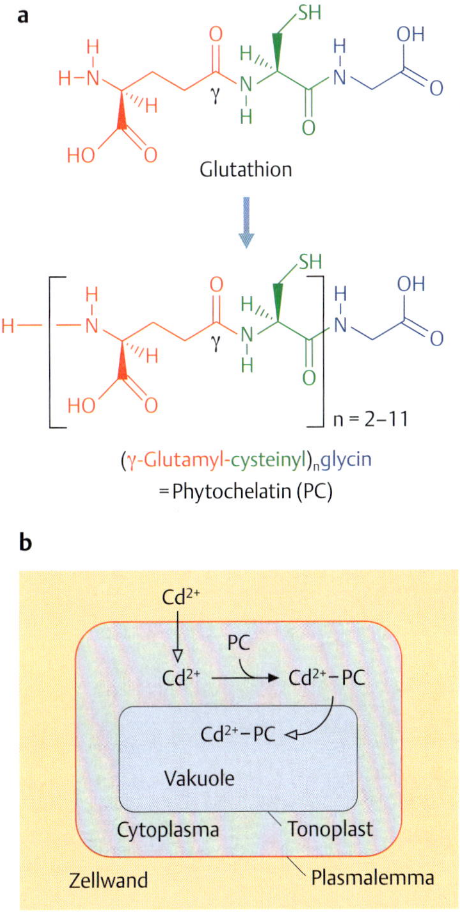

Abb. 7.4 Phytochelatine. a Bildung von Phytochelatinen aus Glutathion. Die Biosynthese wird durch Schwermetalle erst induziert, es wird gerade genügend Phytochelatin gebildet, um die eingedrungenen Schwermetall-Ionen zu komplexieren. **b** Ablagerung von Schwermetall-Phytochelatin-Komplexen in der Vakuole, am Beispiel des Cadmium-Ions (Cd^{2+}).

Plus 7.1 Phytoprospektion und Phytosanierung

Alle Samenpflanzen besitzen mit den Phytochelatinen schwermetallbindende Peptide, die primär vermutlich für den Stoffwechsel der essentiellen Schwermetalle (Cu^{2+}, Zn^{2+}), z. B. als Metall-Carrier in der Biosynthese von Cu- bzw. Zn-Metalloenzymen, bedeutsam sind. Aufgrund der starken Bindung auch anderer Schwermetalle, z. B. Cd^{2+}, das sogar viel stärker gebunden wird als Cu^{2+} oder Zn^{2+}, haben die Phytochelatine jedoch eine weitere Funktion, nämlich in der Schwermetallentgiftung (Kap. 19.6.1). Pflanzen tolerieren daher höhere Konzentrationen an Schwermetallen als Tiere oder der Mensch. Viele Arten besitzen jedoch eine nochmals gegenüber nicht angepaßten Pflanzen wesentlich gesteigerte Toleranz gegenüber bestimmten toxischen Metallen. Als Ursachen sind zahlreiche von Fall zu Fall verschiedene Mechanismen beschrieben worden: aktive Sekretion der eingedrungenen Metall-Ionen, Bindung in Form von Chelatkomplexen, Speicherung in Vakuolen oder Milchröhren, Umgehung der Toxizität durch besondere Stoffwechselreaktionen usw. So akkumuliert *Astragalus preussi* über 1,5 g Vanadium pro kg Blatt-Trockenmasse, *Astragalus pattersoni* über 1,2 g kg^{-1} Selen, das Fünfhundertfache der für andere Pflanzen toxischen Menge. Solche Pflanzen gedeihen daher noch auf kontaminierten Böden, auf denen die meisten Pflanzenarten nicht wachsen können, und eignen sich somit als **Indikatorpflanzen** (Zeigerpflanzen) für das Vorkommen der entsprechenden Elemente. In Mitteleuropa kommt z. B. das Galmeiveilchen (*Viola calaminaria*) als Zn-Zeiger in der Eifel auf Abraumhalden von Galmeierzen (Zn/Pb-Erze) aus dem 16. und 17. Jahrhundert vor und die Lichtnelke (*Lychnis alpina*) als Cu-Zeiger auf mittelalterlichen Abraumhalden von Kupfererzen in der Gegend um Eisleben. Die Suche nach metallhaltigen Böden mithilfe solcher Indikatorpflanzen bezeichnet man als **Phytoprospektion**.

Akkumulatorpflanzen, die bestimmte Metalle aus dem Boden anreichern, können zur Sanierung belasteter Böden verwendet werden (**Phytosanierung**, engl.: phytoremediation), wenn die über die Wurzeln aufgenommenen Schwermetalle im Sproß abgelagert werden. Die Phytoextraktion von Metallen aus belasteten Böden macht man sich praktisch bereits zunutze. Auf bleibelasteten Böden kommt vor allem *Brassica juncea* zum Einsatz. Die Pflanze nimmt zwar Blei (als Pb^{2+}-Ionen im Boden vorliegend) nicht direkt auf, dafür aber sehr effizient Blei-Chelate (z. B. Pb^{II}-EDTA-Komplexe). Das aufgenommene Blei ist für die Pflanze toxisch. Man läßt sie daher auf bleibelasteten Böden zunächst heranwachsen, behandelt die Böden dann mit EDTA (Ethylendiamintetraacetat) und erntet einige Tage später die stark bleihaltigen, absterbenden Sprosse. Meist dauert eine Phytosanierung von Böden mehrere Jahre.

Gold-Zeigerpflanzen (z. B. *Lonicera confusa*) wurden bereits zur Extraktion fein verteilten Goldes aus Böden vorgeschlagen. Stiege der Goldpreis nur auf das Doppelte des „normalen" Preises, wäre eine solche Phytoextraktion sogar gewinnbringend. Metallisches Gold ließe sich aus der veraschten Pflanzensubstanz abscheiden.

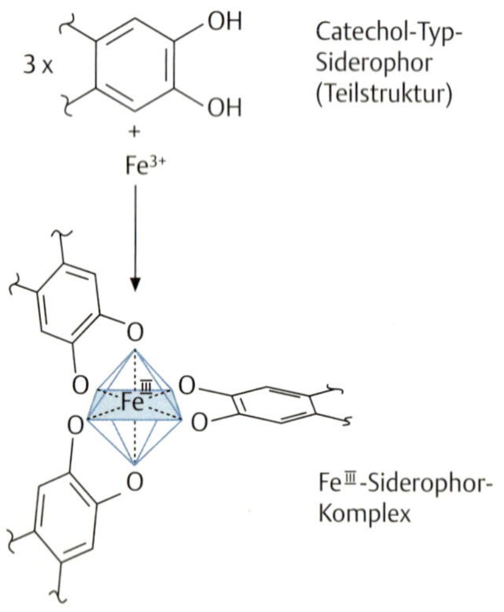

Abb. 7.5 Komplexierung von Fe^{3+} durch Phytosiderophore vom Catechol-Typ.

Spätestens an der Endodermis muß die Aufnahme der Ionen in den Symplasten erfolgen. Hat sie bereits im Rindengewebe oder in den Wurzelhaaren stattgefunden, so gelangen die Ionen durch die Plasmodesmen von Zelle zu Zelle in die Xylemparenchymzellen des Zentralzylinders. Die Zellsaftvakuolen werden nicht in den Transport einbezogen (Abb. **7.3**).

Der Übergang der Ionen von den Xylemparenchymzellen in die angrenzenden Gefäße ist – wie der Wurzeldruck zeigt (S. 239) – ein aktiver Sekretionsprozeß. Die Verteilung der Ionen in der Pflanze erfolgt in den Xylemgefäßen und zwar mit der Massenströmung des Wassers, die in diesen Leitbahnen von der Wurzel bis in die Sproßspitzen und Blattorgane stattfindet.

Eisenaufnahme: Eisen ist zwar in den meisten Böden reichlich vorhanden, aber weil sich – insbesondere in alkalischen Böden – unlösliches Eisenoxid bildet ($2\ Fe^{3+} + 6\ OH^- \rightarrow 2\ Fe(OH)_3 \rightarrow Fe_2O_3 \cdot 3\ H_2O$), ist es für Pflanzen oft schlecht verfügbar und deshalb häufig ein Mangelfaktor. Pflanzenwurzeln scheiden daher **Phytosiderophore** in die Rhizosphäre aus, das sind organische Verbindungen wie z. B. Verbindungen vom Catechol-Typ (Abb. **7.5** und Abb. **1.7** S. 16), die Fe^{3+}-Ionen als Chelatkomplexe binden und so in Lösung halten. Auch die Bodenpilze und Bodenbakterien bilden – oft hochkomplexe – Siderophore, scheiden sie aus und wirken so an der Verbesserung der Eisenverfügbarkeit mit. Zur Eisenaufnahme haben Pflanzen zwei Strategien entwickelt (Abb. **7.6**):

- Die meisten Arten reduzieren am Plasmalemma siderophorgebundenes Fe^{3+} zu Fe^{2+} und nehmen das Ion über einen H^+/Fe^{2+}-Symporter in die Zelle auf.

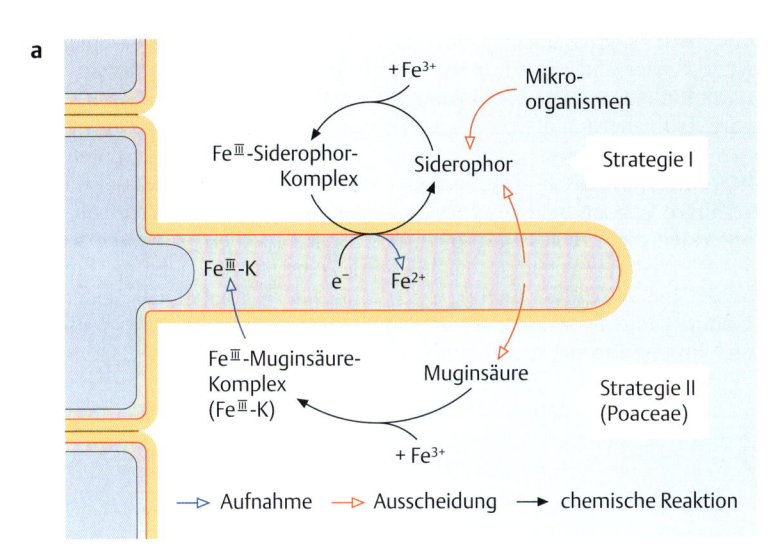

Abb. 7.6 Eisenaufnahme-Strategien der Samenpflanzen. a Prinzip, **b** Phytosiderophore. Nicotianamin ist für die Verteilung von Fe^{2+} innerhalb der Pflanze verantwortlich, unabhängig davon, ob sie die Aufnahmestrategie I oder II verwendet.

- Poaceen scheiden als Phytosiderophor Muginsäure aus und nehmen über ein spezielles Aufnahmesystem Fe^{3+} als Fe^{III}-Muginsäurekomplex in die Zelle auf. Intrazellulär erfolgt dann die Reduktion des aufgenommenen Fe^{3+} zu Fe^{2+}.

In der Pflanze wird Fe^{2+} ebenfalls in Form von Chelatkomplexen und nicht als freies Ion transportiert. Chelator ist die der Muginsäure ähnliche Verbindung Nicotianamin. Störungen in der Nicotianamin-Bildung führen zu Störungen in der Eisenverteilung und, da die Chlorophyllbiosynthese eisenabhängig ist, zu Chlorosen (= Chlorophyllmangel).

7.2 Wasseraufnahme

Die Wasseraufnahme kann, wie das Beispiel der Wasserpflanzen zeigt, durch die gesamte Pflanzenoberfläche erfolgen. Grundsätzlich trifft dies auch für die in den Luftraum vordringenden Teile der Landpflanzen zu. Da Sproßachse und Blätter allerdings nur zeitweilig benetzt sind und die Cuticula den Wassereintritt in die Epidermis behindert, erfolgt die Wasseraufnahme überwiegend durch die Wurzel, insbesondere durch die Wurzelhaare. Ausnahmen finden sich bei den Epiphyten, z. B. den Zisternenepiphyten, deren Blätter eine Zisterne bilden, in der sich das Regenwasser sammelt, das dann durch besondere Absorptionshaare aufgenommen wird (Box **7.1**).

Im Boden liegt das Wasser in verschiedener Bindung vor. Das Grundwasser ist für viele Pflanzen nicht erreichbar, da ihr Wurzelsystem nur die oberen Bodenschichten durchzieht. Das von diesen Bodenschichten nach Niederschlägen zurückgehaltene **Haftwasser** liegt teils in den Hydrathüllen der Bodenkolloide gebunden vor (**Quellungswasser**), teils wird es in den Kapillaren des Bodens festgehalten (**Kapillarwasser**). Da das Quellungswasser wegen seines stark negativen Matrixpotentials (Kap. 6.1.3) praktisch nicht verfügbar ist, stellt das Kapillarwasser die eigentliche Wasserquelle der Pflanze dar. Dabei ist zu berücksichtigen, daß im Boden nicht reines Wasser vorliegt, sondern eine Lösung von Ionen. Die Wurzelhaare wachsen zwischen den Bodenpartikeln und der Bodenluft, deren Zusammensetzung sich infolge der Tätigkeit der Bodenmikroorganismen von der der Atmosphäre meist unterscheidet, hindurch und kommen so mit dem Kapillarwasser in Berührung (Abb. **7.1**).

> Eine Wasseraufnahme erfolgt in denjenigen Bodenregionen, in denen das Wasserpotential des Kapillarwassers weniger negativ ist als das der Wurzel, also ein entsprechendes Wasserpotentialgefälle ($\Delta\Psi_{H_2O}$) besteht (Wasserpotential: Kap. 6.1.3).

In feuchten Böden liegt das Wasserpotential des Kapillarwassers meist in der Größenordnung von –0,02 MPa, also nahe am Wasserpotential reinen Wassers (0 MPa), doch kann es in trockenen Böden weit negativere Werte unterhalb von –2 MPa erreichen und in Extremfällen (Wüsten, Salzstep-

---

Box 7.1 Wasseraufnahme bei Epiphyten

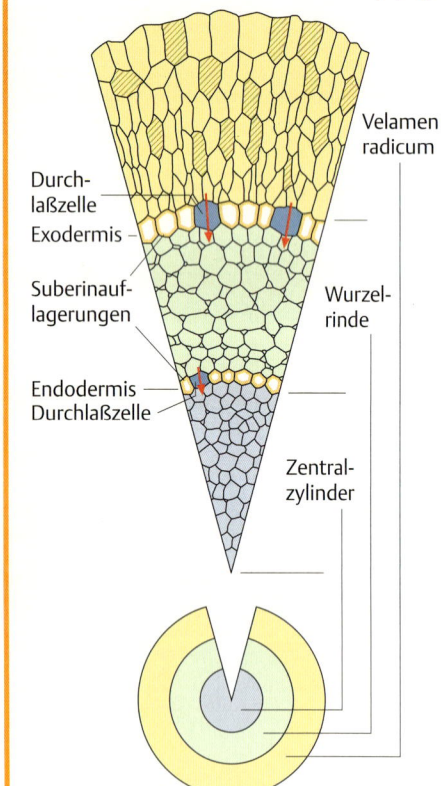

Aufsitzerpflanzen (Epiphyten) wachsen auf anderen Pflanzen oder sogar auf abiotischen Unterlagen. Bei vielen Arten erreichen die im Luftraum gebildeten Wurzeln (Luftwurzeln) nicht den Boden. Epiphyten haben daher mit der Wasserversorgung besondere Schwierigkeiten. Vermutlich ist dies ein Grund für ihr Vorkommen insbesondere an Standorten mit häufigen Niederschlägen und hoher Luftfeuchtigkeit, also in den Tropen. Epiphytische Arten finden sich in hoher Zahl bei den Bromeliaceae und den Orchidaceae.

Epiphytische **Bromelien** besitzen nur noch kurze Haftwurzeln. Sie nehmen Wasser über die Blätter mithilfe besonderer Absorptionshaare auf. Diese bestehen aus abgestorbenen Zellen, die bei Benetzung Wasser wie ein Schwamm aufsaugen und durch Kapillarkräfte halten. Von dort gelangt das Wasser auf osmotischem Weg in die lebenden Blattgewebe. Durch eine steile Blattstellung bilden die Rosettensprosse vieler Bromelien zudem Zisternen, in denen sich Regen- und Tropfwasser sammelt.

Die Luftwurzeln epiphytischer **Orchideen** besitzen außen ein Velamen radicum genanntes, meist vielschichtiges Gewebe aus abgestorbenen Zellen mit meist rippenartig verstärkten Zellwänden (Abb.), das bei Benetzung Wasser durch Kapillarkräfte aufsaugt. Die Durchlaßzellen der unter dem Velamen radicum liegenden suberinisierten Exodermis leiten das Wasser auf osmotischem Wege in die lebende Wurzelrinde, von wo aus es durch Durchlaßzellen der ebenfalls suberinisierten Endodermis in den Zentralzylinder der Wurzel gelangt (rote Pfeile). Die Wasserleitung in den lebenden Geweben von Luftwurzeln verläuft also wie bei normalen Wurzeln.

Abbildung verändert nach Lösch 2001.

pen) sogar noch niedriger liegen. Auf solchen Böden gedeihen nur wenige Spezialisten, z. B. die bereits erwähnten Halophyten (S. 181). Typische Wasserpotentiale von Wurzelgeweben liegen bei –0,2 bis –0,5 MPa (Halophyten unterhalb von –2 MPa, Wüstenpflanzen unterhalb –10 MPa). Das größtmögliche negative Wasserpotential der Zelle wird, wie in Kap. 6.1.3 erläutert, durch deren osmotisches Potential bestimmt. Zu diesem tragen einerseits die aus dem Boden aufgenommenen Ionen – insbesondere die Kalium-Ionen – bei, andererseits aber auch die Vielzahl der in Zellsaft und Cytoplasma gelösten organischen Verbindungen. Durch Veränderung des osmotischen Potentials des Wurzelparenchyms gelingt es den Pflanzen daher, innerhalb gewisser Grenzen ihr Wasserpotential an das des Bodens anzupassen, um möglichst viel Kapillarwasser aufnehmen zu können. In trockenen Böden kann es allerdings passieren, daß Wasser, das von den Wurzeln in tiefergelegenen feuchteren Bodenschichten aufgenommen wurde, in sehr trockenen oberen Bodenschichten wieder an den Boden abgegeben wird („hydraulic lift"), die Wurzeln leisten also einen Beitrag zur Durchfeuchtung oberflächennaher Bodenschichten.

Haben die Wasserreserven des Bodens stark abgenommen, so daß die Wurzeln den Kontakt mit dem Kapillarwasser verlieren, sind sie in der Lage, der sich zurückziehenden Wasserfront durch Wachstum zu folgen. Die Orientierung der Wurzel beim Längenwachstum erfolgt sowohl hydro- als auch gravitropisch (Box **5.4** S. 201 und Kap. 17.3). Dabei ist die Wurzelhaube der sensorische Perzeptionsort. Steht nicht mehr ausreichend Kapillarwasser zur Verfügung und übersteigt die Transpiration die Wasseraufnahme, kommt es schließlich zur Welke.

Solange die Wurzelhaare Kontakt zum Kapillarwasser halten, tritt Wasser durch Diffusion in den Apoplasten und von dort auf osmotischem Wege in den Symplasten ein. Da das Wasserpotential der Wurzel in radialer Richtung zur Endodermis hin abnimmt, diffundieren die aufgenommenen Wassermoleküle in dieser Richtung. Außerdem kann der Wassertransport auch auf apoplasmatischem Wege in den Zellwänden bis zur Endodermis erfolgen. Bei intensiver Wasseraufnahme kommt es wahrscheinlich sogar zu einer kapillaren Strömung des Wassers in den Zellwänden (Abb. **7.3**). Die Casparyschen Streifen erzwingen jedoch spätestens an der Endodermis den Übergang in den Symplasten.

Auf welche Weise an der Endodermis der Übertritt des Wassers aus der Rinde in den Zentralzylinder bewerkstelligt wird, ist noch nicht restlos geklärt. Mit Sicherheit sind aber aktive, d. h. energieverbrauchende Kräfte wirksam, die sich als **Wurzeldruck** nachweisen lassen. Entfernt man nämlich den Sproß einer Pflanze, deren Wurzeln man ausreichend mit Wasser versorgt, wenige Zentimeter oberhalb des Wurzelhalses und setzt dem Stumpf ein Manometer auf, so kann man den Wurzeldruck direkt am Anstieg der Quecksilbersäule ablesen. Er liegt meist unter 0,1 MPa, kann bei manchen Arten jedoch bis zu 0,6 MPa erreichen. Offenbar kommt die Beladung des Xylems und somit der Wurzeldruck dadurch zustande, daß die Transferzellen des Xylemparenchyms osmotisch wirksame Substanzen, insbesondere anorganische Ionen, sehr wahrscheinlich vermittels sekundär aktiver Transportprozesse in die Gefäße transportieren, so daß dort ein hoher osmotischer Wert entsteht. Infolgedessen strömt Wasser in die Leitungsbahnen ein, wodurch sich ein hydrostatischer Druck, eben der Wurzeldruck, aufbaut. Hier tritt eine weitere wichtige Aufgabe des **Casparyschen Streifens** zutage: Er wirkt wie ein Druckschott und verhindert, daß der unter Überdruck stehende Xyleminhalt wieder aus dem Zentralzylinder nach außen abfließt (physiologische Bedeutung des Wurzeldrucks Kap. 7.3.4).

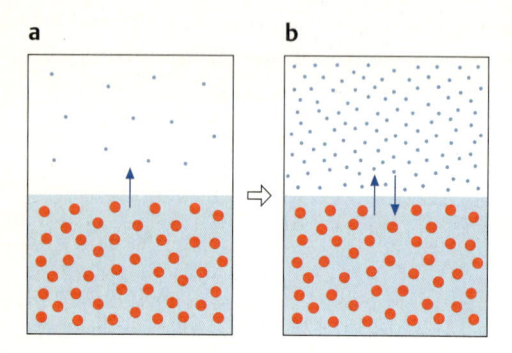

Abb. 7.7 Gleichgewichts-Wasserpotential und relative Luftfeuchtigkeit. Über jeder Lösung stellt sich in einem geschlossenen Raum mit der Zeit eine Gleichgewichtsluftfeuchtigkeit ein, die vom osmotischen Potential und damit vom Wasserpotential der Lösung abhängt (a → b, Tab. 7.1).

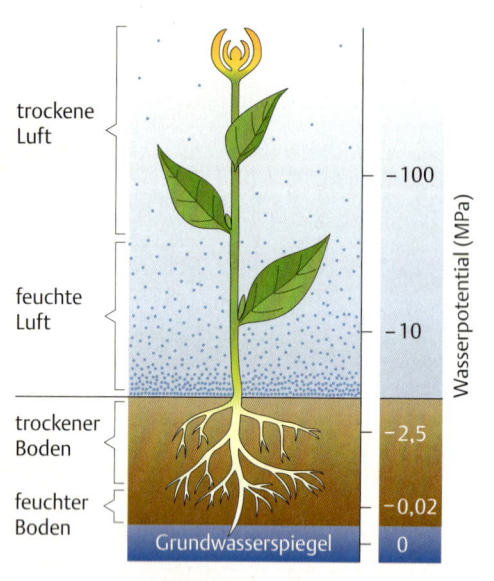

Abb. 7.8 Landpflanzen und Wasserpotentiale ihrer Umgebung. Y-Achse: Im dunkelbraunen Bereich wird das Wasserpotential der Bodenlösung von deren osmotischem Potential bestimmt, im hellbraunen Bereich von Matrixeffekten (Kapillar- und Quellkräften) an den Bodenkolloiden, dazwischen ein Übergangsbereich. Die für den Luftraum angegebenen Werte (hellblauer Bereich) geben die Größenordnung der der herrschenden Luftfeuchtigkeit zugehörigen Wasserpotentiale von Lösungen an, die mit diesen Luftfeuchtigkeitsbereichen im Gleichgewicht stehen würden (Tab. 7.1).

7.3 Wasserabgabe

Die Wasserabgabe oberirdischer Pflanzenteile in Form von Wasserdampf bezeichnet man als **Transpiration**.

Die Transpiration resultiert zwangsläufig daraus, daß die Wasserdampfsättigung der Luft in der Regel niedriger ist als die Gleichgewichts-Wasserdampfsättigung über einer Lösung mit dem osmotischen Potential der Blattzellen, sie ist also eine physikalische Notwendigkeit (Abb. 7.7). Beispielsweise betragen osmotische Potentiale von Zellsäften aus Blättern etwa −1 bis −3 MPa. Die Gleichgewichts-Wasserdampfsättigung bei 20 °C für solche Lösungen wird erst bei 99–97,5 % relativer Luftfeuchtigkeit erreicht (Tab. 7.1). Liegt die tatsächliche relative Luftfeuchtigkeit darunter, so verlieren die Lösungen Wasser an die Gasphase. Derartig hohe relative Luftfeuchtigkeiten treten aber nur sehr selten auf, z. B. nachts, wenn infolge Temperaturabsenkung der Taupunkt unterschritten wird und Wasserdampf der Luft zu flüssigem Wasser kondensiert (Taubildung). Tagsüber betragen in unseren Breiten die relativen Luftfeuchten nur 40–60 %, Wasserverlust durch Transpiration ist also für die Pflanze unvermeidlich. Die Landpflanzen sind demnach in einen sehr steilen Wasserpotentialgradienten eingespannt, der von den feuchten Bodenschichten, u. U. sogar vom Grundwasser mit einem Wasserpotential von Ψ_{H_2O} = 0 MPa, bis zu den trockenen Luftschichten reicht, deren Luftfeuchtigkeit einem Gleichgewichts-Wasserpotential negativer als −100 MPa entspricht, also der Luftfeuchtigkeit, die im Gleichgewicht mit einer Lösung eines osmotischen Potentials negativer als −100 MPa steht (Abb. 7.8).

Da die Cuticula nicht völlig wasserundurchlässig ist, wird Wasserdampf grundsätzlich durch die gesamte Oberfläche abgegeben. Diese cuticuläre Transpiration ist nicht regulierbar, im Gegensatz zur stomatären Transpiration, die durch die Spaltöffnungen erfolgt. Spaltöffnungen dienen aber nicht primär der geregelten Transpiration, sie sind vielmehr dazu da, den Landpflanzen eine wirksame Aufnahme des nur in Spuren in der Atmosphäre vorhandenen Kohlendioxids (0,037 %) zur Photosynthese zu ermöglichen. Unweigerlich ist aber mit der CO_2-Aufnahme ein starker transpirativer Wasserverlust verbunden; für jedes aufgenommene Molekül CO_2 diffundieren mehrere hundert Moleküle Wasser durch die Spaltöffnung nach außen. Die stomatäre Transpiration ist also ein notwendiges Übel, und der Ausgleich der auf diese Weise entstehenden Wasserverluste stellt die Pflanzen bisweilen vor erhebliche Probleme (Box 19.3 S. 779). Bei Wassermangel werden daher die Spaltöffnungen unter Verzicht auf photosynthetische CO_2-Fixierung geschlossen (S. 189). Landpflanzen ohne regulierbare Spaltöffnungen (die Moose – bis auf die Laub- und Hornmoose, deren Sporophyten Spaltöffnungen besitzen – sowie die Gametophyten der Farne) besitzen ständig offene Spalten zur CO_2-Aufnahme (Abb. 4.23 S. 160) und können daher nur an sehr feuchten Standorten gedeihen.

In der Regel werden die transpirativen Wasserverluste durch Nachleitung von Wasser aus den Gefäßen ausgeglichen. Die durch Transpiration in Gang gehaltene Massenströmung des Wassers in den Leitelementen des Xylems wird **Transpirationsstrom** genannt. Durch die Transpiration wird auch Wärme abgeführt, sodaß bei starker Bestrahlung die Temperatur der Blätter um 10–15 °C unter die Außentemperatur abgesenkt werden kann.

Bei sehr hoher relativer Luftfeuchtigkeit geht die Transpiration zurück; sie kann bei wasserdampfgesättigter Luft ganz zum Erliegen kommen.

In dieser Situation kann Wasser auch in Tropfenform abgegeben werden, was man als **Guttation** bezeichnet.

7.3.1 Cuticuläre Transpiration

Trotz der hydrophoben Eigenschaften der Cuticula geben die Epidermisaußenwände bei Vorliegen einer entsprechenden Wasserpotentialdifferenz Wasserdampf nach außen ab (Abb. **7.9**). Die Epidermisaußenwände gleichen ihren Wasserverlust dadurch aus, daß sie das Wasser entweder apoplasmatisch durch die antiklinen Wände der Epidermiszellen und der anschließenden Mesophyllzellen nachsaugen (Mechanismus: kapillare Massenströmung) oder aber den Epidermiszellen selbst entziehen, wodurch deren Wasserpotential negativer wird. Infolgedessen diffundiert Wasser aus den angrenzenden Mesophyllzellen in die Epidermiszellen, worauf sich in jenen der gleiche Vorgang wiederholt, sodaß ein symplasmatischer Wassertransport resultiert (Mechanismus: Diffusion). Letztlich wird der transpirative Wasserverlust durch Nachleitung von Wasser aus den Xylemgefäßen ausgeglichen.

Die cuticuläre Transpiration ist nicht regulierbar, ihr Ausmaß wird im wesentlichen durch die „Wasserpotentialdifferenz" zwischen Pflanze und Umgebung bestimmt („Wasserpotentialdifferenz" bedeutet hier die Differenz zwischen dem Wasserpotential der Pflanze und dem der relativen Luftfeuchtigkeit entsprechenden Gleichgewichts-Wasserpotential). Schon bei normalen, d. h. nicht durch besondere transpirationshemmende Auflagerungen oder Anhangsgebilde geschützten, Laubblättern liegt die cuticuläre Transpiration bei unter 10 % der Evaporation, also der Wasserdampfabgabe einer freien Wasseroberfläche. Bei Xerophyten kann die cuticuläre Transpiration durch Verstärkung der Cuticula bzw. Cuticularschichten, durch epicuticuläre Wachsauflagerungen sowie bei sekundären Abschlußgeweben durch zunehmende Verkorkung, auf unter 0,1 % der Evaporation herabgesetzt werden. Eine Verminderung der cuticulären Transpiration wird auch durch Bedecken der Epidermis mit einem dichten

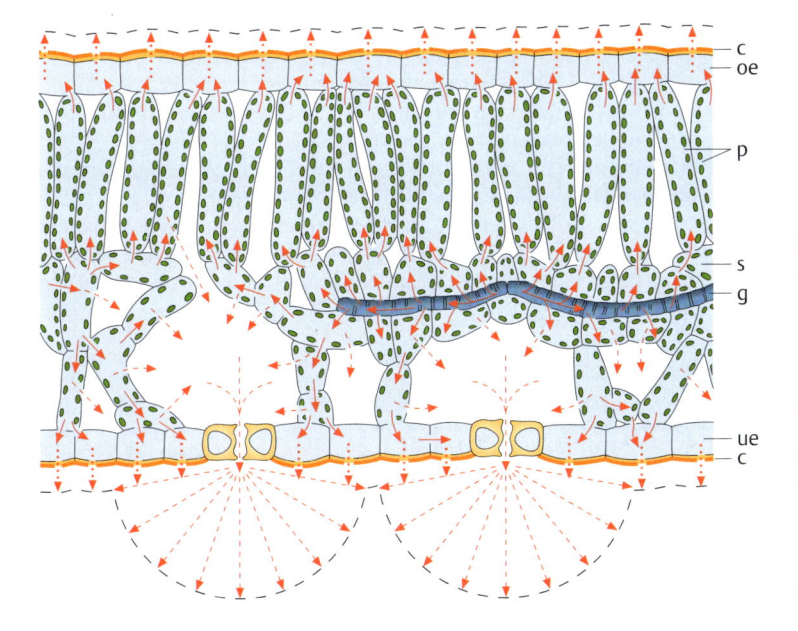

Tab. 7.1 Relative Luftfeuchtigkeit und osmotische Gleichgewichtspotentiale. Die Angaben gelten für 20 °C. Das osmotische Gleichgewichtspotential ist dasjenige osmotische Potential einer Lösung, über der sich im Gleichgewicht bei der herrschenden Temperatur die angegebene relative Luftfeuchtigkeit einstellt. Beachte: Bei zur Atmosphäre offenen Lösungen ist das osmotische Potential der Lösung gleich ihrem Wasserpotential (Kap. 6.1.3).

relative Luftfeuchtigkeit (%)	osmotisches Gleichgewichtspotential (MPa)
100	0
99	−1,35
95	−6,91
90	−14,1
80	−30,1
70	−48,1
60	−68,7
50	−93,3

Abb. 7.9 Transpiration eines Laubblattes, schematisch. In der Mitte des Blattquerschnittes sind zwei blind endende Gefäße zu sehen. Die ausgezogenen roten Pfeile geben die Richtung der Wasserzufuhr an, die unterbrochenen Pfeile den Weg des abgegebenen Wassers. Dabei ist die stomatäre Transpiration durch gestrichelte, die cuticuläre durch gepunktete Pfeile angedeutet. Der apoplasmatische Wassertransport in den Zellwänden ist nicht besonders gekennzeichnet. Über den Spaltöffnungen sind die Wasserdampfkuppen dargestellt. c Cuticula, g Gefäß, oe obere Epidermis, p Palisadenparenchym, s Schwammparenchym, ue untere Epidermis.

Filz aus abgestorbenen Haaren erreicht, der die Geschwindigkeit der darüberstreichenden Luft verringert und somit ein schnelles Abfließen des abgegebenen Wasserdampfes verhindert. Auf diese Weise wird eine Grenzschicht höherer Wasserdampfsättigung zwischen Epidermis und Umgebung geschaffen. Außerdem wird durch die Behaarung eine Reflexion des Sonnenlichtes und gleichzeitige Beschattung der Epidermis erreicht und somit die Erwärmung des Blattes herabgesetzt, was ebenfalls eine Verminderung der Transpiration zur Folge hat. Auch die Absenkung der Spaltöffnungen in Gruben (Abb. **5.28** S. 192), die zudem von Haaren überdeckt sein können, dient diesem Zweck. Die cuticuläre Transpiration hat nur den geringen Anteil von 5–10 % an der Gesamttranspiration.

7.3.2 Stomatäre Transpiration

Wie der Name sagt, erfolgt die stomatäre Transpiration (Abb. **7.9**) über die Spaltöffnungen (Stomata), ist also über den bereits in Kap. 5.2.3 besprochenen Mechanismus der Schließzellen regulierbar. Bei voll geöffneten Spalten kann sie einen Anteil von über 90 % an der Gesamttranspiration erreichen. Die Öffnungsweite ist von mehreren Faktoren abhängig, insbesondere von Licht, CO_2-Partialdruck in den Interzellularen, Wasserversorgung der Pflanze und Temperatur (Tab. **7.2**). Die der Turgorregulation der Schließzellen zugrundeliegenden molekularen Mechanismen sind in Kap. 7.3.3 erläutert.

Im typischen Falle zeigt die Transpiration einen Tagesgang, d. h. sie steigt im Laufe des Vormittags mit zunehmender Temperatur und Bestrahlungsstärke an, erreicht um die Mittagszeit ein Maximum und sinkt dann, der Änderung der vorgenannten Parameter entsprechend, bis zum Abend hin wieder ab. An heißen, trockenen Tagen, wenn die abgegebenen Wasserdampfmengen sehr hoch sind, können sich die Spaltöffnungen um die Mittagszeit sogar vorübergehend schließen.

Die Anzahl der Spaltöffnungen kann, je nach Art, zwischen 100 und 1 000 pro mm^2 Blattfläche betragen. Bei durchschnittlicher Öffnungsweite beträgt das Porenareal nur etwa 1–2 % der Blattoberfläche. Dennoch erreicht die Transpiration beträchtliche Werte, maximal 70 % der Evaporation. Infolge des sogenannten Randeffektes wird nämlich das Diffusionsfeld jeder Spaltöffnung erheblich vergrößert (Wasserdampfkuppe, Abb. **7.9**), sodaß ihr Spalt pro Zeiteinheit von ungleich mehr Wasserdampfmolekülen passiert wird als ein entsprechend großer Abschnitt einer freien Wasseroberfläche.

Die Messung der durch Transpiration abgegebenen Wassermenge kann bei kleineren Pflanzen einfach mit der Transpirationswaage erfolgen. Will man gleichzeitig die Wasseraufnahme bestimmen, bedient man sich eines **Potetometers** (Abb. **7.10**), an dessen geeichter Kapillare man den Wasserverbrauch ablesen kann. Da die Größe der Gesamttranspiration sowohl von

Tab. 7.2 Den Öffnungszustand der Stomata regulierende Faktoren.

Faktor	Spalten öffnen sich	Spalten schließen sich
Licht	Rot-, Blaulicht	Dunkelheit
Temperatur (Tendenz)	< 25 °C	> 25 °C
CO_2-Partialdruck im Blatt	niedrig	hoch
Wasserversorgung	ausreichend	niedrig

der Oberfläche einer Pflanze als auch von Außenfaktoren und insbesondere von der Wasserpotentialdifferenz zur Umgebungsluft abhängt, können keine allgemeinen Angaben gemacht werden. Vielmehr muß die Transpirationsleistung von Fall zu Fall bestimmt werden. So wird z. B. von einer ausgewachsenen Sonnenblume an einem trockenen, warmen Tag bei ausreichender Wasserversorgung etwa ein Liter Wasser abgegeben, von Laubbäumen, je nach Art und Größe, bis zu mehreren hundert Litern.

7.3.3 Molekularer Mechanismus der Spaltöffnungsbewegung

Der Spaltöffnungsbewegung liegt eine durch Veränderung des osmotischen Potentials des Zellsaftes der Schließzellen hervorgerufene Änderung des Zellvolumens zugrunde. Faktoren, die regulierend auf den Öffnungszustand der Stomata einwirken, sind in Tab. **7.2** zusammengefaßt. Da die Bewegung reizausgelöst, aber durch den Bauplan der Zellen in ihrem Ablauf bestimmt wird, stellt sie eine Nastie dar (Box **5.3** S. 191), je nach auslösendem Reiz eine Photo-, Thermo-, Chemo- oder Hygronastie.

Eine Erhöhung der Konzentration der osmotisch aktiven Substanzen in der Schließzelle (dadurch wird das osmotische Potential negativer, die Triebkraft zur Wasseraufnahme größer) hat einen Wassereinstrom zur Folge. Durch die Vergrößerung des Zellvolumens ändert sich die Zellform (S. 189) und der Spalt öffnet sich. Eine Reduktion der Spaltweite oder gar ein völliger Verschluß erfolgt, wenn durch Absenkung der Konzentration an osmotisch aktiven Substanzen im Zellsaft der Schließzellen sich das Zellvolumen infolge des osmotisch gekoppelten Wasserausstroms wieder verringert.

> Die Veränderungen des osmotischen Potentials der Schließzellen werden im wesentlichen durch K^+-Ionen sowie deren Gegen-Ionen Cl^- und/oder Malat^{2-} bewirkt.

Überwiegend oder ausschließlich als Gegen-Ion tritt Cl^- bei den Poaceen und einigen anderen monokotylen Pflanzen (z. B. *Allium*-Arten) auf, während die übrigen Monokotyledonen und die Dikotyledonen das zweifach negativ geladene Malat-Ion, das durch Dissoziation der Äpfelsäure entsteht, verwenden (Abb. **7.11** und Box **7.2**). Die anorganischen Osmotika K^+ und Cl^- werden von den Schließzellen aus dem Apoplasten aufgenommen oder wieder an ihn abgegeben, während Malat bei Bedarf in den Schließzellen aus gespeicherter Stärke gebildet wird (Stärke → Glucose → Phosphoenolpyruvat → Malat, Reaktionen Abb. **8.36** S. 287) und beim Spaltenverschluß entweder in den Mitochondrien der Schließzellen unter Bildung von CO_2 veratmet (Reaktionen, S. 337) oder in den Apoplasten abgegeben wird, um in benachbarten Zellen verstoffwechselt zu werden.

Zwei charakteristische Reize und ihre Wirkung auf Stomata sollen näher besprochen werden: die durch Belichtung induzierte Öffnung und der bei Wassermangel durch Ausschüttung des Phytohormons Abscisinsäure (Abb. **16.30** S. 637) induzierte Spaltenverschluß.

Lichtinduzierte Öffnung: Bestrahlt man im Dunkeln gehaltene Blätter entweder mit Rotlicht oder aber mit Blaulicht, so öffnen sich die stomatären Spalten. Die rotlichtinduzierte Reaktion geht auf Photosynthese zurück: Die Chlorophylle absorbieren rotes Licht (S. 261 und Abb. **17.1** S. 671), der CO_2-Partialdruck in den Interzellularen des Blattes erniedrigt sich, weil CO_2 in den Chloroplasten der Mesophyllzellen in Zucker

Abb. 7.10 Aufbau eines einfachen Potetometers. Die Wasserabgabe des Zweiges kann am Wandern der eingeschlossenen Luftblase auf der gradierten Kapillare abgelesen werden.

Abb. 7.11 Dissoziation der L-Äpfelsäure.

> **Box 7.2 Benennung organischer Säuren**
>
> Verwendet man die Endung **-säure**, wie z. B. in Citronensäure, so ist das undissoziierte Molekül gemeint. Oft wird diese Schreibweise, und entsprechend die Benennung, gewählt, wenn Strukturformeln organischer Verbindungen übersichtlich gehalten werden sollen und nicht in einem Reaktionszusammenhang (z. B. in Stoffwechselübersichten oder Darstellungen enzymatischer Umsetzungen) verwendet werden. Ein Beispiel dafür ist Abb. **1.21** S. 25. Säuren liegen jedoch bei physiologischen pH-Werten in den meisten Fällen dissoziiert vor. Carbonsäuren z. B. dissoziieren in Wasser nach R-COOH + $H_2O \rightarrow$ R-COO$^-$ + H_3O^+ in ein Hydronium-Ion und ein Carboxyl**at**-Anion. Man verwendet in der Chemie und Biochemie die Endung **-at** zur Bezeichnung der Anionen dissoziierter Oxosäuren: Citrat ist demnach die Bezeichnung der dissoziierten Citronensäure, Aspartat die Bezeichnung der dissoziierten Form der Aminosäure Asparaginsäure. Entsprechend aber auch: Phosphorsäure – Phosphat, Schwefelsäure – Sulfat, Salpetersäure – Nitrat. Die beiden letzten Beispiele zeigen, daß mitunter zur Bezeichnung der Anionen dissoziierter Säuren andere, nämlich die entsprechenden lateinischen Wortstämme verwendet werden. Die nachstehende Tabelle gibt eine Zusammenstellung von im pflanzlichen Stoffwechsel häufig auftretenden Carbonsäuren und deren Carboxylat-Anionen, bei denen die Wortstämme wechseln. Im folgenden werden in Stoffwechselzusammenhängen stets die tatsächlich beteiligten Formen, meist also die Anionen, verwendet.
>
> | R-COOH | R-COO$^-$ |
> |---|---|
> | Ameisensäure | Formiat |
> | Äpfelsäure | Malat |
> | Bernsteinsäure | Succinat |
> | Brenztraubensäure | Pyruvat |
> | Buttersäure | Butyrat |
> | Essigsäure | Acetat |
> | Milchsäure | Lactat |

überführt wird. Rotlicht ist hier also kein regulierender Reiz, sondern Energiequelle für die Photosynthese, und der eigentliche regulierende Faktor der Rotlichtreaktion von Stomata ist der CO_2-Partialdruck in den Interzellularen (Tab. **7.2**).

Die blaulichtinduzierte Öffnungsreaktion ist von der Photosynthese unabhängig. Blaulicht wirkt als induzierender Reiz, vermittelt von dem Photorezeptor **Phototropin** (Abb. **17.8** S. 679). Die Anregung des Phototropins führt zur Aktivierung der Protonenpumpen am Plasmalemma der Schließzellen (Abb. **7.12**) und damit zum Aufbau einer protonmotorischen Kraft, die, wie bereits erläutert (S. 220), eine Hyperpolarisierung der elektrischen Potentialdifferenz am Plasmalemma einschließt (cytoplasmatische Seite negativ). Schließzellen besitzen einwärts gleichrichtende, spannungsabhängige Kalium-Kanäle (S. 222), die sich, wenn ein bestimmtes Membranpotential erreicht ist, öffnen und Kalium-Ionen entlang des elektrischen Potentialgradienten in die Schließzelle einströmen lassen. Als Gegen-Ion wird von einigen Monokotyledonen Chlorid über einen Cl$^-$/H$^+$-Symporter, also sekundär aktiv, aufgenommen. Bei den meisten Pflanzen kommt es zum Abbau von Stärke und zur Bildung von Malat als Gegen-Ion. Der osmotisch gekoppelte Wassereinstrom führt zur Zunahme des Schließzellvolumens und damit zur Spaltenöffnung.

Durch Wassermangel induzierter Verschluß: Kommt es infolge starken Wasserverlustes in den Schließzellen selbst zu einem Verlust des Turgors, so erfolgt natürlich ein sofortiger – **hydropassiver** – Verschluß der Spalten. Allerdings bewirkt auch ein Turgorverlust in anderen Geweben, sogar im weit entfernten Wurzelgewebe, einen Spaltenverschluß. Dieser muß allerdings **hydroaktiv** erfolgen, wenn die Schließzellen selbst noch turgeszent sind, und erfordert ein Signal, welches vom Ort des Turgorverlustes zu den Schließzellen geleitet wird.

Bei einem – für die Pflanze stets bedrohlichen – Turgorverlust bilden Pflanzenzellen durch den Abbau bestimmter Xanthophylle (S. 264)

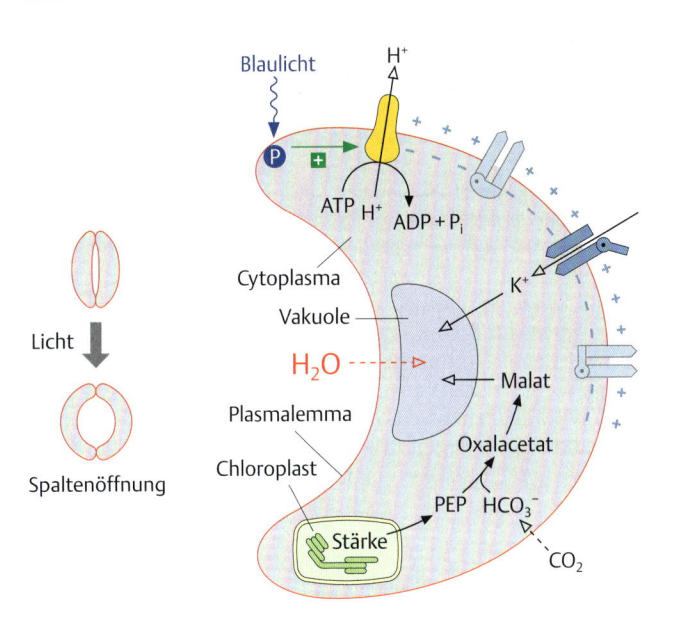

Abb. 7.12 Stomataöffnung durch Blaulicht. Molekulare Prozesse, schematisch. ⓟ Phototropin, PEP Phosphoenolpyruvat, nicht beteiligte Systeme hell angedeutet (vgl. Abb. **7.13**).

⟶▷ Transportprozesse
⟶ chemische Umwandlungen
---▷ Diffusion

rasch und in großen Mengen das „Wasserstreßhormon" **Abscisinsäure** (Abb. **16.30** S. 637). Die Reaktion kann, soweit bekannt, in allen Geweben stattfinden. Orte, an denen ein Turgorverlust jedoch am ehesten eintritt, sind einerseits die Blattgewebe und andererseits die Wurzelgewebe. Die gebildete Abscisinsäure wird in den Apoplasten ausgeschüttet, gelangt – u. U. nach dem Transport aus der Wurzel in den Sproß über die Leitbahnen des Xylems – mit dem Transpirationsstrom an die Schließzellen (Abb. **7.13**) und bindet dort an einen noch unbekannten Rezeptor, der in der Plasmamembran vermutet wird. Dies hat eine Erhöhung der intrazellulären Konzentration an Ca^{2+}-Ionen zur Folge, die wahrscheinlich aus Speichern des endoplasmatischen Reticulums freigesetzt werden. Die hohe Ca^{2+}-Ionenkonzentration hemmt einerseits die Protonenpumpen (was zu einer abnehmenden protonmotorischen Kraft führt) und akti-

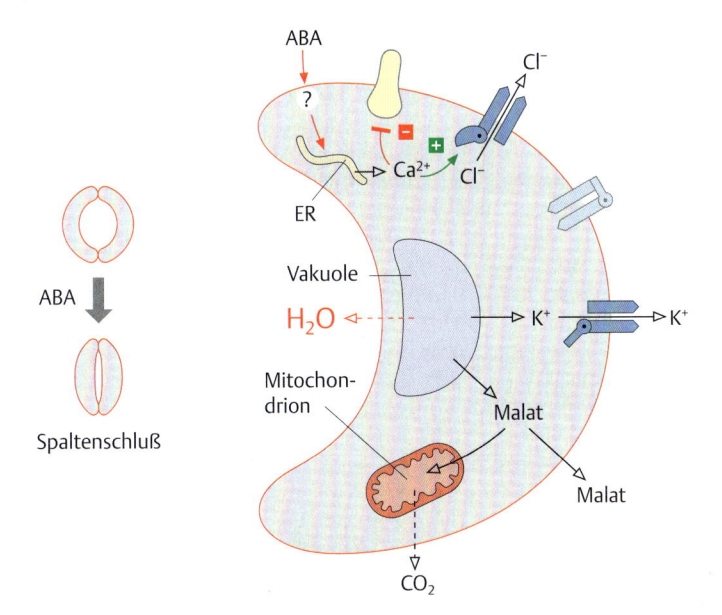

Abb. 7.13 Stomataverschluß durch Abscisinsäure (ABA). Molekulare Prozesse, schematisch. Nicht beteiligte Systeme hell angedeutet (vgl. Abb. **7.12**).

viert andererseits einen auswärts gleichrichtenden, calciumregulierten Chlorid-Kanal, durch den Cl⁻-Ionen aus der Zelle strömen. Beides, die Hemmung der Protonenpumpe und die Aktivierung eines Chlorid-Ausstroms, hat eine rasche Depolarisation des elektrischen Membranpotentials zur Folge. Es werden nur wenige Cl⁻-Ionen für diesen Prozeß benötigt, osmotisch ist dieser Ionenverlust also kaum von Belang. Daher findet er sich auch in Zellen, die Malat als Gegen-Ion zum Kalium-Ion bilden und bei denen Chlorid-Ionen keine wesentliche Rolle als Osmotikum spielen.

Infolge der Depolarisation des Membranpotentials schließen die spannungsabhängigen, einwärts gleichrichtenden Kalium-Kanäle. Dafür öffnet sich eine andere Sorte von Kalium-Kanälen, nämlich auswärts gleichrichtende, die nur bei Depolarisation in den Öffnungszustand gelangen. K⁺-Ionen strömen nun aus der Zelle aus, Malat-Ionen werden ebenfalls abgegeben oder in den Schließzellen veratmet, und der Abfall des osmotischen Werts der Schließzellen hat einen osmotischen Wasserverlust zur Folge: Es kommt zum Spaltenschluß zwischen den schrumpfenden Schließzellen.

7.3.4 Guttation

Neben der Abgabe von Wasserdampf kommt auch eine Abgabe tropfbaren Wassers vor, die man als Guttation bezeichnet. Die Abscheidung von Wasser in Tropfenform ist auch bei Pilzen oft zu beobachten, während hier jedoch alle Zellen des Mycels zur Guttation befähigt sind, erfolgt sie bei den Höheren Pflanzen durch die **Hydathoden** (Kap. 3.4). **Aktive Hydathoden** scheiden Salze aus, denen Wasser osmotisch folgt (S. 124). Sie regeln nicht so sehr den Wasserhaushalt, sondern dienen vielmehr der Exkretion überschüssiger Salze. Bei den **passiven Hydathoden** ist die Guttation eine Folge des Wurzeldruckes. Ein Wurzeldruck baut sich auf, wenn bei guter Wasserversorgung und gleichzeitig hoher Luftfeuchtigkeit eine stark reduzierte Transpiration stattfindet. Wurzeldruck tritt bei krautigen Pflanzen in Bodennähe oft nachts ein, wenn die Stomata geschlossen sind (Tab. **7.2** S. 242) und infolge hoher relativer Luftfeuchtigkeit auch die cuticuläre Transpiration reduziert ist. Er dient in dieser physiologischen Situation der Verteilung der Mineralien in der Pflanze, und das überschüssige Wasser wird von den Blättern in flüssiger Form an den passiven Hydathoden, in denen die Xylemgefäße offen enden, ausgepreßt. So kann man z. B. an den Blattspitzen von Gräsern oder an den Spitzen gezähnter Blätter nach feuchtwarmen Nächten Wassertropfen beobachten, die nicht mit Tautropfen verwechselt werden dürfen, sondern Ergebnis der Guttation sind (Abb. **7.14**). Bei laufender Transpiration herrscht jedoch im Xylem kein Überdruck, sondern von den äußersten Blattspitzen bis in die Wurzelspitzen hinein ein teils starker Unterdruck (S. 248).

Abb. 7.14 Guttationstropfen an Weizensämlingen.

7.4 Leitung des Wassers

Bei laubabwerfenden Pflanzen werden während des Knospentriebs in den Leitelementen des Xylems auch große Mengen an organischen Verbindungen, insbesondere Zucker, transportiert, um die treibenden Knospen zu ernähren. Der Xylemsaft steht dann unter einem positiven hydrostatischen Druck und tritt bei Verletzung der Gefäße als Blutungssaft aus.

> Der Wasserferntransport, von der Wurzel zur Krone, erfolgt ausschließlich in den Leitungsbahnen des Xylems: den Gefäßen und den Tracheiden.

Diese Xylemelemente sind abgestorben, enthalten also keinerlei cytoplasmatische Reste, die den Leitungswiderstand erhöhen würden. Durch Einbettung der Leitungsbahnen in das aus lebenden Zellen bestehende Xylemparenchym werden Embolien, d. h. das Eindringen von Luft, weitgehend vermieden. Das ist unerläßlich, da der Wassertransport von der Wurzel bis in die Spitzen der Blätter ein Kontinuum von Wassersäulen in den Leitungsbahnen erfordert. Bei laufender Transpiration stehen diese Wassersäulen unter einem starken Sog (**Transpirationssog**, Box 7.3), beim Eindringen von Luft würden sie abreißen. Das kann allerdings dennoch nicht immer vermieden werden, so reißen z. B. infolge einer Verletzung die Wassersäulen in den betroffenen Gefäßen (S. 115). Transportiert wird allerdings nicht reines Wasser, vielmehr ist der Xylemsaft eine stark verdünnte Lösung der durch die Wurzel aufgenommenen anorganischen Ionen. Eine genaue Analyse zeigt, daß in sehr geringen Konzentrationen auch Aminosäuren, organische Säuren, Zucker, Phytohormone und andere Substanzen transportiert werden.

Bei den laubabwerfenden Bäumen werden während des Knospenaustriebs, also im zeitigen Frühjahr, zur Ernährung der sich entwickelnden Blätter auch größere Mengen an organischen Verbindungen, insbesondere Zucker, im Xylem transportiert, die vor allem aus den Phloemparenchymspeichern stammen. Da in diesem Zustand fehlender Blätter keine oder eine sehr geringe Transpiration stattfindet, steht infolge der hohen Konzentrationen an gelösten Verbindungen und dem damit verbundenen osmotischen Einstrom von Wasser der Inhalt der Tracheiden und Gefäße unter Überdruck und tritt als **Blutungssaft** aus, wenn das Xylem angeschnitten wird. Eingedickter Blutungssaft des Zuckerahorns (*Acer saccharum*) wird als Ahornsirup (engl.: maple syrup) verkauft.

Daß der Wassertransport im Xylem erfolgt, läßt sich durch einfache Versuche demonstrieren. Entfernt man am unteren Ende eines Zweiges die Rinde und läßt nur den Holzkörper in Wasser eintauchen, so bleiben die Blätter turgeszent. Entfernt man dagegen den Holzkörper und läßt nur die Rinde eintauchen, welkt das Laub schon nach kurzer Zeit. In einer Sproßachse aufsteigende Farblösungen färben nur den Holzteil an.

Zur Messung der **Geschwindigkeit des Wassertransportes** bedient man sich meist thermoelektrischer Methoden. Durch einen Heizdraht wird das im Xylem aufsteigende Wasser kurzfristig erwärmt. Mit einem in einer bestimmten Entfernung oberhalb des Heizdrahtes montierten Thermoelement wird die Zeit bis zum Eintreffen des erwärmten Wassers gemessen. Die ermittelten Werte variieren zwischen 1 m h^{-1} (Nadelhölzer) und über 100 m h^{-1} (Lianen). Bei den Laubbäumen sind die für ringporige Hölzer (z. B. Eiche, Ulme, Esche) ermittelten Werte bis zu 10fach höher (maximal 44 m h^{-1}) als die bei zerstreutporigen Hölzern (z. B. Buche, Birke, Ahorn) gemessenen (1–6 m h^{-1}). Hohe Leitgeschwindigkeiten werden in weitlumigen Tracheen erreicht, die englumigen Tracheiden setzen dem Wasser einen größeren Strömungswiderstand entgegen, sodaß nur geringere Strömungsgeschwindigkeiten möglich sind (Kap. 5.1.4). Die hohen Leitgeschwindigkeiten der Lianen erklären sich durch die großen Durchmesser und die große Länge ihrer Gefäße.

Der Transport des Xylemsaftes von den Wurzelspitzen bis in die Sproßspitzen verläuft der Schwerkraft entgegen, oft über weite Strecken. Zusätzlich müssen noch Reibungswiderstände in den Gefäßen und Tracheiden überwunden werden. Küstenmammutbäume (*Sequoia sempervirens*) z. B. werden über 100 m hoch und Douglasien (*Pseudotsuga menziesii*) erreichen sogar Höhen von 120 m. Nach der sogenannten **Kohäsionstheorie des Wassertransportes** wird das Aufsteigen des Wassers in den Gefäßen

> **Box 7.3   Transpirationssog**
>
> Die saugende Wirkung der Transpiration läßt sich durch folgenden Versuch demonstrieren: Verbindet man einen Zweig, etwa der Eibe (*Taxus baccata*), luftblasenfrei mit einem wassergefüllten Steigrohr (Abb.), dessen unteres Ende in eine mit Quecksilber gefüllte Wanne taucht, so steigt das Quecksilber infolge des Transpirationssogs im Steigrohr auf.

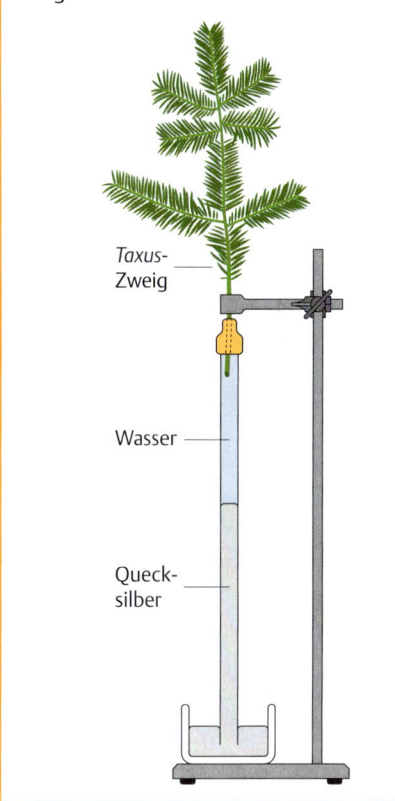

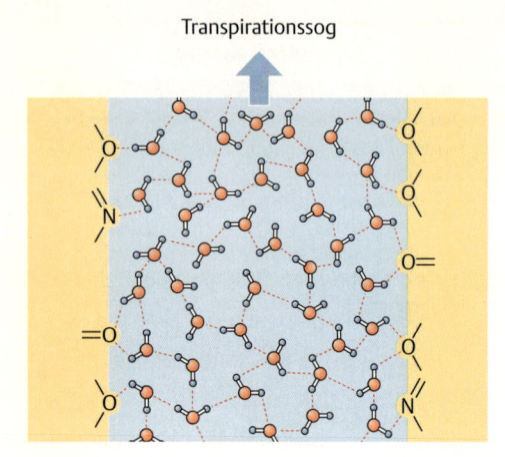

Abb. 7.15 Kohäsionstheorie des Wasserferntransports. Wasserstoffbrückenbindungen (rot gestrichelt) bilden sich zwischen benachbarten Wassermolekülen und zwischen Wassermolekülen und den Sauerstoff- bzw. Stickstoffatomen polarer Zellwandkomponenten aus.

und Tracheiden durch die saugende Wirkung der Transpiration verursacht, wobei das Abreißen der Wasserfäden in größeren Höhen durch die starken Kohäsionskräfte zwischen den Wassermolekülen sowie durch die Adhäsion des Wassers an den Gefäßwänden verhindert werden soll (Abb. 7.15). Die durch die Transpiration bedingte Verminderung des Wasserpotentials der Epidermis führt, wie bereits besprochen (Kap. 6.1.3), zu einer Ergänzung des Wasserverlustes durch Nachsaugen, das sich bis zu den Leitungsbahnen fortsetzt und so die Wasserfäden in den Gefäßen nach oben zieht. Daß dies grundsätzlich möglich ist, zeigte folgendes Experiment: Eine Säule aus reinem, entlüftetem Wasser, die sich in einem glatten Glasrohr befand, mußte einem Unterdruck von −30 MPa ausgesetzt werden, ehe sie zerriß. Die in den wasserleitenden Systemen der Pflanzen auftretenden Zugspannungen sind ungleich geringer. Sie überschreiten selten −4 MPa. Dennoch treten Embolien durch Bildung von Gasblasen (Wasserdampf oder Luft) auf, die zum Abreißen der Wassersäule und dadurch zur Bildung von Hohlräumen (Cavitationen) führen. Grundsätzlich ist dies ein schädlicher Vorgang, da hierdurch das betroffene wasserleitende Element blockiert wird. Da jedoch das Wasser auch in tangentialer Richtung durch die Tüpfel transportiert wird, können solche Blockaden im allgemeinen umgangen werden. Cavitationen selbst sind nur unter bestimmten Bedingungen reparabel, der Reparaturmechanismus ist noch unklar. Bei starken Regenfällen und unter nahezu transpirationslosen Bedingungen kann vermutlich der Wurzeldruck das Wasser nach oben drücken und die Gefäße wieder füllen. Durch Frost verursachte Embolien sind in der Regel irreparabel. Der Ausfall erfrorener Gefäße wird zu Beginn der folgenden Vegetationsperiode durch Bildung neuer Leitungselemente ausgeglichen. So verlieren ringporige Bäume durch Winterfrost-Embolien bis zu über 90% ihrer Wasserleitfähigkeit, sodaß im Frühjahr zunächst neue Gefäße gebildet werden müssen, ehe der Austrieb beginnen kann, der daher erheblich später erfolgt als bei den zerstreutporigen Bäumen.

Obwohl das Zusammenwirken von Transpirationssog und Kohäsionskräften zwischen den Wassermolekülen das Zustandekommen des Transpirationsstromes plausibel erscheinen läßt, kann er doch alleine nicht das insgesamt benötigte Wasser liefern. Beim Wachstum der Organe nehmen die Zellen, insbesondere in der Phase des Streckungs- und Weitenwachstums (S. 103), in erheblichem Umfang Wasser auf, das als **„Wachstumswasser"** bezeichnet wird. Dessen Anteil am Wassertransport wird bei wachsenden krautigen Pflanzen mit 10–20% veranschlagt. Da das Wachstumswasser in der Pflanze verbleibt, durch den Transpirationssog aber nur so viel Wasser nachgesaugt werden kann, wie abgegeben wird, kann die Transpiration nicht die einzige treibende Kraft des Wassertransportes im Xylem sein. Hinzu kommt das für den Abtransport der Assimilate im Phloem benötigte Wasser, das ebenfalls über die Leitungsbahnen des Xylems angeliefert werden muß. Auch dieser Transport steht in keiner Beziehung zur Transpiration. Aus all diesen Gründen liegt der Schluß nahe, daß der Langstreckentransport des Wassers in den Pflanzen durch eine Kombination verschiedener Kräfte bewerkstelligt wird, von denen der Transpirationssog nur eine Komponente stellt, zudem eine stark von den aktuellen Witterungsbedingungen abhängige. Dagegen dürften osmotische Kräfte entlang des Xylems (**„osmotischer Hub"**) von zentraler Bedeutung sein. Wie aus Gl. 6.5 (S. 211) hervorgeht, wird zum Hub einer Wassersäule über 1 m ein Unterdruck von −0,01 MPa benötigt. Berücksichtigt man ferner die strömungsmechanischen Effekte (Reibungsverluste) in den dünnen wasserleitenden Gefäßen bzw. Tracheiden, so ist ein zu ihrer Überwindung erforderlicher weiterer Unterdruck erforderlich. Er beträgt für ein Gefäß von durchschnittlichem Durchmesser (60 µm) – als ideale Kapillare betrachtet – etwa −0,02 MPa pro Meter. Um also eine Wassersäule 100 m anzuheben, sind insgesamt −3 MPa erforderlich. In dieser Größenordnung liegen die osmotischen Potentiale des Zellsaftes von Blattgeweben. Osmotische Kräfte sind demnach ausreichend groß, um einen Wasserferntransport auch ohne Transpirationssog anzutreiben.

Experimente an Keimlingen legen einen **Wasserkreislauf** zwischen Xylem und Phloem nahe, der unabhängig vom Transpirationsstrom stattfindet (Box **10.2** S. 320). Interessanterweise findet sich ein Langstreckentransport von Wasser auch bei submers im Wasser lebenden Höheren Pflanzen. Er steht hier offensichtlich nur im Dienste des Stofftransportes. Da eine Transpiration in diesen Fällen unmöglich ist, erfolgt die Abgabe des überschüssigen Wassers, sofern es nicht im Siebteil rückgeführt oder als „Wachstumswasser" verwendet wird, durch Guttation. Die Geschwindigkeit des Wassertransportes liegt zwischen 20 und 80 cm h^{-1}. Durch Abkühlung der Wurzeln wird der Transport unterbunden, durch Temperaturerhöhung verstärkt, was darauf schließen läßt, daß aktive Vorgänge beteiligt sind.

> Insgesamt ergibt sich aus dem Gesagten, daß der durch Transpirationssog bewirkte Wasserstrom für die Pflanze von geringer funktioneller Bedeutung ist. Vielmehr handelt es sich bei der Transpiration um einen physikalisch nicht zu vermeidenden Wasserverlust, der durch entsprechende Wasseraufnahme durch die Wurzel kompensiert werden muß. Auch ohne Transpiration sind Pflanzen in der Lage, durch die Wurzeln aufgenommene Nährstoffe über das Xylem in der Pflanze zu verteilen und das benötigte Wachstumswasser anzuliefern, wofür osmotischer Hub und die Kopplung des Xylemstroms an den in den Siebröhren stattfindenden Assimilatstrom sorgen. Die Stoffkonzentrationen im Xylemsaft sind bei fehlender Transpiration entsprechend höher als bei laufender, sodaß die insgesamt transportierte Nährstoffmenge praktisch gleich bleibt.

Bei laufender Transpiration übernimmt der **Casparysche Streifen** eine dritte wichtige Funktion: Er verhindert das unkontrollierte Durchsaugen von Bodenluft (Embolien!) in den Zentralzylinder.

7.5 Wasserbilanz

Wasseraufnahme und Wasserabgabe halten sich in der Regel nicht die Waage. So kann bei starker Transpiration am Tage bei geringem Bodenwassergehalt deutlich mehr Wasser abgegeben als aufgenommen werden: Die Wasserbilanz der Pflanze ist negativ. Als Folge sinkt das Wasserpotential vieler Gewebe tagsüber auf deutlich negative Werte ab. Nachts erfolgt – bei geschlossenen Stomata und temperaturbedingt höherer relativer Luftfeuchtigkeit – dafür in der Regel eine Wasseraufnahme, deren Ausmaß den transpirativen Wasserverlust übersteigt: Die Wasserbilanz der Pflanze ist positiv, die Gewebe werden wieder hochturgeszent und das Wasserpotential erreicht deutlich positivere Werte oder liegt sogar bei 0 MPa. Für optimales Wachstum sollte die Wasserbilanz im Tagesmittel ausgeglichen sein. Dies ist jedoch oft nicht der Fall, Pflanzen müssen über längere Perioden hinweg auch mit einer schwach negativen Wasserbilanz leben können (Box **19.3** S. 779).

Allerdings darf der Wasserverlust nicht zu stark werden, soll es nicht zu Schädigungen des Stoffwechsels kommen. Wenn das Wasserpotential von Böden derart stark absinkt, daß die pflanzliche Wasseraufnahme den transpirativen Wasserverlust dauerhaft nicht mehr auszugleichen vermag, kommt es zu permanenter Welke und damit rascher und irreversibler Schädigung. Der „permanente Welkepunkt" wird bei vielen krautigen Pflanzen schon bei einem Boden-Wasserpotential von etwa –0,8 MPa erreicht. Für landwirtschaftliche Nutzpflanzen – aufgrund züchterischer Verbesserung der Effizienz der Wassernutzung – liegt der permanente Welkepunkt des Bodens bei etwa –1,5 MPa.

In Trockengebieten kommen daher nur Pflanzen vor, die aufgrund vielfältiger Anpassungen ihrer Struktur (**Xeromorphie**, S. 181 und S. 192) oder ihres Stoffwechsels (Kap. 8.1.4 und Kap. 19.3) wirksame Wassersparmechanismen ausgebildet haben, oder solche, die nach einem ergiebigen Niederschlag in sehr kurzer Zeit keimen, wachsen, blühen und erneut Samen bilden, wie es viele Wüstenpflanzen tun. Spezialisten unter den an Dürre angepaßten Pflanzen, die sogenannten **Auferstehungspflanzen**, überstehen sogar lange Perioden vollständiger Austrocknung in einem kryptobiotischen Zustand (Plus **7.2**).

Plus 7.2   Auferstehungspflanzen

Pflanzen, deren Vegetationskörper im Zustand vollständiger Trockenheit ohne nachweisbare Lebensprozesse (kryptobiotischer Zustand) – z. T. sehr lange – überdauern können, nach Wasseraufnahme innerhalb kurzer Zeit jedoch wieder ergrünen und wachsen, nennt man Auferstehungspflanzen (engl.: resurrection plants). Hierzu zählen einige austrocknungsresistente Moose (z. B. *Tortula ruralis*, die auf Felsen in Wüstengebieten vorkommt), einige Pteridophyten (z. B. *Selaginella lepidophylla* die – unkorrekt als „Rose von Jericho" bezeichnet – zum Kauf angeboten wird), aber auch Blütenpflanzen. Zu letzteren gehören die im Orient und der Südsahara vorkommenden *Craterostigma*-Arten (Scrophulariaceae), z. B. die in der Abb. im ausgetrockneten Zustand (oben) und 24 Stunden nach Benetzung (unten) zu sehende Art *Craterostigma plantagineum*.

Die ausgetrocknete Pflanze ist bruchtrocken und zerfällt bei Berührung. Bereits Stunden nach Bewässerung ist sie wieder ergrünt und nimmt das Wachstum auf, um kurz darauf zu blühen. In den Blättern der wachsenden Pflanze kommt in großen Mengen der seltene Zucker 2-Octulose vor, der beim Austrocknen in Saccharose umgewandelt wird, die ihrerseits bei Wiederergrünen erneut in 2-Octulose überführt wird. Darin wird ein Schutzmechanismus (Ersatz von Hydrathüllen durch die Hydroxylgruppen der gebildeten Saccharose?) gesehen.

Nicht zu den Auferstehungspflanzen – aber oft mit ihnen verwechselt – zählen die „Rosen von Jericho" (*Asteriscus pygmaeus* der Sahara und *Anastatica hierochuntia*, die von Marokko bis zum Iran vorkommt). Diese Pflanzen sterben beim Austrocknen ab. Kommen die abgestorbenen Sprosse mit Wasser in Berührung, so quellen sie lediglich auf (was bei oberflächlicher Betrachtung mit Wachstum verwechselt werden kann) und entlassen ihre Samen.

Originalaufnahmen D. Bartels, mit freundlicher Genehmigung.

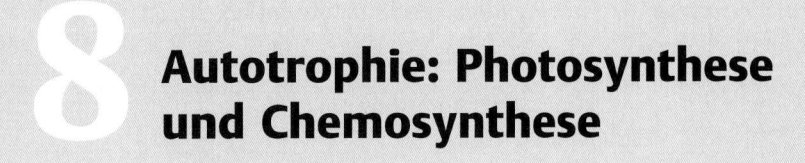

8 Autotrophie: Photosynthese und Chemosynthese

Die Gesamtheit der chemischen Umsetzungen eines Organismus ist der Stoffwechsel (Metabolismus). Reaktionen, die unter Energiezufuhr zum Aufbau körpereigener Substanzen führen, bezeichnet man als anabole Reaktionen (Anabolismus). Umgekehrt findet in den katabolen Reaktionen ein Ab- bzw. Umbau von Molekülen unter Freisetzung von Energie statt (Katabolismus).

Organismen, die ihren Energiebedarf aus anorganischen Quellen decken, bezeichnet man als autotroph. Die Autotrophen nehmen auch die Bausteine zur Bildung organischer Verbindungen in Form einfacher, energiearmer anorganischer Vorstufen auf, abgesehen von einigen Vertretern innerhalb der photoorganotrophen Bakterien, die ihren Kohlenstoffbedarf zwar aus CO_2, fakultativ aber auch aus organischen Verbindungen befriedigen können. Zu den Autotrophen zählen die Chlorophyll a besitzenden Pflanzen und die Photo- bzw. Chemosynthese betreibenden Prokaryoten.

Organismen, die dagegen energiereiche organische Substanzen als Energiequelle verwenden, nennt man heterotroph. Die mit der Nahrung aufgenommenen organischen Verbindungen dienen ihnen auch für ihren Baustoffwechsel, sie sind nicht in der Lage, aus anorganischen Vorstufen organische Substanz aufzubauen. Heterotroph ernähren sich viele Prokaryoten, die Pilze, die Tiere und der Mensch, unter den Pflanzen lediglich die Vollparasiten, denen die Fähigkeit zur Photosynthese im Verlauf der Evolution sekundär verlorengegangen ist.

Phototrophe Organismen nutzen als Energiequelle die elektromagnetische Strahlung der Sonne, während chemotrophe ihre Energie aus exergonischen, also Energie freisetzenden chemischen Reaktionen beziehen. Organotrophe Organismen verwenden als Wasserstoffdonoren organische Verbindungen, lithotrophe dagegen können anorganische Wasserstoffdonoren (z. B. H_2S) verwerten.

Zur Produktion organischer Substanzen aus rein anorganischen Bausteinen sind nur zwei Gruppen von Organismen befähigt: die Photoautotrophen, zu denen die photosynthetisch aktiven Bakterien (photolithotrophe und photoorganotrophe) und alle Chlorophyll a besitzenden Pflanzen zählen, und die Chemolithoautotrophen, die sich nur bei Bakterien finden. Die entsprechenden Prozesse werden als Photosynthese und Chemosynthese bezeichnet. Menschen, Tiere, Pilze und diejenigen Prokaryoten, die ausschließlich organische Energiequellen und Nahrung verwenden, sind also heterotroph, chemotroph und organotroph.

Autotrophie: Photosynthese und Chemosynthese

8.1 Photosynthese der Pflanzen...253

8.1.1 Die Lichtreaktionen...255
Strahlungsabsorption...257
Transport von Elektronen und Wasserstoff-Ionen...266
Photophosphorylierung...274
Räumliche Anordnung und Regulation der Lichtreaktion...275

8.1.2 Assimilation des Kohlenstoffs: Calvin-Zyklus...277

8.1.3 Photorespiration...282

8.1.4 Zusatzmechanismen der CO_2-Fixierung in C_4- und CAM-Pflanzen...283
C_4-Photosynthese...284
CAM-Stoffwechsel...287

8.1.5 Photosynthese am natürlichen Standort...288

8.2 Bakterienphotosynthese...290

8.3 Chemosynthese...293

8.4 Evolution der Photosynthese...294

8.1 Photosynthese der Pflanzen

In der Photosynthese wird von den Photosynthesepigmenten absorbierte Strahlungsenergie dazu verwendet, energiearme anorganische Verbindungen zu reduzieren und in metastabile, energiereiche organische Verbindungen zu überführen. Kohlendioxid (CO_2) wird in Kohlenhydrate $(CH_2O)_n$ überführt (Kohlenstoff-Assimilation), Nitrat (NO_3^-) in Ammoniak (NH_3) und dieser in Aminosäuren (Stickstoff-Assimilation), Sulfat (SO_4^{2-}) wird in Schwefelwasserstoff (H_2S) und dieser in schwefelhaltige Aminosäuren (Cystein, Methionin) überführt (Schwefel-Assimilation).

Fast die gesamte auf der Erde vorhandene organische Substanz und der Sauerstoff der Atmosphäre entstammen der Photosynthese. Somit sind letztlich auch alle heterotrophen Organismen von der Photosynthese abhängig. Bei einem Stillstand des Photosynthesevorganges würde daher alles Leben bis auf das weniger sehr ursprünglicher chemolithoautotropher, anaerober Prokaryoten bereits nach kurzer Zeit zum Erliegen kommen: Die Evolution des Lebens wäre in einen Zustand zurückversetzt, der ihrem Beginn nahekäme.

Der Gesamtprozeß der Photosynthese kann in zwei Abschnitte unterteilt werden, zum einen in die lichtabhängige Bereitstellung der erforderlichen reduzierten Cosubstrate und chemischer Energie in Form von ATP und zum anderen in die eigentlichen chemischen Reaktionen der Assimilation (Abb. **8.1** und Abb. **6.1** S. 208). Die Reaktionen dieses zweiten Abschnitts der Photosynthese werden oft **Dunkelreaktionen** genannt, da sie nicht direkt lichtabhängig sind, sondern prinzipiell bei Vorliegen von ATP und reduzierten Cosubstraten auch im Dunkeln stattfinden würden. In der lebenden Zelle laufen die Dunkelreaktionen natürlich nur dann ab, wenn ATP und reduzierte Cosubstrate angeliefert werden, also im Licht. Die Reaktionen des ersten Abschnitts, von der Absorption der elektromagnetischen Strahlung durch die Photosynthesepigmente bis zur Bereitstellung von ATP und von reduzierten Cosubstraten, sind membrangebunden und werden **Lichtreaktionen** genannt. Dabei werden einem Substrat (z. B. H_2O, H_2S oder organischen Verbindungen) Elektronen und Wasserstoff-Ionen entzogen. Die Wasserstoff-Ionen werden zum Aufbau einer protonmotorischen Kraft (Plus **6.4** S. 221) verwendet und diese wiederum treibt die Synthese von ATP aus ADP und Phosphat (**Photophosphorylierung**). Die Elektronen dienen zur Reduktion der für die jeweiligen Dunkelreaktionen benötigten Redox-Cosubstrate, die diese auf die zu reduzierenden anorganischen Moleküle (CO_2, Nitrat, Sulfat) übertragen. Der Wasserstoff, der dabei von den reduzierten Verbindungen (Kohlenhydrate, Ammoniak, Schwefelwasserstoff) aufgenommen wird, ist nicht der den primären Donoren in der Lichtreaktion entzogene (dieser wird zur ATP-Synthese verwendet), sondern stammt letztlich aus dem H^+-Vorrat des Zellwassers.

Diese allgemeinen Prinzipien gelten für alle Photosynthese treibenden Organismen. In jedem Fall wird ATP gebildet. Hinsichtlich der als Quelle für die Elektronen und Wasserstoff-Ionen benutzten Substrate, der lichtabsorbierenden Pigmente und der Art und Anzahl der beteiligten Photosysteme sowie der Art der Redox-Cosubstrate bestehen jedoch Unterschiede zwischen den verschiedenen Gruppen der zur Photosynthese befähigten Organismen. Dabei ist die Vielfalt innerhalb der photosynthetisch aktiven Bakterien groß (Kap. 8.2 und Tab. **8.1**).

8 Autotrophie: Photosynthese und Chemosynthese

Abb. 8.1 Allgemeines Prinzip der Photosynthese: Bildung organischer Substanzen aus anorganischen Vorstufen und Lichtenergie. Grüner Pfeil exergonischer Prozeß, rote Pfeile endergonische Prozesse.

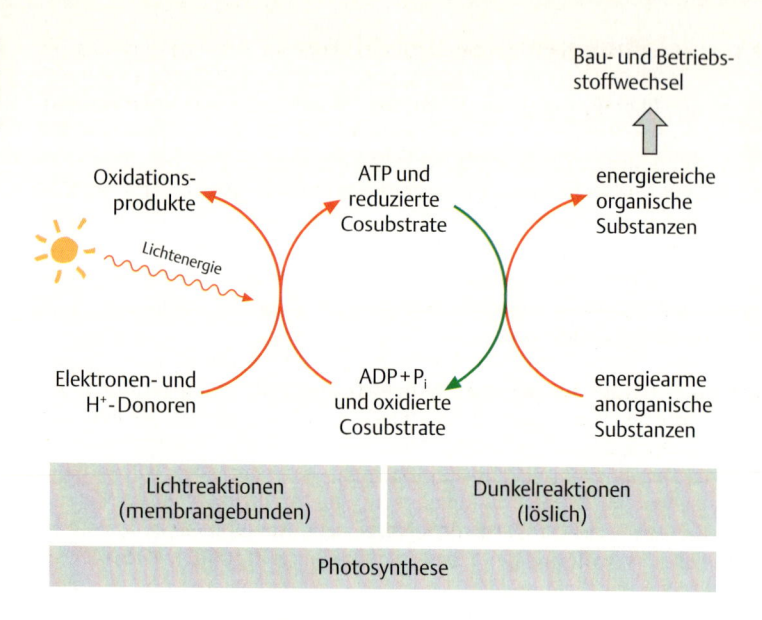

Tab. 8.1 Charakteristika der oxygenen und der anoxygenen Photosynthese.

Charakteristikum	oxygene Photosynthese		anoxygene Photosynthese: Rhodospirillales		
	Pflanzen	Cyanobakterien	Purpurbakterien		Grüne Bakterien
			Nichtschwefel-purpurbakterien Rhodospirillaceae	Schwefel-purpurbakterien Chromatiaceae	Grüne Schwefelbakterien Chlorobiaceae
Photosystem I	+	+	–	–	+
Photosystem II	+	+	+	+	–
Antennen[1]					
intern	+	–	+	+	–
extern	–	Phycobilisomen	–	–	Chlorosomen
Chlorophylle	+	+	–	–	–
Bakteriochlorophylle	–	–	+	+	+
RZ-Pigment[2]	Chl a	Chl a	BChl a	BChl a	BChl a
akzessorische Pigmente	Carotinoide Rhodophyta, Cryptophyta: Phycobiline	Phycobiline	Carotinoide, insb. Spirilloxanthin	Carotinoide, insb. Spirilloxanthin	Carotinoide, insb. Spirilloxanthin
Elektronenquelle	H_2O	H_2O	reduzierte organische Verbindungen	H_2S, z. T. andere anorganische Substanzen	H_2S, z. T. andere anorganische Substanzen
Redoxsystem	NADPH	NADPH	NADH	NADH	NADH
Ernährungstyp	photohydrotroph	photohydrotroph	photoorganotroph	photolithotroph	photolithotroph

[1] intern: in die Membran integriert, extern: der Membran aufgelagert
[2] RZ Reaktionszentrum, Chl Chlorophyll, BChl Bakteriochlorophyll

Die pflanzliche Photosynthese stammt von der cyanobakteriellen ab und verläuft in den Chloroplasten, den aus cyanobakteriellen Endosymbionten im Verlauf der Evolution hervorgegangenen Organellen (Kap. 8.4).

Die pflanzliche Photosynthese zeigt demnach wie die cyanobakterielle folgende Charakteristika:
- Wasser dient als Elektronenlieferant und als H^+-Ionenquelle für die ATP-Synthese. Die Zerlegung von Wassermolekülen (**Photolyse des Wassers**) verläuft unter Entwicklung molekularen Sauerstoffs (**oxygene Photosynthese**): $2\ H_2O \rightarrow 4\ H^+ + 4\ e^- + O_2$.
- Charakteristisches Photosynthesepigment ist **Chlorophyll a**.
- An den Lichtreaktionen sind **zwei Photosysteme**, Photosystem I und Photosystem II, beteiligt (ihre Numerierung erfolgte in der Reihenfolge der Entdeckung).
- Reduziertes Cosubstrat der CO_2-Assimilation ist **NADPH**.

Im folgenden wird die pflanzliche Photosynthese behandelt, und zwar zunächst die Lichtreaktionen und im Anschluß daran die Kohlenstoff-Assimilation. Die Assimilation des Stickstoffs und Schwefels wird erst in Kap. 9 im Zusammenhang mit dem weiteren Stoffwechsel dieser Elemente geschildert. An die pflanzliche Photosynthese schließt sich eine Darstellung der bakteriellen Photosynthese an (Kap. 8.2) sowie eine knappe Übersicht über den nur bei bestimmten Bakterien anzutreffenden chemoautotrophen Stoffwechsel (Kap. 8.3).

8.1.1 Die Lichtreaktionen

Ort der Lichtreaktionen der pflanzlichen Photosynthese ist das System der Thylakoidmembranen der Chloroplasten (Abb. **8.2** und S. 83).

Isolierte Thylakoide reduzieren bei Belichtung dem Inkubationsmedium hinzugefügte lösliche Elektronenakzeptoren wie Kaliumhexacyanoferrat-III ($K_3Fe(CN)_6$), 2,6-Dichlorphenolindophenol (DCPIP) bzw. den natürlichen Elektronenakzeptor $NADP^+$. Diese Reaktion wird nach ihrem Entdecker, Robert Hill, **Hill-Reaktion** genannt (Abb. **8.2d, e**). Dabei wird Sauerstoff gebildet, der aus dem Wasser stammt, wie Versuche mit „schwerem Wasser" gezeigt haben, also isotopenmarkierten Wassermolekülen, die anstelle des Isotops Sauerstoff-16 (^{16}O) das schwere Isotop ^{18}O enthielten (Box **8.1**). Allgemein läßt sich die Hill-Reaktion folgendermaßen formulieren:

$$2\ A + 2\ H_2O \xrightarrow[\text{Lichtenergie}]{\text{Thylakoide}} 2\ H_2A + O_2$$

(A oxidierte, H_2A reduzierte Form eines löslichen Elektronenakzeptormoleküls).

Mit dem natürlichen Elektronenakzeptor $NADP^+$ (Formel S. 227) ergibt sich folglich die nachstehende Reaktionsgleichung der Hill-Reaktion:

$$2\ NADP^+ + 2\ H_2O \xrightarrow[\text{Lichtenergie}]{\text{Thylakoide}} 2\ NADPH + 2\ H^+ + O_2$$

Der tatsächliche Reaktionsablauf, von der Lichtabsorption bis zur Bildung von NADPH, ist jedoch, wie im folgenden dargestellt wird, weitaus komplizierter. Beispielsweise stammen die zur Bildung von $NADPH + H^+$ aus $NADP^+$ erforderlichen 2 H^+-Ionen nicht direkt aus der Wasserspaltung,

8 Autotrophie: Photosynthese und Chemosynthese

Abb. 8.2 Chloroplasten und Hill-Reaktion.
a Chloroplasten in Blattzellen des Sternmooses (*Plagiomnium* spec.). **b** Dreidimensionale Rekonstruktionszeichnung eines Chloroplasten mit zahlreichen Granastapeln und einzelnen Stromathylakoiden im Längs- und Querschnitt. Thylakoidmembranen im Anschnitt gelb, in Aufsicht grün. **c** Teil des Thylakoidsystems mit zwei Granastapeln, im Vordergrund im Anschnitt gezeichnet. Die Membranen der Thylakoide bilden ein zusammenhängendes, reich gegliedertes Membransystem, das in die Grundsubstanz (Stroma) des Chloroplasten eingebettet ist und (s. **b**, rechts) durch Einstülpung aus der inneren Chloroplastenmembran hervorgeht. **d** Hill-Reaktion isolierter Thylakoide mit dem natürlichen Elektronenakzeptor NADP⁺, **e** mit dem künstlichen Elektronenakzeptor 2,6-Dichlorphenolindophenol (DCPIP). Die DCPIP-Reduktion läßt sich visuell oder photometrisch anhand der Entfärbung des im oxidierten Zustand blauen Farbstoffs verfolgen (λ_{max} = 578 nm) (**a** Originalaufnahme G. Wanner, **b** I. Bohm und G. Wanner, **a**, **b** aus Wanner 2004).

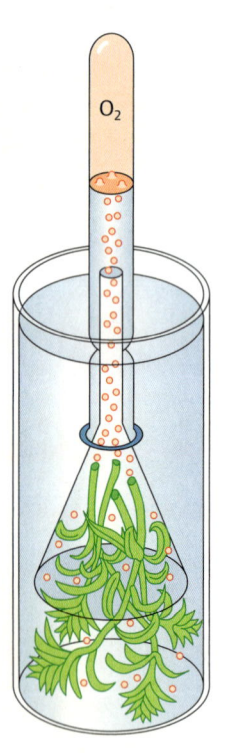

Abb. 8.3 Sauerstoffentwicklung durch Photosynthese. Bei Belichtung von Sprossen der Wasserpest (*Elodea canadensis*) gebildeter Sauerstoff (rot) wird in einem Reagenzglas aufgefangen.

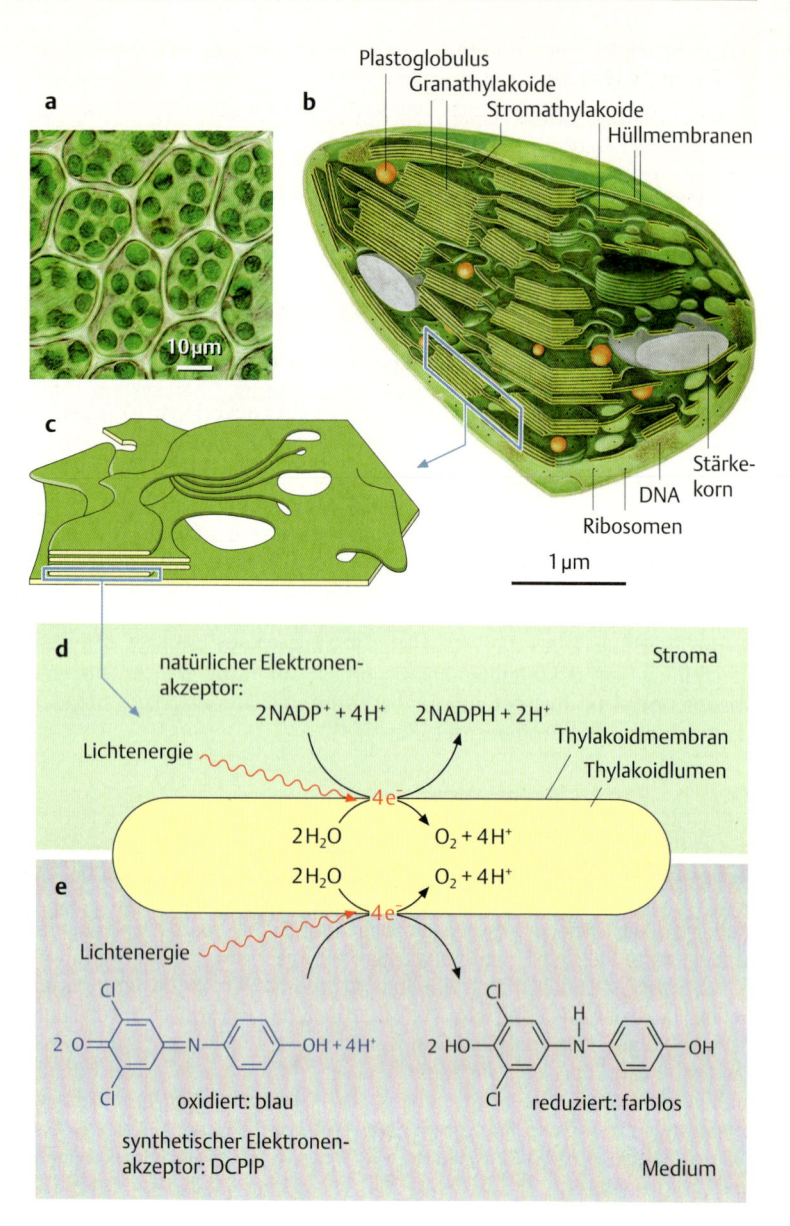

sondern aus dem H⁺-Ionen-Reservoir des Stromas (Abb. **8.2**). Außerdem ist die Hill-Reaktion offensichtlich nur ein Teil der Lichtreaktionen, denn sie verläuft ohne Bildung von ATP. Entscheidend zum Verständnis der Photosynthese war das Experiment von Robert Hill vor allem deshalb, weil es nicht nur den Nachweis erbrachte, daß der Sauerstoff der pflanzlichen Photosynthese aus dem Wasser stammt, sondern zugleich auch zeigte, daß photosynthetische NADPH-Bildung und ATP-Synthese nicht obligatorisch gekoppelte Prozesse sind und die Lichtreaktionen darüber hinaus unabhängig von der CO₂-Fixierung ablaufen.

Die Sauerstoffproduktion der Photosynthese läßt sich mit einem einfachen Grundversuch zeigen, indem man eine Wasserpflanze, z. B. die kanadische Wasserpest (*Elodea canadensis*), in der in Abb. **8.3** gezeigten

> **Box 8.1 Isotope**
>
> Von vielen Elementen kennt man Varianten, die sich in der Anzahl der Neutronen, nicht aber in der Zahl der Protonen und Elektronen, also auch nicht im chemischen Verhalten, unterscheiden. Diese Varianten besitzen alle dieselbe Ordnungszahl und werden im Periodensystem der Elemente demnach an derselben Stelle geführt. Man nennt sie **Isotope** (gr. isos: gleich, topos: Stelle). So kennt man vom Wasserstoff die natürlich vorkommenden Isotope ^1_1H (Wasserstoff), ^2_1H (Deuterium) und ^3_1H (Tritium), vom Kohlenstoff die natürlichen Isotope $^{12}_6C$ (Kohlenstoff-12), $^{13}_6C$ (Kohlenstoff-13) und $^{14}_6C$ (Kohlenstoff-14).
>
> Bestimmte Verhältnisse von Protonen zu Neutronen in Atomkernen sind instabil. Solche Atomkerne zerfallen spontan (aber nicht unbedingt rasch und auch nicht vorhersehbar oder beeinflußbar) unter Aussendung radioaktiver Strahlung. Man nennt instabile Isotope daher auch **Radioisotope**. Unter den genannten sind Tritium und Kohlenstoff-14 instabil. $^{14}_6C$ beispielsweise zerfällt unter Umwandlung eines Neutrons in ein Proton und Aussendung eines energiereichen Elektrons (β-Teilchen) aus dem Atomkern. Da dabei zwar die Massenzahl konstant bleibt, sich aber die Ordnungszahl um eins erhöht, entsteht ein anderes Element, in diesem Falle $^{14}_7N$ (Stickstoff-14, ein stabiles Isotop): $^{14}_6C \rightarrow {}^{14}_7N + \beta^-$.
>
> Das Isotop eines Elements mit der geringsten Massenzahl wird oft auch „leichtes" Isotop genannt, die übrigen werden als „schwere" Isotope bezeichnet. Schwere Isotope lassen sich – über die Radioaktivität oder massenspektrometrisch anhand der Massenunterschiede – von den leichten Isotopen eines Elements unterscheiden und besitzen vielfältige Anwendungen in der botanischen Forschung. Mit ihrer Hilfe läßt sich unter anderem das Stoffwechselgeschehen detailliert untersuchen. Da Enzyme verschiedene Isotope eines Elements kaum unterscheiden können, läßt sich beispielsweise durch Verwendung des Radioisotops $^{14}_6C$ der Stoffwechsel des Kohlenstoffs verfolgen (Box **8.4** S. 278). Aber auch die geringfügige **Isotopendiskriminierung** der meisten Enzyme kann von großem Nutzen sein. Unter Isotopendiskriminierung versteht man die Tatsache, daß Moleküle, die schwere Isotope enthalten (z. B. $^{13}_6CO_2$), enzymatisch geringfügig langsamer umgesetzt werden als Moleküle, die leichte Isotope enthalten (z. B. $^{12}_6CO_2$) („kinetischer Isotopeneffekt"). Die Isotopendiskriminierung kann man ausnutzen, um etwa zu ermitteln, ob die Primärfixierung von CO_2 in einer zu untersuchenden Pflanze durch das Enzym Ribulose-1,5-bisphosphat-Carboxylase oder durch das Enzym PEP-Carboxylase (letzteres diskriminiert $^{13}_6CO_2$ und $^{12}_6CO_2$ etwas weniger stark als die Ribulose-1,5-bisphosphat-Carboxylase) erfolgt ist. Diese letztgenannte Reaktion findet sich bei sog. C_4-Pflanzen (dazu näheres im Kap. 8.1.4). Zuckerrohr ist eine solche C_4-Pflanze, die Zuckerrübe nicht. Wenn man nun z. B. wissen will, ob echter Rum (der aus Zuckerrohr hergestellt werden muß) vorliegt, gepanschter (unter Verwendung von Rübenzucker hergestellt) oder gar synthetischer, so läßt sich das durch die Ermittlung der Isotopendiskriminierung im aus dem Zucker gebildeten Alkohol des Rums zweifelsfrei ermitteln. Der Kohlenstoff des Alkohols im echten Rum besitzt ein geringfügig höheres Verhältnis von $^{13}_6CO_2$ zu $^{12}_6CO_2$ als der Alkohol des „unechten". Für solche Daten interessiert sich beispielsweise der Zoll.

Anordnung belichtet und das gebildete Gas auffängt. Eine einfache Kienspanprobe des aufgefangenen Gases zeigt Sauerstoff an.

Strahlungsabsorption

Elektromagnetische Strahlung: Bewegte elektrische Ladungen senden eine charakteristische Strahlung aus, die aus einem sinusförmig schwingenden elektrischen und magnetischen Feld besteht und die daher elektromagnetische Strahlung genannt wird. Radiowellen z. B. entstehen durch rasches Hin- und Herbewegen von Elektronen in der Antenne eines Radiosenders. Umgekehrt können elektromagnetische Strahlen von geeigneten Materialien absorbiert werden und dadurch ihrerseits wiederum elektrische Ladungen in Bewegung versetzen, wie es z. B. in der Empfangsantenne eines Radioapparates geschieht.

Elektromagnetische Strahlung breitet sich im Vakuum mit Lichtgeschwindigkeit aus ($c = 3 \cdot 10^8$ m s^{-1}). Sie kann anhand ihrer Frequenz ν, die in Hertz gemessen wird (1 Hz = 1 s^{-1}), bzw. anhand ihrer Wellenlänge λ (Einheit m), die beide miteinander in Beziehung stehen ($\lambda \cdot \nu = c$), charakterisiert werden.

Von den energieärmsten Radiostrahlen mit Wellenlängen im Bereich von Metern reicht das elektromagnetische Spektrum bis zu den kurzwelligen Gammastrahlen mit Wellenlängen kleiner als 10^{-14} m. Am Zustande-

Abb. 8.4 Elektromagnetische Strahlung. a Intensitätsverteilung des Sonnenlichts auf der Erdoberfläche und Extinktionsspektrum lebender grüner Blätter. **b** Bereiche des elektromagnetischen Spektrums sowie Arten möglicher Anregungen. Wellenlängenangaben in Metern (m) oder Nanometern (1 nm = 10^{-9} m) (**b** nach Angaben aus Atkins 2001).

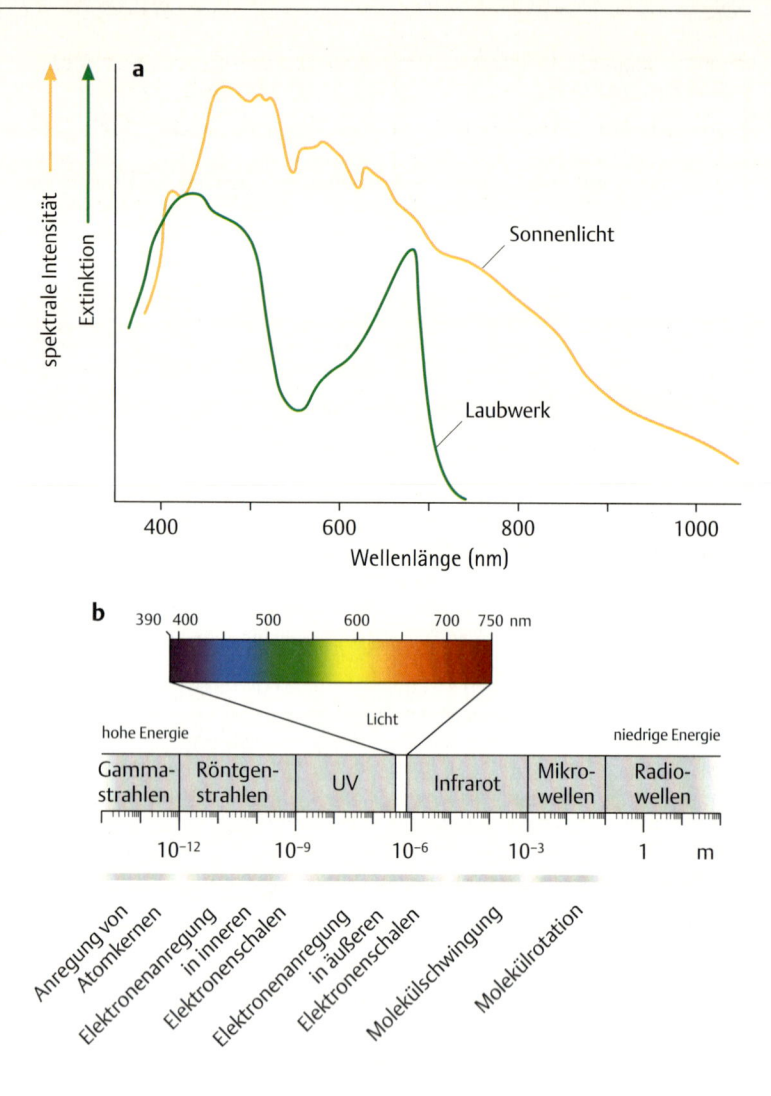

kommen der verschiedenen Bereiche elektromagnetischer Strahlung sind unterschiedliche molekulare oder atomare Prozesse beteiligt. Ebenso können durch Absorption entsprechender Strahlung unterschiedliche atomare oder molekulare Prozesse ausgelöst werden (Abb. **8.4b**).

> Als **Licht** bezeichnet man denjenigen Abschnitt des elektromagnetischen Spektrums, den der Mensch mit den Augen wahrnehmen (sehen) kann, also den Wellenlängenbereich von 390 nm (violett) bis 750 nm (dunkelrot).

Wenn Elektronen in den äußeren Elektronenschalen von Atomen oder Molekülen von einem angeregten Zustand in den Grundzustand übergehen, wird Licht oder elektromagnetische Strahlung im Bereich des Infrarot bzw. Ultraviolett ausgesendet. Umgekehrt können Elektronen durch Absorption von Ultraviolett, Licht oder Infrarot vom Grundzustand in einen angeregten Zustand übergehen, der sie z. B. zur Ausbildung chemischer Bindungen befähigt. Ist die absorbierte Strahlung energiereich genug, so kann ein Elektron u. U. sogar die Energiesphäre seines Atoms oder Moleküls verlassen. Letzteres bleibt als Kation zurück, das seinerseits wieder ein Elektron absorbieren kann, also ein starkes Oxidationsmittel darstellt (Abb. **8.5**). Angeregte Atome oder Moleküle, die leicht ein Elektron abgeben, sind dementsprechend starke Reduktionsmittel. Da an chemischen Reaktionen von Atomen und Molekülen die Elektronen der äußeren Elektronenschalen beteiligt sind, spielen also innerhalb des Spektrums der elektromagnetischen Strahlung gerade das Licht sowie die angrenzenden Spektralbereiche des Infraroten und Ultravioletten für die Lebensprozesse, bei denen es sich ja um chemische Reaktionen handelt, eine bedeutende Rolle.

Elektromagnetische Strahlung weist sowohl Eigenschaften einer Welle als auch eines Teilchenstroms auf (**Welle-Teilchen-Dualismus**). So wird bei der Bewegung von Elektronen zwischen Elektronenschalen eines Atoms bzw. Moleküls die elektromagnetische Strahlung in diskreten „Energiepaketen", den **Quanten** aufgenommen bzw. abgegeben. Lichtquanten nennt man auch **Photonen**.

Die Energie eines Quants elektromagnetischer Strahlung berechnet sich nach Gl. 8.1

$$E = h \cdot \nu = h \cdot c \cdot \lambda^{-1} \quad \text{(Gl. 8.1)}$$

Dabei sind ν, λ und c die bereits eingeführten Größen Frequenz, Wellenlänge und Lichtgeschwindigkeit. Die Größe $h = 6{,}62608 \cdot 10^{-34}$ J s wird als **Plancksche Konstante** (auch **Plancksches Wirkungsquantum**) bezeichnet.

Die Energie einer elektromagnetischen Strahlung der Frequenz ν kann also nur ganzzahlige Vielfache von $h \cdot \nu$ betragen. Da man Umsätze in chemischen Reaktionen in Mol (Einheit mol) angibt, bietet sich für photochemische Reaktionen auch die Angabe der Quantenenergie in mol an:

$$E = N_A \cdot h \cdot \nu = N_A \cdot h \cdot c \cdot \lambda^{-1} \text{ (Einheit: J mol}^{-1}), \quad \text{(Gl. 8.2)}$$

N_A, Avogadro-Zahl, Box **1.7** S. 13.

Die Energie eines Mols Quanten wird oft 1 Einstein genannt. Charakteristische Werte können der Abb. **8.9** S. 265 entnommen werden.

Sonnenlicht: Die elektromagnetische Strahlung der Sonne ist die natürliche Energiequelle der Photosynthese. Sie entsteht im Prozeß der Verschmelzung von 4 Wasserstoffatomen zu einem Heliumatom, da ein Heliumatom etwas leichter ist als 4 Wasserstoffatome und die Massendifferenz nach der Einsteinschen Beziehung $E = m \cdot c^2$ (m Masse, c Lichtgeschwindigkeit) während der Kernfusion in Energie umgewandelt wird. Das ursprüngliche Sonnenspektrum reicht von 225–3 200 nm, also vom Ultravioletten bis zum Infraroten. Auf die Erdoberfläche trifft nur Strahlung im Bereich von 340–1 200 nm. Das kurzwellige Ultraviolett wird von der Ozonschicht der Atmosphäre absorbiert und das langwellige Infrarot (Wärmestrahlung) von den Wasser- und Kohlendioxidmolekülen in der Atmosphäre. Die Energieverteilung im Sonnenlicht auf der Erdoberfläche ist in Abb. **8.4a** zusammen mit dem Absorptionsverhalten grüner Blätter dargestellt. Blätter absorbieren Licht im blauen und hellroten Bereich und lassen grünes Licht weitgehend passieren, sie erscheinen dem menschlichen Auge daher grün. Diese Absorptionseigenschaften gehen weitgehend auf die Lichtabsorption der Chloroplastenpigmente, der Chlorophylle und Carotinoide, zurück (S. 262 und Box **8.2**).

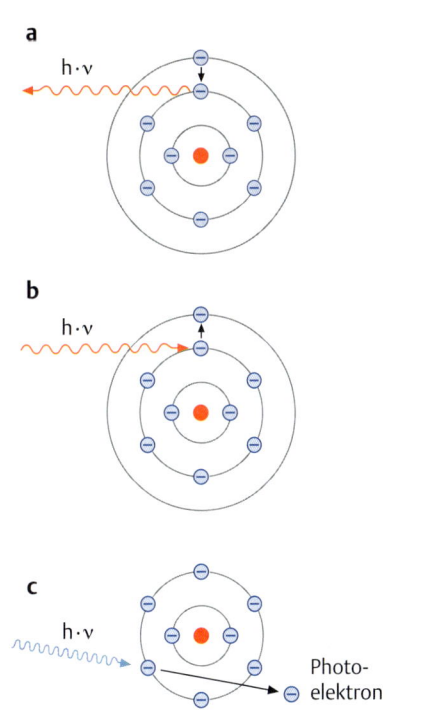

Abb. 8.5 Wechselwirkungen von elektromagnetischer Strahlung mit Atomen.
a Abgabe eines Quants elektromagnetischer Strahlung durch ein (z. B. thermisch) angeregtes Elektron bei seiner Rückkehr in den Grundzustand. **b** Übergang eines Elektrons vom Grundzustand auf ein höheres Energieniveau (angeregter Zustand) durch Absorption eines Quants elektromagnetischer Strahlung. **c** Photoelektrischer Effekt: Das durch Absorption eines Quants hoher Energie (kurzer Wellenlänge, blau dargestellt) angeregte Elektron verläßt die Energiesphäre des Atoms. Quantenenergie: $h \cdot \nu$.

Box 8.2 Absorption elektromagnetischer Strahlung durch Moleküle

Da die Elektronen einzelner Atome (z. B. von Metallatomen in der Gasphase) sehr eng umgrenzte Aufenthaltswahrscheinlichkeiten um den Atomkern besitzen („Elektronenschalen"), absorbieren (bzw. emittieren) Atome elektromagnetische Strahlung ganz bestimmter Wellenlängen (Quanten ganz bestimmter Energie). Atome besitzen daher, sowohl was die Absorption als auch was die Emission von Quanten betrifft, sogenannte Linienspektren (Abb. **a**).

Moleküle (Abb. **b**) hingegen zeigen Vibrationen (z. B. Streck- und Biegeschwingungen, V) ihrer Atome und Rotationen (R) von Molekülgruppen um die Drehachsen von σ-Bindungen (Box 1.3 S. 7), und zwar desto stärkere, je höher die Temperatur ist. Durch diese thermisch angeregten Molekülbewegungen werden die Aufenthaltswahrscheinlichkeiten der Bindungselektronen gegenüber dem absoluten Grundzustand (der nur am absoluten Nullpunkt existiert, wenn das Molekül keinerlei thermische Bewegung zeigt) zu etwas höheren Energieniveaus angehoben. Man spricht von Aufspaltung des Grundzustands in Rotations- bzw. Vibrationszustände (R, V in der Abbildung). Dieser Prozeß ist bei Molekülen mit konjugierten π-Elektronen besonders ausgeprägt, denn sie besitzen ein über z. T. weite Bereiche des Moleküls verteiltes (delokalisiertes) π-Molekülorbital, dessen π-Elektronen leicht angeregt werden können. Absorptions-(bzw. Emissions-)spektren organischer Moleküle sind daher durch mehr oder weniger breite Absorptions- (bzw. Emissions-)banden gekennzeichnet, da prinzipiell von jedem Subzustand eines Grundzustands aus jedes Subniveau eines angeregten Zustands durch Absorption (bzw. Emission) eines Quants geeigneter Energie erreicht werden kann. Die Ermittlung hochaufgelöster Spektren solcher Moleküle muß daher bei möglichst tiefen Temperaturen erfolgen.

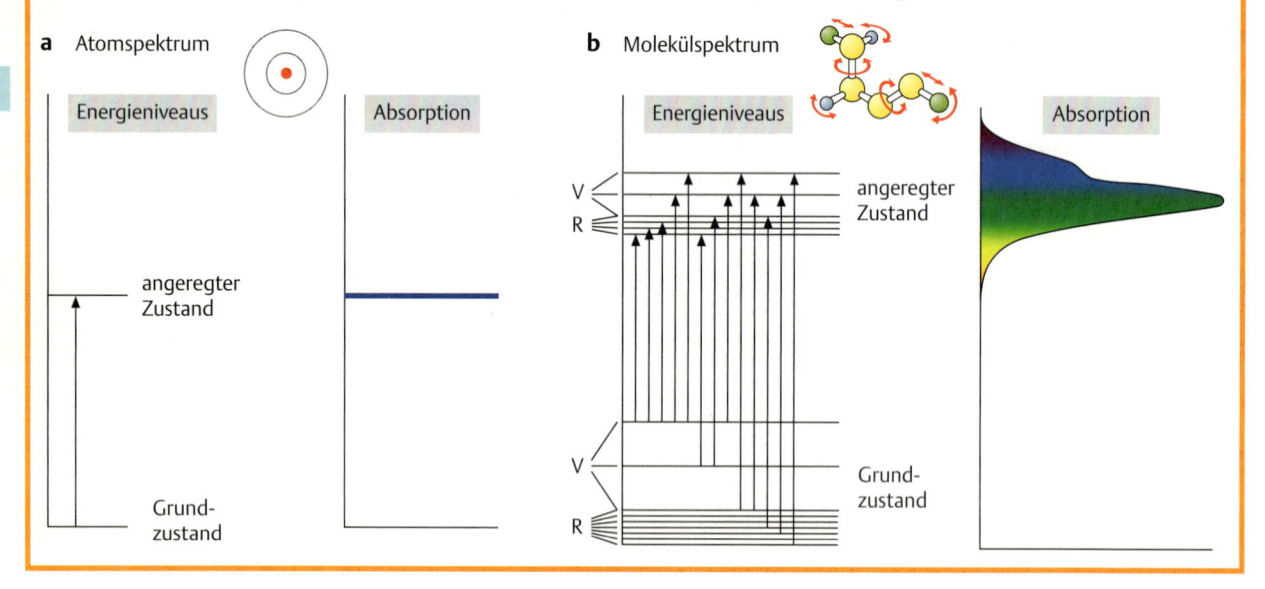

a Atomspektrum

Energieniveaus — Absorption

angeregter Zustand

Grundzustand

b Molekülspektrum

Energieniveaus — Absorption

V, R — angeregter Zustand

V, R — Grundzustand

Nur ein sehr kleiner Teil, 0,01 %, der insgesamt auf die Erdoberfläche auftreffenden Strahlungsenergie der Sonne wird zur Photosynthese genutzt, pro Jahr $3,6 \cdot 10^{21}$ J. Das entspricht etwa 40 Tonnen in Energie umgewandelter Sonnenmaterie. Damit produzieren die Pflanzen eine Biomasse von ca. $2 \cdot 10^{11}$ t im Jahr.

Aktionsspektrum der Lichtreaktionen: Die Absorption der photosynthetisch wirksamen Strahlung erfolgt durch die Chloroplastenpigmente. Dies läßt sich mit Hilfe von Aktionsspektren (Wirkungsspektren) zeigen, die die relative Wirksamkeit verschiedener Strahlungsbereiche auf strahlungsabhängige physiologische Prozesse angeben.

> Ein **Aktionsspektrum** erhält man, indem man bei verschiedenen Wellenlängen die Zahl der Quanten bestimmt, die eingestrahlt werden müssen, um den gleichen physiologischen Effekt, z. B. die gleiche Menge an freigesetztem Sauerstoff als Maß für die Photosyntheseintensität, hervorzurufen (relative Quantenwirksamkeit). Ein Vergleich von Wirkungs- und Absorptionsspektrum läßt dann innerhalb gewisser Grenzen Rückschlüsse auf die an der Strahlungsabsorption beteiligten Pigmente zu.

Das Aktionsspektrum der Lichtreaktionen ähnelt stark dem Absorptionsspektrum eines intakten, photosynthetisch aktiven Gewebes (Abb. **8.6** und Abb. **8.4a**) und weist je einen Gipfel im Blauen und einen im Roten auf. Lichtabsorption wird üblicherweise in Extinktionseinheiten angegeben (Box **8.3**). Vergleicht man das Aktionsspektrum der Photosynthese mit den Extinktionsspektren der isolierten Chloroplastenpigmente – der Chlorophylle a und b und verschiedener Carotinoide – so wird die Übereinstimmung augenfällig: Der blaue Gipfel im Wirkungsspektrum ergibt sich aus der Blauabsorption der beiden Chlorophylle und der Carotinoide, die allerdings schlechtere Energieüberträger sind als die Chlorophylle, denn ihre Absorption ist weit stärker als ihre aus dem Aktionsspektrum zu entnehmende Wirksamkeit. Bei manchen Pflanzen ist die blaue Strahlung im Vergleich zur roten erheblich schwächer wirksam, als die Absorption durch Chlorophylle erwarten läßt. Möglicherweise ist dies auf die abschirmende Wirkung von Carotinoiden zurückzuführen, deren Hauptaufgabe nicht die Sammlung von Lichtenergie zur Photosynthese ist, sondern die Unschädlichmachung reaktiver Sauerstoffmoleküle, die als Nebenprodukte der Lichtreaktionen anfallen können. Hingegen ist im Rotbereich die Übereinstimmung zwischen Wirkung und Absorption sehr groß:

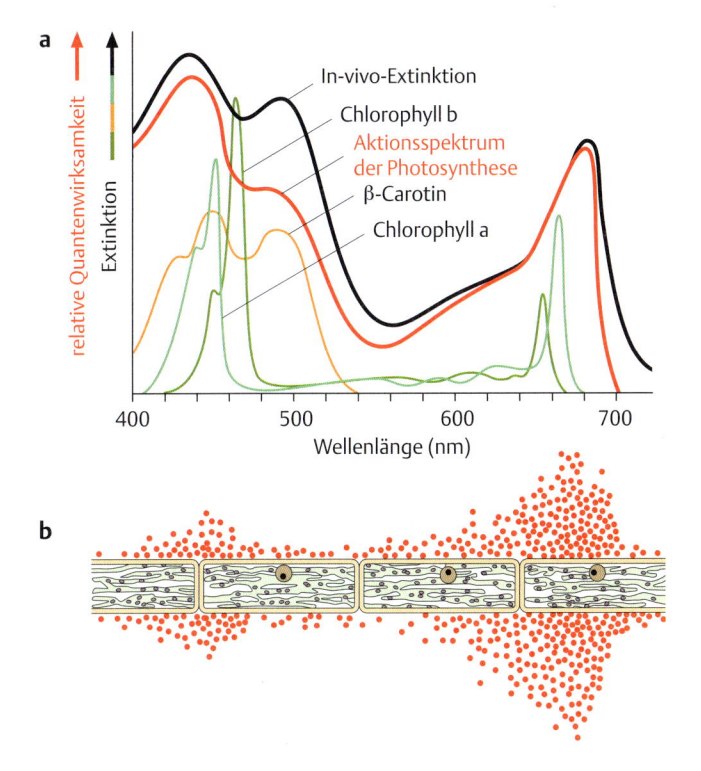

Abb. 8.6 Aktionsspektrum der Photosynthese.
a Aktionsspektrum (rot) im Vergleich zum Extinktionsspektrum (schwarz) eines Pigmentextrakts von *Chlorella*-Zellen und Extinktionsspektren isolierter Blattpigmente in organischem Lösungsmittel. **b** Engelmannscher Bakterienversuch: Auf den Fadenthallus einer Grünalge (*Oedogonium*) wird ein Spektrum (Wellenlängen in **a**) projiziert. Die Ansammlungsstärke der durch photosynthetischen Sauerstoff angelockten aerophilen Bakterien (rote Punkte) spiegelt die photosynthetische Wirksamkeit der einzelnen Spektralbereiche wider (verändert nach Libbert und Engelmann).

Box 8.3 Photometrie

Elektromagnetische Strahlung wird beim Durchgang durch Materie (z. B. durch eine Lösung, die Farbstoffmoleküle enthält) absorbiert, wenn ihre Quanten geeignete Energie(n) besitzen, um Elektronenübergänge in einen angeregten Zustand zu ermöglichen. Dies macht man sich bei der Spektrometrie zunutze, z. B. um die Konzentration einer absorbierenden Substanz quantitativ zu ermitteln. Da die Nachweisempfindlichkeit natürlich im Absorptionsmaximum am größten ist, verwendet man monochromatische Strahlung mit einer Wellenlänge, die dem Absorptionsmaximum der zu analysierenden Substanz entspricht (Box 8.2). Wird im sichtbaren Bereich des elektromagnetischen Spektrums gearbeitet, so spricht man von Photometrie (gr. phos Licht, metrein messen), sonst von Infrarot- bzw. Ultraviolett-Spektrometrie (Abb.).

Das Intensitätsverhältnis der Strahlung am Probenausgang (I) gegenüber der Intensität am Probeneingang (I_0) nennt man **Transmission** ($T = I/I_0$), der Wert $1-T$ wird als **Absorption** ($A = 1-T$), der negative dekadische Logarithmus der Transmission als **Extinktion** (E) bezeichnet ($E = -\log T$).

Die Größe Extinktion wird verwendet, weil ihr Wert direkt proportional zur Konzentration c der absorbierenden Substanz in der durchstrahlten Probe ist:

$$E = \epsilon \cdot c \cdot d \qquad \text{(Lambert-Beer-Gesetz).}$$

Darin ist c die Konzentration in mol l^{-1}, d die Schichtdicke der Probe in cm und ϵ der **molare Extinktionskoeffizient**, eine substanzspezifische und natürlich von der Wellenlänge der Strahlung abhängige Konstante (Einheit: $\text{l mol}^{-1}\, \text{cm}^{-1}$).

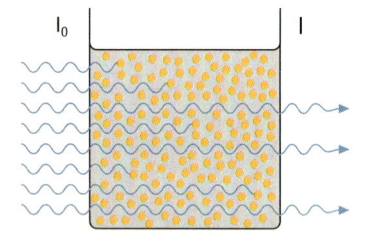

Transmission: $T = \dfrac{I}{I_0}$

Absorption: $A = 1 - T$

Extinktion: $E = -\log T$

Abb. 8.7 Chlorophyll a und b. Im Fall des Chlorophylls b erstreckt sich das Molekülorbital aus π-Elektronen zusätzlich auf die Aldehydgruppe an C_7; dadurch zeigt Chlorophyll b ein etwas anderes Absorptionsverhalten als Chlorophyll a.

Hier absorbieren ausschließlich die Chlorophylle, Carotinoide sind nicht beteiligt.

Die photosynthetische Wirksamkeit der verschiedenen Strahlungsbereiche läßt sich elegant durch den Engelmannschen Bakterienversuch demonstrieren. Projiziert man ein durch ein Prisma erzeugtes Spektrum sichtbarer Strahlung auf einen Algenfaden (*Cladophora, Oedogonium* o. ä.), so werden die im Präparat befindlichen Bakterien durch den photosynthetisch gebildeten Sauerstoff chemotaktisch angelockt, und zwar um so stärker, je größer die photosynthetische Wirksamkeit des betreffenden Spektralbereiches ist. Auf diese Weise erhält man also gewissermaßen direkt ein photosynthetisches Wirkungsspektrum (Abb. **8.6b**).

Chloroplastenpigmente: Die charakteristischen Chloroplastenpigmente sind die Chlorophylle und die Carotinoide. Sie besitzen unterschiedliche Aufgaben in der Photosynthese. Am Sammeln der Lichtenergie zur Photosynthese sind vorwiegend die **Chlorophylle** (Abb. **8.7**) beteiligt.

Chlorophylle sind Tetrapyrrole. Sie sind, ähnlich dem Häm im Hämoglobin und in den Cytochromen, durch den Besitz eines Porphyrinringsystems charakterisiert, in dem 4 Pyrrolringe durch Methingruppen verbunden sind, in dessen Zentrum jedoch, anstelle des Eisens im Häm, ein Magnesiumatom über die Stickstoffatome der 4 Pyrrolringe gebunden ist. Die Lichtabsorption erfolgt durch das sich über nahezu das gesamte Ringgerüst erstreckende System konjugierter Doppelbindungen, deren π-Elektronen ein gemeinsames Molekülorbital ausbilden.

Des weiteren befindet sich bei den meisten Chlorophyllen am Pyrrolring C ein fünfgliedriger isocyclischer Ring, dessen Carboxylgruppe mit Methylalkohol verestert ist. Beim **Chlorophyll a** sind außerdem folgende Seitenketten vorhanden: vier Methyl-, eine Ethyl- und eine Vinylgruppe (–CH=CH$_2$) sowie ein Propionsäurerest, der mit dem langkettigen Diterpenalkohol Phytol C$_{20}$H$_{39}$OH verestert ist. Chlorophyll a kommt bei allen Photosynthese betreibenden Pflanzen und den Cyanobakterien vor, bei den anderen phototrophen Bakterien finden sich die **Bakteriochlorophylle**, von denen bisher fünf bekannt geworden sind (a, b, c, d, e) (Tab. **8.1** S. 254).

Chlorophyll b unterscheidet sich vom Chlorophyll a nur dadurch, daß die Methylgruppe in Position 7 am Pyrrolring B durch eine Aldehydgruppe ersetzt ist. Es weist damit etwas andere Absorptionseigenschaften auf als Chlorophyll a und vergrößert so den Bereich der nutzbaren Quantenenergien (Abb. **8.6**). Das Vorkommen von Chlorophyll b ist auf grüne Organismen beschränkt. Bei den Diatomeen, Phaeophyceen und einigen kleineren Algengruppen finden sich anstelle von Chlorophyll b die dem Chlorophyll a sehr ähnlichen **Chlorophylle c$_1$** und **c$_2$**, die anstelle des Phytols einen kürzeren lipophilen Rest tragen. Bei den Rhodophyceen kommt in der Regel nur Chlorophyll a vor. Diese Algengruppe besitzt als weitere Photosynthesepigmente **Phycobiline**, die ansonsten für die Cyanobakterien typisch sind (S. 291), jedoch – neben Chlorophyll a und c – auch bei den Cryptophyceen gefunden werden. Chlorophylle ohne Mg^{2+}-Zentralatom nennt man ihrer olivbraunen Farbe wegen **Phaeophytine**. Sie kommen als natürliche Energieüberträger im Photosystem II vor (S. 270), entstehen jedoch auch in größeren Mengen aus den Chlorophyllen bei der Extraktion der Blattpigmente – durch Verlust des Zentralatoms unter sauren Bedingungen – und stellen dann Extraktionsartefakte dar.

Chlorophylle liegen nicht frei in den Thylakoidmembranen vor, sondern sind stets zu mehreren – allerdings nicht kovalent – an Proteine gebunden, die Bestandteile der Photosysteme sind. Die Proteinverankerung – an der die lipophilen Phytolreste beteiligt sind – dient der exakten Positionierung der lichtabsorbierenden Porphyrinringsysteme, die sich so nahe kommen, daß die Anregungsenergie strahlungslos von einem Nachbarn zum nächsten übertragen werden kann. Die Chlorophyll-Bindeproteine wirken dadurch wie Antennen, deren Pigmentmoleküle die Strahlungsenergie aufnehmen und sie durch den strahlungslosen Energietransfer auf andere Pigmentmoleküle kurzzeitig speichern können, bis sie schließlich auf ein photosynthetisches Reaktionszentrum geleitet wird (S. 266).

Carotinoide (Abb. **8.8**) haben, wie Aktionsspektren zeigen, einerseits eine Bedeutung für das Sammeln von Lichtenergie. Sie dienen als Bestandteile der Chlorophyll-Bindeproteine und der photosynthetischen Reaktionszentren. Andererseits dienen sie aber auch dazu, hochreaktive Sauerstoffmoleküle – insbesondere den sog. Singulettsauerstoff $^1O_2$, der z.B. durch Aufnahme der Anregungsenergie von stark angeregten Chlorophyll-Molekülen entstehen kann – unschädlich zu machen, indem sie dessen Anregungsenergie absorbieren („quenchen", von engl. to quench, löschen). Carotinoide verhindern auf diese Weise die Photooxidation des

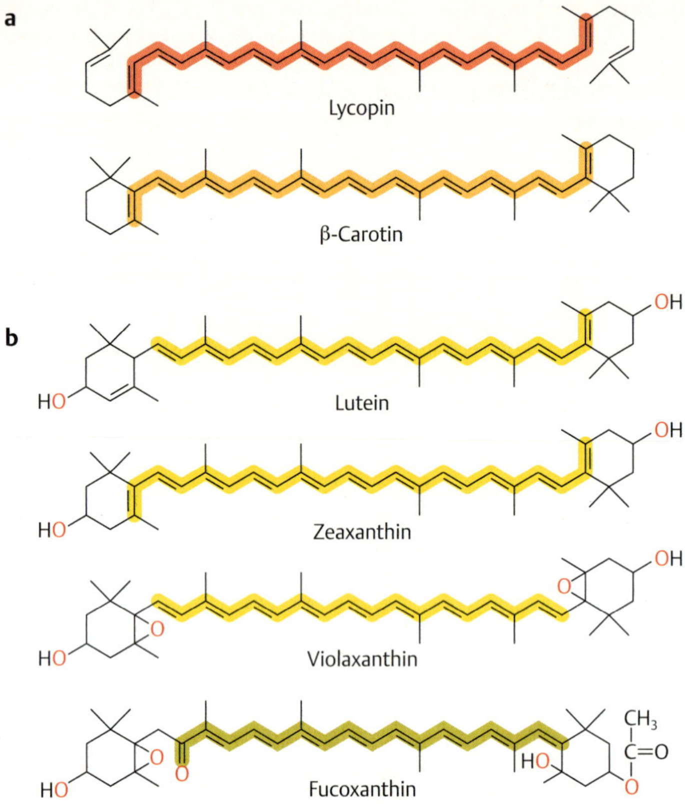

Abb. 8.8 Carotinoide. a Carotine, **b** Xanthophylle. Mit Ausnahme des Lycopins übernehmen alle gezeigten Carotinoide in Chloroplasten Aufgaben in den Lichtreaktionen der Photosynthese, kommen darüber hinaus aber auch als Sekundärcarotinoide in Chromoplasten vor. Lycopin, eine offenkettige Vorstufe in der Biosynthese der cyclischen Carotinoide, kommt in großen Mengen in Chromoplasten einiger Arten, z. B. in den Tomatenfrüchten vor, die es rot färbt. Farbig unterlegt sind die konjugierten Systeme von π-Elektronen, die durch Lichtquanten angeregt werden können. Die Farben geben annähernd den Farbeindruck wieder, den Lösungen der entsprechenden Farbstoffe in lipophilen organischen Lösungsmitteln auf das menschliche Auge machen.

Chlorophylls, aber auch der Proteine der Photosysteme, und schützen so die Komponenten der Lichtreaktionen vor einer Schädigung.

> Carotinoide sind gelb, orange oder rot gefärbte lipidlösliche Pigmente, deren Struktur das aus acht Isopreneinheiten aufgebaute Carotingerüst $C_{40}H_{56}$ zugrunde liegt, sie sind demnach Tetraterpene (Abb. **12.14** S. 359). Man unterscheidet zwei Gruppen: die Carotine und die Xanthophylle.

Die **Carotine** enthalten keinen Sauerstoff im Molekül, wie z. B. das regelmäßig in den Chloroplasten zu findende β-Carotin und das sich von diesem nur durch die Lage einer Doppelbindung unterscheidende α-Carotin. Die oxidative Spaltung des β-Carotins in der Mitte des Moleküls führt zu zwei Vitamin-A-Molekülen. Das β-Carotin ist daher das Provitamin A für Säugetiere. Vitamin A (Retinal) besitzt als Chromophor des Sehfarbstoffs Rhodopsin eine zentrale Bedeutung für den Sehprozeß. Die **Xanthophylle** enthalten Sauerstoff in Form von Hydroxyl-, Carbonyl-, Carboxyl- oder Epoxygruppen und gehen durch Oxidation aus Carotinen hervor. Beispiele sind das in den Chloroplasten enthaltene Lutein $C_{40}H_{56}O_2$ (Dihydroxy-α-carotin) und das Fucoxanthin, das bei den Chrysophyceen, Diatomeen und Phaeophyceen in so großer Menge vorkommt, daß es das Chlorophyll überdeckt und die Chromatophoren braun färbt (**Phaeoplasten**, Tab. **2.4** S. 82). Es hat sich eingebürgert, die zur Grundausstattung funktionsfähiger Chloroplasten gehörenden Carotinoidpigmente als Primärcarotinoide

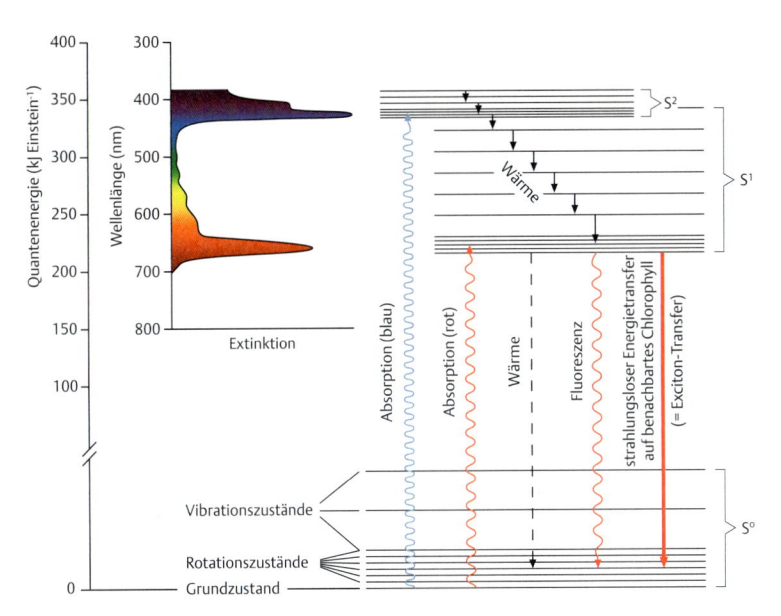

Abb. 8.9 Chlorophyllanregung. Als Beispiel wurde Chlorophyll a gewählt (s. Extinktionsspektrum); das Anregungsverhalten der anderen Chlorophylle ist prinzipiell gleich. Die Rot-Absorption entspricht dem $S^0 \rightarrow S^1$-Übergang eines Elektrons, die Blau-Absorption einem $S^0 \rightarrow S^2$-Übergang, der aber so kurzlebig ist, daß das angeregte Elektron unmittelbar unter Abgabe eines Teils der Anregungsenergie in Form von Wärme auf den S^1-Zustand übergeht. Nur die Energie des S^1-Zustands läßt sich an andere Moleküle weitergeben und dadurch erhalten (Excitonen-Transfer). Ist letzteres nicht möglich, erfolgt die Abgabe der Anregungsenergie in Form von Wärme oder Fluoreszenzstrahlung (verändert nach Schopfer 1999).

von den in Chromoplasten vorkommenden Sekundärcarotinoiden zu unterscheiden, die ökochemische Funktionen besitzen (S. 362).

Chlorophyllanregung und Energietransfer: Wie in Box **8.2** S. 260 erläutert wurde, findet man bei der Anregung organischer Moleküle, im Unterschied zu der von Metallatomen, keine scharfen Absorptionslinien, sondern mehr oder weniger breite Absorptionsbereiche, da sich die Energieniveaus eines Moleküls durch Molekülschwingungen und durch die Rotation von Molekülteilen – mit steigender Temperatur zunehmend – in Unterniveaus aufspalten. Dadurch können Quanten eines bestimmten Energie-/Wellenlängenbereichs absorbiert werden, da Quantenübergänge von jedem Unterniveau des Grundzustands auf jedes Unterniveau eines angeregten Zustands stattfinden können. Abb. **8.9** zeigt vereinfacht, wie die Rot- bzw. Blauabsorption der Chlorophylle zustande kommt. Die angeregten Zustände werden S^1- bzw. S^2-Zustand genannt. Nur der S^1-Zustand, der der Rotabsorption entspricht, ist langlebig genug (ca. 10^{-5} s), um eine Energieübertragung auf andere Moleküle zu erlauben. Die zum Erreichen des sehr kurzlebigen S^2-Zustands (10^{-12} s) im Vergleich zum S^1-Zustand zusätzlich aufgenommene Energie geht als Wärme verloren, d. h. versetzt das Chlorophyll-Molekül in stärkere Schwingungen. Durch Bestrahlung mit Rotlicht kann man daher eine vollständig effektive Photosynthese erzielen ohne die unerwünschten Aufheizeffekte des S^2-Zustands in Kauf nehmen zu müssen. Dies macht man sich experimentell zunutze.

Aus dem S^1-Zustand kann das angeregte Chlorophyll-Molekül seine Anregungsenergie entweder strahlungslos auf andere Chlorophylle übertragen, wenn diese nahe genug sind, so nahe, daß sich die Elektronenhüllen praktisch berühren. Man spricht von **Excitonen-Transfer**. Ist kein Energietransfer möglich – z. B. weil mehr Quantenenergie absorbiert wurde als weitergeleitet werden kann – so kann die Anregungsenergie entweder in Form von Wärmeenergie oder elektromagnetischer Strahlung (Fluoreszenz) wieder abgegeben werden. Darauf beruht die rote Chlorophyllfluoreszenz, die Chloroplasten oder auch Lösungen von Chlorophyll beim Bestrahlen mit UV-Licht aussenden.

266 | 8 Autotrophie: Photosynthese und Chemosynthese

Aufgrund seiner besonderen Umgebung im **Reaktionszentrum** von Photosystem I bzw. Photosystem II (s. u.) kann das dort jeweils gebundene Chlorophyll-a-Molekül nach Anregung durch ein Exciton (Chl a*) ein Elektron abgeben, wobei das Chlorophyll a in ein Kation (Chl a⁺) übergeht:

$$\text{Chl a} \xrightarrow{h \cdot \nu} \text{Chl a}^* \rightarrow \text{Chl a}^+ + e^-$$

Mit dem Ausdruck $h \cdot \nu$ wird die Energie eines Quants elektromagnetischer Strahlung bezeichnet (Gl. 8.1 S. 259). Die durch die Lichtenergie bewirkte **Ladungstrennung** ist der **photosynthetische Primärprozeß**. Alle übrigen Lichtreaktionen dienen der Erhaltung der durch die Ladungstrennung aus der Lichtenergie erzeugten elektrochemischen Energie und ihrer Nutzung zur Synthese von ATP und NADPH sowie der erneuten Überführung der Chl-a⁺-Moleküle in den Grundzustand durch Aufnahme jeweils eines Elektrons, damit der Primärprozeß erneut ablaufen kann. Bei voller Belichtung läuft der Ionisationszyklus der Chlorophyll-a-Moleküle in den Reaktionszentren der beiden Photosysteme mit einer Frequenz von etwa 100 s⁻¹ ab.

Transport von Elektronen und Wasserstoff-Ionen

Den photosynthetischen Elektronentransport (Abb. **8.10**) gewährleisten drei in die Thylakoidmembran integrierte Multiprotein-Komplexe: **Photosystem II** (PSII), der **Cytochrom-b₆/f-Komplex** und **Photosystem I** (PSI). Zwischen diesen Komplexen der Lichtreaktionen übertragen lösliche Komponenten die Elektronen: Plastochinon-Moleküle zwischen PSII und dem Cytochrom-b₆/f-Komplex und Plastocyanin-Moleküle zwischen

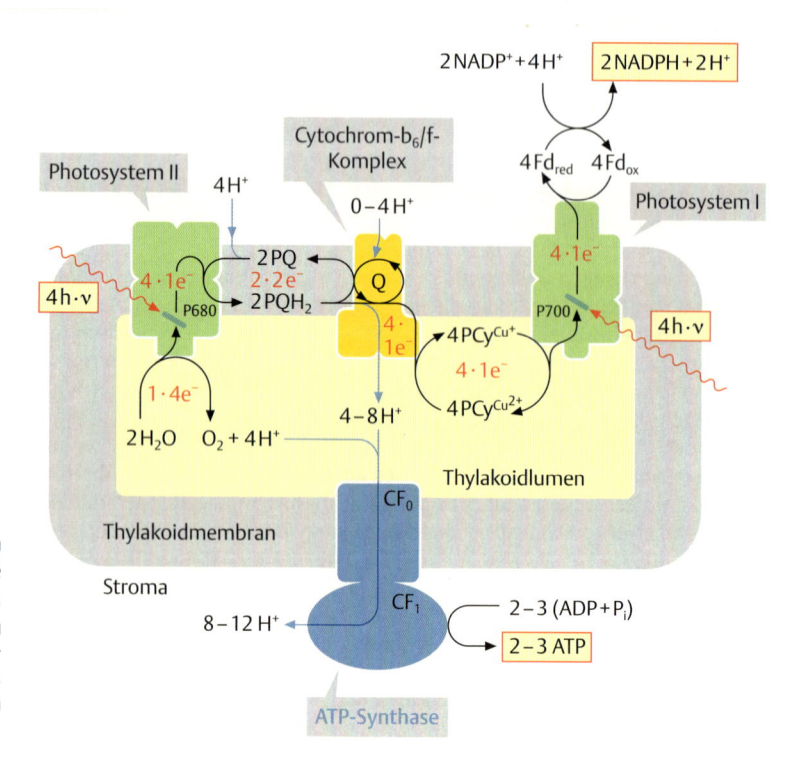

Abb. 8.10 Übersicht über die Lichtreaktionen und den linearen Elektronentransport. Schwarze Pfeile Redoxreaktionen bzw. Elektronentransfer, blaue Pfeile H⁺-Ionen-Transport, Q Q-Zyklus, Fd_red reduziertes, Fd_ox oxidiertes Ferredoxin, PQ Plastochinon, PQH₂ Plastohydrochinon, PCy Plastocyanin. Photosystem I und II ohne Lichtsammelantennen dargestellt.

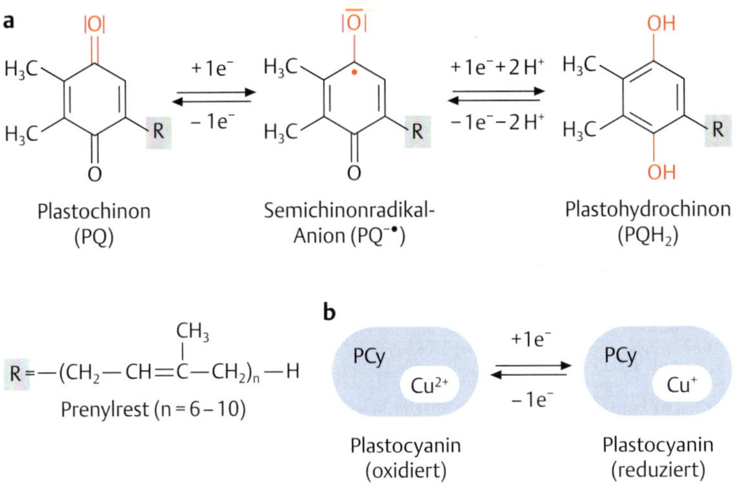

Abb. 8.11 Lösliche Elektronenüberträger der Lichtreaktionen. a Struktur und Oxidationszustände des Plastochinons, **b** Oxidationszustände des Kupfer-Proteins Plastocyanin, schematisch.

dem Cytochrom-b_6/f-Komplex und PSI (Abb. **8.11**). **Plastochinon** ist eine lipophile organische Verbindung, die in der Thylakoidmembran gelöst vorkommt, und zwar in oxidierter Form (Plastochinon, PQ abgekürzt von engl.: **p**lasto**q**uinone) sowie in reduzierter Form, als Plastohydrochinon (PQH$_2$). Beim **Plastocyanin** handelt es sich um ein kleines, wasserlösliches Protein im Thylakoidlumen, das ein Kupfer-Ion enthält, welches im reduzierten Zustand als Cu$^+$ und im oxidierten Zustand als Cu^{2+} vorliegt.

Die Plastochinon- bzw. Plastocyanin-Moleküle bilden also „Pools", in die jederzeit Elektronen eingespeist bzw. aus denen bei Bedarf Elektronen entnommen werden können. Dadurch muß die Elektronenleitung vom PSII über den Cytochrom-b_6/f-Komplex bis zum PSI nicht synchron verlaufen: Wegen der Kurzlebigkeit der Anregungszustände der Chlorophyll-Moleküle wäre es nämlich praktisch unmöglich, beide Photosysteme synchron anzuregen, um einen direkten Elektronentransfer zwischen ihnen zu bewerkstelligen.

An den gerichteten Elektronentransport vom PSII zum PSI ist ein ebenfalls gerichteter Wasserstoff-Ionen-Transport – vom Stroma in das Thylakoidlumen – gekoppelt, an dessen Zustandekommen der Cytochrom-b_6/f-Komplex maßgeblichen Anteil hat. Zusätzlich liefert die im Thylakoidlumen ablaufende Photolyse des Wassers weitere H$^+$-Ionen. Den sich so an der Thylakoidmembran ausbildenden Wasserstoff-Ionen-Gradienten nutzt die **ATP-Synthase**, der vierte Multiprotein-Membrankomplex der Lichtreaktionen, zur ATP-Synthese aus (S. 275). Ein elektrisches Potential entsteht hingegen beim Wasserstoff-Ionen-Transport in das Thylakoidlumen nicht, da zur Ladungskompensation aus dem Lumen Kationen, insbesondere zweiwertig positive Magnesium-Ionen (Mg^{2+}), in das Stroma entlassen werden. Mg^{2+}-Ionen übernehmen darüber hinaus im Stroma zusätzliche Funktionen: Zum einen sind sie zur ATP-Synthese in den katalytischen Zentren der ATP-Synthase erforderlich, zum anderen aktivieren sie – zusammen mit CO$_2$ – das CO$_2$-Fixierungsenzym Ribulose-1,5-bisphosphat-Carboxylase (S. 279).

> Man unterscheidet zwei Varianten des photosynthetischen Elektronentransports: 1. den linearen Elektronentransport und 2. den zyklischen Elektronentransport.

Linearer Elektronentransport: Die Elektronen gelangen vom PSII, wo sie dem Wasser entnommen werden, auf dem in Abb. **8.10** gezeigten Weg bis zum PSI, wo sie auf der Stromaseite von dem löslichen Eisen-Schwefel-Protein Ferredoxin übernommen und auf $NADP^+$ übertragen werden. In der Abbildung ist der Gesamtprozeß summarisch dargestellt, bezogen auf die Freisetzung von einem Molekül Sauerstoff (O_2), bei der 2 Wassermolekülen gleichzeitig 4 Elektronen entzogen werden. Die folgenden Schritte sind entweder Ein-Elektron- oder Zwei-Elektronen-Übergänge, wie jeweils angegeben. Pro Molekül gebildetem Sauerstoff werden demnach 4 Elektronen transportiert, die zur Bildung von 2 Molekülen NADPH verwendet werden. Zum Transport dieser 4 Elektronen ist die Energie von jeweils 4 Excitonen pro Photosystem aufzuwenden. Insgesamt also sind 8 Excitonen (Energie: $8 \, h \cdot \nu$) erforderlich, und mindestens 8 H^+-Ionen akkumulieren im Thylakoidlumen: 4 aus dem Prozeß der Photolyse des Wassers und 4, die über die beiden Plastohydrochinon-Moleküle (PQH_2) unter Mitwirkung des Cytochrom-b_6/f-Komplexes aus dem Stroma in das Thylakoidlumen geschafft werden. Bis zu 4 weitere H^+-Ionen können bei der Oxidation von 2 PQH_2 über einen als Q-Zyklus bezeichneten Prozeß vom Cytochrom-b_6/f-Komplex aus dem Stroma in das Thylakoidlumen transportiert werden, sodaß – bezogen auf 1 O_2-Molekül – 8–12 H^+-Ionen zur ATP-Synthese zur Verfügung stehen, ausreichend zur Bildung von 2–3 Molekülen ATP (S. 275).

> Im linearen Elektronentransport liegt demnach das Verhältnis der Bildung von NADPH : ATP je nach Intensität des Q-Zyklus zwischen 1:1 und 1:1,5.

Zyklischer Elektronentransport: Der Bedarf des Chloroplasten an ATP und NADPH kann je nach Stoffwechsellage unterschiedlich sein. Er beträgt z. B. für den Calvin-Zyklus 2 NADPH und 3 ATP pro fixiertem Molekül CO_2, das Verhältnis NADPH : ATP beträgt also 1:1,5 (S. 279). Daher ist es sinnvoll, die Menge an gebildetem ATP unabhängig von der Menge an gebildetem NADPH zu variieren, wozu der Q-Zyklus bereits beiträgt. Eine wichtige Rolle spielt aber auch der zyklische Elektronentransport. Bei dieser Variante des Elektronentransports (Abb. **8.12**) werden die vom PSI an Ferredoxin abgegebenen Elektronen nicht auf $NADP^+$ übertragen, sondern sie gelangen zurück in den Plastochinon-Pool, dienen also der Bildung von PQH_2. Photosystem II ist nicht beteiligt. Die gesamte Reaktionsabfolge bildet einen – durch von PSI absorbierte Lichtenergie angetriebenen – Elektronenkreislauf, der einen Transport von H^+-Ionen aus dem Stroma in das Thylakoidlumen bewirkt und damit ausschließlich der ATP-Synthese dient.

Um die Lichtreaktionen besser zu verstehen, ist es erforderlich, die beteiligten Proteinkomplexe genauer kennenzulernen. Sie werden nachfolgend in der Abfolge ihrer Einbindung in den Elektronentransport behandelt. Sowohl beim PSII als auch beim PSI und beim Cytochrom-b_6/f-Komplex handelt es sich um multimere Proteinkomplexe, die zahlreiche fest, aber nicht kovalent gebundene prosthetische Gruppen tragen, die entweder der Absorption von Lichtenergie oder der Elektronenleitung dienen.

Photosystem II, Aufbau: Dieses in der Abfolge des Elektronentransports erste Photosystem (Funktionsschema: Abb. **8.13**) besteht aus mindestens 16 Proteinen, von denen die nahe verwandten Proteine D1 und D2 das eigentliche **Reaktionszentrum** bilden, das also eine heterodimere Struktur aufweist. Das Reaktionszentrum ist umgeben von den sogenannten **inneren Lichtsammelantennen**, die aus je einem Protein CP43 und CP47 (die Zahlen stehen für die Molekülmasse in kDa) bestehen, von

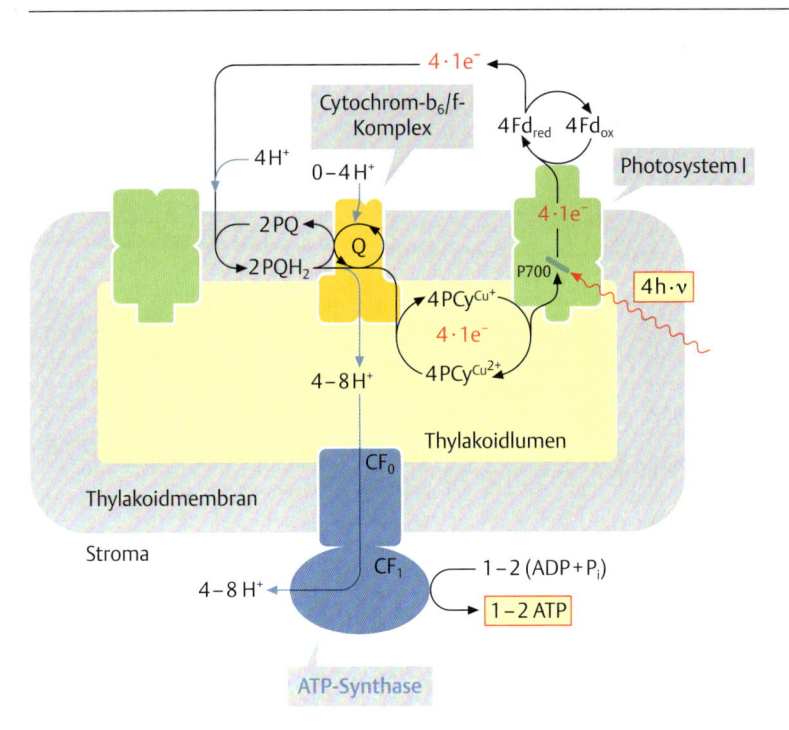

Abb. 8.12 Zyklischer Elektronentransport. Erläuterungen s. Abb. **8.10**.

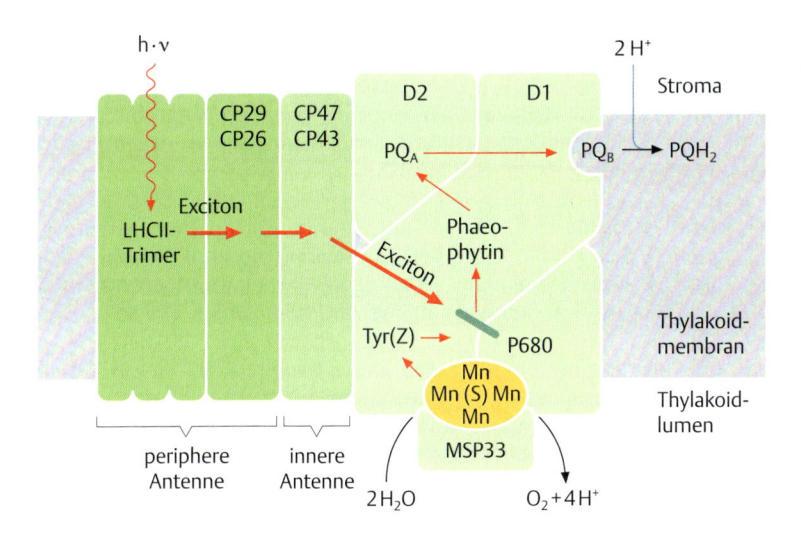

Abb. 8.13 Funktionsprinzip des Photosystems II. Schematisch, es sind nur die wichtigsten Proteine und prosthetischen Gruppen gezeigt. Dünne rote Pfeile Elektronenfluß, dicke rote Pfeile Fluß der Exciton-Energie.

denen jedes etwa 15 Moleküle Chlorophyll a trägt. Die Proteine der inneren Antenne stehen über kleinere Chlorophyll-Bindeproteine (CP26 und CP29) mit den **Hauptantennen**, den trimeren LHCII-Komplexen, in Kontakt (LHC, engl.: **l**ight **h**arvesting **c**omplex, Lichtsammelkomplex). LHCII, CP26 und CP29 bilden zusammen die **periphere Antenne** von PSII. In den Granathylakoidmembranen liegt PSII überwiegend in Form dimerer Superkomplexe vor (Anordnung der Komponenten in Aufsicht: Abb. **8.14**). Jedes LHCII-Monomer enthält 7 Moleküle Chlorophyll a, 5 Moleküle Chlorophyll b (welches nur in diesem Protein vorkommt) und 2 Xanthophyll-Moleküle (Lutein). Alle Chlorophylle in den lichtsammelnden Antennen sind unter-

Abb. 8.14 Aufbau eines dimeren Photosystem-II-Superkomplexes. Aufsicht auf die Thylakoidmembran, schematisch. Gerade rote Pfeile: Fluß der Exciton-Energie, beispielhaft. RZ Reaktionszentrum des Photosystems II.

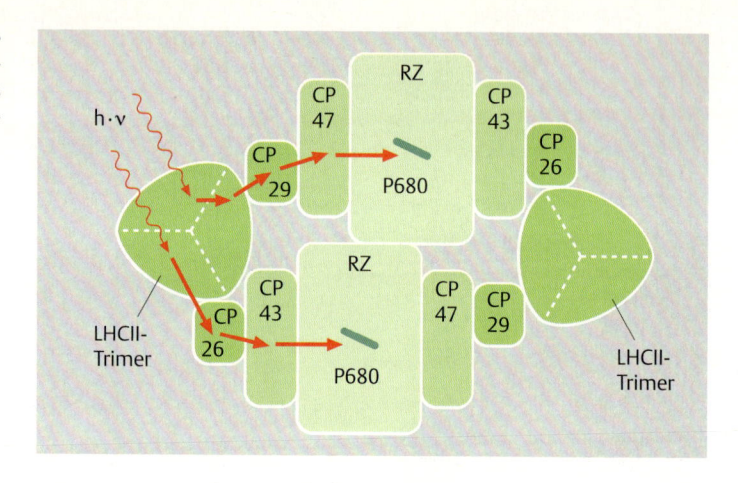

einander so angeordnet, daß absorbierte Lichtenergie zwischen ihnen strahlungslos weitergeleitet werden kann (Excitonen-Transfer), bis sie schließlich – ebenfalls strahlungslos – auf das spezielle Chlorophyll-a-Molekül im Reaktionszentrum übertragen wird. Dieses Chlorophyll wird wegen seines Absorptionsmaximums bei 680 nm auch P680 genannt.

Photosystem II, Funktion: Das von dem angeregten P680 (P680*) abgegebene Elektron wird über ein Phaeophytin-Molekül und ein fest an das D2-Protein gebundenes Molekül Plastochinon (PQ_A) auf ein peripher und locker an das D1-Protein gebundenes zweites Plastochinon-Molekül (PQ_B) weitergegeben. Nachdem PQ_B nacheinander insgesamt 2 Elektronen aufgenommen hat (PQ_B^{2-}), wird es unter Bindung von 2 H^+-Ionen als Plastohydrochinon (PQH_2) aus der Bindenische in den Plastochinon-Pool entlassen. Die Bindenische ist nun frei zur Bindung eines neuen Plastochinon-Moleküls.

> Einige **Herbizide**, z. B. Atrazin und Diuron (Dichlorphenyldimethylharnstoff, DCMU), binden in der PQ_B-Bindenische und blockieren den Zutritt von Plastochinon und damit den Elektronentransport, wodurch das Photosystem II funktionsunfähig wird (Plus **19.3** S. 792).

Mit der Abgabe eines Elektrons geht das angeregte P680* in das Kation P680$^+$ über, das ein sehr starkes Oxidationsmittel darstellt, das stärkste in einer lebenden Zelle vorkommende. Dieses deckt sein Elektronendefizit, indem es einem benachbarten Tyrosin-Rest (Z) des D1-Proteins ein Elektron entzieht. Das so entstehende Tyrosin-Radikal entnimmt seinerseits das fehlende Elektron aus einer winzigen molekularen Batterie, einer Gruppe von 4 Mangan-Ionen (Mangan-Cluster S), die vom Reaktionszentrum gebunden und von einem wie eine Kappe darüber sitzenden Protein, MSP33, stabilisiert und zum Thylakoidlumen hin abgeschirmt werden (MSP, **M**angan **s**tabilisierendes **P**rotein). Jedes der 4 Mangan-Ionen kann ein Elektron aufnehmen bzw. abgeben, wobei Wertigkeiten von Mn^{2+}, Mn^{3+} oder Mn^{4+} vorkommen. Im voll reduzierten Zustand wird der Mangan-Cluster auch S_0 genannt. Bis zu 4 Elektronen können ihm nacheinander entnommen werden:

$$S_0 \xrightarrow{-1e^-} S_1^{1+} \xrightarrow{-1e^-} S_2^{2+} \xrightarrow{-1e^-} S_3^{3+} \xrightarrow{-1e^-} S_4^{4+}$$

Ist die Mangan-Batterie leer, so werden 2 Wassermoleküle gebunden und ihnen, unter Bildung von O_2 und 4 H^+-Ionen, 4 Elektronen entzogen, die auf die 4 Mangan-Ionen übergehen:

$S_4^{4+} + 2\,H_2O \rightarrow S_0 + 4\,H^+ + O_2$

In der Evolution der oxygenen Photosynthese ist also eine sehr zweckmäßige Konstruktion entstanden, die es erlaubt, den sehr schnellen photochemischen Ein-Elektron-Prozeß der Ladungstrennung am P680 von dem viel langsameren chemischen Vier-Elektronen-Prozeß bei der Photolyse des Wassers abzukoppeln.

Der Plastochinon-Pool, in den die Elektronen vom PSII paarweise über PQH_2 eingespeist werden, erlaubt es dem nachgeschalteten Cytochrom-b_6/f-Komplex, vom aktuellen Aktivitätszustand von PSII unabhängig tätig zu sein.

Cytochrom-b_6/f-Komplex: Wie Abb. **8.15** zeigt, entnimmt der Cytochrom-b_6/f-Komplex Elektronen aus dem PQH_2 des Plastochinon-Pools und leitet sie an den Ein-Elektron-Überträger Plastocyanin (PCy) weiter. Die dabei frei werdenden und zusätzliche, im Laufe des sogenannten Q-Zyklus (in der Abb. durch rote Pfeile gekennzeichnet) aus dem Stroma aufgenommene H^+-Ionen werden in das Thylakoidlumen transportiert. Man kann den Cytochrom-b_6/f-Komplex daher auch als **redoxgetriebene Wasserstoff-Ionenpumpe** (Protonenpumpe) bezeichnen. Er ist dem Cytochrom-b/c_1-Komplex der mitochondrialen Atmungskette verwandt, beide Komplexe sind aus einem gemeinsamen Vorläufer entstanden, einander also homolog (S. 340).

Von den zahlreichen **Untereinheiten** des Cytochrom-b_6/f-Komplexes sind die wichtigsten die am Elektronentransport beteiligten: ein Cytochrom b_6, ein Cytochrom f und das nach seinem Entdecker benannte Rieske-Protein. Charakteristische prosthetische Gruppe der Cytochrome ist das Häm, von dem verschiedene Typen existieren, nach denen die Cytochrome in verschiedene Klassen eingeteilt werden (Plus **8.1**). Cytochrom b_6 enthält zwei Häm-b-Moleküle und Cytochrom f ein Häm c. Sowohl die Häm-Moleküle als auch das Fe_2S_2-Zentrum des Rieske-Proteins führen Ein-Elektron-Übertragungen durch.

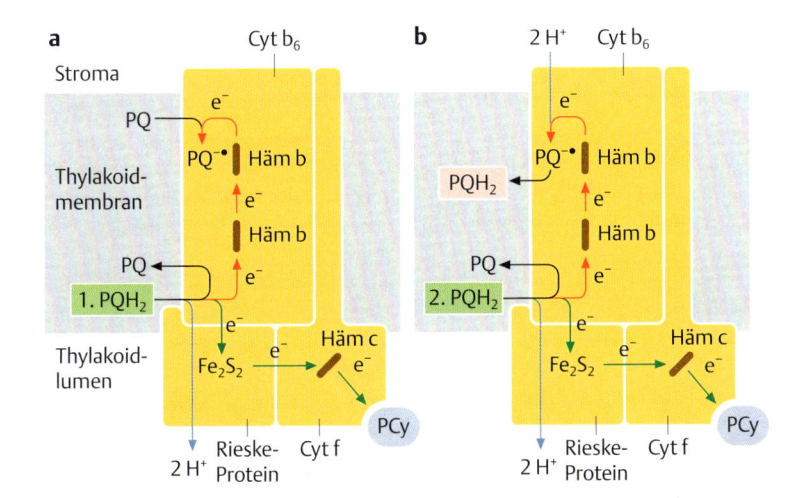

Plus 8.1 Cytochrome

Cytochrome sind bei allen Eukaryoten zu finden und kommen auch bereits bei Bakterien vor. Es handelt sich um eine große Gruppe löslicher oder membrangebundener Proteine, deren gemeinsames Merkmal die Bindung eines oder mehrerer Häm-Moleküle ist. Cytochrome nehmen in vielen Zellkompartimenten an unterschiedlichen Redoxreaktionen als Ein-Elektron-Überträger teil.

Häme besitzen – wie die Chlorophylle – ein Porphyrinringsystem, es handelt sich also um Tetrapyrrole. Jedoch besitzen Häme Eisen als Zentralatom, welches durch Aufnahme bzw. Abgabe eines Elektrons reversibel zwischen der Oxidationsstufe Fe^{2+} und Fe^{3+} wechseln kann.

Aufgrund der Substituenten am Porphyrinringsystem lassen sich drei Typen von Hämen unterscheiden: Häm a, Häm b und Häm c. Entsprechend teilt man die Cytochrome in die Klassen Cytochrom a, Cytochrom b und Cytochrom c ein. Sie können anhand charakteristischer Absorptionsbanden photometrisch unterschieden werden.

An der Photosynthese sind Cytochrome der Klassen b und c beteiligt. Cytochrom f gehört zur Cytochrom-c-Klasse, wurde aber wegen seines spezifischen Vorkommens in Chloroplasten gesondert benannt (f von lat. frons, Laub). An der mitochondriellen Atmungskette sind Cytochrome des a-, b-, und c-Typs beteiligt.

Abb. 8.15 Aufbau und Funktionsschema des Cytochrom-b_6/f-Komplexes. a, b Nacheinander ablaufende Reaktionen. Elektronenfluß auf Plastocyanin PCy grün, Elektronenfluß im Q-Zyklus rot.

Die **Elektronenleitung** gabelt sich gleich an der PQH$_2$-Bindestelle. Von den zwei angelieferten Elektronen wird eines über das Rieske-Protein und Cytochrom f auf oxidiertes Plastocyanin übertragen (grüner Weg in Abb. **8.15**), das zweite Elektron gelangt über die beiden Häm-Gruppen des Cytochroms b$_6$ zu einem am Cytochrom b$_6$ gebundenen Molekül Plastochinon (PQ). Dieses wird dadurch zum Semichinon-Radikal (PQ$^{-\bullet}$) reduziert (roter Weg in Abb. **8.15**). Nach Bindung eines zweiten Moleküls PQH$_2$ wiederholt sich der gegabelte Elektronentransport. Jedoch entsteht nun durch Übertragung des Elektrons am Cytochrom b$_6$ auf das dort noch gebundene PQ$^{-\bullet}$ ein voll reduziertes PQ$^{2-\bullet}$-Molekül, welches unter Aufnahme von 2 H$^+$-Ionen aus dem Stroma als PQH$_2$ die Bindungsstelle am Cytochrom b$_6$ verläßt und in den Plastochinon-Pool eingeht (**Q-Zyklus**). Die Nettobilanz dieser komplexen Reaktionsfolge zeigt, daß bei laufendem Q-Zyklus pro PQH$_2$, das durch den Cytochrom-b$_6$/f-Komplex oxidiert wird, 4 H$^+$-Ionen ins Thylakoidlumen transportiert und 2 Moleküle Plastocyanin reduziert werden. Offenbar läuft aber der Q-Zyklus nicht immer oder nicht vollständig ab, da man experimentell Werte zwischen 2 und 4 H$^+$ pro PQH$_2$ ermittelt hat.

Photosystem I: Das Photosystem I (Abb. **8.16**) bezieht seine Elektronen – auf der Thylakoidlumenseite – von reduziertem Plastocyanin und überträgt sie auf der Stromaseite auf das Eisen-Schwefel-Protein Ferredoxin, welches ein Fe$_2$S$_2$-Zentrum zur Aufnahme oder Abgabe eines Elektrons besitzt. Auch alle zwischengeschalteten Elektronentransferschritte sind Ein-Elektron-Prozesse.

Photosystem I besteht aus mindestens 12 Proteinen. Ein Heterodimer der nahe verwandten Untereinheiten A und B bildet das Reaktionszentrum. Im Unterschied zum PSII sind die inneren Antennen integriert, denn sowohl die Untereinheit A als auch die Untereinheit B binden selbst Chlorophylle und Carotinoide, ca. 50 Chlorophyll-a-Moleküle und 10 Carotinoid-Moleküle pro Untereinheit. Die Untereinheit A ist den Proteinen D1 + CP43 von PSII und die Untereinheit B den PSII-Proteinen D2 + CP47 homolog. Das Chlorophyll a des Reaktionszentrums von PSI absorbiert etwas langwelliger als das von PSII und wird nach seinem Absorptionsmaximum bei 700 nm P700 genannt.

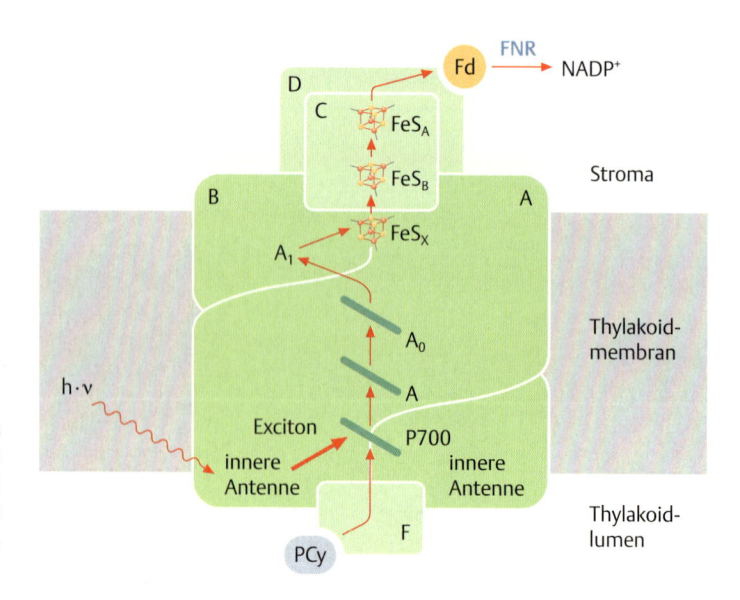

Abb. 8.16 Aufbau und Funktionsprinzip des Photosystems I. Schematisch, es sind nur die wichtigsten Proteine und prosthetischen Gruppen gezeigt. Dünne rote Pfeile Elektronenfluß, gelbe Kugeln Schwefelatome, rote Kugeln Eisenatome, Fd Ferredoxin, FNR Ferredoxin-NADP$^+$-Reductase.

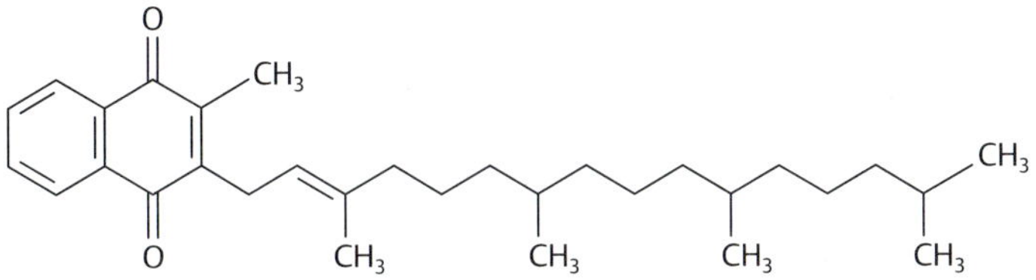

Abb. 8.17 Struktur des Phyllochinons (Vitamin K1).

Das von P700 nach Anregung abgegebene Elektron wird über 2 weitere Chlorophyll-a-Moleküle (A und A_0 genannt) auf Phyllochinon (PhQ, auch A_1 genannt, Abb. **8.17**) und von da über drei räumlich direkt übereinanderliegende Fe_4S_4-Zentren (FeS$_X$, FeS$_B$, FeS$_A$) auf Ferredoxin übertragen. Das erste dieser drei Fe_4S_4-Zentren gehört noch dem Reaktionszentrum an, die beiden folgenden werden von der peripheren Untereinheit C gebunden; PhQ (A_1) entspricht dem Plastochinon PQ$_A$ von PSII. Ferredoxin übernimmt nach Bindung an die Untereinheit D ein Elektron. Das oxidierte P700$^+$ deckt sein Elektronendefizit aus dem an die Untereinheit F gebundenen reduzierten Plastocyanin.

Reduziertes **Ferredoxin** (Fd$_{red}$) ist ein vielfältiges Reduktionsmittel im Chloroplastenstoffwechsel (S. 268 und S. 272). Das Enzym Ferredoxin-NADP$^+$-Reductase (FNR) überträgt Elektronen von Ferredoxin auf NADP$^+$ unter Bildung von NADPH, dem Reduktionsmittel der Kohlenstoff-Assimilation (Abb. **6.14** S. 227):

NADP$^+$ + 2 H$^+$ + 2 Fd$_{red}$ → NADPH + H$^+$ + 2 Fd$_{ox}$

Energetische Betrachtung: Bei Redoxreaktionen (Reaktionen, bei denen ein Reaktionspartner unter Oxidation des anderen reduziert wird) verwendet man zur Kennzeichnung der Energieverhältnisse anstelle der Änderungen der freien Enthalpie der Reaktion (ΔG, Kap. 6.1.1) oft das sogenannte Redoxpotential (ΔE, elektrochemisches Potential). ΔE ist ein Maß für die pro Elektron übertragene und zur Arbeitsleistung verfügbare elektrochemische Energie einer Redoxreaktion. ΔE und ΔG stehen daher in Beziehung. Für das molare Standardredoxpotential bei pH 7 ($\Delta E^{\circ\prime}$) und die molare freie Standardenthalpie ($\Delta G^{\circ\prime}$, zur Definition, S. 210) gilt:

$$\Delta G^{\circ\prime} = -z \cdot F \cdot \Delta E^{\circ\prime} \quad \text{(Gl. 8.3)}$$

Dabei ist z die Anzahl der übertragenen Elektronen pro Mol Stoffumsatz und F die Faradaysche Konstante (F = 6,49 kJ V^{-1} mol^{-1}).

> Eine Redoxreaktion ist demnach exergonisch ($\Delta G < 0$) für den Elektronenübergang vom Partner mit dem negativeren auf den Partner mit dem positiveren Redoxpotential, sie läuft nur in dieser Richtung freiwillig ab.

Die Reduktion von NADP$^+$ zu NADPH ($\Delta E^{\circ\prime}$ = –0,32 V) mit Elektronen aus dem Wasser (H$_2$O / ½ O$_2$: $\Delta E^{\circ\prime}$ = +0,82 V) ist demnach stark endergonisch ($\Delta E^{\circ\prime}$ = –0,32 V – 0,82 V = –1,14 V, ergibt $\Delta G^{\circ\prime}$ = +218 kJ mol^{-1}). Ordnet man alle Redoxsysteme der Lichtreaktionen auf einer Redoxpotentialskala, so ergibt sich das in Abb. **8.18** dargestellte **Z-Schema**. Die zur Reduktion von NADP$^+$ benötigte Energie wird durch die Lichtabsorptionsereignisse in den beiden Photosystemen geliefert, die zur Ladungstrennung führen. Alle übrigen Teilprozesse der Lichtreaktionen

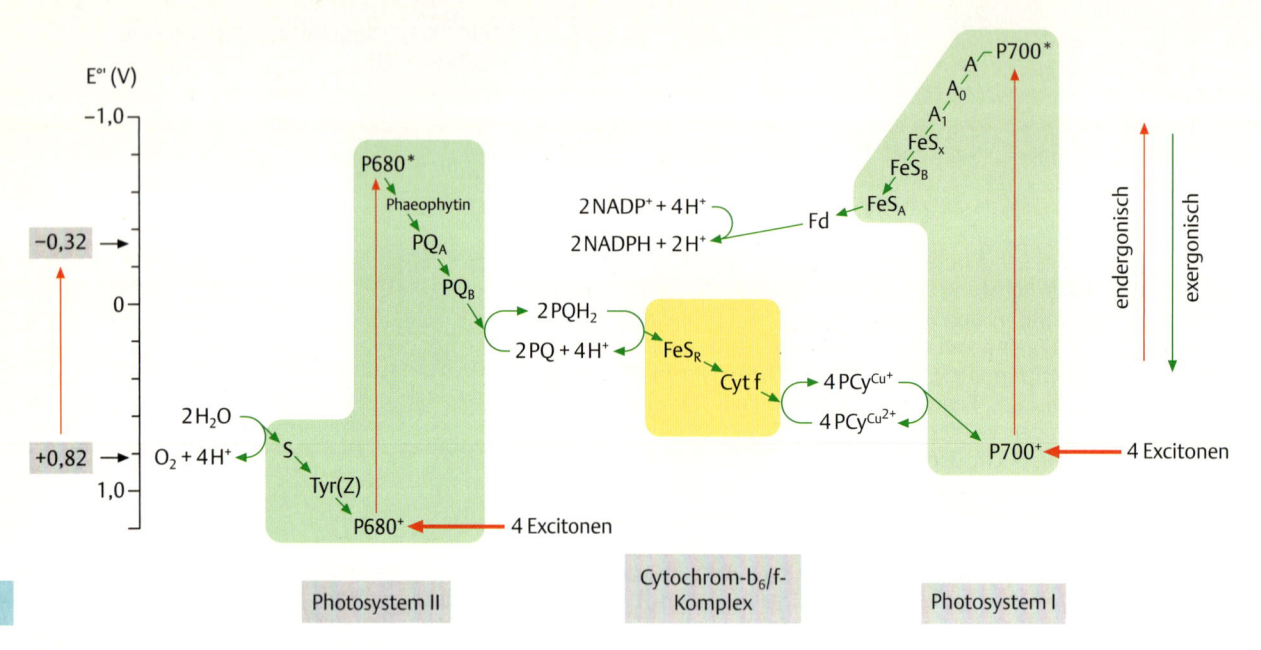

Abb. 8.18 Z-Schema der Redoxkomponenten der photosynthetischen Lichtreaktionen.
FeS$_R$ Rieske-Protein.

verlaufen exergonisch (grüne Pfeile), und die Gesamtreaktion ist ebenfalls exergonisch. Theoretisch (vergleiche die Längen der endergonischen Pfeile) könnte bereits ein angeregtes Photosystem genügend Energie zur NADP$^+$-Reduktion liefern, wenn nicht durch die exergonischen Prozesse innerhalb des Photosystems ein erheblicher Teil der absorbierten Strahlungsenergie (etwa 60 %) wieder verlorenginge – letztlich in Form von Wärme. Daher sind zwei hintereinandergeschaltete Photosysteme, deren Energie auf diese Weise addiert wird, erforderlich, um die Reduktion zu bewerkstelligen. Allerdings sind aus mechanistischen Gründen die exergonischen Elektronentransportvorgänge innerhalb der Photosysteme unerläßlich, da nur durch sie verhindert wird, daß sich das von einem angeregten Chlorophyll-a-Molekül abgegebene Elektron sofort wieder mit dem Chl-a$^+$-Kation verbindet (Rekombination), womit die absorbierte Lichtenergie vernichtet wäre. Statt dessen wird es sehr schnell vom Chl a$^+$ weggeleitet, wobei es Energie in Form von Wärmeenergie (zunehmende Molekularbewegung innerhalb des Photosystems!) verliert, wodurch der Vorgang der Ladungstrennung unumkehrbar wird.

Photoautotrophe Bakterien, die anstelle von Wasser Elektronendonoren deutlich negativeren Redoxpotentials (z. B. H$_2$S) verwenden, kommen dagegen mit einem einzigen Photosystem aus (S. 292, S. 143 und Tab. 8.1 S. 254).

Photophosphorylierung

Peter Mitchell war der erste, der den lange Zeit rätselhaften Prozeß der photosynthetischen ATP-Synthese einem Verständnis näherbrachte. Er formulierte 1960 die **Chemiosmotische Hypothese** der Photophosphorylierung, derzufolge der pH-Gradient, also die Differenz des chemischen Potentials (Kap. 6.1.2) des H$^+$-Ions zu beiden Seiten der Thylakoidmembran, die treibende Kraft zur ATP-Synthese sein sollte. Diese lange strittige Vorstellung gilt heute als endgültig bewiesen. Tatsächlich synthetisieren isolierte Thylakoidvesikel im Dunkeln in Anwesenheit von Mg^{2+}-Ionen aus ADP und Phosphat ATP, wenn durch die Wahl geeigneter pH-Pufferlösungen im Inneren der Vesikel, dem Thylakoidlumen, ein saurer pH-Wert (pH 4) und im Inkubationsmedium ein alkalischer pH-Wert (pH 8) eingestellt wird, wie es den pH-Verhältnissen im intakten belichteten Chloroplasten entspricht (Abb. **8.19**). Die Reaktion wird durch das Enzym **ATP-Synthase** katalysiert, deren Reaktionsmechanismus vor wenigen Jahren aufgeklärt werden konnte (Abb. **8.20**).

Aufbau der ATP-Synthase: Die ATP-Synthase der Chloroplasten ist sehr ähnlich aufgebaut wie das ebenfalls der ATP-Synthese dienende Enzym der Mitochondrien (S. 341) und funktioniert genauso. Beide bestehen aus einem Kopf und einem die Thylakoidmembran (bzw. die innere Mitochondrienhüllmembran) durchspannenden Stiel, der den Kopf trägt. Der Kopf der chloroplastidären ATP-Synthase wird CF_1-Teil genannt (CF, von engl.: **c**oupling **f**actor, weil er für die Kopplung von ATP-Synthese und Elektronentransport unerläßlich ist), der Stiel CF_0. Sowohl CF_0 als auch CF_1 bestehen aus mehreren Protein-Untereinheiten, von denen einige mehrfach, andere nur einmal pro vollständiger Synthase vorliegen. Der CF_1-Teil der ATP-Synthase führt die eigentliche ATP-Synthese durch, der CF_0-Stiel stellt einen Wasserstoff-Ionen leitenden Kanal dar.

Funktionsweise der ATP-Synthase: Bei der ATP-Synthase handelt es sich um einen von Wasserstoff-Ionen angetriebenen Rotationsmotor, mit Abmessungen von etwa 10 nm · 20 nm ist er der kleinste Ionenmotor, der bekannt ist. Den Rotor bilden 12 (in manchen Fällen auch weniger oder mehr) Monomere der Protein-Untereinheit III, die in Form eines Zylinders angeordnet sind. Mit dem Rotor verbunden ist die Untereinheit ε und die Untereinheit γ, deren asymmetrischer Stiel in den CF_1-Kopf hineinragt und dessen Untereinheiten berührt. Der Kopf besteht aus je 3 α- und 3 β-Untereinheiten. Er ist mit einem von den Untereinheiten δ, I, II und IV gebildeten Stiel in der Thylakoidmembran verankert und unbeweglich (Stator).

Liegt ein Konzentrationsgradient an H^+-Ionen zu beiden Seiten des Rotors vor (also zu beiden Seiten der Thylakoidmembran, wobei die H^+-Ionen-Konzentration im Thylakoidlumen höher ist), so binden H^+-Ionen auf der Lumenseite an die Rotorproteine, je eines pro Untereinheit III. Jedes Bindungsereignis bewegt den Rotor um eine Zwölfteldrehung weiter, wobei auf der Stromaseite von der gegenüberliegenden Untereinheit III ein H^+-Ion abgegeben wird. Ein zwölfteiliger Rotor wird also durch 12 H^+-Ionen gerade einmal ganz um seine Drehachse gedreht. Die Drehgeschwindigkeit beträgt etwa 100 Umdrehungen pro Sekunde (100 Hz). Mit der Drehung des Rotors bewegt sich die asymmetrische γ-Untereinheit in dem CF_1-Kopf und bewirkt dabei eine mechanische Veränderung der Konformation der α- und β-Untereinheiten dergestalt, daß jede der drei die katalytischen Zentren der ATP-Synthase tragenden β-Untereinheiten bei einem Umlauf alle drei Stadien des katalytischen Zyklus durchläuft:
1. katalytisches Zentrum nicht besetzt,
2. Bindung von ADP und Phosphat,
3. Bildung und Freisetzung von ATP.

Demnach bildet die ATP-Synthase pro Rotorumlauf 3 Moleküle ATP, je eines pro katalytischem Zentrum und 4 transportierten H^+-Ionen.

Räumliche Anordnung und Regulation der Lichtreaktion

Räumliche Anordnung: Die Membrankomplexe der Lichtreaktionen sind keineswegs irregulär in der Thylakoidmembran verteilt. Vielmehr sind sie

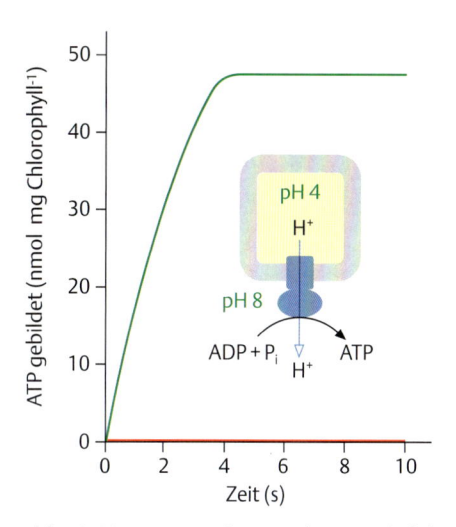

Abb. 8.19 ATP-Synthese isolierter Thylakoide im Dunkeln. Die Bildung von ATP (grüne Kurve) hält nur wenige Sekunden an, da in dem Prozeß H^+-Ionen aus dem Thylakoidlumen austreten (Abb. **8.20**) und wegen des sehr kleinen Lumens der pH-Wert dort sehr rasch den Außenwert annimmt, wodurch die treibende Kraft zum Erliegen kommt. Rote Kurve Reaktion ohne pH-Gradient (verändert nach Jagendorf und Uribe 1966).

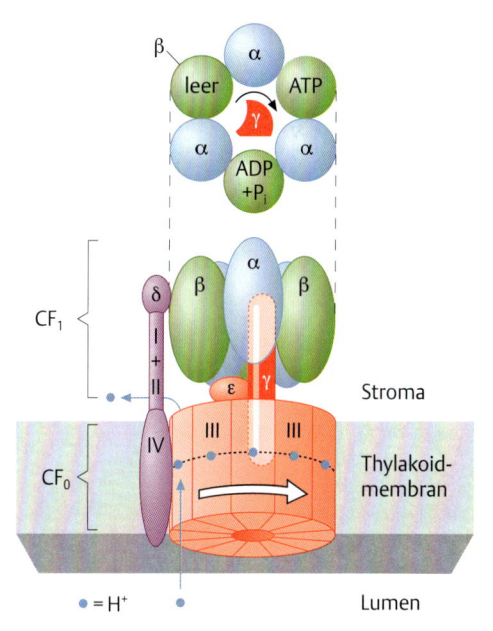

Abb. 8.20 Aufbau und Funktionsprinzip der ATP-Synthase (verändert nach verschiedenen Vorlagen).

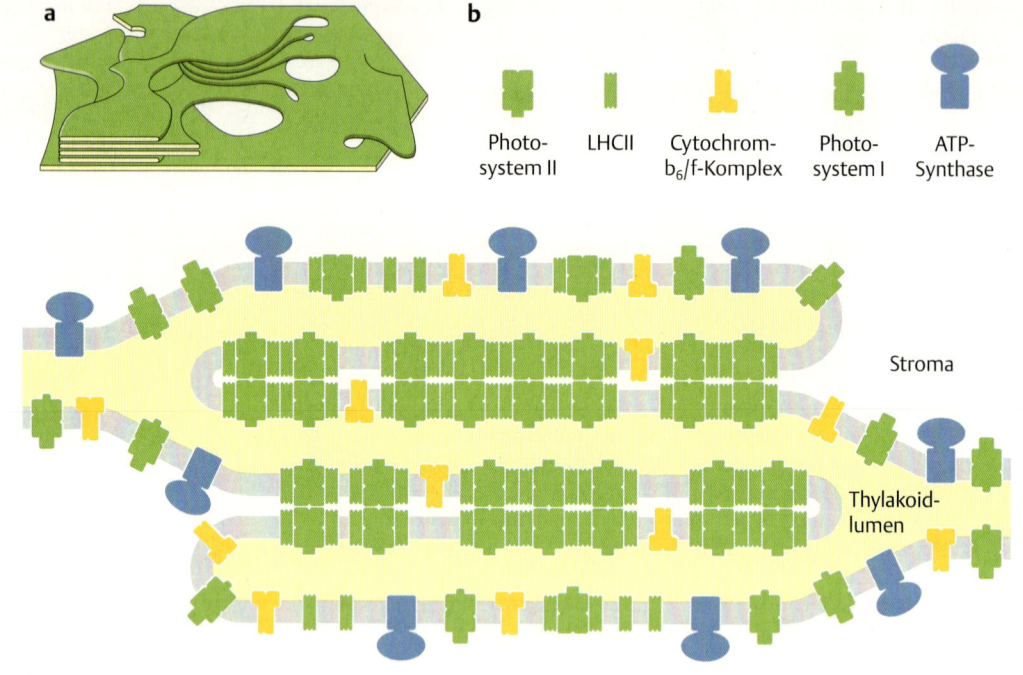

Abb. 8.21 Verteilung der Komplexe der Lichtreaktionen im Thylakoidsystem. a Dreidimensionale Rekonstruktion eines Thylakoidsegments. **b** Molekulares Strukturmodell der Thylakoidmembranen. Photosystem I, II jeweils Reaktionszentrum plus innere Antennen.

in charakteristischer Weise angeordnet: Photosystem II und der Lichtsammelkomplex LHCII finden sich in den gestapelten Bereichen der Granathylakoide, während Photosystem I, der Cytochrom-b_6/f-Komplex überwiegend und die ATP-Synthase vollständig in den Stromathylakoiden bzw. auf der Außenseite von Granathylakoidstapeln vorkommen (Abb. **8.21**). Es wird heute angenommen, daß die Stapelung der Granathylakoide durch Wechselwirkungen der Proteine des Photosystems II überhaupt erst zustande kommt. Eine Konsequenz dieser lateralen Asymmetrie der Thylakoidmembran ist es, daß die löslichen Elektronenüberträger Plastochinon und Plastocyanin durch Diffusion Distanzen von einigen Hundert Nanometern zwischen ihren jeweiligen Zielkomplexen überwinden müssen, um Elektronen aufnehmen bzw. abgeben zu können. Allgemein werden in diesen Diffusionsprozessen die geschwindigkeitsbestimmenden – also langsamsten – Schritte der Lichtreaktionen gesehen.

Regulation: Derart wichtige und komplexe Prozesse, wie sie die Lichtreaktionen darstellen, unterliegen einer vielfältigen Regulation, deren Besprechung den Rahmen dieser Einführung bei weitem sprengen würde. Von grundlegender Bedeutung ist die bedarfsgerechte Verteilung der Anregungsenergie zwischen den beiden Photosystemen. Zum Auffangen der Lichtenergie kann jedes Reaktionszentrum auf etwa 100 Chlorophyll-Moleküle in den es umgebenden Lichtsammelantennen zurückgreifen. Wie oben dargestellt, sind im PSI die lichtsammelnden Chlorophylle direkt an das Reaktionszentrum gebunden, wohingegen sie beim PSII in getrennten inneren und äußeren Antennen vorliegen (Abb. **8.13** S. 269). Die Hauptantenne des Photosystems II, LHCII, bindet nur locker an PSII, und es gibt wahrscheinlich darüber hinaus in der Thylakoidmembran zusätzliche LHCII-Trimere, deren Anregungsenergie an PSII weitergegeben werden kann, sodaß potentiell mehr Energie am PSII als am PSI zur Verfügung steht. Falls dies passiert, häuft sich im Plastochinon-Pool Plastohydrochinon (PQH$_2$) an, da der Zufluß von PQH$_2$ aus dem PSII stärker ist als

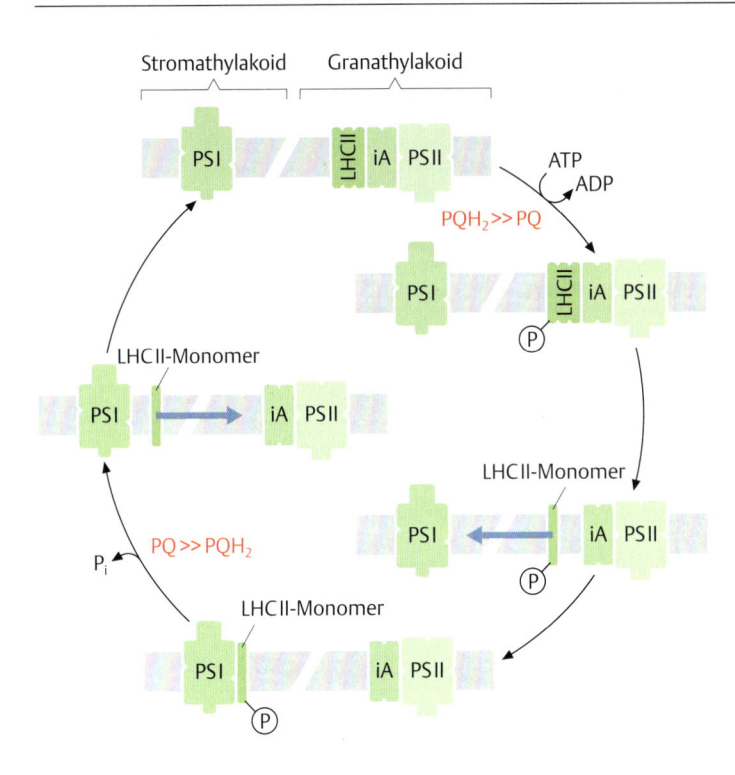

Abb. 8.22 Verteilung der Anregungsenergie zwischen Photosystem I und Photosystem II durch Zustandsänderungen des LHCII-Komplexes. iA innere Antenne, PSII Reaktionszentrum von Photosystem II, PSI Reaktionszentrum von Photosystem I mit integrierter innerer Antenne.

der Abfluß der Elektronen über den Cytochrom-b_6/f-Komplex zum PSI. Der steigende Reduktionszustand des Plastochinon-Pools aktiviert eine Protein-Kinase, die LHCII-Trimere phosphoryliert, worauf sie in die Monomere zerfallen. Die phosphorylierten LHCII-Monomere diffundieren aus den Granabereichen heraus, binden an PSI und leiten ihre Anregungsenergie auf das Reaktionszentrum von PSI (Abb. **8.22**). Auf diese Weise wird die auf PSII treffende Anregungsenergie herabgesetzt und gleichzeitig die Anregung des PSI erhöht. Die Verteilung der Anregungsenergie zwischen Photosystem II und Photosystem I wird also durch den Redoxzustand des Plastochinon-Pools reguliert. Sinkt der Anteil an PQH_2 ab, so tritt eine Dephosphorylierung der LHCII-Monomere ein. Diese verlassen PSI und diffundieren wahrscheinlich erneut in die Granabereiche, wo sie zu LHCII-Trimeren zusammentreten, die ihre Anregungsenergie auf PSII leiten. Die phosphorylierungsbedingten Zustandsänderungen von LHCII werden im Englischen „**state transitions**" genannt.

8.1.2 Assimilation des Kohlenstoffs: Calvin-Zyklus

Belichtet man ein Blatt einer zuvor etwa einen Tag im Dunkeln gehaltenen Pflanze durch eine Schablone, so läßt sich bereits nach wenigen Stunden mit Hilfe der Jod-Stärke-Reaktion (Box **1.14** S. 40) in den belichteten Partien des Blattes, nicht aber in den verdunkelten, Stärke nachweisen (Abb. **8.23**). Dieses Endprodukt der Kohlenstoff-Assimilation wird in den Chloroplasten, in denen auch die Lichtreaktionen ablaufen, abgelagert (Abb. **2.27a** S. 84). Man nennt diese Assimilationsstärke auch transitorische Stärke, da sie, wie die im Dunkeln gehaltenen Blattpartien in dem geschilderten Experiment belegen, während einer Dunkelphase (z. B. nachts) wieder abgebaut wird.

Abb. 8.23 Nachweis der Assimilationsstärke im Blatt.

Box 8.4 Das Calvin-Experiment

a

- CO$_2$ + Luft
- Reservoir mit Algensuspension
- NaH^{14}CO$_3$
- Kunststoffschlauch
- siedendes Ethanol
- Heizplatte
- Lichtquelle

b

60 s — Fließmittel 1 / Fließmittel 2

5 s — Fließmittel 1 / Fließmittel 2 — D-3-Phosphoglycerinsäure

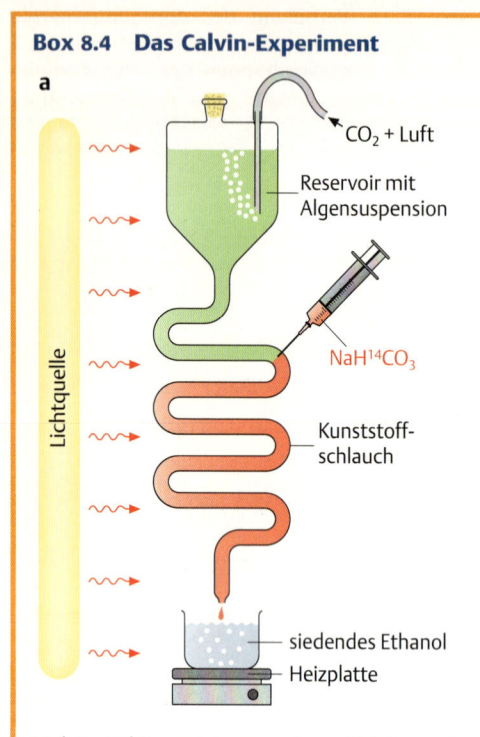

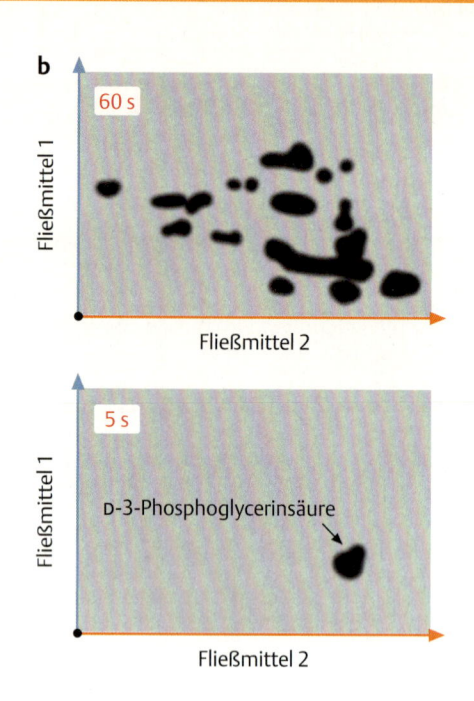

Melvin Calvin nutzte vor etwa 50 Jahren die damals ganz neue Methode der Kohlenstoff-14-Markierung (Box **8.1** S. 257), um den Weg des Kohlenstoffs vom CO$_2$ in die Kohlenhydrate zu untersuchen. In der schematisch in Abb. **a** gezeigten Anordnung wurden einzellige Grünalgen (*Chlorella*) unter Belichtung herangezogen. Über eine Verzögerungsstrecke konnte die Algensuspension in siedenden Alkohol eingeleitet werden, um die Algen möglichst rasch abzutöten und zu extrahieren. Die Extrakte wurden konzentriert und punktförmig auf einen Bogen Chromatographiepapier aufgetragen, der in einen Tank, der 2–3 cm hoch mit einem geeigneten Fließmittel gefüllt war, gestellt wurde. Die kapillar aufsteigende Fließmittelfront nahm die aufgetragenen Substanzen, je nach ihrer Polarität, unterschiedlich weit mit. Nach dem Trocknen wurden die Papierbogen – um 90° gedreht – in ein zweites Fließmittelgemisch gestellt, worauf sich der Trennvorgang wiederholte. Die Bogen wurden abermals getrocknet und dann mehrere Tage im Dunkeln auf einen Röntgenfilm gelegt. Die vom ^{14}C ausgestrahlten β-Teilchen (aus dem Atomkern emittierte Elektronen) reduzierten in der Filmschicht Silber-Ionen zu metallischem Silber (Ag$^+$ + e$^-$ → Ag). Nach photographischer Entwicklung des Röntgenfilms zur Verstärkung dieser Silberkeime wurde die Position radioaktiv markierter Substanzen als Schwärzungsmuster sichtbar (Abb. **b**). Aus den entsprechenden Zonen des Chromatogramms konnten nun die Substanzen extrahiert und ihre Struktur bestimmt werden.

Durch Injektion von radioaktiv markiertem ^{14}CO$_2$ (als nicht flüchtiges NaH^{14}CO$_3$, Natriumhydrogencarbonat, appliziert) an verschiedenen Stellen der Verzögerungsstrecke konnte Calvin verschiedene, auch sehr kurze Markierungszeiten erreichen. Bereits nach 60 s waren zahlreiche Substanzen durch das ^{14}CO$_2$ markiert worden. Durch weitere Verkürzung der Reaktionszeiten bis auf wenige Sekunden gelang es Calvin, das erste faßbare Fixierungsprodukt darzustellen. Die Verbindung erwies sich als D-3-Phosphoglycerinsäure. Für diese bahnbrechenden Arbeiten erhielt Melvin Calvin im Jahre 1961 den Nobelpreis für Chemie zuerkannt.

Der Nachweis, daß der im Verlauf der Photosynthese fixierte Kohlenstoff aus dem CO$_2$ der Luft stammt, ließ sich mit Hilfe der Isotopentechnik erbringen (Box **8.1** S. 257): Läßt man Pflanzen in Anwesenheit von ^{14}CO$_2$ Photosynthese treiben, so findet sich der radioaktiv markierte Kohlenstoff in der Assimilationsstärke wieder. Unter Verwendung der Kohlenstoff-14-Markierungsmethode gelang es vor etwa 50 Jahren Melvin Calvin, den gesamten Reaktionsweg der Kohlenstoff-Assimilation aufzuklären (Box **8.4**).

Die Gesamtbilanz der Kohlenstoff-Assimilation wird üblicherweise für die Bildung eines Moleküls Glucose formuliert, sie benötigt demnach 6 Moleküle CO_2:

$$6\ CO_2 + 12\ H_2O \xrightarrow{48\ h \cdot \nu} C_6H_{12}O_6 + 6\ O_2 + 6\ H_2O \quad (\Delta G^{\circ\prime} = 2872\ \text{kJ mol}^{-1})$$

In dieser Form der Bilanzgleichung enthalten ist auch die Lichtreaktion. Wie oben ausgeführt, benötigt die Lichtreaktion für die Bildung eines Moleküls O_2 (unter Bildung von 2 NADPH und im optimalen Fall von 3 ATP) die Energie von 8 Lichtquanten. Für die Bildung eines Moleküls Glucose werden demnach 48 Quanten benötigt.

Aus der Bilanzgleichung läßt sich einfach die Energieausbeute der Kohlenstoff-Assimilation ermitteln. Geht man von Rotlicht der Wellenlänge 700 nm aus (dies ist die energieärmste Strahlung, bei der gerade noch eine volle Photosyntheseleistung erreicht werden kann, die Quantenenergie beträgt bei 700 nm 170 kJ Einstein^{-1}), so müssen für die Bildung von 1 Mol Glucose $48 \cdot 170$ kJ = 8160 kJ Quantenenergie absorbiert werden. In die Bildung der Glucose werden davon 2872 kJ investiert, mithin ein Anteil von 35 % der absorbierten Lichtenergie, ein angesichts der Komplexität der Reaktionsfolge erstaunlich hoher Wirkungsgrad. Unter natürlichen Lichtverhältnissen (Sonnenlicht) liegt der Wirkungsgrad immer noch über 20 %.

Die Reaktionsfolge der Kohlenstoff-Assimilation wird nach ihrem Entdecker **Calvin-Zyklus** genannt. Sie läuft im Stroma der Chloroplasten ab. Die **Bilanzgleichung** des Calvin-Zyklus läßt sich folgendermaßen formulieren:

$6\ CO_2 + 12\ (NADPH + H^+) + 18\ ATP \rightarrow$
$C_6H_{12}O_6 + 12\ NADP^+ + 18\ ADP + 18\ P_i + 6\ H_2O$

Zur Assimilation des Kohlenstoffs werden demnach die beiden Produkte der Lichtreaktionen, ATP und NADPH benötigt.

Der Calvin-Zyklus läßt sich zweckmäßig in drei Phasen einteilen (Abb. **8.24**): die carboxylierende, die reduzierende und die regenerierende Phase.

Carboxylierende Phase: In der carboxylierenden Phase wird CO_2 an den CO_2-Akzeptor, die Endiol-Form der Ketopentose Ribulose-1,5-bisphosphat (RubP) gebunden. Das instabile Reaktionsprodukt hydrolysiert spontan unter Bildung von 2 Molekülen D-3-Phosphoglycerat (D-3-Phosphoglycerinsäure, PGS, Abb. **8.25**). Die Reaktion wird von dem Enzym Ribulose-1,5-bisphosphat-**C**arboxylase/**O**xygenase katalysiert (RubisCO, die Oxygenase-Reaktion dieses Enzyms wird später interessant sein, Kap. 8.1.3). RubisCO besteht aus 8 kleinen Untereinheiten (SSU,

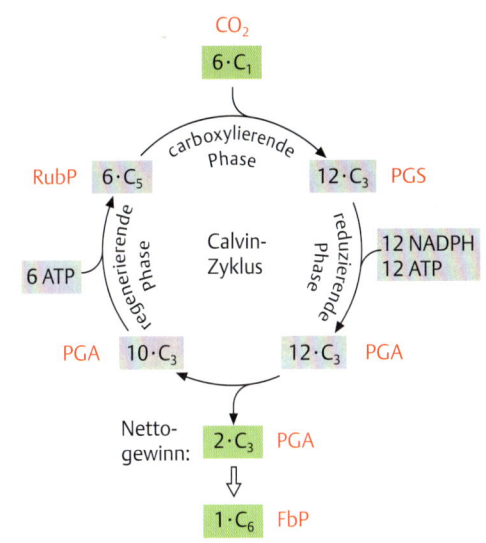

Abb. 8.24 Übersicht über die drei Abschnitte des Calvin-Zyklus. Abkürzungen der wichtigsten Verbindungen: RubP Ribulose-1,5-bisphosphat, PGS D-3-Phosphoglycerat, PGA D-3-Phosphoglycerinaldehyd, FbP Fructose-1,6-bisphosphat, CO_2 Kohlendioxid.

Abb. 8.25 CO_2-Fixierung. Reaktionsgleichung der durch das Enzym Ribulose-1,5-bisphosphat-Carboxylase/Oxygenase (RubisCO) katalysierten CO_2-Fixierungsreaktion.

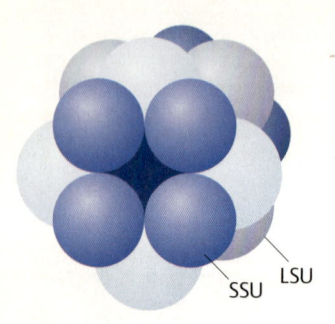

Abb. 8.26 Aufbau der Ribulose-1,5-bisphosphat-Carboxylase/Oxygenase. LSU große Untereinheit, SSU kleine Untereinheit.

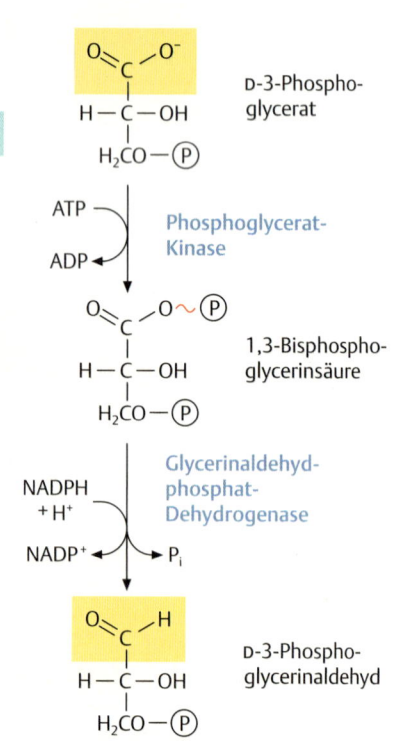

Abb. 8.27 Reaktionen und Enzyme der reduzierenden Phase des Calvin-Zyklus.

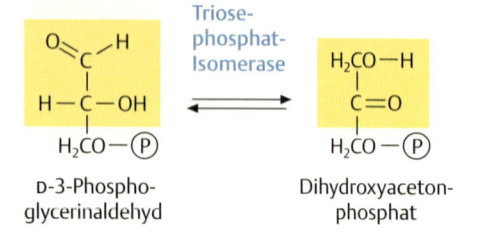

Abb. 8.28 Triosephosphat-Isomerase-Reaktion.

small subunit), die im Genom des Zellkerns codiert werden, und 8 großen Untereinheiten (LSU, large subunit), die im Chloroplastengenom codiert werden (Abb. **8.26** und Abb. **15.44** S. 580). Das Enzym führt nur sehr wenige (1–3) Fixierungsreaktionen pro Sekunde aus. Um eine ausreichende CO_2-Fixierung sicherzustellen, wird RubisCO daher in sehr großen Mengen benötigt. Das Enzym kann bis zu 50 % des gesamten Blattproteins ausmachen, es ist das häufigste Protein auf der Erde! In Abwesenheit von CO_2 liegt RubisCO praktisch in inaktiver Form vor: Das Enzym besitzt einen außerordentlich hohen K_M-Wert für CO_2 (> 0,7 mM). In Anwesenheit von CO_2 bildet sich an einem bestimmten Lysin-Rest der großen Untereinheiten ein CO_2-Mg^{2+}-Carbamat-Komplex. In dieser Form ist das Enzym aktiv, der K_M-Wert beträgt ca. 10–15 μM, was der Konzentration von im Zellsaft gasförmig gelöstem CO_2 entspricht, das sich im Gleichgewicht mit dem atmosphärischen CO_2 (Konzentration 0,037 %) befindet. Da der K_M-Wert der Substratkonzentration entspricht, bei der halbmaximale Reaktionsgeschwindigkeit erreicht wird (Box **6.4** S. 225), reicht der CO_2-Gehalt im Zellsaft also gerade aus, um das Enzym mit etwa 50 % der maximal möglichen Reaktionsgeschwindigkeit arbeiten zu lassen. Dies ist ein weiterer Grund für die großen Mengen an RubisCO, die im Chloroplasten benötigt werden. Offenbar ist es im Verlauf der mindestens drei Milliarden Jahre, die seit der Evolution der Photosynthese vergangen sind, nicht gelungen, die Schlüsselreaktion der CO_2-Fixierung effektiver zu gestalten. Zudem geht die Versorgung der RubisCO mit CO_2 mit erheblichem Wasserverlust einher (S. 283). Bei zahlreichen Pflanzen haben sich allerdings CO_2-Vorfixierungsmechanismen entwickelt, die ihnen ein Wachstum auch an wasserarmen (ariden) Standorten ermöglichen (Kap. 8.1.4).

Reduzierende Phase: Wie Abb. **8.25** zeigt, benötigt die CO_2-Fixierungsreaktion keines der beiden Produkte der Lichtreaktionen. Diese kommen in der sich unmittelbar anschließenden reduzierenden Phase des Calvin-Zyklus zum Einsatz (Abb. **8.27**). In dieser Phase wird D-3-Phosphoglycerat zum D-3-Phosphoglycerinaldehyd (PGA) reduziert. Im Prinzip ist damit bereits die Bildung eines Kohlenhydrats aus CO_2 gelungen, denn Glycerinaldehyd ist eine Aldotriose.

Carboxylgruppen lassen sich jedoch nicht ohne weiteres reduzieren. In der Chemie reduziert man aktivierte Carboxylgruppen, meist Anhydride. Nicht anders die Pflanze: Im ersten Schritt der Reduktionssequenz wird D-3-Phosphoglycerat durch Reaktion mit ATP in ihr Phosphorsäureanhydrid überführt, in 1,3-Bisphosphoglycerat. Die Reaktion wird von Phosphoglycerat-Kinase katalysiert. 1,3-Bisphosphoglycerat kann nun mit NADPH unter Freisetzung von Phosphat in D-3-Phosphoglycerinaldehyd überführt werden (Glycerinaldehydphosphat-Dehydrogenase-Reaktion). Da pro fixiertem Molekül CO_2 2 Moleküle D-3-Phosphoglycerat entstehen und zu D-3-Phosphoglycerinaldehyd reduziert werden, benötigt die Reduktion eines Moleküls CO_2 letztlich 2 Moleküle ATP und 2 Moleküle NADPH.

Regenerierende Phase: Für die Bildung eines Moleküls Glucose müssen 6 Moleküle CO_2 fixiert werden, d. h. es fallen 12 Moleküle D-3-Phosphoglycerinaldehyd an. Von diesen werden 2 zur Bildung der Glucose benötigt, die übrigen 10 Moleküle D-3-Phosphoglycerinaldehyd werden in einer komplizierten Reaktionsfolge, die hier nicht näher ausgeführt werden soll, zur Regeneration von 6 Molekülen des CO_2-Akzeptors Ribulose-1,5-bisphosphat verwendet (10 · C_3 ergibt 6 · C_5, die Kohlenstoffbilanz geht also auf, Abb. **8.24**). Als Zwischenprodukte der regenerierenden Phase des Calvin-Zyklus treten sowohl Tetrosen als auch Pentosen, Hexosen und Heptosen auf, von denen einige wiederum Ausgangsprodukte für andere Stoffwechselwege sind, wie z. B. Erythrose-4-phosphat

(Abb. **12.2** S. 350), Fructose-1,6-bisphosphat, Ribose-5-phosphat und Ribulose-5-phosphat. Letztgenannte Substanz ist die direkte Vorstufe des CO_2-Akzeptors Ribulose-1,5-bisphosphat, d. h. in der regenerierenden Phase werden zur Bildung von 6 Molekülen Ribulose-1,5-bisphosphat aus Ribulose-5-phosphat weitere 6 Moleküle ATP benötigt.

Verarbeitung des Fixierungsgewinns: Als Nettogewinn der Assimilation von 6 Molekülen CO_2 fallen 2 Moleküle D-3-Phosphoglycerinaldehyd an (Abb. **8.24**). Durch das Enzym Triosephosphat-Isomerase steht D-3-Phosphoglycerinaldehyd im Gleichgewicht mit Dihydroxyacetonphosphat (Abb. **8.28**). Die Reaktion kann sowohl im Stroma als auch im Cytoplasma ablaufen. Im Stroma ist sie Bestandteil der regenerierenden Phase des Calvin-Zyklus, im Cytoplasma der Gluconeogenese bzw. der Glykolyse (S. 334).

Triosephosphate können nun entweder im Stroma zu Assimilationsstärke weiterverarbeitet werden, oder sie werden über einen passiven Translokator, den in der inneren Chloroplasten-Hüllmembran lokalisierten Triosephosphat-Phosphat-Translokator (TPPT), im Gegentausch mit Phosphat-Ionen ins Cytoplasma transportiert, wo sie zur Bildung des Transport-Kohlenhydrats Saccharose (Rohrzucker, engl.: sucrose) dienen (Abb. **8.29**). Die Bildung von Fructose-1,6-bisphosphat aus je einem Molekül D-3-Phosphoglycerinaldehyd und Dihydroxyacetonphosphat (Aldolase-Reaktion), mit der die Stufe der Hexosen erreicht ist, steht in beiden Kompartimenten am Beginn der jeweiligen Reaktionssequenz (Abb. **8.30**).

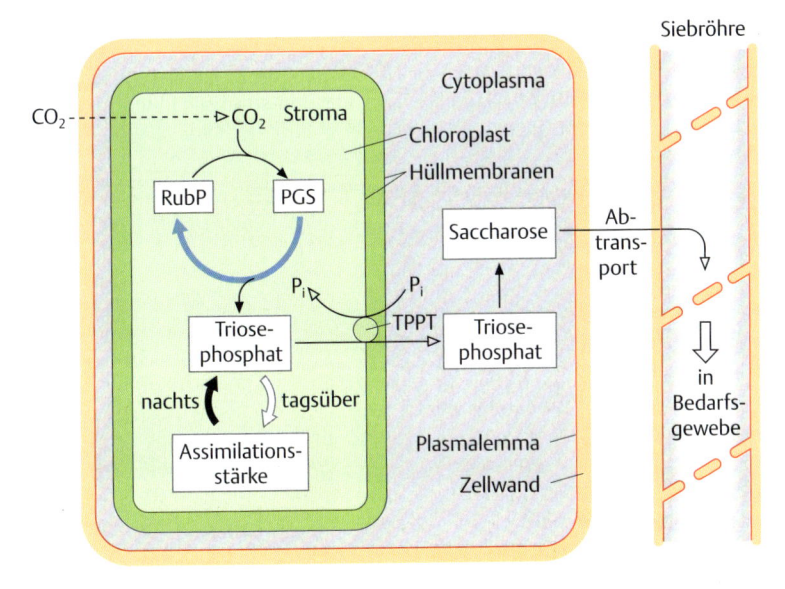

Abb. 8.29 Verteilung von Triosephosphat in der Pflanzenzelle. TPPT Triosephosphat-Phosphat-Translokator, RubP Ribulose-1,5-bisphosphat, PGS D-3-Phosphoglycerat.

Abb. 8.30 Aldolase-Reaktion. Bildung der Hexose Fructose-1,6-bisphosphat.

8.1.3 Photorespiration

Eine mißliche, aber offenbar in der Evolution des Enzyms nicht weiter reduzierbare Nebenreaktion der RubisCO ist ihre Oxygenase-Aktivität. Dabei wird anstelle von CO_2 molekularer Sauerstoff O_2 an Ribulose-1,5-bisphosphat angelagert. Bei intensiver Photosynthese wird im Chloroplasten durch die Photolyse des Wassers sehr viel Sauerstoff freigesetzt. Man hat ermittelt, daß unter diesen Bedingungen nahezu jede zweite Reaktion der RubisCO eine Oxygenase-Reaktion darstellt. Sie liefert nur ein Molekül D-3-Phosphoglycerat und als zweites Produkt einen C_2-Körper, Phosphoglykolat (Abb. **8.31**), der nicht weiter im Calvin-Zyklus umgesetzt werden kann: Die Kohlenstoffbilanz wäre netto negativ! Dieser Verlust wird durch eine zusätzliche Reaktionsfolge weitgehend kompensiert, bei der unter Beteiligung dreier Zellkompartimente aus 2 Molekülen Phosphoglykolat letztlich ein Molekül Triosephosphat zurückgewonnen wird, welches wieder in den Calvin-Zyklus eingespeist werden kann (Abb. **8.32**). Damit werden 75 % des Kohlenstoffs zurückgewonnen, 25 % gehen als CO_2 verloren (allerdings mit der Chance, ebenfalls noch fixiert zu werden). Da im Verlauf dieser Reaktionsfolge Sauerstoff verbraucht und CO_2 gebildet wird, bezeichnet man diese nur im Licht festzustellende Reaktionsfolge als Photorespiration. Sie darf keinesfalls mit der Zellatmung der Mitochondrien verwechselt werden (Kap. 11.4). Das funktionelle Zusammenspiel von Chloroplasten, Peroxisomen und Mitochondrien findet häufig in einem engen räumlichen Kontakt dieser Organellen seinen Ausdruck (Abb. **8.33**). Ein Charakteristikum der Photorespiration ist die Bildung des Zellgiftes Wasserstoffperoxid (H_2O_2) bei der Oxidation von Glykolat zu Glyoxylat in den Peroxisomen. H_2O_2 wird durch das Enzym **Katalase** in H_2O und molekularen Sauerstoff zerlegt und so unschädlich gemacht.

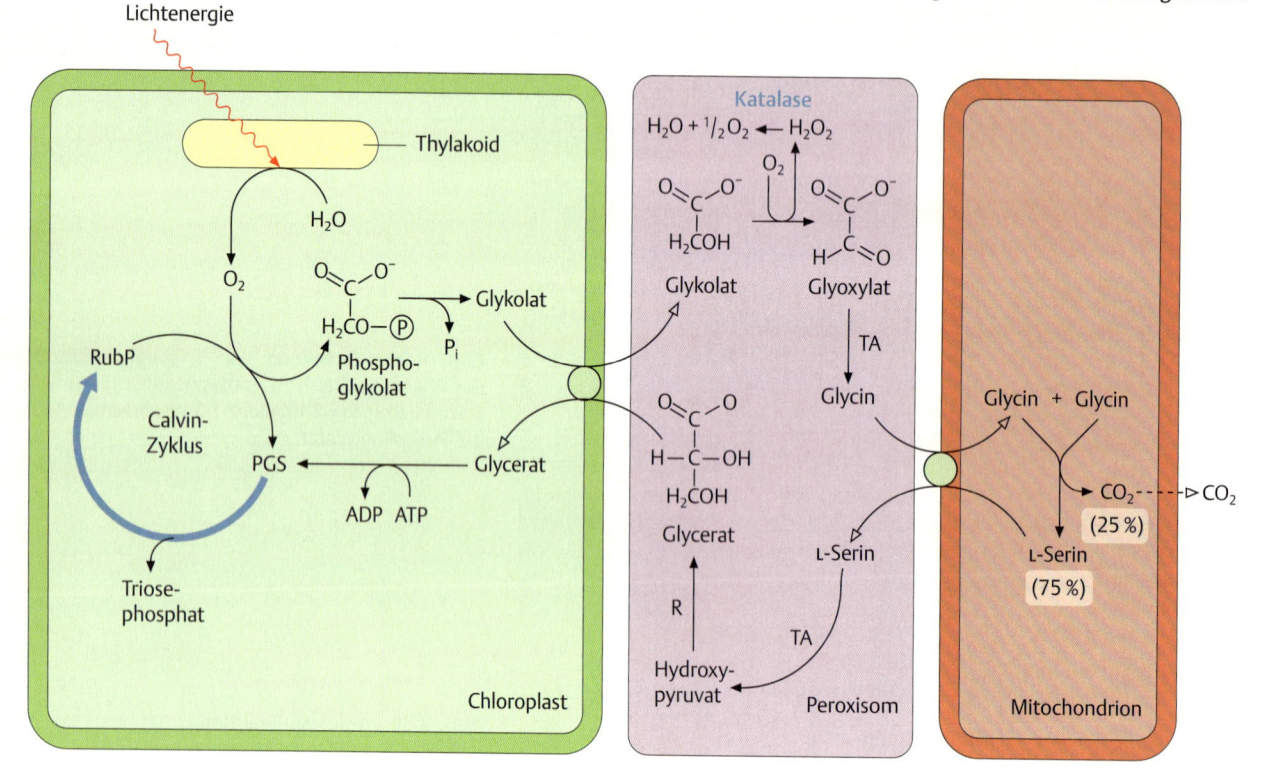

Abb. 8.31 Oxygenase-Reaktion der Ribulose-1,5-bisphosphat-Carboxylase/Oxygenase.

Abb. 8.32 Photorespiration. Vereinfachtes Schema der beteiligten Reaktionen. TA Transaminierung, R Reduktion.

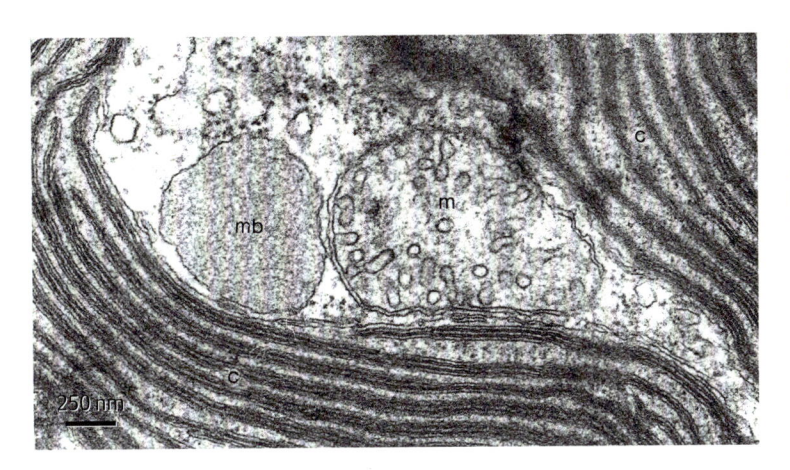

Abb. 8.33 Organellen der Photorespiration.
Enger räumlicher Kontakt zwischen Chloroplast c, Microbody mb und Mitochondrion m bei der einzelligen Dinophycee *Prorocentrum micans*. Im Gegensatz zu den Chloroplasten und dem Mitochondrion ist der Microbody, bei dem es sich um ein Peroxisom handelt, von einer einfachen Biomembran umgeben (Originalaufnahme K. Kowallik).

Katalase ist in sehr großen Mengen in allen Microbodies, also in den Peroxisomen und den Glyoxysomen, enthalten und das Leitenzym dieser Organellen (S. 73).

8.1.4 Zusatzmechanismen der CO_2-Fixierung in C_4- und CAM-Pflanzen

Zahlreiche Pflanzen, die an aride Standorte angepaßt sind (also Standorte, die durch Wasserknappheit gekennzeichnet sind), insbesondere Pflanzen heißer Trockengebiete, aber auch Halophyten (Salzpflanzen) und Epiphyten (Aufsitzerpflanzen), besitzen biochemische Zusatzmechanismen zur Photosynthese, die einen sehr viel geringeren Wasserverlust ermöglichen. Durch diese Mechanismen wird eine ausreichende CO_2-Versorgung bereits bei sehr viel weiter geschlossenen Spaltöffnungen erreicht, als dies normalerweise der Fall ist. Das Dilemma der Landpflanzen besteht ja gerade darin, daß sie – ohne spezielle xeromorphe Anpassungen – pro Molekül CO_2, das durch eine Spaltöffnung in das Blatt diffundiert, mehrere hundert Moleküle Wasser verlieren. Die Spalten können aber nicht beliebig eng geschlossen werden, ohne daß CO_2 zum limitierenden Faktor der Photosynthese und damit des Wachstums wird. Der Grund ist im K_M-Wert der Ribulose-1,5-bisphosphat-Carboxylase für CO_2 zu finden. Er liegt mit 10–15 µM im Bereich der Gleichgewichtskonzentration zwischen im Zellsaft gelöstem und atmosphärischem CO_2 (S. 280). RubisCO arbeitet also selbst dann, wenn dieses Gleichgewicht besteht, nur mit halbmaximaler Reaktionsgeschwindigkeit, und jede weitere Absenkung der CO_2-Konzentration im Zellsaft – etwa durch Spaltenschluß, um Wasser zu sparen – verlangsamt die Reaktion weiter.

> Die biochemische Anpassung bei vielen Pflanzen arider Gebiete besteht in einer sehr wirksamen CO_2-Vorfixierungsreaktion, verbunden mit einem ebenfalls biochemischen „CO_2-Pumpmechanismus" zur Erhöhung der CO_2-Konzentration am Ort der endgültigen Fixierung durch RubisCO. Innerhalb dieser Pflanzengruppe unterscheidet man C_4-Pflanzen und CAM-Pflanzen. Sie sind sich hinsichtlich der ablaufenden Reaktionsfolge sehr ähnlich. Bei den C_4-Pflanzen ist jedoch die CO_2-Vorfixierung von der endgültigen Fixierung im Calvin-Zyklus räumlich, bei den CAM-Pflanzen sind diese Prozesse zeitlich getrennt.

Sowohl bei den C_4-Pflanzen als auch bei den CAM-Pflanzen tritt als erstes faßbares CO_2-Fixierungsprodukt der C_4-Körper Oxalacetat auf. Daher stellt man die C_4-Pflanzen den C_3-Pflanzen gegenüber, bei denen ja, wie erläutert, das erste faßbare Fixierungsprodukt der C_3-Körper D-3-Phosphoglycerat ist (Box **8.4** S. 278). Oxalacetat wird bei allen CAM-Pflanzen und vielen C_4-Pflanzen zu L-Malat reduziert, bei den anderen C_4-Pflanzen entsteht aus Oxalacetat durch Transaminierung die Aminosäure L-Asparaginsäure (dissoziierte Form: L-Aspartat), oder es wird sowohl L-Malat als auch L-Aspartat gebildet. Der CAM-Stoffwechsel wurde in Crassulaceen entdeckt (daher CAM von engl. **c**rassulacean **a**cid **m**etabolism).

C_4-Photosynthese

Zu den C_4-Pflanzen gehören einige an Trockenheit angepaßte Kulturgräser: Mais (*Zea mays*), Zuckerrohr (*Saccharum officinarum*) und Mohrenhirse (*Sorghum bicolor*), unter den Halophyten gehören einige Melden (*Atriplex*) zu den C_4-Pflanzen. Die Blätter insbesondere der malatbildenden Arten zeigen eine charakteristische **Kranzanatomie**: Das Mesophyll ist nicht, wie üblich, in Schwamm- und Palisadenparenchym (S. 188) differenziert, sondern besteht aus einem dem Schwammparenchym ähnlichen Mesophyll unregelmäßiger Zellen mit stärkefreien Chloroplasten und großen Interzellularen sowie einer die Leitbündel umgebenden **Leitbündelscheide**, deren Zellen sehr reich an stärkehaltigen Chloroplasten sind (Abb. **8.34a**).

Die Chloroplasten des Mesophylls und die der Bündelscheide sind verschieden gestaltet (**Chloroplastendimorphismus**) (Abb. **8.34b, c**): Die kleineren Mesophyllchloroplasten zeigen die vertrauten Strukturen der Grana- und Stromathylakoide, können aber keine Stärke bilden, da ihnen das Enzym RubisCO und damit ein funktionsfähiger Calvin-Zyklus fehlt. Die Chloroplasten der Bündelscheidenzellen besitzen einen kompletten Calvin-Zyklus und bilden Stärke, ihnen fehlen aber die Granathylakoide und das Photosystem II, sie verfügen also nicht über komplette Lichtreaktionen und bilden zwar ATP, aber kein NADPH.

Zwischen den Mesophyllzellen und den Zellen der Bündelscheide sind zahlreiche Plasmodesmen ausgebildet, Zeichen regen Stoffaustauschs. Oft sind die Mittellamellen durch Suberineinlagerungen wasserundurchlässig, sodaß der Stoffaustausch zwischen Mesophyll und Leitbündelscheide ausschließlich über die Plasmodesmen erfolgen muß.

Diesen strukturellen Besonderheiten entsprechen biochemische Spezialisierungen beider Zelltypen (Abb. **8.35**): Die CO_2-Vorfixierung findet in den Mesophyllzellen, die eigentliche Fixierung im Calvin-Zyklus jedoch in den Zellen der Bündelscheiden statt, von wo aus die gebildeten Kohlenhydrate direkt über das Phloem abtransportiert werden, sofern sie nicht tagsüber als Assimilationsstärke in den Chloroplasten der Bündelscheidenzellen gespeichert werden.

In die Pflanze aufgenommenes CO_2 erreicht zunächst die Mesophyllzellen. Das die Vorfixierung katalysierende Enzym **PEP-Carboxylase** ist im Cytoplasma dieser Zellen lokalisiert. Es fixiert jedoch nicht wie RubisCO gasförmig im Zellsaft gelöstes CO_2, sondern das mit diesem im Gleichgewicht stehende Hydrogencarbonat-Anion (HCO_3^-) und setzt es mit Phosphoenolpyruvat (PEP) zu Oxalacetat um. Die Lage des Dissoziationsgleichgewichts

$$CO_2 + H_2O \leftrightarrows H^+ + HCO_3^-$$

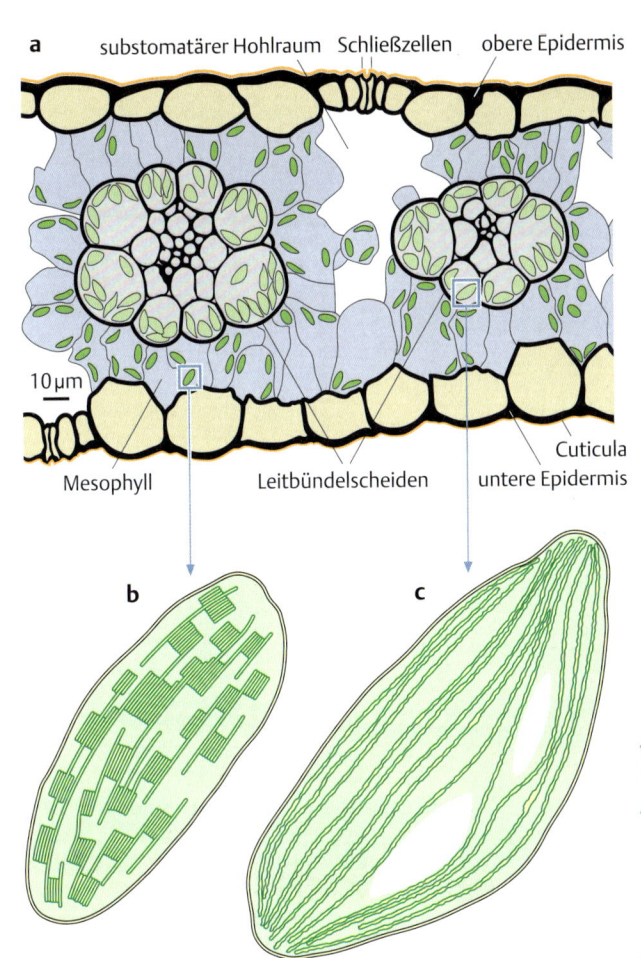

Abb. 8.34 C₄-Photosynthese. a Kranzanatomie beim Mais. **b, c** Chloroplastendimorphismus: **b** Chloroplast einer Mesophyllzelle, **c** Chloroplast einer Bündelscheidenzelle zueinander maßstäblich gezeichnet. **d** Eigenschaften von Mesophyll- bzw. Bündelscheidenzellchloroplasten (**a** nach einem Originalphoto von I. Dörr, halbschematisch).

	Chloroplast einer Mesophyllzelle	Chloroplast einer Bündelscheidenzelle
PSI	+	+
PSII	+	−
Photolyse	+	−
RubisCO	−	+
Stärke	−	+

liegt beim pH-Wert des Cytoplasmas (pH 7,0–7,4) weit auf Seiten des Hydrogencarbonats, dessen Konzentration etwa 50fach höher als die von CO_2 ist (0,5 mM gegenüber 10 µM). PEP-Carboxylase, mit einem K_M-Wert für HCO_3^- von etwa 10–15 µM, arbeitet demnach unter Substratsättigungsbedingungen und zwar selbst dann noch, wenn zum Zweck des Wassersparens die Spaltöffnungen sehr weit geschlossen werden müssen und weniger CO_2 in die Pflanze diffundieren kann.

Oxalacetat wird in den Chloroplasten der Mesophyllzellen zu L-Malat reduziert, das über die Plasmodesmen in die Bündelscheide diffundiert und in den Chloroplasten dieser Zellen durch das **decarboxylierende Malatenzym** unter Reduktion von $NADP^+$ zu $NADPH + H^+$ in Pyruvat und CO_2 zerlegt wird. Pyruvat wird zurück in die Chloroplasten der Mesophyllzellen transportiert und dort in Phosphoenolpyruvat überführt, womit der HCO_3^--Akzeptor regeneriert ist. Der Transport der an diesem Kreislauf beteiligten organischen Säuren über die Chloroplastenmembranen wird durch Translokatoren der inneren Hüllmembranen beschleunigt (die äußeren Membranen bilden wegen der in ihnen enthaltenen Porine keine nennenswerte Diffusionsbarriere, S. 223).

Die enzymkatalysierte Decarboxylierung des Malats setzt in den Chloroplasten der Bündelscheidenzellen derart viel CO_2 frei, daß dessen

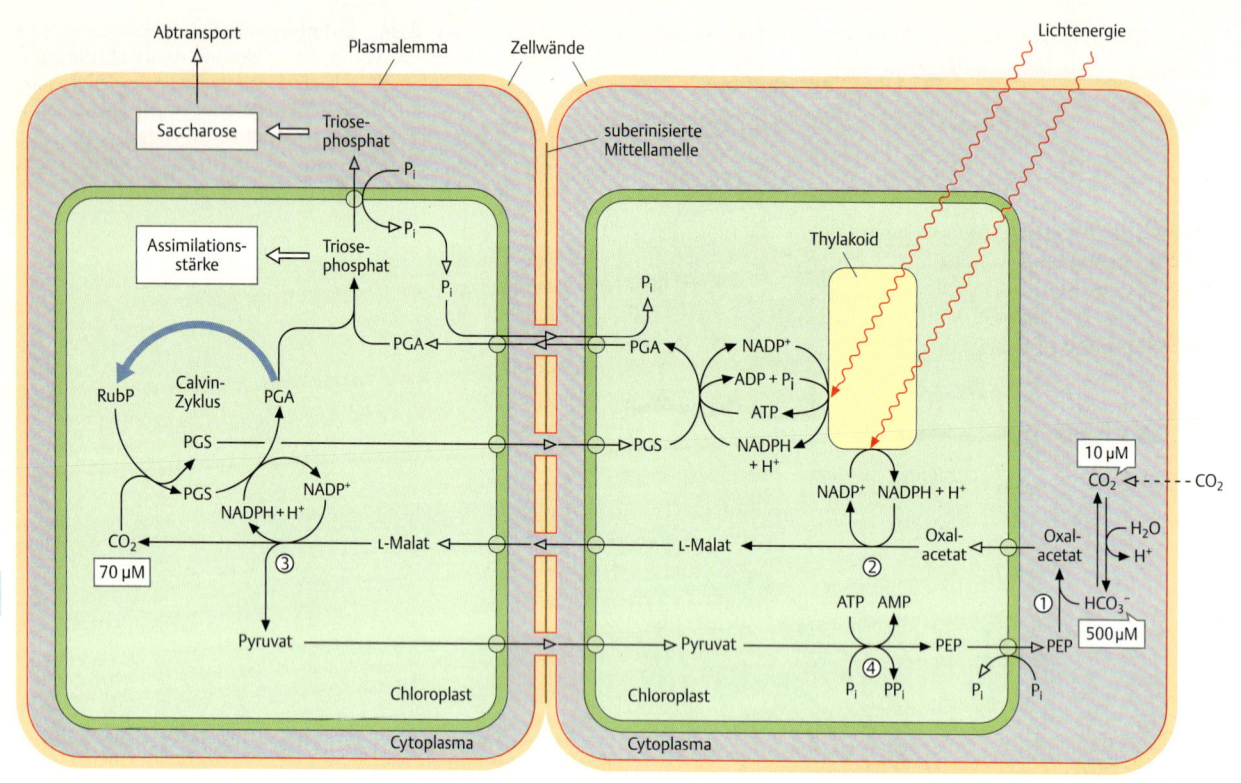

Abb. 8.35 C$_4$-Photosynthese. Übersicht über den C$_4$-Stoffwechsel bei malatbildenden C$_4$-Pflanzen. Offene Pfeilspitzen Transportprozesse, geschlossene Pfeilspitzen chemische Umwandlungen, ① PEP-Carboxylase, ② Malat-Dehydrogenase, ③ decarboxylierendes Malatenzym, ④ Pyruvat-Phosphat-Dikinase.

Konzentration 70 μM erreicht und mithin weit über dem K$_M$-Wert der RubisCO liegt, genug, um das Enzym selbst dann noch unter Substratsättigungsbedingungen arbeiten zu lassen, wenn aufgrund eng geschlossener Spaltöffnungen wenig CO$_2$ in die Pflanze gelangt („**CO$_2$-Pumpe**").

Da den Chloroplasten der Bündelscheidenzellen das Photosystem II fehlt, können sie wohl ATP, aber kein NADPH bilden. Nur eines der 2 Moleküle NADPH, die zur Reduktion der – durch die Fixierung von jedem Molekül CO$_2$ anfallenden – 2 Moleküle D-3-Phosphoglycerat erforderlich sind, wird durch das decarboxylierende Malatenzym bereitgestellt. Die Hälfte des anfallenden D-3-Phosphoglycerats kann in den Bündelscheidenchloroplasten also nicht reduziert werden. Es wird angenommen, daß dessen Reduktion in den Chloroplasten der Mesophyllzellen erfolgt und der gebildete D-3-Phosphoglycerinaldehyd wieder in die Chloroplasten der Bündelscheidenzellen zurücktransportiert wird.

Eine weitere Konsequenz des in den Bündelscheidenchloroplasten fehlenden Photosystems II ist das Fehlen der Wasserspaltung. Demnach ist der O$_2$-Partialdruck im Organell sehr gering und die Oxygenase-Funktion der RubisCO (S. 282) praktisch bedeutungslos. C$_4$-Pflanzen zeichnen sich daher gegenüber C$_3$-Pflanzen durch eine nahezu völlig **fehlende Photorespiration** aus und weisen daher eine gegenüber den C$_3$-Pflanzen höhere CO$_2$-Nettofixierungsrate auf.

Auch die **Wassernutzungseffizienz** ist aus den genannten Gründen bei den C$_4$-Pflanzen besser als bei den C$_3$-Pflanzen. Sie wird durch den **Transpirationskoeffizienten** beschrieben. Darunter versteht man die je Gramm fixiertem CO$_2$ durch Transpiration verlorene Menge an Wasser in Gramm. Dieser beträgt bei C$_3$-Pflanzen bis zu 800, bei C$_4$-Pflanzen maximal 350 und bei den CAM-Pflanzen nur 30–50. Diese besitzen also gegenüber C$_4$-Pflanzen eine nochmals deutlich bessere Wassernutzungseffizienz.

CAM-Stoffwechsel

Viele CAM-Pflanzen zeichnen sich durch Sukkulenz aus, wie die Crassulaceen (Dickblattgewächse, z. B. *Kalanchoë blossfeldiana*) und die Kakteen, bedingt durch die Notwendigkeit großer Speichervakuolen zur Speicherung der nachts gebildeten Äpfelsäure. Aber auch hemi- oder nichtsukkulente Arten können CAM-Stoffwechsel zeigen. Die Reaktionsfolge ist weitgehend dem C$_4$-Stoffwechsel gleich. Der Hauptunterschied besteht darin, daß bei den CAM-Pflanzen die CO$_2$-Vorfixierung durch PEP-Carboxylase nachts abläuft (Abb. **8.36**). Die Spaltöffnungen der CAM-Pflanzen sind also nachts geöffnet, wenn es bei meist niedrigen Temperaturen zu einem Anstieg der relativen Luftfeuchtigkeit kommt und nicht selten sogar in Wüstenregionen der Taupunkt erreicht wird.

Das gebildete zweiwertig negativ geladene L-Malat-Ion wird durch ein Kanalprotein in die Vakuolen transportiert, treibende Kraft ist die protonmotorische Kraft am Tonoplasten (elektrisches Membranpotential zur Vakuole positiv). Die Protonen werden von der Tonoplasten-ATPase in die Vakuole gepumpt, einem Enzym, das im Aufbau den ATP-Synthasen der Chloroplasten und Mitochondrien ähnelt. Die Speicherkapazität der

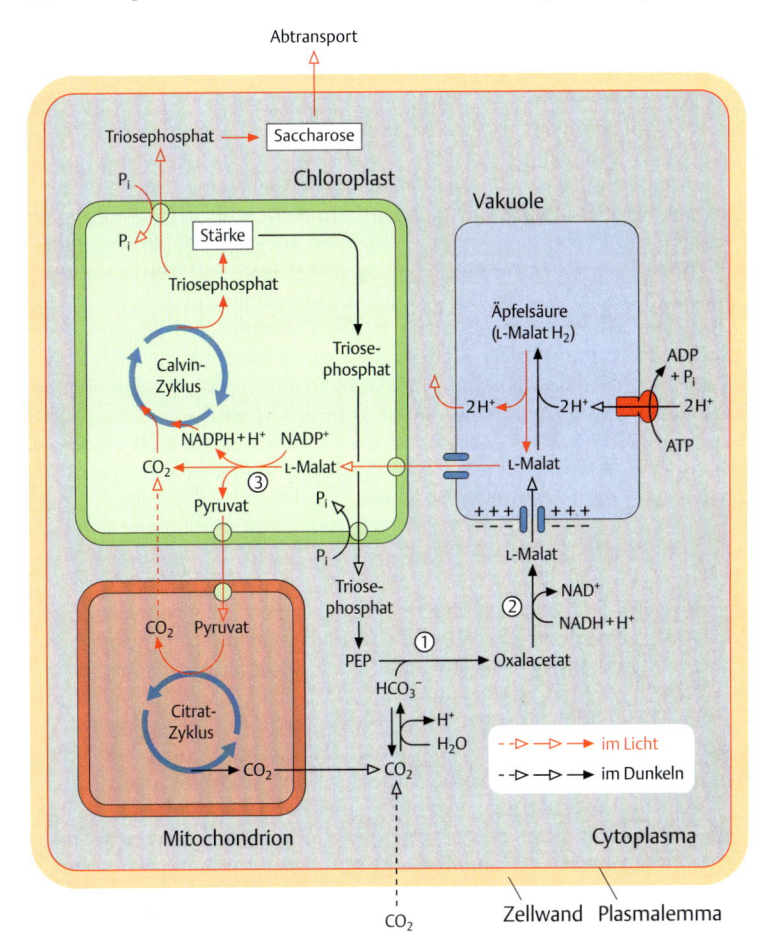

Abb. 8.36 CAM-Stoffwechsel. Offene Pfeilspitzen Transportprozesse, geschlossene Pfeilspitzen chemische Umwandlungen, ① PEP-Carboxylase, ② Malat-Dehydrogenase, ③ decarboxylierendes Malatenzym.

Vakuole für Äpfelsäure ist der begrenzende Faktor der nächtlichen CO_2-Fixierung, nicht die Dauer der Nacht. Daher beginnt die Verwertung der Äpfelsäure auch, sobald die Vakuole kein Malat mehr aufnehmen kann, oft schon vor Tagesanbruch. Der größere Anteil der nachts gebildeten Äpfelsäure wird jedoch tagsüber aus der Vakuole entlassen (wie, ist noch unklar), und das Malat gelangt in die Chloroplasten, wo die Decarboxylierung und die Fixierung des freigesetzten Kohlendioxids erfolgen. Das bei der Decarboxylierung ebenfalls anfallende Pyruvat wird zumindest teilweise zur ATP-Synthese in der mitochondrialen Zellatmung verwendet, und das anfallende CO_2 wird in den Calvin-Zyklus eingespeist. Ein weiterer Teil des Pyruvats geht aber nach Überführung in Phosphoenolpyruvat direkt in den Kohlenhydratstoffwechsel ein (in Abb. **8.36** nicht gezeigt). Das im Calvin-Zyklus gebildete Triosephosphat wird entweder im Chloroplasten zur Stärkebildung verwendet oder ins Cytoplasma transportiert, wo es u. a. zur Synthese des Transportzuckers Saccharose dient.

Während der Äpfelsäureverwertung am Tage sind die Spaltöffnungen geschlossen, die Transpiration ist also auf die unvermeidliche cuticuläre Komponente reduziert. Während der Speicherung von Äpfelsäure nachts sinkt der pH-Wert in den Vakuolen auf pH 3,5 ab, am Ende des Tages, wenn die Äpfelsäure verbraucht ist, erreicht er bisweilen sogar alkalische Werte um pH 8. Diese dem Tag-Nacht-Wechsel folgenden Änderungen des pH-Wertes sind unter dem Namen **diurnaler Säurerhythmus** bekannt.

Ein potentielles Problem für die CAM-Pflanzen resultiert daraus, daß PEP-Carboxylase und RubisCO in derselben Zelle vorkommen. Es muß also verhindert werden, daß während der laufenden CO_2-Fixierung im Calvin-Zyklus die wie erwähnt effektivere PEP-Carboxylase erneut Malat bildet. PEP-Carboxylase liegt im Dunkeln als phosphoryliertes Enzym vor und weist in diesem Zustand eine hohe Aktivität und Unempfindlichkeit gegenüber Malat auf. Am Tage wird das PEP-Carboxylase-Phosphoenzym dephosphoryliert, ist in diesem Zustand nur schwach aktiv und wird zudem stark durch Malat gehemmt. Somit ist während des Tages keine nennenswerte PEP-Carboxylase-Aktivität festzustellen.

Die Zugehörigkeit zur Gruppe der C_3-, C_4- oder CAM-Pflanzen wird nicht durch systematische Stellung bestimmt, sondern es handelt sich bei diesen Mechanismen um Anpassungen an Standortgegebenheiten. So sind die bei uns heimischen Poaceen in der Regel C_3-Pflanzen, die erwähnten Poaceen-Arten Mais, Hirse und Zuckerrohr gehören jedoch zu den C_4-Pflanzen. Innerhalb der Gattung *Euphorbia* kommen sogar Arten mit C_3-, C_4- oder CAM-Stoffwechsel vor.

8.1.5 Photosynthese am natürlichen Standort

Der überwiegende Teil der Erkenntnisse über den Ablauf des Photosyntheseprozesses wurde unter Laboratoriumsbedingungen gewonnen, die insofern den Verhältnissen am natürlichen Standort nicht entsprechen, als in der Regel alle Außenfaktoren mit Ausnahme des jeweils untersuchten konstant gehalten werden. In der freien Natur unterliegen jedoch die Außenfaktoren (Temperatur, Licht, Wasserversorgung) oft schon innerhalb kurzer Zeiträume starken Schwankungen, was sich natürlich auf die Photosyntheseleistung auswirkt. Dabei kann der fördernde Einfluß des einen Faktors durch den hemmenden Einfluß eines anderen aufgehoben werden. So kann z. B. ein Anstieg der Temperatur und der Lichtintensität bis zu den Optimalwerten die Photosyntheseleistung nicht verbessern, wenn nicht genügend CO_2 vorhanden ist. Andererseits bleibt eine noch so starke künstliche Erhöhung der CO_2-Konzentration (s. u.) bei schwacher Beleuchtung oder niedriger Temperatur wirkungslos.

> Die photosynthetische Substanzproduktion wird also stets durch den Faktor bestimmt, der sich jeweils im Minimum befindet, d. h. am weitesten vom Optimum entfernt ist. Dieses **Gesetz der begrenzenden Faktoren** gilt für alle physiologischen Vorgänge.

Licht: Daß die Leistung eines lichtabhängigen Prozesses in erster Linie von den Strahlungsverhältnissen abhängt, ist evident. Wie Abb. **8.37** zeigt, steigt die Photosyntheserate mit zunehmender Stärke der Bestrahlung an, und zwar so lange, bis der Sättigungswert erreicht ist, oberhalb dessen eine weitere Erhöhung der Lichtintensität die Photosyntheserate nicht mehr zu steigern vermag. Limitierender Faktor ist nun nicht mehr die Lichtintensität, sondern die CO_2-Versorgung. Die Sättigungswerte sind für die an niedrige Intensitäten angepaßten **Schattenpflanzen** niedriger und werden deshalb eher erreicht als bei den an höhere Intensitäten angepaßten **Sonnenpflanzen.** Entsprechendes gilt für Schatten- und Sonnenblätter ein und derselben Pflanze (Abb. **17.13** S. 685). Bei den C_4-Pflanzen, z. B. dem Mais, wird aus den oben angeführten Gründen (S. 284) allerdings nicht einmal im vollen Sonnenlicht eine Lichtsättigung erreicht.

Die photosynthetische Leistungskurve schneidet die Abszisse oberhalb des Lichtintensitätswertes Null. Diesen Schnittpunkt nennt man den **Lichtkompensationspunkt.** Er gibt die Lichtintensität an, bei der sich CO_2-Verbrauch durch die Photosynthese und CO_2-Erzeugung durch die Zellatmung bzw. Photorespiration gerade kompensieren.

Schattenpflanzen haben einen niedrigeren Kompensationspunkt als Sonnenpflanzen. Sie vermögen daher noch bei sehr niedrigen Beleuchtungsstärken zu existieren, bei denen die Sonnenpflanzen bereits eine negative CO_2-Bilanz aufweisen. Die Lichtkompensationspunkte der C_4-Pflanzen liegen bei noch höheren Intensitäten. Sie sind daher den C_3-Pflanzen unter ungünstigen Bestrahlungsverhältnissen unterlegen, im vollen Sonnenlicht dagegen weit überlegen. Der Lichtfaktor beeinflußt also in entscheidender Weise sowohl die Verbreitung der Pflanzen in den einzelnen Klimazonen als auch die Besiedlung bestimmter Standorte.

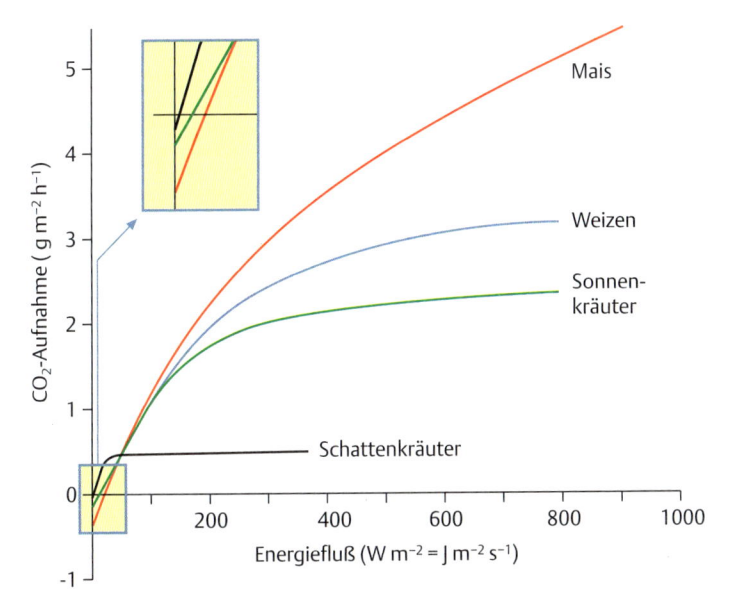

Abb. 8.37 Lichtsättigungskurven der Photosynthese. Photosyntheseleistung gemessen als CO_2-Fixierung pro Zeiteinheit und Blattfläche in Abhängigkeit vom Energiefluß (C_3-Pflanzen bis auf Mais: C_4-Pflanze). Der maximale Energiefluß des Sonnenlichts in mittleren Breiten beträgt mittags bei wolkenlosem Himmel auf Meeresniveau bis zu 900 W m^{-2}, bei bedecktem Himmel etwa 100 W m^{-2}, im Unterwuchs eines Buchenwaldes noch etwa 10 W m^{-2}. Bei Vollmond herrscht ein Energiefluß von nur noch 2–3 mW m^{-2}, der keine Photosynthese mehr erlaubt (Box **17.1** S. 672). Für Schatten- und Sonnenkräuter sind jeweils durchschnittliche Lichtsättigungskurven angegeben.

Kohlendioxid: Da Kohlendioxid Ausgangspunkt der Kohlenstoff-Assimilation ist, hängt die Photosynthese zwangsläufig auch von der zur Verfügung stehenden CO_2-Menge ab. Da der CO_2-Gehalt der Luft mit 0,037 % konstant ist, wird das Kohlendioxid am natürlichen Standort für C_3-Pflanzen, die im Unterschied zu den C_4-Pflanzen die CO_2-Konzentration im Gewebe nicht aktiv erhöhen können, immer dann zum begrenzenden Faktor, wenn alle übrigen Außenfaktoren sich ihrem Optimum nähern. Daher kann man bei Gewächshauskulturen unter günstigen Temperatur- und Bestrahlungsverhältnissen die Substanzproduktion durch eine künstliche CO_2-Begasung erhöhen, wovon man in gärtnerischen Betrieben Gebrauch macht.

Wasser: Da der Eintritt des Kohlendioxids in die Blätter durch die Spaltöffnungen erfolgt, deren Öffnungszustand u. a. vom Wasserstatus der Pflanze abhängt (Kap. 7.3.2), vermag dieser mittelbar auch die Photosyntheserate zu beeinflussen. Aus den bereits dargelegten Gründen wirkt sich der Spaltschluß für die C_3-Pflanzen wesentlich nachteiliger aus als für C_4-Pflanzen.

Temperatur: Die Temperaturabhängigkeit der Photosynthese folgt zwangsläufig aus dem Umstand, daß an der Photosynthese chemische Reaktionen beteiligt sind, die Q_{10}-Werte (Box **8.5**) von 2 oder mehr haben, während physikalische Prozesse mit einem Q_{10} von wenig mehr als 1 praktisch temperaturunabhängig sind. Tatsächlich muß die Temperatur zunächst erst einmal einen bestimmten Wert, das Minimum, überschreiten, ehe eine Photosynthese überhaupt möglich wird. Sofern nicht andere Faktoren begrenzend wirken, nimmt die Photosyntheserate mit steigender Temperatur zu, um nach Erreichen des Optimums bei weiterer Temperaturerhöhung wieder abzusinken, bis das Maximum erreicht ist, oberhalb dessen keine Photosynthese mehr möglich ist. Die Temperaturkurve zeigt also den Verlauf einer typischen Optimumkurve. Die Temperaturoptima liegen bei Pflanzen unserer Breiten etwa zwischen 20 und 30 °C, die Minima im Bereich des Gefrierpunktes. Es hat sich jedoch gezeigt, daß an extreme Standorte angepaßte Pflanzen, wie z. B. die Flechten, auch noch bei weit unter dem Nullpunkt liegenden Temperaturen Photosynthese zu betreiben vermögen. Die Maxima liegen im Bereich von 35–50 °C. An sehr heiße Standorte angepaßte Pflanzen erreichen noch höhere Werte, bei den thermophilen, in heißen Quellen lebenden Cyanobakterien wird das Maximum der Photosynthese bei 70 °C und mehr erreicht.

Box 8.5 Q_{10}-Wert

Der Q_{10}-Wert ist ein Maß für die Temperaturabhängigkeit eines Prozesses und ist definiert durch die Steigerung der Reaktionsgeschwindigkeit bei Temperaturerhöhung um 10 °C. Temperaturunabhängige Prozesse haben einen Q_{10}-Wert von 1, d. h. eine Erhöhung der Temperatur ist auf die Reaktionsgeschwindigkeit ohne Einfluß. Chemische Prozesse haben einen Q_{10} von 2 und mehr, d. h. ihre Reaktionsgeschwindigkeit wird durch eine Temperaturerhöhung um 10 °C auf das Doppelte oder sogar mehr gesteigert.

8.2 Bakterienphotosynthese

Sowohl hinsichtlich der Photosynthesepigmente als auch der Reaktionsmechanismen herrscht bei den Bakterien eine große Vielfalt, weshalb sich die folgende Darstellung auf einige Beispiele beschränken muß. **Oxygene Photosynthese** wie die Pflanzen betreiben außer der kleinen Gruppe der **Prochlorobakterien** (S. 145) die **Cyanobakterien** (S. 143). Allen gemeinsam ist das Vorkommen von Chlorophyll a. Die übrigen Bakteriengruppen betreiben **anoxygene Photosynthese** und gehören zur Ordnung der Rhodospirillales, die sich weiter in die **Purpurbakterien** und die **Grünen Bakterien** unterteilen lassen. In letztere Gruppe gehören neben den Grünen Flexibakterien (Chloroflexaceae) und den Heliobakterien (Heliobacteriaceae), die ebenfalls anoxygene Photosynthese betreiben, aber hier nicht behandelt werden können, insbesondere die Grünen Schwefelbakterien (Chlorobiaceae). Zu den Purpurbakterien zählen die Schwefelpurpurbakterien (Chromatiaceae) und die Nichtschwefelpurpurbakterien (Rhodospirillaceae). Allen anoxygene Photosynthese betreibenden Bakterien gemeinsam ist das Fehlen von Chlorophyll a und an dessen Stelle das Vorkommen von Bakteriochlorophyllen sowie von Spirilloxanthin als typischem Carotinoid. Ferner bilden die anoxygene Photosynthese betreibenden Bakterien kein NADPH, sondern NADH als Reduktionsmittel. In Tab. **8.1** S. 254 sind einige wichtige Charakteristika der Photosynthese der nachstehend behandelten Hauptgruppen zusammengestellt.

Cyanobakterien: Die pflanzliche und die cyanobakterielle Photosynthese gehen auf einen gemeinsamen Vorläufer zurück (S. 129 und Plus **4.1** S. 130). Daher besteht in vielem große Übereinstimmung, insbesondere hinsichtlich der Verwendung von Wasser als primärem Elektronendonor, der Entwicklung von Sauerstoff durch Photolyse des Wassers, des Vorhandenseins von zwei Photosystemen, PSI und PSII sowie der Bildung von NADPH als Elektronendonor für den Calvin-Zyklus. Ferner laufen die Lichtreaktionen an Thylakoiden ab, die nicht mit der Cytoplasmamembran verbunden sind (entsprechend den in die Matrix der Chloroplasten eingebetteten Thylakoiden). Daher kann an dieser Stelle ein kurzer Blick auf die wesentlichen Besonderheiten der cyanobakteriellen Photosynthese genügen. Anstelle der Hauptantenne der Pflanzen (LHCII), die den Cyanobakterien fehlt, besitzen sie auf der cytoplasmatischen Seite den Thylakoiden aufsitzende, sehr wirksame Antennenkomplexe, die **Phycobilisomen** (S. 143 und Abb. **8.38**), die ihre Anregungsenergie dem Photosystem II zuleiten, mit dem sie über Ankerproteine verbunden sind. Phycobilisomen bestehen aus sehr regelmäßig angeordneten Chromoproteid-Einheiten, dem Phycoerythrin, Phycocyanin und Allophycocyanin, die als lichtabsorbierende Gruppen die offenkettigen Tetrapyrrole Phycoerythrobilin und Phycocyanobilin tragen (Abb. **17.1** S. 671). Phycobilisomen kommen innerhalb der Pflanzen nur bei den Rotalgen (Rhodophyta) vor, allerdings finden sich bei allen Pflanzen noch Reste des cyanobakteriellen „Erbes" in der lichtabsorbierenden Gruppe des Photorezeptors Phytochrom, dem Phytochromobilin (Abb. **17.6** S. 676), einem offenkettigen Tetrapyrrol, das sich nur in einer einzigen Doppelbindung vom Phycocyanobilin unterscheidet. Die Phycobilisomen verhindern eine Stapelung der Thylakoide, sodaß – im Gegensatz zu den Pflanzen – Cyanobakterien-Thylakoide keine Grana aufweisen, sondern einzeln im Cytoplasma der Zelle liegen (Abb. **4.4** S. 144).

Purpurbakterien: Zu den Purpurbakterien zählen die Chromatiaceae und die Rhodospirillaceae. Die Lichtreaktionen laufen an **intracytoplasmatischen Membranen** (ICM) ab, die Einstülpungen der Plasmamembran darstellen und mit dieser verbunden bleiben. Als Photosynthesepigmente enthalten sie Bakteriochlorophyll a. Purpurbakterien können auch infrarote Strahlung, die von anderen photoautotrophen Organismen nicht absorbiert werden kann, nutzen. So liegt das Hauptabsorptionsmaximum des Bakteriochlorophylls a in der lebenden Zelle zwischen 850 und 900 nm (Abb. **8.39**). Die Purpurbakterien besitzen Carotinoide, insbesondere das Spirilloxanthin, das eine starke Absorption zwischen 440 und 560 nm zeigt und deshalb rötlich-violett gefärbt ist. Es überdeckt die grüne Farbe der Bakteriochlorophylle, was zu der Namensgebung geführt hat.

| Im Gegensatz zu den oxygene Photosynthese treibenden Organismen besitzen die Purpurbakterien nur ein Photosystem, das in seinem molekularen Aufbau dem PSII der Pflanzen und Cyanobakterien sehr ähnlich ist, beide gehen auf einen gemeinsamen Vorläufer zurück. Das Reaktionszentrum ist bei der Mehrzahl der Purpurbakterien das **P870**, eine bei 870 nm absorbierende dimere Form des Bakteriochlorophylls a („special pair").

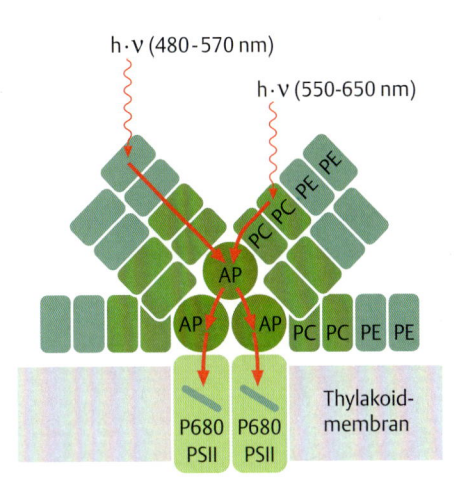

Abb. 8.38 Aufbau eines Phycobilisoms. PE Phycoerythrin, PC Phycocyanin, AP Allophycocyanin.

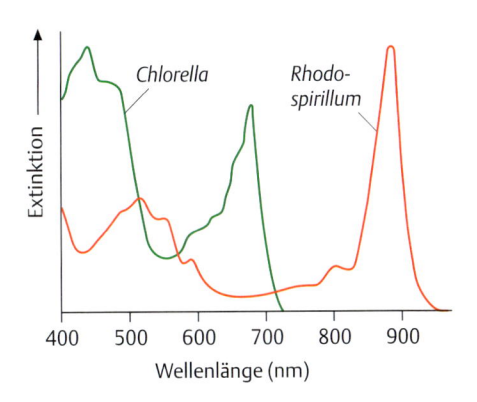

Abb. 8.39 Extinktionsspektrum der Chromatophoren von *Rhodospirillum rubrum*. Das Maximum im Bereich zwischen 850 und 900 nm ist durch Bakteriochlorophyll a bedingt, während an der Absorption im kurzwelligen Bereich auch Carotinoide beteiligt sind. Zum Vergleich ist das Extinktionsspektrum der Grünalge *Chlorella* eingezeichnet.

Das Reaktionszentrum ist von einer in die intracytoplasmatische Membran eingelagerten ringförmigen Antenne zur Lichtsammlung umgeben, die aus Bakteriochlorophyll-a-Protein-Komplexen mit leicht unterschiedlichen Absorptionsmaxima besteht, die die absorbierte Strahlungsenergie zum P870 leiten. Durch dessen Anregung wird ein zyklischer Elektronentransport gestartet (Abb. **8.40a**), der über Bakteriophaeophytin a und **Ubichinon** zum Cytochrom-b/c_1-Komplex führt. Das Ubichinon übernimmt die Rolle des Plastochinons der Pflanzen, der Cytochrom-b/c_1-Komplex entspricht dem Cytochrom-b_6/f-Komplex. Der zyklische Elektronentransport dient lediglich dem Aufbau eines Wasserstoff-Ionengradienten an der intracytoplasmatischen Membran (die H^+-Ionen gelangen aus dem Cytoplasma in den von den intracytoplasmatischen Membranen umschlossenen extrazellulären Bereich). Der Ionengradient wird von der ebenfalls in die intracytoplasmatische Membran eingebauten ATP-Synthase zur Bildung von ATP verwendet, wobei H^+-Ionen zurück in das Cytoplasma strömen.

Ein linearer Elektronentransport existiert bei den Purpurbakterien nicht. Sie bilden NADH in einer gesonderten Reaktion unter Beteiligung eines NADH-Dehydrogenase-Komplexes, der ebenfalls die Energie des Protonengradienten nutzt und Elektronen entweder aus anorganischen Schwefelverbindungen, meist H_2S, bezieht (Chromatiaceae) oder, bei den Rhodospirillaceae, aus organischen Substanzen, z. B. Äpfelsäure oder Bernsteinsäure. Dient H_2S als Elektronendonor, geht es nach der Gleichung $H_2S \rightarrow S + 2e^- + 2H^+$ in elementaren Schwefel über, der in Form von Polysulfideinschlüssen in den Zellen abgelagert wird.

Grüne Schwefelbakterien: Die Photosynthese der Grünen Bakterien, die vor allem durch die Grünen Schwefelbakterien (Chlorobiaceae) repräsentiert werden, weicht in vielen Punkten von der Photosynthese der Purpurbakterien ab. Intracytoplasmatische Membranen existieren nicht.

> Die Lichtreaktionen der Grünen Schwefelbakterien finden in der Cytoplasmamembran statt. Es existiert nur ein Photosystem, das im Aufbau dem Photosystem I der oxygene Photosynthese treibenden Organismen verwandt ist: Es handelt sich um Homologe, die aus einem gemeinsamen Vorläufer entstanden sind.

Das Reaktionszentrum **P840** ist zwar wie bei den Purpurbakterien ein Bakteriochlorophyll-a-Dimer („special pair"), doch finden als Antennenmoleküle überwiegend die Bakteriochlorophylle c und d Verwendung. Bei Chlorobiaceen sind sie in besonderen Lichtsammelkomplexen, den **Chlorosomen**, zusammengefaßt. Diese liegen der Cytoplasmamembran innen auf, sodaß die absorbierte Strahlungsenergie, ähnlich wie bei

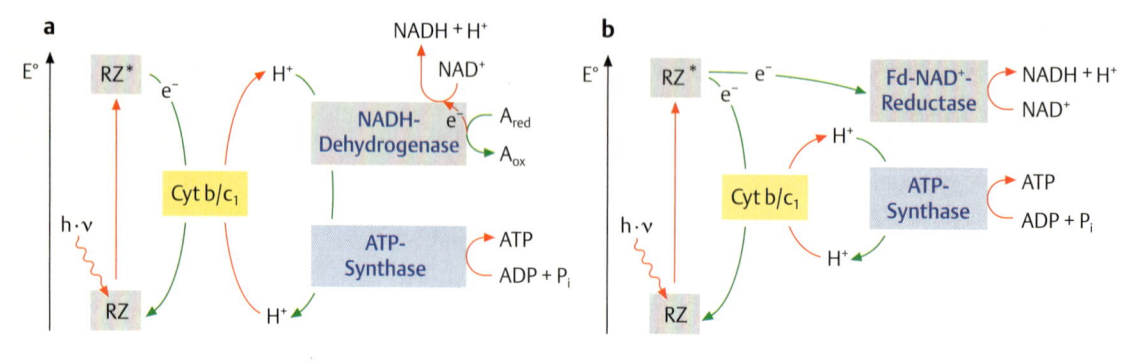

Abb. 8.40 Anoxygene Bakterienphotosynthese. a Zyklischer Elektronentransport der Purpurbakterien. **b** Linearer und zyklischer Elektronentransport der Grünen Schwefelbakterien.

den Phycobilisomen, auf das Reaktionszentrum des in der Cytoplasmamembran unter dem Chlorosom liegenden Photosystems übertragen werden kann. Ein Chlorosom kann zwei Photosysteme mit Energie versorgen.

Die Anregungsenergie treibt einen zyklischen Elektronentransport unter Beteiligung eines Cytochrom-b/c_1-Komplexes, der zum Aufbau eines Wasserstoff-Ionengradienten dient. Dieser wiederum dient der ATP-Synthese. Im Unterschied zu den Purpurbakterien existiert jedoch auch ein linearer Elektronentransport, bei dem Elektronen vom Photosystem auf Ferredoxin übertragen und anschließend von einer Ferredoxin-NAD^+-Reductase zur Reduktion von NAD^+ verwendet werden (Abb. **8.40b**). Diese Reaktionsfolge ist derjenigen homolog, die am Photosystem I der oxygene Photosynthese betreibenden Organismen stattfindet. Die Elektronen für den linearen Elektronentransport der Grünen Schwefelbakterien entstammen meist dem H_2S. Dessen gegenüber dem Wasser ($\Delta E^{\circ\prime} = + 0,82$ V) viel negativeres Standardpotential ($\Delta E^{\circ\prime} = - 0,24$ V) erlaubt es den Bakterien, mit Hilfe eines einzigen Photosystems dem H_2S Elektronen zu entziehen, um sie auf NAD^+ ($\Delta E^{\circ\prime} = - 0,32$ V) zu übertragen.

Schließlich sei noch bemerkt, daß die Reduktion des CO_2 bei den Grünen Schwefelbakterien im Unterschied zu Purpurbakterien und Cyanobakterien nicht über den Calvin-Zyklus, sondern mit Hilfe eines reduktiven Citronensäure-Zyklus erfolgt, der in seinen Umsetzungen dem oxidativen Citronensäure-Zyklus (S. 336) entspricht, aber in umgekehrter Richtung verläuft.

Halophile Archaeen: An Chlorophylle gebundene Photosynthese ist bei den Archaeen bisher nicht gefunden worden. Eine Photophosphorylierung ohne Chlorophylle, mithin eine ganz eigene Form der Photosynthese, haben jedoch halophile Archaeen (S. 146) entwickelt. Sie bilden unter bestimmten Standortbedingungen (niedrige Sauerstoffkonzentration) in großen Mengen **Bakteriorhodopsin** und lagern es dichtgepackt in Bereiche der Plasmamembran ein, die dann aufgrund ihrer Färbung Purpurmembran genannt werden. Bakteriorhodopsin ist eine direkt lichtgetriebene Protonenpumpe, die H^+-Ionen aus der Zelle hinausbefördert und damit einen Wasserstoff-Ionengradienten an der Zellmembran errichtet. Die H^+-Ionen strömen aus dem Medium über eine ATP-Synthase wieder in die Zelle ein. Dies geschieht unter Bildung von ATP und ermöglicht den halophilen Archaeen ein photoorganotrophes Wachstum.

8.3 Chemosynthese

Einige Bakteriengruppen verwenden CO_2 als Kohlenstoffquelle für die Synthese organischer Verbindungen, benutzen aber für dessen Reduktion nicht die Photosynthese. Als Energiequelle zur ATP-Synthese dienen ihnen anorganisch-chemische exergonische Redoxreaktionen, und auch die Wasserstoffdonoren zur CO_2-Reduktion sind anorganische Substanzen. Diese Organismen sind also chemolithoautotroph.

Die freie Energie der Oxidationsvorgänge ist, wie Tab. **8.2** zeigt, von Fall zu Fall recht verschieden. Ist sie sehr niedrig, wie z. B. bei den eisenoxidierenden Bakterien, müssen große Mengen des Substrates umgesetzt werden, um den für die Synthese erforderlichen Energiebetrag bereitzustellen. Die nitrifizierenden Bakterien kommen stets miteinander vergesellschaftet vor, da die Nitratbakterien das durch die Nitritbakterien produzierte Nitrit zu Nitrat oxidieren, also das Stoffwechselprodukt

Tab. 8.2 Reaktionsgleichungen der Chemosynthesetypen bei verschiedenen Bakteriengattungen.

Gruppe	Gattung	Reaktion	$\Delta G^{\circ'}$ (kJ mol^{-1})
schwefeloxidierende Bakterien	*Beggiatoa*	$2\ H_2S + O_2 \rightarrow 2\ H_2O + S$	−209
	Thiobacillus	$2\ S + 2\ H_2O + 3\ O_2 \rightarrow 2\ H_2SO_4$	−498
Nitritbakterien	*Nitrosomonas*	$2\ NH_3 + 3\ O_2 \rightarrow 2\ HNO_2 + 2\ H_2O$	−274
Nitratbakterien	*Nitrobacter*	$2\ HNO_2 + O_2 \rightarrow 2\ HNO_3$	−77
eisenoxidierende Bakterien	*Ferrobacillus*	$4\ Fe^{2+} + 4\ H^+ + O_2 \rightarrow 4\ Fe^{3+} + 2\ H_2O$	−67
Knallgasbakterien	*Hydrogenomonas*	$2\ H_2 + O_2 \rightarrow 2\ H_2O$	−239

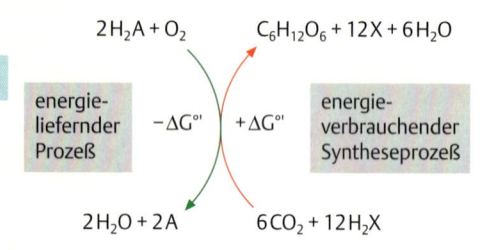

Abb. 8.41 Grundprinzip der Chemosynthese. H_2A/A Redoxsystem zur Energiegewinnung (ATP-Synthese), H_2X Wasserstoffdonor zur Reduktion von CO_2.

eines anderen Organismus direkt weiterverwerten. Sie sind somit ein Musterbeispiel für eine **Parabiose** (Plus **4.2** S. 135 und S. 300).

Das Grundprinzip der Chemosynthese ist in Abb. **8.41** dargestellt: In dem **energieliefernden Prozeß** wird ein in reduzierter Form vorliegendes anorganisches Substrat der allgemeinen Formel H_2A unter Elektronenentzug oxidiert. Falls, wie gezeigt, elementarer Sauerstoff als Elektronenakzeptor dient, entsteht Wasser. Der energieliefernde Vorgang ist mit dem **Syntheseprozeß** gekoppelt, bei dem aus CO_2 und Wasserstoff organisches Material aufgebaut wird. Der Wasserstoff wird aus einem ebenfalls anorganischen Wasserstoffdonor H_2X, der hierbei zu X oxidiert wird, abgespalten und auf NAD$^+$ übertragen, das hierdurch in NADH + H$^+$ übergeht. Dieses schließlich reduziert das CO_2, wobei die Bakterien den Calvin-Zyklus oder eine ihm ähnliche Reaktionsfolge nutzen.

8.4 Evolution der Photosynthese

Naturgemäß muß jeder Versuch, die frühen Stufen der Evolution des Stoffwechsels nachzuzeichnen, hypothetisch bleiben. Einige allgemeine Prinzipien sind jedoch beim Vergleich molekularer Strukturen von Enzymen sowie beim Vergleich von Stoffwechselwegen, die in allen Organismen in prinzipiell ähnlicher Weise ablaufen, zu erkennen, und es lassen sich Verwandtschaftsgrade zuordnen. Dazu gehören die Gärungsreaktionen und die Glykolyse, die Verwendung von ATP als Energiespeicher, die Verwendung von Pyridinnucleotiden (NADH, NADPH) als intermediäre Redoxsysteme, das Vorkommen von membrangebundenen redoxgetriebenen Wasserstoff-Ionenpumpen und von ebenfalls membrangebundenen ATP-Synthasen, die die Energie von Wasserstoff-Ionengradienten zur ATP-Bildung verwenden können. Weiterhin gibt es geologische Indizien, die Hinweise auf markante Umstellungen in der Biosphäre geben. So kommen erstmals in etwa 2,7 Milliarden Jahre alten Gesteinsschichten weltweit Eisenoxid-Ablagerungen vor, ein Hinweis auf die damals beginnende Freisetzung von molekularem Sauerstoff durch den Prozeß der oxygenen Photosynthese. Der molekulare Sauerstoff oxidierte das in den Urozeanen unter den reduzierenden Bedingungen der Urerde vorherrschende Fe^{2+} zu Fe^{3+}, welches als Eisenoxid (Fe_2O_3) ausfiel. Die Entstehung der höchstentwickelten Form der Photosynthese – der oxygenen Photosynthese – muß also vor mehr als 2,7 Milliarden Jahren stattgefunden haben, was übereinstimmt mit den schon in 3,4 Milliarden Jahre alten Schichten zu findenden Stromatolithen, die als Reste von Cyanobakterien-Kolonien gedeutet werden. Die anoxygene Photosynthese dürfte daher bereits vor weit mehr als 3 Milliarden Jahren entstanden sein.

Der **primordiale Stoffwechsel** (Urstoffwechsel) des Protobionten (Plus 4.1 S. 130) ging nach heutiger Vorstellung von einfachen anorganischen Verbindungen und physicochemischen Energiegradienten, z. B. pH-, Temperatur- und Redoxgradienten aus und ist demnach als **chemolithoautotroph** zu bezeichnen. Auch die ersten zellulär organisierten Organismen waren mit großer Wahrscheinlichkeit Chemoautotrophe, die, wie heute noch viele Archaeen, geringste Energiegradienten zum Antrieb ihres Stoffwechsels nutzten. Molekularer Sauerstoff (O_2) fehlte damals – vor etwa 3–4 Milliarden Jahren – auf der Erde und es herrschten reduzierende Bedingungen.

Es ist denkbar, daß infolge der Hunderte von Millionen Jahren andauernden ersten Phase des chemoautotrophen Lebens auf der Erde sich zwar zunehmend reduzierte organische Verbindungen ansammelten, aber zugleich die Reduktionswirkung der Umgebung abnahm, mit anderen Worten die Gradienten der freien Enthalpie, die die Lebensvorgänge antrieben, geringer wurden. Dadurch wurde die **Evolution der ersten heterotrophen Organismen** begünstigt: Sie gewannen Energie durch Gärungsvorgänge, indem sie organischen Substanzen Elektronen entzogen und diese unter ATP-Bildung (Substratkettenphosphorylierung, S. 217) auf andere organische Verbindungen (irgendwann entstand NAD^+ als Elektronenakzeptor) übertrugen. Als Konsequenz sammelten sich zunehmend Oxidationsprodukte in der Umgebung der Zellen an, darunter organische Säuren. Diese Entwicklung hat vermutlich die Entstehung von H^+-ATPasen begünstigt, die benötigt wurden, um die in die Zelle einströmenden H^+-Ionen, die sich bei der Dissoziation der organischen Säuren im äußeren Milieu zwangsläufig ansammelten, wieder nach außen zu befördern. In anderen Organismen sind möglicherweise zur gleichen Zeit erste membrangebundene Proteinkomplexe entstanden, die sowohl die Elektronenleitung als auch ein Ausschleusen der H^+-Ionen aus der Zelle leisten konnten, Vorläufer der heutigen Cytochrom-b/c-Komplexe. Die Evolution einer ATPase, die auch die Rückreaktion katalysieren konnte – unter Einstrom von H^+-Ionen in die Zelle ATP zu bilden – dürfte in der Biosphäre der damaligen Zeit einen entscheidenden Vorteil gebracht haben, denn sie erlaubte es den Zellen, die Energie des vorhandenen H^+-Ionengradienten, sobald er groß genug war, direkt zur Synthese von ATP zu verwenden. Durch Zellfusion oder Endosymbiose könnte in den dichten Organismenmatten, die man sich wie die heutigen Biofilme vorstellen kann (Plus 4.2 S. 135), eine Zelle entstanden sein, die über beides verfügte, über redoxgetriebene Protonenpumpen einerseits und über ATP-Synthasen andererseits: ein nur noch vom Vorhandensein reduzierter organischer Substrate abhängiger und dadurch effektiver heterotropher Prokaryot.

Allerdings dürften diese Organismen die reduzierten organischen Substanzen in der Biosphäre in zunehmendem Maß erschöpft haben. Der Selektionsdruck zur **Entwicklung einer zweiten Stufe der Chemoautotrophie** nahm zu, denn zunehmend fehlte mit den reduzierten organischen Verbindungen nicht nur die Kohlenstoffquelle für den Stoffwechsel, sondern auch die Elektronen- und damit Energiequelle. Andererseits waren genügend anorganische Reduktionsmittel (z. B. H_2S) und in Form von CO_2 eine reiche, aber energiearme Kohlenstoffquelle vorhanden. Die Lösung dieses Dilemmas fanden Bakterien vielleicht, indem sie Elektronen aus dem H_2S in die Komplexe der Elektronentransportkette einschleusten, um H$^+$-Ionen zu pumpen, und dann diesen Wasserstoff-Ionengradienten nutzten, um nicht nur ATP zu erzeugen, sondern um mit einem der NADH-Dehydrogenase der heutigen Purpurbakterien ähnlichen Redoxsystem Elektronen aus anderen reduzierten Verbindungen zu entziehen und gleichsam energetisch „bergauf" – durch protonmotorische Kraft angetrieben – auf NAD$^+$ zu übertragen, dessen Redoxpotential zur CO$_2$-Reduktion ausreichte.

Der entscheidende Schritt zur Erschließung einer unerschöpflichen Energiequelle – die Evolution der **Photosynthese** – gelang vor mehr als 3 Milliarden Jahren den Vorfahren der heutigen Grünen Schwefelbakterien (Abb. **8.40**) mit der Evolution des Vorläufers des heutigen Photosystems I, also eines Proteinkomplexes in der Zellmembran, der Porphyrinringsysteme und Eisen-Schwefel-Zentren – beide schon lange in den Urbakterien im Einsatz im heterotrophen Stoffwechsel – enthielt und dessen Porphyrinringsystem nach Absorption eines Photons ein Elektron abzugeben in der Lage war. Nunmehr konnten in der Zellmembran dieses **ersten – anoxygenen – Photoautotrophen** Elektronen aus H$_2$S derartig stark angeregt werden, daß sie über Eisen-Schwefel-Zentren direkt zur Reduktion von NAD$^+$ und das gebildete NADH zur Reduktion von CO$_2$ verwendet werden konnten. Dieser Organismus dürfte einen ungeheuren Vorteil gegenüber allen anderen seinerzeit lebenden gehabt und sich entsprechend stark vermehrt haben.

Vergleiche der Gensequenzen der Reaktionszentrumsproteine zwischen heute lebenden photoautotrophen Bakterien und Eukaryoten haben ergeben, daß die Reaktionszentren von Photosystem I und Photosystem II auf einen einzigen gemeinsamen Vorläufer zurückgehen. Die „Erfindung" des Reaktionszentrums dürfte also ein in der Evolution des Lebens singuläres Ereignis gewesen sein. Allerdings dürften sich in der Folge die Photosyntheseprozesse in unterschiedlichen Bakterien-Linien divergent differenziert haben: einerseits zum Typus der Photosynthese der heutigen Grünen Schwefelbakterien und andererseits zum Photosynthesetyp der heutigen Purpurbakterien, mit einem positiveren Standardredoxpotential der PSII-Photosynthese und einem negativeren Standardredoxpotential der PSI-Photosynthese (Abb. **8.18** S. 274 und Abb. **8.40**).

Der endgültige Durchbruch, die Evolution der **oxygenen Photosynthese**, die in einer Kombination von PSI und PSII, also der Kombination zweier Anregungsschritte, eine genügend große Redoxpotentialdifferenz zu erzeugen erlaubt, um anstelle der vermutlich mit der Zeit ebenfalls knapper werdenden H$_2$S-Vorräte auf den praktisch unbegrenzten und in den Meeren, in denen sich die frühe Evolution des Lebens abgespielt hat, ubiquitären Vorrat an **Wasser als Elektronenquelle** zurückgreifen zu können, könnte durch eine abermalige Symbiose oder Zellfusion erzielt worden sein und zur Entstehung der Vorläufer der heutigen Cyanobakterien geführt haben. Die weiteren Schritte der Evolution der Eucyte aus prokaryotischen Organismen wurden bereits früher dargestellt (Plus **4.1** S. 130). Die in Kapitel 8.3 behandelten Chemosynthese-Typen sind allesamt von molekularem Sauerstoff abhängig, können also erst nach der Evolution der Photosynthese entstanden sein, ebenso wie die sauerstoffabhängige Zellatmung.

9 Haushalt von Stickstoff, Schwefel und Phosphor

In vielen organischen Molekülen finden sich neben Kohlenstoff (C), Wasserstoff (H) und meist auch Sauerstoff (O) die Elemente Stickstoff (N), Schwefel (S) oder Phosphor (P) als Bestandteile. Pflanzen nehmen diese Elemente über die Wurzeln in Form von Nitrat (NO_3^-), Sulfat (SO_4^{2-}) und Phosphaten (insbesondere Dihydrogenphosphat $H_2PO_4^-$) auf. In organischen Molekülen tritt Phosphor fast immer auf der Oxidationsstufe des Phosphats (+V) auf und liegt auch in Form von Phosphatgruppen in Anhydrid- oder Esterbindung vor. Schwefel hingegen tritt meist, Stickstoff stets in reduzierter Form in organische Moleküle ein: Schwefel als Sulfidschwefel (H_2S, Oxidationsstufe –II) und Stickstoff in Form von Ammonium (Oxidationsstufe –III). Die Reduktion von Sulfat zu Schwefelwasserstoff und dessen Einbau in organische Moleküle wird Schwefel-Assimilation, die Reduktion von Nitrat zu Ammonium und dessen Einbau in organische Moleküle Stickstoff-Assimilation genannt. Wie die Kohlenstoff-Assimilation hängen diese Prozesse in der Pflanze von den Lichtreaktionen der Photosynthese ab, aus denen die zur Reduktion benötigten Elektronen und das erforderliche ATP stammen. Die Schwefel-Assimilation läuft ganz, die Stickstoff-Assimilation bis auf die erste Reduktionsreaktion (Nitrat zu Nitrit) in den Chloroplasten ab. Allerdings findet sich in manchen Pflanzen zusätzlich eine nennenswerte nicht photosynthetische Stickstoff-Assimilation in den Wurzeln, und auch ein geringer Teil des Sulfats wird bereits in den Wurzeln reduziert. Die ersten gebildeten organischen Moleküle sind Aminosäuren. Aus dem Aminosäurestoffwechsel leitet sich eine Vielzahl von Reaktionsfolgen zur Bildung weiterer stickstoff- und/oder schwefelhaltiger Metabolite ab.

Haushalt von Stickstoff, Schwefel und Phosphor

9.1 Der Stickstoffhaushalt ... 299
- 9.1.1 Globaler Kreislauf des Stickstoffs ... 299
- 9.1.2 Biologische Fixierung des Luftstickstoffs ... 301
- 9.1.3 Stickstoffhaushalt der Pflanzen ... 303
  - Assimilation des Stickstoffs ... 304
  - Einbau des reduzierten Stickstoffs in organische Verbindungen ... 305
  - Synthese weiterer Stickstoffverbindungen ... 306

9.2 Haushalt des Schwefels ... 307
- 9.2.1 Globaler Kreislauf des Schwefels ... 308
- 9.2.2 Assimilation des Schwefels ... 308
- 9.2.3 Einbau des reduzierten Schwefels in organische Verbindungen ... 311
- 9.2.4 Synthese weiterer Schwefelverbindungen ... 311

9.3 Haushalt des Phosphors ... 313

9.1 Der Stickstoffhaushalt

In der Biosphäre nimmt das Element Stickstoff (Box 9.1) eine Sonderstellung ein, denn es ist das einzige für Organismen essentielle Element, das nicht in nennenswerten Mengen in den Mineralien der Erdkruste vorkommt. Stickstoff (Distickstoff, N_2) ist hingegen die Hauptkomponente der Atmosphärengase (N_2 78 %, O_2 21 %, Rest Spurengase, z. B. CO_2 0,037 %). Alle Organismen benötigen Stickstoff zum Leben. Für Pflanzen ist Stickstoff eines der Makronährelemente (Kap. 1.1 und Tab. 1.1 S. 5). Stickstoffhaltige organische Verbindungen sind an praktisch allen Lebensprozessen beteiligt. Stickstoffmangel ruft daher starke Wachstums- und Entwicklungsstörungen hervor (Plus 1.1 S. 4).

9.1.1 Globaler Kreislauf des Stickstoffs

Im Stickstoffmolekül bilden die beiden N-Atome zueinander eine Dreifachbindung aus. Das N_2-Molekül ist daher sehr stabil und chemisch kaum reaktiv. Eines der wirtschaftlich bedeutendsten chemischen Verfahren ist die **Ammoniaksynthese** aus Stickstoff und Wasserstoff (**Haber-Bosch-Verfahren**):

$$2\ N_2 + 3\ H_2 \rightarrow 2\ NH_3 \quad (\Delta G^{\circ\prime} = -33{,}5\ kJ\ mol^{-1})$$

Obwohl exergonisch, läuft die Reaktion doch mit unmeßbar geringer Geschwindigkeit ab. Der Grund dafür ist die äußerst hohe Aktivierungsenergie von +946 kJ mol^{-1}, die zum Aufbrechen der Stickstoff-Stickstoff-Dreifachbindung benötigt wird. Erst bei Verwendung hoher Drücke (20–40 MPa) und zugleich hoher Temperaturen (400–500 °C) in Gegenwart eines Eisenkatalysators läuft der Prozeß rasch genug und mit vertretbarer Ausbeute ab (etwa 20 % Reaktionsprodukt im Reaktionsgleichgewicht). Jährlich werden auf diese Weise etwa 80 Millionen Tonnen Ammoniak synthetisiert; sie dienen insbesondere als Ausgangsmaterial zur Produktion von **Kunstdünger** für die Landwirtschaft. Der flüchtige Ammoniak wird dazu entweder in nichtflüchtige Ammoniumsalze überführt oder zum Nitrat (NO_3^-) oxidiert bzw. in andere nichtflüchtige Verbindungen umgewandelt. Synthetisch hergestellte Düngemittel enthalten N nur selten ausschließlich als Ammoniumstickstoff (z. B. Ammoniumsulfat), meist werden Ammoniumnitrate (Ammoniumsalpeter) verwendet, d. h. es wird Ammonium- und Nitratstickstoff gleichzeitig zur Verfügung gestellt. Der weit verbreitete Kalkstickstoff-Dünger enthält Calciumcyanamid ($CaCN_2$), aus dem im Boden durch Hydrolyse langsam Harnstoff ($O=C(NH_2)_2$) entsteht. Synthetischer Harnstoff wird auch direkt als Dünger verwendet. Aufgenommener Harnstoff kann von Pflanzen durch das Enzym Urease in 2 NH_3 und CO_2 zerlegt werden. Pflanzen nehmen Stickstoff zwar bevorzugt als Nitrat auf, können bei niedrigem Nitratgehalt des Bodens aber auch Ammonium oder, wie im Falle des Harnstoffs, sogar organisch gebundenen Stickstoff aufnehmen.

Obwohl das Haber-Bosch-Verfahren seit seiner industriellen Einführung vor etwa 70 Jahren als einer der wichtigsten industriechemischen Prozesse globale Bedeutung erlangt hat, ist doch der organisch gebundene Stickstoff der heutigen Biosphäre überwiegend biologischen Ursprungs und geht auf die Tätigkeit Luftstickstoff fixierender Prokaryoten zurück (**biologische Stickstoff-Fixierung**), die weltweit pro Jahr etwa 100–140 Millionen Tonnen Ammoniak aus Luftstickstoff herstellen (Kap. 9.1.2 und Kap. 20.5). Geringere Mengen an Stickstoff werden dem Boden in

---

Box 9.1 Steckbrief: Das Element Stickstoff

Elementsymbol:	N (lat. nitrogenium, Salpeterbildner)
Ordnungszahl:	7
Elektronenkonfiguration[1]:	K: 2s, L: 2s 3p
natürliche Isotope[2]:	$^{14}_{7}N$ (99,63 %), $^{15}_{7}N$ (0,37 %)
Radioisotope[3]:	keine
wichtige Oxidationsstufen:	–III (z. B. NH_3, Ammoniak)
	+III (z. B. NO_2^-, Nitrit)
	+V (z. B. NO_3^-, Nitrat, Salpeter, lat. nitrum)
elementarer Stickstoff:	Distickstoff N_2, Aufbau: $|N\equiv N|$
Hauptvorkommen:	Atmosphäre (78 %)

[1] Bezeichnung der Elektronenschalen, von innen nach außen: K-, L-, M- usw. Anzahl der Elektronen in s- bzw. p-Orbitalen (Box 1.2 S. 6)
[2] alle stabil, in Klammern: prozentualer Anteil
[3] mit biochemischer Bedeutung

Abb. 9.1 Globaler Kreislauf des Stickstoffs. Bakterielle Reaktionen blau, pflanzliche Reaktionen grün, anthropogene Prozesse braun, sonstige schwarz.

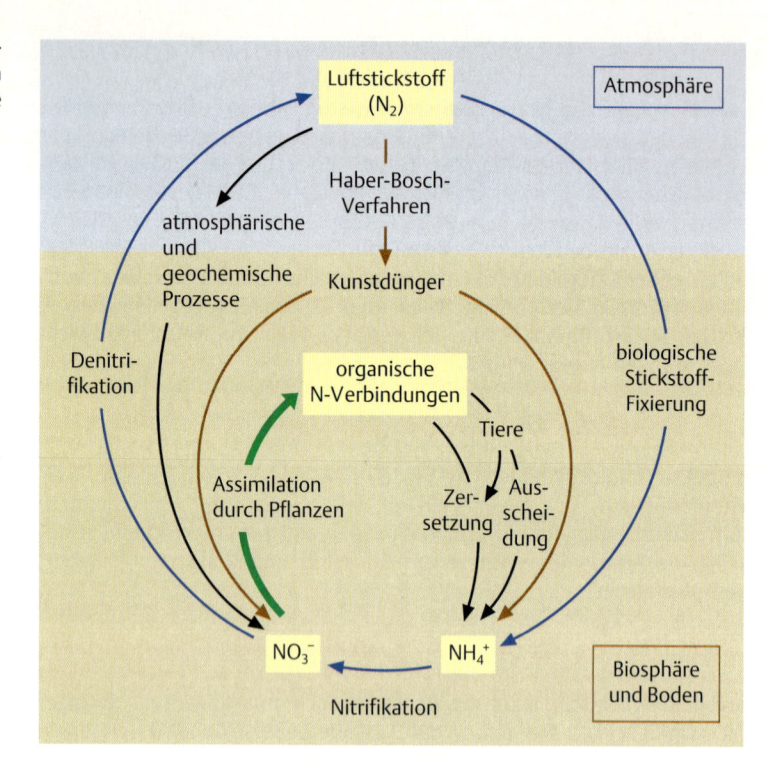

Form von Nitrit und Nitrat durch atmosphärische Entladungen (Gewitter) und durch vulkanische Tätigkeit zugeführt (etwa 5–10 Millionen Tonnen pro Jahr). Allerdings entspricht dem Stickstoff-Eintrag in die Biosphäre ein etwa gleich großer Verlust (geschätzt auf über 200 Millionen Tonnen pro Jahr) durch die Tätigkeit denitrifizierender Mikroorganismen, so daß sich ein delikater Stickstoffkreislauf ergibt (Abb. **9.1**), in den die Pflanzen als Konkurrenten der denitrifizierenden Mikroorganismen eingebunden sind.

Zahlreiche Bakterien z. B. der Gattungen *Alcaligenes, Rhizobium, Pseudomonas* und *Bacillus* übertragen die Elektronen der Atmungskette (Kap. 11.4) bei Sauerstoffmangel anstelle auf O_2 auf Nitrat unter Bildung von Nitrit („Nitratatmung"). Das gebildete Nitrit wird durch weitere enzymatische Umsetzungen zunächst in Stickstoffmonoxid (NO, Kap. 16.10.2) umgewandelt, welches weiter zu Distickstoffmonoxid (N_2O) und zu Distickstoff (N_2) reduziert wird. N_2O und N_2 werden an die Atmosphäre abgegeben. Diese Prozesse bezeichnet man insgesamt als **Denitrifikation** (Tab. **9.1**).

Tab. 9.1 Reaktionen der im Stickstoff-Kreislauf eingebundenen Bakterien.

Bezeichnung der Reaktion	ausführende Mikroorganismen	Oxidationsstufe des Stickstoffs	Reaktion
N_2-Fixierung	Stickstoff-Fixierer (Tab. **9.2**)	0 → –III	N_2 → Ammonium
Nitrifikation	nitrifizierende Bakterien: Nitritbakterien, z. B. *Nitrosomonas*, und Nitratbakterien, z. B. *Nitrobacter*	–III → +III +III → +V	Ammonium → Nitrit Nitrit → Nitrat
Denitrifikation (Nitratatmung)	denitrifizierende Bakterien: z. B. *Alcaligenes, Rhizobium, Pseudomonas, Bacillus*	+V → +III → +I → 0	Nitrat → Nitrit → N_2O → N_2

Das Verhältnis von reduziertem zu oxidiertem Stickstoff im Boden wird neben den soeben geschilderten Prozessen durch weitere Vorgänge beeinflußt, und zwar wird es durch die Ausscheidungen von Tieren und durch die Zersetzung abgestorbener Biomasse erhöht sowie durch die bakterielle **Nitrifikation** erniedrigt. Nitrifizierende Bakterien betreiben Chemosynthese, sie nutzen also die Stickstoffverbindungen als Energie- und Elektronenquelle (Tab. **8.2** S. 294). Die **Nitritbakterien** unter ihnen (z. B. Vertreter der Gattung *Nitrosomonas*) oxidieren dabei Ammonium zu Nitrit, die **Nitratbakterien** (z. B. *Nitrobacter*-Arten) oxidieren Nitrit zu Nitrat. Nitrifizierende Bakterien kommen oft in enger Vergesellschaftung im Boden vor (Plus **4.2** S. 135). Bedenkt man, daß viele weitere Prozesse den Stickstoffhaushalt des Bodens beeinflussen können, wie z. B. Auswaschung ins Grundwasser, Verlust des flüchtigen Ammoniaks (NH_3) an die Atmosphäre und Eintrag von Ammoniak aus der Atmosphäre mit den Niederschlägen, so wird deutlich, daß nicht nur der Oxidationszustand des Stickstoffs, sondern auch sein Gesamtgehalt in Böden stark schwanken kann.

9.1.2 Biologische Fixierung des Luftstickstoffs

Die Fähigkeit von Organismen, N_2 in Ammonium (NH_4^+) zu überführen, ist an das Enzym **Nitrogenase** geknüpft. Nitrogenase kommt bei vielen Bakterienarten vor, nicht jedoch bei Eukaryoten.

Stickstoff fixierende Bakterien (Tab. **9.2**) sind freilebend in verschiedenen Lebensräumen anzutreffen, u. a. im Boden. Einige Arten können fakultativ mit Niederen oder Höheren Pflanzen, Pilzen und sogar Tieren – z. B. *Citrobacter* im Darm von Termiten – oder dem Menschen vergesellschaftet sein. Die Beziehungen reichen dabei von lockeren Assoziationen (z. B. *Azospirillum*-Arten in der Rhizosphäre von Mais u. a. Pflanzen) bis zu Sym-

Tab. 9.2 Einige wichtige Stickstoff-Fixierer.

Bakteriengruppe	Lebensweise
Eubakterien	
Azotobacter vinelandii	nur freilebend
Clostridium pasteurianum	nur freilebend
Azospirillum-Arten	freilebend, in der Rhizosphäre von Mais (*Zea*) u. a. Arten
Klebsiella pneumoniae	freilebend oder in Assoziation mit Pflanzen, Tieren und dem Menschen
Citrobacter freundii	freilebend oder in Symbiose mit Tieren (Termitendarm)
Rhizobium-Arten	freilebend oder in Symbiose mit Leguminosen (Wurzelknöllchen)
Frankia-Arten	freilebend oder in Symbiose mit Erlen (*Alnus*)
Cyanobakterien	
Anabaena azollae	freilebend oder in Symbiose mit Arten des Wasserfarns *Azolla*, in Interzellularen der Blätter
Nostoc-Arten	freilebend oder in Symbiosen mit verschiedenen Niederen und Höheren Pflanzen sowie einigen Pilzen: ■ in Hyphen des Pilzes *Geosiphon pyriforme* ■ in Gametophyten des Lebermooses *Blasia pusilla* und des Hornmooses *Anthoceros punctatus* ■ in Korallenwurzeln der Arten des Baumfarns *Macrozamia* ■ in Schleimdrüsen an der Sproßachse von tropischen Angiospermen der Gattung *Gunnera*

biosen (z. B. *Rhizobium*-Arten in den Wurzelknöllchen von Leguminosen) (Kap. 20.5).

Da die Nitrogenase äußerst sauerstoffempfindlich ist, N_2-Fixierer andererseits eine sauerstoffabhängige Zellatmung betreiben, tritt die N_2-Fixierung bei freilebenden Arten nur in einer Umgebung sehr niedrigen Sauerstoff-Partialdrucks auf (mikroaerobe Bedingungen). Bei freilebenden Cyanobakterien findet sie in speziellen Zellen, den Heterocysten statt (Abb. **4.11** S. 148), in denen keine Photosynthese abläuft und daher auch kein Sauerstoff gebildet wird und in denen der Umgebungssauerstoff durch eine dicke lipidhaltige Zellwand am Eindringen gehindert wird. In den N_2-fixierenden Symbiosen sorgen von Fall zu Fall unterschiedliche Mechanismen für eine Absenkung des Sauerstoff-Partialdrucks auf ein genügend niedriges Niveau. In den Wurzelknöllchen der Leguminosen z. B. geschieht dies durch Bindung des molekularen Sauerstoffs an – dem Muskel-Myoglobin verwandten – Leghämoglobin (Box **16.14** S. 651 und Abb. **20.10** S. 821).

Die Bilanzgleichung der Nitrogenase-Reaktion (Abb. **9.2**) zeigt, daß auch die biologische Stickstoff-Fixierung, die zudem – im Unterschied zum Haber-Bosch-Prozeß – bei Normaldruck und physiologischer Temperatur ablaufen muß, zur Aktivierung des reaktionsträgen N_2-Moleküls enorm viel Energie benötigt: Pro Molekül N_2 sind es 16 Moleküle ATP! Diese werden über die Atmungskette gewonnen. Die Elektronen zur Reduktion des Stickstoffs werden durch Oxidation organischer Säuren im Citrat-Zyklus zunächst in Form von NADH bereitgestellt, welches sie auf oxidiertes Ferredoxin überträgt (Kap. 11.4).

Die Nitrogenase besteht aus zwei Komponenten, weshalb man auch vom **Nitrogenase-Komplex** spricht (Abb. **9.2**). Die **Dinitrogenase**, ein Homotetramer, dessen Monomere gemeinsam einen Eisen-Molybdän-

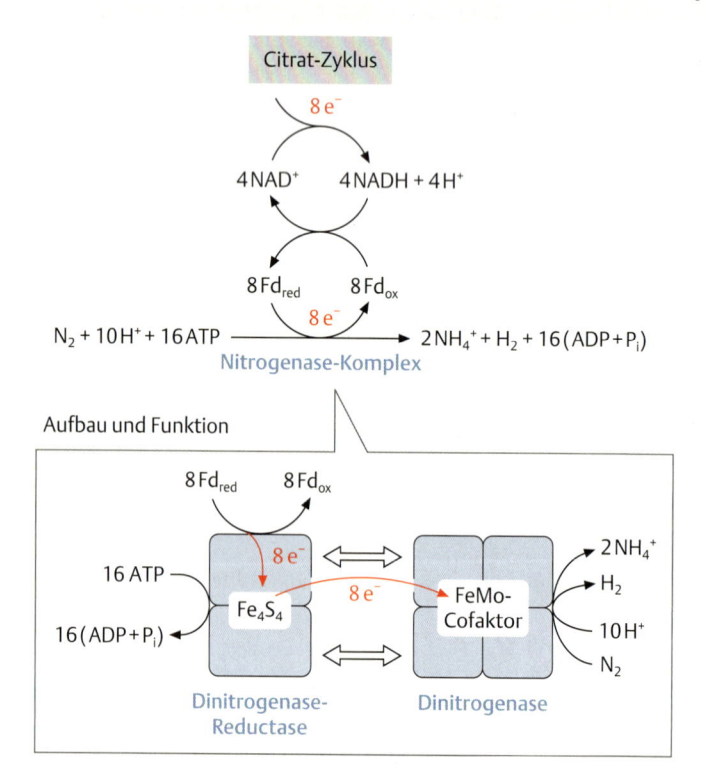

Abb. 9.2 Aufbau, Funktion und Reaktionsgleichung der Nitrogenase. FeMo Eisen-Molybdän.

Cofaktor binden, führt die Umsetzung von N_2 zu 2 NH_4^+ aus, der Cofaktor stellt das katalytische Zentrum dar. Bei dieser Reaktion wird obligat auch molekularer Wasserstoff (H_2) gebildet: 1 Mol pro Mol reduziertem N_2. Die Dinitrogenase erhält die zur Reduktion erforderlichen Elektronen (6 Elektronen für die Umsetzung von 2 N_2 + 8 H^+ zu 2 NH_4^+ und 2 Elektronen für die Umsetzung von 2 H^+ zu 1 H_2) von der zweiten Komponente des Komplexes, der homodimeren **Dinitrogenase-Reductase**. Diese nimmt sie einzeln von reduziertem Ferredoxin in ihr Fe_4S_4-Zentrum auf und gibt sie ebenfalls einzeln – unter Spaltung von jeweils 2 ATP – an die Dinitrogenase weiter, wobei die Reductase zur Weitergabe des Elektrons an die Dinitrogenase binden muß, während der Elektronenaufnahme aber von dieser getrennt vorliegt. Insgesamt wiederholt sich dieser Vorgang achtmal, bevor 2 Moleküle NH_4^+ und ein Molekül H_2 als Reaktionsprodukte von der Dinitrogenase freigesetzt werden können. Die Komplexität der Reaktion macht die geringe Umsatzrate der Dinitrogenase – 1–2 Umsätze pro Sekunde – verständlich. Der molekulare Wasserstoff diffundiert aus den Zellen und wird an die Atmosphäre abgegeben. Die Ammonium-Ionen werden unmittelbar nach Freisetzung – wie in der pflanzlichen Stickstoff-Assimilation – in den Aminosäure-Stoffwechsel überführt (S. 305).

Interessant ist die Kompartimentierung dieser Reaktionen in den Wurzelknöllchen der Leguminosen: Die Rhizobien in den Zellen der Wurzelknöllchen erhalten die zur Zellatmung (Kap. 11.4) benötigten organischen Säuren (insbesondere Malat) von der Pflanze zur Verfügung gestellt. Das gebildete Ammonium geben die Rhizobien an die Pflanzenzelle ab, da ihnen die Enzyme zur Überführung von Ammonium in Aminosäuren fehlen. Für den bakteriellen Stoffwechsel benötigte Aminosäuren stellt wiederum die Pflanze zur Verfügung. Die Bakterien sind demnach in der Symbiose von der Pflanzenzelle völlig abhängig, sie stellen im Grunde Organellen der Pflanze zur Stickstoff-Fixierung dar, erkenntlich auch an den deutlichen morphologischen Veränderungen, die die Rhizobien nach Aufnahme (durch Phagocytose) in die Knöllchen-Zellen erfahren (Abb. **20.10** S. 821). Die *Rhizobium*-Leguminosen-Symbiose bietet ein anschauliches Modell für ein frühes Stadium der Organellenevolution aus einem ursprünglich selbständigen Symbiosepartner (vgl. dazu Plus **4.1** S. 130).

9.1.3 Stickstoffhaushalt der Pflanzen

Die Pflanze nimmt, wie erwähnt, Stickstoff bevorzugt als Nitrat (NO_3^-) aus dem Boden auf, bei geringer Nitrat-Verfügbarkeit jedoch auch Ammonium. Als Aufnahmesysteme dienen spezifische Translokatoren (Carrier, Kap. 6.2.2), die im Plasmalemma der Rhizodermis- und in Rindenparenchymzellen zu finden sind. Die Nitrat-Translokatoren arbeiten sekundär aktiv als $NO_3^-/2\,H^+$-Symporter (Abb. **6.10** S. 223).

Aufgenommenes Ammonium wird bereits in der Wurzel organisch gebunden (Reaktionen, S. 305). Nitrat wird mit dem Wasserferntransport in den Leitbahnen des Xylems in die Blätter transportiert und dort assimiliert. Ein Teil des aufgenommenen Nitrats wird jedoch bereits in der Wurzel in Ammonium überführt und dann auch gleich weiterverarbeitet. Manche Pflanzen assimilieren Nitrat sogar ausschließlich in der Wurzel. In diesen Pflanzen wird der Sproß über das Xylem(!) mit organischen Stickstoffverbindungen versorgt, insbesondere mit Glutamin und Asparagin. Überschüssig aufgenommenes Nitrat wird in den Vakuolen der Wurzelparenchymzellen und der Mesophyllzellen gespeichert.

Assimilation des Stickstoffs

Die Reduktion des Nitrat-Ions (NO_3^-) zum Ammonium-Ion (NH_4^+) benötigt 8 Elektronen und verläuft in zwei Reaktionsschritten. Der erste Schritt, bei dem 2 Elektronen übertragen werden, führt zum Nitrit (NO_2^-), das in einem zweiten Schritt, der 6 Elektronen erfordert, zum Ammonium reduziert wird.

Die in den Blättern ablaufende Reaktionsfolge ist in Abb. **9.3** dargestellt, die der Wurzeln ist nur unwesentlich anders, worauf im folgenden Text eingegangen wird.

Die erste Stufe der Nitrat-Reduktion erfolgt im Cytoplasma der Wurzelzellen bzw. der Mesophyllzellen (in Blättern der C_4-Pflanzen nur in den Mesophyll-, nicht aber in den Bündelscheidenzellen). Elektronendonor der **Nitrat-Reductase** ist meist NADH. Einige Pflanzen besitzen Nitrat-Reductasen, die sowohl mit NADH als auch mit NADPH arbeiten. Das Enzym besteht aus zwei identischen Untereinheiten. Jede Untereinheit trägt eine von drei prosthetischen Gruppen gebildete Elektronentransportkette, in der die dem NADH entzogenen 2 Elektronen zunächst auf FAD, von dort auf ein b-Typ-Cytochrom (Cytochrom b_{557}) und von diesem auf Molybdopterin, einen organischen Molybdän-Cofaktor, geleitet werden (Plus **16.12** S. 652). Dessen Molybdän-Atom wechselt bei Reduktion von der Oxidationsstufe +VI zur Oxidationsstufe +IV, nimmt also 2 Elektronen auf, um sie auf NO_3^- unter Entstehung von NO_2^- zu übertragen. Die Bildung der Nitrat-Reductase wird durch Nitrat, Nitrit und durch Licht induziert, wobei offenbar Phytochrom (Kap. 17.2.5) Photorezeptor ist. Ammonium-Ionen hemmen dagegen die Induktion.

Die Nitrit-Reduktion erfolgt in Plastiden, die zu diesem Zweck Nitrit aus dem Cytoplasma über einen Carrier importieren, und zwar in Blättern in den Chloroplasten und in Wurzeln in den Leukoplasten. Die zur Reduktion erforderlichen 6 Elektronen stammen in Chloroplasten aus der Licht-

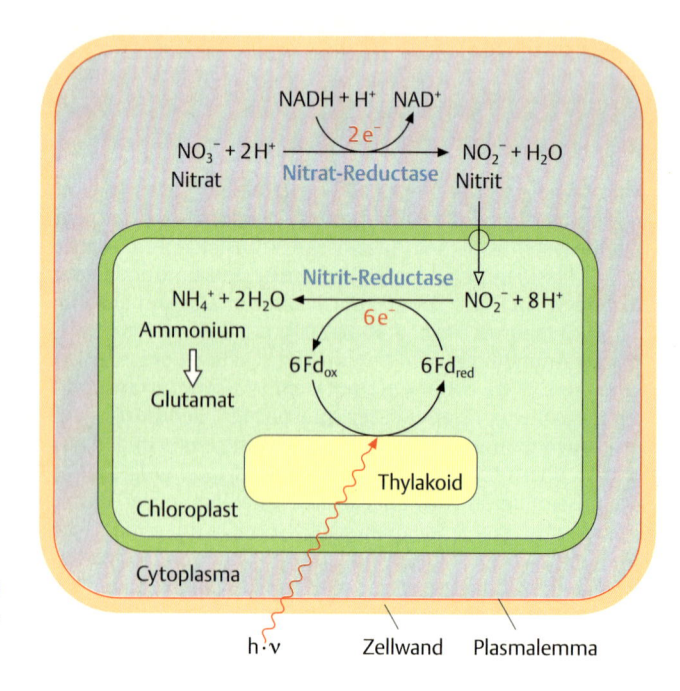

Abb. 9.3 Reduktion von Nitrat zu Ammonium in Mesophyllzellen. Fd_{red}, Fd_{ox} reduziertes bzw. oxidiertes Ferredoxin, $h \cdot \nu$ Photonenenergie.

reaktion der Photosynthese und werden von Ferredoxin bereitgestellt. In den Leukoplasten dient NADPH als Reduktionsmittel, welches bei der Oxidation von Zuckerphosphaten im oxidativen Pentosephosphatweg bereitgestellt wird. Die **Nitrit-Reductase** arbeitet als Monomer. Sie enthält eine interne Elektronentransportkette, die aus einem Fe_4S_4-Zentrum (Plus **9.3** S. 312) und einem daran gekoppelten Tetrapyrrol, dem Sirohäm mit Eisen als Zentralatom, besteht. Die Elektronen werden von dem Eisen-Schwefel-Zentrum über Sirohäm auf Nitrit übertragen, nacheinander 6-mal 1 Elektron. Erst nach vollständiger Reduktion des Stickstoffs verläßt dieser als NH_4^+-Ion das katalytische Zentrum. Wie die Nitrat-Reductase ist auch die Nitrit-Reductase durch Nitrat und Nitrit induzierbar.

Die Affinität der Nitrit-Reductase zu ihrem Substrat NO_2^- ist sehr hoch, sodaß sich dieses Zwischenprodukt der Stickstoff-Assimilation nicht anhäuft. Das freigesetzte Ammonium akkumuliert ebenfalls nicht, es wird sogleich weiter umgesetzt.

Einbau des reduzierten Stickstoffs in organische Verbindungen

Ammonium wird am Ort seiner Bildung, also im Blatt in Chloroplasten und in der Wurzel in Leukoplasten, zur Synthese der Aminosäure L-Glutamat verwendet.

In wäßriger Lösung liegt Ammonium (99 %) im Gleichgewicht mit Ammoniak (1 %) vor:

$$NH_3 + H_2O \rightleftharpoons NH_4^+ + OH^-$$

Ammoniak (NH_3) ist ein starkes Zellgift und diffundiert verhältnismäßig leicht über Biomembranen. Eine Anhäufung von Ammonium (und damit Ammoniak) in der Zelle würde demnach die H^+-Ionengradienten (und damit die protonmotorische Kraft) an Zellmembranen zerstören und so z. B. an der Thylakoidmembran die ATP-Synthese zum Erliegen bringen. Das in der Stickstoff-Assimilation gebildete Ammonium wird daher vollständig durch den in Abb. **9.4** (für Chloroplasten) dargestellten Kreisprozeß organisch gebunden, wobei L-Glutamat entsteht. L-Glutamat stellt den Stickstoff (in Form der Aminogruppe) zur Bildung aller übrigen Aminosäuren.

Im ersten Schritt der zweistufigen Reaktionsfolge wird Ammonium auf die γ-Carboxylgruppe von L-Glutamat unter Bildung von L-Glutamin übertragen (Strukturformeln, Abb. **1.21** S. 25). Die Ausbildung der Amidbindung erfordert ATP. Die dem fixierten Ammonium entsprechende Amidgruppe des L-Glutamins wird im zweiten Schritt auf die Ketogruppe von 2-Oxoglutarat (Struktur, Abb. **1.17** S. 22) übertragen, das im Tausch gegen L-Malat aus dem Cytoplasma in die Plastiden importiert wird. Als Reaktionsprodukte entstehen demnach 2 Moleküle L-Glutamat, von denen eines dazu dient, den Kreisprozeß weiterzuführen, während das zweite den Nettogewinn der Reaktionsfolge darstellt und entweder im Plastiden oder im Cytoplasma weiterverwendet wird. Der Export des Glutamins in das Cytoplasma verläuft ebenso wie der erwähnte Import von 2-Oxoglutarat im Austausch mit Malat. Die Aminierung von 2-Oxoglutarat erfolgt reduktiv, beide Elektronen liefert reduziertes Ferredoxin. Der Gesamtprozeß verläuft sehr effektiv, da beide Teilreaktionen irreversibel sind. Sowohl das für die **Glutamin-Synthetase**-Reaktion benötigte ATP als auch das für die **Glutamat-Synthase**-Reaktion erforderliche redu-

Abb. 9.4 Einbau von NH_4^+ in L-Glutamat in Mesophyllzellen. Abkürzungen Abb. **9.3**.

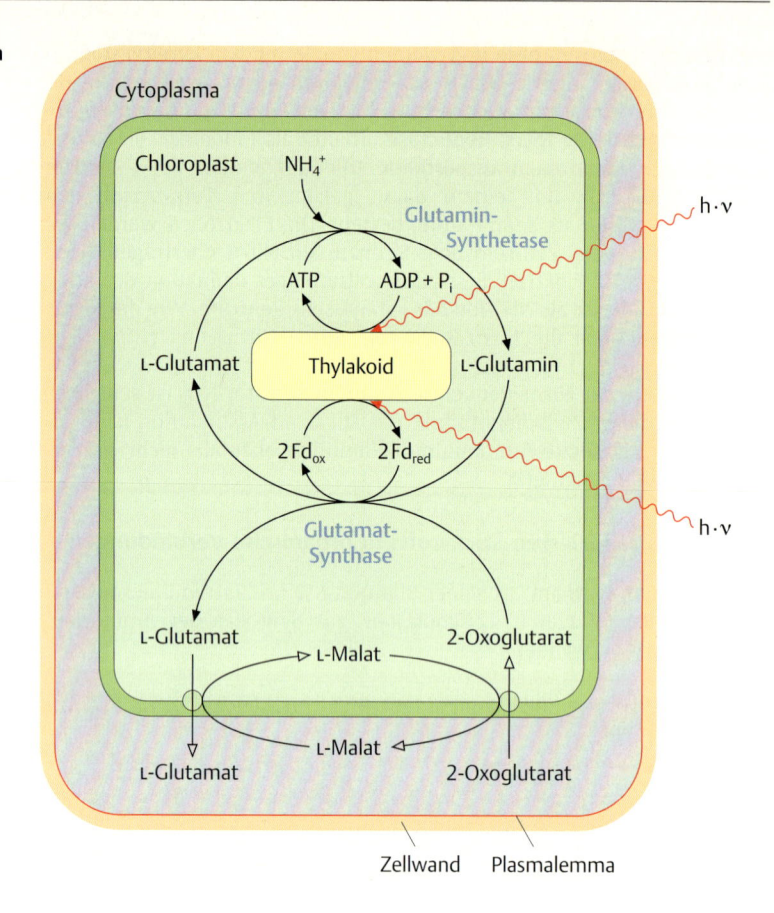

Plus 9.1 Synthasen und Synthetasen

Als „Synthasen" werden – nicht sehr systematisch – Enzyme bezeichnet, die zur Gruppe der Lyasen (Box **6.5** S. 228) gehören, aber nicht die Spaltungs-, sondern die Additionsreaktion durchführen. Des weiteren wird die Bezeichnung auch für Transferasen gebraucht, wie im Falle der Glutamat-Synthase, deren anderer Name Glutamin:2-Oxoglutarat-Aminotransferase lautet.
Die Bezeichnung „Syn**the**tase" ist nur zulässig für Ligasen, also für Enzyme, die eine Bindung zwischen zwei Substraten unter Hydrolyse einer energiereichen Anhydridbindung von ATP oder einem anderen Nucleosidtriphosphat herstellen.

---

zierte Ferredoxin wird in den Lichtreaktionen der Photosynthese gebildet (Plus **9.1**).

Auch in den Leukoplasten der Wurzelzellen wird Ammonium durch Glutamin-Synthetase und Glutamat-Synthase in L-Glutamat überführt. Im Unterschied zu der in Abb. **9.4** dargestellten chloroplastidären Reaktionsfolge wird im Leukoplasten das benötigte Ferredoxin durch NADPH reduziert, welches im oxidativen Pentosephosphatweg gebildet wird. Das von der Glutamin-Synthetase benötigte ATP wird über einen Translokator im Gegentausch mit ADP aus dem Cytoplasma in die Leukoplasten importiert.

Synthese weiterer Stickstoffverbindungen

Alle übrigen stickstoffhaltigen Verbindungen der Pflanzenzelle werden von L-Glutamat und in seltenen Fällen direkt von NH_4^+ ausgehend gebildet.

Die wichtigsten Wege des Stickstoffs im Stoffwechsel sind in Abb. **9.5** schematisch dargestellt. Die Biosynthesewege können hier nicht näher behandelt werden, allerdings sei verwiesen auf Kap. 12.4 (Alkaloide), Kap. 15.8 (Polyamine), Kap. 16.3 (Cytokinine), Kap. 16.4 (Auxine) und Kap. 17.1.2 (Phytochrome). Beispielhaft ist in Abb. **9.6** die Herkunft der Stickstoff-Atome in den Ringsystemen der Purine und Pyrimidine gezeigt.

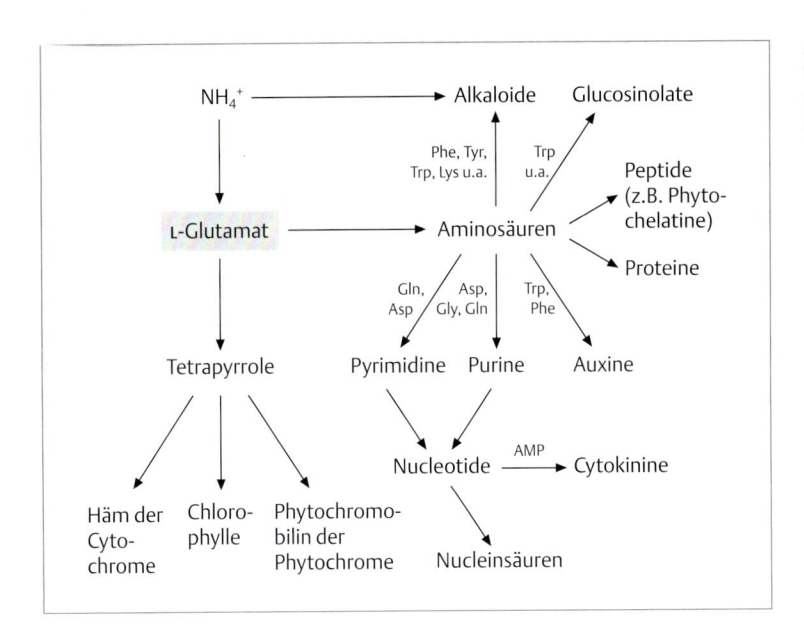

Abb. 9.5 Wege des Stickstoffs im pflanzlichen Stoffwechsel. AMP Adenosinmonophosphat, Asp, Gly usw. Drei-Buchstaben-Code der Aminosäuren (Abb. **1.21** S. 25).

Abb. 9.6 Ursprung des Stickstoffs in Pyrimidin- und Purinmolekülen. Asp, Gly Drei-Buchstaben-Code der Aminosäuren (Abb. **1.21** S. 25), Gln(Amid) Amidgruppe des L-Glutamins.

Wegen des hohen Stickstoffbedarfs der Pflanzen (Tab. **1.1** S. 5) und der Verhältnisse im globalen Stickstoffkreislauf (Abb. **9.1** S. 300) ist Stickstoff in Böden häufig ein Mangelfaktor und nicht selten das wachstumsbegrenzende Element – weshalb ja intensiv bewirtschaftete landwirtschaftliche Nutzflächen mit Stickstoff gedüngt werden müssen. Pflanzen gehen aus diesem Grund mit assimiliertem Stickstoff sehr ökonomisch um und scheiden keine nennenswerten Mengen stickstoffhaltiger Verbindungen in den Boden aus. Beim Abbau stickstoffhaltiger Makromoleküle anfallende Bausteine werden weiterverwendet, z.B. die Aminosäuren aus dem Proteinabbau, die Nucleotide bzw. Nucleobasen aus dem Abbau von Nucleinsäuren. Vor dem Blattabwurf im Herbst werden stickstoffhaltige Verbindungen aus den Blättern in die Speichergewebe und -organe transportiert. Ein vergleichbar sparsamer Umgang der Pflanze ist auch mit den Elementen Schwefel und Phosphor festzustellen. So enthalten die im Herbst abgeworfenen Blätter neben einigen Mineralien hauptsächlich C-, H- und O-haltige Substanzen (Cellulose, Lignin, Phenole usw.), aber kaum Stickstoff-, Schwefel- und Phosphorverbindungen.

9.2 Haushalt des Schwefels

Pflanzen benötigen erheblich weniger Schwefel (Box **9.2**) als Stickstoff (Tab. **1.1** S. 5). Im Gegensatz zum Stickstoff ist Schwefel nicht in Nucleotiden und Nucleinsäuren enthalten, selbst nicht in allen Proteinen zu finden, und die Anzahl und Menge schwefelhaltiger niedermolekularer Substanzen ist geringer als die stickstoffhaltiger.

Schwefel kommt in der Erdkruste (Lithosphäre) als elementarer Schwefel und in Form von Sulfiden (z.B. Pyrit FeS_2) bzw. Sulfaten (z.B. Gips $CaSO_4 \cdot 2H_2O$) vor, wird dem Boden demnach aus der Verwitterung von Mineralien ständig zugeführt.

Pflanzen nehmen Schwefel aus dem Boden als Sulfat mit Hilfe spezifischer Translokatoren ($SO_4^{2-}/3\,H^+$-Symporter) auf. Eine erhebliche weitere

> **Box 9.2 Steckbrief:
> Das Element Schwefel**
>
> | | |
> |---|---|
> | Elementsymbol: | S (lat. sulfur, Schwefel) |
> | Ordnungszahl: | 16 |
> | Elektronen-konfiguration[1]: | K: 2s, L: 2s 6p, M: 2s 4p |
> | natürliche Isotope[2]: | $^{32}_{16}S$ (95,0 %), $^{33}_{16}S$ (0,76 %), $^{34}_{16}S$ (4,22 %) |
> | Radioisotope[3]: | $^{35}_{16}S$ (β-Strahler, Halbwertszeit 87,5 Tage) |
> | wichtige Oxidations-stufen: | –II (z. B. H_2S, Schwefelwasserstoff) |
> | | +IV (z. B. SO_3^{2-}, Sulfit) |
> | | +VI (z. B. SO_4^{2-}, Sulfat) |
> | elementarer Schwefel: | Cyclooctaschwefel (S_8-Ringe) bei Raumtemperatur |
> | Haupt-vorkommen: | Lithosphäre, als elementarer Schwefel und in Mineralien als Sulfid (z. B. Pyrit FeS_2) oder als Sulfat (z. B. Gips $CaSO_4 \cdot 2H_2O$) |
>
> [1] Bezeichnung der Elektronenschalen, von innen nach außen: K-, L-, M-, usw. Anzahl der Elektronen in s- bzw. p-Orbitalen (Box **1.2** S. 6)
> [2] wichtigste, alle stabil, in Klammern: prozentualer Anteil
> [3] mit biochemischer Bedeutung

Schwefelquelle kann Schwefeldioxid (SO_2) der Luft sein. SO_2 entsteht z. B. bei Verbrennung organischer Substanz bzw. von fossilen Brennstoffen. In wäßriger Lösung geht SO_2 in schweflige Säure über:

$$SO_2 + H_2O \rightarrow H_2SO_3$$

Sulfit (SO_3^{2-}) ist ein Zwischenprodukt der Schwefel-Assimilation (Kap. 9.2.2). Aus der Luft über die Spaltöffnungen eingedrungenes SO_2 kann also ohne weiteres in den Assimilationsprozeß eingeschleust werden. Aus diesem Grunde wurden Schwefelmangelsymptome an Kulturpflanzen in Industriegebieten bislang kaum beobachtet, sie treten aber in industriearmen Regionen mit schwefelarmen Böden gelegentlich auf. Der Schwefelbedarf der Pflanzen ist unterschiedlich hoch. Besonders viel Schwefel benötigen die Brassicaceen. So entzieht eine Raps-Kultur dem Boden mehr als dreimal soviel Schwefel wie eine Getreidekultur. Der Grund für den hohen Schwefelbedarf der Brassicaceen ist die Synthese erheblicher Mengen an schwefelhaltigen Glucosinolaten, die als Fraßschutzstoffe dienen (Kap. 12.4 und Abb. **12.29** S. 371).

9.2.1 Globaler Kreislauf des Schwefels

Wie für den Stickstoff existiert auch für den Schwefel ein globaler Kreislauf zwischen Atmosphäre und Boden, in dem reduzierte und oxidierte Formen des Schwefels auftreten (Abb. **9.7**). Im Boden wird durch Verwitterung von Mineralien neben Sulfat (SO_4^{2-}) auch Sulfid (S^{2-}) gebildet, welches – insbesondere aus sauren Böden – in erheblichen Mengen als flüchtiger Schwefelwasserstoff (H_2S) in die Atmosphäre entweicht. Sulfat entsteht im Boden auch mikrobiell durch Chemosynthese betreibende Schwefelbakterien (z. B. *Beggiatoa*, *Thiobacillus*) sowie durch photoautotrophe Bakterien, die H_2S bzw. S als Elektronendonoren der Photosynthese nutzen (Kap. 8.2 und Tab. **8.2** S. 294). Einige Bakterien, z. B. *Desulfovibrio*, sind in der Lage, Sulfat zu Sulfid zu reduzieren, sie treten damit in direkte Konkurrenz zu den Pflanzen.

Chemische Prozesse sind im globalen Schwefelkreislauf ebenfalls sehr bedeutsam. Hierzu gehören die Oxidation von H_2S zu Sulfat im Boden und die Oxidation von in die Atmosphäre entwichenem H_2S zu SO_2 und SO_3. Erhebliche zusätzliche Mengen an SO_2 gelangen durch Verbrennung organischer Substanz und fossiler Brennstoffe in die Atmosphäre. SO_2 dient, wie erwähnt, Pflanzen als zusätzliche Schwefelquelle. SO_3 wird (neben SO_2) mit Niederschlägen als Schwefelsäure in den Boden eingetragen:

$$SO_3 + H_2O \rightarrow SO_4^{2-} + 2\,H^+$$

und trägt so zum Sulfatgehalt von Böden bei.

9.2.2 Assimilation des Schwefels

Wie die Reduktion von Nitrat benötigt auch die Reduktion des Sulfat-Ions (SO_4^{2-}) 8 Elektronen und verläuft in zwei Reaktionsschritten. Der erste Schritt, bei dem 2 Elektronen übertragen werden, führt zum Sulfit (SO_3^{2-}), das in einem zweiten Schritt, der 6 Elektronen erfordert, auf die Stufe des Sulfids (S^{2-}) reduziert wird. Im Unterschied zum Nitrat wird aber nicht freies Sulfat, sondern eine aktivierte Form des Sulfats, Adenosinphosphosulfat, reduziert.

9.2 Haushalt des Schwefels

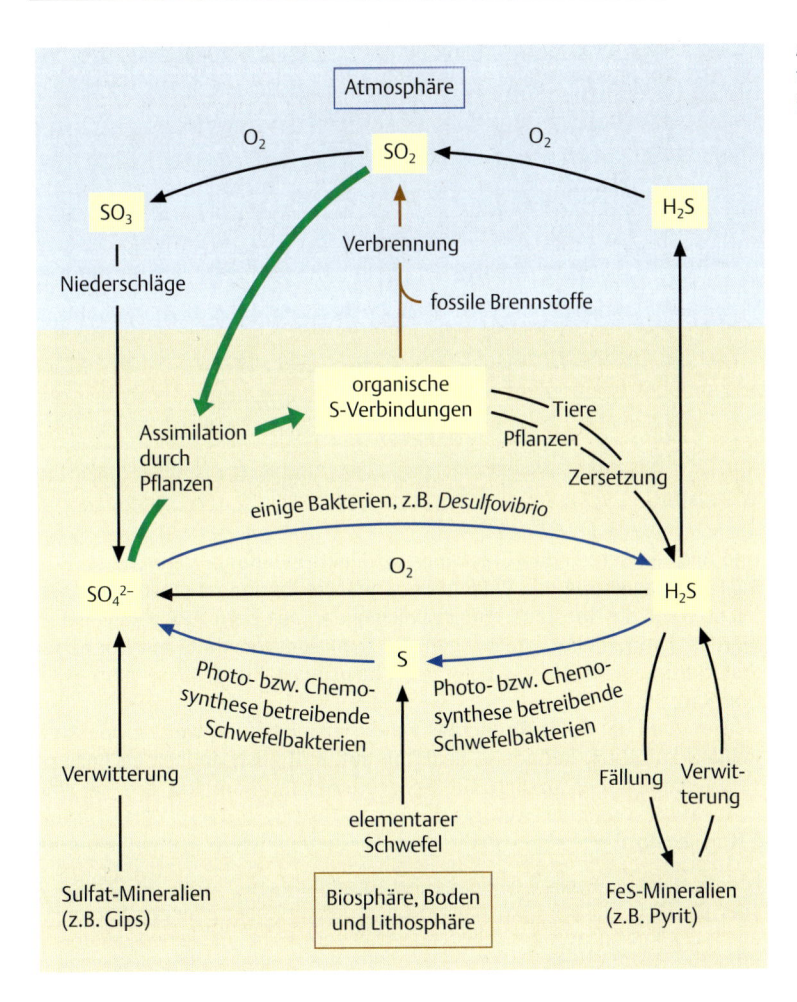

Abb. 9.7 Globaler Kreislauf des Schwefels. Bakterielle Reaktionen blau, pflanzliche grün, anthropogene Prozesse braun, übrige schwarz.

Der genaue Ablauf der Sulfatreduktion ist noch Gegenstand z. T. kontroverser Diskussionen. Sulfat wird – vermutlich im Austausch mit Phosphat – in die Chloroplasten importiert. Das Sulfat-Ion kann nicht direkt reduziert werden, da in der Zelle kein Redoxsystem mit einem genügend negativen Redoxpotential existiert. Es erfolgt daher zunächst eine „Aktivierung" des Sulfat-Ions durch Anhydridbindung an Adenosin-5'-monophosphat, welches in der **ATP-Sulfurylase**-Reaktion aus ATP unter Abspaltung von Pyrophosphat gebildet wird (Abb. **9.9**). Das Gleichgewicht der Reaktion liegt allerdings weit auf Seiten der Ausgangsverbindungen (Edukte), obwohl die enzymatische Entfernung des Pyrophosphats aus dem Reaktionsgleichgewicht durch Hydrolyse unter Bildung von Phosphat (Pyrophosphatase-Reaktion) das Reaktionsgleichgewicht bereits zugunsten der Reaktionsprodukte verschiebt. Es wird dennoch nur sehr wenig **Adenosinphosphosulfat** (APS, Abb. **9.8**) gebildet. APS kann allerdings mit ATP zum 3'-Phosphoadenosinphosphosulfat (PAPS) weiterreagieren. Das Gleichgewicht dieser APS-Kinase-Reaktion liegt ganz auf der Seite von PAPS. Man hat daher in PAPS das eigentliche Substrat für den ersten Schritt der Sulfat-Reduktion gesehen. Überraschenderweise setzen aber die bisher in reiner Form untersuchten Enzyme nicht PAPS, sondern APS um, sie sind **APS-Reductasen**, die als Reaktionsprodukte Sulfit (SO_3^{2-})

$R = H$ Adenosinphosphosulfat (APS)

$R = -\overset{O}{\underset{O^-}{\overset{\|}{P}}}-O^-$ Phosphoadenosinphosphosulfat (PAPS)

Abb. 9.8 Strukturformeln von APS und PAPS.

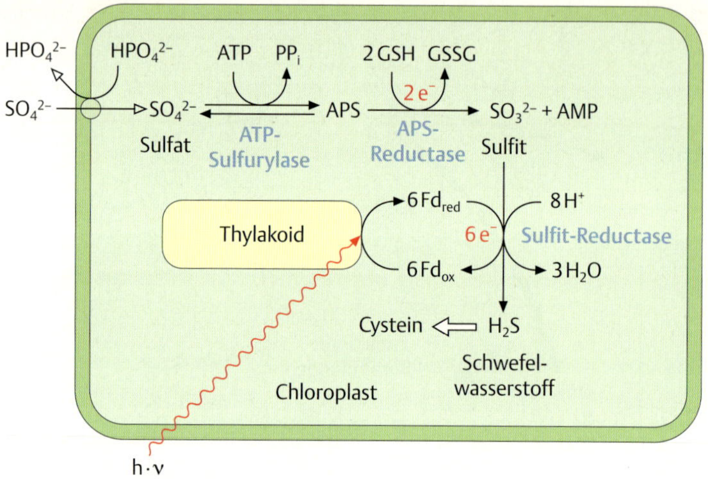

Abb. 9.9 Reduktion von Sulfat zu Schwefelwasserstoff in Chloroplasten. GSH reduziertes Glutathion, GSSG oxidiertes Glutathion, Fd_{red}, Fd_{ox} reduziertes bzw. oxidiertes Ferredoxin, APS Adenosinphosphosulfat, h·ν Photonenenergie.

und AMP freisetzen und Glutathion als Elektronendonor verwenden (Plus 9.2). Die Bedeutung von PAPS in der Sulfat-Reduktion ist umstritten, vielleicht stellt die Substanz einen Speicher dar, aus dem APS nachgeliefert werden kann. Sicher ist dagegen die Funktion von PAPS als Donor für Sulfatierungsreaktionen, z. B. in der Glucosinolat-Biosynthese (Kap. 9.2.4 und Kap. 12.4).

Diese von der **Sulfit-Reductase** katalysierte Reaktion weist große Ähnlichkeit zur Nitrit-Reductase-Reaktion auf, und auch die beiden Enzyme sind einander sehr ähnlich. Die Apoproteine sind homolog, d. h. sie sind

---

Plus 9.2 Regulation durch Dithiol-Disulfid-Konversion

2 Thiolgruppen können reversibel unter Abgabe von 2 Wasserstoff-Ionen und 2 Elektronen zu einem Disulfid reagieren (Abb. **a**). Diese Reaktion ist nicht nur für Redoxprozesse im Stoffwechsel bedeutsam, z. B. im Falle von Glutathion (Abb. **9.9**) oder der Liponsäure (Abb. **9.12c**) als Redoxmittel, sondern die Basis für vielfältige Regulation des Stoffwechselgeschehens.

So besitzen manche Enzyme zwei benachbarte Thiolgruppen, die zum Disulfid oxidiert werden können. Da nur jeweils eine der beiden Formen dieser Enzyme, die Dithiol- oder die Disulfid-Form, Aktivität besitzt, werden die betreffenden Enzyme durch den Redoxstatus der Zelle reguliert. Beteiligt sind oft kleine Mediatorproteine, die Thioredoxine, die ihrerseits einer Dithiol-Disulfid-Konversion unterliegen können. Beispielsweise erfolgt die Lichtaktivierung einiger Enzyme des Calvin-Zyklus, z. B. der Glycerinaldehydphosphat-Dehydrogenase (GAP-DH) (Abb. **8.27** S. 280), über Elektronen aus der Lichtreaktion, vermittelt durch Thioredoxin (TR) (Abb. **b**). Im Dunkeln gehen solchermaßen lichtaktivierte Enzyme durch langsame Autoxidation wieder in die inaktive Disulfid-Form über.

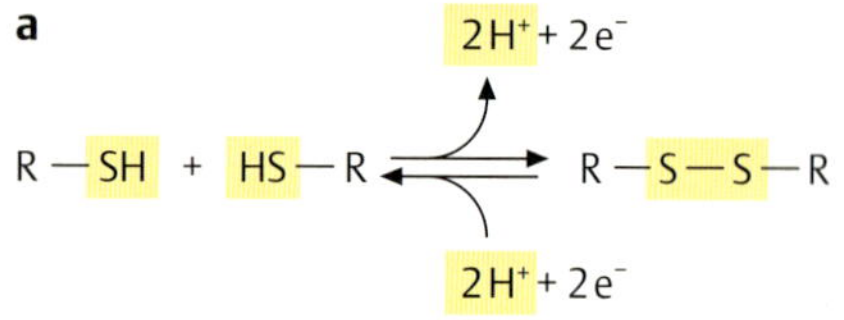

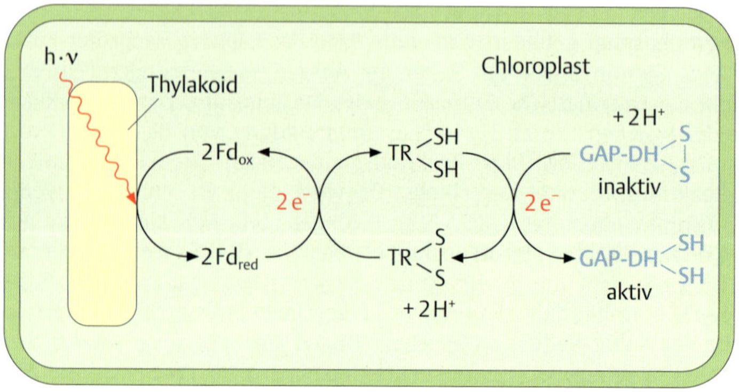

in der Evolution aus einem gemeinsamen Vorläufer hervorgegangen. Wie die Nitrit-Reductase besitzt auch die Sulfit-Reductase ein Fe_4S_4-Zentrum, an das ein Sirohäm gekoppelt ist. In beiden Fällen werden die 6 Elektronen von reduziertem Ferredoxin angeliefert und entstammen in Chloroplasten den Lichtreaktionen der Photosynthese, können aber auch von NADPH bereitgestellt werden, das im oxidativen Pentosephosphatweg gebildet wird. Wie im Falle des Nitrats findet daher ein gewisser Teil der Sulfat-Assimilation in den Leukoplasten nicht photosynthetisch aktiver Gewebe statt, z. B. in der Wurzel. Überschüssiges Sulfat wird in Vakuolen eingelagert.

9.2.3 Einbau des reduzierten Schwefels in organische Verbindungen

Eine weitere Entsprechung zum Haushalt des Stickstoffs besteht in der unmittelbaren Umsetzung des Endprodukts der Reduktionsreaktion, in diesem Falle Schwefelwasserstoff (H_2S), zu Aminosäuren. Zunächst entsteht die Aminosäure L-Cystein.

Schwefelwasserstoff ist wie Ammoniak ein Zellgift und darf sich daher in der Zelle nicht ansammeln: H_2S wird unmittelbar am Ort der Entstehung in den Chloroplasten bzw. Leukoplasten fixiert. Das Akzeptormolekül ist ein acetyliertes Derivat der Aminosäure L-Serin, O-Acetylserin. Schwefelwasserstoff schiebt sich dabei mit seinem Schwefelatom in die C–O-Bindung des Serins unter Ausbildung einer Kohlenstoff-Schwefel-Bindung ein (Abb. 9.10), Essigsäure wird abgespalten und L-Cystein entsteht.

Abb. 9.10 Bindung des Schwefelwasserstoffs.

9.2.4 Synthese weiterer Schwefelverbindungen

L-Cystein ist eine zentrale Substanz im Stoffwechsel organischer Schwefelverbindungen (Abb. 9.11). Die reaktive Thiolgruppe (–SH) des Cysteins ist im katalytischen Zentrum nicht weniger Enzyme enthalten und an der Katalyse beteiligt. Die zweite schwefelhaltige Aminosäure, L-Methionin, wird aus dem L-Cystein gebildet. Sie kommt ebenfalls in den meisten Proteinen vor. Das Startcodon der Translation pflanzlicher mRNAs codiert für Methionin (Abb. 15.25 S. 538), in einigen Fällen geht dieses Methionin aber durch spätere Prozessierung des Proteins wieder verloren (Tab. 15.7 S. 559).

An der Bildung der bereits mehrfach erwähnten Eisen-Schwefel-Zentren (Plus 9.3) sind einerseits Thiolgruppen von Cysteinresten direkt beteiligt, andererseits liegt in ihnen Nicht-Cystein-Schwefel vor, der zwischen 2 Eisenatomen gebunden ist. Man bezeichnet diesen Schwefel auch

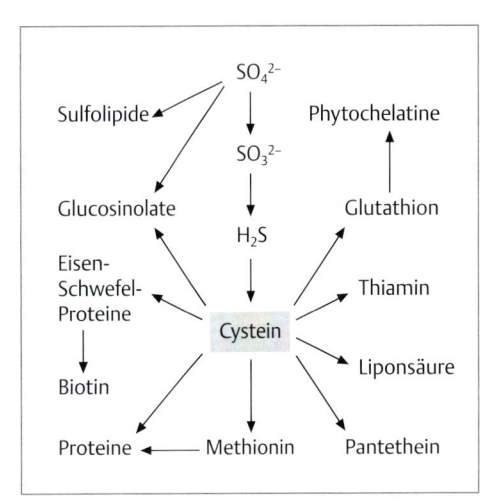

Abb. 9.11 Wege des Schwefels im pflanzlichen Stoffwechsel.

Plus 9.3 Eisen-Schwefel-Zentren

Bereits mehrfach wurden Eisen-Schwefel-Zentren vorgestellt, von denen es zwei Haupttypen gibt: einerseits Fe_2S_2-Zentren z. B. des Ferredoxins und des Rieske-Proteins aus dem Cytochrom-b_6/f-Komplex und andererseits Fe_4S_4-Zentren, wie sie u. a. im Photosystem I (S. 272) und in der Dinitrogenase-Reductase sowie der Nitrit- und Sulfit-Reductase vorliegen (Abb.).

Eisen-Schwefel-Zentren sind Ein-Elektron-Überträger. An ihrem Aufbau sind zwei Arten von Schwefelatomen beteiligt: solche aus den Thiol-Gruppen von Cystein-Resten sowie Schwefelatome, die zwischen zwei Eisenatomen gebunden vorliegen. Letztere gehen bei Säurebehandlung rasch verloren, man spricht von säurelabilem Schwefel (gelb in der Abbildung markiert). Auch dieser Schwefel stammt letztlich aus der Aminosäure L-Cystein. Wie Eisen-Schwefel-Zentren gebildet werden, ist noch nicht genau bekannt.

Nach heutigen Vorstellungen spielten für die Entstehung des Lebens (Plus 4.1 S. 130) am Meeresgrund austretende heiße eisensulfidhaltige Lösungen, aus denen sich Eisensulfide niederschlugen, eine entscheidende Rolle. In den Eisen-Schwefel-Zentren heutiger Proteine hat man wohl Überreste dieser allerersten – abiotischen – Katalysatoren zu sehen.

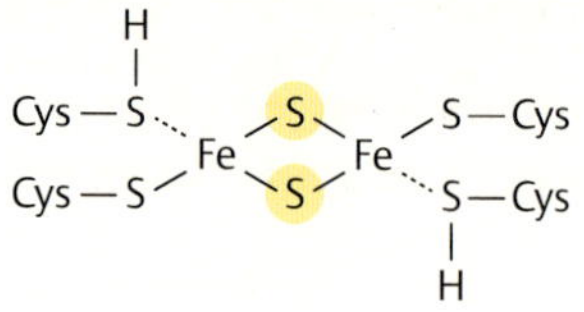

Fe_2S_2-Zentrum

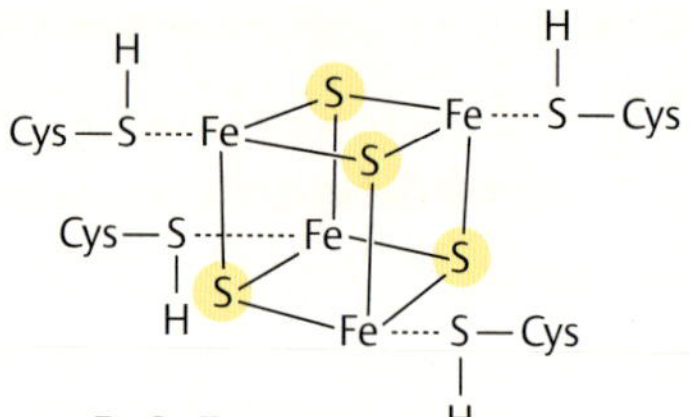

Fe_4S_4-Zentrum

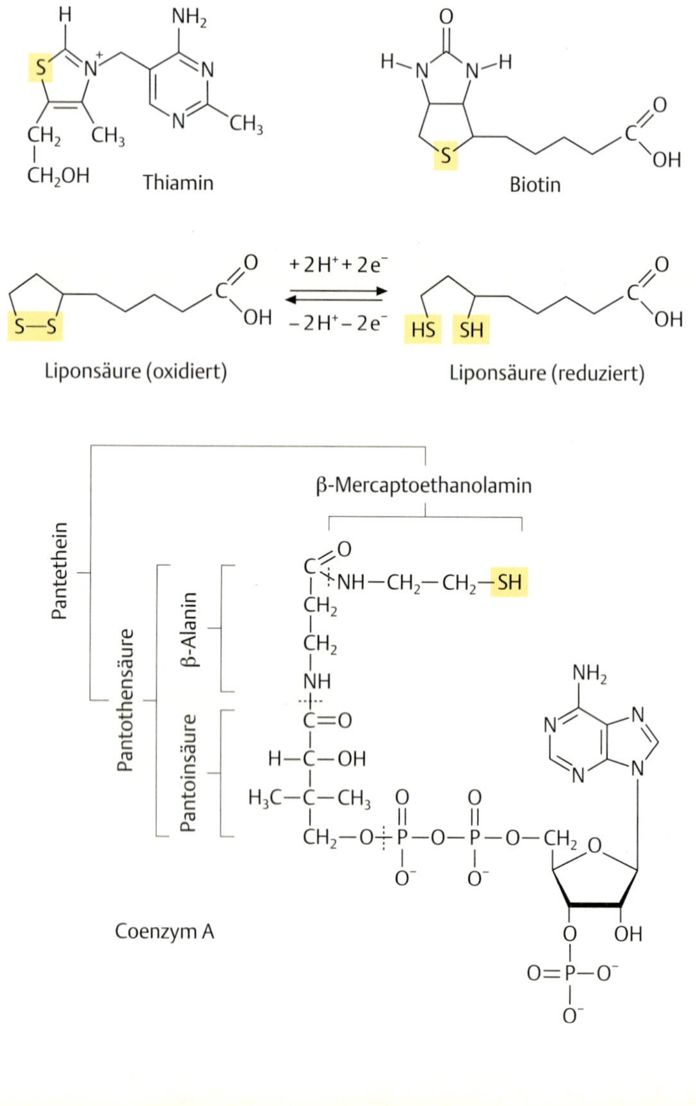

Thiamin

Biotin

Liponsäure (oxidiert) ⇌ Liponsäure (reduziert) ($+2H^+ + 2e^-$ / $-2H^+ - 2e^-$)

Coenzym A (β-Mercaptoethanolamin, Pantethein, β-Alanin, Pantothensäure, Pantoinsäure)

Abb. 9.12 Schwefelhaltige Vitamine.

als säurelabilen Schwefel, weil er bei Behandlung mit Säuren als Schwefelwasserstoff aus dem Eisen-Schwefel-Zentrum entweicht. Auch dieser Schwefel stammt aus Cystein. Erst vor kurzem konnte gezeigt werden, daß der Schwefel im Ringsystem des Vitamins Biotin aus dem säurelabilen Schwefel des Eisen-Schwefel-Zentrums der Biotin-Synthase und damit letztlich aus Cystein stammt. Cystein ist auch die Schwefelquelle für die anderen schwefelhaltigen Vitamine: Thiamin und Liponsäure, sowie für den Pantethein-Rest von Coenzym A (Abb. **9.12**).

Als Bestandteil des Tripeptids Glutathion, eines wichtigen zellulären Redoxsystems, ist Cystein an der Aufrechterhaltung des reduzierenden Zellmilieus entscheidend beteiligt (Plus **9.2** S. 310). Aus Glutathion bildet die Pflanze bei Bedarf die schwermetallbindenden Phytochelatine (Abb. **7.4** S. 235). Die Thiolgruppen des Cysteins der Phytochelatine bilden die Chelate mit den Schwermetall-Ionen.

Mitunter tritt Schwefel als Sulfat in organische Verbindungen ein. Sulfatdonor ist in diesen Fällen 3-Phosphoadenosinphosphosulfat (PAPS, Abb. **9.8**). Beispiele für sulfatierte Verbindungen sind die Sulfolipide in Zellmembranen der Plastiden (Tab. **2.3** S. 60), das Phytosulfokin (Tab. **16.4** S. 649) und die Glucosinolate der Brassicaceen, die neben Sulfat-Schwefel auch aus Cystein stammenden Sulfid-Schwefel enthalten (Kap. 12.4 und Abb. **12.29b** S. 371).

9.3 Haushalt des Phosphors

Phosphor (Box **9.3**) kommt im Boden und in Mineralien ausschließlich als Phosphat vor. Häufig sind Calcium-Phosphate (Apatite) wie der Hydroxylapatit, $Ca_5(PO_4)_3OH$; ihre Verwitterung setzt Phosphat frei. Phosphatmangel ist daher sehr selten. Reduzierte Formen des Phosphats spielen keine Rolle. Je nach pH-Wert des Bodens kommen unterschiedliche Anteile an Orthophosphat (PO_4^{3-}), Hydrogenphosphat (HPO_4^{2-}) und Dihydrogenphosphat ($H_2PO_4^-$) vor, die untereinander im Gleichgewicht stehen.

Pflanzen nehmen bevorzugt Dihydrogenphosphat auf, die unter neutralen und schwach sauren Bedingungen vorherrschende Form des Phosphats, sie benötigen Phosphor in ähnlichen Mengen wie Schwefel (Tab. **1.1** S. 5).

> Im Unterschied zu Stickstoff und Schwefel tritt Phosphor stets in oxidierter Form in organischen Molekülen auf: als Phosphatgruppe, die entweder in Esterbindung oder in Anhydridbindung vorliegt.

Als Beispiele seien die bereits in Kap. 1.3.2 erwähnten Nucleotide wie z. B. Adenosintriphosphat (ATP, Abb. **1.23** S. 27) und 1,3-Bisphosphoglycerinsäure (Abb. **8.27** S. 280) genannt. In beiden Molekülen tritt Phosphat sowohl in Ester- als auch in Anhydridbindung auf. Überschüssiges Phosphat wird von Pflanzen als Phytinsäure, dem Hexaphosphatester des myo-Inositols, gespeichert (Abb. **9.13**) und kann aus Phytinsäure hydrolytisch, durch Phytasen, wieder freigesetzt werden.

Da Phosphatgruppen chemisch kaum reaktiv sind, ist zunächst eine „Aktivierung" des Phosphats erforderlich. Diese erfolgt durch Bindung der Phosphatgruppen an Adenosindiphosphat (ADP) unter Bildung von ATP ganz überwiegend in den folgenden Prozessen:

- **Photophosphorylierung** in den Lichtreaktionen der Photosynthese (S. 255),
- **Atmungskettenphosphorylierung** in den Mitochondrien (S. 341) sowie

---

Box 9.3 Steckbrief: Das Element Phosphor

Elementsymbol: P (gr. phosphoros, lichttragend[1])

Ordnungszahl: 15

Elektronenkonfiguration[2]: K: 2s, L: 2s 6p, M: 2s 3p

natürliche Isotope[3]: $^{31}_{15}P$ (100 %)

Radioisotope[4]: $^{32}_{15}P$ (β-Strahler, Halbwertszeit 14,1 Tage)

$^{33}_{15}P$ β-Strahler, Halbwertszeit 25,4 Tage)

wichtige Oxidationsstufen: −III (z. B. PH_3, Phosphan)

+III (z. B. PO_3^{3-}, Phosphit)

+V (z. B. PO_4^{3-}, Phosphat)

elementarer Phosphor: tetraedrische P_4-Moleküle (Weißer Phosphor)

Hauptvorkommen: Lithosphäre, in Form von Phosphaten, insbes. Fluor-, Chlor-, Hydroxylapatit $[Ca_5(PO_4)_3(F,Cl,OH)]$

[1] elementarer Phosphor brennt leicht
[2] Bezeichnung der Elektronenschalen, von innen nach außen: K-, L-, M-, usw. Anzahl der Elektronen in s- bzw. p-Orbitalen (Box **1.2** S. 6)
[3] stabil, in Klammern: prozentualer Anteil (einziges natürlich vorkommendes Isotop)
[4] mit biochemischer Bedeutung

Abb. 9.13 Phytinsäure.

■ **Substratkettenphosphorylierung** (S. 338).

Die Energie liefert in der Photosynthese und in der Zellatmung ein Wasserstoff-Ionengradient, in der Substratkettenphosphorylierung stammt sie aus der Umsetzung energiereicher organischer Verbindungen, z. B. in der Glykolyse (Kap. 11.2) oder im Citrat-Zyklus (Kap. 11.4).

Ausgehend von ATP kann „aktiviertes Phosphat" – d. h. die endständige, in Anhydridbindung vorliegende Phosphatgruppe von ATP, die „universelle" Energiewährung des Stoffwechsels – an zahlreiche andere Verbindungen weitergegeben werden. Hauptwege des Phosphors im Stoffwechsel der Pflanze sind in Abb. 9.14 zusammengestellt. Phosphatgruppen können in organischen Verbindungen unterschiedliche Funktionen besitzen. Die wichtigsten sind

■ die **strukturelle** Funktion, wie sie z. B. die Phosphatgruppen des Zuckerphosphat-Rückgrates der Nucleinsäuren und die Diphosphatbrücke der Dinucleotide NADH und NADPH (Abb. 6.14 S. 227) ausüben;
■ die **energiekonservierende** Funktion, die den meisten einzeln oder endständig (wie in den Nucleosidtriphosphaten) in Anhydridbindung vorliegenden Phosphatgruppen zukommt;
■ die **aktivierende** Funktion: Gebundene Phosphatgruppen können funktionelle Gruppen organischer Moleküle aktivieren, sodass sie im Stoffwechsel weiter umgesetzt werden können. Beispiele sind die weiter oben besprochene Aktivierung des Sulfats (S. 309), ferner die Aktivierung von Halbacetalen oder Halbketalen durch Bildung von Glykosiden mit Phosphat („aktivierte Zucker", z. B. ADP-Glucose ADPG, Abb. 10.5 S. 322) und die Aktivierung von Carboxylgruppen zum Zwecke ihrer Reduktion oder Verknüpfung mit anderen Molekülen und schließlich
■ die **regulatorische** Funktion: Phosphorylierungen zählen zu den wichtigsten Proteinmodifikationen (Plus 9.4), welche die Aktivität von Proteinen, z. B. Enzymen oder Strukturproteinen, beeinflussen können. Phosphatgruppendonor ist fast immer ATP. Daneben hat Guanosintriphosphat eine direkte regulatorische Funktion, die durch Bindung an GTP-Bindeproteine zustande kommt. Solche Proteine spielen u. a. bei zellulären Transportprozessen (z. B. dem Vesikeltransport) eine wichtige Rolle (Plus 15.16 S. 565).

Plus 9.4 Regulation durch Phosphorylierung

In allen pro- und eukaryotischen Zellen spielt die Übertragung von Phosphatresten auf Akzeptorgruppen in Proteinen (Proteinphosphorylierung) eine bedeutende Rolle bei der Regulation der Proteinfunktion und der Signalweiterleitung über Proteinketten (Plus 16.2 S. 598 und Plus 16.8 S. 634). Als Akzeptorgruppen können zwar auch andere als Aminosäurereste (z. B. Zuckerreste von Glykoproteinen) dienen, regulatorisch wichtig sind jedoch insbesondere Phosphorylierungen von Aminosäuren. Die solche Reaktionen katalysierenden Enzyme werden **Proteinkinasen** genannt. Sie übertragen in aller Regel Phosphatgruppen aus ATP, wobei Serin-, Threonin-, Tyrosin-, Histidin- oder Aspartatreste als Akzeptorgruppen dienen können. Zahlreiche Beispiele finden sich in den Kapiteln 13 und 15–20.

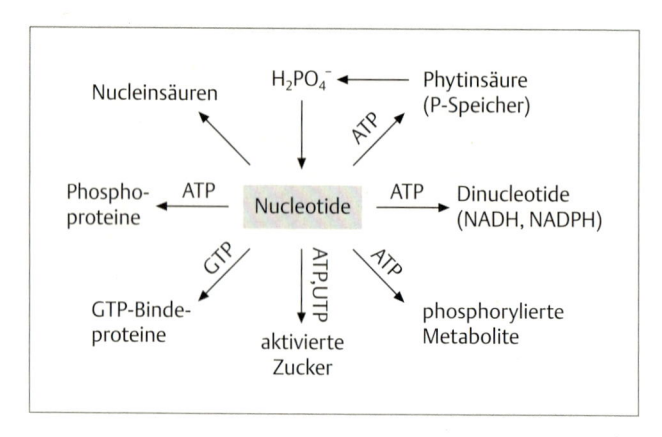

Abb. 9.14 Wege des Phosphats im pflanzlichen Stoffwechsel.

10 Transport und Verwertung der Assimilate

An den Orten der Photosynthese wird durch die Assimilation von Kohlenstoff, Stickstoff und Schwefel und die sich anschließenden Stoffwechselprozesse eine Vielzahl organischer Substanzen gebildet (insbesondere Kohlenhydrate, Aminosäuren, Nucleotide u. v. a.), die Assimilate. Während eine Verteilung von Assimilaten bei Niederen Pflanzen meist nur über geringe Distanzen erforderlich ist, wofür u. U. die Diffusion bereits ausreicht, müssen Assimilate in den Kormophyten – soweit sie nicht für den Bau- und Betriebsstoffwechsel in den Assimilationsgeweben selbst benötigt werden – z. T. über weite Strecken transportiert werden, aus den Blättern z. B. in die Sproßachse und in die Wurzeln. Dieser Langstreckentransport der Assimilate erfolgt in den Leitbahnen des Phloems, den Siebzellen und/oder Siebröhren, und zwar von den Bildungsorten zu den Verbrauchsorten, mit dem englischen Fachausdruck „source to sink"-Transport genannt. Je nach physiologischer Situation und Entwicklungszustand ändert der Assimilattransport seine Richtung. Selbst innerhalb eines Leitbündels kann in verschiedenen Siebröhren ein gegenläufiger Transport herrschen. Auf diese Weise wird eine bedarfsgerechte Assimilatverteilung erreicht. An den Verbrauchsorten erfolgt entweder die Einspeisung der Assimilate in den allgemeinen Zellstoffwechsel oder aber – besonders in Speichergeweben bzw. -organen – ihre Umwandlung in meist unlösliche und damit osmotisch unwirksame Speicherstoffe: Speicherpolysaccharide, Speicherlipide, Speicherproteine. Aus diesen werden bei Bedarf durch Hydrolyse die Bausteine (Monosaccharide, Fettsäuren, Aminosäuren) freigesetzt, aus denen Bau- und Betriebsstoffwechsel gespeist werden.

Transport und Verwertung der Assimilate

10.1 **Assimilattransport...317**

10.2 **Bildung und Abbau von Speicherstoffen...321**
10.2.1 Speicherpolysaccharide...321
10.2.2 Speicherlipide...323
10.2.3 Speicherproteine...329

10.1 Assimilattransport

In den Blättern enden die Leitbahnen in feinsten Verästelungen im Mesophyll (Abb. **7.9** S. 241), sie befinden sich also in unmittelbarer Nähe zu den Orten der Photosynthese, und Assimilate müssen bestenfalls – durch Plasmodesmata hindurch – 2–3 Zellen durch Diffusion überwinden, bevor sie eine Siebzelle oder eine Siebröhre erreichen und damit in den Langstreckentransport eingespeist werden können. Es ist zweckmäßig, diesen Prozeß in drei Abschnitte einzuteilen:

- Beladen der Siebelemente mit Assimilaten am Bildungsort (engl.: source),
- Transport vom Bildungs- zu den Verbrauchsorten (source to sink) und
- Entladen der Assimilate an den Verbrauchsorten (engl.: sink).

Die Be- und die Entladungsphase sind dabei jeweils von besonderer Bedeutung für das generelle Verständnis des Transportmechanismus und seiner Richtung.

▌Siebelemente können auf apoplasmatischem und auf symplasmatischem Weg be- und entladen werden.

Besonders gut untersucht ist der Transport der Kohlenhydrate, insbesondere der beiden häufigsten Transportzucker Saccharose und Raffinose (Abb. **1.14** S. 21), deren Transport hier exemplarisch dargestellt wird (Abb. **10.1**). Apoplasmatische Beladung, die häufiger vorkommende und effektivere Variante, tritt besonders bei Arten auf, die Kohlenhydrate überwiegend als Saccharose und Stickstoff in Form proteinogener Aminosäuren transportieren, symplasmatische Beladung bei Arten, die neben

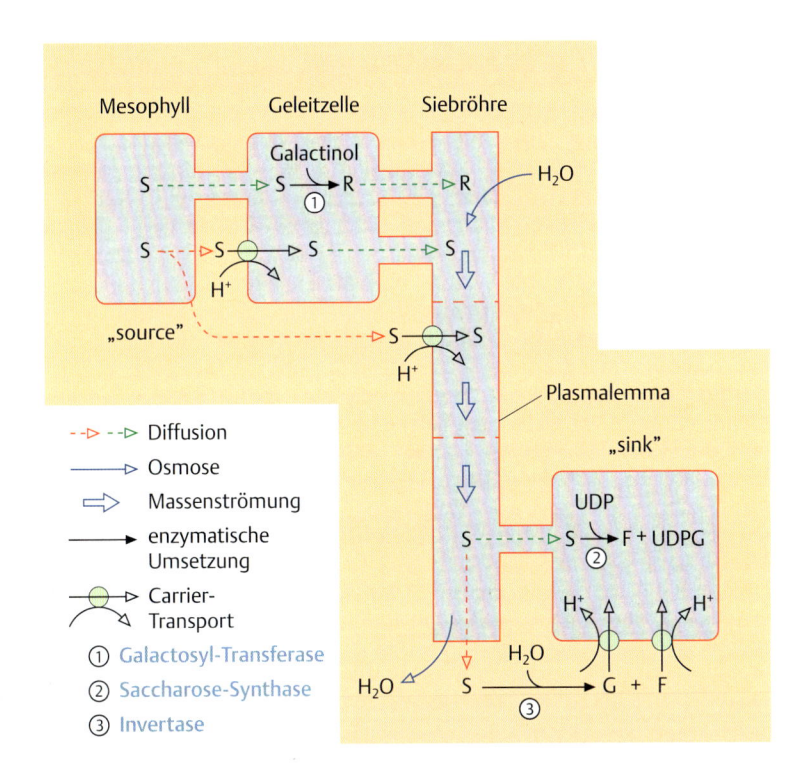

Abb. 10.1 Modell der Be- und Entladung der Siebelemente. Apoplasmatischer Bereich der Zellwände hellbraun unterlegt, Symplast grau. Die Siebplatten zwischen Siebröhrengliedern sind nur angedeutet. S Saccharose, R Raffinose, G Glucose, F Fructose, UDPG Uridindiphosphoglucose.

Saccharose nennenswerte Mengen an Saccharosegalactosiden, also Zuckern der Raffinose-Familie, und Stickstoff in Form von Aminosäurederivaten transportieren. Bei Arten mit **symplasmatischer Beladung** diffundieren die Assimilate durch Plasmodesmata, die bei diesen Arten in besonders großer Zahl vorhanden sind, aus den assimilatproduzierenden Zellen über die Geleitzellen in die Siebelemente. Dem thermodynamischen Problem, daß es bei reiner Diffusion nicht zu einer Assimilatanreicherung in den Siebelementen, sondern bestenfalls zum Konzentrationsausgleich kommen kann, begegnen diese Pflanzen durch metabolischen Umsatz der Assimilate auf dem Weg in die Siebelemente. So wird Saccharose in Zucker vom Raffinose-Typ umgewandelt, wahrscheinlich in den die Siebelemente umgebenden Zellen, wie z. B. den Geleitzellen. Dadurch bleibt der Konzentrationsgradient der Saccharose steil, und sie wird ständig aus dem Mesophyll nachgeliefert. Eine ähnliche Funktion dürfte wohl die Umwandlung der proteinogenen Aminosäuren in verschiedene Derivate (z. B. Citrullin bei den Cucurbitaceen) haben.

Effektiver ist die **apoplasmatische Beladung** der Siebelemente. Dabei werden die Assimilate – ob durch bloße Diffusion oder proteinvermittelt ist nicht bekannt – in den Apoplasten der Mesophyllzellen entlassen und aus diesem durch sekundär aktive Translokatoren im Symport mit Protonen entweder in die Geleitzellen oder direkt in die Siebelemente transportiert. Die Energie stammt aus der protonmotorischen Kraft, die durch Protonenpumpen unter Verbrauch der Energie von ATP erzeugt wird (Kap. 6.2.2 und Abb. **6.8** S. 220). Die Wirksamkeit der apoplasmatischen Beladung ist demnach einerseits die Folge der hohen Anreicherung von Assimilaten in den Siebelementen durch aktiven Transport und andererseits bedingt durch die dadurch niedrige apoplasmatische Assimilatkonzentration, wodurch ein maximaler Diffusionsgradient zwischen Mesophyllzelle und dem Apoplasten aufrechterhalten wird. Ähnlich wie in Abb. **10.1** für Saccharose gezeigt, also durch sekundär aktive Translokatoren bewirkt, werden in Arten mit apoplasmatischer Beladung wahrscheinlich nicht nur Kohlenhydrate, sondern auch die anderen Assimilate in den Siebelementen angereichert.

Als Folge der geschilderten Prozesse reichert sich der Inhalt der Siebelemente mit einer Vielzahl von Assimilaten an, weiterhin mit zahlreichen Mineralien sowie anderen organischen Substanzen (z. B. Nucleotiden, Vitaminen, Hormonen) und Makromolekülen (Box **10.1**).

An den Verbrauchsorten (exemplarisch wiederum für Saccharose gezeigt) kann entweder eine symplasmatische Entladung – durch Plasmodesmata – oder eine apoplasmatische Entladung der Siebelemente stattfinden. **Symplasmatische Entladung** ist charakteristisch für Gewebe, in denen die Assimilate in den allgemeinen Zellstoffwechsel eingeschleust werden. Durch direkte Verstoffwechselung der Assimilate in den aufnehmenden Zellen wird wahrscheinlich deren Diffusion aus den Siebelementen unterstützt. Im gezeigten Beispiel (Abb. **10.1**) wird Saccharose durch Saccharose-Synthase mit UDP als Cosubstrat in Fructose und UDPG zerlegt. Fructose kann z. B. zur Energiegewinnung in die Glykolyse eingespeist (Kap. 11.2) und UDPG zur Cellulosebiosynthese verwendet werden (Abb. **2.37** S. 92).

Die effektivere **apoplasmatische Entladung** ist charakteristisch für Speichergewebe. Aus den Siebelementen (durch Diffusion?) in den Apoplasten entlassene Saccharose wird durch eine extrazelluläre **Invertase** hydrolytisch in Glucose und Fructose zerlegt. Die beiden Monosaccharide werden über den gleichen Hexose-Translokator im Symport mit Protonen, also wieder sekundär aktiv, in den Zellen der Speichergewebe angerei-

> **Box 10.1 Aphidentechnik und Assimilattransport**
>
> Blattläuse (Aphiden) stechen treffsicher ausschließlich Siebzellen oder Siebröhren an, um sich von deren Inhalt zu ernähren. Da die Siebelemente turgeszent sind, wird ihr Inhalt durch den Aphidenrüssel in den Darmtrakt des Tieres gedrückt (die Läuse müssen also nicht saugen!), wo ihm insbesondere stickstoff- und schwefelhaltige Verbindungen, Vitamine und Mineralien entzogen werden. Die überschüssige, noch stark zuckerhaltige Flüssigkeit wird von den Tieren als „Honigtau" ausgeschieden, von dem sich dann wiederum Ameisen ernähren. Im Sommer sind unter Bäumen parkende Autos oft nach kurzer Zeit von den klebrigen Honigtautröpfchen übersät.
>
> Zur Analyse des unverfälschten Inhalts der Siebelemente trennt man die Laus vom eingestochenen Rüssel mit einem hochfokussierten Laserstrahl ab und nimmt die aus dem Rüsselstumpf austretende Flüssigkeit mit einer Mikropipette auf (Abb.). Sie stellt eine 10–25%ige wäßrige Lösung sehr unterschiedlicher organischer und anorganischer Substanzen dar, darunter mehr als 200 verschiedene Proteine, von denen die meisten nur in Siebelementen gefunden werden. Etwa 90% der Trockensubstanz besteht aus Zuckern, meist Saccharose, aber auch Zuckern der Raffinose-Familie (z. B. bei den Cucurbitaceen, Betulaceen und Ulmaceen) und z. T. zusätzlich Zuckeralkoholen (Sorbit bei einigen Rosaceen, Mannit bei Oleaceen u. a.).
>
> Die restliche Trockensubstanz besteht neben Proteinen aus – meist proteinogenen – Aminosäuren, überwiegend Glutamin, Glutamat und Aspartat, ferner Nucleotiden (insbesondere ATP), organischen Säuren, Vitaminen und Mineralien (viel K^+). Die Siebelemente werden heute auch als Verbreitungsbahnen für Signalstoffe diskutiert. So findet man im Assimilatstrom nahezu alle Phytohormone (Kap. 16), regulatorische Peptide wie das Systemin der Tomate (Tab. **16.4** S. 649) und sogar Regulatorproteine. So soll das Blühhormon der Blütenpflanzen, Florigen, ein regulatorisches Protein sein, das auf einen photoperiodischen Reiz hin im Blatt gebildet und in die Siebelemente transportiert wird, wo es mit dem Assimilatstrom in das Sproßmeristem gelangt. 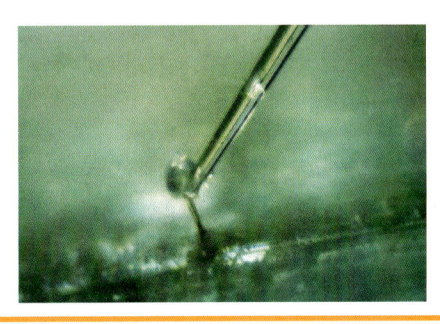
>
> Originalaufnahme J. Fromm, mit freundlicher Genehmigung.

chert und dort in Speicherpolysaccharide umgewandelt, vor allem in Stärke (S. 39). Auch die angelieferten Aminosäuren dürften am Entladungsort sekundär aktiv in die Zellen der Verbrauchsgewebe aufgenommen werden.

Am Beladungsort herrscht demnach in den Siebelementen eine höhere Assimilatkonzentration als am Entladungsort. Die Folge ist – bedingt durch osmotischen Wassereinstrom am Ort der Beladung und osmotischen Wasserausstrom am Ort der Entladung – eine Turgordifferenz zwischen „source" und „sink". Diese Differenz des hydrostatischen Drucks setzt in den Siebelementen eine Massenströmung des Siebröhren-/Siebzelleninhalts von „source to sink" in Gang, wie man sich leicht am Modell klarmachen kann (Abb. **10.2**). Dies besagt die von E. Münch aufgestellte **Druckstromtheorie**, für die zahlreiche experimentelle Belege existieren. Sie erklärt, warum die Richtung des Assimilattransports den jeweiligen

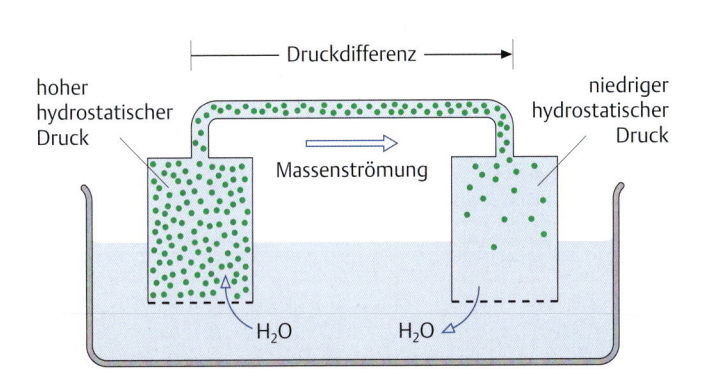

Abb. 10.2 Modell der Münchschen Druckstromtheorie. Am Beladungsort der Siebelemente baut sich durch den osmotischen Wassereinstrom ein höherer hydrostatischer Druck (Turgor) auf als am Entladungsort, an dem Wasser osmotisch aus den Siebelementen austritt. Die Druckdifferenz setzt eine Massenströmung in Gang. Im Modell wird dies durch zwei miteinander verbundene Pfeffersche Zellen erreicht, von denen die eine eine hohe Konzentration an osmotisch wirksamen Substanzen (grüne Punkte) und die andere lediglich Wasser enthält. Flüssigkeit (Wasser und die darin gelösten Osmotika) strömt von der linken zur rechten Zelle.

Ernährungsverhältnissen angepaßt wird. Wenig verstanden sind allerdings die Vorgänge an den Siebplatten der Siebröhren bzw. an den schräggestellten Wänden zwischen Siebzellen, die ja einer freien Strömung des Siebelement-Inhalts einigen Widerstand entgegensetzen sollten. Dennoch strömt der Inhalt der Siebelemente mit der erheblichen Geschwindigkeit von etwa 50–150 cm h^{-1}, was annähernd einem kompletten Wechsel des Inhalts eines Siebröhrengliedes pro Sekunde entspricht.

Produktions- und Verbrauchsorte für Assimilate unterliegen entwicklungsbedingten und jahreszeitlichen Veränderungen. Dies sei am Beispiel der Sproßspitzen eines Laubbaumes im Jahreszeitengang erläutert (Abb. **10.3**). Während des Blattaustriebs im Frühjahr werden die Meristeme und die sich entwickelnden Blätter von Assimilaten ernährt, die aus Speichergeweben, insbesondere dem Phloemparenchym, stammen: Die Siebelemente transportieren in akropetaler Richtung (Abb. **10.3a**). Junge, expandierende Blätter (Abb. **10.3b**) produzieren die für das Wachstum benötigten Assimilate selbst, während die Meristeme weiterhin aus den vorjährigen Speichern versorgt werden. Mit abgeschlossener Entwicklung (Abb. **10.3c**) beginnen die Blätter, überschüssige Assimilate zu exportieren, und zwar einerseits in akropetaler Richtung zur Versorgung der jungen, nachwachsenden Blätter und der Meristeme, aber nun auch in basipetaler Richtung zur Wiederauffüllung der Speicher.

Ein Laubblatt durchläuft also eine Entwicklung vom „sink"-Organ, das Assimilate importiert, zum „source"-Organ, welches exportiert. Ständige „sink"-Gewebe sind die Meristeme und die Kambien. Im Sommer und Herbst treten dann Speichergewebe und -organe als weitere „sinks" hinzu: insbesondere das Phloemparenchym, ferner vegetative Speicher-

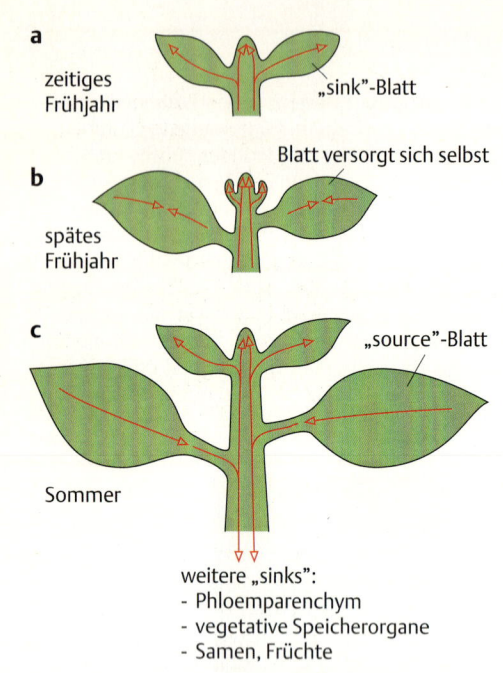

Abb. 10.3 Jahresgang des Assimilattransports in einer Sproßspitze. Rote Pfeile: Richtung des Assimilattransports.

Box 10.2 Zirkulation des Wassers im Rizinuskeimling

Ein Teil des Wassers in der Pflanze zirkuliert zwischen den Leitbahnen des Phloems und des Xylems, dies konnte durch computertomographische Untersuchungen an 6 Tage alten Rizinuskeimlingen nachgewiesen werden. Die Keimlinge wurden zur Absenkung der Transpiration in einer Atmosphäre mit 95 % relativer Luftfeuchtigkeit gehalten. In den Keimlingen ließen sich vier Komponenten des Wasserhaushalts unterscheiden (Abb.): Der Wasserfluß im Xylem, der Wasserverlust durch Transpiration, der Wasserbedarf zur Deckung der wachstumsbedingten Volumenzunahme des Keimlings („Wachstumswasser") und der Fluß in den Siebelementen. Wie aus den Prozentangaben in der Abbildung hervorgeht, entsprach die Summe der Anteile des Wachstumswassers (13 %) + Fluß im Phloem (45 %) + Transpiration (42 %) genau dem Fluß im Xylem (als 100 % gesetzt). Mit anderen Worten: 45 % des gesamten mobilen Wassers befand sich in einem Kreislauf zwischen Xylem und Phloem.

Um eine ausgeglichene Wasserbilanz zu gewährleisten, muß nur das durch Transpiration verlorengehende Wasser durch Aufnahme aus dem Boden nachgeliefert werden. Selbst bei völlig fehlender Transpiration würde der interne Wasserkreislauf ausreichen, um den Mineralientransport im Xylem und den Assimilattransport im Phloem aufrechtzuerhalten.

Auch in älteren Pflanzen dürften ähnliche Verhältnisse herrschen, allerdings wird der Wasseraustausch zwischen Xylem und Phloem, den jeweiligen „source/sink"-Verhältnissen entsprechend, meist kleinräumig erfolgen.

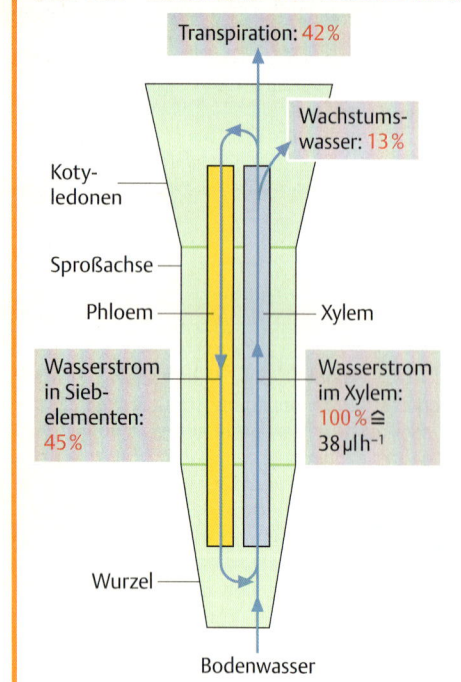

Abb. nach Daten von Köckenberger et al. 1997.

organe (z. B. Rüben, Knollen, Zwiebeln, Rhizome) sowie schließlich die Früchte und Samen.

Der „sink"-Zustand wird hormonell festgelegt: Assimilatimportierende Gewebe zeichnen sich durch einen hohen Gehalt an **Cytokininen** aus, einer Gruppe zellteilungsfördernder Phytohormone (Kap. 16.3). Cytokinine induzieren die Bildung der **Zellwandinvertase**, dies führt zu vermehrter Saccharosespaltung und somit Saccharoseentnahme aus den Siebelementen (Abb. 10.1) und als Folge zu einem Nachstrom der Assimilate zum Ort der Saccharoseentnahme. Man spricht von der **Attraktionswirkung** der Cytokinine. Da es zugleich zu einer Rückhaltung der Assimilate in den cytokininreichen Geweben kommt, besitzen diese Phytohormone auch eine **Retentionswirkung**. Beides läßt sich im Experiment eindrucksvoll zeigen (Abb. 10.4). Durch Cytokinine wird also die Teilungsaktivität und damit die Wachstumsintensität eines Gewebes mit dessen Assimilatversorgung gekoppelt.

Die Massenströmung in den Siebelementen erfordert an Orten der Beladung einen osmotischen Einstrom von Wasser, das letztlich über die Gefäße, also das Xylem angeliefert wird (Kap. 7.4). An Keimlingen konnte gezeigt werden, daß ein erheblicher Teil des Wassers in den Leitelementen von Xylem und Phloem einen Kreislauf bildet (Box 10.2). Diese Situation ist sicher auch für spätere Entwicklungsstadien gegeben, wobei allerdings der Wasseraustausch zwischen Xylem und Phloem je nach den lokalen „source/sink"-Verhältnissen in der Regel regional begrenzt ist, sodaß man sich viele und sich – z. B. im Tag-Nacht-Rhythmus – dynamisch verändernde Minikreisläufe vorzustellen hat und keinen einheitlichen Makrokreislauf, der den gesamten Organismus umfaßt.

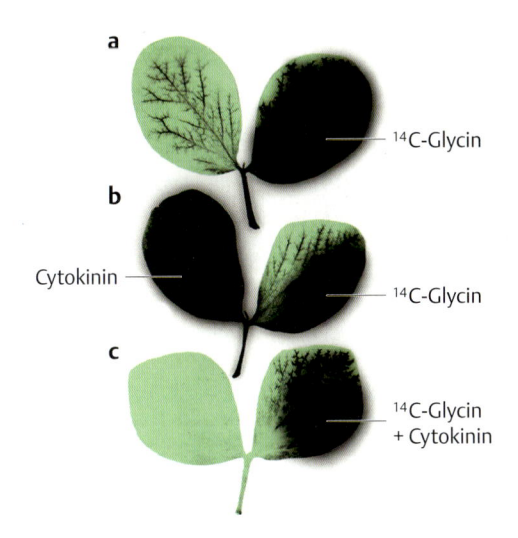

Abb. 10.4 Nachweis der Attraktions- und Retentionswirkung der Cytokinine. Auf die jeweils rechte Fieder eines Fiederblatts der Saubohne (*Vicia faba*) wurde die mit Kohlenstoff-14 radioaktiv markierte Aminosäure Glycin aufgetragen (^{14}C-Glycin). Die Verteilung der Radioaktivität wurde nach wenigen Stunden autoradiographisch ermittelt und zeigt sich anhand der Schwärzung des entwickelten Röntgenfilms. Zur Verdeutlichung Fiederblatt hellgrün unterlegt. **a** Ohne zusätzliche Cytokininbehandlung wird der Großteil der Radioaktivität in der behandelten Blattfieder gefunden. Ein Teil jedoch wurde in die unbehandelte Fieder und durch den Blattstiel aus dem Fiederblatt hinaus transportiert. **b** Wie **a**, jedoch linke Blattfieder zusätzlich mit Cytokinin behandelt. Es ist zu einem massiven Transport des radioaktiven Glycins vom Applikationsort (rechte Fieder) in die cytokininbehandelte Fieder gekommen (Attraktionswirkung des Cytokinins). **c** Radioaktives Glycin und Cytokinin auf dieselbe Stelle appliziert. Es kommt zu keinerlei Transport von radioaktivem Material aus der behandelten Blattfieder hinaus (Retentionswirkung des Cytokinins) (unter Verwendung eines Originalautoradiogramms von K. Mothes).

10.2 Bildung und Abbau von Speicherstoffen

Die angelieferten Assimilate werden in den Speichergeweben meist in polymere und damit osmotisch unwirksame Form überführt, in Speicherkohlenhydrate und Speicherproteine. Ein Teil des reduzierten Kohlenstoffs wird in Triglyceride umgewandelt, die in Oleosomen (S. 77) abgelagert werden. Speicherkohlenhydrate, Speicherproteine und Triglyceride sind auch – zu unterschiedlichen Anteilen – die vorherrschenden Speichersubstanzen in den Samen (Tab. 18.4 S. 761). Überwiegend Kohlenhydrate speichern z. B. die Leguminosensamen und die Karyopsen (Früchte) der Poaceae, also u. a. die Getreide, erhebliche Mengen oder überwiegend Triglyceride speichern z. B. Samen der Sojabohne (*Glycine max*), der Erdnuß (*Arachis hypogaea*), Achänen (Früchte) der Sonnenblume (*Helianthus annuus*), Leinsamen (*Linum usitatissimum*), Rizinussamen (*Ricinus communis*) und Oliven (Steinfrüchte des Ölbaums, *Olea europaea*). Nur vereinzelt werden lösliche Verbindungen in großen Mengen als Speicherstoffe verwendet. Kohlenhydrate in Form von Saccharose speichern z. B. Zuckerrohr (*Saccharum officinalis*) und Zuckerrübe (*Beta vulgaris*).

10.2.1 Speicherpolysaccharide

In allen Pflanzen dient Stärke als Hauptspeicherpolysaccharid, daneben kommen aber weitere Speicherpolysaccharide vor (S. 39). Speicherstärke wird in Leukoplasten gebildet. Stärkegefüllte Leukoplasten nennt man Amyloplasten (Abb. 2.32 S. 88). Neben der Speicherfunktion kommt den Amyloplasten auch eine Funktion als Statolithen zu (Kap. 5.3.1).

Stärkebiosynthese: Stärke besteht aus den beiden Komponenten Amylose und Amylopektin, die in wechselnden Anteilen vorliegen können (Abb. **1.33** S. 39). Amylose entsteht sekundär durch partiellen Abbau des Amylopektins. Amylopektin wird durch eine Abfolge von Kettenverlängerungsreaktionen, katalysiert durch **Stärke-Synthase**, und Verzweigungsreaktionen, katalysiert durch das **Verzweigungsenzym**, in Baumstruktur aufgebaut und in Schichten abgelagert (Abb. **10.5**).

Zur Kettenverlängerung werden aus ADPG als Donor Glucosemonomere in [α1→4]-glykosidischer Bindung an das nichtreduzierende Ende einer [α1→4]-Glucankette angehängt. Bei der Verzweigungsreaktion wird wenige Monomere vom nichtreduzierenden Ende entfernt eine [α1→4]-glykosidische Bindung gespalten und das kurze Spaltstück in [α1→6]-glykosidischer Bindung nahe dem neuen nichtreduzierenden Ende wieder angefügt, wodurch sich eine Verzweigungsstelle bildet, deren kurze Enden durch die Stärke-Synthase verlängert werden, bis erneut eine Verzweigungsreaktion erfolgt, usw.

Amylose wird aus Amylopektin gebildet, indem [α1→6]-glykosidische Bindungen durch das Enzym **Isoamylase** gespalten werden. Die freigesetzten Amylosemoleküle verbleiben in den Zwischenräumen der Amylopektin-Schichten (Abb. **1.33** S. 39). Im Grunde handelt es sich bei der von Isoamylase katalysierten Reaktion bereits um einen partiellen Stärkeabbau, der schon während der Aufbauphase der Stärkekörner erfolgt.

Stärkeabbau: Amylose und Amylopektin können auf 2 Wegen abgebaut werden: Der **phosphorolytische Stärkeabbau** erfolgt durch Stärke-Phosphorylase, der **hydrolytische Stärkeabbau** durch Amylasen. In den meisten stärkeabbauenden Geweben finden sich beide Wege in unterschiedlichen Anteilen. So wird Assimilationsstärke des nachts sowohl hydrolytisch als auch phosphorolytisch abgebaut. Ausschließlich hydrolytisch erfolgt der Stärkeabbau in den keimenden Karyopsen (Früchten) der Poaceen, ganz überwiegend phosphorolytisch wird Stärke beim Austreiben der Sproßknollen der Kartoffel (*Solanum tuberosum*) abgebaut.

Phosphorolytischer Abbau der Stärke: Stärke-Phosphorylase spaltet die [α1→4]-glykosidische Bindung an den nichtreduzierenden Enden von Amylose oder Amylopektin unter Einlagerung von Phosphat in die glykosidische Bindung. Reaktionsprodukte sind α-D-Glucose-1-phosphat und das um 1 Monomer verkürzte Glucan. Glucose-1-phosphat kann im Stoffwechsel direkt weiter umgesetzt werden, z.B. in der Glykolyse (Kap. 11.2). [α1→6]-Verzweigungen kann das Enzym weder spalten noch überspringen. Daher baut Stärke-Phosphorylase zwar Amylose ganz ab, Amylopektin jedoch nur unvollständig bis zu den Verzweigungen: Es bleibt ein sog. Grenzdextrin übrig. Erst nach enzymatischer Spaltung der [α1→6]-glykosidischen Bindungen an der Peripherie des Grenzdextrins kann der phosphorolytische Abbau fortgesetzt werden, bis erneut eine Verzweigungsschicht erreicht wird, usw.

Hydrolytischer Abbau der Stärke: Im Unterschied zum phosphorolytischen Abbau, bei dem die Energie der glykosidischen Bindung in der Säureglykosid-Bindung des Glucose-1-phosphats erhalten bleibt, liefert der hydrolytische Abbau unter Verlust der Energie der glykosidischen Bindungen Spaltstücke mit freien reduzierenden Enden. Die beteiligten Enzyme lassen sich in drei Gruppen einteilen: α-Amylasen, β-Amylasen und Isoamylasen. Amylasen liefern als kürzeste Spaltstücke Disaccharide. **α-Amylase** ist eine Endoamylase, die im Inneren von Amylose- und Amylopektinmolekülen [α1→4]-glykosidische Bindungen spaltet und Amylose schließlich ganz in das Disaccharid Maltose (Abb. **1.16** S. 21) und Amylopektin ebenfalls vollständig unter Bildung von Maltose und

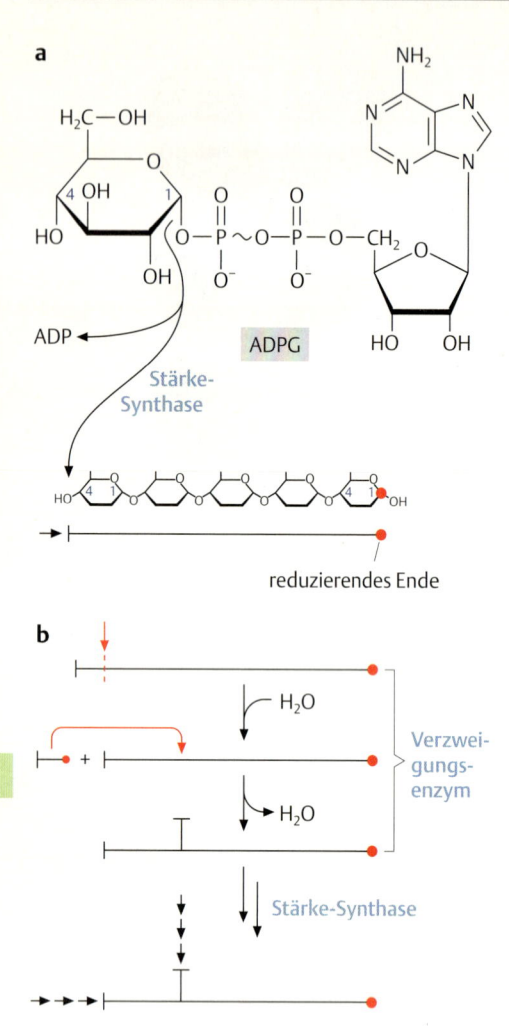

Abb. 10.5 Bildung der Stärke. a Kettenverlängerungsreaktion der Stärke-Synthase, Glucankette vereinfacht dargestellt. ADPG Adenosindiphosphoglucose. **b** Amylopektinbiosynthese. Bildung der [α1→6]-Verzweigung durch das Verzweigungsenzym und Kettenverlängerung durch Stärke-Synthase. Reduzierende Enden rot.

Isomaltose spaltet. Isomaltose ist ein Isomeres der Maltose, bei dem die beiden Glucose-Monomere [α1→6]-glykosidisch verknüpft sind. Sie geht aus den Verzweigungsstellen des Amylopektins hervor. **Maltase** und **Isomaltase** schließlich setzen aus den beiden Disacchariden durch Hydrolyse je zwei Moleküle Glucose frei.

β-Amylase ist ein Exoenzym. Es spaltet vom nichtreduzierenden Ende von Amylose und Amylopektin Maltose-Einheiten ab. Amylose kann ganz, Amylopektin nur bis zum Grenzdextrin abgebaut werden, da β-Amylase [α1→6]-Verzweigungen weder hydrolysieren noch überspringen kann. Die [α1→6]-Verzweigungen des Grenzdextrins hydrolysiert Isoamylase (s. o.).

Gut untersucht ist die hormonelle Kontrolle der α-Amylase-Bildung in keimenden Karyopsen der Poaceen, die de novo erfolgt, d. h. es kommt zur Induktion der Neubildung des Enzyms. Dieser Prozeß wird durch Gibberelline (Kap. 16.5.2) induziert, die vom Embryo zu Beginn der Keimung produziert und in das Endosperm abgegeben werden (Plus **2.2** S. 76 und Abb. **16.19** S. 617).

Da als Endprodukt des hydrolytischen Abbaus der Stärke letztlich Glucose anfällt, im weiteren Zuckerstoffwechsel (Abb. **11.2** S. 334) jedoch meist Zuckerphosphate benötigt werden, die aus einfachen Zuckern unter ATP-Verbrauch gebildet werden müssen, erscheint unter energetischen Gesichtspunkten der hydrolytische Abbauweg zunächst ungünstig. In abgestorbenem Gewebe, wie es z. B. das Stärkeendosperm der Karyopsen darstellt, ist der hydrolytische Abbau jedoch günstiger, denn die gebildete Glucose kann durch einen Protonen-Hexose-Symporter sekundär aktiv in die lebenden Zellen des Keimlings importiert werden (vgl. die Verhältnisse bei der apoplasmatischen Phloementladung, Abb. **10.1** S. 317). Dazu wird 1 Wasserstoff-Ion pro Molekül Glucose benötigt. Theoretisch würde ein Protonen-Glucose-1-phosphat-Symporter für den Transport mindestens 3 H^+-Ionen benötigen: 2 zur Kompensation der beiden negativen Ladungen der Phosphatgruppe und 1 weiteres, damit überhaupt ein Antrieb durch protonmotorische Kraft gegeben ist (eine überschüssige positive Ladung). Da aber für ein über die Membran transportiertes H^+-Ion 1 Molekül ATP gespalten werden muß, würde der Transport eines Moleküls Glucosephosphat letztlich 3 ATP erfordern, der Transport eines Moleküls Glucose dagegen erfordert nur 1 ATP, wozu noch ein weiteres zur Überführung der Glucose in Glucosephosphat kommt.

10.2.2 Speicherlipide

Reduzierter Kohlenstoff kann in Form von Triglyceriden sehr kompakt und vor allem wasserfrei gespeichert werden. Speicherorganellen sind die Oleosomen. Die gleiche Anzahl C-Atome als Kohlenhydrat gespeichert würde mehr Platz erfordern, zudem sind noch die Hydrathüllen um die polaren Zuckermoleküle zu berücksichtigen. Es verwundert daher kaum, daß insbesondere Pflanzen, die kleine Samen bilden – die sich leichter verbreiten lassen als große – in den Samen bevorzugt Triglyceride und nicht Kohlenhydrate als C-Speicher deponieren. In gewissem Umfang sind jedoch alle Pflanzenzellen in der Lage, Speicherlipide zu bilden und zu lagern, wie sie auch zur Bildung ihrer Membranlipide befähigt sind. Speicher- und Membranlipide entstehen in den Bedarfszellen, sie werden nicht über größere Distanzen transportiert.

Biosynthese: Triglyceride entstehen in der Zelle im glatten endoplasmatischen Reticulum (gER), welches triglyceridgefüllte Oleosomen abschnürt (Kap. 2.5.1, Box **2.4** S. 77 und Abb. **10.7**). Triglyceride bestehen aus einem Glycerinmolekül, das an jeder seiner drei Hydroxylgruppen in Esterbindung eine gesättigte oder ungesättigte Fettsäure trägt (Struktur, Abb. **1.18b** S. 23).

> Die Vorstufen des Glycerins werden ebenso wie die der Fettsäuren aus dem Abbau von Kohlenhydraten gewonnen, die in den Photosynthesegeweben gebildet und bereits dort z.T. in Lipide umgewandelt oder aber mit dem Assimilattransport in die Lipidspeichergewebe transportiert werden.

Allerdings ist nicht Glycerin, sondern **Glycerin-3-phosphat** Ausgangspunkt der Triglyceridbiosynthese (Abb. **10.6**). Glycerin-3-phosphat wird durch Reduktion von Dihydroxyacetonphosphat gebildet, welches aus der Glykolyse stammt (Kap. 11.2). Zuerst erfolgt die Veresterung der beiden freien Hydroxylgruppen des Glycerin-3-phosphats, danach erst, unter Abspaltung der Phosphatgruppe, die der dritten. Diese Reaktionen laufen in der Membran des gER ab. Die drei Fettsäurereste eines Triglyceridmoleküls können identisch oder aber – in der Regel – unterschiedlich sein. Die mittlere Fettsäure ist praktisch immer ungesättigt. In der Regel sind in Triglyceriden Fettsäuren mit 18 oder 20 Kohlenstoffatomen und bis zu 3 Doppelbindungen zu finden. Kürzere und längere Fettsäuren sind seltener.

Pflanzen bilden Fettsäuren de novo nur in Plastiden, vor allem in den Chloroplasten und in den Proplastiden (Abb. **10.7**). Als Baustein der Fett-

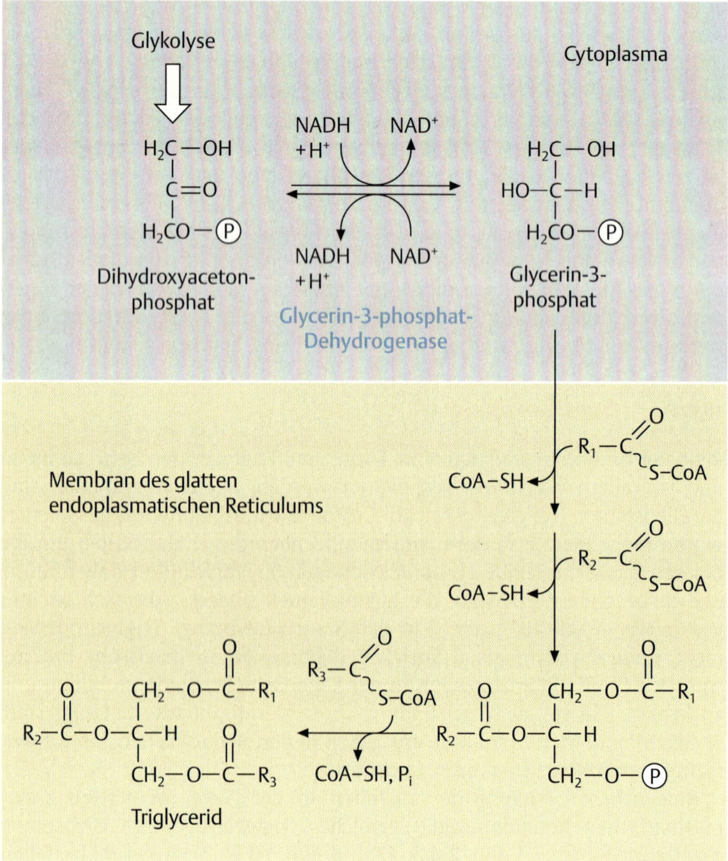

Abb. 10.6 Biosynthese der Triglyceride. CoA-SH Coenzym A mit freier Thiolgruppe (-SH), R-CO-SCoA Fettsäure-Thioester.

säurebiosynthese dient, wie auch bei anderen Organismen, **Acetyl-Coenzym A** (Acetyl-CoA). Dieses wird in Plastiden aus Acetat gebildet, das wahrscheinlich aus dem Acetyl-CoA der Mitochondrien durch Hydrolyse entsteht und von dort über das Cytoplasma in die Plastiden diffundiert. Acetyl-CoA wird in den Mitochondrien durch Decarboxylierung von Pyruvat, dem Endprodukt der Glykolyse (Kap. 11.2), produziert.

Der Ablauf der Fettsäurebiosynthese entspricht dem in anderen Organismen. Die Organisation der beteiligten Enzyme gleicht der in Prokaryoten, d. h. die **„Fettsäure-Synthase"** ist kein zusammenhängender Multienzym-Komplex wie er in Tieren und Pilzen im Cytoplasma vorliegt, sondern besteht aus getrennten Enzymen wie in Bakterien. Die Fettsäure ist während ihrer Synthese an ein Acyl-Carrier-Protein (ACP) als Thioester gebunden.

Die plastidäre „Fettsäure-Synthase" liefert als Endprodukte insbesondere Palmitinsäure (16:0), Stearinsäure (18:0) und Ölsäure (18:1), aber keine Fettsäuren mit mehr als 18 C-Atomen (Zahl vor dem Doppelpunkt)

Abb. 10.7 Fluß des Kohlenstoffs aus Kohlenhydraten in Triglyceride. 16:0 Palmitinsäure, 18:0 Stearinsäure, 18:1 Ölsäure, ACP Acyl-Carrierprotein, gER glattes endoplasmatisches Reticulum, CoA-SH Coenzym A mit freier Thiolgruppe (-SH).

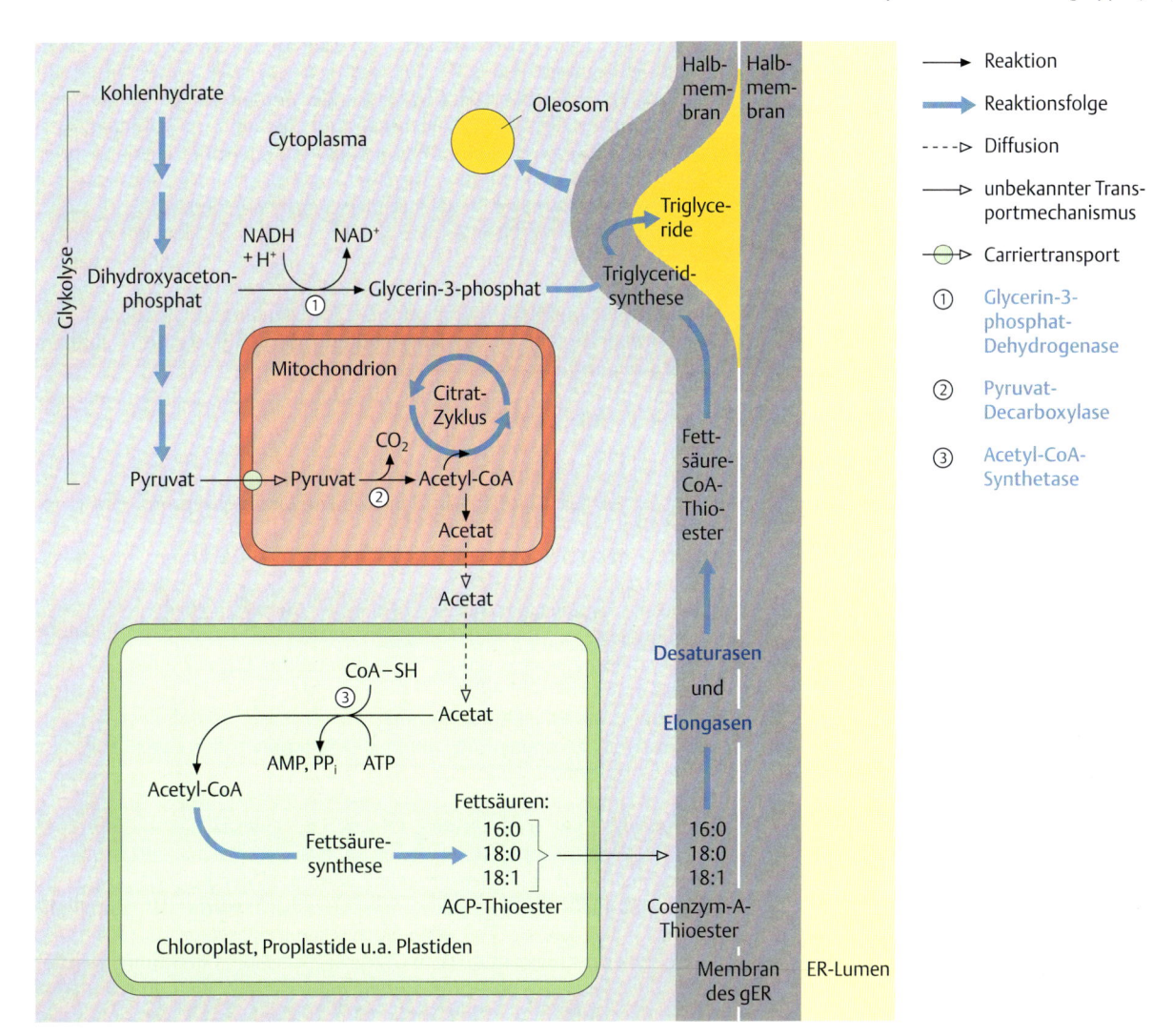

und mehr als 1 Doppelbindung (Zahl hinter dem Doppelpunkt der Kurzschreibweise). Langkettige (> 18 C-Atome) und mehrfach ungesättigte Fettsäuren werden am gER durch **Elongasen** und **Desaturasen** aus den in Plastiden synthetisierten Fettsäuren erzeugt. Damit steht in der Zelle eine Vielzahl gesättigter und ungesättigter Fettsäuren zur Verfügung, die nicht nur für die Triglyceridbildung, sondern auch für die Biosynthese der Membranlipide benötigt werden. Übrigens enthalten Plastidenlipide große Anteile der zweifach bzw. dreifach ungesättigten C18-Fettsäuren Linolsäure (18:2) und Linolensäure (18:3). Diese werden nach ihrer Bildung am gER in die Plastiden importiert und dort zum Aufbau der Membranlipide verwendet. Linolsäure und Linolensäure sind für den Menschen essentielle Fettsäuren, d. h., der menschliche Organismus kann sie nicht selbst herstellen.

Pflanzliche Speicherlipide sind begehrte **Rohstoffe**, deren Anwendungen von der menschlichen Ernährung (Pflanzenfette und -öle) über Zusätze zu zahlreichen Produkten (z. B. Kosmetika, Lacke, Seifen, Waschmittel, Schmieröle u. v. a.) bis zur Verwendung als Treibstoffe („Biodiesel") und Ausgangsmaterialien für Kunststoffe (Plus 10.1) reichen. Ölpflanzen wie der Lein (*Linum usitatissimum*) gehören zu den ältesten Kulturpflanzen der Menschheit.

Abbau von Speicherlipiden: Triglyceride werden aus Bausteinen aufgebaut, die dem Abbau von Kohlenhydraten entstammen. Bei Bedarf werden sie zunächst auch wieder in Kohlenhydrate überführt, die dann ihrerseits dem Bau- und Betriebsstoffwechsel zugeführt werden. Besonders gut sind diese Vorgänge in fettspeichernden Samen untersucht.

In den Zellen fettspeichernder Samengewebe, z. B. den Kotyledonen von Sonnenblumen-Embryos, finden sich im Cytoplasma dichte Ansammlungen von Oleosomen neben zahlreichen Glyoxysomen (Kap. 2.5.5 und Abb. 10.8), sowie viele Mitochondrien. Alle genannten Organellen bzw. Kompartimente sind an der **Umwandlung der Triglyceride in Kohlenhydrate** beteiligt.

Die komplizierte Reaktionsfolge läßt sich zweckmäßig in 6 Abschnitte unterteilen (Abb. **10.9**):

- Hydrolytische Zerlegung der Triglyceride in Glycerin und Fettsäuren durch Lipasen (an der Oleosomenoberfläche),
- Einspeisen des Glycerins in den Kohlenhydratstoffwechsel (im Cytoplasma),
- Abbau der Fettsäuren zu Acetyl-CoA durch β-Oxidation (in Glyoxysomen, Box **16.12** S. 643),
- Bildung von Succinat aus Acetyl-CoA im Glyoxylat-Zyklus (in Glyoxysomen),
- Umwandlung von Succinat in Oxalacetat im Citrat-Zyklus (in Mitochondrien) und schließlich
- Bildung von Phosphoenolpyruvat aus Oxalacetat und dessen Überführung in Kohlenhydrate durch die Reaktionen der Gluconeogenese (im Cytoplasma).

Die **Hydrolyse der Triglyceride** erfolgt von der Oberfläche der Oleosomen aus; die Reaktionsprodukte werden in das Cytoplasma entlassen. Die **Lipasen** binden an die Oleosomenhalbmembran, der Kontakt zu den im Inneren befindlichen Triglyceridmolekülen wird vermutlich durch die Oleosine (Box **2.4** S. 77) erleichtert. Das freigesetzte Glycerin wird durch **Glycerin-Kinase** mit ATP in Glycerin-3-phosphat überführt, welches durch die **Glycerin-3-phosphat-Dehydrogenase**, die auch eine Rolle bei der Triglyceridbildung spielt (Abb. **10.6**), zu Dihydroxyacetonphosphat

---

> **Plus 10.1 Kunststoffe aus pflanzlichen Lipiden**
>
> Eine hier beispielhaft genannte, technisch bedeutsame Fettsäure ist die Erucasäure, eine langkettige, einfach ungesättigte Fettsäure (20:1), die in speziell gezüchteten Rapssorten (*Brassica napus* ssp. *oleifera*) mehr als 50% aller Fettsäuren ausmachen kann. Erucasäure ist u. a. Rohstoff zur Produktion von Nylon 13,13, einem Polyamid-Kunststoff, der u. a. in Kraftfahrzeugen – z. B. für Armaturenbretter, Stoßstangen etc. – verwendet wird (Abb.). Dies ist ein Beispiel für Bestrebungen, durch die Verwendung eines nachwachsenden Rohstoffs zur Kunststoffherstellung die Abhängigkeit von den begrenzten Erdölvorkommen zu reduzieren. Zur Nylon-Herstellung wird Erucasäure an der Doppelbindung durch Ozonolyse (Ozon O_3) oxidativ in zwei Moleküle gespalten, in Pelargonsäure und in Brassylsäure, eine Dicarbonsäure. Letzere wird reduktiv aminiert und das Diamin mit gleichen Teilen Brassylsäure zum Polyamid Nylon13,13 polymerisiert. Die Zahl vor dem Komma gibt die Anzahl der C-Atome des Diamins, die Zahl nach dem Komma die der Dicarbonsäurekomponente an.
>
> $CH_3-(CH_2)_7-CH=CH-(CH_2)_{11}-COOH$
> Erucasäure
>
> Ozonolyse
>
> $CH_3-(CH_2)_7-COOH + HOOC-(CH_2)_{11}-COOH$
> Pelargonsäure   Brassylsäure
>
> reduktive Aminierung
>
> $H_2N-CH_2-(CH_2)_{11}-CH_2-NH_2$
> Diamin aus Brassylsäure
>
> Polymerisation zum Nylon 13,13

oxidiert wird, das dann in die Gluconeogenese eingespeist zur Bildung von Hexosen dient. Die von den Lipasen freigesetzten **Fettsäuren** diffundieren in die Glyoxysomen und werden durch **β-Oxidation** zu Acetyl-CoA abgebaut.

> Die β-Oxidation der Fettsäuren findet in Pflanzen ausschließlich in den Microbodies, also in Glyoxysomen oder Peroxisomen statt (Box **16.12** S. 643). Eine mitochondriale β-Oxidation wie bei Tieren kommt nicht vor.

Die charakteristische Besonderheit der Glyoxysomen besteht im **Glyoxylat-Zyklus** (Abb. **10.10**), in dem das gebildete Acetyl-CoA verwertet wird. Die Netto-Reaktion dieses nur in Glyoxysomen zu findenden Stoffwechselweges besteht – formal – in der Verknüpfung von zwei Acetat-Einheiten zu einem Molekül Succinat. Zwei Enzyme dieses Stoffwechselweges finden sich ausschließlich in den Glyoxysomen, sind also **Leitenzyme** dieses Organellentyps: **Isocitrat-Lyase** und **Malat-Synthase**. Isoformen der übrigen Enzyme kommen auch in Mitochondrien vor und sind dort am Citrat-Zyklus beteiligt (Abb. **11.5** S. 337).

Succinat diffundiert aus den Glyoxysomen und wird über einen Carrier in die Mitochondrien aufgenommen, wo es in den Citrat-Zyklus eingeht (Abb. **10.9**). Durch diese **anaplerotische Reaktion** (Auffüllreaktion) kommt es zu einem Anstieg der Konzentration an Oxalacetat in den Mitochondrien (die Citrat-Synthase-Reaktion wird limitierend, es wird mehr Oxalacetat angeliefert als zu Citrat umgesetzt werden kann, Abb. **11.5** S. 337), und überschüssiges Oxalacetat wird carriervermittelt aus den Mitochondrien ins Cytoplasma abgegeben. Dort wird es durch das Enzym **Phosphoenolpyruvat-Carboxykinase** (PEP-Carboxykinase) unter

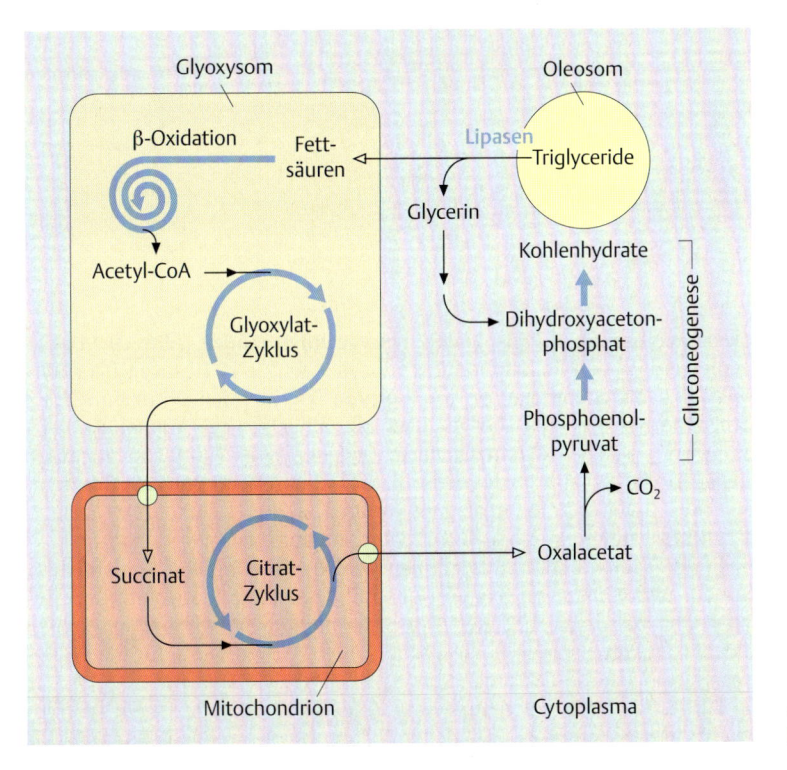

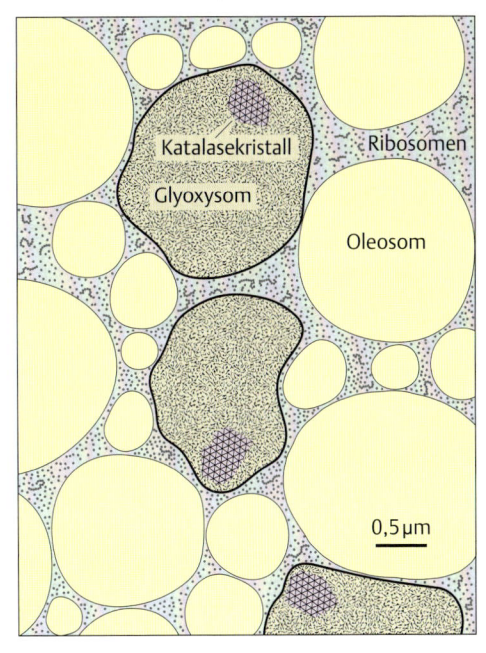

Abb. 10.8 Oleosomen und Glyoxysomen in einer Zelle des fettspeichernden Gewebes von Sonnenblumen-Kotyledonen. Ausschnitt ohne Mitochondrien, leicht schematisch nach elektronenmikroskopischen Aufnahmen.

Abb. 10.9 Umwandlung von Triglyceriden in Kohlenhydrate.

Abb. 10.10 Fettsäurestoffwechsel der Glyoxysomen. Leitenzyme der Glyoxysomen rot.

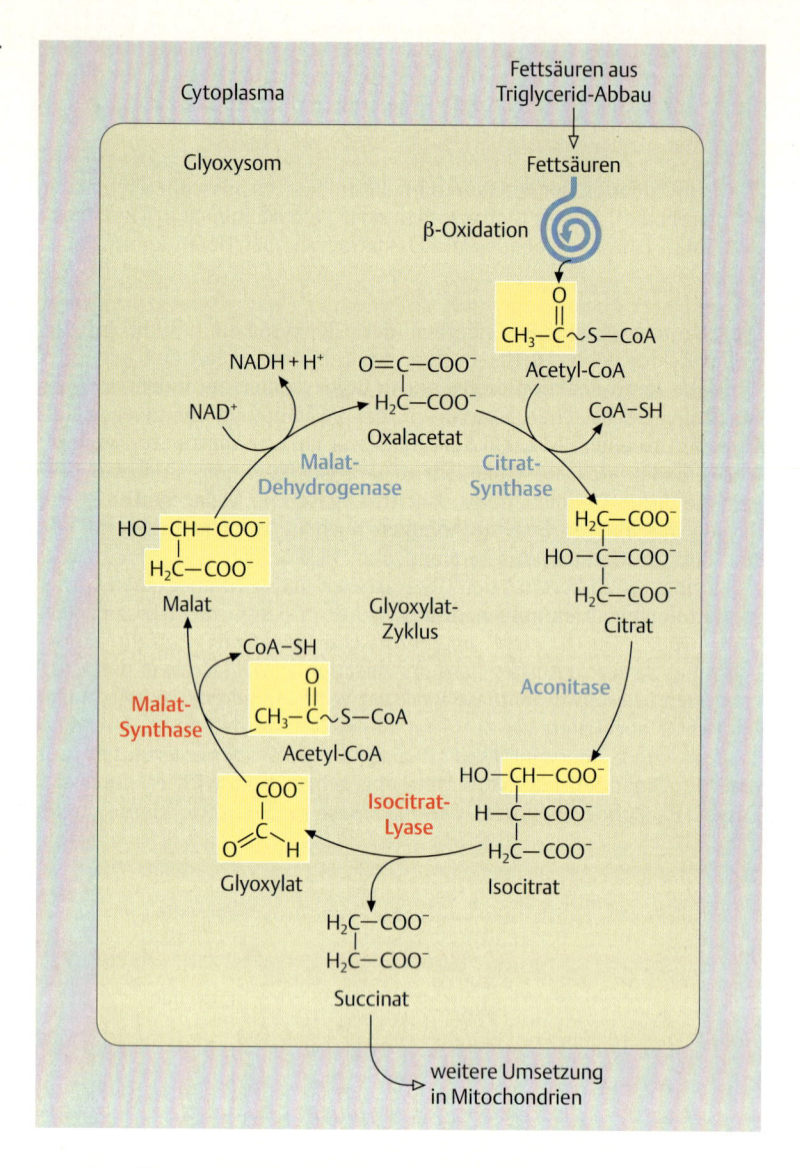

Decarboxylierung in Phosphoenolpyruvat umgewandelt (Abb. **10.11**), das seinerseits in den Reaktionen der Gluconeogenese in Hexosen überführt werden kann, womit die Umwandlung von Triglyceriden in Kohlenhydrate vollständig erfolgt ist. Dabei gelangen allerdings von 4 C-Atomen der Fettsäuren, die sich letztlich im Oxalacetat wiederfinden, nur 3 zur Gluconeogenese, während eines bei der PEP-Carboxykinase-Reaktion als CO_2 freigesetzt wird. Dieser Kohlenstoff geht verloren, sofern er nicht durch Carboxylierungsreaktionen erneut fixiert werden kann.

In lipidspeichernden Kotyledonen wird die Bildung von Kohlenhydraten aus dem Abbau von Triglyceriden mit Beginn der Photosynthese reduziert und bald ganz beendet. Die nicht mehr benötigten Glyoxysomen werden in Peroxisomen umgewandelt (Box **10.3**), die u. a. für die Photorespiration erforderlich sind (Abb. **8.32** S. 282).

Eine Umwandlung von Lipiden in Kohlenhydrate ist nicht nur in lipidspeichernden Samen während der Keimung von großer Bedeutung, sie

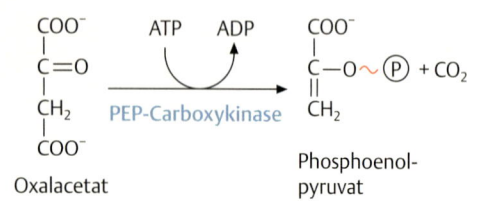

Abb. 10.11 Phosphoenolpyruvat-Carboxykinase-Reaktion.

> **Box 10.3 Ein Organell wandelt sich**
>
> Microbodies (Kap. 2.5.5) treten in Pflanzen als Glyoxysomen oder Peroxisomen auf. Dabei handelt es sich zwar um funktionell unterschiedliche Organellen, sie sind jedoch ineinander umwandelbar. So entstehen aus Glyoxysomen, die im keimenden Embryo und im Keimling, solange dieser im Dunkeln heranwächst, als einzige Microbody-Sorte existieren, nach Belichtung mit Beginn der Photosynthese Peroxisomen. Diese Umwandlung von Glyoxysomen in Peroxisomen ist ökonomisch, denn Enzyme, die in beiden Organelltypen benötigt werden (z. B. die Enzyme der β-Oxidation der Fettsäuren und die in großen Mengen vorkommende Katalase (Abb. **10.8**) können weiter verwendet werden, während neue Enzyme (z. B. der Photorespiration) in das sich wandelnde Organell importiert werden und nicht mehr erforderliche Enzyme (z. B. die des Glyoxylat-Zyklus) verschwinden (Abb.). In vielem ist dieser Prozeß noch unverstanden, z. B. ist unklar, ob nicht mehr benötigte Proteine im Organell abgebaut oder zwecks Abbau an anderem Ort aus dem Organell entfernt werden.
>
> Glyoxysom — Übergangszustand — Peroxisom
>
> ■ Katalase ▲ Enzyme der β-Oxidation ● glyoxysomale Enzyme ● peroxisomale Enzyme

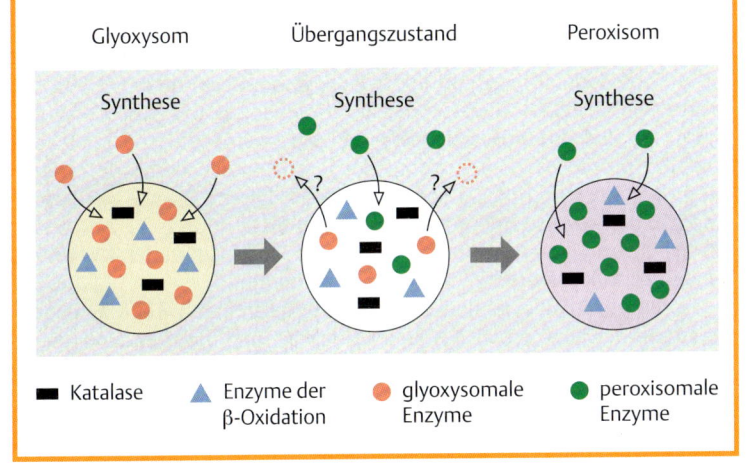

findet auch in Blättern im Herbst statt, wenn rechtzeitig vor dem Blattfall die – nicht transportablen – Speicher- und Membranlipide in Transportkohlenhydrate überführt werden, die aus den Blättern abtransportiert werden. In den Speichergeweben, z. B. im Phloemparenchym und in den Wurzeln, erfolgt die Speicherung reduzierten Kohlenstoffs im Spätsommer und Herbst sowohl in Form von Kohlenhydraten als auch in Form von Triglyceriden. Im Frühjahr, wenn diese Speicherstoffe zum Blattaustrieb wieder mobilisiert werden müssen, ist demnach ebenfalls eine nennenswerte Umwandlung von Triglyceriden in Kohlenhydrate festzustellen.

10.2.3 Speicherproteine

Speicherproteine dienen der Vorratshaltung von Aminosäuren, die durch hydrolytischen Abbau der Proteine freigesetzt werden. Zu finden sind Speicherproteine in großer Menge in Samen, dort vor allem im Endosperm bzw. in Speicherkotyledonen. Sie können einen beträchtlichen Anteil der Samentrockenmasse ausmachen, in Leguminosensamen bis zu 40 % (Tab. **18.4** S. 761). Aber auch in den vegetativen Speichern, z. B. in Wurzeln oder Knollen sowie im Phloemparenchym werden Speicherproteine gebildet und gelagert. Die am Abbau beteiligten Enzyme bauen als **Exopeptidasen** Proteine durch Abspaltung einzelner Aminosäuren vom Carboxylende (**Carboxypeptidasen**) oder vom Aminoende (**Aminopeptidasen**) ab, oder sie spalten im Inneren der Polypeptidketten (**Endopeptidasen**) und zerlegen Proteine so in immer kleinere Peptidbruchstücke (Kap. 15.11.3).

Insbesondere die Samenspeicherproteine weisen ungewöhnliche Strukturen und Aminosäurezusammensetzungen auf. Gründe dafür sind einerseits die Notwendigkeit, diese Proteine in großen Mengen auf kleinem Raum und nahezu wasserfrei zu lagern und andererseits die Tatsache, daß viele Samenspeicherproteine zusätzliche Funktionen besitzen. Samenspeicherproteine sind meist schlecht wasserlöslich, sie bilden große Aggregate und sind oft substituiert, meist durch Kohlenhydratanteile. Einige stellen **Lektine** dar. Darunter versteht man allgemein Proteine, die Kohlenhydrate binden können. Sie sind oft stark toxisch und dienen daher in Samen als Fraßschutzstoffe. Lektine binden z. B. im Darm von Pflanzenfressern (Herbivoren) an Glykoproteine des Darmepithels und stören so dessen Funktion. Sie binden an Erythrocyten und verklumpen (agglutinieren) sie (daher die ältere Bezeichnung Phytohämagglutinine). Einmal in die Blutbahn gelangt, sind Lektine daher von beträchtlicher Giftigkeit. Andere Speicherproteine, z. B. der Kartoffelknolle, wirken als **Proteinase-Hemmstoffe**, sie inaktivieren durch Komplexbildung die proteolytischen Enzyme des Verdauungssystems der Herbivoren. Der Verzehr roher Kartoffeln ist aus diesem Grunde gefährlich. Das **Ricin** der Rizinussamen ist extrem giftig, da es in tierische Zellen einzudringen vermag und dort durch chemische Modifikation der 60S-Untereinheit der Ribosomen die Proteinsynthese hemmt.

Man unterscheidet bei den Samenspeicherproteinen zwei Klassen, die **Prolamine** der Poaceen, also u. a. der Getreide, und die **Globuline**, die in den Samen der meisten übrigen Arten vorherrschen. Prolamine werden im rauhen endoplasmatischen Reticulum (rER) gebildet und werden von diesem in hochkonzentrierter Form in Vesikeln abgegeben, den Proteinkörpern (engl.: protein bodies). Die Globuline hingegen werden vom rER über Vesikel zunächst in den Golgi-Apparat transportiert, von wo sie, ebenfalls in Vesikel verpackt, zu Proteinspeichervakuolen verfrachtet werden (Abb. **2.22** S. 75). Mit der Samenreifung zerfallen die dichtgefüllten Speichervakuolen zu kleinen, membranumschlossenen Proteinkörpern (Plus **18.14** S. 763).

Die Aminosäurezusammensetzung von Speicherproteinen weicht oft von der anderer Proteine ab, sie ist daher für die menschliche Ernährung nicht optimal. So enthalten die Prolamine sehr wenig Lysin, die Globuline sehr wenig Methionin. Ausschließlich pflanzliche Ernährung Heranwachsender bei einem hohen Anteil an Samen u. ä. („Körnerfrüchte") kann daher zu schweren Entwicklungsstörungen führen.

11 Dissimilation

Unter Assimilation wird der Aufbau energiereicher organischer Substanzen aus einfachen, energiearmen anorganischen Vorstufen mithilfe von Licht- oder chemischer Energie verstanden (Photo- bzw. Chemosynthese). Die wichtigsten Energiespeicher sind Kohlenhydrate und die aus Kohlenhydraten gebildeten Speicherlipide (Triglyceride).

Der Abbau energiereicher organischer Substanzen zum Zwecke der Energiegewinnung wird Dissimilation genannt. Da Triglyceride beim Abbau zunächst in Kohlenhydrate überführt werden, genügt es, den Abbau von Kohlenhydraten zu betrachten, um den Vorgang der Dissimilation zu verstehen.

Dissimilation

11.1　Übersicht...333

11.2　Glykolyse...334

11.3　Gärungen...335

11.4　Zellatmung...336

11.5　Kreislauf des Kohlenstoffs...342

11.1 Übersicht

Wie die Kohlenstoff-Assimilation zweckmäßig am Beispiel der Bildung einer Hexose (Glucose) aus 6 Molekülen CO_2 veranschaulicht werden kann:

$$6\ CO_2 + 6\ O_2 + 12\ H_2O \rightarrow C_6H_{12}O_6 + 6\ O_2 + 6\ H_2O \quad \Delta G°' = +2\,872\ \text{kJ mol}^{-1}$$

so läßt sich die Dissimilation von Kohlenhydraten am besten ebenfalls ausgehend von Glucose verstehen:

$$C_6H_{12}O_6 + 6\ O_2 + 6\ H_2O \rightarrow 6\ CO_2 + 6\ O_2 + 12\ H_2O \quad \Delta G°' = -2\,872\ \text{kJ mol}^{-1}$$

In der Dissimilation wird die Glucose demnach oxidiert. Die dabei freigesetzten Wasserstoff-Ionen und Elektronen werden auf molekularen Sauerstoff (O_2) unter Bildung von Wasser übertragen. Der Gesamtprozeß ist stark exergonisch. Ein beachtlicher Teil der freigesetzten Energie wird in Form von ATP gespeichert. Wie die Kohlenstoff-Assimilation, so ist auch die Dissimilation von Kohlenhydraten ein komplizierter, vielstufiger, enzymkatalysierter Vorgang. Da der Prozeß Sauerstoff erfordert, spricht man auch von **aerober Dissimilation**. Er läßt sich in mehrere Teilabschnitte gliedern, die zur besseren Übersicht getrennt dargestellt werden (Abb. 11.1):

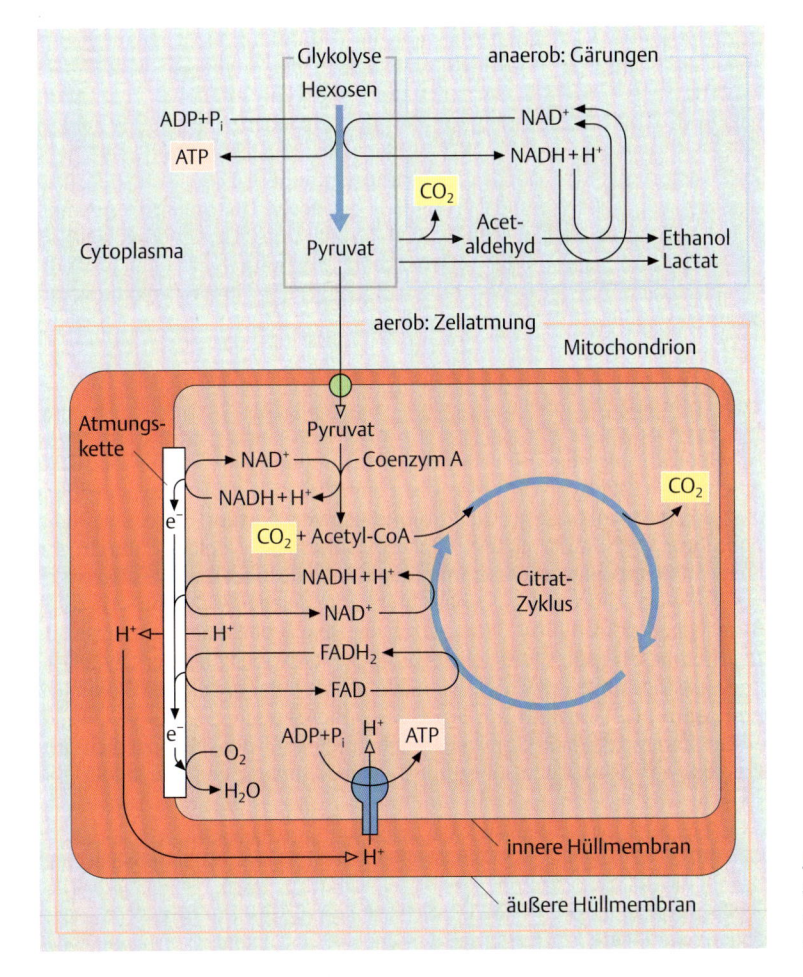

Abb. 11.1 Dissimilation von Hexosen unter aeroben und anaeroben Bedingungen. Übersicht ohne Berücksichtigung der stöchiometrischen Verhältnisse.

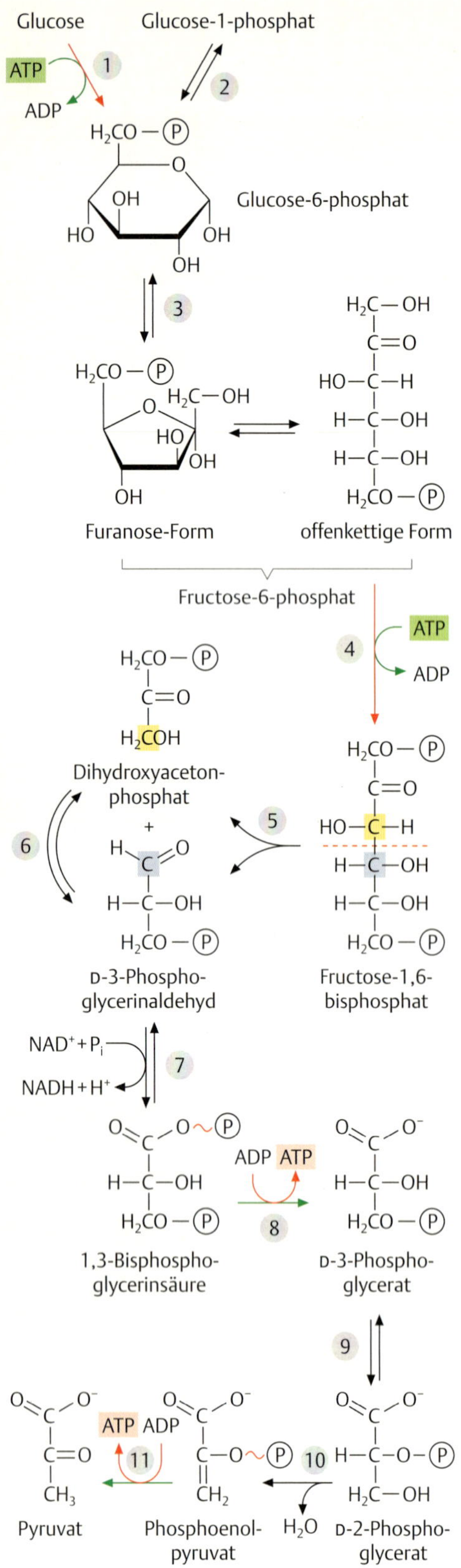

- In der im Cytoplasma ablaufenden **Glykolyse** erfolgt die Spaltung des Glucosemoleküls in zwei C_3-Bruchstücke und deren Überführung in Pyruvat unter ATP-Bildung, wobei zudem NADH + H$^+$ entsteht, das in den Mitochondrien reoxidiert wird. Die dabei anfallenden Elektronen werden in die Atmungskette eingespeist.
- Die **Zellatmung** läuft in den Mitochondrien ab und kann in drei Abschnitte eingeteilt werden:
  - Bei der **oxidativen Decarboxylierung des Pyruvats** entsteht neben CO_2 der C_2-Körper Acetat (als Acetyl-Coenzym A), und die freigesetzten H$^+$-Ionen und Elektronen dienen zur Reduktion von NAD$^+$ zu NADH + H$^+$.
  - Im **Citrat-Zyklus** wird der Acetylrest unter Bildung von 2 Molekülen CO_2 oxidiert, wobei sowohl FAD (zu $FADH_2$) als auch NAD$^+$ (zu NADH + H$^+$) reduziert werden.
  - In der **Atmungskette** wird NADH, das bei der Glykolyse, der Pyruvat-Decarboxylierung und dem Citrat-Zyklus entsteht, sowie das ebenfalls im Citrat-Zyklus gebildete $FADH_2$ reoxidiert. Die anfallenden Elektronen werden in exergonischer Reaktion auf Sauerstoff unter Bildung von Wasser übertragen. Ein beachtlicher Teil der freiwerdenden Energie wird zum Aufbau einer protonmotorischen Kraft verwendet, die wiederum die ATP-Synthese antreibt.

In Abwesenheit von Sauerstoff kann die Zellatmung nicht ablaufen und somit kann auch keine Reoxidation des in der Glykolyse anfallenden NADH zu NAD$^+$ erfolgen. Ein Stillstand der Glykolyse infolge NAD$^+$-Mangels und damit eine Beendigung der glykolytischen ATP-Bildung und in der Folge ein Erliegen des ATP-abhängigen Zellstoffwechsels, die sehr rasch einträten, wird durch die **Gärung** verhindert. Die gesamte Reaktionsfolge aus Glykolyse und Gärung wird **anaerobe Dissimilation** genannt. In der Gärung werden, ausgehend von Pyruvat unter Oxidation von NADH zu NAD$^+$ Gärungsprodukte (überwiegend Milchsäure und/oder Ethanol) gebildet, die entweder in den Zellen angehäuft oder in die Umgebung abgegeben werden.

11.2 Glykolyse

Die Überführung von Triglyceriden in Hexosephosphate ist in Kap. 10.2.2 beschrieben. Der hydrolytische Abbau der Stärke liefert Glucose, die durch das Enzym Hexokinase in Glucose-6-phosphat überführt wird. Die Phosphorolyse der Stärke liefert Glucose-1-phosphat, welches durch das Enzym Phosphoglucomutase mit Glucose-6-phosphat ins Gleichgewicht gesetzt wird. Glucose-6-phosphat steht im Gleichgewicht mit Fructose-6-phosphat, dessen Einstellung durch die Hexosephosphat-Isomerase katalytisch beschleunigt wird. Die eigentliche Reaktionsfolge der Glykolyse, der Ausgangspunkt sowohl der aeroben als auch der anaeroben Dissimilation (Abb. 11.2), beginnt mit Fructose-6-phosphat.

Zur Zerlegung in 2 C_3-Körper wird Fructose-6-phosphat zunächst in Fructose-1,6-bisphosphat überführt, welches sodann von der Aldolase in

Abb. 11.2 Glykolyse. Beteiligte Enzyme: ① Hexokinase, ② Phosphoglucomutase, ③ Hexosephosphat-Isomerase, ④ Phosphofructokinase, ⑤ Aldolase, ⑥ Triosephosphat-Isomerase, ⑦ Glycerinaldehydphosphat-Dehydrogenase, ⑧ Phosphoglycerat-Kinase, ⑨ Phosphoglycerat-Mutase, ⑩ Enolase, ⑪ Pyruvat-Kinase. Energetische Kopplung unter Beteiligung von ATP: exergonische Teilreaktion grün, endergonische Teilreaktion rot.

je 1 Molekül Dihydroxyacetonphosphat und 1 Molekül D-3-Phosphoglycerinaldehyd gespalten wird. Diese beiden Triosephosphate werden durch Triosephosphat-Isomerase zueinander ins Gleichgewicht gesetzt. Die Folgereaktion geht von D-3-Phosphoglycerinaldehyd aus. Glycerinaldehydphosphat-Dehydrogenase oxidiert unter Verbrauch anorganischen Phosphats und unter Bildung von NADH + H$^+$ den D-3-Phosphoglycerinaldehyd zu 1,3-Bisphosphoglycerinsäure, die unter ATP-Bildung weiter zu D-3-Phosphoglycerat umgesetzt wird. Die gesamte Reaktionsfolge – von Fructose-1,6-bisphosphat bis zum D-3-Phosphoglycerat – verläuft in umgekehrter Reihenfolge im Calvin-Zyklus (Kap. 8.1.2) unter Beteiligung chloroplastidärer Isoenzyme der entsprechenden Glykolyseenzyme und NADPH anstelle von NADH.

Mit der Umwandlung von D-3-Phosphoglycerat in Pyruvat schließt die Glykolyse ab. Die Vorstufe des Pyruvats, Phosphoenolpyruvat, enthält eine energiereich gebundene Phosphatgruppe, deren molare freie Standardenthalpie der Hydrolyse ($\Delta G°' = -61,9$ kJ mol^{-1}) zur Bildung von ATP aus ADP + P$_i$ ($\Delta G°' = +30,5$ kJ mol^{-1}) ausreicht.

> Geht man von 1 Molekül Glucose aus, so werden in der Glykolyse 2 Moleküle ATP verbraucht und je Triosephosphat 2, pro Glucosemolekül also 4 Moleküle ATP gebildet. Der Nettogewinn der Glykolyse durch **Substratkettenphosphorylierung** beträgt also 2 ATP pro Glucose.

In Anwesenheit von Sauerstoff wird das in der Glykolyse gebildete NADH (2 Moleküle pro Molekül Glucose) an der inneren Mitochondrienmembran, also durch die Atmungskette, reoxidiert (Kap. 11.4), sodaß stets ausreichend NAD$^+$ zur kontinuierlichen Fortführung der Glykolyse bereitgestellt wird.

11.3 Gärungen

In Abwesenheit von Sauerstoff können viele Mikroorganismen (fakultative Anaerobier, z. B. die Bäcker- oder Bierhefe, *Saccharomyces cerevisiae*), aber auch pflanzliche Gewebe (z. B. überflutete Wurzeln, Samen zahlreicher Arten) das in der Glykolyse gebildete NADH im Cytoplasma reoxidieren. In den meisten Fällen wird Pyruvat direkt zu Lactat reduziert (Milchsäuregärung, Lactat ist das Anion der Milchsäure), oder Pyruvat wird unter Decarboxylierung zunächst in Acetaldehyd überführt, welches anschließend zu Ethanol reduziert wird (alkoholische Gärung) (Abb. 11.3 und Plus 11.1).

> Im Vergleich zur vollständigen aeroben Oxidation von Glucose zu 6 CO$_2$ ($\Delta G°' = -2872$ kJ mol^{-1}) ist der Energiegewinn aus Glykolyse plus Gärung gering (alkoholische Gärung $\Delta G°' = -234$ kJ mol^{-1}, Milchsäuregärung $\Delta G°' = -197$ kJ mol^{-1}).

Die Gärungsprodukte Ethanol bzw. Lactat lassen sich in pflanzlichen Geweben unter Anaerobiose nachweisen. Ethanol ist für Pflanzenzellen relativ toxisch, die Ansammlung von Milchsäure führt zu Übersäuerung des Cytoplasmas. Unter anaeroben Bedingungen gehen daher die meisten Pflanzen rasch ein. Einige Wasser- und Sumpfpflanzen, die sich an ihre sauerstoffarme Umgebung angepaßt haben, führen Sauerstoff über ausgedehnte **Durchlüftungsgewebe** (**Aerenchyme**) von den im Luftraum befindlichen an die überfluteten Organe heran (z. B. die Teichrose, *Nuphar lutea* oder der Reis, *Oryza sativa*, S. 787). Bei manchen Arten werden

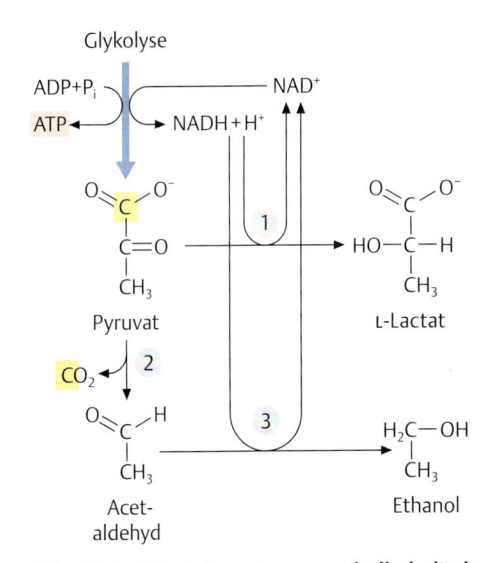

Abb. 11.3 Milchsäuregärung und alkoholische Gärung. Beteiligte Enzyme: ① Lactat-Dehydrogenase, ② Pyruvat-Decarboxylase, ③ Alkohol-Dehydrogenase.

Plus 11.1 Bierherstellung

Nach deutschem Reinheitsgebot darf zur Herstellung von Bier nur Wasser, Gerste und Hopfen verwendet werden. Von dort bis zum Bier ist es allerdings ein langer Weg. Bierbrauen ist zwar heute ein hochtechnisierter biotechnologischer Prozeß, der aber selbst in modernen Großbrauereien nach altüberlieferten Rezepturen abläuft. Die Herstellung von Bier erfolgt in drei Abschnitten: (1) dem Mälzen, (2) der Bereitung der Würze und (3) der Gärung.

Zur Malzherstellung wird die Gerste zunächst gequollen und dann etwa eine Woche bei tiefen Temperaturen angekeimt, wodurch bereits ein Teil der Stärke in lösliche Zucker überführt wird. Dieses Grünmalz wird zunächst gedarrt, d. h. zuerst bei mittleren Temperaturen (40–50 °C) getrocknet und anschließend bei höheren Temperaturen geröstet (für helle Biere bei 60–70 °C, für dunkle Biere bei bis zu 105 °C). Das erhaltene Malz wird gemahlen, mit warmem Wasser vermischt und extrahiert. Während dieses Maischen genannten Prozesses erfolgt ein weiterer Stärkeabbau. Die extrahierten, löslichen Kohlenhydrate sind zu etwa 60 % vergärbar, die nicht vergärbaren Kohlenhydrate, die Dextrine, tragen zum Nährwert des Bieres bei.

Die nach Entfernen der Feststoffe verbleibende klare Würze wird nach Zusatz von Hopfen (0,1–0,5 %) gekocht. Dabei gehen nicht nur die geschmacklich erwünschten Hopfenbitterstoffe in die Würze über, seine Gerbstoffe tragen auch zur Fällung eines Großteils der Eiweiße der Würze bei, gleichzeitig inaktiviert das Kochen Enzyme.

Nach Verdünnung der Würze und Abkühlen auf Gärtemperatur wird die Bierhefe (bei der kommerziellen Bierherstellung in der Regel spezielle Stämme aus dem Formenkreis von *Saccharomyces cerevisiae*) zugesetzt, und der Gärprozeß startet. Untergärige Biere entstehen durch Hefen, die während der Gärung (8–10 Tage bei 5–7 °C) auf den Boden des Gärbottichs absinken, obergärige Biere durch Hefen, die während der Gärung (die in diesem Fall bei 15–22 °C für 2–7 Tage erfolgt) aufschwimmen. An die Abtrennung eines Großteils der Hefe schließt sich eine mehrwöchige Nachgärung bei ≤ 5 °C an, bevor das fertige Bier abgefüllt werden kann (Angaben nach Diekmann und Metz 1991).

---

auch biochemische Anpassungen an Sauerstoffarmut vermutet, über die jedoch wenig bekannt ist.

Bei der sog. „Essigsäuregärung", die von *Acetobacter*-Arten durchgeführt wird, handelt es sich gar nicht um eine Gärung, sondern um die zweistufige Oxidation von Ethanol über Acetaldehyd zu Essigsäure. Der Prozeß ist sauerstoffabhängig, denn das im Verlauf der Ethanoloxidation gebildete NADH (2 Moleküle pro Molekül Essigsäure) wird über die Atmungskette reoxidiert. „Essigsäuregärung" mithilfe von *Acetobacter*-Arten wird zur Herstellung von Essig aus Wein benutzt.

11.4 Zellatmung

Unter aeroben Bedingungen wird das in der Glykolyse gebildete Pyruvat vollständig zu CO_2 oxidiert. Bei allen Eukaryoten, also auch bei den Pflanzen, läuft dieser Prozeß, die Zellatmung, in den Mitochondrien ab. Das Pyruvat wird über einen Translokator in der inneren Membran – die äußere ist durch Porine für kleine Moleküle nahezu frei passierbar – in die Mitochondrienmatrix importiert.

Oxidative Decarboxylierung: In der Matrix der Mitochondrien wandelt die Pyruvat-Dehydrogenase, ein Multienzymkomplex, unter Beteiligung mehrerer Coenzyme (Thiaminpyrophosphat, Liponsäure, FAD, Coenzym A) Pyruvat unter Freisetzung von CO_2 in Acetyl-Coenzym A (Acetyl-CoA, „aktivierte Essigsäure") um. Die dem Kohlenstoff bei der Decarboxylierung entzogenen Elektronen gehen auf NAD^+ über, es bildet sich $NADH + H^+$ (Abb. 11.4; Struktur von Coenzym A: Abb. 9.12 S. 312). Der Essigsäurerest im Acetyl-CoA ist in Thioesterbindung an die SH-Gruppe des Coenzyms gebunden.

Citrat-Zyklus: Der Acetyl-Rest des in der Pyruvat-Dehydrogenase-Reaktion gebildeten Acetyl-CoAs wird im Citrat-Zyklus, auch Citronensäure-Zyklus oder, nach seinen Entdeckern, Krebs-Martius-Zyklus genannt, formal (!) zu 2 Molekülen CO_2 oxidiert. Die dabei dem Kohlenstoff entzoge-

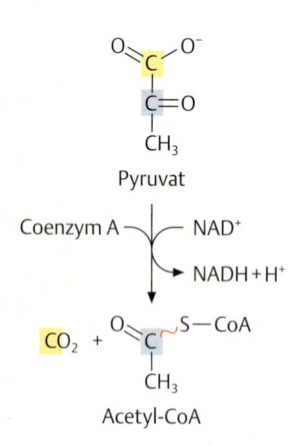

Abb. 11.4 Pyruvat-Dehydrogenase-Reaktion.
~ Energiereiche Thioesterbindung.

nen Elektronen und H⁺-Ionen werden auf FAD bzw. NAD⁺ übertragen, wobei $FADH_2$ bzw. $NADH + H^+$ entsteht. Wie Abb. 11.5 zeigt, stammt das in einem bestimmten Umlauf des Citrat-Zyklus gebildete CO_2 jedoch nicht direkt aus dem in diesem Umlauf gebundenen Acetyl-Rest, die Reaktionsfolge ist komplizierter.

Der Acetyl-Rest des Acetyl-CoAs wird durch das Enzym Citrat-Synthase auf Oxalacetat unter Bildung von Citrat übertragen. Citrat wird zu Isocitrat isomerisiert (Aconitase-Reaktion) und dieses durch die Isocitrat-Dehydrogenase unter Decarboxylierung (Abspaltung von CO_2) in 2-Oxoglutarat umgewandelt. Bei dieser Oxidation wird NAD^+ zu $NADH + H^+$ reduziert. Gleich in der folgenden 2-Oxoglutarat-Dehydrogenase-Reaktion wird erneut decarboxyliert, wobei der aus 2-Oxoglutarat entstehende Succinyl-Rest auf Coenzym A unter Bildung von Succinyl-CoA übertragen wird. Die Oxidation des Substrates ist wie in der vorangehenden Reaktion an die Reduktion von NAD^+ zu $NADH + H^+$ gekoppelt. Die Thioesterbindung des Succinyl-CoAs ist so energiereich, daß ihre Spaltung zur Bildung

Abb. 11.5 Der Citrat-Zyklus und seine Kopplung an die Atmungskette. Beteiligte Enzyme: ① Citrat-Synthase, ② Aconitase, ③ Isocitrat-Dehydrogenase, ④ 2-Oxoglutarat-Dehydrogenase, ⑤ Succinat-Thiokinase, ⑥ Succinat-Dehydrogenase, ⑦ Fumarase, ⑧ Malat-Dehydrogenase, AK Atmungskette, ~ energiereiche Thioesterbindung. Atmungskette ohne Berücksichtigung der stöchiometrischen Verhältnisse.

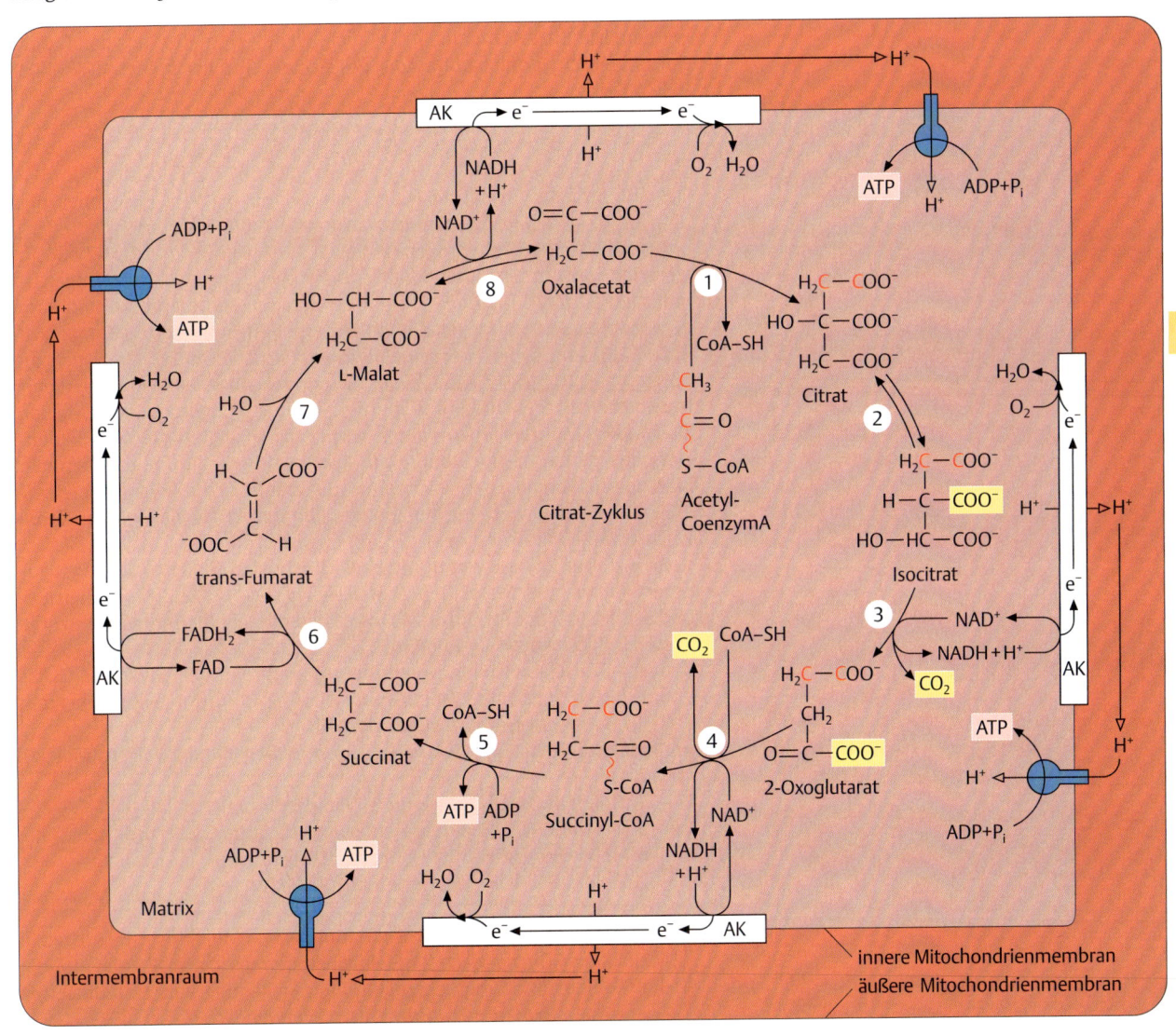

von ATP aus ADP und Phosphat (**Substratkettenphosphorylierung**) verwendet werden kann (Succinat-Thiokinase-Reaktion). Aus Succinat entsteht zunächst durch Dehydrierung trans-Fumarat (Succinat-Dehydrogenase) und aus diesem durch Hydratisierung (Anlagerung von Wasser, H_2O, an die Doppelbindung) L-Malat (Fumarase-Reaktion). Die Oxidation von L-Malat zu Oxalacetat schließt den Zyklus (Malat-Dehydrogenase-Reaktion). Auf dem Weg vom Succinat zum Oxalacetat werden dem Kohlenstoffgerüst 4 Elektronen entzogen, 2 unter Bildung von $FADH_2$ durch die Succinat-Dehydrogenase, 2 weitere unter NADH-Bildung durch das Enzym Malat-Dehydrogenase.

> Pro Umlauf des Citrat-Zyklus, also pro gebundenem Acetat-Rest, werden 2 Moleküle CO_2 frei und 3 Moleküle NADH sowie 1 Molekül $FADH_2$ und 1 Molekül ATP gebildet.

Zur Bildung von 3 NADH und 1 $FADH_2$ werden insgesamt 8 Elektronen benötigt, die im Verlauf eines Zyklus-Umlaufs den Substraten entzogen werden. Die Bilanz kann man sich auch leicht – formal! – aus den Oxidationsstufen der Kohlenstoffatome des Acetats und der beiden CO_2-Moleküle ableiten:

$$^{-III}CH_3 - {}^{+III}CO_2^- \rightarrow {}^{+IV}CO_2 + {}^{+IV}CO_2$$

Die Differenz der Oxidationsstufen beträgt $-III \rightarrow +IV$: 7 Elektronen und $+III \rightarrow +IV$: 1 Elektron, zusammen also 7 + 1 = 8 Elektronen.

Bis auf Succinat-Dehydrogenase liegen alle Enzyme des Citrat-Zyklus in löslicher Form in der Mitochondrienmatrix vor. Succinat-Dehydrogenase hingegen ist ein peripheres Protein der inneren Hüllmembran und kann demnach zugleich als eine Komponente der Atmungskette (Komplex II, Abb. **11.6**) angesehen werden. Allerdings wird vermutet, daß auch die übrigen Enzyme des Citrat-Zyklus in der lebenden Zelle in räumlicher Nachbarschaft zueinander und mit der Succinat-Dehydrogenase assoziiert als lockere Multienzymkomplexe vorliegen (sog. **Metabolonen** bilden), zwischen denen die Metabolite auf kurzen Wegen diffundieren können. Man geht davon aus, daß solche Enzymverbände beim Zellaufschluß auseinandergerissen werden. Metabolons könnten auch bei anderen Stoffwechselwegen realisiert sein, z. B. im Calvin-Zyklus.

Bilanz: Der Abbau von 1 Molekül Glucose zu 2 Molekülen Pyruvat, deren Abbau zu 2 Molekülen Acetat (Acetyl-CoA) und 2 Molekülen CO_2 und schließlich der im Citrat-Zyklus erfolgende Abbau der beiden Acetyl-Reste zu insgesamt 4 CO_2 liefern:

- durch Substratkettenphosphorylierung während der Glykolyse 2 ATP und durch Substratkettenphosphorylierung im Citrat-Zyklus ebenfalls 2 ATP, also insgesamt 4 Moleküle ATP;
- reduzierte Coenzyme (NADH + H^+ bzw. $FADH_2$), und zwar pro Molekül Glucose:
  - 2 Moleküle NADH durch die Glykolyse,
  - 2 Moleküle NADH durch die Pyruvat-Decarboxylase-Reaktion,
  - 6 Moleküle NADH durch den Citrat-Zyklus und
  - 2 Moleküle $FADH_2$ durch den Citrat-Zyklus.

> Insgesamt werden bei der Oxidation eines Moleküls Glucose zu 6 Molekülen CO_2 demnach 24 Elektronen den der Glucose entstammenden Kohlenstoffatomen entzogen und zur Bildung von 12 reduzierten Coenzymen (NADH + H^+ bzw. $FADH_2$) verwendet.

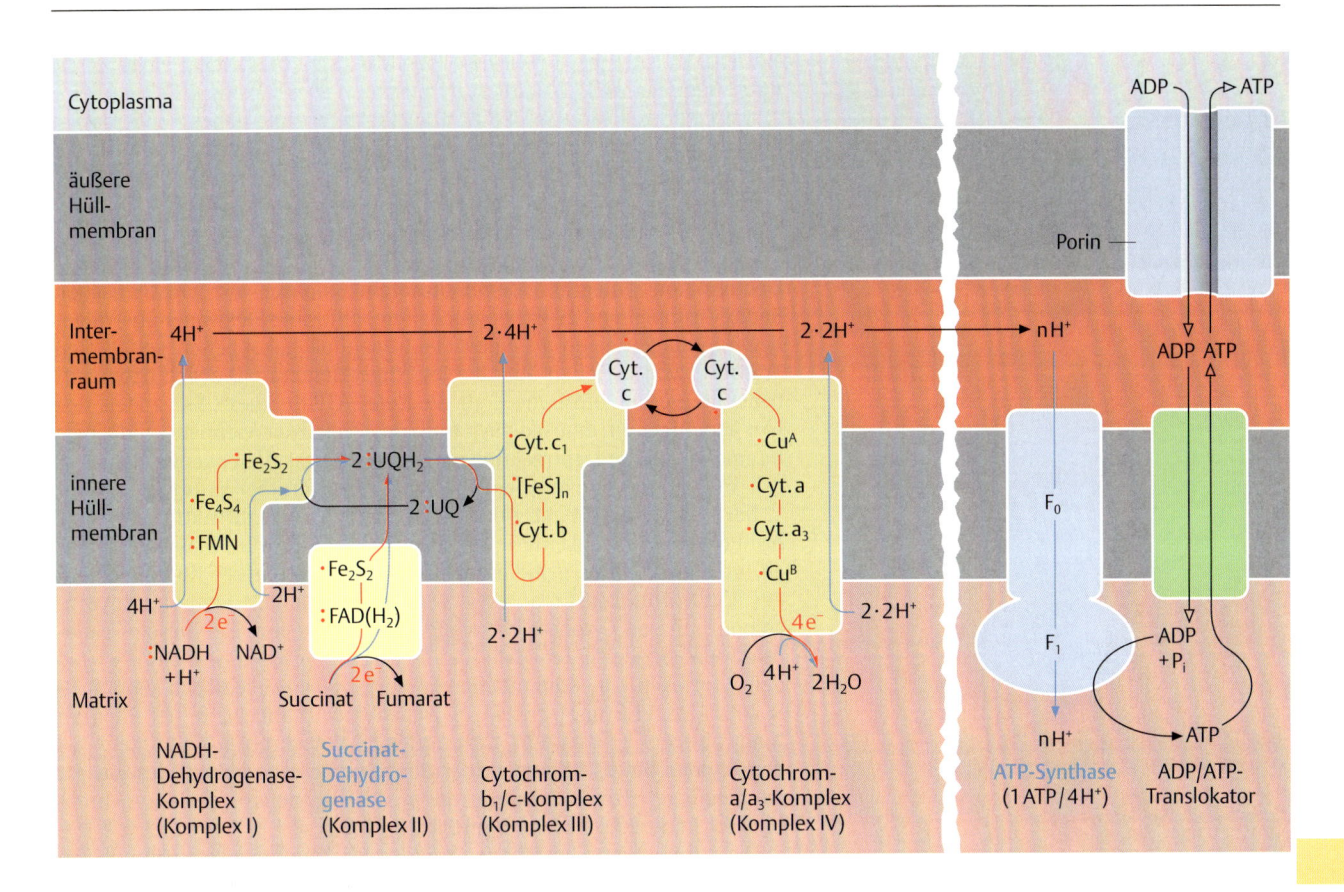

Abb. 11.6 Elektronen- und H^+-Ionentransport der Atmungskette. Elektronentransport rot, H^+-Ionentransport blau. FMN Flavinmononucleotid, FAD Flavinadenindinucleotid, $[FeS]_n$ mehrere Eisen-Schwefel-Zentren, Cu^A, Cu^B Kupferatome, UQ Ubichinon, UQH_2 Ubihydrochinon, Cyt. Cytochrom. : 2-Elektronen-Übertrager, · 1-Elektron-Übertrager.

Anaplerotische Reaktionen: Der Citrat-Zyklus dient nicht allein der Überführung von Acetyl-Resten in CO_2, seine Intermediate stellen auch Edukte (Ausgangssubstanzen) für andere Stoffwechselwege dar. 2-Oxoglutarat z. B. wird durch Transaminierung in L-Glutamat (L-Glutaminsäure) überführt, Oxalacetat dient auf gleiche Weise der Bildung von L-Aspartat (L-Asparaginsäure), kann aber ebensogut in das Cytoplasma transportiert und dort unter Decarboxylierung und Phosphorylierung in Phosphoenolpyruvat (Abb. 10.9 S. 327) umgewandelt werden.

Einem Erliegen des Citrat-Zyklus durch übermäßigen Abfluß seiner Intermediate wird durch Auffüllreaktionen (**anaplerotische Reaktionen**) vorgebeugt. So fließt dem Citrat-Zyklus Succinat aus dem Abbau der Fettsäuren zu (Abb. 10.9). Aber auch L-Glutamat aus der photosynthetischen Produktion gelangt bei Bedarf in die Mitochondrien und wird dort unter Freisetzung von NH_4^+ und Bildung von $NADH + H^+$ in 2-Oxoglutarat überführt. Dies sind nur zwei Beispiele für die intensive Kooperation im pflanzlichen Zellstoffwechsel, die auch vor Kompartimentgrenzen keinen Halt macht. Eine Vielzahl von Metabolittransportern, meist Translokatoren, in den Membranen der Organellen macht diese Zusammenarbeit möglich.

Atmungskette: Wie aus Abb. 8.18 (S. 274) hervorgeht, ist die Übertragung von Elektronen aus dem Wasser (H_2O) auf $NADP^+$ ein stark endergonischer Vorgang, der nur in der Photosynthese mithilfe der Lichtenergie vonstatten gehen kann. Demnach ist der umgekehrte Vorgang, die Übertragung der Elektronen von NADH (die Standard-Redoxpotentiale von

NADH + H$^+$/NAD$^+$ bzw. NADPH + H$^+$/NADP$^+$ sind praktisch gleich) auf O$_2$ unter Bildung von H$_2$O stark exergonisch.

Dieser Prozeß läuft in der **Atmungskette** ab. Die dabei freiwerdende Energie wird zum Aufbau einer protonmotorischen Kraft verwendet, die ihrerseits die ATP-Synthese „treibt". Die Atmungskette und die daran gekoppelte ATP-Synthese (**Atmungskettenphosphorylierung**) laufen in der inneren Hüllmembran der Mitochondrien ab.

Das **Bauprinzip der Atmungskette** ähnelt dem der photosynthetischen Lichtreaktion: Integrale Membranproteinkomplexe mit prosthetischen Redox-Gruppen und zwischengeschaltete, diffusible Elektronenüberträger bewerkstelligen einen an einen Elektronenfluß gekoppelten gerichteten Transport von H$^+$-Ionen über die jeweilige Membran. Die sich dabei aufbauende protonmotorische Kraft dient der ATP-Synthese. Es handelt sich hier aber nicht um eine lediglich formale Ähnlichkeit, vielmehr sind einige Komponenten der Lichtreaktion und der Atmungskette einander homolog, d. h. in der Evolution aus gemeinsamen Vorläufern hervorgegangen.

Bei vielen **Cyanobakterien** laufen sogar die Lichtreaktion und die Atmungskette gleichzeitig in derselben Membran – im Plasmalemma – ab, und zwar unter gemeinsamer Nutzung bestimmter Komponenten: des Cytochrom-b$_6$/f-Komplexes, seines Elektronendonors Plastohydrochinon und von Cytochrom c als Elektronenakzeptor. Bei diesen Cyanobakterien sind also lediglich der NADH-Dehydrogenase-Komplex und der Cytochrom-a/a$_3$-Komplex für die Atmungskette spezifisch (Abb. **8.10** S. 266, Abb. **11.6** und Abb. **11.7**). Der in der Atmungskette der Pflanzen (und übrigen Eukaryoten) anzutreffende Cytochrom-b/c$_1$-Komplex ist dem Cytochrom-b$_6$/f-Komplex der Photosynthese homolog. Dies gilt für die beteiligten Proteine und für die prosthetischen Gruppen (Cytochrom f gehört in die Klasse der c-Typ-Cytochrome).

Die Atmungskette besteht aus 3 integralen Membranproteinkomplexen – Komplex I, III und IV – sowie aus dem peripheren Succinat-Dehydrogenase-Komplex (Komplex II). In der Reihenfolge I → II → III → IV werden die Standardredoxpotentiale der Komplexe positiver, sodaß, vom NADH zum O$_2$, sämtliche Teilreaktionen des Elektronentransfers exergonisch und damit freiwillig ablaufen. Die Teilschritte und beteiligten Redox-Cofaktoren können Abb. **11.6** entnommen werden. Vermutlich sind die Komplexe der Atmungskette nicht regellos in der inneren Mitochondrienmembran verteilt, sondern zu jeweils einer funktionellen Atmungskette gebündelt. Bis zu 20 000 solcher Atmungsketten-Einheiten kommen pro Mitochondrion vor.

Abb. 11.7 Elektronentransportsysteme der Atmungskette (rot) und der photosynthetischen Lichtreaktion (grün) in Cyanobakterien und Pflanzen. PS Photosystem, PQ Plastochinon, UQ Ubichinon (dem Plastochinon strukturell sehr ähnliche und ihm funktionell entsprechende Redoxkomponente), Cyt. Cytochrom, PCy Plastocyanin, NADH-Deh. NADH-Dehydrogenase, Membrankomplexe schwarze Buchstaben, lösliche Elektronenüberträger rote Buchstaben.

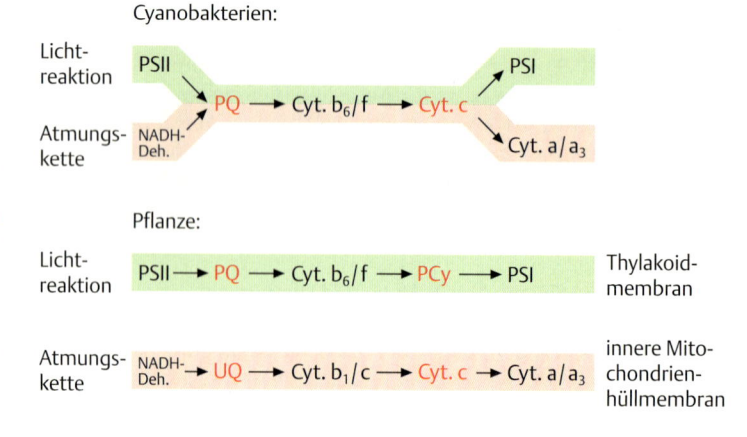

Anstelle von O_2 bindet der Komplex IV auch Kohlenmonoxid (CO), Azid (N_3^-) oder Cyanid (CN^-). Da diese Liganden nicht mehr von molekularem Sauerstoff von der O_2-Bindestelle am Cu^B/Cytochrom-a_3-Zentrum verdrängt werden können, wird die Atmungskette blockiert und die mitochondriale ATP-Synthese unterbunden. Kohlenmonoxid, Azid und Cyanid sind daher hochgiftige **Atmungshemmstoffe**.

Das in der Glykolyse gebildete NADH diffundiert zwar über die Porine der äußeren Mitochondrienmembran in den Intermembranraum, kann aber die innere Membran nicht passieren, sondern wird durch eine an der Außenseite der inneren Membran lokalisierte, also zum Intermembranraum orientierte, sog. „externe" NADH-Dehydrogenase oxidiert, die 2 Elektronen und 2 H^+-Ionen an oxidiertes Ubichinon (UQ) unter Bildung von Ubihydrochinon (UQH_2) weitergibt.

Atmungskettenphosphorylierung und Energiebilanz: Die mitochondriale **ATP-Synthase** ist dem entsprechenden Enzym der Chloroplasten homolog, sehr ähnlich aufgebaut und funktioniert auf die gleiche Weise: Der F_0-Teil stellt den von H^+-Ionen getriebenen Motor dar, dessen Drehung die zur ATP-Bildung erforderlichen Konformationsänderungen in den 3 katalytischen Zentren des F_1-Teils bewirkt (vgl. Abb. **8.20** S. 275). Die Stöchiometrie beträgt etwa 4 H^+-Ionen pro ATP, sie ist aber, wie auch bei dem Chloroplastenenzym, vermutlich nicht ganzzahlig. Da auch die exakte Stöchiometrie der pro Elektron durch die Komplexe I, II und IV transportierten H^+-Ionen nicht bekannt ist (Abb. **11.6** gibt Anhaltswerte), kann der ATP-Ertrag der Atmungskette nur ungefähr angegeben werden. Unter Zugrundelegung durchschnittlicher Werte werden pro NADH 10 H^+-Ionen und pro $FADH_2$ 6 H^+-Ionen in den Intermembranraum transportiert. Pro vollständig oxidierter Glucose werden 10 NADH und 2 $FADH_2$ gebildet (S. 338), d.h., es werden insgesamt pro Molekül Glucose $10 \cdot 10\, H^+ + 2 \cdot 6\, H^+ = 112\, H^+$-Ionen zum Aufbau der protonmotorischen Kraft transportiert, was einer Ausbeute von 28 Molekülen ATP entspräche. Nimmt man noch die 4 durch Substratkettenphosphorylierung gebildeten Moleküle ATP hinzu, so kommt man auf eine „Maximal-Ausbeute" von 32 ATP/Glucose.

Die molare freie Standardenthalpie (S. 210) der Oxidation von 1 Mol Glucose zu 6 Mol CO_2 beträgt $\Delta G^{\circ\prime} = -2872$ kJ mol^{-1}. Dies vergleicht sich mit der molaren freien Standardenthalpie für die Hydrolyse von 32 Mol ATP (ATP + $H_2O \rightarrow$ ADP + P_i) $\Delta G^{\circ\prime} = -32 \cdot 30{,}5$ kJ $mol^{-1} = -976$ kJ mol^{-1}. Der oxidative Abbau von Glucose verläuft mithin unter Konservierung von 34% der Gesamtenergie ($100 \cdot 976/2872$) in Form von ATP. Dies ist ein rechnerischer Wert, denn in der Zelle herrschen einerseits keine Standardbedingungen (vor allem hinsichtlich der Konzentrationen der beteiligten Partner), andererseits dürfte die ATP-Ausbeute in vivo deutlich geringer sein als hier berechnet, u.a. deshalb, weil vermutlich ein Teil der in den Intermembranraum transportierten H^+-Ionen durch die äußere Mitochondrienmembran in das Cytoplasma diffundiert. Abschätzungen der tatsächlichen Energieausbeute in der lebenden Zelle ergeben Maximalwerte von etwa 20%.

Die **Atmungsintensität** pflanzlicher Gewebe läßt sich im Dunkeln, bei fehlender Photosynthese, aus der freigesetzten Menge an CO_2 bestimmen. Sie beträgt in Blattgeweben dikotyler Pflanzen, bezogen auf 1 Gramm Trockenmasse, meist zwischen 1 und 8 mg h^{-1}.

Manche Mikroorganismen führen den oxidativen Abbau organischer Substanzen anaerob durch, indem sie die freiwerdenden Elektronen und H^+-Ionen auf anorganische Akzeptoren übertragen (Box **11.1**).

Box 11.1 Anaerobe Atmung

Denitrifizierende Mikroorganismen (Abb. **9.1** S. 300) reduzieren bei der anaeroben Atmung Nitrat (NO_3^-) oder Nitrit (NO_2^-) zu Stickoxiden (z.B. N_2O), elementarem Stickstoff (N_2) oder zu Ammonium (NH_4^+) (**Nitratatmung**). In schlecht belüfteten Böden kann durch **Denitrifikation** ein erheblicher Nitratverlust – und eine entsprechende Mangelversorgung der Pflanzen – eintreten. Andere Mikroorganismen reduzieren bei der anaeroben Atmung Sulfat (SO_4^{2-}) zu elementarem Schwefel (S) oder zu Schwefelwasserstoff (H_2S) (**Sulfatatmung, Desulfurikation**). Auch Fe^{3+}- bzw. Mn^{4+}-Ionen können als Elektronenakzeptoren dienen, wodurch Fe^{2+}- bzw. Mn^{2+}-Ionen entstehen. Sogar CO_2, das selbst Produkt des anaeroben Abbaus organischer Substanzen ist, kann als H^+- und Elektronenakzeptor dienen, wobei als Endprodukt Methan (CH_4) entsteht (methanogene Archaeen).

Box 12.1 Allelopathie

Die chemische Beeinflussung – meist Beeinträchtigung – einer Pflanze durch eine andere nannte Hans Molisch Allelopathie. Beispielsweise bilden Blätter und Früchte der Walnuß (*Juglans regia*) große Mengen des wasserlöslichen Hydrojuglonglucosids, welches mit Niederschlägen ausgewaschen wird und sich im Bereich der Traufe im Boden ansammelt. Dort wird es durch mikrobiellen Abbau und Oxidation in Juglon überführt. Juglon hemmt die Samenkeimung und das Wachstum von Sämlingen. Unterwuchs ist daher im Traufbereich von Walnußbäumen nur spärlich anzutreffen (Abb. **a**).

Ein weiteres gut untersuchtes Beispiel für Allelopathie ist aus dem Chaparral genannten Buschland der Sierra Nevada bekannt: Dichte Buschbestände des Purpur-Salbeis (*Salvia leucophylla*) sind von einer 1–2 m breiten vegetationslosen Zone umgeben, an die sich nach außen zunächst eine durch Kümmerwuchs geprägte, mit zunehmendem Abstand jedoch normalwüchsige Grasvegetation anschließt (Abb. **b**). In der Hemmzone finden sich im Boden große Mengen an Monoterpenen (z. B. Campher, 1,8-Cineol u. a.), die von den Salvien an die Atmosphäre abgegeben werden und sich nachts mit dem Tau im Boden niederschlagen. Die Substanzen hemmen die Samenkeimung ausgesprochen stark. Mit der Zeit breiten sich die Salvien-Bestände mehr und mehr aus. Damit steigt der Gehalt der leicht entzündlichen Monoterpene in der Luft immer stärker an, bis es bei sommerlichen Höchsttemperaturen gelegentlich zu einer spontanen Selbstentzündung des Terpen-Luft-Gemisches kommt. Das Buschfeuer vernichtet die trockene Vegetation und zerstört auch die im Boden angereicherten Terpene. Die Hitze aktiviert im Boden ruhende Samen, die nun bei genügenden Niederschlägen in der mineralstoffreichen und terpenfreien Asche gute Keimungsbedingungen finden (Box **18.13** S. 769). Zunächst etabliert sich die Grasvegetation, später dann treten die Salvien auf, und der durch Allelopathie geprägte Vegetationszyklus läuft erneut ab. Ohne ein Eingreifen des Menschen beträgt ein Feuerzyklus im Chaparral etwa 25 Jahre.

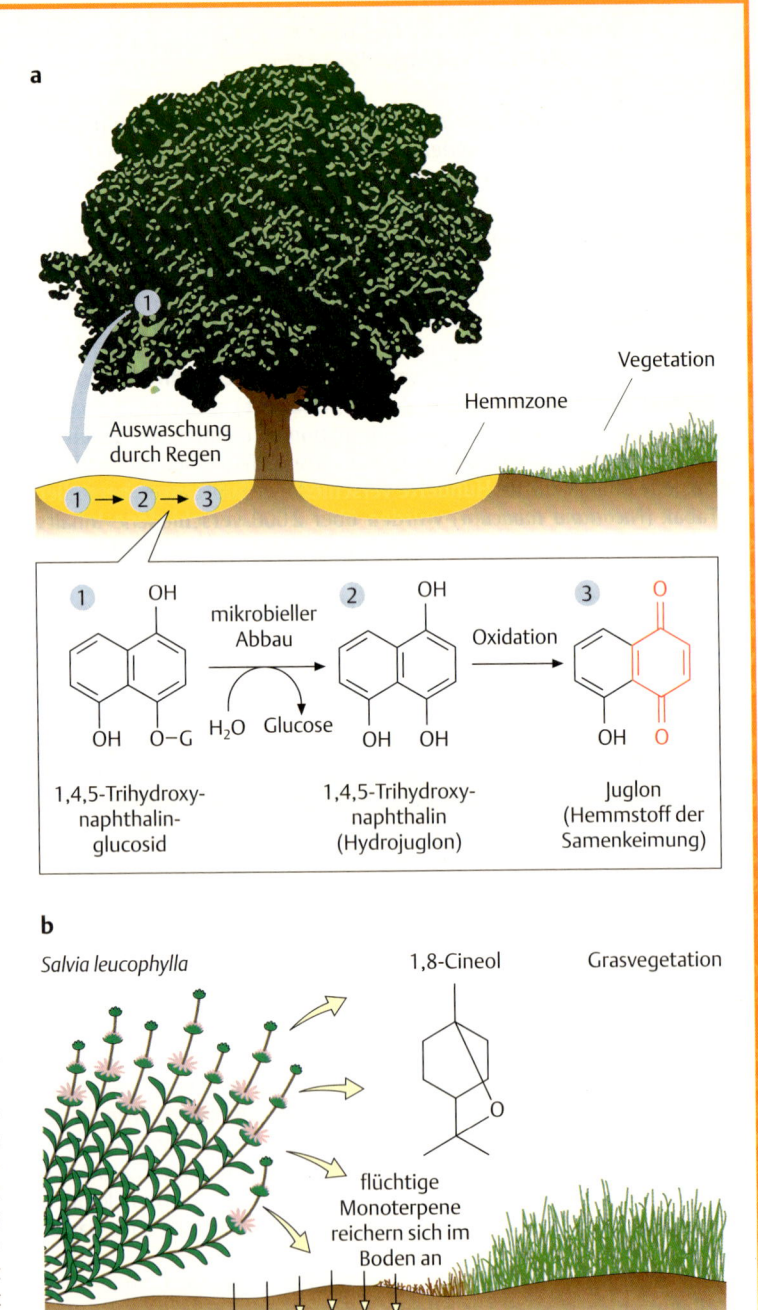

wenn sie präformiert vorliegen und **Phytoalexine**, wenn ihre Bildung erst durch einen Pathogenbefall induziert wird (Plus **20.6** S. 824).

Sehr vielfältig sind die Wirkweisen von Verteidigungssubstanzen gegen Pflanzenfresser (Herbivore):

- Flüchtige **Schreckstoffe** (z. B. gegen Arthropoden gerichtete etherische Öle, S. 360) halten potentielle Fraßschädlinge auf Distanz;
- **Bitterstoffe** (S. 353) machen viele Pflanzen – insbesondere für Vertebraten – ungenießbar;
- **Gifte** (**Toxine**) rufen schwere Gesundheitsschäden und mitunter den Tod hervor, je nach mit der Nahrung aufgenommener Dosis;
- **hormonähnliche Wirkstoffe** stören die Entwicklung – eine wirksame Waffe zur Eindämmung pflanzenfressender Arthropoden wie z. B. Insektenlarven, bei denen die Häutung und damit die Entstehung der geschlechtsreifen Imago-Form gestört wird, sodaß in der Folge natürlich auch die Eiablage unterbleibt.

Den etwa 300 000 Pflanzenarten, den wesentlichen Primärproduzenten, stehen fast 1 Million Arten von Konsumenten gegenüber, denen Pflanzen als Nahrung dienen, darunter allein zwei Drittel der etwa 1,2 Millionen Tierarten. Etwa ein Drittel aller Pilze, mehr als 10% aller Bakterien, die Hälfte der Viren und alle Viroide sind phytopathogen. Dennoch sind aus dem riesigen Reservoir der Herbivoren und Phytopathogene jeweils nur etwa 100 Species in der Lage, die strukturellen und chemischen Barrieren einer bestimmten Pflanzenart zu durchbrechen oder zu umgehen.

> Jede Art ist demnach gegen die weit überwiegende Zahl potentieller Herbivoren bzw. Pathogene geschützt. In der Entwicklungsgeschichte stellt sich mithin durch **Coevolution** von pflanzlichen Abwehrstrategien einerseits und Mechanismen zu deren Überwindung auf seiten der Herbivoren und Pathogene andererseits ein labiles und dynamisches biologisches Gleichgewicht ein (Plus **12.4** S. 365).

Die **Züchtung von Kulturpflanzen** aus Wildformen hatte nicht nur höhere Erträge, sondern stets auch Qualitätsverbesserung zum Ziel. Für die dem Menschen als Nahrung dienenden Pflanzen ging die züchterische Verbesserung von Geschmack und Verträglichkeit aber unweigerlich einher mit der Reduktion oder gänzlichen Entfernung von Gift- und Bitterstoffen und damit natürlicher Schutzmechanismen. Unabdinglich ist dies mit erhöhter Anfälligkeit verbunden, besonders in Monokulturen, in denen sich Pathogene oder Herbivore stark vermehren können. Erst mit der Einführung des chemischen Pflanzenschutzes vor etwa 100 Jahren gelang es, die den Nutzpflanzen fehlenden Schutzmechanismen durch anthropogene zu ersetzen und eine sowohl ertragreiche als auch ertragssichere Landwirtschaft zu gewährleisten. Dennoch geht jährlich weltweit etwa ein Drittel der landwirtschaftlichen Produktion durch Schädlinge verloren. Seit ihrer Einführung 1995 werden in der Landwirtschaft in zunehmendem Maße – weltweit zur Zeit bereits auf über 100 Millionen Hektar – gentechnisch optimierte Sorten angebaut (zum Vergleich: die Fläche Deutschlands beträgt knapp 39 Millionen Hektar). Etwa ein Viertel dieser Sorten ist resistent gegen Insektenbefall. Chemischer Pflanzenschutz wird zunehmend durch umweltverträglicheren, gentechnisch bewirkten Pflanzenschutz ersetzt (Kap.13.12). Dabei muß der Mensch allerdings Sorge dafür tragen, daß nicht allein seine eigenen Bedürfnisse, sondern vor allem auch die des Ökosystems berücksichtigt werden.

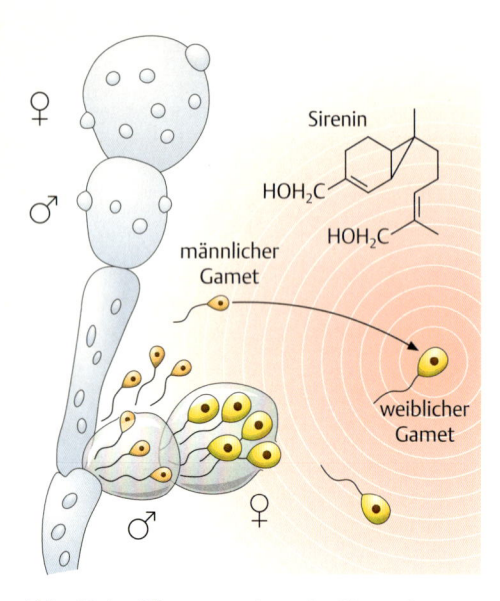

Abb. 12.1 *Allomyces arbuscula*. Die großen, gering beweglichen weiblichen Gameten scheiden das Sesquiterpen-Gamon Sirenin aus, auf das die kleinen, sehr beweglichen männlichen Gameten chemotaktisch reagieren.

Schutzstoffe: Darunter versteht man Pflanzeninhaltsstoffe, die den Organismus vor abiotischen, also chemisch-physikalischen Umgebungseinflüssen schützen. So dient das Cutin, die Gerüstsubstanz der Cuticula (Kap. 3.3.3), nicht nur der Reduktion der Transpiration, sondern seine Bausteine bewirken aufgrund ihrer starken Absorption sehr kurzwelliger, energiereicher UV-Strahlung auch einen Schutz darunterliegender Gewebe vor Schäden, die durch den UV-Anteil des Sonnenlichts ausgelöst werden können. Dem UV-Schutz dient auch die hohe Konzentration löslicher aromatischer Verbindungen (z. B. von Flavonoiden und Zimtsäurederivaten, Kap. 12.2.3) in den Vakuolen von Epidermiszellen. Das Absorptionsvermögen dieser Stoffe ähnelt stark dem der DNA (UV-Absorption der ebenfalls aromatischen Basen!), sie verhindern daher wirksam UV-bedingte Schädigung der DNA in den Zellen der Blattgewebe. Als Schutzstoffe anzusprechen sind neben Cutin auch die Wachse, welche der Cuticula aufgelagert sind (S. 119) und deren Transpirationsvermögen weiter reduzieren.

Lockstoffe: Zur Sicherstellung der Bestäubung tierbestäubter Arten, zur Samenverbreitung oder zur Sicherstellung der Gametenkopulation dienen verschiedenste Lockstoffe. **Gametenlockstoffe** (**Gamone**) finden sich insbesondere bei Algen (Kap. 14.3) und bei in wäßrigem Milieu lebenden Pilzen, die begeißelte Gameten bilden. Männliche und weibliche Gameten müssen sich im Wasser über oft erhebliche Distanzen finden. Gamone werden meist von den größeren und daher weniger beweglichen, bisweilen sogar geißellosen und daher unbeweglichen, weiblichen Gameten produziert und in das umgebende Medium abgegeben. Die kleineren, sehr beweglichen männlichen Gameten benutzen den Lockstoffgradienten zur Lokalisation der weiblichen Gameten (positive Chemotaxis, Box **4.4** S. 142). Weibliche Gameten des Wasserpilzes *Allomyces* z. B. bilden zu diesem Zweck das Sesquiterpen Sirenin (Abb. **12.1**).

Blüten und Früchte sind meist auffallend gestaltet und besonders pigmentiert, und sie produzieren zusätzlich meist noch Duftstoffe. Visuelle und olfaktorische Reize dienen der Anlockung von Bestäubern zur Sicherung der Befruchtung, bzw. von Tieren, die, indem sie die Früchte fressen und die Samen – meist unverdaut – mit dem Kot ausscheiden, für deren Verbreitung sorgen (Kap. 18.6.3).

Carnivore Pflanzen verwenden visuelle und olfaktorische Reize zur Anlockung von Beutetieren.

Speicherstoffe: Da manche Sekundärmetabolite Elemente – z. B. Stickstoff, Schwefel – enthalten, die oft Mangelfaktoren darstellen (Abb. **12.29** S. 371), und da zudem in bestimmten Entwicklungsstadien ein gesteigerter Umsatz solcher Verbindungen stattfindet, haben sie vermutlich neben ihren ökochemischen Funktionen auch Speicherfunktion. So werden die in Samen in erheblichen Mengen als Fraßschutzstoffe gespeicherten schwefelhaltigen Glucosinolate während der Keimung weitgehend wieder abgebaut, vermutlich, um den Schwefel in andere Stoffwechselreaktionen einzuspeisen.

Die unüberschaubar große Vielfalt an sekundären Pflanzenstoffen läßt sich am besten anhand chemischer Kriterien ordnen. Die weitaus meisten lassen sich einer der folgenden Gruppen zuordnen: Phenolen, Terpenoiden (= Isoprenoide), Alkaloiden, cyanogenen Glykosiden oder Glucosinolaten.

12.2 Phenole

> Phenole sind aromatische Verbindungen, die mindestens eine Hydroxylgruppe am aromatischen Ringsystem tragen. Diese kann weiter substituiert sein. Die einfachste Verbindung ist Phenol selbst (Abb. **1.7** S. 16).

Aromatische Ringsysteme (Abb. **1.4** S. 10, Abb. **1.34** S. 40 und Abb. **1.35** S. 41) sind chemisch äußerst beständig und daher schwer abbaubar. Sie absorbieren ultraviolettes Licht sehr stark. Aromaten sind daher geeignete Schutz- und Verteidigungsstoffe, sie kommen in großer Zahl in Pflanzen vor. Pflanzen sind im Gegensatz zu Tier und Mensch in der Lage, aromatische Ringsysteme de novo auf verschiedenen Stoffwechselwegen aufzubauen, am häufigsten:

- auf dem Shikimat-Weg, der die drei aromatischen Aminosäuren L-Phenylalanin, L-Tyrosin und L-Tryptophan (Abb. **1.21** S. 25) liefert, die ihrerseits wieder Ausgangsprodukte für zahlreiche Sekundärstoffwechselwege sind;
- aus Acetat-Einheiten über Polyketo-Zwischenstufen (Polyketide, Kap. 12.2.2);
- unter Beteiligung unterschiedlicher Wege (Mischaromaten, z. B. die Flavonoide, Kap. 12.2.3) bzw.
- aus Isopentenyl-Einheiten (aromatische Terpene, Kap. 12.3, Abb. **12.16** S. 360).

Meist sind Aromaten unpolar und schlecht wasserlöslich. Viele aromatische Sekundärmetabolite liegen daher an Zucker gebunden – als Glykoside – in der Zelle vor, meist in der Vakuole. An der Bildung der glykosidischen Bindung (S. 19) sind in der Regel phenolische Hydroxylgruppen beteiligt. Aromatische Polymere sind das Lignin (S. 40) und das in ver-

---

Plus 12.1 Arzneimittel aus Pflanzen

Die oft sehr spezifischen und drastischen Wirkungen von Pflanzeninhaltsstoffen auf den Organismus muß der Mensch von Anbeginn seiner Evolution gekannt haben (Richard Evans Schultes: „Die Pharmakologie ist älter als die Landwirtschaft"). Die Medizin der Naturvölker ist zum größten Teil angewandte Botanik, und bis ins 17. Jh. hinein waren „Arzt" und „Botaniker" weitgehend synonyme Begriffe. Auch heute noch geht ein erheblicher Anteil aller Arzneimittel (schätzungsweise etwa ein Viertel) auf pflanzliche Ausgangssubstanzen zurück oder enthält sogar unveränderte Pflanzeninhaltsstoffe. Die aus Sternanis (*Illicium religiosum* und *Illicium verum*) in großer Reinheit gewonnene Shikimisäure z. B. ist Ausgangsmaterial zur Synthese von Virostatica wie z. B. des Oseltamivirs, dem Wirkstoff im Grippemittel Tamiflu®. Durch synthetische Abwandlung des Cumarin-Grundgerüsts werden Blutgerinnungs-Hemmstoffe (z. B. Macumar®) gewonnen. Hochwirksame Leitsubstanzen aus Pflanzen, Pilzen und Mikroorganismen werden weltweit intensiv gesucht, um neuartige Wirkstoffe daraus abzuleiten.
Zahlreiche pharmazeutische Wirkstoffe werden aus Pflanzen gewonnen und (weitgehend) unverändert zur Therapie eingesetzt. Die Tabelle gibt einige Beispiele.

Wirkstoff	Substanzklasse	gewonnen aus	therapeutische Anwendung
Digoxin	Steroid, Herzglykosid	*Digitalis lanata* Wolliger Fingerhut	Herzinsuffizienz
Chinin	Alkaloid	*Cinchona officinalis* Chinarindenbaum	Malaria
Taxol	Diterpen	*Taxus brevifolia* Westpazifische Eibe	Cytostatikum, insbes. Brust-, Ovarkrebs
Vinblastin, Vincristin	Alkaloide	*Catharanthus roseus* Madagaskar-Immergrün	Cytostatikum, insbes. Leukämie
Codein	Alkaloid	*Papaver somniferum* Schlafmohn	Reizhusten
Scopolamin	Alkaloid	*Datura stramonium* Stechapfel	Übelkeit, z. B. in Schwerelosigkeit

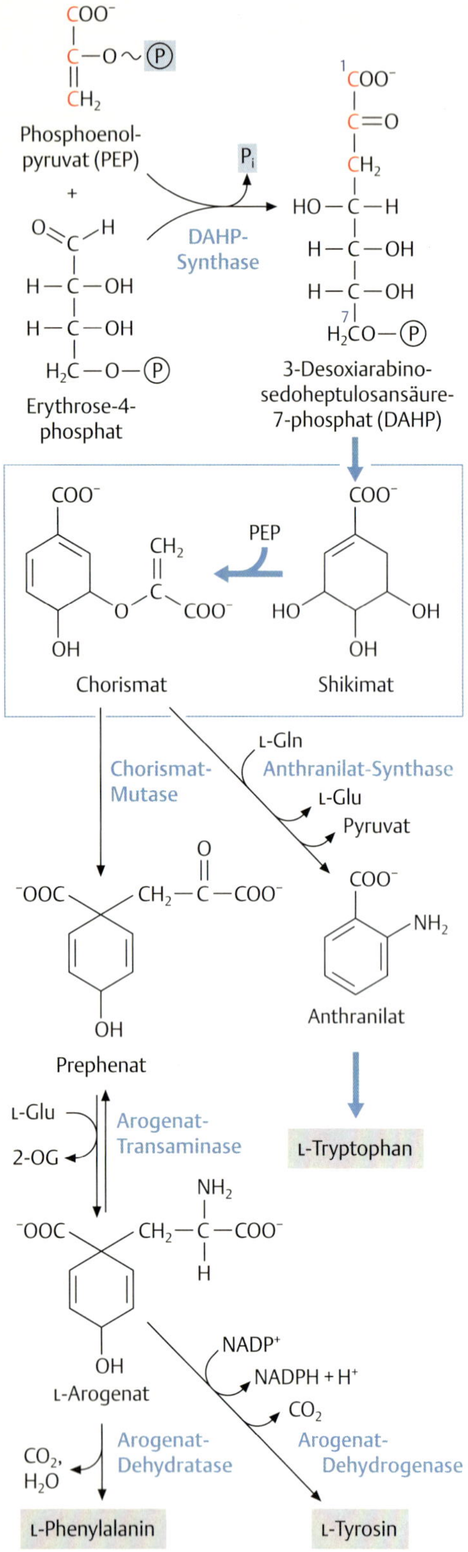

korkten Zellwänden vorkommende Suberin, ein Polyester aus Hydroxyfettsäuren, Hydroxyalkanen und Phenolen.

12.2.1 Der Shikimat-Weg

Der in Bakterien, Pilzen und Pflanzen, nicht aber in Tieren (und dem Menschen) vorkommende **Shikimat-Weg** liefert die drei aromatischen Aminosäuren L-Phenylalanin, L-Tyrosin und L-Tryptophan. Bei Bakterien und Pilzen ist er im Cytoplasma, bei Pflanzen in den Plastiden lokalisiert.

Für Tiere und den Menschen sind die aromatischen Aminosäuren essentiell, zumindest Phenylalanin und Tryptophan müssen daher mit der Nahrung aufgenommen werden. Tyrosin können Mensch und Tier zwar ebenfalls nicht de novo aufbauen, aber durch Hydroxylierung aus Phenylalanin herstellen.

Die namengebende Verbindung **Shikimisäure** wurde erstmals von japanischen Forschern aus Früchten des Japanischen Sternanis-Baums (*Illicium religiosum*, syn. *I. anisatum*) isoliert, einer dem Echten Sternanis (*Illicium verum*) sehr nahe verwandten Art, deren japanischer Name shikimi-no-ki ist. Die wohlriechende Rinde dieser Pflanze wird in Tempeln als Räucherwerk verwendet (Plus **12.1**).

In Abb. **12.2** sind nur die Grundzüge des komplizierten Shikimat-Wegs dargestellt. Eine der Ausgangssubstanzen ist **Phosphoenolpyruvat** aus der Glykolyse, welches aus dem Cytoplasma über einen Translokator in der inneren Plastidenhüllmembran in das Organell importiert wird. Die zweite Ausgangssubstanz, **Erythrose-4-phosphat**, ist ein Intermediat des Calvin-Cyclus. Das erste für den Shikimat-Weg charakteristische Enzym, **DAHP-Synthase**, unterliegt einer negativen Rückkopplungshemmung durch die Endprodukte des Wegs, die aromatischen Aminosäuren („feedback"-Hemmung). Aus Shikimat wird über mehrere Zwischenstufen Chorismat hergestellt, von dem ausgehend einerseits über Anthranilsäure L-Tryptophan und andererseits über Prephensäure L-Phenylalanin und L-Tyrosin gebildet werden. Der Shikimat-Weg ist Angriffsort für eines der weltweit am häufigsten in der Landwirtschaft eingesetzten Herbizide, **N-Phosphonomethylglycin** (**Glyphosat**) (Plus **12.2**).

Die drei aromatischen Aminosäuren, aber auch Intermediate des Shikimat-Wegs, sind Ausgangspunkt zahlreicher weiterer primärer und sekundärer Stoffwechselwege, die zu Produkten mit vielfältigen Funktionen führen (Abb. **12.3**). Der Shikimat-Weg selbst ist dem Primärstoffwechsel zuzurechnen. Die Tatsache, daß z. B. der Elektronenüberträger der Atmungskette, Ubichinon (S. 339), sich von dem Sekundärmetaboliten trans-Zimtsäure ableitet, zeigt, daß eine kategorische Trennung von Primär- und Sekundärstoffwechsel nicht immer möglich ist.

Die aus L-Phenylalanin durch das Enzym **Phenylalanin-Ammonium-Lyase** (PAL) hergestellte **trans-Zimtsäure** (Abb. **12.4**) wird durch Hydroxylierungen und Methylierungen in verschiedene Abkömmlinge umgewandelt (Zimtsäurefamilie, Abb. **12.5**), die ihrerseits Ausgangssubstanzen für viele weitere Stoffwechselwege sind, von denen nur einige beispielhaft in Abb. **12.3** angegeben sind. So werden p-Cumarsäure, Ferulasäure und

Abb. 12.2 Der Shikimat-Weg. In der Übersicht sind nur die zum Verständnis des Ablaufs wichtigsten Reaktionen dargestellt (Plus **12.2**). 2-OG 2-Oxoglutarat, Bedeutung der Pfeile siehe Abb. **12.3**.

12.2 Phenole

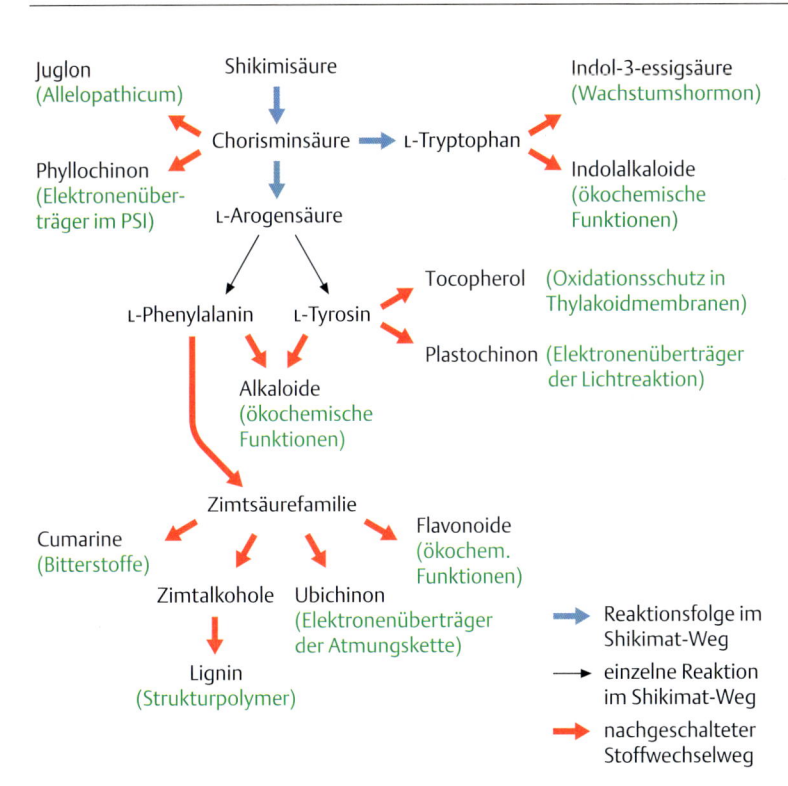

Abb. 12.3 Vom Shikimat-Weg ausgehender Stoffwechsel, dargestellt anhand wichtiger Beispiele.

Sinapinsäure durch Reduktion der Carboxylgruppe in die Zimtalkohole p-Cumarylalkohol, Coniferylalkohol und Sinapylalkohol überführt, die monomeren Bausteine des Lignins (Abb. **1.34** S. 40); p-Cumarsäure stellt die Ausgangssubstanz der Flavonoidbiosynthese dar (Kap. 12.2.3); durch oxidative Verkürzung der Seitenkette um 2 Kohlenstoffatome – wahrscheinlich durch β-Oxidation – entstehen Phenolcarbonsäuren, aus denen z. B. das Ringsystem des Ubichinons (Abb. **11.6** S. 339) und die Salicylsäure (Kap. 16.10.4) entstehen. Schließlich gehen aus den Mitgliedern der Zimtsäurefamilie die Cumarine hervor, weit verbreitete Bitterstoffe. Cumarin, der Bitterstoff des Waldmeisters (*Galium odoratum*) wird aus trans-Zimtsäure gebildet (Abb. **12.6**). Zunächst entsteht dabei aus der Zimtsäure durch Hydroxylierung die trans-o-Cumarsäure, die als O-β-D-Glucopyranosid in den Vakuolen der Mesophyllzellen gespeichert wird. Dort stellt sich, durch den UV-Anteil des Sonnenlichts bedingt, ein Gleichgewicht zwischen dem trans- und dem cis-Isomeren ein. Erst bei

Abb. 12.4 Die Phenylalanin-Ammonium-Lyase-Reaktion.

	R¹	R²	R³	Verbindung
	H	H	H	trans-Zimtsäure
	H	OH	H	p-Cumarsäure
	OH	OH	H	Kaffeesäure
	OCH$_3$	OH	H	Ferulasäure
	OCH$_3$	OH	OH	5-Hydroxyferulasäure
	OCH$_3$	OH	OCH$_3$	Sinapinsäure

Abb. 12.5 Wichtige Mitglieder der Zimtsäurefamilie. p para.

Plus 12.2 N-Phosphonomethylglycin

Die unter der Bezeichnung Glyphosat bekannte Substanz N-Phosphonomethylglycin, der Wirkstoff in dem Handelspräparat Roundup®, ist eines der weltweit am häufigsten verwendeten Herbizide. Wie die Abbildung zeigt, hemmt Glyphosat das Enzym EPSP-Synthase und damit die Umsetzung von 3-Phosphoshikimat zu 5-Enolpyruvylshikimat-3-phosphat im Shikimat-Weg. Die herbizide Wirkung des Glyphosats läßt sich jedoch nicht auf einen Mangel an den aromatischen Aminosäuren zurückführen, sondern wird durch eine Anhäufung von Shikimisäuren und Shikimisäure-3-phosphat in den Zellen bewirkt. Diese in hohen Konzentrationen toxischen Intermediate können von differenzierten Zellen in den Vakuolen gelagert und so unschädlich gemacht werden. Dies gilt jedoch nicht für meristematische Zellen, da diese keine Zentralvakuole besitzen. Da Glyphosat aber im Phloem transportiert wird, gelangt das Herbizid unweigerlich auch in die Meristeme, die starke „sinks" darstellen (S. 320) und deren Zellen infolge der Anhäufung von Shikimisäure und Shikimisäure-3-phosphat im Cytoplasma absterben.

N-Phosphonomethylglycin ist ein kompetitiver Inhibitor der EPSP-Synthase, der die Struktur von Phosphoenolpyruvat im Übergangszustand der Reaktion (PEP*) imitiert und daher so fest an das katalytische Zentrum des Enzyms bindet, daß er durch PEP in physiologischen Konzentrationen nicht verdrängt werden kann. Glyphosat wirkt unselektiv auf alle Pflanzen und eignet sich daher nur schlecht zur Bekämpfung von „Unkräutern" in bereits etablierten Kulturpflanzenbeständen („Nach-Auflauf"-Behandlung).

Mit der Verfügbarkeit gentechnisch optimierter Nutzpflanzen (Soja, Baumwolle, Mais u. a.), die ein bakterielles Gen enthalten und exprimieren, welches eine glyphosatunempfindliche EPSP-Synthase codiert, läßt sich dieses Problem umgehen. Da bei Verwendung glyphosatresistenter Nutzpflanzen das Herbizid nur noch im „Nach-Auflauf"-Verfahren, genau dosiert je nach „Unkraut"-Durchsetzung des Bestandes, angewendet werden muß und eine präventive „Vor-Auflauf"-Behandlung des Ackers (in der Regel wenige Wochen vor Ausbringung der Saat) entfallen kann, senkt der Anbau resistenter Sorten den Herbizidaufwand pro Fläche und Jahr erheblich und trägt so zu geringeren Umweltbelastungen bei. Gentechnisch erzeugte Herbizidresistenz ist inzwischen auch für viele andere Herbizide verfügbar. Auf etwa einem Viertel der weltweiten Flächen für gentechnisch optimierte Pflanzen, also auf mehr als 20 Millionen Hektar, werden herbizidresistente Nutzpflanzen angebaut.

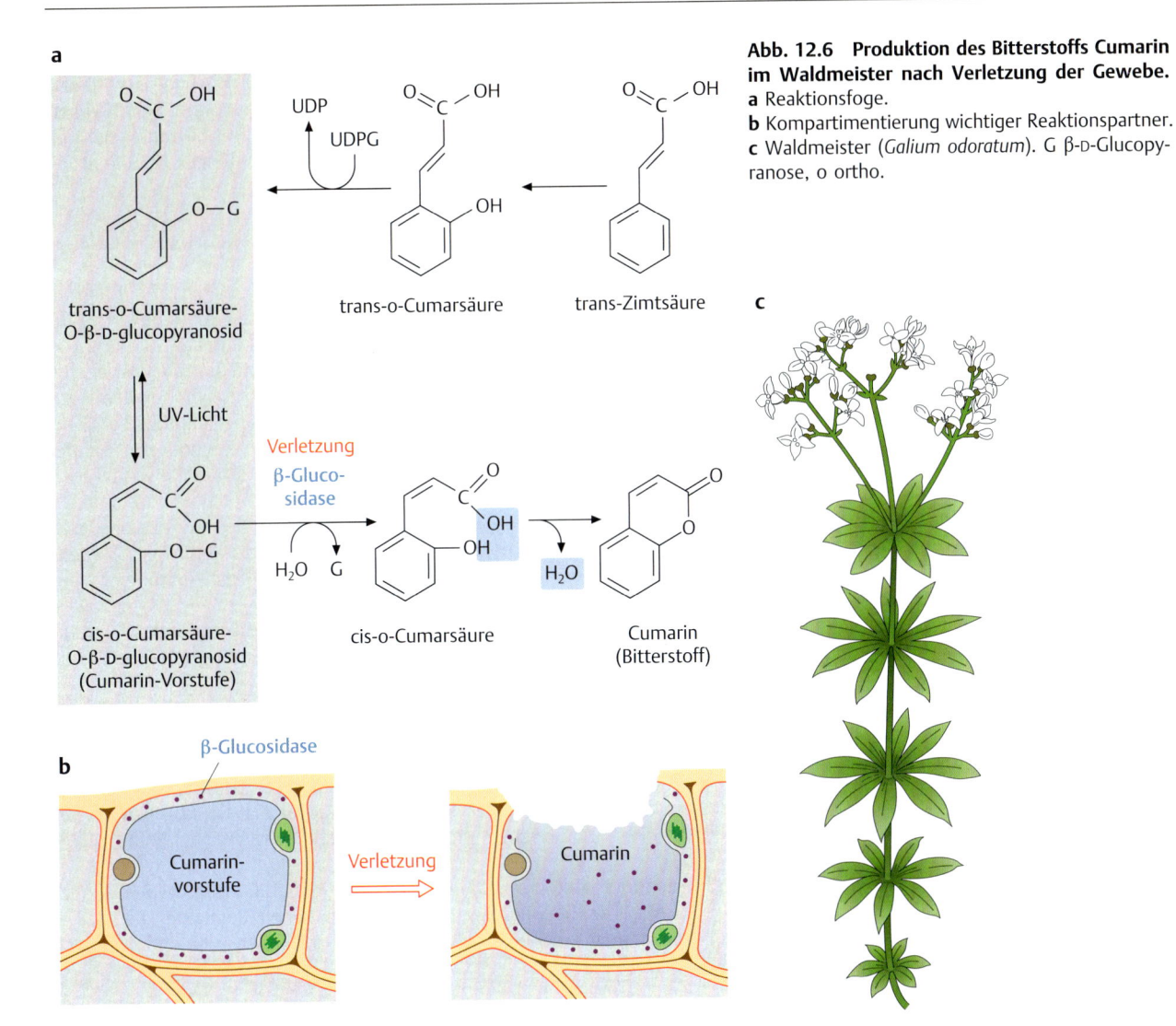

Abb. 12.6 Produktion des Bitterstoffs Cumarin im Waldmeister nach Verletzung der Gewebe.
a Reaktionsfoge.
b Kompartimentierung wichtiger Reaktionspartner.
c Waldmeister (*Galium odoratum*). G β-D-Glucopyranose, o ortho.

Verletzung, z. B. durch Verbiß oder beim Trocknen der Blätter, entsteht das Cumarin, indem zunächst durch Vermischung von Zellsaft und Cytoplasma eine dort vorkommende β-Glucosidase aus der Cumarinvorstufe die Glucopyranose abspaltet und sodann – wegen der sterischen Verhältnisse – nur die cis-o-Cumarsäure spontan unter Wasserabspaltung einen intramolekularen Ester (Lacton) ausbildet, begünstigt durch den sauren pH des ausgetretenen Zellsaftes. Der Bitterstoff Cumarin wird also erst als Folge der Zerstörung der Zellkompartimentierung gebildet, z. B. beim Kauen der Blätter. Cumarin hat je nach aufgenommener Dosis ganz unterschiedliche Wirkungen. In geringsten Mengen schmeckt es angenehm herb-bitter (Waldmeisterbowle!), in höheren Konzentrationen wird der bittere Geschmack sehr unangenehm. Reines Cumarin wird als Rattengift verwendet (cumaringetränkter Giftweizen) und von Ratten gefressen, weil sie den Bitterstoff nicht wahrnehmen können. Im Darm der Tiere ruft die lipophile Verbindung Zerstörungen des Darmepithels hervor und hemmt, in die Blutbahn gelangt, die Blutgerinnung, sodaß die Tiere an inneren Blutungen verenden. Synthetisch abgewandelte Cumarinderivate werden wegen dieser gerinnungshemmenden Wirkung als Arzneistoffe zur postoperativen Hemmung der Blutgerinnung z. B. nach Bypass-Operationen eingesetzt (Plus **12.1** S. 349). Cumarine sind Mutagene und können bei anhaltender Einwirkung selbst geringer Mengen DNA-Schäden hervorrufen.

12.2.2 Der Polyketid-Weg

Aromatische Ringsysteme können von Bakterien, Pilzen und Pflanzen auch aus C_2-Körpern aufgebaut werden. Sie entstehen durch lineare Addition von Acetat-Einheiten aus Malonyl-Coenzym A unter Abspaltung von CO_2 und Bildung eines typischen Polyketo-Intermediats sowie dessen nachfolgender Cyclisierung. Ein Beispiel ist das Plumbagin aus dem Taublatt (*Drosophyllum lusitanicum*) (Abb. **12.7**), ein stark mikrobizid wirkendes Phytopestizid. *Drosophyllum* ist eine an feuchte Standorte (Moore) angepaßte Pflanze, Plumbagin ist in den mit schleimabsondernden Drüsen versehenen Blättern zu finden. Bakterien- und Pilzinfektionen werden so zuverlässig verhindert. Die Wirkung des Plumbagins geht wahrscheinlich auf die Hemmung der Atmungskette durch sein Chinon-Ringsystem (Box **12.2**), also auf die Ähnlichkeit des Plumbagins zum Ubichinon zurück.

Über Polyketo-Zwischenstufen aus Acetat-Einheiten gebildete Verbindungen werden **Polyketide** genannt. Auch der A-Ring der Flavonoide (Kap. 12.2.3) ist ein Polyketid.

12.2.3 Mischaromaten

Komplexere, mehrkernige Aromaten gehen nicht selten aus mehr als einem Biosyntheseweg hervor. Am Aufbau des Flavan-Ringsystems der **Flavonoide** sind Shikimat-Weg und Polyketid-Weg beteiligt (Abb. **12.8**).

> Flavonoide sind typische Inhaltsstoffe Höherer Pflanzen. Sie fehlen aber in den Familien der Caryophyllales, in denen Betalaine (Kap. 12.4) vorkommen; beide Inhaltsstoffklassen schließen sich offensichtlich aus.

Nach der Struktur des Heterocyclus unterscheidet man verschiedene Klassen von Flavonoiden (Abb. **12.9**). Alle absorbieren UV-Strahlung stark. Nur die Anthocyanidine absorbieren zusätzlich sichtbares Licht, da die π-Elektronen des A- und des B-Rings über den ungesättigten Heterocyclus konjugiert sind und ein einziges π-Orbital bilden, das durch energiearme Photonen angeregt werden kann.

Abb. 12.7 Bildung des Polyketids Plumbagin aus Essigsäure-Einheiten.
a Reaktionsfolge.
b Taublatt (*Drosophyllum lusitanicum*).

Abb. 12.8 Herkunft der Kohlenstoffatome des Flavan-Grundgerüsts.

Box 12.2 Chinone

1,4-Chinone (p-Chinone) sind in allen Organismen anzutreffende Redox-Komponenten, die durch Reduktion reversibel in Hydrochinone übergehen (Abb. **a**). Pflanzen und Pilze synthetisieren Chinone in großer Zahl, neben den einfachen Chinonen die bicyclischen Naphthochinone und die tricyclischen Anthrachinone (Abb. **b**). Naphthochinone sind z. B. Juglon (Box **12.1** S. 346) und Plumbagin (Abb. **12.7**), ein Anthrachinon ist das intensiv rote Alizarin, das in Wurzeln von *Rubia*-, *Morinda*- und *Galium*-Arten vorkommt (Abb. **c**). Krapp (*Rubia tinctorum*) diente bis zum Aufkommen synthetischer Alizarinfarbstoffe gegen Ende des 19. Jh. zur Alizaringewinnung für die Textilindustrie und wurde von Europa bis Asien und in Amerika in riesigen Mengen angebaut, um das begehrte Pigment aus den getrockneten Wurzeln gewinnen zu können.

Pflanzen können Chinon-Ringe auf verschiedenen Wegen synthetisieren: Plumbagin ist ein Polyketid, Juglon und Alizarin leiten sich, wie der Chinon-Ring des Phyllochinons, von Chorisminsäure ab, der Chinon-Ring des Plastochinons und Tocopherols stammt aus L-Tyrosin und der des Ubichinons aus Zimtsäure (Abb. **12.3** S. 351).

Während die Chinone, insbesondere die Naphtho- und Anthrachinone, farbig sind (gelb bis rot), sind Hydrochinone farblos und absorbieren UV-Strahlung. Als Elektronenüberträger dienen Chinon/Hydrochinon-Systeme in der Atmungskette (Ubichinon, Abb. **11.6** S. 339) sowie in der Lichtreaktion der Photosynthese (Plastochinon S. 267, Phyllochinon Abb. **8.17** S. 273).

a 1,4-Chinon ⇌ 1,4-Hydrochinon ($+2e^- + 2H^+$ / $-2e^- - 2H^+$)

b Naphthochinon, Anthrachinon

c Alizarin

In der Zelle liegen Flavonoide in der Regel als Glykoside vor und werden dann in den Vakuolen gespeichert. Durch Glykosylierung entstehen z. B. aus den Anthocyanidinen die Anthocyane, chymochrome (d. h. im Zellsaft der Vakuolen gelöste) Farbstoffe, die in Blüten, Blättern, Früchten und selten auch in Wurzeln vorkommen (Box **12.3**).

Die Biosynthese der Flavonoide beginnt durch schrittweise Anlagerung von drei Acetateinheiten aus drei Molekülen Malonyl-Coenzym A an p-Cumaroyl-Coenzym A unter Bildung einer typischen Polyketo-Zwischenstufe, die anschließend unter Abspaltung des vierten Coenzym-A-Rests zum sog. Chalkon cyclisiert. Die gesamte Reaktion wird durch einen der Fettsäure-Synthase verwandten Multienzymkomplex, **Chalkon-Synthase**, katalysiert (Abb. **12.10**). Die weiteren Umsetzungen können Abb. **12.9** entnommen werden. Auf verschiedenen Stufen der Biosynthese kann es zudem zu weiteren Substitutionen des B-Rings kommen (Hydroxylierungen, Methylierungen), schließlich können verschiedene glykosidische Reste an z. T. mehreren OH-Gruppen der Aglyka auftreten, so daß eine sehr große Fülle verschiedenster Verbindungen möglich ist. Vielfältig wie die Strukturen sind auch die **Funktionen der Flavonoide**. Die Anthocyane haben aufgrund ihrer Lichtabsorption **Attraktionswirkung** (Blüten, Früchte), aber auch an der Ausprägung von UV-Malen bei insektenbestäubten Blüten haben Flavonoide Anteil. Die Funktion von Anthocyanen in Blättern (z. B. Blutbuche, Blutahorn, Rotkohl) ist weniger offensichtlich. Anthocyane besitzen ausgeprägte **antioxidative Eigenschaften**.

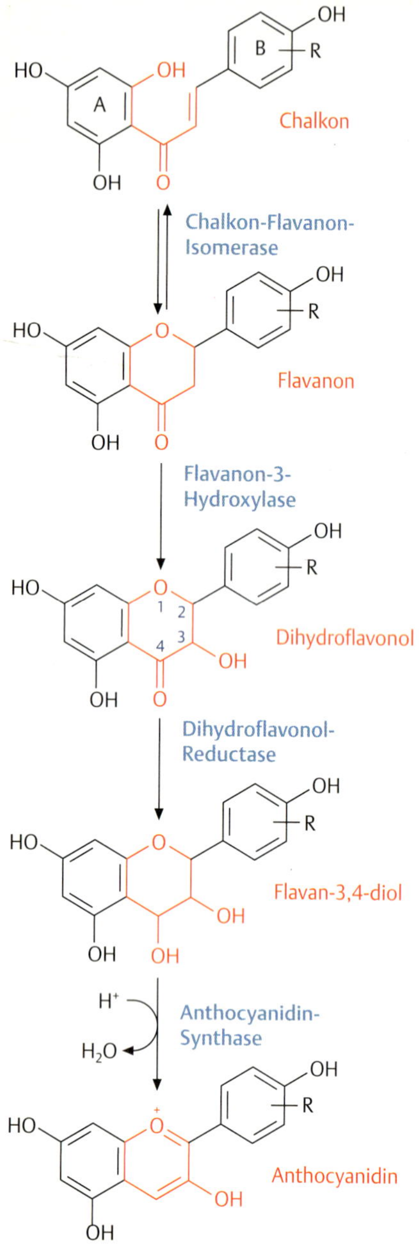

Abb. 12.9 Bildung der wichtigsten Flavonoid-Klassen.

Chalkon
↕ Chalkon-Flavanon-Isomerase
Flavanon
↓ Flavanon-3-Hydroxylase
Dihydroflavonol
↓ Dihydroflavonol-Reductase
Flavan-3,4-diol
↓ Anthocyanidin-Synthase (+H$^+$, −H$_2$O)
Anthocyanidin

Abb. 12.9 Bildung der wichtigsten Flavonoid-Klassen. Die Einteilung erfolgt anhand der Struktur des Heterocyclus. Heterocyclen und Gruppenbezeichnungen rot. –R ggf. weiterer Rest.

Box 12.3 Die Farben der Anthocyane

Anthocyane, die Glykoside der Anthocyanidine, sind wasserlösliche Farbstoffe (chymochrome Farbstoffe), die in den Vakuolen gespeichert werden. Ihre Farben reichen von zartrosa (z. B. Blüten der Geranien, des Madagaskar-Immergrüns, mancher Rosen) über tiefrot (z. B. Blüten vieler Rosen, der Päonien, Blätter des Rotkohls) bis zu tiefblauen Tönen (z. B. Blüten der Kornblume, des Rittersporns, des Eisenhuts) in unzähligen Nuancen. An der Farbausprägung sind mannigfache Faktoren beteiligt:

- das **Substitutionsmuster des B-Rings** (Beispiele: Abb.), je höher substituiert, desto intensiver die Farbe. Das Substitutionsmuster bestimmt auch die möglichen Farbqualitäten, z. B. sind Delphinidin-Typ-Anthocyane blau, Anthocyane vom Cyanidin-Typ können hingegen rot oder blau erscheinen.
- der **vakuoläre pH-Wert**, im Sauren (pH 5–6) treten eher rote, im Neutralen bzw. Basischen (pH 7–8) eher blaue Tönungen auf (je nach Zubereitung: Rotkohl oder Blaukraut!).
- die **Farbstoffkonzentration** und die **Mischung** verschiedener Farbstoffe.
- die **Bindung von Metall-Ionen**. Anthocyane mit benachbarten (vicinalen) OH-Gruppen (z. B. Cyanidin) binden vor allem dreiwertige Kationen wie Fe^{3+} (führt zu Farbintensivierung) oder Al^{3+} (zunehmende Al^{3+}-Konzentration führt zur Verschiebung der Färbung von Rot nach Blau, wie sich durch Gießversuche an getopften Hortensien leicht nachweisen lässt).
- die **Ausbildung von supramolekularen Komplexen** mit organischen Säuren, anderen Flavonoiden sowie Metall-Ionen. Delphinidin-Typ-Anthocyane geben charakteristische Blaufärbungen, Cyanidin-Typ-Anthocyane können jedoch rot (z. B. Rosen) oder blau (z. B. Kornblume, *Centaurea cyanus*) erscheinen. Lösungen von Cyanidin-Glykosiden sind rot gefärbt. Die blaue Farbe der Blüten der Kornblume kommt durch einen Komplex definierter Zusammensetzung aus Cyanidin-Glykosiden, Flavonolen sowie Fe^{3+}-, Mg^{2+}- und Ca^{2+}-Ionen zustande.

Aus dem Zusammenwirken mehrerer oder sämtlicher der genannten Faktoren erklärt sich die Vielfalt und der Nuancenreichtum der durch Anthocyane bedingten Färbungen. Die Züchtung einer blauen Rose ist demnach eine formidable Aufgabe, die zumindest eine Justierung des vakuolären pH-Werts in den Zellen der Kronblätter, eine Veränderung der Ionenzusammensetzung des Zellsafts und die Speicherung weiterer Flavonoide in den Vakuolen erfordert. Ob sich das blaue Pigment aber bei Vorliegen aller Komponenten spontan bildet, oder ob zusätzlich noch Hilfsfaktoren benötigt werden, ist unbekannt.

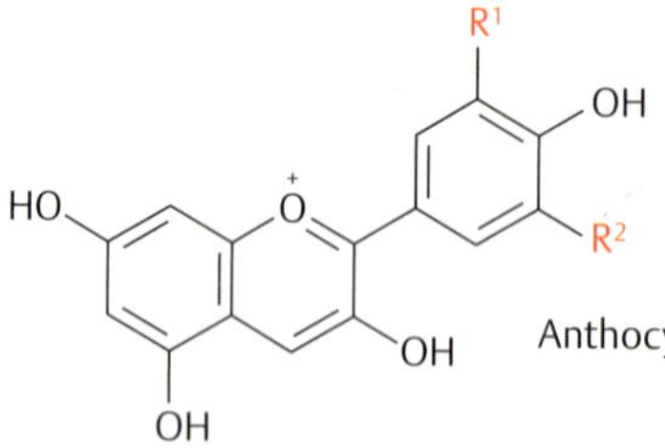

Anthocyanidin

R^1	R^2	Name	Farbe	Vorkommen
H	H	Pelargonidin	hellrosa	Geranien
OH	H	Cyanidin	rot, blau	Rosen, Kornblumen
OH	OH	Delphinidin	tiefblau	Rittersporn, Iris

Daher könnten sie in Blättern zum Schutz vor angeregten, hochreaktiven Sauerstoffspecies beitragen, die in den Photosyntheseprozessen entstehen. In den Vakuolen der Epidermen gespeicherte Flavonoide **absorbieren UV-Strahlung** in erheblichem Maße und schützen so tiefergelegene Gewebe, z. B. das Mesophyll, vor UV-Schäden. Bestimmte Flavonoide werden über die Wurzeln in den Boden ausgeschieden. Insbesondere diejenigen Flavonoide, die im B-Ring über 2 benachbarte OH-Gruppen verfügen (Catechol-Typ-Flavonoide), tragen zur Chelierung von Fe^{3+}-Ionen bei und erhöhen so als **Phytosiderophore** die Eisenverfügbarkeit für die Wurzeln (Abb. **7.5** S. 236). Im Verlauf der Evolution haben Flavonoide **Signalstoffcharakter** für bestimmte Bodenbakterien bekommen. So „erkennen" N_2-fixierende Bodenbakterien der Gattung *Rhizobium* Wirtspflanzen anhand der ausgeschiedenen Flavonoide (Kap. 20.5). Auch die verwandte Gattung *Agrobacterium*, der Verursacher der Wurzelhalstumoren (Kap. 20.6.2), reagiert auf pflanzliche Phenole (u. a. Flavonoide) im Boden. Schließlich sind manche Flavonoide ausgesprochen bitter, so z. B. das Naringin, der **Bitterstoff** in den Apfelsinenschalen. Die bittere Wirkung geht aber nicht von dem Aglykon Naringenin aus, sondern wird durch den Zuckeranteil des Naringins hervorgerufen.

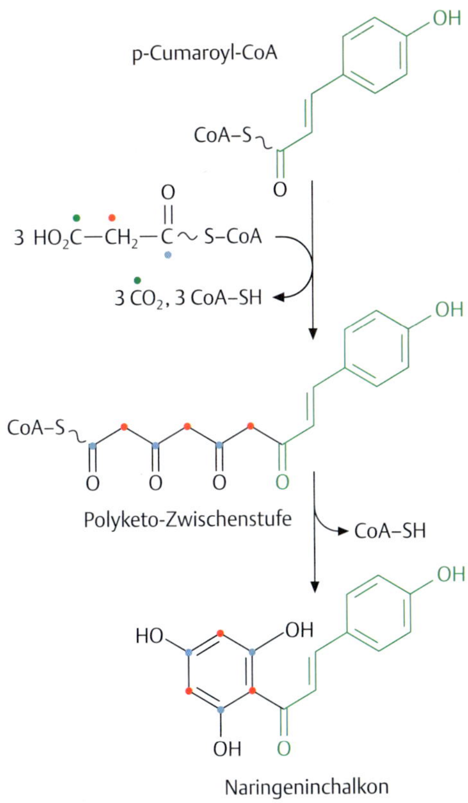

12.3 Terpenoide

Terpenoide, auch Isoprenoide genannt, leiten sich von dem C_5-Baustein Isopentenylpyrophosphat ab. Im einfachsten Fall liegt nur eine einzige C_5-Einheit vor (Hemiterpene, Isopren), es können aber auch Tausende Isopentenylreste zu einem langkettigen Polyisopren zusammentreten (z. B. Kautschuk). Anhand der Zahl der C_5-Bausteine kann man die Isoprenoide systematisch einteilen.

Der Chemiker Leopold Ružička erkannte Mitte des letzten Jahrhunderts, daß die Strukturen zahlreicher Pflanzeninhaltsstoffe aus wiederkehrenden, identischen C_5-Einheiten aufgebaut zu sein schienen, dem Isopren (2-Methyl-1,3-butadien). Diese Isopren-Regel erwies sich als korrekt, allerdings ist Isopren selbst keine Zwischenstufe in der Biosynthese dieser fortan Isoprenoide genannten Substanzen, sondern die strukturell ähnliche Verbindung Isopentenylpyrophosphat (Abb. **12.11**).

Isopentenylpyrophosphat (IPP) kann auf zwei völlig verschiedenen Wegen entstehen: zum einen aus drei Acetat-Einheiten, wobei als charak-

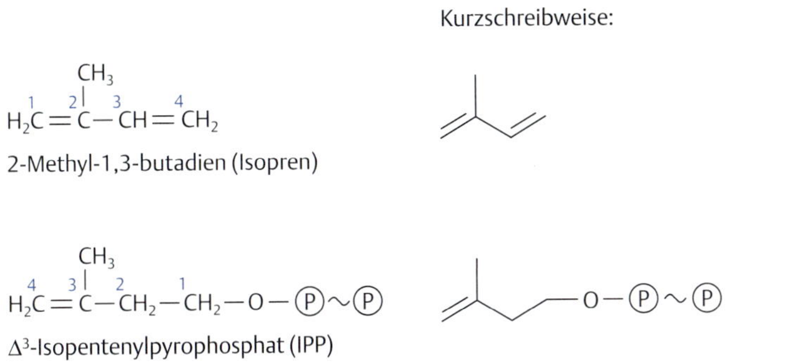

Abb. 12.10 Die Chalkon-Synthase-Reaktion.

Abb. 12.11 Prenyl-Grundkörper. Die rechts dargestellte Kurzschreibweise wird im folgenden zur Vereinfachung beibehalten.

Abb. 12.12 Bildung von Isopentenylpyrophosphat und Ableitung der wichtigsten Terpenoid-Klassen. a Mevalonat-Weg, **b** DXP-Weg. In Pflanzen werden auf dem cytoplasmatischen Mevalonat-Weg und dem plastidären DXP-Weg unterschiedliche Terpenoid-Klassen gebildet.

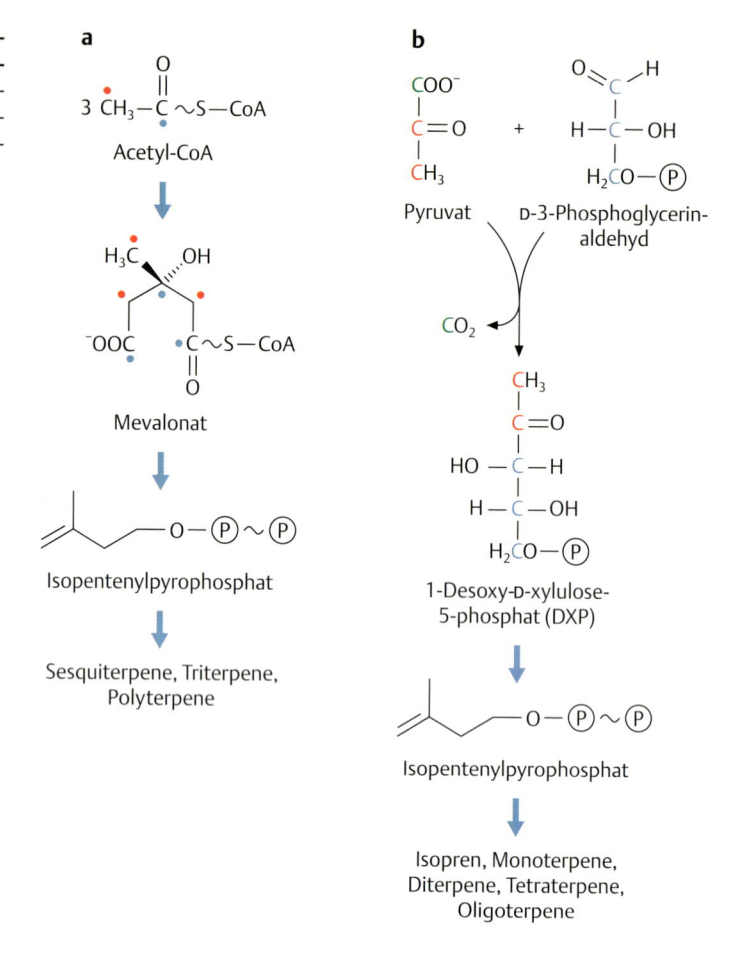

teristisches Intermediat Mevalonsäure auftritt. Dieser Weg ist bei Pflanzen im Cytoplasma lokalisiert. Er ist auch typisch für die Pilze. Zum anderen kann IPP aus Pyruvat und D-3-Phosphoglycerinaldehyd gebildet werden. Auf diesem Weg, der für Prokaryoten typisch ist, tritt als charakteristisches Intermediat 1-Desoxyxylulose-5-phosphat (DXP) auf, ein Zucker. In Pflanzen läuft der DXP-Weg in den Plastiden ab (Abb. **12.12**). Auf jedem der beiden Biosynthesewege entsteht zunächst Isopentenylpyrophosphat, welches mit Dimethylallylpyrophosphat (DMAPP) enzymatisch ins Gleichgewicht gesetzt wird (Abb. **12.13a**).

Die Addition von C_5-Einheiten erfolgt auf die in Abb. **12.13b** gezeigte Weise durch Angriff des Dimethylallyl-Kations auf die Δ^3-Doppelbindung von IPP („Kopf-Schwanz"-Addition). Dieser Prozeß kann bis zu Oligo- und Polyterpenen führen, wobei stets weitere IPP-Moleküle durch elektrophilen Angriff des Kations addiert werden. Andererseits können zwei Moleküle Farnesylpyrophosphat unter Eliminierung beider Pyrophosphate durch Spaltung der C-O-Bindung zu einem C_{30}-Körper, Squalen, und in ähnlicher Weise zwei Moleküle Geranylgeranylpyrophosphat zu einem C_{40}-Körper, Phytoën, verbunden werden („Schwanz-Schwanz"-Addition, Abb. **12.18** S. 362). Jedes dieser offenkettigen Moleküle ist Ausgangspunkt zur Synthese einer eigenen Terpenoid-Klasse (Abb. **12.14**). Im folgenden können nur jeweils sehr wenige Vertreter der einzelnen Terpenoid-Klassen kurz vorgestellt werden.

a Isopentenylpyrophosphat (IPP) ⇌ Isomerase ⇌ Dimethylallylpyrophosphat (DMAPP)

b

1. Addition: DMAPP → Dimethylallyl-Kation + P~P–O⁻

Dimethylallyl-Kation + IPP → Geranylpyrophosphat (GPP, C_{10}) + H⁺

2. Addition: + IPP → Farnesylpyrophosphat (FPP, C_{15}) + H⁺

3. Addition liefert analog: Geranylgeranylpyrophosphat (GGPP, C_{20})

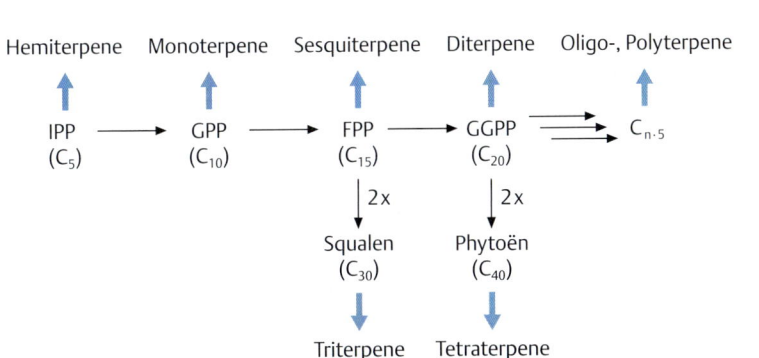

usw.

Abb. 12.13 Prinzip der „Kopf-Schwanz"-Addition von Prenyleinheiten.
a Isomerisierung von IPP.
b Kopf-Schwanz-Addition.

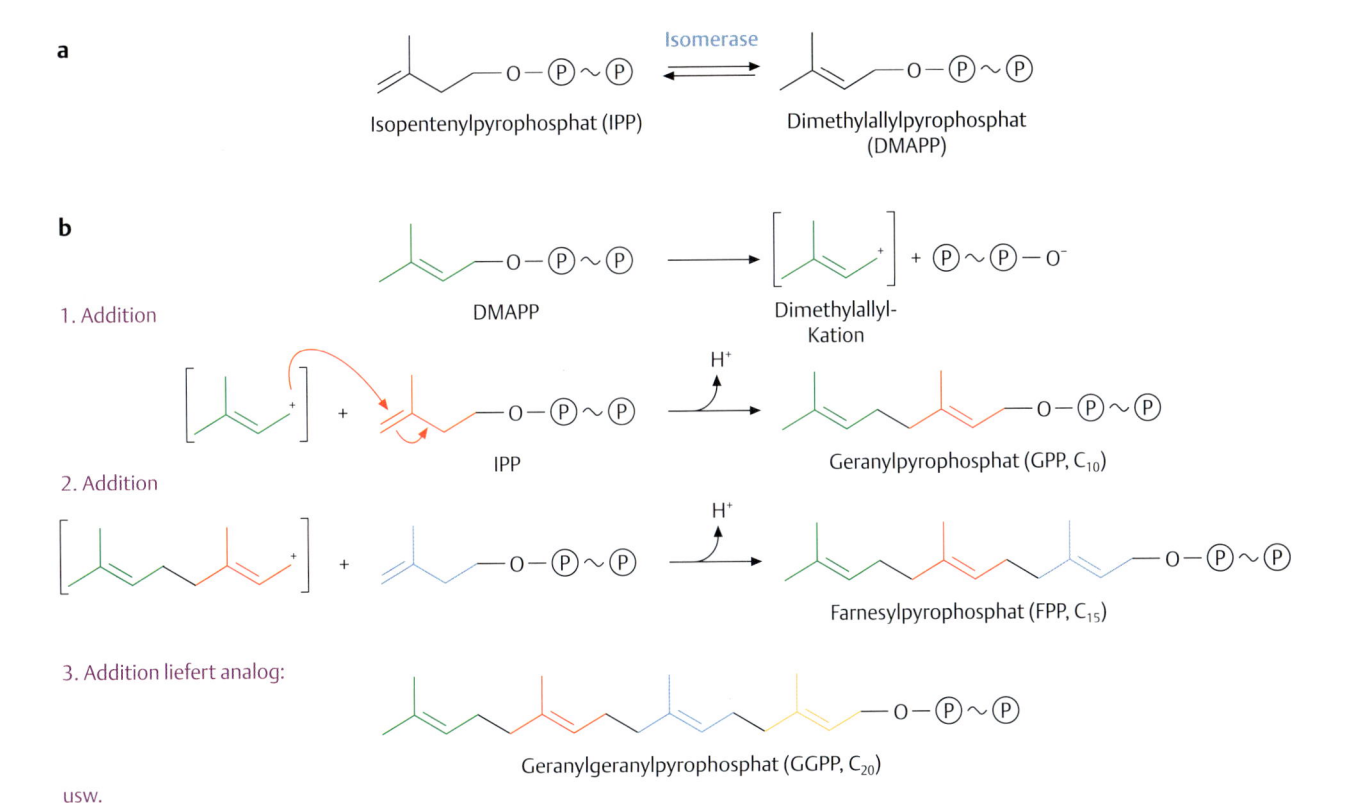

Hemiterpene: Hierzu zählt Isopren selbst, das viele Pflanzen bei hohen Temperaturen und Lichtintensitäten aus IPP in Chloroplasten bilden und in erheblichen Mengen an die Umgebung abgeben. Der blaue Dunst über Wäldern im Sommer geht auf ausgeschiedenes Isopren zurück. Es wird angenommen, daß so nicht nur überschüssig fixierter Kohlenstoff wieder abgegeben wird, sondern die Isoprenemission auch der Energiedissipation dient. Monoprenyl-Seitenketten tragen die Cytokinine, eine Gruppe von aus dem Adenin abgeleiteten Phytohormonen (Kap. 16.3.1), die anhand dieses Merkmals als Hemiterpene anzusprechen sind. Ein weiteres Hemiterpen ist die Lysergsäure (Box **12.4** S. 367).

Monoterpene: Monoterpene sind Bestandteile der Gymnospermenharze, und sie stellen die Hauptanteile der von den fetten Ölen (Triglyceriden) wohl zu unterscheidenden etherischen Öle. Letztere sind Mischun-

Hemiterpene — Monoterpene — Sesquiterpene — Diterpene — Oligo-, Polyterpene

IPP (C_5) → GPP (C_{10}) → FPP (C_{15}) → GGPP (C_{20}) → $C_{n \cdot 5}$

FPP →(2x) Squalen (C_{30}) → Triterpene

GGPP →(2x) Phytoën (C_{40}) → Tetraterpene

Abb. 12.14 Klassifizierung der Terpene.

Abb. 12.15 Monoterpene.
a, b acyclisch, **c–e** monocyclisch, **f** bicyclisch.

a Geranylpyrophosphat

b Citronellol, ein acyclisches Monoterpen aus dem etherischen Öl von *Citrus*-Arten

c Menthol, ein monocyclisches Monoterpen der Pfefferminze (*Mentha piperita*)

d Isomenthon-8-thiol, der Duftstoff der Schwarzen Johannisbeere (*Ribes nigrum*)

e Thymol, der Duftstoff des Thymians (*Thymus*)

f Campher, ein bicyclisches Monoterpen aus dem Harz des Campherbaumes (*Cinnamomum camphora*)

gen leicht flüchtiger, meist terpenoider Kohlenwasserstoffe. Die ökochemische Funktion etherischer Öle besteht überwiegend in der Abschreckung von Arthropoden, der Duft der meisten etherischen Öle und Monoterpene ist jedoch vielen Höheren Tieren (und dem Menschen) angenehm. Etherische Öle werden oft in speziellen Ölbehältern gebildet und gespeichert (Abb. **3.25** S. 123). Viele Pflanzenfamilien sind reich an etherischen Ölen, z. B. die Lippenblütler (Lamiaceae), die Citrusgewächse (Rutaceae), die Baldriangewächse (Valerianaceae), die Hartheugewächse (Clusiaceae) sowie die Korbblütler (Asteraceae) und die Doldenblütler (Apiaceae).

Neben offenkettigen kommen monocyclische und bicyclische, gesättigte oder ungesättigte Verbindungen vor, die sich alle aus der C_{10}-Vorstufe Geranylpyrophosphat herleiten (Beispiele Abb. **12.15**). Auch das bereits erwähnte 1,8-Cineol (Box **12.1** S. 346) ist ein Monoterpen. Bestimmte natürlich vorkommende Monoterpene, die sich chemisch nur sehr schwer darstellen lassen, wie Isomenthon-8-thiol, der Duftstoff der Schwarzen Johannisbeere (*Ribes nigrum*), sind begehrte Ingredienzien, z. B. für Parfums.

Terpenoide Ringsysteme können durch Dehydrogenasen bis zum aromatischen Zustand oxidiert werden, wie das Beispiel des p-Cymens, der Vorstufe des Thymols, der Duftkomponente des Thymians (*Thymus vulgaris*) zeigt (Abb. **12.16**).

Sesquiterpene: Ein Beispiel für diese aus dem C_{15}-Körper Farnesylpyrophosphat (FPP) abgeleitete Terpengruppe ist das Sirenin, das Gamon des wasserlebenden Schimmelpilzes *Allomyces* (Abb. **12.1** S. 348). Durch hydrolytische Abspaltung des Pyrophosphatrests entsteht aus dem FPP direkt Farnesol, eine Komponente des Dufts der Maiglöckchen (*Convallaria majalis*).

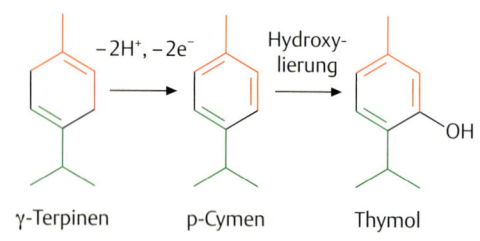

γ-Terpinen → p-Cymen → Thymol (−2H⁺, −2e⁻; Hydroxylierung)

Abb. 12.16 Bildung aromatischer terpenoider Ringsysteme am Beispiel des Thymols.

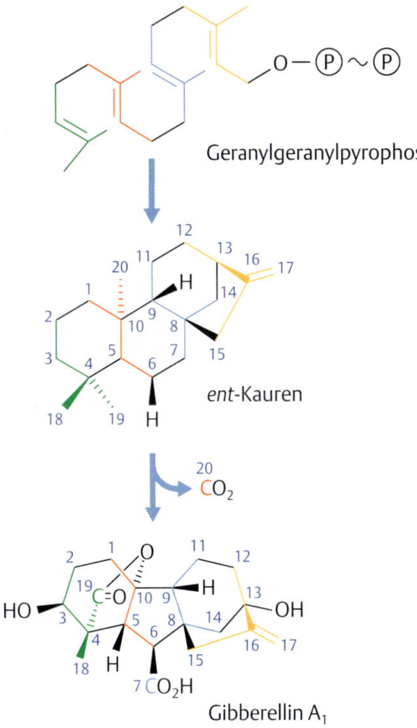

Abb. 12.17 Ableitung der Gibberelline aus Geranylgeranylpyrophosphat über *ent*-Kauren. *ent*- (enantio) bezeichnet eine Verbindung, die in allen Asymmetriezentren invertiert ist; *ent*-Kauren ist also das Spiegelbild des Kaurens. Die Bezeichnung muß deshalb so kompliziert erfolgen, weil Kauren bereits bekannt war, als die Strukturaufklärung des Intermediats der Gibberellinbiosynthese ergab, daß das exakte Spiegelbild des Kaurens, und nicht Kauren selbst, vorlag (Abb. **16.15** S. 613).

Diterpene: Der Phytol-Rest der Chlorophylle (Abb. **8.7** S. 262) gehört ebenso zu den Diterpenen wie die zu den Phytohormonen gehörenden Gibberelline (Abb. **12.17**) und das als Phytopestizid anzusprechende, insbesondere das Pilzwachstum hemmende Taxol aus der Rinde der Westpazifischen Eibe (*Taxus brevifolia*) (Plus **12.1** S. 349 und Plus **12.3**). Wie das Beispiel der Gibberelline zeigt, bleiben im Verlaufe eines Terpenoid-Biosynthesewegs nicht notwendigerweise sämtliche ursprünglichen Kohlenstoffatome erhalten: Die physiologisch aktiven Gibberelline (z. B. GA$_1$, GA$_3$, GA$_4$, GA$_7$) besitzen ausnahmslos 19 Kohlenstoffatome, da das Kohlenstoffatom 20 im Verlauf der Biosynthese als CO$_2$ abgespalten wird.

Triterpene und Tetraterpene: Im Gegensatz zu den bisher vorgestellten Terpenoid-Klassen, die aus Vorstufen gebildet werden, die aus sukzessiven „Kopf-Schwanz"-Additionen von Prenylresten entstehen (Abb. **12.13**), gehen die Vorstufen der Tri- und Tetraterpene aus der „Schwanz-Schwanz"-Verknüpfung je zweier gleicher Ausgangsverbindungen hervor: die Ausgangsverbindung für die Triterpene, Squalen, aus zwei Molekülen Farnesylpyrophosphat und in ähnlicher Weise Phytoën, die Ausgangssubstanz für die Tetraterpene, aus zwei Molekülen Geranylgeranylpyrophosphat. Im Unterschied zur reduktiven Bildung des Squalens wird jedoch für die Phytoënbildung kein NADPH benötigt (Abb. **12.18**).

Plus 12.3 Taxol

Erst vor etwa 25 Jahren wurde das hochsubstituierte Diterpen Taxol bei einer phytochemischen Durchmusterung („Screening") von Pflanzenextrakten auf der Suche nach neuen Wirkstoffen entdeckt (Abb., rot: aus IPP stammend). Taxol kommt in der Rinde der Westpazifischen Eibe (*Taxus brevifolia*) vor. Die Verbindung besitzt eine ausgesprochen starke Hemmwirkung auf die Zellteilung und hat daher cytostatische Eigenschaften. Die Wirkung kommt durch Bindung an das Tubulin der Zellteilungsspindel zustande, wodurch keine Depolymerisation der Mikrotubuli mehr stattfinden kann, die Teilungsspindel also „erstarrt" und eine Chromosomentrennung unterbleibt (Abb. **13.14** S. 401). Obwohl Taxol inzwischen in einem vielstufigen Prozeß synthetisch hergestellt werden kann, ist die chemische Synthese derart aufwendig, daß eine Isolierung des Taxols aus der Pflanze preiswerter ist. Allerdings enthält nur die Rinde alter Bäume (Alter z. T. über 200 Jahre) genügend Taxol, so daß sich die Isolierung lohnt. Zur Gewinnung von 1 Gramm Taxol sind etwa 7,5 kg Rinde erforderlich, und allein zur Deckung des US-amerikanischen Bedarfs würden 1 Million Bäume pro Jahr benötigt. Die langsam wachsenden Bäume kommen somit als nachhaltige Taxolquelle für die Krebstherapie nicht dauerhaft infrage. Heute wird Taxol daher nur noch selten verwendet. An seiner Stelle kommt eine partialsynthetische Verbindung, Taxotère®, zum Einsatz, die aus einer Biosynthesevorstufe des Taxols, dem 10-Deacetylbaccatin-III, hergestellt wird, welche aus den Blättern der in Europa heimischen Eibe (*Taxus baccata*) in ausreichenden Mengen extrahiert werden kann. Taxotère® ist sogar noch wirksamer als Taxol selbst. Die ökochemische Funktion des Taxols besteht wohl in der Störung der Zellteilung von Pilzen, Taxol ist demnach als fungizides Phytopestizid anzusprechen.

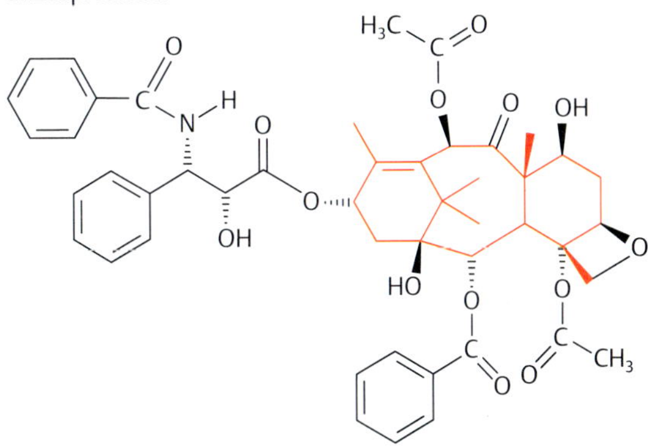

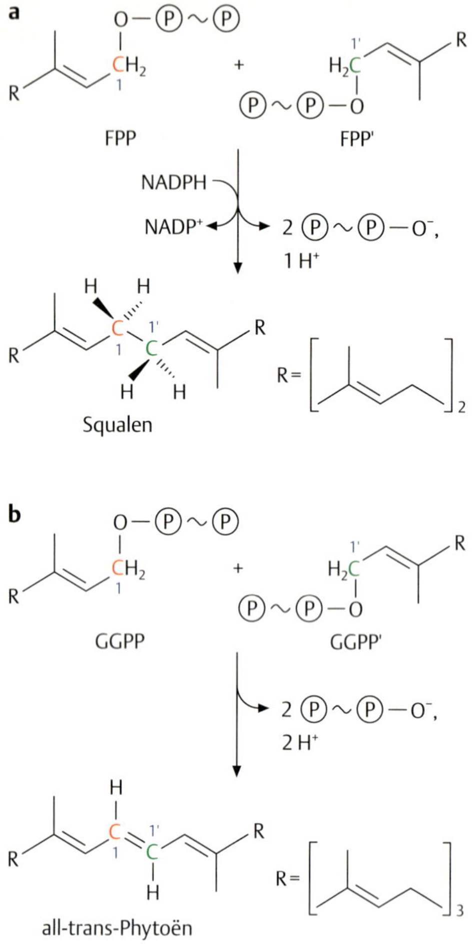

Abb. 12.18 Prinzip der „Schwanz-Schwanz"-Addition bei der Bildung des Triterpenvorläufers Squalen (a) und des Tetraterpenvorläufers Phytoën (b).

Die Vielfalt der Tri- und Tetraterpene ist sehr groß. **Tetraterpene**, die bereits Erwähnung fanden, sind die **Carotinoide**, die nicht nur als akzessorische Photosynthesepigmente und zum Oxidationsschutz der Lichtreaktionen dienen (S. 263), sondern aufgrund ihrer Lipophilie (Fettlöslichkeit) als membrangebundene (plasmochrome) Farbstoffe in Chromoplasten gebildet und gespeichert werden und zur Pigmentierung von Blüten und Früchten (Abb. 2.31 S. 87) und u. U. von Speichergeweben (Karotte, *Daucus carota*, S. 86) beitragen. Carotinoide decken ein Farbspektrum von gelb (Xanthophylle) über orange bis tiefrot (Carotine) ab (Abb. 8.8 S. 264). Aus **Zeaxanthin** entsteht über mehrere Zwischenschritte das Pflanzenhormon **Abscisinsäure** (Abb. 16.30 S. 637). Dieser C_{15}-Körper ist also kein Sesquiterpen, sondern ein Apocarotinoid. Abscisinsäure kann auch von einigen Pilzen gebildet werden. Dieser Biosyntheseweg geht allerdings von Farnesylpyrophosphat aus, die gebildete Abscisinsäure ist in diesem Fall also tatsächlich ein Sesquiterpen.

Tiere können keine Tetraterpene bilden. Da der Sehfarbstoff des menschlichen Auges, Rhodopsin, eine aus **β-Carotin** gebildete chromophore Gruppe, das Retinal, gebunden trägt, muß β-Carotin mit der pflanzlichen Nahrung aufgenommen werden, hat also Vitamincharakter und wird als **Provitamin A** bezeichnet. Bereits im Darm entstehen aus Provitamin A durch oxidative Spaltung 2 Moleküle Retinal, die zu Retinol (**Vitamin A1**) reduziert werden. Dieses wird als Lipoprotein-Komplex im Körper verteilt.

Einige Beispiele für **Triterpene** finden sich in Abb. 12.19. Eine stark abgewandelte Verbindung ist das **Limonin**, der Bitterstoff der Grapefruit (*Citrus paradisi*), der in besonders großen Mengen in den Samen – in den Embryonen bis zu 1 % der Frischmasse – vorkommt, die beim Zerbeißen für Tage einen sehr unangenehmen, bitteren Geschmack hinterlassen: Limonin ist ein hochwirksamer Fraßschutzstoff (Abb. 12.20).

Zahlreiche Substanzen umfaßt die Triterpen-Gruppe der **Steroide**. Formal lassen sie sich von dem – allerdings mitunter im Verlauf der Biosynthese abgewandelten – Steran-Ringsystem herleiten. Zu den Steroiden zählen die **Sterine** (syn. **Sterole**), die z. B. als Komponenten der Zellmembranen auftreten, bei Pflanzen insbesondere Sitosterol und Stigmasterol und bei Pilzen Ergosterol. Bei Tieren ist an ihrer Stelle Cholesterol anzutreffen, das bei Pflanzen nur in Spuren nachweisbar ist. Die charakteristische funktionelle Gruppe der Sterine ist die Hydroxylgruppe an C3. Typische Sekundärstoffe mit ökochemischen Funktionen sind die **Steroidsapogenine**, Triterpene mit ausgeprägter Detergenswirkung (lat. sapo, Seife), die als Glykoside (**Saponine**) in Pflanzenvakuolen gespeichert und dort wegen ihrer guten Wasserlöslichkeit unwirksam sind. Zerstörung der Zellstruktur setzt aber (Glucosidasen!) die amphipolaren Aglyka frei, die Zellmembranen nachhaltig schädigen. Damit ist ein Schutz vor mikrobiellen Pathogenen, insbesondere vor Pilzen, gegeben. Saponine kommen weit verbreitet in Wurzeln, Rhizomen und Samen vor, die im feuchten Substrat besonders geschützt werden müssen, wie die **Diosgenin**-Glykoside in den Rhizomen von *Dioscorea*-Arten, tropischen Lianen, die bis Mitte der 80er Jahre des letzten Jahrhunderts als Rohstoff zur Herstellung semisynthetischer Steroide (z. B. Entzündungs- und Ovulationshemmer) dienten. Aber auch eine Fraßschutzwirkung läßt sich feststellen, denn mit der Nahrung aufgenommene Saponine und daraus freigesetzte Sapogenine schädigen die Darmepithelien. Stickstoffhaltige Steroide sind die **Steroidalkaloide**. Wie die meisten Alkaloide (Kap. 12.4) sind sie sehr giftig und haben bisweilen sehr spezifische Wirkungen auf bestimmte Bereiche des Nervensystems. Ein eindrucksvolles Beispiel bietet

Abb. 12.19 Ringsystem des Steroid-Grundkörpers Steran und Beispiele für pflanzliche Steroide (Brassinosteroide s. Abb. 16.21 S. 621).

das **Cyclopamin** aus dem Kalifornischen Germer (*Veratrum californicum*), einer nordamerikanischen Liliacee, die auf Weiden vorkommt und vor allem für trächtige Schafe problematisch ist, weil es bei Vergiftung zu Abnormitäten in der Embryonalentwicklung kommt. Cyclopamin verhindert die Trennung der Hirnhemisphären, sodaß zyklopische (einäugige) Lämmer geboren werden. Die Homersche Gestalt des einäugigen Riesen Polyphem aus der Odysseus-Sage hat womöglich einen ganz realen Hintergrund! Toxische Steroidalkaloide, die als Glykoside gespeichert werden, sind auch **Solasodin** aus Kartoffeln und **Tomatidin** aus Tomaten, die in grünen Pflanzenteilen gebildet werden und für die Giftigkeit grüner Bereiche von Kartoffelknollen oder von unreifen Tomatenfrüchten verantwortlich sind.

Einige Farne, z. B. der Tüpfelfarn (*Polypodium vulgare*), bilden erhebliche Mengen an Ecdysteroiden, darunter **Ecdyson** und **Ecdysteron** (20-Hydroxyecdyson), die Häutungshormone der Insekten. Nehmen Larven mit

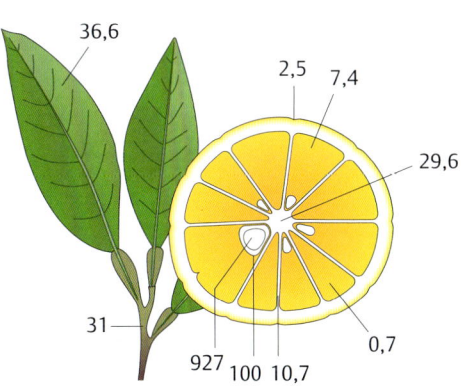

Abb. 12.20 Limonin, der Bitterstoff der Grapefruit (*Citrus paradisi*), ein Triterpen mit ungewöhnlichem Ringsystem. **a** Struktur des Limonins. **b** Limoningehalte verschiedener Gewebe, Angaben in mg pro 100 g (aus Mansell und Weiler 1980).

der Nahrung Ecdysteroide auf, so wird der Häutungsrhythmus gestört und es treten anomale Häutungen auf, meist entfällt die Imaginalhäutung. Es entstehen also keine geschlechtsreifen Tiere und die Eiablage unterbleibt: Die Insektenpopulation wird dezimiert. Ecdyson wirkt im Zusammenspiel mit dem Juvenilhormon, ebenfalls einer terpenoiden Verbindung, die sich von Farnesylpyrophosphat ableitet. Auch Verbindungen mit Juvenilhormonaktivität wurden aus Pflanzen isoliert, so z. B. das Juvabion, ein Sesquiterpen aus der Balsamtanne (*Abies balsamica*). Die Störung der Insektenentwicklung durch pflanzliche Hormonanaloga ist ein wirksamer Schutzmechanismus, den die Tiere nicht auf einfache Weise umgehen können, da sie auf ein funktionelles Hormonsystem angewiesen sind.

Auch im Bereich der Terpenoide ist die Coevolution pflanzlicher Schutzmechanismen einerseits und mikrobieller oder tierischer Mechanismen, den Schutz zu umgehen, andererseits, ein fortwährender Prozeß. Ein Beispiel dafür bilden die **Cardenolide** (**Herzglykoside**), die als Giftstoffe in einigen Gattungen anzutreffen sind (z. B. *Scilla*, *Convallaria*, *Digitalis*, *Isoplexis*, *Asclepias*, *Nerium*). Sie entfalten ihre toxische Wirkung durch die Hemmung der Na^+/K^+-ATPase, die für die Reizleitung im Nervensystem essentiell ist. Vergiftung führt zu Übelkeit, Farbsehstörung und u. U. zum Tod. Herzglykoside werden aber auch verbreitet zur Therapie der Herzinsuffizienz eingesetzt (Plus **12.1** S. 349), da sie – richtig dosiert – die Schlagfrequenz des insuffizienten Herzmuskels erniedrigen und seine Kontraktionskraft erhöhen, sodaß die pro Zeiteinheit gepumpte Blutmenge (das Herzminutenvolumen) ansteigt. Besonders **Digitoxin** und **Digoxin**, Glykoside des Digitoxigenins bzw. des Digoxigenins, werden therapeutisch verwendet. Sie werden aus den Blättern des Wolligen Fingerhuts (*Digitalis lanata*) extrahiert. Auch der Rote Fingerhut (*Digitalis purpurea*) enthält Herzglykoside und ist giftig. Dennoch gelingt es angepaßten Organismen, die Giftwirkung zu umgehen, ja sogar, sich die Herzglykoside selbst als Schutzstoffe zunutze zu machen (Plus **12.4**).

Eine regulatorisch bedeutsame Gruppe pflanzlicher Steroide sind die **Brassinolide**, die heute zu den Phytohormonen gerechnet werden. Brassinolidfreie Pflanzen zeigen einen extremen Zwergwuchs und sind infertil (Abb. **16.24** S. 625).

Oligo- und Polyterpene: Ubichinon, ein Elektronenüberträger der Atmungskette, ebenso wie die Elektronenüberträger der photosynthetischen Lichtreaktion, Phyllochinon und Plastochinon, sind Beispiele für Verbindungen, die Oligoterpen-Reste (meist aus 9–11 C_5-Einheiten) tragen. 20 C_5-Einheiten bilden das Kohlenstoffgerüst des Dolicholphosphats, einer in den Membranen des rauhen endoplasmatischen Reticulums (rER) vorkommenden Trägersubstanz für Oligoglykan-Ketten, die während der Proteinsynthese am rER auf das entstehende Protein übertragen werden (Kap. 15.10.4), falls eine „Glykosylierungssequenz" (meist -Asn-X-Ser/Thr-) vorliegt (X, beliebige Aminosäure).

Polyterpene können aus Tausenden C_5-Einheiten aufgebaut sein. Bekanntestes Beispiel ist der aus dem Latexsaft des Gummibaums (*Hevea brasiliensis*) gewonnene Kautschuk, ein all-cis-Polyisopren mit 500–5000 linear verknüpften Isopreneinheiten (Abb. **12.21**). Kautschuk führender Latexsaft wurde in mehr als tausend Pflanzenarten (insbesondere Euphorbiaceen, Asteraceen) nachgewiesen und kommt in gegliederten oder ungegliederten Milchröhren vor. Guayule (*Parthenium argentatum*) wurde in den USA während des 2. Weltkriegs als Ersatzpflanze zur Kautschukherstellung züchterisch bearbeitet („emergency rubber project"), weil befürchtet wurde, daß die Kriegsgeschehnisse Amerika von den asiatischen Kautschuklieferungen abschneiden könnten. Den Pflanzen dient

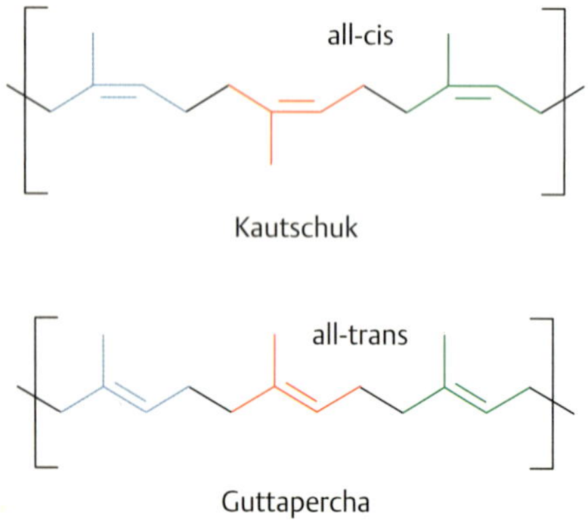

Abb. 12.21 Polyterpene (Molekülausschnitte).

Plus 12.4 Geborgter Schutz

Larve des Monarchfalters auf Futterpflanze

Monarchfalter

Vizekönig

Amerikanischer Blauhäher

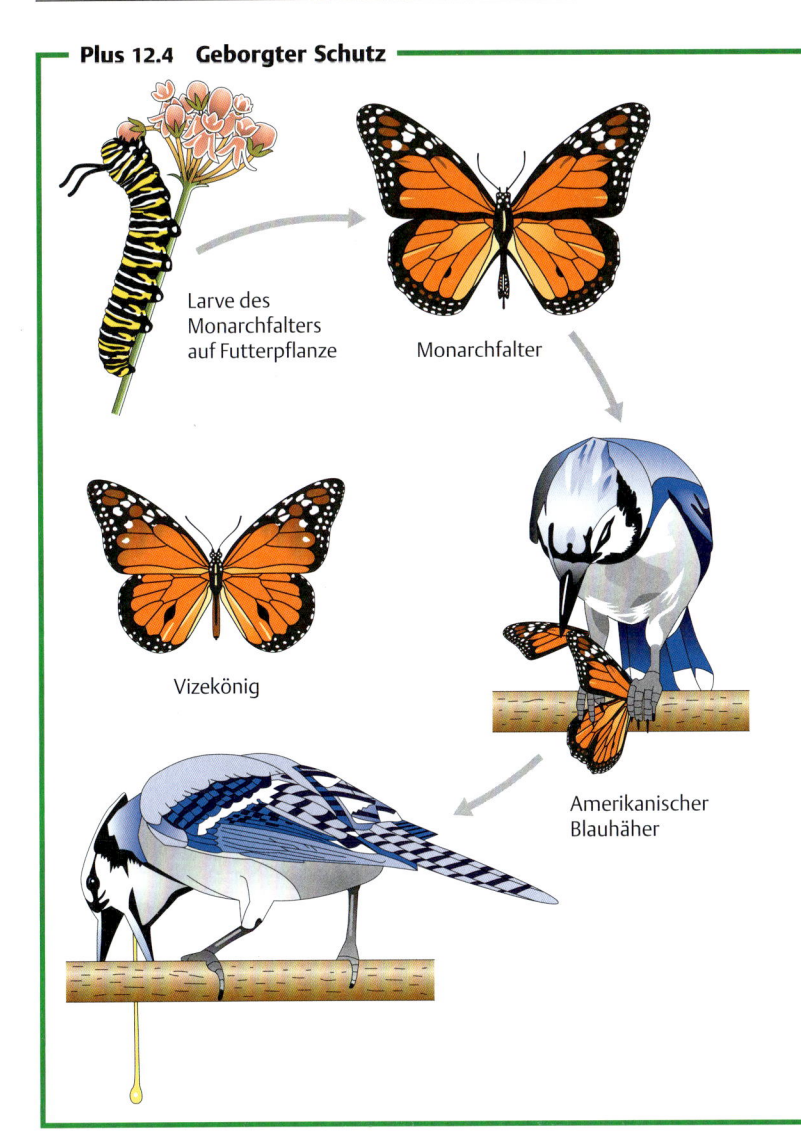

Larven des Monarchfalters (*Danaus plexippus*) sind auf die herzglykosidführende Seidenpflanze (*Asclepias curassavica*) als Futterpflanze spezialisiert. Die Tiere entgehen der Giftwirkung, da sie infolge einer Punktmutation eine nicht durch Cardenolide hemmbare Na^+/K^+-ATPase besitzen. Sie reichern vielmehr die Herzglykoside in ihrem Abdomen stark an, von wo sie auf die Imago, also den adulten Schmetterling, übergehen. Jungvögel (nachgewiesen für den Amerikanischen Blauhäher), die einen Monarchfalter fressen, entwickeln heftige Vergiftungssymptome (Erbrechen, Übelkeit, Gleichgewichtsstörungen) und meiden künftig die durch ihre auffällige Warntracht leicht identifizierbaren Monarchfalter. Diese Warntracht imitieren wiederum andere Arten, wie der Vizekönig (*Limenitis archippus*), die gar keine Herzglykoside enthalten und völlig genießbar sind (Abb.).

der in Form µm-großer Tröpfchen im Milchröhrensaft vorliegende Kautschuk als Fraßschutz, denn der Milchröhreninhalt erstarrt an der Luft rasch zu einer klebrigen Masse und verklebt Insektenmandibeln bis zur Funktionsunfähigkeit. Weitere Polyterpene sind:
- das **Guttapercha**, ein aus etwa 100 C_5-Einheiten aufgebautes all-cis-Polyisopren aus dem Milchsaft des Guttaperchabaums (*Palaquium gutta*), welches vor dem Aufkommen synthetischer Kunststoffe als Isoliermaterial für elektrische Leitungen verwendet wurde, aufgrund seiner Sprödigkeit aber nur schwer handhabbar war.
- das **Chicle** (span., Kaugummi) aus dem Sapodillbaum (*Manilkara zapota*), die Grundsubstanz für Naturkaugummis. Bereits die Azteken nutzten Chicle und Kautschuk, ersteres zum Kauen, letzteres zur Herstellung von Gebrauchsgegenständen wie Gummibällen, wasserdichten Gefäßen u. a. m.

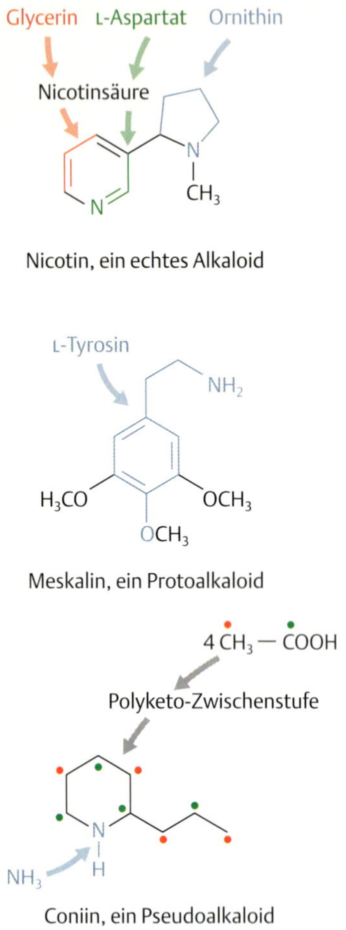

Abb. 12.22 Grundeinteilung der Alkaloide.
Gezeigt ist jeweils ein charakteristisches Beispiel.

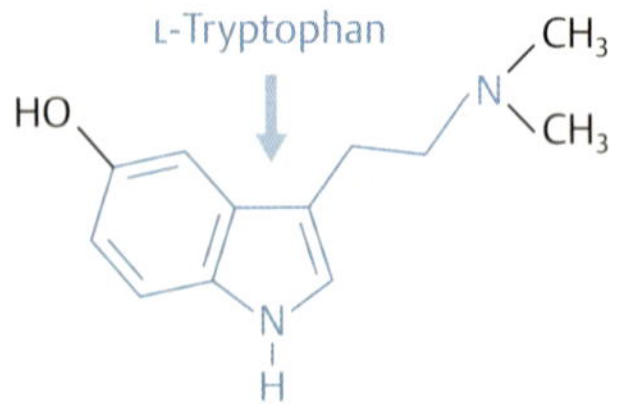

- das **Sporopollenin** aus Pollen, welches für die wasserabweisenden Eigenschaften der äußeren Pollenwand (Exine) und für deren Haltbarkeit (über Millionen Jahre, wie fossiler Pollen belegt) verantwortlich ist. Sporopollenin entsteht aber nicht aus der linearen Verknüpfung vieler Isopreneinheiten, sondern stellt ein Mischpolymerisat von Carotinoiden und Carotinoidestern dar.

12.4 Alkaloide

Der Name Alkaloid bezieht sich auf die basische (d. h. alkaliähnliche) Natur dieser stickstoffhaltigen Pflanzeninhaltsstoffe. Es handelt sich um die größte Gruppe von Sekundärmetaboliten mit hinsichtlich ihrer Struktur und Biosynthese ganz unterschiedlichen Vertretern. Die Gesamtzahl der Alkaloide wird auf etwa 200 000 Verbindungen geschätzt.

> Nach Kurt Mothes sind Alkaloide basisch reagierende Pflanzeninhaltsstoffe mit vorwiegend heterocyclisch eingebautem Stickstoff, die sich von Aminosäuren herleiten lassen und oft ganz spezielle Wirkungen auf bestimmte Bereiche oder Funktionen von Nervensystemen ausüben.

Als Aminosäuren treten häufig auf: die drei aromatischen Aminosäuren L-Phenylalanin, L-Tyrosin und L-Tryptophan, die basische Aminosäure L-Lysin sowie nicht proteinogene Aminosäuren, insbesondere Ornithin, Nicotinsäure und Anthranilsäure.

Eine Grundeinteilung unterscheidet echte Alkaloide, Protoalkaloide und Pseudoalkaloide. **Echte Alkaloide** stammen von einer oder mehreren Aminosäuren ab und ihr Stickstoff ist heterocyclisch gebunden (Beispiel: **Nicotin** aus dem Tabak, *Nicotiana tabacum*). Als **Protoalkaloide** bezeichnet man Alkaloide, die zwar aus einer Aminosäure hervorgehen, aber keinen heterocyclisch gebundenen Stickstoff besitzen (Beispiel: **Meskalin** aus dem Kaktus *Lophophora williamsii*). Bei den **Pseudoalkaloiden** liegt der Stickstoff heterocyclisch gebunden vor, stammt aber nicht aus einer Aminosäure (Beispiel: das stickstoffhaltige Polyketid **Coniin**, das Gift des Gefleckten Schierlings, *Conium maculatum*) (Abb. **12.22**).

Alkaloide sind typische Inhaltsstoffe Höherer Pflanzen. Auch in Pilzen sind sie häufig, in Niederen Pflanzen dagegen selten und in Tieren äußerst selten anzutreffen. Ein Beispiel für ein tierisches Alkaloid ist **Bufotenin**, ein im Hautdrüsensekret mancher Krötenarten (*Bufo*) enthaltenes, aus L-Tryptophan gebildetes Protoalkaloid mit blutdrucksteigernder Wirkung (Abb. **12.23**). Aus der großen Gruppe der Pilzalkaloide seien die **Mutterkornalkaloide** erwähnt (Box **12.4**).

> Besonders alkaloidreiche Familien Höherer Pflanzen sind die Hahnenfußgewächse (Ranunculaceae), die Nachtschattengewächse (Solanaceae) und die Mohngewächse (Papaveraceae). Alkaloidarm sind die Korbblütler (Asteraceae) und allgemein Pflanzen, die reich an etherischen Ölen oder Harzen sind.

Nicht alle Alkaloide üben eine – meist nachteilige – Wirkung auf Nervensysteme aus. Zu den echten Alkaloiden zählen die **Betalaine**, die Blütenfarbstoffe fast aller Familien der Caryophyllales (z. B. Kakteen). Nur die Caryophyllaceae und Molluginaceae enthalten Anthocyane. Anthocyane und Betalaine kommen nie gemeinsam in der Pflanze vor. Betalaine leiten sich vom L-Tyrosin ab. Man unterscheidet die roten **Betacyane** und die gelben

Abb. 12.23 Bufotenin.
Beispiel für ein tierisches Alkaloid.

12.4 Alkaloide

Box 12.4 Mutterkornalkaloide

Claviceps purpurea, der Mutterkornpilz, befällt Poaceenblüten, z. B. Getreide wie im Beispiel den Roggen (*Secale cereale*). Befallene Pflanzen lassen sich leicht anhand der „Mutterkörner" identifizieren: purpurschwarzer, sichelförmiger **Sklerotien**, d. h. von verdichtetem Pilzmycel gebildeten Überdauerungsstrukturen, die gesunde Karyopsen um ein mehrfaches an Größe übertreffen. Diese Sklerotien wurden bereits im Mittelalter in der Gynäkologie zur Einleitung der Wehen verwendet (daher die Bezeichnung „Mutterkorn"). Die uteruskontrahierende Wirkung geht auf **Ergotamin** und verwandte Alkaloide (Ergot-Alkaloide) zurück, Aminosäurederivate der zu den Indolalkaloiden zählenden Lysergsäure (Abb.). Chronische Vergiftung durch Mutterkornalkaloide (z. B. durch den Genuß von kontaminiertem – „grauem" – Mehl) verursachte im Mittelalter das weit verbreitete und bisweilen epidemieartig ausbrechende Antoniusfeuer (Ergotismus), eine Symptomatik, die mit brennenden Schmerzen in den Extremitäten begann und mit einem Absterben von Armen und Beinen enden konnte. Ein Schutz vor dem Antoniusfeuer wurde dem Hl. Antonius zugesprochen, da chronisch Vergiftete genasen, wenn sie eine zeitlang in Klöstern verbracht hatten (die sich aufgrund ihres Reichtums den Kauf von weißem – d. h. nicht kontaminiertem – Mehl leisten konnten). Ergot-Alkaloide haben in hoher Dosierung auch psychische Auswirkungen, sie rufen Halluzinationen hervor und dürften – neben anderen Alkaloiden – manchen mittelalterlichen Hexenprozeß ausgelöst haben. Der Grundkörper der Mutterkornalkaloide, Lysergsäure, wurde 1938 von dem Schweizer Chemiker Albert Hofmann in das Diethylamid überführt. Damit hatte er – unbeabsichtigt – das stärkste bis heute bekannte Halluzinogen, LSD (Lysergsäurediethylamid), hergestellt.

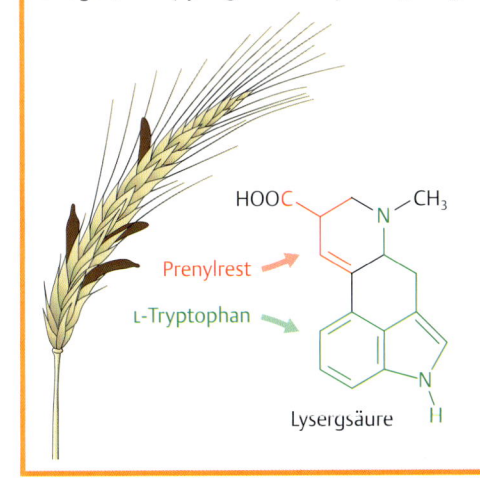

a

Betanidin

b

Betaxanthine. Betalaine liegen als wasserlösliche Glykoside in Vakuolen vor, sind also chymochrome Farbstoffe. Ein typisches Betalain ist das Betanidin, dessen Glykoside den Farbstoff der Roten Rübe („Rote Beete", *Beta vulgaris* ssp. *maritima*) bilden (Abb. 12.24). Das Vorkommen der Betalaine ist also nicht auf Blüten beschränkt. Auch die rote Färbung der Blätter des Fuchsschwanzes (*Amaranthus*) und die tiefrote Farbe der Früchte der Kermesbeere (*Phytolacca americana*) – zur Färbung von gepanschtem Rotwein verwendet – werden durch Betalaine bewirkt. Die Bezeichnung Betalain leitet sich vom Gattungsnamen *Beta* ab (daher mit langem ē zu sprechen). Auch der Farbstoff **Indigo** ist ein Alkaloid (Plus **12.5**).

Abb. 12.24 Betanidin, der Farbstoff der Roten Rübe (*Beta vulgaris* ssp. *maritima*). In der Pflanze liegt Betanidin als Glykosid in Vakuolen gelöst vor. **a** Strukturformel. **b** Rüben.

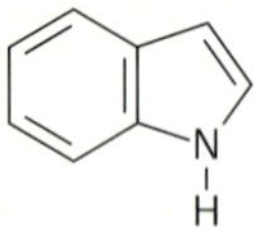

Abb. 12.25 Indol.

Um Ordnung in die nahezu unüberschaubare Fülle der Alkaloide zu bringen, klassifiziert man sie am zweckmäßigsten anhand ihrer Ringsysteme. Eine Darstellung würde aber den Rahmen dieses Buches sprengen. Ein Beispiel muß an dieser Stelle genügen: Vom L-Tryptophan abgeleitete, das Indol-Ringsystem (Abb. **12.25**) tragende Alkaloide werden als **Indolalkaloide** zusammengefaßt, wie z. B. **Vinblastin** und **Vincristin** aus dem Madagaskar-Immergrün (*Catharanthus roseus*), die als wirksame Cytostatika insbesondere zur Bekämpfung der Leukämie verwendet werden (Abb. **12.26**, Plus **12.1** S. 349). Die cytostatische Wirkung beruht auf einer Destabilisierung der Mitosespindel: Nach Bindung des Alkaloids depolymerisieren die Mikrotubuli (Abb. **13.14** S. 401). Dadurch werden Mi-

---

Plus 12.5 Indigo

Bis zur Ausarbeitung eines chemischen Syntheseverfahrens durch Adolf von Baeyer 1880 und zur Vermarktung des ersten synthetischen Indigos 1897 wurde der zum Färben von Textilien äußerst begehrte und seit dem Altertum in allen Kulturen mit Ausnahme der australischen verwendete natürliche Indigo aus zwei Pflanzen gewonnen: dem in gemäßigten Klimaten vorkommenden Färberwaid (*Isatis tinctoria*) und der tropischen, insbesondere in Indien (griech. indigos, indisch) angebauten Art *Indigofera tinctoria*. Beide enthalten farblose Vorstufen des Indigos, Indoxylglykoside, die aus den Blättern extrahiert und in Kübeln fermentiert wurden. In diesem Prozeß wurde das ebenfalls farblose Indoxyl aus den Glykosiden freigesetzt. Tauchte man nun gesponnene oder gewebte Fasern in diese Kübel ein und trocknete sie an der Luft, bildete sich auf der Faser durch oxidative Dimerisierung des Indoxyls der strahlend blaue und lichtbeständige Indigo (Abb.).

Ein Indigofarbstoff ist auch der aus Purpurschnecken (*Murex*) gewonnene **Purpur** (6,6'-Dibromindigo), einer der begehrtesten Farbstoffe der Antike, der bis heute verwendet wird und sehr teuer ist, da synthetischer Purpur sich nur sehr schwer und mit extrem hohen Kosten herstellen läßt.

Zum histochemischen Nachweis der **Glucuronidase**, die in der pflanzlichen Gentechnik als Indikatorenzym zur Untersuchung von Genexpression häufig eingesetzt wird, dient als Substrat 4-Chlor-5-bromindoxyl-β-D-glucuronid, aus dem durch enzymatische Abspaltung der Glucuronsäure 4-Chlor-5-bromindoxyl und daraus durch oxidative Dimerisierung die leuchtend blaue, wasserunlösliche Verbindung 4,4'-Dichlor-5,5'-dibromindigo entsteht (Plus **16.10** S. 645).

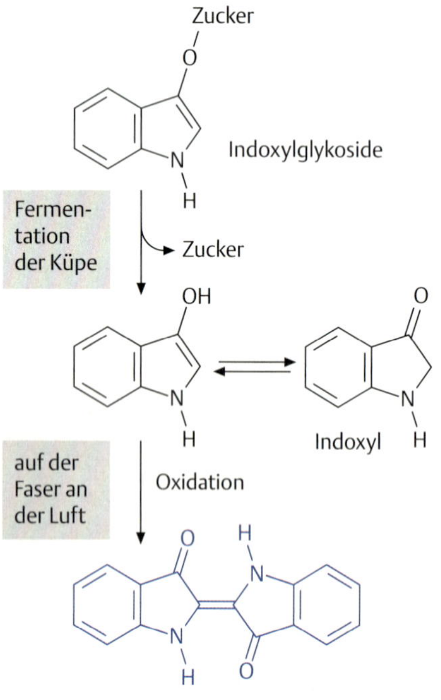

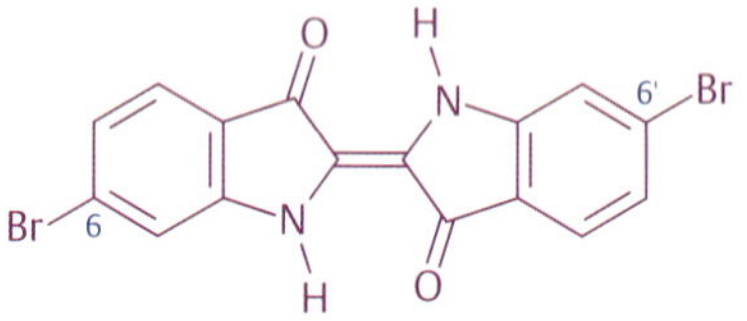

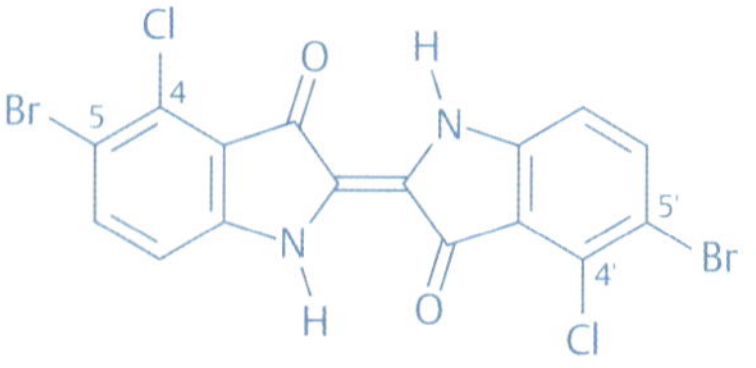

tosen verhindert. Zu den Indolalkaloiden zählen auch die bereits erwähnten **Mutterkornalkaloide** (Box **12.4**).

Die ökochemischen Funktionen vieler Alkaloide lassen sich der Kategorie chemische Waffen zuordnen. So ist Nicotin ein sehr wirksames Insektizid, wie sich eindrucksvoll durch Pfropfexperimente zeigen läßt (Abb. **12.27**). Das gezeigte Experiment verdeutlicht zudem, daß Syntheseort und Speicherort eines Alkaloids nicht identisch sein müssen: Nicotin wird im Wurzelsystem der Tabakpflanze gebildet und in den Blättern gespeichert.

Viele Alkaloide verwendet der Mensch zu seinem Nutzen, wie z. B. das immer noch wirksamste Präparat gegen Malaria, **Chinin**, aus der Rinde des südamerikanischen *Cinchona*-Baums. Die deutsche Bezeichnung „Chinarindenbaum" geht auf einen Verständnisfehler zurück, denn Linné hat die Gattung nach der Gräfin von Cinchon benannt, die in Südamerika Mitte des 17. Jahrhunderts von der Malaria heimgesucht und von Jesuitenpatern mit dem Pulver aus der Rinde des Baums („Jesuitenpulver") geheilt wurde. Aus *Cinchona* wurde China und daraus Chinin abgeleitet.

Alkaloide sind jedoch nicht nur Segen, sondern auch Fluch für den Menschen, denn die gefährlichsten Suchtdrogen sind pflanzliche Alkaloide, insbesondere **Morphin** aus dem Schlafmohn (*Papaver somniferum*). **Codein** weist eine dem Morphin sehr ähnliche Struktur auf. Es wird ebenfalls aus dem Schlafmohn gewonnen, ruft nur milde Gewöhnung, aber keine Sucht hervor und wird zur Bekämpfung hartnäckigen Reizhustens therapeutisch eingesetzt (Abb. **12.28**). In der Biosynthese entsteht Morphin unmittelbar aus der Vorstufe Codein. Morphin wird in Extremsituationen als Schmerzmittel medizinisch genutzt. Diacetylmorphin, das **Heroin**, ist die gefährlichste bekannte Suchtdroge. Ihr Genuß führt regelmäßig in eine Abhängigkeit, die nicht selten mit dem Tod endet. Aber

Abb. 12.26 Vinblastin und Vincristin, dimere Indolalkaloide aus dem Madagaskar-Immergrün. a Strukturformeln. **b** Madagaskar-Immergrün (*Catharanthus roseus*).

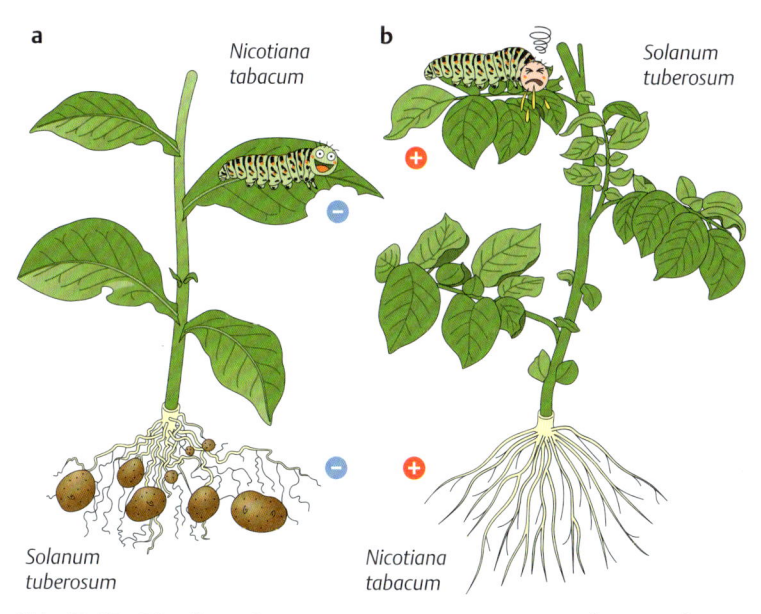

Abb. 12.27 Pfropfexperiment zur Demonstration von Synthese- und Speicherort des Nicotins. a Auf Kartoffelunterlage gepfropftes Tabakreis, Sproß nicotinfrei. **b** Auf Tabakunterlage gepfropftes Kartoffelreis, Sproß enthält Nicotin. Kartoffel *Solanum tuberosum*, Tabak *Nicotiana tabacum*, + nicotinhaltige Organe, – nicotinfreie Organe.

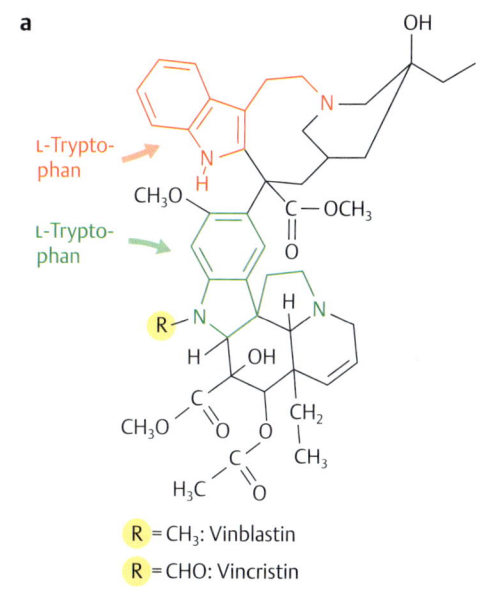

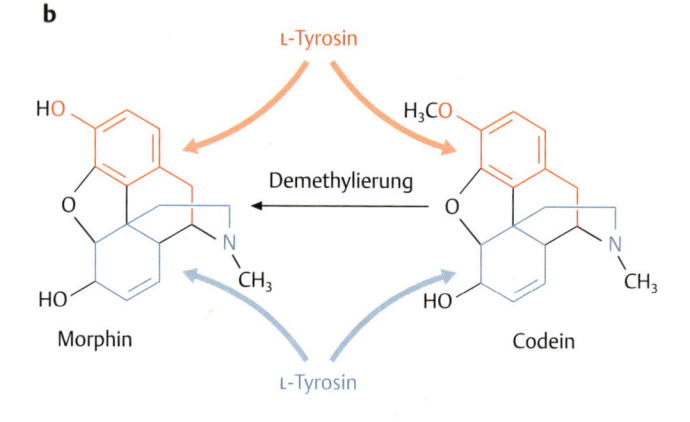

Abb. 12.28 Alkaloide des Schlafmohns (*Papaver somniferum*).
a Aus den angeritzten Mohnkapseln tritt der stark alkaloidhaltige Milchsaft aus. An der Luft zu einer braunen, klebrigen Masse erstarrt, wird er als Rohopium geerntet (gr. opòs, Milchsaft). Originalaufnahme M. H. Zenk, mit freundlicher Genehmigung.
b Morphin und Codein.

selbst Nicotin macht abhängig, wie langjährige Raucher zu berichten wissen. **Vor dem Genuß aller Arten von suchterzeugenden Drogen kann nur eindringlich gewarnt werden.**

Pflanzen haben im Verlaufe ihrer Hunderte von Millionen Jahren andauernden Evolution als standortverhaftete Organismen äußerst wirksame chemische Schutzmechanismen entwickelt, die nahezu jede tierische Leistung nachhaltig beeinträchtigen können. Nur wenige Beispiele konnten in diesem Kapitel Erwähnung finden. Es ist als eine der größten Kulturleistungen des Menschen zu werten, daß es ihm gelungen ist, aus den giftigen, schlecht schmeckenden, unverdaulichen Wildformen bekömmliche, ertragreiche – aber eben auch weitgehend ihrer natürlichen Schutzmechanismen beraubte – Kulturformen zu züchten, und daß er es im Laufe der Zeit geschafft hat, diese Pflanzen, von deren Gedeihen seine eigene Existenz abhängt, selbst so zu schützen, daß die Weltbevölkerung von einigen Millionen Menschen zur Zeitenwende auf heute weit mehr als 6 Milliarden Individuen anwachsen konnte. Chemischer und seit etwa 10 Jahren auch gentechnischer Pflanzenschutz kompensieren die Defizite im Repertoire pflanzeneigener Abwehrstoffe, für die der Mensch – in eigenem Interesse – gesorgt hat.

Zur Klasse der Alkaloide, und zwar zu den Protoalkaloiden im Sinne der gegebenen Definition, zählen auch die **Senfölglucoside** (**Glucosinolate**) und die **cyanogenen Glykoside**, da sie aus Aminosäuren gebildet werden, deren Aminogruppe den nicht heterocyclisch gebundenen Stickstoff beisteuert (Abb. **12.29**). Senfölglucoside sind typische Inhaltsstoffe der Brassicaceen, cyanogene Glykoside sind bei Rosaceen und Poaceen verbreitet. Die Vertreter der beiden Alkaloidgruppen werden, wie die Bezeichnungen andeuten, als Glykoside in Vakuolen gespeichert, oft in speziellen Geweben, wie im Fall des Dhurrins der Hirse (*Sorghum bicolor*), das in den Epidermiszellen gespeichert wird. Bei Verletzung der Gewebe kommt es zur Vermischung der Senfölglucoside bzw. der cyanogenen Glykoside mit den in anderen Zellen bzw. Zellkompartimenten gespeicherten abbauenden Enzymen. Dadurch werden die Glykoside abgebaut und die eigentlichen Fraßschutzstoffe freigesetzt. Im Fall der Glucosinolate führt der Abbau zur Bildung von scharf schmeckenden (Senf! Meerrettich!) und stechend riechenden Isothiocyanaten („Senföle"), wie dem Allylisothiocyanat beim Meerrettich (*Armoracia rusticana*). Glucosinolate sind daher wirksame Fraßschutzstoffe. Erstaunlicherweise benötigen jedoch die Larven des Kohlweißlings (*Pieris brassicae*) Glucosinolate als Freßstimulans. Die Tiere rühren glucosinolatfreie Nahrung nicht an, sondern verhungern eher. Sie akzeptieren allerdings – glucosinolatfreie – Salatblätter, falls diese zuvor mit Glucosinolaten besprüht wurden. Der Abbau cyanogener Glykoside liefert u. a. Blausäure, ein starkes Gift der Zellatmung. Im Gegensatz zu den Glucosinolaten, die durch den beißend scharfen Geschmack der gebildeten Senföle von übermäßigem Genuß abhalten, beruht die Fraßschutzfunktion der cyanogenen Glykoside auf der Giftwirkung der freigesetzten Blausäure (HCN) (s. auch Abb. 18.26 S. 767).

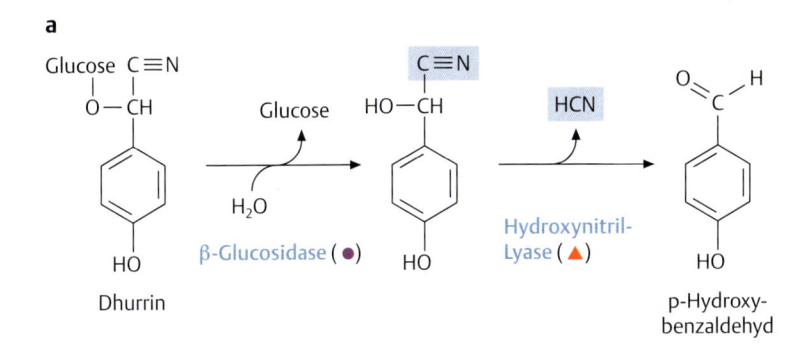

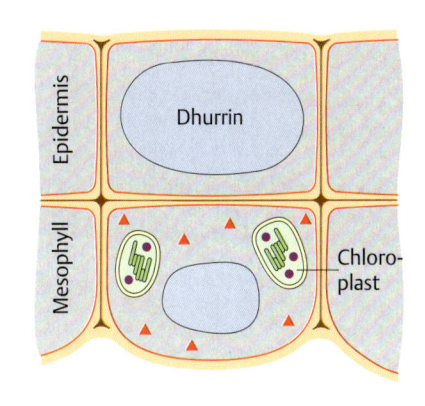

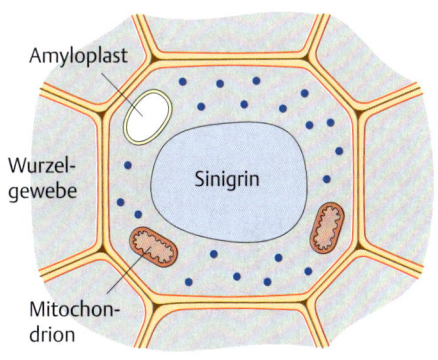

Abb. 12.29 Cyanogene Glykoside (a) und Senfölglucoside (b). Speicherung in der Zelle und Abbau, am Beispiel des Dhurrins der Hirse (*Sorghum bicolor*) und des Sinigrins des Meerrettichs (*Armoracia rusticana*). Dhurrin wird aus L-Tyrosin gebildet, Sinigrin aus L-Methionin.

13 Genetik und Vererbung

Die durch die Fortpflanzung erzeugte Nachkommenschaft gleicht in ihrem äußeren Erscheinungsbild weitgehend den Elternorganismen, und Angehörige einer taxonomischen Einheit, z. B. einer Art oder Gattung, sind einander mehr oder weniger ähnlich. Die Frage nach den Ursachen dieser Ähnlichkeit bzw. Übereinstimmung sowie nach den Regeln und molekularen Grundlagen der Weitergabe organismischer Identität ist das Anliegen der Vererbungslehre (Genetik).

Nach den Jahren der klassischen Genetik (1860–1950) haben seit Mitte 1940 weltweite Forschungen entscheidend zur Aufklärung der molekularen Grundlagen der Vererbung beigetragen. Zwei Methodenkomplexe waren dabei besonders wichtig:

- Durch die Möglichkeit zur DNA-Sequenzanalyse und deren Automatisierung wurden die Genome zahlreicher Organismen inklusive der Genome des Menschen und von *Arabidopsis*, Reis und anderer Vertreter des Pflanzenreichs aufgeklärt.
- Eine Reihe neuer Methoden, die wir als Gentechnik bezeichnen, ermöglichte es, Teile eines Genoms, z. B. einzelne Gene, zu isolieren und in ihrer Funktion zu untersuchen oder das Erbgut eines Organismus gezielt zu verändern. Dadurch können auch Pflanzen entstehen, die sich durch besondere biochemische Leistungen, durch ihre Ertragseigenschaften oder durch Resistenz gegen Parasiten auszeichnen und die nicht durch klassische Kreuzungsexperimente zugänglich sind.

Die rasanten Entwicklungen in der Molekulargenetik gehören ohne Zweifel zu den eindrucksvollsten Leistungen der jüngeren Wissenschaftsgeschichte mit weitreichenden Folgen für Wissenschaft, Medizin und Gesellschaft.

Genetik und Vererbung

13.1 **DNA als Träger genetischer Informationen... 375**

13.2 **Der genetische Code... 376**

13.3 **Verpackung von DNA in Chromatin und Chromosomen... 378**
13.3.1 Histone als Verpackungsmaterial... 379
13.3.2 Histon-Modifikationen... 381

13.4 **Die drei Genome der Pflanzenzellen... 381**

13.5 **DNA-Replikation... 388**

13.6 **Klassische Genetik... 390**
13.6.1 Grundbegriffe der klassischen Genetik... 390
13.6.2 Drei Grundregeln der Vererbung... 391

13.7 **Zellzyklus... 395**
13.7.1 Chromosomentheorie der Vererbung... 395
13.7.2 Der Zellzyklus... 396
13.7.3 Mitose... 397
13.7.4 Rolle der Cytoskelett-Systeme... 399
13.7.5 Zellteilung (Cytokinese)... 400
13.7.6 Meiose... 402

13.8 **Mutationen und DNA-Reparatur... 406**
13.8.1 Genommutationen... 406
13.8.2 Chromosomenmutationen... 409
13.8.3 Genmutationen... 409
13.8.4 Mutagene Agenzien... 411
13.8.5 DNA-Reparatur... 413

13.9 **Vererbungsvorgänge außerhalb der Mendel-Regeln... 415**
13.9.1 Extrachromosomale Vererbung... 415
13.9.2 Transposons und Insertionsmutagene... 417

13.10 **Genetische Grundlagen der Evolution... 420**
13.10.1 Grundlagen der Evolution... 421
13.10.2 Faktoren zur Beschleunigung der Evolution... 422
13.10.3 Natürliche Auslese... 424

13.11 **Gentechnik und DNA-Sequenzierung... 425**
13.11.1 DNA-Klonierung... 425
13.11.2 Die Polymerasekettenreaktion (PCR)... 427
13.11.3 Kopplung von reverser Transkription mit PCR (RT-PCR)... 428
13.11.4 DNA-Sequenzierung... 429

13.12 **Pflanzentransformation und transgene Pflanzen... 430**
13.12.1 Transiente Transformation und Reporterassays... 431
13.12.2 Herstellung transgener Pflanzen... 432
13.12.3 Anbau transgener Pflanzen... 434

13.1 DNA als Träger genetischer Informationen

Mit Ausnahme einiger Viren ist das genetische Material aller Organismen Desoxyribonucleinsäure (DNA), die als Doppelhelix mit zwei antiparallelen Strängen vorliegt. Die Information ist in der Abfolge von vier aromatischen Basen, A, G, C und T gespeichert, die in zwei komplementären, über Wasserstoffbrücken miteinander verbundenen Paaren A=T und G≡C vorliegen.

Aus didaktischen Gründen haben wir für dieses Kapitel die Geschichte der Genetik, wie sie in der Box **13.1** skizziert ist, auf den Kopf gestellt. Bevor wir uns den Gesetzen der Vererbung, der Chromosomenverteilung bei der Zellteilung und den Veränderungen im Erbgut (Mutationen) zuwenden, wollen wir uns mit der DNA als Erbsubstanz beschäftigen.

Die Ausarbeitung der DNA-Struktur als Doppelhelix mit zwei antiparallelen und zueinander komplementären Strängen durch Watson und Crick (Abb. **13.1**) machte mit einem Schlag deutlich, daß DNA geradezu ideal für den biologischen Zweck der Speicherung großer Mengen von Information auf kleinstem Raum und für die identische Weitergabe ist (Kap. 1.3.2):

- Das **genetische Alphabet** besteht aus nur vier Buchstaben (A, G, C und T), die biochemisch durch die vier **stickstoffhaltigen, heterocyclischen Aromaten** Adenin (A), Guanin (G), Cytosin (C) und Thymin (T) repräsentiert sind. Wegen der positiven Ladung durch die Stickstoffatome in den Ringen werden diese auch als Basen und nach ihrer Grundstruktur mit zwei Ringen als Purinbasen (A und G) bzw. mit einem Ring als Pyrimidinbasen (C und T) bezeichnet (Abb. **13.1b**).
- Die regelmäßige Anordnung der Buchstaben beruht auf besonderen Eigenschaften dieser Basen. Jeweils eine Purin- und eine Pyrimidinbase bilden ein **komplementäres Paar**, das über **Wasserstoffbrücken** in Wechselwirkung tritt. Dies gilt sowohl für das G≡C-Paar mit drei Wasserstoffbrücken als auch für das A=T-Paar mit zwei Wasserstoffbrücken (Abb. **13.1a**). Die Bildung solcher Brücken mit einem Energiegehalt von je etwa 2 kcal·mol^{-1} beruht auf einer Elektronendefizienz an den Wasserstoffatomen und einem Elektronenüberschuß durch freie Elektronenpaare an den Stickstoff- bzw. Sauerstoffatomen (Abb. **1.37** S. 43).
- Die **Basenpaarung** im Inneren der Doppelhelix, die nach außen von der Desoxyribosephosphatkette abgeschirmt wird, ermöglicht eine sehr **regelmäßige Struktur der Doppelhelix**, da beide Paare fast identische räumliche Strukturen haben. Diese Regelmäßigkeit der DNA-Struktur ist von großer Bedeutung für die frühzeitige Erkennung von Fehlern in der Sequenz, wie sie z. B. bei der Replikation entstehen können. Solche Fehler „verzerren" die Doppelhelix und werden durch Reparatursysteme beseitigt (Kap. 13.5 und Kap. 13.8.5).
- Die Besonderheiten der Doppelhelix bergen aber auch das Geheimnis der **Informationsweitergabe** bei der Zellteilung nach **DNA-Replikation** ebenso wie bei der **Transkription**. In beiden Fällen wird von den beteiligten Enzymen (DNA-Polymerase bzw. RNA-Polymerase) eine komplementäre Kopie (K) angefertigt, deren Buchstabenfolge eindeutig durch das Gesetz der Komplementarität zum **Matrizenstrang (M)** bestimmt ist. An einem DNA-Strang M mit der Buchstabenfolge 3'-ATGACTG-5' kann nur ein **komplementärer Strang K** mit der Buchstabenfolge 5'-TACTGAC-3' synthetisiert werden. Wir werden bei der Besprechung der Details noch sehen, daß der M-Strang immer vom 3'- zum 5'-Ende

---

Box 13.1 Von der klassischen zur molekularen Genetik

Die ersten Vererbungsexperimente wurden im 19. Jahrhundert von einem Augustinermönch in Brünn (Brno), Gregor Mendel, durchgeführt. Die daraus abgeleiteten Gesetzmäßigkeiten, die wir heute als Mendel-Regeln bezeichnen, erschienen 1866 in den Verhandlungen des Naturwissenschaftlichen Vereins zu Brünn. Sie blieben jedoch weitgehend unbeachtet, bis sie auf der Grundlage ähnlicher Experimente Anfang des 20. Jahrhunderts durch die Botaniker C. E. Correns (Berlin), E. von Tschermak-Seysenegg (Gent, Wien) und H. de Vries (Amsterdam) wiederentdeckt wurden. Seither hat die Genetik eine stürmische Entwicklung erfahren. Waren die Versuchsobjekte der „klassischen" Genetik zunächst höhere Pflanzen und dann vor allem Tiere, so begann mit den Experimenten an Pilzen, Bakterien und Bakteriophagen in den USA um 1940 die Ära der molekularen Genetik. Zwei Meilensteine prägen die weitere Entwicklung: 1944 gelingt O. T. Avery und Mitarbeitern der Nachweis, daß die pathogenen Eigenschaften des Bakteriums *Streptococcus pneumoniae* durch Desoxyribonucleinsäure (DNA) auf nichtpathogene Stämme übertragen werden können, und 1953 publizierten J. D. Watson und F. Crick ihr bahnbrechendes Modell der DNA-Struktur als Doppelhelix. In den folgenden Jahren führte die Entdeckung von Enzymen, die DNA an spezifischen Stellen spalten können (Restriktionsendonucleasen, W. Arber 1962), zur Entwicklung der Gentechnik (Kap. 13.11 und Kap. 13.12).

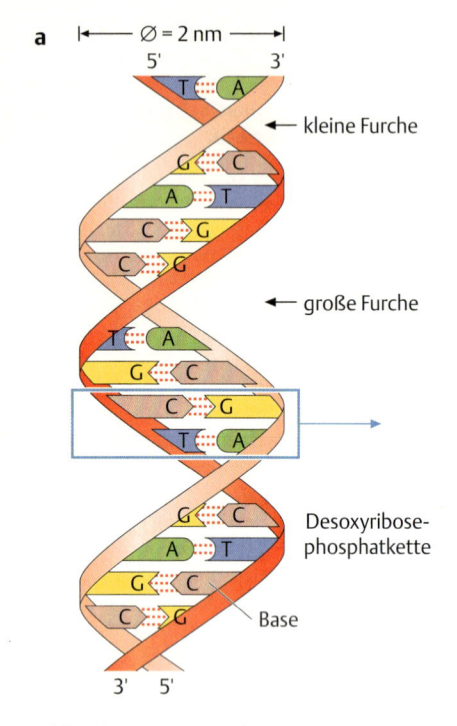

Abb. 13.1 DNA-Struktur.
a Schematische Anordnung der α-Doppelhelix mit zwei antiparallelen Strängen. Die Basenpaare liegen im Inneren und sind nach außen durch die Desoxyribosephosphatkette abgeschirmt. Spezifische Kontakte zu den Basen sind für DNA-bindende Proteine möglich, wenn sie sich in die große oder kleine Furche der DNA einfügen (Plus **15.7** S. 569).
b Detailansicht von zwei benachbarten Basenpaaren (s. Umrandung in **a**) mit drei Wasserstoffbrücken für das G≡C-Paar und zwei für das A=T-Paar. Die Phosphatreste tragen eine negative Ladung und verbinden benachbarte Basen über Phosphodiesterbindungen zwischen der 3'-Hydroxylgruppe des letzten Nucleotids und der 5'-Hydroxylgruppe des folgenden. Entsprechend der internationalen Nomenklatur erfolgt die Numerierung der Atome in den aromatischen Ringen von 1–6 bzw. 1–9, während die C-Atome in den Zuckerresten von 1'–5' bezeichnet werden (verändert nach Buchanan et al. 2000).

gelesen wird, während die Neusynthese antiparallel dazu stets vom 5'- zum 3'-Ende erfolgt (Abb. **13.6** S. 388).

- Die Anordnung der komplementären Basenpaare im Inneren der DNA-Doppelhelix führt zu einer beträchtlichen Stabilisierung durch **Stapelung der aromatischen Ringe** (engl.: base stacking), wie etwa bei den Münzen in einer Geldrolle. Der Effekt beruht auf der Wechselwirkung zwischen den freien sog. π-Elektronen der aromatischen Ringe. Wie in Abb. **13.1a** zu sehen, sind die beiden Stränge der DNA so angeordnet, daß sie eine **große** und eine **kleine Furche** bilden, in denen DNA-bindende Proteine basenspezifische Kontakte ausbilden können. Die meisten Proteine, die als Regulatoren der Transkription eine Rolle spielen (Plus **15.7**), binden in der großen Furche.
- Schließlich birgt die DNA-Doppelhelix in sich zwei scheinbar widersprüchliche Eigenschaften: auf der einen Seite die Fähigkeit zur **unveränderten Weitergabe** der genetischen Information von einer Zelle an die andere bzw. von einer Generation auf die nächste und auf der anderen Seite die Möglichkeit zu **Veränderungen durch Mutationen** (Kap. 13.8). Beides, Stabilität der Information und ihre Veränderlichkeit im richtigen Verhältnis zueinander, sind die Voraussetzungen für Evolution (Kap. 13.10).

13.2 Der genetische Code

Der genetische Code beschreibt die Regeln für die Übersetzung der Nucleinsäureinformation mit 4 Buchstaben (Basen) in die Proteininformation mit 20 Buchstaben (Aminosäuren). Der genetische Code ist ein degenerierter und in allen lebenden Organismen universell gültiger Triplettcode.

Bevor wir uns mit dem genetischen Code im Detail beschäftigen können, müssen wir einen kleinen Vorgriff auf das Kap. 15 (Genexpression) machen. Nucleinsäuren sind zwar die universellen Informationsspeicher, aber Zellstruktur und -funktion und damit das Leben selbst in seiner heutigen Form ist an **Genexpression** und die Wirkung von Proteinen als Genprodukte gebunden. Bei der Umsetzung der genetischen Information haben wir es stark vereinfacht mit folgendem **Informationsverarbeitungsprozeß** zu tun (Kap. 15):

$$\text{DNA} \xrightarrow{\text{Transkription}} \text{mRNA} \xrightarrow{\text{Translation}} \text{Protein}$$

Als erster Schritt wird also im Zuge der **Transkription** eine Abschrift des DNA-Teilabschnitts (Gen) angefertigt. Diese **mRNA-Kopie** (Boten- oder Messenger-RNA) dient dann als Matrize für die Proteinbiosynthesemaschine bei der Translation. Die Informationsspeicherung auf der Nucleinsäureebene kommt mit vier Buchstaben aus (A, G, T, C für die DNA und A, G, U, C für die RNA). Dagegen werden auf der Ebene der **Proteine** wegen der besonderen Anforderungen an die Flexibilität von Struktur und Funktion 20 sehr verschiedene Buchstaben (**Aminosäuren**) benötigt (Tab. 13.1). Bei der Umsetzung der genetischen Information in die Proteininformation muß es also Regeln für den spezifischen Sprachübergang geben (**Translation**). Dies führt zu der Frage, wie viele und welche Nucleotide den Einbau einer bestimmten Aminosäure bei der Proteinbiosynthese bestimmen, d. h. zu der Frage nach dem **genetischen Code**. Eine Zusammenstellung dieser wichtigen Gesetzmäßigkeiten für die Translation findet sich in Tab. **13.1**, die zugleich auch die gebräuchlichen Abkürzungen für die 20 Aminosäuren im 3-Buchstaben- bzw. 1-Buchstaben-Code enthält, z. B. Glutamin=Gln=Q.

Der genetische Code ist:

- ein **Triplettcode**, d h. jeweils drei Nucleotide bilden ein Codon. Für die eindeutige Festlegung der 20 Aminosäuren braucht man mindestens drei Nucleotide als Codewort, da sich bei der Kombination von zwei Nucleotiden nur $4^2 = 16$, bei drei Nucleotiden aber $4^3 = 64$ mögliche Codons ergeben.
- **universell**, d. h. bei allen Pro- und Eukaryoten sowie bei den Viren gelten die gleichen Codon-/Aminosäure-Beziehungen. Lediglich bei Mycoplasmen, Mitochondrien und einigen Ciliaten wurden bisher einzelne Codons gefunden, die von dem universellen Code abweichen.
- **degeneriert**. Die meisten Aminosäuren werden durch mehr als ein Codon determiniert. Insgesamt sind 61 Codons mit dem Einbau einer entsprechenden Aminosäure verbunden („*sense*"-**Codons**). Nur drei Tripletts, die sog. „*nonsense*"- oder „*stop*"-**Codons** UAG, UGA und UAA, codieren nicht für den Einbau einer Aminosäure. Sie haben aber essentielle Funktionen für die Beendigung der Polypeptidsynthese (Abb. **15.27** S. 540).
- **nicht überlappend und kommafrei**, d. h. er wird von dem 5'-Ende beginnend, kontinuierlich und lückenlos abgelesen; Einfügung oder Fortfall eines einzigen Nucleotids verändert die gesamte Information des nachfolgenden DNA-Abschnitts durch Verschiebung des Leserasters (engl.: frameshift, Abb. **13.19** S. 410).

Tab. 13.1 Zusammenstellung der wichtigsten Gesetzmäßigkeiten für die Translation (s. auch die Tab. in der hinteren Umschlagklappe). Aminosäuren mit ähnlichen Eigenschaften sind durch den Farbcode gekennzeichnet.

	Aminosäuren			
Abkürzungen		Name	Eigenschaften der Seitenkette	in der mRNA
A	Ala	Alanin	hydrophob, klein	GCA, GCC, GCG, GCU
C	Cys	Cystein	hydrophil, SH-Gruppe	UGC, UGU
D	Asp	Asparaginsäure	hydrophil, COOH-Gruppe, sauer	GAC, GAU
E	Glu	Glutaminsäure	hydrophil, COOH-Gruppe, sauer	GAA, GAG
F	Phe	Phenylalanin	hydrophob, aromatisch	UUC, UUU
G	Gly	Glycin	kleinste Aminosäure, keine Seitenkette	GGA, GGC, GGG, GGU
H	His	Histidin	Imidazolring, basisch	CAC, CAU
I	Ile	Isoleucin	hydrophob, groß	AUA, AUC, AUU
K	Lys	Lysin	hydrophil, ε-NH$_2$-Gruppe, basisch	AAA, AAG
L	Leu	Leucin	hydrophob, groß	CUA, CUC, CUG, CUU, UUA, UUG
M	Met	Methionin	hydrophob, groß, Initiatoraminosäure	AUG
N	Asn	Asparagin	hydrophil, neutral	AAC, AAU
P	Pro	Prolin	Iminosäure	CCA, CCC, CCG, CCU
Q	Gln	Glutamin	hydrophil, neutral	CAA, CAG
R	Arg	Arginin	hydrophil, Guanidino-Gruppe, basisch	AGA, AGG, CGA, CGC, CGG, CGU
S	Ser	Serin	hydrophil, OH-Gruppe	AGC, AGU, UCA, UCC, UCG, UCU
T	Thr	Threonin	hydrophil, OH-Gruppe	ACA, ACC, ACG, ACU
V	Val	Valin	hydrophob, groß	GUA, GUC, GUG, GUU
W	Trp	Tryptophan	hydrophob, aromatisch	UGG
Y	Tyr	Tyrosin	hydrophob, aromatisch	UAC, UAU
		Stop		UAA, UGA, UAG

13.3 Verpackung von DNA in Chromatin und Chromosomen

Im Kern eukaryotischer Zellen liegt die DNA als Chromatin im Komplex mit den Histonen H1, H2A, H2B, H3 und H4 vor. Die kleinste Verpackungseinheit ist das Nucleosom mit einem zentralen Histonoktamer aus je zwei Molekülen H2A, H2B, H3 und H4, um das 146 bp DNA herumgewickelt sind. Ein abgestimmtes System histonmodifizierender Enzyme hat wesentlichen Anteil an Veränderungen in den Funktionszuständen des Chromatins. Prinzipiell sind aktive Chromatindomänen weniger dicht verpackt als inaktive. Die größte Verpackungsdichte wird transient in den Chromosomen als Transportform für das genetische Material während der Zellteilung erreicht.

Struktur und Funktion der DNA als universellem Speicher genetischer Information machen es notwendig, diese mit Proteinen zu dem sog. **Chromatin** zu verpacken und darüber hinaus spezielle Transportformen (**Chromosomen**) für die geordnete Weitergabe der Gesamtinformation an die Tochterzellen zu entwickeln (Box 13.2). Zwei weitere Gründe für die Entstehung dieses aufwendigen Prozesses im Verlauf der Evolution sind: 1. die Notwendigkeit, eine sehr große Menge genomischer DNA – die in einigen Zellen mehrere cm lang sein würde – in dem vergleichsweise kleinen Volumen eines Zellkerns von 5–25 μm unterzubringen und 2. die Organisation des selektiven Ablesens ausgewählter Teile des Genoms (differentielle Genexpression) im Verlauf des Lebenszyklus einer Pflanze.

13.3.1 Histone als Verpackungsmaterial

Entsprechend den physikochemischen Eigenschaften der **DNA** als einem riesigen **Polyanion** mit zahlreichen negativen Ladungen in dem Rückgrat aus Desoxyribosephosphat (Abb. **13.1**), sind die Proteine für die Verpackung der DNA stark positiv geladen. Die Rolle übernehmen die **fünf Histone** H1, H2A, H2B, H3 und H4 (Abb. **13.2a**). Die **positiven Ladungen** der Histone beruhen auf dem hohen Gehalt an basischen Aminosäureresten, wie Lysin und Arginin, die sich vor allem in den N-terminalen und C-terminalen Domänen finden (Abb. **13.2**). Auch bei Bakterien ist die DNA im Nucleoid mit histonartigen Proteinen verbunden (Abb. **15.3** und S. **734**). Insbesondere bei den Archaebakterien finden sich Proteine, die in Struktur und Funktion als unmittelbare Vorläufer der eukaryotischen Histone betrachtet werden. Da der Aufbau der bakteriellen DNA-/Proteinkomplexe sich allerdings von dem eukaryotischer Zellen wesentlich unterscheidet, spricht man nicht von Chromatin.

Grundbaustein des Chromatins in den 10-nm-Nucleofilamenten sind die sog. **Nucleosomen** mit einem **Histonoktamer** als Zentralkörper (jeweils zwei Moleküle der Histone H2A, H2B, H3 und H4) und **146 Basenpaaren** der DNA-Doppelhelix, die in 1¾ Windungen um das Histonoktamer herumgewunden ist (Abb. **13.2b**). Im Zentrum des Nucleosoms sitzt ein H3/H4-Tetramer, während die beiden H2A/H2B-Dimeren daran angelagert sind. Die Histone treten mit ihren positiv geladenen und in ihrer Struktur flexiblen N-terminalen Domänen in Wechselwirkung mit den negativen Ladungen an den Phosphatgruppen der DNA. Die Nucleosomen sind miteinander durch DNA-Abschnitte von etwa 50 Basenpaaren, den sog. **Linkerregionen** verbunden, sodaß die Nucleofilamente perlschnurartig aufgereiht erscheinen (Abb. **13.3a, b**).

Das besonders lysinreiche **Histon H1** kommt nicht im Nucleosom vor, hat aber eine spezielle Funktion bei der weiteren Kondensierung des Chromatins. H1 bindet an die Linkerregionen der DNA und ermöglicht damit die Verkürzung der Abstände zwischen den Nucleosomen und die Ausbildung einer 30 nm dicken **Chromatinfibrille**. Diese, als **Solenoid** bezeichnete Einheit, besteht aus jeweils sechs durch H1 verbundene Nucleo-

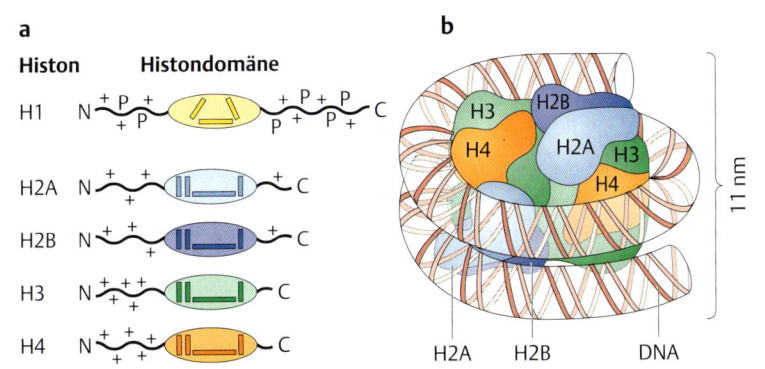

> **Box 13.2 Euchromatin/ Heterochromatin**
>
> Die Hauptmasse des Chromatins besteht aus lockerem Euchromatin, das bei Eintritt in die Mitose kondensiert und in der Interphase dekondensiert wird (Kap. 13.7). Es enthält die weitaus überwiegende Menge der im Zellkern liegenden genetischen Information. Wenn man Zellkerne mit Hämatoxylin färbt, dann ist das dichter gepackte Heterochromatin deutlich als sog. Chromozentren von dem lockeren Euchromatin zu unterscheiden. Chromozentren, die hochrepetitive DNA-Sequenzen (Satelliten-DNA) enthalten und genetisch inaktiv sind, bilden sich bei allen Zellen einer Art stets an den gleichen Stellen der Chromosomen, z. B. den Centromeren (Abb. **13.4**), unabhängig vom Entwicklungszustand und Gewebetypus.

Abb. 13.2 Histone und Grundstruktur eines Nucleosoms.
a Die vier Histone im Nucleosom (H2A, H2B, H3 und H4) haben eine verwandte Grundstruktur mit einer zentralen Histondomäne, die eine charakteristische Anordnung von vier Helices (farbige Stäbchen) aufweist, und einer N-terminalen, stark positiv geladenen (+) aber unstrukturierten Domäne. Das Histon H1 ist ebenfalls stark positiv geladen, hat aber eine anders aufgebaute Zentraldomäne, und die ausgedehnten N-terminalen und C-terminalen Enden sind häufig phosphoryliert (P).
b Struktur eines Nucleosoms mit einem Histonoktamer und 146 Basenpaaren der DNA in 1¾ Windungen (nach Rindt und Nover 1982).

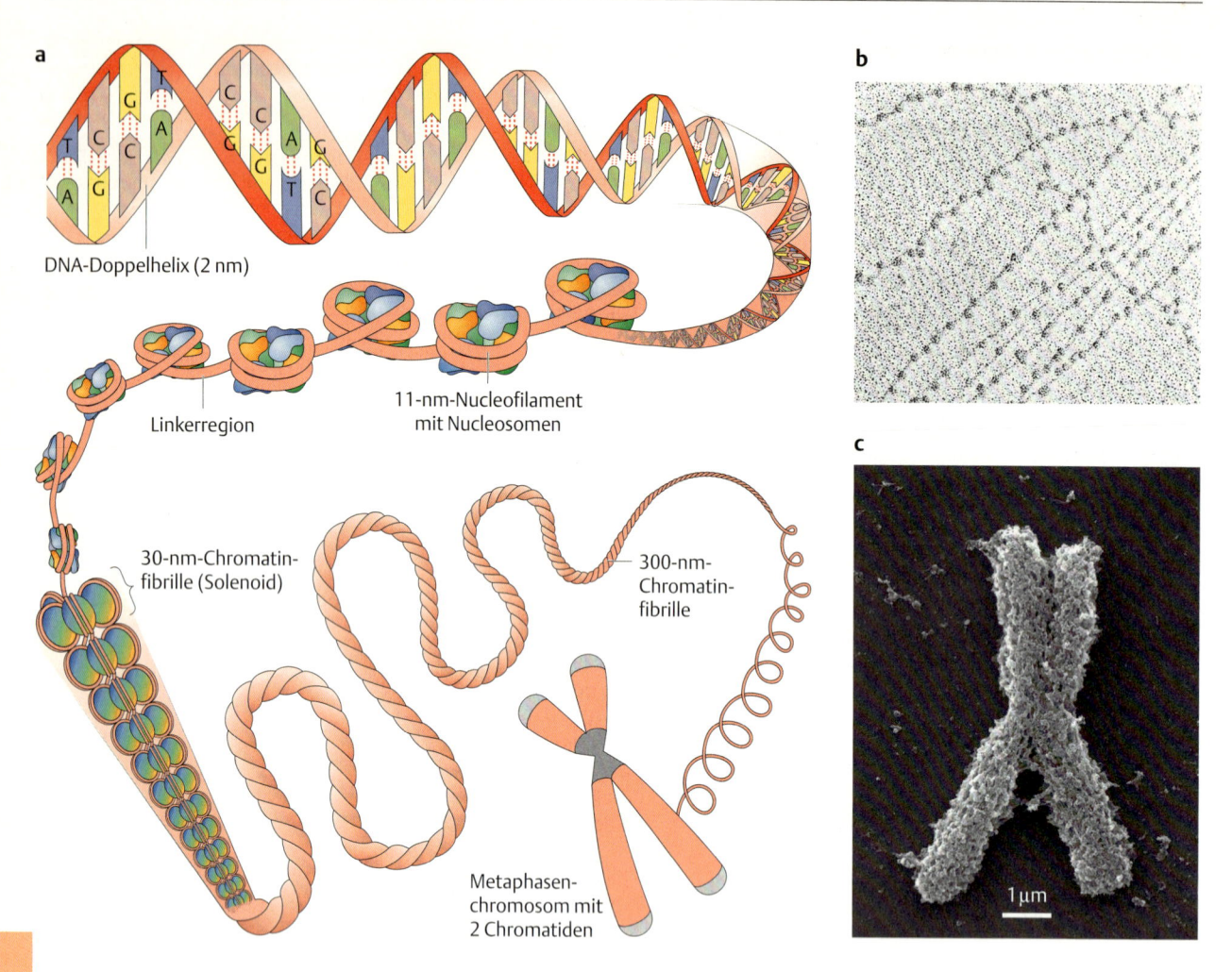

Abb. 13.3 Chromatinverpackung.
a Stufen der Chromatinverpackung von der DNA-Doppelhelix bis zum Chromosom (nach Rindt und Nover). **b** Elektronenoptische Aufnahme der Perlenkette eines 11-nm-Nucleofilamentes (präpariert mit der DNA-Spreitungstechnik nach O. Miller, Originalaufnahme W. Nagel, Chromatin von *Allium cepa* [Küchenzwiebel]; Vergr. 120 000-fach). **c** Metaphasechromosom aus der Wurzelspitze der Gerste (rasterelektronenmikroskopische Originalaufnahme G. Wanner).

somen pro Windung (Abb. **13.3a**). Die weiteren Kondensierungsschritte, die insbesondere in der Prophase von Meiose und Mitose für die Herausbildung der Chromosomen als Transportform eine Rolle spielen (Kap. 13.7), sind in Abb. **13.3a** schematisch dargestellt. Da die Gesamtheit der DNA-Doppelhelix eines eukaryotischen Chromosoms eine Länge von vielen Zentimetern haben kann, muß das Chromatin bei der Bildung der nur wenige Mikrometer großen Chromosomen bis 10 000-fach kondensiert werden (Abb. **13.3a, c**). Dafür bedarf es allerdings weiterer, als **Condensin** und **Cohesin** bezeichneter Proteinkomplexe (Kap. 13.7.3).

Interessanterweise bleibt die Struktur der Chromosomen selbst auch dann mikroskopisch erkennbar, wenn man alle DNA und Histone entfernt. Sie wird durch eine Art **Chromosomenskelett** aus unlöslichen Proteinen gebildet, an die die Chromatinschleifen (**Chromatindomänen**) durch spezielle Proteine angeheftet werden. Die Chromosomen sind sehr vielgestaltig (Abb. **13.4** und Abb. **13.7** S. 391). Ihre Länge kann zwischen 0,2 und 50 µm und ihre Breite zwischen 0,2 und 2 µm schwanken. In hochkondensierter Form färben sich Chromosomen nach Fixierung intensiv mit Farbstoffen wie Safranin oder Hämatoxylin an. Dieser Eigenschaft verdanken sie ihren Namen (1888, W. Waldeyer). Da die Chromosomen nur in der Transportform als selbständige Elemente in Erscheinung treten, wird auch ihre Individualität erst zu diesem Zeitpunkt erkennbar. Jedes Chromosom hat eine definierte Größe und eine charakteristische, artspezifische Gestalt, die seine Identifizierung ermöglicht. Die Gesamtheit der Chromosomen wird als **Karyogramm** eines Organismus bezeichnet (Abb. **13.7**, S. 391).

13.3.2 Histon-Modifikationen

Wie wir in Kap. 15.7.4 erfahren werden, sind Struktur und Funktion von Proteinen nicht nur durch ihre Aminosäuresequenz und ihre Raumstruktur festgelegt. Proteine können vielmehr durch enzymatische Modifikationen der Aminosäureseitenketten nachhaltig in ihren Eigenschaften verändert werden (Tab. **15.6** S. 543). Ein besonders eindrucksvolles Beispiel finden wir bei den Histonen, die mit ihren flexiblen N-terminalen Domänen entscheidend für die Kontakte zur DNA im Verband der Nucleosomen sind. Das regulatorische Geflecht von Histon-Modifikationen und histonbindenden Proteinen ist wegen seiner Bedeutung für die Chromatinstruktur und -funktion und wegen seiner stabilen Weitergabe an die Tochterzellen bei der Zellteilung auch als **Histoncode** bezeichnet worden (Plus **13.1**). Der Modifikationszustand der Histone gibt Auskunft über den Aktivitätszustand des jeweiligen Gens bzw. der Chromatindomäne. Ein charakteristisches Beispiel ist die transiente Aktivierung von Teilen des Chromatins bei der Transkription. Dabei werden die für die Bindung an die negativ geladene DNA wichtigen ε-Aminogruppen in den Seitenketten der Lysinreste durch Histon-Acetyltransferasen (HAC) acetyliert. Sie verlieren damit ihre positive Ladung, sodaß die Bindung an die DNA aufgelockert wird. Umgekehrt sind die Lysinreste in inaktivem Chromatin nicht acetyliert. Für die Deacetylierung sind Histon-Deacetylasen (HDAC) zuständig:

$$\text{Lysin} \xrightarrow[\text{HAC}]{+\text{Acetyl-CoA}} \text{Acetyllysin} \xrightarrow{\text{HDAC}} \text{Lysin}$$

13.4 Die drei Genome der Pflanzenzellen

> Die Gesamtheit der genetischen Information einer Pflanzenzelle liegt in drei Genomen. Für die Modellpflanze *Arabidopsis thaliana* sind dies das Kerngenom mit 125 Mb in 5 Chromosomen und je 154 kb in den Plastomen bzw. 367 kb in den Chondriomen. *Arabidopsis* hat das kleinste pflanzliche Kerngenom. Bei Weizen und der Kaiserkrone ist das Kerngenom mit 10 Gb bzw. 100 Gb deutlich größer. Die Genomgröße wird wesentlich durch die Menge an nichtcodierender DNA bestimmt (Größe der intergenischen Bereiche, Transposons und andere repetitive Sequenzen, Größe der Introns).

Der bei weitem größte Teil der genetischen Information einer Pflanzenzelle ist im Kern codiert (**Kerngenom**). Daneben gibt es noch zwei sehr viel kleinere Genome in den Chloroplasten und den Mitochondrien. Die Größe eines Genoms wird im Allgemeinen durch die Anzahl der Basenpaare in der DNA angegeben. Zur besseren Darstellung benutzt man die

Plus 13.1 Der Histoncode als epigenetische Information

In den N-terminalen Domänen der Histone können die Serin-, Lysin- und Argininreste durch Acetylierung, Methylierung, Ubiquitinierung bzw. Phosphorylierung in ihren Eigenschaften reversibel verändert werden. Eine beachtliche Zahl von histonmodifizierenden und -demodifizierenden Enzymen sind beteiligt. Dies sind insbesondere **Histon-Acetyltransferasen (HAC)** und **Histon-Deacetylasen (HDAC)**, **Histon-Methyltransferasen (HMT)** und **-Demethylasen (HDM)**, **Ubiquitin-Konjugasen** und **-Isopeptidasen**, **Histon-Kinasen** und **-Phosphatasen**. Histon-Modifikationen bestimmen nicht nur die Kontakte zur DNA, sondern darüber hinaus die Rekrutierung von Proteinen, die Einfluß auf die Aktivität des Chromatins haben (Box **13.2** S. 379). Veränderungen im Modifikationsmuster können einander bedingen, sich verstärken oder wechselseitig ausschließen. Dies sei am Beispiel des Histon H3 verdeutlicht, dem in allen eukaryotischen Organismen eine besondere Rolle in diesem Zusammenhang zukommt. Wir können zwei Grundprozesse unterscheiden:

- **Aktivierung von Chromatin:** Phosphorylierung von Ser10 stimuliert die Acetylierung von Lys14; zusammen mit Acetyl-Lys9 steht dieses Modifikationsmuster für aktives Chromatin mit hoher Affinität für die Assemblierung von Transkriptionskomplexen. Auch die Methylierung von Lys4 durch die Methyltransferase SET9 ist charakteristisch für aktives Chromatin. Methylierung von Lys4 hemmt ihrerseits die Bindung der Lys9-HMT und damit die Desaktivierung des Chromatins durch Rekrutierung von Histon-Deacetylasen.
- **Inaktivierung von Chromatin und Bildung von Heterochromatin:** Methylierung von Lys9 durch die Methyltransferase SUV39 ist der Gegenspieler der unter 1. zusammengefaßten Prozesse. Sie verhindert die Lys9-Acetylierung und fördert die Bindung des Proteins HP1, das eine fortschreitende Inaktivierung der Chromatindomäne (Heterochromatisierung, Box **13.2**) bewirkt.

Zusammenfassend kann man sagen, daß das Muster der Histon-Modifikationen eine Art Code darstellt, der über die Wechselwirkung mit anderen Proteinen den Aktivitätszustand einer Chromatindomäne bestimmt. Dieser Histoncode kann stabil von einer Zelle zur anderen weitergegeben werden und ist häufig mit sequenzspezifischen Modifikationen der **DNA** durch **Methylierung** von Cytosinresten verbunden. Diese sind ein weiterer Marker für inaktives Chromatin. Wir haben es also mit einem epigenetischen Langzeitgedächtnis der Zellen zu tun, das der Aufrechterhaltung stabiler Genexpressionsmuster dient und damit der Zellidentität innerhalb einer Gruppe spezialisierter Zellen in einem Gewebe oder Organ. Man benutzt den Terminus **Epigenetik** in diesem Zusammenhang, weil es sich um ein stabiles, somatisch vererbbares Muster handelt, das keine Veränderungen im Informationsgehalt selbst einschließt, also nicht durch die Keimzellen an die nächste Generation weitergegeben werden kann (Plus **18.6** S. 734).

Aktives Chromatin mit Modifikationsmuster:
K4-Me, K9-Ac, S10-P, K14-Ac
- Rekrutierung von Transkriptionsfaktoren und Chromatinaktivierungskomplexen
- Hemmung der Bindung von K4-HMT, HP1 und HDAC

Inaktives Chromatin mit Modifikationsmuster: K9-Me
- Rekrutierung des Heterochromatin-spezifischen Proteins HP1
- Hemmung der Acetylierung von K9 und der Phosphorylierung von S10

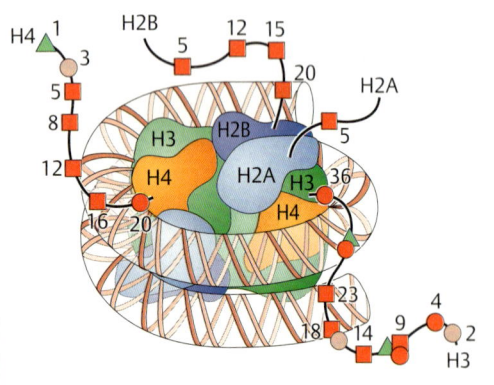

mögliche Modifikationen am N-Terminus von Histon H3

```
 1      5        10       15        20       25
 A R T K Q T A R K S T G G K A P R K Q L A T K A A R K S A
     Me        Me P     AC    MeAC         AC
               AC
```

- K-AC : N-Acetyllysin
- R-Me : N-Methylarginin
- K-Me : N-Methyllysin
- S-P : O-Phosphoserin

R-Me = N-Methylarginin

K-Me = N-Methyllysin

S-P = O-Phosphoserin

R_1, R_2: Peptidkette (Modell nach Turner 2002)

Plus 13.2 Das Genom der Modellpflanze *Arabidopsis thaliana*

Es war ein langer Weg, den das kleine, von den Biologen kaum beachtete Wildkraut *Arabidopsis thaliana* (Ackerschmalwand) von den Anfängen als experimentelles Objekt (F. Laibach 1907) bis in die Spitzenposition einer weltweit operierenden Forscher-Community zurückgelegt hat. Bis zum Jahr 2010 wollen Forscher alle molekularbiologischen Prozesse in dieser Modellpflanze soweit aufklären, daß die Masse der gewonnenen Daten im Computer zur Konstruktion einer virtuellen Pflanze als Muster für andere Pflanzen verwendet werden kann. Wenn dies gelingt, könnte die Computersimulation dieser Pflanze dramatische Auswirkungen auf alle Aspekte der Pflanzenforschung und darüber hinaus auf die Biologie im Allgemeinen haben (Plus **13.3**).

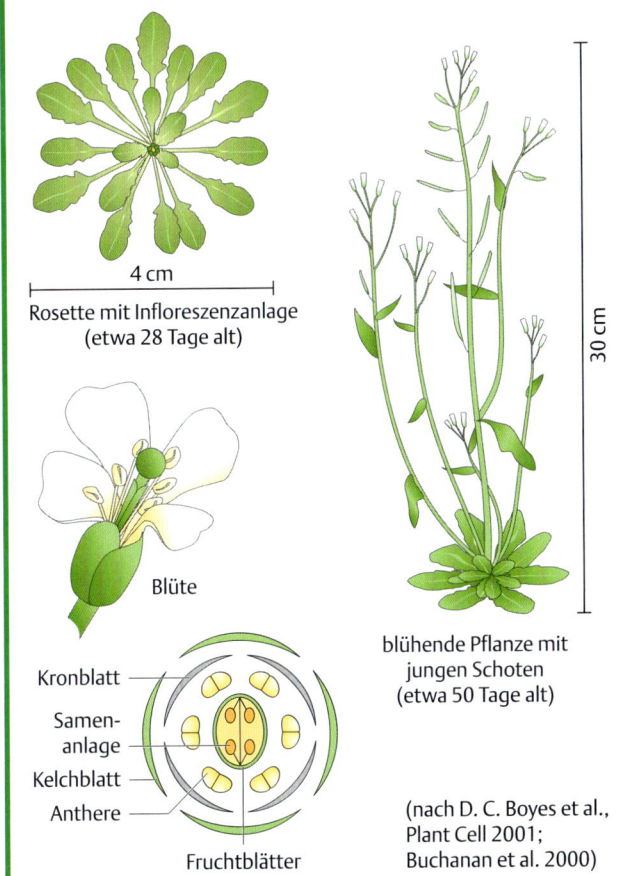

Rosette mit Infloreszenzanlage (etwa 28 Tage alt) — 4 cm

Blüte

Kronblatt
Samenanlage
Kelchblatt
Anthere
Fruchtblätter

blühende Pflanze mit jungen Schoten (etwa 50 Tage alt) — 30 cm

(nach D. C. Boyes et al., Plant Cell 2001; Buchanan et al. 2000)

Arabidopsis thaliana ist eine Langtagspflanze mit einem Entwicklungszyklus von etwa 60 Tagen (Tab. **18.3** S. 733). Wie bei allen Brassicaceen sind die Blüten 4-zählig und mit 2 langen und 4 kurzen Staubblättern versehen. Je nach Größe enthalten die Schoten bis zu 50 Samen. Alle Eigenschaften zusammen ergeben günstige Voraussetzungen für eine experimentelle Bearbeitung von Arabidopsis als Modellpflanze.

Das Jahr 2000 markiert als eine wichtige Etappe die Publikation der Gesamtsequenz des Genoms von *Arabidopsis* als erstem Pflanzengenom. Die Gesamtinformation des Kerns ist auf **5 Chromosomen** mit **125 Mb DNA** untergebracht (Abb. **13.4**). Für die sinnvolle Bearbeitung der Datenfülle, die aus immer mehr Organismen gewonnen werden, benötigt man moderne Methoden der Bioinformatik (Plus **13.3** S. 386). Danach codiert das Genom von *Arabidopsis* für eine Gesamtheit von mehr als 25 000 Proteinen (**Proteom**). Für etwa zwei Drittel der offenen Leseraster (ORF, engl.: open reading frame), d. h. der proteincodierenden Sequenzen, konnte aus dem Vergleich mit Sequenzen anderer Pflanzen sowie der Bäckerhefe *Saccharomyces cerevisiae*, der Fruchtfliege *Drosophila melanogaster* und des Menschen eine Vorstellung gewonnen werden, welche Funktion diese hypothetischen Proteine haben könnten. Für etwa 7000 ORFs gelingt das aber bisher nicht.

Insgesamt werden für das *Arabidopsis*-Genom 133 000 Exons mit einer durchschnittlichen Größe von 214 bp und 107 000 Introns mit einer durchschnittlichen Größe von 164 bp vorhergesagt. Das macht etwa 35 Mb an Exon- und 18 Mb an Intronsequenzen. Die durchschnittliche Gengröße wird mit 2,4 kb angegeben. Wenn man etwa 1,5 kb für die flankierenden regulatorischen Bereiche zwischen den Genen annimmt, dann sind insgesamt etwa **100 Mb von proteincodierenden Genen** eingenommen (4 kb · 25 000). Natürlich dienen solche Angaben über Durchschnittsgrößen nur einer ersten Orientierung über die Gendichte im Vergleich zu anderen Pflanzen. Die Details für ein bestimmtes Gen können davon mehr oder weniger stark abweichen.

Die **restlichen 20 %** des *Arabidopsis*-Genoms entfallen auf verschiedene Formen sich mehrfach wiederholender Sequenzen (**repetitive Sequenzen**).

- Dazu gehören etwa 9 Mb mit **repetitiven Genen** für Struktur-RNAs mit besonderer Funktion in der Genexpression, z. B. 800 Gene für ribosomale RNA, 590 Gene für tRNAs und etwa 100 Gene für snRNAs und snoRNAs. Details von Struktur und Funktion dieser RNAs werden wir in Kap. 15.4 und Kap. 15.6 kennenlernen.
- Die **Centromerregionen** bestehen primär aus ausgedehnten Regionen mit hochrepetitiven Grundeinheiten von 180 bp (Satelliten-DNA), während die Telomere aus einer Vielzahl sehr kurzer Einheiten mit der Sequenz 5'-CCCTAAA-3' aufgebaut sind.
- Etwa 10 % des Genoms werden von etwa 5000 **Transposons und transposonartigen Elementen** (Kap. 13.9.2) eingenommen, die gehäuft in den heterochromatischen Bereichen der Centromere oder in deren Nachbarschaft auftreten. Diese transponierbaren Elemente gehören drei Klassen an: Etwa 200 relativ große Retrotransposons (Klasse I), DNA-Transposons der Klasse II und etwa 1200 kurze transposonartige Elemente der Klasse III (sog. MITEs, engl.: miniature inverted repeat transposable elements).

Das *Arabidopsis*-Genom ist ungewöhnlich dicht mit Informationen gepackt. Man kann aus den Ergebnissen neuerer Untersuchungen mit „Mikroarrays" ableiten (Box **15.2** S. 492), daß tatsächlich mehr als 90 % aller Gene irgendwann im Leben einer *Arabidopsis*-Pflanze abgelesen werden.

Abb. 13.4 Die Chromosomen von *Arabidopsis thaliana*. Kappenförmige Strukturen an den Enden = Telomere, zentrale Einschnürungen = Centromere, NOR = Nucleolus organisierende Region (engl.: nucleolus organisator region) mit den Batterien für ribosomale RNA(*rRNA*)-Gene. Chromosomen mit etwa gleich großen Armen, d. h. mit dem Centromer in der Mitte, bezeichnet man als **metazentrisch** (Chr. 1), während man solche mit ungleich großen Armen als **acrozentrisch** bezeichnet (Chr. 2–5). (Nach http://www.arabidopsis.org./servlets/mapper)

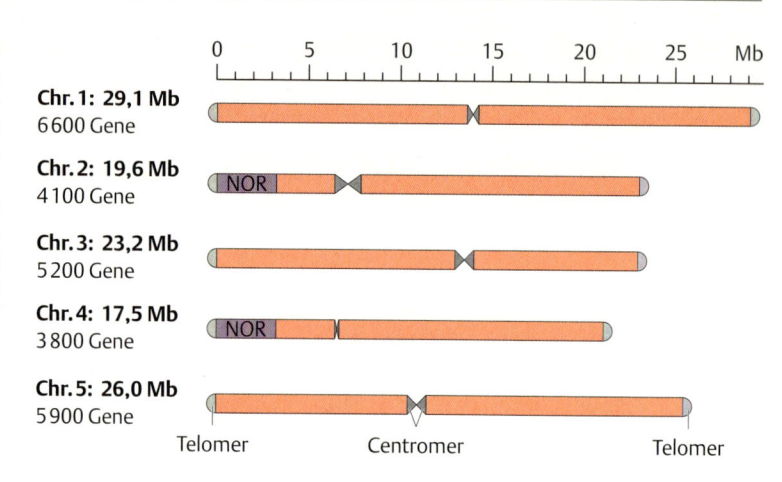

dezimalen Maßeinheiten. 10^3 Basenpaare sind 1 Kb, 10^6 Basenpaare sind 1 Mb und 10^9 Basenpaare sind 1 Gb. Für die bisher am besten untersuchte Pflanze, *Arabidopsis thaliana* (Plus **13.2**), gelten folgende Größenverhältnisse für die drei Genome: Das **Kerngenom** umfaßt 125 Mb, die in 5 Chromosomen untergebracht sind (Abb. **13.4**). Dagegen enthalten das **Chloroplastengenom** mit etwa 560 Kopien pro Zelle nur 154 Kb und das **Mitochondriengenom** mit etwa 25 Kopien pro Zelle 367 Kb. Das in den Mitochondrien lokalisierte Genom wird auch als **Chondriom**, das in den Plastiden als **Plastom** bezeichnet.

Die Zahl der Gene im Kern, die für Proteine codieren, wird auf 25 000 geschätzt, während in Chloroplasten und Mitochondrien nur 79 bzw. 58 proteincodierende Gene gefunden werden. Alle zusammen bilden sie die Gesamtheit der möglichen Proteine in *Arabidopsis*, das sog. **Proteom**. Dazu kommen natürlich jeweils eine beachtliche Zahl von Genen für die **Struktur-RNAs**, die eine unverzichtbare Rolle bei der Genexpression spielen. Dies sind die Gene für rRNAs, tRNAs, miRNAs, snoRNAs und snRNAs (s. Kap. 15.4 und 15.6 sowie Plus **18.3** S. 722).

Die geringe Zahl der proteincodierenden Gene in den Organellen zeigt an, daß diese trotz des eigenen Genoms in ihrer Struktur und Funktion wesentlich von Proteinen abhängen, die im Kern codiert, im Cytoplasma synthetisiert und in die Organellen importiert werden. Man bezeichnet die Chloroplasten und Mitochondrien daher als **semiautonome Organellen**. Auf der anderen Seite kann eine Pflanzenzelle ohne diese beiden Organellen nicht existieren, da im Verlauf der Evolution eine Reihe wichtiger Biosyntheseprozesse anteilig zwischen Cytoplasma und Organellen organisiert wurden. Das gilt z. B. für die Sulfatreduktion, Nitritreduktion (Abb. **17.22** S. 699) oder die Synthese von aromatischen Aminosäuren, Fettsäuren, Phytohormonen (Abb. **16.15** S. 613, Abb. **16.30** S. 637 und Abb. **16.36** S. 643) und von Tetrapyrrolen (Abb. **15.49** S. 586). Die Vorstellung über die Entstehung dieser interessanten Koexistenz von Kern- und Organellengenom in eukaryotischen Zellen ist in der **Endosymbiontenhypothese** zusammengefaßt (Plus **4.1** S. 130).

Die **Genomgrößen** können sehr unterschiedlich sein, wobei insbesondere im Reich der Pflanzen eine Diskrepanz zwischen dem Gehalt an Genen und der Genomgröße besteht (C-Wert-Paradoxon, Box **13.3**). Das haploide Karyogramm von *Arabidopsis* (Abb. **13.4**) umfaßt 5 Chromosomen mit einer Größe von 17,5 Mb (Chromosom 4) bis 29,1 Mb (Chromosom 1). Jedes der Chromosomen enthält eine **Centromerregion**, die das Chromosom in einen linken und einen rechten Arm unterschiedlicher

Größe teilt. Diese Region enthält hochrepetitive DNA-Sequenzen von 150–200 bp (Satelliten-DNA). Sie ist arm an codierender Information. Die Modifikation der Nucleosomen durch eine centromerspezifische Variante des Histon H3 (CenH3) ist Ausgangspunkt für die Umwandlung der ganzen Region in Heterochromatin (Box **13.2**). Die Centromeren haben aber entscheidenden Anteil an der geordneten Verteilung der Chromosomen auf die Tochterzellen während der Mitose und Meiose, weil sich an ihnen der Proteinkomplex für die Anknüpfung des Spindelapparates (**Kinetochor**) bildet (vgl. Kap. 13.7.3).

An den Enden der Chromosomen befinden sich die **Telomeren** mit kurzen hochrepetitiven Sequenzen (5'-CCCTAAA-3'). Sie sind für die Stabilität und die vollständige Replikation der Gesamtinformation unerlässlich. Sie werden bei der Replikation durch die Telomerase unter Verwendung einer RNA-Matritze neu hergestellt. Die Telomerase stellt also eine spezielle Form von reverser Transkriptase dar (Abb. **13.28** S. 428). Das gesamte Genom von *Arabidopsis* ist übersät mit Transposons, die etwa 10 % der DNA-Sequenz ausmachen und die höchste Dichte in den Centromerbereichen haben. Im linken Arm der Chromosomen 2 und 4 gibt es je eine **nucleolus organisator region** (NOR) von etwa 10 kb mit Batterien von jeweils etwa 400 rRNA-codierenden Genen (Abb. **15.22** S. 532).

Box 13.3 Genomgrößen, C-Wert-Paradoxon

In der Abbildung sind die Größen der haploiden Genome einiger pflanzlicher und nicht pflanzlicher Organismen zusammengetragen. *Arabidopsis* hat das bisher kleinste bekannte pflanzliche Genom. Demgegenüber stehen die Genomriesen wie Weizen mit 10 Gb und die Kaiserkrone (*Fritillaria imperialis*) mit 100 Gb. Die offensichtliche Diskrepanz zwischen Organisationsstufe bzw. dem Gehalt an Genen und der Genomgröße kann bis heute nicht befriedigend geklärt werden (**C-Wert-Paradoxon**). Das gilt auch für die Mitochondriengenome, die mit 24 kb bei der Grünalge *Chlamydomonas eugametos*, 200 kb bei Moosen, 570 kb beim Mais und 2400 kb bei der Melone um den Faktor 100 variieren können. Die Mitochondriengenome der Säugetiere haben dagegen nur 16 kb.

Für das C-Wert-Paradoxon gibt es eine Reihe von Gründen: Der erste hängt mit der Größe und Organisation der Gene selbst zusammen. Wir müssen uns in diesem Zusammenhang erst einmal mit der Definition eines Gens als Funktionseinheit im Genom beschäftigen. Viele Gene der Eukaryoten sind mosaikartig aufgebaut. Sie enthalten codierende Teile (Exons), die durch nichtcodierende Teile (Introns) voneinander getrennt sind. Zum Gen gehören aber auch die regulatorischen Sequenzen am 5'- und am 3'-Ende, die für die Effizienz und die Kontrolle von Transkription und Translation benötigt werden (Abb. **15.2** S. 492). Bei größeren Genomen nimmt die durchschnittliche Größe der Introns und die Menge an repetitiven Sequenzen (Transposons und MITEs, Plus **13.2**) drastisch zu. Die Bedeutung dieser artspezifischen, über Jahrmillionen erhaltenen Struktur-DNA ist ungeklärt. Beispielsweise besteht das Maisgenom (2800 Mb) zu 50–80 % aus ineinander verschachtelten Retrotransposons, die die intergenischen Bereiche stark ausdehnen. Man nimmt an, daß sich vor etwa 6 Millionen Jahren durch einen Ausbruch von Retrotransposonaktivitäten die DNA-Menge im Genom der Vorläuferformen des Mais verdoppelt hat. Seitdem sind diese Elemente inaktiv, und eine gewisse Reaktivierung kann nur unter Streßbedingungen (osmotischer Streß, Wassermangel, Hitzestreß) beobachtet werden.

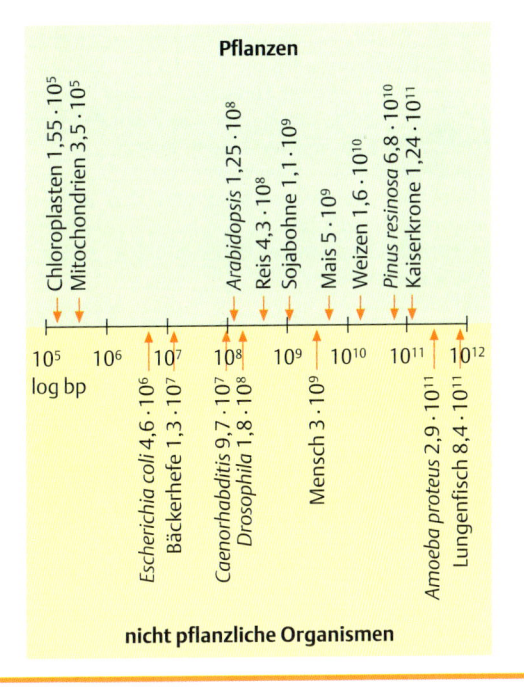

Pflanzen

- Chloroplasten $1{,}55 \cdot 10^5$
- Mitochondrien $3{,}5 \cdot 10^5$
- *Arabidopsis* $1{,}25 \cdot 10^8$
- Reis $4{,}3 \cdot 10^8$
- Sojabohne $1{,}1 \cdot 10^9$
- Mais $5 \cdot 10^9$
- Weizen $1{,}6 \cdot 10^{10}$
- *Pinus resinosa* $6{,}8 \cdot 10^{10}$
- Kaiserkrone $1{,}24 \cdot 10^{11}$

log bp: 10^5, 10^6, 10^7, 10^8, 10^9, 10^{10}, 10^{11}, 10^{12}

nicht pflanzliche Organismen

- *Escherichia coli* $4{,}6 \cdot 10^6$
- Bäckerhefe $1{,}3 \cdot 10^7$
- *Caenorhabditis* $9{,}7 \cdot 10^7$
- *Drosophila* $1{,}8 \cdot 10^8$
- Mensch $3 \cdot 10^9$
- *Amoeba proteus* $2{,}9 \cdot 10^{11}$
- Lungenfisch $8{,}4 \cdot 10^{11}$

Die Genome der Organellen sind wie bei den Bakterien meist **ringförmig**. In Abb. 13.5 ist exemplarisch das **Chloroplastengenom** des Tabaks *(Nicotiana tabacum)* gezeigt. Charakteristisch ist die Duplikation einer Genbatterie, die u. a. die Gene für die ribosomalen RNAs der Organellen enthalten. Chloroplasten wie Mitochondrien enthalten eigene Komponenten für den Genexpressionsapparat mit RNA-Polymerase, Ribosomen, tRNAs usw. Sie machen wesentliche Teile der Gene auf den Orga-

---

Plus 13.3 Internationale Datenbanken

Die Sequenzierung von Genomen und die damit eng verbundene Funktionsanalyse von Genen bei komplexen Organismen wie Pflanzen und Tieren hat eine bisher nicht gekannte Fülle von wertvollen Daten erzeugt. Dabei ist sehr schnell deutlich geworden, daß weder die Beschaffung noch die Handhabung der Daten durch einzelne Labors oder Forschernetzwerke in einzelnen Ländern zu gewährleisten waren. Es gab eine Reihe unabdingbarer Voraussetzungen für die neue Entwicklung:
- internationale Kooperation im großen Stil,
- entsprechende Hochleistungsrechner,
- neue Methoden der Bioinformatik,
- geeignete internationale Absprachen für den weltweiten und freien Zugang zu allen Daten,
- englisch als einheitliche Wissenschaftssprache,
- das Internet mit seinen einmaligen Möglichkeiten zur weltweiten Kommunikation.

Die im folgenden aufgeführten Datenbanken stehen schwerpunktmäßig für die genannten Stichworte. Sie sind aber im allgemeinen sehr viel komplexer nutzbar und durch zahlreiche Links mit anderen Datenbanken verbunden. Neben den Informationen werden in wichtigen Fällen auch Forschungsmaterialien wie Plasmide oder Samen von Mutantenlinien zur Verfügung gestellt. Dieses gesamte internationale System von Datenbanken und Ressourcen hat Finanzmittel für die weiterführenden Forschungsarbeiten freigesetzt und entscheidend zu dem beispiellosen Fortschritt in den biologischen Wissenschaften und in besonderer Weise den Pflanzenwissenschaften der letzten 15 Jahre beigetragen.

Genomsequenzierung: Alle gewonnenen Daten aus dem weltweit arbeitenden *Arabidopsis*-Konsortium sind in zwei Datenbanken zusammengeführt:
- The Arabidopsis Information Resources (TAIR): http://www.arabidopsis.org/
- The Munich Information Center for Protein Sequences (MIPS): http://mips.gsf.de/

Bei letzterem finden sich auch Informationen über die vollständigen bzw. fast vollständigen Genomsequenzen für andere Pflanzen (Medicago, Mais, Reis, Lotus, Pappel).

Expressionsdatenbanken: Als wichtige Hilfe für die Genfunktionsanalyse haben sich Datenbanken erwiesen, die aus mRNAs durch Synthese komplementärer DNAs (cDNAs) gewonnen wurden (Abb. 13.28 S. 428). Diese **EST-Datenbanken** (engl.: expressed sequence tags) umfassen für einzelne Pflanzen weit mehr als 100 000 Einträge und lassen Sequenzvergleiche zwischen verschiedenen Pflanzen zu, auch wenn das Genom noch nicht sequenziert wurde. Wichtigstes Hilfsmittel sind Suchverfahren (**Blast searches**), bei denen man eine Zielsequenz (Nucleinsäure oder Protein) mit allen verfügbaren Teilsequenzen vergleichen kann, um homologe Sequenzen in anderen Organismen zu finden. Zu nennen sind:
- National Center of Biotechnology Information (NCBI): http://www.ncbi.nlm.nih.gov/
- Harvard University: http://compbio.dfci.harvard.edu/tgi/plant.html

Mikroarray-Expressionsdatenbanken: Die Kenntnisse über das vollständige Genom von *Arabidopsis* haben wie bei anderen Organismen zur Herstellung von etwa 1 cm² großen Chips geführt, auf denen Oligonucleotidproben für fast alle der 25 000 proteincodierenden Gene verankert sind. In einem internationalen Großprojekt wurden Expressionsdaten für alle diese Gene im Verlauf der Entwicklung von *Arabidopsis*, aber auch unter unterschiedlichen Licht- oder Stressbedingungen erarbeitet. Die mehr als 30 Millionen Daten kann man bei folgenden Stellen abrufen und ggf. für einzelne Zielgene analysieren (Genvestigator):
- MPI Tübingen: http://www.weigelworld.org/resources/microarray/AtGenExpress/
- ETH Zürich (Genvestigator): https://www.genevestigator.ethz.ch/

Knock-out-Linien durch Transposonmutagenese: Bei *Arabidopsis* stehen heute etwa 350 000 T-DNA-Insertionslinien aus verschiedenen Ländern zur Verfügung. Auf einer Homepage am SALK Institute in San Diego (USA) erhält man alle relevanten Informationen für die 25 000 *Arabidopsis*-Gene und kann unmittelbar Knock-out-Linien heraussuchen und ggf. online bestellen: http://signal.salk.edu/ (Plus 13.11 S. 418).

Plastidengenome: Insgesamt wurden inzwischen etwa 50 Plastidengenome aus Algen, Moosen, Farnen und Höheren Pflanzen sequenziert. Die Daten finden sich bei:
- Department of Biology, Penn State University: http://chloroplast.cbio.pseu.edu/cgi-bin/organism.cgi
- Expert Protein Analysis System: http://www.expasy.org/sprot/hamap/plastid.html

Proteinstruktur und -funktion: Die letzte und für die Biologie natürlich wichtigste Ebene der umfassenden Analyse ist die Proteinebene. Hier sind die Daten allerdings bei weitem weniger vollständig als auf der Nucleinsäureebene. Gerade deshalb sind die Anlauf- und Verarbeitungsstellen für Daten zur Struktur und Funktion von Proteinen so wichtig. Zwei Datenbanken sind vor allem zu nennen:
- Expert Protein Analysis System (Swissprot): http://www.expasy.ch/
- Protein Data Bank: http://www.pdb.org/pdb/Welcome.do

13.4 Die drei Genome der Pflanzenzellen

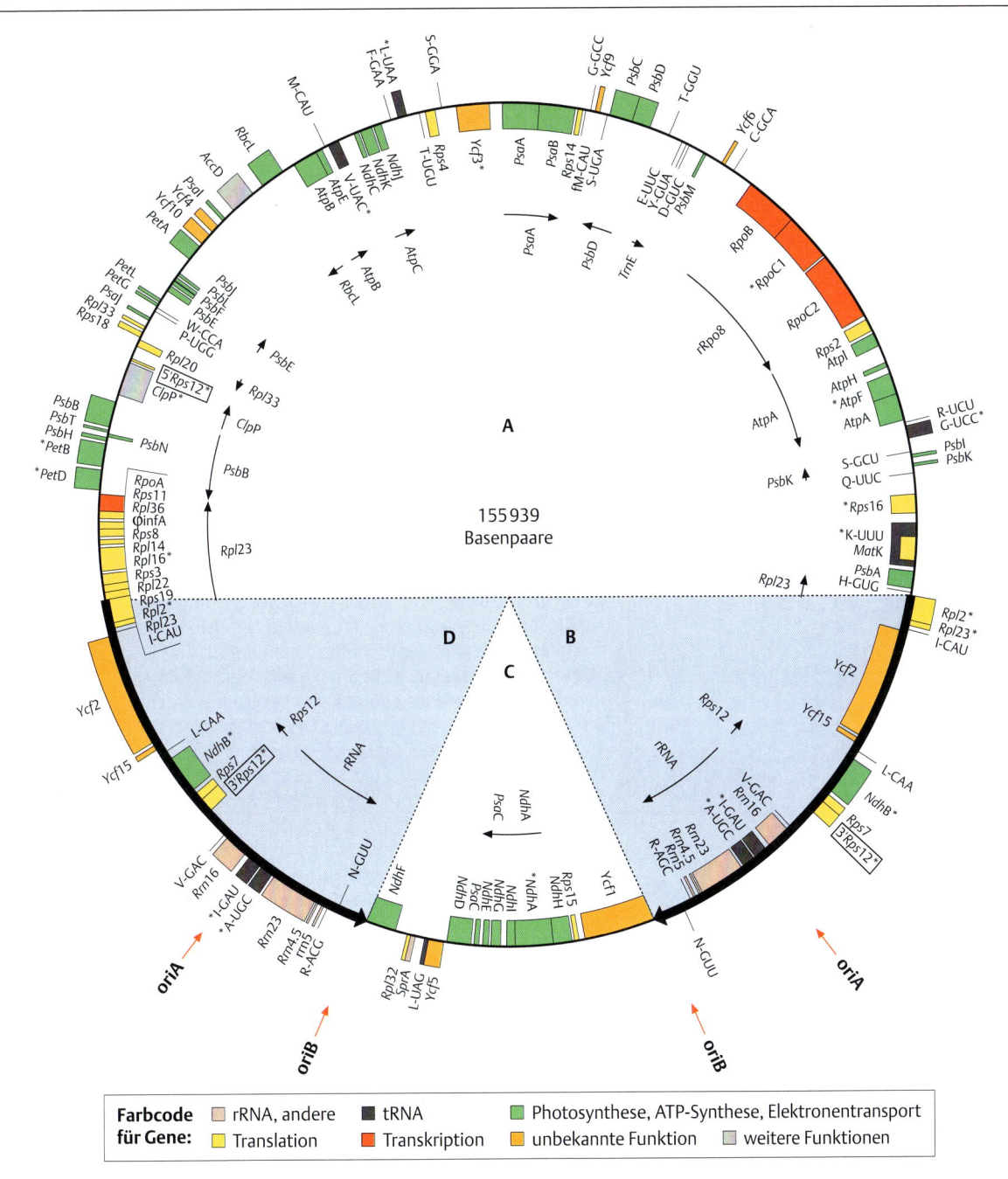

Abb. 13.5 Genkarte des Plastoms von *Nicotiana tabacum* (nach Weiler). Das Genom ist in 4 Sequenzabschnitte unterteilt. **A** und **C**, große und kleine unikale Region; **B** und **D** zwei Regionen mit identischer Genomanordnung, die spiegelbildsymmetrisch um die Region C angeordnet sind (*inverted repeat regions*). Letztere enthalten die Ursprungsorte für die DNA-Replikation (oriA, oriB) und als markante Transkriptionseinheiten die Gene für die 16S, 23S, 4,5S und 5S ribosomale RNAs (*Rrn*16, *Rrn*23, *Rrn*4,5, *Rrn*5). Die für den Photosyntheseapparat codierenden Gene (Abb. 8.13 S. 269 bis Abb. 8.16 S. 272) sind grün gekennzeichnet, z. B. *Psa*, *Psb*, Gene für Komponenten der Photosysteme I und II; *Atp* ATP-Synthese-Komplex; *Ndh* NADH-Dehydrogenase-Komplex. Neben den rRNA-Genen gibt es noch weitere Gene für Komponenten des plastidären Genexpressionsapparates. Dies sind Gene für Untereinheiten der RNA-Polymerase (*Rpo*), für Proteine der kleinen (*small*, s) und großen (*large*, l) Untereinheiten der Ribosomen (*Rps* und *Rpl*) und mehr als 30 tRNA-Gene, die jeweils mit dem Einbuchstabencode für die Aminosäure und dem Anticodon in 5'→3'-Richtung bezeichnet sind. N-GUU steht also für die Asparagin-tRNA mit dem Anticodon 5'-GUU-3' (s. Tab. 13.1 S. 378). Sterne markieren Gene, die Introns enthalten. Das 5'-Exon1 für die *rps*12 in RNA (Box im Teil A) wird über einen Mechanismus mit trans-Spleißen mit dem 3'-Bereich der mRNA (Boxen in D und B) verbunden (Plus 15.19 S. 578).

nellengenomen aus (Kap. 15.12). Daneben werden einige Komponenten für den Photosyntheseapparat der Chloroplasten bzw. für die Atmungskette und den Elektronentransport codiert. Trotz der etwa 1,5 Milliarden Jahre in der Evolution der eukaryotischen Zelle sind die Chloroplasten und Mitochondrien immer noch als prokaryotische Abkömmlinge der ehemaligen Endosymbionten erkennbar (Plus **4.1** S. 130). Das bezieht sich auf die Struktur der Gene ebenso wie auf Details von Struktur und Funktion des Genexpressionsapparates. Wie die Mehrheit der Gene im Kern (Abb. **15.2** S. 489) enthalten auch einige Gene in den Plastomen und Chondriomen nichtcodierende Sequenzabschnitte (Introns), die vor der Translation entfernt werden müssen (mit * markierte Gene, Abb. **13.5**). Dies deutet darauf hin, daß die Organisation eines Gens in Exons und Introns ein frühzeitiger Entwicklungsschritt in der Evolution war. Wir werden im Kap. 13.10 darauf zurückkommen.

13.5 DNA-Replikation

Die Replikation der DNA durch DNA-Polymerasen ist semikonservativ, d. h. an beiden Strängen der DNA-Doppelhelix wird jeweils ein komplementärer Strang neu synthetisiert. Substrate für den Replikationskomplex sind die vier 2'-Desoxynucleosidtriphosphate (dATP, dGTP, dTTP, dCTP), die unter Abspaltung von Pyrophosphat in den wachsenden Strang eingebaut werden. Fehler beim Einbau der Nucleotide, die mit einer Wahrscheinlichkeit von $1:10^6$ eingebauter Nucleotide auftreten, können durch eine Korrekturfunktion des Replikationskomplexes erkannt und beseitigt werden. Die Genauigkeit erreicht schließlich $1:10^9$. Da die DNA-Polymerase nur in der Richtung vom 5'- zum 3'-Ende synthetisieren kann, erfolgt die Synthese des zweiten DNA-Stranges zeitlich verzögert und in kleinen Stücken (Okazaki-Fragmente), die postsynthetisch miteinander zum Gesamtstrang verbunden werden.

Wie schon im Kap. 13.1 dargelegt, sind in der DNA-Doppelhelix bestimmte Eigenschaften verankert (antiparallele Anordnung der beiden Stränge und das System der Basenpaarung), die Voraussetzung für die Replikation sind. Der gegenwärtige Stand unseres Wissens über Details der DNA-Replikation (Abb. **13.6**) basiert überwiegend auf Untersuchungen an *Escherichia coli* und Hefe. Der Prozeß beginnt mit dem Zusammenbau des Replikationskomplexes an der **Startregion** (**ori**, engl.: origin of replication). Die für die Replikation unerläßliche Entwindung der DNA-Doppel-

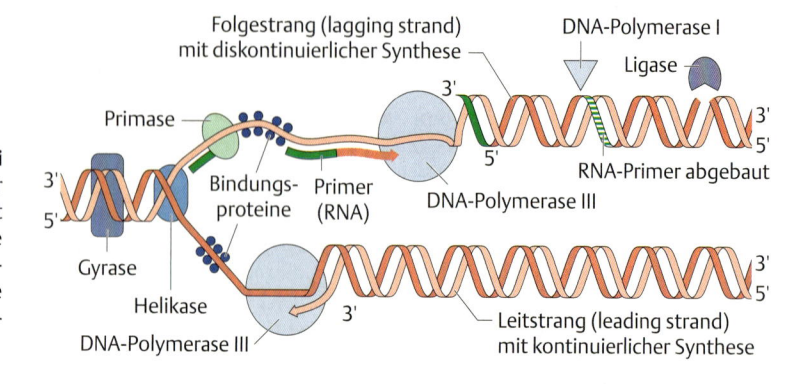

Abb. 13.6 Schema der DNA-Replikation bei *E. coli*. An dem 5'→3'-Strang (unten) wird der komplementäre Strang kontinuierlich gebildet (Leitstrang). Am 3'→5'-Strang (oben) erfolgt die Synthese diskontinuierlich in kurzen Stücken (Folgestrang). In dem Schema ist nur die eine Hälfte der Replikationsgabel gezeigt. Weitere Erklärungen im Text.

helix an der Replikationsgabel erfolgt durch eine **Helikase** im Zusammenwirken mit einer Topoisomerase II (**Gyrase**), die die vielfach verdrillte DNA-Doppelhelix kurzzeitig aufspalten und wieder verknüpfen kann. Dieses Zusammenwirken von **DNA-Polymerase III** mit Helikase und Gyrase ermöglicht das bidirektionale Fortschreiten der Replikation ohne Torsionsstreß. Durch die Helikase werden unter ATP-Verbrauch etwa 1000 Nucleotidpaare pro Sekunde entwunden. Die entstehenden DNA-Einzelstränge werden durch Anlagerung von **Einzelstrangbindungsproteinen** vorübergehend stabilisiert und für die DNA-Polymerase offen gehalten. Der vom 5'- zum 3'-Ende wachsende Strang kann auf diese Weise lange Zeit in ununterbrochener Folge synthetisiert werden (Box **13.4**).

Wegen der durch die enzymatischen Eigenschaften der DNA-Polymerase vorbestimmten Syntheserichtung des neuen Stranges vom 5'- zum 3'-Ende erfordert die Synthese des antiparallelen Strangs offensichtlich besondere Mechanismen (Abb. **13.6**). Sie erfolgt diskontinuierlich, d. h. es werden kurze Teilstücke, die nach ihren Entdeckern benannten **Okazaki-Fragmente** synthetisiert, die anschließend miteinander durch eine DNA-Ligase verknüpft werden. Energiedonator für diese Reaktion ist ATP.

Grundsätzlich erfordert die DNA-Synthese die Bildung eines kurzen RNA-Startermoleküls (Primer, grün), das im Primosom unter Mitwirkung eines als **Primase** bezeichneten Enzyms gebildet wird. Diese **RNA-Primer** binden an die komplementären Sequenzen der DNA und markieren somit den Ausgangspunkt für die Replikation durch den DNA-Polymerase-III-Komplex. In dem fertigen DNA-Strang oder den Okazaki-Fragmenten wird der RNA-Primer entfernt und die hierdurch entstehende Lücke von der **DNA-Polymerase I** geschlossen. Das Endprodukt der Replikation sind zwei doppelsträngige DNA-Moleküle, von denen jedes einen alten Matrizenstrang und einen neu synthetisierten Strang enthält. Man spricht daher von einer **semikonservativen Replikation** der DNA.

Die Genauigkeit der Replikation ist mit einem Fehler in 10^9 eingebauten Nucleotiden sehr hoch. Dieser Wert setzt sich aus der ursprünglichen Fehlerrate beim Einbau der Nucleotide ($1:10^6$) und einer 1000-fachen Verbesserung durch eine eingebaute Korrekturfunktion der DNA-Polymerase zusammen (Plus **13.4**).

Box 13.4 Geschwindigkeit der Replikation

Die Replikationsmaschine bei *E. coli* arbeitet mit der rasenden Geschwindigkeit von 50 000 eingebauten Nucleotiden pro Minute. Der Gesamtproceß nimmt insgesamt 40 min in Anspruch und braucht nur 4 Replikationskomplexe pro Genom. Die DNA-Replikation bei Eukaryoten läuft allerdings ungleich komplizierter ab, einmal wegen der viel größeren Menge an DNA in einem Chromosom, zum anderen aber wegen der Bindung der DNA an Histone und damit der Notwendigkeit einer zeitlichen Koordinierung von DNA- und Histon-Synthese in der sog. S-Phase des Zellzyklus (Kap. 13.7). Die Replikation der DNA-Doppelhelix eines Chromosoms erfolgt gleichzeitig an bis zu 1000 Abschnitten, die dann miteinander verbunden werden. Bei Pflanzen sind diese **Replikons** etwa 20–100 kb lang, und jedes hat seinen eigenen Startpunkt (Initiationspunkt). Mit nur etwa 2500 Nucleotiden pro Minute ist die Synthese erheblich langsamer als bei den Bakterien. Unmittelbar nach der Synthese der neuen DNA-Stränge werden diese mit Histonen zum Chromatin verpackt.

Plus 13.4 Genauigkeit der Replikation und Fehlerkorrektur

Ein wesentlicher Aspekt der DNA-Synthese ist die Genauigkeit, die schließlich bei einem Fehler in 10^9–10^{10} eingebauten Nucleotiden liegt. Dagegen liegt die ursprüngliche Lesegenauigkeit nur bei $1:10^6$. Sie entsteht aus zwei Komponenten: Aus der Basenpaarung selbst kann durch die Wasserstoffbrücken nur eine Genauigkeit von etwa $1:10^4$ erreicht werden. Dieses Ergebnis wird um den Faktor 100 verbessert, weil die DNA-Polymerase in vier Konformationen vorliegen kann. Erkennt sie auf der Seite des Matrizenstranges ein G, dann geht sie auf der Eingangsseite für das Substrat in die dCTP-spezifische Raumstruktur über. Ähnliches gilt für die anderen drei Paarungen. Dies bedeutet, daß schon bei der Substratbindung eine starke Selektion erfolgt.

Ein wesentlicher Grund für Fehler bei der Ablesung liegt in einer Besonderheit der Basen. Von den üblicherweise in der Ketoform vorliegenden Basen (Abb. **13.1b**) gibt es tautomere Imino- bzw. Enolformen, die zwar nur transient vorkommende Zustände darstellen, aber immerhin so häufig sind, daß sie zu „falschen" Nucleotidpaarungen führen können. So paart sich die Iminoform des Cytosins nicht mit Guanin, sondern mit Adenin, und die Enolform des Thymins paart nicht mit Adenin, sondern mit Guanin.

Der Replikationskomplex selbst verfügt über Möglichkeiten der Gütekontrolle und zur anschließenden Fehlerkorrektur (engl.: proof reading function). Diese Fähigkeit ist bei *E. coli* mit der N-terminalen Domäne der DNA-Polymerase I verbunden, während bei den Eukaryoten diese Aufgabe der DNA-Polymerase III selbst zufällt. Vereinfacht muß man sich die Fehlererkennung so vorstellen, daß die DNA-Polymerase die Regelmäßigkeit der Raumstruktur der neuen DNA-Doppelhelix abtastet. Dabei wird jede Verzerrung, durch falsche Basenpaarung bedingt, unmittelbar nach der Synthese erkannt und die Korrekturfunktionen der DNA-Polymerase aktiviert. Die weitere Elongation der wachsenden Kette stoppt für einen Augenblick bis das falsche Nucleotid durch eine Exonucleaseaktivität der Polymerase beseitigt wurde. Ähnliche Prozesse spielen auch bei der DNA-Reparatur eine große Rolle (Kap. 13.8.5).

13.6 Klassische Genetik

> Das äußere Erscheinungsbild eines Organismus (Phänotyp) wird durch die Gesamtheit seiner Gene (Genotyp) bestimmt. Bei diploiden Organismen kommen Gene in zwei verschiedenen Formen, dem väterlichen und dem mütterlichen Allel vor. Bei homozygoten Organismen sind die Allele identisch, bei heterozygoten Organismen sind sie unterschiedlich. Die Ausprägung der genetischen Merkmale kann durch äußere Faktoren nachhaltig beeinflußt werden (Modifikationen). Für Vererbungsvorgänge gelten die drei Mendel-Regeln:
> 1. Uniformitätsregel und Reziprozitätsregel: Nachkommen reziproker Kreuzungen reiner Linien haben denselben Phänotyp;
> 2. Spaltungsregel: Kreuzungen heterozygoter Nachkommen der F1-Generation untereinander führen zur Aufspaltung der Phänotypen;
> 3. Prinzip der unabhängigen Segregation von Merkmalen: Allele auf verschiedenen Chromosomen verteilen sich unabhängig voneinander auf die Nachkommen.

Die bahnbrechenden Arbeiten Gregor Mendels und Charles Darwins im 19. Jahrhundert beruhten eigentlich auf der alltäglichen Erfahrung, daß durch sexuelle Fortpflanzung erzeugte Nachkommen in ihrem äußeren Erscheinungsbild weitgehend den Elternorganismen gleichen, und daß darüber hinaus alle Angehörigen einer Art oder einer anderen taxonomischen Einheit in der Regel einander ähnlich sind. Die Frage nach den Ursachen dieser Ähnlichkeit bzw. Übereinstimmung und die Regeln der Weitergabe organismischer Identität zwischen den Generationen bilden das Grundproblem der klassischen Genetik. Wir wollen im folgenden zunächst einige Grundbegriffe der Vererbungslehre und dann beispielhaft die drei Regeln der Vererbung und die Rolle der Chromosomen als Transporteinheiten für die kontrollierte Weitergabe der Information behandeln. Gegenüber Mendel und Darwin haben wir allerdings den großen Vorteil, daß wir bereits wissen, aus welchem Stoff Gene gemacht sind (DNA).

13.6.1 Grundbegriffe der klassischen Genetik

Das äußere Erscheinungsbild eines Organismus wird als **Phänotyp** bezeichnet. Er setzt sich aus einer großen Anzahl von Merkmalen zusammen, die sich z. B. als morphologische Besonderheiten oder auch als physiologische Leistungen manifestieren können. Die Realisierung der Merkmale wird durch die Gesamtheit der Gene in einem Genom gesteuert (**Genotyp**). In der Regel bestimmt ein Gen nicht direkt ein Merkmal, sondern einen Reaktionsschritt, der zur Merkmalsausbildung führt. Meist steht daher die Ausbildung eines Merkmals unter der Kontrolle vieler Gene (**Polygenie**), deren programmierte Expression sich über einen beträchtlichen Zeitraum der Entwicklung erstrecken kann. Andererseits kann ein Gen auch die Ausbildung mehrerer Merkmale beeinflussen (**Pleiotropie**). Im Sinne der molekularen Genetik sind Gene Funktionseinheiten, die für Proteine oder Struktur-RNAs (Transfer-RNAs, ribosomale RNAs) codieren.

Die Entwicklung eines Organismus von der Keimzelle bis zum fertigen Individuum ist das Ergebnis einer großen Anzahl gensteuerter Einzelreaktionen. Da diese durch innere und äußere Faktoren in verschiedener Weise beeinflußt werden können, liegt es auf der Hand, daß sich auch Organismen mit gleichem Genotypus in ihrer endgültigen Ausgestaltung mehr oder weniger deutlich voneinander unterscheiden können. Derartige umweltbedingte, nichterbliche Unterschiede im äußeren Erscheinungsbild bezeichnet man als **Modifikationen** (Box **18.1** S. 712).

Die weitaus überwiegende Anzahl der Gene ist im Zellkern auf den Chromosomen lokalisiert. Wir bezeichnen die Gesamtheit der Gene eines Chromosomensatzes als **Kerngenom** und stellen sie den extrachromosomalen Genen in den Chloroplasten und Mitochondrien gegenüber (Kap. 13.4). Zellen, deren Kern nur einen einfachen Chromosomensatz enthält, d. h. jedes Chromosom kommt nur einmal vor, nennt man **haploid** (1n) (Abb. **13.7a**). Besitzen die Zellkerne zwei Chromosomensätze (Abb. **13.7b**), so bezeichnet man sie als **diploid** (2n) und die Chromosomen, die einander in Größe und vor allem Informationsgehalt entsprechen, als **homologe Chromosomen**. Entsprechend sind Zellen mit 3, 4, 5 bzw. vielen Chromosomensätzen (Abb. **13.7c, d**) triploid, tetraploid, pentaploid bzw. polyploid. Die Anzahl der Chromosomen pro Zelle ist artspezifisch. Bei *Arabidopsis thaliana* beträgt die Zahl 2n = 10, bei der Tomate 2n = 24 und bei der Erbse und Gerste 2n = 14.

Ein Gen kann in verschiedenen Zuständen (Konfigurationen) vorliegen, die man als **Allele** bezeichnet. Bei **homozygoten** (reinerbigen) Organismen sind die homologen Gene in der Sequenzinformation identisch. Bei **heterozygoten** (mischerbigen) Organismen sind die Allele verschieden. Die Allele werden durch verschiedene Symbole gekennzeichnet, z. B. durch Verwendung großer und kleiner Buchstaben, also *A* und *a*, *B* und *b* oder *Z* und *z*. Bei diploiden Organismen ergeben sich somit am Beispiel des Gens *A* die Kombinationsmöglichkeiten *AA*, *aa* und *Aa*. In den ersten beiden Fällen liegt **Homozygotie**, im letzteren **Heterozygotie** vor. Wir werden in den folgenden Kapiteln sehen, wie sich solche Merkmalskombinationen im Phänotyp auswirken. Der Einfachheit halber folgen wir hier der alten Bezeichnungsweise mit einem Buchstaben. In der neuen Literatur werden allerdings etwas komplexere Nomenklatursysteme für Gene und die abgeleiteten Allele verwendet, die in Box **13.5** erläutert sind. Sie werden uns in den Kap. 15–20 begleiten.

Häufig werden die Beziehungen zwischen zwei Allelen aufgrund einer bestimmten Funktion oder Biosyntheseleistung beschrieben. Wenn z. B. die Synthese eines roten Blütenfarbstoffs auf die Aktivität des von Allel *A* codierten Enzyms zurückgeht, so bezeichnet man dieses Allel als den **Wildtyp** (Abb. **13.9**). Bezogen auf diesen ist das Allel *a* in den weißen Pflanzen defekt, und man bezeichnet daher die Pflanze mit den weißen Blüten als **Mutante**.

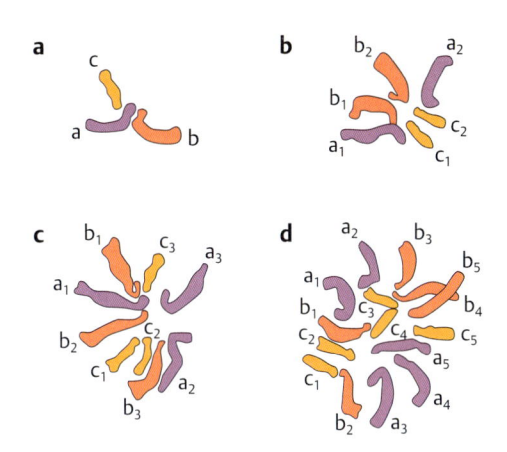

Abb. 13.7 Karyogramme von *Crepis capillaris*. **a** haploider Chromosomensatz mit drei Chromosomen; **b** diploider Chromosomensatz (normale Pflanze); **c** triploider und **d** pentaploider Chromosomensatz.

Die homologen Chromosomen sind durch die verschiedenen Farben gekennzeichnet (nach Hollinghead und Navashin).

13.6.2 Drei Grundregeln der Vererbung

Der Einfachheit halber beginnen wir mit einem **dominant/rezessiven Erbgang**, wie ihn G. Mendel 1866 am Beispiel der Blütenfarbe der Gartenerbse beschrieben hat. Als Ausgangspunkt dient uns aber eine Kreuzung von zwei Brennesselarten *Urtica pilulifera* mit gezähnten Blättern (Genotyp *ZZ*) und *Urtica dodartii* mit ganzrandigen Blättern (Genotyp *zz*). Wir nehmen an, daß sich die beiden Eltern (**Parental- oder P-Generation**) nur in dem einen Gen unterscheiden. Alle Gameten des ersten Elters enthalten ausschließlich das Allel *Z*, die des zweiten das Allel *z*. Die aus der Kreuzung hervorgehenden Tochterpflanzen (**1. Filial- oder F_1-Generation**) enthalten alle die Allele *Zz*, sind also heterozygot. Man nennt sie **Hybride** (Bastarde), bzw., da sie sich nur in einem Gen unterscheiden, Monohybride (Abb. **13.8**). Sie sind untereinander genotypisch und phänotypisch gleich (uniform). Alle F_1-Hybridpflanzen unserer Kreuzung haben gezähnte Blätter, weil sich das Allel *Z* für das Merkmal gezähnte

Box 13.5 Kennzeichnung von Genen und Mutanten

Bei der Fülle der Information bedarf es für die Beschreibung von Genen und Mutanten einer international akzeptierten **Nomenklatur**. Die ursprünglichen Namen beziehen sich häufig auf den Mutantenphänotyp, der durch den Funktionsausfall des Gens entsteht. Dabei ist oft genug zunächst die Natur und Funktion des Genproduktes selbst unbekannt. Ein eindrucksvolles und im Zusammenhang mit der Entwicklungsbiologie instruktives Beispiel ist die *Arabidopsis*-Mutante *wuschel* (Kap.18.2.2). Durch einen Defekt im *WUSCHEL*-Gen erlischt die Funktion des Sproßmeristems vorzeitig und ein Sekundärmeristem übernimmt kurzzeitig dessen Funktion, bis es selbst wieder erlischt, und ein weiteres Sekundärmeristem vorübergehend aktiv wird usw. Ein geordnetes Wachstum dieser *Arabidopsis*-Mutante ist nicht mehr möglich. Der Phänotyp macht einen unregelmäßigen, eben wuscheligen Eindruck. Das **Gen im Wildtyp** wird kursiv und in großen Buchstaben angegeben bzw. mit drei Buchstaben abgekürzt (*WUSCHEL*, abgekürzt *WUS*). Das **mutierte Gen** dagegen wird, wie oben angegeben, mit kleinen Buchstaben bezeichnet (*wuschel* oder *wus*). Das **Genprodukt**, in diesem Fall später als Transkriptionsfaktor identifiziert (Plus **18.1** S. 715), wird in der gleichen Weise benannt, aber nicht kursiv geschrieben, also WUSCHEL (abgekürzt WUS) für das Wildtyp- und wuschel (wus) für das Mutantenprotein. Gibt es mehrere Mutantenallele des Gens, so würden diese als *wus-1*, *wus-2* usw. bezeichnet werden. Sinngemäß gelten diese Regeln für alle Pflanzengene, für deren Produkte und Mutanten.

Dieser Trivialnomenklatur mit Bezug zum Mutantenphänotyp steht eine **rationelle Nomenklatur** für die Gene der Pflanzen gegenüber, deren Genom sequenziert wurde. Sie beinhaltet eine Zuordnung zu dem Sequenzabschnitt und eine davon abgeleitete Terminologie. Das Gen *WUSCHEL* liegt z. B. auf dem Chromosom **2** von *Arabidopsis* *thaliana* und hat dort die Nummer 1759. Die offizielle Identifikationsnummer für *WUSCHEL* lautet daher *At2*g17590. Mit dieser Nummer kann man alle verfügbaren Informationen über Gen und Genprodukt aus den internationalen **Datenbanken** abrufen (Plus **13.3** S. 386).

Wir werden in späteren Kapiteln wiederholt auf die Bezeichnung von Genen und Mutanten und den Bezug zu den internationalen Datenbanken zurückkommen.

Wildtyp
(*WUS*)

Mutante
(*wus*, 2-fach vergrößert)
(Original: T. Laux)

Blätter **dominant** gegenüber dem Merkmal für ganzrandige Blätter verhält. Das Merkmal *z* ist **rezessiv**. Molekularbiologisch argumentiert bedeutet das: Die halbe Dosis des Genproduktes Z ist ausreichend, um die Ausprägung des Merkmals gezähnte Blätter zu gewährleisten. Bei einem dominanten Erbgang finden wir also Pflanzen mit unterschiedlichem Genotyp (*ZZ* bzw. *Zz*), aber identischem Phänotyp (gezähnte Blätter).

Bei unserem 2. Fall gelten dieselben Regeln bei der Verteilung der Allele, aber bei der Merkmalsausbildung liegen die F_1-Hybridpflanzen zwischen den bei den Eltern (**intermediärer Erbgang**). Dies ist in Abb. **13.9** am Beispiel der Kreuzung der japanischen Wunderblume (*Mirabilis jalapa*) illustriert. Die Blütenfarbe der Eltern ist rot (Genotyp *AA*) bzw. weiß (Genotyp *aa*), d. h. in letzteren ist das Gen für die Synthese des roten Farbstoffs defekt. Weiße Blüten in der Natur gehen stets auf das Fehlen eines Farbstoffs und die Luft in den Interzellularen der Blütenblätter zurück. Bei der Kreuzung der beiden Eltern liegt die Blütenfarbe der F_1-Generation zwischen rot und weiß, d. h. die Blüten sind rosa. Das bedeutet, vereinfacht ausgedrückt, daß die halbe Dosis des Enzyms, von dem Allel *A* codiert, nur ausreicht, um die halbe Menge an Blütenfarbstoff bereitzustellen. Es ist beim dominanten wie beim intermediären Erbgang gleichgültig, ob der väterliche bzw. der mütterliche Organismus der einen oder der an-

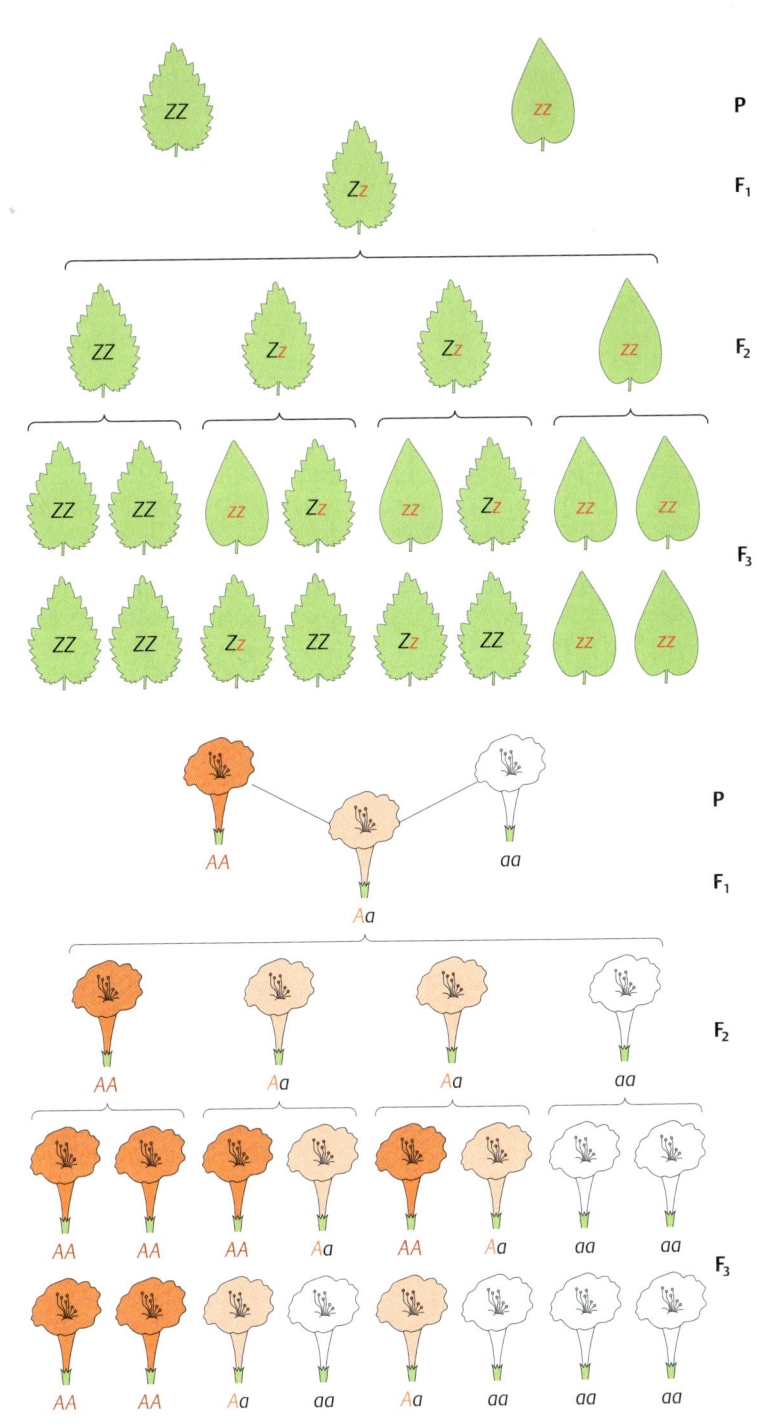

Abb. 13.8 Dominant/rezessiver Erbgang. Kreuzung zwischen *Urtica pilulifera* (Allel Z, gezähnte Blätter) und *Urtica dodartii* (Allel z, ganzrandige Blätter). Das Allel „gezähnt" ist dominant über „ganzrandig" (nach C. Correns). P = Parentalgeneration; F_1, F_2, F_3 = erste, zweite und dritte Filialgeneration. Die F_2-Generation spaltet 3:1.

Abb. 13.9 Intermediärer Erbgang. Kreuzung einer roten und einer weißen Rasse der japanischen Wunderblume (*Mirabilis jalapa*). *A* Allel für die Ausbildung der roten Farbe der Blütenblätter, *a* Allel, das zum Ausfall der Farbstoffsynthese führt (nach C. Correns). Die F_2-Generation spaltet 1:2:1.

deren genetischen Linie angehören, d. h. reziproke Hybride sind gleich (**Reziprozitätsregel**, Box **13.6** Regel 1).

Für die Merkmalsausprägung in der zweiten Filial- oder F_2-Generation gilt die **Spaltungsregel**. Kreuzt man die Monohybriden der F_1-Generation bei einem intermediären Erbgang untereinander, so findet in der F_2-Gene-

> **Box 13.6 Die Mendel-Regeln**
>
> **1. Regel:** Nachkommen reziproker Kreuzungen reiner Linien besitzen einen einheitlichen Phänotyp (**Uniformitätsregel** und **Reziprozitätsregel**).
> **2. Regel:** Kreuzungen der heterozygoten Nachkommen (F_1) zweier reinrassiger Elternlinien untereinander führen zur Aufspaltung der Phänotypen nach bestimmten Zahlenverhältnissen (**Spaltungsregel**), d.h. 1:2:1 bei einem intermediären und 3:1 bei einem dominanten Erbgang.
> **3. Regel:** Allele auf verschiedenen Chromosomen verteilen sich unabhängig voneinander und unabhängig von den Allelen anderer Gene auf die Nachkommen (**Prinzip der unabhängigen Segregation von Merkmalen**).

ration eine Aufspaltung der Genotypen im Verhältnis $AA:Aa:aa$ wie 1:2:1 statt. Dieses Zahlenverhältnis ergibt sich statistisch aus dem Umstand, daß die haploiden Gameten nur eines der beiden Allele enthalten, also entweder A oder a. Infolgedessen entstehen bei der Zygotenbildung die Kombinationen AA, Aa, aA und aa, von denen Aa und aA phänotypisch gleich sind. Es treten also in der F_2-Generation neben Individuen mit Hybridcharakter auch solche mit den Merkmalen der beiden Eltern auf, d.h. im Falle von *Mirabilis jalapa* neben Pflanzen mit rosa Blüten auch solche mit roten bzw. weißen Blüten im Verhältnis von rot zu rosa zu weiß wie 1:2:1 (Abb. **13.9**).

Beim dominanten Erbgang ist das phänotypische Ergebnis der Kreuzung allerdings verschieden. Es ergibt sich ein Zahlenverhältnis von 3:1, da in diesem Falle die Hybriden Zz in der Merkmalsausbildung dem dominanten Elternteil mit dem Genotyp ZZ gleichen (Abb. **13.8**). Die Frage, ob es sich bei den äußerlich gleich gestalteten Individuen der F_2-Generation um reinrassige oder hybride Formen handelt, läßt sich durch **Rückkreuzung** mit dem rezessiven Elternteil (zz) entscheiden (Abb. **13.10**). Bei reinrassigen Individuen mit dem Genpaar zz ist natürlich die F_1-Generation der Rückkreuzung wie in Abb. **13.8** uniform (Genotyp Zz, Abb. **13.10a**). Liegt hingegen eine Monohybride Zz vor, so ergibt die Kreuzung nur 50 % Individuen mit dem Genotyp Zz und dem Phänotyp des dominanten Elters (gezähnte Blätter), während 50 % dem rezessiven Elter gleichen, also homozygot zz sind (Abb. **13.10b** und Box **13.6** Regel 2).

Neukombination von Genen: Kreuzt man Linien, die sich in zwei oder mehreren Genen voneinander unterscheiden (Di- bzw. Polyhybride), so werden die einzelnen Gene unabhängig voneinander vererbt, sofern sie nicht gekoppelt auf demselben Chromosom vorliegen (Kap. 13.7.6). Hierbei folgt jedes Allelpaar für sich dem in der zweiten Mendel-Regel angegebenen Spaltungsmodus, d.h. die **verschiedenen Allele** sind **frei** miteinander **kombinierbar**. Als Beispiel wählen wir einen dominanten Erbgang mit zwei Rassen des Löwenmäulchens (*Antirrhinum majus*), die sich in zwei Genen unterscheiden. Rasse 1 mit den Allelen $aaBB$ hat weiße, dorsiventrale Blüten, während Rasse 2 mit den Allelen $AAbb$ rote, radiäre Blüten hat. Die Allele für weiß und radiär sind rezessiv (kleine Buchstaben), die für rot und dorsiventral sind dominant (große Buchstaben). Die Gameten der Rasse 1 haben den Haplotyp aB, die der Rasse 2 Ab. Die F_1-Generation ist, der ersten Mendel-Regel zufolge, uniform $AaBb$ und besitzt rote, dorsiventrale Blüten (Abb. **13.11**). Wegen der Unabhängigkeit der Gene können die Pflanzen der F_1-Generation die folgenden Gameten bilden: AB, Ab, aB, ab. Bei der Verschmelzung der Gameten sind dann insgesamt 16 Kombinationen möglich, die teils wieder Hybride, teils aber auch homozygote Individuen ergeben. Letztere liegen auf der blau umrandeten Diagonale im **Rekombinationsquadrat** (Abb. **13.11**). Die 16 Rekombinanten gehören 4 verschiedenen Phänotypen an, von denen 2, nämlich weiß/dorsiventral und rot/radiär, den Eltern gleichen, während die beiden anderen, also weiß/radiär und rot/dorsiventral, **Neukombinationen** sind. Die 4 Phänotypen stehen in einem Zahlenverhältnis von 9:3:3:1. Die freie Kombinierbarkeit der Gene ermöglicht also die Züchtung neuer Rassen (Box **13.6** Regel 3).

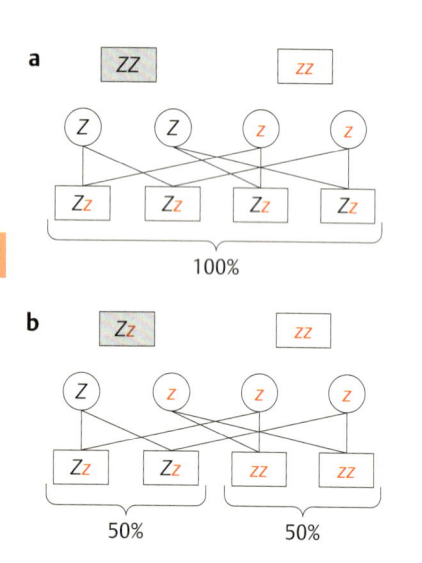

Abb. 13.10 Schema einer Rückkreuzung mit der rezessiven Elternrasse (zz).
a Ergebnis der Kreuzung bei einer homozygoten Ausgangslinie (ZZ, Abb. **13.8**). **b** Ergebnis bei heterozygoter Ausgangslinie (Zz). Der haploide Genotyp der Gameten ist jeweils in den Kreisen angegeben.

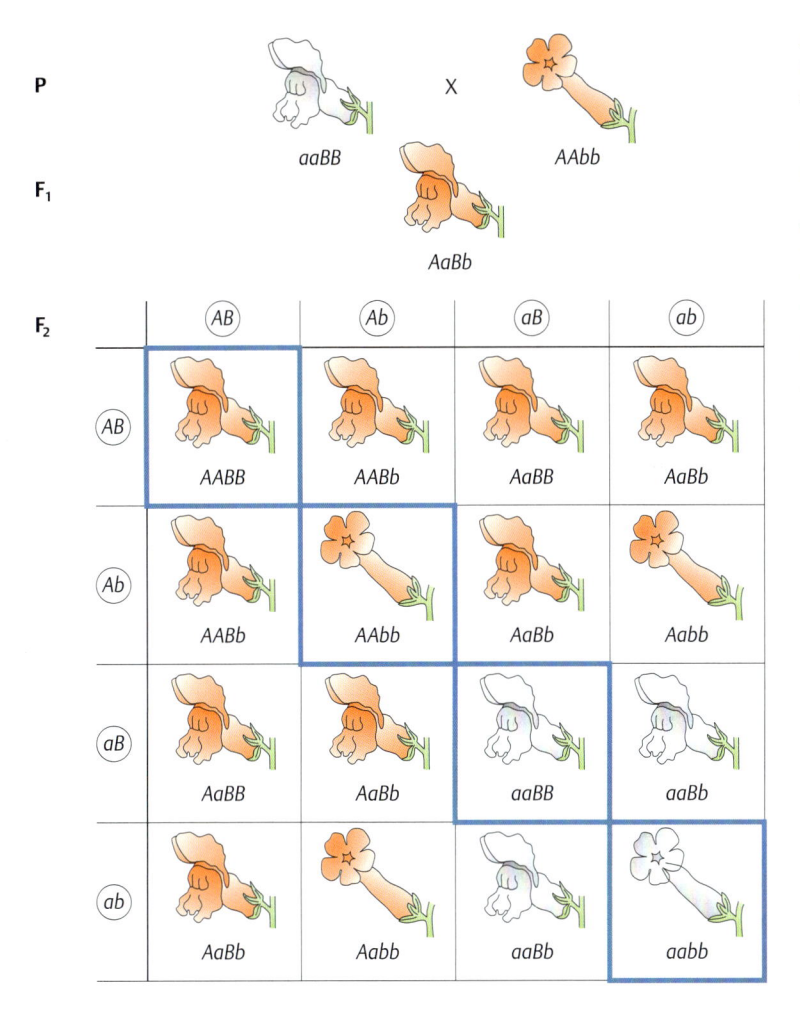

Abb. 13.11 Neukombination von Merkmalen in einer Kreuzung des Löwenmäulchens (*Antirrhinum majus*). Zwei Rassen mit folgenden Merkmalen werden verwendet: **Rasse 1** Blüten weiß (*aa*, rezessiv) und dorsiventral (*BB*, dominant), **Rasse 2** Blüten rot (*AA*, dominant) und radiärsymmetrisch (*bb*, rezessiv). Die Blüten der F_1-Generation sind durch die dominanten Merkmale geprägt: uniform rot und dorsiventral. Bei den Pflanzen der F_2-Generation spalten die Blütenmerkmale in der im markierten Rekombinationsquadrat angegebenen Weise im Verhältnis 9:3:3:1 (nach E. Baur). Die Genotypen der möglichen Gameten sind wieder an den Rändern des Quadrats angegeben.

13.7 Zellzyklus

13.7.1 Chromosomentheorie der Vererbung

Fast zeitgleich mit der Veröffentlichung der Vererbungsregeln durch G. Mendel wurden in der zweiten Hälfte des 19. Jahrhunderts die cytologischen Grundlagen der Vererbung durch eine Reihe wichtiger Entdeckungen gelegt. Rudolf Virchow beendete 1855 eine langjährige Diskussion über die Entstehung der Zelle als kleinster lebender Einheit mit dem Postulat, daß Zellen nur durch Teilung auseinander hervorgehen können (*omnis cellula e cellula*). Oskar Hertwig und Eduard Strasburger (1877) wiesen übereinstimmend auf die Rolle des Zellkerns bei der Befruchtung hin und schlossen, daß die Erbeigenschaften im Zellkern zu finden sein müssten. Die bei der Zellteilung beobachteten, stark färbbaren Körperchen wurden Chromosomen genannt (A. Schneider 1873). Walter Flemming stellte 1882 fest, daß die Zahl der Chromosomen während der Zellteilung unveränderlich ist. Dies alles zusammen mündete Anfang des 20. Jahrhunderts zeitgleich mit der Wiederentdeckung der Mendel-Regeln in die **Chromosomentheorie der Vererbung** (E. B. Wilson, W. S. Sutton,

T. Boveri). Die cytologisch nachweisbaren Gesetzmäßigkeiten für die Verteilung der Chromosomen bei der Zellteilung (Mitose), die Reduktion des Chromsomensatzes von 2n auf 1n bei der Reduktionsteilung (Meiose) im Verlauf der Bildung der Keimzellen und die Verschmelzung der beiden haploiden Zellkerne bei der Befruchtung untermauerten eindrucksvoll die gefundenen mathematischen Regeln für die Vererbungsprozesse.

Die freie Kombinierbarkeit der Gene, wie in der 3. Mendel-Regel gefordert, erklärt sich aus der Lokalisation der betreffenden Gene auf verschiedenen Chromosomen. Die Neukombination erfolgt jeweils in der Meiose. Dabei werden die homologen Chromosomen nicht nach ihrer ursprünglichen Zugehörigkeit zum väterlichen oder mütterlichen Genom, sondern unabhängig voneinander und zufällig auf die Keimzellen verteilt. Wir wissen heute, daß ein Chromosom mittlerer Größe Träger mehrerer tausend Gene ist (Abb. **13.4** S. 384). Daher sind der freien Kombination Grenzen gesetzt. Die Anzahl der nachweisbaren **Kopplungsgruppen** entspricht der Anzahl der Chromosomen eines Genoms; bei *Arabidopsis* sind das nur 5 in Anbetracht der 25 000 Gene. Wir wollen uns in den folgenden Abschnitten kurz mit dem Zellzyklus im Allgemeinen als Ausgangspunkt für die Vorgänge bei Mitose und Meiose beschäftigen.

13.7.2 Der Zellzyklus

Der Zellzyklus dient der identischen Reduplikation aller Bestandteile einer Zelle und endet mit der Teilung in zwei Tochterzellen am Ende der Mitose. In der Phase zwischen zwei Mitosen wird das chromosomale Material in der DNA-Synthese-Phase (S-Phase) repliziert. Die Zeiträume zwischen M- und S-Phase werden von der G_1-Phase bzw. G_2-Phase eingenommen.

Der Zellzyklus beginnt mit der Entstehung einer Zelle durch Teilung aus einer Mutterzelle und endet mit einer erneuten Teilung in zwei Tochterzellen. Normalerweise laufen Zellzyklus und Kernzyklus parallel, d. h. die Teilung der Zelle ist mit einer Teilung des Zellkerns verbunden. Dieser geht die Replikation der DNA (Kap. 13.5) und anderer Zellbestandteile voraus. Man untergliedert den Zellzyklus in die folgenden vier Phasen (Abb. **13.12**): Die **G_1-Phase** reicht von der Entstehung der Zelle durch die vorausgegangene Teilung bis zum Beginn der **S-Phase**, in der die DNA-Replikation und gleichzeitig die Histon-Synthese ablaufen. Die **G_2-Phase** umfaßt den Zeitraum zwischen Ende der Replikation des Chromatins und dem Beginn der Teilungsphase (Mitose oder **M-Phase**).

Bei der Ausarbeitung des Zellzyklus waren zunächst aufgrund der gut meßbaren bzw. sichtbaren Veränderungen die S- und die M-Phase relativ leicht zu definieren. Zwischen beiden gab es längere zeitliche Lücken (engl.: gaps), die man mit G_1 bzw. G_2 bezeichnete. Da zwischen beiden die DNA-Replikation stattgefunden hat, ist der DNA-Gehalt in G_1-Zellen 2c, in G_2-Zellen aber verdoppelt, also 4c. Morphologisch passiert sehr wenig in den G-Phasen. Molekularbiologisch stellen sie aber die eigentlichen Arbeitsphasen der Zelle dar. In meristematischen Geweben folgt Zellzyklus auf Zellzyklus, aber mit Einsetzen der Differenzierung hören die Teilungen auf, und die Zellen gehen in die sog. **G_0-Phase** über, d. h. sie verlassen den Zellzyklus. In den meisten Fällen geschieht dies aus der G_1-Phase heraus. Die meisten Zellen einer Pflanze befinden sich dauerhaft oder für eine lange Zeit in der G_0-Phase. Sie können allerdings, durch äußere Faktoren angeregt (Phytohormone, Verwundung u. a. m.), zum Wiedereintritt in den Zellzyklus veranlaßt werden.

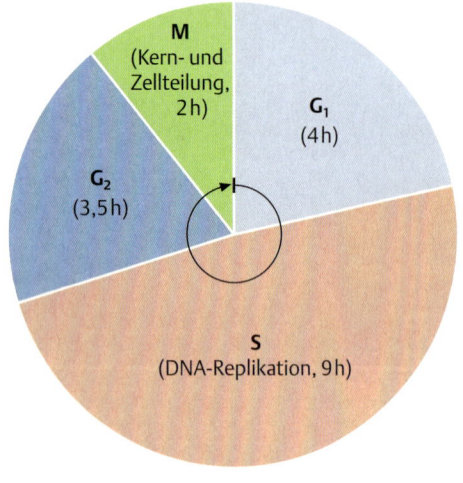

Abb. 13.12 Zellzyklus in Wurzelspitzen von *Vicia faba*.

Für die **Dauer der einzelnen Phasen** des Zellzyklus wurden in Zellen der Wurzelspitzen von *Vicia faba* folgende Werte gefunden (Abb. **13.12**): 4 Stunden G_1-Phase, 9 Stunden S-Phase, 3,5 Stunden G_2-Phase und 2 Stunden M-Phase. Obwohl die ermittelten Werte bei anderen Pflanzenzellen hiervon im Detail abweichen, sind sie doch häufig sehr ähnlich.

Der Ablauf des Zellzyklus, insbesondere der kontrollierte Übergang zwischen einzelnen Phasen, erfordert ein hohes Maß an Abstimmung, an der Phytohormone und eine beachtliche Zahl von Kontrollfaktoren beteiligt sind. Wir werden daher auf den Zellzyklus als Beispiel für ein komplexes Genexpressionsprogramm noch einmal zurückkommen (Kap. 16.11.1). Im folgenden wollen wir uns im Zusammenhang mit diesem Kapitel über Genetik nur noch auf die wesentlichen Aspekte der Kern- und Zellteilungsphase (M-Phase) konzentrieren.

13.7.3 Mitose

Den Ablauf der Mitose untergliedert man in vier Hauptabschnitte. Die in der Prophase kondensierten Chromosomen werden in der Metaphase mithilfe der Mikrotubuli so angeordnet, daß sie in der Anaphase getrennt und gleichmäßig auf die beiden Zellpole verteilt werden können. In der Telophase bilden sich die Zellkerne neu, indem eine Kernhülle um die Chromosomen entsteht und die Zellteilung (Cytokinese) durch Neubildung einer Trennschicht zwischen den beiden Tochterzellen beendet wird. Dynamische Veränderungen im System der Mikrotubuli sind Voraussetzung für die Bildung und Funktion des Spindelapparates und des Phragmoplasten.

Die Chromosomentheorie der Vererbung gründete sich auf Beobachtungen über die Herausbildung der Chromosomen in der Mitose und ihre Verteilung auf die beiden Tochterzellen (Kap. 13.7.1). Da die Mitose an die G_2-Phase anschließt, enthalten die Chromosomen die doppelte Menge an DNA. Dieses wird im Verlauf der Umwandlung der Chromosomen in die Transportform deutlich sichtbar. Sie sind in zwei identische Längshälften gespalten, die als **Chromatiden** bezeichnet werden. Diese, voneinander getrennt auf die Tochterzellen verteilt, gewährleisten die identische Weitergabe der gesamten genetischen Information der Mutterzelle.

Den Ablauf der Mitose untergliedert man in **vier Hauptabschnitte** (Prophase, Metaphase, Anaphase, Telophase), die jeweils durch charakteristische Veränderungen in der Erscheinung bzw. Anordnung der Chromosomen gekennzeichnet sind (Abb. **13.13**). Dabei ist zu beachten, daß es sich um eine willkürliche Abgrenzung von Abschnitten eines **kontinuierlich ablaufenden Vorganges** handelt, und daß die Teilabbildungen Momentaufnahmen aus einem dynamischen Geschehen darstellen. Es gibt keine Ruhezustände zwischen den einzelnen Phasen. Hinsichtlich der Dauer der verschiedenen Mitosephasen bestehen von Organismus zu Organismus Unterschiede. Beispielhaft seien die Werte für die Staubfadenhaare von *Tradescantia* genannt: Prophase 105, Metaphase 50, Anaphase 15 und Telophase 30, insgesamt also 200 Minuten.

Prophase (Abb. **13.13c**): Die Teilung des Zellkerns beginnt mit der Kondensation der Chromosomen. Dabei spielt ein ATP-abhängiger Proteinkomplex (**Condensin**) eine entscheidende Rolle, weil er zusammen mit DNA-Topoisomerasen eine Verdichtung der DNA-Struktur in sog. Supercoils ermöglicht. Der Prozeß schreitet so lange fort, bis die Chromosomen schließlich in ihrer Transportform in der frühen Metaphase vorliegen. Es ist ganz offensichtlich, daß nur diese besondere Verpackungs-

Abb. 13.13 Veränderungen der Chromosomenmorphologie während der Mitose in Wurzelspitzen des Roggens (*Secale cereale*, 2n = 14 Chromosomen).
a Interphase
b frühe Prophase
c mittlere Prophase
d frühe Metaphase
e mittlere Metaphase (Aufsicht mit den 14 Chromosomen klar erkennbar)
f Anaphase
g Telophase
h späte Telophase in einer der Tochterzellen
i Interphase
(REM Originalaufnahmen: J. Zoller, G. Wanner).

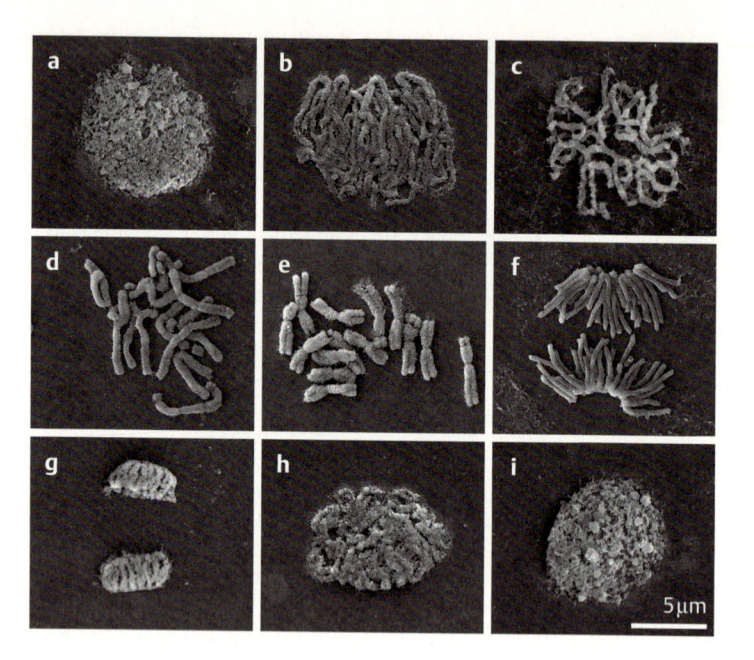

dichte des Chromatins die folgenden Schritte der genauen Anordnung in der Metaphase und der zuverlässigen Verteilung in der Anaphase ermöglichen. Am Ende der Prophase bzw. in der frühen Metaphase verschwinden Nucleolus und Kernhülle, und die Transkription kommt zum Erliegen.

Auslösendes Ereignis für den **Zerfall der Kernhülle** in zahlreiche Vesikel sind Veränderungen am Kerngerüst aus Laminfilamenten, das die Struktur und Funktion der Kernhülle garantiert (Kap. 2.5.4). Durch Aktivierung einer spezifischen Proteinkinase in der Prophase werden die Laminuntereinheiten phosphoryliert und damit der Zusammenbau des Kernskeletts verhindert. In der Telophase wird dieser Prozeß wieder umgekehrt. Die Rückbildung des Laminegerüstes geht mit der Neubildung der Kernhülle einher.

Metaphase (Abb. **13.13d, e**): In der Metaphase ist der **Spindelapparat** aus Mikrotubuli fertiggestellt (Kap. 13.7.4). Durch dynamische Umbauprozesse an den Mikrotubuli werden die Chromosomen in der Äquatorialplatte zusammengeführt und für den Transport angeordnet (Abb. **13.14c**). Der Längsspalt zwischen den Chromatiden eines Chromosoms wird deutlich, weil diese schließlich nur noch durch den **Cohesinkomplex** am Centromer miteinander verbunden sind. Die genaue Anordnung aller Chromosomen in der **Metaphasenplatte** ist Voraussetzung für die zuverlässige Verteilung der Chromatiden auf die Tochterzellen. Deshalb gibt es vor dem Übergang in die Anaphase einen so genannten **Spindelkontrollpunkt** (Plus **13.5**)

Anaphase (Abb. **13.13f**): Die Anaphase beginnt mit der Teilung der Centromeren nach Spaltung des Cohesinkomplexes (Plus **13.5**). Die nunmehr als Tochterchromosomen vollständig voneinander getrennten Chromatiden werden zu den Polen gezogen, wobei das Kinetochor vorangeht. Etwa gleichzeitig streckt sich die Spindel, sodaß die Pole auseinander rücken (Kap. 13.7.4).

Plus 13.5 Der Spindelkontrollpunkt beim Metaphase-Anaphase-Übergang

Die zuverlässige Verteilung der Chromosomen auf die Tochterzellen ist offensichtlich Dreh- und Angelpunkt der Mitose. Jede Abweichung von der Norm würde zu Aneuploidie mit schwerwiegenden Konsequenzen für die Funktion der Tochterzellen führen. Kontrollpunkt ist die perfekte Anordnung und Ausrichtung der Chromosomen in der Metaphaseplatte, bevor der Transport in Richtung der beiden Polkappen beginnt. In diesem Stadium sind die beiden Chromatiden eines Chromosoms zwar voneinander getrennt, sie werden aber auf der gesamten Länge durch einen Proteinkomplex **Cohesin** zusammengehalten, bis alle Chromosomen in ihrer endgültigen Position angekommen sind. Die Herstellung dieser genauen Anordnung beruht darauf, daß die Chromatiden an den Kinetochoren über Mikrotubuli mit beiden Polkappen verbunden sind. Da die Zugkräfte mit der Entfernung zur Polkappe zunehmen, bewegen sich schließlich die beiden verklebten Chromatiden in einem fast einstündigen Hin und Her auf die Gleichgewichtsposition in der Mitte zu. Das kann natürlich nur so funktionieren, wenn die beiden Kinetochore mit entgegengesetzten Polkappen, also bipolar verbunden sind. Wenn die Metaphaseposition für alle Chromosomen erreicht ist (**Spindelkontrollpunkt**), wird der Übergang in die Anaphase durch Phosphorylierung des **APC-Komplexes** (engl.: anaphase promoting complex, Tab. **15.8** S. 572) ausgelöst. Der aktivierte APC-Komplex vermittelt den Abbau eines Inhibitorproteins (Securin), das seinerseits eine cohesinspezifische Proteinase (Separin) blockiert hat. Mit der Freisetzung von Separin werden die Cohesinbrücken zwischen den Chromatiden aufgelöst, und der Transport in Richtung Polkappen kann beginnen (Kap. 13.7.4).

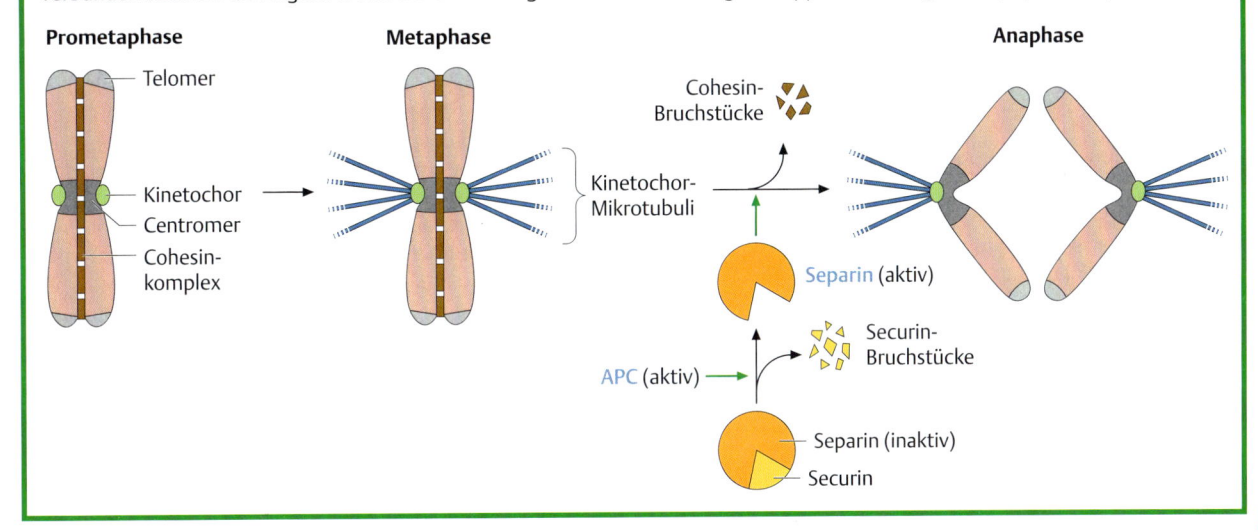

Telophase (Abb. **13.13g, h**): Nachdem die Chromosomen die Pole erreicht haben, zerfällt der Spindelapparat, der Condensinkomplex verschwindet, und damit kann sich die Rückumwandlung der Chromosomen in die Funktionsform des **Interphasekerns** (**Dekondensation**, Abb. **13.13a, i**) vollziehen. Wie oben erwähnt, erfolgt die Neubildung der Kernhülle aus Material des endoplasmatischen Reticulums (ER) gleichzeitig mit der Wiederherstellung des Laminskeletts. Neubildung der Kernhülle und Dekondensation der Chromosomen sind Teil eines abgestimmten Programms in der Telophase. Schließlich bilden sich Nucleoli an den NOR mit den Batterien von repetitiven Genen für ribosomale RNA, und der Zusammenbau der Trennschicht zwischen den Tochterzellen (Cytokinese) beginnt.

13.7.4 Rolle der Cytoskelett-Systeme

Wesentlichen Anteil an den dramatischen Veränderungen in der intrazellulären Morphologie und der Umverteilung der Chromosomen während der Mitose haben die Cytoskelett-Systeme (Mikrotubuli, Mikrofilamente, Kap. 2.3.1), die ebenfalls phasenspezifische Umbildungen erfahren. Im

> **Box 13.7 Mechanismus und Energetik der Mikrotubuli-Bewegung**
>
> Mechanismus und Energetik der eigentlichen Bewegungsvorgänge an den Mikrotubuli beruhen auf zwei Hauptvorgängen.
>
> - An den Plus-Polen erfolgt eine Dissoziation der Mikrotubuli in die α, β-Tubulin-Dimere, wobei jedoch Kinetochor und Mikrotubuli ständig miteinander verbunden bleiben. Diese Verkürzung der Kinetochor-Mikrotubuli, die keine unmittelbare Energiezufuhr benötigt, führt zu polwärts gerichteten Bewegungen der Chromosomen. Calcium-Ionen in niedrigen Konzentrationen zusammen mit dem Ca^{2+}-Bindungsprotein (Calmodulin, Abb. **16.48** S. 656) beschleunigen die Bewegung der Chromosomen in der Anaphase, weil sie für die Depolymerisation der Kinetochor-Mikrotubuli erforderlich sind.
> - Das Auseinanderweichen der Pole in der Anaphase kommt offenbar dadurch zustande, daß die in der Äquatorialebene mit ihren Plus-Enden überlappenden Pol-Mikrotubuli in Polrichtung mithilfe eines ATP-abhängigen Motorproteins aneinander vorbeigleiten (Tab. **2.1** S. 52). Gleichzeitig werden die Mikrotubuli durch Assoziation weiterer Untereinheiten unter GTP-Verbrauch stetig verlängert, sodaß die Überlappungszone eine gewisse Zeit erhalten bleibt.

Vordergrund stehen die **Mikrotubuli**. In der Interphase (Abb. **13.14a**) sind sie an der Peripherie der Zellen mehr oder weniger gleichmäßig verteilt. Zu Beginn der Mitose ändert sich das zugunsten der Bildung des **Präprophasebandes** in der Ebene des Zelläquators (Abb. **13.14b**). Während der Prophase beginnt auch die Bildung des Spindelapparates. In der Peripherie der Zellen werden zwei **Polkappen** sichtbar, die als Ausgangsorte für die Spindelfasern bzw. die diese aufbauenden Mikrotubuli dienen (**MTOC**, engl.: microtubules organizing center, Abb. **13.14b, c**). Im allgemeinen finden wir bei den Pflanzen in der Metaphase zwei Arten von Spindelfasern. Die **Kinetochor-Mikrotubuli** binden mit ihren Plus-Enden am Kinetochor im Centromerbereich der Chromosomen. Die Minus-Enden liegen im Bereich der Polkappen. Dagegen sind die **Pol-Mikrotubuli** zwar ebenfalls mit ihrem Minus-Ende in die Polkappen integriert, ihre Plus-Enden binden aber nicht an ein Kinetochor. Sie überlappen mit ihren Enden in der Ebene des Zelläquators (Box **13.7**).

Auch die corticalen **Actin-Mikrofilamente** zeigen eine grundlegende Umorientierung. Während der Interphase erstrecken sie sich in alle Bereiche des Cytoplasmas. Noch vor Ausbildung des Präprophasebandes durch die Neuordnung der Mikrotubuli erscheinen neue Mikrofilamente in der Peripherie der Zellen. Sie sind parallel zu den corticalen Mikrotubuli angeordnet. Es wird angenommen, daß in der Anaphase Mikrofilamente mit den Mikrotubuli bei der Bewegung der Chromosomen zusammenwirken (Abb. **13.14**). Während der Telophase schließlich werden Mikrofilamente Bestandteile des **Phragmoplasten** (Kap. 13.7.5), bevor sie wieder in das normale Interphasenetzwerk übergehen.

13.7.5 Zellteilung (Cytokinese)

Bei den Höheren Pflanzen bildet sich zwischen den auseinanderweichenden Chromosomen in der Telophase eine verhältnismäßig dichte Zone von zylinder- bis tonnenförmiger Gestalt, der **Phragmoplast**, der sowohl aus Mikrotubuli als auch aus Actin und Myosin besteht (Abb. **13.14e, f**). Die Polarität der Mikrotubuli wie der Actin-Mikrofilamente entspricht der im Spindelapparat, d. h. der Plus-Pol liegt in der Nähe des Zelläquators. In der Mitte des Phragmoplasten, d. h. also in der **Äquatorialebene**, sammeln sich Golgivesikel, die von den in der Nähe befindlichen Dictyosomen gebildet werden und mit den Bausteinen der Zellwandgrundsubstanz und mit Proteinen beladen sind (Abb. **13.14f**). Sie schließen sich zur **Zellplatte** zusammen, die, vom Zentrum ausgehend, zentrifugal wächst und schließlich die Seitenwände erreicht. Dabei erfolgt der sehr effiziente Vesikeltransport hin zur Zellplatte durch kinesinartige Motorproteine an den Mikrotubuli (Tab. **2.1** S. 52). Die Membranen der Vesikel fließen zusammen und bilden auf beiden Seiten der Zellplatte die Plasmalemmagrenzschichten der beiden Tochterzellen. An den Stellen, an denen das endoplasmatische Reticulum die Zellplatte durchzieht, unterbleibt die Trennung. In der sog. Fensterplatte bleiben Öffnungen für die Bildung der **Plasmodesmen** (Abb. **2.23** S. 78).

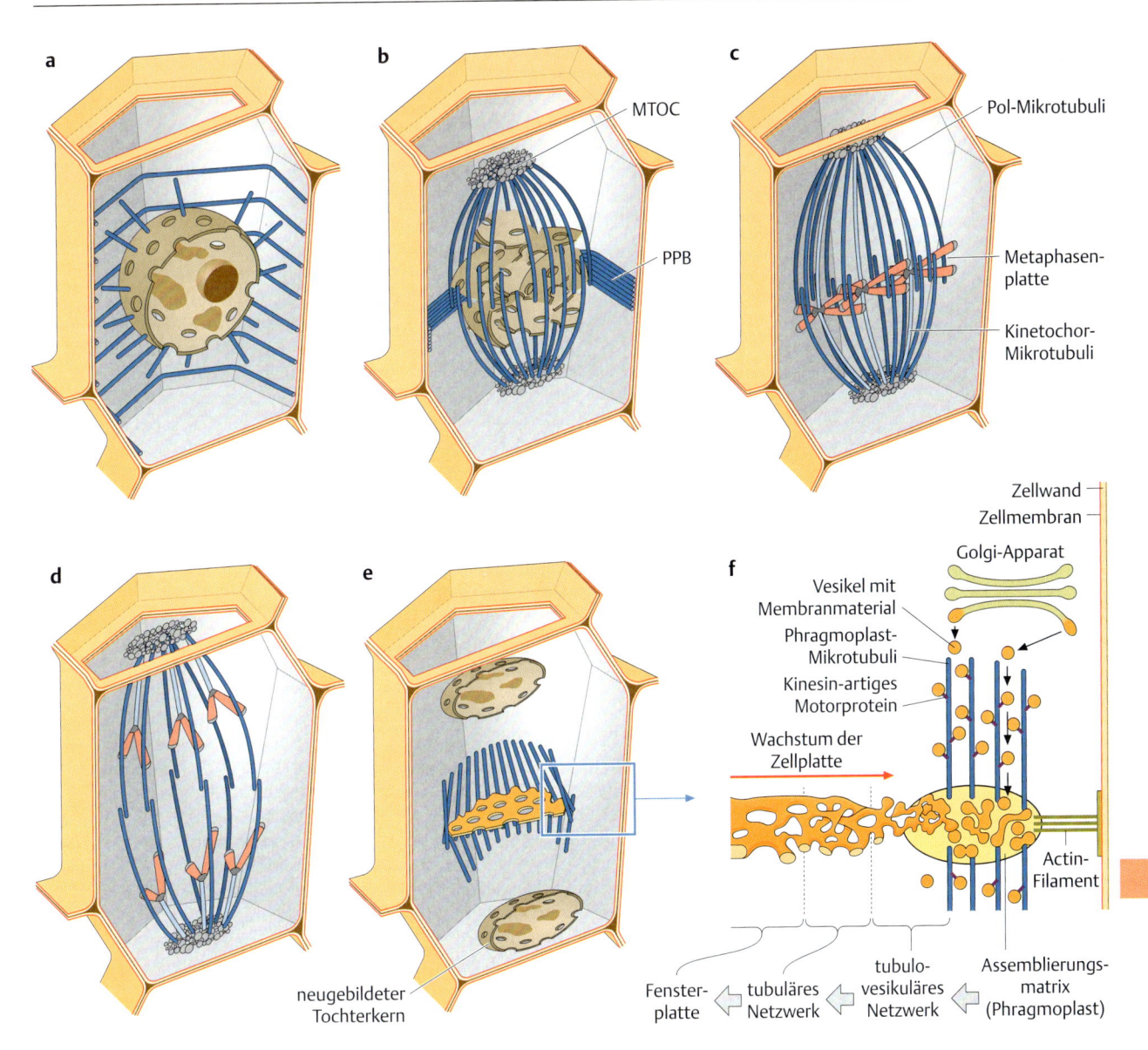

Abb. 13.14 Änderungen der Mikrotubulianordnung im Verlauf der Mitose.
a Interphase mit Zellkern. **b Prophase:** Bildung des Präprophasebandes (PPB) im Zelläquator und des Spindelapparates aus Mikrotubuli, die vom MTOC (engl.: microtubules organizing center) ausgehen. Zellkernhülle löst sich auf. **c Metaphase** mit vollständig entwickeltem Spindelapparat. **d Anaphase:** Beginn des Chromosomentransports durch Verkürzung der Kinetochor-Mikrotubuli und Auseinanderrücken der MTOC (Box **13.7**). **e** Späte **Telophase:** Wiederherstellung der Kernmembran in den beiden Tochterzellen und Bildung der Zellplatte im Zelläquator (s. Ausschnittsvergrößerung) (**a–e** nach Ledbetler und Porter). **f** Entstehung der Zellplatte (Mittellamelle) aus dem **Phragmoplasten** durch Membran- und Zellwandmaterial, das aus dem Golgi-System über Vesikel angeliefert wird (schwarze Pfeile). (Modell nach Jürgens 2005)

13.7.6 Meiose

> Im Gegensatz zu den Prozessen in der Mitose werden in der ersten Reifungsteilung während der Meiose nicht Chromatiden, sondern ganze, aus zwei Chromatiden bestehende Chromosomen auf die Tochterzellen verteilt. Erst die zweite Reifungsteilung läuft wie eine Mitose ab, d. h. die Chromatiden werden voneinander getrennt auf die entstehenden Tochterzellen verteilt. Auf diese Weise entstehen aus einer diploiden Zelle (2n) in zwei Teilungsschritten vier haploide Keimzellen (1n). In der Prophase der ersten Reifungsteilung werden die vier Chromatiden der beiden homologen Chromosomen durch den synaptonemalen Komplex zu einer Superstruktur (Bivalent) zusammengeführt. Diese bildet die strukturelle Basis für intrachromosomale Rekombinationsprozesse (Crossing-over). Die Effizienz und Genauigkeit dieser Rekombinationsprozesse ist das Ergebnis der Anordnung der vier Chromatiden im synaptonemalen Komplex. Aus der Häufigkeit des Crossing-over lassen sich Angaben über die Entfernung zwischen Genen auf einem Chromosom ableiten.

Bei der Verschmelzung zweier haploider Gameten (1n) entsteht eine diploide Zygote (2n), die einen väterlichen und einen mütterlichen Chromosomensatz enthält. Da sich dieser Vorgang bei jeder folgenden Generation wiederholt, würde dies zu einer fortgesetzten Verdopplung der Chromosomensätze führen, wenn nicht vorher, spätestens aber bei der Gametenbildung, die Anzahl der Chromosomen wieder auf den haploiden Satz (1n) reduziert würde. Dies geschieht in der Meiose, bei der im Gegensatz zur Mitose einer Phase der DNA-Replikation zwei Kernteilungen folgen. Diese werden als **erste** und **zweite Reifungsteilung** bezeichnet.

Die **Reduktion der Chromosomenzahl** ist nur eine Aufgabe der Meiose. Ihre zweite, nicht minder wichtige Funktion liegt in der Durchmischung und **Neukombination** des in den Chromosomen lokalisierten genetischen Materials. Dies hat zur Folge, daß sich die Meiose in ihrem Ablauf erheblich von einer Mitose unterscheidet. Ihre **Gesamtdauer** kann sich über Tage oder sogar Wochen erstrecken. Wir werden sehen, daß insbesondere die Prophase der ersten Reifungsteilung von ganz ungewöhnlichen Strukturen der Chromosomen und von Prozessen geprägt ist, die offensichtlich im wesentlichen dem Austausch von Segmenten zwischen väterlichen und mütterlichen Chromosomen dienen. Es entstehen also ganz **neue Kopplungsgruppen**, die vor dem Eintritt in die Meiose so nicht existierten (Abb. **13.16**).

Wegen der Dauer und der typischen Veränderungen an den Chromosomen wird die **Prophase der ersten Reifungsteilung** in vier Abschnitte unterteilt. Im **Leptotän** bildet sich die Chromatinstruktur um, die Chromosomen kondensieren unter Einwirkung von Cohesin und Condensin und treten als Knäuel fädiger Elemente mehr und mehr hervor. Im **Zygotän** (Abb. **13.15b**) sind die Chromosomen durch Kondensation bereits soweit verdichtet, daß bei geeigneter Färbung das typische Chromomerenmuster deutlich wird. In diesem Stadium sind die Axialelemente der beiden Schwesterchromatiden auf der ganzen Länge durch Cohesinkomplexe verbunden, und es beginnt die genaue parallele Anordnung der beiden homologen Chromosomen (Plus **13.6**). Die Enden der Chromosomen sind mit den Telomeren an der Kernhülle bzw. dem Lamingerüst verankert. Die **Paarung der homologen Chromosomen** erfolgt mithilfe eines durchgehenden Proteingerüstes, des **synaptonemalen Komplexes** (Plus **13.6**), der eine meiosespezifische Struktur darstellt und in der Art

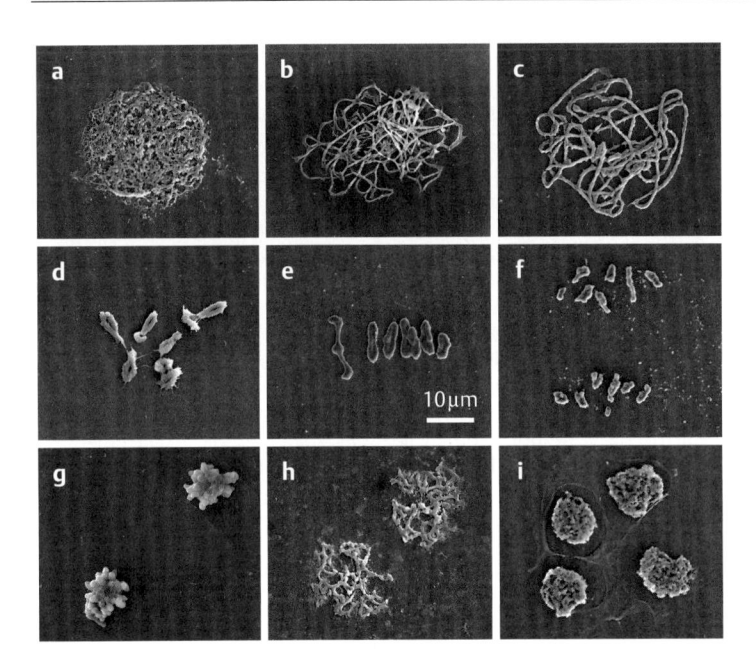

Abb. 13.15 Veränderungen der Chromosomenmorphologie im Verlauf der Meiose in Antheren des Roggens.
a Interphase
b Zygotän
c Pachytän
d Diplotän, Bildung der Bivalente mit jeweils 4 Chromatiden (4c, s. Abb. **13.16**)
e Metaphase I
f Anaphase I, jeweils 2 Sätze von Chromosomen mit 2 Chromatiden (2c)
g Telophase I
h Prophase II
i haploide Tetraden am Ende der Meiose
(REM Originalaufnahmen: J. Zoller, G. Wanner).

eines Reißverschlusses die korrekte Paarung auf der ganzen Länge der beiden Chromosomen gewährleistet.

Im **Pachytän** (Abb. **13.15c**) bilden die vier Chromatiden eine Tetrade, die man auch als **Bivalent** bezeichnet. Jeweils zwei sog. Schwesterchromatiden sind identisch und stammen aus dem väterlichen bzw. mütterlichen Erbgut. Die Zahl der Bivalente entspricht dem haploiden Chromosomensatz (1n), aber wegen der 4 Chromatiden ist jedes Element 4c. Die Herausbildung des synaptonemalen Komplexes ist mit induzierten Reparaturprozessen verbunden, die zum Segmentaustausch zwischen den Chromatiden führen (Abb. **13.16**). Diese Vorgänge führen zwangsläufig zu einer Neukombination väterlicher und mütterlicher Merkmale (intrachromosomale Rekombination durch **Crossing-over**, Plus **13.6**) und damit zu neuen Chromosomen, d. h. **Kopplungsgruppen** (Abb. **13.17**), die die Vielfalt der genetischen Kombinationen bei der Bildung von Gameten erheblich vergrößern. Es ist wichtig, sich klar zu machen, daß durch Crossing-over nur homologe Sequenzabschnitte zwischen den väterlichen und mütterlichen Chromosomen (Chromatiden) ausgetauscht werden. Es handelt sich also nicht um Chromosomenmutationen, wie sie in Abb. **13.18** (S. 409) dargestellt sind.

Veränderungen in den Kopplungsgruppen durch Crossing-over sind häufig. Sie werden auf der ganzen Länge der Bivalente beobachtet und können zur Kartierung von Genen auf einem Chromosom herangezogen werden (Abb. **13.17**). Der in Plus **13.6** dargestellte Fall eines einfachen Crossing-over an verschiedenen Stellen zwischen zwei Nicht-Schwesterchromatiden ist allerdings eher selten. Es kann auch zu Doppel- und Tripel-Crossing-over und zur Einbeziehung von drei oder auch aller vier Chromatiden kommen. Die Genauigkeit der Reparatursysteme in den **Rekombinationskörperchen** (Plus **13.6**) garantiert aber auf jeden Fall, daß die Verknüpfungen zwischen den Segmenten punktgenau erfolgen. Verlust von Information durch Deletion kommt sehr selten vor.

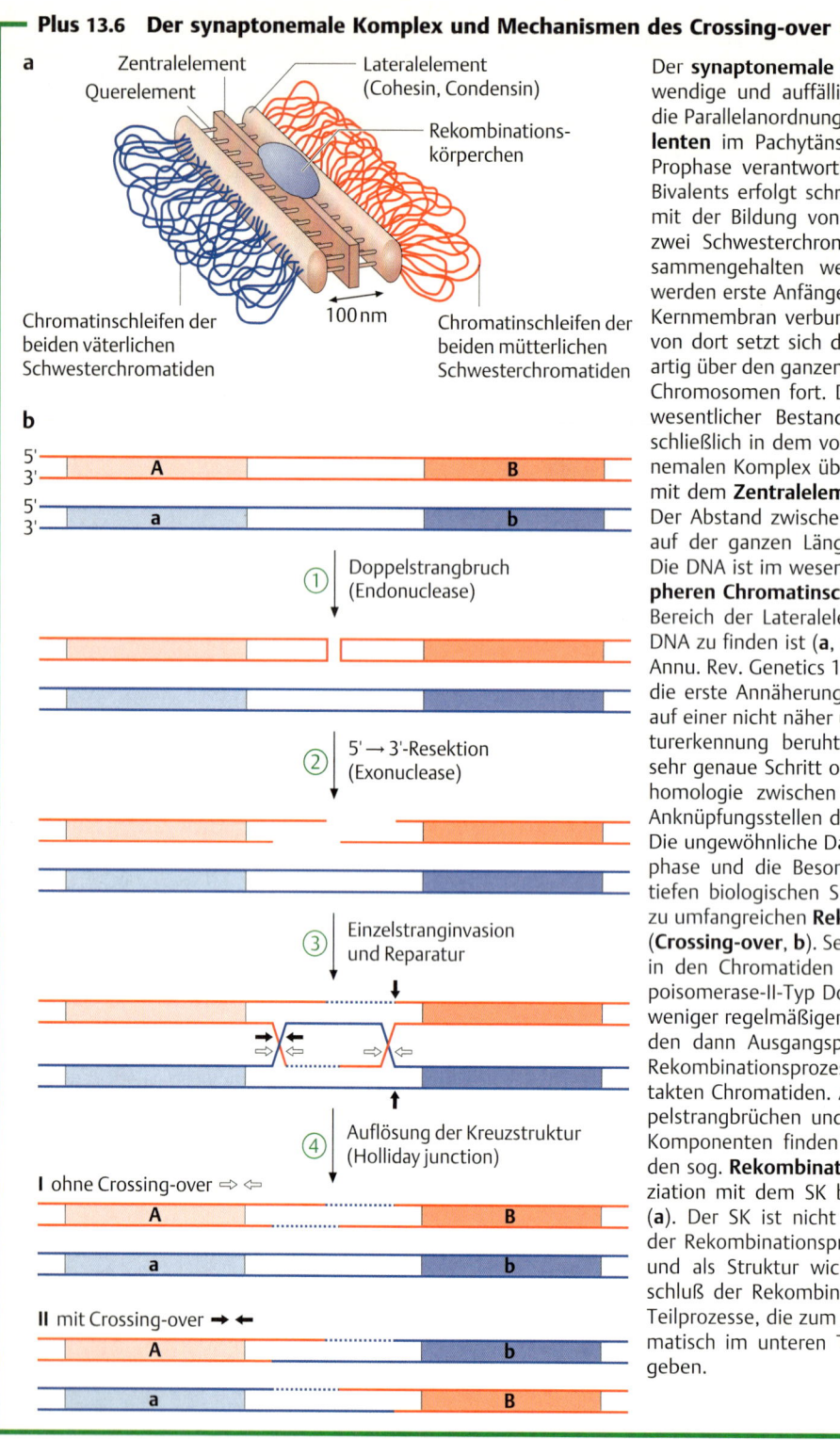

Plus 13.6 Der synaptonemale Komplex und Mechanismen des Crossing-over

a

Zentralelement
Querelement
Lateralelement (Cohesin, Condensin)
Rekombinationskörperchen
100 nm
Chromatinschleifen der beiden väterlichen Schwesterchromatiden
Chromatinschleifen der beiden mütterlichen Schwesterchromatiden

b

① Doppelstrangbruch (Endonuclease)

② 5' → 3'-Resektion (Exonuclease)

③ Einzelstranginvasion und Reparatur

④ Auflösung der Kreuzstruktur (Holliday junction)

I ohne Crossing-over
II mit Crossing-over

Der **synaptonemale Komplex (SK)** ist eine sehr aufwendige und auffällige Multiproteinstruktur, die für die Parallelanordnung der 4 Chromatiden zu den **Bivalenten** im Pachytänstadium der ersten meiotischen Prophase verantwortlich ist. Der Zusammenbau des Bivalents erfolgt schrittweise beginnend im Leptotän mit der Bildung von **Axialelementen** zwischen den zwei Schwesterchromatiden, die durch Cohesin zusammengehalten werden (Plus **13.5**). Im Zygotän werden erste Anfänge des SK in der Nähe der mit der Kernmembran verbundenen Telomeren sichtbar, und von dort setzt sich die Assemblierung reißverschlußartig über den ganzen Verband der beiden homologen Chromosomen fort. Dabei werden die Axialelemente wesentlicher Bestandteil der **Lateralelemente**, die schließlich in dem vollständig ausgebildeten synaptonemalen Komplex über speichenartige Querelemente mit dem **Zentralelement** verbunden sind.

Der Abstand zwischen den beiden Chromosomen ist auf der ganzen Länge mit etwa 100 nm konstant. Die DNA ist im wesentlichen auf die zahlreichen **peripheren Chromatinschleifen** beschränkt, während im Bereich der Lateralelemente nur etwa 0,2–0,3 % der DNA zu finden ist (**a**, nach D. Zickler und N. Kleckner, Annu. Rev. Genetics 1999). Es wird angenommen, daß die erste Annäherung der homologen Chromosomen auf einer nicht näher untersuchten allgemeinen Strukturerkennung beruht. Dagegen erfolgt der zweite, sehr genaue Schritt offensichtlich über DNA-Sequenzhomologie zwischen Abschnitten in der Nähe der Anknüpfungsstellen der Chromatinschleifen.

Die ungewöhnliche Dauer der ersten meiotischen Prophase und die Besonderheiten des SK haben einen tiefen biologischen Sinn, weil es in diesem Stadium zu umfangreichen **Rekombinationsprozessen** kommt (**Crossing-over, b**). Sehr frühzeitig im Zygotän werden in den Chromatiden durch Endonucleasen vom Topoisomerase-II-Typ Doppelstrangbrüche in mehr oder weniger regelmäßigen Abständen erzeugt. Diese werden dann Ausgangspunkte für DNA-Reparatur- und Rekombinationsprozesse unter Einbeziehung der intakten Chromatiden. Alle für die Erzeugung von Doppelstrangbrüchen und deren Reparatur notwendigen Komponenten finden sich in Multienzymkomplexen, den sog. **Rekombinationskörperchen**, in enger Assoziation mit dem SK bzw. seinen Vorläuferstrukturen (**a**). Der SK ist nicht Voraussetzung für den Beginn der Rekombinationsprozesse, sondern eher die Folge und als Struktur wichtig für den erfolgreichen Abschluß der Rekombination. Die Mechanismen und 4 Teilprozesse, die zum Crossing-over führen, sind schematisch im unteren Teil der Abbildung **b** wiedergegeben.

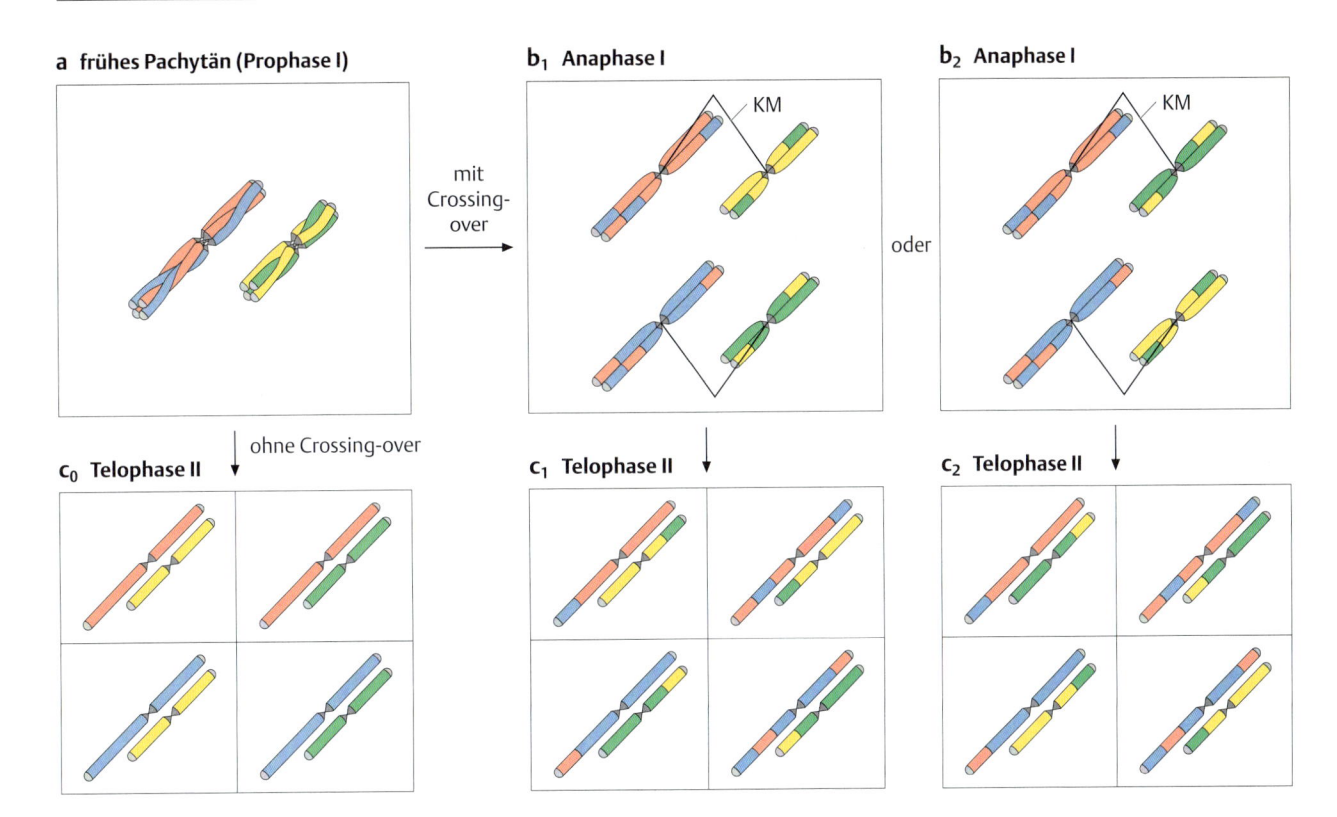

Im **Diplotän** (Abb. **13.15d**) beginnt unter Auflösung des synaptonemalen Komplexes die Trennung der konjugierten Chromosomen. An vielen Stellen können allerdings als mikroskopisch sichtbarer Ausdruck eines vorausgegangenen Crossing-over Brücken zwischen den homologen Chromosomen (**Chiasmen**) noch eine zeitlang erhalten bleiben. Sie verschwinden mehr und mehr mit der fortschreitenden Kondensation der Chromosomen bis hin zur **Diakinese**. Die Telomeren lösen sich von der Kernhülle ab. Die Kernhülle zerfällt, und damit ist die höchst komplexe Prophase der ersten Reifungsteilung abgeschlossen.

Die folgenden Phasen der Meiose sind weniger spektakulär. In der **Metaphase I** ordnen sich die Bivalente unter Ausbildung der Kernspindel in der Äquatorialplatte an (Abb. **13.15e**).

In der **Anaphase I** trennen sich die gepaarten Chromosomen vollständig voneinander und wandern mit polwärts gerichtetem Kinetochor zu den Spindelpolen (Abb. **13.15f**). Am Ende dieser Reduktionsteilung ist die Chromosomenzahl halbiert (1n), aber jedes Chromosom enthält immer noch seine zwei Chromatiden (2c). Bei der Verteilung in der Anaphase bleibt es dem Zufall überlassen, welches der beiden homologen Chromosomen zu welchem Pol wandert, sodaß sich in der Regel an jedem Pol sowohl Chromosomen des väterlichen als auch des mütterlichen Genoms finden (Abb. **13.16**). Diese Mannigfaltigkeit ist durch die möglichen Chromatidensegmentaustausche deutlich erhöht (Abb. **13.16**). Die in der **Telophase** gebildeten Kerne (Abb. **13.15g**) unterscheiden sich erheblich von den Interphasekernen der Mitosen. Die Chromosomen zeigen nur eine relativ geringe Dekondensation und werden auch nur in einer kurzen Zwischenphase (**Interkinese**) von einer Kernhülle umgeben.

Abb. 13.16 Schema der meiotischen Rekombination. Crossing-over führt zur Entstehung neuer Chromosomen mit väterlichen und mütterlichen Chromatidensegmenten. Das Beispiel illustriert die Effekte an einem hypothetischen Genom mit zwei Chromosomen (Details s. Plus **13.6**). Die väterlichen Chromatiden sind rot bzw. gelb, die mütterlichen Chromatiden blau bzw. grün gekennzeichnet.
a frühes Pachytän, Herausbildung der Bivalente mit jeweils vier Chromatiden, **b₁** und **b₂** zwei mögliche Kombinationen in der ersten Anaphase nach den angenommenen Segmentaustauschen durch Crossing-over, **c₁** und **c₂** zwei von den vier möglichen Tetraden, die sich aus **b₁** bzw. **b₂** ableiten, **c₀** Tetrade, die ohne Crossing-over entstehen würde. KM in **b₁** und **b₂**: Kinetochor-Mikrotubuli.

Abb. 13.17 Chromosomen als Kopplungsgruppen. Schema zur Erklärung der Austauschhäufigkeit durch Crossing-over zwischen zwei Nicht-Schwesterchromatiden mit den Merkmalen A–F (rot) I und a–f (blau). In allen dargestellten Fällen eines einfachen Crossing-over (Beispiele **2** bis **6**) werden die entfernt positionierten Merkmale A und F bzw. a und f in jedem Fall getrennt, während die eng benachbarten Merkmale A und B bzw. a und b nur in einem Fall (**2**) neu kombiniert werden, d. h. die Häufigkeit eines Crossing-over kann bei der Genkartierung helfen (nach Kühn).

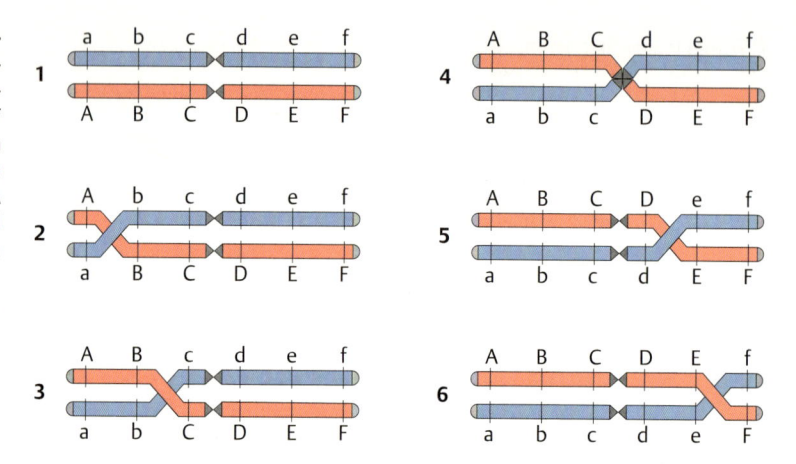

Wie schon zu Beginn dieses Abschnitts festgestellt, geht es ohne DNA-Replikation in die zweite Reifungsteilung, die im Prinzip wie eine Mitose abläuft. In der Prophase II (Abb. **13.15h**) kommt es erneut zur Kondensation der Chromosomen, die nach Zerfall der Kernhülle und Ausbildung der Kernspindel in der Metaphase II in der Äquatorialebene angeordnet werden. Im Gegensatz zur Metaphase I werden aber jetzt die Cohesinbrücken zwischen den Chromatiden bis auf einen kleinen Rest im Centromerbereich gelöst. Die Kinetochore an den Centromeren sind wie bei der Mitose durch Mikrotubuli mit den entgegengesetzten Polkappen verbunden. In der Anaphase II werden die Chromatiden voneinander getrennt, sodaß nach Abschluß der **Telophase** als Ergebnis der beiden Reifungsteilungen vier haploide Kerne (1n, 1c) vorliegen (Abb. **13.15i**). Sie ergeben nach Ausbildung der Zellwände vier Zellen, die **Gameten**.

13.8 Mutationen und DNA-Reparatur

Wie bereits erwähnt, besitzen die Gene bzw. das Genom ein hohes Maß an Kontinuität, d. h. sie werden in der Regel unverändert von Generation zu Generation weitergegeben. Wäre diese Unveränderlichkeit jedoch absolut, so wäre die Entstehung neuer Varianten wie überhaupt Evolution unmöglich. Tatsächlich können Gene bzw. Genome durchaus Änderungen (Mutationen) erfahren. Solche Mutationen entstehen entweder spontan oder aber durch Einwirkung mutagener Chemikalien bzw. mutagener Strahlen.

13.8.1 Genommutationen

Änderungen in der Anzahl der Chromosomen bzw. der Chromosomensätze bezeichnet man als Genommutationen. Die Chromosomen selbst bleiben hierbei in Struktur und Gengehalt unverändert. Die häufigste Genommutation ist die Polyploidie, bei der eine Vervielfachung der Chromosomensätze vorliegt. Polyploidie ist ein charakteristisches Ereignis in der Evolution und ein wichtiges Mittel der Züchtung zur Ertragssteigerung von Kulturpflanzen.

Polyploide Organismen entstehen, wenn in der Meiose die Reduktion der Chromosomenzahl unterbleibt (Kap. 13.7.6). Aus diploiden Eltern entstehen dann diploide Gameten, die zu einer tetraploiden Zygote verschmelzen. Auf diese Weise können Individuen mit 4 bzw. 8 (tetraploide bzw. oktoploide Organismen) und mehr Chromosomensätzen entstehen. Ist jedoch einer der beiden Gameten haploid, so ist das Ergebnis der Befruchtung ein triploider Organismus. Insgesamt wird diese Form der Polyploidie als **Keimbahnpolyploidie** der **somatischen Polyploidie** gegenübergestellt (Plus **13.7**). Darüber hinaus ist es auch im Verlauf der Evolution wiederholt zu einer Verdopplung des Genoms (**Paläopolyploidisierung**) gekommen (Kap. 13.10.2).

Im Gegensatz zu den Tieren kommen Pflanzen mit Keimbahnpolyploidie in der Natur relativ häufig vor. Man schätzt, daß 50 % oder mehr der Angiospermen durch Vorgänge in der Evolution eigentlich als polyploid zu bezeichnen sind. Polyploide Pflanzen können aber auch künstlich erzeugt werden, wenn man durch Anwendung von Metaphase- oder **Spindelgiften**, z. B. von **Colchicin**, einem Alkaloid aus der Knolle der Herbstzeitlosen (*Colchicum autumnale*), die Funktion der Mikrotubuli und folglich der Kernspindel verhindert (Abb. **13.14** S. 401). Da die Chromosomen nicht auf die Pole verteilt werden können, entstehen schließlich Kerne mit doppeltem Chromosomensatz.

Colchicin, Mitosegift aus der Herbstzeitlosen

Man spricht von **autopolyploiden** Pflanzen, wenn der eigene Chromosomensatz in vielfacher Form vorliegt. So sind viele unserer Kulturpflanzen autotetraploid (Alpenveilchen, Banane, Chrysanthemen, Spinat, Kartoffel, Klee und Futtergräser). Solche polyploiden Formen sind häufig größer, widerstandsfähiger, anpassungsfähiger, haben größere Blüten und sind ertragreicher. Der besondere Wert für Landwirtschaft und Pflanzenzüchtung liegt auf der Hand. Bei Pflanzen mit ungerader Anzahl von Chromosomensätzen (triploide, pentaploide usw.) kann es allerdings zu Problemen bei der Fertilität kommen, weil in der Meiose die normale Verteilung der Chromosomen auf die Tochterzellen gestört ist. Da das Ertragsoptimum, z. B. bei der Zuckerrübe, bei den triploiden Formen liegt, müssen die Anbausorten in einem solchen Fall immer wieder neu durch Kreuzung von diploiden und tetraploiden Eltern hergestellt werden.

Plus 13.7 Somatische Polyploidie

Obwohl Höhere Pflanzen allgemein als Diplonten bezeichnet werden, bedeutet das nicht, daß alle Zellen einer Pflanze nur den doppelten Chromosomensatz haben. Es zeigt sich vielmehr, daß der Zellkern eine dynamische Struktur besitzt und daß Entwicklungsprozesse häufig von Änderungen der nucleären bzw. chromosomalen Organisation begleitet sind. So setzen die Zellen der meisten Angiospermen auch nach Aufhören der mitotischen Teilungen die DNA-Synthese noch eine Zeit lang fort. Sie können wiederholt ihre Chromosomen verdoppeln, ohne daß die Kernhülle aufgelöst wird. Bei solchen **Endomitosen** werden die Chromosomen mitotisch kondensiert und treten noch in die Prophase ein, die dann jedoch abgebrochen wird. Dagegen treten bei der **Endoreduplikation** keine mitoseähnlichen Stadien mehr auf. Die auf diese Weise gebildeten Schwesterchromatiden werden nicht voneinander getrennt und bilden polytäne Chromosomen (Riesenchromosomen). Bei Pflanzen kommt Endoreduplikation allerdings sehr selten vor. Endomitose und Endoreduplikation führen zur **Endopolyploidie**. Die endomitotisch erreichten Polyploidiegrade können beträchtlich sein. Die höchsten gefundenen c-Werte sind 8192 in den Polytänchromosomen im Suspensor von *Phaseolus coccineus* (Feuerbohne) und 24 576 im Endospermhaustorium von *Arum maculatum* (Aronstab).

Die Replikation muß sich jedoch nicht, wie bei den Endomitosen, auf die gesamte DNA des Zellkernes erstrecken, sondern kann auch nur Teile davon betreffen. Ist nur ein kleiner Teil von der Replikation ausgenommen, etwa das Heterochromatin, spricht man von **Unterreplikation**. Wird andererseits nur ein kleiner Teil der DNA überrepliziert, etwa die ribosomalen Gene, spricht man von **Gen-Amplifikation**.

Endopolyploidie ist eher die Regel als die Ausnahme. Sie findet sich meist bei sehr stoffwechselaktiven Zellen. Endopolyploide Zellen sind größer und leistungsfähiger als diploide Zellen. Bei einer blühenden, etwa 20 Tage alten *Arabidopsis*-Pflanze sind die Zellen in den Rosettenblättern, die für die Nährstoffversorgung der sich entwickelnden Blüten und Schoten verantwortlich sind, zum überwiegenden Teil polyploid (4c–16c), während die meisten Zellen in den generativen Organen 2c (2n) sind (Tab. **15.1** S. 488).

Neben den autopolyploiden Pflanzen gibt es auch solche, bei denen das polyploide Genom aus mehreren verwandten, aber nicht identischen Genomen aufgebaut ist. Diese **allopolyploiden** Formen sind durch Art- bzw. Gattungshybridisierung entstanden. Prominentes Beispiel ist der hexaploide Weizen *Triticum aestivum*, dessen Genom, beginnend vor mehr als 12 000 Jahren in der fruchtbaren Ebene zwischen Euphrat und Tigris, Schritt für Schritt aus der Addition der Genome von drei verwandten Arten (*T. monococcum* [Einkorn], *T. searsii* und der nahe verwandten *Aegilops tauschii*) mit jeweils 2n = 14 Chromosomen entstanden ist (Plus **13.8**). Nach zwei Endoreduplikationsstufen enthält der allohexaploide Weizen also heute 2n = 3 · 14 = 42 Chromosomen. Allopolyploidie liegt auch für Hafer, Baumwolle, Erdbeere, Kohl, Tabak, Hauspflaume u. a. m. vor.

Schließlich kann es vorkommen, daß die Zellen eines diploiden Organismus ein Chromosom zu wenig (2n − 1) oder zu viel enthalten (2n + 1). Im ersten Fall ist also ein Chromosom nur einmal vertreten (Monosomie), im zweiten Fall dreifach (Trisomie). Solche **Aneuploidie** entsteht bei Störungen in der Chromosomenverteilung bei Meiose und

---

Plus 13.8 Entstehung einer Kulturpflanze am Beispiel des Weizens

In der Geschichte der Entwicklung der menschlichen Gesellschaft fand der Übergang von den Jägern und Sammlern zu einer ortsgebundenen Lebensweise mit ersten Formen von Ackerbau und Tierhaltung etwa 12 000 Jahre v. C. statt.

Im sog. Zweistromland zwischen Euphrat und Tigris, das heute weite Teile des Iran, Irak und der Türkei umfaßt, fanden sich eindeutige Spuren für diese Entwicklung. Auch Anbau und Auslese von Vorformen des heutigen Weizens gehen auf diese Zeit zurück. Die zunächst kultivierte diploide Form von *Triticum monococcum* (Genom A, 2n = 14 Chromosomen) war als Einkorn weit verbreitet und kam über Griechenland und den Balkan etwa 7000 v. C. nach Mitteleuropa. Schritt für Schritt wurde die ursprüngliche Form durch Kreuzung zu einer allotetraploiden Form mit den Genomen A und B (Emmer) und schließlich zu der heute angebauten allohexaploiden Form mit den Genomen A, B und D (2n = 3 · 14 = 42 Chromosomen).

Das Schema gibt Zeitachse und die markanten Phasen der Entwicklung wieder. Wichtig sind zwei Stufen einer Endoreduplikation, die gewährleisten, daß die Hybridformen fertil sind, weil bei der Meiose jedes Chromosom seinen homologen Partner findet, d. h. daß in der Meiose Chromosom A1, aus *T. monococcum* mit A1 paart, während das verwandte Chromosom D1 aus *Ae. tauschii* mit D1 paart. Die Unterschiede zwischen den drei Genomen im Weizen sind immerhin so groß, daß eine ungestörte Paarung bei der Ausbildung der Bivalente in der ersten meiotischen Prophase nicht mehr möglich ist. Die Bastarde beider Kreuzungen waren nur eingeschränkt fertil und wurden durch die zwei Runden der Endoreduplikation in dieser Hinsicht normalisiert. Die entscheidenden Qualitätsunterschiede zwischen Einkorn und dem heutigen Weizen sind neben der Ertragssteigerung die Stabilität der Ährenachse bei der Ernte und die leichte Abtrennbarkeit der Spelzen beim Dreschen (nach F. Salamini et al. Nature Rev. Genetics 2002).

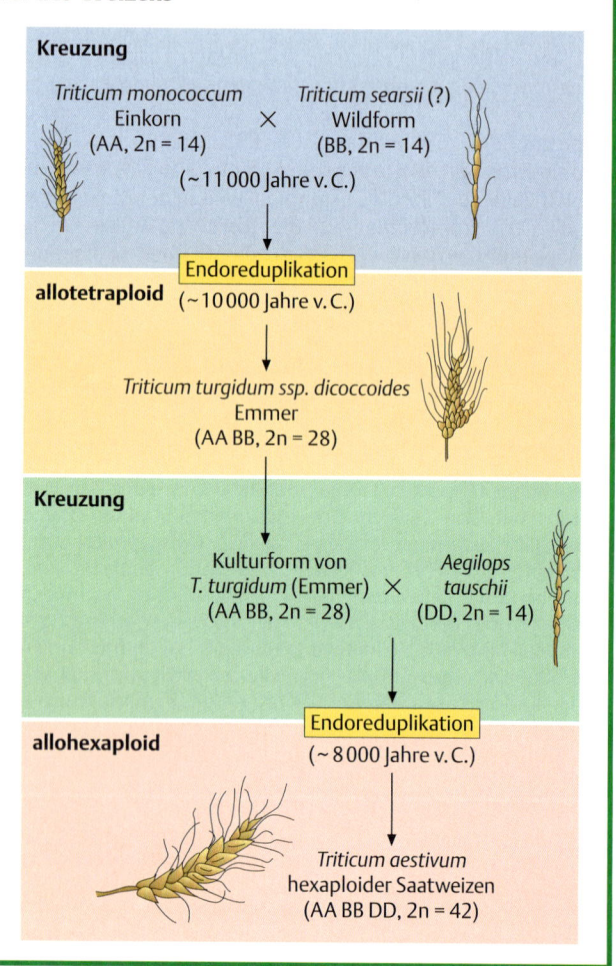

Kreuzung

Triticum monococcum Einkorn (AA, 2n = 14) × *Triticum searsii* (?) Wildform (BB, 2n = 14)

(~11 000 Jahre v. C.)

↓ Endoreduplikation

allotetraploid (~10 000 Jahre v. C.)

Triticum turgidum ssp. dicoccoides Emmer (AA BB, 2n = 28)

Kreuzung

Kulturform von *T. turgidum* (Emmer) (AA BB, 2n = 28) × *Aegilops tauschii* (DD, 2n = 14)

↓ Endoreduplikation

allohexaploid (~8 000 Jahre v. C.)

Triticum aestivum hexaploider Saatweizen (AA BB DD, 2n = 42)

Mitose und zwar gehäuft bei Pflanzen mit Keimbahnpolyploidie. Ähnliche Effekte können aber auch durch mutagene Strahlung oder Chemikalien (Abb. **13.20**) hervorgerufen werden. Durch die Störung in der Gendosis kann Aneuploidie zu tiefgreifenden Störungen in der Entwicklung eines Organismus führen. Beim Menschen gehen einige Erbkrankheiten auf Aneuploidie zurück, z. B. das Down-Syndrom mit einem zusätzlichen Chromosom 21.

13.8.2 Chromosomenmutationen

Im Gegensatz zu den Genommutationen führen Chromosomenmutationen zu einer Änderung der Chromosomenarchitektur, d. h. zu einer Änderung der Anordnung der Gene in den Chromosomen.

Voraussetzungen für das Zustandekommen von Chromosomenmutationen sind Chromosomenbrüche, die spontan auftreten oder durch mutagene Chemikalien, wie Senfgas oder Ethylmethansulfonat (Abb. **13.20**), sowie durch mutagene Strahlen herbeigeführt werden können. Wie Abb. **13.18** zeigt, können Bruchstücke verloren gehen (**Deletion**) oder an andere Chromosomen angeheftet werden (**Translokation**). Erfolgt die Anheftung in dem entsprechenden Abschnitt des homologen Chromosoms, so spricht man von **Duplikation**. Wird dagegen das Bruchstück am gleichen Chromosom umgekehrt wieder eingesetzt, so bezeichnen wir dies als **Inversion**. Obwohl der gesamte Genbestand der Zelle unverändert bleibt, kann es auch in den zuletzt genannten Fällen zu Änderungen der Merkmalsausbildung kommen. Wir müssen daraus schließen, daß nicht nur das Vorhandensein der Gene, sondern auch ihre Lage auf den Chromosomen die Ausbildung der Merkmale beeinflußt, ohne daß die Erbinformation selbst verändert wird. Diese Phänomene werden als **Positionseffekte** oder **epigenetische Effekte** bezeichnet. Das wird besonders deutlich, wenn ein aktives Gen durch Translokation in den inaktivierenden Einfluß von Heterochromatin gerät und damit abgeschaltet wird (Box **13.2** S. 379, Plus **13.1** S. 382).

13.8.3 Genmutationen

Als Genmutationen bezeichnet man **Änderungen in der Sequenz der DNA eines Gens**. Schon die Änderung einer einzigen Base (Punktmutation) kann erhebliche Auswirkungen auf die Funktion des Gens bzw. des davon abgeleiteten Proteins haben. Das gilt besonders für Missense- und Nonsense-Mutationen, bei denen sich der Charakter der eingebauten Aminosäure ändert bzw. ein Kettenabbruch bei der Translation erfolgt. Letzteres wird auch häufig als Folge von Insertion oder Deletion eines Nucleotids beobachtet, weil sich das Leseraster bei der Translation verschiebt.

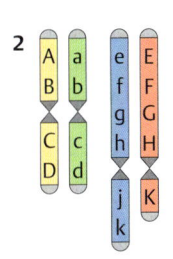

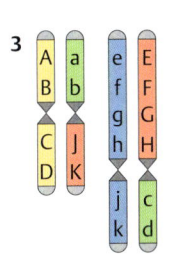

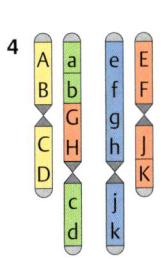

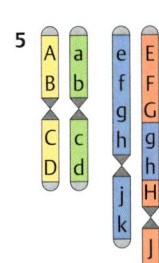

Abb. 13.18 Chromosomenmutationen.
Die homologen Chromosomen des einen Paares sind gelb bzw. grün, die des anderen Paares blau bzw. rot markiert (nach Kühn).
1 Wildtyp
2 Bruchstückverlust J (Deletion J)
3 wechselseitige Bruchstückverlagerung cd ↔ JK (Translokation)
4 einseitige Translokation des Stückes GH
5 Verdopplung des Chromosomenabschnittes gh (Duplikation)
6 Umkehrung eines Chromosomenabschnittes FGH (Inversion).

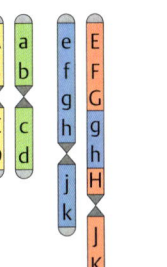

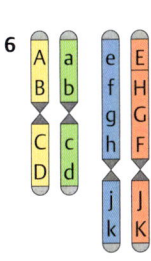

Abb. 13.19 Genmutationen.
a Punktmutationen und ihre Auswirkungen am Beispiel des Serin-Codons UCG. Die veränderte Base ist jeweils rot markiert. **b** Frameshift-Mutationen durch Deletionen oder Insertion führen zu Veränderungen des Leserasters. Die veränderten Leseraster sind rot umrandet; die ausgefallene (1) bzw. die inserierte Base (3) ist violett markiert. Der Einfachheit halber wurde in den Beispielen (a) und (b) die mRNA- und nicht die DNA-Sequenz gezeigt. Weitere Erklärungen siehe Text.

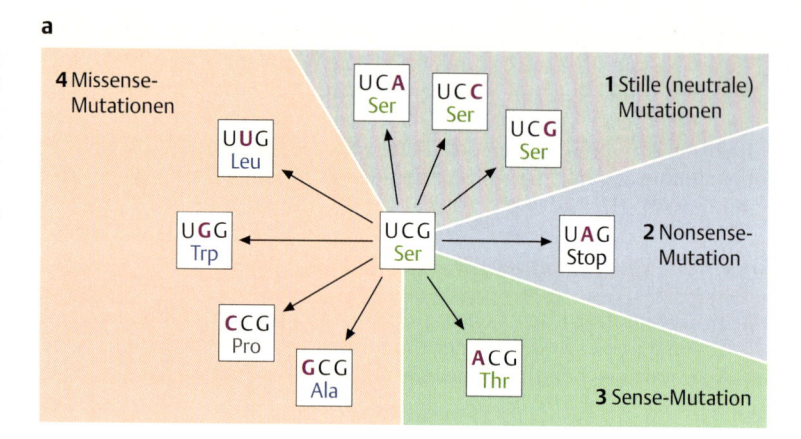

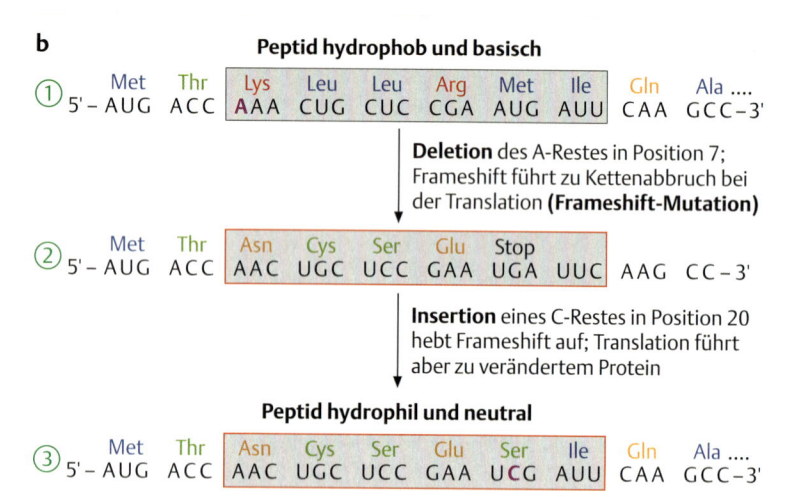

a

4 Missense-Mutationen

UCA Ser
UCC Ser
UCG Ser

1 Stille (neutrale) Mutationen

UUG Leu
UGG Trp
UCG Ser
UAG Stop

2 Nonsense-Mutation

CCG Pro
GCG Ala
ACG Thr

3 Sense-Mutation

b

Peptid hydrophob und basisch

① 5'– AUG ACC AAA CUG CUC CGA AUG AUU CAA GCC –3'
   Met Thr Lys Leu Leu Arg Met Ile Gln Ala ....

Deletion des A-Restes in Position 7; Frameshift führt zu Kettenabbruch bei der Translation (**Frameshift-Mutation**)

② 5'– AUG ACC AAC UGC UCC GAA UGA UUC AAG CC –3'
   Met Thr Asn Cys Ser Glu Stop

Insertion eines C-Restes in Position 20 hebt Frameshift auf; Translation führt aber zu verändertem Protein

Peptid hydrophil und neutral

③ 5'– AUG ACC AAC UGC UCC GAA UCG AUU CAA GCC –3'
   Met Thr Asn Cys Ser Glu Ser Ile Gln Ala ....

Nimmt man das offene Leseraster eines proteincodierenden Gens als Ausgangspunkt, so können Veränderungen in einzelnen Nucleotiden (**Punktmutationen**) ganz unterschiedliche Auswirkungen haben.

Am Beispiel des mRNA-Codons UCG, das für den Einbau der Aminosäure Serin (Ser) steht (Tab. **13.1** S. 378), sind die verschiedenen Typen von Punktmutationen in Abb. **13.19** zusammengestellt. Bei den drei **stillen (neutralen) Mutationen** (engl.: silent mutations) ist die letzte Base des Tripletts ausgetauscht. Diese wirkt sich wegen der Degeneriertheit des genetischen Codes (Tab. **13.1** S. 378) auf der Polypeptidebene nicht aus. Das Wildtyp-Codon sowie die drei Mutanten-Codons führen zum Einbau von Serin. Das wird anders, wenn die 1. und 2. Position des Codons von den Punktmutationen betroffen sind. Bei dem Übergang UCG > UAG entsteht ein Stop-Codon (**Nonsense-Mutation**) mit dem Ergebnis, daß es bei der Translation zum Kettenabbruch kommt. Dagegen führt der Austausch des Uridinrestes durch Adenosin zu dem Codon ACG und damit zum Einbau der biochemisch nahe verwandten Aminosäure Threonin (**Sense-Mutation**). Der Begriff Sense-Mutation beschreibt einen Grenzfall, da Threonin natürlich nicht alle Funktionen von Serin ersetzen kann. Bei der letzten Gruppe mit Basenaustausch in der 1. und 2. Position spricht man von **Missense-Mutationen**, weil der hydrophile

Serinrest durch hydrophobe Aminosäuren (Alanin, Leucin, Tryptophan) bzw. durch die Iminosäure Prolin ersetzt wird.

Neben den Punktmutationen kann es aber auch zur Auslassung einer Base (**Deletion**) bzw. zum Einfügen einer Base (**Insertion**) kommen. Geschieht dies innerhalb eines offenen Leserasters, so wird natürlich das Raster verschoben (**Frameshift-Mutation**). In den meisten Fällen führt dies sehr bald zum Kettenabbruch (Abb. **13.19b**). Solche Proteinfragmente sind häufig funktionslos und werden schnell abgebaut. Der Ausfall des Proteins könnte aber durch eine 2. Mutation stromabwärts in der Nachbarschaft zur ersten wieder aufgehoben werden (**Suppressormutation**), wenn z. B. eine Base eingefügt (Abb. **13.19b**) und damit das Leseraster wiederhergestellt würde. Allerdings entsteht ein Protein mit einem stark veränderten Peptidstück zwischen den beiden Mutationsorten. Die normale biologische Funktion eines solchen Proteins ist also nicht garantiert.

13.8.4 Mutagene Agenzien

> Die relative Stabilität des genetischen Materials ist das Ergebnis aus drei Faktoren: 1. der Genauigkeit der Replikationsmaschine mit den assoziierten Korrekturfunktionen, 2. der Häufigkeit spontaner und induzierter Veränderungen an der DNA durch Fehlpaarung, Strahlung oder mutagene Agenzien aus der Umwelt und 3. der Effizienz der DNA-Reparaturmechanismen.

Wir haben bereits festgestellt, daß entweder bei der Replikation selbst oder aber durch Einwirkung äußerer Faktoren wie Strahlung oder chemische Substanzen immer wieder Veränderungen an der DNA entstehen (Box **13.8**). Bei der Erforschung von Genfunktionen oder aber in der Pflanzenzüchtung werden häufig Methoden der **künstlichen Mutagenese** eingesetzt, um die Häufigkeit von neuen Varianten zur Untersuchung von Genfunktionen oder zur weiteren Auslese drastisch zu erhöhen. Darüber hinaus sind Kenntnisse über die Entstehung von Mutationen durch die Einwirkung neu entwickelter chemischer Substanzen, die für die praktische Anwendung in Medizin, Landwirtschaft oder Industrie vorgesehen sind, von größter praktischer Bedeutung (Box **13.9**).

Mutagene Strahlen (Röntgenstrahlen, radioaktive Strahlen, UV-Strahlen) wirken direkt und unspezifisch auf die getroffenen Moleküle, indem sie aus der Schale eines Atoms ein Elektron entfernen und hierdurch einen reaktionsfähigen Zustand mit einem ungepaarten Elektron (Radikal) erzeugen. Das getroffene Atom muß nicht unbedingt auf dem DNA-Strang selbst liegen. Die Strahlenschäden an der DNA können vielmehr gleichermaßen direkt und indirekt hervorgerufen werden. Durch Bestrahlung entstehen häufig **Einzelstrang- oder Doppelstrangbrüche**. Bei der Bestrahlung mit UV-Licht in dem Bereich 260–280 nm kann es dagegen zu einer Dimerisierung der Pyrimidinbasen (Bildung von **Thymin-Dimeren**, Plus **13.9**) oder zur Addition von Wasser an die 4,5-Doppelbindung der Pyrimidinbasen kommen. Durch die Dimerisierung wird die Replikation der DNA behindert, während die Wasseraddition an einen Cytosinrest zu einer Veränderung der Basenpaarung bei der Replikation führt.

Eine Reihe von **mutagenen Agenzien** sind in Abb. **13.20** zusammengestellt. Die Verbindungen 1 und 2 sind **alkylierende Agenzien**, die eine Methyl- oder Ethylgruppe auf Basen übertragen und damit zu Fehlpaarungen bei der Replikation führen können. Das gleiche gilt prinzipiell für die Nitrosoverbindungen 3 und 4. Sie sind häufig in der Natur anzu-

---

Box 13.8 Häufigkeit und Manifestation spontaner Genmutationen

Grundsätzlich betrachtet ist die spontane Genmutation ein seltenes Ereignis. Berechnungen haben ergeben, daß sich in einer Generation ein Nucleotidaustausch pro 10^9 Nucleotidpaare manifestiert. Das entspricht der Genauigkeit der Replikation (Plus **13.4** S. 389). Die tatsächlichen Mutationsraten können hiervon allerdings stark abweichen. Neben den vielen stillen Nucleotidaustauschen, die sich in der Proteinstruktur nicht auswirken, kann die Mutation natürlich auch die weiten Bereiche des Genoms betreffen, die nicht unmittelbar Teil eines offenen Leserasters sind. Viele dieser Nucleotidaustausche, z. B. in hochrepetitiven Sequenzen, Transposons oder Introns (Plus **13.2** S. 383), bleiben unbemerkt. In den nicht codierenden, aber regulatorisch wichtigen Sequenzen eines Gens könnten Austausche allerdings die Expression dieses Gens in vielerlei Weise beeinflussen, sofern sie nicht durch Reparaturmechanismen (Kap. 13.8.5) ausgemerzt werden.

Bei einem komplexen eukaryotischen Organismus wie dem Menschen mit etwa 50 000 Genen und weit mehr als 10^{12} Zellen, die aus der befruchteten Eizelle hervorgehen, schätzt man die Zahl auf etwa 10^6 Mutationen im Verlauf des Lebens. Allerdings wirken sich die meisten der Mutationen in den somatischen Zellen nicht weiter aus. Die spontane Mutationsrate, reicht aber immerhin noch aus, daß etwa jede 20. Keimzelle irgendeine Veränderung trägt.

Box 13.9 Mutagentest nach Ames

Ein einfaches Testsystem für die Wirkung von Strahlen oder chemischen Verbindungen als mutagene Agenzien wurde 1974 von dem amerikanischen Mikrobiologen Bruce Ames vorgeschlagen (Ames-Test). Eine Kollektion von speziellen Mutanten des Bakteriums *Salmonella typhimurium*, die wegen verschiedener Gendefekte keine Histidinbiosynthese mehr durchführen können, werden mit potenziellen Mutagenen behandelt. Anschließend analysiert man die Zahl der Bakterien, die auf His-freiem Medium wachsen können, weil eine Suppressormutation einen der Gendefekte in der Mutantenpopulation aufgehoben hat. Die Auswahl der Bakterienstämme garantiert, daß die häufigsten Typen von Mutationen (Abb. **13.19**) erfaßt werden können. Da eine ganze Reihe wichtiger Agenzien selbst nicht mutagen sind, sondern erst durch Enzyme aus Säugerzellen in solche umgewandelt werden (z. B. Benz(a)pyren, Abb. **13.20**) inkubiert man in einer Vorbehandlung die Testsubstanzen mit einem Rattenleberextrakt, um auch solche Veränderungen im Reagenzglas herbeizuführen und dann im Test zu erfassen.

Der Ames-Test hat sich über Jahre als äußerst empfindlich und zuverlässig erwiesen. Immerhin konnte die mutagene Wirkung der Teerprodukte in 1% des Kondensats aus einer einzigen Zigarette eindeutig nachgewiesen werden. Im einfachsten Fall wird die zu testende Chemikalie auf einem Stück Filterpapier in die Mitte einer Petrischale mit den Testbakterien auf His-freiem Medium aufgebracht. Handelt es sich um eine mutagene Substanz, beginnen die Bakterien in der Umgebung der Filterpapierscheibe zu wachsen (weißer Rasen), während auf der Kontrollplatte mit der unbehandelten Papierscheibe nur wenige spontane Rückmutationen zu beobachten sind. Natürlich müssen Ergebnisse aus dem Ames-Test bei der Anwendung auf den Menschen noch durch weitere Untersuchungen an eukaryotischen Zellen bestätigt und ergänzt werden.

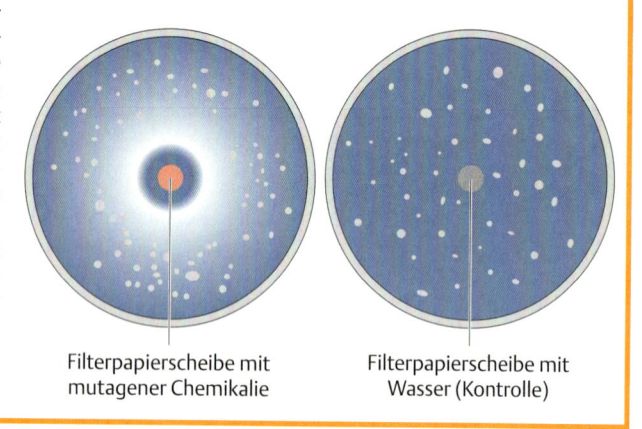

Filterpapierscheibe mit mutagener Chemikalie

Filterpapierscheibe mit Wasser (Kontrolle)

---

treffen und reagieren entweder direkt mit den für die Basenidentität wichtigen NH_2-Gruppen (Abb. **13.1b**), oder sie werden durch Oxidation zu alkylierenden Agenzien umgewandelt. Die beiden Lost-Verbindungen (5, 6), zu denen auch das Senfgas gehört, sind als bifunktionelle Reagenzien zum **Crosslinking** zwischen zwei DNA-Strängen befähigt. Die vierte Gruppe schließlich stellt eine Klasse von Verbindungen dar (7, 8), die sich aufgrund ihrer aromatischen Ringsysteme zwischen die Basen schieben können (**Interkalation**), weil sie ähnliche Eigenschaften wie die Basen selbst haben. Die dicht gepackte „Geldrolle" mit den übereinander gestapelten Basenpaaren wird aufgetrieben. **Ethidiumbromid** (8) ist wegen seiner starken Fluoreszenz ein im Labor häufig angewandter, aber eben nicht ganz ungefährlicher Farbstoff für den empfindlichen DNA-Nachweis. Für die letzte Klasse der **Benz(a)pyren-Derivate** (9), wie sie z. B. durch Oxidation aus Komponenten des Teers oder Zigarettenrauchs entstehen, ist das Additionsprodukt aus der Anlagerung an die Aminogruppe des Guanins dargestellt. Wie bei der Interkalation führt die Benz(a)pyren-Anlagerung zu einer merklichen Verzerrung der DNA-Struktur und damit zu Störungen in der Replikation und Transkription.

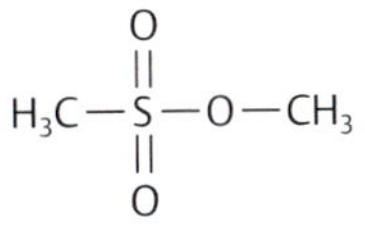

1 Methylmethansulfonat (MMS)

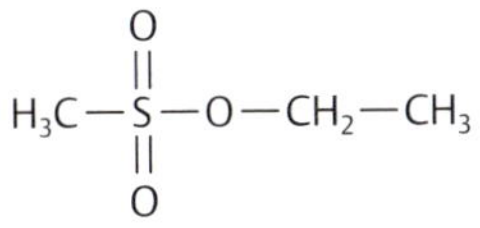

2 Ethylmethansulfonat (EMS)

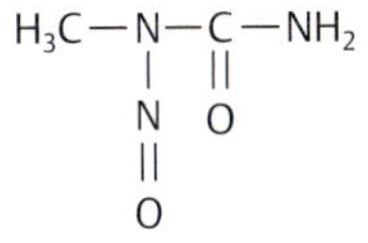

3 Methylnitrosoharnstoff (MNU)

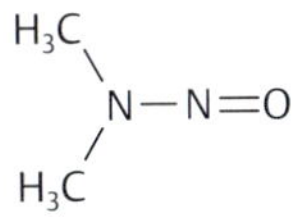

4 Dimethylnitrosamin

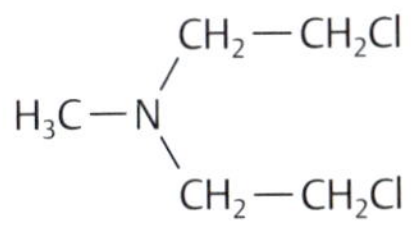

5 Methyl-di(2-chlorethyl)amin (Stickstoff-Lost)

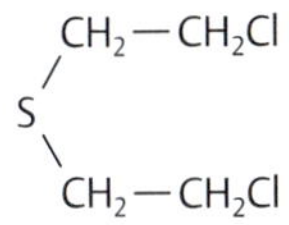

6 Bis(2-chlorethyl)-sulfid (Schwefel-Lost, Senfgas)

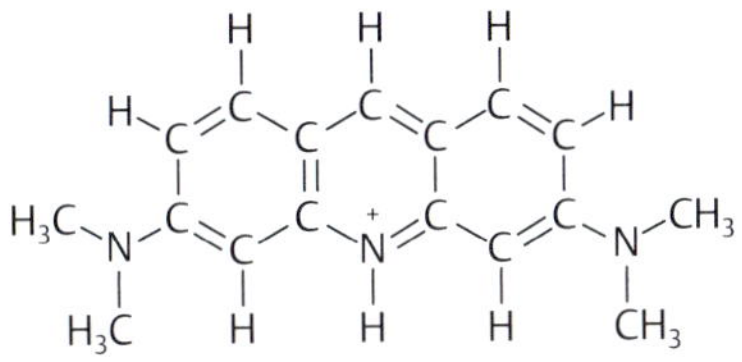

7 Acridinorange

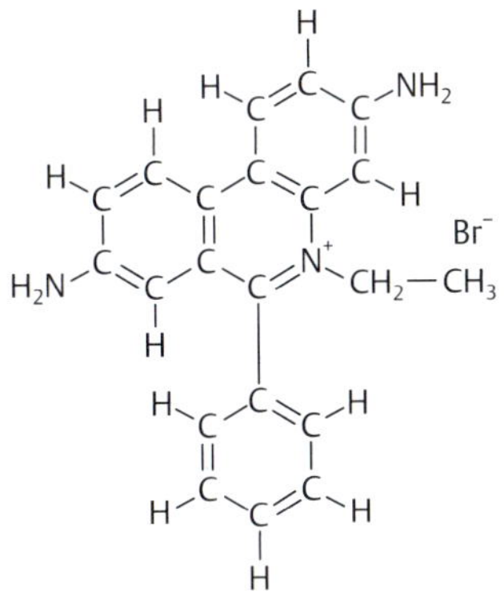

8 Ethidiumbromid

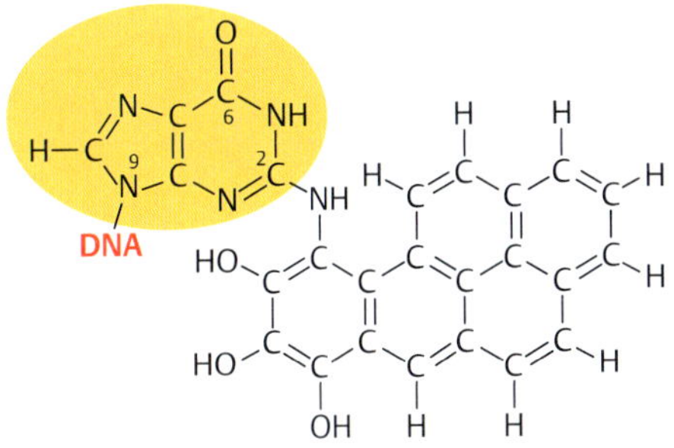

9 Guanosin (DNA)-Addukt (gelb unterlegt) des Benz(a)pyren-Derivats

Abb. 13.20 Mutagene Agenzien. Erklärungen im Text (nach Seyffert, verändert).

13.8.5 DNA-Reparatur

Im Verlauf der Evolution sind umfangreiche Mechanismen entstanden, mit deren Hilfe Schäden an der doppelsträngigen DNA erkannt und repariert werden können (**DNA-Reparatur**). Bei den Reparatursystemen im allgemeinen ist jeweils der erste Schritt die Erkennung von Abweichungen von der Idealstruktur der DNA-Doppelhelix durch entsprechende diagnostische Proteine des Reparaturapparates. Bei dem einfachsten Fall eines veränderten Verhaltens bei der Basenpaarung, z. B. nach Alkylierung oder Desaminierung wird die betroffene Base durch eine DNA-Glycosylase entfernt (**Basenexzisionsreparatur**). Dieses Enzym spaltet die N-glykosidische Bindung, läßt aber die Desoxyribosephosphatkette unangetastet. Eine solche Purin- oder Pyrimidin-freie Fehlstelle, die nicht selten durch spontane Spaltung der N-glykosidischen Bindung entsteht, kann durch eine Endonuclease erkannt und aufgespalten werden. Der Einzelstrangbruch mit einer fehlenden Base wird dann von dem für die DNA-Reparatur zuständigen DNA-Polymerasekomplex ergänzt. Bei etwas größeren Schäden werden kleinere Bereiche von etwa 30 Nucleotiden an dem betroffenen Strang herausgeschnitten, und die entstandene Lücke wird durch die normale DNA-Replikationsmaschine ersetzt (**Nucleotidexzisionsreparatur**). In beiden Fällen macht sich die Existenz des unbeschädigten zweiten DNA-Strangs bezahlt.

Plus 13.9 Reparatur von Thymin-Dimeren durch Photolyase (Photoreaktivierung)

Durch Einwirkung von UV-Strahlen entstehen häufig kovalente Verknüpfungen zwischen zwei benachbarten Thyminresten in der DNA (T_1 und T_2). Solche Thymin-Dimere bilden einen Cyclobutanring zwischen den C-Atomen 5 und 6 der beiden Pyrimidinringe (**b**, rote Markierung). Diese Brücke bildet sich deshalb so leicht, weil in der DNA durch die Basenstapelung (Kap. 13.1) die beiden Ringe planar unmittelbar übereinanderliegen. UV-Schäden dieser Art können an Ort und Stelle durch die sog. Photolyase repariert werden. Dabei kommt es zu einer Serie von lichtinduzierten Elektronenübergängen (**c**, blaue Pfeile 1–10), die schließlich zur Auflösung der Brücke zwischen den beiden Ringen führen.

Die Photolyase verdient nicht nur wegen ihrer Bedeutung bei der DNA-Reparatur unsere besondere Aufmerksamkeit. Das Protein ist kovalent mit zwei Cofaktoren verbunden, die für den Mechanismus eine wichtige Rolle spielen. Das ist auf der einen Seite ein Pteridin (Methylentetrahydrofolsäurederivat) und auf der anderen Seite $FADH_2$ (Abb. **6.15** S. 227). Die zur Reaktivierung benötigte Lichtenergie wird vom Pteridinchromophor (grün) aufgenommen und über das $FADH_2$ (rot) an das Thymin-Dimer weitergeleitet (**c**). Wir werden später sehen (Kap. 17.1.3), daß sich die Photolyase mit ihren beiden chromophoren Gruppen in der Grundstruktur für die Blaulichtrezeptoren der Pflanzen wiederfindet.

a Ausgangszustand (DNA mit 2 benachbarten Thyminresten)

b DNA mit Thymin-Dimer mit Cyclobutanring (rot)

c Photolyase am Thymin-Dimer (1–10 Elektronenübergänge zur Lösung des Cyclobutanringes)

Photolyase mit zwei Chromophoren

Schwieriger ist die Situation bei größeren Schäden, wenn beide Stränge betroffen sind etwa durch Crosslinking nach Einwirkung von Lost-Verbindungen oder bei Doppelstrangbrüchen durch Strahlenschäden. Hier gibt es als letzte Rettung die **Rekombinationsreparatur**, bei der die intakte Information auf dem Schwesterchromosom als Matrize benutzt wird. Dieser Vorgang bildet auch die Grundlage für die effiziente Vermischung von väterlichem und mütterlichem Genom durch Crossing-over in der ersten Prophase der Meiose (Plus **13.6** S. 404).

Ein besonders interessantes Beispiel ist die sog. Photoreaktivierung, bei der durch Licht im Wellenlängenbereich 300–600 nm die Photolyase aktiviert wird. Sie ist in der Lage, die durch UV-Bestrahlung erzeugten Thymin-Dimere zu spalten und damit den ursprünglichen Zustand wiederherzustellen (Plus **13.9**).

13.9 Vererbungsvorgänge außerhalb der Mendel-Regeln

Die Ausarbeitung der Vererbungsregeln durch Mendel setzte voraus, daß die Merkmale stabil auf bestimmten Erbträgern (Chromosomen) eines diploiden Organismus vorhanden waren und daß die Weitergabe und Ausprägung der Merkmale weitgehend unabhängig von anderen Genen war. Diese Bedingungen sind keineswegs immer erfüllt. Auf der einen Seite haben wir erfahren, daß die Chromosomen als Kopplungsgruppen nicht so stabil sind, wie man es aus den Mendel-Regeln erwarten müßte. Vielmehr kommt es in jeder Meiose durch Crossing-over zu massiven Umlagerungen zwischen den Chromatiden eines Bivalents und damit zu neuen Kopplungsgruppen (Plus 13.6 S. 404). Auf der anderen Seite ist in vielen Fällen die Merkmalsausprägung von der An- oder Abwesenheit anderer Genprodukte abhängig. So haben wir es bei den wichtigen Leistungseigenschaften unserer Kulturpflanzen mit sog. **quantitativen Merkmalen** (**QTL**, engl.: quantitative trait loci) zu tun, die als Ergebnis des Zusammenwirkens vieler Gene oder aus der Wirkung eines Genproduktes mit vielfachen (pleiotropen) Effekten entstehen (Plus 13.10). Für die Analyse solcher komplexer genetischer Zusammenhänge braucht man eine **quantitative Genetik** mit aufwendigen statistischen Methoden, weil die auf relativ einfachen dominanten oder intermediären Erbgängen aufbauenden Mendel-Regeln nur noch bedingt anwendbar sind. Die im folgenden abgehandelten zwei Beispiele für Erbgänge, die nicht mit den Mendel-Regeln übereinstimmen, sind allerdings grundsätzlich anderer Art.

13.9.1 Extrachromosomale Vererbung

> Die Weitergabe der Erbinformationen in Plastomen und Chondriomen auf die Tochtergeneration erfolgt nicht nach den Mendel-Regeln. Gründe dafür sind die Multiplizität der Plastome und Chondriome in einer Pflanzenzelle und die Besonderheiten bei der Verteilung der extrachromosomalen Erbträger auf Eizellen und Pollen. So wird das Merkmal *albomaculatus* im Plastom von *Mirabilis jalapa* nur durch einen Elter vererbt, und zwar durch die Mutter. Man spricht von einem uniparental mütterlichen Erbgang.

Nach der Reziprozitätsregel haben F_1-Hybride den gleichen Phänotyp. Hiervon gibt es jedoch Ausnahmen, bei denen diese Regel so einfach nicht gilt. Da die Kerngenome reziproker Hybride gleich sind, müssen die Merkmalsunterschiede durch genetisches Material außerhalb des Zellkerns, d. h. durch extrachromosomale Merkmale entstehen. Wie wir gesehen haben, sind diese Gene in den Mitochondrien und Plastiden untergebracht.

Als Beispiel für **uniparental mütterliche Plastidenvererbung** soll *Mirabilis jalapa* dienen. Im Gegensatz zur Blütenfarbe, die nach den Mendel-Regeln vererbt wird (Abb. **13.9** S. 393), geht die Weiß-Grün-Scheckung der Blätter auf ein Merkmal im Plastom zurück. Plastiden der Mutante *albomaculatus* haben einen Defekt im Aufbau des Lichtsammelkomplexes mit dem Chlorophyll. Sie sind bleich. Kreuzt man eine rein grüne Mutter mit einem gescheckten Vater, bei dem also ein Teil der Plastiden vom *albomaculatus*-Typ ist, so ist die Nachkommenschaft durchweg rein grün (Abb. **13.21a**). Das beruht darauf, daß bei *Mirabilis* nur die Eizelle Plastiden enthält, die in diesem Falle das Wildtyp-Plastom tragen und daher

---

Plus 13.10 Heterosis: Ertragswunder mit F_1-Hybridsaatgut

Bei komplexen Entwicklungsprogrammen, die die Leistungsfähigkeit von Kulturpflanzen bestimmen, haben wir es häufig mit der Wirkung vieler vernetzter Gene zu tun. Dabei können die Leistungsmerkmale von Individuen der F_1-Generation deutlich über die beider Eltern hinausgehen (**Heterosiseffekt**). Die Eigenschaften sind also weder intermediär noch von einem Elter dominiert. Solche Leistungssteigerungen beobachtete man auch bei Wildpflanzen. Bei hochgezüchteten Kultursorten vom Mais, Roggen, Sonnenblume oder Zuckerrübe können sie 100 % und mehr betragen. Daher ist für immer mehr Feld- und Gartenpflanzen F_1-Hybridsaatgut im Handel. Der Effekt wird eindrucksvoll belegt durch einen Vergleich der drei Maiskolben von den beiden Kreuzungseltern (P1 und P2) und einer Pflanze aus der F_1-Generation. Die molekularen Grundlagen solcher Leistungssteigerungen sind immer noch unklar. Man nimmt an, daß sie u. a. durch die Neukombination wichtiger regulatorischer Faktoren für Wachstum und Entwicklung erzielt werden, deren Vorkommen und Mannigfaltigkeit in den Hochzuchteltern limitierend sein könnten. Klar ist, daß die Heterosiseffekte in frühen Entwicklungsstadien angelegt sein müssen und sich im Verlauf der Entwicklung verstärken. Da das Optimum der Leistungssteigerung nur in der F_1-Generation beobachtet wird und die Kreuzung ganz bestimmter Eltern voraussetzt, muß man das Hybridsaatgut immer wieder aus eben diesen Eltern herstellen. Dafür werden männlich sterile Inzuchtlinien als Mutterpflanzen verwendet (Plus 18.11 S. 748).

(Original A. E. Melchinger)

Abb. 13.21 Uniparental mütterliche Vererbung der Plastidenmerkmale bei *Mirabilis jalapa*.
a Die Kreuzung einer Pflanze mit grünen Blättern als Mutter (♀) und einer Pflanze mit gefleckten Blättern (*albomaculatus*) als Vater (♂) ergibt Nachkommen mit rein grünen Blättern.
b Die reziproke Kreuzung von ♂ grün mit ♀ *albomaculatus* ergibt dagegen unterschiedliche Nachkommen mit weißen, gefleckten bzw. grünen Blättern. Der Unterschied ergibt sich aus der Entmischung der Plastome bei der Bildung der Eizellen und dem Ausschluß von Chloroplasten aus den Spermazellen. Die chromosomalen Merkmale sind in allen Nachkommen identisch (nach C. Correns). N Zellkern; Plastiden je nach Genotyp grün bzw. weiß.

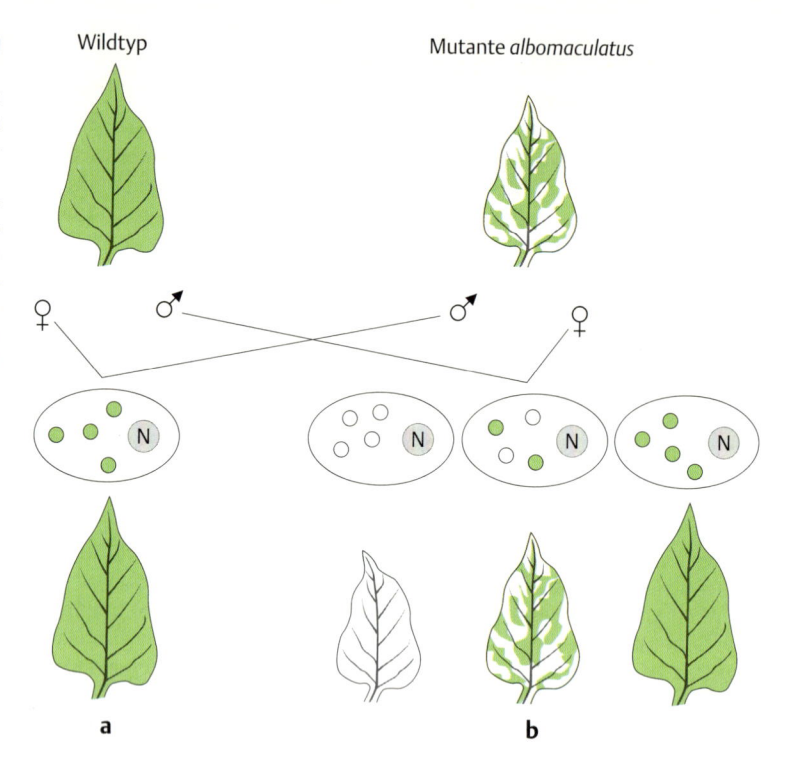

zu normal grünen Nachkommen führen. Kreuzt man dagegen umgekehrt eine gescheckte Mutter mit einem rein grünen Vater, so erhält man teils grüne, teils gescheckte, teils aber auch ganz weiße Nachkommen (Abb. **13.21b**). Die Aufspaltung hängt davon ab, ob die jeweilige Eizelle nur normal ergrünende, normal und nicht ergrünende oder nur nicht ergrünende Plastiden enthielt. Die Variabilität in den Phänotypen der Nachkommen aus der zweiten Kreuzung (Abb. **13.21b**) ergibt sich aus der Zufallsverteilung der wenigen Plastiden, die in die Eizellen eingehen. Da die Pflanzen mit den weißen Blättern nicht photoautotroph sind, gehen sie normalerweise frühzeitig zugrunde, wenn man den bleichen Sproß nicht rechtzeitig auf eine grüne Unterlage pfropft.

Die cytologische Analyse hat ergeben, daß bei vielen Pflanzen die generativen Zellen der Pollen tatsächlich frei von Plastiden sind, während die vegetativen Zellen durchaus Plastiden enthalten. In den meisten Fällen werden die Plastiden bereits bei der ersten Mitose der Pollen durch ein Netzwerk von Actinfibrillen im Bereich der vegetativen Zelle fixiert, sodaß in die generative Zelle von vornherein keine Plastiden gelangen. In anderen Fällen erhält auch die generative Zelle Plastiden, die entweder später degenerieren oder unmittelbar vor der Befruchtung abgestreift und somit nicht in die Eizelle übertragen werden. Es gibt allerdings auch einige Pflanzen aus den Gattungen *Pelargonium*, *Rhododendron*, *Medicago*, *Oenothera* u. a., bei denen auch die Spermazellen Plastiden enthalten. In diesem Falle werden die Plastominformationen **biparental**, d. h. durch beide Eltern vererbt. Schließlich kommt bei einigen Coniferen (Kiefer, Lärche) sogar der seltene Fall einer **uniparental väterlichen** Vererbung des Plastoms vor.

13.9.2 Transposons und Insertionsmutagene

> Alle Genome enthalten eine große Anzahl mobiler genetischer Elemente, die unter geeigneten Umständen in andere Gene integriert (Insertionsmutagenese) oder auch wieder herausgeschnitten werden können. Diese Prozesse bewirken stabile somatische Veränderungen in der Genaktivität. Vollständige Transposons codieren für eine Transposase, während unvollständige Transposons in ihrer Mobilität auf die Hilfe anderer angewiesen sind. Die Insertionsmutagenese mithilfe von Transposons (engl.: transposon tagging) ist eine wichtige Methode zum genomweiten Knockout von Pflanzengenen geworden.

Mitte des vorigen Jahrhunderts haben die Pionierarbeiten von Barbara McClintock zu bahnbrechenden neuen Erkenntnissen in der Genetik geführt. Sie beobachtete Veränderungen in der Anthocyansynthese in der Samenschale einer Maissorte mit tief weinrot gefärbten Körnern, die mit den Mendel-Regeln nicht vereinbar waren. Allein gegen den Rest der genetischen Fachwelt postulierte sie die Existenz von **mobilen genetischen Elementen (Transposons)**, die in ihrer Position im Genom variabel sind. Sie können während der Individualentwicklung in ein Gen eingebaut werden (**Insertionsmutagenese**, Plus **13.11**), aber auch wieder herausgeschnitten werden (**Exzision**). Dies führt zum Ab- bzw. wieder Anschalten eines Gens in einer ganzen Zellgruppe, d. h. zu **stabilen somatischen Variationen** des Genaktivitätsmusters, wie wir heute sagen würden. Die Existenz von Transposons ist inzwischen für alle Organismen von den Bakterien bis zu den Tieren und Pflanzen belegt. Mehr noch, die Genomsequenzierungen haben ergeben, daß ein erheblicher Teil der DNA von verschiedenen Sorten transponierbarer Elemente bzw. Rudimenten solcher Elemente eingenommen wird (Plus **13.2** S. 383). Bei den Bakterien sind Transposons häufig Träger von **Resistenzgenen gegen Antibiotika**, wie Ampicillin, Chloramphenicol, Erythromycin, Spectinomycin, Streptomycin, Tetracyclin u. a. m. (Abb. **15.49** S. 586) Weil sie von einem Plasmid auf das Bakterienchromosom bzw. auf ein anderes Plasmid springen können, tragen sie wesentlich zur raschen Verbreitung einer Resistenz gegen Antibiotika in einer Bakterienpopulation bei.

Wegen des Fehlens eines Replikationsursprungs (Abb. **13.5** S. 387) können Transposons nicht außerhalb eines Chromosoms oder Plasmids als selbstständige genetische Einheit existieren. Sie haben an ihren Enden kurze repetitive Sequenzmotive mit entgegengesetzter Orientierung (**TIR, terminal inverted repeats**). Diese sind für den Ein- und den Ausbau unverzichtbar: Viele Transposons codieren für ein Enzym, **Transposase**, das sowohl das Ausschneiden als auch den Einbau an einer neuen Stelle des Genoms ermöglicht. Das von B. McClintock ursprünglich untersuchte System beim Mais ist immer noch das Paradebeispiel für die Wirkungsweise mobiler genetischer Elemente. Es besteht aus zwei Elementen:

- Das **Ac-Element** (engl.: activator) ist ein vollständiges Transposon von 4,6 kb mit einem Transposase-Gen und einem TIR von 11 bp.
- Daneben existieren relativ häufig von Ac abgeleitete unvollständige Elemente vom Ds-Typ, denen das Transposase-Gen fehlt. **Ds-Elemente** (engl.: dissociaton) allein sitzen also fest im Genom und werden nach den Mendel-Regeln vererbt.

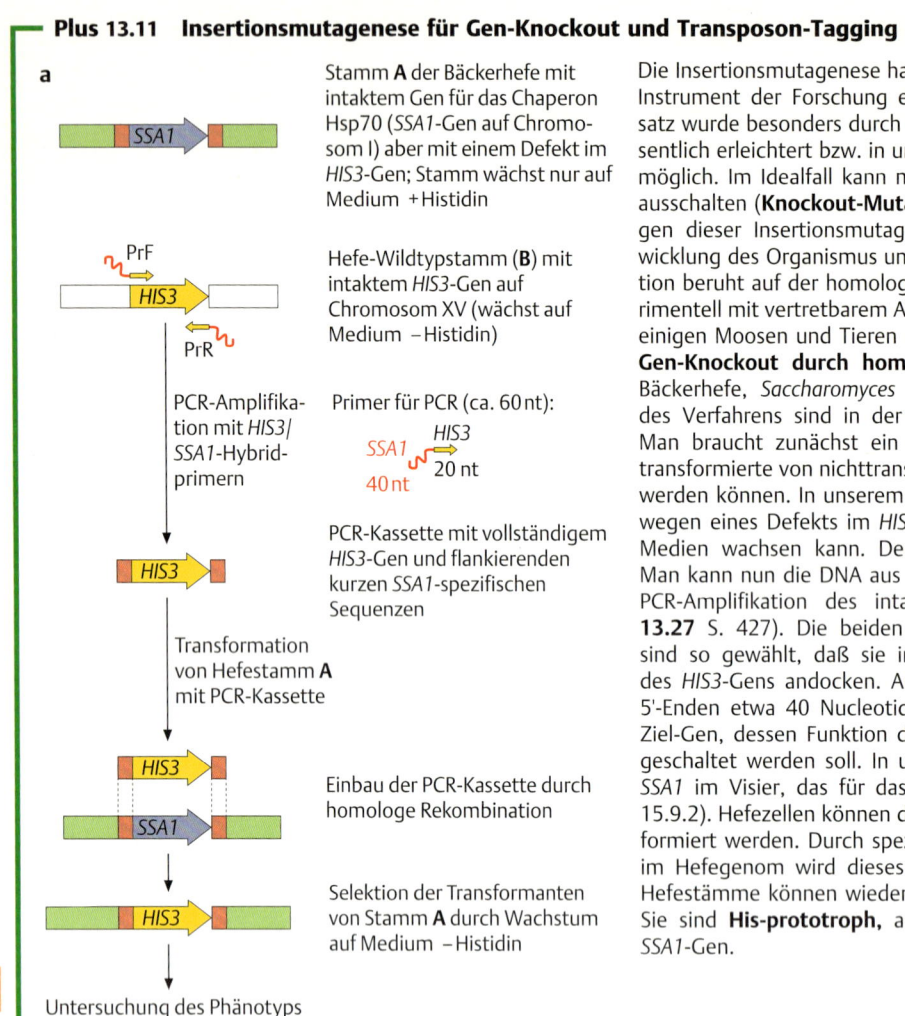

Plus 13.11 Insertionsmutagenese für Gen-Knockout und Transposon-Tagging

a

Stamm **A** der Bäckerhefe mit intaktem Gen für das Chaperon Hsp70 (*SSA1*-Gen auf Chromosom I) aber mit einem Defekt im *HIS3*-Gen; Stamm wächst nur auf Medium +Histidin

Hefe-Wildtypstamm (**B**) mit intaktem *HIS3*-Gen auf Chromosom XV (wächst auf Medium −Histidin)

PCR-Amplifikation mit *HIS3*/*SSA1*-Hybridprimern

Primer für PCR (ca. 60 nt):
SSA1 *HIS3*
40 nt   20 nt

PCR-Kassette mit vollständigem *HIS3*-Gen und flankierenden kurzen *SSA1*-spezifischen Sequenzen

Transformation von Hefestamm **A** mit PCR-Kassette

Einbau der PCR-Kassette durch homologe Rekombination

Selektion der Transformanten von Stamm **A** durch Wachstum auf Medium −Histidin

Untersuchung des Phänotyps des neuen Stamms mit dem Genotyp: *HIS3, ssa1*

Die Insertionsmutagenese hat sich zu einem unentbehrlichen Instrument der Forschung entwickelt. Ihr umfassender Einsatz wurde besonders durch die Genomsequenzierungen wesentlich erleichtert bzw. in umfassender Form überhaupt erst möglich. Im Idealfall kann man gezielt ein bestimmtes Gen ausschalten (**Knockout-Mutanten**) und dann die Auswirkungen dieser Insertionsmutagenese auf Wachstum und Entwicklung des Organismus untersuchen. Solche gezielte Insertion beruht auf der homologen Rekombination und ist experimentell mit vertretbarem Aufwand nur bei Bakterien, Pilzen, einigen Moosen und Tieren realisierbar.

Gen-Knockout durch homologe Rekombination bei der Bäckerhefe, *Saccharomyces cerevisiae*: Wichtige Teilschritte des Verfahrens sind in der Abbildung **a** zusammengefaßt. Man braucht zunächst ein Selektionsmarkergen, mit dem transformierte von nichttransformierten Zellen unterschieden werden können. In unserem Fall ist dies ein Hefestamm, der wegen eines Defekts im *HIS3*-Gen nicht mehr auf His-freien Medien wachsen kann. Der Stamm **A** ist **His-auxotroph**. Man kann nun die DNA aus einem Wildtypstamm **B** für eine PCR-Amplifikation des intakten *HIS3*-Gens nutzen (Abb. **13.27** S. 427). Die beiden Primer für diese PCR-Reaktion sind so gewählt, daß sie in den flankierenden Sequenzen des *HIS3*-Gens andocken. Außerdem enthalten sie an ihren 5'-Enden etwa 40 Nucleotide (rot) mit Homologie zu dem Ziel-Gen, dessen Funktion durch Insertionsmutagenese ausgeschaltet werden soll. In unserem Fall haben wir das Gen *SSA1* im Visier, das für das Chaperon Hsp70 codiert (Kap. 15.9.2). Hefezellen können direkt mit der PCR-Kassette transformiert werden. Durch spezifische Insertion in das Ziel-Gen im Hefegenom wird dieses inaktiviert. Die transformierten Hefestämme können wieder auf His-freien Medien wachsen. Sie sind **His-prototroph**, aber sie haben einen Defekt im *SSA1*-Gen.

— Fortsetzung —

Die Stabilität der Ds-Elemente ändert sich sofort, wenn durch Kreuzung ein Ac-Element dazukommt. Das ist in Abb. **13.22** in vier Funktionszuständen für zwei von der Ds-Insertionsmutagenese betroffene Gene gezeigt. Dieses sind das Gen *C* auf Chromosom 9 für die Anthocyan-Synthese und das Gen *W* auf Chromosom 3 für die Chlorophyll-Synthese. Die Ausbildung von Zell-Linien mit einem bestimmten Expressionsmuster für die Gene *C* bzw. *W* zeigt, daß die Veränderungen in der Position der Transposons seltene und auf frühe Entwicklungszustände beschränkte Ereignisse sind, die später stabil an die Tochterzellen weitergegeben werden. Insertionsmutagenese und Transposon-Tagging sind zu bahnbrechenden Methoden der experimentellen Genetik geworden (Plus **13.11**).

Fortsetzung

Ungerichtete Insertionsmutagenese mithilfe von *Agrobacterium tumefaciens* (**Transposon-Tagging**): Homologe Rekombination ist natürlich bei Niederen und Höheren Pflanzen Voraussetzung für Chromosomenumlagerungen, wie sie beim Crossing-over beobachtet werden (Plus **13.6** S. 404). Aber nur bei einigen Moosen (z. B. *Physcomitrella*) konnten diese Prozesse für genspezifische Insertionsmutagenese genutzt werden. Bei Höheren Pflanzen gelingt das bisher nicht, jedenfalls nicht mit einem vertretbaren Aufwand. Wegen der prinzipiellen Bedeutung für alle Aspekte der Pflanzenforschung ist man daher einen anderen Weg gegangen. Die speziellen Eigenschaften von *Agrobacterium tumefaciens* ermöglicht einen natürlichen Weg zur Transformation von Pflanzen durch **ungerichtete Insertionsmutagenese** (Kap. 20.6.2). Dabei wird die T-DNA aus dem Ti-Plasmid des Bakteriums amplifiziert, über einen Kanal zwischen *Agrobacterium* und Wirtszelle als Minichromosom in die Pflanzenzelle eingeschleust und dort wahllos in das Genom eingebaut (Plus **20.9** S. 832). Diese Insertion kann ggf. zum Knockout eines betroffenen Gens führen. Aber im Gegensatz zu dem Hefesystem ist man von Kommissar Zufall abhängig. Wie kann man so ein System dennoch nutzen? Fünf Schritte waren notwendig:

- Man benötigte eine weltweite Kooperation vieler Forscher und weitsichtige Geldgeber, die man von der Bedeutung dieser Technologie für die Pflanzenforschung überzeugen konnte.
- Man mußte in die T-DNA auf gentechnischem Weg ein geeignetes Selektionsmarkergen einsetzen. Häufig wird dafür das *NptII*-Gen aus einem Transposon von *E. coli* genommen. Es codiert für Neomycin-Phosphotransferase, die Kanamycin, einen Hemmstoff der Proteinbiosynthese in Chloroplasten, inaktiviert (Abb. **15.49** S. 586). Ein anderer wertvoller Selektionsmarker für solche Arbeiten ist das *PAT*-Gen (Abb. **13.32** S. 433 und Abb. **13.33** S. 434).
- Durch Agrobakterien-vermittelten Gentransfer werden zahlreiche kanamycinresistente Pflanzen erzeugt. Jede dieser Pflanzen repräsentiert ein unikales Insertionsereignis an irgendeiner Stelle des Genoms. Aber wo sind diese Insertionen erfolgt?
- Da man die Sequenz der T-DNA kennt, kann man mit einem spezifischen Primer und einem Gemisch aus Hexanucleotiden (random primers), die irgendwo in den flankierenden Sequenzen benachbart zum Insertionsort der T-DNA binden, ein Stück der T-DNA mit den angrenzenden genomischen Sequenzen in einer PCR-Reaktion amplifizieren und anschließend sequenzieren (Kap. 13.11.1 – Kap. 13.11.3).
- Aus der Sequenz ergibt sich der Insertionsort unmittelbar, wenn die genomische Sequenz der Pflanze bekannt ist.

Bei **Arabidopsis thaliana** stehen heute etwa **350 000 T-DNA-Insertionslinien** für jeden Forscher zur Verfügung (s. u.). Abbildung **b** zeigt ausgesuchte Informationen für einen Locus auf dem Chromosom 2 (At2g) mit zwei proteincodierenden Einheiten (At2g26140 und At2g26150). Von At2g26140 konnte nur der 3'-Bereich mit den Exons 5–7 dargestellt werden. Beide Gene werden in entgegengesetzter Richtung abgelesen, und der gemeinsame regulatorische Bereich (Promotor) zwischen den Enden beider mRNAs beträgt nur etwa 420 Basenpaare. Für jede der beiden ORFs gibt es einen cDNA-Klon (grün). Insgesamt 5 Insertionslinien, davon vier Insertionen in den mRNA-codierenden Bereichen und eine im Promotorbereich, stehen zur Verfügung. Die Homepage am Salk Institute in San Diego (http://signal.salk.edu) erlaubt eine unmittelbare Selektion der für ein bestimmtes Gen nützlichen Insertionslinien und die Online-Bestellung der Samen (**c**). Dort kann man auch die gesamte Sequenzinformationen erhalten und sich über zugeordnete Links weitere Informationen zu den Genen beschaffen.

b *Arabidopsis thaliana*, Chromosom 2, Ausschnitt 3 500 bp

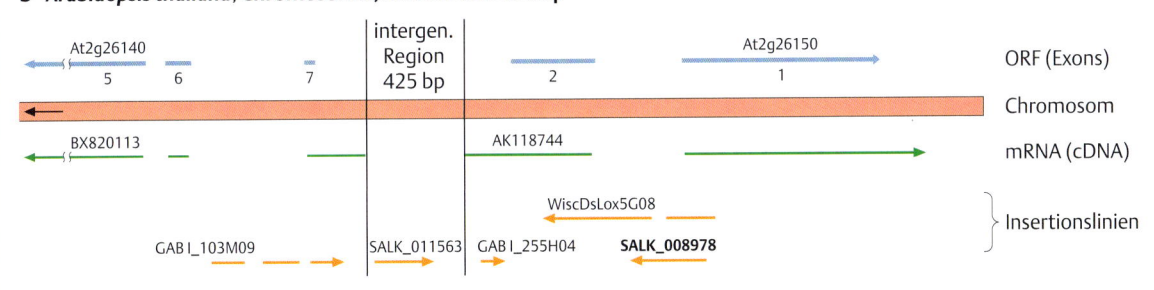

c Clon-Typ: **SALK** T-DNA **008978**.27.00.x [seq] [Order from ABRC]

Abb. 13.22 Insertionsmutagenese im Mais durch mobile genetische Elemente.
1 Pflanzen vom Wildtyp ohne Ac- oder Ds-Element in den Genen *C* und *W*; die Körner sind rot und die Blätter normal grün.
2 Pflanzen mit einer Ds-Insertion im Gen *C* in **Ab**wesenheit von Ac; die Körner zeigen keine Anthocyan-Synthese mehr, aber die Blätter sind grün.
3 Pflanzen mit Ds-Element in Gen *C* aber in **An**wesenheit eines Ac-Elements; die Mobilisierung von Ds führt zu Zellgruppen mit (Gen *C* aktiv) und solchen ohne Anthocyan-Synthese (Gen *C* inaktiv mit Ds-Insertion); Blätter sind grün.
4 Pflanzen wie bei 3, aber die Mobilisierung des Ds-Elements in **An**wesenheit von Ac hat zu einem frühen Zeitpunkt der Entwicklung zur Exzision aus Gen *C* und zur Insertion in das Gen *W* auf Chromosom 3 geführt; Pflanzen haben rote Körner aber Blätter mit grünen und weißen Streifen.
Der Einfachheit halber wurde bei der Darstellung der Zustände 1–3 die genetische Konfiguration am *W*-Gen weggelassen. (Nach R. Hagemann, Allgemeine Genetik 1999.)

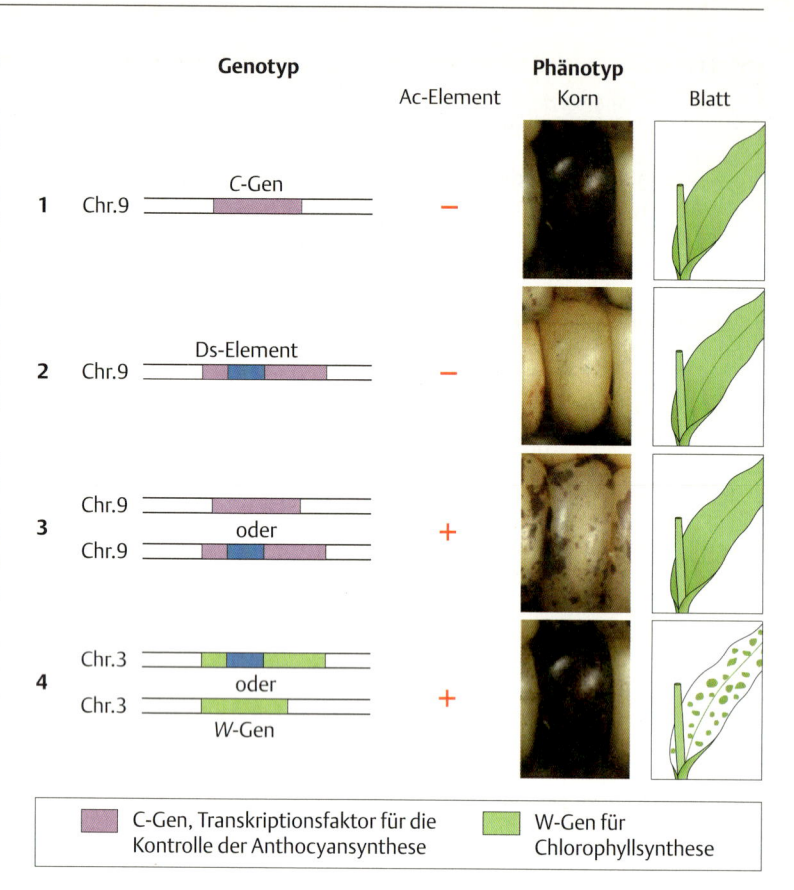

13.10 Genetische Grundlagen der Evolution

> Evolution baut auf der Einheit von Stabilität und Veränderlichkeit des genetischen Materials und auf natürlicher Selektion auf. Die natürliche Mutationsrate kann durch Außeneinflüsse, z. B. Strahlung und chemische Agenzien, erheblich ansteigen. Umweltveränderungen haben im Laufe der erdgeschichtlichen Entwicklung immer wieder zur Erhöhung der genetischen Variabilität in Populationen und zur Auslese neuer Formen beigetragen. Die Geschwindigkeit der Evolution ist durch eine Reihe von Faktoren beschleunigt worden. Dazu gehören die sexuelle Reproduktion und die damit verbundenen Rekombinationsprozesse in der Meiose, der Austausch von funktionellen Teilstücken der Gene (engl.: exon shuffling), Genduplikationen und die nachfolgende Diversifikation der Mitglieder einer Genfamilie und schließlich die Entstehung neuer arbeitsteiliger Prozesse in eukaryotischen Zellen.

Ohne Zweifel haben zwei Entdeckungen in der zweiten Hälfte des 19. Jahrhunderts die Entwicklung der Biologie in den folgenden 150 Jahren grundlegend verändert. Dieses sind die Begründung der Abstammungslehre durch Charles Darwin (1859) und die Entdeckung der Vererbungsregeln durch Gregor Mendel (1866). Während Darwins Abhandlung schnell bekannt wurde und heftige Kontroversen bis in die heutige Zeit auslöste, blieben die Entdeckungen Mendels selbst für Experten zunächst unbekannt (Box **13.1** S. 375). Aufbauend auf Darwins und Mendels Erkenntnissen haben wir heute gut begründete Vorstellungen über die Evolution der Lebewesen. Dabei spielen die detaillierten Kenntnisse über die Natur des Erbguts, über die Struktur der Genome und über den Einfluß von Außenfaktoren auf die Veränderungen in Populationen eine besondere Rolle.

13.10.1 Grundlagen der Evolution

Evolution baut auf der bereits mehrfach betonten Einheit von Stabilität und Veränderlichkeit des genetischen Materials auf. Die ununterbrochene Entstehung von neuen Varianten durch Mutationen (Kap. 13.8) führt dazu, daß in großen Populationen von Organismen eine nahezu unerschöpfliche Fülle von Allelen koexistieren (**genetische Bürde**), sofern sie unter den gegebenen Umständen nicht einen erheblichen Nachteil für das Individuum darstellen. Wie wir gesehen haben, kann durch Außeneinflüsse, z. B. durch Strahlung und chemische Agenzien, die Mutationsrate erheblich ansteigen. Da im Laufe der erdgeschichtlichen Entwicklung sowohl die physikalischen Bedingungen als auch das chemische Milieu immer wieder drastischen Änderungen unterworfen waren, müssen wir davon ausgehen, daß unter solchen streßvollen Umständen auch die **genetische Variabilität in Populationen** und damit das Potential für eine Adaptation an die geänderten Bedingungen deutlich anstiegen. In einer solchen Situation kann die genetische Bürde einer Population ggf. die Chancen für ein Überleben sehr verbessern. Es ist wichtig, sich zu verdeutlichen, daß wir uns bei diesen Betrachtungen im Bereich der **Populationsgenetik** bewegen. Das bedeutet, daß anders als bei den Mendel-Regeln nicht mehr das Individuum mit seinem Genotyp bzw. Phänotyp im Vordergrund steht, sondern vielmehr die Gesamtheit der Gene in einer Population und die Fähigkeit einer solchen Population zur Anpassung an veränderte Außenbedingungen.

Der zeitliche Ablauf der Evolution wird heute nicht nur mithilfe fossiler Funde und deren erdgeschichtlicher Datierung, sondern mehr und mehr auch durch **Sequenzvergleiche als molekulare Uhren** rekonstruiert. Als zuverlässige Meßgröße wird die Divergenz der Gensequenz durch neutrale Mutationen in proteincodierenden Genen (Abb. **13.19a** S. 410) bzw. für ribosomale RNA angesehen. Man schätzt, daß die Änderungen etwa 1 % in 50 Millionen Jahren betragen. Bei proteincodierenden Sequenzen liegen die Werte wegen des höheren Selektionsdrucks auf ungünstigen Mutationen insgesamt wesentlich niedriger. Auch versagt die Zuverlässigkeit der molekularen Uhren verständlicherweise, wenn man Organismen mit drastisch unterschiedlichen Generationszeiten, wie z. B. annuelle Pflanzen mit Bäumen, vergleichen würde oder wenn, wie oben beschrieben, ungewöhnliche Umweltbedingungen zu merklich höheren Mutationsraten führen. Immerhin konnte ein zuverlässiger Stammbaum der Angiospermen aufgestellt werden unter Verwendung kombinierter Sequenzdaten für die ribosomale DNA im Kern, die durch Daten für das Gen für die große Untereinheit der Ribulosebisphosphat-Carboxylase aus Chloroplasten ergänzt wurden.

13.10.2 Faktoren zur Beschleunigung der Evolution

Es ist viel darüber diskutiert worden, ob die Mutationshäufigkeit und die von Darwin postulierte Auslese der am besten angepaßten Formen (engl.: survival of the fittest) ausreichen, um die Evolution der Organismen in dem relativ begrenzten Zeitraum von etwa 4 Milliarden Jahren zu erklären (Abb. **13.23**). Diese Diskussion hat zu der Erkenntnis geführt, daß es Mechanismen geben muß, die die Evolution beschleunigen. Vier dieser Mechanismen sollen hier kurz erläutert werden:

Sexualität: Ohne Zweifel stellen die Möglichkeiten zur Neukombination von Merkmalen im Rahmen der sexuellen Reproduktion einen solchen Beschleunigungsfaktor dar. Neu entstandene Allele eines Gens, die ohne Bedeutung waren oder sogar einen Nachteil für das Individuum mit sich brachten (genetische Bürde), könnten in der Kombination mit anderen Genen einen sehr positiven Effekt haben. Sexualität gekoppelt mit Mechanismen zur Vermeidung von Inzucht und die umfangreichen Rekombinationsprozesse (Crossing-over) in der ersten meiotischen Prophase (Abb. **13.16** S. 405 und Abb. **13.17** S. 406) sind hervorragende Elemente, um die genetische Vielfalt in einer Population zu erhalten und zufällig entstandene neue Merkmalskombinationen der natürlichen Auslese zu unterwerfen. Allerdings ist der Aufwand für die sexuelle Vermehrung beträchtlich, und Organismen mit asexuellen Vermehrungsformen sind häufig in der Lage, kurzfristig sehr viel mehr Nachkommen zu erzeugen.

Genstruktur: Ein weiteres Element der Beschleunigung ist mit einer weit verbreiteten Besonderheit der Gene in Eukaryoten verbunden. Wie wir ausführlich in Kap. 15.4.2 darstellen werden, ist die Gesamtheit der Information für ein Protein häufig nicht als kontinuierliche Einheit im Genom codiert, sondern sie liegt in mehreren Stücken (Exons) vor, die voneinander durch nichtcodierende Sequenzen (Introns) getrennt sind. Die Kontinuität der Information wird in einem aufwendigen Verarbeitungsprozeß des Primärtranskriptes (engl.: splicing) erst auf der Stufe der mRNA hergestellt. Dieser auf den ersten Blick absurde Zustand hat offensichtlich große Bedeutung für die Entstehung wie auch für die Funk-

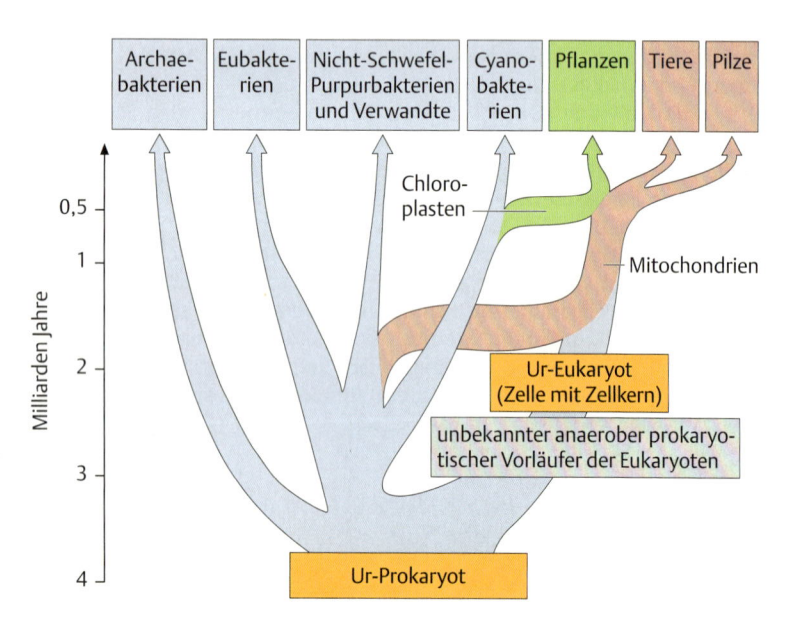

Abb. 13.23 Stammbaum der Organismen.
Pflanzenzellen bilden sich aus ersten lebenden Zellen (Ur-Prokaryot) im Verlauf von 3,5–4 Milliarden Jahren. Erste Zellen mit Zellkern (Ur-Eukaryot) sind etwa 1,5–2 Milliarden Jahre alt, während der erste Schritt der Endosymbiose vor 1 Milliarde Jahren zur Entstehung der Mitochondrien führte.
In einem zweiten Schritt vor etwa 0,5 Milliarden Jahren entstanden die Vorformen der Chloroplasten in pflanzlichen Vorläuferorganismen (nach Alberts et al., verändert).

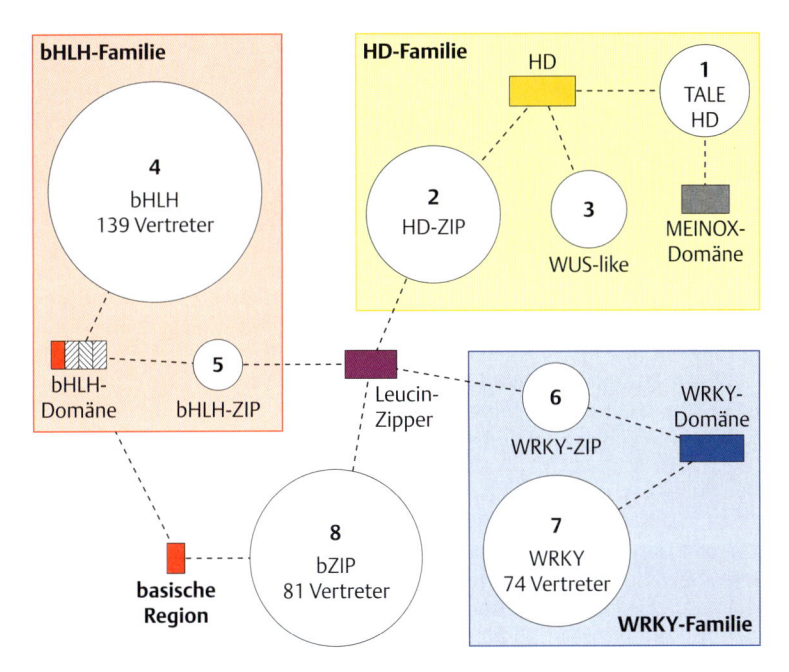

Abb. 13.24 Exon-Shuffling am Beispiel ausgesuchter *Arabidopsis*-Genfamilien für Transkriptionsfaktoren.
Die ausgesuchten 8 Familien bilden ein Netzwerk mit gemeinsamen Grundstrukturen, die als Exons in der Evolution entstanden und durch Duplikation und Translokation an andere Gene weitergegeben worden sein könnten. Beispiele solcher Struktureinheiten sind die DNA-Bindungsdomänen Homeodomäne (HD), Workydomäne (WRKY), Helix-Loop-Helix-Domäne (HLH) und die basische Domäne (b) in den bZIP-Proteinen (Details Plus **15.7** S. 521). Diese können kombiniert sein mit einer Leucin-Reißverschlußdomäne (Leu-Zipper, Zip) oder anderen Domänen für die Interaktion zwischen Transkriptionsfaktoren. Die Größe der Kreise reflektiert die Zahl der gefundenen Vertreter im Genom von *Arabidopsis*, z. B. 139 Proteine vom bHLH-, 81 vom bZIP- und 74 vom WRKY-Typ (nach J. L. Riechmann et al., Science 2000).

tion der Gene. Exons codieren in vielen Fällen für funktionelle Teilstrukturen (Domänen) eines Proteins, z. B. für eine DNA-Bindungsdomäne, für eine Proteininteraktionsdomäne oder für eine ATP-Bindungsdomäne. Die „Erfindung" solcher wertvoller Proteingrundbausteine wäre für den weiteren Verlauf der Evolution besonders wirkungsvoll, wenn die codierende Einheit in Form von einem oder mehreren Exons auf andere Gene übertragen werden könnte. Wie in Abb. **13.24** am Beispiel von verwandten Familien von Transkriptionsfaktoren gezeigt wird, hat eine solche Weitergabe von Exons (engl.: **exon shuffling**) im Verlauf der Evolution offensichtlich im großen Umfang stattgefunden. Aus Sequenzanalysen kann abgeschätzt werden, daß praktisch alle Gene mit einer Exon/Intron-Struktur im Verlauf ihrer Evolution von dem Phänomen betroffen waren. Die Existenz der flankierenden Introns hat die Weitergabe von Exons als Ergebnis von Genduplikations- und Rekombinationsprozessen sehr erleichtert, weil die Umlagerungen in dem nichtcodierenden Bereich der Introns erfolgen konnten.

Genduplikation und Diversifizierung: Sequenzvergleiche zwischen Teilen des *Arabidopsis*-Genoms weisen weite Bereiche mit Sequenzduplikationen auf, die darauf hinweisen, daß das heutige Genom durch drei Runden einer Polyploidisierung (**Paläopolyploidisierung**) geprägt sein könnte. Eine erste wird etwa vor 300 Millionen Jahren bei der Trennung der Dikotylen von den Monokotylen vermutet, eine zweite könnte vor etwa 200 Millionen Jahren und eine dritte vor etwa 80 Millionen Jahren in der Frühzeit der Entstehung der Brassicaceen erfolgt sein. Viele der mehrfach vorhandenen Gene sind wieder verloren gegangen (**Paläodiploidisierung**), während andere weitere Duplikationen erfahren haben. Durch Diversifizierung der Gene/Proteine in ihren Expressionsmustern und/oder in ihren Funktionen entstanden **Multigen-** bzw. **Multiproteinfamilien**, deren Mitglieder trotz gemeinsamer Grundeigenschaften, die von der Ausgangsform stammen, in ihrer Rolle soweit abgeleitet sind, daß sie einander nicht mehr ersetzen können.

Entstehung der eukaryotischen Zelle: Das vierte Beispiel betrifft einen Prozeß, der sich über 1 Milliarde Jahre hinzog (Abb. **13.23**) und zur Entstehung der Eukaryoten, inkl. der Aufnahme von anderen Prokaryoten als Endosymbionten führte (Plus **4.1** S. 130). Zwar ist der Aufwand für die intrazelluläre Koordinierung beträchtlich, und Prokaryoten erreichen häufig viel höhere Vermehrungsraten, aber die Synergieeffekte aus der Arbeitsteilung zwischen den drei Genomen der pflanzlichen Vorläuferzelle und die günstige räumliche Trennung (Kompartimentierung) wichtiger Stoffwechselbereiche wurden im Verlauf der stürmischen Weiterentwicklung komplexer Eukaryoten offensichtlich. Sequenzvergleiche deuten an, daß bei *Arabidopsis* etwa 18 % der im Kern codierten Gene ursprünglich aus den Cyanobakterien stammen, die die Vorläufer für die heutigen Plastiden bildeten. Von diesen knapp 5000 Genen codiert nur etwa die Hälfte für chloroplastenspezifische Proteine. Die anderen haben inzwischen Funktionen außerhalb der Plastiden.

13.10.3 Natürliche Auslese

Die von Darwin für die Entstehung der Arten postulierte **natürliche Auslese** (Selektion) ist ein Prozeß, der sich an dem Ensemble vieler Individuen der gleichen Art (**Population**) abspielt und in starkem Maße von den **Außenfaktoren** (Klima, Umwelt, Konkurrenz mit anderen Organismen um Nahrung und Lebensraum) beeinflußt wird. Mutationen können entweder einen negativen oder einen positiven **Selektionswert** haben oder aber für den Organismus bedeutungslos sein (neutrale Mutationen). **Negative Mutationen**, selbst wenn sie nicht letal sind, vermindern entweder die Überlebenschancen oder beeinträchtigen die Fortpflanzung. Infolgedessen können solche Mutanten unter natürlichen Bedingungen im Konkurrenzkampf mit den Wildformen wieder verloren gehen. Aber auch der **positive** Selektionswert einer **Mutation** hängt von den Umweltbedingungen ab. So ist die Frosthärte mancher Bäume eine unerläßliche Voraussetzung für die Besiedlung nördlicher Breiten, während sie für die Tropen und Subtropen bedeutungslos oder eine zusätzliche Bürde darstellt. Ähnliches gilt für den Vergleich von C_4- und C_3-Pflanzen (Kap. 8.1.4). Erstere sind im CO_2-Einbau deutlich überlegen, erkaufen dies aber durch höheren Energieverbrauch und Komplexität der Blattstruktur. Ob der C_4-Dicarbonsäureweg einen positiven oder negativen Selektionswert hat, hängt wieder entscheidend von den Umweltbedingungen ab.

Die Gesetzmäßigkeiten der natürlichen Auslese als Grundlagen der Evolution sind durch den Menschen in vielfacher Weise außer Kraft gesetzt worden. Ein Extrembeispiel ist die massenhafte Vermehrung unserer Kulturpflanzen mit den durch gerichtete Selektion erreichten Hochleistungseigenschaften. Sie existieren nur in der geschützten Umgebung (ökologische Nische) der betreuten Landwirtschaft oder des Gartens. Würden wir sie in Konkurrenz mit den Wildpflanzen sich selbst überlassen, wären sie bald in einer Population verschwunden.

Ökologische Nischen können sich aber auch in der Natur ergeben, wenn eine Art sich über einen ganzen Kontinent oder gar von Kontinent zu Kontinent bzw. auf Inseln oder Inselgruppen verbreitet. Eine solche **geographische Isolation** führt bereits nach verhältnismäßig kurzer Zeit zur Ausbildung von Rassen mit unterschiedlichen Genpools (engl.: genetic drift), die sich mehr oder weniger stark von der Ursprungsart unterscheiden und sich mit dieser umso schwerer kreuzen lassen, je weiter die Rassenbildung fortgeschritten ist. Mit zunehmenden Unterschieden können sich Unterarten und schließlich neue Arten bilden. Dabei spielt die **sexu-**

elle Isolation eine wichtige Rolle, weil eingeschränkte Kreuzungsmöglichkeiten, z. B. durch Sterilität oder verminderte Fertilität von Hybriden, den Genaustausch zwischen Rassen und Unterarten behindern und damit die Identität einer neuen taxonomischen Einheit bewahren helfen.

13.11 Gentechnik und DNA-Sequenzierung

Im letzten Drittel des vorigen Jahrhunderts hat die Entwicklung einer Reihe von Schlüsselmethoden für die Genanalyse die Biologie als Wissenschaft und ihre Auswirkungen auf unsere Gesellschaft grundlegend verändert. Zum ersten Mal eröffnete sich der Zugang zum genetischen Material der Organismen und zu dessen Manipulation direkt und in einem umfassenden Sinn. Zu diesen Methoden gehören Möglichkeiten zur Amplifikation und Klonierung von Genen oder Genstücken (Gentechnik), die DNA-Sequenzierung im großen Stil und die Herstellung transient bzw. stabil transformierter Zellen und Organismen (Kap. 13.12).

Wie schon in der Einleitung zu diesem Kapitel angemerkt, hat in den Jahren 1970–2000 die Entwicklung einer Reihe von Schlüsselmethoden für die Genanalyse die Biologie als Wissenschaft und ihre Auswirkungen auf unsere Gesellschaft grundlegend verändert. Zum ersten Mal eröffnete sich der Zugang zum genetischen Material der Organismen und zu dessen Manipulation direkt und in einem umfassenden Sinn. Große Chancen für die Forschung und ihre Anwendung sind gekoppelt mit neuen Risiken des Mißbrauchs. Aus diesen Gründen und weil die Schlüsselmethoden für die Genanalyse so grundlegende Bedeutung auch für die folgenden Kapitel und ihr Verständnis haben, wollen wir eine Auswahl aus dem großen Arsenal hier in einem gesonderten Abschnitt darstellen und in der Anwendung beispielhaft erläutern.

13.11.1 DNA-Klonierung

Will man die Nucleotidsequenz eines Gens bestimmen oder seine Funktion untersuchen, steht man vor dem großen Problem, daß die Gene in der Zelle in äußerst geringer Menge vorkommen.

Durch die Herstellung zahlreicher identischer Kopien eines Gens, die man als Klone bezeichnet, kann man genügend Material für die Sequenzierung aber auch für die Funktionsanalyse erhalten. Hierzu wird der zu klonierende DNA-Abschnitt durch Enzyme, sog. **Restriktionsendonucleasen** (Abb. **13.25**) aus der isolierten, genomischen DNA herausgeschnitten und in ein bakterielles **Plasmid** (**Vektor**) eingebaut. Um Klonierung, Plasmidvermehrung und einfache Selektion der transformierten Bakterienzellen zu ermöglichen, hat der **Ausgangsvektor** für die Klonierung (Abb. **13.26**) drei wichtige Grundelemente:

- eine bakterielle **Startregion** für die Replikation (*Col* E),
- ein **Resistenzgen**, z. B. *Amp*^{r}, das für β-Lactamase codiert und damit den Abbau von Ampicillin, einem Antibiotikum des Penicillin-Typs, bewirkt und
- ein kurzes synthetisches Sequenzmotiv für Spaltstellen verschiedener Restriktionsenzyme (engl.: **multiple cloning site, MCS**).

Durch Transformation von Bakterien, i. d. R. von *Escherichia coli*, wird das Plasmid mit dem eingebauten DNA-Abschnitt in den Bakterienzellen un-

1 4 Nucleotide (4-cutter)

Taq I, 5' → 3', sticky ends
5' TCGA 3'
3' AGCT 5'

Dpn I, blunt ends
5' GATC 3'
3' CTAG 5'

2 6 Nucleotide (6-cutter)

EcoR I, 5' → 3', sticky ends
5' GAATTC 3'
3' CTTAAG 5'

Kpn I, 3' → 5', sticky ends
5' GGTACC 3'
3' CCATGG 5'

Sma I, blunt ends
5' CCCGGG 3'
3' GGGCCC 5'

3 8 Nucleotide (8-cutter)

Not I, 5' → 3', sticky ends
5' GCGGCCGC 3'
3' CGCCGGCG 5'

Fse I, 3' → 5', sticky ends
5' GGCCGGCC 3'
3' CCGGCCGG 5'

Sbf I, blunt ends
5' CCTGCAGG 3'
3' GGACGTCC 5'

Abb. 13.25 Beispiele für Restriktionsschnittstellen und -endonucleasen. Die Restriktionsenzyme (blau) haben spezifische Erkennungs- und Schnittstellen von 4, 6 bzw. 8 Nucleotiden. Bei der Spaltung entstehen Fragmente mit glatten Enden (**blunt ends**) oder solche mit überlappenden Enden (**sticky ends**). Der Schnitt kann dabei vom 5'- zum 3'-Ende oder vom 3'- zum 5'-Ende erfolgen (s. Farbmarkierungen). Weitere Erklärungen s. Text S. 427.

Abb. 13.26 Klonierung von Fragmenten einer genomischen DNA in einen bakteriellen Vektor und Selektion durch Transformation von *Escherichia coli*. Die Kollektion der aus dem *Eco*RI-Verdau erhaltenen Fragmente genomischer DNA (**b**) werden in den Ausgangsvektor (**a**) kloniert. Nach Transformation von *E. coli* mit der aus der Ligation erhaltenen Plasmidpopulation werden einzelne Kolonien von der Kulturschale (**d**) für die weitere Kultivierung und Plasmidpräparation ausgewählt. Bei geeigneter Verdünnung geht jede Einzelkolonie auf ein Transformationsereignis mit einem einzelnen Plasmid zurück. Nach der DNA-Analyse, z. B. durch Sequenzierung, kann man zeigen, daß Produktplasmid 1 aus Kolonie 1 das genomische Fragment 1 von 1500 bp enthält, während Produktplasmid 2 aus Kolonie 2 das Fragment 2 von 900 bp enthält sowie Produktplasmid 3 aus Kolonie 3 das Fragment 3 von 500 bp (**e**).

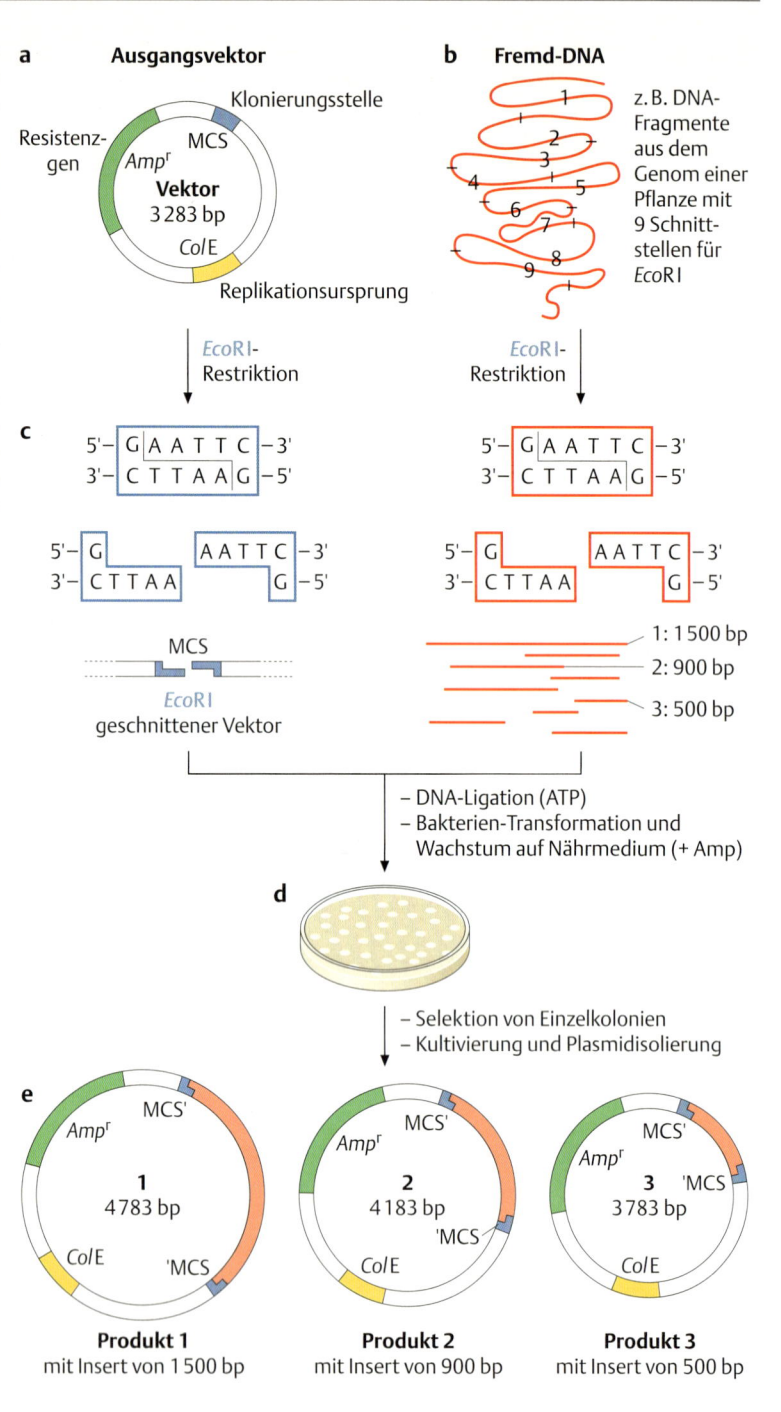

abhängig von der chromosomalen DNA repliziert. Kultiviert man die Bakterien in Gegenwart von Ampicillin, so vermehren sich nur die plasmidhaltigen Zellen. Schließlich werden die Plasmide aus den Bakterien isoliert und die klonierten, nunmehr in großer Zahl vorliegenden DNA-Abschnitte können weiterverarbeitet werden (Abb. **13.26**). Man kann aus

1,5 ml einer Bakterienkultur etwa 5 μg Plasmid-DNA gewinnen, das entspricht bei einem Plasmid von 4000 bp etwa 10^{12} Kopien.

Die Entwicklung der Gentechnik insgesamt ist entscheidend mit der Entdeckung der **Restriktionsendonucleasen** (Restriktionsenzyme, Abb. **13.25**) als Teil der Abwehrmechanismen der Bakterien gegenüber Fremd-DNA, z. B. nach Phageninfektion, verbunden. Der Begriff Restriktion steht für **sequenzspezifische Spaltung von DNA**. Unter den Hunderten von Enzymen, die inzwischen charakterisiert worden sind, erkennen viele **spiegelbildsymmetrische (palindromische) Sequenzmotive** von 4, 6 oder 8 Nucleotiden. Ein viel verwendetes Enzym aus *E. coli* (*Eco*RI) erkennt DNA mit dem Motiv 5'-GAA:TTC-3'. Der Doppelpunkt zeigt die Ebene der palindromischen Symmetrie an. Durch die Art der versetzten Spaltung entstehen DNA-Fragmente mit kurzen Einzelstrangenden, die zueinander komplementär sind (Abb. **13.26c**). Sie werden deshalb als „klebrig" (engl.: sticky ends) bezeichnet und haben große Tendenz zur Wiederherstellung der Doppelstrangsequenz. Das ist für die Klonierung von ausschlaggebender Bedeutung. Schneidet man nämlich, wie in Abb. **13.26** angenommen, genomische DNA mit *Eco*RI, dann entsteht eine große Zahl unterschiedlicher Stücke, die alle eines gemeinsam haben: Sie enden in den für *Eco*RI spezifischen Einzelstrangstücken. Wenn man den Vektor ebenfalls an der *Eco*RI-Stelle aufschneidet, dann sind die Enden des Vektors „klebrig" für den Einbau der Fragmente. Durch Inkubation mit **DNA-Ligase** werden unter ATP-Verbrauch die Schnittstellen wieder geschlossen.

Nach Transformation werden die Bakterien so verdünnt ausplattiert, daß sie als Einzelkolonien auf einem Nährboden mit Ampicillin wachsen (Abb. **13.26d**). Aus jeder Einzelkolonie kann man einen bestimmten **Produktvektor** mit einem bestimmten Genomfragment isolieren. Die Gesamtheit der Einzelkolonien enthält alle denkbaren Sequenzabschnitte des Genoms (**Genombibliothek**). Allerdings müßten für die Gesamtheit der Information aus dem *Arabidopsis*-Genom von 125 Mb weit mehr als 120 000 Einzelkolonien isoliert werden, wenn man eine Durchschnittsgröße der *Eco*RI-Fragmente von 1 kb annehmen würde.

13.11.2 Die Polymerasekettenreaktion (PCR)

Die **PCR** (engl.: polymerase chain reaction) wurde 1987 von K. B. Mullis in die Gentechnik eingeführt. Wie die DNA-Sequenzierung (Kap.13.11.4) beruht sie auf einer In-vitro-DNA-Synthese unter Verwendung von **DNA-Polymerasen**, die man ursprünglich aus **thermophilen Bakterien** gewonnen hat. Ein Standardenzym für die PCR ist die **Taq-Polymerase**, die ursprünglich aus *Thermophilus aquaticus* stammt, heute aber in großen Mengen als rekombinantes Protein gentechnisch in *E. coli* erzeugt wird. Das Enzym hat ein Syntheseoptimum bei 72 °C und eine Halbwertszeit von 10 Minuten bei 100 °C. Wir werden gleich sehen, warum diese Eigenschaften für die Durchführung der PCR so wichtig sind (Abb. **13.27**).

Abb. 13.27 Schematischer Ablauf einer Polymerasekettenreaktion (PCR). Dargestellt sind drei Zyklen, in denen das Ausgangs-DNA-Fragment 8-fach vermehrt wird ($2^0 \rightarrow 2^1 \rightarrow 2^2 \rightarrow 2^3 = 8$). Nach wenigen Zyklen überwiegen mehr und mehr die durch die Position der beiden Primer definierten Fragmente (vgl. die Markierungen nach dem 3. Zyklus), während die längeren aus den ersten beiden Zyklen schließlich nicht mehr nachweisbar sind.

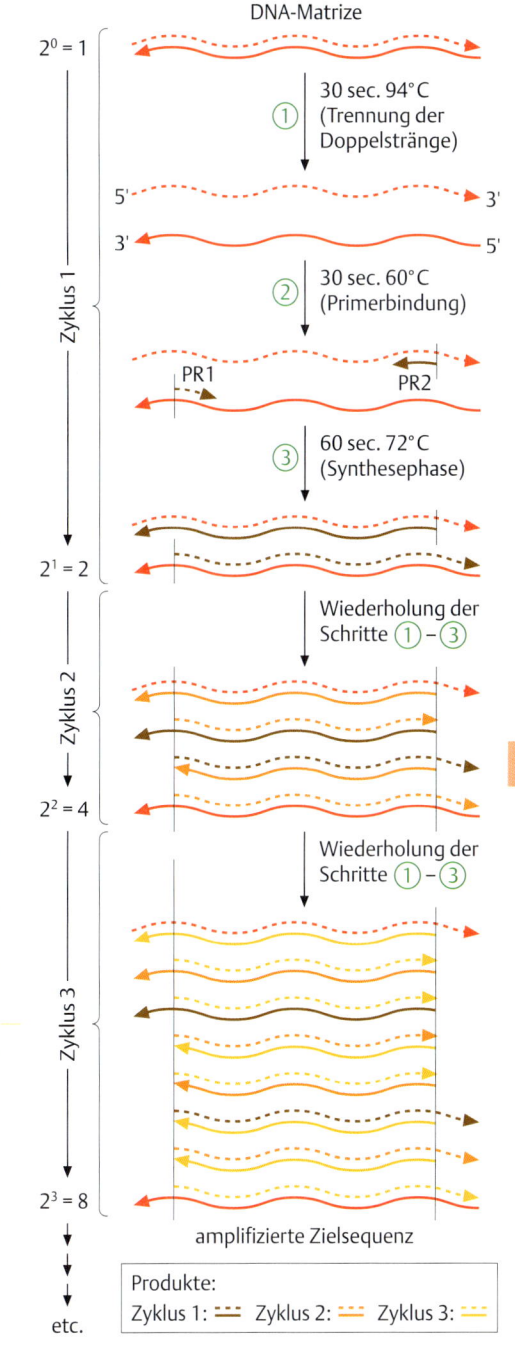

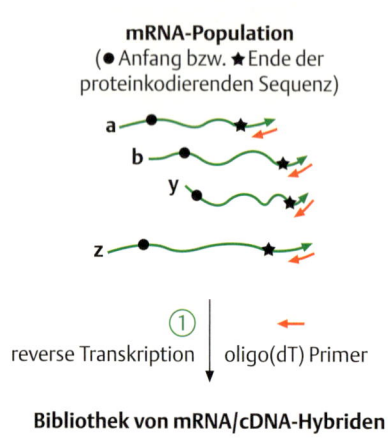

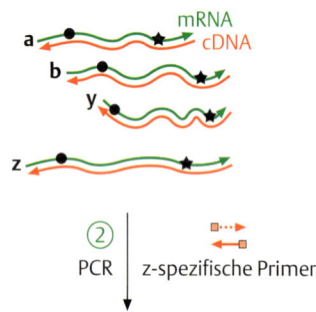

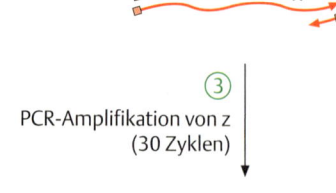

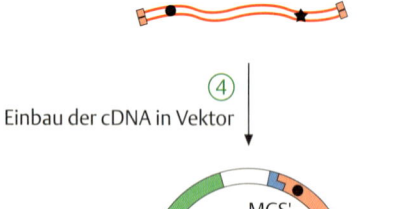

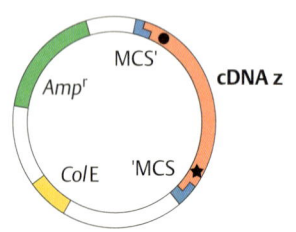

In Anlehnung, an die Grundbestandteile für die Replikation in vivo (Abb. 13.6 S. 388) brauchen wir in der Reaktionsmischung für die PCR die DNA-Matrize (**Template**), die DNA-Polymerase, zwei spezifische Primermoleküle für jeden der beiden DNA-Stränge und die 4 Desoxyribonucleosidtriphosphate (dNTP) als Substrate. Alle Komponenten sind in einem geeigneten Reaktionspuffer gelöst. Das Standardprogramm für die DNA-Amplifikation beinhaltet drei sich vielfach wiederholende Schritte (Abb. **13.27**):

1. 30 s Erwärmen auf 94 °C, um die DNA in ihre Einzelstränge aufzuschmelzen,
2. 30 s Abkühlen auf 60 °C für das Andocken der Primer,
3. DNA-Synthese für 1 min bei 72 °C.

Dieser Dreischrittzyklus wird 20–35-mal wiederholt. Dafür nutzt man einen geeigneten Automaten (**PCR-Cycler**), der die schnellen und genau kontrollierten Temperaturübergänge bewerkstelligt. Das Prinzip ist in Abb. **13.27** erklärt. Bei 30 Zyklen und optimaler Fortdauer der exponentiellen Amplifikation werden so aus einem einzigen DNA-Molekül in 60 min $2^{30} = 10^9$ DNA-Moleküle erzeugt.

Die Größe der in vitro synthetisierbaren Fragmente kann bei optimalen Bedingungen und guten DNA-Polymerasen bis 20 kb betragen. Alles hängt von der Thermostabilität und der Effizienz der DNA-Polymerase ab. Die **Taq-Polymerase** ist das am häufigsten verwendete Enzym, das Arbeitspferd der PCR. Sie ist robust, preiswert und sehr gut geeignet für analytische Reaktionen mit Amplifikation relativ kurzer DNA-Fragmente. Für die Amplifikation und Klonierung auch längerer DNA-Fragmente sind die **Vent-Polymerase** aus *Thermococcus litoralis* oder **Pfu-Polymerase** aus *Pyrococcus furiosus* besser geeignet, weil sie – wie normale DNA-Polymerase – mit einer **Korrekturfunktion** versehen sind.

13.11.3 Kopplung von reverser Transkription mit PCR (RT-PCR)

Eine wertvolle Erweiterung der Amplifizierung von DNA-Fragmenten durch PCR ist durch die Entdeckung spezieller Enzyme zugänglich geworden, die z. B. von Retroviren codiert werden und die eine Umkehr des Informationsflusses von der RNA zur DNA ermöglichen. Mit diesen sog. **Reversen Transkriptasen** (RT) wird das RNA-Genom der Retroviren, zu denen auch das AIDS-Virus (HIV) gehört, in eine **komplementäre DNA**-Sequenz umgeschrieben (**cDNA**), und diese kann in das Genom der Wirtszelle integriert werden. Für die Gentechnik sind diese Enzyme so wertvoll, weil man nun mRNA aus jeder beliebigen Zelle isolieren und in cDNA umschreiben kann (Abb. **13.28**). Wird diese anschließend in einer PCR-Reaktion amplifiziert, nennt man diese Methodenkombination **RT-PCR**. Bei Verwendung spezifischer Primer für die PCR-Stufe kann man **genspe-**

Abb. 13.28 Beispiel einer RT-PCR. Aus einer Population von mRNA-Molekülen wird im ersten Schritt (**1**) durch Reverse Transkriptase eine Population von mRNA/cDNA-Hybriden hergestellt. Aus diesem mRNA/cDNA-Gemisch kann durch Anwendung genspezifischer Primer (hier für die cDNA „z") und PCR eine große Menge der z-spezifischen cDNA selektiv amplifiziert (**2**, **3**) und dann in einen geeigneten Vektor kloniert werden (**4**). Durch den genspezifischen Primer können entsprechende Schnittstellen für Restriktionsenzyme (hier *Eco*RI) eingeführt werden.

zifische **Amplifikate** erhalten, die unmittelbar zur Transformation von Zellen weiter verwendet oder aber in Plasmide eingebaut werden können (Abb. **13.28**, Schritt 4). Im Ergebnis wird unter Umgehung des Genoms die für das Protein „z" codierende Sequenz als cDNA für eine Funktionsanalyse zugänglich (Kap. 13.12.1).

13.11.4 DNA-Sequenzierung

Dreh- und Angelpunkt aller Gentechnik und Genfunktionsanalyse ist natürlich die Fähigkeit, DNA preiswert, im großen Stil und möglichst vollautomatisch zu sequenzieren. Dies geschieht im allgemeinen nach der von Sanger und Mitarbeiter (1976) entwickelten **Didesoxymethode** zur In-vitro-DNA-Synthese mit Kettenabbruch. Der zu sequenzierende DNA-Abschnitt wird mit einem synthetischen Oligonucleotid als Primer hybridisiert, das an das 3'-Ende der eingebauten DNA bindet. Mithilfe einer speziellen **DNA-Polymerase** aus dem **Bakteriophagen T7** (Sequenase) wird in vitro ein komplementärer DNA-Strang synthetisiert. Als Substrat dient eine Mischung aus den vier 2'-Desoxyribonucleosidtriphosphaten, dATP, dGTP, dTTP und dCTP. Man setzt vier getrennten Proben zur DNA-Synthese geringe Mengen (etwa 10%) jeweils eines der vier **2',3'-Didesoxyribonucleosidtriphosphate** zu, d. h. ddATP, ddGTP, ddTTP bzw. ddCTP. Diese sind **Pseudosubstrate** für die DNA-Polymerase, deren Einbau wegen der fehlenden 3'-OH-Gruppe zwangsläufig zum **Kettenabbruch** führt (Abb. **13.29a, b**).

Da der Einbau der Didesoxyribonucleotide dem Zufall unterliegt und somit an jeder beliebigen Stelle erfolgen kann, entstehen Ketten verschiedener Länge. Um das Verfahren deutlicher zu machen, nehmen wir als Beispiel folgendes Nucleotidstück zur Sequenzierung an:

3'-ACCGATCGGAACACATCAGT-5' (Template)

Das vollständige Syntheseprodukt würde folgenden komplementären Strang ergeben:

5'-**Pr**-TGGCTAGCCTTGTGTAGTCA-3' (Syntheseprodukt)
(**Pr** steht für den Primer, von dem die Synthese startet.)

Wird nun die Reaktion in Gegenwart der vier natürlichen Substrate plus 1/10 der Menge an ddATP als Pseudosubstrat durchgeführt, dann kommt es an allen Stellen, an denen dATP als Substrat erforderlich wäre, mit einer gewissen Wahrscheinlichkeit zum Einbau von ddATP und damit zum Kettenabbruch. Der Trick bei dem Ansatz ist natürlich, gerade so viel bzw. so wenig der Didesoxynucleotide zu verwenden, damit auf der einen Seite die Abbruchprodukte noch gut nachweisbar sind, auf der anderen Seite aber die DNA-Synthese noch zu ausreichend langen Fragmenten von etwa 1000 Nucleotiden führt. In unserem Beispiel erhalten wir also folgende Teilsequenzen, die, nach Größe durch Elektrophorese sortiert, uns alle Stellen anzeigen, an denen ein Adenosin in der Sequenz steht (A* steht für den Einbau von ddATP):

Pr-TGGCTA*;
Pr-TGGCTAGCCTTGTGTA* und
Pr-TGGCTAGCCTTGTGTAGTCA*.

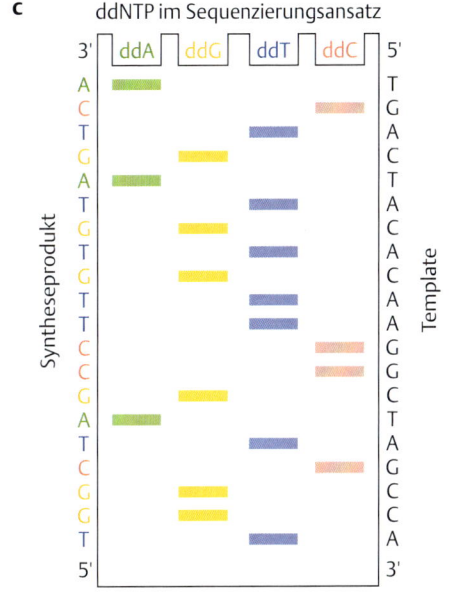

Abb. 13.29 DNA-Sequenzierung nach der Didesoxymethode. Erklärungen zu dem Versuchsansatz siehe Text.
a 2'-Desoxyribonucleosidtriphosphat,
b 2',3'-Didesoxyribonucleosidtriphosphat,
c Schema der gelelektrophoretischen Trennung der markierten Syntheseprodukte.

Entsprechend erhalten wir für jede der drei anderen 2',3'-Didesoxynucleotid-Reaktionen eine Leiter von Fragmenten. Aus allen zusammen, in vier Spuren auf einem **Elektropherogramm** getrennt (Abb. **13.29c**), können wir leicht die komplementäre DNA-Sequenz des Templates ablesen. Der Nachweis der synthetisierten DNA-Fragmente erfolgt mithilfe von Fluoreszenzfarbstoffen, die man entweder an die Primer anhängt oder aber an die vier ddNTPs.

Moderne **Sequenzierungsautomaten**, die geeignet sind, die riesigen Genome eukaryotischer Organismen in einer vertretbaren Zeit komplett zu sequenzieren, arbeiten mit zwei Verbesserungen dieser Grundtechnik:

- Wenn die vier ddNTP mit vier unterschiedlichen Fluoreszenzfarbstoffen markiert sind, können alle vier Reaktionen in einem Elektrophoreseschritt gemeinsam getrennt und mit entsprechenden Laserlicht-Detektoren simultan und vollautomatisch registriert werden.
- Die Cycle-Sequencing-Methode nutzt Primer mit entsprechenden Fluoreszenzfarbstoffen und thermostabile DNA-Polymerasen. Dadurch können selbst sehr kleine Mengen von DNA noch sequenziert werden, weil die Reaktion wie bei der PCR (Kap. 13.11.2) noch mit einer starken Amplifikation verbunden ist.

13.12 Pflanzentransformation und transgene Pflanzen

Eine Reihe gentechnischer Methoden haben die Grundlage für die Transformation von Pflanzen bzw. Pflanzenzellen im breiten Umfang geschaffen. Neben der Möglichkeit zur transienten Transformation als einfache Methode zur Genfunktionsanalyse können auch transgene Pflanzen erzeugt werden. Dadurch entstehen ggf. ganz neue Merkmalskombinationen, die eine grundlegende Verbesserung von Qualität und Quantität der Erträge oder von Resistenz gegen Frost, Herbizide oder pathogene Organismen bewirken können. Trotz einiger Bedenken gegen den massenhaften Anbau scheint die Nutzung transgener Pflanzen angesichts der Welternährungssituation und der Folgeerscheinungen der industriellen Landwirtschaft unausweichlich und unaufhaltsam.

Für die Pflanzenzüchtung stehen heute neben den klassischen Verfahren der Kreuzung und Selektion auf der Basis eines vorgegebenen genetischen Pools einer Sorte oder Art auch neue Methoden der Gentechnologie zur Verfügung, die es ermöglichen, das Erbgut von Pflanzen direkt und gezielt zu verändern. Hierbei können Gene aus Tieren, Mikroorganismen oder anderen Pflanzen auf die gewünschte Zielpflanze übertragen werden. In solchen **transgenen Pflanzen** erhält man Merkmalskombinationen, die die Qualität und Quantität der Erträge verbessern oder Resistenz gegen Frost, Herbizide oder pathogene Organismen bewirken und durch klassische Züchtungsverfahren nicht erreicht werden können. Die neuen Methoden machen die Arbeit der Züchter aber keinesfalls überflüssig. Sie bereichern das Methodenspektrum und beschleunigen Selektionsprozesse. Abhängig von der Zielstellung werden Methoden zur vorübergehenden (transienten) oder aber zur stabilen Transformation genutzt. Bei letzterer entstehen transgene Pflanzen, deren neue Eigenschaften an die Nachkommenschaft weitergegeben werden.

13.12.1 Transiente Transformation und Reporterassays

Die einfachste Methode für eine transiente Transformation ist in der Abb. **13.30** am Beispiel eines Reporterassays in Tabak-**Mesophyllprotoplasten** beschrieben. Sie ist sehr gut geeignet, um wichtige Grundeigenschaften der Wirkung von Genen bzw. Genprodukten zu testen.

Ein solcher Test kann in dieser oder ähnlicher Form mit vielen Pflanzenzellen durchgeführt werden, deren Zellwände in einem hyperosmotischen Medium (Pufferlösung, osmotisch stabilisiert durch Zusatz von 0,5 M Mannit) mit Cellulasen und Pektinasen verdaut werden können, ohne daß der Protoplast zerstört wird. Voraussetzung für ein gutes Ergebnis sind die Gewinnung einer ausreichenden Zahl von Protoplasten und deren Qualität, d. h. ihre Stabilität, Transformierbarkeit und schließlich Kapazität zur Genexpression. Zur Transformation verwendet man **Expressionsplasmide** mit den gewünschten cDNA-Kassetten (Abb. **13.31**). Durch kurzzeitige Behandlung der Mischung aus Protoplasten und Plasmiden mit **Polyethylenglykol** (PEG) werden Plasmide in großer Zahl in die Zellen aufgenommen. In guten Experimenten können bis zu 80 % der Protoplasten transformiert sein. Nach einer Genexpressionsphase von etwa 20 h

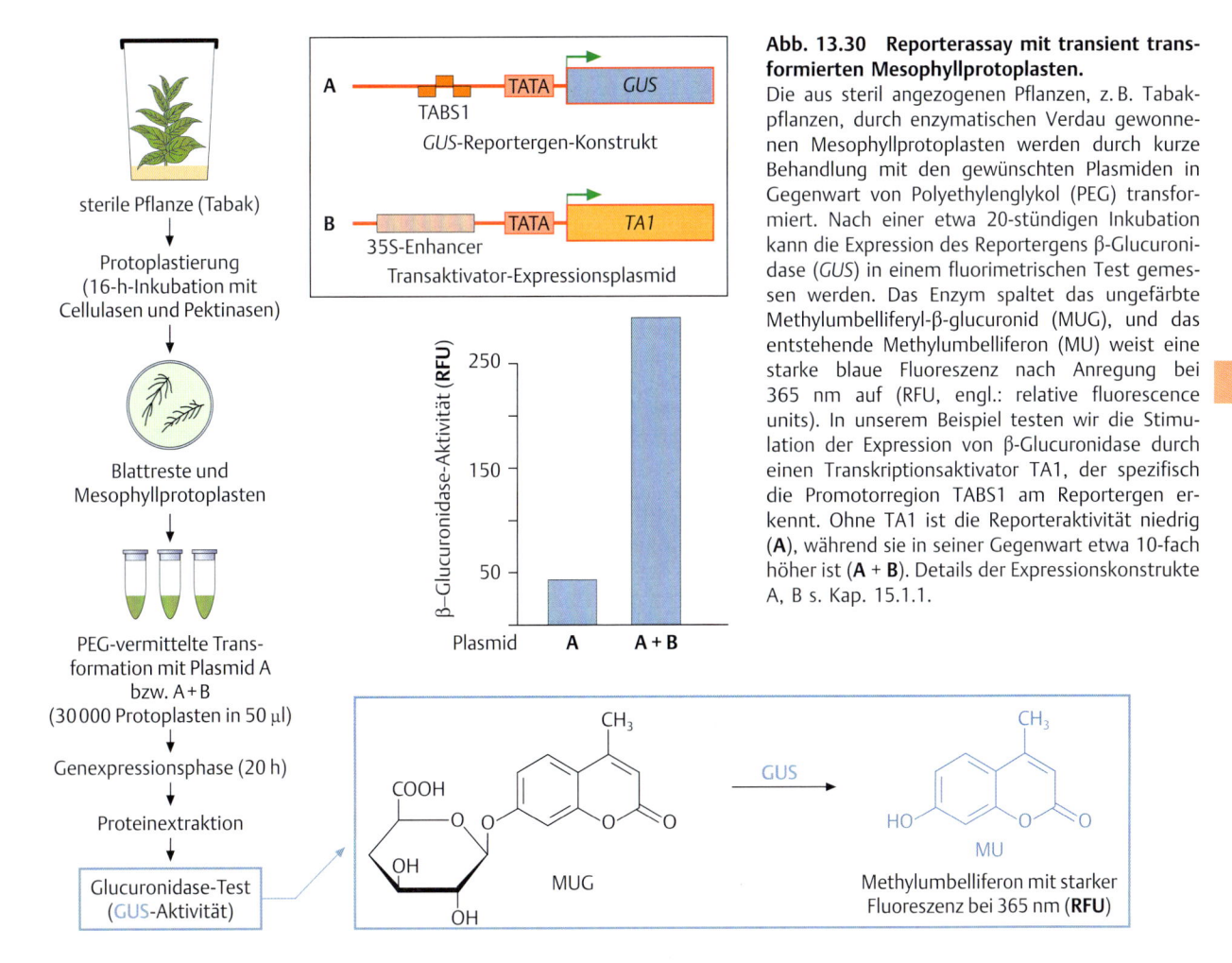

Abb. 13.30 Reporterassay mit transient transformierten Mesophyllprotoplasten.
Die aus steril angezogenen Pflanzen, z. B. Tabakpflanzen, durch enzymatischen Verdau gewonnenen Mesophyllprotoplasten werden durch kurze Behandlung mit den gewünschten Plasmiden in Gegenwart von Polyethylenglykol (PEG) transformiert. Nach einer etwa 20-stündigen Inkubation kann die Expression des Reportergens β-Glucuronidase (*GUS*) in einem fluorimetrischen Test gemessen werden. Das Enzym spaltet das ungefärbte Methylumbelliferyl-β-glucuronid (MUG), und das entstehende Methylumbelliferon (MU) weist eine starke blaue Fluoreszenz nach Anregung bei 365 nm auf (RFU, engl.: relative fluorescence units). In unserem Beispiel testen wir die Stimulation der Expression von β-Glucuronidase durch einen Transkriptionsaktivator TA1, der spezifisch die Promotorregion TABS1 am Reportergen erkennt. Ohne TA1 ist die Reporteraktivität niedrig (**A**), während sie in seiner Gegenwart etwa 10-fach höher ist (**A + B**). Details der Expressionskonstrukte A, B s. Kap. 15.1.1.

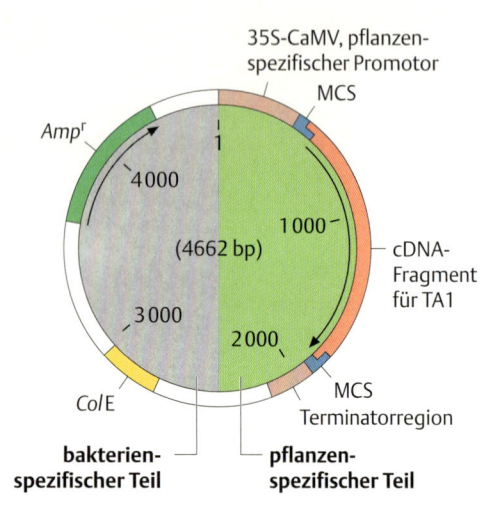

Abb. 13.31 Pflanzlicher Expressionsvektor.
Erläuterungen s. Text. 35S-CaMV, Promotor-/Enhancer-Region des Blumenkohlmosaik-Virus (Box **20.9** S. 839).

sind die Plasmide aus den Zellen weitgehend verschwunden. Daher spricht man von einer **transienten Transformation**.

Ein geeignetes **Expressionsplasmid** für die Transformation pflanzlicher Zellen hat folgende Grundeigenschaften (Abb. **13.31**):

- Wegen der massenhaften Vermehrung in *E. coli* und der leichten Handhabung liegt seine Größe am besten im Bereich von 3–5 kb.
- Es enthält einen bakterienspezifischen Teil für die Klonierungsarbeiten und Vermehrung in *E. coli* (graues Segment mit dem Replikationsursprung *Col*E und dem Resistenzgen *Amp^r*; s. a. Kap. 13.11.1).
- Das Plasmid enthält einen pflanzenspezifischen Teil (grünes Segment) mit einer starken Promotor- und Terminatorregion für die Bildung der gewünschten mRNA in Pflanzenzellen (Kap. 15.1.1). In den beiden Klonierungsstellen (MCS) sind Erkennungsmotive für verschiedene Restriktionsendonucleasen, die man für das Einfügen der gewünschten Information als cDNA-Kassette nutzen kann (Abb. **13.26** S. 426). In unserem Fall wäre das eine cDNA für den Transkriptionsaktivator TA1. Das Reporterkonstrukt in Abb. **13.30** ist prinzipiell ähnlich aufgebaut.

Für einen **Reporterassay** im Allgemeinen benutzt man ein **Reportergenkonstrukt**, dessen Proteinprodukt leicht nachweisbar ist, etwa weil ein gutes Antiserum zur Verfügung steht oder weil das Reporterenzym mit hoher Empfindlichkeit durch den Umsatz eines **chromogenen Substrats** nachzuweisen ist. Ein häufig verwendetes Reporterenzym ist die bakterielle **β-Glucuronidase** (Abb. **13.30**). Ein anderes, bei Tieren und Pflanzen gleichermaßen verwendbares Reportergen codiert für **Luciferase**, deren Gen aus dem Glühwürmchen (*Photinus pyralis*) kloniert wurde. In diesem Fall erfolgt der Nachweis durch Oxidation von Luciferin in Gegenwart von ATP (Plus **17.4** S. 690). Der geschilderte Typ von Reporterassay ist außerordentlich wirkungsvoll und erlaubt einen Durchsatz von zahlreichen Proben. Er hat allerdings klare Grenzen, wenn es um Untersuchungen in spezifischen Geweben geht, aus denen man nicht so einfach Protoplasten herstellen kann. Solche Pflanzenzellen können aber ggf. direkt mit Plasmiden beschossen werden (**biolistische Methode**). Dazu werden kleine Gold- oder Wolframpartikel von 0,5–2 μm in Gegenwart von Ca^{2+}-Ionen und Spermidin mit der zu transformierenden DNA beschichtet und anschließend mithilfe einer **Partikelkanone** mit hoher Geschwindigkeit auf das Pflanzenmaterial geschossen. Einzelne Metallpartikel mit der DNA durchschlagen dabei die Zellwände und dringen so in das Cytoplasma oder den Zellkern ein. Dies kann zu einer transienten aber auch stabilen Transformation führen. Der Nachweis der Genexpression erfolgt in den meisten Fällen in situ, d. h. durch Anfärbung der transformierten Zellen selbst. Für die β-Glucuronidase gibt es ein sehr wirkungsvolles chromogenes Substrat für In-situ-Färbungen (**X-Gluc**). Das ist ein Indolyl-β-glucuronid, dessen Spaltung Indol freisetzt, das in Gegenwart von Luftsauerstoff ein tiefblau gefärbtes Indigoderivat liefert (Plus **12.5** S. 368, Plus **16.10** S. 645).

13.12.2 Herstellung transgener Pflanzen

Prinzipiell können durch die Kultur transformierter Protoplasten transgene Pflanzen regeneriert werden (Abb. **16.54** S. 666). Das ist allerdings eine sehr aufwendige und heute kaum noch in diesem Zusammenhang angewandte Prozedur. Viel effizienter ist die natürliche Transformation, die durch das **Bodenbakterium *Agrobacterium tumefaciens*** vermittelt wird. Wie in Kap. 20.6.2 beschrieben, kann dieses Bakterium ein kleines

Stück einer Plasmid-DNA, die sog. Tumor-DNA (T-DNA) als Minichromosom in Pflanzenzellen einschleusen, und dieses wird irgendwo im Genom integriert (Plus **13.11** S. 418).

Die für die Transformation eingesetzten Plasmide sind sog. **binäre Vektoren**, weil sie sowohl in *E. coli* als Wirt für die aufwendigen Klonierungsarbeiten als auch in *A. tumefaciens* als Wirt für die Pflanzentransformation vermehrt werden können. Binäre Vektoren müssen also Replikationsregionen für beide Bakterien haben. Außerdem enthalten sie eine modifizierte Form der T-DNA mit den eingebauten Zielgenen, die in die Pflanze übertragen werden sollen (Box **20.7** S. 833). Darunter befindet sich im allgemeinen auch ein Selektionsmarker, z. B. das *PAT*-Gen, damit man transgene Pflanzen von Wildtyppflanzen unterscheiden kann. Für die **Transformation** selbst werden häufig **Blattscheiben** der zu behandelnden Pflanze mit den Agrobakterien cokultiviert, sodaß der DNA-Transfer in die Zellen an den Blatträndern erfolgen kann. Nach Abwaschen der meisten Bakterien und Zusatz von großen Mengen von Antibiotika, um das weitere Wachstum der noch anheftenden Bakterien zu stoppen, werden die Blattscheiben in Gegenwart von geeigneten Hormonkombinationen (**Cytokinin** und **Auxin**) zur **Regeneration von Sprossen** und schließlich von ganzen Pflänzchen angeregt (vgl. Kap. 16.11.3).

Bei einigen Pflanzen mit der Kapazität zur Bildung zahlreicher, meist sehr kleiner Samen, wie z. B. *Arabidopsis*, Kartoffel u. a. m., hat sich in den letzten Jahren eine viel bessere Methode durchgesetzt. Man taucht den ganzen jungen Blütenstand mit noch geschlossenen Knospen kurzzeitig in eine Suspension der Agrobakterien (**Floral-dip-Methode**, Abb. **13.32**). Der Transfer der T-DNA kann in diesem Fall direkt in den Eiapparat erfolgen (Abb. **14.17** S. 480), und damit erhalten wir im positiven Fall bereits den transgenen Embryo im reifen Samen. Von der Gesamtheit der geernteten Samen einer so behandelten *Arabidopsis*-Pflanze können bis zu 1 % transgen sein. Zur Selektion werden die Keimlinge angezogen und dann mit dem Selektionsagens, in unserem Fall mit dem **Herbizid Phosphinotricin** (BASTA) besprüht. Die wenigen transgenen Keimlinge

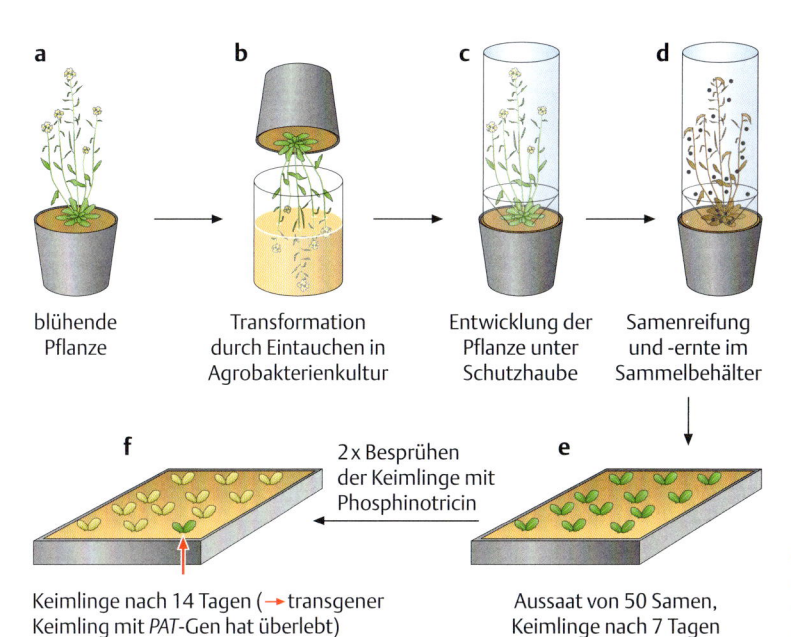

Abb. 13.32 Stabile Transformation von *Arabidopsis thaliana* nach der Floral-dip-Methode und Selektion transgener Keimlinge. Details siehe Text.

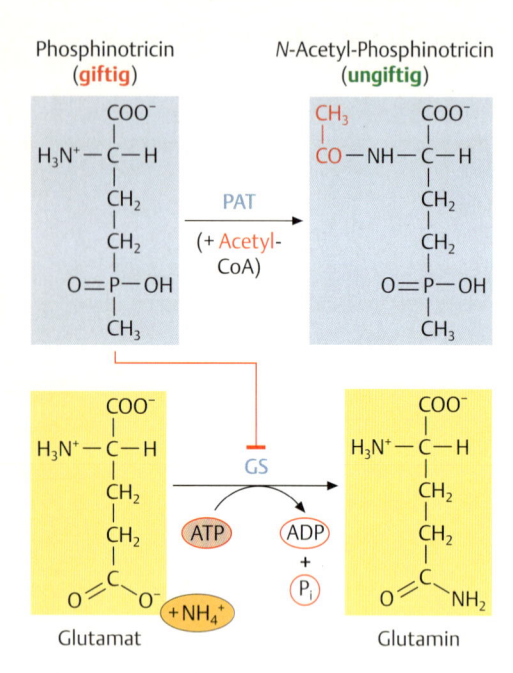

Abb. 13.33 Biochemische Wirkung und Entgiftung von Phosphinotricin.
Hemmung der Glutaminsynthase in Gegenwart von Phosphinotricin führt zur Vergiftung der Pflanzen durch Ammoniak. Weitere Details siehe Text.

überleben, während die Wildtypkeimlinge sich nicht weiterentwickeln können. Die Resistenz beruht auf der Entgiftung des Phosphinotricins durch Acetylierung (Abb. 13.33). Das als Resistenzmarker benutzte **PAT-Gen** codiert für die Expression von **Phosphinotricin-Acetyltransferase**.

Besondere Probleme bei der **Transformation** bereiteten lange Zeit alle wichtigen **Kulturgräser** (Reis, Mais, Gerste, Weizen, Hirse etc.), die natürlich für die Welternährung eine herausragende Rolle spielen. Bei diesen Pflanzenarten werden im allgemeinen isolierte unreife Embryonen oder Mikrosporen mit der Partikelkanone transformiert und anschließend Pflanzen durch nachfolgende In-vitro-Kultivierung regeneriert. Bei der Kultivierung wird durch Gabe von Phytohormonen (Kap. 16.11.3) zunächst Kalluswachstum und danach durch Änderung der Hormonkonzentration somatische Embryogenese induziert. Die Embryonen wachsen später zu Pflänzchen heran. Inzwischen sind allerdings auch die meisten Kulturgräser für die experimentell einfachere und effizientere Transformation mit speziellen Stämmen von Agrobakterien empfänglich. Auch dafür dienen unreife Embryonen als Ausgangsmaterial.

13.12.3 Anbau transgener Pflanzen

Der Anbau transgener Kulturpflanzen ist weltweit in den letzten 5 Jahren jährlich um 15–20 % gestiegen. Insgesamt haben wir es Ende 2006 mit etwa 100 Millionen Hektar Nutzfläche und im wesentlichen mit vier Großkulturen zu tun: **Soja, Mais, Baumwolle** und **Raps** (Abb. 13.34). Nach Angaben internationaler Organisationen bauen etwa 8–9 Millionen Landwirte in 20 Ländern transgene Kulturpflanzen an, und der Trend geht ungebremst weiter. Der Zuwachs wird insbesondere in den Ländern Südamerikas und Asiens erwartet. Schon jetzt liegen die Anteile von transgenen Sorten am Gesamtanbau bei den genannten vier Kulturpflanzen in einigen Fällen bei 60–90 %. Die zunehmende Nutzung transgener Pflanzen scheint angesichts der Welternährungssituation und der Folgeerscheinungen der industriellen Landwirtschaft unausweichlich.

Allerdings ist die Nutzung dieser neuen Technologie bei allen Vorteilen auch mit einer Reihe von Problemen verbunden, die eine breite Diskussion hervorgerufen haben und auch weiterhin umfangreiche Begleituntersuchungen erfordern. Es muß verhindert werden, daß für viele Gebiete der Erde die dringend erforderlichen Verbesserungen in der Nahrungsmittelproduktion nicht mit unvertretbaren negativen Folgen für die Umwelt einhergehen. Dabei spielt die Möglichkeit der Weitergabe der **Transgene** an Wildpflanzen in der Umgebung, die mit den Kulturpflanzen kreuzbar sind, eine zentrale Rolle (**Transgen-Introgression**). Im Einzelfall und für jedes Land muß über den Nutzen und die Risiken des Anbaus transgener Kulturpflanzen vorurteilsfrei und unabhängig entschieden werden. Eine hervorragende Möglichkeit, sich über praktische und gesellschaftspolitische Aspekte des Umgangs mit transgenen Kulturpflanzen zu informieren, bietet die Homepage der Verbraucherinitiative e.V. (www.transgen.de).

Abschließend wollen wir vier Beispiele für die Nutzung transgener Pflanzen erläutern; die ersten beiden sind die Grundlage für den verbreiteten Anbau in den letzten Jahren (Abb. 13.34), die letzten beiden beziehen sich auf Entwicklungen in der nahen bzw. ferneren Zukunft.

Herbizidresistenz: Die Rolle von Herbizid-Resistenzgenen soll am Beispiel des **Phosphinotricins** beschrieben werden. Dieses Antibiotikum, das ursprünglich aus Bodenbakterien isoliert wurde, hemmt als Analogon der Glutaminsäure die Glutaminsynthase, d.h. die Fixierung von NH_3. Die Pflanzen sterben an einer Ammoniakvergiftung. Durch Acetylierung wer-

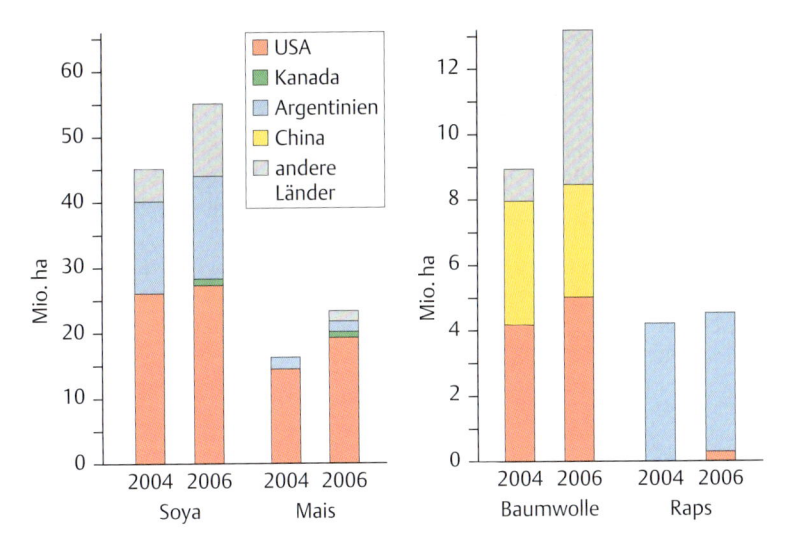

Abb. 13.34 Übersicht über den Anbau transgener Kulturpflanzen.
Die quantitativen Angaben (Millionen Hektar) beziehen sich auf die angegebenen 4 Kulturpflanzen und die Jahre 2004 bzw. 2006 (Details s. http://www.transgen.de und http://www.isaaa.org). Zum Vergleich: Die Fläche der Bundesrepublik Deutschland beträgt 35,7 Mio ha.

den die Phosphinotricin-Moleküle inaktiviert (Abb. **13.33**). Erzeugt man also transgene Kulturpflanzen mit dem Gen für **Phosphinotricin-Acetyltransferase** (*PAT*) aus *Streptomyces viridochromogenes*, so können die Anbauflächen leicht durch Anwendung des umweltverträglichen Phosphinotricins frei von anderen Pflanzen gehalten werden. Die Anwendung anderer, häufig für Mensch und Umwelt bedenklicher Herbizide entfällt.

Resistenz gegen Insekten: Der großflächige Anbau von wenigen Hochleistungssorten bestimmter Kulturpflanzen in weiten Teilen der Welt schafft ideale Voraussetzungen für die massenhafte Verbreitung von entsprechend angepaßten Schädlingen. Ein eindrucksvolles Beispiel ist der **Maiszünsler**, eine Schmetterlingsart, deren Raupen weltweit enorme Schäden im Maisanbau anrichten. In dem Bakterium *Bacillus thuringiensis* gibt es allerdings ein Toxin (**Bt-Toxin**), das sehr toxisch gegenüber den Raupen von Lepidopteren ist. Transgene Maissorten, die dieses *Bacillus*-Toxin exprimieren, sind gegenüber dem Fraß der Zünslerraupen und den Folgeschäden durch Pilzbefall der Maiskolben wirksam geschützt, ohne daß wiederholt mit Insektiziden besprüht werden muß. Die Befürchtungen, daß andere Schmetterlingsarten von dem für sie toxischen Mais geschädigt werden könnten, haben sich bisher nicht eindeutig belegen lassen. Das Bt-Toxin-Gen wird ebenso erfolgreich gegen Fraßschädlinge bei **Baumwolle** und **Raps** eingesetzt.

Goldener Reis: Weltweit und mit besonderer Häufigkeit in Asien sind 800 Millionen Menschen von gravierendem **Vitamin-A-Mangel** bedroht. Man schätzt, daß dies bei etwa 500 000 Kindern zum Erblinden führt und daß bei ausreichender Versorgung mit Vitamin A jährlich 1–2 Millionen Kinder vor dem Tod durch Folgeerkrankungen gerettet werden könnten. Das Phänomen beruht auf der einseitigen Ernährung mit Reis. Durch den Einbau von drei Genen für die Umsetzung des Geranylgeranylpyrophosphats im Reis-Endosperm in β-Carotin (Kap. 12.3 S. 362) ist es gelungen, eine transgene Reissorte zu erhalten, die erhebliche Mengen β-Carotin (Provitamin A) produziert. Die Reiskörner haben eine goldgelbe Farbe. Man schätzt, daß der Verzehr von etwa 300 g des goldenen Reises pro Tag ausreichen würde, Vitamin-A-Mangel und die dramatischen Folgeschäden zu vermeiden.

Molecular Farming: Das Beispiel der neuen Reissorte, deren Anbau im Versuchsstadium ist, könnte man auch unter dem Stichwort „molecular farming" neuer Pflanzensorten mit medizinischer Anwendung aufführen. Die seit Jahren erfolgreich durchgeführten Versuche konzentrieren sich auf die Produktion spezifischer **Antikörper** in transgenen Pflanzen, von Proteinen aus pathogenen Organismen, die als **Antigene** in der Nahrung zur Anregung des Immunsystems führen könnten, oder von **Proteinwirkstoffen**, deren Produktion sehr teuer ist. Wann immer in Zukunft eine Anwendung möglich wird, rechnet man gegenüber den herkömmlichen Herstellungsverfahren mit deutlich preiswerteren Arzneimitteln.

14 Fortpflanzung und Vermehrung bei Niederen und Höheren Pflanzen

Die Fülle verschiedener Organismen von den einzelligen Algen und Pilzen bis hin zu den Samenpflanzen ist durch eine große Mannigfaltigkeit von Mechanismen zur Fortpflanzung und Vermehrung gekennzeichnet. Formal gesehen sind die Bedingungen für Fortpflanzung erfüllt, wenn ein Organismus vor seinem Tod einen Tochterorganismus erzeugt und so die Erhaltung der Art garantiert. Demgegenüber impliziert der Begriff der Vermehrung eine Vervielfachung der Anzahl. Allerdings ist in der Mehrzahl der Fälle Fortpflanzung auch mit einer Vermehrung verbunden.

Die Fähigkeit zu Fortpflanzung und Vermehrung auch unter schwierigen Umweltbedingungen war im Verlauf der Evolution immer wieder ausschlaggebend für den Erfolg einer Art oder ggf. einer ganzen Organismengruppe im „Kampf um's Dasein". Mit steigender Organisationshöhe der vielzelligen Organismen ist es zur Ausbildung sehr komplexer Mechanismen mit speziellen Fortpflanzungszellen oder -organen gekommen, die der geschlechtlichen (generativen) bzw. der ungeschlechtlichen (vegetativen) Fortpflanzung dienen.

Nach Klärung wichtiger Grundbegriffe werden die Vermehrungsstrategien verschiedener Vertreter des Pflanzenreichs exemplarisch beschrieben. Dabei werden wir, von einer gewissen Mannigfaltigkeit und Flexibilität ausgehend, zu strukturell immer aufwendigeren Systemen kommen, je mehr wir in der Evolutionsskala von den Niederen Pflanzen zu den Samenpflanzen fortschreiten. Die unterschiedlichen Organisationsformen der Organismen sind in Kap. 4 behandelt. Viele Grundzüge der Fortpflanzung und Vermehrung bei Algen, Pilzen, Moosen, Farnen und Samenpflanzen zeigen Gemeinsamkeiten, die sie von den anderen Organismen unterscheiden. Die in diesem Kapitel dargestellte Auswahl von Organismen umfaßt eine Fülle von Modellorganismen mit ihren Steckbriefen, die aus experimenteller oder wirtschaftlicher Sicht besondere Aufmerksamkeit verdienen.

Fortpflanzung und Vermehrung bei Niederen und Höheren Pflanzen

14.1 **Definitionen und Grundbegriffe ... 439**

14.1.1 Sexualität – Bildung von Gameten und Befruchtung ... 439

14.1.2 Generationswechsel ... 441

14.1.3 Vegetative Vermehrung ... 443

14.2 **Drei Formen von Entwicklungszyklen bei Grünalgen ... 445**

Chlamydomonas reinhardtii ... 445

Cladophora ... 448

Halicystis ovalis/Derbesia marina ... 449

14.3 **Drei Formen von Generationswechsel bei Braunalgen ... 450**

Cutleria ... 451

Dictyota ... 451

Fucus-Arten ... 452

14.4 **Generationswechsel bei Rotalgen ... 454**

Polysiphonia ... 456

Porphyra ... 456

14.5 **Zelluläre Schleimpilze ... 458**

14.6 **Fortpflanzung und Vermehrung der echten Pilze ... 462**

14.6.1 Ascomyceten (Schlauchpilze) ... 462

Einfache Ascomyceten: *Saccharomyces* ... 463

Höhere Ascomyceten: *Neurospora* ... 467

14.6.2 Basidiomyceten (Ständerpilze) ... 470

14.7 **Generationswechsel der Archegoniaten ... 474**

14.7.1 Moose ... 474

14.7.2 Farne ... 476

14.8 **Generationswechsel der Samenpflanzen ... 479**

14.1 Definitionen und Grundbegriffe

Sexuelle Fortpflanzung beinhaltet die Verschmelzung zweier Geschlechtszellen, z. B. Gameten, unter Ausbildung einer Zygote. Man unterscheidet Isogamie, Anisogamie und Oogamie. Im ersten Falle sind Gameten äußerlich gleich gestaltet, im zweiten Fall verschieden groß, aber beweglich, während im dritten Fall der weibliche Gamet als Eizelle unbeweglich ist. Gametangiogamie liegt vor, wenn die Bildung von Gameten unterdrückt wird und ganze Gametangien verschmelzen. Bei der Somatogamie kommt es nicht mehr zur Ausbildung von Gametangien, sondern es verschmelzen Körperzellen. Je nachdem, ob die Meiose erst bei der Gametenbildung stattfindet oder bereits bei der Keimung der Zygote, unterscheidet man Diplonten und Haplonten. Erstere bestehen aus Zellen mit diploidem Chromosomensatz (2n), letztere aus Zellen mit einem haploiden Chromosomensatz (1n).

14.1.1 Sexualität – Bildung von Gameten und Befruchtung

Ehe wir einen Einblick in die Fortpflanzungsstrategien einiger Organismengruppen geben, müssen ein paar immer wiederkehrende Grundbegriffe erläutert werden. Wie wir in Kapitel 13.7.6 erfahren haben, besteht das Wesen der sexuellen Fortpflanzung darin, daß bei der Befruchtung zwei **haploide Zellen**, z. B. **Gameten** zu einer **diploiden Zygote** verschmelzen. Der Bildung der Ausgangszellen muß also eine Reduktionsteilung (Meiose) vorausgegangen sein, um einen haploiden Chromosomensatz in den Gameten sicherzustellen. Gameten werden in **Gametangien** gebildet. Bei den Einzellern und den einfacher organisierten Vielzellern dienen als Gametangien Zellen, deren Inhalt bei der Gametenbildung aufgeteilt wird, während bei den höher organisierten Formen die Gametangien besonders gestaltete Behälter sind. Sexueller Fortpflanzung geht also in diesen Fällen eine morphologisch sichtbare Differenzierung voraus.

Im Einzelnen können wir folgende Formen von Gameten und Befruchtungsvorgängen unterscheiden:

- **Isogamie** (Abb. **14.1a**): Die Gameten haben in der Regel verschiedene Sexualpotenz, sind aber äußerlich gleich gestaltet und können daher nicht als männlich (♂) oder weiblich (♀) bezeichnet werden. Sie werden entsprechend ihrem Paarungsverhalten, als (+)- und (–)-Gameten bezeichnet. Der Begriff Isogamie bezieht sich also in erster Linie auf die Morphologie. Solche Geschlechtszellen mit unterschiedlichem Paarungsverhalten sind in Wirklichkeit aber **physiologisch anisogam**.
- **Anisogamie** (Abb. **14.1b**): Die Gameten verschiedener Sexualpotenz sind zwar von ähnlicher Gestalt, doch sind die weiblichen Gameten größer (Makrogameten, ♀) als die männlichen (Mikrogameten, ♂).
- **Oogamie** (Abb. **14.1c**): Mit zunehmender Organisation werden die weiblichen Gameten geißellos und unbeweglich und bleiben häufig im Gametangium eingeschlossen. Man bezeichnet sie als Eizellen, und sie sind in der Regel erheblich größer als die männlichen Gameten, die **Spermatozoiden**. Aber auch die männlichen Gameten können schließlich unbeweglich sein (**Spermatien**). Auf dieser Entwicklungsstufe unterscheiden sich auch die **Gametangien** in der Gestalt. Die weiblichen Gametangien werden daher als **Oogonien**, die männlichen als **Spermogonien** bezeichnet. Wegen der Unbeweglichkeit des Eies sind die Spermatozoiden gezwungen, dieses aufzusuchen und ggf. in das Oogonium einzudringen. Das Oogonium besteht aus einer Zelle, in der eine oder mehrere Eizellen entstehen können. In der nächsten

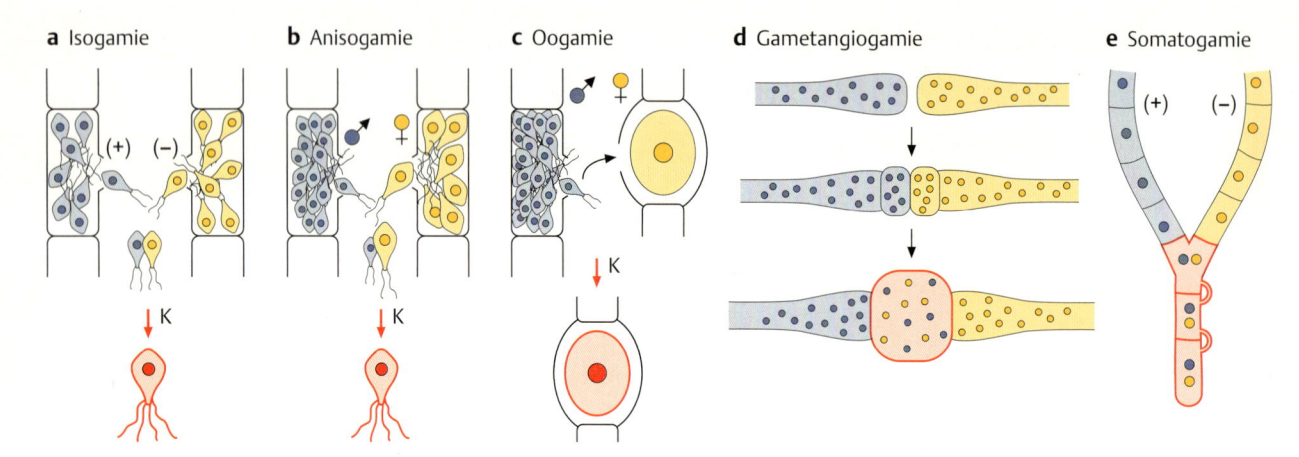

Abb. 14.1 Verschiedene Formen von Befruchtungsvorgängen, schematisch. Männliche bzw. (+)-Gameten bzw. Kerne sind blau, weibliche bzw. (−)-Gameten bzw. Kerne sind gelb, diploide Stadien (Zygoten bzw. Paarkernstadien) sind rot. Bei **d** und **e** geht die Plasmogamie der Karyogamie (K) voraus, so daß ein Paarkernstadium entsteht. Weitere Erklärungen im Text.

Stufe der Spezialisierung der Sexualapparate bei Moosen und Farnen (Kap. 14.7) finden wir vielzellige flaschenförmige Eibehälter (**Archegonien**) und ebenfalls vielzellige männliche Gametangien (**Antheridien**).

- **Gametangiogamie** (Abb. **14.1d**): Unter Gametangiogamie verstehen wir einen Sonderfall der geschlechtlichen Fortpflanzung, bei dem es gar nicht mehr zur Ausbildung von Gameten kommt, sondern gleich die vielkernigen Gametangien miteinander verschmelzen. Auch hier kann man eine isogame Gametangiogamie, bei der die Gametangien äußerlich gleich gestaltet sind (Abb. **14.1d**), von einer anisogamen mit verschieden gestalteten Gametangien unterscheiden.
- **Somatogamie** (Abb. **14.1e**): Ein Extremfall der Reduktion tritt uns in Gestalt der Somatogamie entgegen, die für die **Basidiomyceten** charakteristisch ist. Hier werden keine Gametangien mehr ausgebildet, sondern es verschmelzen Körperzellen miteinander, die äußerlich gleich gestaltet sind, sich in ihrem Paarungsverhalten aber unterscheiden. **Plasmogamie** und **Karyogamie** sind zeitlich und räumlich voneinander getrennt durch eine mehr oder weniger ausgedehnte Phase mit zwei sich synchron teilenden Kernen in jeder Hyphenzelle (**Paarkernphase**, Abb. **14.13** S. 471).

Auch hinsichtlich des **Paarungsverhaltens** und der Verteilung der Geschlechtsorgane sind mehrere Typen zu unterscheiden. Bei **getrenntgeschlechtlichen** (**diözischen**) Arten sind die Gametangien auf zwei verschiedene Individuen verteilt. Eine Selbstbefruchtung ist somit ausgeschlossen. Bei **zwittrigen** (**monözischen**) Arten werden von ein und demselben Individuum sowohl weibliche als auch männliche Geschlechtszellen bzw. -organe gebildet. Selbstbefruchtung ist in einem solchen Fall zwar prinzipiell möglich, wird aber bei vielen Arten durch eine genetisch bedingte Unverträglichkeit (**Inkompatibilität**) verhindert (Kap. 18.5.2). Diese Organismen benötigen trotz vorliegender Monözie zur sexuellen Fortpflanzung einen genetisch unterschiedlichen Kreuzungspartner. Durch diese Sexualsperre wird also letztlich das gleiche erreicht wie durch die Getrenntgeschlechtlichkeit, nämlich die Verhinderung der Inzucht zugunsten einer ständigen Neukombination des genetischen Materials. Die molekularbiologischen und genetischen Grundlagen eines solchen Erkennungssystems werden wir am Beispiel der Bäckerhefe behandeln (Kap. 14.6.1).

14.1.2 Generationswechsel

Unter einem Generationswechsel versteht man den regelmäßigen Wechsel zweier oder mehrerer Generationen, die sich in verschiedener Weise fortpflanzen. Er ist in der Regel heterophasisch, d. h. mit einem Kernphasenwechsel verbunden. Liegen nur zwei Generationen vor, so ist der Gametophyt, der sich durch Gameten fortpflanzt, haploid und der Sporophyt, der Meiosporen bildet, diploid. Sind die beiden Generationen äußerlich gleich gestaltet, nennt man den Generationswechsel isomorph, sind sie verschieden, nennt man ihn heteromorph.

Der Begriff **Generationswechsel** ist mit der Tatsache verbunden, daß, anders als bei Farnen und Samenpflanzen (Kap. 14.7.2 und Kap. 14.8), bei einer Reihe Niederer Pflanzen die Meiose nicht unmittelbar mit der Bildung der Gameten verbunden ist. Vielmehr kann sie schon wesentlich eher erfolgen, und zwar bei den ersten Teilungsschritten der Zygote. Der Unterschied zwischen beiden Typen ist evident. Im ersten Fall ist der Organismus diploid, also ein **Diplont**, und die haploide Phase ist auf die Gameten beschränkt (Abb. **14.2a**), im zweiten Fall ist der Organismus haploid, also ein **Haplont**, und die diploide Phase ist auf die Zygote be-

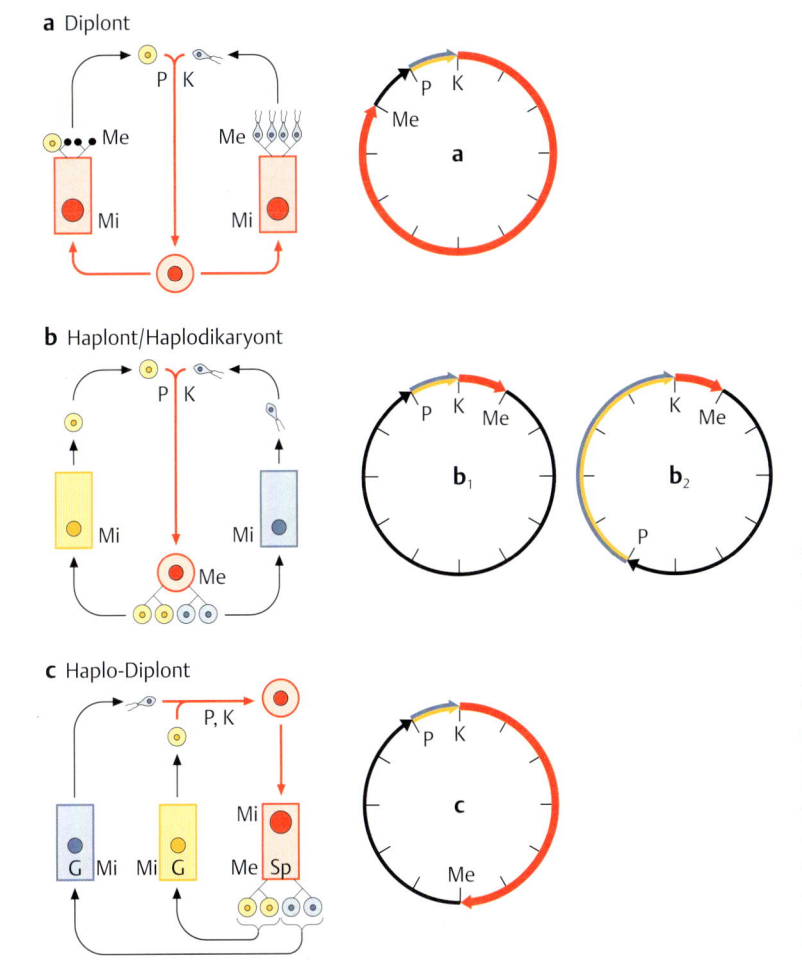

Abb. 14.2 Schema des Entwicklungsganges eines Diplonten (a), eines Haplonten (b) und eines Haplo-Diplonten (c). In allen Fällen wurden getrenntgeschlechtliche (diözische) Formen angenommen. Farbcodes wie in Abb. **14.1**. Die Zeitabläufe im rechten Teil der Abbildung setzen unterschiedlich lange Phasen innerhalb einer ontogenetischen Sequenz in Beziehung zueinander. Für den Haplonten-Typ ist neben dem einfachen Zyklus (**b₁**) auch der mit einer ausgedehnten dikaryotischen Phase (Haplodikaryont, **b₂**) dargestellt (Abb. **14.14** S. 475). Bei der Bildung von Eizellen degenerieren häufig drei der vier Zellen, die aus der Meiose hervorgehen (**a**). K = Karyogamie, P = Plasmogamie, Me = Meiose, Mi = Mitose, G = Gametophyt, Sp = Sporophyt.

schränkt (Abb. **14.2b**). Bei der dritten und häufigsten Gruppe von Organismen, den **Haplo-Diplonten** (Abb. **14.2c**), stehen **haploide Gametophyten** in regelmäßigem Wechsel mit **diploiden Sporophyten**, die aus der Zygote hervorgehen. Alle diese Typen kommen in unterschiedlichster Ausprägung, z. T. in unmittelbarer phylogenetischer Nachbarschaft bei Niederen Pflanzen vor. Bei der Analyse der Fortpflanzungsstrategien einiger Formen der Algen (z. B. *Chlamydomonas*) fühlt man sich gewissermaßen in frühe Zeitabschnitte der Evolution zurückversetzt, als die Mechanismen der sexuellen Fortpflanzung entstanden sind und in ihrer „Tauglichkeit" getestet wurden.

Im Unterschied zur Phylogenie bezeichnet man den vollständigen Entwicklungsgang eines Lebewesens als **Ontogenie** (s. die Zeitabläufe in Abb. **14.2**). Eine **Generation** ist ein Teilabschnitt der Ontogenie, der mit einer Keimzelle beginnt und, nach Zwischenschaltung mitotischer Teilungen, mit der Bildung neuer Keimzellen abschließt. Bei der großen Gruppe der Haplo-Diplonten haben wir es mit dem regelmäßigen Wechsel von zwei Generationen zu tun, von denen die eine, der **Gametophyt**, mit der keimenden Meiospore beginnt und mit der Bildung von Gameten abschließt, während die andere, der **Sporophyt**, mit der Zygote beginnt und mit der Bildung von Meiosporen abschließt (Abb. **14.2c**). Dieser Generationswechsel ist auch mit einem Wechsel der Kernphasen (1n → 2n → 1n) verbunden. Es liegt also ein **heterophasischer Generationswechsel** vor. Die beiden Generationen können entweder völlig selbständige Individuen oder – sehr häufig – morphologisch eng miteinander verbunden sein. Wir werden eine ganze Reihe solcher Varianten kennenlernen, bei denen entweder der Gametophyt oder der Sporophyt, auf wenige Zellen reduziert, gewissermaßen als Epiphyt auf der anderen Generation existiert. Man muß in solchen Fällen schon sehr genau hinschauen, um zu erkennen, daß es sich um ein Haplo-Diplonten-Schema des Generationswechsels handelt (Abb. **14.9** S. 457 und Abb. **14.17** S. 480). Die Zygote allein, und das gilt ebenso für alle Keimzellen, kann nicht als Generation bezeichnet werden, da der Generationsbegriff fordert, daß die Keimzelle zunächst eine durch mitotische Teilungen gekennzeichnete Individualentwicklung durchmacht, ehe die Bildung weiterer Keimzellen erfolgt.

Obwohl der heterophasische Generationswechsel als der typische Fall angesehen werden kann, sind der Generations- und der Kernphasenwechsel zwei voneinander grundsätzlich unabhängige Vorgänge, die nicht notwendig miteinander gekoppelt sein müssen. Dies wird am Beispiel der Rotalgen sehr deutlich werden (Abb. **14.9** S. 457). Schließlich kann der Generationswechsel auch mit einem Wechsel der Gestalt verbunden sein. In diesem Falle bezeichnen wir ihn als **heteromorph**. Die Verschiedenheit der Gestalt ist in manchen Fällen so stark, daß die beiden Generationen früher für selbständige Pflanzenarten gehalten und mit besonderen Namen belegt wurden (Abb. **14.7** S. 450, Abb. **14.8a** S. 452 und Abb. **14.9b** S. 457). Gleich dem Kernphasenwechsel ist jedoch auch der Gestaltwechsel keine unerläßliche Bedingung des Generationswechsels. Vielmehr kennen wir eine ganze Reihe von Fällen, in denen die beiden Generationen gleich gestaltet sind (**isomorpher Generationswechsel**, Abb. **14.7** und Abb. **14.9a**). Alle diese abstrakten Begriffe werden im folgenden bei der Behandlung der konkreten Beispiele noch anschaulich werden.

14.1.3 Vegetative Vermehrung

> Ungeschlechtlich entstandene Vermehrungseinheiten sind ausschließlich das Ergebnis mitotischer Teilungen. Im einfachsten Fall bestehen sie aus Teilen des Vegetationskörpers, die getrennt weiterwachsen. Vegetative Vermehrungseinheiten bei Moosen, Farnen und Samenpflanzen sind Brutknospen, Brutkörper, Knollen und Zwiebeln, während Mitosporen einzellige Vermehrungseinheiten bei Algen und Pilzen darstellen.

Einzeller vermehren sich im typischen Fall durch einfache Zellteilungen (Abb. **14.5** S. 446 und Abb. **14.11b**, **c** S. 464). Bei vielen Algen, Pilzen und Moosen können mehrzellige Teilstücke der Vegetationskörper, die spontan oder durch Fremdeinwirkung entstanden sind, zu selbständigen Individuen heranwachsen. Auch bei manchen Höheren Pflanzen haben abgelöste Organe oder Organteile, insbesondere Sproßspitzen oder Stengelstücke, die Fähigkeit, die fehlenden Organe (Wurzel) zu regenerieren (Kap. 16.11.3). Hiervon macht man bei der Stecklingsvermehrung zahlreicher Kulturpflanzen umfassenden Gebrauch.

Besondere **vegetative Fortpflanzungseinheiten** haben wir bereits in Gestalt der Tochterkugeln von *Volvox* (Abb. **4.17** S. 155) kennengelernt, die durch Einstülpung der Mutterkugel entstehen und nach deren Absterben frei werden. Auch die Brutbecher der Lebermoose, z. B. *Marchantia* (Abb. **4.23** S. 160) gehören hierher. Weitere Beispiele sind die verschiedenen **Brutorgane** der Höheren Pflanzen. Sie entstehen häufig an Seitentrieben oder anstelle von Achselsprossen. Beispiele sind die Ausläufer der Erdbeere, an denen sich in bestimmten Abständen Knospen bilden, die dann zu bewurzelten Pflanzen auswachsen (Abb. **5.17c** S. 182). Beim Brutblatt (*Bryophyllum*) finden sich in den Blattkerben Reste meristematischer Gewebe, aus denen sich noch an der Pflanze Knospen und sogar Tochterpflänzchen entwickeln können (Abb. **14.3**). Diese fallen schließlich zu Boden und wachsen zu selbständigen Pflanzen heran. Auch die bereits

Abb. 14.3 Brutknospenbildung an den Rändern eines Blattes von *Bryophyllum daigremontianum* (Foto: K. Hauser).

besprochenen Zwiebeln (Abb. **5.32** S. 194), Sproß- (Abb. **5.17** S. 182) und Wurzelknollen (Kap. 5.3.5) dienen der vegetativen Vermehrung. Ein interessanter Sonderfall ist die asexuelle Entstehung von Embryonen in Blüten von Samenpflanzen (Agamospermie, Plus **14.10** S. 482).

Eine Besonderheit bei Niederen Pflanzen stellen die **Mitosporen** dar, die zugleich als Dauerstadien zur Überbrückung ungünstiger Vegetationsbedingungen dienen können. In diesen Fällen sind sie von einer derben, widerstandsfähigen Wand umhüllt. Nach Gestalt und Bildungsweise unterscheidet man verschiedene Sporentypen. **Planosporen** (Zoosporen) sind begeißelte Fortpflanzungseinheiten zahlreicher Algen und einiger Niederer Pilze, die in ihrem Habitus den Flagellaten ähneln (Kap. 4.3). Die Planosporen sessiler Formen setzen sich nach einiger Zeit fest und wachsen zu neuen Thalli aus. Die Behälter, in denen die Planosporen gebildet werden, bezeichnet man als **Planosporangien**. Bei den Einzellern wird die ganze Zelle zum Planosporangium, während sich bei vielen Fadenalgen vegetative Zellen zu Planosporangien entwickeln können. In anderen Fällen weichen die Sporangien in der Gestalt von den vegetativen Zellen ab. Sind die Sporen geißellos, bezeichnet man sie als **Aplanosporen**. In einigen Fällen (Abb. **14.5**, 2d) entstehen zunächst Aplanosporen, die jedoch außerhalb des Sporangiums Geißeln regenerieren können, also zu Planosporen werden.

Bei einigen Formen stellen die Mitosporen sogar die einzige Form der Fortpflanzung dar, wie z.B. bei manchen Pilzen (*Fungi imperfecti*), von denen Geschlechtsformen bisher nicht bekannt geworden sind (Abb. **14.4**). Nach ihrer Entstehungsweise unterscheidet man bei den Pilzen verschiedene Arten von Sporen. **Sporangiosporen** werden in besonderen

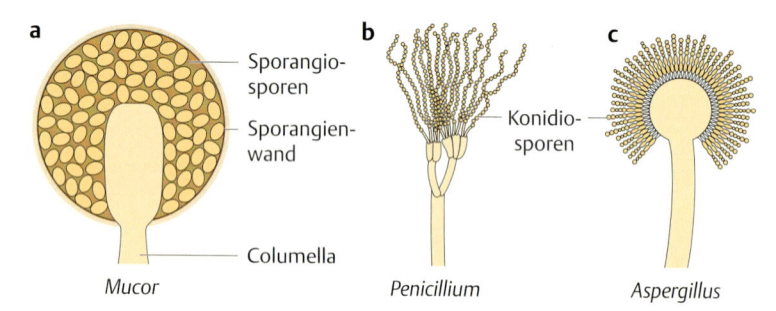

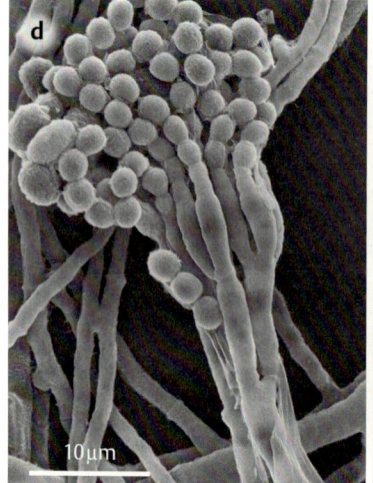

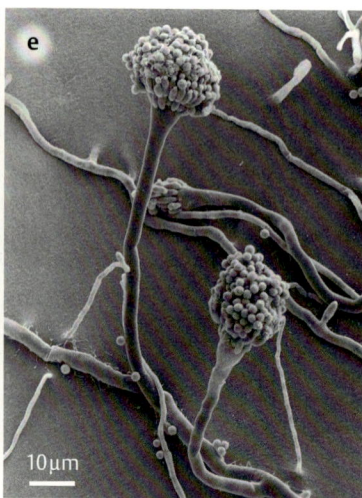

Abb. 14.4 Vegetative Vermehrung durch Mitosporen bei Pilzen. a–c Schematische Darstellungen. **a** Sporangium des Köpfchenschimmels (*Mucor mucedo*), **b** Konidienträger des Pinselschimmels (*Penicillium chrysogenum*). **c** Konidienträger des Gießkannenschimmels (*Aspergillus nidulans*). **d** und **e** Rasterelektronenmikroskopische Aufnahmen der Konidienträger von *Penicillium chrysogenum* und *Aspergillus nidulans* (**a** nach Brefeld, **d** und **e** Originalaufnahmen G. Wanner).

Behältern gebildet, den Sporangien, die meist auf Trägerhyphen stehen. Die Sporen werden durch Aufreißen der Sporangienwand frei. Ein Beispiel hierfür ist der Köpfchenschimmel *Mucor* (Abb. **14.4a**). **Konidiosporen** entstehen dagegen exogen an der Spitze einfacher Hyphen bzw. an besonderen, charakteristisch gestalteten Konidienträgern. Als Beispiele sind die Konidiosporen einiger bekannter Schimmelpilze in Abb. **14.4b–e** gezeigt.

14.2 Drei Formen von Entwicklungszyklen bei Grünalgen

Die Formenvielfalt und Mannigfaltigkeit in den Entwicklungszyklen bei den Grünalgen (Chlorophyta) sind besonders ausgeprägt. Neben Einzellern finden sich vielzellige fädige oder flächige Gewächse mit Gewebethalli von blattartiger Gestalt. Beispiele für Grünalgen sind der einzellige Haplont *Chlamydomonas*, die fädige Grünalge *Cladophora* mit einer siphonocladalen Organisationsstufe und einem heterophasischen, isomorphen Generationswechsel und *Halicystis ovalis* (Gametophyt)/ *Derbesia marina* (Sporophyt) mit einer siphonalen Organisation und einem extrem heteromorphen Generationswechsel.

Die Formenvielfalt bei den Grünalgen (Chlorophyta) ist besonders mannigfaltig, von Einzellern zu fädigen oder flächigen Gewächsen (Gewebethalli) mit blattartiger Gestalt (Kap. 4.4). Sie kommen verbreitet in Süß- und Salzwasser vor. Viele Eigenschaften bei den Grünalgen erinnern an Höhere Pflanzen. Diese sind
- das dominante Vorkommen von Chlorophyll a und b zusammen mit β-Carotin im Photosyntheseapparat (Abb. **8.7** S. 262 und Abb. **8.8** S. 264),
- Synthese von Stärke als Reservestoff (Abb. **1.33** S. 39),
- Zellwände aus Cellulose (Abb. **1.31** S. 38),
- Rolle eines Phragmoplasten bei der Bildung von Querwänden zwischen Tochterzellen (Abb. **13.14f** S. 401) und
- Existenz von Plasmodesmen zwischen den Zellen eines Zellverbandes (Abb. **2.44** S. 98 und Plus **18.4** S. 726).

Bei der sexuellen Fortpflanzung werden fast ausnahmslos begeißelte Gameten beobachtet. Drei Beispiele von Fortpflanzungsabläufen sollen stellvertretend für die große Fülle der Varianten stehen.

Chlamydomonas reinhardtii

Chlamydomonas reinhardtii ist eine einzellige, etwa 10 μm große, haploide Grünalge, die zur Ordnung der Volvocales gehört (Kap. 4.3). Entsprechend unserer Definition (Kap. 14.1.2) ist *Chlamydomonas* ein Haplont mit einer einfachen Generationsfolge. Die Alge lebt im Süßwasser bzw. feuchten Böden, hat zwei flimmerlose Peitschengeißeln und einen einzigen becherförmigen Chloroplasten (Abb. **4.12b** S. 149 und Box **4.5** S. 151). *Chlamydomonas* wurde als „grüne Hefe" ein beliebtes Objekt für molekularbiologische Forschungen. Das zunehmende Interesse an *Chlamydomonas*, auch in der Biotechnologie, beruht auf zwei Eigenschaften (Plus **14.1** und Plus **14.2**):

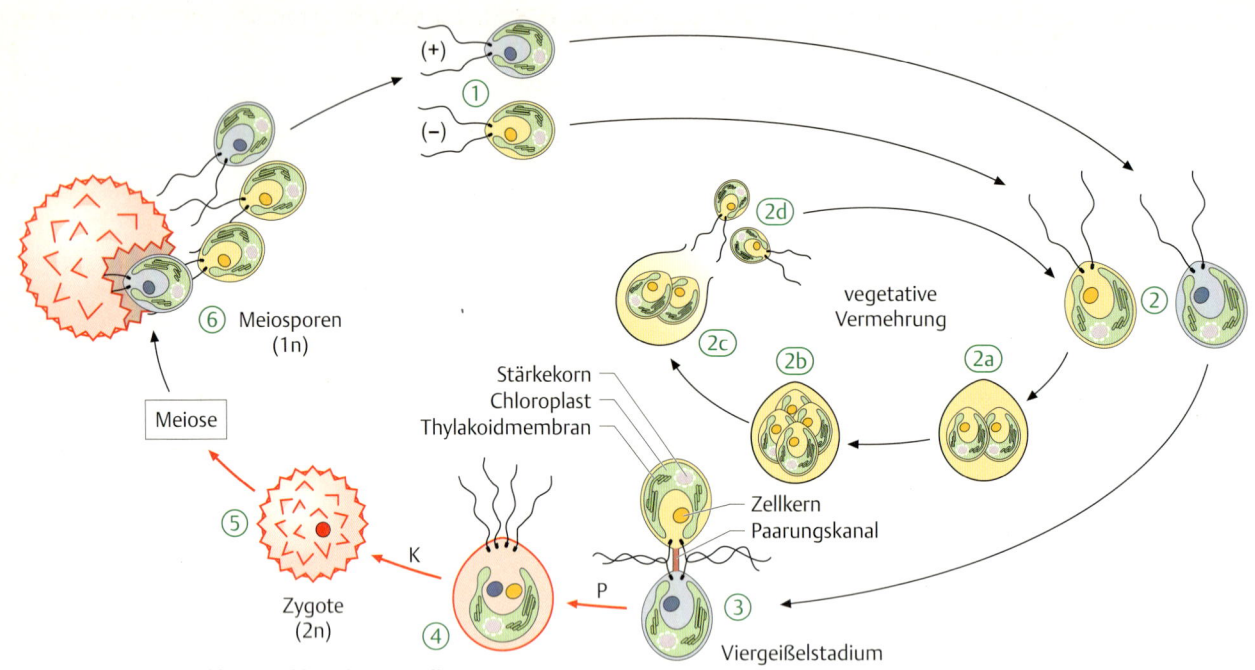

Abb. 14.5 Entwicklungszyklus der einzelligen Grünalge *Chlamydomonas*. Die Detailstruktur der Zelle ist in Abb. **4.12b** S. 149 dargestellt. Je nach Bedingungen können sich die (+)- und (–)-Zellen vegetativ durch Bildung von Aplanosporen vermehren (innerer Kreis, Stadien **2a–2d**) oder aber unter Mangelbedingungen zu Gameten werden, miteinander fusionieren und eine Zygote bilden (äußerer Kreis, **2–5**). Die Zellfusion wird durch Bildung eines Paarungskanals vorbereitet und schließt die Bildung eines Paarkernstadiums mit vier Geißeln ein (**4**). Geißelresorption und -neubildung sind integrale Bestandteile des Lebenszyklus (Zyklus **2** und Stadien **4–5**, Plus **14.1**).

- Die Zellen lassen sich problemlos in einfachen anorganischen Nährmedien mit Licht als einziger Energiequelle (photoautotroph) in nahezu unbegrenzten Mengen – von wenigen Millilitern bis zu tausenden von Litern – kultivieren.
- Die Alge ist haploid und gut transformierbar. Das gilt sowohl für das Kern- wie für das Plastidengenom. Die Sequenzierung des Kerngenoms von 100 Mb (http://www.chlamy.org/) ist weitgehend abgeschlossen, und damit sind optimale Voraussetzungen für eine biotechnologische Nutzung von *Chlamydomonas* im Sinne eines „molecular farming" gegeben (Kap. 13.12.3).

Die vegetative Vermehrung erfolgt durch Bildung von vier Aplanosporen, deren Geißeln erst außerhalb des Sporangiums neugebildet werden (Abb. **14.5**, 2c, 2d). Der Vermehrungszyklus dauert etwa 24 h. Bei ungünstigen Umweltbedingungen entstehen statt der Planosporen (+)- und (–)-Gameten, die miteinander kopulieren (**Isogamie**). Die Zygote bildet eine dauerhafte Hülle (Stadium 5) und kann bei ungünstiger Witterung in eine Art Dormanz übergehen. Bei der sexuellen Fortpflanzung gibt es im unmittelbaren Verwandtschaftskreis der hier gezeigten *Chlamydomonas reinhardtii* neben Isogamie (Abb. **14.5**, 2 und 3) auch alle Formen von Anisogamie über Oogamie bis hin zur Gametangiogamie.

Plus 14.1 Der dynamische Umbau des Geißelapparats von *Chlamydomonas* ist essentiell für den Vermehrungszyklus

Geißeln bzw. Cilien stellen höchst komplexe Gebilde (Zellkompartimente) mit spezialisierten Membranen, Cytoplasmabestandteilen, Cytoskelett und Bewegungsapparat dar. Allein die Transportvehikel haben 17 Proteinuntereinheiten, die Dyneinmotoren für den retrograden Transport haben mindestens 9 und die Axonema enthalten neben den Tubulindimeren eine Fülle weiterer Strukturproteine (Abb. **4.13** S. 150). Wir wollen hier, ausgehend von den Mechanismen der Transportprozesse in den Geißeln, ihre spezielle Rolle bei der Kopulation von *Chlamydomonas*-Gameten behandeln (Abb. **14.5**).

Transportfahrzeuge und -mechanismen: Nachdem zum ersten Mal die aus 17 hoch konservierten Proteinen aufgebauten Transportvehikel, die sog. IFT-Vehikel (IFT, engl.: intraflagellar transport), aus *Chlamydomonas* isoliert und charakterisiert werden konnten, wurden ähnliche Partikel bzw. ihre Komponenten auch bei Insekten, Nematoden und Säugern gefunden (Plus **14.2**). Die Prozesse von Geißelaufbau und -resorption sind eng verbunden mit der dynamischen Instabilität von Tubulinsystemen, wie wir sie schon an anderer Stelle kennengelernt haben (Kap. 2.3.1 und Kap. 13.7).

Voraussetzung für die spezielle Rolle der IFT-Vehikel für Wachstum, Gleichgewicht bzw. Resorption der Geißeln sind zwei Funktionszustände (Abb.): **Zustand A** beladen bzw. beladbar mit Tubulindimeren oder anderer Fracht und **Zustand B** unbeladen bzw. unbeladbar. Die IFT-Vehikel, ganz gleich in welchem Zustand, werden kontinuierlich unter ATP-Verbrauch vom Basalkörper zur Spitze hin transportiert (**anterograder Transport** mit Kinesin-II als Motor, ca 2 µm s^{-1}) bzw. zurück von der Spitze zum Basalkörper (**retrograder Transport** mit Dynein als Motor, ca. 3,5 µm s^{-1}). Ob eine Flagelle sich im Zustand des Aufbaus (**1**, **2**), der Resorption (**4**) oder im Gleichgewicht (**3**) befindet, hängt von den Beladungs- und Entladungsvorgängen am Basalkörper bzw. an der Spitze ab. Die wichtigen regulatorischen Komponenten, die z. B. Zustand A bzw. B der Vehikel bestimmen, sind allerdings bisher weitgehend unklar.

Wilde Umarmung (Umgeißelung) bei der Paarung: Geißel und Cilien sind nicht nur Organellen für Bewegungs- bzw. Transportvorgänge; sie sind vielmehr Grundstrukturen für die Sensorik und Signaltransduktion. Das gilt für menschliche Sinnesorgane (Retina, Geruchsorgan, Plus **14.2**) ebenso wie für *Chlamydomonas*. Die gesamten Abläufe bei der Paarung von der ersten Erkennung der Partnerzellen bis zur Fusion werden ganz wesentlich von den dynamischen Erkennungs- und Signaltransduktionsprozessen in den Geißeln bestimmt. Das Ganze vollzieht sich in mehreren Phasen (Abb. **14.5**):

- Erkennung und Adhäsion der (+)- und (–)-Gameten über spezifische Membranglykoproteine (Aglutinine) auf der Geißeloberfläche.
- Umschlingen der Geißeln durch Wechselwirkung zwischen den entsprechenden Aglutininen auf der ganzen Geißellänge und Ausbildung eines engen Zell-Zell-Kontaktes über ein (+)-Zell-spezifisches Membranprotein (Fus1) auf der Oberfläche des Paarungskanals (rot in Abb. **14.5**, 3).
- Verschmelzung der beiden Zellen unter Bildung einer diploiden Zelle mit vier Geißeln (Plasmogamie); Aktivierung einer (+)-Zell-spezifischen Nuclease bewirkt den Abbau der DNA im Chloroplasten der (–)-Zelle und damit eine **uniparental väterliche Vererbung des Plastoms** (Kap. 13.9.1)
- Resorption der Geißeln; Karyogamie; Aktivierung von zygotenspezifischen Genen durch einen **heterodimeren Transkriptionsfaktor** aus einem (+)-Zell-spezifischen Homeodomänprotein und einem (–)-Zell-spezifischen Coaktivator; Bildung der Dauerzellwand der Zygote (Abb. **14.5**, 5).

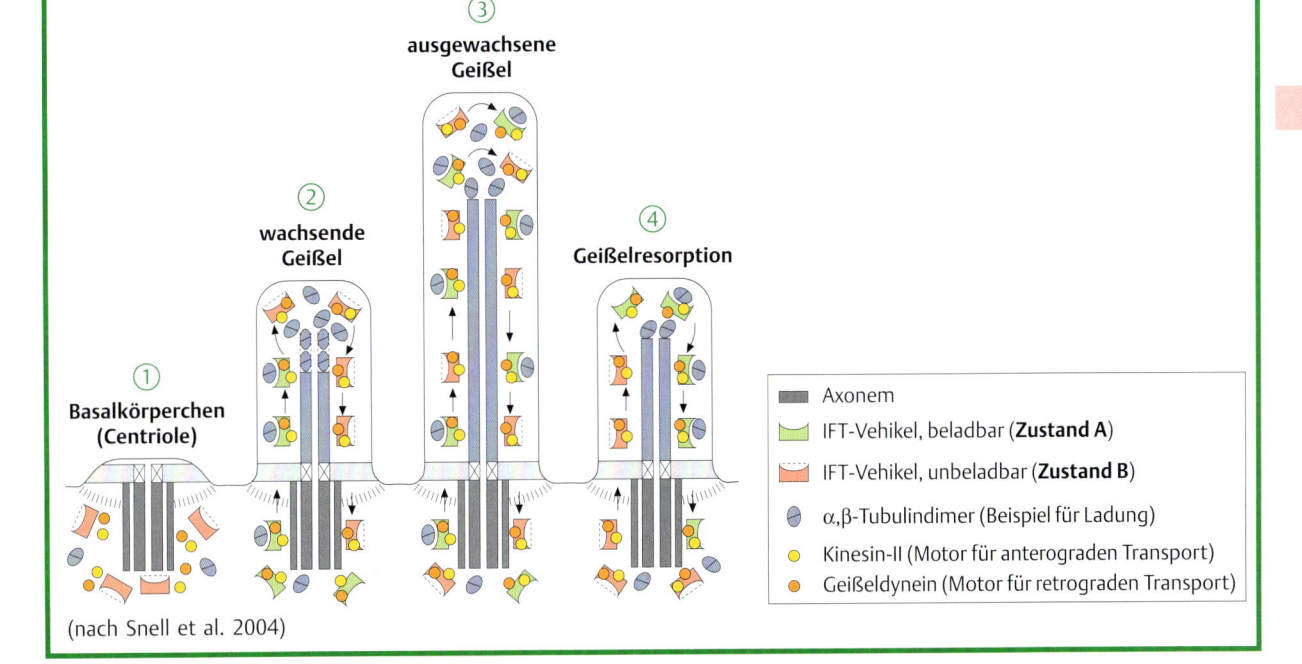

① Basalkörperchen (Centriole)
② wachsende Geißel
③ ausgewachsene Geißel
④ Geißelresorption

- Axonem
- IFT-Vehikel, beladbar (**Zustand A**)
- IFT-Vehikel, unbeladbar (**Zustand B**)
- α,β-Tubulindimer (Beispiel für Ladung)
- Kinesin-II (Motor für anterograden Transport)
- Geißeldynein (Motor für retrograden Transport)

(nach Snell et al. 2004)

> **Plus 14.2 *Chlamydomonas* als Modellobjekt für menschliche Erbkrankheiten – ein gewagter Vergleich**
>
> Da die Grundstruktur und -funktion von Geißeln und den verwandten Cilien im gesamten Organismenreich hoch konserviert sind, haben Arbeiten an der Funktion der Geißeln und ihren Veränderungen bei der Fortbewegung und Fortpflanzung von *Chlamydomonas* (Plus **14.1**) unter anderem auch geholfen, menschliche Krankheiten, die mit der Dysfunktion von Cilien verbunden sind (Fettsucht, Retinitis pigmentosa, Nierendysfunktionen u. a. m.), besser zu verstehen.
>
> Geißeln und Cilien sind auf Eukaryoten beschränkt und fehlen hier interessanterweise nur bei den Samenpflanzen. Auf der Suche nach der Gesamtheit der Gene für diese Strukturen und ihre weitgefächerten Funktionen ist man daher auf einen, auf den ersten Blick verwegenen, Trick verfallen. Durch einen Vergleich des Genoms von *Arabidopsis* (Organismus ohne Cilien oder Geißeln) mit den Genomen von *Chlamydomonas* und Mensch (beides Organismen mit solchen zellulären Strukturen) hoffte man die Gene zu identifizieren, die offensichtlich in der gemeinsamen Vorläuferzelle der Eukaryoten existierten, aber im Verlauf der Evolution der Angiospermen verlorengegangen sind. Insgesamt wurden auf diese Weise etwa 700 Gene als Mitglieder des hypothetischen Geißel-/Ciliensatzes definiert. Drei Argumente bestätigen die Richtigkeit eines solchen Ansatzes:
>
> - Man fand heraus, daß die Gene für alle in *Chlamydomonas* aufgrund biochemischer Befunde identifizierten Proteine des Geißelapparates in dem Satz enthalten waren.
> - Durch Experimente mit *Chlamydomonas* konnte man zeigen, daß eine Reihe anderer Gene aus diesem Satz, die bisher nicht mit dem Geißelapparat in Verbindung gebracht worden waren, tatsächlich auch dazu gehörten.
> - In dem durch den Genomvergleich ermittelten Satz von Genen finden sich auch alle, die im Zusammenhang mit menschlichen Erkrankungen durch Störung der Cilienfunktion identifiziert worden waren.
>
> Insgesamt wurde also durch diese grenzüberschreitende Analyse zwischen Samenpflanze, *Chlamydomonas* und Mensch ein reichhaltiges Material für Diagnose- und Therapiemöglichkeiten beim Menschen gewonnen und zugleich das hohe Maß an Konservierung des Geißel- und Cilienapparates im Verlauf der Evolution bestätigt.

Cladophora

Cladophora ist eine weitverbreitete, mehrzellige Grünalge in fließendem Süßwasser und im Meer mit siphonocladaler Organisationsstufe (**Fadenthallus**, Kap. 4.4.3). Der Thallus ist in vielkernige Zellen (Coenoblast) mit einem netzförmigen, wandständigen Chloroplasten gegliedert (Abb. **4.18d–f** S. 156). Die Fadenbüschel von 5–25 cm haben ein bevorzugtes Spitzenwachstum und sind an der Basis mit einer Rhizoidzelle an einer Unterlage (Stein) angewachsen. Die Alge ist ein Haplo-Diplont mit **heterophasischem, isomorphen Generationswechsel**, d. h. (+)- und (–)-Gametophyten und der diploide Sporophyt sind morphologisch nicht unterscheidbar (Abb. **14.6**). Zweigeißelige (+)- und (–)-Meiosporen, die wie bei *Chlamydomonas* einen einzigen becherförmigen Chloroplasten haben, entstehen in beliebigen Fadenzellen der Gametophyten, die sich in **Gametangien** (Abb. **14.6a**) umwandeln. Aus der Zygote entsteht der Sporophyt, in dem einige Fadenzellen zu Sporangien werden und acht viergeißelige

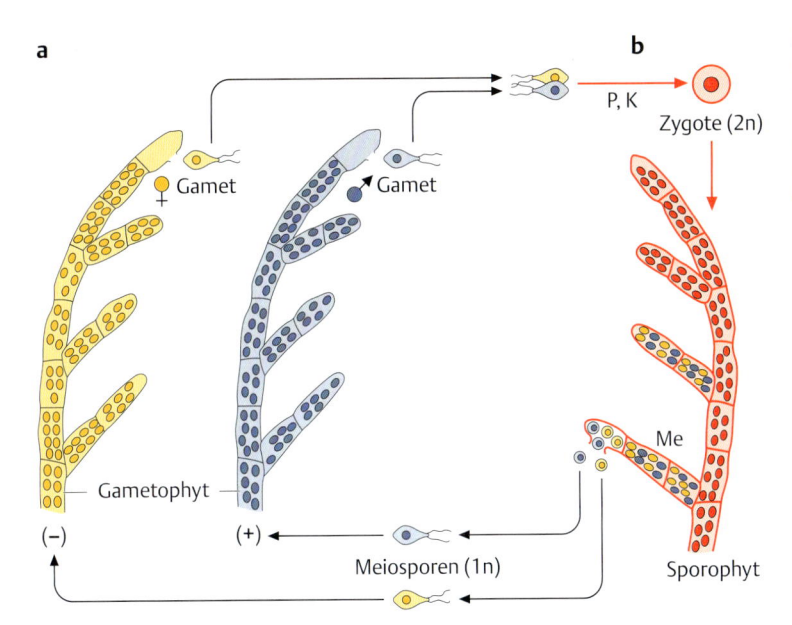

Abb. 14.6 Generationswechsel der Grünalge *Cladophora*. Morphologische Details der Alge siehe Abb. **4.18d–f** S. 156. Vergrößerte Details aus den **a** Gametophyten bzw. **b** dem Sporophyten, schematisch. Farbcode und Abkürzungen wie in Abb. **14.1** S. 440 und Abb. **14.2** S. 441. Einzelheiten s. Text.

Meiosporen bilden (Abb. **14.6b**). Diese haben zu je 50 % den Paarungstypus (+) bzw. (–) und wachsen zu den entsprechenden Gametophyten aus.

Halicystis ovalis/Derbesia marina

Halicystis ovalis/Derbesia marina ist ebenfalls ein Haplo-Diplont. Die Grünalge gehört zu den Vertretern mit einer siphonalen Organisation, d. h. der verzweigte Thallus hat viele Kerne aber keine Zellwände (**Coenoblast**). Der Generationswechsel ist extrem heteromorph, sodaß beide Generationen (Abb. **14.7**) für verschiedene Organismen gehalten wurden: *Halicystis ovalis* ist der etwa 1 cm große, blasenförmige Gametophyt, der getrenntgeschlechtlich ist und epiphytisch auf Rotalgen lebt. Die zweigeißeligen Anisogameten werden in deutlich erkennbaren Bezirken des Cytoplasmas gebildet und bei Sonnenaufgang an vorgeformten Stellen aus dem Thallus ausgestoßen. Die Kopulation läuft im wesentlichen wie bei *Chlamydomonas* ab (Abb. **14.5**). Nach Keimung der Zygote entsteht der Sporophyt *Derbesia marina* als ein fädiger, verzweigter Coenoblast von etwa 6 cm Größe (Abb. **14.7**, 5–8). An endständigen Teilen des Thallus werden Zellen abgeteilt, die zu Sporangien werden und unter Meiose haploide, sexuell differenzierte Aplanosporen bilden (Abb. **14.7**, 9). Nach Freisetzung bilden diese einen Geißelkranz aus und keimen zu den männlichen bzw. weiblichen Gametophyten (*Halicystis*) aus (Abb. **14.7**, 1 und 2).

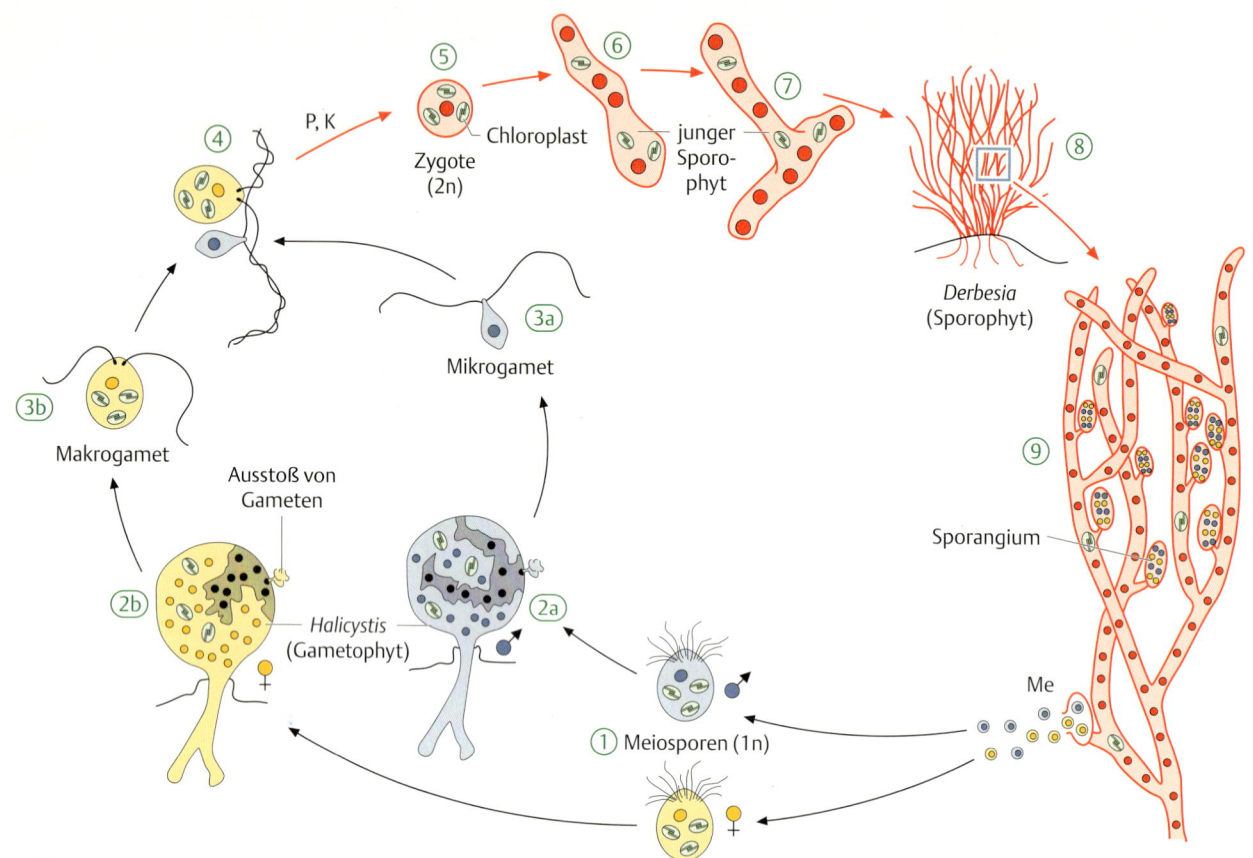

Abb. 14.7 Generationswechsel der Grünalge *Halicystis ovalis/Derbesia marina*. 1–4 Haploide Phase, 5–9 diploide Phase. Die Gameten entstehen in den grau hervorgehobenen Plasmabereichen von *Halicystis* (**2a, 2b**) und werden durch vorgeformte Öffnungen an der Oberfläche ausgeschleudert. Gameten, Meiosporen und die Zygote sind stark vergrößert (Details nach Kornmann, Neumann, Esser).

14.3 Drei Formen von Generationswechsel bei Braunalgen

Braunalgen (Phaeophyceae) sind weit verbreitete Algen in gemäßigten und kühlen Teilen der Meere. Ihre Thalli können sehr groß und häufig in blatt-, stengel- und wurzelartige Strukturen gegliedert sein. Für die Befruchtung der weiblichen Gameten im Meerwasser spielen Pheromone eine wichtige Rolle, die in geringsten Konzentrationen die Anlockung der männlichen Gameten durch die Oogonien gewährleisten. *Cutleria* ist ein Haplo-Diplont mit einem heteromorphen Generationswechsel. *Dictyota* ist ebenfalls ein Haplo-Diplont, hat aber einen isomorphen Generationswechsel, während *Fucus* praktisch nur als Diplont (Sporophyt) existiert; der Gametophyt ist auf wenige Zellen reduziert, die Teil des Sporophyten sind.

Zu den Braunalgen (Phaeophyceen) gehören z. T. bis zu 50 Meter große Algen in gemäßigten und kühlen Teilen der Meere. Ihre Thalli bestehen häufig aus komplex gegliederten Geweben mit siebröhrenartigen Leitelementen (Gewebethalli, Kap. 4.4.5) und bilden blatt- (**Phylloide**), stengel- (**Cauloide**) und wurzelartige (**Rhizoide**) Strukturen. Sie bilden in einigen tiefer gelegenen Gezeitenzonen ausgedehnte Wälder, die bei Ebbe auch vorübergehend Trockenheit vertragen. Es gibt nur sehr wenige Süßwasserformen unter den Braunalgen. Die **Zellwände** bestehen weitgehend aus **Alginat**, einem polymeren Kohlenhydrat aus β,D-Mannuronsäure- und β,L-Guluronsäure-Einheiten, die eine breite Anwendung in der Nahrungsmittelindustrie, Biotechnologie und Medizin gefunden haben (Plus **14.4**). Die typische bräunliche bzw. olivgrüne Farbe der Braunalgen rührt von der Kombination von **Chlorophyll a** und **c** mit **Fucoxanthin** als akzessorischem Pigment aus der Gruppe der Carotinoide her (Abb. **8.8** S. 264). Die Plastiden der Braunalgen haben 3–4 Membranen (komplexe Plastiden), weil sie vermutlich durch **sekundäre Endosymbiose** von Vorläuferformen der heutigen Rotalgen entstanden sind. Daher erscheinen die Phaeophyceen im Stammbaum auch deutlich abgesetzt von den Grün- und Rotalgen (Abb. **4.1** S. 128, Plus **4.1** S. 130).

Bewegliche Gameten oder Meiosporen haben in der Regel eine lange Flimmergeißel (Zuggeißel) und eine kurze Peitschengeißel (Schubgeißel), die seitlich inseriert sind (Abb. **14.8a, c**). In der großen Vielfalt von Formen und Vermehrungsstrategien gibt es Gruppen mit ausgeprägtem Generationswechsel (z. B. *Cutleria*, *Dictyota*) und solche mit stark reduziertem oder fehlendem Generationswechsel (z. B. *Fucus*). Bei den Braunalgen finden wir entweder Haplo-Diplonten oder Diplonten aber keine Haplonten. Für die Befruchtung spielen in vielen Fällen ungesättigte Kohlenwasserstoffe als **Pheromone** eine wichtige Rolle. Diese werden von den weiblichen Gameten gebildet, wirken in geringsten Konzentrationen (10^{-9} M) und dienen der Anlockung der männlichen Gameten im Meerwasser. Nach Befruchtung einer Eizelle wird die Zygote in kürzester Zeit von einer Cellulosezellwand umgeben und damit unzugänglich für weitere Mikrogameten gemacht.

Für die Entwicklungszyklen sollen beispielhaft die von *Cutleria*, *Dictyota* (beides Haplo-Diplonten) und *Fucus* (Diplont) dargestellt werden (Abb. **14.8**).

Cutleria

Cutleria hat einen **heteromorphen Generationswechsel** mit diözischen bis 40 cm großen Gametophyten und einem stark reduzierten, wenige Zentimeter großen Sporophyten, der lange Zeit als eigene Art (*Aglaozonia*) geführt wurde. An den Gametophyten entstehen in plurilokulären (vielzelligen) Gametangien zweigeißelige kleinere männliche Gameten bzw. etwas größere weibliche Gameten (Anisogamie). **Multifiden** wirkt als Pheromon für die Anlockung der männlichen Gameten. An dem unscheinbaren Sporophyten werden in unilokulären (einzelligen) Sporocysten die Meiosporen gebildet, die ebenfalls zweigeißelig und zur Hälfte männlich bzw. weiblich sind.

Multifiden

Dictyota

Dictyota hat etwa handgroße, flache, **dreischichtige Gewebethalli**, deren Entstehung und Aufbau in Abb. **4.22** S. 159 wiedergegeben ist. Bei *Dictyota* liegt ein **isomorpher Generationswechsel** mit drei gleichartig aussehenden Formen vor (männlicher und weiblicher Gametophyt und der Sporophyt). Die Gameten werden in unilokulären Oogonien bzw. plurilokulären Spermatogonien gebildet. Bei der Oogamie werden die männlichen Gameten durch **Dictyoten** angelockt. An den Sporophyten entstehen unter Meiose in den Sporocysten je vier **Aplanosporen**, von denen jeweils zwei männlich und zwei weiblich sind.

Dictyoten

Fucus-Arten

Fucus vesiculosus, der Blasentang, ist ein Diplont. Zusammen mit Vertretern der Laminariales stellt *Fucus* mit riesigen Beständen die Hauptvegetation in kälteren und wärmeren Meeren dar. Die **mehrjährigen Thalli** werden 1–2 m lang, haben eine Art Mittelrippe und tragen zahlreiche luftgefüllte Schwimmblasen, die den am Grund über das Rhizoid befestigten Thallus in der Brandung flotieren lassen. *F. vesiculosus* ist diözisch mit uniloculären Gametangien, während andere *Fucus*-Arten monözisch sind (Beispiel Abb. **14.8c**). An den weiblichen Sporophyten entstehen in Gruben (**Konzeptakeln**) an den Spitzen des Thallus die **Oogonien** mit 8 Eizellen bzw. die **Antheridien** mit 64 zweigeißeligen Spermatozoiden. Formal könnte man die nach Bildung der vier Meiosporen folgenden Mitosen in

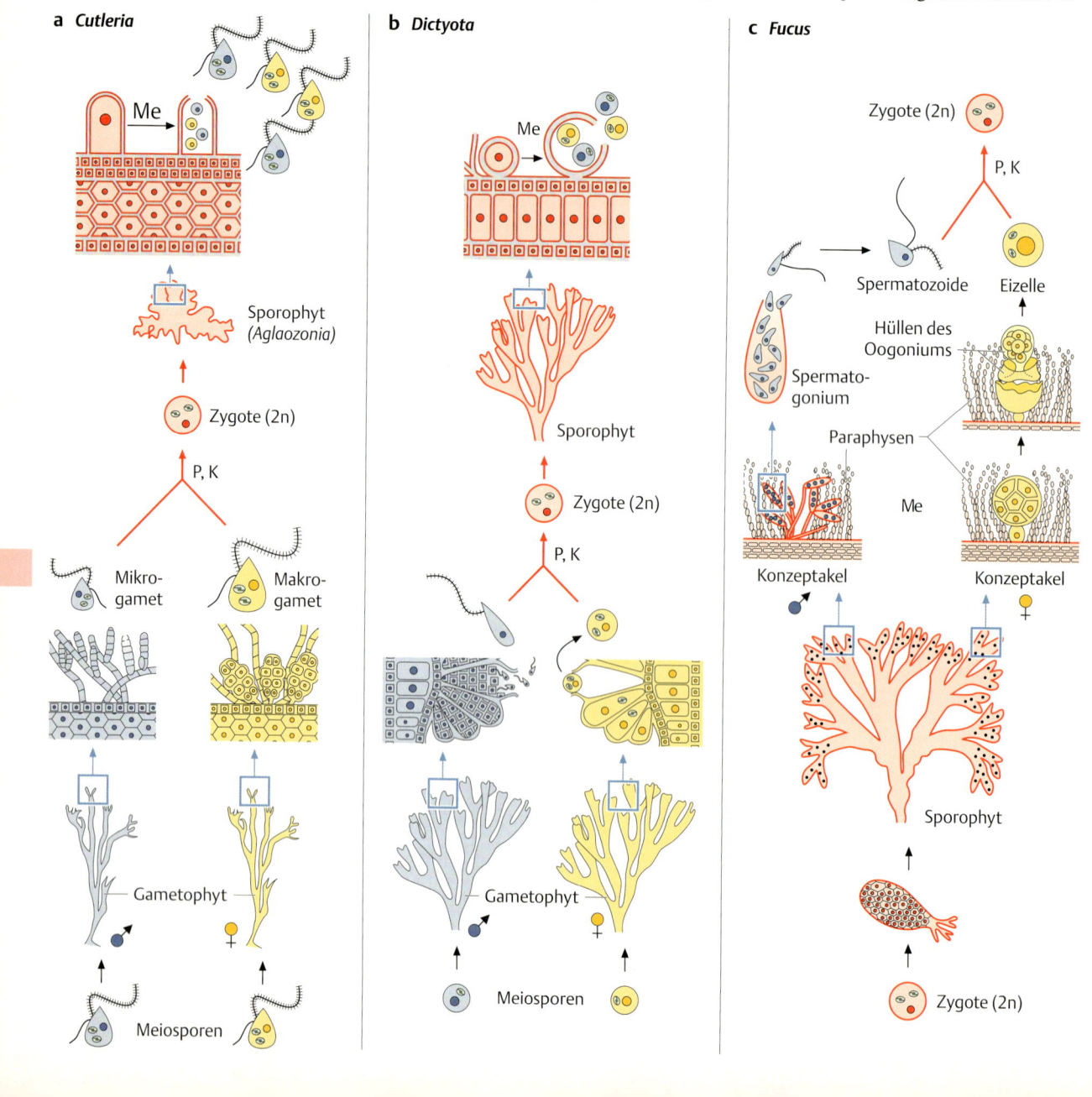

Abb. 14.8 Entwicklungszyklen von Braunalgen. a *Cutleria multifida* als Haplo-Diplont mit einem heterophasischen Generationswechsel. Der kleine Sporophyt ist auch unter dem Namen *Aglaozonia parvula* bekannt. **b** *Dictyota dichotoma* als Haplo-Diplont mit einem isomorphen Generationswechsel. **c** *Fucus* spec. Diplont. Weitere Erklärungen im Text (Details nach Sitte et al. 2002 und Esser 2000).

den Gametangien, d. h. die Bildung von 64 Spermatozoiden (Meiose plus vier Mitosen) bzw. acht Eizellen (Meiose plus eine Mitose), als extrem reduzierte Form von Gametophyten ansehen. Die Befruchtung (Oogamie) erfolgt im Meerwasser, wobei die Spermatozoiden durch **Fucoserraten** angelockt werden. Die ersten Schritte der Zygotenentwicklung bei *Fucus* sind beispielhaft für die Entstehung von Polarität in einem Organismus durch Umweltreize (Plus **14.3**).

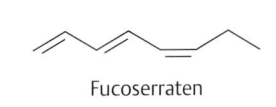

Fucoserraten

Plus 14.3 Entstehung von Zellpolarität am Beispiel der Zygote der Braunalge *Fucus*

Die Orientierung von Organismen bzw. Zellen in ihrer Umwelt wird durch Signale wie Licht, Schwerkraft, Feuchtigkeit und deren Verarbeitung bestimmt (Kap. 17). Bei den Samenpflanzen wird die Grundorientierung schon in den frühesten Stadien der Embryogenese durch die spezielle Struktur des weiblichen Gametophyten mit der Eizelle und den 2 Synergiden auf der einen Seite und den drei Antipoden auf der anderen Seite (Abb. **14.17** S. 480, 4–7) vorgegeben. Bei Braunalgen mit einer externen Befruchtung der Eizelle (Abb. **14.8**) ist die Situation ganz anders. Die zunächst symmetrische Zygote (**2**) muß sich schnell in ihrer Umwelt orientieren, d. h. Polarität entwickeln, damit die Ausbildung eines Rhizoids als Haftorgan eine Fixierung des jungen Sporophyten an einer Unterlage ermöglicht und damit das Wegdriften in das offene Meer verhindert.

Orientierungssignale sind in diesem Fall Licht und Schwerkraft. Wie die Abbildung zeigt, führt Licht zu einer Ansammlung von F-Actinfilamenten in Form einer Kappe an der lichtabgewandten Seite der Zygote. Der Lichtrezeptor ist wahrscheinlich – wie in der Retina der Säugetiere und den Augenflecken von *Chlamydomonas* (Box **4.5** S. 151 und Abb. **4.14** S. 152) – ein Retinal-haltiges Rezeptorprotein. Der Primärprozeß der Umordnung der Actinfilamente geht einher mit einer Ungleichverteilung der Ca^{2+}-Importkanäle und der Exportsysteme für Auxin (Plus **16.3** S. 608) an die physiologische Unterseite der Zygote (**2**, **3**). Damit sind die entscheidenden Schritte zur Definition eines dem Licht abgewandten Rhizoidpols gemacht. Die genannten polarisierenden Elemente (Actinskelettverlagerung und Anreicherung der beiden Transportkanäle) bedingen einander. Störungen der dynamischen Veränderungen am Actinsystem durch entsprechende Inhibitoren, z. B. Cytochalasin (Tab. **2.1** S. 52), verhindern den selektiven Ca^{2+}-**Import** bzw. den polaren **Auxinexport**, während umgekehrt Inhibitoren des Auxintransports die Positionierung der Actinkappe verhindern.

Im Stadium **3** werden an den Actinfilamenten Vesikel herangeschafft, die lokales Zellwachstum durch Anreicherung von Baumaterial für Zellmembran und Zellwand ermöglichen. Der rot markierte Teil der Zellwand im Bereich der Rhizoidanlage (**3–5**) unterscheidet sich wesentlich von dem grau markierten Teil im Rest des Embryos. Die Spitze des Rhizoids (**4**, **5**) enthält neben den Ca^{2+}-Kanälen und Auxin-Translokatoren auch Membran-assoziierte GTP-bindende Proteine aus der Rho-Familie (Rac1), die in allen Fällen mit Spitzenwachstum von Zellen und dem damit verbundenen Vesikeltransport eine wichtige Rolle spielen (Plus **18.9** S. 745). In den Stadien **5** und **6** wird die erste Phase der Entwicklung des Sporophyten mit einer inäqualen Teilung abgeschlossen. Es entsteht die kleinere Rhizoidzelle und die dem Licht zugewandte größere Thalluszelle mit Chloroplasten (**6**).

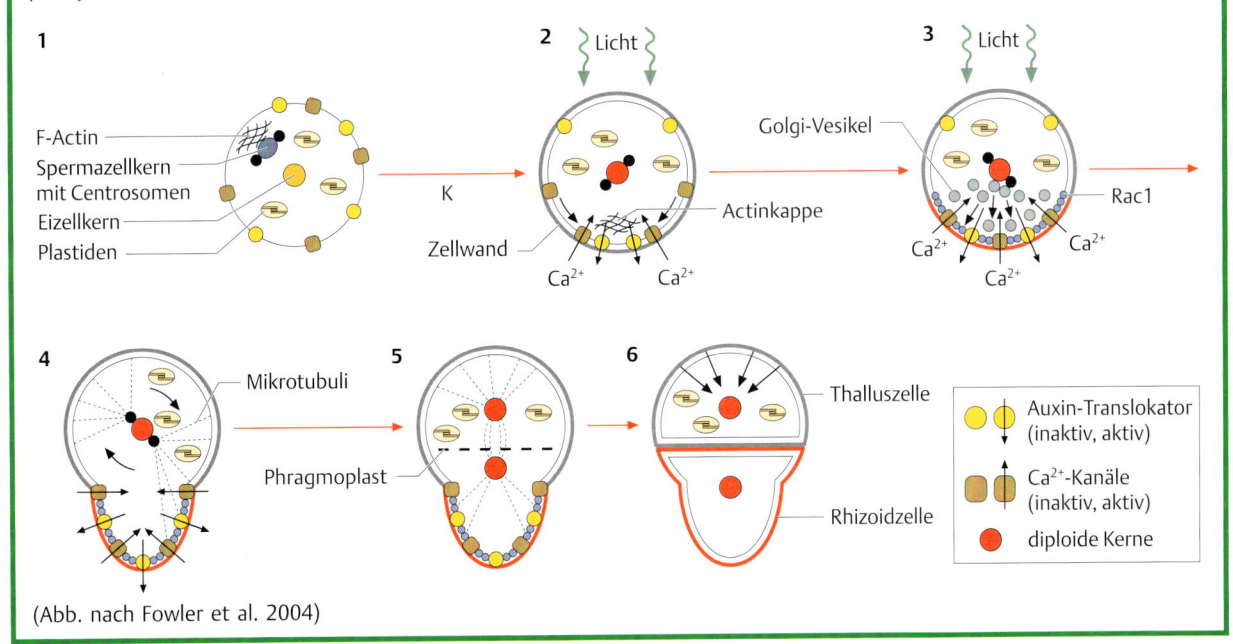

(Abb. nach Fowler et al. 2004)

14.4 Generationswechsel bei Rotalgen

> Rotalgen (Rhodophyta) sind eine phylogenetisch isolierte Gruppe mit trichal verzweigten bandförmigen oder blattartigen Flechtthalli, die Pseudoparenchyme (Scheingewebe) darstellen und häufig in Rhizoid, Cauloid und Phylloid gegliedert sind. Rotalgen haben einen komplexen dreigliedrigen Generationswechsel mit einer diploiden Zwischengeneration, dem Karposporophyten. *Polysiphonia* ist ein Haplo-Diplont mit einem isomorphen Generationswechsel, während der heteromorphe Generationswechsel bei *Porphyra* einen stark abweichenden relativ unscheinbaren Sporophyten (*Conchocelis*) einschließt.

Rotalgen stellen eine phylogenetisch isolierte Gruppe dar, deren Photosyntheseapparat eng mit dem der *Cyanophyta* verbunden ist. Die Chloroplasten haben keine Grana-Stapel, und neben **Chlorophyll a** im Lichtsammelkomplex sind an den Photosynthesemembranen noch akzessorische Pigmente vom Typ des **Phycoerythrins** und **Phycocyanins** in Form von Phycobilisomen angelagert (Tab. **2.4** S. 82, Abb. **17.1** S. 671). Dadurch können Rotalgen Energie des Lichtes zwischen 450 und 620 nm für die Photosynthese nutzen, die anderen Organismen nicht zur Verfügung steht. Rotalgen haben trichal verzweigte bandförmige oder blattartige Flechtthalli (Kap. 4.4.4), die **Pseudoparenchyme** darstellen und häufig in Rhizoid, Cauloid und Phylloid gegliedert sind. Es gibt **keinerlei beweg-**

Plus 14.4 Wertvolles aus Algen für Labor, Supermarkt und Küche

Die Besonderheiten in der Zusammensetzung der Zellwände und die verbesserten Möglichkeiten zur massenhaften Vermehrung haben zu einer breiten Anwendung von Algen und daraus abgeleiteten Produkten geführt. Insbesondere die Polysaccharide aus den Zellwänden mit ihren Eigenschaften zur Strukturbildung in wäßrigen Lösungen (Gelbildung) haben zu dieser Entwicklung beigetragen. Im allgemeinen verbergen sich die Algenprodukte in unseren Lebensmitteln hinter Kurzbezeichnungen, wie z. B. E406 für Agar. Wir wollen drei besonders häufige Substanzklassen hier kurz darstellen.

Alginate sind hochmolekulare Kohlenhydrate aus Zellwänden der **Braunalgen** *Macrocystis, Laminaria, Sargassum*. Sie bestehen aus 1,4-verknüpften Einheiten von β,D-Mannuronsäure (Man) und α,L-Guluronsäure (Gul). Die beiden Uronsäuren sind am C-Atom 6 oxidiert ($CH_2OH \rightarrow COOH$) und unterscheiden sich nur in der Stereochemie am C-Atom 5. Die Hydroxylgruppen an C2 und C3 können acetyliert sein. Je nach Algenherkunft haben Alginate eine etwas unterschiedliche Zusammensetzung, die ihre Eigenschaften und Verwendung bestimmen.

Alginate werden unter der Bezeichnung **E400–E405** als Verdickungsmittel, Stabilisatoren oder Gelbildner für Backwaren, Eiscremes, Salatsaucen, Kaltpuddings oder zur Stabilisierung von Fruchtsäften und Bierschaum eingesetzt. Ca^{2+}-Alginat wird auch als Hilfsmittel bei der Wundheilung verwendet.

a Struktureinheit **Alginate**

L-Guluron-säure	L-Guluron-säure	D-Mannuronsäure	D-Mannuronsäure

L-Gul-[α1 → 4]-L-Gul-[α1 → 4]-D-Man-[β1 → 4]-D-Man

Fortsetzung

Fortsetzung

Agarose und **Agar** sind Polysaccharide aus den Zellwänden von **Rotalgen**, vor allem aus *Gelidium* und *Gracillaria*. Die Grundstruktur der Agarose ist ein Disaccharid aus β,D-Galactopyranose, die 1,4 mit α,L-3,6-Anhydro-galactopyranose verknüpft ist. Etwa jeder zehnte Galactoserest kann mit Schwefelsäure verestert sein. Agar stellt eine Mischung aus Agarose und Agaropektin dar. Letzteres enthält im allgemeinen einen höheren Sulfatanteil und auch Galacturonsäureeinheiten.

Die typischen Eigenschaften von Agarose und Agar bestehen in ihrer kolloidalen Löslichkeit in wäßrigen Lösungen beim Erhitzen und in der Gelbildung beim Abkühlen. Das macht sie zu unersätzlichen Hilfsmitteln sowohl für die Mikrobiologie und Medizin (Verfestigung von Nährmedien) als auch in der Molekularbiologie (Agarosegele für Nucleinsäureelektrophorese). **Agar** (**E406**) wird aber auch in der Lebensmittelproduktion (Eiscremes, Joghurt, Käse) als Stabilisierungsmittel verwendet.

b Struktureinheit **Agar**

D-Gal-[β1 → 4]-L-[3,6-Anhydro]-Gal-[α1 → 3]-D-Gal-[β1 → 4]-L-[3,6-Anhydro]-Gal

Carageene (**E 407**) werden ebenfalls aus **Rotalgen** gewonnen, und zwar im wesentlichen aus den Gattungen *Chondrus*, *Eucheuma* und *Gigartina*. Das Mischpolysaccharid hat als Grundbaustein ein Disaccharid aus D-3,6-Anhydrogalactose und D-Galactose-4-sulfat, die 1,3 miteinander verknüpft sind. Eine Veresterung mit Schwefelsäure kann an verschiedenen Hydroxylgruppen erfolgen.

Bei der Extraktion der Carageene entstehen unterschiedliche Fraktionen, die mit einem MW von 200–400 kDa Einsatz finden als Stabilisatoren und Gelbildner in weiten Bereichen der Lebensmittelindustrie. Die Eigenschaften und Anwendungsgebiete werden durch den Sulfatgehalt, die gebundenen Ionen (Na^+, K^+, Ca^{2+}) und den relativen Anteil von Galactose bzw. Anhydrogalactose bestimmt.

Porphyra-Arten, insbesondere *P. tenera*, sind Rotalgen, die unter der Bezeichnung **Nori** (**d**) aus der chinesischen oder japanischen Küche nicht wegzudenken sind. Dieses wirtschaftliche Interesse hat auch zu einer intensiven Beschäftigung mit dem Entwicklungszyklus der *Porphyra*-Arten und der Entdeckung des dazugehörenden Sporophyten (*Conchocelis*) geführt (Abb. **14.9b**). Die neuen Kenntnisse über die *Conchocelis*-Form haben den großflächigen Anbau wesentlich erleichtert. Die Nutzung von Rotalgen in China geht auf das 6. Jahrhundert vor Christus zurück. *Porphyra* ist reich an Proteinen, wertvollen Mineralien und Vitaminen. (Foto: T. Heinemann)

c Struktureinheit **Carageene**

D-Gal-[β1 → 4]-D-[3,6-Anhydro]-Gal-2-sulfat-[α1 → 3]-D-Gal-4-Sulfat-[β1 → 4]-D-[3,6-Anhydro]-Gal

liche Zellen bei den Fortpflanzungszellen. Die Zellwände können in einigen Formen Cellulose enthalten. Besonderheit ist allerdings das Vorkommen von **Polygalactanen** (Agarose, Carageen). Das sind stark quellende Polysaccharide, die eine breite Anwendung gefunden haben und Ursache für den großflächigen industriellen Anbau einiger Rotalgen sind (Plus **14.4**). Stellvertretend für die komplexen, dreigliedrigen Generationswechsel von Rotalgen wollen wir Details für *Polysiphonia* und *Porphyra* besprechen (Abb. **14.9**).

Polysiphonia

Polysiphonia ist ein Haplo-Diplont mit einem **isomorphen Generationswechsel** (Abb. **14.9a**). Die fädig verzweigte Alge von etwa 3–20 cm Größe hat einen Thallus, der dem **Zentralfadentyp** entspricht, d. h. das Pseudoparenchym wird von einem Zentralfaden aus mit entsprechenden Verzweigungen gebildet (Abb. **4.21** S. 158). Die Wände bestehen aus Cellulose, und die Zellen haben mehrere wandständige Chloroplasten. Bei vielen Arten von *Polysiphonia* ist der Gametophyt diözisch (Abb. **14.9a** Stadien 2a, 2b). Die unilokulären Gametangien auf den weiblichen Gametophyten bilden ein Empfängnisorgan (**Trichogyne**, Abb. **14.9a** Stadium 4), an dem die durch das Wasser angeschwemmten unbeweglichen Spermatien andocken und ihren Geschlechtskern entlassen können (**Gameto-Gametangiogamie**). Allerdings entsteht auf dem Gametophyten nach der Befruchtung eine für Rotalgen charakteristische diploide Zwischengeneration, der sog. **Karposporophyt** (Stadium 6, rot), dessen Sporen (7) zu dem eigentlichen Sporophyten (Stadium 8) führen. In den Perizentralzellen des Sporophyten entstehen in den Tetrasporangien (Stadium 9) vier unbewegliche Meiosporen (Stadium 1a, 1b), je zwei weibliche und zwei männliche, aus denen wieder die Gametophyten gebildet werden (Stadien 2a, 2b).

Porphyra

Porphyra ist eine Alge mit einem **blattartigen Thallus** (Gametophyt) von bis zu 40 cm Größe, der aus einer einzigen Zellschicht besteht. Zellwandbestandteile sind ausschließlich Polygalactane und Proteine. Die Zellen haben einen sternförmigen Chloroplasten. Der **heteromorphe Generationswechsel** dieser haplo-diplontischen Alge (Abb. **14.9b**) schließt einen erst relativ spät mit *Porphyra* in Verbindung gebrachten unscheinbaren **Sporophyten** (*Conchocelis*) ein (Stadium 8) und eine stark reduzierte Form des diploiden **Karposporophyten** (Stadium 6), der aus der befruchteten Eizelle (Stadium 5) auf dem Gametophyten entsteht und auf die Bildung von acht Karposporen beschränkt ist. Die aus den Karposporen entstehende *Conchocelis*-Form wächst epiphytisch auf Muscheln und Schnecken, hat Cellulose als Zellwandsubstanz und stellt in den kalten Meeren die den Winter überdauernde Form dar. Dagegen ist *Porphyra* mit den großen blattartigen Thalli im Frühjahr und Sommer zu finden (Stadium 2). Die Alge bildet sich aus den keimenden Meiosporen (Stadium 1) und ist monözisch. Prinzipiell kann jede Zelle des einschichtigen Thallus zur männlichen oder weiblichen Fortpflanzungszelle werden. Dabei bilden sich **pluriloculäre Antheridien** mit 64 Spermatiden (Stadium 3a) und **uniloculäre Oogonien** (Karpogonien) mit je einer Eizelle (Stadium 3b). Die Befruchtung stellt eine Oogametogamie dar (Stadium 4). Sowohl der Gametophyt (Stadium 2a, 2b) als auch der Sporophyt können sich vegetativ über unbewegliche **Mitosporen** vermehren.

14.4 Generationswechsel bei Rotalgen

a *Polysiphonia*

⑧ Sporophyt
⑨ Tetrasporangium
Me
① b
① a
② a ② b Gametophyt
③ a
③ b
Trichogyne
④
K
⑤
⑥ Karposporophyt
⑦

b *Porphyra*

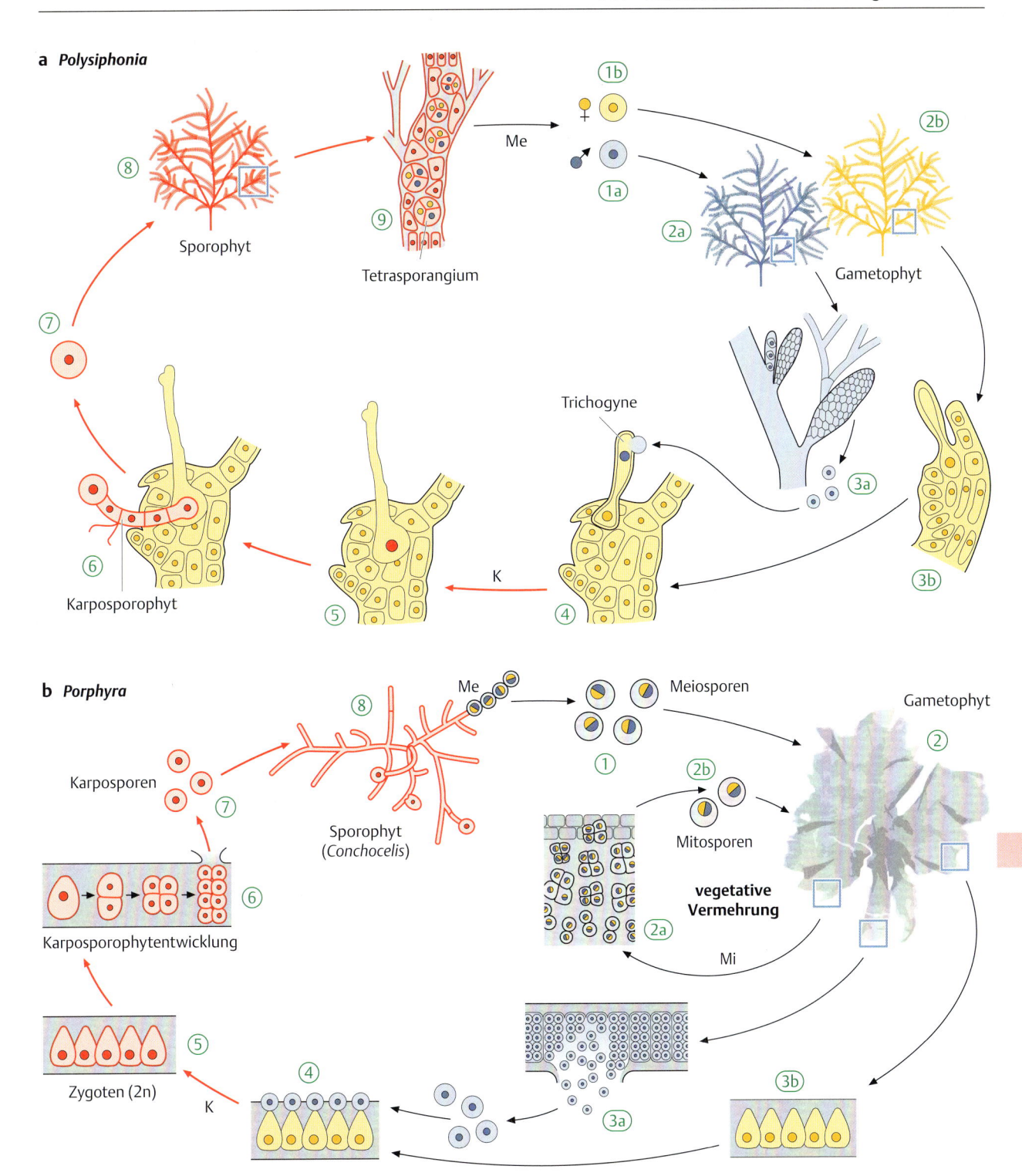

Me Meiosporen
⑧ Sporophyt (*Conchocelis*)
①
② Gametophyt
② b Mitosporen
② a
vegetative Vermehrung
Mi
③ a
③ b
④
⑤ Zygoten (2n)
K
⑥ Karposporophytentwicklung
⑦ Karposporen

Abb. 14.9 Entwicklungszyklen von Rotalgen. a *Polysiphonia* als Haplo-Diplont mit einem dreigliedrigen isomorphen Generationswechsel. **b** *Porphyra tenera* als Haplo-Diplont mit einem dreigliedrigen heteromorphen Generationswechsel. Der relativ kleine Sporophyt ist als eigener Organismus (*Conchocelis*) bekannt. Die entstehenden Meiosporen sind sexuell nicht determiniert (Kerne blau/gelb) und so können an dem monözischen Gametophyten (grau) männliche und weibliche Sexualanlagen entstehen. Weitere Erklärungen im Text (Details nach Sitte et al. 2002 und Schlegel 2000).

14.5 Zelluläre Schleimpilze

Zelluläre Schleimpilze (Acrasiomycota) gehören zu einer ganz besonderen Organismengruppe, die wegen der Bildung von Cellulosewänden in den vielzelligen Stadien und von Fruchtkörpern mit Sporen zunächst als Teil des Pflanzenreichs angesehen wurde. Allerdings existieren diese ungewöhnlichen Organismen auch als einzellige Amöben ohne Zellwand mit Ernährungs- und Bewegungseigenschaften, die stark an Protozoen erinnern. Unter Mangelbedingungen kommt es zu einem einmaligen Reorganisationsprozeß, in dessen Verlauf etwa 100 000 Amöben einen komplexen Fruchtkörper und Sporen bilden.

Schleimpilze können sowohl dem Tier- als auch dem Pflanzenreich zugeordnet werden. Sie stehen am Ausgangspunkt der Entwicklung heterotropher Eukaryoten. Wir wollen hier nur einen Vertreter der sog. **zellulären Schleimpilze** (Acrasiomycota) behandeln. *Dictyostelium discoideum* ist ein Modellorganismus für die Entstehung vielzelliger Organisationsstufen mit Zelldifferenzierung und Arbeitsteilung aus einzelligen, haploiden Amöben (Abb. **14.10**). Im Gegensatz zur Vielzelligkeit bei den meisten anderen Organismen, die letztlich aus einer einzigen Zelle, der Zygote, entsteht, entwickelt sich Vielzelligkeit bei *Dictyostelium* stets aus der Aggregation von bis zu 100 000 Amöben. Wegen dieser Besonderheiten hat das Stu-

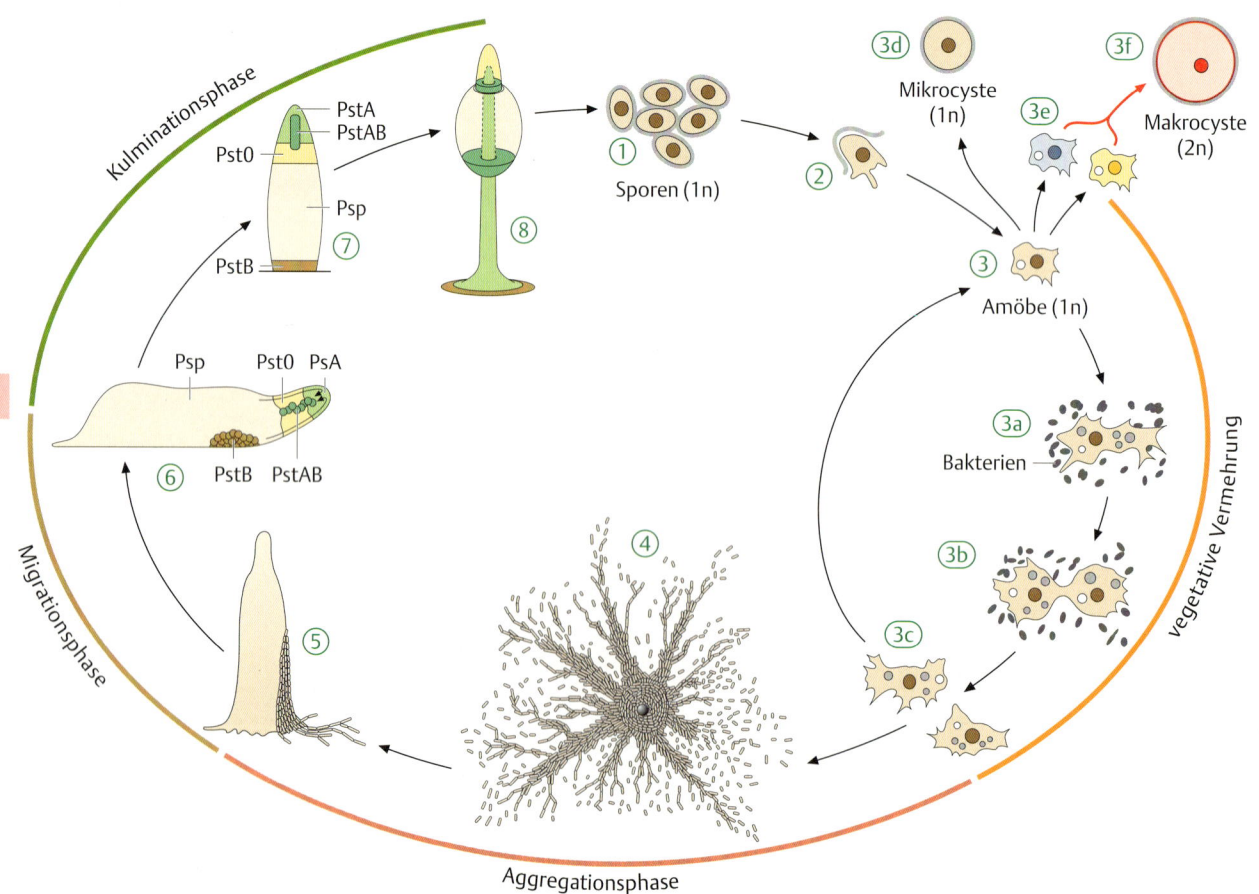

Abb. 14.10 Entwicklungszyklus des zellulären Schleimpilzes *Dictyostelium discoideum*. Neben der vegetativen Vermehrung der Amöben durch Teilung (Stadien **3a–3c**) kann es unter Mangelbedingungen entweder zur Bildung von Mikrocysten oder Makrocysten als Dauerzellen mit einer Cellulosewand (Stadien **3d–3f**) oder aber zur Fruchtkörperbildung kommen. Der Entwicklungszyklus (Stadien **3–8**) dauert etwa 20 Stunden. Einzelheiten sind im Text erklärt. Bei dem Übergang von Stadium 3 zu 4 wurde die Größe der Amöben stark reduziert. In der Phase der Schnecke (Stadium **6**) kann man eine Differenzierung der Zellen in verschiedene Typen von Prästielzellen (**PstA, PstB, PstAB, Pst0**) und in die Masse der Präsporenzellen (**Psp**) feststellen. Beim Übergang von 6 zu 8 kommt es zu massiven Wanderungen von Zellen (s. Farbmarkierungen) (Details nach R. L. Chisholm und R. A. Firtel, Nature Rev. Mol. Cell Biol. 2004).

dium der Entwicklung von *Dictyostelium* viele wertvolle Erkenntnisse über Grundprinzipien der Kommunikation zwischen Zellen in einem multizellulären Verband und den damit verbundenen Änderungen von Genexpressionsmustern erbracht.

Dictyostelium lebt in humusreichen Waldböden in allen moderaten klimatischen Gebieten weltweit. Wegen des pilzartigen Aussehens der etwa 5 mm großen Fruchtkörper führte man den Namen „zelluläre Schleimpilze" ein. Bei der Keimung der Sporen entstehen aber amöboide Einzelzellen von etwa 20 µm Größe, die sich unter geeigneten Bedingungen lange Zeit wie Protozoen durch Phagocytose von Bakterien, Hefen u. a. m. ernähren und durch Teilung vermehren können (vegetative Lebensphase, Abb. 14.10, Stadium 3). Sie reagieren in dieser Phase stark photo- bzw. chemotaktisch, d. h. sie orientieren sich auf Licht- und Nahrungsquellen hin.

Wenn die Umweltbedingungen ungünstig werden, zum Beispiel weil das Nahrungsangebot unzureichend wird oder die Umgebung austrocknet, senden einige Zellen einer Population als **Alarmsignal** cyclisches Adenosinmonophosphat (**cAMP**) aus, das aus ATP in einer durch Adenylylcyclase (AC) katalysierten Reaktion entsteht. Zugleich ändern die Amöben ihr Reizverhalten. Sie reagieren nicht mehr auf Nährstoffe, sondern nur noch auf den Botenstoff cAMP. Dessen Konzentration wird durch die Regulation der Synthese durch AC und des Abbaus durch eine Phosphodiesterase (PDE) kontrolliert.

Drei alternative Entwicklungswege existieren unter diesen Hungerzuständen:

- Im einfachsten Fall umgeben sich die Amöben mit einer Cellulosewand und überdauern die Mangelphase als **Mikrocysten** (Abb. 14.10, Stadium 3d).
- Alternativ dazu steht die Makrocystenbildung (Stadium 3f), bei der zwei **Amöben mit unterschiedlichem Paarungstyp** (3e) miteinander verschmelzen. Diese Zygote kann den Zellinhalt drastisch vermehren, indem durch cAMP angelockte Amöben aus der Umgebung verschlungen werden. Am Ende steht eine diploide Riesenzelle mit einer dauerhaften Cellulosewand (**Makrocyste**), die bei günstigen Bedingungen auskeimt und eine große Anzahl von Amöben entläßt.
- Am spektakulärsten und häufigsten beschrieben ist allerdings der dritte Weg. Etwa 100 000 Amöben geben ihr einzelliges Dasein auf und finden sich zu einem vielzelligen Organismus zusammen. Am Ende dieser asexuellen Entwicklungsphase steht die Bildung eines **Fruchtkörpers mit Mitosporen** (Stadien 4–8).

Der dritte Weg beginnt stets mit der chemotaktischen Aggregation einzelner Amöben und der Bildung von Aggregationszentren. Voraussetzungen dafür sind das Vorhandensein eines **cAMP-Rezeptors** (CAR1) in den Zellmembranen und die Fluktuation der cAMP-Konzentration in der Umgebung der Amöben (Plus 14.5). Schritt für Schritt werden die Amöben Teil eines großen Verbundes, der sich zum **Pseudoplasmodium** umwandelt (Abb. 14.10, Stadium 5). Die Aggregation beruht auf der Zell/Zell-Erkennung durch Glykoproteine an der Oberfläche der Zellen. Mit fortschreitender Entwicklung entsteht ein organisiertes, vielzelliges Gebilde, die schleimumhüllte sog. **Schnecke** (Stadium 6), die eine Weile herumwandern kann, um optimale Bedingungen zur Bildung des Fruchtkörpers zu finden.

Während der folgenden **Kulminationsphase** (Abb. 14.10, Stadien 7 und 8) beginnt eine erkennbare Differenzierung der Zellen in Vorläuferzellen für die späteren Sporen- bzw. Stielzellen. Die verschiedenen Typen von

Plus 14.5 *Dictyostelium*: **Ein Lehrstück für die Entstehung von Arbeitsteilung in multizellulären Systemen**

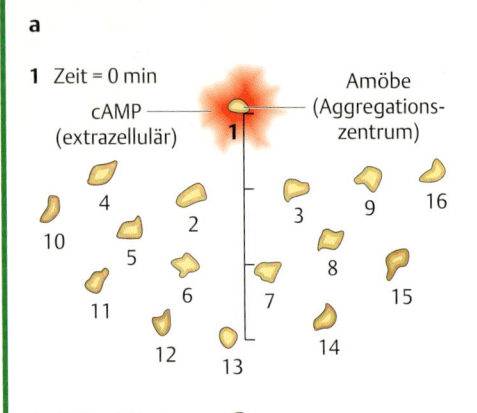

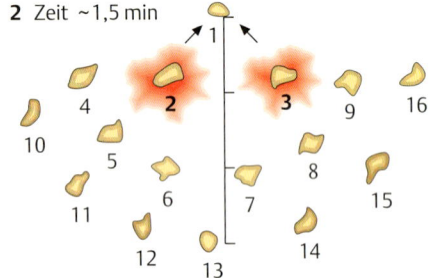

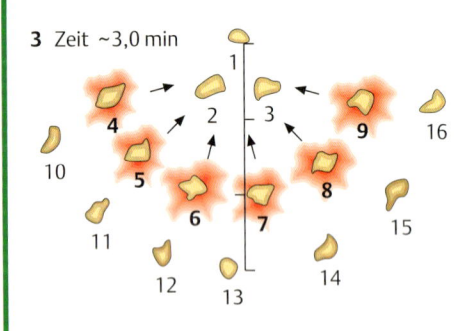

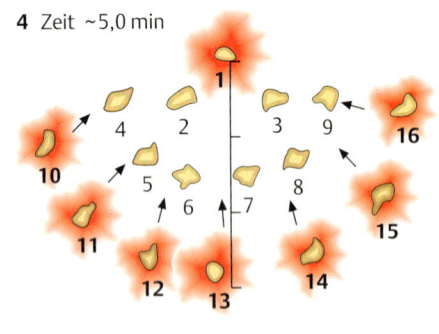

Kernelement für den Übergang bei *Dictyostelium* von der vegetativen Amöbenform in den hochorganisierten mehrzelligen Fruchtkörper ist die Kommunikation zwischen den etwa 100 000 Zellen einer Kultur, die sich zur Bildung des Fruchtkörpers zusammenfinden müssen. Die *Dictyostelium*-Zellen haben in dieser Entwicklungsphase an der Zelloberfläche einen cAMP-Rezeptor (**CAR1**), der seinerseits mit einem trimeren GTP-bindenden Protein (**GP**) für die Signalweiterleitung verbunden ist (**b**). Die einsetzende Bildung von cAMP hat in der Koordination der Aggregation vor allem zwei Funktionen:

1. Es stimuliert die Bildung von neuem cAMP durch Adenylylcyclase in der Ausgangszelle selbst und in den Nachbarzellen.
2. Da cAMP auch chemotaktisch wirkt, wandern die Amöben zum Ort der höchsten cAMP-Konzentration, also zum Aggregationszentrum, wo sich die meisten Amöben befinden und damit die höchste cAMP-Konzentration herrscht. Pfeile und der Maßstab in 2–4 machen die Bewegung der Amöben deutlich.

Beide Vorgänge sind in dem Schema (**a**) für eine hypothetische Gruppe von 16 Amöben und vier Schüben von cAMP-Bildung dargestellt.

Damit die aggregierenden *Dictyostelium*-Zellen nicht ständig von cAMP-Signalen überflutet werden und dadurch die Orientierung verlieren, muß das cAMP-Signal, wie im Schema **a** gezeigt, periodisch auf- und abgebaut werden. *Dictyostelium*-Zellen geben cAMP in Pulsen von etwa fünf Minuten ab (Phasen 1 und 4). Diese periodische cAMP-Produktion wird durch einen relativ einfachen molekularen Oszillator kontrolliert, der im wesentlichen fünf Proteine umfaßt und in Schema **b** skizziert ist. Das extrazelluläre cAMP bindet an den cAMP-Rezeptor (**CAR1**) an der Zelloberfläche (linker Teil des Modells). Der aktivierte Rezeptor stimuliert seinerseits zwei Enzyme, die Adenylylcyclase (**AC**) und die Proteinkinase **ERK2**. ERK2 hemmt durch Phosphorylierung die intrazelluläre cAMP-Phosphodiesterase (**PDE**), sodaß in dieser Phase cAMP nicht abgebaut werden kann. Ein Teil des produzierten cAMP wird aus der Zelle ausgeschleust und kann benachbarte Zellen aktivieren. Die zunehmende Akkumulation von cAMP setzt dann auch die Mechanismen der negativen Rückkopplung in Gang (rechter Teil des Modells). Durch die Aktivierung der Proteinkinase A (**PKA**) wird sowohl AC als auch ERK2 inhibiert und damit schließlich die cAMP-Produktion gestoppt.

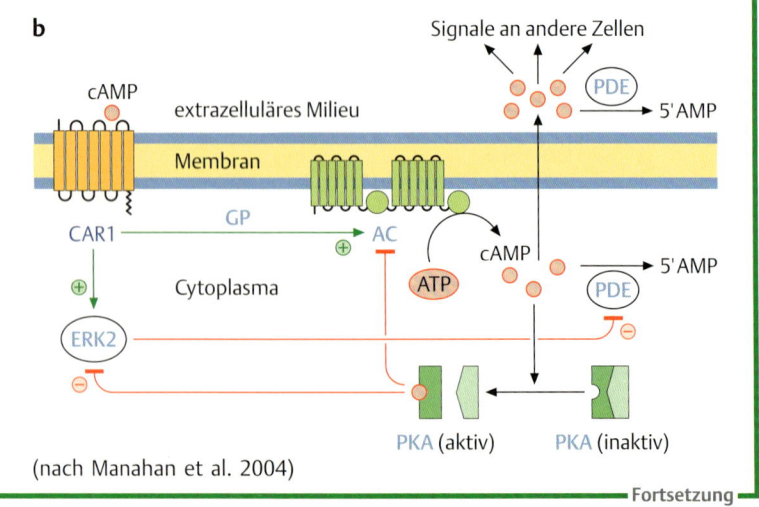

(nach Manahan et al. 2004)

Fortsetzung

> **Fortsetzung**
>
> Sowohl das intrazelluläre als auch das extrazelluläre cAMP werden durch entsprechende Phosphodiesterasen abgebaut. Letztlich entsteht durch das Zusammenspiel der beschriebenen Komponenten eine Art Oszillator, der dafür verantwortlich ist, daß die Zellen etwa alle fünf Minuten ein cAMP-Signal produzieren und an die Umgebung senden. Wenn die Zellen ein cAMP-Signal wahrnehmen, wandern sie für etwa eine Minute in Richtung des cAMP-Signals (schwarze Pfeile in **a**, Stadien 2–4). Danach verweilen sie in der neu erreichten Position bis das nächste cAMP-Signal aus dem Aggregationszentrum kommt. Wie in dem Modell **a** gezeigt, setzt sich die Bewegung wellenförmig fort. Die Bewegung selbst und ihre Ausrichtung beruhen auf der vermehrten Bildung von Pseudopodien und der Anhäufung von Actinfilamenten in dem vorderen, dem Signal zugewandten Teil der Amöbe, während in dem nachgezogenen, hinteren Teil die Anhäufung von Myosinfilamenten die Bildung von Pseudopodien verhindert.

Vorläuferstielzellen (Pst) machen etwa 30 % der Zellmasse aus und befinden sich im vorderen Teil der Schnecke, während die restlichen 70 % Präsporenzellen (Psp) sich mehr im hinteren Teil befinden. Die Entscheidung, ob eine individuelle Zelle der einst homogenen Population in eine Stielzelle oder eine Sporenzelle übergeht, beruht auf der Wirkung intrinsischer Faktoren, wie z. B. der Position im Zellzyklus zu Beginn der Hungerphase, und auf äußeren Faktoren, die als Morphogene an der endgültigen Differenzierung mitwirken.

Präsporenzellen sezernieren das **Morphogen DIF-1** (engl.: differentiation inducing factor), ein Phenylhexanonderivat, das in kleinsten Mengen (10^{-10} M) die Differenzierung von Prästielzellen in der unmittelbaren Nachbarschaft stimuliert und zugleich die Differenzierung von Sporen in dieser Zellpopulation unterdrückt. Teil des Entwicklungsprogramms der Stielzellen ist der Aufbau des Stiels durch koordinierte Bewegungen, Vakuolisierung der Zellen, Aufbau einer Cellulosezellwand und schließlich den Tod der Zellen. An dem Stiel wandern die Präsporenzellen in die Höhe (Abb. **14.10**, Stadium 7, 8). Die terminale Differenzierung der Präsporenzellen zu Sporen erfolgt unter dem Einfluß eines zweiten Morphogens, das wieder **cAMP** ist. Allerdings ist zu diesem Zeitpunkt der Entwicklung der cAMP-Rezeptor CAR1 in der Membran der Zellen durch die CAR3- und CAR4-Rezeptoren ersetzt. Das bedingt auch entsprechende Änderungen in der zellulären Antwort auf cAMP. Beide *Dictyostelium*-Morphogene steuern intrazelluläre Signalkaskaden, die in ähnlicher Form auch in höheren Tieren gefunden werden. Interessant ist in diesem Zusammenhang, daß DIF-1 als ein sehr wirksamer Hemmstoff für das Wachstum von Tumorzellen in Säugern charakterisiert wurde, d. h. es muß auch entsprechende Bindungsproteine in Säugerzellen geben.

Die Bildung von Cellulosewänden ist ein typisches Merkmal aus dem Pflanzenreich. Allerdings existiert dieser ungewöhnliche Lebenszyklus zwischen Amöben ohne Zellwand und Dauerzellen mit Zellwand, zwischen Einzelligkeit und Vielzelligkeit, in dieser Form bei keiner anderen Organismengruppe, weder bei den Pilzen noch bei den Tieren, Pflanzen oder Protozoen. Durch moderne phylogenetische Analysen mit DNA-Sequenzanalyse wissen wir heute, daß *Dictyostelium* eigentlich weder mit den Pilzen noch mit den Pflanzen oder Tieren eng verwandt ist. Vielmehr wird *Dictyostelium* in die Gruppe der **Acrasiomycota** oder Mycetozoa als **unabhängige Gruppe** eingegliedert und befindet sich damit an der **Basis der evolutionären Entwicklung** von eukaryotischen Einzellern zu den Vielzellern. Das allein macht diese Organismengruppe so interessant, und der akademische Streit darüber, ob man *Dictyostelium* bei den Tieren oder Pflanzen abhandeln sollte, ist sekundär. Natürlich müssen wir uns immer darüber klar sein, daß die heutigen Formen dieser Organismengruppe durch etwa 1 Milliarde Jahre Evolutionsgeschichte von den ver-

DIF-1

muteten Ausgangsformen getrennt sind. Wegen seiner Bedeutung für die experimentelle Zellbiologie wurde das **Genom von *Dictyostelium*** sequenziert. Es umfaßt 34 Mb DNA auf sechs Chromosomen plus eine große Zahl von 90 kb großen Minichromosomen mit den *rRNA*-Genen (http://www.Dictybase.org).

14.6 Fortpflanzung und Vermehrung der echten Pilze

Die echten Pilze (*Eumycota*) sind alle plastidenfreie, heterotrophe Organismen, deren Zellwände Glykoproteine, 1,3-Glucane und Chitin enthalten. Unter den etwa 100 000 Arten gibt es eine beachtliche Anzahl pathogener Organismen mit verheerenden Schäden für die Wirtspflanzen und -tiere. Bei der Fortpflanzung und Lebensweise der Pilze herrscht eine große Mannigfaltigkeit.

Die Pilze stellen eine Gruppe heterotropher Organismen dar. Sie besitzen keine Plastiden und leben saprophytisch oder parasitisch auf organischem Material. Ihre Zellwände bestehen nicht aus Cellulose, sondern im wesentlichen aus Glykoproteinen und 1,3-Glucanen (Box **14.1**). Unter den parasitischen Vertretern findet sich eine große Zahl von Pathogenen, die verheerende Auswirkungen für die Gesundheit von Tieren und vor allem Pflanzen haben können (Box **14.2** S. 470 und Kap. 20.6). In der sexuellen Fortpflanzung der Pilze herrscht eine große Mannigfaltigkeit. Bei einigen Klassen der **Niederen Pilze** kommen noch Iso- und Anisogamie sowie Generationswechsel vor. Bei den **Oomyceten** erfolgt die Fortpflanzung durch Oogamie (Abb. **14.1c** S. 440). Bei den **Ascomyceten** finden wir neben Somatogamie (Bäckerhefe, Abb. **14.11**) auch Gametogametangiogamie (*Neurospora*, Abb. **14.12** S. 467). Bei den **Basidiomyceten** schließlich werden überhaupt keine Gametangien mehr ausgebildet, sondern Körperzellen verschmelzen miteinander (Somatogamie, Abb. **14.13** S. 471). Wir wollen uns im Zusammenhang mit den Fortpflanzungsformen aus der Fülle interessanter Möglichkeiten nur beispielhaft mit zwei für Forschung und Biotechnologie wichtigen Vertretern der Ascomyceten und einem Vertreter der Basidiomyceten beschäftigen.

14.6.1 Ascomyceten (Schlauchpilze)

Ascomyceten oder Schlauchpilze stellen eine weit verbreitete und vielgestaltige Gruppe von Pilzen dar, für die als allgemeines Kennzeichen gilt, daß die Meiosporen in einem speziellen Sporangium, dem Ascus gebildet werden. Man nennt daher diesen Typ von Meiosporen auch Ascosporen. Beispielhaft stehen hier für die Gruppe der Ascomyceten, die Bäckerhefe (*Saccharomyces cerevisiae*) als einzelliger Haplo-Diplont mit isomorphem Generationswechsel und *Neurospora crassa* als monözischer Haplo-Dikaryont ohne Generationswechsel.

Einfache Ascomyceten: *Saccharomyces*

Zu den einfachsten Formen der Ascomyceten gehört die Bier- oder Bäckerhefe ***Saccharomyces cerevisiae***, bei der wir es mit einem einzelligen, **haplo-diplonten** Organismus mit einem **isomorphen, heterophasischen Generationswechsel** zu tun haben. Hefezellen sind morphologisch gleich, aber durch ihre Sexualpotenz unterschieden. Man spricht bei den Paa-

Box 14.1 Die Zellwand der Pilze

Die Zellwand der Pilze unterscheidet sich grundsätzlich in ihrer Struktur und Zusammensetzung von der Zellwand Höherer Pflanzen (Kap. 2.7). Diese Tatsache zeigt in besonderer Weise die Sonderstellung der Pilze im System (Abb. **4.1** S. 128). Die Zellwand der Pilze besteht im wesentlichen aus Glykoproteinen mit einer Verankerung in der Zellmembran, Chitin (β-1,4-verknüpfte Einheiten von N-Acetylglucosamin, Abb. **1.15** S. 21) und verzweigten β-1,3-Glucanen. Der Anteil der einzelnen Komponenten kann allerdings sehr unterschiedlich sein:

	Chitin	β-1,3-Glucane	Glykoproteine
Saccharomyces cerevisiae	1–2 %	50 %	40 %
Neurospora crassa	10–20 %	50 %	20 %

Die Glykoproteine sind zum großen Teil in der Zellmembran durch Verknüpfung mit einem GPI-Rest (Glykosyl-phosphatidyl-inosit) verankert. Die Insertion in die Membran erfolgt frühzeitig als Teil der Prozessierung dieser Proteine im ER (Kap. 15.10.4). Neben diesen Strukturproteinen, die über ihre Kohlenhydratseitenketten kovalent mit den β-1,3-Glucanen verbunden sind, gibt es noch Enzyme in der Zellwand (Chitinasen, Glucanasen, Peptidasen), die eine große Rolle bei den notwendigen Umbauarbeiten während der Entwicklung der Pilze spielen. In der Regel sind diese Enzyme ebenfalls Glykoproteine, die kovalent mit den β-Glucanen verknüpft sein können. Die Kohlenhydratseitenketten sind entweder mit Asp-Resten (N-Glykosylierung) oder mit Ser/Thr-Resten (O-Glykosylierung) verbunden. Neben den verzweigten Kohlenhydratseitenketten in den Proteinen (Abb. **15.39** S. 568) finden wir auch lange, unverzweigte Ketten von Oligomannan- bzw. Oligogalaktomannaneinheiten.

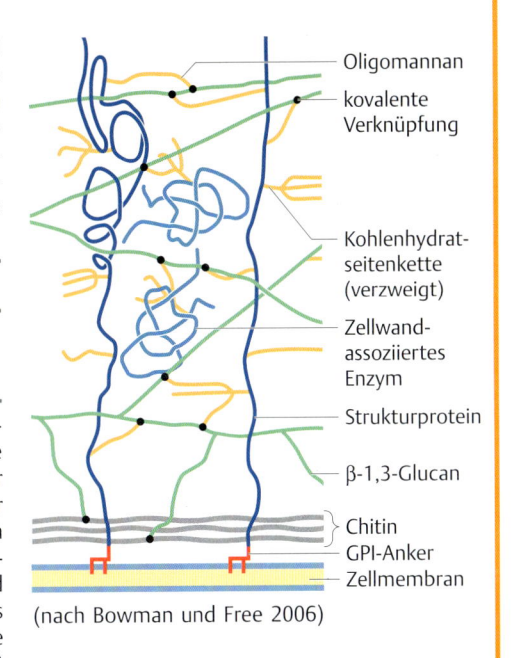

(nach Bowman und Free 2006)

rungstypen der Bäckerhefe nicht von (+)- und (−)- sondern von (**a**)- und (**α**)-Typ. Stämme von *Saccharomyces cerevisiae* haben nicht nur überragende ökonomische Bedeutung für die Bäckerei und Fermentationsindustrie (s. Plus **11.1** S. 336), sondern sie sind auch unverzichtbare und universelle Objekte für die genetische und molekularbiologische Forschung. Das liegt neben ihrer einfachen Kultivierung und leichten genetischen Manipulation durch Mutation und Transformation auch daran, daß Hefe der erste eukaryotische Organismus war, dessen gesamte Genomsequenz bekannt war (17,5 Mb DNA in insgesamt 16 Chromosomen, s. die Hefegenom Homepage: http://www.yeastgenome.org/).

Sowohl die haploiden als auch die diploiden Zellen der Hefe können sich unter günstigen Umständen lange Zeit vegetativ durch **Knospung** vermehren (Abb. **14.11a**). Die Untersuchungen zum Zellzyklus und dessen Kontrolle bei Hefe haben entscheidend unser Bild von den analogen Vorgängen bei Pflanzen und Tieren geprägt (Kap. 16.11.1). Wenn Hefezellen bei geeigneter Nährstoffversorgung eine ausreichende Größe erreicht haben, wird in der späten G1-Phase der Übergang in die S-Phase ausgelöst. Das beinhaltet den Start der DNA-Replikation, die Verdopplung des Spindelpolkörperchens und die Anlage der Knospe. Der Übergang zwischen Mutterzelle und der entstehenden Tochterzelle wird in dieser frühen Phase durch einen **Chitinring in der Zellwand** markiert. Eine Besonderheit der Bäckerhefe ist, daß während der gesamten Mitose die Kernmembran stets erhalten bleibt. Übergangsweise entsteht eine Struktur mit langgestrecktem Zellkern und den Polkörperchen an beiden

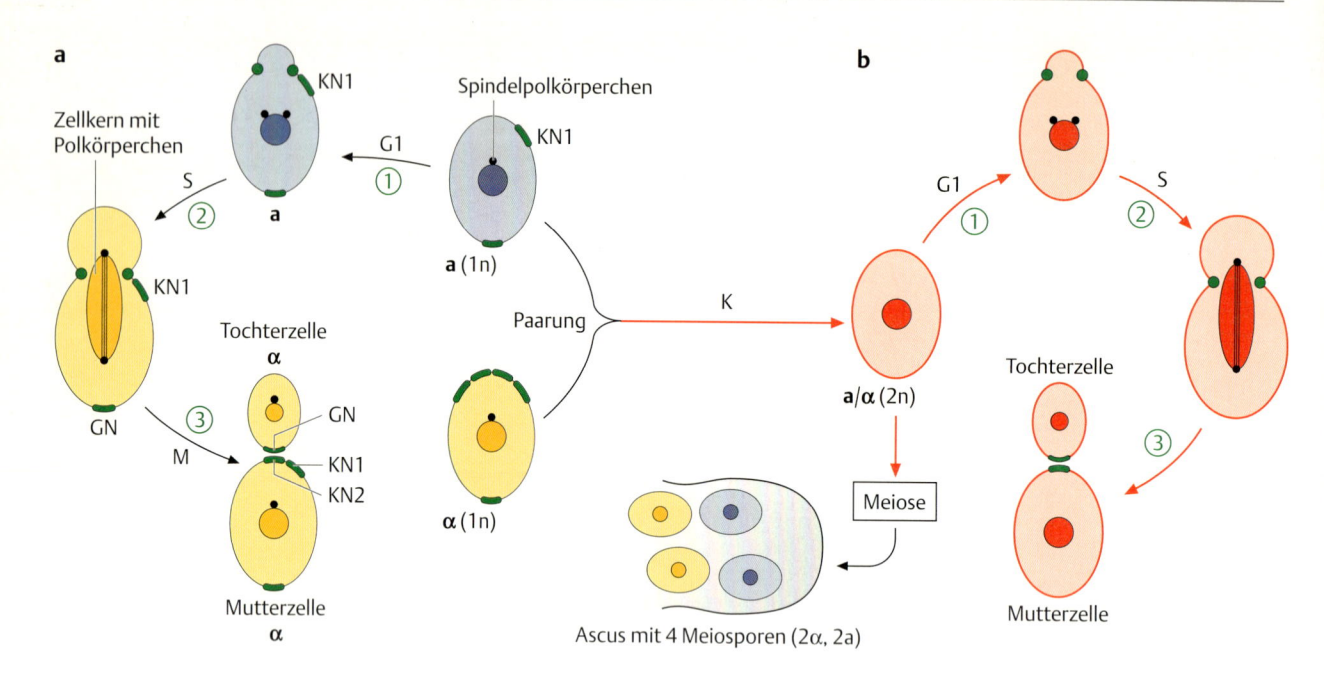

Abb. 14.11 Lebenszyklus der Bäckerhefe (*Saccharomyces cerevisiae*). a Haploide Hefezellen existieren mit dem Paarungstyp (**a**) (blau) bzw. (**α**) (gelb). Beide können sich durch Knospung vermehren, wobei die Narben auf der Oberfläche (grün) die Position des ehemaligen Chitinrings zwischen Mutterzelle und Knospe markieren. GN=Geburtsnarbe, KN=Knospungsnarbe; Details s. Text. **b** Zellen mit unterschiedlichem Paarungstyp können miteinander zu diploiden Zellen fusionieren, die sich unter günstigen Bedingungen wie haploide Zellen durch Knospung vermehren können. Bei Glucosemangel kommt es allerdings zur Meiose und zur Bildung von je 2 (**a**)- und 2 (**α**)-Meiosporen in dem Ascus. **c** Regeln für den Paarungstypwechsel, ausgehend von der in **a** dargestellten haploiden Mutterzelle (M1). In neu gebildeten Tochterzellen bleibt das für den Paarungstypwechsel notwendige Gen für die Endonuclease noch inaktiv bis der erste Knospungszyklus abgeschlossen ist, d. h. der Paarungstyp-Wechsel bleibt jeweils bei der ersten Knospung aus.

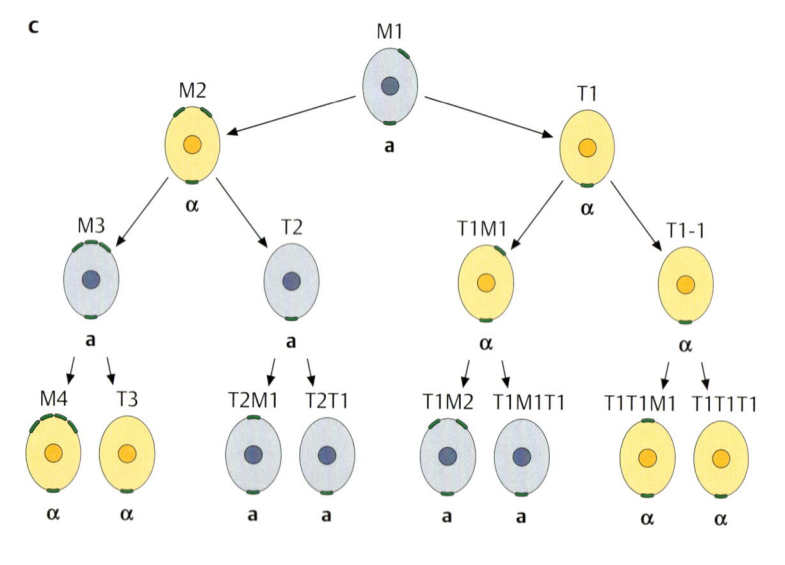

Enden, die sich von der Mutterzelle in die Tochterzelle erstreckt (Abb. **14.11a**). Die Chromosomenverteilung findet also, anders als bei den Pflanzen (Abb. **13.13** S. 398 und Abb. **13.14** S. 401), innerhalb der Kernhülle statt. Nach Kernteilung und Abtrennung der Tochterzelle am Ende der Mitose bleiben Teile des **Chitinrings als Narbe** an beiden Zellen sichtbar. An der Tochterzelle ist das die Geburtsnarbe, während an der Mutterzelle zusätzlich zu der Geburtsnarbe nun eine Knospungsnarbe zurückbleibt. Die Zahl der Knospungsnarben vermehrt sich bei jeder folgenden Mitose (Abb. **14.11c**). Nach einer definierten Zahl von Zellteilungen sterben die Hefezellen ab. Der Alterungsprozeß einer Hefezelle läßt sich also anhand der Narben verfolgen.

Plus 14.6 Homologe Rekombination und Wechsel des Paarungstyps bei *Saccharomyces cerevisiae*

Der Mechanismus des Paarungstypwechsels in sog. homothallischen Stämmen der Bäckerhefe beruht auf Vorgängen, wie wir sie im Zusammenhang mit DNA-Reparatur und homologer Rekombination in der ersten meiotischen Prophase kennengelernt haben (Plus **13.6** S. 404). Der aktive **Paarungstyp-Locus** (*MAT*, engl.: mating type) befindet sich in der Nähe des Centromers auf dem Chromsom III. Je nach Zelltyp liegt er entweder in der Konfiguration **MATα** oder in der Konfiguration **MATa** vor. Wie in der Abbildung gezeigt, beruht der Unterschied lediglich auf dem Austausch eines kleinen Teils der DNA, der sog. Y-Kassette, im mittleren Teil des etwa 1700 bp großen Locus. In den Zellen mit dem Paarungstyp (α) haben wir die **Yα-Kassette**, in den (a)-Zellen die **Ya-Kassette** im *MAT*-Locus. Der *MAT*-Locus ist auf der linken bzw. rechten Seite in einer Entfernung von 100–200 kb von einem inaktiven Reservelocus für die Yα-Kassette (*HMLα*) bzw. die Ya-Kassette (*HMRa*) flankiert. Die molekularen Mechanismen beim Paarungstypwechsel sind ein Paradebeispiel für kontrollierte Genomumlagerungen als Teil von Entwicklungsprozessen.

Die Wirkung der Y-Region beruht darauf, daß sie entscheidende Kontrollelemente für die Synthese von mRNAs enthält. Dies sind die Promotorregion und die Transkriptionsstartpunkte für die Synthese von α1- und α2-mRNA in den (α)-Zellen und von a1-mRNA in den (a)-Zellen (grüne Pfeile). Diese codieren für DNA-bindende Proteine, die als Coregulatoren zusammen mit anderen Transkriptionsfaktoren für das stammspezifische Genexpressionsmuster verantwortlich sind, also auch für die Synthese der Pheromone und der komplementären Rezeptoren an den Zelloberflächen.

Stämme	MAT-Locus	spezifische Regulatorproteine	Pheromon	Rezeptor
(α)-Zellen	*MATα*	α1 und α2	(α)-Faktor	(a)-spezifisch
(a)-Zellen	*MATa*	a1	(a)-Faktor	(α)-spezifisch

Der eigentliche Genaustausch und damit der **Paarungstypwechsel** vollzieht sich in folgenden Teilschritten:

1. Am Ende der G1-Phase bei dem Übergang in die Knospungsphase wird in den haploiden Mutterzellen eine spezifische Endonuclease, codiert vom Gen *HO* auf Chromosom IV, gebildet, die im *MAT*-Locus in unmittelbarer Nähe zur Y-Kassette die DNA spaltet (s. Markierung durch den Pfeilkopf).
2. Von diesem Doppelstrangbruch ausgehend, wird die jeweilige Y-Kassette abgebaut. Es entsteht eine Lücke im *MAT*-Locus.
3. Die überstehenden Einzelstrang-Enden des defekten *MAT*-Locus paaren spezifisch mit den passenden Sequenzen im X- und Z-Bereich in einem der Reserveloci, und die Lücke im *MAT*-Locus wird durch DNA-Synthese am *HMRa*- bzw. *HMLα*-Locus als Template geschlossen. Die Details des Ablaufs entsprechen weitgehend denen, die wir bei Crossing-over (Plus **13.6** S. 404) und DNA-Reparatur kennengelernt haben (Kap. 13.8.5).

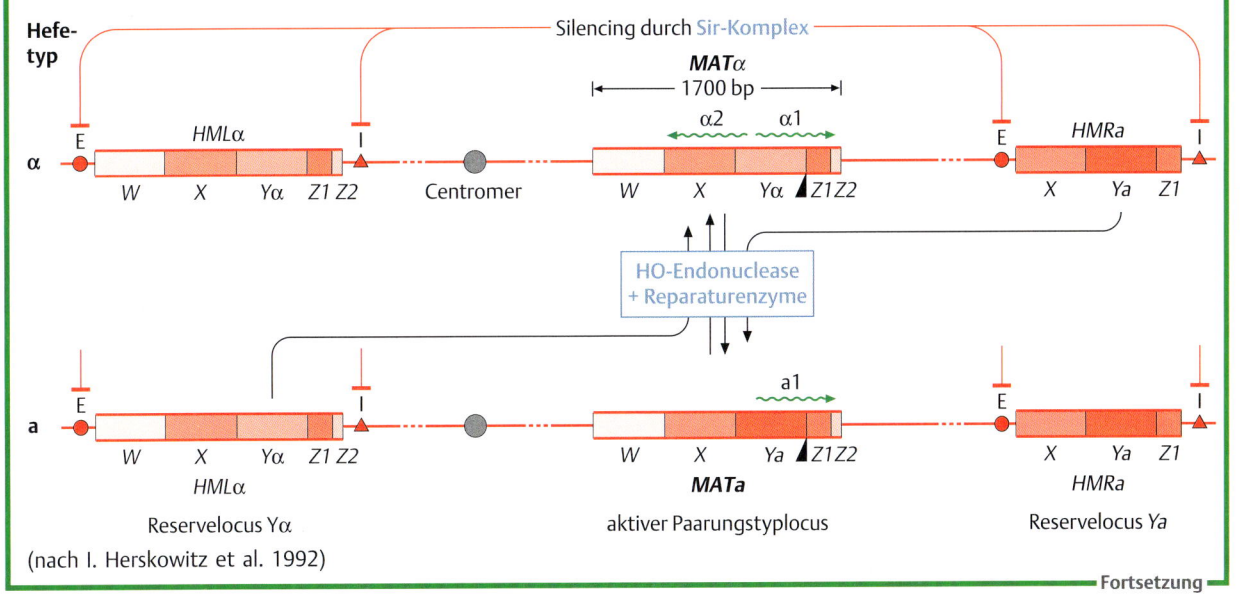

(nach I. Herskowitz et al. 1992)

Fortsetzung

> **Fortsetzung**
>
> Die Grundlagen für die Entscheidung zwischen den beiden Reservekassetten bei der Reparatur sind nicht klar. Auf jeden Fall ist gesichert, daß in 80 % der Fälle die jeweils andere Y-Kassette eingebaut wird, d. h. ein *MATα*-Locus wird aus dem *HMRa*- und ein *MATa*-Locus wird aus dem *HMLα*-Locus repariert.
>
> Der Zustand und die **Regulation der Expression des *HO*-Gens** sind offensichtlich der Schlüssel für den gesamten Prozeß, weil es die notwendige Endonuclease codiert. Nur wenn das *HO*-Gen intakt ist (homothallische Stämme), kommt es in teilungserfahrenen Mutterzellen mit mindestens einer Knospungsnarbe zur Bildung der Endonuclease am Ende der G1-Phase, während in unerfahrenen Tochterzellen ebenso wie in diploiden Zellen die Transkription des *HO*-Gens unterbleibt (Abb. **14.11c**). Es ist interessant festzustellen, daß die Coexistenz der beiden Coregulatoren a1 und α2 in den diploiden Zellen den typischen Entwicklungsweg dieses Zelltyps im Hinblick auf die Ascusbildung und Sporulation mitbestimmt.
>
> Bleibt schließlich noch die Frage, warum die beiden Reserveloci eigentlich nicht aktiv sind, obwohl sie doch offensichtlich alle notwendigen Elemente für die Bildung der drei mRNAs haben. Sie sind flankiert von sog. Silencer-Elementen (E bzw. I), an denen durch Bindung des **Sir-Komplexes** das **Chromatin** so modifiziert wird, daß es **heterochromatischen** Charakter annimmt (Plus **13.1** S. 382).

Wie oben erwähnt, gehören die haploiden Zellen der Hefe entweder dem Paarungstyp (**a**) oder (**α**) an. Eine Besonderheit besteht darin, daß bei jeder Knospung die Mutterzelle den Paarungstyp wechselt (**a** → **α** → **a** → **α** usw., Abb. **14.11c**). Dieser Vorgang beruht auf einem, durch homologe Rekombination ausgelösten, Gensegmentaustausch am Paarungstyp-Locus während der S-Phase (Plus **14.6**). Eine sog. **homothallische** Hefekultur stellt also eine Mischung von Zellen der beiden Paarungstypen dar. In **heterothallischen** Hefestämmen oder verwandten Ascomyceten ist das für die Rekombination zuständige Gen (***HO*-Gen**) defekt bzw. inaktiv, und diese Stämme gehören stabil entweder dem einen oder dem anderen Paarungstyp an. Interessant ist, daß es genaue Regeln für den Gensegmentaustausch bei den homothallischen Stämmen gibt (Abb. **14.11c**). Dazu gehört auch, daß neugebildete Tochterzellen bei dem ersten Knospungszyklus den Paarungstyp nicht wechseln, weil das *HO*-Gen inaktiv bleibt.

Die **Paarung von zwei Hefezellen** (Abb. **14.11b**) wird durch **Sexualpheromone** ausgelöst. Dies sind Peptide, der sog. (**a**)-Faktor bzw. (**α**)-Faktor (Abb. **16.42** S. 649), die jeweils an einen Rezeptor auf der Oberfläche der Zellen des anderen Paarungstyps binden. In Anwesenheit des richtigen Pheromons werden die Zellen in der G1-Phase angehalten und damit für die Fusion nach Wechselwirkung zwischen spezifischen Glykoproteinen an der Oberfläche der Zellen bereit gemacht. Die entstehende Zygote kann sich durch Knospung ebenso vermehren wie die haploiden Zellen (Abb. **14.11b**), wobei sich allerdings häufig ein diploides Sproßmycel bildet. Bei ungünstigen Bedingungen kommt es zur Sporulation. Entweder wird die Zygote selbst zum Ascus, oder Asci bilden sich an den Enden des Mycels. In jedem Ascus werden während der Meiose vier Haplosporen gebildet, von denen jeweils zwei dem Paarungstypus (**a**) bzw. (**α**) angehören (Abb. **14.11b**).

Höhere Ascomyceten: *Neurospora*

Die höher entwickelten Ascomyceten sind haplodikaryontische Organismen mit einem mehrkernigen Mycel, das sich durch Mitosporen (Mikrokonidien, Makrokonidien) vegetativ vermehren kann. Der Entwicklungszyklus ist am Beispiel von *Neurospora crassa* in Abb. **14.12** schematisch dargestellt. *Neurospora* ist ein heterothallischer, monözischer Organismus, d. h. sowohl an den (+)- wie an den (−)-Mycelien entstehen Vorläufer der Fruchtkörper (**Protoperithecien**) mit einem **Ascogon** und einem pa-

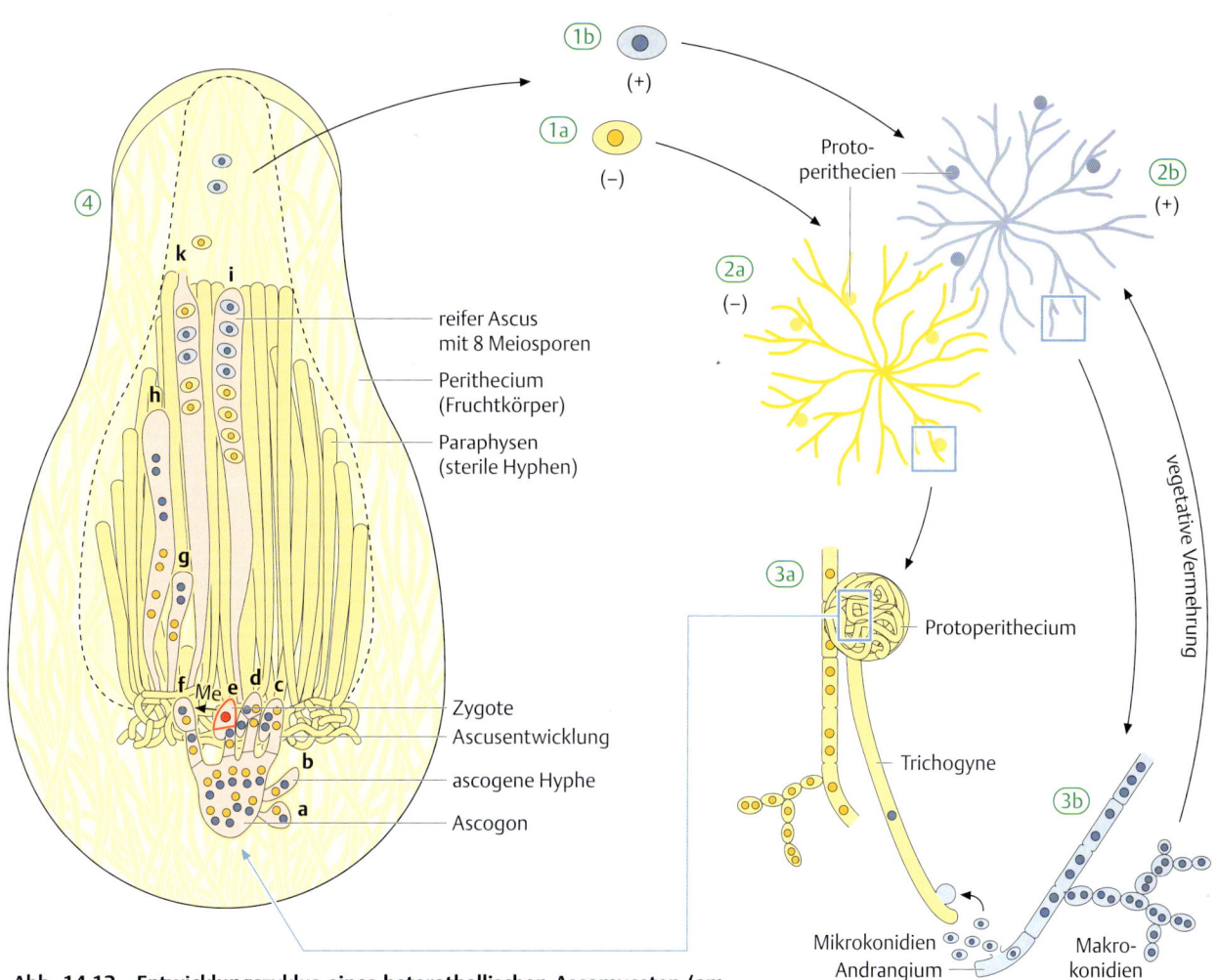

14.6 Fortpflanzung und Vermehrung der echten Pilze

Abb. 14.12 Entwicklungszyklus eines heterothallischen Ascomyceten (am Beispiel von *Neurospora crassa*). Farbcode bzw. Abkürzungen s. Abb. **14.1** S. 440 und Abb. **14.2** S. 441. Nach der Übertragung eines (+)-Kerns (blau, 3b) auf die Trichogyne (gelb, 3a) wandert dieser in das Ascogon ein, wo sich die Kerne paarweise zusammenlagern. Hierauf wachsen vom Ascogon die ascogenen Hyphen aus, in denen sich die beiden Kerne jeweils synchron teilen, sodaß jede Zelle einen (+)- und einen (–)-Kern enthält (Stadium 4). Schließlich kommt es an der Spitze der ascogenen Hyphen zur Ausbildung einer hakenförmigen Zelle, in der sich beide Kerne noch einmal teilen. Von den entstandenen vier Kernen bleiben zwei geschlechtsverschiedene Kerne in der Hakenzelle, während der dritte in die Stielzelle und der vierte in den unteren Teil des Hakens einwandern (Stadien 4a–d). Nach Abgrenzung des oberen Teiles der Hakenzelle durch Zellwände findet die Verschmelzung der beiden Kerne zum Zygotenkern statt (**Karyogamie**, Stadium 4e). Das abgebogene Hakenende fusioniert dann mit der Stielzelle, und der Kern wandert in diese zurück, worauf es erneut zur Hakenbildung kommen kann. Ascogon und die ascogenen Hyphen stellen also die **Paarkernphase** dar, während die Zygote der einzige diploide Teil des Organismus ist. Die Zygote wächst zum **Ascus** aus (Stadien 4f–4i), in dem unter Meiose sowie einer zusätzlichen mitotischen Teilung acht Meiosporen entstehen. Die **Ascosporen** werden ausgeschleudert (Stadium 4k) und keimen zu den entsprechenden haploiden Myceltypen vom (+)- und (–)-Typ aus (Stadien 2a, 2b).

pillenförmigen Fortsatz als Empfängnisorgan (**Trichogyne**). Selbstbefruchtung ist allerdings durch eine **haplogenetische Inkompatibilität** ausgeschlossen. Nur wenn ein Mycel des entgegengesetzten Paarungstyps in der Nähe ist, können Zellen des Mycels oder auch Mikro- oder Makrokonidien mit der Trichogyne des anderen Paarungstyps fusionieren und Kerne übertragen (**Plasmogamie**). Im Ascogon kommt es nach einer charakteristischen Sequenz von Kernteilungen in den ascogenen Hyphen zur **Karyogamie** und anschließenden **Meiose** (Abb. **14.12**, Stadium 4)

Beim Entwicklungszyklus von *Neurospora* haben wir es mit vier Zelltypen zu tun:
- die haploiden Mycelien mit unterschiedlichem Paarungstyp, die den überwiegenden Teil des Ascomyceten inklusive des Fruchtkörpers ausmachen,
- die relativ eingeschränkte Paarkernphase im Ascogon (Abb. **14.12**, Stadium 4),
- die auf die Zygote beschränkte diploide Phase (Stadium 4e) und schließlich
- den Ascus, in dem unter Meiose und einer zusätzlichen Mitose die acht Ascosporen gebildet werden (Stadien 4f-4k).

Von dem hier beschriebenen Grundtypus gibt es zahlreiche Varianten. Die Asci bilden zusammen mit sterilen Hyphen, den **Paraphysen**, das **Hymenium**, das an einem Fruchtkörper entsteht. Dieses liegt, wie in Abb. **14.12** für *Neurospora* dargestellt, im Inneren desselben (**Perithecium**), kann sich aber auch auf dessen Oberfläche befinden (**Apothecium**), wie z. B. bei den Morcheln. Die günstigen experimentellen Voraussetzungen bei der Kultivierung und die genaue Anordnung der Sporen im Ascus haben *Neurospora* und verwandte Pilze (*Podospora, Sordaria*) zu Modellorganismen für die Genetik und für die Einsichten in Rekombinationsvorgänge bei der Meiose gemacht (Plus **14.7**).

Plus 14.7 *Neurospora crassa*, ein Lieblingsobjekt der Genetiker

Zwei Besonderheiten zeichnen *Neurospora* und verwandte Ascomyceten bei der Bildung der Ascosporen aus:
- In den Asci werden durch eine der Meiose nachgeschaltete Mitose die Zahl der Meiosporen von ursprünglich vier auf acht erhöht. Jeweils zwei benachbarte Meiosporen sind genetisch identisch, weil sie das Produkt dieser zusätzlichen Mitose sind.
- Wir haben es mit dem relativ seltenen Fall von geordneten Meiosporen zu tun, d. h. die serielle Anordnung in dem schlauchartigen Ascus reflektiert exakt das Verteilungsmuster der Chromosomen in der ersten meiotischen Telophase (Abb. **13.15** S. 403).

Da sich die Sporen unter dem Mikroskop isolieren und anschließend kultivieren lassen, kann man den Genotyp jeder Meiospore direkt ermitteln. Diese Vorzüge von *Neurospora* haben zum ersten Mal Detailuntersuchungen zur meiotischen Rekombination (Crossing-over) und damit zur physischen Position von Genen auf einem Chromosom ermöglicht (Kap. 13.7.6).

Das Beispiel in unserer Abbildung benutzt ein Merkmal (*albino*), das als Wildtypallel (*A*) zu braunen und als Mutantenallel (*a*) zu farblosen Sporen führt. In eleganter Weise können durch bloße Inspektion der Farbgebung die Asci mit normaler Verteilung der Meiosporen ohne Crossing-over (I1 bzw. I2), also vier farblose und vier braune bzw. umgekehrt, von den Rekombinanten aus Meiosen mit einem einfachen Crossing-over (II1 bzw. II2) unterschieden werden. Letztere haben nach dem Farbmuster eine typische 2+2+2+2-Anordnung. Der Einfachheit halber sind in den Zellen jeweils nur die oberen Teile der beiden Chromosomen mit den Markern *A* (*a*) und *B* (*b*) dargestellt.

──Fortsetzung──

Fortsetzung

Zu Details des Ablaufs von meiotischem Crossing-over s. Plus **13.6** S. 404. Weil bei der Variante I auf jeden Fall alle Merkmale auf dem väterlichen und mütterlichen Bivalenten in der ersten meiotischen Teilung voneinander getrennt werden, spricht man von **Präreduktion**. In Variante II jedoch unterliegt nur das Merkmal B (b) der Präreduktion, während die Allele von A bzw. a durch das angenommene Crossing-over erst in der zweiten meiotischen Teilung getrennt werden (**Postreduktion**). Das wird durch das andersartige Farbmuster der acht Ascosporen sehr deutlich. Das Verfahren läßt über die Häufigkeit von Crossing-over unmittelbare Berechnungen über die Distanz eines Merkmals zum Centromer bzw. zwischen zwei oder mehr Merkmalen zu (Abb. **13.17** S. 406). Dazu werden die einzelnen Ascosporen isoliert und die daraus abgeleiteten Stämme von *Neurospora* auf andere Merkmale hin untersucht. In unserem stark vereinfachten Beispiel wäre das die Kombination des Farbmerkmals A bzw. a mit dem Marker B bzw. b, z. B. einem Stoffwechselmarker. Die Pfeile an den Centromeren markieren die Bewegung der Chromosomen bzw. Chromatiden in der Anaphase.

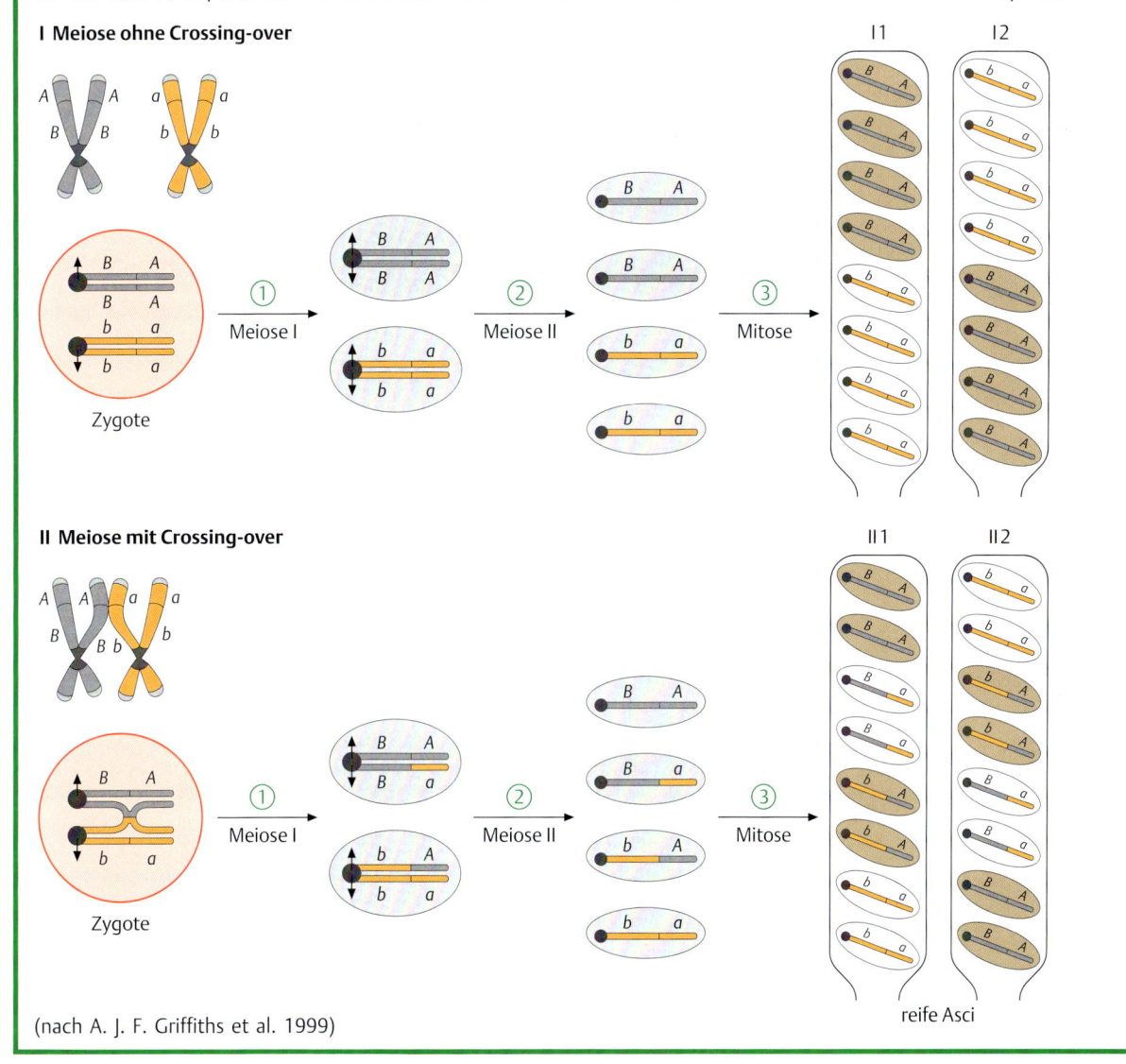

I Meiose ohne Crossing-over

II Meiose mit Crossing-over

(nach A. J. F. Griffiths et al. 1999)

Ochratoxin A
(aus *Aspergillus, Penicillium*)

Aflatoxin B$_1$
(aus *Aspergillus flavus*)

> **Box 14.2 Schimmelpilze und Pflanzenpathogene**
>
> Viele Ascomyceten der Gattungen *Aspergillus, Penicillium, Neurospora* werden unter dem Trivialnamen **„Schimmelpilze"** zusammengefaßt, weil sie ausgedehnte Phasen mit vegetativer Vermehrung duch Haplosporen (Konidiosporen, Konidien) aufweisen (Abb. **14.4** S. 444). Bei einigen Vertretern, z. B. von *Penicillium*, kennt man nur diese vegetativen Formen. Sie werden wegen des Mangels sexueller Vermehrungsformen auch als imperfekte Pilze (**Fungi imperfecti**) bezeichnet. Schimmelpilze mit ihren Konidiosporen finden wir überall, insbesondere bei unsachgemäßer Lagerung auf Lebensmitteln, Früchten und Gemüse. Dabei können hochtoxische, krebserregende **Mykotoxine** vom Typ der Aflatoxine bzw. Ochratoxine entstehen, d. h. diese Lebensmittel sollten am besten sofort vernichtet werden.
>
> Zu den Ascomyceten gehören eine ganze Reihe von **Pflanzenpathogenen**. Sie verursachen enorme Schäden in Landwirtschaft und Gartenbau (Kap. 20.6). Beispielsweise finden wir auf vielen Pflanzen schimmelartige Überzüge auf Blättern und Stengeln, die durch die Konidiosporen der echten Mehltaupilze (Ordnung Erysiphales) bei Getreide, Rosen, Stachelbeeren u. a. m. hervorgerufen werden. Welkeerkrankungen und das massenweise Absterben von Keimlingen bei vielen Kulturpflanzen gehen auf Infektion mit *Verticillium* oder *Fusarium* zurück. *Botrytis*- oder *Sclerotinia*-Arten verursachen Kraut und Fruchtfäule an Obst und Gemüse. Die Reihe der Beispiele ließe sich beliebig fortsetzen (Plus **14.8** und Plus **20.8** S. 827).

14.6.2 Basidiomyceten (Ständerpilze)

Bei den Basidiomyceten finden wir zwei Existenzformen: Aus den Basidiosporen entstehen (+)- bzw. (–)-Mycelien, die als unabhängige Haplonten längere Zeit vegetativ im Boden wachsen können. Treffen Hyphen zweier Kreuzungspartner aufeinander, verschmelzen die Zellen und es folgt eine i. d. R. ausgedehnte Paarkernphase. Der ganze Fruchtkörper der Basidiomyceten, der Speisepilz, besteht aus Paarkernmycel. Unter den Basidiomyceten gibt es verheerende Pflanzenpathogene wie z. B. die weit verbreiteten Rostpilze.

Wie bei den Ascomyceten unterscheiden wir auch bei den Basidiomyceten oder Ständerpilzen zwischen Mycelien mit den Paarungstypen (+) bzw. (–). Die durch Keimung der Basidiosporen entstehenden haploiden Mycelien können längere Zeit vegetativ wachsen, bilden also ganz unabhängige Haplonten. Treffen im Boden wachsende Hyphen zweier Kreuzungspartner aufeinander (Abb. **14.13a**), so verschmelzen ihre Zellen (Plasmogamie). Wie bei den Ascomyceten folgt eine Paarkernphase, die allerdings bei den Basidiomyceten in der Regel sehr ausgedehnt ist. Der ganze Fruchtkörper, also das, was wir als Steinpilz oder Champignon essen, ist ein Fadenthallus (Abb. **4.19** S. 157) aus **Paarkernmycel (Dikaryon)**. Der Zellteilung im Dikaryon geht eine Simultanteilung der beiden Kerne voraus. Mit den so entstandenen 4 Zellkernen, jeweils zwei (+)- und zwei (–)-Kernen, kommt es zu einem charakteristischen Verteilungsmuster in der Spitzenzelle, wie wir es in ähnlicher Form schon bei den Ascomyceten kennengelernt haben (s. Kasten in Abb. **14.13a**). Allerdings hinterläßt die Fusion des Hakenendes mit der vorausgegangenen Stielzelle eine für die Basidiomyceten charakteristische Schnalle am Mycel (**Schnal-**

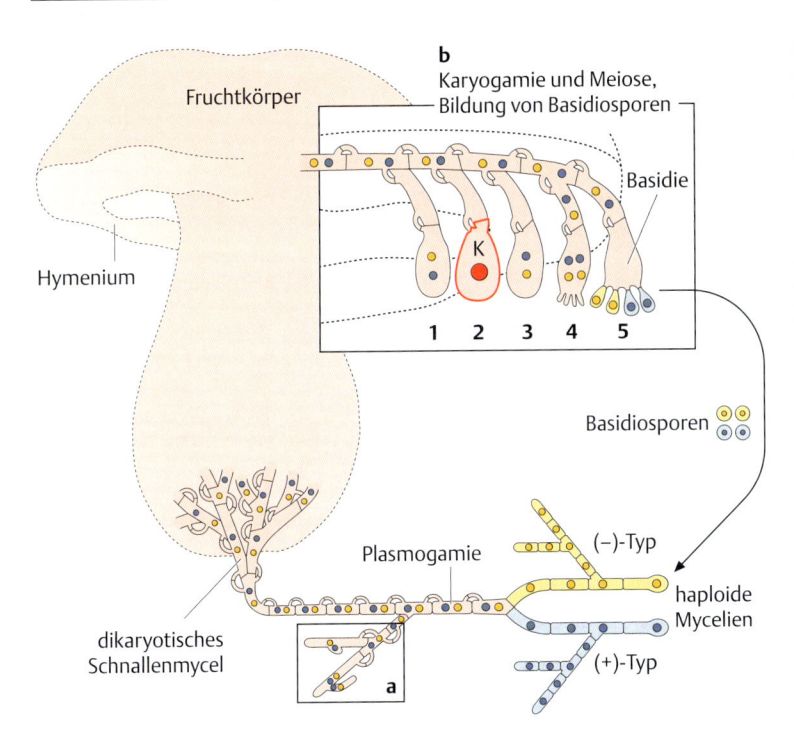

Abb. 14.13 Entwicklungszyklus eines Basidiomyceten. Die farbig dargestellten Teile am Fruchtkörper sind vergrößert. **1–5** Stadien der Basidienentwicklung. Der kleine schwarze Kasten (**a**) markiert Phasen der Entstehung des dikaryotischen Schnallenmycels, das den gesamten Fruchtkörper ausmacht. Am Hymenium schwellen die Enden des Schnallenmycels zu einer **Basidie** an, in der die Kernverschmelzung (**Karyogamie**) erfolgt (**b**; **1, 2**). Durch Meiose entstehen vier Kerne (**3, 4**), und diese wandern in die kurzen Auswüchse an der Spitze (Sterigmen) ein (**5**). Sie schnüren sich dann als Basidiosporen (Meiosporen) ab und werden verbreitet. Die beim Auskeimen der Basidiosporen entstehenden Mycelien sind zur Hälfte vom (+)- bzw. (–)-Typ.

lenmycel). Das Schnallenmycel wächst zu einem von Fall zu Fall verschieden gestalteten Fruchtkörper heran, an dem sich ein Hymenium bildet.

Wie bei den anderen Pilzgruppen finden wir auch bei den Basidiomyceten Spezialisten für das Schmarotzerdasein auf Höheren Pflanzen. Eine mit mehreren 1000 Arten weit verbreitete Ordnung ist die der **Rostpilze** (Ordnung Uredinales). Sie sind für Braun-, Gelb- und Kronenrost beim Getreide und Wildgräsern verantwortlich. Allen Vertretern dieser Ordnung ist eine fast beispiellose Vermehrungseffizienz und ein komplexer Generationswechsel mit zwei Wirtspflanzen und vier verschiedenen Sporentypen eigen (Plus **14.8**). Es handelt sich in jedem Fall um **obligate Parasiten**, d. h. die Kultivierung auf nicht lebendem Material oder gar definierten Nährböden ist extrem schwierig oder ausgeschlossen. Die Kombination von Eigenschaften spiegelt die häufig beobachtete perfekte Coevolution von Wirtspflanzen und ihren Parasiten wider (Kap. 20.6). Rostpilze – wie andere Phytopathogene – haben eine ausgeprägte Fähigkeit, in einer Art Mikroevolution physiologische Rassen zu bilden, die bisher resistente Getreidesorten befallen können. Dieser Prozeß stellt eine Weiterentwicklung der Wirt/Parasit-Beziehungen dar, die durch weltweite Getreidemonokulturen gefördert wird und zu enormen wirtschaftlichen Schäden führen kann.

Plus 14.8 Getreiderost: Ein gefährlicher Basidiomycet mit einer komplizierten Lebensweise

Die weite Verbreitung und der z. T. beträchtliche wirtschaftliche Schaden von *Puccinia graminis* ist eng mit dem komplexen Lebenszyklus verbunden, der eine rasche Infektion und massenhafte Vermehrung unter günstigen Umständen ermöglicht. Im Sommer existiert der Pilz mit einem Paarkernmycel auf Getreideblättern. Die Nährstoffversorgung für die ununterbrochene Produktion von rostbraunen Sommersporen (**Uredosporen**) gewährleisten Saugorgane in den Pflanzenzellen (Haustorien), die von den Hyphen gebildet werden. Die Uredosporen werden vom Wind verbreitet und können sehr schnell große Bestände von Getreide bzw. Wildgräsern infizieren und nachhaltig schädigen (Stadien **9a**, **9b**). Gegen Ende der Vegetationsperiode entstehen dickwandige, zweizellige Dauersporen (**Teleutosporen**, Stadium **10**), in denen die Karyogamie stattfindet. Teleutosporen stellen also Zygoten dar, die den Winter im Boden überdauern können (Stadium **1**).

Im Frühjahr keimen die Teleutosporen unter Reduktionsteilung im Boden aus. Es entstehen vierzellige Mycelien, die insgesamt zu Basidien werden und jeweils vier **Basidiosporen** bilden (Stadien **2–5**). Von diesen haben zwei den Paarungstyp (+) und zwei den Paarungstyp (–). Diese haploiden Basidiosporen werden vom Wind verbreitet und können nur auf Berberitzenblättern auskeimen. Das Hyphengeflecht ernährt sich ebenso wie das Paarkernmycel auf Berberitze (**6**). An der Oberfläche der Berberitzenblätter (Stadium **7**) entstehen Pyknidien vom (+)-Typ (Stadium **7a**), eine Struktur zur Bildung zahlloser Spermatien, die durch den Wind bzw. Insekten verbreitet werden. Treffen Spermatien auf ein Pyknidium des (–)-Paarungstyps (**7b**), können sie mit den klebrigen Empfängnishyphen verschmelzen. Der Kern des Spermatiums wandert daraufhin in den Hyphen in das Blattinnere, wo an der Blattunterseite eine globuläre Struktur mit sog. Basalzellen entstanden ist, die zum Übergang in die Paarkernphase bereit sind (Äcidienanlagen, **7c**). Nach Aufnahme des Spermatienkerns beginnen die dikaryotischen Abkömmlinge der Basalzellen sich zu teilen und bilden ein Äcidienlager mit einer großen Menge von zweikernigen **Äcidiosporen** (Stadium **7d**). Schließlich platzt die Epidermis auf, und die Äcidiosporen werden vom Wind verbreitet. Sie können nur auf Getreide und Wildgräsern keimen (**8**). Der Kreis hat sich geschlossen. Wir haben es also mit drei unterschiedlichen Existenzformen von *Puccinia* und vier verschiedenen Sporentypen zu tun:

Sporen	Jahreszeit	Bildung/Wirt	Keimung	Karyotyp
Äcidiosporen	Frühjahr	Berberitze	Getreide	Dikaryon
Uredosporen	Sommer	Getreide	Getreide	Dikaryon
Teleutosporen	Herbst/Winter	Getreide	Boden	diploid (Zygote)
Basidiosporen	Frühjahr	Boden	Berberitze	haploid

In Anbetracht des zwanghaften Wechsels zwischen den Wirten schien es naheliegend, den schweren Schäden im Getreideanbau durch Ausrottung des weitverbreiteten Zwischenwirts (Berberitze) zu begegnen. Man ging also europaweit ans Werk. Der Unsinn konnte noch rechtzeitig gestoppt werden, als klar wurde, daß die Äcidiosporen wie die Uredosporen vom Wind über mehr als 3000 km verbreitet werden können. Eine wirkliche Lösung des Problems ist komplex und kann nur in der Kombination von 1. Züchtung und Anbau resistenter Getreidesorten, 2. flächendeckendem Monitoring der Ausbreitung pathogener Rostrassen und 3. gezieltem Einsatz von Fungiziden bestehen.

Fortsetzung

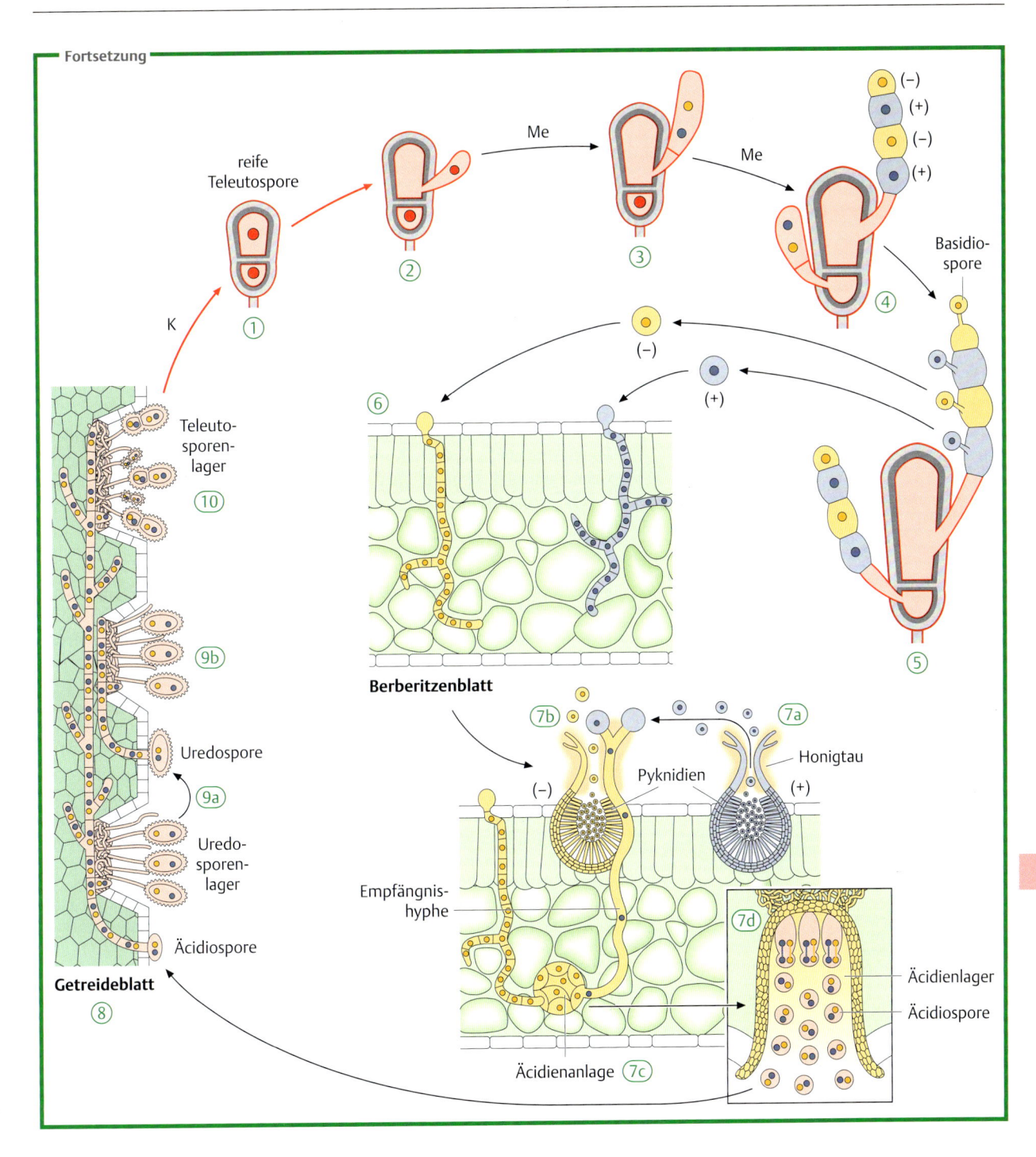

14.7 Fortpflanzung und Vermehrung der echten Pilze 473

Fortsetzung

① reife Teleutospore
②
③ Me
④ Me
Basidiospore
⑤
(−) (+) (−) (+)
K
⑥ (−) (+)
Berberitzenblatt

⑩ Teleutosporenlager
⑨b
Uredospore
⑨a
Uredosporenlager
Äcidiospore
Getreideblatt
⑧

⑦b (−) Pyknidien (+) ⑦a
Honigtau
Empfängnishyphe
Äcidienanlage ⑦c
⑦d
Äcidienlager
Äcidiospore

14.7 Generationswechsel der Archegoniaten

> Die Gruppe der Archegoniaten umfaßt Moose (Bryophytina) und Farne (Pteridophytina), die in der Ausbildung ihrer weiblichen Geschlechtsorgane, der Archegonien, eine weitgehende Übereinstimmung zeigen. Sie sind das klassische Beispiel für einen heteromorphen, heterophasischen Generationswechsel. Bei den Moosen sind die Gametophyten die dominanten Formen, und der Sporophyt entwickelt sich als Epiphyt auf dem Gametophyten. Bei den Farnen jedoch ist die ausdauernde Pflanze der Sporophyt, während der Gametophyt als kurzlebiges Prothallium an der Unterseite in den Archegonien die Eizellen und in den Antheridien die Spermatozoiden bildet. Bei Moosen und Farnen liegt Oogamie vor.

Moose und **Farne** (**Archegoniaten**) sind das klassische Beispiel für einen **heteromorphen, heterophasischen Generationswechsel**. Sie haben sich vermutlich vor etwa 400 Millionen Jahren aus den Urformen der heutigen Grünalgen entwickelt. Viele Eigenschaften der Photosynthese, der Bildung von Stärke als Reservestoff und der Zellwand aus Cellulose haben sie mit Grünalgen und Samenpflanzen als Teil der sog. **Primoplantae** (Abb. **4.1** S. 128) gemeinsam.

14.7.1 Moose

Bei den etwa 24 000 Arten der Moose finden wir durchwegs thallöse Formen (Hornmoose, Lebermoose) neben solchen mit ersten Anzeichen für eine Kormusbildung (Laubmoose, Kap. 4.5), wie sie dann für Farne und Samenpflanzen durchgehend typisch ist. Die Gametophyten sind die dominanten Formen. Die Gametangien können auf einem (monözisch) oder zwei Gametophyten (diözisch) entstehen. Der Einfachheit halber beschränken wir uns beispielhaft für die ganze Gruppe auf die Darstellung des Generationswechsels eines monözischen Laubmooses (Abb. **14.14**).

Gelangen die haploiden Meiosporen eines Mooses in ein günstiges Milieu, so keimen sie zu einem mehrfach verzweigten Faden, dem **Protonema**, aus. An diesem entstehen als seitliche Auswüchse vielzellige Knospen, die dann zu den in Stämmchen und Blättchen gegliederten Moospflanzen auswachsen (Abb. **14.14**, 1–4). Der Gametophyt erfährt somit einen Gestaltwechsel vom Protonema zur Moospflanze, ohne daß damit ein Wechsel der Generation oder der Kernphase verbunden wäre. Dieses Beispiel zeigt wiederum die Unabhängigkeit von Generations-, Gestalt- und Kernphasenwechsel.

Auf der Moospflanze entstehen **Antheridien** und **Archegonien** (Abb. **14.14**, 5a, 5b). Sind sie herangereift, erfolgt die Befruchtung, indem die chemotaktisch angelockten Spermatozoiden in den Hals des Archegoniums eindringen. Eines der Spermatozoiden verschmilzt mit der Eizelle zu einer **Zygote** (Abb. **14.14**, 6). Diese keimt, ohne das Archegonium zu verlassen, zum diploiden Sporophyten, dem Sporogon, aus, das mit seinem Fuß in der Moospflanze verankert bleibt (Abb. **14.14**, 7). Obwohl der **Sporophyt** (rot) hier nicht zu einem selbständigen Individuum wird, ist er doch zur Photosynthese befähigt. In der Sporenkapsel bildet sich, von sterilem Kapselgewebe umgeben, das sporenbildende Gewebe (Archespor), aus dessen Zellen durch Meiose die **Meiosporen** entstehen (Abb. **14.14**, 8). Die nach Abwerfen des Deckels freiwerdende Öffnung ist bei den Laubmoosen durch Zellfortsätze in Form eines Kranzes von Haaren und Zähnen, das Peristom, verschlossen (Abb. **14.15**). Die Zähne

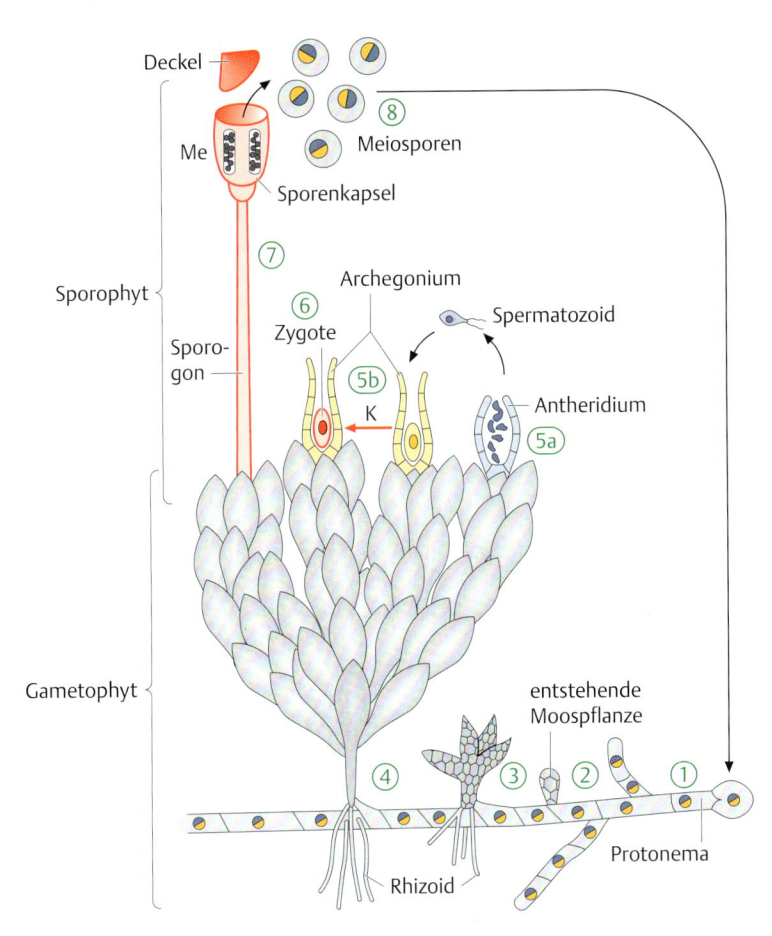

Abb. 14.14 Heteromorpher, heterophasischer Generationswechsel eines monözischen Laubmooses. Stadien 5a, 5b und 6 sind stärker vergrößert. Weitere Erklärungen im Text.

sind zu hygroskopischen Bewegungen befähigt. Je nach Luftfeuchtigkeit krümmen sie sich aus- oder einwärts, indem sie die Öffnung bei Trockenheit freigeben und bei feuchter Luft wieder verschließen. Auf diese Weise wird erreicht, daß die Sporen allmählich und nur bei günstiger, d. h. im allgemeinen bei trockener Witterung ausgestreut werden.

Moose können sich **vegetativ** durch Abtrennung von Teilen der Pflanze oder durch **Brutknospen** stark vermehren. Darüberhinaus können in einigen Fällen junge Sporophyten Protonema-artige Strukturen und davon ausgehend diploide Moospflanzen entwickeln. Die diploiden Gametophyten bilden diploide Gameten, die dann nach Fusion einen tetraploiden Sporophyten hervorbringen. Tatsächlich haben sich solche Vorgänge offensichtlich in der Evolution verbreitet abgespielt, und viele der rezenten Moose sind – wie auch viele Farne und Samenpflanzen – paläopolyploid (Kap. 13.10.2).

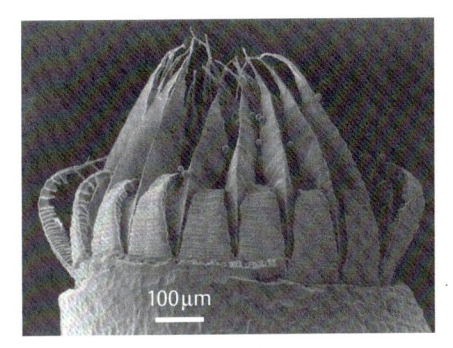

Abb. 14.15 Peristomzähne mit Sporen des Laubmooses *Funaria hygrometrica* bei feuchter Witterung weitgehend geschlossen. Rasterelektronenmikroskopische Aufnahme G. Wanner.

14.7.2 Farne

Im Prinzip ist der Generationswechsel der Farne wie auch anderer Pteridophyten (Bärlappgewächse oder Schachtelhalme) dem der Moose ähnlich. Aber in diesem Fall sind sowohl die Gametophyten als auch die Sporophyten selbständige Individuen, und die Größenverhältnisse haben sich sehr zugunsten des **Sporophyten** verschoben. Dieser ist die ausdauernde Farnpflanze und besitzt die Organisationsform eines Kormus, d. h. wie bei den Samenpflanzen gliedert sich der Organismus in Sproßachse, Blätter und Wurzel. Der **Gametophyt**, das Prothallium (Makroprothallium bzw. Mikroprothallium), ist dagegen ein kleines Gebilde von begrenzter Lebensdauer, das direkt aus der keimenden Meiospore hervorgeht (Abb. **14.16**, Stadien 1 und 2). Bei den meisten Farnen, die zu der großen Gruppe der homosporen Farne gehören, finden wir nur einen Typus von Meiosporen, d. h. es gibt keinerlei Anzeichen einer genetisch bedingten sexuellen Differenzierung. Das daraus entstehende Makroprothallium ist zwittrig mit Antheridien und Archegonien auf demselben Prothallium (Abb. **14.16**, Stadien 2a, 2b), die natürlich nur genetisch identische Gameten bilden können. In den Antheridien entstehen je 32 Spermatozoiden, die bis zu 70 Flagellen tragen. Die Spermatozoiden werden durch eine organische Säure (z. B. Äpfelsäure, Abb. **7.11** S. 243) als Pheromon angelockt, die in dem Schleimpfropf am Hals des flaschenförmigen Archegoniums gebildet wird.

Die Befruchtung der Eizelle durch Spermatozoiden desselben Prothalliums würde also zwangsläufig zur Selbstung führen. Allerdings reifen bei den meisten Vertretern dieser Gruppe von Farnen die Archegonien wesentlich früher als die Antheridien (Plus **14.9**). Außerdem gibt es hormongesteuerte Mechanismen zu einer induzierten Umprogrammierung der Entwicklung des Prothalliums in einer sehr frühen Phase, die vor allem an dem subtropischen Farn *Ceratopteris richardii* als Modellobjekt erforscht wurden (Plus **14.9**). Die Entwicklungspotenz des haploiden, zwittrigen **Makroprothalliums** beruht auf einer Meristemzone mit einer Spalte zwischen den beiden Lappen des Prothalliums (Abb. **14.16**, Stadium 2). Aus den Stammzellen des Meristems entstehen außer Meristemzellen selbst eine große Anzahl vegetativer Zellen mit Funktionen für die Photosynthese sowie zwei Typen von potentiellen generativen Zellen, die sich zu Antheridien in der Peripherie und zu Archegonien in der näheren Umgebung des Meristems differenzieren. Dieser Typ von Makroprothallium bildet aber auch ein **Pheromon** (Antheridiogen), das aller Wahrscheinlichkeit nach ein **Gibberellinsäurederivat** (GA_9, Kap. 16.5) ist und eine maskulinisierende Wirkung auf junge Prothallien in der unmittelbaren Umgebung ausübt. Diese können sich gewissermaßen in einer Form von Sparvariante direkt zu **Mikroprothallien** entwickeln, in denen praktisch jede Zelle zu einem Antheridium wird und 32 Spermatozoiden entläßt. Dieser Mechanismus (Details in Plus **14.9**) garantiert eine ausreichende Zahl von Spermatozoiden für die Fremdbefruchtung von Eizellen auf benachbarten Makroprothallien.

Nach erfolgter Befruchtung, die ähnlich wie bei den Moosen vor sich geht, entwickelt sich aus der Zygote der diploide Sporophyt, der schließlich zu einer selbständigen Farnpflanze heranwächst (Abb. **14.16**, Stadien 3 und 4). Die Sporangien entstehen an der Unterseite der Blätter, den sog. Sporophyllen. In vielen Fällen, wie z. B. bei *Dryopteris*, unterscheiden sich die Sporophylle in der Gestalt nicht von den sterilen Laubblättern. Die Sporangien stehen in Gruppen (Sori) zusammen und sind von dem schuppenförmigen Indusium geschützt (Stadium 4). Aus dem zentralen Gewebe

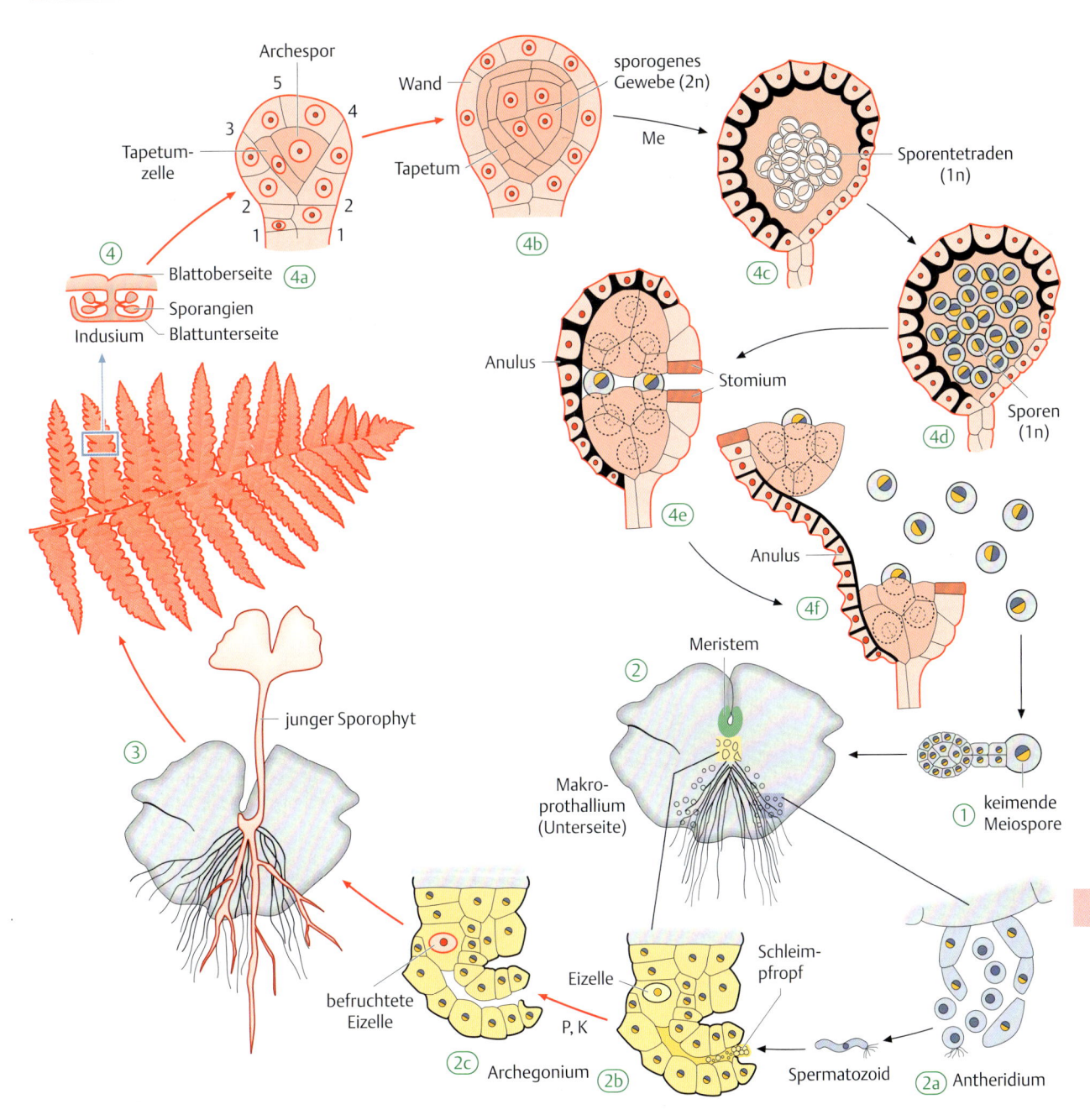

14.7 Generationswechsel der Archegoniaten   477

der Sporangien, dem Archespor, entstehen durch zahlreiche Zellteilungen die Sporenmutterzellen, aus denen durch Meiose die Meiosporen hervorgehen (Stadien 4a–4d). Sie werden nach Aufreißen des Sporangiums, das durch einen besonderen Kohäsionsmechanismus des Anulus bewerkstelligt wird, ausgestreut und durch den Wind verbreitet (Stadien 4e, 4f).

Abb. 14.16 Heteromorpher, heterophasischer Generationswechsel eines isosporen Farnes (*Dryopteris filix-mas*, Wurmfarn). Erklärungen siehe Text (z. T. nach Sinnot-Wilson, Kny, Stocker).

Plus 14.9 Farnprothallien als Modell für epigenetische Geschlechtsbestimmung

Die effiziente Vermeidung von Selbstbefruchtung zwischen Spermatozoiden und Eizellen, die von demselben Makroprothallium stammen, beruht auf einer hormoninduzierten Bildung von rein männlichen **Mikroprothallien** in unmittelbarer Nachbarschaft eines Makroprothalliums. Die Rolle von Gibberellinsäurederivaten, z. B. GA_9, als **Antheridiogen** wird durch Experimente mit Hemmstoffen der GA-Biosynthese (Abb. 16.16 S. 614) bzw. mit Abscisinsäure als Gegenspieler von GA untermauert. Der epigenetische Schaltmechanismus fördert die Bildung eines zwittrigen Makroprothalliums (Abb. 14.16, 2) auf der einen Seite oder eines Mikroprothalliums mit ausschließlich Antheridien auf der anderen Seite. Er beinhaltet das Wechselspiel von fünf Regulatorproteinen, deren Wirkungen am Beispiel von *Ceratopteris richardii* gut untersucht sind.

Im Entwicklungsverlauf der Gametophyten sind drei Stufen zu unterscheiden, die durch entsprechende Regelkreise charakterisiert sind. Die zeitliche Abfolge trägt wesentlich dazu bei, daß die Gefahren einer Selbstbefruchtung minimiert werden, weil die Spermatozoiden im allgemeinen nicht von Antheridien des gleichen Makroprothalliums stammen können:

1. In der Anfangsphase wird das Genprodukt Transformer (**TRA**) exprimiert, das im Umkreis des Meristems zur Anlage von Archegonien und zur Unterdrückung der Antheridienanlagen durch einen Repressor **MAN1** führt.
2. Die später einsetzende Bildung von Antheridiogen verändert die Anlage des zwittrigen Prothalliums insofern, als die Aktivierung des Regulators Hermaphroditic (**HER**) die Bildung und/oder Aktivität von TRA vermindert. Damit kann der **FEM1**-Regulator wirksam werden, und es kommt zur Anlage von Antheridien in der Peripherie des Makroprothalliums. Die Entstehung der zwittrigen Strukturen ist also ein Mehrstufenprozeß, der sich schließlich in der dritten Phase auch auf die Entwicklungspotenz von jungen Prothallien in der Umgebung auswirkt.
3. Bei ausreichenden Dosen von GA_9 wird die Entwicklung sehr junger Prothallien ausschließlich in Richtung Mikroprothallium gelenkt, weil die hohe Aktivität von HER die Anlage des Meristems und der daraus abgeleiteten Zellen verhindert. Nur der männliche Weg wird eingeschlagen, und es werden große Mengen von Spermatozoiden produziert.

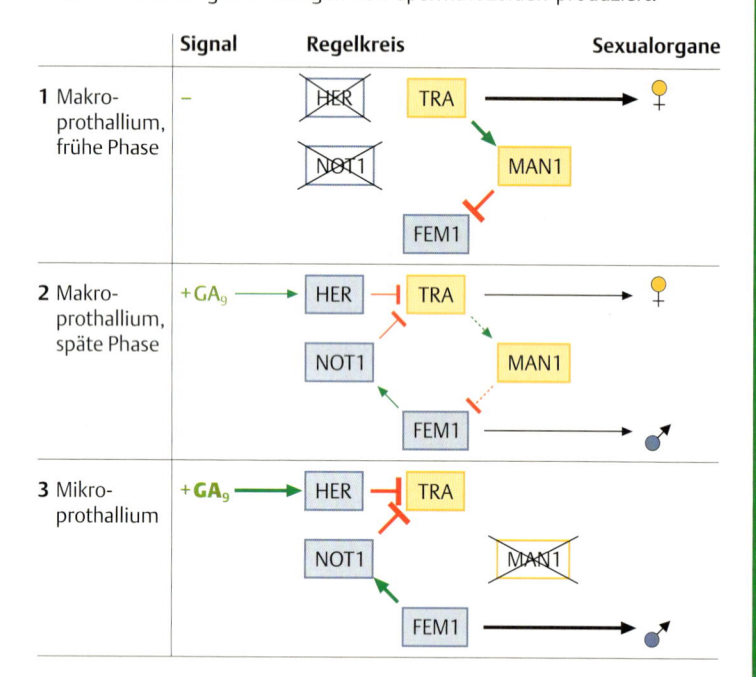

Gen	Mutantenphänotyp (Ausfall der Genfunktion)
Förderung der Archegonienentwicklung (♀)	
TRA (*transformer*)	(*tra*): Gametophyten alle ♂, auch in Abwesenheit von GA_9
MAN (*many antheridia*)	(*man*): Makroprothallien mit 10fach höherer Zahl von Antheridien
Förderung der Antheridienentwicklung (♂)	
HER (*hermaphroditic*)	(*her*): Keine Entwicklung von Mikroprothallien, auch nicht in Gegenwart von GA_9 (GA-Signaltransduktion defekt?)
FEM (*feminizing*)	(*fem*): Keine Entwicklung von Antheridien; auch nicht in Gegenwart von GA_9
NOT (*notchless*)	(*not*): Keine Spalte zwischen den Meristemzonen; fehlende Entwicklung von Antheridien; gestörte Sporophytenentwicklung

14.8 Generationswechsel der Samenpflanzen

> Bei den Samenpflanzen (Spermatophytina) ist der Sporophyt die bei weitem dominierende Form und stellt einen Kormus dar. Die Mikro- und Makrosporophylle (Staubblätter bzw. Fruchtblätter) sind in vielen Fällen in einer Blüte zusammengefaßt und von Hüllen anders gestalteter steriler Blätter umgeben (Kelchblätter, Kronblätter). Der weibliche als auch der männliche Gametophyt sind auf wenige Zellen reduziert und existieren nur als Teil des Sporophyten. In diesem Sinne muß der gekeimte Pollen als Mikroprothallium bzw. der im Innern der entstehenden Samenanlage gebildete Embryosack als Makroprothallium angesehen werden. Auslöser für die sexuelle Embryogenese ist die doppelte Befruchtung, d. h. die Verschmelzung von Spermakernen mit dem Kern der haploiden Eizelle (1n → 2n) bzw. dem diploiden sekundären Embryosackkern (2n → 3n).

Es gibt von den Moosen über die Farne eine Evolutionslinie, die in der zunehmenden Reduktion des Gametophyten einerseits und der Höherentwicklung des Sporophyten andererseits zum Ausdruck kommt. Diese Entwicklung findet ihren Abschluß bei den **Spermatophyten** mit einem **heterophasischen, heteromorphen Generationswechsel**. Allerdings ist der Sporophyt die bei weitem dominierende Form und stellt, der Organisationsform nach, einen Kormus dar. Der weibliche als auch der männliche Gametophyt sind auf wenige Zellen reduziert und existieren nur als Teil des Sporophyten, sodaß sich das Vorhandensein eines Generationswechsels erst bei genauer Untersuchung der Fortpflanzungsverhältnisse erkennen läßt. Es sei daran erinnert, daß der Begriff Generation nicht an die eigenständige Existenz des Organismus, sondern nur an die Vermehrung seiner Zellen durch Mitose gebunden ist.

Wegen der morphologischen Besonderheiten werden bei den Spermatophyten die Mikro- und Makrosporophylle als **Staubblätter** (**Stamina**) bzw. **Fruchtblätter** (**Carpelle**) bezeichnet. Sie sind in Sporophyllständen zusammengefaßt, die in vielen Fällen in einer **Blüte** noch von einer Hülle anders gestalteter und häufig auffällig gefärbter steriler Blätter umgeben sind. Diese, als **Perianth** bezeichnete Struktur kann aus zwei unterschiedlichen Blattkreisen, **Kelch** (**Kalyx**) und **Krone** (**Corolla**) aufgebaut sein, oder beide Kreise sind gleichgestaltet (**Perigon**). Es kommen jedoch auch nackte Blüten ohne Perianth vor.

Außer den vollständigen Blüten, bei denen Staub- und Fruchtblätter in einer Blüte vereint sind (Abb. **14.17**, Stadium 1b), kennen wir auch solche, die entweder nur Staubblätter oder nur Fruchtblätter tragen. Erstere bezeichnen wir als **staminate**, letztere als **carpellate Blüten**. Staminate und carpellate Blüten können, wie z. B. bei Kiefer, Mais, Gurke und Hasel, auf dem gleichen Individuum vorkommen (**monözische Pflanzen**) oder aber, wie z. B. bei Eibe und Weide, auf verschiedene Individuen verteilt sein (**diözische Pflanzen**). Bei der Esche kommen auf dem gleichen Individuum neben staminaten und carpellaten auch vollständige Blüten vor. Der Entwicklungsgang einer angiospermen dikotylen Samenpflanze ist beispielhaft in Abb. **14.17** dargestellt.

Die Gesamtheit der Staubblätter bezeichnet man als **Androeceum**. Ein **Staubblatt** gliedert sich in das Filament und die Anthere. Letztere besteht aus vier Pollensäcken, von denen je zwei zu einer Theka zusammengefaßt sind. Jeder Pollensack ist einem Mikrosporangium der heterosporen Farne homolog. Die Wandzellen der Pollensäcke bilden die sog. **Tapetumschicht**, die als Nährgewebe entscheidende Funktionen bei der Pollenent-

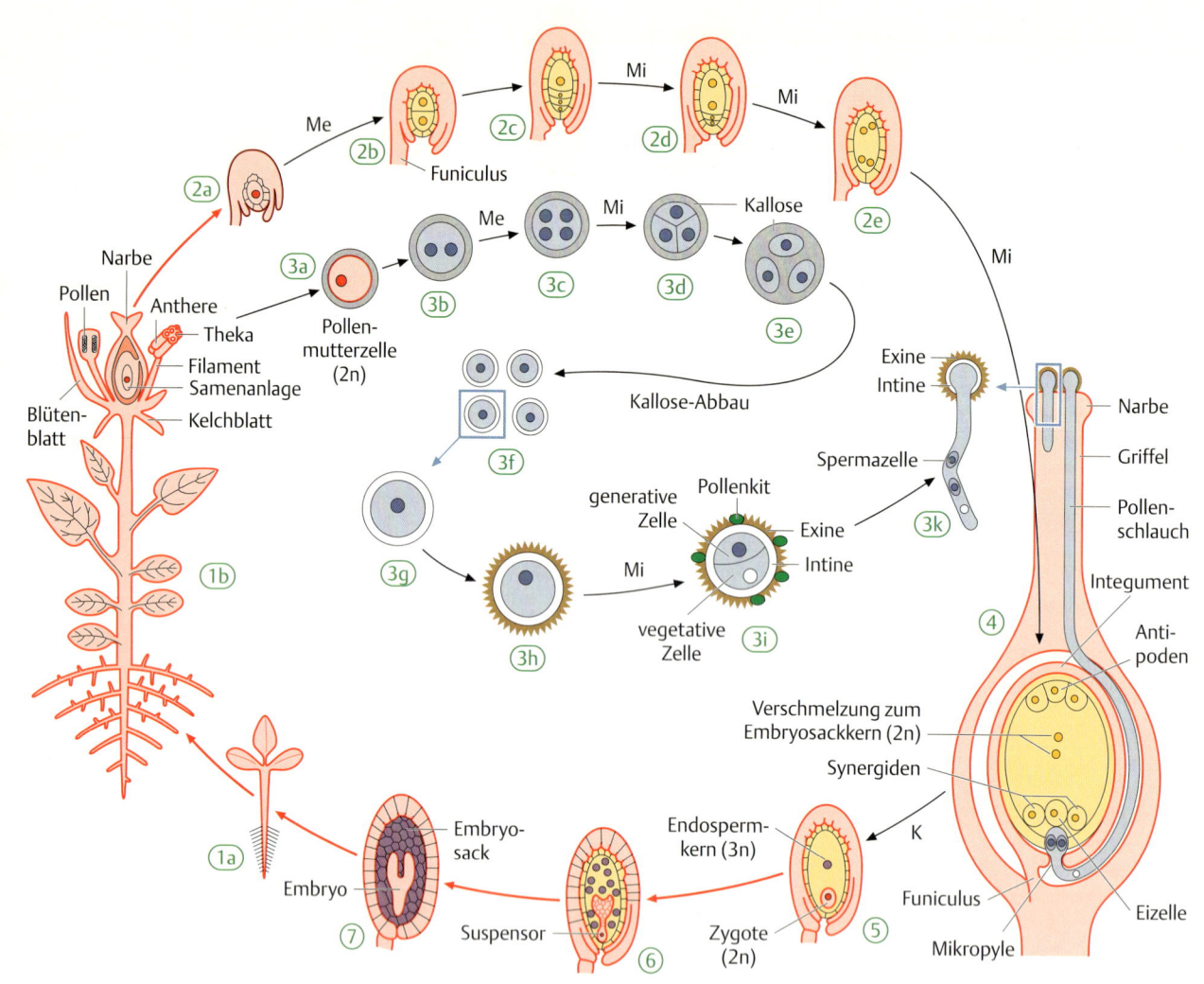

Abb. 14.17 Entwicklungsgang einer angiospermen, dikotylen Samenpflanze. Von dem hier dargestellten einfachen Grundtyp gibt es bei den Samenpflanzen zahlreiche Varianten. **1a** und **1b** Keimling bzw. blühende Pflanze (Sporophyt), **2a–2e** Entwicklung der Samenanlage, **3a–3j** Pollenentwicklung, **4–7** Befruchtung und frühe Stadien der Embryonalentwicklung. Weitere Einzelheiten s. Text (nach Strasburger, Sharp, Melchior).

wicklung hat. Zunächst teilen sich die **Pollenmutterzellen** unter Meiose, wodurch vier Pollenkörner in einer **Pollentetrade** gebildet werden (Abb. **14.17**, Stadien 3a–3e). Nach Abbau der **Kalloseschicht** zwischen den Pollenkörnern durch eine aus den Tapetumzellen freigesetzten Callase (Stadien 3e, 3f) sind die Pollen von einer dünnen Zellwand aus Pektinen und Cellulose umgeben (**Intine**). Auf diese wird in einer gemeinsamen Leistung zwischen Pollen (Mikrogametophyt) und Tapetumzellen (Sporophyt) eine stark strukturierte, in ihrem Aufbau für jede Pflanze typische Schutzschicht aus Sporopollenin aufgelagert (**Exine**, Stadien 3g, 3h). **Sporopollenin** ist ein Polyterpen, das vermutlich durch oxidative Polymerisation aus Carotinoiden entsteht. In die Exine werden als Pollenkitt Überreste der absterbenden Tapetumzellen (Proteine, Lipide) eingelagert, sodaß die reifen Pollen an ihrer Oberfläche zugleich Marker des Mikrogametophyten (haplogenetische Marker) als auch solche des Sporophyten (diplogenetische Marker) tragen. Als letzter Schritt der Pollenreifung teilt sich der Kern, sodaß die meisten Pollen eine vegetative und eine generative Zelle enthalten (Stadium 3i).

Die Fruchtblätter, deren Gesamtheit man **Gynoeceum** nennt, tragen die Samenanlagen, die bei den **Gymnospermen** (Nacktsamern) frei auf der Oberfläche liegen, während sie bei den **Angiospermen** (Bedecktsamern) stets in einem von den Fruchtblättern gebildeten Gehäuse, dem **Fruchtknoten**, eingeschlossen sind, aus dem sie erst als reife Samen entlassen werden. Der Fruchtknoten (Abb. **14.17**, Stadium 4) läuft oben in einen dünnen **Griffel** aus, dessen Oberteil (**Narbe**) in mehrere Äste aufgespalten sein kann. Die Gesamtheit von Fruchtknoten, Griffel und Narbe bezeichnet man als Stempel (Pistill).

Die **Samenanlagen** werden von einem besonderen Bildungsgewebe der Fruchtblätter, der **Placenta**, hervorgebracht, mit der sie durch den Funiculus in Verbindung bleiben. Am Grunde der Samenanlage, der **Chalaza**, entspringen ein oder (meist) zwei **Integumente**, die den inneren Gewebekomplex, den **Nucellus**, einhüllen und an dem der Chalaza gegenüberliegenden Ende eine Öffnung, die **Mikropyle**, freilassen (Abb. **14.17**, Stadium 4). Die Fruchtblätter sind den Makrosporophyllen, der Nucellus dem Makrosporangium der heterosporen Farne homolog. Im Nucellus kommt es in der sog. **Embryosackmutterzelle** zur Meiose (Stadien 2a–2c). Von den vier entstehenden Zellen gehen drei zugrunde, während sich aus der vierten, der **Embryosackzelle** oder Makrospore, der weibliche Gametophyt entwickelt (Stadien 2c–2e und 4): Unter Vergrößerung der Embryosackzelle teilt sich der Kern zunächst in zwei Kerne, die zu den entgegengesetzten Enden des **Embryosacks** wandern, wo sich jeder noch zweimal teilt, sodaß insgesamt acht Kerne entstehen (Abb. **14.17**, Stadium 4). An dem der Mikropyle zugekehrten Pol bilden die **Eizelle** und zwei weitere Zellen als **Synergiden** den sog. Eiapparat. Am entgegengesetzten Pol befinden sich die drei **Antipoden**. Die beiden zentralen Kerne wandern aufeinander zu und verschmelzen zum diploiden **sekundären Embryosackkern**. Damit ist die Samenanlage befruchtungsreif. Sie entspricht formal dem Makroprothallium der heterosporen Farne, z. B. Selaginella.

Gelangen reife **Pollenkörner** auf die Narbe, so keimen sie unter Bildung des Pollenschlauches aus, in dessen Spitze sich der vegetative Kern befindet (Abb. **14.17**, Stadium 3k). Der Pollenschlauch durchwächst mit einem erstaunlichen Spitzenwachstum das Narben- und Griffelgewebe und dringt bis zur Mikropyle vor (Details s. Abb. **18.16** S. 744 und Plus **18.9** S. 745). In dieser Zeit teilt sich die generative Zelle nochmals und bildet zwei Spermazellen. Sobald der Pollenschlauch den Embryosack erreicht hat, entleert er die beiden Spermazellen in den Embryosack. In einem Vorgang, den man **doppelte Befruchtung** nennt, verschmilzt die eine Spermazelle mit der Eizelle zur **Zygote**, während die zweite mit dem sekundären Embryosackkern zum **triploiden Endospermkern** fusioniert (Stadium 5). Aus letzterem entsteht nach mehreren Teilungen das Endosperm als Nährgewebe für den sich entwickelnden Embryo.

Aus der befruchteten Eizelle entsteht durch Teilung eine Reihe von Zellen, der Proembryo (Abb. **14.17**, Stadium 6). Nur aus den vorderen Zellen des Proembryos entwickelt sich der **Embryo**, während die übrigen Zellen zum Embryoträger, dem **Suspensor**, werden, der den Embryo tiefer in das Nährgewebe hineinschiebt und ihm auch Nahrung zuführt (Stadium 7 und Abb. **18.21** S. 754). Damit ist die Polarität des Embryos von Anfang an gegeben. Der Wurzelpol bildet sich am Ansatz des Suspensors und der Sproßpol am entgegengesetzten Ende. Weitere Details der Embryoentwicklung, der Samen- und Fruchtreife sowie der Samenkeimung werden in Kap. 18.5 und Kap. 18.6 behandelt.

> **Plus 14.10 Asexuelle Embryogenese**
>
> Die Gesamtvorgänge um die Entstehung asexueller Embryonen in Pflanzen weisen auf ein interessantes entwicklungsbiologisches Phänomen, nämlich auf die besondere Rolle des hormonellen Umfelds am Ort der Embryoentwicklung hin. In dem häufig untersuchten Fall des **Habichtskrauts** (*Hieracium*, Asteraceae) beobachtete schon **G. Mendel** Abweichungen von seinen Vererbungsregeln, weil es, wie wir heute wissen, in den Samenanlagen zu einem regelrechten Wettlauf zwischen sexueller (generativer) und asexueller (apomiktischer) Embryogenese kommen kann. Mendel war klug genug, sich nicht von diesen Verstößen gegen seine Regeln in der Formulierung seiner Vererbungskonzepte beirren zu lassen. Bei einigen *Hieracium*-Arten überwiegt die apomiktische Form bei weitem die generative, während es bei anderen Arten umgekehrt ist. Es ist ganz selbstverständlich, daß – wie bei den generativen Embryonen – die erfolgreiche Ausbildung von Samen mit **apomiktischen Embryonen** von der damit koordinierten Weiterentwicklung des Endosperms abhängig ist.
>
> Die Aussicht auf die Bereitstellung genetisch einheitlicher Hochleistungslinien von Kulturpflanzen durch Apomixis hat die Züchter seit Jahren beflügelt. Ein erfolgreicher Durchbruch zu einer „synthetischen Apomixis" in wichtigen Kulturpflanzen, in denen dieser Vorgang nicht natürlich angelegt ist, steht allerdings immer noch aus. Obwohl Kreuzungsversuche darauf hinweisen, daß Apomixis von einem oder aber zumindest von wenigen Genen abhängt, sind die bisher charakterisierten Loci sehr komplex und einer molekularbiologischen Analyse unzugänglich. Auffallend ist, daß Pflanzen mit Apomixis sehr formenreich und meist polyploid (allopolyploid) sind. Nahe verwandten, diploiden Formen fehlt häufig die Fähigkeit zur Apomixis. Das könnte darauf hindeuten, daß Apomixis in der Evolution als Ausweg aus der Sterilität polyploider Formen entstanden ist, weil dort die fein abgestimmten Entwicklungsvorgänge bei dem Übergang der Embryosackmutterzelle in die Meiose und die sich daran anschließende Ausbildung des Megagametophyten (Samenanlage) durch quantitative oder qualitative Unterschiede in den regulatorischen Faktoren gestört sind.
>
> **Beispiel *Poa pratensis*:** Die genetische Kontrolle von sexueller bzw. asexueller Embryogenese bei dem wichtigen Futtergras *Poa pratensis* ist in der folgenden Tabelle und Abbildung wiedergegeben. Je nach Genotyp und Wirksamkeit der einzelnen genetischen Komponenten schwankt die Verteilung zwischen sexuell und asexuell entstandenen Embryonen von einem Individuum zum anderen (**fakultative Apomixis**).
>
> | Gene | Embryoentwicklung (genetische Konstitution) | |
> |---|---|---|
> | | Sexuell | Asexuell |
> | **Apv** (*apospory prevention*) | Apv | apv |
> | **Ait** (*apospory initiation*) | ait | Ait |
> | **Ppv** (*parthenogenesis prevention*) | Ppv | ppv |
> | **Pit** (*parthenogenesis initiation*) | pit | Pit |
> | **Mdv** (*megaspore development*) | Mdv | mdv |
>
> *Fortsetzung*

Es ist eine überraschende und für die Pflanzenzüchtung potentiell wichtige Beobachtung, daß bei etwa 400 Arten in mehr als 40 Familien der Angiospermen **Embryonen** und Samen auch **asexuell**, d. h. ohne die eben beschriebenen Vorgänge mit der doppelten Befruchtung entstehen können (Plus 14.10). Dieses Phänomen wird **Agamospermie** oder **Apomixis** genannt. Die meisten dieser Pflanzen gehören drei Familien an, den Poaceen (Gattungen *Panicum, Pennisetum, Poa, Paspalum, Tripsacum*), den Rosaceen (Gattungen *Rubus, Sorbus*) und den Asteraceen (Gattungen *Hieracium, Erigeron, Crepis, Achillea, Taraxacum*). Grundsätzlich können sich solche vegetativen Embryonen aus diploiden oder haploiden Vorstufen der Eizelle (**gametophytischer Mechanismus** oder **Parthenogenese**) bilden, oder sie entstehen aus benachbarten, diploiden Zellen des Sporophyten, z. B. aus Zellen des Integuments (**sporophytischer Mechanismus** oder **Adventivembryogenese**). Es ist ganz offensichtlich, daß das entwicklungsbiologische Umfeld der Samenanlage mit seinem Hormoncocktail Zellen in der unmittelbaren Umgebung zur Embryogenese veranlaßt, ohne daß die zusätzlichen Signale aus der Befruchtung wirksam werden müssen. Diese Vorgänge vollziehen sich bei vielen der genannten Arten als **fakultative Apomixis**, d. h. parallel zu der sexuellen (normalen) Embryogenese.

14.8 Generationswechsel der Samenpflanzen

Fortsetzung

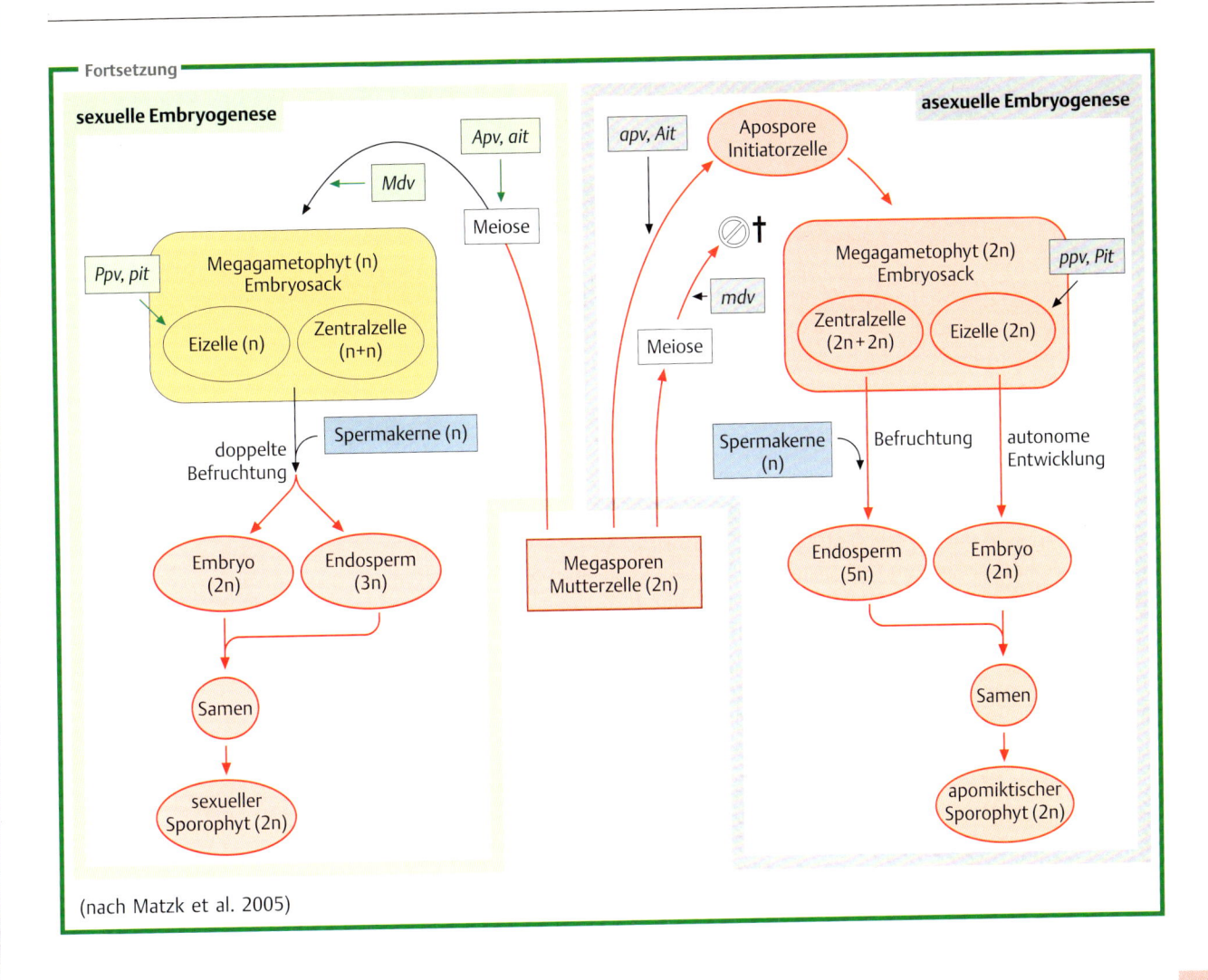

sexuelle Embryogenese

- *Ppv, pit* → Megagametophyt (n) Embryosack ← *Mdv* ← *Apv, ait* → Meiose
  - Eizelle (n)
  - Zentralzelle (n+n)
- Spermakerne (n)
- doppelte Befruchtung →
  - Embryo (2n)
  - Endosperm (3n)
- → Samen
- → sexueller Sporophyt (2n)

asexuelle Embryogenese

- *apv, Ait* → Apospore Initiatorzelle → Megagametophyt (2n) Embryosack ← *ppv, Pit*
  - ⊘ † ← *mdv*
  - Meiose
  - Zentralzelle (2n+2n)
  - Eizelle (2n)
- Megasporen Mutterzelle (2n)
- Spermakerne (n) — Befruchtung ↘   autonome Entwicklung ↓
  - Endosperm (5n)
  - Embryo (2n)
- → Samen
- → apomiktischer Sporophyt (2n)

(nach Matzk et al. 2005)

Tab. 15.1 Gendosis in Pflanzenzellen (*Arabidopsis*).

Zellen/Gewebe	Gendosis[a]
Eizelle, Pollen (1n)	1c
Blütenknospen[b]	2c, 4c
Blätter, jung[b]	2c, 4c, 8c
Blätter, ausgewachsen[b]	2c, 4c, 8c, 16c
ribosomale Gene (rDNA)[c]	1400
Plastidengene[d]	2000–20000

[a] Der haploide Chromosomensatz wird als 1 Komplement (1c) angegeben.
[b] Durch Endoreduplikation (DNA-Replikation ohne Zellteilung) ist in vielen reifen Geweben die Zahl der Chromosomen vervielfacht (4c–16c).
[c] Durch Genamplifikation im Bereich der Nucleolusorganisatoren beträgt die Zahl der rRNA-Gene bei *Arabidopsis* für Zellen im 2c-Zustand: $350 \cdot 2 \cdot 2 = 1400$ (Plus **13.2** S. 383)
[d] Die Zahl variiert stark. In grünen Geweben kann man bei durchschnittlich 200 DNA-Molekülen pro Plastide und etwa 100 Plastiden pro Zelle eine Gendosis für unikale Gene von 20 000 errechnen. Bei nichtgrünen Geweben, z. B. Wurzeln, mit Proplastiden dürfte eher die Zahl von 2000 Genen pro Zelle zutreffen.

Transkription werden davon in der Regel viele Transkripte hergestellt, deren Verarbeitung eine entsprechende Zahl von mRNAs ergibt. Tatsächlich kann diese Zahl je nach Intensität und Dauer der Transkription und Stabilität der mRNA zwischen 10^1 und 10^6 Molekülen pro Zelle schwanken. In der zweiten Stufe können an jeder mRNA als Matrize viele, in unserem Beispiel je etwa 100 Proteinmoleküle transkribiert werden, die ihrerseits im Fall eines Enzyms viele Millionen Moleküle eines Metaboliten herstellen könnten (hier Glucose-6-phosphat).

Diese enorme Kapazität zur Amplifikation ist aus biologischer Sicht ein unverzichtbarer Bestandteil der Genexpressionskette. Sie kann aber auch sehr gefährlich sein, wenn biologisch wirksame Moleküle durch irgendeine Fehlkontrolle zum falschen Zeitpunkt oder in der falschen Menge gebildet werden. Das würde in den meisten Fällen schwerwiegende Konsequenzen für die Entwicklung bzw. Leistungsfähigkeit eines Organismus haben. Der Gesamtprozeß der **Genexpression** wird also in der Regel **streng kontrolliert**. Er kann auf allen Stufen angehalten werden. Der tatsächliche Spiegel, der sog. **steady state level**, einer mRNA, eines Proteins oder eines Metaboliten hängt von dem Gleichgewicht zwischen Synthese und Abbau ab. Ein sehr großer Teil des genetischen Materials und des Energieaufwandes einer Zelle wird in diese Kontrollfunktionen auf allen Ebenen gesteckt. Die scheinbare Verschwendung an dieser Stelle garantiert die notwendige Flexibilität und im Extremfall das Überleben des Systems auch unter ungünstigen äußeren Umständen.

Allerdings ist die wirkliche **Gendosis** in den Geweben einer diploiden Pflanze (2n) wie *Arabidopsis* nicht notwendigerweise 2c (Tab. **15.1**). Vielmehr kann sie zwischen einem Komplement (1c) in den haploiden Keimzellen und 4c bis 16c in ausgewachsenen Blättern variieren. Durch **Endoreduplikation** wird die Gendosis im Arbeitszustand der Gewebe erhöht, und damit wird eine höhere Effizienz der Genexpression gegenüber dem 2c-Zustand erreicht. Es ist sinnvoll, für diesen Sachverhalt die Zahl der **Genomkomplemente pro Zelle** (**c-Wert**) anzugeben, da sich durch diese somatischen Vorgänge natürlich der Zustand der Pflanze als diploider Organismus, der sich ja auf die Keimbahnzellen bezieht, nicht ändert. Neben diesem Phänomen der **somatischen Polyploidie**, das es so nur bei Pflanzen gibt, gibt es außerdem noch eine selektive Amplifikation von Genen, z. B. als Folge der in der Evolution entstandenen Batterien von Genen für die ribosomale RNA oder der Multiplizität von Plastomen in einer Pflanzenzelle (Tab. **15.1**).

15.1.2 Genstruktur und Grundprozesse der Genexpression

Grundsätzlich muß man sich darüber klar werden, daß die Gesamtheit der in der DNA gespeicherten Information einer Zelle bzw. eines Organismus alles an Programm darstellt, das im Verlauf von Entwicklungsprozessen oder als Anwort auf Signale von außen abgerufen werden kann. In der Regel kommt keine Information hinzu, und es geht auch keine verloren. Ausnahmen von diesem Prinzip stellen Mutationen oder z. B. Virusinfektionen dar (Kap. 13.8 und Kap. 20.7). Wir müssen also prinzipiell davon ausgehen, daß in der DNA die Information auch für die gesamten Raumstrukturen von Makromolekülen (RNAs, Proteinen) und damit für ihre Fähigkeit zur Wechselwirkung mit anderen Molekülen, für ihre katalytischen Aktivitäten, ihre Kompartimentierung in den Zellen und letztlich auch für die Kontrolle ihrer Bildung, Funktion und schließlich ihren Abbau festgelegt sind.

Aus dem Vergleich von Genomsequenzen verschiedener Pflanzen lernen wir immer mehr über die Komplexität der Information, wie sie in der DNA veschlüsselt ist und wie sie verarbeitet wird. Um das Prinzip zu verdeutlichen, ist in Abb. **15.2** die Struktur eines hypothetischen Gens dargestellt, das für die Bildung eines Proteins codiert. Die Grundprozesse der Genexpression und die drei Ebenen der Regulation sind farbig markiert:

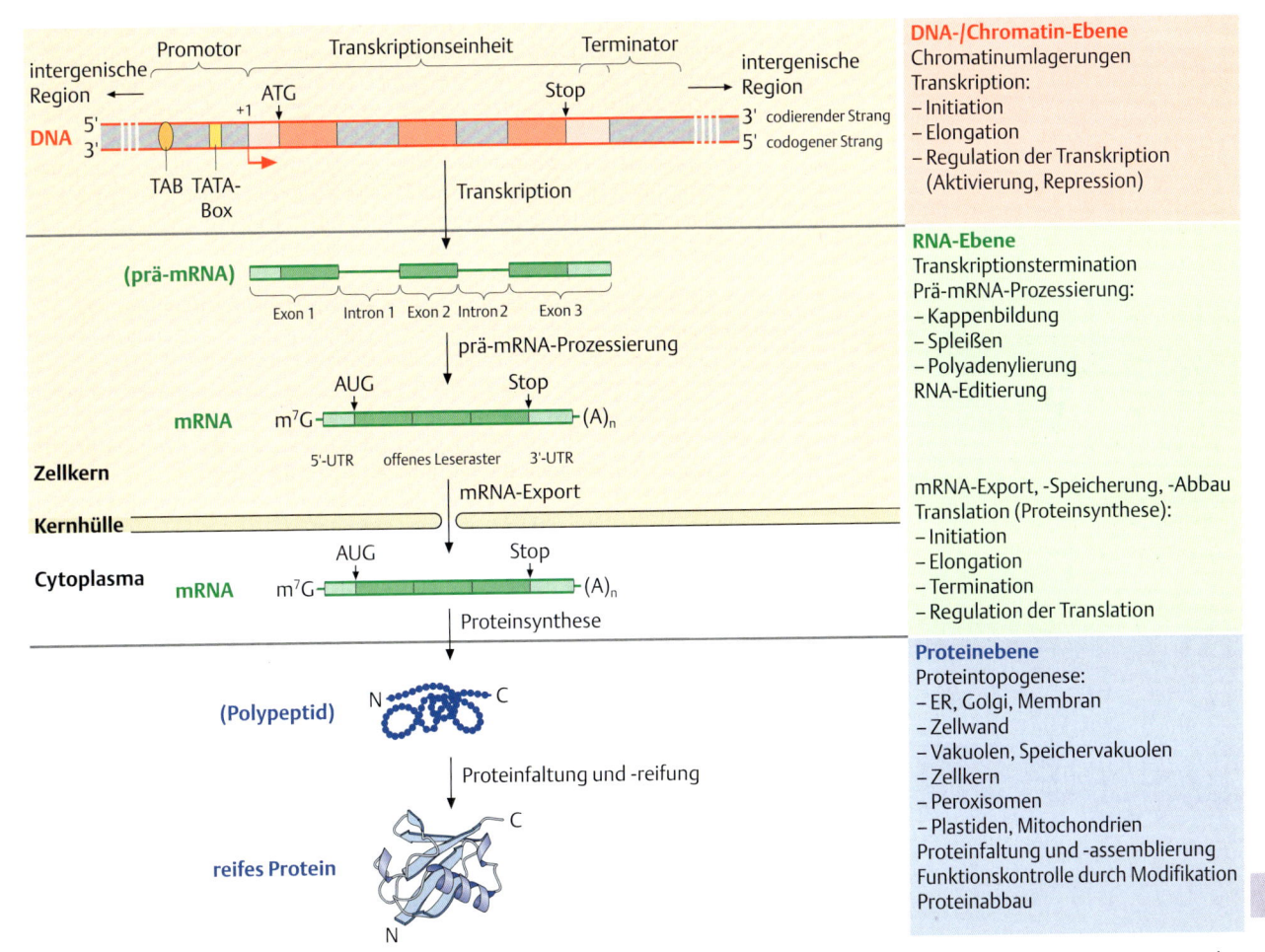

Abb. 15.2 Schema der Genexpressionskette (links) und Ebenen der Informationsverarbeitung (rechts). Das Schema zeigt die Grundstruktur eines Gens (rot) mit 3 Exons und 2 Introns mit dem Promotorbereich am 5'-Ende, dem transkribierten Bereich mit dem Pfeil für die Richtung der Transkription und dem Terminatorbereich am 3'-Ende. Der Promotor enthält Bindungsstellen für Komponenten der Transkriptionsmaschine (TATA-Box, s. Box **15.1**) bzw. für -aktivatorproteine (TAB). Die DNA-Abschnitte rechts und links von diesem Gen werden als intergenische Bereiche bezeichnet, weil sie dieses Gen von seinen Nachbargenen trennen.
Im Zellkern entsteht das hypothetische Primärtranskript (Prä-mRNA, grün), das nach Verarbeitung (Kap. 15.4.2) als reife mRNA ins Cytoplasma exportiert wird (Abb. **15.15** S. 518). Die mRNA hat typischerweise ein offenes Leseraster, das sich zwischen dem Startcodon AUG und dem Stop-Codon erstreckt. Die nicht-translatierten Bereiche (5'-UTR bzw. 3'-UTR, engl.: untranslated region) dienen der Funktionskontrolle der mRNA, die an beiden Enden durch Schutzgruppen, die m^{7}G-Kappe und den poly(A)-Schwanz, blockiert ist (Abb. **15.15** S. 518).
Durch Translation am ribosomalen Apparat ensteht ein Polypeptid (blau), das nach Ausbildung einer entsprechenden Raumstruktur das biologisch aktive Protein bildet (Kap. 15.9). Die Verarbeitung der Gesamtheit der in der DNA gespeicherten Information für die qualitativen und quantitativen Aspekte der Genexpression werden auf der DNA-Ebene (rot), der RNA-Ebene (grün) bzw. auf der Proteinebene (blau) erkannt und interpretiert (rechte Spalte).

DNA-Ebene (rot): Bei den meisten proteincodierenden Genen im Zellkern einer Pflanze ist der codierende Bereich nicht fortlaufend angeordnet, sondern auf mehrere Stücke verteilt (**Exons** 1, 2, 3), die durch nichtcodierende Sequenzbereiche (**Introns** 1 und 2) voneinander getrennt sind. Die Besonderheiten dieser Anordnung werden wir in Kap. 15.4.2 ausführlich behandeln. Der **Startpunkt für die Transkription** ist auf der DNA mit **+1** und einem Pfeil gekennzeichnet, während der proteincodierende Teil, das sog. offene Leseraster (**ORF**, engl.: open reading frame), durch die Position des Startcodons (ATG für den Einbau von Met als erster Aminosäure) und des Stop-Codons (Stop) markiert ist. Die Zahl der Nucleotide in dem gesamten transkribierten Bereich von Exons und Introns wird mit positiven Zahlen angegeben. Diese sog. **Transkriptionseinheit** ist am 5'-Ende (stromaufwärts) und 3'-Ende (stromabwärts) von **regulatorischen Sequenzen** flankiert, die für den Ablauf und die Kontrolle der Transkription unentbehrlich sind (**Promotor**, **Terminator**). Entsprechend den internationalen Festlegungen wird der gesamte Promotorbereich in entgegengesetzter Richtung zum codierenden Bereich und mit negativen Zahlen gezählt (Abb. **15.5** S. 496).

Wichtiges Erkennungszeichen für einen Transkriptionsstart bei dem überwiegenden Teil der proteincodierenden Gene in Eukaryoten ist ein A/T-reicher Sequenzabschnitt etwa 20–50 Nucleotide stromaufwärts vom Startpunkt der mRNA-Synthese. Wie wir im Zusammenhang mit Abb. **15.14** S. 516 noch ausführlich behandeln werden, bildet die sog. **TATA-Box** den Ursprung für den Zusammenbau der Transkriptionsmaschine. Ein bißchen bioinformatische Verarbeitung von Sequenzmotiven hilft, die hochkonservierte TATA-Box in ihrer **Consensussequenz** zu identifizieren, obwohl ihre genaue Lage vom Mittelwert bei −30 stark abweichen kann (Box **15.1**).

RNA Ebene (grün): Das bei der Transkription entstehende **Primärtranskript** wird Prä-mRNA genannt und muß in einem aufwendigen Prozeß im Zellkern zur reifen mRNA verarbeitet werden (Kap. 15.4.2). Dabei werden die Enden modifiziert (**Kappenbildung**, **Polyadenylierung**), die Introns entfernt (**Spleißen**), und die fertige mRNA wird schließlich ins Cytoplasma exportiert. Dort dient sie als Matrize für die Polypeptidsynthese an Polyribosomen (**Translation**, Kap. 15.7), oder sie wird gespeichert und letztlich abgebaut.

Proteinebene (blau): Bei der Translation entstehen Polypeptide, deren Faltung, Zusammenbau und ggf. Modifikation zu **biologisch aktiven Proteinen** führt (Kap. 15.9). Entscheidender Aspekt auf dieser Stufe ist auch die Verteilung der Proteine in der Zelle, damit sie in die richtigen Kompartimente gelangen (**Proteintopogenese**, Kap. 15.10).

Die farbliche Gestaltung in Abb. **15.2** soll andeuten, daß die Gesamtheit der in einem Gen enthaltenen Informationen auf verschiedenen Ebenen, d. h. auf der DNA-, der RNA- bzw. der Proteinebene, verarbeitet und interpretiert werden kann. Immer bedarf es dazu einer mehr oder weniger aufwendigen Hilfsmaschinerie, die wir in den folgenden Abschnitten noch behandeln werden.

Der Klarheit halber wurden die Zwischenstufen der Genexpression als faßbare Produkte angenommen. Das ist häufig aber eine unzulässige Vereinfachung. Die Prä-mRNA und das ungefaltete Polypeptid als Primärprodukte der Transkription bzw. Translation wurden in Klammern gesetzt, weil sie in der Realität nicht existieren. Bereits während ihrer Synthese beginnt ihre weitere Verarbeitung (Kap. 15.4.2 und Kap. 15.9).

Einige Schlüsselmethoden zur Analyse von Genexpressionsprozessen sind in Box **15.2** erläutert.

Box 15.1 Consensussequenz – Einsichten aus der Bioinformatik

Consensussequenzen abzuleiten ist ein wichtiger Teil der molekularen Analyse von Transkriptionsvorgängen, weil man aus dem Vergleich der zahlreichen Varianten einer Sequenz die in der Evolution hochkonservierten und für die Funktion unverzichtbaren Elemente identifizieren kann. Dies gilt insbesondere für die **Erkennungsstrukturen zwischen Nucleinsäuren und Proteinen**: Fast immer, wenn wir Wechselwirkungen von Proteinen mit DNA oder RNA untersuchen, geht es um Sequenzmotive, die trotz beträchtlicher Variation im Detail der Basenabfolge und/oder der Position doch klare Gemeinsamkeiten aufweisen.

Wir wollen das an einem konkreten Beispiel darstellen, das uns im Zusammenhang mit der Transkription bei Pflanzen besonders interessieren muß: Wie erkennt die RNA-Polymerase (RNAP)-II-Maschine, an welcher Stelle mit der Transkription zu beginnen ist? Ähnlich wie bei den Bakterien (Tab. **15.3** S. 503) muß es stromaufwärts vom Transkriptionsstart (TS) eine markante Stelle auf der DNA geben. An diese, die sog. **TATA-Box** mit der Consensussequenz **TATAAA** binden Initiationsfaktoren der Transkription als Keimzelle für die Rekrutierung der RNA-Polymerase (Abb. **15.14** S. 516). Aber wo ist die TATA-Box im Promotor eines bestimmten Gens?

Wenn man sich eine größere Zahl bekannter pflanzlicher Gene mit ihren Promotorsequenzen anschaut, dann kann es passieren, daß man zunächst den sprichwörtlichen „Wald vor Bäumen" nicht sieht. Das TATAAA-Sequenzmotiv ist zwar vorhanden, aber nicht immer genau in derselben Position und nicht immer exakt mit der Consensussequenz übereinstimmend. Diese Variabilität von Position und Sequenz hat durchaus Bedeutung für die Funktion des Promotors. Sie ist Teil dessen, was wir **Promotorkontext** nennen – ein regulatorischer Fingerabdruck gewissermaßen, dessen Komplexität wir bisher nur ansatzweise verstehen.

Man kann sich den Zugang zu der allgemeinen Form einer solchen Erkennungsstelle verschaffen, wenn man ihre Position normalisiert, wie das in der Tabelle beispielhaft für 10 Promotorfragmente aus der *Arabidopsis*-Datenbank in unmittelbarer Nachbarschaft zum Transkriptionsstart (rote Box) gezeigt ist. Die Gene sind der Einfachheit halber nur mit ihrer Nomenklaturnummer angegeben, weil ihre Identität in diesem Zusammenhang keine Rolle spielt (Plus **13.2** S. 383). Die Zahl in Klammern bezeichnet jeweils die Position des zentralen Thymidinrests (unterstrichen) der fettgedruckten TATA-Box in Relation zum Startpunkt der Transkription (TS). Die Position der TATA-Boxen kann zwischen –27 (Nr. 1) und –39 (Nr. 9) variieren. Das rot unterlegte Nucleotid ist stets an der Position –30. Auch einzelne Nucleotide in der Sequenz können unterschiedlich sein. In der **normalisierten Form** (rechts) wird dann allerdings sehr schnell das gemeinsame Sequenzmotiv TATAAA sichtbar.

Ähnlich wurde aus einer internationalen Datenbank die Consensussequenz der TATA-Box für 100 Promotoren verschiedener Pflanzen abgeleitet (Abb.). Die Größe der Buchstaben repräsentiert die Häufigkeit der Basen in der jeweiligen Position, also ausschließlich Adenin in den Positionen -29 und -31, überwiegend Thymin und wenig Cytosin in Position -30 usw. Der Transkriptionsstart bei +1 ist dann häufig ein Adenin. (Die Gesamtheit der Daten kann man auf der folgenden Homepage finden:

http://mendel.cs.rhul.ac.uk/mendel.php?topic=plantprom)

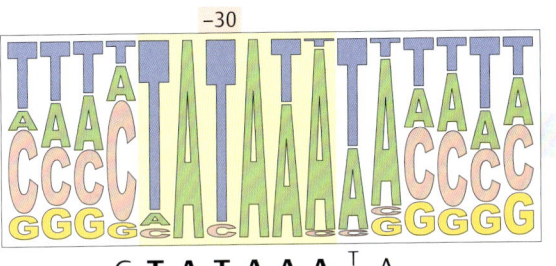

Nr.	Gen	Promotorsequenz –30	TS	normalisierte Darstellung
1	At2g25560	GTAATCAGTCCCAATA**TATAAC**ACA–20 bp–	**A**(–27)	GTAATCAGTCCCAATA**TATAAC**ACA–20 bp–**A**
2	At2g25700	ACATAGATC**TATAAA**TAGGGCACCA–20 bp–	**A**(–34)	ACATAGATC**TATAAA**TAG–27 bp–**A**
3	At2g26150	CTCTTCTCTCCCCT**TATAAT**TTCAT–20 bp–	**A**(–29)	CTCTTCTCTCCCCT**TATAAT**TTC–22 bp–**A**
4	At2g25490	ACTAAGTA**TATAAT**AACTCATATAT–20 bp–	**A**(–35)	ACTAAGTA**TATAAT**AAC–28 bp–**A**
5	At1g50010	TACTTTCGCT**TATAAA**TATAGCATC–20 bp–	**A**(–33)	TACTTTCGCT**TATAAA**TAT–26 bp–**A**
6	At2g29550	ACCTCCTTTTCTT**TATAAA**TGGACC–20 bp–	**A**(–30)	ACCTCCTTTTCTT**TATAAA**TGG–23 bp–**A**
7	At5g03240	GCTTTTGGTTTGCGA**TATAAA**GAAG–20 bp–	**A**(–28)	GCTTTTGGTTTGCGA**TATAAA**GAA–21 bp–**A**
8	At2g25970	TTTGTCCGCATA**TATAAA**TAATCGC–20 bp–	**A**(–31)	TTTGTCCGCATA**TATAAA**TAA–24 bp–**A**
9	At2g25810	TCAT**TATAAG**TAGCTTCGTTGTATT–20 bp–	**A**(–39)	TCAT**TATAAG**TAG–32 bp–**A**
10	At1g04820	GTACTTTCGTT**TATAAA**TACACATC–20 bp–	**A**(–32)	GTACTTTCGTT**TATAAA**TAC–25 bp–**A**

Box 15.2 Schlüsselmethoden zur Analyse von Genexpressionsprozessen

Entsprechend den Erläuterungen im vorangegangenen Abschnitt bedeutet differentielle Genexpression die Neusynthese bestimmter mRNAs und Proteine, z. B. als Antwort auf ein entwicklungsbiologisches Signal oder eine Veränderung in den Umweltbedingungen. Zur Vorbereitung auf die folgenden Erörterungen wollen wir noch kurz einige Schlüsselmethoden beschreiben, mit denen man solche Genexpressionsprozesse analysieren kann. Wie der methodische Exkurs in die Gentechnik (Kap. 13.11 und Kap. 13.12) soll dieser Teil helfen, die Methoden und die daraus resultierenden Ergebnisse besser zu verstehen.

Der Einfachheit halber benutzen wir einen experimentellen Trick, der eine besonders günstige Ausgangsbasis für die Analyse schafft: Wir lösen durch Temperaturerhöhung in dem Pflanzenmaterial (Rosettenpflanzen von *Arabidopsis*) eine Schutzreaktion aus, die wir unter dem Begriff **Hitzestreßantwort** zusammenfassen (Kap. 19.2). Das Besondere dieser Antwort besteht darin, daß sehr schnell eine ganze Reihe neuer mRNAs, sog. Hitzestreß-mRNAs, gebildet und in entsprechende Hitzestreßproteine (Hsp) umgesetzt werden. In den Kontrollproben finden wir dagegen weder diese mRNAs noch diese Proteine. Die gesamte biologische Tragweite dieser Antwort werden wir Schritt für Schritt im Verlauf dieses und späterer Kapitel immer besser verstehen (Kap. 15.5.5, Kap. 15.9.2 und Kap. 19.2). Der experimentelle Ablauf und die methodischen Details sind im folgenden dargestellt. In der Regel handelt es sich um die elektrophoretische Trennung komplexer Gemische von RNAs bzw. Proteinen und um den nachfolgenden spezifischen Nachweis eines bestimmten Produktes, das als Teil der Hitzestreßantwort entstanden ist. Der Einfachheit halber werden wir uns auf den Nachweis von zwei typischen Produkten der hs-Antwort konzentrieren, den Hitzestreß-Transkriptionsfaktor HsfA2 (Kap. 15.5.1) und das Hitzestreßprotein Hsp17, das zu den Chaperonen gehört (Kap. 15.9.2).

1. Hitzestreßbehandlung: Rosetten von *Arabidopsis*-Pflanzen, die über 15 Tage bei 24°C gewachsen sind, werden für drei Stunden bei 24°C (**Kontrolle**, **K**) bzw. bei 36°C (**Hitzestreß**, **hs**) inkubiert. Danach wird das Pflanzenmaterial in flüssigem Stickstoff eingefroren und zur Extraktion von RNA und Proteinen im Mörser aufgeschlossen.

2. RT-PCR: Bereits in Kap. 13.11.3 hatten wir diese Methode kennengelernt: mRNA wird in die komplementäre DNA (cDNA) umgeschrieben und anschließend mit Hilfe der Polymerasekettenreaktion (PCR) vermehrt. Nutzt man für die PCR-Reaktion genspezifische Primer, z. B. für hs-Gene, dann kann man die Neusynthese entsprechender mRNAs nachweisen. Nach elektrophoretischer Trennung der PCR-Produkte finden wir cDNA-Banden für *HsfA2* und *Hsp17*, die in den Kontrollproben fehlen. Die Actin-Proben dienen hier und in den folgenden Abschnitten als Kontrolle für die Reaktion.

3. Northern-Blot-Analyse: Wegen der beachtlichen Mengen von hs-mRNAs kann man diese auch direkt, d. h. ohne die PCR-Amplifikation nachweisen. Dafür wird die Gesamt-RNA in einem Agarosegel elektrophoretisch getrennt und anschließend auf eine Nitrocellulosemembran übertragen (Blotting). Als wertvolle Markierung für die Größe und Menge der aufgetragenen RNA dienen die beiden Struktur-RNAs der Ribosomen (Kap. 15.6). Im Ergebnis sehen wir zwei neue Banden, die in den Kontrollproben fehlen: eine bei 1,4 kb für die *HsfA2*-mRNA und eine bei 0,9 kb für die *Hsp17*-mRNA.

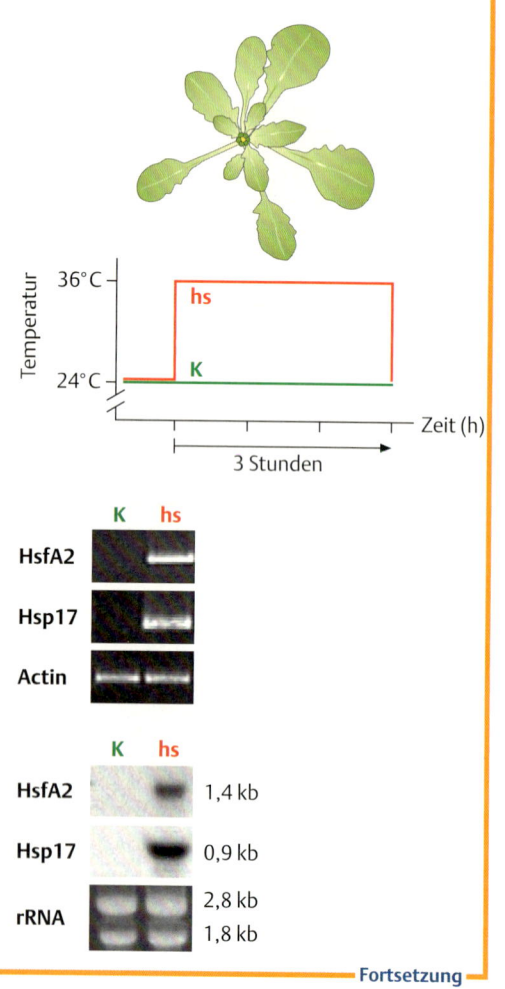

Fortsetzung

Fortsetzung

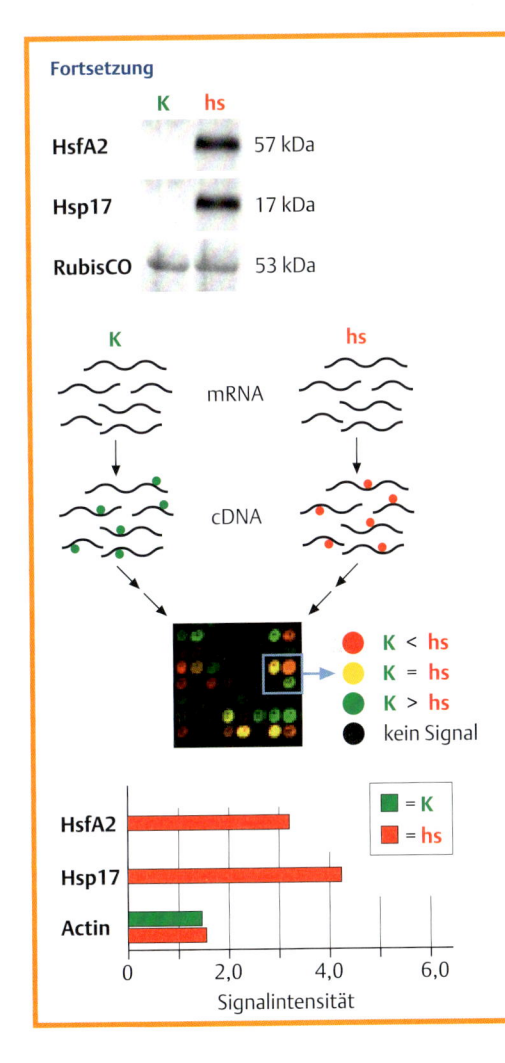

4. Western-Blot-Analyse: Letzter und für die Bewertung der biologischen Situation natürlich entscheidender Schritt ist der Nachweis der neugebildeten Proteine selbst, d. h. von HsfA2 und Hsp17. Dafür werden die Gesamtproteine aus den Blattzellen mit dem starken nicht-ionischen Detergens SDS (engl.: sodium dodecyl sulfate) denaturiert und durch Elektrophorese in einem Polyacrylamidgel nach ihrer Größe getrennt (Box **1.13** S. 36 und Box **2.2** S. 62). Nach Übertragung auf eine Nitrocellulosemembran wird der Nachweis mit Hilfe spezifischer Antikörper gegen HsfA2 bzw. Hsp17 geführt. Jeder der Antikörper erkennt nur eine Proteinbande, die wieder, wie zu erwarten, in den Kontrollproben fehlt. In diesem Western-Blot dient Ribulosebisphosphat-Carboxylase (RubisCO) als typisches Massenprotein der Blattzellen (Abb. **15.44** S. 580) als Beladungskontrolle.

5. Mikroarray-Analysen: Wir haben unsere Betrachtung bisher nur auf zwei typische Genprodukte beschränkt. Die Gesamtheit der Veränderungen im Genexpressionsmuster während einer hs-Antwort ist natürlich weit komplexer. Für globale Analysen verwendet man heute sog. Mikroarrays von etwa 1 cm^2 Größe, auf denen Proben für mehr als 22 500 der insgesamt etwa 25 000 *Arabidopsis*-Gene in einem wohlgeordneten Muster fixiert sind. Für die Probenvorbereitung benutzt man wieder die RT-PCR. Wenn man die Gesamtheit der cDNAs aus **Kontrollproben** mit einem **grünen** Fluoreszenzfarbstoff und die aus **hs-Proben** mit einem **roten** Fluoreszenzfarbstoff markiert, kann man sie gleichzeitig an dem Mikroarray hybridisieren und diesen dann in einem geeigneten Lesegerät auswerten. Rote Spots zeigen mRNAs mit verstärkter Anwesenheit in hs-Proben an (*HsfA2*-, *Hsp17*-mRNAs), gelbe Spots mRNAs mit Gleichverteilung (Actin-mRNA), und grüne Spots solche mit stark verminderter Anwesenheit in hs-Proben. Bei fehlenden mRNAs gibt es kein Signal. Insgesamt werden unter Hitzestreß 1000 mRNAs stark vermehrt oder neu synthetisiert (rot) und 2500 mRNAs deutlich vermindert (grün). Eine entsprechende umfassende Analyse, die nicht nur Streß-, sondern auch zahlreiche entwicklungsbiologische Proben einschließt, läßt sich internationalen Datenbanken entnehmen (https://www.genevestigator.ethz.ch/).
(Originaldaten 2–5 von P. von Koskull-Döring und K.-D. Scharf)

Ein letzter Teilaspekt in diesem Zusammenhang betrifft die Organisation der Genexpressionsprozesse. Bei den **Eukaryoten** gibt es eine klare räumliche Trennung von RNA-Synthese und Verarbeitung im Zellkern und der Nutzung der mRNAs für die Polypeptidsynthese im Cytoplasma. Beide Systeme sind durch den Export der reifen mRNAs aus dem Zellkern verbunden (Abb. **15.15** S. 518). Das sieht bei den **Prokaryoten** ganz anders aus: Hier ist die mRNA unmittelbar funktionsfähig; sie enthält i. d. R. weder Introns noch wird sie an den 5'- oder 3'-Enden modifiziert. Stattdessen beginnt noch während der Transkription die Assoziation mit den Komponenten der Translationsmaschine. Es bildet sich Schritt für Schritt der für Bakterien typische **Transkriptions-/Translationskomplex** (Abb. **15.3**). Diese Kopplung der beiden Genexpressionsprozesse macht den Ablauf sehr effizient, schränkt aber natürlich die Möglichkeiten einer Amplifikation und Kontrolle bei der Weiterverarbeitung stark ein. Diese Eigenart bei Prokaryoten ist wichtig, weil wir uns in den folgenden zwei Abschnitten zur Vermittlung von ausgewählten Grundlagen zunächst mit der Transkription und Transkriptionskontrolle bei unserem

Abb. 15.3 Schema des Transkriptions-/Translationskomplexes in *E. coli*. Aus dem dichten Knäuel der chromosomalen DNA im Nucleoid (rot) ragen DNA-Domänen hervor, die durch Muk-BEF-Proteine begrenzt werden. Die DNA-Domänen im inaktiven Zustand werden durch histonartige Proteine (H-NS und HU) stabilisiert. An der aktiven Nucleoiddomäne kann die Transkription erfolgen, und Ribosomen beginnen unmittelbar an der entstehenden mRNA (grün) mit der Synthese der entsprechenden Proteine (blau). DNA-Gryrase und -Topoisomerase fördern den Übergang zwischen aktiven und inaktiven Nucleoiddomänen.

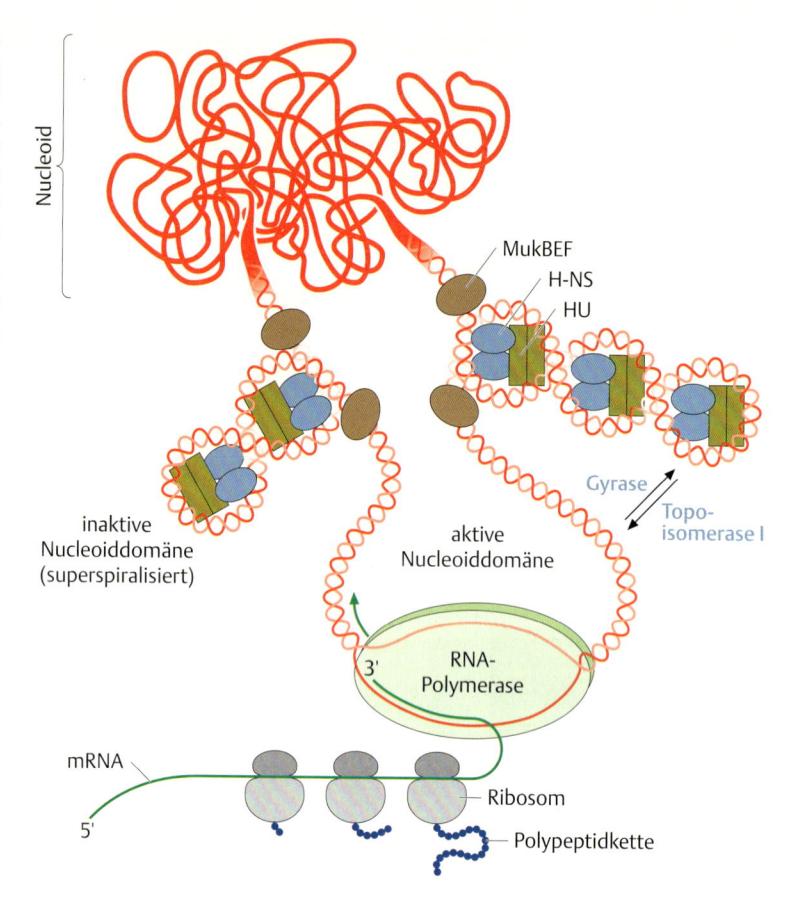

Darmbakterium *Escherichia coli* beschäftigen werden, bevor wir uns den viel komplexeren Vorgängen bei Pflanzen zuwenden wollen.

15.2 Transkription bei *E. coli*

Transkription beinhaltet die selektive Umschrift der genetischen Information aus der DNA in RNA-Formen, die als Struktur-RNAs (snRNA, snoRNA, tRNA, rRNA) oder als Matrize für die Translation (mRNA) wichtige Funktionen für die Genexpression haben. Die Transkription wird von DNA-abhängigen RNA-Polymerasen (RNAP) bewerkstelligt, die in *Escherichia coli* aus 4 Typen von ständigen Untereinheiten besteht: ($\alpha_2\beta'\beta\omega$). Diese 5 Proteine stellen als sog. Core-Enzym die Arbeitsform der RNAP für die Elongationsphase dar. Für den Beginn (Initiation) und das Ende (Termination) der Transkription wird in der Regel die Core-RNAP in charakteristischer Weise durch zwei zusätzliche Untereinheiten, den Initiationsfaktor σ^{70} (sigma) und den Terminationsfaktor ρ (rho) ergänzt.

15.2.1 Biochemie der Transkription

Erster Schritt der Genexpression und auch der Hauptkontrollpunkt für die selektive Nutzung der genetischen Information ist in allen Organismen die Umschreibung (Transkription) der DNA-Information in eine Art Zwischenspeicher und ggf. Transportform. Diese als Boten oder **Messenger-RNA** (**mRNA**) bezeichnete Form dient als Matrize für die Proteinsynthese. Biochemie, Spezifität und Energetik der Transkription sind der Replikation sehr ähnlich. Die Synthesemaschine, die **DNA-abhängige RNA-Polymerase** (**RNAP**), nutzt als Matrize die DNA-Doppelhelix, die auf einer kurzen Strecke aufgeschmolzen wird, sodaß an dem **codogenen Strang** eine RNA-Kopie hergestellt werden kann. Der codogene Strang wird vom **3'- zum 5'-Ende** gelesen, und die **RNA** wird antiparallel dazu **vom 5'- zum 3'-Ende synthetisiert**. Der Einbau der vier Ribonucleotide erfolgt analog der von der DNA-Synthese bekannten spezifischen Basenpaarung. Allerdings unterscheiden sich die DNA und die RNA nicht nur in der Zuckerkomponente (Desoxyribose in der DNA und Ribose in der RNA), sondern auch darin, daß die Pyrimidinbase Thymin in der DNA durch Uracil in der RNA ersetzt wird (Abb. **15.4**). Auch hier betrachten wir nun zunächst der „Einfachheit" halber die Transkriptionsmaschine von *E. coli*.

Abb. 15.4 Biochemie und Spezifität der Transkription. Der hier gezeigte Transkriptionsstart entspricht dem am *Lac*-Operon (Abb. **15.7** S. 499). Am codogenen Strang (rot) ist entsprechend den ersten vier Basen 3'-TTAA-5' der Beginn der *Lac*-mRNA (grün) (5'-AAU-3') synthetisiert worden, und das nächste Substrat UTP ist an das Synthesezentrum der RNAP angelagert. Die roten Pfeile zeigen den **nucleophilen Angriff** des freien Elektronenpaars am 3'-Hydroxylsauerstoff auf die Anhydridbindung des UTP und die Freisetzung des Pyrophosphats. Letzteres wird durch Pyrophosphatase (PPase) in zwei Moleküle anorganisches Phosphat gespalten. Dadurch wird die Synthesereaktion energetisch unumkehrbar.

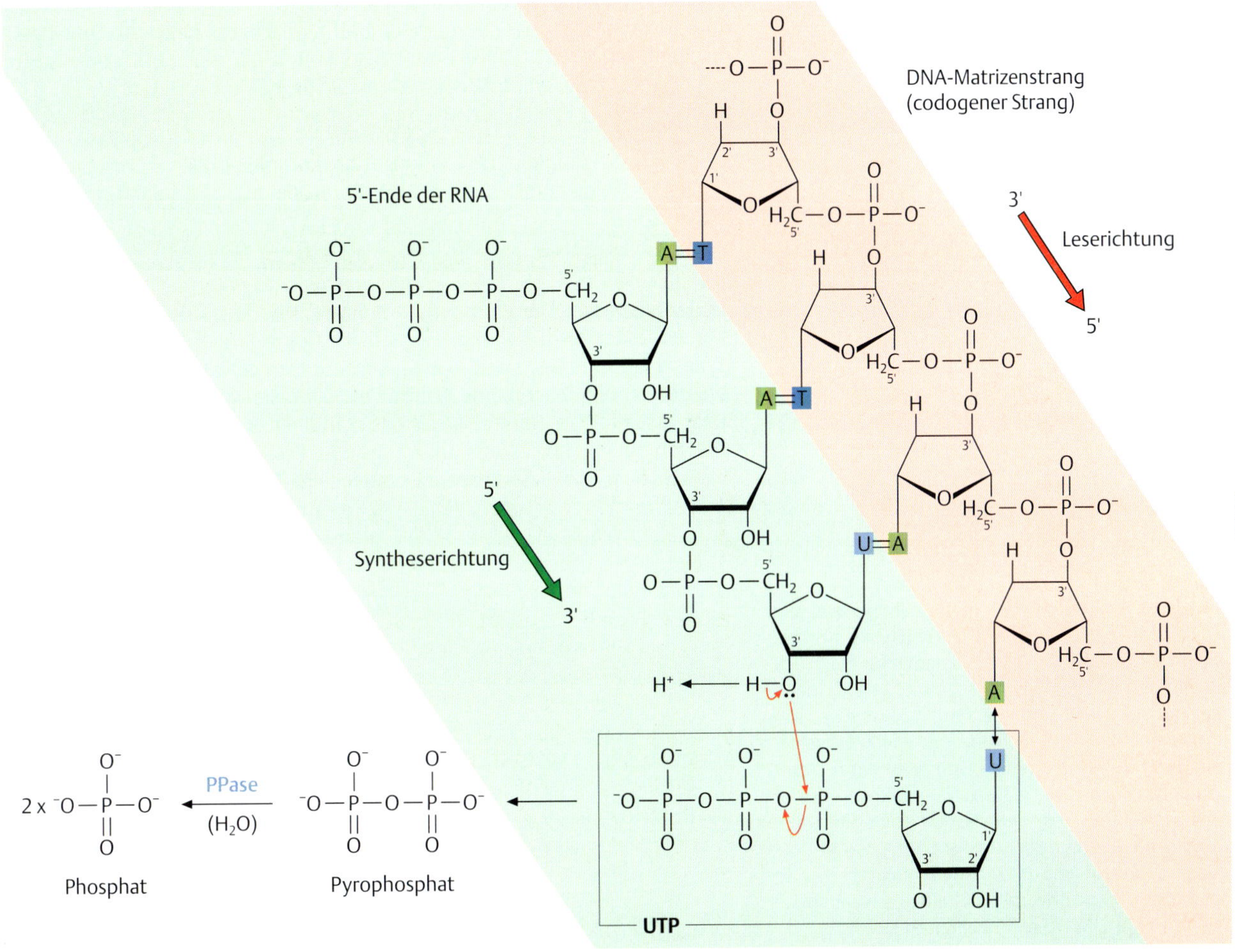

15.2.2 RNA-Polymerase von *E. coli*

Die RNA-Polymerase von *E. coli* (Abb. **15.5**) ist als Prototyp einer RNA-Synthesemaschine sehr genau untersucht. Sie hat eine Molekülgröße (MW) von 400 kDa und besteht aus 4 Typen von ständigen Untereinheiten (UE), von denen eine zweifach vertreten ist ($α_2β'βω$). Diese 5 UE stellen als sog. **Core-Enzym** die Arbeitsform der RNAP dar, das die eigentliche Polymerisationsphase bestreitet (**Elongation**). Die beiden **großen Untereinheiten** mit einem MW von je etwa 150 kDa werden als **β'** und **β** (beta) bezeichnet. Sie sind jeweils mit einem Zn^{2+}-Ion verbunden. Zusammen bilden sie das aktive Zentrum des Enzyms mit einem positiv geladenen Kanal für die Einbettung der negativ geladenen DNA auf einer Länge von etwa 50 Basenpaaren. Im aktiven Zentrum gibt es ein Mg^{2+}-Ion und einen Kanal für den Substratzugang (ATP, GTP, UTP, CTP). Die beiden **α-Untereinheiten** (alpha, 39 kDa) dienen mit ihren N-terminalen Domänen (**NTD**) der Stabilisierung des Syntheseapparates und mit ihren C-terminalen Domänen (**CTD**) als Bindungsstelle für DNA und für Aktivatoren (Abb. **15.8** S. 500). Schließlich ist die kleine **ω-Untereinheit** (omega, 10 kDa) eine Art Chaperon, das den Zusammenbau der RNAP und die dynamischen Veränderungen während der Transkription erleichtert.

Der jeweilige Funktionszustand der RNAP hängt mit den drei Grundphasen der Transkription zusammen, die man als Initiations-, Elongations- und Terminationsphase bezeichnet. Dafür wird in der Regel die Core-RNAP in charakteristischer Weise durch zwei weitere UE, einen **Initiationsfaktor σ⁷⁰** (Sigma) bzw. einen **Terminationsfaktor ρ** (Rho) ergänzt:

$α_2β'βω + σ^{70}$ ⟶ $α_2β'βω$ ⟶ $α_2β'βω + ρ$
Initiationskomplex (TIK) Elongationskomplex (TEK) Terminations-
(RNAP-Holoenzym) (RNAP-Core-Enzym) komplex (TMK)

15.2.3 Drei Phasen der Transkription

Initiationsphase: Die entscheidende Frage, wie eines der nur etwa 3000 Moleküle der RNAP in einer *E. coli*-Zelle den richtigen Startpunkt für die Transkription findet, wird in zwei Teilschritten gelöst. Die RNAP als **Holoenzym** hat eine allgemeine Affinität zu DNA. Sie ist daher stets locker mit DNA assoziiert in einem Prozeß des ständigen Abtastens, ohne feste Bindungen einzugehen. Wenn allerdings eine **Promotorstelle** gefunden wurde, die durch zwei Erkennungsboxen (**–35-Box und –10-Box**) gekenn-

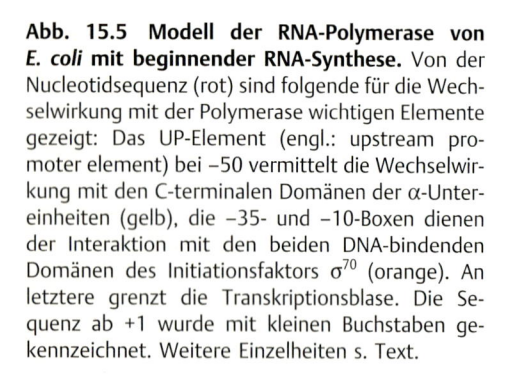

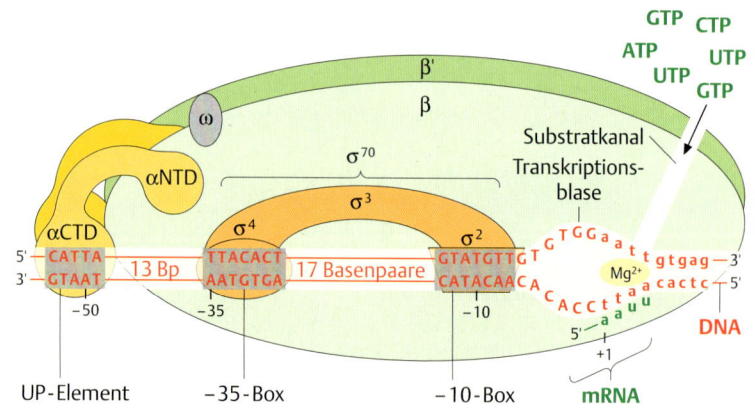

Abb. 15.5 Modell der RNA-Polymerase von *E. coli* mit beginnender RNA-Synthese. Von der Nucleotidsequenz (rot) sind folgende für die Wechselwirkung mit der Polymerase wichtigen Elemente gezeigt: Das UP-Element (engl.: upstream promoter element) bei –50 vermittelt die Wechselwirkung mit den C-terminalen Domänen der α-Untereinheiten (gelb), die –35- und –10-Boxen dienen der Interaktion mit den beiden DNA-bindenden Domänen des Initiationsfaktors σ⁷⁰ (orange). An letztere grenzt die Transkriptionsblase. Die Sequenz ab +1 wurde mit kleinen Buchstaben gekennzeichnet. Weitere Einzelheiten s. Text.

zeichnet ist, werden diese von den beiden DNA-Bindungsdomänen (σ^4 und σ^2) des assoziierten **Initiationsfaktors σ^{70}** erkannt, und das Holoenzym wird fixiert (Abb. **15.5**). Die Erkennung der DNA im Promotorbereich wird durch Kontakte der beiden α-UE mit dem UP-Element bei etwa –50 verstärkt. Von der –10-Box ausgehend zum Startpunkt hin wird die DNA-Doppelhelix in einem Bereich von etwa 10 bp aufgeschmolzen. Es bildet sich der sog. **offene Promotorkomplex** oder **Transkriptionsinitiationskomplex** (**TIK**), in dem die Synthese des 5'-Endes der mRNA starten kann. Die biochemischen Prozesse mit der beginnenden RNA-Synthese am codogenen Strang sind in Abb. **15.4** dargestellt.

Elongationsphase: Sobald die in Abb. **15.5** gezeigten ersten Schritte der RNA-Synthese erfolgt sind, muß der σ-Faktor entfernt werden. Es kommt dabei zu einer merklichen Änderung der Raumstruktur der RNAP (Core-Enzym) unter Ausbildung des **Transkriptionselongationskomplexes** (**TEK**). Erst jetzt erreicht die RNAP ihre volle Arbeitsleistung (**Prozessivität**). Mit etwa 1500 eingebauten Nucleotiden pro Minute braucht es etwa 90 Sekunden, um die mRNA für ein mittelgroßes Protein von etwa 50 kDa herzustellen. Wie schon erwähnt, beginnt bereits während der Transkription die Assemblierung des Translationsapparates und damit die Polypeptidsynthese (Abb. **15.3** S. 494).

Terminationsphase: Die Termination ist auf ebenso elegante wie interessante Weise im Verlauf der Evolution gelöst worden. Solange die RNA von Ribosomen besetzt ist, d.h. translatiert wird, setzt auch die RNAP ihre Tätigkeit fort. Es werden bei *E. coli* häufig mehrere Gene hintereinander gelesen, die in einer operativen Einheit (**Operon**) mit einem gemeinsamen Promotor zusammengefaßt sind (Kap. 15.3). Dadurch entsteht eine mRNA mit mehreren offenen Leserastern, die als **Cistrons** bezeichnet werden. Man spricht daher von einer **polycistronischen mRNA**. Wenn ein Ribosom am Ende eines Cistrons ein Stop-Codon antrifft, findet es sogleich stromabwärts von diesem das Startcodon für die Translation des nächsten Cistrons. Erst wenn das letzte Cistron translatiert wurde, entstehen auf der mRNA Bereiche, die nicht mehr von Ribosomen besetzt sind. An solche untranslatierte Bereiche von >70 Nucleotiden am 3'-Ende der mRNA kann der **Terminationskomplex** als Ring aus 6 Rho-Untereinheiten assembliert werden (Abb. **15.6**). Diese Terminationsmaschine läuft unter ATP-Verbrauch auf der mRNA hinter der RNAP her. Wenn der ρ-Komplex die RNAP einholt, ändert sich erneut die Konformation des Core-Enzyms vom TEK zum TMK, und die RNA-Synthese bricht ab.

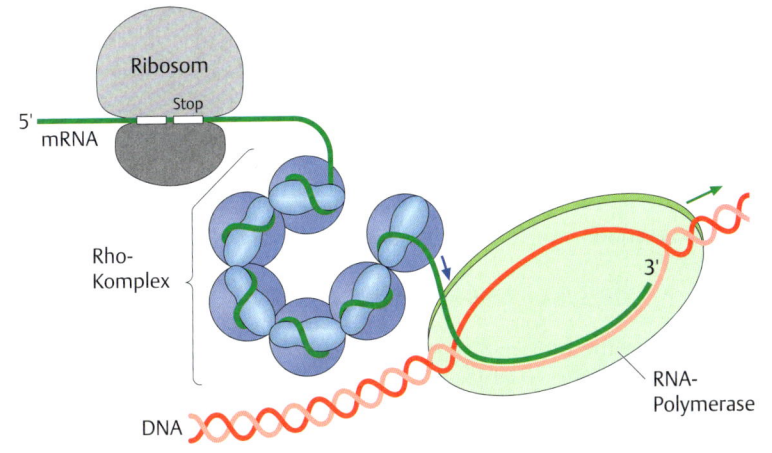

Abb. 15.6 Modell der Rho-abhängigen Termination bei *E. coli*. Die mRNA (grün) erstreckt sich aus dem Core-Enzym der RNAP bis zum letzten Ribosom (grau), das seine Translation an einem Stop-Codon unterbrochen hat. Die neu synthetisierte Polypeptidkette am Ribosom ist nicht dargestellt. Der an der mRNA entstandene hexamere Rho-Komplex (blau) kann sich unter ATP-Verbrauch in Richtung RNA-Polymerase bewegen. Bei Kontakt zwischen Rho und RNAP wird die RNA-Synthese beendet. Der Rho-Faktor besteht aus einer großen ATP-bindenden Domäne (dunkelblau) und einer kleineren RNA-bindenden Domäne (hellblau) (nach Richardson 2003).

Neben dieser **ρ-vermittelten Termination** an schwachen Terminatoren gibt es auch noch eine **ρ-unabhängige Termination** an sog. starken Terminatoren. Dies beruht auf der Existenz von kurzen Sequenzbereichen mit invers komplementärer Basenfolge, sodaß sich durch intramolekulare Basenpaarung haarnadelförmige Terminatorstrukturen in der RNA ausbilden können. Auch diese bewirken durch Kontakt mit der RNAP den Übergang von der prozessiven in die nichtprozessive Form und damit den Abbruch der Transkription. Für beide Arten der Termination gilt, daß die Information nicht auf der DNA, sondern auf der RNA-Ebene interpretiert wird und über den Rho-Komplex bzw. die Haarnadelstruktur an die RNAP weitergegeben wird. Das 3'-Ende der RNA entsteht unmittelbar durch Kettenabbruch. Wir werden sehen, daß dies bei der mRNA-Synthese in eukaryotischen Zellen ganz anders ist (Kap. 15.4.4).

15.3 Regulation der Transkription bei *E. coli*

Im *Lac*-Operon von *Escherichia coli* sind drei Gene für die Milchzucker-(Lactose-)Verwertung in einer operativen Transkriptionseinheit unter der Kontrolle eines gemeinsamen Promotors miteinander verbunden. Die drei Gene werden in eine tricistronische mRNA transkribiert, die für drei Proteine, das Enzym β-Galaktosidase, die Lac-Permease und eine Transacetylase, codiert. Zwei Regulatorproteine integrieren die Expression des *Lac*-Operons in die jeweilige physiologische Situation, in der sich *E. coli* befindet. Sie beeinflussen die Expression negativ (Lac-Repressor) bzw. positiv (cAMP-Rezeptorprotein, CRP). Allolactose als Induktor für das *Lac*-Operon ist für die Ablösung des Repressors von dem *Lac*-Operator verantwortlich, während cAMP den Coaktivator für das CRP darstellt.

15.3.1 Das *Lac*-Operon

Nachdem 1961 die beiden französischen Mikrobiologen F. Jacob und J. Monod das erste Modell für regulierte Genexpression am Beispiel des Gensystems für die **Lactose-(Milchzucker-)Verwertung** im Darmbakterium *Escherichia coli* vorgestellt hatten, wurde dieses unter der Bezeichnung *Lac*-Operon weltberühmt und zu einem Musterbeispiel für **substratinduzierte Genexpression**, ja für differentielle Genexpression im allgemeinen. Der Begriff **Operon** bezieht sich auf die Tatsache, daß drei Gene in einer **operativen Einheit der Transkription** miteinander unter der Kontrolle eines **gemeinsamen Promotors** verbunden sind (Abb. **15.7**). Der *Lac*-Promotor (*Lac*P) wird zwar prinzipiell vom Holoenzym der RNAP ($\alpha_2\beta'\beta\omega+\sigma^{70}$) erkannt, ist aber in seiner Aktivität von zwei Regulatorproteinen abhängig. Die Anwesenheit der RNAP allein reicht also nicht aus. Die beiden Regulatorproteine stellen Sensoren für die Art der Kohlenhydratversorgung der Bakterien dar. Zwei Bedingungen müssen für die effektive Expression des *Lac*-Operons erfüllt sein:

- **Anwesenheit von Lactose** bzw. dem davon abgeleiteten **Induktor Allolactose**,
- **Abwesenheit** der leichter verwertbaren **Glucose**.

Es ist ein bemerkenswertes Detail dieses Regulationssystems, daß nicht das Substrat Lactose (Gal-[β1→4]-D-Glc), sondern ein Isomeres derselben, die Allolactose (Gal-[β1→6]-D-Glc) als Induktor fungiert (Abb. **15.7b**). In einer Signaltransduktionsreaktion muß zunächst Lactose durch β-Galacto-

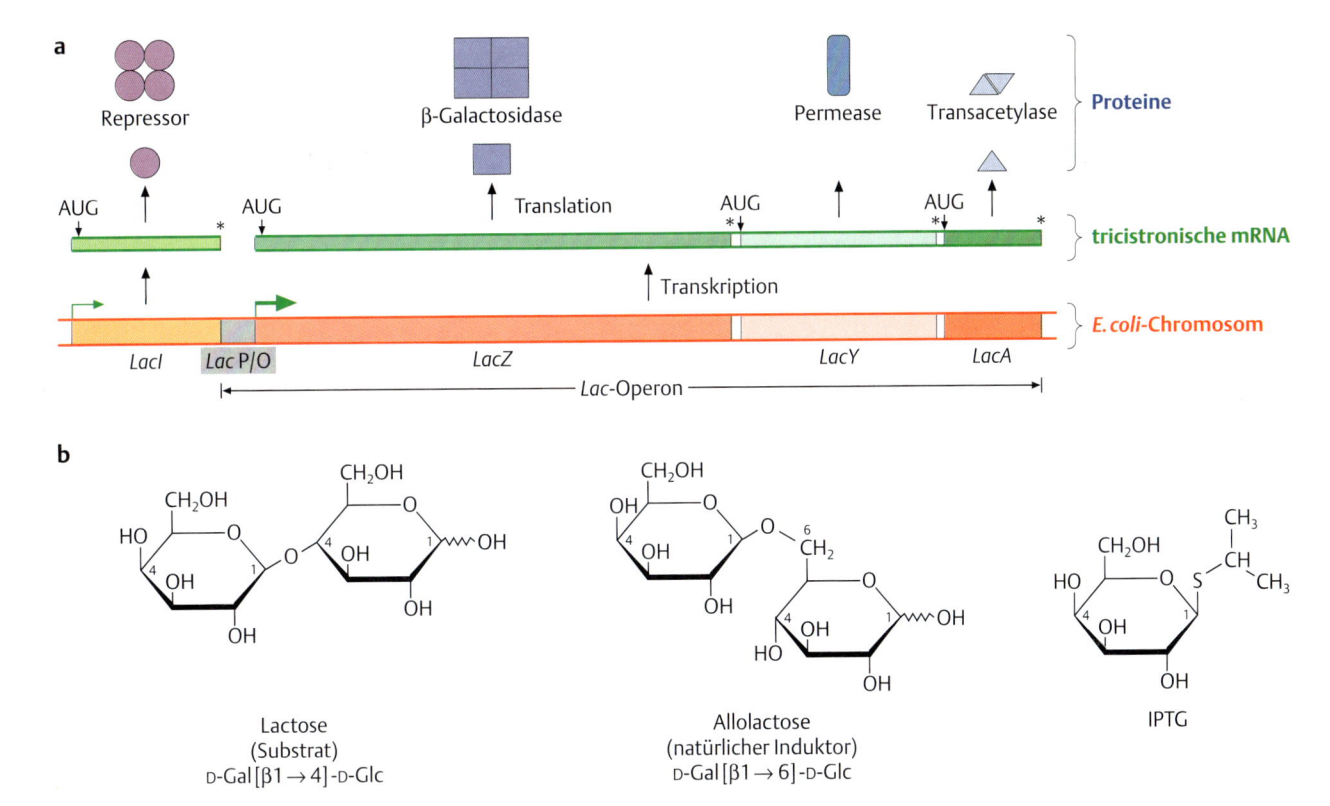

15.3 Regulation der Transkription bei *E. coli*

Abb. 15.7 Das *Lac*-Operon von *E. coli*.
a Das *Lac*-Operon (rot) umfaßt die *Lac*-Promotor/Operator-Region (*Lac*P/O) und die drei Strukturgene *LacZ*, *LacY* und *LacA*. Von dem grünen Pfeil beginnend, wird eine tricistronische mRNA (grün) abgelesen, durch deren Translation die drei Proteine β-Galactosidase (tetramer), Lactose-Permease und Transacetylase (dimer) gebildet werden. Benachbart zum *Lac*-Operon liegt das Regulatorgen *LacI*, das für den Lac-Repressor (tetramer) codiert. * Stop Codons.
b Strukturen von Lactose, Allolactose und Isopropyl-β,D-thiogalactosid (IPTG).

sidase in Allolactose umgewandelt werden. Dafür bedarf es zweier Voraussetzungen:
- Das für die Lactoseverwertung notwendige Enzym hat als Hydrolase und als Galactosid-Isomerase eine doppelte Funktion.
- Bereits im uninduzierten Zustand müssen geringe Mengen der β-Galactosidase in den Zellen vorhanden sein.

Die drei Gene des *Lac*-Operons werden in eine einzige mRNA mit drei hintereinander geschalteten offenen Leserastern transkribiert (Abb. **15.7a**). Man nennt sie daher tricistronisch oder spricht allgemein von einer **polycistronischen mRNA**. Die Gene des *Lac*-Operons codieren für die Synthese von drei Proteinen, die **β-Galactosidase** (*LacZ*), die die Lactose zu Glucose und Galactose hydrolysiert, die **Lac-Permease** (*LacY*) für den Transport der Lactose durch die Cytoplasmamembran der Bakterien und schließlich eine Transacetylase (*LacA*), deren physiologische Bedeutung noch nicht bekannt ist. Zwei **Regulatorproteine** beeinflussen die Expression des *Lac*-Operons negativ (Lac-Repressor) bzw. positiv (cAMP-Rezeptorprotein CRP).

Negative Kontrolle: Das *Lac*-Operon steht unter der Kontrolle eines **Operators**, einer Sequenz von 24 Basenpaaren, die den DNA-Abschnitten der drei Strukturgene vorgeschaltet ist (Abb. **15.8**). An den Operator bindet der **Lac-Repressor** und verhindert dadurch die Bindung der RNA-Polymerase an den Promotor. Das Regulatorgen (*LacI*), das für den Repressor codiert, liegt unmittelbar benachbart zum *Lac*-Operon. Der Repressor existiert in zwei Zuständen:

Abb. 15.8 Transkriptionskontrolle am *Lac*-Promotor. Die Abbildung zeigt die Promotor/Operator-Region vergrößert mit den Bindungsstellen für die an der Kontrolle beteiligten Proteine.
a Inaktiver Zustand in Gegenwart von Glucose und Abwesenheit von Lactose. Der Repressor am *Lac*-Operator verhindert die Bindung der RNAP.
b Aktiver Zustand in Abwesenheit von Glucose und Anwesenheit von Lactose: In Anwesenheit des Induktors (**A**, Allolactose) kann der Repressor nicht am *Lac*-Operator binden, sodaß die RNAP Zugang zum *Lac*-Promotor hat. Die Rekrutierung wird merklich verstärkt duch die Anwesenheit des CRP-cAMP-Aktivatorkomplexes, der Kontakt zu einer der beiden α-Untereinheiten der RNAP hat (Plus **15.1**).

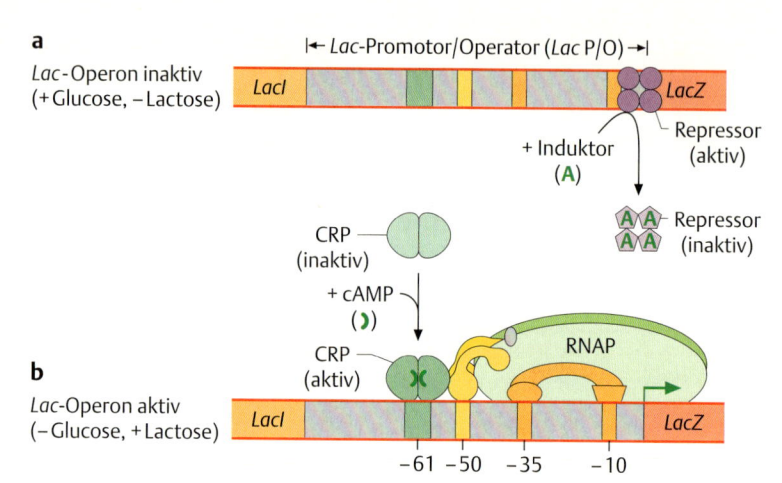

- **Repressor aktiv:** In Abwesenheit des Induktors bindet das Repressortetramer mit hoher Affinität an den Operator (Abb. **15.8a**) und blockiert damit die Bindung der RNAP.
- **Repressor inaktiv:** Nach Bindung des Induktors Allolactose ändert der Repressor seine Konformation und löst sich dadurch vom Operator ab (Abb. **15.8b**). Nun kann die RNA-Polymerase an den Promotor binden, und die Transkription der Strukturgene wird möglich.

Das System in dieser Form würde mehr oder weniger auf eine „ja/nein"-Entscheidung hinauslaufen. Es fehlt eine Feinkontrolle und ein Verstärkungselement. Beides wird durch den folgenden Mechanismus gewährleistet.

Positive Regulation: Die Effizienz der Initiation hängt von einer zweiten Bedingung ab. Neben der Anwesenheit des Induktors ist die **Abwesenheit von Glucose** als leicht verwertbarer Kohlenstoffquelle für *E. coli* die zweite Voraussetzung. Diese Kontrolle für die Glucosekonzentration erfolgt über das **cAMP-Rezeptorprotein CRP.** Für die DNA-Bindung braucht CRP als Coaktivator **cyclisches AMP** (**cAMP**), das wir schon in Kap. 14.5 (S. 459) als sekundären Botenstoff bei *Dictyostelium* kennengelernt haben. Nur das Dimere des CRP mit dem daran gebundenen cAMP ist in der Lage, die effiziente Initiation am *Lac*-Promotor zu gewährleisten (Abb. **15.8b**). Der *Lac*-Promotor besitzt nur eine relativ schwache –35- und –10-Box. Der CRP-cAMP-Komplex bindet am *Lac*-Promotor im Bereich von –61 und erhöht die Effizienz der RNAP-Rekrutierung. Ohne den Aktivatorkomplex würde die Initiation sehr selten stattfinden.

Wir werden in Kap. 15.3.2 behandeln, wie der relativ schwache, CRP-abhängige *Lac*-Promotor durch Mutation in einen starken, CRP-unabhängigen Promotor verändert werden kann. Allerdings verliert er dabei ein wesentliches Element seiner Qualität, nämlich die Fähigkeit zur Feinsteuerung. Die qualitativen und quantitativen Aspekte dieser Transkriptionskontrolle für die vier Grenzzustände sind in Tab. **15.2** zusammengefaßt.

Die interessante Kopplung von Glucosespiegel im Medium und cAMP-Synthese erfolgt über die Aktivität des cAMP-Syntheseenzyms **Adenylylcyclase**, die über ein Relaissystem mit der Glucoseaufnahme verbunden ist (Box **15.3**). Weil Glucose die cAMP-Bildung und damit die Transkription des *Lac*-Operons hemmt, spricht man auch von **Katabolit-Repression**, obwohl es sich vom Mechanismus her um den Ausfall einer Aktivatorfunktion handelt.

Tab. 15.2 Expression des *Lac*-Operons in *E. coli* auf verschiedenen Kohlenstoffquellen.

Kohlenstoffquelle	Lac-Repressor	cAMP-Spiegel[c]	Expression *Lac*-Operon[c]	Wachstum der Bakterien[c]
keine	**aktiv**	+++	(+)	(+)
Glucose	**aktiv**	(+)	(+)	++++
Lactose[a]	**inaktiv**	++	++	+++
Glucose + Lactose[b]	**inaktiv**	(+) → ++	(+) → ++	++++ → +++
IPTG[a]	**inaktiv**	++++	++++	(+)

[a] Da die Spaltung des Disaccharids Lactose durch β-Galactosidase je 1 Molekül Glucose und Galactose ergibt, wird niemals die volle Aktivität der Genexpression erreicht. Man verwendet daher häufig als Induktor das nicht spaltbare Isopropyl-β,D-thiogalactosid (IPTG, Abb. **15.7b**).
[b] In Anwesenheit von Glucose und Lactose wird von den Zellen zunächst Glucose verbraucht und dann – nach einer kurzen Induktionsphase – die Lactose. Das Wachstum verläuft also in diesen Fällen in zwei Phasen.
[c] Die quantitativen Angaben sind durch (+) für sehr schwach bis ++++ für sehr stark symbolisiert.

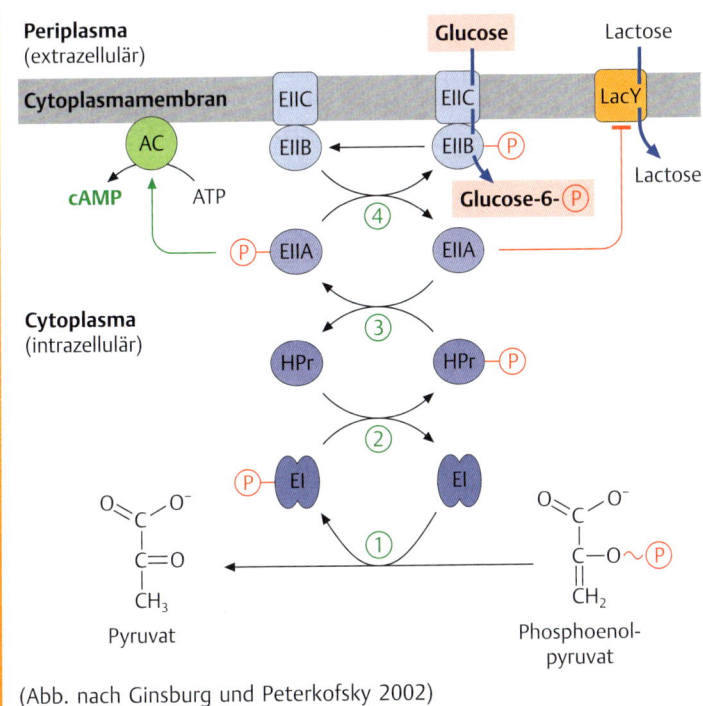

Box 15.3   Das PTS-System: Kopplung zwischen Glucosetransport und cAMP-Synthese

(Abb. nach Ginsburg und Peterkofsky 2002)

Das System ist auf einem **Phosphorelais** aufgebaut, bei dem Energie aus der Hochenergieverbindung Phosphoenolpyruvat (PEP) für die Aufnahme von Glucose verwendet wird. In der Zellmembran von *E. coli* befindet sich der Glucosetransporter (EIIC), der über ein assoziiertes Regulatorprotein (EIIB) aktiviert wird. Wenn dieses im phosphorylierten Zustand vorliegt, kann Glucose aufgenommen werden, die dabei in Glucose-6-phosphat umgewandelt und direkt der Glykolyse zugeführt wird (Kap. 11.2). Der aktivierte Zustand des Transporters wird über eine **Kaskade von Phosphoproteinen** (PTS, engl.: phosphotransferase system) aus dem intrazellulären Pool von Phosphoenolpyruvat aufrechterhalten (Reaktionsschritte 1–4). Alle beteiligten Proteine (EI, HPr, EIIA, EIIB) werden an **Histidinresten** phosphoryliert (s. andere Phosphorelaysysteme Plus **16.2** S. 598). Wenn im Medium keine Glucose mehr vorhanden ist, kommt es zu einem Rückstau der phosphorylierten Formen der beteiligten Komponenten, und EIIA-P aktiviert als Coregulator die Adenylylcyclase (AC) an der Membran (grüner Pfeil). Gleichzeitig wird die Hemmung der Lactoseaufnahme (LacY) durch EIIA (rot eingezeichnet) unterbrochen. Der Spiegel an cAMP steigt also als Folge des Glucosemangels, und damit steigt auch die Verfügbarkeit des CRP-cAMP-Aktivatorkomplexes (Abb. **15.8**). Glucosemangel begünstigt die Transkription nicht nur am *Lac*-Operon sondern an vielen anderen sog. **katabolen Gensystemen** von *E. coli*.

Plus 15.1 Struktur und Wechselwirkungen des cAMP-Rezeptorproteins

Es lohnt sich am Beispiel des cAMP-Rezeptorproteins (CRP) einen Exkurs in die Strukturbiologie zu machen, um Prinzipien der DNA-Protein-Wechselwirkung bei der Transkriptionskontrolle zu erläutern.

1. Die **Struktur des CRP** mit seinen 209 Aminosäureresten (AS) gliedert sich in zwei Domänen (s. Teil **a** der Abb.). Die **N-terminale Domäne** (AS1–135) enthält eine große faßartige Struktur (engl.: β-barrel) aus 8 antiparallelen β-Strängen und drei Helices (A, B, C). Die größte Helix C ist für die **Dimerisierung** verantwortlich und bildet zusammen mit Aminosäureresten im β-Strang 7 auch die Tasche für die **Bindung von cAMP** (s. grüne Ellipse in Teil **b** der Abb.).

2. Die **C-terminale Domäne** (AS136–209) enthält eine für viele DNA-Bindungsproteine typische Teilstruktur mit einem **Helix(E)-Turn-Helix(F)-Motiv** für die DNA-Erkennung. Beispiele für solche H-T-H-Proteine, die in diesem und anderen Kapiteln eine Rolle spielen, sind in Plus **15.7** S. 521 zusammengetragen. Die beiden β-Stränge 9 und 10 stellen zusammen mit dem C-terminalen Argininrest (R209) die **Aktivatorregion** des CRP dar, über die die Kontakte zur RNAP erfolgen.

3. Das CRP-Erkennungsmotiv im *Lac*-Promotor stellt, wie bei vielen anderen solchen Erkennungssequenzen, eine **spiegelbildsymmetrische (palindromische) Sequenz** dar, d.h. es gibt identische Erkennungsstellen für jede der beiden Untereinheiten. Wie in der Teilabb. **b** gezeigt, haben diese sog. CRP-Boxen (rot umrandet) eine Spiegelebene zwischen den Basenpaaren –61 und –62. Die rot markierten Basen G, G, C und T haben unmittelbaren Kontakt zum CRP.

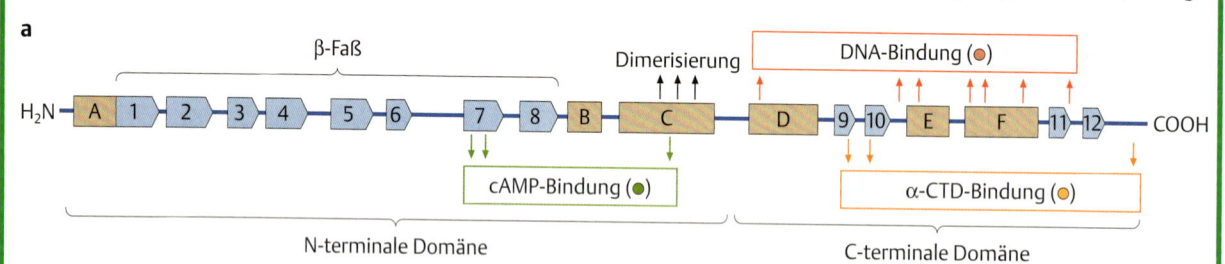

4. Bei der Bindung des CRP-Dimeren kommt es zu einer bemerkenswerten Verformung der DNA-Doppelhelix (**DNA-bending**), die nicht nur für die optimalen CRP/DNA-Kontakte wichtig ist (s. rote Punkte in der linken Untereinheit), sondern auch den unmittelbaren Kontakt zum RNAP-Holoenzym ermöglicht. In den CRP-Boxen wird die DNA im Winkel von 43° abgeknickt. Die entscheidende **Helix F des H-T-H-Motivs** liegt **in der großen Furche der DNA**. Die Distanz zwischen den beiden F-Helices im CRP-Dimeren beträgt, wie bei anderen H-T-H-DNA-Bindungsproteinen (Plus **15.7** S. 521), 34 Å. Das entspricht genau einer Windung der DNA-Doppelhelix.

5. Die Kontakte von dem CRP-Komplex zum RNAP-Holoenzym gehen nur von der stromabwärts gelegenen Untereinheit des CRP-Dimeren aus (gelbe Punkte). Sie umfassen unter anderem Protein/Protein-Kontakte zwischen der Aktivatorregion der CRP-Untereinheit und der α-CTD-Untereinheit der RNAP (Abb. **15.5** S. 496). Wie aus Abb. **15.8** hervorgeht, befindet sich eine der beiden α-CTDs in unmittelbarer Reichweite des CRP.

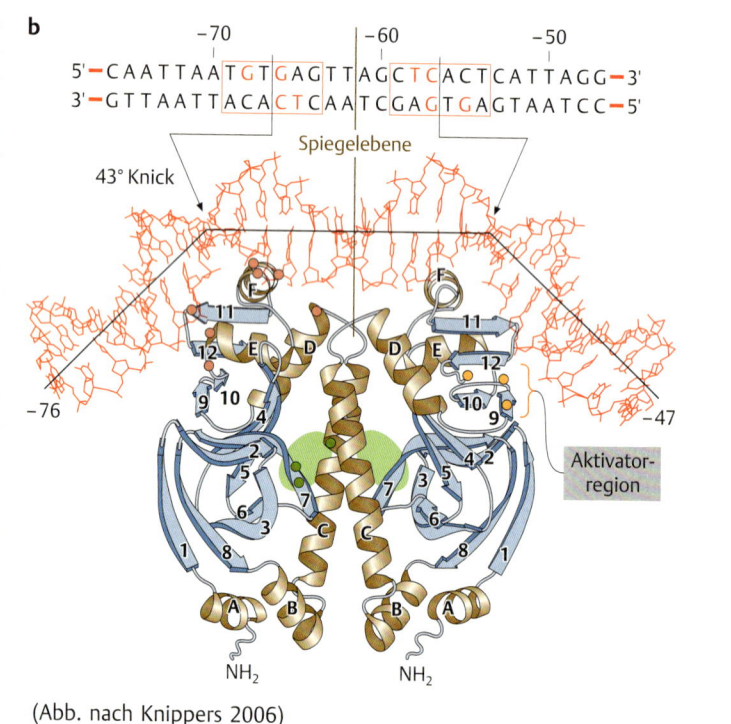

(Abb. nach Knippers 2006)

15.3.2 Promotorstärke und alternative Sigmafaktoren

Eine entscheidende Rolle für die Effizienz der **Transkription der Haushaltsgene**, also der Gesamtheit der Gene, die normalerweise in einer *E. coli*-Zelle für Vermehrung und Stoffwechselfunktionen gebraucht werden, spielt offensichtlich der Initiationsfaktor σ^{70} mit seinen zwei Domänen zur Promotorerkennung (vgl. Abb. **15.5** S. 496). Man kann **drei Grundtypen von Promotoren** unterscheiden, die durch Details in den Sequenzbereichen der –35 und –10-Boxen charakterisiert sind (Tab. **15.3**). Typ 1 sind **starke konstitutive**, Typ 2 **schwache konstitutive** und Typ 3 **regulierte Promotoren**. Beispiel für die erste Kategorie sind die Promotoren für rRNA-codierende Gene (Nr. 1 in der Tabelle). Zur zweiten Kategorie gehört der interessante Fall des schwachen aber konstitutiv aktiven Promotors des Repressorgens *LacI* (Nr. 2). Die Wahrscheinlichkeit, daß σ^{70}-RNAP von diesem extrem schwachen Promotor startet, ist mit etwa einmal in zwei Generationen gerade ausreichend, um die notwendige Menge an Repressor (etwa 10 Repressortetramere pro Zelle) aufrechtzuerhalten. Das klassische Beispiel für einen regulierten Promotor haben wir beim *Lac*-Operon (Nr. 3). Ein schwacher Promotor wird durch die Anwesenheit des CRP-cAMP-Komplexes verstärkt (Abb. **15.8b** und Plus **15.1**).

Die Detailsequenzen für die einzelnen Promotoren unterscheiden sich mehr oder weniger deutlich von den idealen Bindungsstellen (Consensussequenzen) für σ^{70}-RNAP, wie sie in Tab. **15.3** angegeben sind. Die drastischen Effekte geringer Veränderungen lassen sich sehr gut an dem *Lac*-Promotor (Nr. 3) und dem von ihm abgeleiteten Mutantenpromotor *Lac*UV5 (Nr. 4) erkennen. Letzterer unterscheidet sich von ersterem nur durch 2 Basenpaare in der –10-Box (Austausch von GT durch AA) und wird dadurch zu einem starken und CRP-unabhängigen Promotor, der vielfache Anwendung in der Gentechnik gefunden hat.

Wie auch immer reguliert, die Transkription der Haushaltsgene braucht das Holoenzym der RNAP ($\alpha_2\beta'\beta\omega+\sigma^{70}$) an der Promotorregion, um die entsprechenden Sequenzmotive im Bereich von –35 und –10 zu erkennen (Abb. **15.5** S. 496). Es ist nicht überraschend, daß in der Evolution für dieses sehr einfache Regulationsprinzip Alternativen entstanden sind, die

Tab. 15.3 Promotortypen und Promotorstärke bei *E. coli*.

Gen	–35-Region	Abstand	–10-Region	TS[a]	Stärke[b]
σ^{70}-abhängig (Haushalts-RNAP)					
Consensus:	TTGACA	16–18 bp	TATAAT-6 bp	TS	
1. *Rrn*B(P2)	ATGCTTGACT	12 bp	GGCGTATTATGCACACC		+++
2. *LacI*	GAATGGCGCA	14 bp	ATGGCATGATAGCGCCC		(+)
3. *Lac*-Operon	AGGCTTTACA	14 bp	CTCGTAT**GT**TGTGTGGA		(+)→++
4. *Lac*UV5	AGGCTTTACA	14 bp	CTCGTAT**AA**TGTGTGGA		+++
σ^{32}-abhängig (Hitzestreß-RNAP)					
Consensus:	CCTTGAA	13–16 bp	CCCCATnT-6 bp	TS	
5. *GroE*-Operon	CCCCTTGAAG	10 bp	ATCCCCATTTTCTCTGA		++
6. *DnaK*-Operon	CCCCTTGATG	11 bp	GACCCCATTTAGTAGTA		++

[a] Transkriptionsstartpunkt
[b] Die quantitativen Angaben sind durch (+) für sehr schwach bis ++++ für sehr stark symbolisiert.

eine Umprogrammierung der Transkriptionsmaschine von den Haushaltsgenen auf andere Gengruppen ermöglichen. **Alternative σ-Faktoren** sind lange bekannt, weil sie bei Prokaryoten z. B. die gesamte Streßantwort bei *E. coli* und verwandten Bakterien (Plus 15.2), das Sporulationsprogramm bei *Bacillus* oder die Transkriptionsprogramme in Plastiden kontrollieren (Kap. 15.12.1). Einige Prokaryoten habe viele σ-Faktoren, *Streptomyces coelicolor* z. B. mehr als 60.

Plus 15.2 Alternative Sigmafaktoren: Umprogrammierung der Transkription bei *E. coli*

Zu den unter Hitzestreß eingeschalteten Gensystemen (**Hitzestreßregulon**) in *E. coli* gehören eine Reihe von Operons, die für Schutzproteine (**molekulare Chaperone**, z. B. DnaK/DnaJ oder GroEL/GroES) gegen streßbedingte Schäden und für Proteasen vom Typ der **FtsH-Protease** codieren. Details der Arbeitsweise solcher Chaperone werden wir im Zusammenhang mit der Proteinfaltung behandeln (Kap. 15.9.2). Zentrales Element für die Transkriptionsumprogrammierung ist der Übergang von dem Holoenzym der **Haushalts-RNAP** ($\alpha_2\beta\beta'\omega+\sigma^{70}$, **2**) zur **Hitzestreß-RNAP** ($\alpha_2\beta\beta'\omega+\sigma^{32}$, **3**). Da mehrere Operons in gleicher Weise betroffen sind, sprechen wir in diesem Fall vom Hitzestreßregulon.

Der autoregulatorische Prozeß vollzieht sich in zwei Phasen:

1. Einleitung und Anschalten der Hitzestreßantwort: Die Anhäufung denaturierter Proteine im Cytoplasma führt zur **Verarmung an verfügbaren Chaperonen**, insbesondere der DnaK/DnaJ-Gruppe (nicht gezeigt). Dadurch werden Inaktivierung und Abbau von σ^{32} stark vermindert. Zusätzlich sorgt eine Veränderung in der Sekundärstruktur der σ^{32}-spezifischen mRNA für eine fast 5-fach stärkere Translation (**1**). Insgesamt steigt der intrazelluläre Spiegel an σ^{32} in kürzester Zeit etwa 20-fach an, und damit überwiegt die Hitzestreß-spezifische Form des Holoenzyms (**3**). σ^{70} wird verdrängt, die Transkription von den Haushaltspromotoren ist gestört, während die von den Promotoren des Hitzestreßregulons drastisch erhöht wird.

2. Abschalten und Wiederherstellung der Haushaltsform der RNAP: Zwei Mechanismen sind an diesem zweiten Teil der Hitzestreßantwort beteiligt (s. Abb.). Zum einen werden als Teil des Hitzestreßregulons **vermehrt Chaperone** gebildet (**4**), die an σ^{32} binden, damit die Menge an frei verfügbarem σ^{32} limitieren und es stattdessen dem Abbau durch die FtsH-Protease zuführen (**5**). Zum anderen steigt der zelluläre Spiegel von σ^{70}, weil das codierende Gen (*RpoD*) ebenfalls Teil des Hitzestreßregulons ist. Der Kreis ist geschlossen.

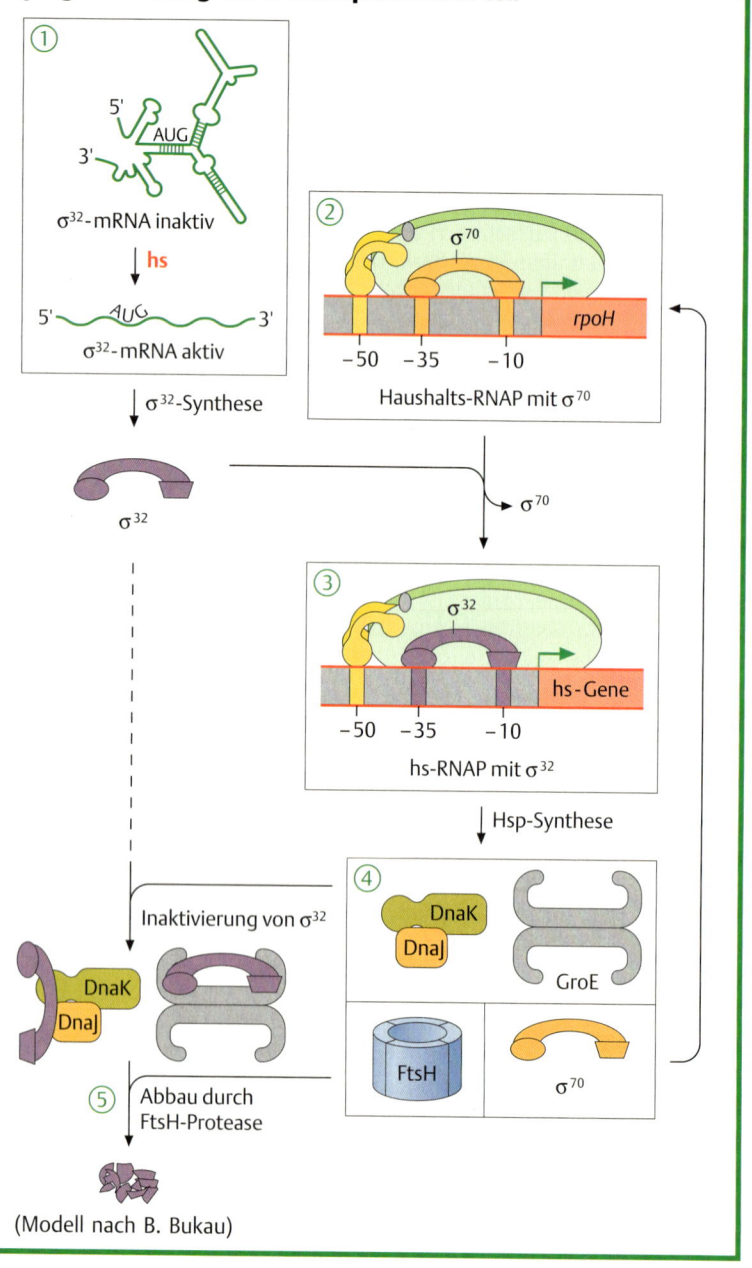

(Modell nach B. Bukau)

Bei *E. coli* gibt es 6 σ-Faktoren. Allein drei davon spielen eine Rolle bei der Kontrolle der Gene in verschiedenen Phasen der **Streßantwort** (σ^{38}, σ^{28} und σ^{32}). Die Zahlen geben jeweils die Größe der Proteine in kDa an. Alle drei alternativen σ-Faktoren haben wie σ^{70} eine ähnliche Grundstruktur mit den beiden DNA-Bindungsdomänen (Abb. **15.5** S. 496). Besonders gut untersucht ist die Rolle von σ^{32} bei der **Hitzestreß-(hs-)Antwort**. Wie die Beispiele 5 und 6 in Tab. **15.3** zeigen, unterscheiden sich die −35- und −10-Boxen in den hs-Promotoren erheblich von denen in den Promotoren der Haushaltsgene. Details der Regelkreise, die zur schnellen aber transienten Umprogrammierung der Transkription durch Austausch von σ^{70} gegen σ^{32} während der Hitzestreßantwort führen, sind in Plus **15.2** zusammengestellt. Die entsprechenden Vorgänge bei Pflanzen werden im Kap. 15.5.5 behandelt.

15.4 Transkription und RNA-Verarbeitung in Pflanzenzellen

Da eine Pflanzenzelle neben dem großen Kerngenom noch Genome in den Plastiden und Mitochondrien besitzt, gibt es mindestens 6 verschiedene DNA-abhängige RNA-Polymerasen. Drei sind im Zellkern (RNAP I, II, III), zwei in den Plastiden und eine in den Mitochondrien zu finden. Die drei RNAPs im Zellkern haben arbeitsteilige Funktionen. Etwas vereinfacht gesagt, ist RNAP I für die Synthese ribosomaler RNA, RNAP II für die von mRNAs und guide-RNAs (snRNAs, snoRNAs, miRNAs) und RNAP III für die Synthese der kleinen Struktur-RNAs (5S-rRNA, tRNAs) zuständig. Noch während der Synthese wird die entstehende mRNA am 5'-Ende durch eine Kappe geschützt, und die nicht codierenden Teile (Introns) werden entfernt (Spleißen). Insbesondere der aufwendige Prozeß des Spleißens bietet Ansatzpunkte für vielfältige Variationen und Kontrollen des Ablaufs.

15.4.1 Sechs RNA-Polymerasen in Pflanzenzellen

Da eine Pflanzenzelle neben dem großen Kerngenom noch zwei sehr viel kleinere Genome in den Plastiden und den Mitochondrien besitzt, gibt es auch verschiedene RNA-Polymerasen (RNAP, **Abb. 15.9**), die sich in ihren Aufgaben und in ihrer intrazellulären Verteilung unterscheiden. Drei RNAP befinden sich im **Zellkern**. Sie werden als RNAP I, II und III bezeich-

Abb. 15.9 Struktur der sechs RNA-Polymerasen in Pflanzenzellen. Die Grundstrukturen der RNA-Polymerasen in Pflanzenzellen (**a**, **c**) sind mit denen in *E. coli* (**b**, Abb. **15.5** S. 496) verglichen. Die Größe der Symbole entspricht etwa der Größe der Untereinheiten (UE), und gleiche Farben deuten strukturelle und funktionelle Homologie an. In *E. coli* finden wir nach Infektion durch Bakteriophagen T3 oder T7 neben der Haushalts-RNAP mit 5 UE auch noch die Phagen-codierte RNAP mit nur einer UE. Die RNAPs in Plastiden entsprechen weitgehend denen in *E. coli*, während es in den Mitochondrien nur den Phagentyp gibt. Typisch für Plastiden ist die getrennte Codierung der großen katalytischen Untereinheit in zwei Proteinen, der N-terminalen Domäne β' und der C-terminalen Domäne β''.
Die drei komplexen RNAPs des Zellkerns haben eine Reihe gemeinsamer UE und eine Reihe spezifischer. Die für den Transkriptionsprozeß wichtige C-terminale Domäne (CTD) an der L'-UE der RNAP II ist rot markiert (Plus **15.5** S. 517).

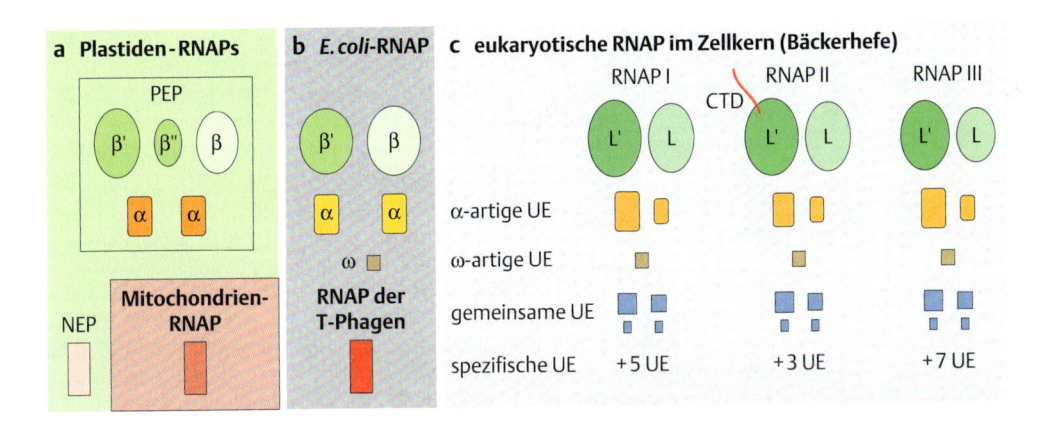

	a Plastiden-RNAPs	b *E. coli*-RNAP	c eukaryotische RNAP im Zellkern (Bäckerhefe)		
			RNAP I	RNAP II (CTD)	RNAP III
	PEP: β' β'' β	β' β	L' L	L' L	L' L
	α α	α α			
		ω			
α-artige UE			▪ ▪	▪ ▪	▪ ▪
ω-artige UE			▪	▪	▪
gemeinsame UE			▪ ▪	▪ ▪	▪ ▪
	NEP / Mitochondrien-RNAP	RNAP der T-Phagen			
spezifische UE			+5 UE	+3 UE	+7 UE

Tab. 15.4   RNA-Polymerasen im Zellkern und ihre Transkriptionsprodukte.
In allen Fällen entstehen RNA-Präcursoren (Prä-RNA), die posttranskriptionell zu den reifen Formen verarbeitet werden.

RNAP	Lokalisation	Produkt
RNAP I	Nucleolus	Prä-rRNA (Kap. 15.6)
RNAP II	Nucleoplasma	Prä-mRNA, Prä-snRNAs, Prä-snoRNAs (Kap. 15.4.2 und Kap. 15.6), miRNAs (Plus **18.3** S. 722
RNAP III	Nucleoplasma	Prä-5S-RNA, Prä-tRNA, Prä-snRNA U6, Prä-snoRNA U3, Prä-7SL-RNA (Kap. 15.4.2, Kap. 15.6, Kap. 15.7.1 und Kap. 15.10.1)

net, zwei weitere Typen von RNAP werden in den **Plastiden** und eine RNAP in den **Mitochondrien** gefunden. Alle 6 RNAP haben strukturelle Beziehungen zueinander und/oder zu den beiden Typen von RNAPs, die wir in *E. coli* finden (Abb. **15.9**). So haben z. B. die beiden großen UE (L, L') aller drei RNAP im Zellkern bemerkenswerte strukturelle und funktionelle Ähnlichkeit mit den UE β und β' der RNAP von *E. coli*. Die Beziehungen sind natürlich noch deutlicher bei den RNAPs in den Organellen, deren Genexpressionssystem generell stark an ihre prokaryotische Herkunft im Sinne der Endosymbiontenhypothese erinnert (Plus **4.1** S. 130).

Überraschenderweise gibt es in den Plastiden zwei Formen von RNAPs:

- eine **komplexe RNAP** (**PEP**, engl.: plastide encoded polymerase) mit dem Aufbau ($\alpha_2\beta\beta'\beta''$), die vollständig im Plastidengenom codiert ist, und
- eine Form mit nur einer Untereinheit (**NEP**, engl.: nuclear encoded polymerase), die im Zellkern codiert ist und wie die RNAP in den Mitochondrien stark an die einfache Form der RNAP erinnert, die von den Bakteriophagen T3 oder T7 codiert werden.

Auf die besondere Bedeutung der Coexistenz von zwei Typen von RNAPs in den Plastiden werden wir in Kap. 15.12 näher eingehen. Der Vergleich der Kristallstrukturen von *E. coli*-RNAP mit fünf Untereinheiten und Hefe-RNAP II mit 12 UE hat gezeigt, daß sich die beiden Raumstrukturen in hohem Maße ähneln. Das gilt insbesondere für die Anordnung der zentralen katalytischen Teile, die jeweils durch die UE L' bzw. β' gebildet werden.

Die drei RNAP im Zellkern haben arbeitsteilige Funktionen, was die transkribierten Gene und damit die RNA-Produkte angeht (Tab. **15.4**). Etwas vereinfacht kann man sagen, daß **RNAP I** für die Synthese ribosomaler RNA, **RNAP II** für mRNA und die sog. Guide-RNAs und **RNAP III** schließlich für kleine Struktur-RNAs zuständig sind. Diese Arbeitsteilung finden wir nur bei den drei Kernpolymerasen, aber nicht bei *E. coli* und nur sehr bedingt bei den RNAPs in den Organellen (Kap. 15.12). Im folgenden werden wir uns zunächst nur mit der aufwendigen RNAP-II-Maschinerie beschäftigen, die für die mRNA-Synthese und Verarbeitung zuständig ist.

15.4.2   RNA-Verarbeitung: Kappenbildung und Spleißen

Bevor wir uns dem Transkriptionsvorgang im eigentlichen Sinne zuwenden, müssen wir unsere Aufmerksamkeit noch auf zwei Prozesse lenken, die unmittelbar damit gekoppelt sind. Noch während der Synthese wird die entstehende eukaryotische mRNA am 5'-Ende durch eine Kappe geschützt, und die nichtcodierenden Teile (Introns) werden entfernt

(Spleißen). Insbesondere der aufwendige Prozeß des Spleißens bietet Ansatzpunkte für vielfältige Variationen und für die Kontrolle des Ablaufs.

Kappenbildung am 5'-Ende der mRNAs (capping): Kurz nach Beginn der Transkription durch RNAP II, wenn etwa 25 Nucleotide der neuen RNA (prä-mRNA bzw. prä-snRNA) synthetisiert worden sind, kommt es zu einer typischen Modifikation des 5'-Endes, das ja zunächst durch den Triphosphatrest des ersten Nucleotids gekennzeichnet ist (Abb. **15.4** S. **495**). Die Kappenbildung verläuft in drei Schritten (Abb. **15.10a**):

1. Entfernung des terminalen Phosphatrestes und Verknüpfung des so verkürzten Endes mit einem GTP, sodaß eine ungewöhnliche 5'–5'--Triphosphatstruktur entsteht.
2. Methylierung am N7 des Guanosinrestes,
3. Methylierungen an den C2'-Hydroxylgruppen der Ribosereste der beiden letzten Nucleotide (nicht immer).

Je nach Methylierungsgrad unterscheiden wir **Monomethylkappen** von **Dimethyl-** und **Trimethylkappen**. Die Detailstruktur einer Trimethylkappe ist in Abb. **15.10b** gezeigt. Die Kappen stabilisieren zum einen das 5'-Ende der RNAs gegen Exonucleasen (Plus **15.10** S. **542**) und dienen zum anderen als Erkennungsstruktur für den Beginn der Translation (Kap. **15.7**).

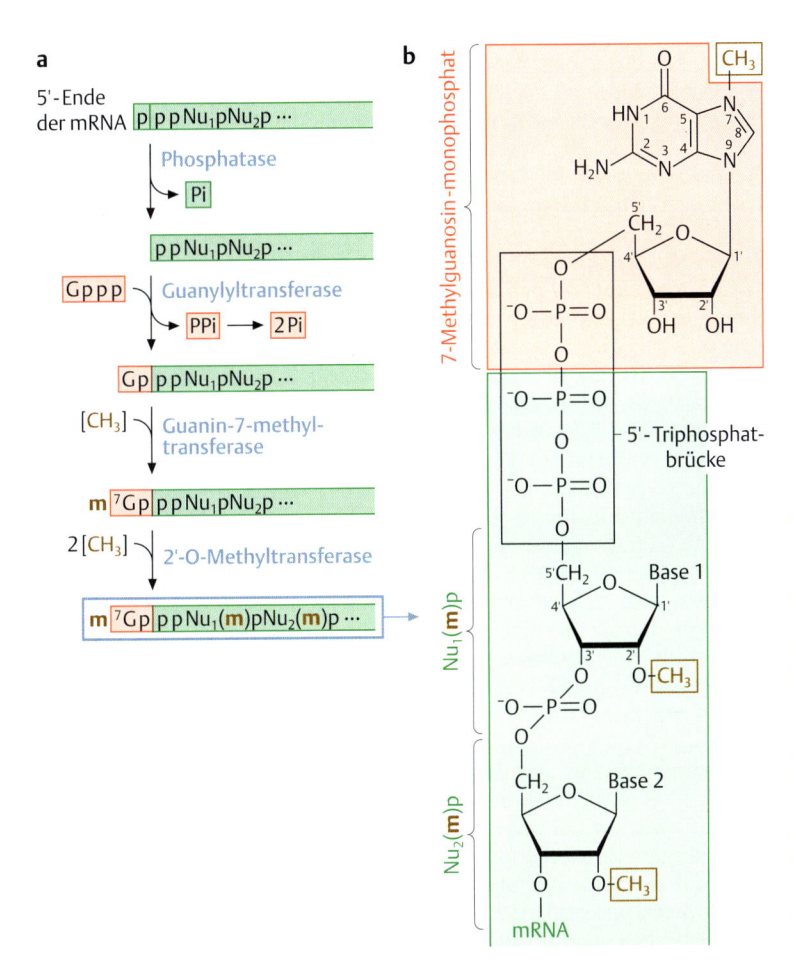

Abb. 15.10 Kappenbildung am 5'-Ende der mRNA. Die durch RNAP II transkribierten RNAs werden am 5'-Ende durch eine Guanylkappe modifiziert. **a** Ablauf der Kappenbildung und der Methylierungen; Nu_1, Nu_2, Nucleotide am 5'-Ende der RNA. **b** Detailstruktur einer Trimethylkappe am Ende einer mRNA mit dem 7-Methylguanosin-monophosphatrest (rot), der charakteristischen 5'–5'--Triphosphatbrücke und den ersten beiden Nucleotiden der mRNA (grün), deren Ribosereste an den C2'-OH-Gruppen methyliert sind. Methylgruppendonor ist in allen Fällen „aktiviertes Methionin" (S-Adenosyl-methionin, Abb. **16.26** S. **628**). Eine Besonderheit bilden die Trimethylkappen der snRNAs: Hier befinden sich alle drei Methylgruppen am Guanin, und zwar am N7 und an der NH_2-Gruppe an C2 (nach L. Stryer, Biochemie 1995).

Plus 15.3 Eukaryotische Gene und Intronspleißen: rekordverdächtige Zahlen

Introns: Im Genom der Bäckerhefe (*Saccharomyces cerevisiae*) enthalten nur 5 % aller Gene Introns mit einer durchschnittlichen Länge von 60 bp. In *Arabidopsis thaliana* haben etwa 80 % der Gene Introns mit einer Durchschnittslänge von 170 bp. Im menschlichen Genom haben 95 % der Gene Introns mit einer durchschnittlichen Länge von mehr als 3300 bp.

Gengiganten: Das größte Gen im Genom des Menschen liegt auf dem X-Chromosom und codiert für das Muskelprotein Dystrophin mit 3685 Aminosäureresten (427 kDa). Das Gen umfaßt etwa 2300 kb, hat 79 Exons und 78 Introns. Die beiden größten Introns im 5'-Bereich des Transkripts haben 191 bzw. 170 kb. Nur etwa 0,6 % des Gens codieren für Dystrophin. Die Transkription des Dystrophin-codierenden Gens dauert etwa 16 Stunden, eine wahre Herkulesarbeit für die RNAPII.

In *Arabidopsis* umfaßt das größte Gen *ATM* (At3g48190) 31,3 kb. Es enthält ebenfalls 79 Exons und 78 Introns. Das größte Intron am 5'-Ende ist „nur" 2500 bp. Das Protein (3255 Aminosäurereste, 366 kDa) ist ein Orthologes des menschlichen Ataxia-telangiectasia-(ATM-)Proteins, das für eine Erbkrankheit mit defekter DNA-Reparatur verantwortlich ist. Die Funktion in Pflanzen ist noch unklar. Das Gen wird allerdings stark exprimiert.

Weltrekord im alternativen Spleißen: Ein Gen codiert für 38 000 Proteine?

Das *DSCAM*-Gen der Taufliege *Drosophila melanogaster* codiert für Oberflächenproteine der Neuronen, die für die Ausrichtung des Wachstums der Neuronen verantwortlich sind. Die mRNA besteht aus 24 Exons von denen 4 durch Batterien von 12, 48, 33 bzw. 2 alternativen Exons auf der Ebene des Primärtranskriptes vertreten sind. Durch alternatives Spleißen könnten theoretisch mehr als 38 000 (12 · 48 · 33 · 2) verschiedene mRNAs und damit Varianten des Oberflächenproteins entstehen. Wieviele dieser Varianten in der Wirklichkeit realisiert werden, ist unklar.

Spleißen von prä-mRNA: Wie so oft in der biologischen Forschung wurden die ersten Berichte 1977 über nichtcodierende Sequenzen (Introns) in den Genen eukaryotischer Organismen und das Herausschneiden aus den Primärtranskripten (Spleißen) im Zuge der mRNA-Synthese mit ungläubigem Kopfschütteln zur Kenntnis genommen. Die Verwunderung steigerte sich noch erheblich, je mehr Details über die aufwendige biologische Maschinerie bekannt wurden. Insbesondere die Fakten, die im Rahmen der Genomsequenzierungen offenbar wurden, sind durchaus rekordverdächtig (Plus **15.3**).

Die regulären Grundkomponenten des Spleißapparates (**Spleißosom**) sind 5 sog. **snRNPs** (engl.: small nuclear ribonucleoprotein particles) oder auch kurz **Snurps** genannt. Sie sind alle relativ ähnlich gebaut und werden grundsätzlich nach ihrer Uridin-reichen RNA-Komponente als snRNP U1, U2, U4, U5 und U6 bezeichnet. Sie werden in zwei Kategorien eingeteilt, die in der Box **15.4** kurz charakterisiert sind. Die RNA-Komponenten sind die entscheidenden Bestandteile der Snurps und für die Spezifität und die hohe Zuverlässigkeit des Spleißens verantwortlich. Sie werden wegen ihrer im wahrsten Sinne des Wortes zielführenden Funktion in dem Gesamtgeschehen auch als **Guide-RNAs** bezeichnet. Alle snRNAs haben eine ausgeprägte Sekundärstruktur, die auf der Bildung von Haarnadelstrukturen mit mehr oder weniger ausgedehnten RNA-Doppelstrangbereichen beruhen (Abb. **15.11** und Abb. **15.12**). Die Fähigkeit zur Ausbildung solcher RNA-Doppelstrangbereiche ist auch das Geheimnis ihrer Funktion.

Wie in Abb. **15.12** ausgeführt, finden sich die Informationen für den Spleißvorgang in kurzen Erkennungsmotiven der prä-mRNA an den Übergängen zwischen Exons und Introns bzw. im 3'-Bereich des Introns. Der **Zusammenbau des Spleißosoms** läßt sich in drei Schritten darstellen:

1. Der **5'-Bereich des Introns** wird durch sequenzspezifische Basenpaarung zwischen der prä-mRNA und der snRNA U1 identifiziert. Zugleich binden im 3'-Bereich des Introns zwei Helferproteinkomplexe (U2AF und SF1) für die Rekrutierung des snRNP U2.
2. Etwa 30 Nucleotide stromaufwärts vom 3'-Ende des Introns liegt ein durch die Nucleotidsequenz in seiner Umgebung ausgezeichneter

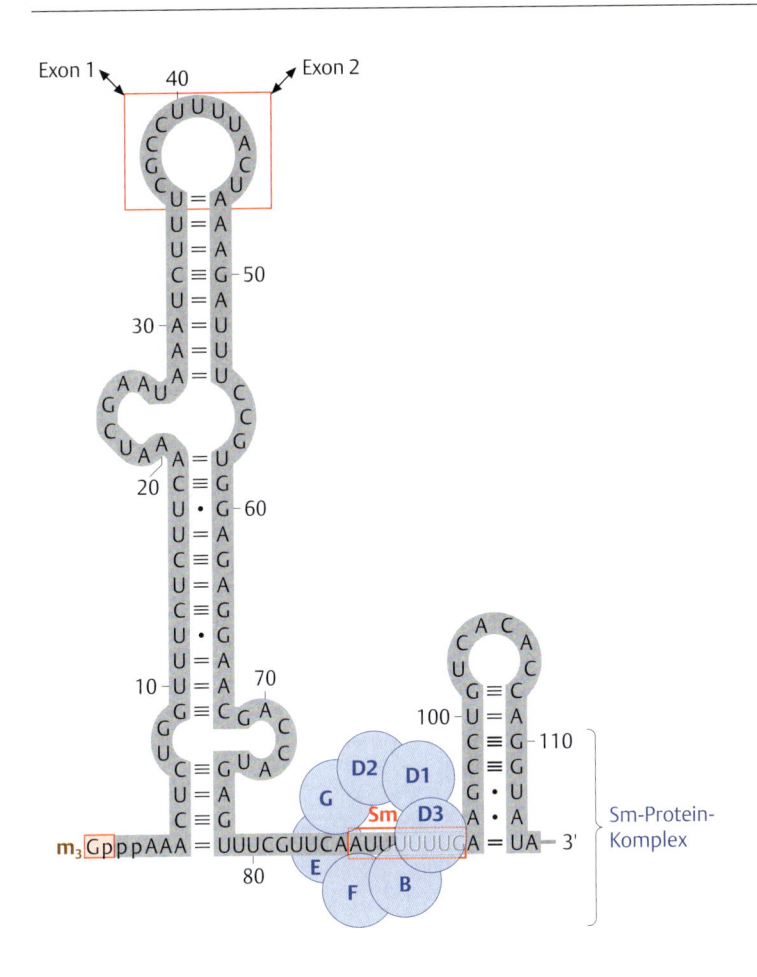

Abb. 15.11 Struktur der snRNA U5. Die Sekundärstruktur ist durch eine große Anzahl von Basenpaaren charakterisiert, die in üblicher Weise durch die Anzahl der Wasserstoffbrücken angedeutet sind. Punkte markieren Basenpaare, die nicht dem Watson/Crick-Schema (A=T, G≡C) entsprechen. Die Sm-Region für die Bindung des heptameren Rings von Sm-Proteinen (blau) ist rot markiert. Sieben weitere Proteine, die Teil des snRNP U5 sind (Box 15.4), sind im Bild nicht gezeigt. Die rot umrandete Schleifenregion um Nucleotid 40 ist verantwortlich für die Positionierung der beiden Exons im Spleißosom (Abb. 15.12) (nach Yong et al. 2004).

Adenosinrest, der den sog. **Verzweigungspunkt** (engl.: branch point) bildet. Dieser wird durch die Bindung von snRNP U2 in eine für das Spleißen geeignete Position gebracht.

3. Im dritten Schritt wird das **Spleißosom** durch Mitwirkung des sog. **Tri-Snurps** aus den snRNPs U4/U6 und U5 vervollständigt. Das aktive Spleißosom besteht aus den snRNPs U2, U5 und U6 und der prä-mRNA mit etwa 200 weiteren Strukturproteinen. Es gehört damit neben dem Transkriptosom zu den komplexesten **biologischen Maschinen**, die wir kennen. Der Teilbereich, in dem sich die entscheidenden biochemischen Abläufe vollziehen (4. Schritt in Abb. 15.12), wird außer durch die RNA/RNA-Wechselwirkungen durch ein großes Protein (Prp8) aus dem snRNP U5 stabilisiert. Viele Details dieser bemerkenswerten Prozesse verdanken wir Arbeiten mit **In-vitro-Spleiß-Systemen** aus Kulturen menschlicher Tumorzellen (**HeLa-Zellen**), in denen man die Funktion einzelner Komponenten und die Zwischenprodukte gut untersuchen kann (Box 15.5). Alle bisher beschriebenen Vorgänge vollziehen sich an ein und derselben Prä-mRNA, die am Transkriptosom entsteht. Wir sprechen daher von **cis-Spleißen**. Es gibt auch Fälle, bei denen **Teile verschiedener Prä-mRNAs** miteinander verbunden werden müssen (**trans-Spleißen**, Plus 15.19 S. 578).

Box 15.4 Snurps und ihre Eigenschaften

snRNPs U1, U2, U4, U5: RNAs von 116–165 Nucleotiden; Transkription durch RNAPII; am 5'-Ende mit einer 2,2,7-Trimethylguanosin-Kappe; verbunden mit einem ringförmigen Komplex aus sieben kleinen Sm-Proteinen (B, D1, D2, D3, E, F und G, Abb. 15.11) und 4–10 weiteren Proteinen, die für jedes snRNP spezifisch sind.

snRNP U6: RNA 106 Nucleotide; Transkription durch RNAPIII; am 5'-Ende eine O-Methylgruppe am Phosphatrest; verbunden mit ringförmigem Proteinkomplex aus 7 kleinen Lsm-Proteinen (Lsm 2, 3, 4, 5, 6, 7 und 8) plus 5 weitere Proteine, die spezifisch für den U4/U6 Di-Snurp-Komplex sind (Abb. 15.12).

Abb. 15.12 Assemblierung des Spleißosoms und Mechanismus des Spleißvorgangs. Gezeigt ist ein Ausschnitt aus einer prä-mRNA (grün) mit zwei Exons und dem dazwischenliegenden Intron. Die snRNAs (U1, U2, U4, U5 und U6) dienen als Guide-RNAs für den Spleißprozeß. U2AF und SF1 sind Helferproteinkomplexe; sie bereiten die Selektion des Verzweigungspunktes durch das snRNP U2 vor. Die **Schritte 1 und 2** zur Assemblierung des Spleißosoms sind im Text beschrieben. **Schritt 3**: In einem aufwendigen Umlagerungsprozeß werden die Bindungen zwischen snRNA U4 und U6 gelöst, und U6-snRNA verdrängt die U1-snRNA aus ihrer Position am 5'-Ende des Introns. Die snRNA U5 hat in dem Verbund die Aufgabe, die beiden Exons so eindeutig zu positionieren, daß eine Nucleotid-genaue Verknüpfung im Zuge einer zweifachen Umesterung erfolgen kann (Details Box 15.5). Im **4. Schritt** kommt es zum Spleißen und zur Freisetzung der Produkte und snRNPs. **Prp8** (blau) ist ein großes Protein aus dem snRNP U5, das das aktive Spleißosom stabilisiert.

Formal biochemisch gesehen, handelt es sich bei den beiden **konzertierten Umesterungen** beim eigentlichen Spleißvorgang um **nucleophile Reaktionen** (rote Pfeile): Zunächst greift das das freie Elektronenpaar der 2'-Hydroxylgruppe des Adenosinrestes am Verzweigungspunkt die Phosphodiesterbindung zwischen den benachbarten Guanosinresten am 3'-Ende von Exon 1 und am 5'-Ende des Introns an. Es entsteht die charakteristische 2'→5'-Phosphodiesterbrücke im Intron-Lariat. Nun kann die frei gewordene 3'-Hydroxylgruppe am 3'-Ende des Exon 1 die Bindung zwischen Intron und Exon 2 angreifen. Die freigesetzten Produkte dieser Reaktion sind die gespleißte RNA und das Intron in Form einer lassoartigen Struktur (Lariat) (nach Patel und Steitz 2003).

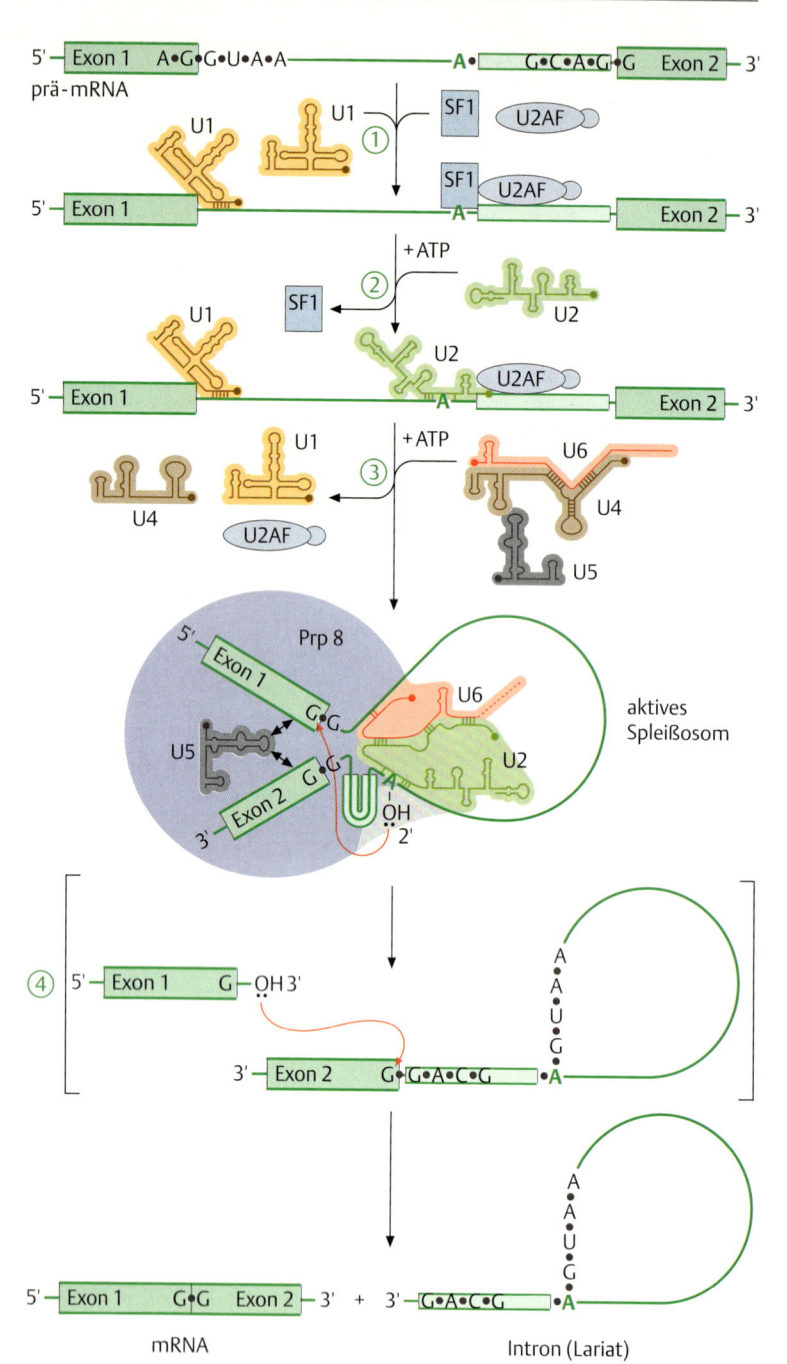

Box 15.5 Biochemie des Spleißens: Was wir von menschlichen Krebszellen lernen können

Angesichts der beteiligten Snurps mit ihren Guide-RNAs und der etwa 200 Helferproteine in einem Spleißosom kann man sich kaum vorstellen, wie man einen so komplexen biologischen Vorgang im Detail aufklären kann. Bei der Untersuchung haben **Tumorzellen** einer Patientin Hilfe geleistet, die 1951 in den USA an einem Tumor im Gebärmutterhals verstorben ist. Die Anfangsbuchstaben ihres Namens (**HeLa**) und die unendliche Zahl von bahnbrechenden Experimenten mit Zell-Linien aus ihrem Tumor haben diese Frau weltweit berühmt und „unsterblich" gemacht. Ein Beispiel solcher Arbeiten wollen wir im folgenden zeigen. Es betrifft ein typisches Experiment, wie es von Wissenschaftlern am Max-Planck-Institut in Göttingen zur Untersuchung von Spleißprozessen im Reagenzglas durchgeführt wurde. Man nutzt für die Spleißreaktion einen Extrakt aus Zellkernen der **HeLa-Zellen**, in dem alle notwendigen Snurps und Helferproteine vorkommen. Dem Extrakt muß man nur noch Mg^{2+}-Ionen, ATP als Energiedonor und die ungespleißte RNA hinzufügen. Letztere gewinnt man ebenfalls im Reagenzglas durch **In-vitro-Transkription** einer geeigneten Matrize mit einer RNA-Polymerase aus den Bakteriophagen T3 oder T7. Mit diesen einfachen RNA-Polymerasen, die nur aus einer einzigen Untereinheit bestehen (Abb. **15.9** S. 505), kann man problemlos große Mengen von RNA synthetisieren und zugleich noch mit einer radioaktiven Sonde markieren. Dies alles zusammen sind beste Voraussetzungen für das schwierige Unterfangen, eine Spleißreaktion in vitro nachzustellen.

Die Analyse der Produkte aus der Spleißreaktion erfolgt in einer **Polyacrylamidgel-Elektrophorese** (Box **15.2** S. 492). Die negativ geladenen RNA-Moleküle wandern je nach Größe und Raumstruktur unterschiedlich schnell von der Anode (−) zur Kathode (+). Da die RNA radioaktiv markiert ist, kann man selbst kleine Mengen nach Exposition mit einem Röntgenfilm erkennen. Die Piktogramme am Rand des sog. **Autoradiogramms** zeigen die Grundstruktur der entstandenen Produkte. Wir sehen das ungespleißte Ausgangsmaterial (**Nr. 3**) und die Endprodukte in Form der gespleißten RNA (**Nr. 4**) und des **Intron-Lariats** (**Nr. 2**). Beide treten nach etwa 30 Minuten Inkubation auf. Die Produkte 1 und 5 sind etwas ungewöhnlich, weil solche Zwischenprodukte normalerweise nie aus dem Spleißosom entlassen werden. Die besonders langsame Wanderung der Produkte 1 und 2 geht auf die Lariatstrukturen zurück. Das Ergebnis bestätigt in vollkommener Weise unsere Vorstellungen über den Ablauf der Spleißprozesse.

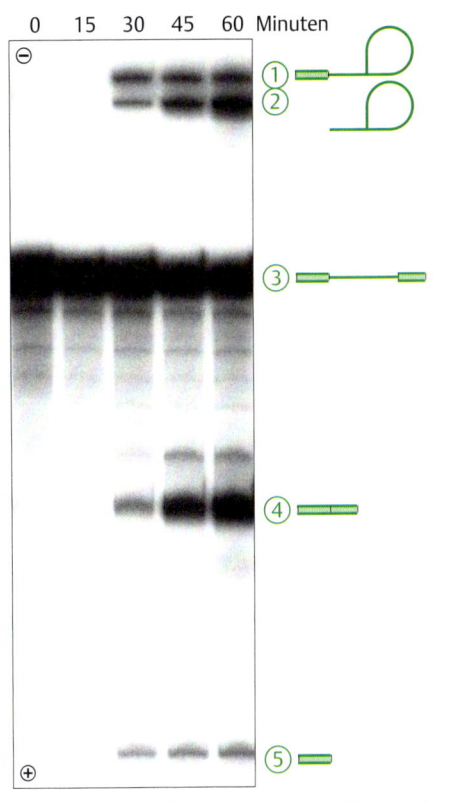

(nach K. Hartmuth, B. Kastner, R. Lührmann)

15.4.3 Alternatives Spleißen

Der erstaunliche Aufwand bei der Verarbeitung der durch RNAP II hergestellten Transkriptionsprodukte läßt vermuten, daß hier ganz entscheidende Ansatzpunkte für Kontrolle und Variation des Ablaufs bestehen. Letzteres verbindet sich mit dem Begriff des **alternativen Spleißens**. Die Dimension, mit der wir es im Einzelfall zu tun haben können, wurde bereits in Plus **15.3** dargestellt, und zwar am Beispiel des *DSCAM*-Gens von *Drosophila*, bei dem aus einem einzigen Gen bzw. Primärtranskript mehr als 38 000 mRNAs und entsprechende Proteinvarianten hervorgehen könnten. Das wäre mehr als das Dreifache dessen, was im *Drosophila*-Genom an proteincodierenden Genen überhaupt vorhanden ist. Dieser Extremfall betrifft die Vielfalt der Formen eines biologisch bedeutungsvollen Membranproteins, das eng mit der Entstehung von Nervenbahnen und deren Verknüpfung verbunden ist.

Aber das Phänomen des alternativen Spleißens ist allgemein verbreitet. Aus dem sorgfältigen Vergleich von Genomsequenzen mit Transkriptdatenbanken (sog. EST-Datenbanken, Plus 13.3 S. 386) kann man ableiten, daß bei etwa 12% aller Gene von *Arabidopsis* alternative Spleißprodukte mit 1–5 Isoformen von mRNAs beobachtet werden. Die Fülle der bei *Arabidopsis* verfügbaren Beispiele sind in einer Datenbank zusammengestellt (http://www.tigr.org/tdb/e2k1/ath1/altsplicing/splicing_variations.shtml). Für das menschliche Genom wird von den Bioinformatikern sogar eine Zahl von 75% aller Gene angegeben, für die es Hinweise auf alternatives Spleißen gibt.

Wir wollen uns hier nur mit wenigen grundsätzlichen Aspekten beschäftigen und die molekularbiologischen Auswirkungen an einem interessanten Beispiel für Pflanzen, dem circadianen Rhythmus, illustrieren (Plus **15.4**). Die prinzipiellen Möglichkeiten für alternatives Spleißen sind in Abb. **15.13** am Beispiel einer prä-mRNA mit 3 Exons und 2 Introns zusammengestellt. Das mittlere Exon 2 ist ein **reguliertes Exon** im Vergleich zu den beiden flankierenden, sog. **konstitutiven Exons**. Es sind – neben dem sog. konstitutiven Spleißen (1) – vier Formen alternativen Spleißens möglich. Die Entscheidung, welche der möglichen Varianten benutzt wird, hängt von **Spleißregulatorproteinen** (**SR-Proteinen**) ab. Diese

---

Plus 15.4 Alternatives Spleißen als Teil der biologischen Uhr der Pflanzen

Der ausgeprägte Tag/Nacht-Rhythmus (Circadianrhythmus) einer Pflanze beruht – wie bei anderen Organismen – auf einer molekularen Uhr, die selbstregulierend ist und deren Komponenten im 24-stündigen Rhythmus gebildet und wieder abgebaut werden (Kap. 17.2.3). Ein besonderes Beispiel im Zusammenhang mit alternativem Spleißen betrifft eine nachgeschaltete Teilkomponente des Uhrwerks, ein **G**lycinreiches **R**NA-bindendes **P**rotein GRP7.

Die Transkription des *GRP7*-Gens startet in den frühen **Morgenstunden**, ausgelöst durch unbekannte Transkriptionsregulatoren des Hauptuhrwerks (Abb. 17.17 S. 691). Wenig verzögert gegenüber der Akkumulation der mRNA folgt auch das Protein. GRP7 bindet als Spleißfaktor (Verstärker) an seine eigene prä-mRNA und an die des verwandten Gens *GRP8*. Das zunächst **konstitutive Spleißen** der prä-mRNA geht in den **Abendstunden** in ein durch GRP7 **reguliertes Spleißen** über, bei dem eine schwache Spleißakzeptorstelle im Intron und ein in der Nachbarschaft liegender Verzweigungspunkt zugänglich werden. Statt der für die Translation der Proteine notwendigen mRNA E1/E2 entsteht eine **alternative Form**, die auch ein Stück des Introns enthält (**E1/Ia/E2**). Dies entspricht der Variante 5 in Abb. **15.13**. Da diese **Intron-haltige**, neue Form der **GRP7-mRNA** ein **Stop-Codon** stromaufwärts vom Leseraster des Exon 1 enthält, wird sie durch das Gütekontrollsystem für mRNAs rasch abgebaut (Plus **15.6** S. 518).

GRP7 limitiert durch diesen Vorgang also seine eigene Produktion und zugleich auch die von GRP8. Die Halbwertszeit der E1/E2-mRNA beträgt etwa 4 Stunden, während sie für die alternative Form der mRNA (E1/Ia/E2) bei weniger als 30 Minuten liegt. Ob überhaupt ein Fragment des GRP7-Spleißfaktors von dieser kurzlebigen mRNA translatiert wird, ist unklar.

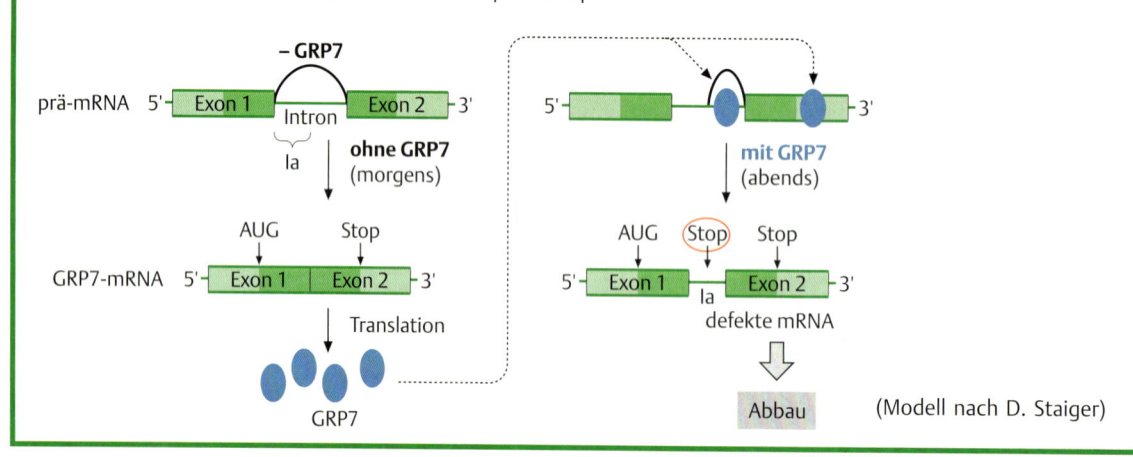

(Modell nach D. Staiger)

Abb. 15.13 Varianten alternativen Spleißens. Die angenommene Prä-mRNA (grün) besteht aus drei Exons und zwei Introns. Die Stärke der Spleißakzeptor- bzw. Spleißdonorstellen im mittleren Exon sind variabel und werden durch die Anwesenheit regulatorischer Proteine (SR-Protein, blau) beeinflußt. Dadurch entstehen verschiedene Kombinationen in den Spleißprodukten, die in der Tabelle zusammengestellt sind. Im letzten Typ bleibt durch Aktivierung einer kryptischen Akzeptorstelle im Intron ein Teil von Intron 1 erhalten. I1a, E2a, E2b, Teilintron bzw. Teilexons (nach Patel und Steitz 2003).

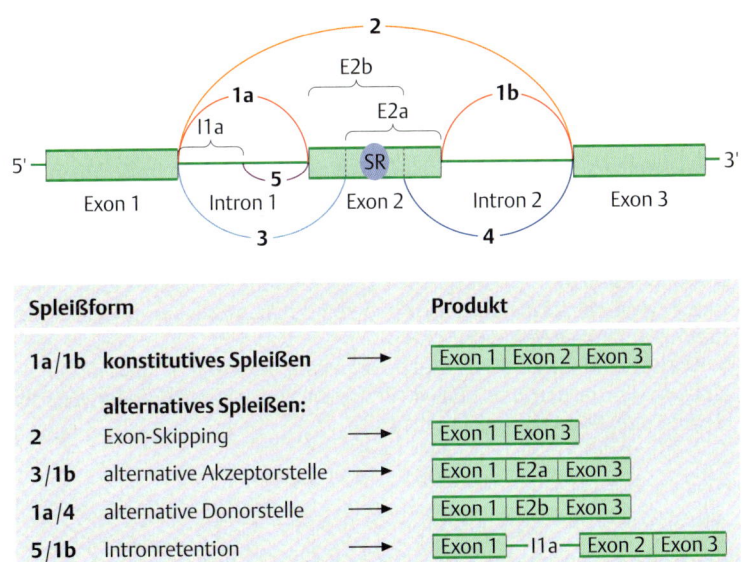

Spleißform		Produkt
1a/1b	konstitutives Spleißen	Exon 1 – Exon 2 – Exon 3
	alternatives Spleißen:	
2	Exon-Skipping	Exon 1 – Exon 3
3/1b	alternative Akzeptorstelle	Exon 1 – E2a – Exon 3
1a/4	alternative Donorstelle	Exon 1 – E2b – Exon 3
5/1b	Intronretention	Exon 1 – I1a – Exon 2 – Exon 3

binden z. B. am Exon 2 und verstärken (**splicing enhancer**) oder hemmen (**splicing silencer**) die Rekrutierung der Hilfsproteine zur Markierung der Verzweigungspunkte (Abb. 15.12). Je nach Verfügbarkeit dieser regulatorischen Proteine können zeit- oder gewebespezifische Varianten der mRNA entstehen. Wenn ein solches SR-Protein als Silencer wirkt, dann werden die Akzeptorstelle am 5'-Ende und die Donorstelle am 3'-Ende des Exon 2 nicht erkannt, und das Exon wird als Teil eines zusammengesetzten Introns (I1/E2/I2) eliminiert. Diesen Vorgang bezeichnet man als **Exon-Skipping**. In ähnlicher Weise wird durch Spleißverstärkerproteine die Nutzung alternativer Akzeptor-(3) oder Donorstellen (4) ermöglicht.

15.4.4 RNAP II als biologische Maschine

Die RNA-Polymerase II der Eukaryoten besteht aus 12 Untereinheiten und benötigt eine große Zahl von Hilfsfaktoren, sodaß letztendlich für die RNA-Synthese und -Verarbeitung mehr als 300 Proteine in wechselnder Zusammensetzung kooperieren müssen (Transkriptosom). Die Gesamtgröße dieser biologischen Maschine erreicht je nach Zustand 2,5–3 MDa. Bei der Transkription am Chromatin müssen die entsprechenden Genbereiche vorübergehend in der Nucleosomenstruktur aufgelockert und damit für das Transkriptosom zugänglich gemacht werden. Dies geschieht durch sog. Chromatin-Umformungskomplexe unter Verbrauch von ATP und durch reversible Veränderungen in der Histonmodifikation.

Die RNA-Polymerase II der Eukaryoten ist mit ihren 12 Untereinheiten und einem Molekulargewicht von etwa 550 kDa zwar komplexer aber doch nicht wesentlich größer als die RNAP von *E. coli* mit den 5 Untereinheiten (Kap. 15.2.1). Diese Grundmaschine im Zellkern der Eukaryoten braucht allerdings eine große Zahl von Hilfsfaktoren, so daß letztendlich für die RNA-Synthese und -Verarbeitung vermutlich mehr als 300 Proteine in wechselnder Zusammensetzung kooperieren müssen. Ausgesuchte Beispiele für solche Hilfsfaktoren und ihre Kurzbezeichnungen, die eine besondere Rolle für die Funktion der Transkriptionsmaschine spielen, sind in Tab. **15.5** zusammengetragen.

Die Gesamtgröße der Maschine, das sog. **Transkriptosom**, erreicht je nach Zustand 2,5–3 MDa und ist noch immer nicht abschließend verstanden. Wir wollen uns hier auf die Beschreibung von Teilaspekten beschränken, die einerseits die prinzipielle Analogie zur Situation in *E. coli* aufzeigen, andererseits aber die neuen Dimensionen der Kopplung von Transkription und RNA-Verarbeitung verdeutlichen (Abb. **15.14**). Die Verpackung der RNA mit Proteinen und die fortlaufende Überwachung des Produktionsablaufs bis hin zum Export der mRNP in das Cytoplasma sind eng an das Transkriptosom und seine dynamisch veränderliche Zusammensetzung gebunden.

Analog zum Kap. 15.2.3 beschreiben wir auch die Transkription bei Eukaryonten in den drei Phasen: Initiation, Elongation und Termination (s. auch die Abkürzungen in Box **15.6**).

Tab. 15.5 Komponenten der Transkriptionsmaschine mit RNA-Polymerase II. Etwa 300 Proteine sind Teil des Transkriptosoms in seinen unterschiedlichen Funktionszuständen (Abb. **15.14**). Grundsätzlich werden diese Proteine mit einer römischen II und TF für Transkriptionsfaktor sowie einem Buchstaben bezeichnet. Daneben gibt es andere Komplexe, deren Bezeichnung auf ihre Zusammensetzung aus verschiedenen UE, auf die Größe (z. B. TAF145) oder aber auf den Phänotyp von Hefemutanten hinweist, an denen die Folgen des Ausfalls des Proteins zum ersten mal analysiert wurden. Details der Entstehung dieser Kurzbezeichnungen sind häufig nicht so wichtig. Diese Tabelle dient nur als Übersicht über die Zusammensetzung und Hauptfunktionen der einzelnen Subkomplexe im Transkriptosom. TIK, Transkriptionsinitiationskomplex; TEK, Transkriptionselongationskomplex (Abb. **15.14**).

Subkomplex (Untereinheiten, UE)	Funktionen
RNAPII (12 UE, 550 kDa)	große UE (L', L) bilden das aktive Zentrum zur Bindung der Matrizen-DNA und der Trinucleotide für die RNA-Synthese
Komponenten des Prä-TIK und TIK	
SWI/SNF (11 UE)	ATP-abhängige Chromatinumlagerungen
SRB-Komplex (19 UE)	SRB10/11: CTD-Kinase; RNAPII + SWI/SNF + SRB bilden das sog. RNAPII-Holoenzym
SAGA-Komplex (15 UE)	Gcn5: Histon-Acetyltransferase (HAT); TAF6/9, TAF10; TAF12: Proteine mit histonartiger Domäne
TFIIA (3 UE); TFIIB (4UE)	Promotorerkennung und Positionierung von TFIID
TFIID (TBP plus 15 TAFs)	TBP: TATA-Box-Bindungsprotein; TAF145: Histon-Acetyltransferase (HAT); TAF68/TAF60: Proteine mit histonartigen Domänen; TFIIA/IIB/IID-Komplex: bewirkt Rekrutierung von RNAPII-Holoenzym
TFIIE (2 UE)	Rekrutierung von TFIIH an TIK
TFIIH (9 UE)	ATP-abhängige DNA-Helikase; S5-CTD-Kinase
TFIIF (2 UE)	Kontrolle des Übergangs zur Elongationsphase (Kontrollpunkt für die Kappenbildung)
Komponenten des Prä-TEK und TEK	
P-TEFb (2UE)	S2-CTD-Kinase
Ssu72	S5-CTD-Phosphatase; zusammen mit P-TEFb verantwortlich für Umprogrammierung der CTD
Spt6	Nucleosom-Chaperon-Aktivität
FACT (2UE)	Nucleosom-Chaperon-Aktivität (Abb. **15.16** S. 519)
TFIIS	langgestrecktes Protein an der Oberfläche von TEK; Kontrolle der Genauigkeit der Elongation
Fcp1	S2-CTD-Phosphatase

Initiationsphase (Abb. **15.14, 1**): Universelle Erkennungsstruktur eukaryotischer Promotoren für RNAPII ist eine Abfolge von Nucleotiden etwa 30 Nucleotide stromaufwärts vom Transkriptionsstartpunkt. Diese TATA-Box (Box **15.1** S. 491) bindet das **TATA-Box-Bindungsprotein TBP**, das im Komplex mit 15 weiteren Proteinen, sog. **TAFs** (engl.: TBP-associated factors) den Transkriptionsfaktor **TFIID** bildet (TBP + 15 TAFs = TFIID, Tab. **15.5**). TFIID sitzt mit TFIIA und TFIIB an der TATA-Box, und alle drei zusammen erfüllen etwa die Funktionen, die bei *E. coli* den σ-Faktoren zukommt (Abb. **15.5** S. 496).

Der markante DNA-Proteinkomplex an der TATA-Box ist Ausgangspunkt für die Bildung des sog. **Prä-TIK** (Box **15.6**). Dafür bedarf es der Rekrutierung des sog. **RNAPII-Holoenzyms**, das aus der RNAP II selbst und den mit ihr assoziierten Proteinkomplexen TFIIE, SRB und SWI/SNF besteht (Tab. **15.5**). Beim Übergang vom **Prä-TIK zum TIK** finden eine Reihe wichtiger Veränderungen statt. Durch Rekrutierung von TFIIH kommen eine DNA-Helikase und eine Proteinkinase in den Komplex. Erstere wird für die Öffnung der DNA-Doppelhelix bei Beginn der RNA-Synthese, letztere für die Modifikation der C-terminalen Domäne (CTD) an der größten Untereinheit der RNAP gebraucht. Die wechselnden Funktionszustände der CTD begleiten in charakteristischer Weise den Transkriptionszyklus. Dies ist in Abb. **15.14** und Plus **15.5** durch die Farbe der RNAP und der modifizierenden Faktoren verdeutlicht.

Elongation (Abb. **15.14, 4 und 5**): Die spezifische Funktion der **CTD-Phosphorylierung** wird besonders deutlich am Übergang vom **Prä-TEK zum TEK**. Letzterer hat ja den überwiegenden Teil der eigentlichen RNA-Synthese und -Verarbeitung zu bewerkstelligen. In Extremfällen muß der TEK mit einer hohen Prozessivität Hunderttausende von Nucleotiden in großer Geschwindigkeit und ohne Unterbrechung lesen können (Plus **15.3** S. 508). Zunächst wird von der **RNAPII$_O$-S5-P** nur ein kurzes RNA-Stück von etwa 25 Nucleotiden gemacht. Dann kommt es zu einer Pause bis die notwendigen Enzyme für die Kappenbildung rekrutiert und das 5'-Ende der RNA erfolgreich modifiziert wurden. Man nennt dieses Stadium im Prä-TEK den **Kontrollpunkt für die Kappenbildung** (Abb. **15.14, 4**). Nur wenn alle bis zu diesem Punkt abgelaufenen Prozesse erfolgreich waren, kommt es zu den entscheidenden Veränderungen in der CTD-Phosphorylierung (**RNAPII$_O$-S5-P** → **RNAPII$_O$-S2-P**, Plus **15.5**) und damit zum Übergang vom Prä-TEK zum TEK.

An die CTD im TEK werden Faktoren für die **RNA-Verpackung** und -Verarbeitung durch **Spleißen** rekrutiert, so daß bereits während der Transkription die entstehende prä-mRNA mit Proteinen beladen und die Entfernung der Introns beginnen kann (Abb. **15.14, 5**). Die aus der Gengröße abzuleitenden, z. T. gigantischen prä-mRNAs existieren also in der Realität nicht, sondern vielmehr nur die dicht mit Protein verpackten Zwischenprodukte, die im Verlauf der Termination in die Endprodukte überführt werden. Das ganze System ist in seinen Detailschritten wie eine moderne Maschine mit eingebauter Elektronik vollkommen aufeinander abgestimmt. Jede Abweichung von den Abläufen, z. B. die fehlende Beladung der entstehenden RNA mit Proteinen oder aber Verzögerungen im Spleißen, führt zum Anhalten des Gesamtvorgangs und ggf. zu dessen Abbruch. Wichtig ist es, sich klar zu machen, daß zu keinem Zeitpunkt nackte mRNA oder prä-mRNA existiert, sondern stets nur ein in Protein verpackter **Messenger-Ribonucleoprotein-Komplex** (**mRNP**). Nur aus Gründen der Vereinfachung benutzen wir auch in den folgenden Abschnitten gelegentlich den Begriff mRNA.

Box 15.6 TIK und TEK: Akronyme als begriffliche Hilfsmittel der Molekularbiologen

Wie in vielen anderen Fällen versucht der Molekularbiologe sich durch Verwendung von harmlos klingenden Akronymen für sehr komplexe Strukturen den Kopf frei zu halten für das Wesentliche. Das wollen wir im Zusammenhang mit Abb. **15.14** und dem begleitenden Text auch so halten. Wir verwenden für den **T**ranskriptions**i**nitiations**k**omplex die liebevolle Abkürzung **TIK** und entsprechend für den -**e**longationskomplex **TEK**. Die Vorstufen (Präcursoren) für beide Komplexe sind dann **Prä-TIK** und **Prä-TEK**. Ebenso harmlos klingende Abkürzungen werden auch für die Hilfsfaktoren und Module der Transkription verwendet, die als **TFs, TAFs, SAGA, SWI/SNF, CTD** usw. bezeichnet werden (Tab. **15.5**). Man muß die eher zufällige Herkunft dieser Trivialnamen häufig gar nicht wissen. Es genügt, wenn man die richtige Assoziation zwischen Kurzbezeichnung und Funktion herstellen kann!

Abb. 15.14 Stadien der Transkription durch RNA-Polymerase II. Die Abbildung zeigt auf der linken Seite die 6 Stadien der Transkriptionsmaschine von der Rekrutierungsphase (**1**) über den Transkriptionsinitiationskomplex **TIK** (**3**), den Elongationskomplex **TEK** (**5**) zum Terminationskomplex **TMK** (**6**). Die charakteristischen Veränderungen an der **C-terminalen Domäne** (**CTD**) der größten Untereinheit der RNAPII (L') sind durch farbige Blöcke symbolisiert (Plus **15.5**). Entsprechend ändern sich die Funktionszustände des Gesamtkomplexes (blau → lila → orange), d. h. es werden jeweils andere Faktoren zur RNA-Verarbeitung und für den weiteren Ablauf rekrutiert. Bei dem Übergang von TIK zu TEK entsteht vorübergehend eine Mischform (Prä-TEK) mit einer CTD, die sowohl an S2 als auch an S5 phosphoryliert ist.

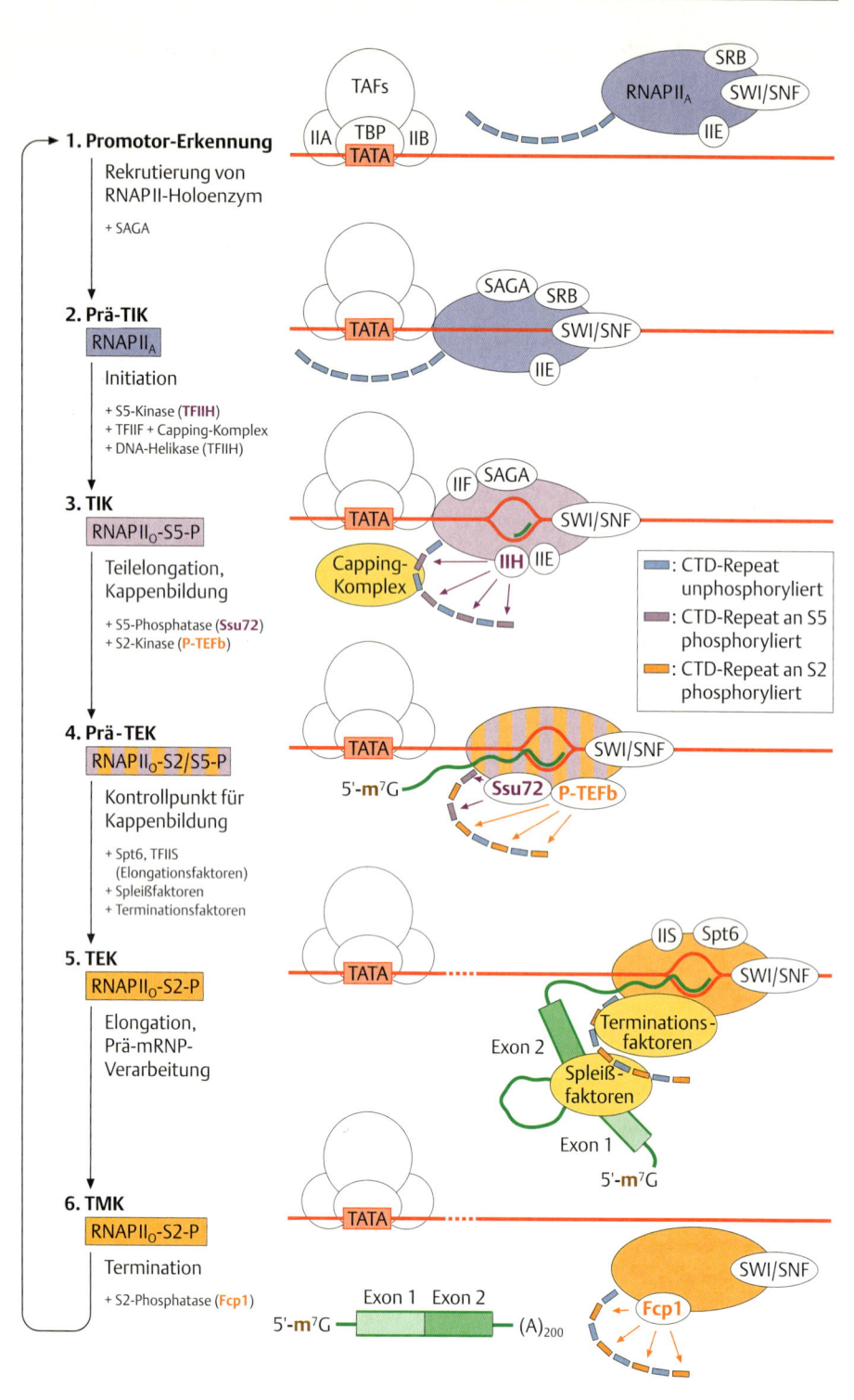

1. Promotor-Erkennung
Rekrutierung von RNAPII-Holoenzym
+ SAGA

2. Prä-TIK
RNAPII$_A$
Initiation
+ S5-Kinase (**TFIIH**)
+ TFIIF + Capping-Komplex
+ DNA-Helikase (**TFIIH**)

3. TIK
RNAPII$_O$-S5-P
Teilelongation, Kappenbildung
+ S5-Phosphatase (**Ssu72**)
+ S2-Kinase (**P-TEFb**)

4. Prä-TEK
RNAPII$_O$-S2/S5-P
Kontrollpunkt für Kappenbildung
+ Spt6, TFIIS (Elongationsfaktoren)
+ Spleißfaktoren
+ Terminationsfaktoren

5. TEK
RNAPII$_O$-S2-P
Elongation, Prä-mRNP-Verarbeitung

6. TMK
RNAPII$_O$-S2-P
Termination
+ S2-Phosphatase (**Fcp1**)

Legende:
- CTD-Repeat unphosphoryliert
- CTD-Repeat an S5 phosphoryliert
- CTD-Repeat an S2 phosphoryliert

Plus 15.5 Der Phosphorylierungszustand der C-terminalen Domäne (CTD) bestimmt die Funktionszustände der RNAP II

Wie in Abb. **15.14** angedeutet, trägt die **größte Untereinheit** (**L'**) **der RNAP II** am C-Terminus einen flexiblen Schwanz (**C-terminale Domäne**, **CTD**), der sich fast nur aus den Aminosäureresten Tyrosin, Prolin, Serin und Threonin in sich wiederholenden Sequenzmotiven –Y**S**PT**S**PS– zusammensetzt. Dabei haben die fett gesetzten Serinreste in Position 2 und 5 eine besondere Bedeutung. Bei *Arabidopsis* finden wir 26, bei Bäckerhefe 23 und beim Menschen 40 Wiederholungen dieser Motive. Die CTD kann variable Zustände einnehmen und dadurch jeweils unterschiedliche Hilfsfaktoren rekrutieren, die für die verschiedenen Prozesse von RNA-Synthese und -Verarbeitung notwendig sind:

- CTD in unphosphoryliertem Zustand (**RNAP II$_A$**) ist typisch für das inaktive RNAPII-Holoenzym, das an den TATA-Komplex rekrutiert wird (Bildung des Prä-TIK, Abb. **15.14**, 1).
- Beim Übergang zum TIK und dann zum Prä-TEK müssen die CTD-Repeats in Position S5 durch die CTD-Kinase im TFIIH phosphoryliert werden (**RNAP II$_O$-S5-P**).
- Für den nächsten Übergang zum Elongationskomplex TEK – gewissermaßen als Signal für den erfolgreichen Abschluß aller mit dem komplexen Initiationsgeschehen verbundenen Prozesse – werden die S5-Phosphatreste durch eine spezifische Phosphatase (Ssu72) entfernt und stattdessen die S2-Reste phosphoryliert (**RNAP II$_O$-S2-P**). Nach der Termination wird die RNAP durch die Phosphatase Fcp1 wieder in den unphosphorylierten Ausgangszustand gebracht.

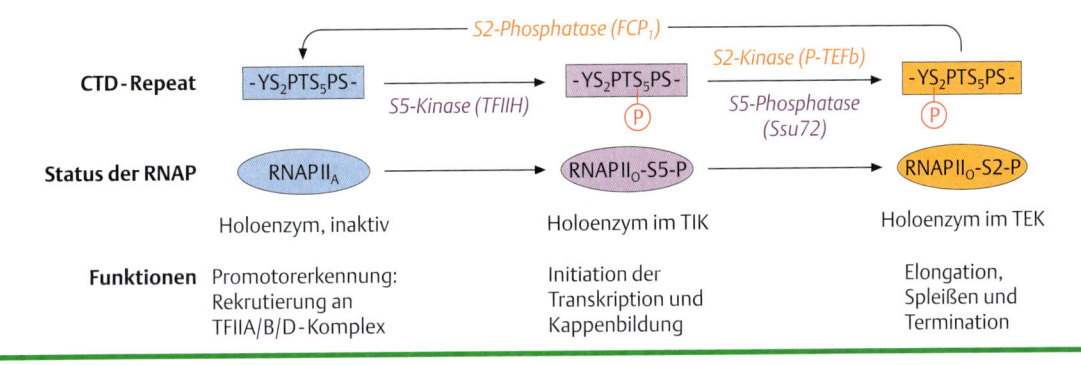

CTD-Repeat	-YS$_2$PTS$_5$PS-	→ S5-Kinase (TFIIH) →	-YS$_2$PTS$_5$PS- (P)	→ S5-Phosphatase (Ssu72) → S2-Kinase (P-TEFb) →	-YS$_2$PTS$_5$PS- (P)
Status der RNAP	RNAPII$_A$		RNAPII$_O$-S5-P		RNAPII$_O$-S2-P
	Holoenzym, inaktiv		Holoenzym im TIK		Holoenzym im TEK
Funktionen	Promotorerkennung: Rekrutierung an TFIIA/B/D-Komplex		Initiation der Transkription und Kappenbildung		Elongation, Spleißen und Termination

(S2-Phosphatase (FCP$_1$) wirkt zurück vom TEK-Zustand zum Ausgangszustand.)

Termination und mRNP-Export ins Cytoplasma (Abb. **15.14** und Abb. **15.15**): Wie bei den Bakterien befinden sich die Signale für die Termination der Transkription auf der neu synthetisierten RNA. Der Mechanismus unterscheidet sich aber grundlegend von dem der Prokaryoten (Abb. **15.6** S. 497). Für die Entstehung des 3'-Endes einer eukaryotischen mRNA sind drei Teilprozesse verantwortlich (Details in Abb. **15.15**):
1. Erkennung und Bindung der Terminatorregion auf der RNA durch zwei Proteinkomplexe (CPSF und CstF),
2. Spaltung zwischen diesen beiden Komplexen durch die **Endonuclease CF**,
3. Anhängen des Poly(A)-Schwanzes durch die **poly(A)-Polymerase (PAP)**.

Die für den Terminationsvorgang notwendigen Faktoren werden ebenfalls an die C-terminale Domäne (CTD) der RNAPII im TEK rekrutiert. Das Ergebnis ist eine fertige mRNP, die am 5'-Ende durch die Kappe (Abb. **15.10** S. 507) und am 3'-Ende durch den poly(A)-Schwanz sowie die jeweils daran gebundenen Proteine geschützt ist (Abb. **15.15b**).

Wie und zu welchem Zeitpunkt in diesem Produktionsprozeß erfolgt nun der **mRNP-Export ins Cytoplasma**? Die Gütekontrolle muß gewährleisten, daß das Cytoplasma nicht mit unfertigen oder defekten mRNPs überschwemmt wird. Erkennungsmerkmal für neusynthetisierte mRNPs ist in den meisten Fällen ein **Proteinkomplex EJC**, der als Ergebnis des Spleißens an den Exon-Übergängen verbleibt (Abb. **15.15a, b**). In einer Art von Initiationsritus wird bei der ersten Runde der Translation getestet,

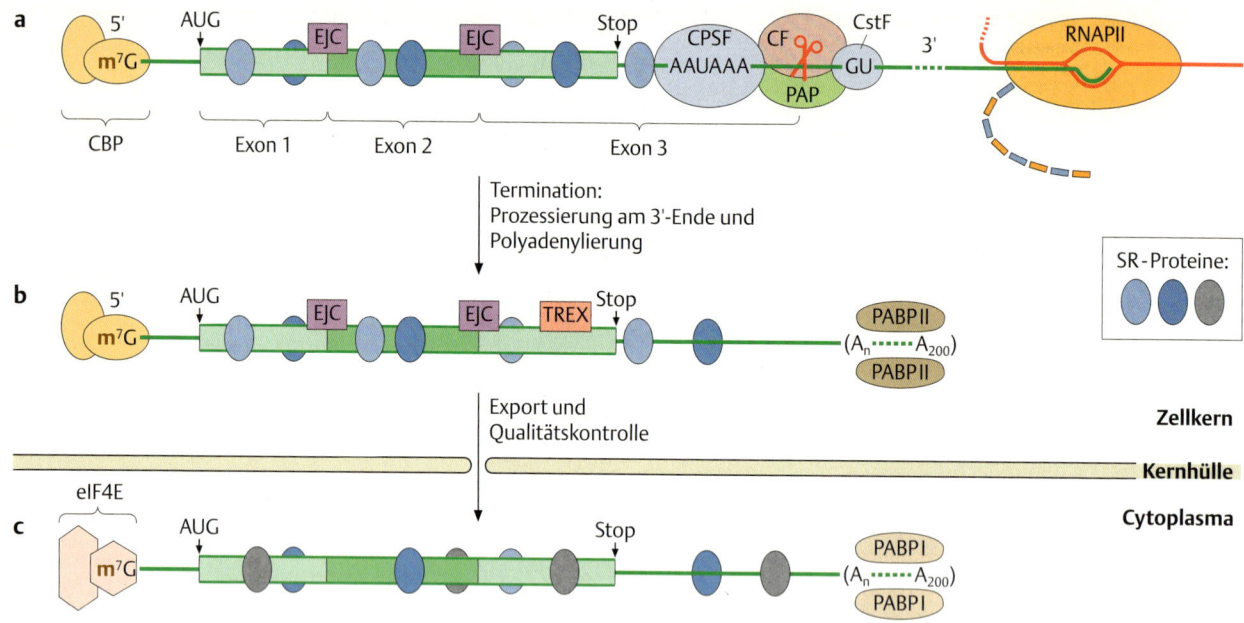

Abb. 15.15 Fertigstellung und Export von mRNP ins Cytoplasma.
a Eine hypothetische mRNA mit 3 Exons ist kurz vor ihrer Fertigstellung noch im Verbund mit der Transkriptionsmaschine. Sie ist beladen mit verschiedenen Proteinen: dem Cap-Bindungskomplex **CBP** aus zwei UE, mit allgemeinen RNA-Bindeproteinen (**SR**) und einer Reihe von Faktoren, die an der Gestaltung des 3'-Endes beteiligt sind: Eine kurze Erkennungssequenz auf der RNA bindet den Proteinkomplex **CPSF** (engl.: cleavage and polyadenylation specificity factor). Wenige Nucleotide stromabwärts davon gibt es einen zweiten Erkennungsbereich für den Verstärkerkomplex **CstF** (engl.: cleavage stimulatory factor). Zwischen den beiden Proteinkomplexen spaltet die **Endonuclease CF** (engl.: cleavage factor) die RNA und erzeugt damit das 3'-Ende. An diesem werden durch eine **poly(A)-Polymerase** (**PAP**) mit ATP als Substrat etwa 200 Adenosin-Reste angehängt, und dieser **poly(A)-Schwanz** wird durch zahlreiche Moleküle eines **poly(A)-Bindungsproteins** (**PABP**II) ergänzt. Während dieses Terminationsprozesses wird der mRNP-Komplex auch mit Erkennungsproteinen für den Export beladen (**TREX**, engl.: target for RNA export).
b und **c** Im Teilschritt 2 (Export und Qualitätskontrolle) werden einige der mRNP-assoziierten Proteine ausgetauscht. So kommen einige der SR-Proteine nur im Zellkern vor (hellblau), andere nur im Cytoplasma (grau) und wieder andere in beiden Kompartimenten (dunkelblau). Dies gilt sinngemäß auch für den CBP-Komplex und das PABPII. Im Cytoplasma ist die Kappe durch den Initiationsfaktorkomplex **eIF4E** und der poly(A)-Schwanz durch **PABP**I besetzt. Bei der ersten Runde der Translation werden auch die vom Spleißprozeß übrig gebliebenen **EJC-Komplexe** (engl.: exon junction complex) entfernt (Plus **15.6**).

Plus 15.6 NMD und Gütekontrolle für eine mRNA

Die Spleißvorgänge verlaufen im allgemeinen sehr effizient und genau ab. Dennoch kommen auch Fehler vor oder solche „Fehler" werden sogar gezielt als Spleißvarianten produziert (Plus **15.4** S. 512). Fehler können entstehen, wenn eine Exon/Exon-Verbindung nicht punktgenau erfolgt ist, wenn also z. B. ein Nucleotid zu viel oder zu wenig ist. Sie können aber auch aus der Retention von Introns oder von Teilen derselben entstehen. Die besondere Gefahr solcher „fehlerhafter" Spleißprodukte liegt in der Entstehung von Proteinfragmenten, die durch Wechselwirkung mit anderen Proteinen zu tiefgreifenden Störungen führen könnten. Im Verlauf der Evolution ist daher ein biologisches Verfahren entstanden, das die Überprüfung der Vollständigkeit eines offenen Leserasters (ORF) durch Translation und ggf. die Vernichtung von mRNPs einschließt, die in dieser Gütekontrolle als defekt erkannt wurden. Der RNA-Abbauweg, wird als **Nonsense-mediated decay** (**NMD**) bezeichnet, weil das Hauptkriterium für defekte mRNA das Auftreten frühzeitiger Stop-Codons (nonsense codons) im ORF sind.
In seinen Grundzügen scheint das Verfahren relativ einfach:
- Der neu entstandene mRNP ist an den Exon/Exon-Grenzen mit dem Proteinkomplex EJC markiert. Dies ist das Zeichen für einen Spleißvorgang an dieser Stelle (Abb. **15.15**).
- Bei der ersten Runde der Translation werden diese EJC-Komplexe entfernt. Nur wenn der ORF sich vom ersten Exon bis ins letzte erstreckt und kein Stop-Codon durch einen Spleißdefekt irgendwo dazwischen ist, wird der mRNP von allen EJC-Komplexen befreit und für die weitere Translation freigegeben.
- Ist der mRNP fehlerhaft, bleiben EJC-Komplexe übrig und die Komponenten des NMD-Abbauwegs können rekrutiert werden. Details zu RNA-Abbauwegen werden in Plus **15.10** S. 542 behandelt.

ob eine mRNA vom Startcodon im ersten Exon bis zum Stop-Codon im letzten Exon ein durchgehendes offenes Leseraster hat. Erst bei diesem Test durch den Translationsapparat werden die EJC-Komplexe entfernt, und der mRNP ist anschließend für weitere Runden der Translation freigegeben. Wenn die Gütekontrolle nicht erfolgreich überstanden wird, kann die defekte mRNP durch ein spezielles Verfahren entsorgt werden (Plus **15.6**).

15.4.5 Organisation der Transkription am Chromatin

Bei der Behandlung der Transkription von proteincodierenden Genen durch RNAPII haben wir zunächst das Problem mit der dichten Verpackung des genetischen Materials im Chromatin außer Acht gelassen. Wie kann diese kompakte Struktur vorübergehend so verändert, d. h. aufgelockert werden, sodaß die Trankriptionsmaschine in der nötigen Geschwindigkeit und Genauigkeit über weite Strecken lesen kann? Teilantworten auf diese interessante Frage sind in den letzten Jahren an Bäckerhefe und an tierischen Zellen erarbeitet worden.

Die erforderlichen Vor- und Nacharbeiten am Chromatin werden von sog. **Chromatin-Umformungskomplexen** (**CRC**, engl.: chromatin remodelling complex) unter Verbrauch von ATP und durch reversible Veränderungen in der Histonmodifikation (Plus **13.1** S. 382) bewerkstelligt. Im folgenden, vereinfachten Modell (Abb. **15.16**) wollen wir nicht die Histon-

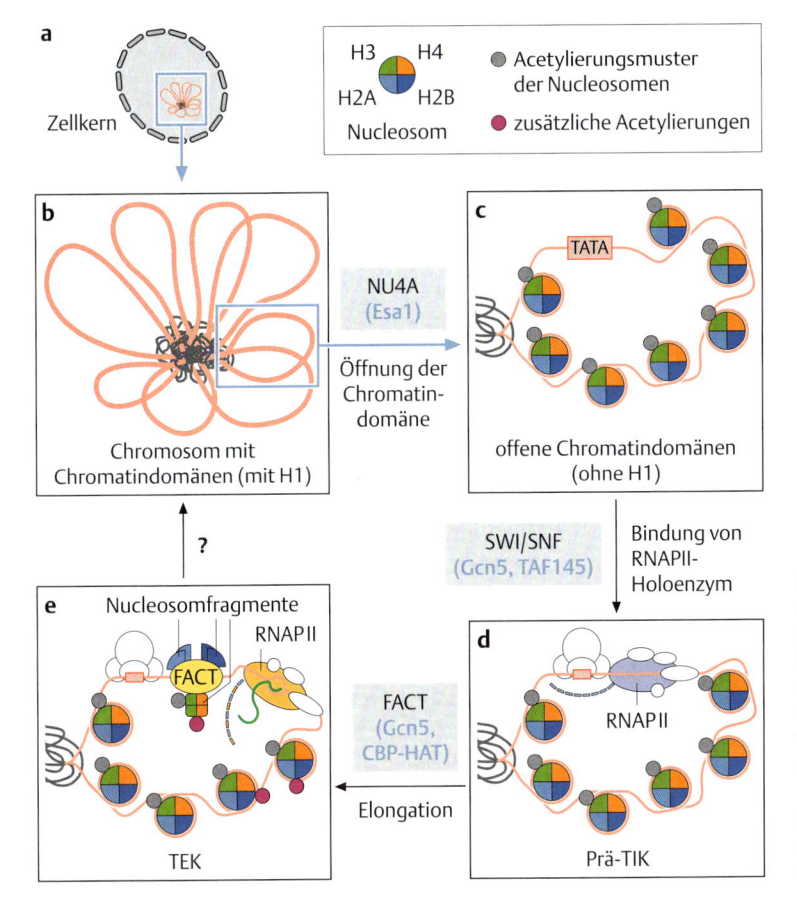

Abb. 15.16 Chromatinumwandlung. a Zellkern mit Chromatindomänen eines Chromosoms, gebunden an Matrixproteine (dunkelgrau). **b–e** Vier Stadien von Euchromatin und ihre Umwandlung durch Chromatinumformungskomplexe (CRC, grau unterlegt) mit assoziierten Histon-Acetyltransferasen (blaue Schrift): **b** kondensiertes Chromatin, **c** offene Chromatindomäne, **d** Bildung des Prä-Transkriptionsinitiationskomplexes (Prä-TIK) am Chromatin und **e** Chromatindomäne mit dem Elongationskomplex TEK (Abb. **15.14** S. 516). Weitere Einzelheiten im Text S. 520.

modifikationen im einzelnen behandeln, sondern nur zwei der möglichen Zustände vorstellen. Wir werden auch nur die Auflockerung des Chromatins beschreiben; der Prozeß zurück zum kondensierten Euchromatin ist noch nicht gut untersucht (Details der Chromatinstrukturen Abb. **13.3** S. 380.

- Obwohl nicht unmittelbar sichtbar, nehmen die **Chromosomen** festgelegte und in jeder Zelle eines Organismus identische Bereiche im Zellkern ein (Abb. **15.16a**). Diese **Strukturierung** wird im wesentlichen durch Wechselwirkungen zwischen der Kernmatrix und funktionellem Heterochromatin erreicht. Aus diesen chromosomalen Bereichen erstrecken sich Chromatindomänen unterschiedlicher Größe (Durchschnitt etwa 10 kb) in das Nucleoplasma, die mit Histon H1 verpackt sind und sich in der 30 nm-Superbead-Struktur befinden (**kondensiertes Euchromatin**, Abb. **13.3** S. 380).

- Die Auflockerung zur 11 nm-Perlenkette verläuft unter Ablösung von H1 und Acetylierung sämtlicher Nucleosomen einer solchen Domäne (**aufgelockertes Euchromatin**). Die wesentliche Rolle dabei spielt der CRC Nu4A mit einer ATP-abhängigen DNA-Translocase und der Histon-Acetyltransferase Esa1.

- Im nächsten Schritt erfolgt dann die schon in Abb. **15.14** dargestellte Rekrutierung des RNAPII-Holoenzyms (**Bildung des Prä-TIK**, Abb. **15.16d**). Der entscheidende CRC in dieser Phase ist der **SWI/SNF-Komplex** im Holoenzym selbst. Er wird ergänzt durch Histon-Acetyltransferasen im SAGA-Komplex (Gcn5) bzw. im TFIID (TAF145).

- Im letzten Stadium (Abb. **15.16e**) mit der RNAPII-Maschine im Elongationszustand (**TEK**) wird ein **Chromatinchaperon** aus zwei Untereinheiten (**FACT**) benötigt. Zusammen mit anderen Proteinen kann FACT die Nuclesomen vor der Transkriptionsmaschine auflösen, Histonbauteile zwischenlagern und nach Passieren der RNAPII wieder zusammensetzen. Voraussetzung für diese **dynamische Flexibilität der Nucleosomen** ist eine weitere Modifikation durch die Histon-Acetyltransferasen Gcn5 und CBP-HAT, den den Übergang zum TEK und die effiziente Elongation der RNA-Kette ermöglichen.

15.5 Transkriptionskontrolle bei Eukaryoten

> Die Transkriptionskontrolle erfolgt durch promotorspezifische, DNA-bindende Proteine (Transkriptionsfaktoren), die als Aktivatoren bzw. Repressoren wirken. Transkriptionsfaktoren sind typischerweise modular aufgebaute Proteine, in denen die Funktionselemente für DNA-Bindung, Oligomerisierung, Kernimport und Wechselwirkung mit dem Transkriptionsapparat wie in einer Perlenkette vom N-Terminus zum C-Terminus aufgereiht sind. Kernimport und -export sind streng kontrollierte Prozesse, die entscheidend die intrazelluläre Verteilung und damit die Funktion von Transkriptionsfaktoren beeinflussen können.

Trotz der viel größeren Komplexität in den Genexpressionsprozessen ist auch bei den Eukaryoten die Transkriptionsstufe der entscheidende Kontrollpunkt, insbesondere im Hinblick auf entwicklungsbiologische Prozesse und auf die Adaptation als Reaktion auf Umweltsignale. Die Zahl der aktivierenden bzw. reprimierenden Transkriptionsfaktoren (TF) in pflanzlichen Genomen ist groß. Bei *Arabidopsis* sind es mehr als 1600 TFs, die 29 unterschiedlichen Strukturklassen angehören, und bei den bisher gut untersuchten Familien solcher Faktoren treffen wir eine höchst erstaunliche Fülle von regulatorischen Details an. Das verdeutlicht die besondere Rolle bei der Evolution der Pflanzen. Nach einer kurzen Erörterung der Grundstruktur solcher Kontrollfaktoren der Transkription wollen wir das Prinzip ihrer Wirkung an zwei einfachen Beispielen, dem Gal-Regulon bei Hefe und dem Hitzestreßregulon der Pflanzen, verdeutlichen.

15.5.1 Klassifizierung von Transkriptionsfaktoren

Wir werden an vielen Stellen in den folgenden Kapiteln auf Transkriptionsfaktoren stoßen, die in spezifischer Weise entwicklungsbiologische Prozesse beeinflussen, und auch auf solche Faktoren, die für die Adaptation an geänderte Lebensumstände verantwortlich sind. Diese **regulatorische Funktion** unterscheidet sie klar von den allgemeinen Komponenten des Transkriptosoms, die ebenfalls Transkriptionsfaktoren (TF) genannt werden (vgl. Details in Abb. **15.14** S. 516 und Tab. **15.5** S. 514).

Transkriptionsfaktoren mit genspezifischer Wirkung sind in der überwiegenden Zahl **DNA-bindende Proteine**, und sie sind **Aktivatoren** der Transkription. Ihre Wirkung kann allerdings durch Wechselwirkung mit anderen Proteinen (Coaktivatoren, Corepressoren), durch Proteinmodifikation, durch Kontrolle der Synthese bzw. des Abbaus oder durch Veränderungen in der intrazellulären Lokalisation vielfältig variiert werden (Kap. 15.5.3–15.5.5).

Transkriptionsaktivatoren, die in diesem und in den folgenden Kapiteln eine besondere Rolle spielen, sind in Plus **15.7** zusammengestellt. Wie die Strukturmodelle am Rand zeigen, können sie auf der Basis ihrer DNA-Bindungsdomänen in Gruppen eingeteilt werden. Allen gemeinsam ist, daß die DNA-Interaktionsdomäne i. d. R. in der großen Furche der DNA-Doppelhelix liegt und daß der Kontakt zur DNA durch Anreicherung mit positiv geladenen (basischen) Aminosäureresten (Arg, Lys, His) erleichtert wird.

Transkriptionsfaktoren mit einer **Helix als DNA-Erkennungsmotiv** (Beispiel 1–7 in Plus **15.7**) binden meist als oligomere Proteine (Dimere, Trimere) an die DNA. Transkriptionsfaktoren mit einem **β-Faltblatt als DNA-Erkennungsmotiv** (Beispiele 8–10 in Plus **15.7**) binden meist als monomere Proteine.

Plus 15.7 DNA-bindende Proteine als Regulatoren der Transkription

Die Proteine sind auf Grund ihrer DNA-Bindungsdomänen (DBD) verschiedenen Strukturfamilien zugeordnet. Die Beispiele sind mit entsprechenden Bezügen auf die Kapitel in diesem Buch versehen. Dort findet man auch die Erläuterungen zu den Abkürzungen. Die DNA-bindenden Teile der Transkriptionsfaktoren (TF) sind in Goldbronze markiert. Wenn nicht anders angegeben, beziehen sich die Angaben auf *Arabidopsis*.

Gruppe A: TF mit einer Helix in der großen Furche der DNA

1. TF mit Homeobox-Domäne (HD) (Familie mit etwa 90 Proteinen)
Das DNA-Bindemotiv ist für Homeobox- und Helix-Turn-Helix-Proteine ähnlich. Die Helix 3 liegt in der großen Furche der DNA. Bei den HD-Zip-Proteinen kommt es zu einer Dimerisierung durch den zur DBD benachbarten Leu-Zipper.

Meristembildung und -eigenschaften: KNOX-TF (STM, Abb. **18.3** S. 716 und Abb. **18.23** S. 757); WUS (Box **13.5** S. 392 und Kap. 18.2.2); WOX (WUS-Analoga, Abb. **18.7** S. 725 und Abb. **18.23**); HD-ZIP Proteine: PHB, PHV, REV und CNA (Meristem- und Blattentwicklung, Tab. **18.2** S. 719); GL2 (Trichomentwicklung, Abb. **18.10** S. 730)

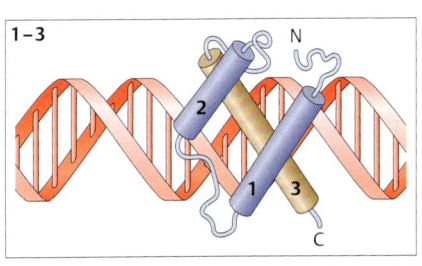

Fortsetzung

Fortsetzung

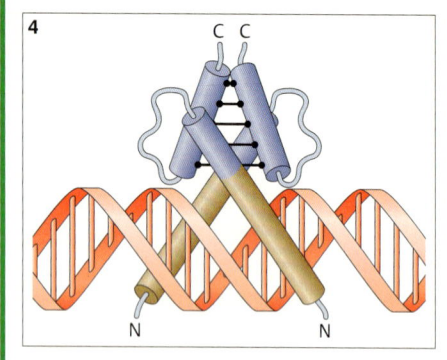

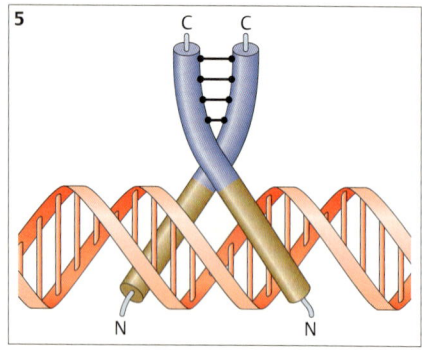

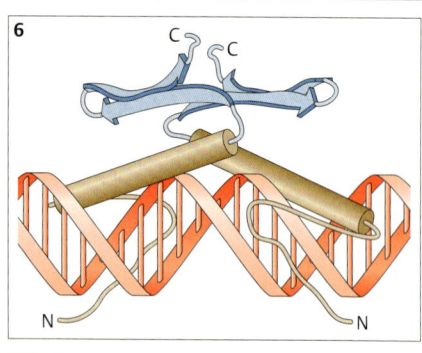

2. Helix-Turn-Helix-(HTH-)TF
E. coli: Lac-Repressor (Abb. **15.8** S. 500), cAMP-Rezeptor (CRP, Plus **15.1** S. 502), Sigmafaktoren (Abb. **15.5** S. 496);
Eukaryoten, allgemein: Hsf (Regulation der Hitzestreßantwort, Abb. **15.17**, Plus **18.13** S. 769 und Abb. **19.4** S. 778);
Hefe: MATa, MATα (Regulatoren der Paarungstyp-Gene, Plus **14.6** S. 465)

3. MYB-TF (HTH-Motiv) (Familie mit etwa 200 Proteinen)
Die MYB-Domäne besteht aus 2–3 Einheiten von 52 Aminosäureresten mit jeweils drei konservierten Trp-Resten; jede Einheit bildet ein HTH-Motiv mit einem Trp-Cluster.

CCA1, LHY (Kontrolle der Circadianrhythmen, Kap. 17.2.3); MYB33 (Blühinduktion, Abb. **18.11** S. 732); AS1 (Blattanlagen, Tab. **18.2** S. 719); GL1, WER, CPC, MYB23 (Trichomentwicklung, Abb. **18.10** S. 730 und Plus **18.5** S. 729); GA-MYB (GA-Antwort, Abb. **16.20** S. 620); TT2, PAP1/2, TT8 (Kontrolle der Anthocyansynthese, Plus **18.5** S. 729); APL (Phloementwicklung, Abb. **18.6** S. 721).

4. TF mit Helix-Loop-Helix-(bHLH-)Motiv (Familie mit etwa 160 Proteinen)
Der basische N-terminale Teil von Helix 1 mit etwa 18 Aminosäureresten bindet an die DNA, während das HLH-Motiv (blau) die Dimerisierung in der Art eines Leu-Zippers ermöglicht (Struktur ähnlich den bZIP-Proteinen).

PIF3, PIL (Phytochromkontrolle; Abb. **17.11** S. 682); HFR1 (Circadianrhythmus, Kap. 17.2.3); GL3, EGL3, EGL1 (Trichom- bzw. Wurzelhaarentwicklung, Abb. **18.10** S. 730 und Plus **18.5** S. 729); IND, ALC (Schotenentwicklung, Abb. **18.25** S. 764); BEB (Blütenentwicklung, Abb. **18.14** S. 740); MYC-TF (Wassermangelstreß, Abb. **19.5** S. 780)

5. bZIP-TF (Familie mit etwa 80 Proteinen)
Das dimere Protein ist in dem oberen Teil durch Wechselwirkung zwischen Leucinresten stabilisiert (Leu-Zipper), während der untere Teil der Helix mit basischen Aminosäureresten (Lys, Arg) in der großen Furche der DNA bindet.

ABI5, ABF1–3 (ABA-Antwort, Wassermangelstreß, Abb. **16.33** S. 640, Abb. **19.5** S. 780), HY5 (TF für Photomorphogenese, Abb. **17.11** S. 682); FD (Blühinduktion, Plus **17.6** S. 697, Abb. **18.11** S. 732).

6. MADS-Box-TF
Dimeres eines MADS-Box-Proteins (Beispiel: serum responsive factor der Säuger); bindet mit der basischen Helix 1 in der großen Furche und mit dem N-terminalen Schwanz in der kleinen Furche. Das β-Faltblatt beider UE dient der Dimerisierung; Vertreter kommen bei allen Organismen, allerdings bei Pflanzen gehäuft, vor.

Zusammenfassung für MADS-Box-TF Box **18.8** S. 736: AP1, AP3, PI, AG, CAL, SEP1–4, (Blütenentwicklung; Abb. **18.11** S. 732 und Abb. **18.12** S. 737); FLC (Repressor für generative Entwicklung, Abb. **18.11** S. 732 und Plus **18.6** S. 734); SOC1 (Integrator-TF, Blühinduktion, Abb. **18.11** S. 732); SHP1/2, FUL (Fruchtentwicklung, Abb. **18.25** S. 764); PHE1/2 (Embryonalentwicklung, Plus **18.12** S. 756)

Fortsetzung

Fortsetzung

7. Zn-Finger-TF (Familie mit mehr als 200 Proteinen)
Drei Helices sind durch Schleifen miteinander verbunden, in denen jeweils zwei Cys-Reste oder auch ein Cys- und ein His-Rest ein Zn^{2+}-Ion (graue Kugeln) binden. Helix 1 liegt in der großen Furche der DNA. In der Struktur wurde nur eine UE des dimeren Komplexes dargestellt.

Säugetiere: Steroidrezeptoren (Strukturbeispiel im Bild);
Arabidopsis: CO (Kontrolle der Blühinduktion Abb. **17.21** S. 696 und Abb. **18.11** S. 732); NUB, JAG (Blütenentwicklung, Abb. **18.14** S. 740);
Neurospora: WC1/2 (circadianer Rhythmus, Plus **17.5** S. 692).

8. Zn-Cluster-TF
Hefe: Gal4-Aktivator (Abb. **15.20** S. 529 und Abb. **15.17**).

Gruppe B: TF mit β-Faltblatt in der großen Furche der DNA

9. TF mit WRKY-DNA-Bindungsdomäne (Familie mit etwa 70 Proteinen)
Die WRKY-Domäne ist durch ein β-Faltblatt mit einem Zn^{2+}-Ion (graue Kugel) zwischen zwei Cys- und zwei His-Resten und durch zahlreiche basische Reste in β1 und β2 gekennzeichnet; das invariante WRKY-Motiv mit konservierten Trp-, Arg-, Lugs- und Tyr-Resten ist Teil von β1; WRKY-TF sind eng mit der Pathogenantwort verbunden (Plus **20.6** S. 824).

10. TATA-Box-Bindeprotein
TBP bindet mit den β-Faltblattstrukturen seiner beiden Domänen an die DNA und bewirkt eine starke Verbiegung (DNA-bending) im Bereich der TATA-Box.

alle Eukaryoten: TATA-Box-Bindeprotein (TBP, Abb. **15.14** S. 516, Tab. **15.5** S. 514).

11. Proteine mit AP2-DNA-Bindungsdomäne (Familie mit etwa 150 Proteinen)
AP2-Proteine binden mit einem β-Faltblatt in der großen Furche der DNA.

AP2 (Blütenentwicklung, Plus **18.7** S. 738); ERF1 (ETH-Antwort, Abb. **16.29** S. 635); DREB 1A, 2A (Kälte- und Trockenstreß, Kap. 19.3); PLT1/2 (Anlage RAM, Regulator der PIN-Expression, Abb. **18.7** S. 725).

Gruppe C: TF mit unbekannten Raumstrukturen

12. DELLA(GRAS)-TF (Familie mit etwa 30 Proteinen; Proteine mit MYB-artiger Struktur, Plus **16.4** S. 616)

GAI, RGA, RGL1-3 (Regulatoren der GA-Antwort, Abb. **16.20** S. 620); SHR, SCR (RAM-Funktion, Abb. **18.7** S. 725 und Abb. **18.8** S. 725).

13. B3-TF (15 Vertreter in der Familie)
LEC1/2, FUS3, ABI3 (Samenreifung, Abb. **18.24** S. 760 und Plus **18.13** S. 761); VRN1 (Vernalisationsfaktor, Box **18.7** S. 735).

14. NAC-TF (105 Vertreter in der Familie)
CUC1–3 (Meristemfunktion, morphogenetische Grenze zu Blattanlagen, Abb. **18.3** S. 716 und Abb. **18.23** S. 757); VND6/7, NST1/2 (Differenzierung von Xylemzellen, Tab. **18.2** S. 719).

15. GARP-TF (55 Vertreter in der Familie)
KAN (abaxiale Entwicklung Blattanlagen, s. Tab. **18.2**, S. 719)

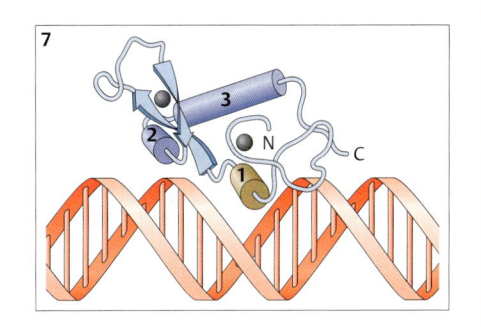

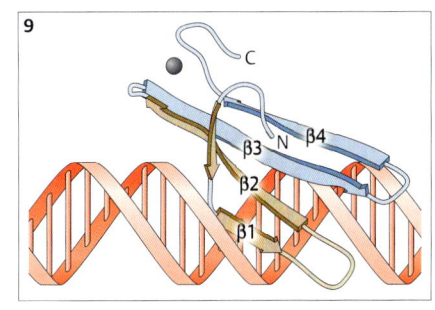

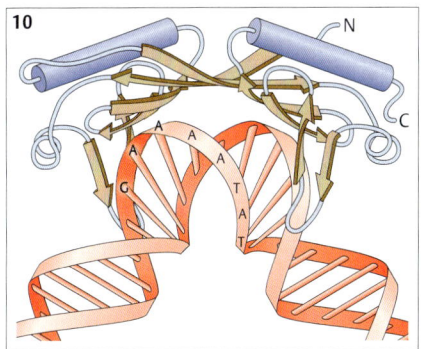

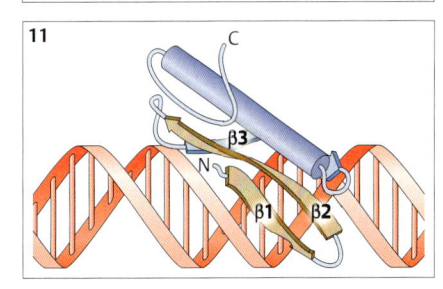

15.5.2 Funktionelle Anatomie von Transkriptionsfaktoren

Transkriptionsfaktoren sind typischerweise **modular aufgebaute Proteine**, in denen die Funktionselemente wie in einer Perlenkette vom N-Terminus zum C-Terminus aufgereiht sind. Wir wollen uns dieses Prinzip an zwei Beispielen verdeutlichen, den Transkriptionsfaktoren Gal4 aus Hefe und HsfA2 aus Tomate (Abb. **15.17**). Beide spielen in den folgenden Abschnitten eine besondere Rolle und zeigen eine ganze Reihe grundsätzlicher Gemeinsamkeiten, wie wir sie auch bei anderen Genregulatorproteinen finden.

- Gal4 und HsfA2 haben eine **DNA-Bindungsdomäne (DBD)** im N-terminalen Teil. Bei HsfA2 gibt es ein zentrales Helix-Turn-Helix-Motiv für die DNA-Erkennung, bei Gal4 ist es ein Cluster aus 6 Cysteinresten und zwei Zn^{2+}-Ionen, das ebenfalls zwei helikale Bereiche einschließt. Wie bereits für das CRP-Protein erläutert (Plus **15.1** S. 502), haben die Erkennungsmotive in der DNA eine spiegelbildsymmetrische Anordnung (**Palindrome**).
- Die **Oligomerisierungsdomäne** der beiden Regulatorproteine liegt in unmittelbarer Nachbarschaft zur DBD. Sie besteht aus repetitiven Mustern großer hydrophober Aminosäurereste (z. B. Leucin, L), die ein regelmäßiges Muster vom Typ –LXXLXXXL– bilden und in einer α-Helix auf einer Seite liegen, so daß zwei Helices dieser Art wie ein Reißverschluß ineinander greifen können (**Leu-Zipper**). Der dimere bzw. trimere Zustand solcher Aktivatorproteine ist entscheidend für die hohe Affinität und Genauigkeit der DNA-Bindung (s. das analoge Beispiel für CRP in Plus **15.1** S. 502).
- Für die dynamische Verteilung von Transkriptionsfaktoren zwischen Kern und Cytoplasma sind Zielsequenzen verantwortlich, die als **Kernimportsignal** (**NLS**) bzw. als **Kernexportsignal** (**NES**) bezeichnet werden (Kap. 15.5.3).
- Module für den Kontakt mit Komponenten der Transkriptionsmaschine und damit für die Funktion als Aktivatorprotein finden wir in den flexiblen C-terminalen Domänen der beiden Proteine. Als zentrale Elemente dieser Aktivatordomänen fungieren kurze Peptidmotive, die im

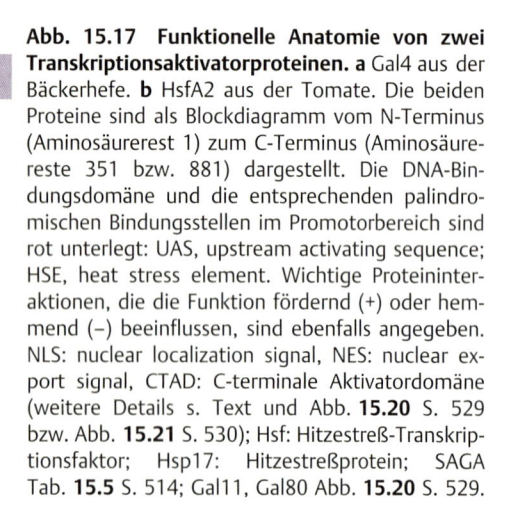

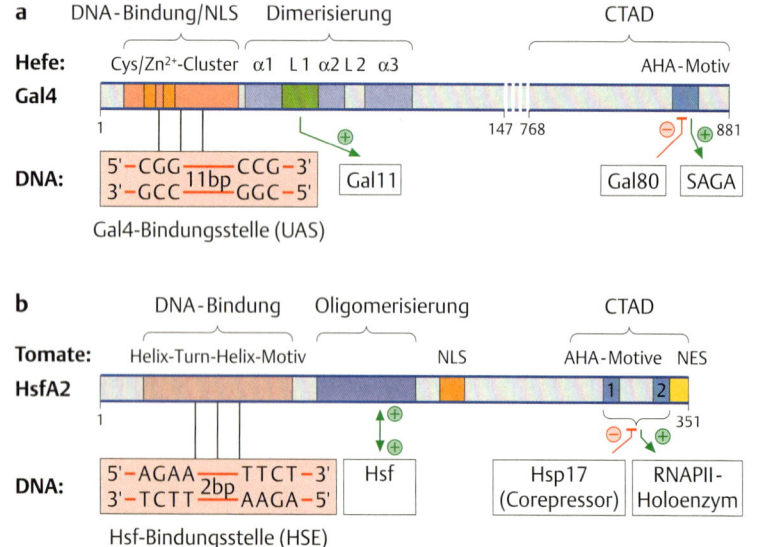

Abb. 15.17 Funktionelle Anatomie von zwei Transkriptionsaktivatorproteinen. a Gal4 aus der Bäckerhefe. **b** HsfA2 aus der Tomate. Die beiden Proteine sind als Blockdiagramm vom N-Terminus (Aminosäurerest 1) zum C-Terminus (Aminosäurereste 351 bzw. 881) dargestellt. Die DNA-Bindungsdomäne und die entsprechenden palindromischen Bindungsstellen im Promotorbereich sind rot unterlegt: UAS, upstream activating sequence; HSE, heat stress element. Wichtige Proteininteraktionen, die die Funktion fördernd (+) oder hemmend (–) beeinflussen, sind ebenfalls angegeben. NLS: nuclear localization signal, NES: nuclear export signal, CTAD: C-terminale Aktivatordomäne (weitere Details s. Text und Abb. **15.20** S. 529 bzw. Abb. **15.21** S. 530); Hsf: Hitzestreß-Transkriptionsfaktor; Hsp17: Hitzestreßprotein; SAGA Tab. **15.5** S. 514; Gal11, Gal80 Abb. **15.20** S. 529.

wesentlichen durch **a**romatische und **h**ydrophobe Aminosäurereste in einer Umgebung mit überwiegend sauren (engl.: **a**cidic) Aminosäureresten gekennzeichnet sind. Das hat zu dem Akronym **AHA-Motive** geführt. Durch die spezielle Kombination der Aminosäurereste wirken die AHA-Motive wie ein molekularbiologischer Klettverschluß, der starke Bindungen mit den entsprechenden Erkennungsmotiven in Komponenten des RNAPII-Holoenzyms eingeht.

Experimentelle Ansätze, wie man die Wirkung solcher Regulatorproteine der Transkription untersuchen kann, sind in Abb. **13.30** S. 431 und in Box **15.7** dargestellt.

15.5.3 Kernimport und -export

Um die dynamischen Wirkungen von regulatorischen Faktoren der Transkription richtig verstehen zu können, müssen wir auf einen Prozeß vorgreifen, den wir als Proteintopogenese in Kap. 15.10 ausführlich behandeln werden. Transkriptionsfaktoren, die im Cytoplasma synthetisiert werden, müssen eine Zielsequenz haben, die ihnen den Übertritt in den Zellkern ermöglicht. Solche Zielsequenzen nennt man **Kernlokalisationssignal** (**NLS**). Sie bestehen typischerweise aus ein oder zwei Gruppen basischer Aminosäurereste (Lys oder Arg). Man spricht demnach von einteiligen bzw. zweiteiligen NLS. Im HsfA2 (Abb. **15.17b**) liegt zum Beispiel, benachbart zur Oligomerisierungsdomäne, eine solche zweiteilige NLS vor:

Arg-Lys-X-Lys-X-Arg-X-X-X-X-X-Lys-Arg-Arg
(X = beliebiger Amininosäurerest)

Interessanterweise haben viele Transkriptionsfaktoren neben dieser Importsequenz auch eine **Exportsequenz** (**NES**). Häufig wurden solche NES als Leucin-reiche Sequenzen identifiziert, z.B. für HsfA2 die Sequenz am C-Terminus:

Leu-X-X-Leu-X-X-X-Leu-X-X-Leu.

NLS und NES können unterschiedlich stark sein oder in ihrer Zugänglichkeit durch andere Proteine bzw. Proteinmodifikation beeinflußt sein. Dadurch entsteht ein System, bei dem nicht die bloße Anwesenheit, sondern auch die intrazelluläre Lokalisation eines Transkriptionsfaktors über seine Wirksamkeit entscheidet (Box **15.7**).

Die beiden topogenen Signale NLS und NES sind natürlich nicht allein ausreichend. Es bedarf entsprechender Rezeptoren und eines Kontrollsystems, um Kernimport und -export in einer Zelle selektiv und je nach den physiologischen Bedingungen zu gewährleisten (Abb. **15.18**). Die beteiligten Komponenten sind ein **NLS-Rezeptor** im Cytoplasma (**Importin**) und ein **NES-Rezeptor** im Zellkern (**Exportin**). Entscheidend für die Be- und Entladungsvorgänge ist der Zustand eines kleinen **Regulatorproteins Ran**, das mit GTP beladen ist. **Ran(GTP)** ist typisch für den Zellkern und bewirkt sowohl die Freisetzung des importierten Proteins von seiner Bindung an Importin als auch die Beladung von Exportin mit geeigneten Exportkandidaten. Im Cytoplasma wird das GTP unter Mitwirkung von Aktivatorproteinen gespalten und damit die exportierte Fracht freigesetzt. **Ran(GDP)** wird in den Zellkern zurückgebracht und dort erneut mit GTP beladen.

NLS und NES zusammen mit den daran bindenden Rezeptoren bestimmen also die Substratspezifität und durch Wechselwirkung mit dem

Box 15.7 Kern/Cytoplasma-Transport und Kontrolle der Transkription

Es ist eine häufige Erfahrung in der Biologie, daß die Entdeckung eines neuen experimentellen Werkzeugs zu Einsichten in Vorgänge führen kann, die bisher weitgehend unzugänglich bzw. verborgen waren. Eine solche Entdeckung gelang A. Yoshida in Japan auf der Suche nach neuen potentiellen Tumorhemmstoffen aus Mikroorganismen. Das neu gefundene Antibiotikum, **Leptomycin B** (**LMB**, a), war zwar nicht als Wunderwaffe gegen Tumoren zu gebrauchen; aber es war ein neuer Hemmstoff, der den **Kernexport** durch kovalente Modifikation von Exportin selektiv **blockiert**. Damit wurden zum ersten Mal umfangreiche Untersuchungen zum Kernexport möglich. Als Ergebnis wurde eine beachtliche Zahl von regulatorischen Proteinen identifiziert, deren intrazelluläre Lokalisation und damit ihre biologische Wirksamkeit wesentlich durch die physiologischen Bedingungen beeinflußt werden. Durch den Einsatz von LMB wurde gewissermaßen ein neues Regulationsprinzip der Transkription entdeckt. Wieder kann der Hitzestreß-Transkriptionsfaktor HsfA2 der Tomate als Beispiel dienen. Im HsfA2 liegt in Nachbarschaft zur Oligomerisierungsdomäne eine zweiteilige NLS sowie eine C-terminale Exportsequenz (NES) vor (Details s. Text).

Für die Abb. **b** und **c** wurde ein geeigneter experimenteller Ansatz durch **Transformation** tierischer Zellen (**CHO-Zellen**, engl.: Chinese hamster ovary cells) genutzt. Kerntransport und Genexpression sind bei allen eukaryotischen Zellen konserviert, sodaß man die tierischen Zellen für diesen Test mit pflanzlichen Hsf-Proteinen einsetzen kann. Neben der Größe der Zellen liegt der besondere Vorteil darin, daß keine anderen pflanzenspezifischen Proteine das Ergebnis beeinflussen können, d. h. der störende Hintergrund ist praktisch null.
Die Analyse bestand aus zwei Teilen: Zum einen wurde die **Lokalisation** der Transkriptionsfaktoren mit Hilfe spezifischer Antikörper (Immunfluoreszenz) untersucht. Zum anderen wurde ihre **transkriptionsaktivierende Wirkung** quantifiziert. Letzteres gelang mit Hilfe eines **Luciferase-Reporterplasmids**. Dieses Plasmid (**b**) besitzt eine Luciferease-cDNA-Kassette, die mit einem pflanzlichen, Hsf-abhängigen Promotor verbunden ist. Je stärker die Aktivatorfunktion der Transkriptionsfaktoren ist, desto mehr Luciferase wird gebildet, und desto stärker ist die oxidative Decarboxylierung von Luciferin zu Oxoluciferin. Die besondere Bedeutung der beiden Hsf (HsfA1 und HsfA2) wird in Kap. 19.2 erläutert.

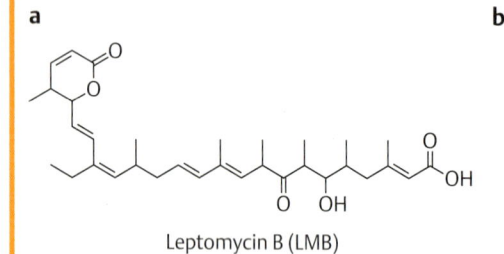

a

Leptomycin B (LMB)

b

c

Aktivator	HsfA2-Lokalisation	Luciferase-aktivität
leer		1,0
1 HsfA1		11,5
2 HsfA2		5,5
3 HsfA2 (+LMB)		33,0
4 HsfA2 (+HsfA1)		335,0

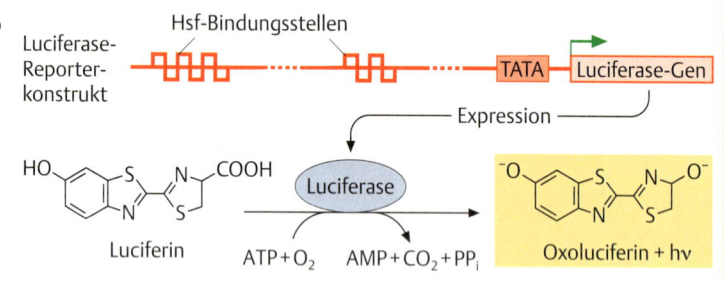

Die Proben in der Tabelle zeigen folgende Ergebnisse:

1. **Probe mit HsfA1:** HsfA1 (grün) findet sich im wesentlichen in den Zellkernen. Die Reportergenexpression ist deutlich meßbar.

2. **Probe mit HsfA2 allein:** Der überwiegende Teil der HsfA2 (rot) befindet sich im Cytoplasma, weil der Kernexport stärker ist als der -import. Die Aktivatorfunktion ist in diesem Zustand nur schwach ausgeprägt.

3. **Probe mit HsfA2 plus LMB:** Die Rolle von HsfA2 als Shuttleprotein ist gut nachweisbar, wenn man den Kernexport durch LMB blockiert. HsfA2 findet sich nun fast ausschließlich im Zellkern, und die Aktivierung des Reportergens ist deutlich verstärkt.

4. **Probe mit HsfA2 + HsfA1:** Der natürliche Partner von HsfA2 in einer Tomatenzelle ist der konstitutiv exprimierte HsfA1. Beide bilden zusammen heterooligomere Komplexe, in denen offensichtlich die starke NES des HsfA2 unzugänglich ist. Der HsfA2-HsfA1-Komplex befindet sich also im Zellkern und wirkt als eine Art Superaktivator (Abb. **19.4** S. 778), der die Expression des Reportergens um das 30-fache steigert (vergleiche rechte Spalte Proben 1 und 4).
(Abb. **c** Original D. Heerklotz und L. Nover)

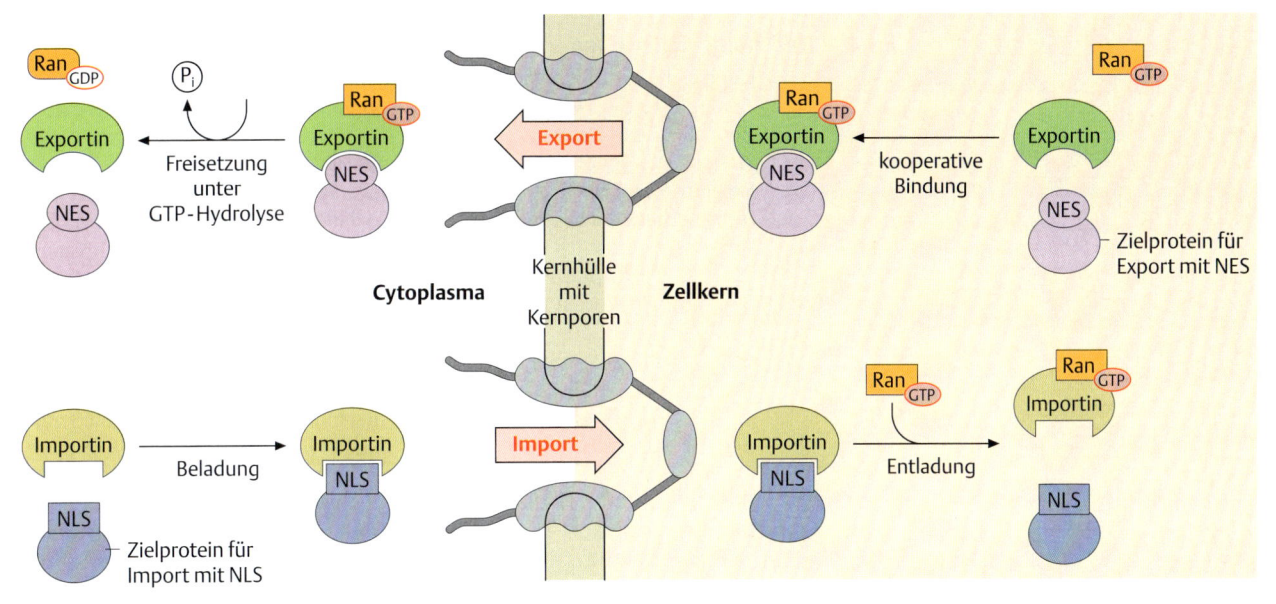

Abb. 15.18 Kernimport und -export von Proteinen. Details der Kernporenkomplexe sind in Abb. **2.20** S. 71 dargestellt. Erklärung der dargestellten Transportvorgänge siehe im Text. Die Zielsequenzen für den Import (NLS) bzw. Export (NES) sind hier zwei unterschiedlichen Proteinen zugeordnet. Sie können aber auch, wie im Fall des HsfA2 (Abb. **15.17b**), auf ein und demselben Protein liegen und damit einen fortwährenden Austausch zwischen Kern und Cytoplasma ermöglichen (HsfA2 als Beispiel für ein Shuttleprotein Box **15.7**) (Schema nach D. Görlich).

Kernporenkomplex (Abb. **2.20** S. 71) auch die Richtung des Transports, während Ran mit seinen Hilfsfaktoren die Be- und Entladunsgvorgänge kontrolliert.

Der Einfachheit halber haben wir hier nur ein Beispiel für Importine und Exportine dargestellt. Es gibt in Wirklichkeit aber eine ganze Gruppe solcher Proteine für unterschiedliche Substrate. An dem Export von ribosomalen Untereinheiten (Kap. 15.6), tRNAs oder von mRNPs (Abb. **15.15** S. 518) bzw. an dem Import von snRNPs (Kap. 15.4.2) aus dem Cytoplasma sind andere Rezeptoren der Importin- bzw. Exportinfamilien beteiligt. Insgesamt stellt die **Kernhülle** mit ihren zahlreichen Poren eine wichtige **Barriere zwischen Kernraum und Cytoplasma** dar (Abb. 2.20 S. 71). Die Transportprozesse sind im allgemeinen sehr effizient und streng kontrolliert. Sie ermöglichen den Durchtritt selbst sehr großer RNP-Komplexe, wie z. B. ribosomaler Untereinheiten oder mRNP.

15.5.4 Das Galactose-Regulon in Bäckerhefe

Bei der Regulation des *Gal*-Regulons in Hefe wirkt Gal4 als Transkriptionsaktivator zusammen mit zwei Coregulatoren (Gal80, Gal3), die selbst nicht an DNA binden. In Abwesenheit von Galactose ist die C-terminale Aktivatordomäne von Gal4 durch den Gal80-Repressor blockiert. Für die Induktion sorgt der Antirepressor Gal3, der zusammen mit den Effektoren Galactose und ATP den Gal80-Repressor inaktiviert.

Von den Grundphänomenen her haben die Regulation des *Lac*-Operons von *E. coli* (Kap. 15.3.1) und des ***Gal*-Regulons** der Bäckerhefe (*Saccharomyces cerevisiae*) eine große Ähnlichkeit. In beiden Fällen muß die Verwertung eines neuen Substrats (Lactose bei *E. coli*; Melibiose bzw. Galactose bei Hefe) durch Enzyminduktion gewährleistet werden, und in beiden Fällen unterbleibt die induzierte Genexpression, wenn Glucose im Medium vorhanden ist (Glucose-Repression).

An der Regulation des *Gal*-Regulons in Hefe sind **drei Regulatorproteine** (**Gal4, Gal80, Gal3**) beteiligt; sie steuern die Expression von sieben Genen, die getrennt voneinander auf mehreren Chromosomen liegen. In Analogie zu der Nomenklatur bei *E. coli* sprechen wir von einem Regulon, weil alle diese Gene unter der Kontrolle derselben drei Regulatorproteine stehen. Der biochemische Weg für die Umwandlung von Melibiose in Galactose und Glucose und die Verarbeitung von Galactose in verwertbare Intermediate der Glykolyse ist in Abb. **15.19** dargestellt. Die Induktion der Proteine erreicht im allgemeinen etwa das 1000-fache des Grundniveaus.

Das Transkriptionsaktivator-Protein für das *Gal*-Regulon ist Gal4, das als dimeres Protein an die entsprechenden Erkennungselemente (**UAS**) in Promotoren des *Gal*-Regulons bindet (Abb. **15.20**). In Abwesenheit von Galactose ist allerdings die C-terminale Aktivatordomäne durch ein Dimeres des **Gal80-Repressors** blockiert (Abb. **15.20a**). Für die Induktion spielt der **Antirepressor Gal3** eine entscheidende Rolle. Wenn Gal3 mit den Effektoren Galactose und ATP beladen ist (vgl. Box **15.8**), kann es an Gal80 binden. Dadurch wird die C-terminale Aktivatordomäne von Gal4 frei und kann die Rekrutierung des RNAPII-Holoenzyms an die Promotoren bewirken. Der **Repressorkomplex** ist also ein Heterotetramer mit der Struktur $(Gal4)_2/(Gal80)_2$, während der **Aktivatorkomplex** ein Heterohexamer mit der Struktur $(Gal4)_2/(Gal80)_2/(Gal3)_2$ und den daran gebundenen Effektoren ist.

Vergleicht man die beiden Regulationsschemata für das *Lac*-Operon in *E. coli* und das *Gal*-Regulon in Hefe (Abb. **15.20**), dann wird deutlich, daß trotz prinzipiell ähnlicher Phänomene doch große Unterschiede in den Regulationsmechanismen bestehen. Das gilt auch für die Glucoserepression in Hefe, die im Vergleich zum *Lac*-Operon (Abb. **15.8** S. 500) sehr viel komplexer ist. Die Details sind allerdings noch nicht sehr gut geklärt. Von der Repression hauptsächlich betroffen sind die Bildung von Gal4 als Regulator und die von Gal1 als Galactose-Permease. Zusammen mit einer Reihe weiterer Effekte ist gewährleistet, daß in Gegenwart von Glucose die Expression der Gene des *Gal*-Regulons nicht über das Grundniveau hinausgeht.

Abb. 15.19 Biochemie und genetische Organisation der Verarbeitung von Melibiose und Galactose in Hefe. Bei Anwesenheit von Melibiose bzw. Galactose im Nährmedium werden die Gene des *Gal*-Regulons (rot) exprimiert. Die neu synthetisierten Proteine (blau) dienen der Verwertung der beiden Kohlenstoffquellen bis hin zu Glucose-1-phosphat als unmittelbarer Vorstufe für die Glykolyse. Ein katalytischer Kreisprozeß mit Uridyltransferase und Epimerase sowie UDP-Glucose als Cofaktor vermitteln die Epimerisierung von Galactose zu Glucose.

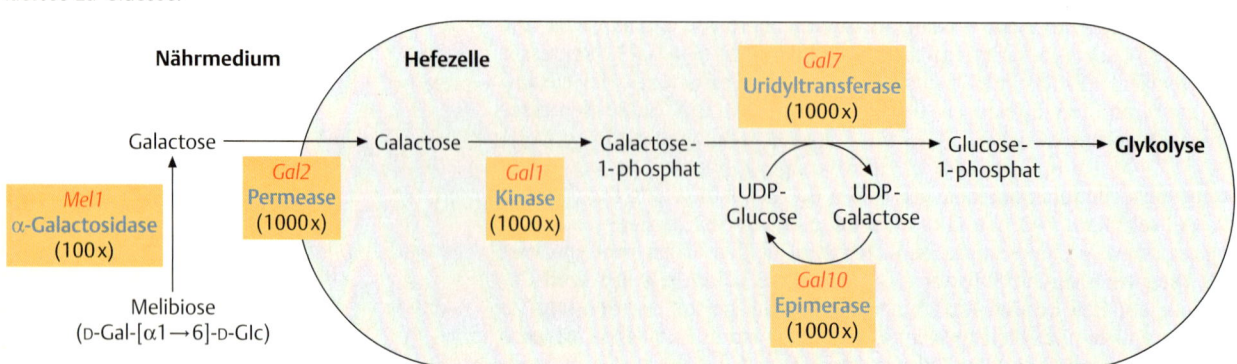

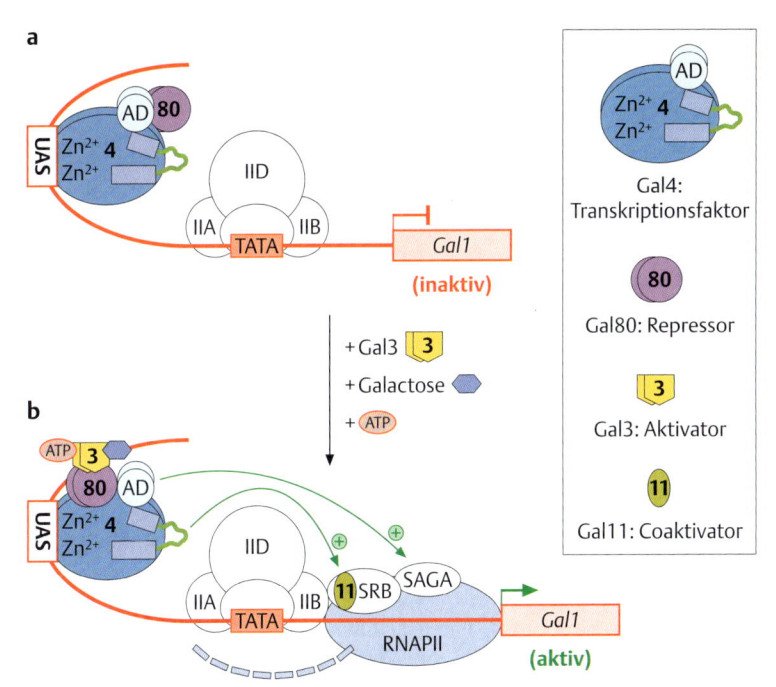

Abb. 15.20 Regulation der Galactoseverwertung durch das Gal4-Aktivatorprotein. In Abwesenheit von Galactose (**a**) bindet Gal4 an die regulatorische **UAS** (engl.: upstream activating sequence) in den Promotoren des *Gal*-Regulons (hier nur für das *Gal1*-Gen gezeigt). Die Wirkung von Gal4 wird allerdings durch den Gal80-Repressor blockiert. In Anwesenheit von Galactose (**b**) wird der Gal3-Antirepressor aktiv, der, mit Galactose und ATP beladen, zu einer Veränderung in der Konformation des Gal4/Gal80-Komplexes führt. Die zwei Aktivatordomänen des Gal4 werden frei und helfen durch unmittelbaren physischen Kontakt mit den SAGA- und SRB-Komplexen bei dem Zusammenbau des Transkriptosoms am Initiationspunkt (Abb. **15.14**, 2 S. 516). Gal11 als Koaktivator ist eine UE des SRB-Komplexes (Details für diese Faktoren s. Tab. **15.5** S. 514).

15.5.5 Transkriptionskontrolle bei der Hitzestreßantwort

Wie bei den Bakterien sind wichtige Teile der Hitzestreßantwort bei allen Eukaryoten ebenfalls auf der Transkriptionsebene kontrolliert. Durch Hitzestreß oder chemische Streßoren werden Hitzestreß-Transkriptionsfaktoren (Hsf) aktiviert und lösen durch Bindung an konservierte Promotorerkennungsmotive vom Grundtypus 5'-AGAAnnTTCT-3' die Transkription der Hsp-codierenden Gene aus. Es gibt in der Regel mehr als 20 Hsfs in Pflanzen, die im Verlauf der Evolution so unterschiedlich geworden sind, das sie sich nicht mehr wechselseitig ersetzen können. Aber sie können miteinander kooperieren und erfüllen z. T. ganz unterschiedliche Teilaufgaben in der Hitzestreßantwort.

Auch bei dem zweiten Beispiel für Transkriptionskontrolle knüpfen wir an das an, was wir für *E. coli* beschrieben haben. Im Zusammenhang mit alternativen Sigmafaktoren (Plus **15.2** S. 504) hatten wir die Hitzestreßantwort als ein wichtiges Prinzip der Auseinandersetzung von Zellen

Box 15.8 Das Geheimnis des Gal3-Coaktivators und ein nützlicher Trick

Die Identifikation des *Gal3*-Gens als essentiellem Bestandteil des regulatorischen Netzwerks am *Gal*-Regulon schloß natürlich auch die Ermittlung der entsprechenden Sequenz ein. Das codierte Protein zeigte eine zunächst verwirrende Ähnlichkeit zur Galactose-Kinase (Gal1), aber beide Proteine sind in ihrer Funktion nicht austauschbar, wie Versuche mit entsprechenden Knock-out-Stämmen zeigen. Offensichtlich hat im Verlauf der Evolution eine **Duplikation** des Vorläufergens mit nachfolgender Diversifizierung gegeben; Gal1 und Gal3 haben unterschiedliche Rollen übernommen, als Enzym (Gal1) bzw. als Regulatorprotein (Gal3). Zwar bindet **Gal3** noch beide Substrate (**Galactose** und **ATP**), setzt sie aber nicht mehr um, d. h. sie sind zu **Effektoren** geworden, die die Konformation und Funktion des Gal3 verändern. Das beladene Gal3-Dimere kann als Coaktivator die Botschaft über die Verfügbarkeit von Galactose an den Transkriptionsapparat weitergeben.
Der Schlüssel zum Verständnis über die neue Rolle von Gal3 kam von Experimenten mit einer speziellen Form des ATP, in dem die Sauerstoffbrücke zwischen den beiden letzten Phosphatgruppen durch eine Schwefelbrücke (**ATP-γS**) oder durch eine CH_2-Gruppe (**ATP-γCH$_2$**) ersetzt wurde. Diese Varianten von ATP binden sehr gut, können aber nicht mehr gespalten werden. Das Ergebnis war, daß Gal3 auch in Gegenwart von nicht spaltbarem ATP immer noch seine regulatorischen Eigenschaften beibehält, d. h. eine enzymatische Funktion ist nicht Teil des Regulationsvorgangs. Dagegen war die Funktion von Gal1 in Gegenwart von ATP-γS gestört. Dieser Trick ist universell einsetzbar, und natürlich gibt es solche nicht spaltbaren Formen auch von den anderen Nucleotidtriphosphaten.

Abb. 15.21 Kontrolle der Transkription durch Enhanceosomen. Aktivatorproteine in Eukaryoten arbeiten häufig zusammen und bilden Verstärkerkomplexe (**Enhanceosomen**) stromaufwärts von der TATA-Box. Solche Enhanceosomen wirken durch die spezifischen Bindungseigenschaften der beteiligten Aktivatorproteine selektiv für die jeweiligen Promotoren und sind vermutlich entscheidend für die Effizienz der Rekrutierung des RNAPII-Holoenzyms. Unser Beispiel zeigt ein Hitzestreß-Enhanceosom mit zwei kooperierenden Hsfs (HsfA und HsfB), die beide zusammen einen Komplex mit der Histon-Acetyltransferase CBP-HAT bilden (Abb. **15.16** S. 519). Voraussetzung für ein solches Zusammenspiel ist die richtige Promotorarchitektur, d. h. Bindungsstellen für einen trimeren (HsfA) und einen dimeren Hsf (HsfB) in Nachbarschaft zur TATA-Box. Natürlich könnten noch weitere Proteine beteiligt sein (Modell nach Bharti et al. 2004).

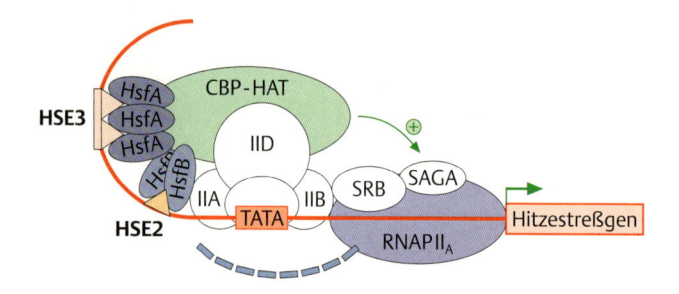

mit veränderten Umweltbedingungen kennengelernt. Das An- und Abschalten der Hsp-codierenden Gene ist bei allen Eukaryoten prinzipiell sehr ähnlich. Die entsprechenden **Hitzestreß-Transkriptionsfaktoren** (**Hsf**) sind in ihrer Struktur hoch konserviert. Unter Einwirkung von Hitzestreß oder chemischen Stressoren werden sie aktiviert und binden an Erkennungsmotive (**HSE**, engl.: heat stress element) im Promotorbereich der hs-Gene. Hsfs sind – wie das Gal4-Regulatorprotein aus Hefe – durch eine Reihe konservierter Elemente bzw. Domänen gekennzeichnet (Abb. **15.17b** S. 524).

Im Gegensatz zu anderen Organismen (Säugetiere, Hefe) ist die Kontrolle der Hsp-Synthese in Pflanzen offensichtlich sehr viel komplexer. Diese Komplexität mag als Ergebnis der Evolution die Notwendigkeit widerspiegeln, daß Pflanzen als sessile Organismen sich besonders effizient und rasch an Veränderungen der Umweltbedingungen anpassen müssen (Kap. 19.2). Besonders eindrucksvoll zeigt sich diese Komplexität in der Vielfalt von Hsfs. Es gibt in der Regel mehr als 20 Hsfs in Pflanzen, die im Verlauf der Evolution so unterschiedlich geworden sind (Diversifizierung), das sie sich nicht mehr wechselseitig ersetzen können. Aber sie können miteinander kooperieren und erfüllen z. T. ganz unterschiedliche Aufgaben in der Hitzestreßantwort (Abb. **19.4** S. 778 und Plus **18.13** S. 761). Ein Beispiel hatten wir bei der Kooperation von HsfA1 und dem unter Hitzestreß neu gebildeten HsfA2 bereits kennengelernt. Beide Hsfs zusammen ergeben in Form des HsfA1/A2-Heterooligomeren eine Art von Superaktivator, dessen Wirkung weit über das hinausgeht, was beide allein erreichen können (Box **15.7** S. 526). Prinzipiell Ähnliches gilt für einen dritten Hsf (HsfB1), der sowohl mit HsfA1 bzw. HsfA2 als auch mit anderen Transkriptionsfaktoren kooperiert. Diese Art der Kooperation der Hsfs führt zur Rekrutierung einer hochmolekularen **Histon-Acetyltransferase** (**CBP-HAT**) und zur Bildung von Verstärkerkomplexen (**Enhanceosomen**), die die hohe Intensität der Transkription und das Umschalten von den Haushaltspromotoren zu den Hitzestreßpromotoren gewährleisten (Abb. **15.21**).

15.6 Ribosomensynthese

Ribosomen mit ihren Hilfsfaktoren stellen die Proteinsynthesemaschinen in den Zellen dar. Die Ribosomensynthese dient als Musterbeispiel für die konzertierte Herstellung, Assemblierung und Reifung einer zellulären Superstruktur. Die Transkriptionseinheiten für die ribosomale RNA sind in den Nucleolusorganisator-Regionen in Batterien von bis zu mehreren 100 Kopien im Genom zu finden. Die Transkription der ribosomalen RNAs durch RNAP I und III und die Anlieferung der rProteine aus dem Cytoplasma sind eng miteinander gekoppelt. Es entsteht ein Prä-Ribosom, das in einem aufwendigen Prozeß zu den beiden ribosomalen Untereinheiten weiterverarbeitet wird. Diese werden schließlich ins Cytoplasma exportiert und dort der Endfertigung unterworfen. Neben zahlreichen Helferproteinen gibt es etwa 100 kleine Ribonucleoproteinpartikel im Nucleolus (snoRNPs), die mit entsprechenden Guide-RNAs bestückt sind und für die sequenzspezifische Rekrutierung der verarbeitenden Enzyme sorgen.

> **Box 15.9   Ribosomenzahl pro Zelle**
>
> Die Zahl der Ribosomen schwankt in Abhängigkeit vom Aktivitäts- und Teilungszustand einer Zelle. In einer schnell wachsenden Hefekultur finden wir etwa 200 000 Ribosomen pro Zelle (Box **15.10**), in meristematischen Pflanzenzellen können es 1 Million oder mehr sein, und in Leberzellen bei Säugetieren sogar 3–4 Millionen Ribosomen.

Der bei weitem größte Teil der zellulären RNA steckt als Struktur-RNA in den Ribosomen, die jeweils zu etwa 50 % aus RNA (ribosomale RNA, **rRNA**) und Strukturproteinen (**rProteinen**) aufgebaut sind. Ribosomen bestehen stets aus **zwei Untereinheiten** (UE), von denen die größere als **LSU** (engl.: large subunit) und die kleinere als **SSU** (engl.: small subunit) bezeichnet wird. In Abb. **2.9** (S. 57) und Tab. **2.2** (S. 58) sind Struktur und Grunddaten für Ribosomen aus dem Bakterium *E. coli* mit denen cytoplasmatischer Ribosomen aus Eukaryoten zusammengestellt. In Pflanzenzellen gibt es neben den typischen **eukaryotischen 80S-Ribosomen** im **Cytoplasma** noch kleinere **70S-Ribosomen** in den **Plastiden** und **Mitochondrien**, die sich in Größe und Funktion von denen im Cytoplasma deutlich unterscheiden und an den prokaryotischen Ursprung dieser Organellen erinnern (Plus **4.1** S. 130, Kap. 15.12.4).

Als Musterbeispiel für die Synthese, Assemblierung und Reifung einer zellulären Superstruktur wollen wir uns den Ablauf der Ribosomensynthese etwas genauer ansehen. Zwar stammen viele der folgenden Details aus Untersuchungen an Bäckerhefe, doch kann man alles Wesentliche auf Höhere Pflanzen übertragen. Die Reproduktion der Gesamtheit der Ribosomen in den G1/S/G2-Phasen des Zellzyklus ist Voraussetzung für den Eintritt in die Mitose.

Die Ribosomensynthese (Abb. **15.22** und Abb. **15.23**) ist aus vier Gründen ein hervorragender Fühler für den effizienten Ablauf von Genexpressionsprozessen und für **intrazelluläre Kommunikation** im allgemeinen (Box **15.10**):
- In einer schnell wachsenden Zelle werden bis zu 75 % der gesamten Transkriptionskapazität für diesen Prozeß benötigt.
- Alle drei RNA-Polymerasen im Zellkern sind beteiligt.
- Es sind beachtliche Kapazitäten der Proteinsynthese für die Bereitstellung der ribosomalen Proteine erforderlich.
- Schließlich müssen nicht nur die drei RNA-Polymerasen wohl koordiniert arbeiten, sondern die Gesamtprozesse müssen zwischen Nucleolus, Nucleoplasma und Cytoplasma abgestimmt sein: Durch die Kernporen erfolgt ein reger Import von Material in Form der rProteine und ein ebenso reger Export der fast fertigen ribosomalen Untereinheiten (Abb. **15.23**).

Die Transkriptionseinheiten für die ribosomale RNA sind in den **Nucleolusorganisator-Regionen** (**NOR**) in Batterien von 120 Kopien (Hefe) bzw. je 350 Kopien (*Arabidopsis*) vorhanden. *Arabidopsis* verfügt also in einer diploiden Zelle insgesamt über etwa **1400 rRNA-Gene** (Tab. **15.1** S. 488). Egal ob Hefe oder Pflanze, jede der **Transkriptionseinheiten** besteht aus drei codierenden Untereinheiten für die **18S-, 5,8S-** und **25S-** bzw. **28S-rRNAs**, die durch kurze intragene Abstandsstücke (Spacer) voneinander getrennt sind (Abb. **15.22a, b**). Ein starker Promotor in jeder Einheit sorgt für die effiziente Transkription durch RNAP I. Bereits während der Transkription wird an die entstehende Prä-rRNA ein großer Teil der

Abb. 15.22 Struktur der ribosomalen Transkriptionseinheiten und der Nucleolus als Ort der Ribosomensynthese.

a Die rDNA-Wiederholungseinheit bei Hefe schließt auch die Transkriptionseinheit für die 5S-rRNA ein. Die 35S-Prä-rRNA wird von RNAP I, die für die 5S-Prä-rRNA von RNAP III gelesen. Die gesamte Einheit findet sich in etwa 120-facher Ausführung auf dem Chromsom XII. Die angegebenen Spaltstellen (rote Pfeilköpfe) sind entscheidend für die weitere Verarbeitung der Prä-rRNA (Abb. **15.23**); grüne Pfeile, Transkriptionsstartpunkte.

b Die Transkriptionseinheit für die 38S-Prä-rRNA bei *Arabidopsis* findet sich in etwa 350-facher Wiederholung in den Nucleolusorganisator-Regionen (NOR) der Chromosomen 2 und 4 (Abb. **13.4** S. 384). Die 5S-*rRNA*-Gene liegen dagegen getrennt an verschiedenen Stellen des Genoms. Bei *Arabidopsis* gibt es drei tandemartig angeordnete Promotoren, die zu unterschiedlich großen Primärtranskripten führen.

c Nucleolus-Ultrastruktur in Tomatenzellen unter Kontroll- und Hitzestreßbedingungen. Die Akkumulation unverarbeiteter Prä-Ribosomen unter Streß führt zu bemerkenswerten Veränderungen der Ultrastruktur. Die fibrillären Bereiche (F) beherbergen die RNAPI-Maschinerie an den *rRNA*-Genen, während in den granulären Bereichen (G) die Prä-Ribosomen zu finden sind. Der Balken entspricht 1 μm (Abb. **c** von D. Neumann und G. Wanner).

Box 15.10 Ribosomenbiosynthese in einer exponentiell wachsenden Kultur von Hefezellen

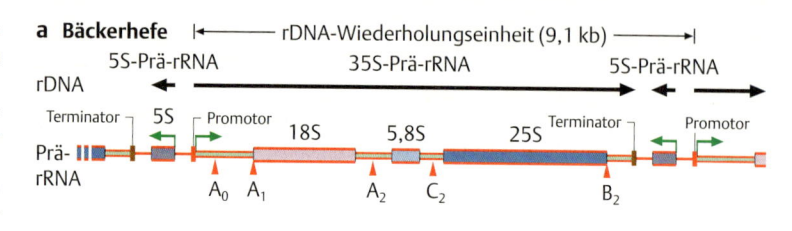

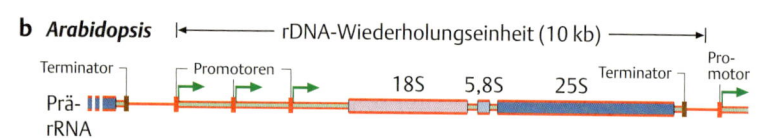

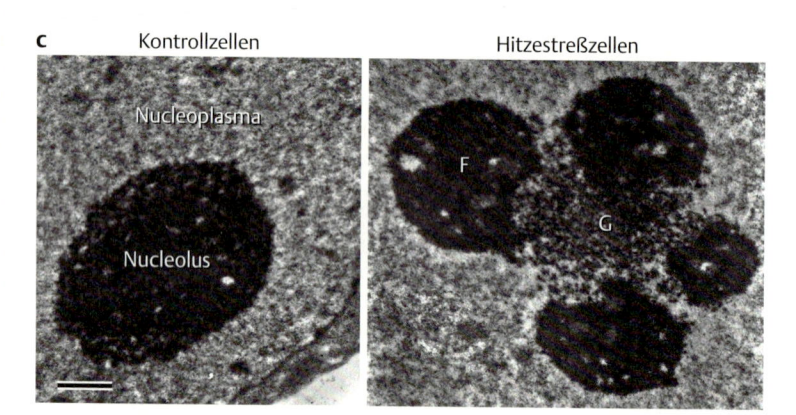

Eine Massenproduktion in Fakten und Zahlen (nach Warner 1999):

Generationszeit der Hefezellen	120 Minuten
Ribosomen	200 000 Ribosomen pro Zelle, d. h. 80 % der Gesamt-RNA ist rRNA; Ribosomen nehmen 40 % des gesamten Volumens im Cytoplasma ein (Abb. **2.2** S. 50)
Syntheseleistung	>2500 Ribosomen pro Minute (Reproduktion des gesamten Ribosomenbestands in etwa 80 min., d. h. in den G1/S/G2-Phasen des Zellzyklus)
rRNA-Synthese	120 *rRNA*-Gene in einem Cluster auf Chromosom XII; Transkription durch RNAP I macht 60 % der gesamten Transkriptionskapazität der Zelle aus
Proteinsynthese	etwa 190 000 (2500 · 78) rProteine pro Minute werden benötigt; etwa 50 % der gesamten RNAP II ist mit der Transkription der mRNAs für diese Proteine beschäftigt. Diese machen etwa 30 % der Gesamt-mRNA der Zelle aus. Dazu kommen die etwa 200 Helferproteine für die Prozessierung der Prä-rRNA.
Spleißen	90 % der gesamten Spleißaktivitäten sind mit der Prozessierung von rProtein-codierenden mRNAs verbunden
Kernporen	durch jede der etwa 150 Kernporen müssen in jeder Minute 1200 rProteine importiert und 30 ribosomale Untereinheiten exportiert werden (s. auch Kap. 15.5.2)

ribosomalen Strukturproteine angelagert, sodaß ein **Prä-Ribosom** entsteht (Abb. **15.23**, Schritt 1).

Die Anlieferung der notwendigen rProteine aus dem Cytoplasma und die Transkription der rRNAs durch RNAP I und RNAP III sind unmittelbar miteinander gekoppelt. In einer Art „**lean production**" gibt es keine freien rProteine in der Zelle, d. h. wenn die Nachlieferung der frisch gebildeten rProteine aus dem Cytoplasma durch irgendeine Störung unterbrochen wird, hört auch die Transkription im Nucleolus auf. Die Ribosomensynthese kann unter Nährstoffmangel oder Hitzestreß in wenigen Minuten auf weniger als 2 % der Maximalgeschwindigkeit gedrosselt werden, weil die Prozessierung der Prä-Ribosomen sofort gestoppt wird und dann auch die Transkription der rRNA allmählich aufhört. Die enge Kopplung von Synthese und Verarbeitung der Prä-Ribosomen wird sehr eindrucksvoll deutlich an der unmittelbar veränderten Ultrastruktur des Nucleolus unter solchen Streßeinwirkungen (Abb. **15.22c**).

Das Prä-Ribosom enthält die in Abb. **15.23** angezeigten Strukturproteine und die Prä-rRNA als unverarbeitetes Primärtranskript. In dem folgenden aufwendigen **Reifungsprozeß** werden in mehreren Schritten die Vorläufer der beiden ribosomalen UE geschaffen. Diese werden mit weiteren ribosomalen Proteinen beladen, aus dem Kern exportiert und schließlich im Cytoplasma der Endfertigung unterworfen. Insgesamt sind etwa **200 Helferproteine** an diesem Reifungsprozeß beteiligt. Darunter befinden sich eine Reihe spezifischer Endonucleasen, die das Zurechtschneiden der rRNA bewerkstelligen, ATP-abhängige RNA-Helikasen für die häufigen Umfaltungsprozesse der RNA im Verlauf der Reifung und eine Reihe von Enzymen, die die **RNA postsynthetisch verändern**. Letzteres beinhaltet zahlreiche Methylierungen am C2'-OH ausgewählter Riboseresten und Umglykosylierungen an einigen Uridinresten (Uridinreste → Pseudouridinreste [Ψ], Plus **15.8**).

Damit die postsynthetischen Veränderungen immer an den richtigen Stellen in der Kette von etwa 6600 Nucleotiden der Prä-rRNA erfolgen, gibt es etwa 100 kleine Ribonucleoprotein-Partikel im Nucleolus (**Snorps**), die – ähnlich den Snurps beim Spleißen (Abb. **15.12** S. 510) – mit kleinen **Guide-RNAs** bestückt sind und für die sequenzspezifische Rekrutierung der verarbeitenden Enzyme sorgen (Plus **15.8**). Im Ergebnis werden von den 6567 Nucleotiden in der Hefe-Prä-rRNA 1239 Nucleotide in vielen kleinen und größeren Stücken entfernt, und die gebildeten drei rRNAs (18S, 5,8S und 25S) sind an 55 Stellen methyliert und enthalten eine beachtliche Zahl von Ψ-Resten. Dieser hochkomplizierte Verarbeitungsprozeß führt schließlich zu den **aktiven ribosomalen Untereinheiten** (LSU und SSU), deren Struktur, Dynamik, Effizienz und katalytischen Aktivitäten bei der Proteinbiosynthese wesentlich durch die Raumstruktur ihrer rRNAs bestimmt wird. Der Aufwand bei der Herstellung dieser **biologischen Maschine** ist also sehr wohl gerechtfertigt.

Abb. 15.23 Synthese und Verarbeitung von Prä-Ribosomen am Beispiel der Bäckerhefe. Während der laufenden Transkription werden die Prä-Ribosomen durch Anlagerung einer großen Anzahl der notwendigen Strukturproteine zusammengebaut (**1**). Die rRNA im 90S-Prä-Ribosom wird anschließend an den durch Pfeilköpfe markierten Stellen gespalten (**2**), und die beiden Vorläuferpartikel für die große (Prä-LSU) und kleine UE (Prä-SSU) werden getrennt voneinander weiterverarbeitet (**3a**, **4a**). Nach Export ins Cytoplasma erfolgen die letzten Schritte der Reifung (**3b**, **4b**). Selbst in dieser späten Phase können noch letzte Strukturproteine angefügt (**4a**) bzw. letzte Schritte der rRNA-Verarbeitung vollzogen werden (**4b**).

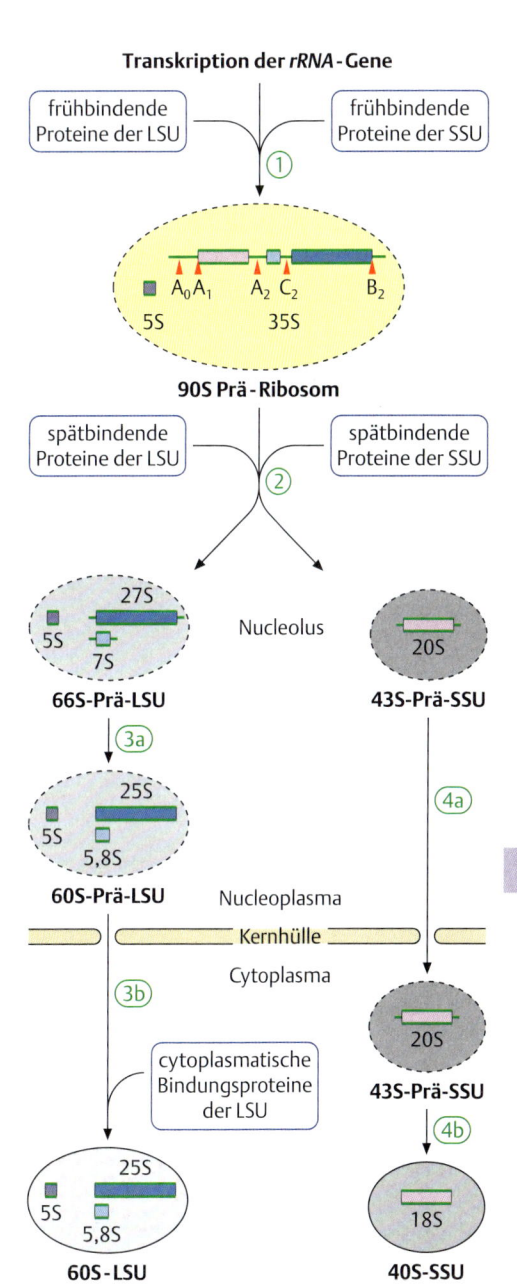

Plus 15.8 Prä-rRNA-Verarbeitung und die Rolle von snoRNAs als Guide-RNAs

Ein System von etwa 100 snoRNPs („Snorps", engl.: small nucleolar RNPs) garantiert den geordneten Ablauf der vielen Verarbeitungsstufen der Prä-rRNA und hilft bei der Faltung der rRNA in die für die ribosomalen UE typische Raumstruktur. Die drei durch Snorps kontrollierten Reaktionstypen sind:
- endonucleolytische Spaltungen,
- 2'-O-Methylierungen an bestimmten Riboseresten und
- Isomerisierung der N-glykosidischen Bindung bei ausgewählten Uridinresten in eine C-glykosidische Bindung und damit Bildung von Pseudouridinresten (Ψ).

Die meisten der von Snorps bewirkten Veränderungen vollziehen sich im 90S-Prä-Ribosom.
Herzstück der Snorps sind snoRNAs, die als **Guide-RNAs** die zu modifizierenden Stellen in dem „Ozean" von Tausenden von Nucleotiden durch RNA/RNA-Hybridisierung identifizieren und damit das Andocken der modifizierenden Enzyme ermöglichen. snoRNAs haben gewöhnlich eine Länge von 70–300 Nucleotiden, sie können in Ausnahmefällen aber auch bis zu 1000 Nucleotide lang sein. Aufgrund ihrer ausgeprägten Raumstruktur und bestimmter Sequenzmotive werden sie in zwei Klassen eingeteilt:
- **C/D-Box-snoRNA** enthalten als Strukturprotein eine **Methyltransferase** und sind für die 2'-O-Methylierungen zuständig.
- **H/ACA-Box-snoRNA** katalysieren die **Bildung von Pseudouridinresten**. Eines ihrer vier Strukturproteine ist die Pseudouridin-Synthetase.

Die Genauigkeit der **endonucleolytischen** Spaltung wird von **Endonucleasen** mit Guide-RNAs gewährleistet, die beiden Strukturtypen angehören können.
Ein besonders eindrucksvolles Beispiel soll am Schluß noch kurz behandelt werden. Es betrifft die in großen Mengen im Nucleolus vorhandene **snoRNA U3**. Sie gehört zur C/D-Box-Klasse und ist essentiell für die ersten endonucleolytischen Spaltungen an den Stellen A_0, A_1 und A_2 (vgl. Pfeilköpfe in Abb. 15.23a) und damit auch für die frühzeitige Trennung der beiden Vorläuferpartikel von LSU und SSU. Die Anlagerung des snoRNPs U3 an die entstehende Prä-rRNA erfolgt in einer sehr frühen Phase der Transkription. Sie bildet den Ausgangspunkt für die Rekrutierung von mindestens 10 weiteren Proteinen, die schließlich ein hochorganisiertes **Prozessosom** für die Entstehung der SSU bilden. Wie bei der Transkription durch RNAP II (Kap. 15.4.4) ist auch im Fall der rRNA-Synthese der Fortgang der Transkription eng verknüpft mit der Assemblierung der Verarbeitungsmaschinerie des Prozessosoms. Das betrifft vermutlich auch die Rekrutierung der anderen Snorps, die als integraler Bestandteil des 90S-Prä-Ribosoms anzusehen sind.

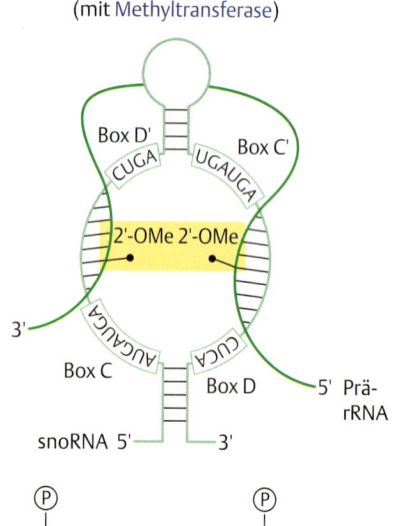

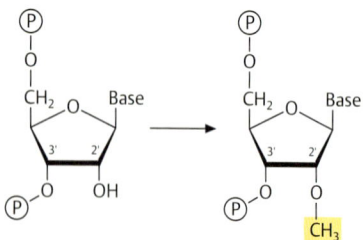

a C/D-Box-snoRNA (mit Methyltransferase)

b H/ACA-Box-snoRNA (mit Pseudouridin-Synthetase)

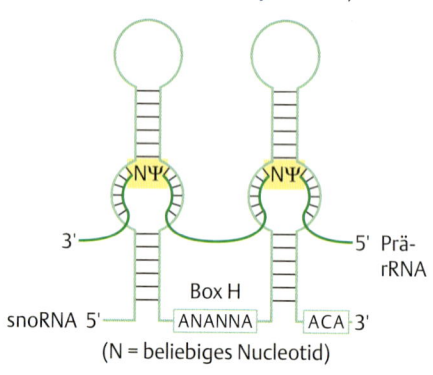

(N = beliebiges Nucleotid)

Uridin (U) → Pseudouridin (Ψ)

(nach Knippers, Molekulare Genetik 2006)

15.7 Proteinbiosynthese

Die Proteinbiosynthese beinhaltet nicht nur den Vorgang der gerichteten Verknüpfung von Aminosäureresten, sondern auch den Sprachübergang (Translation) in der biologischen Information von der Speicher- und Transportform (DNA, mRNA) in die Arbeitsform (Proteine). Nach Aktivierung der Aminosäuren und Beladung der dazugehörigen tRNAs werden die Bausteine für die Polypeptidsynthese an den Ribosomen entsprechend der Reihenfolge der Codons auf der mRNA polymerisiert. In der Regel lesen mehrere Ribosomen gleichzeitig hintereinander die Information einer mRNA (Polysomen).
Jedes Ribosom hat an seiner Oberfläche drei Bindungsstellen für tRNAs in unterschiedlichen Zuständen: 1. Die Eingangs- oder Akzeptorstelle (A-Site) für den Eintritt der beladenen tRNAs, 2. die Peptidylstelle (P-Site), in der die letzte tRNA mit der wachsenden Peptidkette sitzt, und 3. die Austrittsstelle (E-Site) für die leere tRNA. Die Polypeptidsynthese wird in drei Phasen eingeteilt (Initiation, Elongation und Termination). Die neu synthetisierten Proteine unterliegen nach ihrer Entstehung einer Kontrolle ihrer Funktion durch vielfältige Modifikationen.

Die Proteinbiosynthese beinhaltet nicht nur den Vorgang der gerichteten Verknüpfung von Aminosäureresten an Ribosomen, sondern auch den **Sprachübergang** (**Translation**) in der biologischen Information von der Speicher- und Transportform (Nucleinsäuren) in die Arbeitsform (Proteine). Wie schon erwähnt (Kap. 13.2), entsteht dabei aus der Kombination von vier Buchstaben im **Nucleinsäurealphabet** eine wieder genau festgelegte, aber eben viel komplexere Buchstabenfolge der **Proteine mit 20 Aminosäureresten**. Das Ergebnis sind die **Polypeptide** mit ihren vielfältigen und dynamisch veränderlichen Raumstrukturen, die als Enzyme, Transport- bzw. Rezeptorproteine in den Membranen, als Struktur- oder Regulatorproteine der heutigen biologischen Welt ihren Stempel aufdrücken. Die im Verlauf der Evolution entstandene Trennung des DNA/RNA-Bereichs von dem Proteinbereich mit der dazwischen geschalteten Translation hat sich als ein durchschlagendes Erfolgsrezept erwiesen, das die Grundlage des Lebens in seiner heutigen Vielfalt erst ermöglicht hat. Es wundert also nicht, daß gerade bei der Umsetzung von Nucleinsäureinformation in Proteininformation RNA- und Proteinwelt ineinandergreifen, d. h. RNAs mit einer komplexen Raumstruktur (rRNAs, tRNAs, Plus 15.9) arbeiten in diesem Prozeß zusammen mit Proteinen.

15.7.1 Aminosäureaktivierung

Der erste und für den Sprachübergang entscheidende Schritt ist die Aminosäureaktivierung. Biochemisch gesehen wird eine Aminosäure, in unserem Beispiel Alanin, unter ATP-Verbrauch aktiviert und auf die passende tRNA übertragen (Abb. 15.24). Das Ganze wird in zwei Schritten von einem relativ großen Enzym, der **Aminoacyl-tRNA-Synthetase** bewerkstelligt. Es gibt im Cytoplasma aller Zellen für jede der 20 Aminosäuren mindestens eine solche Synthetase, und das gilt im Prinzip ebenso für die Plastiden und Mitochondrien. Wo immer Proteinbiosynthese stattfindet, gibt es den gesamten Apparat für die selektive Aktivierung der Aminosäuren.
Wenn einmal eine falsche Aminosäure aktiviert würde, d. h., wenn z. B. durch einen groben Fehler der Aminoacyl-tRNA-Synthetase$_{Ala}$ Serin auf eine tRNA$_{Ala}$ übertragen worden wäre, dann könnte das durch das nach-

---

Plus 15.9 tRNAs und Translationsfaktoren: ein Beispiel molekularer Mimikry

Wie schon verschiedentlich angedeutet, sind tRNAs mit ihrer eigenartigen Fülle ungewöhnlicher Basen und der damit verbundenen **Raumstruktur** (Abb. 1.25 S. 31) eine Art Bindeglied zwischen der RNA- und der Proteinwelt. Aus der hohen Genauigkeit der Beladung einer bestimmten tRNA mit der dazugehörigen Aminosäure ist ganz offensichtlich, daß die **Aminoacyl-tRNA-Synthetasen** die Raumstruktur der tRNAs zuverlässig abtasten und damit die richtige unter den vielen verschiedenen tRNAs selektionieren können. Diese **Einzigartigkeit** einer jeden tRNA ist aber nur die eine Seite. Am Ribosom selbst muß jede tRNA als Mitglied ihrer Klasse erkannt werden und **gleichartig** in die drei Bindungsstellen am Ribosom passen, damit die Polymerisierungsreaktionen zügig ablaufen können.
Ein wichtiger Teilaspekt dabei ist die strukturelle Ähnlichkeit zwischen den beiden Elongationsfaktoren, d. h. EF-Tu im Komplex mit der beladenen tRNA einerseits und EF-G andererseits (Abb. 15.26 S. 539). Beide erscheinen als langgestreckte Komplexe aus zwei Teilstrukturen. In dem **EF-Tu/tRNA-Komplex** nimmt die Aminoacyl-tRNA die Position ein, die im **EF-G** die C-terminale Domäne innehat. Für die Bindungsstellen am Ribosom (Kap. 15.7.2) sehen beide Strukturen sehr ähnlich aus. Das Beispiel der molekularen Mimikry wird in dem **Terminationskomplex** noch weitergeführt (Abb. 15.27 S. 540). Hier dient die RF1-Untereinheit (engl.: release factor) als Quasi-tRNA, die das Stop-Codon in der A-Stelle erkennt; die RF3-UE ist mit GTP beladen und hat EF-Tu-ähnliche Funktionen. Diese Details der Raumstrukturen sind bisher nur für die prokaryotischen Systeme geklärt.

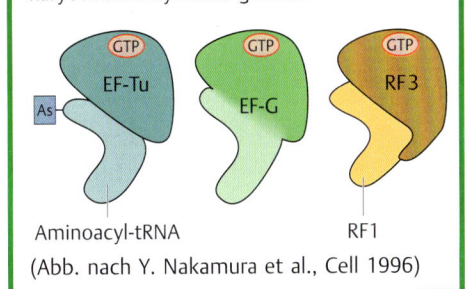

(Abb. nach Y. Nakamura et al., Cell 1996)

geschaltete Verarbeitungssystem der Ribosomen bei der Proteinsynthese nicht mehr repariert werden. Serin würde anstelle von Alanin in die wachsende Polypetidkette eingebaut. Eine **Fehlerkorrektur** ist aber nach dem ersten Schitt der Aktivierung noch möglich. Nur wenn die aktivierte Aminosäure (Alanyl-AMP) zu der von der Aminoacyl-tRNA-Synthetase$_{Ala}$ erkannten tRNA paßt (tRNA$_{Ala}$), würde diese auch übertragen. Bei der hier angenommenen falschen Kombination (Ser~AMP und tRNA$_{Ala}$) würde die aktivierte Zwischenstufe (Ser~AMP) dagegen wieder hydrolysiert. Substraterkennungsstelle und tRNA-Erkennungsstelle sind also genau aufeinander abgestimmt. Fehler im ersten Schritt könnten erkannt und eliminiert werden.

Besondere Bedeutung für die erreichte Genauigkeit hat die spezielle **Raumstruktur der tRNA** selbst. Durch zahlreiche Basenmodifikationen bei der Verarbeitung der Prä-tRNA entstehen Moleküle, die in ihrer dreidimensionalen Struktur (Abb. **1.25** S. 31) wie eine Proteindomäne aussehen und im Sinne einer **molekularen Mimikry** auch als solche wirken (Plus **15.9**).

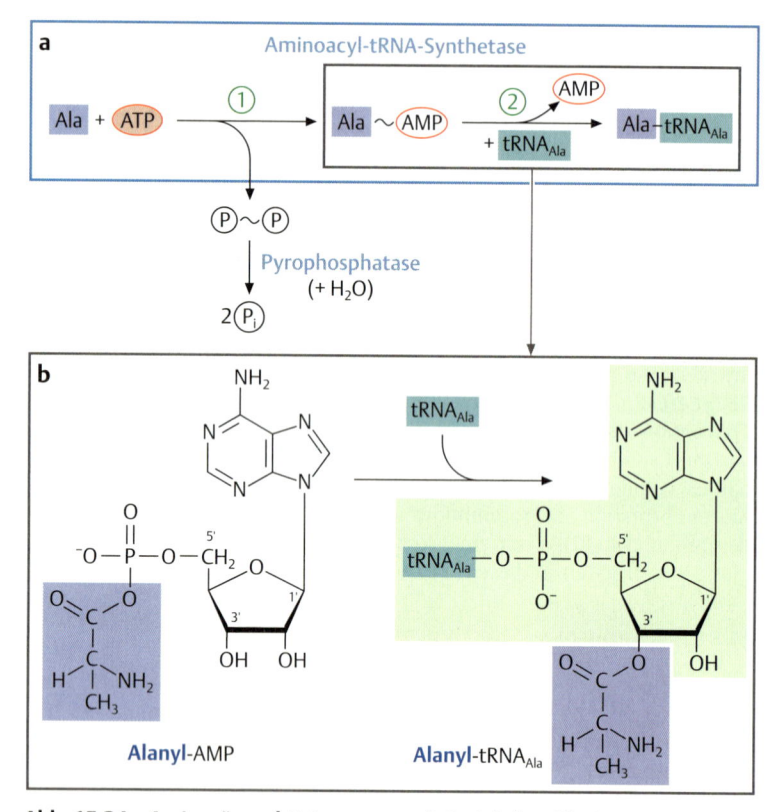

Abb. 15.24 Aminosäureaktivierung am Beispiel des Alanins. a Im ersten Schritt wird an der für Alanin spezifischen Aminoacyl-tRNA-Synthetase Alanin unter Verbrauch von ATP aktiviert. Es entsteht das gemischte Anhydrid Alanyl-AMP (**b** links). Dieses wird im zweiten Schritt in Gegenwart der spezifischen tRNA$_{Ala}$ in das Endprodukt Alanyl-tRNA$_{Ala}$ umgesetzt. In letzterem ist die Aminosäure in einer Esterbindung an die 3'-Hydroxylgruppe des endständigen Adenosinrestes der tRNA gebunden (**b** rechts).

15.7.2 Der Translationszyklus an Ribosomen

Nach Aktivierung der Aminosäuren und Beladung der dazugehörigen tRNAs (Kap. 15.7.1) stehen diese als Bausteine für die Polypeptidsynthese (Proteinsynthese) zur Verfügung. Die Polymerisation erfolgt an den Ribosomen, die zu mehreren hintereinander die Information der mRNA ablesen und in die Proteininformation umsetzen können. Man nennt diese Struktur daher auch Polyribosom oder kurz **Polysom**. Solche Polysomen verschiedener Größe sind in teilungsaktiven Zellen leicht in Ultradünnschnitten mit dem Elektronenmikroskop zu identifizieren (Abb. **2.10** S. 58), und sie lassen sich unter geeigneten Bedingungen auch aus Zellen isolieren und analysieren (Box **15.11**).

Box 15.11 Polysomenanalyse

In schnell wachsenden Pflanzenzellen ist der größte Teil der Ribosomen in Polysomen eingebaut und mit der Proteinsynthese beschäftigt. Das kann man gut analysieren, wenn man für die Aufarbeitung dieser labilen Strukturen einen kleinen Trick anwendet: Man behandelt die Zellen bzw. Gewebe kurz vor dem Aufschluß mit Cycloheximid (CH), einem Antibiotikum, das die Polysomen in ihrer Elongationstätigkeit stoppt (Abb. **15.49** S. 586). Sie bleiben wie eingefroren an der Stelle auf der mRNA sitzen, wo sie sich gerade befinden. Diese Momentaufnahme des Translationsgeschehens kann man sichtbar machen, wenn man den Rohextrakt aus dem Gewebe in einem Saccharosegradienten (10 → 40 % Saccharose) in der Ultrazentrifuge auftrennt (1 h 40 000 Umdrehungen min^{-1}, **a**, **b**) und das Ergebnis, wie in der Abbildung gezeigt, analysiert (**c**, **d**). Dafür wird nach Beendigung der Zentrifugation das Röhrchen einfach am Boden durchbohrt und die austropfende Lösung in kleinen Fraktionen aufgefangen (Fraktionen 1–16 in unserem Beispiel). Am Grunde des Röhrchens (Fr. 16) findet man die größten Polysomen, in der Mitte des Gradienten (Fr. 8) etwa die Monosomen (mRNA mit einem Ribosom) und in Fraktion 1 die freien mRNP, die nicht translatiert werden. Die Hauptfraktionen sind farbig markiert (**b** und **c**).

Die Teilabbildung **c** zeigt den Verlauf der RNA-Menge im Gradienten; diese Kurve erhält man, wenn man beim Austropfen die optische Dichte (O.D.) bei 260 nm registriert (Absorptionsmaximum von Nucleinsäuren im UV-Licht). In dem Polysomenprofil in der unteren Hälfte des Gradienten (gelb) kann man sehr schön einzelne Peaks für Monosomen (M), Disomen (D), Trisomen (T), Tetrasomen, Pentasomen (P) und größere unterscheiden. Je größer die Polysomen, desto intensiver ist die Proteinsynthese.

Wenn man die RNA aus den einzelnen Fraktionen isoliert, in einer Gelelektrophorese auftrennt und anschließend einer Northern-Blot-Analyse unterwirft (**d**), wird die unterschiedliche Zusammensetzung noch deutlicher. Die beiden ribosomalen RNAs als Marker (> 99 % der RNA!) verteilen sich zwischen den Fraktionen 3–16 je nach Zusammensetzung in unterschiedlicher Intensität. Dagegen findet man die sehr stark translatierte Hitzestreß-mRNA (Nachweis durch Northern Blot, Box **15.2** S. 492) im wesentlichen in den Polysomen (Fraktionen 10–16).

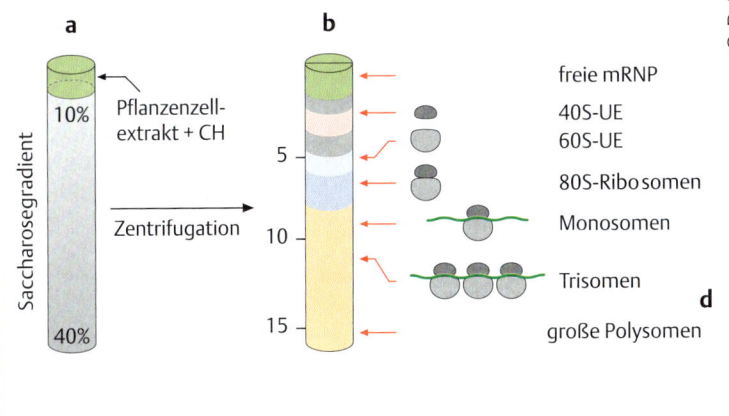

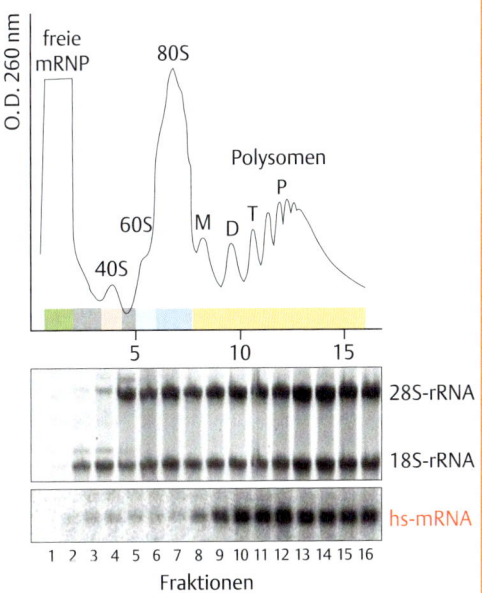

Jedes Ribosom hat an seiner Oberfläche drei Bindungsstellen für tRNAs in unterschiedlichen Zuständen (Abb. **2.9** S. 57, und Abb. **15.25**–Abb. **15.27**):

- die Eingangs- oder **Akzeptorstelle** (**A-Site**) für den Eintritt der beladenen tRNAs,
- die **Peptidylstelle** (**P-Site**), in der die letzte tRNA mit der wachsenden Peptidkette sitzt und
- die **Austrittsstelle** (**E-Site,** engl.: exit site) für die leere tRNA nach Bildung der Peptidbindung.

Wie bei anderen Polymerisationsreaktionen, die wir behandelt haben (vgl. Kap. 15.2 und Kap. 15.4), wird auch die Polypeptidsynthese in drei Phasen eingeteilt: **Initiation**, **Elongation** und **Termination**. Mit diesen drei Phasen sind charakteristische Hilfsfaktoren verbunden, die wir ganz entsprechend als **Initiationsfaktoren** (IF), **Elongationsfaktoren** (EF) und **Terminationsfaktoren** (RF, engl.: release factor) bezeichnen. Der Einfachheit halber wollen wir diese Vorgänge zunächst beispielhaft am *E. coli*-Ribosom beschreiben, bevor wir im nächsten Abschnitt einen Blick auf die prinzipiell sehr ähnlichen, aber von den beteiligten Komponenten her komplexeren Vorgänge bei Eukaryoten werfen.

Initiation (Abb. **15.25**): Die **kleine ribosomale Untereinheit** (UE) ist, mit zwei **Initiationsfaktoren** IF1 und IF3 beladen (**1**), in der Lage, die mRNA und gleichzeitig einen vorgeformten trimeren Komplex aus fMet-tRNA, IF2 und GTP (**2**) zu binden. Die Erkennung des richtigen AUG-Codons am Beginn des offenen Leserasters der mRNA beruht auf einem kurzen Sequenzmotiv stromaufwärts davon, das von einer komplementären Sequenz am 3'-Ende der 16S-rRNA in der kleinen ribosomalen UE erkannt wird (3'-UCCUCCA-5'). Dieses Erkennungsmotiv in der mRNA nennt man nach ihren Entdeckern **Shine-Dalgarno-Sequenz** (durch Unterstreichung hervorgehoben):

mRNA: 5'-GAAUUCCU<u>AGGAGG</u>UUUGACCU **AUG** CGA GCU UUU AGU-3'
　　　　　　　　　　　　　　　　　　　　Met　Arg　Ala　Phe　Ser

Interessanterweise muß bei den Prokaryoten der Methioninrest in der Initiator-tRNA durch Formylierung der freien NH$_2$-Gruppe maskiert sein. Die Formylgruppe (rot) wird aus N-Formyltetrahydrofolsäure (THF) mit Hilfe der Transformylase auf die Met-tRNA$_{fMet}$ übertragen:

tRNA$_{fMet}$-Met-NH$_2$ + THF $\xrightarrow{\text{Transformylase}}$ tRNA$_{fMet}$-Met-NH-CHO

Wenn der Präinitiationskomplex (**3**) fertig ist, kann die **große ribosomale UE** gebunden werden (**4**), und nach **Hydrolyse von GTP** verläßt der letzte der drei Initiationsfaktoren (IF2) den Komplex. Der fertige Initiationskomplex (Abb. **15.25, 5**) ist bereit für den Eintritt in die Elongationsphase. In

Abb. 15.25 Proteinsynthese in *E. coli*: Initiation. Zu Beginn sind die Initiationsfaktoren IF1 und IF3 an die 30S-Untereinheit des Ribosoms gebunden. Die mRNA wird unter Bindung von IF2/GTP/fMet-tRNA ebenfalls an die kleine UE rekrutiert. Durch Zutritt der großen UE und Freisetzung von IF2/GDP wird der Initiationsvorgang vervollständigt. An dem Ribosom sind die drei tRNA-Bindungsstellen erkennbar: die A-, P- und die E-Site. In der Anticodonschleife der tRNA$_{Met}$ (grau unterlegt in 2) finden wir die zum Startcodon 5'-AUG-3' komplementäre Sequenz, also 3'-UAC-5'. Weitere Details s. Text (nach Knippers 2006).

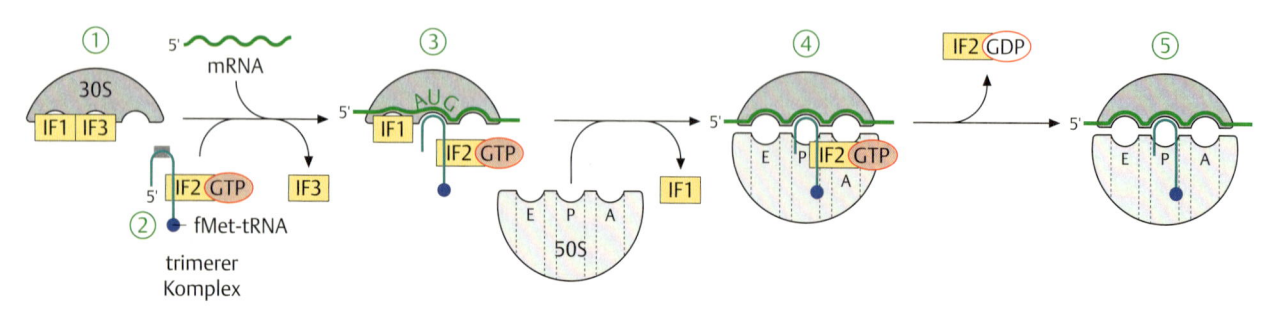

diesem Initiationskomplex sitzt die fMet-tRNA übrigens nicht in der A-Site, sondern in der P-Site des Ribosoms. Das erste Methionin wird häufig nach der Synthese durch eine Aminopeptidase entfernt, sodaß in den meisten Fällen der zweite oder dritte Aminosäurerest am N-terminalen Ende eines biologisch aktiven Proteins erscheint (Tab. **15.6** S. 543).

Elongation: Wir beginnen die Besprechung des Elongationszyklus mit dem Augenblick, in dem der siebte Aminosäurerest, an die entsprechende tRNA gebunden, in die A-Site eintritt (Abb. **15.26**). An dem hier gezeigten Ribosom (**1**) eines Polysomenverbandes befindet sich also tRNA$_5$ in der E-Site und tRNA$_6$ mit dem daran hängenden Hexapeptid in der P-Site (blaue Symbole 1–6 in Abb. **15.26**, **1**). Die **Aminoacyl-tRNA$_7$** wird in einem Komplex mit dem **Elongationsfaktor Tu** (**EF-Tu**) und **GTP** in der A-Site mit dem Codon 7 auf der mRNA gebunden (**2**).

Unter **Hydrolyse von GTP** und Freisetzung von EF-Tu(GDP) wird das Ribosom in einen Zustand versetzt (**3**), in dem der **Peptidyltransfer** stattfinden kann (**4**). Im letzten Teil des Kreisprozesses muß das Ribosom funktionell wieder in die Ausgangslage (**5**) zurückgebracht werden. Allerdings ist es insofern verändert, als das gebundene Peptid nun um einen Aminosäurerest verlängert und die Position auf der mRNA um ein Codon weitergerückt ist: Codon 8 erscheint in der A-Site. Diese beachtlichen Verschiebungsvorgänge am Ribosom erfordern den **Elongationsfaktor EF-G** und die **Hydrolyse von GTP**.

Das Gesamtgeschehen in Abb. **15.26** stellt also einen **Arbeitszyklus eines Ribosoms** bei der Polypeptidsynthese dar, der sich je nach Größe des zu synthetisierenden Proteins 100- bis 100 000-fach wiederholen

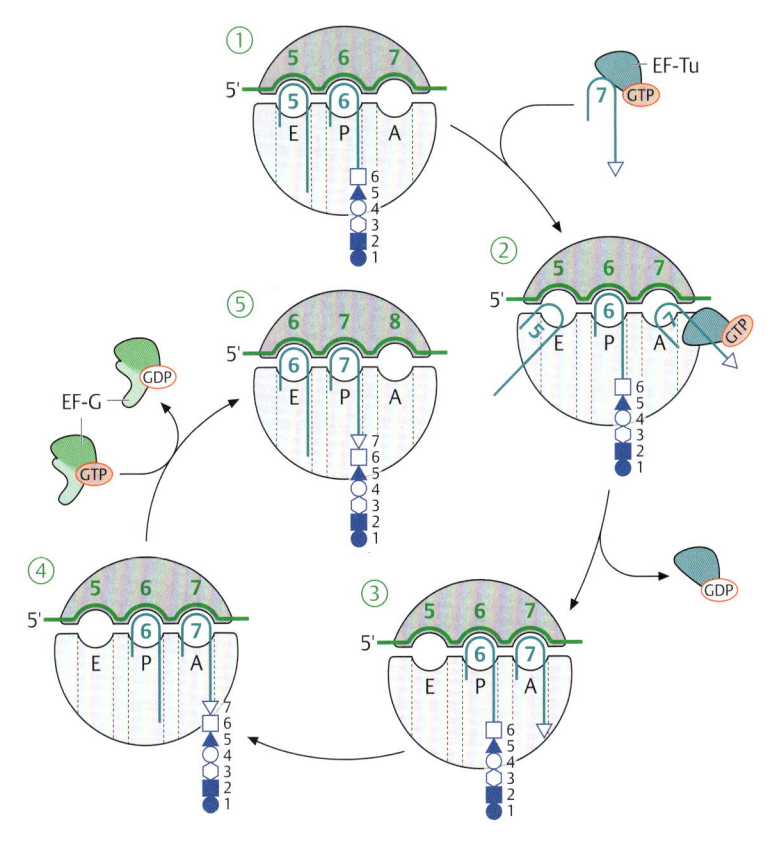

Abb. 15.26 Proteinsynthese in *E. coli*: Elongationszyklus. Die Elongationsfaktoren EF-Tu und EF-G benötigen GTP für ihre Funktion. Bei der Elongation um einen Aminosäurerest wird die bereits gebildete Aminosäurekette von der Aminoacyl-tRNA in der P-Site auf die neue Aminoacyl-tRNA in der A-Site übertragen. Anschließend „rutscht" das Ribosom auf der mRNA ein Codon weiter. Weitere Einzelheiten im Text (nach Knippers 2006).

Abb. 15.27 Proteinsynthese in *E. coli*: Termination. Bei Auftauchen eines Stop-Codons in der A-Site am Ende des offenen Leserasters übernimmt der RF1 die Funktion der beladenen tRNA, und es kommt unter Mitwirkung von RF3(GTP) zur Freisetzung der Polypeptidkette (weitere Einzelheiten im Text). Im letzten Schritt werden alle Komponenten unter Mitwirkung von RRF (engl.: ribosome release factor) freigesetzt (nach Knippers 2006).

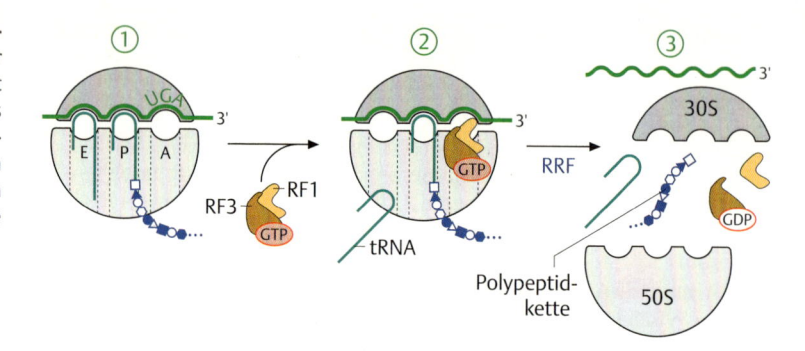

muß. Die Synthesegeschwindigkeit bei *E. coli* beträgt etwa 450 Aminosäurereste pro Ribosom und Minute. Mit gleicher Geschwindigkeit müssen die beladenen tRNAs und die durch GDP/GTP-Austausch regenerierten Faktoren EF-Tu und EF-G bereitgestellt werden. Wie Kristallstrukturanalysen eines Bakterienribosoms ergeben haben, wird das katalytische Zentrum (**Peptidyltransferase**) ausschließlich von der rRNA in der großen UE, ergänzt durch den Adenosinrest am 3′-Ende der tRNA in der P-Site, gebildet. Ribosomale Proteine sind offensichtlich nicht unmittelbar beteiligt, um die etwa 100 000-fache katalytische Beschleunigung der Bildung der Peptidbindung zu erreichen. Wir sprechen daher von einem **Ribozymgesteuerten Prozeß** (Plus **1.4** S. 30).

Die **Energie für die Peptidbindung** stammt aus der Esterbindung der aktivierten Aminosäure. Es handelt sich um eine schwach exergonische Reaktion. Davon völlig abgetrennt sind die zwei Moleküle GTP, die pro Elongationszyklus als Cofaktoren von EF-Tu und EF-G verbraucht werden. Die **GTP-Spaltung** liefert die **konformationelle Energie** für die komplexen Veränderungen in der Raumstruktur des Ribosoms, die die Übergänge von (**1**) zu (**2**) bzw. von (**4**) zu (**5**) kennzeichnen (Abb. **15.26**).

Termination (Abb. **15.27**): Die Termination verläuft nach ähnlichen Prinzipien wie die Elongation. Wenn eines der drei Stop-Codons (UGA, UAA bzw. UAG, Tab. **13.1** S. 378) in der A-Site erscheint (**1**), gibt es hierfür keine beladene tRNA. An deren Stelle tritt ein **Terminationsfaktorkomplex** aus RF1 zusammen mit dem GTP-beladenen RF3 (**2**). RF1 spielt die Rolle einer tRNA und erkennt das Stop-Codon in der A-Site, während RF3 in Struktur und Funktion dem EF-Tu sehr ähnlich ist. Beide Proteine zusammen im Terminationskomplex geben also ein weiteres Beispiel für **molekulare Mimikry** (Plus **15.9** S. 535). In Gegenwart des Terminationskomplexes benutzt das Peptidyltransferasezentrum ein Wassermolekül als Akzeptor für die Peptidylkette, sodaß diese freigesetzt wird. Nach Abschluß der Termination stehen die mRNA und alle anderen Komponenten wieder für eine neue Runde der Translation zur Verfügung (**3**).

15.7.3 Eukaryotische mRNP-Komplexe

Prinzipiell verlaufen alle Teilprozesse der Translation bei Eukaryoten ähnlich wie in Kap. 15.7.2 für *E. coli* beschrieben. Auch hier beginnt die Polypeptidsynthese stets mit Methionin als erster Aminosäure. Diese wird aber nicht durch Formylierung maskiert. Es sind auch ähnliche Initiations-, Elongations- und Terminationsfaktoren beteiligt, die jeweils mit einem vorangestellten „e" (eukaryotisch) gekennzeichnet werden. Dem prokaryotischen Elongationsfaktor EF-Tu entspricht eEF-1α, dem EF-G entspricht eEF-2.

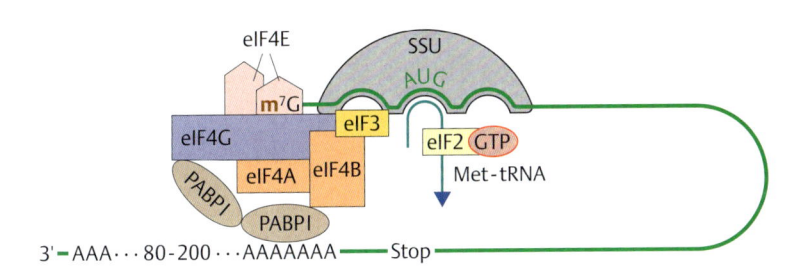

Abb. 15.28 Struktur des 48S-Prä-Initiationskomplexes in Eukaryoten. Die Initiationsfaktoren 4A, 4B, 4E und 4G bilden einen Komplex, in den auch das poly(A)-Bindungsprotein PABPI einbezogen ist. An diese zirkuläre Struktur der mRNP wird die kleine ribosomale UE (SSU) zusammen mit den Initiationsfaktoren eIF2(GTP), eIF3 und der Met-tRNA rekrutiert. Zum Schluß kann die große UE hinzutreten (nicht gezeigt).

Allerdings hat die besondere Struktur der mRNA mit einer Kappe am 5'-Ende und einem poly(A)-Schwanz am 3'-Ende nachhaltigen Einfluß auf den Zustand der mRNPs in den Zellen und die Translationseffizienz. Beide Teilstrukturen und die mit ihnen assoziierten Proteine, der **Initiationsfaktor eIF4E** und das **poly(A)-Bindungsprotein I** (**PABPI**), sind Garant für die Intaktheit der mRNA. Sie existieren an der mRNA in einem Komplex mit anderen Initiationsfaktoren (Abb. **15.28**). Die besondere **zirkuläre Struktur der mRNP** erlaubt nicht nur eine effiziente Translation, sondern verhindert auch den Abbau der mRNA durch Exonucleasen. Der Zusammenhalt wird im wesentlichen durch ein großes **Strukturprotein** (**eIF4G**) gewährleistet, das als Rückgrat für den Komplex mit einer Reihe der beteiligten Proteine interagieren kann. Konsequenterweise muß der **mRNA-Abbau** durch eine Entfernung dieser Proteine und der Schutzgruppen am 5'- und am 3'-Ende eingeleitet werden (Plus **15.10**).

Entscheidender, letzter Schritt für die Bindung der ribosomalen großen UE ist die richtige Positionierung des Prä-Initiationskomplexes am AUG, das am Anfang des offenen Leserasters steht. Eine Shine-Dalgarno-artige Sequenz zur Bindung der 18S-rRNA gibt es bei den Eukaryoten nicht. Der Erkennungsprozeß beinhaltet aber Nucleotide in unmittelbarer Nachbarschaft des AUG und erfordert häufig die Mitwirkung der **Initiationsfaktoren eIF4A/4B**, die als **ATP-abhängige RNA-Helikasen** Sekundärstrukturen in der 5'-untranslatierten Region auflösen und damit den Zugang erleichtern. Eine bevorzugte Sequenz am Startcodon bei Pflanzen ist (R = A oder G): 5'-RRRRR**ATG**G-3'.

15.7.4 Postsynthetische Modifikation von Proteinen

Proteine als die zentralen Akteure für alle Vorgänge, die mit dem Begriff des Lebens verbunden sind (Stoffwechsel, Vermehrung, Entwicklung, Reaktionen auf Signale aus der Umwelt u. a. m.), unterliegen natürlich nach ihrer Entstehung auch einer Kontrolle ihrer Funktion durch Modifikation. Die Möglichkeiten der postsynthetischen Veränderungen an Proteinen sind nahezu unbegrenzt.
- Ganz allgemein gilt für fast die Hälfte aller Proteine, daß der N-terminale Methioninrest durch Aminopeptidasen entfernt und danach die freie NH_2-Gruppe des folgenden Aminosäurerestes z. B. durch Acetylierung blockiert werden kann.
- Im Verlauf der Proteintopogenese (Kap. 15.10) werden N-terminale Zielsequenzen durch Endoproteasen in den Zielkompartimenten abgespalten. Diesem Prozeß können sich weitere umfangreiche Verarbeitungsprozesse anschließen, wie sie z. B. mit der Verteilung im ER/Golgi-System verbunden sind (Kap. 15.10.3).

Auch andere Modifikationssysteme können sehr komplex sein (Plus **15.11**) und zu bleibenden Veränderungen der Funktion eines Pro-

Plus 15.10 mRNP-Abbau

Die Existenz von mRNA ist offensichtliche Voraussetzung für die Synthese der entsprechenden Proteine, und wir haben gute Beispiele für induzierte Genexpression kennengelernt, bei denen die Menge an Protein im wesentlichen durch die Transkription und Bildung der mRNA reguliert wird (Abb. **15.8** S. 500 und Abb. **15.20** S. 529). Bei den Eukaryoten geht die Regulation der Genexpression häufig aber weit über die Transkriptionskontrolle hinaus, und das betrifft sowohl die spezifische Kontrolle der Translation als auch die generelle Verfügbarkeit der mRNA und den Abbau von mRNPs. Mehr und mehr Einzelheiten für die Speicherung von mRNP und deren Abbau werden offenbar. Sie sind für die Vorgänge in Hefe exemplarisch in dem Schema zusammengefaßt. Wir können drei Grundformen von mRNPs unterscheiden:

1. Die uns schon bekannte Form der **translatierten mRNP** wurde hier der Einfachheit halber als Prä-Initiationskomplex dargestellt (vgl. Abb. **15.28**).

2. Speicher-mRNP: Unter bestimmten Bedingungen, z.B. Hitzestreß, kommt es zu einer massiven Freisetzung von mRNP aus den Polysomen, die unter diesen Bedingungen vornehmlich für die Synthese von Hitzestreßproteinen zur Verfügung stehen (Kap. 19.2). Haushalts-mRNP werden durch Assoziation mit spezifischen **RNA-bindenden Proteinen** (**UBP**) dem Translationsprozeß vorübergehend entzogen und in Speichergranula (Abb. **2**) deponiert.

3. mRNP-Abbau: Zustände **1** und **2** stellen vermutlich für mRNPs den perfekten Schutz vor abbauenden Systemen dar. Abbau beginnt auf jeden Fall mit der Rekrutierung eines Enzyms, das den poly(A)-Schwanz entfernt und damit den Verlust der stabilisierenden Faktoren herbeiführt (**3a**). Die Maschinerie für die **Entfernung des poly(A)-Schwanzes** wird unter Beteiligung diverser Faktoren und Enzyme an das 3'-UTR rekrutiert. Der eigentliche **Abbau** geschieht dann entweder vom **3'- zum 5'-Ende** durch einen Komplex von Exonucleasen und RNA-Helikasen (SKI) im **Exosom-Komplex** (**3b**) oder vom **5'- zum 3'-Ende** (**3c**). Für den 5' → 3'-Abbau wird zunächst der Decapping-Komplex (Dcp1/Dcp2) unter Mitwirkung des LSm1–7-Komplexes gebunden. Anschließend kann die kappenfreie mRNP durch die 5'→3'-Exonucleasen (Xrn) abgebaut werden. Die gesamte Maschinerie für den zweiten Abbauweg findet sich in hochmolekularen, aber in ihrer Zusammensetzung sehr dynamischen Komplexen, die als **P-bodies** (engl.: processing bodies; grün) bezeichnet werden.

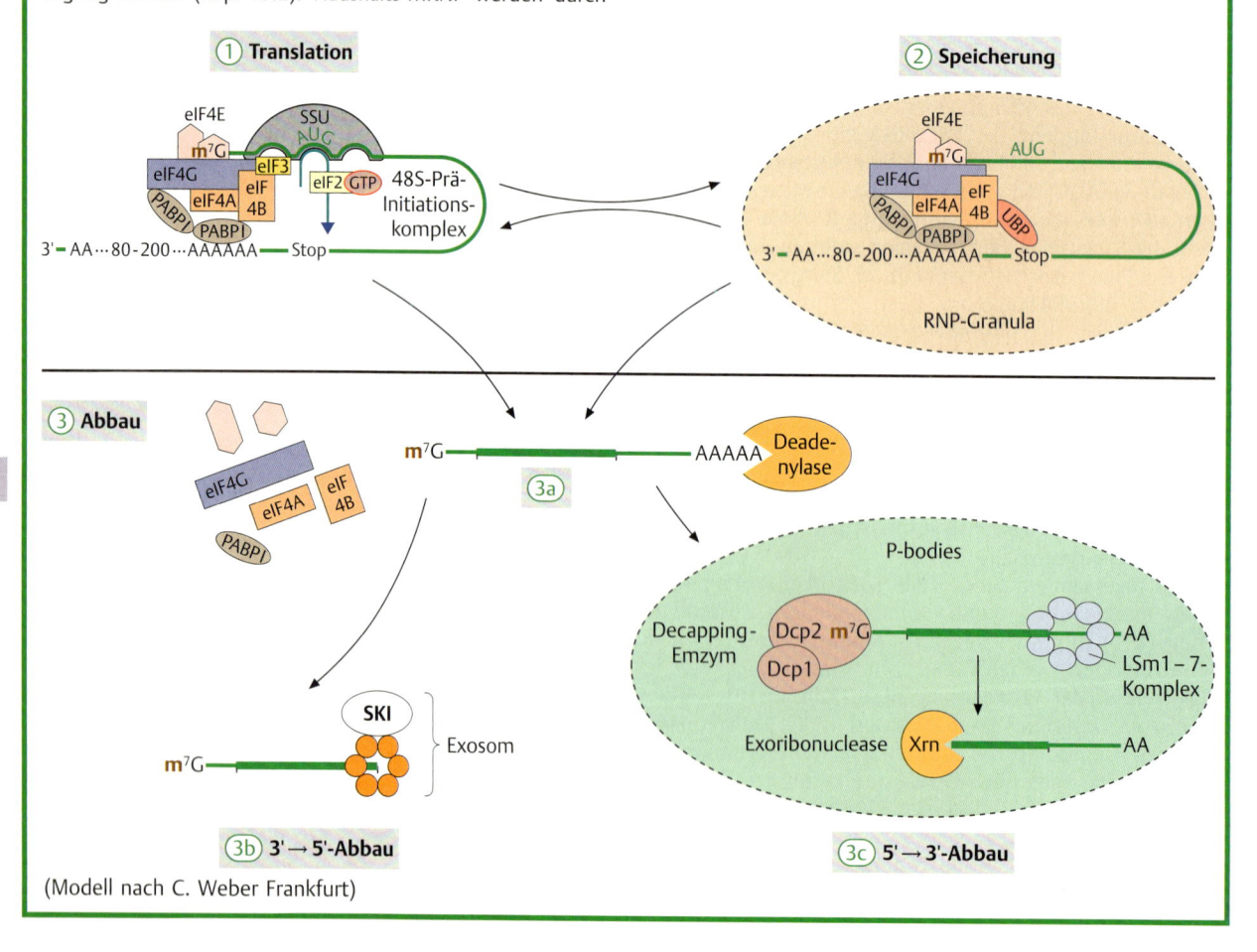

(Modell nach C. Weber Frankfurt)

teins führen, z. B. bei Glykoproteinen (Kap. 15.10.4). In vielen Fällen handelt es sich aber um **reversible Modifikationen** (Phosphorylierungen, Acetylierungen, Methylierungen, Ubiquitinierungen), die eine schnelle Kontrolle der Funktion und ggf. auch des Abbaus eines Proteins ermöglichen. Eine Besonderheit stellt die **Bindung von Nucleotiden** dar, die zu unterschiedlichen funktionellen Zuständen führt, je nachdem, ob z. B. ATP oder ADP bzw. GTP oder GDP gebunden sind. Die Nucleotide dienen häufig als Regulatoren für die Funktion des Proteins und nicht als Energiedonatoren. An zahlreichen Stellen in diesem Buch werden relevante Beispiele detailliert und in ihrem biologischen Zusammenhang behandelt (Tab. **15.6**).

Tab. 15.6 Beispiele für die Kontrolle der Proteinfunktion durch Modifikation oder Nucleotidbindung.

Modifikation	Modifizierende Enzyme	Beispiele (modifizierte Aminosäurereste, Funktionen)
A: Proteolytische Prozessierung		
N-terminales Met	Aminopeptidase	etwa 50 % aller Proteine verlieren das N-terminale Methionin
N-terminale Zielsequenzen	Endopeptidasen	während der Proteintopogenese werden N-terminale Zielsequenzen im ER bzw. in den Organellen abgespalten (Kap. 15.10)
B: Modifikationen		
Phosphorylierung	Proteinkinasen/-phosphatasen	**Ser:** CTD der L'-Untereinheit der RNAPII, (Plus **15.4** S. 512, Abb. **15.14**, S. 516) **Ser:** Nucleosomenstruktur, Teil des Histoncodes (Plus **13.1** S. 382) **Ser:** Kontrolle des Zellzyklus (Abb. **16.51** S. 661) **Ser:** Signaltransduktion, MAP-Kinase-Kaskade (Plus **16.8** S. 634) **Ser:** Aktivität der Nitratreductase (Abb. **17.22** S. 699) **Ser:** Regulation der Synthese des D1-Proteins (Abb. **15.46** S. 583) **Ser:** Kontrolle der Phytochromfunktion (Abb. **17.6** S. 676, Abb. **17.11** S. 682) **His, Asp:** Phosphorelay-Signaltransduktionssysteme bei Pflanzen (Plus **16.2** S. 598) **His:** Phosphorelay-System Glucoserepression E. coli (Box **15.3** S. 501)
Methylierung	Proteinmethylasen/-demethylasen	**Lys, Arg:** Histone; Nucleosomenstruktur, Teil des Histoncodes (Plus **13.1** S. 382)
Acetylierung	Histonacetylasen/-deacetylasen	**Lys:** Nucleosomenstruktur, Teil des Histoncodes (Plus **13.1** S. 382 und Abb. **15.16** S. 519)
Nitrosylierung	Kap. 16.10.2	**Cys, Tyr:** Signaltransduktion; Proteinoxidation unter Streß (Abb. **16.44** S. 651)
Ubiquitinierung, Polyubiquitinierung	Ubi-Konjugasen (Rub-Konjugasen, Sumo-Konjugasen, Plus **15.18** S. 573); Isopeptidasen	**Lys:** Histon H2A, Monoubiquitinierung; Teil des Histoncodes (Plus **13.1** S. 382) **Cys:** E1-, E2-Proteine, Ubi-Aktivierung als Teil des proteolytischen Systems (Abb. **15.40** S. 571) **Lys:** Polyubiquitinkette an Proteinen für Abbau im Proteasom (Abb. **15.40** S. 571)
Glykosylierung	Oligosaccharyltransferase, Glykosyltransferasen, Glykosidasen	**Asn, Ser, Thr, Hydroxy-Pro:** Modifizierung von Proteinen im ER/Golgi-System; Verteilung von Proteinen im ER/Golgi-System (Kap. 15.10.4)
Lipidmodifizierung mit Fettsäure- (C_{16} oder C_{14}) bzw. Terpen- (Farnesyl- oder Geranyl-geranyl-)resten	Protein-S-Acyl-Transferasen bzw. Terpen-Transferase	**Cys:** Membrananker für GTP-bindende Proteine vom Arf- und Rab-Typ (Plus **15.16** S. 565, Plus **18.9** S. 745 f); Farnesyl-Anker für den Paarungstypfaktor MATa von Bäckerhefe (Plus **14.6** S. 465)

— Fortsetzung →

Tab. 15.6 Beispiele für die Kontrolle der Proteinfunktion durch Modifikation oder Nucleotidbindung (Fortsetzung).

Modifikation	Modifizierende Enzyme	Beispiele (modifizierte Aminosäurereste, Funktionen)
Oxidation/Reduktion	Redox-Komponenten, Disulfidisomerase	**Cys:** Kontrolle der Translation von *PsbA*-mRNA in Plastiden (Abb. **15.46** S. 583) **Cys:** Knüpfung von Disulfidbrücken im ER (Abb. **1.22** S. 26, Box **15.12**, S. 549, Plus **15.17** S. 569)
Seleneinbau	Plus **15.11**	Selenocystein als Supercystein in Redoxproteinen
Prolinhydroxylierung	Prolylhydroxylase im ER	**Pro:** Modifikation von Zellwandproteinen (Extensine, Agglutinine; Plus **15.11**)
ADP-Ribosylierung	ADP-Ribosyl-transferase	Abscisinsäureantwort (Kap. 16.8.3)
C: Nucleotidbindung		
ATP		Chaperonfunktionen der Hsp70/Hsp40-Maschine (Abb. **15.31** S. 552), GroEL/GroES-Maschine (Abb. **15.32** S. 553), Hsp100-Maschine (Plus **15.13** S. 556); Gal3-Protein; Aktivator des *Gal*-Regulons in Hefe (Box **15.8** S. 529)
cAMP		CRP; Transkriptionsaktivator bei *E. coli*; Glucoserepression (Plus **15.1** S. 502) Proteinkinase in *Dictyostelium*; Kontrolle der Aggregation (Plus **14.5** S. 460)
GTP		EF-Tu, EF-G; Translationselongationsfaktoren (Abb. **15.26** S. 539, Plus **15.9** S. 535) RF3; Translationsterminationsfaktor (Abb. **15.27** S. 540, Plus **15.9** S. 535) TOC34/TOC159; Rezeptorkomplex in der Plastidenhüllmembran (Plus **15.15** S. 562) Ran; Kernimport und -export (Abb. **15.18** S. 527) Arf/Rab; Vesikeltransport (Abb. **15.37** S. 564, Plus **15.16** S. 565) SRP (p54); Signalrezeptor-Partikel; Translation am rER (Plus **15.14** S. 558) Rop, Rac; Vesikeltransport, Pollenschlauchwachstum (Plus **18.9** S. 745)

Plus 15.11 Ungewöhnliche Aminosäurereste in Proteinen

Neben den **20 Standardaminosäuren**, die man in fast allen Proteinen in wechselnder Häufigkeit findet, können auch ungewöhnliche vorkommen und den Proteinen besondere Eigenschaften verleihen. Dieses Phänomen soll am Beispiel des Selenocysteins und des Hydroxyprolins näher beschrieben werden.

Selenocystein, die 21. Aminosäure: Ein essentielles Spurenelement für den Menschen und andere Säugetiere ist Selen, das als Selenocystein in mindestens 25 Proteinen der Säugetiere vorkommt. Diese Proteine mit jeweils nur einem Selenocysteinrest haben häufig Redoxfunktionen. Das Selenocystein im aktiven Zentrum wirkt als eine Art „**Supercystein**", das die Reaktivität bis zu 1000-fach steigern kann. Das Redoxpotential für das Cystein/Cystin-Paar liegt bei etwa −230 mV, während für das entsprechende Selenocystein-Redoxpaar −490 mV gefunden werden. Typische Enzyme mit Selenocystein sind Glutathion-Peroxidase, Thioredoxin-Reductasen oder Thyroxin-Deiodinasen.

Für den Einbau von **Selenocystein (Sec)** existiert ein aufwendiger, bei Bakterien, Tieren und einigen Grünalgen (*Chlamydomonas*) hochkonservierter Prozeß. Es war daher eine sehr überraschende Erkenntnis aus den Genomanalysen, daß die Komponenten für diesen Einbau in Höheren Pflanzen und Hefe fehlen. Warum verzichten gerade Pflanzen auf die „Wunderwaffe" Selenocystein in Proteinen, obwohl Selen durchaus eine wichtige Rolle auch in Pflanzen spielt? Die Frage ist ungeklärt.

Der Mechanismus für den Sec-Einbau interessiert uns im Zusammenhang mit der Proteinsynthese aus folgenden Gründen:

- Eine spezifische **tRNA$_{Sec}$** wird zunächst mit Serin beladen, und dieser Ser-Rest wird dann durch Übertragung von **aktiviertem Selenid** (in Form von Selenophosphat) in Sec umgewandelt (Abb. **a**).
- Der Einbau in die Proteine braucht zwei Besonderheiten der mRNA. Das **Codon für den Sec-Einbau** ist das Stop-Codon UGA, das umgedeutet werden muß. Dafür bedarf es eines speziellen Elongationsfaktors (**eEF-Sec**), der die Sec-tRNA an das UGA heranführt. Für die Entscheidung contra Kettenabbruch und pro Sec-Einbau bedarf es noch einer Verstärkerstruktur SECIS (engl.: Sec insertion) im 3'-UTR-Bereich der mRNA, die von einem Bindungsprotein SBP2 erkannt wird (Details Abb. **b**).

— Fortsetzung —

15.7 Proteinbiosynthese

Fortsetzung

a

tRNA$_{sec}$ + Serin + ATP → AMP + PP$_i$ → Ser-tRNA$_{sec}$

Se^{2-} + H$_2$O + ATP → AMP + P$_i$ → SePO$_3^{3-}$

→ Sec-tRNA$_{sec}$

b

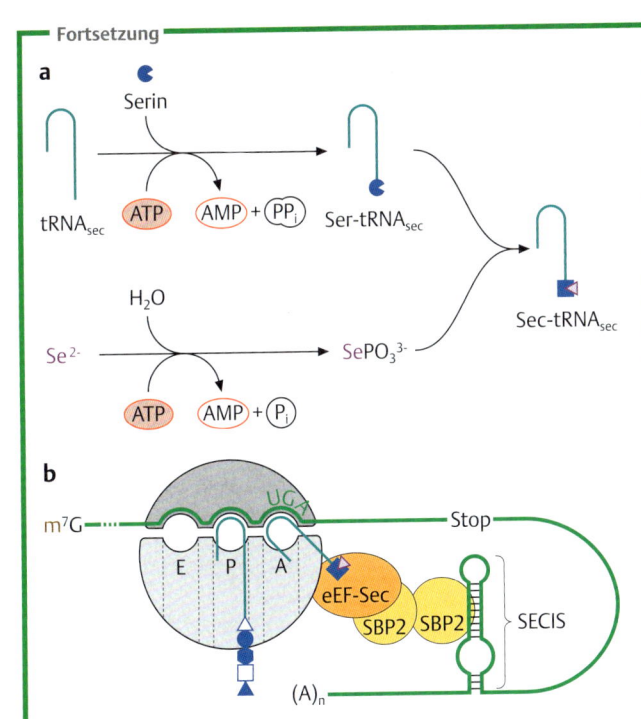

m^{7}G ... UGA Stop, E P A, eEF-Sec, SBP2 SBP2, SECIS, (A)$_n$

Pflanzen haben also diesen Einbauweg für Selenocystein nicht. Selen wird aber als Selenat bzw. Selenit mit den Mineralien aufgenommen und zu Selenid (H$_2$Se) reduziert. Dies geschieht durch die Enzyme, die auch Sulfat bzw. Sulfit zu H$_2$S verarbeiten (Kap. 9.2.2). Es entstehen schließlich auch Selenocystein bzw. Selenomethionin. Diese können anstelle der schwefelhaltigen Aminosäuren in Proteine eingebaut werden, und das führt zu Funktionsstörungen. Die **Toxizität von Selen** für viele Pflanzen beruht im wesentlichen auf diesem Mechanismus. Es gibt allerdings auch Spezialisten wie *Astragalus bisulcatus*, die Selenocystein durch Methylierung in **Methyl-Selenocystein** (**Me-Sec**) überführen und dieses speichern können. Broccoli und Knoblauch sind ebenfalls gute Quellen für Me-Sec, für das eine starke **tumorhemmende Wirkung** gefunden wurde. Me-Sec wird nämlich in tierischen Zellen durch eine Lyase zu **Methylselenol** umgewandelt, dem diese cancerostatische Wirkung vor allem zukommt (Abb. **c**).

Hydroxyprolin: Das Beispiel Hydroxyprolin (Hyp) ist in vielerlei Hinsicht ganz anders gelagert als das des Selenocysteins. Hyp ist weit verbreitet in **Strukturproteinen** von Tieren (Kollagene, Elastine) und Pflanzen. **Hydroxyprolinhaltige Glykoproteine** fallen besonders durch ihre Eigenschaft auf, große Mengen von Wasser zu binden. Bei Pflanzen handelt es sich wie bei den Tieren um extrazelluläre Proteine, die der Stabilsierung der Zellwände (**Extensine**, Kap. 2.7), als Wundverschluß (**Arabinogalactanproteine**, AGP) oder als Strukturen zur Zellerkennung dienen (AGPs und Extensinartige **Agglutinine**). Der Kohlenhydratanteil kann sehr hoch sein und bei den AGPs bis zu 90% der Gesamtmasse ausmachen (Plus **18.10** S. 746). Hydroxyprolin wird nicht während der Proteinsynthese eingebaut, sondern entsteht posttranslational durch Hydroxylierung von Prolinresten, die fast immer Teil von repetitiven Sequenzmotiven sind.

Die **Prolinhydroxylierung** in Polypeptiden (Abb. **d**) vollzieht sich nach einem bei Tieren und Pflanzen konservierten Mechanismus. Sie ist Teil der Prozessierung der Prä-Proteine im ER und wird durch eine **mischfunktionelle Oxygenase**, die Prolyl-Hydroxylase, katalysiert. An die Oxidation von Prolin zu Hydroxyprolin unter Verwendung von molekularem Sauerstoff ist die oxidative Decarboxylierung von α-Ketoglutarat (α-KGA) als einem Cosubstrat dieser Reaktion gekoppelt.

c Pflanze | Säugetier

O-Acetyl-serin →[Se^{2-}] Sec-Synthase→ Selenocystein →[Me] Sec-Methylase→ Methyl-Selenocystein →CS-Lyase→ Methylselenol (HSe–CH$_3$)

d Prolinrest im Protein →(Ascorbat, α-KGA, O$_2$) Prolyl-Hydroxylase→ 4-Hydroxyprolinrest im Protein

15.8 Kontrolle der Translation

> Die Selektivität der Translation basiert im allgemeinen auf regulatorischer Information in den untranslatierten Regionen am 5'- bzw. 3'-Ende, über die die Verfügbarkeit einzelner mRNAs für die Initiation kontrolliert werden kann. Daneben spielen Veränderungen in der mRNA-Zusammensetzung einer Zelle durch Synthese und Abbau eine große Rolle. Ein weit verbreitetes und bei Pflanzen und Tieren konserviertes Beispiel bietet die Translationskontrolle der S-Adenosylmethionin-Decarboxylase, dem Schlüsselenzym der Polyaminsynthese.

Neben **Synthese** und **Abbau** von mRNAs kann eine selektive Kontrolle der Proteinbiosynthese auch durch **Einflüsse auf die Verfügbarkeit** einzelner mRNAs für die Initiation erfolgen. Die notwendige regulatorische Information findet sich häufig in Sequenzmotiven in den **untranslatierten Regionen** am 5'- bzw. 3'-Ende (**5'-UTR, 3'-UTR**). Neben dem Beispiel der Translationskontrolle der Polyaminsynthese bei Tieren und Pflanzen finden wir bei Pflanzenviren interessante Mechanismen, um den Translationsapparat ihrer Wirtszellen selektiv für die Synthese viraler Proteine zu nutzen (Box **20.10** S. 840). Ein weiteres Beispiel für Translationskontrolle in Plastiden wird in Kap. 15.12.5 behandelt.

Polyamine, vor allem Spermidin und Spermin, sind stark positiv geladene, niedermolekulare Verbindungen, die sich vom Arginin ableiten (Abb. **15.29**). Sie binden an Nucleinsäuren und modulieren in komplexer und vielfältiger Weise Prozesse, die mit Nucleinsäuren verbunden sind. So finden wir Effekte von Polyaminen auf die **Organisation des Chromatins**, die **Ribosomensynthese**, auf **Transkription** und **Translation** sowie die **DNA-Synthese**. Mangel bzw. Überproduktion von Polyaminen führt bei Pflanzen zu schweren Störungen in Zellteilung und Entwicklung. Synthese und Verfügbarkeit von Polyaminen müssen also genau kontrolliert werden. **Spermidin** und **Spermin** werden darüberhinaus als **Streßmetaboliten** bei Kälte-, Salz- oder Wassermangelstreß, aber auch bei Pathogenbefall gebildet (Abb. **19.7** S. 781).

Schlüsselenzym für die Polyaminsynthese in Tieren und Pflanzen ist die **S-Adenosylmethionin-Decarboxylase** (**AdoMetDC**), die das Substrat für die Übertragung der Propylamin-Einheiten aus dem Methionin auf Putrescin bereitstellt (Abb. **15.29**). Die **Translationskontrolle der AdoMetDC-Synthese** ist das zentrale Element bei der Überwachung der Polyaminsynthese. Sie beruht auf Eigenheiten der AdoMetDC-mRNA, die für die Initiation der Translation bedeutsam sind. Die mRNA enthält eine ungewöhnlich lange 5'-UTR mit **drei Startcodons** (AUG) in allen drei möglichen Leserastern (Abb. **15.30**). AUG1 und AUG2 stehen am Anfang von kleinen offenen Leserastern (ORFs) mit drei (ORF1) bzw. 51 Aminosäureresten (ORF2). Das dritte AUG steht am Anfang des ORF3 für die AdoMetDC. Zwei regulatorische Zustände lassen sich unterscheiden (Abb. **15.30**):

- Bei **niedrigen Polyaminkonzentrationen** kann das schwache AUG1 vom Initiationskomplex erkannt werden, und nach der Synthese des Tripeptids Met-Arg-Leu (orange) können die Translationskomplexe, wie bei einer dicistronischen mRNA der Prokaryoten, direkt an das AUG3 als Startpunkt für die Translation der AdoMetDC (grün) weitergeleitet werden.

15.8 Kontrolle der Translation **547**

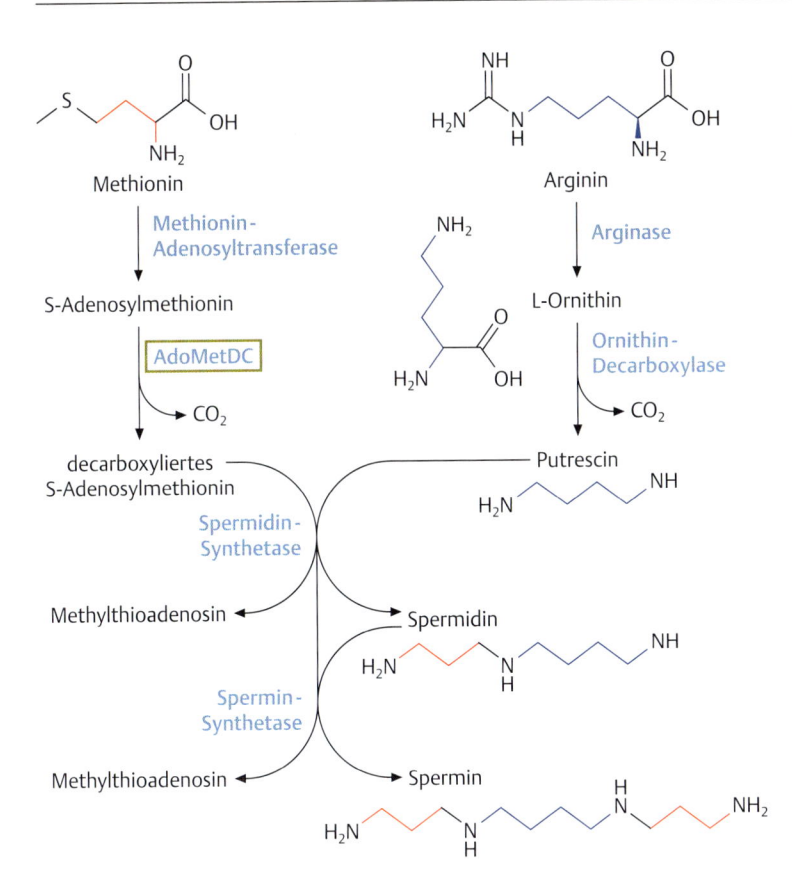

Abb. 15.29 Polyaminbiosynthese. Polyamine entstehen aus den Aminosäuren Arginin und Methionin. Das aus Arginin gebildete einfachste Polyamin Putrescin wird durch Übertragung jeweils einer Propylamineinheit aus dem Methionin (rote Markierung) in Spermidin bzw. Spermin überführt. Schlüsselreaktion ist die Decarboxylierung von aktiviertem Methionin (S-Adenosylmethionin, AdoMet, Abb. **16.26** S. 628) durch AdoMet-Decarboxylase (AdoMetDC).

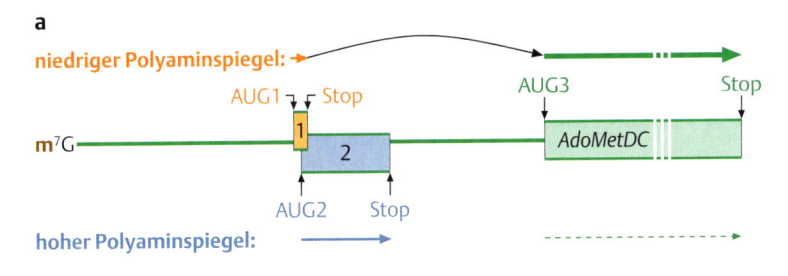

Abb. 15.30 Translationskontrolle der Synthese von AdoMetDC in Pflanzen. a *AdoMetDC*-mRNA mit den beiden kleinen ORFs in der 5'-UTR. Details der überlappenden Sequenz im Bereich von ORF1 und ORF2 sind in **b** gezeigt. Die Stärke der farbigen Pfeile symbolisiert die Stärke der Translation der drei ORFs unter Bedingungen von wenig bzw. viel Polyamin in den Zellen. Die Tabelle in **c** faßt die Information zusammen. Weitere Einzelheiten im Text (nach A. J. Michael, Norwich).

- Bei **hoher Polyaminkonzentration** wird das starke AUG2 erkannt. Dies schließt automatisch die Translation von ORF1 aus, weil die Nucleotidsequenz im Bereich des ORF1 zugleich die Ribosomenbindungsstelle für den Start am AUG2 darstellt. In diesem Fall wird also das Polypeptid am ORF2 synthetisiert (blau) und dadurch die Initiation am AUG3 stark vermindert.

Bindung der Polyamine an den Prä-Initiationskomplex verändern ganz offensichtlich das **Erkennungsverhalten** für das **Initiationscodon** und seine Umgebung (Kap. 15.7.2). Obwohl Details unbekannt sind, kann man sich gut vorstellen, daß das nicht nur auf diese mRNA zutrifft.

15.9 Proteinfaltung und die Rolle molekularer Chaperone

Die Raumstruktur eines Proteins wird im Prinzip durch seine Aminosäuresequenz (Primärstruktur) bestimmt. Molekulare Chaperone gehören zu einer Klasse von Proteinen, die als sog. Chaperonmaschinen zusammen mit Hilfsfaktoren Proteinen bei der Faltung behilflich sind bzw. sie vor irreversiblen Schäden bewahren. Besonders gut untersuchte Beispiele ATP-abhängiger Chaperonmaschinen sind die Hsp70/Hsp40- und die GroEL/GroES-Maschine. Chaperone existieren in allen Kompartimenten einer Zelle, in denen Proteine synthetisiert und prozessiert werden (Cytoplasma, ER, Plastiden, Mitochondrien). Sie bilden häufig miteinander verknüpfte Netzwerke, in denen Proteine von einer Chaperonmaschine zur anderen weitergereicht werden können. In der Realität der Zelle vollzieht sich Proteinfaltung innerhalb von weniger als einer Minute. Sie beginnt im allgemeinen bereits während der Synthese der Polypeptidkette am Ribosom.

15.9.1 Entstehung der Raumstruktur von Proteinen

Mit der Entdeckung des genetischen Codes und der nachfolgenden Ausarbeitung der Mechanismen seiner Umsetzung in die Sprache der Proteine wurde eine Frage immer drängender: Ist die **Raumstruktur eines Proteins** im Prinzip durch seine Aminosäuresequenz (**Primärstruktur**) und damit indirekt durch die Abfolge der Codons im codierenden Gen bestimmt? Die Antwort heißt: im Prinzip ja! Der amerikanische Biochemiker Anfinsen konnte dieses Prinzip belegen, indem er ein einfaches Protein wie **Ribonuclease** im Reagenzglas chemisch denaturierte, d.h. weitgehend entfaltete, und anschließend Bedingungen schaffte, damit sich die native dreidimensionale Form wieder zurückbilden konnte (Box **15.12**).

Das unvermeidliche „Aber" kam mit vier Hauptargumenten von Proteinbiochemikern und Zellbiologen:

- Viele Proteine in einer Zelle sind nicht so einfach aufgebaut wie die von Anfinsen benutzte Ribonuclease A.
- Proteine sind in der Zelle nie allein, sondern existieren zusammen mit vielen anderen Proteinen in der hochkonzentrierten „Suppe" des Cytoplasmas oder im Lumen des ER (Abb. **2.2** S. 50, Kap. 15.9.3).
- Proteine haben nicht so viel Zeit wie in dem Reagenzglasexperiment. In der Realität einer Zelle vollzieht sich Proteinfaltung innerhalb von weniger als einer Minute, in vielen Fällen cotranslational noch während der Synthese.

15.9 Proteinfaltung und die Rolle molekularer Chaperone

- Viele Proteine erreichen ihre endgültige Raumstruktur erst posttranslational nach Bindung von Cofaktoren oder Substraten, nach Modifikation bzw. Einbau in Membranen, nach Transport in andere Kompartimente oder nach Assemblierung mit anderen Proteinen zu Proteinkomplexen. In allen diesen Fällen wird die endgültige Faltung und funktionelle Stabilität eines Proteins also auch durch Faktoren bestimmt, die nichts mit seiner Primärstruktur zu tun haben. Dies ist eine grundlegende Abweichung von dem oben postulierten Prinzip. Beispiele dafür finden sich in Kap. 15.10.

Box 15.12 Proteinfaltung in vitro

Mitte der 50er Jahre des vorigen Jahrhunderts untersuchte der amerikanische Biochemiker Christian Anfinsen (Nobelpreis für Chemie 1972) die Entstehung der dreidimensionalen Strukturen von Proteinen. Studienobjekt war ein relativ einfaches Enzym, Ribonuclease A aus Rinder-Pankreas. Es besteht aus 124 Aminosäureresten mit insgesamt 8 Cysteinresten, die 4 intramolekulare Disulfidbrücken bilden (s. farbig markierte Punkte).

Wenn Anfinsen dieses Enzym stark reduzierenden und denaturierenden Bedingungen aussetzte (Zusatz von β-Mercaptoethanol und 8M Harnstoff), verlor die Ribonuclease ihre native Struktur und Aktivität. Wenn er anschließend Mercaptoethanol und Harnstoff durch Dialyse entfernte, bildeten sich zwar Disulfidbrücken neu, aber nur ein kleiner Teil entsprach der ursprünglichen Verknüpfung in der aktiven Ribonuclease. Unter diesen Bedingungen der Renaturierung betrug die Enzymaktivität nur etwa 1 % der Ausgangsaktivität. Wurde der Renaturierungsprozeß aber **in zwei Schritten** durchgeführt, d. h. erst Entfernung des Harnstoffs und dann Entfernung von β-Mercaptoethanol, dann bildete sich die native Form der Ribonuclease mit einer Ausbeute von mehr als 90 %. Die Herausbildung der Sekundärstrukturelemente und ihre Anordnung zueinander garantiert offensichtlich automatisch die **Ausbildung der richtigen Disulfidbrücken**. Die gesamte **Raumstruktur der Ribonuclease** ist also tatsächlich **in ihrer Primästruktur verschlüsselt**.

Diese Entdeckungen waren von grundlegender Bedeutung für die Proteinbiochemie, obwohl sie für die zelluläre Situation nicht direkt übertragbar sind (s. Text). Interessanterweise existiert in Gestalt der GroEL/GroES-Maschine und verwandter Strukturen (Abb. **15.32** S. 553) auch in Zellen ein System, das Bedingungen für die Proteinfaltung bietet, die mit den In-vitro-Versuchen Anfinsens vergleichbar sind.

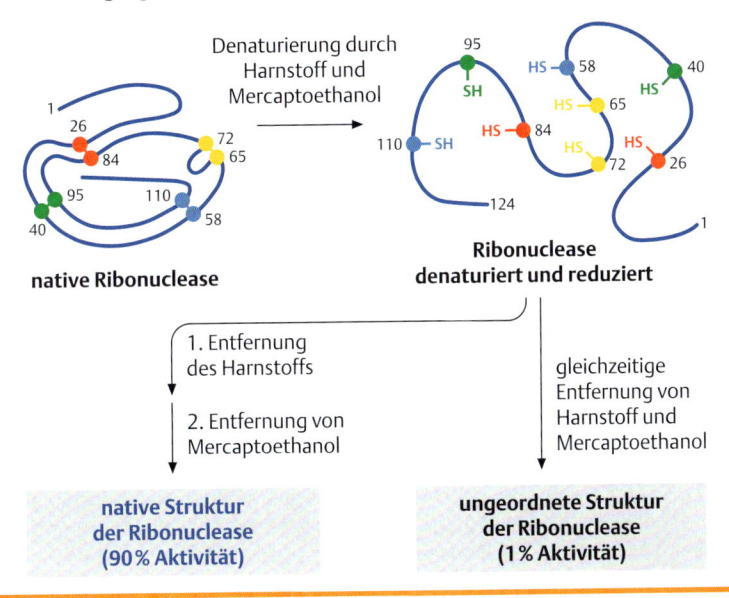

Box 15.13 Nomenklatur der Chaperone

Wie in der Proteinbiochemie üblich, wurden viele Chaperone der **Eukaryoten** zunächst ohne Kenntnis ihrer Funktion als **Hitzestreßproteine** nach ihrer **Größe** sortiert und benannt: **Hsp70** ist also einfach ein unter Hitzestreß stark vermehrt gebildetes Protein mit einer Molekularmasse von 70 kDa.

Ähnliches gilt für die Chaperone mit den Namen **Hsp100**, **Hsp60**, **Hsp20** usw. Noch heute tragen die meisten Chaperone diese Trivialnamen ihrer Entdeckung und ersten Analyse (Box 15.2 S. 492), selbst wenn in der Familie von nahe verwandten Vertretern die meisten „Hsps" gar nicht hitzestreßinduziert, sondern konstitutiv exprimiert werden. So gehören zu der Familie der Hsp70-Proteine in *Arabidopsis* insgesamt 18 Mitglieder. Davon sind einige im Cytoplasma, einige in Plastiden, im ER und in den Mitochondrien lokalisiert, und diese werden dann ggf. mit entsprechenden Zusätzen im Namen unterschieden (Plus 15.15 S. 562).

Bei den **Prokaryoten** haben wir dagegen eine von den **codierenden Genen** abgeleitete Nomenklatur, weil die Chaperone ganz unabhängig von Hitzestreß zunächst als Ursache von Defektmutanten identifiziert wurden. Das Hsp70 von *E. coli* wird als **DnaK** bezeichnet, weil seine Entdeckung mit einer Mutation im *DnaK*-Gen zusammenhing, die Störungen in der DNA-Replikation nach Infektion mit einem Bakteriophagen hervorrief. Gerade dieses Beispiel macht die vielfältigen Konsequenzen von Störungen in den Chaperonnetzwerken deutlich. Auch die Entdeckung der **GroEL/GroES-Maschine** hatte nichts mit Hitzestreß, sondern mit einer Mutante zu tun, die Probleme bei der Assemblierung der Proteinhülle von Bakteriophagen hatte. Erst viel später wurde für DnaK bzw. GroE die Homologie zu den entsprechenden Proteinen der Hsp70- bzw. Hsp60/Hsp10-Familien deutlich (Kap. 15.9.3).

15.9.2 Hitzestreßproteine als molekulare Chaperone

Der Durchbruch zu einer Lösung der offensichlichen Diskrepanz zwischen Anfinsens Versuch und der Realität in einer Zelle kam durch eine zufällige Entdeckung an *Drosophila*-Larven mit sehr weitreichenden Konsequenzen für Biologie und Medizin. Wie in Box 15.2 S. 492 und Kap. 19.2 für Pflanzen beschrieben, kommt es unter Hitzestreßbedingungen zu einer Umprogrammierung der Genexpression und zur Neubildung von sog. **Hitzestreßproteinen**. Diese schützen als **molekulare Chaperone** die Haushaltsproteine der Zelle vor irreversiblen Schäden unter den Streßbedingungen und ermöglichen eine schnelle Erholung. Das neue Chaperonkonzept gilt für alle Organismen und geht weit über die Phänomene im Zusammenhang mit Streßbelastungen hinaus. Molekulare Chaperone bilden einen besonderen Typ von Proteinen. In einem Netzwerk miteinander kooperierender Faktoren sind sie Proteinen bei der Faltung, Assemblierung und intrazellulären Verteilung behilflich und stabilisieren ggf. auch Intermediate der Faltung im Verlauf einer Streßperiode. Solche **Chaperonnetzwerke** existieren in allen Kompartimenten einer Zelle, in denen Proteine synthetisiert und prozessiert werden (Cytoplasma, ER, Plastiden, Mitochondrien). Sie sind darüberhinaus aber auch an den rasch wechselnden Proteinkontakten im Rahmen von **Signaltransduktion** beteiligt (Abb. 15.34 S. 555).

Die Mehrzahl der molekularen Chaperone sind **keine Faltungskatalysatoren**, sondern sie können lediglich partiell gefaltete oder entfaltete Proteine binden und damit vor Aggregation bewahren. Diese reversiblen Prozesse sind häufig mit einer ATP-Spaltung verbunden. Daß ein Protein gefährdet ist, ist meist am Auftauchen **hydrophober Aminosäurereste an der Oberfläche** zu erkennen, die sich normalerweise im Innern der Proteine befinden. Um in diesen Fällen die **thermodynamische Stabilität** in dem wäßrigen Milieu zu gewährleisten, stehen im Prinzip drei Möglichkeiten zur Verfügung:

- Durch Wechselwirkung mit ähnlichen hydrophoben Gruppierungen an anderen Proteinen können sich dimere oder trimere Komplexe bilden. Das ist z. B. die Grundlage für die Oligomerisierung vieler Transkriptionsfaktoren mit einem Leucin-Zipper oder ähnlichen Strukturen (Plus 15.7 S. 521 und Kap. 15.5.2).
- Durch Wechselwirkung mit Chaperonen können solche partiell entfalteten Proteine bzw. Intermediate der Faltung stabilisiert und damit für weitere Faltungsschritte kompetent gehalten werden.
- Proteine aggregieren und decken damit die hydrophoben Reste ab. Chaperone können die Auflösung solcher Aggregate und damit die Rückfaltung oder den Abbau dieser Proteine ermöglichen (Plus 15.13 S. 556).

Solche gefährdeten Zustände treten während der Neusynthese von Proteinen bzw. ihrer Verteilung in der Zelle ständig auf. Unter Streßbedingungen gilt das nur in verstärktem Maße. Chaperone werden also unter allen Lebensumständen gebraucht. Ihre Entdeckung im Zusammenhang mit der Hitzestreßantwort zeigte nur die Besonderheiten in einer bestimmten Notsituation und ermöglichte zugleich den Zugang zu den Vorgängen im normalen Ablauf. Wie so oft im Leben öffnete auch hier das Ungewöhnliche die Augen für das bisher unbemerkte Normale!

Der Begriff „entfaltete Proteine" ist zwar griffig, aber nicht ganz richtig, weil praktisch alle Proteine stets einen großen Teil ihrer Sekundär- und Tertiärstrukturen beibehalten, selbst wenn man sie mit drastischen Mitteln denaturiert. Es muß also richtiger **partiell entfaltete Proteine** heißen.

Bei der intensiven Erforschung der Proteinfaltung hat man auch entdeckt, daß einige Proteine mit sog. **Priondomänen** die Fähigkeit haben, ihre Raumstruktur anderen aufzuzwingen und dadurch stabile geordnete Aggregate zu bilden, die wie ein infektiöses Agens von einer Zelle zur anderen weitergegeben werden können (Plus **15.12**). Dies können Proteine sein, die von sich aus in zwei verschiedenen Raumstrukturen existieren.

> **Plus 15.12 Das Psi-Phänomen: vererbbare Proteinfaltungszustände am Beispiel der Bäckerhefe**
>
> Untersuchungen über Proteinfaltung und molekulare Chaperone haben geholfen, ein lange bekanntes Phänomen bei der Bäckerhefe (*Saccharomyces cerevisiae*) aufzuklären: Das **Psi-Phänomen**. Wenn in einem lebenswichtigen Gen ein vorzeitiges Stop-Codon in einem offenen Leseraster auftrat, starben die meisten Hefezellen ab. Aber es gab auch immer wieder Kolonien, die trotzdem überlebten und diese erstaunliche Fähigkeit über Generationen beibehielten (Psi$^+$-Stämme).
>
> Die Suche nach dem ***Psi*-Gen** ergab, daß es für die kleine Untereinheit des **Translationsterminationsfaktors RF** codiert (Abb. **15.27** S. 540). Man nannte das Genprodukt **Sup35**, weil es für die Suppression des Mutantenphänotyps „vorzeitiger Kettenabbruch" verantwortlich und 35 kDa groß war. Ganz offensichtlich hatten die Psi$^+$-Stämme die Fähigkeit, aufgrund einer Veränderung im Terminationsfaktor das **Stop-Codon** zu **überlesen** und damit ausreichende Mengen des lebensnotwendigen Proteins zur Verfügung zu haben. Tatsächlich hat sich gezeigt, daß die Mutation im *Sup35*-Gen zur Ausbildung **geordneter Aggregate** des entsprechenden Proteins führt. Da der Terminationsfaktorkomplex im Aggregat nicht mehr funktionsfähig ist, wird trotz des Stop-Codons weitergelesen. Die Sup35-Aggregation rettet das Leben dieser Hefemutanten.
>
> Die Psi$^+$-Stämme weisen allerdings eine merkwürdige Besonderheit auf. Bei Kreuzung von **Psi$^+$ mit Psi$^-$-Stämmen** (Abb. **14.11**) verhielten sich alle (haploiden!) Nachkommen wie Psi$^+$ (s. Abb.). Das **Vererbungsmuster** für diese Variante eines kerncodierten Gens entsprach nicht den Mendel-Regeln (Kap. 13.6.2). Psi$^+$ verhielt sich eher wie ein **infektiöses Agens**, das bei der Kreuzung auf die Psi$^-$-Stämme übergegangen war. Wie die Abbildung zeigt, handelt es sich in Wirklichkeit um die stabile **Weitergabe** und Verbreitung einer **Proteinfaltungsstruktur** (s. o.). Die Veränderungen in den Psi$^-$-Stämmen beruhen darauf, daß die Sup35-Aggregate aus dem Psi$^+$-Stamm wie kleine Kristalle in einer gesättigten Lösung weitere Moleküle des Sup35-Proteins, ob Wildtyp oder Mutante, in die Aggregate einbeziehen.
>
> Zur Aufklärung der molekularen Grundlagen des Psi-Phänomens haben unter anderem die bahnbrechenden Arbeiten an **Proteinfaltungskrankheiten beim Menschen**, die auf die Entstehung ähnlicher Proteinaggregate zurückzuführen sind, beigetragen (S. Prusiner, Nobelpreis für Medizin 1997). Hierzu zählen insbesondere die **neurodegenerativen Erkrankungen** wie Alzheimer, Creutzfeldt-Jacob-Syndrom oder Chorea Huntington. Auch die Entdeckung von Prionen als infektiöse Proteine im Zusammenhang mit der Übertragbarkeit von **Rinderwahn** (BSE, engl.: bovine spongioform encephalopathy) auf den Menschen war ein weiterer Meilenstein in diesem Forschungsfeld.
>
> Wir wissen heute, daß die Grundlage für die Aggregationstendenz von Sup35 in seiner N-terminalen sog. **Priondomäne** zu finden ist, die reich an Glutamin- und Asparaginresten ist. Solche Priondomänen sind weit verbreitet und die Ausbildung geordneter Aggregate ist keinesfalls auf wenige Proteine beschränkt. Auch pflanzliche Proteine zeigen dieses Verhalten. Prionerkrankungen des Menschen und das Psi-Phänomen haben also zu der Erkenntnis eines ganz allgemeinen Merkmals von Proteinstruktur und -funktion geführt.

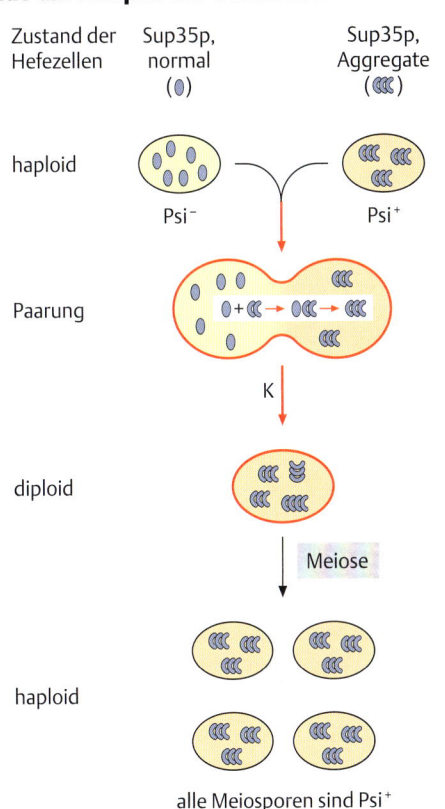

Es können aber auch unterschiedliche Proteine beteiligt sein, die solche Priondomänen besitzen. Das Phänomen hat weit über die viel diskutierten Erscheinungen im Zusammenhang mit **Prionerkrankungen** des Menschen hinaus ganz allgemeine Bedeutung für den Funktionszustand von Proteinen auch bei Pilzen und Pflanzen.

15.9.3 Zwei biologische Nanomaschinen

Bevor wir uns dem Zusammenspiel der Chaperone in der zellulären Realität zuwenden, wollen wir die Funktionsweise am Beispiel von zwei Vertretern behandeln, die typischerweise zusammen mit Cochaperonen biologische Nanomaschinen bilden, die Proteinfaltungsprozesse unterstützen:

Die Hsp70(DnaK)-Maschine (Abb. 15.31) besteht aus dem namengebenden Hauptprotein und aus zwei **Cochaperonen**. Dazu gehören ein **J-Protein** (Hsp40 bzw. DnaJ) für die Kopplung von ATP-Spaltung an die Substratbindung und ein Hilfsprotein für den Austausch von ADP gegen ATP und damit für die Freisetzung des Substratproteins (**Nucleotidaustauschfaktor, NAF**). Das in Schritt 6 freigesetzte Protein kann sich falten und ggf. weitere Durchgänge durch den Zyklus der Hsp70-Maschine machen (Zyklen 2, 3, ... n). Die Faltung vollzieht sich also schrittweise, jedesmal wenn das Intermediat des Faltungsprozesses für einen kurzen Augenblick von der schützenden Hsp70-Maschine freigegeben wird.

Die GroEL/GroES-Maschine (Abb. 15.32) stellt eine grundsätzlich andere Form von Chaperonmaschine dar. Sie wird meist mit dem aus *E. coli* stammenden genetischen Namen (GroEL/GroES als Genprodukte des *GroE*-Operons) und nicht mit der Hsp-Nomenklatur bezeichnet (Hsp60/Hsp10). In Abb. 15.32 wurde ein Einblick in die Raumstruktur dieser Nanomaschine (**a**) mit einem Funktionsmodell kombiniert, bei dem wir in die beiden Reaktionskammern dieser Maschine hineinsehen können (**b**). Wie die farbliche Gestaltung in **a** und **b** zeigt, bestehen die großen Untereinheiten aus drei Domänen, einer **ATP-bindenden Äquato-**

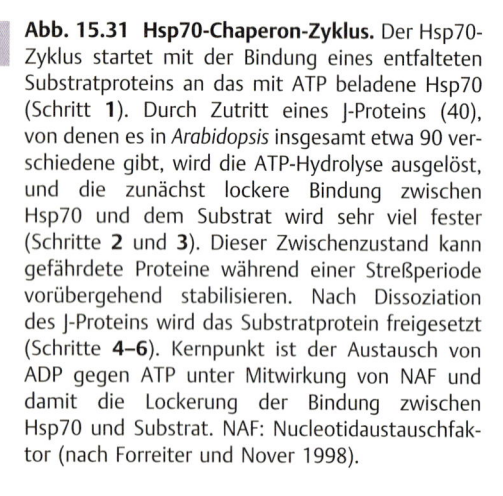

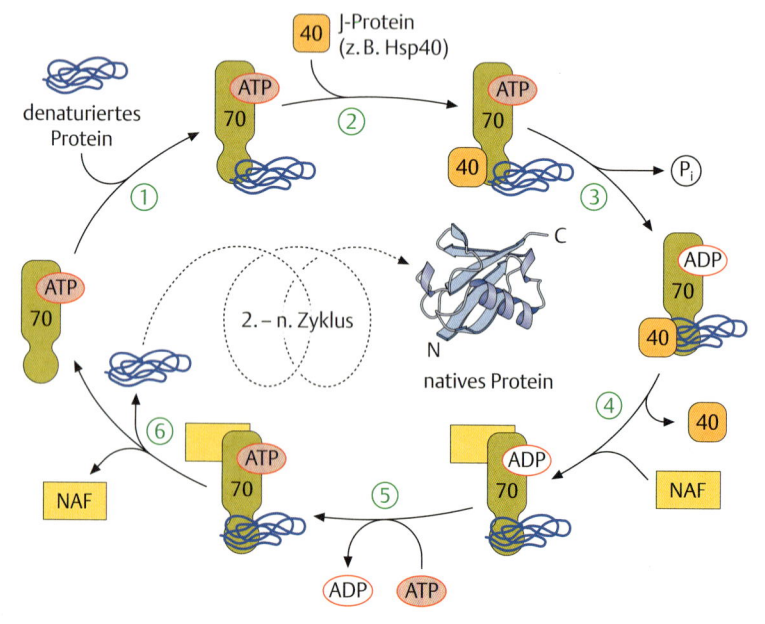

Abb. 15.31 Hsp70-Chaperon-Zyklus. Der Hsp70-Zyklus startet mit der Bindung eines entfalteten Substratproteins an das mit ATP beladene Hsp70 (Schritt **1**). Durch Zutritt eines J-Proteins (40), von denen es in *Arabidopsis* insgesamt etwa 90 verschiedene gibt, wird die ATP-Hydrolyse ausgelöst, und die zunächst lockere Bindung zwischen Hsp70 und dem Substrat wird sehr viel fester (Schritte **2** und **3**). Dieser Zwischenzustand kann gefährdete Proteine während einer Streßperiode vorübergehend stabilisieren. Nach Dissoziation des J-Proteins wird das Substratprotein freigesetzt (Schritte **4–6**). Kernpunkt ist der Austausch von ADP gegen ATP unter Mitwirkung von NAF und damit die Lockerung der Bindung zwischen Hsp70 und Substrat. NAF: Nucleotidaustauschfaktor (nach Forreiter und Nover 1998).

rialdomäne (violett), einer **Gelenkdomäne,** die eine wesentliche Rolle bei den starken Veränderung der Konformation der GroE-Maschine spielt (gelb), und einer **apikalen Domäne** (blau) für die Substratbindung und die Wechselwirkung mit dem Deckel (rot). Überschlagsweise rechnet man bei Proteinen mit komplizierten Faltungsmustern und einer Durchschnittsgröße von 50 kDa mit etwa sechs Zyklen der Bindung an den GroE-Komplex. Das würde einen Verbrauch von 6 · 7 = 42 ATP bedeuten.

Die GroEL/GroES-Maschine existiert in dieser Form typischerweise bei Eubakterien. In Plastiden und Mitochondrien wird die Funktion von analogen Maschinen übernommen, die in Plastiden als **Cpn60/Cpn10** bezeichnet werden (Cpn, engl.: chaperonine; Abb. **15.44** S. 580). Im Gegensatz dazu ist in der funktionell entsprechenden **Faltungsmaschine TRiC** (engl.: TCP-like ring complex, Abb. **15.33**) im Cytosol der Eukaryoten jeder der beiden Ringe aus acht unterschiedlichen Untereinheiten aufgebaut. Jeder Ring ist also ein Heterooctamer und nicht ein Homoheptamer wie bei der GroE-Maschine. Eine separate Deckelstruktur existiert auch nicht, sondern sie ist Teil der Apikaldomänen im TRiC selbst. Trotz dieser Unterschiede in der Struktur ist die Funktionsweise stets ähnlich: ATP-abhängige Aufnahme von jeweils einem Molekül eines partiell entfalteten Proteins in einen abgeschlossenen Reaktionsraum und Freisetzung nach etwa 5 Sekunden.

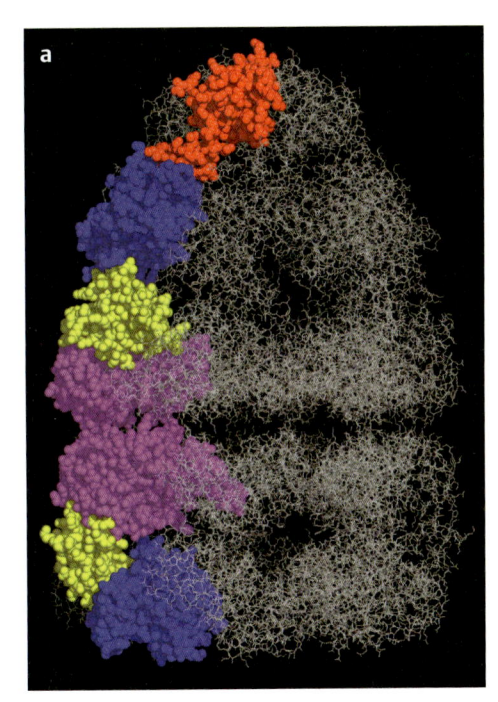

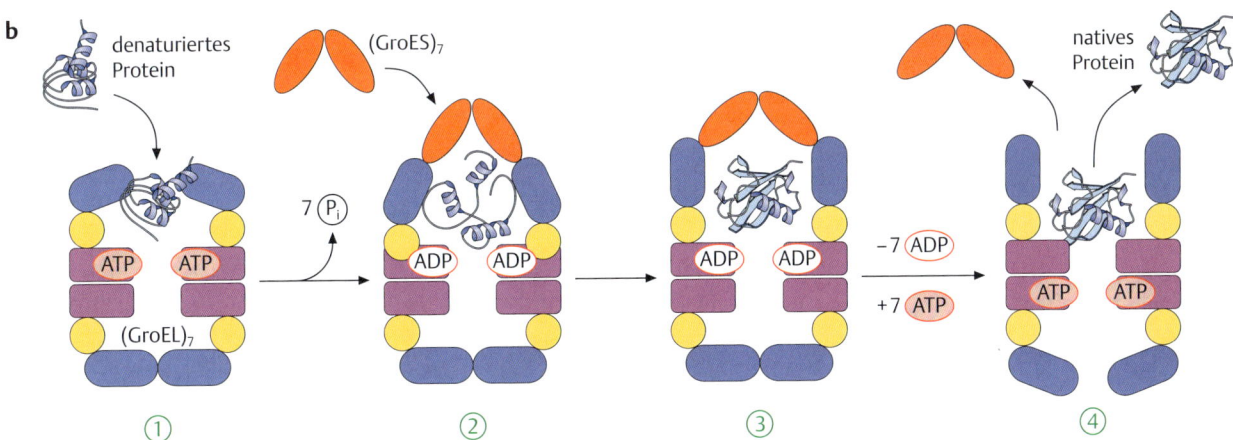

Abb. 15.32 Funktionsweise der GroEL/GroES-Maschine von *E. coli*.
a Modell eines (GroEL)$_{14}$/(GroES)$_7$-Komplexes nach der Kristallstrukturanalyse; je eine Untereinheit (UE) in den beiden GroEL-Ringen (L, engl.: large) und in der GroES-Kappe (S, engl.: small) wurden in der Gestaltung hervorgehoben und farblich markiert (Originalaufnahme G. Farr und A. Horwich). Diese farbliche Markierung wurde auch für das Funktionsmodell in b verwendet.
b In Stadium **1** befindet sich die obere Kammer mit sieben ATP beladen im Zustand der Substrataufnahme. Bindung des Proteinsubstrats an die hydrophoben Bindungsstellen in der Apikaldomäne löst ATP-Spaltung und zugleich erhebliche Veränderungen in der Raumstruktur der oberen Kammer aus (Stadien **2** und **3**). In einem konzertierten Ablauf weitet sich die Kammer, die hydrophoben Bindungsstellen verschwinden durch Konformationsänderungen in der Apikaldomäne, und die Kammer wird durch Anlagerung des Deckels aus sieben GroES-Untereinheiten verschlossen. Das Proteinsubstrat im Inneren der Kammer wird – wie in dem Reagenzglasversuch Anfisens (Box **15.12**) – sich selbst überlassen (Stadium **3**). Nach etwa 5 Sekunden Verweildauer kommt es nach Bindung von sieben ATP an die GroEL-Untereinheiten der unteren Kammer zur Freisetzung von sieben ADP aus den UE der oberen Kammer und der Ablösung des Deckels. Die GroE-Maschine ist jetzt bereit für die Substratbindung in der unteren Kammer. Das jeweils freigesetzte Protein kann ggf. wieder binden und damit einen weiteren Zyklus von insgesamt etwa 10 Sekunden durchlaufen. In dem Beispiel wurde nur der letzte Zyklus auf dem Weg zum nativen Protein gezeigt (Modell nach Forreiter und Nover 1998).

15.9.4 Faltung von Proteinen in einem Netzwerk von Chaperonen

Das Zusammenwirken von Chaperonen und Cochaperonen in den oben beschriebenen Nanomaschinen ist offensichtlich nur ein Aspekt der Komplexität. Der andere ergibt sich aus der Realität einer Zelle mit einer sehr hohen Konzentration von Proteinen, die im Bereich von etwa 350 g · l^{-1} liegt. Es kommt unter diesen Umständen darauf an, mit der Faltung von Teildomänen noch während der Translation am Ribosom zu beginnen und diesen Prozeß schrittweise ggf. mithilfe von Chaperonen fortzusetzen. Selbst eine kurzfristige Freisetzung von unvollständig gefalteten Proteinen birgt die Gefahr ihrer Aggregation und ihres Abbaus in sich. Die Prinzipien der Verarbeitungsprozesse in Pro- und Eukaryoten sind stark vereinfacht in Abb. **15.33** dargestellt.

In allen Fällen entstehen am Ribosom selbst – spontan oder ggf. unter Mitwirkung **Ribosomen-assoziierter Chaperone** – erste Teile der Sekundär- und Tertiärstruktur. Unter normalen Bedingungen garantiert die schrittweise Entstehung der Polypeptidkette, daß die **autonome Faltungstendenz der Proteine** im Sinne Anfinsens bei den meisten Proteinen ausreicht, um die Ausbildung der nativen 3 D-Struktur zu gewährleisten. Nur wenige, zumeist größere Proteine mit einer komplexen Faltungsstruktur bedürfen der Hilfe der Chaperonsysteme. Diese werden während der Translation durch Bindung an das Hsp70/Hsp40(DnaK/DnaJ)-System stabilisiert und dann ggf. an die TRiC- bzw. GroE-Maschinen weitergeleitet.

Abb. 15.33 Zusammenwirken von Ribosom und Chaperonmaschinen bei der Proteinfaltung bei Prokaryoten (a) und Eukaryoten (b).
Proteinfaltung vollzieht sich im allgemeinen für 75 % aller Proteine cotranslational und sequentiell, d. h. kurz nach der Fertigstellung von Proteindomänen am Ribosom bilden sich die entsprechenden dreidimensionalen Strukturen, wie bei einer Perlenkette vom N-Terminus zum C-Terminus fortschreitend. Mit den Ribosomen verbunden sind Chaperone, z. B. TF (engl.: trigger factor) bei *E. coli* und NAC (engl.: nascent chain-associated complex) bei den eukaryotischen Polysomen, die vermutlich bei dieser spontanen Faltung eine wichtige Rolle spielen.
Für etwa 20–30 % der Proteine, z. B. solche mit komplexen Faltungsstrukturen, die N-terminale und C-terminale Teile der Polypeptidkette einschließen, bedarf es posttranslationaler Faltungsprozesse, an denen Chaperonmaschinen vom DnaK(Hsp70)- und vom GroE(TRiC)-Typ beteiligt sind. Bei vielen Signaltransduktionsproteinen der Eukaryoten spielt darüberhinaus noch Hsp90 eine wichtige Rolle. Für alle diese Proteine, wie auch für solche mit Zielsequenzen für den Import in Mitochondrien und Plastiden (Abb. **15.36** S. 560), muß die partiell gefaltete Struktur durch Bindung von Chaperonen der DnaK(Hsp70)-Familie am Ribosom stabilisiert werden (nach Hartl und Hayer-Hartl 2002, Young et al. 2004).

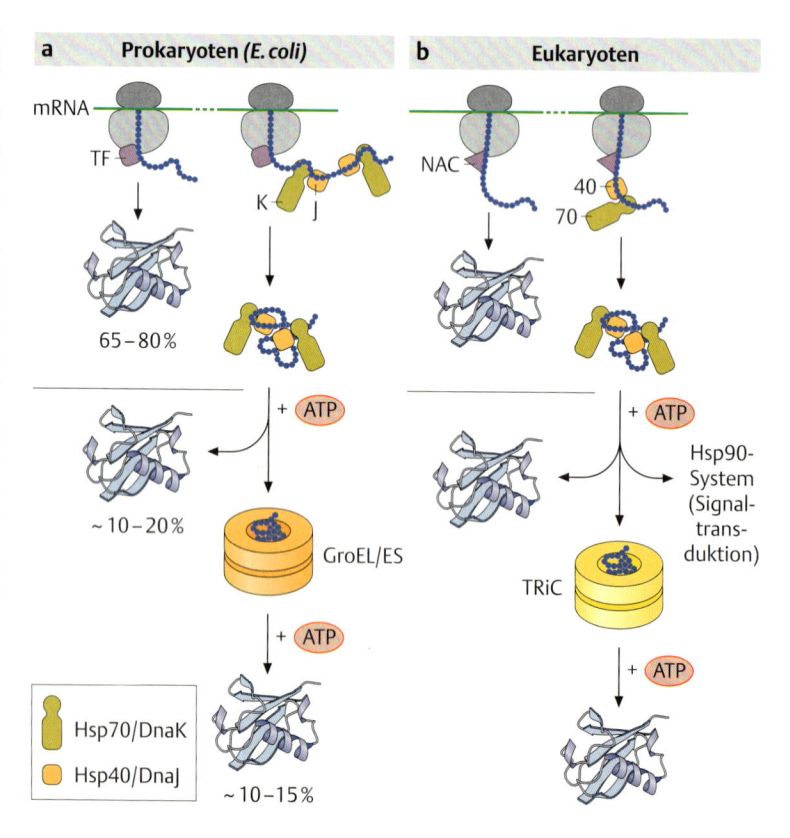

Die in Abb. **15.33** angegebenen Prozentzahlen gelten für die Normalabläufe in *E. coli*. Sie können unter Streßeinwirkung drastisch zu Ungunsten der spontanen Faltungsvorgänge verschoben werden. Experimente mit Zellen unter **Hitzestreß** haben gezeigt, daß bis zu **90 % der neu synthetisierten Proteine aggregiert** waren. Unter solchen Bedingungen wächst dann der Bedarf der Zellen an Chaperonen deutlich. Sie müssen als Teil der Hitzestreßantwort vermehrt gebildet werden, um das Defizit an freien Chaperonen auszugleichen (Kap. 19.2). Insgesamt kann man davon ausgehen, daß der Anteil chaperonabhängiger Prozesse in eukaryotischen Zellen deutlich höher ist als bei Prokaryoten. Das hat vor allem zwei Ursachen: Zum einen sind die Proteine im allgemeinen größer. Zum anderen kann die postsynthetische Verteilung der Proteine auf die Organellen nur in entfaltetem Zustand und unter Mitwirkung mehrerer Chaperonsysteme erfolgen (Kap. 15.10 und Plus **15.15** S. 562).

Chaperonnetzwerke wirken aber nicht nur auf neu synthetisierte Proteine. Vielmehr sind Proteine von der Wiege am Polysom bis zur Bahre, d. h. bis zur Übergabe an die Proteinabbaumaschine (Kap. 15.11) auf unterschiedliche Weise stets von Chaperonen begleitet (Abb. **15.34**). Dieses ausbalancierte System der **Proteinhomöostase** ist relativ robust, anpassungsfähig und essentiell für die Lebensfähigkeit einer Zelle. Der Begriff **umfaßt das Gleichgewicht zwischen Synthese, Faltung, intrazellulärer Verteilung und Abbau eines Proteins** und garantiert im Idealfall, daß stets die angemessene Menge eines Proteins zum richtigen Zeitpunkt und an der richtigen Stelle in der Zelle vorliegt. **Gravierende Störungen** in diesem System entstehen durch Synthese falscher Proteine aufgrund von Mutationen oder aber durch starke Einwirkungen von Außen wie Streß. Solche Störungen sind häufig mit der **Bildung großer Proteinaggregate** verbunden.

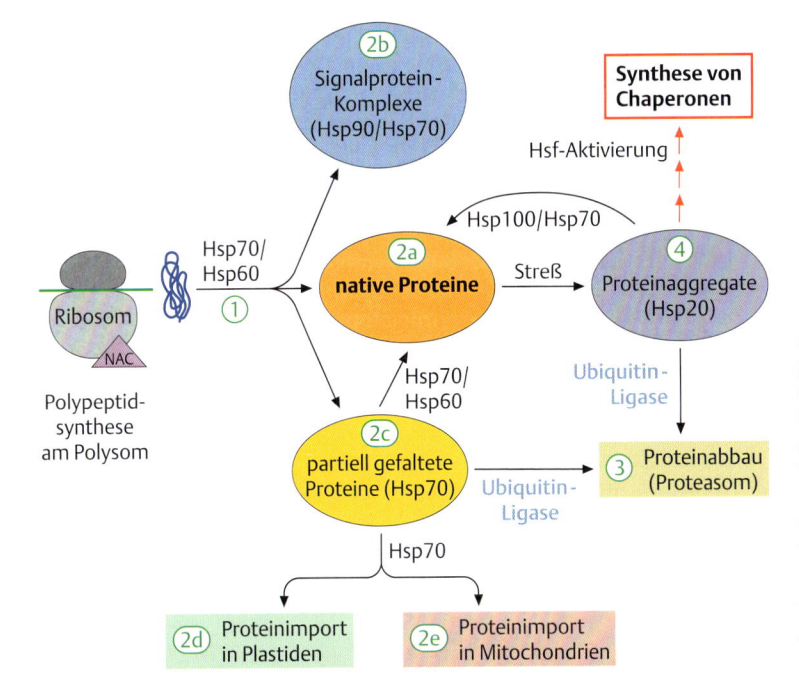

Abb. 15.34 Proteinhomöostase und das Chaperonnetzwerk einer Zelle. Von der Neusynthese am Polysom (**1**) bis zum Abbau (**3**) werden Proteine von Chaperonen mit verschiedenen Funktionen begleitet. Die Proteinfaltung und intrazelluläre Verteilung (**2a–2e**) ist im wesentlichen mit den Hsp70-, Hsp60- und Hsp90-Chaperonsystemen verbunden. Streßbedingte Proteinaggregation (**4**) führt zu nachhaltigen Störungen in der Proteinhomöostase und zur verstärkter Neusynthese von Chaperonen (rote Pfeile). Die Auflösung solcher Aggregate (**4→2a** bzw. **4→3**) ist in Plus **15.13** detaillierter dargestellt.

> **Plus 15.13 Auflösung von Proteinaggregaten durch die Hsp100-Maschine**
>
> Von besonderer Bedeutung bei Mikroorganismen und Pflanzen ist noch eine weitere Chaperonmaschine (**Hsp100-Maschine**), die als einzige auf die Auflösung von Proteinaggregaten spezialisiert ist. Solche Aggregate finden sich häufig assoziiert mit kleinen Hitzestreßproteinen der Hsp20-Familie, die gerade bei Pflanzen in einer ungewöhnlichen Vielzahl und Häufigkeit vorkommen. Man nimmt an, daß Dodecamere von Hsp20-Proteinen in einer schwammartigen Struktur denaturierte Proteine stabilisieren und in einem für die Hsp100-Maschine kompetenten Zustand halten. Letztere stellt einen hexameren Komplex mit einer Basalkammer (dunkelviolett) und einem propellerartigen Apikalteil (hellviolett) dar. In der Hsp100-Maschine werden einzelne Moleküle aus dem Proteinaggregat herausgelöst und entfaltet. Die so freigesetzten Proteine können unter Mitwirkung der Hsp70-Maschine ihre native Struktur zurückgewinnen oder aber abgebaut werden. Obwohl Details dieses Mechanismus bisher nur bei *E. coli* ausgearbeitet wurden, ist aus der Analyse von Hefe- und *Arabidopsis*-Mutanten mit fehlender Hsp100-Expression klar, welche lebenswichtigen Funktionen dieses Chaperonsystem auch bei diesen Eukaryoten unter Streßbedingungen hat (Modell nach B. Bukau).

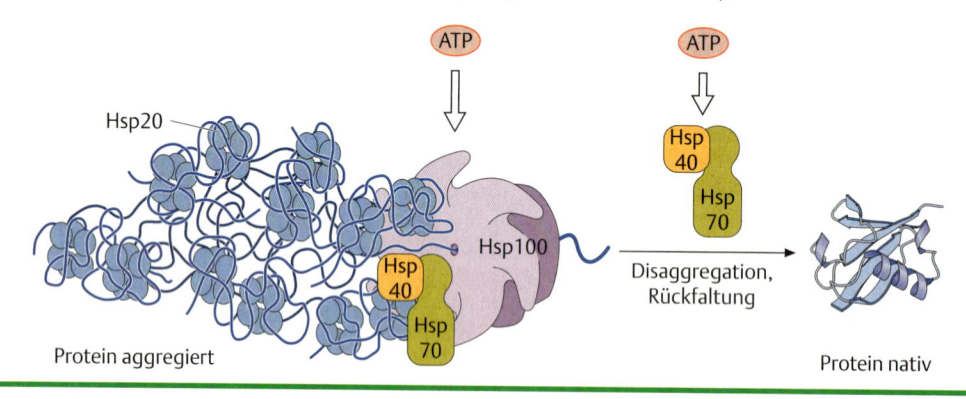

Die unterschiedlichen Funktionen der Chaperone werden in der zellulären Gesamtschau besser sichtbar (Abb. **15.34**). Neben den bereits behandelten Hsp70- und Hsp60-Maschinen sind die Hsp90-Proteine vor allem an der Kontrolle von Signaltransduktionsproteinen beteiligt. Dieses Prinzip ist bei Tieren und Bäckerhefe gut untersucht und betrifft mehr als 600 Proteine, inkl. Steroidrezeptoren, Proteinkinasen, Transkriptionsfaktoren, Zellzykluskontrollfaktoren u. a. m. Bei Pflanzen fehlen allerdings die entsprechenden Untersuchungen bisher weitgehend.

15.10 Proteintopogenese

Unverzichtbarer Folgeprozeß der Synthese von Proteinen am Translationsapparat ist die Verteilung der Syntheseprodukte auf die richtigen Kompartimente der Zelle (Proteintopogenese). Es gibt in eukaryotischen Zellen zwei Grundklassen von kerncodierten Proteinen: Klasse-1-Proteine werden an freien Polysomen im Cytoplasma synthetisiert und posttranslational auf die Kompartimente verteilt. Klasse-2-Proteine werden an ER-gebundenen Polysomen synthetisiert und cotranslational in das Lumen bzw. in die Membranen des ER überführt. Voraussetzung für die Proteinverteilung in der Zelle sind topogene Sequenzen, die häufig am N- bzw. am C-Terminus zu finden sind.

15.10.1 Zwei Klassen von Proteinen werden bei der Translation getrennt

Im Anschluß an die Synthese am Translationsapparat müssen die Proteine auf die richtigen Kompartimente der Zelle verteilt werden (**Proteintopogenese**). Es gibt dabei in Pflanzenzellen wie in anderen eukaryotischen Zellen zwei Grundklassen von kerncodierten Proteinen (Abb. **15.35**):

- **Proteine der Klasse 1** werden an freien Polysomen im Cytoplasma synthetisiert und danach (**posttranslational**) auf die Kompartimente verteilt (Abb. **15.35a**). Dies gilt natürlich für alle cytosolischen Proteine selbst, aber auch für alle Proteine im Zellkern, in den Peroxisomen und für die Proteine, die in die semiautonomen Organellen (Plastiden, Mitochondrien) importiert werden.

- **Proteine der Klasse 2** werden dagegen an ER-gebundenen Polysomen synthetisiert und noch während der Synthese (**cotranslational**) in das Lumen bzw. in die Membranen des ER überführt (Abb. **15.35b**). Von dort werden sie nach umfangreichen Verarbeitungsprozessen an die Zielorte weitergegeben. Zur Klasse 2 gehören alle Membranproteine, Proteine im Lumen des ER und des Golgi-Systems, extrazelluläre Proteine (Zellwand) oder Proteine in Vakuolen, z. B. auch die Speicherproteine der Pflanzen (Plus **18.13** S. 761). Entscheidend für die Assoziation von Ribosomen mit der ER-Membran ist ein vorübergehender Elongationsblock, der durch Bindung des Ribonucleoproteinkomplexes SRP an die N-terminale Signalsequenz der entstehenden Polypeptidkette hervorgerufen wird. Nur nach Wechselwirkung mit dem SRP-Rezeptor in der ER-Membran kann die Elongation fortgesetzt werden (Plus **15.14**).

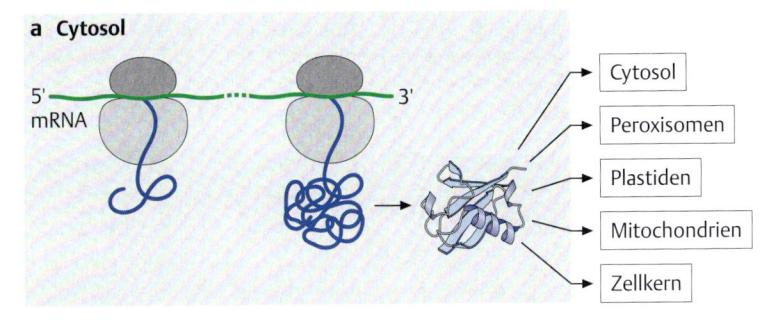

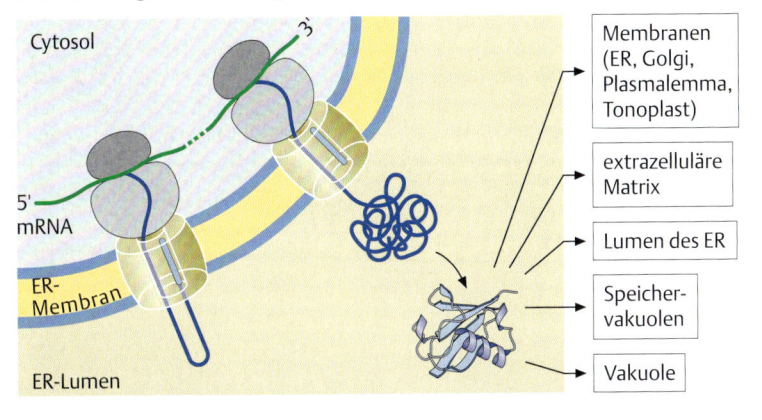

Abb. 15.35 Proteintopogenese: zwei Klassen von Proteinen entstehen bei der Translation.
a Klasse 1: Translation an freien Polysomen und posttranslationale Verteilung der Proteine. Der Einfachheit halber ist das Protein im gefalteten Zustand dargestellt, obwohl das nicht für Proteine gilt, die in die Organellen importiert werden (Kap. 15.10.2).
b Klasse 2: Translation an den Membranen des rER, cotranslationaler Import und Verteilung der Proteine (nach Buchanan et al. 2000).

Voraussetzung für die Proteinverteilung sind **topogenetische Sequenzen**, die nicht selten exponiert am N- bzw. am C-Terminus zu finden sind (Tab. **15.7**) und von entsprechenden Rezeptorproteinen erkannt werden. Dieses Prinzip der Wechselwirkung von Zielsequenzen mit ihren Rezeptoren wird besonders deutlich am Beispiel der Klasse-2-Proteine (Plus **15.14**) und der im Kap. 15.10.2 behandelten Verteilungsprozesse von Proteinen auf die verschiedenen Kompartimente der Plastiden.

Plus 15.14   Translation an freien und membrangebundenen Polysomen

Die Unterscheidung der beiden Typen von Polysomen geschieht nicht bei der Initiation der Translation und den ersten Elongationsschritten, wie sie in Kap. 15.7 dargestellt sind. Erst wenn etwa 70 Aminosäurereste der wachsenden Polypeptidkette angehängt worden sind und damit der N-Terminus der Kette an der Oberfläche des Ribosoms sichtbar wird, kann im Fall der Klasse-2-Proteine dieser **N-terminale** Teil als **Signalpeptid** von dem **Signalerkennungskomplex** (**SRP**, engl.: signal recognition particle) identifiziert werden (Abb. **a**, Schritt **1**). Bindung des SRP stoppt die Elongation, bis dieses Ribosom als Teil des Polysoms an der ER-Membran einen **SRP-Rezeptor** gefunden hat. Dieser ist mit einem Transmembrankomplex verbunden, der die **cotranslationale Translokation** der wachsenden Polypeptidkette durch die ER-Membran in das Lumen ermöglicht. Erst nach Bindung des SRP-Komplexes an seinen Rezeptor kann ersterer unter GTP-Spaltung abgelöst und die Translation fortgesetzt werden (Schritt **3**). Sobald die wachsende Polypeptidkette das Innere des ER erreicht hat (Schritt **4**), wird das N-terminale Signalpeptid durch eine entsprechende **Signalpeptidase** abgespalten.

Die „Wunderwaffe" SRP für diese Trennung der beiden Proteinklassen ist aus der 7SL-RNA von etwa 300 Nucleotiden und 6 Strukturproteinen aufgebaut (Abb. **b**). Der längliche Komplex erkennt sowohl das Ribosom als auch das Signalpeptid als auch den SRP-Rezeptor. **GTP-Bindung** an die P54-Untereinheit und GTP-Spaltung nach Wechselwirkung mit dem SRP-Rezeptor garantieren den geordneten Ablauf. Der aufwendige Mechanismus gewährleistet, daß keine Proteine der Klasse 2 im Cytosol auftauchen, und daß die entsprechenden Polysomen bei der Synthese fest mit der Membran des rER verbunden bleiben.

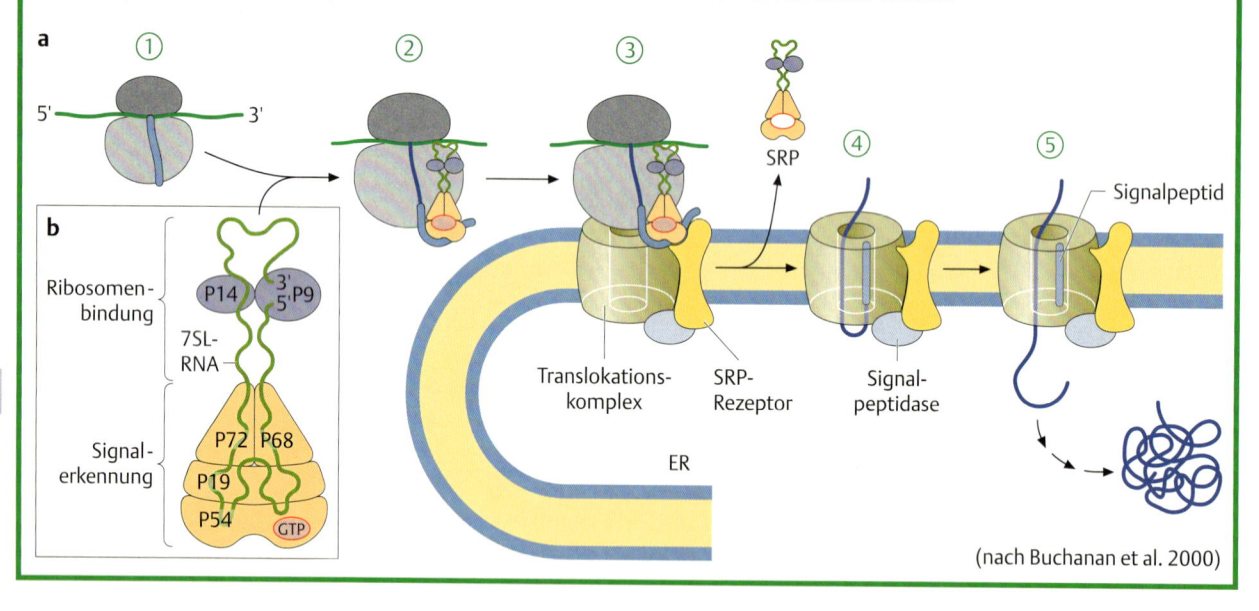

(nach Buchanan et al. 2000)

Tab. 15.7 Topogene Signale von Proteinen und ihre Rezeptoren.

Vorgang	Signal	Struktur, Eigenschaften[a]	Rezeptor (Verweis)
Klasse-1-Proteine (Translation an freien Polysomen)			
Kernimport	NLS (nuclear localization signal)	Gruppe basischer Aminosäurereste: z. B. RK-X-KQR-5X-KRR	Importin (Abb. **15.18** S. 527)
Kernexport	NES (nuclear export signal)	Leucin-reiche Sequenz, z. B. LXXLXXXLXXL	Exportin (Abb. **15.18** S. 527)
Peroxisomenimport	PTS1 (peroxisomal transfer sequence)	C-terminales Tripeptid: SKL* o. SRI* o. SRM*	Peroxin 5
Plastidenimport	Transitpeptid	40–100 Aminosäurereste am N-Terminus, positiv geladen und reich an Ser, Thr	TOC159/TOC34 (Plus **15.15**)
Mitochondrienimport	Präsequenz	40–60 Aminosäurereste am N-Terminus, amphipathische Helix	Rezeptor im TOM-Komplex
Klasse-2-Proteine (Translation an ER-gebundenen Polysomen)			
Translation am ER	Signalpeptid	16–30 Aminosäurereste am N-Terminus, hydrophobe Sequenz	SRP (Plus **15.14**)
Import in Vakuole	VSS (vacuolar sorting sequence)	12–16 Aminosäurereste, N- oder C-terminal mit -YMPL-Motiv	VSR (vacuolar sorting receptor)
Retention im ER	Retentionssignal	C-terminales Tetrapeptid: KDEL* o. HDEL*	ERD2-Rezeptor in Vesikeln (Abb. **15.37** S. 564)
Transport ER→Golgi	verzweigte Kohlenhydratseitenketten	Asn: N-Glykosylierung Ser, Thr, HO-Pro: O-Glykosylierung	Calnexin, Calreticulin im ER (Kap. 15.10.4, Plus **15.17** S. 569)
Membraninsertion	Transmembrandomäne	> 20 Aminosäurereste (hydrophobe Helix)	

[a] X = Aminosäurerest variabel; 1-Buchstabencode für Aminosäurereste s. Tab. **13.1** S. 378; * markiert den C-Terminus.

15.10.2 Proteinimport in Plastiden

Bei dem posttranslationalen Proteinimport in Plastiden müssen sechs Teilkompartimente selektiv mit Proteinen aus dem Cytoplasma versorgt werden. Dazu gehören drei verschiedene Membranen (äußere Hüllmembran, innere Hüllmembran, Thylakoidmembran) und drei Reaktionsräume zwischen den Membranen (Intermembranraum, Stroma, Lumen zwischen den Thylakoidmembranen). Zu importierende Proteine müssen geeignete, z. T. mehrfache Zielsequenzen haben. Sie werden in entfalteter Form, assoziiert mit Chaperonen der Hsp70-Familie am Proteinimportkanal erkannt, der die äußere und innere Hüllmembran durchspannt (TOC/TIC-Komplex).

Plastiden stellen ein besonders komplexes Problem für die Proteintopogenese dar. Zum einen macht z. B. Ribulosebisphosphat-Carboxylase/Oxygenase (RubisCO) im Stroma der Chloroplasten als häufigstes Protein bis zu 50 % an allen löslichen Proteinen in Blattzellen aus, also etwa 10^8 Moleküle der kerncodierten kleinen Untereinheit und ebensoviele plastidencodierte große Untereinheiten pro Zelle. Aber auch die Komponenten der Photosysteme in den Membranen kommen in vergleichsweise großen Mengen vor. Zum anderen werden von den etwa 2500 Proteinen in

Plastiden nur max. etwa 100 von der Plastiden-DNA codiert, d. h. mehr als 95 % aller Plastidenproteine sind im Zellkern codiert und müssen nach Synthese im Cytoplasma als Klasse-1-Proteine **posttranslational in die Plastiden** importiert werden.

Neben diesem quantitativen Problem haben wir es aber auch noch mit einem qualitativen zu tun, für dessen Verständnis wir uns den Proteinimport in Plastiden etwas näher anschauen wollen (Abb. **15.36**). Plastiden haben insgesamt **drei verschiedene Membranen** (äußere Hüllmembran, innere Hüllmembran, Thylakoidmembranen) plus drei verschiedene **Reaktionsräume zwischen den Membranen** (Intermembranraum zwischen äußerer und innerer Hülle, **Stroma** und **Lumen** zwischen den Thylakoidmembranen). Alle **6 Teilkompartimente der Plastiden** müssen spezifisch mit den für sie typischen Proteinen versorgt werden. Man braucht also neben den Proteinsynthese- und Verteilungsvorgängen in den Plastiden selbst eine beachtliche Zahl selektiver Topogenesewege aus dem Cytoplasma in die jeweiligen Teilkompartimente der Plastiden (Abb. **15.36**).

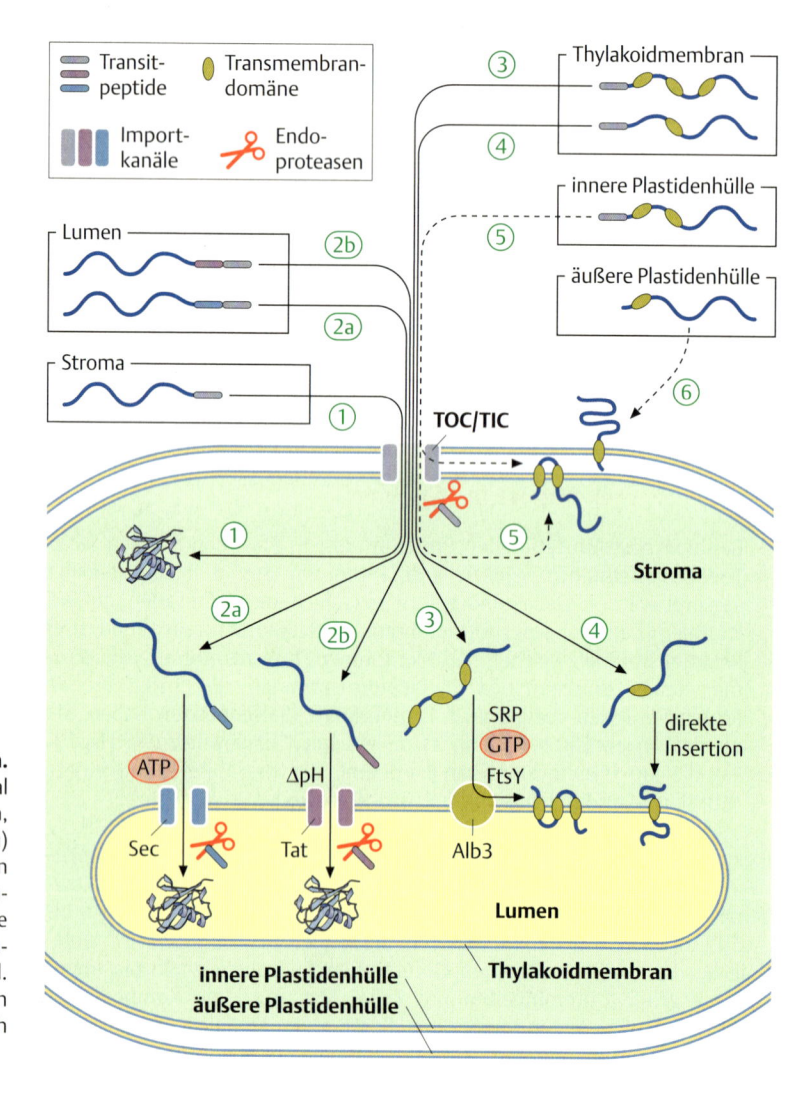

Abb. 15.36 Proteinimportwege in Plastiden. Wege 1–5 führen über den TOC/TIC-Importkanal (Plus **15.15**). Alle Proteine, die diesen Weg gehen, haben eine N-terminale Transitsequenz (grau) für die Erkennung durch die Importrezeptoren TOC159/TOC34. Proteine für das Lumen der Thylakoide (Wege 2a und 2b) haben jeweils eine weitere Transitsequenz (blau bzw. lila) die erst nach Durchtritt durch die zweite Membran entfernt wird. Weitere Details im Text. Die Chaperone wurden in dieser Abb. weggelassen (s. Plus **15.15**) (nach Jarvis und Robinson 2004).

Kernstück für die meisten Importwege ist ein Proteinimportkanal, der die äußere und innere Hüllmembran durchspannt. Die Untereinheiten dieses Kanals werden nach ihrer Größe und Lage in der äußeren Hüllmembran mit **TOC** und für die innere Hüllmembran mit **TIC** bezeichnet (Plus **15.15**). Auf der cytoplasmatischen Seite werden die für Plastiden bestimmten Proteine aufgrund ihrer N-terminalen Transitpeptide von den **Rezeptoruntereinheiten TOC159/TOC34** erkannt. Alle Proteine müssen in entfalteter Form, gebunden an Chaperone der Hsp70-Familie, vorliegen. Energie für den Importprozeß wird in Form von ATP (Chaperone) und GTP (TOC159, TOC34) benötigt. Das Transitpeptid wird nach Durchtritt durch den Kanal von einer Endopeptidase abgespalten (Abb. **15.36**).

Für die folgende Beschreibung der verschiedenen Importwege für Plastidenproteine ist es wichtig, sich sowohl die allgemeine Struktur und Funktion der Plastiden als auch jene der Proteinkomplexe für Photosynthese und Elektronentransport (Photosysteme I und II [PSI, PSII], Lichtsammelkomplex [Lhc] und der Cytochrom-b_6/f-Komplex [Cytb$_6$/f]) ins Gedächtnis zurückzurufen (Kap. 8.1.1):

- **Weg 1: Stromaproteine**, wie z. B. die kleine Untereinheit der RubisCO oder ribosomale Proteine, haben nur **eine** N-terminale **Transitsequenz** (grau). Sie werden am TOC-Komplex in Chaperon-gebundener Form angeliefert und dann an der Innenseite der Hüllmembran durch Chaperone wieder übernommen.
- **Weg 2:** Proteine für das **Lumen der Thylakoide** oder solche, die mit der luminalen Seite der Thylakoidmembran assoziiert sind, haben eine **doppelte Transitsequenz**. Die N-terminale (grau) hilft bei dem Durchtritt durch die äußere Hülle, während die unmittelbar benachbarte zweite Transitsequenz (blau bzw. lila) für den Transport durch die Thylakoidmembran sorgt. Je nach Art der zweiten Transitsequenz werden solche Proteine durch die Thylakoidmembran über den **Sec-Kanal** mit ATP als Energiedonator (Weg 2a) oder über den **Tat-Kanal** mit Hilfe eines Protonengradienten (Weg 2b) transportiert. Beispiele für Weg 2 sind Untereinheiten des Wasserspaltungskomplexes am PSII, Plastocyanin und die Untereinheit PsaF im PSI.
- **Weg 3** betrifft wenige **Proteine der Thylakoidmembran**, wie z. B. das **LhcIIb-Protein** als Teil des Lichtsammelkomplexes am PSII (Box **15.14**). Der zweite Schritt der Topogenese mit dem Transport dieser Proteine aus dem Stroma in die Thylakoidmembran braucht einen plastidenspezifischen SRP-Komplex, das Helferprotein FtsY und den **Alb3-Kanal** in der Membran.
- **Weg 4** trifft interessanterweise für den überwiegenden Teil der **Thylakoidmembranproteine** in den Photosynthese- und Energiewandlungskomplexen zu (PSI, PSII, ATP-Synthase, Cytb$_6$/f-Komplex). Nach Durchtritt durch die äußere Hülle und Abspaltung des Transitpeptids werden diese Membranproteine spontan in die Thylakoidmembran eingebaut. Allerdings bedarf es einer Reihe von Helferproteinen bei der Assemblierung der Komplexe. Die ausgeprägte Fähigkeit zur Selbstorganisation solcher Protein/Membrankomplexe wird deutlich am Beispiel des LhcIIb-Proteins (Box **15.14**).
- **Weg 5** gilt für Membranproteine in der **inneren Hüllmembran**, die ebenfalls spontan in die Membran eingebaut werden.
- **Weg 6** für Proteine in der **äußeren Hüllmembran** beruht auf der spontanen Insertion aus dem Cytoplasma.

Plus 15.15 TIC und TOC und Chaperone: Kooperation beim Proteinimport in Chloroplasten

Der Proteinimportapparat in der Hüllmembran der Plastiden enthält einen Teilkomplex in der äußeren Hüllmembran (TOC, engl.: **t**ranslocon of the **o**uter envelope membrane of **c**hloroplasts) und einen in der inneren Hüllmembran (TIC). Beide sind eng miteinander verbunden. Zentralstück ist eine durchgehende Pore von 20 Å, vermutlich gebildet von TOC75, TIC110 und TIC20. Wie die Abbildung zeigt, sind diese Porenproteine von einer Reihe Helferproteinen begleitet, die für die Selektivität, die Energiebereitstellung und die Funktionskontrolle zuständig sind.

Im TOC-Komplex (orange) bilden **TOC159** und **TOC34** als **GTP-bindende Proteine** das **Rezeptorsystem** für die Erkennung der Proteine mit einer N-terminalen Transitsequenz für Plastidenimport. Diese Proteine müssen ja von solchen für den Import in Mitochondrien unterschieden werden. Im Verlauf der Erkennung und Weitergabe an den Porenkomplex wird GTP gespalten. Neben dem Rezeptorsystem gibt es im TOC-Komplex noch das TOC64/TOC12-Dimere, das in Verbindung mit TIC22 und Hsp70^{im} im Intermembranraum den Übertritt der Polypeptidkette aus dem TOC- in den TIC-Komplex erleichtert.

Im TIC-Komplex (grün) hat **TIC110** offensichtlich mehrere Funktionen. Mit seiner N-terminalen Hälfte sitzt es in der Membran und ist nicht nur Teil der TIC-Pore, sondern geht zugleich unmittelbare Kontakte zu TOC159, TOC34 und TOC75 ein, d. h. TIC110 sorgt für die notwendige, **enge Verbindung der TIC- und TOC-Komplexe**. Mit seiner hydrophilen C-terminalen Hälfte, die in das Stroma ragt, dient TIC110 der Verknüpfung mit TIC40 und den **Chaperonen** auf der Stromaseite. Man nimmt an, daß unter ATP-Verbrauch die Proteine von Hsp70 regelrecht in die Chloroplasten hineingezogen werden. Der heterotrimere Proteinkomplex aus TIC62, TIC55 und TIC32 dient der Redoxkontrolle des Importgeschehens: Im reduzierten Zustand, d. h. im Licht, ist die Importaktivität hoch, im Dunkeln ist sie niedrig.

Insgesamt ergibt sich das Bild einer sehr effizienten und konzertierten Aktion bei dem Proteinimport in Plastiden. Drei verschiedene Chaperone der Hsp70-Familie im Cytoplasma, Intermembranraum und im Stroma spielen zusammen mit weiteren Chaperonen eine entscheidende Rolle, um die Substratproteine in einem importkompetenten Zustand zu halten und den Import unter ATP-Verbrauch anzutreiben. Die hier für Chloroplasten oder Plastiden beschriebenen Vorgänge gelten sinngemäß auch für den **Proteinimport** in **Mitochondrien**, mit dem Unterschied, daß die Proteine im Importkanal dann als **TOM**- und **TIM**-Komplex bezeichnet werden.

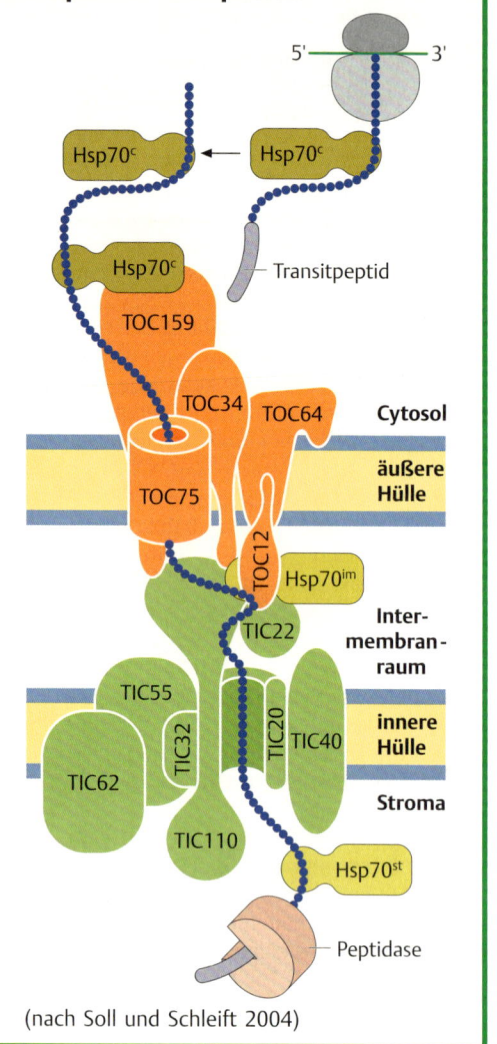

(nach Soll und Schleift 2004)

15.10.3 Vesikeltransport von Proteinen

> Die Prozessierung der am ER synthetisierten Klasse-2-Proteine (Faltung, proteolytische Prozessierung, Knüpfung von Disulfidbrücken, Glykosylierung) erfolgt schrittweise im ER bzw. Golgiapparat. Unter Mitwirkung kleiner GTP-spaltender Proteine vermitteln spezialisierte Vesikel mit entsprechenden Oberflächenproteinen sowohl die Beladung als auch den gerichteten Transport (anterograder Transport) der Proteine auf ihrem Weg in die Zielkompartimente. Ein System des Recycling (retrograder Transport) gewährleistet die Rückführung von Membranbestandteilen und Proteinen in die Ausgangskompartimente.

Für den überwiegenden Teil der Klasse-2-Proteine ist das **ER** nur der Ort für die Translation und die ersten Schritte der weiteren **Verarbeitung der Polypeptidkette** (Faltung, proteolytische Prozessierung, Knüpfung von

15.10 Proteintopogenese

Box 15.14 In-vitro-Faltung und Assemblierung des LhcIIb-Komplexes

Das Apoprotein des LhcIIb bildet zusammen mit acht Molekülen Chlorophyll a, sechs Molekülen Chlorophyll b und vier Carotinoidmolekülen (z. B. Lutein) die monomere Einheit des trimeren Lichtsammelkomplexes um das Reaktionszentrum des PSII herum (Abb. **8.14** S. 270). Das LhcIIb zeigt eine erstaunlich hohe Fähigkeit zur Selbstorganisation, die in diesem Fall auch die Assemblierung mit seinen zahlreichen Cofaktoren einschließt. In dem schematisch skizzierten Experiment wurde rekombinantes LhcIIb-Apoprotein verwendet, das wegen seiner schlechten Löslichkeit in wäßrigem Milieu in einem Puffer mit Guanidiniumhydrochlorid und dem starken ionischen Detergens Na-Dodecylsulfat (SDS, Box **2.2** S. 62) gelöst werden muß. Dabei verliert es weitgehend seine Sekundär- und Tertiärstruktur. Wenn man diese Apoprotein-Lösung mit einer Lösung der Cofaktoren in dem nicht-ionischen Detergens Octylglucosid mischt, reicht die Verdünnung des Guanidiniumhydrochlorids und der Kontakt mit den Octylglucosid Mizellen offenbar aus, um die Proteinfaltung auszulösen und gleichzeitig die Bindung der Pigmente in der richtigen Anordnung zu bewirken.

Der **rekonstituierte LhcIIb-Komplex** enthält fast die gesamte Zahl der Pigmente des nativen Systems und ist biochemisch und spektroskopisch von seinem nativen Gegenstück praktisch nicht zu unterscheiden. Daß die Pigmente in den richtigen Positionen zueinander gebunden sind, belegen Messungen des **Energietransfers von Chlorophyll b auf Chlorophyll a**. Die räumliche Anordnung der beiden chromophoren Gruppen zueinander muß also perfekt sein. Offenbar können die Mizellen des Octylglucosids die native Umgebung des LhcIIb-Komplexes hinreichend nachahmen, sodaß spezifische Lipide der Thylakoidmembran in diesem Experiment entbehrlich sind. Das LhcIIb-Apoprotein enthält also auch nach vollständiger Denaturierung alle Information, um in Gegenwart seiner Cofaktoren die native Raumstruktur wieder herzustellen (Schema nach H. Paulsen).

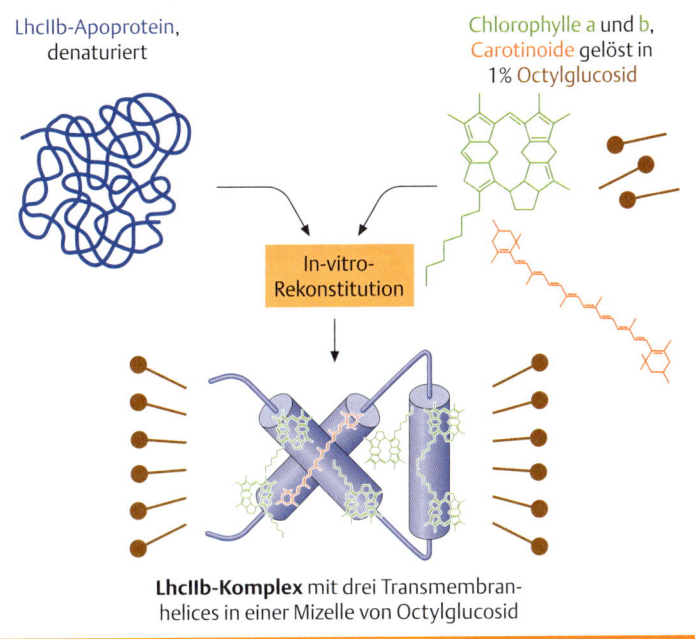

LhcIIb-Komplex mit drei Transmembranhelices in einer Mizelle von Octylglucosid

Disulfidbrücken, Glykosylierung und andere posttranslationale Modifikationen). Diese relativ aufwendige Verarbeitung muß für viele dieser Proteine im **Golgi-Apparat** weitergeführt und schließlich in den Zielkompartimenten abgeschlossen werden. Entscheidende Hilfsmittel für den gezielten Transport von Proteinen vom ER über den Golgi-Apparat zu den Zielkompartimenten sind **Vesikel**, die an dem Ausgangskompartiment abgeschnürt, selektiv beladen werden und dann, vermutlich **am Cytoskelett transportiert**, mit dem Zielkompartiment verschmelzen können (Abb. **15.37**). Die Energie für diesen **Vesikelverkehr** stammt im wesentlichen aus der Mitwirkung kleiner **GTP-spaltender Proteine** auf praktisch allen Stufen des Gesamtprozesses, während die Spezifität durch komplementäre Membranproteine an der Oberfläche der Vesikel und der Empfänger-

Abb. 15.37 Transport von Proteinen und Membranbestandteilen durch Vesikel. Der **anterograde Transport** vom ER über den Golgi-Apparat zu den Vakuolen bzw. durch Exocytose in den extrazellulären Raum wird durch die Wege 1a, 1b bzw. 2a–2c beschrieben. Der **retrograde Transport** schließt die Endocytose (Weg 3) und die Rückführung von Bestandteilen aus dem Golgi-Apparat in das ER (Weg 4) ein. Weitere Erklärungen s. Text. Die jeweiligen Vesikel sind nicht nur durch ihre Herkunft, den Transportweg und den Inhalt, sondern auch durch die charakteristische Hülle bei ihrer Abschnürung unterschieden (s. auch Plus 15.16). COP steht für die Hüllproteine der Vesikel (engl.: coatomer), und man darf COPI nicht mit dem Protein COP1 im kontrollierten Proteinabbau verwechseln (Tab. 15.8 S. 572 und Abb. 17.11 S. 682). Der Einfachheit halber wurden Membranen in dieser Abb. nur mit schwarzen Linien wiedergegeben (nach Jürgens 2004).

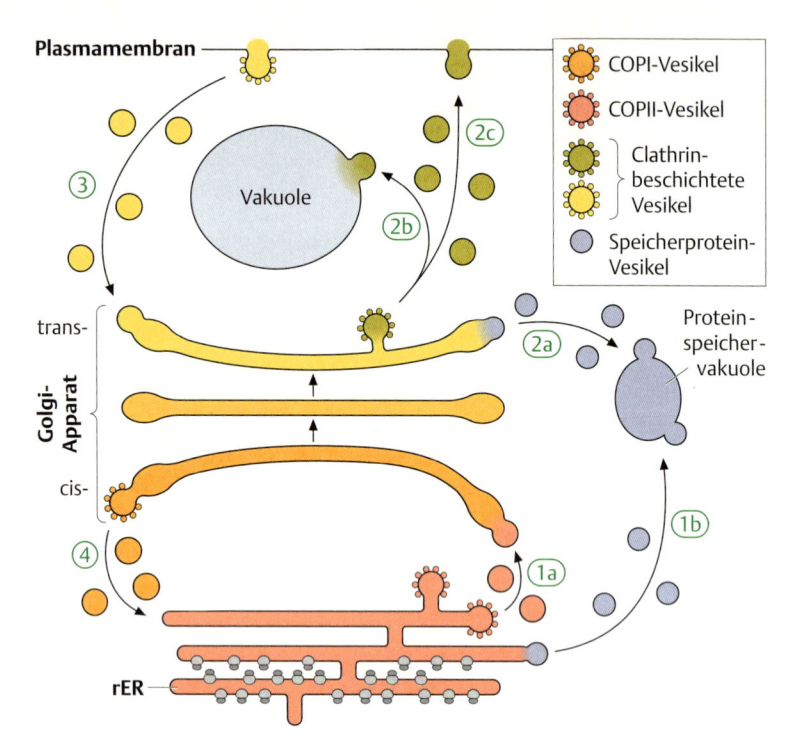

kompartimente gewährleistet wird. Die Details sind durch umfangreiche Arbeiten an Bäckerhefe gut geklärt:

- Bei den am **rauhen ER** produzierten Proteinen handelt es sich, wie in Abb. 15.35 S. 557 gezeigt, um lösliche Proteine im Lumen bzw. um Membranproteine. Wenn sie einen für den Weitertransport adäquaten Reifungszustand erreicht haben, werden sie über COPII-Vesikel an die dem ER zugewandte Zisterne des Golgi-Apparates (cis-Golgi-Zisterne) abgegeben (Abb. 15.37, Weg 1a). Der Vorgang ist im Detail in Plus 15.16 dargestellt und gilt in prinzipiell gleicher Weise für alle Vesikeltypen in Abb. 15.37.
- Der **Golgi-Apparat** selbst stellt ein System hintereinander geschalteter Zisternen dar, die durch ihre unterschiedliche Enzymausstattung eine sequentielle Funktion für die Proteinverarbeitung haben. Im Golgi-Apparat werden im wesentlichen die ursprünglich im ER angehängten **Kohlenhydratseitenketten** der Proteine so umgebaut, daß die für den Weitertransport eindeutig identifizierbaren „Fahrkarten" für die **Zielkompartimente** (Vakuolen, Plasmamembran, extrazellulärer Raum) entstehen (Kap. 15.10.4).
- Von der trans-Golgi-Zisterne werden die weitgehend reifen Proteine über Clathrin-beschichtete Vesikel an die Zielkompartimente abgeliefert (Abb. 15.37, Wege 2a und 2b).
- Eine für Pflanzen charakteristische Variante ist die massive Einlagerung von Proteinen in **Proteinspeichervakuolen** (PSV), wie sie z. B. bei der Samenreifung eine wichtige Rolle spielt (Kap. 18.6.2). Für diesen Zweck gibt es spezielle Vesikel, die bei einigen Pflanzen direkt am ER gebildet werden (Weg 1b), bei anderen Pflanzen jedoch an trans-Golgi-Zisternen entstehen (Weg 2a). Die Vesikel sind mit Vorläuferformen der Speicherproteine vollgestopft, die in den PSV in die reifen Speicherproteine umgewandelt werden. Die resultierenden parakristallinen

15.10 Proteintopogenese

Zustände der Speicherproteine erlauben eine außergewöhnliche Packungsdichte in den PSV (Plus **18.14** S. 763).
- Der ununterbrochene Verlust von Membranbestandteilen und Proteinen aus dem ER an den Golgi-Apparat und von dort an die Zielkompartimente erfordert eine Art Recycling (**retrograder Transport**, Wege 3 und 4), durch den dieser Verlust mindestens teilweise ausgeglichen wird.

Kurz gefaßt beruht das ganze Programm der Reifung und Verteilung der Klasse-2-Proteine auf drei Prinzipien:
1. Ein System von Vesikeln, die für den jeweiligen Teilweg durch die Hülle und ihre Membranproteine spezialisiert sind (Plus **15.16**).

Plus 15.16   Vesikelverkehr zwischen Membransystemen

Der rege Proteintransport zwischen den Membransystemen braucht natürlich klare Regeln für die Abschnürung und Beladung der Vesikel am Ausgangskompartiment und ebenso für den gerichteten Transport zum und die Fusion am Zielkompartiment. Der im Schema für **COPII-Vesikel** dargestellte Vorgang gilt im Prinzip für alle Vesikeltypen in Abb. **15.37**. Bei der Knospung und Beladung der Vesikel spielen das GTP-bindende Protein Arf und das COPII-Hüllprotein eine wichtige Rolle. Für den Transport und die Fusion mit der Zielmembran muß die Hülle allerdings entfernt werden und ein anderes GTP-bindendes Protein (Rab) an die Vesikelmembran rekrutiert werden.
Drei Mechanismen sind für Effizienz und Spezifität der Abläufe verantwortlich:
- Kleine **GTP-bindende Proteine** vom **Arf**- bzw. **Rab**-Typ (etwa 20 kDa) sind über einen Fettsäureanker (Myristoylrest) bzw. zwei Diterpenreste an die Vesikelmembran gebunden. Nur in den GTP-beladenen Formen ist der jeweilige **Membrananker** zugänglich. Die Arf(GDP)- bzw. Rab(GDP)-Formen liegen löslich im Cytoplasma vor. Die GTP-Beladung wird von einem Austauschfaktor **GEF** (engl.: guanine nucleotid exchange factor) vermittelt, während für die Aktivierung der GTPase ein Aktivatorprotein **GAP** (engl.: GTPase activating protein) benötigt wird. GEF und GAP sind spezifisch für das jeweilige Protein. Jedes der in Abb. **15.37** gezeigten Vesikel hat sein eigenes Arf/Rab-Paar mit den entsprechenden Hilfsfaktoren.
- Bei der Bildung der Vesikel kommt es zu einer durch das Arf(GTP) ausgelösten Assemblierung einer charakteristischen **Hülle**, die für die Spezifität der Beladung unerläßlich ist, die aber nach der Abschnürung und Spaltung des GTP sehr schnell wieder zerfällt (Stadien 1–3).
- **Komplementäre Membranproteine** (**SNAREs**) auf den Oberflächen von Vesikel und Zielkompartiment und ein Rab-Rezeptor vermitteln das selektive Andocken und die Verschmelzung zwischen Vesikel und Zielmembran. Die **v-SNAREs** und die **t-SNAREs** (engl.: v für vesicle; t für target membrane) bilden über ihre Interaktionsdomänen sehr fest verbundene Komplexe und bringen damit die beiden Membranen in unmittelbare Nähe. Bei der Fusion der Membranen werden Vesikelinhalt und die Membranbestandteile an das Zielkompartiment übergeben (Stadien 4–6).

Das Bild vermittelt nur eine minimalistische Sicht der Gesamtheit von beteiligten Komponenten. Im Genom von *Arabidopsis* gibt es allein etwa 50 Gene für v-SNAREs und 14 Gene für t-SNAREs.

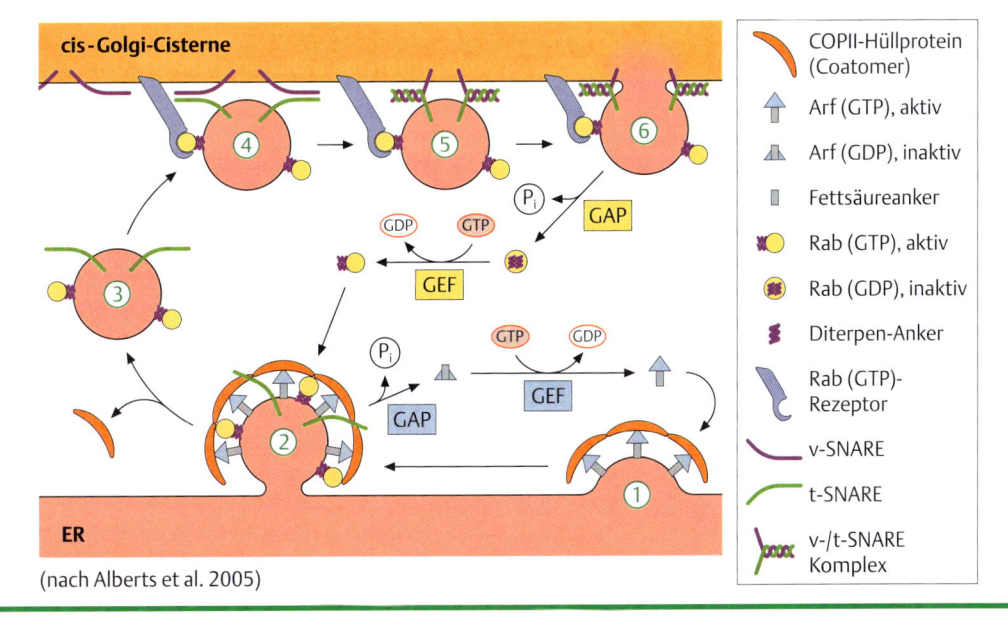

(nach Alberts et al. 2005)

2. Die fortgesetzte Verarbeitung der Zwischenprodukte in ER und Golgi-Apparat, wobei auch die jeweiligen Adressen für die Weiterbeförderung entstehen.
  3. Die Fähigkeit, im ER bzw. im Golgi-Apparat, geeignete lösliche Proteine und Membranproteine zu sortieren und in die entsprechenden Vesikel zu verpacken.

Das gesamte System läuft im allgemeinen mit atemberaubender Effizienz und Präzision ab.

15.10.4 Entstehung und Reifung von Glykoproteinen

> N-Glykosylierungen am Amidstickstoff von Asparaginresten und O-Glykosylierungen an den Hydroxylgruppen von Serin-, Threonin- bzw. Hydroxyprolinresten sind weitverbreitete Modifikationen bei Proteinen. Bei N-Glykosylierungen erfolgt die Übertragung einer vorgefertigten Oligosaccharidkette an die wachsende Polypeptidkette im Lumen des ER. Die ursprüngliche Oligosaccharidkette wird einem umfangreichen Umbau im ER und Golgisystem unterzogen. Ca^{2+}-abhängige Chaperone vom Typ des Calnexins bzw. Calreticulins begleiten diese Umbauprozesse und bilden zugleich die Grundlage für eine Qualitätskontrolle der Faltung und Reifung der Glykoproteine.

Glykosylierungen sind weitverbreitete Modifikationen bei Proteinen der Klasse 2, während sie bei Proteinen der Klasse 1 sehr selten sind. Bei den Säugetieren sind fast alle Proteine, die im ER/Golgi prozessiert werden, mit verzweigten Kohlenhydratseitenketten modifiziert. Das Ausmaß der Modifikationen von Proteinen durch Glykosylierung bei Pflanzen ist noch unklar. Zwei Typen von Glykosylierungen müssen unterschieden werden:

- N-Glykosylierungen am Amidstickstoff von Asparaginresten, die Teil eines –Asn-X-Ser-Erkennungsmotivs sind, und
- O-Glykosylierungen an den Hydroxylgruppen von Serin-, Threonin- bzw. Hydroxyprolinresten.

Glykoproteine spielen eine wichtige Rolle im Leben einer Pflanze. Dies soll durch einige ausgewählte Beispiele belegt werden. Zu den Glykoproteinen gehören:

- **Zellwandstrukturproteine** mit einem hohen Anteil von Hydroxyprolin (Plus **15.11** S. 544). Der Kohlenhydratanteil kann in einigen Fällen mehr als 50 % betragen. Prominente Beispiele sind **Extensin** und **Arabinogalactanproteine** (AGPs, Plus **18.10** S. 746).
- **Zellwandproteine** mit einer Rolle im Bestäubungsprozeß (Erkennung und Wachstum des Pollenschlauchs, Kap. 18.5). **AGPs** in der Zellwand des Pistills dienen mit ihren Kohlenhydratseitenketten als Entwicklungsmedium für den Pollenschlauch. Ein S-Locus-Glykoprotein (**SLG**) in der Zellwand der Stigmapapillen dient der Pollenerkennung und eine **S-RNAse** bei den Solanaceen ist Grundlage für die gametophytische Inkompatibilität (Abb. **18.20** S. 753).
- **Gefrierschutzproteine** (AFP, engl.: antifreeze protein) in der Zellwand verhindern die Umstrukturierung von Eiskristallen und damit mechanische Schäden an den Zellen (Box **19.4** S. 782).
- **Samenproteine** (Speicherproteine, Lectine) in den Speichervakuolen können Glykoproteine sein. Beispiele sind **Vicillin** (*Vicia faba*) und **Phaseolin** (*Phaseolus vulgaris*) sowie **Concanavalin A** in Leguminosen-Samen. Der Trypsin- und α-Amylase-Inhibitor aus Getreidemehl gehört

ebenfalls in diese Gruppe. Er ist ein **Glykoprotein mit starken allergenen Eigenschaften**.
- Einige **Enzyme** sind Glykoproteine. Die sauren **Peroxidasen** in Vakuolen und in der Zellwand haben Funktionen für die Ligninsynthese (Abb. **1.35** S. 41), die Wundheilung (Kap. 19.7) u. a. m. **Invertasen** in Vakuolen und der Zellwand dienen dem Aufschluß von Nährstoffen für die Pflanzenzelle.
- Als Klasse-1-Proteine stellen die Glykoproteine im **Kernporenkomplex** eine Besonderheit dar (NUP 33, NUP40, NUP65, engl.: nuclear pore complex). Sie werden im Cytoplasma synthetisiert und an Serinresten mit mehreren N-Acetylglucosaminresten versehen.

Bei den **N-Glykosylierungen** erfolgt die primäre Übertragung der Oligosaccharidkette auf die entsprechenden Asparagin-Reste im ER während der Translation: Die Oligosaccharideinheit wird an einem Membrananker aus etwa 20 Terpenresten (**Dolichol**) vorgefertigt (Abb. **15.38**) und durch die membrangebundene **Oligosaccharyl-Transferase** übertragen. Diese Oligosaccharideinheit besteht ursprünglich aus zwei zentralen N-Acetylglucosaminresten, die mit neun Mannose- und drei Glucoseresten in unterschiedlicher Weise verknüpft sind. Im Verlauf der folgenden Reifung (Abb. **15.39**) werden zunächst im ER die drei Glucosereste und dann ein Mannoserest entfernt (Stufen 1–5). Dieser Abbau setzt sich im Golgi-System fort, bis nur noch drei der ursprünglich neun Mannosereste übrig sind (Stufen 6, 7). Beim Übergang in die trans-Golgi-Zisternen werden dann neue N-Acetylglucosamin-, Fucose- und Xylosereste angeheftet (Stufen 7–9). Endprodukte sind einfache (9a) oder sehr komplexe (9b) Kohlenhydratseitenketten an den reifen Glykoproteinen der Pflanzen.

Dieser etwas bizarr anmutende Vorgang hat große Bedeutung sowohl für die Überwachung der Faltung und Reifung der Glykoproteine als auch für die richtige Weiterleitung über die Vesikeltransportsysteme. Während der Fertigstellung der Polypeptidkette am ER beginnt die Proteinfaltung, häufig verbunden mit der Knüpfung von Disulfidbrücken zwischen räumlich benachbarten Cysteinresten (Abb. **1.22** S. 26). Der schrittweise Abbau der Oligosacharidketten begleitet diesen Prozeß der Proteinfaltung. **Ca^{2+}-abhängige Chaperone** vom Typ des **Calnexins** bzw. **Calreticulins** im ER binden an unreife Glykoproteine aufgrund der Glucosereste in der Kohlenhydratseitenkette. Darüberhinaus gibt es interessanterweise eine Glucosyltransferase (GT) im ER, die entfaltete Glykoproteine erkennt und sie erneut mit Glucoseresten belädt (Abb. **15.39** Stufen 3 und 4). Dieser Schritt zurück verlängert gewissermaßen die Verweilzeit für das Glykoprotein im faltungskompetenten Raum des ER. Das Zusammenspiel zwischen Raumstruktur des Proteins und dem Zustand seiner Kohlenhydratseitenketten einerseits und den zwei Helferproteinen Calnexin und GT andererseits **überwacht** also **den Reifungsprozeß** (Plus **15.17**). Wenn etwas schief geht, vermittelt dasselbe Überwachungssystem den Rücktransport des unfertigen Proteins aus dem ER in das Cytosol, wo es deglykosyliert und abgebaut werden kann (Kap. 15.11).

Abb. 15.38 Oligosaccharideinheit an Dolicholdiphosphat. Die verwendeten Farben symbolisieren die verschiedenen Zuckerreste und Verknüpfungsarten (Symbole und Abkürzungen s. Abb. **15.39**). Der aus Terpeneinheiten aufgebaute Dolicholteil steckt in der Membran des ER, während die Oligosaccharideinheit ins Lumen ragt und auf die entstehende Polypeptidkette übertragen werden kann (nach L. Stryer Biochemie 1995).

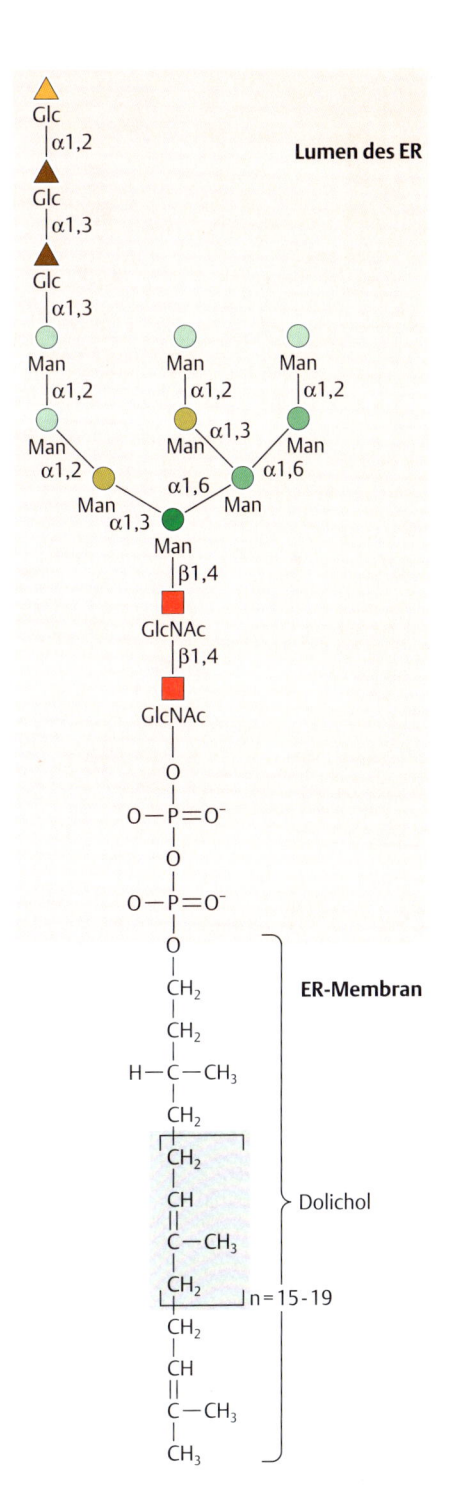

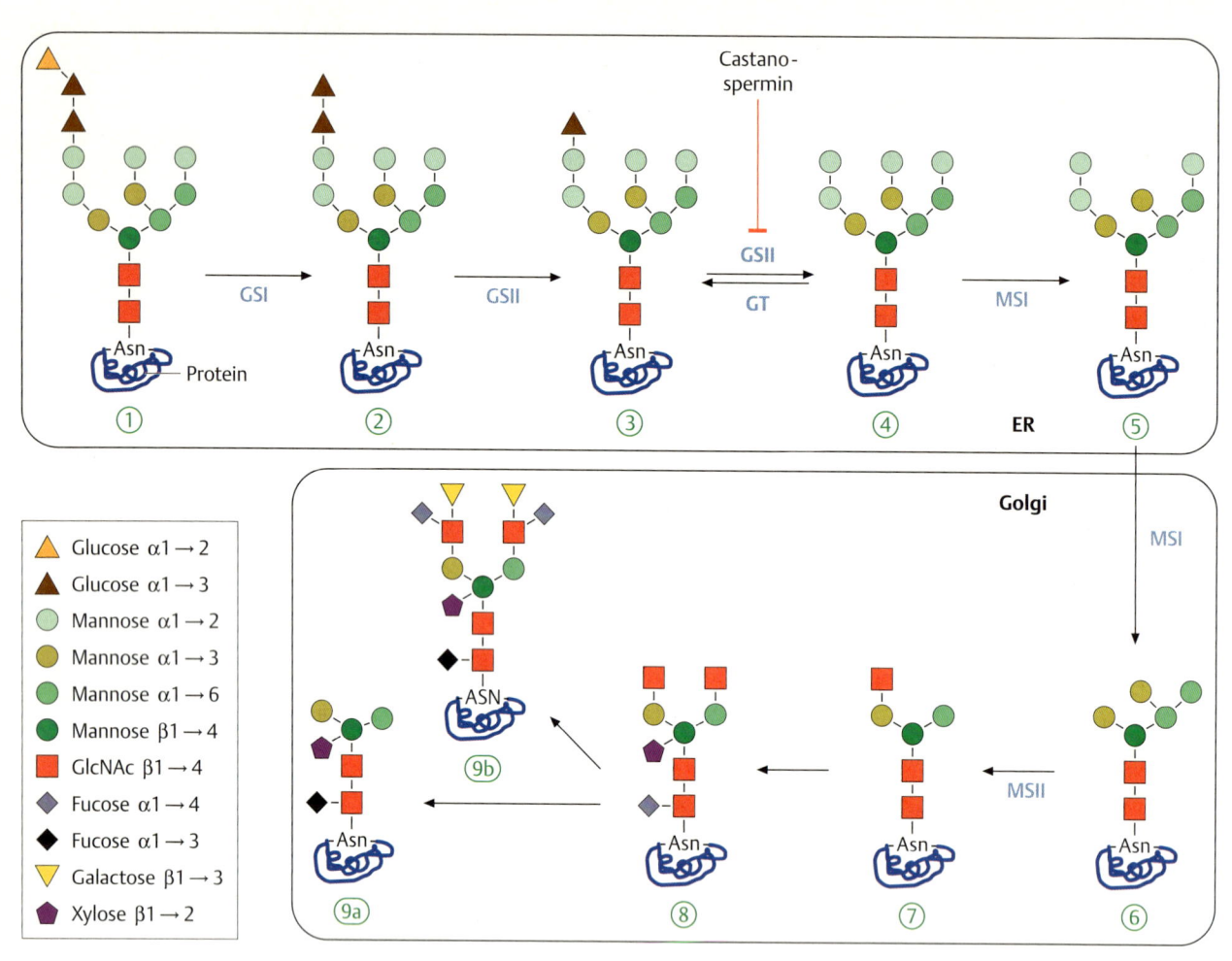

Abb. 15.39 Prozessierung der Kohlenhydratseitenkette eines Glykoproteins. Stadien 1–5 vollziehen sich im ER, Stadien 6–9 im Golgi-System. Die farbigen Symbole sind in der Box erklärt, s. auch Abb. **15.38**. An der Prozessierung sind verschiedene Glucosidasen (GSI und GSII) und Mannosidasen (MSI und MSII) sowie entsprechende Glykosyltransferasen beteiligt (GT). Die besondere Rolle des reversiblen Übergangs zwischen den Stadien 3 und 4 wird in Plus **15.17** behandelt. GlcNAc, N-Acetylglucosamin (s. Abb. **1.32** S. 38) (nach L. Stryer, Biochemie 1995).

Nach erfolgreichem Abschluß der Prozesse im ER wird das Glykoprotein über COPII-Vesikel an das cis-Golgi-System übergeben (Abb. **15.37**). Die jetzt stark verkürzten Kohlenhydratseitenketten sind gewissermaßen die Fahrkarte für den Übergang. Die erneute Vergrößerung der Seitenketten im Golgi-System erfolgt proteinspezifisch durch Anhängen verschiedener Kohlenhydrateinheiten (Abb. **15.39**, Stufen 6–9). Letztlich bestimmt immer die Struktur des jeweiligen Proteins die Art seiner Kohlenhydratmodifikation und damit die Weiterleitung in die Zielkompartimente.

Die Vielfalt der Modifikationen durch Kohlenhydrate wird im Golgi-System durch **O-Glykosylierungen** noch beträchtlich vermehrt. Anders als bei der N-Glykosylierung an den Asn-Resten, werden die Kohlenhydratseitenketten an Serin-, Threonin- und Hydroxyprolinresten erst im Golgi-System und dann durch schrittweise **Übertragung monomerer Zuckereinheiten** aufgebaut.

Die Gesamtheit der möglichen Glykosylierungen in pflanzlichen Systemen ist zwar nicht identisch aber doch sehr ähnlich denen in tierischen Zellen. Das macht **Pflanzen** so interessant **als Objekte für die Biotechnologie** (Kap. 13.12.3), insbesondere für die Produktion von technisch oder therapeutisch wichtigen tierischen Proteinen wie Antikörper, Enzyme, Oberflächenantigene, deren Eigenschaften unter anderem von den richtigen Kohlenhydratseitenketten abhängen.

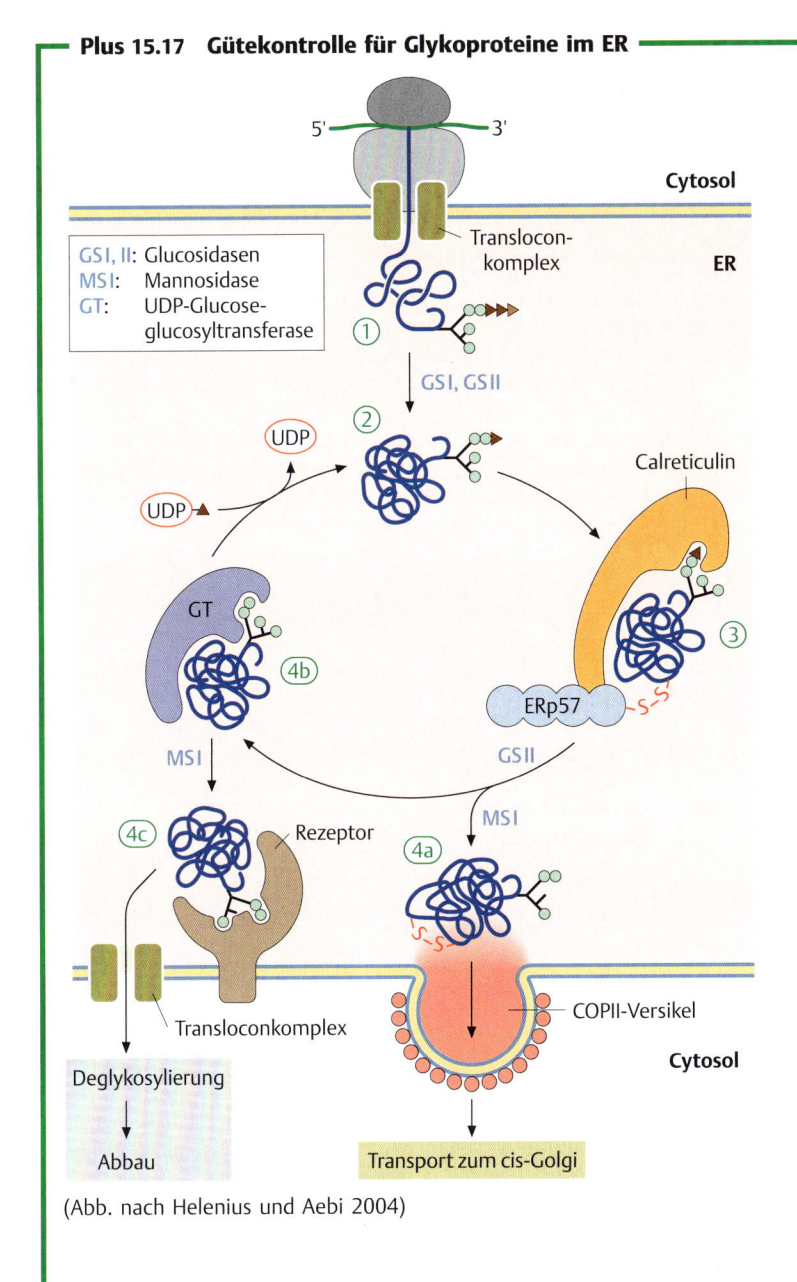

Plus 15.17 Gütekontrolle für Glykoproteine im ER

GSI, II: Glucosidasen
MSI: Mannosidase
GT: UDP-Glucose-glucosyltransferase

(Abb. nach Helenius und Aebi 2004)

Die vielfältige Rolle der Kohlenhydratseitenketten wird besonders deutlich, wenn man sich einen Ausschnitt des Gesamtgeschehens etwas genauer ansieht. Als Beispiel dient ein Glykoprotein, das cotranslational mit der entsprechenden Oligosaccharideinheit vom Dolicholdiphosphat modifiziert wurde (**1**). Die Fertigstellung des Polypeptids und die gleichzeitige Abspaltung der zwei terminalen Glucosereste durch die Glucosidasen I und II (GSI, GSII) erzeugt das Intermediat (**2**). Dieses kann von dem glucosespezifischen **Chaperon Calreticulin** erkannt und stabilisiert werden (**3**). Ein membrangebundenes Analogon des Calreticulin ist das **Calnexin**. Beide haben sehr ähnliche Eigenschaften und sind mit der **Disulfidisomerase ERp57** verbunden, die die Bildung von **Disulfidbrücken** (S-S) in dem Proteinsubstrat vermittelt. Andere Chaperone im ER sind der Einfachheit halber weggelassen.

Abspaltung der dritten und letzten Glucose durch GSII löst die Bindung zum Calreticulin/ERp57-Komplex. Nun ergeben sich drei Möglichkeiten:

4a: Bei geeignetem Faltungszustand des abgelösten Proteins wird dieses in COPII-Vesikel geladen und in die Golgi-Zisternen weitertransportiert.

4b: Bei unvollständiger Faltung wird das Protein von der **Glucosyltransferase** (**GT**) erkannt. Nach Übertragung eines Glucosylrestes aus UDP-Glucose wird der intermediäre Zustand **2** wiederhergestellt und damit auch die Affinität zu Calreticulin. Das Protein macht einen neuen Durchgang durch den Faltungszyklus.

4c: Als eine Art Wettlauf mit dem Weg **4b** kann die Mannosidase I von dem unfertigen Protein die peripheren Mannosereste abspalten. Das unreife Glykoprotein wird dann durch einen membrangebundenen Rezeptor erkannt und durch **retrograden Transport** ins Cytoplasma entsorgt.

Das Schicksal jedes einzelnen Glykoprotein-Intermediats entscheidet sich also auf der Stufe **4** anhand seines Faltungszustandes und seiner Kohlenhydratseitenkette.

15.11 Proteinabbau und seine Kontrolle

> Die Entstehung und Reifung von Proteinen als Produkt differentieller Genexpression ist notwendigerweise verbunden mit ihrem kontrollierten Abbau, der sich in zwei Teilprozesse gliedert. Der erste Teilprozeß umfaßt die Markierung der abzubauenden Substratproteine mit mehreren Einheiten eines kleinen Polypeptids (Ubiquitin). Im zweiten Teilprozeß werden die mit Ubiquitin markierten Proteine an eine hochmolekulare Proteolysemaschine, das Proteasom, übergeben, in dem die Spaltung in kurze Peptide erfolgt. Im Fall zahlreicher Regulatorproteine wird dieser Prozeß durch Signale, wie z. B. Hormone oder Licht, ausgelöst. Der Gesamtvorgang und seine Kontrolle sind essentiell für Wachstum und Entwicklung der Pflanzen.

Der Proteinabbau hat sich im Verlauf der Evolution offensichtlich zu einem Schlüsselschritt für die Kontrolle von Proteinfunktionen entwickelt. Wir wollen uns zunächst mit den biochemischen Grundlagen des Proteinabbaus und dann mit seiner Regulation und seiner zentralen Rolle für Wachstum und Entwicklung einer Pflanze beschäftigen.

15.11.1 Das Ubiquitin-Proteasom-System

Der Hauptweg für den kontrollierten Abbau von Proteinen im Zellkern und Cytoplasma läßt sich am besten in zwei Teilprozessen darstellen (Abb. **15.40**). Der erste Teilprozeß umfaßt die Markierung der abzubauenden Substratproteine mit einem kleinen hochkonservierten Polypeptid aus 76 Aminosäureresten, das wegen seines ubiquitären Vorkommens bei allen Eukaryoten **Ubiquitin** genannt wurde. Der zweite Teilprozeß betrifft die Anlieferung der mit Ubiquitin markierten Proteine an eine weitere biologische Nanomaschine, **das Proteasom**, in dem der Abbau vollzogen wird.

Ubiquitin-Aktivierung (Abb. **15.40a**): Unter ATP-Verbrauch kommt es zur Bildung einer Thioesterbindung zwischen der C-terminalen Carboxylgruppe des Ubiquitins und der SH-Gruppe eines Cysteinrestes im Enzym E1 (Schritt 1). Dieser kovalent verknüpfte Ubiquitinrest wird in den Schritten 2 und 3 über den Zwischenträger E2 an den Substraterkennungskomplex E3 weitergegeben. Dort erfolgt in der Regel die Übertragung auf die ε-Aminogruppe eines Lysinrestes im Proteinsubstrat (Schritt 4). Da es sich nicht um eine α-Aminogruppe handelt, spricht man von einer **Isopeptidbindung** zwischen dem Ubiquitin und dem Zielprotein. Auch Ubiquitin selbst hat solche internen Lysinreste, und so können weitere Ubiquitineinheiten vom E3-Komplex angehängt werden (Schritt 5). Es entstehen **verzweigte Polyubiquitinketten**, die in unserer Abbildung der Einfachheit halber mit nur vier Ubiquitineinheiten dargestellt sind. Der Schlüssel für die **Spezifität des Gesamtprozesses** liegt bei dem **E3-Komplex**. Dieser besteht, im Gegensatz zu dem einfachen Ubiquitinaktivierungssystem (E1 und E2), aus mehreren Untereinheiten und kommt in mehreren Grundtypen vor (Tab. **15.8**).

Proteasom (Abb. **15.40b**): Das Proteasom ist eine vergleichsweise große biologische Maschine aus insgesamt 45 Untereinheiten. Den katalytischen Zentralteil bildet eine tonnenförmige Struktur mit vier Ringen von jeweils 7 Untereinheiten: zwei äußere Ringe mit jeweils sieben α-Untereinheiten und zwei innere Ringe mit jeweils sieben β-Untereinheiten. Von letzteren tragen die **Untereinheiten β1, β2** und **β5** die **proteolytischen Aktivitäten** mit unterschiedlicher Spezifität. Die proteolytische Tonne

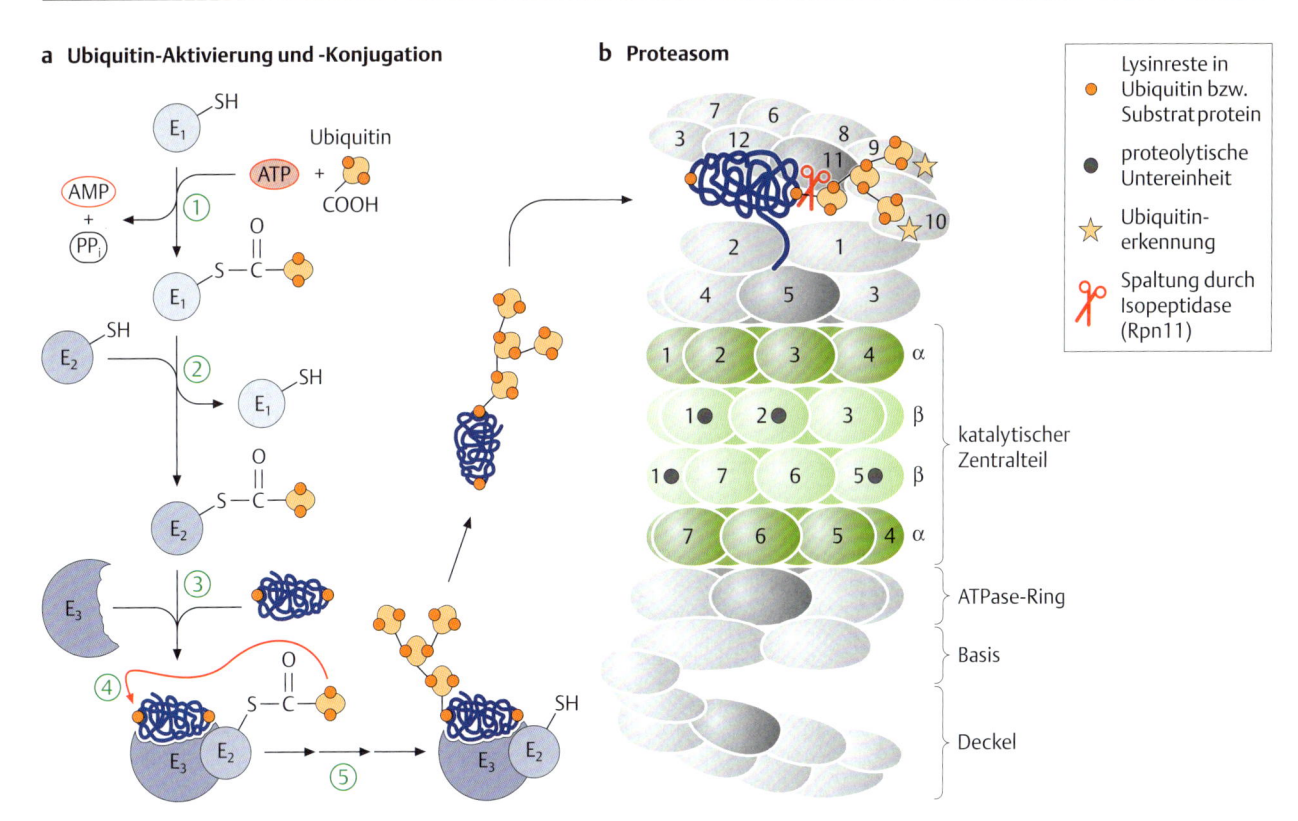

15.11 Proteinabbau und seine Kontrolle

a Ubiquitin-Aktivierung und -Konjugation

b Proteasom

- Lysinreste in Ubiquitin bzw. Substratprotein
- proteolytische Untereinheit
- Ubiquitinerkennung
- Spaltung durch Isopeptidase (Rpn11)

Abb. 15.40 Das Ubiquitin-Proteasom-System. a Aktivierung von Ubiquitin und Entstehung einer verzweigten Ubiquitinkette am Zielprotein. Erklärungen im Text (modifiziert nach Buchanan et al. 2000). **b** Schema der Proteasomenstruktur mit 45 Untereinheiten. Das blau eingezeichnete Zielprotein ist mit seiner Polyubiquitinkette an die Rezeptoren Rpn9 und Rpn10 gebunden. Als erster Schritt erfolgt die Abspaltung der Polyubiquitinseitenkette durch die Rpn11-Isopeptidase (nach Wolf und Hilt 2004).

ist auf beiden Seiten durch eine komplexe **Deckelstruktur** verschlossen, über die der Zugang für die abzubauenden Proteine geregelt wird. Zunächst werden diese Proteine aufgrund der verzweigten Polyubiquitinkette durch einen **Rezeptor** in der Deckelstruktur erkannt. Nach Entfernung der Ubiquitinkette durch eine **Isopeptidase** wird das Substratprotein durch den **ATPase-Ring** soweit entfaltet, daß es durch die etwa 2 nm große Öffnung in das Innere der katalytischen Tonne gelangen kann. Die endoproteolytische Verarbeitung führt zu Peptiden von 4–14 Aminosäureresten, je nachdem, wie oft die entsprechenden Spaltstellen für die drei Proteasen β1, β2 und β5 in einem Protein vorkommen.

15.11.2 E3-Ubiquitin-Ligase-Komplexe

Neben dem Proteasom als komplexer biologischer Maschine ist natürlich der E3-Komplex als Schaltstelle für die Ubiquitinmarkierung von Substratproteinen von besonderer Bedeutung für den Gesamtvorgang (Abb. **15.40**). An den E3-Komplexen erfolgt die Entscheidung über den Abbau eines Proteins, und die Erkennungsmerkmale dafür liegen in der Struktur der Substratproteine selbst. Diese können ggf. durch Modifikation verstärkt oder zugänglich gemacht werden. Komplementär zu den Eigenschaften der Substratproteine besitzen die E3-Komplexe entsprechende Erkennungsfunktionen (Tab. **15.8**). Immer mehr Untersuchungen zeigen, daß neben der kontrollierten Synthese auch der **selektive Abbau von Proteinen** als **Schaltprozeß für Entwicklungsabläufe** eine wesentliche Rolle spielen kann. Dies wird an der Übersicht über die vier Grundtypen von E3-Komplexen bei Pflanzen und die von ihnen kontrollierten

Tab. 15.8 E3-Ubiquitin-Ligase-Komplexe als Schalter für pflanzliche Entwicklungsprozesse.

Struktur	Bezeichnung und Funktion
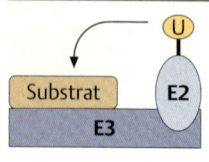	**HECT** (engl.: homology to E6-AP C terminus) Der HECT-Komplex ist bisher bei Pflanzen nicht genau charakterisiert. Er besteht aus einem großen Protein, an das das Substratprotein und E2 als Überträger der aktiven Ubiquitineinheit (gelb, U) andocken.
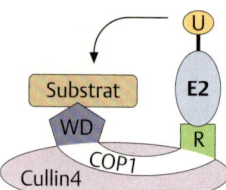	**CRL** (engl.: cullin RING E3-ligase) mit COP1 (engl.: constitutive morphogenesis) als Untereinheit (UE) für die Substraterkennung. Der CRL-Komplex zeigt wichtige strukturelle Gemeinsamkeiten mit den APC- und SCF-Komplexen. Im Zentrum steht das Protein COP1 (Strukturdetails und Erklärung zur WD-Domäne s. Plus **17.3** S. 683), das an **Cullin4** als eine Art **Skelettprotein** gebunden ist. Die **RING-Box-Domäne** (R) am COP1 mit einer Zn^{2+}-Chelat-Gruppierung vermittelt die **Interaktion mit** dem **E2-Enzym**. Sie taucht in den folgenden beiden E3-Komplexen als selbständige UE (APC11 bzw. RBX) wieder auf. **Funktionen** bei der lichtkontrollierten Deetiolierung (Abb. **17.11** S. 682) und der Circadiankontrolle der Blüten- (Plus **17.6** S. 697) bzw. Knollenbildung (Plus **17.7** S. 698).
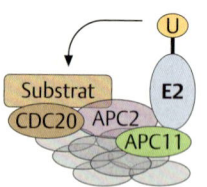	**APC** (engl.: anaphase promoting complex). Der APC-Komplex besteht aus insgesamt 11 Untereinheiten, von denen acht (grau gehalten) in ihrer Funktion noch nicht genau geklärt sind. Der APC hat eine **Schlüsselfunktion** für den Abbau der Cohesinbrücken zwischen den Chromosomen nach erfolgreicher Anordnung in der Metaphasenplatte (Spindelkontrollpunkt) aber auch für den Abbau anderer Kontrollproteine im Rahmen des Zellzyklus (Plus **13.5** S. 399, Abb. **16.51** S. 661).
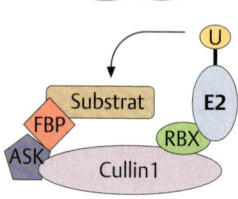	**SCF** (engl.: SKP/cullin/F-box protein complex). Der SCF ist der häufigste der E3-Ubiquitin-Ligase-Komplexe bei Pflanzen. Er besteht aus **Cullin1** als eine Art Rampe für die Anlagerung der anderen Untereinheiten. Diese sind **ASK** als Kopplungsfaktor für die Substratbindungs-UE (F-Box-Protein, **FBP**) und die RING-Box-UE (**RBX**), die die Wechselwirkung mit dem **E2 Protein** vermittelt. **Funktionen:** Circadianrhythmen (Abb. **17.17** S. 691), Hormonantworten (Abb. **16.13** S. 611, Abb. **16.20** S. 620, Abb. **16.29** S. 635, Abb. **16.41** S. 648, Abb. **16.51** S. 661), Blütenentwicklung (Plus **17.6** S. 697); Selbstincompatibilität bei der Pollenerkennung (Abb. **18.19** S. 752 und Abb. **18.20** S. 753).

Prozesse deutlich (Tab. **15.8**). Wir werden in den Kapiteln 16–18 immer wieder auf die genannten Sachverhalte zurückkommen.

Die am stärksten verbreiteten E3-Komplexe sind die **SCF-Komplexe**. Um eine Vorstellung von der Mannigfaltigkeit zu bekommen, können wir uns die Zahl der codierenden Gene in *Arabidopsis* vor Augen führen. Es gibt fünf Gene für Culline, zwei Gene für RBX und 21 Gene für ASK. Den größten Anteil aber haben die mehr als 700 Gene für die sog. **F-Box-Proteine** (FBP), die die **Substraterkennung** bewerkstelligen. Die Art des Kopplungsfaktors ASK und damit die Variante des assoziierten F-Box-Proteins bestimmen die Substratspezifität der E3-Komplexe. Allein auf der Basis von ASK und FBP errechnet sich eine theoretische Mannigfaltigkeit mit $21 \times 700 = 14\,700$. Die Funktionskontrolle der SCF-Komplexe über die Cullinuntereinheiten bietet ein gutes Beispiel dafür, wie Ubiquitin und seine nahe verwandten Geschwister (Sumo, Rub) eine wichtige Rolle bei der reversiblen Modifikation von Proteinen spielen (Plus **15.18**).

Plus 15.18 Ubi, Rub und Sumo: reversible Modifikation von Proteinen durch Polypeptide

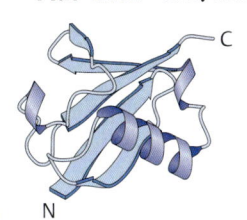

Ubiquitin (Ubi) ist nicht nur die Flagge, die in Form verzweigter Polyubiquitinketten Proteine für den Abbau durch das Proteasom markiert. Es hat darüberhinaus als Monoubiquitinrest große Bedeutung bei der reversiblen Modifikation von Proteinen. In dieser Funktion ist es nicht allein, sondern zusammen mit zwei strukturell eng verwandten Proteinen (Rub und Sumo):

- Ubi (Ubiquitin) 76 Aminosäurereste,
- Rub (engl.: related to ubiquitin) 76 Aminosäurereste,
- Sumo (engl.: small ubiquitin-like modifier) 93–115 Aminosäurereste.

Alle drei Polypeptide enden mit dem Peptidmotiv –RGG* (Ubi, Rub) bzw. –TGG* (Sumo). An dem C-terminalen Glycinrest erfolgt die Aktivierung und schließlich die Bildung der Isopeptidbindung mit einem Lysinrest im Substratprotein. Die daran beteiligten **E1-/E2-/E3-Enzyme** (Abb. **15.40a**) sind für jedes der drei Polypeptide **spezifisch**.

Drei Beispiele für die besondere Rolle dieser Proteinmodifikationen sind:

- Die **Monoubiquitinierung** von **Histon H2B** spielt im Zusammenhang mit dem Histoncode eine große Rolle (Plus **13.1** S. 382). Wie die Modifikationen der N-terminalen Domänen der Histone durch Phosphorylierung, Acetylierung und Methylierung hat auch die Monoubiquitinierung von H2B eine Bedeutung für den Zustand der Nucleosomen im Chromatin. So finden wir bei der Bäckerhefe die Ubiquitinierung von H2B als Voraussetzung für die Rekrutierung von Histonmethyltransferasen, die durch Methylierungen von Histon H3 die Bildung von Heterochromatin einleiten (Plus **13.1** S. 382).

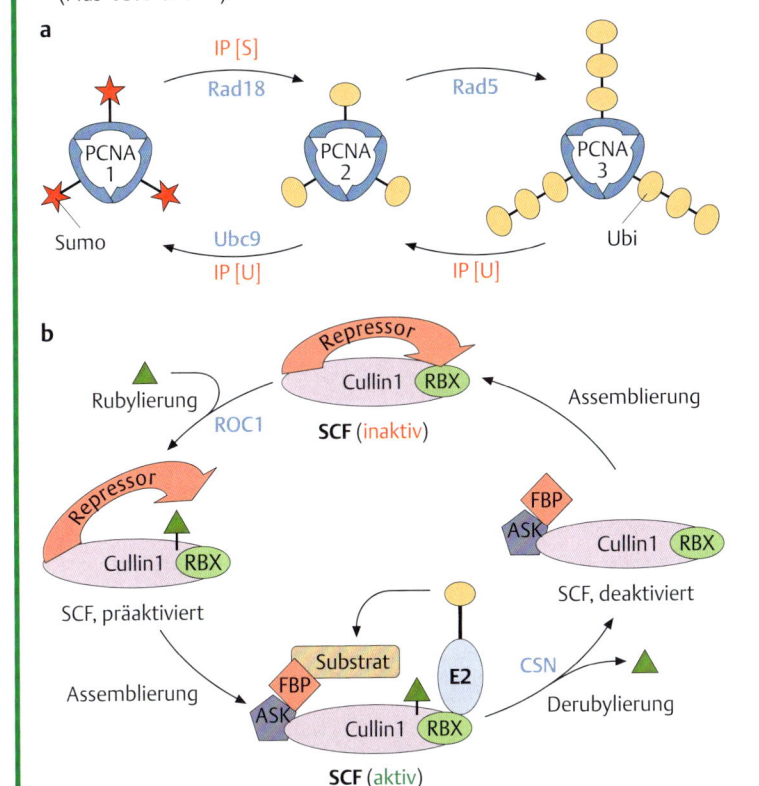

- Das zweite Beispiel betrifft die Wechselwirkung zwischen **Ubiquitinierung** und **Sumoylierung** am **PCNA-Komplex**, der an der DNA-Synthese bzw. -Reparatur beteiligt ist (Kap. 13.8.5). Entscheidend für die Erkennung von DNA-Schäden ist der ringförmige PCNA-Komplex (engl.: proliferating cell nuclear antigen), der, an DNA gebunden, in drei Zuständen vorkommt (Abb. **a**):
PCNA1 mit **Sumo** dient in der S-Phase des Zellzyklus bei der DNA-Replikation als eine Art Rampe für die Rekrutierung der Komponenten der Replikationsmaschine (Abb. **13.6** S. 388).
PCNA2 mit **Ubiquitin** dagegen rekrutiert Reparatur-DNA-Polymerasen, die grobe Schäden beseitigen können, aber nicht fehlerfrei arbeiten.
PCNA3 mit **unverzweigten Polyubiquitinketten** bildet schließlich den Ausgangspunkt für die Assemblierung von Reparatursystemen, die fehlerfrei arbeiten.
Die Übergänge zwischen den drei Formen werden jeweils von unterschiedlichen E2- und E3-Enzymen (blau: Rad18, Rad5, Ubc9) zur Beladung und Isopeptidasen für Sumo bzw. Ubi (rot: IP[S] bzw. IP[U]) zur Abspaltung bewerkstelligt (Abb. **a**).

- Essentiell für die zentrale Rolle der E3-Komplexe in fast allen Lebenslagen einer Pflanze ist neben der Substraterkennung auch die Kontrolle ihrer Aktivität. Diese erfolgt bei den CRL-E3- und den SCF-Komplexen (Tab. **15.8**) über eine Modifikation der Cullin-Untereinheit mit **Rub** (Abb. **b**). Die Rubylierung wird durch die Rub-Transferase ROC1 katalysiert und ist Voraussetzung für die Assemblierung des aktiven SCF-Komplexes, während die Abspaltung des Rub-Restes unter Vermittlung des CSN-Komplexes (Plus **17.3** S. 683) zum Zerfall und zur Bindung eines Repressorproteins führt. Wie die Abbildung zeigt, gibt es also ein System mit einem inaktiven und einem aktiven Zustand. Der Regelkreis ist von großer Bedeutung für die Stabilität der Komponenten der Cullin-haltigen Komplexe. Bei Substratmangel würde es sonst zur autokatalytischen Zerstörung der Komponenten des Cullin-haltigen Komplexes nach Ubiquitinierung kommen.

15.11.3 Pflanzliche Proteasen

Das in den Kap. 15.11.1 und Kap. 15.11.2 beschriebene Ubiquitin/Proteasom-System hat eine zentrale Bedeutung für den Abbau der meisten Proteine im Kern/Cytoplasma-Raum. Daneben finden wir aber bei Tieren wie Pflanzen eine große Anzahl von Proteasen mit spezialisierten Funktionen. Im Genom von *Arabidopsis* gibt es etwa 600 Gene für solche Proteasen (http://merops.sanger.ac.uk/). Die große Mehrheit dieser Enzyme sind Endoproteasen, die als Proteine der Klasse 2 am rauhen ER translatiert und in die Vakuolen, Proteinspeichervakuolen bzw. in den extrazellulären Raum transportiert werden. Diese Proteasen haben Bedeutung für die Prozessierung und den Abbau von **Speicherproteinen** (Plus 18.13 S. 761), für den Proteinabbau während der **Blattalterung**, für die **Pathogenabwehr** (Plus 20.6 S. 824) und für den **programmierten Zelltod** (Plus 18.8 S. 741) als Teil von Entwicklungsprozessen.

Nach ihren katalytischen Eigenschaften teilt man diese Proteasen in vier Hauptgruppen ein, die nicht nur für Pflanzen gelten:

- **Aspartat-Proteasen** (etwa 160 Vertreter in *Arabidopsis*) haben einen Aspartatrest im katalytischen Zentrum, der Teil eines Tripeptidmotivs (-Asp-Ser/Thr-Gly-) ist. Ihr Reaktionsoptimum liegt im sauren Bereich.
- **Serin-Proteasen** (etwa 200 Vertreter) haben ihr Optimum im neutralen bis basischen Bereich. Das katalytische Zentrum wird von der sog. **katalytischen Triade Ser**, **Asp und His** gebildet. Alle drei Aminosäurereste tragen zum Mechanismus der proteolytischen Spaltung bei. Zu dieser Gruppe gehören die Subtilasen und die ATP-abhängigen Proteasen in den Organellen (ClpP, DegP und Lon).
- **Cystein-Proteasen** (etwa 100 Vertreter) haben ähnliche Eigenschaften wie die Ser-Proteasen. Die katalytische Triade enthält aber einen Cysteinrest anstelle des Serins, also **Cys**, **Asp**, **His**. In diese Gruppe gehören die Papaine, vakuoläre Proteasen, aber auch die pflanzlichen **Caspasen** mit einer zentralen Rolle beim programmierten Zelltod (Plus 18.8 S. 741, Plus 20.6 S. 824).
- **Metalloproteasen** (etwa 80 Vertreter) haben meist Zn^{2+} als Metallion gebunden. In dieser Gruppe finden wir die **Aminopeptidasen**, die den N-Terminus der Proteine modifizieren (Tab. 15.6 S. 543), aber auch **Endopeptidasen** in den Organellen. In Bakterien wie in Plastiden spielt die **FtsH-Protease** als Vertreter dieser Gruppe eine wichtige Rolle (Plus 15.2 S. 504 und Plus 15.20 S. 582).

15.12 Genexpression in Plastiden

Plastiden sind semiautonome Organellen in Pflanzenzellen, deren Genexpressionsapparat in wesentlichen Eigenschaften dem von *E. coli* ähnelt. Das Plastidengenom codiert für rRNAs, tRNAs und für etwa 100 Proteine. Viele Transkriptionseinheiten sind polycistronisch und müssen vor der Translation prozessiert werden. Dabei kann es auch zu RNA-Editierung kommen. Weit verbreitet ist die Lichtkontrolle der Genexpression in Plastiden. Bei der Synthese des im Licht relativ kurzlebigen D1-Proteins im Reaktionszentrum des PSII spielt ein kerncodierter Translationsaktivatorkomplex eine wichtige Rolle, der im oxidierten Zustand (Dunkel) inaktiv und im reduzierten Zustand (Licht) aktiv ist und damit die Translation der *PsbA*-mRNA ermöglicht. Genexpressionsprozesse im Kern/Cytoplasma-Bereich und in den Plastiden sind durch wechselseitigen Signalaustausch eng aufeinander abgestimmt.

Die Entstehung der Plastiden und Mitochondrien durch Aufnahme selbständiger prokaryotischer Mikroorganismen in die frühen Formen eukaryotischer Zellen (Endosymbiontenhypothese, Plus **4.1** S. 130) hat eine Fülle von Veränderungen in den drei Genomen (Kerngenom, Plastidengenom, Mitochondriengenom) nach sich gezogen. Der bei weitem überwiegende Teil der in rezenten eukaryotischen Organismen benötigten Information findet sich heute im Zellkern, während die Organellen einen zwar lebensnotwendigen, aber doch nur vergleichsweise geringen Rest der Gesamtinformation beherbergen (Plus **13.2** S. 383). Wie schon erwähnt, codiert das Plastidengenom in grünen Pflanzen für etwa **100** der etwa **2500 in Plastiden benötigen Proteine**. Weil die Organellen einerseits ihr eigenes genetisches Material besitzen, andererseits aber in Struktur und Funktion von den kerncodierten Genen so abhängig sind, spricht man von **semiautonomen Organellen**.

Plastiden sind in vielfältigen Formen (Abb. **2.25** S. 82) auch in nichtgrünen Geweben einer Pflanze unverzichtbare Organellen, weil in ihnen als Ergebnis der Evolution auch wichtige Teile allgemeiner Biosyntheseleistungen ablaufen, die nicht unmittelbar mit Photosynthese zu tun haben (Kap. 2.6.2). Dazu gehören weite Bereiche der **Aminosäuresynthesen**, die **Porphyrin-** (Abb. **15.48** S. 584) und die **Fettsäuresynthese**, Teile der **Isopren-** und **Hormonsynthese** (Abb. **16.15** S. 613, Abb. **16.30** S. 637 und Abb. **16.36** S. 643) und die **Sulfat-** und **Nitritreduktion**. Wenn man also Genexpressionsprozesse in Plastiden behandelt, dann muß man sowohl die Integration in die Gesamtzelle und die enge Anbindung an das Kerngenom als auch ihre Besonderheiten als Organellen prokaryotischen Ursprungs im Auge haben. Der gesamte Genexpressionsapparat in Plastiden und Mitochondrien ist dem von *E. coli* viel ähnlicher als dem im Kern/Cytoplasma der Zelle.

15.12.1 Plastidengenom und Transkription

Beispielhaft für die Situation in Angiospermen ist in Abb. **13.5** (S. 387) das ringförmige Genom der Plastiden des Tabaks (*Nicotiana tabacum*) mit 156 kb gezeigt. In den Plastiden einer typischen Blattzelle finden wir etwa 10 solcher Genome in jedem Nucleoid, die mit den Thylakoidmembranen verbunden sind. Ähnlich wie bei den Bakterien (Abb. **15.3** S. 494), werden diese **Nucleoide** durch Verpackung der DNA mit Proteinen stabilisiert, die offensichtlich großen Einfluß auf die Packungsdichte und damit auf die Transkribierbarkeit der Gene haben. Jede Plastide enthält bis zu 20 solcher Nucleoide, d. h. maximal $10 \cdot 20 = 200$ Genome. Bei etwa 100 Plastiden pro Blattzelle kommen wir also auf eine **Gendosis** von $200 \cdot 100 = 20\,000$ (Tab. **15.1** S. 488). Verglichen mit der Gendosis im Zellkern, die je nach Endopolyploidiegrad in Blattzellen 4–16c beträgt (Plus **13.7** S. 407, Tab. **15.1** S. 488), besteht also ein ziemliches Ungleichgewicht zwischen Kern- und Plastidengenen. Dies spielt bei der Koordinierung von Genexpressionsprozessen eine Rolle. Insgesamt wurden inzwischen etwa 50 Plastidengenome aus Algen, Moosen, Farnen und Höheren Pflanzen sequenziert. Die Größe bewegt sich zwischen 70 und 200 kb http://www.expasy.org/sprot/hamap/plastid.html.

Wie schon in Abb. **15.9** (S. 505) gezeigt, gibt es zwei Typen von **RNA-Polymerasen** in Plastiden: den komplexen **PEP-Typ** mit 5 Untereinheiten (α_2, β, β', β''), die ausschließlich in Plastiden codiert sind, und einen einfachen **NEP-** oder **Phagen-Typ** mit nur einer Untereinheit, die im Kern codiert ist. Auch die 6 Sigmafaktoren der PEP sind im Kern codiert. Die Funktionen der verschiedenen RNAPs sind bisher nicht sehr gut charakterisiert.

Die meisten Photosynthese- und Haushaltsgene der Plastiden haben Promotoren mit einer −35- und −10-Box, wie sie auch für die σ^{70}-Promotoren bei *E. coli* gefunden werden (Abb. **15.5** S. 496). Bei der Ergrünung etiolierter Gewebe bringt zunächst die NEP die Transkription in den Etioplasten in Gang. Dabei werden die Untereinheiten der PEP synthetisiert, die dann zusammen mit σ^6 und σ^2 die dramatisch ansteigende Transkription in den ergrünenden Plastiden übernimmt.

In reifen Chloroplasten geht die Transkription stark zurück, und nur wenige Gene bleiben aktiv, z. B. jene für die D1- und D2-Untereinheiten des PSII (Kap. 15.12.5). Diese Transkription wird von PEP in Kombination mit σ^5 und anderen regulatorischen Proteinen bewerkstelligt. Im Gegensatz zu den sog. Standardpromotoren mit einer einfachen −35/−10-Box-Architektur, wie sie auch typisch für die Haushaltsgene in *E. coli* sind, haben die Gene für die D1- und D2-Untereinheiten des PSII eine komplexere Struktur. Das ist in Abb. **15.41** an dem Modell für den Promotor des *PsbD*-Gens gezeigt, das für das D2-Protein codiert.

Stark vereinfacht und nur auf die Transkriptionsvorgänge in Etioplasten bzw. Chloroplasten beschränkt, haben wir es also im wesentlichen mit **vier Phasen der Transkription** zu tun:

- **NEP-vermittelte Basaltranskription** in Proplastiden und Etioplasten, die für die Funktion der Organellen in allen nicht-grünen Geweben verantwortlich ist.
- Lichtinduzierte Aktivierung der NEP-vermittelten Synthese von PEP-Untereinheiten zusammen mit den kerncodierten Sigmafaktoren.
- Starke Transkription der plastidencodierten Photosynthese- und Haushaltsgene durch **PEP(σ^6)** bzw. **PEP(σ^2)** führt zur Ausbildung der für Chloroplasten und ihre Photosyntheseleistung typischen Strukturen.
- Deutliche Verminderung der gesamten Transkriptionsaktivität und Übergang in die regulierte Transkription weniger Gene durch **PEP(σ^5)**.

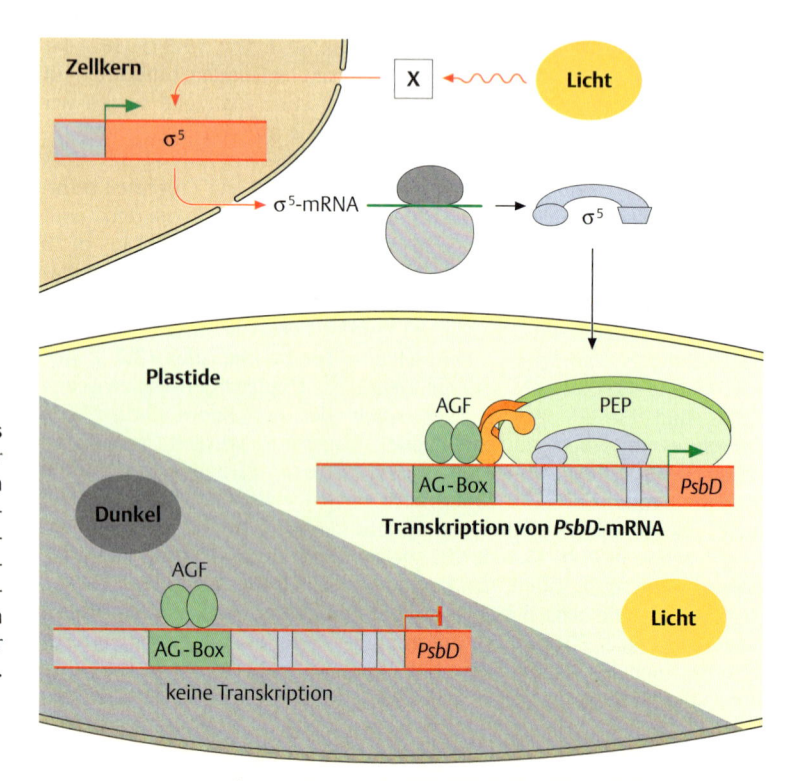

Abb. 15.41 Lichtabhängige Transkription des *PsbD*-Gens. Im Licht steht der Sigmafaktor 5 zur Verfügung, der zusammen mit der PEP und dem Aktivatorprotein AGF an den Promotor des *PsbD*-Gens bindet (oberer Teil des schematischen Plastiden). Im Dunkeln findet dagegen keine Transkription statt (unterer Teil des Plastiden). Die Einzelheiten der durch Licht ausgelösten Signalketten (rote Pfeile) sind nicht geklärt. X: umbekannter Faktor der Signaltransduktion (nach Shiina et al. 2005).

15.12.2 Prozessierung polycistronischer mRNAs

Wie bei den Bakterien sind viele Gene in Plastidengenomen in polycistronischen Einheiten mit gemeinsamer Promotorregion zusammengefaßt. Anders als bei den Bakterien gibt es aber nicht die unmittelbare Kopplung von Transkription und Translation (Abb. **15.3** S. 494). Das polycistronische Primärtranskript in den Plastiden muß vielmehr vor der Translation in einem aufwendigen Verarbeitungsprozeß in mono- bzw. dicistronische Einheiten zerlegt werden. Ein gut untersuchtes Beispiel ist das *PsbB*-Operon im Plastidengenom des Spinats (Abb. **15.42**). Das **polycistronische *PsbB*-Primärtranskript** von etwa 5,6 kb codiert für drei Proteine des PSII (PsbB, PsbT, PsbH, Abb. **15.45** S. 582) und zwei Proteine des Cytb$_6$/f-Komplexes (PetB, PetD, Abb. **8.15** S. 271). In den Codierungseinheiten für die letzteren beiden Proteine gibt es noch jeweils ein Intron.

Bei der Prozessierung werden zunächst die beiden Introns nacheinander entfernt (Schritte 1 und 2 in Abb. **15.42**). Dabei treten, je nachdem ob zuerst das Intron von *PetB* oder *PetD* entfernt wird, zwei verschiedene Zwischenstufen auf. Obwohl es in Plastiden kein Spleißosom im eigentlichen Sinne gibt, ist der Mechanismus der Intron-Entfernung ähnlich und

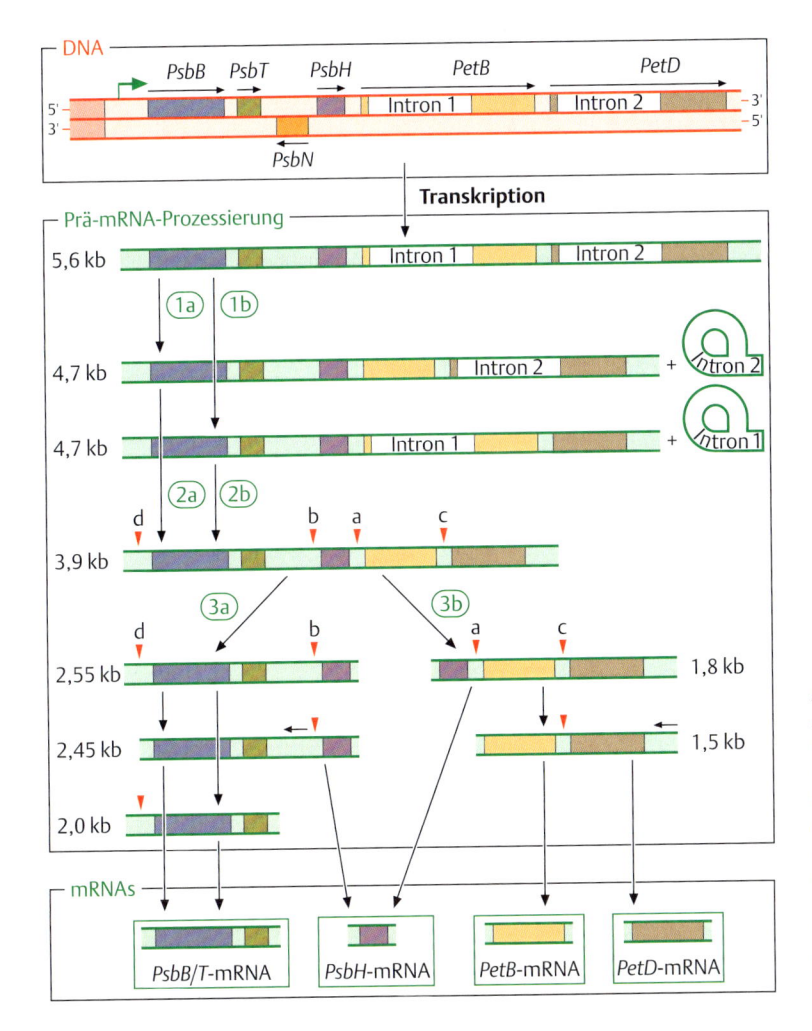

Abb. 15.42 Prozessierung einer polycistronischen mRNA in Plastiden. Die Transkription des *PsbBTH*/*PetBD*-Operons ergibt ein pentacistronisches Primärtranskript von 5,6 kb. Im Verlauf der Prozessierung werden zunächst die beiden Introns entfernt (Schritte 1, 2) und dann erfolgen endonucleolytische Spaltungen an den durch rote Pfeilköpfe markierten Stellen. Dabei gehen Teile der intercistronischen RNA (hellgrün) verloren (schwarze Pfeile). Endprodukte sind vier mRNAs. Weitere Einzelheiten im Text (nach P. Westhoff 1996 bzw. Buchanan et al. 2000).

endet mit ihrer Freisetzung als Lariat (Abb. **15.12** S. 510). Zusammen mit kerncodierten Helferproteinen ermöglicht die konservierte Sequenz der Introns die Ausbildung von Sekundärstrukturen und von RNP-Komplexen, die als eine Art primitiven Spleißosoms die genaue Verknüpfung der beiden Exons gewährleisten.

Im zweiten Teil der Verarbeitung des *PsbB*-Transkripts (Schritte 3a, b) kommt es zu einer Abfolge endonucleolytischer Spaltungen. Endprodukte sind vier mRNAs: die bicistronische *PsbB/T*- und die monocistronischen *PsbH*-, *PetB*- und *PetD*-mRNAs. Das gezeigte Verarbeitungsprogramm ist essentiell für eine effiziente Translation und die Stabilität der mRNAs.

Eine recht häufige Besonderheit in Plastiden und Mitochondrien ist das sog. **trans-Spleißen**, bei dem die zwei Exons nicht wie gewöhnlich auf derselben RNA liegen (**cis-Spleißen**, Abb. **15.42**), sondern auf zwei verschiedenen Primärtranskripten (Plus **15.19**).

Plus 15.19 trans-Spleißen

Bei den in Kap. 15.4.2 beschriebenen Spleißprozessen im Zellkern, aber auch bei jenen in Plastiden, sind Exons und Introns Teile derselben RNA (cis-Spleißen, Abb. **15.42**). Dies muß aber nicht immer so sein. In Plastiden und Mitochondrien liegen Exons häufiger als **getrennte Transkriptionseinheiten** vor, sodaß die entsprechenden Transkripte durch **trans-Spleißen** verbunden werden müssen. Ein bei praktisch allen Pflanzen vorkommendes Beispiel betrifft das Gen für das ribosomale Protein S12, bei dem das Exon 1 getrennt von den Exons 2 und 3 an unterschiedlichen Stellen auf dem Plastidengenom liegen (Abb. **13.5** S. 387). Bei der Prozessierung werden die Exons 1 und 2 durch trans-Spleißen und die Exons 2 und 3 durch cis-Spleißen miteinander verbunden.

Obwohl noch viele Details in den molekularen Abläufen ungeklärt sind, lassen sich bei den Spleißprozessen und -strukturen Ähnlichkeiten zu den Spleißosomen im Zellkern finden. Wie beim cis-Spleißen beruht die zuverlässige Verknüpfung von zwei Exons auch in den Organellen auf der Ausbildung von RNA/Protein-Komplexen.

Ein besonders gut untersuchtes Beispiel für das trans-Spleißen finden wir bei der Synthese der 83 kDa-Untereinheit (PsaA) im Reaktionszentrum von PSI in der Grünalge *Chlamydomonas*. Wie die Abbildung **a** zeigt, sind die drei Exons an unterschiedlichen Stellen des Plastidengenoms codiert. Bei der Transkription entstehen drei unabhängige Primärtranskripte (Abb. **b**), die in zwei trans-Spleißreaktionen zur reifen *PsaA*-mRNA miteinander verbunden werden.

An dem Spleißkomplex (**c**) zur Verknüpfung von Exon 1 und 2 ist eine **plastidencodierte Guide-RNA** (*TscA*-RNA) beteiligt. Ähnlich wie snRNAs in Spleißosomen (Abb. **15.12** S. 510) vermittelt die *TscA*-RNA durch Basenpaarung mit den 3'- bzw. 5'-flankierenden Bereichen der Exons 1 und 2 die Ausbildung einer komplexen Raumstruktur, die durch kerncodierte Spleißproteine stabilisiert wird. Die eigentlichen Umesterungsschritte, die dann zur Verknüpfung der beiden Exons führen, sind nicht geklärt. Auf jeden Fall haben wir es hier, anders als bei einem Spleißosom, mit einem sehr spezifischen, nur für diesen Verarbeitungsschritt gebildeten Komplex zu tun. Die *TscA*-RNA ist nicht an dem trans-Spleißen zwischen den Exons 2 und 3 beteiligt. Auch die kerncodierten Spleißproteine sind für den zweiten Schritt andere.

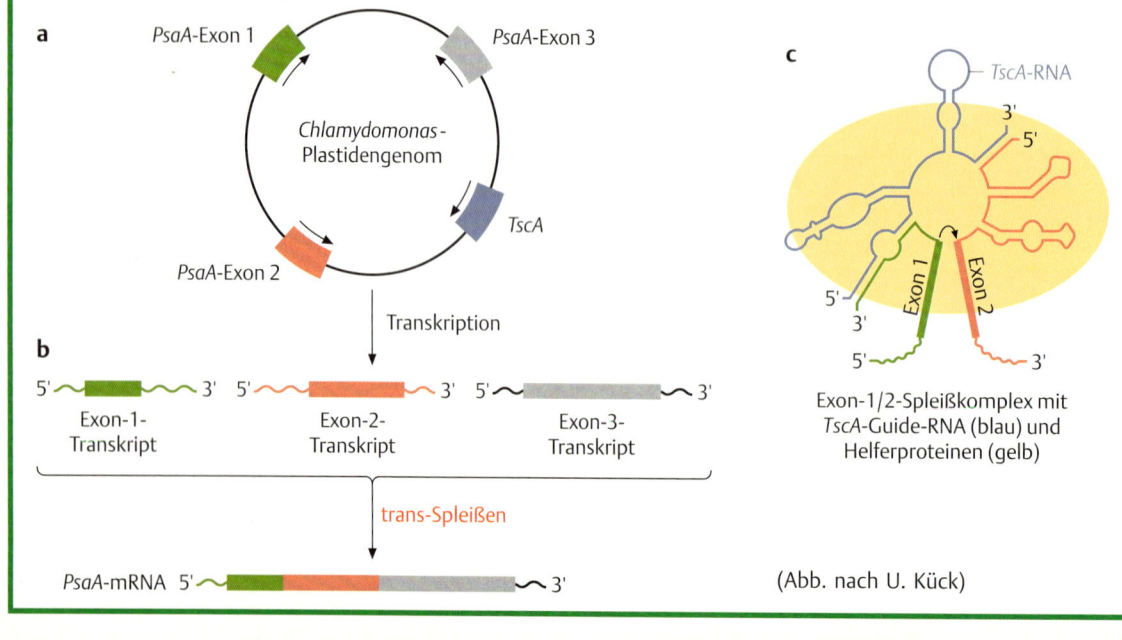

Exon-1/2-Spleißkomplex mit *TscA*-Guide-RNA (blau) und Helferproteinen (gelb)

(Abb. nach U. Kück)

15.12.3 RNA-Editing

Im Verlauf dieses Kapitels hatten wir wiederholt mit posttranskriptionellen Verarbeitungsprozessen von RNA-Vorstufen zu tun. Wir müssen uns jetzt mit einer Besonderheit der Plastiden und Mitochondrien beschäftigen, bei der nach der Synthese Veränderungen im codierenden Teil von mRNAs vorgenommen werden. Man nennt diesen Prozeß **RNA-Editing**, und er beschränkt sich bei den bisher untersuchten Grünalgen und Höheren Pflanzen auf die Umwandlung einiger Cytidinreste in Uridinreste. Das beinhaltet eine einfache Deaminierung (Abb. **15.43a**). Wie in Abb. **15.43b** für drei Plastidengene von *Arabidopsis* gezeigt, haben ganze Gruppen von editierten mRNAs ähnliche Erkennungsmotive. Die Zahl der erforderlichen **gruppenspezifischen Deaminasen** ist also vermutlich begrenzt. Im ersten Beispiel entsteht durch Editing das notwendige Startcodon für die Translation der Untereinheit des NADH-Dehydrogenase(Ndh)-Komplexes (ACG [Thr] → AUG [Met]), während in den anderen beiden Beispielen der angezeigte Aminosäureaustausch in der F- bzw. B-Untereinheit erfolgt (Abb. **15.43b**). Andere häufige Editings sind:

CCA [Pro] → CUA [Leu],
CAA [Gln] → UAA [Stop] und
CAG [Gln] → UAG [Stop].

In den etwa 80–100 proteincodierenden Genen in Plastiden findet man etwa 30–35 Editing-Stellen. Editing-Prozesse bei mRNAs in **Mitochondrien Höherer Pflanzen** sind noch häufiger. Alles bisher Bekannte wird allerdings in den Schatten gestellt von den Plastiden des Hornmooses *Anthoceros*, in dem insgesamt 942 Editing-Stellen nachgewiesen wurden, unter anderem auch das sonst seltene Editing U → C. Letztere Reaktion

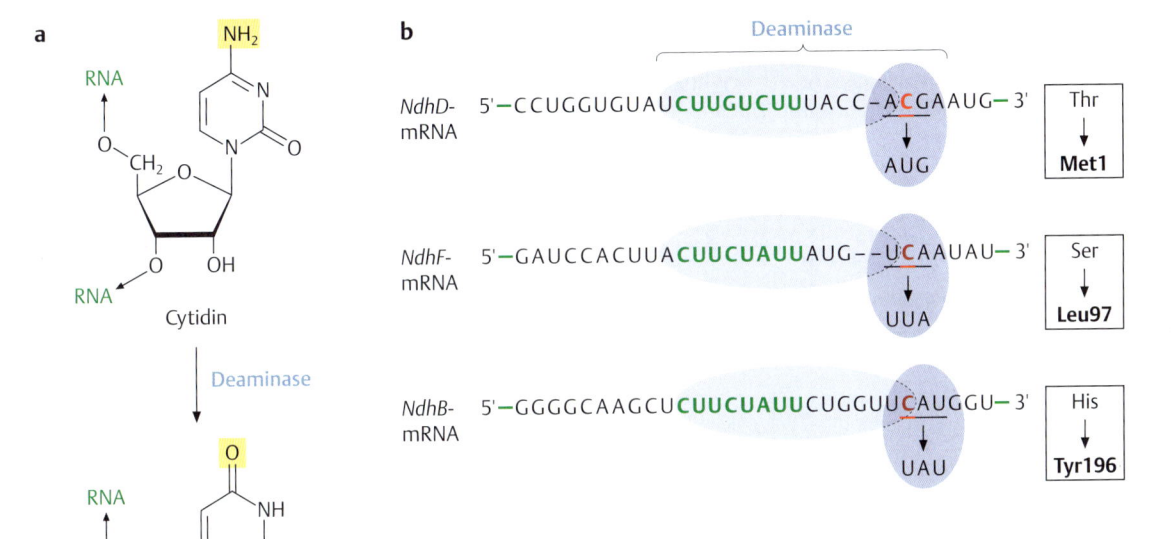

Abb. 15.43 RNA-Editing in Plastiden. a Biochemie der Deaminierung von Cytidin. **b** Drei Untereinheiten der *Arabidopsis*-NADH-Dehydrogenase (NdhB, NdhD und NdhF) werden von mRNAs codiert, an denen postsynthetisch Cytidinreste in Uridinreste umgewandelt werden. Die hypothetische Deaminase bindet mit einer RNA-Erkennungsdomäne (blaugrau) an das grün markierte RNA-Motiv stromaufwärts von dem zu modifizierenden Cytidinrest (rot). Die katalytische Domäne ist blau dargestellt. Natürlich könnten die beiden Funktionen auch auf zwei unterschiedlichen Proteinen sitzen (nach Miyamoto et al. 2004).

entspricht biochemisch der Aminierung von UTP bei der Biosynthese von CTP. Die Bedeutung dieses Editings und insbesondere die Häufung im Pflanzenreich sind bisher nicht verstanden. Aber man kann natürlich spekulieren, daß RNA-Editing ein übriggebliebener Prozeß aus der Frühphase der Evolution ist.

15.12.4 Translation und Proteinfaltung

Große Teile des für die Translation benötigten Apparates (rRNA, ribosomale Proteine, tRNAs) sind im Plastidengenom codiert und werden von den Plastiden selbst gebildet. Andere Komponenten (Translationsfaktoren, Aminoacyl-tRNA-Synthetasen) sind kerncodiert und müssen importiert werden. Der Translationsprozeß folgt weitgehend den für *E. coli* beschriebenen Vorgängen (Kap. 15.7.2). Wie in Kap. 15.12.2 ausgeführt, können die häufig gebildeten polycistronischen Primärtranskripte in den Plastiden nur nach Prozessierung und ggf. Editing translatiert werden. Typisch für viele Membranproteine in den Plastiden ist die Synthese an Polysomen, die unmittelbar mit der Thylakoidmembran verbunden sind. Polypeptidsynthese, cotranslationale Faltung und Membraninsertion mit Einbau in die Multiproteinkomplexe der Photosynthesemembranen sind konzertierte Aktionen, die auch die Bereitstellung der entsprechenden Cofaktoren (Chlorophylle, Carotinoide, Cytochrome etc.) einschließen. Eine Entkopplung führt zu Störungen in der Translation. Für die Photosynthesekomplexe bedeutet das aber auch die Bereitstellung der im Cytoplasma synthetisierten Untereinheiten. Diese Vorgänge sind besonders gut studiert am Beispiel der lichtregulierten Neusynthese des D1-Proteins im PSII (Kap. 15.12.5).

Die Masse der zu verarbeitenden Proteine verlangt eine hohe Effizienz bei der Verarbeitung. Das hat bezeichnenderweise auch zur Entdeckung der **Chaperone in Plastiden** geführt. In der Ergrünungsphase müssen in kürzester Zeit in jeder Plastide die etwa $3 \cdot 10^6$ Komplexe der **Ribulosebisphosphat-Carboxylase/Oxygenase** (**RubisCO**) zusammengebaut werden, deren kleine Untereinheiten aus dem Cytoplasma importiert und deren große Untereinheiten in den Plastiden synthetisiert werden

Abb. 15.44 Synthese und Zusammenbau der Ribulosebisphosphat-Carboxylase/Oxygenase (RubisCO). Die Synthese der RubisCO aus 8 kleinen (**SSU**, engl.: small subunit) und 8 großen Untereinheiten (**LSU**, engl.: large subunit) erfolgt in einer Kooperation zwischen Cytoplasma und Plastiden. Die Vorläufer der kleinen Untereinheit (Prä-SSU) werden aus dem Cytoplasma über den TOC/TIC-Komplex importiert (Plus **15.15** S. 562). Die LSU werden dagegen im Stroma der Plastiden synthetisiert und unter Mitwirkung der heptameren Cpn60/Cpn10-Chaperonmaschinen gefaltet. Der Zusammenbau erfolgt über dimere bzw. tetramere Intermediate zu den reifen oktameren Komplexen (nach Buchanan et al. 2000).

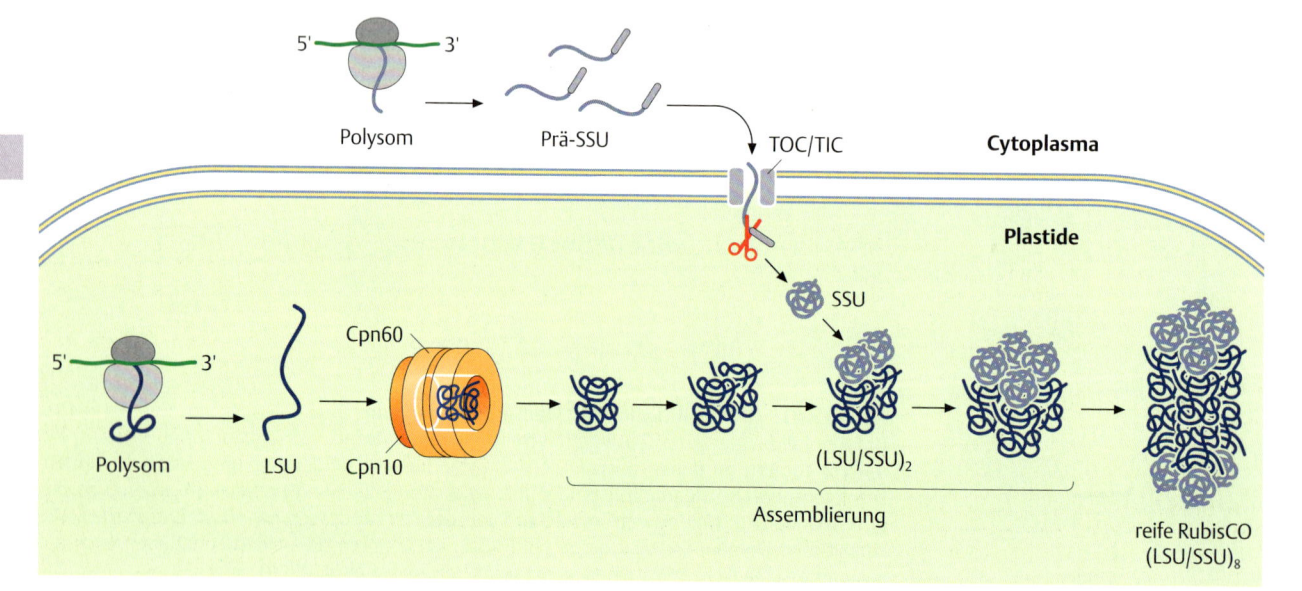

(Abb. **15.44**). Chaperonmaschinen der Hsp60/Hsp10-Familie, die in Plastiden Cpn60/Cpn10 genannt werden, sind entscheidend an der Faltung und Assemblierung beteiligt. Ein bemerkenswertes Beispiel für die Fähigkeit zur Selbstorganisation von Protein-Pigment-Komplexen in den Thylakoidmembranen ist in Box **15.14** (S. 563) für das LhcIIb-Protein dargestellt.

15.12.5 Lichtkontrollierte Translation am Beispiel des D1-Proteins

Besondere Aufmerksamkeit im Zusammenhang mit Translationskontrolle verdient die Regulation der Genexpression durch Licht. Ganz allgemein ist die Translation in Plastiden im Licht deutlich, bei einigen mRNAs bis zu 100-fach gesteigert im Vergleich zu Pflanzen im Dunkeln. Die massenhafte Synthese der an der Photosynthese beteiligten Proteinkomplexe der Photosysteme I und II (PSI, PSII) sowie des Cytochrom-b_6/f-Komplexes stellt eine besondere Herausforderung für eine Pflanzenzelle dar. Details zu Struktur und Funktion dieser Komplexe finden sich im Kap. 8.1.1. In der in dieser Hinsicht am besten untersuchten einzelligen Grünalge *Chlamydomonas* (Abb. **4.12** S. 149) müssen mehr als 10^7 Moleküle für jede der benötigten Untereinheiten dieser Komplexe in einem gut aufeinander abgestimmten Gesamtprozeß zur Verfügung gestellt werden. Wie in Tab. **15.9** zusammengestellt, kommt ein Teil der Untereinheiten aus den Plastiden selbst, während ein anderer Teil im Kern codiert ist und daher im Cytoplasma synthetisiert und in die Chloroplasten importiert werden muß (Kap. 15.10.2). Die Abläufe zwischen Kern/Cytoplasma und Chloroplasten müssen also genau aufeinander abgestimmt werden. Es gibt in der Regel keine freien Untereinheiten dieser Komplexe, weder im Cytoplasma noch in den Plastiden. Sollten sie durch Störungen in der Koordinierung auftauchen, werden solche Untereinheiten rasch abgebaut.

Obwohl die Mechanismen im Detail unterschiedlich sind, gibt es auffallende Gemeinsamkeiten in der Regulation der in Tab. **15.9** aufgeführten drei Komplexe. Zum einen enthält jeder der drei Komplexe mindestens eine sog. **Kontrolluntereinheit**, die jeweils im Chloroplasten codiert und für die **Assemblierung** (PSI, Cytb$_6$/f-Komplex) bzw. für den **Funktionszustand** entscheidend ist (PSII). Zum anderen ist die Translation der mRNAs für diese Kontrolluntereinheiten von kerncodierten Aktivatorproteinen abhängig, die in der 5'-UTR der mRNAs binden. Bei dieser **Translationskontrolle** sind zwei unterschiedliche Regulationsmechanismen verwirklicht:

Tab. 15.9 Kontrolle der Entstehung bzw. Funktion von drei Photosynthesekomplexen.

Komplex	Zahl der Untereinheiten (UE)[a]	Kontrolluntereinheit Gen (Protein)	Kontrollmechanismus
Photosystem II (Abb. **15.45**)	>20 UE (15P/5N)	*PsbA* (D1-Protein) *PsbB* (CP47)	Redoxkontrolle Assemblierungskontrolle?
Photosystem I (Abb. **8.16** S. 272)	14 UE (6P/8N)	*PsaA* (Protein-Reaktionszentrum), *PsaC* (Fe-S-Apoprotein)	Assemblierungskontrolle
Cytb$_6$/f-Komplex (Abb. **8.15** S. 271)	7 UE (4P/3N)	*PetA* (Cytochrom f)	Assemblierungskontrolle

[a] P = plastidencodiert; N = kerncodiert; die Zahlen der UE können je nach Präparation und Pflanzenart etwas unterschiedlich sein. Details der Komplexe Kap. 8.1.1.

> **Plus 15.20 Verlagerung der PSII-Systeme**
>
> Der **Funktionszustand von PSII** in der **Granathylakoidmembran** und der **Reparaturzustand** in der **Stromathylakoidmembran** sind räumlich voneinander getrennt. Geschädigte PSII-Komplexe werden durch lichtinduzierte Proteinkinasen phosphoryliert (stabilisiert) und aus dem Granabereich in den Stromabereich der Thylakoidmembran als Reparaturzone exportiert. In der Membran der Stromathylakoide wird die oxidierte D1-Untereinheit nach Dephosphorylierung in einer konzertierten Aktion durch den FtsH-Proteasekomplex abgebaut und gleichzeitig eine neue D1-Untereinheit eingebaut. Letztere ist das Produkt von Polysomen, die mit der Thylakoidmembran verbunden sind. Abschließend wird der regenerierte PSII-Komplex in den Granabereich zurückgebracht. Insgesamt dient dieser aufwendige Umbauprozeß als Schutz für das gesamte Photosynthesesystem vor Schäden durch übermäßige Lichteinwirkung und die dabei entstehenden reaktiven Sauerstoffspezies (Kap. 19.4). Natürlich ist das nur ein Schutzmechanismus neben anderen, z. B. durch Radikalfänger wie Carotinoide oder Tocopherol (Kap. 8.1.1).

- **Autorepression:** Im Fall des PSI und des $Cytb_6/f$-Komplexes wird die Translation gestoppt, sobald die Kontrolluntereinheit nicht mehr in die Komplexe eingebaut werden kann, weil z. B. die Nachlieferung der anderen Untereinheiten unzureichend ist (Assemblierungskontrolle).
- **Redoxkontrolle:** Im Fall des PSII (D1-Protein) ist zwar der Mechanismus der Translationskontrolle an der *PsbA*-mRNA im Prinzip ähnlich wie im ersten Fall, doch der Gesamtvorgang ist eng an die Lichtreaktionen der Photosynthese gekoppelt. Wegen der besonderen Bedeutung wollen wir diesen Fall genauer besprechen.

Zusammen mit dem D2-Protein und weiteren Proteinen bildet das D1-Protein das Reaktionszentrum von PSII (Abb. **15.45**). Aber das D1-Protein weist zwei Besonderheiten auf:
- Zum einen nimmt es mit einem Tyr-Rest (Tyr_z) unmittelbar an dem Elektronentransport vom Wasserspaltungszentrum auf der luminalen Seite der Membran zum Chlorophyll P680 im Reaktionszentrum teil.
- Zum anderen entsteht als unvermeidliche Begleiterscheinung der Elektronenübertragung reaktiver Singulettsauerstoff ($^1O_2$), der das D1-Protein oxidieren und damit das PSII inaktivieren kann (**Photoinhibition**). Um die Aktivität des PSII wieder herzustellen, muß das defekte D1-Protein durch ein neu synthetisiertes ausgetauscht werden (Plus **15.20**). Je nach Lichtintensität beträgt die Halbwertszeit für das D1-Protein nur etwa 1–2 Stunden. Im Dunkeln ist ein Abbau dagegen kaum meßbar.

Der **Mechanismus für die Translationskontrolle** ist in Abb. **15.46** dargestellt. Zentraler Teil ist ein tetramerer Translationsaktivatorkomplex, der im reduzierten Zustand (**Licht**) aktiv ist, an eine Haarnadelstruktur in der 5'-UTR der *PsbA*-mRNA bindet und damit die Synthese des D1-Proteins ermöglicht (**Abb. 15.46b**). Um den aktiven (reduzierten) Zustand des Aktivators aufrechtzuerhalten, sind die Lichtreaktionen am PSI und PSII Voraussetzung, durch die Reduktionsäquivalente bereitgestellt werden. Im **Dunkeln** findet keine Translation an der *PsbA*-mRNA statt.

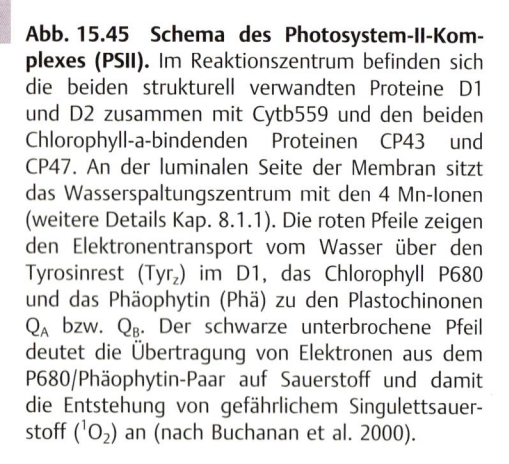

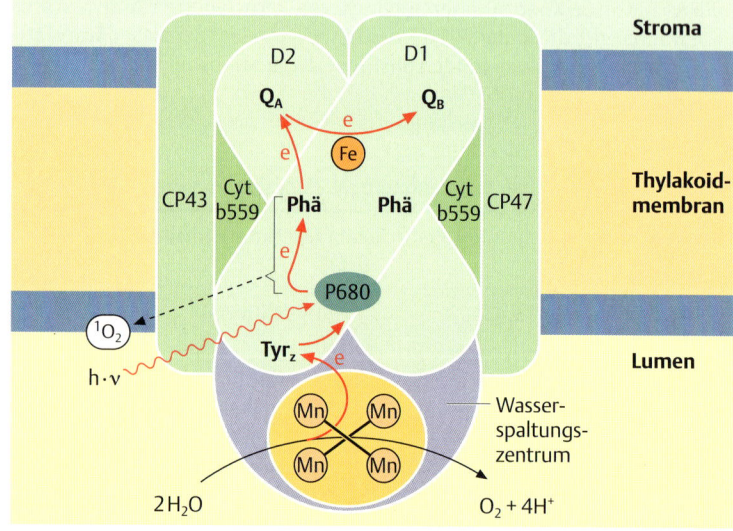

Abb. 15.45 Schema des Photosystem-II-Komplexes (PSII). Im Reaktionszentrum befinden sich die beiden strukturell verwandten Proteine D1 und D2 zusammen mit Cytb559 und den beiden Chlorophyll-a-bindenden Proteinen CP43 und CP47. An der luminalen Seite der Membran sitzt das Wasserspaltungszentrum mit den 4 Mn-Ionen (weitere Details Kap. 8.1.1). Die roten Pfeile zeigen den Elektronentransport vom Wasser über den Tyrosinrest (Tyr_z) im D1, das Chlorophyll P680 und das Phäophytin (Phä) zu den Plastochinonen Q_A bzw. Q_B. Der schwarze unterbrochene Pfeil deutet die Übertragung von Elektronen aus dem P680/Phäophytin-Paar auf Sauerstoff und damit die Entstehung von gefährlichem Singulettsauerstoff ($^1O_2$) an (nach Buchanan et al. 2000).

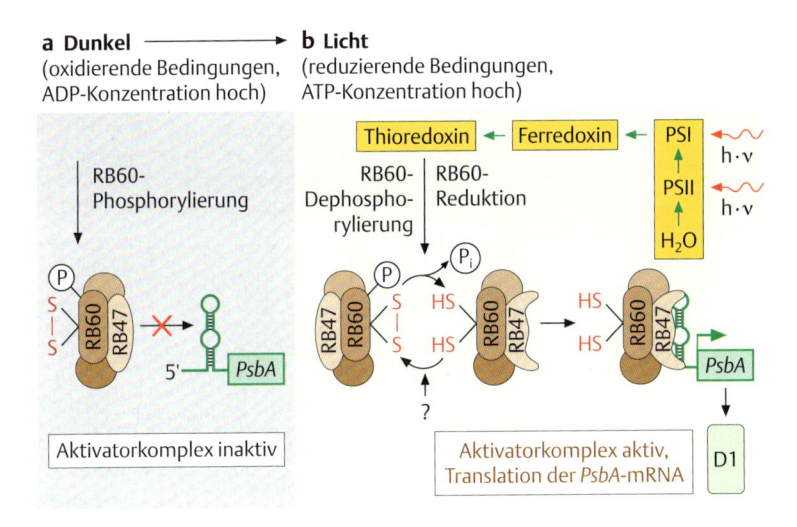

Abb. 15.46 Translationskontrolle des D1-Proteins in *Chlamydomonas reinhardtii*. a Die für das D1-Protein codierende *PsbA*-mRNA kann im Dunkeln nicht translatiert werden, weil der Translationsaktivatorkomplex inaktiv ist. Er liegt in oxidierter und phosphorylierter Form vor. Dabei spielt eine ADP-stimulierte Proteinkinase eine Rolle.
b Im Licht werden Reduktionsäquivalente an den Photosystemen I und II bereitgestellt (grüne Pfeile), und der Aktivatorkomplex wird dephosphoryliert und reduziert (Spaltung der Disulfidbrücke). Der so aktivierte Komplex bindet mit seiner RB47-Untereinheit an die Haarnadelstruktur in der 5'-UTR der *PsbA*-mRNA und ermöglicht damit die Translation (nach Levitan et al. 2005).

15.12.6 Abstimmung der Genexpressionsprozesse zwischen Kern und Plastiden

Auf die Notwendigkeiten einer engen Abstimmung der Genexpressionsprozesse zwischen Kern/Cytoplasma auf der einen Seite und den Plastiden bzw. Mitochondrien auf der anderen Seite wurde in den vorangegangenen Kapiteln bereits hingewiesen. Trotz der räumlichen Trennung und der beachtlichen Unterschiede in der Gendosis können letztendlich die Proteinkomplexe in den Organellen nur in der genau festgelegten Stöchiometrie der Untereinheiten zusammengebaut und funktionsfähig gemacht werden. Nichts darf zu viel oder zu wenig sein, und im allgemeinen können auch keine Untereinheiten eines Proteinkomplexes zwischengelagert werden. Im Ergrünungsprozeß einer Pflanze muß die gesamte Genexpressionsmaschinerie in einer Art „**lean production**" die jeweils notwendigen Teile für jeden Proteinkomplex entweder in den Plastiden selbst bereitstellen oder aber aus dem Cytoplasma importieren.

Wie erfolgt die Abstimmung zwischen diesen beiden Genexpressionssystemen? Die **primären Lichtsignale** für den Ergrünungsprozeß werden auf jeden Fall im **Cytoplasma** durch Phytochrom oder andere Lichtrezeptoren aufgenommen und an den **Kern** weitergeleitet (Abb. **15.41** S. 576 und Abb. **17.11** S. 682). Besonders interessant sind die sich mehrenden Befunde über einen sog. **retrograden Signalaustausch**, also die Weitergabe von Nachrichten aus den Plastiden an den Zellkern. In einer grünen Pflanze sind die Chloroplasten als zentrale Kontrollelemente für Genexpressionsprozesse in der gesamten Zelle offenbar weit bedeutsamer als bisher angenommen (Abb. **15.47**). Drei Hauptkomponenten kann man unterscheiden:

- Die laufende **Proteinsynthese** in den Plastiden selbst stimuliert die Synthese der plastidenspezifischen Komponenten aus dem Kern/Cytoplasma-Raum.
- Übermäßige Lichteinstrahlung löst die Bildung von **reaktiven Sauerstoffspezies** in Chloroplasten aus, die direkt oder indirekt typische Veränderungen im Genexpressionsmuster hervorrufen und damit die Anpassung an diese Streßbedingungen bewirken. Am PSII entsteht **Singulettsauerstoff** ($^1O_2$), der wegen seiner extrem kurzen Lebensdauer allerdings nur in seiner unmittelbaren Umgebung wirkt (Abb. **15.45**).

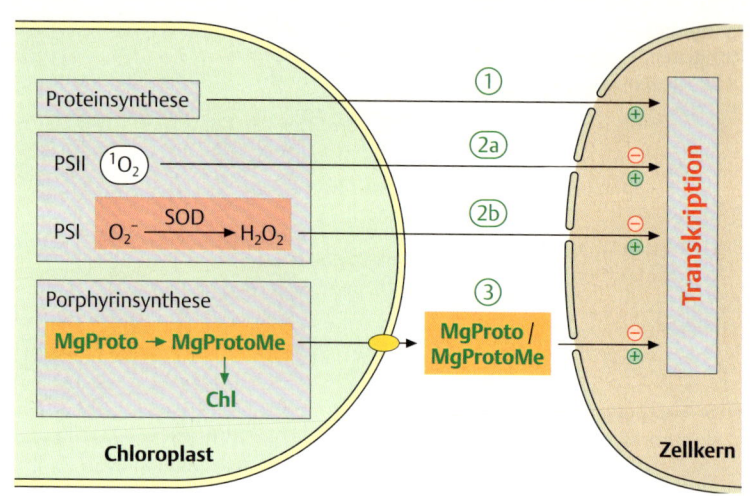

Abb. 15.47 Retrograde Signalwege von Chloroplasten zum Zellkern. Drei Hauptwege sind gezeigt und im Text erläutert. Die für Weg 3 wichtigen Schritte der Porphyrinsynthese sind in Abb. **15.48** dargestellt. Die Wirkungen auf die Transkriptionsprozesse im Zellkern können fördernd (+) oder hemmend (−) sein. SOD = Superoxiddismutase (nach Beck 2005).

Am PSI dagegen entsteht das **Superoxidradikal** (O_2^-), das durch Superoxiddismutase (SOD) zu Wasserstoffperoxid (H_2O_2) umgesetzt wird. Zwar ist auch H_2O_2 nicht ganz ungefährlich. Es dient aber zugleich als Signal nicht nur bei oxidativem Streß (Box **16.15** S. 656, Kap. 19.4), sondern auch bei hormonkontrollierten Prozessen (Abb. **16.33** S. 640) und Pathogenbefall (Plus **20.6** S. 824).

■ Alle zentralen Schritte der **Porphyrinbiosynthese** von Glutamat bis zum Chlorophyll sind in den Plastiden angesiedelt (Abb. **15.48**). Zwischenprodukte werden an die Mitochondrien bzw. an das Cytoplasma als Ausgangsmaterial für die Synthese der Hämgruppen (Atmungskettenenzyme) bzw. für die Phytochromsynthese abgegeben. Im Endteil der Biosynthesekette in den Plastiden erfolgt der Einbau von Mg^{2+} als charakteristischem Metallion der Chlorophylle. Mg^{2+}-haltige **Vorstufen der Chlorophylle** dienen vermutlich als Signale für die enge Abstimmung der Genexpressionsleistungen zwischen Plastiden- und Kerngenom. Obwohl schlüssige Beweise fehlen, geht man von einem lichtabhängigen Export solcher Vorstufen ins Cytoplasma aus (Abb. **15.47**, Weg 3).

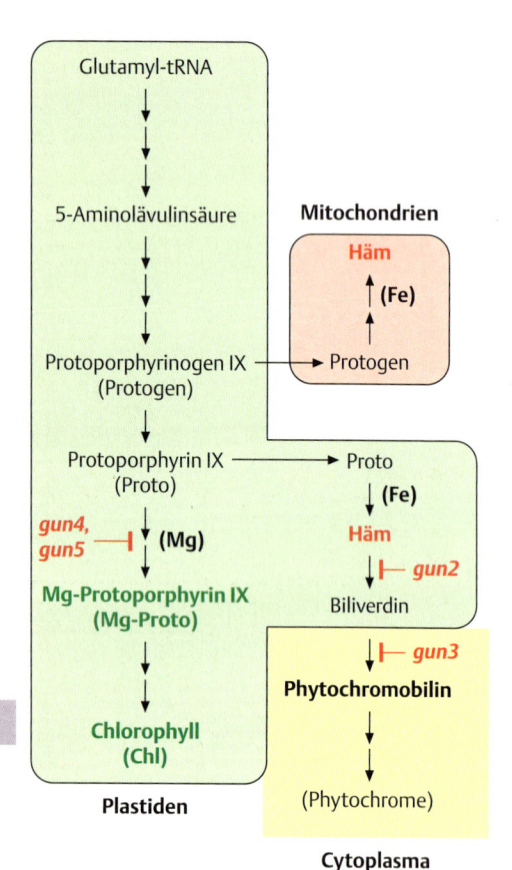

Abb. 15.48 Organisation der Porphyrinbiosynthese in Pflanzen. Die Abbildung zeigt die Organisation der Porphyrinbiosynthese zwischen Plastiden, Mitochondrien und Cytoplasma. Endprodukte sind Chlorophylle, Häm und Phytochromobilin (Strukturdetails Abb. **8.7** S. 262 und Abb. **17.3** S. 675). *gun2–5* (engl.: genome uncoupled), Mutanten der Porphyrinbiosynthese mit fehlender Koordinierung zwischen Plastiden und Zellkern (Abb. **15.47**, Weg 3).

Die Veränderungen im Transkriptionsmuster lassen sich heute besonders bequem mithilfe von Mikroarray-Analysen feststellen (Box **15.2** S. 492). Viele Gene sind von den Signalen aus dem Chloroplasten betroffen und nur ein Teil davon ist bekanntermaßen lichtreguliert oder in irgendeiner Weise mit der Photosynthese verbunden. Die intensive Zwiesprache zwischen Plastiden und Kern/Cytoplasma ist unstritig. Allerdings sind die eigentlichen Signale wie auch die entsprechenden „Rezeptoren" bei allen drei retrograden Signalwegen weitgehend unklar.

15.13 Mikrobielle Sekundärmetabolite als Antibiotika und Biopharmaka

Mikrobielle Sekundärmetabolite besitzen eine scheinbar unerschöpfliche Fülle von Strukturen und haben eine überragende Bedeutung als Antibiotika – oder genereller: Biopharmaka – in der Medizin und Forschung erlangt. Die Hauptproduzenten solcher Stoffe sind Prokaryoten in der Gruppe der **Strahlenpilze** (**Actinomyceten**) und einige *Bacillus*-Arten, aber auch einige echte Pilze aus der Gruppe der *Fungi imperfecti* (Box **14.2** S. 470).

Am häufigsten verwendet und medizinisch am wichtigsten sind Antibiotika mit einer selektiven Wirkung auf prokaryotische Pathogene von Mensch und Tier. Wichtige Vertreter sind in der Abb. **15.49** und Tab. **15.10** zusammengestellt. Sie dienen als Beipiele für die große Mannigfaltigkeit an Strukturen. Bei den Verbindungen, die die Genexpression hemmen, ist in der Regel auch eine Wirkung auf die entsprechenden Prozesse in Mitochondrien und Plastiden zu beobachten. Mit solchen Antibiotika kann man selektiv Genexpression im Kern/Cytoplasma von der in den Organellen unterscheiden.

Tab. 15.10 Wichtige Antibiotika gegen Bakterien und ihre Angriffsorte.

Angriffsorte	Wirkstoffe (Fettdruck s. Formeln in Abb. 15.49).
Zellwandsynthese	β-Lactam-Antibiotika: **Penicillin**, Ampicillin, Cephalosporin
Membranfunktionen	Polymyxin B, Monensin
DNA-Synthese	Novobiocin, Nalidixinsäure
Transkription	**Rifampicin**, Bicyclomycin
Translation, Initiation	**Streptomycin**, Kanamycin, **Tetracylin**, Neomycin, Spectinomycin
Tanslation, Elongation	**Chloramphenicol**, Erythromycin, Lincomycin, **Fusidinsäure**

Tab. 15.11 In der experimentellen Forschung an eukaryotischen Zellen eingesetzte Antibiotika.

Angriffsorte	Wirkstoffe (Fettdruck s. Formeln in Abb. 15.49).
DNA-Struktur und -Synthese (Verwendung in der Tumortherapie)	Mitomycin C, Bleomycin, Adriamycin, Aphidicolin, Distamycin
Transkription	**Actinomycin D**, α-Amanitin
Hemmung der Polyadenylierung der prä-mRNA	**Cordycepin**
Histondeacetylierung	Trichostatin A, Apicidin
Translation, Elongation bzw. Termination	**Cycloheximid**, **Puromycin**
Proteinglykosylierung (ER)	**Tunicamycin**, Castanospermin
Vesikeltransport ER/Golgi	Brefeldin A
Proteinexport aus dem Zellkern	Leptomycin B
Proteinfaltung, Chaperonfunktionen	Rapamycin, Geldanamycin
Proteinphosphorylierung/-dephosphorylierung	Staurosporin, Wortmannin, Tautomycin
Membranfunktionen	Amphotericin, Oligomycin, Valinomycin
Cytoskelettfunktionen	Cytochalasin C

15 Genexpression und ihre Kontrolle

1 prokaryotische bzw. eukaryotische Transkription

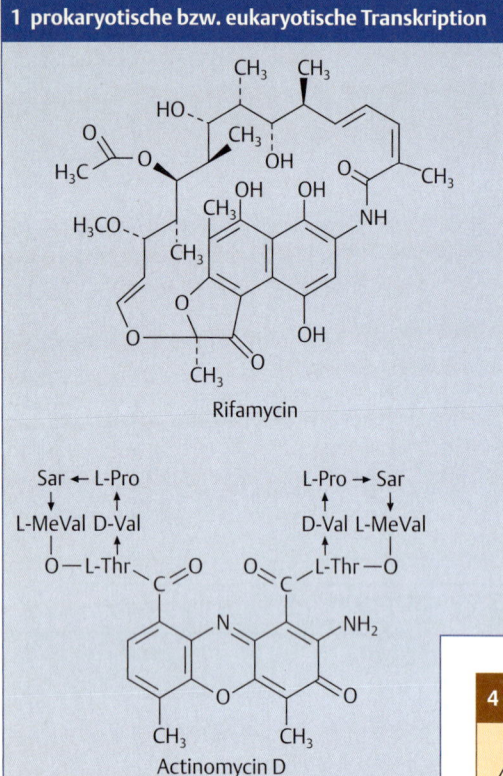

Rifamycin

Actinomycin D

2 bakterielle Translation

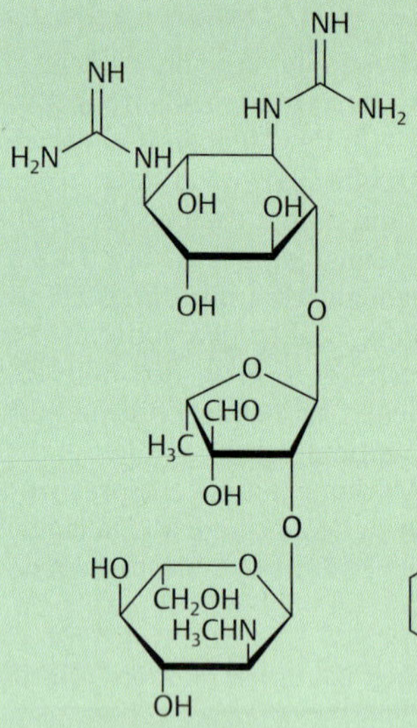

Streptomycin A

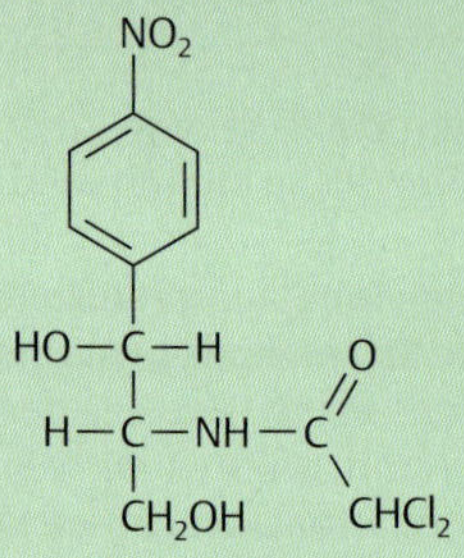

Chloramphenicol

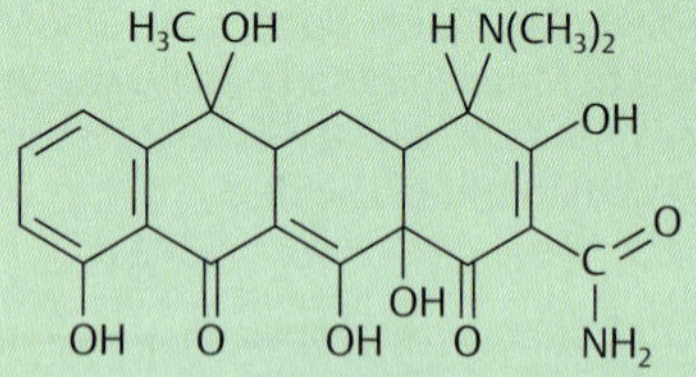

Tetracyclin

3 Glykosylierung

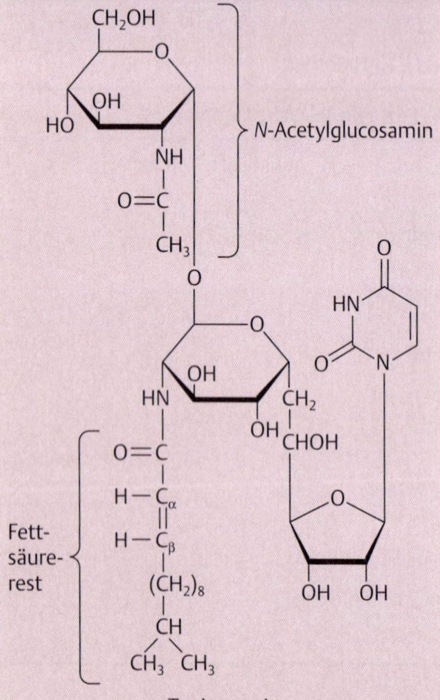

Tunicamycin

4 bakterielle Zellwandsynthese

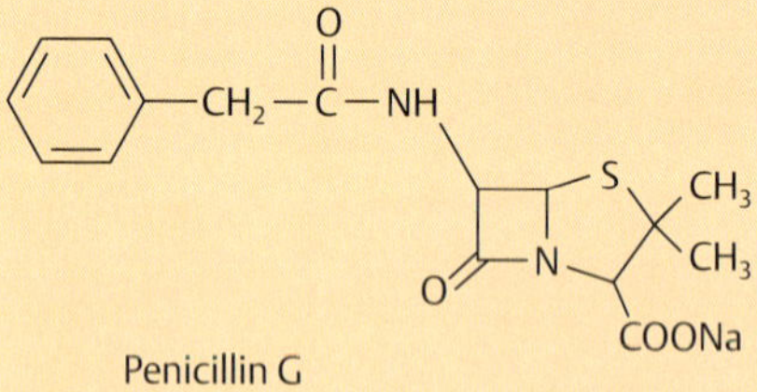

Penicillin G

5 Polyadenylierung

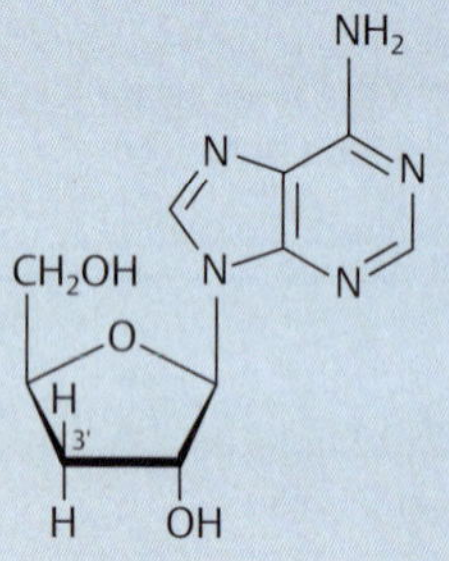

Cordycepin (3'-Deoxyadenosin)

6 eukaryotische Translation

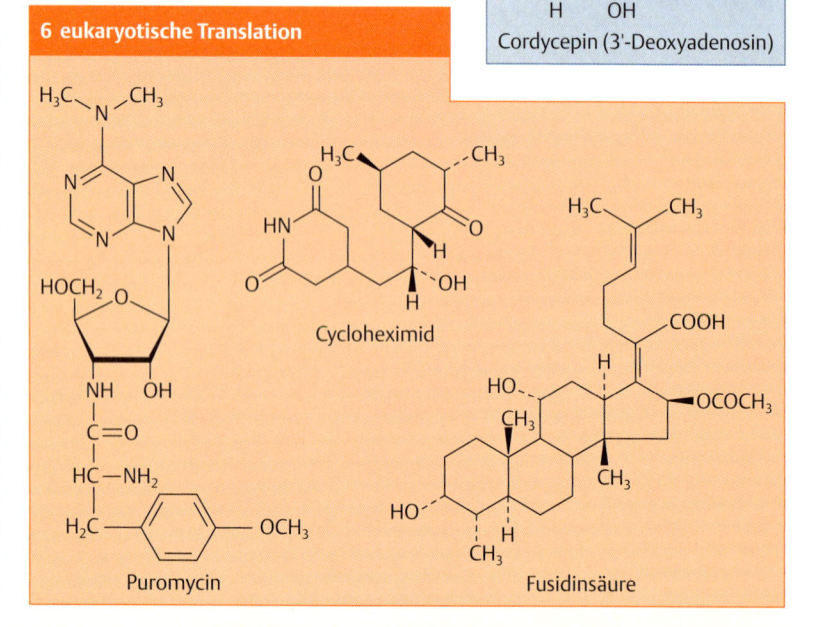

Puromycin

Cycloheximid

Fusidinsäure

◀ **Abb. 15.49 Strukturen ausgewählter Antibiotika und ihre Hemmwirkungen.** Gruppe **1**: prokaryotische und eukaryotische Transkription; Gruppe **2**: bakterielle Translation; Gruppe **3**: Glykosylierung; Gruppe **4**: bakterielle Zellwandsynthese; Gruppe **5**: Polyadenylierung; Gruppe **6**: eukaryotische Translation.
Die Pfeile in den cyclischen Peptidseitenketten von Actinomycin D zeigen die Richtung der Amidbindungen an: CO→NH. Die Peptide enthalten auch ungewöhnliche Aminosäurereste wie D-Valin, L-N-Methylvalin und Sarkosin (N-Methylglycin).

Auch wenn einige der genannten Verbindungen nicht in der Medizin Verwendung finden, weil sie zu toxisch sind oder ihre pharmakologischen Eigenschaften (Löslichkeit, Resorption, Abbau) dem entgegenstehen, sind sie doch alle zusammen unentbehrliche Hilfsmittel für die molekularbiologische Forschung an Pflanzen und Tieren. Mehr und mehr Antibiotika mit überwiegender bzw. ausschließlicher Wirkung auf eukaryotische Zellen dienen nicht nur als therapeutische Agentien, sondern vorwiegend als biochemische Hilfsmittel bei der Analyse von Signaltransduktion und Genexpression (Abb. **15.49**, Tab. **15.11**).

Die ständig wachsenden Probleme mit dem Einsatz der Antibiotika in der Medizin sind in erster Linie auf übermäßigen Gebrauch in der täglichen Praxis bzw. Mißbrauch in der industriellen Tierhaltung zurückzuführen. In den vergangenen Jahrzehnten haben Mikroorganismen verschiedene **Resistenzmechanismen** entwickelt und in rasanter Weise optimiert. Diese beruhen z. B. auf der Ausscheidung, dem Abbau oder auf der Modifizierung (z. B. durch Acetylierung, Phosphorylierung bzw. Adenylierung) der für die Zellen toxischen Stoffe. Entsprechende **Resistenzgene** sind häufig Teile von **Plasmiden** und **Transposons** und können daher rasch neu kombiniert und von einer Zelle zur anderen weitergegeben werden. Solche Resistenzgene wurden darüber hinaus wertvolle Hilfsmittel als **Selektionsmarker** für die **Gentechnologie** (Kap 13.11 und Kap. 13.12). Als Teil der „chemischen Kriegsführung" zwischen Pathogenen und tierischen Wirten findet man heute mehr und mehr Bakterienstämme mit **Multiresistenzplasmiden** bzw. mit neuen Formen der entsprechenden Resistenzgene. Die finanziellen Aufwendungen für immer neue Antibiotika und die Bedrohung durch resistente Keime mit tödlichen Folgen sind daher gewaltig.

16 Phytohormone und Signalstoffe

Wie alle anderen hoch entwickelten Organismen verfügen Pflanzen auch über ein komplexes Hormonsystem. Hormone kontrollieren alle wichtigen Details pflanzlicher Entwicklung, sie dienen der Abstimmung zwischen den pflanzlichen Organen, und sie vermitteln schließlich die passenden Antworten auf Signale aus der Außenwelt. Zu der Gesamtheit der klassischen Pflanzenhormone, wie wir sie in den Kap. 16.3 bis Kap. 16.9 behandeln werden, kommen noch eine ganze Anzahl von hormonartigen Signalstoffen, deren Wirkung häufig auf bestimmte Situationen wie z. B. Streß oder Pathogenbefall beschränkt ist. Auf den ersten Blick scheinen Pflanzenhormone relativ breite Wirkungsspektren zu haben. In Wirklichkeit finden wir aber in den meisten Fällen sehr spezifische Antworten, die sich an dem jeweiligen Zielgewebe und den dort vorhandenen physiologischen Gegebenheiten orientieren. Mediatoren dieser Spezifität sind unterschiedliche Rezeptoren bzw. Signaltransduktionsketten und vor allem die Konzentration bzw. Anwesenheit anderer Hormone in den einzelnen Geweben. Gerichtete Hormonströme sorgen nicht nur für die Verteilung innerhalb des pflanzlichen Organismus von den Bildungszentren zu den Erfolgsorganen, sondern vor allem auch für die Entstehung und Aufrechterhaltung gewebespezifischer Hormongradienten. Alles zusammen ergibt das Bild eines wohl kontrollierten Netzwerkes regulatorischer Signale mit dem notwendigen Maß an Dynamik und Anpassungsfähigkeit.

Phytohormone und Signalstoffe

16.1 Begriffe und Analysen ... 591

16.2 Phytohormone – auf einen Blick ... 593

16.3 Cytokinine ... 594
16.3.1 Struktur, Biosynthese, Abbau ... 595
16.3.2 Biologische Wirkungen der Cytokinine ... 597
16.3.3 Molekularer Wirkungsmechanismus ... 598

16.4 Auxine ... 600
16.4.1 Struktur, Biosynthese und Abbau der Auxine ... 601
16.4.2 Auxintransport ... 605
16.4.3 Wirkung von Auxinen ... 606
16.4.4 Auxinrezeptoren und Signaltransduktion ... 609

16.5 Gibberelline ... 612
16.5.1 Struktur, Biosynthese und Abbau von Gibberellinen ... 612
16.5.2 Biologische Wirkung ... 615
16.5.3 Signaltransduktion ... 618

16.6 Brassinosteroide ... 620
16.6.1 Biosynthese und Inaktivierung der Brassinosteroide ... 621
16.6.2 Biologische Wirkungen der Brassinosteroide ... 624
16.6.3 Molekularer Wirkungsmechanismus ... 624

16.7 Ethylen ... 627
16.7.1 Biosynthese von Ethylen ... 627
16.7.2 Biologische Wirkungen ... 628
16.7.3 Ethylen und Fruchttechnologie ... 630
16.7.4 Ethylenrezeption und Signaltransduktion ... 633

16.8 Abscisinsäure ... 635
16.8.1 ABA-Biosynthese und -Abbau ... 636
16.8.2 Biologische Wirkungen ... 638
16.8.3 ABA-Rezeption und Signaltransduktion ... 640

16.9 Jasmonsäure ... 641
16.9.1 JA-Biosynthese und Metabolisierung ... 642
16.9.2 Wirkungen der Jasmonsäure ... 644
Entwicklungsspezifische Wirkungen der JA ... 645
JA als Streßhormon ... 646
JA als Regulator des Sekundärstoffwechsels ... 646
16.9.3 Wirkungsmechanismus ... 647

16.10 Weitere pflanzliche Signalstoffe ... 648
16.10.1 Peptidsignale ... 648
16.10.2 Stickstoffmonoxid (NO) ... 650
16.10.3 Ca^{2+} und Signaltransduktionsketten ... 655
16.10.4 Salicylsäure ... 657

16.11 Hormonnetzwerke ... 659
16.11.1 Zellzykluskontrolle durch Hormone ... 660
16.11.2 Apikaldominanz ... 662
16.11.3 Pflanzenregeneration ... 665

16.1 Begriffe und Analysen

> Phytohormone sind extrazelluläre Botenstoffe, deren biologische Aktivitäten entsprechende Rezeptor- und Signaltransduktionssysteme in den Empfängerzellen voraussetzen. Einige Typen von Hormonen bzw. Signalen finden wir gemeinsam bei Pflanzen und Tieren (Steroide, Peptidhormone, Oxylipine, Salicylsäure, NO, Ca^{2+}), andere sind pflanzenspezifisch (Cytokinine, Auxine, Ethylen, Gibberellinsäure). Phytohormone können entweder in den Empfängergeweben selbst gebildet werden oder aber Bildungs- und Wirkort liegen weit auseinander. Transport und gerichtete Verteilung spielen in vielen Fällen eine überragende Rolle für die Hormonwirkung. Schließlich gibt es gasförmige Hormone bzw. Signale bei Pflanzen (Jasmonsäuremethylester, Ethylen, Salicylsäuremethylester, NO), die auch auf benachbarte Pflanzen bzw. andere Organismen wirken können.

Phytohormone sind wie die tierischen Hormone extrazelluläre Botenstoffe, die in kleinsten Mengen wirken und deren biologische Aktivitäten ein entsprechendes Rezeptor- und Signaltransduktionssystem in den Empfängerzellen voraussetzen. Einige Hormontypen, wie Steroide, Peptidhormone, Oxylipine (Jasmonsäure), Stickstoffmonoxid (NO), Salicylsäure und Ca^{2+}, finden wir bei Pflanzen und Tieren, andere sind pflanzenspezifisch (Cytokinine, Auxine, Ethylen, Gibberellinsäure). Ähnlich wie bei den Tieren können Pflanzenhormone vor Ort in den Empfängergeweben gebildet werden. Bei den Tieren sprechen wir von **autokrinen Hormonen**. Bildungs- und Wirkort können aber auch wie bei den Cytokininen, Auxinen und der Abscisinsäure weit auseinanderliegen, in Analogie zu den **parakrinen Hormonen** der Tiere. Natürlich verlaufen Transport und Verteilung solcher Hormone bei Pflanzen grundsätzlich anders als bei Tieren. Aber Transport und gerichtete Verteilung der Hormone spielen in vielen Fällen eine überragende Rolle für ihre Wirkung (Kap. 16.3–16.5, Kap. 16.8 und Kap. 16.9). Schließlich gibt es Hormone bzw. Signalstoffe (Jasmonsäuremethylester, Salicylsäuremethylester, NO und Ethylen), die gasförmig sind und auf benachbarte Pflanzen derselben Art (**Pheromon**) bzw. Pflanzen anderer Arten oder sogar Tiere (**Kairomon**) wirken können. Für die Wirkung von Pheromonen bei Niederen Pflanzen haben wir bereits in Kap. 14.3 und Kap. 14.5 einige Beispiele gegeben.

Der Konzentrationsspiegel der Pflanzenhormone muß, wie bei allen hochwirksamen Signalstoffen in der Biologie, den physiologischen Notwendigkeiten und gegebenenfalls den Umweltbedingungen entsprechend angepaßt werden. Die Aufrechterhaltung der **Hormonhomöostase** ist unabdingbare Voraussetzung für Entwicklung und Funktion einer Pflanze. Zentrale Elemente sind die Kontrolle der Neusynthese und des Abbaus ebenso wie die reversible Derivatisierung durch Glykosylierung oder Bindung an Aminosäuren (Bildung von Hormonkonjugaten). Solche inaktiven Speicherformen können entweder reaktiviert oder abgebaut werden.

Der Einfachheit halber wollen wir zunächst die Hormone einzeln behandeln. Dies ist aus Sicht der Biochemie und der Signaltransduktion nicht nur geboten, sondern auch unbedenklich. Bei den biologischen Wirkungen stoßen wir aber sehr schnell an die Grenzen der biologischen Realität, weil **Hormone integrale Bestandteile von Netzwerken** darstellen. Einzelbetrachtungen sind nur bedingt hilfreich. Wir werden daher an Hand von Beispielen das Zusammenspiel von Phytohormonen in den Kap. 16.5 bzw. 16.11 erörtern und dies in den Kap. 17–20 vertiefen. Es gibt noch ein weiteres Problem bei der Analyse und Beschreibung von

Hormonwirkungen. Unsere Kenntnisse beruhen häufig auf der **Applikation von Hormonen oder Hormonanaloga von Außen**. Richtig angewendet, können die Ergebnisse durchaus Teile der physiologischen Realität widerspiegeln. Die erhaltenen Antworten sind aber auf jeden Fall nicht nur von der Hormondosis abhängig, sondern auch von der Aufnahme, dem endogenen Hormonstatus und dem Entwicklungszustand der Pflanze. Immerhin kann man sich einen Eindruck von der Komplexität der hormongesteuerten Genexpressionsprozesse verschaffen. In weniger als einer Stunde werden tausende von Genen aktiviert, wenn man *Arabidopsis*-Keimlinge in entsprechenden Hormonlösungen badet (Tab. **16.1**). Wir werden im weiteren Text auf diese Komplexität nicht näher eingehen und zur besseren Verständlichkeit stets nur einige wichtige Gene der Hormonantworten nennen.

Viele Jahre waren Versuche zur Identifikation von **Hormonrezeptoren** bei Pflanzen ein schwieriges Unterfangen, verbunden mit zahlreichen Fehlinterpretationen. Mit der Erschließung von *Arabidopsis* als genetischem und molekularbiologischem Leitobjekt der Pflanzenbiologie hat sich das grundlegend gewandelt. Für viele Hormone sind jetzt die Gene bekannt, die potentiell an Synthese und Abbau sowie an der Rezeption und Signaltransduktion beteiligt sind. Nicht selten finden wir für die Vielfalt der Hormonwirkungen **mehrere unabhängige Signalwege** und daher auch mehr als einen Rezeptor. Dabei ist in den letzten Jahren ein allgemeines Regulationsprinzip immer stärker in den Vordergrund getreten, der kontrollierte **Abbau regulatorischer Proteine** durch das **Ubiquitin/Proteasom-System** (Kap. 15.11). Viele Hormonwirkungen beruhen auf der Steuerung des Abbaus von Proteinen, die als Teile der Signaltransduktion bzw. Transkriptionskontrolle eine Rolle spielen. Auf dieser neuen Basis kann man sich jetzt mehr auf die Fragen der Vielfalt der beteiligten Komponenten und auf Details der durch Hormone gesteuerten Reaktionen konzentrieren. Das führt dann auch direkt zu einer Integration und Neubewertung der umfangreichen Arbeiten an Kulturpflanzen. Wie wir sehen werden, sind Hormone bzw. Hemmstoffe der Hormonsynthese und -wirkung unerläßliche **Biopharmaka in Gartenbau und Landwirtschaft**.

Tab. 16.1 Hormoninduzierte Genexpression in Pflanzen.
7 Tage alte Keimlinge von ***Arabidopsis thaliana*** wurden in Lösungen mit den angegebenen Hormonen für 60 min inkubiert. Nach Präparation der RNA wurde diese für die Analyse der genspezifischen Transkripte mit Mikroarrays verarbeitet (Box. **15.2** S. 492). Die Zahlen geben die Zahl der Gene an, deren mRNA-Spiegel um das 2-, 5- bzw. 10-fache angestiegen sind. Details können den internationalen Datenbanken entnommen werden: https://www.genevestigator.ethz.ch/

Hormon	>2fach	>5fach	>10fach
trans-Zeatin	1500	230	40
Indolylessigsäure	1000	160	30
Gibberellinsäure	1700	300	60
Brassinolid	6200	700	170
Ethylen	4000	500	90
Abscisinsäure	2300	340	80
Jasmonsäuremethylester	3600	580	150

> **Box 16.1   Phytohormone in Niederen Pflanzen und Mikroorganismen**
>
> Es ist bisher nicht ausreichend untersucht, zu welchem Zeitpunkt in der Evolution die heute bekannten Phytohormone entstanden sind. Diese Frage beinhaltet ganz offensichtlich zwei unabhängige Aspekte:
> 1. In welchem Vertreter unter den Niederen Pflanzen und Mikroorganismen existiert ein entsprechender Biosyntheseweg?
> 2. Haben die Syntheseprodukte eine hormonartige Wirkung? Eindeutige Antworten, die beide Aspekte berücksichtigen, gibt es nur selten. Aber es gibt ein paar interessante Zusammenhänge, die uns bei der Beantwortung dieser Frage weiterhelfen können. Die Zusammenstellung macht die Vielfalt von möglichen Antworten auf unsere Fragen deutlich und stellt Pflanzen zugleich in ihre komplexe Umwelt mit anderen Organismen:
> - **Indolylessigsäure** (IAA) wurde zunächst als Auxin bzw. Heteroauxin in tierischem Harn und in Hefe als Abbauprodukt des Tryptophans identifiziert (Box **16.3** S. 602). Eine Hormonwirkung in Säugetieren und Hefe ist ausgeschlossen.
> - Wegen ihrer Einfachheit sind **Ethylen** und **NO** in der Natur weit verbreitet. Sie entstehen nicht nur in Pflanzen in streng kontrollierten Prozessen, sondern sie stammen in nicht unerheblichen Mengen auch aus Mikroorganismen oder anthropogenen Einflüssen. Solche Gase können als Hormone durchaus Einfluß auf das Pflanzenwachstum haben (Kap. 16.7 und Kap. 16.10.2).
> - Bestimmte Bodenbakterien, z. B. der Gattung *Agrobacterium*, verursachen pflanzliche Tumore an den Infektionsstellen, weil in einem Plasmid des Bakteriums Schlüsselenzyme für die Biosynthese von **Cytokinin** (IPA) bzw. **Auxin** (IAA) codiert sind. Beide Hormone entstehen allerdings nur in den Pflanzenzellen nach dem Infektionsvorgang und sind dort für die unkontrollierte Zellteilung (Tumorbildung) verantwortlich (Kap. 20.6.2).
> - Phytohormone nicht-pflanzlichen Ursprungs spielen eine besondere Rolle bei der Interaktion zwischen pflanzlichem Wirt und bakteriellen bzw. pilzlichen Pathogenen. Ein spektakuläres Beispiel ist die Entdeckung der **Gibberellinsäure** (GA_3) als Wirkstoff in den von dem Pilz *Gibberella fujikuroi* befallenen Reispflanzen (Kap. 16.5). GA_3 ist für den Pilz kein Hormon, sondern ein Sekundärmetabolit, und noch heute werden große Mengen von GA_3 für die Anwendung in der Pflanzenproduktion biotechnologisch durch Fermentation von *Gibberella*-Kulturen produziert.
>
> Da Pflanzen keine sterilen Organismen sind, sondern vielmehr komplexe Ökosysteme mit einer Fülle von Mikroorganismen, die in ihnen, auf ihnen bzw. mit ihnen leben (Kap. 20.6), stellen die unter 3. und 4. genannten Beispiele nur einen kleinen Ausschnitt von Hormonen als Signale zwischen den Partnern dar. Unsere Kenntnisse stehen in dieser Hinsicht erst am Anfang.

Die gesamte Komplexität der Hormone und Signalstoffe ist ein Charakteristikum der Höheren Pflanzen (Samenpflanzen). Phytohormone werden aber auch in Pilzen, Algen, Moosen und Farnen gefunden, zuweilen im Verbund mit weiteren Signalstoffen, die Organismen-spezifisch sind (Beispiele in Plus. **14.3** S. 453 und Plus **14.9** S. 478). Einige der typischen Phytohormone wurden zunächst nicht in Höheren, sondern in Niederen Pflanzen entdeckt, oder sie werden durch Mikroorganismen produziert, die als Pathogene oder Symbionten mit Pflanzen leben (Box **16.1**). Die Wirkungen dieser Hormone bei den Niederen Pflanzen sind nur selten gut untersucht.

16.2   Phytohormone – auf einen Blick

Anders als bei den Tieren haben wir es bei Pflanzen häufig mit einer Gruppe gleichartig wirkender Verbindungen eines bestimmten Strukturtyps zu tun, und diese Gruppe kann noch durch synthetische Analoga bzw. Vorläufer in der Biosynthesekette erweitert werden. Im Extremfall kann es sich um etwa 130 Gibberellinsäurederivate und etwa 50 Brassinosteroide handeln; aber davon sind jeweils nur ganz wenige biologisch aktiv. Für den Einstieg in die weitere Abhandlung des Kapitels wurden die Grundstrukturen jeweils eines typischen Vertreters der Phytohormone zusammengestellt (Abb. **16.1**). Im Text werden wir häufig die in der Abbildung genannten Kurzbezeichnungen verwenden, z. B. AUX für Auxine oder CK für Cytokinine. Die Phytohormone bzw. pflanzlichen Signalstoffe sind Abkömmlinge von Purinen (CK), Aminosäuren (AUX, Peptide, NO,

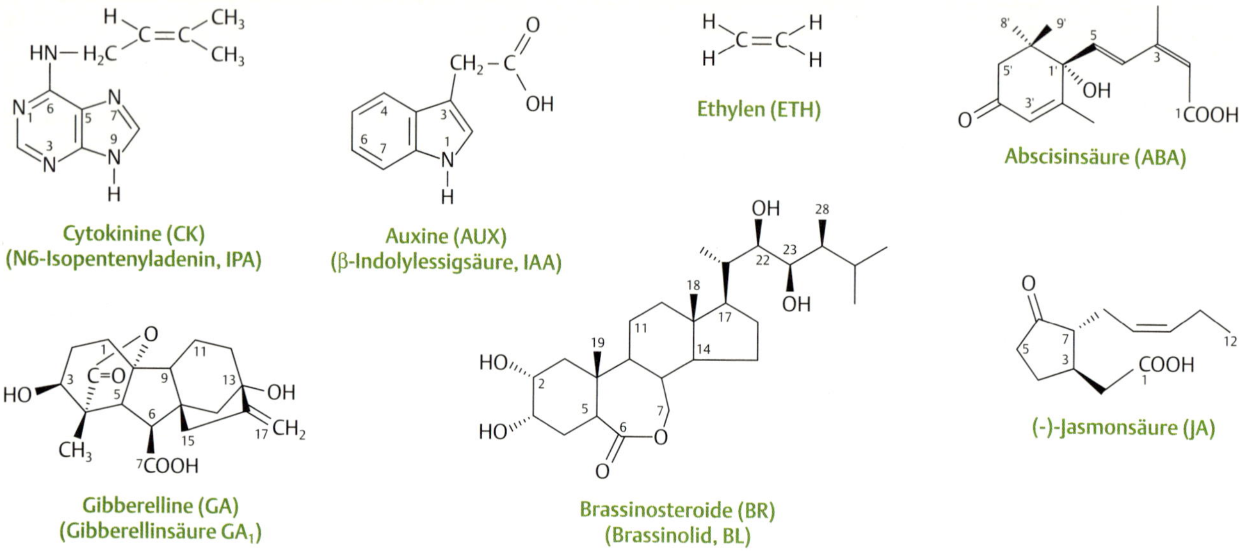

Cytokinine (CK)
(N6-Isopentenyladenin, IPA)

Auxine (AUX)
(β-Indolylessigsäure, IAA)

Ethylen (ETH)

Abscisinsäure (ABA)

Gibberelline (GA)
(Gibberellinsäure GA₁)

Brassinosteroide (BR)
(Brassinolid, BL)

(-)-Jasmonsäure (JA)

Abb. 16.1 Phytohormone im Überblick.

ETH), Fettsäuren (JA), oder sie gehören in die große Gruppe der Isoprenoide (GA, ABA, BR), deren Vertreter als Sekundärmetabolite, Membranbestandteile, Pigmente und Hormone in Pflanzen weit verbreitet sind (Kap. 12.3).

Die lange Entdeckungsgeschichte der Hormone geht in einigen Fällen in die Mitte des 19. Jahrhunderts mit dem Beginn der experimentellen Pflanzenphysiologie (Julius Sachs, Charles Darwin, Georg Haberlandt) zurück. Die Wirkung und der Transport von Botenstoffen waren an einigen Phänomenen deutlich sichtbar, und erste experimentelle Ansätze zu ihrer Untersuchung wurden gemacht. Wir werden auf solche Biotestsysteme an geeigneten Stellen zurückkommen (Box **16.3** S. 602 und Box **16.8** S. 625). Die **Strukturaufklärung** ließ in vielen Fällen lange auf sich warten, weil zuverlässige Methoden zur Handhabung dieser Spurenstoffe fehlten. Das wurde erst nach 1970 nachhaltig besser mit der Einführung moderner Methoden zur Extraktion, Anreicherung und Analyse komplexer Mischungen von Spurenstoffen aus Pflanzen. Die am häufigsten verwendeten Methoden sind HPLC (engl.: high performance liquid chromatography) bzw. Gaschromatographie gekoppelt mit Massenspektroskopie und hochauflösende Kernresonanzspektroskopie. Damit können nun umfassende **Hormonprofile** in einzelnen Pflanzenorganen erstellt und mit den entsprechenden Genexpressionsprogrammen und metabolischen Profilen in Beziehung gesetzt werden. In diesem Gebiet der molekularen Pflanzenphysiologie nähern wir uns mehr und mehr einer Kausalanalyse der Hormonwirkungen.

16.3 Cytokinine

Cytokinine (CK) sind Derivate des Adenins mit einem Substituenten am Stickstoffatom N6, z. B. mit einer Isoprenoid-Seitenkette (Isopentenyladenin, Zeatin) oder einer aromatischen Seitenkette (Benzylaminopurin). Der erste Schritt der Biosynthese der sog. Isoprenoid-CK erfolgt in den Plastiden durch Übertragung einer Isoprenoideinheit auf ADP durch Isopentenyltransferase. Hauptorte der CK-Bildung sind die Wurzelspitzen, aber auch junge Blätter, Stengel, Blütenknospen und sich entwickelnde Samen. CK kontrollieren den Zellzyklus in den Meristemen. Die CK-Wirkung wird über ein sog. Phosphorelais-System gesteuert, bei dem ein Rezeptor in der Plasmamembran das Hormon bindet und eine Kaskade von Phosphorylierungen auslöst. Letztlich werden Regulatoren der Transkription (Aktivatoren bzw. Repressoren) in ihren Aktivitäten positiv bzw. negativ beeinflußt.

16.3.1 Struktur, Biosynthese, Abbau

Cytokinine (CK) sind Derivate des Adenins mit einer Seitenkette am Stickstoffatom 6 (Abb. **16.2**). Es gibt zwei Grundtypen:

- Bei den **Isoprenoid-CK** Isopentenyladenin (IPA), trans-Zeatin (tZ) und cis-Zeatin (cZ) haben wir einen Isopren- bzw. Hydroxyisoprenrest als Seitenkette (Abb. **16.2a–c**). Als lösliche CK kommen tZ und IPA weit verbreitet vor, während cZ im wesentlichen nur in einigen tRNAs in Nachbarschaft zum Anticodon gefunden wird (Box **16.2**).
- Bei den **aromatischen CK Benzylaminopurin** (BAP) und meta-Topolin (mT) besteht die Seitenkette aus einem Benzyl- bzw. m-Hydroxybenzylrest (Abb. **16.2e** und Abb. **16.2f**).

Die erste gut untersuchte Verbindung mit starker CK-Wirkung war Furfuryladenin (**Kinetin**, Abb. **16.2d**), das nicht natürlich in Pflanzen vorkommt, sondern als ein für die Forschung wertvolles Artefakt beim Autoklavieren von DNA entstanden war. Es kommt auch im menschlichen Harn vor und wird noch heute als stabiles, synthetisches CK in der Biotechnologie eingesetzt.

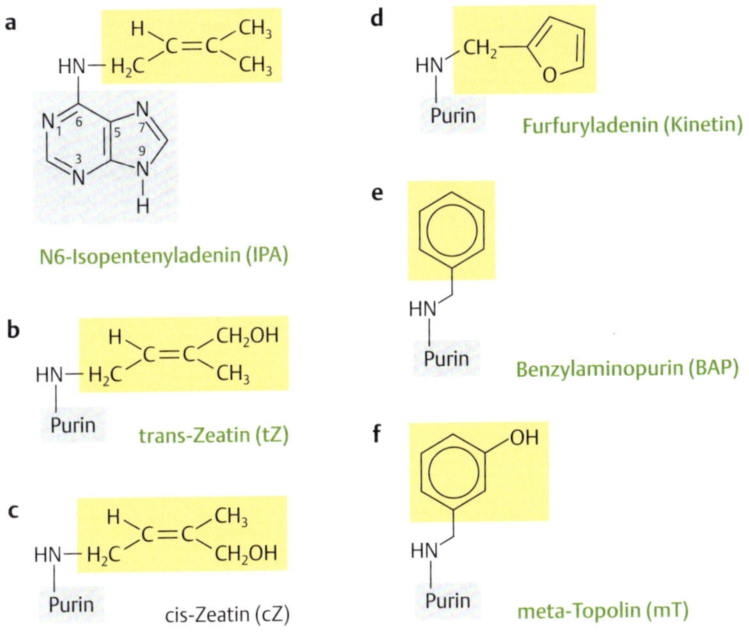

Box 16.2 Cytokinine in tRNA

Bei der Analyse der großen Vielfalt von ungewöhnlichen Basen in tRNAs war aufgefallen, daß bei einigen in unmittelbarer Nachbarschaft zum Anticodon Cytokinin-Riboside aufgefunden werden. Das gilt vor allem für tRNAs, die mit Phe, Leu und Ser beladen werden. Neben Isopentenyladenin (IPA, s. Abb.) findet man auch die cis-Form des Zeatins (cZ) in tRNAs, während das trans-Zeatin (tZ) als aktives Hormon wirkt (Abb. 16.2). Die Biosynthese der tRNA-gebundenen CK-Reste läuft vollständig unabhängig von den eigentlichen Hormonen. Adenosinreste in der entsprechenden Position der tRNAs werden durch eine **tRNA-spezifische Isopentenyltransferase** mit einer Isopreneinheit beladen und gegebenenfalls im zweiten Schritt durch eine Cytokinin-cis-Hydroxylase modifiziert. Die Funktion der CK-artigen Basen in der tRNA sind wie andere Basenmodifikationen offensichtlich Teil der Identitätsmerkmale (Abb. **1.25** S. 31). Es ist sehr fragwürdig, ob die beim **Abbau dieser tRNAs** freigesetzten CK-Derivate irgendeine Funktion als Hormone haben (OMe, Methylgruppen an den Riboseresten; nach Buchanan et al. 2000).

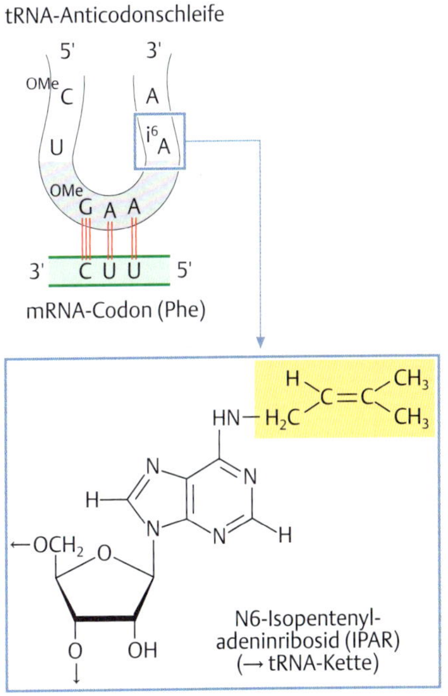

Abb. 16.2 Grundstruktur der Cytokinine.
a–c Cytokinine mit einer Isoprenoidseitenkette an N6; **d** Kinetin (Furfuryladenin). **e, f** Cytokinine mit aromatischer Seitenkette an N6. Der Einfachheit halber wurde bei **b–f** der Purinrest nicht im Detail ausgeführt.

Die Biosynthese der Isoprenoid-CK startet mit der Übertragung der Isoprenoideinheit aus Isopentenyldiphosphat auf ADP durch **Isopentenyltransferase** (IPT, Abb. **16.3**). Die Isopreneinheit stammt aus dem sog. DXP-Syntheseweg, d. h. der erste Schritt der CK-Synthese ist in den Plastiden angesiedelt (Abb. **12.12** S. 358). Die Hydroxylgruppe in der Seitenkette des trans-Zeatins wird durch IPAH, eine **Cytochrom-P450-abhängige Monooxygenase** (Plus **16.1**), auf der Nucleotidstufe eingeführt

> ### Plus 16.1 Cytochrom-P450-abhängige Monooxygenasen
>
> Der Name dieser Enzyme geht auf die Beobachtung zurück, daß bei der **Hemmung durch Kohlenmonoxid** das Chromoprotein eine charakteristische Adsorption bei 450 nm aufweist. Die chromophore Gruppe ist ein Häm mit Eisen als Zentralion. Die Besonderheiten der Reaktionen von CytP450-Enzymen beruhen darauf, daß das Substrat durch Einbau eines Sauerstoffatoms aus molekularem Sauerstoff oxidiert und gleichzeitig das zweite Sauerstoffatom zu Wasser reduziert wird. In vielen Fällen handelt es sich um N- oder C-Hydroxylierungen nach dem Muster:
>
> R-H + O_2 + NADPH + H^+ → R-OH + H_2O + $NADP^+$
>
> Wegen dieses Reaktionstyps spricht man häufig auch von mischfunktionellen Hydroxylasen. Ähnlich wie bei den Elektronentransportketten der Atmungskette (Abb. **11.6** S. 339) werden auch in diesem Fall die Elektronen von NADPH durch ein Flavoprotein (CytP450-Reductase) auf das Cytochrom übertragen. Das System ist in der Membran des ER verankert, mit den reaktiven Gruppen zur cytosolischen Seite gerichtet. Wir werden in den folgenden Abschnitten für das Gesamtsystem die Kurzbezeichnung **Monooxygenase** verwenden.
>
> Gegenüber anderen Cytochromen (Plus **8.1** S. 271) ist das Besondere des CytP450 seine Fähigkeit, nicht nur mit molekularem Sauerstoff, sondern auch noch mit einem Substrat zu reagieren und beide miteinander umzusetzen. Wegen der Substratspezifität gibt es viele CytP450-Proteine in allen Organismen. In *Arabidopsis* haben wir es mit mehr als 250 CytP450 codierenden Genen zu tun. Die wenigsten davon sind bisher in ihrer Funktion aufgeklärt. Aber wir finden eine ganze Reihe von ihnen bei der Biosynthese von Phytohormonen (CK, AUX, BL, JA, GA), im Bereich des Fettsäure- und des Phenylpropanstoffwechsels aber auch beim Abbau von Herbiziden und Hormonen. Details werden wir an anderer Stelle kennenlernen (Abb. **16.7** S. 603, Abb. **16.10** S. 605, Abb. **16.15** S. 613, Abb. **16.30** S. 637, Abb. **16.31** S. 638, Abb. **16.49** S. 658 sowie Plus **16.6** S. 622).

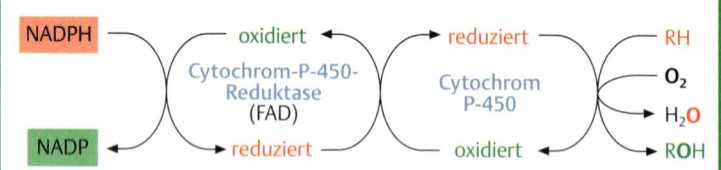

Abb. 16.3 Cytokininbiosynthese. Substrate für die Isopentenyltransferase (IPT)-Reaktion sind ADP und Isopentenyldiphosphat. Durch Abspaltung der Phosphatgruppen und des Riborestes entsteht trans-Zeatin (**4**). Hauptträger der biologischen Aktivität sind die Verbindungen **3** und **4**. Rote Punkte markieren die Angriffsorte der Enzyme für den jeweils nächsten Schritt der Biosynthese. Bei der Biosynthese von Isopentenyladenin (IPA, Abb. **16.2a**) fällt die Hydroxylierung durch IPAH aus.

(Abb. 16.3). Da der zweite Schritt am ER erfolgt, muß es einen Cytokinin-Nucleotid-Exporter in der Plastidenhülle geben, dessen Identifizierung noch aussteht. Obwohl die Biosynthese im wesentlichen auf der Nucleotidstufe abläuft, sind nur die **freien Basen IPA und tZ biologisch wirksam**.

Der **Hauptsyntheseort** für CK ist **die Wurzel** und dort vor allem die Columellazellen der Wurzelspitzen, die Markzellen und die Phloembegleitzellen. Darüberhinaus beobachten wir CK-Biosynthese überall dort, wo Zellteilung stattfindet oder neu entsteht (z. B. in jungen Blättern, Stengeln, Blütenknospen und grünen Schoten mit den sich entwickelnden Samen). Die CK-Versorgung aus der Wurzel ist offensichtlich ein wichtiger Faktor für die Herausbildung der Pflanzengestalt im allgemeinen und der optimalen Relation zwischen Sproß und Wurzelsystem im besonderen (Kap. 16.11.2). Der **Transport** aus den Wurzeln in den Sproß erfolgt als **Nucleoside** (**tZR**, **IPAR**) im Xylem. Wie hoch der jeweilige Anteil von CK aus den Wurzeln bzw. aus der „Eigenversorgung" der einzelnen Gewebe ist, bleibt zu klären. Im Gegensatz zu den Isoprenoid-CK ist der Biosyntheseweg für die aromatischen CK noch unklar.

Konjugation und **Abbau** der CK ist in Abb. **16.4** beispielhaft für tZ zusammengefaßt. Die Konjugation erfolgt im wesentlichen durch Glucosylierung an den Ringstickstoffatomen 3, 7 bzw. 9, aber alternativ auch an der Hydroxylgruppe der Seitenkette. CK-Glucoside werden als inaktive Speicherformen angesehen. Zeatin wird durch **Cytokinin-Oxidase** abgebaut. Es entsteht Adenin und 3-Hydroxymethylbutenal. Auch IPA oder die entsprechenden Glucoside der CK können auf diesem Weg abgebaut werden. Kenntnisse über den Abbau der aromatischen CK fehlen bislang.

16.3.2 Biologische Wirkungen der Cytokinine

CK sind die klassischen **Hormone der Zellteilung**. Darauf bezieht sich auch der Name. Man darf sie nicht mit den Cytokinen bei den Tieren verwechseln, die ebenfalls Zellteilung fördern, aber Peptidhormone sind. Wir finden CK-Wirkungen stets bei Wachstumsprozessen in Pflanzen, bei denen Zellteilungen eine entscheidende Rolle spielen. Zusammen mit anderen Hormonen haben CK eine Schlüsselfunktion für den Ablauf des Zellzyklus (Kap. 16.11.1). Die Stabilität einer Meristemzone (**Meristemhomöostase**, Plus 18.1 S. 715) erfordert die CK-kontrollierte Balance zwischen Zellerneuerung und Zelldifferenzierung. CK-Mangel führt zu einer Zellverarmung und Verkümmerung der neu angelegten Organe, während Überfluß zur Hypertrophie führt. Eng verbunden mit diesem Einfluß auf die Meristemzonen ist offensichtlich auch die Rolle von CK auf die **Knospenentwicklung**, z. B. beim Austreiben der Bäume und Sträucher im Frühjahr. Knospenruhe bedeutet CK-Mangel, während das Austreiben der Knospen bei ausreichender CK-Versorgung erfolgt. Bei Laubmoosen wird die Anlage von Knospen am Caulonema durch CK ausgelöst.

CK wirken als **Antiseneszenzhormone** (Abb. 10.4 S. 321). In klassischen Versuchen mit abgeschnittenen Tabakblättern wurde von Kurt Mothes (1960) die dominante Rolle der CK-Versorgung aus den Wurzeln gezeigt. Die Blätter altern sehr schnell, wenn nicht an den Blattstielen neue Wurzeln entstehen, die die CK-Versorgung wieder übernehmen. Isolierte, aber bewurzelte Blätter sind prinzipiell unsterblich. Man kann experimentell durch Besprühen mit CK-Lösung ein gealtertes und vergilbtes Blatt wieder zum Ergrünen bringen, d. h. die Gerontoplasten werden wieder zu Chloroplasten. Die Anwesenheit von CK in den Zellen macht die Zellen zu einem Sink für die Anlieferung von Metaboliten aus den umge-

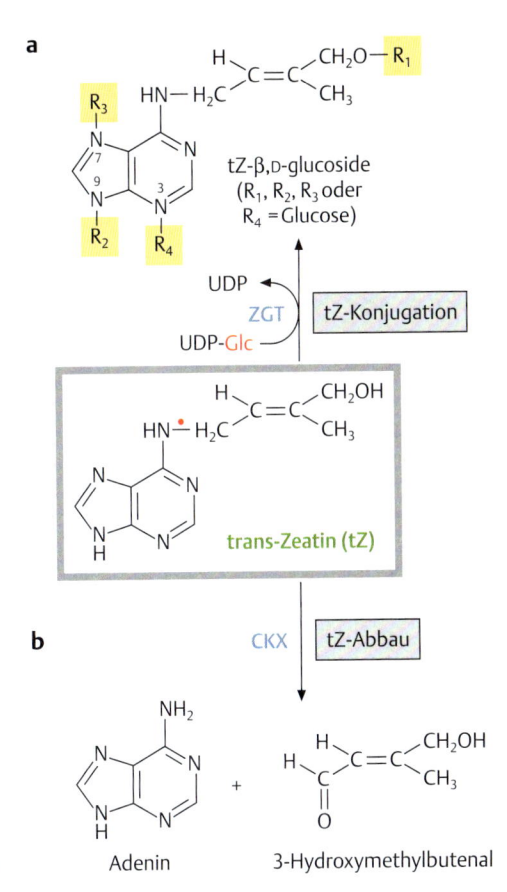

Abb. 16.4 Konjugation und Abbau von Cytokininen am Beispiel von trans-Zeatin. a Bei der Konjugation werden Glucosereste aus UDP-Glucose durch Zeatin-Glucosyltransferasen (ZGT) auf tZ übertragen. Es können O-Glucoside (R_1) bzw. N-Glucoside (R_2, R_3 und R_4) entstehen. tZ-Glucoside sind inaktive Speicherformen des Hormons. **b** Der Abbau erfolgt durch das Flavoprotein Cytokinin-Oxidase (CKX).

benden Zellen bzw. Organen. Die CK-haltigen Gewebe überleben, während die CK-verarmten absterben.

16.3.3 Molekularer Wirkungsmechanismus

Die CK-Wirkung wird über ein sog. Phosphorelais-System gesteuert (Plus **16.2**). Ein Rezeptor im Plasmalemma bindet das Hormon und löst eine Kaskade von Phosphorylierungen aus. Die Besonderheit eines Phos-

---

Plus 16.2   Signaltransduktion durch Phosphorelais-Systeme

Der Prototyp dieser Signaltransduktionssysteme wurde ursprünglich bei Bakterien als Zweikomponentensystem beschrieben, weil zwei Typen von Phosphoproteinen miteinander kooperierten. Nach Kenntnis von Struktur und Funktion ähnlicher Systeme bei verschiedenen Bakterien, Pilzen und Pflanzen (bei Tieren fehlen sie) spricht man besser von **Phosphorelais-Systemen** und stellt damit die Gemeinsamkeiten des Mechanismus in den Vordergrund. Ausgangspunkt ist in jedem Fall ein **membranständiger Rezeptor**, der eine **ligandenabhängige Proteinkinase** ist. Typisch für diese Signaltransduktionssysteme ist die schrittweise Übertragung eines Phosphatrestes von einem Histidinrest (H) auf einen Aspartatrest (D), dann wieder auf einen Histidinrest usw. Dabei kommt es – anders als bei den MAP-Kinase-Kaskaden (Plus **16.8** S. 634) – zu **keiner Amplifikation** des Signals.

Nach Bindung des Signals an die extrazelluläre Domäne des Rezeptors wird zunächst ein Histidinrest in der sog. Kinasedomäne des Rezeptors phosphoryliert (**Schritt 1**). Von diesem erfolgt die Übertragung auf einen Aspartatrest in der Empfängerdomäne des Rezeptors (**Schritt 2**). Im **Schritt 3** wird das Signal an einen Histidinrest in einem cytoplasmatischen Phosphotransferprotein weitergereicht, das in den Zellkern wandert und dort die Response-Regulatoren durch Phosphorylierung an einem Aspartatrest aktiviert oder gegebenenfalls auch inaktiviert (**Schritte 4 und 5**). Die Ähnlichkeit im Aufbau dieser Systeme wird am besten anhand der Blockdiagramme in Abb. **a** deutlich, das auch die biologischen Zusammenhänge benennt, an denen diese Systeme beteiligt sind. Trotz erheblicher Unterschiede im Detail funktionieren doch alle nach demselben Mechanismus der Phosphatübertragung.

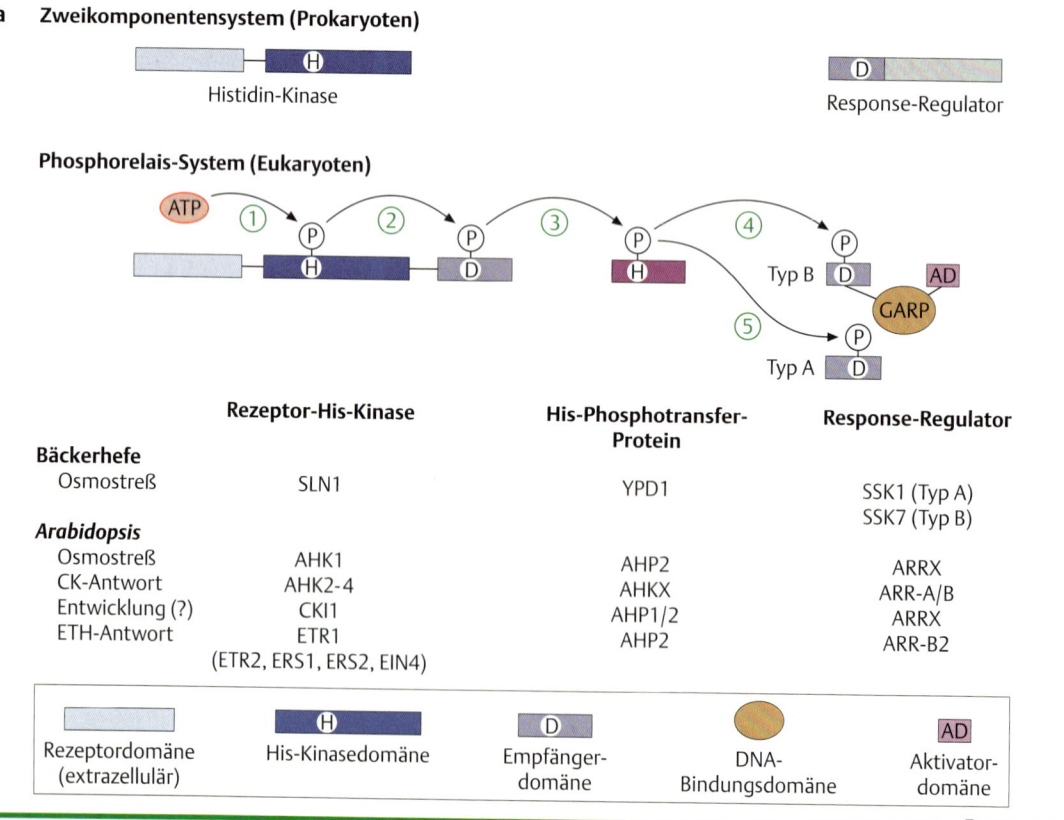

a   Zweikomponentensystem (Prokaryoten)

Histidin-Kinase   Response-Regulator

Phosphorelais-System (Eukaryoten)

	Rezeptor-His-Kinase	His-Phosphotransfer-Protein	Response-Regulator
Bäckerhefe			
Osmostreß	SLN1	YPD1	SSK1 (Typ A)
			SSK7 (Typ B)
Arabidopsis			
Osmostreß	AHK1	AHP2	ARRX
CK-Antwort	AHK2-4	AHKX	ARR-A/B
Entwicklung (?)	CKI1	AHP1/2	ARRX
ETH-Antwort	ETR1	AHP2	ARR-B2
	(ETR2, ERS1, ERS2, EIN4)		

Rezeptordomäne (extrazellulär)	His-Kinasedomäne	Empfängerdomäne	DNA-Bindungsdomäne	Aktivatordomäne

Fortsetzung

phorelais besteht darin, daß eine von ATP übertragene Phosphorylgruppe innerhalb von Proteinketten jeweils zwischen Domänen mit einem zentralen His (H) bzw. Asp (D) weitergegeben wird. Die Anordnung der Signalkaskade in der Zelle ist in Abb. **16.5** dargestellt. Endpunkte der Reaktionskette sind sog. **Response-Regulatorproteine** (ARR, engl.: Arabidopsis response regulator) im Zellkern, von denen es zwei Typen mit unterschiedlichen Funktionen gibt:

- **ARR-Typ-B** haben eine komplexe Struktur mit einer N-terminalen Empfängerdomäne mit dem charakteristischen Aspartatrest für die Übernahme des Phosphatrestes vom His-Rest des **AHP** (engl.: Arabidopsis histidine phosphotransfer protein). Daneben haben diese ARR eine zentrale DNA-Bindungsdomäne und eine C-terminale Aktivatordomäne. Im

---

Fortsetzung

Die genaue Zuordnung der beteiligten Komponenten in Pflanzen ist noch nicht ganz klar. Für 10 der potentiellen Rezeptor-His-Kinasen in *Arabidopsis* gilt es die weitere Kopplung mit einem der 6 AHPs und 10 bzw. 12 ARRs vom Typ A bzw. B herauszufinden. Neben einer gewissen Redundanz der Komponenten zeigt die Expressionsanalyse auch, daß es gewebespezifische Besonderheiten in der Zusammensetzung der Phosphorelais geben könnte. Was das für die Umsetzung des Signals bedeutet, ist noch unklar. Die drei CK-Rezeptoren AHK2, AHK3 und AHK4 unterscheiden sich deutlich in ihrer Affinität zu verschiedenen Cytokininen und auch in der Zuordnung zu verschiedenen Aspekten der CK-Antwort. Trotz ihrer nahen strukturellen Verwandtschaft gibt es also eine funktionelle Differenzierung.

Die strukturelle Ähnlichkeit zwischen den Phosphorelais in Hefe und Pflanzen hat auch funktionelle Konsequenzen. Der Osmosensor in Zellen der Bäckerhefe (SLN1) kann durch den Osmosensor von *Arabidopsis* (AHK1) bzw. durch den CK-Rezeptor (AHK4) ersetzt werden. In letzterem Fall entsteht eine Hefezelle, die, durch CK gesteuert, Genexpressionsprozesse in Gang setzt, die normalerweise mit der Reaktion auf osmotischen Streß verbunden sind. Die Empfängerdomäne in den beiden pflanzlichen Rezeptoren kann offensichtlich sehr effizient den Phosphatrest auf das Transferprotein der Hefe (YPD1) übergeben. Dieses gentechnisch manipulierte System ist ein gutes Beispiel, wie komplexe Zusammenhänge aus Pflanzen in Hefezellen rekonstruiert und einer Detailbearbeitung zugänglich gemacht werden können.

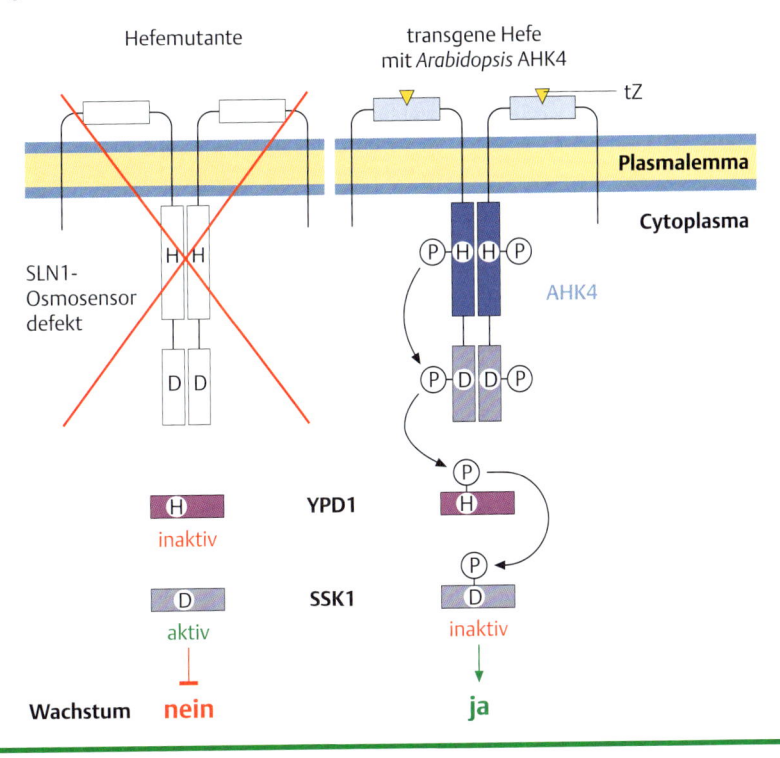

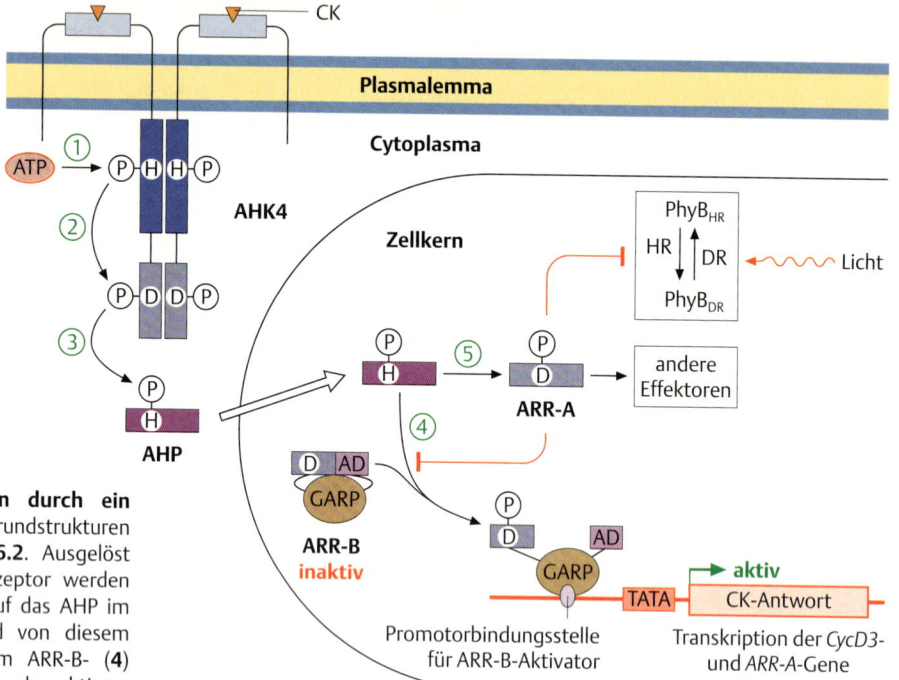

Abb. 16.5 CK-Signaltransduktion durch ein Phosphorelais-System. Für die Grundstrukturen der beteiligten Proteine s. Plus **16.2**. Ausgelöst durch die CK-Bindung an den Rezeptor werden die Phosphatreste vom Rezeptor auf das AHP im Cytoplasma übertragen (**1–3**) und von diesem auf die Response-Regulatoren vom ARR-B- (**4**) bzw. ARR-A-Typ (**5**). ARR-B dient in der aktiven, phosphorylierten Form als Transkriptionsfaktor auch für *ARR*-A-Gene. Response-Regulatoren vom A-Typ (ARR-A) dienen nicht nur als Repressoren für die CK-Antwort, sondern auch für die Kontrolle lichtgesteuerter Prozesse (Abb. **17.4** S. 675). *CycD3*, Gen für Zellzykluskontrolle (Kap. 16.11.1); GARP, DNA-Bindungsdomäne des ARR-B-Aktivatorproteins.

unphosphorylierten Zustand sind die ARR-B-Proteine inaktiv, weil die Aktivatordomäne durch die Empfängerdomäne abgeschirmt ist.

■ **ARR-Typ-A** besitzen dagegen nur die Empfängerdomäne, können also nicht an DNA binden. Ihre Expression steigt nach CK-Stimulation stark an, und bei Mangelmutanten von ARR-A lösen selbst geringe Mengen an CK sehr starke Antworten aus. Beides zusammen zeigt, daß diese **ARR-A-Proteine Repressoren der Hormonantwort** sind.
Die Eigenheiten der CK-Antwort beruhen also darauf, daß neben den Genen für die Zellteilung (in unserem Beispiel das Gen für Cyclin D3) auch die Gene für die Repressoren vom ARR-A-Typ aktiviert werden. Diese Rückkopplung ist wichtig, damit das Ausmaß der Hormonantwort im Gleichgewicht mit den physiologischen Erfordernissen bleibt.

16.4 Auxine

Auxine (AUX) sind Derivate des Indols, z. B. Indolyl-3-essigsäure (IAA). Die Biosynthese erfolgt in vielen Fällen mit Tryptophan als Ausgangspunkt. Daneben ist ein Trp-unabhängiger Weg in Pflanzen weit verbreitet. Der überwiegende Teil der IAA liegt als inaktive Konjugate mit Aminosäuren bzw. Zuckern vor. Hauptzonen für AUX-Bildung sind junge Gewebe in unmittelbarer Nachbarschaft zu den Meristemen in Sproß und Wurzeln sowie sich entwickelnde Samen und Pollen. AUX werden über lange Strecken im Phloem von der Sproßspitze zur Wurzel transportiert. Lokale AUX-Gradienten entstehen durch polaren Zell-Zell-Transport und sind Voraussetzungen für Zelldifferenzierung und Entwicklung. Die meisten AUX-vermittelten Wachstumsprozesse gehen auf eine Zellstreckung zurück, die in zwei Phasen abläuft:

1. **Schnelle Reaktionen:** Erhöhung der H⁺-Ionen-Konzentration in der Zellwand als Ausgangspunkt für die Auflockerung und Streckung der Zellwand (Säurewachstumsreaktion).
2. Die langsamen Reaktionen schließen den Einbau von neuem Zellwandmaterial und Genexpressionsprozesse ein und werden in Anwesenheit von Gibberellinen stark gefördert.

Ein AUX-bindendes Protein im Lumen des ER und in der Plasmamembran ist für die erste Phase verantwortlich, während die Genexpressionsprozesse einen zweiten Rezeptor benötigen. Dieser löst den Abbau eines Repressors (AXR) aus, der den entsprechenden Transkriptionsaktivator ARF blockiert.

Natürliche Auxine (AUX) sind Derivate des Indols mit einer Säuregruppe als Seitenkette (Abb. **16.6**). Hauptvertreter sind **Indolyl-3-essigsäure** (IAA, engl.: indoleacetic acid), **Indolyl-3-buttersäure** (IBA, engl.: indolebutyric acid) und das 4-Chlor-Derivat der IAA, das insbesondere bei Leguminosen vorkommt. In der experimentellen Biologie werden darüberhinaus die beiden synthetischen Auxine **1-Naphthylessigsäure** (NAA) und **2,4-Dichlorphenoxyessigsäure** (2,4-D) häufig verwendet. Die Entdeckungsgeschichte der Auxine geht weit in das 19. Jahrhundert zurück und erlaubt interessante Einsichten in das Auf und Ab früher wissenschaftlicher Entwicklungen (Box **16.3**).

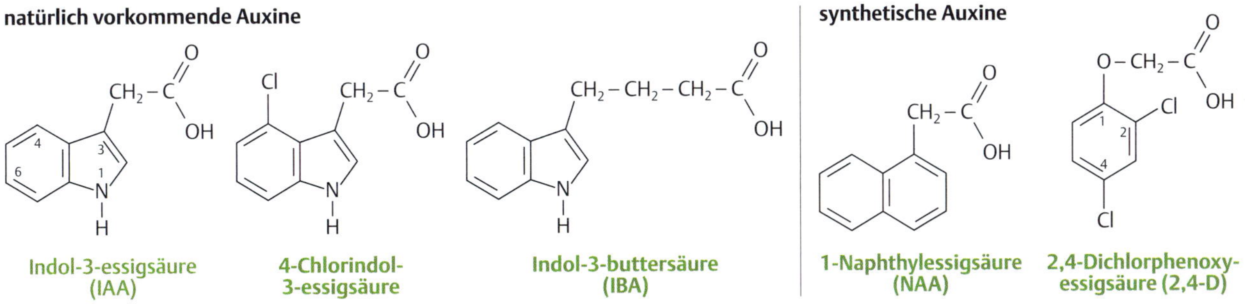

natürlich vorkommende Auxine

Indol-3-essigsäure (IAA) | 4-Chlorindol-3-essigsäure | Indol-3-buttersäure (IBA)

synthetische Auxine

1-Naphthylessigsäure (NAA) | 2,4-Dichlorphenoxy-essigsäure (2,4-D)

Abb. 16.6 Auxine und synthetische Analoga.

16.4.1 Struktur, Biosynthese und Abbau der Auxine

Die **Biosynthese der IAA** bei Mikroorganismen und Pflanzen vollzieht sich auf sechs unterschiedlichen Wegen. In den meisten Fällen ist die Aminosäure Tryptophan (Trp) der Ausgangspunkt (Abb. **16.7**). Allerdings gibt es in Pflanzen verbreitet einen Biosyntheseweg, der nicht vom Trp, sondern von einer Vorstufe der Trp-Biosynthese (Abb. **12.2** S. 350), vermutlich Indol, ausgeht (Abb. **16.7**, Weg 2). Neben den pflanzenspezifischen Wegen 1–3 und 6 gibt es zwei mikrobielle Wege durch Bodenmikroorganismen (Weg 4) bzw. in Pflanzentumoren (Weg 5), die nach Infektion und Gentransfer durch *Agrobacterium tumefaciens* entstehen (Kap. 20.6.2).

AUX-Speicherung und -Abbau: Bis zu 99 % des Auxins liegt nicht in freier Form, sondern in einer Speicherform als **Amidkonjugate** mit Aminosäuren (Ala, Leu, Asp) oder als **Esterkonjugate** mit Glucose oder Inosit vor (Abb. **16.8**). Dabei machen im allgemeinen die Amidkonjugate den

Box 16.3 Entdeckungsgeschichte der Auxine

Die Entdeckungsgeschichte der Auxine beginnt Mitte des 19. Jahrhunderts. Der Pflanzenphysiologe Julius Sachs hatte in den Jahren 1860–1870 bei seinen umfangreichen Untersuchungen über die Blühinduktion, die Knollenbildung, die Apikaldominanz u.a.m. über spezifische **Signalstoffe für die Organbildung** nachgedacht. Dabei benutzte er u.a. eine relativ einfache Versuchsanordnung (Abb. **a**). Wenn man Weidenzweige abschneidet und in einer feuchten Kammer inkubiert, dann regenerieren sie Sprosse und Wurzeln. Unabhängig davon, wie man sie orientiert, sie „erinnern" sich immer, wo physiologisch oben (**Sproßpol**) bzw. unten (**Wurzelpol**) war. Werden die Phloembahnen durchtrennt (**roter Pfeil**), entsteht an der Trennungsstelle wieder ein neuer Sproßpol und ein neuer Wurzelpol. Wie wir heute wissen, ist stets der Auxingradient und nicht die absolute Menge für die Potenz zur Bildung von Sprossen bzw. Wurzeln ausschlaggebend.

a

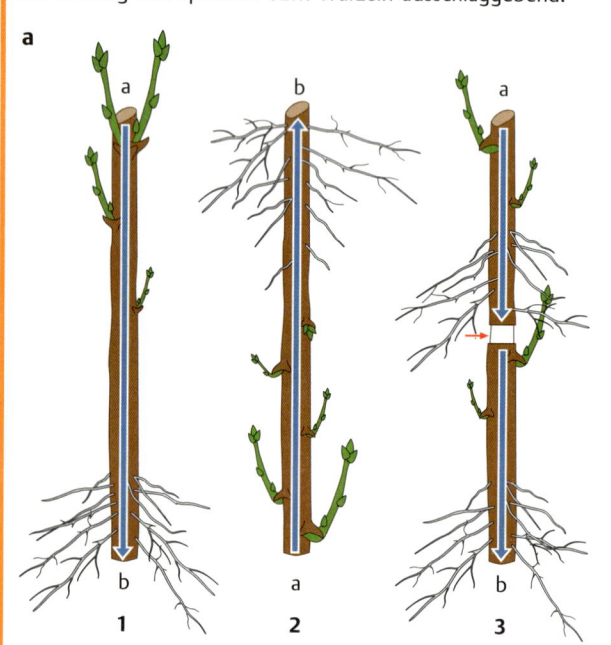

Abb. a: Polarität austreibender Weidenzweige (*Salix*). **1** in normaler, **2** in inverser, **3** in normaler Lage (blauer Pfeil) mit durchtrennten Phloembahnen. a apikaler Pol; b basaler Pol.

Unabhängig von Sachs untersuchte Charles Darwin (1880) die **lichtabhängige Krümmung von Gräserkoleoptilen**. Er fand, daß Licht durch die Spitze wahrgenommen wird und die Bildung eines Signals auslöst, das im subapikalen Bereich die Krümmungsreaktion der Koleoptile zum Licht auslöst. Erst viel später wurde dieses Signal als Auxin identifiziert.
Der Begriff Hormone wurde von Starling 1905 für chemische Botenstoffe bei Tieren eingeführt. Das führte die Pflanzenphysiologen zu dem Begriff **Pollenhormon** für ein Wirkprinzip aus Pollen, das bestäubungsartige Reaktionen bei Orchideenblüten hervorrufen konnte. In der Tat enthält Pollen beachtliche Mengen an AUX. Das ganze Gebiet solcher Signalstoffe fand Anfang des 20. Jahrhunderts großes Interesse bei den Biologen. Da man die Idee verfolgte, solche Signalstoffe sollten bei allen Lebewesen gleichartig sein, war es nicht verwunderlich, daß Fritz Kögl 1931 Substanzen mit wachstumsfördernder Wirkung auf Pflanzen sogar im menschlichen Harn entdeckte, die er als **Auxin** bezeichnete. Wir wissen heute, daß Harn Indolylessigsäure aus dem **Abbau von Tryptophan durch Bakterien** enthält. Entscheidend für die weitere Entwicklung war, daß Frits Went in Holland einen ersten Biotest, den sog. Haferkoleoptilen-Test, in Anlehnung an die Versuche von Darwin entwickelte. Seine Versuchsanordnung ist in der Abb. **b** dargestellt. Nach Entfernung der Koleoptilenspitze wird ein Agarblöckchen (rot) mit IAA aufgesetzt (**2** im oberen Teil der Abb.). Die Krümmung wird nach etwa 24 Stunden gemessen (**3**). Sie ist abhängig von der IAA-Konzentration, wie die Optimumskurve im unteren Teil der Abb. zeigt (Abb. nach F. Went und K. Thiman).

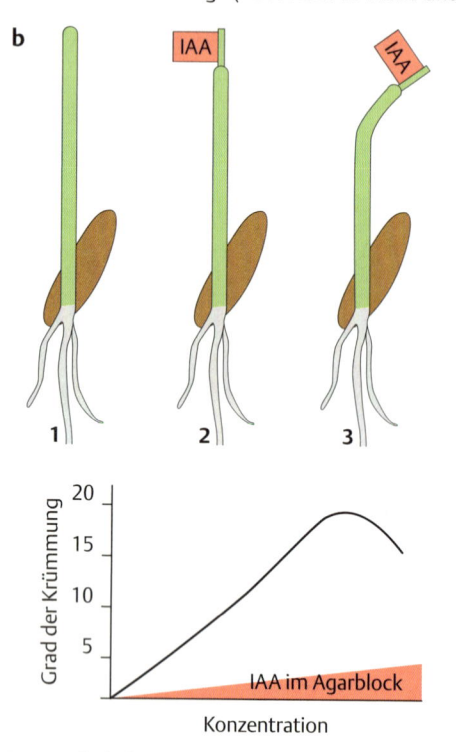

b

Der Haferkoleoptilen-Test (Abb. **b**) und andere Biotests halfen AUX-artige Wuchsstoffe in anderen Materialien, u.a. auch in Hefeextrakten nachzuweisen. Das Wirkprinzip aus Hefe nannte man Heteroauxin und konnte dieses 1934 als **3-Indolylessigsäure (IAA)** identifizieren. 1937 erschien auch das erste Buch über Phytohormone von K. Thiman und F. Went. Aufgrund der sehr geringen Menge und den noch unzureichenden Analysenmethoden gelang der eigentliche Nachweis von IAA in pflanzlichen Extrakten erst 1941.

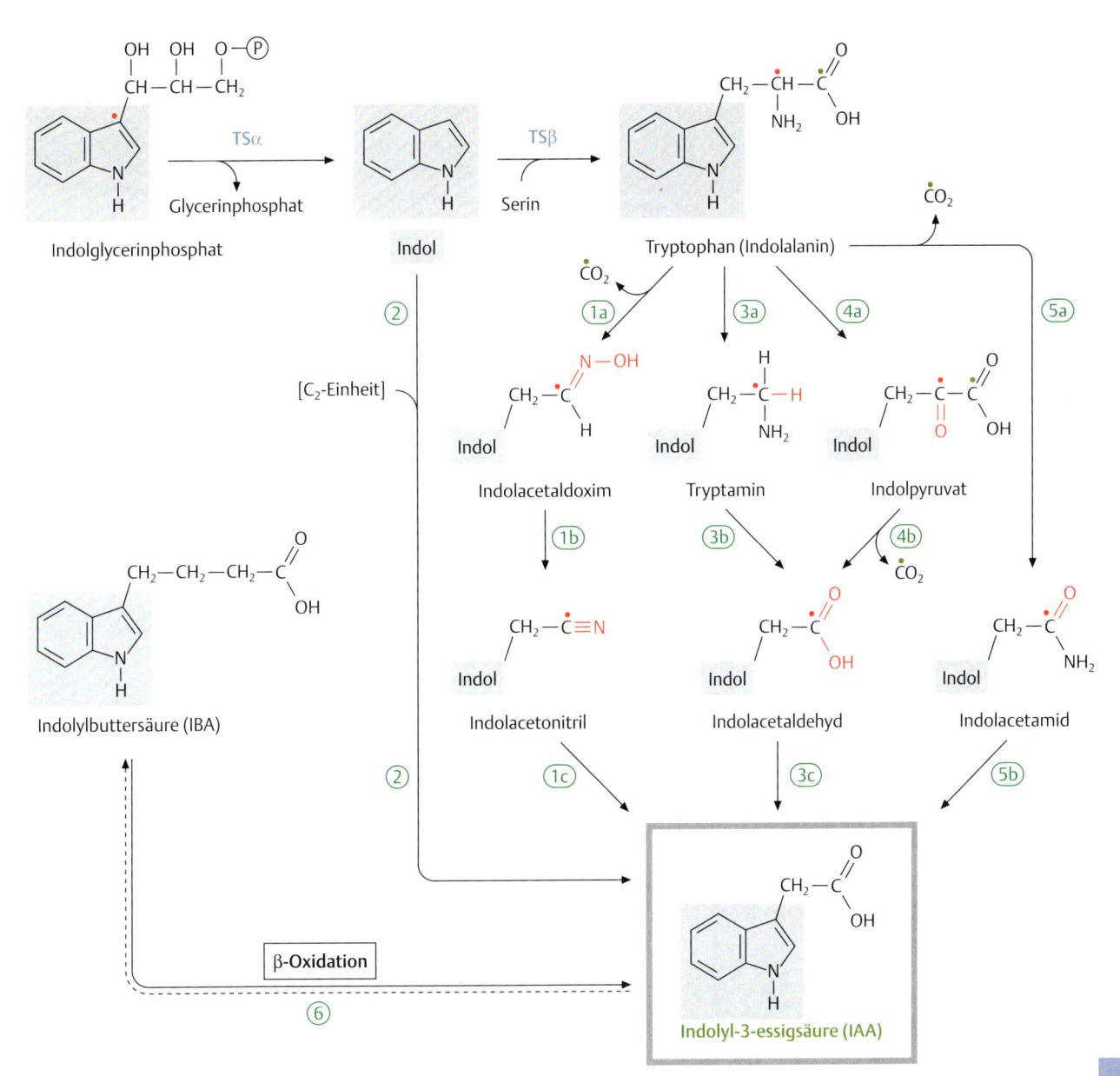

Abb. 16.7 Biosynthese von Indolyl-3-essigsäure (IAA). Der Einfachheit halber sind in der Abbildung nur die Details der Veränderungen in den Seitenketten am Indolringsystem wiedergegeben und durch den roten bzw. grünen Punkt markiert.

Weg 1: In den **Plastiden** bei *Arabidopsis* und anderen Brassicaceen wird Trp durch Einwirkung von Trp-Monooxygenasen (1a) oxidativ decarboxyliert, und das **Indolacetaldoxim** wird über Indolacetonitril in IAA umgesetzt (1b, 1c).

Weg 2 existiert offensichtlich entwicklungsspezifisch neben dem Weg 1. Analog den Reaktionen bei der Trp-Biosynthese an der Trp-Synthase (TSα und TSβ) wird aus **Indolglycerinphosphat** Indol gebildet, das mit einer noch hypothetischen C_2-Einheit gekoppelt wird (Trp-unabhängiger Weg).

Weg 3 wurde bisher nur in wenigen Pflanzen, z. B. *Yucca* oder *Catharanthus*, gefunden. Trp wird zu **Tryptamin** decarboxyliert (3a) und dieses über Indolacetaldehyd in IAA umgewandelt (3b, 3c).

Weg 4 finden wir bei **Mikroorganismen** in der Rhizosphäre, die zur Auxinversorgung der Wurzeln beitragen. Trp wird durch **Transaminierung** zu **Indolpyruvat** und dann über Indolacetaldehyd zu IAA umgesetzt (4a, 4b, 3c).

Weg 5: In Pflanzentumoren nach Infektion mit *Agrobacterium tumefaciens* (Kap. 20.6.2) entsteht IAA nach **oxidativer Decarboxylierung** von Trp zu **Indolacetamid** und nachfolgender Hydrolyse.

Weg 6: IAA entsteht in den **Peroxisomen** durch **β-Oxidation von Indol-3-buttersäure** (IBA, Box **16.12** S. 643). Umgekehrt entsteht IBA aus IAA durch Verlängerung der Seitenkette nach dem Mechanismus der **Fettsäuresynthese** (gestrichelter Pfeil). IBA ist also eine Speicherform der IAA.

Abb. 16.8 Auxinkonjugate. IAA-Konjugate mit Asparaginsäure (**a**) dienen dem Abbau (Abb. **16.10**), während das Konjugat mit Alanin (**b**) eine Speicherform darstellt. Esterkonjugate der IAA, wie in (**c**) gezeigt, sind Speicher- aber auch häufig Transportformen.

Indol-3-acetyl-L-aspartat (IAA-Asp)

Indol-3-acetyl-L-alanin (IAA-Ala)

2'-O-(Indol-3-acetyl)-myo-inosit

überwiegenden Teil (etwa 90%) aus. Sie entstehen in einem Zweistufenprozeß nach Aktivierung von IAA mit Hilfe von ATP nach dem Muster der Aminosäureaktivierung (Abb. **15.24** S. 536):

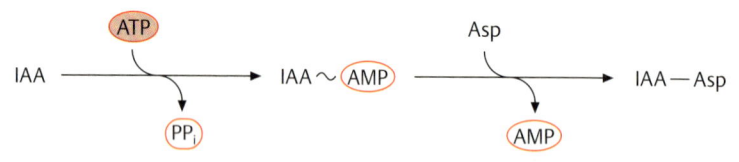

$$IAA \xrightarrow[PP_i]{ATP} IAA \sim AMP \xrightarrow[AMP]{Asp} IAA-Asp$$

Als spezialisierte Formen solcher Konjugate findet man in einigen Samen (*Arabidopsis*, *Vicia*) IAA kovalent verknüpft mit Speicherproteinen. Die bedarfsgerechte Freisetzung von IAA ist ein entscheidender Aspekt der AUX-Homöostase. Untersuchungen an Maiskeimlingen zeigen sehr eindrucksvoll das Ausmaß der Umverteilung von IAA bzw. den Anteil der Neusynthese und die Mobilisierung aus Esterkonjugaten (Abb. **16.9**).

Der **Abbau** von IAA bzw. des IAA-Asparaginsäurekonjugats erfolgt über zwei durch Monooxygenasen katalysierte Oxidationen am Indolring (Abb. **16.10**). Das Produkt wird als Glucosekonjugat in den Vakuolen abgelagert. Der häufig erwähnte Abbau durch Peroxidasen (IAA-Oxidase) spielt dagegen in Pflanzen nur eine untergeordnete Rolle.

Abb. 16.9 Auxinverteilung im keimenden Maissamen. Ein großer Teil der IAA-Versorgung für den Keimling wird durch Hydrolyse von Esterkonjugaten der IAA (IAA*) oder durch Neusynthese aus Tryptophan (Trp) gewährleistet (grüne Pfeile). Der Transport zum Keimling erfolgt über das Scutellum (blaue Pfeile). Die Stärke der Pfeile soll das Ausmaß der Substanzströme symbolisieren. Die relative Verteilung zwischen den Organen des Keimlings wurde nicht dargestellt. Die Zahlen bedeuten Mengenangaben in μmol (nach Normanly et al. 2004).

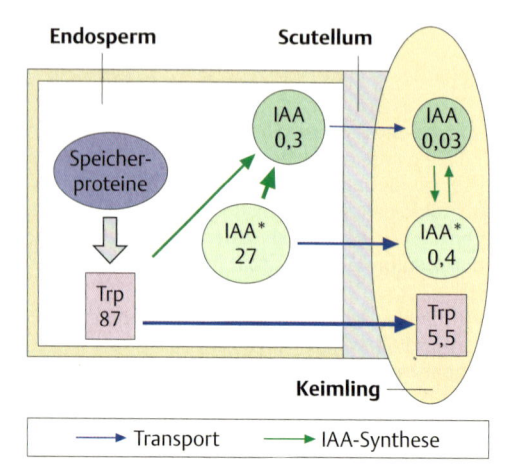

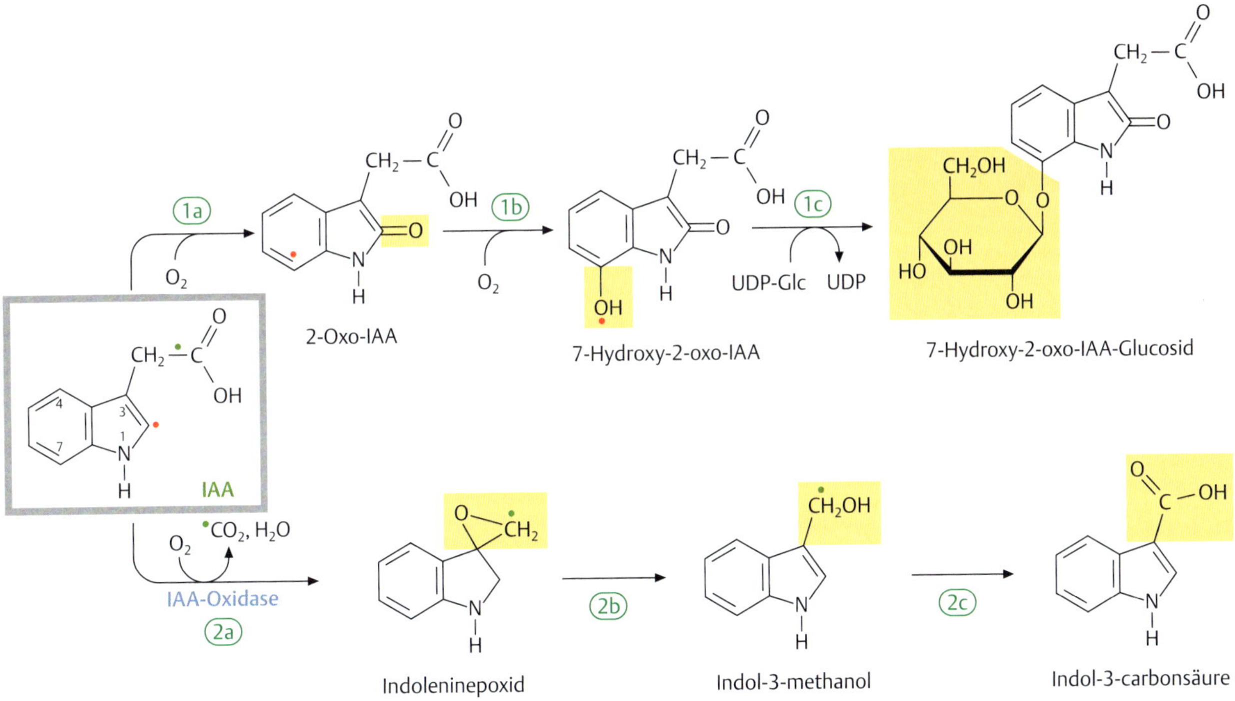

Abb. 16.10 Auxinabbau. Der Hauptabbauweg führt über die Oxidation durch zwei Monooxygenasen (**1a**, **1b**) zu 7-Hydroxy-2-oxo-IAA, die mit Glucose konjugiert wird (**1c**). Dieser Weg startet entweder mit IAA oder dem Asparaginsäurekonjugat. Ein Nebenweg des Abbaus beruht auf der oxidativen Decarboxylierung durch eine Peroxidase (IAA-Oxidase, **2a**) mit Indoleninepoxid als instabiler Zwischenstufe auf dem Weg zu Indol-3-methanol (**2b**). Dieses wird zur Indol-3-carbonsäure oxidiert (**2c**). Farbige Punkte und Unterlegungen markieren die Veränderungen an den Molekülen.

16.4.2 Auxintransport

Auxine sind das Paradebeispiel pflanzlicher Hormone bei denen Bildungsort und Wirkort weit auseinanderliegen können und bei denen auf jeden Fall der gerichtete Transport von Zelle zu Zelle einen entscheidenden Anteil an den zell- bzw. gewebespezifischen Wirkungen hat. Die Hauptzone für **AUX-Bildung** befindet sich bei Pflanzen in den jungen Geweben der Sproßspitze direkt unterhalb des Apikalmeristems. Daneben gibt es AUX-Synthese aber auch in den Geweben oberhalb der Meristeme in Haupt- und Seitenwurzeln, in sich entwickelnden Blättern, Blüten, Samen und in Pollen. Von der Sproßspitze wird Auxin über lange Distanzen **im Phloem** und relativ schnell in die Wurzel **transportiert**. Charakteristisch ist ein basipetaler AUX-Gradient im Sproß bzw. ein akropetaler Gradient in den Wurzeln (Abb. **16.11a**).

Der beschriebene Phloemtransport stellt aber nur einen Aspekt des AUX-Transports dar. Der zweite betrifft den Kurzstreckentransport, den sog. **polaren Transport durch die Zellen**, der zu **lokalen AUX-Gradienten** als entscheidender Voraussetzung für Zelldifferenzierung und -entwicklung sowie Reizverarbeitung führt. Das Grundprinzip dieses Transports ist die Aufnahme von ungeladener (hydrophober) Indolylessigsäure (IAAH) an der einen Seite einer Zelle und die Abgabe als IAA⁻-Anion plus H⁺ an der anderen Seite (Abb. **16.11b**). Daher kommt die Bezeichnung polarer Transport. Der Influx-Translokator in der Plasmamembran ist ein **IAAH/H⁺-Symporter** (AUX1), d. h. der Influx wird von dem Protonengradienten zwischen Zellwand und Cytoplasma getrieben. Der Efflux-Translokator ist ein Vertreter der **PIN**-Familie. Der stets notwendige Protonengradient wird durch ATP-getriebene **Protonenpumpen** in der Plasmamembran aufrechterhalten. Der polare Transport von IAA ist zwar nicht vollständig, aber doch stark von dem Influx-Translokator

Abb. 16.11 Auxintransport. a Modell eines Keimlings mit Langstrecken-AUX-Transport im Phloem (große blaue Pfeile) und polarem Kurzstreckentransport in den Geweben (kleine rote Pfeile). Die AUX-Bildungszentren (orange markiert) in der Sproßspitze, in sehr jungen Blättern und in den Wurzeln liegen in der Nähe der meristematischen Zonen (nach Ljung et al. 2005). **b** Modell des polaren AUX-Transports zwischen zwei Zellen. Der Influx-Translokator AUX1 (engl.: altered auxin and gravitropic response) transportiert ungeladene IAAH, während der Efflux-Translokator PIN1 (engl.: pin-formed) IAA$^-$-Anionen transportiert (Einzelheiten s. Text und Plus **16.3**). Wir verwenden im Zusammenhang mit dem polaren AUX-Transport den neutralen Begriff Translokator für AUX1 und PIN, weil die genaue Funktion dieser Membranproteine im Sinne der Definitionen in Abb. **6.7** (S. 219) noch nicht geklärt sind.

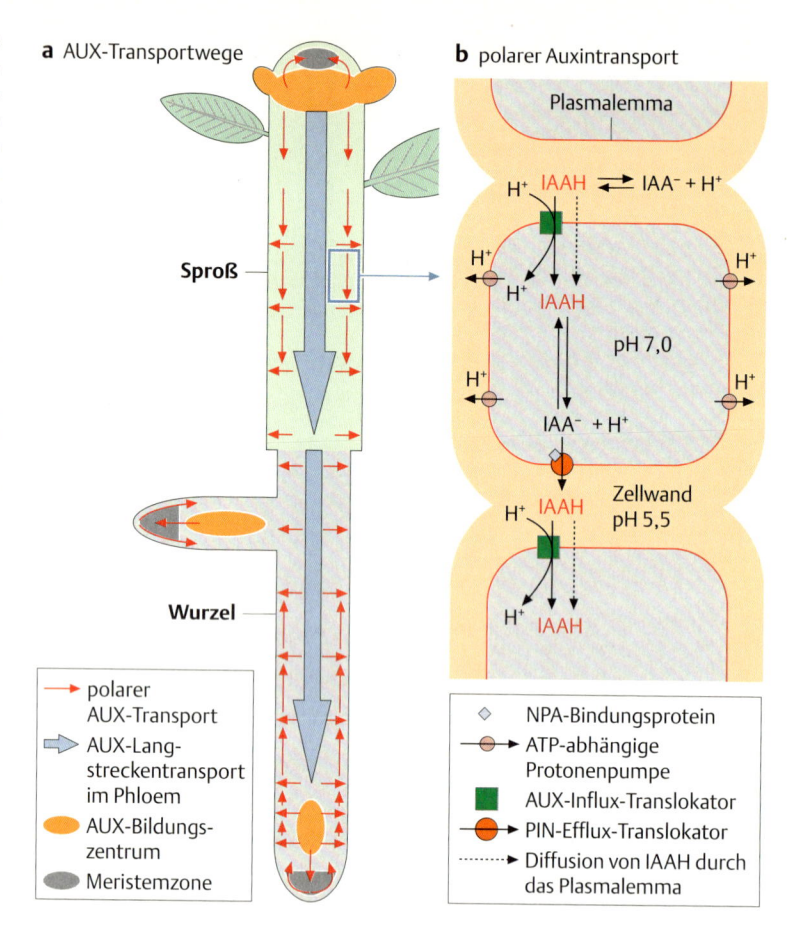

AUX1 abhängig, während das synthetische Analogon Naphthylessigsäure (NAA, Abb. **16.6** S. 601) wegen der stärkeren hydrophoben Eigenschaften nahezu ungehindert die Membranen passieren kann. Dies zusammen mit der größeren Stabilität von NAA bedingt die erheblichen Unterschiede in der Wirkung von NAA im Vergleich zu IAA.

Das in Abb. **16.11a** gezeigte Grundschema für den Transport in Geweben gibt nur das Prinzip wieder. Die entscheidenden Details der biologischen Wirkung hängen von der intrazellulären Lokalisation der Efflux-Translokator PIN und deren Veränderlichkeit ab. IAA steht für ein eindrucksvolles Beispiel, daß die Umverteilung ein und desselben Signals im Verlauf der Entwicklung ganz unterschiedliche Wirkungen auslösen kann (Plus **16.3**).

16.10.3 Wirkung von Auxinen

Obwohl die AUX-Wirkungen auf Organismen sehr unterschiedlich und je nach Gewebe und Entwicklungszustand z. T. sogar entgegengesetzt sind, gehen sie nur auf zwei molekulare Grundprinzipien zurück. Wir werden an einer Reihe von Beispielen in diesem und in den folgenden Kapiteln AUX-Wirkungen im Detail besprechen und dabei die Gemeinsamkeiten herausarbeiten. Die Liste gibt einen Überblick mit Hinweisen auf folgende Teile des Textes:

- Förderung der Zellstreckung (Abb. **16.12** und Tab. **16.2**);
- Blattanlagen, Blattstellung (Phyllotaxis; Kap. 18.2.3);
- Anlage von Seitenwurzeln, Entstehung sproßbürtiger Wurzeln (Abb. **16.55** S. 667);
- Hemmung des Wurzelwachstums (Abb. **16.55** S. 667);
- Embryonalentwicklung, Organanlagen (Abb. **18.4** S. 717, Abb. **18.15** S. 742 und Abb. **18.23** S. 757);
- Gefäßentwicklung, ausgewogene Anlage von Xylem- und Phloemelementen (Abb. **18.6** S. 721);
- Phototropismus (Box **5.4** S. 201);
- Gravitropismus (Abb. **17.26** S. 707);
- Zellzykluskontrolle (zusammen mit anderen Phytohormonen, u. a. CK und GA; Abb. **16.51** S. 661);
- Förderung der Fruchtentwicklung (Kap. 18.6.2);
- bei hohen Konzentrationen von AUX: Förderung der Bildung von ETH und damit von Frucht- und Blattfall (Box **16.5**);
- Hemmung der Bildung und des basopetalen Transports von CK (Apikaldominanz, Abb. **16.53** S. 664 und Box **16.20** S. 665).

Im Gegensatz zu der isotropen Zellvergrößerung kurz nach der Zellteilung gehen die meisten der AUX-vermittelten Wachstumsprozesse auf **anisotrope Vergrößerungen der Primärwand** (**Zellstreckung**) zurück. Die Wirkung vollzieht sich in zwei Phasen:

1. **Schnelle Phase** (**Säurewachstumsreaktion**): Durch einen noch nicht vollständig geklärten Mechanismus aktiviert IAA ATP-abhängige Protonenpumpen in der Zellmembran. Die vorübergehende Erhöhung der H^+-Ionen-Konzentration in der Zellwand und die Hyperpolarisation der Zellmembran haben zwei Effekte. Einerseits führt der nachfolgende Einstrom von K^+ und Cl^- zu einer vermehrten Wasseraufnahme in die Vakuole und damit zu einem **Anstieg des Turgors** in der Zelle (Abb. **16.12**). Andererseits bewirkt die Ansäuerung in der Zellwand die **Aktivierung der Expansine** (Box **16.4**), die durch Bindung an die Cellulosefibrillen die nichtkovalenten Bindungen zu den Xyloglucanen (Hemicellulosemolekülen) aufbrechen können (Abb. **2.41** S. 96). Das feste Gefüge aus Cellulosemikrofibrillen mit Hemicellulosen und Pektinen wird vorübergehend gelockert, sodaß die **Cellulosefibrillen**, bedingt durch den gestiegenen Turgor in der Zelle, **auseinandergleiten** können.
2. Nach dieser raschen Dehnungsphase, die sich im Sekunden- bis Minutenbereich abspielt, muß die Zellwand in einem zweiten **langsamen Prozeß** durch Einbau neuen Materials wieder verstärkt werden. Diese **zweite** Phase schließt **Genexpressionsprozesse** ein und dauert mehrere Stunden. Sie ist eng mit der wachstumsfördernden Wirkung der GA verbunden (Tab. **16.2** S. 609). Durch Anlieferung und **Einbau von neuem Zellwandmaterial** aus dem Golgisystem (Pektine, Hemicellulosen, Extensine) bzw. die Synthese von Cellulose an der Plasmamembran (Abb. **2.37** S. 92) wird die Festigkeit der Zellwand wiederhergestellt. In dieser zweiten Phase spielen vermutlich auch Endoglucosidasen und Transglykosidasen eine Rolle, die kovalente Verknüpfungen zwischen Zellwandbestandteilen lösen und wieder knüpfen können.

Das wohlgeordnete Programm von **Dehnung** und **Verstärkung** ist Voraussetzung für jede Form der Zellstreckung im Verlauf von Entwicklungsprogrammen. Verglichen mit den meristematischen Ausgangszellen können ausgewachsene Zellen wahrhaft gigantische Ausmaße annehmen, z. B.

Box 16.4 Expansine

Expansine sind bei Pflanzen weit verbreitete Zellwandproteine von etwa 25 kDa, die aus zwei Domänen bestehen. Die C-terminale Domäne mit einer Reihe konservierter Tryptophanreste (W) dient der Bindung an Cellulosefibrillen. Die N-terminale Domäne ist reich an Glycinresten und hat mehrere Cysteinreste (C), die die Lösung der nichtkovalenten Bindungen zwischen Cellulose und Hemicellulose bei der Auflockerung des Zellwandgefüges vermitteln. Diese aufweichende Wirkung der Expansine kann auch an totem Material, ja selbst an gereinigtem Papier nachgewiesen werden. Sie tritt sofort nach Zusatz von Expansinpräparaten auf. Die Expansine finden sich verstärkt in Zellwänden rasch wachsender Gewebe.

N-terminale Domäne   C-terminale Domäne

Expansine   C C C   W W W

Neben den allgemeinen Funktionen für die AUX-induzierte Zellstreckung gibt es spezialisierte Funktionen der Expansine, die von der Synthese gewebespezifischer Formen begleitet werden:

- Die Anlagen von Seitenwurzeln und Blättern werden von lokalen AUX-Ansammlungen initialisiert und zeigen als frühestes Merkmal die Synthese von Expansinen in den Primordien. Durch experimentelle Tricks kann man die Anlagen dieser Wurzeln und Blätter auch direkt durch lokale Bildung von Expansin auslösen (Plus 18.2 S. 718).
- In den letzten Stadien der Reifung von Früchten, z. B. Tomate, Birne, vermitteln Expansine die Trennung der Zellen des Fruchtfleisches. Die Früchte zerfallen.
- Expansine der Klasse B kommen bei Monokotylen verstärkt in der Pollenwand vor. Sie sind nicht nur starke Allergene, sondern helfen vermutlich beim Wachstum des Pollenschlauchs durch Aufweichen der Zellwände in der Narbe.

Plus 16.3 Der PIN-Code der pflanzlichen Morphogenese

Immer klarer wird, daß die Organisation polarer Auxinströme auf kleinstem Raum eng mit der Reaktion auf Signale von Außen und mit der Entwicklungspotenz eines Organs zusammenhängen. Dabei spielen sieben verschiedene **Auxin-Efflux-Translokatoren** vom PIN-Typ eine entscheidende Rolle. Allen gemeinsam ist die Grundstruktur als Membranproteine mit zehn Transmembranhelices und einer zentralen hydrophilen Pore. Zu den PIN-abhängigen Prozessen gehören neben vielen anderen die Entstehung der Blattanlagen unterhalb des Sproßmeristems (Plus **18.2** S. 718). Daher sehen Mutanten, denen die Fähigkeit zur polaren AUX-Verteilung in diesem Bereich fehlt, wie Nadeln (engl.: pin-formed) aus.

Die Vielfalt und Spezifizierung der beteiligten PIN-gesteuerten Prozesse wird eindrucksvoll durch Untersuchungen an *Arabidopsis*-Wurzeln illustriert. Durch gentechnische Manipulation wurden die PIN-Proteine mit einem Fluoreszenzmarker (GFP) versehen und damit sichtbar gemacht. Auf diese Weise konnte man nicht nur die gewebespezifische Expression, sondern auch die intrazelluläre Lokalisation für fünf der sieben PIN-Proteine in Wurzelgeweben erfassen (s. Farbmarkierungen).

Drei Beispiele sollen besonders hervorgehoben werden:
- **PIN1** (zusammen mit AUX1) ist, wie schon beschrieben, für den polaren IAA-Transport im Zentralbereich verantwortlich. Die typische Anordnung der beiden Translokatorproteine in den Zellen des Zentralzylinders ist in der Detailabbildung **b** wiedergegeben.
- **PIN3** weist eine gleichmäßige Verteilung in den Membranen der Columellazellen auf. Das gilt auch für IAA in diesem Bereich der Wurzel. Das ändert sich sehr schnell nach gravitroper Stimulation. PIN3 „wandert" in kurzer Zeit an die dem Reiz zugewandte Seite der Zellmembran und bewirkt in dieser Situation eine Ungleichverteilung der IAA mit dem Ergebnis einer Wurzelkrümmung (Abb. **17.26** S. 707).
- **PIN2** hat wesentliche Funktionen für die Zellstreckung oberhalb der Meristemzone. Dabei treten zwei entgegengesetzte IAA-Flüsse auf. Die apikale Lokalisation von PIN2 in Zellen der Epidermis und seitlichen Wurzelhaube führt zu einem basipetalen Fluß, während die basale Lokalisation in den benachbarten Zellen der Cortex zu einem akropetalen, d. h. zur Wurzelspitze gerichteten, IAA-Strom führt (Detailabb. **c**).

Wodurch kommt diese bemerkenswerte unsymmetrische Verteilung der PIN-Translokatoren und die dynamische Veränderlichkeit in ihrer Lokalisation zustande? Überzeugende Antworten auf den ersten Teil der Frage fehlen bisher. Aber im Hinblick auf den zweiten Teil gibt es ein paar wichtige Beobachtungen. Überraschenderweise wird der polare Auxintransport durch Wirkstoffe beeinträchtigt, die den Vesikeltransport am Actincytoskelett stören (Brefeldin A, Cytochalasin D). Offensichtlich ist die Ungleichverteilung das Ergebnis einer ständigen **Umverteilung der PIN-Proteine** zwischen Plasmamembran und einem intrazellulären Membrankompartiment (Endosomen), d. h. PIN1 befindet sich nur deshalb vornehmlich in der Basalmembran einer Zelle, weil die Anlieferung durch Vesikel schneller ist als die Rückführung in das endosomale Kompartiment. Dieses aufwendige **Recycling** finden wir für viele Membranproteine in tierischen und pflanzlichen Zellen. Es erlaubt eine Funktionskontrolle und die rasche Umorientierung mit der Ausbildung neuer Polaritäten, wenn die äußeren Umstände das erforderlich machen (s. Beispiel PIN3). Die Vesikel stellen möglicherweise auch die Transportvehikel für die Weiterleitung der IAA von dem apikalen Teil der Zelle zum basalen dar. Das Ganze erinnert an die Vesikel-gesteuerten Transportprozesse bei der Proteintopogenese (Plus **15.16** S. 565) bzw. an die Vorgänge in den Synapsen unserer Nervenzellen.

IAA selbst hat einen steuernden Einfluß auf den polaren Transport:
- Es hemmt den Rücktransport von Vesikeln von der Plasmamembran und
- es stimuliert die Synthese von Transkriptionsfaktoren, die für die Expression der PIN-Gene benötigt werden.

Fortsetzung

> **Fortsetzung**
>
> Zwei Hemmstoffe haben eine große Bedeutung für die Aufklärung dieser Prozesse gehabt. Trijodbenzoesäure (TIBA) ist ein kompetitiver Inhibitor für IAA am Export-Translokator, während Naphthylphthalamsäure (NPA) an ein kleines Protein bindet, das PIN ständig begleitet (Abb. **16.11**). Vermutlich vermittelt das NPA-Bindungsprotein den Kontakt der PIN/IAA-Vesikel mit dem Cytoskelett. Das würde bedeuten, daß die toxische Wirkung von NPA auf den polaren IAA-Transport am Transport vom Endosom zur Plasmamembran ansetzt.
>
> 2,3,5-Trijodbenzoesäure (TIBA)
>
> 1-N-Naphthylphthalamsäure (NPA, Phytotropin)

Tab. 16.2 Streckung des Stengels von Halbzwergmutanten der Erbse (*Ps-le*) unter Einwirkung von IAA und GA (nach Yang et al. 1996). Nur das Zusammenwirken von IAA und GA (rote Markierung) garantiert eine andauernde Zellstreckung (Kap. 16.5.2).

Zeit nach Beginn der Hormonbehandlung	Zuwachs in µm min^{-1}			
	–	+IAA	+GA	+IAA, +GA
1 h	1,2	9,7	1,2	9,7
10 h	1,3	6,2	5,0	10,2
20 h	1,1	4,5	5,0	10,5

Xylemgefäße, die nach Zellstreckung und Fusion etwa das 30 000fache an Volumen haben können oder Baumwollhaare mit einer etwa 1000fachen Vergrößerung der Länge. Bei Störung des ausgewogenen Ablaufs zwischen Phase 1 und 2, wie wir das bei den AUX-Herbiziden beobachten, kommt es zur Entartung von Geweben und schließlich zum Tod der Pflanzen (Box **16.5**).

16.4.4 Auxinrezeptoren und Signaltransduktion

In Anbetracht der überragenden Rolle von AUX für die pflanzliche Entwicklung und die Reaktion auf Umweltreize wurde natürlich die Frage nach den Rezeptoren seit vielen Jahren intensiv untersucht. In Anbetracht der unterschiedlichen Reaktionen haben wir es offensichtlich mit mehreren, mindestens aber mit zwei Rezeptoren zu tun:

- Seit mehr als 30 Jahren wird als **AUX-bindendes Protein ABP1** (engl.: auxin binding protein) ein kleines Glykoprotein untersucht, das im wesentlichen im Lumen des ER zu finden ist. In kleineren Mengen kommt es aber auch an der Plasmamembran möglicherweise gebunden an ein Transmembranprotein vor. Argumente für eine wichtige Rolle des ABP1 für die AUX-Antwort kommen aus Experimenten mit Protoplasten, an denen die typischen schnellen Reaktionen auf IAA (Hyperpolarisation der Membran, verstärkte H$^+$-ATPase-Aktivität und Volumenzunahme) beobachtet und durch Antikörper gegen das Rezeptorprotein ABP1 blockiert werden können (Abb. **16.12**). Darüberhinaus ist ein **Knockout des *ABP1*-Gens** bei *Arabidopsis* **embryoletal**, d. h. bereits früheste Entwicklungsstadien sind ohne ABP1 so weit gestört, daß die Embryonen absterben.

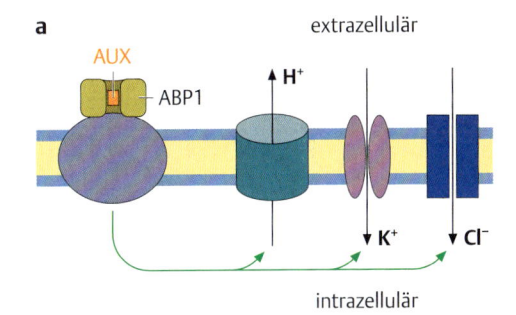

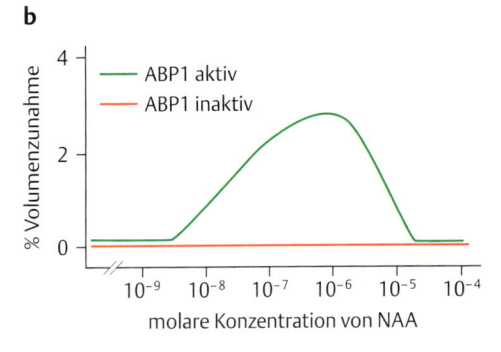

Abb. 16.12 Rolle des Auxinbindungsproteins ABP1 für die Aktivierung der Ionenflüsse und die Volumenzunahme von Protoplasten. a ABP1 ist an der Außenseite der Membran an ein hypothetisches Membranprotein gebunden. ABP1 hat eine faßartige Struktur aus zwei β-Faltblättern mit einem Zn^{2+}-Ion und dem AUX im Inneren. Der ABP1/AUX-Komplex stimuliert den Protonenexport und den Einstrom von K$^+$- und Cl$^-$-Ionen (grüne Pfeile, nach Yamagami et al. 2004). **b** Schwellung von Erbsenprotoplasten nach Applikation von 1-Naphthylessigsäure (NAA, grüne Kurve). Die Reaktion wird vollständig unterbunden, wenn ABP1 durch Behandlung mit spezifischen Antikörpern blockiert ist (rote Linie) (nach Napier 2004).

Box 16.5 Superauxine als Herbizide

Die Ausführungen über Biosynthese, Speicherung, Abbau und Transport von Auxinen machen sehr deutlich, wie fein reguliert die **AUX-Homöostase** einer Pflanze sein muß. Diese Abstimmung ist für eine normale Entwicklung essentiell. Das Wissen um diese Homöostase ist zugleich die Basis für die Herstellung und Nutzung von Superauxinen als Herbizide im Getreideanbau, der ohne den Einsatz geeigneter Herbizide zur Bekämpfung von dikotylen Wildkräutern undenkbar ist. Die Selektivität beruht im wesentlichen darauf, daß die Herbizide über die Blätter der dikotylen Pflanzen besser aufgenommen werden als über die Blätter von Monokotylen, z. B. Getreide. Es kommt also bei der Anwendung nicht nur auf die Eigenschaften des Herbizids an, sondern auch auf die Zusammensetzung (Formulierung) der Herbizidlösung, die Art der zu bekämpfenden Wildkräuter und den Zeitpunkt der Behandlung. Abb. **a** zeigt Formeln einiger Herbizide.

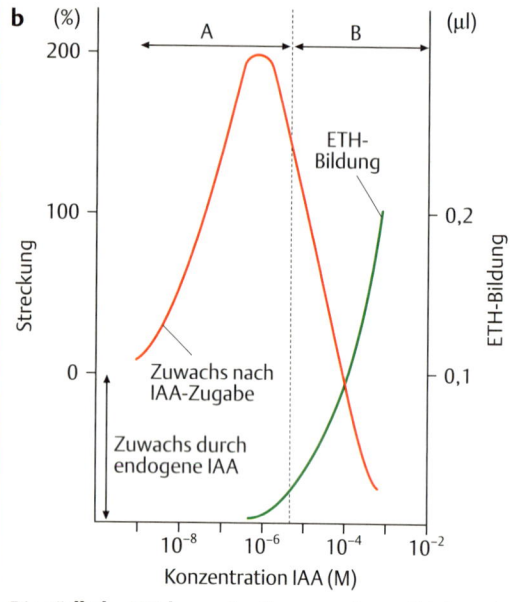

a

Dichlorprop-P (Dichlorphenoxypropionsäure)

Picloram (Trichloraminopyridincarbonsäure)

Dicamba (Dichlormethoxybenzoesäure)

Quinclorac (Dichlorchinolincarbonsäure)

b

Konzentration IAA (M)

Die **tödliche Wirkung der Superauxine** vollzieht sich in zwei Phasen, die die tiefgreifenden Störungen in der AUX-Homöostase sichtbar werden lassen (Abb. **b**, nach D. Heß 1999).

Sie beruhen auf der stets beobachteten Optimumskurve für AUX-Wirkungen, die einen fördernden (A) und einen hemmenden Bereich (B) aufweist. Die herbizide Wirkung liegt im Bereich B:

- Abnormale Wachstumsprozesse (Stengelkrümmung, Epinastie der Blätter, Gewebeschwellungen) gehen auf die unkontrollierte Zellstreckung ohne nachfolgende Verstärkung der Zellwand zurück.
- Induktion der Synthese von ETH und ABA führt zu Stomataverschluß, Rückgang der CO_2-Assimilation und zu raschen Alterungsprozessen mit Chlorophyllverlust und schließlich Absterben der Blätter. Die übermäßige ETH-Bildung kann auch zu einer Vergiftung durch Cyanid führen (Abb. **16.26** S. 628).

Eine besonders perfide Art der Anwendung von Herbiziden verbindet sich mit dem Begriff **Agent Orange**, das als flächendeckendes Entlaubungsmittel im Vietnamkrieg versprüht wurde. Es handelte sich um eine Lösung mit einer Mischung von 2,4-Dichlorphenoxyessigsäure und 2,4,5,-Trichlorphenoxybuttersäure. Nicht nur Pflanzen wurden nachhaltig geschädigt, sondern auch Menschen und Tiere, weil die giftige Mischung erhebliche Mengen des hochtoxischen **Carcinogens Dioxin** als Nebenprodukt der Synthese enthielt.

- Die in Phase 2 ablaufenden Genexpressionsprozesse dienen nicht nur der Bereitstellung von Zellwandmaterialien, sondern auch der **Kontrolle der AUX-Antwort** selbst. Hier spielt ABP1 offensichtlich keine Rolle. Aber durch Analyse zahlreicher Mutanten in *Arabidopsis* haben wir eine gute Vorstellung von den Prinzipien der molekularen Abläufe auf dieser Ebene (Abb. **16.13**). Vereinfacht ausgedrückt, beruht die AUX-Wirkung in Phase 2 auf dem hormoninduzierten **Abbau eines Repressors** (**AXR**), der den entsprechenden **Transkriptionsaktivator ARF** im inaktiven Zustand hält. Der AUX-Rezeptor in diesem Fall ist **TIR**, ein F-Box-Protein als Substraterkennungsuntereinheit des SCF-Komplexes (Tab. **15.8** S. 572). Der AUX-aktivierte SCF-Komplex bindet den Repressor und vermittelt die Ubiquitinierung als Ausgangspunkt für den Abbau durch Proteasomen. Interessanterweise spielt sich dieser ganze Prozeß in speziellen Regionen des Zellkerns, den sog. Kernkörperchen, ab, die alle notwendigen Proteine für die Ubiquitinierung und den Abbau von AXR enthalten.

Es gibt in *Arabidopsis* 29 Gene für Repressoren des AXR-Typs und 23 Gene für den Transkriptionsfaktor ARF. Aus Mutantenanalysen kann man schließen, daß je nach Gewebetyp und Entwicklungszustand unterschiedliche Paarungen zwischen Repressor und Aktivator in den Zellen vorliegen. Beide Typen von Regulatorproteinen haben strukturelle Gemeinsamkeiten in ihren C-terminalen Domänen, die die Bildung von AXR/ARF-Heterodimeren ermöglichen. Die Funktionsunterschiede liegen in den N-terminalen Domänen (Abb. **16.13**).

Das Promotorerkennungsmotiv für ARFs finden wir bei den Genen für die AUX-Repressoren (AXR) und entwicklungsspezifischen Transkriptionsfaktoren, aber auch bei Genen für Expansin, AUX-konjugierende Proteine, Zellzyklusfaktoren (Abb. **16.51** S. 661) u.a.m.

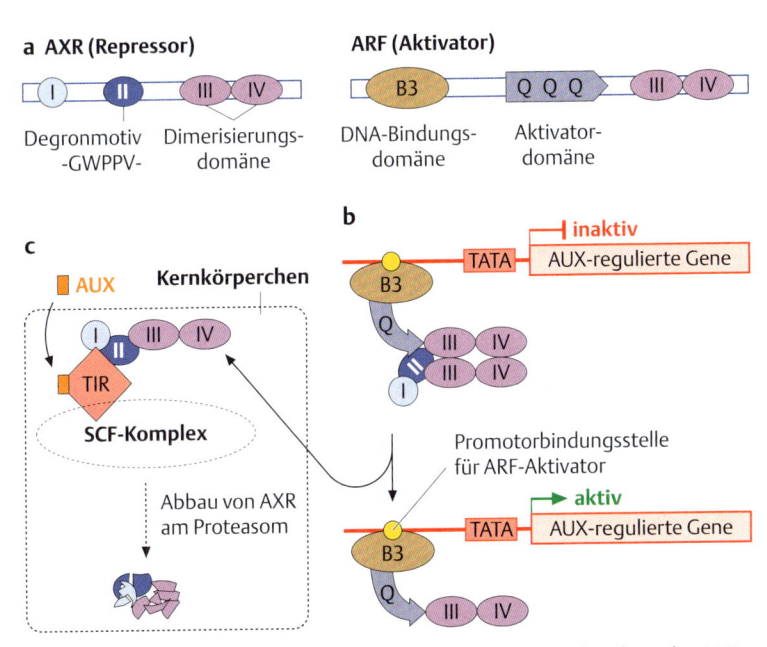

Abb. 16.13 Transkriptionskontrolle durch Auxin. a Grundstruktur der AXR-Repressoren und der ARF-Transkriptionsfaktoren (engl.: auxin responsive factor) mit den Dimerisierungsdomänen III und IV. Auffallend für die **Repressoren** ist ein sog. **Degronmotiv**, das ihren raschen Abbau durch das Ubiquitin/Proteasom-System vermittelt. Die Transkriptionsaktivatoren vom ARF-Typ haben eine N-terminale DNA-Bindungsdomäne und eine zentrale Aktivatordomäne, die reich an **Glutaminresten** (**Q**) ist. **b** Zwei Zustände der AUX-regulierten Gene. Im inaktiven Zustand ist ARF durch den Repressor AXR blockiert. Im aktiven Zustand ist der Repressor abwesend, weil er in den Kernkörperchen (**c**) durch das Ubiquitin/Proteasom-System abgebaut wird. Die Substraterkennungsuntereinheit des SCF-Komplexes (TIR) (engl.: auxin transport inhibitor response) ist ein AUX-Rezeptor (weitere Erklärungen s. Text).

16.5 Gibberelline

Unter den mehr als 130 Naturstoffen, die strukturell zu den Gibberellinen (GA) gehören, haben nur sehr wenige biologische Wirkung (Gibberellin GA_1 und GA_4 sowie GA_3 und GA_7). Die Biosynthese der GA vollzieht sich in mehreren Teilabschnitten. In den Plastiden entsteht als cyclische Vorstufe das ent-Kauren, das im Cytoplasma durch eine Reihe von Oxidationsreaktionen zu den aktiven Vertretern der GA-Familie verarbeitet wird. Getreidesorten mit Defekten in der GA-Synthese bzw. -Signaltransduktionskette wurden Ausgangspunkte für eine nachhaltige Verbesserung der Welternährungssituation in der zweiten Hälfte des vorigen Jahrhunderts (Grüne Revolution). Typische GA-Wirkungen finden wir beim Streckungswachstum junger Sprosse, bei der Samenkeimung und der Blühinduktion. Bisher wurden zwei Typen von GA-Rezeptoren identifiziert, ein membrangebundener Rezeptor und ein Rezeptor im Zellkern. Letzterer ist für den Abbau der DELLA-Repressoren durch das Ubiquitin/Proteasom-System verantwortlich und ermöglicht damit die Transkription GA-regulierter Gene.

Bei den Reisbauern in Japan war die GA-Wirkung im Zusammenhang mit einem phytopathologischen Problem seit langem bekannt. Bei einer Pilzinfektion der Reispflanzen kam es zu übermäßigem Streckungswachstum bei unzureichender Nachbildung des Festigungsgewebes. Die als Bakanae bezeichnete „Krankheit der verrückten Reiskeimlinge" geht auf den Befall durch **Gibberella fujikuroi** zurück. Der von dem Pilz gebildete Wirkstoff wurde 1935 von einem japanischen Forscher als Gibberellinsäure, heute GA_3, bezeichnet (Box **16.1** S. 593). Die Strukturaufklärung gelang allerdings erst 1960. Damit war das Tor zur Analyse einer sehr ungewöhnlichen Gruppe von sekundären Pflanzenstoffen aufgestoßen, die sich alle vom **ent-Gibberellan**, einem **tetracyclischen Diterpen**, ableiten (Abb. **16.14a**). GA_3 kommt auch bei Pflanzen weit verbreitet vor und ist die am häufigsten experimentell verwendete Gibberellinsäure, weil es in ausreichenden Mengen durch Fermentationsprozesse mit Stämmen von Gibberella fujikuroi gewonnen werden kann. Eine synthetische Herstellung von biologisch aktiven Gibberellinen ist bis heute noch nicht möglich.

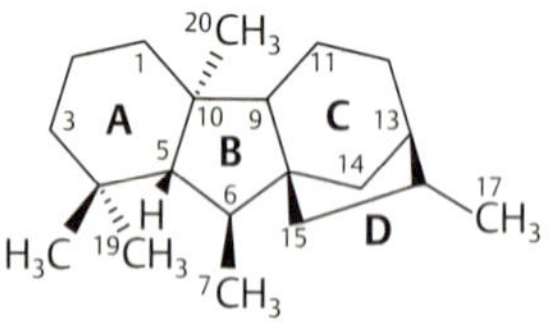

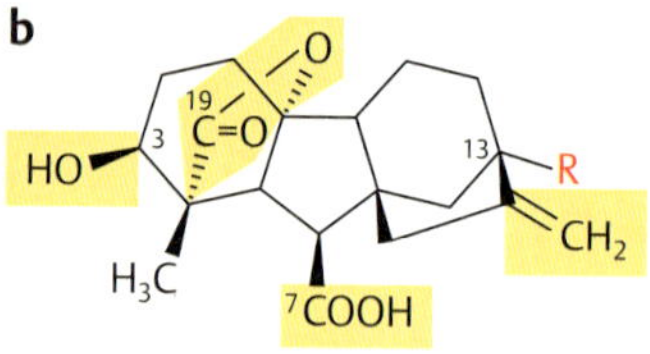

16.5.1 Struktur, Biosynthese und Abbau von Gibberellinen

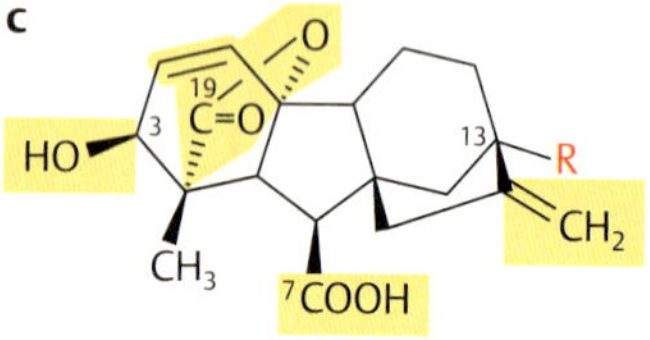

Unter den mehr als 130 Naturstoffen, die zu den GA zu rechnen sind, haben nur sehr wenige biologische Wirkung (Abb. **16.14b, c**). Zu ihnen gehören die **Gibberelline A_1 und A_4** sowie A_3 und A_7, abgekürzt in den folgenden Kapiteln stets als GA_1, GA_4, GA_3 und GA_7. Diese Gibberelline haben 19 C-Atome und eine Reihe von Besonderheiten, die in den Formeln Abb. **16.14b, c** hervorgehoben sind. Ähnlich wie bei den Brassinosteroiden finden wir bei den GA eine große Mannigfaltigkeit von Verbindungen mit ähnlichen Strukturen. Viele sind Intermediate der Biosynthese oder des Abbaus der wenigen aktiven Formen (Abb. **16.15** und Abb. **16.17**). Man muß also bei der Analyse von Pflanzenmaterial die vielen nicht aktiven von den bioaktiven GA unterscheiden können.

Die Biosynthese der GA läßt sich grob in drei Teile gliedern:
- In den Plastiden entsteht als cyclische Vorstufe das **ent-Kauren**, ein Diterpen, das durch Kondensation aus 4 Isoprenoideinheiten gebildet wird. Diese Einheiten entstehen auf dem für die Plastiden spezifischen sog. DXP-Weg der Isoprenoidsynthese (Abb. **12.12** S. 358).

Abb. 16.14 Gibberelline. a Grundstruktur des ent-Gibberellans mit 20 C-Atomen und den Ringen A–D, das in dieser Form in der Natur nicht vorkommt. **b, c** Biologisch aktive Gibberelline mit 19 C-Atomen. Die Mitglieder der beiden Paare GA_4/GA_1 bzw. GA_7/GA_3 unterscheiden sich jeweils durch die Hydroxylgruppe an C13 (R). Die typischen Strukturmerkmale der aktiven Gibberelline, die Hydroxylgruppe an C3, die Methylengruppe C17, der Lactonring zwischen der Carboxylgruppe C19 und der Hydroxylfunktion an C10 sowie die Carboxylgruppe C7 sind gelb markiert.

16.5 Gibberelline

a *ent*-Kaurensynthese in den Plastiden

b Monooxygenasen an Plastidenhülle und ER-Membran

c α-Ketoglutarat-abhängige Dioxygenasen im Cytoplasma

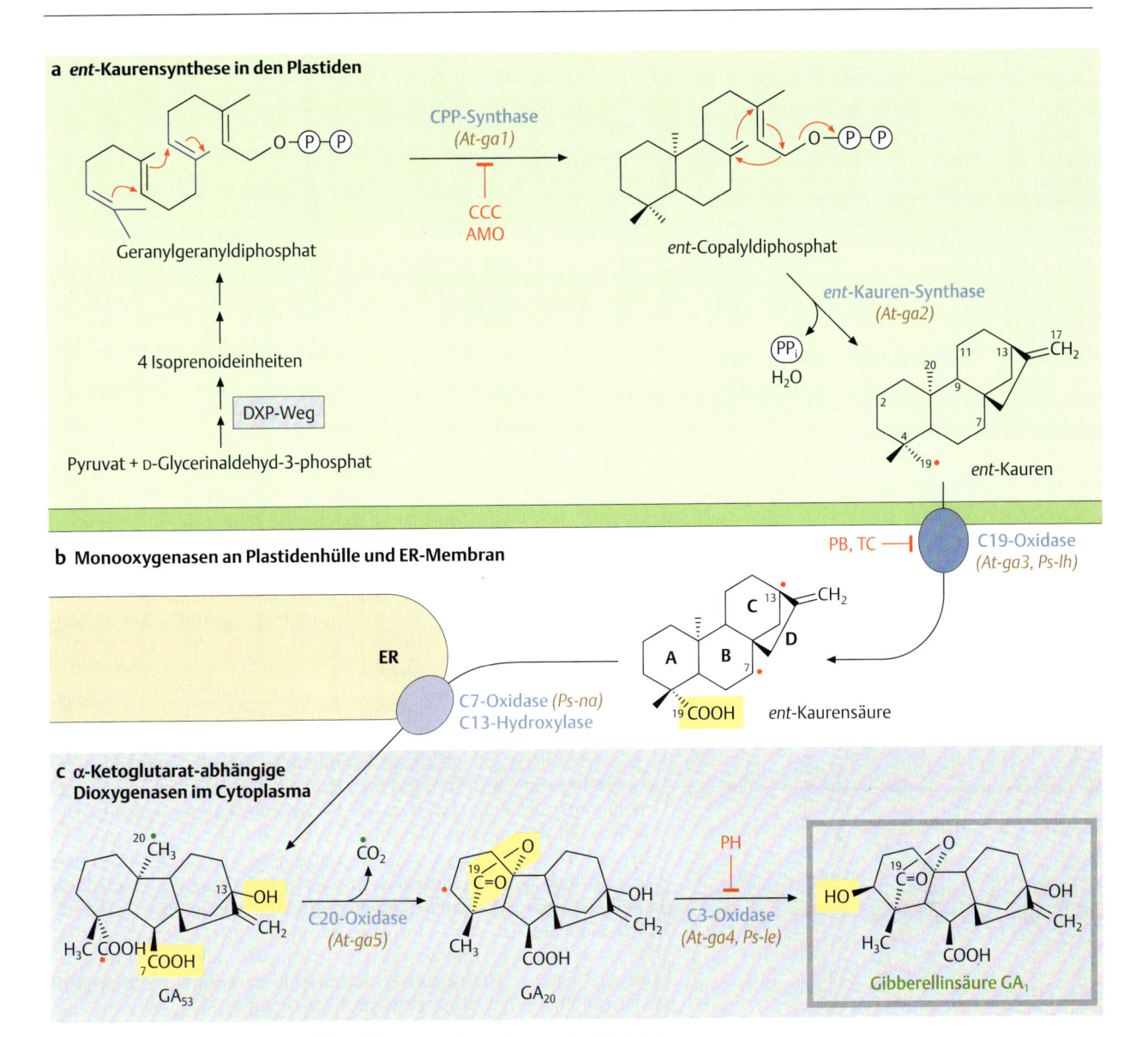

Abb. 16.15 Biosynthese der Gibberelline. Die Biosynthese vollzieht sich in drei Teilbereichen in verschiedenen Kompartimenten der Zelle: **a** Die Isoprenoidsynthese und die anschließende *ent*-Kaurensynthese erfolgen in den Plastiden. **b** Die Oxidation an den C-Atomen 19, 7 und 13 geschieht durch membrangebundene Monooxygenasen an der Plastidenhülle bzw. der ER-Membran. Nach Hydroxylierung an C13 entsteht die hier dargestellte Serie von GA: $GA_{53} \rightarrow GA_{20} \rightarrow GA_1$. Es gibt allerdings auch die entsprechenden Vertreter ohne die Hydroxylgruppe an C13: Serie $GA_{12} \rightarrow GA_9 \rightarrow GA_4$ (Abb. **16.14b**). **c** α-Ketoglutarat-abhängige Dioxygenasen im Cytoplasma katalysieren die Oxidation an C20 und C3. Biosynthesemutanten in der Ackerschmalwand (*Arabidopsis thaliana*, At) bzw. Erbse (*Pisum sativum*, Ps) sind braun markiert. Die Angriffsorte von Hemmstoffen der GA-Synthese wurden rot gekennzeichnet. Farbige Punkte markieren die Angriffsorte der Enzyme für den jeweils nächsten Schritt der Biosynthese; rote Pfeile die Elektronenumlagerungen der Cyclisierungsreaktionen bei der Bildung des *ent*-Kaurens in den Plastiden.

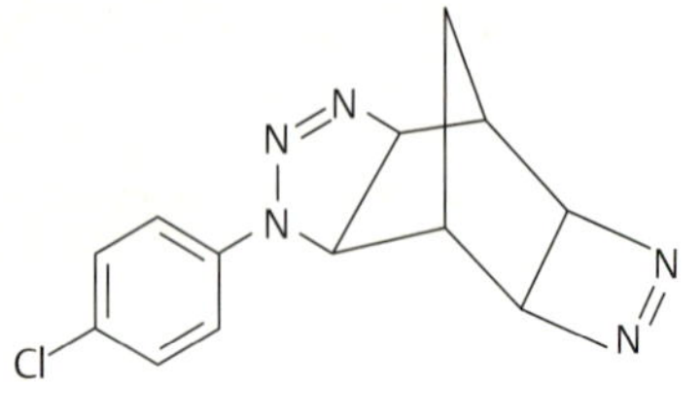

Tetcyclacis (TC)

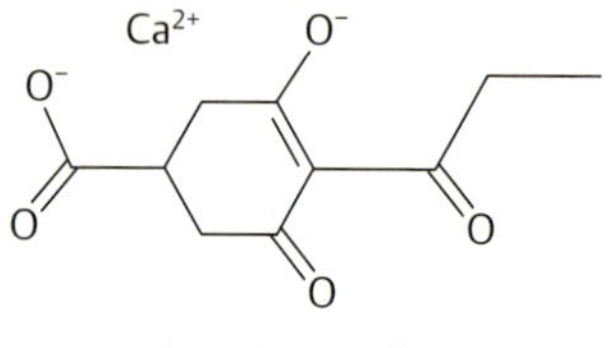

Prohexadion–Ca^{2+} (PH)

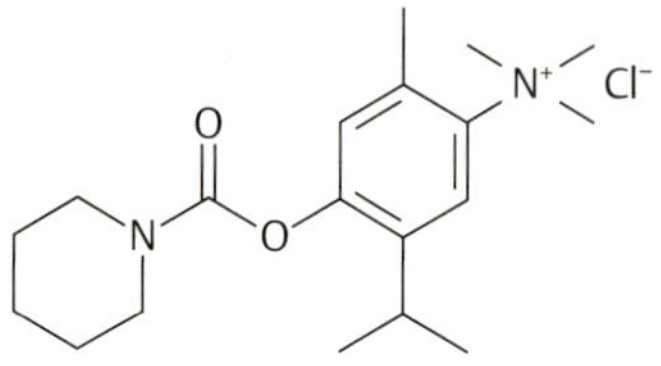

AMO-1618 (AMO)

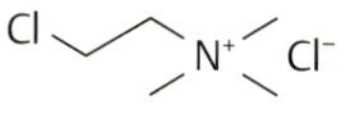

Chlorcholinchlorid (CCC)

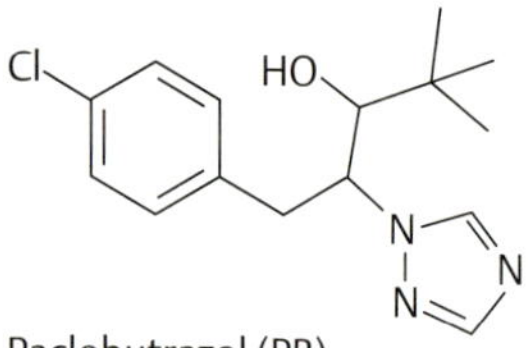

Paclobutrazol (PB)

Abb. 16.16 Hemmstoffe der GA-Biosynthese. Die gezeigten Verbindungen sind häufig angewandte Biopharmaka, deren Wirkorte in Abb. **16.15** angegeben sind.

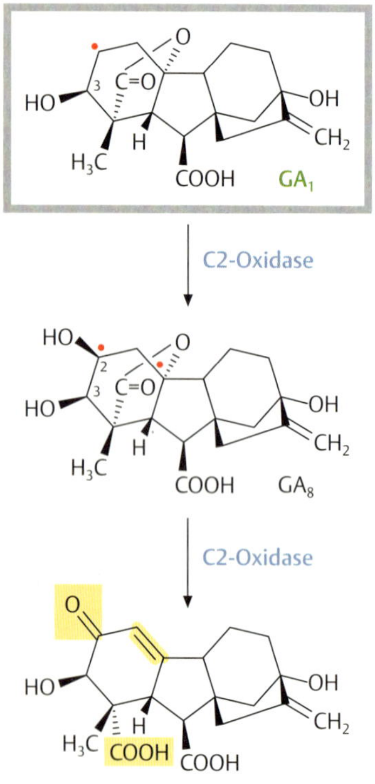

GA_8-Abbauprodukt

Abb. 16.17 Abbau der Gibberelline durch C2-Oxidase am Beispiel von GA_1. Als Intermediat entsteht GA_8 und im folgenden Schritt ein Derivat, bei dem der Lactonring geöffnet ist.

- Im zweiten Teil wird *ent*-Kauren durch eine Reihe von Monooxygenasen (Plus **16.1** S. 596) an der äußeren Plastidenhülle (C19-Oxidase) bzw. an den ER-Membranen oxidiert. Dabei werden die Methylgruppe C19 und dann die Methylengruppe C7 in Ring B zu Carboxylgruppen umgewandelt. Jede dieser Reaktionen umfaßt eigentlich drei sequentielle Monooxygenaseschritte:

$$-CH_3 \xrightarrow{O_2,\ NADPH} -CH_2OH \xrightarrow{O_2,\ NADPH} -CHO \xrightarrow{O_2,\ NADPH} -COOH$$

  Besonders bemerkenswert ist die Lokalisation der C19-Oxidase in der Plastidenhülle, da sie die direkte Verbindung zwischen den Teilen der Biosynthese in den Plastiden und denen im Cytoplasma vermittelt. Beim Übergang wird das sehr hydrophobe ent-Kauren in die hydrophilere ***ent*-Kaurensäure** überführt.
- Der dritte Teilweg der GA-Synthese vollzieht sich im Cytoplasma unter Vermittlung löslicher Dioxygenasen, die von α-Ketoglutarat abhängig sind. Der erste Schritt auf diesem Teilweg ist wieder eine komplexe Oxidation am C20-Atom. Im Zuge des durch die C20-Oxidase katalysierten Prozesses geht das C20-Atom verloren, und es entsteht der für die aktiven GA typische **Lactonring**. Im zweiten Schritt wird schließlich die **Hydroxylgruppe an C3** eingeführt.

Das Schema in Abb. **16.15** enthält auch Angaben zu Mutanten, in denen einzelne Schritte der Biosynthese defekt oder beeinträchtigt sind, und zu Wirkstoffen, die die GA-Biosynthese hemmen (Abb. **16.16**). Details zu der landwirtschaftlichen Bedeutung solcher Mutanten bzw. Wirkstoffe werden wir in Kap. 16.5.2 behandeln.

Der Spiegel an aktiven GA in den Zellen wird durch Neusynthese und Inaktivierung (Abbau) kontrolliert. Der wichtigste Schritt für die Inaktivierung ist die Oxidation am C2-Atom durch eine Dioxygenase (C2-Oxidase, Abb. **16.17**).

Bemerkenswert ist das **Kontrollsystem für die GA-Biosynthese** bzw. den **-Abbau**. Die Expression der Gene für die Dioxygenasen ist in reziproker Art und Weise miteinander gekoppelt. Mangel an bioaktiven GA (GA_1 bzw. GA_4) fördert die Expression der C20-Oxidase und C3-Oxidase und hemmt die Expression der inaktivierenden C2-Oxidase. Überfluß von

Abb. 16.18 Kontrolle von GA-Synthese und -Abbau. Die Menge an bioaktiven GA, hier nur für GA_1 dargestellt, wird über eine Repression der Bildung der Syntheseenzyme C20-Oxidase und C3-Oxidase (rote Hemmblöcke) und durch eine Stimulation der C2-Oxidase (grüne Pfeile) kontrolliert. Die mRNA-Spiegel für die drei Enzyme sind in dem Northern Blot rechts für Zellen unter GA-Mangel bzw. GA-Überschuß gezeigt. Auxine haben entgegengesetzte Effekte, d. h. sie fördern die Synthese und hemmen den Abbau von GA (punktierte Linien) (nach Buchanan et al. 2000 und Thomas et al., Proc. Natl. Acad. Sci. USA 1999; 96: 4698, mit freundlicher Genehmigung).

aktivem GA hat den umgekehrten Effekt. Auch die AUX-Steuerung der GA-Synthese greift an diesem Schaltsystem an (Abb. 16.18).

16.5.2 Biologische Wirkung

Die GA sind wie alle anderen Hormone auch in zahlreiche Wachstums- und Entwicklungsprozesse integriert, wobei drei besonders hervorzuheben sind:
- Förderung des Streckungswachstums des Sprosses,
- Förderung der Samenkeimung,
- Auslösung der Blütenentwicklung.

Streckungswachstum: Die Beobachtungen an den „verrückten" Reiskeimlingen weisen bereits auf das Streckungswachstum des Sprosses als einem wichtigen GA-gesteuerten Prozeß hin. Verringertes Sproßwachstum (Zwergwuchs) ist generell ein typisches Merkmal von Mutanten mit verminderter GA-Synthese bzw. verstärktem Abbau oder aber von Mutanten in der Signaltransduktionskette. Interessanterweise hatte schon Gregor Mendel für seine Kollektion von Erbsenmutanten eine **Halbzwergvariante** (***Ps-le***) ausgewählt, die nur halb so hoch war wie der Ausgangstyp (Tab. 16.2 S. 609). Verschiedene Halbzwergformen von Getreidesorten waren auch Ausgangspunkt für die sog. **Grüne Revolution**, die seit den 1960iger Jahren die Welternährungssituation grundlegend gewandelt hat (Box 16.6).

Die Wirkung von GA auf das Streckungswachstum ist eng mit **Auxin** verbunden. AUX stimulieren die GA-Synthese und hemmen den Abbau (Abb. 16.18). Dies macht einen wesentlichen Teil der AUX-Wirkung auf das Streckungswachstum aus. Wenn man die Sproßspitze einer Pflanze und damit das apikale AUX-Bildungszentrum entfernt, verringert sich der Spiegel an aktivem GA im Sproß beträchtlich. **Wachstum in der Streckungszone** junger Sprosse ist das Ergebnis des **Wechselspiels von IAA und GA**, wie man an einem Versuch mit Mendels Zwergerbse zeigen kann (Tab. 16.2 S. 609). Die schnellen Wachstumsreaktionen, die mit dem Protonenexport in die Zellwand zusammenhängen, gehen allein auf Auxin zurück, während die zweite Phase des Wachstums Genexpressionsprozesse benötigen, die sowohl durch AUX als auch durch GA gesteuert werden. Man kann zeigen, daß GA in jungen Internodien dabei die dominante Rolle spielt, weil es nicht nur auf die Zellstreckung, sondern auch auf die Zellteilung fördernd wirkt (Kap. 16.11.1). GA-gesteuerte Gene kodieren z. B. für Xyloglucan-Endotransglykosidasen und Expansine (Box 16.4 S. 607). Ein besonders eindrucksvolles Beispiel für Zellstreckung ist in der Wachstumsperiode von Tiefwasserreis zu beobachten (Abb. 19.11 S. 787).

Samenkeimung: Die GA-gesteuerten Umwandlungsprozesse bei der Keimung und Fermentation von Gerste sind als biotechnologische Grundlage der **Bierherstellung** von größter wirtschaftlicher Bedeutung. Das hat

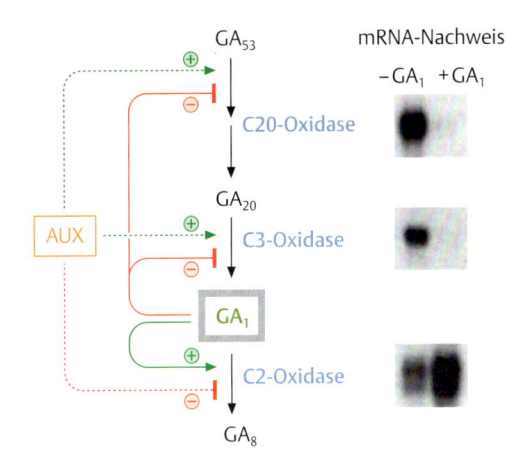

Box 16.6 Gibberelline und die Grüne Revolution

Gibberelline haben offensichtlich tiefgreifende Effekte auf die Pflanzenentwicklung. Es ist daher nicht erstaunlich, daß **GA** bzw. **Inhibitoren der GA-Synthese** (Abb. **16.16**) **als Phytopharmaka** breite Anwendung in der Produktion von Zier- und Nutzpflanzen haben:

- Hemmstoffe der GA-Synthese bewirken den gedrungenen Wuchs und dunkelgrüne Blätter bei Zierpflanzen.
- Besprühen von Citrussträuchern mit GA reduziert die Zahl der Blüten und fördert damit die Größe der Früchte.
- Besprühen von Fruchtständen beim Wein mit GA bewirkt größere Beeren.

Neben diesen gezielten Eingriffen in das Wirkungsgefüge der GA bei Nutzpflanzen muß noch ein besonders wichtiger zweiter Aspekt erwähnt werden. Er verbindet sich mit dem Begriff der **Grünen Revolution**, d. h. der nachhaltigen Verbesserung der Anbautechniken bei Getreiden, insbesondere in den stark bevölkerten Gebieten Asiens, Afrikas sowie Mittel- und Südamerikas. Kernstück dieser Verbesserungen ist der **Anbau von Halbzwergformen**, insbesondere von Reis und Weizen, die bei stärkerer Düngung deutlich höhere Erträge liefern mit verringerter Tendenz zum Umknicken der Halme bei Wind- und Regeneinfluß. Die verringerte Wuchshöhe geht auf **Defekte in der GA-Synthese bzw. GA-Wirkung** zurück. Beim Reis fand man Mutationen in der Kauren-Oxidase bzw. in der C20-Oxidase (Abb. **16.15** S. 613), während beim Weizen das Gen für eines der DELLA-Repressorproteine mutiert ist (Plus **16.4**).

Zusammen mit Veränderungen in der Anbautechnik und der Verwendung von Hybridsorten (Plus **13.10** S. 415) konnte die Produktion von Getreide in Asien zwischen 1960 und 2000 auf etwa das vierfache gesteigert werden bei gleichbleibendem Flächenbedarf. Das ist eine unglaubliche Errungenschaft, wenn man bedenkt, daß es dabei um die Ernährung von etwa der Hälfte der Weltbevölkerung geht. Für die Verdienste bei der Durchsetzung der Grünen Revolution und der Verringerung des Welthungers bei vielen Millionen Menschen wurde der Amerikaner **Norman Borlaug** 1970 mit dem **Friedensnobelpreis** geehrt.

Der große Erfolg der durch Selektion und Züchtung entstandenen Halbzwergformen hat die Idee nach gentechnischer Herstellung geeigneter Ausgangsformen aufkommen lassen. Dies hat allerdings bisher nur in ganz wenigen Fällen zu brauchbaren Ergebnissen geführt. Das Geheimnis der Halbzwergformen als Ausgangssorten für die Grüne Revolution ist ja, daß die Reduktion in der Wuchshöhe nicht mit Störungen in der Leistungsfähigkeit dieser Sorten einhergeht. Man muß also sehr intelligent und behutsam in das Hormongefüge der Pflanzen eingreifen, um geeignete Ausgangsformen zu entwickeln.

Plus 16.4 DELLA-Repressoren

Wie bei anderen Hormonen (Kap. 16.4 und Kap. 16.7) ist das GA-abhängige Transkriptionsprogramm in Abwesenheit des Hormons durch Repressoren blockiert (Abb. **16.20** S. 620). Der **GA-Repressor GAI** ist bei *Arabidopsis* eines von fünf nahe verwandten Proteinen, die z. T. überlappende, z. T. spezifische Funktionen haben. Diese sog. DELLA-Repressoren, die offenbar bei allen Pflanzen vorkommen, haben ihren Namen von einem konservierten Peptidmotiv (Asp-Glu-Leu-Leu-Ala oder in Kurzform: **DELLA**, s. Tab **13.1** S. 378) in der N-terminalen Domäne. Die C-terminale GRAS-Repressordomäne enthält außerdem ein Leucin-Zipper-Oligomerisierungsmotiv (LZ1/LZ2) und ein Kernlokalisationsmotiv (NLS).

Wir finden zwei Typen von Mutanten in den Repressorgenen, hier am Beispiel von GAI:

- *gai-1* (engl.: GA insensitive): Durch eine Deletion im Bereich des DELLA-Motivs wird der Repressor stabilisiert und kann nicht nach Einwirken von GA abgebaut werden. Die Mutante zeigt Zwergwuchs und ist dominant, d. h. die anderen intakten Mitglieder der Familie können den Defekt nicht ausgleichen. Solche GA-unempfindlichen Repressoren sind das Geheimnis der **Halbzwergformen** des Weizens und anderer Getreide, die Ausgangspunkt für die Züchtung von standfesten Hochzuchtlinien wurden (Box **16.6**).
- *gai-t6*: Durch eine Insertionsmutagenese ist das Gen defekt. Es wird kein Repressor mehr gebildet. Der Defekt ist in heterozygoten Linien rezessiv, weil die intakten Repressoren den Ausfall weitgehend ausgleichen können.

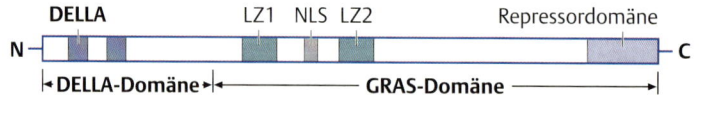

ohne Zweifel auch die Erforschung der molekularbiologischen Grundlagen der Keimung von Gerstenarten sehr gefördert. Die Experimente wurden wesentlich dadurch erleichtert, daß Aleuronschichten nach Abtrennen des Endosperms und des Keimlings (Plus 2.2 S. 76) als Organkultur direkt mit GA behandelt und analysiert werden können. Auch kurzzeitige Veränderungen lassen sich so gut erfassen. In den keimenden Samen beginnt während bzw. nach der Wasseraufnahme (Imbibition) die **hormonelle Umprogrammierung** mit dem Abbau von ABA als Signal für Samenruhe (Abb. 18.27 S. 768) und der **Neubildung von GA** im Embryo als Signal für Samenkeimung. GA werden an die Aleuronschichten als Empfängerorgan abgegeben und lösen dort ein umfangreiches Entwicklungsprogramm aus. Wir haben es in diesem Fall also mit dem klassischen Fall eines Hormons zu tun, dessen Bildungsort (Embryo) und Wirkort (Aleuronschicht) getrennt sind.

Der zeitliche Ablauf der Veränderungen in den Aleuronzellen, der mit der Zugabe von GA beginnt, läßt sich in fünf Phasen gliedern (Abb. 16.19). Aus dem Gesamtgeschehen können wir tiefgreifende Einsichten in die Komplexität hormongesteuerter Entwicklungsprogramme gewinnen:

- Die Phase I (0–10 min) beinhaltet den Anstieg der cytoplasmatischen Ca^{2+}-Konzentration und den proteolytischen **Abbau des DELLA-Repressors** (SLN1, Plus. 16.4).
- Phase II (10–100 min) stellt die verzögerte Signalphase dar und umfaßt die Neubildung von **Calmodulin** (CaM, Abb. 16.48 S. 656) und die Synthese von **cyclischem GMP** (cGMP, Plus. 16.14 S. 657).
- In Phase III (1–15 h nach GA-Zugabe) beobachtet man die Neusynthese eines GA-spezifischen **MYB-Transkriptionsfaktors** (GA-MYB, Abb. 16.20) und nachfolgend die **Synthese** verschiedener hydrolytischer Enzyme, die in unserem Beispiel durch die **α-Amylase** repräsentiert werden. Insgesamt werden etwa 200 Gene unter Einfluß von GA in keimenden Samen angeschaltet. Da in der folgenden Phase große Mengen an Enzymen für den Export ins Endosperm gebildet werden müssen, kommt es zu einer merklichen **Vermehrung des rER** in den Aleuronzellen. Beginnend in Phase II und verstärkt in Phase III werden die **Spei-**

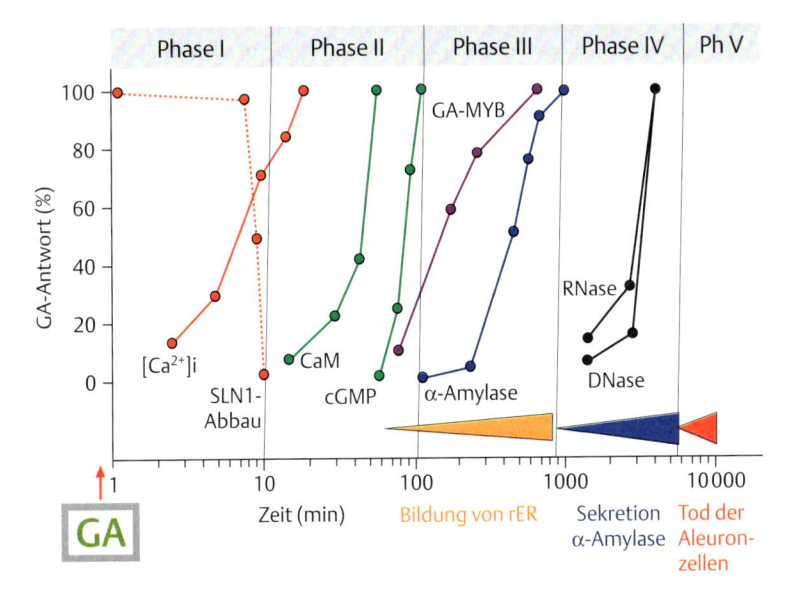

Abb. 16.19 Zeitlicher Ablauf GA-gesteuerter Prozesse bei der Keimung von Gerste. Details der Keimlingsstruktur und der Veränderungen sind in Plus 2.2 S. 76 dargestellt. Die Zeitabläufe in einer isolierten Aleuronschicht nach Stimulation mit GA sind in fünf Phasen in einer exponentiellen Zeitskala angeordnet und mit unterschiedlichen Farben markiert. Weitere Einzelheiten s. Text (nach Bethke et al. 1997).

cherproteine in den Aleuronzellen **abgebaut** und die freigesetzten Aminosäuren für die Neusynthese der Enzyme genutzt.
- Phase IV (15–84 h) ist durch die massive **Sekretion von Enzymen** ins Endosperm charakterisiert. Es erfolgt eine zunehmende **Mobilisierung von Nährstoffen** für den sich entwickelnden Keimling, die über das Scutellum als eine Art Haustorium im Endosperm aufgenommen und an den Keimling weitergegeben werden. Die Synthese von Nucleasen in den Aleuronzellen ist schließlich Ausgangspunkt für den **programmierten Zelltod** (Plus 18.8 S. 741) in Phase V, der nach etwa 4 Tagen einsetzt.

Wie in Plus 2.2 S. 76 gezeigt, ist die Bereitstellung von GA durch den Keimling der entscheidende Ausgangspunkt für die Veränderungen in den Aleuronzellen und damit auch für die im Endosperm. Neben der Quellung des trockenen Samens können unter natürlichen Umständen Kältebehandlungen oder Licht für den Übergang in die Keimungsphase notwendig sein. Da in jedem Fall sowohl Kälte als auch Licht durch Zugabe von GA ersetzt werden können, geht man davon aus, daß beide Signale bei den entsprechenden Samen nur die GA-Synthese auslösen. Zumindest für die lichtstimulierte Samenkeimung ist die Neubildung der C3-Oxidase eine entscheidende Voraussetzung (Abb. **16.15** S. 613).

Blütenentwicklung: Zu den vielfach untersuchten Wirkungen von GA gehört die Auslösung der Blütenbildung. Ähnlich wie bei den Keimungsvorgängen beobachtet man, daß die Wirkung von Außenfaktoren wie Kälte oder Photoperiode (Langtag bzw. Kurztag) bei einigen Pflanzenarten durch Behandlung mit GA ersetzt werden kann. Dies hat zu der Hypothese über die Rolle von **GA als Florigen** geführt (Box **16.7**). Eindrucksvolle Belege für eine solche Rolle gibt es für verschiedene Pflanzen. Allerdings verdichten sich mehr und mehr die Befunde, daß neben GA auch andere transportfähige Signale beteiligt sind (Plus 17.6 S. 697). Die Gesamtheit der komplexen Signalwege, die zur Blütenbildung führen, werden wir in Kap. 18.4 besprechen.

GA_1/GA_4 sind nicht nur in die Auslösung des Blühvorgangs involviert; sie sind darüberhinaus zu einem viel späteren Zeitpunkt für die Anlage und Entwicklung der Mikrosporen und Antheren notwendig. Ferner kann GA je nach Pflanzenart die Ausbildung männlicher bzw. weiblicher Blüten fördern. Das nutzt man z. B. aus, um bei Gurkenpflanzen die Anlage von weiblichen Blüten und damit die Bildung von Gurken durch Besprühen mit GA zu stimulieren.

16.5.3 Signaltransduktion

Im Zentrum des Interesses der Signaltransduktion steht wie bei den anderen Hormonen die Frage nach den GA-Rezeptoren. Wir haben es offensichtlich mit zwei Typen von Rezeptoren zu tun, und dieses Nebeneinander könnte mit der Vielfalt der beobachteten Effekte zu tun haben (Abb. **16.19**). Obwohl experimentelle Einzelheiten noch fehlen, kann man annehmen, daß der membrangebundene Rezeptor für die schnelle Bildung der Sekundärsignale (Ca^{2+}-Einstrom ins Cytoplasma, Bildung von cGMP) verantwortlich ist, während der Kernrezeptor eng mit der Aktivierung der Transkriptionsvorgänge verbunden ist:
- Die Existenz eines **membrangebundenen GA-Rezeptors** wurde durch Untersuchungen an Aleuronzellen bewiesen. Durch Experimente mit trägergebundenem GA konnte die volle Antwort ausgelöst werden, ohne daß das Hormon selbst in die Zelle gelangte. Dagegen war keine

Box 16.7 Gibberelline als Florigen

Der Taumellolch *Lolium temulentum* erfüllt in idealer Weise die Voraussetzungen für Untersuchungen über die Natur des Florigens, wie es 1937 von Chailakhyan vorhergesagt wurde. Wenn das Gras im Kurztag wächst, bleibt es vegetativ. Aber ein einziger Langtagimpuls, an einem Laubblatt appliziert, reicht aus, um die Blütenbildung auszulösen. Im Sinne der raschen Ausbreitung des als Florigen angenommenen Signals kann das behandelte Blatt kurze Zeit später entfernt werden, ohne daß der weitere Ablauf gestört wird. Der LT-Impuls kann durch Behandlung mit GA ersetzt werden, und Paclobutrazol als Hemmstoff der C19-Oxidase (Abb. **16.15** S. 613) hemmt die Blühinduktion, wenn der Hemmstoff vor der Auslösung durch den LT-Impuls appliziert wird. Durch Kombination von Gaschromatographie und Massenspektrometrie konnten die Veränderungen im GA-Spektrum nach der Blühinduktion sehr genau verfolgt werden. Interessanterweise finden wir bei *Lolium* GA_5 und ein Dihydroxy-GA_3 (GA_{32}) als stark wirksame Florigene (Abb.), die beide kaum eine Wirkung auf das Streckungswachstum haben. Bei *Lolium* sind also die beiden Prozesse durch unterschiedliche GA-Typen repräsentiert, d. h. GA_1/GA_4 für das Streckungswachstum und GA_5/GA_{32} als Florigene. Ob das in dieser Weise auch für andere Gräserarten, insbesondere für die Getreidearten gilt, ist nicht bekannt.

Reaktion nachweisbar, wenn GA direkt in die Zellen durch Mikroinjektion eingeführt wurde. Ausgangspunkt muß also ein membrangebundener Rezeptor sein, der an der Außenseite der Zelle eine GA-Bindungsstelle hat. Trotz großer Anstrengungen konnte die genetische und biochemische Identität dieses Rezeptors bisher nicht festgestellt werden.

- Ganz anders sieht die Situation für den zweiten **Rezeptor GID1** aus. Die Analysen der GA-insensitiven Zwergmutante des Reises (*gid1*) deuten auf die Existenz eines GA-Rezeptors im Zellkern hin. Das Protein GID1 hat hohe Affinität für bioaktive GA-Verbindungen. Es spielt eine Rolle bei dem GA-gesteuerten **Abbau des DELLA-Repressorproteins** (Plus. **16.4** S. 616), weil es die Rekrutierung an das Ubiquitin/Proteasom-System vermittelt (Abb. **16.20**).

Die Auslösung der GA-Antwort beruht auf dem schnellen **Abbau der Repressoren** durch das Ubiquitin/Proteasom-System (Kap. 15.11). Ähnlich wie bei der ETH-Antwort (Abb. **16.29** S. 635) folgt ein Genexpressionsprogramm in zwei Schritten. Im ersten Schritt wird ein GA-MYB-Transkriptionsfaktor neu gebildet. Im zweiten Schritt werden die etwa 200 Gene der GA-Antwort transkribiert, die entsprechende Bindungsmotive für GA-MYB in ihren Promotoren haben (Abb. **16.20**).

a Repression der Transkription

b

c Transkription

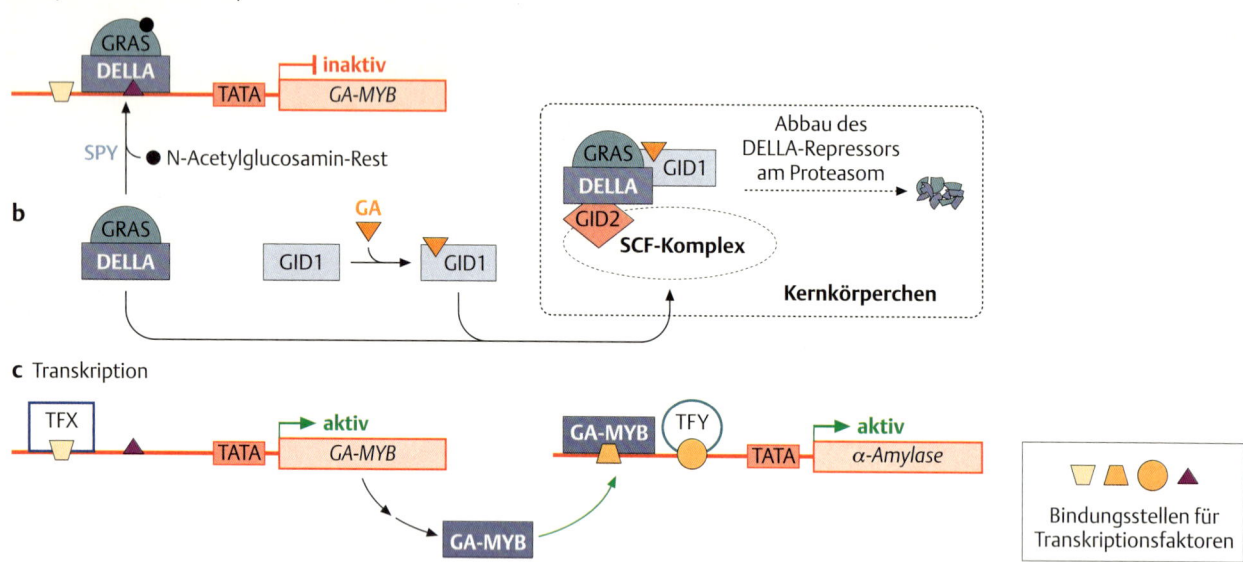

Abb. 16.20 Mechanismus der Transkriptionskontrolle durch Gibberelline.
a Repression der Transkription. Die DELLA-Repressoren werden durch Übertragung eines N-Acetylglucosamin-Restes (Enzym SPY) aktiviert. In dieser Form binden sie an DNA und unterdrücken die Transkription des GA-MYB-Transkriptionsfaktors. **b** Abbau des Repressors in Kernkörperchen. In Anwesenheit von GA wird der DELLA-Repressor an das Ubiquitin/Proteasom-System rekrutiert und abgebaut. Daran sind der GA-Rezeptor GID1 (engl.: GA insensitive dwarf) und das F-Box-Protein GID2 beteiligt. **c** Transkription. GA-MYB wird gebildet und kann die Transkription der Gene der GA-Antwort, hier des Gens für α-Amylase, vermitteln. Weitere, bisher nicht eindeutig identifizierte Transkriptionsfaktoren (hier TFX und TFY) sind vermutlich beteiligt.

16.6 Brassinosteroide

Von Struktur und Biosynthese her gehören die Brassinosteroide (BR) zu den pflanzlichen Triterpenen. Der Biosyntheseweg verläuft im Cytoplasma und geht von der Mevalonsäure als Vorstufe für die 6 Isopreneinheiten aus. Brassinosteroide werden in allen stark wachsenden Geweben in Sproß und Wurzel gebildet, in sich entwickelnden Blütenknospen, in Pollen und unreifen Samen. Die Synthese unterliegt einer Autorepression. Mutanten der BR-Synthese oder -Wirkung zeigen Photomorphogenese im Dunkeln (Deetiolierung) und z. T. extremen Zwergwuchs. BR binden an einen membranständigen Rezeptorkomplex, der einen Proteinkinase/-phosphatase-Schalter im Zellkern kontrolliert. Am Ende der Signalkette stehen zwei Transkriptionsfaktoren, die als Aktivator (BSE1) bzw. Repressor (BZR1) die Transkription der BR-kontrollierten Gene steuern.

Die Steroidhormone der Pflanzen werden wegen ihrer Entdeckungsgeschichte (Plus **16.5**) als Brassinosteroide (BR) bezeichnet. Unter den etwa 50 Verbindungen dieses Strukturtyps sind nur wenige biologisch aktiv. Sie unterscheiden sich in ihrer Oxidationsstufe in Ring B des **tetra-**

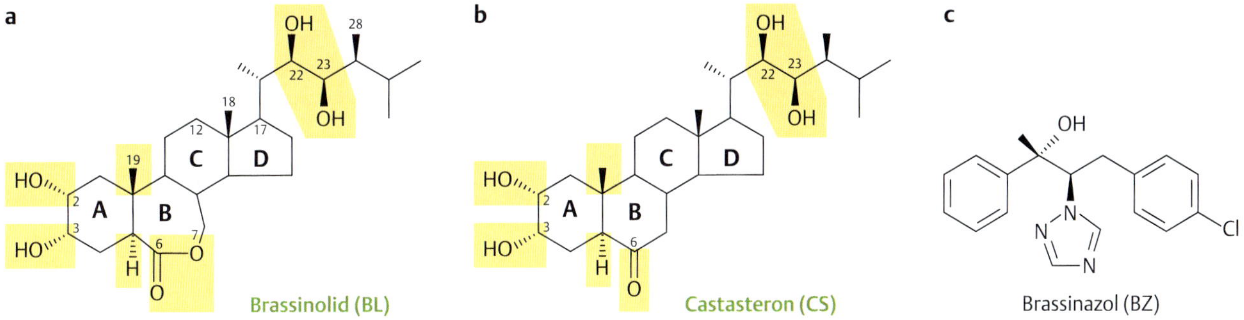

cyclischen Triterpens (Abb. **16.21**). Im Brassinolid (BL) liegt ein cyclischer Ester (Lactonring) vor, während im Castasteron (CS) der Ring B eine Ketogruppe an C6 enthält. Alle aktiven BR haben eine Reihe charakteristischer Strukturmerkmale, die zur Wirkung beitragen (gelbe Markierungen in Abb. **16.21**). BR finden sich bei allen Niederen und Höheren Pflanzen, aber ihre Wirkungen sind bisher nur bei Samenpflanzen untersucht.

16.6.1 Biosynthese und Inaktivierung der Brassinosteroide

Von Struktur und Biosynthese her gehören die BR zu den pflanzlichen Sterolen (Triterpenen), die wie Cholesterol bei den Tieren weit verbreitete Membranbestandteile sind. Im allgemeinen finden wir etwa 1–3 mg dieser Sterole pro g Trockengewicht, während die höchsten Konzentrationen für BR in Pollen bei etwa 100 ng und in jungen Sprossen bei etwa 100 fg/g TG liegen, d. h. die Synthese der BR macht nur einen verschwindend kleinen Teil der Sterolsynthese aus (Plus **16.6**).

Der **Biosyntheseweg der Triterpene** verläuft im allgemeinen im Cytoplasma und geht von der Mevalonsäure aus. Die folgenden sehr komplexen Umwandlungen auf dem Weg zum Brassinolid sind im wesentlichen in Plus **16.6** dargestellt. Bei der Aufklärung der Biosynthese spielten eine Reihe von Mutanten eine Rolle, in denen einzelne Schritte defekt sind und bei denen tiefgreifende Störungen im Wachstum (Zwergwuchs) beobachtet wurden. Bei diesen Störungen sind zumindest in den frühen Bereichen der Biosynthese die mangelnde Bereitstellung von Sterolen für die Membranfunktionen ebenso schwerwiegend wie der Mangel an BR. Das wird eindrucksvoll belegt für die Mutanten *smt1* und *hydra1* (Reaktionen 5 und 7 im Biosyntheseschema, Plus **16.6**), bei denen die Membranstörungen auch den notwendigen polaren AUX-Transport in der frühen Embryoentwicklung behindern. Die embryoletalen Effekte dieser Mutationen gehen also auf den Mangel an BR und die gestörte AUX-Verteilung zurück.

Bei der **Inaktivierung der Brassinosteroide** (Abb. **16.22**) spielt die Konjugation mit Glucose an den Hydroxylgruppen C2, C3, C23 und der neu eingeführten Hydroxylgruppe an C26 eine große Rolle. Daneben wird eine Veresterung mit Schwefelsäure an C22 beobachtet. Besondere Bedeutung hat die Epimerisierung der Hydroxylgruppe an C3 (α- → β-Position). Es entstehen 3-epi-BL bzw. 3-epi-CS. Nur diese weitgehend **inaktiven 3-epi-Derivate** werden an C3 mit Glucose konjugiert bzw. mit langkettigen Fettsäuren verestert. Inwieweit einige der genannten Glucoside eine Speicherfunktion haben, d. h. wieder gespalten werden können, ist noch nicht klar.

Abb. 16.21 Grundstruktur der Brassinosteroide. a Brassinolid (BL) mit den gelb markierten Strukturelementen, die für biologisch aktive Brassinosteroide typisch sind: cis-Diolgruppierung an C2/C3 in Ring A, trans-Verbindung zwischen den Ringen A und B mit der angulären Methylgruppe C19, Ring B oxidiert entweder als C6-Keton oder als C6/C7 Lacton, cis-Diolgruppierung an C22/C23 in der Seitenkette. **b** Castasteron (CS). **c** Brassinazol (BZ) ist ein wirksamer Hemmstoff der durch Monooxygenasen katalysierten Reaktionen der BL-Synthese (Plus **16.6** und Abb. **16.23**).

> **Plus 16.5 Entdeckung der Steroidhormone in Pflanzen**
>
> Um 1930 herum waren Forscher in den USA darauf gestoßen, daß Pollen erhebliche Mengen an wachstumsfördernden Substanzen enthalten müssen. Nach langen mühevollen Untersuchungen mit Biotests und Anreicherungen der wirksamen Verbindungen aus Pflanzenextrakten war man 1960 schließlich sicher, daß es sich um eine neue Klasse von Phytohormonen handeln müsse, die man Brassine nannte, weil **Pollen von Raps** (*Brassica napus*) besonders reich an diesen Wirkstoffen war. Es dauerte aber noch weitere 20 Jahre bis 1979 aus 250 kg Rapshonig etwa 10 mg der neuen Substanz rein dargestellt und kristallisiert werden konnte. Die Strukturanalyse ergab das erste pflanzliche Steroidhormon, das **Brassinolid**. Wenig später wurde aus Gallen der Eßkastanie (*Castanea sativa*) der biologisch aktive Vorläufer in der Biosynthesekette, das **Castasteron**, isoliert (Plus **16.6**).

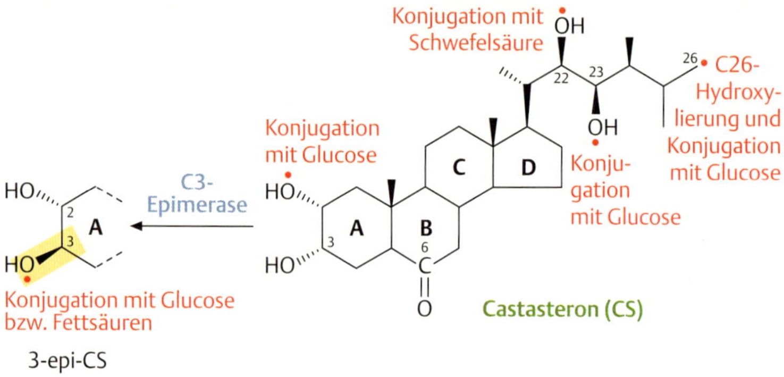

Abb. 16.22 Inaktivierung von Brassinosteroiden am Beispiel des Castasterons. Die Modifikationen (rot) sind den jeweiligen Positionen am Steroidringsystem zugeordnet. Entsprechendes gilt auch für Brassinolid. Weitere Einzelheiten s. Text.

Plus 16.6 Biosynthese der Brassinosteroide

Die Biosynthesekette ist hier nur in einer stark vereinfachten Sequenz dargestellt, aus der die wichtigen Teilbereiche mit den Veränderungen am tetracyclischen Triterpengerüst auf dem Weg zu den aktiven Brassinosteroiden sichtbar werden. Die farbigen Markierungen einzelner Reaktionen entsprechen den gleichartig markierten Mutanten. Wir können vier Teilbereiche unterscheiden:

- **Bereich 1** (Reaktionen 1–4) umfaßt die Kondensation von 6 Isopreneinheiten aus dem Mevalonsäureweg zum Squalen, die Epoxidierung desselben (Reaktion 3) und schließlich die Cyclisierung zu **Cycloartenol**. Der letzte Schritt wird durch **Squalencyclase** katalysiert und stellt, ausgehend von dem reaktiven Epoxidring, eine konzertierte Elektronenverschiebung über das ganze System dar (rote Pfeile; [A$^+$]-Elektronenakzeptorgruppe in der Squalencyclase).
- **Bereich 2** (Reaktionen 5–7) faßt den allgemeinen Teil der Sterolbiosynthese zusammen. Zwei Methylgruppen an C4 bzw. C14 werden eliminiert und der Cyclopropanring (C19) wird geöffnet. Von den zahlreichen Veränderungen wurden nur drei besonders hervorgehoben, weil entsprechende Mutanten mit starken Wachstumsdefekten vorliegen. Die **Methyltransferase** SMT1 führt die charakteristische Methylengruppe C28 ein und die von den Genen *Fackel* und *Hydra1* codierten Proteine sind für die Veränderungen an den Ringen D (C14-Demethylierung) bzw. B (Dehydrierung) verantwortlich. Ein genetischer Defekt in diesem Teil der Kette ist häufig embryoletal, weil alle Sterole betroffen sind und damit auch essentielle Membranfunktionen gestört sind.
- **Bereich 3** mit den Reaktionen 8–10 betrifft zwar ebenfalls noch alle Sterole, aber nur die Bildung der Brassinosteroide ist in den Mutanten 8–10 nachhaltig gestört. Membransterole können offensichtlich ihre Funktion auch ohne die Veränderungen in Ring B wahrnehmen. Am Ende dieses Bereichs steht **Campesterol** als C28-Verbindung, das sowohl in Membranen gefunden wird als auch unmittelbare Vorstufe für den letzten, spezifischen Teil der Biosynthesekette ist.
- Der **Bereich 4** der Biosynthesekette (Reaktionen 11–16) beruht ausschließlich auf der Aktivität von **Monooxygenasen** an ER-Membranen, die in einer Reihe von Oxidationsschritten das Endprodukt Brassinolid herstellen. Hydroxylierungen aber auch die bemerkenswerten Veränderungen im Ring B gehören dazu. Im letzten Schritt (Reaktion 16) wird in einer Art Bayer-Villiger-Reaktion der Ring B oxidativ zu einem Lacton erweitert.

— Fortsetzung —

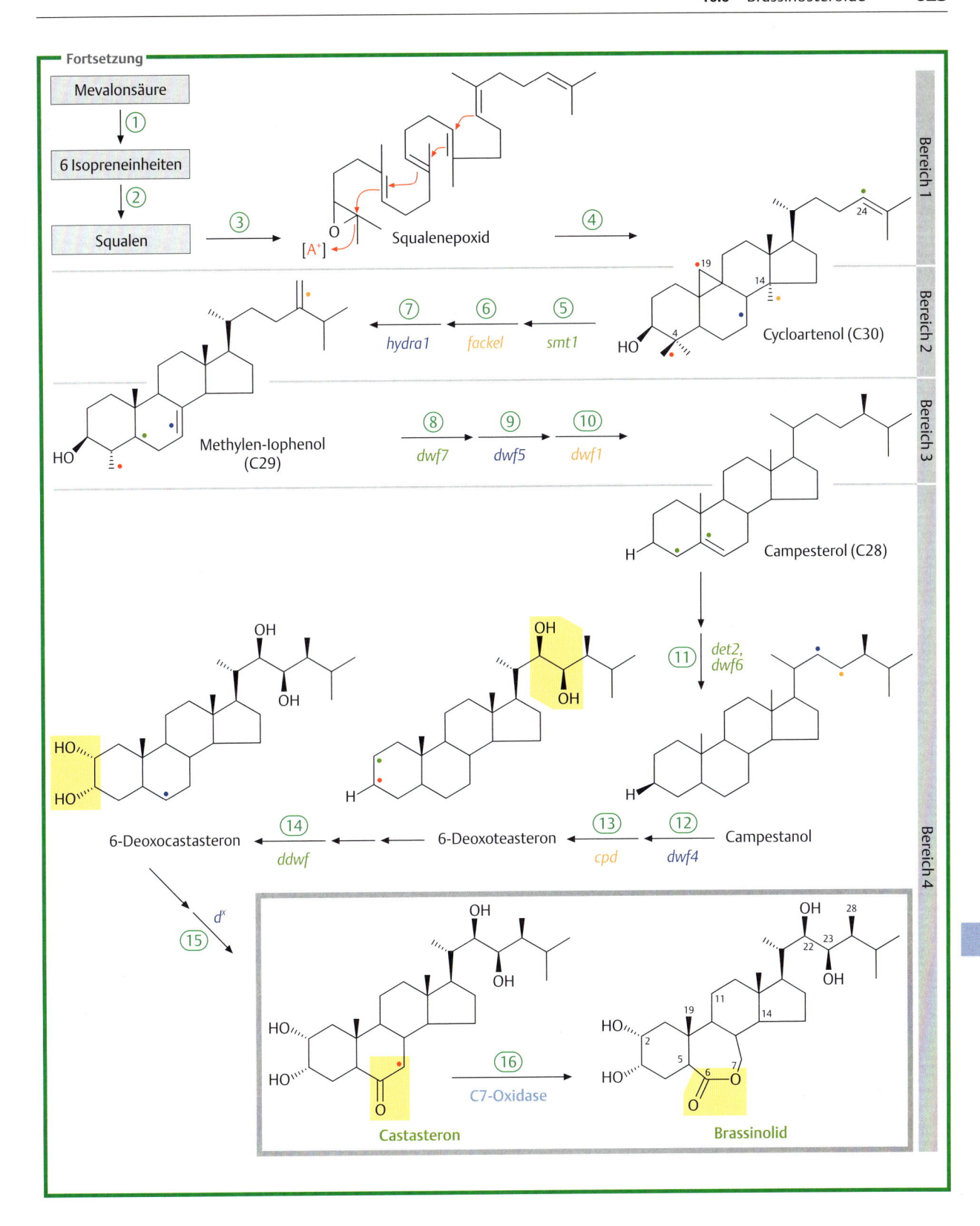

16.6 Brassinosteroide

Fortsetzung

Bereich 1: Mevalonsäure →① 6 Isopreneinheiten →② Squalen →③ Squalenepoxid [A⁺] →④ Cycloartenol (C30)

Bereich 2: Cycloartenol →⑤ *smt1* →⑥ *fackel* →⑦ *hydra1* → Methylen-lophenol (C29)

Bereich 3: Methylen-lophenol →⑧ *dwf7* →⑨ *dwf5* →⑩ *dwf1* → Campesterol (C28)

Bereich 4: Campesterol →⑪ *det2, dwf6* → Campestanol →⑫ *dwf4* → 6-Deoxoteasteron →⑬ *cpd* → →⑭ *ddwf* → 6-Deoxocastasteron →⑮ *dˣ* → Castasteron →⑯ C7-Oxidase → Brassinolid

16.6.2 Biologische Wirkungen der Brassinosteroide

Die typischen Wirkungen der BR sind eng mit den Orten der Biosynthese verbunden, die wir in allen jungen, stark wachsenden Geweben in Sproß und Wurzel, in sich entwickelnden Blütenknospen, Pollen und unreifen Samen finden. Über einen Transport von BR in Pflanzen wissen wir nichts. Die Synthese unterliegt einer **Autorepression** (Abb. **16.23**), d. h. in Anwesenheit von BR wird ein Transkriptionsrepressor (BZR1) aktiviert, der die Expression der späten Gene der BR-Synthese blockiert (Kap. 16.6.3). Darüberhinaus gibt es noch eine **lichtregulierte Kontrolle der Synthese** (Abb. **16.23**). BR werden für das Längenwachstum etiolierter Keimlinge benötigt. Bei Lichteinwirkung wird Phytochrom A (PhyA) aktiviert, das einerseits die Neusynthese der C26-Hydroxylase stimuliert und andererseits die Funktion der C24/C28-Reductase blockiert, d. h. die BR-Synthese wird gehemmt, während die Inaktivierung der BR angeregt wird.

Die Rolle der BR für den etiolierten Wuchstyp war frühzeitig deutlich geworden, weil Mutanten mit einer Photomorphogenese im Dunkeln isoliert und als Mutanten der BR-Synthese identifiziert worden waren. Diese sind *det2* (engl.: deetiolated) und *cpd* (engl.: constitutive photomorphogenesis in the dark). Die entsprechenden Proteine katalysieren die Reaktionen 11 und 13 im Biosyntheseschema der Brassinosteroide (Plus **16.6**).

Die auffallendste Wirkung der BR liegt in ihrer **Funktion für Zellwachstum** und **Zellteilung**. Sie können in dieser Funktion nicht durch AUX oder GA ersetzt werden, obwohl der Effekt der BR auf die Zellstreckung stark von der Anwesenheit geringer Mengen von AUX abhängig ist. Beide Hormone haben eine synergistische Wirkung. Darauf beruht auch ein hochempfindlicher BR-Biotest mit etiolierten Reiskeimlingen, der an das Vorhandensein geringer Mengen (endogenen) Auxins gebunden ist (Box **16.8**).

Mutanten mit Defekten in der BR-Synthese, im Rezeptor und/oder in der Signaltransduktion zeigen z. T. extremen Zwergwuchs (Abb. **16.24**). Sie werden daher als *dwf*-Mutanten (engl.: dwarf = Zwerg) bezeichnet. Die Größe der Zellen liegt im allgemeinen bei 10–20 % der Größe des Wildtyps bei gleicher Zahl der Chloroplasten. Das gibt den BR-Zwergen den typischen dunkelgrünen Wuchstyp. Die stark verzögerte Entwicklung der *dwf*-Mutanten ist häufig mit Problemen in der Fertilität gepaart.

Auf der anderen Seite gibt es offensichtlich auch antagonistische Wirkungen zwischen AUX und BR. In einer Mutante mit einem Defekt in dem von AUX-kontrollierten Transkriptionsfaktor ARF7 sind Phototropismus (Kap. 17.1.4) und Gravitropismus (Kap. 17.3) sowie andere AUX-Effekte gestört. Interessanterweise kann dieser Defekt aufgehoben werden, wenn man die BR-Synthese durch Brassinazol hemmt. Die Reaktionen erfordern also ein sensibles Gleichgewicht zwischen AUX und BR. In dieses Bild antagonistischer Wirkungen paßt auch die Tatsache, daß die Expression einiger AUX-Repressoren (AXR) durch BR gefördert wird.

16.6.3 Molekularer Wirkungsmechanismus

Die ausgeprägten Zwergformen, die bei Ausfall der späten Reaktionen der Biosynthese zu beobachten sind, haben wesentlich zum Verständnis des Wirkungsmechanismus beigetragen. Die Detailanalyse hat ergeben, daß nur ein Teil, nämlich die Biosynthesemutanten, durch Gabe von BR normalisiert werden können. Ein anderer Teil ist offensichtlich in der Rezeption und Signaltransduktion gestört und kann daher nicht durch exogene Zugabe von BR beeinflußt werden. Schließlich gibt es noch eine dritte

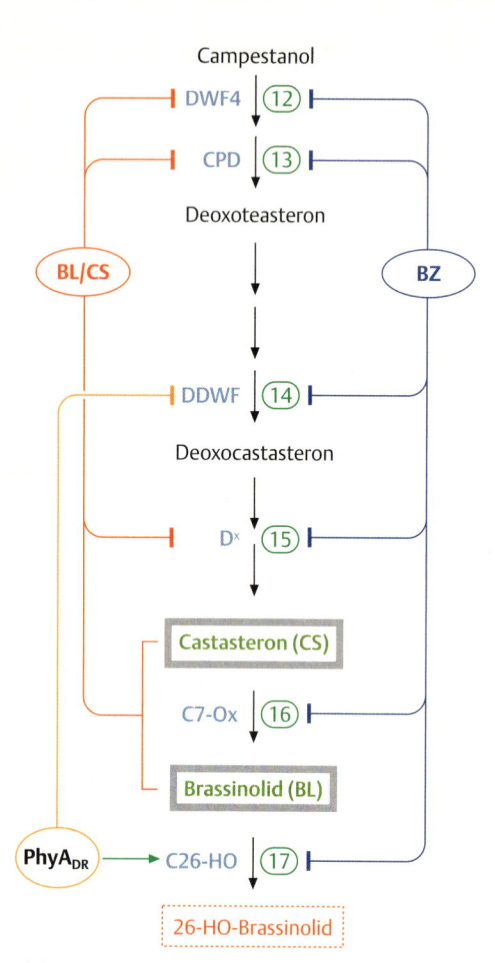

Abb. 16.23 Regulation der Brassinosteroid-Biosynthese. Wirkung von BL/CS und Phytochrom A. Das Schema zeigt den letzten Teil der BR-Synthese mit den Schritten 12–16 vom Campestanol zum Brassinolid (Details Plus **16.6**). Die beiden aktiven Brassinosteroide sind grün markiert. Enzyme sind mit den Namen angegeben, die sich von den Mutantenphänotypen ableiten (Plus **16.6**). Die Expression der Gene wird durch BR gehemmt (rot). Phytochrom A (PhyA$_{DR}$) hemmt die Funktion der DDWF und fördert die Bildung des desaktivierenden Enzyms C26-Hydroxylase (C26-HO). Die Hemmung der Enzyme (Monooxygenasen) durch Brassinazol (BZ) ist blau markiert.

Box 16.8 Biotest für Brassinosteroide

Für Brassinosteroide gibt es einen spezifischen und hoch empfindlichen Biotest, der auf der Krümmung im Gelenk von Reisblättern beruht. Er hat wesenlich dazu beigetragen, daß man nach ihrer Entdeckung sehr schnell die allgemeine Verbreitung von BR im Pflanzenreich zeigen konnte.

Für den Test wird das zweite Blatt eines 7 Tage alten Reiskeimlings benutzt. Jeweils 1 cm der Blattscheide und des daran sitzenden Blattes werden in der Hormonlösung bzw. in Wasser für 48 Stunden aufbewahrt. Anstelle der Hormonlösung kann man natürlich auch Pflanzenextrakte einsetzen. In Abhängigkeit von der BR-Konzentration kommt es zu einer mehr oder weniger starken Schwellung der Axialzellen im Bereich des Gelenks zwischen Blattscheide und Blattspreite. Das führt zu einem Abknicken zwischen Scheide und Spreite, und den entstehenden Winkel kann man messen. Die besondere Eignung dieser Reiskeimlinge beruht darauf, daß der endogene Gehalt von AUX eine optimale Reaktion auf sehr geringe Mengen von BR ermöglicht.

Der Effekt auf die Reisblätter hat auch einen sehr praktischen Nutzen. Bei Reis-Mutanten mit einer Unterversorgung an BR stehen die Blätter steiler am Halm. Man kann unter geeigneten Umständen daher deutlich dichtere Pflanzbestände mit einer Steigerung der Erträge um 30–50 % erreichen.

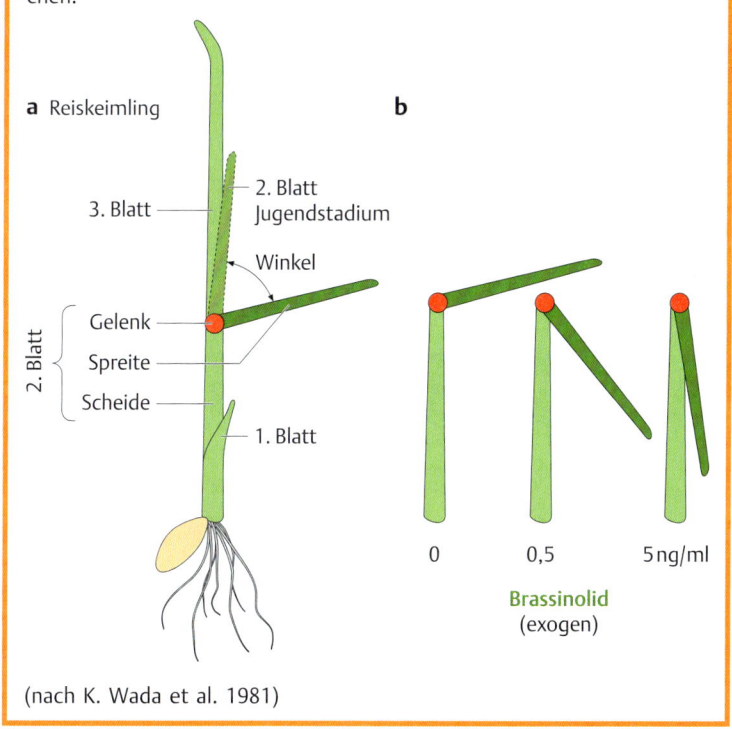

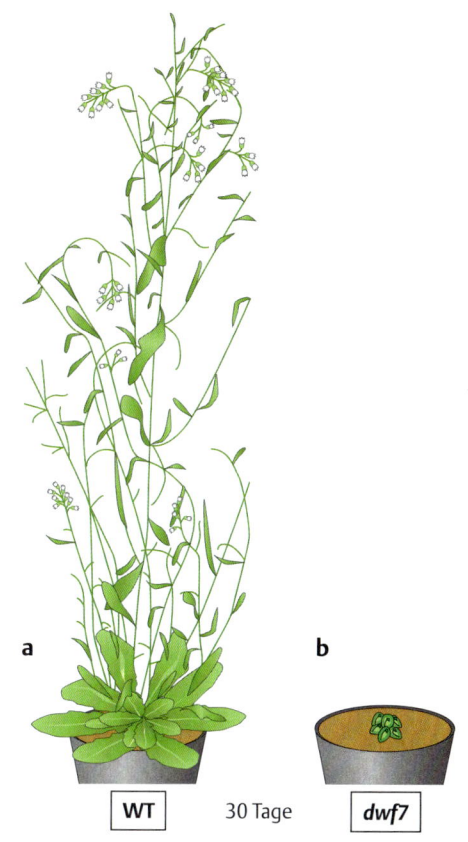

(nach K. Wada et al. 1981)

Abb. 16.24 Zwergwuchs von *Arabidopsis*-Mutanten der BR-Synthese. a Wildtyp- und **b** *dwf7*-Mutantenpflanze nach 30 Tagen Entwicklung. Die Wildtyppflanze blüht, während die Mutante sehr kleine Blätter hat und sich noch immer im vegetativen Stadium befindet (nach M. Catterou et al. 2001).

Form von Mutanten, die unabhängig von der Bereitstellung von BR sind, weil negative Komponenten in der Signaltransduktion ausgefallen sind. Im Einzelnen wurden folgende drei Wirkebenen identifiziert (Abb. **16.25**)

- **Rezeptorebene**: Der BR-Rezeptor BRI1 existiert zusammen mit einem verwandten Protein BAK1. Beide gehören zu einem Typus membranständiger Proteine mit extrazellulären Wiederholungen Leucin-reicher Sequenzabschnitte, sog. LR-Repeats (engl.: leucine-rich repeats, Abb. **16.43** S. 650) und einer cytoplasmatischen Proteinkinasedomäne. BRI1 besitzt darüberhinaus eine Bindungsstelle für BR.
- Die **Proteinkinase/-phosphatase-Ebene** besteht aus einer regulatorischen Schleife im Zellkern, die die Aktivität der nächsten Ebene mit den Transkriptionsfaktoren kontrolliert. Die Verbindung zur Rezeptorebene ist noch nicht geklärt, könnte aber über Proteine erfolgen, die mit dem aktiven Rezeptorkomplex assoziieren (Proteine X und Y in Abb. **16.25b**).
- **Transkriptionsebene**: Zwei Transkriptionsfaktoren mit ganz unterschiedlichen Funktionen spielen die Hauptrolle. Beide haben ein bHLH-Erkennungsmotiv für die DNA-Bindung (Plus. **15.7** S. 521). BES1 hat aktivierende Funktion für die Antwortgene, während BZR1 als Repressor die Expression der Gene im letzten Teil der BR-Synthese blockiert und damit für die Autorepression verantwortlich ist.

Die Komponenten bilden einen Signalweg, der in seiner Funktion von Brassinolid abhängt. Vereinfacht lassen sich zwei Zustände definieren:

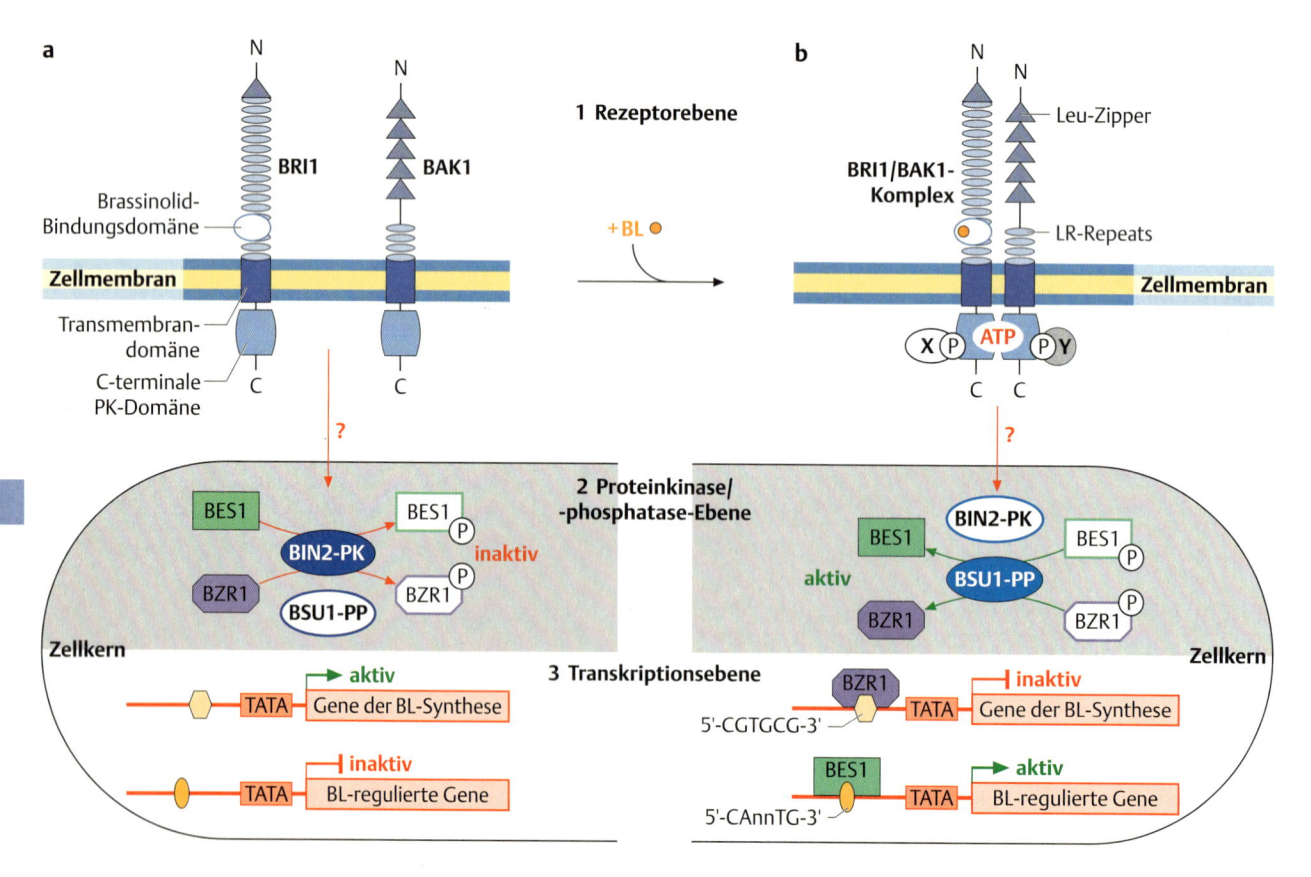

Abb. 16.25 Mechanismus der Transkriptionskontrolle durch Brassinosteroide. a Zellen ohne BL. **b** Zellen in Gegenwart von BL. Die beteiligten Komponenten wurden durch die Analyse von Mutanten in der Signaltransduktion identifiziert und nach dem jeweiligen Phänotyp benannt. In den drei Ebenen sind das folgende Proteine: **1. Membranrezeptorkomplex:** BRI1 (engl.: brassinosteroid insensitive) und BAK1 (engl.: BRI1-associated receptor kinase). **2. Aktivitätsschalter im Zellkern** mit der BIN2-Proteinkinase (PK, engl.: brassinosteroid insensitive) und der BSU1-Phosphatase (PP, engl.: *bri1* suppressor). Details der Aktivitätskontrolle für die beiden Enzyme in den jeweiligen Zuständen sind nicht geklärt (rote bzw. grüne Pfeile). **3. Transkriptionsfaktoren:** BES1-Aktivator (engl.: *bri1*-EMS suppressor) und BZR1-Repressor (engl.: brassinazole resistant). Weitere Details siehe Text.

- **In Abwesenheit von BL** (Abb. **16.25a**) sind die beiden Membranproteine inaktiv und vermutlich nicht miteinander verbunden. Die BIN2-Proteinkinase im Zellkern ist aktiv und phosphoryliert die beiden Transkriptionsfaktoren BES1 und BZR1, die in der phosphorylierten Form nicht an DNA binden können.
- **In Gegenwart von BL** (Abb. **16.25b**) ist BRI1 aktiviert und bildet zusammen mit BAK1 einen hochmolekularen Rezeptorkomplex. Durch wechselseitige Phosphorylierung der C-terminalen Proteinkinasedomänen auf der cytoplasmatischen Seite können andere Proteine an diesen Komplex gebunden werden. Die BIN2-PK ist in diesem Zustand inaktiv, während im Zellkern eine Phosphatase (BSU1) die beiden Transkriptionsfaktoren in die aktive, d.h. unphosphorylierte Form überführt. Insgesamt ergibt sich dadurch der in Abb. **16.25** dargestellte Wechsel in dem Transkriptionsmuster der durch BL-kontrollierten Gene.

Dieses relativ einfache Modell gibt sicher die Grundfunktionen richtig wieder. Die Vielzahl der Antwortgene und die zeitliche Steuerung ihrer Expression erfordern aber noch weitere Transkriptionsfaktoren, die wir der Einfachheit halber weggelassen haben.

16.7 Ethylen

Ethylen (ETH) ist ein gasförmiges Hormon, das aus Methionin gebildet wird. Aminocyclopropancarbonsäure (ACC) dient dabei als lösliche und transportfähige Zwischenstufe. Synthese und Umwandlung der ACC stellen einen wichtigen Kontrollpunkt der ETH-Synthese dar. Drei Hauptwirkungen des ETH können unterschieden werden: Samen- und Fruchtreifung, Keimlingsentwicklung (Triple Response) und ETH als Streßhormon. Die große Bedeutung für die pflanzliche Biotechnologie beruht auf der Rolle von ETH als Reifungshormon. Die ETH-Rezeption und -Signaltransduktionskette besteht aus zwei Grundelementen, einem Repressorblock mit dem membrangebundenen Rezeptor (ETR1/ERS1) und einem Aktivatorblock mit Proteinkinasen sowie EIN3 und ERF1 als terminale Transkriptionsfaktoren.

Die Entdeckung der Wirkung von Ethylen ($CH_2=CH_2$) auf Pflanzen geht auf einen jungen russischen Botaniker in Sankt Petersburg zurück (D. L. Neljubov 1901). Er beschrieb, daß ETH als Bestandteil des für die Laborbeleuchtung verwendeten Gases dafür verantwortlich war, daß Erbsenkeimlinge ihre Sproßachsen horizontal (plagiotrop) statt vertikal (negativ gravitrop) ausrichteten. Es brauchte allerdings noch weitere 70 Jahre bis ETH als echtes Pflanzenhormon bei den Biologen akzeptiert war.

16.7.1 Biosynthese von Ethylen

ETH entsteht in Pflanzen aus Methionin in einem dreistufigen Prozeß (Abb. **16.26**, Reaktionen 1–3). Formal gesehen, werden die zwei, dem Schwefelatom benachbarten Methylengruppen des Methionins zu ETH, während der Rest des Moleküls abgebaut bzw. im Verlauf des sog. Yang-Zyklus zur Resynthese von Met verwendet wird.
1. Aktivierung des Methionins zu **S-Adenosyl-methionin** (**AdoMet**). Die Reaktion ist auch Ausgangspunkt für viele andere Reaktionen des Methionins (Abb. **15.29** S. 547).

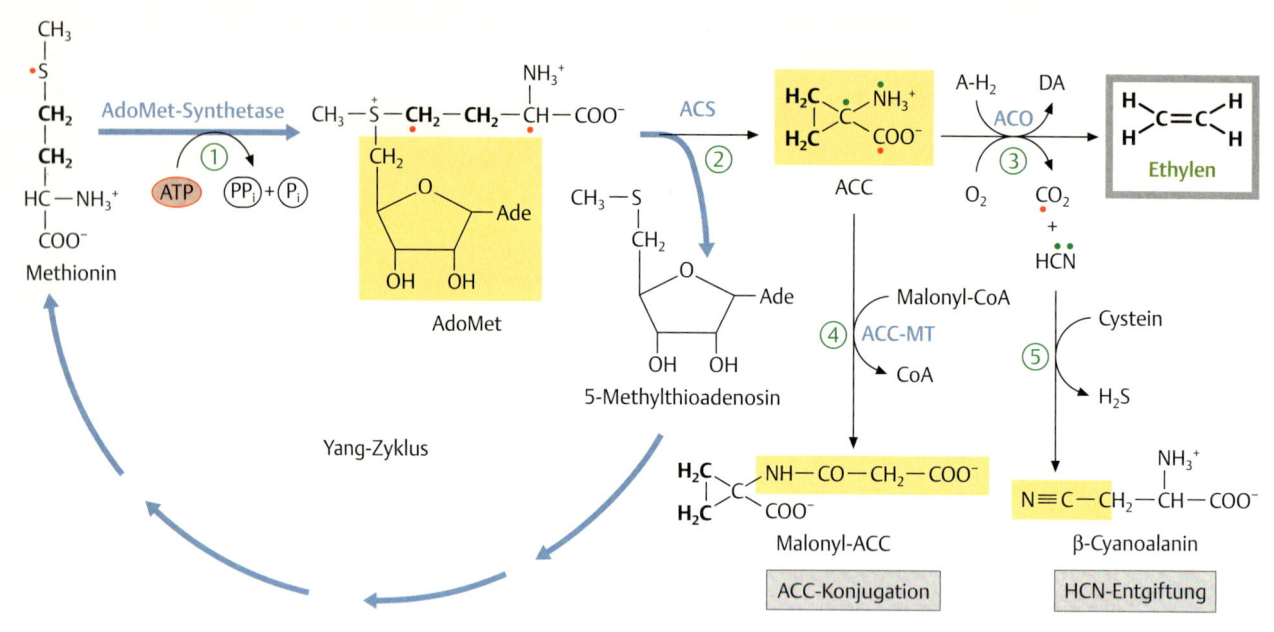

Abb. 16.26 Biosynthese von Ethylen. 1, 2, 3 Reaktionen der ETH-Biosynthese aus Methionin. Die beiden CH$_2$-Gruppen des Met, die zum ETH werden, sind durch Fettdruck hervorgehoben. Details des Yang-Zyklus (blaue Pfeile), der der Resynthese von Methionin dient, wurden weggelassen. A-H$_2$, Ascorbinsäure; DA, Dehydroascorbinsäure. Weitere Erklärungen s. Text.

2. Bildung der cyclischen Aminosäure **Aminocyclopropancarbonsäure** (**ACC**) durch ACC-Synthase (ACS). ACC ist eine lösliche und transportfähige Zwischenstufe des ETH. Die ACC-Synthase stellt einen wichtigen Kontrollpunkt für die Hormonsynthese dar (Plus **16.7**). Wie bei vielen anderen Reaktionen von Aminosäuren braucht die ACS Pyridoxalphosphat als Coenzym.
3. Die Oxidation des ACC zu **ETH** durch ACC-Oxidase (ACO) ist der dritte Schritt. ACO ist eine Fe^{2+}-haltige Oxygenase, die durch Bindung von CO$_2$ aktiviert wird und neben molekularem Sauerstoff noch Ascorbinsäure als Reduktionsäquivalent benötigt. Die bei der Reaktion entstehende Blausäure wird durch Umsetzung mit Cystein zu Cyanoalanin entgiftet (Reaktion 5).

Offensichtlich ist die lokale Verfügbarkeit von ACC ausschlaggebend für die ETH-Synthese, das aufgrund seines Charakters als hydrophobes Gas in der Regel sehr schnell wieder verschwindet. Die ACC-Menge wird durch Konjugation mit Malonsäure (Abb. **16.26**, Reaktion 4) vermindert. Malonyl-ACC ist allerdings kein ACC-Speicher, sondern dient dem Abbau.

16.7.2 Biologische Wirkungen

Wie bei den anderen Hormonen sind auch die ETH-Wirkungen vielfältiger Art. Die wichtigsten lassen sich folgenden Kategorien zuordnen:
- **ETH als Reifungshormon**
  - Starke ETH-Synthese ist integraler Bestandteil der Entwicklungsprogramme Samenreifung und Fruchtbildung;
  - Förderung der Fruchtreife (Abb. **16.27**) und des Fruchtfalls;
  - Förderung von Blattalterung und Blattfall, z. B. im Herbst;
  - Förderung von Alterung und Abfall von Blütenblattorganen nach der Befruchtung. Das im Pollen enthaltene AUX löst in Stigma und Ovar die Synthese von ACC aus, das in die Blütenblätter transportiert und dort zu ETH umgesetzt wird.

Plus 16.7 ACC-Synthase (ACS) als Kontrollpunkt für die Ethylensynthese

Aminocyclopropancarbonsäure (ACC) muß als eine Art ETH-Reserve angesehen werden, aus der bei Bedarf durch Einwirkung der ACC-Oxidase ETH gebildet wird (Abb. **16.26**). Die Menge und die Art der ACC-Synthasen (ACS) in einzelnen Geweben entscheiden also maßgeblich über die ETH-Versorgung. Von den neun in *Arabidopsis* gefundenen *ACS*-Genen wird eigentlich nur *ACS*6 zwar unterschiedlich stark, aber doch in allen Geweben exprimiert, während die anderen entwicklungs- bzw. streßspezifische Muster der Expression haben. Als Beispiel können uns Mikroarray-Analysen von mRNA-Mustern für *Arabidopsis*-Wurzeln unter verschiedenen Streßbedingungen dienen (s. Box. **15.2** S. 492 und Kap. 19). Die Abb. **a** zeigt die allgemeine Expression von *ACS*6 und zugleich die Verstärkung ihrer Expression unter Kälte- und Salzstreß (Original: P. von Koskull-Döring). Auch *ACS*2, *ACS*7 und *ACS*8 werden bei Salzstreß exprimiert. Alle Veränderungen in den Mustern müssen wir zu der konstitutiv stark exprimierten Ubiquitin-mRNA in Beziehung setzen. Insgesamt lassen sich diese und weitere Ergebnisse (http://www.genevestigator.ethz.ch/) in einer Tabelle zusammenfassen:

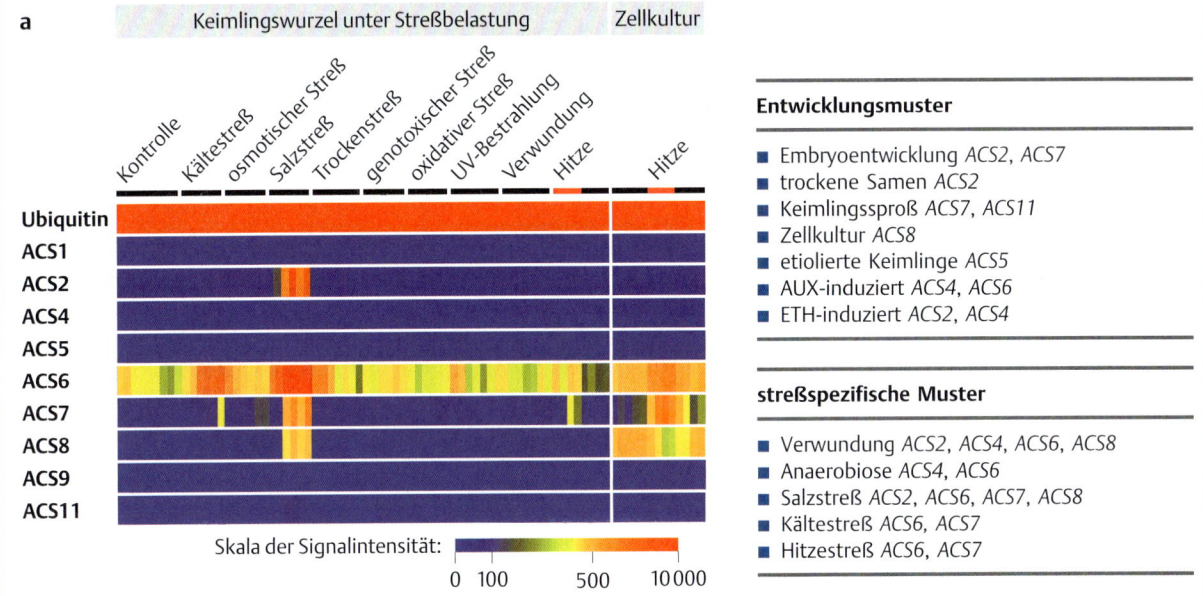

a

[Heatmap: Keimlingswurzel unter Streßbelastung (Kontrolle, Kältestreß, osmotischer Streß, Salzstreß, Trockenstreß, genotoxischer Streß, oxidativer Streß, UV-Bestrahlung, Verwundung, Hitze) und Zellkultur (Hitze) für Ubiquitin, ACS1, ACS2, ACS4, ACS5, ACS6, ACS7, ACS8, ACS9, ACS11. Skala der Signalintensität: 0, 100, 500, 10000]

Entwicklungsmuster
- Embryoentwicklung *ACS2, ACS7*
- trockene Samen *ACS2*
- Keimlingssproß *ACS7, ACS11*
- Zellkultur *ACS8*
- etiolierte Keimlinge *ACS5*
- AUX-induziert *ACS4, ACS6*
- ETH-induziert *ACS2, ACS4*

streßspezifische Muster
- Verwundung *ACS2, ACS4, ACS6, ACS8*
- Anaerobiose *ACS4, ACS6*
- Salzstreß *ACS2, ACS6, ACS7, ACS8*
- Kältestreß *ACS6, ACS7*
- Hitzestreß *ACS6, ACS7*

Ein weiterer Kontrollpunkt betrifft die Stabilität der Proteine. Es gibt zwei ACS-Typen, eine kleinere Form (ACS4, 5, 8, 9 und 11) und eine etwas größere Form (ACS 1, 2 und 6) mit einem C-terminalen Anhang. Beide Formen sind prinzipiell kurzlebig. Sie werden vom Ubiquitin/Proteasom-System rasch abgebaut. Phosphorylierungen im C-terminalen Bereich der Proteine stabilisieren aber ACS und verhindern ihren Abbau (Abb. **b**). Ein Serinrest, der allen Formen gemeinsam ist, kann von einer Ca^{2+}-abhängigen Proteinkinase phosphoryliert werden. Darüberhinaus werden die größeren Formen noch von einer MAP-Kinase (MPK6) phosphoryliert. Interessanterweise geht die Stimulation der ETH-Synthese durch CK auf eine generelle Hemmung des Abbaus der ACS zurück, während Verwundung und Pathogenbefall die MPK6 stimulieren und damit die Lebensdauer der größeren ACS verlängern.

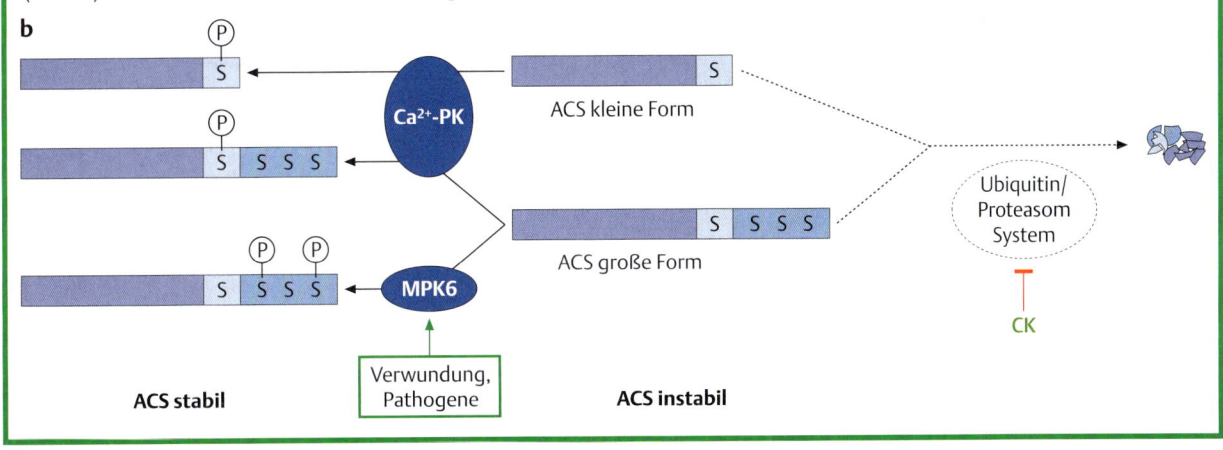

b

[Schema: ACS kleine Form und ACS große Form werden durch Ca^{2+}-PK bzw. MPK6 (stimuliert durch Verwundung, Pathogene) phosphoryliert → ACS stabil; unphosphorylierte Formen → ACS instabil → Ubiquitin/Proteasom System (gehemmt durch CK)]

– In allen diesen Fällen kommt es zur Abtrennung von Blättern bzw. Früchten nach Ausbildung einer Trennschicht zwischen Pflanze und abzutrennendem Organ. Die jeweilige Trennstelle aus mehreren Zellschichten ist vorgeformt, wird aber durch ETH-induzierte Bildung von Cellulasen und Polygalacturonase und Auflösung der Mittellamellen erst wirksam. Antagonist dieser ETH-Wirkung ist AUX, das vorzeitigen Fruchtfall verhindert. Auf der anderen Seite führen die als Herbizide eingesetzten Superauxine (Box **16.5** S. 610) zur verstärkten ETH-Bildung und frühzeitigem Abwerfen der Blätter. Die große Bedeutung des ETH für die pflanzliche Biotechnologie beruht auf seiner Rolle als Reifungshormon (Kap. 16.7.3).

- **ETH in der Keimlingsentwicklung**
– Überwindung der Ruhephase von Getreidesamen bzw. Liliaceen-Zwiebeln;
– Hemmung der AUX-gesteuerten Streckung von Wurzel und Hypokotyl, Verdickung der Sproßachse und Verstärkung des Hypokotylhakens bei Keimlingen, die im Dunkeln wachsen. Diese sog. **Dreifachantwort** auf ETH (engl.: **triple response**) führt zu einem gedrungenen Keimling (Box **16.9**) und hat als Testsystem entscheidend dazu beigetragen, die Mechanismen der ETH-Wirkung aufzuklären.

- **ETH als Streßhormon**
– Bildung von ETH als eine Art Alarmon während vieler Streßsituationen, insbesondere bei Sauerstoffmangel, Wassermangel oder Hitzestreß (Tab. **19.3** S. 776).

- **ETH und Blütenentwicklung**
– ETH fördert die Anlage von Blüten bei Tomaten und Ananas.

16.7.3 Ethylen und Fruchttechnologie

Die ganzjährige Versorgung der Verbraucher auf der Nordhalbkugel der Erde mit frischem Obst, Gemüse und Blumen in großer Vielfalt hängt entscheidend von den entsprechenden Anbauflächen in klimatisch günstigen Regionen, häufig auf der Südhalbkugel ab. Der Transport über weite Strecken erfordert eine geeignete Technologie, die eng mit den ETH-gesteuerten Prozessen der Fruchtreife und -alterung zusammenhängen. Das ganze Verfahren beruht darauf, daß Früchte und die darin enthaltenen Samen nach Abschluß der sog. **physiologischen Reife** auch losgelöst von der Pflanze **autonome entwicklungsfähige Einheiten** darstellen, wenn die entsprechenden Bedingungen eingehalten werden. Diese Reifungsprozesse nach der Abtrennung von der Mutterpflanze sind besonders ausgeprägt bei der Gruppe der sog. **klimakterischen Früchte** (Abb. **16.27**, Tab. **16.3**). Der praktische Ablauf bei der Handhabung solcher Prozesse läßt sich grob in folgende Phasen einteilen:

1. **Ernte der Früchte** in gut entwickeltem, aber für den Verzehr unreifem Zustand (**physiologische Reife**).
2. Verpackung, Transport und ggf. auch **Langzeitlagerung** bei verringerter Temperatur und unter Schutzgas (CO_2). In diesem Zustand sind die Früchte relativ resistent gegenüber mechanischer Schädigung und auch Pathogenbefall. Allerdings verlangt jede Fruchtart die für sie eigenen, optimalen Bedingungen an Temperatur und Luftfeuchtigkeit.
3. Auslösung des Reifungsprozesses durch **Begasung mit ETH**. Häufig genügt eine kurzzeitige Behandlung mit geringen Dosen von ETH, weil bei den klimakterischen Früchten große Mengen ETH während der Reifung produziert werden (Box **16.10**). Der Prozeß ist also **selbstverstärkend**. Diese Verstärkung beruht auf der ETH-induzierten Neubil-

---

Box 16.10 Verstärker der Ethylenwirkung

Im Gegensatz zu anderen Hormonen wirkt ETH über einen erstaunlich großen Konzentrationsbereich, der insgesamt sieben Größenordnungen umfaßt, von 0,2 nl l^{-1} bis 1,0 ml l^{-1}. In Anbetracht dieser Tatsachen und der raschen Ausbreitung als Gas ist es nicht verwunderlich, daß ETH aus anthropogenen Quellen auch Einfluß auf das Pflanzenwachstum haben kann.

Bei der niedrigsten Schwellenkonzentration, die z. B. Fruchtreifung auslöst, muß man davon ausgehen, daß nur wenige ETH-Rezeptoren in einer Zelle besetzt sind. Eine merkliche Verringerung der Repressorwirkung von CTR1 kann also nur erfolgen, wenn es zur Clusterbildung zwischen den Rezeptoren kommt, in dem die wenigen besetzten Rezeptoren die vielen unbesetzten in ihrerer Aktivität beeinflussen. Solch eine Clusterbildung von Rezeptoren ist uns aus tierischen Systemen wohl bekannt. Ob sie auf die Situation bei der ETH-Signaltransduktion tatsächlich zutrifft und damit eine Erklärung für das Phänomen der biologischen Wirkung bei kleinsten ETH-Dosen liefert, ist allerdings unklar.

Bei der Fruchtreifung wird die ETH-Wirkung durch Neubildung von immer mehr ETH verstärkt. Das beruht darauf, daß das *ACC-Oxidase*-Gen ETH-induziert ist. So werden schließlich bei einigen Früchten, z. B. Apfel oder Passionsfrucht, extrem hohe Konzentrationen von bis zu 1 ml l^{-1} ETH erreicht.

Box 16.9 Ethylen-Triple-Response als Mutanten-Screeningsystem

Wenn Keimlinge im Erdreich, d. h. im Dunkeln, wachsen, strecken sie sich schnell, um mit der Sproßspitze ans Licht zu gelangen. Die Sproßspitze wird durch den Hypokotylhaken gebildet. Wenn dieser im Erdreich auf ein Hindernis stößt, kommt es zur Bildung von Streß-ETH und zu einer vorübergehenden Umsteuerung der Wachstumsprozesse. Die Wachstumsrichtung der Sproßachse wird von negativ gravitrop auf plagiotrop umgestellt und damit kann das Hindernis ggf. umwachsen werden. Die ETH-kontrollierte Reaktion wird unter dem Terminus **Triple response** (Dreifachantwort) zusammengefaßt:
1. Verstärkung der Krümmung des Hypokotylhakens;
2. das Streckungswachstum von Sproß und Wurzel wird reduziert;
3. der Sproß verdickt sich.

Experimentell läßt sich die Reaktion einfach durch ETH-Behandlung von Keimlingen im Dunkeln auslösen. In ETH-freier Atmosphäre entstehen langgestreckte, relativ fragile Keimlinge (**1**, **etiolierte Keimlinge**), während in Anwesenheit von ETH sich kurze gedrungene Keimlinge bilden (**2**). Die Unterschiede sind auf den ersten Blick sichtbar und können daher leicht für die Suche nach Keimlingen mit einer defekten ETH-Anwort genutzt werden.

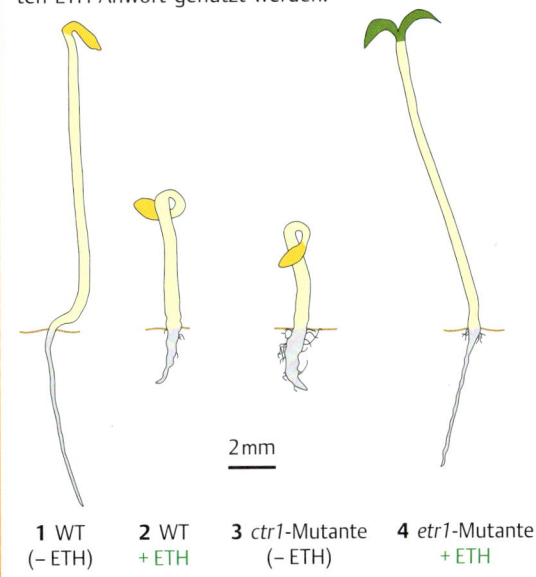

Folgende Mutantentypen wurden auf diese Weise diagnostiziert. Sie werden im Zusammenhang mit Abb. **16.29** S. 635 in ihrer Wirkung besprochen:

- ***etr1*-Mutante** (engl.: ethylen resistent): Keine ETH-Antwort, d. h. es entstehen schlanke Keimlinge auch in Gegenwart von ETH (**4**). Das geschieht z. B., wenn der Rezeptor (ETR1) in seiner ETH-Bindungsstelle defekt ist. Der entgegengesetzte Phänotyp entsteht bei Ausfall des Rezeptors, z. B. in Folge eines Stop-Codons im Leseraster des Proteins oder einer Transposoninsertion. In diesem Fall zeigen die Keimlinge eine konstitutive ETH-Antwort, weil der Repressorblock fehlt.
- ***ctr1*-Mutante**: Mutanten mit konstitutiver ETH-Antwort (engl.: constitutive triple response). Bei Defekt oder Ausfall des CTR1-Repressormoleküls haben die Keimlinge auch in Abwesenheit von ETH (**3**) einen gedrungenen Phänotyp.
- ***ein2*- bzw. *ein3*-Mutante** (engl.: ethylen insensitive): ETH-unempfindliche Mutanten, d. h. die Hormonantwort fehlt. Obwohl dieser Phänotyp ähnlich ist wie bei der *etr1*-Mutante, ist der Verlust der EIN-Proteine mit einem konstitutiv negativen Phänotyp verbunden. Das bedeutet, daß beide Proteine positive Regulatoren der ETH-Antwort sind.
- ***ebf1*-Mutante** (engl.: EIN3 binding F-box protein): Mutanten mit konstitutiver ETH-Antwort. Im Gegensatz zu dem Ausfall des Repressors CTR1 beruht diese Mutation auf dem Ausfall des F-Box-Proteins EBF1, das den Abbau von EIN3 in Abwesenheit von ETH vermittelt (Abb. **16.29** S. 635).

Die relative Position von Komponenten in einer solchen Signaltransduktionssequenz kann durch Kreuzungsexperimente ermittelt werden. Wenn man z. B. *ctr1* mit *ein2* oder *ein3* kreuzt, dann entspricht der Phänotyp dem von *ein2/3*, weil der Ausfall der Aktivatoren am Ende der Signalkette nicht durch Inaktivierung des Repressors am Anfang ausgeglichen werden kann. Man sagt *ctr1* ist **hypostatisch** gegenüber *ein2/3* und umgekehrt sind die *ein2/3*-Mutanten **epistatisch** gegenüber *ctr1*. Ebenso ist der Phänotyp von *ebf1* mit einer ETH-unabhängigen, konstitutiven Antwort durch fehlenden Abbau von EIN3 epistatisch gegenüber *etr1* (keine ETH-Antwort).

1 WT (– ETH) **2** WT + ETH **3** *ctr1*-Mutante (– ETH) **4** *etr1*-Mutante + ETH

2 mm

dung von zwei ACC-Synthasen (ACS2 und ACS4) und ACC-Oxidase. Bei den klimakterischen Früchten kommt es im Verlauf des Reifungsprozesses zu einem Abbau von Stärke und einem Anstieg der Atmungsaktivität mit Wärmebildung (Abb. **16.27**). Darauf beruht die Bezeichnung als **klimakterische Früchte**. Es kommt also aus technologischer Sicht darauf an, die Temperatur in dieser Phase konstant zu halten, damit die Reifung nicht unmittelbar in die Alterung übergeht.

4. Lokale Verteilung der Früchte, Verkauf und alsbaldiger Verzehr.

Abb. 16.27 Reifung klimakterischer Früchte am Beispiel der Tomate. Tomaten, die im Zustand der physiologischen Reife (engl.: mature green) geerntet werden, können in einem ETH-ausgelösten Reifungsprozeß bis zur Genußreife gebracht werden. In der **ersten Phase** werden Chlorophyll und Stärke abgebaut und die Genexpressionsprozesse für die Bildung von ETH und des für Tomaten typischen roten Carotinoids (Lycopen) ausgelöst. In der **zweiten Phase** steigen die ETH-Produktion und die Atmung der Früchte an (Klimakterium). Die **dritte Phase** (Reifestadium) ist durch die massive Akkumulation von Lycopen und die Bildung von Enzymen (z. B. Polygalacturonase) gekennzeichnet, die die Zellwände im Perikarp abbauen und damit den Zerfallsprozeß der Früchte einleiten (nach D. Grierson, Loughborough).

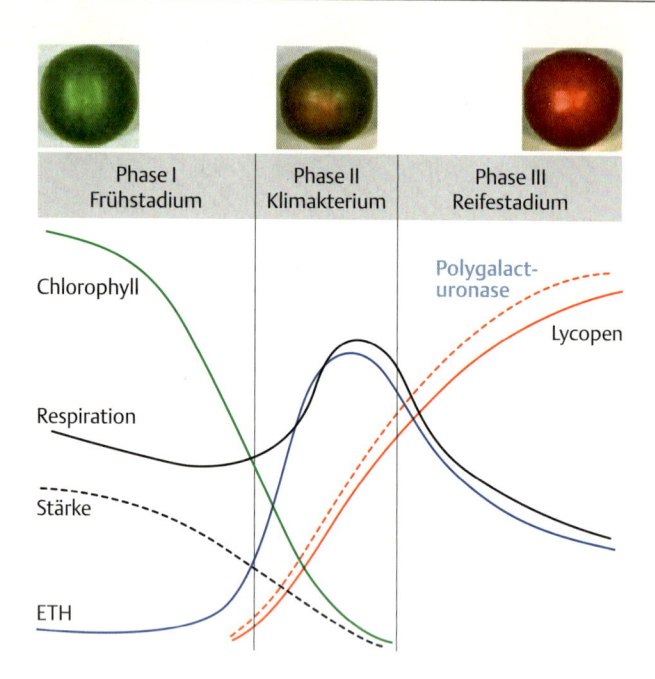

Tab. 16.3 Reifungstypen von Obst und Gemüse.

	klimakterische Früchte	nicht-klimakterische Früchte
heimische Arten	Apfel, Birne, Pflaume, Pfirsich, Aprikose, Melone, Tomate	Kirschen, Johannisbeeren, Erdbeere, Brombeere, Himbeere, Gurke, Paprika, Kürbis, Eierfrucht
nicht heimische Arten	Avocado, Banane, Mango, Papaya, Feige, Kiwi, Passionsfrucht	Orange, Zitrone, Ananas, Pampelmuse, Olive, Litschi, Granatapfel, Kokosnuß

Die technologischen Anforderungen an die Prozeßsteuerung sind angesichts der riesigen Mengen und der Verschiedenartigkeit der Früchte gewaltig, angefangen von den heimischen Äpfeln, die in geeigneter Weise bis ins Frühjahr im Vorreifestadium gelagert werden müssen, bis hin zu den tropischen Früchten, wie Bananen, Mango oder Avocado, die unversehrt und in optimalem Zustand aus fernen Ländern nach Europa transportiert und in den Verkauf gelangen müssen. Für die **Manipulation des ETH-Signalweges** stehen eine Reihe von wertvollen Biopharmaka zur Verfügung (Abb. **16.28**):

- 2-Chlorethylphosphonsäure (Ethephon) dient der Freisetzung von ETH in entsprechenden Lagerhallen, um die Früchte nach Lagerung und Transport für den Verkauf vorzubereiten.
- L-α-(2-Aminoethoxyvinyl)-glycin (AVG) ist ein Hemmstoff der ACC-Synthase und wird bei Schnittblumen verwendet, um das vorzeitige Verblühen zu verhindern.
- 1-Methylcyclopropen (1-MCP) ist ein starker und hochaffiner Hemmstoff der ETH-Rezeptoren, mit dem man für lange Zeit die Reifungs- bzw. Alterungsprozesse zum Erliegen bringen und damit die Qualität der Früchte bzw. Blumen erhalten kann.

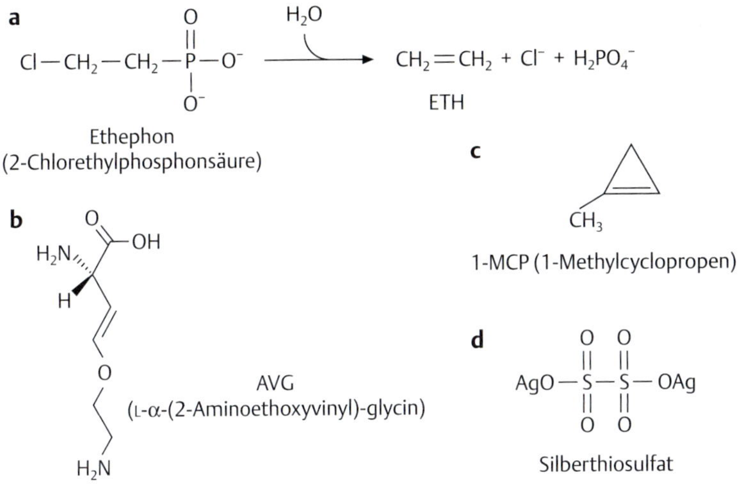

Abb. 16.28 Biopharmaka der ETH-Bildung und -wirkung. a Ethephon dient der chemischen Freisetzung von ETH. **b** AVG ist ein potenter Hemmstoff der ACC-Synthase. **c** 1-MCP und **d** Silberthiosulfat blockieren den ETH-Rezeptor. Während ETH am Rezeptor eine mittlere Verweildauer von etwa 10 min hat, liegt diese für 1-MCP bei 70 Stunden. Wegen dieser Eigenschaften und der pharmakologischen Unbedenklichkeit hat die Anwendung von 1-MCP zur Stabilisierung von Schnittblumen und Früchten in einem für den Vertrieb geeigneten Zustand große Bedeutung erlangt. Ein anderer Hemmstoff des ETH-Rezeptors ist das hochtoxische Silberthiosulfat. In diesem Fall beruht die Wirkung auf der Verdrängung der Cu^+-Ionen aus dem Bindungszentrum des ETH-Rezeptors (Abb. **16.29**) durch Ag^+.

16.7.4 Ethylenrezeption und Signaltransduktion

Die wesentlichen Elemente der Signaltransduktionskette wurden in einem Screeningprogramm mit etiolierten Keimlingen gefunden, das auf der Dreifachantwort aufbaut. Das Prinzip und die Kurzbezeichnungen für die identifizierten Mutanten sind in der Box **16.9** (S. 631) erläutert. Die gesamte Kette besteht aus drei Grundelementen (Abb. **16.29**):

- einem **Repressorblock**, der den membrangebundenen ETH-Rezeptor (ETR1/ERS1) und die assoziierte Repressorproteinkinase CTR1 umfaßt.
- einem **Aktivatorblock**, der aus zwei Proteinkinasen (MAPKK, MAPK), einem Membranprotein (EIN2) und zwei Transkriptionsfaktoren (EIN3, ERF1) besteht. EIN3 löst die Expression von ERF1 (engl.: ETH response factor) aus, der letztlich die Transkription der Gene der ETH-Antwort steuert.
- einem vom ETH-Rezeptor ausgehenden **Phosphorelais-System** (Abb. **16.29**, Signalweg 2) mit dem cytoplasmatischen His-Transferprotein AHP und dem Response-Regulatorprotein ARR2 im Zellkern. Zielgene für das Phosphorelais-System sind bisher nicht bekannt.

In Abwesenheit von ETH sind der ETH-Rezeptor (ERS1/ETR1) und CTR1 so miteinander gekoppelt, daß der Repressorblock den Aktivatorblock inaktivieren kann (Abb. **16.29a**). In Anwesenheit von ETH (Abb. **16.29b**) zerfällt der Repressorblock, und der Aktivatorblock des Signalweges kann wirken. Die Induktion von Genexpressionsprozessen durch ETH beruht also auf der **Inaktivierung** der Repressorproteinkinase **CTR1**.

Der ETH-Rezeptor ist ein dimeres Protein in der Membran des ER, und beide Rezeptoruntereinheiten werden für die normale ETH-Antwort benötigt; ob als heterodimeres Protein oder als getrennte Homodimere ist unklar.

Der **ETH-Repressor CTR1** ist eine Serin-Threonin-Proteinkinase, wie wir sie typischerweise in sog. MAP-Kinase-Kaskaden finden. Normalerweise löst in einer solchen Kaskade die erste Kinase, die sog. MAP-Kinase-Kinase-Kinase (MAPKKK) den Signalweg durch Phosphorylierung der MAPKK aus (Plus **16.8**). Bei der ETH-Signaltransduktion haben wir allerdings den ganz ungewöhnlichen Fall einer Hemmung durch die erste Kinase

(CTR1) vorliegen. Darüberhinaus muß CTR1 mit dem ETH-Rezeptorkomplex physisch verbunden sein, damit der Repressor aktiv ist (Abb. **16.29a**).

Im Gegensatz zu den Komponenten des Repressorblocks, deren Ausfall in *Arabidopsis* zu einer konstitutiven ETH-Antwort führen, sind die folgenden **Komponenten als Teil des Aktivatorblocks** für die ETH-Antwort notwendig. Dazu gehören die beiden Proteinkinasen in der MAP-Kinase-Kaskade, das Membranprotein EIN2, dessen Funktion noch unklar ist, und schließlich am Ende die zwei Transkriptionsfaktoren EIN3 und ERF1. EIN3 ist für die Transkription des *ERF1*-Gens verantwortlich, und nach Bildung von ERF1 erfolgt die eigentliche Transkription der Gene der ETH-Antwort. Zu den **Zielgenen** gehören solche, die für ETH-Synthese, Fruchtreife und Pathogenabwehr eine Rolle spielen, z. B. Gene für ACO, Cellulase, Polygalacturonase, Phytoensynthase. Je nach Pflanzenorgan sind die Zielgene allerdings unterschiedlich.

Die eigentliche Regulation beruht darauf, daß in Abwesenheit von ETH EIN3 aus nicht ganz geklärten Gründen sehr instabil ist und durch das Ubiquitin/Proteasom-System abgebaut wird (Abb. **16.29a**).

Plus 16.8   MAP-Kinase-Kaskaden, ein universelles Instrument der Signaltransduktion

Das System der MAP-Kinasen (engl.: mitogen activated protein kinase) ist ein bei Eukaryoten allgemein verbreitetes Element der Signaltransduktion und -amplifikation. Die Fähigkeit zur Amplifikation unter ATP-Verbrauch unterscheidet dieses System grundsätzlich von denen, die wir als Phosphorelais-Systeme kennengelernt hatten (Plus **16.2** S. 598). MAP-Kinase-Kaskaden als Signaltransduktionssystem finden wir bei Streßbelastungen (Verwundung, Pathogeninfektion, osmotischer Streß, Kälte, Wassermangel, Abb. **16.43** S. 650, Abb. **19.5** S. 780 und Plus **20.6** S. 824), aber auch bei Hormonen wie Ethylen (Abb. **16.29**).

Die Kaskaden bestehen aus drei hierarchisch angeordneten Ebenen mit Proteinkinasen, die trotz unterschiedlicher Funktionen alle als Gemeinsamkeit eine Ser/Thr-spezifische Proteinkinasedomäne haben.

- An der Eingangsseite steht eine **MAPKKK** (MAP-Kinase-Kinase-Kinase), von denen es in *Arabidopsis* 60 verschiedene Formen gibt. Sie haben ganz unterschiedliche N- und C-terminale Domänen und bestimmen vermutlich über diese Domänen die Spezifität der Kaskade.
- Auf der folgenden Ebene befindet sich eine MAP-Kinase-Kinase (**MAPKK**), die durch die übergeordnete MAPKKK phosphoryliert und dadurch aktiviert wird. Von den MAPKK gibt es 10 verschiedene Formen in *Arabidopsis*.
- Die Ausgangsebene schließlich bildet die MAP-Kinase (**MAPK**), deren Aktivierung durch die MAPKK erfolgt. Hier haben wir es mit 20 Isoformen in *Arabidopsis* zu tun.

Die drei Kinasen sind häufig über ein **Gerüstprotein** (engl.: scaffold protein) zu einer funktionellen Einheit verbunden. Aus der Kombination aller möglichen Varianten kann man ausrechnen, wieviel verschiedene Kaskaden theoretisch möglich sind. Die Besonderheiten der Kaskade im Signaltransduktionssystem für Ethylen sind im Text besprochen. Als Zielprotein an der Ausgangsseite der Kaskade können Transkriptionsfaktoren aber auch Zellzyklusfaktoren, Cytoskelettproteine oder weitere Proteinkinasen stehen.

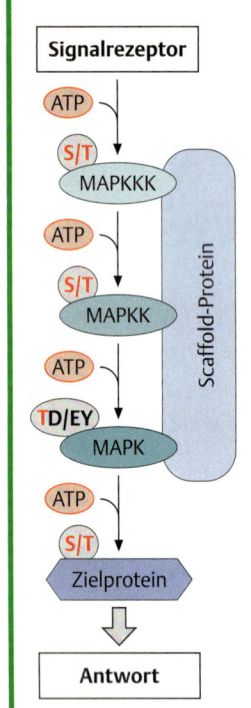

(konservierte Aminosäurereste in den Proteinen: S = Serin, T = Threonin, D = Asparaginsäure, E = Glutaminsäure, Y = Tyrosin; phosphorylierte Reste rot markiert).

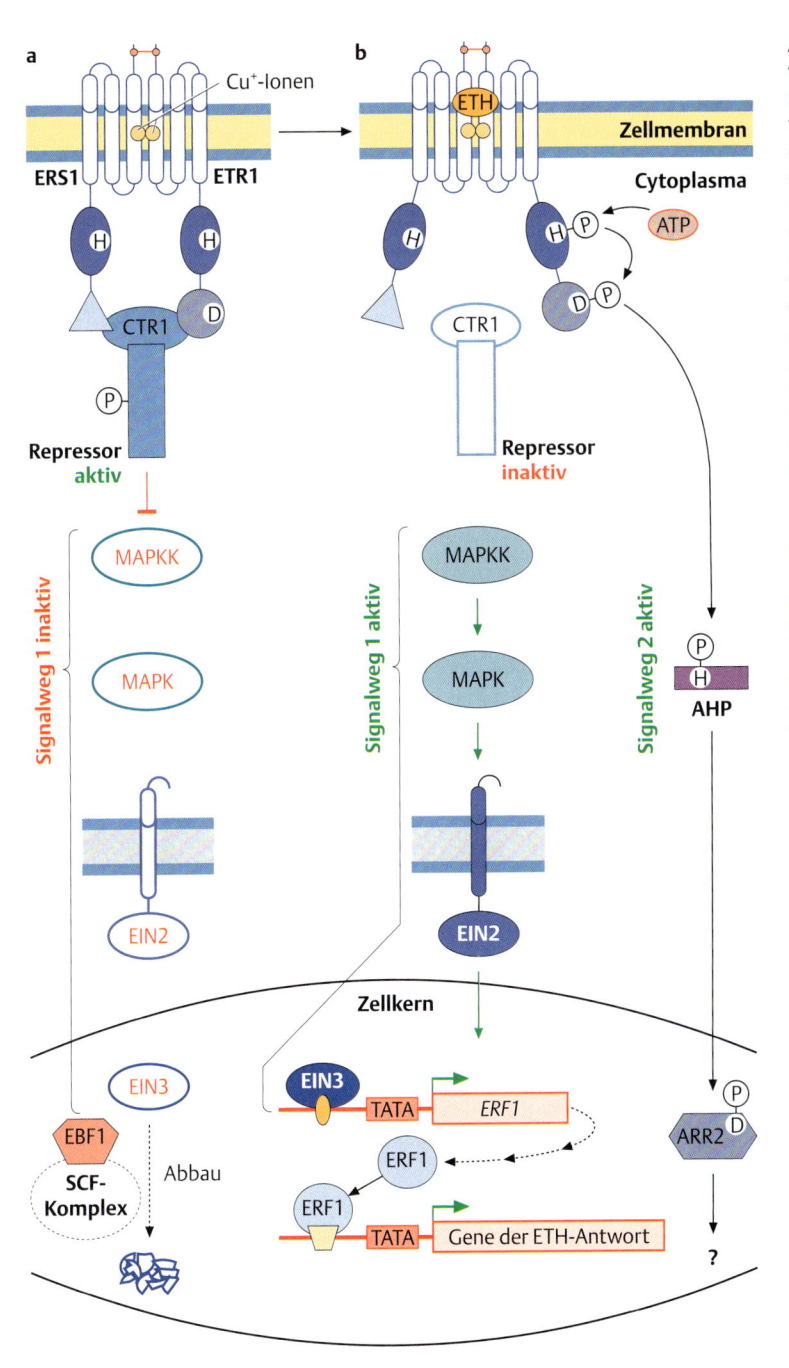

Abb. 16.29 ETH-Rezeptor und Signaltransduktion. Die Rezeptoren sind über Disulfidbrücken miteinander verbunden (rote Brücke) und enthalten je ein Cu$^+$-Ion. Die Grundstruktur entspricht der einer Histidin/Aspartat-Proteinkinase als Ausgangspunkt eines Phosphorelais mit der His- (H) und der Asp-Domäne (D) (Plus **16.2** S. 598). Bei der ERS1-Untereinheit des ETH-Rezeptors (engl.: ETH response sensitive) fehlt allerdings die Aspartatdomäne. **a inaktiver Signalweg** (Abwesenheit von ETH). Der Repressorkomplex aus Rezeptor und CTR1 ist aktiv. Es ist nicht klar, wie der inaktive Zustand der nachgeschalteten MAP-Kinase-Kaskade (Plus **16.8**) aufrechterhalten wird. Eine denkbare Erklärung wäre, daß eine Phosphorylierung der MAPKK zu ihrer Inaktivierung führt und daß in Anwesenheit von ETH dieser inaktive Zustand durch eine Phosphatase aufgehoben wird. In diesem inaktiven Zustand ist entscheidend, daß der EIN3-Transkriptionsfaktor ständig durch das Ubiquitin/Proteasom-System abgebaut wird. Daran ist das F-Box-Protein EBF1 beteiligt (Kap. 15.11). **b aktive Signalwege** (Anwesenheit von ETH) Neben dem MAP-Kinase-Signalweg 1 geht vermutlich noch ein direkter Signalweg 2 im Sinne der Funktion als Phosphorelais (Plus **16.2** S. 598) vom ETH-Rezeptor aus. Weitere Erklärungen s. Text.

16.8 Abscisinsäure

Abscisinsäure (ABA) ist ein Derivat des Isoprenstoffwechsels. Die Biosynthese startet in den Plastiden mit der oxidativen Spaltung von Carotinoiden. Das dabei gebildete Xanthoxin wird im Cytoplasma weiter zu ABA oxidiert. Die Inaktivierung bzw. der Abbau von ABA wird durch eine Hydroxylierung am C8'-Atom eingeleitet. ABA bzw. dessen

> **Plus 16.9 Moco: Molybdopterin als Cofaktor von Redoxenzymen**
>
> Eine Mutante mit Defekten in der ABA-Synthese (*aba3*) beruht auf einer Besonderheit der Abscisinaldehyd-Oxidase. Diese ist eine Dioxygenase mit einem Molybdopterin als Cofaktor (**Moco**). Molybdoenzyme sind bei Bakterien weit verbreitet, während bei Pflanzen nur vier, allerdings sehr wichtige Vertreter bekannt sind. Sie haben zwei verschiedene Formen von Moco als Coenzym: (**a**) **Moco kovalent gebunden**, über einen Cysteinrest in dem Enzym oder (**b**) **Moco nicht kovalent gebunden** aber mit einem zusätzlichen Schwefelatom am Molybdän. ABA3 ist eine Sulfurtransferase, die für die Synthese der Form b von Moco notwendig ist. Grundsätzlich sind alle Moco-haltigen Proteine **Redoxenzyme**, die mit anderen Redoxkomponenten assoziiert sind (NAD, FAD, Abb. **6.14** S. 227 und Abb. **6.15** S. 227; Fe-S-Cluster, Plus **9.3** S. 312). Neben der Aldehydoxidase in der ABA-Synthese (AAO3, Abb. **16.30**) und der Nitrat-Reduktase (Abb. **17.22** S. 699) finden wir Moco in Pflanzen noch in der Xanthin-Dehydrogenase (Abbau von Purinen) und in der Sulfitoxidase, einem peroxisomalen Enzym, das der Entgiftung von Sulfit dient.
>
> **a**
>
> **Moco (a)**
> z.B. Nitratreductase, Sulfitoxidase
>
> **b**
>
> **Moco (b)**
> z.B. Xanthin-Dehydrogenase, Abscisinaldehyd-Oxidase(AAO3)

Abbauprodukte (Phaseinsäure, Dihydrophaseinsäure) können auch als inaktive Glucosidkonjugate vorliegen. Die hauptsächlichen biologischen Wirkungen von ABA sind: Verzögerung der Anlage von Blüten, Kontrolle der Embryo- und Samenentwicklung sowie der Samenruhe, Funktion als weit verbreitetes Streßhormon und, damit eng verbunden, die Wirkung von ABA beim Verschluß der Stomata.

Bei der Abscisinsäure (ABA, engl.: abscisic acid) handelt es sich um ein sog. Sesquiterpen, also einem Derivat des Isoprenstoffwechsels mit 15 C-Atomen (Kap. 12.3). Der Name für dieses Hormon leitet sich aus der Entdeckungsgeschichte ab und ist irreführend. Das Hormon wurde ursprünglich im Zusammenhang mit dem frühzeitigen Abwurf (engl.: abscission) der Baumwollkapseln als Abscisin II bezeichnet. Wie wir heute wissen, geht aber die hormoninduzierte Abtrennung von Pflanzenteilen (Früchten, Blättern) auf die Wirkung von ETH zurück (Kap. 16.7).

16.8.1 ABA-Biosynthese und -Abbau

In Pflanzen entsteht ABA nicht auf dem direkten Weg aus Farnesyldiphosphat wie bei den Pilzen (Abb. **16.30c**), sondern aus der **Spaltung von Carotinoiden**, also aus dem Umbau von Tetraterpenen, die in den Plastiden synthetisiert werden (Kap. 12.3). Ausgehend von Zeaxanthin entsteht durch zweifache Epoxidierung **9-cis-Neoxanthin**, das durch eine in der Thylakoidmembran verankerte Dioxygenase (NCED) gespalten wird. Das entstehende **Xanthoxin** ist das erste Sesquiterpenderivat (Abb. **16.30a**). Dieser gesamte Teil der Biosynthese vollzieht sich in den Plastiden, während die weiteren Schritte im Cytoplasma ablaufen (Abb. **16.30b**). Xanthoxin wird dabei in Abscisinaldehyd und dann in Abscisinsäure überführt. Letztere Reaktion wird durch eine Dioxygenase katalysiert, die ein Molybdopterin als Cofaktor (Plus **16.9**) benötigt. Bei den meisten Enzymen der ABA-Synthese handelt es sich wie bei der GA-Synthese um Monooxygenasen (ZEP) bzw. Dioxygenasen (NCED, AAO3). Eine zentrale Rolle hat die NCED, von der es neun verschiedene Typen in *Arabidopsis* gibt. Fünf haben davon mit der ABA-Synthese und ihrer Kontrolle zu tun (Kap. 16.8.3).

Die **Inaktivierung** bzw. der **Abbau von ABA** vollzieht sich ebenfalls im Cytoplasma (Abb. **16.31**). Schlüsselreaktion ist eine Hydroxylierung am C8'-Atom durch eine Monooxygenase (CYP707A) in der ER-Membran. 8'-Hydroxy-ABA cyclisiert spontan zu Phaseinsäure, die daraufhin zu Dihydrophaseinsäure reduziert wird. ABA und die Abbauprodukte können als Glucosylester in der Vakuole gespeichert werden. ABA-Glucosid spielt gelegentlich eine Rolle als inaktive Transportform des Hormons, die wieder gespalten werden kann.

Die **Regulation des ABA-Spiegels** erfolgt im wesentlichen über die Bereitstellung der beiden Schlüsselenzyme für Synthese (NCED, Abb. **16.30**) und Abbau (CYP707A, Abb. **16.31**). Ein Versuch mit Bohnenblättern, die einem reversiblen Trockenstreß ausgesetzt wurden, zeigt die schnellen Veränderungen im ABA-Spiegel und in der NCED-Aktivität (Abb. **16.32**). Innerhalb kurzer Zeit steigt die NCED3-Aktivität deutlich an und dem folgt die vermehrte Synthese von ABA. Bei Rehydratisierung der Blätter nach vier Stunden stoppt die Synthese von ABA und der Abbau wird stimuliert. Bei der Samenkeimung sind die Expression der ABA-8'-Hydroxylase (CYP707A) in den ersten 12 Stunden der Wasseraufnahme und die nachfolgende Inaktivierung von ABA entscheidende Faktoren für die Beendigung der Samenruhe (Abb. **18.27** S. 768).

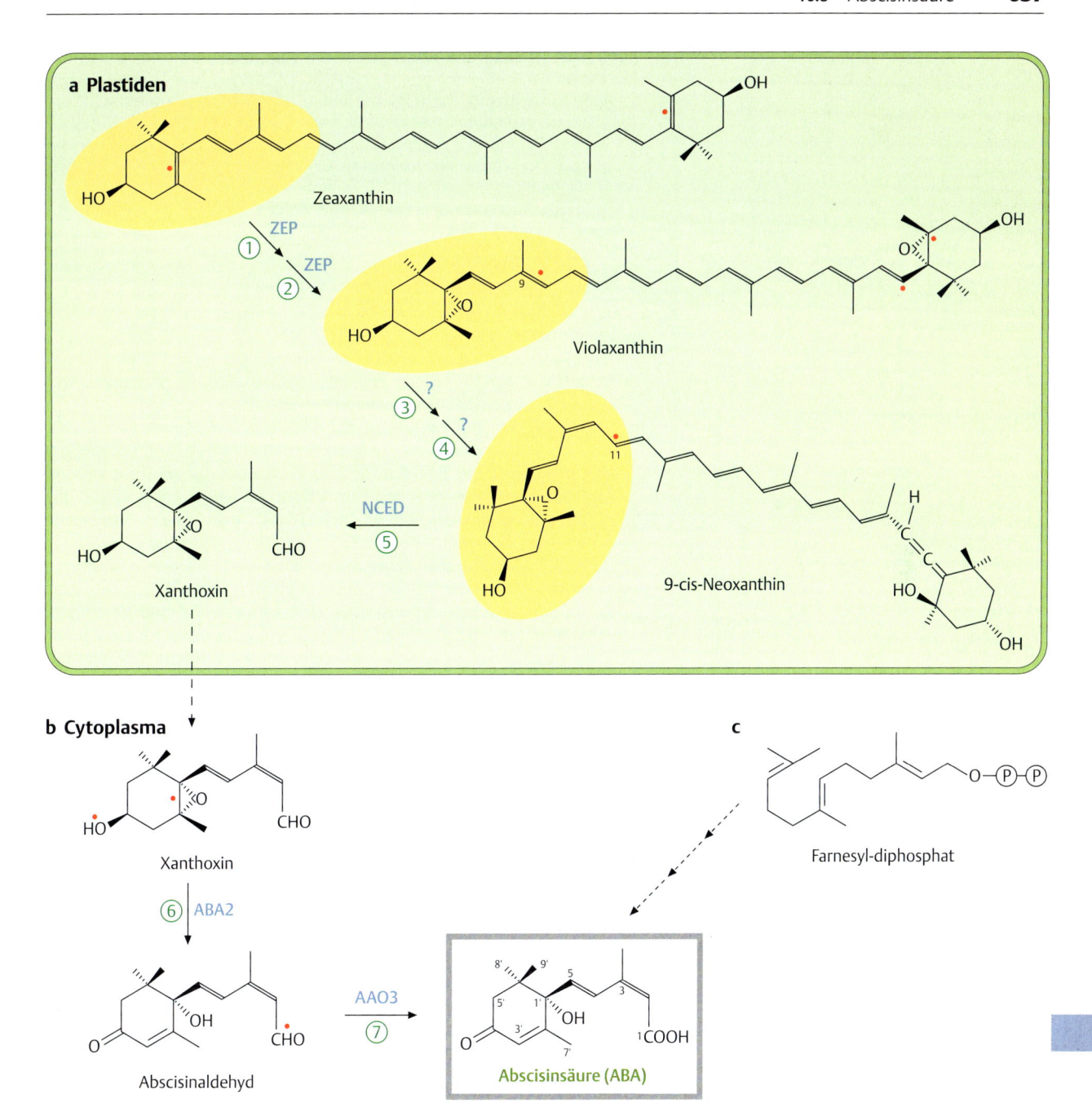

Abb. 16.30 Biosynthese von Abscisinsäure (ABA). a Die Biosynthese geht in den Plastiden (grün markiert) von Carotinoiden (Zeaxanthin) aus. Unmittelbare Vorstufe für die Spaltung ist 9-cis-Neoxanthin. Nur diese oder ähnliche 9-cis-Carotinoide können durch die Dioxygenase NCED gespalten werden (Reaktion 5). **b** Das Sesquiterpenprodukt Xanthoxin leitet sich von dem gelb markierten Teil der Carotinoide ab. Es wird im Cytoplasma zu Abscisinsäure oxidiert (Reaktionen 6 und 7). ZEP = Zeaxanthin-Epoxidase (Monooxygenase); Reaktionen 3, 4 Enzyme noch nicht charakterisiert; NCED = 9-cis-Epoxycarotinoid-dioxygenase; ABA2 = Xanthoxin-Dehydrogenase (Variante der Alkoholdehydrogenase); AAO3 = Abscisinaldehyd-Oxidase (Dioxygenase mit Molybdän-Cofaktor, Plus **16.9**). Die Veränderungen an den Molekülen sind durch rote Punkte hervorgehoben. NCED ist das Schlüsselenzym für die Kontrolle der ABA-Synthese (Abb. **16.32**). **c** direkter ABA-Biosyntheseweg aus Farnesyl-diphosphat in Pilzen (nach Nambara und Marion-Poll 2005).

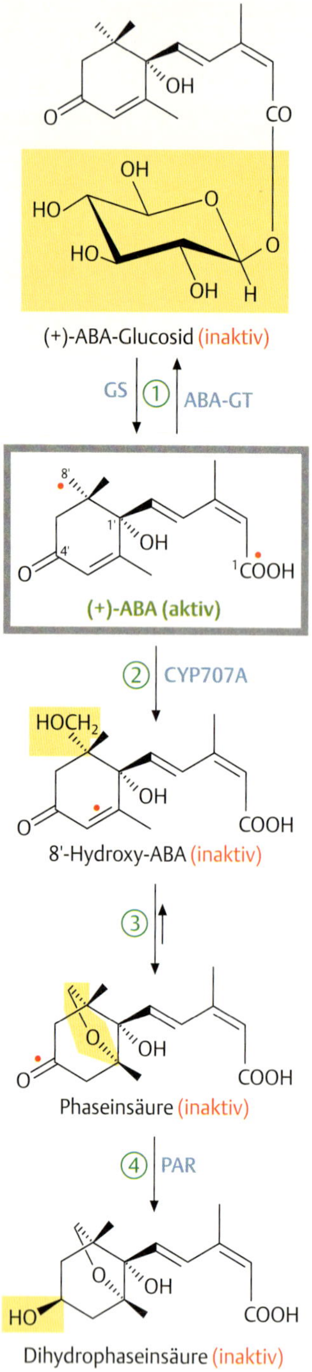

Abb. 16.31 Abbau und Konjugation von ABA. Durch die Konjugation mit Glucose an der Carboxylgruppe (**1**) entsteht das inaktive ABA-Glucosid. Enzym ist ABA-Glucosyltransferase (ABA-GT) mit UDP-Glucose als Cosubstrat. Diese Speicherform kann durch eine Streß-aktivierte Glucosidase (GS) wieder gespalten werden. Der Abbau von ABA wird vor allem durch Hydroxylierung an der Methylgruppe 8' durch die Monooxygenase CYP707A eingeleitet (**2**). Nach spontaner Umlagerung zu Phaseinsäure (**3**) kann diese durch Phaseinsäure-Reductase (PAR) zu Dihydrophaseinsäure (**4**) reduziert werden. Phaseinsäure und Dihydrophaseinsäure können auch als Glucoside vorliegen.

16.8.2 Biologische Wirkungen

Trotz der Mannigfaltigkeit im einzelnen lassen sich die Wirkungen von ABA vier charakteristischen Teilbereichen zuordnen:

- **Hemmung der Blühinduktion**: Bei *Arabidopsis*, aber vermutlich auch bei anderen Pflanzen, wird die Anlage von Blüten durch ABA verzögert. ABA inaktiviert ein Regulatorprotein (FCA), das für den autonomen Weg des Übergangs von der vegetativen zur generativen Phase des Wachstums verantwortlich ist (Abb. **16.34**). Wie bei der Samenkeimung wirkt ABA auch bei der Blühinduktion als Antagonist der GA.
- **Samenentwicklung und Samenruhe**: Nach Abschluß der Zellteilungsphase in den frühen Stadien der Samenentwicklung (Embryoanlage), die im wesentlichen unter dem Einfluß von AUX, CK und BR stehen, wird ABA zum vorherrschenden Phytohormon in den Reifungsstadien (Abb. **18.24** S. 760). Dabei spielen zwei unterschiedliche Quellen eine Rolle. **Maternelles ABA** wird im Endosperm gebildet, und das Schlüsselenzym für die Xanthoxinsynthese ist NCED6. Dagegen entsteht **ABA im wachsenden Embryo** unter der Mitwirkung von NCED9. Obwohl biochemisch identisch, sind beide Biosynthesewege doch entwicklungsspezifisch getrennt reguliert. In der mittleren Phase der Samenreifung kommt ABA aus beiden Quellen. Es steuert sowohl das fortgesetzte Wachstum des Embryos als auch die Synthese von Speicherproteinen und Dehydrinen. **Dehydrine** schützen die Embryonen bei der Austrocknung der Samen vor Schäden durch Wasserentzug (Box **19.4** S. 782).
Im letzten Stadium der Samenreifung mit dem Übergang in die **Ruhephase** verhindert der relativ hohe Spiegel von ABA in ruhenden Samen das vorzeitige Auskeimen. Dieser Block muß durch entsprechende Behandlung der Samen (Licht, Kälte, Wasseraufnahme) und den dadurch eingeleiteten Abbau von ABA überwunden werden (Abb. **16.31**, Abb. **18.27** S. 768).
- **ABA** ist ein weit verbreitetes **Streßhormon** (Tab. **19.3** S. 776), das eng mit Störungen im Wasserhaushalt verbunden ist (Abb. **16.32**, Abb. **16.33**). Trockenstreß, osmotischer Streß, Salzstreß, Kälte oder Pathogenbefall induzieren die Bildung von NCED3 als Schlüsselenzym für die Steigerung der ABA-Synthese unter Streßbedingungen. ABA kann in diesem Fall über weite Strecken im Xylem transportiert werden.
- Der **ABA-kontrollierte Verschluß der Stomata** ist Teil der Funktion von ABA als Streßhormon. Unter normalen Bedingungen des Wasserhaushalts vollziehen sich die Stomatabewegungen allerdings unter Einfluß von Licht und den daraus resultierenden Änderungen im CO_2-Spiegel. ABA spielt dabei keine Rolle (Kap. 7.3.3). Nur unter **Wassermangel** wird diese lichtinduzierte Öffnung durch den ABA-induzierten Verschluß der Stomata überlagert (Abb. **7.13** S. 245), und diese Kontrolle

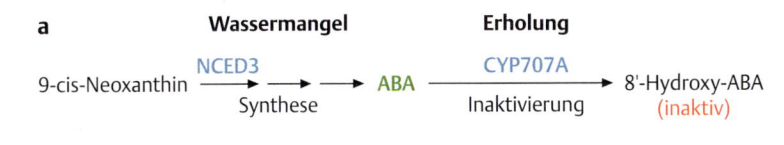

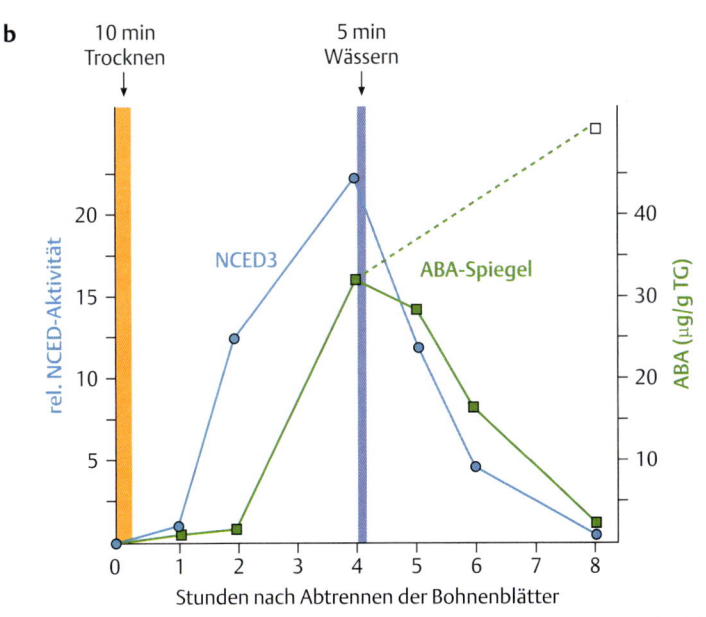

Abb. 16.32 Der ABA-Spiegel in Pflanzen wird durch Synthese und Abbau reguliert. a Zusammenhang des ABA-Metabolismus bei Wassermangel und Erholung. **b** Trockenstreß-Versuch. Abgetrennte Bohnenblätter wurden für 10 min einem trockenen Luftstrom ausgesetzt, bis sie etwa 15 % ihres Wassers verloren hatten. Anschließend wurden sie für vier Stunden in Polyethylenbeuteln aufbewahrt. Die schnelle Induktion der NCED3-Synthese führt zu einem Anstieg der ABA-Synthese. Nach vier Stunden wurden die Blätter für 5 min durch Eintauchen in Wasser rehydratisiert. Diese Normalisierung führt zum Abbau der NCED3 und zur Inaktivierung von ABA. Wenn der Wassermangelstreß anhält, steigt der ABA-Spiegel bis auf 50 µg/g TG an (punktierte Linie) (nach Qin und Zeevart 1999).

ist überlebensnotwendig im Alltag einer Pflanze. Mutanten mit Defekten in der ABA-Synthese bzw. Signaltransduktion sind außerordentlich empfindlich gegenüber geringen Schwankungen im Wasserhaushalt und können häufig nur in wassergesättigter Atmosphäre gezogen werden, wenn man sie nicht durch Zugabe des Hormons normalisiert.
- Als Gegenspieler von AUX **hemmt** ABA die **Anlage** und Entwicklung **von Seitenwurzeln**.

16.8.3 ABA-Rezeption und Signaltransduktion

Trotz umfangreicher Arbeiten auf der Suche nach möglichen ABA-Rezeptoren ist diese wichtige Frage bis heute noch weitgehend ungeklärt. Wie bei den anderen Hormonen haben eine Fülle von Mutanten mit Defekten in der Streßantwort, im Stomataverschluß bzw. der Samenentwicklung Hinweise auf mögliche Signaltransduktionskomponenten ergeben. Doch ein verläßlicher Signalweg mit ABA als Ausgangspunkt und einem Endglied für die Hormonantwort läßt sich bisher nicht formulieren. Auf jeden Fall wird immer deutlicher, daß wir es wiederum mit mehreren Rezeptoren zu tun haben, die ganz unterschiedlichen Prozessen und Signaltransduktionsketten zuzuordnen sind.

- **Stomataverschluß**: Bei dem durch Wassermangel ausgelösten hydroaktiven Stomataverschluß liegt die Primärreaktion in den Wurzelzellen. Die verstärkt gebildete ABA wird im Xylemstrom in den Sproß transportiert. Der ABA-Rezeptor in den Blattzellen ist vermutlich eine Untereinheit der Protoporphyrin-Mg-Chelatase in den Plastiden (Abb. **15.48** S. 584). Der Signaltransduktionsweg schließt die Bildung von reaktiven Sauerstoffspecies (ROS), NO und cyclischen Nucleotiden (cGMP, cADPR, Plus **16.14** S. 657) ein und führt schließlich zur Freisetzung von Ca^{2+}-Ionen, wie in den Abb. **16.33** und Abb. **16.47** (S. 655) dargestellt.

- **Streßantwort**: ABA-Rezeption und Signaltransduktion unter Streß führen über eine Reihe von Phosphoproteinen, deren Aktivität durch Phosphatasen und Proteinkinasen reguliert wird (Abb. **16.33**), wobei es sich weder um ein Phosphorelais-System noch um eine MAP-Kinase-Kaskade handelt. Letztendlich beobachtet man die ABA-induzierte Transkription von ganzen Genbatterien der Streßantwort, die entweder für Streßschutzproteine oder aber für regulatorische Proteine codieren (Abb. **19.5** S. 780). Prinzipiell ähnlich könnte auch die entwicklungsspezifische Wirkung von ABA bei der Samenbildung ausgelöst werden.

- **Hemmung der Blühinduktion**: Ganz anders und unabhängig von den beiden ersten ist die Hemmung der Blütenanlage durch ABA. Der Zeitpunkt des Übergangs aus der vegetativen in die generative Phase (Blühinduktion) wird bei *Arabidopsis* durch drei unabhängige Wege kontrolliert (Abb. **18.11** S. 732):
  – Weg unter dem Einfluß der Photoperiode (Kap. 17.2.4),
  – GA-kontrollierter Weg und
  – autonomer Weg, der sicherstellt, daß *Arabidopsis* mit einer gewissen Verzögerung auch unter Kurztagsbedingungen zur Blüte kommt.

Abb. 16.33 ABA als Streßhormon. Die durch Streß ausgelöste ABA-Synthese löst in den Zielgeweben zwei unterschiedliche Signaltransduktionswege (**1**, **2**) aus, die beide von den genannten Sekundärsignalen (grau unterlegte Box, Kap. 16.10) beeinflußt werden. **Weg 1** bewirkt die Synthese von bZIP-Transkriptionsfaktoren ABF (engl.: ABA binding factor); **Weg 2** beinhaltet die Aktivierung von Ca^{2+}-abhängigen Proteinkinasen (CDPK). Die Aktivierung von ABF durch Phosphorylierung an der N-terminalen Aktivatordomäne (NTAD) verbindet beide Wege (**3**). Bindung von ABF an die Promotorelemente (ABRE, engl.: ABA responsive elements) ermöglicht die Transkription der ABA-regulierten Gene (**4**), zu denen Streßschutzproteine, aber auch Signaltransduktionsfaktoren gehören.

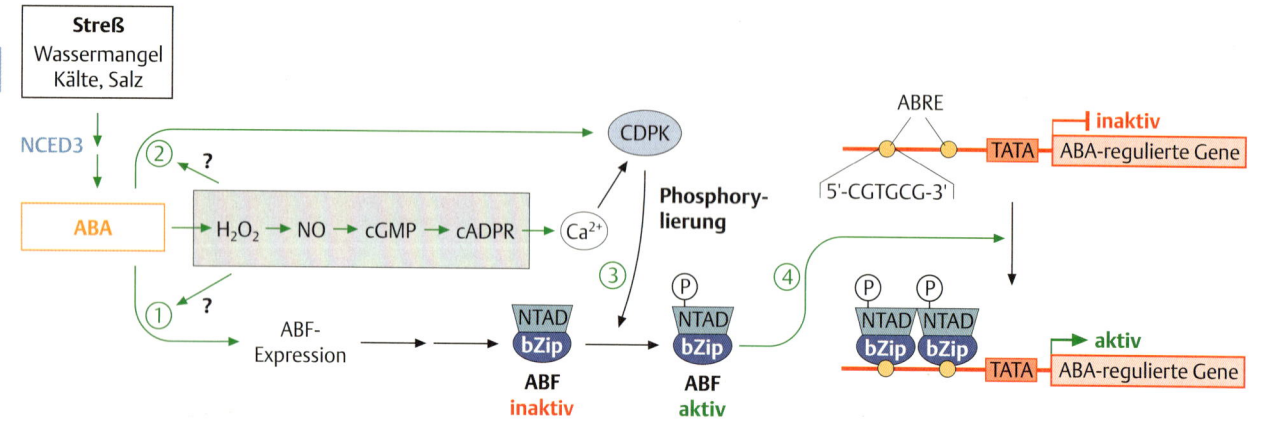

a

	FY/FCA	FCA	FLC	Blühinduktion
+ ABA	–	++	+++	nein
– ABA	++	+/–	+/–	ja

Abb. 16.34 Modell der Wirkung von ABA als Repressor der Blühinduktion. a FCA, ein RNA-bindendes Protein, ist ein ABA-Rezeptor, der als Teil des Transkriptionsterminationskomplexes wirkt (Abb. **15.15** S. 518). Zusammen mit seinem Partnerprotein (FY) verhindert FCA auf noch nicht geklärte Weise die Expression von FLC (engl.: flower locus C), dem zentralen Repressor der Blühinduktion (Abb. **18.11** S. 732). In Gegenwart von ABA zerfällt der aktive FCA/FY-Komplex. **b** Zusammenfassung der biologischen Auswirkungen (nach Schroeder und Kuhn 2006).

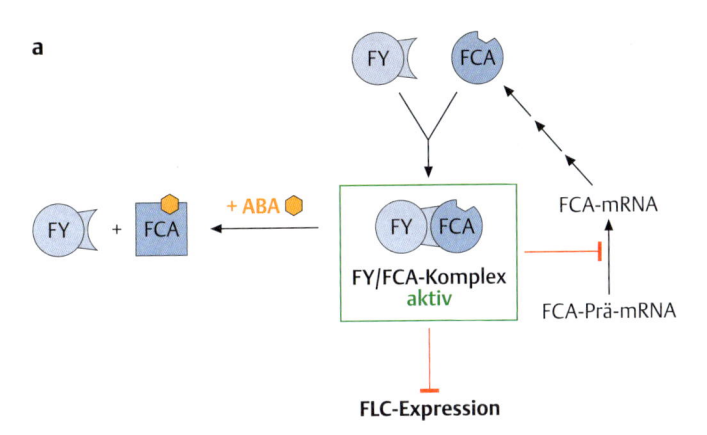

An dem autonomen Weg setzt die **Kontrolle durch ABA** an. Im Zentrum steht ein **Repressor** (**FLC**), dessen Expression den Übergang zur generativen Phase verhindert. Viel FLC-Repressor bedeutet Aufrechterhaltung des vegetativen Zustands, fehlender Repressor bedeutet Blühinduktion. ABA hemmt die Aktivität eines negativen Kontrollfaktors (**FCA**) für die FLC-Expression. FCA ist ein RNA-bindendes Protein und zugleich der einzige bisher gut charakterisierte ABA-Rezeptor (Abb. **16.34**).

16.9 Jasmonsäure

Jasmonsäure (JA) und ihre Abkömmlinge entstehen aus Linolensäure. Träger der biologischen Wirkungen sind iso-Jasmonsäure und das Isomere, die Jasmonsäure. Neben den freien Säuren kommen auch die beiden Methylester vor. Die ersten Schritte der Biosynthese verlaufen in den Plastiden, während die letzten Schritte in den Peroxisomen im wesentlichen eine Verkürzung der Seitenkette durch β-Oxidation darstellen. Man kann drei Wirkungsbereiche der JA unterscheiden: JA als Entwicklungshormon (Blütenentwicklung, Bildung von Wurzelhaaren, Blattalterung), JA als Streßhormon (Verwundung, Pathogenbefall) und JA als Signal für Sekundärstoffbildung. Die molekularen Wirkungen der JA schließen die Neubildung von Transkriptionsfaktoren und den Abbau von Repressoren durch das Ubiquitin/Proteasom-System ein.

Jasmonsäure(JA)-Derivate entstehen durch Abbau von Linolensäure. Hauptträger der biologischen Wirkung sind **iso-Jasmonsäure** (**iso-JA**) mit einer cis-Orientierung der beiden Seitenketten am Fünfring und **Jasmonsäure** (**JA**) mit einer trans-Orientierung (Abb. **16.35**). Beide Formen stehen im Gleichgewicht miteinander (mit 90% JA und 10% iso-JA). Neben den freien Säuren kommen die beiden Methylester vor, die neben ihrer biologischen Wirkung auch als Duftstoffe eine große Bedeutung haben (Box **16.11**). Da die Methylester flüchtig sind, können sie als Pheromone bzw. Kairomone auch auf benachbarte Pflanzen wirken. Ob-

Abb. 16.35 Jasmonsäureverbindungen und Hemmstoffe der JA-Biosynthese. a Jasmonsäure (JA, engl.: jasmonic acid) und iso-Jasmonsäure (iso-JA) sind biologisch aktiv und ebenso die entsprechenden Methylester (1–4). **b**, **c** Hemmstoffe der JA-Biosynthese (Abb. **16.36**).

a
1 R = H, (-)-Jasmonsäure
2 R = CH$_3$, (-)-JA-Methylester
3 R = H, (+)-7-iso-Jasmonsäure
4 R = CH$_3$, (+)-iso-JA-Methylester

b 5 Ibuprofen (IBP)

c 6 Salicylhydroxamat (SHAM)

Box 16.11 Ein Duft nach Jasmin warnt Pflanzen

Wenn in unseren Grünanlagen und Gärten im Winter und zeitigen Frühjahr die gelben Blüten von *Jasminum nudiflorum* erscheinen, verströmen sie einen charakteristischen Duft. Die Hauptkomponenten sind die Methylester der Jasmonsäuren und das durch oxidative Decarboxylierung daraus entstehende Jasmon (Abb. 16.37). Den stärksten Duft unter den Komponenten hat (+)-iso-JA-Me, während JA-Me sehr viel schwächer duftet. Die Methylester der JA sind aber nicht nur wertvolle Duftstoffe für die Kosmetikindustrie. Sie sind auch Lockstoffe für Insekten und Alarmsignale. Sie entstehen in beachtlichen Mengen nach Verwundung, z. B. durch Insektenfraß, und können als Kairomone über die Gasphase in benachbarten Pflanzen entsprechende Abwehrreaktionen hervorrufen (Box 16.13 S. 647).

wohl experimentell gut belegt, ist nicht abschließend geklärt, welche Rolle solche Signale unter natürlichen Bedingungen spielen können.

Die Charakterisierung von JA als Hormon und die Erforschung ihres Biosyntheseweges hat zu der Entdeckung einer ganzen Anzahl chemisch verwandter Verbindungen geführt, die alle unter dem Begriff der **Oxylipine** zusammengefaßt werden. Die Zusammensetzung dieser Gruppe von Signalstoffen in Pflanzen schwankt in Abhängigkeit von dem Entwicklungsstadium und den äußeren Bedingungen. Ihre Bedeutung ist noch weitgehend unklar, aber man gewinnt den Eindruck, daß die hier behandelten Hormone (JA und 7-iso-JA) nur die sprichwörtliche Spitze des Eisbergs sind. Verglichen mit JA, liegen andere Oxylipine häufig in 10–100-fach höheren Konzentrationen vor.

16.9.1 JA-Biosynthese und Metabolisierung

Ähnlich den Prostaglandinen bei den Tieren entstehen Jasmonsäuren und ihre Abkömmlinge aus der Umwandlung ungesättigter Fettsäuren. Ausgangspunkt ist **Linolensäure**, die aus Phospholipiden plastidärer Membranen freigesetzt wird (Abb. 16.36). Der erste Teil der Biosynthese verläuft in den Plastiden, während die letzten Schritte im wesentlichen eine Verkürzung der Seitenkette durch **β-Oxidation** in den Peroxisomen darstellen (Box 16.12). Zwischenprodukt ist eine cyclische Säure (**cis-OPDA**), die in bisher nicht geklärter Weise aus den Plastiden in die Peroxisomen transportiert wird. Details der Reaktionen und die beteiligten Enzyme sind in Abb. 16.36 erläutert.

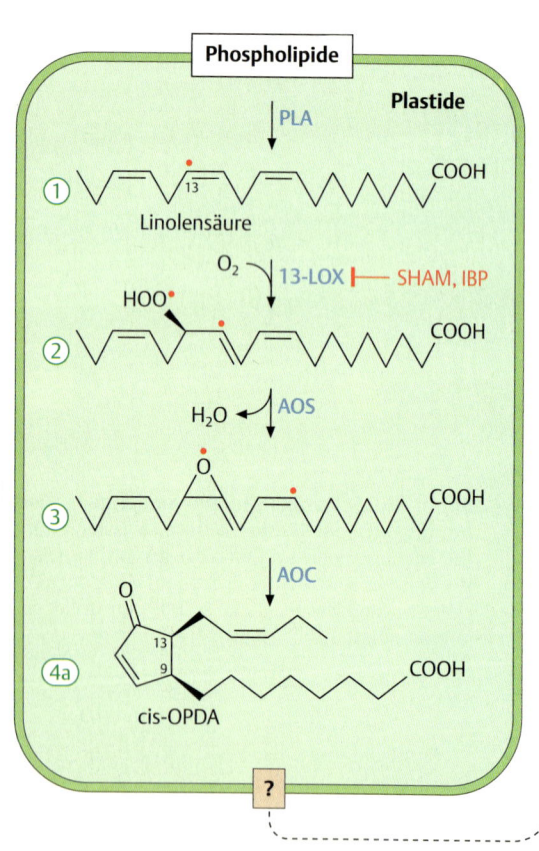

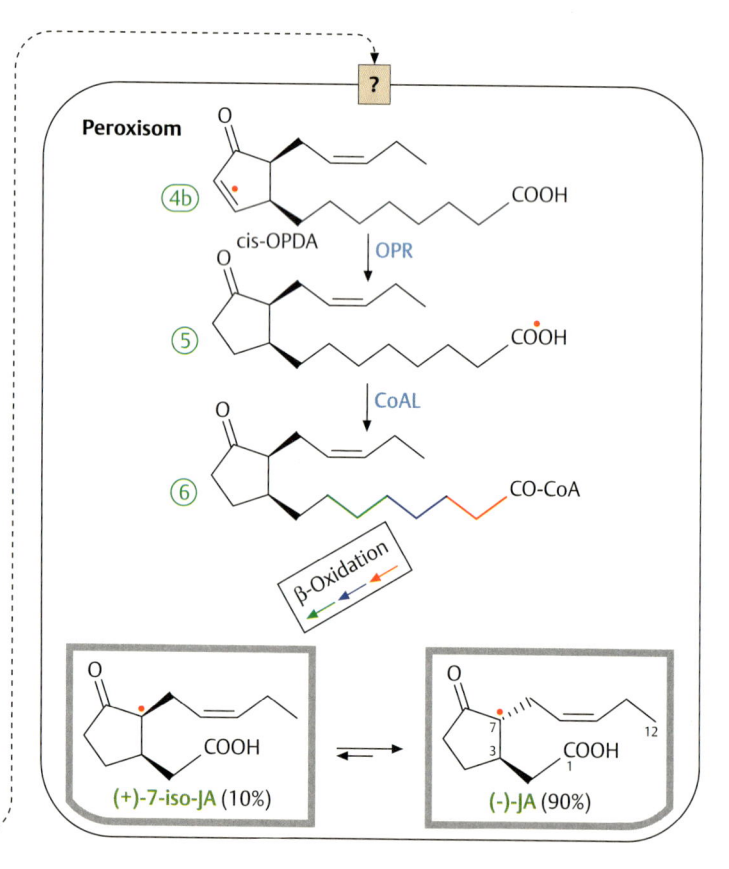

Box 16.12 β-Oxidation

Bei der sog. β-Oxidation werden in den Peroxisomen schrittweise C2-Einheiten als Acetyl-CoA von langkettigen Fettsäuren oder Naturstoffen mit entsprechenden Seitenketten entfernt. Der Mechanismus dieser universellen Reaktionskette ist vereinfacht in der Formelsequenz für eine Fettsäure mit 6 C-Atomen dargestellt. Die drei C2-Einheiten sind farbig markiert. Dieser Abbauweg ist Teil der Synthese von IAA aus IBA (Abb. **16.7** S. 603), der JA-Synthese (Abb. **16.36**) und der SA-Synthese (Abb. **16.49** S. 658). Als Ergebnis jeder Runde entsteht Acetyl-CoA, das im Citratzyklus weiterverarbeitet werden kann (Abb. **11.5** S. 337), und der um eine C2-Einheit verkürzte Fettsäure-CoA-Ester (CoA, Coenzym A s. Abb. **9.12** S. 312).

◂ **Abb. 16.36 Biosynthese von Jasmonsäure.** Der Biosyntheseweg ist zwischen Plastiden und Peroxisomen verteilt. In den **Plastiden** wird aus den Phospholipiden der Membran durch Phospholipase (PLA) Linolensäure (**1**) freigesetzt, die durch Lipoxygenase (13-LOX) zum 13-Hydroperoxid oxidiert wird. Wirksame Hemmstoffe dieser Eingangsreaktion sind Salicylhydroxamat (SHAM) und Ibuprofen (IBP, Abb. **16.35**). Nach Wasserabspaltung durch die Allenoxidsynthase (AOS) erfolgt die Bildung des charakteristischen Fünfrings, ausgehend von dem Epoxidring in Intermediat **3**. Enzym ist die Allenoxidcyclase (AOC). Die entstandene (9S,13S)-12-Oxo-phytodiensäure (**cis-OPDA, 4a**) besitzt die zwei Asymmetriezentren, wie wir sie dann später auch in der iso-Jasmonsäure (**7**) finden. Die weiteren Verarbeitungsstufen erfolgen in den **Peroxisomen**, in denen zunächst die Doppelbindung im Ring durch OPDA-Reductase (OPR) reduziert wird (**5**). Nach Aktivierung der Säuregruppe durch Verknüpfung mit Coenzym A (Enzym: Coenzym-A-Ligase, CoAL) erfolgt eine schrittweise Verkürzung der Seitenkette um jeweils zwei C-Atome (farbige Markierung) nach den Mechanismen der β-Oxidation (Box **16.12**). Die entstehende (+)-7-iso-Jasmonsäure (**7**) steht im Gleichgewicht mit der entsprechenden trans-Form, der (−)-Jasmonsäure (**8**). Entsprechend der neuen Nummerierung erfolgt die Isomerisierung am C7-Atom (vorher C13-Atom). Die roten Punkte und farbigen Markierungen heben wieder die Molekülteile hervor, an denen sich die jeweiligen Veränderungen vollziehen.

Abb. 16.37 Metabolismus der Jasmonsäure.
Erläuterungen s. Text.

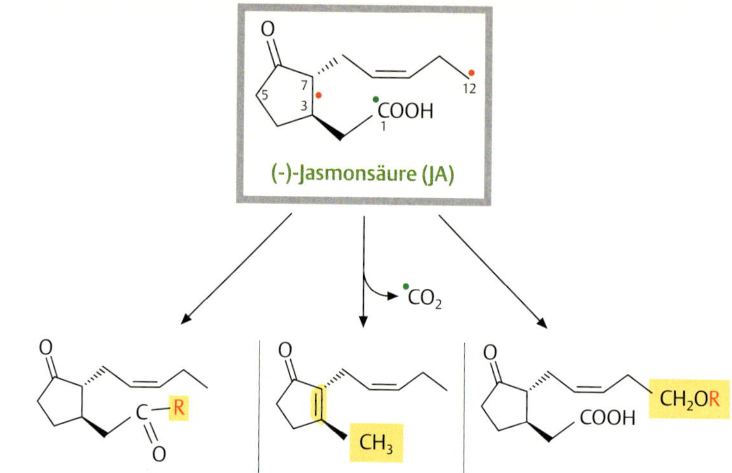

1 R = OCH$_3$, **JA-Methylester**
2 R = Glucose, JA-Glucosid
3 R = Isoleucin, JA-Peptid
4 R = ACC, JA-ACC

5 Jasmon

6 R = H, **12-Hydroxy-JA** (**Tuberonsäure, TA**)
7 R = SO$_3^-$, TA-Sulfonat

Die **Metabolisierung von Jasmonsäure** erfolgt auf drei verschiedenen Wegen (Abb. **16.37**).

- Durch Derivatisierung an der Carboxylgruppe entstehen **JA-Methylester** (1) bzw. Konjugate mit Glucose (2), Isoleucin oder anderen Aminosäuren (3). Das Konjugat der JA mit ACC (4), dem unmittelbaren Vorläufer der ETH-Synthese, ist besonders bemerkenswert, da beide Hormone in vielen biologischen Situationen eng verknüpft sind (Abb. **16.38**).
- Im Zuge einer oxidativen Decarboxylierung entsteht **Jasmon** (5), das Teil eines Duftstoffgemisches ist und zur Anlockung von Insekten dient (Box **16.11**).
- Eine Hydroxylierung führt zu 12-Hydroxy-JA (**Tuberonsäure**, 6), die durch Konjugation mit Glucose oder Schwefelsäure (7) inaktiviert werden kann. Tuberonsäure spielt eine Rolle bei der Bildung von Kartoffelknollen (Plus **17.7** S. 698). Sie ist aber auch sonst in Pflanzen weit verbreitet.

16.9.2 Wirkungen der Jasmonsäure

Die Wirkungen der JA spielen sich als Teil abgestimmter Netzwerke mit anderen Hormonen ab. Im Folgenden benutzen wir immer JA für die natürliche Mischung von JA und iso-JA. Drei Wirkungsbereiche werden dargestellt:

- JA als Entwicklungshormon,
- JA als Streßhormon,
- JA als Signal für Sekundärstoffbildung.

Entsprechend den Wirkungen als Entwicklungshormon finden wir **JA-Biosynthese** in jungen Blättern, sich entwickelnden Blüten und Samen und in jungen Wurzeln (Plus **16.10**). Besonders auffallend ist allerdings die durch Streß bzw. Pathogenbefall ausgelöste Bildung der JA und ihr Langstreckentransport in Pflanzen als eine Art systemisches Streßsignal.

16.9 Jasmonsäure

Plus 16.10 β-Glucuronidase als Indikator für spezifische Genexpression

Ein wertvoller experimenteller Trick von allgemeiner Bedeutung ist die Verwendung der bakteriellen β-Glucuronidase (GUS) als Indikator für selektive Genexpression in Pflanzen. Zu diesem Zweck wird die Kassette für das *GUS*-Gen durch gentechnische Verfahren in das pflanzliche Zielgen eingebaut und dieses Konstrukt in einem geeigneten Vektor zur Transformation von Pflanzen verwendet (Abb. **13.30** S. 431). Grundsätzlich können zwei verschiedene Konstrukte eingesetzt werden:

a Der größte Teil des Zielgens wird durch die *GUS*-Kassette ersetzt, sodaß nur die wichtigen regulatorischen Sequenzen am 5'- und 3'-Ende (Promotor [P] und Terminator [T], Abb. **15.2** S. 489) übrigbleiben.

b Die *GUS*-Kassette wird an den codierenden Teil des Gens angehängt, sodaß ein Fusionsprotein entsteht.

In beiden Fällen erfolgt die Expression der β-Glucuronidase jeweils in den Geweben bzw. unter den externen Bedingungen, die typisch für das Zielgen sind. In unserem konkreten Fall haben wir das *AOC*-Gen aus der JA-Biosynthesekette verwendet.

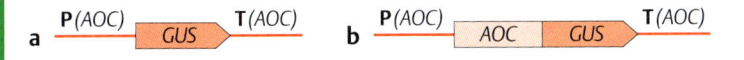

dung entsteht (Plus **12.5** S. 368). Wie die Gewebefärbung zeigt, finden wir während der Entwicklung von *Arabidopsis* starke JA-Synthese (Expression des *AOC1*-Gens) in Keimlingen, in Blättern von Rosettenpflanzen und dann in der Blüte sehr selektiv in den Kelchblättern (Ke), im oberen Teil der Narbe (Na) und in den Theken (Th), aber nicht in Kronblättern (Kr).

c

a P(AOC) — GUS — T(AOC)   b P(AOC) — AOC — GUS — T(AOC)

Keimpflanze (7 Tage)   Blattrosette (28 Tage)   Blüte

Der Nachweis kann nach Fixierung der Gewebe mit einem chromogenen Substrat (X-Gluc) erfolgen, bei dessen Spaltung eine tiefblaue Indigoverbin-

(Originalphotos I. Stenzel und C. Wasternack)

Entwicklungsspezifische Wirkungen der JA

- JA ist essentiell für die abgestimmte **Reifung der Blütenorgane**, insbesondere von Gynoeceum und Androeceum (Abb. **18.14** S. 740). Mutanten der JA-Synthese und -Wirkung sind häufig männlich steril, weil das Filamentwachstum und die letzten Reifungsstadien der Antherenentwicklung mit dem Aufplatzen der Theken (Dehiszenz) und der Freisetzung der Pollen gestört sind. Als Teil der Wirkung von JA bei der Blütenentwicklung muß natürlich auch die Rolle von JA-Derivaten als Duftstoffe zur Anlockung von Insekten angesehen werden (Box **16.11**).

- Bei der **Wurzelentwicklung** zeigt JA Wirkungen, wie wir sie auch bei höheren AUX-Konzentrationen beobachten. Sie fördert die Anlage von Seitenwurzeln und hemmt die Wurzelstreckung. Die Hemmung des Wurzelwachstums stellt ein einfaches Testsystem dar, um JA-unempfindliche Mutanten zu selektieren und damit Zugang zu Signaltransduktionskomponenten zu gewinnen. Zusammen mit ETH fördert JA die Bildung von **Wurzelhaaren** (Abb. **16.38**).

- Bei der **Samenruhe** wirkt JA ähnlich wie ABA. Beachtliche Mengen von JA bzw. 12-Hydroxy-JA (Tuberonsäure) werden in Samen gefunden, und beide werden während der Keimung schnell abgebaut. Obwohl experimentelle Daten fehlen, kann man darüber spekulieren, daß die Anwesenheit von JA in den letzten Stadien der Keimlingsentwicklung die Expression von Abwehrgenen und damit einen gewissen Schutz gegenüber Pathogenen gewährleistet.

- **Blattalterung** stellt ein komplexes Entwicklungsprogramm dar, in dessen Folge Chlorophyll abgebaut wird, Nährstoffe mobilisiert und in andere Teile der Pflanze abgegeben werden und schließlich, in einem durch ETH-ausgelösten Prozeß, das Blatt abgetrennt wird. JA ist für die Induktion von etwa 100 Genen verantwortlich, deren Produkte als Proteinasen, Chlorophyllasen, Nucleasen, Lipasen u. a. m. für die Umbauprozesse notwendig sind (Abb. **16.39**).

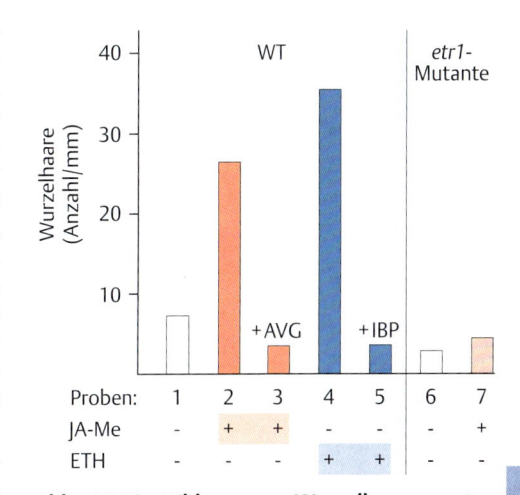

Abb. 16.38 Bildung von Wurzelhaaren unter dem Einfluß von Jasmonsäure und Ethylen. Die Entstehung von Wurzelhaaren bei *Arabidopsis* (Details Kap. 18.3.2) wird durch JA-Me oder ETH stark gefördert (Proben **2** und **4**). Die Wirkung beider Hormone kann allerdings durch Hemmstoffe der Synthese des jeweils anderen Hormons aufgehoben werden (Proben **3** und **5**), d. h. beide Hormone müssen zusammenwirken. Deshalb unterbleibt die Reaktion auch in der ETH-Rezeptor-Mutante *etr1* (Proben **6** und **7**) AVG, Abb. **16.28** S. 633, IBP, Abb. **16.35** S. 641 (nach Zhu et al. 2006).

- Ein spezieller Prozeß mit Beteiligung von JA-Derivaten ist die **Knollenbildung der Kartoffel**. Tuberonsäure (TA = 12-Hydroxy-JA, Abb. **16.37**) wird unter Kurztagsbedingungen in den Spitzen der unterirdischen Sproßausläufer (Stolonen) gebildet und fördert die Knollenentwicklung (Plus **17.7** S. 698).

JA als Streßhormon

Jasmonsäure und ihre Derivate spielen eine zentrale Rolle als **Alarmsignale** für Pflanzen nach Streßbelastungen wie z. B. nach Verwundung durch mechanischen Streß oder Tierfraß oder nach Pathogenbefall. Auch bei den Streßantworten kommt es zu einer engen **Kooperation zwischen ETH und JA**. Primärsignale für die Auslösung der Abwehr- und Reparaturprozesse sind sog. **Elicitoren**. Diese stellen Zellwandbestandteile aus dem verwundeten Gewebe der Pflanze dar oder sie werden von einem Pathogen produziert (Kap. 20.6.1). Elicitoren dienen als chemische Alarmsignale für die Pflanze und lösen die erste Welle der Bildung von JA nach Aktivierung der Phospholipase A (PLA) in den plastidären Membranen aus. Mediator ist vermutlich ein Anstieg der intrazellulären Ca^{2+}-Konzentration (Abb. **16.40**).

Wie im Fall des ETH bei der Fruchtreifung (Kap. 16.7.3) ist auch die Bildung von **JA als Streßhormon** ein sich selbst verstärkender Prozeß. In einer ersten Phase der Genexpression werden vor allem Enzyme der JA-Synthese und Transkriptionsfaktoren neu gebildet. In der Folge werden große Mengen von JA in der Pflanze synthetisiert und über die Leitbündel systemisch verbreitet (punktierte Pfeile in Abb. **16.40**). Sie lösen in dem betroffenen Organ selbst, aber auch in anderen Teilen der Pflanze die Genexpressionsphase II aus. Es kommt zur Bildung von Proteinen, die der Abwehr, der Reparatur von Schäden, aber auch der Bildung von sekundären Pflanzenstoffen als Abwehr- bzw. Signalstoffe dienen. Die Wirksamkeit der JA-induzierten Abwehrmechanismen ist eindrucksvoll belegt (Box **16.13**).

JA als Regulator des Sekundärstoffwechsels

Die Bildung von sog. sekundären Pflanzenstoffen kann ein Teil der Abwehrmechanismen gegenüber tierischen Schädlingen oder Pathogenen sein. Eine beachtliche Fülle von Sekundärmetaboliten werden nach Einwirkung von JA neu oder verstärkt gebildet. Zu ihnen gehören Blütenfarbstoffe (Flavonoide), Coumarine, Lignin, Alkaloide, Polyamine und viele Terpenoide (Kap. 12.3). Flüchtige Terpenoide dienen insbesondere als Streßsignale zwischen Pflanzen bzw. zur Anlockung von Nutzinsekten. Wegen dieser Eigenschaften ist JA zu einem interessanten Faktor in der Biotechnologie für die Auslösung bzw. nachhaltige Steigerung der Synthese pharmakologisch wichtiger Sekundärstoffe in pflanzlichen Zellkulturen geworden.

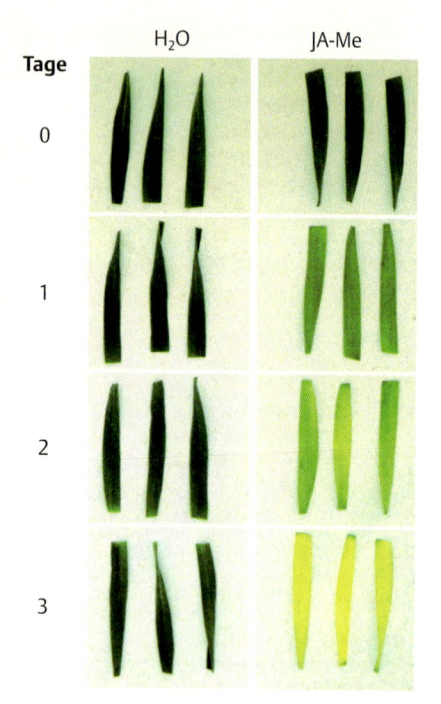

Abb. 16.39 Jasmonsäure-induzierte Alterung von Gerstenblättern. Gerstenblätter wurden im Licht auf Wasser bzw. einer wäßrigen Lösung mit JA-Me (10 µM) für insgesamt 4 Tage inkubiert. Die schnelle Vergilbung der Blätter auf der JA-Lösung zeigt den starken Abbau des Chlorophylls als Zeichen der Alterung, während die Blätter auf Wasser grün bleiben. Parallel zum Chlorophyllabbau löst JA die Bildung von Seneszenzproteinen aus (Originalphoto B. Hause und C. Wasternack).

Abb. 16.40 JA als Streßhormon und Signalverstärkung.

Elicitor →$^{Ca^{2+}}$→ PLA → JA → **Genexpressionsphase I** (0–4 h, Gene der JA-Biosynthese, Transkriptionsfaktoren) → **JA** → **Genexpressionsphase II** (4–12 h, Abwehrgene, Reparaturgene; Gene für Sekundärstoffwechsel)

Box 16.13 Schutz vor Fraßschädlingen durch JA-induzierte Proteine

Unter den JA-induzierten Proteinen finden wir als prominente Vertreter verschiedene **Proteinase-Inhibitoren** und Aminosäure-abbauende Enzyme, wie **Arginase** und **Threonin-Deaminase**. Bei Fraßschädlingen gelangen diese über die Nahrung in den Verdauungstrakt der Raupen. Das Besondere dieser JA-induzierten Proteine ist, daß ihr Wirkungsoptimum im alkalischen Bereich dem Milieu im Verdauungstrakt der Tiere angepaßt ist. Die Folge für die Tiere ist, daß trotz reichlich vorhandener Proteine in der aufgenommenen Nahrung diese nicht gut abgebaut werden bzw. freigesetzte Aminosäuren rasch verschwinden. Die permanente „Unterernährung" führt zu einer deutlichen Verzögerung in der Entwicklung der Larven. Diese läßt sich leicht am Vergleich mit einer Wirtspflanze zeigen, in der durch Mutation die durch Elicitoren ausgelöste JA-Bildung als Streßhormon ausbleibt. Die Wildtyppflanzen mit intakter JA-Antwort (s. Text) überleben den Angriff der Fraßschädlinge und können sich erholen, während die Mutantenpflanzen nach kurzer Zeit kahl gefressen sind oder durch die massenhafte Vermehrung der Schädlinge zugrunde gehen.

Mittlere Größe von Raupen des Tabakschwärmers (*Manduca sexta*) auf WT bzw. Mutantenpflanzen der Tomate nach 6 Wochen Entwicklung.

16.9.3 Wirkungsmechanismus

Es gibt auch für JA eine ganze Reihe von Mutanten, die Komponenten einer Signaltransduktionskette betreffen, aber sie können noch nicht in eine logische Sequenz gebracht werden. Dazu gehören Proteinkinasen und Transkriptionsfaktoren. Ein JA-Rezeptor und damit der Ausgangspunkt der Signaltransduktion konnte bisher nicht identifiziert werden. Klar ist, daß in der Genexpressionsphase I (Abb. **16.40**) auch **Transkriptionsfaktoren neu gebildet** werden, die für die folgende Phase II notwendig sind. Darüberhinaus hat die Identifizierung des Gens bzw. des Proteins COI1 (Plus **16.11**) gezeigt, daß Proteinabbau durch das Ubiquitin/Proteasom-System eine wichtige Rolle spielen muß. **COI1** stellt die Substraterkennungsuntereinheit eines E3-Komplexes vom SCF-Typ dar (Tab. **15.8** S. 572). Aus diesen Erkenntnissen kann das in Abb. **16.41** gezeigte Regulationsmodell abgeleitet werden. Es beruht auf zwei Grundbestandteilen:
- JA aktiviert einen SCF-E3-Komplex mit dem daran gebundenen COI1-Protein (Plus **16.11**).
- Dieser Komplex vermittelt den Abbau eines Repressors (JAR), der die Expression der JA-regulierten Gene blockiert.

Plus 16.11 Coronatin, ein bakterielles Mimetikum der Jasmonsäure

Coronatin wurde ursprünglich aus Blättern von Gräsern isoliert, die von dem bakteriellen Pathogen **Pseudomonas syringae** befallen waren. Gegenüber gesunden Pflanzen vergilben die infizierten Blätter und zeigen eine Reihe von molekularen Merkmalen, die auch nach Applikation von JA beobachtet werden (Abb. **16.39**). Das **Toxin Coronatin** wirkt allerdings gewöhnlich in einer 100–1000-fach niedrigeren Konzentration als JA. Es ist also eine Art **Super-JA**, das aus einem cyclischen Polyketidanteil mit 12 C-Atomen (gelb, Abb. **12.7** S. 354) und einer Aminosäure vom Typ des Isoleucins (grau) besteht:

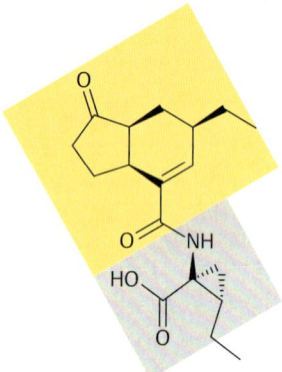

Coronatin

Chemisch am nächsten verwandt sind zwei JA-Konjugate: JA-Isoleucin und JA-ACC (Abb. **16.37** S. 644). Das JA-Ile-Konjugat hat wie Coronatin starke biologische Wirkungen.

Die Entdeckung von Coronatin als einem **bakteriellen JA-Mimetikum** war ein Meilenstein in der Forschung, weil sehr bald eine Coronatin-resistente Mutante von *Arabidopsis* (*coi1*, engl.: coronatine insensitive) gefunden wurde. In dieser Mutante fällt ein großer Teil der JA-Antwort aus, weil das COI1-Protein als Teil eines E3-Komplexes dafür verantwortlich ist, das ein Repressor der JA-Antwort durch das Ubiquitin/Proteasom-System abgebaut werden kann (Abb. **16.41**).

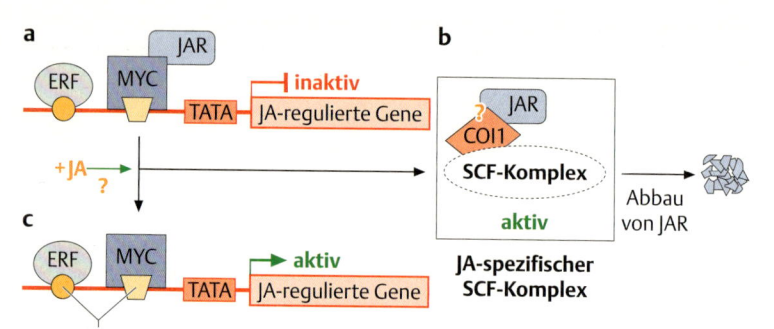

Abb. 16.41 Modell der Jasmonsäure-induzierten Transkriptionskontrolle. Die JA-regulierten Gene sind durch Bindung eines JA-spezifischen Repressors (JAR) an den MYC-Transkriptionsfaktor inaktiviert (**a**). In Anwesenheit von JA wird der Repressor abgelöst und durch einen JA-spezifischen E3-Komplex vom SCF-Typ (Tab. **15.8** S. 572) abgebaut (**b**). Dabei stimuliert JA (orange markiert) die Wechselwirkung zwischen der substratbindenden Untereinheit des SCF-Komplexes (COI1, Plus **16.11**) und JAR. Zu den durch JA aktivierten Genen (**c**), gehören verschiedene Transkriptionsfaktoren, z. B. ERF, die die Expression von Genen des Sekundärstoffwechsels, der Entwicklung, der Streßantwort und der Pathogenabwehr steuern. Zugleich wird aber auch der Repressor (JAR) neu gebildet, sodaß die Antwort selbstregulierend ist. Solange JA vorhanden ist, wird der Repressor immer wieder neu gebildet und abgebaut (nach Farmer 2007).

16.10 Weitere pflanzliche Signalstoffe

Neben den Hormonen im klassischen Sinn gibt es eine Reihe von Signalstoffen, die eine hormonähnliche Rolle spielen (Peptide, NO, Salicylsäure) oder aber zentrale Mediatoren in hormon-, licht- und streßabhängigen Signaltransduktionsprozessen darstellen (NO, cGMP, H_2O_2, Ca^{2+}). Mit zunehmenden Erkenntnissen wächst immer mehr die Einsicht, daß Pflanzen und Tiere in der Komplexität der Signalsysteme, aber auch in der Art der verwendeten Signale und Mediatoren sehr ähnlich sind. Wir wollen in diesem Abschnitt eine Übersicht über wichtige weitere Signale in Pflanzen geben, die in diesem und den folgenden Kapiteln eine Rolle spielen werden.

16.10.1 Peptidsignale

Peptide als Hormone und Signale entstehen durch proteolytische Prozessierung von größeren Vorläuferproteinen. Dazu gehören auch Peptide aus Proteinen pathogener Mikroorganismen. Die überwiegende Zahl der Peptidrezeptoren bei Pflanzen haben den Grundtypus eines sog. LRR-Rezeptors mit einer cytoplasmatischen Proteinkinasedomäne, einer Transmembrandomäne und einer unterschiedlichen Zahl von Leucin-reichen Sequenzmotiven (LR-Repeats) im extrazellulären Raum.

Peptide als Hormone und Signale sind bei Tieren besonders weit verbreitet. Sie binden an Rezeptoren der Zelloberfläche und lösen Signaltransduktionsprozesse durch Aktivierung von Proteinkinasen aus. Im allgemeinen entstehen solche Peptidhormone durch **proteolytische Prozessierung von größeren Vorläuferproteinen**. Diese Kurzcharakterisierung gilt prin-

Tab. 16.4 Peptide und Proteine als Signale bei Pflanzen.

Name	Größe (AS)	Rezeptor	Wirkung (Hinweis)
1. CLV3 (Clavata 3)	75 (25 Gene)	CLV1/2 (Abb. **16.43**)	Meristemhomöostase (Kap. 18.2), Expression von WUS
2. RALF	49 (34 Gene)	?	engl.: rapid alcalinization factor; Hemmung der H^+-ATPase im Plasmalemma und des Wurzelwachstums
3. PSK (Phytosulfokin)	5:Y*IY*TQ (Y*= Sulfo-Tyr)	PSKR (Abb. **16.43**)	Auslösung von somatischer Embryogenese; Kallusbildung; Zelldifferenzierung, Pollenkeimung (Kap. 18.5.1).
4. Systemin	18	SR160/BRI1 (Abb. **16.43**)	JA-induzierter lokaler Elicitor (Box **19.9** S. 799)
5. α-Faktor (Hefe)	14	STE2	Paarung von haploiden Hefezellen vom a- bzw. α-Typ (Abb. **14.11** S. 464)
6. SCR	~50 (>100 Allele des S-Locus)	SRK/MPLK (Narbe)	Selbstinkompatibilitätssystem; Erkennung zwischen Pollen und Narbe (Abb. **18.19** S. 752)
7. FLG22 (Flagellinpeptid)	?	FLS2 (Abb. **16.43**)	Auslösung der Basalabwehr gegen Pathogene (Kap. 20.6.1)

zipiell auch für Pflanzen. Die Untersuchungen über die Verbreitung und biologische Funktion von Peptidsignalen stehen allerdings erst am Anfang. Relevante Beispiele werden in der Tab. **16.4** und der Abb. **16.42** gezeigt. In allen Fällen handelt es sich um Proteine, die am ER translatiert werden und daher eine N-terminale Signalsequenz besitzen (Abb. **15.35** S. 557). Nach cotranslationaler Abspaltung der Signalsequenz muß die weitere **Prozessierung durch spezifische Endoproteasen** erfolgen, die die Freisetzung der Peptide aus dem Vorläuferprotein gewährleisten. Darüberhinaus kann es im ER/Golgi-System auch noch zu weiteren Veränderungen kommen. So finden wir bei den Systeminen weit verbreitet

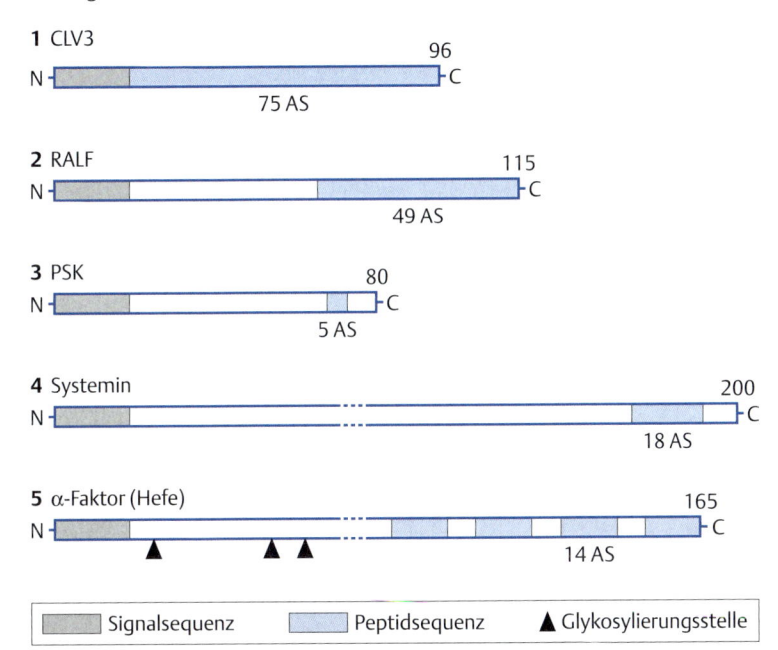

Abb. 16.42 Vorläuferproteine für Peptidhormone in Pflanzen. Die Signalsequenzen am N-Terminus sind grau und die Bereiche, die für die jeweiligen Peptide codieren, blau markiert. Die Zahl oberhalb der Blockdiagramme gibt die Zahl der Aminosäurereste der Vorläuferproteine an (weitere Einzelheiten, Tab. **16.4**).

Abb. 16.43 LRR-Rezeptoren und ihre Liganden.
a Clavata-3-Rezeptor (Plus **18.1** S. 715). **b** Phytosulfokin-Rezeptor. **c** Systemin/BR-Rezeptor (Abb. **16.25** S. 626). **d** Flagellinpeptid-Rezeptor (Plus **20.6** S. 824). Alle Rezeptoren vom LRR-Typ haben eine cytoplasmatische Proteinkinasedomäne, eine Transmembrandomäne und eine unterschiedliche Zahl von Leucin-reichen Sequenzmotiven (LR-Repeats) im extrazellulären Raum. Eine interessante Besonderheit besteht darin, daß die Systemine vermutlich den BR-Rezeptor BRI1 benutzen. Details der Signalweiterleitung von den Rezeptoren sind noch unklar. Nur die Rezeptoren SR160 und FLS2 sind offensichtlich mit MAP-Kinase-Kaskaden verbunden (Plus **16.8** S. 634).

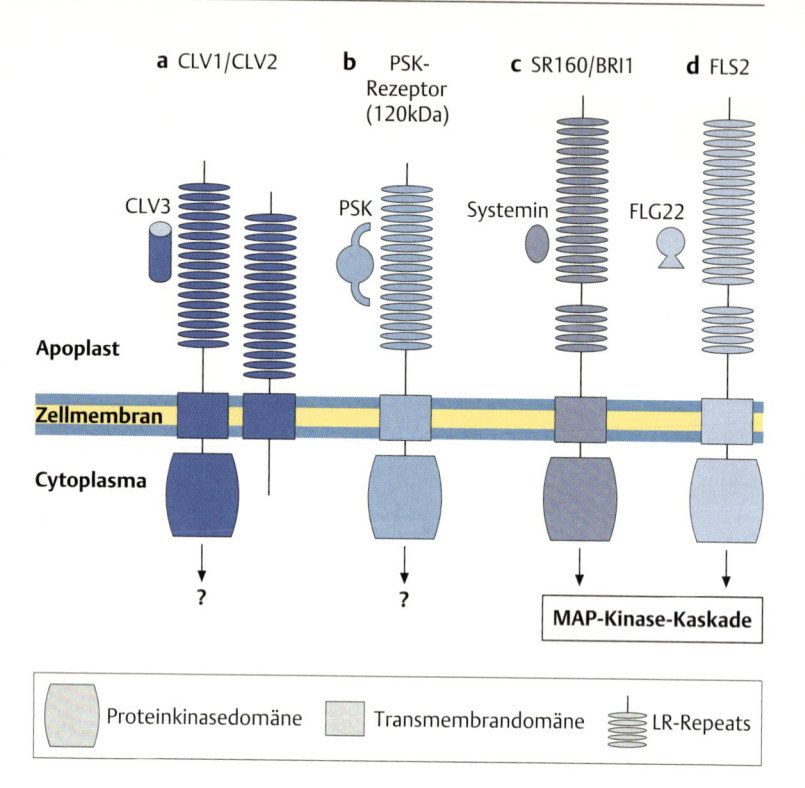

Hydroxyprolin (Plus **15.11** S. 544), bei den Phytosulfokinen werden beide Tyr-Reste sulfatiert und bei dem Paarungspheromon der Hefe (α-Faktor) wird das Vorläuferprotein glykosyliert. Häufig haben wir es mit Familien unterschiedlicher Peptide innerhalb der einzelnen Gruppen und dementsprechend auch mit Genfamilien zu tun.

Auch **Peptide aus Mikroorganismen** können Signale für Pflanzen darstellen. Sie entstehen bei der Auseinandersetzung von Wirtspflanzen mit Mikroorganismen und werden als **MAMPs** bezeichnet (engl.: microorganism-associated molecular patterns). Als Beispiel haben wir in Tab. **16.4** das FLG22-Peptid aus bakteriellem Flagellin aufgeführt. Es können je nach Organismus aber auch Peptide aus anderen Massenproteinen als MAMPs auftreten (Box **20.5** S. 823). Nach Bindung an die entsprechenden Oberflächenrezeptoren aktivieren sie die Basalabwehr der Pflanzen. Die überwiegende Zahl der Peptidrezeptoren bei Pflanzen haben den Grundtypus eines sog. LRR-Rezeptors (Abb. **16.43**), wie wir ihn schon bei den BR-Rezeptoren kennengelernt haben (Abb. **16.25** S. 626). Die Peptide binden an die LRR-Domänen.

16.10.2 Stickstoffmonoxid (NO)

NO als gasförmiges Radikal ist außergewöhnlich reaktiv und kurzlebig. In niedrigen Konzentrationen stellt es einen Mediator für eine große Zahl von hormon- oder streßregulierten Prozessen dar. NO entsteht in Pflanzen durch Nitrat-Reductase (NR-Weg) bzw. durch NO-Synthase (NOS-Weg). NO stammt auch aus der Nitrat-Verwertung durch Bodenmikroorganismen. Schlüsselreaktion der NO-Wirkungen ist die Nitrosylierung von Proteinen.

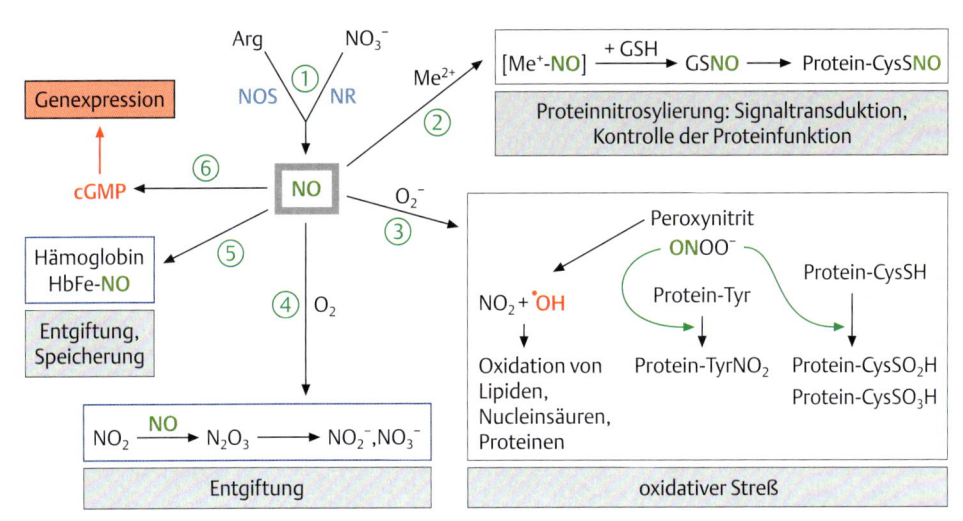

Abb. 16.44 Entstehung und Wirkung von NO. 1 Entstehung von NO aus Nitrat bzw. Arginin (Plus **16.12**). 2 Reaktion von NO mit Metall-Ionen führt zur Abgabe eines Elektrons und zur Reaktion mit Glutathion (GSH, Abb. **7.4** S. 235). Bildung von GSNO ist Ausgangspunkt für Proteinnitrosylierungen (Plus **16.13** S. 653). 3 Reaktion mit einem Superoxidanion (Box **16.15** S. 656) führt zu Peroxynitrit, das verschiedene Makromoleküle oxidieren kann (toxische Wirkung von NO). 4, 5 Entgiftung von NO durch Oxidation oder Bindung an Hämoglobin (Box **16.14**). 6 NO als Teil von Signaltransduktionsprozessen, die über die Bildung von cGMP führen (Abb. **16.33** S. 640 und Plus **16.14** S. 657).

Die überraschende Entdeckung der zentralen Rolle von NO als Botenstoff in Säugetieren vor etwa 25 Jahren hat zu einer Flut von Untersuchungen geführt, in deren Folge die Entdecker 1998 mit dem Nobelpreis für Medizin ausgezeichnet wurden. Parallel zu dieser Entwicklung wuchsen Erkenntnisse, daß NO auch bei Mikroorganismen und Pflanzen eine vergleichbar wichtige Rolle spielt. **NO** ist aufgrund seiner Natur als **gasförmiges Radikal** außergewöhnlich reaktiv und kurzlebig. In niedrigen Konzentrationen stellt NO einen Mediator für eine Fülle von hormon- oder streßregulierten Prozessen dar. In höheren Konzentrationen ist es dagegen ein gefährliches Agens, das zur Oxidation von Proteinen, Nucleinsäuren und Lipiden beiträgt und schließlich zum Zelltod führen kann (Abb. **16.44**).

Box 16.14 Hämoglobine in Pflanzen

Hämoglobin ist ein tetrameres Chromoprotein, das aus zwei α- und zwei β-Ketten sowie einem Fe-Porphyrinringsystem aufgebaut ist. Es dient als Sauerstofftransportprotein in den roten Blutzellen der Vertebraten. Hämoglobine (Hb) gehören aber zu den ältesten Molekülen, deren Urformen vor etwa 1,5 Milliarden Jahren entstanden sind und die heute, von wenigen Ausnahmen abgesehen, bei allen Lebewesen vorkommen. Allen gemeinsam ist eine globuläre Faltungsstruktur (sog. globin fold) mit 2 × 3 Helices und dem darin eingebetteten Porphyrinsystem, die wir bei Bakterien, Algen, Pilzen, Pflanzen und Vertebraten in gleicher Weise finden.
Bei **Pflanzen** gibt es **vier Typen von Hämoglobinen** (Hb), die ihre biologische Funktion – im Gegensatz zum Hämoglobin der Vertebraten – als monomere Proteine erfüllen. Die Funktionen sind häufig noch nicht geklärt:
Hb1 wird bei Pflanzen unter Sauerstoffmangel (Hypoxie) vermehrt gebildet. Wegen seiner außergewöhnlich hohen Affinität zu Sauerstoff, ist eine Funktion als Transportprotein ausgeschlossen. Hb1 ist offensichtlich notwendig für den Schutz von Zellen gegenüber hohen Dosen von NO und H_2O_2.

Hb2 ist eng verwandt mit Hb1 und wird unter Kältestreß vermehrt gebildet.
Hb3 gehört zu den sog. verkürzten Hb (engl.: truncated Hb), die bei den Vertebraten fehlen, aber bei Bakterien und Pilzen weit verbreitet sind. Durch eine Reihe von internen Deletionen ist die Globindomäne verkleinert und enthält nur noch 2 × 2 Helices. Hb3-Typen werden in Pflanzen konstitutiv in den meisten Geweben exprimiert.
LHb (**Leghämoglobin, symbiotisches Hb**) steht Hb2 nahe. Es wird wie das Hb der Vertebraten in großen Mengen akkumuliert, allerdings nur in den Knöllchen der N_2-fixierenden Leguminosen. Die hohe Sauerstoffaffinität des LHb sorgt für die O_2-arme Umgebung in den Knöllchen, die für die Funktion und Stabilität der Nitrogenase notwendig ist (Kap. 20.5). Allen Hämoglobinen ist gemeinsam, daß sie als Liganden am Fe-Porphyrinsystem nicht nur O_2, CO_2 bzw. CO akzeptieren, sondern auch NO. Hämoglobine sind also **NO-Scavenger** (**a**) und können dieses auch oxidativ entgiften (**b**):

a $Hb(Fe^{2+}) + NO \rightarrow Hb(Fe^{2+}-NO)$
b $Hb(Fe^{2+}-O_2) + NO \rightarrow Hb(Fe^{3+}) + NO_3^-$

NO stammt bei Pflanzen aus drei Quellen (Plus **16.12**):
- **Reduktion** von **Nitrit** durch eine Nitrat-Reductase (NR),
- oxidative **Umwandlung von Arginin** durch NO-Synthase (NOS). Dieser bei Tieren dominierende Weg benötigt Enzyme, die bezüglich des biochemischen Reaktionsablaufs eine gewisse Ähnlichkeit zu den CytP450-abhängigen Monooxygenasen zeigen (Plus **16.1** S. 596).
- Eine dritte und nicht unbeträchtliche Quelle für NO ist die **Nitrat-Verwertung** durch Bodenmikroorganismen, bei der bis zu 10% des Gesamtstickstoffs als NO freigesetzt werden kann. Versuche mit chemischen NO-Quellen, z.B. Natriumnitroprussid, zeigen, daß exogen

---

Plus 16.12 Zwei Wege zur NO-Synthese

Trotz unterschiedlicher biochemischer Reaktionswege haben beide an der NO-Synthese beteiligten Enzymkomplexe der Pflanzen bemerkenswerte Gemeinsamkeiten, die auf der Anwesenheit von Häm-Fe und einer damit verbundenen Elektronentransportkette mit NADPH als Reduktionsäquivalent und FAD bzw. FMN als Coenzyme (Abb. **6.14** und Abb. **6.15** S. 227) beruhen.

Der **Nitrat-Reductase-Weg** braucht zwei Moleküle NADPH. Das Enzym NR ist ein Dimer mit einem Molybdopterin als Cofaktor im aktiven Zentrum (Plus **16.9** S. 636). Die Reduktion von Nitrat zu Ammoniak vollzieht sich in zwei Schritten: Der erste Schritt im Cytoplasma ist die NR-katalysierte Reduktion von NO_3^- zu NO_2^-. Dies wird dann normalerweise in einer zweiten Reaktion durch eine Nitritreductase in den Plastiden zu Ammoniak reduziert (Abb. **17.22** S. 699). In Abhängigkeit von den physiologischen Bedingungen kann ein Teil des Nitrits allerdings auch im Cytoplasma durch NR zu NO reduziert werden (Abb. **a**).

Funktionell liegt auch bei der **NO-Synthase** (**NOS**) ein dimeres Molekül vor. Durch die Assoziation mit Ca^{2+}-Calmodulin (Abb. **16.48** S. 656) handelt es sich aber tatsächlich um einen heterotetrameren Komplex. Die biochemischen Abläufe an der NOS lassen die Verwandtschaft zu den Monooxygenasen deutlich erkennen. Es sind zwei Reaktionen hintereinandergeschaltet, die zwei NADPH- und zwei O_2-Moleküle benötigen. Die für Monooxygenasen typische Verteilung der Sauerstoffatome (Plus **16.1** S. 596) ist durch rote Markierung hervorgehoben. Im aktiven Zentrum der NOS sitzt ein Tetrahydrobiopterin (THB). In Pflanzen wurden bisher zwei unterschiedliche Typen von NOS identifiziert. Eine von ihnen (**NOS1**) ist **konstitutiv exprimiert** und findet sich in den Mitochondrien, die andere ist **induzierbar** (**iNOS**, engl.: induced NOS) und wird insbesondere nach Pathogenbefall in beachtlichen Mengen gefunden (Plus **20.6** S. 824). Ihre intrazelluläre Lokalisation ist unklar.

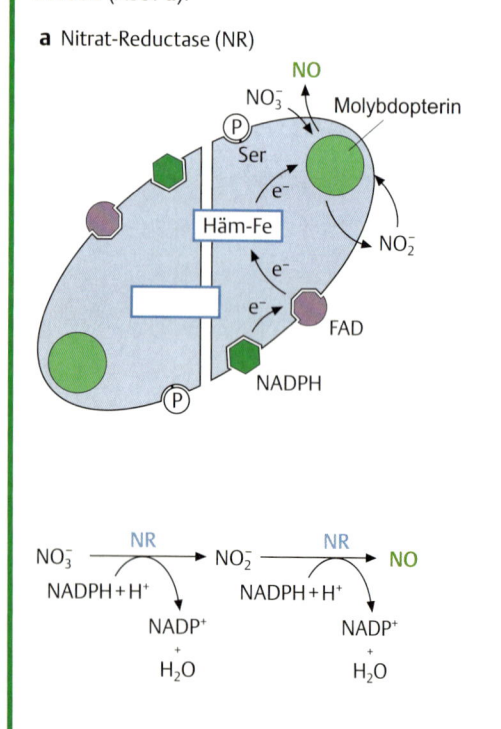

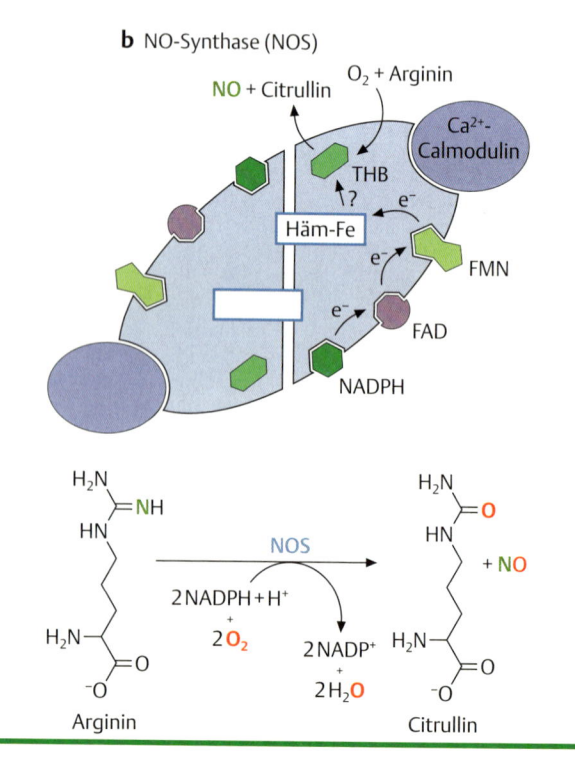

a Nitrat-Reductase (NR)

b NO-Synthase (NOS)

appliziertes NO durchaus nachhaltige Wirkungen auf das Pflanzenwachstum haben kann. Diese exogene Quelle ist also in ihrer Wirkung auf Pflanzen nicht zu unterschätzen.

Die NO-Bildung ist offensichtlich in Abhängigkeit von der Pflanzenart, dem Gewebe und Entwicklungszustand oder der Streßbelastung starken Schwankungen unterworfen. Beispielsweise steigt die NOS-Aktivität nach Pathogenbefall auf das 30-fache an. Wegen der hohen Reaktivität liegt die Lebensdauer für NO im Sekunden- bis Minutenbereich. Bindung an metallhaltige Proteine wie Hämoglobin (Bildung von HbFe-NO) bzw. an Glutathion (GSH, Bildung von GSNO) kann zur Stabilisierung beitragen (Abb. **16.44**). Beide NO-Derivate gelten als Speicher- und/oder Überträgerformen für NO. In vielen Fällen wird die Bildung von cyclischem GMP (cGMP) als Teil der weiteren Signaltransduktionskette durch NO stimuliert oder regulatorische Proteine werden in ihrer Funktion durch Nitrosylierung an Cys-Resten verändert (Plus **16.13**).

Die Liste der biologischen Vorgänge, an denen die Beteiligung von NO nachgewiesen wurde, wächst rasch. Wir wollen hier nur beispielhaft einige Prozesse nennen und zwei davon kurz im Detail erläutern. Die hormonartigen Wirkungen deuten darauf hin, daß NO als Teil der entsprechenden Signaltransduktionsketten wirkt:

- Förderung der Samenkeimung (wie GA),
- Förderung der Bildung von sproßbürtigen Wurzeln (wie AUX),
- Förderung der Betacyaninsynthese in *Amaranthus*-Keimlingen (wie CK),
- Förderung des streßbedingten Stomataverschlusses (wie ABA),
- Hemmung der Fruchtreifung (Antagonist von ETH),

Plus 16.13 Nitrosylierung von Proteinen

Die Nitrosylierung von Proteinen hat wesentlichen Anteil an den vielfältigen Wirkungen von NO in biologischen Systemen. Das betrifft bei Säugetieren vor allem die Nitrosylierung von Komponenten der Signaltransduktionsketten im Immunsystem, in der Tumorentstehung, im programmierten Zelltod u. a. m. Wegen ihres transienten Charakters sind Nitrosylierungen häufig mit der Phosphorylierung von Proteinen verglichen worden. Das stimmt nur bedingt, weil der Mechanismus doch sehr verschieden ist. Es gibt keine Nitrosyltransferasen, sondern es handelt sich in allen Fällen um eine **Autonitrosylierung der betroffenen Proteine**, die an zwei Voraussetzungen gebunden ist:

- Der NO-Überträger ist in der Regel stabilisiertes NO, z. B. in Form des Glutathionderivats (GSNO, grün).
- Das Zielprotein muß nicht nur GSNO binden können, sondern auch einen für die Reaktion geeigneten Cys-Rest haben. Da es sich bei der **Transnitrosylierung** von GSNO auf das Zielprotein um eine **Säure/Basen-katalysierte Reaktion** handelt (Abb., rote Pfeile), muß der Cys-Rest in enger Nachbarschaft mit einem basischen (z. B. Lys) und einem sauren Aminosäurerest (z. B. Glu) vorkommen. Ein Beispiel für ein solches Nitrosylierungsmotiv ist z. B. – TKCPEE – für die AdoMet-Synthetase von *Arabidopsis*.

Protein plus GSNO

Nitroso-Protein plus GSH

Mit der Kenntnis über den Mechanismus und die strukturellen Voraussetzungen hat man Vorhersagen über potentielle Zielproteine bei Pflanzen gemacht und durch entsprechende massenspektrometrische Untersuchungen untermauert. Danach gibt es mehr als 50 Proteine in *Arabidopsis*, die in diese Gruppe gehören. Bisher sind erst drei davon näher untersucht worden (Hämoglobin, AdoMet-Synthetase und der K$^+$-Exporter in den Schließzellen der Stomata).

- Hemmung des Verwelkens von Blüten nach der Befruchtung (Antagonist von ETH),
- Induktion der JA-Synthese,
- Aktivierung der Pathogenabwehr (Plus **20.6** S. 824),
- Schutz der Blätter gegen oxidativen Streß,
- Stabilisierung des Apikalmeristems im vegetativen Zustand und damit Verzögerung der Blühinduktion (wie ABA).

Kontrolle der Stomata: Der Einfluß von NO auf den Öffnungszustand der Stomata hängt von der Konzentration ab. Bei **niedrigen Konzentrationen von NO** wird eine Förderung des durch ABA ausgelösten Verschlusses der Stomata beobachtet (Kap. 7.3.3). NO ist mit anderen Mediatoren Teil der Signaltransduktionskette. Wie die Analysen zeigen (Abb. **16.45**), kann der Stomataverschluß durch ABA, H_2O_2 oder NO ausgelöst werden. Bei **höheren Konzentrationen von NO**, wie sie bei oxidativem Streß beobachtet werden, wird dagegen der Stomataverschluß durch Nitrosylierung der K^+-Exportkanäle gehemmt (Plus **16.13**).

Steuerung der Blühinduktion: Eine direkte Beteiligung der NO-Synthase wurde für die Steuerung der Blühinduktion nachgewiesen. Offensichtlich ist der Übergang von dem vegetativen zum generativen Stadium des Meristems von der Versorgung mit NO abhängig. Pflanzen mit **fehlender NOS** (*nos1*-Pflanzen) blühen viel zeitiger als der Wildtyp (Abb. **16.46a**), während Pflanzen mit **NO-Überproduktion** (*nox1*-Pflanzen) ein verstärktes vegetatives Wachstum und einen verzögerten Zeitpunkt für die Blütenbildung zeigen (Abb. **16.46b**).

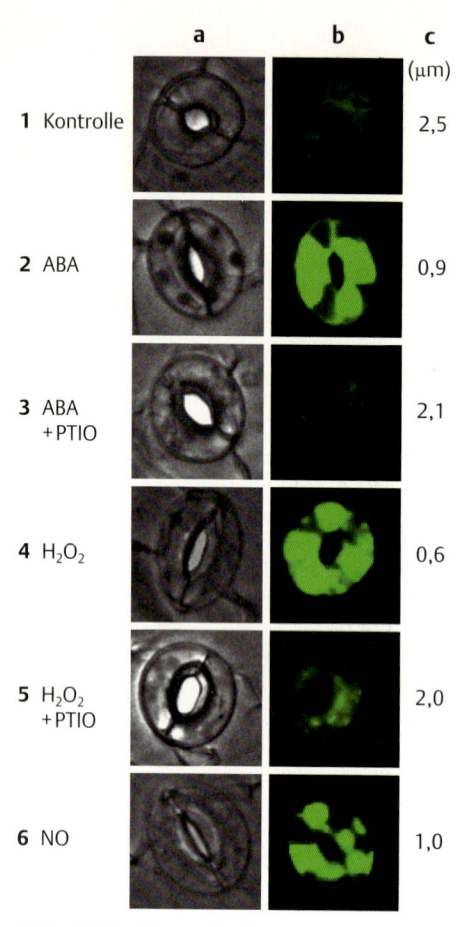

Abb. 16.45 Kontrolle des Stomataverschlusses durch NO. Blätter von *Arabidopsis* wurden in Wasser (Kontrolle) bzw. in Lösungen mit ABA, H_2O_2 bzw. NO inkubiert. Bei den Proben **3** und **5** wurde **PTIO** (2-[4-Carboxyphenyl]-4,4,5,5-tetramethylimidazolin-1-oxyl-3-oxid) als NO-Fänger zugesetzt. Da NO in der Signalkette als drittes Glied hinter ABA und H_2O_2 folgt (Abb. **16.47**), kann die Wirkung der ersten beiden auch durch Zusatz von PTIO verhindert werden. Die Öffnung der Stomata wurde im Lichtmikroskop (**a**) bzw. durch Vermessen der Stomataweite (µm) ermittelt (**c**). Die mittlere Reihe (**b**) zeigt Stomata nach Färbung mit Diaminofluorescein (DAF) zum Nachweis der Bildung von NO. Hohe NO-Konzentrationen (**2**, **4**, **6**) sind stets mit einer geringeren Öffnung der Stomata verbunden (nach Bright et al. 2006, Originalbilder J. Bright).

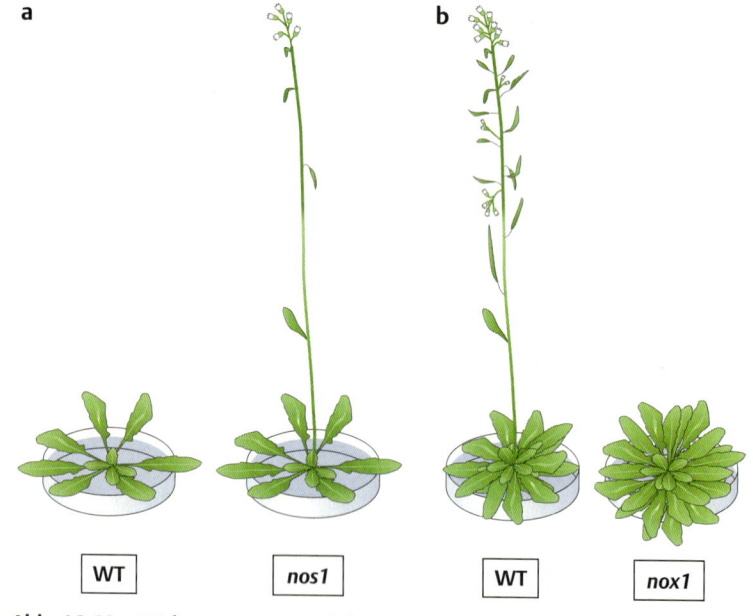

Abb. 16.46 Wirkung von NO auf die Blühinduktion. Wildtyp bzw. Mutanten von *Arabidopsis* wurden im Kurztag gezogen (Kap. 17.2.4). **a** NO-Mangel: Wildtyppflanzen 5 Wochen nach Aussaat sind vegetativ, während die NOS-Defektmutante (*nos1*) bereits blüht. **b** NO-Überproduktion: Wildtyppflanzen im Kurztag blühen nach 7 Wochen, während die NO-überproduzierende Pflanze (*nox1*) vegetativ bleibt. In Abhängigkeit vom Blühzeitpunkt ändert sich in charakteristischer Weise die Zahl der Rosettenblätter in den Pflanzen (nach He et al. 2005).

16.10.3 Ca^{2+} und Signaltransduktionsketten

Ca^{2+}-Ionen sind zentrale Mediatoren von Zellantworten auf Hormone, Streßsituationen und Pathogeninfektion. Ca^{2+}-Ionen stammen entweder aus intrazellulären Pools (ER, Vakuolen) oder aus dem extrazellulären Milieu. Hauptsächlicher Ca^{2+}-Rezeptor ist Calmodulin (CaM) mit zwei Ca^{2+}-bindenden Köpfen. Ca^{2+}-CaM ist Teil eines Netzwerks miteinander gekoppelter Signaltransduktionsprozesse, von dem vielfältige Einflüsse auf Genexpression, Cytoskelettfunktionen und andere Signaltransduktionskomponenten ausgehen.

Ca^{2+}-Ionen sind zentrale Mediatoren von Zellantworten auf Hormone (GA, ABA), Streßsituationen (Wassermangel, Kälte, Salz) und Pathogeninfektion. Im allgemeinen führen die auslösenden Signale direkt oder indirekt zu einer **schnellen**, aber **vorübergehenden Erhöhung** der **cytosolischen Ca^{2+}-Konzentration**. Die Ca^{2+}-Ionen stammen entweder aus intrazellulären Speicherkompartimenten (Mitochondrien, Vakuolen) oder sie kommen aus dem extrazellulären Milieu (Apoplast, Abb. **16.47**).

Die typische Ca^{2+}-Konzentration im Cytosol der Pflanzenzellen liegt bei 100–200 nM, im Zellkern 10–50 nM, während in den Ca^{2+}-Speicherkompartimenten (Vakuole, Mitochondrienmatrix bzw. Apoplast) die Konzentration mindestens 10000-fach höher ist. Die Rolle von Ca^{2+} als intrazellulärem Signal wird durch kurzfristige Konzentrationserhöhungen (**Ca^{2+}-Spikes**) im Cytosol bzw. im Zellkern durch Freisetzung aus den Speicherräumen erreicht. Je nach auslösendem Signal und Zelltyp dauert der Anstieg 0,1–10 s, bis die Ca^{2+}-Transporter den Ausgangszustand wiederhergestellt haben. Ein oder mehrere solcher Spikes sind notwendig, um die Ca^{2+}-vermittelte Antwort auszulösen.

Die Primärsignale wirken häufig nicht direkt, sondern über eine Reihe von **Mediatoren** wie H$_2$O$_2$ (Box **16.15**), NO oder cyclische Nucleotide wie cGMP und cADPR (Plus **16.14**). Auf der anderen Seite können aber Ca^{2+}-Ionen die Bildung dieser Mediatoren stimulieren bzw. hemmen. So ergibt sich ein Netzwerk miteinander gekoppelter Signaltransduktionskomponenten, von dem vielfältige Einflüsse auf Genexpressionsprozesse ausgehen (Abb. **16.47**).

Hauptsächlicher **Ca^{2+}-Rezeptor** ist **Calmodulin** (CaM), ein bei allen Eukaryoten hoch konserviertes, langgestrecktes Protein von etwa 150 Aminosäureresten mit einer zentralen Helix und zwei Ca^{2+}-bindenden Köpfen (Abb. **16.48**). Der Ca^{2+}-CaM-Komplex wirkt auf eine Fülle von Proteinen, die Ionenströme, Transkription, Signaltransduktion (Proteinkinasen, Phosphatasen, Phospholipasen, NO-Synthasen, Superoxiddismutase) oder Cytoskelettfunktionen beeinflussen (Abb. **16.47**). Eine Besonderheit bei Pflanzen sind zwei große Gruppen von Ca^{2+}-bindenden Proteinen, die eine eigene CaM-artige Domäne besitzen. Zu ihnen gehören **Ca^{2+}-abhängige Proteinkinasen** (CDPK, Abb. **16.33** S. 640) und **Phosphatasen vom Typ des Calcineurins**. Die Fülle der von Ca^{2+} beeinflußten Proteine und Prozesse ist groß, und in den wenigsten Fällen ausreichend geklärt.

Abb. 16.47 Ca^{2+}-Ionen in einem Netzwerk von Signaltransduktionsprozessen. Extrazelluläre Signale werden von Sensoren bzw. Rezeptoren erkannt und steuern die intrazelluläre Bildung von Mediatoren wie H$_2$O$_2$ (Box **16.15**), NO (Kap. 16.10.2), cGMP und cADPR (Plus **16.14**). cADPR bindet an die Ca^{2+}-Kanäle und löst den Einstrom von Ca^{2+} in das Cytosol aus. Ca^{2+} und andere Mediatoren kontrollieren Genexpressionsprozesse. Ca^{2+}-CaM (Abb. **16.48**) ist Ausgangspunkt für viele weitere Signaltransduktionsprozesse.

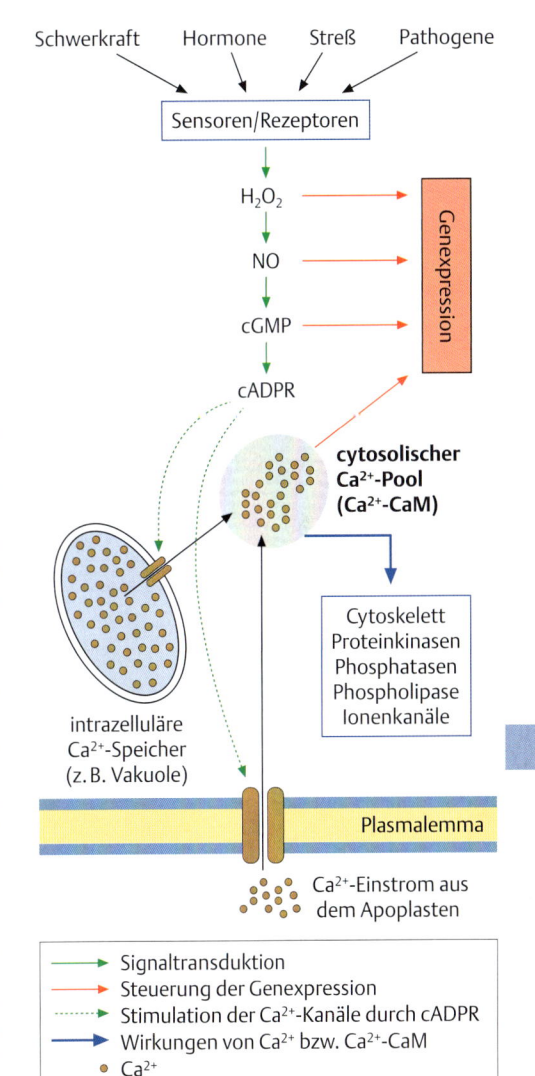

Abb. 16.48 Raumstruktur des Ca^{2+}-Calmodulins. Jede Teilstruktur mit einem Ca^{2+}-Ion besteht aus einem Helix-Loop-Helix-Motiv, die in blau, grün, lila bzw. rot wiedergegeben sind. Jeweils zwei Teildomänen sind durch Wechselwirkungen zwischen den beiden antiparallelen β-Strängen zu einer dimeren globulären Domäne am N- bzw. C-Terminus des Proteins verbunden (nach Grabarek 2005).

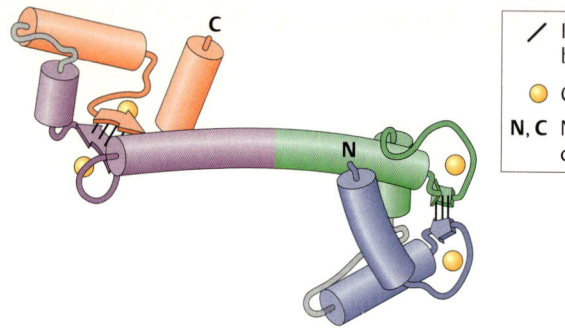

- Interaktion der beiden β-Stränge
- Ca^{2+}-Ionen
- N, C   N- bzw. C-Terminus des Proteins

Box 16.15   Wasserstoffperoxid: Schadstoff und lebenswichtiges Signal

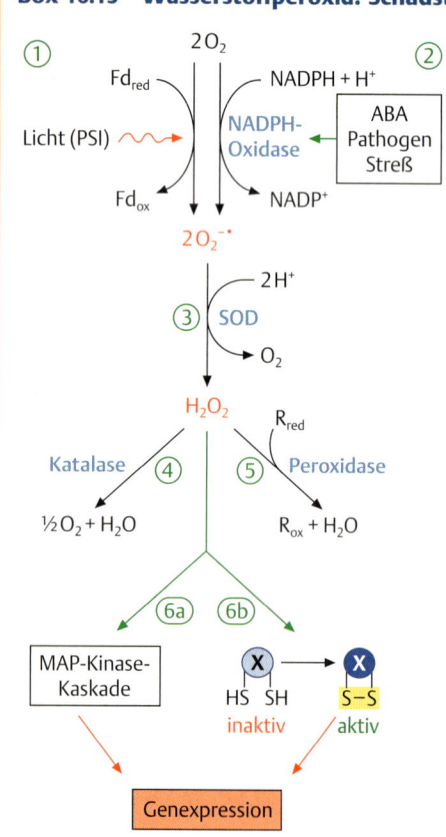

Für die meisten Lebewesen ist molekularer Sauerstoff (O_2) lebensnotwendig. Er ist aber auch Ausgangspunkt für die Bildung **hochtoxischer, reaktiver Sauerstoffspecies** (ROS, engl.: reactive oxygen species), von denen die prominentesten Vertreter **Superoxidradikal** ($O_2^{-\bullet}$) und **Wasserstoffperoxid** (H_2O_2) sind (rot markiert). Die beiden reaktiven Formen entstehen durch Elektronenübertragung (Reduktion) aus dem relativ reaktionsträgen O_2. Es gibt zwei Hauptreaktionen für die Bildung von $O_2^{-\bullet}$:

- **Lichtgesteuerte Reduktion** von O_2 unter Vermittlung von Ferredoxin (Fd) am Photosystem I (PSI, **Reaktion 1**, Abb. **8.16** S. 272),
- **induzierte Reduktion** von O_2 an membrangebundenen Komplexen der **NADPH-Oxidase (2)**, die bei Pathogenbefall (Plus 20.6 S. 824), abiotischem Streß bzw. durch ABA (Stomataverschluß) aktiviert wird.

$O_2^{-\bullet}$ kann unter Vermittlung von Superoxiddismutase (SOD) in $H_2O_2 + O_2$ umgewandelt werden (**3**). Wasserstoffperoxid wird entweder durch Katalase entgiftet (**4**) oder dient als Cosubstrat für Peroxidasen, die organische Substrate (R_{red}) oxidieren (R_{ox}, **5**). Substrate können z. B. Glutathion oder aber Intermediate des Phenylpropanstoffwechsels bei der Ligninbiosynthese (Abb. 1.34 S. 40) sein.

Schließlich dient H_2O_2 als **Signal für die Auslösung von Genexpressionsprozessen** (**6**), die zu programmiertem Zelltod als Teil der Abwehrmechanismen gegenüber Pathogenen oder aber zur Bildung von Schutzproteinen (Box 20.6 S. 828) führen. Zu letzteren gehören auch die sog. **Scavengerenzyme** (Abb. 19.9 S. 784), wie die genannte SOD und Katalase sowie die Peroxidasen. Insgesamt werden wie bei anderen Signalen hunderte von Genen angeschaltet. Die Auslösung der Genexpression erfolgt entweder über MAP-Kinasen (**6a**) oder aber über die direkte, oxidative Aktivierung von Transkriptionsfaktoren (Faktor X). Das Eingangssignal für die MAP-Kinase-Kaskade kann allerdings auch durch Oxidation der MAPKKK, wie bei **6b** gezeigt, entstehen (Plus 16.8 S. 634).

Zusammengefaßt sind also ROS ständige Begleiter der Lebenstätigkeit aller aeroben Organismen. Sie sind unverzichtbare Signale für Wachstum, Entwicklung und Reaktionen auf Umweltreize. Sie sind aber auch toxische Agentien, die Proteine und Lipide oxidieren und deren Spiegel daher streng durch Synthese und Abbau kontrolliert werden muß.

Plus 16.14 Cyclische Nucleotide als Mediatoren in Signaltransduktionsprozessen

Wir hatten in vorausgegangenen Abschnitten wiederholt über **cyclisches AMP** (**cAMP**, S. 459) als sog. second messenger im Zusammenhang mit Genexpressionsprozessen bei Bakterien (Abb. **15.8** S. 500) bzw. als Morphogen bei Schleimpilzen (Kap. 14.5) gesprochen. Auch bei Tieren ist cAMP weit verbreitet, kommt aber bei Pflanzen in dieser Funktion wahrscheinlich nicht vor. Dagegen haben zwei andere cyclische Nucleotide (cGMP und cADPR) sowohl bei Pflanzen als auch bei Tieren wichtige Funktionen als Komponenten von Signaltransduktionsketten. Im Gegensatz zu dem klassischen Begriff second messenger für cAMP wollen wir hier lieber den neutralen Begriff **Mediator** verwenden, weil diese Nucleotide nicht unmittelbar durch Einwirkung des Primärsignals entstehen, sondern Teil einer Kette mit mehreren Gliedern sind (Abb. **16.33** S. 640 und Abb. **16.47**).

Cyclisches GMP (**cGMP**) entsteht aus GTP durch Einwirkung der NO-abhängigen Guanylcyclase (GC), und es wird durch eine cGMP-spezifische Phosphodiesterase (PDE) abgebaut. Ob die Stimulation durch NO auf eine Nitrosylierung der GC zurückzuführen ist, bleibt zu klären.

a GTP $\xrightarrow{GC}$ cGMP $\xrightarrow{PDE}$ GMP
        $\downarrow$
        PP$_i$

Cyclische ADP-Ribose (**cADPR**) wird durch ADP-ribosylcyclase (ARC) aus Nicotinadenindinucleotid (NAD, Abb. **6.14** S. 227) unter Abspaltung von Nicotinamid (NA) gebildet:

b NAD $\xrightarrow{ARC}$ cADPR $\xrightarrow{ARC?}$ ADP-Ribose
        $\downarrow$
        NA

In tierischen Systemen hat die ARC auch Funktionen einer cADPR-Hydrolase. Ob das in Pflanzen auch gilt, ist unbekannt. Die ARC muß offensichtlich durch eine cGMP-abhängige Proteinkinase aktiviert werden. Das gebildete cADPR bindet an die membranständigen Ca^{2+}-Kanäle und bewirkt damit den Einstrom von Ca^{2+}-Ionen in das Cytosol (Abb. **16.47**).

c

cGMP   cADPR

16.10.4 Salicylsäure

> Salicylsäure (SA) ist in Pflanzen weit verbreitet und wird aus Phenylpropaneinheiten wie Phenylalanin gebildet. Neben SA und ihrem Methylester (SA-Me) kommt vor allem SA-Glucosid in großen Mengen vor. Unter den biologischen Wirkungen stehen Förderung der Blütenbildung und von Alterungsvorgängen, Stabilisierung von Pflanzen unter Hochlichtstreß und die Beteiligung an der Ausbildung von Resistenz gegenüber Pathogenen im Vordergrund.

Salicylsäure (**SA**) ist in Pflanzen weit verbreitet und gehört zu den einfachsten Phenolverbindungen. Die Entdeckungsgeschichte ist mit der Rolle von SA-Verbindungen als Analgetikum verbunden und von besonderer Tragweite für unser tägliches Leben geworden (Box **16.16**). SA entsteht aus **Phenylpropaneinheiten**, z. B. aus Phenylalanin (Abb. **16.49**). Die Biosynthese wird besonders nach Streßbelastung bzw. Pathogeninfektion durch Neubildung der entsprechenden Enzyme verstärkt. Neben SA und ihrem **Methylester** (**SA-Me**) kommt auch das **Glucosid** vor, das in Vakuolen abgelagert wird und häufig die Menge der biologisch aktiven Formen (SA, SA-Me) um das 10fache übersteigt. Da das Glucosid leicht gespalten werden kann, muß man die drei SA-Verbindungen als eine Wirkungstriade betrachten (Abb. **16.49**). Der rasche Anstieg der SA nach Pathogenbefall kann auf Neusynthese oder aber Freisetzung aus dem Glucosid zurückgehen. SA-Me ist darüberhinaus eine häufige Komponente von Aroma- und Duftstoffen in zahlreichen Blüten, aber auch in Früchten

Box 16.16 Aspirin: eine 100-jährige Erfolgsgeschichte mit pflanzlichem Ursprung

Extrakte aus Weiden, Pappeln und anderen Pflanzen wurden seit mehr als 2000 Jahren zur Linderung von Schmerzen oder von Fiebererkrankungen verwendet. Besonders wirksam war das Amerikanische Immergrün (*Gaultheria procumbens*) aus der Heidekrautverwandschaft, dessen ätherisches Öl aus den Blättern (Wintergrünöl) zum größten Teil aus **Salicylsäure-Methylester** besteht (Abb. **16.49**). Nach chemischer Synthese wurde Salicylsäure selbst ab 1874 als Analgetikum genutzt. Allerdings hatte sie einige Nebenwirkungen, die erst durch Synthese der **Acetylsalicylsäure** (Abb. **16.49b**) behoben wurden, die unter dem Namen Aspirin (Firma Bayer 1898) in die Therapie eingeführt wurde. Der ungeheure Erfolg spiegelt sich in der Tatsache, daß in Europa pro Jahr und Einwohner etwa 100 Tabletten Aspirin „verschlungen" werden.

wie Erdbeeren, Pflaumen, Kirschen oder Tomaten. Ein besonders interessanter Fall von Signal verbindet sich mit **SA-Me als einem Alarmon**, das die Coexistenz von Schad- und Nutzinsekten auf einer Wirtspflanze in einer sog. **tritrophen Beziehung** ermöglicht (Box **16.17**).

Wegen der ausgeprägten biologischen Wirkungen, von denen wir im Augenblick nur einen Bruchteil kennen, ist SA in die Reihe der Phytohormone gestellt oder als endogener Elicitor bezeichnet worden. Die folgende Auswahl von Wirkungen soll einen Einblick vermitteln. Für alle genannten Prozesse gilt, daß wir derzeit weder ein SA-Bindungsprotein (Rezeptor) noch Komponenten der Signaltransduktion kennen:

- **Förderung der Blütenbildung** bei *Arabidopsis* unabhängig von Langtags- oder Kurztagsbedingungen.
- **Förderung der Alterung** durch Expression zahlreicher Gene, die für Alterungsprozesse typisch sind.
- SA als **thermogenes Signal** im Blütenstand der Arongewächse (Araceae), für deren Bestäubung eine Temperaturerhöhung von mehr als 15°C über der Umgebungstemperatur und die Bildung von aasartig riechenden Indolverbindungen für die Anlockung von Insekten charakteristisch sind.
- **Stabilisierung von Pflanzen unter Hochlichtbedingungen**, z. B. im Hochgebirge, in denen der photosynthetische Apparat durch Bildung von Sauerstoffradikalen besonders gefährdet ist.
- Rolle von SA bei der Ausbildung von **Resistenz gegenüber Pathogenen** (Abb. **16.50**). Das gilt sowohl für die lokale Resistenz um den Infektionsherd herum als auch für die **systemische Resistenz** (**SAR**, engl.: sys-

Abb. 16.49 Biosynthese von Salicylsäure und Derivaten (**a**). Phenylalanin wird durch Phenylalanin-Ammoniak-Lyase (PAL) in Zimtsäure überführt (**1**), dessen Seitenkette wird in einer Art β-Oxidation (Box **16.12** S. 643) um eine C2-Einheit verkürzt (**2**). Die Benzoesäure (BA) wird durch eine Monooxygenase (BA-Hydroxylase, BAH) in Position 2 hydroxyliert (**3**). Der Methylester entsteht durch eine Methyltransferase (SAMT), die S-Adenosylmethionin als Cofaktor braucht (**4**). Die Bildung des SA-Glucosids (**5**) erfolgt durch eine Glucosyltransferase (SAGT) unter Beteiligung von UDP-Glucose. (**b**) Acetylsalicylsäure (Box **16.16**).

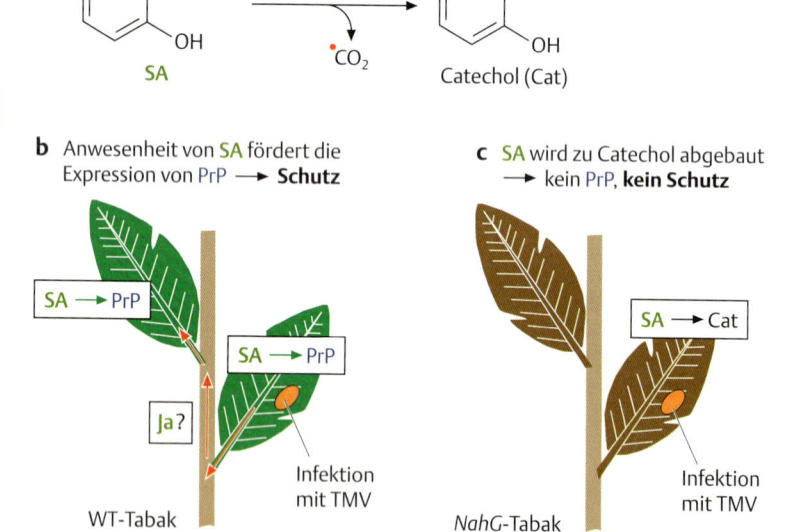

Abb. 16.50 Rolle der Salicylsäure für die induzierbare Pathogenresistenz. a Oxidative Decarboxylierung der SA. Das Gen für die SA-Monooxygenase (*NahG*) wurde aus dem Bakterium *Pseudomonas* spec. durch gentechnische Methoden in das Tabakgenom eingeführt. **b** Wildtyp-Tabak reagiert auf die Infektion mit Tabakmosaikvirus (TMV, Box **20.8** S. 838) mit der Bildung von Abwehrproteinen (Pr-Protein). Durch ein systemisches Signal (rote Pfeile), das wahrscheinlich JA ist, werden diese Abwehrprozesse auch in nicht infizierten Blättern ausgelöst. **c** In *NahG*-Pflanzen bleiben wegen der Metabolisierung der SA (**a**) die Abwehrreaktionen aus und der Virus kann sich ungehindert ausbreiten. Die Blätter sterben schließlich ab.

temic acquired resistance). SA wird sowohl lokal als auch in entfernten Blättern gebildet. Für die Nachrichtenübermittlung dient ein im Xylem transportiertes Signal, das JA sein könnte. Auf jeden Fall gibt es in vielen Fällen ein enges Zusammenwirken von SA und JA bei der Ausprägung der Resistenz. Die Reaktionskette in den infizierten Blättern sieht etwa wie folgt aus:

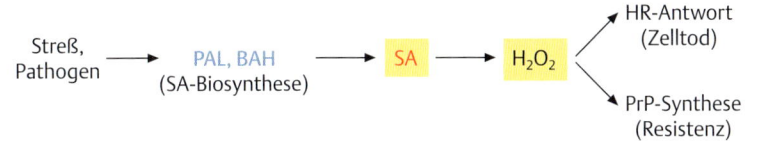

Streß, Pathogen → PAL, BAH (SA-Biosynthese) → SA → H_2O_2 → HR-Antwort (Zelltod) / PrP-Synthese (Resistenz)

Auf der einen Seite der Antwort steht die Bildung von **Abwehrproteinen**, die als **Pr-Proteine** (Box **20.6** S. 828) bezeichnet werden. Auf der anderen Seite kommt es bei geeigneten Konzentrationen von H_2O_2 zur Auslösung des programmierten **Zelltods** (**HR-Antwort**, engl.: hypersensitive reaction). Einige Zellen in unmittelbarer Umgebung des Infektionsherdes sterben ab und ermöglichen damit eine Eingrenzung (Containment) des Pathogens (Plus **20.6** S. 824). Man erkennt solche HR-Reaktionen an der Bildung kleiner Inseln nekrotischer Zellen im Blattgewebe.

16.11 Hormonnetzwerke

Für die Behandlung der einzelnen Hormone und Signalstoffe haben wir fast immer alle anderen Hormone außer Acht gelassen. Das ist didaktisch sinnvoll, biologisch allerdings fern von der Realität. Wachstum und Entwicklung von Pflanzen sind, wie bei anderen Organismen auch, das Ergebnis von lokal unterschiedlichen **Hormoncocktails**, die sich in Abhängigkeit von äußeren Faktoren dynamisch verändern. Die beachtliche Anpassungsfähigkeit der Pflanzenarchitektur hat Biologen seit Jahrhunderten fasziniert (Plus **16.15**). Sie ist letztlich ein Abbild der Komplexität pflanzlicher Signale und der großen Flexibilität in ihrer Synthese und/oder Verteilung. Dabei spielen die vielfältigen wechselseitigen Einflüsse der Hor-

> **Plus 16.15 Das Wechselhafte der Pflanzengestalten (J. W. Goethe 1749–1832)**
>
> Das Wechselhafte der Pflanzengestalten, dem ich längst auf seinem eigenthümlichen Gange gefolgt, erweckte nun bei mir immermehr die Vorstellung: die uns umgebende Pflanzenformen seyen nicht ursprünglich determinirt und festgestellt, ihnen sey vielmehr, bei einer eigensinnigen, generischen und specifischen Hartnäckigkeit, eine glückliche Mobilität und Biegsamkeit verliehen, um in so viele Bedingungen, die über dem Erdkreis auf sie einwirken, sich zu fügen und darnach zu bilden und umbilden zu können.
> Hier kommen die Verschiedenheiten des Bodens in Betracht; reichlich genährt durch Feuchte der Thäler, verkümmert durch Trockne der Höhen, geschützt vor Frost und Hitze in jedem Maße, oder beiden unausweichbar bloßgestellt, kann das Geschlecht sich zur Art, die Art zur Varietät, und diese wieder durch andere Bedingungen ins Unendliche sich verändern; …
>
> Nach dem Erscheinen seiner „Metamorphose der Pflanzen" (1790) hat Goethe sich mehrfach kommentierend und analysierend mit dem Echo seiner Schrift in der Fachwelt auseinandergesetzt (hier ein Zitat aus „Geschichte meines botanischen Studiums", 1817).

> **Box 16.17 Salicylsäure-Methylester (SA-Me) als Signal in einer tritrophen Beziehung**
>
> Von Blattläusen befallene Pflanzen produzieren stetig wachsende Mengen von flüchtigen Sekundärmetaboliten, die in die Umgebung abgegeben werden. Zu ihnen gehört auch SA-Me, das als **Kairomon** einen selektiven Lockstoff für den Marienkäfer (*Coccinella septempuncata*) darstellt. Die Weibchen bevorzugen für die Eiablage Pflanzen, die von Blattläusen heimgesucht sind. Die aus den etwa 400 Eiern schlüpfenden Larven der Marienkäfer fressen für ihre Entwicklung etwa je 600 Blattläuse. Aber auch die Käfer, die nach etwa 4–6 Wochen entstehen, ernähren sich von Blattläusen. Wir haben es also mit einem wohl abgestimmten Ökosystem mit **drei Organismen** (**tritroph**) zu tun, mit dem **Fraßinsekt** (Blattlaus), der **Wirtspflanze**, die das **Alarmon SA-Me** aussendet und dem dadurch angelockten **Nutzinsekt** (Marienkäfer).

Tab. 16.5 Einflüsse von Hormonen auf Synthese, Signaltransduktion und/oder Verteilung von Hormonen.

Hormon	Art des Einflusses
CK	■ fördern die Synthese von ARR-A-Repressoren (Autorepression), ■ fördern die ETH-Synthese (Stabilität von ACS, Plus **16.7** S. 629) ■ hemmen die AUX-Anreicherung bei der Anlage von Seitenwurzeln (Box **16.20** S. 665).
AUX	■ fördern die Synthese von PIN-Translokatoren für den polaren Transport (Autostimulation; Plus **16.3** S. 608), ■ fördern die Synthese von GA (Abb. **16.18** S. 615) und den Abbau der GA-Repressoren (Abb. **16.20** S. 620), ■ fördern die ETH-Synthese (Box **16.5** S. 610 und Box **16.20** S. 665, Abb. **17.26** S. 707), ■ hemmen Synthese und den Transport von CK (Abb. **16.53**).
GA	■ hemmen die GA-Synthese (Autorepression, Abb. **16.18** S. 615).
BR	■ hemmen die BR-Synthese (Autorepression, Abb. **16.23** S. 624), ■ fördern die Expression von AUX-Repressoren (AXR) und hemmen die Expression von PIN-Transportern.
ETH	■ fördert die ETH-Synthese (Autostimulation, Box **16.20** S. 665), ■ hemmt die ABA-Synthese, ■ fördert die BR-Synthese, ■ hemmt den polaren AUX-Transport bei der Anlage von Seitenwurzeln (Box **16.20** S. 665).
JA	■ fördern die JA-Synthese (Autostimulation, Kap. 16.9.2)
ABA	■ fördert die Bildung von ABF-Transkriptionsfaktoren (Autostimulation, Abb. **16.33** S. 640). ■ hemmt den AUX-Transport und die Signaltransduktion in Wurzelanlagen

mone eine besondere Rolle (Tab. **16.5**). Sie sind Teil des organspezifischen Wirkungsmechanismus. In den folgenden Kapiteln sollen nur drei Beispiele Einblicke in das Wirkgefüge von Hormonen geben. In den folgenden Kap. 17–20 wird diese Komplexität durch die Beschreibung von Hormon- bzw. Hormonkombinationswirkungen im Zentrum von Wachstums- und Entwicklungsprozessen sowie der Antwort von Pflanzen auf Stressoren und Pathogeninfektionen noch deutlicher werden.

16.11.1 Zellzykluskontrolle durch Hormone

> Die Kontrolle des Zellzyklus erfolgt an den Übergängen aus der G1- in die S-Phase bzw. aus der G2- in die M-Phase. Grundelemente der Kontrolle sind biologische Mikroprozessoren, die aus einem kurzlebigen Cyclin (CYC) und einer dazugehörigen Proteinkinase CDK bestehen. Verfügbarkeit und Aktivitätszustände der Kontrollelemente werden in Abhängigkeit vom Hormonstatus und den Stadien des Zellzyklus reguliert. Alle Hormone sind in der einen oder anderen Weise an der Kontrolle beteiligt.

Im Zusammenhang mit den Vererbungsprozessen hatten wir uns bereits mit dem Zellzyklus beschäftigt (Kap. 13.7). Im Zentrum stand dabei der Zellzyklus als Programm für die kontrollierte Vermehrung der Zellbestandteile, der Replikation des genetischen Materials in der S-Phase und schließlich der geordneten Weitergabe der Chromosomen an die beiden Tochterzellen in der M-Phase. Hier müssen wir noch einmal auf das Geschehen unter dem Gesichtspunkt der Regulation zurückkommen, weil diese eng mit der Wirkung von Phytohormonen verbunden ist. In Pflanzen finden sich teilungsaktive Zellen in den Meristemzonen (Abb. 18.3 S. 716) und Kambien (S. 723), und die Zellteilung hat unmittelbar etwas mit der Differenzierung eines Teils der entstehenden Tochterzellen zu tun (Kap. 18.2). Damit wird letztendlich die Entwicklungspotenz eines Organs in diesen Zonen festgelegt.

Die **Kontrolle des Zellzyklus** erfolgt an zwei Punkten:
- **Übergang aus der G_1- in die S-Phase** und damit Start der Replikation des genetischen Materials;
- **Übergang aus der G_2- in die M-Phase** mit dem komplexen Prozeß der Kondensierung und Verteilung der Chromosomen und schießlich der Bildung einer Zellwand zwischen den beiden Tochterzellen.

Detailkenntnisse über die Kontrollproteine des Zellzyklus verdanken wir den langjährigen Untersuchungen an der Bäckerhefe (*Saccharomyces cerevisiae*). Sequenzvergleiche zwischen den Genomen von Hefe und Pflanzen machen klar, daß die Mechanismen grundsätzlich ähnlich sind und daß wir es mit etwa 60 Kontrollfaktoren zu tun haben. Besonders wichtige Faktoren sind in ihrer zentralen Funktion für den Ablauf des Zellzyklus in Abb. **16.51** aufgeführt.

Grundelemente der Kontrolle sind eine Art von **biologischen Mikroprozessoren**, deren Verfügbarkeit und Aktivitätszustände in Abhängigkeit vom Hormoncocktail und den Stadien des Zellzyklus reguliert werden

Abb. 16.51 Zellzyklus und die Wirkung von Phytohormonen. Zwei Schaltersysteme, die den Übergang zwischen G_1- und S-Phase (**a**) bzw. G_2- und M-Phase (**b**) kontrollieren, werden von Phytohormonen (orange) beeinflußt. Neben den Cyclinen (CYC) und Cyclin-abhängigen Kinasen (CDK) sind folgende Proteine beteiligt: CKI = CDK-Inhibitor; CAK = CDK-aktivierende Kinase; RB = Retinoblastoma-Protein (Box **16.18**), das als Repressor den dimeren Transkriptionsfaktor E2F/DP blockiert. E3-Komplexe vom SCF-Typ (Tab. **15.8** S. 572) vermitteln den Abbau von CKI und CYCD.
Der CYC/CDK-Komplex im G_2/M-Schaltersystem wird durch zwei Proteinkinasen phosphoryliert. Die Phosphorylierung des Thr170 durch CAK dient der Aktivierung, während die Phosphorylierung des Tyr15 durch WEE1 zur Inaktivierung führt. Unter Einwirkung der Phosphatase CDC25 kann der Phosphatrest am Tyr15 abgespalten werden. Wir haben es also mit einem Gleichgewicht zwischen aktivem und inaktivem CYC/CDK-Komplex zu tun. Der Abbau des CYCA/B wird von dem APC-Komplex vermittelt (Tab. **15.8** S. 572).

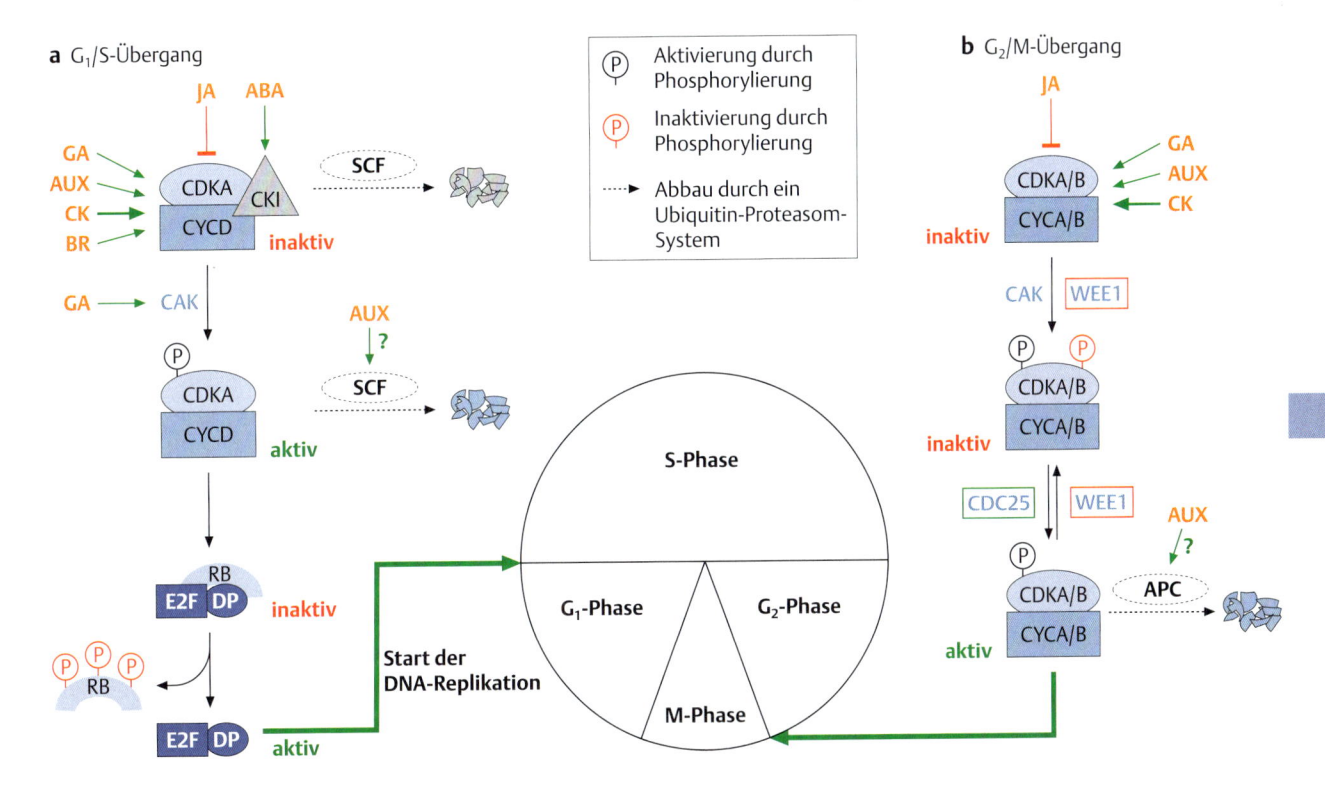

> **Box 16.18   RB: Zellzyklusrepressor und Tumorrepressor**
>
> Das RB-Protein hat seinen Namen nach einer seltenen, meist erblichen Erkrankung bei Kleinstkindern, die sich in **Netzhauttumoren** manifestiert (engl.: retinoblastoma). Ohne Behandlung ist dieser Tumor tödlich, bei rechtzeitiger Erkennung und richtiger Behandlung liegen die Heilungschancen jedoch bei 95%.
> Das RB-Protein ist ein **Tumorsuppressorprotein**. Es hat bei allen Eukaryoten die in Abb. **16.51** gezeigte Funktion als **Wächter des Zellzyklus**, indem es den Übergang zwischen G_1- und S-Phase blockiert. Sein Funktionsausfall führt zu unkontrollierter Proliferation und daher zur Entstehung von Tumoren nicht nur in der Netzhaut. Interessanterweise ist nicht nur das RB-Protein, sondern auch das entsprechende Zielprotein, der dimere Transkriptionsfaktor E2F/DP, bei allen Eukaryoten konserviert. **E2F/DP ist der Masterregulator** für die Transkription vieler **S-Phase-Gene**.

können. Sie bestehen aus zwei Proteintypen, einem **kurzlebigen Cyclin** (CYC) und einer dazugehörigen **Proteinkinase CDK** (engl.: cyclin dependent protein kinase). Die Mannigfaltigkeit der Cycline und CDKs kann zwei Grundtypen von Mikroprozessoren zugeordnet werden (Abb. **16.51**):

- CYCD mit CDKA für den G_1/S-Übergang,
- CYCA/B mit CDKA/B für den G_2/M-Übergang.

Die Aktivität der CYC/CDK-Komplexe wird durch Inhibitoren, Proteinkinasen und Phosphatasen der jeweilligen Situation angepaßt. Darüberhinaus werden **Synthese** und **Funktion** einzelner Komponenten durch **Phytohormone gesteuert**. Praktisch alle Hormone sind in der einen oder anderen Weise eingebunden. Aber Hauptakteure sind zweifelsohne Cytokinine (CK), deren lokale Spiegel in Abhängigkeit vom Stadium des Zellzyklus erheblichen Schwankungen unterworfen sind. CK-Synthese und -Abbau spielen offensichtlich eine besondere Rolle für den Ablauf. Eine interessante Nebenrolle kommt den Auxinen (AUX) zu. Sie fördern den Abbau der jeweilligen Cycline über das Ubiquitin/Proteasom-System unter Vermittlung der beiden E3-Komplexe SCF und APC (Tab. **15.8** S. 572).

Die Kontrolle der Übergänge im Zellzyklus durch Phytohormone steht in unmittelbarem Zusammenhang mit dem Ausscheren eines Teils der Zellen aus dem Zellzyklus und der nachfolgenden Differenzierung. Der Übergang in die sog. G_0-Phase geschieht im allgemeinen aus der G_1-Phase, weil die **Inaktivierung des RB-Repressors** durch Phosphorylierung ausbleibt und damit der G_1/S-Übergang blockiert ist (Box **16.18**). Umgekehrt haben viele Pflanzenzellen aber auch das Potential, Meristeme neu zu bilden, d. h. bestimmte G_0-Zellen können bei geeigneter hormoneller Umgebung wieder in den Zellzyklus eintreten. Das werden wir im Zusammenhang mit der Bildung von Mikrokalli und der Regeneration ganzer Pflanzen aus einzelnen Mesophyllprotoplasten kennenlernen (Kap. 16.11.3).

16.11.2   Apikaldominanz

> Die Pflanzenarchitektur ist das Ergebnis von lokal unterschiedlichen Hormoncocktails, die sich in Abhängigkeit von äußeren Faktoren verändern. Apikaldominanz im Sproßbereich stellt eine korrelative Hemmung des Auswachsens von basal gelegenen Knospen in den Achseln der Blätter durch die Sproßspitze dar. Grundlage ist der Signalabgleich zwischen Sproßspitze (AUX) und Wurzel (CK, SMS). Im Wurzelbereich wird die Apikaldominanz dagegen durch das Zusammenwirken von CK, AUX und ETH geprägt.

Die Wachstumsformen der Pflanzen, d. h. ob sie Kräuter, Sträucher oder Bäume sind oder welche Verzweigungstypen sie haben, sind Teil der genetischen Identität der jeweiligen Art. Sie werden aber auf der anderen Seite in ihrer Ausprägung stark durch äußere Faktoren beeinflußt. Wir wollen hier nur ein einziges Teilgebiet dieser komplexen Abläufe behandeln, das unter dem Begriff **Apikaldominanz** zusammengefaßt wird. Das Apikalmeristem eines Sprosses verhindert das Auswachsen von basal gelegenen Knospen in den Achseln der Blätter. Man spricht von einer korrelativen Hemmung, weil durch einen Signalaustausch zwischen Sproßspitze und Wurzel der Ruhe- bzw. Wachstumszustand der Achselknospen reguliert wird (Box **16.19**). Die Rolle von AUX als Masterregulator kann in einem einfachen Versuch belegt werden (Abb. **16.52**).

Abb. 16.52 Apikaldominanz im Sproß und die dominante Rolle von Auxin. a, b stilisierte Pflanzen mit vollständiger (**a**) bzw. partieller (**b**) Apikaldominanz. Im ersten Fall ruhen die Achselknospen vollständig, im zweiten Fall wachsen einige im basalen Bereich der Pflanze, wo die AUX-Konzentration geringer ist, aus. **c, d** experimenteller Ansatz zur Untersuchung der Rolle des AUX-Bildungszentrums in der Sproßspitze. Wird die Sproßspitze entfernt, fehlt das AUX-Bildungszentrum, und die Ruhe der Achselknospen wird aufgehoben (**c**). Die Sproßspitze kann aber hormonphysiologisch durch die Applikation eines Agarblöckchens mit AUX nachgeahmt werden (**d**).

Allerdings ist AUX nur eines von drei Signalen (Abb. **16.53**):

- **AUX**, die in der Sproßspitze gebildet und basipetal transportiert werden, verhindern die Synthese und den Transport von Cytokininen (CK) in die Knospen.
- **CK** werden in der Wurzelspitze gebildet und im Xylem zum Sproß transportiert. Sie fördern das Auswachsen der Achselknospen.
- Ein drittes, chemisch bisher noch nicht ganz identifiziertes Hormonsignal kommt aus der Wurzel und wurde als **SMS** (Plus **16.16**) bezeichnet. SMS ist ein in den Plastiden der Wurzelzellen gebildetes **neuartiges Hormon**. Die bisherigen Untersuchungen machen deutlich, daß die eigentlichen Antagonisten in den Knospen CK und SMS sind, während AUX als übergeordnete Regulatoren die Bildung und Verteilung der beiden anderen beeinflussen (Abb. **16.53**).

> **Box 16.19   Verschiedene Ruhezustände von Knospen**
>
> Obwohl die bestimmenden Außenfaktoren und die hormongesteuerten Mechanismen eine scharfe Trennung nicht möglich machen, unterscheidet man pragmatischer Weise drei Grundzustände für Knospenruhe (Dormanz):
>
> - **Paradormanz**, die mit dem Begriff der korrelativen Hemmung des Wachstums von Knospen durch hormonelle Signale aus Sproß und Wurzel zusammenhängen. Wir haben es eigentlich mit Knospen in einem Bereitschaftszustand zu tun (Abb. **16.53**), die jeder Zeit in den Wachstumszustand übergehen können.
> - **Endodormanz** beruht auf dem Hormoncocktail in den Knospen selbst. Paradebeispiel ist die Winterruhe von Knospen. Sie beruht vornehmlich auf der Anwesenheit von ABA und ETH und einem Mangel an CK.
> - **Ecodormanz** ist die Knospenruhe ausgelöst durch ungünstige äußere Bedingungen wie Kälte und Trockenheit. Da solche Streßbedingungen mit der Bildung der Streßhormone ABA und ETH verbunden sind, hängen Endodormanz und Ecodormanz eng miteinander zusammen. Auf der anderen Seite können Kälteperioden (**Vernalisation**) das Genexpressionsprogramm von ruhenden Meristemen ändern, sodaß die Knospenruhe überwunden wird und an den sich entwickelnden Sprossen Blüten entstehen (Kap. 18.4.1).

Plus 16.16 Eine SMS aus der Wurzel

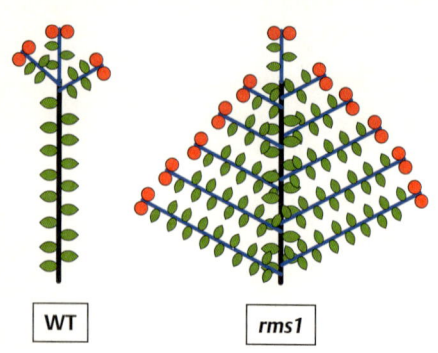

(Abb. nach Beveridge 2006)

Eine Erbsenmutante mit fehlender Apikaldominanz bekam vor mehr als 15 Jahren den Namen *Ramosus* (*rms1*) wegen des stark verzweigten, buschigen Phänotyps. Sie wurde Ausgangspunkt für ähnliche Untersuchungen an *Arabidopsis* und *Petunia*, bei denen man schnell herausfand, daß dieser Ausfall nichts mit den bisher im Zusammenhang mit Apikaldominanz charakterisierten Hormonen AUX und CK zu tun hatte. Durch Pfropfungen wurde deutlich, daß dieses neue Signal **in der Wurzel gebildet und in den Knospen wahrgenommen** wird. In der *rms1*-Mutante fehlt die Synthese des Signals, das dem CK entgegenwirkt und das Auswachsen der Achselknospen hemmt. Entsprechend verhielten sich die Pfropfungen:

- *RMS1*(WT-Wurzel) mit *rms1*(Mutanten-Sproß) war phänotypisch normal, während
- *rms1*(Mutanten-Wurzel) mit *RMS1*(WT-Sproß) den buschigen Mutantenphänotyp aufwies.

In Anlehnung an unsere Handywelt wurde der Name **SMS** (engl.: shoot multiplication signal) für das neue Hormon eingeführt. Mit Hilfe der entsprechenden Gene aus *Arabidopsis* und Reis konnte man einige der in den Mutanten veränderten Proteine identifizieren. Es handelte sich in allen Fällen um Dioxygenasen, wie sie in der Natur weit verbreitet vorkommen und bei der Spaltung von Carotinoidverbindungen wirken. Ein solches Beispiel hatten wir mit der Dioxygenase NCED bei der ABA-Biosynthese besprochen (Abb. **16.30** S. 637). Das neue Hormon ist chemisch offensichtlich mit ABA verwandt aber nicht mit ihm identisch. Wie ABA entsteht auch SMS aus **Carotinoidvorstufen in den Plastiden.**

Beim Auswachsen der Knospen muß also der Zustrom von SMS unterbrochen und der von CK verstärkt werden. Unmittelbar nachdem das Meristem aktiviert worden ist, beginnt die Synthese von CK, AUX, GA und BR in der unmittelbaren Umgebung des Meristems, d. h. der weitere Verlauf wird durch den lokalen Hormoncocktail bestimmt, wie wir das für die Zellzykluskontrolle gerade beschrieben haben (Kap. 16.11.1).

Die besondere Präzision der Abstimmung auf kleinstem Raum wird deutlich bei Pflanzen, die bei dem Übergang in den generativen Zustand auch einen **Wechsel im Verzweigungstyp** durchmachen. Das gilt z. B. für Petunia oder Tomate, die von einem **Monopodium** zum **Sympodium** werden. Äußerlich sieht man nichts, weil der Hauptsproß mit dem ersten Blütenstand endet und ein Nebensproß die Hauptachse in so perfekter Weise fortsetzt, daß nur ein Fachmann den Unterschied bemerken kann. Das Ganze vollzieht sich praktisch in der Apikalknospe auf kleinstem Raum.

Das Wechselspiel zwischen AUX und CK in dem eben beschriebenen Phänomen kehrt sich bei der **Gestaltung der Wurzelarchitektur** um. Auch hier sprechen wir von Apikaldominanz, d. h. der CK-Strom aus der Wurzelspitze hemmt die Anlage von Seitenwurzeln, die unter dem Einfluß des polaren AUX-Transports entstehen. Weiterer Partner in dem Hormontrio ist in diesem Fall ETH (Box **16.20**).

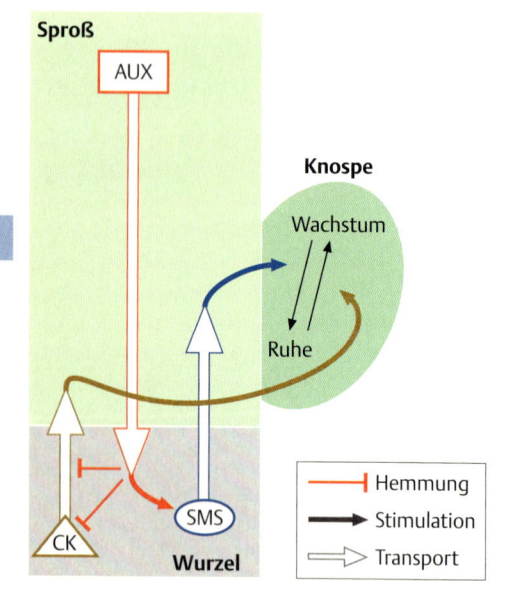

Abb. 16.53 Hormonelle Kontrolle der Apikaldominanz. In der Modellpflanze wird durch den Masterregulator AUX (rot) die Bildung bzw. der Transport von zwei Hormonsignalen aus der Wurzel kontrolliert (offene dicke Pfeile). CK (braun) fördern das Wachstum der Achselknospen, während SMS (engl.: shoot multiplication signal, blau) Knospenruhe bewirkt. Weitere Einzelheiten s. Text.

Box 16.20 Wurzelarchitektur und Apikaldominanz

Wie beim Sproß ist auch die Architektur der Wurzel von großer Bedeutung für Wachstum und Entwicklung einer Pflanze. In vielen Fällen beobachten wir die Bildung einer starken Hauptwurzel, die garantiert, daß Pflanzen im Boden fest verankert sind und auch Wasser und Nährstoffressourcen aus tieferen Bodenschichten nutzen können. Seitenwurzeln bilden sich erst in einiger Entfernung von der Spitze der Hauptwurzel oder aber sehr schnell, wenn die Hauptwurzel beschädigt oder entfernt wurde. Dieses Phänomen erinnert stark an das korrelative Wachstum (Apikaldominanz), das für den Sproß beschrieben wurde. Im Fall der Wurzel verhindert die Wurzelspitze die Anlage von Seitenwurzeln, und die Rolle der beiden Hormone AUX und CK kehrt sich um. Erstere fördern, letztere verhindern die Anlage von Seitenwurzeln.

CK werden in größeren Mengen in der Wurzelspitze, den sog. Columellazellen (Abb. **17.26** S. 707) gebildet und über das Xylem basipetal in Richtung Sproß transportiert. Daneben gibt es einen lokalen Zell-/Zelltransport über Plasmodesmata. Wie in dem Schema verdeutlicht, spielen drei Hormone bzw. Hormonströme eine wichtige Rolle für die Apikaldominanz bei den Wurzeln:

- Der polare AUX-Transport (rot), der akropetal in den Zellen des Protoxylems (blau) oder des benachbarten Perikambiums (rosa) verläuft. Die fortschreitende Differenzierung der Zellen des Protoxylems unter AUX-Einfluß ist durch die zunehmende Wandverdickung angedeutet.
- AUX-induzierte Bildung von ETH (schwarz) in Protoxylemzellen, die einen bestimmten Differenzierungszustand erreicht haben. ETH führt in den benachbarten Zellen zu einem vorübergehenden Block des polaren AUX-Transports und damit zu einer lokalen Anreicherung in wenigen Zellen, die das Wurzelprimordium (gelb) bilden (Abb. **5.37** S. 200).
- CK (braun) aus der Wurzelspitze hemmen die AUX-induzierte Bildung von Wurzelprimordien. Die Abnahme der lokalen CK-Konzentration in einiger Entfernung von der Wurzelspitze erlaubt die Entstehung von Seitenwurzeln.

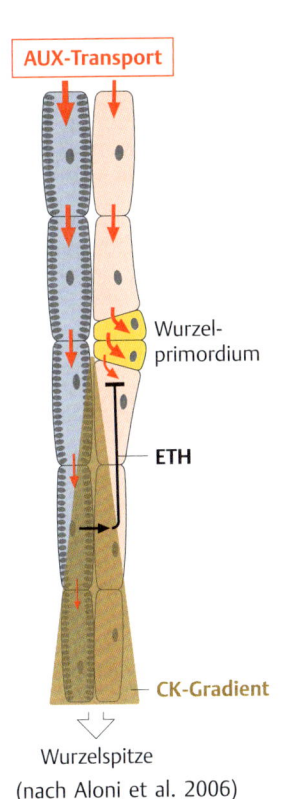

(nach Aloni et al. 2006)

16.11.3 Pflanzenregeneration

> Fast alle Pflanzenzellen können nach geeigneter Isolierung und Kultivierung mit einem entsprechenden Hormonprogramm (AUX, CK) Ausgangspunkt für die Regeneration ganzer Pflanzen sein (Totipotenz). Dieses Verfahren bildet die Grundlage für die vegetative Vermehrung von Pflanzen aus Zellen, Geweben oder Organteilen in Gartenbau und Landwirtschaft.

Die Fragen nach der Entwicklungspotenz isolierter Zellen in Kultur sind ein wichtiger Aspekt bei der öffentlichen Diskussion über Stammzellkulturen und ihren Nutzen für die Medizin. Bei Stammzellen aus Säugetieren ist offensichtlich, daß nur embryonale Zellen das gesamte Repertoire der Entwicklung durchlaufen, während z. B. Stammzellen aus dem Knochenmark nur noch Zellen des Blutsystems ergeben können. Ihre Entwicklungspotenz ist also irreversibel eingeschränkt. Viele Zellen tierischer Gewebe können überhaupt nicht in vitro zur Teilung oder Weiterentwicklung gebracht werden.

Die Situation ist bei Pflanzen grundsätzlich anders. Im Prinzip können die meisten lebenden Zellen nach geeigneter Isolierung und Kultivierung als Grundlage für die Regeneration ganzer Pflanzen dienen. Wir bezeichnen das als die **Totipotenz pflanzlicher Zellen**. Das Verfahren ist in Abb. **16.54** für Tabak dargestellt. Aus Blättern steril gezogener Pflanzen werden **Mesophyllprotoplasten** isoliert. Nach anfänglicher Kultivierung in geeigneten Flüssigmedien für die Regeneration der Zellwand und erste Teilungsschritte können auf Agarmedien schließlich **Pflanzen regeneriert** werden. Dem Wachstum und der Entwicklung einer solchen Pflanze, die letztlich ihren Ausgangspunkt in einem einzigen Protoplasten hat, liegt ein ausgefeiltes **vierstufiges Hormonprogramm** zugrunde. Details dieses Programms müssen für jede Pflanze neu optimiert werden. Alle Medien enthalten CK und AUX in unterschiedlichen Mengen und Qualitäten, die die verschiedenen Entwicklungsphasen auslösen:

- Für die ersten Schritte in flüssigen Medien wird eine abgestimmte Mischung von AUX und CK für die Zellteilung benötigt.
- Durch Umsetzen auf Agarmedium mit dem **Superauxin 2,4-D** (Abb. **16.6** S. 601) wird die Organbildung ausgelöst. Wir können getrost von einem AUX-Schock sprechen.
- Nach relativ kurzer Zeit muß man auf ein Sproßinduktionsmedium umsetzen, das durch wenig AUX aber viel CK in Form des relativ stabilen BAP (Abb. **16.2** S. 595) charakterisiert ist.
- Im letzten Schritt wird die Wurzelbildung durch Umsetzen auf ein Medium mit viel AUX (NAA, Abb. **16.6** S. 601) aber wenig CK eingeleitet.

Die so erhaltenen Tabakpflanzen können entweder steril weiterkultiviert oder aber in Erde umgesetzt werden. Die Verwendung steriler Pflanzen als Ausgangspunkt verbessert die Erfolgsaussichten stark, weil kaum Infektionen in dem langwierigen Prozeß von etwa 3 Monaten auftreten können.

Die komplexen Wirkungen exogen applizierter Hormone im Zusammenspiel mit den endogenen lassen sich auch sehr eindrucksvoll in einem einfachen Versuch mit Keimlingen von Urdbohnen zeigen (Abb. **16.55**). Abgeschnittene Sprosse bilden Adventivwurzeln aus den Kambiumzonen des Zentralzylinders heraus. Dieser Prozeß wird durch

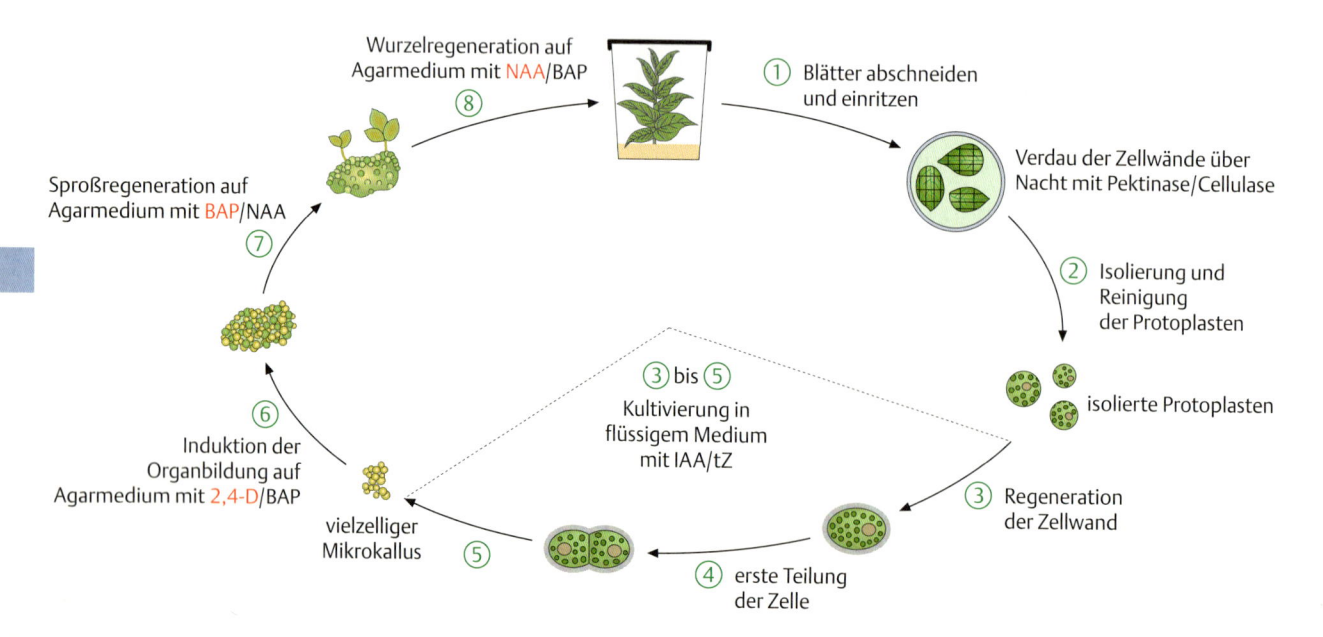

Abb. 16.54 Pflanzenregeneration aus Mesophyllprotoplasten am Beispiel des Tabaks. Das Verfahren kann grob in drei Phasen eingeteilt werden: Herstellung der Protoplasten (**Schritte 1, 2**), Kultur in Flüssigmedium bis zur Bildung von Mikrokalli (**Schritte 3–5**), Regenerationsprozesse auf Agarmedien mit einem dreistufigen Hormonprogramm. Die dominanten Hormone in der jeweiligen Kombination sind in rot hervorgehoben (**Schritte 6–8**). Die Schritte 1–5 müssen in osmotisch stabilisierten Medien erfolgen, damit die Protoplasten bzw. frühen Stadien von Zellen mit unvollständigen Zellwänden nicht platzen. Wegen der didaktischen Klarheit ist die Darstellung der einzelnen Stufen nicht maßstabsgerecht. Abkürzungen für die Hormone s. Abb. **16.2** S. 595 und Abb. **16.6** S. 601 Weitere Einzelheiten s. Text.

Wasser | 5 µm TIBA | 0,5 µm IBA | 5 µm IBA | 5 µm BAP

Abb. 16.55 Bildung von Adventivwurzeln an abgeschnittenen Sprossen der Urdbohne. Sprosse von sieben Tage im Licht gezogenen Keimlingen von *Vigna mungo* (Urdbohne) werden abgeschnitten und für 14 Tage in den angegebenen Lösungen im Licht kultiviert. Die Bildung von Adventivwurzeln vollzieht sich in Abstimmung zwischen den endogenen Hormonen und den exogen zugegebenen. Vier Effekte sind erkennbar: 1. Unter Einwirkung der endogenen AUX bilden sich lange Adventivwurzeln (**Wasserprobe**). 2. Wenn der polare Transport der endogenen AUX durch **TIBA** (Plus 16.3 S. 608) blockiert wird, bleibt die Wurzelbildung aus. 3. Zusatz von AUX (**Indolylbuttersäure, IBA**) fördert zwar die Anlage der Wurzeln, hemmt aber das Wachstum. Die Anlage der Wurzeln wird auch durch Zusatz von CK (**BAP**) unterbunden (Originalbilder P. von Koskull-Döring).

das endogene AUX ausgelöst. Wurzelbildung bzw. -wachstum können aber durch exogene Hormone in typischer Weise beeinflußt werden. IBA verstärkt die Anlage, hemmt aber das Wachstum der Wurzeln, während BAP im Medium die Anlage vollständig unterdrückt (Box **16.20**). Man könnte vereinfacht formulieren, die Pflanze braucht die Wurzel als CK-Bildungszentrum nicht, wenn BAP im Medium ist.

Die beiden Beispiele in der Abb. **16.54** und der Abb. **16.55** zeigen Möglichkeiten für die **vegetative Vermehrung von Pflanzen** aus Zellen oder Pflanzenteilen durch Anwendung eines abgestimmten Hormonprogramms. Solche Verfahren haben große Bedeutung in **Gartenbau und Landwirtschaft** (Box **16.21**).

Box 16.21   Vegetative Vermehrung bei Samenpflanzen und Gewinnung gesunder Jungpflanzen

Für die vegetative Vermehrung von Kulturpflanzen werden Stecklinge aus Blättern, Sproß- oder Wurzelstücken erzeugt. Daneben sind in den vergangenen Jahrzehnten verstärkt und in großem Maßstab Gewebekulturtechniken eingesetzt worden, weil auf diesem Wege einige Pflanzenpathogene reduziert oder eliminiert werden können, die Wachstum und Entwicklung stark beeinträchtigen. Wesentliche Pathogene sind **Phytoplasmen** (Mycoplasmen) und **Viren** (Kap. 20.7). Für das Verfahren werden kleine Meristemteile von den gewünschten Hochzuchtsorten isoliert und steril auf geeigneten Nährmedien in Gegenwart von Phytohormonen kultiviert. Nach einer anhaltenden **Wärmebehandlung dieser Explantate**, z. B. Kultivierung für 2–3 Wochen bei 35–38 °C, zur Eliminierung endogener Pathogene wird die Sproßbildung auf BAP-haltigen Medien induziert, und diese Sprosse werden anschließend zur Bewurzelung mit AUX behandelt. Einzelne Explantate werden subkultiviert, und so können gesunde Pflanzen in Millionenstückzahlen herangezogen werden. Die Palette der so vermehrten Pflanzen reicht von wichtigen Zierpflanzen wie Gerbera, Geranien, Anthurien, Petunien, Chrysanthemen, Alstroemeria und Rosen zu Erdbeeren, Blaubeeren, allen Beerensträuchern, zu den Stein- und Kernobstarten bis hin zu Wein, Süßkartoffeln und Bananen. Die **Gewinne an Blühfähigkeit und Produktivität** sind so beträchtlich, daß der Mehraufwand bei der Gewinnung der Jungpflanzen auf jeden Fall lohnend ist.

17 Licht und Schwerkraft

Ohne Zweifel sind die Grundzüge von Gestalt und Entwicklung einer Pflanze durch die Gesamtheit der genetischen Information vorgegeben. Aber die Ausprägung dieser Information als Phänotyp wird in starkem Maß durch Einflüsse aus der Umwelt mitbestimmt. Neben Temperatur, Feuchtigkeit, Nährstoffversorgung und anderen Faktoren (Kap. 19 und Kap. 20) sind es vor allem Licht und Schwerkraft, die Pflanzen in charakteristischer Weise in ihrer Gestalt modulieren. Wir sprechen als Sammelbegriffe von Photomorphosen bzw. Gravimorphosen. Es gibt grundsätzlich zwei Arten von Lichteffekten. Zum einen wirkt Licht über die Photosynthese und damit auf die Wachstumsgeschwindigkeit und die Gesamtheit der vorhandenen Metabolite, das sog. Metabolom. Zum anderen gibt es Lichtrezeptoren wie Phytochrome, Cryptochrome und Phototropine, die alle Phasen pflanzlicher Existenz von der Entwicklung bis hin zu einer großen Zahl von Stoffwechselleistungen unter eine Lichtkontrolle stellen. Im Gegensatz zu den häufig wechselnden Lichtbedingungen stellt die Schwerkraft eine konstante Reizgröße dar. Sie wird über stärkehaltige Zelleinschlüsse (Statolithen) in Sproß und Wurzel wahrgenommen und kann Anpassungen in der Wachstumsrichtung über Veränderungen in den Auxinströmen bewirken. Die Pflanzengestalt entsteht als Ergebnis aus der Integration von Licht- und Schwerkraftreizen sowie anderen äußeren Faktoren. Dabei wird die jeweilige Antwort auf den Entwicklungs- und Stoffwechselzustand der Pflanze abgestimmt.

Licht und Schwerkraft

17.1　Pflanzen und Licht ... 671
17.1.1　Lichtrezeptoren ... 673
17.1.2　Phytochrome ... 674
17.1.3　Cryptochrome ... 678
17.1.4　Phototropine ... 679

17.2　Lichtgesteuerte Wachstumsprozesse ... 680
17.2.1　Etiolierung und Deetiolierung von Keimpflanzen ... 681
17.2.2　Schattenvermeidungssyndrom ... 685
17.2.3　Circadiane Rhythmen ... 688
17.2.4　Photoperiodismus ... 693
17.2.5　Kontrolle der Nitrat-Reductase ... 699

17.3　Gravitropismus ... 701
17.3.1　Begriffe und Definitionen ... 701
17.3.2　Wahrnehmung und Verarbeitung von Schwerkraftreizen ... 703

17.1 Pflanzen und Licht

> Von dem breiten Spektrum elektromagnetischer Wellen, das von der Sonne ausgeht, ist das sichtbare Licht (etwa 400–700 nm) nur ein sehr kleiner Ausschnitt. Angaben über Lichtintensitäten werden in der Photobiologie in der Regel als Photonenstromdichte (mol m^{-2} s^{-1}) oder Photonenfluenz (mol m^{-2}) gemacht. Licht bzw. die Abwesenheit von Licht hat tiefgreifende Auswirkungen auf die Entwicklung und die Gestalt von Pflanzen. Wir sprechen von Photomorphogenese, wenn sich Veränderungen nur im Licht und von Skotomorphogenese, wenn sie sich im Dunkeln vollziehen. Bei den lichtempfindlichen Pigmentsystemen der photosynthetisch aktiven Organismen werden Photosynthesepigmente (z. B. Chlorophylle, Carotinoide) und Lichtrezeptoren (z. B. Cryptochrome, Phytochrome, Phototropine) unterschieden.

Von dem großen Spektrum **elektromagnetischer Wellen**, das von der Sonne ausgeht (Abb. **8.4** S. 258), ist der Bereich des **sichtbaren Lichtes** (etwa 400–700 nm) nur ein sehr kleiner Ausschnitt (Abb. **17.1**). Aber dieser Teil des Spektrums mit den angrenzenden UV- und IR-Bereichen ist für alle Lebewesen von herausragender Bedeutung, egal ob sie Licht für die Energiegewinnung durch Photosynthese nutzen können oder ob sie Licht als Entwicklungssignale, zur Orientierung, zur Steuerung von Biorhythmen oder schlicht zur Aufrechterhaltung der Körpertemperatur brauchen.

Licht bzw. die Abwesenheit von Licht hat tiefgreifende Auswirkungen auf die Entwicklung und die Gestalt von Pflanzen. Wir sprechen von **Photomorphogenese**, wenn sich Veränderungen im Licht und von **Skotomorphogenese**, wenn sie sich im Dunkeln vollziehen, und entsprechend bei den Ergebnissen von Photomorphosen bzw. Skotomorphosen. In diesem Sinne kann also Dunkelheit, d. h. Abwesenheit von Licht, auch als ein starker Entwicklungsfaktor bei Pflanzen wirken. Im Rahmen dieses Kapitels werden wir verschiedene Beispiele von Lichtreaktionen behandeln. Dabei spielen in der Regel nicht nur die Lichtintensität bzw. die Lichtmenge, sondern auch die Lichtqualität bzw. Unterschiede in Intensität und Qualität eine wichtige Rolle. Pflanzen können selbst bei großer Helligkeit feine Unterschiede in der Intensität bzw. Zusammensetzung des Lichtes wahrnehmen und darauf reagieren (Kap. 17.1.4 und Kap. 17.2.1).

Im täglichen Leben finden wir sehr unterschiedliche Angaben über Lichtmengen oder Strahlungsintensitäten etwa in W für die Leistungen unserer Glühlampen oder in Lux (W m^{-2}) für die Beleuchtungsstärke. In der Photobiologie hat man sich sinnvollerweise auf die Verwendung der

Abb. 17.1 Sichtbares Licht mit den Adsorptionsbereichen für die Chromoproteine in grünen Pflanzen und Algen. Die molekularen Mechanismen für Lichtadsoption durch Pigmente sind in Box **8.2** S. 260 beschrieben.

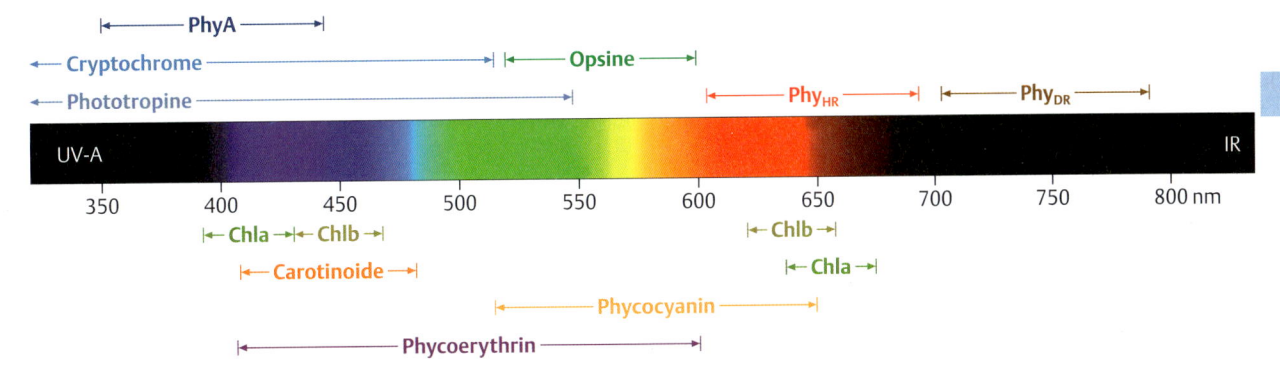

Photonenstromdichte (mol m^{-2} s^{-1}) und die **Photonenfluenz** (mol m^{-2}) als wellenlängenunabhängige Einheit geeinigt. Erklärungen dazu und einige nützliche Angaben für die folgenden Abschnitte dieses Kapitels sind in Box 17.1 zusammengestellt.

Box 17.1 Licht und Lichtintensitäten

Seit den bahnbrechenden Arbeiten von Max Planck (1900) und Albert Einstein (1905) denken wir bei der Behandlung von Lichtphänomenen nicht nur an Licht einer bestimmten Wellenlänge und damit Farbe, sondern auch an die Menge von Photonen einer bestimmten Energie. Nach Planck gilt für die Energie eines Photons die Gleichung E = h · ν (mit ν als Frequenz der elektromagnetischen Schwingung und h dem Planckschen Wirkungsquantum). Photonen der Wellenlänge 350 nm haben eben doppelt so viel Energie wie die von 700 nm (Abb. 17.1). In der Biologie hat sich als Maß für die Lichtintensität die sog. **Photonenstromdichte** (mol m^{-2} s^{-1}) und als Maß für die Photonenmenge die **Photonenfluenz** (mol m^{-2}) durchgesetzt, weil nur diese unabhängig von der Wellenlänge sind.

Da alle Photorezeptoren im Prinzip Photonenzähler sind, d. h. da ein einziges Photon mit der richtigen Energie ausreichen würde, um z. B. ein Molekül Phytochrom (Phy) anzuregen, braucht man im Prinzip bei sehr geringer Lichtintensität nur lange genug zu bestrahlen, um einen biologischen Effekt auszulösen, vorausgesetzt es gibt eine ausreichende Verweildauer des angeregten Zustands. Unter diesen Bedingungen sind die Antworten daher streng von der Dauer der Lichteinwirkung abhängig. Bei den Reaktionen auf geringste Lichtmengen kommt es natürlich darauf an, möglichst viele Photonen zu „erwischen". Beim menschlichen Auge geschieht das durch die große Dichte an Stäbchen und durch etwa 5 · 10^7 Opsinmoleküle pro Stäbchen. Bei den Photosyntheseapparaten der Pflanzen haben wir sog. Lichtsammelkomplexe, die die Energie der eingefangenen Photonen an das Reaktionszentrum weiterleiten (Kap. 8.1.1). Schließlich kann man für die durch PhyA vermittelten hochempfindlichen Reaktionen (VLFR) errechnen, daß von den etwa 10^7 PhyA-Molekülen pro Zelle nur etwa 40 in die aktive Form gebracht werden müssen, um eine Reaktion, z. B. Keimung von Salatsamen, auszulösen.

Einige Richtwerte können uns helfen, Lichteffekte aus unserer Umgebung richtig in diesem System einzuordnen:

	Photonenstromdichte[a] (µmol m^{-2} s^{-1})
Lichtquellen	
volles Sonnenlicht, Sommertag	2000
bewölkter Sommertag	400
Vollmondnacht	0,0025
Sternenlicht	1 fmol (10^{-9} µmol)
60 W Glühbirne in 2 m Entfernung (HR-Anteil)	0,6
Empfindlichkeit des menschlichen Auges (Licht einer Kerze in 50 km Entfernung)	0,5 fmol
Photosynthese	
Samenpflanzen	0,01–1000
photosynthetischer Kompensationspunkt *Arabidopsis* (Kap. 6.1.5)	10
photolithotrophe Bakterien[b]	< 0,02
Phytochromantworten	**Photonenfluenz (660 nm, µmol m^{-2})**
VLFR (very low fluence response, PhyA)	0,001–1
LFR (low fluence response, PhyB)	10–100

Angaben nach K. M. Hartmann et al., Protoplasma 2005; A. K. Manske et al., Appl. Envir. Microbiol. 2005; J. A. Raven und C. S. Cockell, Astrobiology 2006; sowie C. Büchel, J. Feierabend, L. Peichl und T. Kretsch.

[a] Zur Erinnerung der Größenordnungen: m = 10^{-3}; µ = 10^{-6}; n = 10^{-9}; p = 10^{-12}; f = 10^{-15}; a = 10^{-18}. Unter Berücksichtigung der Zahl der Moleküle in einem Mol (6,02 · 10^{23}) haben wir es bei hellem Sonnenschein mit etwa 10^{21} Photonen und bei der unteren Grenze der VLFR-Antwort des PhyA noch mit etwa 10^{15} Photonen m^{-2} s^{-1} zu tun. Letzteres entspricht einer Exposition von etwa einer halben Sekunde bei Vollmondlicht (Plus 17.1).

[b] Der Wert gilt für photolithotrophe Bakterien der Gattung *Chlorobium*, die Photosynthese mit H$_2$S als Elektronendonator betreiben. Sie kommen mit geringsten Lichtmengen aus, wie wir sie z. B. in 100 m Tiefe im Schwarzen Meer finden. Solche Bakterien teilen sich je nach Lichtbedingungen alle 3–10 Jahre.

17.1.1 Lichtrezeptoren

Bei den photosynthetisch aktiven Organismen können wir die lichtabhängigen Reaktionen bzw. die beteiligten Pigmentsysteme in zwei Gruppen einteilen (Abb. **17.1**):

- **Photosynthesepigmente** sind die in Kap. 8.1.1 behandelten Chromoproteine mit Chlorophyll a und b als chromophore Gruppen. Darüberhinaus gehören hierher aber auch die Carotinoide im Photosyntheseapparat mit essentiellen Schutzfunktionen. Bei den Rotalgen (Kap. 14.4) gibt es nur Chlorophyll a, daneben aber Phycocyanin und Phycoerythrin als akzessorische Pigmente in den Photosynthesesystemen (Tab. **8.1** S. 254).

- Die Gruppe der **Lichtrezeptoren** dient Niederen und Höheren Pflanzen zur Orientierung in ihrer Umgebung, im weitesten Sinne aber auch zur Steuerung von Entwicklungsprozessen (Tab. **17.1**). Zu den klassischen pflanzlichen Photorezeptoren gehören die Phytochrome als Rotlichtrezeptoren sowie die Cryptochrome und Phototropine als Blaulichtrezeptoren. Allen drei gemeinsam ist die Existenz von zwei Grundformen, einer Form für die Wahrnehmung sehr kleiner bzw. kleinster Lichtmengen (PhyA, Cry2 und Phot1) und eine Form für die Steuerung von Reaktionen auf mittlere und starke Lichtintensitäten (PhyB, Cry1 und Phot2). PhyA, Cry2 und Phot1 sind in der Regel unter Starklichtbedingungen instabil und werden abgebaut.

Tab. 17.1 Lichtrezeptorproteine.

	Lichtrezeptor	Chromophor	Proteine (Eigenschaften bei *Arabidopsis*)*	Wirkungen (Absorptionsbereiche, Abb. **17.1**)
1.	**Phytochrome** (Phy)	Phytochromobilin (Tetrapyrrolrest an Cysteinrest gebunden, Abb. **17.3**)	**PhyA** (1122 AS, 125 kDa, Dimer) **PhyB** (1173 AS, 129 kDa, Dimer)	Rotlichtrezeptoren für etiolierte (PhyA) bzw. für grüne Gewebe (PhyB); Kontrolle der Photomorphogenese, circadianen Rhythmen, des Photoperiodismus und der Schattenvermeidung; Phototropismus (zus. mit Phototropin)
2.	**Cryptochrome** (Cry)	Flavin (FAD) und Tetrahydropterin (Abb. **17.7** S. 678)	**Cry1** (681 AS, 77 kDa, Dimer) **Cry2** (612 AS, 70 kDa, Dimer)	Blaulichtrezeptoren für Schwach- (Cry2) und Starklicht (Cry1), Hemmung der Hypokotylstreckung; Förderung der Blattentwicklung, Anthocyansynthese, Stomataöffnung; circadiane Kontrolle des Blühzeitpunktes
3.	**Phototropine** (Phot)	Flavin (FMN o. FAD) an LOV-Domäne gebunden (Abb. **17.8** S. 679 und Box **17.2** S. 680)	**Phot1** (996 AS, 112 kDa) **Phot2** (915 AS, 102 kDa)	membrangebundener Blaulichtrezeptor mit 2 LOV-Domänen; kontrollieren Phototropismus, Bewegung der Chloroplasten und die Stomataöffnung; Optimierung der Photosyntheseleistung
4.	**Zeitlupe** (ZTL, FKF1, LKP2)	Flavin (FMN) an LOV-Domäne gebunden	**ZTL** (609 AS, 66 kDa) **LKP2** (611 AS, 66 kDa); **FKF1** (619 AS, 69 kDa)	Gruppe von drei eng verwandten Proteinen mit einer LOV-Domäne; Kontrolle von Circadianrhythmen und Phototropismus
5.	**White collar**	Flavin (FAD) an LOV-Domäne gebunden	**WC-1/WC-2**	Transkriptionsfaktoren mit Zn-Finger-Domäne kontrollieren circadiane Rhythmen bei Pilzen (Plus **17.5** S. 692)
6.	**Opsine**	Retinal (Abb. **4.15** S. 153)		Grünlichtrezeptoren, die bei photosynthetisch aktiven Flagellaten die Phototaxis steuern (*Chlamydomonas, Volvox* Kap. 4.3); kommen auch bei Pilzen vor (Plus **14.3** S. 453)

* AS, Aminosäurereste

Abb. 17.2 Blockdiagramme von Lichtsensorproteinen in Pflanzen. Als Beispiel dienen ausgewählte Vertreter jeder Gruppe aus *Arabidopsis*: PhyB für die Phytochrome, Cry1 für die Cryptochrome, Phot1 für die Phototropine und ZTL als Vertreter der Zeitlupe-artigen Proteine. Die Symbole für die chromophoren Gruppen sind erklärt; FMN, Flavinmononucleotid; FAD, Flavinadenindinucleotid; THPT, Tetrahydropterin; AS, Aminosäurereste. Weitere Details zu den Domänenstrukturen finden sich in den jeweiligen Abschnitten.

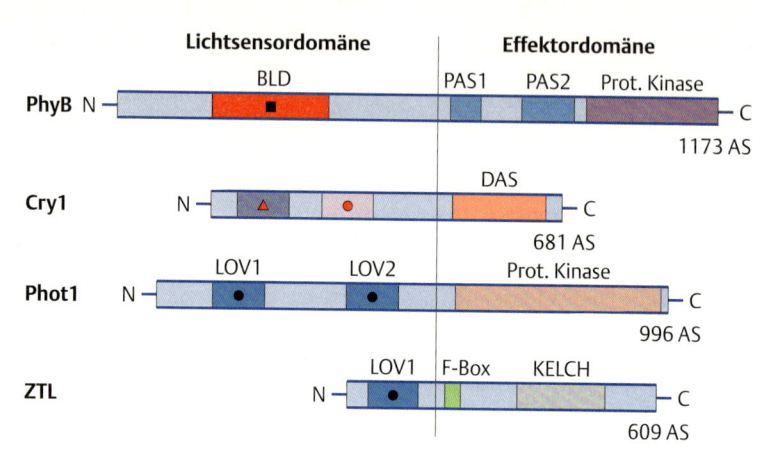

● FMN   ● FAD   ▲ THPT   ■ Phytochromobilin

Die drei Chromoproteine sind ähnlich aufgebaut (Abb. **17.2**). Im N-terminalen Bereich gibt es eine Lichtsensordomäne mit einem oder zwei chromophoren Gruppen, während die C-terminalen Bereiche einerseits durch Proteininteraktionsdomänen für die Vermittlung der Lichtreaktion charakterisiert sind, andererseits in einigen Fällen Domänen mit Proteinkinasefunktion aufweisen. Die Absorption von Photonen durch die chromophoren Gruppen der Lichtrezeptoren löst entsprechende photochemische Reaktionen aus. Die relativ geringfügigen Veränderungen am Chromophor ziehen umfangreiche Veränderungen in der Konformation der Apoproteine nach sich, die Ausgangspunkt für die Signaltransduktion sind. Alle drei Typen von Lichtrezeptoren kommen nicht nur bei allen grünen, Niederen und Höheren Pflanzen, sondern auch bei Pilzen und Bakterien vor. Darüberhinaus spielt Cryptochrom auch bei Tieren eine wichtige Rolle (Plus **17.2** S. 678).

Zu den Lichtrezeptorproteinen gehören auch drei kleinere Proteine vom Typ Zeitlupe (ZTL), die ähnlich den Phototropinen zwar FMN als Chromophor aber nur eine LOV-Domäne besitzen und die bei Farnen, Pilzen und Samenpflanzen an der Steuerung circadianer Rhythmen und des Photoperiodismus beteiligt sind (Kap. 17.2.2 und Kap. 17.2.4).

Schließlich finden wir – ähnlich dem Rhodopsin in den Augen der Vertebraten – Retinal als Chromophor von Grünlichtrezeptoren bei Pilzen sowie einigen Flagellaten, z. B. *Volvox* und *Chlamydomonas*, bei denen sie der phototaktischen Orientierung dienen (Box **4.5** S. 151).

17.1.2 Phytochrome

Phytochrome sind dimere Chromoproteine mit einem offenkettigen Tetrapyrrolrest (Phytochromobilin) als Chromophor. Der Photorezeptor kann in zwei Formen vorliegen. Inaktives Phytochrom (Phy_{HR}) wird durch Bestrahlung mit hellrotem Licht (660 nm) in die aktive Form (Phy_{DR}) überführt, und diese wird durch Bestrahlung mit Dunkelrot (730 nm) wieder in die Ausgangsform zurückgeführt. Phytochrom B (PhyB) ist ein relativ stabiles Protein und stellt einen reversiblen Rotlichtschalter dar. Im Gegensatz dazu werden die physiologischen Wirkungen von PhyA durch Synthese und Abbau kontrolliert. Phosphorylierungszustand und eine unterschiedliche Verteilung von Phy_{HR} bzw. Phy_{DR} zwischen Cytoplasma und Kern haben entscheidenden Anteil an der Kontrolle der Phytochrom-Antwort.

Phytochrome sind lösliche Chromoproteine, die als Dimere mit je einem offenkettigen Tetrapyrrolrest, dem sog. **Phytochromobilin**, als chromophorer Gruppe vorliegen (Abb. **17.3**). Phytochromobilin wird in den Plastiden synthetisiert (Abb. **15.48** S. 584) und im Cytoplasma über einen konservierten Cys-Rest in der sog. Bilinlyasedomäne (BLD) autokatalytisch an das Apophytochrom gebunden. Die **inaktive Form** (Phy$_{HR}$) des Phytochroms kann durch Bestrahlung mit hellrotem Licht (HR, Absorptionsmaximum 660 nm) in die **aktive Form** (Phy$_{DR}$) überführt werden, die ihr Absorptionsmaximum im Dunkelrot (DR) bei 730 nm hat.

Grundlage der starken Unterschiede in den Absorptionsspektren ist die Umwandlung der Doppelbindung C15/C16 am Ring D des Chromophors von der trans-Konfiguration im Phy$_{HR}$ in die cis-Konfiguration im Phy$_{DR}$ (Abb. **17.3**). Diese scheinbar geringfügige photochemische Umlagerung bewirkt umfassende räumliche Veränderungen im Apoprotein, die zur Auslösung der Signaltransduktionsprozesse führen (Abb. **17.6**). Daran sind die C-terminale Proteinkinase- und die zweiteilige PAS-Domäne, aber auch die N-terminale BLD beteiligt. Sie vermitteln die Wechselwirkung mit anderen Proteinen bzw. deren Modifikation. Wegen der sehr unterschiedlichen Eigenschaften wollen wir im folgenden die beiden Phytochromtypen getrennt behandeln.

Phytochrom B (PhyB): Wie bei jedem aktiven biologischen Molekül ist es unabdingbar, daß der Aktivitätszustand bzw. die Menge der Phytochrome kontrolliert werden kann (Abb. **17.4**). PhyB und seine verwandten Proteine (PhyC, D und E) sind relativ stabil und stellen einen **reversiblen Rotlichtschalter** dar (Abb. **17.4b**). Synthese und Abbau spielen eine untergeordnete Rolle. Bei Sonnenlicht liegt der Phy$_{HR}$/Phy$_{DR}$-Quotient bei etwa 0,7, d. h. die aktive Form des Photorezeptors überwiegt. Dagegen findet man im Schatten unter Bäumen wegen des fehlenden HR-Anteils einen Quotienten von etwa 10 (Kap. 17.2.2). Die **Inaktivierung** von **PhyB$_{DR}$** kann entweder **photochemisch** sehr schnell durch Bestrahlung mit 730 nm oder aber langsam im Dunkeln auf thermischem Weg erfolgen. Die besondere Rolle der **Dunkelreversion** für Phy-gesteuerte Prozesse wird aus der Tatsache deutlich, daß die aktive Form von PhyB durch das Cytokinin-induzierte ARR4-Protein stabilisiert wird, d. h. die

Abb. 17.3 Rotlicht-induzierte Veränderungen am Chromophor der Phytochrome. Die vier Ringe des Tetrapyrrolsystems sind mit A–D gekennzeichnet. Bei der reversiblen Umwandlung des Phytochromobilins ändert sich nur die Konfiguration an der Doppelbindung C15/C16 (roter Punkt), die von der cis-Konfiguration in Phy$_{HR}$ in die trans-Konfiguration in Phy$_{DR}$ übergeht (Box **1.5** S. 11). Der Chromophor ist über einen Cys-Rest (blau) an das Apoprotein (AP) gebunden (nach Rockwell et al. 2006). HR: hellrotes Licht, DR: dunkelrotes Licht. In der englischsprachigen Fachliteratur hat sich der Terminus P$_r$ (engl.: red light) für Phy$_{HR}$ bzw. P$_{fr}$ (engl.: far red light) für Phy$_{DR}$ eingebürgert.

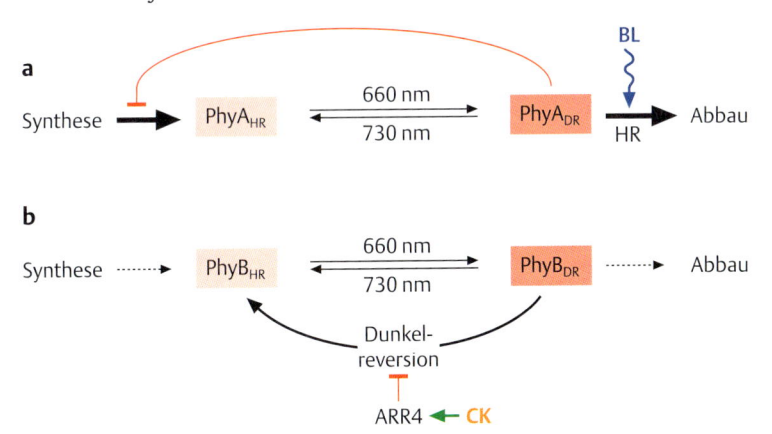

Abb. 17.4 Wirkung von Phytochrom als Rotlichtschalter. a Wegen des raschen Abbaus der aktiven Form von PhyA (PhyA$_{DR}$) in hellrotem (HR) und blauem Licht (BL) wird die Funktion im wesentlichen über Synthese und Abbau kontrolliert. PhyA$_{DR}$ hemmt seine eigene Expression auf der Transkriptionsebene. **b** PhyB$_{DR}$ ist relativ stabil. Die Inaktivierung erfolgt entweder schnell durch Bestrahlung mit dunkelrotem Licht (730 nm) oder langsam im Dunkeln (Dunkelreversion).

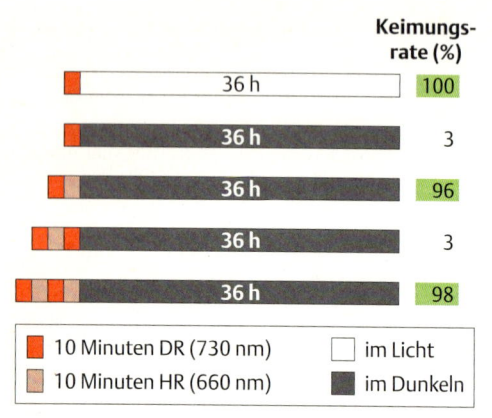

Dunkelreversion wird verlangsamt (Abb. **17.4b**). Cytokinine haben daher einen unmittelbaren Einfluß auf die durch Phytochrom ausgelösten Entwicklungsprozesse. Die Dunkelreversion spielt auch eine wichtige Rolle bei der Messung der Nachtlänge im Zusammenhang mit der Synchronisierung der circadianen Rhythmen (Kap. 17.2.3).

Die besondere Rolle von Phytochrom als Rotlichtschalter kann in einem klassischen Versuch mit **Salatsamen** (*Lactuca sativa*) gezeigt werden. Salat ist ein sog. **Lichtkeimer** und kann in seiner Keimfähigkeit durch Bestrahlung mit HR bzw. DR beliebig oft zwischen den beiden Zuständen „keimfähig" und „nicht-keimfähig" umprogrammiert werden. Jeweils die zuletzt gegebene Lichtqualität entscheidet über den Ausgang des Experiments (Abb. **17.5**).

Phytochrom A (PhyA): Im Gegensatz zu PhyB spielen bei der PhyA-Wirkung **Synthese** und **Abbau** eine entscheidende Rolle. Die Regulation der PhyA-Menge hat zwei wesentliche Komponenten (Abb. **17.4a**). Auf der einen Seite hemmt aktives PhyA seine eigene Synthese auf der Transkriptionsebene. Auf der anderen Seite wird PhyA in blauem und hellrotem Licht schnell abgebaut, während es im dunkelroten Licht stabiler ist. Der Anteil von PhyA an der Gesamtmenge von Phytochrom ändert sich daher stark in Abhängigkeit von den Lichtbedingungen. Im Dunkeln gewachsene Keimlinge enthalten sehr viel PhyA (PhyA/PhyB-Quotient etwa 50), während im Tageslicht der Quotient bei 0,5 liegt. Tatsächlich hat die beachtliche Akkumulation von PhyA im Dunkeln seine Isolierung und photochemische Charakterisierung erst ermöglicht, während PhyB wegen der stets verschwindend kleinen Mengen noch kaum biochemisch untersucht werden konnte. Der besondere Wert von PhyA liegt in der Tatsache, daß schon äußerst geringe Lichtmengen ausreichen, um eine Antwort auszulösen (Box **17.1** S. 672 und Abb. **17.5**). Wir sprechen von dem Very-low-fluence-Bereich (VLFR) der Lichtantwort, in dem PhyB praktisch keine Rolle spielt. Daneben wirkt PhyA aber auch als Rezeptor für dunkelrotes Dauerlicht (weitere Details Plus **17.1**).

Für die molekularen Wirkungen von Phytochrom sind offensichtlich der **Phosphorylierungszustand** und die unterschiedliche **Verteilung** von Phy$_{HR}$ und Phy$_{DR}$ zwischen **Cytoplasma** und **Kern** von ausschlaggebender Bedeutung (Abb. **17.6**). Die Konformationsänderungen nach Bestrahlung

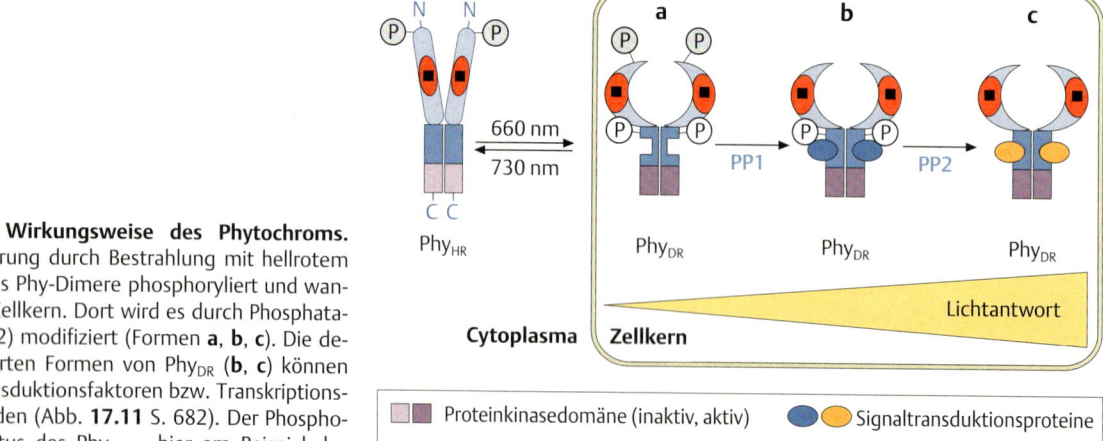

Abb. 17.5 Keimung des Salatsamens unter der Einwirkung von Licht. Salatsamen wurden in feuchten Petrischalen den angezeigten Lichtbehandlungen unterzogen. Die Keimungsrate (% der Samen, bei denen die Radikula die Samenschale durchbrochen hatte) wurde nach 36 Stunden bestimmt. Probe 1 wurde nach der Rotlichtbehandlung 36 h im Tageslicht, die Proben 2–5 dagegen 36 h im Dunkeln aufbewahrt.

Abb. 17.6 Wirkungsweise des Phytochroms. Nach Aktivierung durch Bestrahlung mit hellrotem Licht wird das Phy-Dimere phosphoryliert und wandert in den Zellkern. Dort wird es durch Phosphatasen (PP1, PP2) modifiziert (Formen **a**, **b**, **c**). Die dephosphorylierten Formen von Phy$_{DR}$ (**b**, **c**) können an Signaltransduktionsfaktoren bzw. Transkriptionsfaktoren binden (Abb. **17.11** S. 682). Der Phosphorylierungsstatus des Phy$_{DR}$ – hier am Beispiel des PhyA von Hafer – ist für die Stärke und Art der Phytochromantwort verantwortlich (nach J. S. Ryu et al., Cell 2005).

Plus 17.1 Phytochrom A als Dunkelrot- und Blaulichtrezeptor

Die stark vereinfachte Darstellung mit den beiden Grundtypen von Phytochrom (PhyA und PhyB) und ihre Photokonversion (Abb. **17.4**) stellt nur einen Teil der biologischen Realität dar. Zwei Ergänzungen sind für die biologische Funktion des Phytochromsystems wichtig:

- Phytochrom A hat neben dem typischen Absorptionsmaximum bei 660 nm (HR) noch ein zweites Maximum im UV-A/Blaulichtbereich (375 nm). Man muß also streng genommen **Phytochrom** auch unter die **Blaulichtrezeptoren** einreihen (Abb. **a**).
- Die hohe Dynamik in der Menge und biologischen Wirksamkeit von PhyA in Pflanzen geht auf die Regulation der Synthese von $PhyA_{HR}$ und den Abbau von $PhyA_{DR}$ zurück (Abb. **17.4**). Der Abbau ist allerdings nur im HR dominant und geht im DR stark zurück. Das führt z. B. zur Anhäufung von PhyA in Pflanzen, die im Hochschatten von Bäumen wachsen (Kap. 17.2.2). Als Ergebnis von vermindertem Abbau und Restaktivität von $PhyA_{DR}$ haben wir ein Maximum von PhyA-Aktivität im Dunkelrot bei etwa 716 nm (Abb. **b**). **PhyA wirkt als Dunkelrotrezeptor!**

Folgende biologischen Prozesse werden im besonderen Maß von PhyA und dem Wechselspiel mit anderen Lichtrezeptoren bestimmt:

- Die Deetiolierung von Keimpflanzen bei sehr geringen Lichtmengen (VLFR-Bereich) bzw. im Dauerdunkelrot wird durch PhyA vermittelt. PhyA hat aber wegen des raschen Abbaus im Licht nur in der unmittelbaren Anfangsphase eine entscheidende Rolle. Der weitere Verlauf wird im wesentlichen von PhyB gesteuert. Die eindrucksvolle photomorphogenetische Wirkung von PhyA im Dauerdunkelrot (**3**) im Vergleich zum Hellrot (**1**) kann man an den drei *Arabidopsis*-Keimlingen sehen (Abb. **c**).
- Bei der Samenkeimung sog. Lichtkeimer wie *Arabidopsis* oder Salat (*Lactuca sativa*) beobachten wir eine PhyA gesteuerte Reaktion im Dauerdunkelrot oder bei geringsten Lichtintensitäten im Hellrot (VLFR-Bereich) bzw. eine PhyB gesteuerte Reaktion bei höheren Lichtmengen (LFR-Bereich). Einzelheiten der Lichteinwirkung auf Samen hängen von der Beschaffenheit des Bodens und der Saattiefe ab. Im allgemeinen gibt es ausreichend Licht bis zu einer Tiefe von etwa 1 cm. Die Lichtempfindlichkeit von Salatsamen im VLFR-Bereich ist sehr bemerkenswert (Box **17.1** S. 672).
- Das Schattenvermeidungssyndrom (SVS) beruht auf der Wahrnehmung von starken Dunkelrotanteilen im Spektrum. Der Mangel an $PhyB_{DR}$ fördert das SVS, während $PhyA_{DR}$ dem entgegenwirkt. Die Gesamtreaktion ist also das Ergebnis der Balance beider Photorezeptorsysteme (Kap. 17.2.2).

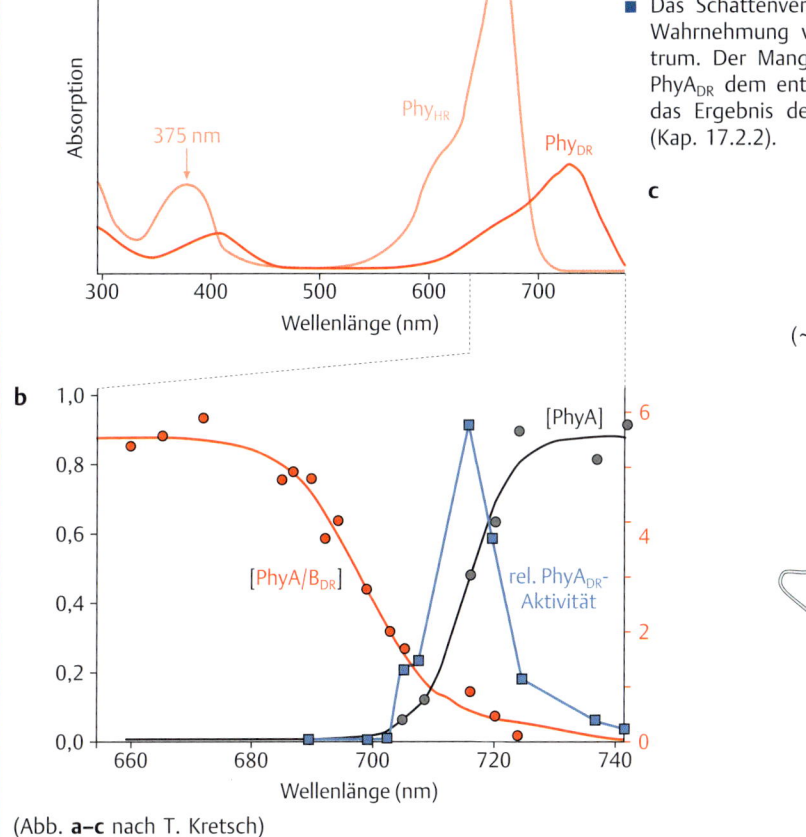

(Abb. **a–c** nach T. Kretsch)

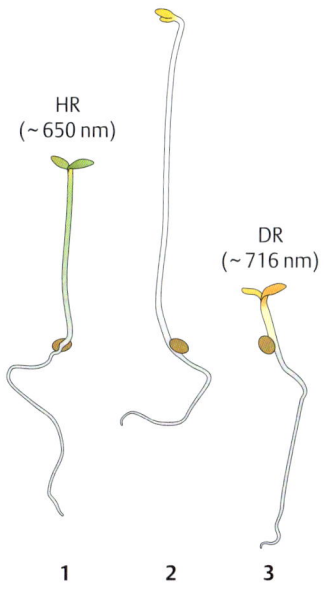

Plus 17.2 Cryptochrom als Magnetosensor bei Vögeln und Pflanzen

Zugvögel nutzen einen magnetischen Kompaß für ihre Orientierung bei dem Flug zur Überwinterung in den Süden und bei ihrer Rückkehr in die Brutgebiete im Norden. Der molekulare Sensor für die Orientierung am Magnetfeld ist Cryptochrom. Interessanterweise ist eine Anregung des Cry durch Blaulicht Voraussetzung für die Wahrnehmung der magnetischen Signale. Vögel, die künstlich unter Rotlicht gehalten wurden, konnten sich nicht orientieren. Grundlage für diese Reaktionen ist das Aktivierungsschema, wie wir es in Abb. **17.7** dargestellt haben. Der Quotient zwischen dem aktiven Singulettzustand und dem inaktiven Triplettzustand des Photorezeptors wird durch das Magnetfeld beeinflußt.

Prinzipiell Ähnliches gilt offensichtlich auch für Pflanzen. *Arabidopsis*-Keimlinge in einem starken Magnetfeld zeigen eine deutliche Steigerung der Blaulichtreaktion, d. h. Wachstumshemmung, Anthocyanbildung, Cry2-Abbau. Der Einfluß des Magnetfeldes fehlt bei Rotlichtbestrahlung bzw. in Cry1/Cry2-Defektmutanten. Die Erfahrungen zeigen also, daß Cryptochrom in seiner Aktivität generell nicht nur durch Blaulicht, sondern auch durch Magnetfelder beeinflußt wird. Ob das angesichts des relativ starken Magnetfelds in dem *Arabidopsis*-Versuch in der Realität für Pflanzen eine Rolle spielt, ist allerdings ungeklärt (nach M. Ahmad et al., Planta 2006).

Abb. 17.7 Mechanismus der Aktivierung von Cryptochromen. Blaulicht-Photonen werden von dem Tetrahydropterin(THPT-)-Chromophor aufgenommen, und die Energie wird an FAD weitergegeben. Ein Trp-Rest im Apoprotein kann daraufhin den aktivierten Flavinrest im FAD zum Semichinon (FADH˙) reduzieren. Es entsteht ein Diradikal, das im Singulett- und im Triplettzustand vorliegen kann. Die roten Pfeile markieren die Ausrichtung der Spins der Elektronen (Plus **17.2**). Die angeregten bzw. aktivierten Zustände der Chromophore sind jeweils grün markiert.

---

mit 660 nm aktivieren die Proteinkinasedomäne und machen die Kernimportsequenz (NLS) besser zugänglich. Phy$_{DR}$ wandert in den Zellkern und bindet dort an Transkriptionsfaktoren bzw. Signaltransduktionsfaktoren, die für die Auslösung der Lichtantwort verantwortlich sind. Dabei spielen Proteinwechselwirkungen über die PAS-Domäne und die N-terminale Bilinlyase-Domäne (BLD) eine wichtige Rolle.

17.1.3 Cryptochrome

Cryptochrome als Blaulichtrezeptoren sind eng mit den Photolyasen als DNA-Reparaturenzyme verwandt. Beiden gemeinsam ist die Photolyase-Domäne mit zwei sequentiell arbeitenden Chromophoren. Durch Bestrahlung mit UV-A- bzw. Blaulicht wird der Tetrahydropterinrest (THPT) angeregt und gibt die Energie an den Flavinrest im FAD-Chromophor weiter, der durch einen Tryptophanrest im Apoprotein zum Semichinon reduziert wird. Viele lichtabhängige entwicklungsbiologische Abläufe werden durch Cryptochrom und Phytochrom gemeinsam gesteuert.

Nach Entdeckung der **Cryptochrome** als **Blaulichtrezeptoren** bei Pflanzen im Jahre 1993 wurde sehr schnell klar, daß sie strukturell eng mit den bereits bekannten DNA-Reparaturenzymen, den Photolyasen verwandt sind (Plus **13.9** S. 414). Beiden gemeinsam ist die **Photolyase-Domäne** mit zwei sequentiell arbeitenden Chromophoren (Abb. **17.2** S. 674). Durch Bestrahlung mit UV-A- bzw. Blaulicht wird der Tetrahydropterinrest (THPT) angeregt und gibt die Energie an den Flavinrest im **FAD-Chromophor** (Abb. **6.15** S. 227) weiter. Entscheidend für den aktiven Zustand des Cry ist die Reduktion des aktivierten FAD zum **Semichinon** (**FADH˙**) durch einen benachbarten Trp-Rest im Apoprotein (Abb. **17.7**). Während bei den Photolyasen das Diradikal die Lösung von Thymidindimeren bewirkt (Plus **13.9** S. 414), wird bei den Cryptochromen die C-terminale **Kinasedomäne** aktiviert, und diese phosphoryliert Cry selbst, aber auch mögliche Komponenten der Signaltransduktion, die mit dem Rezeptor verbunden sind. Cryptochrome mit ihren typischen Eigenschaften sind bei allen Eukaryoten weit verbreitet. In einer Kombination aus Blaulichtrezeptor und Magnetorezeptor dienen sie bei Zugvögeln als magnetischer Kompaß (Plus **17.2**).

Bei *Arabidopsis* als typischem Vertreter der Samenpflanzen finden wir drei Proteine der Cryptochrom/Photolyase-Familie (Tab. **17.1** S. 673). **Cry1** ist der Blaulichtrezeptor für Starklicht, während **Cry2** der Rezeptor für Schwachlicht ist. Daneben gibt es eine Photolyase, die offensichtlich in Mitochondrien und/oder Chloroplasten lokalisiert ist. Die Cryptochrome sind dimere Proteine im Zellkern von 70–80 kDa und besitzen keine Photolyaseaktivität. Ihre Aktivität bzw. Stabilität (Cry2) wird durch Autophosphorylierung nach Bestrahlung mit Blaulicht bestimmt. Ein typisches Kennzeichen der Cry-Wirkungen auf entwicklungsbiologische Abläufe ist die enge Verbindung mit Phytochrom. Dementsprechend

BL → THPT ⇌ THPT* ; FAD ⇌ FAD* → Trp˙ → FADH˙ Trp˙ Singulettzustand (aktiv) → Reaktion ⇌ Magnetfeld ⇌ FADH˙ Trp˙ Triplettzustand (inaktiv)

sind die Phänotypen von Cry1-Defektmutanten von *Arabidopsis*-Keimlingen im Blaulicht und von PhyB-Defektmutanten im Rotlicht häufig sehr ähnlich. Viele Photomorphosen, wie sie in Tab. **17.2** für ergründe Keimlinge zusammengestellt sind, werden sowohl durch Bestrahlung mit Blaulicht als auch mit Rotlicht ausgelöst. Darüberhinaus gibt es auch eine enge Kooperation von Cry und Phy bei der Kontrolle circadianer Rhythmen (Kap. 17.2.3).

17.1.4 Phototropine

Phototropine (Phot1 und Phot2) gehören zu den Blaulichtrezeptoren. Ihre Struktur ist durch zwei LOV-Domänen charakterisiert, an die Flavinadeninmononucleotid (FMN) als Chromophor gebunden ist. Im C-terminalen Bereich der Phototropine befindet sich eine Proteinkinasedomäne, die nach Aktivierung den Rezeptor selbst, aber auch Signaltransduktionsfaktoren phosphoryliert. Die vielseitigen Wirkungen der Phototropine dienen der Optimierung der Photosyntheseleistung und damit des Wachstums von Pflanzen.

Zusammen mit den Cryptochromen gehören auch die **Phototropine** (**Phot1** und **Phot2**) zu den **Blaulichtrezeptoren** (Abb. 17.2 S. 674). Ihre Struktur ist durch zwei sog. **LOV-Domänen** mit jeweils einem daran gebundenen Flavinadeninmononucleotid (FMN) als **Chromophor** (Abb. 6.14 S. 227) charakterisiert. Im C-terminalen Bereich der Phototropine befindet sich eine **Proteinkinasedomäne**, die im Grundzustand durch Wechselwirkung mit der LOV2-Domäne inaktiviert ist. Bei Anregung durch Blaulicht kommt es nach Veränderungen in der Raumstruktur der Phototropine zur Aktivierung der Proteinkinase (Abb. **17.8**) und damit nicht nur zur Phosphorylierung der Phot selbst, sondern auch zur Phosphorylierung von potentiellen Faktoren der Signaltransduktion (S). Aktivierung und Inaktivierung der Phototropine beruhen auf einem Photozyklus (Box **17.2**). Trotz ihres hydrophilen Charakters sind Phototropine über einen noch nicht identifizierten Anker mit der Plasmamembran verbunden. Nach Aktivierung wird diese Bindung gelöst, und die Phototropine wandern ins Cytoplasma. Die Bedeutung dieser charakteristischen Umverteilung in der Zelle für die ausgelösten Reaktionen ist bisher nicht geklärt.

Man kann die Funktion der Phototropine unter dem Stichwort **Optimierung der Photosyntheseleistung** und damit des Wachstums von Pflanzen zusammenfassen (Abb. **17.9**). Bei den Teilantworten haben die beiden Phototropine durchaus spezifische Funktionen. Es muß also gewebespezifische Signaltransduktionsproteine geben, über die wir bisher sehr wenig wissen.

- Positiver **Phototropismus** der Sproßachse wird durch verstärktes Streckungswachstum an der Schattenseite hervorgerufen (Box **5.4** S. 201). Beteiligt sind Phot1 und Phot2. Auslösende Faktoren sind die Umverteilung der PIN1-AUX-Export-Kanäle und damit die Konzentrierung von AUX an der Schattenseite (Kap. 16.4.2). Die stärkere Zellstreckung an der Schattenseite wird durch AUX-kontrollierte Neubildung von Expansinen (Box **16.4** S. 607) gefördert.
- **Stomataöffnung im Licht** hängt von der Mitwirkung von Phot1 und Phot2 ab und beruht auf der Aktivierung der H$^+$-ATPase (Abb. **7.12** S. 245).
- **Hemmung des Hypokotylwachstums** in etiolierten Keimlingen geht auf die Aktivierung von Phot1 zurück, das eine Erhöhung der cytoplasmatischen Ca^{2+}-Konzentration auslöst.

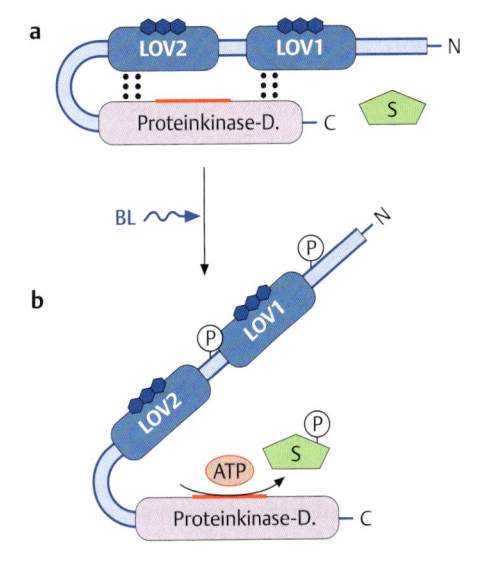

Abb. 17.8 Modell der Aktivierung von Phototropin. a In der inaktiven Form liegt Phototropin in einer Konformation vor, in der die Substratbindestelle in der Proteinkinasedomäne (rot) durch Wechselwirkung mit der LOV-Domäne (engl.: regulated by light, oxygen and voltage) blockiert ist (punktierte Linien). **b** Nach Aktivierung durch Blaulicht wird diese zugänglich und kann Serinreste in der LOV-Domäne als auch Signaltransduktionsfaktoren (S) phosphorylieren (nach Christie 2006).

Box 17.2 Photozyklus der Phototropine

Die Anregung des FMN-Chromophors durch Blaulicht (447 nm) führt aus dem Grundzustand (Phot$_{447}$) über einen Übergangszustand (Phot$_{660}$) zu dem aktivierten Phot, in dem das FMN kovalent mit dem konservierten Cys-Rest in der LOV-Domäne verbunden ist (Phot$_{390}$). Der aktivierte Zustand ist instabil und geht im Dunkeln wieder in den Ausgangszustand über. In der Abbildung sind nur der Flavinteil des FMN und der konservierte Cys-Rest (rot) in der LOV-Domäne des Phot-Apoproteins gezeigt. Bei der photochemischen Reaktion zu Phot$_{390}$ hat die SH-Gruppe des Cys-Rests die reaktive Doppelbindung im Ring B des Flavinrings reduziert. In den Phototropinen ist die LOV2-Domäne besonders lichtempfindlich. Sie reagiert bereits bei sehr schwachem Licht, das für die Aktivierung des Sensorproteins ausreichend ist. In stärkerem Licht wird die Reaktion durch Einbeziehung der LOV1-Domäne verstärkt. R = Ribosephosphat (Abb. **6.15** S. 227).

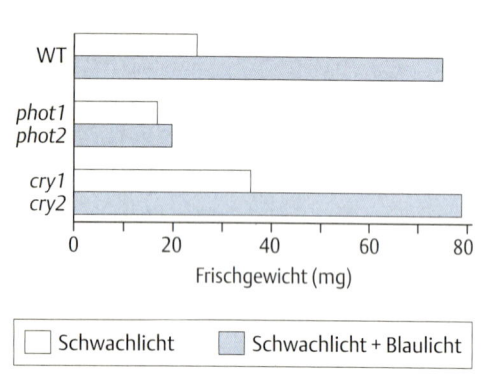

Abb. 17.9 Rolle der Phototropin-gesteuerten Optimierung der Photosynthese für das Wachstum von Pflanzen unter Schwachlicht. *Arabidopsis*-Wildtyppflanzen und Doppelmutanten in den zwei Photorezeptorsystemen wurden unter HR-Lichtbedingungen in der Nähe des photosynthetischen Kompensationspunktes kultiviert (Box **17.1** S. 672, 25 µmol m^{-2}s^{-1}). Unter diesen Schwachlichtbedingungen ist das Wachstum drastisch reduziert (weiße Säulen). Spuren von Blaulicht (470 nm, 0,1 µmol m^{-2}s^{-1}, blaue Säulen) stimulieren das Wachstum um bis zu 300 %. Der Effekt bleibt aus in der *phot1/phot2*- aber nicht in der *cry1/cry2*-Doppelmutante (nach A. Takemiya et al., Plant Cell 2005).

- Unter **Schwachlichtbedingungen** mit limitierter Photosyntheseleistung beobachtet man nach Blaulichteinstrahlung eine drastische **Wachstumsförderung**, die durch Phot1/Phot2 vermittelt wird und die Optimierung der Photosynthese widerspiegelt (Abb. **17.9**).
- Die **Expansion von Kotyledonen und Primärblättern** im Deetiolierungsprozeß benötigt das Zusammenwirken von Phot1 und Phot2 (Tab. **17.2**).
- Bei der optimalen **Positionierung der Chloroplasten** in den Palisadenzellen der Blätter haben die beiden Phototropine ganz unterschiedliche Funktionen. Bei Schwachlicht bewirkt Phot1 die Anhäufung der Plastiden an der lichtzugewandten Seite; während sich bei Starklicht die Chloroplasten zum Schutz an der lichtabgewandten Seite der Zellen befinden. Diese Verlagerung erfolgt unter Mitwirkung von Phot2.

17.2 Lichtgesteuerte Wachstumsprozesse

In den folgenden Abschnitten wollen wir beispielhaft einige lichtgesteuerte Prozesse im Detail darstellen. In jedem Fall geht es dabei um komplexe Phänomene, an denen mehrere Lichtrezeptoren beteiligt sind und die die enge Abstimmung mit hormonellen bzw. metabolischen Faktoren verdeutlichen. Die Untersuchungen dieser Vorgänge haben wesentlich zu unserem Verständnis der molekularbiologischen Grundlagen lichtregulierter Prozesse beigetragen.

17.2.1 Etiolierung und Deetiolierung von Keimpflanzen

> Besonders ausgeprägte Beispiele von lichtinduzierten Veränderungen (Photomorphogenese) finden wir bei dem Übergang von Keimlingen bzw. Jungpflanzen, die nach einer Phase des Wachstums im Dunkeln ans Licht gelangen. Im Dunkeln gewachsene Pflanzen sind etioliert, d. h. sie zeigen Skotomorphogenese und haben einen katabolen Stoffwechsel. Dagegen sind im Licht gewachsene Keimlinge durch Photomorphogenese gekennzeichnet. Sie können Photosynthese betreiben und weisen einen anabolen Stoffwechsel auf. Der biologische Sinn der Skotomorphosen besteht darin, daß Keimlinge im Dunkeln alle verfügbaren Reserven für die Streckung und Orientierung der Sproßachse zum Licht nutzen können.

Ein besonders ausgeprägtes Beispiel von lichtinduzierten Veränderungen finden wir bei dem Übergang von Keimlingen bzw. Jungpflanzen, die nach einer Phase des Wachstums im Dunkeln ans Licht gelangen. Im Dunkeln gewachsene Pflanzen sind **etioliert**, im Licht gewachsene sind **deetioliert**. Wir bezeichnen die Gesamtheit der Entwicklungsvorgänge im Dunkeln als **Skotomorphogenese** und die im Licht als **Photomorphogenese**. Die Unterschiede sind dramatisch sowohl in der Gestalt als auch in den biochemischen Leistungseigenschaften. **Etiolierte Pflanzen** müssen von den Reserven leben, haben also im wesentlichen einen katabolen Stoffwechsel, während **deetiolierte Pflanzen** Photosynthese betreiben können und damit einen anabolen Stoffwechsel aufweisen. Die Grundeigenschaften der beiden Pflanzentypen sind aus Abb. **17.10** und Tab. **17.2** zu entnehmen.

Der tiefgreifende biologische Sinn der Skotomorphogenese bei Keimlingen im Boden bzw. unter einem Stein ist natürlich ihre Fähigkeit, alle Reserven zu nutzen, um durch Streckung und Umorientierung der Sproßachse ans Licht zu gelangen. Wenn das gelingt, wird durch **Aktivierung von PhyA und Cry1** die **Photomorphogenese** eingeleitet. Grundelemente der Regulation sind in Abb. **17.11** zusammengefaßt. Zwei Prozesse mit unterschiedlichen **Masterregulatoren** tragen wesentlich zur Auslösung der Photomorphogenese bei:

1. Über die Aktivierung von Cryptochrom durch Blaulicht kann der Abbau von **HY5** gestoppt werden, und
2. die Aktivierung von PhyA führt zum Kernimport von PhyA und zur Bindung an den Masterregulator **PIF3**. Ohne PhyA wirkt PIF3 als Repressor.

Beide Prozesse zusammen ermöglichen die Transkription lichtkontrollierter Gene, die in ihren Promotoren eine sog. **G-Box** haben (Abb. **17.11**).

Die drastischen und leicht sichtbaren Unterschiede in der Morphologie von etiolierten und deetiolierten Keimlingen haben dazu geführt, daß Arabidopsis-Keimlinge als wertvolles **Testsystem** für das **Screening nach Mutanten** mit Störungen in der Skotomorphogenese bzw. in der lichtausgelösten Photomorphogenese genutzt worden sind (Plus **17.3**). Viele Grundkenntnisse über die molekularen Mechanismen dieser Prozesse verdanken wir der Analyse solcher Mutanten.

Skotomorphogenese ist also eine **Überlebensstrategie**, und die damit verbundenen Regulationsmechanismen garantieren, daß eine vorzeitige Deetiolierung verhindert wird. In unseren Beispielen haben wir der Einfachheit halber auf die dynamischen Veränderungen, z. B. im Verlauf einer Keimlingsentwicklung im Boden, verzichtet und in Abb. **17.10** nur das Endergebnis von Kartoffelpflanzen gezeigt, die im Dunkeln bzw. im Licht gewachsen sind. In Tab. **17.2** sind am Beispiel von Senfkeimlingen

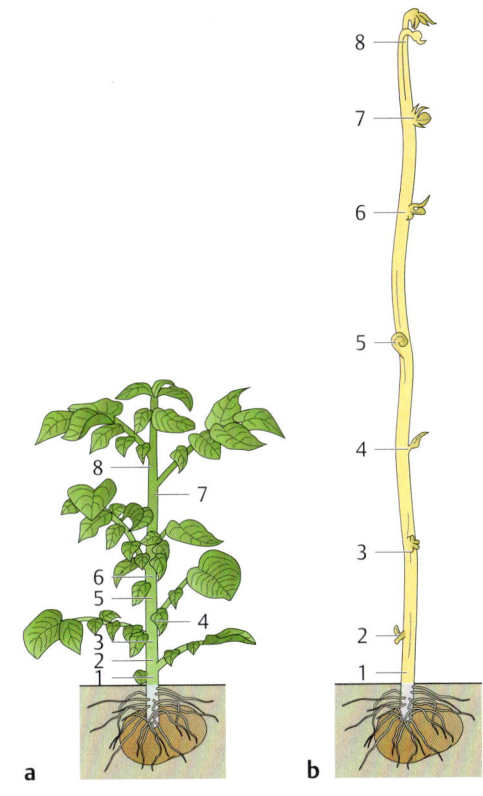

Abb. 17.10 Kartoffelpflanzen im Licht bzw. im Dunkeln gewachsen. a Die im Licht gewachsene Pflanze ist gestaucht und hat grüne Blätter; b die im Dunkeln gewachsene Pflanze ist etioliert, d. h. sie hat einen langgestreckten Sproß und kaum entwickelte, bleiche Blätter. Zur Verdeutlichung der Internodienstreckung bei b sind die Internodien fortlaufend numeriert.

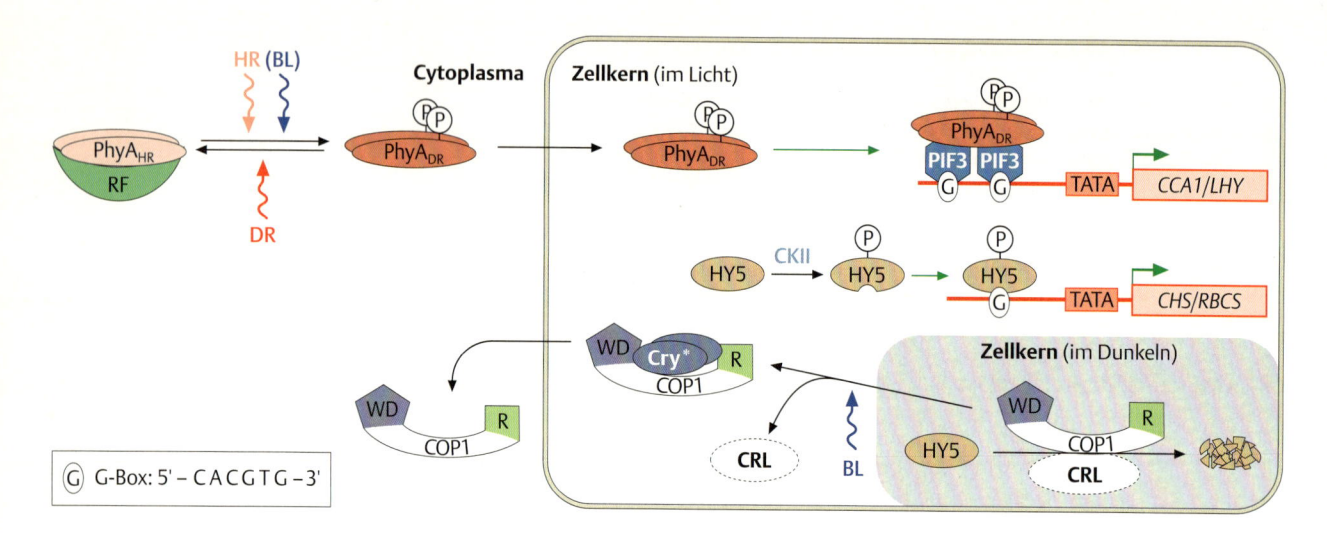

Abb. 17.11 Regulation der Photomorphogenese durch Phytochrom und Cryptochrom.
Zwei Wege der lichtinduzierten Transkriptionskontrolle sind gezeigt:
1. Im Dunkeln wird der bZIP-Transkriptionsfaktor HY5 (engl.: elongated hypocotyl) zwar gebildet, aber, durch den CRL^{COP1}-Komplex vermittelt, sofort wieder abgebaut. Im Licht wird der CRL^{COP1}-Komplex inaktiviert (Plus 17.3) und COP1 aus dem Kern exportiert. HY5 wird durch die Proteinkinase CKII phosphoryliert und steht damit für die Transkription lichtregulierter Gene zur Verfügung.
2. Inaktives PhyA liegt im Cytoplasma in Bindung an einen Retentionsfaktor (RF) vor. Nach Aktivierung wandert das phosphorylierte PhyA-Dimere (PhyA$_{DR}$) in den Zellkern und wirkt dort als Coaktivator des HLH-Transkriptionsfaktors PIF3 (engl. phytochrom interacting factor, Plus 15.7 S. 521). Trotz der unterschiedlichen DNA-Bindungsdomänen, binden HY5 und PIF3 an die G-Box (5'-CACGTG-3'), die für lichtregulierte Promotoren typisch ist. Als Beispiele für lichtregulierte Gene wurden für den PIF3/PhyA-Komplex zwei Gene (*CCA1* und *LHY*) aus dem circadianen Uhrwerk (Abb. 17.17 S. 691) und für HY5 ein Gen aus dem Phenylpropanstoffwechsel (*CHS*, engl.: chalcone synthase) und das für die kleine Untereinheit der Ribulosediphosphatcarboxylase (*RBCS*) ausgewählt.

Tab. 17.2 Veränderungen an Keimpflanzen beim Ergrünen am Beispiel von Senfkeimlingen (Photomorphogenese).

Im Dunkeln angezogene Keimlinge wurden für 1–3 Tage ins Licht gestellt (nach Mohr und Schopfer 1992)

Äußere morphologische Veränderungen

- Hemmung des Längenwachstums des Hypokotyls
- Flächenwachstum der Kotyledonen
- Entwicklung der Primärblätter
- Anlage von Folgeblattprimordien
- Öffnung des Hypokotylhakens

Veränderungen in den Geweben

- Verstärkung der Zellwände
- Bildung von Xylemelementen und Festigungsgewebe
- Differenzierung der Stomata in der Epidermis der Kotyledonen
- Steigerung der negativen gravitropischen Reaktion des Hypokotyls
- Differenzierung der Etioplasten zu Chloroplasten

Biochemische Veränderungen in den Geweben

- Synthese von Chlorophyllen und Carotinoiden für die Photosynthesekomplexe
- Synthese und Import von plastidenspezifischen Proteinen
- Stimulierung der Genexpression in den Plastiden (Kap. 15.12)
- Synthese von Phenylpropanverbindungen (Anthocyane, Lignin)
- Synthese von Saccharose und Stärke
- Abbau von PhyA und Cry2

die Veränderungen zusammengestellt, die bei dem Transfer aus dem Dunkeln ans Licht beobachtet werden. Besonders auffällig ist natürlich in jedem Fall die **Ergrünung im Licht**, d. h. die massive **Chlorophyllsynthese**, die einhergeht mit der Ausbildung der Photosynthesesysteme (Kap. 8.1.1). **Etioplasten** mit ihren **Prolamellarkörpern**, in denen vorgefertigte Membraneinheiten und Vorläufermoleküle der Chlorophylle (**Protochlorophyllid a**) zu finden sind, werden zu Chloroplasten umgewandelt. Dabei spielt die **Protochlorophyllidoxidoreductase** (POR) als lichtabsorbierender Enzym/Substratkomplex eine entscheidende regulatorische Rolle (Box 17.3).

Plus 17.3 COP, DET, FUS – Entdeckung eines neuartigen Regulationsprinzips in Pflanzen

Seit vielen Jahren sind *Arabidopsis*-Keimlinge zu einem bevorzugten Objekt für Mutanten-Screenings geworden (Box 16.9 S. 631; Plus 17.4 S. 690). Das gilt auch für die folgenden Experimente. Nach Behandlung mit mutagenen Agentien und anschließendem Wachstum im Dunkeln zeigen einige Keimlinge Merkmale, wie sie typisch für Keimlinge im Licht sind, d. h. die Kontrolle der Skotomorphogenese ist gestört. Je nachdem, wie das Screening durchgeführt wurde, haben solche Mutanten verschiedene Namen und entsprechende Seriennummern erhalten.

- COP-Mutanten (engl.: constitutive photomorphogenesis),
- DET-Mutanten (engl.: deetiolated in the dark),
- FUS-Mutanten (lat.: fusca [braun], wegen der Anthocyansynthese im Dunkeln).

Die so aufgespürten Gene haben offensichtlich alle etwas mit der Verhinderung von Photomorphogenese im Dunkeln zu tun. Gibt es vielleicht ein zentrales Kontrollprinzip, dem man diese Mutationen zuordnen kann? In der Tat ist das der Fall. Von wenigen Ausnahmen abgesehen, gehören viele der so charakterisierten Gene bzw. Proteine einem einzigen regulatorischen Komplex an, der die Eingangsstelle für das Ubiquitin-Proteasom-System darstellt und den wir schon früher in Form der E3-Ubiquitin-Ligase-Komplexe kennengelernt haben (Tab. 15.8 S. 572). **COP1** (Abb. **a**) ist Teil des CRL-Komplexes (CRL, engl.: cullin-RING-E3 ubiquitin ligase), während **COP10** das assoziierte **E2-Enzym** darstellt (Abb. **b**). COP1 ist ein sog. **RING-Finger-Protein** und stellt die Untereinheit für die Substratbindung in dem CRL^{COP1}-Komplex dar. Mit seiner komplexen Struktur hat es vielfache Möglichkeiten für die Wechselwirkung mit anderen Proteinen (RING-Domäne bzw. Coiled-Coil-Domäne [CCD]). Sie sind entweder Teil des CRL-Komplexes (COP-Proteine), oder aber sie werden ubiquitiniert und dann abgebaut (rot markierte Proteine). Zu den bevorzugten Substraten des CRL^{COP1}-Komplexes gehören neben den Transkriptionsfaktoren (Plus 15.7 S. 521) HY5, HFR1 und LAF1 (MYB-TF, engl.: long after far red light) auch die Photorezeptoren PhyA und Cry2. Für die Substraterkennung ist die sog. **WD-Domäne** verantwortlich, die durch sieben Peptidmotive von etwa 40 Aminosäureresten mit jeweils einem konservierten Trp(W)- und Asp(D)-Rest gekennzeichnet ist.

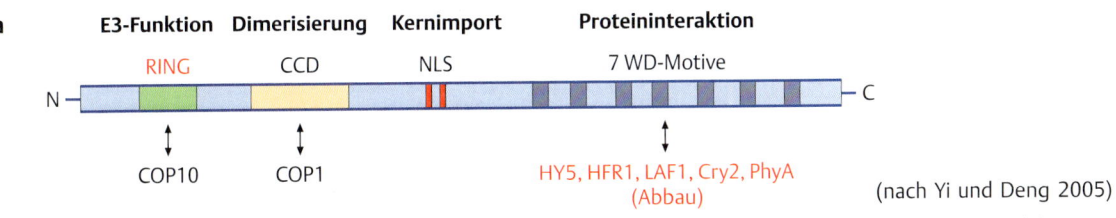

a | E3-Funktion | Dimerisierung | Kernimport | Proteininteraktion
RING | CCD | NLS | 7 WD-Motive
N — [Domänenstruktur] — C
↕ COP10 | ↕ COP1 | | ↕ HY5, HFR1, LAF1, Cry2, PhyA (Abbau)

(nach Yi und Deng 2005)

Besonders aufschlußreich waren aber COP/DET/FUS-Mutanten, die einen Defekt in einem neuartigen Proteinkomplex aus 8 Untereinheiten hatten. Dieser, später als **COP9-Signalosom** (CSN) bezeichnete Komplex, hat **regulatorische Funktionen**. Eine Untereinheit des CSN-Komplexes hat Isopeptidaseaktivität und spaltet den RUB-Rest von der zentralen Cullinuntereinheit ab. Der E3-Komplex zerfällt und muß nach erneuter Rubylierung durch ROC1 wieder assembliert werden. Ohne diese Funktionskontrolle kommt es in Abwesenheit von geeigneten Substratproteinen zur **Selbstzerstörung** der Komponenten des **CRL-Komplexes**. Der CSN-Komplex hat also eine entscheidende Funktion für die Stabilität und Verfügbarkeit dieser Cullin-haltigen E3-Ligasen, wie wir sie nicht nur bei der Lichtantwort (Abb. 17.11 und Abb. 17.17 S. 691; Plus 17.6 S. 697), sondern auch bei der AUX-Antwort (Abb. 16.13 S. 611), der GA-Antwort (Abb. 16.20 S. 620), der JA-Antwort (Abb. 16.41 S. 648) bzw. der Zellzykluskontrolle (Abb. 16.51 S. 661) kennengelernt haben. Alle diese Prozesse sind ebenfalls von den COP/DET/FUS-Mutationen betroffen. In der genetischen Fachsprache nennen wir das **pleiotrope** (vielfältige) **Effekte** von Mutationen. Hinter alledem steckt ein grundlegendes Regulationsprinzip aller Eukaryoten: der kontrollierte Abbau von regulatorischen Proteinen der Signaltransduktion und Genexpression (Kap. 15.11).

Fortsetzung

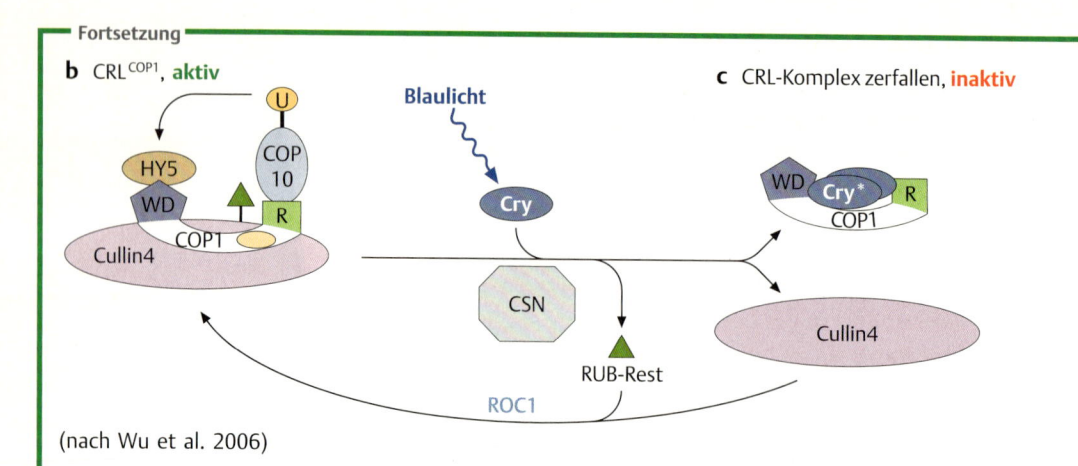

b CRL^{COP1}, **aktiv**   **c** CRL-Komplex zerfallen, **inaktiv**

Blaulicht

(nach Wu et al. 2006)

Im Dunkeln befindet sich der aktive CRL^{COP1}-Komplex konzentriert in bestimmten Bereichen des Zellkerns, in denen wir auch Proteasomen finden und in denen die für die Ergrünung notwendigen Transkriptionsfaktoren (HY5, HFR1) ständig abgebaut werden (Abb. **17.11**). Durch Licht ausgelöst, zerfällt der Komplex, z. B. durch Bindung von Cryptochrom an COP1. Auch die durch CSN ausgelöste Derubylierung der Cullinuntereinheit könnte dazu beitragen (Plus **15.18** S. 573). Im weiteren Verlauf wird COP1 aus dem Kern ins Cytoplasma exportiert (Abb. **17.11**).

Box 17.3 Protochlorophyllidoxidoreductase (POR) – ein Lichtrezeptorkomplex

Chlorophyll ist das häufigste natürliche Pigment (Abb. **8.7** S. 262), von dem jährlich weltweit mehrere Milliarden Tonnen synthetisiert und wieder abgebaut werden. Die Biosynthese erfolgt in den Plastiden (Abb. **15.48** S. 584). Einer der letzten Schritte in der Biosynthese ist eine lichtabhängige Reaktion, bei der der Komplex aus POR, dem Substrat Mg^{2+}-Protochlorophyllid a und dem Cosubstrat NADPH nach Einstrahlung eines Photons von 630–645 nm umgesetzt wird.

Als typische Struktur der Skotomorphogenese finden wir in Etioplasten die sog. Prolamellarkörper, in denen es große Mengen des **POR/Substrat-Komplexes** gibt. Selbst kleine Mengen von Licht im HR-Bereich reichen aus, um die Reaktion auszulösen und die Synthese von Chlorophyll a in die Wege zu leiten. Dieser spezielle Mechanismus der Akkumulation „eingefrorener" POR/Substrat-Komplexe garantiert, daß etiolierte Keimlinge bei Erreichen geeigneter Lichtquellen in kürzester Zeit zur effizienten Nutzung von Lichtenergie in der Lage sind. *Arabidopsis* hat **drei Isoformen der POR**. PORA hat die Hauptfunktion in Etioplasten und verschwindet bei Belichtung sehr schnell, während PORB und PORC im wesentlichen bei der Chlorophyllbiosynthese in grünen Geweben mitwirken. Diese Arbeitsteilung existiert allerdings bei anderen Pflanzen (z. B. Kürbis, Erbse), die nur eine Form von POR haben, nicht.

Protochlorophyllid a
(nach Heyes & Hunter 2005)

Chlorophyllid a

635 nm, POR, NADPH + H$^+$ → NADP$^+$

17.2.2 Schattenvermeidungssyndrom

In der Konkurrenz um die optimale Position zum Licht braucht eine Pflanze in einer dichten Population Anpassungen in Wachstumsausrichtung, Architektur und Entwicklungsgeschwindigkeit. Die sog. Schattenvermeidungsreaktionen stellen eine komplexe, vorausschauende Antwort auf eine sich verschlechternde Lichtsituation dar (Anpassung der Photosynthesekapazität, Hyponastie der Blätter, Phototropismus, Streckung der Sproßachse, vorzeitige Blütenbildung). Pflanzen mit einer effizienten Schattenvermeidungsreaktion haben deutliche Entwicklungsvorteile gegenüber ihren Konkurrenten.

Die optimale Entwicklung einer Pflanze in Konkurrenz mit anderen Pflanzen in ihrer Umgebung verlangt große Flexibilität und weitreichende Anpassungen in Wachstumsausrichtung, Architektur und Entwicklungsgeschwindigkeit. Nur so kann der erfolgreiche Abschluß des Entwicklungszyklus in einem komplexen Ökosystem gewährleistet werden. Im Wettlauf mit anderen Pflanzen in einem dichten Bestand kommt es entscheidend darauf an, die optimale Position im Hinblick auf die Lichtausbeute, aber natürlich darüberhinaus auch auf die Wasser- und Nährstoffversorgung zu erlangen. Bezogen auf das Licht ist die sog. **Schattenvermeidungsreaktion** Kernelement der Anpassung. Wegen der Komplexität der damit verbundenen Veränderungen spricht man im allgemeinen vom **Schattenvermeidungssyndrom** (SVS).

Das Grundproblem für die Entwicklung von Pflanzen in einem dichten Bestand ist unmittelbar aus den spektralen Eigenschaften der Photosynthesepigmente abzuleiten (Abb. **17.1** S. 671). Diese absorbieren alles für die Aktivierung der Lichtsensorpigmente benötigte Blau- und Hellrotlicht (HR). Als Extrembeispiel gibt es im **Hochschatten von Bäumen** nur noch grünes und dunkelrotes Licht (DR), d. h. nicht nur die Menge des Lichtes ist stark reduziert, sondern in dem **Restlichtspektrum** hat sich vor allem die spektrale Zusammensetzung wesentlich verändert (Abb. **17.12**). Während im Sonnenlicht der Quotient von HR:DR bei 1,2 liegt, beträgt er in einem geschlossenen Buchenwald 0,05. Phytochrom aber natürlich auch die beiden Blaulichtrezeptoren liegen weitgehend im inaktiven Zustand vor, und der Anteil von PhyA steigt deutlich an, weil der Abbau vermindert ist. Photomorphogenese beruht in einem solchen Fall typischerweise auf einer Dauerdunkelrot-Reaktion von PhyA (Plus **17.1** S. 677). Die so beschriebenen Extrembedingungen sind nur noch für wenige Spezialisten, sog. Schattenpflanzen, zuträglich.

Die Schattenvermeidungsreaktion ist eine **vorausschauende Antwort** von Pflanzen auf eine sich verschlechternde Lichtsituation – also lange bevor der in Abb. **17.12** dargestellte, für viele Pflanzen fatale Endzustand erreicht wird. Wichtigster Fühler für eine bedrohliche Entwicklung ist die relative Zunahme des DR-Anteils im Lichtspektrum, das von grünen Blättern in unmittelbarer Nachbarschaft reflektiert wird. Der abnehmende Anteil an aktivem Phytochrom (Phy$_{DR}$) und zugleich der Anstieg der PhyA-Menge lösen eine Reihe von Veränderungen in der Pflanzenarchitektur und Entwicklung aus:

- **Anpassung der Photosynthesekapazität** (Blattstruktur, d. h. Bildung von sog. Schattenblättern [Abb. **17.13**], Reduktion des Chlorophyllanteils; Ausrichtung der Chloroplasten),

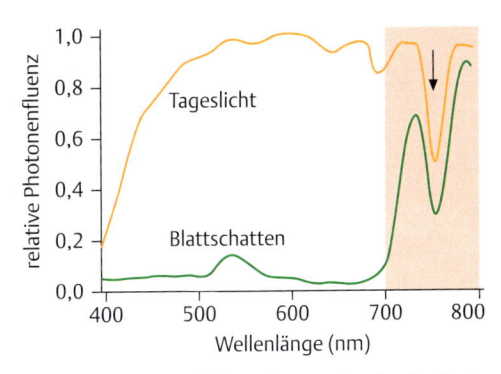

Abb. 17.12 Restlichtspektrum im Laubschatten von Bäumen. Mit Ausnahme des markierten Dunkelrotanteils bleibt von dem Gesamtspektrum des Sonnenlichtes nur ein geringer Teil im Blattschatten übrig. Das durch den Pfeil markierte Minimum bei 760 nm geht auf die Absorption durch Wassermoleküle zurück (nach Franklin und Whitelam 2005).

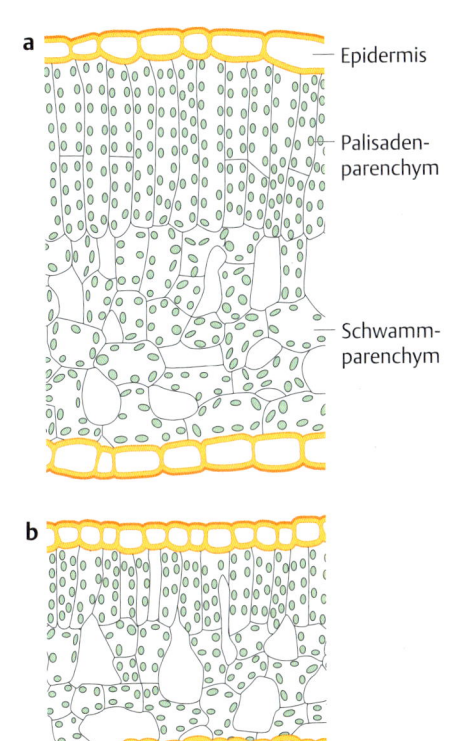

Abb. 17.13 Querschnitte durch Blätter der Buche (*Phagus sylvatica*). a Blatt im vollen Sonnenlicht; **b** Schattenblatt (Vergr. ca. 340-fach, nach F. Kiewitz-Gerloff).

- **Verstärkung der Apikaldominanz**, d. h. Verringerung der Verzweigung,
- Hyponastie der Blätter und Streckung von Sproßachse und Blattstielen (Abb. **17.14**),
- Ausrichtung der Sproßachse zu qualitativ besserem Licht (**Phototropismus**, Kap. 17.1.4 und Box **5.4** S. 201),
- Verringerung des Wurzelwachstums,
- Beschleunigung des Übergangs aus der vegetativen in die generative Phase (**vorzeitige Blütenbildung**),
- Abnahme der inhärenten Abwehr gegenüber Pathogenen und tierischen Schädlingen.

Die Analyse von Phytochrommutanten von *Arabidopsis* hat ergeben, daß neben PhyB und den funktionell verwandten Formen PhyD und PhyE auch die zunehmende Menge und Aktivität von PhyA mit seinen speziellen Eigenschaften (Plus **17.1** S. 677) eine wichtige Rolle spielt. **PhyA** wirkt als **negatives Kontrollelement**, das eine übermäßige Reaktion verhindert. Gerade im Hinblick auf die Vermehrungseffizienz und die Stabilität von Pflanzen unter den normalen Bedingungen mit suboptimaler Lichtversorgung ist diese Balance durch die PhyA-Kontrolle von großer Bedeutung.

In Anbetracht der Komplexität des Gesamtprozesses sind unsere Kenntnisse über die molekularbiologischen Details noch sehr fragmentarisch. Alle drei Lichtrezeptorsysteme sind an dem abgestimmten Programm beteiligt. Eine zusammenfassende Darstellung, die insbesondere die beteiligten Hormone integriert, findet sich in Abb. **17.15**. Wie schon gezeigt, beruhen gerichtetes Wachstum beim **Phototropismus** (Box **5.4** S. 201) auf den **Umverteilungen von AUX** in Stengeln bzw. Blattstielen. Zugleich verstärkt die Retention von AUX im Stengel die Apikaldominanz, schwächt das Wurzelwachstum und fördert die Bildung von ETH, das eine entscheidende Funktion für die bessere Positionierung der Blätter zum Licht hat (Abb. **17.14d**). Wir lernen in diesem Zusammenhang eine neue Rolle des **ETH** als Hormon kennen, das **Streckungswachstum fördert** (Box **17.4**). Schließlich kommt es zu einer Verstärkung der Akkumulation und/oder Reaktivität für Gibberellinsäure und Brassinosteroide.

Unter geeigneten Bedingungen einer dichten Pflanzenpopulation, wie sie natürlicherweise häufig vorkommt, haben Pflanzen mit einer effizienten **Schattenvermeidungsreaktion** deutliche **Entwicklungsvorteile**. Sie erreichen rechtzeitig günstigere Lichtbedingungen und können ihren Entwicklungszyklus mit der frühzeitigen Bildung von Samen abschließen. Allerdings geht dies zu Lasten der gesamten Leistungsfähigkeit. Die in der Evolution entstandene Plastizität der Pflanzen, wie sie Goethe so lebhaft beschrieb (Plus **16.15** S. 659), hat ihren Preis. Sorgfältige Analysen in geeigneten Konkurrenzsituationen haben ergeben, daß auf der einen Seite Pflanzen mit einem Defekt in der Reaktion verkümmern und nicht mehr zur Samenbildung in der Lage sind, während andererseits eine übermäßige Schattenvermeidungsreaktion zu geschwächten Pflanzen führt, die anfällig für Krankheiten und Fraßschädlinge sowie für Lagerschäden wegen der starken Streckung der Sproßachse sind. Eine weitere gefährliche Konsequenz ergibt sich aus der Reduktion des Wurzelwachstums, die auf trockenen Standorten oder in Dürreperioden zu erheblichen Nachteilen bis hin zum Totalschaden führen kann.

Abb. 17.14 Blattstellung beim Sumpf-Ampfer (*Rumex palustris*) in Abhängigkeit von Licht und Schatten. Die Blätter der Rosette sind im Sonnenlicht (**a**) bzw. im Neutralschatten, z. B. einer Mauer (**b**), eng am Boden ausgebreitet, während sie sich im Laubschatten mit angereichertem DR-Anteil (**c**) durch Hyponastie und Streckung der Blattstiele stärker dem Licht zuwenden (Schattenvermeidungsreaktion). **d** Der Effekt kann auch durch Behandlung mit ETH hervorgerufen werden (nach Pierik et al. 2006).

a Kontrolle
b Neutralschatten
c DR > HR
d ETH-Behandlung

> **Box 17.4 ETH als wachstumsförderndes Hormon**
>
> Im Zusammenhang mit dem Schattenvermeidungssyndrom treffen wir auf eine bisher wenig beachtete Rolle des ETH. Es kann das Streckungswachstum von Stengel und Blattstielen fördern. Letzteres führt zu Hyponastie und zur Verschlankung der Pflanzen (Abb. **17.14d**). Insgesamt dienen die ETH-kontrollierten Prozesse dazu, daß die Sprosse und Blätter eine verbesserte Position zum Licht erreichen. Man geht davon aus, daß diese ETH-spezifischen Wachstumsreaktionen indirekt sind und durch Förderung des polaren AUX-Transports bzw. die Verstärkung der GA-Wirkung zustande kommen. Interessanterweise liegt die Konzentrationskurve für die fördernden bzw. hemmenden Wirkungen des ETH für jede Pflanze bzw. jedes Organ in einem anderen Bereich. Bei der Gurkenwurzel finden wir eine Hemmung des Wachstums selbst bei kleinsten ETH-Dosen, während junge Sproßteile von *Arabidopsis* und Weizen typische Optimumskurven mit einem fördernden und einem hemmenden Konzentrationsbereich haben. Sumpfpflanzen wie *Rumex palustris* (Abb. **17.14**) oder auch Tiefwasserreis (Abb. **19.11** S. 787) reagieren dagegen über einen ungewöhnlich breiten Bereich mit ausgedehntem Wachstum der Blattstiele. Die Streckung kann das 5-fache der Ausgangslänge erreichen.
>
> (nach Pieritz et al. 2006)

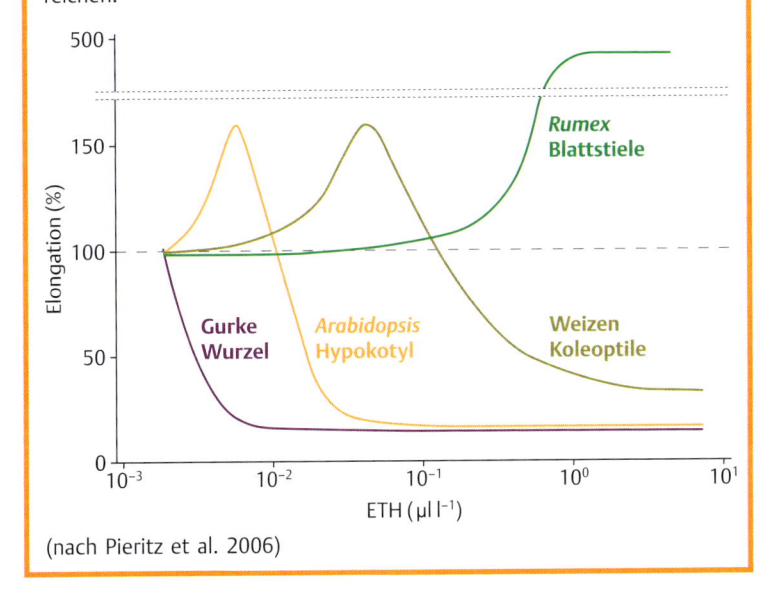

Abb. 17.15 Schattenvermeidungssyndrom und die beteiligten Hauptkomponenten. Durch die starke Anreicherung des DR-Anteils im Spektrum dominiert die aktive Form von PhyA im Konzert der Lichtrezeptoren (Plus **17.1** S. 677), während die anderen Rezeptoren überwiegend in der inaktiven Form vorliegen. Die selektiven Wachstumsreaktionen gehen auf einen Konzentrationsanstieg der genannten Hormone und auf Änderungen im Transkriptionsmuster zurück. Transkriptionsfaktoren (TF, Plus **15.7** S. 521): bHLH-TF PIL1 (engl.: phytochrome interacting factor-like) und HFR1 (engl.: long hypocotyl infar red), HD-ZIP-TF AtHB1 (engl.: *A. thaliana* homeobox); PFT1 (engl.: phytochrome and flowering time).

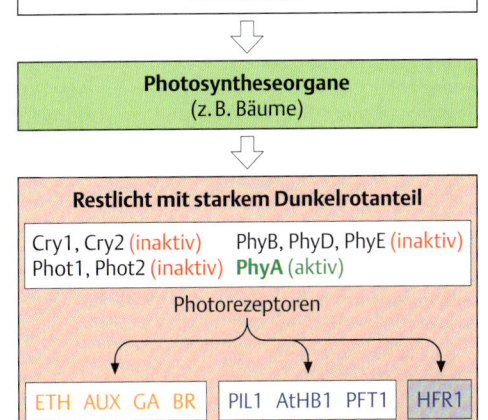

17.2.3 Circadiane Rhythmen

> Die Rotation der Erde und ihre Bewegung als Planet im Sonnensystem führen zu täglichen Wechseln von Licht und Dunkel, aber auch zu jahreszeitlichen Veränderungen von Tageslänge und Temperatur. Alle Organismen haben sich in ihren Lebensabläufen auf diese äußeren Veränderungen eingestellt. Besonders auffällig sind die circadianen Rhythmen. Sie beruhen auf genetischen Programmen (circadiane Uhr), die es Pflanzen und Tieren erlauben, sich den Veränderungen von Licht und Dunkel mit ihren Stoffwechsel- und Entwicklungsprogrammen anzupassen. Die tagesrhythmischen Veränderungen haben einen modulierenden Einfluß auf die Uhr selbst, deren Gang sich im Verlauf eines Jahresrhythmus ändert (Entrainment).

Die Eigenarten der Rotation der Erde um ihre eigene Achse und ihre Bewegung als Planet im Sonnensystem führen nicht nur zu den täglichen Wechseln von Licht und Dunkel, sondern auch zu den jahreszeitlichen Veränderungen von Tageslänge und Temperatur. Alle Organismen sind in ihren Lebensabläufen davon betroffen, und im Verlauf der Evolution sind Mechanismen entstanden, die diese äußeren Veränderungen mit den Entwicklungs- und Aktivitätszyklen der Organismen in Einklang bringen. Solche Anpassungen sind unabdingbar für erfolgreiche Überlebens- und Vermehrungsstrategien (Box **17.5**).

Besonders auffällig und gut untersucht, sind **circadiane Rhythmen**. Sie beruhen auf genetischen Programmen, die Pflanzen und Tieren erlauben, sich den täglichen Veränderungen von Licht und Dunkel anzupassen, ja in vielen Fällen solche Veränderungen vorwegzunehmen. Das innere „Computerprogramm" der Pflanzen läuft in gewisser Weise unabhängig von den äußeren Bedingungen. Bringt man z. B. eine Pflanze aus dem normalen Licht-/Dunkelwechsel mit natürlich **synchronisierten Rhythmen** (engl.: entrained rhythm) in Dauerlicht oder Dauerdunkel, bleiben die Rhythmen

---

Box 17.5 Gesundheit und Wachstumsgeschwindigkeit von Pflanzen erfordern eine Anpassung an circadiane Rhythmen

Die umfangreichen Maßnahmen im Programm einer Pflanze als Reaktion auf die Licht-/Dunkelwechsel lassen vermuten, daß biologische Notwendigkeiten vorlagen, die die Entstehung solcher Mechanismen und ihre Optimierung im Verlauf der Evolution begünstigt haben. Die Mechanismen für die zeitliche Synchronisierung gehen so weit, daß selbst eine molekularbiologische Temperaturkompensation eingebaut ist, d. h. die Uhr ändert ihren Gang selbst bei größeren Temperaturunterschieden nicht. Die biologischen Auswirkungen dieser feinen Abstimmung werden klar, wenn man Wildtyppflanzen mit ihrem eingebauten genetischen Programm für einen 24-Stundenzyklus in ihren Wachstumskenndaten mit Mutanten vergleicht, die ein verändertes Programm haben (Plus **17.4**). Für *Arabidopsis* sind dies z. B. die Mutante *Zeitlupe* (*ztl*) mit verlängerten Perioden von 28 Stunden und die Mutante *toc1* (engl.: timing of CAB1 expression) mit einer auf 21 Stunden verkürzten Periode. Die Rolle der Proteine ZTL und TOC1 im circadianen Uhrwerk ist in Abb. **17.17** (S. 691) dargestellt. Unterwirft man diese drei Typen von Pflanzen einem vergleichenden Wachstumstest mit drei verschiedenen Lichtregimen von 20 (10L/10 D), 24 (12L/12 D) bzw. 28 Stunden (14L/14 D) dann sind die Wachstumsparameter (Chlorophyllgehalt, CO_2-Fixierung, Blattfläche, Biomasse, Streßresistenz) bei allen drei Varianten jeweils für das Lichtregime am besten, das dem genetischen Programm am nächsten ist (rot markierte Angaben). Die Tabelle zeigt beispielhaft die Daten für die Blattfläche.

Arabidopsis-Typ (circadianer Rhythmus)	Blattfläche 30 Tage nach Aussaat (cm^2)		
	Licht/Dunkelregime (Stunden)		
	10L/10 D	12L/12 D	14L/14 D
WT (24 Stunden)	20	**25**	12
ztl (28 Stunden)	17	na	**24**
toc1 (21 Stunden)	**12**	na	5

(Daten nach Dodd et al. 2005; na, nicht analysiert)

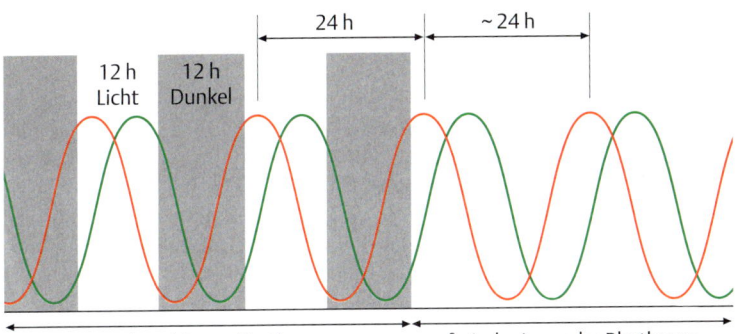

17.2 Lichtgesteuerte Wachstumsprozesse

Abb. 17.16 Grundmuster circadianer Rhythmen. In einem 12 h Licht-/12 h Dunkelwechsel ändert sich die Menge von zwei Proteinen in hier idealisierten sinusförmigen Rhythmen in zeitlicher Übereinstimmung mit den Licht-Dunkel-Phasen (synchronisierte Rhythmen). Das eine Protein hat sein Maximum am Morgen (rote Kurve), das andere am Abend (grüne Kurve). Wenn man die Pflanzen ins Dauerlicht bringt (rechte Hälfte der Abb.), bleiben die Rhythmen für eine ganze Weile erhalten (frei schwingende Rhythmen), aber ihre Periode weicht häufig von der ursprünglichen etwas ab.

für eine ganze Weile erhalten. Wir sprechen von **frei schwingenden Rhythmen** (Abb. **17.16**). Diese Synchronisation (**Entrainment**) ist deshalb von so grundsätzlicher Bedeutung für das Gesamtphänomen, weil darin der Einfluß der täglichen Schwankungen von Licht und Dunkel auf den Ablauf der circadianen Uhr sichtbar wird. Die **Tagesrhythmen** bewirken tiefgreifende Veränderungen im Stoffwechsel und in der Genexpression in unmittelbarer Abhängigkeit von Licht-/Dunkelwechseln. Eine Pflanze in der Nacht unterscheidet sich deutlich von derselben Pflanze am Tag, und dieser Tatbestand ist mit den offensichtlichen Veränderungen in der Photosyntheseaktivität nur sehr unzureichend beschrieben.

Wir werden im Verlauf dieses Kapitels wiederholt sehen, wie in der Realität einer Pflanze die Auswirkungen des genetisch festgelegten Rhythmus und des durch die täglichen Veränderungen der äußeren Umstände hervorgerufenen Rhythmus ineinandergreifen und sich im Sinne des Entrainments verändern. Dieser modulierende Einfluß auf den Gang der Uhr selbst im Verlauf eines Jahres ermöglicht ein weiteres fundamentales Phänomen der Anpassung: Pflanzen und Tiere können die Veränderungen in der Tageslänge mit dem Anstieg im ersten Halbjahr des Jahres und der Abnahme im zweiten Halbjahr erfassen und ihren Entwicklungszyklus darauf einstellen. Dieses Phänomen nennen wir **Photoperiodismus** (Kap. 17.2.4).

Viele Prozesse sind circadianen Rhythmen unterworfen:
- **Nastische Bewegungen** wie Schlafbewegungen der Blätter (Box **17.6**),
- Öffnen und Schließen von Blüten sowie **Spaltöffnungsbewegungen** (Kap. 5.2.3),
- **Circumnutationen**, d. h. kreisförmige Bewegungen von Hypokotyl bzw. Blütenstielen. Diese werden durch gravitrope Reize ausgelöst und wie Nastien durch transiente und einseitige Turgorveränderungen hervorgerufen (Box **5.3** S. 191, Abb. **19.17** S. 797). Circumnutationen bei Blütenstielen von *Arabidopsis* haben eine Phase von etwa zwei Stunden, und diese Phasenlänge variiert in einem circadianen Rhythmus mit einem Maximum am frühen Morgen.
- **Wachstumprozesse**, z. B. die Streckung von Hypokotyl und Infloreszenzstielen,

---

Box 17.6 Schlafbewegungen der Blätter

Die Schlafbewegungen der Blätter gehören zu den für jeden Beobachter sofort sichtbaren circadianen Rhythmen bei Pflanzen. Sie wurden am Beispiel einer Tamarinde bereits 300 B. C. von Androsthenes, einem Soldaten im Heer Alexander des Großen, beschrieben. Im Gegensatz zu den weit verbreiteten Hypothesen über eine exogene Steuerung über die Licht-/Dunkelwechsel vermutete bereits Darwin (1880), daß es ein unabhängiges endogenes Programm für diese Rhythmen geben müsse. Dieses wurde durch die Untersuchungen von E. Bünning in Tübingen (1935) eindrucksvoll bestätigt. Er analysierte die **Schlafbewegungen der Blätter** der **Feuerbohne** (*Phaseolus coccineus*), im Detail (s. unten) und bewies die genetische Basis durch Kreuzung verschiedener Rassen mit unterschiedlich langen circadianen Rhythmen. Diese Versuche bildeten später die konzeptionelle Grundlage für die molekulare Analyse der Gene, die die eingebaute Uhr von *Arabidopsis* und anderen Organismen ausmachen (Abb. **17.17** und Plus **17.5**). Die rhythmischen Bewegungen der Blätter beruhen nicht auf Wachstumsprozessen, sondern gehören zu den sog. **Nyktinastien**, bei denen durch Ionenpumpen ausgelöste Turgorveränderungen in spezialisierten Zellen der Blattgelenke eine Rolle spielen (Box **5.3** S. 191).

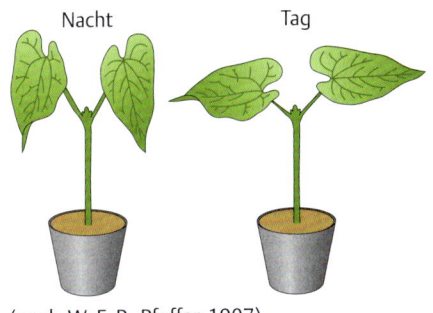

(nach W. F. P. Pfeffer 1907)

- **Metabolische Prozesse** wie Photosynthese und CO_2-Assimilation, Synthese von Hormonen, Synthese von Lignin und anderen Sekundärstoffen,
- **Signaltransduktionsprozesse** wie Hormonantworten oder die intrazelluläre Ca^{2+}-Verteilung,
- **Genexpressionsprozesse** in großem Umfang (Plus **17.4**, Abb. **17.17**, Abb. **17.21** S. 696 und Abb. **17.22** S. 699). Man kann aus Analysen mit Mikroarrays (Box **15.2** S. 492) ableiten, daß mindestens 10% aller Gene bei *Arabidopsis* in der Transkription durch circadiane Rhythmen beeinflußt werden.

Wie funktioniert diese innere Uhr der Pflanzen und welches sind die Stellgrößen, an denen man ihren Gang den notwendigen Gegebenheiten anpassen kann? Aus Screeningverfahren wie sie in Plus **17.4** erklärt sind, kennen wir etwa 20 Gene, die irgendwie an dem Uhrwerk bei *Arabidopsis* beteiligt sind. Die Menge der Transkripte dieser Gene und der entsprechenden Proteine oszillieren mit einer 24 h-Rhythmik, die durch eine

---

Plus 17.4 Ein leuchtendes Beispiel für circadiane Rhythmen

Frühzeitig war erkannt worden, daß die mRNAs für Proteine des Lichtsammelkomplexes im Photosystem II in den Chloroplasten (Abb. **8.14** S. 270) besonders stark von täglichen Schwankungen betroffen waren. Als Beispiel für diese Circadiankontrolle kann der Promotor des *Lhcb1.1*-Gens dienen (engl.: light harvesting chlorophyll a/b binding protein complex). Das Maximum des *Lhcb*-mRNA-Spiegels liegt am späten Vormittag, während das Minimum etwa um Mitternacht gefunden wird. Die Gesamtinformationen für die circadiane Kontrolle unter Beteiligung des CCA1-Transkriptionsfaktors (Abb. **17.17**) befinden sich in einem 250 Basenpaare großen Promotorfragment des *Lhcb1.1*-Gens. Was liegt also näher, als diese kompakte regulatorische Einheit mit einem Reportergen, z. B. dem Luciferasegen aus dem Glühwürmchen, zu verbinden und dieses Konstrukt zur Transformation von *Arabidopsis* zu verwenden! Die Luciferase katalysiert die ATP-abhängige oxidative Decarboxylierung von Luciferin und produziert bei jedem katalytischen Zyklus ein Photon von 560 nm. Für die Detektion besprüht man die Pflanzen mit einer Lösung des Substrats (Luciferin) und registriert die Lichtemission mit einer sensitiven Videokamera.

Da das Enzym nur eine funktionelle Halbwertszeit von etwa 3 Stunden hat, kann die gemessene Lichtausbeute unmittelbar als Maß für die Neubildung der Luciferase angesehen werden. Wenn also alles funktioniert, dann sollten diese transgenen *Arabidopsis*-Pflanzen eine circadian gesteuerte Lichtproduktion mit einem Maximum am Vormittag und einem Minimum zu Beginn der Nacht haben. Das ist auch tatsächlich der Fall, wie die Kurve mit den roten Symbolen im Diagramm für die frei schwingenden Rhythmen im Dauerlicht nach einer Kultivierung im 12 h Licht/12 h Dunkel-Wechsel zeigt.

In einem zweiten Schritt kann man nun Samen solcher transgener Linien einer Behandlung mit mutagenen Agentien unterziehen und in der Nachkommenschaft analysieren, ob es Mutanten mit einem veränderten Rhythmus der Lichtproduktion gibt. Tatsächlich wurden so die Gene für die zentralen Zeitgeberproteine TOC1 und ZTL entdeckt. Wie die Kurve mit den schwarzen Symbolen als Beispiel zeigt, ist bei der *toc1*-Mutante die 24-stündige Periode auf 21 Stunden verkürzt (Box **17.5**).

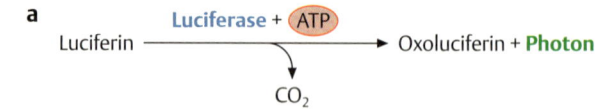

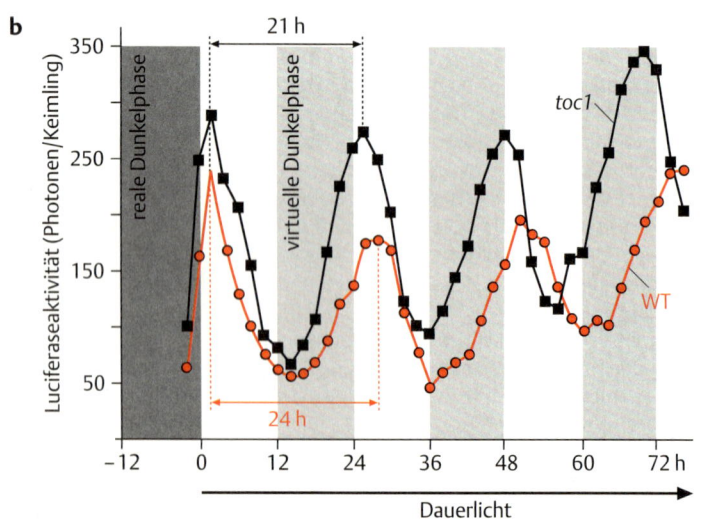

a

Luciferin $\xrightarrow{\text{Luciferase} + \text{ATP}}$ Oxoluciferin + **Photon**

                          ↓
                        CO_2

b

(nach A. J. Millar et al., Plant Cell 1992, Science 1995)

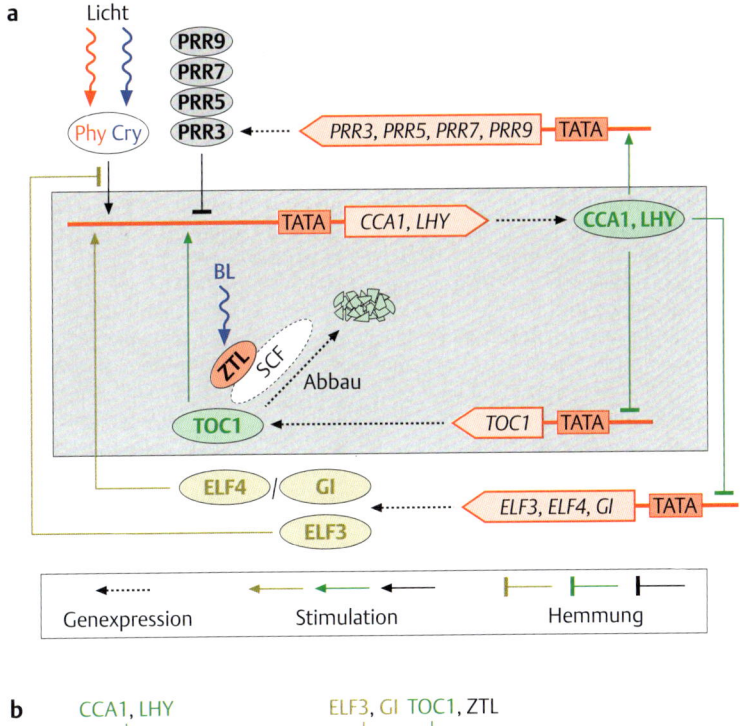

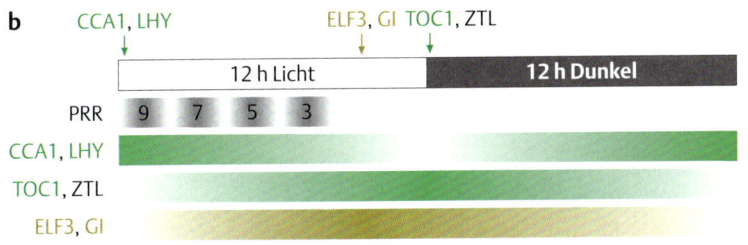

17.2 Lichtgesteuerte Wachstumsprozesse

Abb. 17.17 Modell der circadianen Uhr.
a Das circadiane Uhrwerk besteht aus den drei miteinander verbundenen Regelkreisen, die farblich markiert sind. Namen der Gene sind kursiv in den roten Pfeilen, Proteine sind farbig unterlegt in den Ellipsen angegeben. Die Lichtkontrolle (Entrainment) erfolgt über Phy und Cry bzw. den Blaulichteinfluß auf die ZTL-Aktivität. Details sind im Text beschrieben (nach McClung 2006). Folgende Gene bzw. Genprodukte sind beteiligt:
Regelkreis 1 (grau unterlegte Box mit grünen Proteinen): CCA1 und LHY als MYB-Transkriptionsfaktoren (Plus **15.7** S. 521; engl.: circadian and clock associated bzw. late elongated hypocotyl), TOC1 (engl.: timing of CAB1 expression) und ZTL (Zeitlupe) als F-Box-Protein für den Abbau von TOC1 und den eigenen Abbau in der Nacht.
Regelkreis 2 (Proteine oliv): GI (engl.: gigantea) und ELF3 und ELF4 (engl.: early flowering).
Regelkreis 3 (Proteine schwarz): PRR9, PRR7, PRR5 und PRR3 (engl.: pseudoresponse regulator). In die Verwandtschaft der PRR-Proteine, die im Abstand von etwa zwei Stunden im Verlauf des Tages auftauchen, gehört auch TOC1 (PRR1) als Teil des zentralen Regelkreises. Allen PRR gemeinsam sind eine C-terminale DNA-Bindedomäne und eine N-terminale Domäne, die den Response-Regulatoren bei der CK-Antwort entspricht (Abb. **16.5** S. 600), aber wegen des Austauschs des essentiellen Aspartatrestes als Response-Regulator nicht funktionell ist.
b Circadiane Expression wichtiger Proteine der Circadianuhr bei *Arabidopsis* in einem 12 h Licht/12 h Dunkel-Wechsel. Die Farben sind den drei Regelkreisen angepaßt, zu dem die Proteine gehören. Die Farbintensität reflektiert die Menge an Protein. Die Pfeile zeigen die Maxima der Proteinmengen im Tagesverlauf.

reziproke Regulation aufrechterhalten wird. Insgesamt haben wir es mit einem System von drei verschachtelten Regelkreisen zu tun (Abb. **17.17**). Im Zentrum (graue Box in Abb. **17.17a**) stehen drei Transkriptionsfaktoren, **CCA1** und **LHY** als sog. **Morgenproteine** und **TOC1** als sog. **Abendprotein**. Ihre Expressionsmuster sind in Abb. **17.17b** dargestellt. Sie kontrollieren sich gegenseitig in ihrer Transkription. Im zentralen Teil des Uhrwerks ist ein weiteres Element eingebaut, das Protein **ZTL** (**Zeitlupe**, Box **17.5**), das den tageszeitabhängigen Abbau von TOC1 durch das Proteasomsystem vermittelt. ZTL ist nicht nur ein Blaulichtrezeptor mit FMN als chromophorer Gruppe (Abb. **17.2** S. 674), sondern auch ein F-Box-Protein, das Teil eines E3-Ubiquitin-Ligase-Komplexes ist (Tab. **15.8** S. 572).

Licht hat einen zweifachen Einfluß auf den Ablauf des Geschehens. Auf der einen Seite wird die Funktion des Taktgebers ZTL durch Blaulicht blockiert, d. h. ZTL arbeitet nur in der Nacht und muß im Verlauf des Tages neu synthetisiert werden. Auf der anderen Seite wirken Rotlicht und Blaulicht über Phy und Cry stimulierend auf die Transkription der Gene *CCA1* und *LHY*. Wir sehen hier also die molekularen Ursachen dafür, daß das genetisch determinierte Uhrwerk in seinem Gang nachhaltig von Licht und seinen tagesrhythmischen Änderungen beeinflußt werden kann (**Entrainment**).

Plus 17.5 Circadiane Uhr von *Neurospora crassa*

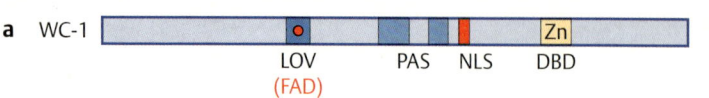

Wie alle anderen Organismen haben auch Pilze ein ganzes Arsenal von Lichtrezeptoren. Dazu gehören Phytochrome, Cryptochrome, Phototropin-artige Rezeptoren aber auch Sensorpigmente mit Retinal als Chromophor (Tab. **17.1** S. 673). Zu den durch Licht bzw. durch circadiane Rhythmen gesteuerten Prozessen gehören bei Pilzen die Sexualentwicklung, die Ausrichtung von Sporangiophoren zum Licht, die Conidienbildung, Ribosomenbiosynthese, Streßresistenz, metabolische Funktionen, Signaltransduktion sowie die Expression vieler Gene. Die von Pilzen wahrgenommenen Lichtintensitäten erstrecken sich über einen weiten Bereich von 2 fmol bis 2 mmol m^{-2} s^{-1} (Box **17.1** S. 672).

Frühzeitig hatte man bei dem Ascomyceten *Neurospora crassa*, den wir schon in Kap. 14 (Plus **14.7** S. 468) als ein bevorzugtes Objekt der Genetiker kennengelernt hatten, gefunden, daß die Carotinoidbiosynthese durch Licht kontrolliert wird. Mutanten ohne Carotinoidsynthese wurden als WC-Mutanten bezeichnet (engl.: white collar; wegen der fehlenden Pigmentierung). Die Charakterisierung der betroffenen *WC*-Gene führte zu einem Transkriptionskomplex (WCC, engl.: white collar complex), der aus zwei **Phototropin-artigen Proteinen** (WC-1 und WC-2) bestand. Der an die LOV-Domäne im N-terminalen Teil gebundene Chromophor ist allerdings in diesem Fall FAD. Daneben finden wir PAS-Domänen für die Wechselwirkung mit anderen Proteinen, eine Kernimportsequenz (NLS) und im C-terminalen Bereich eine DNA-Bindungsdomäne mit einem Zn-Fingermotiv (Abb. **a**). Wir haben es also mit lichtregulierten Transkriptionsfaktoren zu tun, die in dieser Form bei allen bisher untersuchten Zygomyceten, Ascomyceten und Basidiomyceten vorkommen (Kap. 14.6).

Wie sich bald herausstellte, war der **WC-1/WC-2-Komplex** (WCC) nicht nur der zentrale Blaulichtschalter, sondern auch Teil der circadianen Uhr, deren Untersuchung bei *Neurospora* entscheidend zur Aufklärung entsprechender Mechanismen bei den Tieren beigetragen hat. WCC liegt im Zellkern in zwei verschiedenen Formen vor. Am Tage ist es phosphoryliert und wirkt als Repressor, während in der Nacht die Phosphatgruppen durch eine Phosphatase (PPase) entfernt werden, und damit kann die Transkription der von der Uhr gesteuerten Gene am frühen Morgen erfolgen. Blaulicht stimuliert die Bindung des WCC an die DNA. Zu diesen Genen gehört auch das *FRQ*-Gen (engl.: frequency), dessen Protein als Dimer im Komplex mit Proteinkinasen der Gegenspieler von WCC ist. Beide haben einen **circadianen Expressionsrhythmus** (farbige Balken im unteren Teil der Abb. **b**). Der FRQ-Spiegel steigt im Verlauf des Tages an und erreicht gegen Abend ein Maximum. Zugleich unterliegt das Protein einer Art Reifung über 4 Stufen. Der neu gebildete, schwach **phosporylierte FRQ-Komplex** (**1**) wird z. T. im Zellkern gefunden und blockiert dort die Phosphorylierung von WCC. Mit zunehmender Akkumulation wird FRQ immer stärker phosphoryliert (**2**, **3**) und verschwindet aus dem Kern. Die hyperphosphorylierte Abendform (**3**) wird in der Nacht rasch durch das Ubiquitin-Proteasom-System abgebaut (**4**). Der Abbau wird durch das F-Box-Protein FWD (engl.: F-box/WD40 repeat protein) als Teil eines SCF-Komplexes vermittelt. Der Zyklus beginnt am nächsten Morgen erneut, sobald, durch WCC vermittelt, die *FRQ*-mRNA zur Verfügung steht. Die Menge an WCC wird ausschließlich über die Translation von WC-1 in der Nacht reguliert.

WCC hat also drei Eigenschaften:
- Schalter für Blaulicht-regulierte Gene, z. B. die Gene für die Carotinoidsynthese,
- integraler Bestandteil des circadianen Uhrwerks,
- Blaulicht-abhängiger Kontrollfaktor für die Transkription der *WC-1*- und *FRQ*-Gene, d. h. WCC ist auch für das Entrainment der Uhr verantwortlich.

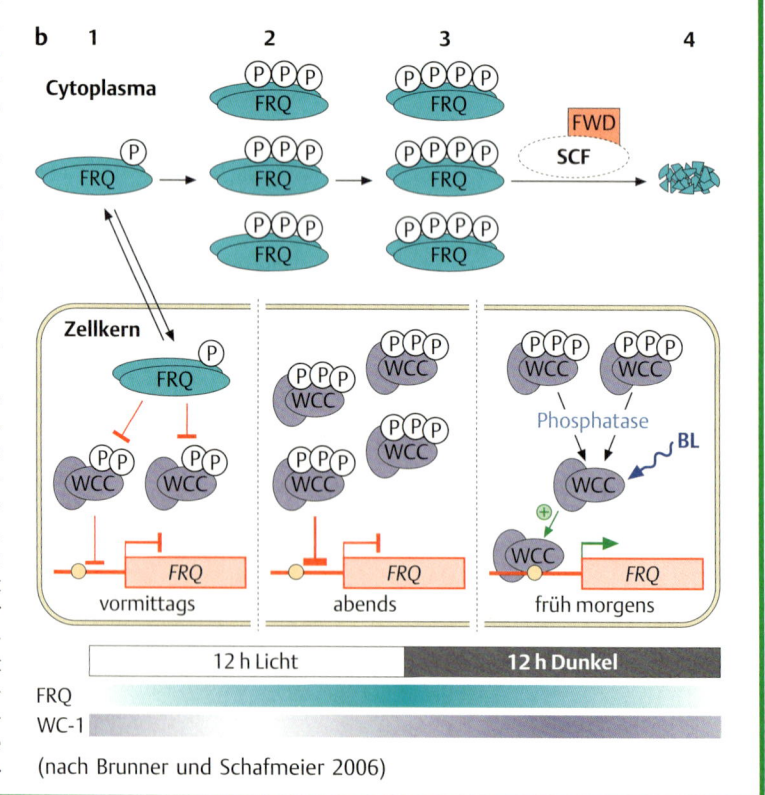

(nach Brunner und Schafmeier 2006)

Ausgehend von dem in Abb. **17.17** dargestellten Uhrwerk mit seinen Komponenten werden die Folgegene reguliert, die Stoffwechsel und Entwicklung der Pflanze an das Uhrwerk koppeln. Gut bekannte Beispiele für eine solche Kopplung sind:
- **GI**: Blühinduktion, Expression von CO (Kap. 17.2.4),
- **CCA1**: Transkription der Gene, die für Lhcb (Plus **17.4**) bzw. Nitrat-Reductase codieren (Abb. **17.22** S. 699).

Das beschriebene pflanzliche Uhrwerk und seine Komponenten sind sehr komplex und unterscheiden sich ganz erheblich von dem, was wir bei Tieren finden. Es war daher von besonderem Interesse, daß die vielfältigen circadianen Prozesse bei Pilzen auf einem relativ einfachen Uhrwerk beruhen, das dem tierischen vergleichsweise ähnlich ist. Im Zentrum der circadianen Uhr von *Neurospora crassa* steht ein interessanter Komplex von zwei Blaulicht-empfindlichen Transkriptionsfaktoren (Plus **17.5**).

17.2.4 Photoperiodismus

> Die circadiane Uhr der Pflanzen verändert ihren Gang als Folge der jahreszeitlichen Veränderungen der Tageslänge. Photoperiodismus, d.h. die jahreszeitlichen Anpassungen von Entwicklungsvorgängen, wird am Blühverhalten von Pflanzen besonders deutlich. Wir können drei Gruppen unterscheiden: Kurztagspflanzen, Langtagspflanzen sowie tagneutrale Pflanzen. Entscheidend für die Wahrnehmung des Tag/Nacht-Rhythmus ist das Phytochromsystem in seiner Funktion als Rotlichtschalter. Die Kopplung zwischen circadianen Rhythmen und Photoperiodismus erfolgt durch Veränderungen in der Expression des *Constans*-Gens (*CO*) und der dadurch ausgelösten Bildung eines photoperiodischen Signals in den Laubblättern (FT-Protein). Dieses wird als Florigen im Phloem zum Apikalmeristem transportiert und bewirkt dort die entwicklungsbiologische Umstimmung zur Blütenbildung.

Wie schon im vorangegangenen Kapitel ausgeführt, hat das **circadiane Uhrwerk** der Pflanzen auch die Fähigkeit, Veränderungen der Tagesrhythmen aufzunehmen und auf diese Weise den Gang der Uhr zu synchronisieren (**Entrainment**). Das Phänomen wird besonders deutlich am Beispiel des **Photoperiodismus**, d.h. der jahreszeitlichen Anpassung von Entwicklungsvorgängen. Je weiter wir uns vom Äquator mit einem 12 h Licht/12 h Dunkelwechsel entfernen, umso größer werden die jahreszeitlichen Schwankungen in der Tageslänge und in den mittleren Tagestemperaturen. In Deutschland liegt der Unterschied in der Tageslänge bei etwa 16 h im Sommer und 8 h im Winter, in Stockholm sind es bereits 19 h im Sommer und 6 h im Winter. Die Anpassung an diese Veränderungen ist Voraussetzung für das Überleben und die Vermehrungseffizienz der Pflanzen an solchen Standorten (Box **17.5** S. 688).

Photoperiodismus betrifft ganz unterschiedliche Aspekte der pflanzlichen Entwicklung, wie den Übergang zu Ruhephasen bzw. deren Beendigung, die Wachstumsrate und Kambiumaktivität, Bildung von Zwiebeln und Knollen, Ausbildung von Frostresistenz, Blattfall, aber auch die Rate der CO_2-Fixierung. Die **Blühinduktion** als Übergang zur Samenbildung gehört zweifellos zu den am häufigsten studierten Ergebnissen des Photoperiodismus. Wir können grob drei Gruppen von Pflanzen unterscheiden (Tab. **17.3**).

- **Langtagspflanzen** (LTP), die im allgemeinen eine kritische Tageslänge von ≥ 14 h für die Blühinduktion benötigen,
- **Kurztagspflanzen** (KTP), bei denen die Blühinduktion bei Tageslängen von ≤ 12 h ausgelöst wird,
- **tagneutrale Pflanzen**, die unter allen photoperiodischen Bedingungen blühen.

Wie im unteren Teil der Tab. 17.3 gezeigt, können verschiedene Arten derselben Gattung oder sogar Sorten derselben Art unterschiedlichen Gruppen angehören. Außerdem unterscheiden wir in den Gruppen 1 und 2 **obligate LTP** bzw. **KTP**, die also nur unter den optimalen photoperiodischen Bedingungen blühen, von sog. **fakultativen LTP** bzw. **KTP**, bei denen die Blühinduktion in geringerem Umfang auch unter nicht optimalen Bedingungen möglich ist. So sorgt ein regulatorisches Back-up-System dafür, daß *Arabidopsis* als fakultative LTP auch unter Kurztagsbedingungen blüht, allerdings mit großer Verzögerung und nicht sehr effizient, was den Samenansatz betrifft (Kap. 18.4.1). Aber auch bei den obligaten Vertretern beider Gruppen gibt es in den Übergangsperioden (Spätfrühling, Frühherbst) eher quantitative als alles oder nichts Reaktionen, d. h. ein Teil der Pflanzen einer Population kommt zur Blüte ein anderer nicht (Abb. 17.18). Demgegenüber stehen Pflanzen wie die Gewöhnliche Spitzklette (*Xanthium strumarium*, KTP), die es „sehr genau nehmen". Bei einer Tageslänge von ≥ 15¾ h bleiben alle Pflanzen vegetativ, während bei ≤ 15 h alle blühen.

Tab. 17.3 Klassifizierung von Pflanzen nach der für die Blühinduktion erforderlichen Photoperiode.

Langtagspflanzen (LTP)	Kurztagspflanzen (KTP)	tagneutrale Pflanzen
obligat LTP bzw. KTP		
Weizen (*Triticum aestivum*)	Chrysanthemen (*Chrysanthemum hort.*)	Einjähriges Rispengras (*Poa annua*)
Roggen (*Secale cereale*)	Soja (*Glycine max*)	Gurke (*Cucumis sativus*)
Wiesenrispengras (*Poa pratensis*)	Flammendes Kätchen (*Kalanchoe blossfeldiana*)	Wolfsmilch (*Euphorbia lathyris*)
Rübe (*Beta vulgaris*)	Kaffeestrauch (*Coffea arabica*)	Tombinambur (*Helianthus tuberosus*)
Wicke (*Vicia sativa*)	Fuchsschwanz (*Amaranthus caudatus*)	Tomate (*Lycopersicon esculentum*)
Weißer Senf (*Sinapis alba*)	Prunkwinde (*Pharbitis nil*)	Löwenzahn (*Taraxacum officinale*)
fakultative LTP bzw. KTP		
Acker-Schmalwand (*Arabidopsis thaliana*)	Hanf (*Cannabis sativa*)	
	Dahlie (*Dahlia variabilis*)	
	Zuckerrohr (*Saccharum officinarum*)	
Arten, bei denen Unterarten oder Sorten unterschiedliche Ansprüche an die Photoperiode haben können		
Tabak (*Nicotiana tabacum*)	*Nicotiana tabacum*	*Nicotiana tabacum*
Kartoffel (*Solanum tuberosum*)	*Solanum tuberosum*	*Solanum tuberosum*
Roter Fingerhut (*Digitalis purpurea*)		*Digitalis purpurea*
Salat (*Lactuca sativa*)		*Lactuca sativa*
	Mais (*Zea mays*)	*Zea mays*

Die Beispiele in Tab. **17.3** mit den drei Kategorien zur Einteilung der Pflanzen sind für ein Grundverständnis sehr nützlich. Aber in der Realität kann jede Art, Sorte oder sogar Pflanze in einem bestimmten Entwicklungszustand ihr eigenes „Feeling" für die Photoperiode haben. So brauchen z. B. einige KTP, die im Herbst zur Blüte kommen, eine vegetative Entwicklung im Langtag. Sie sind also eigentlich nicht KTP, sondern LT-KTP. Darüber hinaus gibt es gerade in unseren Breiten häufig zweijährige Pflanzen, wie Fingerhut (*Digitalis purpurea*), Königskerze (*Verbascum* spec.), Mohrrübe (*Daucus carota*), aber auch die Wintergetreide, bei denen eine anhaltende Kälteperiode Voraussetzung für die Blühinduktion im nächsten Jahr ist (Kap. 18.4.1). Die richtige Photoperiode allein führt also nicht zur Blüte.

Wenn man sich die **Verbreitung von Pflanzen** ansieht, dann wundert es nicht, daß bestimmte photoperiodische Verhaltensweisen besonders häufig bestimmten Breitengraden bzw. klimatischen Zonen zugeordnet werden können. Das sollen drei Beispiele illustrieren:

- In den Tropen haben wir Tag/Nachtgleiche, d. h. alle Pflanzen müssen zwangsläufig tagneutral oder KTP sein.
- In gemäßigten mitteleuropäischen Zonen mit besonders günstigen Wachstumsbedingungen in der Sommerperiode finden wir dagegen einen großen Anteil von LTP.
- Ebenso können ausgeprägte Schwankungen in der Verteilung von Regen- bzw. Trockenperioden in den Sommer- oder Wintermonaten nachhaltig die Verbreitung von LTP bzw. KTP beeinflussen.

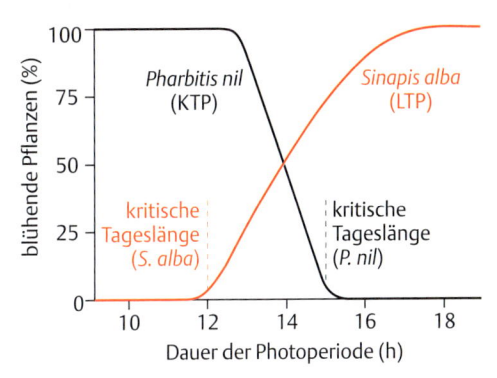

Abb. 17.18 Einfluß der Tageslänge auf die Blühinduktion. Bei der KTP *Pharbitis nil* und der LTP *Sinapis alba* kommt es jenseits der sog. kritischen Tageslängen in der Übergangsphase zwischen Kurztag und Langtag zu quantitativen Phänomenen innerhalb einer Pflanzenpopulation, d. h. je nach den endogenen Faktoren der einzelnen Individuen blühen einige und andere blühen noch nicht (nach D. Vince-Prue 1975).

Klassische Versuche haben gezeigt, daß für die Blühinduktion eher die Länge der Nacht als die des Tages entscheidend ist. LTP sind also eigentlich **Kurznachtpflanzen** und KTP sind **Langnachtpflanzen**. Abb. **17.19** zeigt das Prinzip solcher Versuche. Störlicht in der Nacht kann die Wirkung der Tageslänge aufheben, aber nur, wenn **hellrotes Licht** und nicht, wenn dunkelrotes Licht als **Störlicht** benutzt wird. Entscheidend für die Wahrnehmung ist also das **Phytochromsystem** in seiner Funktion als Rotlichtschalter. Die Empfindlichkeit für solche Lichtstörungen in der Nacht ist sehr unterschiedlich. Bei einigen Pflanzen braucht man nur wenige Minuten Störlicht, z. B. bei der KTP *Kalanchoe blossfeldiana*, bei anderen wiederholte Störungen von mehreren Stunden über mehrere Nächte. Darüber hinaus gibt es artspezifische Unterschiede in der Lichtempfindlichkeit in der Nacht. Man spricht von lichtunempfindlichen Phasen (**photophile Phasen**) und lichtempfindliche Phasen (**skotophile Phasen**), die sich in einem circadianen Rhythmus abwechseln (Abb. **17.20**).

Wie funktioniert der **photoperiodische Schaltmechanismus**? Details wurden am Beispiel von *Arabidopsis* als typischer LTP unserer Flora erforscht. Wir können uns ein gutes Bild von der Kopplung zwischen circadianen Rhythmen und Photoperiodismus machen (Abb. **17.21**). Eine zentrale Rolle spielt der **Transkriptionsfaktor Constans** (CO), an dessen Expressionskontrolle drei Proteine (CDF1, GI und FKF1) beteiligt sind. Ihre Expression unterliegt selbst einem circadianen Rhythmus. Wir müssen zwei Ebenen für die Kontrolle des CO-Spiegels in den Laubblättern unterscheiden:

- die Transkriptionsebene (Abb. **17.21a**) und
- den Abbau des Proteins in der Nacht bzw. am frühen Morgen (Abb. **17.21b**), wobei PhyB und PhyA/Cry2 ganz unterschiedliche Funktionen haben. Unter Langtagsbedingungen kommt es am Nachmittag zu einer Akkumulation von CO, das als Zn-Finger-Protein zusammen mit dem Transkriptionsfaktor HAP die Transkription des *FT*-Gens

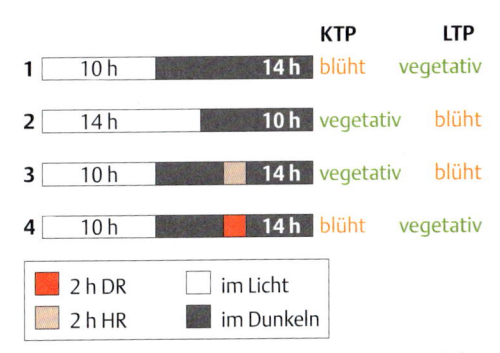

Abb. 17.19 Rolle der Nachtlänge auf die Blühinduktion bei KTP und LTP. Die Licht- (L) und Dunkelphasen (D) sind durch die Balkendiagramme gekennzeichnet. **1** Kurztag mit 10 h L und 14 h D; **2** Langtag mit 14 h L und 10 h D; **3** und **4** Kurztag wie bei 1 aber mit 2 h Hellrot als Störlicht (**3**) bzw. 2 h Dunkelrot (**4**) in der Dunkelphase. Das Blühverhalten für typische KTP und LTP ist in der Tabelle angegeben. Details der kritischen Tageslänge und der optimalen Phase für die Anwendung des Störlichts müssen für jede Pflanze ermittelt werden (Abb. **17.20**).

Abb. 17.20 Wirkung von Hellrot als Störlicht in der Dunkelphase bei der KTP *Glycine max*. a Nach Kultivierung für 7 Tage im 8 h Licht/16 h Dunkel-Wechsel wurden Pflanzen von *Glycine max* einer Dauerdunkelphase von 64 h ausgesetzt (Schema in **a**). Am Ende blühen etwa 40 % der Pflanzen (punktierte Linie). **b** Wenn man die Dunkelphase zu den angegebenen Zeitpunkten durch 4 Stunden HR als Störlicht unterbricht, ändert sich die Zahl der blühenden Pflanzen zwischen 0 % und max. 80 %. Anhand der Wirkung des Störlichts kann man einen circadianen Rhythmus von **lichtempfindlichen** (**skotophilen**) und **lichtunempfindlichen** (**photophilen**) Phasen ausmachen. Die Meßpunkte sind stets am Anfang der Störlichtphase eingetragen (nach B. H. Carpenter, K. C. Hammer, Plant Physiol. 1963).

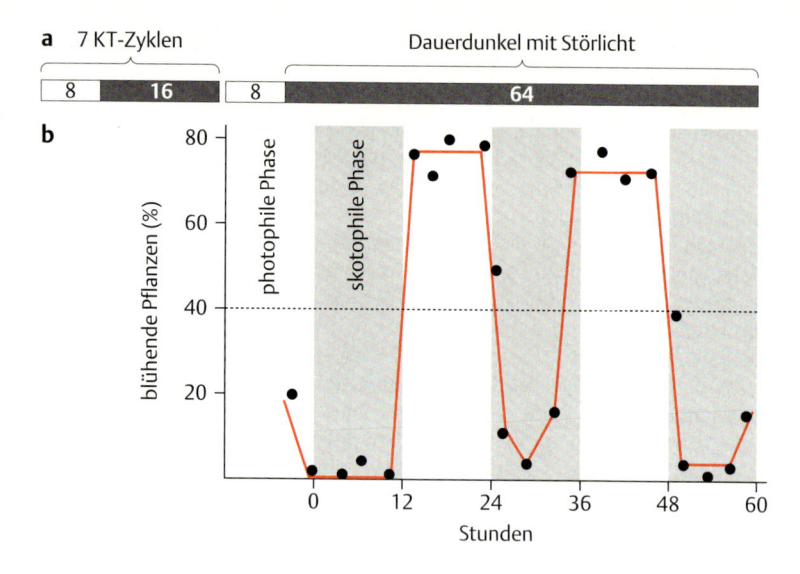

Abb. 17.21 Photoperiodische Veränderungen der Expression von *Constans* bei *Arabidopsis*. a Die Bildung der ***CO*-mRNA** (**grüne Kurve**) wird durch drei Proteine kontrolliert, die selbst in ihrer Expression einem circadianen Rhythmus unterliegen. Diese sind der Repressor CDF1 (engl.: cycling Dof transcription factor), GI (engl.: gigantea) und das Blaulichtrezeptorprotein FKF1 (engl.: flavin-binding, KELCH repeat and F-Box protein). Die Balken am Kopf geben die Phasen mit maximaler Expression der drei Proteine an. GI fördert die Transkription des *CO*-Gens, während CDF1 als Repressor die Transkription verhindert. FKF1 ist Teil einer E3-Ubiquitin-Ligase (Tab. 15.8 S. 572), die den Abbau des CDF1-Repressors in der zweiten Tageshälfte vermittelt.
b Die zweite Kontrollebene betrifft das **CO-Protein** (**blaue Kurven**). Mit dem Anstieg der *CO*-mRNA im LT setzt auch die Synthese des Proteins in der zweiten Tageshälfte ein. CO wird in Anwesenheit von aktivem PhyA/Cry2 stabilisiert, während es in der Nacht unter Einwirkung des CRL^{COP1}-Komplexes (Plus 17.3 S. 683) abgebaut wird. CO wird aber auch morgens unter Einwirkung von PhyB abgebaut. Wir erhalten also **nur im Langtag** und **nur am Nachmittag/Abend** eine ausreichende Menge von **CO-Protein**, das im Komplex mit HAP3/5 (engl.: heme activator protein complex) die **Bildung von *FT*-mRNA** in Gang gesetzt werden kann. Details der regulatorischen Zusammenhänge sind in Plus 17.6 zusammengefaßt (nach Imaizumi & Kay 2006).

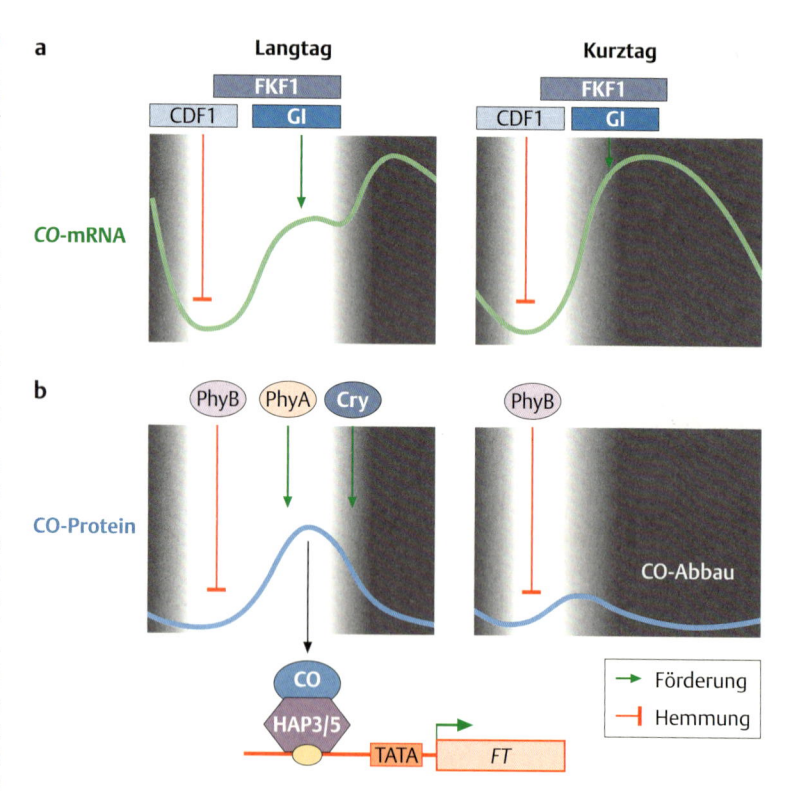

steuert. Im Kurztag wird CO dagegen nur in der Nacht synthetisiert und sofort wieder abgebaut.

Da das photoperiodische Signal in den **Laubblättern** empfangen und verarbeitet wird, muß es einen **Langstreckentransport** zwischen Sensororgan Blatt und dem **Apikalmeristem** als Empfängerorgan für die entwicklungsbiologische Umstimmung zur Blütenbildung geben. Alles deutet darauf hin, daß das **FT-Protein** als eine Art „**Florigen**" durch das Phloem zum Apikalmeristem transportiert werden kann (Plus **17.6**). Diese Abläufe für eine Langtagsreaktion müssen natürlich für die entsprechenden Kurztagsbedingungen modifiziert werden. Das ist am Beispiel der Bildung von Kartoffelknollen in Plus **17.7** erläutert. Überraschenderweise sind CO und FT nicht nur für die Auslösung der Blütenbildung, sondern auch für die Bildung von Knollen an den unterirdischen Seitensprossen (Stolonen) der Kartoffel zuständig.

Plus 17.6 FT-Proteine als Florigen

Die komplexen Genexpressionsprozesse, die der photoperiodischen Kontrolle der Blühinduktion und damit der Bildung des FT-Proteins zugrunde liegen (Abb. **17.21**), sind in der Abb. **a** zusammengefaßt. Neben der Transkriptionskontrolle an den Promotoren des *CO*- und des *FT*-Gens spielen vor allem die lichtgesteuerten Abbauprozesse für den CDF1-Repressor und CO als Coaktivator des HAP-Komplexes eine zentrale Rolle. Daran beteiligt sind FKF1 bzw. COP1 als substratspezifische Untereinheiten der jeweiligen E3-Komplexe.

Bildungsort des „Florigens" und Wirkort sind verschieden. Frühe Pfropfungsexperimente hatten gezeigt, daß Signale aus den Laubblättern über größere Distanzen in das Apikalmeristem transportiert werden und dort die Blühinduktion bewirken. Im Zusammenhang mit den Hormonen hatten

wir bereits spezielle Derivate der Gibberellinsäure als potentielle Florigene kennengelernt (Box **16.7** S. 619). Bei den Untersuchungen der molekularbiologischen Grundlagen des Photoperiodismus ist man auf das FT-Protein als eine neue Art von Florigen gestoßen (Abb. **b**). Das *FT*-Gen (engl.: flowering locus T) codiert für ein kleines Protein von 20 kDa, das im Zielgewebe an einen bZIP-Transkriptionsfaktor FD (engl.: flowering locus D) bindet. Dieser Komplex löst offensichtlich die Transkription der Schlüsselgene für die Umsteuerung des Meristems aus (Details Kap. 18.4.1). Für den angenommenen Transport des FT-Proteins wurden im Phloem potentielle Helferproteine identifiziert (nach Lee et al. 2006; Corbesier et al. 2007).

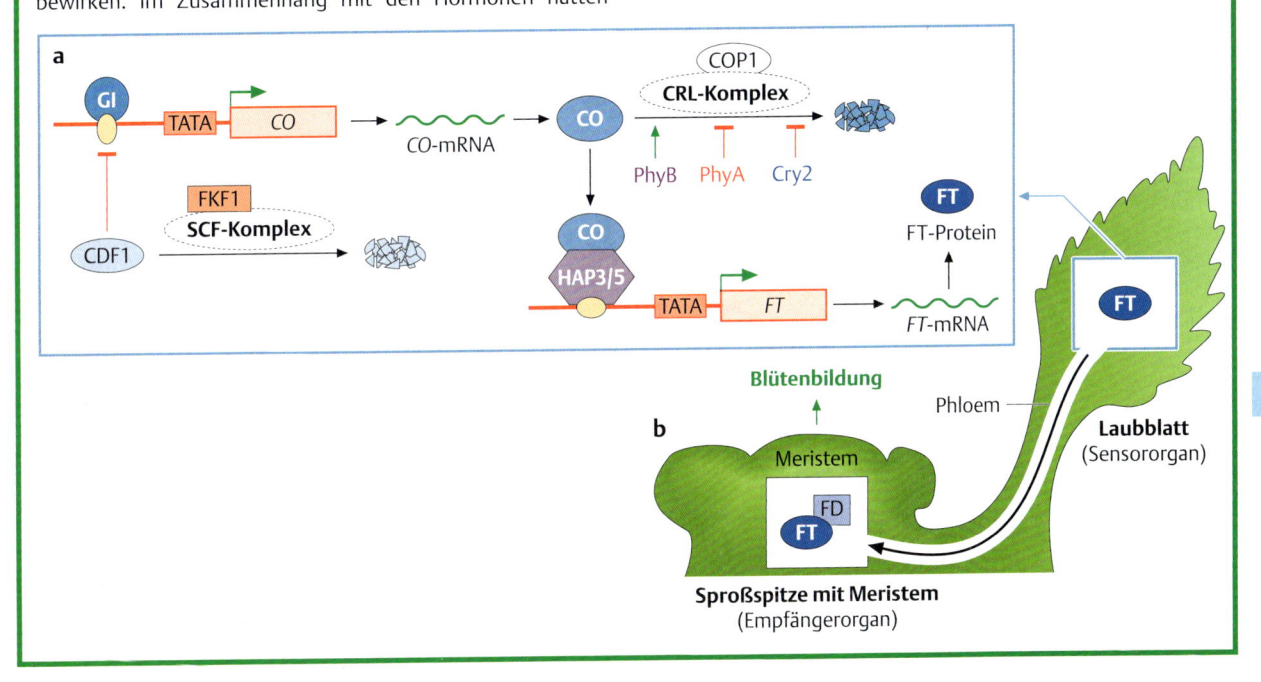

Plus 17.7 Bildung von Kartoffelknollen: ein Fall für Constans und FT

a Langtag

10 h Dunkel | 14 h Licht

CO3-mRNA
↓
CO3 — COP1 / CRL-Komplex → (Abbau)
PhyB

keine Expression von FT, keine Knollenbildung

b Kurztag

14 h Dunkel | 10 h Licht

CO3-mRNA
↓
CO3
↓
Expression von FT
↓
FT   Blatt

FT-Transport in die Stolonen
↓
FT   Stolonen
↓
Umprogrammierung des Spitzenmeristems

GA↓   TA↑   CK↑
↓
Knollenentwicklung

↓ Verringerung der Konzentration   ↑ Steigerung der Konzentration

(nach Rodriguez-Falcon et al. 2006)

Die Kartoffelpflanze (*Solanum tuberosum*) stammt in ihren Wildformen aus den Gebirgsregionen Südamerikas (Anden) in der Nähe des Äquators. Die heute so begehrten Sproßknollen werden daher typischerweise unter Kurztagsbedingungen gebildet. Aufgrund des Gehalts an Stärke, Eiweiß, Mineralien und Vitamin C zählt die Kartoffel zu den wichtigsten Kulturpflanzen mit einer jährlichen Produktion von etwa 300 Millionen Tonnen (Plus **20.8** S. 827).

Wie bei der Blütenbildung kommt das Signal für die geeigneten photoperiodischen Bedingungen aus den Blättern und muß von dort in die Stolonen transportiert werden. Über lange Zeit nahm man an, daß das Glucosid der 12-Hydroxy-Jasmonsäure (Tuberonsäure, TA, Abb. **16.37** S. 644) dieses Signal darstellt. Neben dem Nachweis von TA in den Stolonen verzeichnete man auch einen lokalen Anstieg der Cytokinin(CK)- und gleichzeitig eine drastische Verminderung der GA-Konzentration. Bleibt die Verminderung der GA-Konzentration nach KT-Induktion aus, bildet sich nicht die typische endständige Knolle, sondern das ganze Stolon schwillt an. Zusammen ergeben diese Veränderungen den notwendigen lokalen **Hormoncocktail** für die geordnete **Knollenentwicklung**; aber das Signal aus den Blättern ist offensichtlich kein Hormon.

Mit einem ungewöhnlichen **Pfropfungsexperiment** kam man der Sache auf die Spur. Zunächst wurde eine Tabakpflanze (*Nicotiana tabacum*) dem für die Blühinduktion notwendigen photoperiodischen Regime ausgesetzt. Im zweiten Schritt wurde der so induzierte **Tabaksproß** auf eine **Kartoffelunterlage** aus einer Langtagsanzucht (nicht-induzierend) gepfropft. Nach geraumer Zeit bildete die Hybridpflanze am Tabaksproß Blüten und an der Kartoffelunterlage Knollen. Im Kontrollexperiment mit einem nicht induzierten Tabaksproß blieb die Blüten- und Knollenbildung dagegen aus. Ganz offensichtlich wandert das Signal aus den Blättern akropetal in das Apikalmeristem und basipetal in die Stolonen, und es gibt gute Gründe anzunehmen, daß das **FT-Protein** dieses **Signal** darstellt. Auf jeden Fall spielt eine besondere Form von Constans (CO3) und die Eigenarten seines Expressionsmusters die entscheidende Rolle bei der photoperiodisch gesteuerten Knollenbildung.

Wie die Abbildung am Beispiel einer Kartoffelpflanze im Langtag (**a**) bzw. im Kurztag (**b**) verdeutlicht, wird *CO3*-mRNA unter LT-Bedingungen nur am frühen Morgen akkumuliert, und das gebildete Protein wird rasch abgebaut (**a**). Im Kurztag oder besser in der Langnacht ist dagegen die Expressionsphase für die *CO3*-mRNA deutlich länger (**b**). CO3, das vor dem Morgengrauen translatiert wird, ist stabil und löst die Expression von **FT-Protein** aus. Nach Transport von FT in die Stolonen kommt es dort zur **Umsteuerung des Spitzenmeristems** und damit zur **Knollenentwicklung** unter Mitwirkung der genannten Hormone. In Anbetracht der erstaunlichen Ähnlichkeit in der Regulation der beiden Prozesse (**Blühinduktion, Knolleninduktion**) muß man sich in Erinnerung rufen, daß wir es bei den Stolonen ja mit unterirdischen Seitensprossen zu tun haben, aus deren Apikalmeristem die Knollen entstehen. Der Unterschied zur Blühinduktion im LT bei *Arabidopsis* (Abb. **17.21**) liegt im wesentlichen in der besonderen Dynamik von Expression und Abbau von CO3 bei der Kartoffel, die Voraussetzung für die Auslösung der Knollenbildung im KT ist. Prinzipiell ähnliche Eigenschaften der CO-Expression finden wir auch bei Pflanzen, die im Kurztag blühen wie z. B. beim Reis.

17.2.5 Kontrolle der Nitrat-Reductase

> Wegen ihrer zentralen Bedeutung für Ernährung und Stoffwechsel der Pflanzen wird die Nitrat-Reductase (NR) in ihrer Expression und Funktion durch Licht, circadiane Rhythmen und die Verfügbarkeit des Substrats NO_3^- kontrolliert. Während sich die Expressionskontrolle im Bereich von Stunden vollzieht, gibt es eine schnelle Funktionskontrolle innerhalb von Minuten durch lichtgesteuerte Modifikationen. Dabei wird die NR phosphoryliert und mit dem 14-3-3-Protein als Inhibitor beladen.

Wegen ihrer **zentralen Bedeutung für Ernährung und Stoffwechsel der Pflanzen** (Kap. 9.1.3) gehört die **Nitrat-Reductase** (NR) zu den best untersuchten Beispielen für ein komplexes Regulationsprofil (Abb. **17.22**). Details der Grundstruktur und Funktion des Enzyms mit ihren Elektronen-

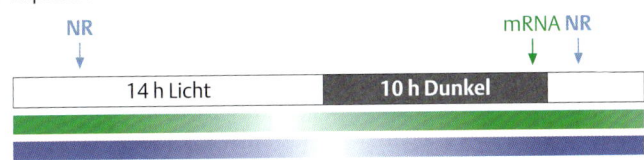

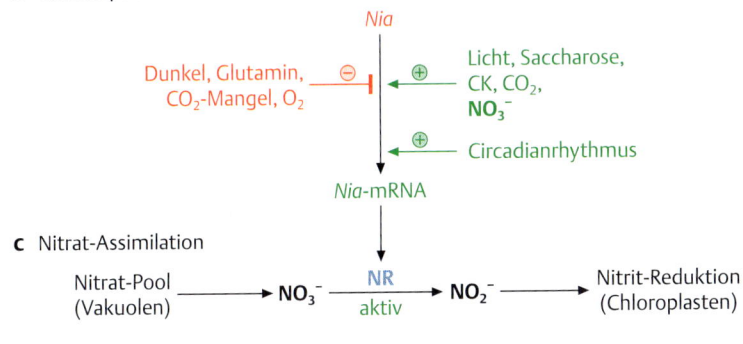

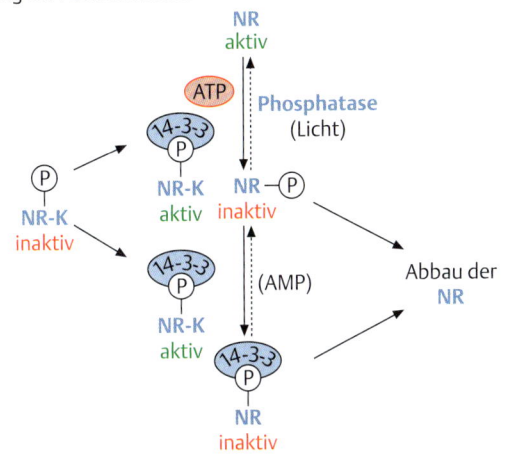

Abb. 17.22 Regulation der Nitrat-Reductase-Expression und -Funktion. a Expression des *Nia*-Gens mit circadianer Rhythmik der Bildung von mRNA (grün) und Protein (blau) in einem Langtag mit 14 h Licht/10 h Dunkel. Die Intensität der Färbung zeigt die Menge an Produkt an. Die Pfeile markieren das jeweilige Maximum. **b** Kontrolle der Transkription des *Nia*-Gens. Neben den beiden dominanten Faktoren (Circadianrhythmus und Anwesenheit von NO_3^- als Substrat) wird die Transkription noch durch Cytokinin (CK) sowie durch die Anwesenheit von Licht, CO_2 und Saccharose als typische Kennzeichen für aktive Photosynthese gefördert. Ganz entsprechend ist die Transkription bei CO_2-Mangel, Schwachlicht (Schatten oder Dunkelheit) bzw. Glutamin als Produkt der Nitrat-Assimilation vermindert. **c** Grundreaktionen und zelluläre Organisation der Nitrat-Assimilation (Kap. 9.1.3). **d** Die Enzymaktivität stellt die zweite Ebene der Regulation dar. NR kann bei ungünstigen Bedingungen (z. B. Schatten bzw. Dunkelheit oder Substratmangel) sehr schnell und reversibel durch Phosphorylierung und Bindung eines 14-3-3-Proteins inaktiviert werden (Plus **17.8**). Entscheidend für diesen Prozeß ist die Nitrat-Reductase-Kinase (NR-K), die ihrerseits durch Phosphorylierung und Bindung eines 14-3-3-Proteins aktiviert wird. Die inaktiven Formen der NR werden abgebaut (nach Buchanan et al. 2000, Tucker et al. 2004).

> **Plus 17.8 14-3-3: Code für ein universelles Regulatorprotein**
>
> In einem komplexen Reinigungsverfahren wurde 1967 aus Rinderhirn ein kleines Protein von etwa 30 kDa angereichert und nach der Fraktionsnummer (14) bzw. der Position (3) bei der Trennung in einem Elektrophoresegel als Protein 14-3-3 bezeichnet. Niemand konnte ahnen, daß dieser Spitzname einmal Karriere machen würde. Im Verlauf der weiteren Untersuchungen stellte sich heraus, daß diese oder nahe verwandte Proteine in allen Zellen und in allen eukaryotischen Organismen vorkommen. Sie bilden dimere Einheiten mit sattelförmigen Gruben, an die phosphorylierte Zielproteine mit typischen Peptidmotiven wie z. B. – RTAS*TP – (S* als Phosphoserinrest) binden können. Insgesamt sind bei Säugetieren mehr als 250 solcher Zielproteine bekannt.
>
> In *Arabidopsis* gibt es 15 Vertreter der 14-3-3-Familie. Einige davon haben eine Ca^{2+}-bindende Domäne, wie wir sie von den Calmodulinen her kennen (Abb. **16.48** S. 656). 14-3-3-Proteine regulieren eine beachtliche Fülle von wichtigen Stoffwechselwegen aber auch Zellzyklus sowie Signaltransduktions- und Genexpressionsprozesse. Es handelt sich stets um eine Modifikation in zwei Schritten:
> 1. Phosphorylierung des Erkennungsmotivs im Zielprotein und
> 2. Bindung des 14-3-3-Proteins.
>
> Die Auswirkungen sind von Fall zu Fall unterschiedlich. Bei den gut untersuchten Membran-ATPasen ist die Assoziation mit Vertretern der 14-3-3-Familie mit einer **Aktivierung** verbunden. Ähnliches gilt auch für die protonenabhängigen ATP-Synthetasekomplexe in Mitochondrien und Chloroplasten (Abb. **6.8** S. 220, Abb. **8.20** S. 275), für Glutamin-Synthetase (Abb. **9.4** S. 306), für bestimmte bZIP-Transkriptionsfaktoren und schließlich auch für die NR-Kinase (Abb. **17.22**). Bei der unter Lichtmangel beobachteten **Inaktivierung** der Nitrat-Reductase wird das Enzym durch die NR-Kinase phosphoryliert und direkt mit dem 14-3-3-Protein beladen (Abb. **17.22d**).

transportwegen wurde schon im Zusammenhang mit der Funktion der NR für die NO-Synthese behandelt (Plus **16.12** S. 652). Bei der Regulation der Expression und Funktion der NR spielen **circadiane Rhythmen, Licht und die Verfügbarkeit des Substrats** NO_3^- eine dominierende Rolle. Licht wirkt in zweierlei Weise, zum einen über den circadianen Rhythmus und zum anderen über die Photosyntheseaktivitäten und ihre Produkte. Neben der notwendigen Stickstoffversorgung ist vor allem auch die hohe Toxizität von Nitrit und Ammoniak (NH_4^+) als Zwischenprodukte der Nitrat-Assimilation ein Hauptgrund dafür, daß die Menge und Aktivität der Nitrat-Reductase genau kontrolliert werden muß. Nur bei intensiv laufender Photosynthese können in den Chloroplasten die benötigten Reduktionsäquivalente für die Nitritverarbeitung bis hin zur Synthese von Glutamin bereitgestellt werden (Kap. 9.1.3).

Wir wollen einige interessante Einzelheiten anhand der Abb. **17.22** besprechen:

- Die **Expression der NR**, d.h. die Transkription des *Nia*-Gens bei der Tomate, folgt einem typischen **circadianen Rhythmus** (Abb. **17.22a**). Das eingebaute genetische Programm der Pflanzen gewährleistet, daß in Vorwegnahme des Lichtes am kommenden Tag ein Maximum der *NR*-mRNA am Ende der Nacht und – mit einer Zeitverzögerung von etwa zwei Stunden – ein Maximum der Enzymaktivität am frühen Morgen gefunden werden. Der Unterschied in der mRNA-Menge zwischen Minimum und Maximum kann bis zu 50-fach sein.

- Der zweite dominante Faktor für die **Expression** in den meisten Pflanzen ist die Anwesenheit von Nitrat als Substrat. Wir haben es mit einer typischen **Substratinduktion** zu tun, wie wir sie prinzipiell bei der Behandlung des *Lac*-Operons von *E. coli* beschrieben hatten (Kap. 15.3.1). Allerdings sind die regulatorischen Details im Fall des *Nia*-Gens ganz anders und bisher noch weitgehend ungeklärt. Auf jeden Fall gelten die in Abb. **17.22a** gezeigten circadianen Rhythmen der mRNA und des Proteins nur für Pflanzen, die ausreichend mit Nitrat versorgt sind.

- Neben der Expressionskontrolle (Abb. **17.22b**), die sich im Bereich von Stunden vollzieht, gibt es eine sehr effiziente **Funktionskontrolle im Minutenbereich** auf der Proteinebene (Abb. **17.22d**). Schon eine kurze Schattenperiode an einem sonnigen Tag führt zu einer dramatischen Reduktion der NR-Aktivität auf $<10\%$ durch **Phosphorylierung der NR** und **Komplexierung mit einem 14-3-3-Regulatorprotein** (Plus **17.8**). Diese Modifikationen sind reversibel, sobald die Wolken sich verzogen haben und damit die Intensität der Photosynthese wieder hergestellt ist (punktierte Pfeile in Abb. **17.22d**).

Das relative Gewicht der Expressionskontrolle gegenüber der Funktionskontrolle für das Gesamtgeschehen kann bei den einzelnen Pflanzen sehr unterschiedlich sein. So ändern sich die Mengen an NR bei der Tomate sehr stark entsprechend dem circadianen Rhythmus der Transkription (Abb. **17.22a**). Bei der Sojabohne dagegen hat die NR eine viel größere Lebensdauer, und daher wird die NR-Aktivität im Tagesverlauf viel stärker durch Modifikation kontrolliert. In beiden Fällen wird aber der gesamte Stoffwechselweg durch das Ensemble von Neusynthese, Aktivitätsmodulation und Abbau der NR den aktuellen Notwendigkeiten angepaßt.

17.3 Gravitropismus

Die Ausrichtung ortsgebundener Pflanzen bzw. ihrer Organe unter dem Einfluß der Erdanziehungskraft wird als Gravitropismus bezeichnet. Hauptwurzeln richten sich in der Regel positiv gravitrop zum Erdmittelpunkt aus, während Sproßachsen in der Regel negativ gravitrop reagieren. Die Orientierung von Seitentrieben, Seitenwurzeln 1. Ordnung und Rhizomen in einem Winkel zur Schwerkraftrichtung wird als Plagiogravitropismus bezeichnet. In der Zeitfolge einer gravitropen Reaktion kann man vier Phasen unterscheiden: Reizperzeption, Signaltransduktion, Signalweiterleitung im Gewebe und schließlich die gravitrope Antwort selbst. Die Perzeption beruht auf der Verlagerung von Amyloplasten (Statolithen) in Zellen schwerkraftempfindlicher Gewebe (Statenchyme), die man in Sproß und Wurzeln findet. Ein unterschiedliches Flankenwachstum als Folge einer asymmetrischen Verteilung von Hormonen, im wesentlichen von AUX, ist die Ursache für die gravitrope Krümmung.

17.3.1 Begriffe und Definitionen

Die Ausrichtung ortsgebundener Pflanzen bzw. ihrer Organe unter dem Einfluß der Schwerkraft (g = 9,81 m s^{-2}) wird als Gravitropismus bezeichnet. Die Orientierung von Organen in Richtung der durch den Erdmittelpunkt führenden Achse bezeichnet man als **Orthogravitropismus**. Hauptwurzeln richten sich in der Regel zum Erdmittelpunkt hin aus, d. h. sie sind **positiv gravitrop**, während Sproßachsen in der Regel **negativ gravitrop** reagieren. Bildet die Längsachse der Organe einen Winkel mit der Lotlinie (Schwerkraftrichtung), wie z. B. bei Seitentrieben, Seitenwurzeln erster Ordnung und Rhizomen, so spricht man von **Plagiogravitropismus**. Ein Sonderfall des Plagiogravitropismus ist der **Diagravitropismus**, bei dem der Winkel zur Lotlinie etwa 90° beträgt (z. B. bei den Zweigen vieler Koniferen). Seitenwurzeln zweiter Ordnung und die Seitenzweige einiger Bäume, z. B. bei den sog. Trauerformen (Trauerweide), orientieren sich nicht nach der Schwerkraft. Sie sind **agravitrop**. Diese Begriffe definieren das Grundmuster der gravitropen Reaktionen. Die Gestalt einer Pflanze resultiert aber letztlich aus der Vielfalt von kombinierten Reaktionsweisen und an ihrer Veränderlichkeit im Laufe der Entwicklung (Tab. **17.4** und Box **17.7**). Außerdem dürfen wir insbesondere im Hinblick auf Sproß und Blätter nicht außer Acht lassen, daß die Ausrichtung unter Einwirkung der Schwerkraft stark durch Lichteffekte modifiziert werden kann (Phototropismus). Das gilt bemerkenswerterweise auch für die Wurzeln (Box **17.7**).

Bei jeder Pflanze beruht die für die optimale Ausnutzung von Licht und Nährstoffen unabdingbare Ausbreitung ihrer Organe im Raum auf genetisch festgelegten Eigenschaften, die dafür Sorge tragen, daß der überwiegende Teil von Sproß und Wurzel nicht einfach negativ bzw. positiv gravitrop reagiert, sondern plagiotrop in unterschiedlichen Winkeln, die sich im Verlauf der Entwicklung ändern können (Box **17.7**). Die Ansicht einer Maispflanze (Abb. **17.23**), insbesondere ihres ausgedehnten 3-dimensionalen Wurzelwerks macht das sehr deutlich. Während Orthogravitropismus bei den Hauptachsen (Sproß, Wurzel) der Pflanzen die Regel ist, kommt diese Form der gravitropen Ausrichtung bei den anderen Organen eher selten vor. Schlanke Schnurformen von Laub- und Nadelgehölzen mit einer züchterisch bedingten schwächeren Ausprägung des Plagiotropismus finden sich allerdings weit verbreitet in unseren Anlagen und Gärten.

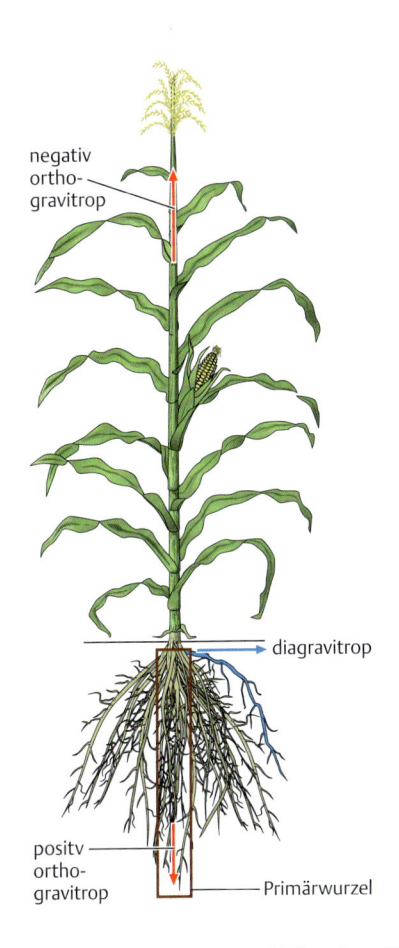

Abb. 17.23 Schema einer blühenden Maispflanze. Die Sproßachse der Pflanze orientiert sich negativ orthogravitrop, der rot markierte Teil des Wurzelsystems positiv orthogravitrop. Der größte Teil des Wurzelsystems wird allerdings von plagiotropen Seitenwurzeln erster Ordnung und agravitropen Seitenwurzeln zweiter Ordnung gebildet. Dadurch entsteht die 3-D Struktur des Wurzelsystems. In einigem Abstand vom Zentrum des Wurzelsystems orientieren sich die Seitenwurzeln mehr und mehr positiv orthogravitrop (blau markierte Wurzel als Beispiel) (nach J. E. Weaver 1926).

Box 17.7 Umweltabhängige und entwicklungsspezifische Veränderungen der gravitropen Antwort

Unterirdische Sproßausläufer von Kartoffelpflanzen, die sog. **Stolonen**, haben eine positiv gravitrope Grundausrichtung. Dadurch bleiben die an den Enden entstehenden Speicherknollen (Kartoffeln) unter der Erde und können ggf. nach Absterben der oberirdischen Teile auch ungünstige Witterungsphasen überdauern. Bei *Aegopodium podagraria* wird die Orientierung solcher Sproßausläufer durch Licht beeinflußt. Sobald die Ausläufer in der Nähe der Erdoberfläche Rotlicht ausgesetzt sind, reagieren sie positiv gravitrop und dringen wieder tiefer ins Erdreich ein. Ob das auch für die Kartoffel gilt, ist nicht bekannt.

Einflüsse von Licht auf die gravitropen Reaktionen scheinen in Anbetracht der Veränderungen der AUX-Transportwege in beiden Fällen nur natürlich. Aber gilt das auch für Wurzeln? Können Wurzeln „rot sehen"? Wie Messungen mit empfindlichen CCD-Kameras an 21 verschiedenen Baumarten ergeben haben, lautet die klare Anwort: ja. Phloem- und Xylem-Bahnen wirken wie Lichtleiter insbesondere für Licht im Dunkelrot und Infrarot (720–910 nm). In Anbetracht der außerordentlichen Empfindlichkeit der PhyA-Antwort (Kap. 17.1.2) wundert es nicht, daß neben Gravitropismus auch andere Aspekte der Wurzelentwicklung durch Rotlicht beeinflußt werden (Bildung der Wurzelhaare, Wurzelwachstum, Bildung von Sekundärstoffen). Entwicklungsspezifische Veränderungen der gravitropen Antwort bei Blüten- und Fruchtanlagen sind durchaus verbreitet. Zwei prominente Fälle sollen als Beispiele dienen. Bei der Entwicklung der Blüte des Schlafmohns (*Papaver somniferum*) beobachten wir im Knospenstadium eine positiv gravitrope Reaktion des Blütenstengels (die Knospe hängt), während die Reaktion bei der Öffnung der Blüte negativ gravitrop ist, sodaß die offene Blüte und dann auch die Kapsel nach oben zeigen. Bei anderen Arten, wie z. B. der Erdnuß (*Arachis hypogaea*), sind dagegen die Blütenstiele negativ gravitrop. Die Blüten öffnen sich über der Erde, aber sobald die Blüte befruchtet ist, wird der Blütenstiel positiv gravitrop und die sich entwickelnde Hülsenfrucht gelangt unter die Erde.

Schlafmohn

Erdnuß (1 – 3 Früchte in verschiedenen Reifestadien)

Tab. 17.4 Gravitrope Reaktionsweisen von Pflanzenteilen.

Sproßteile	
Hauptsproß	negativ orthogravitrop (Abb. **17.23**)
Seitensprosse, Seitenzweige	diagravitrop bzw. plagiogravitrop mit Tendenz zum negativen Gravitropismus
Seitenzweige (bei Trauerformen)	agravitrop
Blätter bei Kräutern	negativ gravitrop im Gleichgewicht mit Epinastie (Abb. **17.24**)
Unterirdische Sproßausläufer	plagiotrop mit Tendenz zum positiven Gravitropismus (Kartoffel, *Aegopodium*, Box **17.7**)
Frucht- und Blütenstiele	entwicklungsbiologisch veränderlich (Box **17.7**)
Wurzelteile	
Hauptwurzel	positiv orthogravitrop (Abb. **17.23**)
Seitenwurzeln 1. Ordnung	plagiotrop mit Tendenz zum positiven Gravitropismus (Abb. **17.23**)
Seitenwurzeln 2. Ordnung	agravitrop (Abb. **17.23**)
Sproßbürtige Wurzeln (Adventivwurzeln)	positiv orthogravitrop

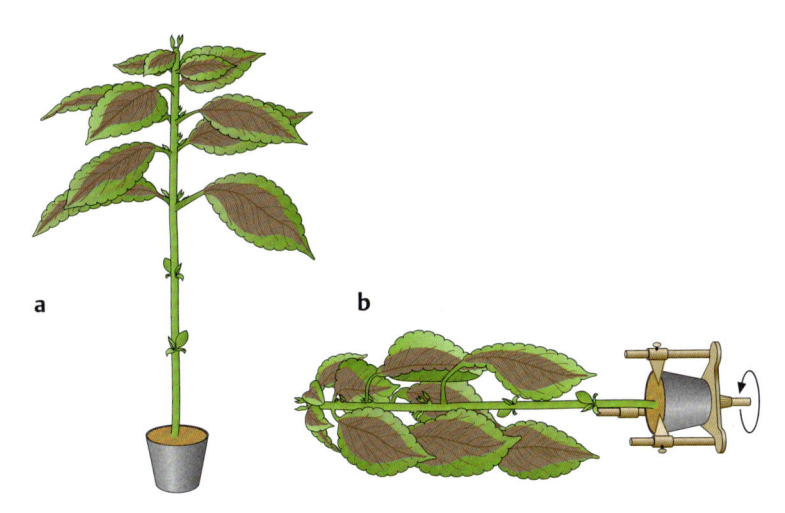

Abb. 17.24 Reorientierung der Blätter von *Coleus* auf einem Klinostaten. a normal gewachsene Pflanze der Buntnessel (*Coleus blumei*). Die gegenständigen Blätter sind durch die entgegengesetzte Wirkung von negativem Gravitropismus und Epinastie im Raum ausgebreitet. **b** Durch langsame Rotation auf einem Klinostaten (etwa 2 Upm, J. Sachs 1879) ist die einseitige Wirkung der Schwerkraft aufgehoben. Die von der Behandlung nicht betroffene Epinastie führt zum bevorzugten Wachstum an der Blattoberseite und damit zum Anliegen der Blätter am Stengel (nach Pohl 1961).

Der Plagio- bzw. Diagravitropismus läßt sich durch das Gegeneinanderwirken zweier entgegengesetzter Komponenten erklären. Diese können positiver und negativer Gravitropismus sein. Im Fall der räumlichen Ausrichtung der Blätter bei Kräutern wirkt dem negativen Gravitropismus allerdings eine ständig vorhandene stärkere Wachstumstendenz der Blattoberseite entgegen, die man als **Epinastie** bezeichnet. Diese ist vom Gravitropismus unabhängig, ist also auch nach Aufhebung einer einseitigen Reizung durch Rotation auf dem Klinostaten weiter wirksam. Deshalb krümmen sich die Blätter von Pflanzen, die horizontal auf dem Klinostaten rotieren, wegen der fehlenden gravitropen Komponente auf die Sproßachse zu (Abb. **17.24**).

Die Wirkungen der Schwerkraft auf die Gestalt von Pflanzen kann man unter dem Begriff **Gravimorphosen** zusammenfassen. Neben den beschriebenen Effekten auf die dreidimensionale Struktur von Sproß- und Wurzelsystemen gibt es auch weniger spektakuläre Wirkungen. So kommt die typische **Dorsiventralität der Zweige** von Coniferen (Tannen, Eiben) durch Schwerkrafteinflüsse zustande; und das gilt auch für einige **dorsiventrale Blüten**, z.B. von Taglilien (*Hemerocallis* spec.), Gladiolen (*Gladiolus communis*) oder Weidenröschen (*Epilobium* spec.). Wenn man die Blütenstände der genannten Pflanzen im frühen Knospenstadium auf einem Klinostaten der normalen Schwerkraftwirkung entzieht, werden die Blüten radiärsymmetrisch.

17.3.2 Wahrnehmung und Verarbeitung von Schwerkraftreizen

Wir wollen am Beispiel der Wurzelspitze von *Arabidopsis* die molekularen Mechanismen des Gravitropismus erläutern. Die Ergebnisse erlauben interessante Einblicke in Details der Prozesse, die prinzipiell so oder ähnlich auch für andere Organe gelten, obwohl die Antworten organspezifisch sehr unterschiedlich sein können (Tab. **17.4**). Sehr aufschlußreiche und für das Allgemeinverständnis wichtige Informationen zum Gravitropismus verdanken wir auch Experimenten mit Rhizoiden der Grünalge *Chara*, die z.T. in Weltraumlabors durchgeführt wurden. Die besondere Eignung von *Chara*-Rhizoiden beruht darauf, daß Reizperzeption, -verarbeitung und gravitrope Antwort innerhalb einer einzigen Zelle ablaufen (Plus **17.9**).

Plus 17.9 Untersuchungen zum Gravitropismus am *Chara*-Rhizoid

Gravitrope Wachstumsreaktionen lassen sich auf zellulärer Ebene besonders gut in Rhizoiden und Protonemen der Armleuchteralge (*Chara*) studieren. **Rhizoide** und **Protonemen** sind schlauchförmige, nur an der Zellspitze wachsende Einzelzellen, die während ihrer Entstehung morphologisch nicht voneinander zu unterscheiden sind. Beide Zelltypen werden bei Verwundung der Alge oder bei Streß aus Zellen im Knotenbereich des Thallus gebildet; sie zeigen aber eine unterschiedliche gravitrope Orientierung (Abb. **a 1, 2**). Rhizoide haben wurzelähnliche Funktionen, wachsen positiv gravitrop und verankern den Thallus im Sediment (**2, 3**). Protonemen werden nur im Dunkeln gebildet und wachsen negativ gravitrop (**4, 5**). Im Licht wird aus ihnen nach einer Reihe von Zellteilungen ein neuer grüner Thallus gebildet. Wegen der Größe (Ø 30 µm) und der Transparenz können die subzellulären Veränderungen bei der gravitropen Reaktion in den Rhizoiden besonders gut studiert werden.

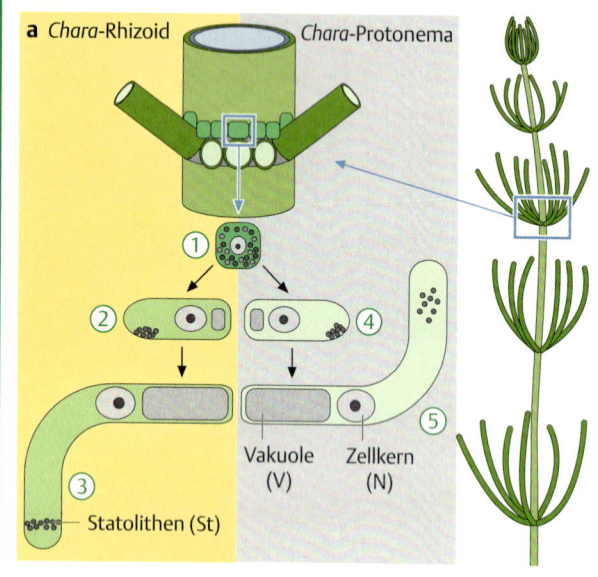

(nach A. Sievers et al., Trends Plant Sci. 1996)

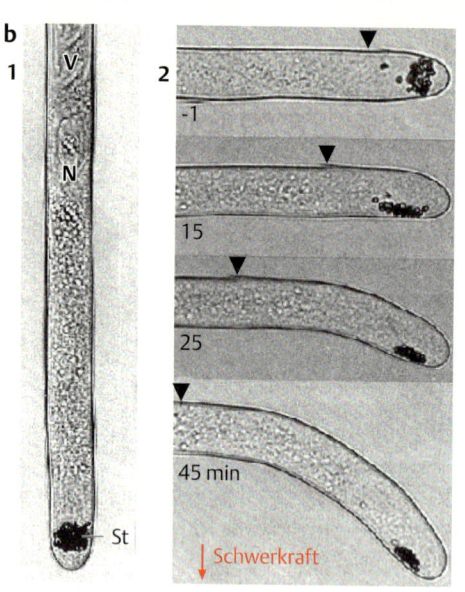

(aus: M. Braun, Planta 1996; 199: 443 und Planta 1997; 203: S11, mit Genehmigung des Springer-Verlags)

▼ Positionsmarkierung

In beiden Zelltypen finden sich nahe der Zellspitze **kontrastreiche Vesikel** mit einem Durchmesser von ca. 1–2 µm, die mit einer einfachen Membran umgeben sind. Die hohe Dichte dieser Statolithen bei *Chara* wird nicht durch Stärke, sondern **Bariumsulfatkristalle** verursacht, die in eine Proteinmatrix eingelagert sind. Myosine an der Membranaußenfläche der Statolithen ermöglichen ihren Transport und die Positionierung am Actincytoskelett. Veränderungen der Gleichgewichtsposition am Cytoskelett sind entscheidend für die gravitrope Antwort. Wird das Actinsystem z. B. durch Gabe von Cytochalasin oder Latrunculin B verändert (Kap. 2.3.1), sedimentieren die Statolithen, aber die gravitrope Reaktion bleibt aus. In Abb. **b 2** ist eine Zeitsequenz der gravitropen Antwort des Rhizoids gezeigt, während die Abb. **c** und **d** die molekularen Mechanismen verständlich machen. Alle diese Vorgänge erinnern sehr an das, was wir auch in Wurzelspitzen Höherer Pflanzen finden (Abb. **17.25**).

Reizwahrnehmung: Experimente in der Schwerelosigkeit mit *Chara*-Rhizoiden trugen wesentlich zur Aufklärung der molekularen Mechanismen und damit auch zur Klärung der Vorgänge bei Samenpflanzen bei. In den parabelförmigen Flugphasen von Forschungsraketen mit annähernder Schwerelosigkeit wurde festgestellt, daß die Statolithen von der Schwerkraft und den Zugkräften des Actinsystems in einer dynamisch stabilen Gleichgewichtsposition gehalten werden. Fällt die Schwerkraft im Weltraumlabor weg, werden die Statolithen von den Kräften des Actinomyosinsystems auf das Doppelte des ursprünglichen Abstands von der Zellspitze entfernt. Auf der Erde reichen bereits geringste Auslenkungen der Zelle von der Schwerkraftrichtung aus, um die Statolithen aus ihrer Gleichgewichtsposition zu verlagern. Dabei werden die Statolithen in ihrer Bewegung von den Actinomyosinkräften derart beeinflußt, daß sie auf die gravisensitiven Bereiche der Membran gelangen, wo die Graviperzeption erfolgt (Abb. **c, d**). Erzwingt man eine Sedimentation der Statolithen auf andere Bereiche der Plasmamembran z. B. durch Zentrifugation, so erfolgt keine Krümmungsreaktion. Durch welche spezifischen Eigenschaften die Statolithen in der Lage sind, die Rezeptorproteine auf der Plasmamembran zu aktivieren, ist noch unbekannt.

Die Krümmungsantwort nach Aktivierung der Gravirezeptoren (**d**) erfolgt beim *Chara*-Rhizoid durch lokale Hemmung von Ca^{2+}-Kanälen in der Plasmamembran, die zu einer Verringerung der cytoplasmatischen Ca^{2+}-Konzentration an der physiologischen Unterseite führt. Das vermindert die Exocytose von Vesikeln mit Zellwandmaterial im Bereich der sedimentierten Statolithen (Sequenz 1–5 in **d**). Die unterschiedliche Streckung der oberen und der unteren Zellflanke führt zwangsläufig zu einem bogenförmigen Krümmungswachstum nach unten (Richtung der Schwerkraft).

— Fortsetzung —

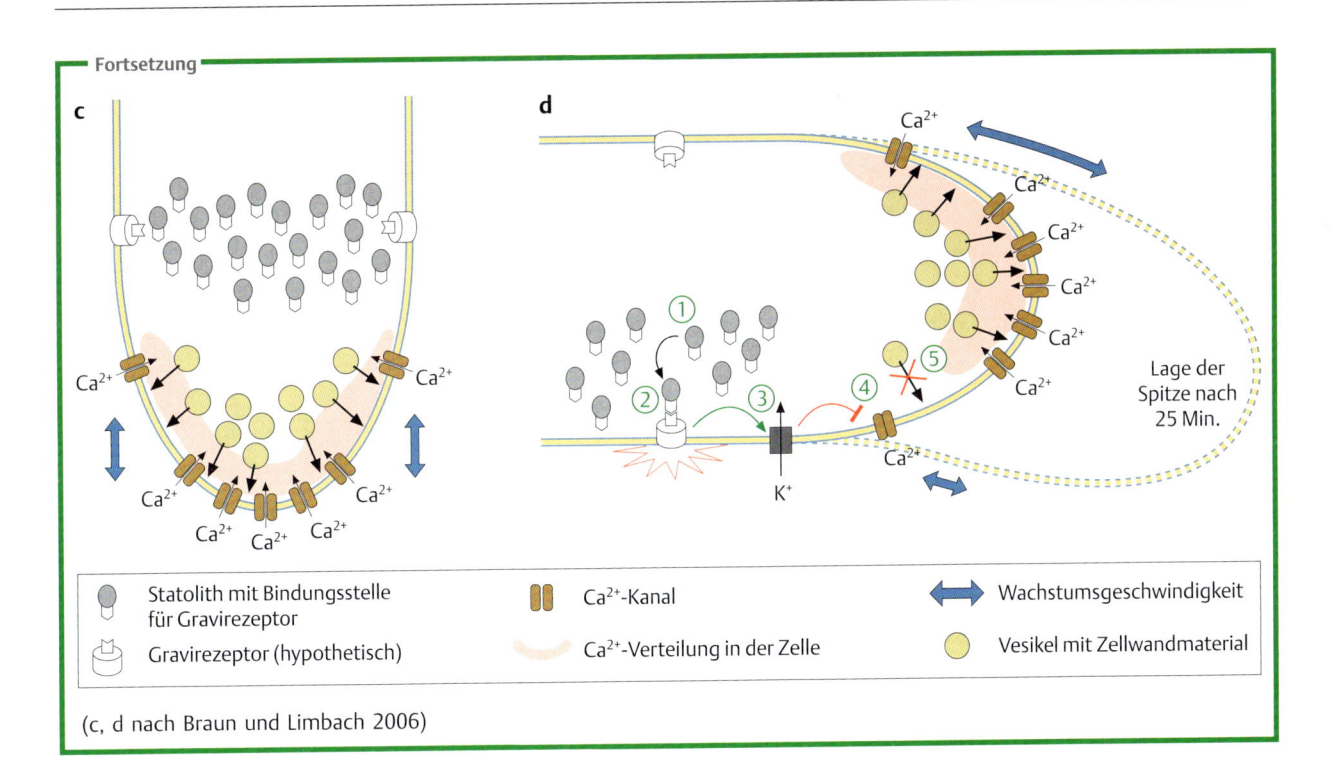

In der zeitlichen Abfolge kann man vier Phasen voneinander unterscheiden:
1. Reizwahrnehmung (Perzeption),
2. Signaltransduktion,
3. Signalweiterleitung (Transmission) an die Zielgewebe,
4. gravitrope Antwort (Reaktion).

Die Phasen 1 und 2 vollziehen sich im Sekunden/Minuten-Bereich, während für die Phasen 3 und 4 je nach Organ ein oder mehrere Stunden benötigt werden.

Reizperzeption: Charles Darwin hatte in einfachen Versuchen (1880) das **Zentrum der Graviperzeption** in Wurzeln identifiziert. Nach Entfernung der **Wurzelhaube** wuchsen die Wurzeln weiter, aber sie zeigten keine Krümmung mehr in Richtung der Schwerkraft, für deren Wahrnehmung wenige Zellen im Zentrum der Wurzelhaube verantwortlich sind (Abb. 17.25a). Diese sog. **Columellazellen** haben eine sehr typische Ultrastruktur (Abb. 17.25b) mit großen Amyloplasten, die besonders reich an Stärke sind, sog. **Statolithen**. Gewebe mit Statolithen nennt man **Statenchyme**. Wir finden sie auch an anderen Stellen der Pflanze, die gravitrop reagieren, z. B. in der Spitze der Koleoptilen von Gräsern oder in der Endodermis wachstumsfähiger Teile von Stengeln oder Blütenständen. Die besondere Bedeutung der Stärke in den Statolithen für die gravitrope Reaktion wird deutlich an Mutanten von *Arabidopsis*, die einen Defekt in der Stärkesynthese und damit auch eine deutlich verminderte gravitrope Reaktion haben. Da jedoch auch einige amyloplastenfreie Organe gravitropisch reagieren, können offenbar auch andere Zellkomponenten statolithenartige Funktionen übernehmen.

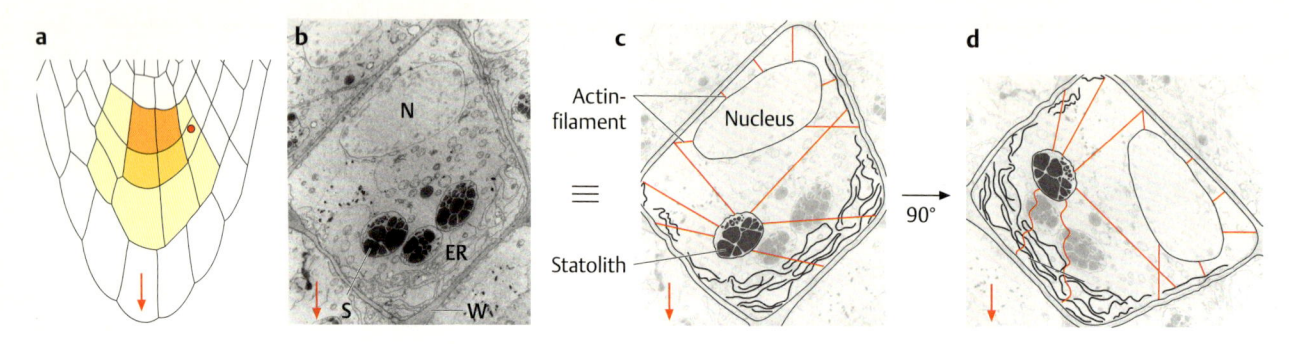

Abb. 17.25 Wurzelspitze von *Arabidopsis* mit dem Graviperzeptionszentrum. a Im Zentrum der Wurzelhaube finden sich die Columellazellen (gelb), die unterschiedliche Mengen von Statolithen enthalten (durch die Intensität der Gelbfärbung angedeutet). **b** Ultrastruktur der in (**a**) mit rotem Punkt markierten Columellazelle mit der charakteristischen Ungleichverteilung der Organellen: Zellkern (N), Statolithen (S), Zellwand (W) und ER/Golgi-Membranen (ER). **c, d** dieselbe Zelle wie in (**b**) vereinfacht schematisch mit den rot markierten Actinfilamenten, die den Zellkern und den ausgewählten Statolithen in der Gleichgewichtsposition halten (**c**). Bei Rotation der Zelle um 90° (**d**) werden durch die Verlagerung des Statolithen die Filamente an der Oberseite gedehnt, während sie an der Unterseite entlastet werden. Die Richtung der Schwerkraft wird durch die roten Pfeile angegeben (b, c, d, nach A. Sievers und D. Volkmann, Planta 1972).

Das Entscheidende bei der Graviperzeption sind Verschiebungen in der Gleichgewichtslage der Statolithen, die im Normalzustand in enger Verbindung mit dem Cytoskelett, im wesentlichen dem Actinsystem, stehen. Ändert sich die Richtung der Schwerkraft, z. B. durch Drehen der Pflanze um 90°, verlagern sich die Statolithen aus der Gleichgewichtslage in Richtung der neuen physiologischen Unterseite (Abb. **17.25c, d**). Bei sehr empfindlichen Organen, wie z. B. den Hafer-Koleoptilen und den Kresse-Wurzeln, reichen minimale Reize im Sekundenbereich mit kaum sichtbaren Verlagerungen der Statolithen aus, um die Gravirezeptoren zu aktivieren und damit die Signaltransduktion auszulösen.

Signaltransduktion: Details der Signaltransduktion in den Columellazellen sind bisher noch nicht abschließend geklärt. Man beobachtet sehr schnelle Veränderungen in der intrazellulären **Ca^{2+}-Verteilung** (Plus **17.9**), eine Ansäuerung des Cytoplasmas durch Einstrom von Protonen und die Freisetzung von Inositoltriphosphat (IP3) durch Spaltung von Phospholipiden. Ein viel diskutiertes Modell für die Auslösung der Signaltransduktionsprozesse baut auf der Öffnung von Ionenkanälen in der Plasmamembran oder ggf. in der ER-Membran auf (Kap. 16.10.3). Eine Änderung des Membranpotentials ist nach 2–8 Sekunden nachzuweisen. Die nach länger anhaltender Stimulation beobachtete vollständige Verlagerung der Statolithen auf die physiologische Unterseite der Zelle hat vermutlich nichts mit der Auslösung der Antwort zu tun.

Signalweiterleitung: Graviperzeption und Änderung der Wachstumsgeschwindigkeit erfolgen in ganz unterschiedlichen Bereichen der Wurzel. Die Signalübermittlung erfolgt durch die Phytohormone CK und AUX. Die Columellazellen sind nicht nur der Perzeptionsort für den Schwerkraftreiz, sondern auch Ort für die Umverteilung der beiden Hormone (Abb. **17.26**). Die direkte Verbindung zwischen Signaltransduktion und der Veränderung der Hormonströme ist allerdings unklar.

Gravitrope Antwort: Ein unterschiedliches Streckungswachstum an der Oberseite und Unterseite der Wurzel als Folge einer durch Schwerkraft ausgelösten asymmetrischen Verteilung von AUX und CK ist die Ursache für die gravitrope Krümmung. Zwei Bereiche mit Zellstreckungsaktivität werden traditionsgemäß in der Wurzel unterschieden. Die dem Wurzelmeristem benachbarten jüngeren Zellen in der sog. **DEZ** (engl.: distal elongation zone) haben noch eine begrenzte Kapazität zur Elongation. Dagegen haben die älteren Zellen in der benachbarten **CEZ** (engl.: central elongation zone) eine etwa 4-fach höhere Kapazität zur Zellstreckung. Beide Zonen spielen ganz unterschiedliche Rollen in der gravitropen Antwort. In der ersten, schnellen Phase (30–60 min) sind praktisch nur Zellen der **DEZ** betroffen, deren Streckung gegenüber der Oberseite durch den vermehrten Zustrom **von CK gehemmt** wird (Abb. **17.26**). Steigerung der AUX-Menge hat keinen Einfluß auf diese frühe Reaktion.

Der Hauptanteil der Krümmung nach Gravistimulation geht allerdings auf die verzögert auftretende **Zellstreckung in der CEZ** zurück. Die Umleitung der AUX-Ströme durch Verlagerung der PIN3-Kanäle in den Columellazellen und die verstärkte Weiterleitung durch PIN2 in den Rindenzellen der Wurzel führen zu einem Ungleichgewicht in den AUX-Mengen zwischen Ober- und Unterseite der Wurzel. Die durch die AUX-Akkumulation ausgelöste **Bildung von ETH** ist vermutlich ausschlaggebend für die **Hemmung der Zellstreckung** an der **Unterseite**.

Ein unterschiedliches Flankenwachstum als Folge einer durch Schwerkraft hervorgerufenen asymmetrischen Verteilung von Auxin ist auch Ursache für die negativ **gravitrope Krümmung im Sproßbereich**. Im Sproß finden sich die sedimentierbaren Amyloplasten in den **Endodermiszellen**, die den Zentralzylinder umgeben. Dort erfolgt die Perzeption und Signaltransduktion. Da aber die **Epidermiszellen** des Sprosses die gravitrope Reaktion über unterschiedliches Streckungswachstum vollziehen, muß auch im Sproß eine radiale Signalweiterleitung erfolgen. Am Hypokotyl von Keimlingen der Sonnenblume konnte man sehr gut die zeitliche Trennung von Perzeption und Antwort auf einen gravitropen Reiz zeigen. Interessanterweise haben Keimlinge über viele Stunden eine Art Gedächtnis für vorausgegangene gravitrope Reize (Box **17.8**).

Abb. 17.26 Schema der Wurzelspitze von *Arabidopsis* mit den Umverteilungsprozessen von CK und AUX nach Gravistimulation. a Im Zentrum der Wurzelhaube befindet sich die Gruppe der Columellazellen (gelb), die im Zusammenhang mit dem Gravitropismus eine dreifache Funktion besitzen. Sie sind (1) das CK-Bildungszentrum, (2) das gravisensorische Zentrum der Wurzel und gewährleisten (3) die springbrunnenartige Verteilung des über die PIN1-Bahnen (rot) angelieferten AUX über die PIN3-Exportkanäle (grüne Balken). Das Ausmaß der Zellelongation in den beiden Zonen DEZ und CEZ wird durch die lokalen Konzentrationen von CK (DEZ) bzw. AUX (CEZ) beeinflußt und soll durch die Länge der Doppelpfeile (blau) verdeutlicht werden. **b** Nach Umorientierung der Wurzel um 90° (Gravistimulation) kommt es als Folge der Signaltransduktionsprozesse zu einer raschen Umverteilung der beiden Hormone an die neue physiologische Unterseite. Dieses bewirkt die verstärkte Hemmung der Zellstreckung in der DEZ durch CK und die Hemmung der Zellstreckung in der CEZ nach Bildung von ETH. Der Mechanismus für diese Umverteilung ist nur für AUX durch Verlagerung der PIN3-Kanäle und die AUX-induzierte Neubildung der PIN2-Kanäle (schwarz) zu erklären (Plus **16.3** S. 608). Die Stärke der Pfeile markiert das Ausmaß der Zellstreckung bzw. die Stärke der Hormonströme (nach Abas et al. 2006, Aloni et al. 2006).

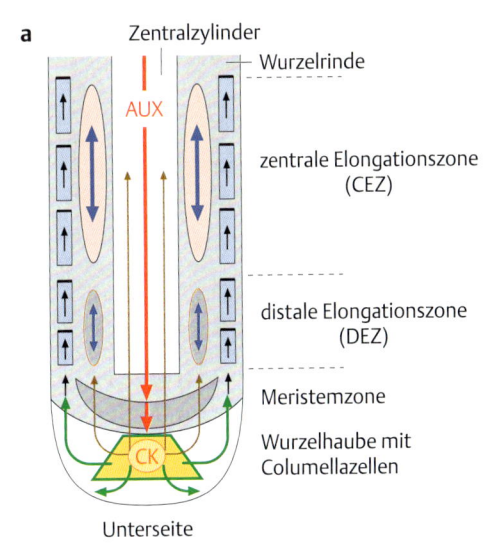

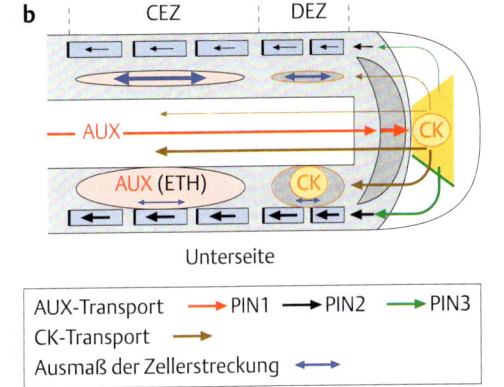

> **Box 17.8   Ein Gedächtnis für gravitrope Reize**
>
> Wenn man die Sproßspitze und damit das AUX-Bildungszentrum von Keimlingen der Sonnenblume (*Helianthus annuus*) entfernt (**1**) und anschließend das Hypokotyl für eine Stunde in horizontaler Position gravitrop stimuliert (**2**), dann bleibt die übliche negativ gravitrope Reaktion aus. Versorgt man aber nach einem gewissen Zeitraum, z. B. 12 Stunden (**3**), den Stumpf des Hypokotyls mit einer AUX-haltigen Paste (**4**), dann setzt die Krümmung ein, ohne daß eine weitere Stimulation erforderlich wäre (**5**). Das Hypokotyl hat die „Erinnerung" an die gravitrope Stimulation in Form der Umorientierung der PIN-Kanäle behalten, und der verstärkte Transport von AUX an die physiologische Unterseite (grün markiert) bewirkt die Krümmung.
>
> (nach Mohr und Schopfer 1992)

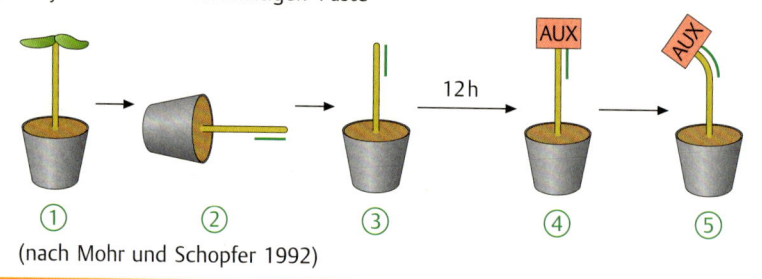

18 Pflanzliche Entwicklung

Unter dem Entwicklungszyklus einer Pflanze versteht man die Gesamtheit der Prozesse, die, ausgehend von der befruchteten Eizelle, über die Embryogenese und Samenbildung, die Samenkeimung, die Entwicklung der adulten Pflanze bis hin zur Blütenbildung, Befruchtung und schließlich wieder zur Embryogenese führen. Im Verlauf der Entwicklung entstehen bei den Samenpflanzen etwa 50 verschiedene Zelltypen aus kleinen Gruppen von Stammzellen, die wir im Bereich der Sproß- und Wurzelmeristeme sowie der Kambien finden. Zwar werden mehr als 95 % der etwa 25 000 Protein-codierenden Gene von *Arabidopsis* zu irgendeinem Zeitpunkt in irgendeinem Gewebe exprimiert, aber nur ein Teil von diesen Genen hat regulatorische Funktionen und/oder bestimmt die Identität eines Zelltyps, d. h. Störung oder Ausfall der Genfunktion führt zu Entwicklungsanomalien. Diese genetische Basis der Entwicklung wird in ihrer Ausprägung in der Gestalt der Pflanzen durch äußere Bedingungen nachhaltig beeinflußt. Die Wirkung solcher Außenfaktoren wie Licht, Schwerkraft, Temperatur, Nährstoff- und Wasserversorgung kann sich direkt durch Veränderungen der Genexpressionsprozesse vollziehen oder aber indirekt über Einflüsse auf den Hormonstatus bzw. die Metabolitzusammensetzung. Die großen Fortschritte in der Genetik, Genomanalyse und Gentechnologie der Pflanzen haben die notwendigen Werkzeuge für eine Detailanalyse der komplexen Entwicklungsprogramme und der Mechanismen ihrer Modulation durch Außenfaktoren geliefert. Wir werden uns bei der Behandlung der entwicklungsbiologischen Prozesse weitgehend auf grundlegende Mechanismen und wissenschaftliche Konzepte am Beispiel von *Arabidopsis thaliana* beschränken. Die riesige Vielfalt an charakteristischen Formen bei der Blüten-, Samen- und Fruchtentwicklung kann in diesem Kapitel nur beispielhaft verdeutlicht werden. Übersichten über die Organisation und Entwicklung von Mikroorganismen und niederen Pflanzen sowie Details zu interessanten Regulationsmechanismen finden sich in den Kapiteln 4 und 14.

Pflanzliche Entwicklung

18.1 Grundlagen pflanzlicher Entwicklung ... 711

18.2 Meristeme ... 713
18.2.1 Vegetative Meristeme in Pflanzen ... 713
18.2.2 Das Sproßapikalmeristem (SAM) ... 714
18.2.3 SAM als morphogenetisches Feld für die Entstehung von Blattanlagen ... 716
18.2.4 Entwicklung von Blättern und Leitbündeln ... 720
18.2.5 Das Apikalmeristem der Wurzel (RAM) ... 724

18.3 Muster der Zellspezialisierungen in der Epidermis ... 727
18.3.1 Entwicklung von Trichomen bei *Arabidopsis* ... 728
18.3.2 Bildung von Wurzelhaaren ... 729

18.4 Blütenentwicklung ... 731
18.4.1 Blühinduktion ... 731
18.4.2 Kontrolle der Blütenorganidentität ... 733
18.4.3 Realisierung der Blütenmorphologie ... 737

18.5 Bestäubung und Befruchtung ... 742
18.5.1 Pollenentwicklung auf der Narbe ... 742
18.5.2 Blütenbiologie und Bestäubungsbiologie ... 747
18.5.3 Molekulare Mechanismen der Selbstinkompatibilität ... 750

18.6 Embryonal- und Fruchtentwicklung ... 753
18.6.1 Embryogenese ... 754
18.6.2 Samen- und Fruchtentwicklung ... 758
18.6.3 Samen und Früchte als Verbreitungseinheiten ... 764
18.6.4 Samenruhe und Samenkeimung ... 766

18.1 Grundlagen pflanzlicher Entwicklung

Pflanzenentwicklung kann in drei Phasen eingeteilt werden. (1) Embryogenese als Teil der Samen-/Fruchtentwicklung, (2) Samenkeimung und vegetative Phase der Pflanze sowie (3) generative Phase mit der Blütenbildung bis zur Befruchtung. Grundlage für die determinierte Entwicklung von Zellen bzw. Geweben aus den Stammzellen in den Meristemen ist das genetische Programm einer Pflanze, das in seiner Ausprägung nachhaltig durch Signale aus der Umwelt moduliert werden kann. Es entstehen standortspezifische Modifikationen von Pflanzen, die zwar morphologisch sehr verschieden sein können, aber in jedem Fall den Erhalt der Art auch unter extremen Bedingungen garantieren.

Im Zentrum der Entwicklung eines Organismus stehen kleine Gruppen von sog. **Stammzellen** (**SZ**), die im Verlauf inäqualer Teilungen auf der einen Seite das Reservoir von SZ regenerieren und auf der anderen Seite Tochterzellen für die Entwicklung spezialisierter Zell-Linien produzieren. Bei Pflanzen finden wir solche SZ als Teil von **Meristemen** (Kap. 3.1 und Kap. 18.2). Die Stammzellen und ggf. auch Zellen in ihrer unmittelbaren Umgebung sind weitgehend **undeterminiert**, d. h. ihre Ablegerzellen können sich in Abhängigkeit von den jeweiligen **Positionssignalen** in unterschiedlicher Weise spezialisieren. Die Rolle solcher Positionssignale werden wir in den Kap. 18.2.3, Kap. 18.2.5 und Kap. 18.3 besprechen. Dagegen sind Zellen in einiger Entfernung vom Meristem in ihrem Entwicklungspotential in zunehmendem Umfang eingeschränkt. Bei der Entstehung von Zell-Linien in Geweben können wir, ausgehend vom Meristem, drei Phasen unterscheiden: **Zellteilung**, **Zellstreckung** und **Zellspezialisierung**. Am Beispiel der Wurzel kann man diese drei Phasen auch sehr klar drei unterschiedlichen Zonen zuordnen (Abb. **5.33** S. 195).

Die Spezialisierung von Zellen für bestimmte Aufgaben führt zu sog. **Dauergeweben** (Kap. 3.1). Sie kann sehr weitreichend sein und z. B. zu Zellfusionen führen (Kap. 3.2.3) oder den Verlust des Zellkerns und damit die Fähigkeit zur Genexpression (Siebzellen im Phloem, Kap. 3.2.3) umfassen oder in nicht wenigen Fällen auch den Tod der Zellen einschließen. Wie bei vielen anderen hochorganisierten Lebewesen ist **programmierter Zelltod** (Apoptose, Plus **18.8** S. 741) auch ein wichtiger Teil der pflanzlichen Entwicklung.

Ein besonderes Kennzeichen pflanzlicher Organismen ist ihre Fähigkeit zur **Regeneration ganzer Pflanzen** aus einzelnen somatischen Zellen bzw. aus Organteilen, wenn man sie in Gegenwart entsprechender Hormone in vitro kultiviert (Abb. **16.54** S. 666). Zellen oder Zellgruppen werden durch die Hormonbehandlung reembryonalisiert und können **Sekundärmeristeme** oder **somatische Embryonen** bilden. Solche Verfahren bilden die praktische Grundlage für die in der Pflanzenproduktion bedeutungsvolle vegetative Vermehrung aus Einzelzellen, Organen bzw. Organteilen (Kap. 14.1.3 und Box **16.21** S. 667). In einzelnen Fällen ist es sogar gelungen, durch Antherenkultur frühe, postmeiotische Stadien der Pollenentwicklung durch Hormone so zu beeinflussen, daß haploide somatische Embryonen und schließlich **haploide Pflanzen** entstehen.

Grundlage für die determinierte Entwicklung von Zellen bzw. Geweben, die aus den Stammzellen entstanden sind, ist das **genetische Programm einer Pflanze**, das unter dem Einfluß von Signalen aus dem unmittelbaren Umfeld der Zellen, aber auch von **Signalen aus der Umwelt** der Pflanze realisiert wird. Wir hatten als ein markantes Beispiel für solche Modulationen im Entwicklungsprogramm schon die grundlegenden Unterschiede zwischen Keimlingen besprochen, die im Dunkeln bzw. im Licht gewachsen sind (Tab. **17.2** S. 682). Beide Typen von Keimlingen haben dasselbe Alter und auch die gleichen Organe, und trotzdem sind sie in ihrem Aussehen und in ihren Leistungen grundsätzlich verschieden (Abb. **17.10** S. 681). Die klassischen Begriffe **Skotomorphose** bzw. **Photomorphose** beziehen sich wörtlich genommen auf das Erscheinungsbild solcher Keimlinge bzw. Pflanzen. Im strengen Sinne schließen sie die nicht sichtbaren Unterschiede in den Genexpressionsmustern aus. Diese tiefgreifenden Unterschiede machen aber letztlich den biologischen Sinn der unterschiedlichen Entwicklungsformen von Pflanzen im Dunkeln und im Licht aus (Kap. 17.2.1). Ähnlich wie bei Licht und Dunkel kann das Erscheinungsbild von Pflanzen aber auch nachhaltig durch Schwerkraft (**Gravimorphosen**, Kap. 17.3.1), durch mechanische Einflüsse (**Thigmomorphosen**, Abb. **19.16** S. 796), durch Trockenheit (**Xeromorphosen**, Kap. 19.3), Überflutung (**Hydromorphosen**, Abb. **19.11** S. 787 und Abb. **19.13** S. 788), Kälte (**Thermomorphosen**, Kap. 19.3) bzw. andere Außenfaktoren verändert werden. Alle zusammen werden unter dem Begriff **Modifikation** zusammengefaßt (Box 18.1), d. h. die Gesamtheit phänotypischer Merkmale einer Pflanze, die unter dem Einfluß von Außenfaktoren entstehen und nicht vererbbar sind. Sie müssen daher klar von den genetisch bedingten Metamorphosen von Pflanzenorganen getrennt werden, die in der Evolution entstanden sind und die Besiedlung extremer Lebensräume ermöglicht haben (Kap. 5.1.5, Kap. 5.2.4 und Kap. 5.3.5).

Modifikationen reflektieren eine bemerkenswerte **entwicklungsbiologische Flexibilität** auf der Grundlage der inhärenten genetischen Programme. Sie machen die **Robustheit** (engl.: robustness) einer Pflanze gegenüber drastischen Veränderungen in den Umweltbedingungen aus. En-

---

Box 18.1   Modifikationen

Bereits in seiner für die Pflanzenforschung bahnbrechenden Schrift „Die Metamorphose der Pflanze" (1790) hat J. W. Goethe formuliert:

„Die Metamorphose der Pflanzen macht uns auf ein doppelt Gesetz aufmerksam/
1. Auf das Gesetz der innern Natur, wodurch die Pflanzen konstituiert werden./
2. Auf das Gesetz der äußern Umstände, wodurch die Pflanzen modifiziert werden."

Wir können die Wirkungen unserer Umwelt- und Standorteinflüsse auf die Pflanzengestalt täglich beobachten. Pflanzen des Löwenzahns, im Flachland (**a**) bzw. im Hochgebirge (**b**) gewachsen, haben sehr unterschiedliche Erscheinungsformen, auch wenn sie durch vegetative Vermehrung aus einer einzigen Wurzel hervorgegangen sind. Der gedrungene Wuchs der Gebirgsform geht auf die starke Sonneneinstrahlung, auf die extremen Temperaturschwankungen zwischen Tag und Nacht sowie auf die Schwierigkeiten bei der Nährstoff- und Wasserversorgung zurück. Aber diese Unterschiede zwischen beiden Formen halten sich in Grenzen, der Löwenzahn ist immer noch leicht erkennbar. Zuweilen sind aber die Abweichungen zwischen Individuen derselben Art auf verschiedenen Standorten so groß, daß der Laie sie für Pflanzen verschiedener Arten hält.

(nach G. Bonner aus E. Bauer 1930)

dogene Entwicklungssignale werden ständig mit den exogenen Signalen abgeglichen und die jeweilige Antwort entsprechend modifiziert. Letztlich zählt für den Erfolg einer Pflanze in einer Population in der natürlichen Umgebung ja nicht die Perfektion der Form, sondern nur die Fähigkeit, selbst unter sehr ungünstigen Umweltbedingungen irgendwie zur Bildung von Blüten und überlebensfähigen Samen zu kommen, d. h. die Erhaltung und Verbreitung der Art zu garantieren.

Ein besonderes Beispiel für die **entwicklungsbiologische Umstimmung** durch Außenfaktoren ist die **Blühinduktion** (Kap. 17.2.4 und Kap. 18.4), bei der das gesamte Apikalmeristem einer Pflanze oder eines Seitenzweiges aus dem vegetativen in den generativen Zustand übergeht. Alle nun entstehenden Sekundärmeristeme und Organe dienen der Blütenbildung und der Anlage von Fortpflanzungsteilen, sog. **Diasporen**, d. h. Samen und Früchten. Bei vielen Pflanzen erfolgt die Umstimmung unter dem Einfluß photoperiodischer Signale (Kap. 17.2.4) bzw. durch Kälte (Box **18.7** S. 735).

18.2 Meristeme

Meristeme sind komplexe Gewebe mit den Stammzellen einer Pflanze, die für das Wachstum und die Bildung von Organen unabdingbar sind. In den frühesten Stadien der Embryonalentwicklung werden das Sproßapikalmeristem (SAM) und das Wurzelapikalmeristem (RAM) angelegt. Dazu kommen zu einem späteren Zeitpunkt zahlreiche Sekundärmeristeme in den Seitensprossen bzw. -wurzeln bzw. Lateralmeristeme (Kambien) für das sekundäre Dickenwachstum verholzter Pflanzen.

18.2.1 Vegetative Meristeme in Pflanzen

Meristeme sind relativ komplexe Gewebe, die für die Bildung und das Wachstum von Organen unabdingbar sind. Daher wird auch die Bezeichnung Bildungsgewebe benutzt. In Meristemen finden wir die Stammzellen (SZ) einer Pflanze. In den frühesten Stadien der Embryonalentwicklung werden das **Sproßapikalmeristem** (**SAM**, engl.: shoot apical meristem) und das **Wurzelapikalmeristem** (**RAM**, engl.: root apical meristem) angelegt. Sie bestimmen nicht nur die Entwicklung des Keimlings, sondern auch der ganzen Pflanze. Im Verlauf der Entwicklung entstehen darüberhinaus zahlreiche weitere sog. **Sekundärmeristeme** in Seitensprossen bzw. -wurzeln (Abb. **18.1**). So kann ein ausgewachsener Baum bis zu 100 000 aktive Meristeme im Kronenbereich haben und noch weit mehr inaktive Meristeme in den ruhenden Knospen. Das Muster und die Aktivität solcher Meristeme hängt entscheidend von dem Entwicklungszustand und den äußeren Bedingungen ab. Typischerweise werden im Frühjahr in Mitteleuropa eine große Zahl **ruhender Meristeme** in den Knospen der Bäume nach der Winterruhe **aktiviert**, sodaß neue Blätter und Sprosse gebildet werden können. Änderungen im lokalen Hormoncocktail, d. h. Abbau von ABA und Synthese von CK und GA sind für die **Überwindung der Winterruhe** verantwortlich. Wir hatten bereits in Kap. 16 auf solche Beispiele des Zusammenwirkens von Hormonen bei der Meristemanlage, der Entstehung von Seitenwurzeln (Abb. **16.55** S. 667 und Box **16.20** S. 665) und bei der Kontrolle der Knospenruhe hingewiesen (Box **16.20** und Plus **16.16** S. 664).

Die **Stammzellen** in den Meristemen sind **cytoplasmareich**, **isodiametrisch** mit relativ **kleinen Vakuolen** und haben einen Durchmesser

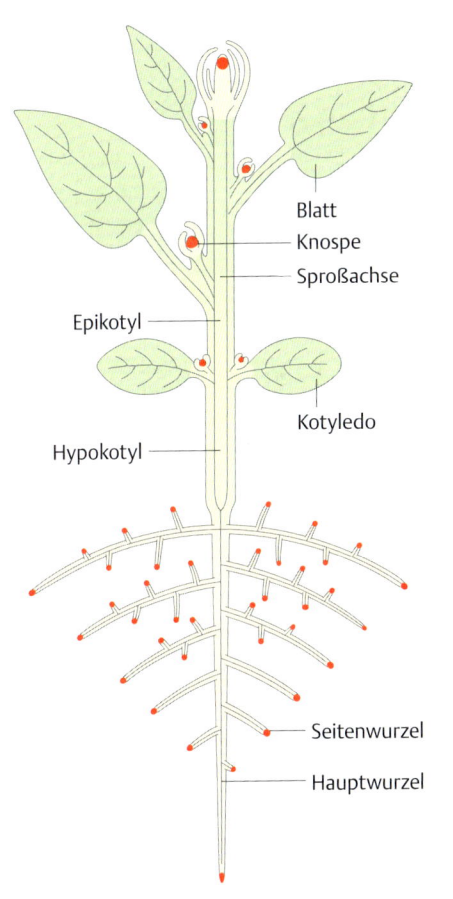

Abb. 18.1 Schema einer dikotylen Pflanze mit Meristemen (rot markiert).

Abb. 18.2 Organisation des Sproßapikalmeristems (SAM). Gewebeorganisation des Meristems mit der zweischichtigen Tunica (L1 und L2) und dem inneren Gewebe (Corpus oder L3) und funktionelle Organisation des SAM mit dem Stammzellzentrum (gelb/grün/blau) und dem darunter gelegenen Kontrollzentrum (rot/blau). Dieser Bereich wird als zentrale Zone bezeichnet. Die von den Stammzellen abgeleiteten Zellen befinden sich in der peripheren Zone und spezialisieren sich zunehmend (rote Pfeile). Am Rand der peripheren Zone entstehen die Blattanlagen (hier nicht gezeigt). Die Farbmarkierungen geben die Expression von WUS (rot), CLV1/2 (blau) und CLV3 (gelb) bzw. CLV1/2/3 (grün) wieder (Kap. 18.2.2) (nach Tax und Durbek 2006).

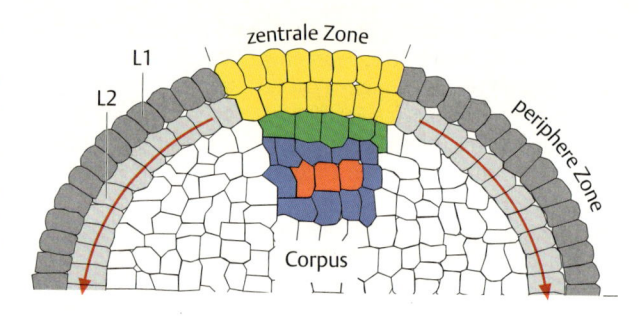

von 10–20 μm (Abb. 3.1 S. 103). Sie teilen sich im allgemeinen inäqual, d. h. eine der beiden Tochterzellen bleibt undeterminierte SZ, während sich die andere – häufig unter weiteren Zellteilungen – schrittweise spezialisiert (Abb. 18.2). So wird auf der einen Seite das SZ-Potential aufrechterhalten, und auf der anderen Seite werden ständig Zellen für die Organbildung zur Verfügung gestellt. Obwohl die Anzahl und die Aktivität von SAM und RAM die Gestalt und den Wachstumszustand einer Pflanze dominieren, ist bei den Pflanzen mit ausgeprägtem Dickenwachstum (Bäume, Sträucher) das Sekundärmeristem im Stamm das bei weitem größte (Kap. 18.2.4).

18.2.2 Das Sproßapikalmeristem (SAM)

Das Sproßapikalmeristem (SAM) mit etwa 100 Zellen hat nur etwa 100 μm Durchmesser. In der histologischen Organisation können wir die zweischichtige Hülle des SAM (Tunica mit L1 und L2) von dem Zentralgewebe (Corpus, L3) unterscheiden. Im Zentrum des SAM befindet sich die kleine Gruppe von Stammzellen (SZ) mit dem darunterliegenden Kontrollzentrum, in dem der Transkriptionsfaktor WUS gebildet wird. WUS wirkt nicht-zellautonom, d. h. es wird im Kontrollzentrum gebildet, stimuliert aber die Zellteilung in den darüberliegenden Stammzellen. Gegenspieler von WUS ist das Peptidhormon CLAVATA3 (CLV3), das in den SZ gebildet und an einen Rezeptor-Proteinkinase-Komplex (CLV1/2) an der Oberfläche der Zellen im Kontrollzentrum bindet.

Das Sproßapikalmeristem (SAM) nimmt einen vergleichsweise geringen Raum von etwa 100 μm Durchmesser an der Sproßspitze ein. Im Hinblick auf die **histologische Organisation** des SAM kann man **drei Schichten** unterscheiden (Abb. 18.2 und Abb. 4.25 S. 163). An der Oberfläche des SAM haben wir eine **zweischichtige Haut** (**Tunica**) mit den Schichten **L1** und **L2**. Im Gegensatz zu den dikotylen Pflanzen mit einer zweischichtigen Tunica haben die Gymnospermen und die monokotylen Pflanzen nur eine einschichtige Tunica. Die dritte Zellschicht (häufig als **L3** bezeichnet) ist in Wirklichkeit ein dreidimensionales Gewebe und stellt den sog. **Corpus** der Sproßspitze dar. In den Tunicaschichten teilen sich die Zellen periklin, d. h. nur senkrecht zur Oberfläche (Box 5.1 S. 172). Dadurch entsteht die zweidimensionale Struktur der Haut. Dagegen teilen sich die Zellen im Corpus in allen Richtungen, d. h. periklin und antiklin.

Im Zentrum des SAM befinden sich die wenigen **Stammzellen** (**SZ**), die entsprechend der allgemeinen histologischen Organisation des SAM ebenfalls in drei Lagen angeordnet sind (Abb. 18.2). Streng genommen sind also schon die SZ durch ihre Position in den drei Lagen funktionell eingeschränkt, d. h. eben nicht vollständig undeterminiert. Die SZ in der **L1** bilden Vorläuferzellen für die **Epidermis**, die in der **L2** solche für die **Subepidermis** und die in der **L3** bilden Vorläuferzellen für den Zentralbereich (**Corpus**) der Sproßachse. Wir werden eine noch weitergehende Aufgabenverteilung zwischen den teilungsfähigen Zellen im Bereich des Wurzelapikalmeristems (RAM) kennenlernen (Kap. 18.2.5). Diese Art von organisierten Meristemen finden wir nur bei den Samenpflanzen, während bei den niederen Kormophyten (Farnen, Schachtelhalmen) meist nur eine einzige Scheitelzelle für die Bildung aller Sproß- bzw. Wurzelzellen verantwortlich ist.

SAM-Homöostase: Eine entscheidende Funktion für jedes Meristem ist die Aufrechterhaltung der notwendigen Zahl von Stammzellen in diesem Bereich, trotz der ständigen Abgabe von Zellen für die Anlage der jeweiligen Organe. Welche Mechanismen regulieren dieses Gleichgewicht? Direkt unterhalb der SZ gibt es im Corpus eine Gruppe von Zellen, die das sog. **Kontrollzentrum** bilden (engl.: organizing center, Abb. **18.2**). Diese Zellen produzieren den **Homeobox-Transkriptionsfaktor WUSCHEL** (**WUS**), dessen Auswirkungen wir schon in Box 13.5 (S. 392) kennengelernt hatten. WUS fördert die Zellteilung in der Gruppe der SZ, und der Verlust von WUS in der *wus*-Mutante führt zum vorzeitigen Erlöschen der Meristemfunktion (Tab. **18.1**). Der Gegenspieler von WUS ist ein Peptidhormon **CLV3** (**CLAVATA3**), das in den SZ der L1/L2 gebildet wird und an einen **Rezeptorkinase-Komplex CLV1/2** in der Membran der Zellen des Kontrollzentrums bindet. Wir haben also ein relativ einfaches Regelwerk mit einem **positiven Signal** für die Stammzellbildung (WUS) und einer **negativen Rückkopplung** aus den SZ durch CLV3. Die aktuelle Zahl der SZ richtet sich nach dem Gleichgewicht zwischen beiden Signalen (Plus **18.1**).

Tab. 18.1 Auswirkung von Mutanten auf das SAM.

Gen	WT	Ausfall	Überexpression
WUSCHEL (WUS)	Homöostase	erlischt	Hypertrophie
CLAVATA3 (CLV3)	Homöostase	Hypertrophie	erlischt
SHOOT MERISTEMLESS (STM)	Homöostase	erlischt	Hypertrophie

Plus 18.1 Regulatorische Wechselwirkungen zwischen Stammzellen und Kontrollzentrum im Bereich des SAM

benachbarten Stammzellen und fördert dort die Zellteilung. WUS und/oder die entsprechende mRNA muß also durch die Plasmodesmata über die Zellgrenzen transportiert werden (Plus **18.4** S. 726). Wir sprechen von einer **nicht-zellautonomen Wirkung** des Regulatorproteins. **CLV3** wirkt ebenfalls **nicht-zellautonom**. Als Ergebnis einer noch nicht geklärten Signaltransduktion wird die Bildung von WUS im Kontrollzentrum durch CLV3-Bindung an den CLV1/2-Rezeptorkomplex vermindert. Es wird angenommen, daß CLV3 über den apoplastischen Raum die Zellen im KZ erreicht. Wir können also in unserem stark vereinfachten Schema drei Typen von Zellen unterscheiden:

- die SZ, die durch WUS stimuliert werden und CLV3 ausscheiden (gelb),
- die peripheren „Fängerzellen" im KZ mit den CLV1/2-Rezeptoren, die CLV3 binden und daher kein WUS bilden können (blau),
- die zentralen Zellen im KZ, die von der negativen Wirkung durch CVL3 verschont bleiben und daher WUS bilden können (rot).

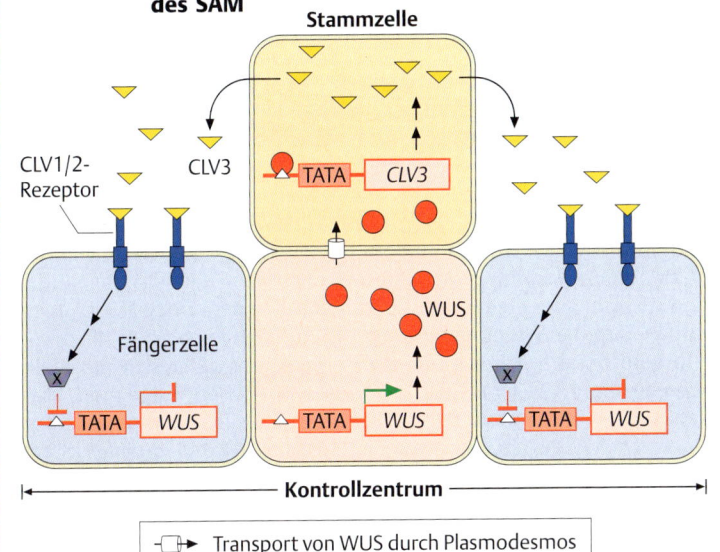

Der Mechanismus der Stammzell-Homöostase basiert auf einem positiven Signal (WUS) aus den Zellen des Kontrollzentrums (KZ) und einem negativen Signal (CLV3) aus den SZ der L1/L2. WUS gelangt aus dem KZ in die

18.2.3 SAM als morphogenetisches Feld für die Entstehung von Blattanlagen

> Die zentrale Zone des SAM ist umgeben von den peripheren Zonen mit der Masse neugebildeter Zellen. Das morphogenetische Feld des SAM ist gekennzeichnet durch die Expression von KNOX-Transkriptionsfaktoren und ein differenziertes Verteilungsmuster von Hormonen (AUX, CK und GA). Unter dem Einfluß gerichteter AUX-Ströme entstehen an der Peripherie des SAM die Blattanlagen in der für jede Pflanze typischen Folge und Muster.

Die **zentrale Zone** des SAM mit den Stammzellen und dem Kontrollzentrum ist von den **peripheren Zonen** umgeben, d. h. der Masse neugebildeter Zellen, die sich rasch weiter teilen und dabei schrittweise ihre Identität ändern (rote Pfeile in Abb. **18.2**). Die Zellen werden größer, haben größere Vakuolen und beginnen mit der Expression von Genen für den Photosyntheseapparat. Die weitere Entwicklung und damit die **Organanlage** hängen von dem molekularen Umfeld ab, das durch KNOX-Transkriptionsfaktoren (Abb. **18.3a**) und durch typische Muster von Hormonverteilungen (Abb. **18.3b–d**) gekennzeichnet ist. Die dominante Rolle in diesem Bereich spielen **AUX**, **CK** und **GA**. Die SZ im Bereich des SAM von *Arabidopsis* teilen sich etwa alle 50 Stunden, während sich die davon abgeleiteten peripheren Zellen etwa alle 24 Stunden teilen. Ähnliche Verhältnisse werden wir im Bereich des RAM wiederfinden (Kap. 18.2.5). Hohe Teilungsgeschwindigkeit ist also keineswegs ein Charakteristikum von SZ.

Wie Abb. **18.3a** zeigt, ist das gesamte SAM, also die zentrale wie die periphere Zone, durch die Anwesenheit der **KNOX-Transkriptionsfaktoren** gekennzeichnet. Der prominenteste unter ihnen ist **STM**. Wie bei WUS führt der Ausfall von STM zum Erlöschen der Meristemfunktion (Tab. **18.1**). Das KNOX-Umfeld garantiert die ausreichende Versorgung mit CK (Abb. **18.3d**), die dauerhafte Funktion des SZ-Reservoirs und damit eine ausreichende Zahl entwicklungsfähiger Zellen in der peripheren Zone des SAM.

Die wenigen Zellen in der **L1-Schicht** in der zentralen Zone des SAM sind weit mehr als nur das Entstehungsgebiet für potentielle Epidermiszellen. Sie ist vielmehr selbst Teil des **morphogenetischen Feldes** und Voraussetzung für Wachstum und die geordnete Entstehung von Blattanlagen. **BR-induzierte Signale** aus der L1 sind Voraussetzung für das Wachstum in den L2- und L3-Schichten. Deshalb zeigen Mutanten mit Defekten in der BR-Synthese oder Signaltransduktion extremen Zwergwuchs (Abb. **16.24** S. 625). Wenn man die L1 mit ihren einzigartigen Eigenschaften entfernt, kann sie nicht aus den darunterliegenden Zellen der L2 bzw. L3 regeneriert werden, und die Meristemfunktion erlischt nach kurzer Zeit.

In dem unmittelbaren Umfeld des Meristems entstehen die **Blattanlagen** in einer für jede Pflanze **charakteristischen Folge und Muster** (Kap. 5.2.2), von dem wir der Einfachheit halber hier nur ein einziges erläutern wollen. Bei der spiraligen Blattstellung, z. B. bei *Arabidopsis*, findet man häufig einen Winkel zwischen zwei folgenden Blattanlagen von etwa 135°. Bei der Erklärung solcher Musterbildung treffen wir auf ähnliche Mechanismen, wie wir sie im Zusammenhang mit der gravitropen Antwort erörtert hatten (Abb. **17.26** S. 707). Im Zentrum der Sproßspitze direkt unterhalb des SAM liegt das Hauptbildungszentrum für AUX, von dem aus wie bei einem Springbrunnen das Hormon gerichtet an die Oberfläche des Meristems transportiert und dort in der Epidermis weiterverteilt wird (Abb. **18.4a–b**). Die **AUX-Translokatoren** in diesem Bereich

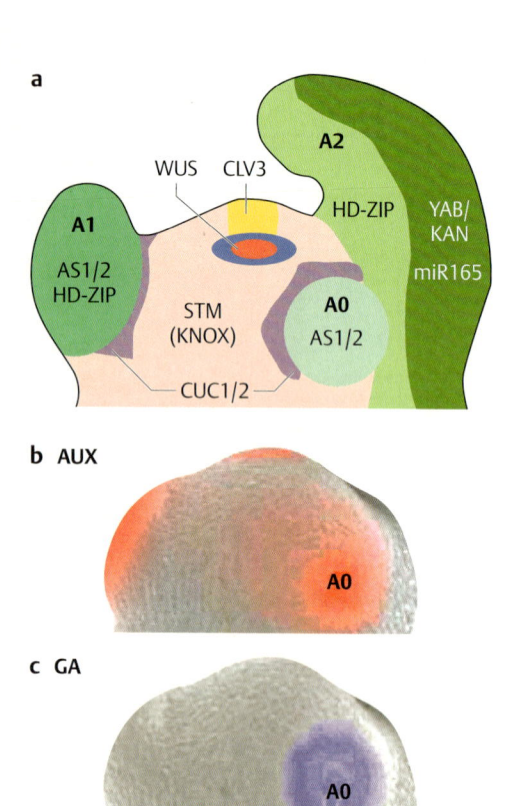

Abb. 18.3 Verteilung von Transkriptionsfaktoren und Hormonen im SAM. a SAM mit Blattanlagen in drei aufeinander folgenden Stadien (A0→A1→A2). Die farbigen Markierungen verdeutlichen die morphogenetischen Felder mit den angegebenen Kontrollfaktoren (Tab. **18.2**). **b–d** Verteilung der Hormone. Nur die Bereiche des SAM mit der Anlage A0 sind gezeigt (nach Shani et al. 2006).

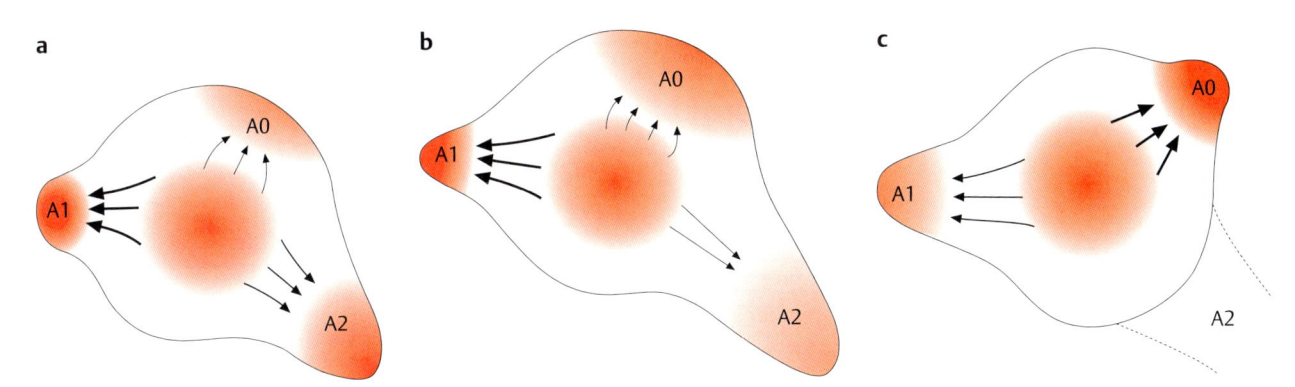

sind **AUX1** und **PIN1** (Abb. **16.11** S. 606). Die Art der Expression und die polare Anordnung der Translokatoren sind letztlich die Ursache für typische **AUX-Verteilungsmuster** im Bereich des SAM mit Zentren hoher Konzentration (Blattanlagen) und dazwischen Teile mit relativem AUX-Mangel. Letztere bilden gewissermaßen die Trenngewebe zwischen den Blattanlagen, die nur in einer bestimmten und genetisch festgelegten Entfernung zueinander entstehen können.

In unserem Beispiel (Abb. **18.4a**) ziehen die beiden jüngsten Anlagen (A2 und A1) den größten Teil des AUX an sich. Daher bleibt nur ein kleiner Rest in der Peripherie etwa 135° im Uhrzeigersinn von der Anlage A1 entfernt (Plus **18.2**). Der Mechanismus der **Selbstverstärkung** durch AUX-induzierte Expression der beiden Translokatoren **AUX1** und **PIN1** macht diese Initialzellen für die Anlage A0 aber rasch zu einem neuen Zentrum für AUX-Akkumulation, während im weiteren Verlauf der Entwicklung die Anlage A2 selbst zum AUX-Produzenten wird (Abb. **18.4c**).

Die hohe Konzentration an AUX und die Neubildung des heterodimeren **Transkriptionsfaktors AS1/AS2** markieren die Identität von A0 und grenzen das Feld klar von dem der nicht determinierten Zellen ab. Dieser Abgrenzungsprozeß wird dadurch verstärkt, daß in A0 die Expression der KNOX-Faktoren unterdrückt wird (Plus **18.2**). In der Grenzregion zwischen SAM und A0 finden wir außerdem die TF CUC1/2 (Abb. **18.3a**). Diese Form der **Abgrenzung morphogenetischer Felder als Voraussetzung für Entwicklung** werden wir im weiteren Verlauf immer wieder finden (Abb. **18.6**, Abb. **18.10** S. 730, Abb. **18.23** S. 757 und Plus **18.7** S. 738).

Das Ergebnis dieser relativ einfachen Prozesse bei *Arabidopsis* ist die Entstehung einfacher, ungeteilter Blätter. Bei den vielen Formen von zusammengesetzten Blättern, z. B. bei Petersilie, Dill oder Tomate, beobachtet man die Entstehung von Sekundärmeristemen mit erneuter STM-Expression nach der Anlage von A0 (Box **18.2**). Die weitere Entwicklung der Blattanlage wird in Kap. 18.2.4 behandelt. Sie basiert auf einer sequentiellen Umsteuerung der Genexpressionsprozesse in enger Abstimmung zwischen Hormonen und Transkriptionsfaktoren (Zusammenfassung in Abb. **18.5**). Die konzertierte Aktion aller dieser Faktoren garantiert den geordneten Ablauf und die Entstehung der für jede Pflanze spezifischen Sproßmorphologie, die wir hier und in den folgenden beiden Abschnitten am Beispiel von *Arabidopsis* in den Grundzügen darstellen wollen.

Abb. 18.4 Polarer AUX-Transport im Bereich des SAM und die Entstehung von Blattanlagen. AUX, das aus dem Bildungszentrum unterhalb des SAM stammt, wird im Zentrum an die Oberfläche transportiert und dort in der Epidermis weitergeleitet. Die Pfeile symbolisieren die Position und Menge an AUX1-und PIN1-Translokatoren in den Epidermiszellen (Abb. **16.11** S. 606). Die Anreicherung von AUX in den einzelnen Zonen wird durch die Intensität der roten Farbe markiert. **a–c** aufeinanderfolgende Zustände des SAM, die zu der Entwicklung einer neuen Blattanlage A0 und zur Weiterentwicklung der vorausgegangenen Blattanlagen A1 und A2 führen. Die Stärke der Pfeile symbolisieren das relative Ausmaß des AUX-Transports. Weitere Details Plus **18.2** (nach Reinhardt 2005).

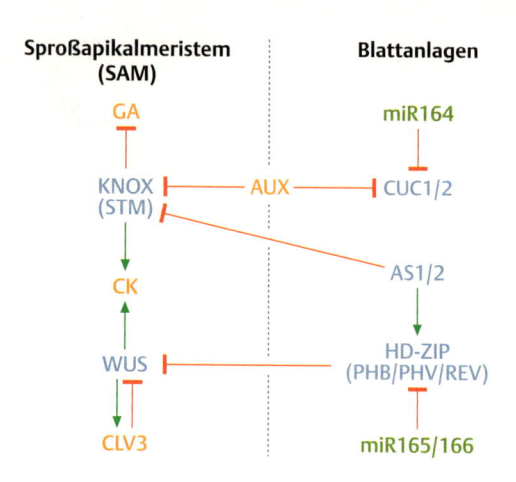

Abb. 18.5 Ein Netzwerk von Transkriptionsfaktoren, miRNAs und Hormonen kontrolliert die Funktion von SAM und die Entstehung von Blattanlagen. Hemmende Wirkungen wurden mit roten Blockpfeilen; fördernde Wirkungen mit grünen Pfeilen markiert. Transkriptionsfaktoren (blau, Details Tab. **18.2**); Mikro-RNAs (grün, Details Plus **18.3**); Hormone (orange). Details der Wirkungen der einzelnen Faktoren s. Text und Tab. **18.2**.

Plus 18.2 Entstehung von Blattanlagen

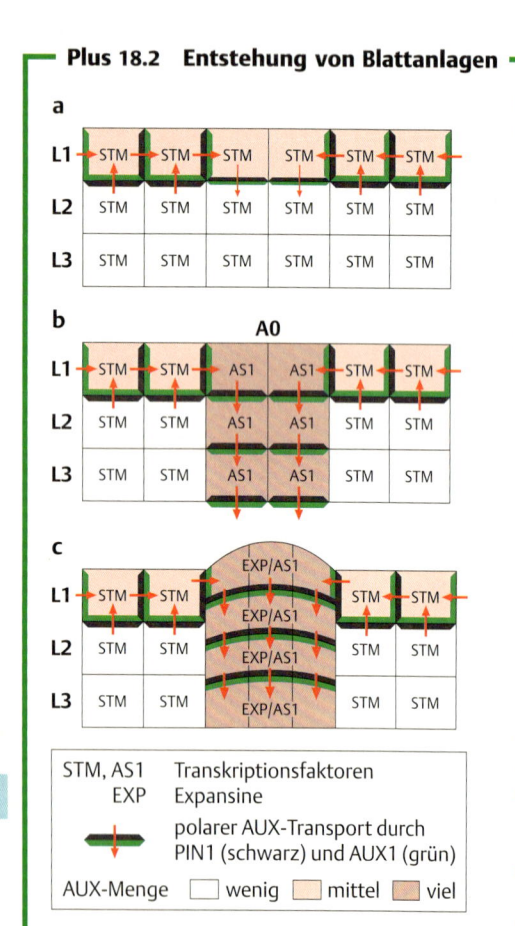

Die Entstehung bzw. Entwicklung einer Blattanlage vollzieht sich in mehreren Schritten.

1. In der größtmöglichen Entfernung zu der voraufgegangenen Anlage (A1 in Abb. **18.4a**) an der Peripherie des SAM gibt es eine gewisse Anreicherung von AUX aus den Verteilungsströmen in der Epidermis. In diesem Zustand ist die Verteilung der AUX-Translokatoren AUX1 (grün) und PIN1 (schwarz) in den Epidermiszellen für den gerichteten Transport in die peripheren Zonen zuständig (Abb. **a**). Alle Zellen sind zu diesem Zeitpunkt durch Expression von STM im meristematischen Zustand.
2. AUX induziert in der Anlage A0 die Neubildung von AUX1 und PIN1 und verstärkt damit den Einstrom des Hormons. Die neue Anlage konkurriert mit den beiden vorausgegangenen um die AUX-Verteilung an der Oberfläche des SAM. Die Neubildung des für Blattanlagen spezifischen MYB-Transkriptionsfaktors AS1 unterdrückt zusammen mit AS2 die Expression von STM im Bereich von A0. Damit ist der Schalter in Richtung Blattentwicklung umgelegt (Abb. **b**).
3. Im weiteren Verlauf wird die Bildung von Expansinen durch AUX induziert. Diese sind für die Flexibilisierung der Zellwände und die rasche Vergrößerung der Anlage unentbehrlich. Eine Reihe neuer TF ist für die morphologische Spezialisierung der Blattzellen, insbesondere für die Entstehung der Polarität mit der dem Stengel zugewandten (adaxialen) Oberseite und der abgewandten (abaxialen) Unterseite der Blätter verantwortlich (Abb. **18.3** und Tab. **18.2**).

Drei Beobachtungen haben wesentlich zu dem relativ einfachen Konzept für die Entstehung von Organanlagen beigetragen:
- PIN1-Defektmutanten haben keine Blätter an den Sproßachsen, weil der für die Blattanlage erforderliche polare AUX-Transport fehlt. Der nadelartige Phänotyp war die Ursache für den Namen PIN (engl.: pin-formed).
- lokale Applikation von AUX auf die Oberfläche des Meristems löst die Bildung von Blattanlagen aus, egal in welcher Position, und
- interessanterweise wird der gleiche Effekt durch Applikation von Expansinen erreicht.

(nach Flemming 2006)

Tab. 18.2 Prinzipien für das Netzwerk von Kontrollfaktoren am SAM und in den Blattanlagen im Überblick.

Transkriptionsfaktoren (TF, Plus 15.7 S. 521)	Bildung und Wirkung
WUS (WUSCHEL; Homeobox-TF)	Bildung im Kontrollzentrum, Wirkung in den Stammzellen; fördert die Expression von CLV3 (Abb. **18.2**, Abb. **18.3**, Abb. **18.23** S. 757 und Plus **18.1** S. 715); fördert die Wirkung von CK durch Hemmung der ARR-A-Expression (Abb. **18.5**)
WOX1–9 (WUS-like homeobox TF)	verschiedene Verwandte von WUS (WOX1–9) spielen eine wichtige Rolle im Bereich des RAM (Abb. **18.7** S. 725) und bei der Embryonalentwicklung (Abb. **18.23** S. 757)
STM (shoot meristemless) KNOX-TF (knotted like homeobox)	Bildung und Wirkung im gesamten Meristem; fördert die CK-Biosynthese durch Expression der Isopentenyltransferase; verhindert die Zellspezialisierung im SAM durch Repression der AS1/AS2-Expression sowie durch die Hemmung der GA-Biosynthese und Förderung der GA-Inaktivierung (Abb. **18.3**, Abb. **18.5** und Abb. **18.23** S. 757)
AS1/AS2 (asymmetric leaves, MYB-TF)	Bildung in den Blattanlagen; hemmt die Expression von KNOX und fördert die Expression von PHB/PHV; fördert Zellspezialisierung und die Anlage/Polarität der Leitbündel in den Blättern (Abb. **18.3**, Abb. **18.6** und Abb. **18.23** S. 757)
PHB/PHV/REV/CNA (phabulosa, phavoluta, revoluta, corona; HD-ZIP-TF)	Rolle bei der Anlage des SAM in der Embryonalentwicklung, Anlage des Blütenmeristems; Zellspezialisierung und die Anlage/Polarität der Leitbündel in der adaxialen Seite der Blätter (Abb. **18.3**, Abb. **18.6** und Abb. **18.23** S. 757)
CUC1/2 (cup-shaped cotyledons, NAC-TF)	Grenze zwischen morphogenetischen Feldern des SAM und der Blattanlagen (Abb. **18.3** und Abb. **18.23** S. 757)
VND6/VND7 (vascular-related NAC-domain, NAC-TF)	Differenzierung von Xylemzellen (Abb. **18.6**)
APL (altered phloem development, MYB-TF)	fördert die Phloementwicklung (Abb. **18.6**)
ANT (aintegumenta, AP2-TF)	wirkt bei der Blattanlage, Blütenblattanlage (Abb. **18.14** S. 740) und bei der Embryogenese (Abb. **18.23** S. 757); löst die Bildung der abaxialen TF (YAB/KAN) aus
YAB/KAN (yabby, kanadi, GARP-TF)	bestimmen die abaxiale Seite der Balttanlage inkl. der Phloementwicklung (Abb. **18.3**)
Mikro-RNAs (Plus **18.3**)	
miR164	Bildung AUX-induziert (?); Abbau der *CUC*-mRNA; Grenze für die CUC-Expression (Abb. **18.5**)
miR165/166	Expression in der abaxialen Hälfte der Blattanlage; Abbau der *REV/PHB/PHV*-mRNAs; polare Organisation der Blätter; indirekte Förderung der WUS-Expression (Abb. **18.3**, Abb. **18.5** und Abb. **18.6**)
Hormone/Peptidsignale	
CLV3 (clavata3; Peptidsignal)	Bildung in den Stammzellen, Hemmung der WUS-Expression in der Umgebung des Kontrollzentrums durch Bindung an CLV1/2-Rezeptor (Plus **18.1** S. 715; Abb. **18.3**, Abb. **18.5** und Abb. **18.23** S. 757)
CLE42 (clavata 3-artiges Peptidsignal)	wirkt als anti-Xylogen (Box **18.3** S. 724)
Xylogen (Glykoprotein)	Differenzierung von Xylemzellen; Induktion der Tracheendifferenzierung in Parenchymzellen (Box **18.3** S. 724)
CK	Bildung und Wirkung im SAM; fördert Zellteilung im SAM; Anlage der Prokambialstränge (Abb. **18.3**, Abb. **18.5** und Abb. **18.6**)
AUX	Bildung im Corpus der Sproßachse unterhalb des SAM; fördert die Neubildung von Blattanlagen; induziert Expression von frühen Expansinen; hemmt die Expression der *KNOX*-Gene; Anlage der Prokambialstränge (Plus **18.2**, Abb. **18.3**, Abb. **18.5**, Abb. **18.6** und Abb. **18.23** S. 757)
GA	Bildung in Blattanlagen und jungen Blättern; fördert Blattentwicklung und Expression von späten Expansinen (Abb. **18.3**, Abb. **18.5** und Abb. **18.6**)
BR	Polarität der Leitbündel; Balance zwischen Xylem und Phloemanteilen (Abb. **18.6**); SAM-Homöostase

> **Box 18.2 Die Entstehung von geteilten Blättern und das Geheimnis von *Welwitschia***
>
> Bei der Entstehung **ungeteilter Blätter**, wie z. B. bei *Arabidopsis*, erlischt die Zellteilung nach kurzer Zeit in den jungen Blättern. Das gilt nicht für die **geteilten Blätter**, bei deren Anlage kurz nach ihrer Entstehung **sekundäre Meristeme** für die Anlage der Fiederblätter gebildet werden. Die Expression der *KNOX*-Gene wird also nur kurzfristig in den primären Anlagen (A0) unterdrückt. Die Entwicklungsabläufe können sich in Abhängigkeit von Außenfaktoren bzw. dem Alter der Pflanzen ändern. Als Beispiel kann die **Heterophyllie** bei *Ranunculus aquatilis* dienen (Abb. **5.21** S. 186). Die Unterwasserblätter sind stark gegliedert mit zahlreichen fädigen Fiederblättern, während die Schwimmblätter einfach und ungeteilt sind.
>
> Die besondere Wirkung von KNOX-Proteinen auf die Blattgestalt wird sehr deutlich in einer transgenen Tomatenlinie, die ein *KNOX*-Gen des Mais konstitutiv exprimiert. In den transgenen Pflanzen (KNOX) geht das Tomatenblatt mit seinen wenigen großen Fiederblättern im Wildtyp (WT) in eine völlig untypische Form mit hunderten von sehr kleinen Fiederblättern über, weil in den frühen Stadien der Blattentwicklung an vielen Stellen zusätzliche Meristeme entstehen.
>
> WT   *KNOX*-Mutante (Überexpression)
>
> (aus D. Hareven et al., Cell 1996; 84: 735, m. Genehm. von Elsevier Ltd.)
>
> Die Entstehung eines solchen Sekundärmeristems bildet auch das Geheimnis einer urtümlichen Pflanze in der Namibwüste, *Welwitschia mirabilis*, die mit ihren zwei etwa 6 m langen Blättern mehr als 1500 Jahre wachsen kann (Plus **5.1** S. 187). Aufgrund eines sekundären Meristems am Grund der Blätter, in dem man die Expression von KNOX-TF nachweisen kann, wachsen die Blätter ständig weiter und sterben am oberen Ende ab. Wie bei allen Blattanlagen wird auch bei der Keimpflanze von *Welwitschia* die Expression der *KNOX*-Gene bei der Anlage der Blätter zunächst eingestellt, dann aber in den sekundär entstehenden Basalmeristemen der Blätter wieder aufgenommen. Das eigentliche SAM stellt seine Tätigkeit frühzeitig ein.

18.2.4 Entwicklung von Blättern und Leitbündeln

> Viele Blätter sind polar organisiert mit einer Oberseite und einer Unterseite (bifaziale Blätter). Das gilt auch für die Struktur der Leitbündel mit den Xylemelementen auf der Oberseite und den Phloemelementen auf der Unterseite. Eine zentrale Rolle für die Entstehung der Polarität haben vier verwandte HD-ZIP-Transkriptionsfaktoren, deren Expressionsmuster durch spezifische Mikro-RNAs kontrolliert wird. Die Leitbündel entstehen in unmittelbarer Nähe des SAM aus Prokambialsträngen. Phloem und Xylem sind durch Kambiumzellen voneinander getrennt, aus denen bei verholzten Pflanzen mit sekundärem Dickenwachstum ein durchgehendes Lateralmeristem entstehen kann.

Blätter sind häufig polar organisiert mit einer Oberseite und einer Unterseite (**bifaziale Blätter**, Abb. **5.22** S. 187 und Box **5.2** S. 187). In den frühen Entwicklungsstadien entsteht die **Oberseite** auf der dem SAM zugewandten Seite (**adaxial**) und die **Unterseite** auf der abgewandten Seite (**abaxial**). Für die klare Grenze zwischen den Zelltypen auf Blattoberseite und der -unterseite inkl. der polaren Struktur der Leitbündel (Abb. **18.6**) sind mehrere Faktoren verantwortlich. Im Zentrum stehen vier eng verwandte HD-ZIP-Transkriptionsfaktoren (PHB, PHV, REV und CNA). Sie haben komplexe und teilweise überlappende Funktionen (Tab. **18.2**):

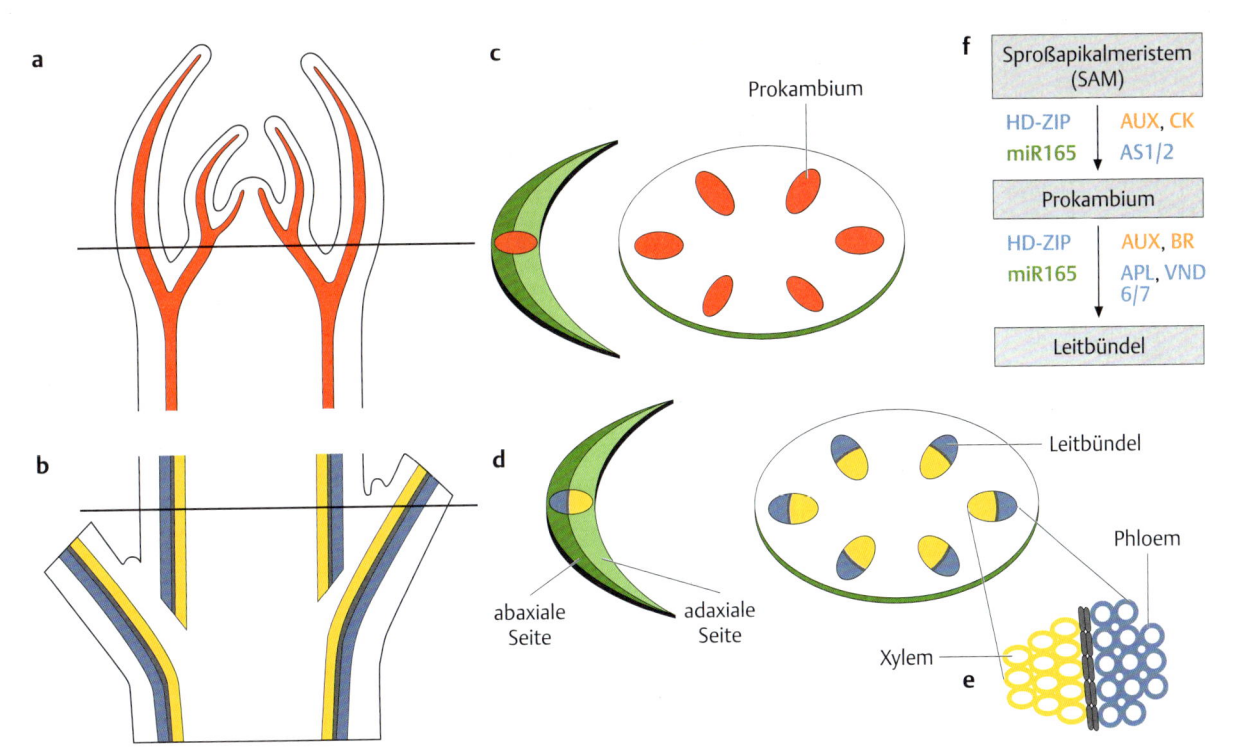

- Anlage von Meristemen in der Embryonalentwicklung (Kap. 18.6.1) bzw. von Sekundärmeristemen (PHB, REV),
- Repression der Bildung von WUS im Kontrollzentrum (PHB, PHV, CNA),
- adaxiale Entwicklung von Laubblatt und Blütenblättern (REV, PHB, PHV),
- Polarität der Leitbündelentwicklung (REV, PHB).

Zwei Typen von nahe verwandten **Mikro-RNAs** (miR165 und miR166) kontrollieren die Expression dieser HD-ZIP-Faktoren sowohl auf der Transkriptionsebene als auch auf der Ebene der mRNA-Stabilität (Plus **18.3**). Die Anwesenheit dieser miRNAs hat zwei Effekte:

- In den **Meristembereichen** wird die Menge an PHB, PHV und CNA durch Abbau der entsprechenden mRNA begrenzt. Die miRNAs wirken als eine Art von Anti-Repressoren der WUS-Expression (Abb. **18.5**).
- In einem fortgeschrittenen Entwicklungszustand der **Blattanlagen** (A2) wird die Bildung der HD-ZIP-Proteine in der abaxialen Zone der Blätter ausgeschlossen. Die miR165/166 sind bevorzugt in dem Bereich der Unterseite der Blätter zu finden und tragen damit zur Abgrenzung der morphogenetischen Felder bei (Abb. **18.3** S. 716). An dem Silencing der HD-ZIP-codierenden Gene bzw. ihrer Expression sind sowohl der Abbau der mRNA als auch die Methylierung der DNA beteiligt (Plus **18.3**).

Die Entwicklung spezifischer Strukturen an der Blattunterseite ist allerdings nicht nur durch das Fehlen der HD-ZIP-Faktoren, sondern auch durch die Anwesenheit von zwei spezifischen TF KAN und YAB gekennzeichnet (Tab. **18.2**). Das eigentliche Flächenwachstum der Blätter beruht zunächst auf Zellteilungen auf der gesamten Fläche, dem dann die Vergrößerung und Spezialisierung der Zellen folgen.

Abb. 18.6 Anlage und Entwicklung von Leitbündeln. a, b Oberer Teil einer Sproßachse mit apikalem (**a**) und subapikalem Teil (**b**). An den durch die schwarzen Linien angezeigten Stellen sind Querschnitte in **c** und **d** gezeigt. Prokambialstränge sind rot, Leitbündelelemente sind gelb (Xylemteile), grau (Parenchym) bzw. blau (Phloemteile) markiert. **e** Leitbündel im Detail (schematisch). **f** Faktoren, die an der Anlage und Entwicklung der Vaskulatur beteiligt sind (s. auch Tab. **18.2**) (nach Carlsbecker und Helariutta 2005).

Plus 18.3 Mikro-RNAs als Regulatoren pflanzlicher Entwicklung

Mikro-RNAs (miRNA) sind kleine nicht codierende Antisense-RNAs von 21–24 Nucleotiden, die im Zellkern aus langen Vorläufermolekülen unter Mitwirkung eines als DICER bezeichneten Verarbeitungskomplexes entstehen (Abb. **a**). Sie sind bei allen Eukaryoten weit verbreitet. Bei *Arabidopsis* hat man bisher mehr als 110 miRNA-codierende Gene identifiziert, die auf Grund von Sequenzhomologien 29 verschiedenen Familien zugeordnet werden können (Beispiele in der Tab.).

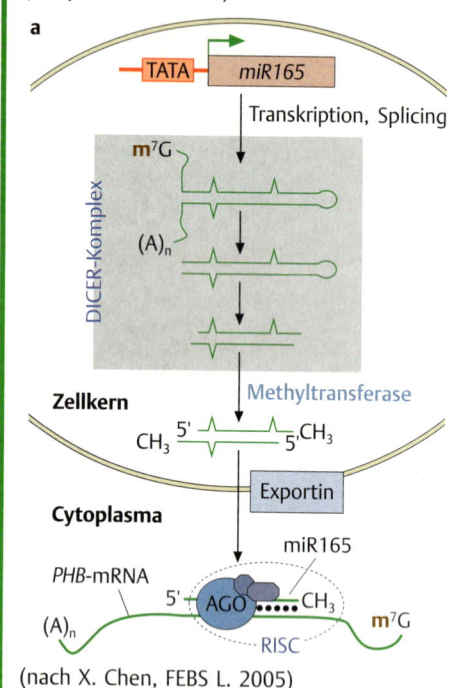

a

(nach X. Chen, FEBS L. 2005)

Die Wirkung der miRNAs beruht auf der Basenpaarung mit entsprechenden mRNAs, der in einem hochmolekularen Komplex von entsprechenden Proteinen vermittelt wird. Dieser als RISC bezeichnete Komplex enthält das AGO-Protein (argonaut), dessen Charakter für die weitere Reaktion entscheidend ist. Aufgrund der AGO-Funktionen können wir drei Typen von RISC unterscheiden:

- **RISC Typ 1** befindet sich im Zellkern und wird während der Transkription an der entstehenden prä-mRNA assembliert. Durch Rekrutierung von Histonmethylasen und DNA-Methylasen in den Komplex wird der Genbereich während der Transkription stillgelegt. Es entsteht **fakultatives Heterochromatin**. Dieser Prozeß wird als **transkriptionelles Silencing von Genen** bezeichnet (**TGS**, engl.: transcriptional gene silencing). Ein Beispiel, das uns im Zusammenhang mit den Meristemfunktionen interessiert, betrifft die Gruppe der HD-ZIP-TF codierenden Gene (*PHB, PHV, REV, CNA*).

- **RISC Typ 2** im Cytoplasma vermittelt die Spaltung der mRNA in der durch die miRNA definierten Sequenz. AGO (argonaut) wirkt als **sequenzspezifische Endonuclease**. Dieser Mechanismus gilt für die meisten miRNAs. Die mRNAs der HD-ZIP-TF-codierenden Gene werden von den miR165 und miR166 erkannt. Beide miRNAs unterscheiden sich nur in einer einzigen Position in der Nähe des 3'-Endes. Die Erkennungssequenz für die beiden miRNAs ist für alle vier Gene hochkonserviert und durch ein Intron geteilt (Abb. **b**). Diese Sequenz und ihre Anordnung finden sich schon bei den Moosen, sind also während der Evolution seit etwa 450 Millionen Jahren unverändert geblieben. Das spricht für die große Bedeutung dieses Kontrollmechanismus in der Entwicklungsbiologie nicht nur bei Samenpflanzen.

b

PHB-Gen 5'— ATTGGGATGAAG gt ..... ag CCTGGTCCGGAT —3'
           Exon   Exon
                         Intron

Transkription, Splicing

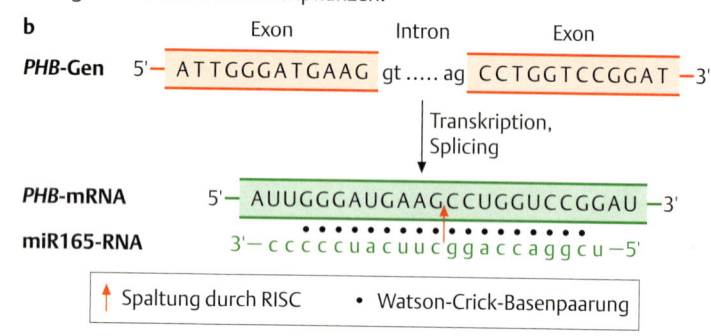

PHB-mRNA   5'— AUUGGGAUGAAGCCUGGUCCGGAU —3'
miR165-RNA   3'— ccccc uacuucggaccaggcu —5'

↑ Spaltung durch RISC • Watson-Crick-Basenpaarung

- **RISC Typ 3** im Cytoplasma wirkt als Repressorkomplex für die Translation. Die mRNA wird dabei nicht gespalten.

Bei den RISC Typen 2 und 3 spricht man von **posttranskriptionellem Silencing** (**PTGS**, engl.: posttranscriptional gene silencing). Ähnliche kleine RNAs entstehen auch bei Virusinfektionen als Teil des Abwehrmechanismus der Wirtspflanze gegenüber dem Pathogen (Abb. **20.18** S. 834).

Die Wirkung dieser kleinen RNAs wird durch drei Umstände wesentlich erweitert:

- Viele der miRNAs werden von kleinen Genfamilien codiert, und die einzelnen Mitglieder der Familie können unterschiedliche Expressionsmuster haben, d. h. die zellspezifische Wirkung entsteht aus der Kombination von Expression des Zielgens und der entsprechenden miRNA.
- Die Menge der durch Genexpression und anschließende Verarbeitung entstehenden primären miRNA kann im Cytoplasma durch **Amplifikation** beträchtlich vermehrt werden (sog. **sekundäre miRNA**). Dabei dient die primäre miRNA als Primer und die mRNA als Matrize für die Synthese einer Doppelstrang-RNA durch die Reaktion einer RNA-abhängigen RNA-Polymerase. Diese ds-RNA wird durch einen cytoplasmatischen DICER-Komplex prozessiert (Abb. **20.18** S. 834).
- miRNAs können offensichtlich im Verbund mit Proteinen zwischen den Zellen und im Phloem über beträchtliche Strecken transportiert werden und damit ihre Wirkung weit entfernt von ihrem Bildungsort entfalten (Kap. 20.7.4).

Nachdem die molekularen Grundlagen der Entstehung und Wirkung von miRNAs einmal erkannt waren, wurden auch gentechnische Wege erarbeitet, um das PTGS gezielt auch für Gene einzusetzen, die davon natürlicherweise nicht betroffen sind. Diese Verfahren sind willkommene Ergänzungen des methodischen Repertoirs in der experimentellen Pflanzenforschung geworden (Plus **20.12** S. 842).

Fortsetzung

Fortsetzung
Mikro-RNAs und ihre Zielgene in *Arabidopsis*.

Prozeß: Gene	mi-RNA	Hinweis
Organpolarität/Embryogenese: *PHB*, *PHV*, *REV*	miR165/166	Abb. **18.5** und Abb. **b**
Organgrenzen: *CUC1/2*	miR164	Abb. **18.3** S. 716 und Abb. **18.5** S. 718
Organgrenzen: AP2	miR172	Plus **18.7** S. 738
AUX-Signaltransduktion:		Abb. **16.13** S. 611
TIR1	miR393	
ARF10, *ARF16* und *ARF17*	miR160	
ARF8	miR167	
ARF3 und *ARF4*	ta-siRNA	
GA-Antwort: *GA-MYB*	miR159	Abb. **16.20** S. 620
Bildung von miRNA: *AGO1*	miR319	Abb. **a**

In unmittelbarer Nähe des SAM entstehen auch die **Leitbündel**, die schließlich als ein großes Netzwerk miteinander verbundener Zellen die ganze Pflanze durchziehen und der Signal- und Nährstoffverteilung dienen (Kap. 5.1.2). Die Anlagen für die Leitbündel sind als Gruppen teilungsfähiger Zellen außerhalb des SAM auszumachen (**Prokambium**), die sich basipetal ausdehnen und zu **Prokambialsträngen** werden (Abb. 18.6a). In dieser ersten Phase der Entwicklung spielen die Hormone AUX und CK eine wichtige Rolle für die hohe Zellteilungsrate. Dazu kommt der uns schon bekannte heterodimere Transkriptionsfaktor AS1/2 (Abb. 18.6f). Mit der fortschreitenden Entwicklung der Sproßachse setzt in einiger Entfernung vom SAM die Zellspezialisierung innerhalb der Prokambialstränge ein (Abb. 18.6b, d). Es entstehen polare **Leitbündelstränge** mit Phloemzellen (Siebzellen, Geleitzellen, Parenchymzellen) in der abaxialen und Xylemzellen (Tracheen, Tracheiden, Faserzellen, Parenchymzellen) in der adaxialen Hälfte. Wir sprechen in einem solchen Fall von einem **kollateralen Leitbündel** (Abb. 5.2 S. 169). Phloem und Xylem sind durch einen Saum teilungsfähiger Zellen (Kambium) voneinander getrennt. Wie bei der Blattentwicklung haben auch in diesem Fall die **HD-ZIP-Transkriptionsfaktoren** (REV und PHB) eine wichtige Funktion. Zusammen mit **BR** als Hormon sind sie für die polare Struktur der Leitbündel und die ausgewogene Anzahl von Phloem- und Xylemanteilen verantwortlich (Abb. 18.6f). Die fortgesetzte Differenzierung von Xylemelementen in Richtung Sproßspitze wird durch ein **morphogenes Glykoprotein** (**Xylogen**) gefördert, das an der apikalen Flanke differenzierender Tracheen ausgeschieden wird und auf die benachbarten Parenchymzellen wirkt (Box 18.3).

Im weiteren Verlauf der Entwicklung mehrjähriger verholzter Pflanzen kann das Kambium als sog. **Lateralmeristem** gigantische Ausmaße annehmen. Das sekundäre Dickenwachstum von Bäumen und Sträuchern sowohl im Sproß- wie im Wurzelbereich hängt von der lebenslangen Funktion dieser teilungsfähigen Zellschichten ab (Kap. 5.1.4 und Kap. 5.3.4). Aus den ursprünglichen Kambiumzonen in den Leitbündeln (**faszikuläres Kambium**) entsteht durch Reaktivierung von Markstrahlzellen zwischen den Leitbündeln **interfaszikuläres Kambium**, das mit ersterem zu einem

Box 18.3 Zwei Morphogene: Xylogen und CLE42

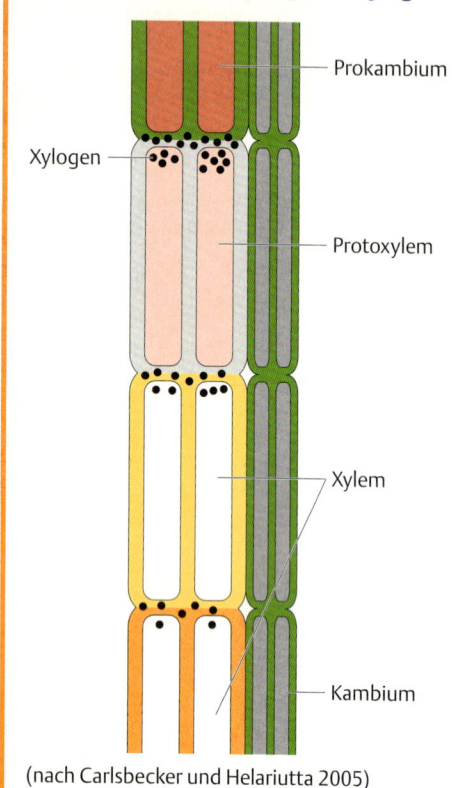

Labels on figure: Xylogen, Prokambium, Protoxylem, Xylem, Kambium

(nach Carlsbecker und Helariutta 2005)

In Zellkulturen von *Zinnia elegans* konnte man unter geeigneten Kulturbedingungen die Bildung von Xylemzellen auslösen. Dabei wurde sehr schnell klar, daß es sich um einen selbstverstärkenden Prozeß handelte, d. h., wenn einmal die ersten Xylemzellen entstanden waren, breitete sich der Prozeß der Zellspezialisierung schnell in der ganzen Kultur aus. Grund für diese Verstärkung war ein **Morphogen** (**Xylogen**), ein kleines **Arabinogalactanprotein** (Plus **18.10** S. 746), das von den jungen Xylemzellen ausgeschieden wurde. In den Übergangsbereichen zwischen Prokambium und den entstehenden Leitbündeln produzieren die basipetal gelegenen Xylemzellen Xylogen, das seine induzierende Wirkung auf die akropetal gelegenen Prokambiumzellen ausübt. Die fortschreitende Spezialisierung der Xylemzellen ist ein gutes Beispiel für programmierten Zelltod durch Autophagie (Plus **18.8** S. 741). Mit der zunehmenden Verstärkung der Zellwände verschwinden die Zellorganellen mehr und mehr, die Zellen fusionieren und werden schließlich Teil der toten Wasserleitungsbahnen.

Interessanterweise wurde aus dem Kulturfiltrat von diesen *Zinnia*-Kulturen noch ein weiteres Morphogen isoliert und zwar ein Analogon von CLV3. Dieses als CLE42 bezeichnete Peptid besteht aus 12 Aminosäureresten und hemmt in geringsten Mengen (10^{-11} M) die Bildung von Xylemzellen, weil es die Zellteilung in Parenchymzellen fördert und damit Zellspezialisierung verhindert. Xylogen und CLE42 sind also Gegenspieler. Wie CLV3 und die anderen Peptidsignale (Abb. **16.42** S. 649) wird auch CLE42 aus einem größeren Vorläuferprotein gebildet. Die Befunde machen sehr deutlich, daß Peptidsignale bei Pflanzen weit verbreitet sind, obwohl man für die Mehrzahl der etwa 40 Mitglieder bisher weder den Wirkungsmodus noch den Rezeptor kennt.

Für das Phloem wurden bisher keine vergleichbaren Morphogene gefunden. Aber ein phloemspezifischer MYB-Transkriptionsfaktor (Tab. **18.2** S. 719 und APL, Abb. **18.6f**) ist essentiell für die inäqualen Teilungen innerhalb der Phloemvorläuferzellen, die zur Bildung der Siebzellen und Geleitzellen führen.

geschlossenen Hohlzylinder verschmilzt, der die ganze Fläche des Organs umhüllt und ständig an Umfang zunimmt. Wie bei den Apikalmeristemen beobachten wir auch im Bereich der Kambien **inäquale Zellteilungen**. Es werden jeweils abwechselnd Zellen nach innen (Xylemvorläuferzellen) bzw. nach außen (Phloemvorläuferzellen) abgegeben (Abb. **5.7** S. 172).

18.2.5 Das Apikalmeristem der Wurzel (RAM)

Das Apikalmeristem der Wurzel (RAM) enthält eine kleine Gruppe von nur 4–7 Stammzellen im sog. Ruhezentrum. Von ihnen leiten sich teilungsaktive Vorläuferzellen für die einzelnen Zellschichten der Wurzel ab. Das morphogenetische Feld des RAM ist durch eine Reihe regulatorischer Transkriptionsfaktoren (WOX5, SHR, SCR und PLT1/2) bestimmt, die das Verhalten der Ruhezellen selbst und der Zellen in den angrenzenden Feldern der Zellteilung in der Wurzelhaube bzw. dem Wurzelkörper kontrollieren.

Wie bei dem SAM besteht auch das SZ-Potential der Wurzel aus einer sehr kleinen Gruppe von 4–7 Zellen im sog. **Ruhezentrum** (engl.: quiescent center), das sowohl zur Spitze der Wurzel wie zur Basis Zellen abgibt. Das Ruhezentrum (weiß) hat seinen Namen von der Tatsache, daß sich die Zellen nur sehr langsam, etwa alle 170 Stunden teilen, während die

Zellschicht:

Zentralzylinder **(SHR)**
Perikambium **(SHR)**
Endodermis **(SHR/SCR)**
Cortex (Rinde)
Protodermis
obere Initialzellen **(SCR/PLT)**
Ruhezentrum **(WOX5/SCR/PLT)**
untere Initialzellen **(PLT)**
innere Wurzelhaube **(PLT)**
Wurzelhaube

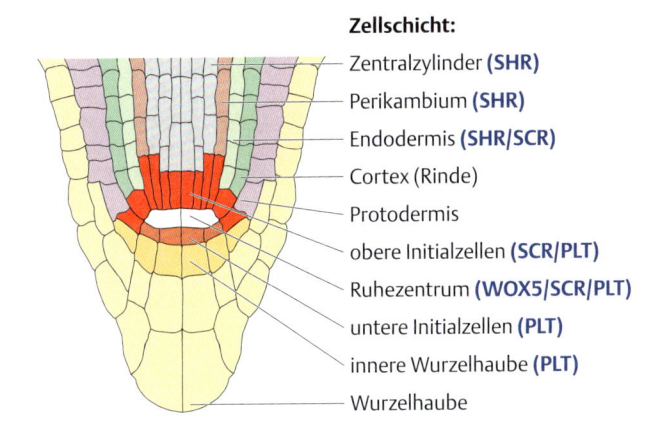

Abb. 18.7 Organisation des Wurzelapikalmeristems RAM. Die Entstehung der Zellschichten (Abb. **4.25c** S. 163) aus den Initialzellen sind durch charakteristische Muster von Transkriptionsfaktoren (TF blaue Schrift, s. auch Plus **15.7** S. 521) gekennzeichnet. Dazu gehören die GRAS-TF SHR (engl.: short root) und SCR (engl.: scarecrow), die eng miteinander verbunden sind (Abb. **18.8**); PLT (engl.: plethora, AP2-Protein) und WOX5 (engl.: wuschel-like homoebox factor). Weitere Faktoren wurden der Einfachheit halber weggelassen.

davon abgeleiteten sog. **Initialzellen** für die einzelnen Zellschichten der Wurzel (rot) sich alle 12 Stunden teilen (Abb. **18.7**). Auch hier erfordert das geordnete Geschehen Hormone (AUX, CK und GA) und regulatorische Transkriptionsfaktoren (Tab. **18.2** S. 719), die das Verhalten der Ruhezellen und der Zellen in den angrenzenden Feldern der Zellteilung in der Wurzelhaube bzw. dem Wurzelkörper bestimmen. Vier der Faktoren mit ihren räumlich festgelegten Expressionsmustern haben eine Schlüsselfunktion (Abb. **18.7**):

- **SHR** wird in Zellen des Zentralzylinders in unmittelbarer Nachbarschaft des Ruhezentrums gebildet und über die Plasmodesmata in die angrenzenden Zellschichten transportiert (Abb. **18.8** und Plus **18.4**). **SHR wirkt nicht-zellautonom** in den Zellen der Endodermis und des Ruhezentrums.
- **SCR** ist in seiner Expression von SHR abhängig und daher auf die Zellen der Endodermis und des Ruhezentrums beschränkt.
- **PLT-Faktoren** werden unter der Einwirkung von AUX in den Ruhezellen und den darunter gelegenen Vorläuferzellen für die Wurzelhaube exprimiert.
- **WOX5** ist das WUS-Analogon im RAM und befindet sich nur in den Zellen der Ruhezone.

Wir haben also mehrere verschiedene Kombinationen von TF in verschiedenen Zelltypen in dem morphogenetischen Feld des RAM vorliegen (Abb. **18.7**). Im Vergleich zum SAM sind die eigentlichen teilungsfähigen Zellen im Bereich des RAM funktionell noch weiter determiniert, sodaß sie im Verlauf der inäqualen Zellteilungen nur noch Abkömmlinge ganz bestimmter Schichten der Wurzel bilden können (s. die Farbmarkierungen in Abb. **18.7**). Interessant ist die Funktion von WOX5 als Kontrollprotein in den Ruhezellen. Es ist dafür verantwortlich, daß die angrenzenden Initialzellen ihre Fähigkeit zur Zellteilung beibehalten und nicht in die von ihnen abgeleiteten Vorläuferzellen für die Schichten der Wurzel übergehen. Die **Ruhezellen mit WOX5** sind also **Stammzellreservoir** und **Kontrollzentrum** in einem.

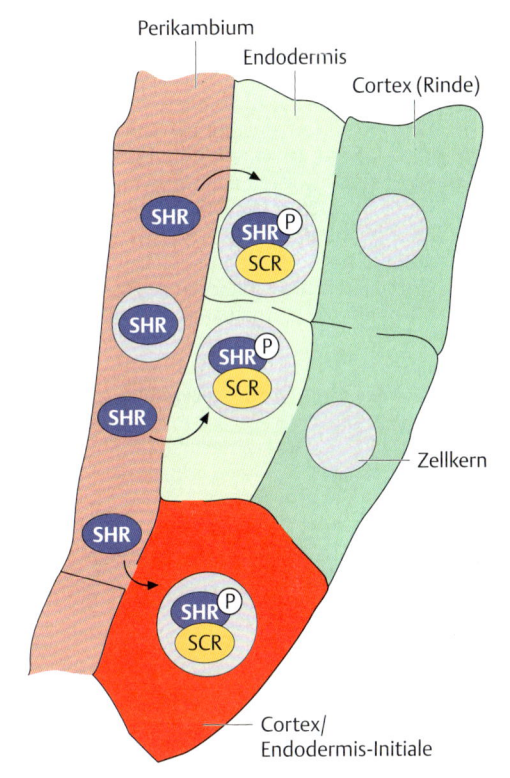

Abb. 18.8 SHR als Positionsinformation aus dem Perikambium. SHR gelangt über die Plasmodesmen (Pfeile) aus den Zellen des Perikambiums in die benachbarten Vorläuferzellen für die Endodermiszellen. Voraussetzung für den Transport durch die Plasmodesmen ist die cytosolische Form des SHR. SHR löst in den Zielzellen die Bildung von SCR aus. Die Modifikation von SHR in den Zielzellen durch Phosphorylierung und die Bindung an SCR blockieren den Kernexport und damit den Übertritt in die Zellen des Cortex (nach M. K. Barton, Cell 2001, Cui et al. 2007).

Plus 18.4 Zell/Zell-Transport von RNA und Proteinen durch Plasmodesmata

Zahlreiche Plasmodesmata (etwa 100 pro µm^2) vermitteln einen regen Stoffaustausch zwischen benachbarten Zellen (Abb. **2.23** S. 78), und über das Phloem sind auch weit entfernt liegende Gewebe der Pflanze miteinander verbunden (Kap. 3.2.3). Die normale Ausschlußgrenze für diese Verbindungskanäle zwischen den Zellen liegt mit etwa 1000 Da im Bereich großer Metabolite. Es war daher eine Überraschung, daß Plasmodesmata – wie die ähnlich gebauten Kernporen (Abb. **2.20** S. 71) – bei Bedarf beträchtlich aufgeweitet werden können, sodaß auch Proteine und sogar mRNP-Komplexe zwischen den Zellen ausgetauscht werden können. Die Abbildung orientiert sich an den Vorgängen zwischen Geleitzellen und Siebröhren im Bereich des Phloems. Details gelten aber sinngemäß für alle Plasmodesmata. Man kann grundsätzlich zwei Formen der Passage unterscheiden:

- Ausgelöst durch die Bindung eines Proteins GOP (engl.: gate-open protein), werden die Verbindungsproteine zwischen Plasmamembran und dem zentralen Desmotubulus abgelöst (Abb. **a**, **b**). In diesem offenen Zustand können Proteine bis zu einer Größe von 50 kDa von einer Zelle in die andere gelangen (Abb. **b**).
- Für den kontrollierten Transport von Proteinen bzw. RNP werden zusätzlich zur Öffnung des Kanals noch Helferproteine benötigt, die den Transport zwischen den Zellen vermitteln. Solche Helferproteine können auch RNA-bindende Proteine sein. Das Andocken der Transportkomplexe an der Membran öffnet den Kanal (Abb. **c**, **d**).

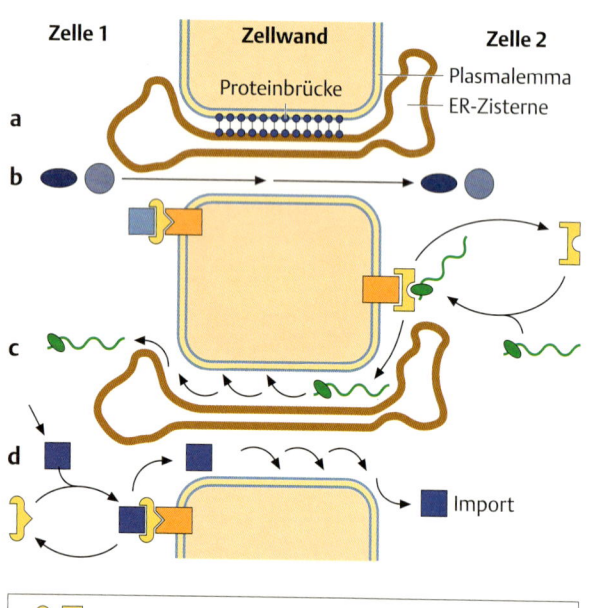

Einige Beispiele sollen die Bedeutung des Transports durch Plasmodesmata illustrieren:

- Im **Phloem** muß die hohe Leistungsfähigkeit der kernlosen Siebzellen durch Genexpression in den Geleitzellen aufrechterhalten werden. Aber diese liefern nicht nur die notwendigen Stoffwechselenzyme für die Funktion in den Siebzellen, sondern es werden auch **RNPs** und **Proteine** für den **Ferntransport** eingeschleust. Im Phloemsaft, den man über die Saugrüssel von Blattläusen leicht anzapfen kann (Box **10.1** S. 319), finden wir bis zu 1000 verschiedene mRNA-Spezies, miRNAs und Proteine.
- Im Zusammenhang mit der photoperiodischen Blühinduktion hatten wir bereits die Rolle von **FT** als „Florigen" kennengelernt, das in den Blättern gebildet und in das Apikalmeristem transportiert wird (Plus **17.6** S. 697). Das Florigen muß also am Bildungsort über symplasmatischen Transport in das Phloem und am Wirkort wieder aus dem Phloem in die Zellen des SAM gelangen.
- Bei Infektion von Pflanzen mit RNA-Viren beobachten wir eine **systemische Ausbreitung**, weil aus den infizierten Blättern ein **Virus-RNA/Protein-Komplex** über das Phloem auch in weit entlegene apikale Bereiche der Pflanze gelangt. Im Virusgenom kann ein sog. Movementprotein codiert sein, das in diesem Fall die Rolle des Helferproteins übernimmt (Plus **20.11** S. 837).
- Zell/Zell-Kommunikation durch Austausch von **Transkriptionsfaktoren** spielt eine besondere Rolle im Bereich der Meristeme und bei der Zellspezialisierung. Wir sprechen von einer **nicht-zellautonomen Wirkung** der TF. In all diesen Fällen handelt es sich um Positionsinformationen, die das Schicksal von Zellen in der unmittelbaren Umgebung bestimmen. Folgende Beispiele haben besondere Bedeutung in diesem Kapitel:
  - **WUS** (**WUSCHEL**) wird in den Kontrollzentren des SAM gebildet und fördert die Zellteilung in den darüber gelegenen Stammzellen (Plus **18.1** S. 715).
  - Das **STM**-Gen als typischer Vertreter der Gruppe der **KNOX-Gene** wird nur in Zellen der L2 und L3 exprimiert. Die STM-mRNA mit dem daran gebundenen **STM-Protein** gelangt aber aus den Zellen der L2 auch in die L1 (Abb. **18.2** S. 714). In diesem Fall funktioniert also STM als Helferprotein für den Transport seiner eigenen mRNA.
  - Die Entscheidung zwischen **Trichoblasten** und **Atrichoblasten** in der Epidermis von Sproß und Wurzel fällt durch die Bildung und den Transport eines kleinen **Mini-MYB-Proteins** mit nur 94 Aminosäureresten (CPC, caprice), das in den jeweils benachbarten Zellen die Funktion des trimeren Transkriptionsfaktors blockiert (Abb. **18.10a**, **b**).
  - Die **Positionsbestimmung** im Bereich des **RAM** geschieht durch kooperierende Transkriptionsfaktoren. Zwei davon (**SHR** und **SCR**) gehören der Gruppe der GRAS-Proteine an und sind Teil einer regulatorischen Sequenz. SHR wird in den Zellen des Perikambiums gebildet und löst in den angrenzenden Zellen des Ruhezentrums und der Endodermis die Bildung von SCR aus (Abb. **18.8**).

(nach Lough und Lucas 2006)

18.3 Muster der Zellspezialisierungen in der Epidermis

> Abhängig von dem jeweiligen Organ findet man in der Epidermis typische Muster spezialisierter Zellen wie Spaltöffnungsapparate, Trichome, Wurzelhaare, Zellen mit Anthocyanen. Der Zellspezialisierung liegt ein gemeinsames Regulationsprinzip zugrunde, das auf der Kooperation zwischen zwei Typen von Transkriptionsfaktoren beruht, die in einem heterotrimeren Komplex durch ein WD40-Gerüstprotein verbunden sind.

Als Abschlußgewebe dient die Epidermis dem Schutz der darunter liegenden Zellen und dem Gasaustausch (Abb. **3.6** S. 108 und Abb. **3.7** S. 108). Bei allen Pflanzen finden wir typische Muster von spezialisierten Zellen in der Epidermis, die besondere Aufgaben erfüllen. Dazu gehören:

- Bildung der **Spaltöffnungsapparate** für den Gasaustausch (Kap. 5.2.3)
- Bildung von Haaren (**Trichomen**) an der Sproßachse, Samenschalen bzw. den Blättern, die auf der einen Seite Schutzfunktionen haben, auf der anderen Seite aber auch für die Verbreitung von Samen nützlich sein können (Abb. **3.9** S. 109 und Abb. **3.10** S. 110 sowie Plus **3.1** S. 111, Kap. 18.6.3).
- Die Bildung der **Wurzelhaare** in einer Zone unmittelbar oberhalb der Zellstreckungszone (Kap. 5.3.2) hat großen Einfluß auf die Versorgung der Pflanzen mit Nährstoffen, aber auch auf die Wechselwirkung mit Bodenmikroorganismen (Kap. 20.4 und Kap. 20.5).
- Die **Synthese von Anthocyanen** und anderen Phenylpropanderivaten (Kap. 12.2.3) in bestimmten Teilen der Epidermis dient als Schutz gegen UV-Licht (Kap. 3.2.2).

Bei den ersten drei Beispielen beobachten wir keine durchgehende Spezialisierung aller Epidermiszellen, sondern vielmehr ein bestimmtes Muster von Zellen mit den genannten Spezialaufgaben, die in die Masse der Pflasterzellen eingebettet sind (Abb. **18.9b, c**). Es ist lange diskutiert worden, ob diese Art von **Musterbildung** auf **Hemmzonen** um die entstehenden Spezialstrukturen herum zurückzuführen sind. Ganz generell werden die haarbildenden Zellen als **Trichoblasten** und die umgebenden Epidermiszellen ohne Haarbildung als **Atrichoblasten** bezeichnet. Wir werden in den folgenden beiden Abschnitten die molekularen Grundlagen für diese Musterbildung bei *Arabidopsis* am Beispiel der Entstehung von Trichomen (Kap. 18.3.1) und Wurzelhaaren (Kap. 18.3.2) erläutern. Dabei wird offensichtlich, daß solche Hemmzonen tatsächlich existieren und daß ein ganz allgemeines Regulationsprinzip für die Genexpression allen unterschiedlichen Phänomenen der Zellspezialisierung in der Epidermis zugrunde liegt (Plus **18.5**).

Abb. 18.9 Bildung von Trichomen in *Arabidopsis*. a Schematische Sequenz der Trichomentwicklung mit den Phasen **1–4** (s. Text); **2c → 32c**, Stufen der Endoreduplikation. Im reifen Zustand ist das dreiteilige Haar am Fuß von einem Kranz von Epidermiszellen umgeben (**c**). **b, c** Rasterelektronenmikroskopische Aufnahmen von Trichomen in verschiedenen Entwicklungsstadien (**b**) und von einem reifen Trichom (**c**). In der angrenzenden Epidermis sieht man Pflasterzellen und Gruppen von Stomata (ST) (nach A. Schnittger; b, c Original-REM-Aufnahmen, A. Schnittger; Größenangabe 150 μm).

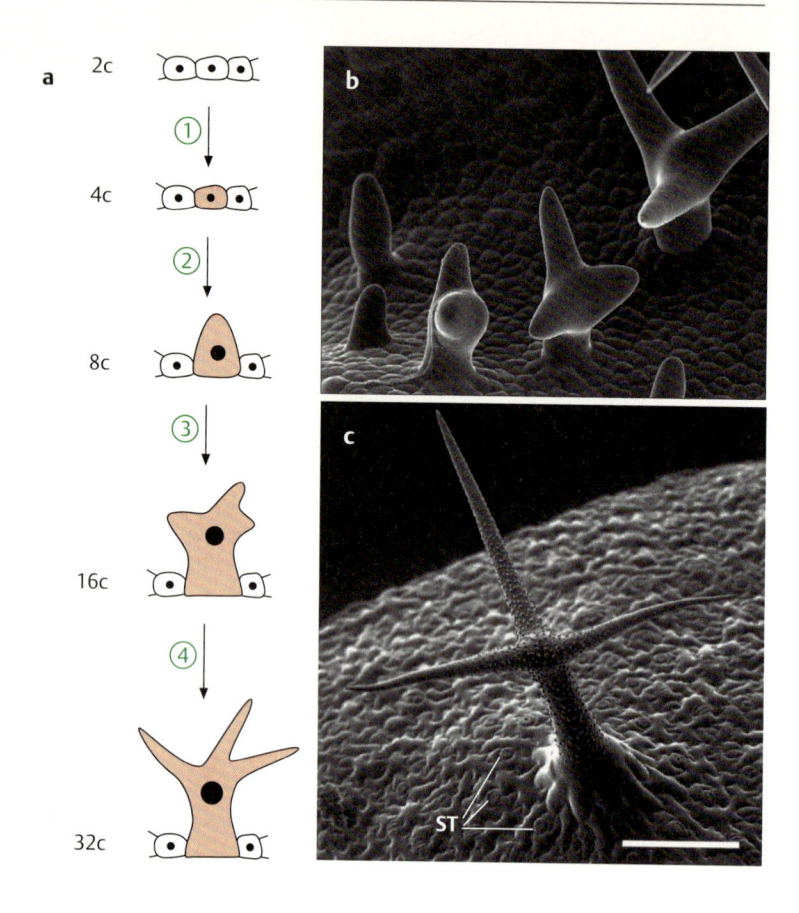

18.3.1 Entwicklung von Trichomen bei *Arabidopsis*

Die **Trichome** bei *Arabidopsis* sind einzellige verzweigte Auswüchse, die in einer typischen Dichte in der **Epidermis** von **Sproßachse**, **Samenschale** und **Blättern** entstehen (Abb. **18.9b**, **c**). Die Trichomentwicklung vollzieht sich in drei Teilprozessen (Abb. **18.9a**):

- Zelldetermination und Bildung des Trichoblasten (Schritt 1, s. rote Markierung)
- Vergrößerung des Genoms durch **Endoreduplikation** (**2c → 32c**)
- Die Zunahme des Zellvolumens auf etwa das 20-fache (Schritte 2–4) geht einher mit der typischen Verzweigung der Trichome, und alle diese Prozesse hängen entscheidend von entsprechenden Veränderungen am Actincytoskelett ab (Plus **18.9** S. 745).

In diesem Kapitel wollen wir nur die molekularbiologischen Vorgänge bei der Anlage der Trichome (Schritt 1 in Abb. **18.9a**) behandeln. Grundlage der Zelldetermination ist die Kooperation von drei Proteinen in einem **heterotrimeren Komplex von Transkriptionsfaktoren** (Abb. **18.10a**). In der folgenden Genexpressionskette entstehen zwei neue Transkriptionsfaktoren, der HD-ZIP-TF **GL2** für die Auslösung der Trichomentwicklung und der MYB-TF **CPC**, der in die benachbarten Epidermiszellen wandert und die Bildung von Haaren in der unmittelbaren Nachbarschaft unterdrückt. **CPC** ist also für eine Art **negativer Positionsinformation** in der Umgebung der Haarzelle verantwortlich (Abb. **18.10a**).

18.3 Muster der Zellspezialisierungen in der Epidermis

Plus 18.5 Ein regulatorisches Prinzip für Zellspezialisierung und Musterbildung

Kooperation zwischen einem MYB- und einem bHLH-Transkriptionsfaktor in einem trimeren Komplex, der durch ein WD40-Protein als Gerüst vermittelt wird, stellt das allgemeine regulatorische Schema für die Bildung von Spezialstrukturen in der Epidermis dar. Die entsprechenden Proteine werden bereits bei den Moosen gefunden. Man kann die bisher bekannten Komponenten in einem Netzwerk zusammenfassen, dessen Spezifität im wesentlichen durch die jeweiligen MYB-Proteine gewährleistet wird (Abb.). Besonders interessant sind die **Mini-MYB-Proteine**, die in dem trimeren Komplex die aktive Form der MYB-Proteine verdrängen und dadurch die Bildung **inaktiver Komplexe** bewirken. Die Mini-MYB wandern zwischen den Epidermiszellen, wirken also **nicht-zellautonom** und bilden die Grundlage für die **Hemmzonen** (Abb. **18.10**). Folgende Proteine bzw. Transkriptionsfaktoren sind an dem Netzwerk beteiligt: **WD40-Protein** (TTG1, testa glabra1); **MYB-TF**: W (werwolf), GL1 (glabrous1), PAP (production of anthocyanin pigment), CPC (caprice), TT2 (transparent testa2) und MYB61; **bHLH-TF**: GL3 (glabrous3) und TT8 (transparent testa8).

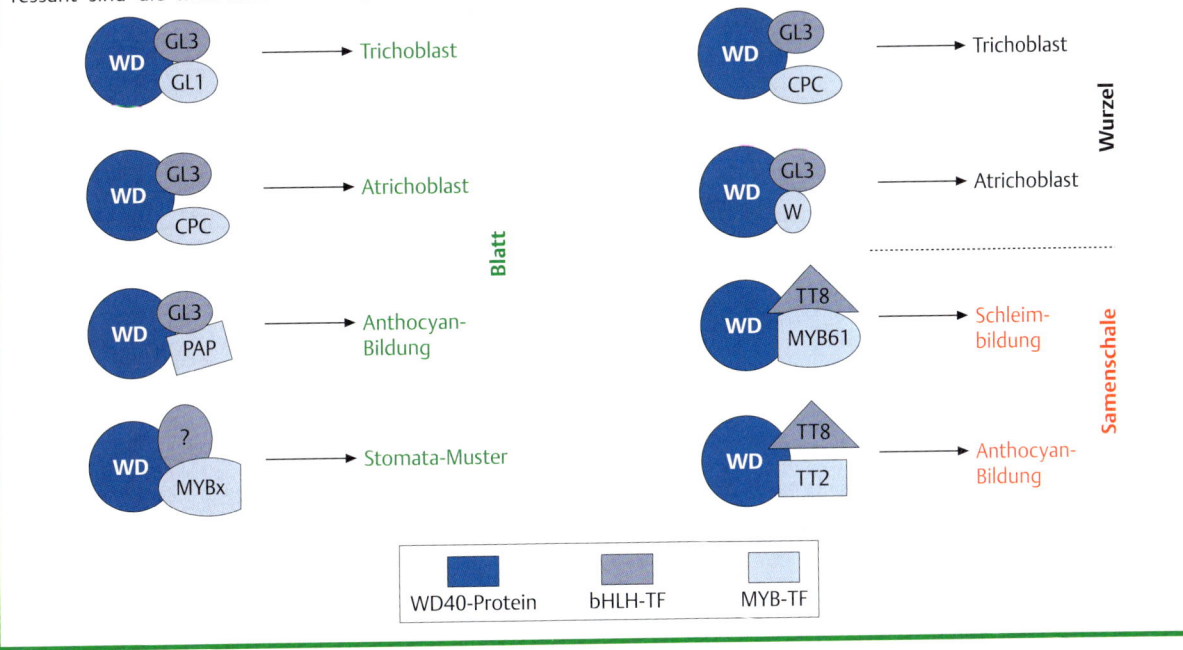

18.3.2 Bildung von Wurzelhaaren

Wurzelhaare sind unverzweigte Auswüchse an der Oberfläche von Wurzeln, die sich unmittelbar oberhalb der Zellstreckungszone bilden (Kap. 5.3.2). Sie sind im allgemeinen 2–8 mm lang und können durch ihre große Zahl von bis zu 300 Wurzelhaare pro mm^2 die Oberfläche einer Wurzel um das 10-fache vergrößern. Für eine Roggenpflanze auf nährstoffarmen Böden hat man die Gesamtoberfläche der Wurzel auf 400 m^2 und die Gesamtlänge auf etwa 10 000 km errechnet, und davon machen die 10^{10} Wurzelhaare bei weitem den überwiegenden Teil aus.

Nicht jede Epidermiszelle in der Wurzelhaarzone bildet ein Haar. Vielmehr garantieren Position und Abstand der Wurzelhaare die für die Stoffaufnahme optimale Dichte. Zwei Faktoren sind für die Anlage der Wurzelhaare maßgeblich:

- Sie entstehen jeweils einzeln im allgemeinen im unteren Viertel der Epidermiszelle.
- Sie entstehen übereinander in Reihen von sog. **Trichoblasten** oder **Haarzellen**, die voneinander durch **Atrichoblasten** oder **Nicht-Haarzellen** getrennt sind.

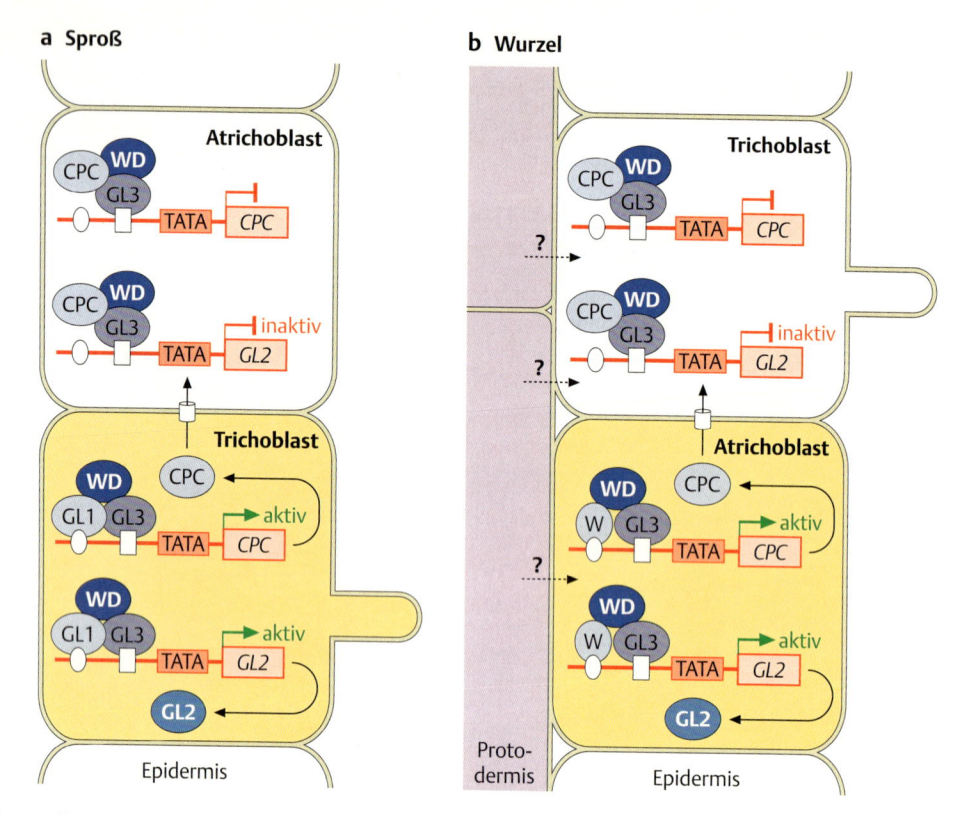

Abb. 18.10 Genexpressionskontrolle bei der Zellspezialisierung in Epidermiszellen. Das entwicklungsbiologische Schicksal von Epidermiszellen wird durch einen trimeren Komplex von Transkriptionsfaktoren bestimmt (Details Plus 18.5). Komplexe, die den **Mini-MYB CPC** enthalten sind **inaktiv**, während die Komplexe mit den MYB-TF GL1 im Blatt bzw. WER (W) in der Wurzel aktiv sind. CPC hat eine besondere Rolle als **transportfähiges Positionssignal**, das über die Plasmodesmata zwischen den Nachbarzellen ausgetauscht wird (schwarze Pfeile, s. auch Plus 18.4). **a** Genexpressionsmuster in zwei benachbarten Zellen der Blattepidermiszellen. CPC hemmt die Expression von GL2 in den Atrichoblasten. **b** Wurzelhaarbildung: Das Schicksal der Epidermiszellen in der Wurzel wird durch Signale aus der darunterliegenden Protodermis mitbestimmt (schwarze unterbrochene Pfeile, Box 18.4). Das molekularbiologische Geschehen ist dem bei der Trichombildung prinzipiell ähnlich, nur mit umgekehrten Vorzeichen (s. Farbmarkierung der Zellen). Weitere Details s. Text (nach Guimil und Dunand 2006).

Ausschlaggebend für die **Positionsinformationen** sind im ersten Fall **AUX-Gradienten** und im zweiten Fall die Lage der Trichoblasten zwischen zwei Protodermiszellen (Box 18.4). Das **Signal aus den Protodermiszellen** an die Atrichoblasten bzw. die Trichoblasten ist bisher nicht vollständig geklärt, aber ein LRR-Rezeptorkinase-Komplex an der Oberfläche der Epidermiszellen (Abb. 16.43 S. 650) ist offensichtlich an Signalempfang und -transduktion beteiligt.

Bei der molekularbiologischen Analyse der Wurzelhaarbildung stand eine überraschende Beobachtung mit einer Mutante von *Arabidopsis* Pate, in der der HD-ZIP-Faktor GL2 ausgefallen war (Abb. 18.10). Das erwartete Fehlen von Trichomen im Sproßbereich war interessanterweise gepaart mit einer übermäßigen Bildung von Wurzelhaaren, d. h. die Auswirkungen in Sproß und Wurzel waren genau entgegengesetzt. Daraus mußten zwei Schlüsse gezogen werden:

- Der **heterotrimere Transkriptionsfaktor-Komplex** und **GL2** spielen auch eine Rolle bei der Anlage der Wurzelhaare. Nur die Art des MYB-Transkriptionsfaktors ist spezifisch und bestimmt die spezielle Reaktion (Abb. 18.10).
- Im Gegensatz zum Sproß ist der heterotrimere Komplex in den Atrichoblasten der Wurzelepidermis aktiv und bewirkt die Expression von GL2 und CPC, während die Bildung der **Wurzelhaaranlage** durch den **Mangel an GL2** in den Trichoblasten charakterisiert ist.

18.4 Blütenentwicklung

Komplexe Netzwerke regulatorischer Faktoren bestimmen den Übergang in die generative Phase einer Pflanze (Blühinduktion). Die Balance zwischen vegetativen und generativen Teilen entscheidet über den Erfolg bei der Reproduktion. Bei *Arabidopsis* werden verschiedene Wege der Blühinduktion auf der Ebene der sog. Integratorgene zusammengefaßt. Die Umstimmung im Apikalmeristem erfolgt durch Expression der Meristemidentitätsgene, die ihrerseits für die Anlage der Blütenorgananlagen verantwortlich sind. Diese werden durch heterotetramere MADS-Box-Transkriptionsfaktoren bestimmt, die vier morphogenetische Felder im Blütenmeristem definieren. Auf der letzten Ebene der Realisatorgene erfolgt die Ausformung der Blüten mit der artspezifischen Zahl, Größe und Form der Blütenblattorgane.

Im 18. Jahrhundert prägten zwei bahnbrechende Beiträge die Betrachtungsweise von Samenpflanzen und ihren typischen Blüten:

- In seinem Buch „Systema naturae" publizierte der 25-jährige schwedische Naturforscher C. von Linné 1732 das erste überzeugende Pflanzensystem auf der Basis von Blütenmerkmalen als Ausdruck pflanzlicher Sexualität. Das Linnésche System war ein großer Durchbruch für die Pflanzenforschung (Box **18.5**), wurde aber wegen seiner „anzüglichen" Beschreibungen lange Zeit von seinen Zeitgenossen für völlig unakzeptabel gehalten.
- In den „Metamorphosen der Pflanzen" (1790) entwickelte J. W. Goethe das Konzept, daß alle Blütenorgane sich von Blättern ableiten, eine Auffassung, die durch die Analyse der Blütenorganidentitätsgene vollauf bestätigt wurde (Abb. **18.13** S. 737).

Neben ihrer Rolle für den Erhalt und der Verbreitung der Arten sind Blüten, Samen und Früchte ohne Zweifel in ihrer unerschöpflichen Vielfalt von herausragender Bedeutung für die Taxonomie. Darüberhinaus sind sie aber auch als allgemeine Nahrungsquelle für zahlreiche Tiere bzw. für die Nutzung als Kulturpflanzen durch den Menschen wichtig.

18.4.1 Blühinduktion

Die komplexen biologischen Prozesse beim Übergang aus der vegetativen in die generative Phase einer Pflanze (Blühinduktion) sind am Beispiel von *Arabidopsis* gut untersucht (Abb. **18.11**). Wir wollen uns daher ausschließlich auf diese Pflanze als Beispiel beschränken. *Arabidopsis* ist eine typische Langtags(LT)-Pflanze, und viele Ökotypen sind sommerannuelle Sorten (Box **18.6**), die sich unter geeigneten Bedingungen innerhalb von 8–10 Wochen von der Keimung bis zu den reifen Samen entwickeln (Tab. **18.3**). Diese schnelle Generationsfolge macht *Arabidopsis* als experimentelles Objekt so wertvoll und erfolgreich. Voraussetzung für einen solchen Ablauf ist, daß in der vegetativen Phase in relativ kurzer Zeit genügend Rosettenblätter für die Ernährung von möglichst vielen Samenanlagen in der generativen Phase gebildet werden. Die **Balance zwischen vegetativen und generativen Teilen** der Pflanze entscheidet über den Erfolg in der Evolution. Die häufig im Zusammenhang mit genetischen Untersuchungen zur Blühinduktion beobachteten früh blühenden Mutanten (early flowering Phänotyp) sind wegen der Beschleunigung der Generationenfolge scheinbar ein „Hit"; aber in Wirklichkeit sind sie durch

---

Box 18.4 Positionssignal aus der Protodermis für die Bildung der Wurzelhaare

Da die Trichoblasten auf der Grenze zwischen zwei Protodermiszellen liegen, haben sie über Plasmodesmen unmittelbaren Kontakt zu beiden Zellen, während die Atrichoblasten nur Kontakt zu einer Protodermiszelle haben (Abb. **18.10b**). Diese rein morphologischen Unterschiede erklären allerdings noch nicht die Art und Funktionsweise des Positionssignals. Mutantenanalysen mit Störungen in der eindeutigen Zuordnung der Haarbildung zeigen, daß eine entsprechende LRR-Rezeptorkinase (Abb. **16.43** S. 650) als Empfänger für das vermutete Peptidsignal beteiligt ist. Das Signal selbst und seine Verarbeitung zwischen den Zellschichten sind noch nicht geklärt. Auch ETH hat einen merklichen Einfluß auf die Unterscheidung zwischen Trichoblasten und Atrichoblasten. Wenn der ETH-Repressor CTR1 ausfällt, d. h. in Mutanten mit konstitutiver ETH-Antwort (Abb. **16.29** S. 645), bilden alle Zellen der Wurzelepidermis Haare. Auf der anderen Seite ist ETH erforderlich für die normale Entwicklung der Wurzelhaare (Abb. **16.38** S. 645). ETH könnte also sehr wohl Teil der Positionsinformation sein. Schließlich ist es wichtig anzumerken, daß die Unterscheidung nicht absolut ist. Pflanzen können auf kargen Böden, insbesondere mit Eisen- und Phosphatmangel, zusätzliche Wurzelhaare auch in den eigentlichen Atrichoblasten bilden.

Box 18.5 Goethe war erschrocken

Die ungewöhnliche Wirkung von Linnés Konzept und Darstellungsweise pflanzlicher Sexualität als Basis eines natürlichen Systems der Pflanzen mit der binären Nomenklatur spiegelt sich sehr deutlich in einer Äußerung des 67-jährigen Goethe wider (1816):

„Diese Tage habe ich wieder Linné gelesen und bin über den außerordentlichen Mann erschrocken. Außer Shakespeare und Spinoza wüßte ich nicht, daß irgendein Abgeschiedener solche Wirkung auf mich getan."

Abb. 18.11 Hierarchie der Kontrolle der Blühinduktion bei *Arabidopsis*. Der vegetative Zustand ist durch die starke Expression des FLC-Repressors gekennzeichnet, die in noch nicht geklärter Weise durch FRI bewirkt wird. BR fördert den Übergang zur Blütenbildung durch Hemmung der FRI-Wirkung. Die vier Ebenen des Übergangs vom vegetativen Meristem zum generativen Blütenmeristem und schließlich zur Ausformung der Blüten sind im Text erläutert (Erläuterungen zu den MADS-Box-Faktoren Box **18.8** S. 736 und Plus **15.7** S. 521).

Integratorebene: Vier Wege sind an der Umsteuerung beteiligt: 1. Die Mechanismen der **photoperiodischen Blühinduktion** wurden bereits in Kap. 17.2.4 besprochen. In den Blättern entsteht das Florigen (FT), das über das Phloem in das SAM gelangt und nach Bindung an den bZIP-TF FD zu einem Teil der Kontrollproteine auf der Integratorebene wird (Plus **17.6** S. 697). Die Expression von FD/FT verstärkt sich autokatalytisch im SAM und fördert außerdem die Bildung von SOC1. 2. **GA** fördert die Blütenbildung über den in Kap. 16 geschilderten Mechanismus (Box **16.7** S. 619 und Abb. **16.20** S. 620). Der Spiegel des entsprechenden MYB33-TF im SAM wird durch die Anwesenheit der Mikro-RNA (miR159) kontrolliert (Plus **18.3** S. 722). Die Wege **3** und **4** gehen über das **MADS-Box-Protein FLC**, das als Repressor an entsprechende Erkennungssequenzen in den Promotorregionen von *SOC1* und *FD* und im ersten Intron von *FT* bindet. Damit wird die Expression der Integratorgene blockiert. Details der Kontrolle der *FLC*-Expression und der Umsteuerung durch die Faktoren der Wege 3 und 4 sind in Plus **18.6** zusammengefaßt.

Meristemidentitätsebene: In der frühen Phase der Umsteuerung des Meristems entsteht zunächst LFY (engl.: leafy), das die Bildung der Gruppe A MADS-Box-Proteine (AP1, CAL) auslöst. Die Faktoren der Meristemidentitätsebene verstärken sich gegenseitig und lösen die Bildung der MADS-Box-Proteine auf der **Blütenorganidentitätsebene** aus. Die **Realisatorebene** führt schließlich zu den eigentlichen Blüten in ihrer ganzen Formenvielfalt (nach Sung und Amasino 2005).

die Unausgewogenheit zwischen vegetativer und generativer Phase und der viel zu geringen Samenbildung eher ein „Flop".

Arabidopsis existiert sowohl mit winterannuellen als auch mit sommerannuellen Varietäten, die fakultative LT-Pflanzen sind (Tab. **17.3** S. 694). Das bedeutet, daß es mehrere alternative bzw. sich komplementierende Wege zur Blühinduktion gibt. Alle diese Wege laufen auf der ersten Ebene, der Ebene der sog. **Integratorgene** zusammen (Abb. **18.11**). Die Expression der Transkriptionsfaktoren **SOC1** und **FD** und die Verfügbarkeit von **FT** sind Voraussetzungen für den Übergang des SAM in das Infloreszenzmeristem bzw. Blütenmeristem (FM, engl.: floral meristem). Die Umstimmung selbst erfolgt durch Expression von drei TF (**LFY, AP1, CAL**), die man als die **Meristemidentitätsgene** bezeichnet (Meristemidentitätsebene in Abb. **18.11**). Die dritte Ebene für die Anlage der Blüten wird durch eine Gruppe von MADS-Box-Transkriptionsfaktoren charakterisiert, die die **Identität der Blütenblattorgane** bestimmen. Sie werden in ihren Wechselbeziehungen ausführlich im Kap. 18.4.2 besprochen. Schließlich folgen auf der vierten Ebene die sog. **Realisatorgene**, die die Zahl, Größe und Form der Blütenblattorgane sowie den zeitlichen Ablauf ihrer Entwicklung bestimmen (Kap. 18.4.3).

Wir müssen jetzt anhand der Abb. **18.11** noch kurz auf die Wege zur Blühinduktion eingehen. Die Wege 1 und 2 wirken unmittelbar auf die Expression der Integratorgene, während die Wege 3 und 4 indirekt sind. Im Zentrum der beiden indirekten Wege steht als **allgemeiner Repressor der Blühinduktion** das MADS-Box-Protein **FLC** (engl.: flower locus C), dessen Expression durch FRI (**FRIGIDA**) kontrolliert wird. Wir können also verein-

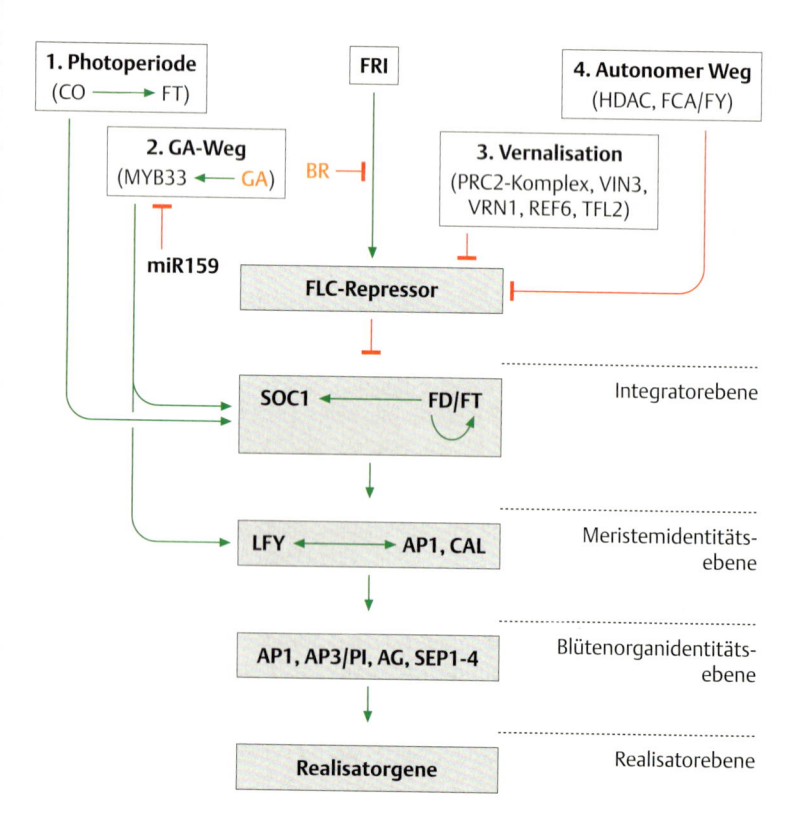

Tab. 18.3 *Arabidopsis*-Entwicklung in Zahlen.

(*Arabidopsis thaliana* Columbia im LT [16 h Licht/8 h Dunkel], nach D. C. Boyes et al., Plant Cell 2001)

Keimung und Entwicklung des Keimlings	0–6 Tage
vegetative Entwicklung (Rosette mit 14 Blättern)	7–26 Tage
Übergang in die generative Phase (erste Blütenknospe)	26. Tag
erste geöffnete Blüte (gesamte Blattfläche 32 cm^2)	32. Tag
erste reife Schote aufgebrochen	48. Tag
Ende der Entwicklung (Pflanze abgestorben mit etwa 100 Schoten und 5000 Samen)	60. Tag

facht folgende zwei „Gleichungen" für den Zustand des Apikalmeristems festhalten:

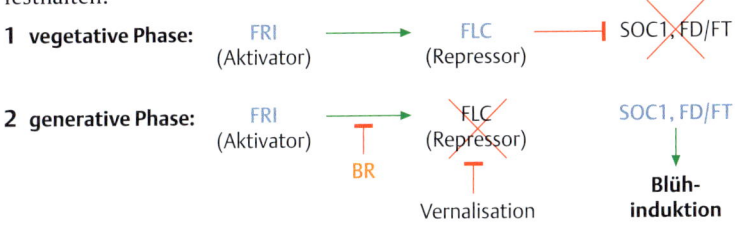

1 **vegetative Phase:** FRI (Aktivator) → FLC (Repressor) ⊣ SOC1, FD/FT

2 **generative Phase:** FRI (Aktivator) → ~~FLC~~ (Repressor) SOC1, FD/FT **Blühinduktion**
   BR ⊣
   Vernalisation ⊣

Dabei spielt ein für viele Pflanzen bedeutungsvoller Wachstumsimpuls eine besondere Rolle, die Blühinduktion durch **Kältebehandlung** (**Vernalisation**, Box **18.7**). Durch die Vernalisation wird der positive Einfluß von FRI überwunden, weil der *FLC*-Locus durch **Heterochromatisierung** stillgelegt wird (Plus **18.6**). Dadurch erfolgt eine irreversible Änderung im Genexpressionsmuster des SAM. Es geht in einen kompetenten Zustand für die Blühinduktion, z. B. durch LT-Bedingungen über. Der heterochromatische Block der *FLC*-Expression kann erst bei der Bildung der Gameten, d. h. in der Meiose, wieder aufgehoben werden. Der Status des FRI/FLC-Schalters (Abb. **18.11**) ist auch die Basis für das Nebeneinander von winterannuellen und sommerannuellen Ökotypen bei *Arabidopsis* (Box **18.6**).

18.4.2 Kontrolle der Blütenorganidentität

Bevor wir die molekularbiologischen Details besprechen, sollten wir uns kurz den Aufbau der *Arabidopsis*-Blüte mit ihren typischen Merkmalen eines Vertreters der Brassicaceen mit den vier Wirteln von Blütenblattorganen ins Gedächtnis zurückrufen (Box **18.9** S. 739). Die Anlage der Blütenorgane wird durch **MADS-Box-Transkriptionsfaktoren** kontrolliert (Box **18.8** S. 736). Sie gehören 4 Gruppen (Gruppen A–D) an und sind in drei regulatorischen Ebenen angeordnet. Diese Gruppen und Ebenen ergeben in einer Art Kombinatorik **vier morphogenetische Felder** mit vier Arten **heterotetramerer MADS-Box-Faktoren** (Abb. **18.12a, b**), die die Anlage der vier Typen von Blütenblattorganen bestimmen. Zwei experimentelle Argumente haben entscheidend zur Formulierung dieses relativ einfachen entwicklungsbiologischen Modells, das prinzipiell auch für andere Pflanzen gilt, geführt:

> **Box 18.6 Sommerannuelle, winterannuelle Sorten**
>
> Das Nebeneinander von sommerannuellen und winterannuellen Ökotypen bzw. Sorten innerhalb derselben Art (Getreide, *Arabidopsis*) hat frühzeitig die Frage nach den genetischen Unterschieden aufkommen lassen. Kreuzungsexperimente an *Hyoscyamus niger* haben gezeigt, daß es sich um ein einziges Gen handeln kann. Bei *Arabidopsis* können wir die molekularen Mechanismen für die Herausbildung **sommerannueller Ökotypen** an zwei Beispielen nachvollziehen. In beiden Fällen unterbleibt die Expression des FLC-Repressors:
>
> 1. Bei dem häufig in der Forschung verwendeten Ökotyp **Columbia** finden wir einen homozygoten Defekt im *FRI*-Gen, d. h. Columbia ist *fri/fri* und damit bleibt die notwendige Stimulation der FLC-Expression aus. Der Locus liegt permanent im inaktiven Zustand vor (Plus **18.6**).
> 2. Bei dem Ökotyp **Ler** (**Landsberg erecta**) haben wir dagegen eine Transposon-Insertion in dem ersten Intron des *FLC*-Gens vorliegen. Durch Bildung von siRNAs kommt es zur dauerhaften Heterochromatisierung im *FLC*-Locus auch ohne Einwirkung einer Vernalisationsperiode.

Plus 18.6 Aktivitätszustände am *FLC*-Locus – eine Angelegenheit des Histoncodes

a

$$\text{Lys-}(\epsilon)NH_2 \xrightarrow[\text{[Ac-CoA]}]{\text{HAT}} \text{Lys-}(\epsilon)NHCOCH_3 \xrightarrow{\text{HDAC}} \text{Lys-}(\epsilon)NH_2$$

$$\text{Lys-}(\epsilon)NH_2 \xrightarrow[\text{[Me]}]{\text{EFS}} \text{Lys-}(\epsilon)NHCH_3 \xrightarrow[\text{[Me]}]{\text{EFS}} \text{Lys-}(\epsilon)N(CH_3)_2 \xrightarrow[\text{[Me]}]{\text{EFS}} \text{Lys-}(\epsilon)\overset{+}{N}(CH_3)_3 \xrightarrow{\text{REF6}} \text{Lys-}(\epsilon)NH_2$$

Die Expression des *FLC*-Gens wird durch ein gutes Dutzend von Faktoren beeinflußt, deren Gene zum großen Teil in Screening-Verfahren nach frühblühenden *Arabidopsis*-Mutanten identifiziert wurden. Der Einfachheit halber haben wir im allgemeinen auf die Erklärung der Abkürzungen verzichtet, weil nicht die Namen, sondern die funktionellen Details wichtig sind. Wir können vier Aktivitätszustände unterscheiden (Abb. **b**):

1: Aktiver Zustand in nicht vernalisierten, vegetativen Pflanzen (grau unterlegt). Die Histonoktamere (rötliche Tonnen) sind am Lysinrest K9 des Histon H3 acetyliert (rote Ac) und am Lysinrest K4 trimethyliert (grüne Quadrate). Diese und andere Modifikationen (Plus **13.1** S. 382) sind die typischen Kennzeichen für **offenes Chromatin**, an dem die RNAPII-Maschine transkribieren kann. Die Trimethylierung von K4 wird durch die Methyltransferase EFS und schrittweiser Übertragung von drei Methylgruppen aus aktivem Methionin [Me] vermittelt (Abb. **a**). EFS wird durch den RNAPII-assoziierten PAF-Komplex rekrutiert. Die notwendigen His-Acetyltransferasen (HAT) sind Teil der **RNAPII-Maschine** (Abb. **15.14** S. 516). Die trimethylierten Lys-Reste sind Erkennungsstellen für das PIE-Protein als Untereinheit eines ATP-abhängigen Chromatinumformungskomplexes (Kap. 15.4.5). Die Entstehung der K4-Trimethylierung wird durch FRI (FRIGIDA) gefördert, während die Prozessierung der gebildeten *FLC*-prämRNA durch den FY/FCA-Komplex gehemmt wird (Abb. **16.34** S. 641).

Die Inaktivierung des *FLC*-Locus bedeutet den Übergang in geschlossenes Chromatin (Abb. **15.16** S. 519). Er geschieht durch Rekrutierung eines Histon-Deacetylase-Komplexes (HDAC) und der K4-Demethylase REF6. Zustand **2** ist zugleich Ausgangspunkt für die irreversible Inaktivierung im Zuge der Vernalisation (**3**, **4**).

3, 4: Überführung des *FLC*-Locus in Heterochromatin. Bei der Vernalisation wird an das Chromatin ein Repressor-Komplex PRC2 rekrutiert, der eine H3-Methyltransferaseaktivität für die Lysinreste K9 und K27 enthält. Nach Dimethylierung von K9 (olivgrüne Punkte) kann das Protein TFL2 (terminal flower) binden und damit den gesamten Bereich des *FLC*-Locus als Heterochromatin stillegen (**4**).

Die **Repressorkomplexe** (**PRC2**, engl.: polycomb repressor complex) haben ihren Namen von einer Mutante (Polycomb) der Taufliege *Drosophila*, die 1940 durch die Veränderungen an den für die Paarung wichtigen Sexkämmen an den Vorderbeinen der Männchen aufgefallen war. Erst 50 Jahre später begann man herauszufinden, daß das **POLYCOMB-Protein** Teil einer großen und bei allen Organismen verbreiteten Maschinerie ist, die ganze Genbereiche in bestimmten Phasen der Entwicklung durch Umbau des Chromatins stillegt, wie wir das am Beispiel des *FLC*-Locus dargestellt haben. In

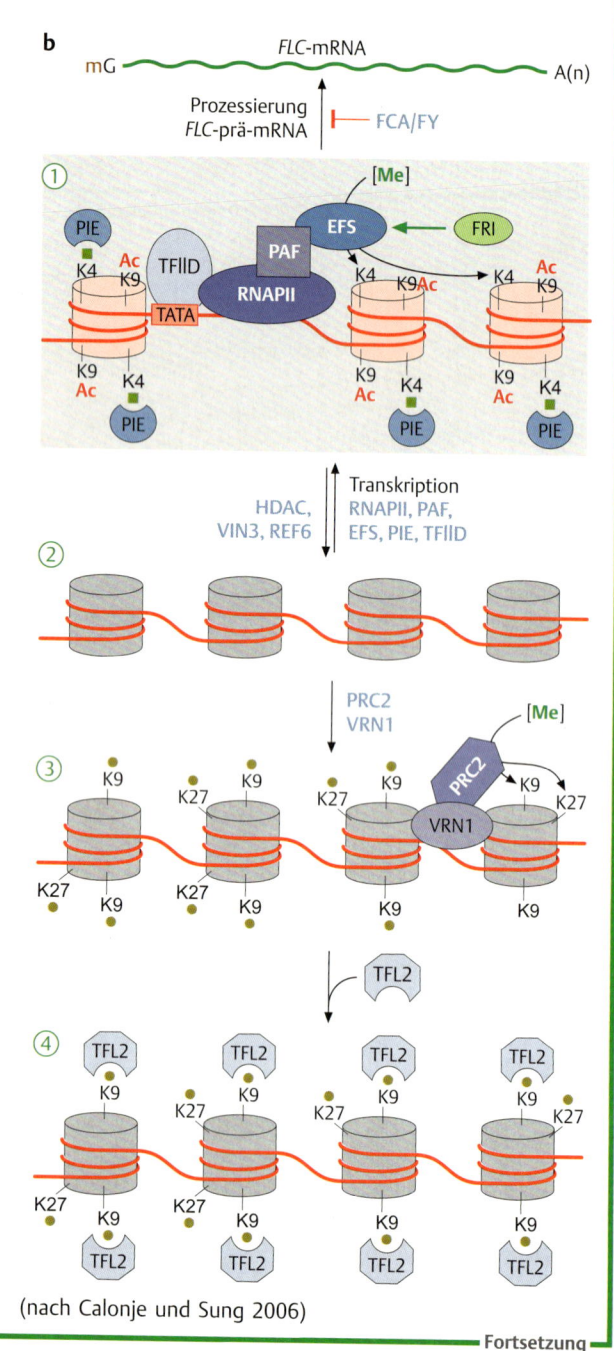

(nach Calonje und Sung 2006)

Fortsetzung

Fortsetzung

Arabidopsis haben wir drei verschiedene PRC2 vorliegen. Allen gemeinsam sind zwei **WD40-Proteine** (Plus **17.3** S. 683 und Plus **18.5** S. 729), die offensichtlich Proteininteraktion vermitteln. Spezifisch für die drei Komplexe sind heterodimere **H3-Methyltransferasen**, die aus jeweils einer enzymatischen und einer Aktivator-Untereinheit besteht. Die Zielgene und die biologische Bedeutung der Heterochromatisierung sind in der Übersicht zusammengefaßt.

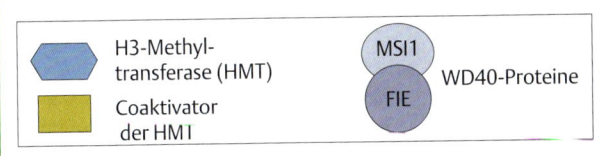

c

PRC2 (600 kDa) HMT-Komplexe	Zielgene	Auswirkungen
MSI1–EMF2 / FIE–CLF	*AG, PI, AP3, MEA*	Aufrechterhaltung des vegetativen Stadiums (Abb. **18.11**); Silencing der *MEA*-Expression (Plus **18.12** S.756)
MSI1–FIS2 / FIE–MEA	*PHE, MEA, FIS2*	Kontrolle der Balance zwischen Endosperm- und Embryoentwicklung; Assimilattransport über das Endosperm in den Embryo (Plus **18.12** S.756)
MSI1–VRN2 / FIE–CLF	*FLC*	Vernalisierung; Silencing der Expression des FLC-Repressors (Abb. b3)

Legende: H3-Methyltransferase (HMT), Coaktivator der HMT, WD40-Proteine (MSI1, FIE)

(nach Calonje und Sung 2006)

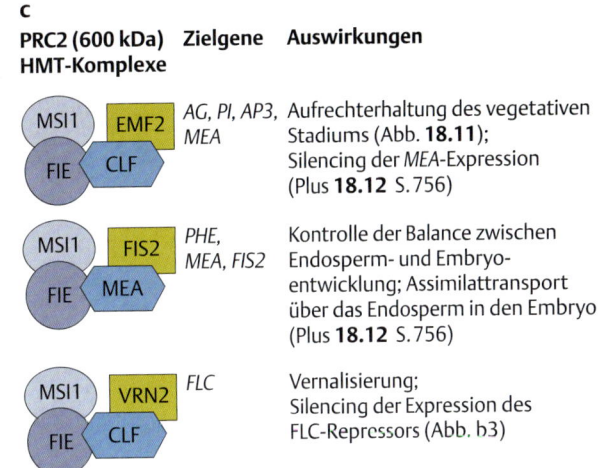

Box 18.7 Vernalisation

Bei den sog. **winterannuellen Pflanzen** liegt die vegetative Wachstumsphase im Spätsommer/Herbst und die generative Phase im späten Frühjahr des nächsten Jahres. Dazwischen liegt eine mehr oder weniger ausgedehnte Ruhephase mit anhaltender Kälte. Beispiele für solche Pflanzen in der mitteleuropäischen Flora sind Wintergetreide, der rote Fingerhut, die Königskerze, Mohrrübe, viele Kohlarten und einige Ökotypen von *Arabidopsis* oder *Hyoscyamus niger*. Die **Kältebehandlung** oder **Vernalisation** erfordert in vielen Fällen eine wochenlange Vorbehandlung bei 2–10°C. Sie kann zwingende Voraussetzung für die nachfolgende Umstimmung des SAM z. B. durch eine LT-Photoperiodik sein. Die Vernalisation macht das SAM kompetent für die Blühinduktion.

Dieser Ablauf für winterannuelle **monokarpe Pflanzen** gilt prinzipiell ähnlich auch für viele mehrjährige, d. h. **polykarpe Pflanzen**, wie z. B. Primeln, Veilchen, Goldlack, Taumelgras oder auch für die laubabwerfenden Bäume und Sträucher, deren Knospen durch Kältebehandlung zum Austrieb und zur Blütenbildung veranlaßt werden. Anhaltende Kälteperioden sind aber auch die Voraussetzung bzw. sie sind förderlich für die Keimung vieler Samen.

Wie lange muß eine Kälteperiode dauern, um den kompetenten Zustand herzustellen und was passiert in dieser Zeit? Es ist aus naheliegenden Gründen sehr wichtig, daß nicht kurzzeitige Wechsel von kalten und warmen Abschnitten in der Winterperiode von den Pflanzen „mißverstanden" werden. Im Gegensatz zu der schnell ablaufenden Akklimatisierung an niedrige Temperaturen, die sich im allgemeinen innerhalb von wenigen Stunden vollzieht und mit der Ausbildung geeigneter Schutzproteine bzw. -metabolite einhergeht (Kap. 19.3.2), dauert die **Vernalisation** je nach Pflanzenart viele **Tage bzw. Wochen** und braucht Temperaturen zwischen 2 und 10°C. Die Kompetenz baut sich langsam auf und bleibt dann über lange Zeit erhalten. Pflanzen entwickeln eine Art **Langzeitgedächtnis** durch **epigenetische Veränderungen am Chromatin** (Plus **18.6**), die auch während der Zellteilungen im SAM nicht verlorengehen. Man nimmt an, daß die Dauer der Vernalisation darauf zurückzuführen ist, daß sich, durch Kälte ausgelöst, Transkriptionsfaktoren bilden (VIN3, engl.: vernalization insensitive; VRN1, engl.: vernalization response), die für die genspezifischen Veränderungen am Chromatin benötigt werden. Wenn der Schwellenwert erreicht ist, vollzieht sich der irreversible Übergang (Plus **18.6**).

vegetative Phase **SAM** →(Vernalisation)→ vegetative Phase **SAM*** (kompetent) →(Blühinduktion)→ generative Phase **FM**

SAM Sproßapikalmeristem, FM Blütenmeristem (engl.: floral meristem)

- Der Nachweis der Expressionsmuster der MADS-Box-Faktoren im Blütenmeristem durch In-situ-Hybridisierung mit geeigneten Sonden gegen die mRNAs ergab ein Verteilungsmuster in Wirkungsfeldern, wie es in Abb. **18.12a** wiedergegeben ist.
- Die spezifische Wirkung der heterotetrameren **MADS-Box-TF** wurde bei der Analyse der Blütenmorphologie von Mutanten, in denen ein oder mehrere Faktoren ausgefallen waren (Abb. **18.13**) deutlich. Wenn die Gene einer der Gruppen A–C ausfallen, fehlen ganz bestimmte Teile der Blüten und andere treten vermehrt auf. In der *ap1*-Mutante (Gruppe A) fehlen die Kelch- und Kronblätter (2), in der *ap3/pi*-Mutante (Gruppe B) fehlen die Kron- und Staubblätter (3), während die *agamous*-Mutante geschlechtslos ist, weil die Staub- und Fruchtblätter ausgefallen sind (4). Die *ag*-Mutante hat **gefüllte Blüten**, wie man sie bei Zierpflanzen auf züchterischem Weg erzielt. Wenn man so will, entsprechen unsere Zuchtrosen dem *ag*-Phänotyp von *Arabidopsis*. Da bei den Rosaceen allgemein polyandrische Blüten vorliegen, gibt es genügend „Staubblatt-Anlagen", die bei den **gefüllten Rosen** in zusätzliche Kronblätter umgewandelt sind. Interessant sind die beiden letzten *Arabidopsis*-Mutanten, in denen entweder alle Gene der Gruppen A–C (Abb. **18.13**, Gruppe 5) oder die der Gruppe D defekt sind (Gruppe 6). In jedem Fall besteht die Blüte nur aus Kreisen kleiner Laubblätter, weil die Blütenorganidentität verlorengegangen ist.

Eine Besonderheit bei der Analyse der Mutanten war offensichtlich. Wenn AP1 ausfiel, dehnte sich das Expressionsfeld von AG über das ganze Meristem aus und umgekehrt, wenn AG ausfiel, dehnte sich AP1 aus

---

Box 18.8   MADS-Box-Transkriptionsfaktoren

Die große Gruppe der MADS-Box-TF leitet ihren Namen von der konservierten DNA-Bindungsdomäne (MADS-Box, Plus **15.7** S. 521) ab, die ursprünglich als Gemeinsamkeit in vier Vertretern der Familie aus Säugerzellen, Hefe und Pflanzen identifiziert wurde. Die Herleitung des Akronyms ist wieder nicht so wichtig. MADS-Box-TF sind bei Pflanzen weit verbreitet und spielen eine überragende Rolle als sog. homeotische TF in der Entwicklungsbiologie. Sie bestimmen in vielen Fällen die **Identität von Organen**, wie wir das in Abb. **18.12b** für die Anlage der Blütenblattorgane gezeigt haben. Es gibt etwa 100 Vertreter dieser Familie in *Arabidopsis*. Wie bei anderen multimeren TF ist die DNA-Bindungsstelle für die MADS-Box-Faktoren eine palindromische Sequenz, die allerdings sehr variabel ist: 5'-CC(A/T)$_{5-7}$GG-3'. Die Grundstruktur von MADS-Box-TF ist durch die N-terminale DNA-Bindungsdomäne, eine zentrale coiled/coil-Domäne (Legende Abb. **15.17** S. 524) und die C-terminale Aktivatordomäne (AD) gekennzeichnet:

MADS	Coiled-Coil	AD
DNA-Bindung, Dimerisierung	Proteinwechselwirkung	Kontakt zur RNAPII-Maschine

Neben den Blütenorganidentitätsfaktoren haben wir es im Rahmen der pflanzlichen Entwicklungsbiologie noch mit einer ganzen Reihe weiterer Vertreter zu tun, die wir in der zweiten Gruppe zusammengefaßt haben.

Gruppe 1 Blütenorganidentität[1]		Gruppe 2 andere MADS-Box-TF
AP1 (apetala1)	A, FM	FLC(flower locus C)-Repressor (Abb. **18.11** und Plus **18.6**)
CAL (cauliflower)	FM	SOC1(suppressor of overexpression of constans), Integrator-TF (Abb. **18.11**)
AP3 (apetala3)	B	SHP1/2 (shatterproof1/2), Schotenentwicklung (Abb. **18.25** S. 764)
PI (pistillata)	B	FUL (fruitful), Schotenentwicklung (Abb. **18.25** S. 764)
AG (agamous)	C	PHE1/2 (pheres), Samenentwicklung (Plus **18.12** S. 756)
SEP1–4 (sepallata)	D	

[1] FM Blütenmeristem (Abb. **18.11**); A–D, Gruppen A–D in Abb. **18.12a**

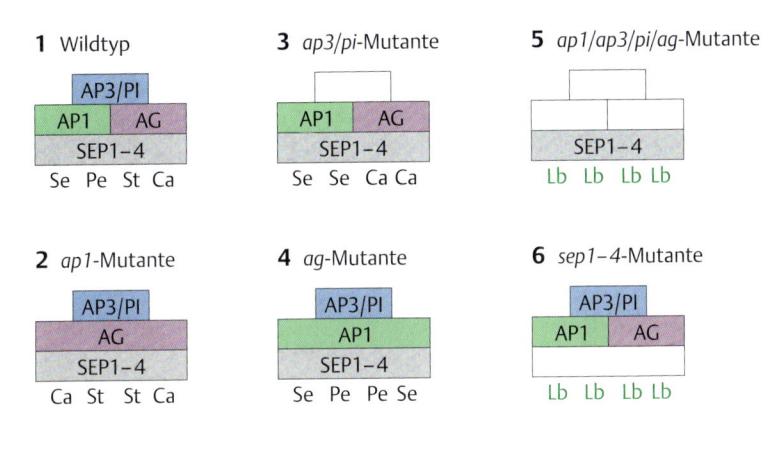

Abb. 18.12 Blütenaufbau und Kombinatorik der Blütenorgananlagen bei *Arabidopsis*. **a** Die vier Gruppen von MADS-Box-TF A–D und ihre Anordnung in drei Wirkungsfeldern, die von außen nach innen die Anlage der Blütenblattorgane in den vier konzentrischen Kreisen mit Kelch-, Kron-, Staub- bzw. Fruchtblättern bestimmen. Die schematische Darstellung repräsentiert also von links nach rechts eine halbe Blüte. **b** Kombinatorik in der Zusammensetzung und Wirkung der vier Typen von heterotetrameren MADS-Box-TF, die die DNA (rot) durch Bindung an die entsprechenden Erkennungsmotive in den Promotorregionen verbiegen; rote Pfeile zeigen die Richtung der Zielgene an (nach G. Theissen und H. Saedler, Nature 2001).

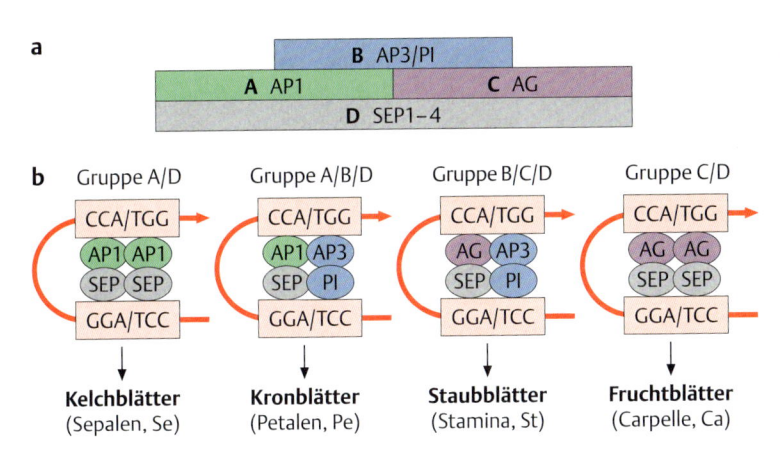

(Abb. **18.13**, Mutanten 2 und 4). Offensichtlich wird die notwendige scharfe Grenze zwischen beiden Feldern im WT (1) dadurch gewährleistet, daß AP1 die Expression von AG und umgekehrt AG die Expression von AP1 hemmt. Dieses wichtige Detail der Begrenzung der morphogenetischen Felder und andere regulatorischen Zusammenhänge zur **Wirkung der MADS-Box-TF im Blütenquartett** sind in Plus **18.7** zusammengefaßt. Das schließt auch die besondere Rolle von AG für das **Erlöschen der Meristemfunktion** ein. Von wenigen Ausnahmen abgesehen, stellen ja Blüten terminale Organe dar, d. h. das Meristem stellt kurz nach Anlage der Blütenblattorgane seine Tätigkeit ein. Entscheidend dafür ist die Unterdrückung der WUS-Expression durch AG.

Abb. 18.13 Wirkung von Mutationen im Quartett der MADS-Box-Transkriptionsfaktoren. Die Wildtypkombination (*WT*) garantiert die geordnete Anlage der Blütenblattorgane in den vier Kreisen (Abb. **18.12b**). Beim Ausfall eines oder mehrerer Faktoren ist das Muster der Blütenblattorgane in der angezeigten Weise verändert. Se Sepalen, Pe Petalen, St Stamina, Ca Carpellen, Lb laubblattartige Strukturen (Details s. Text).

18.4.3 Realisierung der Blütenmorphologie

In den vorausgegangenen beiden Kapiteln hatten wir uns mit dem hierarchischen Netzwerk von Kontrollproteinen beim Übergang von einem vegetativen Meristem zum Blütenmeristem und den Anlagen von Blütenblattorganen beschäftigt. So, wie für *Arabidopsis* beschrieben oder zumindest prinzipiell sehr ähnlich, vollziehen sich die entwicklungsbiologischen Abläufe bei allen Blütenpflanzen. Trotz der gewaltigen Unterschiede in der Blütenstruktur von *Arabidopsis*, Löwenmäulchen, Löwenzahn, Gräser oder anderen (Box **18.9**) sind die beteiligten Gene und regulatorischen Abläufe auf diesem Weg bis zur Blütenorgananlage vergleichbar. Die unerschöpfli-

Plus 18.7 Regulatorische Abstimmungen im Blütenquartett

Entscheidend für die Funktionen der MADS-Box-TF auf der Ebene der Blütenorganidentität (Abb. 18.11 S. 732) sind eine Reihe von regulatorischen Mechanismen, die der Feinabstimmung dienen und exemplarisch die Komplexität von entwicklungsbiologischen Prozessen verdeutlichen (Abb. **a**).

a

- Die Induktion der MADS-Box-Gene bei dem Übergang von der Meristemidentitätsebene zur Blütenorganidentitätsebene (Abb. 18.11 S. 732) erfordert LFY in drei verschiedenen Zuständen:
  - LFY induziert die Bildung von AP1/CAL (1a)
  - LFY zusammen mit AP1 induziert die Bildung von AP3/PI (1b)
  - LFY zusammen mit WUS ist für die Expression von AG verantwortlich (1c)
- Innerhalb der Blütenorganidentitätsebene gibt es zwei **Selbstverstärkungsmechanismen** durch heterodimere MADS-Box-TF: AP3/PI fördert die Transkription der *AP3/PI*-Gene (2a), und AG/SEP3 fördert die Transkription des *AG*-Gens (2b).
- Entscheidend für die genaue **Begrenzung der morphogenetischen Felder** zwischen den TF der Gruppen A–C sind wechselseitige **Repressoreffekte**, die auf der Assoziation der dimeren MADS-Box-Faktoren mit zwei **Repressorproteinen** (**SEU/LUG**) beruhen. Aus den Aktivatortetrameren (Abb. 18.12b) werden auf diese Weise **Repressortetramere**, an die eine Histon-Deacetylase (HDAC) binden kann (Abb. **b** grau unterlegt). In diesem Zusammenhang kommt auch AP2 (apetala2) als weiterer TF ins Spiel, der nicht zu den MADS-Box-TF gehört (Plus 15.7 S. 521). AP2 wird in der A-Domäne exprimiert und hemmt die Expression von AG, während in der C-Domäne die miR172 die Expression von AP2 verhindert. Die Grenze zwischen den Feldern A und C ist also doppelt gesichert (Abb. **b**).

b Grenzen der morphogenetischen Felder

Eine bemerkenswerte Besonderheit, die man in ähnlicher Form bei vielen tierischen Genen findet, wurde bei der vielfachen Regulation des *AG*-Gens beobachtet. Die Transkription des Gens wird im wesentlichen durch intragene Regulatorsequenzen in dem etwa 3,5 kB großen Intron 2 von *AG* kontrolliert (Abb. **c**):

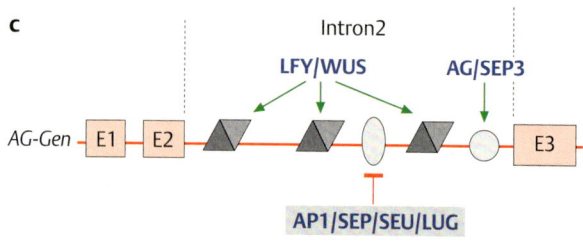

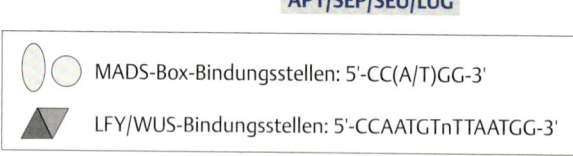

c

MADS-Box-Bindungsstellen: 5'-CC(A/T)GG-3'
LFY/WUS-Bindungsstellen: 5'-CCAATGTnTTAATGG-3'

Im Intron 2 gibt es Bindungsstellen für den aktivierenden LFY/WUS-Komplex, für den Selbstverstärkungsmechanismus durch AG/SEP3 und für den Repressorkomplex AP1/SEP/SEU/LUG. Zwar binden LFY und WUS unabhängig voneinander an DNA, aber im Intron 2 von *AG* kommen die beiden Bindungsstellen stets nebeneinander vor, und nur beide TF zusammen wirken als Aktivatoren.

Ein letztes biologisch nicht unwichtiges Detail ist die Funktion von **AG als Repressor der WUS-Expression** kurz nach Anlage aller Blütenorgane. Diese Repressorwirkung ist vermutlich indirekt und beruht auf der durch AG-induzierten Biosynthese von GA, die ihrerseits die *WUS*-Expression stoppt. Wenn diese Repression nicht richtig funktioniert, kann es zur Reaktivierung des SAM, d. h. zur Bildung eines vegetativen Sprosses aus der Blüte bzw. dem Blütenstand kommen. Berühmt ist die Beschreibung der durchwachsenen Rose durch Goethe. Solche „Reversionen" können aber auch durch Kälte oder photoperiodische Bedingungen ausgelöst werden, die vegetative Entwicklung fördern. Bei bestimmten Gräsern unserer heimischen Flora (*Poa*, *Festuca* oder *Deschampsia*) beobachten wir „Pseudoviviparie", d. h. die Bildung von asexuellen Vermehrungseinheiten aus den Blütenanlagen, die ihre generative Entwicklung unter Reversion eingestellt haben.

Box 18.9 Blütenformen

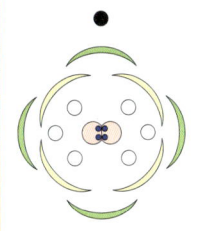

Ackerschmalwand (*Arabidopsis thaliana*, Brassicaceae)
Blütenstand ist eine Rispe; bilaterale Blüten mit zwei- bzw. vierzähliger Anordnung der Blütenblattorgane: 4 Kelchblätter, 4 Kronblätter, 2 kurze Staubblätter im äußeren und 4 lange im inneren Staubblattkreis; Fruchtknoten oberständig aus zwei verwachsenen Fruchtblättern von einer Scheidewand in zwei Kammern getrennt; Frucht eine Schote (Abb. **18.25** S. 764); selbstbestäubend; Blütenformel K4 C4 A2+4 G(2). (Foto: D. Weigel).

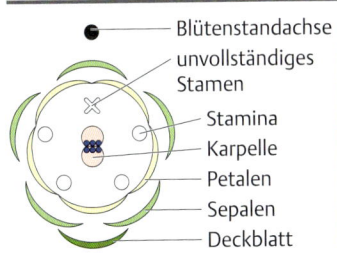

Beschriftung: Blütenstandachse, unvollständiges Stamen, Stamina, Karpelle, Petalen, Sepalen, Deckblatt

Löwenmäulchen (*Antirrhinum majus*, Scrophulariaceae)
Blütenstand ist eine Ähre; dorsiventrale Blüten (Rachenblüten) mit 5-zähliger verwachsener Blütenkrone; Oberlippe aus zwei, Unterlippe aus drei Kronblättern sind über ein Scharnier miteinander verbunden und im unteren Teil zu einer Röhre verwachsen; zwei längere und 2 kürzere Staubblätter, 1 Staubblatt fehlt; Fruchtknoten oberständig; Bestäubung durch Hummeln; Frucht ist eine Kapsel; Blütenformel: K5 C(5) A2+2 G(2). (Foto: D. Scharf)

Tomate (*Lycopersicon esculentum*, Solanaceae)
Blütenstand ein Wickel; radiärsymmetrische, 5-zählige Blüten; Kron- und Staubblätter im unteren Teil miteinander verwachsen; Fruchtknoten oberständig aus zwei verwachsenen Fruchtblättern; Frucht eine Beere (Box **18.12** S. 759); selbstbestäubend; Blütenformel: K5 [C(5) A5] G(2). (Foto: R. Zepf).

Kuhblume, Löwenzahn (*Taraxacum officinale*, Asteraceae)
Blütenstand ein Köpfchen; 5-zählige dorsiventrale Zungenblüten; Kelch stark zurückgebildet, verwachsen mit langen einfachen Haaren (Pappus); Krone zu einer langen Zunge ausgezogen; Staubblätter über Cuticula zu einer Röhre verwachsen; Blüten proterandrisch; Fruchtknoten oberständig, 2-blättrig und verwachsen; eine Samenanlage (Nußfrucht, Box **18.12** S. 759); Blütenformel: K(5) C(5) A(5) G(2). (Foto: R. Zepf).

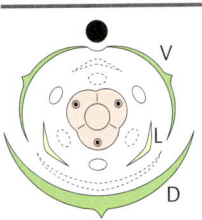

Weizen (*Triticum aestivum*, Poaceae)
Blütenstand Ähre mit 3–8-blütigen Ährchen; Blüten 3-zählig, stark reduziert; windblütig; Blüte besteht aus Deckspelze (Tragblatt) und unscheinbarer Krone mit zwei Kreisen, 1–2 Vorspelzen (V) und 2 Schwellkörper (Lodiculae, L), 3 Staubblätter (A) und einem synkarpen Fruchtknoten (G) aus 3 Fruchtblättern; Nußfrucht verwächst mit Spelzen (Karyopse).

Beschriftung: V, G, A, L, D; Ährchen

che Vielfalt der Blütenformen entsteht im wesentlichen also auf der letzten, der sog. **Realisatorebene**. Hier gibt es artspezifische Eigenheiten im Programm, die **Blütenmerkmale** so **einzigartig** wertvoll für einen Bestimmungsschlüssel machen und die Züchter immer zur Selektion neuer Formen stimulieren. Die Einzigartigkeit ist aber natürlich auch unverzichtbar für die Bestäubungsbiologie, wenn Insekten kurz nacheinander mehrere Blüten derselben Art wiedererkennen müssen (Box **18.10** S. 749).

Details der Wirkungsweise und der notwendigen Zahl von **Realisatorgenen** sind noch wenig geklärt. Wir können aber am Beispiel von *Arabidopsis* einige Grundprozesse in dieser Phase definieren, die bei der Ausbildung der Blütenformen eine Rolle spielen. Die Phasen und mögliche Regulatoren sind in Abb. **18.14** zusammengefaßt:

- Schon bei der Anlage auf der Ebene der MADS-Box-Proteine (Abb. **18.11** S. 732) wird nicht nur die Art der **Blütenblattorgane**, sondern natürlich auch ihre **artspezifische Zahl** festgelegt. So begrenzt das Genprodukt von SUP die Wirkung von WUS im 3. Blütenwirtel, sodaß die charakteristische Zahl von 2+4 Staubblättern entsteht, während bei Ausfall von SUP Blüten mit sehr viel mehr Staubblättern gefunden werden. In diesem Abschnitt fällt auch die Entscheidung über die Ausbildung zwittriger oder eingeschlechtlicher Blüten (Box **18.11** S. 749).
- Im Verlauf der Ausformung der Blütenorgane werden durch das Verhältnis zwischen Zellteilung und Zellstreckung die relative **Größe und Form der Organe** bestimmt (Abb. **18.14**). Das schließt natürlich auch Gene ein, deren Produkte die Dorsiventralität der Blütenblattorgane und die Anlage der Leitbündel kontrollieren (Kap. 18.2.3 und Kap. 18.2.4).
- Wie bei der Anlage und Entwicklung anderer Organe wird die Realisationsphase der Blütenentwicklung selbstverständlich auch von einem **Hormonprogramm** begleitet (Abb. **18.14** und Abb. **18.15**). Zellteilung, Zellstreckung sowie Reifung und Alterung der Blütenorgane werden durch Hormone gesteuert. Besonders vielseitig und gut untersucht ist das **AUX-Programm**, das in Abb. **18.15** durch einen gentechnischen Trick mit einem AUX-Reportergen am Beispiel der Blütenentwicklung bei *Arabidopsis* sichtbar wird.
- Im letzten Stadium der Blütenentwicklung muß die Reifung der Antheren und der Narbe bzw. Samenanlagen im Fruchtknoten aufeinander abgestimmt werden (Kap. 18.5.1). Ein wichtiger Faktor dabei ist die AUX-induzierte JA-Synthese, die für das **Aufbrechen der Antheren** und die Freisetzung der Pollen entscheidend ist.
- Unmittelbar nach der Bestäubung löst AUX, das in beträchtlicher Menge mit dem Pollen auf die Narbe übertragen wird, die Alterung der Blütenblattorgane durch programmierten Zelltod (Plus **18.8**) aus. Grundlage dieser schnellen Veränderungen ist die AUX-induzierte und sich selbst verstärkende Bildung von ETH (Box **16.10** S. 630).

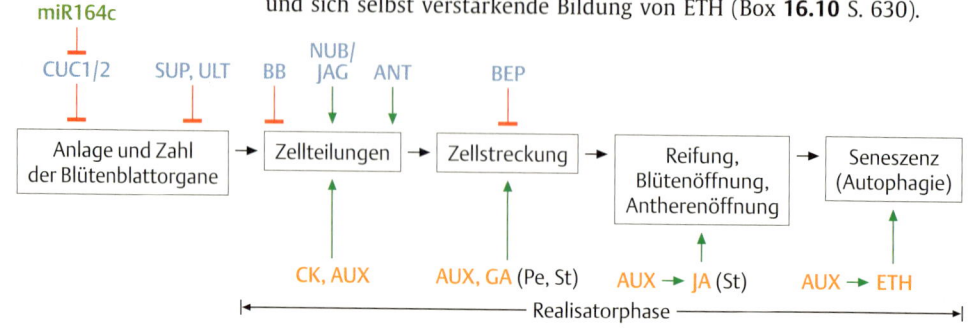

Abb. 18.14 Ablauf der Realisatorphase der Blütenbildung und beteiligte Faktoren. Zur Klassifizierung der genannten Transkriptionsfaktoren (blau) Plus **15.7** S. 521.
Die Zahl der Blütenorgane wird bei der Organanlage durch negative Regulation der WUS-Expression begrenzt, z. B. durch SUP (engl.: superman) für die Stamina oder ULT (ultrapetala) für die Petalen. CUC1/2 sind wie in anderen Fällen für die Begrenzung der morphogenetischen Felder verantwortlich (Tab. **18.2** S. 719).
Zellproliferation in den Blütenblattorganen wird durch Hormone (CK und AUX) und durch TF wie NUB/JAG (nubbin/jagged; Zn-Finger-TF) bzw. ANT (aintegumenta; AP2-TF) gefördert. BB (engl.: big brother) als Untereinheit eines E3-Ubiquitin-Ligase-Komplexes (Tab. **15.8** S. 572) hemmt die Zellteilung.
Zellstreckung wird durch AUX und GA gefördert und durch den bHLH-TF BEP (engl.: big petals) gehemmt.
Reifung und Öffnung der Antheren wird durch JA, die Seneszenz der Blütenblattorgane nach der Bestäubung durch ETH kontrolliert. In beiden Fällen wird die Bildung der Hormone durch AUX induziert.

Plus 18.8 Programmierter Zelltod durch Autophagie

Wenn man von einigen gewaltsamen Vorgängen absieht, bei denen Pflanzen oder Pflanzenteile plötzlich absterben, dann gibt es eine ganze Reihe von entwicklungsbiologischen Umständen, bei denen Zellen, Gewebe oder Organe einer Pflanze kontrolliert abgetötet werden. Im Bezug auf die daran beteiligten Zellen sprechen wir von programmiertem Zelltod:

- Zellen oder ganze Organe werden nicht mehr gebraucht wie etwa die Blätter unserer Laubbäume im Herbst oder Blütenorgane nach der Befruchtung. Das gilt aber auch für einzelne Zellen, z. B. bei der Entstehung des Eiapparates (Abb. **14.17** S. 480) oder den Suspensor bei der Embryogenese (Kap. 18.6.1).
- Zellen können ihre speziellen Funktionen nur oder besser als tote Zellen erfüllen wie z. B. die Zellen des Xylems, des Korkgewebes oder des Sklerenchyms (Kap. 3.3, Box **18.3** S. 724).
- Das Absterben der Zellen ist Voraussetzung für ihre entwicklungsbiologische Funktion. Beispiele sind das Absterben der Tapetumzellen für die Bildung der reifen Pollen mit ihrer Außenwand aus Exine und Pollenhaut (Abb. **14.17** S. 480), die Funktion der sterbenden Synergide für die Freisetzung der Spermazellen (Kap. 18.5.1) oder die Entstehung der siebförmigen Blattstrukturen bei beliebten Zimmerpflanzen wie *Monstera* oder *Apomogeton*, die durch Absterben ganzer Bereiche von Epidermis und Mesophyllzellen entstehen.

Wir sind noch weit davon entfernt, die molekularbiologischen Abläufe für die einzelnen Beispiele programmierten Zelltods (PCD, engl.: programmed cell death) zu verstehen. Man kann grundsätzlich zwei Typen von PCD unterscheiden: **Autophagie** bei den meisten der oben genannten Beispiele und **hypersensitiven Zelltod** im Fall der Tapetumzellen und den typischen Abwehrreaktionen gegenüber Pathogenen (Plus 20.6 S. 824).

Wir wollen uns im Rahmen dieses Kapitels nur mit der Autophagie befassen. Kennzeichen ist das Auftauchen von **PPV-Vesikeln im Cytoplasma** (engl.: protease precursor vesicles), die mit inaktiven **Vorstufen von Proteasen** gefüllt sind. Gleichzeitig werden Zellbestandteile (Mitochondrien, ER, Golgi-Apparat, Plastiden) in sog. **Autophagosomen** eingeschleust. Beide Organellen verschmelzen auf ein Signal hin mit den Vakuolen, in denen die Proteasen aktiviert und die Zellbestandteile abgebaut werden (rechter Teil der Abb.). Die Vakuolen haben in diesem Zustand Funktionen wie die Lysosomen in tierischen Zellen.

Im letzten Stadium der Autophagie strömen vermehrt Protonen durch die brüchigen Membranen der Vakuolen ins Cytoplasma. Die Ansäuerung löst die Freisetzung von weiteren **Proteasen** aus Vesikeln aus, die wegen ihrer ursprünglichen Isolierung aus *Ricinus*-Samen als **Ricinosomen** bezeichnet werden. Die Proteasen greifen Proteine im Cytoplasma an.

Die auslösenden Signale für die Autophagie können ETH, z. B. beim Absterben von Blütenorganen, oder auch Nährstoffverarmung bei den Laubblättern sein. Die Autophagie geht im allgemeinen mit der Mobilisierung der Restnährstoffe in den Blättern und dem Abtransport in die Sinkorgane, z. B. entwickelnde Samen oder den Stamm bei Bäumen und Sträuchern einher. Wenn man alternde Blätter mit Cytokinin (CK) behandelt, kann der Prozeß aufgehalten oder sogar rückgängig gemacht werden, weil die mit CK-behandelten Blätter selbst zum Sinkorgan werden (Abb. **10.4** S. 321).

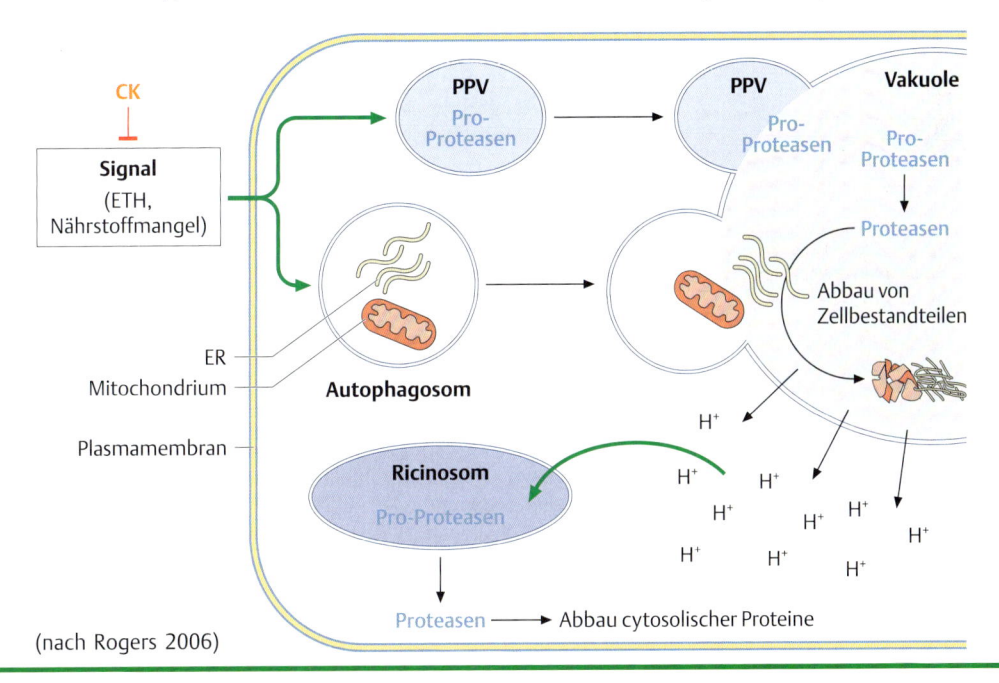

(nach Rogers 2006)

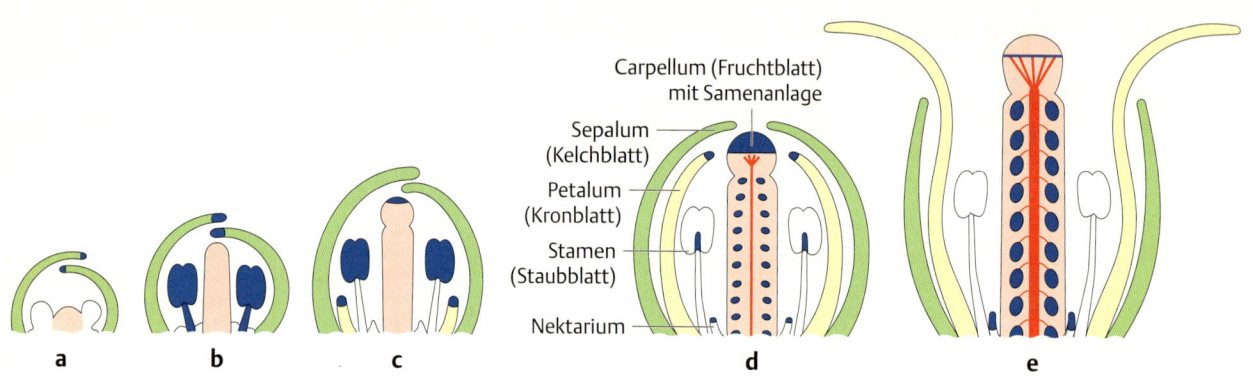

Abb. 18.15   Das AUX-Programm der Blütenentwicklung bei *Arabidopsis*. Die Konzentration an freiem AUX (blau) wurde durch ein AUX-abhängiges Reportergen (*DR5::GUS*) in einer transgenen *Arabidopsis*-Pflanze sichtbar gemacht (Plus **16.10** S. 645). **a–e** Entwicklungsstadien der Blüte von dem sehr frühen Stadium nach Organanlage (**a**) bis zur geöffneten Blüte (**e**). Die Zeitdauer beträgt etwa 8 Tage (Tab. **18.3** S. 733). Charakteristisch ist die frühzeitige Entwicklung der Sepalen, Stamina und Carpelle (**b, c**), während die der Petalen deutlich verzögert ist (**d**). Nur freies AUX kann durch die Expression des Reportergens angezeigt werden, während die etwa 10–100-fach höhere Konzentration an konjugiertem AUX unentdeckt bleibt (Abb. **16.9** S. 604). Besonders auffallend ist die hohe Menge von AUX in den Samenanlagen und den Antheren (**b, c**). Die Tapetumzellen beladen den Pollen mit großen AUX-Mengen, die für die programmierte Alterung der Blütenblattorgane nach der Befruchtung wichtig sind (Abb. **18.14** und Text) (nach Aloni et al. 2006).

18.5   Bestäubung und Befruchtung

Bestäubung und Befruchtung kann in vier Phasen eingeteilt werden, die durch eine abgestimmte Folge von Zell/Zell-Erkennungsprozessen und chemotaktischen Signalen für die schrittweise Führung des Pollenschlauches gekennzeichnet sind: Erkennung und Anheftung des Pollens aufgrund komplementärer Strukturen auf der Oberfläche von Narbe und Pollen; Rehydratisierung des Pollens und Keimung; Spitzenwachstum des Pollenschlauchs mit chemotaktischer Führung im Pistill; Eindringen des Pollenschlauchs in eine der Synergiden der Eianlage und Befruchtung. Der programmierte Zelltod der Synergide blockiert das weitere Wachstum des Pollenschlauchs und schafft die Voraussetzungen für die Freisetzung der beiden Spermazellen für die doppelte Befruchtung. Die Erkennungssysteme zwischen Narbe/Pistill und Pollen als Grundlage für die Verhinderung von Selbstbefruchtung sind in den Genen des S-Locus codiert. Wir unterscheiden zwischen sporophytischer und gametophytischer Selbstinkompatibilität.

18.5.1   Pollenentwicklung auf der Narbe

Die Entwicklung der Gametophyten bei den Samenpflanzen wurde im Zusammenhang mit Kap. 14 beschrieben (Abb. **14.17** S. 480). Der für die Befruchtung **reife weibliche Makrogametophyt** mit seinen sieben Zellen ist im Gynoeceum (Fruchtblätter) eingeschlossen, das für eine relativ kurze Zeitspanne in Form der Narbe eine Oberfläche für die **Anheftung geeigneter Pollen** präsentiert. In Form des Pollens haben wir den transportfähigen und für eine begrenzte Zeit losgelöst von dem Sporophyten **lebensfähigen Mikrogametophyten** der Samenpflanzen vorliegen. Er besteht aus der großen vegetativen Zelle, den 1–2 kleinen Spermazellen und einer Außenwand (Exine plus Pollenhülle, Abb. **3.22** S. 121), die ihn eindeutig durch das Narbengewebe erkennbar macht und zugleich gegen

Austrocknung und UV-Schäden schützt (Kap. 14.8). Die vegetative Zelle bildet den Ausgangspunkt für die einmaligen Entwicklungsprozesse, an deren Schluß die Vereinigung von Spermazellen mit der Eizelle und dem Embryosackkern stehen. Der gesamte Ablauf wird als **Bestäubung** (engl.: pollination) bezeichnet und kann in vier Phasen eingeteilt werden. Alle zusammen stellen eine wohl abgestimmte Folge von **Zell/Zell-Erkennungsprozessen** mit chemotaktischen Signalen für die schrittweise Führung des Pollenschlauches und nicht zuletzt eine atemberaubende Wachstumsgeschwindigkeit an der Spitze des Pollenschlauchs dar.

- **Erkennung und Anheftung des Pollens** beruhen auf komplementären Strukturen (Glykoproteinen) auf der Oberfläche von Narbe und Pollen. Dieses Erkennungssystem bildet auch eine Grundlage für die Verhinderung von Selbstbefruchtung (Autogamie) bei vielen Pflanzen (Kap. 18.5.2). Wenn diese Erkennung positiv ausfällt, bildet sich innerhalb von Minuten eine fußartige Ausstülpung durch Umstrukturierung der Pollenhülle (Abb. **18.16a**, Stadien 1 und 2), die den optimalen Kontakt zwischen Pollen und Narbe und damit die Rehydratisierung des Pollens durch Wasseraufnahme aus der Narbe gewährleistet.

- Bei der **Keimung des Pollens**, d. h. dem Hervortreten der Spitze des Pollenschlauchs durch eine der dafür vorgesehenen Öffnungen am Pollenkorn (**Aperturen**), beobachtet man eine wechselseitige Stimulation zwischen gleichartigen Pollen (**Mentoreffekt**), die auf der Ausscheidung eines Peptidhormons (**Phytosulfokin**, Abb. **16.42** S. 649) beruht. Keimender Pollen induziert also die Keimung benachbarter Pollen und gewährleistet damit eine zeitgleiche Entwicklung und ausreichende Dichte von Pollenschläuchen im sog. **Transmissionstrakt** (**TMT**) auf dem Weg zu den Eianlagen (Abb. **18.16d**). Für das Eindringen des Pollenschlauchs in die **extrazelluläre Matrix** (**EZM**) des TMT gibt es zwei Voraussetzungen:
  - Ein **chemotaktisches Signal**, das z. B. in der Bildung von NO in Pollen und von reaktiven Sauerstoffspezies (ROS) in der Narbe bestehen könnte. Beide Signalwege sind über die Oxidation von NO zu Peroxynitrit (^-O_2NO) miteinander verknüpft (Abb. **16.44** S. 651). Es gibt aber auch Hinweise, daß Proteine an der Oberfläche der Narbe dieses Signal darstellen könnten.
  - **Extrazelluläre Enzyme**, die an der Spitze des Pollenschlauchs ausgeschieden werden (Cutinasen, Polygalacturonasen, Glucanasen) lösen die EZM lokal auf und machen sie damit passierbar.

- **Wachstum des Pollenschlauches und chemotaktische Führung im Pistill:** Die Grundstruktur des Mikrogametophyten nach der Keimung auf der Narbe ist in Abb. **18.16c, d** gezeigt. Wir haben es in den meisten Fällen mit einem dreizelligen, hochorganisierten System zu tun, das die notwendigen Voraussetzungen für das rasante Spitzenwachstum mit sich bringt (Plus **18.9**). Die Wachstumsgeschwindigkeiten liegen im allgemeinen im Bereich von 1 mm h^{-1}, sie können aber auch, z. B. beim Maispollen, 10-fach höher sein. Die chemotaktische Führung und Nährstoffversorgung des Pollenschlauchs geschieht durch die EZM. Im Pollenschlauch selbst muß es dabei zu einer permanenten Verlagerung der Zellbestandteile in die Spitzenregion kommen. Daran sind die Cytoskelettsysteme als Transportbahnen beteiligt, während die verlassenen hinteren Teile des Mikrogametophyten mit **Kallose-Pfropfen** versiegelt werden (Abb. **18.16c**). Die EZM enthält **Arabinogalactanproteine** (AGPs, Plus **18.10**), die offensichtlich den Weg des Pollenschlauchs durch den TMT begleiten und dabei Schritt für Schritt Teile ihrer ausgedehnten Kohlenhydratseitenketten verlieren. Die che-

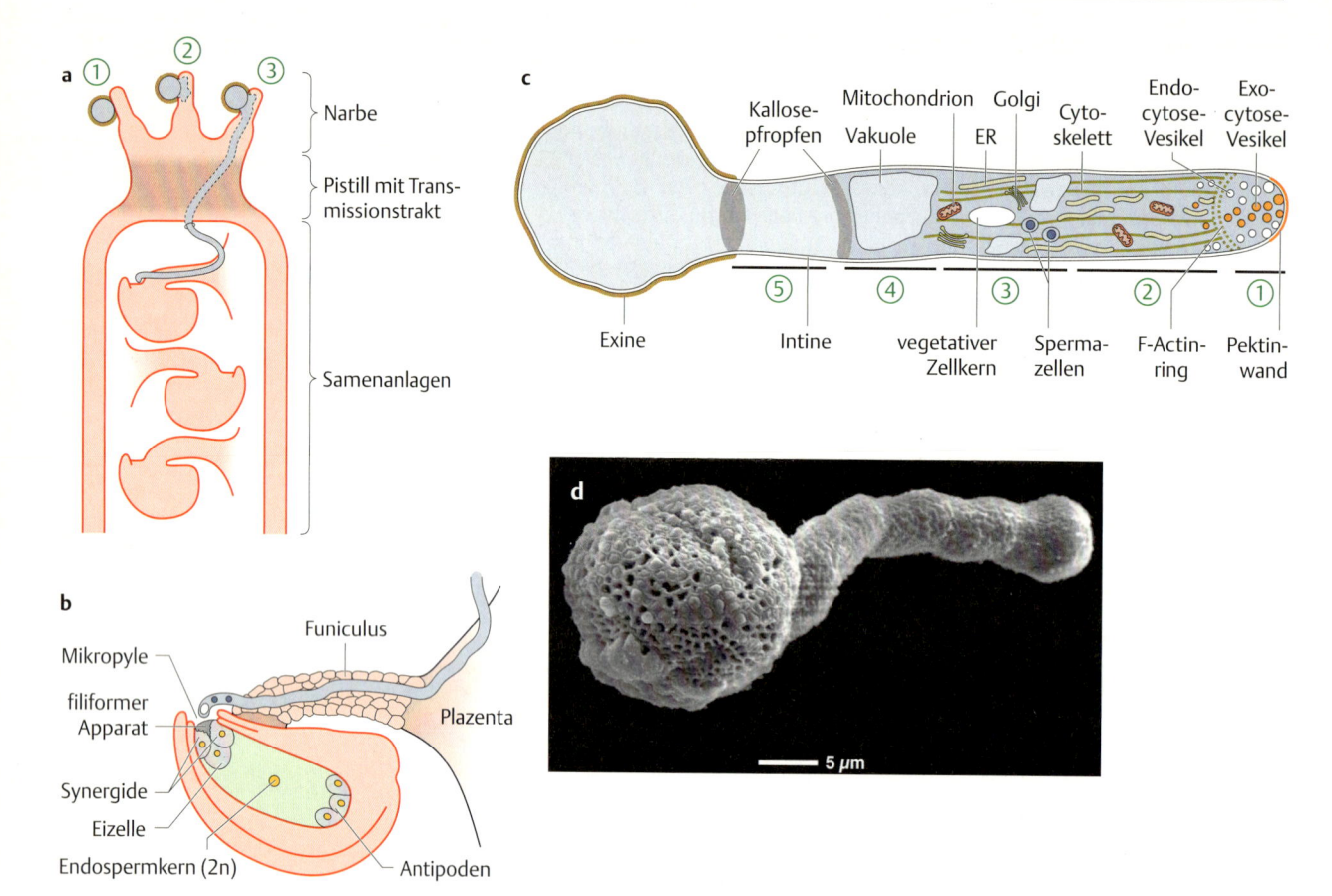

Abb. 18.16 Bestäubung und Pollenentwicklung.
a Drei Stadien der Pollenentwicklung auf der Narbe: **1** Einfangen des Pollens und wechselseitige Erkennung, **2** Bildung der fußartigen Kontaktzone und Rehydratisierung des Pollens, **3** Keimung des Pollens und Eindringen des Pollenschlauchs in den Transmissionstrakt. **b** Details der Umorientierung des Pollenschlauchs im Bereich der Samenanlagen (s. Text). **c** Zelluläre Organisation des Pollenschlauchs mit den 5 Zonen: **1** Spitzenwachstumszone (Plus **18.9**), **2** Synthesezone, **3** Kernzone mit dem vegetativen Zellkern und den zwei Spermazellen, **4** zentrale Vakuole, **5** evakuierte Zone durch einen Kallose-Pfropfen abgetrennt (nach Buchanan et al. 2000; Boavida et al. 2005). **d** REM-Aufnahme des gekeimten Pollens von *Arabidopsis* (Originalaufnahme G. Wanner).

motaktische Führung wird also eigentlich durch einen **Abbaugradienten der AGPs** gebildet.

- **Übertritt in die Eianlage und Befruchtung**: Im Bereich der Eianlagen ändern die Pollenschläuche ihre Wachstumsrichtung und werden über den Funiculus zur Mikropyle geleitet (Abb. **18.16b**). An diesem letzten Abschnitt sind zwei verschiedene Signale beteiligt, eines für die Änderung der Wachstumsrichtung und ein zweites aus den Synergiden für die Ausrichtung auf die Mikropyle. Pollenschläuche können nur nach der Passage durch das Pistill diese neuen Signale wahrnehmen. Offensichtlich spielen in diesem Abschnitt **NO** und **Peptidsignale** eine Rolle. Nach Eindringen in die Eianlage entleert der Pollenschlauch die beiden Spermazellen in eine der beiden **Synergiden**, denen in dieser letzten Phase eine vierfache Funktion zukommt:
  - Sie bilden das chemotaktische Signal für den letzten Teilabschnitt des gerichteten Wachstums des Pollenschlauchs.
  - Sie ermöglichen mit einer speziellen Membranstruktur, dem **filiformen Apparat**, in der Nähe der Mikropyle den Eintritt des Pollenschlauchs in eine der beiden Synergiden.
  - Der **programmierte Zelltod** (Plus **18.8** S. 741) dieser **Synergide** blockiert das weitere Wachstum des Pollenschlauchs und schafft die Voraussetzungen für die Freisetzung der Spermazellen.
  - Nach Eindringen des Pollenschlauchs geht von den Synergiden ein Hemmsignal aus, das die Annäherung weiterer Pollenschläuche verhindert.

Plus 18.9 Spitzenwachstum des Pollenschlauches

Die außerordentlichen Wachstumsleistungen an der Spitze des Pollenschlauchs haben seit langem die Forscher fasziniert. Erstaunlich sind einerseits die Details der zielsicheren, chemotaktisch gesteuerten Annäherung über weite Strecken bis hin zum Makrogametophyten im Innern des Gynoeceums (Kap. 18.5.1). Andererseits sind aber die Produktionsleistungen des Cytoplasmas in der vegetativen Zelle, der gerichtete Transport der Vesikel zur Zellspitze und die Kontrolle dieser Vorgänge ebenso bemerkenswert. Viele Details beim Spitzenwachstum des Pollenschlauchs lassen sich sinngemäß auf die ähnlichen Vorgänge beim Spitzenwachstum von Haaren im Wurzel- und Sproßbereich übertragen (Kap. 18.3).

Der schematische Ausschnitt (Abb. **a**) zeigt Details der Spitze eines Pollenschlauchs (Abb. **18.16c**):
Die rasch wachsende **Sekundärwand des Pollenschlauchs** besteht aus Pektinen, Cellulose und Kallose. In der unmittelbaren Spitzenregion von etwa 100 μm finden wir allerdings nur **Pektine** und **Arabinogalactanproteine**, die die notwendige Stabilität und Flexibilität in diesem Teil gewährleisten. Die Spitzenregion ist von dem Rest des Cytoplasmas durch einen **Actinring** abgegrenzt. **Vesikel mit Material** für die Ausweitung der Zellmembran und ihre Stabilisierung durch Auflagerung von Pektin werden an den **Cytoskelettsträngen** angeliefert. Diese Vesikel enthalten auch Exportproteine (z. B. Pektinesterasen, Cutinasen, Polygalacturonasen) und Membranproteine wie Ca^{2+}-Kanäle und H^+-ATPasen, die für die Aufrechterhaltung der **hohen Ca^{2+}- und H^+-Konzentrationen** in unmittelbarer Nähe der Spitze verantwortlich sind (rosa Wolke). Die Pektine werden als Methylester angeliefert und kurz nach ihrer Anlieferung durch **Pektinmethylesterasen** (PME) gespalten. Die frei werdenden Carboxylgruppen der Galacturonsäureeinheiten können über Ca^{2+}-Brücken die Verbindung mit anderen Pektinketten herstellen und damit ein sehr dynamisches Netzwerk in diesem Bereich der Zelle bilden (Abb. **2.33** S. 89).
Die Zahl der angelieferten Vesikel für die **Exocytose** liegt bei etwa 1000 min^{-1}, und dem stehen etwa 800 Vesikel aus der **Endocytose** gegenüber. Das macht das Ausmaß der Transportvorgänge und zugleich die Notwendigkeit der Rückführung von Membranmaterial deutlich. Die Endocytose erfolgt über Clathrin-beschichtete Vesikel (Abb. **2.22** S. 75), während für die Andockung und Fusion der exo-

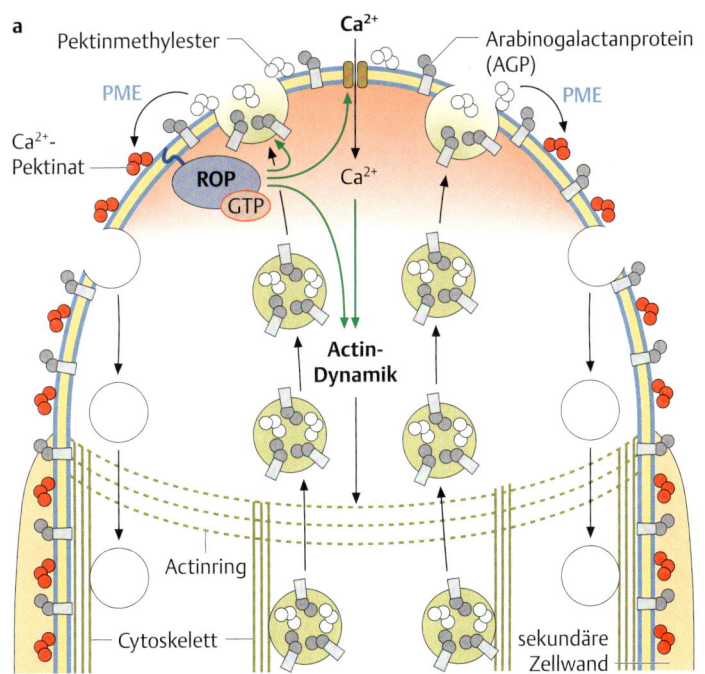

Spitze Pollenschlauch
(nach Z. L. Zheng und Z. Yang, Trends Plant Sci. 2000).

cytotischen Vesikel ein hochmolekularer Komplex aus 8 Proteinen, der sog. **Exocyst-Komplex** benötigt wird. Dieser Komplex wurde zuerst bei der Bäckerhefe identifiziert und existiert in dieser Form bei allen Eukaryoten. Bei Tieren finden wir ihn bezeichnenderweise ausgeprägt beim Spitzenwachstum von Nervenzellen auf ihrem Weg zu den Zielorganen.
Für die Kontrolle der Gesamtvorgänge sind kleine **GTP-bindende Proteine** der Rho/Ras-Familie zuständig (Bild **b** S. 746). Diese als **ROP** bezeichneten GTPasen (engl.: Rho-related GTPase of plants) sind im allgemeinen über einen **Farnesylanker** an die Zellmembran gebunden. **ROP(GTP)** haben unmittelbaren Einfluß auf die typische Organisation des F-Actinsystems im Spitzenbereich des Pollenschlauchs und auf die Aufrechterhaltung der Ca^{2+}-Konzentration, die ihrerseits unabdingbar für die effiziente Exocytose ist. Auf der anderen Seite werden die notwendigen dynamischen Umbauprozesse am Actinsystem über Ca^{2+}-bindende Proteine gesteuert. Das Actincytoskelett stabilisiert nicht nur die innere Form solcher Zellen mit Spitzenwachstum, sondern dient auch als Transportbahn für die Anlieferung und Rückführung der Vesikel. Hinter dem Terminus „**Umbau des Actincytoskeletts**" verbergen sich nicht weniger als 20 Helferproteine, die in der Evolution konserviert sind und bei allen Eukaryoten gefunden werden. Sie kontrollieren das Spitzenwachstum pflanzlicher Zellen ebenso wie die Kriechbewegungen der Amoeben von *Dictyostelium* (Plus **14.5** S. 460) oder die Knospung von Bäckerhefe (Abb. **14.11** S. 464). Alles in allem entsteht der Eindruck eines komplexen Netzwerks miteinander verbundener Faktoren als Grundlage für die schnellen Wachstumsprozesse des Pollenschlauchs auf seinem Weg zu den Samenanlagen.

Fortsetzung

Fortsetzung

ROP-Regulatorproteine: Bei *Arabidopsis* werden von den 11 Mitgliedern der ROP-Familie allein 7 im Pollenschlauch exprimiert. Ähnlich den anderen GTP-bindenden Regulatorproteinen (Plus **15.16** S. 565), existieren auch die ROP in einer mit GTP-beladenen aktiven (grün) und in einer mit GDP beladenen inaktiven Form (rot). Beide sind in einem Kreisprozeß über ein GTPase-Aktivatorprotein (**GAP**) und einen GDP/GTP-Austauschfaktor **GEF** (engl.: guanylnucleotide exchange factor) miteinander verbunden. Das ROP-System kann also sehr schnell seinen Aktivitätszustand ändern.

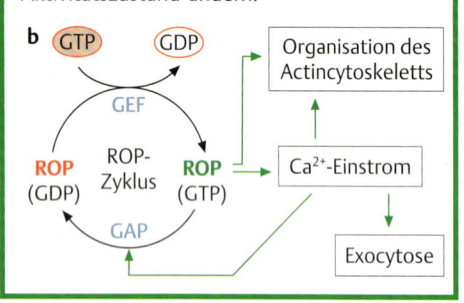

Plus 18.10 Arabinogalactanproteine (AGPs)

AGPs sind extrazelluläre Glykoproteine mit unikalen Eigenschaften für Zell/Zell-Kontakte und damit für die Geweborganisation. Wenn man die Funktion von AGPs blockiert, sterben die Zellen ab und die Embryogenese kommt zum Erliegen. AGPs haben auch einen großen Anteil an der **extrazellulären Matrix** (**EZM**), die die Oberfläche der Narbe und die Schicht zwischen den Zellen des Transmissionstrakts (TMT) ausmacht (Abb. **18.16a**). Sie haben eine besondere Funktion sowohl für die Erkennung zwischen Pollen und Narbe als auch für die Entwicklung des Pollenschlauchs im TMT des Griffels. Sie sind **Erkennungsmerkmal** und wegen ihrer starken Hydratisierung zugleich auch hydrophile **Matrix und Nahrungsquelle** für den **Pollenschlauch**. Schließlich bilden sie eine Art von **chemotaktischem Signal** auf dem Weg durch den TMT. Der Proteinanteil der AGPs liegt häufig nur bei 10% des Gesamtmoleküls. Der Rest wird durch die ausgedehnten, stark verzweigten **Polygalactan-Seitenketten** (etwa 60%) gebildet, die an der Peripherie durch zahlreiche **Arabinose-Reste** ergänzt werden (etwa 40%). Ein besonderes Merkmal des Proteinteils ist der große Anteil von Prolinresten (Pro), die z. T. hydroxyliert sind (Hy-Pro, Plus **15.11** S. 544). AGPs können über einen Lipidrest am C-terminalen Teil in der Membran verankert sein.

SP	Pro/Hy-Pro-reich	Cys-reich
1 25	107	169

Tabak AGP
(Präprotein mit Signalpeptid, SP)

Das erfolgreiche Ansiedeln von Pollen auf der Narbe löst zunächst einen starken Anstieg der AGP-Synthese im TMT aus. Auf der anderen Seite bewirkt das Wachstum des Pollenschlauchs, daß weit vor der eigentlichen Spitze die *AGP*-mRNA schrittweise vom 3'-Ende her verkürzt und damit biologisch inaktiviert wird. Dieser Abbau ist ein erstes Signal für das Altern und schließlich Absterben des Griffels, nachdem seine Funktion erfüllt ist.

Das gesamte sehr spezialisierte Leistungsprogramm der Synergiden als Voraussetzung für die Befruchtung steht unter der Kontrolle eines **MYB-Transkriptionsfaktors** (MYB98) als **Masterregulator**. Nach Befruchtung der Eizelle geht ein Signal von der Eizelle an den Endospermkern aus, das eine Reihe synchroner Kernteilungen als Ausgangspunkt für die Bildung des Endosperms als Nährgewebe für den sich entwickelnden Embryo gewährleistet (Kap. 18.6.1). Für die spezifische **Zell/Zell-Erkennung zwischen Eizelle und Spermazelle** gibt es komplementäre **Oberflächenproteine**, die in ihrer Grundstruktur und Funktion sehr konserviert sind und bereits bei einzelligen Grünalgen, wie *Chlamydomonas* bzw. bei zellulären Schleimpilzen der Gattung *Physarum* gefunden werden. Kurz nach der Fusion zwischen den beiden Zellen erfolgt ein massiver Einstrom von Ca^{2+}-Ionen in die Eizelle als Voraussetzung für die **Verschmelzung der beiden Zellkerne** (**Karyogamie**) und die weitere Entwicklung der Zygote.

18.5.2 Blütenbiologie und Bestäubungsbiologie

Aus dem vorausgegangenen Kapitel ist klar ersichtlich, daß die erfolgreiche Wechselwirkung zwischen Narbe und Pollen Voraussetzung für die weitere Entwicklung ist. Aufseiten des Pollens entstehen die entsprechenden Oberflächenmerkmale in Exine und Pollenhaut als Produkt der absterbenden Tapetumzellen des väterlichen Sporophyten (Kap. 14.8). Die Erkennungsstrukturen an der Oberfläche von Narbe und Pollen sichern zunächst einmal, daß nur Pollen von Pflanzen derselben Art sich ansiedeln und nach Rehydratisierung auskeimen kann (Abb. **18.16a**).

Einsichten in die molekularen Grundlagen dieser Erkennungssysteme kommen aus der Untersuchung vieler Pflanzen, bei denen im Gegensatz zu *Arabidopsis* **Selbstbefruchtung** (**Autogamie**) ausgeschlossen wird. Wir sprechen in diesen Fällen von **Selbstinkompatibilität**, d. h. die Bestäubung erfolgt zwar durch Pollen von Pflanzen derselben Art aber niemals durch Pollen derselben Pflanze (**Fremdbefruchtung** oder **Allogamie**). Eine sehr einfache Lösung für die **Verhinderung von Selbstbefruchtung** ist natürlich, wenn es eine räumliche Trennung der Geschlechtsorgane in **eingeschlechtlichen Blüten** gibt (Box **18.11**). Männlich sterile Sorten von Kulturpflanzen sind die Ausgangsbasis für die Erzeugung des begehrten F_1-**Hybridsaatguts** (Plus **18.11**).

Nicht selten findet man jedoch auch eine zeitliche Trennung der **Reifung der Sexualorgane** innerhalb **zwittriger Blüten**. Wenn das Androeceum vor dem Gynoeceum reift, sprechen wir von **Vormännlichkeit** (**Proteroandrie**, z. B. bei *Epilobium* oder vielen Asteraceen) und umgekehrt von **Vorweiblichkeit** (**Proterogynie**, z. B. bei vielen Ranunculaceen und bei Aronstabgewächsen, Box **18.10**). Ein solches System funktioniert natürlich nur gut, wenn genügend Blüten derselben Art mit unterschiedlichem Entwicklungszustand in der Nähe sind.

Wenn man in Betracht zieht, daß bei etwa 40 % aller Pflanzen Selbstbefruchtung die Regel ist (inkl. *Arabidopsis*), dann wird offensichtlich, daß die Nachteile durch Verlust genetischer Variabilität nicht so gravierend sind. Unter bestimmten Umständen kann die **Fähigkeit zur Selbstbefruchtung** geradezu von Vorteil sein. Das gilt insbesondere

- für Pflanzen auf nassen und kalten Standorten, wenn Insekten als Bestäuber selten sind,
- für Pflanzen als Erstbesiedler auf Ruderalstandorten,
- für Pflanzen mit einer Art „Sparvariante" von Blüten mit stark reduzierten Blütenblättern und Pollenmengen, die für Insekten unattraktiv sind.

Die Vorteile einer Fremdbefruchtung und die besonderen Eigenschaften des Pollens haben im Verlauf der Evolution interessante Anpassungen zwischen Pflanzen und den Pollen übertragenden Tieren hervorgebracht. Wir sprechen in einem solchen Fall von **Coevolution**. Für den Gesamtkomplex im Hinblick auf die Form der Blüten werden die Begriffe **Tierblütigkeit** und für die Pollenübertragung **Zoogamie** verwendet. Diese stehen der großen Gruppe von meist ursprünglichen Pflanzen mit **Windblütigkeit** und entsprechend **Anemogamie** gegenüber, die man weit verbreitet bei Coniferen und anderen Gymnospermen, aber auch bei Weiden, Erlen, Eiche, Hasel und Gräsern findet. Bei den Windblütlern werden häufig ausladende Griffel und Narben sowie riesige Mengen von Pollen gebildet. Das Verhältnis zwischen der Zahl von Pollen und Samenanlagen kann $> 10^6:1$ betragen. Wie wir wissen, hat diese großzügige Ausstattung mit Pollen zusammen mit den **allergenen Eigenschaften der Komponenten der Pollenhaut** schwerwiegende Folgen für Menschen mit sog. **Heu-**

Plus 18.11 Männlich sterile Pflanzen zur Erzeugung von F$_1$-Hybridsaatgut

Im Zusammenhang mit der Erläuterung von Kreuzungsexperimenten in Kap. 13 waren wir auf einen wirtschaftlich sehr bedeutungsvollen Effekt gestoßen. F$_1$-Hybride können ihre Eltern in den Leistungseigenschaften weit übertreffen (Heterosiseffekt, Plus **13.10** S. 415). Voraussetzung für die weltweite Nutzung von F$_1$-Hybridsaatgut in Landwirtschaft und Gartenbau ist die massenhafte Gewinnung von entsprechendem Saatgut durch Kreuzung der geeigneten Hochleistungssorten als Eltern. Dafür muß Selbstinkompatibilität (Elter 2) vorliegen, und die mütterliche Ausgangssorte muß männlich steril sein (Elter 1), damit eben nur das gewünschte Saatgut entsteht.

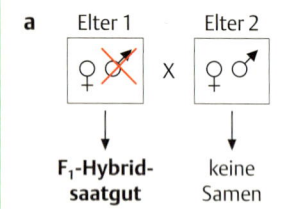

Es gibt eine Reihe von Gründen für die Entstehung von männlich sterilen Pflanzen. Im Normalfall eingeschlechtlicher ♀-Blüten werden in einer frühen Phase der Blütenentwicklung die männlichen Anlagen durch programmierten Zelltod (Plus **18.8** S. 741) eliminiert. Aber auch bei zwittrigen Blüten kommt es gelegentlich zur männlichen Sterilität. Ursache sind Entwicklungsdefekte auf verschiedenen Ebenen (Abb. **14.17** S. 480):

- Defekte in der Meiose der Pollenmutterzelle,
- Defekte in der Pollenentwicklung,
- Defekte in der Anlage oder Funktion des Tapetums,
- Defekte in der JA-abhängigen Freisetzung der Pollen durch Öffnen der Theken,
- Defekte bei der Ansiedlung auf der Narbe und der Auskeimung.

Für die praktische Anwendung im Hinblick auf die Erzeugung von Hybridsaatgut haben sich zwei Systeme der männlichen Sterilität besonders bewährt:

- Die sog. **cytoplasmatische Sterilität** wird durch Gene in den Mitochondrien verursacht und ist bei mehr als 150 Arten gefunden worden. Sie beruht darauf, daß in Mitochondrien Enzyme gebildet werden, die cytotoxische Produkte, z. B. Aldehyde (rote Punkte) bilden (Expression von *ORF13*). Dies führt zum Absterben der Pollen in einer frühen Phase ihrer Entwicklung, in der sie offensichtlich besonders abhängig von der Mitochondrienaktivität sind. Andere (somatische) Teile der Pflanze zeigen keine toxischen Effekte. Für die Vermehrung und Erhaltung der Hochleistungslinien ist es wichtig, daß man die Bildung der toxischen Produkte in sog. Restorer-Linien unterdrücken kann (engl.: restore = wiederherstellen). **Restorer-Gene** (*RF1*, *RF2*) sind im Kern codiert. Die codierten Proteine entgiften die toxischen Aldehyde (Alkohol-Dehydrogenase, ADH) oder verhindern die Prozessierung der *ORF13*-mRNA (RPF, engl.: RNA processing factor).

- Bei der **synthetischen Sterilität** wird die Funktion des Tapetums als essentiellem Nährgewebe für die Pollenentwicklung gestört. Durch gentechnische Manipulation wird eine bakterielle RNase unter einem Tapetum-spezifischen Promotor (TA29) in den transgenen Pflanzen exprimiert. Durch Abbau der mRNA wird das Tapetum zerstört. Als künstliches Restorer-Gen benutzt man in diesem Fall einen RNase-Inhibitor, der von einem Gen unter demselben TA29-Promotor codiert wird. Durch Kreuzung der sterilen Linie mit der Restorer-Linie wird die Pollenbildung wiederhergestellt.

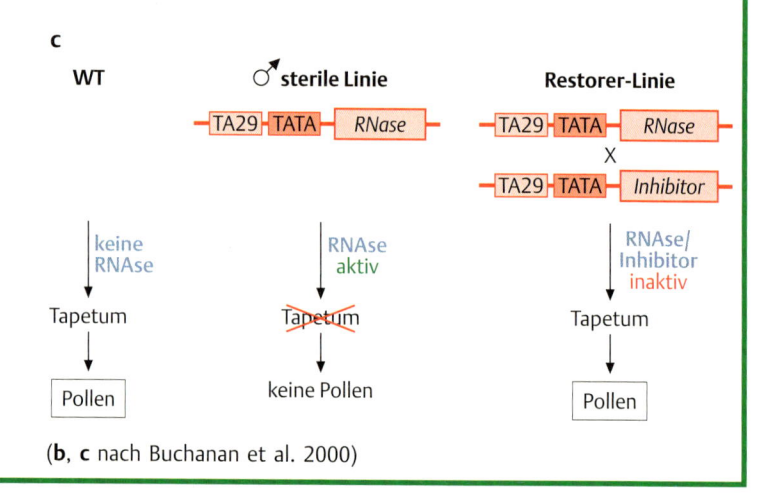

(**b**, **c** nach Buchanan et al. 2000)

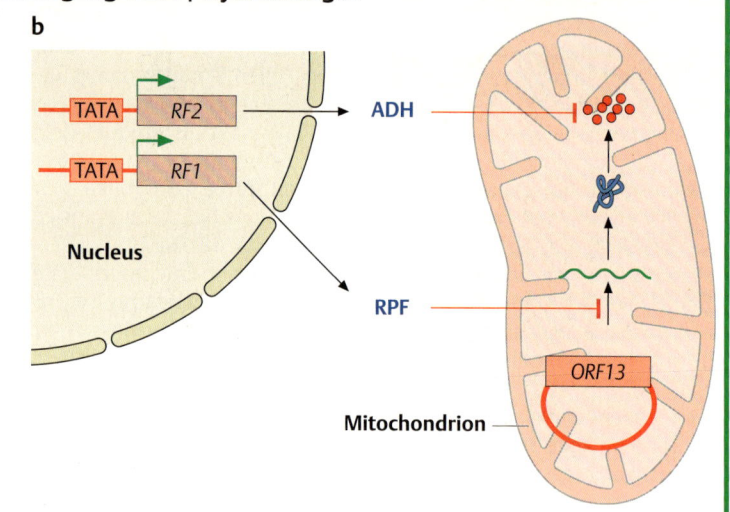

Box 18.10 Bestäubungsmechanismen und Anpassungen in der Blütenbiologie

Die Fülle der besonderen Anpassungen im Bereich der Blütenbiologie an den Modus der Pollenübertragung ist unerschöpflich. Selbst innerhalb einer Familie (Orchidaceae) können ganz unterschiedliche Mechanismen realisiert sein. Wir wollen hier nur das Prinzip an drei Beispielen verdeutlichen:

- Bei **Salbeiarten** (Bild **a**), finden wir **Proterandrie**, d. h. die Stamina reifen vor den Fruchtblättern. Die Pollenübertragung auf Insekten erfolgt über einen Hebel, der durch eine Art Platte am Grunde der zwei Staubblätter in unmittelbarer Nachbarschaft zu den Nektarien betätigt wird. Hummeln müssen also auf dem Weg zu den Nektarien den Hebel betätigen, durch den der Pollen auf ihr Abdomen übertragen wird. In älteren Blüten, in denen die Antheren bereits verwelkt sind, befindet sich die Narbe an dem lang ausgezogenen Griffel exakt in der gleichen Position, sodaß der Pollen aus der Vorgängerblüte gezielt übertragen werden kann.

- Bei sog. „**Gleitfallenblumen**", z. B. beim **Aronstab** (*Arum maculatum*, Bild **b**) finden wir einen **Blütenstand** mit einem deutlich sichtbaren **Hochblatt** (Spatha). Die Pflanze ist monözisch mit eingeschlechtlichen Blüten. Sie ist **proterogyn**. Der Blütenstand produziert einen kotähnlichen Geruch, der Fliegen und Käfer anlockt. Im Innern des röhrenförmigen Hochblatts befindet sich der Blütenstand mit den offenen weiblichen Blüten am Grund, darüber die noch nicht reifen männlichen Blüten und darüber sterile Blüten mit dicken Borsten, die den Ausgang versperren. Die Insekten, die sich, durch den Geruch angelockt, auf dem Spatum niederlassen, stürzen in das Innere der Falle und übertragen den Pollen an ihrem Körper, der von ihrem letzten *Arum*-Abenteuer zurückgeblieben ist. Nach Befruchtung der weiblichen Blüten reifen die männlichen, und die Blüte verwelkt. Die Insekten sind mit neuem Pollen beladen und können entkommen, um den nächsten, gerade „duftenden" Blütenstand zu besuchen.

- Bei der großen Familie der **Orchidaceen** (Bild **c**) gibt es nicht nur eine unglaubliche Fülle von Blütenformen, sondern auch nahezu ebensoviele Tricks für die Pollenübertragung. Bei dem in Mitteleuropa heimischen **Helm-Knabenkraut** (*Orchis militaris*) gibt es in den zwei Staubblattkreisen nur ein fertiles Staubblatt mit einem dicken **Pollenpaket** (Polinarium). Versucht ein Insekt an den Nektar im Sporn der Blüte zu gelangen, bleibt das ganze Pollenpaket an ihm kleben und kann an der nächsten Blüte an den klebrigen Narbenflächen abgestreift werden. Nur diese gezielte Massenübertragung von Pollen garantiert die gleichzeitige Befruchtung der tausenden von Samenanlagen in dem unterständigen Fruchtknoten.

(Fotos: R. Zepf)

Box 18.11 Geschlechtsbestimmung bei Samenpflanzen

Wie *Arabidopsis* hat die überwiegende Zahl der Samenpflanzen zwittrige Blüten, d. h. Staub- und Fruchtblätter kommen in derselben Blüte vor und Selbstbefruchtung muß ggf. durch nachgeschaltete Mechanismen verhindert werden (Kap. 18.5.3). Demgegenüber gibt es aber bei etwa 5 % der Samenpflanzen aller Familien auch **eingeschlechtliche Blüten**, und dabei können die ♂ und ♀ Blüten auf derselben Pflanze (**monözische Arten** wie Gurke oder Mais) bzw. auf verschiedenen Pflanzen (**diözische Arten** wie Hanf, Hopfen, Spinat, Pappel, Spargel, Eibe, Wacholder) vorkommen. In jedem Fall läuft es darauf hinaus, daß in der Realisatorphase der Blütenentwicklung (Abb. **18.14**) je nach Lage der Dinge die Entwicklung der männlichen bzw. weiblichen Blütenblattorgane unterbunden werden muß. Diese Vorgänge dürfen nicht mit dem Phänomen der männlichen Sterilität (Plus **18.11** S. 748) verwechselt werden.

Bei Pflanzen werden in den meisten Fällen geschlechtsbestimmende Gene auf den Autosomen gefunden, und nur ausnahmsweise wie z. B. bei *Silene*- oder *Rumex*-Arten finden wir wie beim Menschen **Sexchromosomen**, sog. **Heterosomen**. Bei der Analyse der sog. Y-Chromosomen von *Silene* und *Rumex* hat man Gene identifiziert, die die Entwicklung der Fruchtblätter durch DNA-Methylierung (gene silencing, Plus **18.6** S. 734 und Plus **18.12** S. 756) unterdrücken und solche, die die Entwicklung der Staubblätter fördern (MADS-Box-Gene). Wenn man bei *Silene* experimentell die DNA-Methylierung verhindert, entstehen zwittrige Blüten.

Auch Hormone können eine selektive und entscheidende Rolle bei der Entwicklung der Geschlechtsorgane spielen (phänotypische Geschlechtsbestimmung). Allerdings ist ihre Wirkung der genotypischen Bestimmung nachgeschaltet. So kann bei der monözischen Gurke die Behandlung mit GA die Bildung von ♂ Blüten und mit AUX die Bildung von ♀ Blüten fördern. Beim Mais hat GA jedoch die umgekehrte Wirkung. Es wird in den jungen Fruchtblättern gebildet und hemmt die Entwicklung der Staubblätter. Ein viel untersuchtes Beispiel mit sehr flexibler Ausprägung der genetisch festgelegten Geschlechtsmerkmale ist Hanf, der im Regelfall diözisch ist, aber in Abhängigkeit von der Photoperiodik und Ernährung auch monözisch sein kann. AUX und ETH bewirken in diesem Fall die Anlage von ♀, CK und GA die Anlage von ♂ Blüten.

schnupfen. Bei den tierblütigen Pflanzen werden sehr viel weniger Pollen benötigt, sodaß im Extremfall bei einigen spezialisierten Orchideen das Verhältnis von Pollen zu Samenanlage 1:1 sein kann (Box **18.10**).

In den meisten Fällen dienen Insekten (Bienen, Hummeln, Fliegen, Schmetterlinge, Käfer) aber auch Vögel und Fledermäuse als **Pollenüberträger**. Für die erfolgreiche Nutzung von Tieren als Transportvehikel für Pollen und Bestäuber von Blüten derselben Art muß gewährleistet sein, daß durch die Positionierung von Pollen und Narbe auf der einen Seite und dem Tier auf der anderen Seite eine optimale Weitergabe gewährleistet wird (Box **18.10**). Außerdem müssen diese Tiere aufgrund eingebauter **Blütenmerkmale** angehalten sein, mehrere Blüten derselben Art hintereinander zu besuchen. Solche Merkmale sind Farbe, Duft und Form von Blüten sowie die Lage von Nektarien häufig am Blütenboden. Dabei haben bestäubende Vögel ähnliche Farbwahrnehmungen wie die Menschen. Bienen und vermutlich andere Insekten sehen dagegen im wesentlichen nur Blau-Violett, Weiß und UV-Strahlung im Bereich von 310–400 nm, d.h. die Blüten sehen für Bienen ganz anders aus als für den Menschen. Wegen seines Reichtums an Nährstoffen (Eiweiße, Kohlenhydrate, Vitamine) ist **Pollen** in vielen Fällen eine **begehrte Nahrungsquelle**. Dies ist die Basis der ursprünglichen Form der Zoogamie bei Pflanzen mit zahlreichen Antheren (**polyandrische Pflanzen** wie Ranunculaceen oder Rosaceen). Preiswerter arbeiten allerdings Pflanzen mit **Nektarien** (Abb. **18.15** S. 742), die Zuckersirup abscheiden und aus umgeformten Staubblättern oder aber als Teil von Kelch-, Kron- oder Fruchtblättern entstehen.

18.5.3 Molekulare Mechanismen der Selbstinkompatibilität

Weit verbreitet sind molekulare Erkennungssysteme die eine Selbstbefruchtung durch Unterdrückung der Pollenentwicklung ausschließen. Dabei gibt es zwei Grundprinzipien:

- **Sporophytische Selbstinkompatibilität** (**SSI**, Abb. **18.17a**), bei der bereits auf der ersten Stufe der Pollenerkennung auf der Narbe die Entwicklung blockiert wird.
- **Gametophytische Selbstinkompatibilität** (**GSI**, Abb. **18.17b**), bei der der Pollen zwar angesiedelt wird und auskeimt, aber dann durch toxische Einflüsse aus der Narbe bzw. dem Pistill abstirbt.

Grundlagen für die **Erkennungssysteme** sind **Gene im sog. S-Locus**, in dem insbesondere zwei Gene für die komplementären Komponenten mütterlicherseits (♀) bzw. väterlicherseits (♂) codieren (Abb. **18.18**). Wann immer Identität zwischen den Determinanten besteht, kommt es zur Unverträglichkleit zwischen Pollen und Narbe. Wann immer die beiden Determinanten unterschiedlich sind, kann sich der Pollen entwickeln. Je nach Art der Selbstinkompatibilität können die **im S-Locus codierten Proteine** sehr unterschiedlich sein. Allen gemeinsam ist aber eine **große Variabilität** in bestimmten hypervariablen Bereichen ihrer **Oberflächen**, die eine wechselseitige Erkennung möglich machen. Wir haben es also mit einem **polymorphen Locus** zu tun, mit jeweils 30–50 Allelen für die beiden Gene.

Bei der Behandlung der **SSI** werden die Grundprinzipien deutlich, die die Erkennung zwischen Pollen und Narbe beherrschen und die Unterscheidung zwischen Selbst und Nicht-Selbst ermöglichen. An der Oberfläche der Narbe finden wir eine **Rezeptor-Ser/Thr-Kinase** (**SRK**), deren Aktivität durch ein kleines **Cys-reiches Protein auf der Pollenoberfläche**

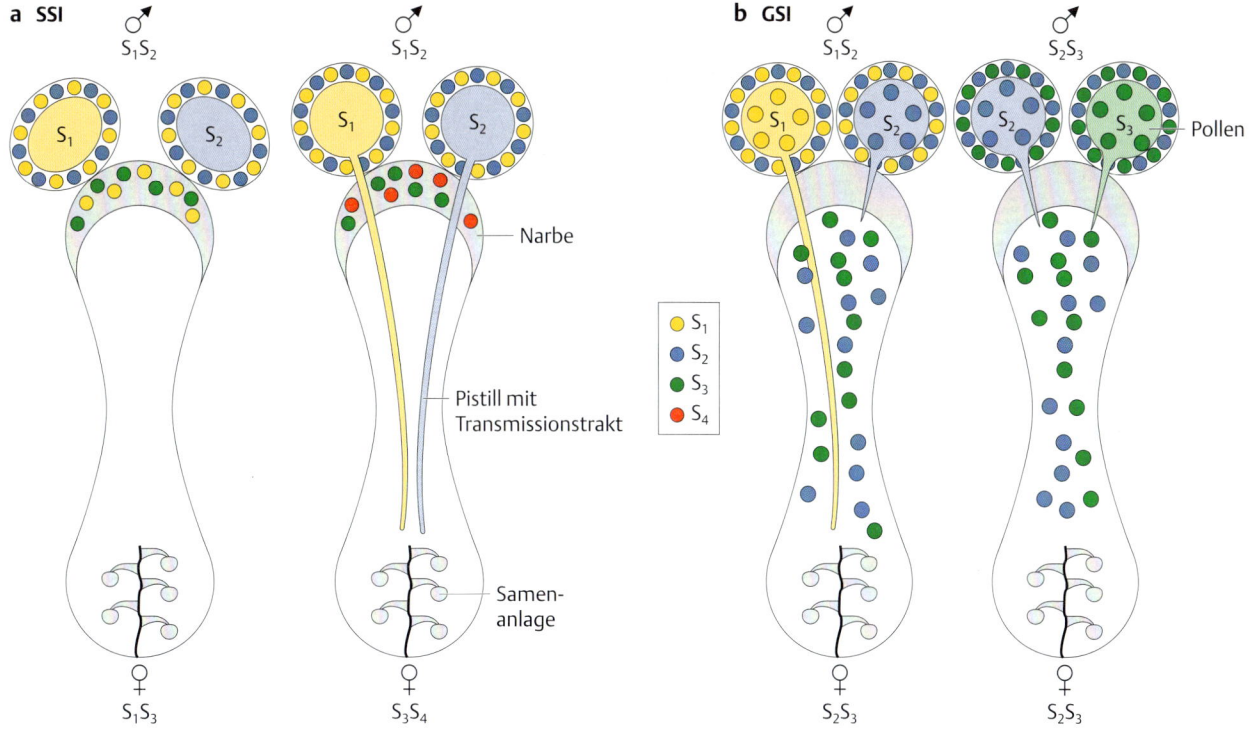

Abb. 18.17 Schema der sporophytischen (SSI) und gametophytischen (GSI) Selbstinkompatibilität. Das Gynoeceum mit den Samenanlagen ist in seinem Erkennungssystem für Pollen durch die Oberflächenproteine auf der Narbe bzw. im Transmissionstrakt (TMT) bestimmt (s. farbige Kreise und Farbmarkierungen der Pollen). **a SSI**: Die Selbsterkennung verhindert das Auskeimen des Pollens. Auf der Narbe bzw. auf der Oberfläche des Pollens gibt es jeweils zwei unterschiedliche Determinanten. Der Genotyp des Mikrogametophyten (Pollens) spielt dagegen keine Rolle (Details Abb. **18.19**). **b GSI**: Im TMT gibt es cytotoxische Determinanten aus dem mütterlichen Sporophyten, die unmittelbar auf die Entwicklung des Mikrogametophyten einwirken. Bei Übereinstimmung wird die weitere Entwicklung des Pollenschlauchs gestoppt und der Mikrogametophyt stirbt ab (weitere Details in Abb. **18.20**). Die Erkennungsmerkmale in der Exine und der Narbe (grau) spielen im Fall der GSI keine Rolle (nach Buchanan et al. 2000).

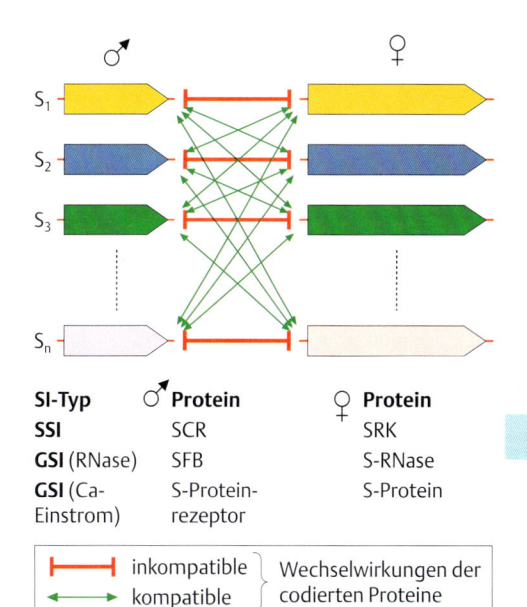

Abb. 18.18 Der S-Locus bei Pflanzen bestimmt die Determinanten für Selbstinkompatibilität. In dem relativ großen S-Locus von etwa 80 kb gibt es zwei Gene, die das männliche (♂) bzw. das weibliche (♀) Erkennungssystem bestimmen. Bei Übereinstimmung der codierten Proteine zwischen beiden kommt es zur Abstoßung (rote Hemmblöcke), während bei Nicht-Übereinstimmung sich der Pollen entwickeln und schließlich die Samenanlagen befruchten kann (Abb. **18.17**). Man schätzt, daß etwa 30–50 Allele der beiden Gene existieren (s. Farbcode). Die Eigenschaften der codierten Proteine sind für die einzelnen Erkennungssysteme in der Tabelle spezifiziert und werden in Abb. **18.19** (SSI) und in Abb. **18.20** (GSI) in ihrer Wirkung dargestellt (nach Takayama und Isogai 2005).

Abb. 18.19 Mechanismus der sporophytischen Selbstinkompatibilität am Beispiel von *Brassica*. Der Pollen hat mit seiner fußartigen Verformung der Pollenhaut einen intensiven Kontakt zu den Papillen der Narbe hergestellt. An der Oberfläche des Pollens, der von dem Sporophyten mit den Allelen S_1S_2 stammt, finden wir die entsprechenden Proteine SCR1 bzw. SCR2. Die Narbe gehört zu Sporophyten mit der Kombination S_2S_3. Also gibt es an der Oberfläche die dimeren Rezeptorkinasen SRK2 und SRK3. Nach Bindung von SRC2 wird SRK2 aktiv, die Thioredoxin-Untereinheit (TH) wird abgelöst und der Rezeptor phosphoryliert (**1**, **2**). Anschließend kann das ARC1-Protein als Teil einer E3-Ubiquitin-Ligase binden (Tab. **15.8** S. 572) und vermittelt den Abbau eines für die Pollenentwicklung notwendigen Aktivatorproteins (AP, **3**) (nach S. J. Hiscock und S. M. McInnis, Trends Plant Sci. 2003)

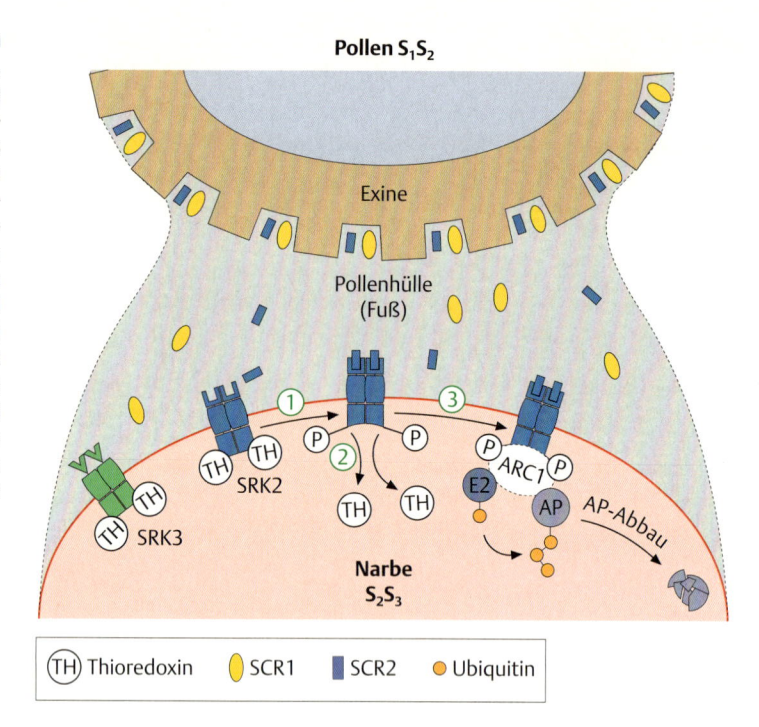

(**SCR**) reguliert wird (Abb. **18.19**). Die SRK wird kurz vor dem Öffnen der Blüte exprimiert. Entsprechend dem diploiden Zustand haben Narben und Pollen jeweils zwei verschiedene SRKs bzw. SCRs an der Oberfläche. Wann immer Übereinstimmung in mindestens einer Paarung herrscht, also in Abb. **18.19** in SRK(S_1) und SCR(S_1), kommt es zur Aktivierung der Kinase und damit zum Block der Pollenansiedlung durch Abbau eines noch hypothetischen Aktivatorproteins AP.

Für die weitverbreitete **GSI** gilt als Gemeinsamkeit, daß der Pollen angesiedelt wird und auskeimt, daß aber das weitere **Wachstum des Pollenschlauchs verhindert** wird. Dabei spielen zwei unterschiedliche Mechanismen eine Rolle:

- **RNasen** in dem Transmissionstrakt dringen in den Pollenschlauch ein und zerstören die mRNA in der vegetativen Zelle des Mikrogametophyten. Dies gilt für die meisten bisher untersuchten Fälle mit GSI (Abb. **18.20a, b**).
- Bei den Papaveraceeen bindet ein Glykoprotein an der Oberfläche der Narbe bzw. des Pistills an einen Membranrezeptor im Pollenschlauch und aktiviert einen **massiven Einstrom von Ca^{2+}**, der die für das Spitzenwachstum unerläßliche Organisation des Cytoskeletts (Plus **18.9** S. 745) stört und schließlich den programmierten Zelltod des Mikrogametophyten auslöst (Abb. **18.20c**). Wie bei jedem biologischen Signal kommt es auch bei Ca^{2+}-Ionen auf die Menge und zeitliche Kontrolle der Ausschüttung an.

a inkompatibel
(Abbau der mRNA durch S-RNase)

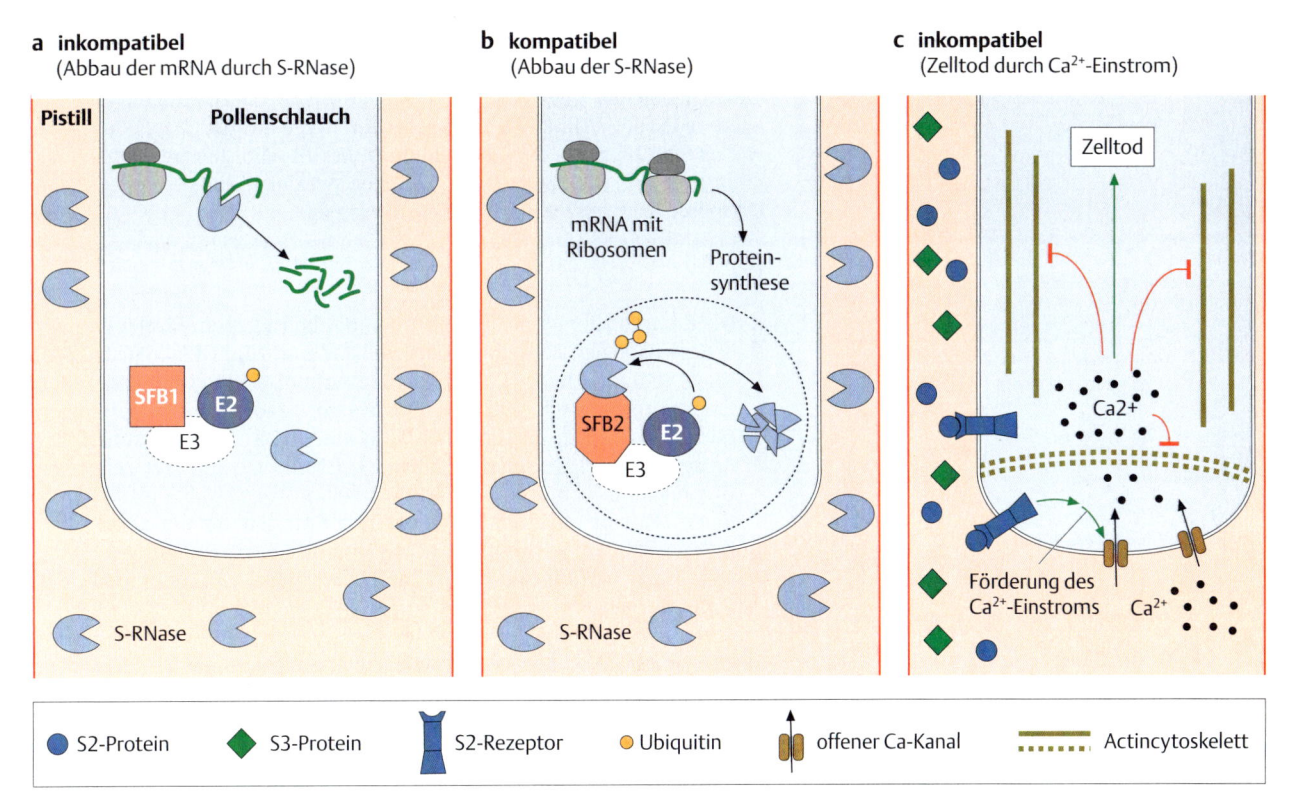

b kompatibel
(Abbau der S-RNase)

c inkompatibel
(Zelltod durch Ca^{2+}-Einstrom)

● S2-Protein   ◆ S3-Protein   ▮ S2-Rezeptor   ○ Ubiquitin   ▯ offener Ca-Kanal   ┄ Actincytoskelett

Abb. 18.20 Mechanismen der gametophytischen Selbstinkompatibilität. a RNase-Mechanismus: In den Transmissionstrakt der Narbe werden große Mengen von S-RNasen abgeschieden, die in den Pollenschlauch aufgenommen werden und die mRNA zerstören. **b** Im kompatiblen Fall mit Nicht-Identität der Determinanten von Sporophyten und Pollenschlauch werden die S-RNasen unter Vermittlung des F-Box-Proteins (SFB) als Teil eines E3-Ubiquitin-Ligase-Komplexes abgebaut (Tab. **15.8** S. 572). Die F-Box-Proteine SFB1 bzw. SFB2 unterscheiden anhand von hypervariablen Oberflächenstrukturen die Nicht-Selbst-RNasen, die abgebaut werden, von der Selbst-RNase, die nicht abgebaut wird.
c Inkompatible Interaktion mit **Ca^{2+}-Einstrom-Mechanismus.** Bei den Papaveraceen löst die Bindung eines kleinen Glykoproteins (S2) im extrazellulären Raum des Pistills an den entsprechenden Rezeptor in der Membran des Pollenschlauchs den massiven Einstrom von Ca^{2+} aus. Die Folge sind die Zerstörung des Actincytoskeletts und die Auslösung von programmiertem Zelltod (Plus **18.8** S. 741) (nach Takayama und Isogai 2005).

18.6 Embryonal- und Fruchtentwicklung

Ein für jede Pflanze entscheidender Teil der **Realisatorphase** ist die **Entwicklung des Fruchtknotens mit den Samenanlagen (Gynoeceum)**. Dies erfolgt zunächst in enger Abstimmung mit den anderen Blütenblattorganen bis zur Öffnung der Blüte und der Präsentation der empfängnisbereiten Narben (Kap. 18.4.3). Nach der Bestäubung sind die weiteren Entwicklungen am Gynoeceum im wahrsten Sinne des Wortes noch spektakulärer, weil die anderen Blütenblattorgane in der Regel schnell altern und abgestoßen werden (Plus **18.8** S. 741). Das Gynoeceum bleibt als einziges zurück, vergrößert sich stark und bildet die schützende Hülle sowie die Versorgungsbasis für die sich entwickelnden Samen. Die Entwicklung der Embryonen aus den befruchteten Eizellen verläuft nach einem abgestimmten Programm zusammen mit der Ausbildung des Endosperms, der Speicherung von Reservematerial für die Keimungsphase, den Entwicklungs- und Reifungsprozessen in den Früchten und schließlich dem Übergang der Samen in die Ruhephase. Wie bei den lebend gebährenden Tieren hängt die ungestörte Embryogenese von Informationen und vor allem von der Nährstoffversorgung durch die Mutterpflanze ab. Wir wollen im folgenden das Geschehen in vier Abschnitten behandeln: die Embryogenese, die Samen- und Fruchtentwicklung, die Verbreitung von Diasporen und schließlich die Samenkeimung.

18.6.1 Embryogenese

> Die Embryonalentwicklung führt von der befruchteten Eizelle und der ersten inäqualen Zellteilung (Zweizellstadium) zum Oktandenstadium, Kugelstadium, Herzstadium, Torpedostadium schließlich zum reifen Embryo mit etwa 15 000 Zellen (Krückstockstadium). Entscheidungen über den Bauplan mit der Definition von Sproß- und Wurzelpol, der Anlage der drei Gewebeschichten (L1, L2 und L3) und der zellulären Organisation von Sproß- und Wurzelpol werden bei *Arabidopsis* innerhalb von etwa 3,5 Tagen bis zun Herzstadium mit seinen 250 Zellen getroffen. Polare AUX-Ströme und die zellspezifische Verteilung von Transkriptionsfaktoren bilden zentrale Kontrollelemente der Embryogenese.

In diesem Kapitel haben wir in biologisch strengem Sinn das Pferd vom Schwanz her aufgezäumt, weil wir die Embryogenese als die erste Phase im Entwicklungszyklus einer Samenpflanze aus didaktischen Gründen an den Schluß gesetzt haben. In vorausgegangenen Kapiteln wurden aber eine Reihe von regulatorischen Prinzipien behandelt, die wir jetzt für die morphogenetischen Abläufe bei der Embryogenese wieder benötigen. Das gilt für Informationen über die Genexpression (Kap. 15) ebenso wie für die Wirkung der pflanzlichen Hormone (Kap. 16).

Die charakteristischen Stadien der Embryonalentwicklung bei *Arabidopsis* sind in Abb. **18.21** zusammengestellt. Die Entwicklung vollzieht sich bei normalen Temperaturen (25°C) in etwa 9 Tagen von der befruchteten Eizelle bis zum fertigen Embryo mit seinen etwa 15 000 Zellen. Das beinhaltet Zellteilungen im Rhythmus von etwa 15 Stunden. Die wichtigen Stadien werden nach ihrer äußerlichen Morphologie als **Oktandenstadium**, **Kugelstadium** (globuläres Stadium), **Herzstadium**, **Torpedostadium** und **Krückstockstadium** bezeichnet. Bis zum **Herzstadium** mit etwa 250 Zellen (Abb. **18.21d**) werden alle wichtigen **Entscheidungen über den Bauplan** gefällt. Danach beginnt die endgültige Ausformung des Em-

Abb. 18.21 Stadien der Embryonalentwicklung bei *Arabidopsis*. a Zweizellstadium etwa 10 Stunden nach der Befruchtung mit der kleinen apikalen Zelle und der großen Basalzelle. **b** Oktandenstadium, **c** Kugelstadium, **d** Herzstadium (etwa 3,5 Tage nach der Befruchtung), **e** Torpedostadium, **f** reifer Embryo (Krückstockstadium, etwa 9 Tage alt) (lichtmikroskopische Aufnahmen von G. Jürgens und U. Mayer 1994 in Westhoff et al. 1996). Ko, Kotyledonen; Su, Suspensor; RAM, SAM, Wurzel- bzw. Sproßapikalmeristem.

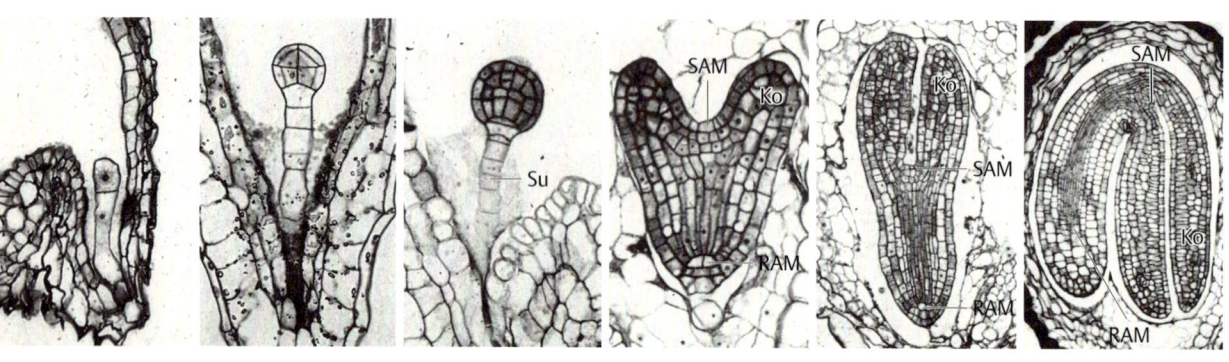

a Zweizellstadium **b** Oktandenstadium **c** Kugelstadium **d** Herzstadium **e** Torpedostadium **f** Krückstockstadium

bryos mit dem Wurzelpol und dem RAM, dem Hypokotyl und dem Sproßpol mit SAM sowie den beiden Kotyledonen. Der fertige Embryo von *Arabidopsis* liegt schließlich in der typischen krückstockartigen Krümmung mit dem **Hypokotylhaken** an der Spitze vor (Abb. **18.21f**).

Bei der Anlage des Bauplans gibt es drei wichtige Phasen der Entscheidung:
- Definition von Sproß- und Wurzelpol beim Übergang von der Zygote zum Zweizellstadium (Abb. **18.21a**).
- Anlage der drei Gewebeschichten (L1, L2 und L3) beim Übergang vom Oktandenstadium mit 16 Zellen im apikalen Teil des Embryos zum Kugelstadium (Abb. **18.21b, c**).
- Zelluläre Organisation von Sproß- und Wurzelpol und Bildung der Kotyledonen (laterale Organisation) bei der Entwicklung vom Kugelstadium zum Herzstadium (Abb. **18.21c, d**).

Die **Festlegung von Sproß- bzw. Wurzelpol** geschieht unter Einwirkung des mütterlichen Sporophyten durch Streckung der befruchteten Eizelle in Richtung der Mikropyle/Chalaza-Achse in der Samenanlage (Abb. **18.16b** S. 744). Dann folgt die erste inäquale Teilung in die kleine, plasmareiche Apikalzelle und die Basalzelle mit einer großen Vakuole (Abb. **18.21a**). Die **Apikalzelle** bildet später den weitaus überwiegenden Teil des Embryos (grau markierte Teile in Abb. **18.22**). Die **Basalzelle** dagegen bildet nach nur wenigen weiteren Teilungen und Zellstreckung den sog. **Suspensor** von 6–9 Zellen, der zunächst den Embryo in der Samenanlage im Bereich der Mikropyle verankert und damit in einer polaren Umgebung ausrichtet. In diesen allerersten Stunden der Embryonalentwicklung wird auch das **Endosperm** angelegt. Die triploide genetische Konstitution und die enge Abstimmung zwischen der Geschwindigkeit

Abb. 18.22 Schema der Embryonalentwicklung von *Arabidopsis*. a zelluläre Organisation des Embryos in verschiedenen Stadien und Ableitung der Gewebe bis zum Herzstadium. **b** Transkriptionsfaktoren, die an den entwicklungsbiologischen Abläufen beteiligt sind (Tab. **18.2** S. 719 und Abb. **18.23**).

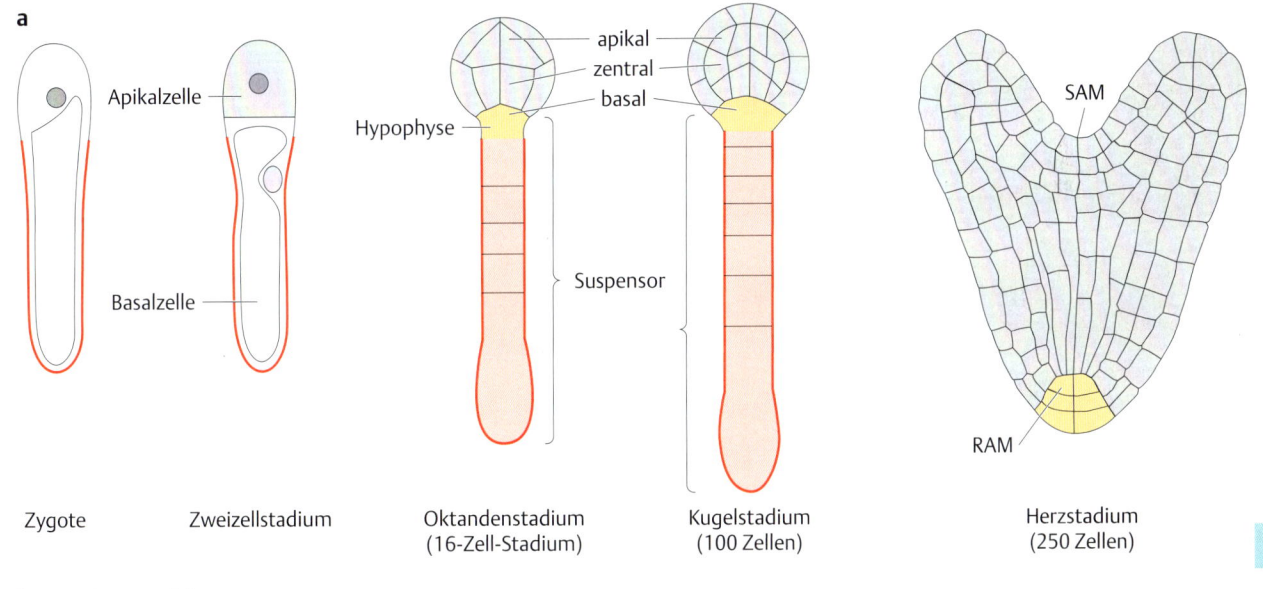

a

Zygote — Zweizellstadium — Oktandenstadium (16-Zell-Stadium) — Kugelstadium (100 Zellen) — Herzstadium (250 Zellen)

Apikalzelle, Basalzelle, Hypophyse, apikal, zentral, basal, Suspensor, SAM, RAM

b Transkriptionsfaktoren

Gewebespezifität: REV, PHB, PHV, CNA
Polarität, Gewebeanlagen: WOX2, WOX8, WOX9
SAM: WUS, STM, CUC1/2
RAM: WOX5, SCR, PLT
Kotyledonen-Anlage: AS1, ANT, REV, YAB

Plus 18.12 Genomisches Imprinting bei der Samenentwicklung

Der Begriff des Imprinting ist eng verbunden mit der Still-Legung eines der beiden X-Chromosomen in den frühen Phasen der Embryogenese bei Säugetieren. Wesentliche Elemente sind DNA-Methylierung und Histon-Methylierung und damit **Heterochromatisierung des Chromosoms** während der gesamten Entwicklung des Organismus. Der Mechanismus garantiert die notwendige Gen-Balance zwischen Autosomen und Heterosomen bei den Weibchen.

Interessanterweise gibt es vergleichbare Probleme bei der pflanzlichen Embryogenese, wenngleich sie subtilerer Art sind. Auf jeden Fall hängt die Balance zwischen Entwicklung und Funktion des Endosperms als Beschaffungsorgan für Nährstoffe aus dem mütterlichen Organismus und der Entwicklung des Embryos selbst entscheidend von der selektiven **Stillegung bestimmter Gene** ab. Das kann im Einzelfall sowohl die mütterlichen (*PHE*) als auch die väterlichen Allele (*MEA, FIS2*) betreffen. Das Silencing erfolgt entweder durch **DNA-Methylierung** und/oder durch **Histon-Methylierung**. Insbesondere betroffen sind die Loci für den **MADS-Box-Transkriptionsfaktor PHE** (pheres) und zwei Gene, die für zwei Komponenten des PRC2-Komplexes codieren (Plus **18.6** S. 734). Diese sind die **Histonmethyltransferase MEA** (medea) und der dazu gehörige **Aktivator FIS2** (fertilization independent seed formation). Alle drei genannten Gene sind nur für kurze Zeit während der Gametogenese und den ersten Stadien der Samenentwicklung aktiv. Die entscheidenden Veränderungen vollziehen sich bei der Bildung der Gameten (Aktivierung) bzw. dann nach der Bildung des zellulären Endosperms (Stadium 3, Inaktivierung). Das bedeutet, daß die Aktivität dieser Gene auf die kurze Periode nach der Befruchtung während der ersten Synchronteilungen der Kerne im triploiden Endosperm (Stadium 1) und der folgenden Umorganisation des Syncytiums beschränkt ist. Im dritten Stadium der Endospermentwicklung mit der beginnenden Zellularisierung werden alle drei Gene bereits wieder stillgelegt. Der Ausfall dieser Imprintingprozesse hat schwerwiegende Folgen für die Embryoentwicklung und ist i. d. R. letal (Hypertrophie des Embryos bzw. des Endosperms).

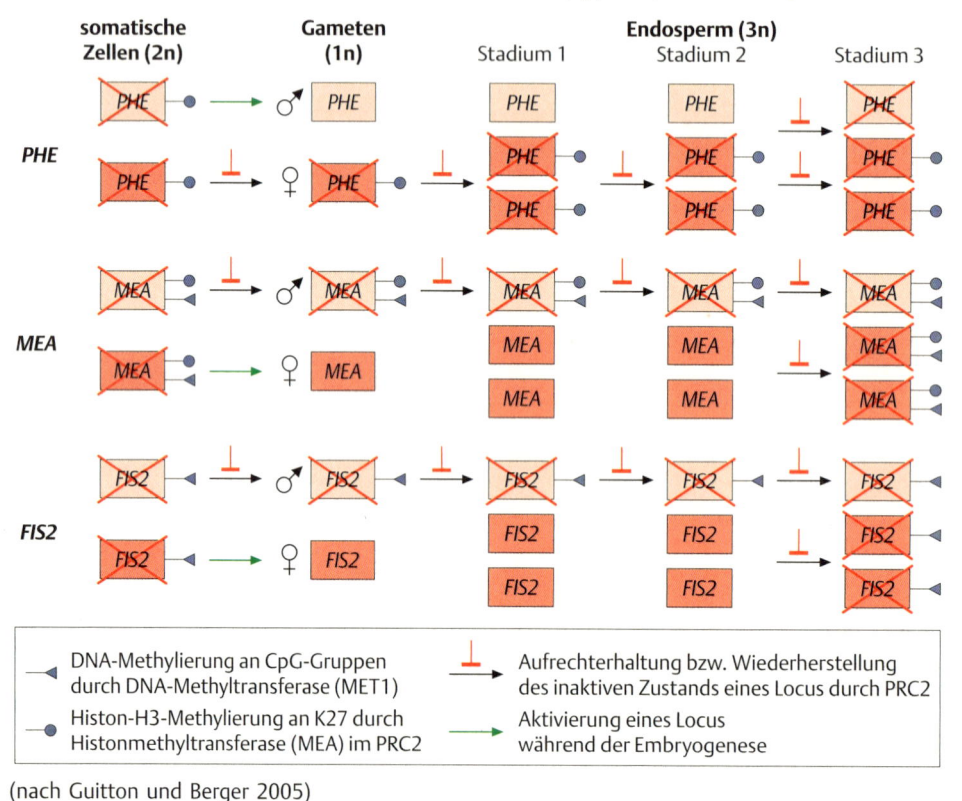

(nach Guitton und Berger 2005)

von Embryo- und Endospermentwicklung erfordern offensichtlich epigenetische Veränderungen am Chromatin der Endospermkerne, die man als **Imprinting** bezeichnet (Plus **18.12**). Im späten Herzstadium (Abb. **18.21d**) verschwindet der **Suspensor** durch **programmierten Zelltod** (Plus **18.8** S. 741). Nur die apikale Zelle des Suspensors bleibt erhalten und wird zur sog. **Hypophyse**, die nach wenigen weiteren Zellteilungen das **Ruhezentrum** und die apikal gelegenen Teile des **RAM** bzw. der **Wurzelhaube** bilden (gelbe Markierungen in Abb. **18.22**).

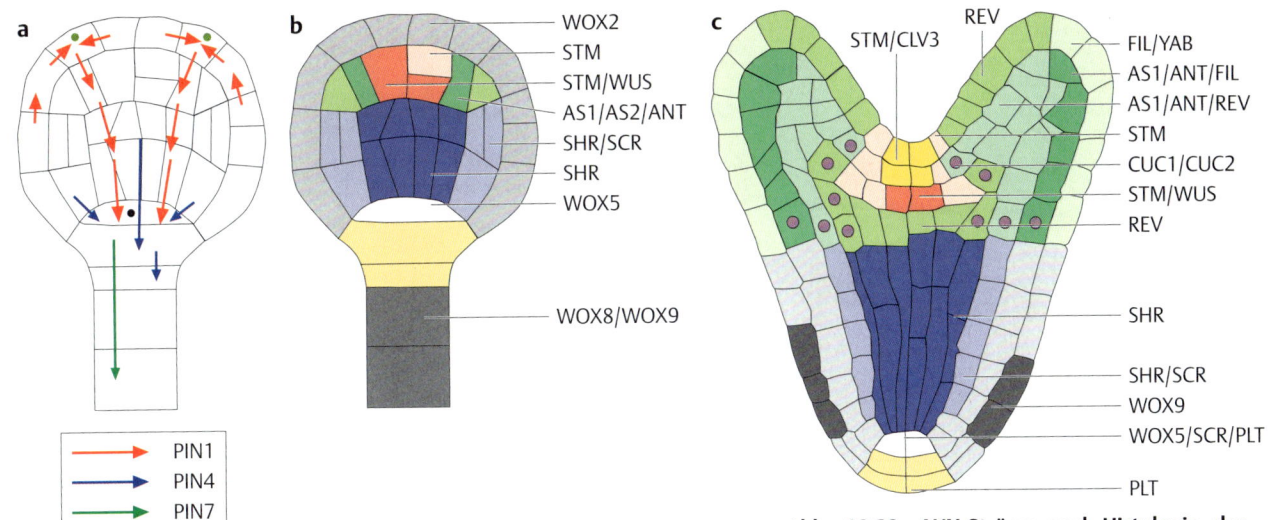

Analyse von Mutanten der Embryogenese haben gezeigt, daß **polare AUX-Ströme** von Anfang an eine wesentliche Rolle für die Anlage und Entfaltung des Bauplans spielen. Schon die **Apikalzelle** und der entsprechende Bereich des Embryos bis zum Oktandenstadium sind **AUX-reich**, während die Basalzelle bzw. der daraus abgeleitete **Suspensor** relativ **AUX-arm** sind. Wie schon in Plus **16.3** S. 608 beschrieben, haben unterschiedliche **AUX-Transporter**, in diesem Fall **PIN1**, **PIN4** und **PIN7**, und ihre polare Positionierung in den Zellen entscheidenden Einfluß auf die AUX-Verteilung. Das wird dann im Kugel- und Herzstadium besonders deutlich, wenn die Kotyledonen angelegt werden (Abb. **18.23a**).

An der zweiten Phase mit der **Anlage der drei Grundgewebe** (L1, L2 und L3, Abb. **18.2** S. 714) wirken Transkriptionsfaktoren (TF) der HD-ZIP-Familie mit, die wir schon bei der Entwicklung von Blattanlagen besprochen haben (Tab. **18.2** S. 719). Zusammen mit Homeobox-TF der **WUS-Familie** (**WOX**, Abb. **18.23**) kontrollieren sie den Übergang vom Oktanden- zum Kugelstadium.

Die dritte Phase mit dem **Übergang vom Kugel- zum Herzstadium** ist charakterisiert durch die laterale Differenzierung des Embryos, d. h. einerseits durch die **Entstehung des SAM** mit der entsprechenden Expression von STM und WUS (Abb. **18.3a** S. 716) und andererseits die **Anlage** der beiden **Kotyledonen**. Ausgangspunkt sind die PIN1-vermittelten AUX-Ströme im Kugelstadium (Abb. **18.23a**). Eine *Arabidopsis*-Mutante *cuc* hat die Aufmerksamkeit auf einen weiteren wichtigen Aspekt der **lateralen Differenzierung** gelenkt. Wie bei den Blütenanlagen müssen die drei **morphogenetischen Felder** voneinander **getrennt** werden, also SAM von Keimblatt 1 und Keimblatt 2. Das erfolgt durch die Expression der TF **CUC1/2** in der Grenzregion (Abb. **18.23c**). Ohne CUC bleibt die Grenzziehung und damit die laterale Differenzierung aus. Es entsteht ein einziges tassenförmiges Keimblatt (engl.: cup shaped cotyledons). Offensichtlich sind in den frühen Phasen der Entwicklung kleine Zellgruppen bzw. sogar einzelne Zellen durch ihre jeweiligen TF identifizierbar und

Abb. 18.23 AUX-Ströme und Histologie der Verteilung von morphogenetischen Transkriptionsfaktoren während der Embryonalentwicklung. a AUX-Ströme im Kugelstadium markieren die Anlage der Kotyledonen (grüne Punkte) und des RAM (schwarzer Punkt). **b**, **c** Transkriptionsfaktoren (TF) bestimmen das entwicklungsbiologische Schicksal kleiner Zellgruppen in den frühen Stadien der Embryonalentwicklung. Die Farbmarkierungen entsprechen den Expressionsmustern der TF im Kugelstadium (a) und im Herzstadium (b). Die Namen und die Rolle der genannten TF sind in Tab. **18.2** S. 719 und der Legende zu Abb. **18.7** S. 725 erklärt.

so in ihrer weiteren Entwicklung determiniert (Farbmarkierungen in Abb. **18.23b, c**).

18.6.2 Samen- und Fruchtentwicklung

> Die Embryogenese vollzieht sich in enger Abstimmung mit der Samen- und Fruchtentwicklung. Die Laubblätter dienen als Quelle für transportfähige Kohlenhydrate (Saccharose) und Stickstoffverbindungen (Glutamin, Asparagin) und damit für die Bildung von Speichersubstanzen wie Fette, Stärke und Speicherproteine, die in sehr hoher Dichte entweder im Endosperm, Nucellus und/oder in den Kotyledonen eingelagert werden.

Die **Embryogenese** vollzieht sich in enger **Abstimmung mit der Samen- und Fruchtentwicklung**. Nur der Gesamtprozeß garantiert die Entstehung einer lebensfähigen Dauerform der Pflanzen, die über ausreichende Nährstoffreserven für den Keimungsvorgang, Resistenz gegenüber ungünstigen Witterungsbedingungen und über die notwendigen Vorkehrungen für die Verbreitung verfügen. Die Ausbildung von Samen und Früchten mit ihren vielfältigen Varianten und funktionellen Anpassungen gehört ohne Zweifel zu den besonderen Errungenschaften in der Evolution der Samenpflanzen. **Samen** enthalten also den Embryo und mehr oder weniger große Teile des Endosperms als Teile der Tochtergeneration. Dazu kommt die **Samenschale** (**Testa**), die aus den Integumenten und ggf. Resten des Nucellus entsteht, also von der Mutterpflanze beigesteuert wird. Unter **Früchten** verstehen wir jede Form von Samen, die noch weitere Teile des mütterlichen Organismus enthalten. Bei der Fruchtbildung können erst einmal die **Fruchtblätter** selbst, aber auch andere **Blütenblattorgane**, **Blütenstiele** bzw. der **Blütenboden** oder sogar ganze **Blütenstände** beteiligt sein. Die Mannigfaltigkeit ist ebenso groß wie bei den Blütenformen, und wir können uns bei der Darstellung nur auf wenige Beispiele aus unserem täglichen Leben beschränken, um die Prinzipien zu illustrieren (Box **18.12**).

Die wichtigen Teilaspekte der Samenbildung von *Arabidopsis* sind in Abb. **18.24** in chronologischer Folge dargestellt. Die Embryogenese mit ihren Hauptstadien (Abb. **18.24**) macht den ersten Teil aus. Wie schon in Kap. 18.6.1 dargestellt, wird diese durch eine rasche Folge von Zellteilungen unter Mitwirkung der angezeigten Hormone und im zweiten Teil der Embryoreifung auch von Zellstreckungen bestimmt. Ein Einblick in die Fülle der beteiligten Transkriptionsfaktoren (TF), die für die Anlage und Ausführung des Bauplans notwendig sind, wurde in Abb. **18.23 b, c** gegeben.

Im unteren Teil der Abbildung sind die Hauptprozesse der Samenreifung zusammengefaßt, die von **samenspezifischen TF** wie **LEC1/2**, **FUS3** und **ABI3** begleitet werden (Legende Abb. **18.24** und Plus **18.13**). Sie beeinflussen die späten Schritte der Embryoentwicklung mit der Nährstoffspeicherung ebenso wie die Vorbereitung des Embryos auf die Austrocknung des Samens und die Samenruhe. Am Schluß sinkt der Wassergehalt auf weniger als 10%. Dies gilt auch für Samen, die im wäßrigen Milieu einer Tomatenfrucht (Abb. **16.27** S. 632) oder ähnlichen Früchten reifen.

Die **Nährstoffversorgung** des Embryos über das Phloem der Mutterpflanze und die Anlage von Speicherstoffen für die kritische Phase der Keimung sind entscheidend für den Erfolg der gesamten Entwicklung. Wenn die Nährstoffversorgung unzureichend ist oder ganz ausbleibt, verlangsamt sich die Entwicklung, und Samenanlagen können absterben. Bei

Box 18.12 Formen von Früchten

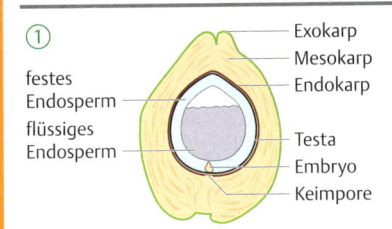

① Kokospalme (*Cocos nucifera*, Arecaceae)
1-samige Steinfrucht, die an einem Blütenstand (Ährenrispe) entsteht; weibliche Blüten mit 3-blättrigen verwachsenen Fruchtknoten; Frucht mit glattem Exokarp, fasrigem Mesokarp und steinigem Endokarp enthält einen steinförmigen Samen mit Speicherendosperm und einem sehr kleinen Embryo; Frucht ist schwimmfähig (Hydrochorie, Kap. 18.6.3).

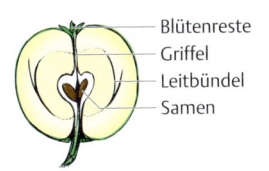

Beschriftungen: festes Endosperm, flüssiges Endosperm, Exokarp, Mesokarp, Endokarp, Testa, Embryo, Keimpore

② Apfel (*Pirus malus*, Rosaceae)
Sammelfrucht; Kernobst mit fleischiger Blütenachse, die einen 5-fächrigen unterständigen Fruchtknoten mit je einer Nuß umschließt.

Beschriftungen: Blütenreste, Griffel, Leitbündel, Samen

③ Erdbeere (*Fragaria vesca*, Rosaceae)
Sammelnußfrucht mit zahlreichen Nüßchen auf der Oberfläche; entsteht durch Auswachsen des Blütenbodens unter der Einwirkung des von den Samen gebildeten AUX.

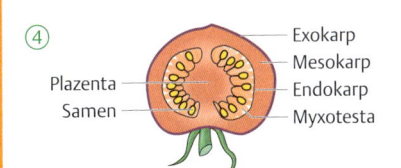

Beschriftungen: Nüßchen, Rinde, Mark, Leitbündel

④ Tomate (*Lycopersicon esculentum*, Solanaceae)
Beerenfrucht mit zahlreichen Samen, die durch fleischiges Auswachsen des Mesokarps und der Placenta entsteht; Fruchtknoten aus 2 Carpellen verwachsen; Samen bilden eine schleimige Hülle (Myxotesta) (Reifungsprozeß, Abb. **16.27** S. 632).

Beschriftungen: Plazenta, Samen, Exokarp, Mesokarp, Endokarp, Myxotesta

⑤ Löwenzahn (*Taraxacum officinale*, Asteraceae)
spezielle Form der Nußfrucht (Achäne), die mit Teilen der Blütenblattorgane und dem haarigen Pappus (aus den Kelchblättern hervorgegangen) verwachsen ist; Verbreitung durch Wind (Anemochorie, Kap. 18.6.3).

⑥ Ananas (*Ananas sativa*, Bromeliaceae)
Fruchtstand, der aus den fleischig werdenden 3-zähligen Blüten mit all ihren Organen und der Blütenstandsachse entsteht; Fruchtknoten unterständig; Fruchtstand besitzt an der Spitze einen Sproßkegel (Fruchtschopf), der zur vegetativen Vermehrung genutzt werden kann.

Beschriftungen: Fruchtschopf, einzelne Beerenfrucht, Fruchtfach, Kelchblätter, Tragblatt, Perikarp, Blütenstandsachse

(Abb. nach Lieberei/Reisdorff, Nutzpflanzenkunde, Thieme 2007)

Abb. 18.24 Zeitlicher Ablauf der Samenentwicklung bei *Arabidopsis*. Der obere Teil der Abb. faßt die Embryogenese, der untere Teil die Samenreifung zusammen. Die Entwicklung des Embryos ist durch die entsprechenden Stadien gekennzeichnet (**K** Kugel-, **H** Herz-, **T** Torpedostadium, **RE** reifer Embryo, Abb. **18.21**). Im letzten Teil der Samenreifung erfolgt die Dehydratisierung des Embryos auf weniger als 10 % des ursprünglichen Wassergehalts. Die Samenreifung ist durch die charakteristischen zwei Phasen der ABA-Synthese durch den mütterlichen Organismus (**M-ABA**) bzw. den Embryo (**E-ABA**), eine Kaskade von Transkriptionsfaktoren (Plus **18.13**) und die Einlagerung der Speicherstoffe gekennzeichnet. Die frühe Phase der Stärkespeicherung erfolgt transient im Endosperm, das schließlich im reifen Samen nur noch eine periphere Zellschicht ausmacht (Details aus Weber et al. 2005, Shutov et al. 2003).

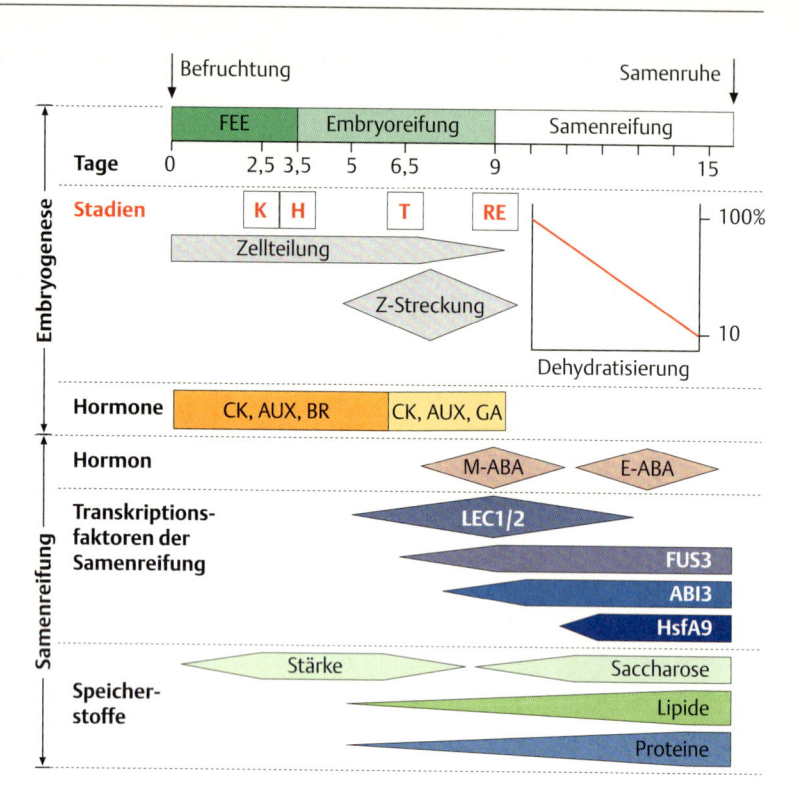

Kulturpflanzen wie Getreide, Raps, Sojabohnen und anderen, bei denen die reifen Samen das Erntegut darstellen, wird der Ertrag maßgeblich von dem effizienten Nährstofftransfer aus den vegetativen in die generativen Organe bestimmt. Für alle diese monokarpen Pflanzen inkl. *Arabidopsis* dienen die Laubblätter als Quelle (**Sourceorgane**) für transportfähige Kohlenhydrate (**Saccharose**) und Stickstoffverbindungen (**Glutamin, Asparagin**). Diese Blätter werden durch die Samenanlagen als **Sinkorgane** regelrecht ausgesaugt und unterliegen schließlich dem programmierten Zelltod (Plus **18.8** S. 741). Da es keine direkte Gefäßverbindung zwischen Embryo und Mutterpflanze gibt, muß die Versorgung über den apoplasmatischen Raum zwischen Nucellus (Mutterpflanze) und Endosperm bzw. Embryo (Tochterpflanze) erfolgen. Die Epidermiszellen des Embryos können in besonderer Weise für die massenhafte Aufnahme von Assimilaten prädestiniert sein, weil sie durch Einstülpungen des Plasmalemmas die Oberfläche vergrößern und mit entsprechenden Assimilattransportsystemen anreichern. Man spricht in einem solchen Fall von **embryonalen Transferzellen** (Abb. **3.5** S. 108).

Speicherorgane im Samen sind in der überwiegenden Zahl der Fälle die Organe der Tochterpflanze, d. h. entweder das **Endosperm** und/oder die **Kotyledonen** des Embryos (Tab. **18.4**). Ganz selten, z. B. bei den Caryophyllaceen, erfolgt die Speicherung permanent im **Nucellus**, d. h. in Samenteilen, die von der Mutterpflanze stammen. Wenn die Hauptspeicherung in den Kotyledonen erfolgt, wie bei den für unsere Ernährung wichtigen Körnerleguminosen (Erbse, Gartenbohne, Saubohne, Sojabohne, Tab. **18.4**), dann geschieht die Einlagerung in der letzten Phase der Samenentwicklung. **Nucellus** bzw. **Endosperm** dienen in diesen Fällen als **Zwischenspeicher**, die dann absterben. Aber auch wenn das Endo-

Plus 18.13 Genexpressionsprogramme während der Samenreifung

Noch während der Ausdifferenzierung des Keimlings, beginnend mit dem Torpedostadium, setzt das Genexpressionsprogramm für die letzte Phase der Samenbildung ein (Abb. **a**). Ausgelöst durch die Bildung der Transkriptionsfaktoren (Plus 15.7 S. 521) LEC1/2 (engl.: leafy cotyledon) werden die beiden TF FUS3 (fusca) und ABI3 (engl.: ABA insensitive) gebildet, die sich gegenseitig in ihrer Expression verstärken und zugleich die Transkription der späten Gene für die Samenreifung kontrollieren. Die sequentiellen Effekte auf die Genexpression lassen sich sehr deutlich aus den Mikroarrayanalysen (Box 15.2 S. 492) der mRNAs für die zweite Hälfte der Samenbildung ablesen (Abb. **b**). Die Farbintensitäten in der sog. Heat Map reichen von blau für nicht exprimierte bis tief rot für hoch exprimierte Gene. In welcher Weise ABA in das durch ABI3 kontrollierte Geschehen eingreift, ist unklar. ABI3 ist jedenfalls kein ABA-bindender TF. Endglieder der Genexpressionskette sind die Speicherproteine (Globuline) und die Streßschutzproteine (EM1, Chaperone), die die zellulären Strukturen des Embryo vor Schäden während der Austrocknungsphase und der Samenruhe bewahren helfen. Interessanterweise erfordert die Transkription der Chaperon-codierenden Gene die Bildung eines samenspezifischen Hitzestreß-TF HsfA9, der nur in dieser Funktion aktiv ist und keine Rolle für die Hitzestreßantwort im allgemeinen spielt (Kap. 19.2).

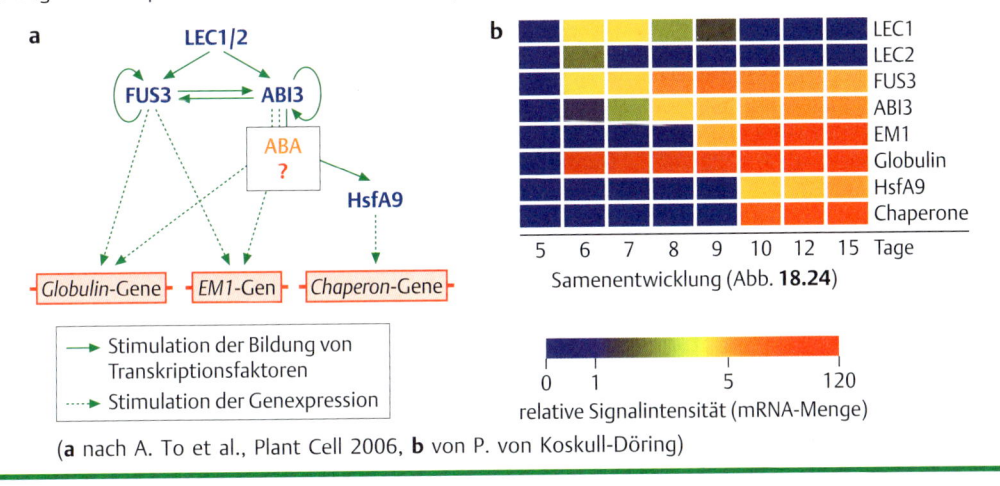

(**a** nach A. To et al., Plant Cell 2006, **b** von P. von Koskull-Döring)

Tab. 18.4 Samen als Speicherorte in Kulturpflanzen.

Pflanze	Speichersubstanz (%)			Speicherorgan
	Proteine	Öle/Fette	Stärke	
Getreide (Gerste, Weizen, Mais)	7–12	1–4	**67–75**	Endosperm, Aleuronschicht
Leguminosen				Kotyledonen
Feuerbohne	23	1	**56**	
Erbse	25	2	**60**	
Erdnuß	**27**	**48**	19	
Sojabohne	**40**	19	24	
Rizinus	18	**64**	–	Endosperm
Kokosnuß	9	**65**	25	Endosperm
Raps	21	**48**	19	Kotyledonen

Hauptbestandteile sind **fett** markiert (nach Buchanan et al. 2000)

sperm die Speicherfunktion in den reifen Samen wie bei den Karyopsen der Getreide hat, handelt es sich um metabolisch inaktives oder sogar totes Gewebe. Für die Mobilisierung der Speicherstoffe aus dem Endosperm braucht der keimende Samen die Genexpressionsprozesse in den Zellen der umgebenden Aleuronschicht, die die notwendigen hydrolytischen Enzyme bilden (Plus **2.2** S. 76 und Abb. **16.19** S. 617).

Als Speicherstoffe dienen vor allem Stärke, Fette und Proteine. Das macht den besonderen Wert von Samen für die menschliche Ernährung aus (Tab. **18.4**). Fette bzw. Öle werden in sog. Oleosomen (Box **2.4** S. 77) und Stärke in den Amyloplasten (Stärkekörnern, Abb. **2.32** S. 88 und Plus **2.2** S. 76) gespeichert. Als **Speicherproteine** werden bei allen Samenpflanzen und bei Farnen Globuline, insbesondere die beiden nahe verwandten Formen Vicillin und Legumin gefunden. Die interessanten Details der **Synthese und Reifung von Legumin** bei *Vicia faba* sind exemplarisch in Plus **18.14** zusammengetragen. Die Translation vollzieht sich am ER, von dem aus nach mehreren Prozessierungsschritten der Transport über dichte Vesikel in die **Proteinspeichervakuolen** erfolgt. Dort findet dann der letzte Schritt der Reifung mit einer endoproteolytischen Spaltung des Prolegumins in die beiden Untereinheiten statt. Die typische **Quartärstruktur des Legumins** aus 12 Untereinheiten (Plus **18.14**) erlaubt eine quasikristalline Anordnung und damit hohe **Packungsdichte** und **Resistenz** gegenüber **Endoproteasen**. Die optimale Raumstruktur der Legumine ist das Ergebnis einer langen Evolution. Scheinbar einfache gentechnische Versuche, den Wert der Speicherproteine für die Ernährung dadurch zu erhöhen, indem man durch Punktmutationen den Anteil an essentiellen aromatischen Aminosäuren (Trp, Phe, Tyr) erhöht, sind bisher stets fehlgeschlagen, weil die so „verbesserten" Speicherproteine in ihrer Struktur und damit Packungsdichte und Stabilität gestört waren.

Die **Früchte der Leguminosen** werden aus einem Fruchtblatt gebildet und als Hülsen bezeichnet, während die analogen Organe der **Brassicaceen** aus zwei verwachsenen Fruchtblättern entstehen und daher als Schoten bzw. Schötchen bezeichnet werden. In beiden Fällen fällt die starke Vergrößerung der Früchte zusammen mit den frühen Phasen der Embryoentwicklung (Abb. **18.24**). Bei *Arabidopsis* wird die Schote in dieser Entwicklungsphase bereits auf die **automatische Freisetzung der reifen Samen** vorbereitet (Abb. **18.25**). Eine Kaskade von neuen TF, die durch AG ausgelöst wird (Abb. **18.25a**), sorgt für die entsprechende Gewebedifferenzierung, die mit einer selektiven Verholzung im Endokarp verbunden ist (Abb. **18.25b, c**).

Prinzipiell ähnlich vollzieht sich die koordinierte Entwicklung bei fleischigen Früchten, für die wir im Zusammenhang mit Abb. **16.27** S. 632 die ETH-gesteuerte Reifung der Tomate behandelt hatten. In allen Fällen ist die Entwicklung der Samen und die damit verbundene AUX-Produktion das ständige **Signal**, das **Samen-** und **Fruchtentwicklung** aufeinander abstimmt. Wenn man bei Erdbeeren in einer frühen Phase die äußerlich zugänglichen Samenanlagen (Nüßchen, Box **18.12**, 3) entfernt, unterbleibt die Vergrößerung des Blütenbodens, und dieser Wachstumsdefekt der Frucht kann durch Applikation von AUX rückgängig gemacht werden.

Plus 18.14 Leguminsynthese

Das Legumingen von *Vicia faba* und anderen Leguminosen hat drei Introns. Im Promotorbereich finden wir Erkennungsstellen für eine Reihe von Transkriptionsfaktoren, die alle zusammen die spezifische Expression in der Speicherphase in den Kotyledonen gewährleisten. Nach Prozessierung der prä-mRNA kann am ER das sog. **Präprolegumin** translatiert und cotranslational in das Lumen des ER überführt werden (Abb. **b**). Bei der Prozessierung im ER wird noch in der Anfangsphase der Translation das Signalpeptid entfernt (Abb. **15.35** S. 557). In einem zweiten Schritt wird als Teil der Proteinfaltung im **Prolegumin** eine **Disulfidbrücke** zwischen der kleineren N-terminalen (**NTD**) und der größeren C-terminalen Domäne (**CTD**) eingeführt. Die Faltungsstrukturen in der NTD und CTD bei Legumin und Vicillin sind durch jeweils zwei antiparallele β-Faltblätter charakterisiert, die zusammen eine faßartige Struktur ergeben (β-barrel). Die Abb. **a** zeigt die trimere Grundstruktur mit je einer UE in rot/gelb, grün bzw. blau/violett.

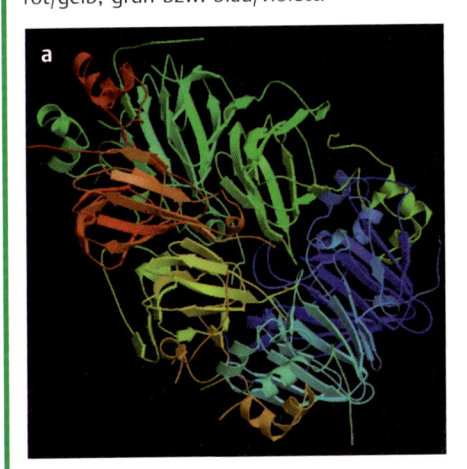

CTD-Untereinheiten. Zwei dieser Hexamere bilden schließlich die reife und Protease-resistente Quartärstruktur des Legumins mit 6 kleinen und 6 großen Untereinheiten, die über Disulfidbrücken miteinander verbunden sind.

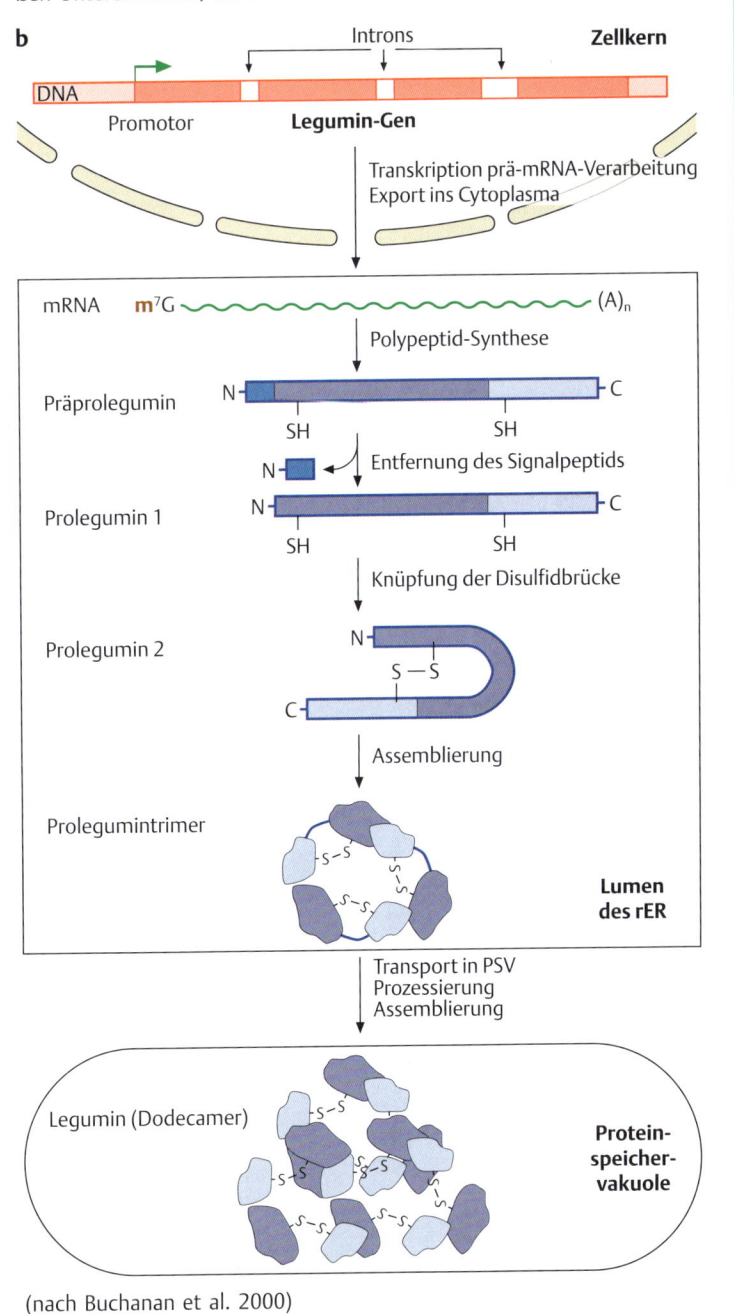

(Original H. Bäumlein)

Bereits im ER bildet das Prolegumin eine scheibenartige Quartärstruktur aus drei Untereinheiten, die in die **Proteinspeichervakuolen** (**PSV**) transportiert und dort von einer Cys-Endoprotease (Kap. 15.11.3) an zwei benachbarten Peptidmotiven gespalten werden kann. Dieser Teil der Prozessierung kann nur in den PSV und nur an dem Proleguminerimer erfolgen. Dadurch entsteht ein Legumin-Heterohexamer mit jeweils drei kleinen NTD- und drei größeren

(nach Buchanan et al. 2000)

Abb. 18.25 Reifungsvorgänge an den Schoten von *Arabidopsis*. a Kaskade von Transkriptionsfaktoren (TF, Plus **15.7** S. 521, Box **18.8** S. 736), die durch Agamous (AG) ausgelöst wird. Beteiligt sind die MADS-Box-TF SHP1/2 (engl.: shatterproof) und die beiden bHLH-TF IND (engl.: indehiscent) und ALC (engl.: alcatraz). Sie bewirken die Lignifizierung (lila Markierung) und die Anlage des Trenngewebes am Placentarahmen (Replum). RPL (engl.: replumless, TF mit Homeobox-Domäne) begrenzt das morphogenetische Feld von SHP1/2 auf die Randregion der beiden Fruchtblätter, während FUL (engl.: fruitful, MADS-Box-TF) die Lignifizierung in den Fruchtblättern auf das Endokarp begrenzt (s. Details der 5 Zellschichten in **d**). **b** Schote geschlossen, **c** Schote nach Austrocknen geöffnet. Bei Austrocknung der Fruchtwände wirken diese wegen der verholzten Endokarpschicht wie eine Blattfeder, und es kommt schließlich zum Abreißen an der Trennschicht (blau markiert) (nach Lewis et al. 2006).

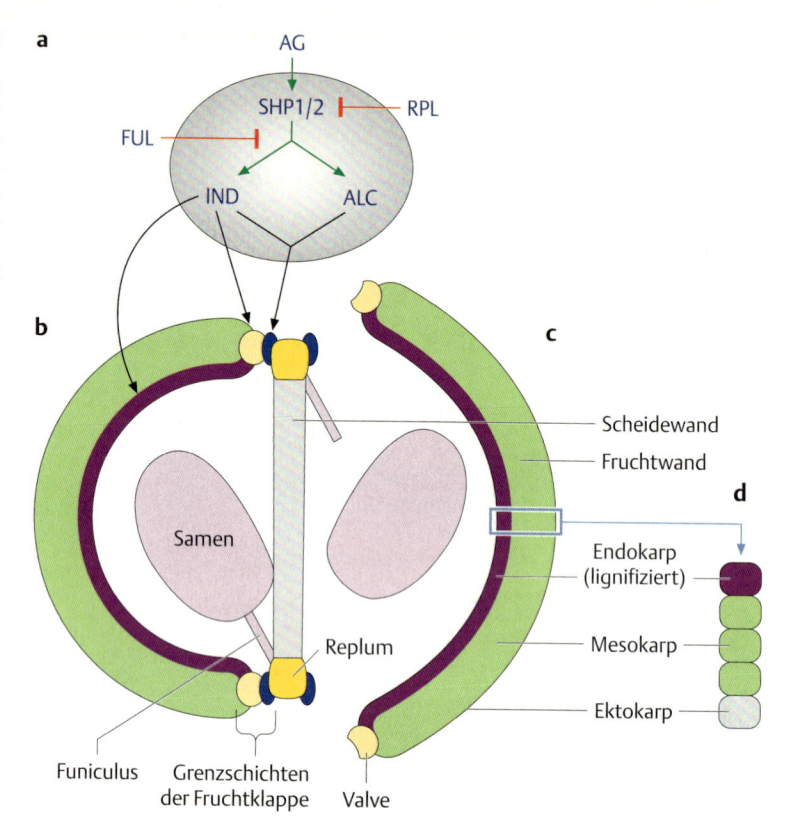

18.6.3 Samen und Früchte als Verbreitungseinheiten

> Samen und Früchte dienen der Überdauerung und als Verbreitungseinheiten (Diasporen) der Pflanzen durch Wind (Anemochorie), Wasser (Hydrochorie) oder Tiere (Zoochorie). In besonderer Weise hat natürlich der Mensch bewußt oder unbewußt zur Verbreitung von Diasporen beigetragen (Anthropochorie). Insbesondere die Verbreitung durch landwirtschaftlichen Anbau von Monokulturen auf großen Flächen hat nachhaltige Folgen für die einheimischen Ökosysteme und ihre Artenvielfalt.

Samen und Früchte dienen der Überdauerung und Verbreitung der Pflanzen. Man verwendet in diesem Zusammenhang den Sammelbegriff **Diasporen** für **Verbreitungseinheiten** aller Art, egal ob Samen oder Früchte. Wie bei der Blütenbiologie und den bestäubenden Tieren (Box **18.10** S. 749) beobachten wir auch bei den Diasporen eine ganze Reihe interessanter Anpassungen der Pflanzen für bestimmte Verbreitungsmechanismen. Je nach Verbreitungsart werden 4 verschiedene Wege unterschieden:

- Im Sprichwort heißt es ja treffend und biologisch richtig: Der Apfel fällt nicht weit vom Stamm. Das ist aber für die Verbreitung des Apfelbaums keine günstige Ausgangssituation. Pflanzen können aber im einfachsten Fall ihre Samen auch selbst ausschleudern. Wir sprechen von **Autochorie**. Gut bekannt sind die bei Berührung explodierenden Kapseln von *Impatiens* spec. oder aber die berühmte Spritzgurke (*Ecballium* spec.), die ihre Samen bis 12 m weit schleudern kann. Ein ganz anders gelagertes Beispiel für eine aktive Positionierung der Samen hatten wir im Zusammenhang mit den gravitropischen Reaktionen kennengelernt. Nach der Befruchtung bringt die Erdnuß ihre Samen in einem aktiven Wachstumsprozeß direkt unter die Erde (Box **17.7** S. 702).

- Bei der **Verbreitung durch Wind** (**Anemochorie**) bieten kleine, leichte Samen natürlich einen Vorteil. Die Spitze in dieser Beziehung halten die Orchideen mit staubförmigen Samen von wenigen µg (Kap. 18.6.4). Aber auch bei *Arabidopsis* mit Samen von etwa 15 µg und vielen anderen spielt der Wind eine maßgebliche Rolle für die Verbreitung. Bei anderen Pflanzen finden wir lange **Haare auf der Samenschale** (Baumwolle [Plus **3.1** S. 111] bzw. Weiden und Pappeln). Andere haben besondere Schwebevorrichtungen, wie die Früchte des Löwenzahns und anderer **Asteraceen** mit einem **fallschirmartigen Pappus** aus den umgestalteten, verwachsenen Kelchblättern (Box **18.12** S. 759), die federartigen Griffelfortsätze am Samen der Waldrebe oder die haarförmig verlängerten Deckspelzen an der Frucht des Federgrases (*Stipa pennata*). Schließlich können ganze trockene Sproßteile mit den Blütenständen, z. B. bei dem Doldengewächs *Eryngium campestre*, abgetrennt werden und als sog. **Wüstenroller** durch den Wind unter ständigem Verlust der einsamigen Spaltfrüchte fortgetragen werden.

- Bei wenigen Pflanzen erfolgt die **Ausbreitung über den Wasserweg** (**Hydrochorie**), wenn die Diasporen über eine ausreichende Schwimmfähigkeit durch Luftpolster verfügen. Das trifft auf die Kokosnuß (Box **18.12** S. 759), auf die Samen von Seerosen oder auf *Carex*-Arten, aber auch für viele Sumpf- und Wasserpflanzen zu.

- **Verbreitung durch Tiere** (**Zoochorie**) ist sehr häufig und wirkungsvoll. Sie erfolgt entweder durch Fressen der Diasporen und Ausscheiden der Samen mit dem Kot (Endozoochorie) oder aber durch äußerliches Anheften am Fell der Tiere (Epizoochorie).

  - Für die **Endozoochorie** sind die Nußfrüchte von Eiche, Hasel bzw. Walnuß oder aber die unendliche Zahl von fleischigen Früchten verschiedenster Herkunft gute Beispiele. Die Samen überstehen die **Passage durch den Magen-Darm-Trakt der Tiere** (Vögel, Primaten, Fledermäuse, Nagetiere) und werden nach einiger Zeit mit dem Kot an einer mehr oder weniger entfernten Stelle vom Ausgangspunkt wieder ausgeschieden. Nicht selten brauchen die Samen die Darmpassage für eine Art Nachreifung, die sie in einen keimfähigen Zustand bringt (Kap. 18.6.4).

  - Bei der **Epizoochorie** finden wir **Haken** oder **Borsten** an der Oberfläche der Diasporen, die sich damit im Fell verankern können. Beispiele sind die Klettenfrüchte des Kleblabkrauts oder die Samen von einigen *Medicago*-Arten. Auch klebrige Drüsenhaare an der Oberfläche der Samen von Salbei (*Salvia glutinosa*) gehören hierher. Bei Disteln aus der Familie der Asteraceen, z. B. *Xanthium* spec., heften sich ganze Blütenstände mit Widerhaken an den Hüllblättern an das Fell von Tieren.

  Eine besondere Form der **Epizoochorie** stellt die Verbreitung durch **Ameisen** (**Myrmekochorie**) dar. Die Samen haben für diesen Zweck ein besonderes Anhängsel (**Elaiosom**) mit entsprechenden Nahrungs- bzw. Lockstoffen für Ameisen. Elaiosomen finden wir bei Samen von Primeln oder einigen Papaveraceen wie *Chelidonium*- und *Corydalis*-Arten.

In besonderer Form hat natürlich der Mensch bewußt oder unbewußt zur Verbreitung von Diasporen beigetragen (**Anthropochorie**) und dieses z. T. über Distanzen, die sich für eine normale Verbreitung durch Zoochorie ausschließen. Das gilt auch für Pflanzenpathogene (Plus **20.8** S. 827). Die katastrophalen Folgen für die einheimischen Ökosysteme und ihre Artenvielfalt werden mehr und mehr offensichtlich. Besonders schwerwiegend ist natürlich in diesem Sinn die Nutzung von großen Flächen für den weltweiten landwirtschaftlichen Anbau von Monokulturen. Trotz eines schrittweisen Umdenkens in den letzten Jahrzehnten sind die Schäden für die natürlichen Pflanzenbestände nicht mehr rückgängig zu machen. Kein Zweifel, Menschen und Umwelt müssen viel besser als bisher in ein nachhaltiges Gleichgewicht gebracht werden.

18.6.4 Samenruhe und Samenkeimung

> Samenruhe dient als Mechanismus zum Überdauern ungünstiger Wachstumsbedingungen. Die Übergänge von der Samenreifung und Abtrennung von der Mutterpflanze, über die Nachreifung und Samenruhe bis zur Keimfähigkeit und schließlich zur eigentlichen Samenkeimung sind fließend und werden von dem Verhältnis zwischen ABA und GA überwacht. Keimung vollzieht sich in zwei Phasen:
> 1. Wasseraufnahme (Imbibition), Wiederherstellung der Proteinsyntheseaktivität, DNA-Reparatur, und schließlich Durchtritt der Keimwurzel durch die Samenschale;
> 2. Mobilisierung der Reservestoffe und massives Wachstum des Keimlings.
>
> Bei der Keimung können die Kotyledonen mit der Samenschale unter der Erdoberfläche verbleiben (hypogäische Keimung), oder sie werden durch Streckung des Hypokotyls über die Oberfläche hinausgehoben (epigäische Keimung). Die junge Pflanze ist bei der Keimung besonders empfindlich gegenüber Nährstoffmangel, Trockenheit, Temperaturschwankungen und Befall durch Pathogene (Auflaufschäden).

Neben dem Schutz der Embryonen in den Samen und der Möglichkeit der Verbreitung ist die Samenruhe als Mechanismus zum Überdauern ungünstiger Wachstumsbedingungen ein dritter entscheidender Vorteil der Samenbildung. Die Übergänge von der **Samenreifung** und **Abtrennung von der Mutterpflanze**, über die **Nachreifung** und **Samenruhe** bis zur **Keimfähigkeit** und schließlich zur eigentlichen **Samenkeimung** sind fließend. Samenreifung und Keimfähigkeit können unmittelbar ineinander übergehen oder sie können einige Zeit, in Extremfällen viele Jahre, auseinanderliegen. Bei Gerste, die man unmittelbar nach der Ernte für die Bierbrauerei nutzen will, ist der direkte Übergang von der Samenreifung zur Keimung Voraussetzung für die Verwendung beim Gärungsprozeß. Andererseits beobachtet man in feuchten Sommern, daß Getreide (Weizen, Hafer) noch auf dem ungeernteten Halm auskeimt, und diese unerwünschte Form der Viviparie führt in der Regel zu erheblichen Ernteverlusten. **Viviparie** kann aber auch eine besondere Chance für die Ansiedlung der neuen Generation sein, wie wir das bei Vertretern der **Rhizophoraceen** in der tropischen **Mangrove-Vegetation** finden. Bei diesen Pflanzen entstehen direkt aus den Samen die Keimlinge mit bis zu 1 m langen keulenförmigen Hypokotylen. Wenn diese schließlich aus großer Höhe herabfallen, bohren sie sich in den Schlick ein, sodaß sie bei der nächsten Flut nicht ins offene Meer ausgespült werden können.

Die Variabilität der Abläufe von der Samenreifung bis zur Keimung ist ebenso groß wie die Vielfalt der Wachstumsbedingungen von Pflanzen. Samenruhe kann drei unterschiedliche Ursachen haben:

- Chemische oder wohl besser **biochemische Samenruhe** beruht bei der überwiegenden Zahl der Samen zuallererst einmal auf der **Anwesenheit von ABA** als Hemmstoff der Samenkeimung. ABA kommt aber nicht nur im Samen selbst, sondern z. T. auch im Fruchtfleisch (Tomate) vor. Einen ganz anderen Hemmstoff findet man bei unseren Kern- und Steinobstarten (Äpfel, Birnen, Pflaumen, Kirschen), die alle der Familie der Rosaceen angehören. Sie enthalten **Amygdalin** in den Embryonen. Vor der Keimung muß Amygdalin abgebaut, und die toxischen Produkte Benzaldehyd und Blausäure müssen entfernt werden (Abb. **18.26**). Das kann erst geschehen, wenn die Samenschale und das Endosperm als Barrieren für die Entsorgung genügend verrottet sind.
- Samenschale und Endosperm, seltener auch die Fruchtschale, können **Sperrschichten**, d. h. mechanische bzw. physikalische Barrieren um den Keimling bilden. Man spricht von **physikalischen Sperrschichten**, wenn die Wasseraufnahme wegen der hydrophoben Oberfläche und Impermeabilität der Samenschale gehindert ist, während der Terminus **mechanische Sperrschicht** auf die Tatsache abzielt, daß die Wachstumskraft des Keimlings, in der Regel der Keimlingswurzel, ja ausreichen muß, um die Barrieren zu überwinden. Der Gärtner kennt das Problem bei bestimmten sehr hartschaligen Samen, z. B. der Leguminosen, die man anritzen oder mit Sandpapier bearbeiten muß, damit die Keimung möglich wird. In der natürlichen Umwelt übernehmen Mikroorganismen diese Aufgaben. Aber dafür brauchen sie Zeit, Feuchtigkeit und geeignete Temperaturen, d. h. solche Sperrschichten können automatisch die Verschiebung der Keimung auf eine Zeit nach der Winterperiode erzwingen.
- **Morphologische Gründe** für eine **Nachreifungsphase** können im Zustand des Embryos selbst liegen. Beispiele finden wir bei der Esche und den Orchideen.
    - Bei der **Esche** braucht der Samen einen weiteren Sommer im feuchten Boden, um die Reifung des Embryos zu vervollständigen. In dieser Zeit ist der **Eschensamen** gegen Keimung durch die Samenschale als Sperrschicht geschützt. Die eigentliche Keimfähigkeit wird durch die Kälteperiode im nächsten Winter erreicht. Eine Vegetationsperiode wird auf diese Weise übersprungen.
    - Bei den **Orchideen** ist der Entwicklungszustand des Embryos im reifen Samen noch ganz unzureichend. Er besteht eigentlich nur aus wenigen Zellen und muß sich in der Obhut von symbiotischen Pilzen im Boden, die den Samen mit geeigneten Nährstoffen versorgen, zum fertigen Embryo entwickeln. Erst dann kann der Samen keimen. Orchideenanzucht aus Samen erfordert also viel Geduld und gärtnerische Erfahrung.

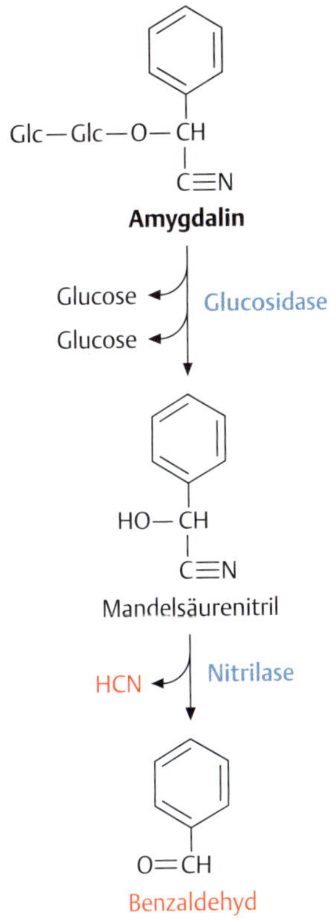

Die ganze Phase von der Samenreifung bis zur Keimung kann eigentlich am besten in einem **Kontinuum der hormonellen Überwachung** durch **ABA** auf der einen Seite und **GA** auf der anderen dargestellt werden (Abb. **18.27**). Es ist offensichtlich das Verhältnis beider Hormone und nicht die absolute Menge bzw. die Empfindlichkeit der entsprechenden Signaltransduktionssysteme, die die Position eines Samens in dem Gesamtprozeß bestimmen. Thermische Behandlungen (Hitze, Kälte), aber auch Licht können die Balance zwischen den beiden Hormonsystemen

Abb. 18.26 Abbau von Amygdalin als Hemmstoff der Samenkeimung.

Abb. 18.27 Wechselwirkung zwischen dem ABA- und dem GA-System bei der Kontrolle von Samenruhe und dem Übergang zur Samenkeimung. Durch die unterschiedlichen Aktivitäten der Enzyme zur Biosynthese bzw. zum Abbau von ABA (Abb. **16.31** S. 638) und GA (Abb. **16.17** S. 614) überwiegt in der Samenruhe ABA und in der Keimungsphase GA. Keimungsfördernde Einflüsse wie Licht und Kälte können nur bei entsprechender Prädisposition der Samen wirken.

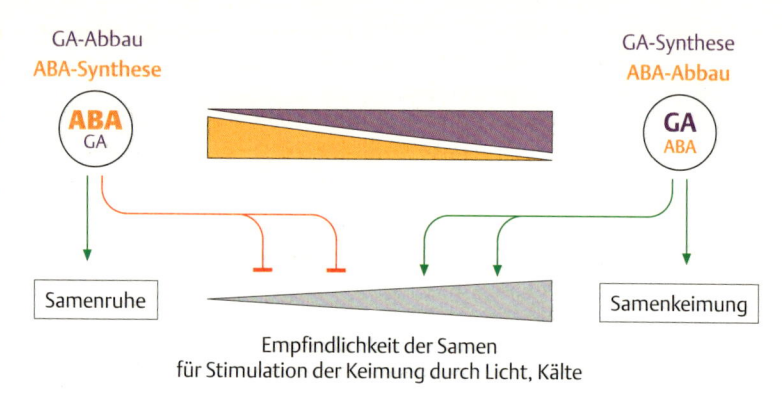

in Richtung Keimung verschieben. Beim Tiefpflügen von Feldern werden Samen an die Oberfläche gebracht, die jahrelang in den unteren Schichten geruht haben und nun durch Licht zum Keimen angeregt werden. Ein besonders interessanter Fall der Überwindung langjähriger Samenruhe finden wir nach Waldbränden, bei denen ein außerordentlich wirkungsvoller keimungsfördernder Wirkstoff aus Cellulose entsteht (Box **18.13**).

Die **Keimung** kann man in **zwei** große **Phasen** einteilen:

1. Erste Phase der **Wasseraufnahme** (**Imbibition**), **Wiederherstellung** der **Proteinsyntheseaktivität** und **DNA-Reparatur**, die z. B. Schäden durch Strahlung beseitigt. Die Phase endet mit dem Durchtritt der Keimwurzel durch die Samenschale nach Überwindung der Barriere ggf. unter Mitwirkung hydrolytischer Enzyme.
2. Zweite Phase der Wasseraufnahme, **Mobilisierung der Reservestoffe** und massives **Wachstum des Keimlings** durch Zellteilungen und Zellstreckung.

Wir haben bereits an zwei Stellen bestimmte molekularbiologische Abläufe bei der Samenkeimung behandelt, zum einen den Übergang von etiolierten Keimlingen vom Dunkel ans Licht (Kap. 17.2.1) und zum anderen die GA-gesteuerten Keimungsabläufe bei der Gerste (Plus **2.2** S. 76 und Abb. **16.19** S. 617). Es kommt in jedem Fall darauf an, den Keimling mit seinem Wurzelsystem schnell im Boden zu verankern und damit eine Wasser- und Nährstoffversorgung zu ermöglichen. Auf der anderen Seite muß die Sproßspitze das Licht erreichen, um die Photosynthese in Gang zu bringen. Der Keimling ist in dieser kritischen Situation extrem empfindlich gegenüber **Nährstoffmangel, Trockenheit, Temperaturschwankungen und Befall durch Pathogene**. In der Landwirtschaft benutzt man daher seit vielen Jahren Samen, die mit Pestiziden beschichtet sind, um die Schäden durch gefährliche **Auflaufkrankheiten** zu vermindern. Man kann natürlich auch noch mineralische Nährstoffe oder bei Leguminosen Stickstoff-fixierende Bakterien in eine solche Starthilfe einschließen.

Je nach der Position der Kotyledonen an der Keimpflanze werden zwei große Gruppen unterschieden. Bei Pflanzen mit Speicherkotyledonen (Leguminosen) verbleiben die Kotyledonen mit der Samenschale unter der Erdoberfläche und sterben schließlich ab (**hypogäische Keimung**, Abb. **5.21a** S. 186). Bei nahe verwandten Leguminosen werden allerdings die Kotyledonen durch Streckung des Hypokotyls über die Oberfläche hinausgehoben, wo sie verkümmern und schließlich abfallen (**epigäische Keimung**). Bei der überwiegenden Zahl der Pflanzen finden wir epigäische

> **Box 18.13 Ein Keimungssignal aus dem Feuer**
>
> Nachrichten über verheerende Waldbrände in verschiedenen Teilen der Welt erreichen uns nahezu täglich. Doch die verwüsteten Landschaften ergrünen im allgemeinen schnell wieder, vorausgesetzt es herrschen geeignete Temperatur und Feuchtigkeitsbedingungen. Der Grund für dieses „Wunder der Natur" sind nicht nur hitzeresistente Samen im Boden, sondern auch die Bildung eines potenten Stimulators der Samenkeimung, der bei der Verbrennung organischen Materials, insbesondere von Cellulose entsteht. Es handelt sich um eine bicylische Verbindung mit einem fünfgliedrigen Lactonring. Weil der chemische Name unaussprechlich ist, wollen wir einfach von dem „Feuer-Lacton" sprechen.
>
> „Feuer-Lacton"
> (3-Methyl-2H-furo[2,3-c]pyran-2-on)
>
> Die Verbindung fördert in kleinsten Mengen (10^{-9} M) die Keimung von vielen Samen und ist für einige geradezu die Voraussetzung für die Keimung. Unter den Spezialisten in den neu entstehenden Pflanzengemeinschaften gibt es tatsächlich einige „Pyromanen", die ohne die Feuerbehandlung nicht auskeimen würden. Wir haben es mit drei kombinierten Effekten zu tun:
> - Resistenz gegenüber den hohen Temperaturen,
> - Beendigung der Samenruhe durch eine Art thermische Stratifikation,
> - Auslösung der Keimung durch das Feuer-Lacton.
>
> Aus der Identifizierung des Feuer-Lactons hat sich inzwischen eine Technologie zur Förderung der Samenkeimung bei Kulturpflanzen entwickelt.
> (Daten nach G. R. Flematti et al., Science 2004)

Keimung mit Kotyledonen, die ergrünen und zu den ersten photosynthetischen Organen werden (Abb. **5.21b** S. 186), bevor die ersten Laubblätter erscheinen. Damit hat sich der Kreislauf der Pflanzenentwicklung in diesem Kapitel geschlossen.

19 Pflanzen und Streß

Wie fast alle Organismen leben auch Pflanzen unter stark wechselnden Umweltbedingungen. Dazu gehören Schwankungen der Temperatur (Kälte, Frost, Hitze), der Sauerstoffversorgung (Anoxie, Hypoxie bzw. oxidativer Streß durch Hyperoxie), Begrenzungen der Nährstoff- und Wasserversorgung, mechanische Belastungen (Wind, Berührung, Tritt), Verwundung (Tierfraß, Pflanzenschnitt, Hagel, Sturm) und Belastungen durch chemische Verbindungen (Schwermetalle, Salz, Herbizide, toxische Gase). Zu diesen sog. abiotischen Streßfaktoren kommt noch eine große Zahl biotischer Streßfaktoren in Form von Pathogenen (Bakterien, Pilzen, Viren, Viroiden) und Fraßfeinden. Viele dieser Streßbelastungen können charakteristische Verformungen der Gestalt von Pflanzen hervorrufen (Streßmorphosen, Kap. 18.1). Pflanzen haben im Verlauf der Evolution Mechanismen erworben, mit denen sie entweder Streß vermeiden oder aber die negativen Folgen vermindern können. Im Fall der abiotischen Stressoren sprechen wir von Streßtoleranz, im Fall der biotischen Stressoren von Resistenz. Die Abwehrmechanismen beinhalten streßspezifische Veränderungen in den Zellen bzw. Zellwänden, aber auch morphologische, d.h. organische Anpassungen.

Als sessile Organismen sind Pflanzen häufig genug mehreren Belastungen gleichzeitig ausgesetzt (Tab. 19.1), und ungünstige Wachstums- und Ernährungsbedingungen machen sie anfälliger gegenüber Pathogenen. Die Streßantworten sind daher eng miteinander in Netzwerken mit gemeinsamen Signalwegen, Streßproteinen und -metaboliten verknüpft. Aus didaktischen Gründen werden wir zunächst die häufigsten abiotischen Streßarten getrennt beschreiben und dabei die vielfältigen Wechselwirkungen an ausgesuchten Beispielen deutlich machen. In Kap. 20 werden dann Wechselwirkungen von Pflanzen untereinander bzw. mit Mikroorganismen und Viren behandelt werden.

Tab. 19.1 Abiotische und biotische Stressoren (nach Brunold 1996).

| abiotische Stressoren | | biotische Stressoren |
physikalische	chemische	(Kap. 20)
Lichtmangel	Wassermangel	Pflanzenkonkurrenz
Lichtüberschuß	Überflutung/Hypoxie	Verbiß durch Tiere
UV-Strahlung	Hyperoxie, Sauerstoffradikale	Insektenbefall
Hitze	Luftschadstoffe (Ozon, SO_2)	Symbiosepartner
Kälte, Frost	Nährstoffmangel	Pathogene (Pilze,
mechanische	Salz	Bakterien, Viren, Viroide)
Belastung,	Schwermetalle	
Verwundung	Xenobiotika/Herbizide	

Pflanzen und Streß

19.1 **Das Streßsyndrom im Alltag der Pflanzen ... 773**

19.2 **Hitzestreßantwort ... 776**

19.3 **Kälte-, Salz- und Wassermangelstreß ... 778**
19.3.1 Molekulare Mechanismen ... 780
19.3.2 Kältestreß ... 782
19.3.3 Salzstreß ... 783

19.4 **Oxidativer Streß ... 783**

19.5 **Hypoxie durch Überflutung ... 786**

19.6 **Wirkung chemischer Stressoren ... 788**
19.6.1 Schwermetallstreß ... 789
19.6.2 Chemischer Streß durch Herbizide ... 791

19.7 **Mechanischer Streß und Verwundung ... 796**

19.1 Das Streßsyndrom im Alltag der Pflanzen

> Das allgemeine Streßkonzept definiert einen physiologischen Bereich von Belastungen (Eustreß) und einen Bereich mit übermäßiger Belastung (Dysstreß). Letzterer führt zu dauerhaften Schäden und Krankheiten. Die Folge sind erhebliche Verminderungen des Wachstums, der Blüten- und Samenbildung, d. h. der Ertragsbildung bei Kulturpflanzen. Im Eustreßbereich können Planzen durch schrittweise Vorbehandlung mit einem milden Streß abgehärtet werden (Konditionierung oder induzierte Streßtoleranz). Sie sind dann in der Lage, auch stärkere bzw. andere Streßbelastungen ohne größere Schäden auszuhalten.

Das heute allgemein akzeptierte **Streßkonzept** wurde um 1930 von dem ungarischen Arzt Hans Selye entwickelt. In Bezug auf die menschliche Existenz in einer streßbelasteten Umgebung definierte er einen physiologischen Bereich von Belastungen (**Eustreß**) und grenzte diesen von dem Bereich mit übermäßiger Belastung (**Dysstreß**) ab, der zu dauerhaften Schäden führt. Wenn wir uns das Temperaturkontinuum für die Existenz einer Pflanze (Tomate) daraufhin ansehen, finden wir einen klaren Zugang zu diesen Begriffen und ihren Konsequenzen für die pflanzliche Existenz (Box **19.1**).

Pflanzen haben im Verlauf der Evolution Eigenschaften erworben, die ihnen erlauben, ganz unterschiedliche, z. T. extreme Standorte zu besiedeln, d. h. für einzelne Arten oder Rassen ist der Eustreßbereich durch Mechanismen der **Streßvermeidung** (Tab. **19.2**) oder der **konstitutiven Streßtoleranz** weit ausgedehnt worden im Vergleich zu verwandten Pflanzen in gemäßigten Klimaten. Man kann bei der Erläuterung dieser

Tab. 19.2 Beispiele für Streßvermeidung.

Anpassungen	Effekte bei Streßbelastungen
Samenbildung, Bildung von vegetativen Dauerorganen (verholzte Teile, Rhizome, Zwiebeln, Knollen)	Überdauerung ungünstiger Witterungsperioden mit Kälte/Frost, Wassermangel (Kap. 19.3)
Sukkulenz bei Euphorbiaceen oder Kakteen, Zisternen bei Epiphyten	Sammlung und Speicherung von Wasser (Box 7.1 S. 238)
Vergrößerung der Wurzeloberfläche, erhöhtes Wasserpotential in Wurzeln von Halophyten und Wüstenpflanzen	verbesserte Wasseraufnahme aus Böden mit geringem Kapillarwasser (Kap. 7.2 und Kap. 18.3.2)
Stärkung der Cuticula, Verkorkung, Haarbildung	Schutz vor unkontrolliertem Wasserverlust über Sproß und Blätter (Kap. 7.3.1)
Streckung von Sproßachse und Blattstielen, Hyponastie	Verbesserung der Lichtversorgung (Schattenvermeidungsreaktion, Kap. 17.2.2), Verbesserung des Gasaustauschs bei Überflutung (Abb. 19.11 S. 787)
Aerenchyme, Lentizellen, Luftwurzeln (Pneumatophore)	Verbesserung der Luftversorgung in submersen Teilen (Box 19.6 S. 787)
Haarbildung und Anthocyansynthese in Epidermiszellen	Strahlungsschutz (Kap. 18.3.1)
Zwergwuchs, kriechende Wuchsformen bei Hochgebirgspflanzen	Schutz gegen Windbelastung, Schneebruch, Austrocknung und Wärmeverlust
Interaktion mit Bodenmikroorganismen (Symbiose, Mykorrhiza)	N_2-Fixierung, Nährstoff- und Wasserversorgung (Kap. 20.2 und Kap. 20.4)
Bildung von toxischen Sekundärstoffen, Dornen und Stacheln	Schutz gegen Tierfraß

Box 19.1 Eustreß und Dysstreß

Streß ist eine allgegenwärtige Erfahrung im Leben, und Hans Selye (1907–1982) ging so weit zu sagen: Leben ohne Streß gibt es nicht.

- **Eustreß** ist der **physiologische Streßbereich**, in dem Organismen mit ihren Abwehrmaßnahmen Schäden minimieren können und damit in ihren Lebensaktivitäten nicht nennenswert beeinträchtigt sind. Der Bereich des Eustresses kann durch **Konditionierung** beträchtlich ausgedehnt (**induzierte Streßtoleranz**) und auf der anderen Seite durch fehlendes Streßtraining auch eingeschränkt werden. Wir haben es mit adaptiven Prozessen zu tun.

- **Dysstreß** bedeutet Belastung eines Organismus jenseits der physiologischen Grenzen. Er führt zu **Schäden**, zu **Krankheit** und im Extremfall zum **Tod** der Zelle bzw. des Organismus. Natürlich sind die Grenzen fließend und können bei einer ungünstigen Situation eines Organismus (Ernährung bzw. Exposition durch gleichzeitige Streßfaktoren) zu ungunsten des Eustreßbereiches verschoben sein.

Wenn man die Temperaturbereiche des Wachstums allgemeiner darstellt, dann findet man für jede Pflanzengruppe unterschiedliche Bereiche (Abb. **b**). Am Beispiel der Tomate werden zwei Aspekte besonders deutlich (Abb. **a**):

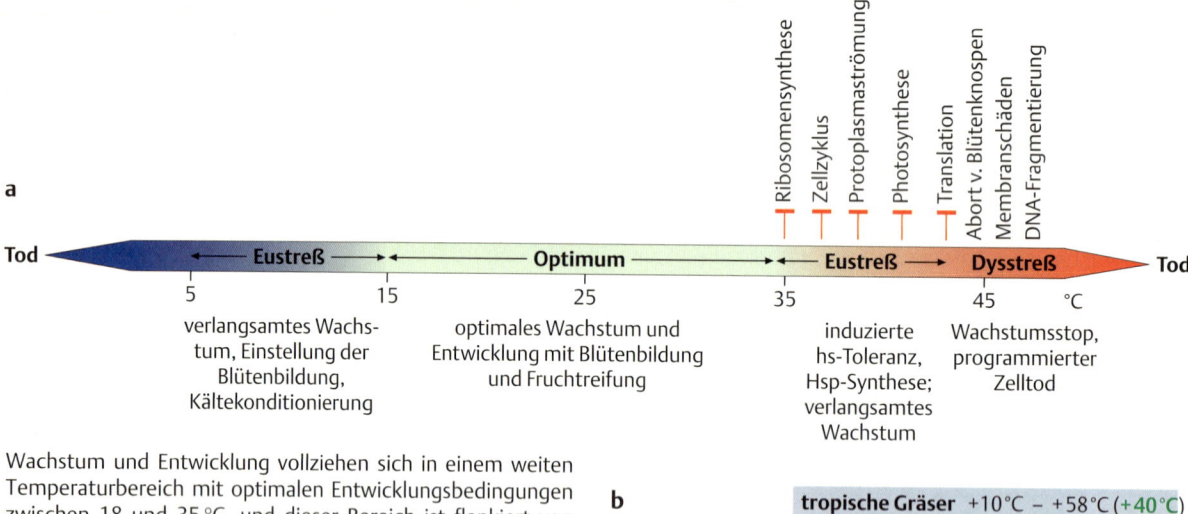

a Tod ←— Eustreß —→ ←— Optimum —→ ←— Eustreß —→ Dysstreß →— Tod
5 — 15 — 25 — 35 — 45 °C

- 5–15 °C: verlangsamtes Wachstum, Einstellung der Blütenbildung, Kältekonditionierung
- 15–35 °C: optimales Wachstum und Entwicklung mit Blütenbildung und Fruchtreifung
- 35–45 °C: induzierte hs-Toleranz, Hsp-Synthese; verlangsamtes Wachstum (Ribosomensynthese, Zellzyklus, Protoplasmaströmung, Photosynthese, Translation)
- >45 °C: Wachstumsstop, programmierter Zelltod (Abort v. Blütenknospen, Membranschäden, DNA-Fragmentierung)

Wachstum und Entwicklung vollziehen sich in einem weiten Temperaturbereich mit optimalen Entwicklungsbedingungen zwischen 18 und 35 °C, und dieser Bereich ist flankiert von Eustreßbereichen mit induzierter Streßtoleranz und jenseits von etwa 5° bzw. 43 °C von Bereichen mit zunehmendem Dysstreß und schließlich dem Absterben der Pflanzen bei Temperaturen oberhalb von 48 °C bzw. nahe dem Gefrierpunkt (Abb. **a**). An den zellulären Veränderungen im Hochtemperaturbereich kann man die zunehmenden Probleme ablesen, die schließlich zum Zelltod führen. Wenn man einzelne Organe der Tomate genauer analysiert, wird deutlich, daß die Temperaturgrenzen für die einzelnen Entwicklungsstadien durchaus unterschiedlich sind. Junge noch wachsende Blätter sind empfindlicher als ausgewachsene.

Der wachstumsverträgliche Temperaturbereich (Wachstumsoptimum plus Eustreßbereiche) liegt bei Pflanzen in verschiedenen klimatischen Zonen ganz unterschiedlich. Wir sprechen von den Kardinalpunkten des Wachstums im Hinblick auf die Grenzwerte. Diese sind beispielhaft für einige Pflanzen in der Abb. **b** zusammengetragen (grün = Temperatur für optimales Wachstum).

b
- tropische Gräser +10 °C – +58 °C (+40 °C)
- Mais +10 °C – +46 °C (+34 °C)
- Gurke +15 °C – +50 °C (+35 °C)
- Bohne +10 °C – +37 °C (+32 °C)
- Tomate +5 °C – +43 °C (+25 °C)
- Gerste +3 °C – +30 °C (+20 °C)
- Hanf 0 °C – +45 °C (+40 °C)
- Buche –5 °C – +43 °C (+20 °C)
- Tanne/Fichte –7 °C – +36 °C (+15 °C)

(aus R. Flindt, Biologie in Zahlen, G. Fischer Verlag, Stuttgart 1995)

Phänomene aber durchaus auf Beispiele „vor unserer Haustür" zurückgreifen. Es gibt Spezialisten für eine Vegetationsperiode im Vorfrühling bei Temperaturen wenig oberhalb des Gefrierpunktes ebenso wie solche für extrem heiße und trockene Standorte in Mauerritzen oder an Bahndämmen. Einige Pflanzen wachsen auf salzhaltigen Standorten an unseren Küsten oder besiedeln schwermetallverseuchte Böden ebenso wie Sumpf- und Uferregionen mit schlechter Sauerstoffversorgung im Boden. Wann immer eine **ökologische Nische** durch spezielle Anpassungen erschlossen werden konnte, ergab sich ein erheblicher Wachstumsvorteil gegenüber konkurrierenden Arten auf normalen Böden.

Bei der weiteren Behandlung wollen wir uns weniger mit diesen Spezialisten als vielmehr mit den Bedingungen für Landwirtschaft und Gartenbau in Mitteleuropa beschäftigen. Um die Komplexität dessen zu erfassen, was wir unter Streßsyndrom zu verstehen haben, müssen wir uns nur eine Pflanze an einem heißen Sommertag in einer regenarmen Periode vorstellen, also eine ganz alltägliche Situation in Mitteleuropa und anderswo. Die intensive Sonneneinstrahlung kann auch in Deutschland leicht zu Blatt-Temperaturen $> 40\,°C$ führen, weil im Regelfall unter solchen Bedingungen die Stomata geschlossen sind (Abb. 7.13 S. 245) und daher die Kühlung durch den Transpirationsstrom ausfällt. Die typische Kombination der beiden **Primärstressoren** Hitze und Wassermangel zieht sog. **Sekundärstressoren** nach sich:

- Als Ergebnis des fehlenden Wassertransports und der blockierten Photosynthese herrscht Nährstoffmangel.
- Die starke Sonneneinstrahlung ohne daran gekoppelte Photosynthese bewirkt nicht nur den Temperaturanstieg, sondern auch die vermehrte Bildung von reaktiven Sauerstoffspecies (ROS, Kap. 19.4).

Die Folgen dieser typischen **Multistreßkombination** sind erhebliche Verminderungen des Wachstums und der Blüten- und Samenbildung. Bei unseren Kulturpflanzen bedeutet das Ernteverluste, die bei lang anhaltenden Hitze-/Dürreperioden auch leicht zum Totalausfall führen können (Box **19.2**). Dabei spielt die **Streßdosis**, d.h. das Produkt aus der Stärke und der Dauer der Belastung eine zentrale Rolle. Deshalb haben häufig lang anhaltende Phasen mit mittlerer Streßbelastung viel stärkere Folgen für die Entwicklung einer Pflanze als solche mit starker, aber kurzzeitiger Belastung. In Anbetracht dieser Tatsachen besitzen unsere Kulturpflanzen eine erstaunliche Leistungsfähigkeit. Diese hängt ganz wesentlich davon ab, ob sie sich in dem Hin und Her zwischen Streßantwort auf der einen Seite und Wachstum und Entwicklung auf der anderen schnell genug umorientieren können, wenn die Anpassungsmechanismen das erlauben oder die Streßbelastungen nachlassen.

Ein besonderes Element aller Streßantworten im Eustreßbereich ist mit dem Begriff der **Akklimatisierung** oder **Konditionierung** verbunden: Pflanzen können durch schrittweise Vorbehandlung mit einem milden Streß abgehärtet werden und sind dann in der Lage, auch stärkere bzw. andere Streßbelastungen auszuhalten. Die molekularen Grundlagen für diese **induzierte Streßtoleranz** und **Kreuztoleranz** sind die Bildung von Streßproteinen und Streßmetaboliten, die die Zellen schützen bzw. als streßinduzierte Signale wirken. Dazu gehören auch viele Hormone und andere Signalstoffe der Pflanzen (ETH, ABA, JA, SA, NO, ROS, Tab. **19.3**). Als Beispiel einer solchen Konditionierung kann ein Versuch mit Getreidearten dienen (Abb. **19.1**), bei denen nur eine wochenlange Abhärtung bei $2\,°C$ im Verlauf des Herbstes dafür Sorge tragen kann, daß zumindest bei Winterroggen auch sehr starke Fröste im Winter ($< -20\,°C$) ohne große

---

Box 19.2 Streß und Kulturpflanzenanbau

Aufgrund der ausgeprägten Anpassungsfähigkeiten der Pflanzen hinterlassen vorübergehende Perioden auch bei Mehrfach-Streßbelastungen kaum merkbare Schäden. Wenn solche Perioden länger anhalten, sieht die Situation jedoch anders aus. Die Konsequenzen lassen sich am besten anhand von Zahlen belegen, die aus den landwirtschaftlich intensiv genutzten Gebieten der USA stammen. Man kann abschätzen, daß unter normalen Bedingungen bei den 8 wichtigsten Kulturpflanzen (Mais, Weizen, Gerste, Hirse, Hafer, Soja, Kartoffeln, Rüben) in der Regel nicht mehr als 30 % der unter optimalen Bedingungen möglichen Erträge geerntet werden. Weltweit dürfte die Zahl im Durchschnitt wohl deutlich darunter liegen. Im allgemeinen gehen 80 % dieser Verluste auf abiotische Streßfaktoren, vor allem auf die Kombination von Hitze und Dürre, zurück. Die durchschnittlichen Schäden beliefen sich in den letzten 25 Jahren auf mehr als 4 Milliarden USD jährlich (nur USA!).

Die jüngsten Prognosen von weltweit auftretenden extremen Witterungsbedingungen lassen das Ausmaß der Probleme für die Ernährung der Weltbevölkerung erahnen. In einigen Bereichen Afrikas sind sie seit Jahren bereits bittere Wirklichkeit. **Kulturpflanzen mit** einer **verbesserten, komplexen Streßtoleranz**, d.h. mit erweitertem Eustreßbereich, sind seit vielen Jahren das Ziel der Pflanzenzüchtung. Man hat es dabei mit typischen quantitativen Merkmalen zu tun, d.h. viele Gene sind beteiligt. Dieser Umstand erfordert sehr viel züchterische Erfahrung und den sprichwörtlichen „langen Atem". Immerhin sind durch Verbesserungen der Anbautechniken und die Verwendung spezieller Getreidesorten im Rahmen der sog. **Grünen Revolution** (Box **16.6** S. 616) weltweit entscheidende Verbesserungen in den Erträgen erzielt worden.

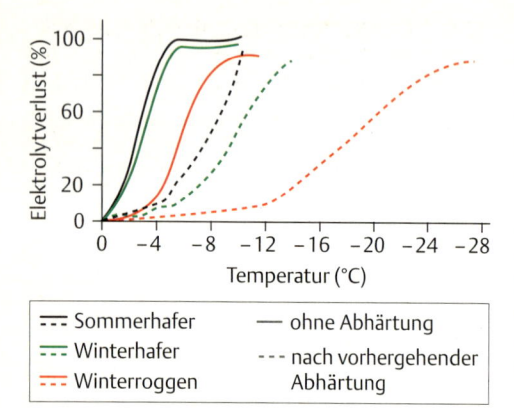

Abb. 19.1 Kälteakklimatisation bei Getreide. Verschiedene Getreide wurden im Rosettenstadium einer vierwöchigen Abhärtungsphase bei 2°C ausgesetzt. Danach wurde die Kältetoleranz durch Gefrieren von Blattstücken bei den angezeigten Temperaturen getestet. Indikator für die Zerstörung der Zellen durch Membranschäden ist der Verlust von Elektrolyten. Sommerhafer zeigt eine sehr geringe Fähigkeit zur Abhärtung, Winterhafer ist wesentlich besser und Winterroggen ist am besten geschützt (nach M.S. Webb et al., Plant Physiol. 1994).

Tab. 19.3 Streßhormone und Signale (Details s. Kap. 16).

Hormone/Signale	Streßbedingungen
ABA	osmotischer Streß, Kälte, Salz
ETH	Hypoxie, Verwundung, SM, ROS, Hunger, Pathogene[1]
JA	Verwundung, ROS, UV-Strahlung, Hunger, Pathogene[1]
SA	ROS, Pathogene[1]
ROS	Hyperoxie, Verwundung, SM, Hitze, Kälte, Salz, Pathogene[1]

ROS reaktive Sauerstoffspecies; SM Schwermetallstreß.
[1] Kap. 20

Schäden ausgehalten werden. Das Ausmaß der induzierten Frostresistenz ist art- und rassenspezifisch und bestimmt, welche klimatischen Zonen für den Anbau von Wintergetreide geeignet sind. Auch die Nadeln der einheimischen Coniferen zeigen diese Art von Abhärtung beim Übergang in den Winter (September bis November) und entsprechend eine Abschwächung der Frostresistenz im zeitigen Frühjahr.

Bei der Behandlung der einzelnen Streßarten werden wir immer wieder feststellen, daß sie Teil eines **Netzwerkes** mit spezifischen und streßübergreifenden Bereichen der **Signaltransduktionswege** und der **Streßantworten** sind. Das ist auch die Grundlage für das erwähnte Phänomen der Kreuztoleranz (Abb. 19.6 S. 780). Auf der Ebene der Genexpression findet man sehr gute Belege dafür, wenn man die gesamte Komplexität der Streßantworten z. B. mit der Mikroarray-Technologie analysiert (Abb. 19.6).

19.2 Hitzestreßantwort

Die zelluläre Antwort auf Hitzestreß (hs) umfaßt eine tiefgreifende, aber transiente Umprogrammierung einer großen Zahl von Aktivitäten als Antwort auf eine Belastung durch erhöhte Temperatur (Hyperthermie) bzw. eine Reihe chemischer Stressoren, die die dynamische Feinstruktur von Proteinen gefährden. Hitzestreßproteine (Hsp) spielen eine zentrale Rolle als molekulare Chaperone für die Faltung und intrazelluläre Verteilung von Proteinen. Hitzestreßtranskriptionsfaktoren (Hsf) kontrollieren die hs-induzierte Genexpression.

Die Hitzestreßantwort als wissenschaftlicher Begriff beschreibt die tiefgreifende, aber transiente Umprogrammierung einer großen Zahl zellulärer Aktivitäten als Antwort auf eine Belastung durch erhöhte Temperatur (**Hyperthermie**) bzw. eine Reihe **chemischer Stressoren**, die die dynamische Feinstruktur von Proteinen gefährden (Abb. 19.2). Viele Bereiche der Genexpression sind in charakteristischer Weise von den Veränderungen betroffen, und die Grundprinzipien der auslösenden Prozesse, wie die der Antwort selbst, gelten in gleicher Weise für Mikroorganismen (*E. coli*, Hefe), Tiere und Pflanzen. Wegen der günstigen experimentellen Eigenschaften ist die Hitzestreßantwort zu einem gut untersuchten System für **signalkontrollierte Genexpression** geworden, und viele Aspekte wurden daher im Zusammenhang mit Kap. 15 ausführlicher behandelt (Kap. 15.1.2, Abb. 15.17 S. 524 und Abb. 15.21 S. 530; Plus 15.2 S. 504). Das betrifft auch die zentrale Rolle der Hitzestreßproteine (Hsp) als molekulare Chaperone für die Faltung und intrazelluläre Verteilung von Proteinen (Kap. 15.9 und Kap. 15.10).

Grob gesagt, konzentriert sich unter solchen Streßbedingungen in den Zellen alles auf das Überleben durch die rasche **Neusynthese von Hitzestreßproteinen** (Hsp), während die Transkription der meisten Haushalts- und Entwicklungsgene stark reduziert ist. Die Replikation des Genoms, die Ribosomensynthese und der Zellzyklus sind unterbrochen. Das bedeutet natürlich auch, daß bereits während der Streßphase die notwendigen Schritte für die Wiederherstellung der Haushalts- und Entwicklungsfunktionen getroffen werden müssen (Plus 15.2 S. 504). Die Detaildarstellung am Beispiel der Tomate zeigt (Box 19.1), daß unter Hitzestreßbedingungen Schritt für Schritt immer mehr Zellfunktionen eingeschränkt sind und schließlich im Übergangsbereich zum Dysstreß Anzeichen von **programmiertem Zelltod** auftreten. Für praktisch alle genannten Veränd-

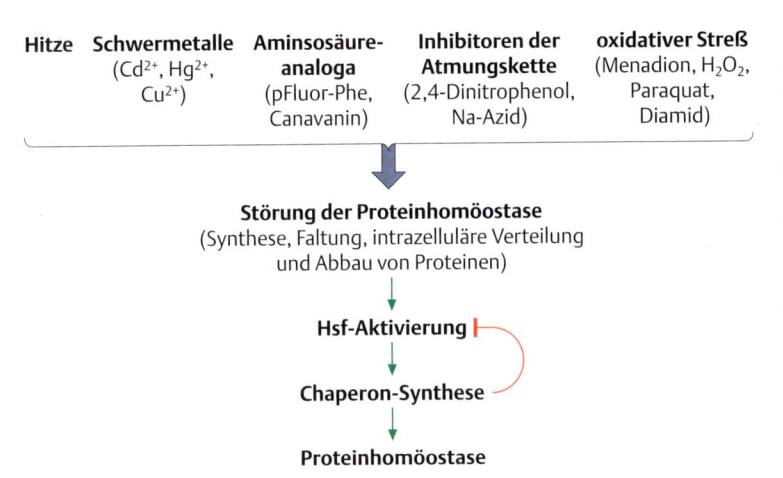

19.2 Hitzestreßantwort

Abb. 19.2 Kontrollebenen der Hitzestreßantwort. Hohe Temperaturen und eine ganze Reihe chemischer Stressoren lösen die Hitzestreßantwort aus. Allen Stressoren gemeinsam ist, daß sie entweder Proteine in ihrer nativen Struktur beeinträchtigen (partielle Entfaltung, Interaktion mit SH-Gruppen) oder daß sie zur Synthese abnormer Proteine führen, wie z. B. Aminosäureanaloga, die in Proteine eingebaut werden. Die Störungen in der Proteinhomöostase (Abb. **15.33** S. 554 und Abb. **15.34** S. 555) führen zur Aktivierung der Hsf und damit zur Transkription Chaperon-codierender Gene. Die neu gebildeten Chaperone helfen bei der Wiederherstellung der Proteinhomöostase und limitieren die Aktivität der Hsf (negative Rückkopplung).

rungen gilt, daß sie in konditionierten Zellen/Pflanzen erst bei höheren Temperaturschwellwerten auftreten.

Die Auswirkungen **induzierter Thermotoleranz** sind in Abb. **19.3** an ausgesuchten Beispielen dargestellt. In dem Schema ist der Tag/Nacht- (16h/8h-)Rhythmus mit entsprechenden Temperaturschwankungen in den oberirdischen Organen einer Pflanze dargestellt. Blatt-Temperaturen bis 40°C sind unter Wassermangelbedingungen auch in mitteleuropäischen Regionen durchaus keine Seltenheit. Die Akkumulation der Hsp-Proteine in unserem Modellversuch führt am zweiten Tag zu einem Zustand der Streßtoleranz, der die Schäden aus der hs-Belastung minimiert. Mehr als 20 Hsfs sind bei Pflanzen in der einen oder anderen Weise an der Gestaltung der hs-Antwort beteiligt (Abb. **19.10** S. 786). Drei von ihnen, HsfA1, HsfA2 und HsfB1, bilden eine funktionelle Triade mit unterschiedlichen Rollen in den drei Phasen des Transkriptionsprogramms (Abb. **19.4**):

Abb. 19.3 Modell einer Hitzestreßantwort unter Feldbedingungen und Entstehung von Thermotoleranz. a Piktogramm mit den angenommenen Temperaturschwankungen in einem 16 h Tag-/8 h Nacht-Wechsel. Die roten Zahlen markieren die Zeitpunkte für die Probenentnahmen (b). **b** Analyse der mRNA-Spiegel und Proteinsyntheseaktivitäten zu den angegebenen Zeitpunkten im Verlauf der Hitzestreßantwort (a). Die Aktivierung der Hsfs (gelb) am ersten Tag der Hitzeperiode führt zur Bildung der hs-mRNAs (grün) und der entsprechenden Hitzestreßproteine (Hsp-Proteine, blau). Während die Synthese von Haushalts- und Entwicklungsproteinen am 1. Tag in der Streßperiode völlig eingestellt wird, ist dieser Hemmeffekt am 2. Tag schon deutlich geringer (rote Boxen). Die auffallende Verbesserung der Genexpression am 2. Tag (schwarze Boxen) beruht darauf, daß im Verlauf der Streßantwort neue Hsfs gebildet werden (HsfA2, HsfB1), die die Expression der Chaperon-codierenden Gene verstärken (Abb. **19.4**) und damit die Hitzestreß-bedingten Schäden mindern.

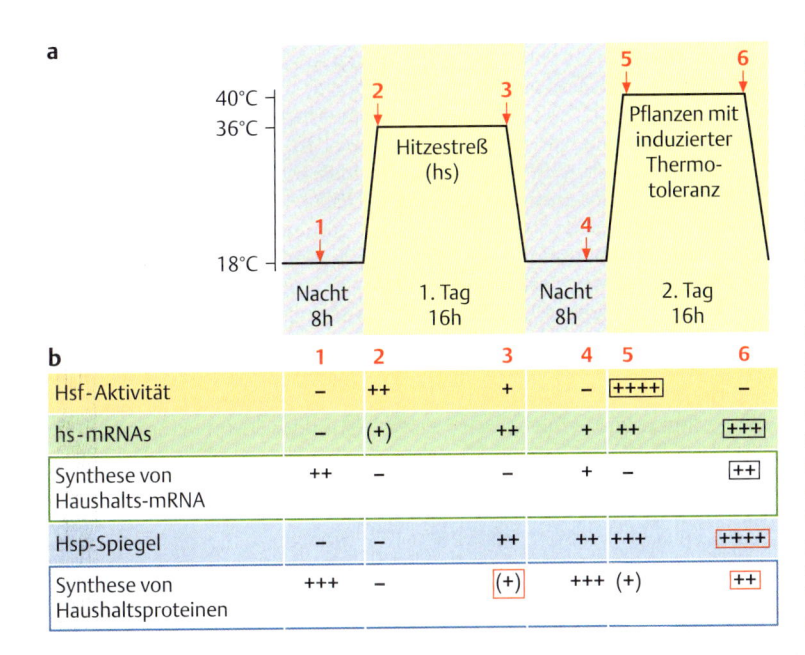

	1	2	3	4	5	6
Hsf-Aktivität	–	++	+	–	++++	–
hs-mRNAs	–	(+)	++	+	++	+++
Synthese von Haushalts-mRNA	++	–	–	+	–	++
Hsp-Spiegel	–	–	++	++	+++	++++
Synthese von Haushaltsproteinen	+++	–	(+)	+++	(+)	++

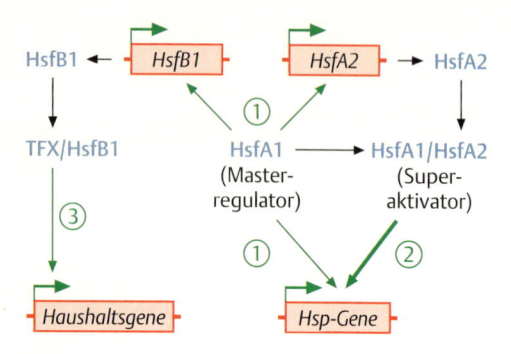

Abb. 19.4 Drei Hitzestreßtranskriptionsfaktoren der Tomate als funktionelle Triade. Erläuterungen s. Text; TFX, unbekannte Transkriptionsfaktoren, die mit HsfB1 zusammenwirken (nach von Koskull-Döring et al. 2007). ①, ②, ③, Phasen des Transkriptionsprogramms (s. Text).

- **Initialphase** (1. Tag): Bei Einsetzen des Hitzestresses wird die Antwort durch den sog. **Masterregulator HsfA1** ausgelöst. Neben der Bildung von Chaperonen ist es vor allem die Neusynthese der Hitzestreßtranskriptionsfaktoren HsfA2 und HsfB1, die diese Phase kennzeichnet.
- **Verstärkungsphase** (2. Tag und folgende): Die Anwesenheit der beiden neuen Hsfs verstärkt die Expression der Chaperon-codierenden Gene. HsfA1 und HsfA2 bilden als Heterooligomere (HsfA1/HsfA2) eine Art **Superaktivator** für die Transkription Chaperon-codierender Gene.
- **Erholungsphase:** Die Bildung von HsfB1 dient nicht nur der Verstärkung der Transkription in Phase 2, sondern vor allem auch der **Wiederherstellung der Transkription von Haushalts- und Entwicklungsgenen**. Dafür kooperiert HsfB1 mit anderen Transkriptionsfaktoren, die an Promotoren der Haushaltsgene angreifen.

19.3 Kälte-, Salz- und Wassermangelstreß

Trotz einer Reihe von Besonderheiten haben Kälte-, Salz- und Wassermangelstreß viele Gemeinsamkeiten, weil in jedem Fall die Menge an frei verfügbarem Wasser in den Zellen eingeschränkt und damit die vermehrte Bildung von ABA veranlaßt wird. Die ausgelösten Genexpressionsprogramme dienen der Wiederherstellung der gestörten Zellhomöostase. Dazu gehören Scavenger-Enzyme zur Beseitigung der entstandenen ROS, Chaperone vom Hsp- und LEA-Typ sowie Aquaporine und Ionenpumpen. Ein besonderes Merkmal ist die Synthese von osmoprotektiven Substanzen (OPS). Bei tiefen Temperaturen sind Adaptationen in der Phospholipidzusammensetzung der Zellmembranen unabdingbar.

Trotz einer Reihe von Besonderheiten haben die drei Streßarten Kälte-, Salz- und Wassermangelstreß so viele Gemeinsamkeiten, daß wir sie in einem Abschnitt behandeln wollen. Das Gemeinsame beruht darin, daß in jedem Fall die Menge an **frei verfügbarem Wasser** in den Zellen **eingeschränkt** und damit die vermehrte Bildung von **ABA** ausgelöst wird (Kap. 7.5 und Abb. **7.13** S. 245). Eine Kurzdarstellung des Problems des **Wasserpotentials** und seiner physikalischen Regeln soll uns helfen, die Situation von Pflanzen unter Wassermangelstreß besser zu verstehen (Box **19.3**). Vorübergehender Wassermangel ist ein tägliches Phänomen bei Pflanzen in einer heißen Sommerperiode, und er kann, über längere Perioden ausgedehnt, auch bedrohliche Formen annehmen (Box **19.3**). Die Dehydratisierung kann bei Flechten und einigen Spezialisten unter den Samenpflanzen allerdings ohne bleibende Schäden bis auf wenige Prozent Restwasser heruntergehen, und die sog. Wiederauferstehungspflanzen (Plus **7.2** S. 250) können wenige Stunden nach Rehydratisierung ihr Wachstum wieder aufnehmen. Vergleichbare Trockenzustände finden wir aber auch bei allen Samenpflanzen in Form der in den Samen eingeschlossenen Embryonen (Kap. 18.6). In jedem Fall gilt, daß die Austrocknung schrittweise erfolgen muß, damit bestimmte Schutzmaßnahmen für die empfindlichen Biomoleküle (Proteine, Membranen) getroffen werden können.

Box 19.3 Das Wasserpotential als Streßsensor

Wie in Kap. 6.1.3 abgeleitet, kann man das Wasserpotential einer Zelle ($\Psi^Z_{H_2O}$) vereinfacht aus der Summe von osmotischem Potential ($-\Pi$) und Turgor oder Wanddruck (p) ermitteln:

$$\Psi^Z_{H_2O} = -\Pi + p \qquad \text{Gl. 1}$$

Die Angaben werden üblicherweise in Megapascal (MPa) gemacht. Im Gleichgewicht einer vollturgeszenten Zelle ist $\Psi^Z_{H_2O} = 0$, weil der Wanddruck und das osmotische Potential ausgeglichen sind. Dann ist die Zahl der in die Zelle einströmenden Wassermoleküle gleich der Zahl der ausströmenden. Das osmotische Potential wird durch die Gesamtheit der gelösten Bestandteile einer Zelle bestimmt, wobei die Bestandteile in der Vakuole den größten Anteil haben. Die Vakuole (**V**) ist das osmotische Zentrum einer Zelle.

Zur Berechnung des osmotischen Potentials gilt die für das chemische Potential abgeleitete Formel (Plus **6.1** S. 211):

$$\Pi = -\sum c \cdot R \cdot T \qquad \text{Gl. 2}$$

(mit $\sum c$ = Summe aller gelösten Stoffe in mol l^{-1}; R = universelle Gaskonstante, T = Temperatur in °K)

Bei 25°C = 298°K ergibt sich für R · T etwa ein Faktor von 2,5, sodaß man für eine 0,1 M Saccharoselösung ein osmotisches Potential von 0,25 MPa errechnen kann. Für eine 0,1 M Kochsalzlösung würde man bei vollständiger Dissoziation ein Potential von etwa 0,5 MPa erhalten (wegen der unvollständigen Dissoziation liegt der tatsächliche Wert etwas darunter).

Mit diesem stark vereinfachten Rüstzeug (s. Details in Kap. 6.1.3) können wir uns dem Problem des Wassermangelstresses mit einem einfachen Gedankenexperiment nähern (Abb. **a**):

- Im Zustand 1 ist die Modellzelle in destilliertem Wasser als Medium ($\Psi^M_{H_2O} = 0$) in voll turgeszentem Zustand, weil sich Ausstrom und Einstrom von Wasser die Waage halten.
- Im Zustand 2 wurde das Medium gegen eine Lösung von Polyethylenglykol (PEG) mit einem $\Psi^M_{H_2O} = -1,25$ ausgetauscht. Das entspricht etwa einer Lösung von 0,5 M Saccharose oder 0,25 M NaCl. Der Vorteil von PEG für solche Experimente ist, daß es als hochmolekulares Osmotikum praktisch nicht in die Zellen eindringt. Wasser strömt nun vermehrt aus der Zelle aus in Richtung des höheren osmotischen Potentials in der PEG-Lösung, bis es schließlich bei p = 0 zur Plasmolyse kommt (Abb. **6.3** S. 214).
- Die Bildung von ABA als Streßsignal würde in einem solchen Fall die Synthese von osmoprotektiven Substanzen (OPS, Abb. **19.7**) auslösen und damit das osmotische Potential in der Zelle erhöhen. Wasser strömt wieder verstärkt in die Zelle ein bis zum osmotischen Gleichgewicht.

Das Geschehen in unserem Gedankenexperiment ist Alltag in einer regenarmen Sommerperiode (Abb. **b**). Bei einer rel. Luftfeuchtigkeit von < 50 % (Ψ_{H_2O} der Luft < -100 MPa) verlieren die Pflanzen trotz geschlossener Stomata am Tage mehr Wasser als über die Wurzeln nachgeliefert werden kann (Abb. **7.8** S. 240). Die Blattzellen erreichen im Verlauf des Tages den Zustand 2 und bilden ABA und OPS. Wenn genügend Wasser im Boden zur Verfügung steht, normalisiert sich der Wassermangelzustand im Verlauf der Nacht (grüne Kurve, Eustreßbereich). Kommen aber Hitze und Dürre zusammen, verschlechtert sich der Wasserzustand von Tag zu Tag (rote Kurve), bis die Pflanzen den irreversiblen Welkepunkt bei etwa 30 % Wasserverlust oder -1,5 MPa erreichen. Sie sterben ab. Die schrittweise Verzögerung der Erholungsphasen deutet auf den Übergang in den Dysstreßbereich hin.

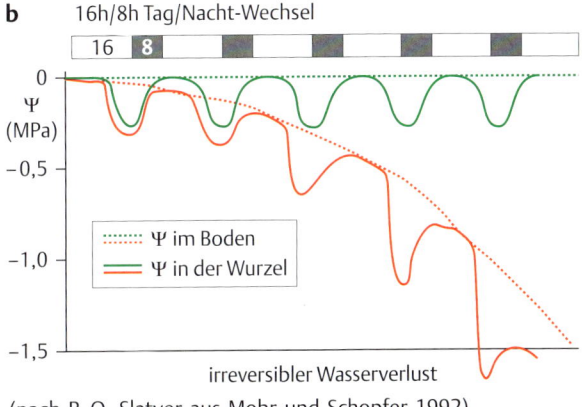

a ① Medium: dest. Wasser
$\Psi^M_{H_2O} = 0$
Zelle:
$\Pi = -1,0$ MPa; p = +1,0 MPa
$\Psi^Z_{H_2O} = -1,0 + 1,0 = 0$ MPa
→ **Gleichgewicht, Zelle turgeszent**

osmotischer Streß durch PEG, Wasserausstrom

② Medium: mit PEG
$\Psi^M_{H_2O} = -1,25$ MPa
Zelle:
$\Pi = -1,1$ MPa; p = 0 MPa
$\Psi^Z_{H_2O} = -1,1 + 0 = -1,1$ MPa
→ **Grenzplasmolyse, Zelle nicht turgeszent**

Synthese von ABA und OPS, Wassereinstrom

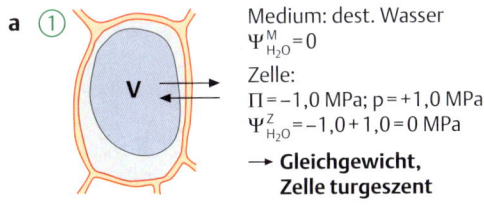

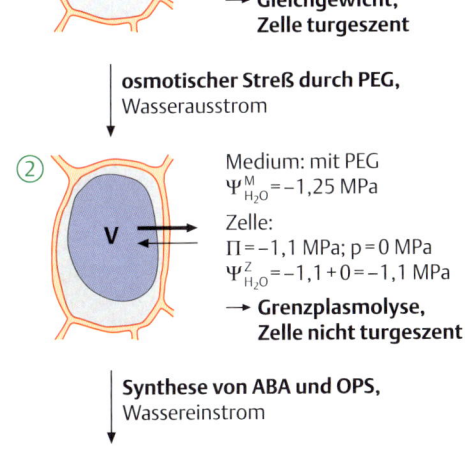

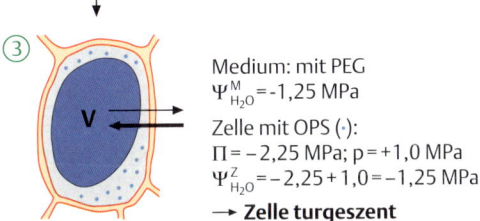

③ Medium: mit PEG
$\Psi^M_{H_2O} = -1,25$ MPa
Zelle mit OPS (·):
$\Pi = -2,25$ MPa; p = +1,0 MPa
$\Psi^Z_{H_2O} = -2,25 + 1,0 = -1,25$ MPa
→ **Zelle turgeszent**

(nach Buchanan et al. 2000).

b 16h/8h Tag/Nacht-Wechsel

Ψ (MPa)

······ Ψ im Boden
—— Ψ in der Wurzel

irreversibler Wasserverlust

(nach R. O. Slatyer aus Mohr und Schopfer 1992)

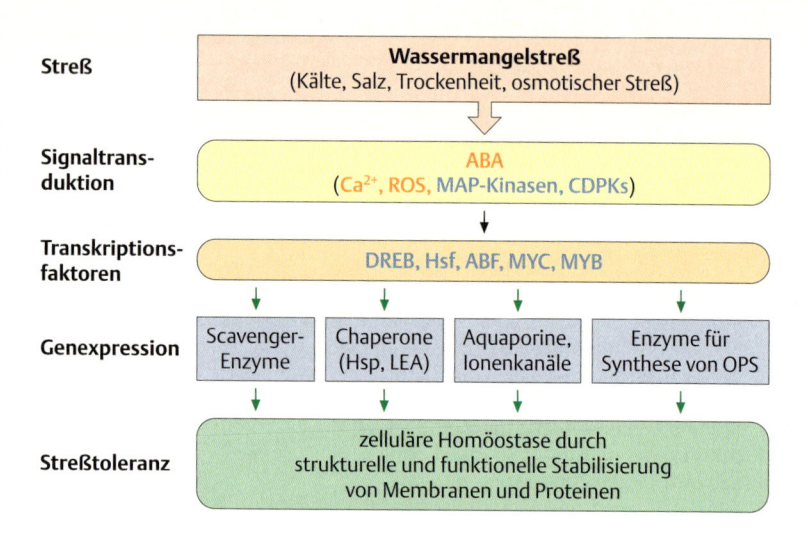

Abb. 19.5 Kontrollen der Genexpression bei Wassermangelstreß. Auf der Signaltransduktionsebene kommt ABA und den mit ABA verbundenen Sekundärsignalen (Ca^{2+}, ROS) und Proteinkinasen eine entscheidende Rolle zu (Details Abb. **16.33** S. 640). Eine Batterie von Transkriptionsfaktoren (Plus **15.7** S. 521) vermittelt die Expression von Proteinen, die für die Abwehr von Streßschäden wichtig sind (Details s. Text) (nach Vinocur und Altman 2005).

Streß	**Wassermangelstreß** (Kälte, Salz, Trockenheit, osmotischer Streß)
Signaltransduktion	ABA (Ca^{2+}, ROS, MAP-Kinasen, CDPKs)
Transkriptionsfaktoren	DREB, Hsf, ABF, MYC, MYB
Genexpression	Scavenger-Enzyme / Chaperone (Hsp, LEA) / Aquaporine, Ionenkanäle / Enzyme für Synthese von OPS
Streßtoleranz	zelluläre Homöostase durch strukturelle und funktionelle Stabilisierung von Membranen und Proteinen

19.3.1 Molekulare Mechanismen

Ein Überblick über die molekularen Prozesse ist in Abb. **19.5** gegeben. Das Schema stellt eine Zusammenschau dessen dar, was wir für die ABA-Antwort im engeren Sinne bereits behandelt hatten (Abb. **16.33** S. 640). Eine ganze Batterie verschiedener Transkriptionsfaktoren wird durch die Signaltransduktionswege angesteuert. Sie sind für die Expression von Proteinen zur Wiederherstellung der gestörten Zellhomöostase verantwortlich. Wie bei anderen Streßarten geht es

- um die Stabilisierung empfindlicher Strukturen während der Streßphase und
- um die möglichst schnelle Wiederherstellung der Haushalts- und Entwicklungsfunktionen nach der Streßphase.

Erwartungsgemäß ist die Zahl der aktivierten Gene relativ groß (Abb. **19.6**), und die Zusammenfassung in **coregulierten Gruppen** macht die Realität eines **streßregulierten Netzwerks** besonders deutlich. Wir wollen hier nur vier wichtige funktionelle Gruppen kurz darstellen:

- **Scavengerenzyme** beseitigen die entstandenen ROS (Kap. 19.4).
- **Chaperone** vom Hsp- (Abb. **15.34** S. 555) und LEA-Typ (Box **19.4**) stabilisieren Proteine und Membranen während der Streßperiode und verbessern die Prozesse der funktionellen Reaktivierung.
- **Aquaporine** und **Ionenpumpen** dienen der Normalisierung der Wasser- und Ionenbalance, insbesondere bei Salzstreß (Box **19.7** S. 790).
- Eine ganze Reihe von Streßmetaboliten spielen eine Rolle als **osmoprotektive Substanzen** (**OPS**, Abb. **19.7**). Zu ihnen gehören Aminosäurederivate (Prolin, Glycinbetain, aber auch Polyamine vom Spermidin-Typ) und Kohlenhydrate (Glycerin, Mannit, Trehalose, Pinitol oder Galactinol). OPS haben im wesentlichen drei Funktionen:
  - Als eine Art „chemische Chaperone" schützen sie Proteine und Membranen vor irreversiblen Schäden durch Dehydratisierung (Plus **19.1**).
  - Sie erhöhen das **osmotische Potential** der Zellen und erleichtern daher die Wasseraufnahme aus der Umgebung (Box **19.3**).
  - Als **Gefrierschutzmittel** erniedrigen sie den Gefrierpunkt des Wassers in einem bestimmten Bereich und verhindern damit die Eisbildung.

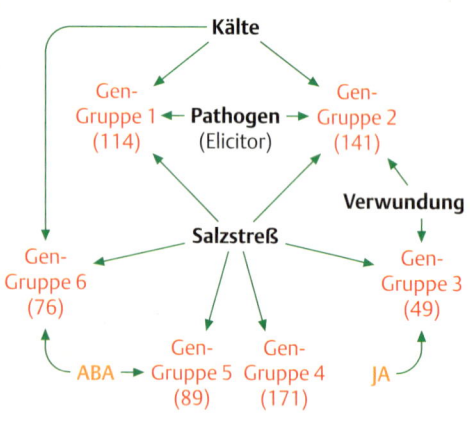

Abb. 19.6 Netzwerke von Genexpressionsmustern unter Streßbedingungen. Abiotische und biotische Stressoren lösen über entsprechende Signaltransduktionswege die Expression von Gengruppen aus (grüne Pfeile), von denen bis auf Gruppe 4 alle mehreren Stressorendomänen zugeordnet werden können. Das ist die Erklärung für das **Phänomen der Kreuztoleranz**, d.h. dafür, daß Pflanzen nach einem milden Salzstreß auch über Abwehrproteine gegenüber Verwundung, Kälte oder Pathogeninfektion verfügen. Zahlen in Klammern, Anzahl der coregulierten Gene (nach Ma et al. 2006).

Abb. 19.7 Streßmetabolite als Stabilisatoren. Details s. Text.

Plus 19.1 Das Wunder der blauen Orchidee und die Rolle von Frostschutzmitteln

In dem kalten Winter 1875/76 in Prag machte Herrmann Müller, ein ehemaliger Promotionsstudent des berühmten Pflanzenphysiologen Julius Sachs, eine bahnbrechende Beobachtung, die sein weiteres Berufsleben prägen sollte. Er ließ die schneeweiße Blüte der Orchidee *Calanthe triplicata* über Nacht draußen vor dem Fenster gefrieren. Als er sie morgens in gefrorenem, glasig weißem Zustand hereinholte, taute sie auf und verfärbte sich dabei dunkelblau. Das eingebaute „Reportersystem" der Orchideenblüte zeigte ihm zwei eng zusammenhängende biologische Tatsachen auf:

- Die **Frostempfindlichkeit** von Pflanzen beruht zuerst auf der Empfindlichkeit ihrer Membransysteme und der Zerstörung der semipermeablen Funktionen.
- Ein chromogener Sekundärstoff in der Vakuole dieser Orchidee, das farblose Indican, kommt nach Zerstörung des Tonoplasten in Kontakt mit Glucosidasen im Cytoplasma. Das freigesetzte gelbe Indoxyl wird durch Luftsauerstoff zu dem als Jeansfarbe so beliebten dimeren Indigo oxidiert (**b**).

Herr Müller, der aus dem Schweizer Kanton Thurgau stammte, nutzte dieses wunderbare Reportersystem zu bemerkenswerten Studien über die Gefrier- und Auftauvorgänge bei Pflanzen, ehe er sich Anfang des 20. Jahrhunderts einem lukrativeren Gebiet, dem der Züchtung von frostresistenten Rebsorten, zuwandte. Der Weinanbau in den nördlichen Anbaugebieten Europas war immer wieder von verheerenden Ausfällen durch Spätfröste im Frühjahr betroffen, und das verursachte große ökonomische Schäden. Müller erreichte 1882 die ersten Kreuzungen bei Wein überhaupt und brachte 1913 seinen berühmt gewordenen Sämling 58 in den Anbau, der wegen seiner Frostresistenz, frühen Reifungszeit und hervorragenden Ertragseigenschaften bald unter dem Namen **Müller-Thurgau** zu der am meisten angebauten Rebsorte in Deutschland und der Schweiz wurde. Alle Versuche, dieses Erfolgsrezept zu wiederholen, scheiterten allerdings, weil die Angaben über die Kreuzungseltern (Riesling × Silvaner) falsch waren, wie sich 1995 endlich durch PCR-Analyse herausstellte. In Wirklichkeit waren die Sorten Riesling und Gutedel die Kreuzungspartner gewesen (Absicht oder Versehen?).

19.3.2 Kältestreß

Bei Kältestreß müssen wir Effekte bei Temperaturen oberhalb von solchen unterhalb des Gefrierpunktes unterscheiden. Der Unterschied läßt sich am besten an **frostintoleranten Pflanzen** (Tomate, Gurken, Dahlien, Kartoffeln) klar machen. Kälte bewirkt verlangsamtes Wachstum, Stop der Blütenbildung und der Fruchtentwicklung, während Temperaturen unterhalb des Gefrierpunktes zum sofortigen Tod führen. Anders ist es bei **frosttoleranten**, winterannuellen bzw. mehrjährigen Pflanzen. Nach einer geeigneten Konditionierung sind sie in der Lage, auch sehr tiefe Temperaturen ohne Schäden zu überdauern (Abb. **19.1** S. 776).

Allgemeine Hauptprobleme für Pflanzen bei tiefen Temperaturen sind die Veränderungen in den **Eigenschaften der Membranen.** Die Membranen können nur im geordneten „flüssigen" Zustand ihre Funktionen als semipermeable Barrieren ausfüllen (Fluid-mosaic-Modell der Membran, Abb. **2.13** S. 63). Bei tiefen Temperaturen gehen sie in einen verfestigten, gelartigen Zustand über, wenn nicht die Zusammensetzung der Phospholipide durch **Einbau ungesättigter Fettsäuren** geändert wird (Abb. **19.8**). Membranen müssen also in ihrer Fluidität den jeweiligen Temperaturbedingungen angepaßt werden, und starke Schwankungen in den Umgebungstemperaturen können zu einer unmittelbaren Bedrohung für Wasser- und Ionentransport durch Membranen werden. Kältestreß wird so unmittelbar zum Wassermangelstreß. Bei Temperaturen in der Nähe des Gefrierpunkts und darunter können bleibende Schäden wie bei den genannten frostintoleranten Pflanzen nur verhindert werden, wenn Membranen und Proteine von einer Hülle von OPS oder auch hydrophilen Proteinen vom LEA-Typ (Box **19.4**) umgeben werden. Diese ersetzen das Wasser, und der **glasartige Zustand des Cytoplasmas** bei sehr starken Frösten ist dem in den trockenen Samen durchaus vergleichbar.

Box 19.4   LEA-Proteine und Gefrierschutzproteine

LEA-Proteine (engl.: late embryogenesis abundant) haben ihren Namen von dem massenhaften Auftreten in der **späten Phase** der **Samenentwicklung**, wenn die Austrocknung einsetzt (Abb. **18.24** S. 760). Ihre Bildung ist ABA-induziert. LEA-Proteine werden aber auch bei Wassermangelstreß in vegetativen Organen gebildet (Dehydrine). Alle Vertreter dieser Gruppe sind kleine, Glycin-reiche, hydrophile Proteine im Cytoplasma. Sie können sich bei extremem Wassermangel wie eine schützende Hülle um Proteine und Membranen legen und die Wasserhülle ersetzen. Das gilt beim Austrocknen von Samen (Plus **18.13** S. 761) ebenso, wie bei den sog. Wiederauferstehungspflanzen (Plus **7.2** S. 250) oder bei Pflanzen im gefrorenen Zustand.

Daneben spielen **extrazelluläre Gefrierschutzproteine** (AFPs, engl: antifreeze proteins) eine besondere Rolle. Sie zeigen Sequenzhomologie zu den Dehydrinen aber auch zu den im nächsten Kapitel behandelten PR-Proteinen (Box **20.6** S. 828). Aufgrund spezieller Oberflächeneigenschaften können AFPs die Zellen vor mechanischen Schäden schützen, indem sie sich an Eiskristalle anlagern und damit das gefährliche Wachstum der Kristalle (recrystallization) verhindern. Die induzierte Expression der AFPs wird duch Kältebehandlung oder ETH ausgelöst. Aus dem Apoplasten akklimatisierten Winterroggens (Abb. **19.1** S. 776) wurden 6 AFPs im Bereich von 16–35 kDa charakterisiert.

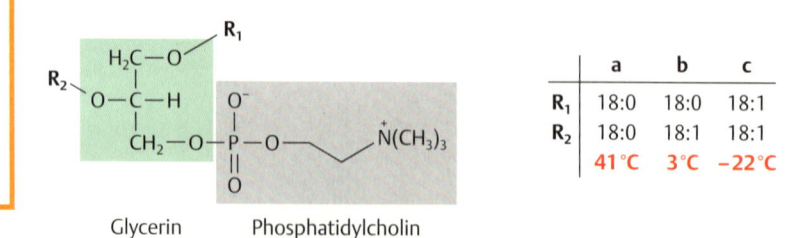

	a	b	c
R_1	18:0	18:0	18:1
R_2	18:0	18:1	18:1
	41°C	3°C	–22°C

Abb. 19.8 Phasenwechsel von Phospholipiden unterschiedlicher Zusammensetzung. a Phospholipide mit zwei Stearinsäureresten (18:0, d. h. 18 C-Atome, keine Doppelbindung, Abb. **1.18** S. 23) haben einen Phasenübergang bei 41°C, d. h. sie liegen nur oberhalb von 41°C im flüssigen, bei Temperaturen darunter aber in einem gelartigen Zustand vor. **b** Phospholipide mit je einem Stearinsäure- und einem Oleinsäurerest (18:1, d. h. 18 C-Atome und eine Doppelbindung mit der cis-Konfiguration zwischen den C-Atomen 9 und 10) gehen erst unterhalb von 3°C in den für die Membranfunktionen unbrauchbaren gelartigen Zustand über. **c** Phospholipide mit zwei Oleinsäureresten bleiben bis zu einer Temperatur von –22°C im flüssigen Zustand (nach G. A. Thompson 1989).

19.3.3 Salzstreß

Salzstreß ist ein zunehmendes Problem in landwirtschaftlich stark genutzten Gebieten, in denen die fehlenden Niederschläge durch Beregnung ersetzt werden. Durch Auswaschungen aus dem Boden, aber auch durch anthropogene Einflüsse werden Flüsse von der Quelle bis zur Mündung immer salzhaltiger, also weniger geeignet für Bewässerung. Das ist allerdings kein neues Problem. Man kann davon ausgehen, daß vor etwa 2500 Jahren der Zusammenbruch der Hochkulturen im sog. Zweistromland zwischen Euphrat und Tigris, dem heutigen Irak, auch eine Auswirkung zunehmender Versalzung der Böden war. Die Anreicherung von Salz in den Böden führt zum Absinken des Wasserpotentials und damit zu massiven **Schwierigkeiten bei der Wasseraufnahme**. Diese „physikalischen" Probleme der Pflanzen werden noch verstärkt durch die biochemischen **Störungen der Ionenbalance** bei intensivem Einstrom von Na^+- und Cl^--Ionen. Steigende Salzbelastungen bei Kulturpflanzen führen zu starken Ernteverlusten, primär wegen der geschlossenen Stomata und damit der verringerten Photosyntheseleistung. Die Abwehrmaßnahmen sind verschiedener Art. Ihre Analyse bietet Ansätze für die Züchtung salzverträglicher Kulturpflanzen:

- Wie bei den anderen Formen des Wassermangelstresses spielt die Akkumulation der OPS eine entscheidende Rolle (Box **19.3** S. 779 und Abb. **19.7**).
- Die verstärkte Einlagerung von Na^+- und Cl^--Ionen in die Vakuolen wird von ABA-induzierten Ionenkanälen im Tonoplasten gewährleistet (Box **19.7** S. 790) und im Cytoplasma durch die OPS ausbalanciert (Box **19.3**).
- Einige salzliebende oder salzverträgliche Spezialisten unter den Pflanzen (Halophyten) können die toxischen Na^+-Ionen von der Aufnahme durch ihre Wurzelsysteme ausschließen (salt exclusion) oder aber über Salzdrüsen (Hydathoden, Kap. 7.3.4) wieder ausscheiden.

19.4 Oxidativer Streß

Für alle aeroben Lebewesen ist Sauerstoff essentiell. Neben dem relativ reaktionsträgen molekularen Sauerstoff gibt es eine Reihe reaktiver Formen, die wir kollektiv als reaktive Sauerstoffspecies (ROS) bezeichnen. ROS haben als Teil von Signaltransduktionsprozessen entscheidende Funktionen bei Streßantworten und Abwehrreaktionen gegenüber Pathogenen. Sie sind aber auch sehr gefährliche Verbindungen, weil sie empfindliche Biomoleküle wie DNA, Proteine und Lipide oxidieren und damit ihre Funktion stören. Die notwendige ROS-Homöostase in Zellen wird über eine Reihe sog. Scavenger-Reaktionen aufrechterhalten, bei denen Redox-Coenzyme wie Glutathion, Ascorbat und NADP eine wichtige Rolle spielen.

Sauerstoff spielt eine entscheidende Rolle für die weitaus überwiegende Zahl der sog. aeroben Lebewesen. Oxidations- und Reduktionsreaktionen mit all ihren Zwischenprodukten sind im Zentrum des Energiestoffwechsels und der Photosynthese (Kap. 6 und Kap. 8). Dabei tritt Sauerstoff nicht nur in den **reaktionsträgen Formen** des **molekularen Sauerstoffs** (O_2, 1) und der vollständig reduzierten Form des Wassers (H_2O, 5) auf, sondern auch in einer Reihe reaktiver Zwischenformen, die wir kollektiv als **ROS** (**reaktive Sauerstoffspecies**, engl.: reactive oxygen species, rot markiert) bezeichnen:

$$^1O_2 \xleftarrow{h \cdot \nu} O_2 \xrightarrow{+e^-} O_2^{\bullet -} \xrightarrow[(2H^+)]{+e^-} H_2O_2 \xrightarrow{+e^-} HO^{\bullet} \xrightarrow[(H^+)]{+e^-} H_2O$$

1a　　**1**　　**2**　　**3**　　**4**　　**5**

Wie wir bereits in Kap. 16 gesehen hatten, ist die Entstehung von ROS ein wichtiger **Teil von Signaltransduktionsprozessen** (Box **16.15** S. 656, Abb. **16.33** S. 640 und Abb. **16.44** S. 651). Viele Streßantworten und Abwehrreaktionen gegenüber Pathogenen hängen entscheidend von ROS in ihrer Signalfunktion ab. Fallen sie aus, ist eine adäquate Antwort auf die Bedrohungen in vielen Fällen nicht möglich. Dahinter verbirgt sich häufig auch das interessante Phänomen der **Kreuztoleranz**, d. h. Vorbehandlung mit Wasserstoffperoxid kann eine merkliche Toleranz gegenüber Kälte, Hitze, Wassermangel, Starklicht, Pathogenen und Verwundung hervorrufen. Coregulierte Gruppen von Genen gehören zu verschiedenen Streßantworten (Abb. **19.6**).

ROS sind auch sehr gefährliche Moleküle, insbesondere für empfindliche Zellbestandteile wie DNA, Proteine und Lipide, die oxidiert und damit in ihren Funktionen beeinträchtigt werden können. Ein Übermaß an ROS entsteht bei Hyperoxie bzw. als Sekundärstreß bei vielen anderen Streßbelastungen, die eine starke Bildung von ROS auslösen. Die Gefahren für Biomoleküle gehen in besonderer Weise von **Singulettsauerstoff** (1a in der obenstehenden Reaktionsfolge) und von **Hydroxylradikalen** aus (4), die allerdings wegen ihrer hohen Reaktivität und Kurzlebigkeit nur in ihrem unmittelbaren Umfeld wirken können (Beispiel des Photosystems II in Abb. **15.45** S. 582). Im Zentrum des allgemeinen Interesses steht **Ozon** (O_3, Box **19.5**) wegen seiner Rolle als UV-Schutzschild in der Stratosphäre auf der einen Seite und als Generator für HO-Radikale in der erdnahen Atmosphäre auf der anderen.

Die hauptsächlichen Träger der Signalfunktion sind **Superoxid** (2) und **Wasserstoffperoxid** (3), die beide eng mit den NO-vermittelten Signalprozessen verbunden sind (Abb. **16.44** S. 651). Ihre lokale Konzentration wird durch eine beachtliche Zahl von sog. **Scavenger-Reaktionen** (Abfangreaktionen) begrenzt (Abb. **19.9**). Die beteiligten Enzyme existieren in mehreren Isoformen in allen Kompartimenten der Zelle, und viele von ihnen werden in ihrer Bildung durch Streß induziert. Das Ausmaß dieser Scavenger-Reaktionen macht das Problem sehr deutlich: ohne ROS geht vieles im Leben einer Pflanze nicht mehr, mit zu viel ROS geht gar nichts mehr. Angesichts der Gefahren durch ROS hat man von

Abb. 19.9 Scavenger-Reaktionen zur Beseitigung reaktiver Sauerstoffspecies (ROS). Das System der Scavengerenzyme garantiert die **ROS-Homöostase** der Zellen. Viele der Enzyme, die sich in verschiedenen Isoformen (Isoenzyme) in Mitochondrien, Plastiden, Peroxisomen und im Cytoplasma befinden, werden nicht nur bei oxidativem Streß (OS), sondern auch bei Hitze- (HS), Wassermangel- (WS), Kälte- (CS) und Salzstreß sowie bei Starklicht (HL) vermehrt gebildet. MDHA, Monodehydroascorbat; PSH, PSSP, reduziertes bzw. oxidiertes Peroxiredoxin; ASC, Ascorbat; GSH, GSSG reduziertes bzw. oxidiertes Glutathion (nach Mittler 2006; Noctor 2006).

	Enzym	Reaktion	Streß
1	Superoxiddismutase	$O_2^{\bullet -} + O_2^{\bullet -} + 2H^+ \xrightarrow{(SOD)} H_2O_2 + O_2$	OS, HS, WS, CS, Salz, HL
2	Katalase	$2 H_2O_2 \xrightarrow{(KAT)} 2 H_2O + O_2$	OS, HS, WS, CS, Salz, HL
3a	Ascorbatperoxidase	$2 ASC + H_2O_2 \xrightarrow{(APX)} 2 MDHA + H_2O_2$	OS, HS, WS, CS, Salz
3b	Monodehydroascorbat-Reduktase	$MDHA + NAD(P)H \xrightarrow{(MDAR)} ASC + NAD(P)$	OS, HS, WS, CS, HL
4a	Glutathion-Peroxidase	$2 GSH + H_2O_2 \xrightarrow{(GPX)} GSSG + 2 H_2O$	OS, HS, WS, CS, HL
4b	Glutathion-Reduktase	$GSSG + NAD(P)H \xrightarrow{(GR)} 2 GSH + NAD(P)$	OS, WS, CS, HL
5	Peroxiredoxin	$2 PSH + H_2O_2 \xrightarrow{(PR)} PSSP + 2 H_2O$	OS, HS, CS, Salz
6	Alternative Oxidase	$2e^- + 2H^+ + O_2 \xrightarrow{(AOX)} H_2O$	HS, WS, CS, Salz

einem **Sauerstoffparadoxon** gesprochen: Die großen Vorteile aerober Lebensformen und der speziellen Funktionen von ROS als intrazelluläre Signale können nur durch aufwendige Kontrollen der Bildung und Vernichtung der ROS realisiert werden (Plus **19.2**).

Box 19.5 Ozon

Im Hinblick auf die Lebensformen auf unserer Erde hat Ozon (O_3) zwei ganz unterschiedliche Gesichter (Details s. Nobel Lectures M.J. Molina und P. Crutzen, Stockholm 1995):

1. **Ozonschild**: In der **Stratosphäre** (15–50 km Höhe) bildet Ozon ein sicheres Schutzschild gegenüber der für das Leben sehr gefährlichen UV-C- (100–280 nm) bzw. UV-B-Strahlung (280–320 nm). Dahinter steckt eine komplexe Photochemie mit dem sog. Ozon-Zyklus (**1**) im Zentrum:

1 $O_2 \xrightarrow{h\cdot\nu_{<240}} O^{\bullet} + O^{\bullet} \xrightarrow[2O_2]{\text{schnell}} 2O_3 \xrightarrow[\text{schnell}]{h\cdot\nu_{<240}} 2O_2 + 2O^{\bullet}$

Die Vernichtung des Ozons kann durch katalytische Funktionen von Chlor- bzw. Chlormonoxidradikalen erfolgen, die ebenfalls in photochemischen Reaktionen aus den inerten Fluorchlorkohlenwasserstoffen (FCKW, hier als Beispiel Dichlordifluormethan) entstehen (**2a**, **2b**). FCKW fanden viele Jahre als preiswerte Kühlmittel in Kühlschränken breite Anwendung. Die Ozonzerstörung hat dramatische Folgen für die Belastung mit UV-Strahlen auf der Erdoberfläche.

2a $CCl_2F_2 \xrightarrow{h\cdot\nu_{<320}} {}^{\bullet}CClF_2 + Cl^{\bullet}$

2b $2O_3 \xrightarrow[[Cl^{\bullet}, ClO^{\bullet}]]{h\cdot\nu_{<320}} 3O_2$

2. **Smogalarm**: In der **erdnahen Atmosphäre** entsteht dagegen in vermehrtem Ausmaß Ozon durch anthropogene Einflüsse, insbesondere durch Belastung mit Kohlenmonoxid (CO) und Stickstoffmonoxid (NO), die als Abgase aus Verbrennungsprozessen verschiedenster Art in die Atmosphäre gelangen (**3a**, **3b**):

3a $CO + 2O_2 \xrightarrow{h\cdot\nu_{<320}} CO_2 + O_3$

3b $NO + 2O_2 \xrightarrow{h\cdot\nu_{<320}} NO_2 + O_3$

In unbelasteten Regionen finden wir im allgemeinen etwa 20–50 µg l^{-1} Ozon, während in stark belasteten Ballungsgebieten in Deutschland bis zu 280, in Mexico City bis zu 1000 µg l^{-1} gefunden werden. Die von WHO und EU angegebenen Grenzwerte für die Auslösung von Smogalarm liegen bei 120 µg l^{-1}. Gesundheitliche Schäden (Atembeschwerden, Kopfschmerzen, Asthmaanfälle, Schleimhautreizungen) treten bei gefährdeten Personen bei längerer Belastung mit etwa 200 µg l^{-1} Ozon auf. Bei Pflanzen beobachten wir reduzierte Photosynthese, Schließen der Stomata, beschleunigtes Altern der Blätter, reduziertes Sproß- und Wurzelwachstum. Bei länger anhaltender Ozonbelastung von nur 100 µg l^{-1} treten Ernteverluste von bis zu 80 % bei Zuckerrüben, Weizen und Klee auf. Dabei spielt die Bildung von ROS, z. B. in Form des gefährlichen HO-Radikals eine wichtige Rolle (**4**).

4 $O_3 + H_2O \xrightarrow{h\cdot\nu_{<320}} O_2 + 2HO^{\bullet}$

Plus 19.2 Scavenger-Systeme und die Transplantationsmedizin

Es ist ein allgemeines Prinzip, daß Organismen unter **hypoxischen Bedingungen** (Sauerstoffmangel, Kap. 19.5) ihre Scavengerenzyme rasch abbauen, weil ROS unter diesen Bedingungen als Signale gebraucht werden. Das wird zum akuten Problem, wenn die **normoxischen Bedingungen** wieder hergestellt werden. Bis zur Restaurierung der funktionierenden ROS-Balance durch Neusynthese der Scavengerenzyme wirken die normoxischen Bedingungen wie ein extremer **oxidativer Streß**. Das gilt für Pflanzen ebenso wie für Tiere. Hier liegt ein Kernproblem der Transplantationsmedizin. Isolierte Organe müssen nach ihrer Entnahme oft über längere Zeit gelagert und transportiert werde. Das geschieht im allgemeinen unter hypoxischen Bedingungen. Nach der Transplantation brauchen die Organe Zeit und ggf. pharmakologischen Schutz, bis sie wieder an die normoxischen Bedingungen angepaßt sind.

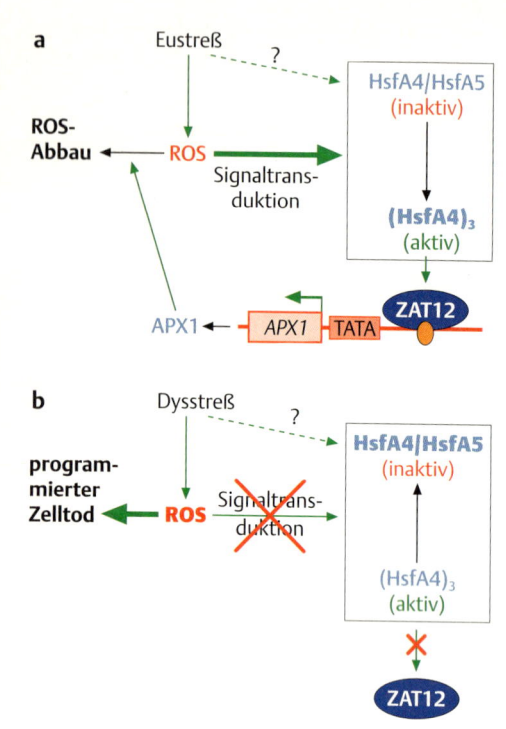

Abb. 19.10 Schema eines durch ROS ausgelösten Regelkreises. Abiotische und biotische Stressoren lösen die Bildung von ROS aus (Box **16.16** S. 657). Über die in Abb. **16.33** S. 640 und Abb. **16.47** S. 655 dargestellten Signaltransduktionswege wird auf bisher noch ungeklärte Art und Weise der Aktivitätszustand eines Hsf-Schalters kontrolliert (**a**). HsfA4 liegt entweder in aktiver homotrimerer oder in inaktiver heterodimerer Form im Komplex mit einem Repressor-Hsf (HsfA5) vor. In Anwesenheit von ROS kommt es zur Expression des Zn-Finger-Transkriptionsfaktors ZAT12 und damit zur Transkription des *APX1*-Gens. Ascorbatperoxidase APX1 ist ihrerseits für den Abbau der ROS verantwortlich (Zustand der ROS Homöostase). (**b**) Bei Unterbrechung der Signalkette wird HsfA4 inaktiviert, und die Akkumulation von ROS führt zu programmiertem Zelltod (Plus **20.6** S. 824).

Im Zentrum der Scavenger-Systeme stehen drei Paare von Redox-Coenzymen (Abb. **19.9**), **Nicotinadenindinucleotidphosphat** (NADP), **Ascorbat** (ASC) und **Glutathion** (GSH). Insbesondere letzteres kommt in relativ hohen Konzentrationen vor und liegt vornehmlich in der reduzierten Form vor (GSH:GSSG = 20:1). GSH vermittelt die Nitrosylierung von Proteinen (Abb. **16.44** S. 651), spielt eine wichtige Rolle für die Entgiftung von Xenobiotika (Kap. 19.6.2) und bildet den Thiol/Disulfid-Puffer für Proteine, deren Funktion über die Bildung bzw. Lösung von Disulfidbrücken kontrolliert wird.

Welches sind also die zellulären Sensoren für Sauerstoffstreß? Wir hatten eben schon auf die besondere Empfindlichkeit von Biomolekülen wie DNA, Proteine und Lipide für den Angriff von ROS hingewiesen (s. auch Abb. **16.44** S. 651). **Oxidierte Proteine** lösen die Hitzestreßantwort und damit die Bildung der Chaperone aus. Sie können aber auch unmittelbare Komponenten von genregulatorischen Komplexen sein (Abb. **15.46** S. 583 und Box **16.16** S. 657). **Oxidierte Lipide** führen zur Bildung von JA und verwandten Oxylipinen als Alarmhormone (Kap. 16.9.1). Oxidativer Streß ändert aber auch das **Redoxpotential** einer Zelle in Form der NADPH/NADP und GSH/GSSG-Quotienten, und das hat großen Einfluß auf Stoffwechselaktivitäten und Regulationsprozesse (Abb. **15.46** S. 583 und Abb. **17.22** S. 699). Neben den Chaperonen werden vor allem auch die Scavengerenzyme unter oxidativem Streß vermehrt gebildet. Dies wird an dem einfachen Regelkreis Abb. **19.10** deutlich, der auf der Aktivitätskontrolle eines speziellen Hitzestreß-Transkriptionsfaktors (**HsfA4**) beruht.

19.5 Hypoxie durch Überflutung

> Sauerstoffmangel (Hypoxie) ist eine häufige Folge der Überflutung von Teilen der Vegetation bei Hochwasser oder auch bei Pflanzen in nassen, stark verdichteten Böden. Eine Reihe von Veränderungen dienen der Streßvermeidung: Bildung von Aerenchymen, von Interzellularen in der Peridermis (Lentizellen), von Adventivwurzeln, Hyponastie der Blätter und Veränderungen im Stoffwechsel (anaerobe Energiegewinnung). Die Bildung von ETH und GA ermöglicht verstärktes Streckungswachstum, das bei überflutungstoleranten Pflanzen (Tiefwasserreis) garantiert, daß die Sproßspitze als eine Art Schnorchel über der Wasseroberfläche bleibt.

Sauerstoffmangel (Hypoxie) kann für Pflanzen ebenso bedrohlich sein wie oxidativer Streß (Hyperoxie). Im häufigsten Fall entsteht Hypoxie durch **Überflutung** von Teilen der Vegetation bei starken Regenfällen und Hochwasser im Bereich von Flüssen und Seen. Aber Sauerstoffmangel im Wurzelbereich tritt auch bei nassen, stark verdichteten Böden auf oder bei Zimmerpflanzen, die der wohlmeinende Besitzer zu stark gießt. Die Sauerstoff-bedürftigen Wurzeln können unter solchen Bedingungen ihre Funktionen nicht mehr ausführen, nehmen Schaden und sterben relativ schnell ab. Die Mehrzahl der Pflanzen kann solche Bedingungen nur sehr kurze Zeit überleben. Auf der anderen Seite zeigen Sumpf- und Wasserpflanzen mit oberirdischen Sproßteilen und den Wurzeln im Wasser typische Anpassungen an diese Lebensweise in Form von Luftversorgungskanälen (**Aerenchyme**), die durch programmierten Zelltod aus Parenchymen in den submersen Organen entstehen (Box **19.6**). Bei Sumpf- und Wasserpflanzen (Reis, Calmus, Sumpfampfer) gehören sie zum normalen Entwicklungsablauf, während sie bei überflutungstoleranten Pflanzen als Teil der induzierten Streßvermeidungsreaktion gebildet werden können (Gerste, Weizen, Kartoffel, Mais, aber auch *Arabidopsis*). Weitere rein äußerlich sichtbare Anpassungen mit dem Ziel einer verbesserten Gasversorgung sind warzenförmige Zellgruppen mit großen Interzellularen in der Peridermis (**Lentizellen**) und die Bildung von Adventiv- und Luftwurzeln, sog. **Pneumatophore**.

Man kann die charakteristischen Anpassungsreaktionen zur Streßvermeidung gut am Beispiel des Tiefwasserreises, einem Experten für Überflutungstoleranz verdeutlichen (Abb. **19.11**). Bei ansteigendem Wasserpegel während der Monsunregenzeit kommt es unter der Einwirkung des in den submersen Teilen angehäuften ETH zu einer starken Streckung der Internodien und zur **Hyponastie der Blätter** (Abb. **17.14** S. 686). Das Phänomen hat viel Gemeinsamkeiten mit dem Schattenvermeidungssyndrom (Kap. 17.2.2). Durch die außerordentlichen Wachstumsreaktionen von etwa 25 cm pro Tag wird erreicht, daß stets ein Teil des Sprosses wie ein Schnorchel über der Wasseroberfläche bleibt. Diese Art der **Streßvermeidung** ermöglicht die Sauerstoffaufnahme an der Wasseroberfläche und die Weiterleitung über die Aerenchyme in die submersen Teile der Pflanze. Teil der Streßvermeidung unter solchen Bedingungen ist auch die Spezialisierung der Unterwasserblätter für eine Photosynthese bei geringen Lichtintensitäten und CO_2-Konzentrationen. Durch diese Photosynthese wird sowohl die Stoffbilanz als auch die Sauerstoffversorgung verbessert. Die **Anreicherung von ETH** ist nicht nur eine Folge der vermehrten Bildung als Streß-ETH, sondern vor allem auch die Folge des verminderten Gasaustauschs wegen der Diffusionsgeschwindigkeit in Wasser im Vergleich zu Luft, die um das 10 000-fache verringert ist. Diese physikalische Tatsache behindert die Sauerstoffversorgung ebenso wie sie die Anreicherung von ETH fördert.

Das gesamte Anpassungsprogramm (Abb. **19.12**) wird primär durch Veränderungen in der Mitochondrienfunktion und -struktur erreicht, die verbunden ist mit einem Umschalten von einer aeroben auf eine **anaerobe Energiegewinnung** (Glykolyse und Fermentation, Kap. 11.2 und Kap. 11.3). Dementsprechend steigt das Redoxpotential (NADH/NAD-Quotient) an, und der ATP/ADP-Quotient sinkt drastisch ab. Als erste **Streßalarmsignale** entstehen NO (Abb. **16.44** S. 651) und spezielle Hämoglobine mit besonders hohen Affinitäten für O_2 (Box **16.14** S. 651). Die Wachstumsreaktionen, wie wir sie beim Tiefwasserreis und bei anderen überflutungstoleranten Pflanzen beobachten, beruhen auf einem komplexen Signalnetzwerk (Abb. **19.12**), in dessen Zentrum das Zusammenwirken von ETH und GA steht. Alles zusammen ergibt den notwendigen **Hormoncocktail** für das schnelle **Streckungswachstum** (Abb. **19.13**). Zu den Proteinen, deren Bildung unter Hypoxie bei Mais und *Arabidopsis* stark ansteigt, gehören Enzyme der Glykolyse und Fermentation (Alkohol-Dehydrogenase, Glycerinaldehydphosphat-Dehydrogenase, Enolase, Pyruvat-Decarboxylase u. a. m.). Wie bei anderen Streßbelastungen beobachtet man auch in diesem Fall eine verbesserte Toleranz, wenn die Pflanzen unter hypoxischen Bedingungen konditioniert wurden.

> **Box 19.6 Aerenchyme**
>
> Die induzierte Bildung von Aerenchymen ist besonders gut an Maiswurzeln untersucht. Die Anreicherung von ETH nach Überflutung löst die Bildung von zellwandabbauenden Enzymen (Cellulasen, Xyloglycan-Transglycosylasen) aus. Die Aerenchyme entstehen durch **programmierten Zelltod** aus benachbarten **Zellen des Rindenparenchyms**. Sie bilden schließlich durchgehende Kanäle für die Luftzuführung. Überflutete Pflanzen mit einem konstitutiv vorhandenen oder mit einem unter Hypoxie neugebildeten Aerenchym haben eine fast normale Wurzelfunktion mit einem aeroben Stoffwechsel.

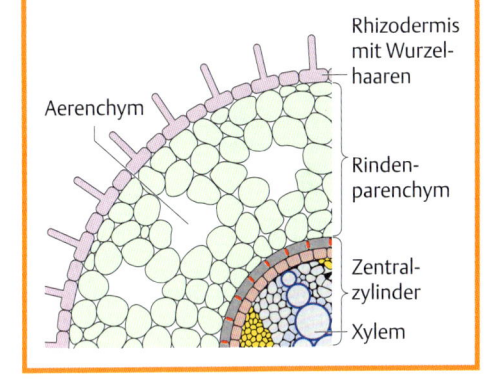

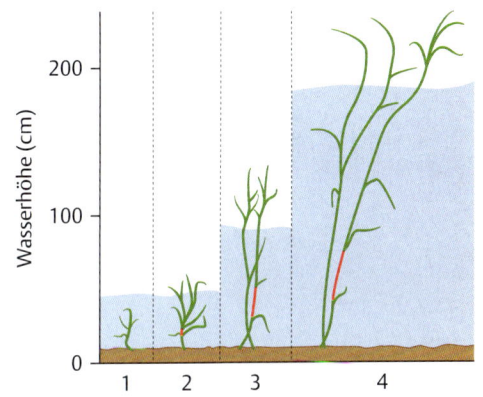

Abb. 19.11 Wachstumsverhalten von Tiefwasserreis bei Überflutung. 1, **2**: Jungpflanzen von Reis in seichtem Wasser; **3**, **4** ältere Pflanzen mit ansteigenden Wasserspiegeln (blau) während der Überflutung. Die Streckung der Pflanze kann an dem rot markierten Internodium verfolgt werden. Weitere Erklärungen s. Text (nach Buchanan et al. 2000).

Abb. 19.12 Signaltransduktion und Antwort auf Sauerstoffmangel. Sauerstoffmangel führt in den Mitochondrien zu einer Umsteuerung des Atmungsstoffwechsels und zu den angezeigten Veränderungen in den cytoplasmatischen Pools von Ca^{2+}, NADH und ATP (s. Text). Als Sekundärsignale entstehen NO (Plus **16.12** S. 652), ETH und GA, während der Spiegel von ABA sinkt. Die vermehrte Bildung von Enzymen der ETH-Synthese (ACS, ACO, Abb. **16.26** S. 628) wird durch NO und eine Ca^{2+}-abhängige Proteinkinase (CDPK, Abb. **16.33** S. 640) gesteuert. Die ausgelösten Teile der Antwort dienen der Streßvermeidung und der Stabilisierung bzw. Wiederherstellung des Energiestoffwechsels (nach A.U. Igamberdiev et al., Annuals Bot. 2005).

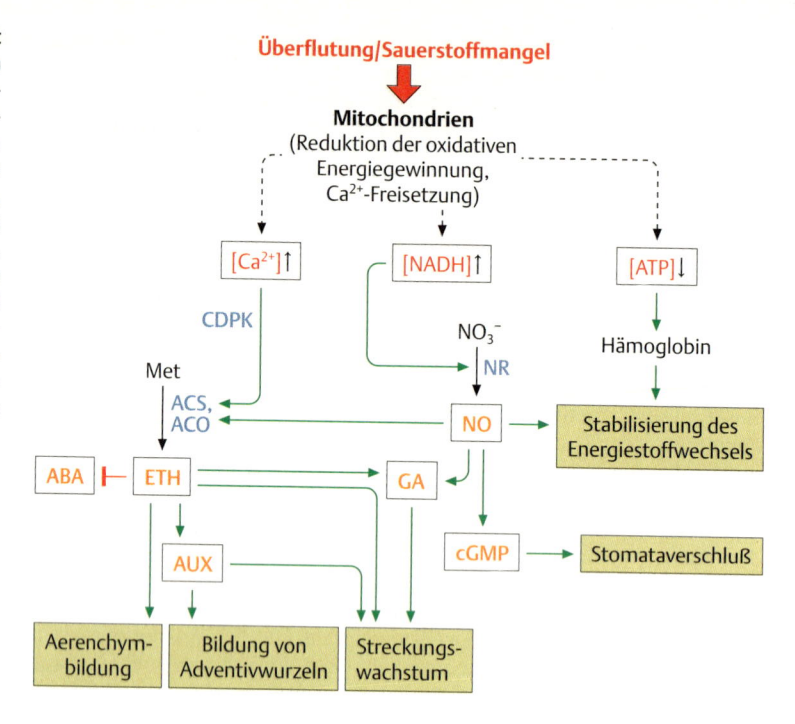

Abb. 19.13 Reaktion von Sumpfsauerampfer auf Hypoxie durch Überflutung. a Hormonveränderungen: Der rasche Anstieg von ETH auf etwa das 7-fache (1 Tag nach Überflutung) fördert die Synthese von GA und hemmt die Bildung von ABA (2. Tag). **b** Wachstumsreaktionen der Blattstengel: Die verstärkte Wachstumsreaktion der Stengel unter der Einwirkung von ETH und GA setzt erst nach etwa zwei Tagen ein. Sie kann vollständig durch Zugabe von 1-MCP als Inhibitor des ETH-Rezeptors blockiert werden (Box **17.4** S. 687). Umgekehrt wirkt Fluoridon als Hemmstoff der ABA-Synthese fördernd auf die Streckungsreaktion. Offensichtlich ist die schnelle Abnahme des ABA-Spiegels für den Erfolg der Anpassung ebenso wichtig wie der Anstieg von ETH und GA (nach J.J. Benshop et al., Plant J. 2005).

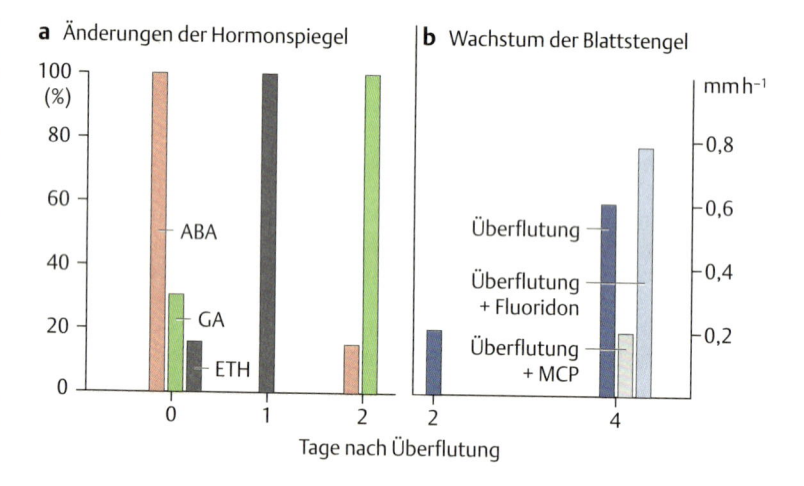

19.6 Wirkung chemischer Stressoren

Der Begriff der chemischen Stressoren umfaßt zahlreiche Verbindungen, die aus dem Boden oder aus der Luft oder aber auch durch anthropogene Einflüsse auf die Pflanze einwirken. Im Zusammenhang mit der Hitzestreßantwort hatten wir bereits eine Reihe solcher Stressoren kennengelernt, weil sie – vergleichbar mit den Folgen einer Temperaturerhöhung – die Proteinhomöostase stören (Abb. **19.2** S. 777). Die meisten von ihnen (Schwermetalle, oxidative Agentien) greifen SH-Gruppen-haltige Proteine an. Im strengen Sinne könnte man die meisten Streßformen in irgendeiner Weise als chemischen Streß beschreiben. Das gilt insbesondere auch für das Arsenal von Signalen, die zwischen Pflanzen und Mikroorganismen ausgetauscht werden (Kap. 20). Obwohl es wichtig ist, sich den Begriff der chemischen Stressoren in dieser Breite klar zu machen, haben wir aus didaktischen Gründen in diesem Kapitel die geläufigen Termini für die Streßbelastungen beibehalten. Das bedeutet auch, daß wir unter dem Begriff der chemischen Stressoren hier nur zwei wichtige Aspekte behandeln wollen, weil sie besondere Bedeutung haben und in den anderen Kapiteln nur unzureichend oder gar nicht vorkommen. Dieses sind Schwermetallstreß und die Belastung von Pflanzen durch Herbizide.

19.6.1 Schwermetallstreß

Pflanzen brauchen Schwermetallionen (SM) als Spurenelemente (Fe, Cu, Zn, Mo, Mn und Ni), aber alle SM sind in höheren Konzentrationen für Pflanzen auch toxisch, insbesondere Cd, Hg, Pb und Sn (Schwermetallstreß). Sie verdrängen Metallionen aus ihren Bindungsstellen in Enzymen, sie schädigen SH-Gruppen-haltige Proteine, und sie beschleunigen die Bildung von ROS. SM-Streßvermeidung beruht auf der Speicherung von SM-Ionen in Form von Chelaten und der Bildung von protektiven Metaboliten. Die Vakuole dient als Speicher- und Entgiftungsort für SM-haltige Verbindungen.

Unter dem Begriff Schwermetall (SM) versteht man in der Chemie alle Elemente mit einem spezifischen Gewicht von mehr als 5 g cm^{-3}. Dazu gehören wichtige **Spurenelemente**, die für Pflanzenwachstum unerläßlich sind (Fe, Cu, Zn, Mo, Mn und Ni, Tab. **1.1** S. 5) und die von Pflanzen nicht benötigten **toxischen SM**, z. B. Cd, Hg, Pb und Sn. Allerdings darf man wegen ihrer Toxizität auch die Leichtmetalle Al und Se nicht vergessen. Der Kürze halber benutzen wir einfach die Atomsymbole, obwohl es sich in der Realität stets um die meist zweiwertigen Kationen handelt. Ähnlich wie bei der Temperaturskala für das Pflanzenwachstum (Box **19.1** S. 774) gibt es auch für die essentiellen Spurenelemente eine Optimumskurve der Pflanzenversorgung mit flankierenden Eustreß- und Dysstreßbereichen und schließlich **Tod durch Mangel** oder **Vergiftung bei Überversorgung** (Abb. **19.14**). Die Kurve macht auch deutlich, daß

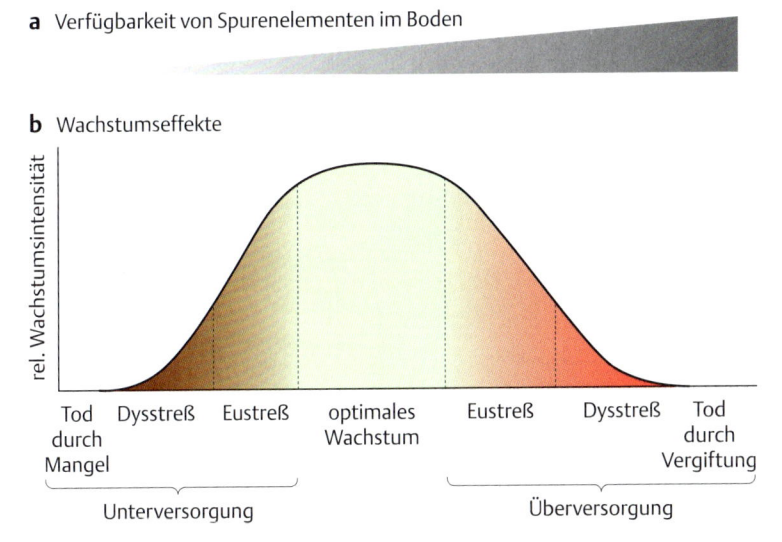

Abb. 19.14 Dosis/Wirkungskurve für die Versorgung mit Spurenelementen. a Zunahme der Verfügbarkeit im Boden. **b** Wachstumsverhalten von Pflanzen zwischen Mangel und Überversorgung mit Spurenelementen.

19 Pflanzen und Streß

oberhalb eines bestimmten Konzentrationsbereichs prinzipiell alle SM für Pflanzen toxisch sein können. Aufnahme und intrazelluläre Verteilung müssen also auch für die Spurenelemente aufeinander abgestimmt werden. Im Cytoplasma gibt es im allgemeinen sehr geringe Mengen von SM. Die Bereitstellung für die Biosynthese SM-haltiger Proteine erfolgt aus den Vakuolen (Box 19.7).

Wie bei anderen Nährstoffen aus dem Boden ist für die Wirkung der SM nicht so sehr die absolute Menge, sondern ihre Verfügbarkeit entschei-

---

Box 19.7   Vakuolen als multifunktionelle Organellen in der Streßantwort

In ausgewachsenen Zellen füllen die Vakuolen den größten Teil aus (Kap. 3.2.1). Über zahlreiche Transportsysteme im Tonoplasten werden die regen Austauschvorgänge zwischen Vakuole und Cytoplasma bewerkstelligt. Die Energie stammt vor allem aus einer ATP-abhängigen Protonenpumpe (V-ATPase, **1**), die das notwendige elektrochemische Potential für die zahlreichen H⁺-Antiporter liefert (grüne H⁺). Daneben gibt es auch einige andere ATP-abhängige Pumpen (**8**, **9**). Details über Membrantransportproteine finden sich in Kap. 6.2.

Die besondere Funktion der Vakuole im Rahmen der Streßantworten liegt in folgenden Aspekten begründet:

- Die **Kontrolle des Wasserpotentials** erfordert eine sehr schnelle Anpassung an die jeweils wechselnden Bedingungen (Box 19.3 S. 779). Daran beteiligt sind Aquaporine (**2**) und Antiporter für den Import von osmoprotektiven Substanzen (**3**, OPS, Abb. 19.7 S. 781). Das Gleichgewicht zwischen osmotischem Potential der Vakuole und dem Wanddruck bestimmt ja nicht nur die Turgeszenz von Pflanzenorganen und damit ihre Fähigkeit zur räumlichen Ausbreitung, sondern auch die AUX-kontrollierte Zellstreckung (Kap. 16.4.3).

- Die mit vielen Streßantworten verbundene transiente Erhöhung der cytoplasmatischen Ca^{2+}-Konzentration (Abb. **16.33** S. 640, Abb. **16.47** S. 655, Abb. **19.5** S. 780 und Abb. **19.12**) erfordert schnelle Veränderungen in den Export- und Importvorgängen, an denen mehrere Typen von Ca^{2+}-**Transportsystemen** (**4**–**6**) beteiligt sind. Zu ihnen gehören auch signalgesteuerte Ca^{2+}-Kanäle (**6**).

- Für den **Import von Xenobiotika**, z. B. von Herbiziden und von Sekundärmetaboliten wie Alkaloiden und Farbstoffen (Kap. 12) gibt es sowohl ATP-abhängige Pumpen, die der großen Gruppe der sog. ABC-Transporter angehören (**8**) als auch Antiporter (**7**). Die Substrate für den Import liegen häufig als Glucoside oder Glutathion-Derivate vor.

- Bei **Salzstreß** spielt der induzierbare Na^+/H^+-Antiporter (**10**) eine entscheidende Rolle, um die toxischen Na^+-Ionen aus dem Cytoplasma zu entfernen.

- Für die **Schwermetallhomöostase** sind die Antiporter **11**–**13** und der Fe^{2+}/H^+-Symporter (**14**) verantwortlich. Sie sorgen dafür, daß die Konzentration an SM-Ionen im Cytoplasma möglichst gering gehalten wird und ggf. SM-Ionen in Form von Chelaten für die Synthese von SM-haltigen Proteinen zur Verfügung stehen. Die Entsorgung von Cd^{2+}-Phytochelatin-Komplexen (Abb. **7.4** S. 391) könnte über einen ABC-Transporter (**9**) erfolgen.

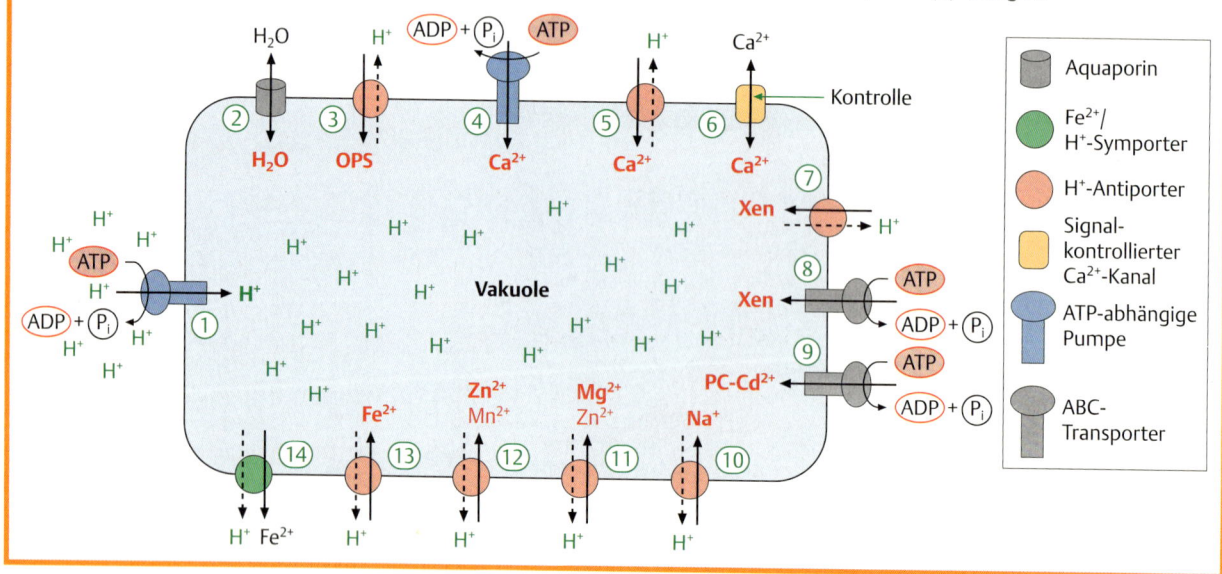

dend. Sie kann in unmittelbarer Nähe der Wurzelhaare durch Ausscheidung von Protonen und organischen Säuren (Malat, Citrat) erheblich verbessert werden. Das gilt allerdings auch für die gesteigerte Verfügbarkeit von Al^{3+}-Ionen in sauren Böden, und das stellt ein Hauptproblem von saurem Regen für die Gesundheit unserer Wälder dar.

Die **Toxizität von SM** hat verschiedene Ursachen:
- SM-Ionen konkurrieren um die Aufnahmesysteme in der Plasmamembran der Wurzelhaare. Cd^{2+} vermindert die Aufnahme von Fe^{2+} und Zn^{2+}.
- SM-Ionen verdrängen Metallionen aus ihren Bindungsstellen in Enzymen. So kann das Mg^{2+} in der Ribulosebisphosphatcarboxylase durch Co^{2+}, Ni^{2+}, Mn^{2+} oder Zn^{2+} und das Mn^{2+} im Wasserspaltungszentrum des Photosystems II durch Zn^{2+} ersetzt werden.
- Ganz allgemein werden alle SH-Gruppen-haltigen Proteine in ihren Funktionen durch Cd^{2+} und Hg^{2+} aber in höheren Konzentrationen auch durch Cu^{2+} und Zn^{2+} gestört.
- Cu^+, Hg^+ und Ag^+ sind sog. **prooxidative SM-Ionen**, die zur ROS-Bildung und zur Lipidoxidation beitragen.

Im Sinne der **Streßvermeidung** haben Pflanzen verschiedene Möglichkeiten zum Umgang mit toxischen SM-Ionen erworben:
- Ausscheidung von Metallionen im Wurzelbereich in Form von Chelaten mit organischen Säuren (Al^{3+}),
- Speicherung in Form von Chelaten in Vakuolen und Milchsaftröhren (Plus **7.1** S. 236 und Box **19.7**),
- Synthese von protektiven Metaboliten (Prolin, Histidin, Polyamine, Glutathion, Phytochelatine), die SM binden und damit die Verfügbarkeit im Cytoplasma verringern können (Abb. **19.7** S. 781). Phytochelatine (Abb. **7.4** S. 235) und organische Säuren dienen aber auch der Speicherung von SM in Vakuolen.

Bestimmte **SM-tolerante Pflanzen** der Gattungen *Festuca*, *Agrostis*, *Silene*, *Plantago* oder *Minuartia* dienen als Anzeiger für SM-verseuchte Standorte, und sie können ggf. zur sog. **Phytosanierung** genutzt werden (Plus **7.1** S. 236), wenn sie ausreichende Mengen von SM in ihren oberirdischen Teilen akkumulieren. Man „erntet" das SM-verseuchte Pflanzenmaterial und muß es dann als Sondermüll deponieren. Der Standort kann zwar saniert werden, aber die SM sind in der Mülldeponie natürlich immer noch da.

19.6.2 Chemischer Streß durch Herbizide

Unter dem Sammelbegriff der Phytopharmaka werden neben den gegen Wildkräuter eingesetzten Herbiziden auch Wirkstoffe gegen Pilzkrankheiten (Fungizide), bakterielle Krankheiten (Bakterizide), gegen Fraßinsekten (Insektizide) bzw. Nematoden (Nematizide) zusammengefaßt. Voraussetzung für den Einsatz der Herbizide ist ihre Selektivität, d. h. eine Toleranz der Kulturpflanze und eine Empfindlichkeit der Wildkräuter bzw. Schädlinge. Herbizidtoleranz kann entweder genetisch begründet sein oder durch den Einsatz von Safener-Verbindungen chemisch induziert werden. Der Herbizideinsatz bedeutet eine extreme Form von Dysstreß für die betroffenen Pflanzen. Als Konsequenz sind Resistenzen gegen fast alle Herbizidklassen selektioniert worden, die auf verminderter Herbizidaufnahme, der Veränderung von Konzentration oder Eigenschaft der Targetproteine bzw. auf der Entgiftung der Herbizide beruhen.

Der weitaus überwiegende Teil der sog. konventionellen Landwirtschaft ist ohne den Einsatz von Pflanzenschutzmitteln (**Phytopharmaka**) aller Art nicht denkbar. Der jährliche finanzielle Aufwand allein für Herbizide liegt im Bereich von 25 Milliarden Euro vor allem in Nordamerika und Europa. Die große Zahl der zur Verfügung stehenden Wirkstoffe muß in der richtigen Kombination zum richtigen Zeitpunkt ausgebracht werden, damit der gewünschte Effekt mit einer minimalen Aufwandmenge erzielt werden kann. Neben den gegen Wildkräuter eingesetzten **Herbiziden** kommen auch Wirkstoffe gegen Pilzkrankheiten (**Fungizide**), bakterielle Krankheiten (**Bakterizide**), gegen Fraßinsekten (**Insektizide**) bzw. Nematoden (**Nematizide**) zum Einsatz. Alle diese Mittel zum Schutz unserer Kulturpflanzen, die in riesigen Monokulturen angebaut werden, richten sich also gegen biologische Konkurrenten (Kap. 20.1), die ggf. große Ertragsminderungen hervorrufen würden.

Wichtige **Wirkungsklassen** von **Herbiziden** sind mit ausgesuchten Vertretern in Plus 19.3 zusammengestellt. Neben den Wirkstoffen mit Angriffsorten in Photosynthesereaktionen (Nr. 1–4) gibt es vor allem eine große Gruppe von Herbiziden, die in zentrale Reaktionen der Aminosäuresynthese eingreifen (Nr. 5–7) und damit einen Zusammenbruch der N-Homöostase und der Proteinsynthese herbeiführen. Betroffene

---

Plus 19.3 Herbizide

(AUX-Herbizide Box **16.5** S. 610; http://www.alanwood.net/pesticides/index.html)

Herbizidformel	A: Herbizid, B: Angriffsort, C: Auswirkungen, D: Resistenzen
1	A: **Norflurazon** (Phenyl(**a**)-pyridazinon(**b**)-Derivat) B: hemmt die Carotinoidsynthese; Targetenzym: Phytoendesaturase C: Chlorophyllabbau durch mangelnden Lichtschutz (Bleichherbizid) D: 2 resistente Arten
2	A: **Aciflurofen** (Diphenyläther-Derivat) B: hemmt die Chlorophyllsynthese; Targetenzym: Protoporphyrinogen-Oxidase (Abb. **15.48** S. 584) C: Chlorophyllmangel D: 3 resistente Arten
3	A: **Paraquat** (Methylviologen, Dipyridylium-Derivat) B: Elektronenakzeptor für das Photosystem I (Abb. **8.16** S. 272) C: Bildung von ROS; Zelltod durch HO-Radikale; angewendet zum Abtöten der vegetativen Teile vor der Ernte (Baumwolle, Zuckerrohr, Soja, Kartoffel) D: 23 resistente Arten
4	A: **Atrazin** (Triazin-Derivat) B: bindet an die Q_B-Bindungsstelle des D1-Proteins im Photosystem II (Abb. **15.45** S. 582) C: Bildung von Singulettsauerstoff; Anwendung wegen Persistenz im Boden stark eingeschränkt D: 87 resistente Arten

Fortsetzung

Fortsetzung

Herbizidformel	A: Herbizid, B: Angriffsort, C: Auswirkungen, D: Resistenzen
5	A: **Glyphosat** (N-Phosphonomethylglycin) B: hemmt die Synthese aromatischer Aminosäuren; Targetenzym: Enoylpyrovylshikimat-phosphat-Synthase (EPSPS, Plus **12.2** S. 352) C: Totalherbizid; Resistenz in transgenen Kulturpflanzen (Plus **12.2** S. 352) D: 12 resistente Arten
6	A: **Phosphinotricin** (Phosphinoyl-α-aminobuttersäure) B: hemmt die Glutaminsynthese; Targetenzym: Glutaminsynthetase (Abb. **13.33** S. 434) C: Totalherbizid; Resistenz in transgenen Kulturpflanzen (Kap. 13.12)
7 a, b	A: **Chlorsulfuron** (7a) (Phenylsulfuronharnstoff-Derivat[a] mit Triazinring[b]); **Imazapyr** (7b) (Pyridincarbonsäure[a]-imidazolinon-Derivat[b]) B: hemmen die Synthese verzweigtkettiger Aminosäuren; Targetenzym: Acetohydroxysäure-Synthetase (AHAS, Plus **19.4**) C: Wachstumsblock durch gestörte Meristemfunktion D: 95 resistente Arten
8	A: **Metolachlor** (Anilin[a]-chloracetamid-Derivat) B: hemmt die Synthese langkettiger Fettsäuren C: Störung der Membran- und Cuticula-Funktionen D: resistente Arten?
9 a, b	A: **Dithiopyr** (9a) (Pyridin-Derivat); **Trifluralin** (9b) (Dinitrotoluidin-Derivat) C: hemmen die funktionelle Dynamik der Mikrotubuli (Kap. 2.3.1) D: 10 resistente Arten
10	A: **Diclofop** (Dichlorphenoxy[a]-phenoxypropionsäure[b]) B: hemmt die Malonyl-CoA-abhängigen Reaktionen (Fettsäure- und Terpenoidsynthesen); Targetenzym: Acetyl-CoA-carboxylase (Abb. **12.12** S. 358) D: 35 resistente Arten

Pflanzen verhungern trotz ausreichender Nährstoffversorgung. Auch die Synthese von Fettsäuren und Terpenoiden kann durch Herbizide gestört werden (Nr. 8 und 9). Eine weitere große Gruppe, die der **AUX-Herbizide**, wurde bereits in Box **16.5** S. 610 behandelt.

Wir wollen uns im Rahmen dieses Abschnitts über die Wirkung chemischer Stressoren auf Pflanzen nur mit ausgesuchten Aspekten der Herbizidanwendung und -wirkung beschäftigen. Für die betroffenen Wildpflanzen bedeutet das ja im „optimalen" Fall (aus der Sicht des Landwirts!!!) eine extreme Form von Dysstreß, der im allgemeinen mit dem Tod endet. Die „Spirale der chemischen Gewalt" gegen die Wildkräuter in unseren Kulturpflanzenbeständen und die zunehmend erfolgreichen Streßvermeidungsmechanismen in Form von Herbizidresistenzen erzwingen immer neue Substanzen und einen wachsenden finanziellen Aufwand in der industriellen Landwirtschaft. Aufgrund der negativen Erfahrungen mit dem leichtfertigen Einsatz von Phytopharmaka in früheren Jahren müssen für die Zulassung neuer Produkte umfangreiche Studien nicht nur zur Wirksamkeit, sondern vor allem auch zur toxikologischen Unbedenklichkeit und zur Abbaubarkeit im Boden vorgelegt werden.

Mittlerweile gibt es **Resistenzen** gegen fast alle Herbizidklassen bei etwa 190 Arten von Wildkräutern. Sie sind besonders weit verbreitet in Nordamerika und Westeuropa (Plus **19.3**), sodaß die erfolgreiche Kontrolle bestimmter Wildkräuter zunehmend zum Problem wird. Die Fragen der Resistenzen sind eng mit der Anwendung der Herbizide verbunden, wie die folgenden Beispiele belegen:

- **Resistenz** wegen **geringer Aufnahme** ist die Grundlage für die Anwendung vieler Herbizide im Getreideanbau. Bei geeigneten Konzentrationen und Anwendungszeitpunkten sind nur die zweikeimblättrigen Wildkräuter mit ihren breiteren Blättern betroffen.
- **Resistenz** durch Veränderungen in der Konzentration bzw. in den Eigenschaften des **Targetproteins**. Die am häufigsten beobachteten Resistenzen beruhen auf der Selektion von Wildkräutern mit Mutationen in der AHAS (Plus **19.3**, Nr. 7) bzw. dem D1-Protein im PSII (Plus **19.3**, Nr. 4). Natürlich haben Züchter die Abwehrstrategien der Wildkräuter sehr bald aufgegriffen und entsprechende Kulturpflanzen mit resistenten Targetproteinen selektioniert (Plus **19.4**). Veränderungen in den Eigenschaften bzw. der Konzentration der EPSPS (Plus **19.3**) liegen der gentechnischen Herstellung Glyphosat-resistenter Kulturpflanzen zugrunde (Plus **12.2** S. 352).
- **Resistenz durch Entgiftung** der Herbizide ist besonders weit verbreitet. Die Grundreaktionen beruhen auf den gleichen Prinzipien, die auch für die Entgiftung von Xenobiotika durch unsere Leberzellen gelten:
  - Oxidativer Angriff auf die Fremdsubstanz durch CytP450-abhängige Monooxygenasen (Plus **16.1** S. 596).
  - Überführung des oxidierten Produktes in eine wasserlösliche Form durch Konjugation mit Glutathion oder Glucose.
  - Ausscheidung des Konjugats, bei Pflanzen am häufigsten in die Vakuolen (Box **19.7** S. 790).

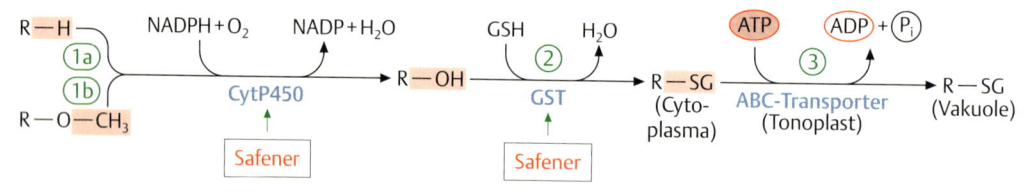

Abb. 19.15 Entgiftung und Entsorgung von Herbiziden. Schritt 1 in der Reaktionskette ist eine Hydroxylierung (**1a**) oder Dealkylierung (**1b**) durch eine CytP450-abhängige Monooxygenase (Plus **16.1** S. 596); R = aromatischer oder heteroaromatischer Ring eines Herbizids. Nach der Oxidation erfolgt die Konjugation (**2**), hier mit Glutathion unter Mitwirkung von Glutathion-S-Transferase (GST) und anschließend der Export in die Vakuole durch einen ABC-Transporter (**3**) oder aber durch einen Protonen-Antiporter (Box **19.7** S. 790). Safener (Plus **19.5**) stimulieren die Bildung und/oder Aktivität von CytP450 und GST und fördern damit den Entgiftungsvorgang.

Plus 19.4 AHAS: ein Beispiel für züchterische Nutzung von Herbizidresistenz in Kulturpflanzen

Vier Gründe waren maßgebend dafür, daß die AHAS (engl.: acetohydroxy acid synthetase) zu einem der am besten untersuchten Enzyme bei Hefe und Pflanzen wurde:

- Sie ist das Eingangsenzym und der Kontrollpunkt für die Biosynthese verzweigtkettiger Aminosäuren (Leucin, Isoleucin, Valin).
- AHAS ist das Targetprotein für eine große Zahl sehr wirkungsvoller und häufig verwendeter Herbizide vom Sulfonylharnstoff- und Imidazolinon-Typ (Plus **19.3**, Nr. 7a und 7b).
- Eine beachtliche Zahl von herbizidresistenten Varianten der AHAS sind durch Punktmutationen entstanden und wurden als Ausgangsbasis für die Züchtung resistenter Kulturpflanzen genutzt.
- Die Kristallstrukturanalysen der AHAS bieten die Grundlage für ein Drugdesign als Ausgangspunkt für die Entwicklung besserer Herbizide.

Die biochemischen Abläufe der Reaktion sind in grober Form in Abb. **a** gezeigt. Die katalytischen Untereinheiten des tetrameren Enzyms sind aus drei gleichartigen Domänen aufgebaut. Im Innern jeder Untereinheit befindet sich das katalytische Zentrum mit Thiamindiphosphat (TPP) als Coenzym (Abb. **9.12** S. 312) und Mg^{2+}. Die Substratzuführung erfolgt über einen Kanal nach Außen, der durch die Herbizide blockiert wird. Formal biochemisch verläuft die enzymatische Reaktion in zwei Schritten:

- Ein Molekül Pyruvat wird durch Angriff des Coenzyms decarboxyliert.
- Im zweiten Schritt wird die an TPP gebundene aktive C2-Einheit auf ein weiteres Molekül Pyruvat oder aber auch auf α-Ketobutyrat übertragen (s. die farbige Markierung in Abb. **a**).

Die entstehenden α-Acetohydroxysäuren werden in mehreren Schritten weiter zu den genannten drei Aminosäuren verarbeitet.

b *Arabidopsis*-AHAS mit Positionen von Punktmutationen

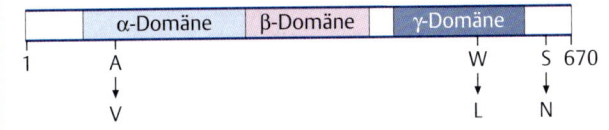

```
        α-Domäne   β-Domäne   γ-Domäne
1         A                    W    S  670
          ↓                    ↓    ↓
          V                    L    N
```

Kulturpflanzen mit herbizidresistenten AHAS-Mutanten

Weizen: S653 > N
Mais: W574 > L, S653 > N
Sonnenblume: A205 > V
Raps: W574 > L, S653 > N
Reis: S653 > N

a

α-Ketosäure: $R-CH(O)-COO^-$

R = CH_3, Pyruvat
R = CH_2CH_3, 2-Ketobutyrat

Pyruvat ($H_3C-CO-COO^-$) + TPP →[AHAS]→ Chlorsulfuron, Imazapyr

− CO_2

α-Acetohydroxysäure: $R-C(OH)(COO^-)-C(=O)-CH_3$

R = CH_3 → Val, Leu
R = CH_2CH_3 → Ile

Abb. **b Blockstruktur der katalytischen Untereinheit der AHAS** mit den drei Domänen und einer Reihe von Mutanten mit Aminosäureaustausch, die zu Herbizidresistenz führen. Sie wurden zunächst in Wildkräutern entdeckt und später in Kulturpflanzen durch Mutagenese erzeugt. Heute existieren eine Reihe von Hochzuchtsorten von Kulturpflanzen, bei denen verschiedene Imidazolinon-Herbizide ohne Schaden eingesetzt werden können. Dies ist also keine gentechnische, sondern eine rein züchterische Lösung für die selektive Wirkung von Herbiziden.

In neuerer Zeit werden vermehrt Kombinationen von **Breitbandherbiziden** mit sog. Safener-Verbindungen eingesetzt. **Safener** sind Xenobiotika, die die Entgiftungsreaktionen in den Kulturpflanzen induzieren (Plus **19.5**). Das funktioniert sehr wirkungsvoll im Getreideanbau, weil aus bisher ungeklärten Gründen zweikeimblättrige Pflanzen auf Safener nicht reagieren.

Plus 19.5 Streßvermeidung durch Herbizidabbau in Kulturpflanzen

Eine zentrale Frage aller Anwendungsstrategien für Herbizide ist ja der Schutz der Kulturpflanzen bei maximaler Schädigung der unerwünschten Wildkräuter. Eine wachsende Tendenz in den letzten Jahren ist der Einsatz unselektiver oder wenig selektiver Herbizide mit gleichzeitiger Stärkung der Resistenz (**Streßvermeidung**) durch Entgiftung in den Kulturpflanzen. Zwei Verfahren haben sich besonders bewährt:

- Stärkung der **endogenen Entgiftungsprozesse** (Abb. **19.15**) durch **Kombination** der **Herbizide** mit sog. **Safener**-Verbindungen, wie z. B. Furilazol und Isoxadifen-ethyl. Dies sind im allgemeinen herbizidähnliche, aber weitgehend untoxische aromatische Verbindungen, die die Bildung der enzymatischen Systeme für die Entgiftung stimulieren. Allerdings steigert diese „List" den Aufwand an Chemie in der Landwirtschaft.

- **Gentechnischer Transfer** von **Entgiftungs-** oder **Abbausystemen** aus Mikroorganismen in Kulturpflanzen. Wir hatten als Beispiel in Kap. 13.12 bereits die Entgiftung von Phosphinotricin durch eine bakterielle Acetyltransferase kennengelernt. Ebenso wurde das Gen für ein Glyphosat-spaltendes Enzym aus *Ochrobactrum* in Mais, Soja und Raps übertragen (Plus **12.2** S. 352).

Furilazol
(Furanyl[a]-oxazolidin[b]-Derivat)

Isoxadifen-ethyl
(Diphenyl[a]-oxazol[b]-Derivat)

19.7 Mechanischer Streß und Verwundung

Starke mechanische Belastungen bis hin zu Verwundungen entstehen durch Hagel, Sturm und Tierfraß, aber auch durch viele anthropogene Einwirkungen. Pflanzen reagieren schon auf sehr geringe mechanische Reize mit komplexen Genexpressionsprogrammen, die Komponenten für Signaltransduktion, Zellwandverstärkung und Pathogenabwehr einschließen. Anhaltende mechanische Belastung führt zur Verzögerung der Entwicklung und einer Art Zwergwuchs (Thigmomorphosen). Thigmonastische bzw. thigmotrope Reaktionen bilden die Basis für Fangmechanismen fleischfressender Pflanzen, die Blattbewegungen der Mimose, die Verankerung von Rankenpflanzen an ihren Stützen und die Fähigkeit von Keimlingswurzeln Hindernissen, im Boden auszuweichen.

Mechanische Belastungen bis hin zu Verwundungen sind alltägliche Erscheinungen im Pflanzenreich. Man denke nur an die Auswirkungen von Hagel, Sturm und Tierfraß, aber auch an die vielen anthropogenen Einwirkungen wie Rasenmähen, Fußballspielen, Blumenpflücken oder Picknicks abhalten. Alle diese Einwirkungen stehen in der Intensitätsskala ganz oben, also für die betroffenen Pflanzen an der Grenze zum Dysstreßbereich. Pflanzen reagieren aber schon auf sehr geringe mechanische Reize, die man unter den Begriffen **Seismonastie** (Erschütterung) bzw. **Thigmonastie** (Berührung) zusammenfaßt. Ein eindrucksvoller Fall hat vor 15 Jahren die Titelseite der angesehenen wissenschaftlichen Zeitschrift „Cell" geschmückt (Abb. **19.16**). Anhaltende sanfte Berührungen von Rosettenpflanzen von *Arabidopsis* hatten zu einer starken Verzögerung der Entwicklung und einer Art **Zwergwuchs** geführt. Der Phänotyp dieser Pflanzen erinnert an den Zwergwuchs, wie wir ihn in Hochgebirgsregionen für Bäume oder Sträucher beobachten (**Krummholz**), die einer ständigen Belastung durch Wind und Schnee ausgesetzt sind. Auch an Küsten mit häufigem Seewind findet man solche Bäume mit gedrungenem Wuchs und einseitig windabwärts ausgerichteter Krone (**Windflüchter**). Insgesamt werden solche Anpassungen als **Thigmomor-**

Abb. 19.16 Einfluß von mechanischen Belastungen auf das Wachstum von *Arabidopsis*. Die Blätter der linken Pflanze im Rosettenstadium wurden täglich 2mal durch sanftes Handauflegen 10mal hin- und hergebogen. Die rechte Pflanze blieb unbehandelt. Analyse der Pflanzen etwa 45 Tage nach Aussaat (aus J. Braam, R. W. Davis, Cell 1990; 60: 357, mit Genehmigung von Elsevier Ltd.).

phosen zusammengefaßt. Ein besonderes Kapitel von Widerstandsfähigkeit gegenüber mechanischer Dauerbelastung und Verwundung stellt die Herstellung und Wartung eines guten Fußballrasens dar (Box **19.8**).

Die molekularbiologischen Untersuchungen an *Arabidopsis*-Pflanzen (Abb. **19.16**) haben die ganze Komplexität der Veränderungen in den Genexpressionsprogrammen sichtbar gemacht. Etwa 600 Gene sind in ihrer Aktivität bereits 30 min. nach milder mechanischer Belastung in ihrer Aktivität deutlich erhöht. Diese **„Touch-Gene"** codieren für Proteine wie Calmodulin (Abb. **16.47** S. 655 und Abb. **16.48** S. 656), Proteinkinasen, Transkriptionsfaktoren, Zellwand-modifizierende Enzyme, Expansine (Box **16.4** S. 607), Extensine (Box **19.9**), Enzyme der ETH-Synthese und für allgemeine Abwehrproteine der Pflanzen gegenüber Pathogenen. Das Genexpressionsmuster wird in ähnlicher Weise bei **Verwundung** gefunden (Box **19.9**). Wir dürfen getrost spekulieren, daß die Halme eines Fußballrasens mit solchen „Touch-Proteinen" stark angereichert sind.

Wegen der besonderen Rolle für die pflanzliche Entwicklung wollen wir in den folgenden Abschnitten vier Beispiele thigmonastischer oder thigmotropischer Reaktionen von Pflanzenteilen kurz beschreiben. Zu ihnen gehören

- die Fangmechanismen fleischfressender Pflanzen (Plus **19.6**),
- die Blattbewegungen der Mimose (Abb. **19.17**),
- das Auffinden von Stützen für Rankenpflanzen (Abb. **19.18**),
- die Reaktion von Keimlingswurzeln auf Hindernissen im Boden (Abb. **19.19**).

In jedem Fall sind die auslösenden mechanischen Reize sehr schwach. Wie bei der gravitropen Antwort (Kap. 17.3) wird die Antwort vermutlich durch **mechanosensitive Ca²⁺-Kanäle** ausgelöst, für deren Stimulation im sanftesten Fall schon Besprühen mit Wasser – also unter natürlichen Umständen Regen – ausreicht.

Thigmonastie bei *Mimosa pudica*: *Mimosa pudica* mit ihren doppelt gefiederten Blättern ist eine weit verbreitete Pflanze in tropischen Ländern. An der Basis der Blätter wie der Fiederblätter befinden sich Gelenke (**Pulvini**), die durch Turgoränderungen Blattbewegungen bewirken (Abb.

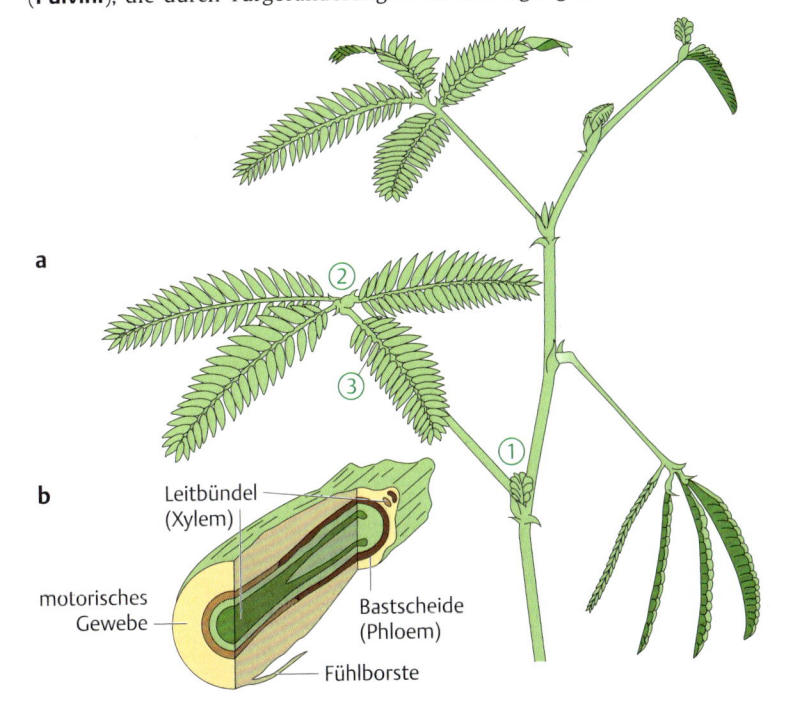

> **Box 19.8 Extreme Streßresistenz: Die Sache mit dem Fußballrasen**
>
> Für den idealen Fußballrasen taugen nur ganz wenige Gräser mit bestimmten Wuchseigenschaften und höchster Toleranz gegenüber mechanischem Streß. Es ist eine nach DIN-Normen festgelegte Mischung aus dem gemeinen **Wiesenrispengras** (*Poa pratensis*, 3 Teile) und **englischem Raygras** (*Lolium perenne*, 1 Teil), das die entscheidenden Eigenschaften hat:
>
> - tiefwurzelnd, schnell regenerierend nach der planmäßigen Verwundung durch regelmäßigen Schnitt alle 2–3 Tage,
> - flach wachsend, damit sich eine 21-mm-Narbe ergibt, der auch die Stollen der Fußballschuhe nichts ausmachen und die den Ball rund laufen läßt.
>
> Um das zu erreichen, wird die Rasennarbe in speziellen Betrieben angezogen, in den Stadien ausgelegt und nach jeder Saison erneuert. Zum Streßtraining eines Fußballrasens gehört regelmäßige **Behandlung mit Stollenwalzen**. Bei so vielen Anforderungen brauchte man natürlich für die Fußball-WM 2006 in Deutschland ein von der FIFA bestätigtes „Rasenkompetenzteam".

Abb. 19.17 Thigmonastische Reaktion von Blattgelenken bei *Mimosa*. a Sproßteil von *Mimosa pudica* mit zwei ausgebreiteten Blättern und dem mittleren Blatt rechts nach mechanischer Reizung. **1**, **2** und **3** markieren die Positionen der Gelenke (Pulvini). **b** Bau eines Primärblattgelenkes (1), schematisch (Erklärung s. Text) (a nach J. Pfeffer; b nach W. Schumacher).

Plus 19.6 Fleischfressende Pflanzen

Fleischfressende (carnivore) Pflanzen kommen meist auf nährstoffarmen Böden vor und haben im allgemeinen nur ein schwach entwickeltes Wurzelwerk. Sie können offensichtlich den überwiegenden Teil ihres Stickstoff-, möglicherweise auch ihres Mineralstoffbedarfs aus der Verdauung der gefangenen Tiere (Insekten, Spinnen) decken. Prominenter Vertreter in unserer Flora ist der **Sonnentau** (*Drosera rotundifolia*), der Kleintiere mit einem klebrigen Sekret an den Tentakeln auf der Oberfläche der Blätter fixiert und anschließend durch Krümmen der benachbarten Tentakel vollständig einschließt und verdaut. Wir sprechen von einer **Klebfalle** (**a**).

Im Zusammenhang mit der mechanischen Reizung von Pflanzen interessiert uns besonders eine verwandte Gattung der Droseraceen (Sonnentaugewächse), die allerdings nur in Hochmooren in South und North Carolina in den USA gefunden wird. Es handelt sich um die **Venusfliegenfalle** (*Dionaea muscipula*), eine mehrjährige, krautige Pflanze mit einem unterirdischen Rhizom, die Kleintiere mit einer **Klappfalle** fängt. Die beiden Hälften der Blattspreite sind zu einer Klappfalle umgebildet, während der Blattstiel flächig verbreitert ist und als Photosyntheseorgan dient (Abb. **b**, **1–5** Blätter zunehmenden Alters). Auf den durch Anthocyane rot gefärbten fangbereiten Blättern (**5**) befinden sich **haarfeine Fühlborsten** (Abb. **c**, FB), die bei zweimaliger Berührung einer Borste oder einmaliger, kurz aufeinanderfolgender Berührung zweier Borsten nach oben zusammenklappen. Diese **Bewegung** läuft innerhalb von 100 msec ab und kommt durch **Turgoränderungen** in den quer zur Mittelrippe stehenden Mesophyllzellen zustande. Die außerordentliche Geschwindigkeit ist nur dadurch zu erklären, daß

- die **Reizleitung** von den Fühlborsten zum Gelenk mit bis zu 20 ms^{-1} fast die Geschwindigkeit in unseren Nerven erreicht und daß
- die Falle in einem **gespannten Zustand** existiert, der nach mechanischer Stimulation in den entspannten Zustand übergeht. Die konkave Form der Blatthälften geht dabei in eine konvexe Form über.

Die großen Zähne am Blattrand schließen gitterartig und machen ein Entkommen größerer Beutetiere unmöglich. Zahlreiche Drüsen (D) auf der Blattoberseite sondern ein **Verdauungssekret** mit Proteinasen, Phosphatasen, Esterasen, RNasen und Amylasen ab, durch das die gefangenen Tiere bis auf den Chitinpanzer aufgelöst werden. Der Verdauungsvorgang dauert etwa 10 Tage; die anschließende Ladung der Falle etwa 10 Stunden.

(Abb. a–c Originalaufnahmen G. Wanner, c, rasterelektronenmikroskopische Aufnahme)

19.17). Die Reaktion kann durch Erschütterung (**Seismonastie**) oder Berührung (**Thigmonastie**) sowie durch chemische, thermische, elektrische oder Verletzungsreize ausgelöst werden. Unabhängig davon erfolgen sie auch autonom unter dem Einfluß tagesperiodischer Licht-Dunkel-Wechsel. In diesem Falle spricht man von **Nyktinastie** bzw. **Skotonastie**. Als Folge der Reizung klappen die Fiederblättchen 2. Ordnung nach oben zusammen, während die sekundären Blattstiele sich einander nähern und der Primärblattstiel nach unten klappt (Abb. **19.17a**). In den **Blattgelenken** (**Pulvini**) sind die im Blattstiel peripher angeordneten Leitbündel zu einem zentralen Strang zusammengefaßt, der von großen Parenchymzellen (**motorische Zelle**) umgeben ist (Abb. **19.17b**). Je nachdem, ob der

Box 19.9 Verwundung und ihre Folgen

Verwundungen kleiner und größerer Art sind die häufige Folge stärkerer mechanischer Belastungen. Die komplexen Signaltransduktionswege werden hier nur skizziert, wobei wir viele Details aus Kap. 16.7, Kap. 16.9 und Kap. 16.10.1 verwenden können. Die Zellen in der unmittelbaren Umgebung des geschädigten Gewebes werden durch die Bildung von Peptidsignalen wie Systemin (SYS) stimuliert, das an spezifische LRR-Rezeptoren im Plasmalemma bindet (**1**). Über eine MAP-Kinase-Kaskade mit WIPK an der Ausgangsseite (engl.: wound-induced protein kinase) (**2**) werden die Biosynthesewege für ETH (**3**) und JA (**4**) angesteuert. Beide Hormone haben die Eigenschaft der Selbstverstärkung (**3a**, **4a**), und sind zugleich systemische Signale (**3b**, **4b**). Wie schon für die Touch-Gene ausgeführt, dienen die Genexpressionsprogramme in verwundeten Organen (**5**) dem Abschluß des verwundeten Gewebes und dem Schutz gegenüber Tierfraß (Box **16.13** S. 647) und Pathogeninfektionen (Kap. 20.6).

Die Untersuchungen über die Primärsignale bei Verwundung der Tomate hatte zu der Charakterisierung von **Systemin** als erstem **pflanzlichen Peptidsignal** geführt (Abb. **16.42** S. 649 und Abb. **16.43** S. 650). Die chemische Natur der durch Verwundung gebildeten Peptidsignale ist offensichtlich von Pflanze zu Pflanze verschieden, und bei *Arabidopsis* gibt es bisher keinen Hinweis auf die Existenz eines Systemin-artigen Peptids. Auch der ursprünglich gewählte Name ist irreführend. Wir wissen heute, daß nicht SYS sondern JA und ETH als **systemische Signale** wirken.

Systemische Verstärkung von Zellwänden nach Verwundung führt zu Problemen bei der Herstellung von Protoplasten. Das war den Experten schon lange bekannt. Wie wir bereits erwähnt hatten, kann man Zellwände durch Behandlung mit Cellulasen und Pektinasen auf schonende Weise verdauen und die entstehenden Protoplasten in einem geeigneten, osmotisch geschützten Medium isolieren, transformieren (Abb. **13.30** S. 431) und ggf. auch kultivieren (Abb. **16.54** S. 666). Für den optimalen Ablauf müssen die Ausgangspflanzen am besten weitgehend streßfrei und von Wind und Wetter geschützt in einer Klimakammer angezogen werden. Mechanische Belastungen aller Art oder sogar Verwundung führt zu weitgehend verdauungsresistenten Zellwänden. Der Effekt ist keinesfalls auf die unmittelbare Umgebung der Streßbelastung beschränkt, sondern gilt für die ganze Pflanze. Er beruht im wesentlichen auf der streßinduzierten Neusynthese von Hydroxyprolin-reichen **Zellwandproteinen** (**Extensinen**), die über Tyr-Reste kovalent miteinander vernetzt sind. Dieses **Protein-Netzwerk in den Zellwänden** kann natürlich nicht mehr durch Cellulasen und Pektinasen abgebaut werden.

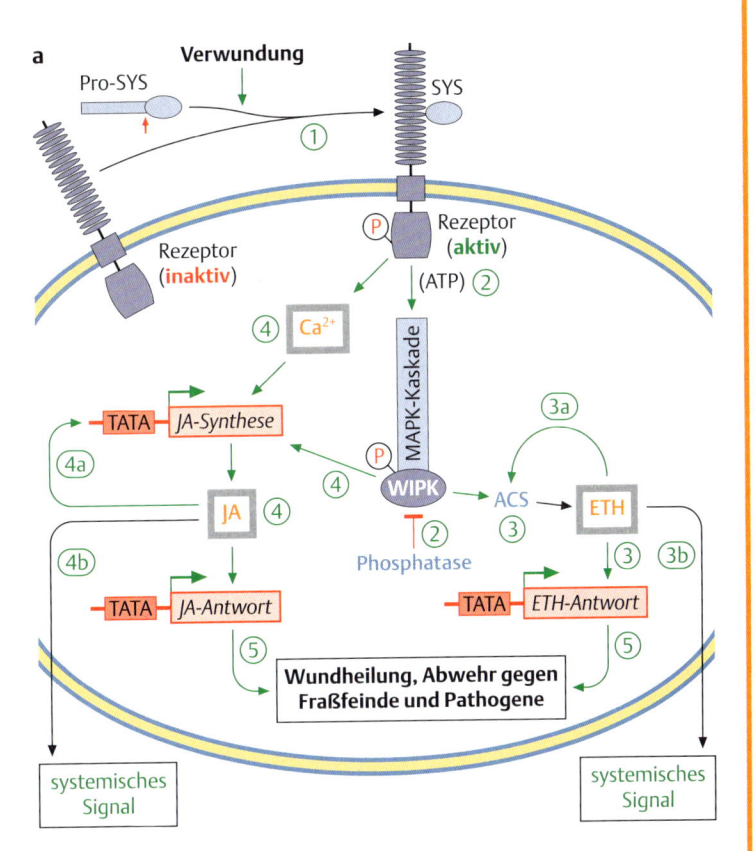

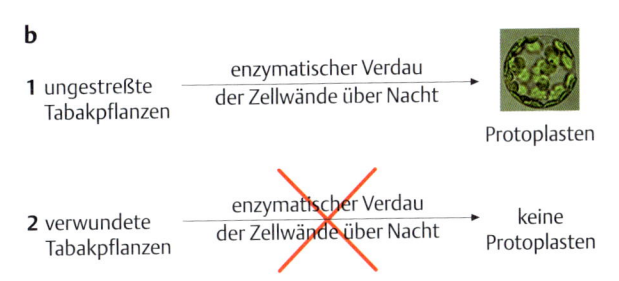

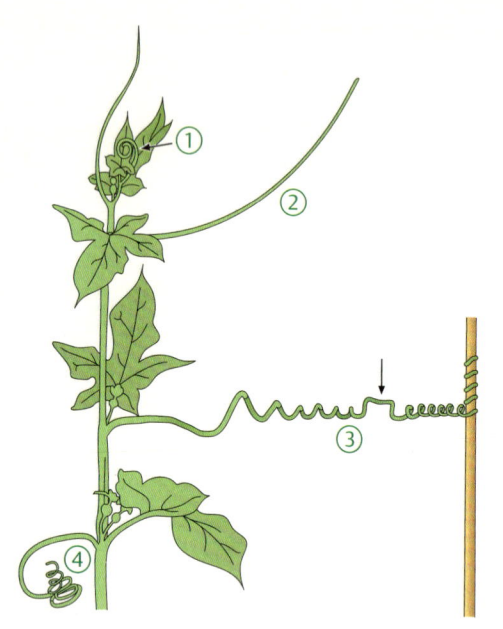

Abb. 19.18 Ausbildung und Funktion der Ranken bei *Bryonia*. Die Abbildung zeigt die Sproßspitze von *Bryonia dioica* mit Ranken in verschiedenen Entwicklungsstadien. **1** sehr junge Ranke noch uhrfederartig eingerollt; **2** Ranke, die durch ungerichtete Spiralbewegungen (Circumnutation) nach einer geeigneten Stütze sucht; **3** Ranke nach Umfassen einer Stütze und schraubiger Aufrollung mit Umkehrpunkt (Pfeil); **4** Altersranke, die keine Stütze gefunden hat, vor dem Absterben (nach W. Schumacher).

plötzliche Turgorverlust die Ober- oder die Unterseite der Pulvini betrifft, heben oder senken sich die Blatteile. Zellen, die während der Blatthebung anschwellen, werden als **Extensor-**, solche, die während der Blattsenkung anschwellen, als **Flexor-Zellen** bezeichnet. Die Mechanismen von Schwellung und Schrumpfung der motorischen Zellen ähneln denen der Schließzellen bei der Spaltöffnungsbewegung (Abb. **7.12** und Abb. **7.13** S. 245). Im Zentrum des Geschehens stehen Protonenpumpen (H$^+$-ATPasen, Abb. **6.8** S. 220) und Veränderungen der Ionenströme. Die Zellen der Blattgelenke enthalten etwa viermal soviel ATP wie die nicht an den Turgorbewegungen beteiligten Parenchymzellen. Die **Reizleitung** erfolgt über die **Siebröhren**, und es können bei starken Reizen auch Veränderungen in entfernten Teilen der Pflanze auftreten.

Die Krümmungsbewegungen der Ranken von *Bryonia* (Abb. **19.18**): Während der Streckungsphase führen junge Ranken der Zaunrübe (*Bryonia dioica*) elipsenförmige, **autonome Suchbewegungen** (**Circumnutationen**) aus, die auf Zonen mit preferentieller Zellstreckung zurückgehen, die sich cyclisch veränderlich um die Ranke herum erstrecken. Berührt die Rankenspitze einen festen Körper mit einer rauhen Oberfläche, verändern sich die Wachstumsvorgänge. Die Perzeption des mechanischen Reizes erfolgt bei den Ranken mittels lokaler Plasmafortsätze in der Außenwand der Epidermiszellen, sog. **Fühltüpfel** (Plus **2.4** S. 98). Es wird nicht Druck an sich, sondern die Druckdifferenz zwischen den Flanken der Tüpfel wahrgenommen. Mikrotubuli sind an der nach außen gerichteten Seite des Fühltüpfels ringförmig angeordnet und stehen mit den Mikrotubuli an der Zelloberfläche der Epidermiszelle in Verbindung. Ähnliches gilt für die Actinsysteme in den Tüpfeln und dem Corpus der Zelle. Geringe mechanische Reize an den Flächen der Tüpfel, die durch **Verformung** der relativ dünnen **Zellwand** direkt an die **Cytoskelettsysteme** weitergegeben werden, öffnen vermutlich **Calcium-Kanäle**. Wie in Abb. **16.47** S. 655 gezeigt, sind Ca^{2+}-abhängige Proteinkinasen und Phosphoproteinphosphatasen Teil der Signaltransduktionskette. Die Signalübertragung vom Reizort auf die gesamte Ranke erfolgt durch **Jasmonsäure** bzw. ihren biosynthetischen Vorläufer, die 12-Oxo-phytodiensäure (12-OPDA, Abb. **16.36** S. 643). Innerhalb weniger Minuten kommt es zu einer lokal begrenzten Krümmung der Ranken durch differentielles Flankenwachstum und somit zum Umfassen der Stütze. Dieses differentielle Flankenwachstum kann mehrere Stunden anhalten und eine schraubenfederartige Aufrollung der Ranken verursachen, so daß das pflanzliche Organ federnd mit der Stütze verbunden ist (Abb. **19.18**). Interessanterweise treten bei der Einrollung der Ranke ein oder mehrere „Umkehrpunkte" auf. In der Schlußphase der Thigmomorphose wird die Ranke durch Einlagerung von verholzten Festigungselementen verstärkt, sodaß schließlich eine feste und zugleich elastische Verankerung entsteht.

Aufhebung der gravitropen Ausrichtung durch mechanische Reizung in Keimwurzeln: Pflanzenkeimlinge im Boden haben ein Dilemma: Einerseits beruht ihre sichere räumliche Orientierung darauf, daß die Wurzel positiv und der Sproß negativ gravitrop reagieren (Kap. 17.3). Andererseits können sie nicht, wie das Sprichwort sagt, mit dem Kopf durch die Wand gehen. Sobald sie auf ein Hindernis im Boden stoßen, muß die gravitrope Antwort vorübergehend ausgesetzt bzw. modifiziert werden, sodaß das Hindernis umwachsen werden kann (Abb. **19.19**). Schon C. Darwin hatte die außerordentlich feinfühlige Reaktion von Wurzeln auf mechanische Belastungen beschrieben (Plus **19.7**). Der empfindlichste Teil gegen Berührung ist die **Wurzelhaube** an der Spitze und etwas abgeschwächt an den Flanken. Von dort wird das Signal an die Columellazellen weitergeleitet, in denen man im Experiment mit gleichzeitiger gravitroper und mechanischer Stimulation tatsächlich eine stark verzögerte Sedimentation der Statolithen beobachtet (Abb. **19.19b, c**). Man vermutet, daß das Primärsignal von der Wurzelspitze zum Ca^{2+}-Einstrom in die **Columellazellen** führt und dadurch Veränderungen am Cytoskelettsystem hervorruft. Die gravitrope Antwort bleibt aus, solange der mechanische Reiz anhält (Plus **19.7**). Die zeitliche Sequenz des Ausweichmanövers bei einer *Arabidopsis*-Wurzel, die senkrecht auf ein Hindernis stößt (Abb. **19.19**), läßt **drei Phasen** erkennen:

- **Berührung des Hindernisses** und Auslösung der Signalweiterleitung an die Columellazellen (Stadien 1–3; 0–20 min)
- Erste **Krümmung der Wurzel in der CEZ** (Abb. **17.26** S. 707) etwa 7 mm oberhalb der Wurzelspitze (Stadien 3–5; 20–200 min)
- Zweite **Krümmung der Wurzel in der DEZ** (Abb. **17.26**) und Wiederherstellung der gravitropen Wachstumsrichtung (Stadien 5, 6 > 200 min).

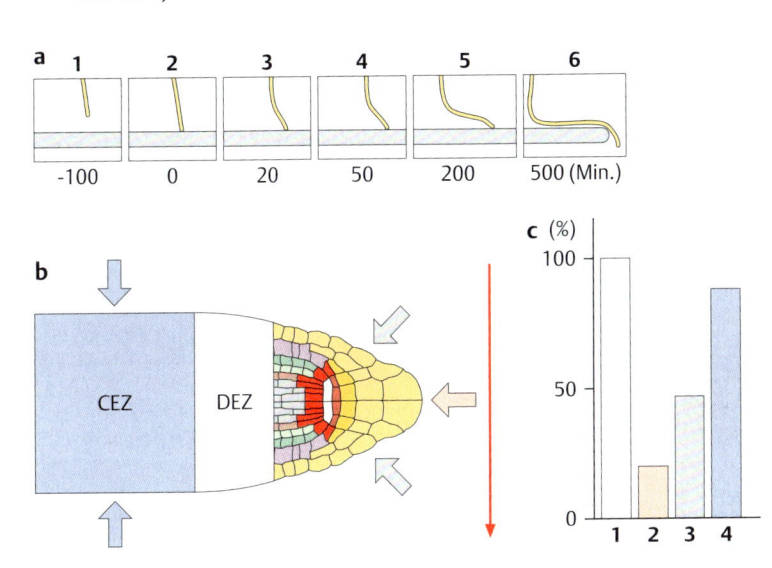

Abb. 19.19 Reaktion der Keimlingswurzel von *Arabidopsis* auf ein Hindernis im Boden. a Zeitsequenz des Wachstums einer Wurzel: zum Zeitpunkt 0 trifft die Wurzelspitze auf ein Hindernis (**2**). Die erste Krümmung in der CEZ (central elongation zone) erfolgt nach etwa 20 min. (**3**), die zweite Krümmung in der DEZ (distal elongation zone) nach etwa 200 min. (**5**). Wenn die Wurzel die Kante des Hindernisses erreicht hat, setzt die normale negativ gravitrope Orientierung wieder ein (**6**, Details Abb. **17.26** S. 707). **b** Schema der Wurzelspitze mit horizontaler Orientierung, d.h. maximaler gravitroper Stimulation (roter Pfeil); die mechanisch stimulierten Zonen sind durch die farbigen Pfeile markiert. **c** Ausmaß der rel. gravitropen Reaktion (%) nach 4 Stunden in Kontrollwurzeln (**1**) bzw. in Wurzeln nach mechanischer Stimulation der Wurzelhaube an der Spitze (**2**) oder an einer der beiden Flanken (**3**), (**4**) Stimulation an der CEZ (nach G.D. Massa und S. Gilroy, Plant J. 2003).

Plus 19.7 Darwins Analysen der Berührungsempfindlichkeit von Keimlingswurzeln

Charles Darwin hatte 1880 umfangreiche Versuche darüber publiziert, was passiert, wenn Wurzeln im Boden auf ein Hindernis stoßen. Er simulierte die Situation durch seitliche Fixierung kleinster „Hindernisse" aus feiner Sandpappe von weniger als 1 mg an der Wurzelspitze von *Vicia faba*. Offensichtlich wurde die **gravitrope Reaktion** unter diesen Bedingungen **aufgehoben** und stattdessen versuchte die Wurzel durch Krümmung in einer Zone etwa 10 mm oberhalb der Wurzelspitze, dem „Hindernis" auszuweichen (**a, b**). Bei anhaltender mechanischer Reizung bilden sich spiralförmig gekrümmte Wurzeln (**c**). Dieser klassische Versuch macht die Dominanz des von der Wurzelspitze ausgelösten **negativen Thigmotropismus** über den Gravitropismus deutlich.

(Abb. nach C. Darwin und F. Darwin, The Movements of Plants. J. Murray London 1880; s. http://www.biolib.de)

20 Biotische Stressoren – Wechselwirkung von Pflanzen mit anderen Organismen

In ihrer natürlichen Umwelt sind Pflanzen integraler Bestandteil komplexer Ökosysteme, die je nach Klima- und Bodenbedingungen ganz charakteristische Zusammensetzungen haben. Solche Systeme sind zwar offen, aber sie können über lange Zeit sehr stabil sein, wenn nicht tiefgreifende Störungen von außen auftreten. Das scheinbar friedliche Nebeneinander aller Organismen (Mikroorganismen, Pflanzen und Tiere) garantiert die Stabilität der Zusammensetzung einschließlich der Abfallbeseitigung durch Saprophyten. Unter der Oberfläche allerdings tobt ein Kampf zwischen den Individuen um den Lebensraum, um wertvolle Nährstoffe und Licht. Da wird, um menschliche Termini zu gebrauchen, gestohlen, erwürgt, vergiftet, ausgehungert, die Energie- oder Wasserversorgung abgedreht usw. Im „Kampf-ums-Dasein", wie ihn Darwin als Triebkraft der Evolution definiert hat, haben Organismen immer neue „Tricks" erworben, mit denen sie bessere Überlebens- und Vermehrungschancen gegenüber ihren Mitbewerbern haben. Der neu erworbene Vorteil des Einen ist also sehr häufig der Nachteil des Anderen. Wir wollen in diesem Schlußkapitel ausgesuchte Aspekte der Wechselwirkungen von Pflanzen untereinander bzw. von Pflanzen und Mikroorganismen behandeln. Diese reichen von Kooperation im Sinne von Symbiosen bis zu verschiedenen Formen der physischen Verdrängung bzw. des Parasitismus und schließlich zu Pflanzenkrankheiten. In vielen Fällen werden wir Formen der spezifischen Zwiesprache zwischen den Partnern mit Hilfe chemischer Signale finden, die im Verlauf der Coevolution immer komplexer geworden sind, die aber auch zu einem ganzen Arsenal von Waffen zur chemischen Kriegsführung gegeneinander geführt haben.

Biotische Stressoren – Wechselwirkung von Pflanzen mit anderen Organismen

20.1	Direkte und indirekte Wechselwirkung zwischen Organismen...805
20.2	Pflanzenparasiten...809
20.3	Flechten...811
20.4	Mykorrhiza...813
20.5	Symbiotische Stickstoff-Fixierung...816
20.6	**Pflanzenpathogene Mikroorganismen...822**
20.6.1	Erkennung von Pflanzen und Mikroorganismen...822
20.6.2	Entstehung von Pflanzentumoren nach Infektion mit *Agrobacterium tumefaciens*...828
20.7	**Viren und Viroide...833**
20.7.1	Symptome von Viruserkrankungen...834
20.7.2	Virusgenome: Replikation und Expression...835
20.7.3	Wege der Infektion und Verbreitung...841
20.7.4	Pflanzliche Abwehr gegen Viruserkrankungen...843

20.1 Direkte und indirekte Wechselwirkung zwischen Organismen

> Pflanzen treten in direkte Wechselwirkung mit pflanzlichen Parasiten oder auch mit Mikroorganismen als Pathogene oder Symbionten. Totes pflanzliches Material wird von Saprophyten als Nahrungsquelle benutzt. Indirekte Wechselwirkungen erfolgen über gasförmige Hormone bzw. Signale, über Verarmung an Licht, Nährstoffen und Wasser und schließlich über zahlreiche organische Substanzen im Wurzelraum, die die Rhizosphäre zur „Datenautobahn für Kommunikation" machen.

Die intensiven Wechselwirkungen zwischen **Pflanzen in einem Ökosystem** bedürfen keines unmittelbaren physischen Kontakts. Im Zusammenhang mit flüchtigen bzw. gasförmigen Hormonen bzw. Signalen (ETH, JA-Me, SA-Me) hatten wir bereits auf ihre Wirkungen auf andere Pflanzen derselben Art (Pheromone) bzw. anderer Arten (Kairomone) hingewiesen (Kap. 16.7, Kap. 16.9 und Kap. 16.10.4). Indirekte starke Wechselwirkungen stellen natürlich auch die Veränderungen im Lichtspektrum im Schatten großer Bäume (Schattenvermeidungssyndrom, Kap. 17.2.2) oder aber die Verarmung an Nährstoffen und Wasser dar. Nur Pflanzen mit einer Spezialisierung für die „Resteverwertung" (Schattenpflanzen) können in der **ökologischen Nische** unter Bäumen existieren. Die wechselseitige Beeinträchtigung von Pflanzen durch Sekundärmetabolite, die in die Umgebung ausgeschieden werden, faßt man unter dem Begriff **Allelopathie** zusammen (Box **12.1** S. 346 und Plus **2.1** S. 59).

Wenn man Samenpflanzen als Lebensraum in ihrer Gemeinschaft mit den zahlreichen Mikroorganismen auf und in ihnen betrachtet, dann kann man den **Blattraum** (**Phyllosphäre**) von dem **Wurzelraum** (**Rhizosphäre**) unterscheiden. Vielfältige Formen des Austauschs von Signalen sind exemplarisch für den Wurzelraum in Abb. **20.1** dargestellt. Man schätzt, daß in der unmittelbaren Umgebung einer Wurzel hunderte verschiedener organischer Substanzen zu finden sind (Aminosäuren, organische Säuren, Nucleoside, Vitamine, Kohlenhydrate, Sekundärmetabolite), die durch die Wurzel ausgeschieden werden. Die Menge dieser organischen Substanzen kann mehr als 20 % des in der Photosynthese fixierten Kohlenstoffs ausmachen. Diese Verbindungen bilden ein reichhaltiges Nahrungsangebot für saprophytische Mikroorganismen im Boden und sind gleichzeitig Signale für die Wechselwirkung von Pflanzen mit den vielen anderen Lebewesen in der Rhizosphäre. Das gesunde Ökosystem im Boden ist wiederum entscheidend für die Funktion der Wurzel und damit für das Wohlergehen der ganzen Pflanze. Bakterien und Pilze können die Entwicklung von Pflanzen fördern oder auch hemmen (Plus **20.1**). Wir werden bei der Behandlung einzelner Beispiele die Bedeutung der **Rhizosphäre als „Datenautobahn"** besser verstehen (Kap. 20.2, Kap. 20.4 und Kap. 20.5).

Als photoautotrophe Organismen dienen Niedere und Höhere Pflanzen, Algen und einige Bakterien als Ausgangsbasis für alle davon abhängigen heterotrophen Lebensformen. Wir können grundsätzlich drei Formen der direkten Wechselwirkung unterscheiden:

- **Parasiten** (Pflanzen) oder auch **Pathogene** (Mikroorganismen) dringen ganz oder teilweise in den Wirtsorganismus ein und entziehen ihm Nährstoffe und Wasser für ihre eigene Entwicklung. Die Schädigung des Wirts wird nicht selten durch die Bildung toxischer Stoffwechselprodukte verstärkt.

Abb. 20.1 Der Wurzelraum als Ökosystem. Im Wurzelraum gibt es zahlreiche Formen der positiven (**Gruppe 1**) und negativen (**Gruppe 2**) Wechselwirkungen zwischen Organismen. Sie beruhen entweder auf direktem physischem Kontakt oder auf dem Austausch von Nährstoffen oder chemischen Signalen. Weitere Details finden sich im Text an den angegebenen Stellen. Die grünen Pfeile bzw. roten Hemmblöcke zeigen einseitige bzw. wechselseitige Beeinflussung zwischen den entsprechenden Partnern an.

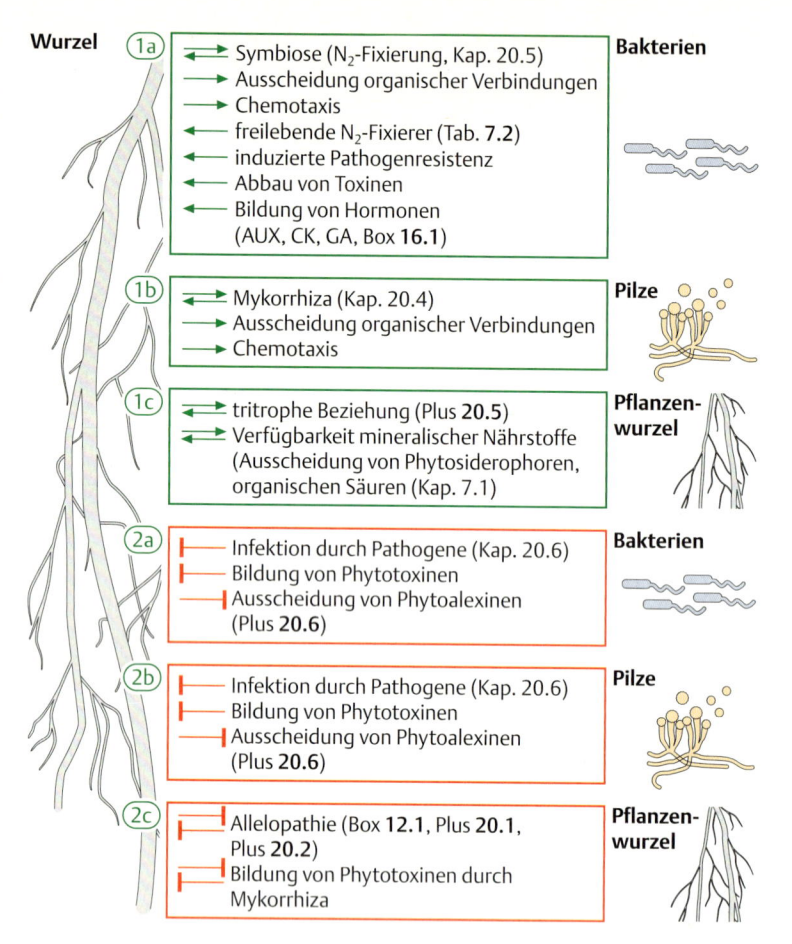

Wurzel

1a — **Bakterien**
- Symbiose (N_2-Fixierung, Kap. 20.5)
- Ausscheidung organischer Verbindungen
- Chemotaxis
- freilebende N_2-Fixierer (Tab. 7.2)
- induzierte Pathogenresistenz
- Abbau von Toxinen
- Bildung von Hormonen (AUX, CK, GA, Box 16.1)

1b — **Pilze**
- Mykorrhiza (Kap. 20.4)
- Ausscheidung organischer Verbindungen
- Chemotaxis

1c — **Pflanzenwurzel**
- tritrophe Beziehung (Plus 20.5)
- Verfügbarkeit mineralischer Nährstoffe (Ausscheidung von Phytosiderophoren, organischen Säuren (Kap. 7.1)

2a — **Bakterien**
- Infektion durch Pathogene (Kap. 20.6)
- Bildung von Phytotoxinen
- Ausscheidung von Phytoalexinen (Plus 20.6)

2b — **Pilze**
- Infektion durch Pathogene (Kap. 20.6)
- Bildung von Phytotoxinen
- Ausscheidung von Phytoalexinen (Plus 20.6)

2c — **Pflanzenwurzel**
- Allelopathie (Box 12.1, Plus 20.1, Plus 20.2)
- Bildung von Phytotoxinen durch Mykorrhiza

- Unter **Symbiose** verstehen wir das zeitweilige oder dauernde Zusammenleben artverschiedener Organismen mit wechselseitigem Nutzen. In vielen Fällen ist die Symbiose Voraussetzung für die gute Entwicklung beider Partner, und in einigen Fällen entstehen aus der Symbiose ganz neue Formen wie etwa bei den Flechten.
- Die **Saprophyten** (Box 20.1) ernähren sich in der Regel von totem Material und bilden damit das unverzichtbare Endglied in der biologischen Kette von der Entstehung der Lebewesen bis zu ihrer Zersetzung (Remineralisierung).

Die Übergänge zwischen den drei Formen sind im Einzelfall fließend. Das gilt für die **Symbiose** als Form des **wechselseitigen Parasitismus** ebenso wie für die **Saprophyten**, die durchaus auch auf physiologisch geschwächten Pflanzen als **Pathogene** auftauchen können. Viele Bakterien und Pilze leben im Boden als Saprophyten, ehe sie einen geeigneten pflanzlichen Wirt besiedeln können, mit dem sie dann in einer Gemeinschaft entweder als Symbionten oder als Pathogene existieren können.

Aus naheliegenden Gründen haben wir in diesem Botanik-Lehrbuch die Tiere weitgehend ausgeklammert. Das ist didaktisch nützlich und notwendig, aber fern von der Realität einer Pflanze in ihrem natürlichen Umfeld. Selbstverständlich sind die umfangreichen anthropogenen Einflüsse auf die Pflanzenwelt in vielen Kapiteln thematisiert. Einige besondere

Plus 20.1 Allelopathie: chemische Kriegsführung im Wurzelraum?

Die Komplexität der Wechselwirkungen zwischen Pflanzen über chemische Signale im Wurzelraum wird in besonderer Weise deutlich am Beispiel der erfolgreichen Eroberung der Graslandschaften in Nordamerika durch **Centaurea maculosa** (Gefleckte Scabiose) und verwandte Arten, die zu Beginn des 19. Jahrhunderts aus Europa eingeschleppt wurden. Weite Landstriche mit ariden bzw. semiariden Klimaten werden dominiert durch die massenhafte Vermehrung von *Centaurea*. Die ursprüngliche Vegetation ist weitgehend verschwunden (**Bioinvasion**).

Der verheerende Effekt geht auf Allelopathie zurück (Kap. 12.1), im wesentlichen auf die Ausscheidung toxischer Phenole vom Typ des Catechols durch die Wurzeln von *Centaurea*. Catechol, ein Derivat aus dem Phenylpropanstoffwechsel, löst in den betroffenen Pflanzen die Bildung von Salicylsäure und reaktiven Sauerstoffspecies (ROS) aus (Kap. 16.10.4, Box **16.15** S. 656). Die Keimlingsentwicklung und die Wurzelmeristeme werden geschädigt, und so geht die Besiedlung mit anderen Pflanzen Schritt für Schritt zurück. Interessanterweise treten ähnliche Effekte in Pflanzengesellschaften mit *Centaurea* in Europa nicht auf, d. h. die lokalen Gegebenheiten haben großen Einfluß auf den Ausgang der chemischen Kriegsführung von *Centaurea* mit ihren Konkurrenten im Ökosystem. Zur Erklärung könnten zwei Faktoren wichtig sein:

- Nordamerikanische Pflanzen in Vergesellschaftung mit *Centaurea* könnten empfindlicher gegenüber Catechol sein als europäische Arten.
- Die in den Böden verfügbaren Konzentrationen von Catechol, die stark von der Bildung und Ausscheidung durch *Centaurea*, aber auch von dem Abbau durch Bodenmikroorganismen abhängen, könnten unter den klimatischen Verhältnissen und den Bodenverhältnissen in Nordamerika deutlich höher sein als in Europa.

Versuche mit *Arabidopsis* als Testpflanze, die in solchen Graslandschaften nicht vorkommt, belegen jedenfalls, daß Catechol in niedrigen Konzentrationen Wachstum und Widerstandskraft fördern kann (s. die Rolle des Catechols als Siderophor, Abb. **7.5** S. 236), während es in höheren Konzentrationen hemmende Effekte hat. Wir sehen uns hier einer Situation gegenüber, die in der Pharmakologie über die Wirksamkeit von Arzneimitteln schon seit langem bekannt ist: Die Dosis ist entscheidend für die fördernde bzw. hemmende Wirkung der Substanz und kann von Organismus zu Organismus unterschiedlich sein.

(Foto: *C. maculosa* im Botanischen Garten der Goethe-Universität Frankfurt, Originalaufnahme D. Scharf)

Zielpflanzen
- **niedrige Konzentrationen**
  Förderung des Wachstums, Pathogenabwehr
- **höhere Konzentrationen**
  Hemmung der Keimlingsentwicklung, Absterben der Wurzel

Streß, Herbivorie, Infektionen

(−)-Catechol (in der Rhizospäre)

Abbau durch Bodenbakterien

Beispiele für die Rolle der Tiere finden sich außerdem bei den fleischfressenden Pflanzen (Plus **19.6** S. 798), bei der Bestäubung (Box **18.10** S. 749) und Samenverbreitung (Kap. 18.6.4) durch Tiere, bei der Übertragung von Viruserkrankungen durch Insekten (Kap. 20.7.3) oder bei der Verwundung bzw. der mechanischen Belastung von Pflanzen durch Menschen und Tiere (Box **16.13** S. 647, Box **16.17** S. 659, Kap. 19.7).

Box 20.1   Saprophyten und Holzabbau

Saprophyten als Prototyp der heterotrophen Organismen sind in der Natur weit verbreitet und rekrutieren sich im wesentlichen aus den Gruppen der Bakterien und Pilze. Durch die Abscheidung von Enzymen überführen sie totes organisches Material extrazellulär in kleinere resorbierbare Moleküle, die dann intrazellulär weiterverarbeitet werden können. In vielen Fällen sind die Saprophyten auf organische Kohlenstoffverbindungen angewiesen, die sie als Bausteine und Energielieferanten für die Synthese ihrer Körpersubstanz benötigen. Dabei gibt es praktisch keine organische Kohlenstoffverbindung, die nicht wenigstens durch einige Arten von Saprophyten als Energiequelle genutzt werden kann. Allerdings sind zum Abbau schwer angreifbarer Verbindungen wie Erdöl, Teer, chlorierter Kohlenwasserstoffe im allgemeinen nur wenige hierauf spezialisierte Formen befähigt. Häufig sind in der Natur mehrere Arten saprophytischer Mikroorganismen miteinander vergesellschaftet, weil die einen die Stoffwechselprodukte der anderen weiterverwerten. Eine solche Vergesellschaftung bezeichnet man als **Parabiose**.

Eine besondere Rolle spielen Pilze als holzzerstörende Organismen, unter ihnen vor allem Basidiomyceten, aber auch einige Ascomyceten, *Fungi imperfecti* (Kap. 14.6) und Bakterien. Man kann drei Arten der Holzverwertung unterscheiden:

- **Braunfäule**: Die Pilze bauen Cellulose ab, sodaß gefärbtes Lignin übrig bleibt.
- **Weißfäule**: Lignin wird bevorzugt abgebaut; die helle Cellulose bleibt zurück.
- **Simultanfäule**: Beide Holzbestandteile werden gleichzeitig abgebaut.

Unter den holzzerstörenden Pilzen sind auch die gefährlichen Polyporaceen, die in feuchten Häusern das **Bauholz** angreifen, z. B. der **Haus-** und **Kellerschwamm**, der **Feuerschwamm** u. a. m. Im Regelfall wird nur totes Holz befallen. Aber eine Reihe von Basidiomyceten (Hallimasch, Schwefelporling, Zunderschwamm) greifen auch lebende, physiologisch geschwächte Bäume an und werden so zu **opportunistischen Parasiten**. Ihr Auftreten ist also Indikator für den Zustand der Bäume.

Cellulose ist bei weitem das häufigste Polysaccharid in der Natur. Aufgrund ihrer Unlöslichkeit und kristallartig dichten Packung gehört sie aber auch zu den besonders schwer abbaubaren Makromolekülen. Holzzerstörende anaerobe Bakterien und Pilze haben im Verlauf der Evolution einen besonderen enzymatischen Komplex zur Bewältigung dieser Aufgabe entwickelt. An ihrer Oberfläche gibt es sog. **Cellusomen**, d. h. in der Außenmembran verankerte Skelettproteine, an denen mehrere verschiedene Cellulose- bzw. Hemicellulose-abbauende Enzyme (E1–E4) gebunden sind. Mehr als 20 verschiedene Enzyme können gebunden sein, und viele solcher Cellusomen können zu einer **Multicellusom-Einheit** zusammengefaßt sein. Diese Cellusomen sind auch das Geheimnis der Celluloseverwertung durch Bakterien und Pilze im Pansen der Wiederkäuer.

Die Entdeckung der Cellusomen als elegante Lösung für den Celluloseabbau hat natürlich zu intensiven Forschungen zur effizienten Nutzung von Cellulose (Holz) als Kohlenstoffquelle für die Biotechnologie geführt.

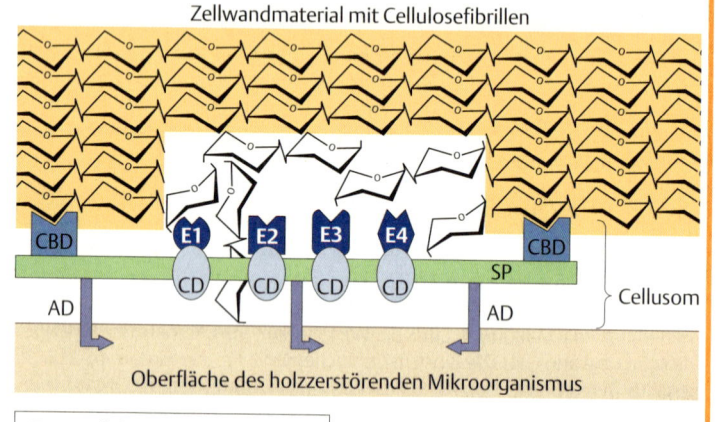

CBD: Cellulose-Bindungsdomäne
CD: Cohesin-Domäne
AD: Ankerdomäne
SP: Skelettprotein

(nach Doi und Kosugi 2004)

20.2 Pflanzenparasiten

Die etwa 4000 Arten von Pflanzenparasiten schließen sich über Haustorien direkt an die Stoffwechsel lebender Organismen an, indem sie ganz oder teilweise in den Wirtsorganismus eindringen und sich in einem geeigneten Organ festsetzen. Die Schädigung des Wirtes beruht auf dem Entzug von Nährstoffen und Wasser und zuweilen auch auf der Bildung toxischer Stoffwechselprodukte. Bei Vollparasiten kann das zum Tod der Wirtspflanze führen.

Als **Parasiten** werden **Samenpflanzen** bezeichnet, die teilweise oder vollständig in ihrer Nährstoff- und Wasserversorgung von anderen Pflanzen abhängig sind. Parasitische Mikroorganismen werden wir als Pathogene in Kap. 20.6 behandeln. Unter den Blütenpflanzen gibt es etwa 4000 parasitische Arten, die mit Hilfe von **Haustorien** in das **Gewebe der Wirtspflanze eindringen**, indem sie das Zellwandmaterial durch extrazelluläre Cutinasen, Cellulasen und Pektinasen auflösen. Formal kann man die zur Photosynthese befähigten **Halbparasiten** von den nicht zur Photosynthese fähigen **Vollparasiten** unterscheiden. Aber häufig genug beziehen auch die grünen Parasiten noch organische Stoffwechselprodukte aus der Wirtspflanze. Drei Beispiele sollen den Sachverhalt verdeutlichen.

Ein Beispiel für einen **Halbparasiten** ist die **Mistel** (*Viscum album*). Sie schmarotzt auf verschiedenen Nadelhölzern (Tannen, Kiefern, Fichten), meistens aber auf Laubhölzern. Ihre Früchte sind weiße Beeren, die Vögeln als Nahrung dienen. Die Samen werden mit dem Kot ausgeschieden und gelangen so auf andere Bäume, wo sie auskeimen. Die Mistel dringt zunächst mit sog. Rindenwurzeln in die Rinde des Wirtes ein (Abb. 20.2), von denen zapfenförmige Haustorien im Holzkörper den Anschluß an die Gefäße der Wirtspflanze herstellen. Die im Vergleich zu den Wirtspflanzen ungewöhnlich hohen Transpirationsraten der Misteln dienen in erster Linie der Versorgung mit ausreichenden Mengen von Calcium-, Kalium-, Phosphat- und Nitrat-Ionen. Trotz der eigenen Photosynthese versorgt sich die Mistel mit bis zu 40 % des Gesamtbedarfs an Kohlenhydraten und organischem Stickstoff (Aminosäuren) aus dem Xylemsaft der Wirtsbäume.

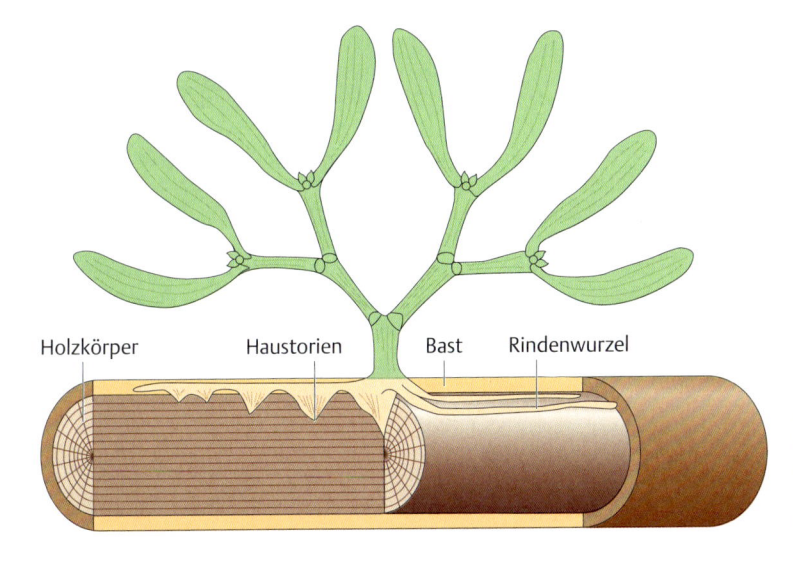

Abb. 20.2 Mistel als Halbparasit. Die Mistel (*Viscum album*) (grün) auf dem Ast eines Wirtes (braun), der links im Längsschnitt, rechts in Aufsicht mit teilweise entfernter Rinde dargestellt ist (nach Goebel, Troll).

Abb. 20.3 Kleeseide als Vollparasit. a Kleeseide (*Cuscuta europaea*), eine Brennessel-Pflanze umwindend (Foto: S. Imhof). **b** Lichtmikroskopische Aufnahme eines Längsschnittes durch ein Haustorium von *Cuscuta* spec. im Wirtsgewebe (*Pelargonium zonale*). Die Leitbündel des Wirtes sind rot gefärbt (Foto: R. Wacker).

Die **Kleeseide** (*Cuscuta europaea*) zählt zu den **Vollparasiten**. Aus ihren Samen entsteht ein fadenförmiger Keim, dessen Vorderende sich über den Boden erhebt und kreisende Suchbewegungen (**Circumnutationen**) ausführt. Erfaßt es dabei den Sproß eines geeigneten Wirtes, so umschlingt es diesen und wächst als Windenpflanze daran empor (Abb. **20.3a**). Die bleiche, kaum noch Chlorophyll enthaltende Sproßachse und die reduzierten schuppenförmigen Blättchen können keine autotrophe Ernährung mehr gewährleisten. Die Kleeseide treibt zahlreiche Haustorien in das Wirtsgewebe, die sowohl an das Xylem als auch an das Phloem Anschluß gewinnen (Abb. **20.3b**). Der Parasit bezieht also vom Wirt nicht nur Wasser und Salze, sondern auch organische Verbindungen, wodurch dieser nicht selten letal geschädigt wird.

Andere Beispiele von **Vollparasiten** finden wir im Verwandtschaftskreis der Scrophulariales. Dazu gehören *Orobanche*-Arten (Sommerwurz) in unserer Flora und die bei uns nicht heimische Gattung *Striga*, die in trockenheißen Gebieten Afrikas mit nährstoffarmen Böden weit verbreitet ist. Erstere wachsen auf **Leguminosen, Raps, Sonnenblumen** und **Tomate** als Wirtspflanze, letztere im wesentlichen auf Getreide (**Hirse, Mais** und **Reis**). Obwohl im Gegensatz zu *Orobanche* der Sproß bei *Striga* noch grün ist und kleine Blättchen hat, muß man beide als Vollparasiten bezeichnen. Sie bilden ihre **Haustorien** an den **Wurzeln** der Wirtspflanzen und dringen über die Wurzelrinde ein, bis sie Anschluß an das Xylemsystem gefunden haben. Der Befall führt wegen des hohen Nährstoff- und Wasserverlustes häufig zum Absterben der Wirtspflanze. Wegen der großen Verbreitung von *Striga* auf 40 % der landwirtschaftlich genutzten Flächen in Ost-, Mittel- und Westafrika gibt es große Ernteverluste (Plus **20.2**). Die Samenkeimung in unmittelbarer Nachbarschaft zur Wirtspflanze wird durch kleinste Mengen eines von der Wirtspflanze ausgeschiedenen Terpenoids (Strigol) ausgelöst. Da der Keimling über praktisch keine Reserven verfügt, muß er mit der Keimwurzel so schnell wie möglich Kontakt zur Wirtspflanze haben. Dieser Engpaß in der frühen Entwicklung bietet auch Ansatzpunkte für eine wirksame Bekämpfung (Plus **20.2**).

Plus 20.2 Strigolactone und die Bekämpfung einer ungewöhnlichen „Pest"

Strigolactone sind viergliedrige Terpenoide mit zwei cyclischen Estergruppierungen (Lactonringe C und D). Die Ringe A–C leiten sich – ähnlich wie bei der Biosynthese von ABA – aus **Carotinoidvorstufen** ab, während der Ring D durch Anfügen einer weiteren Isopreneinheit entsteht. Strigolactone in verschiedenen Formen werden in kleinsten Mengen in der Rhizosphäre vieler Pflanzen gefunden, und schon $< 10^{-11}$ M reichen als Entwicklungssignale von Parasiten oder Pilzen aus.

$R_1, R_2, R_3, R_4 = H$: GR24
$R_1, R_2 = CH_3, R_3 = OH, R_4 = H$: Strigol

Strigol

Parasitische Wildkräuter wie *Striga* orientieren sich in ihrer Samenkeimung an Strigolactonen. Etwa 60 % der gesamten Getreideanbauflächen in Afrika sind von *Striga* verseucht. Verheerende Schäden für die Erträge mit jährlichen Verlusten von mehreren Milliarden Euro sind die Folge. Intensive Forschungen für ein effektives Schadensmanagement führten zu einem Bündel von Maßnahmen:

- **Wechsel der angebauten Pflanzen**: *Striga* produziert bis zu 100 000 Samen pro Pflanze, die im Boden bis zu 20 Jahre lebensfähig sind. Da als Wirtspflanzen für *Striga* im wesentlichen Getreidearten dienen, kann der Anbau von dikotylen Pflanzen zu einer Verringerung der Samenlast in verseuchten Böden beitragen. Der Effekt beruht darauf, daß die weit verbreitete Bildung von Strigolactonen die Keimung auslöst, ohne daß eine geeignete Wirtspflanze in der Nähe ist (**Selbstmordkeimung**). Man hat auch synthetische Analoga wie z. B. GR24 entwickelt, mit denen man diese Selbstmordkeimung fördern kann.
- Eine spezielle Form des weit verbreiteten **Welkepilzes *Fusarium oxysporum*** befällt besonders die Keimlinge von *Striga*, ohne die Nutzpflanzen zu schädigen. Auch diese Form einer biologischen Bekämpfung kann die Erträge erheblich steigern.
- Düngung, insbesondere **Stickstoffdüngung** verbessert nicht nur den Ernährungszustand der Wirtspflanzen auf den im allgemeinen armen Böden, sondern wirkt sich auch hemmend oder sogar toxisch auf die Entwicklung von *Striga* aus.
- **Anbau resistenter Sorten**, die entweder sehr wenig Strigolactone produzieren oder aber die komplexen Vorgänge bei der Besiedlung der Wirtspflanzen blockieren (Bildung der Haustorien, Durchwachsen der Rindenschicht, Bildung der Gefäßbrücken mit den entsprechenden Transferzellen). In Wildgetreideformen wurden solche Resistenzen gefunden; die Einkreuzung in Kulturgetreidesorten erweist sich jedoch als schwierig.

20.3 Flechten

> Die Flechten werden als selbständige systematische Einheiten geführt, obwohl sie eine Symbiose zwischen einem Pilz (Mycobiont) aus der Gruppe der Ascomyceten oder Basidiomyceten und einzelligen Grünalgen bzw. Cyanobakterien als photoautotrophem Partner (Photobiont) darstellen. Aus der Gemeinschaft von Mycobionten und Photobionten entstehen einzigartige Formen mit Wachstums- und biochemischen Leistungen, die auch die Besiedlung extremer Biotope ermöglichen.

Die Flechten werden als selbständige Abteilung (**Lichenes**) geführt, obwohl sie eine symbiotische Einheit zwischen einem Pilz (**Mycobiont**) und einem photoautotrophen Partner (**Photobiont**), z. B. einer einzelligen Grünalge oder einem Cyanobakterium, darstellen. Zuweilen können auch zwei Mycobionten mit einem oder zwei Photobionten oder ein Mycobiont mit drei unterschiedlichen Photobionten vergesellschaftet sein. Insgesamt sind etwa 13 500 Myco-, aber nur etwa 30 Photobionten bekannt. Sie bilden die mehr als 25 000 Flechtenarten, die im wesentlichen nach den Wuchsformen in **Krusten-, Blatt-** bzw. **Strauchflechten** und nach den Fruchtkörpern der Mycobionten eingeteilt werden. Von den Mycobionten sind 98 % Ascomyceten (**Ascolichenes**) und nur 2 % Basidiomyceten (**Basidiolichenes**). Bei den Photobionten überwiegen die einzelligen Grünalgen (Chlorophyta) neben wenigen Cyanobakterien, die ggf. auch elementaren Stickstoff binden können wie z. B. Vertreter der Gattung *Nostoc* (Tab. **9.2** S. 301).

Box 20.2 Flechten als Spezialisten mit besonderen Leistungen

Flechten gelten als Vorposten des Lebens, weil sie extreme Standorte besiedeln können. Das gilt insbesondere für die auf Felsen wachsenden **Krustenflechten** in glühender Hitze von bis zu 70 °C oder aber in den „Kältewüsten" der Hochgebirge bis über 7000 m Höhe oder der arktischen Zonen. Solche Flechten können noch bei −24 °C CO_2 fixieren. Als **poikilohydre Organismen** können sie, wie die Wiederauferstehungspflanzen (Plus 7.2 S. 250), monatelang in völlig ausgetrocknetem Zustand überdauern, um wenige Minuten nach Befeuchtung ihre Photosynthese wieder aufzunehmen. Neben dieser klimatischen Robustheit sind viele **Flechten** aber auch sehr empfindlich gegenüber Luftschadstoffen wie SO_2. Sie dienen daher als **Indikator für Luftverschmutzung**. Der jährliche Zuwachs liegt in gemäßigten Zonen bei etwa 1–2 cm, und die weit verbreitete Rentierflechte in den Tundren (Strauchflechte *Cladonia rangiferina*) bildet immerhin etwa 50 % der Nahrung für Rentiere. Bei einigen arktischen Flechten beträgt der Zuwachs aber nur 0,5 mm. Solche Krustenflechten können mehrere 100, ja möglicherweise bis zu 4500 Jahre alt werden.

Als biochemische Besonderheiten gelten die von den Mycobionten produzierten **Flechteninhaltsstoffe**. Das sind Sekundärmetabolite (Kap. 12), die häufig extrazellulär sind, z. T. in großen Mengen gebildet werden und ganz ungewöhnlichen Strukturklassen angehören können. Wir finden interessante Farbstoffe, die früher breite Verwendung fanden. Sie dienen in den Flechten vermutlich dem Lichtschutz der Photobionten. Andere Flechtenstoffe haben antibiotische Wirkung und könnten damit den langsam wachsenden Flechten einen Vorteil gegenüber potentiellen Konkurrenten am Standort verschaffen. Der für die Gelbflechte (*Xanthoria*, Abb. **20.4**) typische Farbstoff (Parietin) ist ein Anthrachinonderivat.

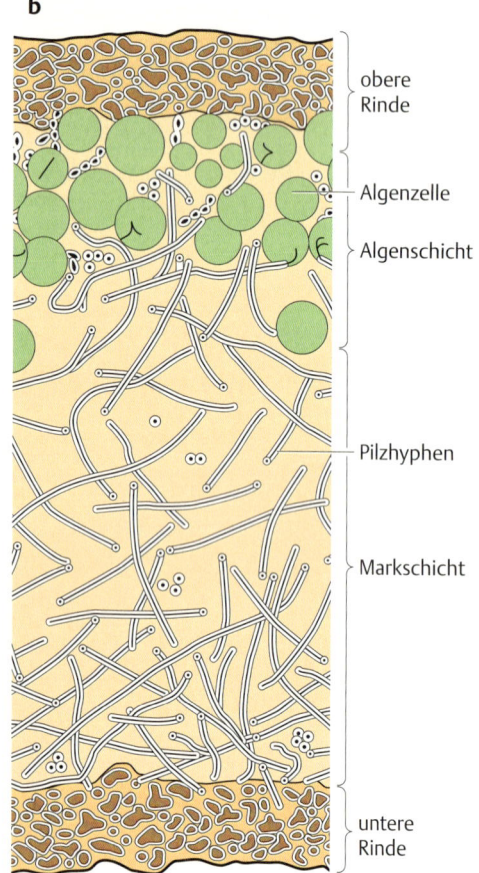

Parietin

Abb. 20.4 Flechtensymbiose. a *Xanthoria parietina* (Gelbflechte), Habitusbild der Blattflechte; Pfeile zeigen auf die Fruchtkörper des Pilzes (Apothecien); (Original von S. Ufermann). **b** Querschnitt durch den Thallus (etwa 250-fach; nach Reinke und Nienburg).

obere Rinde
Algenzelle
Algenschicht
Pilzhyphen
Markschicht
untere Rinde

Die morphologische Verknüpfung beider Partner in der Symbiose ist so eng, daß gewissermaßen ein **neuer Organismus** mit einer charakteristischen Thallusorganisation und Gestalt entsteht (Abb. **20.4**), dessen Wachstumsmerkmale und spezielle biochemische Leistungen (Box **20.2**) aus der Kooperation beider Partner resultieren. Myco- und Photobiont lassen sich zwar auch getrennt voneinander auf künstlichen Nährböden kultivieren, doch geht der **Flechtencharakter** dabei verloren. Sequenzvergleiche ribosomaler Gene lassen darauf schließen, daß es mindestens fünf Ursprünge von Flechtensymbiosen in der Evolution gegeben hat.

Die jeweils miteinander gepaarten Myco- und Photobionten sind für die betreffenden Flechten-„Arten" spezifisch. Bei den **homöomeren Flechten** sind die Photobionten etwa gleichmäßig im Thallus verteilt, während sie bei den **heteromeren Flechten** auf bestimmte Schichten begrenzt bleiben (Abb. **20.4b**). Die Pilzhyphen bilden ein dichtes Geflecht um die Algen, und an den Kontaktstellen zwischen beiden Organismen können zur Erleichterung des Stoffaustausches Einbuchtungen des Plasmalemmas des Mycobionten zu einer Vergrößerung der Oberfläche führen. Bei anderen Flechten treibt der Mycobiont intrazelluläre Haustorien in die Algenzelle, wobei die Zellwand – ähnlich wie bei der Endomykorrhiza (Abb. **20.6** S. 815) – an dieser Stelle aufgelöst wird, während das Plasmalemma erhalten bleibt. Die Flechten vermehren sich im allgemeinen vegetativ durch Thallusfragmente oder durch Soredien. Das sind von Pilzmycel umsponnene Algenzellen, die vom Wind verbreitet werden und auf einem geeigneten Substrat wieder zu Thalli heranwachsen. Die in Abb. **20.4a** für *Xanthoria parietina* sichtbaren Apothecien sind die Fruchtkörper des beteiligten Ascomyceten (Kap. 14.6.1).

Der Nutzen für den Mycobionten besteht in der Anlieferung von Photosyntheseprodukten aus dem Photobionten. Messungen haben ergeben, daß bis zu 90 % dieser Produkte in den Mycobionten gelangen können. Im Falle der Grünalgen handelt es sich vor allem um Zuckeralkohole wie Ribit, Erythrit oder Sorbit, im Falle der Cyanobakterien um Glucose. Die N_2-fixierenden Cyanobakterien versorgen den Mycobionten außerdem mit reduziertem Stickstoff (Kap. 9.1.2). Der Vorteil, den der Photobiont von dieser Symbiose hat, ist nicht so klar. Die Annahme, daß er als Symbiont Areale zu besiedeln vermag, auf denen er freilebend nicht existieren könnte, trifft nur bedingt zu. In jedem Fall scheint der Vorteil mehr auf der Seite des Mycobionten zu liegen, und der Photobiont hat eher Hilfsleistungen zu vollbringen, ohne die die Gemeinschaft nicht so einzigartige Biotope besiedeln könnte (Box **20.2**).

20.4 Mykorrhiza

> Bei der Ektomykorrhiza umgibt ein dichtes Pilzhyphengeflecht mantelartig die Wurzel, und auch die Zellen der Wurzelrinde sind von einem solchen Hyphengeflecht umgeben. Die Wurzelhaarbildung ist unterdrückt. Bei der Endomykorrhiza wachsen die Pilze auch intrazellulär. Die Wurzel ist von einem lockeren Hyphennetz umgeben. Die arbuskuläre Mykorrhiza (AM) mit den typischen stark verzweigten Arbuskeln in den Rindenzellen ist sehr weit verbreitet (Endomykorrhiza). 80 % aller Höheren Pflanzen leben mit einer AM, an der eine eigene Gruppe von Pilzen beteiligt ist (Glomeromycota).

Unter **Mykorrhiza** (Pilzwurzel) verstehen wir die **Symbiose** zwischen einem Pilz und einer Höheren Pflanze. Sie ist im typischen Falle mutualistischer Natur. Der Vorteil für die Pflanze besteht offenbar nicht nur in der Vergrößerung der resorbierenden Oberfläche, sondern auch in der Fähigkeit der Mykorrhizapilze, durch Abgabe von Protonen unlösliche Mineralstoffe für die Pflanze verfügbar zu machen. Zahlreiche Mykorrhiza-Helferbakterien verstärken die Effekte. Die **Pilze** liefern Wasser und darin gelöste Ionen, und zwar sowohl **Spurenelemente** als auch **Phosphat-, Nitrat-** und **Ammonium-Ionen**, sodaß die Pflanzen mit einer Mykorrhiza viel besser gedeihen. Da der Durchmesser der Pilzhyphen geringer ist als der der Wurzelhaare, können sie den Boden besser durchdringen. Ihr „Einzugsbereich" beträgt mehrere Zentimeter um die Wurzeln herum. Der Pilz erhält von der **Pflanze organische Verbindungen**, hauptsächlich in Form von **Hexose**. Man kann zwei Grundformen der Mykorrhiza unterscheiden, die Ektomykorrhiza und Endomykorrhiza. Ganz unterschiedliche Pilze sind beteiligt. Aber in beiden Fällen muß es zu einer Erkennung zwischen Wirtspflanze und Pilz kommen, und bei der Besiedlung müssen die **pflanzlichen Abwehrmechanismen** außer Kraft gesetzt werden (Kap. 20.6.1), da die Pilzhyphen zunächst einmal wie bei pathogenen Pilzen als Eindringling behandelt werden. Nach Etablierung der Mykorrhiza sorgen zahlreiche **ATP-abhängige Transporter** an den Grenzflächen zwischen beiden Partnern für einen regen Stoffaustausch.

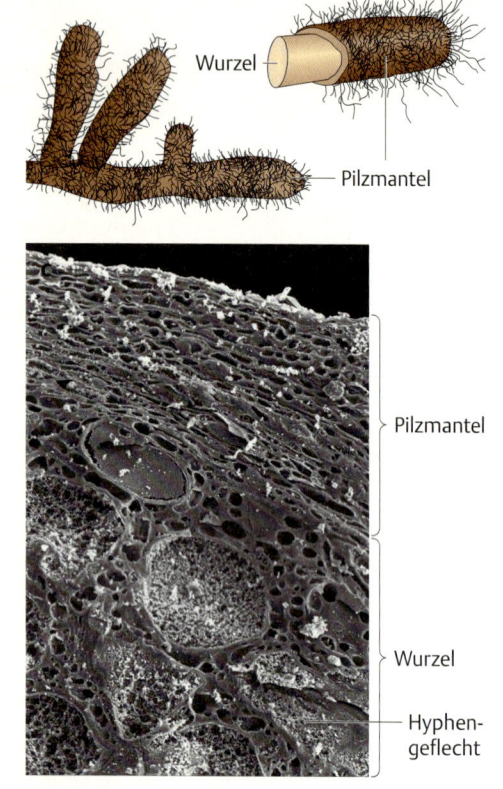

Ektomykorrhiza: Ektomykorrhiza kommt nur bei etwa 8000 Arten der Samenpflanzen vor, besonders bei den Nadel- und Laubbäumen der gemäßigten und kühlen Breiten (Fichte, Lärche, Buche, Birke, Eiche u. a.). Die Pilzpartner gehören über 60 Gattungen der **Asco-** und **Basidiomyceten** an. Seitenwurzeln mit Mykorrhiza sind leicht an dem dichten Pilzmycel zu erkennen, das die häufig angeschwollenen Wurzelenden mantelartig umgibt und sich zwischen den Zellen der Wurzel netzartig ausweitet (Abb. **20.5**). Dieser **Pilzmantel** verhindert die Bildung sowohl der Wurzelhaube als auch der Wurzelhaare, deren Funktionen die Hyphen des sich im Boden ausbreitenden Mycels übernehmen. Zuweilen sind nur ganz bestimmte Arten miteinander vergesellschaftet wie z. B. der Birkenpilz (*Leccinum scabrum*) mit der Birke (*Betula alba*). Viel häufiger aber können sowohl die Pilze als auch die Bäume mehrere Partner haben, z. B. die Waldkiefer (*Pinus silvestris*) mit bis zu 25 Pilzarten. Eine Anzucht vieler Bäume in pilzfreien Böden führt zu Kümmerwuchs, d. h. die Mykorrhiza ist für den Baum schon fast obligat.

Endomykorrhiza: Mehr als 80 % der Landpflanzen (Pteridophyten, Gymnospermen, Angiospermen) leben in Vergesellschaftung mit einer Endomykorrhiza. Bemerkenswerte Ausnahmen von dieser Regel sind die Brassicaceen, aber auch Pflanzen aus der Verwandschaft der Plumbaginales und Cyperales. Alle Pilze gehören zu einer besonderen Gruppe (**Glomeromycota**), die lange vor der Abspaltung von Ascomyceten und Basidiomyceten existierte (Box **20.3**). Die Sporen der Pilze keimen im Boden zu einem unverzweigten, unseptierten Hyphengeflecht aus (präsymbiotische Phase). Unter Einwirkung von Terpenoiden in der Rhizosphäre (Strigolactone, Plus **20.2** S. 811) kommt es zu einem **Entwicklungsübergang**. Die Hyphen verzweigen sich stark und dringen unter Ausscheidung lytischer Enzyme in die Rhizodermis ein, wo sie die typischen bäumchenartig **verzweigten Arbuskeln** in den **Rindenzellen** bilden (Abb. **20.6**). Die Arbuskeln sind vom Plasmalemma als periarbuskuläre Membran umgeben. Diese liegt der dünnen, Chitin-freien Zellwand des Pilzes an. Im Zuge der weiteren Anpassung gehen Signale vom Pilz aus, die die Bildung

Abb. 20.5 Ektomykorrhiza. a Wurzelenden der Buche mit Mykorrhiza (ca. 25fach). **b** Einzelne Wurzel mit teilweise abgelöstem Pilzmantel (ca. 30fach). **c** Anschnitt einer Tannenwurzel mit dem Mykorrhizapilz *Lactarius salmonicolor* (Lachsreizker) (REM-Originalaufnahme: G. Wanner).

Box 20.3   Glomeromycota: Pilze von besonderer Art

Die Pilzpartner für die meisten Landpflanzen mit einer arbuskulären Mykorrhiza (AM) gehören einer besonderen Gruppe der Pilze an, die als **Glomeromycota** bezeichnet werden und ursprünglich den Zygomyceten zugerechnet wurden. Sequenzvergleiche der ribosomalen Strukturgene weisen aber eindeutig auf eine selbständige Gruppe mit einer Entstehung vor mehr als 600 Millionen Jahren hin. Der älteste Fund für eine Endomykorrhiza mit einer Landpflanze stammt aus dem Devon (etwa vor 400 Millionen Jahren). Davor könnten Vertreter der Glomeromycota in Gemeinschaft mit Cyanobakterien existiert haben. Typische Kennzeichen der Vertreter der etwa 150 Arten von Glomeromycota sind:

- Sie sind sog. *Fungi imperfecti*, d. h. sexuelle Vermehrungsformen fehlen (Kap. 14.6).
- Sie sind obligat biotrophe Organismen, die bei Wachstum und Entwicklung weitgehend auf den Kontakt mit den Wurzeln ihrer Wirtspflanzen angewiesen sind.
- Sie haben unseptierte Hyphen und bis zu 1 mm große Sporen mit vielen, z. T. mehreren tausend Kernen.

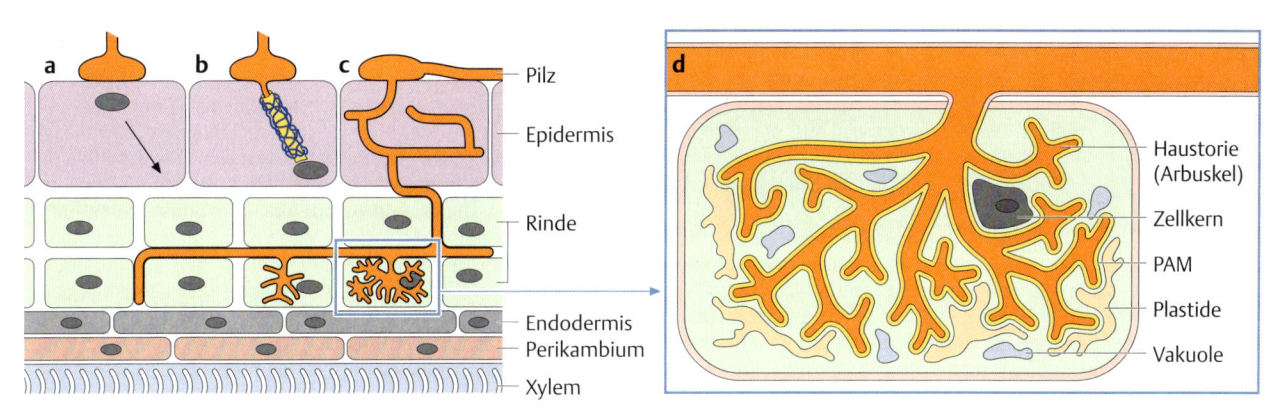

von Seitenwurzeln fördern. Die Arbuskeln haben eine begrenzte Lebensdauer. Wenn sie absterben, werden ihre Abbauprodukte von der Zelle resorbiert, die danach wieder ganz normal aussieht. Neue Arbuskeln bilden sich in Nachbarzellen. Die gesamten Vorgänge dokumentieren eine bemerkenswerte Dynamik und Abstimmung zwischen Wirtspflanze und Pilz. Die Hyphen bilden ein weit verzweigtes Geflecht im Boden, das den **Zugang zu mineralischen Nährstoffen** für die Pflanze erheblich verbessert. Über den Mykorrhizapilz können aber auch mehrere Wirte miteinander verbunden sein (Plus **20.3**).

Das scheinbar problemlose Nebeneinander von Pilzen als sog. Endophyten und Wirtspflanzen beruht in Wirklichkeit auf einem abgestimmten Gleichgewicht, das den mutualistischen Zustand aufrechterhält. Die Pathogenabwehr funktioniert zwar in den frühen Entwicklungsphasen des Pilzes, der Endophyt kann aber dann das System der zellinhärenten Immunabwehr der Wirtspflanze (Plus **20.6** S. 824) kontrollieren. Schließlich profitiert die ganze Gemeinschaft von einer verbesserten Resistenz der Pflanze gegenüber biotischen und abiotischen Stressoren. Die mutualistische Interaktion kann in einzelnen Fällen durch Veränderungen in einem einzigen Gen in eine parasitische übergehen (Plus **20.4**). Diese Beobachtungen belegen, daß die Übergänge zwischen Symbiose und Parasitismus fließend sind und von dem genetischen und physiologischen Zustand der Partner abhängen. Die Prinzipien der Wechselwirkungen zwischen Samenpflanzen und Pilzen bzw. Bakterien sind immer die gleichen, obwohl das Ergebnis sehr unterschiedlich sein kann (Kap. 20.6.1).

Abb. 20.6 Arbuskuläre Mykorrhiza (Endomykorrhiza). a, b Frühe Stadien der Infektion. Die Verlagerung des Zellkerns in der Epidermiszelle (Pfeil) ist der Ausgangspunkt für die Bildung eines Kanals (gelb) für die Passage der Infektionshyphe. Der Kanal wird von einer Membran abgegrenzt und von Cytoskelettelementen (blau) stabilisiert. **c** Die Hyphen sind teils intrazellulär teils extrazellulär durch die Rindenschicht gewachsen und haben Arbuskeln in Zellen der inneren Rindenschicht gebildet. **d** Details einer Zelle mit Arbuskel; die Arbuskel hat die ganze Zelle ausgefüllt, die Vakuole ist fragmentiert; der Kern liegt in einer zentralen Position. Ähnlich den Bakteroiden (Abb. **20.10** S. 821) ist der Pilz von einer Membran (PAM, periarbuskuläre Membran, gelb) umgeben, die aus dem Plasmalemma entsteht. Die Plastiden sind tubulär verformt und liegen den periarbuskulären Membranen an (nach Paszkowski 2006 und Reinhardt 2007).

Plus 20.3 Dreiecksbeziehungen mit Mykorrhiza

Pflanzen können über Mykorrhizapilze miteinander in Beziehung treten und notwendige Stoffe für die eigene Entwicklung austauschen. Das wird auch als **Epiparasitismus** bezeichnet. Bei dem in unseren Wäldern weit verbreiteten Fichtenspargel (*Monotropa hypopitys*, Ericaceae) handelt es sich um eine chlorophyllfreie Pflanze, die über eine Ektomykorrhiza mit Fichten in Verbindung steht. Organisches Material wird aus den Fichten über den Pilz an den Parasiten weitergegeben. Ob auch Phosphat aus dem Boden über den Parasiten an den Wirtsbaum geht, ist nicht ganz klar. Diese Form von Epiparasitismus ist bei einigen **Orchideen Mittel-** und **Nordeuropas** weiter verbreitet, obwohl sie z. T. noch grün sind. Zu ihnen gehören Vogelnestwurz (*Neottia nidus-avis*), Korallenwurz (*Corallorhiza trifida*) oder das Weiße Waldvöglein (*Cephalanthera damasonium*).

> **Plus 20.4 Endophyten**
>
> Obwohl Vertreter der Glomeromycota als Endomykorrhizapilze die häufigsten **Endophyten der Samenpflanzen** sind, gibt es auch mutualistische Endophyten aus den Gruppen der Ascomyceten und Basidiomyceten. Zwei Beispiele sollen die mögliche Bedeutung solcher Symbiosen belegen:
>
> - Der Basidiomycet *Piriformospora indica* lebt als Endophyt sowohl in Wurzeln von Getreidearten (Reis, Weizen, Gerste) als auch von vielen dikotylen Pflanzen wie z. B. *Arabidopsis*. Die Infektion erfolgt über die Wurzelhaare, und die Pilzhyphen finden sich in den Zellen der Wurzelrinde. An Gerstenpflanzen führt die Symbiose zu einer deutlich verbesserten Stickstoffversorgung aus dem Wurzelraum und damit zu einer merklichen Steigerung des Wachstums und des Körnerertrags. Darüberhinaus waren die infizierten Pflanzen im Vergleich zu nicht infizierten merklich verbessert in ihrer Abwehr gegenüber Pathogenen wie dem Erreger der Wurzelfäule (*Fusarium*) und Mehltau (*Blumeria graminis*). Die Stärkung der inhärenten Abwehrkräfte (Kap. 20.6.1) gegenüber Pathogenen ist offensichtlich das Ergebnis der ständigen unterschwelligen Auseinandersetzung zwischen Wirtspflanze und Endophyt im Sinne einer Eustreßsituation (Box 19.1 S. 774).
> - Das zweite Beispiel betrifft den Ascomyceten *Epichloe festucae*, der in den Interzellularräumen der Blätter des landwirtschaftlich stark genutzten Grases *Lolium perenne* (Raygras, Box 19.8 S. 797) existiert. Sporen bzw. Mycelteile des Pilzes befinden sich auch in den Samen, sodaß sich schon mit der Keimlingsentwicklung die Symbiose einstellt. Bemerkenswerterweise wachsen die Hyphen in strenger Abstimmung mit der Blattentwicklung, und es kommt zu keiner sichtbaren Abwehrreaktion durch das Gras. Im Gegenteil, auch in diesem Fall beobachtet man eine deutliche Wachstumsförderung bei *Lolium*. Der Haupteffekt der Symbiose mit *Epichloe* liegt allerdings darin, daß der Pilz toxische Alkaloide produziert (Kap. 12.4), die das Gras vor Fraßschädlingen schützen können.
>
> Die streng kontrollierte Ausbreitung des Pilzes in den Blättern der Wirtspflanze beruht auf der Bildung von ROS durch eine NADPH-Oxidase in der Hyphenmembran (Plus 20.6 S. 824). Diese wird unter der Einwirkung pflanzlicher Signale gebildet. Die Anwesenheit der ROS begrenzt offensichtlich das Spitzenwachstum und die Verzweigung der Hyphen. Mutanten des Pilzes mit einer defekten Oxidase verlieren diese Kontrolle, breiten sich ungehindert aus und können die Wirtspflanze abtöten. An diesem Beispiel wird besonders deutlich, daß der mutualistische Charakter einer solchen Beziehung an bestimmte Voraussetzungen geknüpft ist, die die Zwiesprache zwischen den beiden Partnern garantieren.

20.5 Symbiotische Stickstoff-Fixierung

> Viele Bakterien im Boden haben die Fähigkeit zur Reduktion von molekularem Stickstoff (diazotrophe Bakterien). Zu ihnen gehören die Knöllchenbakterien, die aber nur als Symbionten von Leguminosen Stickstoff fixieren können. Die selektive Erkennung von Rhizobien und ihren Wirtspflanzen beruht auf Signalen (Flavonoide, Nod-Faktoren), die den Infektionsprozeß an der Spitze der Wurzelhaare auslösen. Im Inneren der Wurzelrinde entsteht ein Knöllchenprimordium, das von den Bakterien besiedelt wird. In den reifen Knöllchen sind die N_2-fixierenden Zellen mit umgewandelten Bakterien (Bakteroide) angefüllt, die von einer Peribakteroid-Membran eingeschlossen sind (Symbiosomen). Große Mengen an Leghämoglobin in den Zellen garantieren die Sauerstoff-Versorgung unter den mikroaeroben Bedingungen.

Die Fähigkeit zur Reduktion von molekularem Stickstoff (N_2), der ja in der erdnahen Atmosphäre in unbegrenzten Mengen zur Verfügung steht, ist von allergrößter Bedeutung für die Versorgung der Biosphäre mit organischen Stickstoffverbindungen. Eine ganze Reihe von sog. **diazotrophen Bakterien** haben diese einzigartige Fähigkeit (Tab. 9.2 S. 301), die allen anderen Organismen fehlt. Viele dieser Bakterien sind freilebend, während andere die Fähigkeit zur N_2-Fixierung nur als Teil einer Symbiose mit Pflanzen erlangen. Zu ihnen gehört die große Gruppe der **Knöllchenbakterien** (Rhizobiaceen), die in verschiedenen landwirtschaftlich wichtigen **Leguminosen** als Wirtspflanze leben.

Die Biochemie der energieaufwendigen N_2-Reduktion und die speziellen Erfordernisse einer **mikroaeroben** (sauerstoffarmen) **Umgebung** für das Schlüsselenzym **Nitrogenase**, wurden in Kap. 9.1.2 behandelt. Wir wollen zur Erinnerung hier nur die Summenformel der Reaktion noch einmal aufführen:

$N_2 + 16\ ATP + 8\ H \rightarrow 2\ NH_3 + H_2 + 16\ ADP + 16\ P_i$

Nach diesem biologischen Verfahren werden jährlich weltweit etwa 150 Millionen Tonnen N_2 fixiert, jeweils zur Hälfte durch terrestrische Organismen und zur Hälfte durch marine. In diesem Kapitel werden nur die interessanten Aspekte der Besiedlung von Leguminosewurzeln mit Knöllchenbakterien und die damit verbundenen entwicklungsbiologischen Veränderungen an beiden Partnern behandelt. Dabei begegnet uns ein besonders intensiver Signalaustausch (Abb. **20.7**), der das Bild von der Rhizosphäre als Datenautobahn unterstreicht. Signale zwischen den Knöllchenbakterien im Boden bzw. zwischen den Bakterien und der Wirtspflanze kontrollieren das Geschehen (Abb. **20.8** und Plus **20.6** S. 824).

Genetische Voraussetzung für den Prozeß der N_2-Fixierung sind eine Reihe zusätzlicher Gene in den Knöllchenbakterien, deren Produkte die komplexe Wechselwirkung mit der Wirtspflanze, die Etablierung der Symbiose und schließlich die N_2-Fixierung selbst ermöglichen (Box **20.4**). Bei vielen Vertretern der Rhizobiaceen liegt der gesamte genetische Apparat auf einem sog. **Symplasmid**. Bei der Entstehung eines Wurzelknöllchens können wir mehrere Teilprozesse unterscheiden:

- Die im Boden **freilebenden Rhizobien** existieren als **Saprophyten** und müssen eine gewisse Dichte erreichen, bevor sie kompetent für die Besiedlung sind. Die „Volkszählung" (Quorum sensing) wird durch chemische Signale zwischen den Bakterien ermöglicht (Plus **20.5**).
- Die **wechselseitige Erkennung** zwischen Bakterienstamm und Wirtspflanze beruht auf chemischen Signalen (Flavonoiden) im Wurzelraum der Pflanze und auf der induzierten Bildung von **Lipochitooligosacchariden** in den Bakterien, die als **Nodulationsfaktoren** (Nod-Faktor) der Erkennung für die Wirtspflanzen dienen (Abb. **20.8b**).

Abb. 20.7 Entwicklungsstadien und Signalaustausch bei der Entstehung einer Symbiose mit Rhizobien. Details s. Text.

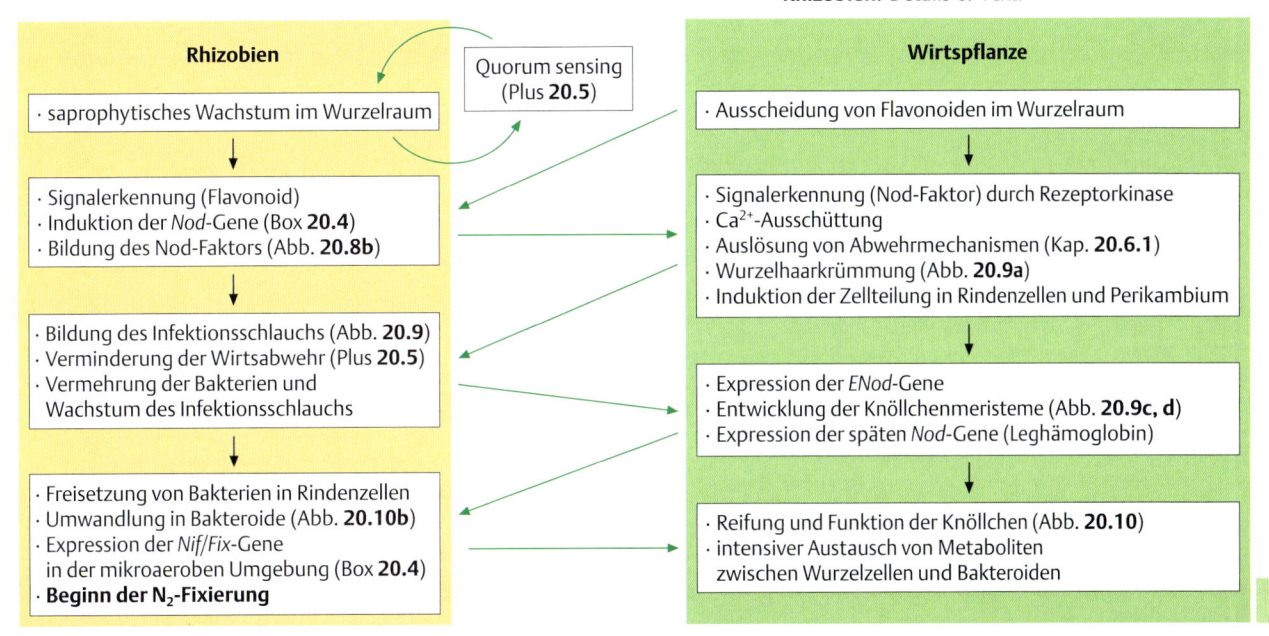

Rhizobien		Wirtspflanze
· saprophytisches Wachstum im Wurzelraum	Quorum sensing (Plus **20.5**)	· Ausscheidung von Flavonoiden im Wurzelraum
· Signalerkennung (Flavonoid) · Induktion der *Nod*-Gene (Box **20.4**) · Bildung des Nod-Faktors (Abb. **20.8b**)		· Signalerkennung (Nod-Faktor) durch Rezeptorkinase · Ca^{2+}-Ausschüttung · Auslösung von Abwehrmechanismen (Kap. **20.6.1**) · Wurzelhaarkrümmung (Abb. **20.9a**) · Induktion der Zellteilung in Rindenzellen und Perikambium
· Bildung des Infektionsschlauchs (Abb. **20.9**) · Verminderung der Wirtsabwehr (Plus **20.5**) · Vermehrung der Bakterien und Wachstum des Infektionsschlauchs		· Expression der *ENod*-Gene · Entwicklung der Knöllchenmeristeme (Abb. **20.9c, d**) · Expression der späten *Nod*-Gene (Leghämoglobin)
· Freisetzung von Bakterien in Rindenzellen · Umwandlung in Bakteroide (Abb. **20.10b**) · Expression der *Nif/Fix*-Gene in der mikroaeroben Umgebung (Box **20.4**) · **Beginn der N_2-Fixierung**		· Reifung und Funktion der Knöllchen (Abb. **20.10**) · intensiver Austausch von Metaboliten zwischen Wurzelzellen und Bakteroiden

Plus 20.5 Volkszählung (Quorum sensing) bei Knöllchenbakterien

Mikrobiologen wissen seit langer Zeit, daß eine Population von Bakterien mehr ist als die Ansammlung der Einzelzellen. Das gilt ebenso für Kulturen einzelliger eukaryotischer Mikroorganismen. Die Zellen in einer solchen Kultur sind Teil eines vielzelligen Ensembles (Kap. 4.2.3). Sie kommunizieren miteinander über die Zelldichte oder die Sauerstoff- und Nährstoffkonzentration. Sie tauschen Plasmide aus, die die Bildung oder den Abbau von toxischen Stoffen oder aber die Erschließung neuer Nährstoffquellen ermöglichen (Kap. 20.6.2). Die ganze Population kann auf ein entsprechendes Signal hin ihr Wachstum oder metabolisches Verhalten ändern. Ein besonders eindrucksvolles Phänomen in dieser Hinsicht ist die **Erfassung der Populationsdichte** (**Quorum sensing**). Alle Zellen scheiden bestimmte Stoffe aus, die bei einem bestimmten Schwellenwert als Ausdruck der Zelldichte einen Phasenwechsel auslösen mit mehr oder weniger umfangreichen Veränderungen in den Genexpressionsprogrammen.

Bei den freilebenden Knöllchenbakterien muß eine bestimmte Dichte erreicht werden, ehe die Zellen kompetent für die erfolgreiche Invasion ihrer Wirtspflanze sind (Abb. **20.7** und Abb. **20.9**). Das Signal für das Quorum sensing sind wie bei vielen anderen Gram-negativen Bakterien **N-Acyl-homoserinlactone** (AHLs, Abb. **4.9** S. 148). Die AHLs **inaktivieren** ein **Repressorprotein** in den Bakterienzellen und ermöglichen damit Genexpressionsprogramme, die der Etablierung der Symbiose dienen. Signale aus dem Wurzelraum der Wirtspflanze, z. B. Flavonoide (Kap. 12.2.3), verstärken die Umprogrammierung. Die von AHLs stimulierten Gene codieren im wesentlichen für Proteine, die der Infektion und der Überwindung der Abwehrmechanismen durch die Wirtspflanze dienen (Abb. **20.7**):
- Bildung von ROS-Scavengerenzymen (Abb. **19.9** S. 784),
- Bildung einer schleimigen Außenschicht mit Exopolysacchariden,
- Bildung hydrolytischer Enzyme,
- Bildung von Adhäsionsmolekülen an der Bakterienoberfläche.

Die Knöllchenbakterien müssen ihre Wirtspflanzen gewissermaßen zu ihrem Glück einer unbegrenzten Versorgung mit organischen N-Verbindungen zwingen. Aber aus der allgemeinen Sicht der Wechselwirkung zwischen Pflanzen und Mikroorganismen im Wurzelraum ist die Abwehr natürlich verständlich (Kap. 20.6.1). Nur die durch Coevolution angepaßten Arten bzw. Rassen der Knöllchenbakterien können schließlich in eine stabile symbiotische Beziehung eintreten, die einen intensiven Stoffaustausch voraussetzt. Neben den genannten Möglichkeiten zur Schwächung der pflanzlichen Abwehr spielen die Nod-Faktoren in ihrer großen Mannigfaltigkeit (Abb. **20.8b**) eine entscheidende Rolle für die hohe Selektivität der Partnerwahl.

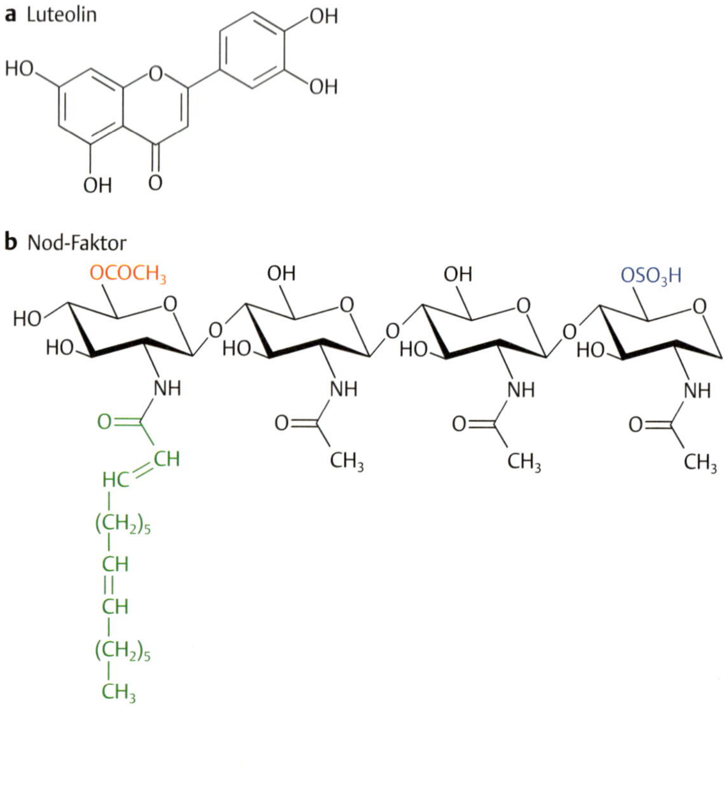

Abb. 20.8 Signalmoleküle zwischen Pflanzen und Rhizobien. a Luteolin als Vertreter der Flavonoide (Kap. 12.2.3) und der unter **b** gezeigte Typ eines Nod-Faktors sind die spezifischen Signale für die Besiedlung von *Medicago* durch *Sinorhizobium meliloti*. Bei den Nod-Faktoren handelt es sich um Lipochitooligosaccharide mit vier N-Acetylglucosaminresten als Grundbausteine. Die zusätzlichen Substituenten, die die Spezifität ausmachen, sind farbig markiert (Acetylgruppe, rot; Sulfatrest, blau; doppelt ungesättigter Fettsäurerest mit 16 C-Atomen, grün). Trotz prinzipieller Ähnlichkeit sehen für andere Leguminosen und ihre speziellen Rhizobien die Signale etwas anders aus. Das Signalsystem garantiert die hohe Selektivität der Kombinationen zwischen Wirtspflanzen und Rhizobien.

20.5 Symbiotische Stickstoff-Fixierung

Box 20.4 Genbatterien für Symbiose und N$_2$-Fixierung

Bei den Rhizobien sind etwa 100 Gene an der Wechselwirkung mit den Wirtspflanzen und an der N$_2$-Fixierung beteiligt. Sie liegen entweder im Genom (*Bradyrhizobium*) oder aber auf einem riesigen Plasmid von > 500 kb, dem sog. Symplasmid, (*Rhizobium*, *Sinorhizobium*). Die beiden Gengruppen gehören funktionell der **präsymbiotischen** bzw. der **symbiotischen Phase** an:

Protein	Funktion
präsymbiotische Phase (Abb. **a**, **b**)	
NodD	Aktivator des *Nod*-Regulons; bindet Flavonoid-Signal
NolR	Repressor des *Nod*-Regulons
Nod/Nol-Enzyme	Biosynthese der Nod-Faktoren; Expression wird kontrolliert durch NodD und NolR
symbiotische Phase (Abb. **c**)	
FixL/FixJ	O$_2$-empfindliches Hämoprotein, ist als His-Kinase (H) Teil eines Phosphorelais (Plus **16.2** S. 598) mit FixJ als Phosphat-Empfänger (D) und Transkriptionsfaktor (TF)
NifA	O$_2$-empfindlicher hexamerer TF für die Expression der *Nif/Fix*-Gene; Expression wird kontrolliert durch FixL/FixJ
Nif/Fix-Proteine	Enzyme und Cofaktoren der N$_2$-Fixierung (Nitrogenase, Cofaktoren); Expression kontrolliert durch NifA

a *Nod*-Operons inaktiv

b *Nod*-Operons aktiv

c

△ ● Bindungsstellen für NodD bzw. NolR
△ ◆ Bindungsstellen für FixJ bzw. NifA
H, D His- bzw. Aspartatreste in FixL bzw. FixJ
● Flavonoid

- Die Nod-Faktoren lösen in geringsten Mengen ($< 10^{-9}$ M) die ersten Anpassungen in der Wurzel der Wirtspflanze aus: Nach **Reorganisation des Actincytoskeletts** in der Spitze der **Wurzelhaare** verlagert sich die Wachstumszone von der Spitze zur Flanke, sodaß sich das Wurzelhaar in charakteristischer Weise **krümmt** (Abb. **20.9**). Dabei werden Bakterien in den Haken eingeschlossen (Abb. **20.9a–c**), und nach lokaler Auflösung der Zellwand können die Bakterien eindringen. Es entsteht der sog. **Infektionsschlauch**, der, vom Cytoplasma abgegrenzt, als eine Art Kanal für die Weiterleitung der Bakterien funktioniert (Abb. **20.9b, c**). Die Bakterien können so unter starker Vermehrung in das Knöllchenprimordium in der Rinde gelangen.
- Bereits sehr bald nach der Bildung des Infektionsschlauches im Wurzelhaar entstehen zwei Zentren mit teilungsaktiven Zellen (**Knöllchenprimordien**). Eines davon bildet sich über einem Xylemstrang im Perikambium. Das zweite Primordium entsteht in der Rinde selbst (Abb. **20.9b**). Die Signale zur Abstimmung der Prozesse im Wurzelhaar und den Teilungszentren sind nicht klar. Auf jeden Fall spielen AUX, CK und offensichtlich ETH eine entscheidende Rolle. In den Primordien werden die frühen Noduline (ENod, early nodulins) gebildet, die die Morphogenese der Knöllchen bestimmen.
- Wenn der Infektionsschlauch die neu gebildeten Rindenzellen erreicht, verzweigt er sich und entläßt die Bakterien (Abb. **20.9c**). Die Bakterien werden von der **Peribakteroidmembran** umgeben, die vom Plasmalemma oder vom ER der Wirtszelle gebildet wird. Die Bakterien vergrößern sich, ihr DNA-Gehalt steigt auf das 4–8-fache an, und sie werden zu sog. **Bakteroiden**. Die Gesamtheit der Bakteroide, der sie umgebenden Matrix und der Peribakteroid-Membran bezeichnet man als **Symbiosomen** (Abb. **20.10**).
- Das reife Knöllchen ist ein hochorganisiertes Organ zur N_2-Fixierung (Abb. **20.10**). Die Pflanzenzellen sind polyploid (32n) und vollgestopft mit Symbiosomen (etwa 10^{12} Bakteroide g^{-1} Frischgewicht). Wegen der hohen Konzentration an **Leghämoglobin** (Box **16.14** S. 651), das bis zu 40% der löslichen Proteine ausmacht, sind die Knöllchen rötlich gefärbt. Leghämoglobin gehört zu den späten Nodulinen und garantiert die notwendige Sauerstoff-Versorgung unter den **mikroaeroben Bedingungen**. Trotz des Sauerstoffmangels in den Bakteroiden werden große Mengen von ATP für die N_2-Fixierung durch Atmungsvorgänge synthetisiert. Daran ist eine spezielle **Cytochromoxidase** mit einer sehr hohen Affinität zu O_2 beteiligt.

Einige Knöllchen (Erbse, Luzerne, Klee) wachsen an der Spitze mit einer sauerstoffreichen meristematischen Zone weiter (**indeterminierte Knöllchen**, Abb. **20.9e**). Bei anderen Pflanzen (Sojabohne, Gartenbohne) stellen die reifen Knöllchen das Wachstum ein (**determinierte Knöllchen**). Die Zahl der Knöllchen an einer Wurzel wird durch Signalaustausch zwischen Sproß und Wurzel reguliert, d. h. der energetisch aufwendige Prozeß der N_2-Fixierung wird den metabolischen Bedürfnissen angepaßt. Am Grund der Knöllchen befindet sich die **Alterungszone** (Abb. **20.9e**). Das Leghämoglobin wird abgebaut, und die Produkte aus der Lyse der Bakteroide werden durch leitbündelartige Stränge abtransportiert. Bei diesem Alterungsprozeß können sich einige der Bakteroide wieder zu normalen, freilebenden Bakterien umformen, sodaß insgesamt nach Absterben der Pflanze und Zerfall der Knöllchen mehr Bakterien in den Boden zurückgelangen als ursprünglich vorhanden waren.

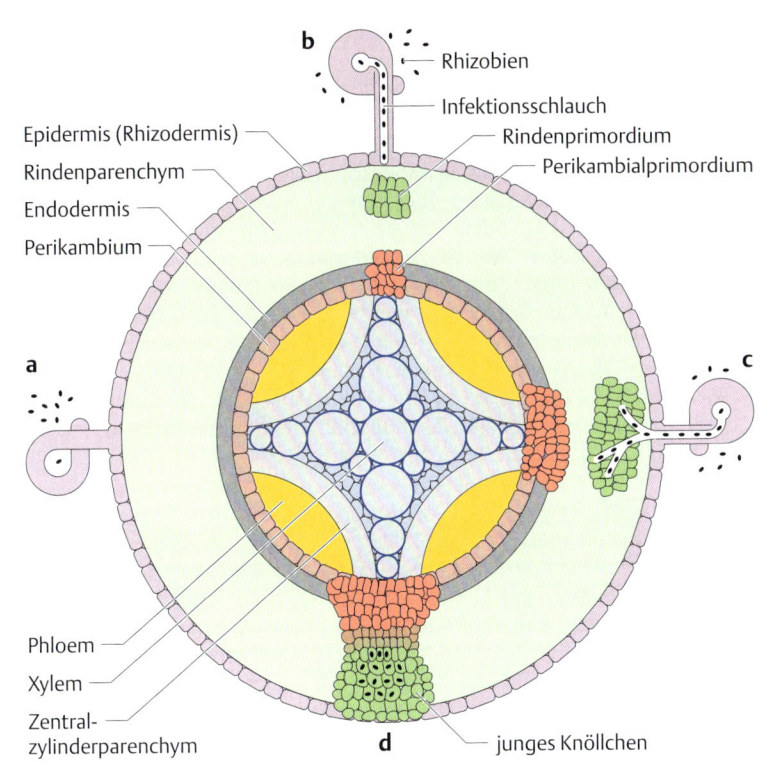

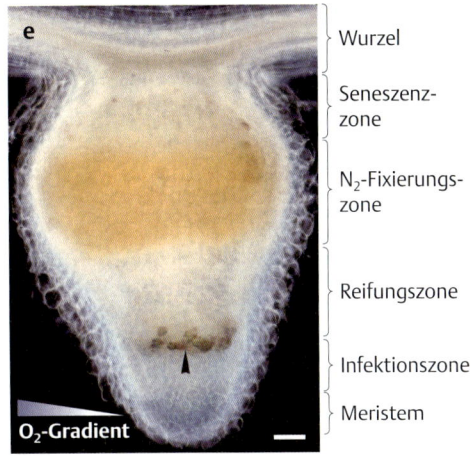

Abb. 20.9 Stadien der Knöllchenentwicklung.
a Signalerkennung und Wurzelhaarkrümmung. **b** Bildung des Infektionsschlauchs aus Membran und Zellwandmaterial der Wirtszelle; Anlage der Knöllchenprimordien im Perikambium bzw. in der Rindenschicht. **c, d** Infektion durch die Bakterien und Proliferation der Primordien, bis sie zu einer frühen Form des Knöllchens zusammenwachsen (a–d nach Buchanan et al. 2000; Taiz und Zeiger 2006). **e** Funktionelle Organisation eines indeterminierten Knöllchens; Pfeilkopf zeigt auf Stärkekörner; Maßstab 100 µm (aus T. Arcondeguy et al., Genes Dev. 1997; 11: 1194, mit Genehmigung von Cold Spring Harbor Press).

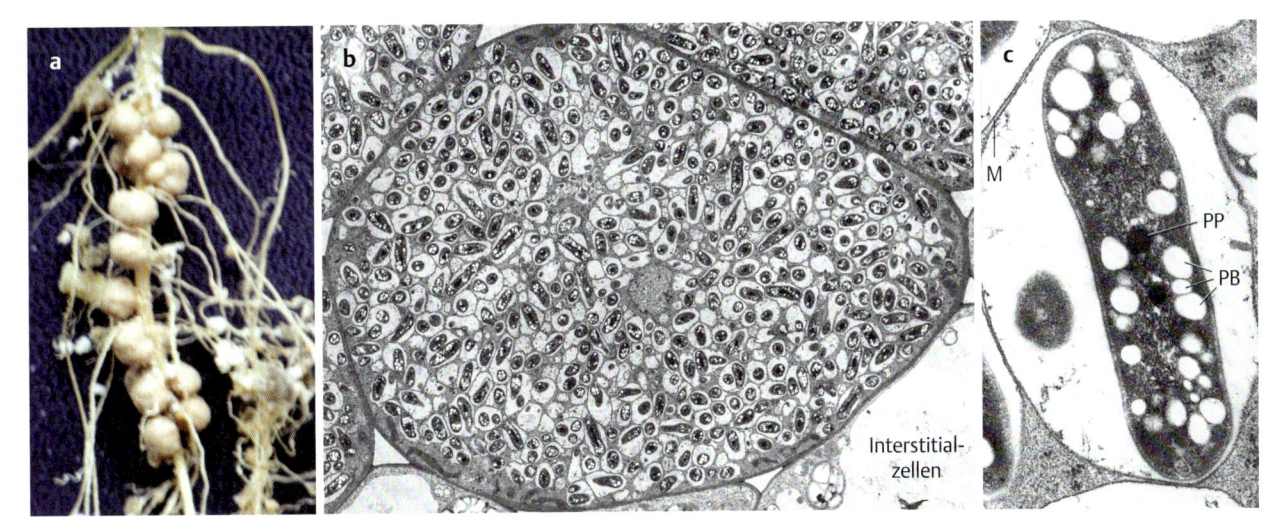

Abb. 20.10 Wurzelknöllchen. a Knöllchen an der Wurzel der Soyabohne (Foto: P. Müller). **b** Schnitt durch eine Wurzelzelle der Sojabohne 20 Tage nach der Infektion mit *Bradyrhizobium japonicum*. Die Zelle ist vollgestopft mit Symbiosomen, die zum Teil auch mehrere Bakteroide enthalten. Unten nicht-infizierte Zellen (Interstitialzellen). **c** Detailansicht eines Symbiosoms. M Peribakteroidmembran; PB Polyhydroxybuttersäure-Granula; PP Polyphosphatgranula (Vergr. ca. 3500fach; elektronenmikroskopische Aufnahmen aus Werner u. Mörschel, Planta 1978; 141: 173, mit Genehmigung).

20.6 Pflanzenpathogene Mikroorganismen

> Heterotrophe Mikroorganismen (Pilze, Bakterien) sind darauf angewiesen als Saprophyten, Symbionten oder Pathogene von den organischen Ressourcen der autotrophen Pflanzen zu profitieren. Wir unterscheiden biotrophe, hemibiotrophe und nekrotrophe Mikroorganismen. Pflanzen verfügen über eine zellinhärente Immunität gegenüber Infektionen. Sie bemerken die Anwesenheit von Mikroorganismen aufgrund typischer Oberflächenmerkmale bzw. Stoffwechselprodukte, sog. MAMPs (engl.: microbe-associated molecular patterns). Diese werden auf pflanzlicher Seite von membranständigen bzw. cytoplasmatischen Rezeptoren erkannt und in Signale für die Ausbildung der Abwehrmechanismen umgesetzt. Neben der Bildung von PR-Proteinen, Streßsignalen (JA, SA, ETH) und Phytoalexinen können Zellgruppen im unmittelbaren Umfeld der Infektionsstelle durch programmierten Zelltod das Pathogen isolieren.

Tausende von heterotrophen Mikroorganismen (Pilze, Bakterien) versuchen in irgendeiner Weise von den organischen Ressourcen der autotrophen Pflanzen zu profitieren. Solange Pflanzen unter den für sie optimalen Bedingungen von Licht- und Nährstoffversorgung wachsen, sind sie sehr robust und können leicht mit der überwiegenden Zahl der „Interessenten" fertig werden. Man sieht keine äußerlichen Symptome einer Invasion. Im Zusammenhang mit den Erörterungen über die Rhizosphäre (Abb. **20.1** S. 806) hatten wir schon erläutert, daß organische Verbindungen zu einem erheblichen Teil durch Wurzeln ausgeschieden und zur N- und C-Quelle für viele Bodenmikroorganismen werden. Das Miteinander im Ökosystem des Bodens ist nicht nur nützlich für die Mikroorganismen, sondern in vielerlei Hinsicht auch für die Pflanzen. Das schließt auch die Besiedlung durch symbiotische Pilze und Bakterien ein (Kap. 20.4 und Kap. 20.5). Auf der anderen Seite beträgt der Schaden durch Phytopathogene im Kulturpflanzenanbau weltweit jährlich etwa 6 Milliarden Euro, d. h. 40 % des Gesamtertrages gehen verloren. Das betrifft die Länder mit unterentwickelter landwirtschaftlicher Technologie allerdings sehr viel stärker, als dieser Durchschnittswert vermuten läßt.

20.6.1 Erkennung von Pflanzen und Mikroorganismen

Grundsätzlich gelten für die Auseinandersetzungen zwischen Mikroorganismen und Samenpflanzen immer die gleichen Regeln, egal welche Folgen aus der Begegnung resultieren (Abb. **20.11**). Viele Prinzipien der pflanzlichen Pathologie (**Phytopathologie**) finden ihre Entsprechung in der Medizin, obwohl natürlich die molekularen Details sehr unterschiedlich sind. Wie beim Menschen schwanken die Abwehrkräfte der Pflanzen erheblich. Man spricht von einer **zellinhärenten Immunität** (engl.: innate immunity) der Pflanzen, die ja nicht wie die Tiere über ein organismisches Immunsystem mit dafür spezialisierten Zellen verfügen. Pflanzen erkennen die Anwesenheit von Mikroorganismen im Wurzelraum oder auf den Blättern aufgrund typischer Moleküle in ihrer Zellwand bzw. Stoffwechselprodukte (**MAMPs**, Box **20.5**). Die **Erkennung der MAMPs** auf pflanzlicher Seite erfolgt durch **membranständige LRR-Rezeptorkinasen**, wie wir sie schon im Zusammenhang mit der Rolle von Peptidsignalen kennengelernt hatten (Abb. **16.43** S. 650). Der Flagellin-Rezeptor FLS2 ist der am besten untersuchte MAMPs-Rezeptor. Die komplexen Signaltransduktionswege sind in Plus **20.6** zusammengefaßt.

20.6 Pflanzenpathogene Mikroorganismen

Folgende Details sind wichtig für das Verständnis der inhärenten Immunität als **Basalresistenz der Pflanzen**:

- **Nicht-Wirts-Resistenz**: Zellwand bzw. Cuticula der Wirtspflanze sind im allgemeinen sehr wirksame Barrieren gegenüber Mikroorganismen. Allerdings können phytopathogene Pilze und Bakterien spezielle Enzyme bilden, mit denen sie die Cuticula bzw. Zellwand angreifen und damit durchlässig machen. In der überwiegenden Zahl dieser Fälle haben jedoch die MAMPs die Anwesenheit der Mikroorganismen verraten, und die Pflanze hat ihre Abwehrkräfte verstärkt. In beiden Konstellationen ist das „Möchtegern-Pathogen" eben nicht pathogen. (Das kann sich aber durchaus in der Kombination einer anderen Sorte oder Art einer Kulturpflanze mit einer anderen Rasse des Pathogens oder unter ungünstigen Umweltbedingungen für die Pflanze ändern.) Man könnte mit Blick auf diese Vorgänge der Nicht-Wirts-Resistenz in unserer Streß-Terminologie (Kap. 19.1) auch von einem **biologischen Eustreß** sprechen. Die ständige Exposition gegenüber solchen Mikroorganismen stärkt die Abwehrkräfte der Pflanzen ganz allgemein. Bei guter Ernährung fällt der dafür erforderliche metabolische Aufwand nicht ins Gewicht. Die Pflanze ist resistent, und es treten keine Symptome einer Belastung auf (Abb. **20.11a**). Allerdings können wir die molekularen Symptome durch umfassende Genexpressionsanalysen bei *Arabidopsis* doch erfassen. Mehr als 1000 verschiedene mRNAs sind in ihrem Niveau unter diesen Umständen geändert.

- **Infektion der Wirtspflanze**: Im Zuge der Auseinandersetzung zwischen Samenpflanzen und Mikroorganismen haben letztere Tricks gefunden, wie man die pflanzlichen Abwehrsysteme umgehen kann. Das geschieht zum einen durch **Veränderungen** in der **Struktur der MAMPs**, sodaß eine Erkennung durch den Rezeptor nicht mehr möglich ist. Zum

---

Box 20.5   MAMPs oder PAMPs: Erkennungsmuster zwischen Mikroorganismen und Pflanzen

Nicht nur Pflanzen, sondern auch die mit ihnen vergesellschafteten Mikroorganismen geben eine breite Palette von Verbindungen in ihre Umgebung ab, die in ihrer Mischung art- oder sogar stammspezifisch sind. Dazu gehören Produkte des Primär- und Sekundärstoffwechsels, aber auch Makromoleküle. Wenn diese Produkte auf der pflanzlichen Seite auf einen entsprechenden Rezeptor treffen (Abb. **20.11**), werden sie unter dem Sammelnamen **MAMPs** (engl.: microbe-associated molecular patterns) oder weniger allgemein auch **PAMPs** (engl.: pathogen-associated molecular patterns) zusammengefaßt, weil sie der Erkennung zwischen Wirtspflanze und Mikroorganismus dienen. Zu den MAMPs gehören Zellwandpolysaccharide, Peptidoglykane, Lipopolysaccharide, Chitin, β-Glucane oder Proteine, die z. T. aus den Zellen ausgeschleust oder beim Absterben einzelner Zellen frei werden (Flagellin, Elongationsfaktor-Tu). Andere Produkte der Mikroorganismen wirken dagegen weniger selektiv als Nährstoffe, toxische Verbindungen für Pflanzen oder andere Mikroorganismen (Plus **20.8** S. 827) oder auch als Enzyme zur Auflösung pflanzlicher Zellwände.
Neben diesen extrazellulären MAMPs gibt es aber auch Proteine oder sogar Nucleinsäure/Protein-Komplexe, die über spezielle und komplex aufgebaute Sekretionskanäle (Beispiel in Plus **20.9** S. 832) in die Zellen der Wirtspflanzen injiziert werden können. Auch diese ermöglichen eine sehr genaue Erkennung und lösen spezifische Reaktionen aus (Plus **20.6**).

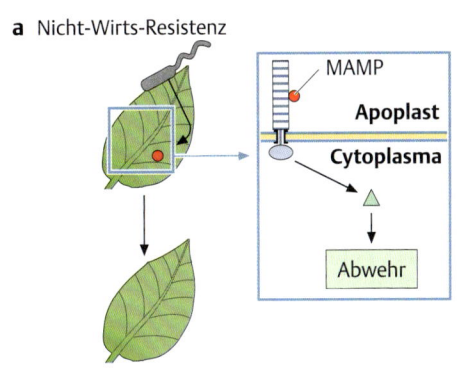

---

a Nicht-Wirts-Resistenz

b Unterdrückung der Abwehr durch Effektorprotein E

c Resistenz durch hypersensitiven Zelltod

— nekrotische Läsion

Legende:
- E3-Typ-Exportkanal
- LRR-Rezeptorkinase
- NB-LRR
- Bakterium
- E Effektorprotein
- △ Second Messenger

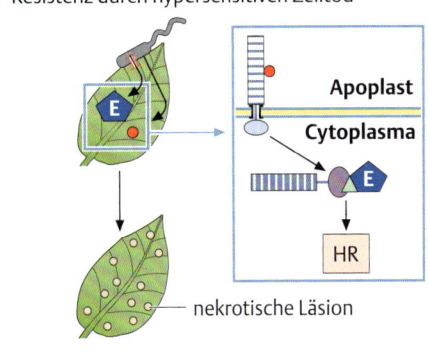

Abb. 20.11 Drei Arten der Wechselwirkung von Pflanzen mit Bakterien. Am Beispiel von *Arabidopsis* als Wirtspflanze und *Pseudomonas* als potentiellem Pathogen sind drei Arten der Wechselwirkung und die beteiligten Komponenten dargestellt. LRR, engl.: leucine-rich repeats; NB-LRR, Plus **20.7**. Erklärungen s. Text (nach Ingle et al. 2006).

Plus 20.6 Modell einer Pathogenantwort

Die höchst komplexen molekularen Mechanismen bei der Wechselwirkung zwischen Pflanzen und Mikroorganismen können im Augenblick nur in groben Zügen skizziert werden. Dabei wollen wir alle spezifischen Details weglassen, die jeder Wirt-Parasit-Beziehung eigen sind. Außerdem beschränken wir uns auf Prinzipien des intensiv untersuchten experimentellen Modells *Arabidopsis/Pseudomonas syringae* (Abb. 20.11). Es besteht jedoch kein Zweifel, daß die dargestellten Prozesse so oder ähnlich auch bei anderen Kombinationen von Pflanzen und Pathogenen ablaufen. Insgesamt haben wir es mit einem **Netzwerk von intrazellulären Signalen** (Ca^{2+}, ROS, NO, cGMP, SA, JA, s. Kap. 16.10) zu tun, die sich wechselseitig beeinflussen und verschiedene Teile der Antwort (grün unterlegte Boxen) auslösen.

- Wie schon im Zusammenhang mit Abb. 20.11 erläutert, gehen von dem Bakterium zwei Arten von Signalen aus, die als **MAMPs** (roter Punkt) an die apoplastische Domäne der LRR-Rezeptorkinase binden (**1a**) oder als sog. **Effektorproteine** (E1, E2, E3) über einen Proteinkanal vom Bakterium in die Pflanzenzelle übertragen werden (**2a**). Dieser Kanal wird aus Proteinen des Bakteriums gebildet (Plus 20.9 S. 832) und wirkt wie eine molekulare Injektionsnadel. Die Effektorproteine wirken direkt oder indirekt nach Bindung an ein intrazelluläres Rezeptormolekül (Abb. 20.11c und Plus 20.7).
- Nach Bindung des extrazellulären Bakteriensignals wird die cytoplasmatische Proteinkinase-Domäbne des **LRR-Rezeptors** aktiv und phosphoryliert (**Autophosphorylierung**) (**1a**).

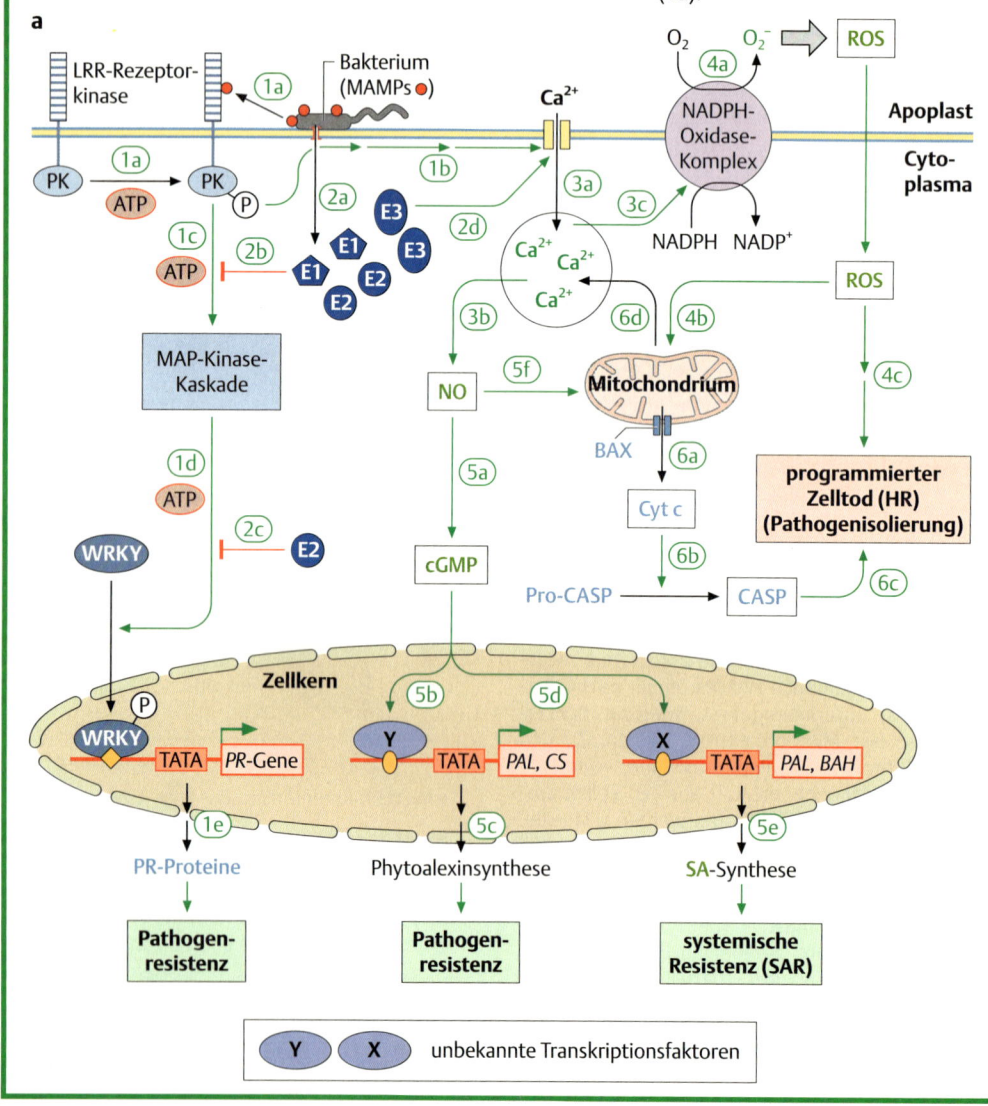

Fortsetzung

Fortsetzung

In der weiteren Signaltransduktionskette wird eine MAP-Kinase-Kaskade aktiviert (Plus **16.8** S. 634) und schließlich **Transkriptionsfaktoren** (TF) vom **WRKY-Typ** (Plus **15.7** S. 521) phosphoryliert (**1c**, **1d**). Zielgene der WRKY-TF sind Gene für die **Synthese** von **PR-Proteinen** (Box **20.6** S. 828). Die Effektorproteine können die Signaltransduktion auf verschiedenen Stufen unterbrechen (**2b**, **2c**) und damit die Bildung der Pr-Proteine verhindern.

- Ca^{2+}**-Ionen** spielen eine entscheidende Rolle in der frühen und späten Phase der Antwort. Der rasche Einstrom von Ca^{2+} ins Cytoplasma (**3a**) erfolgt aus dem apoplastischen Raum nach Aktivierung des LRR-Rezeptors (**1b**) bzw. nach dem Eindringen des Effektorproteins (**2d**). In einer späteren Phase trägt der Ca^{2+}-Einstrom aus den Mitochondrien nach Einwirken von **ROS** (**4b**) bzw. **NO** (**5f**) zur Erhöhung des cytoplasmatischen Ca^{2+}-Spiegels bei. In der frühen Phase stimulieren Ca^{2+}/Calmodulin die Bildung von NO (**3b**) und ROS (**3c**).
- Die stark erhöhte **NO-Synthese** nach Infektion (Kap. 16.10.2) fördert die Bildung von cyclischem Guanosinmonophosphat (**cGMP**) und damit Genexpressionsprozesse, die zur Bildung antibiotisch wirksamer Sekundärmetabolite (Phytoalexine) und zur Bildung von Salicylsäure (SA) und Jasmonsäure (JA) als systemische Signale führen (SAR, engl.: systemic acquired resistance, Wege **5b–5e**).
- Der **NADPH-Oxidase-Komplex** an der Plasmamembran spielt eine entscheidende Rolle für den dramatischen Anstieg reaktiver Sauerstoffspecies (ROS), der unter dem englischen Fachbegriff **oxidative burst** zusammengefaßt wird. Die Oxidase wird durch Bindung von Ca^{2+} in der N-terminalen Domäne aktiviert. ROS lösen in den Zellen verschiedene Prozesse aus (**4b**, **4c**), unter anderem Schädigungen der Mitochondrien mit Freisetzung von Cytochrom c, die zum programmierten Zelltod (**PCD**, engl.: programmed cell death) führen. Diese Abläufe werden häufig auch unter dem Terminus **hypersensitive Reaktion** (**HR**) zusammengefaßt.
- Die Abtötung von Zellen im unmittelbaren Umfeld **biotropher Pathogene** stellt eine perfekte Form der **Isolierung** mit vergleichsweise geringen Verlusten an lebendem Gewebe dar (Abb. **20.11c**). Die **molekularen Abläufe** sind in den Schritten **6a–6c** grob skizziert. Obwohl Details bisher nur an Säugerzellen gut untersucht sind, spricht doch vieles dafür, daß die Abläufe bei Pflanzen sehr ähnlich sind. Durch Einwirkung von ROS und NO auf die Mitochondrien kommt es zu einer metabolischen Umprogrammierung und Freisetzung von Cytochrom **c**, das über einen Kanal in der Mitochondrienhülle (BAX) ins Cytoplasma gelangt. Dort werden inaktive Vorläufer von Cys-Proteasen (Kap. 15.11.3), sog. Pro-Caspasen autokatalytisch aktiviert, und die Caspasen (CASP) zusammen mit ROS schädigen die zellulären Membranen. Typische cytologische Kennzeichen für **programmierten Zelltod** dieser Art sind die Kondensierung und Fragmentierung des Chromatins sowie Ausstülpungen in den Membranen, die auf Entmischungsvorgänge zwischen Lipiden und eingelagerten Proteinen zurückgehen. Das geordnete Miteinander in dem „fluid mosaic" der Membranen (Abb. **2.13** S. 63) und damit ihre Eigenschaften als semipermeable Grenzschichten gehen verloren.

Die **antibiotische Wirkung der Phytoalexine** (Kap. 12.1) läßt sich sehr eindrucksvoll am Beispiel von *Arabidopsis* und *Pseudomonas* demonstrieren. Die im Wurzelraum ausgeschiedenen Verbindungen wirken gegen eine breite Palette von Pilzen und Bakterien. Dazu gehören auch alle getesteten Stämme von *Pseudomonas syringae* mit Ausnahme des pathogenen Stammes DC3000. Die drei wirksamsten Komponenten sind Derivate des Phenylpropanstoffwechsels (Abb. **b**, 1 und 2) bzw. der Tryptophan-Biosynthese (Abb. **b**, 3). Ihre Bildung wird nicht nur durch Infektion, sondern auch durch Behandlung mit MAMPs oder SA bzw. JA ausgelöst.

b

1 Vanillinsäure
2 p-Hydroxybenzamid
3 Indolpropionsäure

---

anderen kann durch Toxine bzw. Effektorproteine die **Signaltransduktion** in der Pflanze **blockiert** und damit die Abwehr unterbunden werden (Abb. **20.11b** und Plus **20.6**). In beiden Fällen ist die Pflanze anfällig für die Infektion, und der Ausgang hängt sehr stark von den jeweiligen Partnern und ihrem physiologischen Zustand ab. Das kann von symbiotischem Miteinander (Kap. 20.4 und Kap. 20.5) bis zu schwerer Erkrankung und Tod führen.

- **Resistenz durch lokalen programmierten Zelltod**: Viele Pflanzen haben eine wirksame Waffe gegenüber biotroph und bionekrotrophen Mikroorganismen entwickelt. Der Infektionsherd wird durch eine **hypersensitive Reaktion**, die zum Absterben der Zellen im Umfeld der Infektion führt, isoliert (Abb. **20.11c**). Diese Reaktion beruht im wesentlichen auf der plötzlichen Bildung von NO und ROS (Plus **20.6**).

Im Hinblick auf potentiell pathogene Mikroorganismen kann man die drei Stufen (Abb. **20.11** S. 823) auch in eine zeitliche Abfolge stellen. Die erste Stufe mit der zellinhärenten Abwehr (Abb. **20.11a**) können nur wenige, auf diese Wirtspflanze spezialisierte Mikroorganismen überwinden, weil sie über spezielle Infektionswege und Gegenmittel verfügen (Abb. **20.11b**). Dabei spielt ein zweites Erkennungssystem zwischen dem Effektorprotein (E) des Mikroorganismus und dem entsprechenden Rezeptor in der Wirtszelle eine entscheidende Rolle (Plus **20.7**). Je nach genetischer Ausgangssituation zwischen den beiden Partnern kann die Infektion in Richtung Erkrankung (Abb. **20.11b**) oder erfolgreicher Abwehr (Abb. **20.11c**) gehen. Es ist offensichtlich, daß bei geschwächten Pflanzen auch Pathogene eine Chance haben, die normalerweise auf der ersten Stufe scheitern. Die Situation mit solchen **opportunistischen Infektionen** ist durchaus vergleichbar mit Infektionskrankheiten bei Menschen, deren Immunsystem durch die Immunschwäche AIDS nicht mehr richtig arbeitet.

Plus 20.7 Pathogenresistenz und Virulenzproteine: eine variable Beziehung

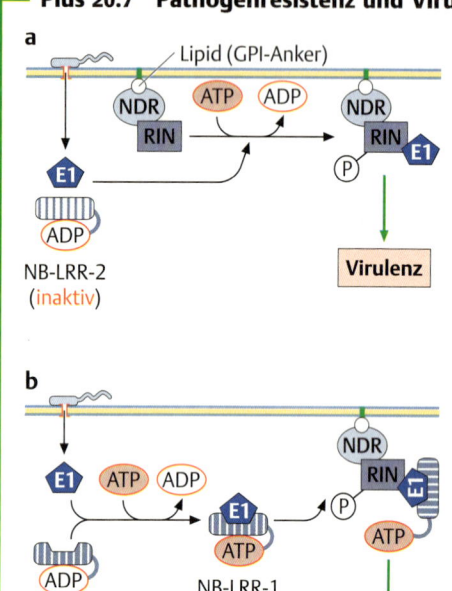

Am Anfang der molekularen Phytopathologie standen Beobachtungen über die genetische Basis der auffälligen Spezifität von Wechselwirkungen zwischen Pflanzen und biotrophen Pathogenen. Nur ganz bestimmte Sorten einer Kulturpflanze wurden von ganz bestimmten Rassen eines Pathogens befallen. Je nach genetischer Kombination führten die Erkennungssysteme zwischen den beiden Organismen entweder zur Erkrankung der Pflanze oder aber zur Abwehr des Pathogens. Eine relativ einfache Beziehung zwischen einem **Resistenzgen der** Pflanze und einem **Virulenzgen des Pathogens** schien dem Geschehen zugrunde zu liegen. Diese genetischen Analysen können heute durch molekularbiologische Details untermauert werden. Wir wollen bei der exemplarischen Darstellung wieder auf das Beispiel *Arabidopsis/Pseudomonas* zurückgreifen.

Die grundsätzlichen Partner der Erkennung von bakterieller Seite sind die schon in Abb. **20.11** erwähnten Effektorproteine, die über den Proteinkanal in die Pflanzenzelle eingeschleust werden. Sie werden je nach Ausgang der Wechselwirkung auch als **Virulenzprotein** (Abb. **a**) oder **Avirulenzprotein** (Abb. **b**) bezeichnet. Ausgangspunkt der Signaltransduktion auf der pflanzlichen Seite ist ein Proteinkomplex an der Membran (NDR/RIN), der über einen Lipid(GPI)-Anker in der Membran fixiert ist. An diesen Proteinkomplex bindet das Effektorprotein E1, RIN wird phosphoryliert und die Signaltransduktion führt zur **Unterbrechung** der Mechanismen zur **Pathogenabwehr** (Plus **20.6** Wege 1c, 1d). Dieses Szenario beschreibt den Fall der **Virulenz** (Abb. **a**).

In der Abb. **b** findet das Effektorprotein ein passendes, cytoplasmatisches NB-LRR-Bindungsprotein (engl.: nucleotide binding leucine-rich repeat) in der Pflanzenzelle vor. Durch Bindung von E1 an die LRR-Domäne wird der Austausch von ADP durch ATP stimuliert, und der so aktivierte E1/Rezeptor-Komplex bindet an den NDR/RIN-Komplex. Das Ergebnis der folgenden Signaltransduktion ist nun genau entgegengesetzt. Die **Pathogenabwehr** wird z. B. durch Bildung von NO und ROS **verstärkt**, und das **Pathogen** kann durch **programmierten Zelltod** ggf. isoliert werden (Plus **20.6** Abb. **a** Wege 4b, 4c, 6a–6c).

Effektorprotein und Rezeptor liegen offensichtlich in verschiedenen Formen vor. Kommt es zu einer Erkennung, wie zwischen E1 und Rezeptor Typ1 wirkt E1 als Avirulenzprotein (Abb. **b**). Fehlt die Erkennung, weil der NB-LRR-Rezeptor vom Typ2 ist, wirkt E1 als Virulenzprotein (Abb. **a**). Insgesamt findet man bei *Arabidopsis* etwa 125 verschiedene NB-LRR-Rezeptoren, deren Expression durch Wechselwirkung zwischen der Pflanze und Mikroorganismen stimuliert wird. Der Unterschied zwischen den verschiedenen Rezeptoren liegt im wesentlichen in der N-terminalen LRR-Domäne mit ihren charakteristischen **LXXLXLXX-Motiven** (LRR: leucine-rich repeats, Abb. **16.43** S. 650). Die Leucinreste sind konserviert, während die variablen Reste X die Unterschiedlichkeit der Erkennungsmotive für die Effektorproteine ausmachen.

Plus 20.8 *Phytophthora infestans*, eine irische Tragödie

In allen Ländern mit intensiver Landwirtschaft gibt es von staatlichen und genossenschaftlichen Überwachungsstellen eine Liste der meist gesuchten Phytopathogene mit Details ihrer Symptome, der jeweiligen Ausbreitung, Spezialisierung und möglicher Gegenmaßnahmen. Diese Liste liest sich wie das Who-is-Who der Pilze, die immer wieder zu großen Schäden in Massenkulturen führen können. Ein besonderes Beispiel hat historische Dimensionen und ist in die europäische Kulturgeschichte eingegangen.

Nach ihrer Einführung aus Südamerika im 16. Jahrhundert hatte die **Ausbreitung der Kartoffel** als landwirtschaftliche Feldfrucht **in Europa** im 19. Jahrhundert wegen der zuverlässigen Ernten schnell großen Einfluß auf die Ernährungsgrundlage der ländlichen Bevölkerung gewonnen. Dem folgte nahezu unvermeidbar die Ausbreitung des Pathogens *Phytophthora infestans*, das in feuchten Jahren ganze Landstriche mit vorwiegendem Kartoffelanbau verwüstete. Bei Infektion kann der Pilz innerhalb weniger Tage ein Kartoffelfeld in eine faulende und übel riechende Masse verwandeln. Die unterirdischen Knollen, die zunächst noch gesund aussehen, sind längst infiziert und verfaulen ebenfalls. Die Krankheit wurde vermutlich Anfang 1840 von Amerika mit Saatkartoffeln nach Europa eingeschleppt und hatte bereits 1845 ganz Europa fest im Griff. Besonders verheerend waren die Folgen für breite Teile der Bevölkerung in Irland. Durch Verminderung bzw. Totalausfall der Kartoffelernten in den Jahren 1845, 1846 und 1848 sind fast 800 000 Menschen verhungert oder an den Folgen der Unterernährung und des politischen Mißmanagements gestorben; 1,2 Millionen Menschen haben das Land verlassen, um sich häufig unter erbärmlichen Bedingungen in England, den USA, Kanada oder Australien niederzulassen. 25 % der gesamten irischen Bevölkerung ging in wenigen Jahren verloren.

Was ist das für ein Pathogen? *Phytophthora infestans* (der Name, 1876 von Anton de Bary eingeführt, bedeutet **Pflanzenvernichter**) gehört zu den **Oomyceten**, einer speziellen Gruppe im System der Pflanzen (Abb. **4.1** S. 128), die wegen ihrer Cellulosezellwände und Genomsequenzmerkmale (http://www.pfgd.org/) deutlich von den Ascomyceten und Basidiomyceten abgetrennt sind. Die massenhafte Ausbreitung von *P. infestans* erfolgt über die Bildung von Sporangien, die über mehrere km durch den Wind verbreitet werden und auf geeigneten Wirtspflanzen (Kartoffel, Tomate) auskeimen können. Die Hyphen dringen über Stomata, Lentizellen oder Wunden ein und bilden Haustorien in den Zellen des Wirts. Die Sporangien können aber auch Zoosporen mit zwei Geißeln bilden, die sich leicht in einem Wasserfilm von einem Infektionsherd zu gesunden Blättern fortbewegen können. Die Zoosporen, die von den Blättern abgewaschen werden und in den Boden gelangen, sind wohl auch der Grund für die schnelle Besiedlung der Kartoffelknollen.

Die Gefahren durch *Phytophthora* für den Anbau von Kartoffeln und Tomate sind auch heute nicht wesentlich geringer als vor 150 Jahren, jedenfalls nicht, wenn kühles und feuchtes Wetter dem Pathogen in die Hände spielen. Mit einem intensiven Einsatz von speziellen Fungiziden können allerdings die Schäden bei rechtzeitiger Behandlung in Grenzen gehalten werden.

Prinzipiell unterscheiden wir drei Formen der Mikroorganismen:
- **Biotrophe Mikroorganismen** sind in ihrer Wirtswahl sehr spezifisch, verfügen über komplexe Mechanismen zur Infektion und gedeihen nur so lange gut, wie die Wirtspflanze am Leben ist. Beispiele sind die schon behandelten symbiotischen Pilze und Bakterien (Kap. 20.4 und Kap. 20.5) aber auch die obligat biotrophen Pathogene wie Mehltau- und Rostpilze (Plus **14.8** S. 472) sowie Viren (Kap. 20.7).
- **Nekrotrophe Mikroorganismen**, soweit sie Pathogene sind, haben eine relativ geringe Wirtsspezifität. Sie töten das Gewebe oder sogar die ganze Pflanze durch Toxine bzw. Enzyme ab, bevor sie eindringen können (Abb. **20.11b**). Sie gehören also zu den Saprophyten. Vertreter dieser nekrotrophen Mikroorganismen sind Fäulniserreger wie *Botrytis* spec. (Pilz) und *Erwinia* spec. (Bakterium).
- **Hemibiotrophe Pathogene** sind im allgemeinen sehr aggressiv. Nach einer anfänglichen biotrophen Phase töten sie ihre Wirtspflanzen ab und nutzen sie als Nährstoffgrundlage. Ein spektakuläres Beispiel ist der Oomycet (Algenpilz) *Phytophthora infestans*, der bei geeigneter Witterung große Bestände von Kartoffeln vernichten kann (Plus **20.8**).

Das Bild der zellinhärenten Immunität wirft natürlich die Frage nach den molekularen Grundlagen auf. Welche zellulären und extrazellulären Komponenten tragen dazu bei, und wie kann man diese Immunität stärken? Einige Antworten sind in Plus **20.6** und Plus **20.7** gegeben. Diese wichtigen Fragen führen uns darüberhinaus zu einer globalen Betrachtungs-

Box 20.6 PR-Proteine

Von besonderem Interesse für die zellinhärente Immunität sind die ursprünglich als PR-Proteine (engl.: pathogenesis-related) bezeichneten Proteine, weil sie nach Pathogeninfektion vermehrt auftreten. Untersuchungen der Promotoren der PR-Gene haben viel zum Verständnis der Genregulationsprozesse bei Pflanzen beigetragen. Zu den 17 **Familien der PR-Proteine** gehören Chitinasen, Glucanasen, RNasen, Endoproteinasen, Peroxidasen, Superoxiddismutasen, Lipasen, Defensine, Thionine und Thaumatine. Alle zusammen bilden einen **Cocktail intra-** und **extrazellulärer Abwehrproteine**, deren Anwesenheit empfindliche Stadien insbesondere bei der Ausbildung der Infektionsstrukturen der Mikroorganismen stören können. Eine besonders interessante Rolle spielen die **Defensine**, kleine basische, Cys-reiche Proteine von etwa 7 kDa. Sie haben starke antimikrobielle Eigenschaften, weil sie an Sphingolipide bzw. Glucosylceramide binden und damit die **Membranfunktionen** nachhaltig **beeinträchtigen**. Defensine mit ganz ähnlichen Strukturen und Eigenschaften gibt es auch bei den Insekten und Vertebraten. Es handelt sich also um eine sehr alte Klasse von Abwehrproteinen.

Einige der PR-Proteine finden sich im apoplastischen Raum oder werden bei den Blättern über Hydathoden, Trichome und die Stomata ausgeschieden. Bei der umfassenden Untersuchung dieser Gruppe von Proteinen zeigte sich, daß ihre Neubildung auch durch **abiotische Stressoren** (Kap. 19) wie Wassermangel, Kälte oder SM-Streß ausgelöst werden kann (Abb. 20.12). Vermutlich spielen dabei JA und ETH als Streßhormone eine Rolle als Mediatoren. Vertreter der PR-Familien finden sich aber ebenso als **entwicklungsspezifische Genprodukte**. Offensichtlich geht die Rolle dieser Proteine weit über den Kontext einer Wirt-Pathogen-Beziehung hinaus.

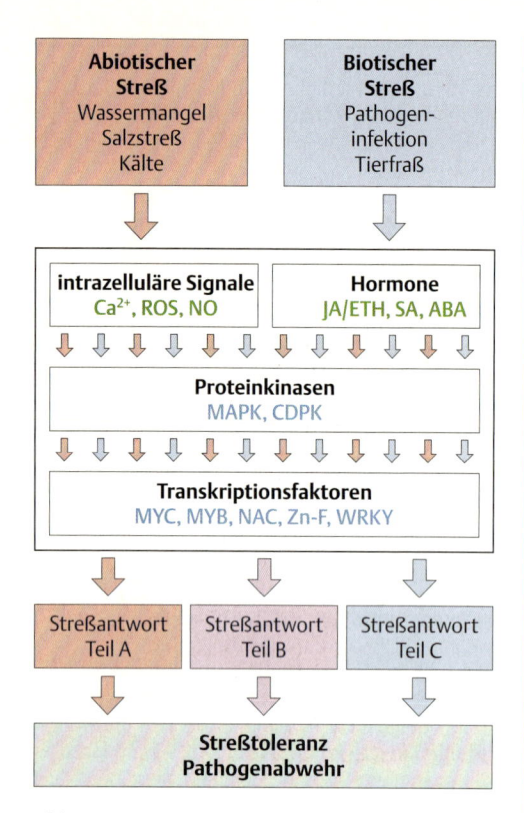

Abb. 20.12 Integration von biotischen und abiotischen Stressoren. Abiotische (rot) und biotische (blau) Stressoren haben z. T. gemeinsame Signaltransduktionswege mit intrazellulären bzw. hormonellen Signalen, Proteinkinasen und Transkriptionsfaktoren. Die letztlich exprimierten Gengruppen sind beiden Stressorengruppen gemeinsam (Streßantwort Teil B) oder spezifisch (Streßantwort Teile A und C). Abkürzungen und Erläuterungen zu den Signalen/Hormonen und Proteinkinasen Kap. 16; Transkriptionsfaktoren Plus **15.7** S. 521ff (nach M. Fujita et al., Curr. Opin. Plant Biol. 2006).

weise, die zentrale Aspekte des Kapitels 19 einschließt. Die zellulären Vermittler von Streßresistenz für abiotische und biotische Stressoren sind ähnlich oder sogar identisch (Abb. **20.12**). Die Signaltransduktion führt über intrazelluläre Signale und Hormone zu Proteinkinasen, Transkriptionsfaktoren und schließlich zur Expression von Gengruppen, die in der einen oder anderen Weise zur Streßtoleranz bzw. Immunität gegenüber Mikroorganismen beitragen. Das schließt offensichtlich auch das Phänomen der **Kreuztoleranz** ein. Die Wechselwirkung mit Mykorrhizapilzen verbessert nicht nur die Nährstoffversorgung der Pflanzen, sondern stärkt zugleich die Basalabwehr (Plus **20.4** S. 816). Das gleiche gilt für abiotische Belastungen im Eustreßbereich. Umgekehrt finden wir unter den sog. Pathogen-induzierten Proteinen (PR-Proteine) solche, die Toleranz gegenüber Kälte bzw. Wassermangel vermitteln (Box **20.6**).

20.6.2 Entstehung von Pflanzentumoren nach Infektion mit *Agrobacterium tumefaciens*

Agrobacterium tumefaciens ist der Verursacher von Wurzelhalstumoren bei Pflanzen. Die pathogenen Stämme der Agrobakterien verfügen über ein großes Plasmid (Ti-Plasmid), auf dem ein genetisches Programm für die Infektion und Umprogrammierung der Pflanze vorhanden ist. Die Transformation wird durch Wundinfektion und phenolische Signale im Wurzelraum begünstigt. Als Ergebnis wird ein Stück des Ti-Plasmids in Form der T-DNA in die Pflanzenzellen eingeschleust und in das

Wirtsgenom eingebaut. Die dadurch ausgelöste Überproduktion von AUX und CK bewirkt die Entstehung des Tumors, der als Biosynthesefabrik für Opine große Mengen von Arg und Lys für die Agrobakterien im Wurzelraum aus dem Stoffwechsel der Pflanze abzweigt.

Im Vergleich zu anderen Pflanzenkrankheiten mit gravierenden ökonomischen Schäden (Plus **20.8** und Kap. 20.7) sind Pflanzentumoren zwar bei dikotylen Pflanzen weit verbreitet (Abb. **20.13**), aber der Schaden hält sich in engen Grenzen. Die Sonderbehandlung in einem eigenen Abschnitt hat didaktische Gründe und ist durch die experimentelle Bedeutung für die Pflanzenforschung gerechtfertigt. Phytopathologen hatten seit Jahrzehnten versucht, daß Prinzip für die Entstehung von Wurzelhalstumoren aufzuklären. Nachdem das im Boden lebende Bakterium *Agrobacterium tumefaciens* als Verursacher identifiziert war, wurde auch bald deutlich, daß die Tumorzellen selbst keine Bakterien enthalten, sondern daß der Transfer von genetischem Material aus den Bakterien in die Pflanzenzellen Ursache für die Entstehung der Tumoren ist. Das war also eine bisher unbekannte, ganz und gar ungewöhnliche Art bakterieller Erkrankung. Die Agrobakterien besitzen ein großes Plasmid (Ti-Plasmid), auf dem ein komplexer genetischer Apparat für die Infektion der Pflanzen, die Tumorbildung und die Versorgung der Agrobakterien im Boden mit Nährstoffen aus den Ressourcen der Pflanze codiert ist (Abb. **20.14**). Nur ein relativ kleiner Teil des Ti-Plasmids, die sog. T-DNA (Tumor-DNA) wird als eine Art Minichromosom in die Pflanzenzellen eingeschleust und bewirkt die Bildung der charakteristischen Tumoren. Der weitaus überwiegende Teil des Ti-Plasmids codiert für essentielle Begleitfunktionen, die zusammen mit der T-DNA das Programm „Verbesserung der Nährstoffversorgung für hungerleidende Agrobakterien im Boden" ermöglichen.

Die Aufklärung der molekularen Grundlagen dieser Erkrankung gehört ohne Zweifel zu den Meilensteinen der pflanzlichen Molekularbiologie. Dabei zählt nicht nur die Fülle von Erkenntnissen weit über die zentrale Fragestellung der Entstehung von Tumoren hinaus, sondern vor allem auch die enorme praktische Bedeutung, die Agrobakterien als Vermittler für die Transformation von Pflanzen in kurzer Zeit gewonnen haben. Ohne diese neue Technologie wären große Bereiche moderner Pflanzenforschung gar nicht denkbar (Plus **13.11** S. 418 und Kap. 13.12).

Das Gesamtgeschehen läßt sich am besten in 6 Phasen darstellen (Weitere Details des Gentransfers: Plus **20.9**):

1. **Infektion der Pflanzenzellen:** Ausgangspunkt sind Agrobakterien, die im Boden weit verbreitet als saprophytische Organismen vorkommen. Von ihnen besitzen nur etwa 10 % das Ti-Plasmid, und nur diese sind

Abb. 20.13 Wurzelhalstumoren am Tabak (Original M. H. Zenk, mit freundlicher Genehmigung).

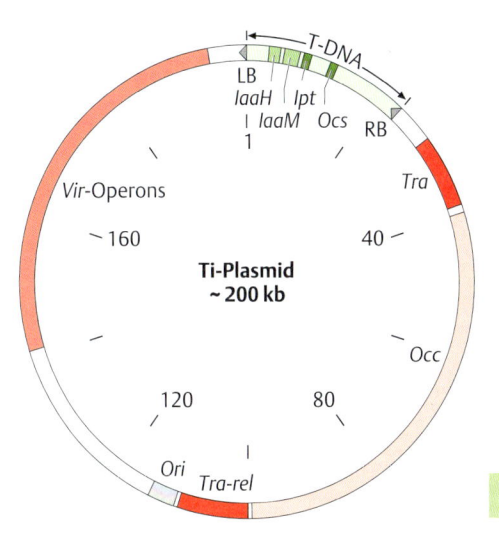

Abb. 20.14 Ti-Plasmid von *Agrobacterium tumefaciens*. Das Ti-Plasmid (engl.: tumor-inducing) codiert für das gesamte Programm der Tumorbildung und -funktion (in der Reihenfolge von links nach rechts): *Vir*-Operons codieren für die Proteine, die die Replikation und den Transfer der T-DNA in die Pflanzenzelle vermitteln; Die T-DNA (grün) stellt den in die Pflanzenzelle übertragenen Teil des Plasmids dar. Sie wird durch die linke und rechte Bordersequenz (LB und RB) flankiert und codiert für zwei Gene der AUX-Biosynthese (*IaaH* und *IaaM*, Abb. **16.7** S. 603) und ein Gen für die CK-Biosynthese (*Ipt*, Abb. **16.3** S. 596). In der Nähe der RB finden sich die Gene für die Opinsynthese (*Ocs*, Abb. **20.16**). Es folgen auf dem Ti-Plasmid die *Tra*-Region mit Genen für den Transfer des Ti-Plasmids auf plasmidfreie Agrobakterien, die Gene für die Opinaufnahme und -verwertung (*Occ*) durch Bakterien im Wurzelraum, die *Tra-rel*-Region und schließlich der Replikationsursprung (*Ori*).

Abb. 20.15 Zwei-Komponenten-Phosphorelais reguliert die Expression der *Vir*-Operons. Das Dimer der VirA-Sensorkinase liegt in der inneren Membran, mit einer Sensor-Domäne (rosa) im periplasmatischen Raum und der His-Kinase-Domäne (H, hellblau) im Cytoplasma. Nach Bindung von einem phenolischen Signal der Wirtspflanze, z. B. Acetosyringon, wird die Sensorkinase an den His-Resten phosphoryliert (**1**, VirA aktiv) und überträgt den Phosphatrest auf das VirG-Protein (**2**), das als Transkriptionsaktivator die Expression der Gene der *Vir*-Operons steuert (**3**) (s. Plus **16.2** S. 598).

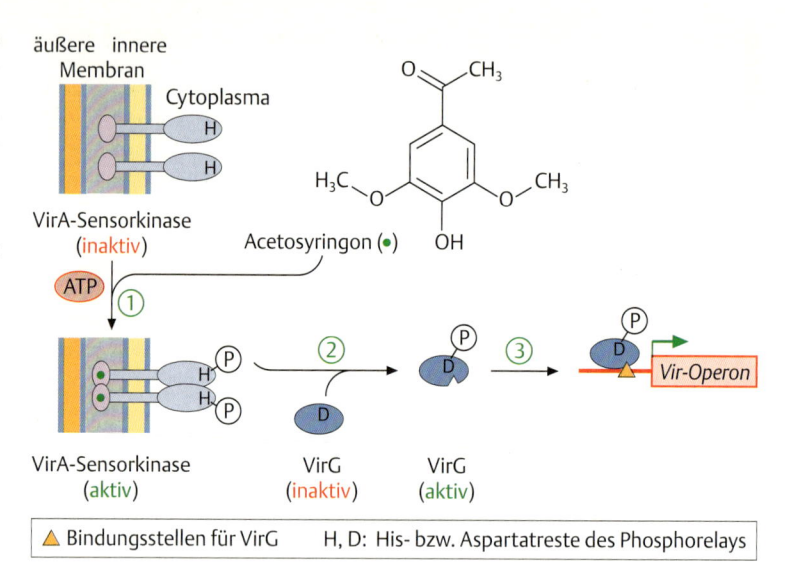

pathogen. Kleinste Verletzungen am Wurzelhals, wie sie häufig durch mechanische Belastungen entstehen, bilden die Eintrittspforte für Agrobakterien (Plus **20.9**). In Folge der Verwundung entstehen phenolische Verbindungen, z. B. **Acetosyringon**, die als chemisches Signal die Bakterien anlocken und zugleich die für die Infektion notwendigen Genaktivitäten in den Bakterien auslösen (Expression des *Vir*-Operons, Abb. **20.15**).

2. Kopie und Export der T-DNA: Die vom *Vir*-Operon codierten Proteine erfüllen verschiedene Funktionen im Verlauf des Gentransfers und der Umprogrammierung der Wirtszellen. Sie sind essentiell für die Kopierung der T-DNA in eine Einzelstrang-DNA, ihre Verpackung und den Transport in der Wirtszelle zum Zellkern (Details Plus **20.9**). Der ATP-getriebene Transfer der T-DNA von der Bakterienzelle in die Pflanzenzelle geschieht über einen komplexen Proteinkanal, der eine Verbindung zwischen den beiden Zellen herstellt. An dieser Stelle endet die eigentliche Rolle der Agrobakterien als Organismen. Im Tumor selbst gibt es keine Bakterien. Alles, was nun folgt, sind Auswirkungen des T-DNA-Transfers, d. h. der Entstehung und der Auswirkungen des transgenen Tumors.

3. Kernimport der T-DNA: In der Pflanzenzelle wird die T-DNA mit VirE2-Proteinen weiter verpackt, und der T-DNA-Komplex wird an Tubulinsträngen zum Zellkern transportiert. Für den Kernimport sind NLS-Sequenzen in den Verpackungsproteinen zuständig, die vom Importin der Wirtszelle erkannt werden (Abb. **15.18** S. 527). Alles ist also bestens „durchorganisiert" als Ergebnis der Coevolution von Agrobakterien und Pflanze.

4. Integration der T-DNA in das Pflanzengenom: Im Zellkern wird die T-DNA am Chromatin ausgepackt, die Vir-Verpackungsproteine werden durch das Ubiquitin/Proteasom-System abgebaut (Kap. 15.11.1), und der komplementäre Strang zur T-DNA wird synthetisiert. Die jetzt doppelsträngige Kopie der T-DNA kann an beliebigen Stellen in das Wirtsgenom eingebaut werden. Voraussetzung sind Doppelstrangbrüche, die durch Reparatursysteme beseitigt werden (Kap. 13.8.5).

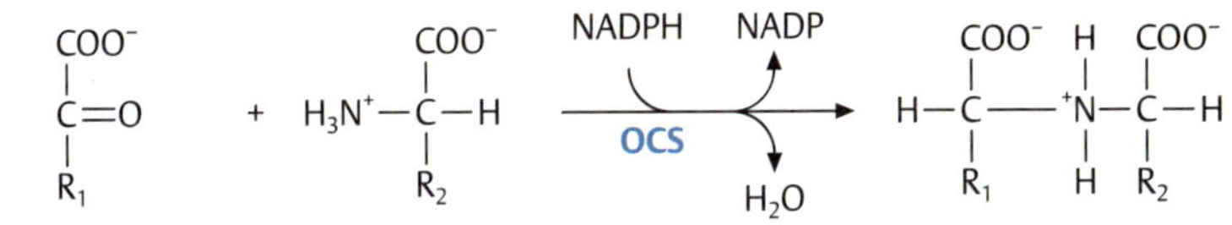

$$\text{α-Ketosäure} + \text{Aminosäure} \xrightarrow{\text{OCS, NADPH} \rightarrow \text{NADP}, H_2O} \text{Opin}$$

α-Ketosäure		Aminosäure		Opin
Pyruvat	+	Arginin	→	Octopin
Pyruvat	+	Lysin	→	Lysopin
2-Oxoglutarat	+	Arginin	→	Nopalin

Abb. 20.16 Opine als Derivate der Aminosäuren Arg und Lys. Die stickstoffreichen Aminosäuren Arg und Lys werden durch Opinsynthetasen (OCS) mit α-Ketosäuren (Pyruvat, R_1 = CH_3; 2-Oxoglutarat, R_1 = $(CH_2)_2$–COO^-) kondensiert, und die entstehende Zwischenstufe (Schiff'sche Base) wird mit NADPH reduziert. R_2, s. Formeln für Arg und Lys in Abb. **1.21** S. 25.

5. **Entstehung des Tumors als Biosynthesefabrik für Opine:** Eine bemerkenswerte Besonderheit der T-DNA beruht darin, daß die auf ihr codierten Gene hinsichtlich ihrer Promotoren und Terminatoren pflanzliche Strukturmerkmale haben und daher sehr effizient im Zellkern der Wirtszellen transkribiert werden können. Im Verlauf der Coevolution zwischen Agrobakterien und Samenpflanzen sind also **eukaryotische Genstrukturen auf einem bakteriellen Plasmid** entstanden. Zwei wichtige neue Eigenschaften finden wir in den transformierten Pflanzenzellen:
   - Gene auf der T-DNA codieren für **Biosyntheseenzyme für AUX und CK** (Abb. **20.14**). Die unkontrollierte Eigenversorgung der transformierten Zellen mit den beiden Hormonen führt zu ungehemmter Proliferation, d. h. zur Entstehung von Tumoren.
   - Alle Tumorzellen bilden außerdem Enzyme (**Opinsynthetasen**), die die stickstoffreichen Aminosäuren Arg und Lys in Opine überführen und damit dem pflanzlichen Stoffwechsel entziehen (Abb. **20.16**). Diese **Opine** entstehen in großen Mengen und können von den Agrobakterien **im Wurzelraum** als N- und C-Quelle verwertet werden.
6. **Verwertung der Opine im Wurzelraum als Profit für die Population der Agrobakterien:** Wenn die Opine in den Wurzelraum ausgeschieden werden, induzieren sie die Expression der Opinverwertungssysteme in den Agrobakterien, die auf den Ti-Plasmiden codiert sind (Abb. **20.14**, *Occ*-Region). Was macht die Mehrzahl der Agrobakterien, die nicht über das Ti-Plasmid verfügen? Hilfe für diese Bakterien erfolgt über einen letzten Teil des abgestimmten genetischen Programms auf dem Ti-Plasmid. Opine induzieren die Expression der sog. Transferproteine, die die Weitergabe des Ti-Plasmids an andere Agrobakterien vermitteln. Damit profitiert die gesamte Population von der verbesserten Nährstoffversorgung aus dem Tumor.

Plus 20.9 Molekulare Mechanismen des Gentransfers zwischen Agrobakterien und Pflanzen

Die erstaunliche Fähigkeit der Agrobakterien zur Umprogrammierung der Wirtspflanze auf die massive Nährstoffversorgung der Artgenossen im Boden ist das Ergebnis einer langen **Coevolution** von Strukturen und Mechanismen zwischen beiden Partnern dieser **Wirt-Parasit-Beziehung**. Im Hinblick auf die allgemeine Bedeutung des Vorgangs (Box 20.7) lohnt der Blick auf einige Details des komplexen genetischen Programms, das im wesentlichen auf dem Ti-Plasmid codiert ist.

Die notwendige physische Verbindung zwischen den Bakterien und der Pflanzenzelle wird nach chemotaktischer Annäherung als Resultat der Verwundung (**1**) und der nachfolgenden Bildung von Acetosyringon (**2**) durch Oberflächenproteine auf beiden Seiten vermittelt (**3**). Bei der Pflanze sind dies vor allem **Arabinogalactanproteine** (AGPs, grün), wie wir sie schon als Erkennungsmerkmal bei der Bestäubung kennengelernt hatten (Plus 18.10 S. 746). Die Rezeptoren auf der bakteriellen Seite (grau) sind zwar genetisch wohl definiert, aber strukturell nicht ausreichend untersucht. Nach Induktion der Expression der *Vir*-Operons (**5**) durch das VirA/VirG-Phosphorelais (Abb. 20.15) entsteht eine weitere, außerordentlich komplexe Verbindung zwischen den beiden Partnern in Form eines **Multiproteinkanals** aus etwa 100 Proteinuntereinheiten (**8**). Die wesentlichen Bestandteile sind 11 vom *VirB*-Operon codierte Proteine, die in ein oder mehreren Exemplaren am Aufbau dieser **ATP-getriebenen biologischen Maschine** zur Übertragung von Proteinen und des T-DNA-Komplexes in die Pflanzenzelle beteiligt sind. Man spricht in diesem Zusammenhang von einer **molekularen Injektionsnadel**. Die eigentliche Erkennung der zu exportierenden Substrate erfolgt durch den ATP-verbrauchenden VirD4-Komplex. Solche oder ähnliche energieabhängige Translokationsmaschinen findet man bei vielen pflanzenpathogenen und humanpathogenen Bakterien. Sie dienen dem direkten Transfer von toxischen Proteinen (Plus 20.6 S. 824) aber auch dem Austausch von genetischem Material zwischen Bakterienzellen.

Details der Entstehung und **Prozessierung der T-DNA** sind in den Prozessen **6–9** der Abbildung dargestellt. Für die Bildung der transportfähigen Form der T-DNA werden zunächst Einzelstrangbrüche an den Bordersequenzen unter Mitwirkung von VirD1/VirD2 und VirC1 erzeugt. Durch Neusynthese wird der in der Abbildung dick markierte T-DNA-Strang aus seiner Position verdrängt und am 5'-Ende kovalent durch Verknüpfung mit VirD2 markiert (**6**). Dieser Komplex aus T-DNA-Einzelstrang (ssT-DNA) mit VirD2 wird ebenso wie VirE2 und VirE3 durch den Kanal in die Pflanzenzelle transportiert (**7, 8**). Dort erfolgt die Verpackung mit dem ssDNA-Bindeprotein VirE2, an das VirE3 bindet (**9**). Die besondere Rolle von **VirE3** besteht darin, daß es das NLS (Kernlokalisationssignal) in den T-DNA-Komplex einbringt, das für die Bindung des Kernimport-Rezeptors Importin notwendig ist (Abb. 15.18 S. 527). Auch VirD2 hat ein NLS-Motiv. Auf diese Weise gelangt das T-DNA-Minichromosom in den Zellkern (**10**), wo es ausgepackt, in Doppelstrang-T-DNA umgewandelt (nicht gezeigt) und schließlich in das Pflanzengenom integriert wird (**11**).

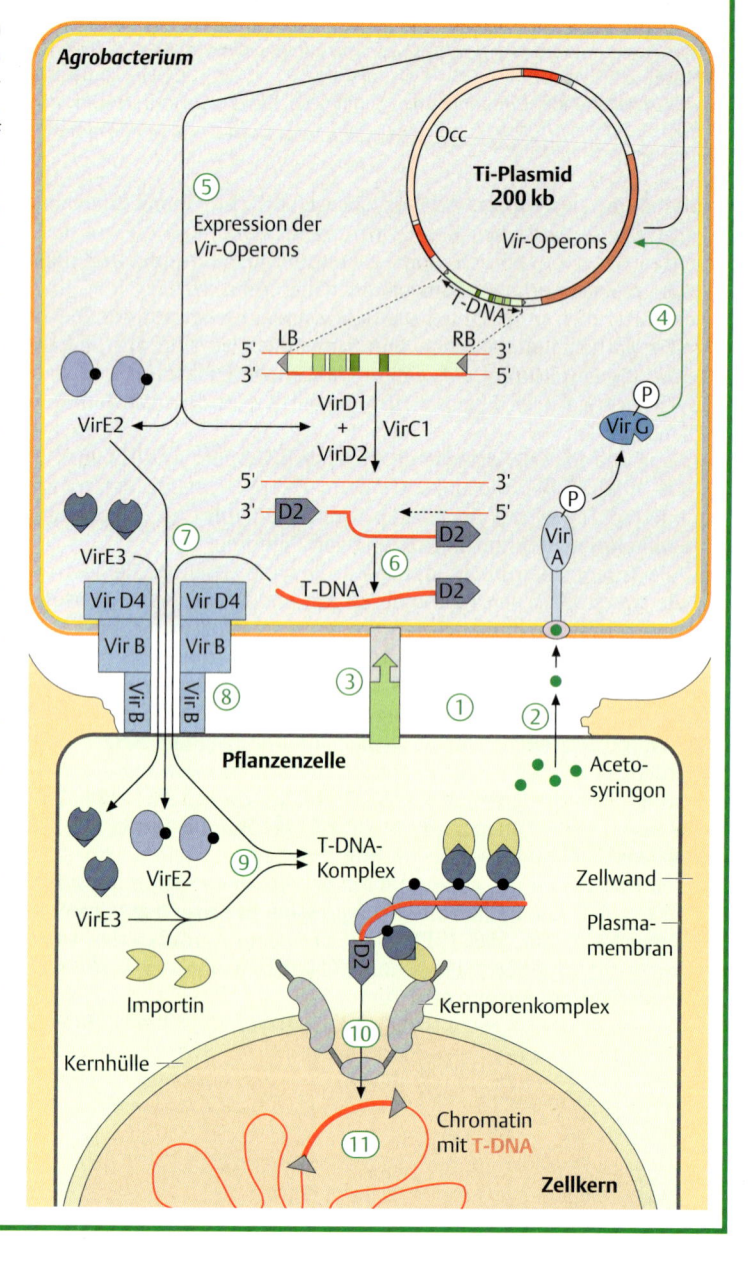

Box 20.7 Binäre Vektoren für die Pflanzentransformation mit Agrobakterien

Die sehr effiziente Transformation von Pflanzenzellen durch Agrobakterien und damit die Möglichkeit zum Gentransfer sind heute Standardtechniken in vielen Labors weltweit. Etwa 60 % der Gymnospermen und dikotylen Angiospermen, aber auch viele Pilze lassen sich auf diese Art transformieren. Limitierend ist die Möglichkeit zur Regeneration ganzer Pflanzen aus transformierten Zellen. Bei der in Abb. **13.32** (S. 433) gezeigten Methode mit jungen Blütenständen von *Arabidopsis* (Floral-dip-Methode) werden die Schwierigkeiten der Regeneration umgangen, weil der Gentransfer direkt in die Samenanlagen erfolgt. Die durch Agrobakterien vermittelte Transformation ist also nicht unabweislich an Verwundung gebunden. Man muß nur eine ausreichende Dichte von Agrobakterien auf die Blütenknospen loslassen.

Entscheidend für das gesamte Verfahren ist die Tatsache, daß für den molekularbiologischen Ablauf der T-DNA-Freisetzung (Plus **20.9**) nur die kurzen Bordersequenzen LB bzw. RB, aber nicht die Gene zwischen diesen Grenzmarkierungen benötigt werden. Das etwa 25 kb große DNA-Stück zwischen LB und RB kann bzw. muß ersetzt werden. Die **Eliminierung der onc-Gene**, die ja für die unkontrollierte Synthese von AUX und CK verantwortlich sind, ist Voraussetzung für die Gewinnung normal entwicklungsfähiger transgener Pflanzen mit autonomer Hormonkontrolle. Man kann also erhebliche Mengen fremder genetischer Information in die T-DNA einfügen. Bei den entsprechenden Vektoren wurden noch weitere Teile des großen Ti-Plasmids (Abb. **20.14**) eliminiert (*Vir*-Region, *Tra*-Gene, *Occ*-Region) und stattdessen ein zweiter **Replikationsursprung** für *E. coli* (**ori *ColE1***) und **Markergene** für die Selektion sowohl in *E. coli* und *Agrobacterium* (**NptI**, Neomycin-Phosphotransferase) als auch in Pflanzen (**Pat**, Phosphinotricin-Acetyltransferase, Abb. **13.33** S. 434) eingefügt. Dabei werden zugleich natürlich vorkommende Schnittstellen für Restriktionsenzyme neutral entfernt, d. h. ohne einen Aminosäureaustausch hervorzurufen. Damit steht eine ausreichende Zahl von Schnittstellen in der **MCS** (**multiple cloning site**), für die gentechnischen Arbeiten zur Verfügung. Diese viel kleineren Vektoren können bequem in *E. coli* vermehrt und anschließend in *Agrobacterium* überführt werden. Die fehlenden *Vir*-Funktionen für die erfolgreiche Pflanzentransformation werden auf einem Helferplasmid zur Verfügung gestellt. In der Abbildung ist der in die Pflanzen übertragene T-DNA-Teil zwischen LB und RB wieder grün gehalten. P(*Nos*), T(*Nos*), Promotor- bzw. Terminatorregionen des *Nos*-Gens (NOS, Nopalin-Synthetase) aus dem Ti-Plasmid. Details zu den Restriktionsenzymen an der MCS s. http://www.fermentas.com/catalog/re/index.html.

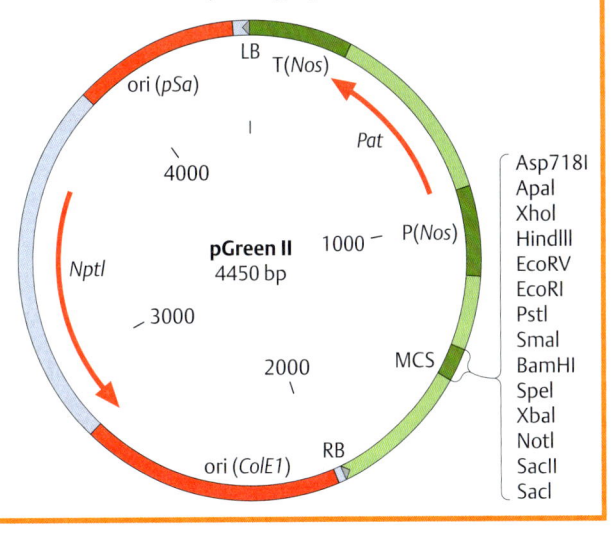

20.7 Viren und Viroide

Viren bilden Komplexe aus Nucleinsäuren und Hüllproteinen, die als Virionen bezeichnet werden. Sie stellen zwar genetisch autonome Einheiten dar, brauchen aber zu ihrer Vermehrung den Stoffwechsel, Helferkomponenten und Strukturen der Wirtszelle. Die Genomgröße pflanzlicher Viren liegt im allgemeinen zwischen 2 und 26 kb. Das Genom kann als DNA (DNA-Viren) oder RNA (RNA-Viren) und als Einzelstrang oder Doppelstrang vorliegen. Viroide haben Genome von nur 250–400 Nucleotiden, die für keine Proteine codieren. Virus- bzw. Viroidinfektionen können Farbveränderungen an Früchten, Blüten und Blättern, Verformungen der Blätter, gestauchtes Wachstum, nekrotische Läsionen oder sogar das Absterben der ganzen Pflanze bewirken. Viren werden durch mechanische Verletzungen, meistens aber durch beißend-saugende Insekten, z. B. Blattläuse, übertragen. In der Pflanze können sich Viren und Viroide durch die Plasmodesmen und das Phloem vom Ort der Infektion systemisch ausbreiten. Virusresistenz kann auf zellulärer Resistenz, lokaler Isolierung des Infektionsherds durch hypersensitiven Zelltod und/oder virusinduziertem Gen-Silencing beruhen.

Abb. 20.17 Vireninfektion löst die Bildung von mosaikartigen Blattflecken bei *Abutilon* aus. Das Abutilon-Mosaik-Virus (ABMV) gehört zu den sog. Geminiviren, deren Genom in zwei Partikeln verpackt ist (s. rasterelektronenmikroskopische Aufnahme der Partikel im Insert) (Originalaufnahmen H. Jeske).

Abb. 20.18 Infektion von *Nicotiana tabacum* mit TMV führt zur Verformung der Blätter und mosaikartigen Mustern mit hellen und dunkelgrünen Flecken. a Blatt einer gesunden; **b** Blatt einer infizierten Pflanze. (Originalaufnahme H. Jeske.)

Die Geschichte der Virenforschung beginnt Ende des 19. Jahrhunderts mit der Übertragung der Tabakmosaik-Erkrankung von einer Pflanze auf die andere durch Abreiben mit dem Saft aus infizierten Pflanzen (1883, Adolf Mayer). Wenig später fand man, daß der Erreger dieser Krankheit sehr viel kleiner war als herkömmliche Bakterien. Der Begriff Virus wurde damals ganz allgemein für übertragbare Krankheitserreger verwendet (virus = Gift). Die heute als Viren bezeichneten Erreger sind viel einfacher gebaut als Bakterien und stellen elektronenmikroskopisch sichtbare Komplexe von Nucleinsäuren und Proteinen dar, sog. **Virionen**. Viren sind zwar genetisch autonome Einheiten; sie brauchen zu ihrer Vermehrung aber den Stoffwechsel, Helferkomponenten und Strukturen der Wirtszelle. Sie sind also nicht als Organismen zu bezeichnen, weil sie weder einen eigenen Stoffwechsel noch eine eigenständige Vermehrung haben. Es ist viel darüber spekuliert worden, ob Viren Vorformen des Lebens oder eher abgeleitete reduzierte Formen sind. Jedenfalls finden wir bei den RNA-Viren und Viroiden deutliche Hinweise auf die in der Evolution des Lebens ursprüngliche RNA-Welt in Form von aufwendigen RNA-Strukturen und **Ribozymaktivitäten** (Plus **1.4** S. 30).

20.7.1 Symptome von Viruserkrankungen

Viren sind bei Pflanzen mit etwa 400 verschiedenen Typen weit verbreitet (http://www.dpvweb.net/). Viele Infektionen bleiben symptomlos oder zumindest ohne äußerlich sichtbare Symptome. Die Existenz solcher latenter Viren kann allerdings mit modernen molekularbiologischen Methoden sehr einfach nachgewiesen werden, und sie können merkliche Auswirkungen auf die Leistungseigenschaften einer Pflanze haben (Box **16.21** S. 667).

Äußerlich sichtbare Symptome von Viruserkrankungen waren seit langer Zeit bekannt, ohne daß die eigentlichen Ursachen ermittelt waren. Zierpflanzenzüchter schätzten die panaschierten Blätter von *Abutilon* (Schönmalve, Abb. **20.17**), die durch Geminiviren hervorgerufen werden, und geflammte Tulpen, deren Färbungsmuster auf die Infektion mit Potyviren zurückgeht (Plus **20.10**). Die entsprechenden Sorten sind weltweit im Handel, nicht ganz ohne Risiko, wie leicht einzusehen ist. Viren können aber auch ganz gravierende Schäden an Kulturpflanzen hervorrufen, und – wie bei den Viruserkrankungen beim Menschen – macht die Veränderlichkeit und Fähigkeit zur Rekombination, d. h. die Entstehung neuer Virustypen, den Phytopathologen größte Sorgen. Die am häufigsten beobachteten Symptome einer Virusinfektion sind Farbveränderungen an Früchten, Blüten und Blättern, eingerollte Blätter, gestauchtes Wachstum, unkoordinierte Vermehrung von Seitenwurzeln, mosaikartige Aufhellungen an Früchten und Blättern, nekrotische Läsionen, die durch programmierten Zelltod entstehen, und schließlich das Absterben der ganzen Pflanze.

Der Name eines Virus ergibt sich aus der Pflanzenart, aus der das Virus zuerst isoliert wurde, und den Symptomen; also z. B. Tabakmosaikvirus (TMV, Box **20.8** S. 838). Dies ist ein ziemlich willkürliches Verfahren und macht die Systematik nicht gerade einfach. Für das TMV würde der Name schon anders lauten, wenn es nicht zuerst aus *Nicotiana tabacum* mit dem charakeristischen Mosaik auf den Blättern (Abb. **20.18**), sondern aus *N. sylvestris* isoliert worden wäre, wo das Virus durch lokale hypersensitive Reaktion an der Ausbreitung gehindert wird. In diesem Fall sind die Symptome nicht ein Mosaik von hellen Flecken, sondern nekrotische Läsionen auf den Blättern.

Plus 20.10 Tulpomania: wahnsinnige Spekulationen mit kranken Tulpen

Tulpen gelangten im 16. Jahrhundert aus ihrer Heimat in Zentralasien vermutlich über die Türkei nach Holland. Carolus Clusius (1526–1609) war nicht nur ein bedeutender Botaniker seiner Zeit, sondern auch der erste Tulpenzüchter. Schon bald fielen Tulpen mit ganz ungewöhnlichen, flammenartigen Blütenzeichnungen auf, deren Ausprägungen merkwürdig instabil waren. Wie wir heute wissen, handelte es sich um **Tulpen, die durch Potyviren infiziert** waren. Die wilden Farbmuster auf ihren Blüten waren die **Virussymptome**. **Geflammte Tulpen** wurden aber sehr schnell der „Renner" in der wachsenden Gemeinschaft von Tulpenliebhabern. Clusius konnte die zunehmenden Anfragen nicht mehr abdecken.

Die Sucht nach immer mehr Zwiebeln der begehrten Sorten und immer neuen Sorten mit anderen Farbmustern steigerte sich in wenigen Jahren zur Raserei. Auf **Tulpenbörsen** – meist in Wirtshäusern – wurden noch gar nicht verkaufsfähige Zwiebeln der begehrten Sorten zu wahrhaft astronomischen Preisen veräußert. Jeder wollte an dem über Jahre scheinbar unbegrenzt wachsenden Boom teilhaben, auch wenn er selbst gar nichts von Tulpenzucht und -anbau verstand. Haus und Hof wurden verpfändet, um das notwendige Kapital für den Einstieg aufzutreiben. Kurz vor dem unvermeidlichen **Crash der Tulpenbörse** konnte man für den Verkauf **einer einzigen Zwiebel** einer Spitzensorte mehr als **5000 Gulden** erzielen. Dies entsprach etwa dem 20fachen Jahreseinkommen eines guten Handwerkers, oder man hätte für so viel Geld auch 200 000 Humpen Bier, 18 000 Brote oder 40 Ochsen kaufen können. Im Winter 1636 verdoppelten sich die Preise in den Spekulationsgeschäften mit nicht vorhandenen Tulpen nahezu wöchentlich, bis Anfang Februar 1637 alles zusammenbrach. Viele scheinbar wohlhabende Familien waren ruiniert und landeten im Armenhaus. Als der ganze Spuk vorbei war und die wahren Züchter und Liebhaber wieder zum Zuge kamen, setzte die Tulpe ihren Siegeszug durch ganz Europa unbeirrt fort. Geflammte Tulpen gehören heute zum Standardsortiment jedes Gartencenters (nach M. Dash, Tulpenwahn, List-Verlag 2005).

20.7.2 Virusgenome: Replikation und Expression

Viren bei allen Organismen (Bakterien, Tieren oder Pflanzen) weisen eine interessante Vielfalt von Formen des genetischen Materials auf (Tab. **20.1**). Man teilt sie grundsätzlich in DNA-Viren und RNA-Viren ein. Die Nucleinsäure kann als Einzelstrang (ss, single strand) oder als Doppelstrang (ds, double strand), ringförmig oder linear vorliegen. Die Genome können aus einem einzigen Strang oder mehreren Nucleinsäuremolekülen bestehen. Wenn Teile des Genoms – wie bei den sog. Geminiviren (Abb. **20.17**) – in zwei verschiedenen Partikeln verpackt werden, erfordert die Infektion die gleichzeitige Übertragung beider Partikel. Bei der weitaus überwiegenden Zahl der pflanzlichen Viren besteht das Genom aus RNA und zwar sehr häufig aus ss(+)-RNA, d. h. die genomische RNA

Tab. 20.1 Virusgenome.

Genom	Beispiele Pflanzen	Bakterien	Säugetiere
dsDNA	–	λ-Phage, T-Phagen	SV40-Virus, Adenovirus
dsDNA (Pararetroviren)	CaMV (Box **20.9** S. 839)	–	Hepatitis-B-Virus
ssDNA(+)	Abutilon-Mosaik-Virus (Geminivirus)	φX174-Phage, M13-Phage	Torque-teno-Virus, Schweine-Circovirus
ssDNA(–)	–	–	Parvoviren
dsRNA	Reis-Verzwergungs-Virus	φ6-Phage	Rotaviren
ssRNA(+)	TMV (Box **20.8** S. 838), TEV (Box **20.10** S. 840)	Qβ-Phage, MS2-Phage	Maul- und Klauenseuche-Virus, Poliovirus, Hepatitis-A-, C-, E-Virus, Rhinovirus
ssRNA(+) (Retroviren)	–	–	HIV, Rous-Sarkoma-Virus, Leukämie-Virus
ssRNA(–)	Tomaten-Welke-Virus	–	Influenza-Virus, Tollwut-Virus

kann auch direkt als mRNA für die Synthese viraler Proteine genutzt werden (Abb. **20.19**). Durch Verpackung des Genoms mit Hüllproteinen entstehen langgestreckte (helikale) oder kugelige (ikosaedrische) Virionen. Die Kodierungskapazität der Genome pflanzlicher Viren von etwa 2–26 kb ist sehr beschränkt, gewissermaßen eine Art Minimalausstattung, um die Umprogrammierung der Wirtszellen, die Virusvermehrung und die Ausbreitung zu gewährleisten. Im Vergleich dazu sind die Genome vieler Bakterienviren (Phagen) mit etwa 40–170 kb und 25–50 proteincodierenden Genen viel größer. Das Genom der Pflanzenviren codiert für maximal 12 Proteine, die folgenden Funktionsgruppen angehören:

- das oder die **Hüllprotein(e)** (CP, coat protein),
- die **RNA-abhängige RNA-Polymerase** (RdRP) bzw. reverse Transkriptase im Fall der Pararetroviren (Box **20.9** S. 839),
- sog. **Movement-Proteine** (MP), die der systemischen Ausbreitung in der Pflanze und/oder der Übertragung durch Insekten dienen,
- **Helferproteine** für die Verbreitung durch Insekten.

Die Reduktion der Proteine, für die das Virus-Genom codiert, kann noch weiter gehen. Die sog. **Viroide** haben eine kleine circuläre RNA von ca. 300 Nucleotiden, die für keinerlei Protein codiert und die auch nicht mit Protein verpackt wird (Plus **20.11**). Dennoch sind unter ihnen verheerende Krankheitserreger.

Die Grundzüge der **Virusvermehrung und Ausbreitung** sind in Abb. **20.19** am Beispiel des TMV dargelegt. Schlüsselenzym ist die RNA-abhängige RNA-Polymerase (RdRP), die durch direkte Translation der genomischen (+)-RNA gebildet wird. Dabei muß ein Stop-Codon von

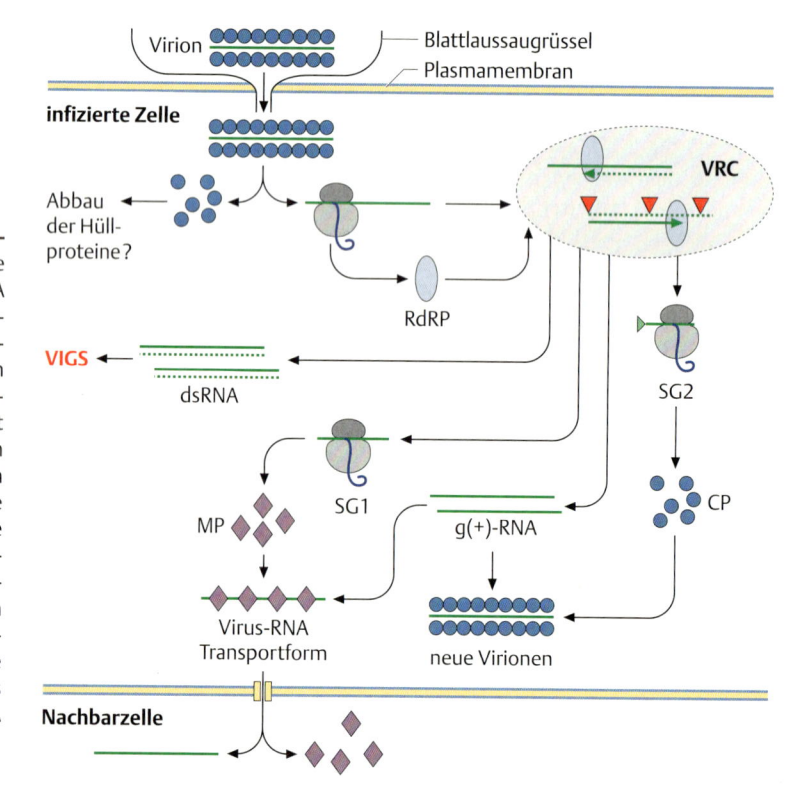

Abb. 20.19 Vermehrungszyklus des Tabakmosaikvirus. Nach Eindringen der Virionen in die Zelle wird die Hülle entfernt und die (+)-RNA dient als mRNA für die Translation der RNA-abhängigen RNA-Polymerase (RdRP). Die RdRP bildet zusammen mit der genomischen RNA und der daran synthetisierten (–)-RNA den sog. Virus-Replikationskomplex (VRC), der mit dem ER assoziiert ist und zusätzliche Wirtsproteine enthält. In diesem Komplex entstehen neue Virusgenome, aber auch subgenomische mRNAs (SG1 und SG2, rote Pfeilköpfe markieren die „Promotoren" für die RdRP), die für die Synthese der MP (Movement-Proteine) und CP (Hüllproteine) codieren. Virus-RNA wird mit Hüllproteinen zu neuen Virionen verpackt oder nach Beladen mit Movement-Proteinen durch die Plasmodesmen an benachbarte Zellen weitergegeben (s. auch Box **20.8**, Plus **20.12** S. 842). Die Bildung doppelsträngiger RNA führt zu virusinduziertem Gen-Silencing (VIGS, Abb. **20.20** S. 844).

Plus 20.11 Viroide

In Anbetracht der sehr kleinen Genome pflanzlicher Viren und deren nachhaltige Auswirkungen auf Wachstum und Entwicklung war es eine große Überraschung, als man 1971 zum ersten mal Viroide als Krankheitserreger identifizierte. Als erstes Beispiel für diese neue Form pflanzlicher Pathogene wurde das **Kartoffel-Spindelknollen-Viroid** mit 349 Nucleotiden (**PSTV**, potato spindel tuber viroid, Abb. **a**) identifiziert. Das RNA-Genom von Viroiden kann 250–425 Nucleotide groß sein, ist immer ringförmig und aufgrund intramolekularer Basenpaarungen zu einer charakteristischen Raumstruktur geformt. **Viroide** sind stets **proteinfrei**, werden also nicht verpackt. Ihre RNA codiert für kein Protein. Die etwa 35 verschiedenen Viroide sind bisher **nur bei Samenpflanzen** gefunden worden und werden in zwei Klassen eingeteilt (Plus **1.5** S. 30):

- Die überwiegende Mehrzahl gehört den **Pospiviroidae** an. Sie haben eine stäbchenförmige Struktur. Die **Replikation** wird im Zellkern durch RNA-Polymerase II katalysiert (Abb. **b**) und dementsprechend durch α-Amanitin blockiert. Die RNAPII stellt zunächst aus der Viroid-(+)-RNA eine Tandem-Mehrfachkopie der (–)-RNA her (**1**). Da die RNAPII dabei mehrfach um die zirkuläre Viroid-RNA herumliest, spricht man von einem „**Rolling-Circle-Mechanismus" der Replikation**. In einem zweiten Schritt wird diese Kopie in die entsprechende (+)-RNA umgesetzt (**2**). Diese wird durch eine RNase (**3**) an Stellen gespalten, die durch die Raumstruktur des Zwischenproduktes vorgegeben sind. Schließlich werden die Einzelmoleküle durch eine Ligase (**4**) zum Ring geschlossen. Die gesamte Verarbeitung der multimeren Form der Viroid-RNA erfolgt im Nucleolus, während sich die Replikation durch RNAPII (**1**, **2**) im Nucleoplasma abspielt.

- Die vier bisher bekannten **Avsunviroidae** haben eine stärker verzweigte Raumstruktur und werden in den Plastiden durch die NEP (Abb. **15.9** S. 505) repliziert (Hemmung durch Tagetitoxin). Die Prozessierung der Tandemkopie erfolgt dabei **autokatalytisch** durch die **Ribozymfunktionen** der Viroid-RNA. Die Existenz dieser sog. **Hammerhead-Ribozyme** wurde zum ersten Mal bei den Avsunviroidae nachgewiesen. Ihren Namen haben sie von der hammerkopfartigen Raumstruktur der Ribozymdomäne (Plus **1.4** S. 30).

Die Symptome einer Viroidinfektion sind denen einer Virusinfektion sehr ähnlich und zuweilen nicht weniger katastrophal. Auch Viroide kommen latent in vielen Pflanzen vor. Bestimmte Formen des PSTV sind schwach pathogen bei Tabak und tödlich für Tomate. Auf den Philippinen hat das einzige bisher bekannte Viroid an monokotylen Pflanzen, das **Cadang-Cadang-Viroid**, innerhalb weniger Jahre Millionen von Kokospalmen vernichtet. Die Übertragung erfolgt stets auf mechanischem Weg bzw. durch vegetative Vermehrung aus verseuchten Pflanzenteilen. Selten werden Viroide durch Pollen übertragen. Die besondere Verbreitung in den Tropen und Subtropen in Avocado-, Citrus- und Kokos-Kulturen beruht darauf, daß die Viroidreplikation und Ausbreitung bei höheren Temperaturen gefördert ist. Diese Wärmetoleranz verhindert auch die Eliminierung der Viroide durch Wärmebehandlung von Meristemen, eine Methode, die sonst sehr erfolgreich zur Gewinnung virusfreien Pflanzenmaterials angewendet wird (Box **16.21** S. 667).

Wie bei den Viren sind die **molekularen Mechanismen der Erkrankung** unklar. Es wird aber angenommen, daß die Viroid-RNA mit ihrer charakteristischen Raumstruktur Schlüsselproteine der Genexpression mit Affinität zu RNA aus der Wirtszelle bindet und damit Translation, Splicing oder miRNA-abhängige Prozesse stört bzw. zum Erliegen bringt.

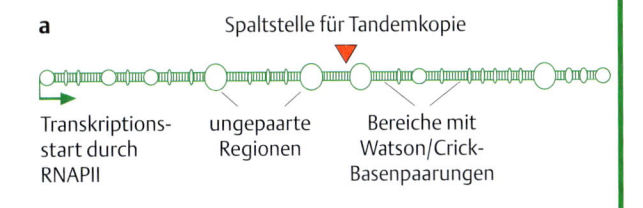

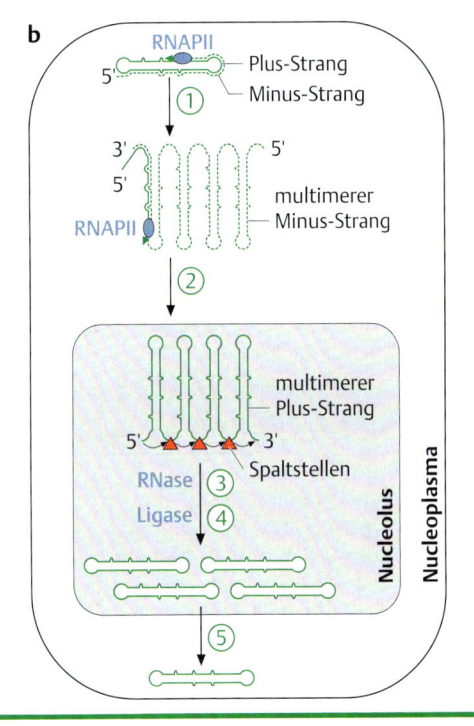

den Ribosomen mit Hilfe einer Tyr-Suppressor-tRNA überlesen werden (Box **20.8**). In einem **Virus-Replikationskomplex** am ER werden dann (−)-Kopien der genomischen RNA hergestellt, an denen wieder neue (+)-RNA entstehen können. Allerdings kann die RdRP auch an internen Promotoren auf der (−)-RNA ansetzen und damit kleinere (subgenomische) mRNAs für die Synthese des MP bzw. des CP ablesen. Das garantiert die ausreichende Menge dieser beiden Proteine. Grundsätzlich wird bei TMV und verwandten Viren jede mRNA nur als monocistronische mRNA gelesen (s. dagegen das Beispiel des CaMV, Box **20.9**).

Einige Besonderheiten der Genexpression in virusinfizierten Zellen ermöglichen die Synthese einer bemerkenswerten Vielfalt von Produkten bei dichtester Packung der genetischen Information (Details s. Boxen **20.8–20.10**). Zum Verständnis dieser Besonderheiten ist es nützlich, sich die Details der Translation ins Gedächtnis zurückzurufen (Kap. 15.7):

- Durch die **Bildung subgenomischer mRNAs**, ausgehend von internen Promotoren (TMV, Abb. **20.19** und Box **20.8**), können einzelne Teile der genetischen Information in unterschiedlichen Mengen zugänglich gemacht werden.

Box 20.8   Tabakmosaikvirus

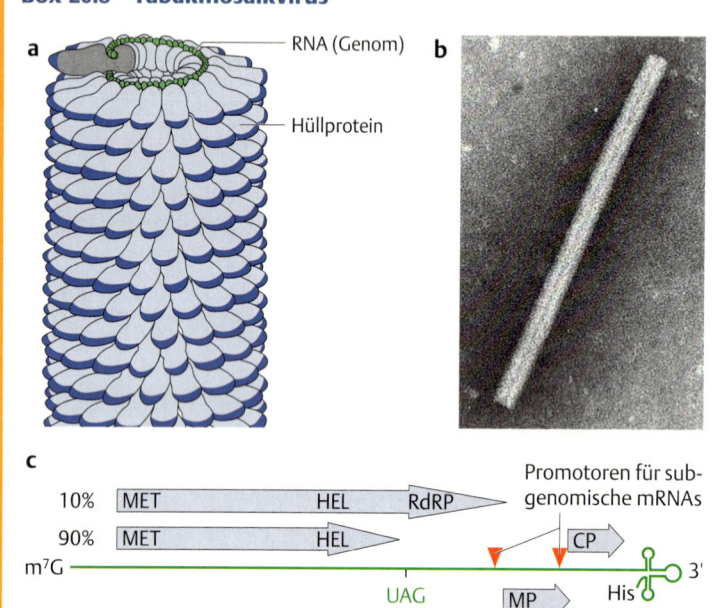

Die genomische RNA des TMV hat am 5'-Ende eine **m⁷G-Kappe** und am 3'-Ende eine **tRNA-artige Raumstruktur** (Abb. **c**). Prinzipien der Replikation und Genexpression sind in Abb. **20.19** dargestellt. Im Gegensatz zur Situation beim CaMV (Box **20.9**) gibt es im Fall des TMV nur monocistronische mRNAs, und alle haben die typische tRNA-artige Struktur am 3'-Ende. Die **genomische mRNA** codiert für zwei Typen von Proteinen, ein dominantes kleineres von 126 kDa mit einer Methyltransferase- (MET) und einer RNA-Helikase-Domäne (HEL) und etwa 10 % eines größeren Proteins von 183 kDa. Letzteres trägt die **RdRP-Domäne**, die als Teile eines Fusionsproteins aus den ORFs I und II durch Überlesen eines Stop-Codons entsteht, das beide ORFs trennt. Dieser „Trick" erfordert neben einer Suppressor-tRNA eine spezielle Nucleotidsequenz in unmittelbarer Nachbarschaft zum UAG-Stop-Codon, das als Tyr-Codon umgedeutet wird.
Übertragung: TMV wird nicht durch Insekten, sondern **durch Verwundung** übertragen, experimentell durch sanftes Abreiben der Blätter oder natürlich beim Wachstum in TMV-haltigen Böden. Die systemische Ausbreitung in den infizierten Pflanzen erfolgt über die neu synthetisierte (+)-RNA, die von Movement-Proteinen besetzt ist (Abb. **20.19**). Die vollständigen Virionen können nicht durch Plasmodesmen hindurchtreten, sind aber wohl für den Langstreckentransport im Phloem nötig (Plus **20.12** S. 842).

Das Tabakmosaikvirus (**TMV**) ist ein langgestrecktes stäbchenartiges Virion (300 nm Länge, 18 nm Durchmesser) mit einer **6,4 kb ss(+)-RNA als Genom**, das von 2130 Molekülen des **Hüllproteins** umgeben ist. Nach der überraschenden Kristallisation im Jahr 1935 (W. Stanley, USA) wurde TMV zu einem viel untersuchten Modellobjekt für selbstorganisierende Nucleinsäure/Protein-Komplexe (Abb. **a, b**). Das aus 158 Aminosäureresten bestehende Hüllprotein (CP) hat an den im Virion nach außen orientierten Domänen hydrophobe Aminosäurereste (dunkelblaue Markierung), die für die helikale Assemblierung verantwortlich sind. Die CPs selbst haben eine gewisse entropiegetriebene Tendenz zur Bildung von Oligomeren. Im Verband mit der genomischen TMV-RNA, die sich in Form einer Spirale im Innern der RNP-Komplexe befindet, entstehen die charakteristischen länglichen Virionen.

(**b**: Original: E. Mörschel)

Box 20.9 Blumenkohlmosaikvirus – ein Pararetrovirus

Das Blumenkohlmosaikvirus (CaMV, Cauliflower mosaic virus) gehört zu den ds-DNA-Viren. Die Virionen mit einem Durchmesser von 52 nm haben ikosaedrische Gestalt. Wegen der Besonderheiten bei der Vermehrung mit reverser Transkriptase als Schlüsselenzym werden sie – wie das Hepatitis-B-Virus des Menschen – auch als **Pararetroviren** bezeichnet. Nach der Infektion gelangt das zirkuläre Genom in den Kern der Wirtszelle und wird dort mit Histonen zu einem Minichromosom verpackt. Ausgehend von einem starken Promotor wird nun eine **genomische RNA-Kopie** abgelesen, die im Cytoplasma sowohl als Matrize für die Herstellung einer **genomischen cDNA** als auch als **polycistronische mRNA** für die Translation dient. Die genomische DNA wird mit 420 Molekülen des Hüllproteins zu Virionen verpackt, die man in elektronendichten Einschlußkörperchen (engl.: inclusion bodies) in den infizierten Zellen finden kann. Nach dem Sedimentationswert des genomischen Transkripts von 35S (Box **1.12** S. 30) wurde der Promotor als **35S-Promotor** bezeichnet (roter Pfeilkopf im Schema). Er ist in fast allen Pflanzenzellen hochaktiv und wird daher als universelles Steuerungselement von Expressionsvektoren für Pflanzen genutzt (Abb. **13.31** S. 432).

Genexpression: Drei mRNAs (grün) stehen für die Synthese der CaMV-Proteine zur Verfügung. Aus der **35S-mRNA** entsteht durch Splicing noch eine verkleinerte Form einer polycistronischen **mRNA** (**30S**), bei der im 5'-Bereich die ORFs VII und I als Intron entfernt wurden. Darüberhinaus wird von einem internen Promotor noch eine monocistronische **mRNA** (**19S**) für den **Translationsaktivator TAV** abgelesen. Alle mRNAs haben normale Eigenschaften pflanzlicher mRNAs mit einer 5'-Kappe und einem poly(A)-Schwanz am 3'-Ende. Aber zwei von ihnen (35S- und 30S-mRNA) sind eben polycistronisch mit sieben bzw. fünf ORFs (blaue Pfeile im Schema), die sich in allen drei möglichen Leserastern befinden (s. Anordnung der blauen Pfeile). Das Geheimnis der Translation der **polycistronischen mRNAs** liegt in der Mitwirkung des TAV am Translationsapparat. Dieses CaMV-codierte Protein bindet an Proteine der ribosomalen 60S-Untereinheit und an Initiationsfaktoren und ermöglicht dadurch offensichtlich die unmittelbare **Reinitiation an internen AUGs** nach Passieren eines Terminationscodons. Dieser Prozeß ist Cap-unabhängig, und die beiden ORFs können mehr als 600 Nucleotide voneinander entfernt liegen (ORF V und VI) oder sie können sogar ein bißchen überlappen (ORF IV und V).

Verbreitung und Infektion: Die systemische Ausbreitung geschieht durch Transport der Virionen durch die Plasmodesmen. Dabei wird das Movement-Protein an das VAP in der Virushülle gebunden. Für die Infektion der Pflanzen dienen **Blattläuse als Überträger**, in deren Vorderdarm Virionen aus dem Phloemsaft infizierter Pflanzen verankert sind. Für diese selektive Verankerung im Insekt sorgt ein Rezeptor, der das ATF-Protein bindet. Da diese Bindung relativ stabil ist, kann das Virus eine ganze Weile auf andere Pflanzen übertragen werden. Man spricht von einer **semipersistenten Übertragung** (s. Text).

Tabelle: ORFs des CaMV.

ORF	Protein	Funktion
I	Movement-Protein (MP)	Weitergabe der Virionen zwischen Zellen
II	ATF (aphid transmission factor)	bindet an VAP und dient der Verknüpfung mit dem Rezeptor im Vorderdarm der Blattläuse
III	Virion-assoziiertes Protein (VAP)	Teil der Virushülle; dient der Verankerung von ATF oder des MP am Virion
IV	Hüllprotein (CP, coat protein)	420 CP bilden die Hülle der Virionen
V	**Multienzym mit DNA-Polymerase-, Protease-, RNaseH- und Reverse Transkriptase-Funktion (POL)**	Synthese der genomischen cDNA aus der 35S-mRNA als Matrize
VI	Translationsaktivator (TAV)	vermittelt die interne Initiation an den polycistronischen mRNAs
VII	unbekanntes Protein	

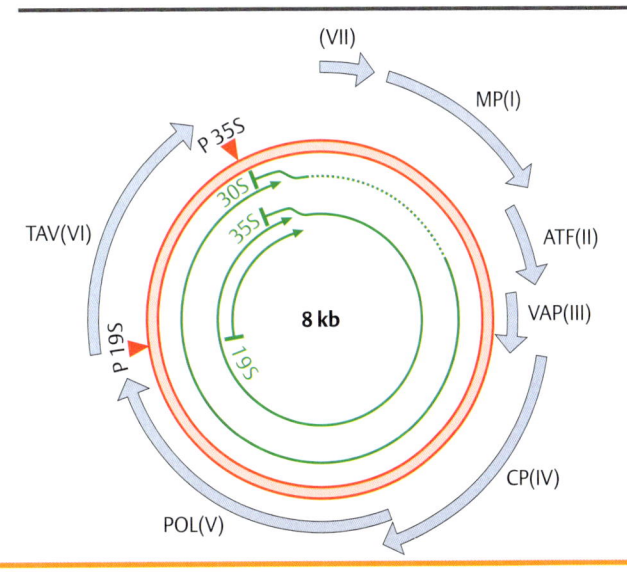

Box 20.10 Potyviren

Die Potyviren (PV) sind **langgestreckte, stäbchenförmige Virionen** mit einer helikalen Hülle aus etwa 2000 CPs, ähnlich wie beim TMV (Box **20.8**). Die genetische Information befindet sich auf einer **ss(+)-RNA** von etwa 10 kb, die im Cytoplasma **polyadenyliert** und am 5'-Ende kovalent mit einem viruscodierten Protein (**VPg**) modifiziert ist. Die PV gehören in die große Gruppe der **Picornaviren**, die auch beim Menschen weit verbreitete Krankheitserreger sind (Polio-, Encephalomyokarditis- (EMCV), Maul- und Klauenseuche-Virus). Die Translation führt zur Bildung eines Riesenproteins von etwa 350 kDa (**Polyprotein**), das posttranslational durch viruscodierte Endoproteasen (Pro, HC-Pro) in seine Funktionseinheiten zerlegt wird. Die virusspezifische Translation ist Cap-unabhängig. Die selektive Translation der viralen RNA in den Wirtszellen kann daher durch Modifizierung des Cap-Bindungskomplexes (**eIF4E**) verstärkt werden. Der Replikationszyklus der PV ist dem von TMV ähnlich (Abb. **20.19**).

PV sind die häufigsten pflanzlichen Viren. Einige von ihnen sind milde Pathogene, deren Symptome in der Zierpflanzenzüchtung seit Jahrhunderten genutzt worden sind, wie z. B. das Tulip-breaking-Virus (Plus **20.10** S. 835). Die **Übertragung** erfolgt durch **Blattläuse** und ist **nicht persistent**. Für die Übertragung sind Erkennungsmerkmale im Hüllprotein und ein viruscodiertes Helferprotein (**HC-Pro**, engl.: helper component proteinase) erforderlich. Das gilt auch für den Transfer zwischen den Zellen. HC-Pro ist als **multifunktionelles Protein** außerdem Endoproteinase für die Prozessierung des Polyproteins.

Am Beispiel des **Tabak-Ätz-Mosaik-Virus TEV** (engl.: tobacco etch virus) können wir einen interessanten molekularen Trick für die Bildung des 43S-Prä-Initiationskomplexes an der mRNA ohne Mitwirkung einer Kappenstruktur, die sog. **interne Initiation**, studieren. Der Schlüssel liegt in Besonderheiten der 143 Nucleotide langen 5'-UTR (Abb. **b–d**). Eine kurze Region zwischen den Nucleotiden 28 und 77 (PK1) besteht aus einer Reihe von Sequenzmotiven (S1–S4, engl.: stem), die jeweils paarweise zueinander invers komplementär sind (Abb. **c**). S1 (grün) kann mit S3 (rot) paaren und S2 (blau) kann mit S4 (gelb) paaren. Das führt zu einer komplexen, scheinbar verknoteten (engl.: knotted) Raumstruktur der RNA, die wir als **Pseudoknot** bezeichnen und die zwei doppelhelikale Bereiche und entsprechende Schleifen (L1–L3, engl.: loop) dazwischen aufweist. Die Struktur ist in Abb. **d** in vereinfachter, 2-dimensionaler Ansicht wiedergegeben (gelb hinterlegt). Die Richtung der Pfeile und die virtuellen Verbindungslinien kennzeichnen den Verlauf der Sequenz vom 5'- zum 3'-Ende.

Als Ergebnis dieser **RNA-Faltung** entsteht eine markante Struktur in der 5'-UTR, bei der die Pyrimidin-reiche Sequenz der L3-Schleife exponiert wird und so direkt mit einer Purin-reichen Sequenz der 18S-rRNA der kleinen ribosomalen Untereinheit wechselwirken kann (rote Pfeile in Abb. **d**). Die besondere Qualität und Effizienz solcher viraler Verstärker der Translation hat natürlich die Gentechniker veranlaßt, die 5'-UTR des TEV in pflanzliche Expressionsvektoren einzubauen (Abb. **13.31** S. 432).

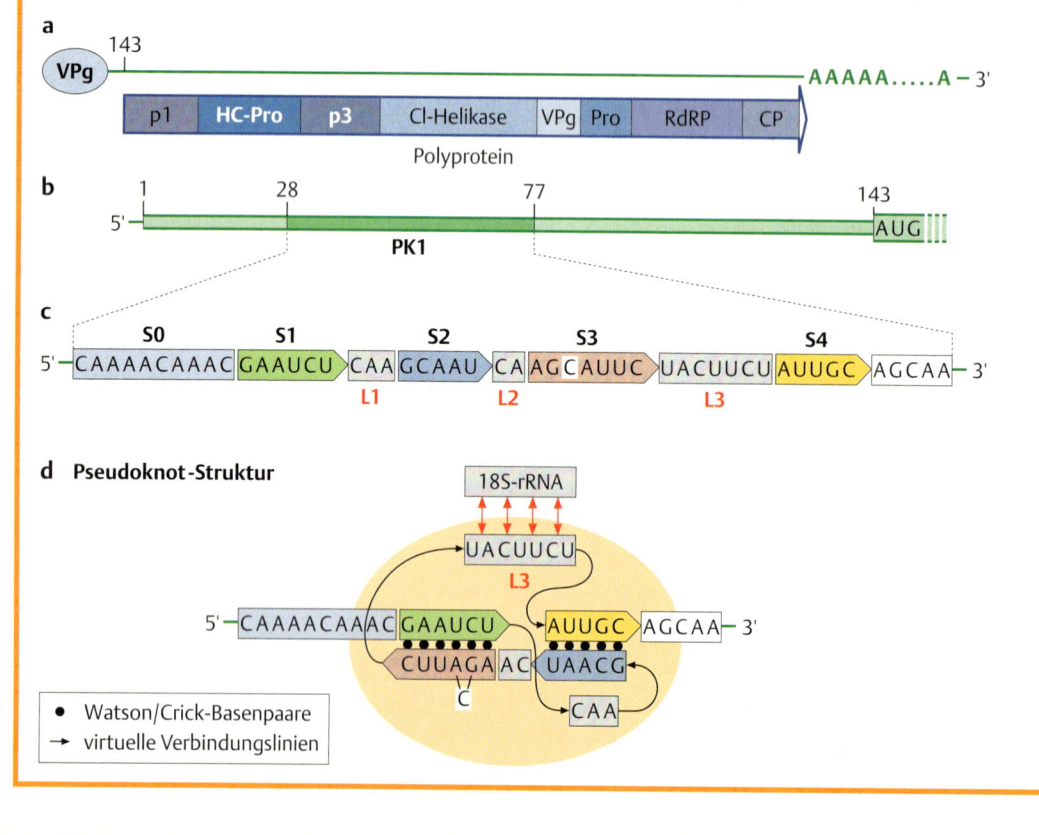

- Bei der größten Gruppe von ss(+)RNA-Viren, den Potyviren, wird das ganze Genom in ein **Polyprotein** translatiert, das anschließend an wohl definierten Stellen durch **Endoproteinasen prozessiert** wird (Box **20.10**). Das ist das Muster der auch bei Tieren weit verbreiteten Picornaviren.
- Bei den Pararetroviren (Box **20.9**) entstehen **polycistronische mRNAs**, deren Translation in einzelne Proteine durch **interne Reinitiation** unter Mitwirkung eines Virusproteins ermöglicht wird.
- Häufig finden wir **multifunktionelle Proteine**, z. B. die RdRP von TMV, die außerdem eine Methyltransferase- (Capping?) bzw. RNA-Helikase-Funktion hat (Box **20.8**). Andere Beispiele finden wir in der Box **20.9** und in der Box **20.10**.
- Durch gelegentliches **Überlesen eines Stop-Codons** mittels einer Suppressor-tRNA können alternativ kleinere oder größere Proteine entstehen. Das Stop-Codon für die Synthese der RdRP bei TMV liegt im Leseraster (Box **20.8**). In anderen Fällen können die Ribosomen am Stop-Codon auch einen Shift im Leseraster um ein Nucleotid machen. In beiden Fällen kommt es zur gelegentlichen **Fusion zweier** ursprünglich getrennter **Leseraster**.
- **Leseraster**, die ineinander **verschachtelt** sind, können getrennt voneinander gelesen werden, weil die ribosomale Maschine beim Scannen der 5'-untranslatierten Region nicht so präzise arbeitet und **mehrere AUGs als Startpunkte** auswählt. Die relative Affinität der AUGs, d. h. der Sequenzkontext in ihrem Umfeld (Kap. 15.7), entscheidet über die Häufigkeit der Erkennung durch den Prä-Initiationskomplex.
- Es gibt eine Variabilität in der Struktur der **5'- bzw. 3'-Enden der Virus-mRNAs**. Bei einigen Viren (Box **20.9**) haben wir es mit normalen eukaryotischen mRNAs zu tun, d. h. sie besitzen eine Kappe am 5'-Ende und einen poly(A)-Schwanz am 3'-Ende. Bei anderen Viren ist die Kappe jedoch durch kovalente Verknüpfung mit einem viralen Protein ersetzt (Box **20.10**) oder das 3'-Ende wird von einer komplexen, tRNA-artigen Raumstruktur gebildet, die häufig auch mit der entsprechenden Aminosäure beladen wird (Box **20.8**). In jedem Fall werden auch diese ungewöhnlichen Strukturen am 5'- und am 3'-Ende durch die Initiationsfaktoren eIF4E und eIF4G erkannt, und es bildet sich die uns schon bekannte ringförmige Struktur des Translationskomplexes aus (Abb. **15.28** S. 541).

20.7.3 Wege der Infektion und Verbreitung

Die **Übertragung der Viren** von infizierten auf nicht infizierte Pflanzen stellt ein besonderes Problem dar. In seltenen Fällen gelangen Viren nach mechanischen Verletzungen in die Wunden (TMV). Viel häufiger werden sie allerdings durch Insekten, hauptsächlich durch **beißend-saugende Insekten** als Vektoren übertragen. Zu den Überträgern gehören in erster Linie **Blattläuse**, aber auch Zikaden und die Weiße Fliege. Praktisch alle Blattlausarten übertragen Viren, einige bis zu 30 verschiedene. Die geflügelten Formen der Blattläuse können sich in den höheren Luftschichten bis zu 1000 km treiben lassen, also auch weit entfernte Wirtspflanzen erreichen. Wirtspflanze, Vektoren und Virus haben über eine lange Periode der Coevolution eine eigenartig abgestimmte Gemeinschaft mit speziellen Anpassungen gebildet. Wir unterscheiden drei **Formen der Übertragung**:

- **Nicht-persistent**: Die Viren bleiben direkt im Saugrüssel hängen und können so nur für kurze Zeit (Minuten bis Stunden) an uninfizierte Pflanzen weitergegeben werden (Box 20.8).
- **Semipersistent**: Die Viren werden über spezifische Rezeptoren an der Wand des Vorderdarms gebunden und können aus diesem Reservoir für mehrere Tage übertragen werden (Box 20.9).
- **Persistent**: Die Viren zirkulieren im Vektor, indem sie das Darmepithel überwinden, sich im Hämocoel ausbreiten und schließlich über die Speicheldrüse wieder in Pflanzen gelangen. In einigen Fällen können solche Pflanzenviren in ihrem Vektor sogar vermehrt werden. Die Fähigkeit zur Übertragung besteht also lebenslänglich und kann an die nächste Generation weitergegeben werden.

Die **systemische Ausbreitung** der Viren vom Infektionsherd über die gesamte Pflanze erfolgt durch Zell-/Zell-Transport über die **Plasmodesmen** bzw. über das **Phloem** (Abb. 20.19 S. 836 und Plus 20.12). Diese Eigenschaften sind von besonderer Tragweite für die erfolgreiche Evolution pflanzlicher Viren aber natürlich auch für die schwerwiegenden Konsequenzen einer Viruserkrankung für die betroffene Pflanze. Schlüssel für die Passage durch die Plasmodesmen sind sog. **Movement-Proteine** (MPs), die auf dem Virusgenom codiert sind. Sie verbinden sich zum einen mit der genomischen RNA zu einer speziellen Transportform (Virus-RNP, Abb. 20.19), zum anderen auch mit Virionen. Solche MPs sorgen sowohl für die Erkennung an den Plasmodesmen als auch für die Erweiterung des Kanals für den Transfer (Plus 18.4 S. 726). Als Paradebeispiel für dieses interessante Phänomen dient das TMV (Plus 20.12). Die MPs

---

Plus 20.12   Systemische Ausbreitung von Pflanzenviren

Es war ein Meilenstein in der Geschichte der Pflanzenforschung, als in der 2. Hälfte des vorigen Jahrhunderts TMV-Partikel auch in den Plasmodesmen und Siebröhren von infizierten Tabakpflanzen nachgewiesen werden konnten. Offensichtlich beruhte das Geheimnis der systemischen Ausbreitung einer Virusinfektion auf der direkten Weitergabe von Zelle zu Zelle und schließlich auf einem Ferntransport im Phloem. Wie aber geht ein „Virus-Kamel" durch das viel zu kleine Nadelöhr der Plasmodesmen? Eine temperatursensitive (ts-)Mutante des TMV war der Schlüssel zur Lösung dieser spannenden Frage. Diese Mutante konnte sich bei erhöhten, sog. nicht-permissiven Temperaturen, noch vermehren; die systemische Ausbreitung war aber unterbrochen. Der ts-Defekt lag in einem Protein von 30 kDa, das später als **Movement-Protein** (MP) bezeichnet wurde. Als **ss-RNA-Bindeprotein** verbindet sich das MP mit den neu gebildeten ss(+)-RNA-Strängen und verpackt sie in **fadenartige TMV-RNP**. Nicht das 18 nm dicke Virion mit den Hüllproteinen, sondern diese spezielle **Transportform des TMV** von 2 nm Dicke wird zusammen mit einem als Chaperon bezeichneten Helferprotein durch die Plasmodesmen in die Nachbarzelle übertragen. Das MP ist dabei nicht nur Verpackungsmaterial, sondern es weitet zugleich auch den Kanal auf (1, 2). Bei dem Transfer wird das MP offensichtlich durch eine **Proteinkinase** am Kanal phosphoryliert und verliert damit seine Affinität für die Virus-RNA (3, 4). In der Nachbarzelle steht die RNA für Translation, aber auch für die Bildung neuer (−)-RNA im VRC zur Verfügung (Abb. 20.19). Die Prinzipien sind bei anderen Viren ähnlich, wenn auch spezifische Details von dem hier gegebenen Bild abweichen können (nach Lucas 2006).

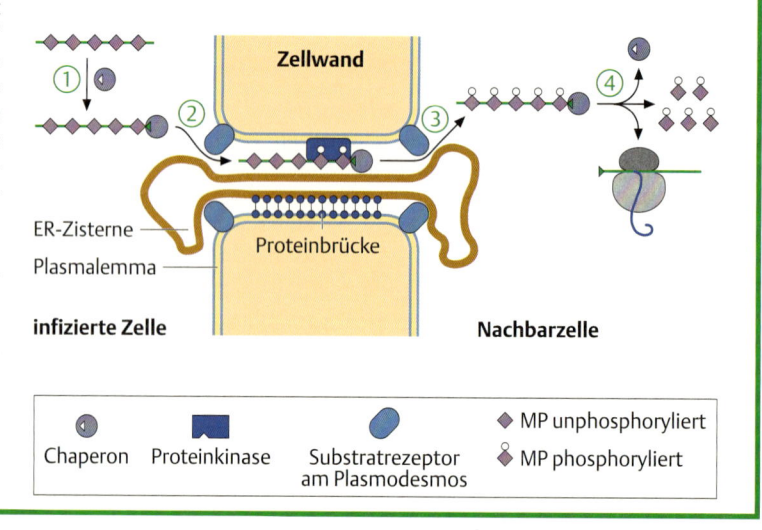

bzw. mit ihnen assoziierte Helferproteine haben in vielen Fällen auch etwas mit der Verbreitung von Viren durch Insekten als Vektoren zu tun. Die Details sind ebenso vielfältig wie die Besonderheiten der Übertragung, Vermehrung und Ausbreitung der Viren (Boxen **20.8–20.10**).

20.7.4 Pflanzliche Abwehr gegen Viruserkrankungen

Virusinfektionen tragen ganz erheblich zur Ertrags- und Qualitätsminderung von Kulturpflanzen bei. Daher haben Virologen seit Jahrzehnten umfangreiche Untersuchungen über mögliche Resistenzmechanismen angestellt. Da viele Viren – wie andere Pathogene auch – sehr spezifisch auf ihre Wirtspflanzen eingestellt sind, hat die überwiegende Zahl der Viren bei den meisten Pflanzen gar keine Chance, sich zu vermehren (**Nicht-Wirts-Resistenz**). Auf der anderen Seite gibt es aber auch Viren wie das Gurkenmosaik-Virus, das mehr als 800 verschiedene Pflanzenarten infizieren kann – in vielen Fällen allerdings, ohne starke Krankheitssymptome hervorzurufen. Wenn man von Virusresistenz spricht, dann meint man im allgemeinen **Wirts-Resistenz**, d. h. bestimmte Genotypen einer Kulturpflanzensorte sind anfällig und andere sind resistent. Die molekularen Mechanismen, die den beiden Grundtypen von Resistenz zugrunde liegen, müssen aber nicht grundsätzlich verschieden sein. Wir können drei Haupttypen der Wirts-Resistenz unterscheiden:

- **Zelluläre Resistenz**: Da die gesamte Entwicklung eines Virus von der Infektion über die Freisetzung des Virusgenoms, den intrazellulären Transport, die Translation, die Replikation und schließlich die Verpackung zu neuen Virionen (Abb. **20.19** S. 836) Voraussetzungen für die Ausbildung der Krankheitssymptome sind, können auch alle Gene, deren Produkte an den virusinduzierten Prozessen beteiligt sind, zu Resistenzgenen werden. Ohne Virusvermehrung gibt es auch keine Verbreitung in andere Zellen oder Gewebe und daher auch keine Symptome. Beispiele für solche Resistenzen sind Veränderungen in den Genen für die Translationsfaktoren eIF4E bzw. eIF4G, weil diese für die Bildung der translationsfähigen Superstruktur der Virus-mRNA-Komplexe notwendig sind (Kap 20.7.2).

- **Hypersensitiver Zelltod** (**HR**, engl.: hypersensitive reaction): Wie bei anderen Pathogenen (Plus **20.6** S. 824) kann auch eine Virusinfektion die Bildung von ROS durch die **membranständige NADPH-Oxidase** auslösen. Das kann zum raschen Absterben der Zellen im Umfeld des Infektionsherdes und damit zum Ende einer Infektion führen. Wir sehen die Symptome einer solchen Infektion in Form kleiner Gruppen nekrotischer Zellen an dem betroffenen Pflanzenorgan. Ein Beispiel einer solchen Abwehr ist mit dem Resistenzgen *N* von *Nicotiana glutinosa* verbunden. Das N-Protein fördert als Signaltransduktionskomponente die HR-Reaktion nach TMV-Infektion. Wenn das aktive N-Genprodukt fehlt, wie in den Wildformen von *N. tabacum*, dann kann sich das TMV ungehindert ausbreiten (Abb. **20.18** S. 834).

- **Virusinduziertes Gen-Silencing** (**VIGS**): Dem Phänomen liegen die gleichen Mechanismen zugrunde, wie wir sie als **PTGS** (engl.: posttranscriptional gene silencing) im Zusammenhang mit der Entstehung und Wirkung von Mikro-RNAs kennengelernt hatten (Plus **18.3** S. 722). Die Bildung von siRNAs mit 21–24 Nucleotiden sind Voraussetzung für die Spaltung von Virus-mRNA durch den RISC-Komplex (Abb. **20.20**). Da die siRNAs auch die Spaltung der mRNA verwandter Viren vermitteln, kann man in der Praxis die Infektion mit schwachen oder abgeschwächten Viren nutzen, um Pflanzen gegen stark patho-

Abb. 20.20 VIGS und Anti-VIGS. Doppelsträngige Virus-RNAs, die entweder als Sekundärstruktur aus einer ssRNA oder aber als Ergebnis der Replikation entstehen (Abb. **20.19** S. 836), sind die Ausgangsbasis für die Bildung von siRNAs mit 21–24 Nucleotiden durch den DICER-Komplex (**1a**, **1b**). Dem folgt die Spaltung von Virus-mRNA durch den RISC-Komplex (**3a**, **3b**). Die Population der siRNAs kann durch Einwirkung der RdRP amplifiziert werden (**2**), und die siRNAs können über die Plasmodesmen an benachbarte Zellen weitergegeben werden (**4**), sodaß sich das Silencing-Signal schließlich über das Phloem systemisch ausbreiten kann (Plus **20.12** S. 842). Spezialisierte Virusproteine hemmen einzelne Stufen dieser Prozesse und verhindern damit die wirksame Abwehr der Wirtspflanze (Anti-VIGS, rote Hemmblöcke).

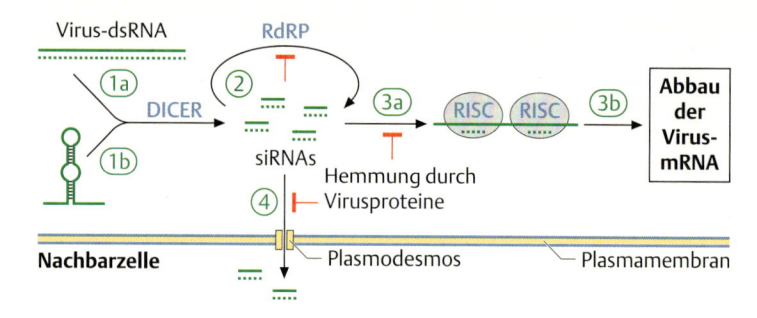

gene Viren zu schützen. Daher stammt auch der Ausdruck der **RNA-Immunität** für diesen Vorgang. Das System funktioniert so gut, daß Molekularbiologen daraus ein gentechnisches Instrument entwickelt haben, um gezielt Pflanzengene in ihrer Expression auszuschalten (Plus **20.13**). Aber dieses antivirale PTGS ist ganz offensichtlich nicht das Ende aller Virusinfektionen. Die Viren haben im Verlauf der Coevolution mit ihren Wirtspflanzen wirkungsvolle Anti-VIGS-Mechanismen entwickelt. Bisher kennt man mehr als 30 viruscodierte Proteine, die das durch Viren ausgelöste PTGS an der einen oder anderen Stelle stören können (rote Hemmpfeile in Abb. **20.20**).

Plus 20.13 VIGS als experimentelle Methode

Die molekularbiologische Analyse der PTGS in virusinfizierten Pflanzen hat zur Entwicklung einer gentechnisch nutzbaren Variante, dem **virusinduzierten Gen-Silencing** (**VIGS**), geführt (Abb. **20.20**). Wie schon in Plus **13.11** S. 418 ausgeführt, besteht ja ein großes Problem für die Pflanzengenetik darin, daß man die Funktion von Genen nicht gezielt ausschalten kann, um dann den Effekt dieses Genausfalls (**Knock-out-Mutanten**) zu studieren. Bei vielen Mikroorganismen, aber auch Tieren inkl. Säugetieren ist das möglich, aber nicht bei Pflanzen. Die experimentelle Erzeugung von siRNA mit Sequenzhomologie zu dem gewünschten Zielgen bietet nun endlich diese lang gesuchte Möglichkeit, wenn auch auf eine ganz andere Weise. Der pflanzliche Apparat zur Erzeugung der Mikro-RNAs (miRNAs) mit den Enzymkomplexen DICER und RISC (Plus **18.3** S. 722) muß nur in geeigneter Weise umprogrammiert werden, wie das auch im Fall einer Virusinfektion geschieht (Abb. **20.20**). Wir sprechen in diesem Fall von **Knock-down-Mutanten**, weil ja nicht das Gen selbst, sondern seine Expression betroffen ist.

Als guter Vektor für die gentechnische Nutzung von VIGS hat sich das Breitbandvirus TRV (tobacco rattle virus) herausgestellt. Dieses stäbchenförmige (+)-RNA-Virus wird durch Nematoden oder mechanisch übertragen und kann insgesamt mehr als 400 Pflanzenarten infizieren. Details der Struktur und der Vermehrung sind der des TMV sehr ähnlich (Box **20.8** S. 838), aber das Genom des TRV ist zweiteilig. Um einen effizienten Vektor bereitzustellen, werden zwei gentechnisch manipulierte DNA-Kopien von Teilen des TRV-Genoms (Abb. **a**, **b**) zwischen die LB und RB der T-DNA in Ti-Plasmide von *Agrobacterium tumefaciens* (Kap. 20.6.2) eingebaut. Kassette **a** codiert für die *RdRP* und das *MP*, während auf der Kassette **b** das *CP* und das eigentliche Zielgen codiert sind. Zur Induktion der PTGS reichen im allgemeinen Teile des Zielgens. In allen Fällen wird die starke Transkription durch den CaMV-35S-Promotor (Box **20.9** S. 839) und eine geeignete Terminatorregion (T) gewährleistet. Die modifizierten Ti-Plasmide werden gemeinsam zur Agrobakterien-vermittelten Transformation der Zielpflanze verwendet (s. auch Kap. 13.12). Nach der Transkription der viralen RNAs in der transgenen Pflanze können sich die Viren autonom vermehren und systemisch ausbreiten. Die starke Expression der siRNA-Kassette löst das virusinduzierte Silencing des Zielgens aus. Mit dieser Technik kann man auch die Wirkung von Genen studieren, deren Ausfall embryoletal wäre. Die Methode stellt also zugleich eine wertvolle Ergänzung zur Transformation der Keimbahn dar (Kap. 13.12).

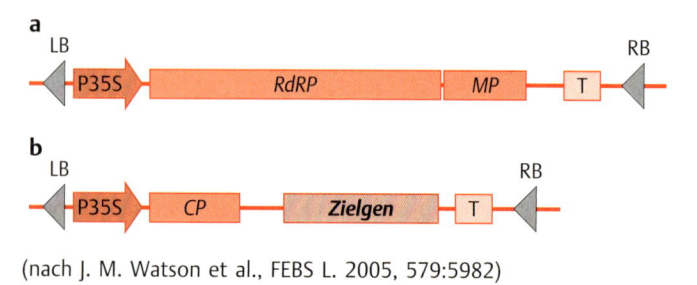

(nach J. M. Watson et al., FEBS L. 2005, 579:5982)

Anhang

Anhang

Weiterführende Literatur... 847

Sachverzeichnis... 858

Weiterführende Literatur

Bücher

Biologie allgemein, Botanik, Morphologie

Braune, W., Leman, A., Taubert, H.: Pflanzenanatomisches Praktikum I: Zur Einführung in die Anatomie der Vegetationsorgane der Samenpflanzen. 9. Aufl., Spektrum Akademischer Verlag, Heidelberg 2007

Campbell, N. A., Reece, J. B.: Biologie. 6. Aufl., Pearson Studium, München 2006

Eschrich, W.: Funktionelle Pflanzenanatomie. Springer Verlag, Berlin 1995

Franke, W., Lieberei, R., Reisdorff, C.: Nutzpflanzenkunde. 7. Aufl., Thieme Verlag, Stuttgart 2007

Goodsell, D. S.: The machinery of life. Springer Verlag, New York 1993

Jahn, I. (Hrsg.): Geschichte der Biologie. 3. Aufl., Gustav Fischer Verlag, Jena 1998

Jurzitza, G.: Anatomie der Samenpflanzen. Thieme Verlag, Stuttgart 1987

Köhler, W., Schachtel, G., Voleske, P.: Biostatistik. 4. Aufl., Springer Verlag, Heidelberg 2007

Lewis, W. H., Elvin-Lewis, M. P. F.: Medical botany. 2. ed., Wiley, New York 2003

Lexikon der Biologie in 15 Bänden, Spektrum Akademischer Verlag, Heidelberg 1999–2004

Lüttge, U. (ed.): Ecological studies vol. 76: Vascular plants as epiphytes: evolution und ecophysiology. Springer Verlag, Berlin 1989

Lüttge, U., Kluge, M., Bauer, G.: Botanik. 5. Aufl., Wiley-VCH, Weinheim 2005

Nabors, M. W.: Introduction to botany. Pearson Studium, München 2007

Sitte, P., Weiler, E. W., Kadereit, J. W., Bresinsky, A., Körner, C.: Strasburger Lehrbuch der Botanik. 35. Aufl., Spektrum Akademischer Verlag, Heidelberg 2002

Wagenitz, G.: Wörterbuch der Botanik. 2. Aufl., Spektrum Akademischer Verlag, Heidelberg 2003

Wanner, G.: Mikroskopisch-Botanisches Praktikum. Thieme Verlag, Stuttgart 2004

Wehner, R., Gehring W.: Zoologie. 24 Aufl., Thieme Verlag, Stuttgart 2007

Chemie, Biochemie

Atkins, P. W.: Kurzlehrbuch Physikalische Chemie. 3. Aufl., Wiley-VCH, Weinheim 2002

Berg, J. M., Tymoczko, J. L., Stryer, L.: Biochemie. 6. Aufl., Spektrum Akademischer Verlag, Heidelberg 2007

Bisswanger, H.: Enzymkinetik: Theorie und Methoden. 3. Aufl., Wiley-VCH, Weinheim 2000

Buchanan, B. B., Gruissem, W., Jones, R. L. (eds.): Biochemistry and molecular biology of plants. American Soc. of Plant Physiologists, Rockville, MD 2006

Doenecke, D., Koolman, J., Fuchs, G., Gerok, W.: Karlsons Biochemie und Pathobiochemie. 15. Aufl., Thieme Verlag, Stuttgart 2005

Ehlers, E.: Chemie II: Kurzlehrbuch Organische Chemie. 7. Aufl., Deutscher Apotheker Verlag, Stuttgart 2005

Frausto da Silva, J. J. R., Williams, R. J. P.: The biological chemistry of the elements. 2. ed., Oxford Univ. Press, Oxford 2001

Harborne, J. J.: Introduction to ecological biochemistry. 4. ed., Academic Press, London 1993

Heldt, H. W.: Pflanzenbiochemie. 3. Aufl., Spektrum Akademischer Verlag, Heidelberg 2003

Lottspeich, F., Engels, J. W. (Hrsg.): Bioanalytik. 2. Aufl., Spektrum Akademischer Verlag, Heidelberg 2006

Milgrom, L. R.: The colours of life. Oxford Univ. Press, Oxford 1997

Mortimer, C. E., Müller, U.: Chemie: Das Basiswissen der Chemie. 9. Aufl., Thieme Verlag, Stuttgart 2007

Nuhn, P.: Naturstoffchemie: Mikrobielle, pflanzliche und tierische Naturstoffe. Hirzel Verlag, Stuttgart 2006

Richter, G.: Biochemie der Pflanzen. Thieme Verlag, Stuttgart 1996

Roth, L., Daunderer, M., Kormann, K.: Giftpflanzen – Pflanzengifte. Nikol Verlagsges., Hamburg 2006

Roth, L., Kormann, K.: Duftpflanzen, Pflanzendüfte. Ecomed, Landsberg/Lech 1997

Schäfer, B.: Naturstoffe der chemischen Industrie. Spektrum Akademischer Verlag, Heidelberg 2007

Schuster, W. H.: Ölpflanzen in Europa. DLG-Verlag, Frankfurt a. M. 1992

Schweppe, H.: Handbuch der Naturfarbstoffe. Ecomed, Landsberg/Lech 1993

Mikroorganismen, Niedere Pflanzen

Esser, K.: Kryptogamen Bd.1: Cyanobakterien, Algen, Pilze, Flechten. 3. Aufl., Springer Verlag, Heidelberg 2000

Fuchs, G. (Hrsg.): Allgemeine Mikrobiologie. 8. Aufl., Thieme Verlag, Stuttgart 2007

Hoek, C. van den, Jahns, H. M., Mann, D. G.: Algen. 3. Aufl., Thieme Verlag, Stuttgart 1993

Lengeler, J. W., Drews, G., Schlegel, H. G. (eds.): Biology of the prokaryotes. Thieme Verlag, Stuttgart 1999

Madhani, H. D.: From a to α: yeast as a model for cellular differentiation. Cold Spring Harbor Lab. Press, Cold Spring Harbor, NY 2007

Madigan, M. T., Martinko, J. M., Thomm, M.: Brock Mikrobiologie. 11. Aufl., Pearson Studium, München 2006

Neidhardt, F. C. (ed.): *Escherichia coli* and *Salmonella*: cellular and molecular biology. 2 vols., 2. ed., ASM Press, Washington DC 1996

Osiewacz, H. D. (ed.): Molecular biology of fungal development. Marcel Dekker Inc., New York 2002

Pflanzenphysiologie

Chrispeels, M. J., Sadava, D. E.: Plants, genes, and crop biotechnology. 2. ed., Jones and Bartlett, Sudbury, MA 2003

Davies, P. J. (ed.): Plant hormones: biosynthesis, signal transduction, action. 3. ed., Kluwer, Dordrecht 2004

Häder, D.-P. (Hrsg.): Photosynthese. Thieme Verlag, Stuttgart 1999

Larcher, W.: Ökophysiologie der Pflanzen. 6. Aufl., Ulmer Verlag, Stuttgart 2001

Lösch, R.: Wasserhaushalt der Pflanzen. 2. Aufl., Quelle & Meyer Verlag, Wiebelsheim 2003

Mengel, K.: Ernährung und Stoffwechsel der Pflanze. 7. Aufl., Gustav Fischer Verlag, Jena 1991

Nentwig, W., Bacher, S., Brandl, R.: Ökologie kompakt. Spektrum Akademischer Verlag, Heidelberg 2007

Nikolau, B. J., Wurtele, E. S. (eds.): Concepts in plant metabolomics. Springer Verlag, Dordrecht 2007

Rice, E. L.: Allelopathy. 2. ed., Academic Press, Orlando, FL 1984
Richter, G.: Stoffwechselphysiologie der Pflanzen: Physiologie und Biochemie des Primär- und Sekundärstoffwechsels. 6. Aufl., Thieme Verlag, Stuttgart 1998
Schopfer, P., Brennicke, A.: Pflanzenphysiologie. 6. Aufl., Spektrum Akademischer Verlag, Heidelberg 2006
Taiz, L., Zeiger, E.: Plant physiology. 4. ed., Spektrum Akademischer Verlag, Heidelberg 2007

Zell- und Entwicklungsbiologie

Alberts, B., Bray, D., Hopkin, K., Johnson, A., Lewis, J., Raff, M., Roberts, K., Walter, P.: Lehrbuch der molekularen Zellbiologie. 4. Aufl., Wiley-VCH, Weinheim 2007
Cooper, G. M., Hausman, R. E.: The cell: a molecular approach. 4. ed., ASM Press, Washington DC 2007
Lodish, H. F., Berk, A., Kaiser, C. A., Krieger, M., Scott, M. P., Bretscher, A., Ploegh, H., Matsudaira, P.: Molecular cell biology. 6. ed., Freeman, New York, NY 2008
Plattner, H., Hentschel, J.: Zellbiologie. 3. Aufl., Thieme Verlag, Stuttgart 2006
Raghavan, V.: Developmental biology of flowering plants. Springer, New York, NY 2000
Westhoff, P., Jeske, H., Jürgens, G., Kloppstech, K., Link, G.: Molekulare Entwicklungsbiologie: vom Gen zur Pflanze. Thieme Verlag, Stuttgart 1996

Genetik, Gentechnik, Evolutionsbiologie

Allis, C. D., Jenuwein, T., Reinberg, D. (eds.): Epigenetics. Cold Spring Harbor Lab. Press, Cold Spring Harbor, NY 2007
Barton, N. H., Briggs, D. E. G., Eisen, J. A., Goldstein, D. B., Patel, N. H.: Evolution. Cold Spring Harbor Lab. Press, Cold Spring Harbor, NY 2007
Brown, T. A.: Genome und Gene: Lehrbuch der molekularen Genetik. 3. Aufl., Spektrum Akad. Verlag, Heidelberg 2007
Brown, T. A.: Gentechnologie für Einsteiger. 5. Aufl., Spektrum Akademischer Verlag, Heidelberg 2007
Campbell, A. M., Heyer, L. J.: Discovering genomics, proteomics, and bioinformatics. 2. ed., Benjamin Cummings, San Francisco, CA 2007
Diekmann, H., Metz, H.: Grundlagen und Praxis der Biotechnologie. Gustav Fischer Verlag, Stuttgart 1991
Futuyma, D. J.: Evolution. Spektrum Akademischer Verlag, Heidelberg 2007
Gesteland, R. F., Cech, T. R., Atkins, J. F. (eds.): The RNA world. 3. ed., Cold Spring Harbor Lab. Press, Cold Spring Harbor, NY 2006
Graw, J.: Genetik. 4. Aufl., Springer Verlag, Berlin 2006
Kempken, F., Kempken, R.: Gentechnik bei Pflanzen: Chancen und Risiken. 3. Aufl., Springer Verlag, Berlin 2006
Klug, W. S., Cummings, M. R., Spencer, C. A.: Genetik. 8. Aufl., Pearson Studium, München 2007
Knippers, R.: Molekulare Genetik. 9. Aufl., Thieme Verlag, Stuttgart 2006
Lewin, B.: Genes VIII. 8. ed., Pearson Prentice Hall, Upper Saddle River, NJ 2004
Seyffert, W. (Hrsg.): Lehrbuch der Genetik. 2. Aufl., Spektrum Akademischer Verlag, Heidelberg 2003
Storch, V., Welsch, U., Wink, M.: Evolutionsbiologie. 2. Aufl., Springer Verlag, Berlin 2007
Weigel, D., Glazebrook, J.: *Arabidopsis*: a laboratory manual. Cold Spring Harbor Lab. Press, Cold Spring Harbor, NY 2002

Streß und Pflanzenpathologie

Agrios, G. N.: Plant pathology. 5. ed., Elsevier Academic Press, Amsterdam 2005
Ashraf, M., Harris, P. J. C. (eds.): Abiotic stresses: plant resistance through breeding and molecular approaches. Food Products Press, New York, NY 2005
Astier, S., Albouy, J., Maury, Y., Lecoq, H. (eds.): Principles of plant virology: genome, pathogenicity, virus ecology. Science Publishers, Enfield, NH 2007
Börner, H., Deising, H., Schlüter, K.: Pflanzenkrankheiten und Pflanzenschutz. 8. Aufl., Springer Verlag, Berlin 2007
Brunold, C. (Hrsg.): Streß bei Pflanzen: Ökologie, Physiologie, Biochemie, Molekularbiologie. Haupt Verlag, Bern 1996
Carter, J. B., Saunders, V. A.: Virology: principles and applications. Wiley, Chichester 2007
Cooke B. M., Jones D. G., Kaye, B. (eds.): The epidemiology of plant diseases. 2. ed., Springer Verlag, Dordrecht 2006
Drews, G., Adam, G., Heinze, C.: Molekulare Pflanzenvirologie. Springer Verlag, Berlin 2004
Hirt H., Shinozaki, K.: Plant responses to abiotic stress. Springer Verlag, Berlin 2004
Hull, R., Matthews, R. E. F.: Matthews' plant virology. 4. ed., Elsevier Academic Press, Amsterdam 2004
Inzé, D., Montagu, M. van (eds.): Oxidative stress in plants. Taylor & Francis, London 2002
Jenks, M. A., Hasegawa, P. M. (eds.): Plant abiotic stress. Blackwell, Oxford 2005
Khan, J. A., Dijkstra, J. (eds.): Handbook of plant virology. Food Products Press, New York, NY 2006
Naylor R. E. L. Weed management handbook, 9. ed., Blackwell Publ. 2002
Orcutt D. M., Nilsen E. T. The physiology of plants under stress, soil and biotic factors. Wiley-VCH, Weinheim 2000.
Prasad, M. N. V. (ed.): Heavy metal stress in plants: from biomolecules to ecosystems. Springer Verlag, Berlin 2004
Prell, H. H., Day, P. R.: Plant-fungal pathogen interaction: a classical and molecular view. Springer Verlag, Berlin 2001
Rao, M. K. V., Raghavendra, A. S., Reddy, K. J. (eds.): Physiology and molecular biology of stress tolerance in plants. Springer Verlag, Dordrecht 2006
Strange, R. N.: Introduction to plant pathology. Wiley, Chichester 2003
Waigmann, E., Heinlein, M. (eds.): Plant cell monographs vol. 7: Viral transport in plants. Springer Verlag, Berlin 2007

Klassiker der Pflanzenforschung bei Stueber, online

(http://www.zum.de/stueber/)
Baur, E.: Einführung in die Vererbungslehre (1930)
Correns, C.: Nicht mendelnde Vererbung (1937)
Correns, C.: Die neuen Vererbungsgesetze (1912)
Darwin, Ch.: Das Bewegungsvermögen der Pflanzen (1881)
Darwin, Ch.: Die Entstehung der Arten im Thier- und Pflanzen-Reich durch natürliche Züchtung, oder Erhaltung der vervollkommneten Rassen im Kampfe um's Daseyn (1863)
Linné, C. v.: Hortus Cliffortianus (erste Version der späteren Systema Naturae 1735)
Mendel, G.: Versuche über Pflanzenhybriden (1865)
Pfeffer, W. F. P.: Untersuchungen über die Entstehung der Schlafbewegungen der Blattorgane (1907)
Strasburger, E.: Pflanzliche Zellen- und Gewebelehre (1913)

Original- und Übersichtsartikel

Kap. 1

Huber, C. et al.: A possible primordial peptide cycle. Science 301 (2003) 938–940

Kawanoi, S., Kakuta, Y., Kimura, M.: Guanine binding site of the *Nicotiana glutinosa* Ribonuclease NW revealed by X-ray crystallography. Biochemistry 41 (2002) 15195–15202

Nakamura, Y.: Towards a better understanding of the metabolic system for amylopectin biosynthesis in plants: Rice endosperm as a model tissue. Plant Cell Physiol. 43 (2002) 718–725

Nelson, P. et al.: The microRNA world: small is mighty. Trends Biochem. Sci. 28 (2003) 534–540

Rich, A., Kim S. H.: The three-dimensional structure of transfer RNA. Scientific American 238 (1987) 52–62

Tabler, M., Tsagris, M.: Viroids: petite RNA pathogens with distinguished talents. Trends Plant Sci. 9 (2004) 339–348

Kap. 2

Beck, M. et al.: Nuclear pore complex structure and dynamics revealed by cryoelectron tomography. Science 306 (2004) 1387–1390

Carpita, N. C., Gibeaut, D. M.: Structural models of primary cell walls in flowering plants: consistency of molecular structure with the physical properties of the walls during growth. Plant J. 3 (1993) 1–30

Fahrenkrog, B., Köser, J., Aebi, U.: The nuclear pore complex: a jack of all trades? Trends Biochem. Science 29 (2004) 175–182

Frandsen, G. I., Mundy, J., Tzen, J. T. C.: Oil bodies and their associated proteins, oleosins and caleosin. Physiol. Plantar. 112 (2001) 301–307

Frank, J. et al.: A model of protein synthesis based on cryo-electron microscopy of the *E. coli* ribosome. Nature 376 (1995) 442–444

Gabashvili, I. S. et al.: Solution structure of the *E. coli* 70S ribosome at 11.4 Å resolution. Cell 100 (2000) 537–549

Lehmann, H.: Die Gasvacuolen der Blaualgen. BIUZ 9 (1979) 129–134

Löffelhardt, W., Bohnert, H. J., Bryant, D. A.: The cyanelles of *Cyanophora paradoxa*. Crit. Rev. Plant. Sci. 16 (1997) 393–413

Lucas, W. J., Lee, J.-Y.: Plasmodesmata as a supracellular control network in plants. Nature Rev. Mol. Cell Biol. 5 (2004) 712–726

Martin, W. et al.: Gene transfer to the nucleus and the evolution of chloroplasts. Nature 393 (1998) 162–165

Mayer, F.: Das bakterielle Cytoskelett. Naturwiss. Rundsch. 56 (2003) 595–605

Rinne, P. L. H., van der Schoot, C.: Plasmodesmata at the crossroads between development, dormancy, and defense. Can. J. Bot. 81 (2003) 1182–1197

Robinson, D. G., Hinz, G.: Organelle isolation. In: Hawes, C., Satiat-Jeunemaitre, B. (eds.): Plant Cell Biology. Practical Approach, 2. ed., Oxford University Press, Oxford 2001

Rodnina, M. V., Wintermeyer, W.: Das Ribosom: Struktur und Funktionen eines Mega-Ribozyms. BIOspektrum 9 (2003) 138–141

Shimmen, T., Yokota, E.: Cytoplasmic streaming in plants. Curr. Op. Plant Biol. 16 (2004) 68–72

Steiner, J., Löffelhardt, W.: Protein import into cyanelles. Trends Plant Sci. 7 (2002) 72–77

Walsby, A.: Gas vesicles. Microbiol. Rev. 58 (1994) 94–144

White, M. F., Bell, S. D.: Holding it together: chromatin in the Archaea. Trends Genet. 18 (2002) 621–626

Kap. 3

Barthlott, W., Neinhuis, C.: Lotus-Effekt und Autolack: Die Selbstreinigungsfähigkeit mikrostrukturierter Oberflächen. BIUZ 28 (1998) 314–321

Cerman, Z., Stosch, A. K., Barthlott, W.: Der Lotus-Effekt. Selbstreinigende Oberflächen und ihre Übertragung in die Technik. BIUZ 34 (2004) 290–296

Kap. 4

Gilson, P. R., McFadden, G. I.: Jam packs genomes – a preliminary, comparative analysis of nucleomorphs. Genetics 115 (2002) 13–28

Hobot, J. A. et al.: Periplasmic gel: New concept resulting from the reinvestigation of bacterial cell ultrastructure by new methods. J. Bacteriol. 160 (1984) 143–152

Kim, J. et al.: Fundamental structural units of the *Escherichia coli* nucleoid revealed by atomic force microscopy. Nucl. Acids Res. 32 (2004) 1982–1992

Martin, W., Russell, M. J.: The origin of cells: a hypothesis for the evolutionary transitions from abiotic geochemistry to chemoautotrophic prokaryotes, and from prokaryotes to nucleated cells. Phil. Trans. R. Soc. Lond. B 338 (2003) 59–85

Robinow, C., Kellenberger, E.: The bacterial nucleoid revisited. Microbiol. Rev. 58 (1994) 211–232

Timmis, J. N. et al.: Endosymbiotic gene transfer: organelle genomes forge eukaryotic chromosomes. Nature Rev. Genet. 5 (2004) 123–135

Wiencke, C., Schulz, D.: The fine structural basis of symplasmic and apoplasmic transport in the "nerve" of the *Funaria* leaflet. Z. Pflanzenphysiol. 112 (1983) 337–350

Kap. 5

Berg van den, C., Weisbeek, P., Scheres, B.: Cell fate and cell differentiation status in the *Arabidopsis* root. Planta 205 (1998) 483–491

Bowman, J. L., Eshed, Y.: Formation and maintenance of the shoot apical meristem. Trends Plant Sci. 5 (2000) 110–115

Mundry, M., Stützel, T.: Morphogenesis of the reproductive shoots of *Welwitschia mirabilis* and *Ephedra distachya* (Gnetales), and its evolutionary implications. Organisms, Diversity & Evolution 4 (2004) 91–108

Pütz, N.: Contractile roots. In: Waisel, Y., Eshel, A., Kafkafi, U. (eds.): Plant Roots. The Hidden Half. Marcel Dekker Inc. New York, Basel, 2002, 975–987

Torrey, J. G.: The effect of certain metabolic inhibitors on vascular tissue differentiation in isolated pea roots. Amer. J. Bot. 40 (1953) 525–533

Kap. 6

De Groot, B., Grubmüller, H.: Aquaporine: Die perfekten Wasserfilter der Zelle. BIOspektrum 4 (2004) 384–386

Kap. 7

Gleba, D. et al.: Use of plant roots for phytoremediation and molecular farming. Proc. Natl. Acad. Sci. USA 96 (1999) 5973–5977

Ingram, J., Bartels, D.: The molecular basis of dehydration tolerance in plants. Annu. Rev. Plant Physiol. Plant Mol. Biol. 47 (1996) 377–403

Kap. 8

Allen, J. F., Forsberg, J.: Molecular recognition in thylakoid structure and function. Trends Plant Sci 6 (2001) 317–326

Jagendorf, A. T., Uribe, E.: ATP formation caused by acid-base transition of spinach chloroplasts. Proc. Natl. Acad. Sci. USA 55 (1966) 170–177

Junge, W.: Die ATP-Synthase weiter gedreht. BIOspektrum 1 (2005) 66–68

Nelson, N., Ben-Shem, A.: The complex architecture of oxygenic photosynthesis. Nature Rev. Mol. Cell Biol. 5 (2004) 971–982

Nelson, N., Ben-Shem, A.: The structure of photosystem I and evolution of photosynthesis. BioEssays 27 (2005) 914–922

Kap. 9

Rausch, T., Wachter, A.: Sulfur metabolism: a versatile platform for launching defence operations. Trends Plant Sci. 10 (2005) 503–509

Kap. 10

Köckenberger, W. et al.: A non-invasive measurement of phloem and xylem water flow in castor bean seedlings by nuclear magnetic resonance microimaging. Planta 201 (1997) 53–63

Roitsch, T., González, M.-C.: Function and regulation of plant invertases: sweet sensations. Trends Plant Sci. 9 (2004) 606–613

Tanner, W., Beevers, H.: Transpiration, a prerequisite for long distance transport of minerals in plants? Proc. Natl. Acad. Sci. USA 98 (2001) 9443–9447

Kap. 11

Maniero, R.: Lufttransport in Feuchtgebietspflanzen. BIUZ 36 (2006) 160–167

Kap. 12

Eugster, C. H., Märki-Fischer, E.: Chemie der Rosenfarbstoffe. Angew. Chem. 103 (1991) 671–689

Mansell, R. L., Weiler, E. W.: Radioimmunoassay for the Determination of Limonin in *Citrus*. Phytochemistry 19 (1980) 1403–1407

Kap. 13

Kap. 13.1 – Kap. 13.3

Downs, J. A., Nussenzweig, M. C., Nussenzweig, A.: Chromatin dynamics and the preservation of genetic information. Nature 447 (2007) 951–958

Henderson, I. R., Jacobsen, S. E.: Epigenetic inheritance in plants. Nature 447 (2007) 418–424

Houben, A. et al.: Phosphorylation of histone H3 in plants – a dynamic affair. Biochim. Biophys. Acta 1769 (2007) 308–315

Lee, K. K., Workman, J. L.: Histone acetyltransferase complexes: one size doesn't fit all. Nat. Rev. Mol. Cell Biol. 8 (2007) 284–295

Razin, S. V. et al.: Chromatin domains and regulation of transcription. J. Mol. Biol. 369 (2007) 597–607

Sarma, K., Reinberg, D.: Histone variants meet their match. Nature Rev. Mol. Cell Biol. 6 (2005) 139–145

Turner, B. M.: Cellular memmory and the histone code. Cell 111 (2002) 285–291

Kap. 13.4, Kap. 13.5

Chen, Z. J.: Genetic and epigenetic mechanisms for gene expression and phenotypic variation in plant polyploids. Annu. Rev. Plant Biol. 58 (2007) 377–406

Chenokov, I. N.: Multiple functions of the origin recognition complex. Int. Rev. Cytol. 256 (2007) 69–109

Lamb, J. C. et al.: Plant chromosomes from end to end: telomeres, heterochromatin and centromers. Curr. Opin. Plant Biol. 10 (2007) 116–122

Pomerantz, R. T., O'Donnell, M.: Replisome mechanics: insights into a twin DNA polymerase machine. Trends Microbiol. 15 (2007) 156–164

Schubert, I.: Chromosome evolution Curr. Opin. Plant Biol. 10 (2007) 109–115

Sterck, L. et al.: How many genes are there in plants? Curr. Opin. Plant Biol. 10 (2007) 199–203

Zellinger, B., Riha K.: Composition of plant telomeres. Biochim. Biophys. Acta 1769 (2007) 399–409

Kap. 13.7, Kap. 13.8

Baker, D. J. et al.: Mitotic regulation of the anaphase-promoting complex. Cell. Mol. Life Sci. 64 (2007) 589–600

David, S. S., O'Shea, V. L., Kundu, S.: Base-excision repair of oxidative damage. Nature 447 (2007) 941–950

Dhonukshe, P. et al.: A unifying new model of cytokinesis for the dividing plant and animal cells. Bioassays 29 (2007) 371–381

Guacci, V.: Sister chromatid cohesion: the cohesin cleavage model does not ring true. Genes Cells 12 (2007) 693–708

Hagstrom, K. A., Meyer, B. J.: Condensin and cohesin: more than chromosome compactor and glue. Nature Rev. Genetics 4 (2003) 520–534

Hirano, T.: Condensins: Organizing and segregating the genome. Curr. Biol. 15 (2005) R265–R275.

Inze, D., Veylder, L. D.: Cell cycle regulation in plant development. Annu. Rev. Genetics 40 (2006) 77–105

Jürgens, G.: Cytokinesis in higher plants. Annu. Rev. Plant Biol. 56 (2005) 281–299

Li, L., Hsia, A. P., Schnable, P. S.: Recent advances in plant recombination. Curr. Opin. Plant Biol. 10 (2007) 131–135

Page, S. L., Hawley, R. S.: The genetics and molecular biology of the synaptonemal complex. Annu. Rev. Cell Dev. Biol. 20 (2004) 525–558

Schuermann, D. et al.: The dual nature of homologous recombination in plants. Trends Genet. 21 (2005) 172–181

Sclafani, R. A., Holzen, T. M.: Cell cycle regulation of DNA replication. Annu. Rev. Genetics 41 (2007) 237–280

Kap. 13.9

Feschotte, C., Jiang, N., Wessler, S. R.: Plant transposable elements: where genetics meets genomics. Nature Rev. Genetics 3 (2002) 329–341

Morgante, M., de Paoli, E., Radovic, S.: Transposable elements and the plant genomes. Curr. Opin. Plant Biol. 10 (2007) 149–155

Volff, J. N.: Turning junk into gold: domestication of transposable elements and the creation if new genes in eukaryotes. BioEssays 28 (2006) 913–922

Kap. 13.11, Kap. 13.12

Floss, D. M., Falkenburg, D., Conrad, U.: Production of vaccines and therapeutic antibodies for veterinary applications in transgenic plants. Transgenic Res. 16 (2007) 315–332

Ramessar, K. et al.: Biosafety and risk assessment framework for selectable marker genes in transgenic crop plants. Transgenic Res. 16 (2007) 261–280

Vain, P.: Thirty years of plant transformation technology development. Plant Biotechnol. J. 5 (2007) 221–229

Kap. 14

Kap. 14.2

Mayfiled, S. P. et al.: *Chlamydomonas reinhardtii* chloroplasts as protein factories. Curr. Opin. Biotechnol. 18 (2007) 126–133

Scholey, J. M.: Intraflagellar transport. Annu. Rev. Cell Dev. Biol. 19 (2003) 423–443

Snell, W. J., Pan, J., Wang, Q.: Cilia and flagella revealed: from flagellar assembly in *Chlamydomonas* to human obesity disorders. Cell 117 (2004) 693–697

Wemmer, K. A., Marshall, W. F.: Flagellar length control in *Chlamydomonas*. Int. Rev. Cytol. 260 (2007) 175–212

Kap. 14.3

Fowler, J. E. et al.: Localization of the rhizoid tip implicates a *Fucus distichus* Rho family GTPase in a conserved cell polarity pathway. Planta 219 (2004) 856–866

Sun, H. et al.: Interactions between auxin transport and the actin cytoskeleton in developmental polarity of *Fucus distichus* embryos in response to light and gravity. Plant Phys. 135 (2004) 266–278

Kap. 14.5

Manahan, C. L. et al.: Chemoattractant signaling in *Dictyostelium discoideum*. Annu. Rev. Cell Dev. Biol. 20 (2004) 223–253

Mir, H. A. et al.: Signalling molecules involved in the transition of growth to development of *Dictyostelium discoideum*. Indian J. Exp. Biol. 45 (2007) 223–236

Willard, S. S., Devreotes, P. N.: Signalling pathways mediating chemotaxis in the social amoeba, *Dictyostelium discoideum*. Eur. J. Cell Biol. 85 (2006) 897–904

Kap. 14.6

Bowman, S. M., Free, S. J.: The structure and synthesis of the fungal cell wall. BioEssays 28 (2006) 799–808

Dranginis, A. M. et al.: A biochemical guide to yeast adhesins: glycoproteins for social and antisocial occasions. Microbiol. Mol. Biol. Rev. 71 (2007) 282–294

Molk, J. N., Bloom, K.: Microtubule dynamics in the budding yeast mating pathway. J. Cell Sci. 119 (2006) 3485–3490

Kap. 14.7

Banks, J. O.: Gametophyte development in ferns. Annu. Rev. Plant Physiol. Mol. Biol. 50 (1999) 163–186

Quatrano, R. S. et al.: *Physcomitrella patens*: Mosses enter the genomic age. Curr. Opin. Plant Biol. 10 (2007) 182–9

Strain, E. et al.: Characterization of mutations that feminize gametophytes of the fern *Ceratopteris*. Genetics 159 (2001) 1271–1281

Kap. 14.8

Bicknell, R. A., Koltunow, A. M.: Understanding apomixis: recent advances and remaining conundrums. Plant Cell 16 (2004) S228–S245

Chen, Z. J.: Genetic and epigenetic mechanisms for gene expression and phenotypic variation in plant polyploids. Annu. Rev. Plant Biol. 58 (2007) 377–406

Matzk, F. et al.: The inheritance of apomixis in *Poa pratensis* confirms a five locus model with differences in gene expressivity and penetrance. Plant Cell 17 (2005) 13–24

Kap. 15

Kap. 15.2, Kap. 15.3

Browning, D. F., Busby, S. J. W.: The regulation of bacterial transcription initiation. Nature Rev. Microbiol. 2 (2004) 1–9

Ginsburg, A., Peterkofsky, A.: Enzyme I: Gateway to the bacterial phosphoenolpyruvate:sugar phosphotransferase system. Arch. Biochem. Biophys. 397 (2002) 273–278

Gruber, T. M., Gross, C. A.: Multiple sigma subunits and the partitioning of bacterial transcription space. Annu. Rev. Microbiol. 57 (2003) 441–466

Jin, D. J., Cabrera, J. E.: Coupling the distribution of RNA polymerase to global gene regulation and the dynamic structure of the bacterial nucleotid. J. Struct. Biol. 156 (2006) 284–291

Richardson, J. P.: Loading Rho to terminate transcription. Cell 114 (2003) 157–159

Thanbichler, M., Viollier, P. H., Shapiro, L.: The structure and function of the bacterial chromosome. Curr. Opinion Genet. Dev. 15 (2005) 153–162

Kap. 15.4

Hizume, K. et al.: Structural organization of dynamic chromatin. Subcell. Biochem. 41 (2007) 3–28

Iida, K. et al.: Genome-wide analysis of alternative pre-mRNA splicing in *Arabidopsis thaliana* based on full-length cDNA sequences. Nucl. Acids Res. 32 (2004) 5096–5103

Matera, A. G., Terns, R. M., Terns, M. P.: Non-coding RNAs: lessons from the small nuclear and small nucleolar RNAs. Nat. Rev. Mol. Cell Biol. 8 (2007) 209–220

Meier, U. T.: How a single protein complex accommodates many different H/ACA RNAs. Trends Biochem. Sci. 31 (2006) 311–315

Patel, A. A., Steitz, J. A.: Splicing double: Insights from the second spliceosome. Nature Rev. Mol. Cell Biol. 4 (2003) 960–970

Razi, S. V. et al.: Chromatin domains and regulation of transcription. J. Mol. Biol. 369 (2007) 597–607

Saunders, A., Core, L. J., Lis, J. T.: Breaking barriers to transcription elongation. Nature Rev. Mol. Cell Biol. 7 (2006) 557–567

Yong, J., Wan, L., Dreyfuss, G.: Why do cells need an assembly machine for RNA-protein complexes? Trends Cell Biol. 14 (2004) 226–232

Kap. 15.5

Akhtar, A., Gasser, S. M.: The nuclear envelope and transcriptional control. Nat. Rev. Genetics 8 (2007) 507–517

Bharti, K. et al.: Tomato heat stress transcription factor HsfB1 represents a novel type of general transcription coactivator with a histone-like motif interacting with the plant CREB binding protein ortholog HAC1. Plant Cell 16 (2004) 1521–1535

Fried, H., Kutay, U.: Nucleoplasmic transport: taking an inventory. Cell. Mol. Life Sci. 60 (2003) 1659–1688

Shahmuradov, I. A., Solovyev, V. V., Gammerman, A. J.: Plant promoter prediction with confidence estimation. Nucl. Acids. Res. 33 (2005) 1069–1076

Sil, A. K. et al.: The Gal3p-Gal80p-Gal4p transcription switch of yeast: Gal3p destabilizes the Gal80p-Gal4p complex in response to galactose and ATP. Mol. Cell. Biol. 19 (1999) 7828–7840

Stewart, M.: Molecular mechanisms of the nuclear protein import cycle. Nat. Rev. Mol. Cell Biol. 8 (2007) 195–208

von Koskull-Döring, P., Scharf, K.-D., Nover, L.: Functional diversification of plant heat stress transcription factors. Trends Plant Sci. 12 (2007) 452–457

Kap. 15.6

Copenhaver; G. P., Pikaard; C. S.. Two-dimensional RFLP analyses reveal megabase-sized clusters of rRNA gene variants in *Arabidopsis thaliana*. Plant J. 9 (1996) 273–282

Reichow, S. L. et al.: The structure and function of small nucleolar ribonucleoproteins. Nucl. Acids Res. 35 (2007) 1452–1464

Rudra, D. Warner, J.: What better measure than ribosome synthesis. Genes Dev. 18 (2004) 2431–2436

Thiry, M., Lafontaine, D. L. J.: Birth of a nucleolus: the evolution of nucleolar compartments. Trends Cell Biol.15 (2005) 194–199

Warner, J. R.: The economics of ribosome biosynthesis in yeast. Trends Biochem. Sci. 24 (1999) 437–440

Kap. 15.7, Kap. 15.8

Büttner, K., Wenig, K., Hopfner, K. P.: The exosome: a macromolecular cage for controlled RNA degradation. Mol. Microbiol. 61 (2006) 1372–1379

Fedor, M. J., Williamson, J. R.: The catalytic diversity of RNAs. Nature Mol. Cell Biol. 6 (2005) 399–412

Gallie, D. R.: Protein-protein interactions required during translation. Plant Mol. Biol. 50 (2002) 949–970

Garneau, N. L., Wilusz, J., Wilusz, C. J.: The highways and byways of mRNA decay. Nat. Rev. Mol. Cell Biol. 8 (2007) 113–126

Namy, O. et al.: Reprogrammed genetic decoding in cellular gene expression. Mol. Cell 13 (2004) 157–168

Novoselov, S. V. et al.: Selenoproteins and selenocysteine insertion system in the model plant cell cystem, *Chlamydomonas reinhardtii*. EMBO J. 21 (2002) 3681–3693

Parker, R., Sheth, U.: P bodies and the control of mRNA translation and degradation. Mol. Cell 25 (2007) 635–646

Preiss, T., Hentze, M.: Starting the protein synthesis machine: eukaryotic translation initiation. BioEssays 25 (2003) 1201–1211

Kap. 15.9

Bukau, B., Weissman, J., Horwich, A.: Molecular chaperones and protein quality control. Cell 125 (2006) 443–451

Han, J. H. et al.: The folding and evolution of multidomain proteins. Nat. Rev. Mol. Cell Biol. 8 (2007) 319–330

Hartl, F. U., Hayer-Hartl, M.: Molecular chaperones in the cytosol: from nascent chain to folded protein. Science 295 (2002) 1852–1858

Horwich, A. L. et al.: Two families of chaperonin: physiology and mechanism. Annu. Rev. Cell Dev. Biol. 23 (2007) 115–145

Spiess, C. et al.: Mechanism of the eukaryotic chaperonin: protein folding in the chamber of secrets. Trends Cell Biol. 14 (2004) 598–604

Wickner, R. B. et al.: Prions: proteins as genes and infectious entities. Genes Dev. 18 (2004) 470–485

Young, J. C. et al.: Pathways of chaperone-mediated protein folding in the cytosol. Nature Reviews Mol. Cell Biol. 5 (2004) 781–791

Kap. 15.10

Brodsky, J. L.: The protective and destructive roles played by molecular chaperones during ERAD (endoplasmic-reticulum-associated degradation). Biochem J. 404 (2007) 353–363

Gutensohn, M. et al.: Toc, Tic, Tat et al.: structure and function of protein transport machineries in chloroplasts. J. Plant Physiol. 163 (2006) 333–347

Helenius, A., Aebi, M.: Roles of N-linked glycans in the endoplasmic reticulum. Annu. Rev. Biochem. 73 (2004) 1019–1049

Jarvis, P., Robinson, C.: Mechanisms of protein import and routing in chloroplasts. Curr. Biol. 14 (2004) R1064–R1077

Jürgens, G.: Membrane trafficking in plants. Annu. Rev. Cell Dev. Biol. 20 (2004) 481–504

Lipka, V., Kwon, C., Panstruga, R.: The role of SNARE-domain proteins in plant biology. Annu. Rev. Cell Dev. Biol. 23 (2007) 147–174

Millar, A. H., Whelan, J.: Small Recent surprises in protein targeting to mitochondria and plastids. Curr. Opin. Plant Biol. 9 (2006) 610–615

Molinari, M.: N-glycan structure dictates extension of protein folding or onset of disposal. Nat. Chem. Biol. 3 (2007) 313–320

Soll, J., Schleiff, E.: Protein import into chloroplasts. Nat. Rev. Mol. Cell Biol. 5 (2004) 198–208

Wilson, I. B. H.: Glycosylation of proteins in plants and invertebrates. Curr. Opinion Struct. Biol. 12 (2002) 569–577

Kap. 15.11

Gill, G.: SUMO and ubiquitin in the nucleus: different functions, similar mechanisms? Genes Dev. 18 (2004) 2046–2059

Lechner, F. et al.: F-box proteins everywhere. Curr. Opin. Plant Biol. 9 (2006) 631–638

Mogk, A., Schmidt, R., Bukau, B.: The N-end rule pathway for regulated proteolysis: prokaryotic and eukaryotic strategies. Trends Cell Biol. 17 (2007) 165–172

Moldovan, G. L., Pfander, B., Jentsch, S.: PCNA, the maestro of the replication fork. Cell 129 (2007) 665–679

Moon, J., Parry, G., Estelle, M.: The ubiquitin-proteasome pathway and plant development. Plant Cell 16 (2004) 3181–3195

Schaller, A.: A cut above the rest: the regulatory function of plant proteases. Planta 220 (2004) 183–197

Wolf, D. H., Hilt, W.: The proteasome: a proteolytic nanomachine of cell regulation and waste disposal. Biochim. Biophys. Acta 1695 (2004) 19–31

Kap. 15.12

Beck, C. F.: Signaling pathways from the chloroplast to the nucleus. Planta 222 (2005) 743–756

Levitan, A. et al.: Dual targeting of the protein disulfide isomerase RB60 to the chloroplast and the endoplasmic reticulum. Proc. Natl. Acad. Sci. USA 102 (2005) 6225–6230

Lysenko, E. A.: Plant sigma factors and their role in plastid transcription. Plant Cell Rep. 26 (2007) 845–859

Miyamoto, T., Obokata, J., Sugiura, M.: A site-specific factor interacts directly with its cognate RNA editing site in chloroplast transcripts. Proc. Natl. Acad. Sci. USA 101 (2004) 48–52

Nott, A. et al.: Plastid-to-nucleus retrograde signaling. Annu. Rev. Plat Biol. 57 (2006) 739–759

Reyes-Prieto, A., Weber, A. P., Bhattacharya, D.: The origin and establishment of the plastid in algae and plants. Annu. Rev. Genetics 41 (2007) 147–168

Shiina, T. et al.: Plastid RNA polymerases, promoters and transcription regulators in higher plants. Intern. Rev. Cytology 244 (2005) 1–68

Shikani, T.: RNA editing in plant organelles. Cell. Mol. Life Sci. 63 (2006) 698–708

Tanaka, R., Tanaka, A.: Tetrapyrrole biosynthesis in higher plants. Annu. Rev. Plant Biol. 58 (2007) 321–346

Wostrikoff, K. et al.: Biogenesis of PSI involves a cascade of translational autoregulation in the chloroplast of *Chlamydomonas*. EMBO J. 23 (2004) 2696–2705

Kap. 16

Kap. 16.1, Kap. 16.2

Bishopp, A., Mähönen, A. P., Helariutta, Y.: Signs of change: hormone receptors that regulate plant development. Development 133 (2006) 1857–1869

Chow, B., McCourt, P.: Plant hormone receptors: perception is everything. Genes Dev. 20 (2006) 1998–2008

Davis, P. J. (ed.): Plant Hormones: Biosynthesis, Signal Tranduction, Action. Kluwer Academic Publ., Dordrecht 2004

Homepage: http://www.plant-hormones.info/

Kap. 16.3

Ferreira, F. J., Kieber, J.: Cytokinin signaling. Curr. Opin. Plant Biol. 8 (2005) 518–525

Grefen, C., Harter, K.: Plant two-component systems: principles, functions, complexity and cross-talk. Planta 219 (2004) 733–742

Hannemann, F. et al.: Cytochrome P450 systems – biological variations of electron transport chains. Biochim. Biophys. Acta 1770 (2007) 330–344

Sakakibara, H.: Cytokinins: Activity, biosynthesis, and translocation. Annu. Rev. Plant Biol. 57 (2006) 431–449

Kap. 16.4

Badescu, G. O., Napier, R. M.: Receptors for auxin: will it all end in TIRs? Trends Plant Sci. 11 (2006) 217–223

Cosgrove, D. J.: Growth of the plant cell wall. Nature Rev. Mol. Cell Biol. 6 (2005) 850–861

Dhonukshe, P., Kleine-Vehn, J., Friml, J.: Cell polarity, auxin transport and cytoskeleton-mediated division planes: who comes first? Protoplasma 226 (2005) 67–73

Napier, R.: Plant hormone binding sites. Annals Botany 93 (2004) 227–233

Spaepen, S., Vanderleyden, J., Remans, R.: Indole-3-acetic acid in microbial and microorganism-plant signaling. FEMS Microbiol. Rev. 31 (2007) 425–448

Vieten, A. et al.: Molecular and cellular aspects of auxin-transport-mediated development. Trends Plant Sci. 12 (2007) 160–168

Weijers, D. et al.: Developmental specificity of auxin response by pairs of ARF and Aux/IAA transcriptional regulators. EMBO J. 24 (2005) 1874–1885

Woodward, A. W., Bartel, B.: Auxin: Regulation, action and interaction. Annals Botany 95 (2005) 707–735

Kap. 16.5

Hisamatsu, T. et al.: The involvement of gibberellin 20-oxidase genes in phytochrome-regulated petiole elongation of *Arabidopsis*. Plant Phys. 138 (2005) 1106–1116

King, R. W., Evans, L. T.: Gibberellins and flowering of grasses and cereals: Prizing open the lid of the "florigen" black box. Annu. Rev. Plant Biol. 54 (2003) 307–328

Pimenta-Lange, M. J., Lange, T.: Gibberellin biosynthesis and the regulation of plant development. Plant Biol. 8 (2006) 281–290

Ueguchi-Tanaka, M. et al.: Gibberellin receptor and its role in gibberellin signaling in plants. Annu. Rev. Plant Biol. 58 (2007) 183–198

Kap. 16.6

Li, J., Jin, H.: Regulation of brassinosteroid signaling. Trends Plant Sci. 12 (2007) 37–41

Li, L., Deng, X. W.: It runs in the family: regulation of brassinosteroid signaling by the BZR1-BES1 class of transcription factors. Trends Plant Sci. 10 (2005) 266–268

Schaller, H.: New aspects of sterol biosynthesis in growth and development of higher plants. Plant Physiol. Biochem. 42 (2004) 465–476

Kap. 16.7

Binder, B. M. et al.: The *Arabidopsis* EIN3 binding F-box proteins EBF1 and EBF2 have distinct but overlapping roles in ethylene signaling. Plant Cell 19 (2007) 509–523

Broekaert, W. F. et al.: The role of ethylene in host-pathogen interactions. Annu. Rev. Phytopathol. 44 (2006) 393–416

Chae, H. S., Kieber, J. J.: *Eto Brute*? Role of ACS turnover in regulating ethylene biosynthesis. Trends Plant Sci. 10 (2005) 291–296

Chen, Y.-F., Etheridge, N., Schaller, G. E.: Ethylene signal transduction. Annals Botany 95 (2005) 901–915

Martinez-Romero, D. et al.: Tools to maintain postharvest fruit and vegetable quality through the inhibition of ethylene action. Crit. Rev. Food Sci. Nutr. 47 (2007) 543–560

Prasanna, V., Prabha, T. N., Tharanathan, R. N.: Fruit ripening phenomena – an overview. Crit. Rev. Food Sci. Nutr. 47 (2007) 1–19

Kap. 16.8

Christmann, A. et al.: Integration of abscisic acid signaling into plant responses. Plant Biol. 8 (2006) 314–325

Hirayama, T., Shinozaki, K.: Perception and transduction of abscisic acid signals. Trends Plant Sci. 12 (2007) 343–351

Nambara, E., Marion-Poll, A.: Abscisic acid biosynthesis and catabolism. Annu. Rev. Plant Biol. 56 (2005) 165–185

Schroeder, J. I., Kuhn, J. M.: Abscisic acid in bloom. Nature 439 (2006) 277–278

Schroeder, J. I., Nambara, E.: A quick release mechanism for abscisic acid. Cell 126 (2006) 1023–1025

Schwarz, G., Mendel, R. R.: Molybdenum cofactor biosynthesis and molybdenum enzymes. Annu. Rev. Plant Biol. 57 (2006) 623–647

Kap. 16.9

Delker, C. et al.: Jasmonate biosynthesis in *Arabidopsis thaliana* – Enzymes, products, regulation. Plant Biol. 8 (2006) 297–306

Farmer, E. F.: Jasmonate perception machines. Nature 448 (2007) 659–660

Wasternack, C.: Jasmonates: an update on biosynthesis, signal transduction and action in plant stress response, growth and development. Annals Botany 100 (2007) 681–697

Kap. 16.10

Apel, K., Hirt, H.: Reactive oxygen species: metabolism, oxidative stress, and signal transduction. Annu. Rev. Plant Biol. 55 (2004) 373–399

Barth, C., de Tullio, M., Conklin, P. L.: The role of ascorbic acid in the control of flowering time and the onset of senescence. J. Exp. Botany 57 (2006) 1657–1665

Boller, T.: Peptide signaling in plant development and self/non-self perception Curr. Opinion Cell Biol. 17 (2005) 116–122

Bouche, N. et al.: Plant-specific calmodulin-binding proteins. Annu. Rev. Plant Biol. 56 (2005) 435–466

Bright, J. et al.: ABA-induced NO generation and stomatal closure in *Arabidopsis* are dependent on H_2O_2 synthesis. Plant J. 45 (2006) 113–122

Fiers, M., Ku, K. L., Liu, C.-M.: CLE peptide ligands and their roles in establishing meristems. Curr. Opin. Plant Biol. 10 (2007) 39–43

Gechev, T. S. et al.: Reactive oxygen species as signals that modulate plant stress responses and programmed cell death. BioEssays 28 (2006) 1091–1101

Hess, D. T. et al.: Protein S-nitrosylation: purview and parameters. Nature Rev. Mol. Cell Biol. 6 (2005) 150–166

Lamattina, L. et al.: Nitric oxide: the versatility of an extensive signal molecule. Annu. Rev. Plant Biol. 54 (2003) 109–136

Lamotte, O. et al.: Nitric oxide in plants: the biosynthesis and cell signalling properties of a fascinating molecule. Planta 221 (2005) 1–4

Lim, P. O., Kim, H. J., Nam, H. G.: Leaf senescence. Annu. Rev. Plant Biol. 58 (2007) 115–136

Matsubayashi, Y., Sakagami, Y.: Peptide hormones in plants. Annu. Rev. Plant Biol. 57 (2006) 649–674

McCormack, E., Tsai, Y.-C., Braam, J.: Handling calcium signaling: *Arabidopsis* CaMs and CMLs. Trends Plant Sci. 10 (2005) 383–389

Mur, L. A. J. et al.: The outcome of concentration-specific interactions between salicylate and jasmonate signaling include synergy, antagonism, and oxidative stress leading to cell death. Plant Phys. 140 (2006) 249–262

Perazzolli, M., Romero-Puertas, M. C., Delledonne, M.: Modulation of nitric oxide bioactivity by plant haemoglobins. J. Exper. Botany 57 (2006) 479–488

Wildermuth, M. C.: Variations on a theme: synthesis and modification of plant benzoic acids. Curr. Opin. Plant Biol. 9 (2006) 288–296

Kap. 16.11

Aloni, R. et al.: Role of cytokinin and auxin in shaping root architecture: Regulating vascular differentiation, lateral root initiation, root apical dominance and root gravitropism. Annals Botany 97 (2006) 883–893

Baker, D. J. et al.: Mitotic regulation of the anaphase-promoting complex. Cell. Mol. Life Sci. 64 (2007) 589–600

Beveridge, C. A.: Axillary bud outgrowth: sending a message. Curr. Opin. Plant Biol. 9 (2006) 35–40

Bloom, J., Cross, F. R.: Multiple levels of cyclin specificity in cell-cycle control. Nature Rev. Mol. Cell Biol. 8 (2007) 149–160

Fukaki, H., Okushima, Y., Tasaka, M.: Auxin-mediated lateral root formation in higher plants. Int. Rev. Cytol. 256 (2007) 111–137

Horwath, D. P. et al.: Knowing when to grow: signals regulating bud dormancy. Trends Plant Sci. 8 (2003) 534–540

Inze, D., Veylder, L. D.: Cell cycle regulation in plant development. Annu. Rev. Genetics 40 (2006) 77–105

Kap. 17
Kap. 17.1

Christie, J. M.: Phototropin blue-light receptors. Annu. Rev. Plant Biol. 58 (2007) 21–45

Harada, A., Shimazaki, K.: Phototropins and blue light-dependent calcium signaling in higher plants. Photochem. Photobiol. 83 (2007) 102–111

Li, Q. H., Yang, H. Q.: Cryptochrome signaling in plants. Photochem. Photobiol. 83 (2007) 94–101

Lorrain, S., Genoud, T., Fankhauser, C.: Let there be light in the nucleus. Curr. Opinion Plant Biol. 9 (2006) 509–514

Montgomery, B. L.: Sensing the light: photoreceptive systems and signal transduction in cyanobacteria. Mol. Microbiol. 64 (2007) 16–27

Purschwitz, J. et al.: Seeing the rainbow: light sensing in fungi. Curr. Opin. Microbiol. 9 (2006) 1–6

Rockwell, N. C., Su, Y.-S., Lagarias, J. C.: Phytochrome structure and signaling mechanisms. Annu. Rev. Plant Biol. 57 (2006) 837–858

Kap. 17.2.1

Serino, G., Deng, X. W.: The Cop9 signalosome. Annu. Rev. Plant Biol. 54 (2003) 165–182

Wu, J.-T., Chan, Y.-R., Chien, C.-T.: Protection of cullin-RING E3 ligases by CSN-UBP12. Trends Cell Biol. 16 (2006) 362–369

Yi, C, Deng, X. W.: COP1 – from plant photomorphogenesis to mammalian tumorigenesis. Trends Cell Biol. 15 (2005) 618–625

Kap. 17.2.2

Esmon, C. A., Pedmale, U. V., Liscum, E.: Plant tropisms: providing the power of movement to a sessile organism. Int. J. Dev. Biol. 49 (2005) 665–674

Franklin, K. A., Whitelam, G. C.: Phytochromes and shade-avoidance responses in plants. Annals Botany 96 (2005) 169–175

Heyes, D. J., Hunter, C. N.: Making light work of enzyme catalysis: protochlorophyllide oxidoreductase. Trends Biochem. Sci. 30 (2005) 642–649

Pierik, R. et al.: The Janus face of ethylene: growth inhibition and stimulation. Trends Plant Sci. 11 (2006) 176–183

Kap. 17.2.3

Brunner, M., Schafmeier, T.: Transcriptional and post-transcriptional regulation of the circadian clock of cyanobacteria and *Neurospora*. Genes Dev. 20 (2006) 1061–1074

Chen, M., Chory, J., Frankhauser, C.: Light signal transduction in higher plants. Annu. Rev. Genet. 38 (2004) 87–117

Dodd, A. N. et al.: Plant circadian clocks increase photosynthesis, growth, survival, and competitive advantage. Science 309 (2005) 630–633

Kevei, E. et al.: Forward genetic analysis of the circadian clock separates the multiple functions of *ZEITLUPE*. Plant Physiol. 140 (2006) 933–945

McClung, C. R.: Plant circadian rhythms. Plant Cell 18 (2006) 792–803

Millar, A. J.: Input signals to the plant circadian clock. J. Exper. Botany 55 (2004) 277–283

Yakir, E. et al.: Regulation of output from the plant circadian clock. FEBS J. 274 (2007) 335–345

Kap. 17.2.4

Corbesier, L. et al.: FT protein movement contributes to long-distance signaling in floral induction of *Arabidopsis*. Science 316 (2007) 1030–1033

Hayama, R., Coupland, G.: The molecular basis of diversity in the photoperiodic flowering response of *Arabidopsis* and rice. Plant Physiol. 135 (2004) 677–684 (2004)

Imaizumi, T., Kay, S. A.: Photoperiodic control of flowering: not only by coincidence. Trends Plant Sci. 11 (2006) 550–558

Lee, J. H. et al.: Integration of floral inductive signals by flowering locus T and suppressor of overexpression of *Constans 1*. Physiol. Plantarum 126 (2006) 476–483

Rodriguez-Falcon, M., Bou, J., Prat, S.: Seasonal control of tuberization in potato: conserved elements with the flowering response. Annu. Rev. Plant Biool. 57 (2006) 151–180

Thomas, B.: Light signals and flowering. J. Exper. Botany 57 (2006) 3387–3393

Kap. 17.2.5

Tucker, D. E., Allen, D. J., Ort, D. R.: Control of nitrate reductase by circadian and diurnal rhythms in tomato. Planta 219 (2004) 277–285

Kap. 17.3

Abas, L. et al.: Intracellular trafficking and proteolysis of the *Arabidopsis* auxin-efflux facilitator PIN2 are involved in root gravitropism. Nature Cell Biol. 8 (2006) 249–255

Aloni, R. et al.: Role of cytokinin and auxin in shaping root architecture: regulating vascular differentiation, lateral root initiation, root apical dominance and root gravitropism. Annals Botany 97 (2006) 883–893

Blancaflor, E. B., Masson, P. H.: Plant gravitropism. Unraveling the ups and downs of a complex process. Plant Physiol. 133 (2003) 1677–1690

Braun, M., Limbach, C.: Rhizoids and protonemata of characean algae: model cells for research on polarized growth and plant gravity sensing. Protoplasma 229 (2006) 133–142

Chen, R. et al.: Complex physiological and molecular processes underlying root gravitropism. Plant Mol. Biol. 49 (2002) 305–317

Darwin, C.: Das Bewegungsvermögen der Pflanzen (1881) (http://www.zum.de/stueber/)

Nakagawa, Y. et al.: *Arabidopsis* plasma membrane protein crucial for Ca^{2+} influx and touch sensing in roots. Proc. Natl. Acad. Sci. USA 104 (2007) 3639–3644

Kap. 18
Kap. 18.2

Beveridge, C. A. et al.: Common regulatory themes in meristem development and whole-plant homeostasis. Curr. Opin. Plant Biol. 10 (2007) 44–51

Boyes, D. C. et al.: Growth stage-based phenotypic analysis of *Arabidopsis*: a model for high throughput functional genomics in plants. Plant Cell 13 (2001) 1499–1510

Carlsbecker, A., Helariutta, Y.: Phloem and xylem specification: pieces of the puzzle emerge. Curr. Opinion Plant Biol. 8 (2005) 512–517

Cui, H. et al.: An evolutionary conserved mechanism deliminating SHR movement defines a single layer of endodermis in plants. Science 316 (2007) 421–425

Demura, T., Fukuda, H.: Transcriptional regulation in wood formation. Trends Plant Sci. 12 (2007) 64–70

Fiers, M., Ku, K. L., Liu, C.-M.: CLE peptide ligands and their roles in establishing meristems. Curr. Opin. Plant Biol. 10 (2007) 39–43

Fleming, A. J.: The control of leaf development. New Phytol. 166 (2005) 9–20

Huettel, B. et al.: RNA-directed DNA methylation mediated by DRD1 and Pol IVb: a versatile pathway for transcriptional gene silencing in plants. Biochim. Biophys. Acta 1769 (2007) 358–374

Jonson, C., Sundaresan, V.: Regulatory small RNAs in plants. EXS. 97 (2007) 99–113

Kepinski, S.: Integrating hormone signaling and patterning mechanisms in plant development. Curr. Opinion Plant Biol. 9 (2006) 28–34

Kidner, C. A., Timmermans, M. C. P.: Mixing and matching pathways in leaf polarity. Curr. Opin. Plant Biol. 10 (2007) 13–20

Kuhlemeier, C.: Phyllotaxis. Trends Plant Sci. 12 (2007) 143–150

Kurata, T., Okada, K., Wada, T.: Intercellular movement of transcription factors. Curr. Opin. Plant Biol. 8 (2005) 600–605

Lough, T. J., Lucas, W. J.: Integrative plant biology: role of phloem long-distance macromolecular trafficking. Annu Rev. Plant Biol. 57 (2006) 203–232

Prigge, M. J. et al.: Class III homeodomain-leucine zipper gene family members have overlapping, antagonistic and distinct roles in *Arabidopsis* development. Plant Cell 17 (2005) 61–76

Reddy, G. V., Gordon, S. P., Meyerowitz, E. M.: Unravelling developmental dynamics: transient intervention and live imaging in plants. Nat. Rev. Mol. Cell Biol. 8 (2007) 491–501

Reinhardt, D.: Phyllotaxis – a new chapter in an old tale about beauty and magic numbers. Curr. Opin. Plant Biol. 8 (2005) 487–493

Savaldi-Goldstein, S., Peto, C., Chory, J.: The epidermis both drives and restricts plant shoot growth. Nature 446 (2007) 199–202

Shani, E., Yanai, O., Ori, N.: The role of hormones in shoot meristem function. Curr. Opinion Plant Biol. 9 (2006) 484–489

Singh, M. B., Bhalla, P. L.: Plant stem cells carve their own niche. Trends Plant Sci. 11 (2006) 241–246

Stahl, Y., Simon, R.: Plant stem cell niches. Int. J. Dev. Biol. 49 (2005) 479–489

Tang, G.: siRNA and miRNA: an insight into RISCs. Trends Biochem. Sci. 30 (2005) 106–114

Tax, F. E., Durbak, A.: Meristems in the movies: Live imaging as a tool for decoding intercellular signaling in shoot apical meristems. Plant Cell 18 (2006) 1331–1337

Turner, S., Gallois, P., Brown, D.: Tracheary element differentiation. Annu. Rev. Plant Biol. 58 (2007) 407–433

Kap. 18.3

Guimil, S., Dunand, C.: Patterning of *Arabidopsis* epidermal cells: epigenetic factors regulate the complex epidermal cell fate pathway. Trends Plant Sci. 11 (2006) 601–609

Martin, C., Glover, B. J.: Functional aspects of cell patterning in aerial epidermis. Curr. Opin. Plant Biol. 10 (2007) 70–82

Ramsay, N. A., Glover, B. J.: MYB-bHLH-WD40 protein complex and the evolution of cellular diversity. Trends Plant Sci. 10 (2005) 63–70

Schellmann, S., Hülskamp, M.: Epidermal differentiation: trichomes in *Arabidopsis* as a model system. Int. J. Dev. Biol. 49 (2005) 579–584

Serna, L., Martin, C.: Trichomes: different regulatory networks lead to convergent structures. Trends Plant Sci. 11 (2006) 274–280

Kap. 18.4

Aloni, R. et al.: Role of auxin in regulating *Arabidopsis* flower development. Planta 223 (2006) 315–328

Bäuerle, I., Dean, C.: The timing of developmental transitions in plants. Cell 19 (2006) 655–664

Calonje, M., Sung, Z.: Complexity beneath silence. Curr. Opin. Plant Biol. 9 (2006) 530–537

de Folter, S., Angement, G. C.: Trans meets cis in MADS science. Trands Plant Sci. 11 (2006) 224–231

Domagalska, M. A. et al.: Attenuation of brassinosteroid signaling enhances FLC expression and delays flowering. Development 134 (2007) 2841–2850

Henderson, I. R., Jacobsen, S. E.: Epigenetic inheritance in plants. Nature 447 (2007) 418–424

Robles, P., Pelaz, S.: Flower and fruit development in *Arabidopsis thaliana*. Int. J. Dev. Biol. 49 (2005) 633–643

Rogers, H. J.: Programmed cell death in floral organs: how and why do flowers die? Annals Botany 97 (2006) 309–315

Sablowski, R.: Flowering and determinancy in *Arabidopsis*. J. Exp. Bot. 58 (2007) 899–907

Sung, S., Amasino, R.: Remember the winter: toward a molecular understanding of vernalization. Annu. Rev. Plant Biol. 56 (2005) 491–508

Zilberman, D., Henikoff, S.: Epigenetic inheritance in *Arabidopsis*: selective silence. Curr. Opinion Genet. Dev. 15 (2005) 557–562

Kap. 18.5

Boavida, L. C., Becker, J. D., Feijo, J. A.: The making of gametes in higher plants. Int. J. Dev. Biol. 49 (2005) 595–614

Campanoni, P., Blatt, M. R.: Membrane trafficking and polar growth in root hairs and pollen tubes. J. Exp. Botany 58 (2007) 65–74

Cheung, A. Y., Wu, H.-M.: Structural and functional compartmentalization in pollen tubes. J. Exp.Botany 58 (2007) 75–82

Hsieh, K., Huang, A. H. C.: Tapetosomes in *Brassica* tapetum accumulates endoplasmic reticulum-derived flavonoids and alkanes. Plant Cell 19 (2007) 582–596

Hussey, P. J., Ketelaar, T., Deeks, M. J.: Control of the actin cytoskeleton in plant growth. Annu. Rev. Plant Biol. 57 (2006) 109–125

Kasahara, R. D. et al.: MYB98 is required for pollen tube guidance and synergid cell differentiation in *Arabidopsis*. Plant Cell 17 (2005) 22981–2992

McClure, B. A., Franklin-Tong, V.: Gametophytic self-incompatibility: understanding the cellular mechanisms involved in "self" pollen tube inhibition. Planta 224 (2006) 233–245

Palanivelu, R., Preuss, D.: Distinct short-range ovule signals attract or repel *Arabidopsis thaliana* pollen tubes in vitro. BMC Plant Biol. 6 (2006) 1–9

Pelletier, G., Budar, F.: The molecular biology of cytoplasmically inherited male sterility and prospects for its engineering. Curr. Opin. Biotechnol. 18 (2007) 121–125

Takayama, S., Isogai, A.: Self-incompatibility in plants. Annu. Rev. Plant Biol. 56 (2005) 467–489

Kap. 18.6

Heidstra, R.: Asymmetric cell division in plant development. Progr. Mol. Subcell. Biol. 45 (2007) 1–37

Lewis, M. W., Leslie, M. E., Liljgren, S. J.: Plant separation: 50 ways to leave your mother. Curr. Opin. Plant Biol. 9 (2006) 59–65

Shutov, A. D. et al.: Storage and mobilization as antagonistic functional constraints on seed storage globulin evolution. J. Exp. Botany 54 (2003) 1645–1654

Vicente-Carbajosa, J., Carbonero, P.: Seed maturation: developing an intrusive phase to accomplish a quiescent state. Int. J. Dev. Biol. 49 (2005) 645–651

Weber, H., Borisjuk, L., Wobus, U.: Molecular physiology of legume development. Annu. Rev. Plant Biol. 56 (2005) 253–279

Willemsen, V., Seres, B.: Mechanisms of pattern formation in plant embryogenesis. Annu. Rev. Genet. 38 (2004) 587–614

Kap. 19

Kap. 19.1

Vinocur, B., Altman, A.: Recent advances in engineering plant tolerance to abiotic stress: achievements and limitations. Curr. Opin. Biotechnol. 16 (2005) 123–132 (2005)

Kap. 19.2

Baniwal, S. K. et al.: Heat stress response in plants. J. Biosci. 29 (2004) 471–487

Mittler, R.: Abiotic stress, the field environment and stress combination. Trends Plant Sci. 11 (2006) 15–19

von Koskull-Döring, P., Scharf, K.-D., Nover, L.: Functional diversification of plant heat stress transcription factors. Trends Plant Sci. 12 (2007) 452–457

Kap. 19.3

Griffith, M., Yanish, M. W.: Antifreeze proteins in overwintering plants: a tale of two activities. Trends Plant Sci. 9 (2004) 399–405

Hoekstra, F. A., Golovina, E. A., Buitink, J.: Mechanisms of plant desiccation tolerance. Trends Plant Sci. 6 (2001) 431–438

Ma, S., Gong, Q., Bohnert, H. J.: Dissecting salt stress pathways. J. Exp. Botany 57 (2006) 1097–1107

Parida, A. K., Das, A. B.: Salt tolerance and salinity effects on plants: a review. Ecotox. Environm. Safety 60 (2004) 324–349

Seki, M. et al.: Regulatory metabolic networks in drought stress responses. Curr. Opin. Plant Biol. 10 (2007) 296–302

Tuteja, N.: Mechanisms of high salinity tolerance in plants. Methods Enzymol. 428 (2007) 419–438

Kap. 19.4

Gechev, T. S. et al.: Reactive oxygen species as signals that modulate plant stress responses and programmed cell death. BioEssays 28 (2006) 1091–1101

Noctor, G.: Metabolic signalling in defence and stress: the central roles of soluble redox couples. Plant Cell Environ. 29 (2006) 409–425

Kap. 19.5

Dat, J. F. et al.: Sensing and signalling during plant flooding. Plant Phys. Biochem. 42 (2004) 273–282

Jackson, M. B.: Ethylene-promoted elongation: an adaptation to submergence stress. Annals Botany 101 (2008) 229–248

Kap. 19.6

Martinoia, E., Maeshima, M., Neuhaus, H. E.: Vacuolar transporters and their essential role in plant metabolism. J. Exp. Botany 58 (2007) 83–102

Sharma, S. S., Dietz, K. J.: The significance of amino acid-derived molecules in plant responses and adaptation to heavy metal stress. J. Exp. Botany 57 (2006) 711–726

Tan, S., Evans, R., Singh, B.: Herbicidal inhibitors of amino acid biosynthesis and herbicide-tolerant crops. Amino Acids 30 (2006) 195–204

Yuan, J. S., Tranel, P. J., Stewart, C. N.: Non-target-site herbicide resistence: a family business. Trends Plant Sci. 12 (2007) 6–13

Kap. 19.7

Braam, J.: In touch: plant responses to mechanical stimuli. New Phytologist 165 (2005) 373–389

Seo, S. et al.: Mitogen-activated protein kinases regulate the levels of JA and SA in wounded tobacco plants. Plant J. 49 (2007) 899–909

Wasternack, C. et al.: The wound response in tomato – Role of jasmonic acid. J. Plant Phys. 163 (2006) 297–306

Kap. 20

Kap. 20.1, Kap. 20.2

Dreher, K., Callis, J.: Ubiquitin, hormones and biotic stress in plants. Annals Botany 99 (2007) 787–822

Spaepen, S., Vanderleyden, J., Remans, R.: Indole-3-acetic acid in microbial and microorganism-plant signaling. FEMS Microbiol. Rev. 31 (2007) 425–448

Robert-Seilaniantz, A. et al.: Pathological hormone imbalances. Curr. Opin. Plant Biol. 10 (2007) 372–379

Kap. 20.4, Kap. 20.5

Akiyama, K., Hayashi, H.: Strigolactones: Chemical signals for fungal symbionts and parasitic weeds in plant roots. Annals Botany 97 (2006) 925–931

Bais, H. P. et al.: The role of root exudates in rhizosphere interactions with plants and other organisms. Annu. Rev. Plant Biol. 57 (2006) 233–266

Dixon, R., Kahn, D.: Genetic regulation of biological nitrogen fixation. Nature Rev. Genet. 2 (2004) 621–631

Frey-Klett, P., Garbaye, J., Tarkka, M.: The mycorrhiza helper bacteria revisited. New Phytol. 176 (2007) 22–36

Hildebrandt, U., Regvar, M., Bothe, H.: Arbuscular mycorrhiza and heavy metal tolerance. Phytochemistry 68 (2007) 139–46

Humphrey, T. V., Bonetta, D. T., Goring, D. R.: Sentinels at the wall: cell wall receptors and sensors. New Phytol. 176 (2007) 7–21

Inderjit, R. M., Callaway, J. M., Vivanco: Can plant biochemistry contribute to understanding of invasion ecology? Trends Plant Sci. 11 (2006) 574–580

Martin, F., Kohler, A., Duplessis, S.: Living in harmony in the wood underground: ectomycorrhizal genomics. Curr. Opin. Plant Biol. 10 (2007) 204–210

Muller, T. et al.: Nitrogen transport in the ectomycorrhiza association: the *Hebeloma cylindrosporum-Pinus pinaster* model. Phytochemistry 68 (2007) 41–51

Oldroyd, G. E. D., Downie, J. A.: Nuclear calcium changes at the core of symbiosis signalling. Curr. Opin. Plant Biol. 9 (2006) 351–357

Paszkowski, U.: Mutualisms and parasitism: the yin and yang of plant symbioses. Curr. Opin. Plant Biol. 9 (2006) 364–370

Prell, J., Poole, P.: Metabolic changes of rhizobia in legume nodules. Trends Microbiol. 14 (2006) 161–168

Reinhardt, D.: Programming good relations – development of the arbuscular mykorrhizal symbiosis. Curr. Opin. Plant Biol. 10 (2007) 98–105

Kap. 20.6

Chinchilla, D. et al.: A flagellin-induced complex of the receptor FLS2 and BAK1 initiates plant defence. Nature 448 (2007) 497–500

Citovsky, V. et al.: Biological systems of the host involved in *Agrobacterium* infection. Cell. Microbiol. 9 (2007) 9–20

Desender, S., Andrivon, D., Val, F.: Activation of defence reactions in Solanceae: where is the specificity? Cell. Microbiol. 9 (2007) 21–30

Gechev, T. S. et al.: Reactive oxygen species as signals that modulate plant stress responses and programmed cell death. BioEssays 28 (2006) 1091–1101

Ingle, R. A., Carstens, M., Denby, K. J.: PAMP recognition and the plant-pathogen arms race. BioEssays 28 (2006) 880–889

Jones, J. D. G., Dangl, J.: The plant immune system. Nature 444 (2006) 323–329

McCullen, C. A., Binns, A. N.: *Agrobacterium tumefaciens* and plant cell interactions and activities required for interkingdom macromolecular transfer. Annu. Rev. Cell Dev. Biol. 22 (2006) 101–127

van Loon, L. C., Rep, M., Pieterse, C. M. J.: Significance of inducible defense-related proteins in infected plants. Annu. Rev. Phytopathol. 44 (2006) 135–162

Kap. 20.7

Ding, B., Itaya, A.: Viroid: a useful model for studying the basic principles of infection and RNA biology. Plant Microbe Interact. 20 (2007) 7–20

Dreher, T. W., Miller, W. A.: Translational control in positive strand RNA plant viruses. Virology 344 (2006) 185–197

Kellner, E. L. P., Rakotondrafara, A. M., Miller, W. A.: Cap-independent translation of plant viral RNAs. Virus Res. 119 (2006) 63–75

Lucas, W. J.: Plant viral movement proteins: Agents for cell-to-cell trafficking of viral genomes. Virology 344 (2006) 169–184

Ng, J. C. K., Falk, B. W.: Virus-vector interactions mediating nonpersistent and semipersistent transmission of plant viruses. Annu. Rev. Phytopathol. 44 (2006) 183–212

Scholthof, K.-B. G.: Tobacco mosaic virus: a model system for plant biology. Annu. Rev. Phytopathol. 42 (2004) 13–34

Shan, L., He, P., Sheen, J.: Intercepting host MAPK signaling cascades by bacterial type III effectors. Cell Host & Microbe 1 (2007) 167–174

Tabler, M., Tsagris, M.: Viroids: petite RNA pathogens with distinguished talents. Trends Plant Sci. 9 (2004) 339–348

Vaucheret, H.: Posttranscriptional small RNA pathways in plants: mechanisms and regulations. Genes Dev. 20 (2006) 759–771

Whitham, S. A., Yang, C., Goodin, M. M.: Global impact: elucidating plant responses to viral infection. Mol. Plant Microbe Interact. 19 (2006) 1207–1215

Xie, Q., Guo, H.-S.: Systemic antiviral silencing in plants. Virus Res. 118 (2006) 1–6

Zeenko, V., Gallie, D. R.: Cap-independent translation of tobacco etch virus is conferred by an RNA pseudoknot in the 5'-leader. J. Biol. Chem. 280 (2005) 26813–26824

Sachverzeichnis

Fette Seitenzahlen verweisen auf Hauptfundstellen, rote Seitenzahlen auf Definitionen (Glossarfunktion), ein hochgestelltes [A] kennzeichnet Seiten mit Abbildungen.

A

A s. Adenin, Alanin
α-Faktor 466, 649f.
α-Helix
– DNA 28[A], 376[A]
– Protein 33f.[A], 35[A], 62, 224[A]
AAO3 (Abscisinaldehyd-Oxidase) 636f.
A-Faktor (AHL) 148[A]
ABA s. Abscisinsäure
ABA-8'-Hydroxylase (CYP707A-Monooxygenase) 636, 638[A]
ABA-Glucosid 638[A]
ABA-Glucosyltransferase (ABA-GT) 638[A]
ABA2 (Xanthoxin-Dehydrogenase) 637[A]
ABA3-Protein 636
abaxial 187[A], 720
ABC-Transporter 790, 794[A]
Abendprotein 691
Abies (Tanne)
– Monopodium 180
– Temperaturbereich, Wachstum 774[A]
Abies balsamica (Balsamtanne) 364
ABMV (Abutilon-Mosaik-Virus) 834f.[A]
ABP (Auxin-Bindungsprotein) 609[A]
Abschlußgewebe 102, 108, 198
– sekundäres 177
Abscisinaldehyd 636f.
Abscisinaldehyd-Oxidase 636f.
Abscisinsäure (ABA) 594[A], 635f., 637f.
– Abbau 617, 636, 638f.
– Apikaldominanz 663f., 664[A]
– bei Hypoxie 788[A]
– Biosynthese 636f., 637[A], 639[A]
– – Hemmstoff 788[A]
– Blühinduktion 638, 640f.
– Genexpression 592
– Hormoneinfluß 660
– Rezeptor 640f., 641[A]
– Samenentwicklung 638, 760f.
– Samenruhe 638, 767, 768[A]
– Signaltransduktion 640[A]
– Stomataverschluß 245[A], 654[A]
– Streßhormon 638, 640[A], 776
– Streßantwort 522, 778f.
– Zellzykluskontrolle 661[A]

Absorption 262
– Chlorophyll 265[A]
– Chromoproteine 671[A]
– elektromagnetische Strahlung 260, 262, 265[A]
Absorptionsgewebe 102
Absorptionshaar 102, 110, 238
Abteilung 133
Abutilon (Schönmalve) 834[A]
Abutilon-Mosaik-Virus (ABMV) 834f.
Abwehrprotein s. Pr-Proteine
AC (Adenylylcyclase) 459f., 500f.
Ac-Element 417f., 420[A]
Acacia heterophylla 193[A]
Acacia senegal, Suberinlamelle 122[A]
ACC (Aminocyclopropan-carbonsäure) 628f.
ACC-Oxidase (ACO) 628f., 631, 634, 788[A]
ACC-Synthase (ACS) 788[A]
– Ethylensynthese 628
– – Kontrolle 629
– Fruchtreifung 631
– Gen 629
– Hemmstoff 632, 633[A]
– NO-Einfluß 788[A]
– Stabilität 629[A]
Acer (Ahorn) 177
Acer saccharum (Zuckerahorn) 247
Acetabularia (Schirmalge) 118
Acetabularia cliftoni 55[A]
Acetal 18, 20[A], 42
Acetaldehyd 16f., 335f.
Acetat s. Essigsäure
Acetobacter 336
Acetobacter xylinum 141
Acetohydroxysäure 795[A]
Acetohydroxysäure-Synthetase (AHAS) 793f., 795[A]
Acetosyringon 830[A], 832
Acetyl-CoA 325f., 334, 336f.
– β-Oxidation 643
Acetyl-CoA-Synthetase 325
Acetyl-CoenzymA s. Acetyl-CoA
Acetylen 8[A]
N-Acetylglucosamin 21[A], 38, 137[A], 139, 567f.
Acetylierung
– Nucleosom 520
– Protein 543
N-Acetylmuraminsäure 137[A], 139
Acetyllysin 381[A]
N-Acetyl-Phosphinotricin 434[A]

Acetylsalicylsäure 657[A]
O-Acetylserin 311[A]
Achäne 321, 759
Achillea 482
Achselknospe 179, 181[A], 662f.
Achselsproß 179, 181f.
Äcidiospore 472, 473[A]
acidophil 235
Aciflurofen 792
Acker-Schmalwand s. *Arabidopsis*
ACO s. ACC-Oxidase
Aconitase 328[A], 337[A]
ACP (Acyl-Carrier-Protein) 325
Acrasiomycota s.a. *Dictyostelium* 458[A], 461
Acridinorange, Mutagen 413[A]
ACS s. ACC-Synthase
Actin 55f.
– *Dictyostelium*-Bewegung 461
– Mikrofilament 51
– Sol-Gel-Übergang 49
– Zellpolarität 453
Actincytoskelett s.a. Cytoskelett 55f.
– Pollenschlauch 745[A]
– Reorganisation 820
– Statolith 704, 706
– Trichomentwicklung 728
– Umbau 745
– Vesikeltransport 608
Actinomyces naeslundii 135
Actinomyceten (Strahlenpilze) 146, 585
Actinomycin D 585f.
Actomyosin-System 56f.
Acyl-Carrier-Protein (ACP) 325
Acylhomoserinlacton (AHL, A-Faktor) 148[A], 818
adaxial 187[A], 720
Adenin (A) 24[A], 27f., 376[A]
– Cytokininabbau 597
– Derivat 595
– DNA 375
Adenosin 20[A], 27[A]
Adenosindiphosphat (ADP) 27[A], 306, 313, 596[A]
Adenosindiphosphoribose, cyclische (cADPR) 655, 657[A]
Adenosindiphosphoglucose (ADPG) 322[A]
Adenosinmonophosphat (AMP) 27[A], 310
– cyclisches s. cAMP
Adenosinphosphosulfat (APS) 308f.
Adenosintriphosphat (ATP) 27[A]

– bei Hypoxie 787, 788[A]
– Citrat-Zyklus 338
– Elektronentransport 268
– Energiequelle 208, 216
– Gal-Regulon 529
– Glykolyse 335
– Hydrolyse 217[A]
– – Actomyosin-System 56
– – Amidbildung 305
– – Calvin-Zyklus 279f.
– – Dinitrogenase-Reductase 303
– – Dynein 152
– – Hsp70-Chaperon-Zyklus 552[A]
– – Motorprotein 54
– – Proteinimport 561
– – Pumpe 219
– – Synthetase 306
– IAA-Aktivierung 604
– nicht spaltbares 529
– Phosphorelais 599
– Proteinfunktion 544, 561
– Stickstoff-Fixierung 302, 820
– Synthese 220f.
– – Atmungskette 288, 340f.
– – Archaea, halophile 293
– – aus Bisphosphoglycerin-säure 229
– – Bakterienphotosynthese 292[A]
– – Chemosynthese 293f.
– – Citrat-Zyklus 337f.
– – Dissimilation 333f.
– – Elektronentransport 267f.
– – Evolution 295f.
– – Phosphataktivierung 313f.
– – Photosynthese 253, 256
– – Thylakoidmembran 274f.
– Variante 529[A]
S-Adenosylmethionin (AdoMet) 507[A], 547[A], 627f.
S-Adenosylmethionin-Decarboxylase (AdoMetDC) 546f.
Adenylylcyclase (AC) 459f., 500f.
Adhäsion 43
AdoMet-Synthetase 653
ADP s. Adenosindiphosphat
ADP-Ribosylcyclase 657
ADP-Ribosyltransferase 544
ADPG (Adenosindiphosphoglucose) 322[A]
Adriamycin 585
Adventivembryogenese 482
Adventivsproß 179
Adventivwurzel 201, 666f., 702 787f.
Aegilops tauschii 408[A]

Sachverzeichnis

Aegopodium podagraria,
    Gravitropismus 702
Aerenchym 107, 335, **786**f.
Aerotaxis 141
Aflatoxin 470[A]
AFP (antifreeze protein) s.
    Gefrierschutzprotein
AG-Gen (*agamous*) 738[A]
AG-Protein 732[A], 736f., 762
Agamospermie 444, **482**
Agar **39**, 454f.
Agaropektin 39, 455
Agarose 39, 455f.
Agavaceae 111
Agave americana, Sproßscheitel 119[A]
Agave sisalana (Sisalhanf) 111
Agent Orange 610
Agglutinin 545
Aggregatverband 154[A]
Aglaozonia parvula 451f.
Aglutinin 447
Aglykon **19**, 27
AGO-Protein (Argonaut) 722
AGP s. Arabinogalactanproteine
Agravitropismus 701[A]
Agrobacterium 357
Agrobacterium tumefaciens 593, **828**f.
– Auxinbiosynthese 601, 603[A]
– Gen-silencing, virusinduziertes 844
– Pflanzentransformation **829**f., 832f.
– Ti-Plasmid 138, 829[A]
– Transformation 432
– Transposon-Tagging 419
– Vektor, binärer 433
Agrostis 791
AHA-Motiv 525
AHAS (Acetohydroxysäure-Synthase) 793f., 795[A]
AHL (Acylhomoserinlacton) 148[A], 818
Ahorn s. *Acer*
Ahornsirup 247
AHP-Protein 633
AIDS-Virus 428
Akklimatisierung **775**
Akkrustierung **116**f., 122
Akkumulatorpflanze 236
Aktionsspektrum 260f.
Aktivator 500f.
Aktivatorkomplex, *Gal*-Regulon 528
Aktivatorprotein 489[A], 530[A]
Aktivierungsenergie 225f., 299
Ala s. Alanin
Alanin (A, Ala) 25[A], 139, **378**
– Aktivierung 535f.
β-Alanin 312[A]
Alanyl-AMP 536[A]

Alanyl-tRNA 536[A]
Alarmon 630, 658f.
Alarmsignal 642, 646
Alcaligenes 300
Aldehyd 13[A], **16**, 17[A], 748
Aldolase 281[A], 334[A]
Aldose 17, 20
Aleuron 74, 76[A], 617f.
– Stimulation durch Gibberellin 617[A]
Algenblüte 59
Algenchromatophor
    s. Chloroplast, Alge
Algenpilze 155
Alginat 451, 454[A], 455[A]
Alginsäure 39
Aliphat 9
Alizarin 355[A]
Alkaloide 54, 351[A], **366**f., 407, 646, 816
– Arzneimittel 349
– ökochemische Funktion 369
Alkan 8[A], **9**, 13[A], 118
Alken 8[A], **9**, 118
Alkin 8[A], **9**
Alkohole 13f., 16[A], 118, 257
Alkohol-Dehydrogenase 335[A], 748, 787
alkylierendes Agens 411
Allel **391**, 394, 421f.
Allelopathicum **345**
Allelopathie **346**, **805**, 807
Allenoxidcyclase (AOC) 642[A]
Allenoxidsynthase (AOS) 642[A]
Allium 243
Allium cepa (Küchenzwiebel) 193f.
Allium sativum (Knoblauch) 193f.
Allogamie (Fremdbefruchtung) **747**
Allolactose 498f.
Allomyces arbuscula 348[A]
Allophycocyanin 291[A]
Allopolyploidie 408, 482
Allorhizie 200[A], **200**
Allylisothiocyanat 370f.
Alnus (Erle) 301, 747
Alstroemeria (Inka-Lilie) 187
Alternanz **184**
Alzheimer 551
Amanita phalloides
    (Grüner Knollenblätterpilz) 56
α-Amanitin 585, 837
Amaranthus (Fuchsschwanz) 367
Amaryllidaceae 119[A]
Ameisensäure 22[A], 244
Amerikanisches Immergrün s.
    Gaultheria procumbens
Ames-Test 412
Amin 13[A]
Aminoacyl-tRNA 30, 57[A], 535, 539[A]

Aminoacyl-tRNA-Synthetase **535**f., 580
Aminocyclopropancarbonsäure (ACC) 628f.
Aminoethoxyvinylglycin (AVG) 632f., 645[A]
Aminogruppe 13[A], 23f.
Aminopeptidase 330, 541, 543, 574
Aminosäuren 13f., 22f., 307[A], 315, 809
– Aktivierung **535**f., 540
– Analogon 777[A]
– apolare 25[A], 35
– aromatische 25[A], 350, 366
– basische 25[A], 366, 521f.
– Codons 377f.
– essentielle 762
– hydrophobe 550
– Phytohormon 593
– proteinogene 24f., 30, 32, 318
– schwefelhaltige 25f.
– Stoffwechsel 297, 303
– Synthese 795[A]
– – Herbizid 792
– Transport 222f., 317
– ungewöhnliche 544
Aminozucker 21, 139
Ammoniak 8[A], 305, 700
– Entstehung 12, 130
– Synthese 299f.
Ammoniakvergiftung 434
Ammonium 8[A], 11, 297
– Kunstdünger 299
– Mykorrhiza 813
– Nitratatmung 341
– Stickstoffassimilation 304f.
– Stickstoffkreislauf 300f.
– Verwertung 305f.
Ammoniumsalz 299
AMO-1618 613f.
Amöbe 458
AMP s. Adenosinmonophosphat
amphibische Pflanze 184
amphiphil **11**, 22
amphipolar (amphiphil) 11, 22
amphistomatisch **189**
amphitrich **141**
Amphotericin 585
Ampicillin 417, 425f., 585
Amplifikation
– Gen s. Genamplifikation
– Information 487f.
– PCR- s. PCR-Amplifikation
Amygdalin 767[A]
Amylase 76[A], 798
α-Amylase 76[A], 323, 617[A]
– – Inhibitor 567
β-Amylase 322f.
Amylopektin 39[A], 322f.
Amyloplast **40**, 70[A], 163[A], 321
– Graviperzeption 171, 196, 707

– Stärkespeicherung 70, 83, 87f., 705, 762
Amylose 39[A], 322f.
Anabaena 39, 145, 148
Anabaena azollae 301
Anabaena variabilis 148[A]
Anabolismus **251**
Anaerobier, fakultativer 335
Ananas sativa, Frucht 759[A]
Anaphase
– Mitose 397f..
– Meiose 403[A], 405f.
anaplerotische Reaktion 327, 339
Anastatica hierochuntia 250
Anastomose 114, 116
Androeceum **479**, 645, 747
Anemochorie **759**, 765
Anemogamie **747**
Anemone 479, 480[A]
Aneuploidie **408**f.
Angiospermen (Bedecktsamer)
– Dichotomie 179
– Endomykorrhiza 814
– Entwicklung 480[A]
– Etagierung 172
– Gefäß 115
– Initialzelle 162
– Knospe 179
– Leitbündel 169
– Polyploidie 407
– Samenanlage 481
– Seitenwurzel 199
– Siebröhre 113f.
– Stammbaum 421
– Systematik 120
– Wurzelscheitel 164
Anhydridbindung 27[A]
Anhydrogalactose 455[A]
Anilinfarbstoff 136
Anion **7**
Anisogamie **439**, 440[A], 451, 462
Anisophyllie 185f.
Ankerprotein 50
Anomer 17, 19[A], 39
Anregungsenergie 263, 265[A]
– Verteilung 276f.
ANT-Protein (TF) 719, 740[A], 757[A]
Antenne
– innere 268f., 272[A], 276f.
– periphere 269[A]
anterograd 54f.
Anthere **479**, 480[A]
– Entwicklung 618
– Reifung 740
Antheridiogen 476, 478
Antheridium 440, 456, **474**f.
– Entwicklung 478
Anthoceros 83, 579
Anthoceros punctatus 301
Anthocerotopsida (Hornmoose) 83, 474
Anthocyan 109, 355f., 366
– Biosynthese 418, 522, 727

– – trimerer Transkriptions-
    faktor-Komplex 729^A
Anthocyanidin 354f., 356^A
Anthocyanidin-Synthase 356^A
Anthrachinon 355^A
Anthranilat s. Anthranilsäure
Anthranilat-Synthase 350^A
Anthranilsäure 350^A, 366
Anthropochorie 766
Anti-VIGS 844^A
Antibiotikum 434, 526, **585**f.
– Resistenz 417, 587
– Transposon 417
antiklin **162**, 172^A
Antipode 453, 480^A, **481**
Antiporter 219^A, 222f., 790
Antirrhinum majus
    (Löwenmäulchen)
– Blüte 739^A
– dominanter Erbgang 394f.
Antiseneszenzhormon 597
Antoniusfeuer 367
AOC (Allenoxidcyclase) 642^A
AOS (Allenoxidsynthase) 642^A
AOX (alternative Oxidase) 784^A
AP1-Protein 736f.
AP2-Protein 523, 719, 738, 740^A
AP3-Protein 737f., 738^A
Apatit 313
APC-Komplex (anaphase
    promoting complex) 399^A
– CYCA/B-Abbau 661f.
Apertur 743
Apfel s. *Malus*
Äpfelsäure 22^A, 104, 244, 284f.,
    337^A
– Antiporter 222, 305, 306^A
– Dissoziation 243^A
– Elektronendonor 292
– funktionelle Gruppe 22
– Glyoxylat-Zyklus 328^A
– Oxidation 338
– Pheromon 476
– Schließzelle 243f.
– Verwertung 288
Aphidentechnik 319
Aphidicolin 585
Apiaceae (Doldenblütler) 360
Apicidin 585
Apikaldominanz
– Sproß **662**f., 686
– Wurzel **664**, 665^A
Apikalmeristem 101, **162**, 171^A,
    697
APL, TF 719
Aplanospore 444, 446^A, 451
Apocarotinoid 362
Apoenzym 226
Apomixis **482**
Apomogeton 741
Apoplast 77, 318
Apoprotein **36**, 153^A

Apoptose 711, 724
– Aleuronzelle 618
– Autophagie 724, **741**
– Blütenorgan 740
– Hitzestreß 776
– hypersensitive 659, 823f., **825**,
    843
– Laubblatt 760
– Mikrogametophyt 752
– Parenchym 786f.
– ROS 786^A
– Suspensor 756
Apothecium 468, 812f.
Apposition 106^A, **106**
APS (Adenosinphosphosulfat)
    308f.
APS-Reductase 309, 310^A
APX (Ascorbatperoxidase) 784^A,
    786^A
Aquaporine 224^A, 780^A, 790
Äquatorialebene 400
Äquatorialplatte 405
Äquidistanz **184**
äquifaziales Blatt **187**f.
Arabidopsis
– 14-3-3-Proteine 700
– *ACS*-Gene 629
– Actingene 57
– Allelopathie 807
– Apikaldominanz 664f.
– – Sproß 664^A
– – Wurzel 665^A
– ARF-Transkriptionsfaktor 611
– *ATM*-Gen 508
– Auxinbiosynthese 603^A
– Auxinrepressor 611
– Blaulichtreaktion 678
– Blühinduktion 638, 640, 731f.
– Blütendiagramm 383^A, 739^A
– Blütenentwicklung 731f.
– Chromosomen 384^A
– Chromosomenzahl 391
– circadiane Uhr 690f.
– Circumnutation 689
– *Constans* 696^A
– Cryptochrome 678
– Cytochrom P450 596
– Datenbank 386
– Embryogenese 754f., 758,
    760^A
– Endophyt 816
– Entwicklung
    s. Pflanzenentwicklung
– Ethylenwirkung 687^A
– Floral-dip-Methode 433^A
– Frucht (Schoten) 762, 764^A
– Gendosis 488
– Genexpression,
    hormoninduzierte 592
– Genom 381, **383**f., 448, 521
– – Bibliothek 427
– – Duplikation 423

– – Introns 383, 385
– Gibberellin-Repressor 616
– Gravitropismus 703
– Habitus 383^A
– Hitzestreßbehandlung 492
– Hypoxie 787
– Insertionslinien 419
– Jasmonsäuresynthese 645
– Langtagpflanze 694
– Letalität 609
– MAP-Kinasen 634
– Meristeme 196
– Mikro-RNAs 719, 721f.
– Mutanten-Screening
    (Lichtreaktionen)
– NADH-Dehydrogenase 579^A
– Ökotyp 733, 735
– Pathogenresistenz 826
– Phosphorelais 598f.
– Photolyase 678
– Photomorphose 677^A
– Photoperiode 694
– Phytopathogen 823f.
– PIN-Protein 608
– Pollen 744^A
– Polyploidie 407
– PRC2-Repressor 735^A, 756^A
– Protease 574
– Protochlorophyllidoxidore-
    ductase 684
– Resistenz (Pathogene) 823^A
– RNA-Editierung (Plastiden) 579
– ROP-Protein 746
– rRNA-Gene 532^A
– ruhendes Zentrum
    (Wurzelmeristem) 196
– Samenentwicklung 758f., 760^A
– Samenkeimung 677f.
– Scheitelmeristem 163^A
– Sproßmorphologie 717
– Stammzellen 716
– Thigmonastie 796, 801^A
– Transkriptionsfaktoren 423^A,
    521f., 719
– Trichomentwicklung **728**f.
– Verbreitung (Samen) 765
– Wachstum 796^A
– Wurzel 706f.^A
– – Meristem 724f.
– Wurzelhaarbildung 645^A, 729f.
– Zn-Finger-Protein 523
Arabidopsis-Mutante
– *aba3* 636
– *ag*- 736f.
– *ap1*- 736f.
– *ap3/pi*- 736f.
– Blütenorganidentität 736
– *coi1*- 648
– *cop*- 683
– *cry1/cry2*- 678, 680^A
– *ctr*- 631^A
– *cuc*- 757

– *det*- 683
– *dwf* 624f.
– *ebf*- 631
– *ein*- 631
– *etr*- 631^A
– *etr1*- 645^A
– *fri*- 733
– frühblühende 734
– *fus*- 683
– *gl2*- 730
– *nos1*- 654^A
– *nox1*- 654^A
– *phot1/phot2*- 680^A
– *phy*- 686
– *phyA/phyB*- 680^A
– *sep*- 737^A
– Stärkesynthese 705
– *toc1*- 688
– *wuschel* 392
– *ztl*- 688
Arabinogalactanproteine (AGP)
    746
– Matrix, extrazelluläre 743
– Morphogen 724
– Pollenschlauchwachstum 745f.
– Strukturprotein 566
– Wundverschluß 545
– Zellerkennung 545, 832
Arabinose 17^A, 93, 746
Araceae (Aronstabgewächse)
    61^A, 658, 747
Arachis hypogaea (Erdnuß)
– Gravitropismus 702^A
– Same 321, 761
Araucaria 124
Arbeit 207
Arbuskel 814f.
ARC (ADP-ribosylcyclase) 657^A
Archaea 145f., 295, 422^A
– Biomembran 60, 130, 146^A
– halophile 293
– Merkmal 129
– methanogene 145, 341f.
– Prokaryot 72, 125, 134
– Stammbaum 127f., 131^A
Archaeahiston 134, 146
Archaeon 130
Archegoniat, Generations-
    wechsel 474f.
Archegonium 440, **474**f.
– Entwicklung 478
Archespor 474, **477**
AREB-Transkriptionsfaktor 660
ARF (auxin responsive factor) s.
    Transkriptionsfaktor, ARF
Arg s. Arginin
Arecaceae 759
Arf-Protein 565
Arginase 647
Arginin (R, Arg) 25^A
– Codon **378**
– Coomassie-Brillantblau 36

Sachverzeichnis

- Cyanophycin 143
- Histon 379
- NO-Synthase 652
- Polyaminbiosynthese 547[A]
- Derivat 831[A]

Armillaria (Hallimasch) 808
Armleuchteralge s. *Chara*
Armoracia rusticana (Meerrettich) 370f.
Armpalisade 192
Arnica angustifolia, Zugwurzel 202[A]
Arogenat-Dehydratase 350[A]
Arogenat-Dehydrogenase 350[A]
Arogenat-Transaminase 350[A]
Arogensäure 350f.
Aromat **9**[A], 349, 354, 375
Aronstab s. *Arum maculatum*
Aronstabgewächse s. Araceae
ARR-Protein (Arabidopsis response regulator) 599f., 633, 660, 675
Arsenomolybdat-Komplex 20
Art s. Species
Arthropoden 124
Arum maculatum (Aronstab) 407, 749
Arzneimittel 349, 354
AS, Transkriptionsfaktor 718[A], 757[A]
Asclepias 364
Asclepias curassavica 365
Ascogon 466f.
Ascolichenes 811
Ascomyceten (Schlauchpilze) 129, 462f.
- Endophyt 816
- Fungi imperfecti 470
- Höhere 466f.
- Holzabbau 808
- Hyphen 157
- Mycobiont 811
- Mykorrhiza 814

Ascorbat s. Ascorbinsäure
Ascorbatperoxidase (APX) 784[A], 786[A]
Ascorbinsäure 628, 786
Ascospore **462**, 467f.
Ascus **462**, 466f.
Asn s. Asparagin
Asp s. Asparaginsäure
Asparagin (N, Asn) 25[A], 303, **378**, 760
Asparaginsäure (D, Asp) 25[A], 244
- anaplerotische Reaktion 339
- Assimilattransport 319
- CO_2-Fixierung 284
- Codon **378**
- Cyanophycin 143

Asparagus officinalis (Spargel) 202, 749
Aspartat s. Asparaginsäure

Aspartat-Protease 574
Aspergillus 470
Aspergillus nidulans (Gießkannenschimmel) 444[A]
Aspirin 657f.
Assemblierungskontrolle 582
Assimilat 114, 315, 318f.
Assimilatanreicherung 318
Assimilation **331**
Assimilationsstärke 83, 277f., 281[A], 284
- Abbau 322
Assimilationswurzel 204
Assimilattransport 114, 315, 317f., 320[A]
Asteraceae (Korbblütler)
- Alkaloide 366
- Blüte 739[A]
- etherisches Öl 360
- Embryogenese 482
- Kautschuk 364
- Löwenzahn 759[A]
- Proteroandrie 747
- Stammsukkulente 181
- Verbreitung 765
- Zugwurzel 202

Asteriscus pygmaeus 250
Astragalus bisulcatus 545
Astragalus pattersoni 236
Astragalus preussi 236
Ataxia-telangiectasia-Protein 508
Atemwurzel 204
ATF-Protein 839
Atmosphäre 299, 342
Atmung 342
- anaerobe 341f.
- klimakterische Frucht 632[A]
Atmungshemmstoff 341
Atmungsintensität 341
Atmungskette 80, 333f., 339f.
- Cytochrom 271
- Evolution 128, 225
- Inhibitor 777[A]
- Kopplung an Citrat-Zyklus 337f.
- Stickstoff-Fixierung 302
Atmungskettenphosphorylierung 314, 340f.
Atomkern 3, 7
Atommasse 13
Atomorbital 6f.
Atomspektrum 260[A]
ATP s. Adenosintriphosphat
ATP-Sulfurylase 309f.
ATP-Synthase 80, 220[A], 275f., 295
- Anhydridbindung 217
- Archaea, halophile 293
- Bakterienphotosynthese 292[A]
- Bakterium 221
- Chloroplast 103, 221
- Elektronentransport 266[A], 269[A], 339[A]

- Membraneinbau 561
- Mitochondrion 221, 341
- Regulator 700
- Wasserstoff-Ionengradient 267, 292

ATPase 55f., **219**f., 235
- Evolution 295
- Regulator 700
- *Saccharomyces cerevisiae* 37
- Tonoplast 103, 287
- Typen 220f., 790
Atrazin 270, 792
Atrichoblast 726, **727**, 729f.
Atriplex (Melde) 284
Atropa belladonna (Tollkirsche) 104[A]
Auferstehungspflanze 250
Aufsitzerpflanzen s. Epiphyten
Augenapparat, *Chlamydomonas* 151f.
Ausläufer s. Stolon
Austauschdesorption 234f.
Autochorie **764**
Autogamie s. Selbstbefruchtung
Autoinduktor **147**, 147f.
Autonitrosylierung 653
Autophagie 724, **741**
Autophagosom 741[A]
Autopolyploidie 407
Autoradiogramm 511
Autorepression 582, 660
- Brassinosteroidsynthese 624[A], 626
Autosom 749
Autostimulation 660
autotroph **251**
Autoxidation 310
AUX s. Auxine
AUX-Influx-Translokator 605f.
Auxine 307[A], 591, 593f., **600**f.
- Abbau 601, 604f.
- Adventivwurzel 667[A]
- Antagonist 639
- Apikaldominanz 662f.
- Bindungsprotein (ABP) **609**[A]
- Biosynthese 351[A], **601**, 603[A]
- – Gen 829[A], 831
- – Ort 605f., 708, 716
- Blattanlage 717f.
- Blütenentwicklung 740[A], 742[A]
- Effluxtranslokator s. PIN-Efflux-Translokator
- Embryogenese 757
- Genexpression, induzierte 592
- Geschlechtsbestimmung 749
- Gibberellinsynthese 615[A]
- Gravitropismus 706f.
- Herbizid 609f., 630, 666, 794
- Homöostase 604, 610
- Influx-Translokator s. AUX-Influx-Translokator
- Morphogenese 608

- Pflanzenregeneration 433, 666[A]
- Phototropismus 679, 686
- Repressor (AXR) 610f., 624, 660
- Rezeptor 609f., 611[A]
- Samenentwicklung 762
- Schattenvermeidungssyndrom 686f.
- Signaltransduktion 609
- Speicherform 603f.
- Sproßapikalmeristem 716, 719
- Stengelstreckung 608f., 615
- Transkriptionskontrolle 611[A]
- Transport **605**f., 660, 702
- – Embryogenese 757[A]
- – Gravistimulation 707[A]
- – Langstrecke 606
- – polarer 605
- – – Förderung 687
- – – Hemmung 660
- – Organisation 608
- – Sproßapikalmeristem 717f.
- – – Wurzel 665[A]
- – Störung 621
- Tropismus 201
- Tumorbildung 593
- Verteilung 606
- Wirkung **606**, 610, 615, 660, 719
- – antagonistische
- – – Brassinosteroid 624
- – – Ethylen 630
- – – Kontrolle 610
- – synergistische, Brassinosteroide 624f.
- Wurzelhaarbildung 730
- Wurzelknöllchen 820
- Zellstreckung 607f., 615
- Zellzykluskontrolle 661[A], 662

Auxin-Transporter 453[A]
Avena sativa (Hafer)
- Ernte 775
- Kälteakklimatisation 776[A]
- Phototropismus 201
- Phytochrom A 676[A]
- Säuregrad 235
Avena-Koleoptile 97[A], 706
- Test 602[A]
AVG (Aminoethoxyvinylglycin) 632[A], 645[A]
Avirulenzprotein 826
Avogadro-Zahl 13
Avsunviroidae 30, 837
Axonema 150[A], 447
AXR-Repressor s. Auxine, Repressor
Azid 341, 777[A]
Azolla (Wasserfarn) 301
Azospirillum 301
Azotobacter vinelandii 301

B

β-Faltblatt 33f.[A], 35[A], 62
BA (Benzoesäure) 658[A]
Bacillus 300, 585
– Sigmafaktor 504
Bacillus thuringiensis 435
Bäckerhefe
   s. *Saccharomyces cerevisiae*
Bacteriorhodopsin 153
BAH (Benzoesäure-Hydroxylase) 658[A]
BAK1-Protein (BRI1-associated receptor kinase) 626f.[A]
Bakanae 612
Bakterien 135f.
– aerophile 261[A]
– Biomembran 60, 146[A]
– denitrifizierende 300
– diazotrophe 816
– eisenoxidierende 293f.
– Genexpression 493
– gramnegative 140
– grampositive 140
– grüne 254, 290, 292
– holzzerstörende 808[A]
– Merkmale 129
– nitrifizierende 300f.
– Organisation 72, 125
– Phosphorelais 598
– photoautotrophe 274, 296, 308, 365
– photolithotrophe 672
– photosynthetische 139, 253
– phytopathogene 148
– schwefeloxidierende 294
– Stammbaum 128[A]
– Stickstoff fixierende 299f., 357
– thermophile 427
– Transformation 425
– Transposon 417
– Vektor 433
– Wechselwirkung mit Wurzel 806[A]
Bakterienphotosynthese 291f.
Bakteriochlorophylle 139, 254, 263, 291f.
Bakteriophaeophytin a 292
Bakteriophage 85[A], 429, 550, 835f.
Bakteriorhodopsin 293
Bakterizid 792
Bakteroid 820f.
Baldriangewächse
   s. Valerianaceae
Balsam 123
Balsamtanne s. *Abies balsamica*
BAP s. Benzylaminopurin
Bariumsulfat 196, 704
Bärlapp s. *Lycopodium*
Bärlappgewächse
   s. Lycopodiopsida

Basalkörper 53, 141, 447
– Axonema 150
Basen, seltene 23, 30f.
Basenexzisionsreparatur 413
Basenmodifikation 595
Basenpaarung 389, 413
Basidie 471f.
Basidiolichenes 811
Basidiomycetes (Ständerpilze) 129, 470f., 808
– Endophyt 816
– Entwicklung 471[A]
– Fadenthallus 157[A]
– Fortpflanzung 462
– Gametangiogamie 440
– Holzabbau 808
– Hyphen 157
– Mycobiont 811
– Mykorrhiza 814
Basidiospore 470f., 472
basophil 235
Bast 172f., 176, 202f.
Bastard (Hybride) 391f.
Bastfaser 112, 168[A], 172[A], 176
Bastparenchym 172[A], 176
Baststrahl 172[A], 173[A], 177, 203[A]
Baumfarne s. Cycadeen
Baumwolle s. *Gossypium hirsutum*
Bedecktsamer s. Angiospermen
Beerenfrucht 759
Befruchtung 396, 439f., 742, 746
– doppelte 481
– *Fucus* 453
– Phaeophyceen 451
– *Porphyra* 456
– Pteridophyta 476
Beggiatoa 294, 308
Begonia rex, Kantenkollenchym 111[A]
Beiknospe 180
Benincasa hispida (Wachskürbis) 119[A]
Benz(a)pyren-Derivat, Mutagen 412f.
Benzaldehyd 767[A]
Benzoesäure (BA) 658[A]
Benzoesäure-Hydroxylase (BAH) 658[A]
Benzylaminopurin (BAP) 595[A], 666f.
Berberis vulgaris (Berberitze) 193[A]
Bernstein 124
Bernsteinsäure 22[A], 244, 337[A]
– anaplerotische Reaktion 339
– Elektronendonor 292
– Glyoxylat-Zyklus 326f.
BES1-Aktivator 626f.
Bestäubung 742f., 744[A]
Bestäubungsbiologie 747
Beta vulgaris (Rübe) 204[A], 694
– Ernte 775
– Speicherstoff 321

Beta vulgaris ssp. *maritima* (Rote Rübe) 204[A], 367[A]
Betacyan 366
Betalain 354, 366f.
Betanidin 367[A]
Betaxanthin 367
Betula alba (Birke) 175f., 814
Betulaceae 319
Bewegung 54, 56, 191
Bewegungsprotein, virales 78, 836[A], 838f., 842[A]
Bicyclomycin 585
Bierherstellung 336
bifazial 187
Bildungsgewebe s. Meristem
Bildungsort s. source
BIN-Proteinkinase 626f.
Bindung
– energiereiche 27[A], 216, 217[A]
– glykosidische 18, 20f.[A], 37, 39, 322
– hydrophobe 34[A], 35
– ionische s. Ionenbindung
– kovalente 6f., 13, 34
– Peptid- s. Peptidbindung
– Pi- 6f., 7
– polarisierte 10, 13
– Sigma- 6f., 7
– Wasserstoffbrücken- s. Wasserstoffbrückenbindung
Bindungselektron 7f.
Bioenergetik 205
Biofilm 135[A], 295
Bioinvasion 807
Biokatalysator 225
biolistische Methode 432
biologische Maschine
   s. Nanomaschine, biologische
Biomembran 47f., 59f., 138
– Aufbau 63
– Evolution 130
– Fluid-mosaic-Modell 63[A], 782
– Funktion 65
– Osmose 213
– Permeabilität 65, 218
– Plastide 81
– Steroid 22, 621f.
– System 66f.
– Transport 218f.
– Vesikelfluß 74f.
– Wasserleitfähigkeit 224
Biopharmakon 585, 592
Biopolymer 1, 12, 26f., 41
Biotin 312f.
Birke s. *Betula alba*
Birkenpilz s. *Leccinum scabrum*
Bis(2-chlorethyl)-sulfid 413[A]
Bisphosphatidylglycerin 79
1,3-Bisphosphoglycerinsäure (BPG)
– Anhydridbindung 217[A], 313
– Calvin-Zyklus 280[A]
– Glykolyse 229, 334f.

Bitterstoff 347, 351, 357, 362
Bivalent 403f., 403, 405[A], 408, 415
BL s. Brassinolid
Blasentang s. *Fucus vesiculosus*
Blasia pusilla 301
Blast-Suche (blast searches) 386
Blatt 162, 165, 182f., 187f.
– Assimilattransport 320
– *Coleus blumei* 703[A]
– Differenzierung 184
– Entwicklung 717
– Extinktion 258f.
– geteiltes, Entstehung 720
– im Schatten s. Schattenblatt
– im Sonnenlicht s. Sonnenblatt
– Schlafbewegung 689
Blatt-Peroxisom 73
Blattabwurf 307, 328
Blattalterung 628, 645f.
Blattanlage 163[A], 168[A], 187[A]
– Auxinverteilung 607, 717
– Entstehung 162, 183[A], 716f.
– HD-ZIP-Protein 721
– Transkriptionsfaktor 522f.
– *Welwitschia* 720
Blattbewegung, *Mimosa* 797
Blattdorn 181[A], 183, 193[A]
Blattentwicklung 183f., 187, 521, 720
Blattfiederranke 193[A]
Blattfolge 184, 186[A]
Blattgelenk 191, 797f.
Blattgrund 183f., 193
Blattlaus 659, 839f.
Blattmetamorphose 193[A]
Blattranke 193[A]
Blattraum s. Phyllosphäre
Blattrosette 179, 185, 645[A]
Blattscheide 184, 201
Blattspreite (Lamina) 184
Blattspur 170[A], 191
Blattstellung 182, 184f.
– decussierte 170[A]
– *Rumex palustris* 686[A]
– spiralige 716
Blattstiel s. Petiolus
Blattsukkulente 194
Blaulichtreaktion 678
Blaulichtrezeptor 673, 677f., 685
Blausäure 371[A], 628, 767[A]
Blei 236, 789
Bleichherbizid 792
Bleomycin 585
Blühinduktion 640, 731f.
– Außenfaktoren 713
– Hemmung 619, 638, 640f.
– Nachtlänge 695[A]
– NO-Wirkung 654[A]
– Photoperiodismus 693f., 695[A]
– Regulation 523, 732f.
– Repressor 641[A], 732

Sachverzeichnis

- Steuerung 654
- Störlicht 696[A]
- Transkriptionsfaktor 522
- Vernalisation 733, **735**
Blumenkohlmosaikvirus (CaMV) 835, 839
Blumeria graminis 816
Blüte 479, 738[A], 747f.
- *Arabidopsis* 645[A], 733, 736f.
- gefüllte 736
Blütenentwicklung 731f., 749
- AUX-Programm 740f.
- Ethylen 630
- FT-Protein 696
- Gibberellinsäure 618f.
- Jasmonsäure 645
- Phytohormon 740[A]
- Salicylsäure 658
- vorzeitige 686
Blütenfarbstoff 356, 366, 646
Blütenmeristem 732[A], 735, 737
Blütenorgan 736, 741
- Alterung 740
- Identität 732
- - Kontrolle 733, 736f.
Blutungssaft 246f.
Boden 233
Bodenkolloid 233f., 240[A]
Bodenlösung 233f.
Boehmeria nivea (Ramie) 106, 111f.
Boletus edulis (Steinpilz) 157
Bombacaceae 111
Bor 3, 5
Borke 173[A], 178
Botrytis 470, 827
BPG s. 1,3-Bisphosphoglycerinsäure
BR s. Brassinosteroide
Bradford-Methode 36
Bradyrhizobium 819
Bradyrhizobium japonicum 821[A]
Brassica 80, 752[A]
Brassica juncea 236
Brassica napus (Raps)
- AHAS-Mutante 795
- Brassinosteroid 621
- Ernteertrag 760
- Glyoxysom 73
- Herbizidabbau 796
- Interzellulare 107[A]
- Same 761
- Schwefelbedarf 308
- transgener 434f.
Brassica napus ssp. *oleifera* 326
Brassicaceae 308, 383, 814
- Auxinbiosynthese 603[A]
- Blüte 733, 739[A]
- Frucht 762
- Inhaltsstoffe 370
Brassinazol (BZ) 621[A], 624[A]
Brassinolid (BL) 364, 594[A], 621f.

- Genexpression 592
- Signaltransduktion 626f.
- Wirkung 624[A]
Brassinosteroide (BR) 593, **620**f.
- Biosynthese 621f., 660
- Biotest 625
- Blütenbildung 732[A]
- Leitbündel 723
- Rezeptor 626, 650[A]
- Schattenvermeidungssyndrom 686f.
- Signaltransduktion 624
- Struktur 594[A], 621[A]
- Transkriptionskontrolle 626f.
- Wirkung **624**, 660, 719
- Zellzykluskontrolle 661[A]
Brassylsäure 326[A]
Braunalgen s. Phaeophyceen
Braunfäule 808
Brefeldin A 585, 608
Breitbandherbizid 795
Brennessel s. *Urtica dioica*
Brennhaar 109f., 118
Brenztraubensäure 22[A], 334f., 338
- Benennung 244
- CAM-Stoffwechsel 287f.
- Decarboxylierung 325f., 336
- DXP-Weg 358[A]
- Herbizidresistenz 795
- Opine 831[A]
- PTS-System 501[A]
- Transport 285
BRI1-Protein 626f.
Bromeliaceae 238, 759[A]
Brownsche Molekularbewegung 213
Brutbecher 443
Brutblatt s. *Bryophyllum*
Brutorgan 443
Bryonia dioica (Zaunrübe) 98, 800[A]
Bryophyllum (Brutblatt) 443[A]
Bryophyten 128, **160**f., 240, 474f.
Bt-Toxin 435
Buche s. *Fagus*
Bufotenin 366[A]
1,3-Butadien 9[A]
Butan 9[A]
Buttersäure 22[A], 244
Butyrat s. Buttersäure
BZ s. Brassinazol
bZIP-Genfamilie 423[A]
bZIP-Protein 522, 640[A], 682[A], 700
- Exon-Shuffling 423[A]
- FD- 697, 732[A]
BZR1-Repressor 624, 626f.

C

C s. Cystein, Cytosin
C-Wert **488**
- Paradoxon 384f., **385**
C2-Oxidase 614[A]

C3-Oxidase 613f., 618
C_3-Pflanze 284, 288, 424
- Kohlendioxid 290
- Wassernutzungseffizienz 286
C_4-Pflanze 257, 288f., 424
- Kohlendioxid 290
- - Fixierung 283
- Photosynthese 284f.
- Wassernutzungseffizienz 286
C19-Oxidase 613f.
- Hemmstoff 619
C20-Oxidase 614f.
Ca^{2+}-Alginat 454[A]
Cactaceae (Kakteen) 181, 287
Cadang-Cadang-Viroid 837
Cadmium 235[A], 789
Cadmium-Phytochelatin-Komplex 235[A], 790
cADPR (Adenosindiphosphoribose, cyclische) 655, 657[A]
CAL, Protein 732[A], 736
Calanthe triplicata 781[A]
Calcineurin 655
Calcium 591, 655f. 746[A]
- bei Hypoxie 788[A]
- Bindungsprotein s. Calmodulin
- Chlamyopsin-Aktivierung 151
- Graviperzeption 706
- Kanal 151, **222**, 453[A]
- - cADPR-Bindung 657
- - Hemmung 704
- - mechanosensitiver 797
- - Pollenschlauchwachstum 746
- - signalkontrollierter 790[A]
- - Tüpfelverformung 800
- Karyogamie 745
- Konzentration 54, 400, **655**
- - Elicitor 646[A]
- - Erhöhung 679
- - Gerstenkeimung 617[A]
- - Streßantwort 790
- Makroelement 3, 5
- Mangel 4
- Mikrotubuli-Bewegung 400
- Phosphat 313
- Phytopathogenabwehr 825
- Pollenschlauchwachstum 745
- Pumpe 221f.
- Regulation 79, 104
- Selbstinkompatibilität 752f.
- Signaltransduktion 640[A], 655[A]
- Stomataverschluß 245f.
- Transportsystem 790
- Zellstoffwechsel 50
Calciumbisulfit 117
Calciumcarbonat 104, 110, 118
Calciumcyanamid 299
Calciumoxalat 104[A], 118
Calmodulin (CaM) 54, 400, **655**f.
- Gerstenkeimung 617[A]
- NO-Synthase 652[A]
- Touch-Gen 797

Calnexin 559, 567, 569
Caloglossa leprieurii 158[A]
Calreticulin 559, 567, 569[A]
Calvin-Experiment 278
Calvin-Zyklus 277f., 288
- ATP 268
- Kohlenstoffkreislauf 342[A]
- NADPH 268
CaM s. Calmodulin
CAM-Pflanze 283f., 288
- Stoffwechsel 284, 287[A]
cAMP 459f., 500f., 544, 657
- Rezeptorprotein (CRP) 460[A], **502**, 522
cAMP-Phosphodiesterase (PDE) 459[A], 460[A]
Campanula rapunculoides (Glockenblume), Blattstellung 185[A]
Campestanol 622[A], 624[A]
Campesterol 622[A]
Campher 346, 360[A]
Campherbaum s. *Cinnamomum camphora*
Campyloneuron 119[A]
CaMV (Cauliflower mosaic virus) 835, 839
Canavanin 777[A]
Cannabis sativa (Hanf) 111, 694, 749, 774[A]
Capping 490, 507[A]
- Kontrollpunkt 515f.
Carageen 455f.
Carbonsäure 13[A], **22**[A], 118, 244
Carbonylgruppe 18
Carbonylverbindung 13[A], **16**f.
Carboxylat-Ion 11, 22[A], 244
Carboxylgruppe 13[A], **22**, 24, 34
Carboxypeptidase 330
Carboxysom 83, 86, 139, 143f.
Cardenolid 364
Cardiolipin 79
Carex, Verbreitung 765
Carnivore 124, 348
β-Carotin 153, **264**[A], 362, 435
- Extinktion 261[A]
Carotinoide 263f., 362
- ABA-Biosynthese 637[A]
- Absorption 259, 671[A]
- Bakterienphotosynthese 291
- Biosynthese 692
- Chromoplast 81f., 86.
- Cyanobakterien 143
- Extinktion 261[A]
- Fruchtreifung 632[A]
- LHCIIb-Komplex 563[A]
- Lichtrezeptor 673
- Photosynthese 254, 272
- Purpurbakterien 291
- Wirkung 261
Carpell s. Fruchtblatt
Carrier s. Translokator
Caryophyllaceae 366, 760

Caryophyllales 354, 366
Casparyscher Streifen 121[A]
– Exodermis 198
– Nadelblatt 192
– Transpiration 249
– Wurzeldruck 239
– Wurzelendodermis 197[A], 234f.
Caspase 574, 825
Castanea sativa (Eßkastanie) 621
Castanospermin 568[A], 585
Castasteron (CS) 621[A], 623[A]
– Inaktivierung 622[A]
– Wirkung 624[A]
Catechol 16[A], 658[A], 807[A]
Catharanthus, Auxinbiosynthese 603[A]
Catharanthus roseus (Madagaskar-Immergrün) 349, 368f.
Cauloid 450, 454
Cavitation 248
CBP-Komplex 518[A]
CCA-Protein 691[A], 693
CCC (Chlorcholinchlorid) 614[A]
CCV (= clathrin-coated vesicle) s. Clathrin-Vesikel
CDC25-Phosphatase 661[A]
CDF1-Repressor 695, 696f.[A]
CDK (Proteinkinase, cyclinabhängige) 661f.
cDNA s. Desoxyribonucleinsäure, komplementäre
CDP s. Cytidindiphosphat
Ceiba pentandra 111
Cellobiase 92
Cellobiose 38[A], 92
Cellulase 92
– Bakterien, phytopathogene 148
– ETH-induzierte 630, 634, 787
– Pflanzenparasit 809
– Protoplastenbildung 431, 799
Cellulose 26, 90f., 132
– Abbau 808[A]
– Gefäß 115
– Holz 41
– Kohlenstoffkreislauf 342[A]
– Makrocyste 459
– Polysaccharid 38[A], 342[A]
– Zellwand 47, 88, 97
– – Aufbau 94f.
– Samenruhe 768
– Synthese 91f. 607
– Textur 112
Cellulose-Synthase 91f.
Cellulosepilze s. Oomyceten
Cellusom 808[A], **808**
Centaurea cyanus (Kornblume) 356
Centaurea maculosa (Gefleckte Scabiose) 807[A]
Centromer 379, 383f.
Centroplasma **143**, 144[A]

Centrosom 53
Cephalanthera damasonium (Weißes Waldvöglein) 815
Cephalosporin 585
Ceratium horridum, Chromatophor 84[A]
Ceratopteris richardii 476, 478
CEZ (central elongation zone) 706, 707[A]
cGMP s. Guanosinmonophosphat, cyclisches
Chalaza 481
Chalkon 355f.
Chalkon-Flavanon-Isomerase 356[A]
Chalkon-Synthase 355, 357[A]
Chaperone **504**, 548f.
– Ca^{2+}-abhängiges 567
– Calreticulin 569[A]
– chemisches 780
– FACT 520
– Funktion 555f.
– Gen 761, 776
– HC-pro 840
– Hitzestreßprotein **550**, 776f., 780
– – Hsp17 492
– – Hsp70 418, 552
– Hitzestreßregulon 504
– im ER 569
– LEA-Typ 780[A], 782
– Maschine 552f.
– Netzwerk 550, 554f.
– Plastide 580f.
– Proteinfaltung 35, 554f.
– Proteinimport 561[A]
– RNA-Polymerase 496
– SF1 508, 510[A]
– Spleißen 511
– Streß, oxidativer 786
– Synthese 555[A], 777f.
– U2AF 508, 510[A]
– Virusverbreitung 836
– Zell/Zell-Transport 726
Chaperonin 35
Chara (Armleuchteralge) 57, 196, 703f.
Chelat 791
Chelatkomplex 236f.
Chelidonium 765
chemiosmotische Hypothese 274
chemolithoautotroph **293**, 295
Chemonastie 191
Chemophobotaxis 142[A]
Chemosynthese 294[A], 342[A]
Chemotaxis 141, 459, 474, 743, 746
– Pistill 743f.
– positive 348
Chemotopotaxis 142[A]
chemotroph **251**
Chemotropismus 201

Chiasma 405
Chicle 365
Chinarindenbaum s. *Cinchona officinalis*
Chinin 349, 369
Chinon 355[A]
Chinon/Hydrochinon-System 355
Chitin 38[A], 463
Chitinase 105, 463, 828
Chitinpilze s. Ascomycetes, Basidiomycetes
Chlamydomonas 447f.
– Dicytosom 68
– essentielles Element 3
– Fortpflanzung 442
– Grünlichtrezeptor 674
– Pyrenoid 83
– Spleißen, trans 578
– Stigma 152
– Translation, lichtkontrollierte 581
– Zellwand 149
– Zell/Zell-Erkennung 746
Chlamydomonas eugametos 385
Chlamydomonas reinhardtii 26, 149[A], 152[A], 445f.
– Geißel 150
– Phototaxis 151f., 673
– Translationskontrolle 583[A]
Chlamyopsin 151, **153**
Chlor 3, 5, 243
Chloramphenicol 417, 585[A]
4-Chlor-5-bromindoxyl-β-D-glucuronid 368
Chlorcholinchlorid (CCC) 613f.
Chlorella 278, 291[A]
Chlorenchym s. Photosynthesegewebe
Chlorethylphosphonsäure 632f.
Chlorid-Kanal 222, 246
Chlorindol-3-essigsäure 601[A]
Chlorobiaceae (Grüne Schwefelbakterien) 290, 292[A], 296
Chlorobionta 133, 145
Chlorobium, Photostromdichte 672
Chlorococcales 64[A]
Chlorococcum echinozygotum 149[A]
Chloroflexaceae (Grüne Flexibakterien) 290
Chlorophyceen (Grünalgen) 128[A], 156[A], 148, 811, 813
Chlorophyll a, s.a. Chlorophylle 81f., **261**f.
– Absorption 671[A]
– Anregung 265f.
– Bakterien 143
– Cyanelle 86
– LHCII-Komplex 269, 563[A]
– Lichtsammelantenne 269, 454
– Phaeophyceae 451
– Photosynthese 254f., 272f.
– Rhodophyta 454

Chlorophyll b, s.a. Chlorophylle 81f., **261**f.
– Absorption 671[A]
– Bakterien 145
– Energietransfer 563[A]
– LHCII-Komplex 269
Chlorophylle 73, 82, 132, 262f., 307[A]
– a s. Chlorophyll a
– Abbau 645f.
– Absorption 243, 259, 261, 265[A]
– Anregung 265[A]
– b s. Chlorophyll b
– Bindeprotein 263, 269
– Biosynthese 237, 584[A], 684
– Extinktion 261[A]
– Fruchtreifung 632[A]
– Photosynthese 254, 276
– – P680
– – – Phycobilisom 291[A]
– – – System II 269f., 582[A]
– – – Z-Schema 274[A]
– – P700 272[A], 274[A]
– – P840 292
– – P870 291f.
– Synthese 418
Chlorophyllid 684[A]
Chlorophyllmangel s. Chlorose
Chlorophytum comosum (Liliengrün) 112
Chloroplast **83**f., 149
– ATP-Synthase 275
– Biomembran 48
– Calvin-Zyklus 279
– CK-Wirkung 597
– Dichte 49
– Energiewandlung 208[A]
– Entstehung 422
– Evolution 86, 130f.
– Fettsäuresynthese 324f.
– Genexpressionskontrolle 583
– Genom s. Plastom
– Glaucophyta 86
– Leitbündelscheide 284f.
– Lipid 60
– Merkmal 73
– Mesophyll 284f.
– Nitrit-Reduktion 304
– Photorespiration 282[A], 283[A]
– pH-Wert 44, 275
– Pigment 259f., 262
– Positionierung 680
– Proteinimport 559f.
– Stärkesynthese 40
– *Ulothrix* 156
– Sternmoos 256[A]
– Tomate 84[A]
– Typ 81f.
– Vorläufer 130, 424
Chloroplastendimorphismus 284f.
Chlorose **4**[A], 237

Chlorosom 254, 292f.
Chlorsulfuron 793, 795^A
Cholesterin 22, 59, 79
Cholin 22f.
Chondriom 384f.
– *Arabidopsis thaliana* 381
– Evolution 130, 388, 575
– Höhere Pflanze 80
– *Nicotiana tabacum* 386
– Vererbung, extrachromosomale 415
Chondrus 455
Chorea Huntington 551
Chorismat s. Chorisminsäure
Chorismat-Mutase 350^A
Chorismat-Synthase 352^A
Chorisminsäure 350f.^A, 355
Christrose s. *Helleborus niger*
Chromatiaceae (Schwefelpurpurbakterien) 290f.
Chromatide 397f., 402f., 405f.^A
Chromatin 379f.
– aktives 382, 494^A, 734
– Imprinting 756
– inaktives 382, 734
– kondensiertes 519^A
– Metaphase 398
– Umformungskomplex 519^A, 520
– Vergleich mit Karyoplasma 70, 72
– Verpackung 380^A, 398
Chromatinapparat 143
Chromatindomäne 380f., 519f.
Chromatinfibrille 379f.
Chromatinschleife 404
Chromatophor 81, 83f.
Chromatoplasma 143
Chromophor 153^A
Chromoplast 48, 81f., **86**f., 265
Chromoprotein 36, 651, 671, 673f.
Chromosomen 129, 378, 380f.
– Allopolyploidie 408
– *Arabidopsis thaliana* 384^A
– Bewegung 400
– Dekondensation 399
– Endomitose 407
– Entstehung 130
– Funktionsform 399
– Genkartierung 403
– homologes 391, 402, 404f.
– Kondensation 397, 402, 405f.
– Kopplungsgruppe 406^A, 415
– Meiose 402f.
– polytänes 407
– Segmentaustausch 403, 405^A
– Strukturierung 520
– Transportform 397
– Vererbung, Theorie 396f.
– Verteilung 399, 402, 407f.
Chromosomenmutation 409^A

Chromosomensatz 391, 402, 407
– haploider 439, 488
Chromosomenskelett 380
Chromosomenstruktur 398^A
Chromosomenzahl 391, 402
Chromozentrum 379
Chrysanthemum hort. 694
Chrysolaminarin 40
Chrysophyceen, Photosynthesepigment 264
chymochrom 355^A
Cilie 447f.
Cinchona officinalis (Chinarindenbaum) 349, 369
1,8-Cineol 346^A, 360
Cinnamomum camphora (Campherbaum) 360^A
Circadianrhythmus 688f.
– bei Pilzen 692
– Constans 695f.
– Dunkelreversion 676
– Gen 682^A
– Kontrolle 679
– molekulare Uhr 512, 692
– Nia-Gen 699^A
– Nitrat-Reductase 700
– Regulation 522
– Schaltmechanismus 695
– Steuerung 674
– Transkriptionsfaktor 522
Circumnutation **689**
– *Bryonia* 800^A
– *Cuscuta europaea* 810
cis-OPDA (Oxo-phytodiensäure) 642f., 800
cis-Spleißen s. Spleißen
cis/trans-Isomerie 11
Cistron **497**
Citrat 22^A, 104, 244, 328^A, 337^A
Citrat-Synthase 327f., 337^A
Citrat-Zyklus 336f.
– anaplerotische Reaktion 339
– Hexose-Dissimilation 333f.
– Kohlenstoff-Kreislauf 342^A
– Lokalisation 80
– reduktiver 293
– Stickstoff-Reduktion 302
– Triglycerid-Umwandlung 326
Citrobacter freundii 301
Citronellol 346^A
Citronensäure s. Citrat
Citronensäure-Zyklus s. Citrat-Zyklus
Citrullin 318
Citrus paradisi (Grapefruit) 362f.
Citrusgewächse s. Rutaceae
CK s. Cytokinine
CK-Signal, Transduktion 600^A
CKX (Cytokinin-Oxidase) 597^A
Cladonia rangiferina (Strauchflechte) 812

Cladophora 73, 156^A, 262, 448f.
– Scheitelzelle 157
Clathrin 75
Clathrin-Vesikel 68^A, 75, 564^A, 745
CLAVATA-Protein 715^A, 719
Claviceps purpurea (Mutterkornpilz) 367
CLE42-Peptid 724
Clematis 765
Clematis vitalba 107^A, 170^A
Clivia miniata 108^A
Clostridium pasteurianum 301
Clusiaceae (Hartheugewächse) 360
CLV3-Protein 649^A
– Rezeptor 650^A
CMP s. Cytidinmonophosphat
CNA-Protein 719f.
CO s. Constans-Protein
CoAL (Coenzym-A-Ligase) 642^A
Coated vesicle (CV) 75
Coatprotein-Vesikel (COP) 76, 564f., 568f.
Coccinella septempunctata (Marienkäfer) 659
Cocos nucifera (Kokospalme) 111f.
– Frucht 759^A
– Same 761
– Verbreitung 765
– Viroidinfektion 837
Code, genetischer **376**f., 410
Codein 349, 369f.
Codon 377f.
– Mutation 410
Coenobium 134, 148^A, **148**
Coenoblast **72**, 155f.
– *Cladophora* 157, 448
– *Halicystis ovalis* 449
– Milchröhre, ungegliederte 113
Coenocyte s. Coenoblast
Coenzym 226
Coenzym A 312^A, 336
Coenzym-A-Ligase (CoAL) 642^A
Coevolution 347, 364, 747, 831f., 841
Coffea arabica (Kaffeestrauch) 694
Cohesin 380, 398f., 402, 404, 406
COI1-Protein 647
Coir-Faser 111
Colchicin 52, 54, 407
Colchicum autumnale (Herbstzeitlose) 54, 407
Coleus blumei 703^A
Columellazelle 705f., 801
Commelina communis 88^A, 189^A
Concanavalin A 566
Conchocelis 455f., 457^A
Condensin 380, 397, 402

Coniferen
– Anemogamie 747
– Chloroplast 83
– Frostresistenz 776
– Gravimorphose 703
– Harz 124
– Nadelblatt 192
– Schließhaut 98
– Vererbung 416
Coniferylalkohol 40^A, 41^A, 351
Coniin 366^A
Coniophora puteana (Kellerschwamm) 808
Conium maculatum (Gefleckter Schierling) 366
Connexinkanal 148
Consensussequenz 490f., 503
Constans-Protein 693, 695f., 698
Convallaria 364
Convallaria majalis (Maiglöckchen) 119^A, 191^A, 360
Coomassie-Brilliantblau 36^A
COP s. Coatprotein-Vesikel
COP-Protein 682f.
COP9-Signalosom 573, **683**
Corallorrhiza trifida (Korallenwurz) 815
Corchorus (Jute) 111
Cordycepin 585, 587^A
Corolla (Krone) 479
Coronatin 648^A
Corpus 162f., 714f.
Corydalis 765
Corylus (Hasel) 747, 765
Cosubstrat 226f.
– Kohlenstoff-Assimilation 255
– Reduktion 253
CPC-Protein s. MYB-Transkriptionsfaktor, CPC
Cpn60/Cpn10-Maschine 553
CPSF-Komplex 517f.
Crassulaceae (Dickblattgewächse) 287
crassulacean acid metabolism s. CAM-Pflanze, Stoffwechsel
Craterostigma plantagineum 250
Crepis 482
Crepis capillaris, Karyogramm 391^A
Creutzfeldt-Jacob-Syndrom 551
Cristae 79f., 83
CRL-E3-Komplex 573, 683^A, 691
– Constans-Abbau 696^A
– HY5-Abbau 682^A
Crocus (Krokus), Heterorhizie 202
Crossing-over 402f., 422, 468
Crosslinking 412, 414
CRP s. cAMP, Rezeptorprotein
CRP-Box 502
CRP-cAMP-Komplex 500, 503
CRP-Rezeptorprotein 501
cryptobiotisch 250

Cryptochrome 678f.
– Absorptionsbereich 671[A]
– circadiane Uhr 691f.
– Constans-Abbau 695f.
– COP1-Komplex 683f.
– Lichtrezeptorprotein 673f.
– Photomorphogenese 681f.
Cryptomonaden 132
Cryptophyceen 263
Cryptophyta, Pigment 254
CS s. Castasteron
CS-Lyase 545[A]
CSN-Komplex
  s. COP9-Signalosom
CstF-Komplex 517, 518[A]
CTD-Kinase 517
CTD-Phosphorylierung 515
CTP (Cytidintriphosphat) 27
CTR1-Repressor 630f., **633**f., 635[A]
– Wurzelhaarbildung 731
CUC, Transkriptionsfaktor 717, 719, 757[A]
Cucumis 618, 687[A], 749,
Cucumis sativus (Gurke) 694
Cucumis melo (Melone) 80
Cucurbita pepo (Kürbis), Pollen 121[A]
Cucurbitaceae (Kürbisgewächse) 98, 119[A], 169, 318f.
Culcasia liberica 61[A]
Culline 572f., 683f.
Cumarin 349, 351[A], **353**[A], 646
Cumaroyl-Coenzym A 355, 357[A]
Cumarylalkohol 40f. 351
Cumarsäure 351[A], 353[A]
Cumarsäure-O-glucopyranosid 353[A]
Cupressaceae (Zypressen) 124
Cuscuta europaea (Kleeseide) 810[A]
Cuscuta odorata (Teufelszwirn) 78[A]
Cuticula 118f.
– Epidermiszelle 108[A]
– Laubblatt 188[A]
– Nicht-Wirts-Resistenz 823
– Transpiration 240f.
Cuticularleiste 118f., 190[A]
Cuticularschicht 108[A], 119
Cutin **118**f.
– Bestandteil 22
– Casparyischer Streifen 121
– Epidermiszelle 108
– Schutzstoff 348
Cutinase 119, 743, 745, 809
Cutisgewebe 102, 121, 198
Cutiszelle 121
Cutleria 451f.
CV (Coated vesicle) 75
Cyanelle 86, 130
Cyanid 341

Cyanidin 356[A]
Cyanoalanin 628[A]
Cyanobakterien 134f., **143**f.
– Atmungskette 340[A]
– Coenobium 148
– Cyanelle 86
– Evolution 127f., 131[A], 296, 424
– Flechte 811
– Gasvesikel 59
– Lichtreaktion 340[A]
– Photobiont 811, 813
– Photosynthese 255, **291**
– Plastidenvorläufer 79
– Stammbaum, Organismen 128[A], 422[A]
– Stickstoff fixierende 302
Cyanophora paradoxa 86[A], 130
Cyanophycin 143f.
Cyanophyta 454
Cyanwasserstoff (HCN) 12, 130
CYC/CDK-Komplex s. Mikroprozessor, biologischer
Cycadeen (Baumfarne) 171
Cycle-Sequencing-Methode 430
Cyclin 600, 661f.
Cycloartenol 622[A]
Cyclohexan 10[A]
Cyclohexanol 10[A]
Cycloheximid 537, 585
Cyclooctaschwefel 308
Cyclopamin 363[A]
Cyclopentadien 10[A]
Cyclopentan 10[A]
Cymen 360[A]
CYP707A-Monooxygenase 636, 638[A]
Cyperaceae (Riedgräser) 118
Cyperales 814
Cystein (C, Cys) 24f., 310[A], **311**[A]
– Blausäure-Entgiftung 628[A]
– Codon **378**
– Eisen-Schwefel-Zentrum 313
– Protease 574
Cystein-Protease 574
Cystein-Synthase 311[A]
Cystin 26[A]
Cytidin 27
– Deaminierung 579[A]
Cytidindiphosphat (CDP) 27
Cytidinmonophosphat (CMP) 27
Cytidintriphosphat (CTP) 27
Cytochalasin 453, 704
– B 52, 56
– C 585
– D 608
Cytochrom **271**f., 340[A], 596
– a/a_3-Komplex 339[A], 340
– b/c_1-Komplex 271
– – Atmungskette 339[A], 340
– – Bakterienphotosynthese 292f.
– – Evolution 295

– b_6/f-Komplex 271
– – Aufbau 271[A]
– – Cyanobakterium 340
– – Elektronentransport 266f., 269[A], 272
– – Lichtreaktionen 274[A]
– – Prozessierung mRNA 577[A]
– – Regulation 581
– – Synthese 581
– – Verteilung 276[A]
– b557 304
– c 271, 340
– Pathogenabwehr 825
Cytochrom-c-Reductase 73
Cytochrom P450 596[A]
Cytochrom-P450-Reductase 596[A]
Cytochromoxidase 73, 820
Cytokin 597
Cytokinese s. Zellteilung
Cytokinine (CK) 591, 594f., **595**, 597[A]
– Abbau 597[A]
– Apikaldominanz 663f., 665[A]
– Attraktionswirkung 321[A]
– Biosynthese 596f., 660
– – Gen 829[A], 831
– – Ort 195
– ETH-Synthese, Stimulation 629
– Geschlechtsbestimmung 749
– Gravitropismus 706f.
– Hemiterpen 359
– Isoprenoid-
  s. Isoprenoid-Cytokinin
– Knollenbildung 698
– Mikroorganismus 593
– Pflanzenregeneration 666[A]
– Retentionswirkung 321[A]
– Rezeptor 599[A]
– Signaltransduktion 600[A]
– Sproßapikalmeristem 716, 719
– Sproßregeneration 433
– Verteilung 706f.
– Wirkung 597f., 660, 676
– – Repressor 600[A]
– – Sproßapikalmeristem 719
– – Wurzelknöllchen 820
– – Zellzykluskontrolle 661f.
Cytokinin-cis-Hydroxylase 595
Cytokinin-Oxidase (CKX) 597[A]
Cytoplasma 47f.
– ABA-Synthese 636f.
– Gibberellinsynthese 613f.
– Kompartimente 59
– pH-Wert 44
– Strömung 57
– Viskosität 49, 56
Cytoplasmamembran 138, 141
Cytoribosom 51, 57f.
Cytosin (C) 23f., 27f., 375
Cytoskelett 47[A], **51**, 78
– corticales 47[A], 91
– Eigenschaft 52

– Eubakterien 139
– Protein 49
– System 399f., 801
Cytosol **48**
– Proteinimport 557[A]
Cytostatikum 54, 361, 368
CytP450-Reductase 596[A]
cZ (cis-Zeatin) 595[A]

D

D s. Asparaginsäure
2,4-D s. Dichlorphenoxyessigsäure
D1-Protein 576, 580f., 582[A], 794
– Translation 581f., 583[A]
D2-Protein 576, 582[A]
Dahlia variabilis 203, 204[A], 694
Dahlie s. *Dahlia variabilis*
DAHP (Desoxiarabinosedeheptulosansäure-7-phosphat) 350[A]
DAHP-Synthase 350[A]
Datenbank 386
Datura stramonium (Stechapfel) 349
Daucus carota (Karotte)
– Allorhizie 200[A], 204
– Blühinduktion 695
– Carotinoid 362
– Chromoplast 86
– Vernalisation 735
Dauergewebe 101f., 711
DCMU (Dichlorphenyldimethylharnstoff) 270
DCPIP (Dichlorphenolindophenol) 255f.
ddNTP (Didesoxynucleosidtriphosphat) 429f.[A]
Deaminase 579[A]
Deaminierung, Cytidin 579[A]
Decapping-Komplex 542
Decarboxylierung, oxidative 334, 336
Deckblatt 179
Deetiolierung 677, 680f., **681**
Defensin 828
Degronmotiv 611[A]
Dehiszenz **645**
Dehnungswachstum
  s. Flächenwachstum
Dehydrierung 16f., 34
Dehydrin 638, 782
Deletion **409**f.
DELLA-Repressor 616f., 620[A]
DELLA-Transkriptionsfaktor 523, **616**f., 620[A]
Delphinidin 356[A]
Demethylase, REF6 734
Denaturierung, Biomembran 62
Denitrifikation 300[A], 341
Deoxocastasteron 623f.[A]
Deoxoteasteron 623f.[A]
3'-Deoxyadenosin s. Cordycepin

Deplasmolyse 214
Derbesia marina s. *Halicystis ovalis*
Dermatogen 755^A
Derubylierung 684
Desaturase 325^A, 326
Deschampsia 738
Desmotubulus 47^A, **77**, 78^A, 726
Desoxiarabinosedoheptulosan-
   säure-7-phosphat (DAHP) 350^A
Desoxyadenosin 27
Desoxynucleosidtriphosphat 388
Desoxyribofuranose 27
Desoxyribonucleinsäure (DNA)
   11, **28**f., 37, 50^A, 129, 134,
   375f., 487
– Bindungsdomäne 423^A, 611^A,
   736
– – ARR-B 600^A
– chromosomale 72
– Cyanobakterium 143
– *E. coli* 136
– Einzelstrang- 830
– Information 488
– Klonierung 425f.
– komplementäre (cDNA) 428f.,
   492
– Matrize 428
– Matrizenstrang 495^A
– mitochondriale (mtDNA) 80f.
– Modifikation 382, 749, 756^A
– Nachweis 29, 412
– Nucleoid 137^A
– plastidäre s. Plastiden-DNA
– Reparatur s. DNA-Reparatur
– Replikation s. DNA-Replikation
– Satelliten- s. Satelliten-DNA
– Schutz 348
– Strahlenschaden 411, 414
– Struktur 28f., 375f., 397
– synaptonemaler Komplex 404
– Thymin, Dimer 414^A
– Verpackung 378f.
– Watson-Crick-Modell s. Des-
   oxyribonucleinsäure, Struktur
– zirkuläre 29
– – bakterielle 134
– – Plasmid 135, 138
Desoxyribonucleosidtriphosphat
   428f.
Desoxyribose 17^A, 27, 495
Desoxyxylulose-5-phosphat
   (DXP) 358^A
Desulfovibrio 308
Desulfurikation 341
Detergens **62**, 362
Determinationszone 168
Deuterium 257
Dextrin 336
DEZ (distal elongation zone) 706,
   707^A
Dhurrin 370f.
Di-Snurp-Komplex 509

Diacetylmorphin (Heroin) 369
Diagravitropismus **701**^A, 703
Diakinese 405
Diamid 777^A
Diaminobenzidin 73^A
Diaminofluorescein 654^A
Diaminopimelinsäure 139
Diaspore **713**, 764f.
Diatomeen (Kieselalgen) 3, 118,
   263f.
Diatropismus 201
6,6-Dibromindigo (Purpur) 368^A
Dicamba (Dichlormethoxy-
   benzoesäure) 610^A
Dicarbonsäure 22
DICER-Komplex 722^A, 844^A
Dichasium 180^A, **180**
4,4-Dichlor-5,5-dibromindigo
   368^A
Dichlorchinolincarbonsäure 610^A
Dichlormethoxybenzoesäure
   610^A
2,6-Dichlorphenolindophenol
   (DCPIP) 255f.
Dichlorphenoxyessigsäure
   (2,4-D) 601^A, 610, 666
Dichlorphenoxypropionsäure610^A
Dichlorphenyldimethylharnstoff
   (DCMU) 270
Dichlorprop-P 610^A
Dichotomie **159**^A, 179
Dichtähre s. *Pachystachys lutea*
Dickblattgewächse
   s. Crassulaceae
Dickenwachstum 170, 178, 204
– sekundäres
– – Sproßachse 171f., 177, 723
– – Wurzel 195, 202f.
– – Zellwand 97, 106^A, 122
Diclofop 793
Diclorprop-P (Dichlorphenoxy-
   propionsäure) 610^A
Dictamnus albus (Diptam) 123^A
Dictyosom 47^A, 64^A, **68**f., 75^A
Dictyostelium discoideum 458f.,
   461f.
Dictyota dichotoma 159^A, 451f.
Dictyoten 451^A
Didemnum (Seescheide) 145
Didesoxymethode 429^A
Didesoxynucleotid 429
Didesoxyribonucleosidtriphosphat
   (ddNTP) 429f.
Didesoxyribonucleotid 429
DIF-1 461^A
Differenzierung
– Blatt 184
– Embryo 757
– Gewebethallus 158f.
– Siebelement 105
– *Volvox* 154
– Wurzel 198

– Zelle 101f., 106, 167
Differenzierungszone 168, 195f.
Diffusion 59, 78, 212f., **213**, 218
– Apoplast 235
– Assimilat 317f.
– erleichterte 222
– Kohlenhydrat 317^A
– passive 235
Digalactosyldiglycerid 23, 60
Digitalis lanata (Wolliger Finger-
   hut) 349, 364
Digitalis purpurea (Roter Finger-
   hut) 364, 694f., 735
Digitoxigenin 363f
Digitoxin 364
Digoxigenin 363f.
Digoxin 349, 364
Dihybride 394
Dihydroflavonol 356^A
Dihydroflavonol-Reductase 356^A
Dihydrogenphosphat 297, 313
Dihydrophaseinsäure 636, 638^A
Dihydroxy-α-carotin 264
Dihydroxyaceton 16, 17^A
Dihydroxyacetonphosphat 280f.,
   324^A, 326, 334f.
Dikaryon 470
Dikotyle s. Dikotyledonen
Dikotyledonen
– Initialzelle 164
– Keimblatt 186
– Leitbündel 169f., 191^A
– Lignin 41^A
– Meristem 713^A
– Organisation 163^A
– Polyploidisierung 423
– Primärwand 97
– Restmeristem 168
– Schließzelle 243
– Siebröhre 114
– Tunica 714
Dilatation **172**, 177, 203
Dimerisierung, Pyrimidinbase 411
Dimethylallylpyrophosphat
   (DMAPP) 358f.
Dimethylnitrosamin, Mutagen
   413^A
Dinitrogenase 302f.
Dinitrogenase-Reductase 303
Dinitrophenol 777^A
Dinophyceae 283^A
Dionaea muscipula (Venusfliegen-
   falle) 798^A
Dioscorea 362
Dioscorea spinosa 204
Diosgenin 363^A
Diosgenin-Glykosid 362
Dioxygenase 613f., 636, 637^A,
   664
diözisch **440**, 479, 749
Dipeptid 32^A
diploid **391**, 439

Diplont **441**^A, 452
Diplotän 403^A, 405
Dipol 35, 42f.
Diptam s. *Dictamnus albus*
Disaccharid 19f., 23, 38
Dissimilation **331**, 333f.
Distamycin 585
Distickstoff
   s. Stickstoff, elementarer
Disulfidbindung
– Cystin 26^A
– Protein 34^A, 549
– Glykoprotein 569
Disulfidisomerase 544
– ERp57 569^A
Diterpen 54, 349, 359^A, **361**
Dithiol-Disulfid-Konversion 310
Dithiopyr 793
diurnaler Säurerhythmus 288
Diuron 270
Divergenzwinkel 185
Diversifizierung 423
DMAPP (Dimethylallylpyro-
   phosphat) 358f.
DNA s. Desoxyribonucleinsäure
DNA-Amplifikation 428
DNA-bending 502, 523
DNA-Bindeprotein, single strand
   832
DNA-Bindungsdomäne 496, 502,
   505
– AP2 s. AP2-Protein
– Transkriptionsfaktor 521f., 524
– WRKY s. WRKY
DNA-Gehalt 396f.
DNA-Glycosylase 413
DNA-Helikase 388^A, 515
DNA-Klonierung 425f.
DNA-Ligase 389, 427
DNA-Polymerase **389**, 427f., 430,
   573
DNA-Protein-Wechselwirkung 502
DNA-Reparatur 404^A, 413f., 573
DNA-Replikation 388f.
– Endoreduplikation 488
– Eubakterium 136, 138, 389
– Genmutation 411
– in vitro 429
– PCNA-Komplex 573
– Plasmid 425
– Polyploidie, somatische 407
DNA-Sequenzierung 429f.
DNA-Topoisomerase 397
DNA-Virus 835, 839
DnaJ-Protein 504, 552
DnaK-Maschine 552
DnaK-Operon 503
DnaK-Protein 504, 550, 554^A
DNase 617^A
dNTP (Desoxynucleosid-
   triphosphat) 388
Doldenblütler s. Apiaceae

Dolichol 567^A
Dolicholphosphat 364, 567^A
Domäne 125, 133, 517
dominant 392
Doppelbindung 7, 11
Doppelhelix 28f.
Dormanz 663
dorsiventrales Blatt 187f.
Dorsiventralität 184, 186^A
Douglasie s. *Pseudotsuga menziesii*
Dracaena 178
Drachenbaum s. *Dracaena*
Drei-Buchstaben-Code, Aminosäure 25^A
Dreifachbindung 7
Drosera rotundifolia (Sonnentau) 798
Drosophyllum lusitanicum 354^A
Druckpotential 215^A
Druckstromtheorie 319^A
Drugdesign 795
Druse 104^A
Drüsenhaar 109^A, 110^A, 123
Drüsenschuppe 124
Drüsenzelle 68, 102, 123f.
Dryopteris filix-mas (Wurmfarn) 476f.
Ds-Element 417f., 420^A
DSCAM-Gen 508, 511
dsRNasen (RNase, doppelstrangspezifische) 31
Duftstoff 641f.
Dunkelheit 671
Dunkelreaktionen 253f.
Dunkelreversion, Phytochrom 675f.
Dunkelrotrezeptor 677
Duplikation 409^A, 423^A, 529
Durchlaßzelle
– Endodermis 122, 198^A, 199
– Exodermis 198
– Wasseraufnahme, Epiphyten 238^A
Durchlüftungsgewebe 102, 107
DXP-Weg 358^A 612
Dynein **55**, 57
– Geißel, eukaryotische 150^A, 447
– Mikrotubuli 52, 54^A
– Zyklus 152
Dysstreß s.a. Streß **774**
– Herbizid 794
– Spurenelement 789^A
– Verwundung 796
– Wasserverlust 779
Dystrophin 508

E

E s. Glutaminsäure
E-Isomerie 11
E2-Enzym 570

E2-Komplex 573
E3-Ligase 683
E3-Ubiquitin-Ligase-Komplex **571**f., 647, 683, 696^A, 752f.
EBF1-Protein 631, 635^A
Eßkastanie s. *Castanea sativa*
Ecballium spec. (Spritzgurke) 764
Ecdyson 363f.
Ecdysteroid 363
Ecdysteron 363^A
Echte Mehltaupilze s. Erysiphales
Echter Sternanis s. *Illicium verum*
Eckenkollenchym 110
Ecodormanz **663**
Efeu s. *Hedera helix*
Effektorprotein 823f.
Egeria densa (Wasserpest) 183^A
Eianlage 744
Eiapparat **481**, 741
Eibe s. *Taxus baccata*
Eiche s. *Quercus*
Ein-Buchstaben-Code, Aminosäure 25^A
Ein-Elektron-Übergang 268, 271f., 312, 339^A
EIN-Protein 631, 633f.
Einheit, taxonomische (Taxon) 125, 133
Einjähriges Rispengras s. *Poa annua*
Einkorn s. *Triticum monococcum*
Einzelstrangbindungsprotein 389
Eis 42f.
Eisen 3, 5, 596, 652
– Aufnahme 236f., 237^A
– Elektronenakzeptor 341
– Monooxygenase, CytP450-abhängige 596
Eisen-Schwefel-Protein 225
Eisen-Schwefel-Zentrum 296, **312**^A, 339^A
Eisenmangel 4
Eisenoxid 236, 294
Eisensulfid 130, 225, 312
Eiweiß s. Protein
Eizelle 439, 453, 481
EJC-Komplex 517f.
Ektomykorrhiza 813f.
Ektoplasma 49, 52
Elaioplast 87
Elaiosom 765
Elatostema repens 83
Elektron 6, 258f.
Elektronegativität 10, 13^A
Elektronenakzeptor 255
Elektronenpool 267f.
Elektronenschale 3, 260
Elektronentransport **266**f.^A, 269f., 292f., 293
– Atmungskette 339f., 340^A
– Cytochrom-b_6/f-Komplex 271f.
– exergonischer 274

– Lichtreaktion 340^A
– Nitrat-Reductase 304, 652
– Nitrit-Reductase 305
– Photosynthese 128, 295, 582^A
– Photosystem I 272f.
– Photosystem II 269f.
– zyklischer 268f.
Elektronenübergang 259^A, 262, 273
Elektronenüberträger, lösliche
– Phyllochinon 273
– Plastochinon 266f., 276
– Plastocyanin 266f., 276
– Ubichinon s. Ubichinon
Elektropherogramm 429f.
Elektrophorese 37
Element **3**, 12
Elementarfibrille s. Micellarstrang
ELF-Protein 691^A
Elicitor **646**f., 658
Elodea canadensis (Wasserpest) 163^A, 256^A
Elongase 325f.
Elongation
– Transkription 497, 515
– Translation 538f.
Elongationsfaktor 535, 538f., 544
EM1-Protein 761
Embolie 248f.
Embryo **481**f., 757f.
– reifer 754f.
– somatischer 711
– Wachstum 638
Embryogenese 481f., 713, **754**f., 757f., 760f.
– asexuelle 482f.
– somatische 434
– Transkriptionsfaktor 522, 755^A, 757^A
Embryonalentwicklung s. Embryogenese
Embryophyta 133
Embryosack 480f.
Embryosackkern 480f.
Embryosackmutterzelle 481f.
Embryosackzelle 481
Emergenz 110, 181
Emmer s. *Triticum turgidum*
Empfängnishyphe 472
EMS (Ethylmethansulfonat), Mutagen 413^A
Enantiomer 14
endergonisch **210**, 216f., 220^A, 223^A
Endocytose 74, 564^A, 745
Endodermis 121f.
– Abschlußgewebe 102
– Gravitropismus 707
– Nadelblatt 192
– SCR-Protein 725^A
– Statolith 705
– tertiäre 198^A

– Transkriptionsfaktor 725^A
– Wurzel 194, 196f., 203^A
Endodormanz **663**
endogen 199
Endoglucosidase 607
Endokarp 764^A
Endomembransystem 74
Endomitose **407**
Endomykorrhiza 813f.
Endonuclease 37, 404, 413, 517f., 533f., 722
Endopeptidase 330, 543, 561f., 574
Endophyt 815f.
Endoplasma 49, 52, 57
endoplasmatisches Reticulum 47^A, **67**f.
– Gibberellinsynthese 613f.
– Glykoproteinreifung 567f.
– Leitenzym 73
– Oleosom 77^A
– Proteinimport 557^A
– Siebpore 113
– Triglyceridsynthese 323f., 325^A
– Zisterne 70
Endopolyploidie 407
Endoprotease 541, 574, 649
Endoproteinase 828
Endoreduplikation **407**f., 488, 728^A
Endosom 608
Endosperm
– Entwicklung 755f.
– Gibberellin-Wirkung 618
– Nährgewebe 481
– Speicherorgan 760f.
– Sperrschicht 767
Endosymbiont 79, 148
Endosymbiontentheorie 48, 81, 86, **130**
Endosymbiose 131^A,
– Eucyte 128, 130
– Protoplast 86
– sekundäre 132, 451
endotherm **209**
Endozoochorie **765**
Energide 72
Energie 7, 207f., **207**
– Speicherung 225
– elektrochemische 208^A, 211
– – Photosynthese 266
– – protonmotorische Kraft 220
– – Redoxreaktion 273
– – Wasserstoff-Ionengradient 217
Energiedissipation **210**
Energietransfer, Molekül 265
Energiewandlung 208^A, 216f.
Engelmannscher Bakterienversuch 261f.
Enhanceosom 530^A
Enolase 334^A, 787
5-Enolpyruvylshikimat-3-phosphat (EPSP) 352^A

5-Enolpyruvylshikimat-3-phosphat-Synthase 352[A], 793f.
Enthalpie 209f., 225f., 273, 295
Entrainment 689, 691f.
Entropie 210, 213
Entwicklung
  s. Pflanzenentwicklung
Entwicklungshormon 644
Entwicklungszyklus 709
Enzym 225f., 487f.
Enzymaktivität 225
– Regulation 228
– spezifische 225
Eobiont 45
Epichloe festucae 816
Epidermis 108f.
– Abschlußgewebe 102
– *Culcasia liberica* 61[A]
– Cutinbildung 118
– Fühltüpfel 98
– Herkunft 198
– Laubblatt 188[A]
– Nadelblatt 192[A]
– *Nelumbo nucifera* 120[A]
– Sproßachse 170f., 177
– Sproßscheitel 168[A]
– Transpiration 241f.
– Vorläuferzelle 715
– Zellspezialisierung 727f., 730[A]
Epigenetik 382
epigenetischer Effekt
  (Positionseffekt) 409
Epikotyl 179[A], 186[A]
Epilobium 747
Epilobium spec. (Weidenröschen), Gravimorphose 703
Epimerase 528[A]
Epinastie 703[A]
Epiparasitismus 815
Epiphyten (Aufsitzerpflanzen) 204, 283
– Wasseraufnahme 237f.
Episom 138
epistomatisch 189
Epizoochorie 765
Epoxycarotinoid-Dioxygenase (NCED) 636f., 664
Epoxysäure 118
EPSP (5-Enolpyruvylshikimat-3-phosphat) 352[A]
EPSP-Synthase (5-Enolpyruvylshikimat-3-phosphat-Synthase) 352[A]
Equisetum (Schachtelhalm) 3, 118, 476, 715
ER s. endoplasmatisches Reticulum
Erbgang 391f., 393[A], 394f., 395[A]
Erbkrankheit 448, 508
Erbse s. *Pisum sativum*
Erdbeere s. *Fragaria vesca*
Erdnuß s. *Arachis hypogaea*

Erdsproß s. Rhizom
ERF-Transkriptionsfaktor 648[A]
Ergosterin (-ol) 59, 362
Ergot-Alkaloid 367
Ergotamin 367
Ergotismus 367
Erigeron 482
Erle s. *Alnus*
ERS1-Protein 633, 635[A]
Erstarkungswachstum 170
Erucasäure 326[A]
Erwinia carotovora 148
Erwinia spec. 827
Eryngium campestre 765
Erysiphales (Echte Mehltaupilze) 470
Erythromycin 417, 585
Erythrose 17[A]
Erythrose-4-phosphat 280, 350[A]
Esche s. *Fraxinus excelsior*
Escherichia coli 29[A], **136**f.
– Cytoplasma 49, 50[A]
– DNA-Replikation 388f.
– Flagellin 142
– Genom 136, 385
– Geschwindigkeit 142
– Glycerolipid 60
– Größe 142
– GroEL/GroES-Maschine 552f.
– Helix-Turn-Helix-Protein 522
– kataboles Gensystem 501
– Klonierung 833
– *Lac*-Operon 498f.
– Plasmid 432f.
– Promotor 503
– Proteinfaltung 555
– Proteinsynthese 538f.
– Restriktionsendonuclease 427
– Ribosom 57[A]
– RNA-Polymerase 496f., 500[A], 505[A], 506
– Sigmafaktor 504f.
– Teilung 138
– Transformation 425f.
– Transkription 494f., 497f., 504
– Transposon 419
– Zellwand 137[A], 139f.
Essigsäure 22[A], 244
– aktivierte s. Acetyl-CoA
– Citrat-Zyklus 337f.
– Cystein-Synthase-Reaktion 311[A]
– Glyoxylat-Zyklus 327[A]
– Isopentenylpyrophosphat 357
– Polyketide 354
– Triglyceridsynthese 325[A]
Essigsäuregärung 336
EST-Datenbank 386, 512
Ester **14**, 16[A], 20, 22
Esterase 798
ETH s. Ethylen
Ethanal (Acetaldehyd) 16f., 335f.

Ethanol 14, 16f., 334f.
Ethen s. Ethylen
Ethephon (Chlorethylphosphonsäure) 632f.
Ethidiumbromid, Mutagen 29[A], 412f.
Ethin (Acetylen) 8[A]
Ethylen (ETH) 8[A], 591f., 594[A], **627**f., 663
– Apikaldominanz 664f.
– Autophagie 741
– bei Hypoxie 787f.
– Biosynthese 627f.
– – Kontrolle 629
– Blattstellung 686[A]
– Blütenentwicklung 630
– Blütenorgan 740[A]
– Fruchtreifung 630, 632[A]
– Fruchttechnologie 630, 632
– Genexpression 592
– Geschlechtsbestimmung 749
– Gravitropismus 707
– Keimlingsentwicklung 630
– nach Verwundung 799
– Reifungshormon 628
– Repressor 731
– Rezeptor 630f., 633[A], 635[A], 788[A]
– Signaltransduktion 523, 630, **633**f., 635[A]
– Streß 629f., 776
– Streckungswachstum 686f.
– Triple response 630f.
– Wurzelhaar 645[A]
– Wurzelhaarbildung 731
– Wurzelknöllchen 820
Ethylmethansulfonat (EMS), Mutagen 409, 413[A]
Etiolierung 681[A]
Etioplast 82[A], **85**[A], 576, 683f.
ETR1-Protein 631, 633
Eubakterien 131[A], **136**f., 144
– Fortbewegung 141f.
– GroEL/GroES-Maschine 553
– Vorläufer 79, 81
– Zellwand 140
Eucarya s. Eukaryoten
Eucheuma 455
Euchromatin 379, 519f.
Eucyte 45, 48, 64[A], 66, 79, 128, 296
Euglena 68, 83, 132, 149
Euglena gracilis 132[A]
Eukaryoten 129, **149**f.
– 14-3-3-Protein 700
– Aktivatorprotein 530[A]
– Benennung 133
– Biomembran 59f.
– begeißelte 132, 142
– Chaperone 550
– Cryptochrome 678
– Entstehung 45

– Gene 490
– Genexpression 493
– Genregulation 683
– Helix-Turn-Helix-Protein 522
– Mitochondrion 79f.
– Pflanzenstammbaum 127f.
– Phosphorelais 598[A]
– Protein, actinassoziiertes 56
– Ribosom 57
– RNA-Polymerase II 146, 513f., 516[A]
– rRNA 31
– Signaltransduktion 634
– Stammbaum 128[A]
– TATA-Box-Bindeprotein 523
– Translation 540
– TRIC-Maschine 553
– Ur- 422[A]
– Zellatmung 336f.
– Zelle 424
– – Organisation 128
– Zellkern 70f.
– Zellzykluskontrolle 662
Eumycota 462f.
Euphorbia (Wolfsmilch) 113, 288
Euphorbia lathyris 694
Euphorbiaceae (Wolfsmilchgewächse) 181, 364
Eustele 170
Eustreß s.a. Streß 774, 779, 789[A], 823
Evaporation 241
Evolution 420f., 535, 575
– Algen 132
– Angiospermen 407
– ATPase 295
– Bacteria 128
– Beschleunigung 422
– Bryophyten 475
– chemische 12
– Chemoautotrophie 295
– Chloroplast 86
– Circadianrhythmus 688
– Enzym 225, 229
– Eukaryoten 388, 461
– Fortpflanzung, sexuelle 442
– Frühphase 580
– Gal3-Protein 529
– Geißel 448
– Gen 423
– Geschwindigkeit 420
– Grundlage 421, 424
– Hsp-Synthese 530
– Mitochondrion 81
– Molekül 11f., 27
– Organell 303
– Organismus, heterotropher 295
– Pflanze 345, 370
– Photosynthese 271, 280, 294f.
– Phytohormon 593
– präbiotische Phase 12, 30[A]
– Reaktionszentrum 296

870 Sachverzeichnis

- RubisCO 282
- Sekundärstoffwechsel 345
- Spermatophytina 758
- Vielzeller 99
- Zelle 45, 48, 53, 59, 79, 130f., 424

Exciton 266, 268, 270, 272[A]
Excitonen-Transfer 265[A], 269[A], 270[A]
exergonisch 210, 216[A], 220[A], 223[A], 225
Exine 120, 121[A], 366, 480[A]
Exkret 105, 123
Exkretion 246
Exocyst-Komplex 745
Exocytose 68, 74, 76, 564[A], 745
Exodermis 121, 196, 198, 203[A]
Exon 385, 422f., 489[A], 490, 510f.
Exon-Shuffling 423[A]
Exon-Skipping 513[A]
Exonuclease 542
Exopeptidase 330, 539
Exosom 542
Exospore 147[A]
exotherm 209
Expansine 607[A], 615, 718, 797
Exportin 525f., 559
Expressionsdatenbank 386
Expressionsplasmid 431f.
Extein 37
Extensin 93[A], 607, 799
- Glykoprotein 545, 566
- Primärwand 96f.
- Touch-Gen 797
Extensor-Zelle 800
Extinktion 262
Extinktionskoeffizient, molarer 262
Exzision 417

F

F s. Phenylalanin
F-Box-Protein 610
- EBF1 631, 635[A]
- FWD- 692
- GID2 620[A]
- SFB 753[A]
- Substraterkennung 572, 610
- Zeitlupe (ZTL) 691[A]
F-Plasmid 138
Fabaceae 124
FACT-Protein 514, 520
FAD s. Flavinadenindinucleotid
Fadenthallus 156[A], 448, 470
- Basidiomycet 157[A]
- *Spirogyra* 214[A]
Fagus (Buche) 176, 178, 814[A]
α-Faktor 466, 649f.
β-Faltblatt 33f., 35[A], 62
Familie 133
Faraday-Konstante 211

Färberwaid s. *Isatis tinctoria*
Farbstoff, wasserlöslicher 104
Farnesol 360
Farnesylpyrophosphat 358f., 637[A], 364
Farnpflanzen s. Pteridophyta
Fasertextur 112
Faserzelle 106, 112[A], 723
FCA-Regulatorprotein 638, 641[A], 734
Fcp1-Protein 514, 517
Fd s. Ferredoxin
Federgras s. *Stipa pennata*
Feedback-Hemmung 350
Fehlingsche Probe 18, 20
FEM1-Regulator 478
Feminizing (FEM) 478[A]
Fensterplatte 400
Fenstertüpfel 42[A]
Ferredoxin (Fd)
- Dinitrogenase-Reductase 303
- Elektronentransport, linearer 266[A], 268
- Evolution 225
- Nitrit-Reduktion 304f.
- Nitrogenase 302[A]
- Photosystem I 266[A], 272f., 656[A]
- Sulfit-Reduktion 310f.
- Translationskontrolle, D1-Protein 583[A]
Ferredoxin-NAD⁺-Reductase 292f.
Ferredoxin-NADP⁺-Reductase (FNR) 272f.
Ferrobacillus 294
Fertilität 407
Fertilitätsfaktor 138
Ferulasäure 350f.
Festigungsgewebe 102, 106
Festuca 738, 791
Fett 22, 762
Fettsäure 22f.,60, 118, 324f., 594
- Abbau 80, 326
- β-Oxidation 73
- Stoffwechsel 328[A], 596
Fettsäure-Synthase 325
Fettsäureester-Membranlipid 130
Feuer-Lacton 769[A]
Feuerbohne s. *Phaseolus coccineus*
Feuerschwamm s. *Phellinus*
Fichte s. *Picea*
Fichtenspargel s. *Monotropa hypopitys*
Ficus elastica (Gummibaum) 113
Fiederblatt 183f., 191, 720
FIL, TF 757[A]
Filament 479f.
Filamentgleitmechanismus 152
filiformer Apparat 744
FIS2-Protein 756[A]
Fischer-Projektion 14f.
FISH (Fluoreszenz-in-situ-Hybridisierung) 135

Fix-Protein 819[A]
FKF-Protein 695, 696[A]
Flächenwachstum 106f., 119
Flachs s. *Linum usitatissimum*
Flachwurzler 195
Flagellarmotor 141f.
Flagellin 142, 146
Flagellinpeptid 649f.
- Rezeptor 650[A], 822
Flagellum s. Geißel
Flammendes Kätchen s. *Kalanchoë blossfeldiana*
Flavan 354[A]
Flavan-3,4-diol 356[A]
Flavanon 356[A]
Flavanon-3-Hydroxylase 356[A]
Flavin 678, 680[A]
Flavinadenindinucleotid (FAD) 227[A]
- Atmungskette 339[A], 341
- Citrat-Zyklus 333[A], 334, 336f.[A]
- Cryptochrom 673f., 678[A]
- Decarboxylierung, oxidative 336
- Lichtrezeptor 673f.
- Nitrat-Reductase 304
- Photolyase 414[A]
- Succinat-Dehydrogenase 227[A]
Flavinmononucleotid (FMN) 227[A], 339[A], 674[A], 679
Flavonoide 351[A], 354f., 646
- Catechol-Typ 357
- Schutzfunktion 109, 348f., 351[A]
- Signalstoff 357, 817f.
Flavoprotein 36
FLC-Gen (*flower locus C*) 733f.
FLC-Repressor 641[A], 732f.
Flechten (Lichenes) 811f.
- Matrixpotential 216
- Standort 290
- Symbiose 127, 806
Flechtthallus 157f., 454, 456
Flexor-Zelle 800
FLG22-Peptid s. Flagellinpeptid
Fließgleichgewicht 209
Flieder s. *Syringa vulgaris*
Flippase 63
Floral-dip-Methode 433[A], 833
Florigen 319
- Blütenentwicklung 618
- Gibberelline 619[A]
- FT-Protein 697, 732f.
Fluid-mosaic-Modell 63[A]
Fluorchlorkohlenwasserstoff 785
Fluoreszenz, Chlorophyll 265
Fluoreszenzfarbstoff 430
Fluoreszenz-in-situ-Hybridisierung (FISH) 135
Fluoreszenzmarker 608
Fluoridon 788
FNR s. Ferredoxin-NADP⁺-Reductase

fMet-tRNA 539
FMN s. Flavinmononucleotid
Folgeblatt 186[A]
Fomes fomentarius (Zunderschwamm) 808
Fontinalis antipyretica 161[A]
Formiat s. Ameisensäure
N-Formyltetrahydrofolsäure 538
Fortpflanzung 437
- sexuelle 439f.
- - *Chlamydomonas* 446
- - Evolution 442
- - Pilze 462
- vegetative 443f., 456, 459
- - Pilze 444
- - *Saccharomyces* 463
Fraßschutz 647
Fraßschutzstoff
- Glucosinolat 348, 370
- Kautschuk 365
- Lektine 330
- Limonin 362
- Protein, JA-induziertes 647
Fragaria vesca (Erdbeere) 182[A], 759[A], 762
Frameshift-Mutation 410f.
Frankia 301
Fraxinus excelsior (Esche) 176, 479
- Keimung 186[A]
- Monopodium 180
- Samennachreifung 767
Fremdbefruchtung 747
FRI-Protein 732f.
Fritillaria imperialis (Kaiserkrone) 385
Frostempfindlichkeit 781
Frosthärte 424
Frostresistenz 776
FRQ-Protein 692[A]
Frucht 758
- Asteraceae 739
- Brassicaceae 739, 762
- Formen 759
- klimakterische 630f., 632[A]
- Leguminose 762
- nicht-klimakterische 632
- Poaceae 739
- Scrophulariaceae 739
- Süßgräser 76
- Verbreitung 764
Fruchtalterung 630
Fruchtblatt 183, 479, 481, 742[A]
Fruchtentwicklung 522, 758, 762f., 764[A]
Fruchtfaser 111
Fruchtknoten 481
Fruchtkörper 158, 471[A]
- Basidiomycet 157[A]
- *Dictyostelium* 459f.
Fruchtreifung 607, 630, 632[A], 634
Fruchttechnologie 630, 632
Fructofuranose 18[A]

Fructose 17f., 40, 318
Fructose-1,6-bisphosphat 279^A, 281^A, 334^A
Fructose-6-phosphat 334^A
Frühholz 173f.
FT-Protein 697f., 726, 732^A
FtsH-Komplex 582
FtsH-Protease 504^A, 574
Fußballrasen 797
Fuchsia, Haar 109^A
Fuchsschwanz s. *Amaranthus*
Fucose 567
Fucoserraten 453
Fucoxanthin 82, 264, 451
Fucus
– Entwicklung 452^A
– Zellpolarität 453
Fucus vesiculosus (Blasentang) 452
Fühltüpfel 98^A, **800**
Fumarase 337f.
Fumarsäure 337f.
Funaria hygrometrica 161^A, 475^A
Fungi imperfecti 444, **470**, 585, 808, 814
Fungizid **792**
Funiculus 481, 744
funktionelle Gruppe **12**f.
Furan 17f.
Furanose 17
Furcellaria fastigiata 157f.
Furfuryladenin (Kinetin) 595^A
Furilazol 796^A
Fusarium,Wurzelfäule 470, 816
Fusarium oxysporum 811
Fusidinsäure 585, 587^A
fusiforme Zelle **172**
Fusionsprotein, TMV 838
Futterrübe 204^A
FY-Protein 641^A, 734

G

G s. Glycin, Guanin
G-Box 681f.
G0-Phase 396
G1-Phase 396f.
G2-Phase 396f.
GA s. Gibberelline
GA-MYB 617^A, 619f.
GAI-Protein 616
Gal1-Protein 529
Gal3-Protein 528f.
Gal4-Transkriptionsfaktor 524^A, 528f.
Galactan 37
Galactinol 780f.
Galactolipid 23
Galactomannan **37**, 90
Galactose
– Abbau 528f.
– Aldose 17
– Carageene 455^A
– Disaccharid 23
– Galactan 37
– Glykoprotein 568^A
– Regulon 527f.
– Zellwandprotein 93^A
α-Galactosidase 528^A
β-Galactosidase 499^A
Galactosyl-Transferase 317^A
Galacturonan 89^A
Galacturonsäure 21^A, 38, 89^A, 455
Galacturonsäuremethylester 89^A
Galium odoratum (Waldmeister) 351, 353^A
Galmeiveilchen s. *Viola calaminaria*
Gamet **439**
– *Allomyces* 348^A
– Bildung 439, 756^A
– diploider 406
– Neukombination von Genen 394
– Verschmelzung 402
Gametangiogamie 440^A, **440**
Gametangium **439**f., 448, 451
Gametenlockstoff (Gamon) 348^A, 360
Gametogametangiogamie 456, 462
Gametophyt 441f., 450^A
– *Musci* 474f.
– *Pteridophyta* 476, 478
– *Spermatophytina* 479, 481
Gammastrahlen 257f.
Gamon 348^A, 360
gap junction 148
GAP-Protein 746^A
GARP-Transkriptionsfaktor 523
Gartenbohne s. *Phaseolus vulgaris*
Gärung 333f., 335f.
Gaskonstante, allgemeine 211
Gasvakuolen 59
Gasvesikel 59, 143
Gattung (Genus) 133
Gaultheria procumbens (Amerikanisches Immergrün) 657
GDP (Guanosindiphosphat) 27
GEF-Protein 746^A
Gefäß 115f.
– Differenzierung 195^A, 199
– Holzelement 172f.
– Leitungsgewebe 102
– Transpiration 241^A
– Wasserleitung 168, 246f.
– weitlumiges 176
Gefleckte Scabiose s. *Centaurea maculosa*
Gefleckter Schierling s. *Conium maculatum*
Gefrierschutzmittel 780
Gefrierschutzprotein 566, 782
Geißblatt s. *Lonicera*
Geißel
– Aufbau 447
– Eubakterium 141f.
– Eukaryoten 52, 55, **150**f., 447f.
– Resorption 447
Geißelfilament 141f.
Geißelhaken 141^A
Geißelwurzel 151
Gel 48f.
Gelbflechte s. *Xanthoria parietina*
Geldanamycin 585
Geleitzelle **114**^{A}
– Assimilattransport 317f.
– Leitbündel 169^A, 723
– Siebröhre 113^A, 172^A, 176
– Zell/Zell-Transport 726
Gelelektrophorese 62
Gelidium 455
Geminivirus 834^A
– Genom 835
Gen **390**f.
– ABA-reguliertes 640^A
– *Arabidopsis* 508
– AUX-reguliertes 611^A
– BL-reguliertes 626f.
– Blaulicht-reguliertes 692
– Chaperon-codierendes 777f.
– circadiane Uhr 691^A
– ETH-reguliertes 630, 633f.
– eukaryotisches 385, 422, 508
– Evolution 422
– extrachromosomales 391
– Gibberellin-reguliertes 615, 617, 619f.
– HD-ZIP-codierendes 722
– Hsp-codierendes 530
– Informationsamplifikation 487^A
– Intron 388
– JA-reguliertes 648^A
– Knockout 418
– lichtreguliertes 681f.
– menschliches 508
– mitochondriales 80
– Mutation 406
– Neukombination 394, 396
– Nomenklatur 391f.
– plastidäres 86
– Promotor 491
– proteincodierendes 421, 490, 511
– repetitives 72, 383
– ribosomale RNA s. ribosomale RNA, Gen
– S-Locus 750f.
– Stickstoff-Fixierung 819
– Struktur 489^A
Genaktivität, somatische Variation 417
Genamplifikation **407**, 488
Gendosis 488^A, 575
Gendrift 424
Genduplikation 423
Generation **442**
Generationswechsel **441**f.
– Archegoniat 474
– heteromorpher **442**
– – Archegoniat 474f., 477^A
– – *Cutleria* 451f.
– – Farn 476f.
– – *Halicystis ovalis* 449f.
– – *Porphyra* 457^A, 465
– – *Spermatophytina* 479f.
– heterophasischer **442**
– – Archegoniat 474f.
– – *Cladophora* 448f.
– – *Cutleria* 451f.
– – Farn 476f.
– – Laubmoos 474f.
– – *Saccharomyces* 462, 464^A
– – *Spermatophytina* 479f.
– isomorpher **442**
– – *Cladophora* 448f.
– – *Dictyota* 451f.
– – *Polysiphonia* 456f.
– – *Saccharomyces* 462, 464^A
– Phaeophyceen 451
– Pteridophyta 476f.
– Rhodophyceen 456
– *Spermatophytina* 479f.
Genetik 373f., **390**f.
genetische Bürde 421f.
genetischer Code **376**f., 410
genetisches Programm s. Pflanzenentwicklung, Programm
Genexpression
– Blumenkohlmosaikvirus 839
– Chloroplast 386
– differentielle 379, **487**, 492
– – *Lac*-Operon 498f.
– – Zelle 101
– Eukaryoten 493
– *Gal*-Regulon 526f.
– Hemmung 585
– Hitzestreß 550, 776
– hormoninduzierte 592
– Indikatorenzym 368
– JA-induzierte 646^A
– Kontrolle 488
– Lac-Operon 501
– mechanischer Streß 797
– Methoden zur Analyse 492
– Mitochondrion 386
– Plastide 574f.
– – Abstimmung mit Zellkern 583f.
– Prokaryoten 493
– Regulation 489^A, 581, 583f.
– – Eukaryoten 542, 683
– – Kern/Cytoplasma 583f.
– – Zellspezialisierung 730^A
– Reporterassay 432
– Samenentwicklung 761
– selektive 645
– signalkontrollierte 776
– Signaltransduktion 655f.
– Streß 780^A

– substratinduzierte 498f.
– Tagesrhythmus 689
– Transkription 495^A, 526
– Verwundung 797
– Virusgenom 838
Genmutation 409f.
Genom 70, 136, 406, 408, 575
– *Arabidopsis thaliana* 381, 383f.
– Chloroplast s. Plastom
– Eukaryoten 430
– Mensch 508, 512
– Mitochondrion s. Chondriom
– Pflanze 381f., 433
– *Zea mays* 385
Genombibliothek 427
Genomgröße 384f.
Genommutation 406
Genomsequenzierung 386
Genotyp 390, 392
Genpool 424
Gensequenz, Divergenz 421
Genstruktur 422f., 488f.
Gentechnik 373, 368, 425ff., 587
Gentransfer 130, 832f.
Genus 133
Geophyten 167, 193, 203
Geosiphon pyriforme 301
Geradzeile s. Orthostiche
Geranylgeranylpyrophosphat 358f., 361^A, 435
Geranylpyrophosphat 359f.
Gerbstoff 117
Gerontoplast 81f., 87, 597
Gerste s. *Hordeum vulgare*
Gerüstprotein 634^A, 729
Geschlechtsbestimmung
– epigenetische (Farn) 478
– Samenpflanzen 749
Gesetz der begrenzenden Faktoren 289
Getreide 760, 776^A, 811
Getreideanbau 610, 795
Getreideproduktion 616
Getreiderost s. *Puccinia graminis*
Getrenntgeschlechtlichkeit 440
Gewebe 42, 100f., 215
Gewebekultur 667
Gewebesystem 101f.
Gewebethallus 158f., 450f.
Gewöhnliche Spitzklette s. *Xanthium strumarium*
GI-Protein 691^A, 693f.
Gibberella fujikuroi 593, 612
ent-Gibberellan 612^A
Gibberelline 612f., 719
– α-Amylase-Induktion 323
– A_1 361^A, 594^A
– – Hormoneinfluß 660
– A_3 361
– – Genexpression, hormoninduzierte 592
– – *Gibberella fujikuroi* 593, 612^A

– A_4 361
– A_5 619^A
– A_7 361, 612^A
– A_8 614f.
– A_9 476, 478, 613^A
– A_{12} 613^A
– A_{20} 613^A, 615^A
– A_{32} 619^A
– A_{53} 613^A, 615^A
– Abbau 614f.^A
– Ableitung 361^A
– Antagonist 638
– Autorepression 660
– bei Hypoxie 787f.
– Biosynthese 612f., 618, 738
– Blütenentwicklung 618f., 732^A, 740^A
– Derivat 478, 593
– Diterpen 361
– Florigen 618f.
– Geschlechtsbestimmung 749
– Keimung 76
– Knollenbildung 698
– Repressor 616, 660
– Rezeptor 618f.
– Samenkeimung 615, 617, 767f.
– Signaltransduktion 618, 620^A
– Sproßapikalmeristem 716, 719
– Streckungswachstum s. Zellstreckung, Gibberelline
– Strukturformel 594^A
– Transkriptionskontrolle 620^A
– Wirkung 615f., 687
– Zellzykluskontrolle 661^A
GID-Protein 619f.
Gießkannenschimmel s. *Aspergillus nidulans*
Gift (Toxin) 347, 825
Gigartina 455
Ginkgo biloba, Leitbündel 191^A
Gladiole s. *Gladiolus communis*
Gladiolus communis, Gravimorphose 703
Glaucophyta 86
Gleichgewichts-Wasserpotential 240^A
Gleichgewichtspotential, osmotisches 241
Gleichgewichtszentrifugation 49
Gleichgewichtszustand 207
Gleitfallenblume 597
Gleitmechanismus 55
Globulin 330, 761f.
Gln s. Glutamin
Glockenblume s. *Campanula rapunculoides*
Glomeromycota (Mykorrhizapilze) 814f., 828
Glu s. Glutaminsäure
Glucan 37f., 40, 94, 322, 463
Glucan-Synthase 73
Glucanase 76, 463, 743, 828

Glucocumarylalkohol 20^A
Glucomannan 90
Gluconeogenese 281, 326f., 342^A
Gluconolacton 20^A
Gluconsäure 20f.
Glucopyranose 18f.
– Cellulose 38
– Cumarinvorstufe 353
– Stärke 39
Glucose 19^A, 228^A
– Abbau 334, 341
– Bilanz 338
– Brassinosteroid-Inaktivierung 621f.
– Calvin-Zyklus 279f.
– Carbonylverbindung 17
– Cellulose 92^A, 94
– Dissimilation 333^A
– Glykoprotein 568^A
– Halbacetal 18
– Kohlenstoff-Kreislauf 333f.
– *Lac*-Operon, Regulation 500f.
– Melibiose-Abbau 528
– Oligosaccharid 567^A
– Polysaccharid 37f.
– Saccharoseabbau 318
– Speicherung 40
– Stärke 322f.
– Transport 323
Glucose-1-phosphat 322f., 334, 528^A
Glucose-6-phosphat 216, 228^A, 334^A, 501
Glucosemangel 501
Glucoserepression 527
– *Lac*-Operon 499f.
– *Saccharomyces cerevisiae* 528
Glucosetransport 501
Glucosid 597^A
Glucosidase 371^A, 568f.^A
Glucosinolat 308, 313, 348, 370
Glucosylierung 597
Glucosyltransferase 567, 569^A, 658^A
β-Glucuronidase (GUS) 368, 431f., 645
Glucuronsäure 21
Glutamat 305f.
Glutamat-Synthase 305f.
Glutamin (Q, Gln) 25^A
– Assimilattransport 319
– Codon 378
– Mistel 809
– Source-Organ 760
– Synthese 305f.
Glutamin-Synthetase 305f., 700
Glutaminsäure (E, Glu) 25^A, 307^A
– Assimilattransport 319
– Codon 378
– Transaminierung 339
– Zellwand, Prokaryoten 139
Glutaminsynthase (GS), Hemmung 434^A

Glutamin:2-Oxoglutarat-Aminotransferase s. Glutamat-Synthase
Glutamyl-cysteinylglycin s. Phytochelatin
Glutathion 311^A, 235^A
– Elektronendonor 310^A
– Konjugation 794^A
– Phytochelatin 313
– Proteinnitrosylierung 651^A, 653
– NO-Derivat 653
– Scavenger-System 786
– Schwermetallstreß 791
Glutathion-Peroxidase (GPX) 544, 784^A
Glutathion-Reductase (GR) 784^A
Glutathion-S-Transferase 794^A
Gly s. Glycin
Glycerat 282^A
Glycerin 16^A, 23^A
– Alkohol 14
– Diffusion 65^A
– Substanz, osmoprotektive 780f.
– Triglycerid 22f., 326
– Bildung 324
Glycerin-3-phosphat 324^A, 326
Glycerin-3-phosphat-Dehydrogenase 324f.
Glycerin-Kinase 326
Glycerinaldehyd 15f.
Glycerinaldehydphosphat-Dehydrogenase
– Calvin-Zyklus 280^A
– Glykolyse 334f., 787
– Hypoxie 787
– Lichtaktivierung 310
Glycerinether 146
Glycerinphosphat 140
Glycerinsäure, Strukturformel 282^A
Glycerolipid 22f.
– Biomembran 59f., 129, 146^A
– Detergentienwirkung 62
Glycin (G, Gly) 24f., 378
Glycinbetain 780f.
Glycine max (Sojabohne)
– Actin 57
– Cellulose-Synthase 91^A
– Ernte 775
– Genomgröße 385
– Herbizidabbau 796
– Nitrat-Reductase 700
– Photoperiode 694
– Same 321, 761
– Speicherorgan 760
– Störlichteinfluß 696^A
– transgene 434f.
– Wurzelknöllchen 820
– Wurzelzelle 821^A
– Zelle 70^A
Glykan 37, 68

Glykogen 40, 139, 143f.
Glykolaldehyd 20
Glykolat s. Glykolsäure
Glykolat-Oxidase 73
Glykolipid 22f., 59f., 64
Glykolsäure 73, 282[A]
Glykolyse 281, 325[A], 333f., 342[A]
Glykoprotein 36, 566f.
– Biomembran 59
– extrazelluläres 746
– Hydroxyprolin-haltiges 545
– im ER 569[A]
– morphogenes 723
– Pollenentwicklung 743
– Pollenschlauchwachstum 752
– Reifung 567f.
– Syntheseort 68
– Zelloberfläche 466
– Zellwand, 146, 149, 463
– Transport 568
Glykosid 18f., 27
– Anthocyanidin 356
– aromatisches 349
– Betalain 367
– Bildung 20[A]
– cyanogenes 370f.
– Herzglykosid 364
– Wasserlöslichkeit 41
Glykosidase 543
Glykosylierung, Protein 364, 543, 566f.
Glykosyltransferase 93, 543, 568[A]
Glyoxylat 282[A], 328[A]
Glyoxylat-Zyklus 73, 327f.
Glyoxylsäure s. Glyoxylat
Glyoxylsäure-Zyklus s. Glyoxylat-Zyklus
Glyoxysom 73f.
– Biomembran 47, 66
– Fettsäurestoffwechsel 326f.
– Leitenzym 283
– Sonnenblume-Kotyledone 327[A]
– Triglyceridumwandlung 326
– Umwandlung 328f.
Glyphosat s. N-Phosphono-methylglycin
GMP s. Guanosinmonophosphat
Gnetopsida 187
GO-Protein 726
Goldener Reis 435
Golgi-Apparat 68
– Glykoproteinreifung 567f.
– Proteinimport 557[A]
– Vesikeltransport, Protein 563f.
– Zellplatte 400f.
Golgi-Filament 68f.
Golgi-Vesikel 49, 66, 68[A], 73, 401[A]
Gonan (Steran) 363[A]
Gossypium hirsutum (Baumwolle) 68, 111, 609
– transgene 434f.
– Verbreitung 765

GPX (Glutathion-Peroxidase) 544, 784[A]
GR (Glutathion-Reductase) 784[A]
GR24 811
Gracillaria 455
Gram-Färbung 136
Grana 84
Granathylakoid
– Aufbau 84[A]
– Photosystem II 269, 276f., 582
– *Plagiomnium* 256[A]
– Protophyt 149
Grapefruit s. *Citrus paradisi*
GRAS-Protein 725f.
Gravimorphose 703, 712
Graviperzeption 171, 196, 704f.
Gravitationskonstante 211
Gravitaxis 141
Gravitropismus 201, 701f.
– *Helianthus annuus* 708
– Keimlingswurzel 800f.
– Mechanismus 703f..
– Störung 624
Grenzdextrin 322f.
Grenzplasmolyse 214f., 779[A]
Griffel 480f., 746
GroE-Operon 503, 552
GroEL-Protein 550
GroEL/GroES-Maschine 552f.
GroES-Protein 550
GRP7-Protein 512
Grünalgen s. Chlorophyceen
Grundgewebe 102, 107, 757
Grundmembran 63, 66f., 75[A]
Grundspirale 185
Grundzustand 260
Grüne Flexibakterien
  s. Chloroflexaceae
Grüne Revolution 615f.
Grüner Knollenblätterpilz
  s. *Amanita phalloides*
Grünlichtrezeptor 673f.
GST (Glutathion-S-Transferase) 794[A]
GTP s. Guanosintriphosphat
Guanin (G) 23f., 27f., 375
Guanosin 27
Guanosindiphosphat (GDP) 27
Guanosinmonophosphat (GMP) 27
– cyclisches (cGMP)
– – Gerstenkeimung 617[A]
– – NO-Wirkung 651[A], 653, 825
– – Signaltransduktion 655[A], 657
– – Stomataverschluß 640
– – Strukturformel 657[A]
Guanosintriphosphat (GTP)
– Bindeprotein 314[A], 558[A]
– Hydrolyse 538f.
– Mikrotubuli 54
– Elongationsfaktor 539[A]
– Kernimport 525, 527[A]
– Nucleotid 27

– Proteinfunktion 544
– Proteinimport 560f.
– Translation 558[A]
Guanylcyclase 657
Guayule s. *Parthenium argentatum*
Guide-RNA 506, 508
– plastidencodierte 578
– Spleißosom 510f.
– snoRNA 533f.
Guluronsäure 39, 451, 454f.
Gummibaum s. *Ficus elastica*, *Hevea brasiliensis*
Gunnera 301
Gurke s. *Cucumis*
Gurkenmosaik-Virus 843
GUS s. β-Glucuronidase
Guttapercha 364f.
Guttaperchabaum
  s. *Palaquium gutta*
Guttation 241, 246[A], 249
Gymnospermen (Nacktsamer)
– Anemogamie 747
– Bernstein 124
– Endomykorrhiza 814
– Holz 174
– Initialzelle 162
– Kalyptra 163
– Kambium 172
– Keimblatt 186
– Knospe 179
– Leitbündel 169f.
– Lignin 41
– Samenanlage 481
– Schließhaut 98
– Seitenwurzel 199
– Siebzelle 113
– Tunica 714
Gynoeceum 481, 742, 747, 751[A]
– Entwicklung 753
– Reifung 645
Gyrase 136, 389, 494[A]
Gyrase-Hemmstoff 136

H

H s. Histidin
H^+-ATPase 295, 679, 745, 800
Haar 109f.
Haber-Bosch-Verfahren 299f.
Habichtskraut s. *Hieracium*
HAC (Histon-Acetyltransferase) 381[A]
Hafer s. *Avena sativa*
Haferkoleoptile
  s. *Avena*-Koleoptile
Haferstärke 88[A]
Haftwasser 238
Haftwurzel 204
Hahnenfußgewächse
  s. Ranunculaceae
Halbacetal 17f., 20[A]
Halbketal 17f., 20[A]

Halbparasit 809[A]
Halbzwergform, Getreide 615f.
Halicystis ovalis 85[A], 449f.
Hallimasch s. *Armillaria*
Halluzinogen 367
Halobacterium 145f.
Halobacterium halobium 153
Halogene 7
Halophyten (Salzpflanzen) 3, 181, 239, 283f., 783
Häm 271, 584[A], 596, 652[A]
Hämatoxylin 379f.
Hammerhead-Ribozym 837
Hämoglobin 651, 653, 787
Hanf s. *Cannabis sativa*
Haplo-Diplont 442
– *Cladophora* 448f.
– *Cutleria* 451f.
– Entwicklung 441[A]
– *Polysiphonia* 456f.
– *Saccharomyces* 462f.
haploid 391, 439
Haplont 441[A], 445, 470
Haplospore 466
Harn 602
Harnstoff 299, 549
Hartbast 176
Hartheugewächse s. Clusiaceae
Harz 124
Harzkanal 123f.
– Conifere 177
– Nadelblatt 192[A]
– *Pinus sylvestris* 173[A]
– Sekretionsgewebe 102
Hasel s. *Corylus*
Hauptvalenz 7, 34
Haushaltsgen 503, 776, 778[A]
Hausschwamm
  s. *Serpula lacrimans*
Haustorium 809f.
– Arbuskel s. Arbuskel
– *Arum maculatum* 407
– *Cuscuta europaea* 810[A]
– *Viscum album* 809[A]
Hautgewebe 102
Haworthia leightonii 104[A]
HDAC (Histondeacetylase) 381[A]
HD-Genfamilie 423[A]
HD-ZIP-Protein 521
– GL2 728, 730
– Leitbündel 721[A], 723
– Mikro-RNA 721
– Sproßapikalmeristem 716[A]
– Transkriptionsfaktor 719f., 757
Hechtscher Faden 214[A]
Hedera helix (Efeu) 104[A], 204
HeLa-Zelle 509, 511
Helferprotein s. Chaperone
Helianthus annuus (Sonnenblume) 58[A], 415
– AHAS-Mutante 795
– Gravitropismus 707f.

- Phototropismus 201
- Same 321
- Wasserabgabe 243
- Zelle 327^A

Helianthus tuberosus (Topinambur) 694
Helikase 389
Heliobacteriaceae 290
Helium 12
α-Helix
- DNA
- Protein 33f.^{A}, 35^A, 62, 224^A

Helix pomatia 92
Helix-Loop-Helix-Protein
- ALC 764^A
- BEP 740^A
- BES1 626^A
- BZR1 626^A
- Calmodulin 655f.
- GL3 729
- IND 764^A
- Transkriptionsfaktor 522, 729
- TT8 729

Helix-Turn-Helix-Motiv 502
Helix-Turn-Helix-Protein 521f.
Helleborus niger (Christrose) 68^A, 188f.
Helm-Knabenkraut
s. *Orchis militaris*
Hemerocallis fulva (Taglilie) 202, 703
Hemicellulose 88, 90^A, 607
Hemikryptophyten 167
Hemiterpen 359^A
Hemmstoff, Gibberellinsynthese 613f.
Hemmung, kompetitive 228
Hemmzone 729
Hepaticae (Lebermoose)
- foliose 161
- Fortpflanzung, vegetative 443
- Organisation 160^A, 474
- Pyrenoid 83
Hepatitis-Virus 835
Heptose 280
HER (Hermaphroditic) 478^A
Herbivore 347
Herbizid 270, 792f.
- Abbau 796
- Elektronentransport, Blockade 270
- Entgiftung 794^A
- Glyphosat 350, **352**
- Phosphinotricin 433, 435
- Streß, chemischer 791f.
- Superauxin 610, 630
- Transport 790
- Wirkung 610
Herbizidresistenz 792f.
- gentechnische 352
- Gen 434f.
- Nutzung, züchterische 795^A

Herbstzeitlose
s. *Colchicum autumnale*
Hermaphroditic (HER) 478^A
Heroin 369
Herzglykosid 349, 364f.
Herzinsuffizienz, Therapie 364
Herzstadium 754f.^{A}, 757^A
Heteroauxin 602
Heterochromatin 379, 382, 520, 573, 722
Heterochromatisierung 756
Heterocyclus 9
Heterocyste 134, 148^A, 302
Heteroglykan **37**, 39, 90
Heterophyllie **186**^{A}, 720
Heteropolymer 26
Heteropolysaccharid 141, 146
Heterorhizie **202**
Heterosis 415, **415**
Heterosom **749**
heterotroph **251**
Heterozygotie 391
Heterozyklus 23
Heuschnupfen 750
Hevea brasiliensis (Gummibaum) 116, 364
Hexit 14
Hexokinase 216^A, 228^A, 334^A
Hexose **17**f.
- Calvin-Zyklus 280f.
- Dissimilation 333^A
- Mykorrhiza 813
- Transport 223^A
Hexosephosphat-Isomerase 334^A
HFR1-Transkriptionsfaktor 683f.
Hieracium (Habichtskraut) 482
Hill-Reaktion 255f.
Hirse s. *Sorghum bicolor*
His s. Histidin
HIS3-Gen 418
Histidin (H, His) 25^A
- Auxotrophie 418
- Codon **378**
- Extensin 93
- Metabolit, protektiver 791
- Triade, katalytische 574
Histon 129, 378f., 385
- Modifikation 381f.
- Methylierung 756^A
- Monoubiquitinierung 573
Histon-Acetylase 543
Histon-Acetyltransferase 381f., 514, 519f., 734
Histoncode 381f., 734
Histon-Deacetylase (HDAC) 381f., 543, 734, 738
Histon-Demethylase 382
Histon-Kinase 382
Histon-Methyltransferase 382, 573, 756^A
Histon-Phosphatase 382
Hitzestreß 503f.

- Behandlung 492
- Proteinfaltung 555
- Reaktivierung, Retrotransposons 385
Hitzestreß(hs)-mRNA 492, 537
Hitzestreß-Transkriptionsfaktor
s. Hsf-Protein
Hitzestreßantwort 492, **776**f., 786
- Anschalten 504
- Chaperon, molekulares 550, 555
- Kontrollebene 777^A
- Modell 777^A
- Superaktivator 530
- Transkriptionsfaktor 522
- Transkriptionskontrolle 529
- Triade, funktionelle 778^A
Hitzestreßgen 504
Hitzestreßprotein (Hsp-Protein) 492f., **550**f., 554f.
- Hsp70 550
- - Nanomaschine
s. Hsp70-Maschine
- - Proteinfaltung 554f.
- - Proteinhomöostase 555^A
- - Proteinimport 561f.
- Synthese 504^A, 530, 542, 776
Hitzestreßregulon **504**
HI-Virus (HIV) 428
HLH-Genfamilie 423^A
HO-Endonuclease 464f.
HO-Gen 465f.
Hoaglandsche Nährlösung 4
Hochblatt 183, 187, 749
Hoftüpfel 97f., 115^A, 173
Höhere Pflanzen s. Kormophyten
Holliday junction 404^A
Holoenzym 226
Holoprotein **36**
Holunder s. *Sambucus nigra*
Holz 172f., 176
- Lignin 41f.
- Wurzel 202f.
Holzabbau 808
Holzfaser 112, 172f., 176
Holzparenchym 172f.
Holzstoff s. Lignin
Holzstrahl 172f., **173**, 176, 203^A
Holzstrahlparenchym 173f., 176
Holzverzuckerung 92
Homeobox-Protein 521, 715, 719, 757
Homogalacturonan 89^A
Homoglykan **37**
homolog 181
Homopolymer 26
Homorhizie **200**
Homozygotie 391, 394
Honigtau 319
Hopfen 336, 749
Hordeum vulgare (Gerste) 434

- Benennung 133
- Bierherstellung 336
- Chromosomensatz 391
- Endophyt 816
- Epidermiszelle 108
- Ernte 775
- Hypoxie 787
- Keimung 615, 617^A
- Same 761
- Samenkeimung 766
- Säuregrad 235
- Temperaturbereich, Wachstum 774^A
- Transformation 434
Hormoncocktail **659**, 661
Hormoneinfluß 660
Hormonhomöostase 591
Hormonnetzwerk 659f.
Hormonrezeptor 592
Hornmoose s. Anthocerotopsida
HR-Antwort 659
HSE-Element 530
Hsf-Protein (Hitzestreß-Transkriptionsfaktor) 522, 530f.
- Hitzestreßantwort 776f.
- HsfA1 526, 777f.
- HsfA2 492f.
- - Anatomie, funktionelle 524^A
- - Hitzestreßantwort 777^A
- - Kernim-/-export 527^A
- - Superaktivator 530, 778
- - Transkriptionskontrolle 526^A
- - Triade, funktionelle 778^A
- HsfA4 786^A
- HsfA5 786^A
- HsfA9 761
- HsfB1 530, 777f.
Hsp-Protein s. Hitzestreßprotein
Hsp70-Maschine 552^A, 556
Hsp100-Maschine 556^A
Hückel-Regel 10
Hüllprotein 836^A, 838f.
Hülse 762
HY5-Transkriptionsfaktor 681f.
Hybride 391f.
Hybridorbital 6f.
Hybridsaatgut 415, **748**
Hydathode
- aktive 124, 246, 783
- passive 246
Hydratation 42f., **43**
Hydrathülle 35f., 42f., 48, 215
hydraulic lift 239
Hydrenchym s. Wasserspeichergewebe
Hydrochinon 355^A
Hydrochorie 759, **765**
Hydrogencarbonat 284, 342
Hydrogenomonas 294
Hydroid 161f.
Hydrojuglon 346^A
Hydrojuglonglucosid 346

Hydrolase 228
Hydrolyse **15**
– ATP s. Adenosintriphosphat, Hydrolyse
– GTP s. Guanosintriphosphat, Hydrolyse
– Protein 37
Hydromorphose 712
Hydronium-Ion 8[A], 11, 43
hydrophil **11**, 22
hydrophob **10**, 22
Hydrophyten 181
Hydroponik 4[A]
hydrostatischer Druck 211f., 239, 246
Hydroxy-Abscisinsäure 636, 638f.
Hydroxybenzaldehyd 371
Hydroxybenzamid 825[A]
Hydroxyecdyson 363
Hydroxyferulasäure 351[A]
Hydroxy-Jasmonsäure s. Tuberonsäure
Hydroxylapatit 313
Hydroxylase, mischfunktionelle 596
Hydroxylgruppe 13f., 22
Hydroxylradikal 784
Hydroxymethylbutenal 597
Hydroxynitril-Lyase 371[A]
Hydroxy-2-oxo-indol-3-essigsäure 605[A]
Hydroxy-2-oxo-indol-3-essigsäure-Glucosid 605[A]
Hydroxyprolin
– Aminosäure 26, **545**
– O-Glykosylierung 568
– Struktur 93[A]
– Systemin 650
– Zellwandprotein 93[A], 566
Hydroxysäure 22, 118
Hygrophyten 181
Hymenaea courbaril 124
Hymenium **468**, 471[A]
Hyoscyamus niger 109[A], 733, 735
Hypericum calycinum (Niedriges Johanniskraut), Blattstellung 185[A]
Hypericum perforatum (Tüpfel-Johanniskraut) 123[A]
Hyperoxie s. Streß, oxidativer
Hyperpolarisation, Zellmembran 607
Hyperthermie 776
hypertonisch 215
Hyphe, ascogene 467f.
Hypodermis 121
Hypokotyl **179**, 186[A], 204
– Gravitropismus 708
– Streckung 687[A]
– Wachstum 679
Hyponastie 686f., 787
Hypophyse 755[A], 757
hypostomatisch 189

hypotonisch 214
Hypoxie **786**f.
– Hämoglobinsynthese 651
– Nitratatmung 300
– Stickstoff-Fixierung 820

I

I s. Isoleucin
IAA (Indol-3-essigsäure) s. Auxine
IAA-Oxidase 605[A]
Ibuprofen (IBP) 641[A], 643[A], 645[A]
Idioblast **101**
IFT-Vehikel (Transport) 447[A]
Ile s. Isoleucin
Illicium religiosum (Japanischer Sternanis) 349f.
Illicium verum (Echter Sternanis) 349f.
Imazapyr 793, 795[A]
Imbibition 617, **768**
Imidazolinon-Herbizid 795
Immunität 822f., 827f.
Impatiens parviflora (Rühr-mich-nicht-an), Leitbündel 191[A]
Impatiens 764
Impermeabilität 59
Importin 525, 527, 559
Imprinting 756
In-situ-Färbung 432
In-vitro-Kultivierung 434
In-vitro-Transkription 511
Indican 781[A]
Indigo 367f., 781[A]
Indigofera tinctoria 368
Indikatorpflanze 236
Indol 9[A], 368[A], 432, 601, 603[A]
Indolacetaldehyd 603[A]
Indolacetaldoxim 603[A]
Indolacetamid 603[A]
Indolacetonitril 603[A]
Indol-3-acetyl-L-alanin 604[A]
Indol-3-acetyl-L-aspartat 604
Indol-3-acetyl-myo-inosit 604[A]
Indolalanin s. Tryptophan
Indolalkaloid 351[A], 368f.
Indol-3-buttersäure 601[A], 603[A], 667[A]
Indol-3-carbonsäure 605[A]
Indoleninepoxid 605[A]
Indol-3-essigsäure s. Auxine
Indolglycerinphosphat 603[A]
Indol-3-methanol 605[A]
Indolpropionsäure 825[A]
Indolpyruvat 603[A]
Indolyl-β-glucuronid 432
Indolylessigsäure s. Auxine
Indoxyl 368[A], 781[A]
Indoxylglykosid 368[A]
Induced-fit-Modell 229
Induktor 500[A]
Indusium 476

Infektionsschlauch 820f.
Influenza-Virus 835
Informationsverarbeitung 487, 489[A]
Infrarot 258f., 291, 342
Inhibitor 453
Initialzelle 162f.
– Kambium 172
– Wurzelapikalmeristem 725
– – Transkriptionsfaktor 725[A]
– Wurzelscheitel 163, 195
Initiation
– interne 840
– Transkription 496, 515
– Translation 538
Initiationsfaktor 538[A]
– eukaryotischer 540f., 841
– Transkription 491
Initiator-tRNA 538
Inka-Lilie s. *Alstroemeria*
Inkompatibilität 440, 468
Inkrustierung 110, 116f., 121
Insektenresistenz 435
Insektizid 369, **792**
Insertion 410f.
Insertionsmutagenese **417**, 418f., 420[A]
Integratorgen 732
Integument 481
Intein **37**
Interkalation 412
Interkinese 405
Internodium **179**, 185
Interphase 398[A], 400f., 403[A]
Interzellulare 188f.
– CO_2-Partialdruck 243f.
– Kollenchymgewebe 110
– Laubblatt 188f.
– Mittellamelle 94
– Parenchymzelle 107[A]
– schizogene **94**, 107[A]
Intine 120f., **480**[A]
Intracytose 76
Intron **490**
– Chondriom 388
– Genexpression 489f.
– Genstruktur 385, 422
– Plastom 388, 577
– Retention 513[A]
– RNA-Molekül 30
– Spleißen 508f.
– Verteilung 129
Inulin 19, 40
Invagination 80, 83[A], 139
Inversion 409[A]
Invertase 317f., 321, 567
Ion 50, 233, 235
Ionenaufnahme 198, 233f.
Ionenaustausch 235
Ionenbalance, Störung 783
Ionenbindung 7
– Protein 34[A]
Ionengradient 211, 217

Ionenkanal 62, 222, 235
Ionenmotor 275
Ionenprodukt 44
Ionenpumpe 780[A]
Ionenverteilung 236
IPA (Isopentenyladenin) 594f.
IPAR (Isopentenyladeninribosid) 595[A], 597
IPT (Isopentenyltransferase) 595f., 596[A]
IPTG (Isopropyl-thiogalactosid) 499[A], 501
Iridaceae 202
Iris (Schwertlilie) 189[A], 198[A]
Irritabilität 205
Isatis tinctoria (Färberwaid) 368
iso-Jasmonsäure (iso-JA) 641[A], 642[A]
– Methylester 641[A]
Isoamylase 322f.
isobar 210
Isocitrat-Dehydrogenase 337[A]
Isocitrat-Lyase 73, 327f.
Isocitronensäure 328[A], 337[A]
Isocyclus 9
Isodityrosin 93[A]
isoelektrischer Punkt 24, 37
Isogamie **439**, 440[A], 446, 462
Isolation
– geographische 424
– sexuelle 425
Isoleucin (I, Ile) 25[A], **378**, 795
Isomaltase 323
Isomaltose 323
Isomenthon-8-thiol 360[A]
Isomerase 228
Isomerie, cis/trans- 11
Isomerisierung, Isopentenylpyrophosphat 359[A]
Isopentenyladenin (IPA) 594f.
Isopentenyladeninribosid (IPAR) 595[A], 597
Isopentenyldiphosphat s. Isopentenylpyrophosphat
Isopentenylpyrophosphat 357f., 596[A]
Isopentenyltransferase (IPT) 595f.
Isopeptidase 543, 571[A]
Isopeptidbindung 570
Isoplexis 364
Isopren 9[A], 357[A], 359, 595
Isoprenoid s. Terpenoid
Isoprenoid-Cytokinin 595f.
Isopropylthiogalactosid (IPTG) 499[A], 501
isotherm 210[A]
Isothiocyanat 370
Isotonisch 88, 214
Isotop 257, 278
Isotopendiskriminierung **257**
Isotopeneffekt, kinetischer 257
Isotyp 53, 57
Isoxadifenethyl 796[A]

J

JA s. Jasmonsäure
Jahresperiodizität 175
Jahresring 173[A], 175
Japanischer Sternanis s. *Illicium religiosum*
Jasminum nudiflorum 642
Jasmon 642, 644[A]
Jasmonsäure (JA) 594[A], 641f., 644[A], 786
– ACC 644[A], 648
– Autostimulation 660
– Biosynthese 642f., 645, 660
– – Hemmstoff 641[A]
– Blattalterung 645f.
– Blütenentwicklung 645, 740[A]
– Metabolismus 644[A]
– Methylester 641[A]
– Mimetikum 648
– nach Verwundung 799
– Pathogenabwehr 825
– Rezeptor 647
– Samenruhe 645
– Sekundärstoffwechsel-regulator 646
– Signaltransduktion 647, 800
– Streß 776
– Streßhormon 646f.
– Transkriptionskontrolle 647f.
– Wirkung 644f.
– – Mechanismus 647f.
– Wurzelhaar 645[A]
– Zellzykluskontrolle 661[A]
Jod 4, 40, 92
Jod-Stärke-Reaktion 277
Jod-Stärketest 40
Johanniskraut s. *Hypericum calycinum, Hypericum perforatum*
J-Protein 552[A]
Juglans regia (Walnuß) 345f., 765
Juglon 346[A]
– Allelopathicum 345f.
– Naphthochinon 355
– Synthese 346[A], 351[A]
Juniperus (Wacholder) 178, 749
Jute s. *Corchorus*
Juvabion 364
Juvenilhormon 364

K

K s. Lysin
Kaffeesäure 351[A]
Kaffeestrauch s. *Coffea arabica*
Kairomon **591**, 641, 659, 805
Kaiserkrone s. *Fritillaria imperialis*
Kakteen s. Cactaceae
Kalanchoë blossfeldiana (Flammendes Kätchen) 287, 694f.
Kalifornischer Germer s. *Veratrum californicum*
Kalium
– Grundplasma 50
– Kanal 222f., 235,244[A], 246[A]
– Konzentration 216
– Makroelement 3, 5
– Mangel 4
– Potential, osmotisches 239, 243
– Stomataöffnung 245f.
– Vakuole 104
Kaliumhexacyanoferrat-III 255
Kalkstickstoff-Dünger 299
Kallose 38, 77f., 114[A], 480
– Pfropf 743f.
Kallus 108
Kalluswachstum 434
Kalorie **207**
Kälteakklimatisation 776[A]
Kältebehandlung s. Vernalisation
Kältestreß 778, 780f.
– ACC-Synthase 629[A]
– Akklimatisation 776[A]
– Ecodormanz 663
– Samenreifung 638
– Transkriptionsfaktor 523
Kalyptra 163f., 195f.
– Dictyosom 68
– Gravitropismus 800
– Transkriptionsfaktor 725[A]
– Wurzelorientierung 239
Kalyptrogen **196**
Kalyx (Kelch) **479**
Kambium 171f., 724[A]
– faszikuläres 101, 169f., 172, 723
– interfaszikuläres 172, 723
– Leitbündel 169[A]
– Meristem, laterales 101, 723
– Rübe, Dickenwachstum 204
– Teilung 172[A], 175
– *Tilia* 176
– Waldkiefer 173[A]
– Wurzel 202f.
KAN-Protein, TF 716[A], 719, 721
Kanadische Wasserpest s. *Elodea canadensis*
Kanal 219[A], 222
Kanalprotein 65, 222
Kanamycin 419, 585
Kannenpflanze s. *Nepenthes*
Kantenkollenchym 110f.
Kappenbildung s. Capping
Kapillarkraft 216
Kapillarwasser 238f.
Kapuzinerkresse s. *Tropaeolum majus*
Karbolgentianaviolett 136
Karies 135
Karotte s. *Daucus carota*
Karpogonium 456
Karpospore 456
Karposporophyt 456f.
Kartoffel s. *Solanum tuberosum*
Kartoffel-Spindelknollen-Viroid 837
Kartoffelfäule 827
Kartoffelstärke 88[A]
Karyogamie 440f., 471[A], 746[A]
– *Neurospora* 467[A]
Karyogramm 381, 391[A]
Karyoplasma 70, 72
Karyopse 76, 321f.
Katabolismus **251**
Katabolit-Repression 500
Katalase 282, 656[A]
– Aktivierungsenergie 226
– Enzymreaktion 282[A], 656[A]
– Kristall 327[A]
– Microbody 73[A], 282, 329
– Scavenger-Reaktion 784[A]
Katalysator 226
Katalyse, enzymatische 225f.
Kation **7**
ent-Kauren 361[A], 612f.
Kauren-Oxidase, Mutation 616
ent-Kaurensäure 614
ent-Kauren-Synthase 613[A]
Kautschuk 364[A]
Kautschukbaum
  s. *Hevea brasiliensis*
Keimbahnpolyploidie 407, 409
Keimblatt s. Kotyledonen
Keimling 631
– mechanische Reizung 800f.
Keimlingsentwicklung 630, 807
Keimlingswurzel, Berührungsempfindlichkeit 801
Keimung 767f.
– epigäische 186[A], **768**f.
– hypogäische 186[A], **768**f.
Keimzelle 402, 442
Kelch 479
Kelchblatt 742[A]
Kellerschwamm
  s. *Coniophora puteana*
Kermesbeere
  s. *Phytolacca americana*
Kern-Plasma-Relation 70
Kernäquivalent s. Nucleoid
Kernexport **525**f., 532f.
Kernexportsignal (NES) 524f.[A], **525**, 527[A], 559
Kerngenom s.a. Genom 381, **391**
Kernholz 176
Kernhülle 70f.
– Barriere 527
– Biomembran 47[A]
– Dichte 49
– Evolution 130
– Grundmembran 66
– Leitenzym 73
– Neubildung 399
– Zerfall 398, 405
Kernimport **525**, 527[A], 532
Kernimportrezeptor 71
Kernimportsignal (NLS) 524f.[A], **525**, 527[A], 559
– VirE3 832
Kernkörperchen s. Nucleolus
Kernladungszahl **3**
Kernlokalisationssequenz 71
Kernlokalisationssignal
  s. Kernimportsignal
Kernmembran 71[A]
Kernphasenwechsel 441f.
Kernpore 64[A], 70f.
– Glykoprotein 567
– Kernim-/-export 527
Kernskelett s. Nuclearmatrix
Kernspindel 407
Kerntransport 525f.
Ketal 18, 20[A], 42
Ketobutyrat 795
Keton 16, 17[A]
Ketose 17, 20
Kiefern s. Pinaceae
Kieselalgen s. Diatomeen
Kieselsäure 110, 118
Kinesin 52, 54f., 57, 447
Kinetin 595
Kinetochor 385, 398f., 401[A], 405f.
Klappfalle 798[A]
Klasse 133
Klasse-1-Protein s. Protein, Klasse 1
Klasse-2-Protein s. Protein, Klasse 2
Klebfalle 798
Klebsiella pneumoniae 301
Klee s. *Trifolium*
Kleeseide s. *Cuscuta europaea*
Kleinstplankton 145
Kletterpflanze 193
Klon 425
Knallgasbakterien 294
Knoblauch s. *Allium sativum*
Knock-down-Mutante 844
Knock-out-Linie 386
Knockout-Mutante 418
Knöllchenbakterien
  s. Rhizobiaceae
Knöllchenbildung (Nodulation) 138
Knöllchenprimordium 820f.
Knospe 162f.
– Entwicklung 597
– Meristem 713
– Winterruhe 663
Knospenruhe 663f.
Knospung 463f., 466
Knoten s. Nodus
KNOX-Transkriptionsfaktor **716**f., 719f., 726, 757
Kochsalz 7
Kohäsion 43, 248

Sachverzeichnis

Kohäsionstheorie des Wasser-
  transportes 247f.
Kohlendioxid 3, 233, **290**
– Akzeptor 279f.
– Aufnahme 240
– Calvin-Experiment 278
– Calvin-Zyklus 279f.
– Evolution 12, 295
– Fixierung 279f., **283**f., 288
– Freisetzung 336f.
– Kohlenstoff-Assimilation 278f.
– Kohlenstoff-Kreislauf 342
– Oxidationsstufe 13[A]
– Partialdruck 243f.
– Photosynthese 278, 284f., **288**f.
– Photorespiration 282f.
– Pumpe 286
– Reduktion 253, 293, 296
– Vorfixierung 283f., 287
– Zellatmung 336
Kohlenhydrat 73, 318
– am Protein 566f.
– aus Triglycerid 326f.
– Bierherstellung 336
– Biomembran 59
– Carbonylverbindung 16f.
– Cellulose s. Cellulose
– Energiespeicher 208, 331
– Extensine 93
– Halbparasit 809
– Hemicellulose s. Hemicellulose
– Nachweis 20
– Pektine s. Pektine
– Speicherung 329
– Stärke s. Stärke
– Strukturformel 21
– Synthese 280
– Transport 284
– verzweigtes 463
– Zellwand 88f., 463
Kohlenmonoxid 12, 130, 341, 785
Kohlenstoff 3, 5f., 295
– -Assimilation 277f., 290, 333
– asymmetrisch substituierter 15[A]
– Isotope 257
– Kreislauf 342[A]
Kohlenwasserstoff 9f., 808
Kokospalme s. *Cocos nucifera*
Koleoptile 76[A], **201**, 705
– Krümmung 602[A]
– Streckung 687[A]
Koleorrhiza 76[A]
Kollenchym 102, 107, 110f.
Kommunikation, interzelluläre 148
Kompaß, magnetischer 678
Kompartiment 45, **59**, 61, 65, 218
– endoplasmatisches Reticulum 67
– Golgi-Apparat 68f.
– Microbody 73f.
– Mitochondrion 79f.

– pH-Wert 44
– Plastide 81f.
Kompartimentierung 424
Kondensation **15**
Konditionierung **775**
Konidiospore 444f., 470
Königskerze 695
Konkavplasmolyse 214[A]
Kontrollzentrum,
  Sproßapikalmeristem 714f.
Konvergenz **181**
Konvexplasmolyse 214[A]
Konzentrationsgradient 211, 213
Konzeptakel 452
Kopal **124**
Kopf-Schwanz-Addition, Terpene 358f.
Köpfchenhaar 109[A]
Köpfchenschimmel
  s. *Mucor mucedo*
Kopplung 210, 216f.
Kopplungsgruppe 396, 402f., 406f., 415
Korallenwurz s. *Corallorrhiza trifida*
Korbblütler s. Asteraceae
Kork (Phellem) 122[A], 177
Korkeiche s. *Quercus suber*
Korkgewebe 102, 116, 741
Korkkambium 177f.
Korklamelle 121[A]
Korkwarze (Lenticelle) 177[A], 787
Kormophyten 129, 162f.
– Farne 476f.
– Fortpflanzung, vegetative 443
– Graviperzeption 196
– Inhaltsstoff 366
– Spermatophytina 479f.
Kormus **162**, 165f.
Kornblume s. *Centaurea cyanus*
Kotyledonen 186[A], 757[A], 768
– Speicherorgan 760f., 763
– Transkriptionsfaktor 755[A]
– Triglycerid-Umwandlung 326
Krampfplasmolyse 214[A]
Kranzanatomie 284f.
Krapp s. *Rubia tinctorum*
Kräuter 167, 171
Krebs-Martius-Zyklus
  s. Citrat-Zyklus
Kresse s. *Lepidium*
Kreuzblume s. *Polygala myrtifolia*
Kreuztoleranz 775, **780**, 784, 828
Kreuzung
– *Antirrhinum majus* 395
– Mendel-Regeln 390f., 394
– *Mirabilis jalapa* 392, 416[A]
– reziproke 390, 394
– Rückkreuzung 394[A]
– *Triticum* 408
– *Urtica* 393[A]
– *Zea mays* 415
Kristalloid 119f.

Kristallviolett 136
Krokus s. *Crocus*
Kronblatt 183, 742[A]
Krone 479
Krückstockstadium 754[A]
Krummholz 796
Krustenflechte 812
Küchenzwiebel s. *Allium cepa*
Kugelstadium 754f.[A], 757[A]
Kulturpflanze 415, 482, 760
– Anbau 775
– Entwicklung 408
– Herbizidabbau 796
– Leistungsfähigkeit 415
– resistente 795
– transgene 434f.
– Vermehrung 424
– Züchtung 347
Kunstdünger 299f.
Kupfer
– Mikroelement 3, 5, 789
– Phytochelatine 236
– Cytochrom-a/a_3-Komplex 339[A]
Kürbis s. *Cucurbita pepo*
Kurznachtpflanze 695
Kurztagpflanze **694**f.
Kurztrieb 180[A], 193
Küstenmammutbaum s. *Sequoia sempervirens*

L

L s. Leucin
Lac-Operon 498f.
– Expression 501f.
Lac-Permease 499[A]
Lac-Promotor 498f., 503
Lac-Repressor 499f., 503, 522
Lachsreizker
  s. *Lactarius salmonicolor*
β-Lactam-Antibiotikum 585
β-Lactamase 425
Lactarius salmonicolor 814[A]
Lactat s. Milchsäure
Lactat-Dehydrogenase 335[A]
Lacton 20
Lactose 498f., 501
Lactuca sativa 676f.[A],694
Laetiporus sulphureus (Schwefel-
  porling) 808
LAF1-Transkriptionsfaktor 683
Lambert-Beer-Gesetz 262
Lamiaceae (Lippenblütler) 360
Lamin 72, 398
Lamina **184**
Laminaria 454
Laminariales 452
Laminarin 40
Landwirtschaft 347, 407
Langnachtpflanze 695
Langtagpflanze **694**f., 732
Langtrieb 180[A]

Lärche s. *Larix*
Lariat 510f., 578
Larix 176, 416, 814
Lateralmeristem 723
Latrunculin B 704
Laubblatt 187f., 320
– Transpiration 241[A]
Laubkrone 188
Laubmoose s. Musci
Lauraceae 110[A]
Lavandula officinalis, Haar 109[A]
LEA-Protein 782
Lebermoose s. Hepaticae
Leccinum scabrum (Birkenpilz) 814
Lecithin s. Phosphatidylcholin
Lectin 566
Leghämoglobin 302, 651, 820
Legumin 762f.
Leguminose 760f., 767
– Symbiose 816f.
Lein s. *Linum usitatissimum*
Leinfaser 111
Leistung **207**
Leitbündel 168f.
– Anlage 721[A]
– Anordnung 170[A], 191
– *Convallaria majalis* 191[A]
– Dikotyledonen 169, 191[A]
– Entwicklung 721[A], 723
– Gewebesystem 102
– *Ginkgo biloba* 191[A]
– *Impatiens parviflora* 191[A]
– kollaterales 723
– – Aufbau 169[A], 191
– – Sproßachse 170[A]
– – Umordnung, Wurzelhals 199
– – Laubblatt 188[A]
– Monokotyledonen 169, 191
– Nadelblatt 192
– Polarität 720
– Sproßachse 170[A], 199
– triarches 195[A], 197[A]
Leitbündelscheide 112, 284f.
Leitbündelzylinder 170[A], 171
Leitenzym **73**
– Glyoxysom 327
Leitergefäß 115[A]
Leitsystem **168**f., 199
– radiales 170, 194, 198f.
Leitungselement 168
Leitungsgewebe 102
Lektin **330**
Lenticelle 177[A], **787**
Lepidium (Kresse) 68[A], 706
Leptoid 161[A], **162**
Leptomycin B 526[A], 585
Leptotän 402, 404
Leseraster 409f., 841
– offenes 410, 489f., **490**, 518, 538
– – AdoMetDC 546
– – Blumenkohlmosaikvirus 839

Leu s. Leucin
Leu-Zipper 423[A], 522, 524
Leucin (L, Leu) 25[A], 378, 524, 795
Leucin-Zipper s. Leu-Zipper
Leukämie-Virus 835
Leukoplast 81f., 87
– Funktion 48
– Glutamatsynthese 306[A]
– Nitrit-Reduktion 304
– Stärkebildung 40, 321
Leukosen 40
LFY-Protein 738
LHC (light harvesting complex)
  s. LHCII
LHCII 269[A], 276[A]
– Protein 561, 563[A]
– Zustandsänderung 277[A]
LHY-Protein 691[A]
Liane 115
Lichenes s. Flechten
Licht 258, 669f.
– circadiane Uhr 691
– Ergrünung 682f.
– im Laubschatten 685[A]
– Nitrat-Reductase 700
– Rotlichtschalter 675f.
– Samenkeimung 676[A], 768
– Sättigung, Photosynthese 289[A]
– Schattenvermeidungsreaktion 685
– Signaltransduktion 675
– Sonnenlicht 259
– Translationskontrolle 582f.
– Wachstum 680f.
– Welle-Teilchen-Dualismus 259
Lichtabsorption 263
Lichtempfindlichkeit 695
Lichtintensität 672, 692
Lichtkeimer 676
Lichtkompensationspunkt 289
Lichtnelke s. Lychnis alpina
Lichtreaktionen 253, 254f., 297
– Aktionsspektrum 260f.
– Anordnung 275f.
– C_4-Photosynthese 284
– Carotinoide 264[A]
– Cyanobakterium 340[A]
– Elektronentransport 266f., 340[A]
– Ferredoxinbildung 306, 311
– Multiprotein-Komplexe 266f., 276[A]
– Regulation 276
– Wirkungsgrad 279
– Z-Schema 273f.
Lichtrezeptor s. Photorezeptor
Lichtsammelantenne, innere s.
  Antenne, innere
Lichtsammelkomplex s. Photosystem II, Lichtsammelantenne
– Chlorobiaceae 292
Ligand 9[A], 11
Ligase 228, 306

Lignifizierung 764[A]
Lignin 40f., 646
– Abbau 808
– Endodermis 121
– Kohlenstoff-Kreislauf 342[A]
– Nachweis 42, 117, 197[A]
– Polymer, aromatisches 349
– Sklerenchymfaser 111
– Verholzung 117
– Vorstufe 16, 351[A]
– Zellwand 106
Liliaceae 119[A], 363
Liliengrün
  s. Chlorophytum comosum
Lilium martagon
  (Türkenbundlilie) 194[A]
Limonin 362f.
Limonium, Zentralzylinder 197[A]
Linaceae 111
Lincomycin 585
Linde s. Tilia
Linienspektrum 260
Linker 379[A]
Linolensäure 23, 326, 641f.
Linolsäure 23, 326
Linum usitatissimum
  (Flachs, Lein) 111, 321, 326
Lipase 77, 326, 828
Lipid 22f., 129f., 146[A]
– A 140
– Biomembran 59f., 63f., 66, 69
– Energiespeicher 208
– oxidiertes 786
Lipid rafts 63
Lipid-Transferprotein 64, 118
Lipochitooligosaccharid 817f.
Liponsäure 310, 312f., 336
lipophil 22
Lipopolysaccharid 140, 143
Lipoprotein 36
Liposom 61[A]
Lipoxygenase (13-LOX) 642[A]
Lippenblütler s. Lamiaceae
lithotroph 251
Lockstoff 348, 642
Locus
– polymorpher 750
– S- 750, 751[A]
– – Glykoprotein 566
Lokomotion 141
– Eukaryoten, einzellige 150
– flagellengetriebene 142
Lolium perenne
  (Englisches Raygras) 797, 816
Lolium temulentum
  (Taumellolch) 619
Lonicera (Geißblatt), Ringborke 178
Lonicera confusa 236
Lophophora williamsii 366
lophotrich 141
Lost-Verbindung 412f.

Lotus-Effekt 120
Lotusblume s. Nelumbo nucifera
LOV-Domäne 673f., 679f.
Low-fluence-Bereich 672, 677
Löwenmäulchen s. Antirrhinum
  majus
Löwenzahn s. Taraxacum officinale
13-LOX (Lipoxygenase) 642[A]
LR-Repeat 626, 650
LRR-Rezeptor 650f.
– Pathogenantwort 822f.
– Verwundung 799
– Wurzelhaarbildung 730f.
LSD (Lysergsäurediethylamid) 367
Lsm-Protein 509
LSU (large subunit) s. Ribosom,
  Untereinheit
Luciferase 432, 526, 690[A]
Luciferin 432, 526[A], 690
Luftfeuchtigkeit 240f., 246, 287
Luftmycel 146f.
Luftwurzel (Pneumatophore) 787
Lugolsche Lösung 40
Lutein 264[A], 269, 563
Luteolin 818[A]
Luzerne s. Medicago
Lyase 228, 306
Lychnis alpina (Lichtnelke) 236
Lycopen, Fruchtreifung 632[A]
Lycopersicon esculentum
  (Tomate) 84, 774[A]
– Chromosomensatz 391
– Frucht 759[A]
– Fruchtreifung 632[A]
– Hitzestreßantwort 777f.
– HsfA2 524[A], 526
– Mutante 720[A]
– Nitrat-Reductase 700
Lycopin 264[A]
Lycopodiopsida (Bärlappgewächse) 199, 476
Lycopodium (Bärlapp) 179
Lys s. Lysin
Lysergsäure 359, 367[A]
Lysergsäurediethylamid (LSD) 367
lysigen 107, 123
Lysin (K, Lys) 25[A], 366, 381
– Codon 378
– Derivat 831[A]
– Extensin 93[A]
– Histon H1 379
– Proteinnachweis 36
– Speicherprotein 330
Lysopin 831[A]

M

M s. Methionin
M-Phase s. Mitose
m^7G-Kappe 489[A]
Macrocystis 454
Macrocystis pyrifera 159

Macrozamia 301
Macumar 349
Madagaskar-Immergrün
  s. Catharanthus roseus
MADS-Box-Transkriptionsfaktor 736f.
– Blühinduktion 732[A]
– Blütenorganidentität 733
– – Regulation 739
– DNA-Bindung 522
– FLC s. FLC-Repressor
– FUL 764[A]
– PHE 756
– SHP 764[A]
Magnesium 3, 5, 267, 584
Magnesiummangel 4
Magnetorezeptor 678
Magnetosensor 678
Magnetotaxis 141
Magnoliopsida 133
Maiglöckchen
  s. Convallaria majalis
Mais s. Zea mays
Maiszünsler 435
Makrocyste 459
Makroelement 3, 5, 299
Makrofibrille 90, 94
Makrogamet 439, 450[A]
Makrogametophyt 742
Makrokonidium 467
Makromolekül 26, 49, 487f., 808
Makroprothallium 476, 478
Makrospore 481
Malat s. Äpfelsäure
Malat-Dehydrogenase
– C_4-Photosynthese 286[A]
– CAM-Stoffwechsel 287[A]
– Citrat-Zyklus 337f.
– Fettsäurestoffwecsel 328[A]
Malat-Synthase 327f.
Malatenzym 285f.
Malonsäure 628
Malonyl-ACC 628[A]
Malonyl-Coenzym A 354f.
Maltase 323
Maltose 21[A], 322
Malus (Apfel)
– Frucht 759[A]
– Periderm 177[A]
– Verbreitung 764
Malvaceae 111
Mammutbaum
  s. Sequoia sempervirens
MAMP (microorganism-associated
  molecular pattern) 650, 822f.
MAN1-Protein 478
Mandelsäurenitril 767[A]
Mangan 3, 5, 341, 789
– Cluster 270
Mangan stabilisierendes Protein
  (MSP) 270
Mangelsymptom 4

Sachverzeichnis

Mangrove 204
Manilahanf s. *Musa textilis*
Manilkara zapota (Sapodillbaum) 365
Mannan 38
Mannit 14, 16^A, 215, 319, 780
Mannitol 781^A
Mannose 17, 37f., 567
Mannosidase 568f.^{A}
Mannuronsäure 39, 451, 454f.
MAP-Kinase
– ACC-Synthase, Regulation 629^A
– Ethylenrezeption 633f.
– Genexpresson 656
– – Wassermangel 780^A
– Kaskade 633f., 799
– – Phytopathogenabwehr 825
– Stimulation 629
– Stressor 828^A
– System 634^A
MAP-Kinase-Kinase 633f.
MAP-Kinase-Kinase-Kinase 633f.
Marchantia 160^A, 443
Marienkäfer
  s. *Coccinella septempunctata*
Mark 168^A, 171, 173^A
Markergen 833
Markgewebe 102
Markparenchym 107^A
Markstrahl 42^A, 170^A
Massenwirkungsgesetz 44
Massenzahl 3, 15
Masterregulator
– Apikaldominanz 662, 664^A
– HsfA1 778^A
– Photomorphogenese 681
– PIF3 681
– Transkription 662
MATα-Protein 522
MAT-Locus s. Paarungstyp, Locus
MATa-Protein 522
Matrix
– extrazelluläre 743, 746
– – Proteinimport 557^A
– Mitochondrion 80, 339^A
– Primärwand 90, 96f.
– Sekundärwand 97
Matrixpotential 214f., 216
Matthiola incana, Haar 109^A
Mäusedorn s. *Ruscus hypoglossum*
Mazeration 190
MCP (Methylcyclopropen) 632f., 788^A
MCS s. Multiklonierungsstelle
MDAR (Monodehydroascorbat-Reductase) 784^A
Mediator 651, **655**^{A}, 657
Medicago (Luzerne) 416, 765, 818^A, 820
Medium, hyperosmotisches 431
Meerrettich s. *Armoracia rusticana*
Megagametophyt 482

Mehlkörper s. Stärkeendosperm
Mehrphasensystem 233
Meiose 396, 402f.
– Gametenbildung 407, 441
– Generationswechsel 441^A
– *Neurospora* 468f.
– Polyploidie 406f.
– Rekombination 405^A
Meiospore 442, 450^A, 456f., 471^A
– *Musci* 474^A
– *Neurospora* 467f.
– Pteridophyta 476f.
Melde s. *Atriplex*
Melibiose 527f.
Membran s.a. Biomembran
– äußere 140f., 144^A
– bei Kältestreß 782
– intracytoplasmatische 139, 291f.
– periarbuskuläre 815
– perisymbiotische 814
Membrananker 565, 567
Membranfluß 63, 74f.
Membranfluidität 60
Membranlipid 63, 326
Membranpore 62
Membranpotential 221, 223, 246
Membranprotein
– Biomembran 59, 63
– EIN2- 633f.
– Extraktion 62
– integrales 61f., 66f.
– komplementäres 565
– peripheres 61f.
– Plastide 580
– Transport 69, 563, 565f.
Membranproteinkomplex 340
Membransteroid 59
Membranvesikel 55f., 61, 63, 66, **74**
Menadion 777^A
Mendel-Regel 375, 390, 394
Mentha piperita (Pfefferminze) 360^A
Menthol 360^A
Mentoreffekt 743
β-Mercaptoethanol 549
β-Mercaptoethanolamin 312^A
Meristem 101f., 711, **713**f., 716
– *Arabidopsis thaliana* 196
– Dikotyledonen 713^A
– interkalares 183
– Kormophyten 167
– laterales 101, 177
– Makroprothallium 476, 478
– sekundäres 172, 177
– Stabilität 597
– Transkriptionsfaktor 521
– Wurzelapikalmeristem 724f.
Meristemhomöostase **597**, 715
Meristemidentitätsgen 732
Meristemoid **101**, 189
Meristemzylinder 168^A, 179

Merkmal 409, 415, 712
Meskalin 366^A
Mesophyll **188**, 317f.
– C$_4$-Pflanze 284
– Chloroplast 285^A
– Nitrat-Reduktion 304
– Protoplast 662, 666^A
Messenger-Ribonucleoprotein-Komplex (mRNP) **515**, 540f.
– Abbau 542
– Export 517f.
– freie 537
– Gütekontrolle 517f.
– Zell/Zell-Transport 726^A
Messenger-RNA (mRNA) 30
– am Ribosom 57f.
– Blumenkohlmosaikvirus 839
– Capping 507^A
– Cytoplasmabestandteil 50^A
– defekte 518
– eukaryotische 541f., 841
– Export 71, 493
– Gütekontrolle 518
– Hitzestreß s. Hitzestreß-mRNA
– monocistronische 838
– Nitrat-Reductase 699f.
– Pflanzenvirus 836
– polycistronische **497**
– – Blumenkohlmosaikvirus 839
– – *Lac*-Operon 499^A
– – Pararetroviren 841
– – Prozessierung 577^A
– Prä-
– – Proteinbeladung 515
– – Prozessierung 489f.
– – Spleißen 507f.
– – – alternatives 512f.
– – Spleißosom 507f., 510
– reife 490
– RNAPII 506
– Shine-Dalgarno-Sequenz 538
– Spaltung 722
– Spleißen s. Spleißen
– Splicing 422
– Stabilität 578
– subgenomische 838
– Transkription 377, 487f., 515f.
– – *E. coli* 494f.
– – reverse 428
– Translation 538f.
– virale 843
Met s. Methionin
meta-Topolin (mT) 595
Metabolismus 251
Metabolit 50^A, 104, 487f.
Metabolon 338
Metalloenzym 12, 236
Metalloprotease 574
Metamorphose **181**
– Blatt 193^A
– Sproßachse 167, 180f.
– Wurzel 203f.

Metaphase
– Chromosom 380^A
– Mitose 398f., 401^A
– Meiose 403^A, 405f.
Metaphasegift 407
Metaphloem 168^A
Metasequoia glyptostroboides (Urweltmammutbaum) 78^A
metastabil 225
Metaxylem 168^A
Methan 8^A, 12, 341f.
Methanol 14, 16^A
Methionin (M, Met) 25f.
– aktiviertes 507^A
– Aktivierung 627
– Codon **378**
– Ethylenbiosynthese 627f.
– Formylierung 538
– Polyamin 546f.
– Proteinsynthese 538, 540
– Speicherprotein 330
– Synthese 311
Methionin-Adenosyltransferase 547^A
Methoxygruppe 41
Methyl-di(2-chlorethyl)amin, Mutagen 413^A
Methylarginin 382^A
2-Methyl-1,3-butadien s. Isopren
Methylcyclopropen (MCP) 632f., 788^A
5-Methylcytosin 23f.
Methylen-Iophenol 622^A
Methylentetrahydrofolsäure, Derivat 414
7-Methylguanosin-monophosphat 507^A
Methylierung
– Histon 756^A
– Protein 543
Methyllysin 382^A
Methylmethansulfonat (MMS), Mutagen 413^A
Methylnitrosoharnstoff (MNU), Mutagen 413^A
Methyl-Selenocystein 545^A
Methylselenol 545^A
Methylthioadenosin 628^A
Methyltransferase 534^A, 658^A, 734f.
Methylumbelliferon (MU) 431^A
Methylumbelliferyl-β-glucuronid (MUG) 431^A
Metolachlor 793
Mevalonsäure 358, 621f.
Micellarstrang 90f., 94f.
Micelle 62
Michaelis-Menten-Konstante 225
Micrasterias, Cellulose-Synthase 91^A
Microbody 66, 73f.
– Biomembran 283^A
– Dichte 49

– *Oocystis solitaria* 64^A
– β-Oxidation 327
– Photorespiration 253^A
– Umwandlung 329
Microcystis aeruginosa 59
microorganism-associated molecular pattern (MAMP) 650, 822f.
Mikro-RNA 31
– Blattanlage 718^A
– Blühinduktion 732^A
– HD-ZIP-Protein 721
– Pflanzenentwicklung 722^A
– sekundäre 722
– Sproßapikalmeristem 719
– VIGS 844
– Wirkung 722
– Zielgen 723
Mikroarray 592
– Analyse 493
– Expressionsdatenbank 386
Mikrocyste 459
Mikroelement 3, **5**, 789f., 813
Mikrofibrille 90, 92^A, 94f.
Mikrofilament 55f.
– Chromosomenumverteilung 400
– Cytoskelett 48, 51
– Eigenschaften 52
Mikrogamet 439, 450^A
Mikrogametophyt 480, 742f., 751^A
Mikrokallus 662, 666^A
Mikrokonidium 467^A
Mikroorganismus s. Prokaryoten 134f.
– Auxinbiosynthese 603^A
– Biofilm 135
– biotropher **827**
– denitrifizierender 4, 300, **341**
– hemibiotropher **827**
– heterotropher 822
– MAMP 823
– nekrotropher **827**
– Pflanzenpathogen 822f.
– Phytohormon 593
– Samenkeimung 767
– saprophytischer 805, 808
– Wurzelwechselwirkung 806^A
Mikroprothallium **476**, 478
Mikroprozessor, biologischer 661f., **662**
Mikropyle 480f., **481**, 744
Mikrospore, Entwicklung 618
Mikrotubulus 47^A, **53**f.
– Anordnung 401^A
– Bewegung 400
– Cellulose-Ablagerung 91f.
– Cytoskelett 48, 51, **400**
– Depolymerisation 368
– Eigenschaften 52
– Eukaryotengeißel 150, 152
– Instabilität 54

– Paralleltextur 97^A
– Spindelapparat 398
– Spindelgift 407
Mikrotubulus organisierendes Zentrum (MTOC) 53f.
– Basalkörper 151
– Polkappe 400f.
Mikrowellen 258^A
Milchröhre 102, 112
– gegliederte 116
– ungegliederte 113
Milchsaft 113
Milchsäure 22^A, 244, 334f.
Milchsäuregärung 335^A
Milchzucker s. Lactose
Mimikry, molekulare 535f., 540
Mimosa 191
Mimosa pudica, Thigmonastie 797^A
Mimose s. *Mimosa*
Mineraleinlagerung 100, 118
Mineralsalzaufnahme 233f.
Mineralstoffversorgung 4
Mini-MYB-Protein 726, 729f.
Miniature inverted repeat transposable element (MITE) 383, 385
Minichromosom
– Blumenkohlmosaikvirus 839
– *Dictyostelium* 462
– T-DNA 419, 433, 829
Minuartia 791
Mirabilis jalapa (Wunderblume) 392f.
– Mutante, *albomaculatus* 415f.
miRNA s. Mikro-RNA
Mischaromat 349, 354f.
Missense-Mutation 409f.
Mistel s. *Viscum album*
MITE (Miniature inverted repeat transposable element) 383, 385
Mitochondrien-DNA 80f.
Mitochondriengenom s. Chondriom
Mitochondrion 47^A, 79f., 129
– Abstammung 128, 131^A
– Atmungskette 340
– bei Hypoxie 787f.
– Biomembran 48, 60f.
– Dichte 49
– Energiewandlung 208^A
– Entstehung 422^A
– Exon 578
– Genomgröße 385
– Importsignal 559
– Leitenzym 73
– Lipid 60
– Photorespiration 282^A, 283^A
– Proteinimport 557^A, 562
– Ribosom 57f.
– RNA-Editing 579
– Vorläufer 130
– Zellatmung 334, 336f.

Mitomycin C 585
Mitoribosom 51, 57f., 80
Mitose 397f., 400f., 441^A
– Mikrotubulianordnung 401^A
– *Saccharomyces* 463
Mitospore 444^A, 457^A, 466
Mittellamelle 47^A, 94f.
– Entstehung 401^A
– Protopektin 89
MMS (Methylmethansulfonat), Mutagen 413^A
MNU (Methylnitrosoharnstoff), Mutagen 413^A
Moco s. Molybdopterin, Cofaktor
Modifikation 391, **712**
– posttranslationale 541, 543
– reversible 573
Mohngewächse s. Papaveraceae
Mohrenhirse s. *Sorghum bicolor*
Mol 13
molare Masse 13
Molecular Farming 436
Molekulare Systematik 125
molekulare Uhr 421
Molekülmasse 13
Molekülorbital 7f., 10, 260, 263
Molekülspektrum 260^A
Molluginaceae 366
Molvolumen, partielles 211
Molybdän 3, 5, 789
Molybdopterin 304, 636^A, 652
Monensin 585
Monocarbonsäure 22
Monochasium **180**^A
Monodehydroascorbat-Reductase (MDAR) 784^A
Monoester 118
Monogalactosyldiglycerid 23, 60
Monohybride 391, 393f.
Monokotyledonen 423
– Blattstellung 185
– Dickenwachstum 178
– Endodermis 122
– Epidermis 108
– Expansin 607
– Homorhizie 200
– Initialzelle 164
– Keimblatt 186
– Leitbündel 169f., 191^A
– Primärwand 97
– ruhendes Zentrum 195
– Scheitelgrube 171^A
– Schließzelle 243
– Siebröhre 114
– Sproßachse 171
– Tunica 714
Monomer 1, 26
Monooxygenase
– ABA-Abbau 636
– ABA-Synthese 636f.
– Auxinabbau 604f.
– Benzoesäure 658^A

– Brassinosteroidsynthese 622
– Cytochrom-P450-abhängige 67, 596
– Gibberellinsynthese 613f.
– Herbizidentgiftung 794^A
– Salicylsäure 658^A
– Tryptophan- 603^A
monophyletisch 127
Monopodium **180**^A, 664
Monosaccharid 16f., 21^A, 37
Monosom 537
Monosomie 408
Monoterpen 345f., **359**f., 360^A
monotrich 141
Monotropa hypopitys (Fichtenspargel) 815
monözisch **440**, 479, 749
Monstera 741
Moose s.a. Hepaticae, Musci 474f.
Moosfarn s. *Selaginella douglasii*
Moraceae 111
Morgenprotein 691
Morphin 369f.
Morphogen 461, 724
morphogenetisches Feld **717**
– Abgrenzung 717, 721
– Blütenorgan 733, 737
– – Begrenzung 738, 740
– Embryogenese 757
– Schotenreifung 764^A
– Sproßapikalmeristem 716^A
– Wurzelapikalmeristem 725
Mot-Protein 141^A
Motorgewebe 105, 191
Motorprotein 52, 54f., 66, 400
Motorzelle 191
Mougeotia, Chromatophor 84^A
Movement-Protein s. Bewegungsprotein, virales
mRNA s. Messenger-RNA
mRNP s. Messenger-Ribonucleoprotein-Komplex
MSP (Mangan stabilisierendes Protein) 270
mT (meta-Topolin) 595^A
mtDNA s. Mitochondrien-DNA
MTOC (Mikrotubulus organisierendes Zentrum) 53
MU (Methylumbelliferon) 431^A
Mucor mucedo (Köpfchenschimmel) 444f.
MUG (Methylumbelliferyl-β-glucuronid) 431^A
Muginsäure 237^A
MukBEF-Protein 494^A
Multienzymkomplex 336, 338, 839
Multifiden 451^A
Multigenfamilie 423
Multiklonierungsstelle (MCS) **425**, 432, 833
Multinetzwachstum 106

multiple cloning site (MCS) s. Multiklonierungsstelle
MultiproteinKomplex 266, 268
Multiproteinfamilie 423
Multiproteinkanal 832
Multiresistenzplasmid 587
multizellulär 148
Mungbohne s. *Vigna radiata*
Murein s. Peptidoglykan, Sacculus
Musa textilis (Manilahanf) 111
Musaceae 111
Musci (Laubmoose) 160f., 474
– Cytokininwirkung 597
– Differenzierung 161
– Entwicklung 474f.
– Generationswechsel 474f.
– Musterbildung 727, 729
Mutagen 411f., 413[A]
– Aneuploidie 409
– Cumarine 354
Mutagenese 411
Mutagentest 412
Mutante 391f.
Mutanten-Screeningsystem 631, 683
Mutantenpromotor, LacUV5 503
Mutation
– Chromosomenmutation 409
– Frameshift-Mutation 410f.
– Genmutation 409f.
– Genommutation 406f.
– negative 424
– neutrale 410[A], 421, 424
– Punktmutation 410[A]
– stille s. Mutation, neutrale
Mutationsrate 411, 420f.
Mutterkornalkaloid 366f.
Mutterkornpilz s. *Claviceps purpurea*
Mutualismus 815f.
MYB-Transkriptionsfaktor 522
– APL 719
– AS 717f., 723
– – Wirkung 719
– CCA1 691[A]
– circadiane Uhr 691[A]
– CPC 728f.
– Gerstenkeimung 617[A]
– GL1 729, 730[A]
– GA-spezifischer 617[A], 619f.
– LHY 691[A]
– Musterbildung 729
– MYB33 732[A]
– MYB61 729
– MYB98 746
– PAP 729
– Phloem-spezifischer 724
– TT2 729
– W 729
– WER 730[A]
– Zellspezialisierung 729f.

Mycel 157[A], 470, 814
– *Streptomyces* 146f.
Mycetozoa s. Acrasiomycota
Mycobiont 811f.
Mykoplasmen 135, 667
Mykorrhiza 127, 813f.
Mykorrhizapilz (Glomeromycota) 814f., 828
Mykotoxin 470
myo-Inosit 14, 16[A]
Myosin 56f.
– *Dictyostelium* 461
– Mikrofilament 52
– Statolith 704
Myrmekochorie 765
Myrosinase 371[A]
Myxobakterien 135, 147
Myxococcus xanthus 147[A]
Myxomyceten (Schleimpilze) 129
Myxospore 147[A]
Myxotesta 759

N

N s. Asparagin
NAA s. Naphthylessigsäure
Na^+/H^+-Antiporter 790
Na^+/K^+-ATPase 364f.
Nachtlänge 695[A]
Nachtschattengewächse s. Solanaceae
Nacktsamer s. Gymnospermen
NAC-Transkriptionsfaktor 523, 719
NAD s. Nicotinsäureamid-adenindinucleotid
Nadelblatt 180[A], 192[A]
NADH s. Nicotinsäureamid-adenindinucleotid
NADH-Dehydrogenase
– Atmungskette 340[A], 399[A],
– – Cyanobakterium 340[A]
– externe 341
– Purpurbakterien 292[A]
– Untereinheit 579[A]
NADP, NADPH s. Nicotinsäure-amidadenindinucleotid-phosphat
NADPH-Oxidase 656, 816, 825, 843
Nährelemente 5
Nährlösung 4
Nährstoffmangel 4, 775
– Myxobakterien 147[A]
– *Streptomyces* 146f.
Nährstoffversorgung, Embryo 758
Nahrungskette 135
Nalidixinsäure 585
Nanomaschine, biologische 552f., 570, 832
– RNA-Polymerase II 513f.

Naphthalin 9[A]
Naphthochinon 355[A]
Naphthylessigsäure (NAA) 601[A], 606
– Pflanzenregeneration 666[A]
– Volumenzunahme, Protoplast 609[A]
Naphthylphthalamsäure 609[A]
Narbe 481
– Oberfläche 747, 749
– Pollenentwicklung 742f.
– Samenpflanze 480[A]
– Selbstinkompatibilität 750f.
Narcissus spec. (Schalennarzisse) 87[A], 119[A]
Naringenin 357
Naringeninchalkon 357[A]
Naringin 357
Nastie 191, 201, 243, 689
Natrium 3, 783
Natriumchlorid 7
Natriumdodecylsulfat (SDS) 62
Natriumhydrogencarbonat 278
natürliche Auslese s. Selektion
NB-LRR-Bindungsprotein 826
NCED (Epoxycarotinoid-Dioxygenase) 636f., 664
Nebenblatt (Stipel) 181[A], 183[A]
Nebenblattdorn 193[A]
Nebenvalenz 7, 34f.
Nebenzelle 189[A], 191
Nektarium 124, 750
Nelumbo nucifera (Lotusblume) 120[A]
Nematizid 792
Neomycin 585
Neomycin-Phosphotransferase 419, 833
Neottia nidus-avis (Vogelnestwurz) 815
Neoxanthin 636f., 639[A]
Nepenthes (Kannenpflanze) 193
Nerium 364
Nerium oleander (Oleander) 113
NES s. Kernexportsignal
Netzgefäß 116[A]
Neurospora crassa 466f.
– Ascospore 468
– circadiane Uhr 692f.
– Entwicklung 467f.
– Mitochondrion 79[A]
– Mutante 692
– Zellwand 463
– Zn-Finger-Proteine 523
Nexin 150
Nia-Gen 699f.
Nicht-Haarzelle s. Atrichoblast
Nicht-Wirts-Resistenz 823[A], 843
Nichtschwefelpurpurbakterien s. Rhodospirillaceae
Nickel 3, 789
Nickelsulfid 130

Nicotiana glutinosa 35, 843
Nicotiana tabacum (Tabak)
– Alkaloid, echtes 366[A]
– Chondriom 386
– Pfropfexperiment 369[A], 698
– Photoperiode 694
– Plastom 387[A], 575
– Regeneration 666[A]
– Sekundärmetabolit 345
– Sproßachse 114[A]
– TMV-Infektion 834[A]
– Transformation 431
– Wurzelhalstumor 829[A]
– Zelltod 843
Nicotianamin 237[A]
Nicotin 366[A], 369f.
Nicotinsäure 366
Nicotinsäureamidadenindinucleo-tid (NAD, NADH) 227[A]
– Bakterienphotosynthese 291f.
– bei Hypoxie 787f.
– cADPR-Bildung 657
– Citrat-Zylus 333[A], 337f.
– Gärung 335f.
– Glykolyse 334f.
– Nitrat-Reductase 304[A]
– Pyruvat-Dehydrogenase-Reaktion 336[A]
– Stickstoff-Fixierung 302[A]
– Zellatmung 336f., 341
Nicotinsäureamidadenindinucleo-tidphosphat (NADP, NADPH) 227[A]
– Bedarf 268
– C_4-Photosynthese 286[A]
– Calvin-Zyklus 279f.
– Elektronentransport 266[A]
– Hillreaktion 255f.
– Lichtreaktion 274[A]
– Monooxygenase 596
– Nitrat-Reductase 304[A], 652[A]
– NO-Synthase 652[A]
– Reduktionsmittel 273, 305f.
– Streß, oxidativer 786
– Synthese 256
Niederblatt 187, 194[A]
Niedere Pflanzen 442
– Fortpflanzung, vegetative 444
– Phytohormone 593
nif-Gene 138
Nif/Fix-Protein 819[A]
Nitrat 297
– Atmung 341
– Aufnahme 303
– Mykorrhiza 813
– Reduktion 304[A], 652
– Speicherung 103
– Stickstoff-Kreislauf 299f.
– Substratinduktion 700
– Transport 303
– Verwertung 652
Nitrat-Assimilation 699f.

Nitrat-Reductase 304f.
– Expression 700
– Moco 636
– NO-Synthese 652f.
– Regulation 699f.
Nitrat-Reductase-Kinase 699f.
Nitratatmung 300, 341
Nitratbakterien 293f., 300f.
Nitrifikation 300f.
Nitrit 299f.
– Atmung 341
– NO-Synthese 652
– Reduktion 304f.
– Toxizität 700
Nitrit-Reductase 304f., 652
Nitritbakterien 293f., 300f.
Nitrobacter 294, 300f.
Nitrogenase 301f., 651, 817
Nitrosomonas 135, 294, 300f.
Nitrospira 135
Nitrosylierung, Protein 543, **653**
NLS s. Kernimportsignal
NMD (Nonsense-mediated decay) s. RNA, Abbau
NOS (Stickstoffmonoxid-Synthase) 652f.
NO-Scavenger 651, 654^A
Nod-Faktor 817f.
nod-Gene 138
Nodulation **138**
Nodulationsfaktor s. Nod-Faktor
Nodulin 820
Nodus **179**^{A}, 185
Nomenklatur 392
– cis/trans- 11
– E/Z- 11
– -R/S- 11, 15
Nonsense-Codon 377
nonsense-mediated decay s. RNA, Abbau
Nonsense-Mutation 409f.
Nopalin 831^A
NOR s. Nucleolus organisierende Region
Norflurazon 792
Nori 455
Northern-Blot-Analyse 492
Nostoc 145, 148, 301, 811
Notchless (NOT) 478^A
Novobiocin 585
NPA (Naphthylphthalamsäure) 609^A
NPA-Bindungsprotein 609
N-Protein 843
NptII-Gen 419
Nußfrucht 765
Nucellus 481, 760
Nuclearlamina 72
Nuclearmatrix 72, 398f.
Nuclease 618
Nucleinsäure 27f.
– Absorption 537

– Molekülentstehung 12
– Nachweis 29
– Pflanzenvirus 835
– seltene Base 23
Nucleofilament 379f.
Nucleoid 72, **134**, 137^A
– kondensiertes 136
– Protein 379, 575
Nucleolus 47^A, 70^A, **72**, 84^A, 611^A
– Ribosomensynthese 532^A, 533^A
– RNAPI 506
– Ultrastruktur 532^A
Nucleolus organisierende Region (NOR) 72, 384^A, 531f.
Nucleom 70
Nucleomorph 133
Nucleonemen 72
Nucleoplasma 136, 506
Nucleoporin 71
Nucleosid 27^A
Nucleosom 378f., **379**
– Acetylierung 520
– Auflösung 520
– Chromatinumwandlung 519^A
– Modifikation 385
– Monoubiquitinierung 573
– Vorkommen 129, 146
Nucleotid 27^A, 313, 315
– cyclisches 655, 657
Nucleotidaustauschfaktor 552^A
Nucleotidexzisionsreparatur 413
Nucleotidsequenz 29
Nucleus s. Zellkern
NUP-Protein 567
Nuphar lutea (Teichrose) 335
Nutzpflanze, herbizidresistente 352
Nyktinastie 689, **798**
Nylon 13,13 326
Nymphaea (Seerose) 189, 765

O

Oberblatt 179^A, 183f.
Oberflächenspannung 215
Ochratoxin 470^A
Ochrobactrum 796
Octopin 831^A
2-Octulose 250
Octylglucosid 563
Oedogonium 261f.
Oedogonium spec., Chromatophor 84^A
Oenothera 80, 416
Okazaki-Fragment 389
ökologische Nische **424**
Ökotyp 733, 735
Oktandenstadium 754^A, 757
Öl 22
– etherisches 123, 359f.
– fettes 123
Ölbaum s. *Olea europaea*

Ölbehälter 102, 123^A, 360
Olea europaea, Same 321
Oleaceae 319
Oleander s. *Nerium oleander*
Oleosin 77^A, 326
Oleosom 47^A, **77**^{A}, 326f., 762
– Membranaufbau 48, 75^A
Oligogalactomannan 463
Oligomannan 463
Oligomer 12, 26
Oligomerisierungsdomäne 524
Oligomycin 585
Oligopeptid 32
Oligosaccharid 19, 68, 567^A
Oligosaccharyltransferase 543, 567
Oligoterpen 358f., 364
Olive 321
Ölsäure 22, 325
onc-Gene 833
Ontogenese 205
Ontogenie 442^A
Oocystis solitaria 64^A, 97^A
Oocyte 154
Oogametogamie 456
Oogamie 439f.
– *Dictyota* 451
– *Fucus* 453
– Oomycten 462
Oogonium **439**, 451f., 456
Oomyceten (Cellulosepilze) 38, 47, 129, 462, 827
OPDA-Reductase (OPR) 642^A
Open reading frame s. Leseraster, offenes
Operon 129, 497f.
Opine 829^A, 831^A
Opinsynthetase 831
OPR (OPDA-Reductase) 642^A
Opsine 671^A, 673
Orchidaceae 238, 749
– Epiparasitismus 815
– Samennachreifung 767
– Verbreitung (Samen) 765
Orchis militaris (Helm-Knabenkraut) 749
Ordnung 133
Ordnungszahl 3, 15, 257
Organelle 47f., 59, 86
– Eucyte 64^A
– Grundmembran 66f.
– Leitenzym 73
– Membranmodell 61
– Photorespiration 73
– Photosynthese 83
– semiautonome 57, 61, 79f., 384, **575**
– Triglycerid speichernde 75, 77
– Umwandlung 329
organische Säuren, Benennung 244
organotroph 251^A

Ornithin 366
Ornithin-Decarboxylase 547^A
Orobanche (Sommerwurz) 810
orthogravitrop 200
Orthogravitropismus **701**^{A}
Orthostiche **161**, 184f.
Orthotropismus 201
Oryza sativa (Reis) 335, 434, 786
– Biotest 625
– Endophyt 816
– goldener 435
– Halbzwergform 616
– Mutante 625
– nach Überflutung 787^A
Oscillatoria chalybea 144^A
Oseltamivir 349
Osmolarität 88
Osmometer 213
Osmoregulation 149
Osmose 212f., **213**
Osmotikum 243, 246
osmotischer Druck 212
osmotischer Hub 248
osmotischer Wert 211, 213
osmotisches Potential 214f.
– Aufbau 218
– Berechnung 779
– Blatt-Zellsaft 240, 249
– Bodenlösung 240^A
– Gleichgewicht **241**
– Makromolekül 27
– Schließzelle 190f., 243
– Streß 779
– Vakuole 105, 790
– Wurzelparenchym 239
Oxalacetat 284f., 326f., 337^A
Oxalessigsäure s. Oxalacetat
Oxalsäure 104f.
Oxidase 73, 784^A
– alternative (AOX) 784^A
Oxidation 13
– β- 326f., **643**^{A}
– – Glyoxysom 73
– – Indol-3-buttersäure 603
– – Salicylsäuresynthese 658^A
– Protein 543
Oxidationsmittel 259, 270
Oxidationsstufe **13**f.
Oxidationszahl s. Oxidationsstufe
Oxidative burst 825
Oxidoreductase 227f.
2-Oxoglutarat 22^A
– anaplerotische Reaktion 339
– Citrat-Zyklus 337^A
– Glutamatbildung 305f.
– Translokator 222
2-Oxoglutarat-Dehydrogenase 337^A
2-Oxoglutarsäure s. 2-Oxoglutarat
Oxogruppe 13^A, 16f.
Oxohydroxygruppe s. Carboxylgruppe

2-Oxo-IAA 605^A
Oxoluciferin 526^A
Oxo-phytodiensäure 642f., 800
Oxosäure 22, 118, 244
Oxygenase, Fe^{2+}-haltige 628
Oxylipin 591, 642, 786
Ozon 784f.
Ozonolyse 326^A
Ozonschicht 259

P

P s. Prolin
P-body 542
P-TEFb-Protein 514
Paarkernmycel 470
Paarkernphase 440^A, 467^A, 470
Paarungstyp
– Basidiomycetes 470, 472
– Locus 465f.
– *Saccharomyces* 463f.
Paarungstyp-Gen, Regulator 522
Paarungstypwechsel 464f.
Paarungsverhalten 439f.
Pachystachys lutea (Dichtähre), Pollen 121^A
Pachytän 403f.
Paclobutrazol (PB) 613f., 619
PAL (Phenylalanin-Ammoniak-Lyase) 350f., 658^A
Paläodiploidisierung 423
Paläopolyploidisierung 407, 423
Palaquium gutta (Guttaperchabaum) 365
Palindrom 427, 502, 524
Palisadenparenchym 107, 188^A, 241^A
Palmitinsäure 22f., 325
PAMP (pathogenesis-associated molecular pattern) 823
Pandorina morum 154^A
Panicum 482
Pantethein 312^A
Pantoinsäure 312^A
Pantotheinsäure 312^A
Papain 574
Papaver somniferum (Schlafmohn)
– Alkaloid 349, 369f.
– Gravitropismus 702^A
– Milchröhre 116
Papaveraceae (Mohngewächse) 366, 765
– gametophytische Selbstinkompatibilität 752f.
Papier, holzfreies 117
Pappel s. *Populus*
Pappus 765
PAPS (3-Phosphoadenosinphosphosulfat) 309f.
Parabiose 294, 808
Paradormanz 663
Paralleltextur 97^A

Paramylon 40, 83
Paraphyse 467f., 468
Paraquat 777^A, 792
Pararetrovirus 836, 839, 841
Parasit s. Pflanzenparasit
Parenchym 107f.
– Leitbündel 169^A, 721^A
– Untergliederung 102
Parenchymstrahl 170f., 173^A
Parietin 812^A
Parthenium argentatum (Guayule) 364
Parthenogenese 482
Parvoviren 835
Paspalum 482
Passiflora, Sproßranke 181^A
Passionsblume s. *Passiflora*
pathogenesis-associated molecular pattern (PAMP) 823
PAT (Phosphinotricin-Acetyltransferase) 435, 833
PAT-Gen 433f.
Pathogen 805f.
– Abwehr 823f.
– – Endophyt 816
– – Gentranskription 634
– – RNA 722
– – ROS 784, 826
– – Unterdrückung 823^A
– biotrophes 825, 827
– Containment 659
– hemibiotrophes 827
– Infektion 638, 657
– Isolierung 824f.
– nekrotrophes 827
– pflanzliches s. Phytopathogen
– Resistenz 658^A, 824f., **826^A**, 828f.
– Virus 834
PB (Paclobutrazol) 613f., 619
PC s. Phytochelatine
PCNA-Komplex 573
PCR s. Polymerasekettenreaktion
PCR-Amplifikation 418f., 428^A, 492
PCR-Cycler 428
PDE (cAMP-Phosphodiesterase) 459f.^A
Pectinsäure 235
Pediastrum granulatum 154^A
Pektine 89f., 607
– Bestandteile 39
– Pollenschlauch 745
– Primärwand 97
Pektinase 90
– Pflanzenparasit 809
– Zellwandverdau 431, 799
Pektinesterase 745
Pektinmethylester 745^A
Pektinmethylesterase 745
Pelargonidin 356^A
Pelargonium 416
Pelargonium zonale 110^A, 810^A
Pelargonsäure 326^A

Penicillin 585, 587^A
Penicillium 470
Penicillium chrysogenum (Pinselschimmel) 444^A
Pennisetum 482
pentaploid 391
Pentit 14
Pentose 17^A, 17, 27, 280
Pentosephosphatzyklus, oxidativer 306, 311
PEP s. Phosphoenolpyruvat
PEP-Carboxykinase 327f.
PEP-Carboxylase 257, 284f.
Peptid 12
Peptidase 37, 463
Peptidbindung 32^A
Peptidhormon 591, 648f., 715
Peptidoglykan 137^A
– AUX-Transport 665^A
– Bestandteil 26, 143
– Flagellarmotor 141^A
– Sacculus 86, 135, 139f.
– – Gram-Farbstoff 136
– – *Synechocystis* spec. 144^A
Peptidrezeptor 650^A
Peptidsignal 648f., 719, 724, 799
– Pollenschlauchwachstum 744
Peptidyltransferase 57, 540
Perianth 479
Peribakteroidmembran 820f.
Periderm 177, 203
Perigon 479
Perikambium 199
– AUX-Transport 665
– SHR-Protein 725^A
– Transkriptionsfaktoren 725^A
– Wurzel 101, 196, 197^A
– – Dickenwachstum 203f.
– – Scheitelmeristem 163^A
– – Zentralzylinder 198f.
periklin 162, 172^A
perimitochondrialer Raum 80
Perinuclearzisterne 70
periplasmatischer Raum 139f.
Peristom 474f.
Perithecium 468
peritrich 141
Perizykel s. Perikambium
Permeabilität 59, 65^A
– Biomembran 218
– Chloroplastenmembran 84
– Mitochondrienmembran 79
– selektive 103, 130
Permease
– Galactose 528^A
– Lactose 499
Peroxidase 41^A, 567, 656, 828
Peroxin 559
Peroxiredoxin (PR) 784^A
Peroxisom 73f.
– Biomembran 47, 60, 66
– Entstehung 74f., 327f.

– Importsignal 559
– Jasmonsäuresynthese 642f.
– Leitenzym 73, 283
– β-Oxidation 643
– Photorespiration 282f.^A
– Proteinimport 557^A
Peroxynitrit 651^A
Petiolus (Blattstiel) 183f., 184
– Leitbündel 191
– Phyllodium 193^A
– Streckung 687^A
– Torsion 187
– Tropismus 201
Petunia, Apikaldominanz 664
Pfefferminze s. *Mentha piperita*
Pffersche Zelle 213
Pflanze
– fleischfressende 798
– frostintolerante 782
– frosttolerante 782
– haploide 711
– männlich sterile 748
– polyandrische 750
– sommerannuelle 733
– tagneutrale 694
– transgene s. transgene Pflanze
– überflutungstolerante 787
– Verbreitung (Samen) 764f.
– winterannuelle 733, 735
Pflanzenentwicklung 101, 671, 709f., 711
– im Schatten 685f.
– lichtinduzierte 681f.
– Mikro-RNAs 722
– Modulation 712
– Regulation 722
Pflanzenfaser 111f.
Pflanzengenom s. Genom, Pflanze
Pflanzenhormon s. Phytohormon
Pflanzeninfektion 823, 826, 829
Pflanzenkrankheit 30
Pflanzenparasit 805f., 809f., 815
– obligater 471
Pflanzenpathogen
s. Phytopathogen
Pflanzenregeneration 662, 665f.
– Floral-dip-Methode 433^A, 833
– Reembryonalisierung 711
Pflanzenschutz 347, 370
Pflanzenstoff, sekundärer
s.a. Sekundärmetabolit 104, 123
Pflanzensystematik 731
Pflanzentransformation
s. Transformation, Pflanze
Pflanzentumor 603^A, 828f.
Pflanzenverbreitung
– geographische 695
– Samen 764f.
Pflanzenvirus 667
– Ausbreitung 148, 842^A
– Erkrankung 834^A, 837
– – Resistenz 843

- Genom 835f.
- Infektion 841
- RNP 842
- Übertragung 841f.
- Vermehrung 836^A
Pflanzenzüchtung 407, 430, 482, 775
PH (Prohexadioncalcium) 613f.^A
pH-Wert 44
- Aminosäure 24
- Apoplast 220
- Cytoplasma 220, 285
- Protein 37
- Speichervakuole 288
- vakuolärer 356
Phaeophyceen (Braunalgen) 4, 39, 81, 159^A
- Generationswechsel 451f.
- Gewebethallus 159
- Photosynthesepigment 263f.
- Zellwand 450
Phaeophytin 263, 269f.
Phaeoplast 81f., 159^A, 264
Phage s. Bakteriophage
Phagocyt 459
Phagus sylvatica, Blatt 685^A
Phalloidin 52, 56
Phänotyp 390, 392, 394
Phäophytin 582^A
Pharbitis nil (Prunkwinde) 694f.
Phaseinsäure 636, 638^A
Phaseolus, Trockenstreß 639^A
Phaseolus coccineus (Feuerbohne) 689^A
- Keimung 186^A
- Polyploidie 407
- Samen 761
- Schlafbewegung 689^A
Phaseolus multiflorus 769^A
Phaseolus vulgaris (Gartenbohne) 566, 769^A, 820
PHB-Protein, TF 719f., 723
Phe s. Phenylalanin
Phellem 122^A, 177
Phellinus (Feuerschwamm) 808
Phelloderm 177
Phellogen 122^A, 177
- Meristem, laterales 101, 177^A
- Wurzel 203
Phenolcarbonsäure 351
Phenole 15f., 349f., 357, 807
- Suberin 118
Phenylalanin (F, Phe) 25^A
- Alkaloid 366
- Biosynthese 350^A, 351^A
- Codon 378
- Salicylsäure 657f.
Phenylalanin-Ammonium-Lyase (PAL) 350f., 658^A
Phenylpropan, Stoffwechsel 596
- Derivat 825
- Gen 682^A

Pheromon 476, 591, 641
- *Cutleria* 451
- *Dictyota* 451
- *Fucus* 453
- Phaeophyceen 451
- Pteridophyta 476
- *Saccharomyces cerevisiae* s. α-Faktor
Phloem 168f.
- Assimilattransport 315
- Elemente 113^A
- Laubblatt 188^A
- Leitbündel 168f., 721^A, 723
- primäres 168, 197^A, 203
- sekundäres 172f., 203^A
- Transport 726
- Wasserfluß 320f.
- Wurzel 170, 197
- - Spitze 195^A
- - Zentralzylinder 199
Phloemelemente 113^A
Phloementwicklung 721f.
- Transkriptionsfaktoren 522, 721^A
Phloemparenchym 114, 168, 320
Phloemprimanen 168
Phloroglucin 40f.
Phobotaxis 141f.
Phosphan 313
Phosphat 8^A, 27, 297, 313f., 813
Phosphatase 655, 798
- BSU1- 626f.
- Phytochrom 676^A
- S2- s. Fcp1-Protein
- S5- s. Ssu72-Protein
- saure 73
Phosphatidylcholin 22, 60
- Biomembran 63, 65^A
- Kalottenmodell 62
- Strukturformel 23^A
- Vesikel 61^A
Phosphatidylethanolamin 60, 63, 65^A
Phosphatidylserin 60, 63, 65^A
Phosphinotricin 433f., 793
Phosphinotricin-Acetyltransferase (PAT) 435, 833
Phosphit 313
Phosphoanhydridbindung 216f.
Phosphodiesterase 459, 657
Phosphoenolpyruvat (PEP) 328^A
- anaplerotische Reaktion 339
- C_4-Photosynthese 284f.
- Gluconeogenese 327^A
- Glykolyse 334f.
- Phosphorelais 501
- Shikimat-Weg 350^A
- Triglyceridumwandlung 326
Phosphoenolpyruvat-Carboxykinase 327f.
Phosphofructokinase 334^A
Phosphoglucomutase 334^A

3-Phosphoglycerat 229, 282^A, 284
- C_3-Pflanze 284
- Calvin-Experiment 278
- Calvin-Zyklus 280^A
- Glykolyse 334^A
Phosphoglycerat-Kinase 229, 280^A, 334^A
Phosphoglycerat-Mutase 334^A
D-3-Phosphoglycerinaldehyd 280f., 358
D-3-Phosphoglycerinsäure s. D-3-Phosphoglycerat
3-Phosphoadenosinphosphosulfat (PAPS) 309^A
Phosphoglykolat 282^A
Phosphoglykolsäure s. Phosphoglykolat
Phospholipase A (PLA) 642^A, 646
Phospholipid 22f., 59, 65^A
- Adsorption 235
- Biomembran 59f., 63^A
- - Mitochondrion 79
- - Plastide 642^A
- Murein 140
- Phasenwechsel 782^A
N-Phosphonomethylglycin 352^A, 793
- Angriffsort 350, 793
- Resistenzen 793
- spaltendes Enzym 796
- Wirkung 352, 793
Phosphoprotein 314^A, 501, 598, 640
Phosphor 313
- Makroelement 3, 5
- Stoffwechsel 314^A
- Tetraeder 8
Phosphorelais 501, 598^A
- Cytokinintransduktion 600^A
- Ethylentransduktion 633, 635^A
- Vir-Operon 830^A, 832
Phosphorhaushalt 313
Phosphormangel 4
Phosphorsäure 8^A, 22, 217^A
Phosphorylierung
- oxidative 80
- Protein 228, 314, 543
Phosphoserin 382^A
3-Phosphoshikimat 352^A
Phosphotransferase-System 501^A
Phosphotransferprotein 598f.
Photoautotrophie 128
Photobiont 811f.
photoelektrischer Effekt 259^A
Photoinhibition 582
Photokonversion 677
Photolyase 414^A, 678
Photolyse, Wasser 255, 267f., 271, 282
Photometrie 262
Photomorphogen, Senf 682

Photomorphogenese 624, 671, 681f., 685
- Transkriptionsfaktoren 522
Photomorphose 671, 679
Photon 259, 672
Photonastie 191
Photonenfluenz 672
Photonenstromdichte 672
Photooxidation, Chlorophyll 263
Photoperiodismus 689, 693f.
- Knollenbildung 698
- Steuerung 674
photophile Phase 695f.
Photophosphorylierung 253, 274, 313
Photoreaktivierung 414
Photorespiration 282^A
- C_4-Pflanze 286
- Organelle 73, 283^A
Photorezeptor 673f.
- Augenapparat 151f.
- Blaulichtrezeptor 677, 679f.
- Chlamyopsin 153
- Cryptochrome 678
- Dunkelrotrezeptor 677
- Komplex 684
- Phototropine 679f.
- Pilze 692
- Protonenzähler 672
- Rhodopsin 153^A
- Schattenvermeidungssyndrom 686f.
Photorezeptormembran 151f.
Photosynthese 253f.
- Aktionsspektrum 261^A
- anoxygene 128, 135
- - Charakteristika 254
- - Evolution 295f.
- Archaea, halophile 293
- Bakterienphotosynthese 290f.
- C_4-Pflanze 283f.
- CAM-Pflanze 283
- Cyanobakterium 59, 143, 255, 291
- Cytochrome 271
- Effektivität 265
- Elektronentransport 266f.
- Energiequelle 259
- Energiewandlung 207f.
- Evolution 294f.
- Herbizide 792
- intensive 282, 700
- Lichtreaktionen 225f., 582
- - Aktionsspektrum 260f.
- - Lichtsättigung 289^A
- limitierender Faktor 283
- natürliche 288
- Optimierung 679f.
- Organell 83
- oxygene 135
- - betreibende Gruppen 128^A
- - Charakteristika 254

- – Cyanobakterien 143, 290f.
- – Evolution 271, 294
- – pflanzliche s. Photosynthese
- – Prochlorobakterien 145
- – Photonenstromdichte 672
- – Pigment 291, 685
- – akzessorisches 673
- – Bakterochlorophylle s. Bakteriochlorophylle
- – Carotinoide s. Carotinoide
- – Chlorophylle s. Chlorophylle
- – Cyanobakterien 143, 291
- – Cytochrom s. Cytochrom
- – Lokalisation 139
- – Primärprozeß 266
- – Prinzip 254^A
- – Reaktionszentrum 266
- – PS I s. Photosystem I, Reaktionszentrum
- – PS II s. Photosystem II, Reaktionszentrum
- – Rhodophyceen 454
- – Schutz 582
- – Schattenvermeidungssyndrom 685f.
- – Stomataöffnung 243
- – Sukkulenten 181
- – Temperatur 290
- – Unterwasserblatt 787
- – Wirkungsgrad 207
- Photosynthesegewebe 102, 107
- Photosyntheseparenchym 192^A
- Photosystem I 272f., 581f.
- – Anregungsenergie, Verteilung 277^A
- – Elektronentransport 266f., 269^A
- – Evolution 296
- – Reaktionszentrum 272f., 578
- – – Regulation Lichtreaktion 276f.
- – Superoxidradikal 656
- – Übersicht 266^A
- – Verteilung in Thylakoide 276^A
- – Z-Schema 274^A
- Photosystem II 268f., 582^A
- – Anregungsenergie, Verteilung 277^A
- – Circadianrhythmus 690
- – D-Protein 269^A, 576^A, 580f., 583^A
- – Elektronentransport 266f., 271
- – Evolution 296
- – Inhibition 270, 582
- – Lichtsammelkomplex 268f., 561f., 672f.
- – Phaeophytine 263
- – Phycobilisom 291^A
- – Reaktionszentrum 268f., 561, 563, 582^A
- – Regulation 276f., 581
- – Schwermetall-Toxizität 791
- – Singulettsauerstoff 263, 583

- – Superkomplex 269f.
- – Übersicht 266^A
- – Verteilung in Thylakoide 276^A
- – Z-Schema 274^A
- Phototaxis 141, 151f.
- Phototopotaxis 141
- phototroph 251
- Phototropine 244f., 673f., 679f.
- – Absorptionsbereich 671^A
- – Photozyklus 680^A
- Phototropismus 201, 624, 679, 686
- Photozyklus 680
- Phragmoplast 400f.
- PHV-Protein, TF 521, 719f.
- Phycobilin 254, 263
- Phycobiliprotein 81f., 143
- Phycobilisom 254, 291^A
- – Cyanelle 86
- – Lichtsammelantenne 143f.
- – Rotalgen 454
- Phycocyanin 143, 291^A
- – Absorptionsbereich 671^A
- – Cyanelle 86
- – Rotalgen 454, 673
- Phycocyanobilin 291
- Phycoerythrin 143, 291^A
- – Absorptionsbereich 671^A
- – Rotalgen 454, 673
- Phycoerythrobilin 291
- Phycomyceten 155
- Phyllochinon (Vitamin K1) 273^A, 351^A, 355, 364
- Phyllodium 193^A
- Phylloid 450, 454
- Phyllokladium 181
- Phyllosphäre 805
- Phylogenie 125, 133
- *Physarum* 746
- *Physcomitrella* 419
- Phytase 313
- Phytinsäure 313f.
- Phytoalexin 347, 824f.
- Phytochelatine 235f., 313, 791
- Phytochrom 583, 674f.
- – A 672f., 675f., 683, 685
- – – Brassinosteroidsynthese 624^A
- – – im Schatten 685f., 687^A
- – – Photomorphogenese 681f.
- – Absorptionsbereich 671^A
- – aktives 675f., 678, 685
- – Antwort 672
- – B 673, 675^A, 686
- – – Deetiolierung 677
- – Blühinduktion 695
- – C 675
- – Chromophor 673
- – Constans-Abbau 695, 696^A
- – Cyanobakterien 291
- – circadiane Uhr, Lichtkontrolle 691^A

- – D 675, 686
- – DR s. Phytochrom, aktives
- – E 675, 686
- – HR s. Phytochrom, inaktives
- – inaktives 675f., 685
- – Photonenfluenz 672
- – Regulation, TF 522
- – Rotlichtschalter 675f.
- – Synthese 584
- – Wirkung 673, 676^A
- Phytochromobilin 584^A, 673, 675^A
- Phytoën 358f., 361f.
- Phytoën-Synthase 634
- Phytoextraktion 236
- Phytohämagglutinin 330
- Phytohormon 589, 591, 593f.
- – Assimilatstrom 319
- – bei Hypoxie 788^A
- – bei Streß 828^A
- – Geschlechtsbestimmung 749
- – Gewebekultur 667
- – Hormoneinfluß 660
- – In-vitro-Kultivierung 434
- – Konzentration 591
- – Leitbündel 721^A, 723
- – Mikroorganismus 593
- – Netzwerk 591, 659f.
- – Sproßapikalmeristem 716^A, 718^A
- – Transport 605f.
- – Wurzelapikalmeristem 725
- – Wurzelknöllchen 820
- – Zellzyklus 397
- – – Kontrolle 660f.
- Phytol 262^A, 361
- *Phytolacca americana* (Kermesbeere) 367
- Phytopathogen 822f., 826f.
- – Abwehr 823f., 826
- – Ascomyceten 470
- – Basidiomyceten 471
- – Eliminierung 667
- – Potyvirus 840
- – Resistenz 826^A
- – Sekundärmetabolit-Induktion 345, 347
- – Virus 834
- Phytopestizid 345, 354, 361
- Phytopharmaka 349, 616, 792, 794
- *Phytophthora infestans* 827
- Phytoplasmen 667
- Phytoprospektion 236
- Phytosanierung 236, 791
- Phytosiderophor 236f., 357
- Phytosulfokin 649f., 743
- – Rezeptor 650^A
- Pi-Bindung 6, 7, 8
- *Picea* (Fichte) 180, 814f.
- Picloram (Trichloraminopyridincarbonsäure) 610^A
- Picoplankton 145

- Picornavirus 840
- PIE-Protein 734
- PIF3-Transkriptionsfaktor 522, 681f.
- Pilzalkaloid 366
- Pilze 806^A, 808
- – ABA-Synthese 636f.
- – Circadianrhythmus 674
- – Echte s. Eumycota 462
- – Fortpflanzung, vegetative 444^A
- – holzzerstörende 808^A
- – Niedere 73, 462
- – Photorezeptor 692
- – phytopathogene 120, 827
- Pilzhyphe 109, 813, 815
- Pilzmantel 814^A
- Pilzwurzel s. Mykorrhiza
- PIN-Code 608
- PIN-Efflux-Translokator 608f., 718
- – Auxintransport 605f.
- – Embryogenese 757^A
- – nach Gravistimulation 707^A
- – Verteilung 608^A, 708
- PIN-Expression 523
- PIN-Protein s. PIN-Efflux-Translokator
- Pinaceae (Kiefern) 124
- Pinitol 780f.
- Pinselschimmel s. *Penicillium chrysogenum*
- *Pinus* (Kiefer) 98^A, 112^A, 178, 416, 479
- *Pinus silvestris* (Waldkiefer) 42, 180
- – Ektomykorrhiza 814
- – Holz 174^A
- – Nadelblatt 192^A
- – Stamm 173^A
- Piperidin 10^A
- *Piriformospora indica* 816
- *Pirus malus* s. *Malus* 759
- Pistill 481, 743f.
- *Pisum sativum* (Erbse)
- – Blattfiederranke 193^A
- – Chromosomensatz 391
- – Ethylenwirkung 627
- – Speicherorgan 761
- – Stengelstreckung 609
- – Transferzelle 108^A
- – Wurzelknöllchen 820
- – Wurzelspitze 195^A
- *Pisum*-Mutante
- – *Ps-* 613^A
- – *Ps-le-* 615
- – *rms1-* 664
- PKA (Proteinkinase A) 460^A
- PLA (Phospholipase A) 642^A, 646
- Placenta 481
- Plagiogravitropismus 200f., 701^A, 703
- *Plagiomnium* spec. (Sternmoos), Chloroplast 256^A

Plagiotropismus **201**, 701
Plancksches Wirkungsquantum
 (= Plancksche Konstante) **259**
Planosporangium **444**
Planospore **444**
Plantago (Wegerich) 179, 791
Plantago media, Blattrosette 185[A]
Plasmalemma 47[A], **69**
– bakterielles 62
– Biomembran 59, 61[A]
– Cellulose-Synthase 91f.
– Dichte 49
– Fluid-mosaic-Modell 63[A]
– Lipid 60
– Proteinimport 557[A]
– Proteinsynthese 58
– Signalaufnahmesystem 66
– Zellteilung 400
Plasmaströmung 49f., 56f., 103
Plasmatasche 103[A]
Plasmid 135, 138
– binäres 433, 833[A]
– DNA-Klonierung 425f.
– Expressionsvektor 432[A]
– PCR 428[A]
– Reporterassay 431f.
– Resistenzgen 587
– Ti- s. Ti-Plasmid
plasmochrom **362**
Plasmodesmos 47[A], **77**f.
– Assimilattransport 318
– Cyanobakterium 148
– Grundmembran 66
– Pflanze 148
– Stoffaustausch 284
– Virusausbreitung 842[A]
– Zell/Zell-Transport 725f.
Plasmogamie 440f., 447, 468, 470
Plasmolyse 214f.
Plastide 81f.
– ABA-Synthese 636f.
– Abstammung 128
– Biomembran 48, 61
– Chaperonmaschine 580f.
– Evolution 79, 86, 130f.
– Funktion 48
– Fettsäuresynthese 324f.
– Gendosis 488
– Genexpression 574f., 583
– Isoprenoidsynthese 612f.
– Jasmonsäuresynthese 642f.
– *ent*-Kauren-Synthese 612f.
– komplexe 132f., 451
– Nitrit-Reduktion 304
– Plastoribosom 57f.
– Porphyrinsynthese 584
– Promotor 576
– Proplastide 83[A]
– Proteinimport 559f., 562[A]
– RNA-Editing 579[A]
– RNA-Polymerase 575
– sekundäre 132
– semiautonome 79
– Verbreitung (Domäne) 129
– Vererbung, extrachromosomale 415f.
– Vorläufer 130, 424
Plastiden-DNA 85[A], 87, 560
Plastidengenom s. Plastom
Plastidenimport s. Proteinimport, Plastide
Plastidenprotein 560
Plastidenvererbung 415f.
Plastochinon (PQ) **267**f.
– Diffusion 276
– Elektronentransport 266f., 340[A]
– Bildung 351[A], 355
– Oligoterpen 364
– Photosystem II 269[A], 270f., 582[A]
– Redoxzustand 277
Plastocyanin **267**
– Cytochrom-b₆/f-Komplex 271f.
– Diffusion 276
– Elektronentransport 266f., 272, 340[A]
– Photosystem I 272f.[A]
Plastoglobulus 83f., 87, 256[A]
Plastohydrochinon (PQH₂) 267[A], 340
Plastom 70, 86, **384**, 575
– *Arabidopsis thaliana* 381
– Gene 388, 488
– Genamplifikation 488
– Größe 385
– *Nicotiana tabacum* 386f.
– Transkriptprozessierung 577[A]
– trans-Spleißen 578[A]
– Vererbung, extrachromosomale 415f.
Plastoribosom **51**, 57f., 85
Platane s. *Platanus*
Platanus 178
Plattenkollenchym 110f.
Platykladium **181**
Pleiochasium **180**
Pleiotropie **390**, 683
Plektenchym **157**[A]
Pleurosigma angulatum, Chromatophor 84[A]
PLT-Protein, TF 523, 725, 757[A]
Plumbagin 354f.
Plumbaginales 814
pmf (proton motive force) s. protonmotorische Kraft
PMK s. protonmotorische Kraft
Pneumatophore **787**
Poa 482, 738
Poa annua (Einjähriges Rispengras) 694
Poa pratensis (Wiesenrispengras) 482, 694, 797

Poaceae (Süßgräser) 3, 133
– Agamospermie 482
– Anemogamie 747
– Blüte 739[A]
– C₃-Pflanze 288
– C₄-Pflanze 288
– Eisenaufnahme 237[A]
– Gibberelline 619
– Inhaltsstoff 370
– Lignin 41
– Mutterkornalkaloid 367
– Primärwand 97
– Schließzelle 243
– Speicherprotein 330
– Speicherstoff 321
– Tropismus 201
Poales 133
Podospora 468
pOH-Wert **44**
Pol-Mikrotubulus 400f.
Polarität
– DNA 29
– Embryo 481
– Fadenthallus 157
– Kohlenstoffverbindung 10
– Kohlenwasserstoff 10
– Leitbündel 720, 723
– Mikrofilament 52, 56
– Mikrotubulus 52f.
– Polysaccharid 37
– Transkriptionsfaktor 755[A]
– Wasser 42
Polinarium **749**
Polkappe 53, 399f., 406
Pollen
– Absterben 748
– Aufbau 480
– Bestäubung 742f.
– Erkennung 743, 746
– Keimung 743f.
– Oberflächenmerkmal 747
– reifer 741
– Selbstinkompatibilität 750f.
– Übertragung 749
Pollenanalyse 121
Pollenentwicklung 742f., 744[A], 748
Pollenhormon 602
Pollenkorn 120f., 481
Pollenmutterzelle **480**[A]
Pollenpaket 749
Pollensack 479
Pollenschlauch
– Nahrungsquelle 746
– Organisation 744[A]
– Samenpflanze 480[A]
– Spitzenwachstum 481, 745f.
– – Führung, chemotaktische 743f.
– – Hemmung 752
– – unipolares 109
Pollinarium 749

poly(A)-Bindungsprotein 518[A], 541[A]
poly(A)-Polymerase 517f.
poly(A)-Schwanz
 s. Polyadenylierung
Poly-β-hydroxybuttersäure 139, 143, 821[A]
Polyacrylamidgel-Elektrophorese 493, 511
Polyadenylierung 489f.„ 517f.
Polyalkohol 14
Polyamin 546f.
– JA-Einwirkung 646
– osmoprotektive Substanz 780
– Schwermetallbindung 791
Polyanion 379
POLYCOMB-Protein 734
polyenergid 155
Polyester 118
Polyethylenglykol 431[A], 779
Polygala myrtifolia (Kreuzblume), Pollen 121[A]
Polygalactan 456, 746
Polygalacturonase
– Fruchtreifung 630, 632[A], 634
– Phytopathogen 148
– Pollenentwicklung 743, 745
Polygalacturonsäure, Baustein 89[A]
Polygenie **390**
Polygonatum multiflorum (Salomonssiegel) 180, 182[A]
Polyhybride 394
Polyhydroxycarbonyl 17
Polyisopren 364
Polyketid 349, 351[A], **354**f., 366
Polyketid-Weg 354
Polykondensation **26**
Polymer s. Biopolymer
Polymerasekettenreaktion 427[A], 492
Polymerisation 26
Polymyxin B 585
Polynucleotid 27, 29
Polypeptid s. Protein
Polyphosphat **139**, 143, 821[A]
polyphyletisch 127
polyploid 391
Polyploidie 406f.
– somatische 407, **488**
Polyploidisierung 423
Polypodiaceae 119
Polypodium vulgare (Tüpfelfarn) 363
Polyporaceae 808
Polyprotein 840f.
Polyribosomen **58**, 537
– ER-gebundene 557[A]
– eukaryotische 554[A]
– freie 67, 86
– Plastide 580
Polysaccharid 19, 37f., 808
– Alge 454
– globuläres 40

- Lipid A 140
- saures 38, 68
- Syntheseort 68
- Zellwand 89f. 122[A]
Polysiphonia 456f.
Polysomen s. Polyribosomen
Polysulfid 139, 292
Polyterpen 364f.
- Kopf-Schwanz-Addition 358f.
polytrich **141**
Polyubiquitin 570f., 573
Pooideae 133
Population 421f., 424
Populationsdichte
  (Quorum sensing) 817f.
Populationsgenetik 421
Populus (Pappel) 176, 657, 749, 765
POR (Protochlorophyllid-Oxidoreductase) 684[A]
Pore 219[A], 222f.
Porenprotein 562
Porine 223
- β-Faltblatt 62
- Selektivität 140
- Trimer 137[A]
Porphyra 45f., 457[A]
Porphyrin 584[A], 651
Porphyrinring 262f., 271, 296
Positionseffekt 409
Positionsinformation,
  Atrichoblast 730
Positionssignal 711
- SHR-Protein 725[A]
- Trichomentwicklung 728
- Wurzelapikalmeristem 726
- Wurzelhaarbildung 730f.
Pospiviroidae 30, 837
Postreduktion 469
Potential
- chemisches 210f., **211**
- - Differenz 221, 274
- - Diffusion 213, 218
- - Gleichung 211
- - Wasser s. Wasserpotential
- elektrochemisches 221f., 273
- osmotisches s. osmotisches Potential
Potetometer 242f.
Potyvirus 834, 840f.
PPV-Vesikel 741[A]
PQ s. Plastochinon
PQH$_2$ (Plastohydrochinon) 267[A], 340
PR (Peroxiredoxin) 784[A]
Prä-mRNA s. Messenger-RNA, Prä-
Prä-rRNA 532[A], 533f.
prä-tRNA 30
Präperoxisom 74f.
Präprophaseband 400f.
Präreduktion **469**
Präribosom 72, 532f.

Präsequenz 80
Präsporenzelle 458[A], 461
Prästielzelle 458[A], 461
PRC2-Repressor 734f., 756[A]
Prephenat s. Prephensäure
Prephensäure 350[A]
Primärblatt 186[A]
Primärstressor 775
Primärstruktur
- DNA 29
- Protein 32f., **33**
Primärverdickungsmeristem 171
Primärvesikel 68f.
Primärwand 47, 95f., 106[A]
- Endodermis 121[A]
- Kollenchym 107
- Korkzelle 122[A]
- Struktur 96f.
- Zellstreckung 607
Primärwurzel 201
Primase 389
Primer 419, 427f., 492
Primoplantae 474
primordialer Stoffwechsel 295
Primosom 389
Priondomäne **551**
Prionerkrankung 551f.
Pro s. Prolin
Pro-Caspase 825
Prochlorobakterien 134f., 144f.
- Photosynthese 290
- Stammbaum 128
Prochlorococcus marinus 145
Prochloron didemni 145
Prochlorothrix hollandica 145
Procyte 45
Produkthemmung 228
Programm, genetisches s. Pflanzenentwicklung, Programm
Prohexadioncalcium (PH) 613f.
Prokambium 168[A], 721[A], 723f.
Prokaryoten 134f.
- Abgrenzung 72, 125
- Antibiotika 585
- Archaea 145f.
- Biomembran 59
- Chaperon 550
- Cyanobakterien 143f.
- Eubakterien 136f.
- Evolution 45, 130
- Genexpression 493f.
- Merkmal 134
- Phosphorelais 598[A]
- Photosynthese 290f., 295
- Prochlorobakterien 145
- Ribosom 57f.
- rRNA 31
- Stammbaum 127f.
- Stickstoff fixierende 4
- Translation 538f.
- vielzellige 146
Prolamellarkörper 85[A], 683f.

Prolamin 330
Prolegumin 762f.
Proliferation 662
Prolin (P, Pro) 25[A]
- Codon 378
- Hydroxylierung 545
- osmoprotektive Substanz 780f.
- Zellwandprotein 93
- Schwermetallbindung 791
Prolinhydroxylierung 545
Prolylhydroxylase 544f.
Prometaphase 399[A]
Promitochondrion 79
Promotor 489f., **490**
- 35S- 839, 844
- *Arabidopsis thaliana* 491
- Consensussequenz 491
- CRP-unabhängiger 503
- *E. coli* 496
- eukaryotischer 515
- Grundtyp 503
- *Lac-* s. *Lac-*Promotor
- lichtregulierter 681f.
- Plastide 576
- rRNA-Gene 503, 532[A]
- Stärke 503
- TA29- 748
- Typ 503
Promotorkontext **491**
Propanol 16[A]
Prophase
- Meiose
- - I 402f., 405
- - II 403, 406
- Mitose 397f., 400f.
Proplastide 47f., 82f.
Prorocentrum micans 283[A]
Prosenchym 106, 109f., 168
prosthetische Gruppe 36, **226**f.
Protease 37, 148
- ATP-abhängige 574
- Autophagie 741[A]
- FstH- 574
- FtsH- 504[A]
- pflanzliche 574
- Phytopathogen 148
- vakuoläre 574
Proteasom 570[A], 592, 683f.
- 26S- 37
- ACC-Synthase 629[A]
- AXR-Abbau 611[A]
- Cyclinabbau 662
- DELLA-Repressor 619f.
- EIN3- 634f.
- JA-Rezeptor 647f.
- Struktur 571[A]
Protein **32**f., 37, 93, 487f.
- Abbau 37, 570f., 592
- actinassoziiertes 56
- aktives 489f.
- AUX-bindendes 609
- Ca^{2+}-bindendes s. Calmodulin

- cotranslationale Translokation 558
- Cytoplasmastruktur 48f.
- cytoplasmatisches 58, 67
- DNA-bindendes 521f.
- Domäne **423**
- Evolution 12
- fibrilläres 35
- Genexpressionskette 489f.
- globuläres 35, 48, 53
- GTP-bindendes 453, 562, 565, 745
- GTP-spaltendes 563
- histonartiges 494[A]
- Hitzestreß s. Hitzestreßprotein
- im Thylakoid 561
- integrales 80
- JA-induziertes 647
- kerncodiertes 557
- Klasse 1 557[A], 559f., 567
- Klasse 2 557f., 562, 574
- - Modifikationen 566f.
- - Protease 574
- - Topogenese 565
- - Transport 562f.
- Leseraster 410
- lösliches 140, 566
- Modifikation 541f.
- - Glykoprotein 68, 566f.
- - Nucleotidbindung 543
- - Phosphorylierung 314
- - reversible 543, 573
- multifunktionelles 840f.
- Nachweis 36
- oxidiertes 786
- peripheres 80
- Peroxisom 74
- pflanzliches 551
- Phosphorylierung 314
- porenbildendes 65
- Primärstruktur 32f., 548
- Quartärstruktur
  s. Raumstruktur
- Raumstruktur 35[A], 488, 548
- rekombinantes 427
- ribosomales 51, 57f.
- - S12 578
- - Synthese 72, 532f.
- - Transitsequenz 561
- RNA-bindendes 542
- sekretorisches 67
- Sekundärstruktur 33[A]
- SH-Gruppen-haltiges 791
- Signalstruktur s. Signalpeptid
- Speicherprotein 762
- Stabilität 550
- Tertiärstruktur 34f.
- topogenes Signal 525, 558f.
- Verarbeitung 562, 564
- Verlängerung 30, 57f.
- Verteilung
  s. Proteintopogenese

- viruscodiertes 844
- Zell/Zell-Transport 726^A
Protein-S-Acyl-Transferase 543
Proteinaggregation 555f.
Proteinase 798
Proteinase-Hemmstoff 330, 647
Proteinbiosynthese 58, 67, 535f.
- Eukaryoten 540
- Hemmstoff 419
- Initiation 538^A
- Klasse-1-Protein 557
- Klasse-2-Protein 557
- Plastide 583f.
- Regulation 546f.
- rProtein 532
Proteindemethylase 543
Proteinfaltung 548f., 551f.
- Chaperonnetzwerk 554f., 580f.
- Glykoprotein 567, 569
- in vitro 549, 563
- Krankheit 551
Proteinfunktion, Regulation 543
Proteinhomöostase 555^A
- Störung 777^A
Proteinimport
- Mitochondrion 559, 562
- Plastide 559f.
- TIC-System s. TIC-Proteinimport
- TOC-System s. TOC-Proteinimport
Proteinkinase
- A (PKA) 460^A
- ARC-Aktivierung 657
- Beispiele 543
- BIN2- (brassinosteroid insensitive) 626f.
- Ca^{2+}-abhängige
- - ACS-Kontrolle 629^A
- - Aktivierung 640^A
- - CaM-Domäne 655
- - Sauerstoffmangel 788^A
- - Wassermangelstreß 780^A
- Cyclin-abhängige (CDK) 661f.
- ERK2 460
- ligandenabhängige 598
- MAP- s. MAP-Kinase
- Phototropin- 679
- Reaktion 314
- Serin-Threonin- 633f.
- Streß, mechanischer 797
- Stressoren 828^A
- TIK 515
Proteinkörper 330
Proteinmethylase 543
Proteinnitrosylierung 651^A, 653^A
Proteinoplast 87
Proteinphosphatase 543
Proteinsekretion 74
Proteinspeichervakuole 564^A
- Globuline 330
- Legumin 726f.
- Membranfluß 75^A

- Samen 70, 330
Proteintopogenese 490, 556f., 565
- Plastide 559f.
Proteintransport 562f., 565
- cotranslationaler 67
- Vesikel 562f., 564^A, 567
Proteinvakuolen 105
Proteom 383f., 384
Proteroandrie 747, 749
Proterogynie 747
Prothallium 476, 478
Protoalkaloid 366^A, 370
Protobiont 45, 127, 130, 146, 295
Protochlorophyllid 683f.
Protochlorophyllid-Oxidoreductase (POR) 683f.
Protoderm 163^A, 195^A, 730f.
Protoeucyte 130f.
Protofilament 53^A
Protonema 474f., 704
Protonengradient 221
Protonenpumpe 217, 219f., 295
- ATP-abhängige 607, 790
- Auxintransport 605f.
- Bakteriorhodopsin 293
- Blattgelenk 800
- Hemmung 245
- redoxgetriebene 271
- Schließzelle 244f.
protonmotorische Kraft (PMK) 211, 221f., 296
- Assimilattransport 318
- Abnahme 245
- Aufbau 334, 340
- Glucosetransport 323
- Ionenaufnahme 235
- Kalium-Ionen, Aufnahme 217
- Photophosphorylierung 253
- Schließzelle 244
- Tonoplast 287
- Transport, sekundär aktiver 220^A, 223^A
- Zerstörung 305
Protopektin 68, 89f., 96^A, 108
Protoperithecium 466
Protophloem 168^A
Protophyt 149, 155
Protoplasma s. Cytoplasma
Protoplast 45, 47, 59, 138f.
- Binnendruck 51, 70
- Herstellung 666^A, 799
- Mesophyll- 431^A, 666^A
- nackter 88
- Plasmolyse 214
- Regeneration 666^A
- Reporterassay 431f.
- Schließzelle 190
- Siebröhre 113f.
- Siebzelle 113
- Volumenzunahme 609^A
- Wasserverlust 214

Protoplastid 86
Protoxylem 168^A, 665, 724^A
Provitamin A 153, 264, 362, 435
Prozessierung, Präribosom 72
Prozessosom 534
Prp8-Protein 509f.
Pr-Proteine 828
- Gene 824f.
- Pathogenresistenz, induzierbare 658f., 824^A
PRR-Protein 691^A
Prunkwinde s. Pharbitis nil
Prunus spinosa (Schlehe), Sproßdorn 181^A
Psa-Gene 581
PsaA-Protein 578
Psb-Gene 581
PsbA-mRNA, Translationsaktivator 582f.
PsbB-Operon 577f.
PsbD-Gen 576^A
Pseudoalkaloid 366^A
Pseudoknot 840
Pseudomonas 300
- Phytopathogen 823^A, 658^A
- Virulenzprotein 826
Pseudomonas syringae 648, 824
Pseudomurein 146
Pseudoparenchym 157f., 454, 456
Pseudoplasmodium 459
Pseudopodium 461
Pseudotsuga menziesii (Douglasie) 247
Pseudouridin 533f.
Pseudouridin-Synthetase 534
Pseudoviviparie 738
Psi-Phänomen 551
PSK-Peptid s. Phytosulfokin
ptDNA s. Plastiden-DNA
Pteridin 414^A
Pteridophyta (Farnpflanzen) 476f.
- Endomykorrhiza 814
- Homorhizie 200
- Leitbündel 169
- Organisation 162, 165
- Scheitelzelle 162, 715
- Seitenwurzel 196, 199
- Siebzelle 113
- Speicherprotein 762
- Wachstum 183
- Wurzelscheitel 163
- Zeitlupe-Protein 674
PTS-System 501
Puccinia graminis (Getreiderost) 472
Pulvinus 191, 797f., 800
Pumpe 66, 219^A
Punktmutation 409f., 410
Purin 23f., 27f., 593
- Stickstoff, Ursprung 307^A
Purinbase 375

Puromycin 585, 587^A
Purpur 368^A
Purpur-Salbei s. Salvia leucophylla
Purpurbakterien 254, 291f., 296
Putrescin 546f.
Pyknidium 472
Pyran 17, 19^A
Pyranose 17
Pyrenoid 83f., 149
Pyridin 9^A
Pyridoxalphosphat 628
Pyrimidin 23f., 27f., 414
- Stickstoff, Ursprung 307^A
Pyrimidinbase 375
Pyrit 307
Pyrococcus furiosus 428
Pyrodictium occultum 145
Pyrophosphatase 219, 309, 495^A, 536^A
Pyrophosphorsäure 217^A
Pyruvat s. Brenztraubensäure
Pyruvat-Decarboxylase 325^A, 335^A, 787
Pyruvat-Dehydrogenase 336^A
Pyruvat-Kinase 334^A
Pyruvat-Phosphat-Dikinase 286^A

Q

Q s. Glutamin
Q-Zyklus 266^A, 268, 271f.
Q$_{10}$-Wert 290
Quant 259f., 266, 279
Quartärstruktur, Protein 35
Quecksilber 789
Quellung 215
Quellungswasser 238
Quercus (Eiche) 176, 747
- Ektomykorrhiza 814
- Endozoochorie 765
- Monopodium 180
- Schuppenborke 178
Quercus suber (Korkeiche) 178
Querteilung 79
Quertracheide 174^A
Quinclorac (Dichlorchinolincarbonsäure) 610^A
Quorum sensing 817f.

R

R s. Arginin
R-Plasmid 138
R/S-Nomenklatur 11, 15
Rab-Protein 565
Rab-Rezeptor 565
Radikal 7
radioaktive Strahlen 411
Radioisotop 257
Radiowellen 257f.
Raffinose 19, 21^A, 319
- Transport 317f.

RALF-Protein 649[A]
RAM s. Wurzelapikalmeristem
Ramie s. *Boehmeria nivea*
Ran-Protein 525, 527
random primer 419
Ranke 800[A]
Ranunculaceae (Hahnenfußgewächse) 366, 747, 750
Ranunculus aquatilis (Wasserhahnenfuß), Heterophyllie 186[A], 720
Ranunculus repens, Sproßachse 114[A]
Rapamycin 585
Raphide 104[A]
Raps s. *Brassica napus*
Rasse 394, 424
Rattengift 353
Raygras, Englisches
  s. *Lolium perenne*
RB60-Protein 583[A]
Reaktion 210
Reaktionsraum s. Kompartiment
Reaktionszentrum 268
– Chlorobiaceae 292
– Chlorophyll 266, 270[A], 276
– D-Protein s. D1-, D2-Protein
– Evolution 296
– Photosystem I 272f., 277[A]
– Photosystem II 276f.
– Purpurbakterien 292
Realisatorgen 732, 740
Redox-Coenzym 786
Redoxenzym 636
Redoxkontrolle, Translation 582
Redoxpotential 273, 339f.
– CO$_2$-Reduktion 296
– Selenocystein 544
– Streß, oxidativer 786f.
– Sulfat-Reduktion 309
Redoxreaktion 273
Reduktion 13
– Protein 544
Reduktionsmittel 259, 273, 291, 295
Reduktionsteilung s. Meiose
Regeneration s. Pflanzenregeneration
Regulation, allosterische 228
Regulatorgen, *Lac*-Operon 499
Regulatorprotein
– 14-3-3- 699f.
– *Lac*-Operon 498f.
Regulierbarkeit 228
Reich s. Domäne
Reifungshormon 628, 630
Reis s. *Oryza sativa*
Reis-Verzwergungs-Virus 835
Rekombination
– homologe 418
– – *Saccharomyces* 465f.
– intrachromosomale 403
– meiotische 405[A], 468

Rekombinationskörperchen 403f., **404**
Rekombinationsreparatur 414
Remineralisierung 806
Rentierflechte 812
Replikation s. DNA-Replikation
– Pospiviroidae 837[A]
Replikon 138, 389
Replum 764[A]
Reporterassay 431f.
Reportergen 432, 690, 742[A]
Repressorkomplex, Gal-Regulon 528
reproduktives Gewebe
  s. Gewebe, reproduktives
Resistenz 843f.
– Frost 430
– Herbizid 430, 434, 794
– Insekt 435
– lokale 658
– Phosphinotricin 434
– Phytopathogen 38, 430, 823
– systemische 658, 824[A]
Resistenzfaktor 138
Resistenzgene
– *Amp^r* 425
– Antibiotikum 417, 587
– N 843
– *PAT*-Gen 434f.
Response-Regulator 598f.
Restlichtspektrum 685[A]
Restmeristem 101, 172[A]
Restorer-Gen 748
Restriktion **427**
Restriktionsendonuclease 425f., 432
Restriktionsenzym
  s. Restriktionsendonuclease
Resupination **187**
Retinal 264, 362, 692
– Lichtrezeptor 453, 673f.
– Photoisomerisierung 153[A]
– Struktur 153[A]
Retinoblastoma-Protein 661f
retrograd 54f.
Retrotransposon 385
Retrovirus 428
REV-Protein, TF 521, 719f., 723
Rezeptor 59
– Abscisinsäure 640f.
– Auxin 609f.
– Brassinosteroid 626
– Calcium 655
– CLAVATA3 715[A]
– Elicitor 66
– Ethylen 630f., 633, 635[A]
– – Hemmstoff 632f.
– Gibberellin 618f.
– His-Kinase 599
– Jasmonsäure 647
– LRR- s. LRR-Rezeptor
– Phosphorelais 598

– Phytohormon 66
– Salicylsäure 658
Rezeptor-His-Kinase 598[A]
rezessiv 392
Reziprozitätsregel 393f., 415
Rhamnogalacturonan 89[A]
Rhamnopyranose 89[A]
Rhamnose 17, 89
Rhapis excelsa, Leitbündel 170[A]
rhexigen **107**
Rhizobiaceae (Knöllchenbakterien) 816f.
Rhizobium 300f., 357
– Symbiose, Signalaustausch 817[A]
– Symplasmid 819
Rhizodermis 164, 198
– Herkunft 198
– Absorptionsgewebe 102
– Wurzelbau 195f.
Rhizoid 450, 453f.
– Bryophyten 160
– Fadenthallus 156[A]
– Gravitropismus 703f.
– Musci 161[A]
Rhizom **181**f., 182[A]
Rhizophoraceae 766
Rhizosphäre 235, **805**
– Agrobakterien 831[A]
– Ausschnitt 233[A]
– Ökosystem 805f., 822
– Signalaustausch 817f.
– Stickstoff-Fixierung 817f.
– Strigolacton 811, 814
Rhizostiche 199
Rho-Faktor 496f.
Rho-Komplex 497f.
Rho-Protein 453
Rhododendron 416
Rhodophyceen 442, 454f.
– Agar 39, 455
– Entwicklung 457
– Flechtthallus 157f.
– Photosynthesepigment 263, 673
– Phycobilisom 291
– Plastide 81
– Polysaccharid 455
Rhodophyta 128[A], 254
Rhodoplast 81f.
Rhodopsin 153[A], 264, 362
Rhodospirillaceae (Nichtschwefelpurpurbakterien) 291[A], 422[A]
Rhodospirillales 254, 290
Rhodospirillum rubrum 291[A]
Ribes nigrum (Schwarze Johannisbeere) 360[A]
Ribit 14, 16[A]
Ribitphosphat 140
Riboflavin 227[A]
Ribofuranose 27
Ribonuclease 35[A], 548f.

Ribonucleinsäure s. RNA
Ribonucleoprotein, SRP 557
Ribose 17[A], 27, 495
Ribose-5-phosphat 281
Ribosom 47f., **51**, 57f., 531f.
– Bindungsstelle t-RNA 538f.
– Biosynthese 530f., 533[A]
– Cytoplasmaeinschluß 48f.
– Elongation, Prokaryoten 539
– membrangebundenes 67
– Prä- 72, 532f.
– Proteinfaltung 554f.
– Reifung 533[A]
– Translation 537
– Untereinheit 533[A], 538[A], 541
– Verbreitung 129
– Vorstufe 72
ribosomale RNA 31
– *Arabidopsis* 383
– Evolutionsgrundlage 421
– Gene 72, 531f.
– – *Dictyostelium* 462
– – DNA-Amplifikation 407, 488
– – plastidäres 386[A]
– – Transkription 533[A]
– Marker 537
– Peptidyltransferase 540
– Prä- 506, 532[A]
– Ribosom 51, 57f.
– Sequenzdaten 421
– Synthese 531f., 534
– Verbreitung (Domäne) 129
ribosomales Protein
  s. Protein, ribosomales
ribosomales RNA-Gen
  s. ribosomale RNA, Gene
Ribozym **29**f., 51, 540
– 23S-rRNA 58
– Biokatalaysator 225
Ribulose 17[A]
Ribulose-1,5-bisphosphat 279f.
Ribulose-1,5-bisphosphat-Carboxylase/Oxygenase s. RubisCO
Ribulose-5-phosphat 281
Ricin 330
Ricinosom **741**[A]
Ricinus communis (Rizinus) 769[A]
– Same 321, 330, 761
– Wasserzirkulation 320
Riedgräser s. Cyperaceae
Riesenchromosom 407
Rieske-Protein 271f., 274[A]
Rifampicin 585
Rifamycin 587[A]
RIN-Protein 826
Rinde
– Sproßachse 168[A], 170f., 181[A]
– Wurzel 196, 198f., 203[A]
– – sekundäre 204
Rindenparenchym 163[A]
Rindenwurzel 809[A]
Rinderwahn (BSE) 551

RING-Finger-Protein 683
Ringborke 178[A]
Ringgefäß 115f., 169[A]
Ringtextur 112[A]
RISC-Komplex 722[A], 843f.
Rizinus s. *Ricinus communis*
RNA (Ribonucleinsäure) 27, 29, 487, 511
– Abbau 518
– doppelsträngige 722
– Modifikation 533
– Potyvirus 840[A]
– Raumstruktur 488
– ribosomale s. ribosomale RNA
– single strand (ssRNA) 835
– small nuclear (snRNA) 383, 510[A], 578
– – Prä- 506
– – Sekundärstruktur 508f.
– – Trimethylkappe 507[A]
– – U5 509[A]
– small nucleolar (snoRNA) 383, 534f.
– Synthese 496f., 515
– TMV 838[A]
– Transfer- s. Transfer-RNA
– Verarbeitung 506, 515
– Verpackung 515
– zirkuläre 29f.
RNA-Bindeprotein, single strand 842
RNA-Editing 579[A]
RNA-Helikase 533, 541f.
RNA-Immunität 844
RNA-Polymerase 30, 503f., 531
– DNA-abhängige 129, 146, 495
– *E. coli* 496f., 505f.
– – *Lac*-Promotor 500[A]
– Eukaryoten 525
– Holoenzym 496, 502f.
– I 505f., 531f.
– II 491, 505f., 511, 517, 734, 837
– – Eukaryoten 513f., 516[A], 520
– – Funktionszustand 517[A]
– III 505f.
– Mitochondrion 506
– Pflanze 505f.
– Plastide 506, 575f.
– Prokaryoten
  s. RNA-Polymerase, *E. coli*
– Prozessivität 497
– RNA-abhängige 722, 836[A]
– *Saccharomyces cerevisiae* 506
– T-Phage 505f., 511
RNA-Primer 389
RNA-Prozessierung 72
RNA-Virus 835, 841, 844
RNA-Welt 30
RNase 617[A], 798, 828
– doppelstrangspezifische 31
– P 30
– Selbstinkompatibilität 752f.

Robinia pseudo-acacia (Robinie) 193[A]
Roggen s. *Secale cereale*
Rohopium 370[A]
Röntgenstrahlen 258[A], 411
ROP-Protein 745f.
ROS s. Sauerstoff, reaktiver
Rosa 177, 183[A]
Rosaceae (Rosengewächse) 319, 482, 750, 759
– Inhaltsstoff 370
– Samenruhe 767
Rose s. *Rosa*
Rose von Jericho 250
Rostpilze s. Uredinales
Rotalgen s. Rhodophyceen
Rotationsmotor s. Flagellarmotor
Rotaviren 835
Rote Rübe s. *Beta vulgaris* ssp. *maritima*
Roter Fingerhut
  s. *Digitalis purpurea*
Rotlichtrezeptor 673
Rotlichtschalter 675f.[A], 695
Roundup 352
RPF-Protein 748
Rpn-Protein 571[A]
RpoD-Gen 504
rProtein s. Protein, ribosomales
rRNA s. ribosomale RNA
rRNA-Gen s. ribosomale RNA, Gen
RT s. Transkriptase, reverse
RT-PCR 428[A], 492
Rub-Protein 573[A]
Rüben 204
Rübe s. *Beta vulgaris*
Rubia tinctorum (Krapp) 355
RubisCO (Ribulosephosphat-Carboxylase/Oxygenase) 279f.
– Aktivierung 267
– CAM-Pflanze 288
– Carboxysom 139, 143
– Isotopendiskriminierung 257
– K_M-Wert 283
– Oxygenase-Reaktion 282[A], 286
– Pyrenoid 83, 149
– Quartärstruktur 35
– Stromaprotein 85, 559
– – Proteinimport 561
– Schwermetallstreß 791
– Sequenzdaten 421
– Synthese 580f.
– Verteilung 285[A]
Rubus 482
Rubylierung 683
Rückkopplung, negative 715, 777[A]
Rückkreuzung 394[A]
ruhendes Zentrum (Wurzel) 163f., 195[A], 724f., 757
Ruhezentrum
  s. ruhendes Zentrum
Rühr-mich-nicht-an s. *Impatiens parviflora*

Rumex 749
Rumex palustris (Sumpf-Ampfer) 786
– bei Hypoxie 788[A]
– Blattstellung 686[A]
– Ethylenwirkung 687[A]
Ruscus hypoglossum (Mäusedorn), Phyllokladium 181[A]
Rutaceae (Citrusgewächse) 360

S

S s. Serin
SA s. Salicylsäure
S-Locus 750f.
S-Locus-Glykoprotein 566
S-Phase s. Mitose
Saccharomyces cerevisiae (Bäcker-, Bierhefe) 462f.
– Bierherstellung 336
– Gärung 335
– Gal4 524[A]
– Galactose-Regulon 527f.
– Galactoseverwertung 528[A]
– Gen-Knockout 418
– Genomgröße 385
– Glucoserepression 528
– Helix-Turn-Helix-Protein 522
– Intein 37
– Intron 508
– Lebenszyklus 464[A]
– mRNP-Abbau 542
– Phosphorelais 598f.
– Präribosom 533[A]
– Prä-rRNA 533
– Psi-Phänomen 551
– Rekombination, homologe 465
– Ribosomensynthese 532
– Ribosomenzahl 531
– RNA-Polymerase 505f.
– rRNA-Gen 532[A]
– Zellwand 463
– Zellzykluskontrolle 661
– Zn-Cluster-Transkriptionsfaktor 523
Saccharose 21[A]
– Assimilattransport 317f.
– Dichtegradient 49, 537
– Inulin 40
– Schutzmechanismus 250
– Spaltung 318, 321
– Speicherung 321
– Synthase 317[A]
– Translokator 222[A]
– Transport-Kohlenhydrat 281[A], 288, 760
– Umwandlung 318
– Zucker, nichtreduzierender 19
Saccharose-Synthase 318
Saccharosefructosid 19
Saccharosegalactosid 19, 21[A], 318

Saccharum officinalis
  s. *Saccharum officinarum*
Saccharum officinarum (Zuckerrohr)
– C_4-Pflanze 284, 288
– Isotopendiskriminierung 257
– Photoperiode 694
– Textur 112
Sacculus, Murein 139f.
Safener 794f., **795**
Safranin 380
SAGA-Komplex 514, 520, 529[A]
Sakkoderm 88
Salbei s. *Salvia pratensis*
Salicylhydroxamat (SHAM) 641[A], 643[A]
Salicylsäure (SA) 351, 657f.
– Allelopathie 807
– Glucosid 658[A]
– Methylester 591, 657f.
– Monooxygenase 658[A]
– Pathogenabwehr 824f.
– Streßhormon 775f.
Salix (Weide)
– Anemogamie 747
– diözisch 479
– Fäulnis 176
– Polarität 602
– Verbreitung (Samen) 765
Salmonella typhimurium 412
Salomonssiegel s. *Polygonatum multiflorum*
Salpetersäure 135
Salvia glutinosa, Epizoochorie 765
Salvia leucophylla (Purpur-Salbei) 345f.
Salvia pratensis (Salbei) 109[A], 749
Salzpflanzen s. Halophyten
Salzstreß 778, 780[A], 783
– Abscisinsäure 638
– ACS-Muster 629
– Streßantwort 790[A]
SAM s. Sproßapikalmeristem
Sambucus nigra (Holunder), Plattenkollenchym 111[A]
Samen
– Glyoxysom 73
– hitzeresistenter 769
– Kotyledonen 186[A]
– Proteinspeichervakuole 70, 105
– *Salvia leucophylla* 346
– Speicherorgan 760f.
– Speicherprotein 329f.
– Speicherstoff 321, 323, 762
– Triglycerid-Umwandlung 326
– Verbreitung 764
– Wassergehalt 42, 758
Samenanlage 481f., 747, 751[A]
Samenentwicklung 758f., 761f., **767**
– Ablauf 760[A]
– Abscisinsäure 638

- Imprinting 756
- LEA-Protein 782
- Proteinspeichervakuole 564
- Speicherstoff 760^A, 763
- Transkriptionsfaktor 523, 758, 760f.

Samenkeimung 766f., **768**
- Abscisinsäure 636, 768^A
- Einteilung 768
- Feuer-Lacton 768^A
- Gibberellin 615, 617f., 768^A
- Glyoxysom 73
- Hemmstoff 767^A
- Lichteinwirkung 677
- Stimulator 769
- *Striga* 811

Samenpflanzen
  s. Spermatophytina
Samenprotein 566
Samenreifung
  s. Samenentwicklung
Samenruhe 766f., **767**
- Abscisinsäure 617, 638, 768^A
- Ende 636
- Jasmonsäure 645
Samenschale (Testa) 758, 767
Sammelfrucht 759
Sammelnußfrucht 759
Sapodillbaum s. *Manilkara zapota*
Sapogenin 362
Saponin 362
Saprophyt 806, **808**, 817, 827
Sargassum 454
Satelliten-DNA 379, 385
Saubohne s. *Vicia faba*
Sauerstoff 783f.
- Bildung 266^A, 268f.
- - Kohlenstoff-Assimilation 279
- - Lichtreaktion 255f.
- - Evolution 294, 296
- Diffusion 233
- Makroelement 3, 5
- Photorespiration 282
- reaktiver 656, **784**f.
- - Abscisinsäure 640
- - Allelopathie 807
- - Endophyt 816
- - Homöostase 785
- - hypersensitiver Zelltod 825
- - Lichteinstrahlung 583f., 775
- - Phytopathogenabwehr 825
- - Pollenentwicklung 743
- - Regelkreis 786^A
- - Streß 776
- Tetraeder 8
- Transportprotein 651
- Verbrauch 282
Sauerstoffmangel s. Hypoxie
Sauerstoffparadoxon 785
Sauerstoffstreß
  s. Streß, oxidativer
Säugetiervirus 835

Säuregrad 235
Säurewachstumsreaktion 607, 615
SBP2-Protein 544
Scaffold protein (Gerüstprotein) 634^A, 729
Scavengerenzym **656**, 780^A, 784f.
SCF-Komplex 572f., 610, 647
- JAR-Abbau 647
- AXR-Abbau 611^A
- CDF1-Abbau 697
- CKI-Abbau 661^A
- Constans-Abbau 697
- CYCD-Abbau 661^A
- Cyclin-Abbau 662
- DELLA-Repressor 620^A
- EIN3-Abbau 634f.
- FRQ-Abbau 692^A
- RJA-Abbau 648^A
Schachtelhalme s. *Equisetum*
Schalennarzisse s. *Narcissus* spec.
Schattenblatt 188, 289, 685^A
Schattenkräuter, Lichtsättigung 289^A
Schattenpflanze 289, 685, 805
Schattenvermeidungssyndrom 677, **685**f.
Scheitelgrube 171^A
Scheitelkante 183
Scheitelmeristem 162
- Sproßachse 163^A, 167f.
- Wurzel 163^A
Scheitelzelle 156f., 183
- Cyanobakterium 148^A
- dreischneidige 161
- Phaeophyceen 159^A
- zweischneidige 160^A
Schimmelpilz 470
Schirmalge s. *Acetabularia*
Schizogen 94, 107
Schlafmohn s. *Papaver somniferum*
Schlauchalgen s. Siphonales
Schlauchpilze s. Ascomycetes
Schlehe s. *Prunus spinosa*
Schleim, pflanzlicher 90
Schleimbildung, trimerer Transkriptionsfaktor-Komplex 729^A
Schleimpilze s. Myxomyceten
- zelluläre s.a. *Dictyostelium* 458^A, 461
Schließhaut 97f.
Schließzelle 77, 188f.
- osmotisches Potential 190f., 243f.
- Protonenpumpe 244f.
- Stomataverschluß 246
- Turgorverlust 244f.
- Wasseraufnahme 243
Schließzellenmutterzelle 189
Schnallenmycel 471^A
Schneeball s. *Viburnum lantana*

Schönmalve s. *Abutilon*
Schote 762, 764^A
- Entwicklung 522
Schraubengefäß 115f., 169^A
Schraubentextur 112^A
Schreckstoff 347
Schrittmotor 57
Schulzesches Gemisch 90
Schuppenborke 178^A
Schutzstoff **348**
Schwammparenchym 188f., 241
Schwanz-Schwanz-Addition, Terpene 358, 361f.
Schwarmzelle 154^A
Schwarze Johannisbeere s. *Ribes nigrum*
Schwefel 307f., 311^A, 341
- Assimilation **297**, 308, 311
- Kreislauf 308f.
- Makroelement 3, 5
- Photosynthese 292
- säurelabiler 312f.
Schwefel-Lost, Mutagen 413
Schwefelbakterien 139, 308
- grüne s. Chlorobiaceae
Schwefeldioxid 308
Schwefelhaushalt 307f.
Schwefelporling s. *Laetiporus sulphureus*
Schwefelpurpurbakterien
  s. Chromatiaceae
Schwefelsäure 135
Schwefelwasserstoff 313
- Biofilm 135
- Elektronentransport 292f., 296
- Fixierung 311
- Oxidationsstufe 308
- Sulfatreduktion 310^A, 341
- Uratmosphäre 12, 130
Schweizers Reagens 92
Schwerkraft s.a. Gravitropismus 669, 703
Schwermetall 777^A, 789f.
- Entgiftung 235f.
- Homöostase 790^A
- Phytochelatin-Komplex 235^A
- Toleranz 236
Schwertlilie s. *Iris*
Schwimmblatt 189
Scilla 364
Sclerotinia 470
Scopolamin 349
SCR-Protein, TF 523
- Expression 725
- Selbstinkompatibilität 752^A
- Wirkung 649
- Transkriptionsfaktor 725f.
Scrophulariales 810
- Scrophulariaceae 250
- - Blüte 739^A
Scutellum 201
SDS (Natriumdodecylsulfat) 62

Secale cereale (Roggen)
- Heterosis 451
- Mitose 398
- Parasit 367
- Photoperiode 694
- Winterform 775f.
- Wurzel 233, 729
SECIS-Struktur 544
Second messenger 657, 823^A
Sec-Methylase 545^A
Sec-Synthase 545^A
Securin 399^A
Sedimentationskoeffizient 30f.
Seerose s. *Nymphaea*
Seescheide s. *Didemnum*
Segregation, unabhängige 394
Seismonastie 191, 796, 798
Seitensproß 180f., 702
Seitenwurzel 199f.
- Anlage 200^A, 607, 664f.
- Bildungsgewebe 196
- Cytokinin 660, 664f.
- Gravitropismus 701f.
- Jasmonsäure 645
Sekret **123**
Sekretionsgewebe 102
Sekundärmeristem 711, 713f., 720
Sekundärmetabolit **343**
- Alkaloide 366f.
- Allelopathie 805, 807
- aromatischer 349
- Flechte 812
- Funktion
- - ökochemische 345f.
- - Speicher- 348
- JA-induzierter 646
- Kairomon **591**, 641, 659, 805
- mikrobieller 585f.
- Mischaromaten 354f., 362
- Phenole 348
- protektiver 791
- Terpenoide 357f.
- Transport 790
Sekundärstoffwechsel 343, 345f.
- Regulator 646
Sekundärstressor 775
Sekundärstruktur, Protein 33^A
Sekundärwand 94f., **97**, 106^A, 108, 117^A
- Bildung 115^A
Selaginella douglasii (Moosfarn) 179, 186^A
Selaginella lepidophylla 250
Selbstbefruchtung 440, 743, 747
- Vermeidung 478, 750
Selbstinkompatibilität **747**f., 750f.
Selbstmordkeimung 811
Selbstspleißen 30
Selektion 424, 426^A, 430
Selektionsmarker 433
Selektionsmarkergen 418f.

Selektionswert 424
Selen 4, 544f., 789
Selenocystein 26, 32, 544f.
Selenomethionin 26
Semichinon 272, 678[A]
Senfgas, Mutagen 409, 412f.
Senfkeimling,
   Photomorphogenese 682
Senfölglucosid 370f.
Sense-Mutation 410[A]
Sensorkinase (Vir-Protein) 830[A], 832
Sensorprotein 66
Sensorrhodopsin 153
Separin 399[A]
SEP-Protein 732[A], 736f.
Sequenase 429
Sequoia sempervirens
   (Mammutbaum) 41, 247
Ser s. Serin
Serin (S, Ser) 25
– Codon 378
– Mutation 410[A]
– O-Glykosylierung 568
Serin-Protease 574
Serpula lacrimans (Haushaltsschwamm) 808
Sesquiterpen 348, 359f., 636
Sexchromosom 749
Sexualität 422, 439f.
Sexualpheromon s. Pheromon
SFB-Protein 753[A]
SHAM (Salicylhydroxamat) 641[A], 643[A]
Shikimat-Kinase 352[A]
Shikimat-Weg 127, 349f.
Shikimisäure 349f.
Shikimisäure-3-phosphat 352[A]
Shine-Dalgarno-Sequenz 538
SHR-Protein, TF 523, 725f.
Shuttleprotein 526f.
Siderophor 4, 236f.
Siebplatte 113f., 169[A], 320
Siebpore 113f.
Siebröhre 102, 113f.
– Assimilattransport 317f.
– Bastelement 172[A], 176
– Inhalt 319
– Leitbündel 169[A]
– Protophloem 168
– Wasserzirkulation 320
– Zell/Zell-Transport 726
Siebzelle 102, 113f.
– Assimilattransport 317f.
– Bastelement 176
– Inhalt 319f.
– Leitbündel 723
Sigma-Bindung 6f.
Sigmafaktor 522, 576[A]
– alternativer 503f.
– *E. coli* 504f.
– σ70 496f., 503f.

Signal, systemisches 799
Signalamplifikation 634
Signalaufnahme 66
Signalaustausch, Symbiose 817[A]
Signalerkennungskomplex (SRP) 558, 561
Signalpeptid 69, 648f.
– Klasse-1-Protein 557, 559
– Klasse-2-Protein 557f.
– Legumin 763
– Mitochondrion 80
– Peroxisom 74
– Plastidenimport 86, 559f.
Signalpeptidase 80, 558
Signalstoff 357, 589f.
Signaltransduktion
– Abscisinsäure 640[A]
– Auxin 609
– – MikroRNA 723
– Blockade 825
– Brassinosteroid 626f.
– Calcium 655[A]
– Chaperon 550
– CLAVATA3 715
– Cryptochrom 678
– Cytokinin 599
– Ethylen 630f., 633f.
– Gibberellin 618, 620[A]
– Gravitropismus 705f.
– Hypoxie 787f.
– Jasmonsäure 647
– Licht 675
– MAP-Kinase-Kaskade 634
– Mediator 657
– Pathogenresistenz 826[A]
– Phosphorelais 598
– Phototropin 679
– Phytohormon 592, 660
– Phytopathogen 824f.
– ROS 784, 786[A]
– Salicylsäure 658
– Sauerstoffmangel 788[A]
– Stickstoffmonoxid 651[A], 653
– Streß 828[A]
– Verwundung 799[A]
– Wassermangelstreß 780[A]
Signalweg, retrograder 583f.
Silberthiosulfat 633[A]
Silencer 466
Silencing 749, 756
– posttranskriptionelles 722
– – antivirales 844
– transkriptionelles 722
– virusinduziertes 836[A], 843f.
Silene 749, 791
Silicium 3, 104
Simultanfäule 808
Sinapinsäure 351[A]
Sinapis alba (Weißer Senf) 694f.
Sinapylalkohol 40f., 351
Singulettsauerstoff 263, 582f., 784

Sinigrin 371[A]
sink 315
– Assimilattransport 317f.
– – Sproßspitze 320[A]
– Autophagie 741
– Cytokinin 597
– Hormonstatus 321
– Meristem 352
– Samenanlage 760
Sinorhizobium, Symplasmid 819
Sinorhizobium meliloti 818[A]
Siphonales (Schlauchalgen) 73, 155
Sir-Komplex 466
Sirenin 348[A], 360
Sirohäm 305, 311
siRNA 843f.
Sisalhanf s. *Agave sisalana*
Sitosterin 22, 59, 362f.
Sitosterol s. Sitosterin
Sklerenchym 102, 106
– Nadelblatt 192
– Leitbündel 169[A], 171
– Steinzelle 109
– Wurzel 203[A]
Sklerenchymfaser 111f.
– Leitbündelzylinder 171
– Holzfaser 174
Skleroprotein 35
Sklerotium 367
Skotomorphogenese 671, 681, 683f.
Skotomorphose 671
Skotonastie 798
skotophile Phase 695f.
SLN1-Protein 617
Sm-Protein 509
Smogalarm 785
SMS-Hormon 663f.
SNARE-Protein 565
snoRNA s. Ribonucleinsäure, small nucleolar
Snorp 533f.
snRNA s. Ribonucleinsäure, small nuclear
Snurp 508f.
SOC1-Protein 732[A]
SOD s. Superoxiddismutase
Sojabohne s. *Glycine max*
Sol 48f.
Solanaceae (Nachtschattengewächse)
– Alkaloide 366
– Leitbündel 169
– S-RNAse 566
– Tomate 759[A]
Solanum tuberosum (Kartoffel) 30
– Deetiolierung 681[A]
– Ernte 775
– Etiolierung 681[A]
– Floral-dip-Methode 433
– Gravitropismus 702

– Hypoxie 787
– Knollenbildung 697f.
– Pathogen 827
– Photoperiode 694
– Pfropfexperiment 369[A]
– Säuregrad 235
– Sproßknolle 182[A]
– – Bildung 646
– Stärkeabbau 322
– Viroid 30
Solasodin 363
Solenoid 379f.
Solitärkristall 104
Somatogamie 440[A], 462
Sommerwurz s. *Orobanche*
Sonnenblatt 188, 289, 685[A]
Sonnenblume s. *Helianthus annuus*
Sonnenkräuter, Lichtsättigung 289[A]
Sonnenlicht 259, 279
– Energiefluß 289[A]
– Intensität 258[A]
– Spektrum 259
Sonnenpflanze 289
Sonnentau s. *Drosera rotundifolia*
Sorbit 215, 319
Sorbus 482
Sordaria 468
Sorghum bicolor (Mohrenhirse)
– Alkaloid 370f.
– C_4-Pflanze 284, 288
– Ernte 775
– Etioplast 85[A]
– Transformation 434
source 315, 317, 319f., 760
source to sink-Transport 315
Spaltöffnung 189f.
– blaulichtinduzierte Öffnung 244f.
– CO_2-Aufnahme 240, 283
– Entwicklung 189[A]
– Kontrolle 654[A]
– Laubblatt 188[A]
– lichtinduzierte 243, 679
– Transpiration 240f.
– trimerer Transkriptionsfaktor-Komplex 729[A]
– Verschluß
– – ABA-kontrollierter 638, 640
– – hydroaktiver 244, 640
– – hydropassiver 244
– – molekulare Prozesse 245[A]
– – NO-Einfluß 654[A]
– – Sauerstoffmangel 788[A]
– – Zustand 242
Spaltöffnungsapparat 189[A]
Spaltöffnungsbewegung 191
– Mechanismus 243
Spaltöffnungsinitiale 189[A]
Spaltungsregel 393f.
Spargel s. *Asparagus officinalis*
Spätholz 173f.

special pair 291f.
Species **133**
Spectinomycin 417, 585
Speichergewebe
– Entladung, apoplasmatische 318
– Grundgewebe 102, 107
– sink 320f.
Speicherkohlenhydrat s. Speicherpolysaccharid
Speicherlipid 315, **323**, 761
– Abbau 73, 77, 326f.
Speicherorgan 760f.
Speicherpolysaccharid 19, 39f., 315, 319, 321f.
Speicherprotein 315, 321, 329f.
– Abbau 618
– Glykoprotein 566f.
– Legumin 762f.
– Proteinspeichervakuole 70, 105, 564[A]
– Speicherorgan 761
Speicherstoff 104, 348, 760f.
Speichervakuole
– Äpfelsäure 287f.
– Proteinimport 557[A]
Spektrometrie 262
Spermatium 439, 472
Spermatogonium 451
Spermatophytina
– Brassinosteroide 621
– Cryptochrome 678
– Eisenaufnahme 237[A]
– Ektomykorrhiza 814
– Entwicklung 480[A], 711f.
– Evolution 758
– Fortpflanzung, vegetative 444
– Generationswechsel 479
– Geschlechtsbestimmung 749
– Keimung 769[A]
– Kormus 165f.
– Meristem 715
– Organisation 162f.
– Parasit s. Pflanzenparasit
– Photonenstromdichte 672
– Phytohormon s. Phytohormon
– Phytopathogen 822
– Pollenentwicklung 742
– Speicherprotein 762
– Taxa 133
– Vermehrung, vegetative 667
– Zeitlupe-Protein 674
– Zellpolarität 453
Spermatozoid
– *Fucus* 453
– Moose 474f.
– Oogamie 439
– *Volvox* 154f.
Spermazelle 481, 744
Spermidin 546f. 780f.
Spermidin-Synthetase 547[A]
Spermin 546f.

Spermin-Synthetase 547[A]
Spermogon 439
Sperrschicht 767
Sphäroprotein **35**
Sphingolipid 22
Spinacia oleracea (Spinat) 84[A], 749
Spindelapparat 398, 400f.
Spindelfaser 400
Spindelgift 407
Spindelknollenviroid 30
Spindelkontrollpunkt 398f.
Spirilloxanthin 254, 291
Spirogyra
– Cellulose-Synthase 91[A]
– Chromatophor 84[A]
– Fadenthallus 214[A]
Spitzenwachstum 109
Spleißen 490, 508f., **511**
– alternatives 508, 511f.
– Biochemie 511
– cis- **509**, 578
– Fehler 518
– konstitutives 512
– Mechanismus 510[A]
– reguliertes 512
– rProtein-mRNA 532
– Transkriptionselongationskomplex (TEK) 515
– trans- s. trans-Spleißen
Spleißfaktor 512f., 515
Spleißosom 508f., 578
Spleißregulatorprotein 512f., 518f.
Splintholz 176
Sporangiospore 444[A]
Sporangium 444f., 476
Spore 120
Sporocyste 451
Sporoderm 120f.
Sporogon 474f.
Sporophyll 476
Sporophyt 441f., 450[A]
– Musci 474f.
– Pteridophyta 476
– Spermatophytina 479f.
Sporopollenin 121, 366, **480**
Sporulation, *Bacillus* 504
Springbrunnentyp (Flechtthallus) 157f.
Spritzgurke s. *Ecballium* spec.
Sproßachse 167f.
– Assimilattransport 320[A]
– Corpus 715
– Cycadeen 171
– Gasaustausch 177
– Getreide 179[A]
– Gravitropismus 701f., 707
– Kormus 162, 165
– Metamorphose 180f.
– Monokotyledonen 171
– Morphologie 179

– *Nicotiana tabacum* 114[A]
– primäre 170[A]
– *Ranunculus repens* 114[A]
– Scheitelmeristem s. Sproßapikalmeristem
– sekundäre 171
– Streckung 686
– Triple response 631
– Verzweigung 179f.
– Wurzel 201
Sproßapikalmeristem (SAM) 162f., **167**f., **714**f., 757
– *Agave americana* 119[A]
– Apikaldominanz 662f.
– Auxinverteilung 717f.
– Blattanlage 716f.[A]
– dikotyles 168[A]
– Hormonverteilung 716[A]
– Kontrollfaktor 718f.
– Reaktivierung 738
– Transkriptionsfaktoren 716[A], 755f.
– Vernalisation 735
Sproßbildung 667
Sproßdorn 181[A]
Sproßknolle, *Solanum tuberosum* 182[A]
Sproßpol 755
Sproßranke 181[A]
Spt6-Protein 514
Spurenelement s. Mikroelement
Squalen
– Brassinosteroidsynthese 622
– Schwanz-Schwanz-Addition 358, 361f.
– Terpen-Klassifizierung 359[A]
Squalen-Cyclase 622
Squalenepoxid 622[A]
SR-Protein 512f., 518[A]
SRB-Komplex 514f., 529[A]
SRK-Protein 750, 752[A]
SRP (signal recognition particle) s. Signalerkennungskomplex
SRP-Rezeptor 558
SSU (small subunit) s. Ribosom, Untereinheit
Ssu72-Protein 514, 517
Stachel 181
Stamen s. Staubblatt
Stamm 133
Stammbaum 128[A], 422[A]
Stammesgeschichte (Phylogenie) 125, 133
Stammzelle **711**, 713
– Homöostase 715
– Sproßapikalmeristem 714f.
– Wurzelapikalmeristem 724
Standardenthalpie, molare freie 210, 273
Standardpromotor 576
Standardredoxpotential, molares 273

Ständerpilze, Basidiomycetes
Stärke 39f., 132
– Abbau
– – hydrolytischer s. Stärke, Hydrolyse
– – phosphorolytischer 322, 334
– Amyloplast s. Amyloplast, Stärkespeicherung
– Biosynthese 322[A]
– C_4-Photosynthese 284
– Chloroplast 83f.
– Endosperm 76
– Fruchtreifung 632[A]
– Homopolymer 26
– Hydrolyse 322f., 334
– – α-Amylase 76[A]
– – Bierherstellung 336
– – Maltose 21
– Malatbildung 243f.
– Nachweis 40, 277[A]
– Proplastide 83[A]
– Speicherpolysaccharid 321
– transitorische 277
Stärke-Phosphorylase 322
Stärke-Synthase 322[A]
Stärkeendosperm 76[A], 323
Stärkescheide 171
Starrtracht 4
Startcodon 489f., 546
state transitions 277
Statenchym 163[A], 196, 705[A]
Statocyte 196
Statolith **196**
– Amyloplast 163[A], 705
– *Chara* 704[A]
– Gravitropismus 704f., 801
Staubblatt 183, **479**, 742[A]
Staude 167
Staurosporin 585
steady state level **488**
Stearinsäure 22, 325
Stechapfel s. *Datura stramonium*
Stecklingsvermehrung 443
Steinfrucht 759
Steinkork 122
Steinpilz s. *Boletus edulis*
Steinzelle 109[A]
Stelzwurzel 204
Stempel 481
Stengel, Streckung 609
Stephanopyxis palmeriana 70[A]
Steran 362f.
Stereid 161f.
Stereoselektivität 228
Sterilität **748**
Sterin s. Sterol
Sternanis
– Echter s. *Illicium verum*
– Japanischer s. *Illicium religiosum*
Sternmoos s. *Plagiomnium* spec.
Steroid 362f.
– Arzneimittel 349

- Biomembran 22, 59
- Phytohormon 591, 620f.
Steroidalkaloid 362f.
Steroidhormon s. Steroid, Phytohormon
Steroidrezeptor 523
Steroidsapogenin 362
Sterol 362, 621f.
Stickoxid 4, 135, 341
Stickstoff 297, 299f.
- Assimilation 297, 304f.
- Einbau 305f.
- elementarer 299f., 341
- Fixierung
- - biologische 299f.
- - Cyanobakterien 145, 148[A]
- - symbiotische 138, 816f.
- - Verbreitung (Domäne) 129
- Kreislauf 299f.
- Makroelement 3, 5
- Mangelfaktor 307
- Reduktion 816f.
- Stoffwechsel 306f.
- Tetraeder 8
Stickstoff-Fixierer s. Bakterien, Stickstoff fixierende
Stickstoff-Lost, Mutagen 412f.
Stickstoffdüngung 811
Stickstoffmangel 4, 299
Stickstoffmonoxid (NO) 591, 650f., 651
- Entgiftung 651[A]
- hypersensitiver Zelltod 825
- Mediator 655
- Mikroorganismus 593
- Oxidation 743
- Phytopathogenabwehr 825
- Pollenschlauchwachstum 744
- Sauerstoffmangel 787f.
- Signal, chemotaktisches 743
- Smog 785
- Speicher 653
- Stomataverschluß 640
- Synthase 652[A],654
- Synthese 651f.
- Wirkung 651[A], 653f.
Stickstoffmonoxid-Synthase (NOS) 652f.
Stickstoffverbindung 306, 816
Stiefmütterchen s. Viola × wittrockiana, Viola tricolor
Stigma 151f.
Stigmasterin s. Stigmasterol
Stigmasterol 22, 59, 362
Stipa pennata (Federgras) 765
Stipel 181[A], 183f.
STM-Protein, TF 521, 716f., 726
Stoffaustausch 59, 218, 284
Stoffmengenanteil 211f.
Stofftransport 76, 168, 176, 249
Stoffwechsel 130
- chemoautotropher 130, 295

- primordialer 295
- Tagesrhythmus 689
Stoffwechselzwischenprodukt s. Metabolit
Stolon 698
- *Aegopodium podagraria* 702
- *Fragaria vesca* 182[A]
- Gravitropismus 702
- *Solanum tuberosum* 697f.
Stoma s. Spaltöffnung
Stop-Codon 377f.
- Leseraster 489f.
- mRNA, defekte 518
- Nonsense-Mutation 410
- Proteinsynthese 540
- Psi-Stamm 551
- Selenocystein-Einbau 544
Störlicht 695f.[A]
Strahlenpilze s. Actinomyceten
Strahlung
- elektromagnetische 257f., 262
- radioaktive 257
Strahlungsabsorption 257f.
Strasburger-Zelle 114
Strauch 167
Strauchflechte
s. *Cladonia rangiferina*
Streß
- Abscisinsäure 640[A]
- ACS-Genexpression 629[A]
- chemischer 791
- *E. coli* 505
- Gengruppe 780[A]
- Hitze s. Hitzestreß
- Hochlichtstreß 657f.
- Hormone 776
- Kulturpflanzenanbau 775
- lichtinduzierter 583
- MAP-Kinase-Kaskade 634
- mechanischer 796f.
- - Signaltransduktion 799[A]
- osmotischer 385, 599, 638, 779[A]
- oxidativer 783f.
- - Hitzestreßantwort 777[A]
- - Scavenger-Reaktion 784[A]
- Sensor 786
- Signal 584
- Stomatakontrolle 654
- Signale 776
Streßdosis 775
Streßhormon 775f., 828
- Abscisinsäure (ABA) 638f.
- Ethylen (ETH) 630
- Jasmonsäure (JA) 644, 646f.
Streßkonzept 773
Streßmetabolit 775
- Polyamin 546
- Substanz, osmoprotektive 780f.
- Streßtoleranz, induzierte 775
Streßprotein 775
Streßresistenz 797, 828

Streßschutzprotein 761
Streßsensor 779
Streßsyndrom 773, 775
Streßtoleranz 774
- Hitzestreßantwort 777
- induzierte 774f.
- konstitutive 773
- Stressor 828[A]
- Wassermangel 780[A]
Streßvermeidung 773
- Herbizidabbau 796
- Sauerstoffmangel 787f.
- Schwermetall 791
Streckungswachstum 170, 787
- bei Hypoxie 787f.
- Ethylen 686f.
- Gibberellin s. Zellstreckung, Gibberelline
- Monokotyledonen 171
Streifenborke 178[A]
Streptococcus oralis 135
Streptomyces 146
Streptomyces coelicolor 147[A], 504
Streptomyces griseus, A-Faktor 148[A]
Streptomyces viridochromogenes 435
Streptomycin 417, 585, 587[A]
Stressor 775
- abiotischer 771
- Genexpression 780[A]
- Integration 828[A]
- Kulturpflanzenanbau 775
- biotischer 771, 803f.
- Genexpression 780[A]
- Integration 828[A]
- chemischer 771, 776f., 788
- Hsf-Aktivierung 530
- Wirkung 788, 794
- physikalischer 771
Streuungstextur 96f.
Striga 810f.
Strigol 810f.
Strigolacton 811, 814
Stroma 83f.
- H$^+$-Ionen-Reservoir 256
- pH-Wert 44
Stromaprotein 561
Stromathylakoid
- Chloroplast 84[A], 256[A], 284
- PSII-Verlagerung 582
- Strukturmodell 276[A]
Stromatolith 295
Struktur-RNA 383f., 390, 531
Strukturpolysaccharid 38
Strukturprotein, Prä-Ribosom 533
Subepidermis, Vorläuferzelle 715
Suberin 22, 118, 350
Suberinlamelle 122[A], 284
- Exodermis 198, 238[A]
Süßgräser s. Poaceae
Subspecies 133, 424

Substanz
- anorganische 103
- organische 104
- osmoprotektive 779f., 790
Substanzfluß 213
Substituent 14f., 24
substomatische Kammer 188f.
Substraterkennungskomplex s. E3-Ubiquitin-Ligase-Komplex
Substratkettenphosphorylierung 217, 314, 335, 338
Substratspezifität 226
Subtilase 574
Succinat s. Bernsteinsäure
Succinat-Dehydrogenase 80, 339[A]
- Atmungskette 340
- Citrat-Zyklus 337f.
- prosthetische Gruppe 226f.
Succinat-Thiokinase 337f.
Succinyl-CoA 337[A]
Suchtdroge 369
Sukkulenz 181, 287
Sulfat 103, 297, 307f., 313, 341
Sulfatatmung 341
Sulfid 307f.
Sulfidschwefel
s. Schwefelwasserstoff
Sulfit 308f.
Sulfit-Reductase 310[A]
Sulfitablauge 117
Sulfit-Oxidase 636
Sulfochinovosyldiglycerid 60
Sulfolipid 313
Sulfur-Transferase 636
Sumo-Protein 573[A]
Sumpf-Ampfer s. *Rumex palustris*
Sumpfpflanze 786
SUP-Protein 740
Sup35-Protein 551
Superaktivator 778
Superauxin 610, 630, 666
Supercoil 397
Superoxid 784
Superoxiddismutase (SOD) 584[A], 656, 784[A], 828
Superoxidradikal 584, 656
Suppressor-tRNA 841
Suppressormutation 411f.
suprazellulär 148
Suspensor 480f., 755f.
- Autophagie 741
- *Phaseolus coccineus* 407
Svedberg-Einheit 30
SWI/SNF-Komplex 514f., 520
Sym-Plasmid 138
Symbiose 301f., 806
- Flechten 812f.
- Genbatterie 819
- *Lolium* 816
- Mykorrhiza 813f.
- Stickstoff fixierende Bakterien 301f., 815f.

Symbiosom **820**f.
Symplasmid **817**
Symplast 77
Sympodium **180**[A], 664
Symporter 219f.[A], 222f., 244, 303, 318
– Eisen 236
– IAAH/H[+] 605
– Proton-Hexose 323
– Sulfat 307
synaptonemaler Komplex 402, **404**[A]
Syncytium **116**
Synechococcus lividus 144[A]
Synechocystis spec. 144[A]
Synergide 453, 480f., **481**, 741, 744, 746
Synthase 306
Synthetase 306
Syringa vulgaris (Flieder), Dichasium 180
System 208f., **209**
Systematik 125, 133
Systemin 319, 649f., 799

T

T s. Threonin, Thymin
Tabak s. *Nicotiana tabacum*
Tabak-Ätz-Mosaik-Virus (TEV) 840
Tabakmosaikvirus (TMV) 834[A], 838[A]
– Ausbreitung, systemische 842
– Pathogenresistenz 658[A]
– RNP 842
– ts-Mutante 842
– Vermehrung 836[A]
TAF (TBP-associated factor) 514f.
Tageslänge 693, 695[A]
Taglilie s. *Hemerocallis* spec.
Talosaminuronsäure 146
Tanne s. *Abies*
Tapetum **479**, 741, 748
Taq-Polymerase 427f.
Taraxacum 482
Taraxacum officinale (Löwenzahn) 73[A], 79[A], 116, 694
– Blüte 739[A]
– Frucht 759[A]
– Modifikation 712[A]
– Verbreitung (Samen) 765
TATA-Box 146, 489f., **490**, 515
– Bindeprotein 514f., 523
Taubildung 240
Taumellolch s. *Lolium temulentum*
Tautomycin 585
TAV-Protein 839
Taxis **141**
Taxodiaceae 124
Taxol 52, 54, 349, 361[A]
Taxon 125, 133
Taxonomie s. Systematik

Taxotère 361
Taxus 174, 479
Taxus baccata (Eibe) 247, 361, 749
Taxus brevifolia (Westpazifische Eibe) 54, 349, 361
TBP-associated factor (TAF) 514f.
TC (Tetcyclacis) 614[A]
T-DNA s. Tumor-DNA
Teichonsäure 140[A]
Teichrose s. *Nuphar lutea*
TEK s. Transkriptionselongationskomplex
Teleutospore **472**, 473[A]
Telomer 383f.
Telomerase 385
Telophase
– Mitose 397f.
– Meiose 403[A], 405f.
Temperatur 290, 774, 777[A]
– Wachstum 774[A]
Temperaturabhängigkeit 290
Template 428f.
terminal inverted repeats 417
Termination
– Transkription 498, 517
– Translation 538, 540[A]
Terminationsfaktor 517, 538, 540, 551
Terminator **490**
Terpen 359f.[A]
– Allelopathie 346
– aromatisches 349
– Sporopollenin 121
Terpen-Transferase 543
Terpenether-Membranlipid 130
Terpenoid 357f., 646
– Archaeenmembran 60
– Biosynthese
– – DXP-Weg 358[A], 612f.
– – Herbizid 794
– – Mevalonat-Weg 358[A]
– Cytokinine 594
– Rhizosphäre 810, 814
Terpinen 360
Tertiärstruktur, Protein 34f.
Tertiärwand 94, 97
Testa (Samenschale) 758, 767
Tetcyclacis (TC) 613f.
Tetracyclin 417, 585, 587[A]
Tetrade 403, 405[A]
Tetraeder 8, 15[A]
Tetrahydrobiopterin 652
Tetrahydropterin 674[A], 678[A]
tetraploid 391
Tetrapyrrol 262, 271, 291
Tetrasporangium 456, 457[A]
Tetraterpen 264, 359[A], 361f.
Tetrose 17[A], 280
Teufelszwirn s. *Cuscuta odorata*
TEV (Tabak-Ätz-Mosaik-Virus) 840
Textur 95[A], 112
TF s. Transkriptionsfaktor

Thallophyt 154
Thallus **154**, 453[A]
– Evolution 154
– Flechte 812[A]
– Hepaticae 160[A]
– mehrschichtiger 159
Thaumatin 828
Theka 479f.
Thermococcus litoralis 428
Thermodynamik 208f.
Thermomorphose **712**
Thermonastie **191**
Thermophilus aquaticus 427
Thermotoleranz 777[A]
Thiamin 312f.
Thiaminpyrophosphat 336
Thigmomorphose **712**, 797, 800
Thigmonastie **191**, 796
– *Arabidopsis* 801[A]
– *Bryonia dioica* 800[A]
– *Mimosa pudica* 797[A]
Thigmotropismus 201
Thiobacillus 294, 308
Thioesterbindung 336f.
Thiolgruppe 13[A], 26
Thionin 828
Thioredoxine 225, 310, 583[A]
Thioredoxin-Reduktase 544
Thr s. Threonin
Threonin (T, Thr) 25[A], **378**, 568
Threonin-Deaminase 647
Thylakoid 84f., 152, 256[A], 266[A]
– ATP-Synthese 274f.
– Cyanobakterium 143f., 291
– Elektronentransport 266f.
– Photosystem 268f., 272f.
– pH-Wert 44
– Prochlorobakterium 145
– Strukturmodell 276[A]
Thyllen **176**
Thymian s. *Thymus vulgaris*
Thymidin 27
Thymin (T) 23f., 27f., 375f.
– Dimer 411, 414[A]
Thymol 360[A]
Thymus vulgaris (Thymian) 360[A]
Thyroxin-Deiodinase 544
TIBA (Trijodbenzoesäure) 609[A], 667[A]
TIC-Proteinimport 560f., 580[A]
Tiefwasserreis 787[A]
– Ethylenwirkung 687
Tiefwurzler **195**
Tierblütigkeit 747, 750
TIK s. Transkriptionsinitiationskomplex
Tilia (Linde) 176
Tilia platyphyllos 70[A]
Tiliaceae 111
TIM-Proteinimport 562
Ti-Plasmid 138, 829f.
– Gen-Silencing, virusinduziertes (VIGS) 844

– Gentransfer 831f.
– Insertionsmutagenese 419
TMK s. Transkriptionsterminationskomplex
TMV s. Tabakmosaikvirus
Tobacco rattle virus 844[A]
TOC(timing of *CAB1* expression)-Protein 688, 691[A]
TOC-Proteinimport 560f., 580[A]
Tochterkugel, *Volvox* 154f.
Tocopherol 351[A], 355, 582
Tollkirsche s. *Atropa belladonna*
TOM-Proteinimport 562
Tomate s. *Lycopersicon esculentum*
Tomaten-Welke-Virus 835
Tomatidin 363
Tonoplast 61[A], **69**, 103[A], 105
– Phellogenzelle 122[A]
– Proteinimport 557[A]
– Transportsystem 790[A]
Topbinambur s. *Helianthus tuberosus*
topogenes Signal 525, 558f.
Topoisomerase 136, 389, 404
Topolin, meta- (mT) 595[A]
Topotaxis **141**
Torpedostadium 754[A]
Tortula ruralis 250
Torus 98[A]
Totipotenz 154, **666**
Touch-Gen 797
Toxin 347, 825
T-Phage, RNA-Polymerase 505[A]
TRA (Transformer) 478
Tracheen 168, 173, 723
– Wassertransport 247
Tracheide 112f., 168
– Holzelement 172f.
– Wassertransport 246f.
Tradescantia, Mitose 397
Tragblatt 179, 181[A]
trans-Spleißen **509**, 578
trans-Zeatin s. Zeatin, trans-
Transacetylase 499[A]
Transaminierung 284
Transfer-RNA 30, 50[A], 58, 71, 383
– Beladung 535f.
– Bindung 57, 539[A]
– Selenocystein 544
– Struktur 30f., 535f.
Transferase 228, 306
Transferprotein 831
Transferzelle 107f.
– embryonale **760**
Transformation
– *E. coli* 425f.
– Kulturgräser 434
– Pflanze 430f., 433[A], 829, 831
– – Vektor 833
– transiente 431
Transformer-Protein (TRA) 478
Transformylase 538

Transfusionsgewebe 192
Transgen-Introgression 434
transgene Pflanze 430f., 748, 833, 844
– Anbau 434f.
– *Arabidopsis* 690, 742ᴬ
– *Lycopersicon* 720
Transglykosidase 607, 615
Transitpeptid s. Signalpeptid
Transkriptase, reverse (RT) 385, 428, 836, 839
Transkription 58, 72, 377, 491
– Biochemie 495ᴬ
– Chromatinumwandlung 519ᴬ
– *E. coli* 494f.
– Regulation 498f.
– – Umprogrammierung 504
– Effizienz 503
– Elongation s. Transkriptionselongationskomplex
– Eukaryoten 515f.
– – Regulation 520f., 526
– Haushaltsgen 503
– Hitzestreßantwort 529
– Initiation s. Transkriptionsinitiationskomplex
– Initiationsfaktor 491
– Operon 498
– Organisation am Chromatin **519**f.
– Pflanze 505f.
– Plastom 575f.
– Prokaryoten s. Transkription, *E. coli*
– reverse 428f.
– rRNA 531, 533
– Stadien 516ᴬ
– Startpunkt 490f.
– Termination s. Transkriptionsterminationskomplex
– – Rho-abhängige 497ᴬ
Transkriptionsaktivator s. Transkriptionsfaktor
Transkriptionselongationskomplex (TEK)
– Eukaryoten 515f., 519f.
– – Komponenten 514
– Prokaryoten 497
Transkriptionsfaktor 148, 514f., 521f., 797
– abaxialer 719, 721
– Anatomie 524f.
– *Arabidopsis thaliana* 423ᴬ
– ARF 610f., 611ᴬ
– ARF7 624
– ARR-B 600ᴬ
– B3 523
– bei Streß 828ᴬ
– BES1- 626f.ᴬ
– Blattanlage 718f.
– Blütenentwicklung 740ᴬ
– BZR1- 626f.

– Constans s. Constans-Protein
– E2F/DP 661f.
– Embryogenese 755ᴬ, 757ᴬ
– ETH-Antwort 633f.
– Fruchtentwicklung 764ᴬ
– funktionelle Anatomie 524ᴬ
– Gal-Regulon 528
– HAP 695f.
– Hitzestreß 492f., 522, 524, **530**
– – Tomate 778ᴬ
– homeotischer 736
– HsfA2 492f.
– JA-regulierte Gene 647f.
– Komplex, trimerer 729f.
– Leitbündelentwicklung 721ᴬ, 723
– lichtregulierter 692
– Lokalisation 525f.
– MYB- 617ᴬ, 619f.
– Samenentwicklung 758, 760f.
– Schattenvermeidungssyndrom 687ᴬ
– Schotenreifung 764ᴬ
– Sproßapikalmeristem 716ᴬ, 718f.
– Streß 780ᴬ
– Vernalisation 735
– Wirkung, nicht-zellautonome 726
– WRKY s. WRKY
– Wurzelapikalmeristem 725ᴬ
Transkriptionsinitiationskomplex (TIK)
– Eukaryoten 515f., 519f.
– – Komponenten 514
– Prokaryoten 496
Transkriptionsmaschine s. Transkriptosom
Transkriptionsstart 495ᴬ
Transkriptionsterminationskomplex
– Eukaryoten 516ᴬ
– Prokaryoten 497
Transkriptosom 490, 509, **514**, 516ᴬ, 529ᴬ
Translation **58**, 377, 490
– an Polyribosomen 558f.
– eukaryotische 540f.
– Gesetzmäßigkeiten 378
– lichtkontrollierte 581f.
– Plastiden-mRNA 580
– prokaryotische 136, 494f., 537f.
– Proteintopogenese 557ᴬ
– Regulation 546f.
– RISC-Komplex 722
Translationsfaktor 535, 580
Translocon 58, **80**, 86, 558
Translokation 409ᴬ, **409**, 423ᴬ, 558f.
Translokator 65, 219ᴬ, 222f., 235, 339

– ADP/ATP 339ᴬ
– ATP 306
– Fructose 317f.
– Glucose 317f.
– Nitrat 303
– organische Säure 285
– Pyruvat 336
– Saccharose 317f.
– Sulfat 307
Transmembranprotein 91
Transmembransegment 62
Transmission **262**, 705
Transmissionstrakt 743, 746, 751ᴬ
Transpiration 240f., 246f., 288, 320ᴬ
Transpirationskoeffizient **286**
Transpirationsschutz 118f.
Transpirationssog 247f.ᴬ
Transpirationsstrom 240
Transplantation 785
Transport 52, 55f., 69ᴬ, 218f., 790
– aktiver 151, 219f., 223ᴬ, 239
– Anion 222f.
– anterograder 54ᴬ, 447ᴬ, 564ᴬ
– apoplasmatischer 121, 317f.
– Assimilate 317f.
– ATP-abhängiger 814
– durch Plasmodesmos 78, 725f.
– elektrogener 220ᴬ, 223ᴬ
– intranukleärer 72
– intrazellulärer 66
– Kernpore 71
– Kohlenhydrat 317
– Nucleinsäure 78
– organische Substanz 113
– Regulatorprotein 78
– retrograder 54ᴬ, 447ᴬ, 564f., 569
– selektiver 65, 79
– symplasmatischer 317f., 726
Transport-ATPase s. ATPase
Transportmetabolit 20
Transportprotein 59, 65, 218f., 222, 235
Transportvehikel (IFT-Vehikel) 447ᴬ
Transposase 417
Transposon 385, **417**f., 587
– *Arabidopsis thaliana* 383
– Tagging 419
Transversaltropismus 201
Trehalose 780f.
Treibhauseffekt 342
TREX-Protein 518ᴬ
Tri-Snurps 509
TRiC-Maschine 553f.
Tricarbonsäure 22
Trichloraminopyridincarbonsäure 610ᴬ
Trichlorphenoxybuttersäure 610

Trichoblast 67ᴬ, 197f., **727**, 729f.
Trichoderma viride 92
Trichogyne 456f., 467f., **468**
Trichom 109f., 727, **728**, 730ᴬ
– Entwicklung 521, 728f.
Trichomhydathoden 124
Trichostatin A 585
Trifluralin 793
Trifolium (Klee), Wurzelknöllchen 820
Triglycerid **22**, 77ᴬ, 321
– Bildung 23ᴬ
– Biosynthese 323f.
– Umwandlung 326f.
Trihydroxynaphthalin 346ᴬ
Trihydroxynaphthalinglucosid 346ᴬ
Trijodbenzoesäure (TIBA) 609ᴬ, 667ᴬ
Trimethylkappe 507ᴬ
Triose **17**ᴬ
Triosephosphat 281f.
Triosephosphat-Isomerase 280f., 334f.
Triosephosphat-Phosphat-Translokator 281ᴬ
Tripeptid 32
Triple response s. Ethylen, Triple response
Triplettcode s. Code, genetischer
triploid 391
Triploidie 407
Tripsacum 482
Trisaccharid 19
Trisom 537ᴬ
Trisomie 408
Triterpen 359ᴬ, 361f.
– Biosynthese 621
Triticum aestivum (Weizen) 385, 408, 434, 694
– Blüte 739ᴬ
– Endophyt 816
– Ernte 775
– Ethylenwirkung 687ᴬ
– Guttation 246ᴬ
– Halbzwergform 616
– Hypoxie 787
– Lichtsättigung 289ᴬ
– Same 761
Triticum monococcum (Einkorn) 408ᴬ
Triticum searsii 408ᴬ
Triticum turgidum (Emmer) 408ᴬ
Tritium 257
tritrophe Beziehung 658f.
tRNA s. Transfer-RNA
Trockenstreß 636, 638f.
– Ecodormanz 663
– Transkriptionsfaktoren 523
Trockensubstanz 3
Tropaeolum majus (Kapuzinerkresse), Chromoplast 87ᴬ

Tropismus 201
Tropophyten 181
Trp s. Tryptophan
Trypsin, Inhibitor 566
Tryptamin 603[A]
Tryptophan (W, Trp) 25[A], 349f., 366
– Alkaloid 368
– Abbau 602
– Auxinsynthese 601, 603[A]
– Codon **378**
– Derivat 825
Tryptophan-Synthase 603[A]
TscA-RNA 578
Tuberonsäure 644f., 698
Tubulin 49, 51, 53f., 57
– Axonema 150[A], 447
Tulip-breaking-Virus 840
Tulpomania 835
Tumor-DNA 419, 433, 829f.
Tumorsuppressorprotein 662
Tumorzelle 511
Tunica 162, 163[A], 714[A]
Tunicamin 587[A]
Tunicamycin 585, 587[A]
Tüpfel 47[A], 78[A], **97**[A]
– verzweigter 109
Tüpfelfarn s. *Polypodium vulgare*
Tüpfelgefäß 116[A], 169[A], 175
Tüpfelkanal 97, 109[A]
Turgeszenz 212[A], 214
Turgor 51, 70, 77, 98, **105**, 190f., 215, 218
– Siebelement 319[A]
– Zugwurzel 202
Turgordruck 212[A], **213**
Türkenbundlilie s. *Lilium martagon*
Tyr s. Tyrosin
Tyrosin 25[A], 93, 349f., 355, 366, **378**
tZ s. Zeatin, trans-

U

U s. Uracil
UAS-Element 528
Überflutung 786f.
Ubi-Konjugase 543
Ubichinon 350f., 355
– Atmungskette 339f.
– Bakterienphotosynthese 292
– Oligoterpen 364
Ubiquitin 570f.
– Proteinmodifikation 573[A]
Ubiquitin-Isopeptidase 382
Ubiquitin-Konjugase 382
Ubiquitin/Proteasom-System
  s. Proteasom
Ubiquitinierung
– Histon 573
– Nucleosom 573
– Protein 37, 543, 611, 573

UDP s. Uridindiphosphat
UDP-Glucose 528[A], 569
UDPG s. Uridindiphosphoglucose
Uhr
– circadiane 689f.
– – *Neurospora crassa* 692f.
– molekulare 512
Ulmaceae 319
Ulmus (Ulme) 176
Ulothrix zonata 156[A]
ultraviolettes Licht s. UV-Licht
Umgebung **209**
unifaziales Blatt 187[A]
Uniformitätsregel 394
Uniport 219[A], 222
Universum **209**
Unterabteilung 133
Unterart s. Subspecies
Unterblatt 179[A], 183[A], 184
Unterfamilie 133
Unterreich 133
Unterreplikation 407
UP-Element 496f.
Ur-Eukaryot 422[A]
Ur-Prokaryot 422[A]
Uracil (U) 23f., 27
Uratmosphäre 12
Urdbohne s. *Vigna mungo*
Urease 299
Uredinales (Rostpilze) 471
Uredospore **472**, 473[A]
Uridin 27, 533f.
Uridindiphosphat (UDP) 318
Uridindiphosphoglucose (UDPG) 91[A], 317f.
Uridintriphosphat (UTP) 495[A]
Uridyltransferase 528[A]
Urmark 168
Uronsäure 38
Urozean 43
Urrinde 168
Urstoffwechsel 130, 295
Ursuppe 130
Urtica dioica (Brennessel) 109[A], 111
Urtica dodartii 391, 393[A]
Urtica pilulifera 391, 393[A]
Urticaceae 111
Urweltmammutbaum
  s. *Metasequoia glyptostroboides*
UV-Licht 109, 258f., 265, 411, 414
– Absorption 354, 357
– Schutz 348, 785

V

V s. Valin
Vakuole 47[A], 70, 102f., 779
– Autophagie 741[A]
– Biomembran 47, 66, 75[A]
– Importsignal 559
– kontraktile 149

– Leitenzym 73
– pH-Wert 44
– Proteinimport 557[A]
– Proteintransport 564[A]
– Schließzelle 189[A]
– Spezialisierung 105
– Streßantwort 790
– Transportsystem 790
Vakuom **103**
Val s. Valin
Valenzelektron 7f.
Valerianaceae (Baldriangewächse) 360
Valin (V, Val) 25[A], 93, **378**, 795
Valinomycin 585
Valonia, Sekundärwand 95[A]
Van't-Hoff-Beziehung 212
Van-der-Waals-Kraft 35
Vanilla planifolia (Vanille) 204
Vanillinsäure 825[A]
VAP-Protein 839
Vaucheria sessilis 68
Vektor s. Plasmid
Velamen radicum 238[A]
Vent-Polymerase 428
Venusfliegenfalle
  s. *Dionaea muscipula*
Veratrum californicum (Kalifornischer Germer) 363
Verbascum spec. 695, 735
Verbrauchsort s. sink
Verdauungssekret 798
Vererbung
– Chromosomentheorie 395, 397
– extrachromosomale 415f., 447
– Grundregel 391
Verholzung 100, 116f.
Verkernung 117
Vermehrung 422, 463, 470, 475
– Braunalgen 451f.
– Getreiderost 472f.
– Rotalgen 456f.
– vegetative 443f.
– – Ascomyceten 467
– – Basidiomyceten 470
– – *Chlamydomonas* 446[A]
– – *Dictyostelium* 458f.
– – Fungi imperfecti 470
– – *Saccharomyces cerevisiae* 463f.
– – Spermatophytina 667, 711
Vernalisation 663, **733**, 735
Vernalisationsfaktor 523
Verseifung **15**, 22
Verticillium 470
Verwundung 780[A], 796f.
Very-low-fluence-Bereich 672, 676f.
Verzweigung 167, 179f.
– echte 148[A], 156[A]
Verzweigungsenzym (Stärke) 322[A]
Verzweigungspunkt, Spleißen 509[A]
Vesikel 563, 565
– beschichteter 75f.

– Clathrin-beschichteter 75, 564[A], 745
– Pollenschlauch 745
Vesikeltransport 66, 75, 400, 453
– Modell 69[A]
– Morphogenese 608
– Protein 562, 564[A], 567
Viburnum lantana (Schneeball), Pollen 121[A]
Vicia faba (Saubohne) 105, 321[A], 566
– Leguminsynthese 762f.
– mechanische Reizung 801
– Temperaturbereich, Wachstum 774[A]
– Zellzyklus 396f.
Vicia sativa (Wicke) 694
Vicillin 762f.
Vielzeller 45, 148, 154
Vielzelligkeit, *Dictyostelium* 458
Vigna mungo (Urdbohne) 666f.
Vigna radiata (Mungbohne), Cellulose-Synthase 91[A]
Vinblastin 349, 368f.
Vincristin 349, 368f.
Viola × *wittrockiana* (Stiefmütterchen) 118[A]
Viola calaminaria (Galmeiveilchen) 236
Viola tricolor (Stiefmütterchen), Chromoplast 87[A]
Violaxanthin, Strukturformel 264[A]
Vir-Operon 829f., 832
Vir-Protein 830[A], 832
Virion **834**, 836[A], 838f.
Viroid 29f., 836f., **837**
Virola surinamensis 110[A]
Virostaticum 349
Virulenz 826[A]
Virus s. Pflanzenvirus
Virusübertragung, semipersistente 839
Viscum album (Mistel) 809[A]
Vitamin
– A 153, 264, 362
– – Mangel 435
– K1 s. Phyllochinon
– schwefelhaltiges 312[A]
Vitis vinifera (Weinrebe) 178, 180f.
Viviparie 766
VND-Protein, TF 523, 719
Vogelnestwurz
  s. *Neottia nidus-avis*
Vollparasit 809f.
Volutingranula 139, 143f.
Volvocales 445
Volvox 443, 673f.
Volvox globator 154f.
Vormännlichkeit (Proteroandrie) **747**, 749
Vorweiblichkeit (Proterogynie) **747**

W

W s. Tryptophan
Wacholder s. *Juniperus*
Wachse 22, 118f., 348
Wachskürbis s. *Benincasa hispida*
Wachsschuppen 120
Wachstum 101f., 716, 789[A]
– akroplastes 183
– basiplastes 183
– Circadianrhythmus 688
– interkalares 156, 179, 184f.
– Kardinalpunkt 774[A]
– lichtgesteuertes 680f.
– logarithmisches 136, 138
– Pollenschlauch 743f.
– – Hemmung 752
– Sproßachse 167
– Temperaturbereich 774[A]
Wachstumshormon 201
Wachstumsoptimum 774[A]
Wachstumsreaktion, irreversible 201
Wachstumswasser 248f., 320[A]
Waldmeister s. *Galium odoratum*
Walnuß s. *Juglans regia*
Wärmeenergie 207, 209
Wärmestrahlung 259
Wasser 3, 8[A], 42f., 48, 290, 342
– Elektronenquelle 296
– molare Masse 13, 212
– Molvolumen 212
– Osmose 213
– schweres 255[A]
Wasserabgabe 240f., 243[A], 249, 280, 283
Wasseraufnahme 237f., 249, 607
– Bestimmung 242
– Epiphyten 237f.
– Keimung 768
– Matrixpotential 215f.
– Schließzelle 243
– Schwierigkeit 767, 783
– Turgor 105
– Wasserbilanz 249
– Wurzel 233f.
Wasserfarn s. *Azolla*
Wasserhahnenfuß s. *Ranunculus aquatilis*
Wasserhaushalt 320
Wasserkanal 224[A]
Wasserkreislauf 249
Wasserleitfähigkeit 224
Wassermangel 240, 385, 782
– ABA-Metabolismus 639[A]
– Stomataverschluß 638
– Streß 778f., 782
Wassernutzungseffizienz 286f.
Wasserpest s. *Egeria densa*, *Elodea canadensis*
Wasserpflanze 786

Wasserpotential 211f., 239f., 778
– Abnahme 248
– Boden 250
– Gewebe 249
– Halophyten 239
– Kapillarwasser 238
– Kontrolle 790
– matrikales 214f.
– reines Wasser 238
– Streßsensor 779
– Transpiration 241
– Zelle 212f., 218, 239
Wasserpotentialdifferenz 213, 241, 243
Wasserspalte s. Hydathode
Wasserspaltungszentrum 269f., 582[A]
Wasserspeichergewebe 107f., 194, 203
Wasserstoff 3, 5, 12, 130
– Ionenkonzentration 607
– Ionentransport 266f., 340
– Isotop 257
– molekularer 303
Wasserstoff-Ionengradient
– Archaea, halophile 293
– ATP-Synthase 217, 267, 274f., 295
– Chlorobiaceae 293
– elektrochemisches Potential 221
– Energie 211
– Purpurbakterien 292
– Redoxsystem 296
– Zerstörung 305
Wasserstoff-Ionenpumpe, redoxgetriebene 271
Wasserstoffbrückenbindung 11, 35
– Aminosäure 25
– Cellulose 95[A]
– DNA 28f., 375
– funktionelle Gruppe 43
– Protein 33f.
– Transfer-RNA 31[A]
– Wasser 42f., 248[A]
Wasserstoffperoxid 656
– Mediator 655[A]
– Photorespiration 282[A]
– Signal 584
– Stomataverschluß 654[A]
– Streß, oxidativer 777[A], 784[A]
– Zelltod 659
Wasserstreß 245
Wassertransport 176, 211, 246f.
– apoplasmatischer 198, 234[A], 239, 241
– Gefäße 115
– symplasmatischer 234[A], 241
– Tracheide 112, 175
– Xylem 168

Wassertransportprotein s. Aquaporine
Wasserverlust 779
Wasserzirkulation 320f.
Watson-Crick-Modell 28f.
WC-Komplex (WCC) 692
WD-Domäne 683
WD40-Protein 729, 735
Wegerich s. *Plantago*
Weißer Phosphor 313
Weißer Senf s. *Sinapis alba*
Weißes Waldvöglein s. *Cephalanthera damasonium*
Weißfäule 808
Weichbast 176
Weide s. *Salix*
Weidenröschen s. *Epilobium* spec.
Weinanbau 781
Weinrebe s. *Vitis vinifera*
Weitenwachstum 106
Weizen s. *Triticum*
Weizenstärke 88[A]
Welke 51, 212[A], 239
– permanente 250
Welkepunkt 779
Welle-Teilchen-Dualismus 259
Welternährung 434
Welwitschia mirabilis (Welwitschie) 187, 720
Western-Blot-Analyse 493
Westpazifische Eibe s. *Taxus brevifolia*
White collar-Transkriptionsfaktor 673, 692[A]
Wicke s. *Vicia sativa*
Wiederauferstehungspflanze 778, 782
Wiesenrispengras s. *Poa pratensis*
Wildtyp 391f.
Windblütigkeit 747
Windflüchter 796
Wintergetreide 695, 735
Winterruhe, Überwindung 713
Wirkungsgrad 207
Wirkungsspezifität 228
Wirts-Resistenz 843
Wolfsmilch s. *Euphorbia*
Wolfsmilchgewächse s. Euphorbiaceae
Wolliger Fingerhut s. *Digitalis lanata*
Wortmannin 585
WOX-Protein, TF 521, 719, 725[A], 757
WRKY
– Genfamilie 423[A]
– Transkriptionsfaktor 523, 825
Wunderblume s. *Mirabilis jalapa*
Wundverschluß, mikrobizider 124
Wurmfarn s. *Dryopteris filix-mas*
Wurzel 162f., 194f., 806[A]

– Apikaldominanz 664f.
– Auxintransport 608
– blattbürtige 201
– Cytokinin-Biosynthese 597
– Dickenwachstum, sekundäres 202f.
– Entwicklung 645, 702
– Graviperzeptionszentrum 706[A]
– Gravitropismus 701f., 706f.
– Hormone 663f.
– Ionenaufnahme 233f.
– kontraktile 202
– Krümmung 608
– Leitsystem 170
– Metamorphose 203
– Mineralstoffaufnahme 233
– Nitrat-Reduktion 303f.
– Ökosystem 805f.
– Orientierung 239
– primärer Bau 196f.
– Schattenvermeidungsreaktion 686f.
– Scheitelmeristem 163[A]
– sproßbürtige 182, 201, 702
– Streß, mechanischer 800[A]
– Verzweigung 199
– Wasseraufnahme 234[A], 238f.
Wurzelapikalmeristem (RAM) 162f., 713f., 724f., 757[A]
Wurzeldorn 204
Wurzeldruck 239, 246, 248
Wurzelfäule s. *Fusarium*
Wurzelhaar
– Differenzierungszone 196
– Entwicklung 522, 645[A], 729f.
– Ionenaufnahme 233f.
– Krümmung 820
– Lebensdauer 198
– Spitzenwachstum 109
– trimerer Transkriptionsfaktor-Komplex 729[A]
– Wasseraufnahme 237f.
– Wurzeloberfläche 194, 198
Wurzelhaarzone 196
Wurzelhals 199[A]
Wurzelhalstumor 138, 829f.
Wurzelhaube s. Kalyptra
Wurzelkambium 202f.
Wurzelknöllchen 817f., 820f.
– Symbiose 127, 301f., 816f.
– Transferzelle 108[A]
Wurzelknolle 203
Wurzelmeristem 195, 807
Wurzelmetamorphose 204
Wurzelpol 755
Wurzelprimordium 665[A]
Wurzelranke 204
Wurzelraum s. Rhizosphäre
Wurzelrinde 234, 238[A]
Wurzelscheitel 163[A], 195f.
Wurzelsukkulente 203
WUS s. WUSCHEL

WUSCHEL
– Gen
– – Expression 737f., 757
– – Kennzeichnung 392
– – Sproßapikalmeristem 715[A]
– Protein
– – Blütenorganidentität 738[A]
– – Embryogenese 757[A]
– – Kennzeichnung 392
– – Sproßapikalmeristem 715[A]
– – Wirkung 719
– – Zell/Zell-Kommunikation 726
Wüstenroller 765

X

Xanthin-Dehydrogenase 636
Xanthium spec., Epizoochorie 765
Xanthium strumarium (Gewöhnliche Spitzklette) 694
Xanthophyll 264[A], 269, 362
Xanthoria parietina (Gelbflechte) 812f.
Xanthoxin 636f.
Xanthoxin-Dehydrogenase 637[A]
Xenobiotikum 67, 95, 221, 790
Xeromorphie 250
Xeromorphose 181, 712
Xerophyten 119, 181, 241
Xylan 38
Xylem 168f.
– Autophagie 741
– Beladung 239
– Differenzierung 523, 719, 723f.
– Laubblatt 188[A]
– Morphogen 724
– primäres 168, 197[A], 203
– sekundäres 172f., 203[A]
– Transpirationsstrom 240
– Wassertransport 246f.
– – Zirkulation 320f.
– Wurzel 170, 197[A]
– – Endodermis 198[A]
– – Spitze 195[A]
– – Zentralzylinder 199
Xylemparenchym 168
Xylemprimanen 168
Xylemsaft 247, 249
Xylogen 719, 724[A]
Xyloglucan 90[A], 96[A], 97, 607
Xyloglycan-Transglycosylase 787
Xylopyranose 90[A]
Xylose 17, 38, 567
Xylulose 17

Y

Y s. Tyrosin
Y-Kassette 465[A]
YAB-Protein, TF 719, 721
Yang-Zyklus 627f.
Yucca, Auxinbiosynthese 603[A]

Z

Zäpfchenrhizoid 160[A]
ZAT12-Protein 786[A]
Zaunrübe s. *Bryonia dioica*
Zea mays (Mais)
– AHAS-Mutante 795
– Auxinverteilung 604[A]
– Blüte 479
– C$_4$-Pflanze 284, 288
– Dictyosom 68
– Ernte 775
– Genom 385
– Geschlechtsbestimmung 749
– Gravitropismus 701[A]
– Herbizidabbau 796
– Heterosis 415
– Homorhizie 200[A]
– Hypoxie 787
– Insertionsmutagenese 420[A]
– Kranzanatomie 285[A]
– Lichtsättigung 289[A]
– Photoperiode 694
– Samen 761
– Temperaturbereich, Wachstum 774[A]
– transgen 434f.
– – Anbau 435[A]
– Transposon 417
– Transposon 417
Zeatin
– cis (cZ)- 595[A]
– trans- (tZ) 592, 595f., 666[A]
Zeatin-Glucosyltransferase (ZGT) 597[A]
Zeatinribosid 596f.
Zeaxanthin 264[A], 362, 636f.
Zeaxanthin-Epoxidase 637[A]
Zeigerpflanze 236
Zeitlupe-Protein (ZTL) 673f., 688, 691[A]
Zell/Zell-Erkennung 743, 746
Zell/Zell-Transport 726[A]
Zellatmung 336f.
– Einteilung 334
– Energiewandlung 208[A]
– Hexosen-Dissimilation 333[A]
– Kohlenstoff-Kreislauf 342[A]
Zellbewegung 57
Zelldichte 148
Zelldifferenzierung 102f., 106, 134, 605, 661
– *Dictyostelium* 459, 461
Zelle 132
– Bestandteile 47[A]
– Charakteristika 132
– Differenzierung s. Zelldifferenzierung
– fossile 45
– fusiforme 172
– Größe 106
– isodiametrische 106f., 110

– motorische 798
– Organelle s. Organelle
– prosenchymatische s. Prosenchym
– sklerenchymatische s. Sklerenchym
– turgeszente 214[A]
Zellfraktionierung 49
Zellfusion 113f., 116, 711
Zellgift 56, 104, 305, 311
Zellhomöostase 780
Zellkern 47[A], 64[A], 70f.
– Evolution 130f.
– Grundmembran 66
– Proteinimport 557[A]
– Teilung 396
– Verbreitung (Domäne) 129
Zellkolonie 154f.
Zellmembran s. Plasmalemma
Zellorganelle s. Organelle
Zellplatte 96[A], 400f.
Zellpolarität 453
Zellsaftvakuole 88, 103f., 172
Zellspezialisierung 99f., 711
– Epidermis 727f.
– Regulation 729
– Trichom 728[A]
– Wurzelhaar 729f.
– Xylemzelle 724
Zellstoff 117
Zellstreckung 607, 711
– Auxine 607f., 615
– Blütenorgan 740[A]
– Brassinosteroide 624
– CEZ 707[A]
– DEZ 707[A]
– Expansine 607
– Gibberelline 609, 615, 619, 686
– Hemmung 707[A]
– Phototropine 679f.
– Wurzel 706f.
Zellstreckungszone 195f., 199
Zellteilung 88, 400, 711
– antikline 172, 714
– bakterielle 139
– Blütenorgan 740[A]
– Brassinosteroide 624
– Embryogenese 754
– Gene 600
– Hormone 597
– inäquale 724
– perikline 172, 714
– radiale 172
– Regeneration 666[A]
– Stammzelle 715
– Zellzyklus 396f., 661
Zellteilungsgift 54
Zelltod s. Apoptose
Zellwachstum 102, 105, 212, 624
Zellwand 47, 88f., 132, 823
– Archaeen 146
– Aufbau 94f.

– Bakterien 139
– Chemie 88
– Cyanobakterien 143
– Dickenwachstum 97
– Eukaryoten, einzellige 149
– Eumycota 463
– Expansine 607
– gramnegative Eubakterien 137[A]
– Härtung 118
– Ligningineinlagerung 41, 117
– mehrschichtige 135
– *Oocystis solitaria* 97[A]
– pH-Wert 44
– Polysaccharid 38
– Rhodophyceen 39, 456
– Veränderung 116f.
– Verbreitung (Domäne) 129
– Wachstum 102, 106[A]
Zellwandpolymer 235
Zellwandprotein 93[A]
– Expansine 607
– Extensine s. Extensine
– Glykoproteine 566f.
Zellzyklus 396f., 597
– Phytohormone 597, 660f.
– *Saccharomyces* 463
– Regulation 660f.
– Repressor 661f.
Zentralfadentyp s. Flechtthallus
Zentralspalt 189f.
Zentralzylinder 163[A], 194, 197[A], 199
– Epiphyt 238[A]
– *Iris* 198[A]
– Schicht 196
– Transkriptionsfaktor 725[A]
– Wurzelspitze 195[A]
ZGT (Zeatin-Glucosyltransferase) 597[A]
Zimtalkohol 16, 40[A], 351[A]
– Radikal 41[A]
Zimtsäure 350f., 355, 658[A]
Zink 3, 5, 236, 789
Zinn 789
Zinnia elegans 724
Z-Isomerie 11
Zisterne 68f., 78
Zn-Cluster-Transkriptionsfaktor 523
Zn-Finger-Protein 523, 695, 740[A], 786[A]
Zoochorie 765[A]
Zoogamie 747, 750
Zoosporangium 450[A]
Zoospore 154[A], 156[A], 444
Z-Schema 273, 274[A]
ZTL s. Zeitlupe-Protein
Zucker 16f., 39, 225
– aktivierter 314
– Nachweis 18, 20
– Nucleinsäure 27
– Transport 247, 317f.

Zuckerahorn s. *Acer saccharum*
Zuckeralkohol 319
Zuckerphosphat 305, 314, 323
Zuckerrohr
  s. *Saccharum officinarum*
Zuckerrübe 204[A], 257, 407, 415
Zuckersäure 21
Zugwurzel 202
Zunderschwamm
  s. *Fomes fomentarius*

Zwei-Elektronen-Übergang 268, 339[A]
Zweizellstadium 754f.
Zwergwuchs
– Brassinosteroide 621, 624f., 716
– Grüne Revolution 615f.
– Streß, mechanischer 796[A]
Zwiebel 193f.
Zwitter 440

Zwitterion 24[A]
Zygnema spec., Chromatophor 84[A]
Zygotän 402f.
Zygote **439**, 440[A]
– *Arabidopsis* 755[A]
– *Chlamydomonas* 466[A]
– Entstehung 402
– *Fucus* 453
– *Musci* 474f.

– *Neurospora crassa* 467[A]
– tetraploide 407
Zypressen
  s. Cupressaceae, Taxodiaceae